# 生活垃圾处理与资源化技术手册

赵由才 宋 玉 主编

北 京

冶金工业出版社

2007

## 内 容 简 介

本书全面总结了国内外垃圾处理原理与技术的发展，具有系统性、实用性、综合性。主要内容包括生活垃圾的收运、预处理原理与技术，填埋、焚烧、堆肥以及厌氧发酵发电、热解等技术，塑料、玻璃、纸张、金属、废电池、废电器和废汽车的处理与资源化原理与技术，医院垃圾和建筑垃圾的处理与管理，农业废弃物的处理与资源化技术等，并对一些技术的工程设计案例进行了介绍。

本书适合大、中专院校环境科学相关专业师生以及从事生活垃圾处理的工程技术人员、有关管理人员等阅读和参考。

## 图书在版编目(CIP)数据

生活垃圾处理与资源化技术手册/赵由才,宋玉主编.—北京：冶金工业出版社,2007.5
ISBN 978-7-5024-4197-5

Ⅰ.生…　Ⅱ.①赵…　②宋…　Ⅲ.垃圾处理－技术手册
Ⅳ.X705-62

中国版本图书馆 CIP 数据核字(2007)第 013254 号

出版人　曹胜利(北京沙滩嵩祝院北巷 39 号,邮编 100009)
责任编辑　马文欢　王雪涛　张爱平　美术编辑　李　心　版面设计　张　青
责任校对　王贺兰　李文彦　责任印制　丁小晶
ISBN 978-7-5024-4197-5
北京百善印刷厂印刷;冶金工业出版社发行;各地新华书店经销
2007 年 5 月第 1 版,2007 年 5 月第 1 次印刷
787mm×1092mm　1/16;70.5 印张;1894 千字;1104 页;1—3000 册
180.00 元
冶金工业出版社发行部　电话:(010)64044283　传真:(010)64027893
冶金书店　地址:北京东四西大街 46 号(100711)　电话:(010)65289081
(本社图书如有印装质量问题,本社发行部负责退换)

# 前　言

　　城市生活垃圾又称为城市固体废物,是指在城市居民日常生活中或为城市日常生活提供服务的活动中产生的固体废物,主要包括厨房余物、废纸、废塑料、废织物、废金属、废玻璃、陶瓷碎片、砖瓦渣土、粪便及废家什用具、废旧电器、庭园废物等。城市生活垃圾主要来自城市居民家庭、城市商业、餐饮业、旅馆业、旅游业、服务业、市政环卫业、交通运输业、文教卫生业和行政事业单位、工业企业单位等。垃圾已成为困扰人类社会的一大问题,全世界每年产生超过 10 亿 t 的垃圾,我国城市生活垃圾的人均产量为 0.7~1 kg,据 2005 年统计,全国仅城市生活垃圾年产量就已达 1.7 亿 t。而且每年以 8%～10% 的速度增长。如果得不到充分有效的收集和处理,会严重危害人类的健康,产生种种恶果。

　　根据我国目前的经济和社会发展水平,在当前和今后相当长的时期内,城市生活垃圾仍然以填埋为主,辅之以焚烧、堆肥等其他处理方法。垃圾的分类收集是必然趋势,但必须解决分类后各种废物经济可行的处理与资源化技术。

　　随着经济发展及居民生活水平的日益提高,我国建设了许多新型住宅小区、写字楼,家电、电子产品以及汽车等日益普及,导致建筑垃圾、废汽车、废电池、电子废弃物等在生活垃圾中所占的比例逐渐增大。而这些垃圾组分的处理技术还不成熟,特别是成分复杂的废电池、废电器等,处理成本往往偏高,对其处理与资源化技术开发研究还有待完善。

　　除了城市生活垃圾之外,农业废弃物的处理也是一个不容忽视的问题。农业废弃物是指在整个农业生产过程中被丢弃的有机类物质,主要包括农业生产过程中产生的植物残余类废弃物,牧业、渔业生产过程中产生的动物类残余废弃物,农业加工过程中产生的加工类残余废弃物和农村城镇生活垃圾等。中国已经成为世界上农业废弃物产出量最大的国家,而绝大多数农业废弃物没有被作为一种资源利用,而是被随意丢弃或者排放到环境中,使一部分“资源”变为“污染源”,对生态环境造成了极大的影响,急需解决。

　　随着科技的进步与发展、大众环境意识的提高以及各级政府的重视,人们已越来越关注生活垃圾的处理与资源化,并付诸实践。目前我国已有许多垃圾资源化处理厂正在运行或建设。生活垃圾处理与资源化在我国仍然属于新生产业,为了全面总结国内外垃圾处理原理与技术的发展,以促进我国生活垃圾处理和资源化事业的发展,特编写本书。本书主要内容包括生活垃圾的收运、预处理原理与技术,填埋、焚烧、堆肥等主要处理技术,塑料、玻璃、纸张、金属、废电池、废电器和废汽车的处理与资源化原理与技术,医院垃圾和建筑垃圾的处理与管理,农业废弃物的处理与资源化技术等。主要适于大、中专院校师生、从事生活垃圾处理的工程技术人员、有关管理人员等阅读和参考。

　　书中所引用的国内外大量文献资料在参考文献或文中尽可能列出,但由于种种原因某些文献可能被疏漏,请有关作者谅解。

　　本书由赵由才、宋玉任主编,楼紫阳、刘清、刘洪波、周莉菊任副主编;全书由宋玉负责统稿和整理。各章编写人员安排如下:刘洪波、赵由才、宋玉(第一章),宋玉、郭强(第二章),程春民、阳小霜(第三章),楼紫阳、刘清、黄德峰、刘霞(第四章),徐敏、张怡、宋玉(第五章),周莉菊、佟娟、林艺芸(第六章),赵雪涛、赵由才、郭强、刘常青(第七章),何岩(第八章),宋玉、刘清(第九章),宋玉、楼紫阳(第十章),郭强、钱小青(第十一章),宋玉、柴晓利、魏云梅、袁雯(第十二、十三、十四章),宋玉、牛冬杰、郭翠香(第十五章),李鸿江、宋玉、刘清(第十六章),宋玉、楼紫阳(第十七章),李鸿江、宋玉、杨瑾(第十八章)。

**编　者**

2006 年 5 月于同济大学污染控制
与资源化研究国家重点实验室

# 目　录

# 第一章 绪 论

## 第一节 生活垃圾处理现状与挑战

### 一、生活垃圾的定义与危害

生活垃圾指的是人们在生活、娱乐、消费过程中产生的废弃物以及法律、行政法规规定为城市生活垃圾的固体废弃物。生活垃圾是固体废物的一种，一般具有如下特性：

（1）无主性，即被丢弃后不易找到具体负责者；

（2）分散性，丢弃、分散在各处，需要收集；

（3）危害性，对人们的生产和生活产生不便，危害人体健康；

（4）错位性，在一个时空领域可能是废物而在另一个时空领域可能是宝贵的资源。

随着经济的发展和人们生活水平的提高，垃圾的数量不断增加，垃圾的成分也发生了很大的变化。许多国家都把垃圾视为环境破坏的祸首。垃圾，既是人类文明的副产品，又是人类生存的"污染物"，垃圾已成为当今世界一大公害。根据联合国人口统计资料，20世纪末世界人口有70%～80%聚集到城市，城市化发展，致使人口密集，人们生活消费水平不断提高，垃圾量猛增，许多城市形成了"垃圾围城"的严重污染局面，这既侵占了大量土地，污染土壤、空气和水体，破坏生态环境，又易滋生蚊蝇传染疾病。垃圾对人类的危害越来越大，严重地威胁着人们的生活和健康。因此，城市生活垃圾的消纳处理和综合治理，已成为影响和制约城市整体功能正常发挥和城市居民生活及劳动环境的突出因素。

改革开放以来，特别是1990年以来，我国经济持续快速发展，城市化进程不断加快，城市面貌发生了巨大变化。但是，经济的高速发展和人口的快速增长给城市造成了越来越大的环境压力。城市环境问题在城市建设中日益显现出来，成为制约我国城市健康发展的重要因素。由于受经济发展水平、公众环境意识、管理体制等因素的影响，我国城市固体废弃物处治不容乐观，特别是城市生活垃圾污染给城市市容环境卫生和居民生活环境造成了较大危害；城市白色污染等问题也严重地影响了城市环境。一些城市的生活垃圾主要是收集后统一集中倾倒在郊区边，这样城区虽然较为清洁，但郊区却受到污染。垃圾不做任何无害化处理，露天集中堆放对环境的危害很大（污染面积广，危害久），主要表现为：

（1）侵占大量土地，对农田破坏严重。堆放在郊区的垃圾，不仅侵占了大量农田，而且未经处理的生活垃圾直接用于农田，或经农民简单处理的垃圾用于农田，破坏土壤的结构及理化性质，后果严重。

（2）严重污染空气。垃圾露天堆放的地方，臭气冲天，老鼠成灾，蚊蝇滋生，还有大量的沼气等污染物向大气释放。

（3）严重污染水体。垃圾在堆放过程中，还会产生大量的酸性和碱性有机污染物，并将垃圾中的重金属溶解出来，因此，可以说垃圾是有机物、重金属和病原微生物三位一体的污染源。一些城市的垃圾堆放场,没有防浸透设施,使一些有毒物质通过雨水淋溶形成渗流污染地表水,同时还通过地下水流污染水源,对人的健康构成永久性的威胁。

(4)"白色垃圾"成灾。随着经济发展、科学技术进步和人们生活水平提高,塑料制品的用量与日俱增。在垃圾的天然堆放场,因为没有任何防护措施,加上塑料轻,故在垃圾周围到处飞扬。

垃圾已成为困扰人类社会的一大问题,全世界每年产生超过 10 亿 t 的垃圾,我国城市生活垃圾的人均产量为 0.7~1 kg,据建设部 2000 年统计,全国仅城市生活垃圾年产量就达 1.5 亿 t,而且每年以 8%~10% 的速度增长。城市生活垃圾如果得不到充分有效的收集和处理,会严重危害人类的健康。

垃圾是人类活动不可避免的产物,人们在享受衣食住行的同时产生了生活垃圾,这些垃圾中存在对人体有危害的物质或是有害微生物,如致病菌、病毒菌;或是有机污染物,如氯化烃、碳氢化合物气体等致癌物、促致癌物;或是无机污染物,如汞、镉、铅、砷、锌、铬等;或是物理性污染物,如放射性污染;或是其他污染物,如寄生虫、害虫、臭气等。这些污染物污染着土壤、空气与水体,并通过多种渠道危害人体健康。

(1)直接危害。垃圾随意弃置,会严重破坏城市景观,造成人们心情上的不快。垃圾中有丰富蛋白质、脂类和糖类化合物,在常温情况下,微生物分解有机物过程中产生 $NH_3$、$H_2S$ 及有害的碳氢化合物气体,未收集和未处理的垃圾腐烂时具有明显的恶臭和毒性,直接危害人体。

(2)间接危害。垃圾会滋生传播疾病的害虫和昆虫,垃圾堆是蚊、蝇、鼠、虫滋生的场所。垃圾渗滤液与潮湿地是成蚊产卵、幼虫滋生与成蚊栖息地。蚊子是疟疾、血吸虫病、乙型脑炎等病的传播媒介。苍蝇是传染霍乱、痢疾、伤寒、肝炎等多种传染病的病源。老鼠是鼠疫、钩端螺旋体病、血吸虫病的传染源。蟑螂等昆虫携带肠道病原体及寄生虫卵,是一种病媒昆虫。垃圾堆积地成了蚊、蝇、鼠、虫栖息、繁殖的四处危害人体的"大本营"。

(3)附着危害。垃圾中的危害物污染空气、土壤与水体,又以空气、土壤、水体、食物为媒体或载体将附着的危害物质侵入人体,使人受害。如果垃圾随意堆积在农田上,还会污染土壤。土壤是生态系统中进行物质交换和物质循环的中心环节,垃圾中的重金属和大量有机物、蠕虫(钩虫、蛔虫)卵与幼虫、病原菌(细菌、病毒等)进入土壤,加快蠕虫与病原微生物的繁殖。摘收蔬菜瓜果时可能挟带这些危害物,当人们食用不净瓜菜时,危害物就侵入人体,形成城市垃圾污染田园、农作物污染城市的恶性循环。垃圾中的干物质或轻物质随风飘扬,会对大气造成污染。被污染的土壤,当其沙尘随风飞扬,所挟带的危害物,就通过呼吸道进入人体。垃圾中含有汞(来自红塑料、霓虹灯管、电池、朱红印泥等)、镉(来自印刷、墨水、纤维、搪瓷、玻璃、镉颜料、涂料、着色陶瓷等)、铅(来自黄色聚乙烯、铅制自来水管、防锈涂料等)等微量有害元素,如处理不当,就可能污染水体,在水里富集,被水生动植物摄入,再通过食物链进入人的身体,影响人体健康。

在我国实施可持续发展和西部大开发战略的关键时期,重视并加强城市环境保护,对于实现城市可持续发展,改善城市投资环境,树立城市形象以及为子孙后代创造一个良好的生活环境都具有重要的现实意义和深远的历史意义。

## 二、生活垃圾的来源与构成

城市生活垃圾主要成分包括厨余物、废纸、废塑料、废织物、废金属、废玻璃陶瓷碎片、砖瓦渣土、废旧电池、废旧家用电器等,主要来自城市居民家庭、城市商业、餐饮业、旅馆业、旅游业、服务业、市政环卫业、交通运输业、街道打扫垃圾、建筑遗留垃圾、文教卫生业和行政事业单位、工业企业单位、水处理污泥和其他零散垃圾等。影响城市生活垃圾成分的主要因素有居民的生活水平、质量和习惯、季节、气候等。城市生活垃圾很大部分来自居民的生活与消费、市政建设和维护、商业活动、市区的园林绿化及市郊的耕种生产、医疗和旅游娱乐场所,包括一般性垃圾、人畜粪便、厨房弃物、污泥、垃圾残渣和灰尘等固体物质。主要固体废弃物的来源见表1-1。城市垃圾产生量大,而且在急剧增加。统计数字表明,城市生活垃圾的产生量与城市规模、人口增长速度及城市居民生活水平成正比关系;不同地区,由于工业的发展不平衡,城市现代化程度不同,以及生活习惯等影响,垃圾的组成成分也有差别,但大体上可分为无机物和有机物两大类。其详细分类见表1-2。

**表 1-1　城市固体垃圾的构成来源**

| 来　源 | 构　成　物 |
|---|---|
| 居民生活 | 食物垃圾、废纸、玻璃、金属、塑料陶瓷、灰渣、植物、废电池、粪便、杂土等 |
| 商业及市政机关 | 同上。另有建材废物,易燃易爆、传染性、放射性废物,汽车,轮胎,废电池,电器,器具等 |
| 市政建设和维护 | 脏土、瓦砾、树枝叶、死禽畜等 |
| 农牧业 | 秸秆、蔬菜、水果、杂草、粪便、死禽畜等 |
| 医　疗 | 金属、放射性物质、粉尘、污泥、器具建材、棉纱等 |

**表 1-2　生活垃圾分类表**

| 分　类 | 项　目 | 成　分 |
|---|---|---|
| 无机物 | 玻　璃 | 碎片、瓶、管、镜子、仪器、球、玩具等 |
| | 金　属 | 碎片、铁丝、罐头、零件、玩具、锅等 |
| | 砖　瓦 | 石块、瓦、水泥块、缸、陶瓷件、石灰片 |
| 有机物 | 炉　灰 | 炉渣、灰土等 |
| | 其　他 | 废电池、石膏等 |
| | 塑　料 | 薄膜、瓶、管、袋、玩具、鞋、录音带、车轮等 |
| | 纸　类 | 包装纸、纸箱、信纸、卫生纸、报纸、烟纸等 |
| | 纤维类 | 破旧衣物、布鞋等 |
| | 有机质 | 蔬菜、水果、动物尸体与毛发、废弃物品、竹木制品等 |

改革开放以来,随着我国城市人口的增加和城市居民生活消费水平的稳步提高,城市生活垃圾产生量不断增加。近10年来,我国城市生活垃圾增长率一直稳定在70%左右。据统计,1999年我国城市生活垃圾清运量达1.44亿t。全国已建成不同类型的垃圾处理厂655座,城市生活垃圾的无害化处理率也由1997年的55.4%提高到1999年的61.8%。随着经济的发展、居民生活消费水平的提高和城市生活能源结构的改善,我国城市生活垃圾的构成也发生了较大变化,其显著特点是城市生活垃圾中的高热值可燃物含量明显增加。据统计,1991年至1996年间,我国近百座城市的生活垃圾成分都发生了较大变化,废塑料、废纸、织物和木竹类的平均含量增加近40%,其中以塑料增长幅度最大,接近50%。预计近年间,我国城市生活垃圾成分还会处于不断变化的"动态"过程,其中有机易腐垃圾成分和可燃成分会稳步增长,它将较大幅度地提高垃圾热值和垃圾的总有机质含量。此外,我国许多城市正积极推进城市生活垃圾的袋装化收集和分类收集,生活垃圾中的各类可回收利用物可得到直接回收利用或纳入再循环过程,这将不仅使进入处理流程的垃圾中无机垃圾成分大幅度降低,有机垃圾成分进一步提高,而且为在我国发展垃圾焚烧发电、制肥和综合利用创造了许多有利的前提条件。据报道,目前我国城市生活垃圾容器化收集率已经达到85%以上,其中特大城市和大城市达到了95%,中小城市也不低于80%。而且

许多城市已大力推行垃圾收集袋装化,并积极创造条件实施垃圾分类收集。这些措施避免或减轻了城市生活垃圾对城市生态环境的污染。实践已经证明,我国城市生活垃圾产量、成分及其垃圾收集运输方式的变化,将对我国城市生活垃圾处理产生积极影响。

### 三、生活垃圾的处理

#### (一) 生活垃圾处理现状

世界各国各地区的城市生活垃圾因国家性质、社会制度、民族信仰、生产力水平、经济发展政策以及生活习惯、消费水平等不同,其组成成分、形态、产出特性以及收集方式等诸方面也就存在很大差别,所选择的处理技术也就不同。一般而言,发达国家多采用各种科学技术方法开发城市固体生活垃圾用于发电或提取燃料气和燃油,也采用卫生填埋处理技术;发展中国家多采用卫生填埋处理技术和堆肥技术。由此可见,城市生活垃圾三种处理技术(卫生填埋技术、焚烧发电技术、堆肥技术)不仅适用条件和资源化产品类型不同,而且占地面积、处理过程、对环境二次污染以及投资额和效益都不相同。中国是农业大国,许多大中城市下辖市县又是重要的农业区。目前大量使用化肥已使土壤板结,地力下降;使用有机复合肥可增加地力,改良土壤,提高农作物产量。中国各大中城市燃气户生活垃圾中有机物含量高于50%,含水率达50%左右,因此城市生活垃圾资源化处理采用堆肥技术,既符合国情,又能达到无害化、减量化、资源化目的,它比卫生填埋可减少占用土地、节约投资、充分利用废物资源,而且以符合农用标准的腐熟堆肥为基料,配制高效系列有机复合肥前景相当广阔。当然,在财力和技术条件许可的情况下,也可推行生活垃圾焚烧发电技术。堆肥技术和焚烧发电技术都是城市生活垃圾无害化、减量化、资源化处理的最佳选择,二者均可达到显著的社会效益、经济效益和环境效益。

改革开放以来,我国城市垃圾收运设施数量逐年增加,但仍不能适应城市发展的需要。在一些公共地区和新开发区及新建道路,老城区未配备建设垃圾收集设施,致使这些地区的垃圾无处倾倒,导致了垃圾乱倒现象。在一些死角,所倾倒的生活垃圾长期无人收运,严重影响城市卫生。在城市内收运的垃圾,有的被运输者非法倾倒在城乡结合部。一些城市的垃圾收集仍采用混合收集方式,增大了无害化、资源化处理的难度。生活垃圾混合收集,使大量有害物质如干电池、废油等未经分类直接进入垃圾,增大垃圾无害化处理的难度。20世纪80年代后期,随着城市发展,城市塑料废品(如各种易拉罐、包装泡沫、购物袋等)废纸、废玻璃等废旧物资流入垃圾,把这些再生资源当作垃圾流失,十分可惜。长期以来,一些城市的生活垃圾基本没有经过任何处理。收集来的混合垃圾,主要以简单的填坑、填充洼地、地面堆积、露天焚烧等处理方式为主,没有一个无害化的垃圾处理处置场地。20世纪70年代,一些城市在城区边缘由近及远,找坑自然堆放生活垃圾,或为近郊农村垫道,做分散处置,由于当时的垃圾绝大部分是炉灰、脏土等,而有机物质及有害物质较少,所以没有造成严重污染,但在一定程度上也破坏了城区的水系,影响了城市生态环境。随着生活垃圾产生量的增加,垃圾成分日趋复杂,全国垃圾堆放场先后出现污染事故,导致垃圾堆放场相继关闭。自20世纪90年代开始,生活垃圾处理从单一的随意填坑处理走向多元化。但由于地理位置及气候条件,生活垃圾堆肥未能得到普及;而焚烧处理法则由于资金投入的问题未能普及。总体来看,我国很多城市主要采取填埋方式处理生活垃圾,但由于对垃圾填埋场没能严格按卫生填埋标准进行设计,很多填埋厂防渗设备不完善,生活垃圾在进场前没经预处理,只是简单的填埋。

90年代以来,我国经济持续快速发展,城市化进程不断加快,城市面貌发生了巨大变化。但是,经济的高速发展和人口的快速增长给城市造成了越来越大的环境压力。城市环境问题在城市建设中日益显现出来,成为制约我国城市健康发展的重要因素。由于受经济发展水平、公众环境意识、管理体制等原因的影响,我国城市水环境质量恶化,工业废水和城乡生活污水使城市居民饮用水质量恶化;城市固体废弃物处治不容乐观,特别是城市生活垃圾污染给城市市容环境卫生和居民生活环境造成了较大危害;城市白色污染等问题也严重地影响了城市环境。不能想像的是,有的地方只是将生活垃圾搬运到另一个地方去堆放,而不进行无害化处理;或是街道上干干净净,而卫生死角比比皆是。城市环境卫生质量的好坏,关系到一个城市甚至一个地区经济社会的协调发展和城市居民的生活质量。在我国实施可持续发展和西部大开发战略的关键时期,重视并加强城市环境保护,对于实现城市可持续发展,改善城市投资环境,树立城市形象以及为子孙后代创造一个良好的生活环境都具有重要的现实意义和深远的历史意义。因此各地领导在提高自己认识的同时,还应对群众进行宣传教育,以增强其环境意识和提高其素质。

随着经济发展、人民生活水平的提高以及城市天然气的气化率的提高,生活垃圾的成分发生了变化,那么生活垃圾的处理方式也应随之变化,不能再单一地采取一种方式,而选用生活垃圾处理的方式又决定了生活垃圾的收集方式。在加强环卫基础设施建设的同时,还应加强前期收集和运输工作。城市垃圾的收运系统要积极推行生活垃圾逐步建立分类收集袋装化,密闭清运系统,最终做到合理布局的生活垃圾袋装化、收集容器化、清运作业密闭化、处理多样化的特点,以建立一套适应我国城市发展需要的生活垃圾收集、转运、处理和无害化、减量化、资源化的模式,从而提高城市生活垃圾清运作业机械化率、清运率、垃圾容器化收集率和垃圾无害化处理率。已建生活垃圾无害化处理场很多只是采用简易填埋处理方式。城市生活垃圾成分复杂,采用填埋、堆肥、焚烧中任何单一的处理技术都有其不足之处,不是有二次污染,就是能耗高,或是成本高、建设投资大等。因此根据我国的国情和城市生活垃圾构成现状及经济水平,只有对生活垃圾进行分类综合处理才是行之有效的处理方法。令人可喜的是有的城市正在探讨更多的生活垃圾处理方式,一些城市正在进行城市生活垃圾发电可行性论证、用生活垃圾中的塑料制油等。

**(二) 生活垃圾处理存在的问题**

生活垃圾处理既有技术问题,如工艺不完善,设备不配套等,也有市场效果不好和资金、管理上的问题。主要表现在:

(1) 生活垃圾处理未实行垃圾分类收集。很多城市生活垃圾一直沿用混合收集、混合运输、混合处理的方法,没有实行源头分类袋装或其他方法收集,这样就给生活垃圾无害化、资源化处置工作带来很多技术难题。目前缺乏有效的垃圾分类收集政策和资金支持,并且居民多居住在楼房,居住面积小,限制了垃圾分类收集的普及;居民经济收入低,不愿支付较多的钱购买较多的容器用于垃圾分类收集,垃圾分类收集存在一定的困难。

(2) 未建立完整的垃圾收费制度。一些城市的生活垃圾处理费用由财政拨款,垃圾产生者并不承担治理义务。而政府治理垃圾资金短缺,效率低下,导致垃圾越积越多,垃圾污染日趋严重。一些城市对居民的生活垃圾管理只是定点收集,部分居民区收取了卫生管理费,其中只包含了垃圾收集费,而不含垃圾处理费,真正的垃圾收费制度还没有建立。

(3) 生活垃圾处理未进行资源化。随着人们生活水平的提高,垃圾中有用成分所占的比例越来越大,而一些城市生活垃圾采取混合式收集,然后进行简单的填埋,这种处理方式的弊端是使垃圾中的有用成分得不到回收利用,渗滤液难以处理,占地面积大。

(4) 现有垃圾处理场设施不完善。由于一些城市填埋场地的基础设施不完善,加之管理比较粗放。有的垃圾场由于处理设施建设资金不足,以推土机代替压实机,垃圾不经任何预处理进行填埋,大量的垃圾渗滤液流入地表水,严重污染水体,危害人们身体健康,也加重了城市环境污染及环境安全的危机。

(5) 环境卫生资金严重不足。城市建设维护税呈逐年相对减少趋势,致使城市基础设施的建设滞后于城市社会经济发展的需要,尤其是城市工业废水与生活污水和生活垃圾处理场建设等。因此,必须深化城建投资体制改革,增加城市基础建设维护资金的投入。城市环卫设施建设是以社会效益和环境效益为主的公益性事业,投入大,产出小。过去都是政府包下来,要加快城市环卫设施的建设,必须按社会主义市场经济的原则,改革投资体制,多形式、多渠道筹措建设资金,由过去的以政府作为投资主体这种单一的投资形式,转变为投资主体的多元化,走出一条以政府投入为主,广泛吸引社会资金进行建设的新路。另外,对城市生活垃圾收集及处理设施应实行有偿服务和使用,建立收费体制。同时有条件的地方还可以成立生活垃圾清运公司。

(6) 缺乏统一规划,合理布局,致使一些环卫设施未能充分发挥效益,或是造成重复建设。因此应从认识上提高,强化统一规划,增强城市规划工作的力度。

### (三) 生活垃圾处理的出路

改革开放以来,面对城市生活垃圾污染城市环境日益严峻的紧迫形势,我国各级政府从维护城市生态环境系统平衡,维护和改善城市居民生活和劳动环境质量的大局出发,十分重视解决城市生活垃圾污染与防治问题。20 年间各级政府先后制定了大量相关政策,并依据垃圾无害化处理的实际需要颁布了各类垃圾处理的技术标准规范,逐步把我国城市生活垃圾处理纳入了法制化、规范化轨道。早在 1984 年,建设部就提出了"我国城市垃圾治理近期以卫生填埋和高温堆肥为主,有条件的地方可发展焚烧技术,提倡分类收集,医院等特殊垃圾统一管理、集中收集、焚烧处理"的技术政策。1986 年国家环境保护委员会提出了"我国城市垃圾治理以减量化、资源化、无害化为最终目的"的治理方针。1986 年国务院办公厅针对全国城市垃圾污染日益严重的现实,在相关文件中提出"随着中国城市经济的发展,人民生活水平的提高,城市垃圾问题越来越突出,市郊农田污染日趋严重,若不及早引起重视,势必成为社会公害"。同时要求"要使垃圾从产生、收集、运输、处理到回收利用,都能衔接配套,落到实处"。此后我国政府主管部门又先后发出了一系列配套的相关政策规定,也制定了一系列的相关技术标准,有效地促进和规范了我国城市垃圾处理工作。进入 90 年代,我国政府主管部门认真总结了以往我国实施城市生活垃圾处理技术的研究和实践,进一步提出了有关城市生活垃圾处理及污染防治的技术政策。例如最近生效的国家环保总局、建设部、科技部联合出台的《城市生活垃圾处理及污染防治技术政策》,就具有三个明显特点:一是强调从生活垃圾的末端管理转变为全过程管理;二是从发展卫生填埋和高温堆肥技术转变为因地制宜、综合治理和有效利用城市垃圾;三是鼓励垃圾处理设施建设投资多元化、运营市场化、设备标准化和监控自动化,鼓励社会各界积极参与生活垃圾减量、分类收集和回收利用。该政策还对具体实施卫生填埋、焚烧及堆肥等垃圾处理技术作了具体规定。实践证明,有关城市生活垃圾处理政策的陆续制定和延伸,有关具体垃圾处理技术标准的陆续制定和补充更换,都有力地推动了我国城市生活垃圾综合治理的进程。

从近年我国城市生活垃圾处理实践分析,虽然我国各地在城市生活垃圾的治理深度和广度上发展不平衡,各地选择的垃圾治理对策和处理方式也不尽相同,从整体来看,我国现阶段的城市生活垃圾治理水平还远不适应现代化城市环境建设的需求,但是应该肯定,经过环卫行业内外 20 多年的研究、实践与努力,我国城市生活垃圾的治理水平和治理深度呈现了不断上升和发展的趋势。我国政府制定的城市生活垃圾处理"以减量化、资源化、无害化为最终治理目的"是十分恰当的,也符合当前国际城市生活垃圾处理的大趋势,因此借助各类技术工艺措施、设备和其他手段,最大限度地实现这一目标将始终是我国城市生活垃圾治理必须坚持的方向。随着我国城市生活垃圾构成的变化,生活垃圾的资源特征将更进一步显现出来。

因此,"减量化、无害化、资源化"的治理思路将更有实际操作价值。城市生活垃圾是居民日常生活中抛弃的废弃物。它在收集、清运、存储和处理处置过程中都会对城市环境质量和居民生存、劳动环境产生不同程度的污染与影响,因此必须明确认识垃圾的第一属性是污染物,因而治理城市生活垃圾的首要目的是消除污染,即实现它的无害化。可以明确地指出,借助适宜的技术手段和工艺、设备来实现城市生活垃圾的无害化永远是我国城市生活垃圾处理的首要目的,不断增长的城市生活垃圾产量,日益变化的垃圾构成,必将加大对城市生态环境的压力,也必将增加实施城市生活垃圾综合治理的难度和资金投入,因此城市生活垃圾的减量化就显得尤为重要。实施和推进城市生活垃圾的减量化既是保证垃圾综合治理系统高效、良性运作的前提,也是减少资金投入,减轻环境污染,促进资源循环利用的保障条件。在现阶段,我国各城市都在借助相应法律和行政措施,努力提高居民环境意识,争取市民参与和支持,尽可能地避免废弃物产生和减少生活垃圾的产生量,再配以垃圾清运之前的分类收集措施和贯彻"谁污染谁负担"的原则,这些措施都将使我国城市生活垃圾减量化在垃圾综合治理系统中的作用更好地显现出来。

　　城市生活垃圾内含有大量可直接回收利用或转换利用的成分。经济越发展,人民生活水平越提高,城市生活垃圾中的可再生资源的成分比例就越大,就越具有开发利用的价值。开发利用垃圾资源既可以实现"化害为利,变废为宝",也可补充日益紧张的自然资源。因此,近几年,我国政府和社会各界已经把推进垃圾资源再生和循环利用提高到相当高度,国家制定了开发利用垃圾等再生资源的优惠政策,各地也进行了一系列的垃圾资源再生利用的研究和实践,例如:加强易拉罐等包装废物的回收,加强废纸等的回收及废电池的回收等,在垃圾回收与再生利用方面取得了许多实际成果。近年间,虽然我国在城市生活垃圾处理方面积极推进了卫生填埋和焚烧等处理方式,但各城市,尤其是中小城市和建制镇仍主要以露天堆放、简易填埋和简易堆肥为主。这种状况是造成我国城市生活垃圾严重污染的重要原因。20世纪70年代末期,我国各城市开始建设不同类型、不同规模的垃圾处理厂(场),在缓解城市生活垃圾污染,开发利用垃圾资源上取得了进展,但由于处于起步阶段,全国在城市生活垃圾处理上还鲜有成熟经验。80年代末期,我国政府主管部门对全国已建成的各类垃圾处理厂进行了技术评估,就前阶段我国城市生活垃圾处理的进展及存在问题进行了科学分析,并站在社会发展战略的高度,本着积极推进我国城市生活垃圾处理可持续发展步伐的原则,提出了发展和深化我国城市生活垃圾处理的思路。90年代以来,我国城市生活垃圾处理进一步标准化、规范化,垃圾处理水平已经有较大幅度的提高。全国668座城市和一些具有条件的建制镇都在根据自身条件,从垃圾收集、清运入手,解决垃圾污染与资源再生问题,并建设了一批符合国情和本地实际的垃圾卫生填埋场和制肥厂,一些条件较好的城市也建设了具有较高水平的垃圾焚烧厂、卫生填埋场和垃圾综合利用厂等。

　　治理垃圾、改善环境已经成为全国各城市共同谋求的环境治理目标。我国一些城市利用国外贷款和国外技术建设了一批具有较先进水平的垃圾焚烧厂或垃圾卫生填埋场。例如:北京利用德国赠款等建设了较先进的垃圾转运站、垃圾卫生填埋场和机械化垃圾堆肥厂;上海也建设了一批具有较先进水平的垃圾卫生填埋场、废弃物再生利用厂,并正在建设垃圾焚烧厂等;广州利用国外技术建设了垃圾卫生填埋场和垃圾焚烧厂,广州市大田山垃圾沼气发电厂第一台机组已于1999年6月投入运转发电,9个月内,总计发电上网500万kW·h,创造经济产值约360万元,除去内部消耗,纯产值约340万元人民币,9个月利用甲烷气体300万m³,减少了甲烷气体产生的环境污染;杭州利用天子岭垃圾卫生填埋场的气体建设了沼气发电厂,该厂自1998年8月投产,共发电1130万kW·h,完成产值570万元,上缴国税82万元,成功地实现了垃圾资源回收;一些中小城市也依据自己的经济技术能力和特点,利用国内技术建设了一批垃圾焚烧厂、复合肥料厂,取得了较好的垃圾处理效果。据统计,这些已建垃圾处理设施大都取得了较好的环境效益、社会效益和经济效益。

　　在今后一段时间内,我国各城市和有条件的建制镇都将更加重视垃圾处理和资源再生工作。

我国城市生活垃圾处理厂(场)建设将进入一个新的发展时期。现在,我国政府根据维护城市环境质量的总体要求,进一步提高了各类垃圾处理厂(场)的建设和污染防治标准,对垃圾卫生填埋、垃圾焚烧、垃圾制肥及垃圾再生利用等提出更高的技术标准。执行这些标准为更好地推进我国城市生活垃圾处理进程提供了明确的保障条件,也标志着我国城市生活垃圾将提高到新的水平。

我国城市生活垃圾处理已经取得了很大进展,并正进入新的发展时期。一个以城市生活垃圾治理为中心,带动环卫行业全面发展的产业正在逐步形成。但是现阶段我国城市生活垃圾治理水平还较低,也存在许多问题和矛盾。如何妥善解决存在的问题,使城市生活垃圾综合治理系统衔接配套,纳入良性循环是稳步推进我国城市生活垃圾处理可持续发展进程的必要前提。

第一,是垃圾管理问题。城市生活垃圾管理是一直被忽视的薄弱环节。人们一贯把着眼点放在生活垃圾的末端处理上,而忽视了垃圾从源头到末端的全过程管理,致使城市生活垃圾处理总是处于被动治理的状态。通常是城市生活垃圾污染越来越严重了,引发了严重的社会反映甚至影响到社会的安定,才引起各级政府和方方面面的高度重视,意识到垃圾问题非解决不可了,于是抓科学研究,抓技术开发,抓资源筹集和投入,抓基础处理设施建设等等。但是如何从源头抓起,抓住垃圾综合治理的各个环节,尤其是借助科学的管理方法和措施,抓住加强和提高民众的环境意识,抓住垃圾的避免和源头减量,抓住垃圾的分类收集和直接回收利用,抓住减轻垃圾收运过程的污染,抓住垃圾资源开发利用等等,却缺乏统筹考虑和安排。其实许多表面是业务技术性的垃圾治理工作都紧密关联着管理与法制。完善法律规章是为实施管理和处理提供依据,提高科学管理水平是为使垃圾治理全过程有序正常、高效实用。事实上,解决垃圾污染与防治问题单纯依靠工艺技术手段和资金投入是绝对不行的,必须在此基础上依靠严密的科学管理方式,并致力于提高城市生活垃圾综合治理系统各个环节的管理水平,才能够确保城市生活垃圾综合治理的顺利实施。

第二,是管理体制问题。体制问题关系到城市生活垃圾治理的成败。垃圾管理体制包括从中央到地方的各级管理机构的设置。管理机构设置得当、具有权威性就能够使城市生活垃圾综合治理系统的运作机制通畅高效,反之则相反。目前我国城市生活垃圾管理体制不健全,其问题的焦点是体制变更频繁,政企不分,管干合一,缺乏管理与监督的权威性。我国城市生活垃圾治理工作一直被作为社会公益事业由政府包揽。从生活垃圾的收集、清运到处理处置以及监督管理等都由政府全部负责。各城市的环境卫生部门既是垃圾治理的监督管理部门,又是垃圾收运和处理业务的执行单位,这种体制不能在环卫行业形成有效的监督和竞争机制,也限制了垃圾产业运营的市场。目前,我国许多城市已经实施马路清扫竞拍承包,公厕管理竞拍承包,给垃圾收运和处理的市场化做了示范。我们要在稳定管理体制、健全管理机制的基础上,推动我国垃圾产业的形成和良性运作。

第三,是有关城市生活垃圾的法律规章还不够完善的问题。法律规章是加强垃圾管理力度,推动垃圾产业,促进技术开发的保障。近年间,我国各级政府都很重视城市生活垃圾的立法工作。国家和地方都先后制定了一系列的法律和行政规章,如《中华人民共和国固体废弃物污染防治法》、《城市市容和环境卫生管理条例》及《城市生活垃圾管理暂行规定》等,都对我国依法管理城市生活垃圾提供了法律依据。现在应该根据我国城市生活垃圾综合治理的现状及发展趋势,进一步完善相关法律规章,并依据各类处理技术的发展与建设实践,制定和更换相关技术标准。在今后一段时期内,随着我国城市生活垃圾处理水平的提高与深化,与垃圾处理相关的法规及标准规范等将会更加完善,为推动我国城市生活垃圾治理提供更具有可操作性的准绳。

第四,是选择适合国情的垃圾处理方式问题。目前我国垃圾处理水平还很低。究竟如何确立适合国情、因地制宜的垃圾综合治理体系,需要从源头到末端都选择适当的方式。要把垃圾治理的重点放在清除污染、利用垃圾上。尤其要促进有用垃圾成分的直接分类回收,促进废电池等的分类回收、集中处理。要依据我国经济、技术和地区基础条件等来选择垃圾处理工艺。要避免那种一个阶段一个主题曲的局面,以保证实施城市生活垃圾的综合治理。

第五,是资金投入问题。近年来国家和各地政府投入大量资金用于垃圾治理问题,为减轻垃圾污染、治理生活垃圾提供了保障。但是要提高垃圾治理水平,建设足够的垃圾处理设施,需要非常大量投资,势必给国家财政和地方财政带来极大的负担。从目前情况看,完全依靠政府投资来解决垃圾处理问题是不可能的,必须实施垃圾处理设施建设投资的多元化,运营的市场化,尽可能多渠道筹措垃圾处理资金,以保证垃圾处理资金及时供应。根据发达国家的成功经验,建立垃圾收费制也是补充垃圾处理资金不足的有效方法。目前,我国北京、重庆、珠海等部分城市已经开始实施生活垃圾收费制度,但大多数城市还未实施,应该进一步加强和健全垃圾收费制度,认真贯彻“谁污染谁负担”的原则,使市民和企业事业单位认识自己对治理垃圾的责任,扩大垃圾治理的资金渠道。

第六,是实现垃圾回收利用的多元化问题。实现城市生活垃圾资源化是垃圾治理的主要目标之一。除充分利用各种转换利用技术实现垃圾的资源转换之外,更应该发挥我国在废品回收方面的优良传统,尽快改变近年废品回收的低潮局面。要实现居民环境意识教育与废品回收的网络、配套设施设备等紧密结合使城市生活垃圾中的各类有用物品物尽其用,变废为宝。

当前市场经济的发展,促使包装垃圾产量大幅增长,而生活消费水平的提高,使原本实行废品回收的物品进入了垃圾混合收集过程,不仅增加了垃圾产生量,也提高了垃圾的处理难度。垃圾减量在各城市实施效果不理想。从事垃圾回收业者比较侧重废纸、废金属等利润较高的废旧物资,轻视废塑料、废玻璃、废电池的回收。这些不仅限制了我国城市生活垃圾减量化、资源化的实现,也是垃圾污染环境的潜在威胁。

鉴于我国城市生活垃圾处理的实际情况,根据固体废弃物管理的基本原则,应建立一个完整的、科学的、规范的城市生活垃圾处理体系,达到生活垃圾减量化、资源化和无害化的目标,重点应抓好以下几个方面:

(1)加强科学管理,健全监管体制。我国目前专门从事固体废弃物管理的机构和人员不多,管理不规范、不科学,体制不健全。因此,应实现高效协调的宏观科技管理和科学化管理制度,形成组织结构优化、布局合理、精干高效的研究开发队伍,逐步建立市场经济和环保产业发展规律的环境管理体系。这需要培养人才,理顺体制,加强管理,发挥行政主管部门的管理职能。

(2)重视可持续发展,完善基础建设。我国城市垃圾处理建设一直滞后于国民经济的发展速度,这主要是各级政府重视不足、投入不够所造成的。主要表现为基建规模小,资金短缺,处理设施超年限运行,转运设备更新迟缓等等。垃圾传统堆放要逐步向工厂化处理发展。根据处理垃圾的要求和不同的垃圾成分及城市经济、技术、地理条件分别建设卫生填埋场、高温堆肥、焚烧等无害化处理厂,以达到无害化、减量化、资源化、能源化的目的,这是符合人类社会可持续发展的,也是城市垃圾处理设施建设的重点。

(3)推进资源回收和综合利用的产业化进程。固体废物物资回收和综合利用是实现节约自然资源的主要手段之一,应进一步完善资源回收系统,扶植综合利用行业,提供优惠政策,实现向产业化阶段的转换,面向全社会服务。垃圾是再生资源的宝库,将垃圾中的废纸、金属、玻璃、塑料等加以回收利用,不但可解决资源持续利用问题,而且又可大大减少环境污染。综合利用是实现固体废物资源化、减量化的最重要手段之一。对废物加以回收、利用的同时,大大减轻了后续处理处置的负荷,同时产生了较好的经济效益。

（4）开展防治技术成果的应用和转化，实施技术改造和创新。控制污染重要的一条是要在技术上采取措施，而我国目前在垃圾处理技术方面规模太小，不能发挥高科技开发力度，同时科技成果转化率低，信息交流传递速度慢，处理技术深度不够。因此，城市垃圾处理技术应注重开发、完善城市垃圾和农村生物质的热解技术，加强可降解固体废物的生物处理技术研究，开展固体废物减量化、资源化、能源化的技术应用，建立有害废物安全填埋和焚烧处理关键技术的推广，有效实施高新环保技术研究、改造和创新。

（5）加快相关法律、法规及标准的制定。为了规范居民、企业、政府和公众团体的行为意识，保障城市垃圾管理工作有法可依，全面提高国民环境意识和环境法制观念，应尽快出台固体废弃物污染环境防治法实施细则及配套法规，在继续完善环境立法的同时，应进一步强化保护环境执法力度。

（6）深化城市环境综合整治，加大环境宣传教育力度。目前，我国城市居民环境意识在提高，但环保行为落后于思想进步，绿色消费行为还没有开展起来，白色污染日益严重，使生活垃圾难以处理，又影响堆肥质量。因此，应深入开展全社会环境教育，提高全民族的环境意识。同时，调整城市环境功能，完善城市环境综合整治质量、考核指标体系，运用经济手段加强城乡企业污染防治，有效控制城市固体废弃物的产生，调动社会力量维护城市环境的整洁有序。

## 第二节　生活垃圾产生量与理化性质

### 一、我国生活垃圾产量与影响因素

#### （一）城市生活垃圾产量概述

随着经济的高速发展、人民生活水平迅速提高、城市规模的扩大和城市化进程的不断加快，我国城市生活垃圾的产生量和堆积量均在逐年迅速增加。根据国家环保总局公布中国环境状况公报显示，2002 年全国生活垃圾清运量为 13638 万 t，比上年增加 1.2%，其中生活垃圾无害化处理量为 7404 万 t，无害化处理率为 54.3%；2003 年全国生活垃圾清运量为 14857 万 t，比上年增加 8.8%，其中生活垃圾无害化处理量为 7550 万 t，无害化处理率为 50.8%。直辖市和省会城市在生活垃圾产生量方面占有重要比例（见表 1-3，以成都市为例）。生活垃圾产生量的 60% 集中在全国 50 万以上人口的 70 多座重点城市。我国城市生活垃圾年产量已超过 500 kg，垃圾的历年堆存量已达 60 多亿 t，全国有 200 多座城市陷入垃圾的包围之中，垃圾堆存侵占的土地面积多达 5 亿多 $m^2$。同时由于无害化处置设施和场所建设的滞后，无害化处置率有所下降。由于我国各地区之间的地理条件、生活习惯和发展水平等差异很大，因而城市生活垃圾的构成也比较复杂。近年来，我国城市生活垃圾在产量迅速增加的同时，其构成也发生了很大变化，主要表现为：有机物增加，可燃物增多，可利用价值增大；这一变化趋势将会对我国城市生活垃圾处理处置技术的发展产生较大影响。当前我国城市生活垃圾的主要构成为：(1)有机物：厨余、果皮、草木等；(2)无机物：灰土、砖陶等不可回收物和塑料、纸类、金属、织物及玻璃等可回收物；(3)其他：大件垃圾和有毒有害废物。

表 1-3　成都市区生活垃圾清运量变化

| 年　　份 | 1997 | 1998 | 1999 | 2000 | 2001 | 2002 | 2003 |
|---|---|---|---|---|---|---|---|
| 垃圾清运量/万 t·a⁻¹ | 0.77 | 0.88 | 0.90 | 0.93 | 1.04 | 1.18 | 1.15 |

### （二）城市生活垃圾构成的影响因素

**1. 民用燃料结构对垃圾构成的作用**

民用燃料结构的确对垃圾构成有着很大的影响。燃煤区垃圾中无机组分明显高于燃气区，可回收废品的比例亦明显降低。影响城市垃圾组分的一个重要因素是燃料消费结构。中国是以煤为主要燃料的国家，一次能源的 75% 是煤炭。以往煤炭不仅广泛用于工业生产，同时也是家庭燃料的重要组成部分，大部分家庭的做饭、取暖均以煤炭为主要燃料，造成城市生活垃圾中含有大量的煤灰，垃圾中有机物含量较少。但是，近年来随着城市集中供热和煤气化的普及，民用燃料的消费结构发生了重大变化，同时也带来了城市垃圾组分的变化。垃圾中的有机组分和可回收废品的比例明显提高，热值进一步增加；厨余成为主要组分，因而垃圾的含水量也相对增加。

**2. 居民生活水平和消费结构与垃圾构成**

居民生活水平和消费结构的改变不仅影响城市垃圾的产生量，也是影响垃圾成分的重要因素。从 1992 年到 2001 年，居民生活水平不断提高，城镇居民的收入提高了 2.93 倍。与此同时，城镇居民排出的垃圾成分也发生了相应的变化。生活垃圾中煤渣含量持续下降，而易堆腐垃圾和可回收废品的含量则持续增长。由此可见，影响垃圾构成的最大因素是居民的生活水平和消费结构的改变。同一城市不同地区的垃圾成分也有所不同。高级住宅区的垃圾中可回收废物（塑料、纸类、金属、织物和玻璃）的含量（82%）明显高于普通住宅区（47%）。但是，由于普通居民生活水平不高，垃圾中厨余物含量较高，因而垃圾含水率较高，热值仍偏低。

**3. 垃圾产生源与垃圾构成**

我国城市垃圾中居民生活垃圾成分较为复杂，主要由易腐有机物、煤灰、泥沙、塑料、纸类等构成。而且其构成受时间和季节影响，变化大且极不均匀。街道保洁垃圾来自清扫马路、街道和小巷路面，它的成分与居民生活垃圾相似，但是泥沙、枯枝落叶和商品包装物较多，易腐有机物较少，平均含水量较低，低位热值略高于居民生活垃圾。集团垃圾系指机关、团体、学校、工厂和第三产业等在生产和工作过程中产生的废弃物。它的成分随发生源不同而变化。这类垃圾与居民生活垃圾相比，具有成分较为单一稳定，平均含水量较低和易燃物、特别是高热值的易燃物多的特点，它的低位热值一般为 6000～20000 kJ/kg。

**4. 城市特征与垃圾构成**

我国各地区经济发展不平衡，这使我国城市垃圾构成和特性有很大的不均匀性。其特点是：

（1）大城市与中小城市垃圾构成有十分明显的区别。大城市的生活垃圾构成中有机物成分和可回收利用物的比重较高而中小城市该部分比重偏低。

（2）由于总体上南方城市的居民消费水平及生活能源气化率相对北方城市要高，因而南方城市垃圾中的有机物和可回收利用物要高于北方城市。

（3）包装废物在城市垃圾中的比重增加，是造成城市垃圾增长的重要原因之一。随着生活水平的提高和人们消费意识的变化，以及包装工业的发展、商品的包装形式越来越繁多，包装物的种类和数量激增，一次性使用的商品也广泛被应用于宾馆和餐饮行业。这些附有包装物的用品和一次性用品消费后，包装材料便进入垃圾中，使得城市垃圾猛增。实际上垃圾中的金属、玻璃、纸类，特别是塑料等物质大部分是用后废弃的包装材料。例如，蔬菜进入超级市场后，虽然由于曾进行过择选和清洗减少了垃圾中厨余物的量，但却因为进行了包装，增加了垃圾中包装材料（主要为塑料）的含量。而一次性商品仅仅使用一次便被废弃，不仅增加了垃圾产生量，同时也是对资源的极大浪费。随着产品的过量包装和一次性用品的大量消费，生活垃圾中包装材料所占份额逐年上升，并对环境造成极大污染。

## 二、城市生活垃圾的性质

### (一) 城市生活垃圾的组成

城市生活垃圾的组成成分是一个直接影响到垃圾处理方法选择和处理设施设计规划的关键性参数之一,是一个受地理环境、能源结构、经济发展程度、居民生活习惯、生活水平、气候特点和废品回收等许多因素影响的因变量。根据我国有关标准,城市垃圾的构成分为有机物、无机物、可回收物和其他垃圾四大类。有机物分为植物垃圾和动物垃圾两类,对居民生活垃圾而言,主要是蔬菜、肉食和水产品等的厨余废弃物。无机物包括灰土、砖瓦和陶瓷等回收利用价值较低,而又不会对自然环境造成严重危害的废弃物。可回收物的分类主要考虑回收后材料利用和资源再生过程中的工艺要求,将其分为纸类、塑料、橡胶、纺织物、木竹、玻璃、金属等类型,以便于废品的综合利用。我国部分城市垃圾的组成、南北方部分城市垃圾的组成分别如表 1-4 和表 1-5 所示。

**表 1-4　中国部分城市垃圾的组成成分**(质量分数/%)

| 城　市 | 有　机　物 | | | | | 无　机　物 | | | |
|---|---|---|---|---|---|---|---|---|---|
| | 厨余 | 废纸 | 纤维 | 竹木 | 塑料橡胶 | 玻璃陶瓷 | 金属 | 煤灰泥砖 | 其他 |
| 北　京 | 39.00 | 18.18 | 3.56 | | 10.35 | 13.02 | 2.96 | 10.93 | 2.00 |
| 天　津 | 50.11 | 5.53 | 0.68 | 0.74 | 4.81 | | | | |
| 上　海 | 70.00 | 8.00 | 2.80 | 0.89 | 12.00 | 4.00 | 0.12 | 2.19 | |
| 重　庆 | 38.79 | 1.04 | 0.97 | 1.58 | 9.10 | 9.03 | 0.53 | 37.99 | 1.00 |
| 广　州 | 63.00 | 4.80 | 3.60 | 2.80 | 14.10 | 4.00 | 3.90 | 3.80 | |
| 深　圳 | 58.00 | 7.90 | 2.80 | 5.19 | 13.70 | 3.20 | 1.20 | 8.00 | |
| 南　京 | 52.00 | 4.90 | 1.18 | 1.08 | 11.20 | 4.09 | 1.28 | 20.64 | 3.00 |
| 无　锡 | 41.00 | 2.90 | 4.98 | 3.05 | 9.83 | 9.47 | 0.99 | 25.29 | 2.58 |
| 合　肥 | 44.97 | 3.57 | 2.98 | 2.52 | 10.22 | 4.24 | 0.29 | 28.40 | 2.30 |
| 宜　昌 | 29.54 | 1.22 | 0.73 | 1.05 | 1.18 | 8.03 | 0.41 | 55.82 | 2.00 |

**表 1-5　中国部分南北城市垃圾组成统计**(质量分数/%)

| 地　区 | 城　市 | 有　机　物 | 无　机　物 | 可　燃　物 | 水　分 |
|---|---|---|---|---|---|
| 南方城市 | 上　海 | 68.48 | 23.74 | 8.83 | |
| | 广　州 | 47.90 | 31.77 | 14.17 | 48.86 |
| | 杭　州 | 50.72 | 56.57 | 2.34 | |
| | 苏　州 | 50.72 | 56.57 | 2.34 | |
| | 长　沙 | 13.86 | 82.71 | | 25.13 |
| | 桂　林 | 40.11 | 59.89 | 40.40 | 27.00 |
| | 成　都 | 41.80 | 51.60 | | 44.20 |
| | 宜　昌 | 21.24 | 70.75 | 5.70 | |
| 北方城市 | 石家庄 | 18.81 | 81.19 | 12.80 | 18.10 |
| | 天　津 | 35.34 | 53.01 | 10.64 | 46.63 |
| | 新　乡 | 14.22 | 64.82 | 0.96 | 20.00 |
| | 威　海 | 30.90 | 52.00 | 26.00 | 35.00 |
| | 牡丹江 | 53.10 | 32.44 | 4.50 | 31.50 |
| | 沈　阳 | 34.96 | 58.14 | | 44.12 |
| | 济　南 | 28.12 | 66.96 | 3.85 | 30.60 |
| | 乌鲁木齐 | 27.10 | 61.00 | 12.00 | 30.30 |

动态统计结果表明,我国城市垃圾在产量迅速增加的同时,垃圾的构成也发生了很大的变化。尽管各地区的经济发展不平衡,使得垃圾的构成和特性有很大的不均匀性,但无论南方、北方,大、小城市,其城市垃圾的成分都呈现出一致的变化趋势,即无机成分随着时间的推移明显减少,易腐物和可回收物品却普遍增加,可燃物比例也在增大,这将会对今后城市垃圾处理处置技术的发展产生较大影响。其特点可概括为:

(1) 大城市与中小城市的垃圾构成有很明显的差别。大城市生活垃圾构成中有机物成分占总量的31%～36%,无机物成分约占60%,废品约占4%～6%;中小城市生活垃圾中有机物成分约占其总量的20%,无机物成分约占75%,废品比重更低。

(2) 在地理环境影响方面,南方城市垃圾中的有机物与可燃物比例高于北方城市。主要原因有:气候差异导致北方城市生活能源中燃煤比例及使用率均高于或长于南方城市,因而垃圾中灰渣增加,有机物比例相对减小;饮食结构差异导致南方城市居民的瓜果、蔬菜的食用量及食用期大于或长于北方城市,因而其垃圾中有机物成分比例相对较大;就整体经济水平而言,南方城市高于北方城市,因此,其垃圾中的纸张、塑料、橡胶等可燃物,可回收物的比例相对较大。有关分析表明,中小城市的垃圾构成与地理环境的关系较为密切,北方城市垃圾中有机物成分约占16.42%,南方城市垃圾中有机物成分明显高于北方城市,为28.54%。但对于大城市而言,虽然其地理环境等基础条件有所不同,由于城市居民的消费水平都比较高,所以城市垃圾中有机物的含量差距相对较小。因此,随着经济的发展,城市这一人工环境的发展将愈加完善,城市居民生活受自然环境的影响也将越来越小,城市垃圾的构成受自然环境的影响也将随之减弱。

(3) 无论南方还是北方,经济发达地区或城市的垃圾中有机物及可燃物的比例比较大。如经济发达的大城市垃圾中的厨余、纸张、塑料、橡胶的含量均较高。以厨余为例:上海70%,广州63%,深圳58%,南京52%,天津50%。而居民消费水平及能源气化率都较低的中小城市,其生活垃圾中有机物成分仅占垃圾总量的22.48%,无机物成分约占65%,可回收物占的比例甚小。

(4) 燃料结构对垃圾的产量和成分构成明显的影响。随着城市集中供热和煤气化的普及,民用燃料结构发生了重大变化,同时也带来了城市垃圾组成的变化。主要表现在对垃圾中无机物成分,即煤灰量的影响。对于燃煤区,其垃圾中煤灰渣比例可高达70%～80%;对于燃气区,煤灰比例理论上趋于零,但由于灰渣土的存在,其无机成分在30%左右。有关资料表明,燃料结构在一定程度上影响有机物人均日产生量,这样也会影响垃圾的构成。如沈阳市双气户人均有机物日产生量为0.195 kg,单气户为0.132 kg,燃煤户为0.050 kg。

**(二) 城市生活垃圾的物理性质**

由于城市生活垃圾是一种非均质的多样物质的混合物,不像单一物质那样具有自己特定的内部结构和外部特征,故不存在特定的物理性质。它的物理性质常随其构成物的性质和比例的改变而变化。在城市垃圾的管理和处理过程中,常涉及的物理性质有容重、空隙率和含水率三个物理量。

(1) 容重。城市垃圾在自然状态下,单位体积的质量称为垃圾的容重,以 $kg/m^3$ 或 $t/m^3$ 表示。垃圾容重随垃圾的不同构成、压实程度和生化降解的不同过程以及清运处理方式的不同而变化。因此垃圾容重又分为自然容重,垃圾车装载容重和填埋容重等。垃圾容重是垃圾的重要特性之一,它是选择和设计贮存容器、收运机具或管道大小、计算确定处理利用构筑物和填埋处置场规模等必不可少的参数。通过分析1990年我国12个城市提供的垃圾容重调查数据得出:垃圾自然容重为 $(0.53 \pm 0.26)t/m^3$,垃圾车装载容重为 $0.8\ t/m^3$ 左右、垃圾填埋容重为 $1\ t/m^3$。一般而言,经济发达,居民生活水平较高的大城市由于垃圾中轻质有机物含量高,容重偏低,约为 $0.45\ t/m^3$;而中小城市,特别是北方城市,由于垃圾中重质无机构(主要为炉灰渣)含量高、容重偏高,约为 $0.6 \sim 0.8$ t/m³,个别北方中小城市垃圾自然容重甚至达 $1.0$ t/m³。工业发达国家的垃圾容重为 $0.10 \sim 0.15$ t/m³,中等收入国家为 $0.20 \sim 0.40$ t/m³,低收入国家为 $0.25 \sim 0.50$ t/m³。

(2) 空隙率。空隙率是垃圾中物料之间空隙的容积占垃圾堆积容积的比例,它是垃圾通风能力的表征参数,并与垃圾的容重相互关联。容重小的垃圾,其空隙率一般较大。空隙率越大,物与物之间的空隙越大,物料的通风断面积也越大,空气的流动阻力相应就越小,越有利于垃圾的通风。因此,空隙率广泛用于堆肥供氧通风以及焚烧炉内垃圾强制通风的阻力计算和通风机参数的确定;影响空隙率的主要因素是物料尺寸、物料强度和含水率。物料尺寸越小,空隙数就越多;物料结构强度越好,空隙平均容积越大,这都将导致垃圾空隙率的增加。水会占据物料之间的空隙并影响物料的结构强度,导致空隙率减小。表 1-6 是城市垃圾在不同状态下空隙率的实测值。

**表 1-6　城市垃圾实际空隙率测定值**

| 样　品　号 | | 1 | 2 | 3 | 4 | 5 |
|---|---|---|---|---|---|---|
| 生垃圾 | 未振动 | 0.780 | 0.773 | 0.779 | 0.781 | 0.776 |
| | 振动 | 0.725 | 0.721 | 0.725 | 0.726 | 0.724 |
| 熟垃圾 | 未振动 | 0.571 | 0.572 | 0.576 | 0.577 | 0.576 |
| | 振动 | 0.489 | 0.496 | 0.499 | 0.500 | 0.499 |
| 煤灰 | 粗 | 0.790 | 0.784 | 0.782 | 0.735 | 0.789 |
| | 细 | 0.764 | 0.765 | 0.765 | 0.765 | 0.763 |
| | 喷水 | 0.638 | 0.640 | 0.642 | 0.642 | 0.640 |
| 菜叶 | | 0.608 | 0.609 | 0.610 | 0.614 | 0.611 |
| 菜叶灰混合 | | 0.618 | 0.619 | 0.617 | 0.620 | 0.621 |

(3) 含水率。水分是垃圾处理过程中所关心的一个重要参数,其值的高低直接影响着垃圾填埋、垃圾堆肥和垃圾焚烧过程的正常进行,且在垃圾分选过程中,垃圾中的水分也将影响到垃圾的筛分和空气分选及物料的输运等。城市垃圾的含水率定义为单位质量垃圾之含水量,用质量分数(%)表示,它是个较易变化的物理量,一定成分的垃圾含水率常随空气中湿度的变化而改变,且与人为混入的水分有关,其变化幅度为 11% ~ 53%(典型值为 15%,40%)。据调查,影响垃圾含水率的主要因素是垃圾中动植物含量和无机物含量。当垃圾中动植物含量高、无机物含量低时,垃圾含水率就高,反之含水率低,即垃圾含水率与有机含量成正比。

**(三) 城市生活垃圾的化学特性**

城市生活垃圾是多种物质的混合物,其化学特性与垃圾的各构成组分的化学性质有着密切的关系。一般人们根据垃圾处理技术方法的要求而确定的表示城市生活垃圾化学性质的特征参数有水分、挥发分、灰分、元素组成、有机质、固定碳及发热值。城市垃圾的化学性质对选择垃圾加工处理和回收利用工艺十分重要。对于垃圾堆肥处理技术,常考虑的垃圾化学特性有:水分、有机质及元素组成等。按堆肥处理的元素构成分析,垃圾中主要构成元素可分为三大类:

(1) 营养元素:C、H、O、N、P、K、Na、Mg、Ca 等;

(2) 微量元素:Si、Mn、Fe、Co、Ni、Cu、Zn、Al 等;

(3) 有毒元素:Pb、Hg、Cd、As、S、Cl。

在实际堆肥过程中,垃圾的主要元素分析成分是 C、N、P、K,且常用 C/N 和 C/P 来表示。由于这两个参数对堆肥的进程和成品的肥效有很大影响(如堆肥原料的 C/N 以 30∶1 为宜,熟化堆肥产品的 C/N 在 10~20 为宜),因此,在堆肥处理时,通常要严格控制这两个参数。对于垃圾热处理的热解、气化、焚烧而言,主要考虑的垃圾化学特性有:水分、灰分、挥发分、固定碳和发热值等,而垃圾的主要元素分析成分是 C、H、O、N、S、Cl 等。国外有关资料报道,采用元素分析法测定垃圾的化学组成,其成分(质量分数)大致为:C 10%~20%;H 1%~3%;O 10%~20%;N 0.5%~1%;灰分 10%~25%;水分 40%~60%;热值 2930~5020 kJ/kg。表 1-7 是我国昆明市老马山垃圾填埋场垃圾部分化学特性的实测值。

**表 1-7 昆明市老马山垃圾填埋场垃圾化学特性**

| 成 分 | 单 位 | 测 定 值 |
|---|---|---|
| pH | | 7.93 |
| 水分 | % | 30.51 |
| 有机质(以 C 计) | % | 8.89 |
| 总氮(以 N 计) | % | 0.68 |
| 总磷(以 $P_2O_5$ 计) | % | 0.31 |
| 总钾(以 $K_2O$ 计) | mg/kg | 1.78 |
| Cd | mg/kg | 1.28 |
| Hg | mg/kg | 2.31 |
| Pb | mg/kg | 79.35 |
| Cr | mg/kg | 123.05 |
| As | mg/kg | 16.39 |

## 第三节 生活垃圾产量与成分预测

### 一、垃圾总量预测

生活垃圾产量变化受多种因素的影响,其中,人口因素和经济因素是两个非常重要的因素,在考虑经济因素时,可以 GDP、居民消费总额、职工工资总额、居民可支配收入、社会零售总额等指标,通过分析垃圾产量变化与人口数量指标和经济指标变动的关系,预测垃圾产量的变化趋势。例如,根据浦东新区历年统计资料,可以获得该区从 1994 年到 2002 年的垃圾产量(t/d)、人口(人)、GDP(万元)和消费品零售额(万元)这几个指标的统计量。人口、GDP 和消费品零售额等指标基本能代表影响垃圾产量变动的社会和经济因素。各指标的统计量见表 1-8。

**表 1-8 浦东新区主要统计数据**

| 年 份 | 1994 | 1995 | 1996 | 1997 | 1998 | 1999 | 2000 | 2001 | 2002 |
|---|---|---|---|---|---|---|---|---|---|
| 生活垃圾/$t \cdot d^{-1}$ | 704.6 | 838.5 | 1121 | 1334 | 1040 | 1001 | 1108 | 1089 | 1379 |
| 人口/人 | 146.20 | 148.63 | 151.11 | 153.40 | 156.18 | 160.08 | 164.87 | 168.45 | 172.82 |
| 消费品零售额/万元 | 75.74 | 110.00 | 140.21 | 162.23 | 178.97 | 198.31 | 215.17 | 233.02 | 256.23 |
| GDP/万元 | 291.20 | 414.65 | 496.47 | 608.22 | 704.27 | 801.37 | 920.63 | 1082.02 | 1253.13 |

## (一) 基本数据分析

从表 1-8 中的数据看,1997 年的垃圾产量为 1334 t,远高于其后 4 年的垃圾产量,接近 2002 年的垃圾产量,本书认为这个数据是不正常的,同时,由于无法了解该数据不正常的原因,为了便于后面的分析,将该样本值去掉。

根据表 1-8 中各统计指标的数据,以 1994~2002 年的统计量为样本,进行灰色关联度分析,获得如下关联矩阵:

|  | 垃圾产量 | 人口 | 消费品零售额 | GDP |
|---|---|---|---|---|
| 垃圾产量 | 1 | 0.424643 | 0.3592484 | 0.376679 |
| 人口 | 0.4816455 | 1 | 0.2996443 | 0.2957358 |
| 消费品零售额 | 0.3494816 | 0.2549201 | 1 | 0.6188767 |
| GDP | 0.4188601 | 0.2957358 | 0.6751577 | 1 |

从上述关联矩阵中可以看出,单纯从统计数据上看,在与垃圾产量相关联的人口、消费品零售额和 GDP 这三个因素中,人口指标与垃圾产量的关联度最大,其次是 GDP,消费品零售额的关联度最低。从原始数据看,由于 1997 年的垃圾产量数据达到峰值后,随后的两年又有了显著的下降,在最后的 5 年中呈波动性增加,可能正是原始数据的波动性,导致了这种关联分析的结果。

## (二) 垃圾总量预测

以下采用三种预测方法,相互校验。

### 1. 垃圾产量的自回归分析

在作垃圾产量的自回归分析时,应尽可能选取更多的样本,因此,以 1994~2002 年的统计数据共 9 个样本为依据,作回归模型如下:

$$Y_{垃圾} = 51.502X + 810.84 \quad R_2 = 0.4392$$

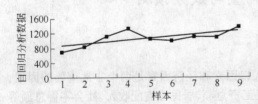

图 1-1　自回归分析数据与样本数据关系图

数据系列见图 1-1。从图中可以看出,由于原始数据的波动很大,数据随时间的变动不太规律,这样,时间系列预测模型的相关性很低($R_2 = 0.4392$),因此,用垃圾产量的自回归模型预测的结果将不会十分理想。

$X=1$ 时,计算出的 $Y$ 值表示的是 1994 年的预测值,由该模型可获得如表 1-9 所示的预测结果。

表 1-9　垃圾产量自回归分析预测结果

| 年　份 | 2003 | 2004 | 2005 | 2006 | 2007 | 2008 | 2009 | 2010 |
|---|---|---|---|---|---|---|---|---|
| 预测量/t·d⁻¹ | 1326 | 1377 | 1429 | 1480 | 1532 | 1583 | 1635 | 1686 |

### 2. 三元回归分析预测

建立垃圾产量与人口、GDP 和消费品零售总额的多元回归模型如下:

$$Y_{垃圾} = 13740.696 - 96.237\,X_{人口} + 2.528\,X_{GDP} + 3.921\,X_{消费总额} \quad R_2 = 0.677$$

使用该模型预测垃圾产量时,还必须对人口、GDP 和消费总额进行预测。

分别对人口、GDP 和消费总额建立回归模型如下:

$$X_{人口} = 141.29 + 303357\,X \quad R_2 = 0.9827$$

$$X_{GDP} = 114.86 + 155.94 \, X \quad R_2 = 0.9881$$

$$X_{消费零售} = 21.284 + 68.013 \, X \quad R_2 = 0.9853$$

$X = 1$时,计算出的以上各值表示的是1994年的预测值,余下类推。由该模型可获得表1-10所示的预测结果。由此可获得垃圾产量的多元回归预测结果如表1-11所示。

**表1-10 人口、GDP和消费品零售总额的自回归分析预测结果**

| 年 份 | 2003 | 2004 | 2005 | 2006 | 2007 | 2008 | 2009 | 2010 |
|---|---|---|---|---|---|---|---|---|
| 人口/人 | 174.65 | 177.98 | 181.32 | 184.65 | 187.99 | 191.33 | 194.66 | 198.00 |
| GDP/亿元 | 1304.54 | 1419.40 | 1534.26 | 1649.12 | 1763.98 | 1878.84 | 1993.70 | 2108.56 |
| 消费品零售/亿元 | 280.85 | 302.14 | 323.42 | 344.71 | 365.99 | 387.27 | 408.56 | 429.84 |

**表1-11 垃圾产量多元回归分析预测结果**

| 年 份 | 2003 | 2004 | 2005 | 2006 | 2007 | 2008 | 2009 | 2010 |
|---|---|---|---|---|---|---|---|---|
| 预测量/t·d⁻¹ | 1062 | 1115 | 1168 | 1221 | 1274 | 1326 | 1379 | 1432 |

**3. 垃圾产量对三个影响因素的逐步回归分析**

逐步回归结果表明,浦东新区消费品零售额的变化对垃圾产量变化的影响最为重要,这与上面的相关因素分析结果是相吻合的。得到的预测模型为:

$$Y_{垃圾} = 612.026 + 2.616 \, X_{消费零售} \quad R_2 = 0.521$$

$X_{消费零售}$代表的是当年的消费品零售额。使用该模型进行预测时,还必须利用多元回归中对消费零售的预测,由此可以获得垃圾产量逐步回归预测结果见表1-12。

**表1-12 垃圾产量逐步回归分析预测结果**

| 年 份 | 2003 | 2004 | 2005 | 2006 | 2007 | 2008 | 2009 | 2010 |
|---|---|---|---|---|---|---|---|---|
| 预测量/t·d⁻¹ | 1347 | 1402 | 1458 | 1514 | 1569 | 1625 | 1681 | 1736 |

**（三）三种预测结果的比较**

综合上述三种回归方法所得到的回归结果如表1-13所示,其中2002年的数据为实际产量。

**表1-13 三种回归方法结果比较**

| 年 份 | 2002 | 2003 | 2004 | 2005 | 2006 | 2007 | 2008 | 2009 | 2010 |
|---|---|---|---|---|---|---|---|---|---|
| 自回归 /t·d⁻¹ | 1379 | 1326 | 1377 | 1429 | 1480 | 1532 | 1583 | 1635 | 1686 |
| 三元回归 /t·d⁻¹ | 1379 | 1062 | 1115 | 1168 | 1221 | 1274 | 1326 | 1379 | 1432 |
| 逐步回归 /t·d⁻¹ | 1379 | 1347 | 1402 | 1458 | 1514 | 1569 | 1625 | 1681 | 1736 |

从上述三种预测结果可以看出,尽管使用的方法都是线性回归分析,但由于涉及的因素不同,预测的结果也大有不同。从垃圾产量的特性看,其本身统计上的误差使得预测误差能够局限在10%,认为就是可信的。

反过来再分析一下样本数据。先看其每年的递增率、三年平均递增率和五年平均递增率(见表1-14)。

表 1-14　递增率结果分析

| 年　份 | 1994 | 1995 | 1996 | 1997 | 1998 | 1999 | 2000 | 2001 | 2002 |
|---|---|---|---|---|---|---|---|---|---|
| 生活垃圾/t·d⁻¹ | 704.6 | 838.5 | 1121 | 1334 | 1040 | 1001 | 1108 | 1089 | 1379 |
| 年递增率/% | | 19.00 | 33.69 | 19.00 | 22.04 | 3.75 | 10.69 | 1.71 | 26.63 |
| 三年递增率/% | | | | 23.71 | 7.44 | 3.70 | 6.00 | 1.55 | 11.27 |
| 五年递增率/% | | | | | | 7.27 | 5.73 | 0.58 | 0.67 |

从表 1-14 可以看出,浦东新区生活垃圾的实际统计量波动非常大,1996 年递增率达到了 33.69%,而 1998 年的又递减了 22.04%,到 2002 年又出现了迅猛增长。从多年平均增长情况看,1997~2000 年,平均每年递减 6%,而 1999~2002 年,平均每年递增 11.27%,增幅令人不可想象。1994~1999 年之间,平均增幅达到了 7.27%,而在 1997~2002 年间,平均年增幅只有 0.67%。

鉴于样本数据本身,并考虑到生活垃圾产量的非正常波动,从 2002 年开始,浦东新区的生活垃圾产量应该进入一个缓慢增加的阶段,对不同方法的预测结果的多年平均递增分析看,还是一元回归的结果较为理想(见表 1-15),因此,将以一元回归的预测结果为浦东新区垃圾产量依据。

表 1-15　三种回归递增结果比较

| | | | | | | | | | |
|---|---|---|---|---|---|---|---|---|---|
| 一元回归 | 三年平均递增/% | 6.17 | 8.14 | 1.19 | 3.73 | 3.62 | 3.47 | 3.38 | 3.24 |
| | 五年平均递增/% | 4.98 | 6.59 | 5.22 | 6.33 | 2.13 | 3.61 | 3.49 | 3.36 |
| 多元回归 | 三年平均递增/% | 1.40 | 0.79 | 5.39 | 4.76 | 4.54 | 4.32 | 4.14 | 3.97 |
| | 五年平均递增/% | 0.42 | 2.18 | 1.06 | 2.31 | 1.57 | 4.54 | 4.34 | 4.16 |
| 逐步回归 | 三年平均递增/% | 6.73 | 8.79 | 1.87 | 3.97 | 3.82 | 3.68 | 3.55 | 3.43 |
| | 五年平均递增/% | 5.31 | 6.97 | 5.64 | 6.81 | 2.62 | 3.82 | 3.70 | 3.55 |

预测结果:2005 年,浦东新区的生活垃圾日产量将达到 1429 t;2010 年将达到 1686 t。后面将围绕这两个指标分析浦东新区的生活垃圾综合处理方法。

## 二、生活垃圾成分预测

通过比较浦东与上海市区垃圾性质数据可看出,浦东与市区纸类与塑料含量之和相近,但浦东垃圾纸类含量小于市区,而塑料含量大于市区,其他成分、含水率、热值相近。由于城市生活垃圾成分受燃气率、气候、流动人口量、社会经济发展水平、居民消费水平等诸多因素影响,而浦东近几年与市区在经济水平、居民消费水平、消费习惯相近,且随着城乡一体化进程的加快发展,现有浦东农村生活垃圾性质与市区的差别也将很快缩小乃至消失,因此对浦东城市生活垃圾性质及农村生活垃圾性质的预测可结合上海市区的生活垃圾性质现状和预测来进行推测。预测浦东新区农村地区未来生活垃圾中有机垃圾(厨余、果皮)、纸张和塑料将占主要部分,其中厨余的比重呈逐年下降趋势,而纸类和橡塑的比重增长明显,其他物质组成的比重则变化不大。未来浦东新区农村地区生活垃圾性质预测见表 1-16。

从表 1-16 可见,未来浦东新区农村地区生活垃圾中厨余及果皮的比重呈逐年下降的趋势,而纸类和布类的比重明显增长,其他物质组成的比重则变化不大。

表1-16　生活垃圾物质组成预测表　　　　　　　（单位：%，湿基）

| 组　成 | "干"垃圾 | | | | | | | "湿"垃圾 |
|---|---|---|---|---|---|---|---|---|
| 年　份 | 纸类 | 塑料 | 竹木 | 布类 | 金属 | 玻璃 | 渣石 | 厨余及果类 |
| 2005 | 10.83 | 13.21 | 1.93 | 3.21 | 0.83 | 5.45 | 2.17 | 62.37 |
| 2010 | 12.82 | 12.98 | 2.49 | 4.41 | 0.98 | 5.64 | 1.92 | 58.76 |
| 2015 | 15.44 | 12.62 | 2.86 | 5.28 | 0.87 | 5.36 | 1.79 | 55.78 |

# 第四节　生活垃圾处理与处置

垃圾的处理方法很多：堆肥、填埋、焚烧、流化床制燃气、垃圾制燃料、垃圾投海、垃圾养殖蚯蚓、垃圾做筑路材料、垃圾制砖、垃圾制石油、纤维糖化技术、废纤维饲料化技术、垃圾炼钢、垃圾产沼技术等，其中最为常用的处理方式是堆肥、填埋、焚烧。不同的国家所选择的处理方式因垃圾成分的不同而异，而且也不是一成不变的。

## 一、国内外垃圾处理现状

国内外垃圾处理现状如下：

（1）日本。日本面积虽然不大，人口也不多，但产生的垃圾数量却很大，1994年达5000万t，人均产生垃圾1.1 kg/d以上。垃圾收集方式是实行分类收集：自1975年静冈县沼津市开始垃圾分类回收以来，实行分类回收的市、镇、村的数量年年增加，到1995年达到了65%，到2001年达到了88%。于是，在日本人的家中和公共场所都同时备有几个垃圾桶，用于存放不同种类的垃圾。居民扔垃圾时必需按照当地的垃圾处理规定，对垃圾进行分类并装在普通塑料袋或指定的塑料袋中，不同的垃圾要在指定的时间放在指定的地点。日本垃圾最大的特点是有机物质含量高，在家庭排除的废弃物中，塑料包装和空瓶罐占有相当大的比例，这一点与日本的经济是很相称的。垃圾在除去不可燃烧的物质后一般是用封闭式垃圾车运到分布于全国各地的垃圾焚烧处理厂（日本目前拥有垃圾电站计102座，垃圾处理总量为每日5.2万t。占垃圾总产量的73%）焚烧，焚烧厂可以利用垃圾燃烧热发电、供热，经济效益很可观。

（2）墨西哥。与日本相比，墨西哥垃圾年产生量小很多。据统计，1985年，墨西哥全国产生的垃圾量约1000万t，20世纪末垃圾产量达到约3000万t，年增长率约为8%，垃圾处理的紧迫性很严重。墨西哥处理垃圾最主要的方法是有用物质的回收利用：纸张和纸板等物质以工业原材料的形式再循环利用；冶金工业产生的废物以原料方式充分利用到其他行业；有机废物垃圾用于堆肥，不仅可以为农业提供良好的有机肥料，还可以化害为利，一举两得。

（3）德国。德国位于欧洲中部，地域较大，人口不多，经济发达，垃圾数量巨大。据初步统计，德国每年产生垃圾近3000万t，垃圾问题很突出。德国是世界上最早进行垃圾焚烧技术研究开发的国家。目前已有50余套从垃圾中提取能量的装置及10多家垃圾发电厂，并且用于热电联产，有效地对城市进行采暖或提供工业用气。1965年联邦德国垃圾焚烧炉只有7台，年处理垃圾7.8万t，可供总人口14%的居民用电，至1985年，焚烧炉已增至46台，年处理垃圾800万t以上，占垃圾总数的30%，可供总人口34%的居民用电。柏林、汉堡、慕尼黑等大型城市中，民用电的10%～17%来自垃圾焚烧。1995年德国垃圾焚烧炉达67台，受益人口的比率从34%增加到50%。

(4) 美国。美国地处太平洋西岸,地域宽广,人口稀少。但由于其经济发达,人们生活水平高,所以垃圾数量高,垃圾成分中可再生资源比例极高。垃圾中可燃烧的物质量大,垃圾的燃料热值也极大,达到 $11.7 \sim 14.0$ MJ/kg,其垃圾焚烧极为有利。美国从 20 世纪 80 年代起,政府投资 70 亿美元,兴建 90 座焚烧厂,年总处理能力 3000 万 t。目前最大的垃圾发电厂已经在底特律市建造,日处理垃圾量 4000 t,发电量 65 MW。现在 34 个州的地方政府从 1985 年起,在 5 年内投资 50 亿美元兴建城市垃圾能源化工厂,并可望从中受益 40 亿美元。

(5) 中国。我国人多地少,资源不足,垃圾的年排放量大。据统计,我国的城市垃圾平均以每年 8.98% 速度增长,1996 年我国城市垃圾清运量已达 10825 万 t;各个城市垃圾成分中有机物与无机物的含量变化很大。针对我国垃圾成分随城市规模大小不同、变化大的特点,不同城市垃圾处理的方式也有较大的区别。但我国经济还不是很发达,垃圾处理费用暂时不能得到充足的保证,导致目前我国绝大多数城市垃圾处理还处于低投入、少利用、高污染的状况,垃圾问题日益显得突出。目前我国垃圾的主要处理方式是填埋,这种方式不仅处理费用低,垃圾处理较彻底,在有条件时还可以回收甲烷作为燃气,其不利因素是利用了人类宝贵的土地资源,而且也容易对地下水造成污染,同时也造成了大量有用资源的浪费。因此在部分经济较发达的城市推行垃圾焚烧处理技术配合填埋法和堆肥法等处理方式实现垃圾处理的多元化是一种较理想的垃圾处理方式。但这一处理技术一定要结合我国的国情和垃圾成分的实际情况,避免盲目上马;在一些中小城市,积极提高垃圾填埋处理所占的比重,实现垃圾的再利用,建立城市生态农业示范区,探索出适合当前形势的各城市特色的垃圾处理方法;在选择垃圾填埋处理为主的城市,在填埋场设计之初,将填埋场的防渗、沼气利用及其后期开发等作为优先考虑因素,做到垃圾的卫生填埋。

## 二、生活垃圾处理处置技术

### (一) 填埋技术

填埋技术作为生活垃圾的最终处理方法,目前是我国大多数城市解决生活垃圾出路的主要方法。根据环保措施(主要有场底防渗、分层压实、每天覆盖土、填埋气导排、渗滤水处理等)是否齐全、环保水平能否达标来判断,我国的生活垃圾填埋场可分为三个等级:

(1) 非卫生填埋场。几十年来在我国一直沿用的填埋场,基本上没有环保措施,也谈不上执行环保标准,目前我国生活垃圾填埋场大多数属于这个等级。这类填埋场可称为露天堆置场或简易堆置场,对周围的环境造成一定的污染。

(2) 准卫生填埋场。这类填埋场目前在我国约占 20% 左右,有一些环保措施,但不齐全;或者虽然有比较齐全的环保措施,但不能全部达标。目前主要是场底防渗、渗滤水处理、每天覆盖土等不符合卫生填埋场的技术标准。

(3) 卫生填埋场。发达国家普遍采用的生活垃圾填埋技术,既有完善的环保措施,又能满足环保标准。填埋是大量消纳城市生活垃圾的最有效也是最终的处理方法。以其处理量大、方便、处理费用低等特点,在世界范围内被广泛应用。据统计,英国垃圾填埋比例占 90%,美国 67%,加拿大 80%,德国 46%,我国城市垃圾的 95% 以上为填埋处理。随着填埋技术的发展,填埋气导排技术在生活垃圾填埋场得以普遍采用并不断完善,同时填埋气回收利用技术在取得经验的基础上扩大试验范围。大、中城市的生活垃圾填埋场基本上能做到每天覆土,覆盖材料除黏土外,新型替代覆盖材料的研制工作也取得进展,并在部分缺少覆盖土来源的生活垃圾填埋场试点应用;在引进、消化的基础上,开发出压实机等新一代的国产化填埋专用机具,用于生活垃圾填埋场并取得较好效果;国产化人工合成防渗衬底材料的质量有较大的提高,设置人工合成防渗衬底的生活垃圾填埋场不仅仅局限于个别示范工程;生活垃圾渗滤水的处理技术多样化并取得实质性进展,但真正能达标排放的生活垃圾填埋场仍属少数;发达国家普遍采用的好氧填埋技术,在部分示范工程中率先得到应用;在大城市中,生活垃圾经过回收利用、堆肥、焚烧等方法处理后进入填埋场作最终处理;填埋技术在我国生活垃圾处理领域的主导地位,在今后相当长的一段时间内不会改变,但生活垃圾填埋处理的比例将稳步下降,填埋场中卫生填埋场的比例将明显上升。

预计在未来的5~10年内我国生活垃圾堆肥厂的机械化水平和堆肥质量有明显提高;堆肥产品中的重金属和碎玻璃等杂质的含量得到有效控制;国产化有机复合肥成套生产技术与设备进一步完善,生活垃圾堆肥厂中生产有机复合肥和颗粒肥的比例将逐步提高;采用机械化动态发酵工艺和利用有效菌种快速分解的新型堆肥技术,在部分城市得到应用并逐步推广;由于具有良好的减量化和资源化效果,生活垃圾堆肥技术将重新得到重视,生活垃圾堆肥处理的比例将逐步增加,但进一步开拓堆肥市场,仍有许多工作要做。但垃圾填埋也存在着缺点:

(1) 可燃物得不到利用;

(2) 渗出液处理难度大或处理成本很高;

(3) 占用大量土地。

因此,近年来,发达国家垃圾填埋量逐年下降,呈减弱趋势。填埋有可能发展成为其他处理工艺的辅助方法,成为一切不能再利用物质的最终消纳场。

**(二) 堆肥技术**

垃圾堆肥技术发展很快。自20世纪80年代起,我国应用"二次发酵工艺",堆肥生产趋向于工厂化。但是这种垃圾处理技术应以垃圾分类为前提。因为从垃圾处理和利用角度看,未经分拣的垃圾成分相当复杂,仅仅靠机械筛分的办法,许多有害物质就会随着堆肥产品进入土壤,造成二次污染。目前在我国常用的生活垃圾堆肥技术可分为两类:

(1) 简易高温堆肥技术。这类技术的特征是:工程规模较小,机械化程度低。采用静态发酵工艺,环保措施不齐全,投资及运行费用均较低。简易高温堆肥技术在中、小型城市应用较多。

(2) 机械化高温堆肥技术。这类技术的特征是:工程规模相对较大,机械化程度较高,一般采用间歇式动态好氧发酵工艺,有较齐全的环保措施,投资及运行费用均高于简易高温堆肥技术。机械化高温堆肥技术在我国曾有辉煌时期,从20世纪80年代初期到90年代中期,北京、上海、天津、武汉、杭州、无锡、常州等城市均建有这类堆肥厂。但由于堆肥质量不好、产品销路不佳、收不抵支等原因,到1995年大多数已关闭。

堆肥化综合处理工艺中,分选是关键,好氧发酵是主体,配制有机复混肥是目的。目前已建的几个生活垃圾堆肥化处理厂之所以堆肥产品达不到农用标准,关键在于分选处理不彻底和有机废物发酵因素控制欠科学化。至于制肥系统,只要腐熟堆肥符合农用标准,则以它为基料配制高效系列有机复混肥的技术是成熟可靠的。分选技术及其机械设备的科学组合视生活垃圾组成的物性(如粒度、比重、磁性、电性、摩擦性、弹性、表面润湿性)而定,以达到回收可利用物质和分离不利堆肥物料为目的。

分选技术是整个堆肥化综合处理工艺中的关键。中国各城市生活垃圾为混合袋装收集,垃圾组成十分复杂,因此分选处理难度较大,必须开发将多种分选设备进行科学组合,集筛分、磁选、重力分选、选择性破碎等技术方法为一体的专用分选工艺。实际上生活垃圾分选处理的机械设备并不复杂,主要是筛分机、皮带轮磁选机、风力分选机、破碎机等,再配以给料机、运输机、装载机、通风机等。问题在于如何根据各城市生活垃圾组成的不同去选择恰当的分选设备,如何把这些分选设备科学地组成分选能力强、效率高、能耗低、不堵塞、易维修的分选系统。

生活垃圾堆肥化过程的分选处理分前分选处理(预处理)和后分选处理(精分选),前者用于一次发酵前,目的是回收可利用物资(如易拉罐、塑料制品、铁块等等),使其循环再生利用,同时除去粗大的非堆肥的物料,以提高发酵仓容积系数;后者用于一次发酵之后,目的是分离堆肥中不合农用标准的物料,因此分选设备的选择和组合更为重要,其中最棘手的是塑料薄膜和重金属的去除。为此,建议在后分选处理中采用"一次发酵物—磁选—风力分选—双层滚动筛分—往复剪切式破碎机"相组合的工序。一些垃圾处理厂忽视后分选处理的工艺,以致堆肥产品中仍有不合农用标准的物质未去除而影响堆肥质量,不合格的堆肥产品仍属于垃圾范畴,在肥料市场上毫无竞争力。

　　生活垃圾好氧发酵过程是依靠生活垃圾中含有的各类微生物(细菌、放线菌、真菌)在分解有机物中交替出现,使堆肥温度上升、下降,并分解有机废物,使之转化为腐殖质的生物化学过程。该过程通常分两步完成,即第一次发酵(初级堆肥)和第二次发酵(熟化堆肥)。目前在施行这两个发酵过程中存在如下一些问题有待解决。中国城市生活垃圾一次发酵大多是在发酵仓内进行静态好氧发酵,采用机械强制通风,发酵 10 天左右,其中 60℃ 高温保持 5 天。影响有机废物发酵的因素主要是有机质含量、湿度(含水率)、碳氮比、堆肥过程的氧浓度和温度以及 pH 值。欲使一次发酵如期顺利完成,必须调整好上述影响发酵的因素。但厂家在执行过程中往往未严格监控上述因素的变化,于是也就未及时予以调整,以致一次发酵未达预期效果。生活垃圾适于堆肥的有机物含量为 20%～80%,以 40%～60% 为佳。有机物含量低于 20%,则不能提供足够热能供嗜热菌繁殖,难以维持高温发酵;但若有机物含量高于 80%,则堆肥过程需大量供氧,而往往供氧不足发生厌氧过程。中国各城市生活垃圾的有机物含量不尽相同。同一城市因生活能源不同,垃圾中有机物含量也有差别。即使生活能源相同的城镇,因季节不同,垃圾中有机物含量也有变化;因此为了有效控制发酵因素,垃圾处理厂进料时必须有垃圾的有机物含量数据。此外,生活垃圾用于堆肥的最适合的含水率为 50%～60% (尤以 55% 为佳),这种湿度最适宜嗜热微生物的生长繁殖和对氧的要求。若生活垃圾含水率高于 65%,则易导致营养物渗出和造成通气空隙不足,这会抑制需氧微生物的生长繁殖,甚至发生不良的厌氧分解,堆温下降;而含水率低于40% 也不利于需氧微生物生长,好氧分解速率缓慢。总之,生活垃圾含水率过高或过低均需要进行调节。

　　通常分解有机废物的微生物,其生长繁殖过程每利用 30 份碳就需要 1 份氮。据此,一次发酵适宜的碳氮比定为(25∶1)～(35∶1)为佳,碳氮比过低或过高都不利于嗜氧菌的生长繁殖,难以达到稳定的最佳堆肥。中国一些大中城市生活垃圾的碳氮比大多高于 35∶1,因此往往要添加粪便或氮肥水进行调节,使碳氮比达到或接近 35∶1。生活垃圾堆肥过程还需要适宜的氧浓度(14%～17%),若过低(<10%),则用强制性通风,以不断补给氧气,激发好氧菌的活性;否则氧不足将使好氧菌生长受抑制,使好氧发酵停止。反之若氧浓度高于 20%,应减少风量至氧浓度适宜为止。

　　另外,垃圾堆肥过程也需要适宜发酵温度和 pH 值,发酵温度以 35～55℃ 为宜。若发酵温度低于 15℃ 或高于 70℃,微生物将进入休眠状态或大量死亡,发酵缓慢甚至停止。有机废物发酵过程适宜的 pH 值为 6.5～7.5,这是微生物(尤其是细菌和放线菌)生长最合适的酸碱度;但是它们可在 pH 值为 6～8 范围内繁殖,一般不必调整 pH 值;只有当 pH 值过高(pH>9)或过低(pH<4)而减缓微生物降解速度时才调整堆肥的 pH 值。由上述可见,生活垃圾堆肥过程必须定时监控影响有机废物好氧发酵的诸因素,如垃圾进入储集库时有机物含量、含水率、碳氮比的分析测定数据,发酵过程碳氮比、氧浓度、温度以及 pH 值的变化数据。如果发现其中某一因素偏离上述适宜范围,则必须及时调整,以使有机废物生物降解过程能顺利进行。可是,目前一些垃圾堆肥厂并未严格实施碳氮比、氧浓度、温度、pH 值的监控任务,某些偏离适宜值的因素未予纠偏,以致

微生物活性受抑制而造成初堆(一次发酵)时间延长,而且腐熟度偏低。

一次发酵初期,生活垃圾中易分解的水溶性有机废物(糖类和淀粉)受嗜温性菌类作用而迅速分解,堆肥温度急剧上升,经一周左右堆温达 60～70℃,同时微生物种群发生变化,嗜温菌受抑制,而嗜热菌活性增加,纤维素受嗜热菌作用而分解;但一次发酵后仍残留不少难降解的有机物(纤维素和木质素为主),需要进行二次发酵,其目的是为了使堆肥达到充分腐熟。但是,如果二次发酵顺其自然进行,难分解的纤维素和抗分解的木质素还是难以彻底腐解,因为自然界只有少数种类微生物能分解木质素,要彻底分解需数月甚至一二年;因此二次发酵后依然有一部分木质素残留于堆肥产品内,堆肥产品中腐殖质低。于是如何加速纤维素和木质素彻底腐解,充分提高堆肥腐熟度(腐殖化稳定程度),便成为二次发酵的关键。为此,可以通过微生物接种(添加苗剂)来提高熟化堆肥的发酵效率,使堆肥充分腐熟。具体做法是:将筛选出分解纤维能力强、生长快、易繁殖的菌株制成堆肥添加菌剂,均匀撒于一次发酵后经传送带送往二次发酵仓的初级堆肥上,接种菌剂的浓度按堆肥重量比的 0.05～0.1 配制。经过上述菌株接种后的二次发酵能得到无明显纤维的熟化堆肥,其腐殖质含量可高于 8%。

### (三) 焚烧技术

焚烧是发达国家普遍采用的一种垃圾处理方法,是一种建立在政府向居民高额收费、政府大量补贴、垃圾源头严格分类、垃圾热值较高的情况下的一种较为理想的处理方式。从整体上看,我国采用焚烧技术尚处于起步阶段。焚烧技术的设备工艺和技术复杂严格,一次性投资巨大,而且如果解决不好排烟净化问题,很容易使得垃圾这种固体污染转化成气体污染。从 20 世纪 70 年代到 90 年代中期的 20 多年间,是垃圾焚烧发展最快的时期,几乎所有的工业发达国家、中等发达国家都建有不同规模、不同数量的焚烧设施,另外,在发展中国家,除有部分国家已建有垃圾焚烧厂外,目前还有一些国家的城市正在积极筹备建设垃圾焚烧厂,或规划建设垃圾焚烧厂,垃圾焚烧事业的发展方兴未艾。

日本是垃圾焚烧处理设施大户,垃圾焚烧厂遍布全国,1993 年全国共有垃圾焚烧设施 1854 座,比 1990 年的 1870 座略有下降,其下降的主要原因是进入 90 年代后,日本严格了垃圾焚烧废气的排放标准,使一些达不到排放标准的老厂关闭或停炉改造,尽管如此,日本的垃圾焚烧总量并没有下降,1993 年达到 3742 万 t/d,焚烧率达到 74.3%,比 1991 年的 72.8% 有所上升,这也是日本的垃圾焚烧设施向大型化转化的结果,另外,焚烧炉的订货也显示出逐年上升的趋势。美国 1996 年有垃圾焚烧厂 147 座,比 1994 年的 169 座及 1995 年的 162 座有所下降,其主要原因也是严格了废气排放标准,使得一些老厂被淘汰。美国 1993 年的垃圾焚烧率是 19%,填埋为 67%,堆肥为 2%,资源回收为 12%。1996 年焚烧率下降到 10%,填埋下降到 62%,资源回收为 28%,除了上述原因使焚烧率下降外,另一个原因是垃圾焚烧发电供热及堆肥化等资源回收部分算入了资源化回收率。德国 1990 年的垃圾焚烧设施有 49 座,处理总量为 900 万 t/a,1995 年发展到 56 座,焚烧率为 37%,比 1990 年的 30% 有所上升,焚烧处理量为 1080 万 t/a,到 2000 年又建设 13 座焚烧厂,焚烧率上升到 44%,焚烧总处理量达到 1315 万 t/a。英国 1993 年的生活垃圾总量为 2000 万 t,填埋占 83%,焚烧占 13%,回收占 4%,焚烧率比 90 年代初略有上升。意大利有垃圾焚烧厂 150 座,处理能力为 547.5 万 t/a。法国有垃圾焚烧厂 229 座,处理能力为 650 万 t/a。加拿大有垃圾焚烧厂 67 座,瑞典有 30 座,瑞士有 48 座,荷兰有 12 座,丹麦有 38 座,西班牙有 22 座,匈牙利有 1 座,韩国有 5 座,新加坡有 3 座,巴西圣堡罗有 2 座,尼日利亚有 3 座,马来西亚有 1 座,阿根廷有 1 座,印度新德里有 1 座,泰国曼谷有 3 座 100 t/d 的垃圾焚烧炉。近年来,随着经济的发展和城市生活垃圾处理技术的不断提高,国外城市生活垃圾处理方式的比例也发生了明显的变化。垃圾焚烧法可以说是一种比较有效的垃圾处理方法,它的减量化和资源化效果是很显著的。

我国生活垃圾焚烧技术的研究起步于 20 世纪 80 年代中期,"八五"期间被列为国家科技攻关项目。目前仅有深圳等少数城市采用了焚烧技术,尚处于起步阶段。随着我国东南部沿海地区和部分中心城市的经济发展和生活垃圾热值的提高,近年来已有不少城市建设生活垃圾焚烧厂,如深圳、珠海、上海、广州、顺德、中山、常州、北京、厦门等。综合目前我国生活垃圾焚烧技术应用的现状,大致可以归纳为以下两个等级:

(1) 国产化焚烧技术设备。目前我国有关单位,在吸取经济发达国家成功经验的基础上,正努力研制国产化的生活垃圾焚烧技术和设备。这些焚烧技术和设备大致有以下几种型式:1)顺推式机械炉排焚烧设备:2)逆推式机械炉排焚烧设备;3)履带式机械炉排焚烧设备:4)立窑式焚烧设备:5)流化床焚烧设备。基本上包括了国外常用生活垃圾焚烧设备种类。上述焚烧设备大多数尚处在安装、调试或试运转过程中,技术水平也有待提高。

(2) 综合型焚烧技术设备。综合型焚烧技术设备是指把引进技术设备与国产技术设备有机结合起来的生活垃圾焚烧系统。迄今,已采用或拟采用这种模式的有深圳、珠海、广州、上海、北京、厦门等城市。

焚烧炉技术经过几十年的发展已经比较成熟,焚烧炉的种类变化不大,机械炉排炉的炉排类型基本已经定型。主要制约焚烧事业发展的因素是二次污染防治技术的成败,特别是废气处理技术的成败。如果只考虑如何将垃圾烧掉,而忽略了垃圾焚烧所产生二次污染的防治问题,那么,焚烧产生的二次污染所带来的严重后果远比垃圾本身给人类带来的危害要大得多。

垃圾焚烧污染防治技术主要包括废气、废水、焚烧残渣的处理技术以及噪声、臭气防治技术。其中废水、噪声及臭气的治理难点不多,治理起来相对比较容易,而废气处理技术的难点最多,工艺最为复杂,处理成本也最大,废气处理设备的投资一般占焚烧设施总投资的一半或三分之二以上,而且,其潜在性的危害究竟有多大,还有待于人类进一步研究。因而,废气处理技术在各项污染防治技术中占有主导地位。焚烧设施的污染防治技术经过不断的更新,得到迅速的发展,特别是废气处理技术在更加严格的大气排放标准的要求下不断进步。初期的大气污染防治对策只是以烟尘为主要对象,与其相适应的污染防治技术是采用旋风除尘设备,为提高除尘效果,后来采用了多管旋风除尘设备。

随着科学技术的不断进步,静电除尘设备以其除尘效果好的特点而取代了多管旋风除尘设备,除尘效率大大提高。随着人们对焚烧废气对环境造成污染及对人体健康构成威胁的进一步认识,不仅加大了对烟尘的污染防治力度,还加强了对焚烧废气中其他有害物质如 $HCl$、$SO_2$、$NO_x$ 等的治理,从而出现了干式洗涤法、半干式洗涤法;20 世纪 70 年代建的焚烧厂大多采用了高性能的静电除尘器与干式洗涤法相组合的废气治理方式。进入 80 年代,各国都强化了焚烧废气排放标准,从而出现了湿式有害气体洗涤设备及脱硝设备,废气污染防治开始采取高性能静电除尘器与湿式洗涤设备相组合或高性能静电除尘器与湿式洗涤设备和脱硝设备相组合的方式。

进入 90 年代,随着人们对废气中有害物质特别是有毒的二噁英、呋喃等物质给人类身体健康造成危害的进一步认识,各国都扩大了焚烧废气排放中的有害物质范围,增加了二噁英、呋喃类,进一步严格了废气排放标准。使废气污染防治技术有了新的发展。处理设备也相应发生了很大的变化。袋滤式除尘设备以其除尘效果好,特别是能有效地去除二噁英类物质的特点开始取代静电除尘设备。欧洲、美国及日本等国家 90 年代新建的垃圾焚烧厂大都采用了袋滤式除尘器,废气处理工艺流程也采用了繁复的多种除尘方式相结合的形式,如袋滤式除尘设备与脱硝设备相组合的方式,或干式反应装置与袋滤式除尘设备相组合的方式等,以及其他处理设备相组合的方式。如英国伦敦市的东南部垃圾焚烧厂是 1993 年建成的新型垃圾处理厂,该厂的废气处理系统是由半干式有害气体去除装置、活性炭喷雾和袋滤式除尘器组成。废气处理效果非常好,二噁英类物质的排放(标态)平均为 $0.02\sim0.03\ ng/m^3$。美国宾夕法尼亚 1991 年建成的一座资源回收工厂即垃圾发电厂的废气处理系统采用的是干式洗涤器加消石灰喷雾加袋滤式除尘器。丹麦的霍尔斯汀堡垃圾焚烧厂 1993 年开始运行,所采用的废气处理系统是静电除尘器加湿式洗涤设备加袋滤式除尘器。荷兰阿尔克马尔市的大型垃圾焚烧厂于 1995 年建成,采用的废气处理方式为静电除尘器加半干式反应塔加消石灰和活性炭喷雾加静电除尘器加湿式涤气器加袋滤式除尘器加触媒脱硝。这套工艺比较复杂,但处理效果极佳。

最近几年,袋滤式除尘设备与其他有害气体去除装置相组合的方式已成为废气处理方式中的主流。焚烧炉中的二噁英类物质是在垃圾焚烧处理过程中生成的,它不像 HCl 等有害物质使用单一的装置就可去除,需要采用综合防治措施。目前国外大都采用多种方法去除二噁英类有害物质,首先通过改善焚烧炉的燃烧状态,使其不产生二噁英类物质的前驱物质,也就是目前焚烧炉形设计及炉形改造中所遵守的"3T"原则,所谓"3T"原则为:1T 指"Temperature",即保持高的燃烧温度(800℃以上),2T 指"Time",即保持燃烧气体的充分滞留时间,3T 指"Turbulence",即从炉顶部吹入二次燃烧用空气,使燃烧气体形成湍流,达到气体充分混合,实现完全燃烧。二噁英类物质发生量的多少是与一氧化碳(CO)的值成正比例关系的,CO 值越高,二噁英类物质的发生量就越多,只要使垃圾进行充分燃烧,抑制 CO 的生成,就能达到控制二噁英类物质生成的目的,"3T"原则就是以解决上述问题为目的的。其次是使用袋滤式除尘器吸附排气中的二噁英类物质的前驱物质和已生成的二噁英类物质。在采取了以上措施后,集尘灰和焚烧残渣中仍存有相当数量的二噁英类物质,需要通过对集尘灰和焚烧残渣进行高温熔融处理,将灰渣中残存的二噁英类物质进行热分解,从而达到无害化的目的。

目前,各国除了采用袋滤式除尘器来达到去除二噁英的目的外,在新建炉形的设计上也都采用了"3T"原则,有的国家还根据"3T"原则对原有的垃圾焚烧炉进行改造,如日本已制定了改造计划,准备分期分批对原有的炉型进行技术改造。焚烧残渣及集尘灰熔融处理技术的开发和应用也在逐步展开。所有这些措施都大大提高了焚烧排气中有害有毒物质的处理效率,使二次污染防治技术有了突破性进展,也成了垃圾焚烧废气处理方式的一种发展趋势。垃圾焚烧设施是环境污染源之一,这是被公认的事实,实现无公害焚烧是垃圾焚烧发展的总体目标,但就目前焚烧技术的现状看,实现彻底的无公害焚烧是不太现实的。近几年来,各国都严格了废气排放标准,加强对焚烧污染排放的控制,开发及应用了与之相适应的废气处理系统,同时正在研究开发新的污染防治技术,力争将焚烧排放的污染降到最小。

**(四) 生活垃圾其他处理方法**

1. **生活垃圾资源化**

近年来,虽然上述三种治理方法仍在沿用,但随着科学技术发展和社会进步,人们消费习惯的改变和生活水平的提高,环境保护与可持续发展呼声的日渐高涨,城市垃圾处理技术呈现了新的趋势。

2. **垃圾衍生燃料(Refuse Derived Fuel,RDF)**

由于城市生活垃圾组分变化幅度较大、热值波动大、水分含量较高、含有一定不燃物,如果不经处理直接将它作为固体燃料,无疑不太理想。近年来,随着生活水平的日益提高,城市生活垃圾的热值不断提高,城市生活垃圾能源化越来越被重视,将城市生活垃圾加工成一种热值更高、更稳定、易于运输、易于储存的新型固体燃料的城市垃圾处理法得到了较大的发展和应用。RDF的概念最早由英国于 1980 年提出,后来美国、德国等西方发达国家迅速投资进行研发并将成果应用于实践。日本政府于20世纪90年代初开始支持该技术的引进和研发工作,并于90年代末期推广应用。RDF一般是指将城市垃圾经破碎、筛选出不燃物后,将所得到的废塑料、纸屑等可燃物为主体的废弃物进一步粉碎、干燥成形而制得的固体燃料。这种由城市垃圾加工而成的新型燃料被称作垃圾衍生燃料或垃圾固型燃料(Refuse Derived Fuel,RDF)。RDF有如下优点:

(1) 较高的热值、均匀的燃烧特性;

(2) 能量回用、综合效率高;

(3) 烟气中重金属含量低、烟气净化成本低、灰分少。

RDF的应用范围较广,主要应用在以下几个方面:

(1) 中小公共场合中的应用。RDF在中小公共场合中的应用主要是指温水游泳池、体育馆、医院、公共浴室、老人福利院、融化积雪等方面。

(2) 干燥工程中的应用。在特制的锅炉中燃烧RDF,将其作为干燥和热脱臭工程中的热源进行利用。

(3) 在水泥制造方面的应用。RDF的燃烧灰一般需要处理,无疑需要增加运行费用。为了开发新的低运行费用的RDF应用领域,可将RDF的燃烧灰作为水泥制造过程中的原料加以利用,从而取消RDF燃烧灰处理工序,降低运行费用。

(4) 地区供热工程中的应用。在供热工程基础建设比较完备的地区,只需建设专门的RDF燃烧锅炉就可以实现RDF的供热。但在供热工程基础建设比较落后的地区由于费用高,用RDF供热则不经济。

(5) 发电工程的应用。在燃煤火力发电厂将RDF与煤混合燃烧发电,具有十分经济的特点,或在特制的RDF燃烧锅炉中进行小型规模的发电,也具有很大的经济性。

(6) 作为碳化物应用。将RDF在空气隔绝的情况下进行热解碳化,将制得的可燃气体进行燃烧作为干燥工程中的热源,热解残留物即为碳化物可作为还原剂在炼铁高炉中替代焦炭进行利用。

### 3.循环处理

循环处理是一种以确保环境质量和可持续发展为目标的有选择性的循环利用过程。城市生活垃圾处理必须在分类收集的基础上,选择垃圾分类收集加循环处理的环境影响和资源消耗量比提供等量原料生产加垃圾处置的环境影响和资源消耗量小的方案加以实施。循环处理要求在生产和消费中倡导新的行为规范和准则,表现在城市生活垃圾的处理上,就要求从单纯收集、运输、处理的观念转向优先抑制废弃物的产生和倡导循环利用。过去人们认为循环处理的目标是增加城市垃圾的循环量,事实上,循环本身并不是目的,城市生产垃圾循环处理的目标可以概括为:

(1) 节省填埋用地;

(2) 节约城市垃圾处理费用;

(3) 通过减少污染物排放显著改善环境质量;

(4) 增强经济发展的潜力。

这意味着循环处理将社会对矿石或石油等不可更新资源的利用量降至最小,并将对木材等可再生资源的利用量降到一种可持续化的水平。实现循环处理的目标不可避免地受到生产过程的限制。由于现阶段许多产品的设计并没有考虑循环利用因素,因此不易实施循环处理。

### 4.综合处理

垃圾综合处理就是将堆肥、焚烧和填埋三者有机结合,综合为一体的处理方法,基本思路是对垃圾进行初步筛分,去除其中的灰分或不可堆肥的无机质,用于作填埋的覆盖层;然后对筛上物进行严格的分拣,有机质运至发酵仓进行高温堆肥,废塑料及筛上的可燃物运去焚烧;焚烧所产生的热量用于堆肥烘干和复合肥的造粒。综合处理利用首先要解决的问题是垃圾的分类收集。目前垃圾的分类收集在我国才刚起步,只有少数地区试行。

5. 垃圾发电

国外最早进行垃圾焚烧发电技术研究开发的是德国,随后英国、法国、美国、日本等国也积极开展了这方面的研究。德国目前已有 50 余座从垃圾中提取能量的装置及 10 多家垃圾发电厂,并且用于热电联产,有效地对城市进行采暖或提供工业用汽。法国共有垃圾焚烧炉约 300 台,可将城市垃圾的 40% 以上处理掉。美国从 20 世纪 80 年代起,政府投资 70 亿美元,兴建 90 座焚烧厂,年总处理能力 3000 万 t。垃圾发电是垃圾由无害化向减量化、资源化迈进的重要一步。

目前,国内出现了一大批集研究、开发、推广生活垃圾焚烧发电技术为一体的高等院校、科研机构、集团企业,对垃圾焚烧发电技术的国产化起到了一定的推动作用。国家将关闭发电功率小于 5MW 的火电厂,届时将有大量的发电设施被闲置。如何利用这些设施进行垃圾焚烧发电,清华紫光已有较大的投入进行这方面的技术开发,并取得了阶段性进展。近期将开工的某城市垃圾焚烧厂就是在其原有发电设施基础上,加以改造利用的。发展垃圾焚烧发电技术大有可为:发展城市垃圾热电站与城市人口数量亦有一定的关系。因为电站的生产是连续性的,需要有足够数量的垃圾才能保证连续运行。同时,还要考虑垃圾数量与质量会随季节的不同而有变化。按城市人口平均每人每天产生垃圾量约为 1 kg,城市人口大于 100 万以上,则每日产生城市垃圾在 1000 t 以上,年发电量为 1.05 亿 kW·h,就可以保证稳定发电。一般来说,城市生活垃圾的热值在 5000 kJ 左右,才适宜发电;日处理垃圾量在 1000 t 以上时,单独建立发电输送网,投入产出才经济。垃圾焚烧的基本原则是无害化,国内垃圾焚烧技术在尾气治理方面,大都还停留在工艺阶段。一味强调垃圾处理的资源化,搞垃圾焚烧发电,无视国内生活垃圾的实际,忽视当前垃圾处理所面临的减量化、无害化这一最迫切要求,是不明智的,也是不可取的。制约垃圾发电产业化进程的因素主要有:(1)垃圾发电产业必须在经济发达地区才能得到发展;(2)垃圾发电需要具有较高的管理水平;(3)垃圾发电产业化发展要给予必要的优惠政策。

**(五) 生活垃圾其他处理对策与前景**

全球垃圾处理技术的现状与发展前景表明,仅仅依靠垃圾处理技术不足以彻底解决垃圾问题。因此各国在努力探索城市生活垃圾处理技术同时,更加关注城市生活垃圾减量化、无害化和资源化对策,尤其制定大量垃圾法规以摆脱垃圾灾难,综观全球各国垃圾法核心内容与目标的递进过程,可以发现,全球城市生活垃圾对策视点的演替经历了三个阶段:第一阶段,20 世纪 70 年代初期至 80 年代初期,全球垃圾对策视点一直停留在末端垃圾问题上,而形成了"垃圾处理法"特征,如日本厚生省在 1971 年就制定"废弃物处理清扫法",主要重点在公害防治处理,又如德国早在 1972 年通过了第一部废物处置法,目的是通过填埋、堆肥和焚烧处置废物。第二阶段,20 世纪 80 年代中期至 90 年代中期,全球垃圾对策视点已部分转移到前端垃圾减量措施上,而形成了"垃圾排放法"特征。如德国在 1986 年修订了 1972 年的废物法。在此之前称为废物处置法,而此时就称为"废物的减量和处置法"。这一新名词的引入显示了在废物处置上的新思维。又如日本通产省于 1991 年制定"资源回收法",积极推动玻璃瓶、铝铁罐、废纸等的回收;而且在 1995 年厚生省又大幅度修订"废弃物处理清扫法",将立法重点从公害防治处理转移到垃圾减量措施上。第三阶段,进入 20 世纪 90 年代,全球垃圾对策视点进一步转移到潜在垃圾和前端垃圾减量的全过程控制对策上,而形成了"循环经济垃圾法"特征,资源利用模式由原料—产品—废弃物单向运行转变为原料—产品—原料循环运行。如 1994 年德国又通过新的物质循环管理—垃圾法。在此法中又规定废物的减量优化于废物资源化,明确提出了减量化、资源化和无害化处置的优先顺序。又如日本于 1998 年由主管废弃物的厚生省和通产省联合拟订"产品包装分类回收法",强制企业回收金属、纸类、塑胶等包装,达到垃圾减量的目的。垃圾对策视点演替过程及资源利用模式的转变说明,目前各国垃圾问题的根源在于垃圾对策视点的落后。如德国、日本正是由于进入 20 世纪 90 年代调整垃圾对策视点;连续出台了良好的循环经济垃圾法才摆脱垃圾灾难走向资源王国的。

我国城市生活垃圾回收再利用产业已产生,但由于至今未引起足够重视和缺乏相应的政策指导,目前仍处于发展缓慢的状态。从目前我国垃圾回收再利用产业的组织结构看,必须摆脱城市垃圾清运处置主要由各市环卫部门主管即垃圾清运处置过程的管理、监督、运行基本由政府一家独揽的局面,建立并发展第四产业中介机构。总体上看,只有中介机构才能起到"既配合政府、又服务于社会两肩挑"的作用。垃圾资源回收利用产业链的配置是指捡拾、收购、分选、运输、转运、销售、加工、成品市场、检测、管理、总规模控制等一系列环节的合理搭配和联系,以及每一个环节内部的搭配组合。加强宣传提高垃圾产业意识,垃圾资源回收利用产业宣传应包括:行业外部,以提高全社会垃圾资源认识为重点,提高垃圾分类收集回收利用意识;行业内部,要加强法规、职业责任与道德、卫生防疫、计划生育以及素质教育、操作技能等宣传。

我国已建有若干个具有示范作用的卫生填埋场、高温堆肥厂和焚烧厂,技术人员和管理人员积累了一些经验,为今后生活垃圾处理技术的进一步发展打下良好的基础。

# 第五节　生活垃圾处理二次污染的危害与控制

## 一、垃圾填埋二次污染的危害与控制

随着城市生活垃圾数量的增加,其管理和控制已经成为环境保护领域的突出问题,卫生填埋由于技术工艺简单、维护费用低已经成为国内外广泛采用的垃圾处理处置技术。但是,目前我国城市生活垃圾约有 80% 以上仍采用露天堆放、直接填埋的垃圾简易填埋法。填埋场在使用过程中及封场后相当长时间内会产生大量的二次污染物,如不妥善处理会持续几十年甚至上百年,对周围的大气、土壤和水体造成严重的污染。如美国的腊芙运河公害事件,就是众所周知的填埋场二次污染事件造成的危害,人们至今记忆犹新。另外,考虑运输问题,填埋场一般离城市不远。然而随着城市化范围的扩大,填埋场带来的景观问题也日趋尖锐,已成为城市发展的焦点。故采取有效措施防治二次污染,使填埋的垃圾及其产物与周围的土壤、水体隔离,减少其对周围环境的污染具有重要的实际意义。现根据建设部《城市生活垃圾卫生填埋技术标准》,参考国外先进的垃圾卫生填埋技术,提出在垃圾卫生填埋场建设和填埋操作中为防止和减少填埋释放物对周围环境的二次污染所必须着眼的问题及应着重考虑的方面。

卫生填埋场中的生活垃圾含有大量的有机物,这些有机物大多可被微生物厌氧消化、降解,产生大量的垃圾填埋气体。其主要成分为 $CH_4$ 和 $CO_2$ 以及其他一些微量成分如 $NH_3$、$H_2S$ 和挥发性有机气体等。填埋场释放气体若不采取适当的收集系统,会在填埋场内累积,并向场外释放,对周围环境和填埋场工作人员的安全造成危害。主要包括以下几方面:

(1) 爆炸事故和火灾。当 $CH_4$ 达 5%～15% 与空气混合极易引起爆炸。如 1994 年 8 月 1 日湖南省岳阳市的一座垃圾堆发生爆炸,产生的冲击波将 1.5 万 t 垃圾抛向高空,摧毁了垃圾场外 20～40 m 处一座泵房和两道污水大堤。

(2) 地下水污染。填埋场释放气中的挥发性有机物和 $CO_2$,会溶解进入地下水,破坏原来地下水中 $CO_2$ 的平衡压力,促使 $CaCO_3$ 溶解;引起地下水硬度升高。全封闭型填埋场的填埋气体的逸出会造成衬层泄漏,从而加剧了渗漏液的浸出,造成地下水污染。

(3) 加剧全球变暖。垃圾填埋气中 $CH_4$ 含量达 40%～60%。$CH_4$ 和 $CO_2$ 是主要的温室气体,它们会产生温室效应,使全球气候变暖,而 $CH_4$ 对 $O_3$ 的破坏是 $CO_2$ 的 40 倍,产生的温室效应要比 $CO_2$ 高 20 倍以上。

(4) 导致植物窒息。$CH_4$ 虽对维管植物不会产生直接的生理影响,但它可以通过直接的气体置换作用或通过甲烷细菌对氧气的消耗降低植物根际的氧气水平,使植物根区因氧气缺乏而死亡。另外,$CH_4$ 在无氧的条件下能促进乙烯的形成。

(5) 填埋气的恶臭气味易引起人的不适,其中含有致癌、致畸的有机挥发性气体。

渗滤液:渗滤液指垃圾在堆放和填埋过程中由于发酵、雨水淋刷和地表水、地下水的浸泡而滤出来的污水。渗滤液组分较复杂,对地面水的污染以 BOD、COD 表征的有机污染和 N、P 污染为主。渗滤液中含有的难以生物降解的萘、菲等非氯化芳香族化合物,氯化芳香族化合物,磷酸酯,邻苯二甲酸酯,酚类化合物和苯胺类化合物等污染物,对地面水的影响将会长期存在,即使填埋场封闭后的一段时期内仍然如此。渗滤液通过下渗对地下水也会造成严重污染,主要表现在地下水的水质混浊,有臭味,COD、氨氮含量高,油、酚污染严重,大肠菌超标。1983 年夏季,贵阳市哈马井和望城坡垃圾堆放场所在地区同时流行痢疾,其原因就是地下水被垃圾渗滤液污染,大肠菌超过饮用水标准 770 倍以上,含菌量超标 2600 倍。

填埋场封场后的景观污染:考虑减少运输费用,填埋场通常建在离城市不远的地方。随着城市规模的不断扩大,当市区向四周扩张时,当初的填埋场将会被扩大的城市所包围。并且每个填埋场封场后,这些完工的高台状的垃圾场将会带来一系列的环境问题。由于填埋场产生物及封场后的安全再开发问题处理不尽如人意,公众将垃圾填埋场看成为一颗将来人为控制系统失效后会发生爆炸的“定时炸弹”,故许多城市在填埋场选址时遇到了很大的阻力,郊区农民拒收垃圾以及反对在当地建填埋场的事件已屡见不鲜。

为解决垃圾填埋产生的二次污染,需从场地建设、渗滤液收集处理、填埋气的回收利用、封场后填埋场安全再利用几方面考虑。

(1) 场底基础。填埋场的选址,要按照《生活垃圾卫生填埋技术标准》执行。进行垃圾卫生填埋首先要处理好场底基础,场底必须能支撑和承受设计容量的全部垃圾的压力,不会因填埋垃圾的沉陷而使场底变形。对于采用人造防渗层的填埋场来说,场底还应有保护防渗层的作用和有利于防渗层的施工。为防止垃圾渗出液污染地下水,根据场址的工程地质和水文地质情况,必须采取完善和有效的防渗设施。防渗处理的目的一方面是防止渗滤液渗入地下,污染地下水;另一方面是防止地下水侵入填埋场,造成渗滤液水量大幅度上升,增加渗滤液处理量及费用。防渗材料有黏土、沥青、塑料膜和人工橡胶等。以前垃圾填埋场都铺放一层防渗材料,近几年国外一些城市开始采用双防渗层。当填埋场附近土壤的渗透率小于 $10^{-7}$ cm/s 时,可以采用天然土壤作防渗层,否则采用人工合成的防渗层。垂直防渗可以采用帷幕灌浆、不透水布等。为使卫生填埋经济可行,需在场地选址、勘探和工程作业上下功夫,科学地计算渗滤液产生量、构成成分,综合考虑当地的水文地质条件,充分利用可利用的自然特征,选择地质条件好的场地做填埋场。

(2) 渗滤液的收集处理。为了防止垃圾渗滤液对地面水、地下水的污染,同时也为了减少渗滤液量,填埋场应设置清污分流设施:在垃圾场外设置截洪沟和疏导渠,以截留和疏导填埋区上游山区地表径流和部分潜水。由于截洪沟的深度有限,部分来自填埋场上游的地下潜水将进入填埋场,可能会增大渗滤液量,对此可以在填埋场内适当位置设置场内雨水引流沟和引流管,利用引流措施减少进入填埋场的雨水和潜水量。对于地下水,设置地下水导排系统,在场底基础上铺设导流层(如粗沙),导流层底部修筑排水盲沟,盲沟中放置多孔导流管。因地制宜确定填埋场顶面坡度,减小填埋操作作业面,实行规范的填埋操作也可以减少渗滤液量。渗滤液由于成分复杂、污染大,在排放前必须进行处理。

渗滤液的处理是城市垃圾填埋场正常运行的必要环节之一,但一直都是一个棘手的问题,迄今为止国内外尚无十分完善的能够适应各种垃圾渗滤液的处理工艺。垃圾渗滤液的处理包括土地处理法、蒸发法和场外污水处理场处理法。土地处理包括慢速渗滤系统、快速渗滤系统、地表漫流、湿地系统、地下渗滤土地处理系统以及人工快渗滤处理系统等多种土地处理系统。目前用于渗滤液处理的土地处理法主要是回灌法和人工湿地。回灌法,就是将在填埋场底部收集到的渗滤液从其覆盖层表面或覆盖层下部重新灌入填埋场,主要是利用填埋场垃圾层这个“生物滤床”来净化渗滤液,回灌能缩短垃圾最终降解所需时间,增加垃圾的压实密度,进而增加了垃圾填埋量,同时增加了渗滤液在填埋场中的停留时间,使得渗滤液污染物充分降解而浓度大为降低。回灌法主要适用于气候干旱、渗滤液产生量少的情况。

蒸发法就是通过自然蒸发或以强制手段使渗滤液浓缩成固体,然后作为固体垃圾处理。把渗滤液抽出储存起来进行自然蒸发,对于排放到空气中的有毒混合物需要进行空气质量模拟和监测。使用快速蒸发器、外力循环蒸发器、降膜式或者搅拌薄膜式蒸发器可以实现强制和机械蒸发。典型的强制性蒸发需要高能量,它有投资大和运行费用高的特点,基于费用、效果和实用性,国内填埋场渗滤液处理一般不考虑蒸发器和强制蒸发方案。渗滤液场外处理法就是把抽出的渗滤液直接输送到场外的污水处理厂处理。在选择场外处理之前,需要考虑以下因素:可能选定的场地和距离;输送的渗滤液量,输送工具和处理费;场外处理场的操作人员和处理容量;输送之前需要做的前处理;处理期间渗滤液量和水质变化情况;场外处理场承受不同水质;渗滤液的能力;场外污水处理场是否切实可行各方面。场外污水处理厂处理渗滤液的常用方法有生物处理法如活性污泥法、氧化塘、厌氧滤床、厌氧接触反应器、硝化等,以及包括活性炭吸附、化学沉淀、密度分离、化学氧化、化学还原、离子交换、膜渗析、汽提及湿式氧化法等。

(3)填埋气的回收利用。目前国内外填埋气利用的主要途径有:在蒸气锅炉中燃烧,用于室内供热和工业供热;通过内燃机发电;作为运输工具的动力燃料;经脱水净化处理后作为管道气。填埋气的利用分三个阶段:填埋气的收集,填埋气的净化,终端利用。国际组织“全球环境基金”已在南京、马鞍山和鞍山三市开展垃圾填埋场甲烷回收与综合利用示范工程实践。

(4)安全再利用。当填埋场达到使用年限时,完工的高台状的垃圾场带来的景观问题也不容忽视。为此有必要对其进行表面覆盖处理和植被的重建。表面覆盖处理作为垃圾填埋场卫生填埋后期工作中的重要环节,主要是为垃圾场复垦奠定基础,为未来组建生态系统中植物生长提供基质,同时具有保护顶部防渗层、减少进入垃圾堆体的下渗雨水量。植被组建应首先栽种草坪植物或苜蓿等,同时种植树木。最初建立的群落结构应为草—灌—乔,逐渐过渡为乔—灌—草的群落结构。覆盖土层的厚度因封场类型、垃圾堆龄和组建植被的类型而异。对于已关闭一段时间的垃圾场,其表面覆盖厚度随垃圾堆龄而下降。由于沼气可以通过直接的气体置换作用或通过甲烷细菌对氧气的消耗降低植物根际的氧气水平而造成植株高死亡率,因此,对于刚封闭的填埋场,应根据覆盖处理的最初两年植物根系垂直生长的深度确定覆盖层的厚度,以保证植物在沼气活动强烈的前两年,根系完全生长在表面覆盖层内,避免沼气的危害。一般来说,50 cm 厚的覆盖层可满足木本植物生长的需要,草本植物所需的覆盖层厚度为 20 cm。

## 二、垃圾堆肥二次污染的危害与控制

易腐有机废物如厨余、果皮、树叶等,可以通过沤肥、强制通风的好氧堆肥、隔绝空气的厌氧堆肥等措施使有机废物熟化和稳定化,杀灭有害病菌,从而达到无害化。传统的沤肥和厌氧堆肥时间长,一般需要 20 天以上,但耗能少,成本低。若土地允许,这两种方法是可取的。通风高温好氧堆肥可使有机物快速稳定化和无害化,一般的堆肥时间为 5~10 天。但由于需要通风,耗电量大,平均每吨成品堆肥耗电量在 10~15 kW·h。因此,好氧堆肥成本较高。若无法保本销售,堆肥厂就无法自我运行下去。另外,传统的堆肥肥效太低,大约 100~150 t 有机肥相当于 1 t 普通复合化肥。目前堆肥法的发展方向是堆肥和化肥相结合的有机复合肥制造和在优势菌种的存在下的快速厌氧堆肥。寻找非农业用途的堆肥应用新领域也是堆肥法得以广泛应用的条件之一。

近年来,国内外正在兴起优势菌种高温好氧快速降解有机废物的应用热潮。在某些细菌的存在下,各种肉类、植物类废物能够被迅速分解(一般为 1~2 天),实现了有机废物就地消化的目标。不过,人们有点担心这种分解能力极强的细菌扩散到环境以后对环境和人类可能产生的影响。

由加拿大科学家(IBR)开发的高温好氧无污染生物处理法(EATAD),对包括泔脚垃圾在内的有机垃圾具有较好的处理效果。该工艺的生化部分,采用高度嗜热微生物进行发酵,由于发酵温度高,有利于加快发酵过程。

不同的微生物耐热性不同,通常嗜热菌所具有的耐热性是因为这些微生物的酶耐热性强,核酸也具有保证热稳定性的结构,tRNA 在特定的碱基对区域内含有较多的 G ≡ C 对,可以提供较多的氢键,增加热稳定性;另外,嗜热微生物的细胞膜结构也与普通微生物不同,这类菌通常含有更多的饱和脂肪酸和直链脂肪酸,从而使得在高温下细胞膜还具有较好的流动性和完整性。从细胞膜的流动镶嵌模型来说,膜的流动性对于保持细胞内环境与外环境的物质交换是很重要的。

该技术发酵所采用的菌种是混合菌团,能在 85℃ 的高温下很好地生长。发酵周期为 72 h,实行二次发酵。一次发酵,保持浆料含水为 92%,固形物为 8%,将浆料输送到一次发酵罐,升温到 55℃ 接种发酵,由于在 55℃ 条件下,该嗜热菌的酶被迅速激活,从而快速利用有机质进行新陈代谢。一次发酵后的浆料再迅速送入二次发酵罐,由于新陈代谢的进一步加强,代谢产生的热使温度继续上升,直到 85℃ 时,有机质基本被降解。随后,温度有所下降。发酵完成后,其中 5% 的发酵液被用做下次发酵的种子,其他部分制成固态和液态有机肥料。

厌氧发酵法:垃圾在填埋场中的降解过程实际上就是厌氧发酵过程,但因完全是天然发酵,降解非常缓慢,稳定化过程非常长,6 个月后才进入严格的厌氧降解阶段,此时所产生的沼气中含 50%~60% 甲烷和 40%~50% 二氧化碳,氧气含量一般小于 0.3%。这个阶段可维持 10 年左右。1 kg 干垃圾每年可产生沼气 1~14 L,即 1~14 $m^3$/t。一座日填埋垃圾 300 t 的填埋场,可产生沼气 64800~907200 $m^3$。按最大产沼计算,每天产沼 2485 $m^3$。沼气中含甲烷 50%,因此每天可产甲烷 1200 $m^3$。其设备投资大约为 150 万元。根据国内外调查,沼气回收成本一般可以与甲烷出售价格相抵而有所盈余。

厌氧发酵法处理垃圾时均要把垃圾加温到 55~65℃,从而使垃圾降解速度远大于填埋场。厌氧发酵产生的部分沼气用于加热正在发酵的垃圾,其余的沼气直接用于发电,或经净化处理后罐装用于汽车等的燃料。生物发酵后的有机肥送给附近农民使用。瑞士的一家叫 Kompogas 生物发酵厂的垃圾处理厂,每年可处理 12000 t 厨房废物和庭院垃圾,日产沼气 3200 $m^3$,可以发电 2340000 kW·h/a 或相当于 657000 L/a 的汽油。据公司介绍,1 kg 垃圾所产生的沼气可让小轿车行走 1 km。生物发酵后的有机肥无偿送给农民。

### 三、垃圾焚烧二次污染的危害与控制

随着人们环保意识的加强,制定的法律法规越来越严格,许多原有的工艺已经无法适应新的

标准。如垃圾焚烧底灰，几年前底灰中的重金属按当时的标准是不超标的，但现在欧洲许多国家要求底灰中的重金属含量应与地壳中的土质相近才能填埋或利用。为此，瑞士、德国等国家又在原来的基础上进一步研究垃圾焚烧过程中重金属的分布与相转移问题，希望底灰中重金属含量下降到地壳土质含量，同时又要节省能源，避免二噁英的产生。

国际上经常采用的垃圾焚烧炉型一般为回转窑和机械炉排，该炉型炉体简单、运行可靠、对焚烧物适应性强，基本上可实现固体物料垃圾的彻底焚烧。由于炉温为 700～850℃，底灰不会熔融，炉内不会产生粘壁现象，同时这一燃烧温度不会造成重金属的大量挥发，降低了尾部烟道重金属作为催化剂合成二噁英的可能性。然而，从现在的观点来看，这种工艺的缺点之一却是垃圾中重金属大部分保留在底灰中，致使底灰的重金属含量超过新的欧洲标准。垃圾焚烧的趋势是处理那些经分选后不能再利用的固体废物，如塑料，严重污染的废纸，含有油漆和涂料的木制品，无法分离出来的含有重金属的废物等，底灰中的重金属含量越来越高。传统的焚烧工艺已不适应最新的环保要求，必须改进。重金属超标的底灰处理费用非常高，一般需要采用高温(1200℃以上)法把底灰中重金属蒸发出来，或把底灰制成熔融体，其成本很高。目前欧洲和美国正在重新审视上述传统的焚烧工艺。

焚烧技术已成为我国城市生活垃圾处理产业的发展热点。深圳市在引进国外先进技术设备建设的我国第一座现代化大型焚烧厂的基础上，结合国家"八五"攻关计划，完成了 3 号炉国产化工程，设备国产化水平达到 80% 以上，在技术性能方面达到了原引进设备的水平，为我国大中型垃圾焚烧设备国产化奠定了基础。但是"八五"攻关的总体技术还存在局限性，限制了它的推广应用。当时层燃炉的关键部件——炉排尚未实现国产化。"九五"攻关期间，出现了一些国产焚烧炉，代表性炉型为流化床焚烧炉，但在技术、投资和运行方面还存在许多问题，目前不能被普遍接受。

垃圾焚烧厂的吨投资在 40～70 万元。若焚烧设备国产化，投资额取下限，完全进口，取上限。投资规模大是制约焚烧法应用的主要原因。其次，垃圾焚烧后，资源被彻底破坏，飞灰和底灰处理也是比较困难的。虽然可以认为焚烧法产生的热量利用也是一种资源化，但这种资源化方法代价太高。

垃圾处理的最主要目标是治理环境污染，前提也应是以不造成严重的二次污染为限度。如果污染治理以二次污染为代价，那么这种治理就是没有意义的。

### 四、垃圾焚烧资源化误区

固体废物资源化的基本任务是采取工艺措施从固体废物中回收有用的物质和能源。目前社会上垃圾处理和资源化的技术也是鱼目混珠，存在一些不切实际的概念，其中一个就是过分地强调垃圾全部资源化利用。从理论上和纯技术角度讲，垃圾中的所有物质都可以分拣并各自利用，成为有用的产品。但是，这是脱离实际的。

垃圾处理的最主要目标是治理环境污染，资源利用的前提也应是以不造成二次污染为限度。如果以二次污染为代价，那么这种利用就是没有意义的。例如，对垃圾中的废塑料进行分选、清洗、造粒后出售，具有一定的经济效益，但是如果考虑清洗废水带来的二次污染，这种利用不一定是经济的。在垃圾资源化过程中一定要避免污染转移。

垃圾资源化的产品不一定具有经济性，技术可行性并不代表经济上的可行性，还要切实考虑市场因素，经济上不可行也是不能维持运营的，盲目建设只会造成投资的浪费。资源化的原则是：

(1) 市场与收集相辅相成。只有确立了市场，才能收集并资源化；同时市场的确立要以再循环产品连续提供可接受的产品质量加以保证。

（2）系统的经济性。主要指资源综合利用中系统的投入和产出的平衡，再生资源的处理、处置与再利用的平衡，一次资源与二次资源的经济性比较。

（3）系统开发的技术可行性，取决于科学和技术的发展。

（4）系统设计的环境效益。如果产生严重的二次污染问题也是不可行的。

### 五、生活垃圾控制政策

20世纪80年代，欧洲等地区的发达国家面临一个同样的问题：经济的迅速发展带来城市生活垃圾产生量的急剧增加，垃圾填埋需要占用大量土地，也给环境造成严重的污染，寻找新的填埋场越来越困难；混合收集的垃圾经处理后的产品质量差，许多堆肥厂也因此关闭；焚烧处理成本高，同样也产生二次污染。因此这些发达国家提出了"资源循环"口号，开始从固体废物处理、处置向资源化方向发展，走可持续发展道路。

我国固体废物污染控制工作起步较晚，开始于20世纪80年代初期。由于技术力量和经济能力有限，近期内还不可能在较大范围内实现"资源化"。为此我国总结国内外的经验，提出了以"资源化"、"无害化"、"减量化"作为控制固体废物污染的技术控制政策，在一段时间内以"无害化"为主，随着经济、技术和管理体制的发展逐步从"无害化"向"资源化"过渡。

#### （一）减量化

固体废物的减量化任务主要是通过适宜的手段减少和减小固体废物的数量和容积。这一任务的实现，需从两方面入手：一是对固体废物进行处理和利用，二是减少固体废物的产生。

对固体废物进行处理和利用属于生产过程的末端，主要是通过各种手段使垃圾减少容积或重量，如：生活垃圾采用焚烧法处理后，体积可减少80%～90%，余烬便于运输和处置。同样压实、破碎可达到减量化目的。

减少固体废物的产生，是从源头开始改进或采用新的生产工艺，尽量减少或不排废物，需从资源的综合开发和生产过程中的物质资料的综合利用着手。同时有必要通过政府颁布法律、法规以推广3R思想（减量Reduce，再使用Reuse，再生利用Recycle），从量和质方面对生产、流通、消费等环节加以限制，减少垃圾的排放量。如可通过税收优惠，使再生包装材料的价格低于其他材料；或通过征收废物处置费，提高非再生包装材料的成本，从而提高再生包装的环保意识。

#### （二）资源化

应该说我国城市生活垃圾资源化的历史并不短，但技术落后，基本上是原始性的，与国际水平相差很大。只有纸张、部分玻璃瓶、金属容器等可以回收处理，垃圾中绝大部分则送往填埋场或焚烧厂。迄今为止我国仅有极少数几家垃圾分选厂，并且还在发展阶段。由于产业调整等原因，许多机械厂准备从事城市生活垃圾资源化处理设备的研制与开发。国家应该尽快制定政策和投入研究开发经费扶持资源化产业。目前，全国各城市都非常重视垃圾的处理，正在进行立项论证。当中大部分城市考虑资源化综合处理技术。一座日处理1000 t的城市生活垃圾资源化综合处理厂需要投资3000万元。我国需要建造这种规模的垃圾处理厂至少100座，相当于30亿产值。

国内这方面的研究开发刚刚起步。上海市、北京市、广州市等正在开展垃圾分类收集。但由于分类后许多成分无法处理，只好又混合在一起运往填埋场。不解决垃圾分类后的出路问题，将会给资源化方面带来不利影响。

#### （三）无害化

固体废物无害化处理的基本任务就是将固体废物通过工程处理，达到不危害人体健康，不污染周围自然环境(包括原生环境和次生环境)。目前,废物的无害化处理工程已发展成为一门崭新的工程技术。诸如垃圾的焚烧、卫生填埋、堆肥、粪便的厌氧发酵、有害废物的热处理和解毒处理等。但是对废物进行无害化处理时也必须看到无害化处理的通用性是有限的,它们的使用都有其局限性,如焚烧垃圾需要垃圾具有较高的热值,发酵需要垃圾有机物含量高;而且它们通常会产生二次污染,如填埋会产生渗滤液,污染地下水,焚烧会产生致癌物质。

收取垃圾处理费是发展和完善垃圾处理产业的重要前提。国外许多垃圾焚烧厂、生物发酵厂、废电池处理厂等,虽然在工艺上还有不完善的地方,但这些工艺均是在近几年才发展起来的。在实施垃圾收费以前,堆肥厂的出路是出售肥料产品。但成本高于售价,堆肥厂难以维持下去。目前,情况完全改变了。垃圾收费后,生物发酵厂(堆肥厂)根本不必考虑产品(堆肥)的出路问题,而仅仅考虑工艺的先进性,二次污染控制,处理成本的降低,自动化程度的提高等。因此,所有堆肥厂(生物发酵厂)的目的是有机废物的减量化和无害化。堆肥产品无偿送给农民使用。生物发酵厂所追求的是最大限度利用废物,如生产沼气并用于发电等,以提高利润,降低成本。

我国许多城市正在开展垃圾源头分类收集,成效很大。在这方面,国外的经营值得借鉴。瑞士、德国、日本许多国家较早地进行了垃圾分类收集。在街道、企业、政府等部门放置不同颜色的垃圾桶,要求人们把玻璃制品、易腐物品、金属制品等分开放置。总的来讲,市民可以配合得很好。不过,这种分类是很不彻底的,国内外情况完全相同。如厨余物与橡胶制品、布类、竹木、树叶等纤维质有机物、石头、砖瓦、土等混合;金属制品中含有铁、铝、铜制品以及废电池等。这些仍然是混合物的进一步处理,是垃圾分类收集能否全面实施的关键。

在瑞士,易腐有机物,如来自食堂、饭馆等的剩余物,均分类收集运输至生物发酵厂处理。源头分类的金属类废物,包括含铝、铜、铁、锌等为主的废物,需要进一步在分选厂分选。难降解有机废物如塑料、化学纤维制品、布料、植物纤维以及废纸张等可燃废物,在垃圾分类收集系统中属于一类,一般不再细分。对这类有机物,所采用的处理方法都是焚烧或制成衍生燃料提供给水泥厂使用。垃圾分选厂分选出来的废纸张、塑料、玻璃等运往专门的再生处理厂进行处理回收。这些再生处理厂往往可支付一定费用给分选厂。因此,只要分选比较彻底,后续处理是可以自行维持下去的。

德国 Sulo 公司采用的是分选－生物发酵工艺。垃圾经机械分选后,大约有 50% 有机废物被分选出来。对有机废物破碎,好氧堆肥 3 周以上,然后好氧生物堆酵 70 天,使有机废物减量 50% 以上。熟堆肥过筛,根据粒径确定其用途。大部分有机肥送给农民使用。若有机肥无出路,则填埋。这种方法的主要目的是减量化,以降低填埋量。处理费全部由垃圾收费承担。

可以预料,当垃圾分类收集和后处理技术发展完善后,需要进行填埋和焚烧处理的垃圾量将会明显减少。德国等国家由于实行垃圾分类处理和资源化综合利用,需处理的垃圾量迅速降低,以前建造的一些焚烧厂和填埋场只好关闭。

## 第六节　固体废物控制标准、法律体系以及管理体系

### 一、固体废物污染控制标准

生活垃圾控制标准是固体废物环境标准体系的重要组成部分。固体废物环境标准体系的建立是固体废物环境立法的一个组成部分。它一般包括以下内容:基础标准、方法标准、标准样品标准、鉴别分类指标标准、容器标准、贮存标准、适用于生产者标准、收集运输标准、综合利用标准(包括农用标准、建材标准、能源回收利用标准、资源利用标准)、处理处置标准(包括有控堆放标

准、卫生填埋标准、安全填埋标准、深地层处置标准、深海投弃标准、工业窑炉焚烧标准、专用炉焚烧标准、爆炸物露天焚烧标准、物化解毒标准、生化解毒标准)。

我国现有的固体废物标准主要分为固体废物分类标准、固体废物监测标准、固体废物污染控制标准和固体废物综合利用标准四大类。

固体废物污染控制标准是我国行政执法机构进行环境影响评价三同时、限期治理、排污收费等一系列管理制度的基础,是污染制造者进行污染排放的依据,是固体废物管理标准中最重要的标准,没有这些标准,行政部门将无执法依据,而其他标准也无制定和执行依据,成为一纸空文。

我国固体废物污染控制标准分为两大类,一大类是废物处置控制标准,即规定对某种特定废物的处理、处置标准要求。目前,这类标准有《含多氯联苯废物污染控制标准》(GB 13015—91),规定了不同水平的含多氯联苯废物的允许采用的处置方法。另一类是《城市垃圾产生源分类及垃圾排放》(CJ/T 3033—1996),规定了关于城市垃圾排放的内容以及国家环境保护总局和建设部制定并颁布的一些设备设施的行业技术标准,其他如《小型焚烧炉标准》(HJ/T 18—1996)、《垃圾分选机 垃圾滚筒筛标准》(CJ/T 5013.1—1995)、《锤式垃圾粉碎机标准》(CJ/T 3051—1995)等也应属于这一类。

另一类标准是设施控制标准,如《生活垃圾填埋污染控制标准》(GB 16889—1997)、《一般工业固体废物贮存、处置场污染控制标准》、《城镇生活垃圾焚烧污染控制标准》、《危险废物贮存污染控制标准》和目前国家环保总局公布的《危险废物焚烧污染控制标准》。这些规定中都规定了各种处置设施的选址、设计和施工、入场、运行、封场的技术要求和释放物的排放标准以及监测要求。这些标准在制定完成并颁布后将成为固体废物管理的最基本的强制性标准。在这之后建成的处置设施如果达不到这些要求将被要求限期整改,并收取排污费。如在《危险废物焚烧污染控制标准》中规定了集中式危险废物焚烧厂不得建在自然保护区、风景名胜区,要避开人口密集区、商业区和文化区。焚烧厂不允许建在居民区的上风向区。同时,焚烧炉排气筒周围200 m内有建筑物时,其高度必须高出最高建筑物5 m以上。对于焚烧过程中产生二噁英类等有毒气体的排放浓度值做了限制,并首先在北京、上海、广州三城市执行。

固体废物综合利用标准是国家对我国垃圾处理处置技术进行总体规划和指导的总纲。它在一定程度上指导着处理处置技术的发展方向。根据《固废法》的"三化"原则,固体废物的资源化将是固体废物处理今后的主要发展方向。为大力推行固体废物的综合利用技术并避免在综合利用过程中产生二次污染,国家环保总局今后将制定一系列有关固体废物综合利用的规范、标准。首批将要制定的综合利用标准包括有关电镀污泥、含铬废渣、磷石膏等废物综合利用的规范和技术规定。以后,还将根据技术的成熟程度陆续制定有关各种废物综合利用的标准。

这类标准主要有:《危险废物鉴别标准》(GB 5085.1~3—1996)、《国家危险废物名录》、《城市垃圾产生源分类及垃圾排放》(CJ/T 3033—1996)中关于城市垃圾产生源分类及其产生源的部分和《进口废物环境保护控制标准(试行)》(GB 16487.1~12—1996)。

《危险废物鉴别标准》(GB 5085.1~3—1996)规定了腐蚀性鉴别、急性毒性初筛和浸出毒性鉴别三大类的标准、方法和要求,其中浸出毒性鉴别以无机重金属为主,而有机物的浸出毒性鉴别目前还没有制定。

《国家危险废物名录》共涉及47类废物,其中编号为HW01~HW18的废物名称具有行业来源特征,是以来源命名的;编号为HW19~HW47的废物名称具有成分特征,是以危害成分命名的,但在《名录》中未限定危害成分的含量,需要其他的标准鉴别其危害程度。《国家危险废物名录》是我国的第一批《名录》。随着我国经济和社会的发展,《国家危险废物名录》必将不定期地修补。我国规定凡是列入《名录》中的废物均为危险废物,必须纳入危险废物管理体系进行统一管理。

《城市垃圾产生源分类及垃圾排放》(CJ/T 3033—1996)规定了城市垃圾的分类原则和产生源的分类,即居民垃圾产生场所、清扫垃圾产生场所、商业单位、行政事业单位、医疗卫生单位、交通运输垃圾产生场所、建筑装修场所、工业企业单位和其他垃圾产生场所共9类。

《进口废物环境保护控制标准(试行)》(GB 16487.1~12—1996)是根据《固体法》和《废物进口环境保护管理暂行规定》的要求以及为遏止"洋垃圾"入境而紧急制定的。这在国际上尚属首次有鲜明的中国特色。这一标准根据《国家限制进口的可用作原料的废物名录》分为12个分标准,即骨废料、冶炼渣、木及木制品废料、废纸或纸板、纺织品废物、废钢铁、废有色金属、废电池、废电线电缆、废五金电器、供拆卸的船舶及其他浮动结构体、废塑料。根据《废物进口环境保护管理暂行规定》,国家商检部门依据这一标准对进口的可用作原料的废物进行商检,海关根据国家环保总局出具的进口废物审批证书和国家商检部门出具的检验合格证书放行,彻底堵住了"洋垃圾"的入境通道。

关于固体废物监测标准,其作用是给出污染物具体的统一的测定标准,达到标准化目的,为行政执行和约束提供依据,主要包括:

GB 3095—1996 环境空气质量标准

GB/T 5750—1985 生活饮用水标准检验法

GB 8978—1996 污水综合排放标准

GB 12348—1990 工业企业场界噪声标准

GB 14554—1993 恶臭污染物排放标准

GB/T 14848—1993 地下水质量标准

GB/T 16157—1996 固定污染源排放气中颗粒物测定与气态污染物采样方法

GB 16297—1996 大气污染物综合排放标准

GB 16889—1997 生活垃圾填埋污染控制标准

GB 18485—2001 生活垃圾焚烧污染控制标准

GB/T 18772—2002 生活垃圾填埋场环境监测技术要求

CJ/T 3037—1995 生活垃圾填埋场环境监测技术标准

DB11/307—2005 水污染物排放标准

现代技术发展迅速,为提高垃圾处理水平、更新传统的处理工艺创造了条件。发达国家垃圾处理水平要领先我国10~20年,在不断吸收国外的先进技术和经验的基础上,结合我国的实际情况,修改制定垃圾处理技术标准对提高垃圾处理水平具有重要现实意义。例如:国外从20世纪80年代开始在垃圾填埋场防渗处理中试用人工合成衬层作为防渗材料,目前已成为一项成熟技术,得到广泛应用。近年来我国也已开始这方面的研究和使用,因此有必要制定人工防渗的相关规定及标准。制定垃圾处理标准的目的是规范城市垃圾处理场建设、提高城市垃圾处理水平、减少和防止城市垃圾处置过程中对环境的污染。所有这些均离不开现有的经济能力和技术水平。因此在制定我国垃圾处理标准方面以下几个因素值得借鉴:

(1) 地区性差异因素。我国由于幅员辽阔、地区性差异很大,因而对垃圾处理方式产生了较大影响,在制定垃圾处理标准时应考虑这些因素。

(2) 适度超前性原则。我国目前仍是发展中国家,我们的垃圾处理水平落后于发达国家10~20年左右,因此如将垃圾处理标准定得过高,则形同虚设,标准也就失去了存在意义,因为根本就达不了标。但如与现有处理水平相当,又无法促进现有垃圾处理技术的研究、开发和使用推广。

(3) 均衡性因素。均衡性因素就是要求垃圾处理技术标准要与其他污染治理的技术水平相一致。如果把其他垃圾看作一个污染源来治理并按很高标准来治理,而其他污染源(如城市污水、工业污水等)的治理标准定得很低,则这样的垃圾处理是不经济的,也不能达到预期的目标。

## 二、国家固体废物污染防治法规体系结构

我国的国家级环境保护法规体系如图 1-2 所示,从图中可以看出,该体系由四个层次组成。根据环境法体系中这种不同层级法律、法规的效力关系(见表 1-17),在具体运用环境法时,应当首先执行层级较高的环境法律、法规,然后是环境规章,最后才是其他环境保护规范性文件。

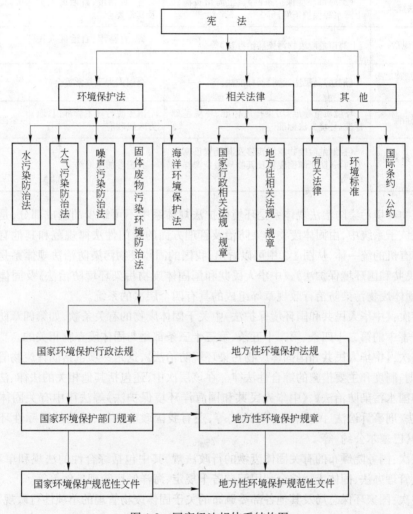

图 1-2　国家级法规体系结构图

表 1-17　各层级法律、法规对应颁布关系

| 层　级 | 名　　　称 | 制定和颁布权限 | 适用范围 |
|---|---|---|---|
| 根本大法 | 《宪法》中有关环境保护条款 | 全国人民代表大会 | 全　国 |
| 基本法 | 《中华人民共和国环境保护法》 | 全国人大常委会 | 全　国 |
| 单项法律 | 《大气污染防治法》、《水污染防治法》、《噪声污染防治法》、《固体废物污染环境防治法》、《海洋环境保护法》 | 全国人大常委会 | 全　国 |

| 层 级 | | 名 称 | 制定和颁布权限 | 适 用 范 围 |
|---|---|---|---|---|
| 行政法规 | | 单项法:"实施细则"、《行政排污费暂行办法》、《建设项目管理条例》等 | 国务院 | 全 国 |
| 部门规章 | | 《饮用水源保护区污染防治管理条例》等 | 国务院行政主管部门(国家环保总局及相关部门) | 全 国 |
| 地方性法规 | | 《上海市环境保护条例》、《上海市黄浦江上海水源保护条例》等 | 省、直辖市、自治区人大及其常委会 | 本辖区 |
| 地方政府规章 | | 《上海市危险废物污染防治办法》等 | 省、直辖市、自治区人民政府 | 本辖区 |
| 其他 | 有关法律、法规规定 | 《刑法》、《民法通则》、《标准法》等 | 全国人大及其常委会 | 全 国 |
| | 环境标准 | 环境质量标准、污染排放标准、环境基础标准、环境方法标准 | 国务院行政主管部门、地方人民政府 | 全国或本辖区 |
| | 国际条约或协定 | 《控制危险废物越境转移及其处置巴塞尔公约》、《防止倾倒废物及其物质污染海洋公约》等 | 我国参加或缔约 | 全 国 |

固体废物环境污染防治法规体系是环境保护法规体系中不可缺少的组成部分,是一个子系统。因此在该子系统中,由固体废物污染防治及管理方面的专门性法律规范和其他有关的法律规范组成了有机的统一体,从图 1-2 中可以看出,我国的固体废物污染防治法规体系是由基本法律《中华人民共和国环境保护法》、《中华人民共和国固体废物污染环境防治法》及固体废物污染防治法规、固体废物污染防治行政规章等组成的具有四个层次的系统。

第一层次:《中华人民共和国环境保护法》中关于固体废物的有关条款,如第四章防治环境污染和其他公害中的第二十四条、第二十五条、第三十三条都是与固体废弃物相关的。

第二层次:《中华人民共和国固体废物污染环境防治法》,这是一项包括固体废物管理指导思想、基本原则、制度和主要措施的综合性法律。在该层次中,还包括其他相关的法律、法规,如《中华人民共和国水污染防治法》、《中华人民共和国海洋环境保护法》等法律中有关固体废物管理的,以及刑法、刑事诉讼法、民法、民事诉讼法等,还有我国政府参加、签约的国际性环境保护公约、条约,如《巴塞尔公约》等。

第三层次:国务院颁布的有关固体废物的行政法规,其中包括综合性的法规和单项性法规,如城市垃圾管理办法、固体废物综合利用问题若干规定、海洋倾废管理条例等等。

第四层次:国家环保总局及其他各部委颁布的关于固体废物管理的单项性行政规章,在该层次的法规中,主要包括以下几方面的内容:固体废物环境污染的防治规定,固体废物回收综合利用的规定,固体废物收集、运输等管理规定,固体废物污染源控制及监测技术的规定,固体废物监督管理办法,如《征收排污费暂行办法》、《中华人民共和国海洋石油勘探开发环境保护管理条例》、《中华人民共和国防止船舶污染海域管理条例》、《中华人民共和国海洋倾废管理条例》、《中华人民共和国防治陆源污染物污染损害海洋环境管理条例》、《中华人民共和国防治海岸工程建设项目污染损害海洋环境管理条例》、《建设项目环境保护管理办法》、《城市放射性废物管理办法》等。而《国家危险废物名录》、《危险废物鉴别标准》及其他一些相应的技术标准则为固体废物管理法规的实施提供了技术上的保障。

同时在该层次中,还包括了地方性的法规,即地方人大颁布的行政法规和地方政府颁发的行政规章。国家环境法与地方环境法的权限规定为:国家环境法的权限高于地方性环境法的权限,法律高于行政法规,行政法规高于行政规章,即上一层次的权限高于下一层次的权限。我国参加和批准的国际环境法的效力高于国内环境法的效力,特别法的效力高于普通法的效力,新法的效力高于旧法的效力,其例外是:严于国家污染物排放标准的地方污染物排放标准的效力高于国家污染物排放标准。我国的立法程序见图1-2。在我国的环境法律、法规体系中,国家级的环境法对地方级的环境法起着指导和制约的作用,它制约地方性环境法的范围、限度,决定地方性环境法的发展方向,其目的是保证我国环境法基本原则和制度的统一,地方性环境法规必须以国家环境法为依据,同时,地方性环境法规又是国家环境法的补充、进一步完善国家环境法的某些规定,主要是突出了环境管理的区域性特征,结合本地区的实际情况而制定,增加了可操作性,为有效实施国家环境法铺平道路。

上海市不但将城市规划、调整工业布局和产业结构,促进经济增长方式的转变与环境保护相结合,坚持以可持续发展战略为主导,使上海的经济、社会与环境得到了协调发展,同时在固体废物的环境污染防治立法方面也在逐步完善、加强,近年来,上海市人大、市政府、市建委、市环保局、市卫生局等各部门相继制定、批准、颁发了一系列有关固体废物污染防治方面的地方法规、规章及条例(见图1-3)。

按照上海市行政组织机构的设置与职责分工,并依据《中华人民共和国固体废物污染环境防治法》中对工业固体废物(其中包括危险废物)与城市生活垃圾的划分,不同的固体废物分属不同的管辖部门。上海市固体废物的分管部门及废物分类情况基本如下所述。

上海市环境保护局是上海市人民政府下属的对全市环境进行统一规划、协调、监督及指导的综合管理机构。下属污染物控制一处是直接负责全市工业固体废物的综合管理部门。环境保护局内设危险废物处理中心受污控一处的委托,是具体负责全市危险废物管理的部门;城市生活垃圾及建筑垃圾则是由上海市环境卫生局统一管理;在环境保护局与环境卫生局下属各设有一政策法规处,专门研究、建议及配合立法部门制定颁布一系列与固体废物相关的地方法规、政府规章和规范性文件,监督业务部门对固体废弃物的执法,受理公民、法人、其他不服对固体废弃物管理作出的具体行政行为的行政复议案件。

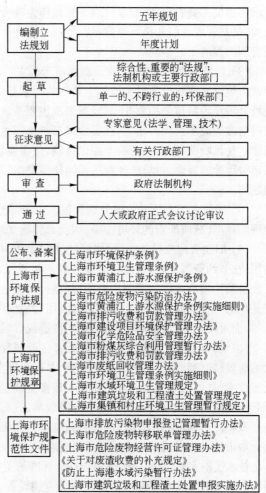

图1-3　上海市部分有关固体废物管理
的法规、规章、文件名录

### 三、固体废物的管理体系

#### （一）我国垃圾管理存在的问题

我国垃圾管理存在如下一些问题：

(1) 环境卫生管理法规不健全。任何一个环境卫生管理得好的城市都是靠完善严格的法规而达到目的的。闻名于世的花园城市新加坡，仅国家颁布的环境卫生法方面的法规就多达 43 个，而我国现在还处于完善法律法规阶段，仅制定了《固体法》《城市市容和环境卫生管理条例》、《生活垃圾填埋污染控制标准》等一系列确立宏观框架的法律和法规，还缺乏相应的"子法"及实施细则，给依法治理带来了困难，需要进一步建立比较完善的法规体系。

(2) 现有管理体制有些不利于改变城市垃圾管理困境。我国现有管理体制不利于城市垃圾管理的困境主要表现在：垃圾管理一直被作为社会公益事业由政府一家包揽，环卫部门既是监督机构，又是管理部门和执行单位，政企统一，这种体制不能形成有效的监督和竞争机制，制约着垃圾管理的发展。

(3) 垃圾治理缺乏资金，收费制度尚未确立。城市垃圾治理需要投入较多的资金，当前和近期城市垃圾治理建设项目实施的主要制约因素是资金来源、资金利用和承受能力等。由于城市垃圾处理作为城市公用事业，其经费来源主要是政府拨款，虽然每年均投入较多的资金，但仍给政府财政造成了巨大的压力，且资金缺口越来越大，难以满足垃圾治理要求。与此相对的是由于为建立垃圾收费制度，从源头上加以控制，使得垃圾减量化只能是空话一句。因此不改变传统的城市垃圾处理观念，垃圾产生者不承担任何费用、不承担污染责任是无法解决垃圾治理资金缺口问题的。

(4) 未建立起有效的垃圾分选制度。由于城市垃圾混合收集，增大了垃圾无害化和资源化处理的难度，造成严重的环境污染，因此必须确立垃圾源头分选制度。

(5) 旧物资回收种类少，价格降低，城市垃圾中废品含量增高。废旧物资作为再生资源开发利用，在节约资源、节约能源和减少垃圾产生量及减轻对环境的污染上都具有重要的作用和意义。虽然我国历来重视废旧物资的回收利用，但由于只从目标出发，而没有纳入环境保护体系，只是作为一种纯商业行为。因此回收利用对象仅限于那些回收利润较高的废物，如废旧金属、废纸等，而对废电池、废玻璃、废木、废渣等，造成资源的极大浪费。

(6) 缺少无害化处置设施，城市无害化处理程度低。虽然我国在垃圾处理方面已取得了较大的成就，陆续制定了有关政策和法规，并逐步健全了固体废物管理体制，发展了固体废物处理处置技术（具体见第五节内容），积累了较多实践经验，但是总体来说，我国在垃圾处理方面还处于起步阶段。如城市垃圾尚未进行分类收集，只有少数城市进行了垃圾封闭运输；无害化处理设施严重不足，只有少数城市建成达到或基本达到无害化处理处置标准的垃圾处理场和处置场，大部分城市垃圾仍以简单填坑、填充、地面堆积、投入江河湖海、露天焚烧等处理方式为主。垃圾无害化技术还不完善，我国还没有完全符合标准的卫生填埋场，不能保证填埋垃圾的安全。同时我国城市垃圾所用机械多为通用设备，缺乏专用设备，已设计、生产的种类不多的专用设备大多存在质量低、可靠性差、能耗大、效率低等问题，在一定程度上影响了城市垃圾的处理处置，急需更换。

(7) 急需普及环境保护意识，做好宣传工作。要做好城市环境保护工作，必须有良好的全民保护意识。只有在一个全民环境保护意识较好的社会环境中，各项规章管理制度、防治措施才能得到顺利的实施。

#### （二）我国城市生活垃圾管理机制与机构现状

我国现行的城市垃圾管理体制，是从 20 世纪 80 年代逐渐形成的，对加强城市垃圾管理发挥过很好的作用,并且与《固体法》相一致,即为:"国务院环境保护行政主管部门对全国固体废物污染环境的防治工作实施统一监督管理","国务院建设行政主管部门和县级以上地方人民政府环境卫生行政主管部门负责城市生活垃圾清扫、收集、贮存、运输和处置的监督管理工作"。

**1. 我国城市生活垃圾管理机构**

我国城市生活垃圾管理机构如图 1-4 所示。

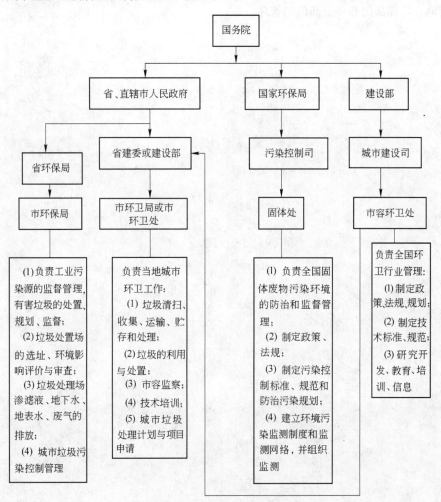

图 1-4 中国城市生活垃圾管理机构图

**2. 我国各机构的职责**

我国建设部负责城市生活垃圾管理,主要职责包括:制定规划、相关政策、法规、条例、行业技术标准、规范等;研究与开发、推广新技术和新产品;组织信息网;教育与培训等。具体的管理工作则由建设部城市建设司市容环卫处承担。

国家环保总局负责对城市生活垃圾污染环境的防治工作实施统一监督管理,具体内容如下:建立固体废物污染环境全过程监测制度和监测网络;执行国家有关建设项目环境保护管理规定,审批建设项目的环境影响报告书;组织制定城市生活垃圾污染控制标准及规范。

地方环保局的任务是:统计每年有关固体废物产生与处理处置情况的指标;对垃圾处理方案进行环境影响评价,包括选址、处理设施、处理过程、产生后果等;工业以及危险固体废物的处理和监督管理,包括污染控制监测和废物物流管理。

地方环卫管理局的工作主要是负责城市生活垃圾清扫、收集、处理处置;具体治理项目的立项、建设和组织项目的实施。

城市地方人民政府负责有计划改进燃料结构,发展城市煤气、天然气、液化气和其他清洁能源,合理安排废旧物资收购网点,配套建设城市生活垃圾清扫、收集、贮存、运输、处置设施等,指导、协调地方环保部门和环卫部门的管理。

# 第二章　生活垃圾的收集、运输和贮存

生活垃圾收运是垃圾处理系统中的一个重要环节,其费用占整个垃圾处理系统的60% ~ 80%。生活垃圾收运的原则是:在满足环境卫生要求的同时,收运费用最低,并考虑后续处理阶段,使垃圾处理系统的总费用最低。因此,科学合理地制订收运计划是非常关键的。

生活垃圾收运并非单一阶段操作过程,通常包括三个阶段:

第一阶段是从垃圾发生源到垃圾桶的过程,即搬运与贮存(简称运贮);

第二阶段是垃圾的清除(简称清运),通常指垃圾的近距离运输,清运车辆沿一定路线收集清除贮存设施(容器)中的垃圾,并运至垃圾转运站,有时也可就近直接送至垃圾处理处置场;

第三阶段为转运,特指垃圾的远距离运输,即在转运站将垃圾转载至大容量运输工具上,运往远处的处理处置场。

后两个阶段需应用最优化技术,将垃圾源分配到不同处置场,使成本降到最低。

## 第一节　城市垃圾清运处理系统设计和规划

### 一、城市垃圾清运处理系统概述

城市垃圾清运处理系统由清扫保洁系统、垃圾收集系统、中转运输系统和垃圾处理系统四个子系统组成。其任务是对各类产生源产生的城市生活垃圾进行清扫收集、运输处理和回收利用。

### 二、城市垃圾清运处理设施的基本组成

城市垃圾在产生后,就进入城市垃圾清运处理系统,由系统的设施设备来完成清运处理工作,其基本组成有:垃圾收集站、垃圾中转站、垃圾处理设施和最终处置设施。其相互关系和作业流程如图2-1所示。

城市垃圾清运处理系统的各个子系统是由上述基础设施加上与之配套的设施设备和副族系统组成的。例如城市垃圾收集系统的基础设施是垃圾收集站,其配套设施包括垃圾收集点、垃圾收集车、垃圾收集容器等等,其辅助系统包括清扫保洁系统、废品回收系统。

### 三、城市垃圾清运处理设施规划的基本方法

科学的城市垃圾清运处理设施规划应该在对城市垃圾产量、物理构成和物化特性现状、城市生活垃圾未来产量及其未来物理构成和物化特性预测的基础上,采用系统工程方法。

一个长期的城市垃圾清运处理设施规划包括:

(1)城市垃圾再循环、处理或者处置建立的设施;

(2)建立这些设施的地点和时间;

(3)设计的容量。

在提出多个可行方案后,必须在这些方案之间进行考核和技术评估。考虑因素有政治,成

本、环境影响、技术可靠性和可行性、垃圾产量和性质的未来不确定性。在对所有方案进行了评估后,最后的选择就是政治决定。这种逐步的方法包括:建立在可靠技术分析上的严格的政治决策和包含政治与技术方面的步骤。

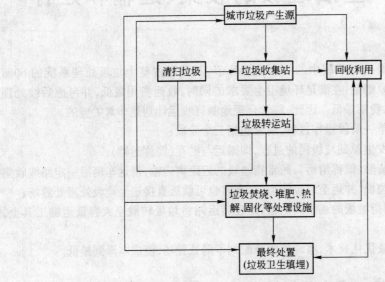

图 2-1　城市垃圾清运处理系统的组成及其作业流程

图 2-2 展示了城市垃圾清运处理规划包含的步骤,但是实际的规划编制工作并不是简单地按照图中步骤机械地进行的,而是根据实际情况发生变化,并受到决策者和技术专家影响的复杂过程。

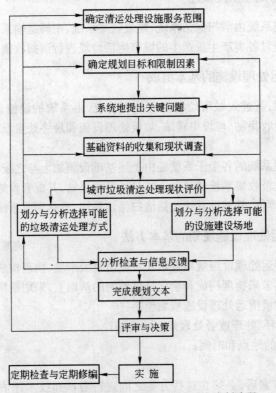

图 2-2　城市垃圾清运处理实施规划的编制步骤

### 四、城市垃圾清运处理设施规划的基本原则

城市垃圾清运处理设施规划的编制工作,在可持续发展理论指导下,应该遵循下述一些原则。

#### (一)经济建设、城乡建设和环境建设同步的原则

经济建设、城乡建设、环境建设同步规划、同步实施、同步发展,实现经济效益、社会效益和环境效益的统一,促进经济、社会和环境持续协调的发展。上述原则是第二次全国环境保护会议上提出的中国环境保护工作的基本方针;标志着中国的发展战略从传统的只重视发展经济忽视环境污染的战略思想向取得经济效益和社会效益双赢,实现可持续发展的战略思想转变。这一转变是在我国总结过去发展经验和国外发达国家发展经历的基础上得出的宝贵经验,作出的明智之举。

由于城市垃圾清运处理系统工作任务的特殊性,使得其与一般意义上的环境规划相比,这项原则就显得尤为突出。城市垃圾清运处理设施的建设,直接受到城市经济建设、城市道路建设、城市基础设施建设等方面的影响。因此,城市垃圾清运处理设施系统如果不与经济建设、城乡建设、环境建设同步规划、同步实施、同步发展,其实现和运行将很难达到立项效果,甚至是一纸空文。

#### (二)遵循经济规律、符合国民经济计划要求的原则

城市垃圾治理与经济存在着相互依赖、相互制约的密切关系,经济发展需要消耗环境资源,排放污染物,施加环境压力,产生了城市垃圾问题;另一方面,城市垃圾的清运和处理需要资金、人力、技术、资源和能源,而所有这些又受到经济发展水平和国力的制约。在经济与城市垃圾治理的双向关系中,经济起着主导作用,这表明城市垃圾清运处理问题归根到底是一个经济问题。因此城市垃圾清运处理规划必须符合并遵循经济规律,符合国民经济计划的总体要求。

#### (三)预防为主、防治结合的原则

城市垃圾治理的可持续发展应该根据全面控制理论,以清洁生产、循环再生和污染控制为原则。改变过去城市垃圾清运处理的混合收集状态,在源头利用废旧物资回收系统和分类收集等方式,对可资源化垃圾进行回收利用,从源头防止城市垃圾的产生。

由于我国过去城市垃圾清运处理存在问题过多,许多城市已经陷入垃圾围城状态,因此在清运治理方面不仅要对付现状,而且要逐步清理过去的老账,预防为主,防治结合。

#### (四)实事求是、因地制宜的原则

首先,城市经济发展状况、地理位置、气候特性、生活习惯、消费水平、工资收入、能源结构等方面不同,产生垃圾的产量和组分性质会有较大的差异,因此其清运和治理必然要求不同;其次,城市垃圾清运需要的资金、人力、技术、资源和能源受到当地经济发展水平和城市经济承受能力的制约,因此,必须实事求是,从实际出发,因地制宜地制定切实可行的目标,而不能盲目地超越城市经济承受能力,投入大量资金采用所谓的高科技来清运和处理城市垃圾,这是不现实的,而应该根据设计情况,强化城市环卫管理,以看促治,向管理要效益。

#### (五)城市垃圾清运处理要与城市基础设施统一规划的原则

城市垃圾清运和治理问题贯穿于城市发展的全过程。因此在城市基础建设中,必须充分考虑城市垃圾清运处理设施的建设问题。城市垃圾清运处理系统的运行效果和城市基础设施建设关系较大,例如,对较差的城市道路状况要保证道路清扫质量是十分困难的。此外,还应该强调,城市垃圾和其他废弃物集中治理、配套规划。

### 五、城市垃圾清运处理设施规划的编制步骤

#### (一) 确定规划的范围

根据与规划范围有关的基本内容和基本工作(包括城市垃圾清运处理系统的组成、规划所在地服务区的划分和规划期限的确定等)来确定规划范围。

1. 规划所在地服务区的划分

规划所在地服务区是指规划城市或者地区的垃圾清运处理系统包括的地理区域。服务区的划分是指在规划过程中,是将服务区划分为若干分区,每个分区设置一个独立的城市垃圾清运处理系统,还是将其作为一个整体来对待,设置一个完整的城市垃圾清运处理系统,或者和邻近地区的城市合并起来统一规划,将服务区的城市垃圾清运处理系统作为其中的一个子系统来进行规划。

随着我国经济建设的发展、人民生活水平的提高,农村乡镇的生活垃圾清运处理必将提到日程上来。在此情况下,需要几个地区或者地方政府的相互合作。例如:深圳市经济较发达,该市的城市垃圾清运处理服务区包括全市的自然村在内。目前深圳市郊区是以镇和街道办事处为单位解决城市垃圾清运处理问题的,由于各镇和街道办事处财力不足,无法建设标准的垃圾清运和处理设施,垃圾处理场地小而分散,污染控制水平低,对当地环境造成了污染。但是,如果统一设置城市垃圾清运处理系统虽然可以集中财力,降低城市垃圾清运处理成本,但是又会增加各地区或者各行政地方政府之间的协调合作问题。

对某一垃圾处理设施来说,在同等技术水平下,处理规模相对小则意味着单位垃圾的处理成本更高,因此城市垃圾的清运处理设施的规模化、大型化和跨地区营运已经成为总的发展趋势。

2. 规划期限的确定

城市垃圾清运处理系统的规划期限一般应和城市总体规划统一划分,但是又不能过分僵硬,必要时将依据地方环境和需要来确定规划期限。必须将规划期划分为短期和长期:短期规划时期望 2～5 年后垃圾清运处理状况有一个实质性的改变;长期规划则为总体规划,一般为 10～20 年,通常为 15 年。

#### (二) 确定目标和限制因素

在城市垃圾清运处理系统规划过程中,一开始必须确定规划期内所要达到的目标。这些目标要有明确而简单的标准,从而可以用来评价垃圾清运处理设施的各种方案的优劣。

1. 目标和技术评价标准

城市垃圾清运处理设施规划的目标必须反映特定的地方条件,对每一个目标都要有一些特定的标准。这里列出其中一部分基本目标,并可根据当地实际情况列出其他目标。

(1) 环境影响:减少城市垃圾清运处理过程中所产生的二次污染;

(2) 健康影响:减少并预防城市垃圾在清运过程中可能产生的对城市居民的健康影响;

(3) 技术可靠性:从技术角度确保所采用清运和处理处置技术在当地条件下是安全的、可行的和可持续的;

(4) 经济可行性:确保所采用技术和设施在当地政府的可承受财力之内,同时最大限度降低成本,并提出其他的(通常是冲突的)目标和限制因素;

(5) 资源回收:最大限度地利用城市垃圾中的可回收利用物质,从而减少最终进入处理处置设施的固体废物量,降低后续处理处置设施的负荷;

(6) 资源保护:采用技术尽可能使填埋土地恢复利用,包括城市垃圾的源头减量化和分类收

集回收,确保城市垃圾的无害化处理率达到或者接近100%,收集率也达到或接近100%。

(7)政治可接受性:根据地方条件,重要的目标包括最大限度地创造就业机会和设施的公众可接受性。

由于一个规划要达到许多目标,没有任何规划方案能够满足所有目标,但是可以采用多目标决策方法,如层次分析法,对可行方案进行综合评价,选择一个总体最优的方案。

2.限制因素

为了准确地判断不同设施系统的优劣,必须简化评价过程。简化过程的方法就是要确定最优先的目标,尽可能地减少目标的数量而由一些限制因素来代替。例如,对环境影响减少到最小程度的说法可由必须达到的环境标准来代替,然后将标准用于筛选出一些可供选择的方案。

我国是一个发展中国家,在各种限制因素中,首先需要加以特别考虑的是规划所在地的经济承受能力问题,其次要考虑技术人员的需求问题、设施用地问题、地区环境条件问题和设施建设时间问题等。

(1)财政限制。我国各级政府在财政收入和支出方面是十分有限的,而且地区差异较大。财政问题表现在基础设施建设投资阶段的费用限制、设施投入使用后的运行费用限制。政府总是希望避免在收支平衡方面的不利影响,这些限制因素的范围和程度依赖于各个设施的筹措资金安排。例如,如果资金主要由上级政府提供,与由当地政府或者企业提供相比,就会产生不同的见解。

(2)人力限制。我国人力资源丰富,劳动力并不缺乏。但是缺乏知识全面、了解城市垃圾清运处理技术和管理的高层次人才,许多地方政府对这个问题重视不够;另一方面,真正意义上的城市垃圾无害化处理处置,常常需要接受过专门培训的操作人员和维修人员来进行。

我国许多地方在城市垃圾清运处理规划实施过程中,将出现技术人员和技术工人缺乏的情况。这个限制因素直接关系到在当地操作条件下,设施的运行是否可靠,它也说明了培养高层次专业技术人才、增强地方操作人员技能的重要性。

(3)土地使用的限制。大多数的城市垃圾产生于市区及附近地区,这些地区通常土地缺乏。棚户区和其他非正式建房在接近工业区迅速发展,而这些地区的土地是可用于作为垃圾清运处理设施的场所。在选址时,必须与有关部门和其他行业设施规划者进行协作。公园、野生动物保护区、供水区等,在确定处理设施施用地时都视作限制因素。

(4)地区环境限制。发展中国家的许多市区,地下水位都较高,地下水常常是生活及工业用水的主要来源。对土地处置方案来说,这是一个自然环境限制因素的例子。气候也限制了一些方案的可应用性,例如太阳蒸发塘。

(5)时间限制。长时间和极为复杂的土地购买程序,或者强烈的地方主义导致对某些选址的拖延,这就成为时间限制因素。事实上,这种因素在选址时常常成为关键性因素。

**(三)确定关键问题**

在确定了规划所要达到的主要目标和主要限制因素后,就有可能形成规划过程中所要解决的一系列关键性问题。其中的一些问题在性质上具有普遍性,现说明如下:

(1)确定需要清运处理的城市垃圾的产量、构成和随时间变化的规律;

(2)确定垃圾收集方式,如采用分类收集方式,则需要确定垃圾分为哪些种类;

(3)了解现存的城市垃圾收集运输系统的组成、主要问题和困难;

(4)了解现存的可回收利用途径、主要问题和困难;

(5)提出解决城市垃圾收集运输和回收利用中存在的问题和困难的方案,进行经济技术分析,对提出的不同方案进行优化组合,确定适合当地环境的最有效方案;

（6）确定垃圾处理方式，确定处理设施的规模数量、设施地点以及需要优先建设的项目；

（7）调整管理机构和管理方式，制定有关条例和法规，落实所需要的资金，保障规划的实施。每一个单独的规划问题都要提出一系列关键性问题。在规划目标、限制因素确定后，初步提出关键性问题；当进展到规划过程的后面步骤时，尤其是在对现状存在的问题和可利用方案进行综合分析后，可能需要集中详细研究，用更专门的术语重新确定关键问题。

### （四）收集基础资料

在制定城市垃圾清运处理规划过程中，所有阶段都需要资料。收集资料不是一个一劳永逸的工作，收集到的资料也不能直接采用，而是伴随着规划的整个过程，从最初阶段的一般资料收集入手，然后对最关键、最敏感的关键问题集中收集资料。为了取得可靠翔实的资料，常常需要投入一定的人力和财力。基础资料的收集包括下述几个方面：城市垃圾产生的现状、未来产生状况的预测、现有设施的运行情况、材料回收的现状和发展方向。

#### 1. 城市垃圾产生现状的调查和预测

为了保证城市垃圾清运处理设施规划的科学合理性和可实施性，城市垃圾产生现状的调查和规划期内城市垃圾产生规律的预测是一项不可缺少的基础工作。这项工作包括：确定城市垃圾产生源的分布情况，调查城市垃圾的产量、物理构成和物化特性以及城市垃圾清运处理系统的组成现状，并对其在规划期内的变化规律进行预测。

由于城市垃圾是城市居民日常生活活动的产物。因此，其产生状况必然随着城市居民日常生活活动状况的变化而发生变化。而城市居民的日常生活活动受到经济、政治、气候、季节等多种因素的影响，因此，城市垃圾产生状况总是在不断变化的。不管现状调查资料多么翔实，其结果只在调查时起主导地位的社会、政治和经济条件下才有效。对于未来状况，必须借助预测科学加以解决。

#### 2. 城市垃圾清运处理设施的现状调查

对于任何现有城市垃圾清运处理设施，应收集下列有关资料：设施位置、已经使用年限、设施类型、设施规模、人员配置、运行费用、管辖单位等等。在收集以上资料的基础上，应对现有设施的运行效率和存在问题作出客观的评价，以确定在未来时间内，是否需要对之进行改造和重建。

#### 3. 废品回收系统的现状调查

我国属于发展中国家，城市居民生活水平较低，而且具有勤俭节约的传统，城市垃圾中可回收再用的物质一般由居民自行分类、集中存放后，出售给固体废弃物回收者，因此我国目前垃圾分类程度和废物回收利用率是比较高的。目前我国城市垃圾回收行业已经形成比较完整的体系，但是对废品回收系统的组成和营运情况，许多城市尚缺乏完整的资料。因此，应该对其进行全面系统的调查，并对其在现在和未来时期的作用及发展前景进行评价。

### （五）现状评价

初步收集资料后，需要对现状进行客观评价。评价的目的之一就是全面了解现有系统的主要问题和不足之处。评价报告中要重点阐述行动步骤，关键问题要用更具体的术语重新阐述，必要时候再根据需要收集更多的资料。

#### 1. 费用和效益评价

现有系统的运行费用和效益评价对规划十分重要。例如，当由于城市垃圾清运处理系统的运行问题而构成对公众健康威胁时，必须立即采取行动解决问题。如果影响不是太严重，则可在规划中根据相对效用来谨慎评价其费用和效益的关系，确定合理的解决办法。

## 2. 财务状况分析

财务状况的主要对象是城市垃圾清运处理系统的建设、运行和维护费用。财务分析应该包括以下主要因素：

（1）费用数据的准备，以便将各种现行技术方法和设施的费用进行比较，对其经济效益进行分析；

（2）了解现存主要机构的组成以及其对清运处理系统的财务计划安排；

（3）确认参与组织的财政计划，确立各组织的责任，估算各组织对全年投资和运行费用的分配，以及确认可能的财政来源。

### （六）方式选择

了解目前城市垃圾清运处理设施的主要类型和数量，并确认设施的不足之处，再评价并选择各种可行方案。

规划人员应该选择适合规划所在地的技术方式和设施类型，并根据自己的目标来评价这些可供选择的方案。首先，要提供足够的资料来帮助拟订合适的选择方案，为了得到最适宜、最有成效的方法，还要充分掌握当地有关情况的具体资料。

（1）对各种类型的清运处理方案，可以定出其优先等级，并对它们依次进行考虑，其目标是尽可能减少最终需要处理和处置的城市垃圾量，通常优先等级的划分次序是：

1）能否避免或者减少城市垃圾的清运处理量；

2）废品的循环再生或者回收利用系统是否切实可行；

3）清运处理方式是否能确保城市垃圾的污染控制；

4）投资费用是否合理；

5）方案的效益、资助的方式和资金来源。

（2）对各种用于城市垃圾清运处理设施规划方案的选择，必须根据其对各自的特点进行比较合评价，而这种特点是由第二步建立的各种目标和制约因素获得的。

目前已经开发了许多有助于决策者比较选择方案的评价方法，其中最有用的大概是使用简单的表格或者矩阵表示形式。在这种表中混合列出了各种定性、定量的指标，通过对这些指标评价判断和直接比较可以得到一个选择，这样可以保证决策者能够系统地掌握有关信息。这种判断比较要求进行仔细的评定，并总是产生一个未来考虑的最佳选择。一般不宜采用机械的途径，例如按重要性排队、趋向于向多维自然混合决策等等。

### （七）设施选择

城市垃圾清运处理设施的选址常常是规划过程中最为困难的问题。在分析各种规划方案时，应确定新建设施所需的场地，并对场地进行评估。

### 1. 选址要求

主要清运处理设施的地址选择必须符合规划要求，包括安全性、环境、社会、政治以及技术制约等因素。选址工作的目标应与总体规划相一致，主要包括：

（1）对人体健康的危害最小；

（2）广大公众接受程度高；

（3）对环境的影响最小；

（4）成本最低。

对人体健康的危害、对环境的影响以及公众的可接受程度，是选址过程中必须考虑的重要因素。在某些情况下，它们的重要性可能出现矛盾冲突。例如，在环境影响起主导地位的情况下，此时影响相对较小的健康因素就应该让位于前者。同样在满足健康和环境要求时,成本因素也很重要,对成本问题的考虑将取代此时影响相对较小的健康因素和环境因素。

2. 选址的基本任务

为了实现选址目标,必须完成两个基本任务:

(1) 确定影响选址的因素及选址原则;

(2) 建立合理应用上述原则的方法。

**(八) 提交规划方案**

当规划工作进行到这一步,除了完成规划文稿外,还应该提交一份规划说明书。在规划说明书中,要详细说明该地区所面临的问题,以及解决该问题的技术方案的产生过程。

在这一过程中,信息反馈体现在以下几个方面:

(1) 检查规划范围;

(2) 重新审核项目的目的和制约因素;

(3) 获得某些关键环节更有效的信息。

对可能采纳的技术及方法进行选择时,应尽可能多地考虑到各种替补方案。分析的详尽程度应达到可以确定输入数据的最重要的假定值或者数据项。这样可以投入更多的精力,以获取更为有效的信息,增加各项规划方案的合理性和可靠度。

**(九) 评审与决策**

在评审规划文件时,研究各种方案实施的难易程度是十分重要的。需要专门研究的问题有:

(1) 确保这种方案实施所需要的法律保障;

(2) 方案实施的难易度;

(3) 所需设置的各种机构是否变化较大;

(4) 整个系统应付局部故障的能力;

(5) 计划的财政来源。

需要对照所确定的目标及制约因素,对各种替代方案进行系统的评估、评价。然后根据评审专家的意见,同政府有关部门协商、经环卫主管部门同意后,进行文本的修改,确定文本的正式文稿。

**(十) 实施与修编**

原则上讲,规划文本一旦通过专家评审,确定正式文本后就可以进入实施阶段。然而任何一个城市垃圾清运处理设施规划文本都可能存在缺陷和不足,因此规划的实施不仅仅是一个简单的执行过程,更是一个发现问题解决问题的过程。随着规划的实施深入和时间的推移,各方面的情况都会发生变化,在规划实施过程中,将会发现越来越多的问题,这时候就需要对规划进行修编工作。

# 第二节　生活垃圾收集规划

## 一、生活垃圾收集系统

生活垃圾自其产生到最终被送到处置场处置,需要环卫部门对其进行收集和运输,这一系统称之为生活垃圾的收集运输系统。

生活垃圾产生后,经各种不同的收集方式(人工上门、自行投放等)收集后,进入生活垃圾运输处置系统。收集是整个生活垃圾收运处置系统的第一环,它必须要与其后的转运、运输、处置方式相适应。

生活垃圾收集系统涉及收集方式的确定、收集设施的设置以及收集设备的选型和配置等诸多环节。

随着城市居民生活水平的提高、社会经济的发展、生活节奏的加快,对生活垃圾收集方式的要求也越来越高,既要求收集设施的环境优美,又要求收集方式方便、清洁、高效。对生活垃圾的短途运输要求做到封闭化、无污水渗漏运输、低噪声作业,外形清洁、美观,提高车辆的装载量,以实现满载、清洁、无污染的垃圾收集运输。

因此,生活垃圾的收运系统也将随社会的政治、经济的发展,人们的环境意识的提高而发展。要发展,则规划先行。因此,编制生活垃圾收运系统规划的迫切性也日趋为各级环卫部门所接受,并且,各级环卫部门已开始实施。系统工程、计算机的发展和在环卫部门的应用,使得环卫系统的各种规划编制更合理、更科学、更可操作。同样,生活垃圾收运系统的发展也受到当地的财力、资源、技术水平、人文条件等的限制,所以将是一个阶段性的、有选择性的发展。

## 二、生活垃圾收集方式的选用

自进入 20 世纪 90 年代以来,我国经济进入了高速发展期,城市改造的步伐日趋加快,城市生活垃圾的收集方式也在变革。在不同国家、不同地区,城市的垃圾收集方式存在很大差别。经济水平的高低,对环卫的重视程度等对垃圾收集方式产生重大影响。在经济发达的国家和城市,垃圾收集方式相对来讲要更具规范化,收集效率更高、更卫生。

### (一) 收集方式分类

当前城市生活垃圾收集的方式,主要有两类:混合收集和分类收集。

(1) 混合收集。指未经任何处理的各种城市生活垃圾混杂在一起的收集方式。这种方式的优点是简单易行、运行费用低,但是,由于收集过程中各种垃圾混杂在一起,降低了垃圾中有用物资的纯度和再利用价值,同时也增加了城市生活垃圾处理的难度,提高了生活垃圾处理总费用。该种方式是一种应用广泛、历史悠久的方式。

(2) 分类收集。指按城市生活垃圾的组成成分进行分类的收集方式。这种方式可以提高回收物资的纯度和数量,减少需要处理的垃圾量,有利于城市垃圾的资源化和减量化。

分类收集的优点很多,它是降低垃圾处理成本、简化处理工艺、实现垃圾综合利用的前提。但是各国城市垃圾分类收集的实践表明,这是一个相当复杂、艰难的工作,要在相当经济实力前提下,依靠有效的宣传教育、立法以及提供必要的垃圾分类收集的条件,积极鼓励城市居民主动将垃圾分类存放,仔细地组织分类收集工作,才能使垃圾分类收集的推广坚持发展下去。目前,我国生活垃圾分类收集工作刚处于起步阶段。

### (二) 收集方法

不管是混合收集还是分类收集方式都要通过不同的收集方法来实现。

按包装方式分为散装收集和封闭化收集,由于散装收集过程带来撒、漏、扬尘等严重污染问题,因此,散装收集方式逐步被淘汰,取而代之的是封闭化收集,其中封闭化收集方式中尤以袋装收集最为普遍。

按收集过程又可分为上门收集、定点收集和定时收集方式等。

1. 上门收集

上门收集分居民家上门收集和管道收集两种。

(1) 居民家上门收集。由物业公司的环卫专业队伍或街道卫生保洁队的保洁员,或环卫部门委托的清洁服务公司的保洁员,定时上门收集街道居民、单位住户、沿街门店等的生活垃圾,然后运往附近的垃圾房,由环卫专业队伍进行运输的生活垃圾收集方式。

(2) 管道收集。管道收集指应用于多层或高层建筑中的垃圾排放管道收集生活垃圾。管道收集分两种类型:

1) 气力抽吸式管道收集。气力抽吸式管道收集是一种以真空涡轮机和垃圾输送管道为基本设备的密闭化垃圾收集系统。该系统的主要组成部分包括倾倒垃圾的管道、垃圾投入孔通道阀、垃圾输送管道、机械中心和垃圾站。

2) 普通管道收集。我国以前的大多数多层或高层建筑采用该种方式,居民将产生的生活垃圾由通道口倾入后集中在垃圾道底部的储存间内,然后装车外运。

2. 定点收集

定点收集又包括垃圾房收集、集装箱垃圾收集站收集、固定式垃圾箱收集和小压站收集等多种方式。

(1) 垃圾房收集。生活垃圾袋装后由居民直接送入垃圾箱房中的垃圾桶内,然后由垃圾收集车运往垃圾转运站或垃圾处理场。

垃圾箱房收集方式是一种袋装化、密闭化和不定时的收集方式。这种收集方式要求居民将垃圾袋装后直接送至垃圾箱房,适用于垃圾箱房设置在住宅楼外居民进出通道附近的情况。

垃圾箱房内的垃圾桶内的垃圾主要由后装压缩式收集车和自装自卸式(侧装)垃圾收集车收集,部分后装压缩式收集车的后部设置提升垃圾桶机构,将桶内垃圾倒入收集车的料斗内。侧装式收集车,配有门架式提升机构或机械手,能自动将垃圾桶提升,并倒入车厢。

(2) 集装箱垃圾收集站收集。如图 2-3 所示,生活垃圾袋装后由居民送入放置于住宅楼下或进出通道两侧的指定地点或容器,保洁人员将垃圾用人力车送至集装箱垃圾收集站,装入集装箱内,然后由垃圾收集车运往垃圾转运站或垃圾处理场。

图 2-3　垃圾容器间收集系统流程图

集装箱垃圾收集站收集方式是一种袋装化、密闭化、容器化和不定时的收集系统。这种收集系统的优点是方便居民投放垃圾,适用于采用集装箱收运生活垃圾的情况。当垃圾装入集装箱,应用压缩机时,则可提高集装箱内垃圾装载量,改善垃圾运输的经济性。

垃圾收集站内配置的和直接放在居民区的垃圾集装箱由车厢可卸式垃圾车收集,该垃圾车的吊钩能直接将集装箱拉上车架,并锁定。

(3) 固定式垃圾箱收集。这是一种以固定式水泥垃圾箱和定时垃圾收集为基本特征的非密闭化垃圾收集方式。生活垃圾袋装后由居民送入水泥垃圾箱,在指定时间内由垃圾车将箱内垃圾清运送往垃圾处理场或垃圾转运站。

早期建成的水泥垃圾箱常是无顶的简易垃圾箱,刮风时,塑料、废纸张等轻质物四处飘散,下雨时垃圾受到雨水浸泡,渗沥液四溢;简易垃圾箱的管理困难,影响四周环境卫生,雨季时垃圾含水率过高,给垃圾的运输处理带来困难。

(4) 小型压缩式生活垃圾收集站。最近几年,在一些大城市的部分居住小区或商业网点建造了一些小型压缩式生活垃圾收集站。在压缩式收集站内安装有压缩机,将居民处收集来的垃圾由压缩机装到集装箱内,再由车厢可卸式垃圾车将集装箱直接拉走。它的最大优点就是能提高集装箱内的装载量,并能减少垃圾收集点的数目。

### 3. 定时收集

这是一种以垃圾定时收集为基本特征的垃圾收集方式。生活垃圾袋装后由居民送入放置于住宅楼下的垃圾桶内,或由保洁人员在指定时间上门收集垃圾(放置在垃圾桶内),送到垃圾收集站(或称为清洁站、清洁楼),然后定时由垃圾收集车收集后运往垃圾处理场或垃圾转运站。

这种方式主要存在于早期建成的住宅区。其特点是取消固定式垃圾箱,在一定程度上消除了垃圾收集过程中的二次污染。但由于垃圾必须在指定时间收集并装入垃圾收集车内。在实际操作过程中,常出现垃圾排队等待装车的现象。

### (三) 收集方式的选用

生活垃圾采用何种收集方式更为合适和合理,以及每一种方式相应的人员、车辆配置等问题需要综合考虑社会环境、交通等各因素后才可作出判断。通常采用综合分析方法选用合适的收集方式。

### 1. 适用性分析

影响收集方式适用性的因素如图 2-4 所示。

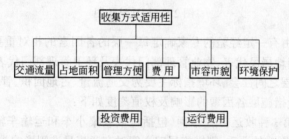

图 2-4　影响收集方式适用性的因素

适用性的综合分析流程如图 2-5 所示。

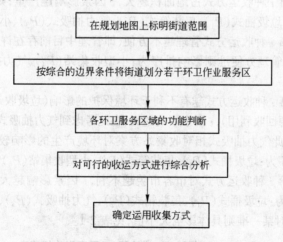

图 2-5　收集方式适用性综合分析流程

### 2. 层次分析

由于社会、环境的目标(因素)结构十分复杂,采用层次分析易于将决策者的经验判断给予量化,从而作出正确决策。层次结构模型一般由目标层、准则层及措施层三部分组成,目标层是指要实现的目标,在该区域功能判断中是指确定各环卫作业服务区采取的一种或多种收运方式;准则层是衡量目标能否实现的标准,主要考虑交通流量、占地面积、管理方便、环境保护及市容市貌五个方面;措施层是指实现目标的方法、手段,如采用目前常用的四种垃圾收运方式,为了更清楚地说明,用图 2-6 表示。

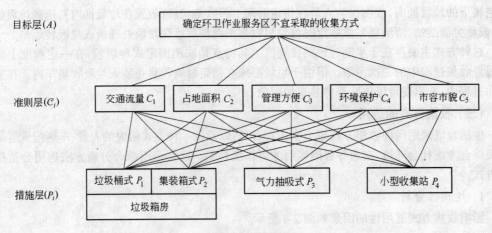

图 2-6　层次结构图

根据层次结构图由有一定经验的专家确定每一层的各因素的相对重要性的权值,为了体现公正合理,在此可请当地居民代表、物业管理部门代表及环卫管理部门代表参与此工作。

在准则层与措施层之间社会、环境指标主要为交通流量、占地面积、管理方面、环境保护及市容市貌五个方面,其受措施层各因素的影响及权值刻度如下:

(1) 交通流量。第 $i$ 种收运方式车辆(包括垃圾收集小车和运输车辆)造成的交通流量越大,$i$ 因素(收运方式)影响越严重;则措施层四方案对交通流量准则影响排序为:垃圾桶式($P_1$)、集装箱式($P_2$)、气力抽吸式($P_3$)、小型收集站($P_4$)。

(2) 占地面积。第 $i$ 种收运方式占地面积越大,$i$ 因素影响越严重;则措施层四方案对占地面积准则影响排序为:垃圾桶式($P_1$)、集装箱式($P_2$)、气力抽吸式($P_3$)、小型收集站($P_4$)。

(3) 管理方便。第 $i$ 种收运方式管理越不方便(即管理中目前存在许多问题),$i$ 因素影响越大;则措施层四方案对管理方便准则影响排序为:小型收集站($P_4$)、气力抽吸式($P_3$)、集装箱式($P_2$)、垃圾桶式($P_1$)。

(4) 环境保护。第 $i$ 种收运方式越有不利于环境保护的影响(垃圾收运过程对环境产生的污染程度大及不利于资源回收利用),$i$ 因素影响越大;在此考虑到气力抽吸式能将垃圾分类收集,有利于资源回收利用,因此气力抽吸式相对收集站方案对环境产生的影响较小,故措施层四方案对环境保护准则影响排序为:垃圾桶式($P_1$)、集装箱式($P_2$)、小型收集站($P_4$)、气力抽吸式($P_3$)。

(5) 市容市貌。第 $i$ 种收运方式对市容市貌越不利,$i$ 因素影响越大;则措施层四方案对市容市貌准则影响排序为:垃圾桶式($P_1$)、集装箱式($P_2$)、气力抽吸式($P_3$)、小型收集站($P_4$)。

上面各方案因素对某一准则具体影响大小值,见表 2-1。

表 2-1　准则层($i$)-措施层($j$)因素影响权值表

| 刻度 $a_{ij}$ | 定　义 |
| --- | --- |
| 1 | $i$ 因素与 $j$ 因素同等重要 |
| 3 | $i$ 因素比 $j$ 因素略重要 |

续表 2-1

| 刻度 $a_{ij}$ | 定 义 |
| --- | --- |
| 5 | $i$ 因素比 $j$ 因素较重要 |
| 7 | $i$ 因素比 $j$ 因素非常重要 |
| 9 | $i$ 因素比 $j$ 因素绝对重要 |
| 2,4,6,8 | 为以上两判断之间的中间状态对应的标度值 |
| 倒数 | 若 $j$ 因素与 $i$ 因素比较,得到判断值 $a_{ji}=1/a_{ij}$ |

上述是准则层受措施层的权值影响,而在准则层－目标层构成的判断矩阵中,权值大小由环卫作业服务区的功能决定,其值见表 2-2(这里给定的权值作为参考值,若在实际中有不妥之处,可适当调整权值大小)。

**表 2-2　目标层－准则层因素权值大小**(以交通流量为基准)

| 　　　　准则<br>功　能 | 交通流量<br>($C_1$) | 占地面积<br>($C_2$) | 管理方便<br>($C_3$) | 环境保护<br>($C_4$) | 市容市貌<br>($C_5$) |
| --- | --- | --- | --- | --- | --- |
| 现代生活园区 | 1 | 2 | 1 | 5 | 3 |
| 金融商贸区 | 1 | 7 | 2 | 2 | 5 |
| 现代工业园区 | 1 | 1/2 | 1 | 3 | 2 |
| 高科技园区 | 1 | 1/2 | 2 | 3 | 2 |

按上述取值确定层与层之间各因素的影响大小,构成判断矩阵。

如目标层($A$)－准则层($C$)的判断矩阵为:

| $A$ | $C_1$ | $C_2$ | $C_3$ | $C_4$ | $C_5$ |
| --- | --- | --- | --- | --- | --- |
| $C_1$ | $a_{11}$ | $a_{12}$ | $a_{13}$ | $a_{14}$ | $a_{15}$ |
| $C_2$ | $a_{21}$ | $a_{22}$ | $a_{23}$ | $a_{24}$ | $a_{25}$ |
| $C_3$ | $a_{31}$ | $a_{32}$ | $a_{33}$ | $a_{34}$ | $a_{35}$ |
| $C_4$ | $a_{41}$ | $a_{42}$ | $a_{43}$ | $a_{44}$ | $a_{45}$ |
| $C_5$ | $a_{51}$ | $a_{52}$ | $a_{53}$ | $a_{54}$ | $a_{55}$ |

其中 $a_{ij}$ 是准则层第 $i$ 种因素相对于目标层($A$)与 $j$ 因素的权值比较,如 $a_{11}$ 即交通流量本身比较,$a_{13}$ 是交通流量与管理方便比较,相对目标层谁的影响大,且 $a_{ij}=1/a_{ji}$,其值 $C$ 参照表 2-3 中的综合评价来确定权值。

**表 2-3　准则层($C_i$)－措施层($P$)的判断矩阵为:**($i=1,2,3,4,5$)

| $C_i$ | $P_1$ | $P_2$ | $P_3$ | $P_4$ |
| --- | --- | --- | --- | --- |
| $P_1$ | $a_{11}$ | $a_{12}$ | $a_{13}$ | $a_{14}$ |
| $P_2$ | $a_{21}$ | $a_{22}$ | $a_{23}$ | $a_{24}$ |
| $P_3$ | $a_{31}$ | $a_{32}$ | $a_{33}$ | $a_{34}$ |
| $P_4$ | $a_{41}$ | $a_{42}$ | $a_{43}$ | $a_{44}$ |

同理表中 $a_{ij}$ 的意义与上相同,只不过是措施层($P_2$)相对准则层($C_i$)而已,且这样的判断矩阵数量有 5 个。

然后采用方根法分别计算准则层($C_i$)－措施层($P$)和目标层($A$)－准则层($C_i$)的最大特征值及特征向量(措施层各因素对准则层的相对权值和准则层对目标层的相对权值)。为了度量两判断矩阵的一致性,需判断矩阵一致性是否可以接受,为此引入指标 $C·I = (\lambda_{max} - n)/(n-1)$,若 $C·I < 0.1$,认为判断矩阵一致性可以接受,否则重新进行两两比较判断。再通过准则层($C$)对目标层($A$)的相对权值及措施层($P$)对准则层的各准则($C$)的相对权值,最后得到措施层($P$)各收集方式对目标层($A$)的相对权值。由上述相对权值大小,得出各方案的优劣次序,从而确定环作业服务区不宜采用的收集方式(相对权值大的不宜采用)。

上述计算非常繁琐,应通过计算机用专用计算程序进行计算,才是现实的。

### 三、生活垃圾收集设施设置

#### (一) 城市生活垃圾收集设施设置基本要求

城市生活垃圾的收集作业是环卫作业中较繁杂、与居民生活相关密切的、运作费用较高的作业。城市生活垃圾的收集作业应以方便居民生活为宗旨。因此在设置垃圾收集设施时应布点合理,作业时不干扰居民的生活和垃圾收集车的作业运行路线经济、方便、安全。

(1) 城市生活垃圾收集设施的设置应符合布局合理、不破坏周围环境、方便使用、整洁性和方便收集作业进行等要求。

(2) 城市生活垃圾收集设施的设置规划应与旧区改造、新区开发和建设同步规划、设计、施工和使用。

(3) 城市生活垃圾收集设施应与城市生活垃圾收运处置系统中的转运、运输、处置、利用等设施统一规划、配套设置,系统中各设备设施间的技术接口应匹配、有效、可靠、安全、有较好的社会效益和经济效益。

#### (二) 城市生活垃圾收集管道设置要求

城市生活垃圾收集管道设置要求如下所述:

(1) 垃圾收集管道应垂直、内壁应光滑、无死角、管道的结构和内径一般根据住房的层数确定,应符合下列要求:

| | |
|---|---|
| 多层建筑 | 垃圾管道内径为 610～800 mm |
| 高层建筑(≤20 层时) | 垃圾管道内径为 800～1000 mm |
| 高层建筑(>20 层时) | 垃圾管道内径为大于 1000 mm |

垃圾管道的顶端应超出最高层屋顶 1 m 以上,垃圾管道顶端为敞口,并设有挡灰帽。

垃圾管道的下端连接垃圾储存仓,储存仓应密封。储存仓一般为倒锥形,底部开有放料口。放料门的 打开、关闭应轻便、可靠,放料口的离地高度和开口尺寸应与垃圾收集车的车厢匹配。

(2) 垃圾管道应有防火措施,其设计和建造应符合有关防火规定。各层楼面的垃圾倒口应能自动封闭,使用、维修方便。

(3) 高层建筑垃圾管道底层应设置专用垃圾间,垃圾间内应有照明、通风、排水、清洗设施。

(4) 气力输送垃圾的管道系统应由专业人员根据建筑物的用途、垃圾量及组成和用户的要求专门设计建造。

#### (三) 垃圾箱房和收集站

垃圾箱房和收集站的设置要求如下所述:

(1) 垃圾箱房和垃圾收集站的设置既要方便居民(或清洁工)投放(收集)生活垃圾,还要不影响市容景观,又要有利于垃圾收集车的作业和垃圾分类作业;垃圾箱房和垃圾收集站的设置应按有关标准的要求进行。

(2) 垃圾箱房的服务半径一般不超过 70 m,是由居民自行将垃圾袋装后投放到垃圾箱房的垃圾桶内;垃圾收集站的服务半径一般不超过 600 m,直线距离不超过 1000 m,一般是由清洁工上门收集居民生活垃圾。

(3) 清洁工上门收集生活垃圾时,居民将生活垃圾袋装后放在指定的地点,清洁工收集后用人力车(手推车或三轮脚踏车)将收集来的垃圾送到收集站。人力车的形式、装载量多种多样,但应做到外形整洁、封闭、无污水滴漏、运动轻便安全。

(4) 垃圾收集站可以是配置有垃圾集装箱和垃圾压缩装置的压缩式生活垃圾收集站,此时清洁工送来的垃圾经垃圾压缩机推压入集装箱内,以提高箱内垃圾的容重,改善垃圾运输的经济性,同时集装箱是密封结构,避免了垃圾在运输过程中的飞扬散落和污水滴漏,保护了环境。也有仅设置集装箱的收集站(又称作清洁楼、清运楼等),此时集装箱一般位于站内地坪下,清洁工将人力车上的垃圾翻倒进集装箱内,由于集装箱内垃圾未经压实,集装箱又是敞口的,所以垃圾运输经济性和环保性差,现已逐步被淘汰。也有部分地区将各种形式的集装箱放置在一个固定的场所(大部分是露天的),由居民将垃圾袋装投入箱内,此时因投入口少,箱内垃圾既不能够均匀盛于箱内,箱内垃圾又未压实,所以箱内垃圾装载量少,影响垃圾运输经济性,但居民投入垃圾很方便,集装箱的容积较大,一次可容纳的垃圾量相对较多,设施简单,所以只要管理到位,这种收集方式还是可应用的。

## 四、城市垃圾收集清除设施规划的要求

### (一) 城市垃圾收集设施规划的总体要求

城市垃圾的收集应该以方便居民生活和垃圾收集作业为目标,是任务繁重、耗资较多的一个重要环节。因此,进行垃圾收集设施规划的时候,要科学合理地设置城市垃圾收集点和城市垃圾收集车的路线。

(1) 城市垃圾收集设施应该符合布局合理、美化环境、方便使用、整洁卫生和有利于城市垃圾清运处理作业等要求,并应与旧区改造、新区开发和建设同时规划、同时设计、施工、验收和使用。

(2) 城市垃圾收集设施应与城市垃圾的中转、运输、处理、利用等设施和基地统一规划,配套设置。其规模与形式由日产量、收集方式和处理工艺确定。

(3) 城市垃圾收集设施的建设应该列入城市建设计划,所需建设经费由建设单位负责。城市垃圾收集设施的维护和维修由设施的产权单位负责。原有城市垃圾收集设施需改造或者迁建时,必须同时制订并落实改建或者迁建计划后方可实施。

### (二) 城市垃圾收集管道的设置要求

城市垃圾收集管道的设置要求如下所述:

(1) 多层及高层建筑中排放、收集生活垃圾的垃圾管道包括倒口、管道、垃圾容器、垃圾间。垃圾管道应该满足机械装车的需要。

(2) 垃圾管道应该垂直,内壁应该光滑无死角。内径应该按照楼房地层数和层住人数确定,并应符合下列要求:1)多层建筑管道内径 610～800 mm;2)高层建筑(20 层以内,含 20 层)管道内径 800～1000 mm;3)超高层建筑内径不小于 1200 mm;4)管道上方出口需高出屋面 1 m 以上,管道通风口要设置挡灰帽。

（3）垃圾管道应该采取防火措施,其设计和建筑应该符合有关防火规定。垃圾管道在楼房每层应该设置倒口间,但不得设置在生活用房内。倒口间应密闭,并便于使用,维修和管道清理。

（4）垃圾管道底层必须设有专用垃圾间,高层垃圾管道的垃圾间内应安装照明灯、水嘴、排水沟,通风窗等。北方地区应考虑防冻措施。

（5）气力输送垃圾管道系统宜用于高级住宅、办公楼及商贸中心。

### （三）垃圾的贮存容器

由于城市垃圾产生量的不均性及随意性,以及对环境部门收集清除的适应性,需要配备城市垃圾贮存容器。垃圾产生者或收集者应根据垃圾的数量、特性及环卫主管部门要求,确定贮存方式,选择合适的垃圾贮存容器,规划容器的放置地点和足够的数目。贮存方式大致可分为家庭贮存、街道贮存、单位贮存和公共贮存。

其要求如下:

（1）供居民使用的生活垃圾容器以及袋装垃圾收集堆放点的位置要固定,既要符合方便居民和不影响市容观瞻的要求,又要有利于垃圾的分类收集和机械化清除;

（2）生活垃圾收集点的服务半径一般不应该超过 70 m。在规划建造新住宅时,未设垃圾管道的多层住宅一般每 4 栋设置一个垃圾收集点,并建造生活垃圾容器间,安置活动垃圾箱(桶)。生活垃圾容器间内应设置通向污水窨井的排水沟。

（3）医疗废弃物和其他特种垃圾必须单独存放。垃圾容器要密闭并具有便于识别的标记。

## 五、城市垃圾收集清运设施规划

垃圾清除阶段的操作,不仅是指对各产生源贮存的垃圾集中和集装,还包括收集清除车辆至终点往返运输过程和在终点的卸料等全过程。城市垃圾设施的规划主要内容有收集容器的规划(包括其选型、数量的确定)、城市垃圾收集管道的确定、清运操作方式、收集清运车辆类型和数量、装卸量及机械化装卸程度、清运次数、时间及劳动定员、清运路线和收集网点的设置。

### （一）城市垃圾收集容器的规划

1.收集容器的分类和选型

废物贮存容器是盛装各类城市垃圾的专用器具。由于受经济条件和生活习惯等各方面条件的制约,各国使用的城市垃圾贮存容器类型繁多,形状不一,容器材质也有很大区别。国外许多城市都制定有当地容器类型的标准化和使用要求。

按用途分类,废物贮存容器主要包括垃圾桶(箱、袋)和废物箱两种类型。垃圾箱和桶是盛装居民生活垃圾和商店、机关、学校抛弃的生活垃圾的容器。垃圾箱和桶一般设置在固定地点,由专用车辆进行收集。垃圾箱和桶类型很多,可以按不同特点进行分类。

按容积划分,垃圾箱和桶可分为大、中、小三种类型。容积大于 1.1 m³ 的垃圾箱和桶称为大型垃圾箱容器;容积为 0.1~1.1 m³ 的垃圾箱和桶称为中型垃圾容器;容积小于 0.1 m³ 的垃圾桶和箱被称为小型垃圾容器。

按材质区分,垃圾桶(箱)分为钢制、塑制两种类型。这两种材质各有优缺点。塑制垃圾桶(箱)重量轻,比较经济,但不耐热,而且使用寿命短。在塑制垃圾桶(箱)上一般都印有不准倒热灰的标记。与塑制容器相比,钢制容器重量较重,不耐腐蚀。但有不怕热的优点。为了防腐,钢制容器内部都进行镀锌、装衬里和涂防腐漆等防腐处理。

居民区的垃圾桶一年四季都是很脏污的,夏季尤为如此,这给工作人员的收运操作与清洗带来了很大的不便,而且肮脏的垃圾桶会滋生蚊蝇,影响居住环境,所以为了减少垃圾桶脏污和清洗工作等,已广泛提倡使用塑料袋和纸袋。对于使用者来说一次性使用的垃圾袋比较理想,卫生清洁,搬运轻便,纸袋可用从垃圾中回收废纸来制造。其缺点是比较易燃,且输送、处理成本较高。纸袋也有大小不同的容量(家用的为 60～70 L,商业和单位用常为 110～120 L),为装料方便需设置不同规格专门的纸袋架,装满垃圾后用夹子封口连袋送去处理。

　为了防止垃圾箱和桶内粘附垃圾,许多国家的城市采用了水洗方法去冲刷容器。这种净化措施能够及时清洗容器内残留物,既减轻了污物对容器的腐蚀,也避免了容器内黏结物散发臭味,有效地控制了环境污染。

　收集过往行人丢弃废物的容器称为废物箱或果皮箱。这种收集容器一般设置在马路旁、公园、广场、车站等公共场所。我国各城市配备的果皮箱容积较大,一般是采用落地式果皮箱。其材质有铁皮、陶瓷、玻璃钢和钢板等。工业发达国家配备废物箱形式多样,容积比较小。为方便行人或候车人抛弃废物,废物箱悬挂高度一般与行人高度相应。在公共车站等公共场所配备废物箱一般也是落地式的。废物箱有金属冲压成形,也有塑料压制成形的。

　表 2-4 示出了垃圾容器的几种尺寸范围。

表 2-4　垃圾容器的几种尺寸范围

| 容器类型 | 材　质 | 容积/m³ | | 尺寸/m |
| --- | --- | --- | --- | --- |
| | | 变化范围 | 额定值 | |
| 小型筒式容器 | 塑料,镀锌铁皮,纸板,防水纸,普通纸塑料膜 | 0.07～0.15 | 0.11 | 径 0.5,高 0.65 |
| 小型袋式容器 | | 0.07～0.20 | 0.11 | 宽 0.4,厚 0.3,高 1.0 |
| 中型容器 | | 0.8～8.0 | 3.0 | 宽 1.8,厚 1.1,高 1.6 |
| 大型开口容器 | | 9.0～38 | 27 | 宽 2.5,高 1.8,长 6.0 |
| 带有压缩机械的大型密闭容器 | | 15～30 | 20 | 宽 2.5,高 1.8,长 6.0 |
| 容器拖车 | | 15～40 | 27 | 宽 2.3,高 3.6,长 6.8 |

　2. 选型依据

　垃圾收集容器的选型依据是:容积适度,既要满足日常能收集附近用户垃圾的需要,又不要超过 1～3 日的贮留期,以防止垃圾发酵、腐败、滋生蚊蝇、散发臭味;密封性好,要能防蝇防鼠、防恶臭和防风雪,既要配备带盖容器,又要加强宣传,使城市居民在倾倒垃圾后及时盖上收集容器,而且要防止收集过程中容器的满溢;垃圾收集容器应易于保洁、便于倒空,内部应光滑易于冲刷、不残留粘附物质;由于垃圾中经常会含有一些腐蚀性的物质,因此垃圾桶应该耐腐;而且很多情况下贮存容器都设在公共场合,故而垃圾桶材料选择时要考虑到不能让其轻易燃烧。此外,容器还应操作方便、坚固耐用、外形美观、造价便宜、便于机械化清运。

　国内目前各城市使用的容器规格不一。对于家庭贮存,除少数城市(如深圳、珠海等)规定使用一次性塑料袋外,通常由家庭自备旧桶、笤箕、簸箕等随意性容器;对于公共贮存,根据习惯叫法,常见的有固定式砖砌垃圾箱、活动式带车轮的垃圾桶、铁制活底卫生箱、车厢式集装箱等;对于街道贮存,除使用公共贮存容器外,还配置大量供行人丢弃废纸、果壳、烟蒂等物的各种类型的废物箱;对于单位贮存,则由产生者根据垃圾量及收集者的要求选择容器类型。

　住宅区贮存家庭垃圾的垃圾箱或大型容器应设置在固定位置,该处应靠近住宅、方便居民,又要靠近马路,便于分类收集和机械化装车。同时要注意设置隐蔽,不妨碍交通路线和影响市容观瞻。

　废物贮存容器有两种不同用途,一种是把容器置在一定地点,用于收集一个地段的垃圾。这种容器在确定放置位置时应注意以下几点:比较靠近住宅;比较靠近清运车经过的收集路线;不妨碍主要交通路线;不影响市容观瞻。另一种是住宅内配置的小型容器,其使用方法是:居民住宅内使用一种小型容器,随时把垃圾运往固定收集点(大、中型收集容器),将垃圾倾倒后,再将容器收回,反复使用。大、中型容器由城市环卫部门收集清运;由环卫工人每天在一定时间内挨户收集。收集垃圾时,居民将各自容器中的垃圾倒入垃圾车内,然后送到垃圾集运站,再由环卫部门转运;由环卫部门无偿提供垃圾收集容器,居民定时将收集容器送到固定地点,再换回另一空容器,转换使用。垃圾车将盛满垃圾的容器收集换走。

3. 容器设置数量

容器设置数量对费用影响甚大,应事先进行规划和估算。某地段需配置多少容器,主要应考虑的因素为服务范围内居民人数、垃圾人均产量、垃圾容重、容器大小和收集次数等。

我国规定容器设置数量按以下方法计算。首先按下式求出容器服务范围内的垃圾日产生量:

$$W = RCA_1A_2 \tag{2-1}$$

式中,$W$ 为垃圾日产生量,t/d;$R$ 为服务范围内居住人口数,人;$C$ 为实测的垃圾单位产生量,t/(人·d);$A_1$ 为垃圾日产量不均匀系数,取 $1.1 \sim 1.15$;$A_2$ 为居住人口变动系数,取 $1.02 \sim 1.05$。

然后按式(2-2)和式(2-3)折合垃圾日产生体积:

$$V_{ave} = W/(A_3D_{ave}) \tag{2-2}$$

$$V_{max} = KV_{ave} \tag{2-3}$$

式中,$V_{ave}$ 为垃圾平均日产生体积,m³/d;$A_3$ 为垃圾容重变动系数,取 $0.7 \sim 0.9$;$D_{ave}$ 为垃圾平均容重,t/m³;$K$ 为垃圾产生高峰时体积的变动系数,取 $1.5 \sim 1.8$;$V_{max}$ 为垃圾高峰时日产生最大体积,m³/d。

最后以式(2-4)和式(2-5)求出收集点所需设置的垃圾容器数量:

$$N_{ave} = A_4V_{ave}/(EF) \tag{2-4}$$

$$N_{max} = A_4V_{max}/(EF) \tag{2-5}$$

式中,$N_{ave}$ 为平时所需设置的垃圾容器数量,个;$E$ 为单个垃圾容器的容积,m³/个;$F$ 为垃圾容器填充系数,取 $0.75 \sim 0.9$;$A_4$ 为垃圾收集周期,d/次,当每日收集 1 次时,$A_4 = 1$,每日收集 2 次时,$A_4 = 0.5$,每两日收集 1 次时,$A_4 = 2$,依此类推;$N_{max}$ 为垃圾高峰时所需设置的垃圾容器数量。

当已知 $N_{max}$ 时即可确定服务地段应设置垃圾贮存容器的数量,然后再适当地配置在各服务地点。容器最好集中于收集点,收集点的服务半径一般不应超过 70 m。在规划建造新住宅区时,未设垃圾通道的多层公寓一般每四幢应设置一个容器收集点,并建造垃圾容器间,以利于安置垃圾容器。

**(二) 城市垃圾收集管道的规划**

现代城市中高层建筑越来越多,为了方便居民搬送城市垃圾,这些建筑内常设垃圾通道。垃圾通道由投入口(倒口)、通道(圆形或矩形截面)、垃圾间(或大型接收容器)等组成。投入口通常设置在楼房每层楼梯平台,不能设置在生活用房内。投入口应注意密封,并便于使用与维修。有的在投入口设仓斗拉出后便把投入口与垃圾道切断,可防止臭气外溢。仓斗的尺寸远小于通道断面,使通道不易堵塞。

通道内壁应光滑无死角,尽量避免垃圾在下滑的过程中堵塞通道。通道截面大小应按楼房层数和居住人数而定,为 600 mm×600 mm(或 $\phi$600 mm)～1200 mm×1200 mm(或 $\phi$1200 mm)。通道上端为出气管,需高出屋面 1 m 以上,并设置风帽,以挡灰及防雨水侵入。通道底层必须设专门垃圾间(或大型垃圾间),需注意密封,平时加盖加锁。高层建筑底层垃圾间宽大进深,有必要安装照明灯、水嘴、排水沟、通风窗等,便于清除垃圾死角及通风(北方地区垃圾间应有防冻措施)。

垃圾通道的设置方便了居民搬倒垃圾,但带来了一系列隐患:(1)通道易发生起拱、堵塞现象,当截面积设计较小、住户不慎倒入粗大废物时,容易发生这种情况,影响了正常使用;(2)由于清除不及时、天气炎热、食物垃圾易腐败、倒口的腐蚀及密封不好、顶部通风不良等因素,常造成臭气外溢影响环境卫生;(3)居民图方便,自觉性差,往往不利于城市垃圾的就地分类贮存收集。

为了解决上述(1)、(2)不利因素,国外不少城市已采用管道化风力输送或水力输送来解决高层建筑垃圾的搬运与贮存问题。最早是瑞典开始用于医院垃圾的风力输送,进而推广到解决高层住宅,并有逐步推广到整个城市区垃圾的管道化收运系统的发展趋势。

气动垃圾输送装置主要由垃圾倾斜道下的底阀、用垃圾输送的管道和带有分离器、高压鼓风机、消声器的机械中心组成。风力吸送装置的每天运转次数由住宅区各户抛弃垃圾的数量而定,并根据垃圾量决定出料次数,由水准报警器报告每次出料时间。城市垃圾的管道收运方法确实是一种清洁卫生的收运方式。

鉴于(3)的不利因素,不少专家及环卫行业专业人士建议今后在新建中高层建筑时,不再设垃圾通道,并做好居民的工作,配合开展城市垃圾的就地分类搬运贮存方式。这方面有待于达成共识,并用于实践。

## 六、我国城市垃圾分类收集试行情况

### (一) 深圳市城市垃圾分类收集方案

深圳市是我国现代产业综合性经济特区,是我国改革开放的窗口和建立、完善社会主义市场经济的先锋。到2010年,城市规划总体目标是把深圳建设成为一个经济繁荣、社会稳定、环境优美、空间布局合理、设施完善的现代化经济特区和国际性大都市。

1. 现有城市垃圾处理设施

深圳市城市垃圾分类收集试点工作主要在特区内的罗湖和福田两区进行。罗湖和福田区城市垃圾处理设施包括下坪垃圾卫生填埋场,市容卫综合处理厂。下坪垃圾量为1600 t。市容卫综合处理厂为垃圾焚烧厂,日处理垃圾量为400 t,发电量达3000 kW。

2. 垃圾分类收集试点规模

城市垃圾分类收集试点共分为住宅校区,学校,办公楼和商业中心四类,每种类型一个试点。住宅校区试点的规模为2000户以上,学校试点初步定为深圳小学,办公楼和商业中心为茂叶大厦。

3. 城市垃圾分类收集方式

拟将城市垃圾分为回收垃圾、易燃烧垃圾、不易燃烧垃圾、有毒有害垃圾和大件垃圾等。在住宅楼下或者垃圾收集点放置蓝、黄、灰三种颜色垃圾容器,分别用于收集可回收垃圾、易燃烧垃圾和不易燃烧垃圾。可回收垃圾由保洁员收购后进入现有废品回收系统,易燃垃圾运往垃圾焚烧厂焚烧发电,不易燃烧垃圾运往下坪垃圾卫生填埋场处理。在住宅校区进出口或者校区活动中心设置玻璃容器和有毒有害容器。玻璃容器用于收集回收价值较低、废品回收系统不愿意购买的杂色玻璃。有毒有害垃圾容器用于收集有毒有害垃圾。大件垃圾由清洁工人上门收集并集中统一运往大件处理厂。

### (二) 广州市城市垃圾分类收集方案

广州市是广东省政治、经济、文化中心,是我国重要的对外经济文化交往中心。随着形式的发展,广州市提出从1996年起,15年内赶上亚洲发达国家城市,成为国际化大都市。

**1. 广州市生活垃圾处理收运现状**

广州市在全国率先实行居民生活垃圾上门收集压缩转运。由环卫工人每日上午七点半或者晚上七点半上门收集居民生活垃圾并运往小型垃圾压缩转运站,压缩垃圾箱装满垃圾后被吊上载重车底盘运往垃圾填埋场。目前,广州市所有的生活垃圾全部采用填埋处理。正在使用的填埋场有两座,李坑填埋场和大田山填埋场,距离广州均为 25 km 左右。

**2. 分类收集第一阶段:回收利用＋填埋**

第一阶段拟将城市垃圾分为两类:一类是可回收利用的,包括纸、金属、玻璃、塑料、橡胶等;另一类是可填埋垃圾,包括厨余垃圾、花草、灰土等。可回收垃圾由垃圾车分类收集后运往分拣中心,经过人工分选后,交给物资回收部门销售,可填埋垃圾由现有垃圾收运系统运往垃圾填埋场。可回收垃圾每星期收集 1~2 次,可填埋垃圾每天收集,考虑到分拣中心工作的连续性,收运可回收垃圾的时间不能全市统一。

**3. 分类收集第二阶段:回收利用＋焚烧或者回收利用＋高温堆肥**

当广州建成焚烧厂或者垃圾堆肥厂后,城市垃圾分类收集将进入第二个阶段。在该阶段内,拟将城市垃圾分类收集区分为两类,一类是垃圾焚烧服务区,一类是垃圾堆肥服务区。

(1) 垃圾焚烧厂服务区内拟将垃圾分为两类:一类是可燃垃圾,包括纸张、织物、厨余、草木、塑料等;另外一类是可回收利用的不可燃垃圾,包括玻璃、金属等。可燃垃圾每天收集,运往垃圾焚烧发电厂,可回收垃圾每星期收集 1~2 次运往分拣中心。

(2) 垃圾堆肥厂的服务区内将垃圾分为可堆肥垃圾、可回收垃圾和其余垃圾三类,可堆肥垃圾运往垃圾堆肥厂,可回收垃圾运往资源化中心,其余垃圾运往垃圾填埋场。

**4. 分类收集第三阶段:回收利用＋焚烧发电＋高温堆肥＋卫生填埋**

居民在家中将垃圾分为可燃烧垃圾(包括纸张、橡塑、草木)、可堆肥垃圾(有机易腐物)、可回收垃圾(金属、玻璃、未被污染的纸张、书报、包装容器)和有害垃圾(油漆、药品、电池、灯管)等四类。

可燃垃圾运往资源化电厂焚烧,可堆肥垃圾运往高温堆肥厂制肥,可回收垃圾运往资源化中心分拣回收,有害垃圾运往有害垃圾填埋场填埋。置于居民家中的大件垃圾采用电话预约上门收集,运往资源化中心分解回收。

## 七、城市垃圾分类收集的效益分析

实施城市垃圾分类收集的经济效益主要体现在以下几个方面:

(1) 实施分类收集后,提高了废品回收率,使城市垃圾处理量减少,从而节省了垃圾的运输处理费用;

(2) 把分类收集回收的废品重新加以利用,减少了原材料的需求量,使产品加工工艺简单化,在一定程度上节省了全社会物质生产成本;

(3) 分类收集使得垃圾产量减少,相应地减少了城市垃圾的运输量,由此减轻了城市交通的压力;

(4) 分类收集使得易腐蚀有机垃圾成分较纯,有利于生产垃圾堆肥,为农村提供优质有机肥料,有利于改善农田土壤;

实施城市垃圾分类收集的社会效益和环境效益如下:

(1) 实施城市垃圾分类收集使得垃圾产生量减少,也就是污染物量减少;

(2) 将有毒有害垃圾分离出来有利于垃圾的无害化处理,使水污染风险减少;

(3) 生活垃圾分类收集需要全民参与和全社会的关注,有利于提高城市居民的环保意识。

# 第三节　生活垃圾清运

生活垃圾清运的主要目的是把城市内的生活垃圾及时清运出去以免其影响到市容卫生环境，是废物收运系统的主要环节。世界各国对生活垃圾收运环节都比较重视，一方面努力提高垃圾收运的机械化、卫生化水平，另一方面在稳步实现垃圾清运管理的科学化。

现行的城市生活垃圾收运方法主要是车辆收运法和管道输送法两种类型，其中车辆收运法应用非常普遍，是指使用各种类型的专用垃圾收集车与容器配合，从居民住宅点或街道把废物和垃圾运到垃圾转运站或处理场的方法。采取这种收运方法，必须配备适用的运输工具和停车场。车辆收运法在相当长的时间内，仍然是废物运输的主要方法。因此，努力改进废物收运的组织、技术和管理体系，提高专用收集车辆和辅助机具的性能和效率是很有意义的。

管道输送法是指应用于多层和高层建筑中的垃圾排放管道。排放管道有两种类型：(1)气动垃圾输送管道，它是结构复杂的输送系统，可以把垃圾直接输送到处理场。(2)普遍排放通道，严格讲，这种管道排放法只是废物收运的前一部分。垃圾由通道口倾入后集中在垃圾通道底部的储存间内，需要由清洁工人掏出堆放在集中堆放点，再由垃圾车清运出去。

垃圾清运阶段的操作，不仅是指对各产生源贮存的垃圾集中和集装，还包括收集清除车辆至终点往返运输过程和在终点的卸料等全过程。清运效率和费用高低，主要取决于下列因素：(1)清运操作方式；(2)收集清运车辆的数量、装卸量及机械化装卸程度；(3)清运次数、时间及劳动定员；(4)清运路线。

## 一、清运操作方法

清运操作方法可分为拖曳式和固定式两种。

### (一) 拖曳容器操作方法

拖曳容器操作方法是指将某集装点装满的垃圾连容器一起运往转运站或处理处置场，卸空后再将空容器送回原处或下一个集装点，其中前者称为一般操作法，后者称为修改工作法。其收集过程如图 2-7 和图 2-8 所示。

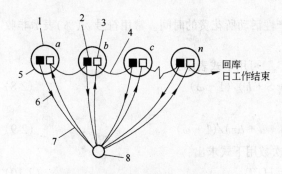

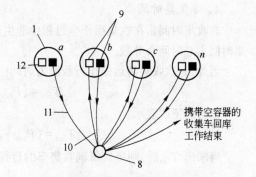

图 2-7　拖曳容器收集的一般操作法
1—容器点；2—容器装车；3—空容器放还原处；
4—驶向下个容器；5—车库来的车行程开始；
6—满容器运往转运站；7—空容器放还原处；
8—转运站、加工站或处置场

图 2-8　拖曳容器收集的修改工作法
9—a 点的容器放在 b 点，b 点容器运往转运站；
10—空容器放在 b 点；11—满容器运往转运站；
12—携带空容器的收集车自车库来，行程开始收集成本的高低,主要取决于收集时间长短,因此对收集操作过程的不同单元时间进行分析,可以建立设计数据和关系式,求出某区域垃圾收集耗资的人力和物力,从而计算收集成本。可以将收集操作过程分为四个基本用时,即集装时间、运输时间、卸车时间和非收集时间(其他用时)。

**1．集装时间**

对常规法,每次行程集装时间包括容器点之间行驶时间、满容器装车时间、卸空容器放回原处时间三部分。用公式表示为:

$$P_{hcs} = t_{pc} + t_{uc} + t_{dbc} \tag{2-6}$$

式中　　$P_{hcs}$——每次行程集装时间,h/次;

$t_{pc}$——满容器装车时间,h/次;

$t_{uc}$——空容器放回原处时间,h/次;

$t_{dbc}$——容器间行驶时间,h/次。

如果容器行驶时间未知,可用下面运输时间公式即式(2-7)估算。

**2．运输时间**

运输时间指收集车从集装点行驶至终点所需时间,加上离开终点驶回原处或下一个集装点的时间,不包括停在终点的时间。当装车和卸车时间相对恒定时,则运输时间取决于运输距离和速度。从大量的不同收集车的运输数据分析,发现运输时间可以用下式近似表示:

$$h = a + bx \tag{2-7}$$

式中　　$h$——运输时间,h/次;

$a$——经验常数,h/次;

$b$——经验常数,h/km;

$x$——往返运输距离,km/次。

**3．卸车时间**

卸车时间专指垃圾收集车在终点(转运站或处理处置场)逗留时间,包括卸车及等待卸车时间。每一行程卸车时间用符号 $S$(h/次)表示。

**4．非收集时间**

非收集时间指在收集操作全过程中非生产性活动所花费的时间。常用符号 $\omega$(%)表示非收集时间占总时间百分数。

因此,一次收集清运操作行程所需时间($T_{hcs}$)可用下式表示:

$$T_{hcs} = (P_{hcs} + S + h)/(1 - \omega) \tag{2-8}$$

也可用下式表示:

$$T_{hcs} = (P_{hcs} + S + a + bx)/(1 - \omega) \tag{2-9}$$

当求出 $T_{hcs}$ 后,则每日每辆收集车的行程次数用下式求出:

$$N_d = H/T_{hcs} \tag{2-10}$$

式中　　$N_d$——每天行程次数,次/d;

$H$——每天工作时数,h/d。

每周所需收集的行程次数,即行程数可根据收集范围的垃圾清除量和容器平均容量,用下式求出:

$$N_w = V_w/(cf) \tag{2-11}$$

式中　$N_w$——每周收集次数,即行程数,次/周(若计算值带小数时,需进位到整数值);

　　　　$V_w$——每周清运垃圾产量,$m^3$/周;

　　　　$c$——容器平均容量,$m^3$/次;

　　　　$f$——容器平均充填系数。

由此,每周所需作业时间 $D_w(d/周)$ 为:

$$D_w = t_w P_{hcs} \tag{2-12}$$

应用上述公式,即可计算出拖曳容器收集操作条件下的工作时间和收集次数,并合理编制作业计划。

### (二)固定容器收集操作法

固定容器收集操作法是指用垃圾车到各容器集装点装载垃圾,容器倒空后固定在原地不动,车装满后运往转运站或处理处置场。固定容器收集法的一次行程中,装车时间是关键因素,分机械操作和人工操作。固定容器收集过程如图2-9所示。

**1. 机械装车**

每一收集行程时间用下式表示:

$$T_{scs} = (P_{scs} + S + a + bx)/(1-\omega) \tag{2-13}$$

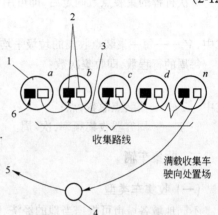

图 2-9　固定容器收集操作图

1—垃圾集装点;2—将容器内的垃圾装入收集车;
3—驶向下一个集装点;4—中转站、加工站或处置场;
5—卸空的收集车进行新的行程或回库;
6—车库来的空车行程开始

式中　$T_{scs}$——固定容器收集法每一行程时间,h/次;

　　　　$P_{scs}$——每次行程集装时间,h/次。

此处,集装时间为:

$$P_{scs} = c_t(t_{uc}) + (N_p - 1)(t_{dbc}) \tag{2-14}$$

式中　$c_t$——每次行程倒空的容器数,个/次;

　　　　$t_{uc}$——卸空一个容器的平均时间,h/个;

　　　　$N_p$——每一行程经历的集装点数,点;

　　　　$t_{dbc}$——每一行程各集装点之间平均行驶时间,h。

如果集装点平均行驶时间未知,也可用式(2-7)进行估算,但以集装点间距离代替往返运输距离 $x$(km/次)。

每一行程能倒空的容器数直接与收集车容积、压缩比以及容器体积有关,其关系式:

$$c_t = Vr/(cf) \tag{2-15}$$

式中　$V$——收集车容积,$m^3$/次;

　　　　$r$——收集车压缩比。

每周需要的行程次数可用下式求出:

$$N_w = V_w/(vr) \tag{2-16}$$

式中　$N_w$——每周行程次数,次/周。

由此每周需要的收集时间为:

$$D_w = [N_w P_{scs} + t_w(S + a + bx)]/[(1-\omega)H] \tag{2-17}$$

式中　$D_w$——每周收集时间,d/周;

　　　　$t_w$——$N_w$ 值进到大整数值。

**2. 人工装车**

使用人工装车,每天进行的收集行程数为已知值或保持不变,这种情况下日工作时间为:

$$P_{scs} = (1 - \omega)H/N_d - (S + a + bx) \tag{2-18}$$

每一行程能够收集垃圾的集装点可以由下式估算：

$$N_r = 60P_{scs}n/t_P \tag{2-19}$$

式中　　$n$——收集工人数，人；

　　　　$t_P$——每个集装点需要的集装时间，人·min/点。

每次行程的集装点数确定后，即可用下式估算收集车的合适车型尺寸（载重量）：

$$V = V_pN_p/r \tag{2-20}$$

式中，$V_p$——每一集装点收集的垃圾平均量，m³/次。

每周的行程数，即收集次数：

$$N_w = T_pF/N_p \tag{2-21}$$

式中　　$T_p$——集装点总数，点；

　　　　$F$——周容器收集频率，次/周。

## 二、收集车辆

### (一) 收集车类型

不同地域各城市可根据当地的经济、交通、垃圾组成特点、垃圾收运系统的构成等实际情况，开发使用与其相适应的垃圾收集车。

按装车形式大致可分为前装式、侧装式、后装式、顶装式、集装箱直接上车等形式。车身大小按载重量分，额定量约 10~30 t，装载垃圾有效容积为 6~25 m³（有效载重量约 4~15 t）。为了清运狭小里弄小巷内的垃圾，还有数量甚多的人力手推车、人力三轮车和小型机动车作为清运工具。

在美国，用于居民的和商业部门的废物收集卡车都装有叫做装填器的压紧装置，液压压紧机可把松散的废物由容重 35 kg/m³ 压实到 200~240 kg/m³，常规的装载量为 12 m³ 和 15 m³。

下面简要介绍几种国内常使用的垃圾收集车。

(1) 简易自卸式收集车。这是国内最常用的收集车，一般是在解放牌或东风牌货车底盘上加装液压倾卸机构和垃圾车加以改装而成（载重量约 3~5 t）。常见的有两种形式。一是罩盖式自卸收集车，为了防止运输途中垃圾飞散，在原敞口的货车上加装防水帆布盖或框架式玻璃钢罩盖，后者可通过液压装置在装入垃圾前启动罩盖，要求密封程度较高；二是密封式自卸车，即车厢为带盖的整体容器，顶部开有数个垃圾投入口。简易自卸式垃圾车一般配以叉车或铲车，便于在车厢上方机械装车，适宜于固定容器收集法作业。

(2) 活动斗式收集车。这种收集车的车厢作为活动敞开式贮存容器，平时放置在垃圾收集点。因车厢贴地且容量大，适宜贮存装载大件垃圾，故亦称为多功能车，用于拖曳容器收集法作业。

(3) 侧装式密封收集车。这种车型为车辆内侧装有液压驱动提升机构，提升配套圆形垃圾桶，可将地面上垃圾桶提升至车厢顶部，由倒入口倾翻，空桶复位至地面。倒入口有顶盖，随桶倾倒动作而启闭。国外这类车的机械化程度高，改进形式很多，一个垃圾桶的卸料周期不超过10 s，保证较高的工作效率。另外提升架悬臂长、旋转角度大，可以在相当大的作业区内抓取垃圾桶，故车辆不必对准垃圾桶停放。

(4) 后装式压缩收集车。这种车是在车厢后部开设投入口，装配有压缩推板装置。通常投入口高度较低，能适应居民中老年人和小孩倒垃圾，同时由于有压缩推板，适应体积大、密度小的垃圾收集。这种车与手推车收集垃圾相比,工效提高 6 倍以上,大大减轻了环卫工人的劳动强度,缩短了工作时间,另外还减少了二次污染,方便了群众。

**（二）收集车数量配备**

收集车数量配备是否得当,关系到费用及收集效率。某收集服务区需配备各类收集车辆数量的多少可参照下列公式计算:

(1) 简易自卸车数 = 收集垃圾日平均产生量/

$$（车额定吨位×日单班收集次数定额×完好率）\tag{2-22}$$

式中　收集垃圾日平均产生量——按式(2-1)计算,t/d;

　　　　日单班收集次数定额——按各省、自治区环卫定额计算;

　　　　　　　完好率——按 85% 计。

(2) 多功能车数 = 收集垃圾日平均产生量/

$$（车厢额定容量×车厢容积利用率×日单班收集次数定额×完好率）\tag{2-23}$$

式中　车厢容积利用率——按 50%～70% 计;

　　　　　　完好率——按 80% 计。

(3) 侧装密封车数 = 收集垃圾日平均产生量/(桶额定容量×桶容积利用率×日单班装桶数

$$定额×日单班收集次数定额×完好率）\tag{2-24}$$

式中　日单班装桶数定额——按各省、自治区环卫定额计算;

　　　　　　完好率——按 80% 计;

　　　　桶容积利用率——按 50%～70% 计。

**（三）收集车劳力配备**

每辆收集车配备的收集工人,需按车辆型号与大小、机械化作业程度、垃圾容器放置地点与容器类型等情况而定。一般情况,除司机外,人力装车的 3 t 简易自卸车配 2 人;人力装车的 5 t 简易自卸车配 3~4 人;多功能车配 1 人;侧装密封车配 2 人。

**（四）收集次数与作业时间**

关于垃圾收集次数,在我国各城市住宅区、商业区基本上要求及时收集,即日产日清。在欧美各国则划分较细,一般情形,对于住宅区厨房垃圾,冬季每周两三次,夏季至少三次;对旅馆酒家、食品工厂、商业区等,不论夏冬每日至少收集一次;煤灰夏季每月收集两次,冬季改为每周一次;如厨房垃圾与一般垃圾混合收集,其收集次数可采取二者之折中或酌情而定。国外对废旧家用电器、家具等庞大垃圾则定为一月两次,对分类贮存的废纸、玻璃等亦有规定的收集周期,以利于居民的配合。垃圾收集时间,大致可分昼间、晚间及黎明三种。住宅区最好在昼间收集,晚间可能骚扰住户;商业区则宜在晚间收集,此时车辆行人稀少,可增快收集速度;黎明收集,可兼有白昼及晚间之利,但集装操作不便。总之,收集次数与时间,应视当地实际情况,如气候、垃圾产量与性质、收集方法、道路交通、居民生活习俗等而确定,不能一成不变,其原则是希望能在卫生、迅速、低价的情形下达到垃圾收集目的。

**三、生活垃圾的收运路线**

生活垃圾收运模式的设计是在以下条件下进行的:

(1) 已按照可持续发展要求确定了生活垃圾处理的方针、政策;

(2) 对生活垃圾的产量及成分作了预测;

(3) 已经确定了生活垃圾处理方法及选定了处理地点。

在生活垃圾收集操作方法、收集车辆类型、收集劳力、收集次数和作业时间确定以后,就可着手设计收运路线,以便有效使用车辆和劳力。收集清运工作安排的科学性、经济性关键就是合理的收运路线。

德国的生活垃圾收运系统比较完备,各清扫局都有垃圾车收运路线图和道路清扫图,把全市分成若干个收集区,明确规定扫路机的清扫路线以及这个地区的垃圾收集日、收集容器的数量和安放位置及其车辆行驶路线等。

一般,收集线路的设计需要进行反复试算过程,没有能应用于所有情况的固定规则。一条完整的收集清运路线大致由"实际路线"和"区域路线"组成。前者指垃圾收集车在指定的收集内所行驶经过的实际收集路线,又可称为微观路线;后者指装满垃圾后,收集车为运往转运站(或处理处置场)需走过的地区或街区。

**(一) 实际路线的设计**

收运路线设计的主要问题是卡车如何通过一系列的单行线或双行线街道行驶,以使得整个行驶距离最小。换句话说,其目的就是使空载行程最小。

消除空载行程的设计问题,实际上国外早在 1736 年便着手了。经过多年的研究工作及多名数学家的归纳总结,提出了一整套用于确定实际路线的法则,其中有些是普通的见解,有些则是确定整个网络策略的指南。

(1) 行驶路线不应重叠,而应紧凑和不零散;

(2) 起点应尽可能靠近汽车库;

(3) 交通量大的街道应避开高峰时间;

(4) 在一条线上不能横穿的单行街道应在街道的上端连成回路;

(5) 一头不通的街道在街道右侧时应予以收集;

(6) 小山上废物应在下坡时收集,便于卡车下滑;

(7) 环绕街区尽可能采用顺时针方向;

(8) 长而笔直的路应在形成顺时针回路之前确定为行驶路线;

(9) 决不要用一条双行街道作为结点唯一的进出通路,这样可以避免 180°的大转弯。

根据如上所述的这些法则,在研究探索较合理的实际路线时,需考虑以下几点:每个作业日每条路线限制在一个地区,尽可能紧凑,没有断续或重复的线路;平衡工作量,使每个作业、每条路线的收集和运输时间都合理地大致相等;收集路线的出发点从车库开始,要考虑交通繁忙和单行街道的因素。

**(二) 区域路线的设计**

对于一个小型的独立的居民区,确定区域路线的问题就是去寻找一条从路线的终端到处置地点之间最直接的道路。而对于区域较大的城区,通常可以使用分配模型来拟制区域路线,从而获得最佳的处置与运输方案。所谓的分配模型,其基本概念是在一定的约束条件下,使目标函数达到最小。在区域路线设计工作中使用该模型可以将其优点极大地发挥出来。该技术中使用最多的是线性规划。

最简单的分配问题是对于有多个处置地点的固体废物的分配最优化。显然最常用的办法是将最近处的废物源首先分配,然后是下一个最靠近的,依此类推。而对于较复杂的系统,有必要应用最优化技术。运输规则系统是最适宜的最优化方案,它是一种线性规划。

假定有一个简单的系统,如图 2-10 所示。在四个废物源地区产生的垃圾(用收集区的矩心表示)分配到两个处置场所,目标是达到成本最低。

同时,必须满足几项要求(最优化模型中的约束条件):

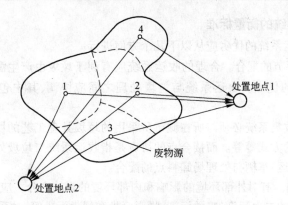

图 2-10　废物分配方案

(1) 每一个处置场所(例如填埋场)的能力是有限的。

(2) 处置废物的数量必须等于废物的产生量。

(3) 收集路线矩心不能充当处置地点,从每个收集区运来的废物总数量必须不小于0。采用下述符号:

$X_{ik}$——单位时间内从废物源 $i$ 运到处置地点 $k$ 的废物数量;

$C_{ik}$——单位数量废物从废物源 $i$ 运到处置地点 $k$ 的费用;

$F_k$——在处置地点 $k$ 按单位数量废物计算的处置费用(包括投资和工作费用);

$B_k$——处置地点 $k$ 的处置能力,用单位时间内处置的废物量表示;

$W_i$——在废物源 $i$ 处,单位时间内产生的废物总数量;

$N$——废物源 $i$ 的数量;

$K$——废物处置场所 $k$ 的数量。

此问题归结起来是使以下目标函数值为最小:

$$\sum_{i=1}^{N}\sum_{k=1}^{K}X_{ik}C_{ik} + \sum_{k=1}^{K}\left(F_k\sum_{i=1}^{N}X_{ik}\right)$$

根据上述要求此约束条件为:

约束条件1(对于所有的 $k$):

$$\sum_{i=1}^{N}X_{ik} \leqslant B_k$$

约束条件2(对于所有的 $i$):

$$\sum_{k=1}^{K}X_{ik} = W_i$$

约束条件3(对于所有的 $i$、$k$):

$$X_{ik} \geqslant 0$$

在目标函数中,第一项是运输费用,第二项是处置费用。

**(三) 设计收运路线的一般步骤**

设计收运路线的一般步骤包括:准备适当比例的地域地形图,图上标明垃圾清运区域边界、道口、车库和通往各个垃圾集装点的位置、容器数、收集次数等,如果使用固定容器收集法,应标注各集装点垃圾量;资料分析,将资料数据概要列为表格;初步收集路线设计;对初步收集路线进行比较,通过反复试算进一步均衡收集路线,使每周各个工作日收集的垃圾量、行驶路程、收集时间等大致相等,最后将确定的收集路线画在收集区域图上。

#### （四）垃圾收运系统的衡量标准

衡量一个垃圾收运系统的优劣应从以下几个方面进行：

（1）与系统前后环节的配合。合理的收运系统应有利于垃圾由产生源向系统的转移，而且具有卫生、方便、省力的优点。收运系统与垃圾处理之间应协调，其中包括工艺协调、接合点协调。

工艺协调指的是收集系统必须与所在城市所采用的垃圾处理工艺的协调，必须根据具体的处理工艺来确定收集的方式等等。而接合点的协调是指收运系统与垃圾处理场接合点的协调，通常为垃圾运输（或转运）车辆与处理场卸料点的配合。

（2）对环境的影响。有对外部环境的影响和内部环境的影响之分。应严格避免系统对外部环境的影响，包括垃圾的二次污染、嗅觉污染、噪声污染和视觉污染等，对系统内部环境的影响是指作业环境的不良。

（3）劳动条件的改善。一个合理的收运系统应最大限度地解放劳动力，降低操作工人的劳动强度，改善劳动条件，具有较高的机械化、自动化和智能化程度。

（4）经济性。这是衡量一个收运系统优劣的重要指标，其量化的综合评价指标是收运单位量垃圾的费用，简称单位收运费。影响单位收运费的因素很多，主要有收运方式、运输距离、收运系统设备的配置情况及管理体系等。

## 第四节　生活垃圾转运规划

### 一、生活垃圾转运系统

生活垃圾转运是利用大型运输工具从转运站将生活垃圾向处理处置厂（场）运输的过程。转运过程为：清运车将各收集点的生活垃圾运至转运站内，在转运站内将生活垃圾压缩后或直接转载到大载重量的运输工具上，然后运往远处的处理处置厂（场）。

随着农村城市化和城市都市化进程的发展，城市生活垃圾的数量在不断增加，垃圾产生地和垃圾处置地之间运距会不断增加。

为改善生活垃圾运输的经济性、提高运输效率，需要建造生活垃圾转运设施，垃圾经转运后，提高了大型垃圾运输车的车厢内垃圾密实度，变泡为实，并且实现了封闭化的大运量的垃圾运输，改善了长距离运输时的经济性。

生活垃圾转运站是连接垃圾产生源头和末端处置系统的结合点，起到枢纽作用。

城市生活垃圾转运设施的建设和设备选型要根据城市的总体规划、环卫专业规划、垃圾清运量、城市经济发展水平和垃圾运输距离等因素来考虑。总的来说，经济发达国家的城市生活垃圾转运运输设备、设施的环保措施较好，机械化程度较高，类型较多，并且趋向于大型化和综合化。

我国城市早期的生活垃圾转运站大部分是属于具有垃圾收集功能的小型垃圾收集转运站。大型机械化程度高的垃圾转运站在 20 世纪 80 年代末在北京建成并投入运营后，许多城市开始了大型城市生活垃圾转运站的建设。

### 二、生活垃圾转运方式的选用

#### （一）转运方式分类

转运方式形式多样，可按不同方式进行分类。

**1．按运输方式分类**

按照运输方式的不同,垃圾转运可分为公路转运、铁路转运和水路转运。

(1)公路转运。公路转运是一种利用汽车作为运输工具的转运方式,是国内外采用最为普遍的转运方式。根据转运工艺的不同,公路转运可分为直接转运式、推入装箱式、压实装箱式、集装箱转运站等多种形式。

(2)铁路转运。铁路转运是一种利用火车作为运输工具的转运方式。在我国垃圾铁路转运站的应用极少,只有极少部分大型工矿企业,在将其单位垃圾外运时,有时采用铁路运输方式,一般是将企业垃圾人工(或人工＋铲车)送入敞口车厢之后,由火车头拉着车厢沿着铺设好的轨道将垃圾送到处置地。

(3)水路转运。水路转运是一种利用轮船作为运输工具的转运方式。在我国垃圾水路转运站最典型的是上海市的城市生活垃圾水陆联运系统。

**2．按转运次数分类**

按照转运次数的不同,垃圾转运可分为一次转运和二次转运。

(1)一次转运。一次转运即垃圾收集后只经过转运站转运后直接运往垃圾处理厂(场)的方式,是目前使用最多的转运方式。

(2)二次转运。二次转运即垃圾收集后经过小型转运站转运后运往大、中型转运站或铁路、水路转运站进行二次转运后运往垃圾处理厂(场)的方式。

**3．按转运规模分类**

小型转运站:转运量小于 150 t/d;

中型转运站:转运量为 150～450 t/d;

大型转运站:转运量大于 450 t/d。

**(二) 转运方式的选用**

生活垃圾转运方式的选用,将取决于各城市的总体规划、环卫规划、经济财政水平、技术保障能力、当地的自然人文条件等因素的综合抉择。

对于大多数城市而言,若运输距离较为适中,通常均选用公路转运方式。若运输距离超长,如超过 50 km,且垃圾产量较为分散,可采取二次转运方式。

若运输距离远且运输量大时,可采取铁路转运方式,铁路转运站内必须设置装卸垃圾的专用站台以及与铁路系统衔接的调度、通讯、信号系统。

在一些城市区域内,若水路运输发达,且运输距离远、运输量大时,可以通过水路用轮船运输大量的生活垃圾。水运生活垃圾转运主要注意防止运输过程中对水体的污染。

### 三、生活垃圾转运系统布局

转运系统的建立是为了降低运输费用、提高运输效率、减少交通流量,因此,对转运系统进行科学、合理地布局十分重要。

**(一) 一般原则**

当运输距离大于 50 km 时,若条件许可,可设置铁路或水路转运站,并可在前端设置小型转运站以形成二次转运系统;

对于人口密集、垃圾产生量大且运输距离大于 20 km 的区域,一般设置大、中型转运站,其服务范围一般为 10～15 km²;

对于人口较为密集、垃圾产量相对较大且运输距离大于 10 km 的区域,一般设置中小型转运站；

对于人口相对集中、垃圾产量也相对集中且运输距离大于 10 km 的区域（如乡、镇），一般设置小型转运站，服务范围为 $2\sim4\ km^2$。

**（二）转运系统布局**

在进行转运系统布局时，应首先根据垃圾产生分布情况和处理设施分布情况对生活垃圾进行合理的物流组织；在此基础上对生活垃圾收运模式进行分析，以确定合理的生活垃圾收运模式，进而对转运系统进行合理布局。

在转运系统布局中，最重要的是建立收运模式。以下对收运系统模式的建立进行简单分析。

1. 影响收运模式的主要因素分析

影响收运模式的主要因素包括：处置设施选址、垃圾收集密度、收运经济评价、环境影响、系统接口和交通影响。

虽然影响垃圾收运模式的因素较多，但发挥的作用不尽相同。为此将影响因素分为两类，一类为主要因素，另一类为次要因素。次要因素的差异只对收运模式产生非系统、非原则性的局部影响，而主要因素的差异则会导致收运模式系统性、原则性的整体变化。

在确定收运模式时，影响收集方式的因素有收集密度、经济评价、环境影响及交通影响等，其中后几个因素具有共性，而收集密度及经济评价将决定收集方式，如人口密集区的市区要选择高强度的收集方式，而郊区可选择中、低强度的收集方式，系统接口、交通影响及环境影响等因素是市区和郊区都要适当考虑的影响因素。

在确定收运模式时，影响转运方式的因素为处置设施选址、收集密度、经济评价、系统接口、交通影响及环境影响，其中后几个因素具有共性，而处置设施选址、收集密度、经济评价将决定转运方式，如人口密集区的市区要不宜建造处置设施，导致运输距离较长，同时与高强度的收集方式相衔接，需要有高强度的转运方式；而郊区与中、低强度的收集方式及独立的处理设施相衔接，可选择中、低强度的转运方式，以达到降低运输费用、减少交通流量、提高运输效率的目的，而交通影响及环境影响等因素是市区和郊区都要适当考虑的影响因素。

通过对主要因素的分析得知，经系统遴选，在影响垃圾收运模式的因素中，收集密度和运输距离是主要因素。而交通影响、环境影响、系统接口等为次要因素。

2. 城市区域的聚类分析

我国城市间地域、经济、文化发展水平不尽相同，城市的大小、人口密度相差悬殊，这对合理收运模式的建立提出了很高的要求，但建立合理收运模式的前提是对区域进行合理的、系统的分类。

在涉及到区域划分问题的系统研究中，通常使用聚类分析加以解决。根据影响垃圾收运模式两个主要因素——收集密度和运输距离的聚类分析，从而对区域进行合理的、系统的分类。

3. 收运模式的建立

在聚类分析的基础上，根据收集密度和运输距离选择各自区域的收运模式。

对于同类性质的区域、若条件许可，可打破行政区域界限对转运系统进行设置，实现资源共享。

**四、生活垃圾转运设施设置**

**（一）选址**

转运站的选址应注意以下几点。

(1) 转运站的选址应符合城市总体规划和城市环境卫生行业规划的要求。

(2) 转运站宜选址在服务区域的中心或垃圾产量集中的地方。

(3) 转运站应设置在市政设施完善、交通便利、至后续处理设施的运输距离和行驶路线合理的地方。

## (二) 规模

垃圾转运量可按下式计算:

$$Q = \frac{\delta nq}{1000} \tag{2-25}$$

式中　$Q$——转运站规模,t/d;

　　　$\delta$——垃圾产量变化系数,按当地实际资料采用,若无资料时,一般可取 1.13 ～1.40;

　　　$n$——服务区域内人口数,人;

　　　$q$——人均垃圾产量,kg/(人·d),按当地实际资料采用,若无资料时,一般可采用 0.8～1.8kg/(人·d)。

## (三) 用地标准

垃圾转运站用地面积根据日转运量确定,应符合表 2-5 的规定。

表 2-5　垃圾转运站用地标准

| 转运量/t·d⁻¹ | 用地面积/m² | 与相邻建筑间距/m | 绿化隔离带宽度/m |
|---|---|---|---|
| 150 | 3000 | 10 | 5 |
| 150～450 | 2500～10000 | 15 | 8 |
| >450 | >8000 | 30 | 15 |

注:1. 表内用地面积不包括垃圾分类和堆放作业用地;
　　2. 用地面积中包含沿周边设置的绿化隔离带用地,用地面积可根据绿化率的提高而增加;
　　3. 表中"转运量"按每日工作一班制计算;
　　4. 当选用的用地指标为两个档次的重合部分时,可采用下档次的绿化隔离带指标;
　　5. 二次转运站宜偏上限选取用地指标。

## (四) 设施

转运站内设施包括称重计量系统、除尘除臭系统、监控系统、生产生活辅助设施、通讯设施等,各转运站根据规模大小和当地需求进行相应配置。

大、中型转运站应设置垃圾称重装置、杀虫灭害装置、除尘除臭装置、操作控制室、洗车台、检修车间、办公设施、生活设施和其他辅助设施。在转运站用地条件允许时,可在站内设置运输车的停车场和加油站等设施。

对于铁路及水路运输转运站,应设置与铁路系统及航道系统相衔接的调度通讯、信号系统。

## (五) 建筑和环境

城市垃圾转运站的外形应美观,操作应封闭,设备力求先进;其飘尘、噪声、臭气、排水等指标应符合环境监测标准。大、中型转运站内应绿化,绿化面积应符合国家标准及当地政府的有关规定;大、中型转运站内排水系统应采用分流制,应设置污水处理设施;垃圾转运站内建筑物、构筑物布置应符合防火、卫生规范及各种安全要求;转运站内建筑物、构筑物的建筑设计和外部装修应与周围居民住房、公共建筑物及环境相协调。

## (六) 转运站绿化

在我国的城市垃圾转运站设计规范(CJJ47)中规定转运站内应布置绿化,其绿化面积应不小于转运站用地面积的10%～30%。随着城市建设的发展,人们环境意识等增强,而垃圾转运站一般建设在城区或城郊结合部,由此对转运站内绿化面积及其效果也就有更高的要求。

中转站内的绿化应注重其防护功能,所以应多选择其具有防尘、抗臭功能的速生树种,以求在中转站开始运转后就能产生防护效应。

### 五、生活垃圾转运设备的选型和配置

生活垃圾设备根据转运工艺的不同也相应不同,与生活垃圾转运密切相关的工艺设备主要包括装箱设备(通常为压缩装箱机)、集装箱和运输车。

#### (一) 装箱设备

国内外常用的装箱设备包括竖直压缩装箱设备和水平压缩装箱设备两大类,每类中又各自包括不同种类的装箱设备,在转运站使用中应根据不同的工艺、作业条件进行选用。

装箱设备的选型应与集装箱相匹配,并满足垃圾转运量以及高峰期垃圾转运的要求。

对于大、中型转运站,一般配置大型的压缩装箱机,工作能力一般达到40 t/h以上。

对于小型转运站,可选用中、小型的压缩装箱机。

#### (二) 集装箱

集装箱应与垃圾运输车及装箱设备匹配,并满足运输车的载重量的要求。

为减少运输过程中对周围环境的影响以及装卸料顺畅,垃圾集装箱装、卸料口应保证装、卸垃圾顺畅,关闭时密封可靠。集装箱应采用耐腐蚀的材料,并具有足够的强度和刚度,避免产生影响使用及密封性能的变形。

在国内常用的集装箱中,有多种规格的集装箱,既有标准集装箱如12 m(40 ft)、6 m(20 ft)、3 m(10 ft)等,也有非标准的专用集装箱,如装载量为8～12 t的非标准集装箱。

集装箱的数量,应根据垃圾贮存时间、清运周期及备用量等因素确定。

#### (三) 运输车

运输车应与垃圾集装箱相匹配,并且必须满足沿途道路通行条件的要求和后续处理设施的卸料要求。

##### 1. 车辆选择

通常情况下,大、中型转运站一般配置大型车辆,15 t级及以上车辆;小型转运站一般配置中型车辆,如:5 t级、8 t级、10 t级等车辆。

常用的运输车包括整体式运输车、牵引拖挂式运输车、车厢可卸式运输车三种。

当各种形式运输车的载质量、运距、运营作业周期一样时,在同样处理规模的转运站中,它们的比较如表2-6所示。

表2-6　各种垃圾运输车比较

| 运输车形式 | 卸载方式 | 卸载效果 | 需要数量 | 底盘价 | 厢造价 | 15 t以上载质量的适应性 |
|---|---|---|---|---|---|---|
| 整体式 | 推卸 | 好 | 多 | 较低 | 较高 | 较差 |
| 牵引拖挂式 | 推卸 | 好 | 较少 | 高 | 最高 | 好 |
| 车厢可卸式 | 后倾自卸 | 较好 | 较少 | 低 | 低 | 较差 |

通常情况下,用车、厢可分离形式的运输车时,车的配置数量少。只要卸载场地合适,用车厢可卸式运输车作为转运站的运输车是合理的——造价较低,能实现一次完全卸载。

2．车辆配置

车辆配置可采用如下公式进行计算：

$$M = \frac{Q}{W \times u} \times \eta \tag{2-26}$$

式中　　$M$——运输车数量，辆；

　　　　$Q$——日转运量，t/d；

　　　　$W$——运输车装载量，t/辆；

　　　　$u$——每辆车日转运次数，次；

　　　　$\eta$——备用车系数，取 1.2。

# 第五节　城市生活垃圾中转站的设立与运行

城市垃圾的运输方式分为两种：直接收运和间接收运。直接收运是采用垃圾收集车将垃圾从垃圾收集点直接送运到垃圾处理场的垃圾运输方式。间接方式是采用垃圾收集车将垃圾收集后运送到垃圾中转站后再送到垃圾处理场。转运是指利用中转站将从各分散收集点较小的收集车清运的垃圾，转装到大型运输工具并将其远距离运输至垃圾处理利用设施或处置场的过程。转运站就是指进行上述转运过程的建筑设施与设备。

## 一、转运的必要性

只要城市垃圾收集的地点距处理地点不远，用垃圾收集车直接运送垃圾是最常用且较经济的方法。但随着城市的发展，已越来越难在市区垃圾收集点附近找到合适的地方来设立垃圾处理工厂或垃圾处置场。而且从环境保护与环境卫生角度看，垃圾处理点不宜离居民区太近，土壤条件也不允许垃圾管理站离市区太近。因此城市垃圾要远运将是必然的趋势。垃圾要远运，最好先集中。因为垃圾收集车公认是专用的车辆，先进而成本高，常需 2～3 人操纵，不是为进行长途运输而设计的，用于长途运输费用会变得很昂贵，还会造成几名工人无事干的"空载"行程，应限制使用。因此，设立中转站进行垃圾的转运就显得必要，其突出的优点是可以更有效地利用人力和物力，使垃圾收集车更好地发挥其效益。也使大载重量运输工具能经济而有效地进行长距离运输。然而，当处置场远离收集路线时，究竟是否设置中转站，主要视经济性而定。经济性取决于两个方面：一方面是有助于垃圾收运的总费用降低，即由于长距离大吨位运输比小车运输的成本低或由于收集车一旦取消长距离运输能够腾出时间更有效地收集；另一方面是对转运站、大型运输工具或其他必需的专用设备的大量投资会提高收运费用。因此，有必要对当地条件和要求进行深入经济性分析。一般来说，运输距离长，设置转运合算。那么运距的所谓"长"以何为依据呢？下面就运输的三种方式进行转运站设置的经济分析。

三种运输方式为：(1)移动容器式收集运输；(2)固定容器式收集运输；(3)设置中转站转运。三种运输方式的费用方程可以表示为：

$$C_1 = a_1 S \tag{2-27}$$
$$C_2 = a_2 S + b_2 \tag{2-28}$$
$$C_3 = a_3 S + b_3 \tag{2-29}$$

式中，$S$ 为运距，m；$a_n$ 为各运输方式的单位运费，元/m；$b_n$ 为设置转运站后，增添的基建投资分期偿还费和操作管理费，元；$C_n$ 为运输方式的总运输费，元。一般情况下，$a_1 > a_2 > a_3$，$b_3 > b_2$。

将三个方程作为三直线如图 2-11 所示。从图中分析：$S > S_3$ 时，用方式(3)合理，即需设置转运站；$S < S_1$ 时，用方式(1)合理，不需设置转运站；$S_1 < S < S_3$ 时，用方式(2)合理，不需设置转运站。

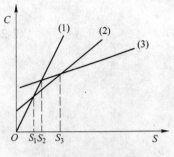

图 2-11 三种运输方式的
费用与运距的关系

## 二、中转站类型

垃圾中转站的设置数量和规模取决于垃圾收集车的类型、收集范围、垃圾转运量、设置数量和规模。由于其使用广泛，形式多样，可按不同方式进行分类。

（1）按转运能力分类。可分为：

小型中转站：日转运量 150 t 以下；

中型中转站：日转运量 150～450 t；

大型中转站：日转运量 450 t 以上。

（2）按装载方式及有无压实分类。可分为：

1）直接倾斜装车（大型）。垃圾收集后由小型收集车运到中转站，直接将垃圾倾入车厢容积约 60～80 m，带拖挂的大型运输车或集装箱内（如图 2-12 所示），由牵引车拖带进行运输。该中转站工艺简单，投资少，运行管理费用低，但在中转过程中未对垃圾进行减容压缩处理，导致站内垃圾车的车厢（集装箱）容积很大，无法承担大运量的垃圾运输，且未能实现封闭化中转作业。

2）直接倾斜装车（中、小型）。中小型中转站内设有一台固定式压实机和敞口料箱，经压实后直接推入大型运输工具上（例如封闭式半挂车），如图 2-13 所示。城市垃圾的直接倾斜转运优点是投资较低，装载方法简单，减少设备事故；缺点是无压实时，装载密度较低，运输费用较高。且对垃圾高峰期的操作适应性差。

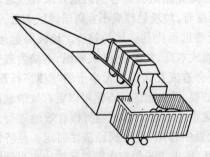

图 2-12 利用高度差直接倾倒

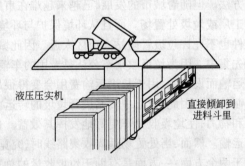

图 2-13 利用高度差压实后倾倒

3）贮存待装。运到贮存待装型中转站的垃圾，先将垃圾卸到贮存槽内或平台上，再用辅助工具装到运输工具上。这种方法对城市垃圾的转运量的变化特别是高峰期适应性好，即操作弹性好。但需建大的平台贮存垃圾，投资费用较高，且易受装载机械设备事故影响。

4）既可直接装车，又可贮存待装式中转站。这种多用途的中转站比单一用途的更方便于垃圾转运。

（3）按装卸料方法分类。可分为：

1）高低货位方式。利用地形高度差来装卸料的，也可用专门的液压台将卸料台升高或大型运输工具下降。上述如图 2-12 和图 2-13 所示。

2）平面传送方式。利用传送带、抓斗天车等辅助工具进行收集车的卸料和大型运输工具的装料，收集车和大型运输工具停在一个平面上，如图 2-14 所示。

（4）按大型运输工具不同分类。可分为：

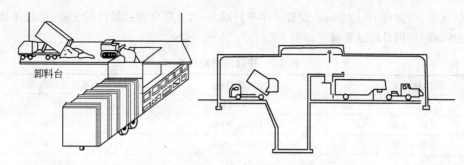

图 2-14　平面传送方式

1) 公路运输。公路转运车辆是最主要的运输工具,使用较多的公路转运车辆有半拖挂转运车、液压式集装箱转运车和卷臂式转运车,如图 2-15 所示。由于集装箱密封好,不散发臭气与流溢污水,故用集装箱收集和转运垃圾是较理想的方法。常用集装箱收集车是 2 t,在卡车底盘上安装集装箱装置;而集装箱转运车则在 6 t 卡车底盘上设置 3 个集装箱底板,一次可转运 3 个集装箱。

2) 铁路运输。对于远距离输送大量的城市垃圾来说,铁路运输是有效的解决方法。特别是在比较偏远地区,公路运输困难,但却有铁路线,且铁路附近有可供填埋场地时,铁路运输方式就比较实用。铁路运输城市垃圾常用的车辆有:设有专用卸车设备的普通卡车,有效负荷 10~15 t;大容量专用车辆,其有效负荷 25~30 t。图 2-16 为一种铁路中转站示意图。

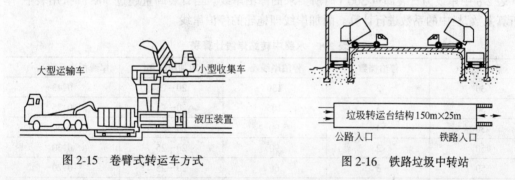

图 2-15　卷臂式转运车方式　　　　图 2-16　铁路垃圾中转站

3) 水路转运。通过水路可廉价运输大量垃圾,故水路转运也受到人们的重视。水路垃圾中转站需要设在河流或者运河边,垃圾收集车可将垃圾直接卸入停靠在码头的驳船里。需要设计良好的装载和卸船的专用码头(卸船费用昂贵,常常是限制因素)。如上海环卫系统在黄浦江边上就有专用装载驳船码头,装满城市垃圾后,沿江送达东海边老港填埋场,可接纳上海市大部分生活垃圾,取得了很好的效益。这种运输方式有下列优点:①提供了把垃圾最后处理地点设在远处的可能性;②省掉了不方便的公路运输,减轻了停车场的负担;③使用大容积驳船的同时保证了垃圾收集与处理之间的暂时存贮。

## 三、中转站设置要求

在大、中城市通常设置多个垃圾中转站。每个中转站必须根据需要配置必要的机械设备和辅助设备,如铲车及布料用胶轮拖拉机、卸料装置、挤压设备和称量用地磅等。

根据《城市环境卫生设施标准》(CJ527-89),我国对垃圾中转站设置概要如下:

(1) 公路中转站一般要求。公路中转站的设置数量和规模取决于收集车的类型、收集范围和垃圾转运量,一般每 $10\sim15$ $km^2$ 设置一座中转站,一般在居住区或城市的工业、市政用地中设置,其用地面积根据日转运量确定如表 2-7 所示。

表 2-7　中转站用地标准

| 转运量/t·d$^{-1}$ | 用地面积/m² | 附属建筑面积/m² |
|---|---|---|
| 150 | 1000~1500 | 100 |
| 150~300 | 1500~3000 | 100~200 |
| 300~450 | 3000~4500 | 200~300 |
| >450 | >4500 | >300 |

(2) 铁路中转站一般要求。当垃圾处理场距离市区路程大于 50 km 时,可设置铁路运输中转站。中转站必须设置装卸垃圾的专用站台以及与铁路系统衔接的调度、通讯、信号等系统。如果在专用装卸站台两侧均设一条铁道,那么站台的长度会减少一半(参见图 2-17),并可设置轻型机帮助进行列车调度作业。

(3) 水路运输中转站一般要求。水路中转站设置要有供卸料、停泊、调档等作用的岸线。岸线长度应根据装卸量、装卸生产率、船只吨位、河道允许船只停泊档数确定。其计算公式为:

$$L = Wq + I \tag{2-30}$$

式中,$L$ 为水路中转站岸线长度,m;$W$ 为垃圾日装卸量,t;$q$ 为岸线折算系数,m/t,参见表 2-8;$I$ 为附加岸线长度,m,参见表 2-8。

表 2-8 中岸线为日装卸量 300 t 时所要求的停泊岸线。当日装卸量超过 300 t 时,用表中"岸线折算系数"栏中的系数进行计算。附加岸线即拖轮的停泊岸线。

表 2-8　水路中转站岸线计算表

| 船只吨位/t | 停泊档数 | 停泊岸线/m | 附加岸线/m | 岸线折算系数/m·t$^{-1}$ |
|---|---|---|---|---|
| 30 | 2 | 130 | 20~25 | 0.43 |
| 30 | 3 | 105 | 20~25 | 0.35 |
| 30 | 4 | 90 | 20~25 | 0.30 |
| 50 | 2 | 90 | 20~25 | 0.30 |
| 50 | 3 | 60 | 20~25 | 0.20 |
| 50 | 3 | 60 | 20~25 | 0.20 |

水路中转站还应有陆上空地作为作业区。陆上面积用以安排车道、大型装卸机械、仓储、管理等项目的用地。所需陆上面积按岸线规定长度配置,一般规定每米岸线配备不少于 40 $m^2$ 的陆上面积。

(4) 环境保护与卫生要求。城市垃圾中转站操作管理不善,常给环境带来不利影响,引起附近居民的不满。故大多数现代化及大型垃圾中转站都采用封闭形式,注意规范的作业,并采取一系列环保措施:有露天垃圾场的直接装卸型中转站,要防止碎纸等到处飞扬,故需设置防风网罩和其他栅栏;作业中抛撒到外边的固体废物要及时捡回;当垃圾暂存待装时,中转站要对贮存的废物经常喷水以免飘尘及臭气污染周围环境,工人操作要戴防尘面罩;中转站一般均设有防火设施;中转站要有卫生设施,并注意绿化,绿化面积应达到 $10\%\sim20\%$。总之,中转站要注意飘尘、噪声、臭气、排气等指标应符合环境监测标准。

此外,如用铁路运输,垃圾运输列车敞开时,应盖有一层篷布或带小网眼网罩以防止运输过程中垃圾的散落。水路运输时,则需注意避免废物洒落水中,以免污染河水。

### 四、中转站工艺设计计算

假定某中转站要求:(1)采用挤压设备;(2)高低货位方式装卸料;(3)机动车辆运输。其工艺设计如下:垃圾车在货位上的卸料台卸料,倾入低货位上的压缩机漏斗内,然后将垃圾压入半拖挂车内,满载后由牵引车拖运,另一辆半拖挂车装料。

根据该工艺与服务区的垃圾量,可计算应建造多少高低货位卸料台和配备相应的压缩机数量,需合理使用多少牵引车和半拖挂车。

(1) 卸料台数量($A$)。该垃圾中转站每天的工作量可按下式计算:

$$E = MW_y k_1 / 365 \tag{2-31}$$

式中,$E$ 为每天的工作量,t/d;$M$ 为服务区的居民人数,人;$W_y$ 为垃圾年产量,t/(人·a);$k_1$ 为垃圾产量变化系数。

一个卸料台工作量的计算公式为。

$$F = t_1 / (t_2 k_t) \tag{2-32}$$

式中,$F$ 为卸料台 1 天接受清运车数,辆/d;$t_1$ 为中转站 1 天的工作时间,min/d;$t_2$ 为一辆清运车的卸料时间,min/辆;$k_t$ 为清运车达到的时间误差系数。

则所需卸料台数量为:

$$A = E / (WF) \tag{2-33}$$

式中,$W$ 为清运车的载重量,t/辆。

(2) 压缩设备数量($B$)。$B = A$。

(3) 牵引车数量($C$)。为一个卸料台工作的牵引车数量,按公式计算为:

$$C_1 = t_3 / t_4 \tag{2-34}$$

式中,$C_1$ 为牵引车数量,辆;$t_3$ 为大载重量运输车往返的时间,h;$t_4$ 为半拖挂车的装料时间,h。其中半拖挂车装料时间的计算公式为:

$$t_4 = t_2 n k_4 \tag{2-35}$$

式中,$n$ 为一辆半拖挂车装料的垃圾车数量,辆。因此,该中转站所需的牵引车总数为:

$$C = C_1 A \tag{2-36}$$

(4) 半拖挂车数量($D$)。半拖挂车是轮流作业,一辆车满载后,另一辆装料,故半拖挂车的总数为:

$$D = (C_1 + 1)A \tag{2-37}$$

## 第六节　中转模式选择

国内外生活垃圾中转站的形式是多种多样的,它们的主要区别是站内中转处理垃圾的设备及其工作原理和对垃圾处理的效果(减容压实程度)不同。由此,本节按生活垃圾中转站内设备不同将中转站分成若干类,分别论述其工艺流程、设备主要技术参数、作业过程及使用情况分析。

### 一、直接转运式

#### (一) 工艺流程

直接转运式中转站工艺流程如图 2-17 所示。

图 2-17　直接转运式中转站工艺流程

垃圾由小型垃圾收集车从居民点收集来后,运到中转站,经称重计量后,驶上卸料平台,直接卸料进入大型垃圾运输车的车厢内。此时,车厢一般是敞顶式的,车厢的容积都比较大,可达 60～80 $m^3$。有时,在中转站卸料平台上还配置有机械臂式液压抓斗(类似于挖掘机),用来将车厢内的垃圾扒平整,并略做压实动作。此时,大型垃圾运输车一般做成半挂拖车式,由牵引车拖带进行运输。在运输途中,一般对敞顶集装箱用篷布覆盖,以防止途中垃圾的飞扬。如加拿大蒙特利尔地区 SNK 中转站即是此种形式。此时,中转站用的垃圾箱容积较小,一般小于 10 $m^3$。放置在站内地坑中,垃圾收集车将垃圾直接卸入箱中,待装满后,用起重设备将箱从地坑中吊出,装到 5 t 级运输车上运走。见图 2-18、图 2-19。

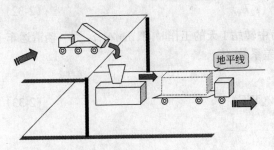

图 2-18　直接转运式中转站工艺示意

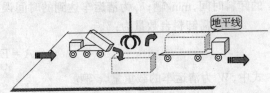

图 2-19　地坑式直接转运式中转站工艺示意

### (二) 使用情况分析

该形式中转站对垃圾的中转处理最简单,可以不需要配置中转处理垃圾的设备,所以投资最少,运作管理费用也比其他形式中转站低得多;

该形式中转站内对垃圾处理效果较差,仅是将垃圾由小型车转装到大型车上,未做任何减容、压实的操作,所以为了增加运输量,必须配置超大型的车厢(大型垃圾集装箱);或者在一定容积的车厢内装的垃圾量就较其他中转站形式少得多;

该形式中转站在运营过程中,基本上是敞开作业;

由于在站内未对中转的垃圾进行减容压实处理,所以在相同的处理规模和相同的运输车时,该形式中转站配置的运输车数量要多;

该中转形式的垃圾运输车其卸载方法一般是自卸式,当垃圾集装箱外形尺寸小、容量小时,用后倾式自卸。对大型垃圾集装箱常采用侧卸式。

该形式中转站不能实现封闭、减容、压缩工艺要求,不符合环境事业"九五"计划对中转站建设的基本要求,所以不推荐采用。

### 二、推入装箱式

### (一) 工艺流程

推入装箱式中转站工艺流程如图 2-20 所示。

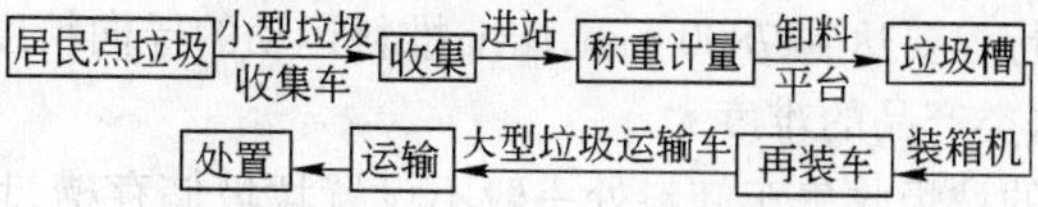

居民点垃圾 → 小型垃圾收集车 → 收集 → 进站 → 称重计量 → 卸料平台 → 垃圾槽

处置 ← 运输 ← 大型垃圾运输车 ← 再装车 ← 装箱机

图 2-20　推人装箱式中转站工艺流程

　　垃圾由小型垃圾收集车从居民点收集来后,运到中转站,经称重计量后,驶上卸料平台,将垃圾卸入垃圾槽。在垃圾槽内配有送料机构,将垃圾送入装箱机的储料仓内,仓内垃圾用液压推料机构将垃圾由仓内推入与仓出料口对接的大型垃圾运输车的车厢(集装箱)内,随着厢内垃圾容量的增加,推料机构对厢内垃圾有一定的压缩功能,提高了厢内垃圾的密实度,并且车厢的实际有效容积保证大型垃圾运输车可满载运行,从而保证了大型垃圾运输车实现封闭、满载、大运量运行。

### (二) 不带固定式装箱机的中转站

　　法国 SEMAT 公司提出一种不带固定式装箱机的中转站模式。小型垃圾收集车将居民垃圾收集来后,运到中转站,经料斗直接卸入带有压缩系统的半挂车内。半挂车一般是 12 m(40 ft)的标准集装箱改装的,在集装箱内设有一套液压压缩推料机构,该压缩推料机构的动力是用一个 22.4 kW(30 HP)的发动机驱动的液压系统或用拖车上专用液压装置提供动力。垃圾从集装箱顶部的进料口进入箱内,利用压缩推料机构将垃圾从集装箱前部移向后部,随着垃圾量的不断增加,对垃圾产生一定的挤压,起到压缩垃圾作用。集装箱的后部一般做成凸形后门,以增加箱内垃圾容量。一个半挂式大型垃圾集装箱的容积达到 50 m³,装载量达到 20 t 左右,压缩推料装置可将垃圾压缩,压缩比最大可达 2:1。一个半挂式大型垃圾集装箱可容纳约 20 辆小型垃圾收集车(国内 2t 级垃圾收集车)收集来的垃圾。

　　一般装满一只半挂式大型垃圾集装箱约需 40 min,需要根据中转站到垃圾处置场的距离和运输车运行速度决定中转站必须配置的拖车和半挂车的数量,一般起码配置 2 台以上的带有自动压缩推料机构的半挂车和拖车。半挂车内垃圾的卸料方式是打开半挂车式集装箱的后门,利用箱内的压缩推料机构将垃圾从箱内推出,见图 2-21。

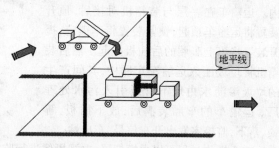

地平线

图 2-21　不带固定式装箱机的中转站示意

### (三) 使用情况分析

　　该形式中转站的作业基本上实现了封闭、压缩、大运量的垃圾中转。

　　由于压缩装置(液压压缩推料机构)是与半挂式集装箱一体的,这样,一箱一机必然使集装箱的结构复杂,附加装置多,造价高(据有关单位报价:带自动压缩装置的 6 m(20 ft)半挂式集装箱,每套是 80 万人民币;如果是 12 m(40 ft)带自动压缩装置的半挂式集装箱,每套报价要超过 100 万人民币)。同时每辆牵引拖车的报价是 40~50 万人民币,则中转站的设备投资就很高了。

　　牵引拖挂式列车组合(牵引拖车＋半挂式集装箱)进行运输时,由于列车的总长度一般要超过 10 m。则其要求的停车、调度面积大,其转弯半径大,要道路宽敞。而上海市的生活垃圾中转站建设受土地使用面积的影响和交通条件限制,较难实现。

　　在此时的半挂式集装箱内的压缩推料机构一般用液压动力,其主油缸的行程很大,在 12 m

(40 ft)集装箱内主油缸行程要达到 7800 mm,压缩推料运动的导向精度、集装箱的结构强度均要求很高,所以国内开发这类产品的难度大。

此种形式中转站内的垃圾收集车卸料处一般不设置垃圾储存槽,垃圾由收集车从卸料口直接卸入半挂式集装箱,每次只允许一辆收集车卸载。由此,在收集车进站高峰期,易造成收集车排队等候卸车的现象,给站内管理调度带来困难。

### (四) 固定式装箱机的中转站

此种形式中转站的作业区内设置有一台以上的固定式装箱机,大型垃圾集装箱内可以不设置压缩推料机构。在中转站作业时,牵引拖车和半挂式集装箱可以分离,这样一辆牵引车可以配置 2~3 台半挂式集装箱,使站内设备配置更合理。

此时,小型垃圾收集车进站后,经称重计量,驶上卸料平台,将垃圾卸入垃圾储存槽内。由于垃圾槽有一定的容积,卸料区有一定的宽度,允许几辆小型垃圾收集车同时卸料,而且收集车的卸料与装箱机储料仓的进料不直接相连,使收集车的卸料作业调度与装箱机的装箱作业更易组织。

该形式中转站的作业可以实现封闭、压缩、大运量的垃圾中转,在国内外是较普遍采用的形式。下面介绍几个实例。

### (五) 北京大屯垃圾中转站

该中转站工艺设备是由航天部 206 所设计,山西长治清华机械厂制造的。

#### 1. 工艺流程

垃圾收集车将垃圾送至中转站,经过称重计量,驶上二层平台,卸料至垃圾槽内。运输车在一层与装箱机对接后,顶升装置将运输车顶起,锁紧装置将车锁定,提升装置将车上车厢的后插板提起。然后装箱机将垃圾压入运输车车厢中,其间产生的垃圾渗沥水由地下管线引入污水处理厂。运输车的车厢装满后,放下插板、解锁、落下,监控室发出开车信号,车出站。

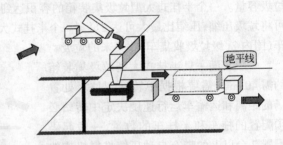

图 2-22　北京大屯垃圾中转站工艺示意

整个操作过程可以由模拟屏、电视摄像进行监视,见图 2-22。

#### 2. 主要设备技术参数

主要设备技术参数如表 2-9 所示。

表 2-9　北京大屯垃圾中转站主要设备技术参数

| 内　容 | 指　标 | 内　容 | 指　标 |
|---|---|---|---|
| 转运能力 | 1500 t/d | 垃圾槽数量 | 2 个 |
| 每天工作班次 | 两班 | 垃圾槽容量 | 120 m³/个 |
| 总占地面积 | 20000 m² | 运输车数量 | 37 辆 |
| 运输车装载量 | 15 t | 运输车底盘型号 | 斯太尔 1491.280/043/6×4 |
| 运输车的车厢有效容积 | 21 m³ | | |
| 装箱机数量 | 4 台 | 每辆运输车装满耗时 | ≈8 min |
| 装箱机最大推力 | 700 kN | 总用电量 | 470 kW |
| 装箱机主油缸行程 | 5200 m | 液压系统额定工作压力 | 15 MPa |
| 装箱机储料仓容积 | 4 m³ | 总投资 | 约 4000 万元人民币 |

3. 作业过程特点

该大型运输车是车、厢不可分的设计。车厢外形尺寸为(长×宽×高)6500 mm×2230 mm ×1710 mm,容积为 24 m³,实际有效容积为 21 m³。经装箱机作业,将垃圾推入车厢,一般需推装 6～7 次,全过程约需 8 min。装箱机推板的最大行程达 5.2 m,在装箱过程中推板深入车厢进料口 600 mm。为保证车厢内垃圾密实,同时在车与装箱机分开时,车厢进料口处垃圾不散落到地面,一般在装箱过程结束后装箱机推板还要作三次短行程的反复推挤垃圾的运作。车厢内装满程度,利用装箱机推板油缸的油压来控制。当油压达到 150 kg/cm²,自动显示报警,此时推板的最大推力约 700 kN。垃圾压缩比最大为 2∶1。车厢内垃圾卸料方式采用液压推板装置。推板采用刚架结构,两侧装有四个滑块与车厢内滑轨相配合,推板斜面与车厢底面成 50°倾角,可将垃圾一次推出。

当运输车与装箱机对接时,为保证在装箱过程中,运输车底盘不会因车厢内装载量的增加而下沉(这是由底盘的结构决定的),而改变车厢进料口与装箱机出料口的相对位置。所以在装箱机前设置一顶升装置,当运输车与装箱机对接时,顶升装置的托板托住底盘的大梁下平面,不使其因车厢内装载量增加而下沉。顶升装置是液压操作。

装箱机对车厢装料时,垃圾推入车厢过程中,垃圾在装箱机推板作用下在车厢内移动,摩擦力和推力会使车辆移动,使车离开装箱机,致使装箱过程无法进行下去,为了避免这种现象在装箱机前应设置一锁紧装置。当顶升装置将车底盘顶起后,锁紧装置的锁钩在液压油缸作用下钩住车厢底架的尾端横梁,使车厢与装箱机紧贴,保证装箱作业的顺利进行。

在卸料平台的卸料口处,设有风幕,卸料口上方为负压,以降低卸料区的飘尘和排出臭气,再集中处理。

该站占地面积达 20000 m²(2 公顷),作业区占地面积为 2000 m²(不计生活区和停车场)。

该站的绿化效果较好,有纵深 10 m 宽的高大树林带将站与外界隔开。既保护了环境又美化了环境。

4. 使用情况分析

该站建成于 1993 年,是国内首座大型封闭式垃圾中转站。其主要承担北京市东城区和西城区的垃圾转运,与阿苏卫垃圾卫生填埋场配套,站与场之间的运距为 25 km。它的建成改变了垃圾露天堆放、转运、严重污染环境的原始状况,避免了垃圾运输途中的飞扬和散落,对美化清洁京城环境,改善环卫工人的劳动条件起到了很大作用,社会效益显著。

该站的建设立项于 1986 年,于 1991 年开工建设,设计处理能力为每天 1500 t,两班制作业。到目前为止,随着垃圾产量逐年增加,已达到饱和状态。

随着经济的发展,人民生活水平的提高,消费方式的改善。城市居民气化率的提高,垃圾容重在逐渐降低,由此对站的作业带来影响,主要表现为:

该站原设计中设定垃圾原生容重为 0.5 t/m³,经中转装箱压实后,运输车的车厢内垃圾容重可达 0.7 t/m³ 左右。由此确定运输车的车厢有效容积为 21 m³,装载量为 15 t 左右。装箱机的送料推头的最大推力为 700 kN。

现在居民生活垃圾的原生容重为 0.3 t/m³ 左右,用同样的方式及过程进行作业,运输车的车厢内垃圾容重约为 0.55～0.60 t/m³,车厢内垃圾载质量约为 11～12 t。达不到设计要求,运输车不能满载运行。

为解决这个问题,该站从以下几个方面进行了工作:

设法往运输车的车厢内装更多的垃圾,提高装箱过程中垃圾的压缩比。为此就要加大装箱机送料推头的推力,同时,由于装箱机储料仓容积一定,往车厢内多装垃圾,就必须提高每车的装料次数(由原来的 6~7 次提高到 9~10 次)。

由于装箱机与车厢之间锁定是靠锁紧机构钩住车厢底架尾端的横梁,加大送料推头的推力必然使车厢底架尾端横梁受力加大,并直接影响到车厢整体结构的可靠性。在实际试验中,发现车厢结构不能承受这样大的推力(试验时定推力为 1000 kN)。车厢、底架横梁受力面变形严重。同时,延长每辆运输车装箱时间也影响到运输车的调度,打乱了站内中转作业的节奏。

增加垃圾运输车的数量,装箱机的送料推头的推力不变,每车装箱时间(次数)不变。为保证中转处理垃圾量增加的要求。该站将原设计配置 22 辆运输车基础上又增加了 15 辆同样的运输车。

原生居民生活垃圾容重的减轻,以及垃圾产出量的增加,使得居民原生垃圾的体积大大增加。而站内原设计配置的垃圾槽容积为 120 m³(原设计有两个同样容积的垃圾槽,实际作业中,是一个槽使用,另一个槽进行保养、维修)。当在垃圾收集车进站高峰时,一个垃圾槽无法盛纳送来的垃圾,使垃圾收集车要排队等候卸载。

为了解决此问题,该站在站内专门划出一块 700 m² 左右的场地作为临时堆场,并且配置了铲运机来堆高堆场内的垃圾,以解决因垃圾量的增加、垃圾容重变轻带来的问题。但是这样做后果是站内环境质量下降。

该站的卸料作业区的通风、除尘问题没有解决好,卸料作业区的飘尘较大。

该站的中转处理垃圾的方式是我们可以参照的,在使用过程中出现的问题是我们在进行生活垃圾中转站设计时必须要加以关注和解决的问题。

### (六) TSP 型生活垃圾中转站

联谊(AEL)及澳洲地勤设备(GSE)工程公司在澳洲、中国部分地区包括香港特别行政区设计建设了许多 TSP 型垃圾中转站,其设计建造的中转站对垃圾中转处理设备的工作原理与北京大屯中转站是类似的。

#### 1. 工艺流程

小型垃圾收集车进站经地磅称重计量,由坡道驶上卸货平台,将垃圾卸入垃圾堆料坑。坑内垃圾由推板推入中转压缩机的储料仓,压缩机工作将仓内垃圾推入中转运输车的车厢,该车厢可以是半挂式集装箱,也可以是车厢可卸式运输车的车厢。

#### 2. 主要设备技术参数

主要设备技术参数如表 2-10 所示。

**表 2-10　TSP 型垃圾中转站主要设备技术参数表**

| 中转压缩机 | | 垃圾槽推料装置 | |
|---|---|---|---|
| 型　号 | TSP－11 | 型　号 | TPP－11700 |
| 压缩机储料仓容积 | 6.8 m³ | 垃圾槽尺寸(长×宽×高) | 10000 mm×3000 mm×3000 mm |
| 推料作业周期 | 45 s | 推板尺寸(宽×高) | 3000 mm×3000 mm |
| 每小时最大处理量 | 547 m³/h | 推板油缸形式 | 5 节柱塞式油缸,附有随行支架 |
| 压缩推力 | 460 kN | 推板最大推力 | 300 kN |
| 压缩油缸工作压力 | 12 MPa | 额定工作油压 | 9 MPa |
| 电动机功率 | 30 kW | 电动机功率 | 22 kW |
| 正常作业情况下每 8 h 处理量 | 2400 m³ | | |

| 半挂式运输车及拖车式大型垃圾箱 | | 车厢可卸式运输车及大型垃圾箱 | |
|---|---|---|---|
| 底盘型号 | 斯太尔 1291.280/<br>S35/4×2 | 底盘型号 | 斯太尔 1291.280/6×4 |
| | | 驱动形式 | 6×4 |
| 驱动形式 | 4×2 | 底盘形式 | 标准轴距载重货车 |
| 轴　距 | 3500 mm | 准备质量 | ≈13500 kg |
| 最小离地间隙 | 298 mm | 最大总质量 | 27800 kg |
| 底盘形式 | 牵引车 | 发动机最大功率 | 206 kW |
| 准备质量 | 6780 kg | 大型垃圾箱有效容积 | ≈25 m³ |
| 最大拖挂质量 | 33000 kg | 大型垃圾箱外形尺寸<br>（长×宽×高） | 6000 mm×2400 mm×1800 mm |
| 发动机最大功率 | 206 kW | | |
| 拖车式大型垃圾箱的有效容积 | 24 m³ | 大型垃圾箱载质量 | ≈13 t |
| 载质量 | ≈15 t | 卸载方式 | 后倾自卸式 |
| 卸载方式 | 液压推卸式 | | |

**3. 使用情况**

该公司提供的设备,建造的中转站的作业过程与北京大屯中转站非常类似,主要区别有:

大型垃圾箱(拖车式或车厢可卸式)与压缩机的连接,由安装在压缩机出口处两侧面的液压操作的拉钩来实现,拉钩钩住箱后端的立柱,将箱与机的相对位置锁定。

因车厢可卸式垃圾箱是放在压缩机出口处的地面上,而拖车式垃圾箱与其下面的车轮是刚性连接,所以不需要设置顶升装置来防止因厢内垃圾载量的增加使箱进口与机出口错位而影响装载过程的进行。(由于压缩机推板尺寸小于箱进口尺寸,所以允许箱与机在垂直方向有 50 mm 的相对位移,用来补偿因箱内垃圾载量增加,拖车的车轮变形而引起的箱与机的错位。)

垃圾槽内推料板的运动由设在槽一端的控制室内工作人员操纵。

该公司建造的中转站的卸料平台作业区是全封闭的,并且作业区内设有通风、除臭、排气装置,这样可以大大改善作业过程中噪声、飘尘、臭气对外界的影响,提高环境质量。

该公司提供的中转站设备的运动件、受力件,均是用高强度、耐压钢板制成,据其介绍,设备的使用寿命可达 20 年(约 60000 h)。

该形式中转站的设备性能、工作可靠性、站内设备的配置、操作控制方式,均适合上海市目前的环卫管理、作业现状。AEL 公司曾为上海市普陀区环卫局规划过生活垃圾中转站的工程可行性。我们认为该形式生活垃圾中转站可以作为推荐的形式。

**（七）童家浜压缩装箱式生活垃圾中转站**

童家浜生活垃圾压缩中试站于 1992 年立项。在此前,于 1988~1989 年,进行了生活垃圾压缩装置的试制、试验工作,并于 1989 年通过技术鉴定。根据专家评估的意见,对生活垃圾压缩装置(简称装置)进行了部分结构、性能改进后,又进行了较长时间的试验,取得了较好的效果。

童家浜生活垃圾压缩中试站对垃圾的处置,在原理上也是一种水平推入装箱式中转站。其与 TSP 型水平推入装箱式中转站的不同之处,在于从居民点收集来的生活垃圾先由料斗倒入装置的贮料腔,腔内垃圾在推头的推挤下,在装置的压缩腔内被压缩、减容;减容比为 2:1,然后再将压缩减容的垃圾(块)整体推入与装置对接的集装箱内,也就是说,垃圾在装置的压缩腔内减容、压实,然后装箱。TSP 型的垃圾在压缩箱内被压缩。按设计每集装箱装料 3 次。

由于垃圾在压缩腔内减容、压实,这样在压缩过程中产生的垃圾渗沥水可利用装置的结构来实现收集;压缩腔的结构强度、刚度好,可以实现较强的垃圾压缩;而集装箱只是个盛纳垃圾容器,所以集装箱的结构可简单,强度、刚度的要求可降低,使集装箱的造价大为降低,从而使中转站的设备投资减少。

### 1. 工艺流程

居民生活垃圾由收集车运来,进站、称重计量后,经坡道驶上卸料平台,将垃圾卸入料斗。垃圾经料斗进入压缩装置的贮料腔,腔内垃圾被在主油缸作用下水平移动的推头,推入压缩腔。垃圾在压缩腔内被挤压、减容(贮料腔体积/压缩腔体积=2:1);打开压缩腔的端门,推头继续水平移动,将压缩垃圾送入与装置对接的专用集装箱内。然后推头回缩,垃圾再由料斗进入贮料腔,进行下个作业循环。每装满一只集装箱需经过三次作业循环。

集装箱(简称箱)是为童家浜中试站专门设计的。用在作业大厅内的起重设备将箱从堆放地吊运到集装箱移动装置(简称小车)上,小车在油缸推动下移向压缩装置并对接、锁定。箱的进料口和装置压缩腔的出料口匹配。箱进料门与压缩腔端门联动。

箱满载后,用起重设备将其自小车上吊起运到垃圾运输车的底架上(或堆放地)。

专用集装箱利用标准的集装箱角件及转销结构,来实现与吊具、小车、运输车底架的定位、锁定。

箱内垃圾利用推卸机构卸载。此时,箱的另一端门作成推板式,可沿着箱内纵向导轨做水平移动。推板油缸安装在运输车的底架上。当箱在底架上定位好并锁定后,利用手动插销机构,将推板油缸(头)与推板连接。当推板油缸(三节柱塞式油缸)柱塞外伸时,推着推板沿箱体内的导轨作水平移动,将箱内的垃圾自箱端门(即箱进料口门)卸出。

箱的进料端门既可以与装置压缩腔的端门联动——作上、下运动;实现装料作业;又可以绕于箱后顶角件上的回转座作摆动(向后摆),实现卸料作业。

工艺示意图见图 2-23。

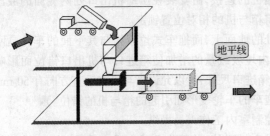

图 2-23　童家浜生活垃圾中转站工艺示意

### 2. 主要设备技术参数

主要设备技术参数如表 2-11 所示。

表 2-11　童家浜中转站主要设备技术参数

| 设 备 名 称 | 技 术 参 数 | 设 备 名 称 | 技 术 参 数 |
|---|---|---|---|
| 压缩装置压缩腔尺寸 | 1100 mm×2000 mm×900 mm | 专用集装箱外形尺寸 | 3700 mm×2300 mm ×1400 mm |
| 压缩装置贮料腔尺寸 | 2200 mm×2000 mm×900 mm | | |
| 压缩装置主油缸最大挤压力 | 800 kN | 专用集装箱净容积 | ≥8 m³ |
| 卸料斗容积 | ≥10 m³ | 大型垃圾运输车底盘型号 | CQ1190/B46 |
| 压缩装置主油缸行程 | ≥2800 mm | 设计处理垃圾能力 | ≈250 t/班 |
| 压缩装置副油缸最大推力 | 80 kN | 压缩装置主油缸额定油压 | 16 MPa |
| 压缩装置副油缸行程 | ≥1200 mm | 压缩装置副油缸额定油压 | 7 MPa |
| 压缩装置工作周期 | ≈3 min | 起重设备起吊能力 | 12.5 t |

3.使用情况分析

童家浜生活垃圾压缩中试站作为上海市生活垃圾集装化运输系统工艺流程的第一环,于1995 年基本建成。中试站运转所需的设备基本齐备。在试车的过程中,站内各种设备在单机空载试运转时,都能达到设计任务书规定的技术性能要求。并经多次设备联动试车,于1998 年完成400 h中转站试运营试验。具有以下特点:

垃圾压缩装置的动作可靠、准确,压缩装置的工作周期为 4min。大型垃圾运输车整体功能符合设计要求,专用集装箱与车定位、锁定正确、可靠方便;液压系统操作简便、工作可靠。站内的称重系统和监视系统工作正常,达到设计要求。环保措施效果良好。

童家浜生活垃圾压缩中试站作为上海市生活垃圾集装化系统的第一环,是与上海市生活垃圾水路运输系统相匹配的。童家浜位于闸北区,与苏州河沿岸梅园路码头配套。童家浜中试站设计的专用集装箱与在苏州河内航行的驳船的船舱尺寸相匹配,所以集装箱的外形尺寸为3700 mm×2300 mm×1400 mm,净容积为 8 $m^3$,设计装载量为 7.2 t。

随着社会的发展,居民生活方式的改变,居民燃料结构的变化,煤气化普及等因素的影响,使上海市居民生活垃圾的组成自 1992 年以来发生了很大的变化。生活垃圾中煤渣的含量大大降低,而塑料制品增加很多;居民普遍采用塑料袋来盛纳厨房垃圾,使得童家浜中试运营时所处置的垃圾组成与立项时的垃圾组成有极大的区别——缺少了垃圾压实团聚的凝聚骨架(煤渣),增加了弹性组成(塑料),减少了可压性。造成了在压缩腔内的压缩垃圾,当压缩腔端门一打开,就回弹、膨胀;在送入专门集装箱的箱体后就会塌落散开。影响后续装箱过程的进行。

为此,在童家浜中试站试运营阶段进行了多次的装箱工艺改进,主要有改变推头推料行程,实现深位装箱;针对目前的垃圾组成,不以压实成形为目的,改变推头运动的导向精度;增加专用集装箱的刚性、推板的运动导向精度等,使中试站 400 h 试运营顺利完成。但此时,专用集装箱的装载量平均值为 4~5 t,低于设计值。但受现有条件的限制,无法对专用集装箱作较大的改进,以盛纳更多的垃圾,使中试站的中转效率不能进一步提高。

童家浜处置垃圾的方法,在原理上是可行的,只要站内各设备能互相匹配,会有较好的效益。北京海淀区生活垃圾中转站就是采用压缩装箱工艺,设备由联谊公司提供。

该形式的生活垃圾中转站,处置垃圾效果类似于 TSP 型生活垃圾中转站。但其主要设备——压缩垃圾装置的造价高得多(童家浜中试站内每台压缩装置造价约 300 万人民币);而且配套的专用集装箱也因压缩垃圾在进箱后,回弹、膨胀,使箱体受力较大(不是原设计时认为箱只是只容器,只承受垃圾的重量)。对箱的结构、强度要求大大提高,使箱的造价也增加很多;箱与装置的结合处有垃圾散落的问题和装置压缩端门的导向槽积存垃圾等问题,也未能解决等。所以该形式的生活垃圾中转站还有待进一步研究、改进。由此,我们暂不采用此种形式的生活垃圾中转站。

### 三、压实装箱式

#### (一)工艺流程

压实装箱式中转站工艺流程如图 2-24 所示。

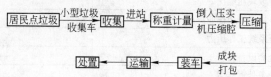

图 2-24　压实装箱式中转站工艺流程

垃圾由小型垃圾收集车(人工或机动三轮车)从居民点收集来后,送到中转站,经称重计量后卸到垃圾压实机的压缩腔内,被压实机的压头,在液压油缸的作用下,减容压实(再打包)成形(块),再装上运输车运到处置场地卸载。

### (二)LYJ68型垃圾压实中转站

#### 1.工艺流程

垃圾由人力三轮车或机动三轮车收集运至中转站内,卸入位于地平下的混凝土构造的压缩腔。压缩腔的顶部敞开,内置一钢制垃圾容器。垃圾容器的前后侧及顶部敞开,与压缩腔吻合;容器的顶部与一金属框架固定在一起,金属框架位于垃圾压缩腔的外部边缘的地面上,框架的四角有触臂与压缩腔周围的四根钢立柱相连,并可沿立柱上下移动。压块装置共有两个油缸,一为压块用,另一为推料用。压缩腔内的容器装满垃圾后,位于压缩腔上方的压块在油缸推动下向下运动,将垃圾压实,压力为 610 kN。垃圾压实后体积减小,使压缩腔上部留出部分空间,然后再往压缩腔内卸入垃圾,装满后再压缩,如此反复几次后,压实后的垃圾块充满整个容器。这时,用链条把压块与垃圾容器上部边沿的框架联结,压块向上运动,带动垃圾块及其容器上升至装车高度。随后,启动推料装置,垃圾块被推入车厢内,运至填埋场处置。压缩后的垃圾块体积为 $1.8\ \mathrm{m}\times1.6\ \mathrm{m}\times0.8\ \mathrm{m}=2.3\ \mathrm{m}^3$,重量一般为 2 t 左右,最大可达 2.5 t。压缩过程中产生的渗沥水从压缩腔底部排出后进入城市污水管道。LYJ68 型压实式中转站如图 2-25 所示。

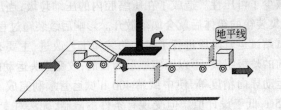

图 2-25　LYJ68 型压实式中转站示意

#### 2.主要设备技术参数

主要设备技术参数如表 2-12 所示。

表 2-12　LYJ68 型压实式中转站主要设备技术参数

| 型　号 | LYJ68 型 |
| --- | --- |
| 压料部分外形尺寸(长×宽×高) | 2160 mm×1960 mm×8600 mm |
| 推料部分外形尺寸(长×宽×高) | 4455 mm×1750 mm×750 mm |
| 压实力 | 610 kN |
| 压料速度 | 14 mm/s |
| 垃圾块尺寸(长×宽×高) | 1800 mm×1600 mm×800 mm |
| 垃圾块重量 | 2~2.3 t |
| 压料行程 | 3000 mm |
| 推料速度 | 56 mm/s |
| 推料行程 | 2100 mm |
| 垃圾块压缩比 | ≈3:1 |
| 每压成一块垃圾块作业周期 | 6 min |
| 液压系统工作压力 | 16 MPa |
| 全套设备自重 | ≈21 t |
| 设备处理能力 | 20 t/h |

### 3. 使用情况分析

该中转站内设备简单、实用,不需要像其他类似工作原理的垃圾压块机那样配置上送料机构。不需要送料机构,省去了贮料仓和送料油缸及机座等。被压实的垃圾块盛纳于压缩腔内的钢制容器内,利用辅助机构将压头和容器连接在一起,依靠压头的向上运动,将容器和垃圾块一起提升到装车高度,再由推料油缸将垃圾块由容器内推到运输车的车厢内。省去了压缩腔的端门机构及端门开启机构所以该设备只需两只油缸及机座,操作控制也简单得多。垃圾压块机的压头自上而下将压缩腔内垃圾压实,成块过程一般需要三个压实行程,实际证明,使用这样压实垃圾的方法可以将松散垃圾压实成块。垃圾块的容重可达 $0.85 \text{ t/m}^3$ 以上。

该设备的主要问题是,在作业过程中,用人力车收集来的垃圾在压缩腔的宽度方向(1.6 m处)从两侧倒入钢制容器内,由于面积大,每次倒入的垃圾不可能均布于容器,故在作业时需人工扒平。

垃圾在压实过程产生的渗沥水未经处理就直接排放,应进行改进。

垃圾压实的程度是由压实油缸的工作压力来控制的,而垃圾块的最后成形尺寸与往钢制容器内加入的垃圾量(体积)有关,所以垃圾块的最后成形尺寸(指垃圾块高度尺寸)是在一定范围内变动的,而变动大小与站内工人的操作直接有关。

该中转站作业过程中是不封闭的。

该形式中转站设备简单,占地面积小,操作简便,垃圾压缩效果好,在加强环境保护、污水治理后作为一种中小型生活垃圾中转站的形式可以参照选用。

建于泰兴市四牌楼的 LYJ68 型压实垃圾中转站中转运输垃圾块的运输车是采用加盖的自卸车。

#### (三) 压实打包成块中转系统

该系统典型例子之一是美国的 HRB 打包系统,被广泛应用于英国 LEEDS、美国 PORT-LAND 等城市。垃圾经回收筛选,残余垃圾由喂料输送机直接进入位于捆扎机上部的压缩腔内,装满后进行压缩,压块在由压缩腔侧面出口时被捆扎定形,由铲车将垃圾块装上平板运输车运往处理场。这种系统也可用来将垃圾中回收的废旧物资的压缩成块,进入市场销售,HRB 系统产生的垃圾压块其密度可达 800 $\text{kg/m}^3$,而一般堆埋场处理后垃圾堆埋密实度为 475 $\text{kg/m}^3$。该公司还提供一种高密度垃圾压缩打包机。这种打包机采用极高压力进行三维压缩,其工作压力可达 193 $\text{kg/cm}^2$,或每一垃圾块在压腔内承受 1587.6 t 的压力,在如此高压下成形的垃圾块无需捆扎。这种打包机适用于各种金属材料、废纤维料、办公用品和工具、废汽车等的打包。每天两班制,每天可处理 800 t 垃圾。

垃圾压实打包成块中转系统利用很大的挤压力和高达 193 $\text{kg/cm}^2$ 的压强,在三维作用下,使得垃圾在压缩腔内成块,对处理塑料、金属、纸张等废弃物来说是很有价值的(便于运输和贮存)。对一般的以厨余垃圾为主的生活垃圾来说,其最终处置方式是焚烧或卫生填埋(还原于自然界),因其设备的价格高,投资大而显得不适宜。但是作为一种收集中转大件垃圾和有资源价值的废弃物来说是有参考价值的,我们应注意这方面的设备发展和运行情况,做好资料的收集和积累工作,做好技术储备,为以后对废弃物的处置多样化、合理化做好准备。

#### (四) RPP(Roll Press Pack)——旋转压缩打包技术

RPP 技术是华嘉公司提供的,华嘉是一个总部设在瑞士的国际集团公司。

RPP(Roll Press Pack)——旋转压缩打包技术,是一种将垃圾压缩打包的工艺。其技术的主要特点是垃圾在旋转过程中,将松散的垃圾空隙中的空气排除出去,从而使垃圾中的空隙率减少,密度增加,可使家庭垃圾经旋转压缩后的密度从 $0.28\ t/m^3$ 增加到 $1.0\ t/m^3$。旋转压缩打包技术工艺流程如图 2-26 所示。

$$垃圾 \xrightarrow{切碎} 进料 \longrightarrow 旋压 \longrightarrow 打包 \longrightarrow 搬运 \longrightarrow 运输 \longrightarrow 堆码$$

图 2-26　旋转压缩打包技术工艺流程

### 1. 工艺流程

RPP 系统由大件垃圾的切碎机、垃圾皮带运输机、旋转压缩打包机、包装设备和自动控制操作系统及取包机等组成。

垃圾(混合收集的垃圾中的尺寸较大(>200 mm)的物料需经过破碎)经循环输送皮带机进入旋转压缩打包机的料斗内,料斗内的垃圾被钢制输送带送入直径为 1.2 m、长度为 1.2 m 的圆柱形压缩转筒内;转筒以 0~1800 r/min 的转速旋转;垃圾随转筒旋转,依靠离心力被挤压在转筒壁上,随着转筒内垃圾的增多,挤压程度增加,使其密实。当转筒内被挤压成圆柱形的垃圾的重量、尺寸达到设计要求后,在圆柱形垃圾表面绕上网状织物。当圆柱形垃圾表面的网状织物形成后,从滚道进入打包操作台上。圆柱形垃圾在打包台上,既绕圆柱体的轴线转动,又绕打包台竖轴转动,以完成薄膜打包动作。在打包系统中还包括一套称重设备,可将垃圾包称重并记录。薄膜包装层数可按需要调节。打包后,垃圾包可水平或竖直地送到打包机外,然后用搬运机,取出垃圾包,堆码在指定地点或放在一般的运输货车的车厢内运走。

### 2. 主要技术参数

主要技术参数如表 2-13 所示。

表 2-13　旋转压缩打包技术主要技术参数

| 内　　容 | | 技 术 参 数 |
| --- | --- | --- |
| 系统处理能力 | | 20~25 包/h |
| 每包处理耗时 | | <2 min/包 |
| 垃圾包体积 | | 1.25 m³ |
| 垃圾包尺寸(圆柱体) | | $\phi$1.17 m×1.17 m |
| 垃圾包重量 | | 600~1600 kg |
| 网　膜 | 材　质 | LLDPE(低密度聚氯乙烯) |
| | 宽　度 | 500 mm |
| | 厚　度 | 0.035 mm |
| | 每包用量 | ≈1.5 kg |
| 网　绳 | 材　质 | HDFE(高密度聚氯乙烯) |
| | 宽　度 | 1250 mm |
| | 每包用量 | ≈0.8 kg |
| 切碎机能力 | | ≈20~60 t/h |
| 上料机能力 | | 0~2.8 m³/min |
| 用电量 | | ≈330 kW |
| 报　价 | RPP 压缩打包机组 | 387 万马克/机组 |
| | 取包机 | 13.8 万马克/辆 |
| | 小　计 | 414.6 万马克(1 组机组+2 辆取包机) |

3．使用情况分析

瑞士华嘉公司推出的 RPP 技术最初是用于农业(作物收割)的打包技术,经过改进发展成用于垃圾处理的技术。

(1) RPP 技术,在工艺上不要求对垃圾进行分类,但对垃圾的最大尺寸有要求,当物料最大尺寸大于 200 mm 时,应将其分捡出来或破碎,但是对泡沫(塑料)类物料、纸板箱及其他易变形的物料,则不需分捡(或破碎)。

(2) RPP 旋转压缩打包系统由切碎机(不是必备)、RPP 机组、取包机等组成。RPP 机组包括上料装置、旋转压缩装置、包装装置、输送带和自动控制操作装置等。整个 RPP 机组安装在一只 12 m(40 ft)的集装箱中。当集装箱在不平坦的地面上时可由液压支撑调节到水平,以使 RPP 机组工作平稳。这样 RPP 机组具有以下特点:可移动;可安装在室外操作;不受天气条件影响。

(3) 当垃圾在旋转压缩装置中压缩成形后,缠上网绳,将压缩垃圾形状固定之后,圆柱形包滚到包装装置的操作台上进行打包。

垃圾在打包操作台上有两个运动,即绕圆柱体轴线转动,又绕操作台竖直轴转动。在垃圾包的转动过程,将网膜缠裹在垃圾包的表面。包装用的塑料薄膜由张拉设备拉长为原长度的 1.36 倍,在预应力作用下完成垃圾的打包。所以打包后,该包不会变形、破碎,能用专用机械搬运。

(4) 在垃圾旋转压缩打包过程中,散落垃圾由专门的附属机构自动清理。

(5) RPP 机组的操作控制系统由一台计算机和西门子生产的 PLC 完成,安装在控制室内。如果该控制系统与破碎机和上料机相连通,可达到全过程控制。

(6) 用专用的取包机由 RPP 机组的垃圾包输出口取出,进行堆码——最高堆七层;或直接送到运输车的车厢内,运至垃圾处置地。

(7) RPP 垃圾包在堆放过程中,将经历两个阶段:

1) 好氧阶段。尽管垃圾在打包过程中使其空隙率大大减少,但其中仍有氧气存在。垃圾包在最初的 18 h 内,氧气与垃圾中的有机物发生生化反应,直至氧气耗尽。在此过程中会产生 $CO_2$ 和热量。好氧分解过程产生的热量使包内的温度升高。在稳定状态下包内的温度比外界温度高 10～12℃。

2) 厌氧阶段。由于垃圾内部与外界周围有温度差,包中垃圾所含水分透过包装材料向空气中扩散,从而使包中的垃圾得以干燥。另外,干燥后的垃圾由于缺少了水的存在,厌氧分解过程缓慢,没有甲烷($CH_4$)气体产生。所以没有臭味散发,渗沥水泄出,有机垃圾不会腐败发酵等。

(8) RPP 垃圾包贮存特性主要取决于其包装材料的抗紫外线辐射能力。当贮存时间不超过 1 年时,包装材料受紫外线辐射后仍不会老化。当贮存时间更长时,可再覆盖 1 mm 厚的垃圾包装材料或土等,以防堆码的垃圾包装材料的老化。

(9) RPP 旋转压缩打包系统的应用可实现垃圾的压缩减容,提高垃圾的清运处置效率,降低运输费用;垃圾包堆码地不需要昂贵的环保措施,填埋场内不需要防渗处理措施;垃圾包可长期贮存,包内的燃烧价值仍被保存,特别是在垃圾焚烧厂设计时,处理规模的确定可按垃圾产出量的平均值计算,利用 RPP 技术将高峰期的垃圾打包后贮存,以调节均衡垃圾焚烧炉的运营。但是要将垃圾包用于焚烧技术,还得增加破包的操作工序才能实现。

(10) 但是按华嘉公司提供的 RPP 系统处理能力,每班(8 h)约可处理 160 t 垃圾,而设备投资最少得 414.6 万马克,约合人民币 2300 万元。如果要达到每班处理 1000 t 垃圾的能力,再配上其他辅助设备,则设备投资要达 1.4 亿元人民币。

(11) RPP 系统中,在垃圾旋转压缩过程中没有考虑原生垃圾产生的渗沥水收集和处置问题。而上海市居民生活垃圾的含水率高达 50％以上,所以打包过程中垃圾渗沥水的收集处置是必须考虑的。

(12) RPP 技术中转站的运转费用也较高,据介绍每包垃圾的塑料网绳和薄膜费用就要约 30 元(每包垃圾重约 1000 kg),远高于其他形式中转站的运营费。

从目前的财政能力和 RPP 技术的完整性来看,在上海市应用 RPP 技术尚不具备条件。但是可以作为一种与焚烧厂建设相配套的均衡垃圾量的辅助技术,可进行可行性研究。

# 第七节　崇明中转站设计方案简介

## 一、崇明中转站概况

崇明县生活垃圾中转站位于上海市崇明县港西镇新引村 5 队,东至陈海公路南横引河引桥段,西至湖山水泥厂围墙外侧,南至南横引河,北至水泥厂的地块。该地块占地面积约 14667 $m^2$(22.0 亩),其中一期工程征地 6000 $m^2$(9.0 亩,实测 6214 $m^2$),二期工程征地 8667 $m^2$(13.0 亩)。2002 年初投入运行。

该中转站的作用是将崇明县县政府所在地城桥镇的生活垃圾转运至堡镇竖新垦区的新填埋场。城桥镇现有人口 10 万,生活垃圾年平均日产量约为 150 t。主要采用 16 辆 2 t 自卸车和 4 辆 5 t 自卸车收集,另外还有人力收集车 2 辆,铲车 1 辆,人力清扫车 16 辆。绝大部分垃圾在每天 4:00～10:00 收集,另有约五分之一垃圾在 13:00～16:00 收集。填埋场位于崇明岛北部偏东的滩涂上,靠近堡镇港的入江口。城桥镇距该填埋场 50 km。

该工程总投资为 1199.03 万元,其中:

建筑工程费 393.84 万元;

设备购置费 577.01 万元;

安装工程费 28.57 万元;

其他工程费 69.37 万元;

不可预见费 53.44 万元;

征地费 76.80 万元。

中转站的服务年限为 18 年;工程规模为 160 t/d。

## 二、工艺流程

本工程采用荷兰环保处理集团(DWS)的竖直压缩装箱工艺。其工艺流程如下:

垃圾收集车进站,称重计量后经坡道进入卸料大厅,调头、倒车,将垃圾直接卸入竖直放置的容器内;在容器上方设置有可沿容器排列方向水平移动的压实器,当容器内装满垃圾时,在液压系统作用下,将容器内垃圾压缩减容,然后继续装入垃圾,直至容器内垃圾装到额定重量为止,关好容器盖门。如此完成一次容器压缩装箱过程。满载容器由转运车从容器泊位上取下,运往堡镇生活垃圾填埋场,卸载后空容器由转运车返回中转站,待装箱,如此反复。

由此,崇明县生活垃圾中转站主要流程简述如下。

### (一) 垃圾收集车进站称重计量

装满垃圾的垃圾收集车驶进中转站后,需要进行称重计量后方能由坡道驶向卸料大厅。

垃圾收集车进站称重计量系统为无接触式 IC 卡系统,具有以下功能:

垃圾收集车以不超过 10 km/h 的速度开过地衡,无须停车,垃圾净重自动被计算机记录;

计算机软件系统具有记录数据、汇总、统计、查询和简单的比较分析功能;

与中转站监控系统联网；

在坡道上位于垃圾收集车前方安装大屏幕显示屏，显示垃圾收集车的行进路线要求，规定垃圾收集车驶向相应容器泊位卸料。

地衡为电子动态地衡，采用基坑式衡器底座；在车辆以小于 10 km/h 的速度开过衡器时，衡器能准确读数；静态最大称重范围为 0～20 t，精度为Ⅲ级；动态最大称重范围为 0～20 t，误差为 0.2%；带有大屏幕显示屏；带有 A/D 转换器，能把垃圾重量数据通过 RS232 口或其他端口输入计算机。

车辆身份采用非接触式 IC 卡识别，采用无源、只读式；读感线圈接受信息距离大于 1.5 m；IC 卡具有抗震、防腐、防潮性能；读出率为 100%。

### （二）垃圾收集车在坡道上行驶

垃圾收集车经过地衡称重后，由坡道外侧驶向卸料大厅，在收集车行进前方，安装有大屏幕显示屏，指示垃圾收集车行进路线要求。卸料作业完毕，由坡道内侧驶离中转站。

根据中转站用地状况，坡道设计成 U 形，在坡道拐弯处，安装有监视器，监视收集车在坡道上的运行状况。

### （三）垃圾收集车卸料

当垃圾收集车经称重计量后，由坡道驶向二层卸料大厅，根据监控室和现场调度指示，倒车驶向指定的容器停泊位，二层卸料大厅上靠近容器停泊位处的限位设施使垃圾收集车的尾部对准竖直放置的容器进料口。

当垃圾收集车的尾部对准竖直放置的容器进料口后，打开尾部卸料门，将垃圾卸入容器内。当垃圾收集车卸料完毕，收集车驶离卸料大厅，由坡道内侧驶离中转站。

### （四）空容器放置于泊位上

转运车通过容器泊位限位设施将空容器驶向容器停泊位，左右为限位导轨，前后划设标志线；然后由转运车通过牵引装置将空容器放入泊位，定位后将空容器垂直竖起。

当空容器完全定位后，人工除掉容器盖保护装置，并通过人工将容器进料盖门与牵引装置连接，后由牵引装置打开容器进料盖门，容器进料盖门为三扇，前面两扇为对开门，后面一扇向后开启；然后放下卸料溜槽，覆盖容器后面一扇门。由此，卸料溜槽与容器前面对开门形成一三面合围的空间，便于垃圾收集车卸料。此时，容器已做好受料准备。

### （五）垃圾压缩装箱（筒）

进站垃圾收集车被指定到相应的容器停泊位，进行垃圾卸料作业，然后驶离，由下一辆垃圾收集车再进入，卸倒垃圾，直至容器装满垃圾。

当容器装满垃圾后，通过遥控器启动自动压实器，按下指定的某容器停泊位按钮即能到达该容器停泊位，再按下操作按钮，压实器即向下伸入容器内部 2 m 深处将垃圾压缩，压实器自动退位。

然后，再由垃圾收集车往容器内卸入垃圾，装满后再压入容器。如此反复直到容器内的垃圾达到设计的装载量，此过程需要 2～3 次。

容器内垃圾装载到额定重量，关闭容器盖门，人工解除容器盖门与牵引装置的连接装置。

如此即完成一次容器的压缩及装箱（筒）作业过程。

### （六）容器的装车、运输、卸料和复位

容器的装车、运输、卸料和复位过程由一部车（转运车）来完成。

竖直放置的装满垃圾的容器先由转运车放倒，水平放置在底架上。容器装车时先由牵引装置提升，将容器与底架相贴，然后再缓慢地回到水平位置。

垃圾转运车将装满垃圾的容器运往填埋场。卸料后返回中转站。

空容器由转运车运回中转站后,转运车掉头、倒车,尾部对准容器停泊位,然后将空容器竖直地放置到泊位上。此过程与容器的装车过程相反。

### (七) 容器在站内的移动

除上面的容器装车、运输、卸料和复位的功能外,转运车还具有移动容器的作用。即在垃圾进站高峰期和交通不畅时,利用站内的转运车将装满垃圾的容器移动至站内的空地上,竖直地放置(不可水平放置),待运输的转运车返回后即可从空地上将容器装车外运。另外,运输的转运车返回中转站时,如果没有空闲的泊位,可将空容器竖直地放到站内的空地上,等待复位(由站内的转运车完成),而运行的转运车则可从泊位上将装满垃圾的容器装车外运,以节约时间,提高工作效率。

容器装载过程中的渗沥水,暂存在容器内,到处置场地排放。其余污水(场地冲洗污水和车辆冲洗污水)经收集、沉淀后排入南横引河。

所有的作业过程(除运输、在处置场卸载过程外)可在站内中央控制室进行监督和调度。

## 三、设计说明

崇明县中转站总体布置各项指标如表 2-14 所示。

表 2-14　崇明县中转站总体布置各项指标汇总

| 序　号 | 名　　称 | | 单　位 | 数　量 |
|---|---|---|---|---|
| 1 | 总用地面积 | | m² | 6213 |
| 2 | 建筑物占地面积 | | m² | 697 |
| 3 | 其中 | 主体站房 | m² | 570 |
| 4 | | 辅助楼 | m² | 127 |
| 5 | 建筑物建筑面积 | | m² | 1267 |
| 6 | 其中 | 主体站房 | m² | 1140 |
| 7 | | 辅助楼 | m² | 127 |
| 8 | 道路及转运车作业场地 | | m² | 1533 |
| 9 | 坡　道 | | m² | 570 |
| 10 | 绿　化 | | m² | 3140 |
| 11 | 建筑占地系数 | | % | 43.69 |
| 12 | 建筑容积率 | | % | 0.206 |
| 13 | 绿地率 | | % | 50.5 |
| 14 | 围　墙 | | m | 280 |

主体站房为二层建筑,底层建筑面积 577 m²,二层建筑面积 563 m²,共 1140 m²。

一层层高为 5.935m,室内外高差 0.3 m(室外地坪为 0.00),二层层高 4.80~8.00 m。

### (一) 一层平面布置

一层北面设置 1~4 四个容器停泊位。其余为主体站房的主要设备安装空间,主要有维修车间、工具间和预留用房。靠建筑中部设计有男女更衣、浴室、卫生间及休息间等,其中休息间兼作工人餐厅。建筑南面由西至东设计有配电间、应急发电机房及消防给水处理站。从环境及使用角度考虑,维修车间、工具房、配电间、应急发电机房、消防给水处理站均靠外墙布置,便于管理、出入。预留用房(安装通风除尘设施)设计在建筑的东面,便于管道进出。

### (二) 二层平面布置

二层F～H轴之间为压实器行走、停放通道及检修通道,同时按照设备要求,将吸风罩和通风管道布置在H轴之外。A～F轴之间为垃圾收集车卸料大厅,为垃圾收集车的卸料作业场所,进深22.5 m,宽度18 m,与容器停泊位相对应,设1～4四个卸料作业位,并设车辆限位和标志标线。收集车由西面坡道出入,出入口处设置风帘以防止臭气外逸。另设中央控制室一间,安放监控系统。在东南角设玻璃钢高位水箱,由可伸缩钢架支撑水箱底,水箱与楼面高度控制在3.3 m高。

### (三) 剖面布置

主体站房的首层主要为设备层,但是其层高应主要根据转运容器长度、卸料溜槽的尺寸及转运车的牵引、复位工艺而定。容器高度为5.91 m,根据中转工艺要求,将首层层高定为5.635 m(室内外高差0.30 m)。二层主要为卸料大厅、控制室和压实器工作空间,控制层高主要考虑两个因素,南面A轴线处只要考虑车辆净高和必要间距,净高定为4.5 m;F～H轴线处需考虑压实器的工作和安装高度,还需考虑收集车的倾卸高度,控制高度为压实器的工作和安装高度,净高定为8.0 m;本方案充分考虑和利用北高南低的这种差别,将屋面网架设计成不同标高的折板,既符合工艺所需,又美化了造型。为了方便现场操作和控制人员交通,按照建筑规范,上下二楼需设置楼梯1个,布置在南边。为了尽量减少卸料大厅的容积以降低换气能耗,同时避免积灰,楼梯设置为室外楼梯,通过屋面网架挑空遮雨,同时增加了立面的丰富和美观。压实器检修通道钢梯布置在控制室中,便于管理。在高低屋面错开的高度上设置4个轴流风机,风机功率为0.37 kW。

### (四) 立面效果

本站房的立面设计简洁明快,现代气息浓郁,屋面的折线造型与南横引河流畅波动形成融洽和对话。外墙采用涂料和毛面花岗岩饰带构成稳定、坚实,与屋面的塑铝板形成虚实对比,给人轻快、现代、科技化的整体印象。立面效果较好地结合了中转设备和工艺,底楼以设备布置为主,因此采用实墙和涂料饰面;二楼以钢结构大空间为主,特别是卸料和压实器部位,屋面采用局部采光带,可使内部有良好的采光效果。

### (五) 消防

主体站房定为丙类二级防火,建筑二层南面设有疏散楼梯。厂房钢结构均采用防火涂料,防火等级为Ⅱ级。

### (六) 结构设计

2层的主体站房作为本工程的主要建筑物,底层层高5.635 m,二层层高4.8～8.0 m。底层结构采用钢筋混凝土框架体系,主要框架柱:400 mm×400 mm。二层采用钢结构,柱及梁均为焊接H型钢,结构简洁,受力合理,屋面采用钢网架。主体站房前端的压实器自重70 kN,工作时最大压力300 kN,荷载较重,在结构布置时我们为其单独设计了钢框架承重,与主体结构基本脱离。钢框架采用焊接H型钢柱和梁。主体站房基础采用双向条形基础,底板厚度拟取300 mm。坡道基础采用双向条形基础,底板厚度拟取300 mm。

### (七) 其他

本期工程主体站房作业车间的通风选用4台轴流风机进行直接通风。风机型号为SF5B-6,风量7700 m³/h,全压102 Pa,转速960 r/min,功率0.37 kW。在主体站房设计时预留有空气净化系统的管道和设备安装位置,便于进一步安装空气净化装置。

辅助楼位于用地的东北面,紧靠东面围墙设置。主要功能为管理和接待。占地 127 m²,一层层高 3.3~4.5 m,室内设计标高为 0.30 m。设办公、门卫、计量、会议接待等。辅助楼近出入口处为门卫计量间。

坡道为双向二车道,考虑到收集车的爬坡能力,曲线坡度不大于 4%,直线坡度不大于 7.8%,进卸料大厅处坡度为 4%。由于坡道高度近 6 m,故坡道由北向西向南再转向东设置,延长其坡长,满足坡度要求。为了方便出入,坡道设计成变宽,最宽处 8.2 m,直线段 7.5 m。坡道主体采用钢筋混凝土双柱现浇梁板结构,钢筋混凝土路面。坡道基础采用筏板基础,以控制沉降。

## 四、存在问题分析

崇明中转站设计方案存在如下问题:

(1) 没有安装完善的通风除臭装置。这主要是由于资金的问题,而且该中转站地处城郊,周围除了一个水泥厂外没有居民,因此只是预留了安装通风除臭装置的空间。如果该站要建在上海的中心城区,就必须配置完善可靠的通风除臭系统。

(2) 转运车露天作业产生较大的噪声。转运车作业场地为露天场地,而转运车作业时提升和放下容器时均会产生较大的噪声,这是最大的噪声产生源,因此,如果该站要建在上海的中心城区,就必须将转运车作业场地改为室内,以便控制噪声,同时更加隐蔽作业,改善中转站形象。

(3) 收集车爬坡产生较大的噪声。收集车坡道较长,收集车爬坡是也会产生较大的噪声,必须将坡道屏蔽起来,以控制噪声。

(4) 建筑物过高。中转站的原理就是借助收集车卸料和转运车之间的高差来解决转运问题,因此,建筑物的高度就是容器本身的高度(6.0 m)和压实器作业空间高度(8.0 m)或收集车卸料作业空间高度(6.0 m)的叠加,因此建筑物的高度最高处不低于 14 m。中心城区的建筑物本身就非常密集,中转站建筑物过高就不利于改善中转站的形象。

(5) 中转站主建筑的形象不佳。因为中转站的外部形象受内部的功能限制,在建筑物的体量上没有太多变化的余地,而且结构也受到大跨度限制(二层采用钢结构),80 m 长的坡道本身也很难布置,因此虽然我们在设计上已经作了相当的努力,但是其外形还是一个工业建筑。如果建在中心城区,就必须使其外观有彻底的改变。

(6) 荷兰环保提供的通风除臭原设计中的排气管,按照环保要求至少离地 15 m,如果在中心城区,就会对周围居民造成不良的心理压力,必须要慎重设计,使之有一个良好的人性化造型。

# 第三章 生活垃圾预处理技术

固体废物纷繁复杂,其形状、结构,性质差异很大,为使其转变为更适于运输、贮存、资源化利用,以及某一特定的处理与处置的状态,往往需要对固体废弃物进行预处理。固体废弃物的预处理包括分选前的预处理和最终处置前的预处理。主要包括筛分、分级、破碎、碎磨、分选、压缩、固化等。

## 第一节 生活垃圾破碎技术

### 一、概述

固体废物的最大特点是体积庞大,成分复杂且不均匀,因此为达到固体废物的减量化、资源化和无害化的目的,对固体废物进行破碎处理就显得极为重要。

破碎是通过人力或机械等外力的作用,破坏物体内部的凝聚力和分子间作用力而使物体破裂变碎的操作过程。若再进一步地加工,将小块固体废物颗粒分裂成细粉状的过程称为磨碎。破碎是固体废物处理技术中最常用的预处理工艺,它不是最终处理的作业,而是运输、焚烧、热分解、熔化、压缩等其他作业的预处理作业。换言之,破碎的目的是为了使上述操作能够或容易进行,或者更加经济有效。

破碎之所以成为几乎所有固体废物处理方法的必不可少的预处理工序,主要基于以下几项优点:

(1)破碎减少了固体废物的空隙,增加了它的容重,对于填埋处理而言,破碎后废物置于填埋场并施行压缩,其有效密度要比未破碎物高 25% ~60% ,减少了填埋场工作人员用土覆盖的频率,同时增加了填埋场的使用年限。另外对于填埋来说,经过破碎处理,固体废物间的孔隙更小,可以更加有效去除蚊蝇,解决臭味问题,因此减少了昆虫、鼠类的疾病传播可能。

(2)对于焚烧而言,固体废物破碎后,原来组成复杂且不均匀的废物变得更加混合均一,同时比表面积增加,易于实现稳定安全高效的燃烧,尽可能地回收其中的潜在热值。

(3)对于堆肥而言,经过破碎同样可以提高堆肥效率;同时,因为孔隙率的减少,热量的损失也少,更适合于高温堆肥。

(4)废物容重的增加,使得贮存与远距离运输更加经济有效,易于进行。

(5)为分选提供要求的入选粒度,使原来的伴生矿物或联结在一起的矿物等单体能够充分地解离,因此提高了有效组分的回收率与品味。

(6)通过破碎,可以防止或避免大块、锋利的物料对后续工序设备的损害。

### 二、固体废物的机械强度

强度是固体废物的重要特性之一,它表现为对外力的抵抗能力、抗破碎的阻力。通常都用静载下测定的抗压强度、抗拉强度、抗剪强度和抗弯强度来表示。其中抗压强度最大,抗剪强度次之,抗弯强度较小,抗拉强度最小。一般以固体废物的抗压强度为标准来衡量:抗压强度大于

250 MPa者为坚硬固体废物,40~250 MPa者为中硬固体废物,小于40 MPa者为软固体废物。一般地说,固体废物的机械强度与废物颗粒的粒度有关,粒度小的废物颗粒其宏观和微观裂缝比大粒度颗粒要少,因而机械强度较高。

### 三、破碎比与破碎段

在破碎过程当中,原废物粒度与破碎产物粒度的比值称为破碎比。破碎比表示废物粒度在破碎过程中减少的倍数,也就是表征了废物被破碎的程度。破碎机的能量消耗和处理能力都与破碎比有关。破碎比的计算方法有以下两种:

(1)用废物破碎前的最大粒度($D_{max}$)与破碎后的最大粒度($d_{max}$)之比值来确定破碎比($i$):

$$i = \frac{D_{max}}{d_{max}} \tag{3-1a}$$

用该法确定的破碎比称为极限破碎比,在工程设计中常被采用。根据最大物料直径来选择破碎机给料口的宽度。

(2)用废物破碎前的平均粒度($D_{cp}$)与破碎后的平均粒度($d_{cp}$)的比值来确定破碎比($i$):

$$i = \frac{D_{cp}}{d_{cp}} \tag{3-1b}$$

用该法确定的破碎比称为真实破碎比,能较真实地反映破碎程度,在科研和理论研究中常被采用。

一般破碎机的平均破碎比为3~30;磨碎机破碎比可达40~400以上。

固体废物每经过一次破碎机或磨碎机称为一个破碎段。如若要求的破碎比不大,则一段破碎即可。但对有些固体废物的分选工艺,例如浮选、磁选等而言,由于要求入料的粒度很细,破碎比很大,所以往往根据实际需要将几台破碎机或磨碎机依次串联起来组成破碎流程。对固体废物进行多次(段)破碎,其总破碎比等于各段破碎比($i_1, i_2, \cdots, i_n$)的乘积,如式(3-2)所示:

$$i = i_1 \times i_2 \times i_3 \times \cdots \times i_n \tag{3-2}$$

破碎段数是决定破碎工艺流程的基本指标,它主要决定破碎废物的原始粒度和最终粒度。破碎段数越多,破碎流程就越复杂,工程投资相应增加,因此,如果条件允许的话,应尽量减少破碎段数。

### 四、破碎流程

根据固体废物的性质、颗粒的大小、要求达到的破碎比和选用的破碎机类型,每段破碎流程可以有不同的组合方式,其基本的工艺流程如图3-1所示。

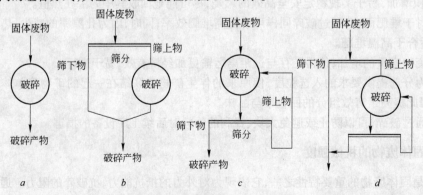

图3-1　破碎的基本工艺流程

a—单纯破碎工艺;b—带预先筛分破碎工艺;c—带检查筛分破碎工艺;d—带预先筛分和检查筛分破碎工艺

### 五、破碎方法

破碎方法可分为干式、湿式、半湿式破碎三类。其中，湿式破碎与半湿式破碎是在破碎的同时兼有分级分选的处理。干式破碎即通常所说的破碎，按所用的外力即消耗能量形式的不同，干式破碎(以下简称破碎)又可分为机械能破碎和非机械能破碎两种方法。机械能破碎是利用破碎工具如破碎机的齿板、锤子和球磨机的钢球等对固体废物施力而将其破碎的；非机械能破碎则是利用电能、热能等对固体废物进行破碎的新方法，如低温破碎、热力破碎、低压破碎或超声波破碎等。低温冷冻破碎已用于废塑料及其制品、废橡胶及其制品、废电线(塑料橡胶被覆)等的破碎。

目前广泛采用的破碎方法有冲击破碎、剪切破碎、挤压破碎、摩擦破碎等，此外还有专用的低温破碎、湿式破碎。其中机械破碎方法如图 3-2 所示。

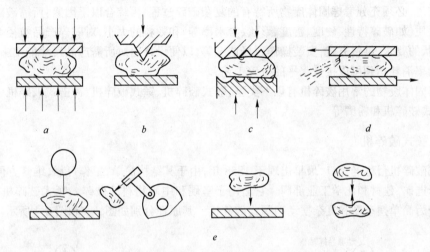

图 3-2　常用破碎机的破碎作用方式
$a$—压碎；$b$—劈碎；$c$—切断；$d$—磨剥；$e$—冲击破碎

挤压破碎是指废物在两个相对运动的硬面之间的挤压作用下破碎。

冲击破碎有重力冲击和动冲击两种形式。重力冲击是使废物落到一个硬的表面上，就像瓶子落到混凝土上使它破碎一样。动冲击是使废物碰到一个比它硬的快速旋转的表面时而产生冲击作用。在动冲击过程中，废物是无支承的，冲击力使破碎的颗粒向各个方向加速，如锤式破碎机利用的就是动冲击的原理。

剪切破碎是指在剪切作用下使废物破碎，剪切作用包括劈开、撕破和折断等。

摩擦破碎是指废物在两个相对运动的硬面摩擦作用下破碎。如碾磨机是借助旋转磨轮沿环形底盘运动来连续摩擦、压碎和磨削废物的。

低温破碎是指利用塑料、橡胶类废物在低温下脆化的特性进行破碎。

湿式破碎是指利用湿法将纸类、纤维类废物调制成浆状，然后加以利用的一种方法。

为避免机器的过度磨损，工业固体废物的尺寸减小往往分几步进行，一般采用三级破碎，第一级破碎可以把材料的尺寸减小到 7.62 cm(3 in)，第二级破碎减小到 2.54 cm(1 in)，第三级减小到 0.32 cm(1/8 in)。

固体废物的机械强度特别是废物的硬度，直接影响到破碎方法的选择。在有待破碎的废物(如各种废石和废渣等)中，大多数呈现脆硬性，宜采用劈碎、冲击、挤压破碎；对于柔韧性废物(如废橡胶、废钢铁、废器材等)在常温下用传统的破碎机难以破碎，压力只能使其产生较大的塑性变形而不断裂,这时,宜利用其低温变脆的性能而有效地破碎,或是剪切、冲击破碎;而当废物体积较大不能直接将其供入破碎机时,需先行将其切割到可以装入进料口的尺寸,再送入破碎机内;对于含有大量废纸的城市垃圾,近几年来国外已采用半湿式和湿式破碎。

鉴于固体废物组成的复杂性,一般的破碎机兼有多种破碎方法,通常是破碎机的组件与要被破碎的物料间多种作用力在起混合作用。如压碎和折断、冲击破碎和磨剥等。

# 第二节　破碎机械

要破碎一定的固体废物,对于所选的破碎机械来说,首先必须应当有足够的强度且可靠,而由于固体废物的物理性状多样,加之回收利用的目的不同,工艺差别很大,因此,将其应用于固体废物破碎时,必须充分考虑固体废物所特有的复杂破碎过程,再综合以下因素:所需破碎能力,固体废物性质(如破碎特性、硬度、密度、形状、含水率等)和颗粒的大小,对破碎产品粒径大小、粒度组成、形状的要求,供料方式,安装操作现场情况等,以便设计出对所需产品尺寸能实施有效控制并且使功率消耗达到可以接受水平的破碎工艺。

破碎固体废物的常用破碎机有以下类型:颚式破碎机、锤式破碎机、冲击式破碎机、剪切式破碎机、辊式破碎机和粉磨等。

## 一、颚式破碎机

颚式破碎机俗称老虎口,最早出现于1858年,由于其结构简单,工作可靠,维修方便,因此广泛应用于选矿、建材和化学工业部门。它适用于坚硬和中硬物料的破碎。颚式破碎机按动颚摆动特性分为简单摆动型和复杂摆动型颚式破碎机。其原理分别如图3-3和图3-4所示。

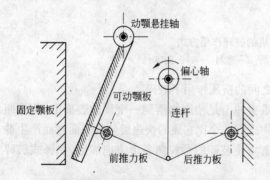
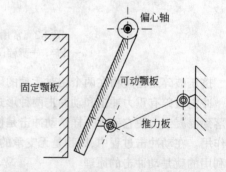

图3-3　简单摆动型颚式破碎机破碎原理　　　图3-4　复杂摆动型颚式破碎机破碎原理

### (一)简单摆动型颚式破碎机

简单摆动型颚式破碎机由机架、工作机构、传动机构、保险装置等部分组成。其中固定颚和动颚构成破碎腔。送入破碎腔中的废料由于动颚被转动的偏心轴带动呈往复摆动而被挤压、破裂和弯曲破碎。当动颚离开固定颚时,破碎腔内下部已破碎到小于排料口的物料靠其自身重力从排料口排出,位于破碎腔上部的尚未充分压碎的料块当即下落一定距离,在动颚板的继续压碎下被破碎。

### (二)复杂摆动型颚式破碎机

从构造上来看,复杂摆动型颚式破碎机与简单摆动型颚式破碎机的区别是少了一根动颚悬挂的心轴,动颚与连杆合为一个部件,没有垂直连杆,轴板也只有一块。可见,复杂摆动型颚式破碎机构造简单。

复杂摆动型动颚上部行程较大,可以满足物料破碎时所需要的破碎量,动颚向下运动时有促进排料的作用,因而比简单摆动颚式破碎机的生产率高 30% 左右。但是动颚垂直行程大,使颚板磨损加快。简单摆动型给料口水平行程小,因此压缩量不够,生产率较低。

**（三）颚式破碎机的规格和功率**

颚式破碎机的规格用给料口宽度×长度来表示。国产系列为 PEF150×250,PEF250×400,PEJ900×1200,PEJ1200×1500 等。其中 P 代表破碎机,E 代表颚式,F 代表复杂摆动,J 代表简单摆动。

送入颚式破碎机中的料块,最大许可尺度口 $D(m)$ 应比宽度 $B(m)$ 小 15%～20%。即

$$D = (0.8 \sim 0.85)B \tag{3-3}$$

颚式破碎机的生产率 $Q(t/h)$ 按式(3-4)计算:

$$Q = \frac{Kq_0 Lb\gamma_0}{1000} \tag{3-4}$$

式中,$K$ 为破碎难易程度系数,$K = 1 \sim 1.5$,易破碎物料 $K = 1$,中硬度物料 $K = 1.25$,难破碎物料 $K = 1.5$;$q_0$ 为单位生产率,$m^3/(m^2 \cdot h)$;$L$ 为破碎腔长度,m;$b$ 为排料口宽度,m;$\gamma_0$ 为物料堆积密度,$t/m^3$。

电动机的功率 $N(kW)$ 按式(3-5)计算:

$$N_{大} = \left(\frac{1}{120} \sim \frac{1}{100}\right)BL, \quad N_{小} = \left(\frac{1}{80} \sim \frac{1}{60}\right)BL \tag{3-5}$$

式中,$BL$ 为破碎机长宽,cm。

**（四）颚式破碎机的主要参数**

为保证颚式破碎机的正常运转和使用效果的经济性,掌握颚式破碎机的主要参数至关重要,它主要包括给料口宽度和啮角及偏心轴转速。其中给料口宽度决定了要处理的固体废物的最大尺寸,颚式破碎机的最大给料宽度是由破碎机啮住固体废物。一般是破碎机给料口宽度的 0.75～0.8 倍。而啮角 $\alpha$ 是指钳住固体废物时可动颚板与固定颚板之间的夹角,在破碎过程中,应保证破碎腔内的被破碎物料不至于跳出来,这就要求被破碎的固体物料与颚板工作面之间能够产生足够的摩擦力,以免破碎时被挤出去。一般啮角为 20°～40°。颚式破碎机的转速指偏心轴在单位时间内动颚摆动次数。在实际生产中,当给料口宽度 $B \leq 1200$ mm 时,其转速为 $n = 310 \sim 1450$ r/min,当给料口宽度 $B > 1200$ mm 时,其转速为 $n = 160 \sim 420$ r/min。

**二、冲击式破碎机**

冲击式破碎机大多是旋转式的,都是利用冲击作用进行破碎,这与锤式破碎机很相似,但其锤子数要少很多,一般为 2 个到 4 个不等。工作原理是:给入破碎机的物料,被绕中心轴以 25～40 m/s 的速度高速旋转的转子猛烈冲撞后,受到第一次破碎;然后物料从转子获得能量高速飞向坚硬的机壁,受到第二次破碎;在冲击过程中弹回的物料再次被转子击碎,难以破碎的物料,被转子和固定板挟持而剪断,破碎产品由下部排出。当要求的破碎产品粒度为 40 mm 时,足以达到目的,而若要求粒度更小于 20 mm 时,接下来还需经锤子与研磨板的作用,进一步细化物料,其间空隙远小于冲击板与锤子之间的空隙,若底部再设有算筛,可更为有效地控制出料尺寸。

冲击板与锤子之间的距离,以及冲击板倾斜度是可以调节的。合理布置冲击板,使破碎物存在于破碎循环中,直至其充分破碎,而能通过锤子与板间空隙或算筛筛孔,排出机外。

冲击式破碎机具有破碎比大、适应性强、构造简单、外形尺寸小、操作方便、易于维护等特点。

适用于破碎中等硬度、软质、脆性、韧性及纤维状等多种固体废物。

冲击式破碎机的主要类型有反击式破碎机、锤式破碎机和笼式破碎机。这三类破碎机的规格都是以转子的直径和长度 $L$ 表示的。下面介绍目前国内外应用较多的、适用于破碎各种固体废物的冲击式破碎机。

### (一) 反击式破碎机

反击式破碎机是一种新型高效破碎设备,它具有破碎比大、适应性广(可破碎中硬、软、脆、韧性、纤维性物料)、构造简单、外形尺寸小、安全方便、易于维护等许多优点,在我国水泥、火电、玻璃、化工、建材、冶金等工业部门广泛应用。反击式破碎机生产率(t/h)和电动机功率(kW)按以下两式计算:

$$Q = 60k_1 z(h + \delta)Bd'n\gamma \tag{3-6}$$

式中,$k_1 = 0.1$;$z$ 为转子上板锤数目,个;$h$ 为板锤高度,m;$\delta$ 为板锤与反击板之间的间隙,m;$B$ 为板锤宽度,m;$d'$ 为排料粒度,m;$n$ 为转子转数,r/min;$\gamma$ 为破碎产品堆密度,t/m³。

$$N = k_2 Q \tag{3-7}$$

式中,$k_2$ 约为 0.5~1.4 kW。

反击式破碎机主要包括 Universa 型和 Hazemag 型两种,如图 3-5 所示。

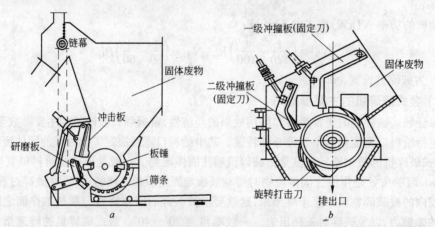

图 3-5　反击式破碎机

$a$—Universa 型;$b$—Hazemag 型

Universa 型反击式破碎机的板锤只有两个,利用一般楔块或液压装置固定在转子的槽内,冲击板用弹簧支承,由一组钢条组成(约 10 个)。冲击板下面是研磨板,后面有筛条。当要求的破碎产品粒度为 40 mm 时,仅用冲击板即可,研磨板和筛条可以拆除,当要求粒度为 20 mm 时,需装上研磨板。当要求粒度较小或软物料且容重较轻时,则冲击板、研磨板和筛条都应装上。由于研磨板和筛条可以装上或拆下,因而对各种固体废物的破碎适应性较强。

Hazemag 型反击式破碎机装有两块反击板,形成两个破碎腔。转子上安有两个坚硬的板锤。机体内表面装有特殊钢衬板,用以保护机体不受损坏。这种破碎机主要用于破碎家具、电视机、杂器等生活废物,处理能力为 50~60 m³/h,碎块为 30 cm,也可用来破碎瓶类、罐头等不燃废物,处理能力 15~90 m³/h。对于破布、金属丝等废物可通过月牙形、齿状打击刀和冲击板间隙进行挤压和剪切破碎。

### (二) 锤式破碎机

锤式破碎机是最普通的一种工业破碎设备,它是利用冲击摩擦和剪切作用将固体废物破碎。

其主要部件是利用冲击摩擦和剪切作用对固体废物进行破碎的。它有一个电动机带动的大转子,转子上铰接着一些重锤,重锤以铰链为轴转动,并随转子一起旋转,就像转子上带有许多锯片。破碎机有一个坚硬的外壳,其一端有一块硬板,通常称为破碎板,进入供料口的固体废物借助高转速的重锤冲击作用被打碎,并被抛射到破碎板上,通过颗粒与破碎板之间的冲击作用、颗粒与颗粒之间的摩擦作用以及锤头引起的剪切作用,使废物磨成更小的尺寸。

锤式破碎机主要由供料斗、主机架、轴承、转子装置、破碎板和筛板组成。按转子数目可分为单转子锤式破碎机(只有一个转子)和双转子锤式破碎机(有两个做相对运动回转的转子)两类。单转子破碎机根据转子的转动方向又可分为可逆式(转子可两个方向转动)和不可逆式(转子只能一个方向转动)两种,图 3-6a 所示为不可逆式单转子锤式破碎机,图 3-6b 所示为可逆式单转子锤式破碎机。目前普遍采用可逆式单转子锤式破碎机。可逆式单转子锤式破碎机的转子首先向一个方向转动。该方向的衬板、筛板和锤子端部就受到磨损。磨损到一定程度后,转子改为另一个方向旋转,利用锤子的另一端及另一个方向的衬板和筛板继续工作,从而连续工作的寿命几乎提高一倍。

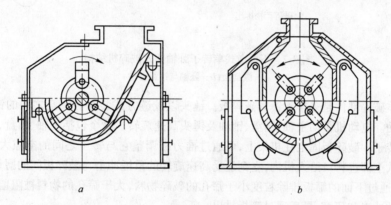

图 3-6　单转子锤式破碎机
a—不可逆式单转子锤式破碎机;b—可逆式单转子锤式破碎机

供料斗的尺寸通常根据处理废物的尺寸来确定,以容许大颗粒的物料通过而又不致堵塞和卡住为宜。转子通常装在一根中部直径较大的合金钢轴上。锤头分固定式和活动式两种。活动锤用销钉销在转子上,当锤头的一端磨损时,可调换位置使锤头各部位均匀磨损,锤头一般用耐磨材料制成。根据破碎要求选择锤头的自重,重锤转速低,适于粗破碎;轻锤转速高,适于细破碎。破碎板一般由耐磨钢材或衬有特种耐磨蚀衬层的普通钢材支撑,可以更换,主要用来吸收废物被锤头抛射到它上面产生的冲击作用力,筛板把破碎的废物围在破碎室内,直到废物可通过筛孔为止。

废物经锤式破碎机破碎以后,由于尺寸减小而密度增加。几种废物破碎前后的密度结果列于表 3-1,从表 3-1 中可见,破碎处理可使废物的密度增加 2~10 倍。

表 3-1　固体废物破碎前后的密度对比

| 废物种类 | 破碎前密度/g·cm$^{-3}$ | 破碎后密度/g·cm$^{-3}$ | 倍　率 |
|---|---|---|---|
| 金属(家用电器等) | 0.1~0.2 | 1~1.2 | 5~10 |
| 木质类(家具等) | 0.05 | 0.2~3.0 | 5~6 |
| 塑料类 | 0.1 | 0.2~0.3 | 2~3 |
| 瓦砾类 | 0.5 | 1~1.5 | 2~3 |

锤式破碎机包括卧轴锤式破碎机和立轴锤式破碎机两种,常见的是卧轴锤式破碎机,即水平轴式破碎机。水平轴由两端的轴承支持,原料借助重力或用输送机送入。转子下方装有箅条筛,箅条缝隙的大小决定破碎后的颗粒的大小。图3-7为不可逆式单转子卧轴锤式破碎机结构示意图。

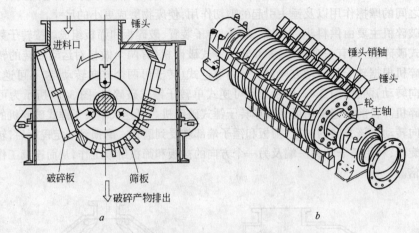

图 3-7 不可逆式单转子卧轴锤式破碎机结构
a—纵剖面;b—卧轴与锤组合件

该机主体破碎部件是多排重锤和破碎板。锤头以铰链方式装在各圆盘之间的销轴上,可以在销轴上摆动。电动机带动主轴、圆盘、销轴及锤头高速旋转。这个包括主轴、圆盘、销轴及锤头的部件称为转子。破碎板固定在机架上,可通过推力板调整它与转子之间的空隙大小。需破碎的固体废物从上部进料口给入机内,立刻遭受高速旋转的重锤冲击与破碎板间的磨切作用,完成破碎过程,并通过下面的筛板排除粒度小于筛孔的破碎物料,大于筛孔的物料被阻留在筛板上继续受到锤头的冲击和研磨,最后通过筛板排出。

水平锤式破碎机(horizontal hammer mill)的中心部位是转子。它由主轴、圆盘、销轴和转子组成。锤子可以是固定的或是自由摆动的。固体废物由破碎室顶部给料口供入机内的"锤子区域",立即受到高速旋转的锤子的冲击、剪切、挤压和研磨等作用而被破碎。很明显,颗粒尺寸分布将随锤头数而变。一般地,锤头运动的速度足以使大多数废物的尺寸缩减在最初的冲击下完成。破碎室底部设有筛板,尺寸从 7.6 cm×15.2 cm(3 in×6 in)到 35.6 cm×50.8 cm(14 in×20 in)。那些经破碎后尺寸足够小的颗粒透筛至传输带上,而那些大于筛孔尺寸不能透筛的颗粒,被阻留在机内直至被破碎得足够小。同时,总有一些始终未能透筛的物料则由位于一侧的斜槽排出系统。

水平锤式破碎机较为典型的是应用于汽车破碎、堆肥操作的混合废物处理中。垂直锤式破碎机在设计与运行方面与水平式类似,不同的是转轴是垂直地安装于稍呈圆锥形的破碎室内,且底部不设筛板。

上述破碎机均以高速度旋转,约为 1000 r/min,需要约为 700 kW 的较大功率。结果是锤子、内壁、筛子都有很大的磨损,其中尤以锤子前端磨损最为严重。这样就使得锤式破碎机的维护工作变得尤为重要。需要经常更换锤子或在锤子上焊接耐磨材料以代替运行中磨去的金属,锤子通常由高锰钢或其他的合金钢制成,并且有各种形式。这些都是考虑到其耐磨性质而设计的。若将锤子制成钩形,则也可对金属切屑类物质施加剪切、撕拉等作用而将其破碎。

当破碎中硬物料时,锤式破碎机的生产率 $Q$ 和电机功率 $N$ 分别由以下两式计算:

$$Q = (30 \sim 45)DL\gamma_0 \tag{3-8}$$

式中，$L$ 为转子长度，m；$D$ 为转子直径，m；$\gamma_0$ 为破碎产品堆密度，t/m³。

$$N = (0.1 \sim 0.2)nD^2L \tag{3-9}$$

式中，$n$ 为转速，r/min。

目前专用于破碎固体废物的锤式破碎机有以下几种类型：

（1）Hammer Mills 式锤式破碎机。Hammer Mills 式锤式破碎机的构造如图 3-8 所示。机体分成两部分：压缩机部分和锤碎机部分。大型固体废物先经压缩机压缩，再给入锤式破碎机，转子由大小两种锤子组成，大锤子磨损后改作小锤用，锤子铰接悬挂在绕中心旋转的转子上做高速旋转。转子下方半周安装有箅子筛板，筛板两端安装有固定反击板，起二次破碎和剪切作用。这种锤碎机用于破碎废汽车等粗大固体废物。

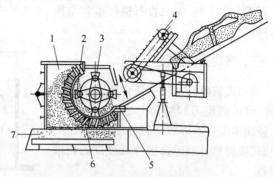

图 3-8　Hammer Mills 式锤式破碎机
1—切碎机本体；2—小锤头；3—大锤头；4—压缩给料器；
5—切断垫圈；6—栅条；7—输送器

（2）BJD 型普通锤式破碎机。BJD 普通锤式破碎机如图 3-9 所示，转子转速 150～450 r/min，处理量为 7～55 t/h，它主要用于破碎废旧家具、厨房用具、床垫、电视机、电冰箱、洗衣机等大型废物，可以破碎到 50 mm 左右。该机设有旁路，不能破碎的废物由旁路排出。

（3）BJD 型金属切屑锤式破碎机。BJD 型金属切屑锤式破碎机结构示意如图 3-10 所示。经该机破碎后，金属切屑的松散体积可减小至原来的 $\frac{1}{8} \sim \frac{1}{3}$，便于运输。锤子呈钩形，对金属切屑施加剪切、拉撕等作用而破碎。

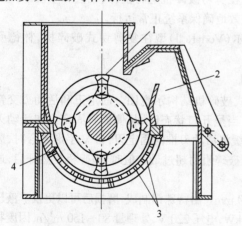

图 3-9　BJD 型普通锤式破碎机
1—锤子；2—旁路；3—格栅；4—测量头

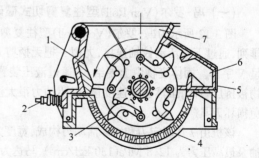

图 3-10　BJD 型金属切屑锤式破碎机
1—衬板；2—弹簧；3—锤子；4—筛条；5—小门；
6—非破碎物收集区；7—进料口

（4）Novorotor 型双转子锤式破碎机。Novorotor 型双转子锤式破碎机如图 3-11 所示。这种破碎机具有两个旋转方向的转子，转子下方均装有研磨板。物料自右方给料口送入机内，经右方转子破碎后颗粒排至左方破碎腔。再沿左方研磨板运动 3/4 圆周后，借风力排至上部的旋转式风力分级板排出机外。该机破碎比可达30。

总体来讲,锤式破碎机主要用于破碎中等硬度且腐蚀性弱、体积较大的固体废物。还可用于破碎含水分及含油质的有机物、纤维结构物质、弹性和韧性较强的木块、石棉水泥废料,并回收石棉纤维和金属切屑等。

### 三、剪切式破碎机

剪切式破碎机是以剪切作用为主的破碎机,通过固定刀和可动刀之间的啮合作用,将固体废物破碎成适宜的形状和尺寸。剪切式破碎机特别适合破碎低硬度的松散物料。

最简单的剪切式破碎机类型就像一组成直线状安装在枢轴上的剪刀一样,它们都向上开口。另外一种是在转子上布置刀

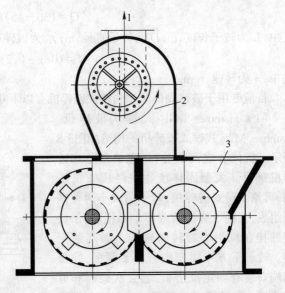

图 3-11　Novorotor 型双转子锤式破碎机
1—细料级产品出口;2—风力分组器;3—物料入口

片,可以是旋转刀片与定子刀片组合,也可以是反向旋转的刀片组合。两种情况下,都必须有机械措施阻止在万一发生堵塞时所可能造成的损害。通常由一负荷传感器检测超压与否,必要时使刀片自动反转。剪切式破碎机属于低速破碎机,转速一般为20~60 r/min。

不管物料是软的还是硬的,有无弹性,破碎总是发生在切割区之间。刀片宽度或旋转剪切破碎机的齿面宽度(约为 0.1 mm)决定了物料尺寸减小的程度。若物料粘附于刀片上时,破碎不能充分进行。为了确保纺织品类或城市固体废物中体积庞大的废物能快速地供料,可以使用水压等方法,将其强制供向切割区。实践经验表明,最好在剪切破碎机运行前,人工去除坚硬的大块物体如金属块、轮胎及其他的不可破碎物,这样可有效地确保系统正常运行。

目前被广泛使用的剪切破碎机主要有冯·罗尔(Von Roll)型往复剪切式破碎机、林德曼(Lindemann)型剪切式破碎机、旋转剪切式破碎机等。

#### (一) 冯·罗尔(Von Roll)型往复剪切式破碎机

图 3-12 所示为冯·罗尔(Von Roll)型往复剪切式破碎机结构示意图。固定刃和活动刃交错排列,通过下端活动铰轴连接,尤似一把无柄剪刀。当呈开口状态时,从侧面看固定刃和活动刃呈 V 字形。固体废物由上端给入,通过液压装置缓缓将活动刃推向固定刃,当 V 字形闭合时,废物被挤压破碎,虽然驱动速度慢,但驱动力很大。当破碎阻力超过最大值时,破碎机自然开启,避免损坏刀具。

该机由 7 片固定刃和 6 片活动刃构成,宽度为 30 mm。由特殊钢制成,磨损后可以更换。液压油泵最高压力为 12.8 MPa(130 kgf/cm²),马达为 37 kW,电压 220 V,处理量 80~150 m³/h(因废物种类而异),可将厚度 200 mm 的普通钢板剪至 30 mm,适用于松散的片、条状废物的破碎。

#### (二) 林德曼(Lindemann)型剪切式破碎机

图 3-13 所示为林德曼(Lindemann)型剪切式破碎机结构示意图。该机分为预备压缩机和剪切机两部分。固体废物送入后先压缩,再剪切。预备压缩机通过一对钳形压块开闭将固体废物压缩。压块一端固定在机座上,另一端由液压杆推进或拉回。剪切机由送料器、压紧器和剪切刀片组成。送料将固体废物每向前推进一次,压块即将废物压紧定位,剪刀从上往下将废物剪断,

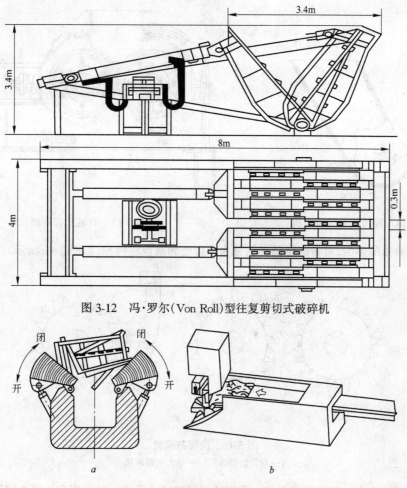

图 3-12　冯·罗尔(Von Roll)型往复剪切式破碎机

图 3-13　林德曼(Lindemann)破碎机

*a*—预压机；*b*—剪切机

如此往返工作。

### （三）旋转式剪切破碎机

图 3-14 所示为旋转式剪切破碎机结构示意图。它由固定刃(1～2 片)和旋转刃(3～5 片)组成。固体废物给入料斗，依靠高速转动的旋转刃和固定刃之间的间隙挤压和剪切破碎，破碎产品经筛缝排出机外。该机的缺点是当混入硬度较大的杂物时，易发生操作事故。这种破碎机适合家庭生活垃圾的破碎。

### 四、辊式破碎机

辊式破碎机主要靠剪切和挤压作用。根据辊子的特点，可将辊式破碎机分为光辊破碎机和齿辊破碎机。顾名思义，光辊破碎机的辊子表面光滑，主要作用为挤压与研磨，可用于硬度较大的固体废物的中碎与细碎。图 3-15 所示为双辊式(光面)破碎机结构图，它由破碎辊、调整装置、弹簧保险装置、传动装置和机架等组成。而齿辊破碎机辊子表面有破碎齿牙，使其主要作用为劈裂，可用于脆性或黏性较大的废物，也可用于堆肥物料的破碎。

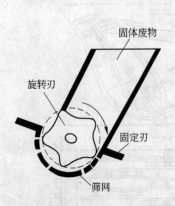

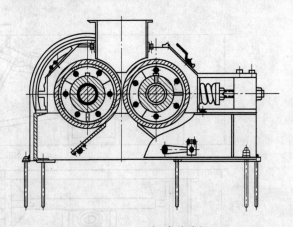

图 3-14　旋转式剪切破碎机　　　　　　图 3-15　双辊式破碎机

按齿辊数目的多少,可将齿辊破碎机分为单齿辊和双齿辊两种,如图 3-16 所示。

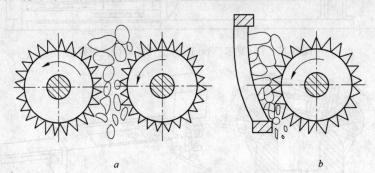

图 3-16　齿辊破碎机

$a$—双齿辊破碎机;$b$—单齿辊破碎机

单齿辊破碎机由一旋转的齿辊和一固定的弧形破碎板组成。破碎板和齿辊之间形成上宽下窄的破碎腔。固体废物由上方给入破碎腔,大块废物在破碎腔上部被长齿劈碎,随后继续落在破碎腔下部进一步被齿辊轧碎,合格破碎产品从下部缝隙排出。

双齿辊破碎机由两个相对运动的齿辊组成。固体废物由上方给入两齿辊中间,当两齿辊相对运动时,辊面上的齿牙将废物咬住并加以劈碎,破碎后产品随齿辊转动由下部排出。破碎产品粒度由两齿辊的间隙大小决定。

辊式破碎机的特点是能耗低、构造简单、工作可靠、价格低廉、产品过粉碎程度小等。广泛用于处理脆性物料和含泥性物料,作为中、细碎之用。但其破碎效果不如锤式破碎机,运行时间长,使得设备较为庞大。

辊式破碎机的生产率 $Q$ 可以用下式来计算:

$$Q = 188\eta d\gamma_0 LnD' \tag{3-10}$$

式中,$Q$ 为辊式破碎机的生产率,t/h;$\eta$ 为辊子长度利用系数和排料松散度系数,对中硬物料 $\eta=0.2\sim0.3$,对黏性潮湿物料 $\eta=0.4\sim0.6$;$d$ 为破碎产品的最大粒度,m;$\gamma_0$ 为破碎产品的堆密度,t/m³;$L$ 为辊子长度,m;$n$ 为转速,r/min;$D'$ 为辊子直径,m。

## 五、圆锥破碎机

圆锥破碎机按使用范围可分为粗碎、中碎和细碎三种,其中粗碎又叫旋回破碎机,中碎和细碎破碎机又叫菌形圆锥破碎机。圆锥破碎机的工作原理如图3-17所示。

圆锥破碎机的圆锥头由固定圆锥和可动圆锥组成,可动圆锥的主轴支承在横梁上面的悬挂点,并斜插在偏心轴套内,主轴的中心线和机器中心线间的夹角为2°～3°,当主轴旋转时,它的中心线以悬挂点为定点作一圆锥面运动。当可动圆锥靠近固定圆锥时,处于两锥体之间的固体物料就被破碎,当可动锥离开固定锥时,已破碎的固体物料由于自身的重力而经排料口排出。对于中细碎的圆锥破碎机,基本上与圆锥破碎机一样。圆锥破碎机的主要优点是:(1)由于破碎腔大,工作连续,生产能力高且单位能耗低;(2)工作平稳,振动小。

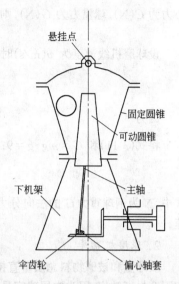

图 3-17 圆锥破碎机的工作原理图

主要参数有给料口与排料口的宽度,一般来说给料口宽度 $B = (1.20 \sim 1.25)D$,$D$ 为固体物料的粒度;其次是啮角,圆锥破碎机的啮角是指可动锥和固定锥表面之间的夹角;再次是平行带长度,为保证破碎产品达到一定的细度和均匀度,中、细碎圆锥破碎机的破碎腔下部必须设有平行破碎区,使固体物料被排出之前,在平行带中至少受一次挤压。平行带长度 $L$ 与碎矿机的关系如下:中碎圆锥碎矿机 $L = 0.085D$,或细碎圆锥碎矿机 $L = 0.16D$;另外还有可动锥摆动次数。

## 六、粉磨

粉磨对于矿山废物和许多工业废物来说,是非常重要的一种破碎方式,在固体废物的处理与利用中也得到了广泛的应用。通常粉磨有三个目的:对废物进行最后一段粉碎,使其中各种成分单体充分解离,为下一步分选创造条件;对多种废物原料进行粉磨,同时起到把它们混合均匀的作用;制造废物粉末,增加物料比表面积,加速物料化学反应的速度。

常用的粉磨机主要有球磨机和棒磨机。

### (一) 球磨机

#### 1. 球磨机构造和工作原理

球磨机的构造示意如图3-18所示,它由圆柱形筒体1、筒体两端端盖2、端盖轴承3和齿轮4组成。在筒体内装有钢球和被磨物料。其装入量为筒体有效容积的25%～50%。筒体内壁设有衬板,衬板一般用锰钢、铬钢、耐磨铸铁或橡胶等制成,衬板分平滑和不平滑两种,平滑衬板因钢球滑动较大,磨剥作用较轻,它同时起到防止筒

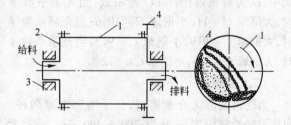

图 3-18 球磨机结构和工作原理
1—筒体;2—端盖;3—轴承;4—大齿轮

体磨损和提升钢球的作用。当筒体转动时,钢球和破碎物料在摩擦力、离心力和衬板的共同作用下,被衬板带动提升。在升到一定高度后,由于自身重力的作用使得钢球和物料产生自由泻落和抛落,从而对筒体内底脚区的物料产生冲击和研磨作用。物料粒径达到要求后由风机抽出。

物料在球磨机中,随着其转速的增加,钢球开始抛落点也提高,当速度增大到一定时,离心力大于钢球自身重力,此时钢球即使升到顶点也不再落下,发生离心作用,即达到临界速度。设离

心力为 $C(\mathrm{N})$，球重力为 $G(\mathrm{N})$，则钢球运转的临界条件为：

$$C \geqslant G$$

设球磨机线速度为 $v(\mathrm{m/s})$ 时，钢球升到 $A$ 点，此时 $C = N$ 或

$$\frac{mv^2}{R} = G\cos\alpha \tag{3-11}$$

因为

$$v = \frac{2\pi R n_1}{60} \tag{3-12}$$

将式(3-11)和 $G = mg$、$g = 9.81\ \mathrm{m/s^2}$、$\pi = \sqrt{g}$ 代入式(3-12)得：

$$n_1 = \frac{30}{\sqrt{R}}\sqrt{\cos\alpha} \tag{3-13}$$

式中，$N$ 为钢球重力 $G$ 的法向分力，N；$R$ 为筒体半径，m；$v$ 为球磨机线速度，m/s；$n_1$ 为筒体转速，r/s。

2. 球磨机功率

装球量和被磨物料总质量直接影响粉磨机的功率。装球少，效率低，这点很明显；但装球多却不会提高效率，因为内层球容易产生干扰，因而也会降低效率。所以必须按照实际要求来进行选择合理的装球量。

装球总质量 $G_{球}$ 为：

$$G_{球} = \gamma\phi L \times \frac{\pi D^2}{4} \tag{3-14}$$

式中，$\gamma$ 为介质容重，钢球 $\gamma = 4.5\sim4.8\ \mathrm{t/m^3}$，铸铁球 $\gamma = 4.3\sim4.6\ \mathrm{t/m^3}$；$\phi$ 为钢球充填系数；$D$、$L$ 分别为球磨机筒体直径和长度，m。

球磨机中所加物料重量一般为 $0.14G_{球}$。球磨机生产率一般可以按下面的经验公式计算：

$$Q = (1.45\sim4.48)G^{0.5} \tag{3-15}$$

球磨机功率 $N$ 一般可以按下面的经验公式计算：

$$N = CG\sqrt{D} \tag{3-16}$$

式中，$D$ 为磨机内径，m；$C$ 为系数，当充填系数 $\phi = 0.2$ 时，大钢球 $C = 11$，小钢球 $C = 10.6$；当充填系数 $\phi = 0.3$ 时，大钢球 $C = 9.9$，小钢球 $C = 9.5$；当充填系数 $\phi = 0.4$ 时，大钢球 $C = 8.5$，小钢球 $C = 8.2$。

### （二）自磨机

自磨机又称无介质磨机，分干磨和湿磨两种。干式自磨机的给料块度一般为 $300\sim400\ \mathrm{mm}$，一次磨细到 $0.1\ \mathrm{mm}$ 以下，粉碎比可达 $3000\sim4000$，比球磨机等有介质磨机大数十倍。图 3-19 为干式自磨机的工作原理图。该机由给料斗、短筒体、传动部分和排料斗等组成。

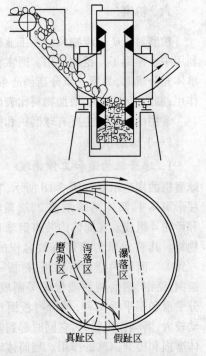

图 3-19　干式自磨机工作原理

### 七、破碎机械的运行问题

破碎过程中常会出现以下几个问题：物料堵塞、起火、爆炸、灰尘等。

破碎机不能破碎某一意外进入系统的物料，如金属丝缠绕转子或庞大物料堵住出口，又不能

经由斜槽排出时,容易产生堵塞。堵塞后物料有可能超载,若不能及时停止,会对发动机带来严重损害。正常运行期间,废物很快通过破碎机,因摩擦而导致的温度升高达不到点火温度。然而,若破碎机被迫停止或开始堵塞而未及时处理,则有可能起火。

一些潜在爆炸物,包括丙烷瓶子、煤气罐、火药常会混入废物流中,而有可能引发爆炸,危害工人安全。普通的预防爆炸的方法是设逸逸通道,将爆炸的膨胀气体迅速地从机内引出机外。

另外,操作室内的高含尘量空气,也是一大问题。一般地可在废物上喷洒水雾防止灰尘。

# 第三节 其他破碎方法

## 一、低温破碎技术

常温破碎装置噪声大、振动强,产生粉尘多,此外还具有爆炸性、污染环境以及过量消耗动力等缺点,在选用不同类型的机械设备时,需要根据不同情况,通过多种方案的比较,尽量减少弊病,满足生产的需要。对于一些难以破碎的固体废物,如汽车轮胎、包覆电线、废塑料、橡胶等,可以利用其低温变脆的性能而有效地施行破碎,也可利用组成不同的物质,其脆化温度的差异进行选择性破碎,这即是低温冷冻破碎技术。

### (一)原理和流程

固体废物各组分物质在低温冷冻($-60\sim20℃$)条件下易脆化,且脆化温度不同,其中某些物质易冷脆,另一些物质则不易冷脆。利用低温变脆既可将一些废物有效地破碎,又可以利用不同材质脆化温度的差异进一步进行选择性分选。

在低温破碎技术中,通常需要配置制冷系统,其中液态氮是最常用的制冷剂,因为液态氮制冷效果好、无毒、无爆炸性等优点。但是由于使用液氮时,使用量较大,且制备液氮需要消耗大量的能量使空气液化,再从中分离出液氮,故出于经济上的考虑,低温破碎对象仅限于常温下难破碎的、回收价值高的再生资料。

冷冻破碎的工艺流程如图 3-20 所示。

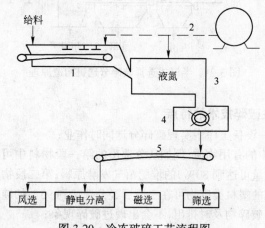

图 3-20　冷冻破碎工艺流程图

1—预冷装置;2—液氮贮槽;3—浸没冷却装置;

4—高速冲击破碎机;5—皮带运输机

将需要破碎的固体废物先投入预冷装置,再进入浸冷装置,易冷脆物质迅速脆化,由高速冲击式破碎机破碎,破碎产品再进入不同的分选设备。

### (二) 低温破碎的优点

低温破碎所需动力较低,仅为常温破碎的 1/4,噪声约降低 7 dB,振动减轻约 1/4～1/5。

由于同一材质破碎后粒度均匀,异质废物则有不同破碎尺寸,这便于进一步筛分,使复合材质的物料可进行有效的分离与回收。

### (三) 低温破碎在塑料的回收中的运用

有研究表明,各种塑料的催化温度范围并不一样,如聚乙烯的催化温度范围为 -95～ -135℃,而聚丙烯的催化温度为 0～ -20℃,而聚氯乙烯的催化温度为 -5～ -20℃;因此,可以利用其温度的差异对各种不同的塑料进行回收。

## 二、半湿式选择性破碎分选

### (一) 半湿式选择性破碎分选原理和设备

半湿式选择性破碎分选是利用城市垃圾中各种不同物质的强度和脆性的差异,在一定的湿度下将其破碎成不同粒度的碎块,然后通过网眼大小不同的筛网加以分离回收的过程。该过程通过兼有选择性破碎和筛分两种功能的装置实现,称为半湿式选择性破碎分选机。其构造如图3-21 所示,该装置由两段具有不同尺寸筛孔的外旋转圆筒筛和筛内与之反方向旋转的破碎板组成。垃圾进入后沿筛壁上升,而后在重力作用下抛落,同时被反向旋转的破碎板撞击,易脆物质首先破碎,通过第一段筛网分离排出;剩余垃圾进入第二段,中等强度的纸类在水喷射下被破碎板破碎,又由第二段筛网排出,最后剩余的垃圾由不设筛网的第三段排出,再进入后序分选装置。

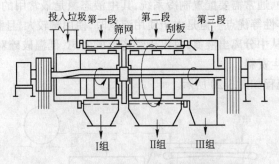

图 3-21　半湿式选择破碎分选机构造原理

### (二) 半湿式选择性破碎技术的特点

能使城市垃圾在同一设备工序中实现破碎分选同时作业;

能充分地回收垃圾中的有用物质,例如从分选出的第一段物料中可分别去除玻璃、塑料等,有望得到以厨余为主(含量可达到 80%)的堆肥沼气发酵原料;第二段物料中可回收含量为 85%～95% 的纸类,难以分选的塑料类废物可在三段后经分选达到 95% 的纯度,废铁可达 98%;

对进料适应性好,易破碎物及时排出,不会出现过破碎现象;

动力消耗低,磨损小,易维修;

当投入的垃圾在组成上有所变化及以后的处理系统另有要求时,则需改变分选条件或改变滚筒长度,破碎板段数,筛网孔径等,以适应其变化。

### 三、湿式破碎技术

#### （一）湿式破碎的原理和设备

湿式破碎技术是利用纸类在水力作用下的浆液化特性,基于回收城市垃圾中的大量纸类的目的而发展起来的。通常将废物与制浆造纸结合起来。

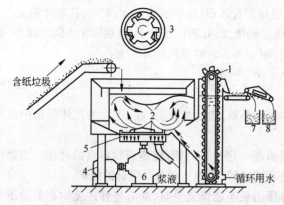

图 3-22　湿式破碎机构造图
1—斗式脱水提升机;2,3—转子;4—电动机;
5—筛网;6—减速器;7—有色金属;8—铁

湿式破碎机的构造如图 3-22 所示,是在 20 世纪 70 年代由美国一家生产造纸设备的 BLACK – CLAUSON 公司研制完成的。该破碎机为一圆形立式转筒,底部设有多孔筛。初步分选的垃圾经由传输带投入机内后,靠筛上安装的六只切割叶轮的旋转作用,使废物与大量水流在同一个水槽内急速旋转,搅拌,破碎成泥浆状。浆体由底部筛孔流出,经湿式旋风分离器除去无机物,送到纸浆纤维回收工序进行洗涤、过筛与脱水。除去纸浆的有机残渣可在与 4% 浓度的城市下水污泥混合,脱水至 50% 后,送至焚烧炉焚烧,回收热能。破碎机内未能粉碎和未通过筛板的金属、陶瓷类物质从机内的底部侧口压出,由提升斗送到传输带,由磁选器进行分离。

#### （二）湿式破碎技术的优点

湿式破碎把垃圾变成泥浆状,物料均匀,呈流态化操作,具有以下优点:
(1)垃圾变成均质浆状物,可按流体处理法处理;
(2)不会滋生蚊蝇和恶臭,符合卫生条件;
(3)不会产生噪声、发热和爆炸的危险性;
(4)脱水有机残渣,无论质量、粒度大小、水分等变化都小;
(5)在化学物质、纸和纸浆、矿物等处理中均可使用,可以回收纸纤维、玻璃、铁和有色金属,剩余泥土等可做堆肥。

## 第四节　生活垃圾压实技术

压实又称压缩,是通过外力加压于松散的固体物上,以缩小其体积、增大密度的一种操作方法。大多数固体废物是由不同颗粒与颗粒间的孔隙组成的集合体,自然堆放的固体废物,其表观体积是废物颗粒体积与空隙体积之和。当对固体废物实施压实操作时,随着压力增大,孔隙率减小,表观体积随之而减小,容积密度增大。因此,固体废物压实的实质,就是提高废物的容积密度。当固体废物受到外界压力时,各颗粒间相互挤压、变形或破碎从而达到重新组合的效果。经压实处理后固体废物的体积减小,更便于装卸、运输和填埋。另外,对有些固体废物还可利用压实技术制取高密度的惰性材料或建筑材料,便于贮存或再次利用。固体废物中适于压实处理的主要是压缩性能大而复原性小的物质,如金属加工业排出的金属细丝、金属碎片,冰箱与洗衣机,以及纸箱、纸袋、纸纤维等。对于一些足以使压实设备损毁的废物,如大块木材、金属、玻璃以及塑料等,则不宜进行压实处理;某些可能引起操作问题的废物,如焦油、污泥等,也不宜采用压实处理。

## 一、压实原理

大多数固体废物是由不同颗粒与颗粒间的孔隙组成的集合体。一堆自然堆放的固体废物,其表观体积是废物颗粒有效体积与孔隙占有的体积之和。

$$V_m = V_s + V_v \tag{3-17}$$

式中,$V_m$ 为固体废物的表观体积,$m^3$;$V_s$ 为固体颗粒体积(包括水分),$m^3$;$V_v$ 为孔隙体积,$m^3$。

当对固体废物实施压实操作时,随压力强度的增大,孔隙体积减小,表观体积也随之减小,而容重增大。所谓容重就是固体废物的干密度,用 $\rho$ 表示。容重的计算式为:

$$\rho = \frac{W_s}{V_m} + \frac{W_m - W_{H_2O}}{V_m} \tag{3-18}$$

式中,$W_s$ 为固体废物颗粒重,kg;$W_m$ 为固体废物总重,包括水分重,kg;$W_{H_2O}$ 为固体废物中水分重,kg。

因此,固体废物压实的实质,可以看作是消耗一定的压力能,提高废物容重的过程。当固体废物受到外界压力时,各颗粒间相互挤压,变形或破碎,从而达到重新组合的效果。

在压实过程中,某些可塑性废物,当解除压力后不能恢复原状,而有些弹性废物在解除压力后的几秒钟内,体积膨胀 20%,几分钟后达到 50%。因此,固体废物中适合压实处理的主要是压缩性能大而复原性小的物质,如冰箱与洗衣机、纸箱和纸袋、纤维、废金属细丝等,有些固体废物如木头、玻璃、金属、塑料块等已经很密实的固体或是焦油、污泥等半固体废物不宜作压实处理。

固体废物经压实处理后体积减少的程度叫压缩比:

$$R = \frac{V_i}{V_f} \tag{3-19}$$

式中,$R$ 为固体废物体积压缩比;$V_i$ 为废物压缩前的原始体积,$m^3$;$V_f$ 为废物压缩后的体积,$m^3$。

固体废物压缩比取决于废物的种类及施加的压力。一般,施加的压力可在几至几百 $kg/cm^2$ ($1\ kg/cm^2 = 98066.5\ Pa$)。当固体废物为均匀松散物料时,其压缩比可达到 $3\sim10$。

## 二、压实度的测定方法

压实质量是填埋作业质量管理最重要的内在指标之一。现场压实质量通常用压实度表示。土建和水利施工的桥路工程、水利工程等,对压实度的测量已经有了较为明确的规范,例如灌沙法、环刀法、核子密度湿度仪法、落锤频谱式路基压实度快速测定法等。这些方法测量压实度指标操作简单,准确度已达到一定程度,我国对固体废弃物处理处置缺少相应法规和技术规范。虽然在《中华人民共和国城镇建设行业标准——城市生活垃圾采样和物理分析方法》(CJ/T3039—1995)中,提出城市生活垃圾的样品采集、制备和物理成分、物理性质的分析方法,但该标准只适用于城市生活垃圾的常规调查。对于卫生填埋场的城市生活垃圾的采样、制备、保存、运输和物理成分、性质的分析方法和步骤与之有很大不同,目前尚无这方面的立项研究工作。有关试验方法,借鉴了土石方施工和 CJ/T3039—1995 标准的相关原理。

## 三、垃圾压实效果影响因素

### (一) 压力与垃圾压实度的关系

在压实过程中,作用在垃圾上的压力与垃圾的平均密度之间的关系如图 3-23 所示。图示的带状区域数据通过大量重复性试验得出,目前尚无该数学模型的研究。一般来说,机械的压力愈大,垃圾体压实密度愈大,减容的效果越好。

在压实过程中,垃圾组分之间由于内聚力和摩擦力的存在,抵抗着外来荷载的作用,其变形过程大致可分为三个阶段:

(1) 垃圾组分之间的大孔隙被填没。较大孔隙的空气和部分空隙水在作用力下排挤出来,产生较大的不可逆变形,即塑性变形。随着变形量的增加,组分间的接触点也不断增加,阻力随之增大,只有当压力大于阻力时形变才可继续产生。

(2) 垃圾体不可逆蠕变。当外压继续增加时,组分间的孔隙和部分结合水被挤出,使得垃圾体内部更加靠近而产生新的变形。如果此时压力足够大,保持一定的压力,变形仍然可以极其微小地进行,此即垃圾体的不可逆蠕变过程。在此过程中,垃圾体的弹性变形受内聚力和摩擦力的影响逐渐表现出来;卸载时,弹性变形的恢复也是逐渐消失的,并有明显滞后恢复现象。

(3) 垃圾体的范性变形。当垃圾组分相互充分接触时,在足够大压力作用下,垃圾体组分大量的内部结合水被排挤出来,部分组分破碎,发生固体范性变形。

### (二) 垃圾组分影响

不同组分自身特有的力学性质相互作用,共同影响了压实度的效果,具体表现为:

(1) 金属、橡胶、泡沫海绵等材料具有良好的弹性,在压实弹性形变过程中作用重大;纸类等物质易于折叠、变形性良好,对压实初期大空隙填没贡献较大。

(2) 竹木、纤维、胶带、纺织品等物体,因其本身的结构特点和韧性较好,起到垃圾体骨架支撑的作用,是压实蠕变阶段的主要受力组分。

(3) 厨房垃圾由于本身范性特征,其在范性变形阶段起到主导作用,成为对减容效果贡献较大的组分。

(4) 玻璃、硬塑料,陶瓷和砖瓦等组分对压实减容的效果贡献微乎其微。

### (三) 垃圾含水率

垃圾中除了含有内部结合水外,还有吸附水、膜状水、毛细水等。在低含水率情况下,垃圾组分间的内摩擦力和材料的内聚力阻碍着压实。所以提高含水率,有利于减少阻力,使得压实过程更为容易。一般根据填埋场作业经验,当垃圾的含水率达到 50% 左右时,压实机械的压实效果最好。获得最大压实密度时所对应的含水率为最佳含水率。当垃圾含水量较低时,要考虑采用较重型的机械或掺入一些吸水材料(如灰渣等),再分层压实;当含水率较高时,应停止作业,避免把作业面压成烂泥。

到目前为止,尚无含水率与压实度之间的经验或解析模型,这是因为城市垃圾的组分和含水率变化大,难采用土力学的相关方法进行实验室模拟;而采用完全现场采样的分析方法,工作量过大,且得到的数据个体性强,难以解决样品普遍代表性的问题。

### (四) 垃圾层的厚度

垃圾层的厚度对压实效果和压实功能消耗的影响很大。根据土壤压实理论,垃圾部位愈深,所受的压实效果愈差。在同一试验条件下(平面压实 4 次),不同垃圾层采样深度下压实度曲线如图 3-23 所示,密实度随取样深度的增加而显著减小。

对于较厚的待压垃圾层,为了达到要求的密实度,必须增加压实机械在同一位置的行程次数,从而增大了机械功能的消耗。根据不同的压实效果,存在某一厚度,称之为垃圾层的最佳压实厚度,能使单位体积的垃圾在最小的压实功能前提下达到所需的密度。在现场试验中,在相同压实方法下(平面压实 3 次),对不同厚度的待压层取样分析所绘制的压实度变化曲线如图 3-24 所示,该曲线说明密实度在某个特定厚度下存在峰值。

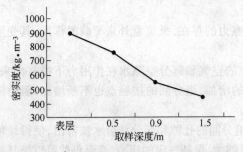
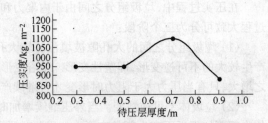

图 3-23　不同垃圾层采样深度下压实度曲线　　　　图 3-24　不同厚度待压层压实度变化曲线

最佳压实厚度的确定,应依据压实机械的类型、滚轮压力的大小和垃圾的性质而定。依据现场作业经验,采用 30 t 的重型压实机械碾压接近最佳含水率的垃圾时,垃圾层的适宜压实厚度为 0.4～0.8 m。

### (五) 机械的行程次数

压实机械在同一位置的行程次数直接影响压实效果。有研究对同一垃圾体进行极限压实的试验结果表明:垃圾体的压实度并非随压实次数的增加呈现无限增长趋势,而是以对数曲线趋近某极限值。前几次压实对压实度的影响甚大。

在满足要求压实度的前提下,可依据压实机械的类型、吨位、垃圾的性质。含水率和垃圾层厚度确定行程次数。在实际作业中,由于上述参数的变化和差异,不同填埋场应依据其特点预先进行试验,以便确定要达到要求密实度而需要的碾压次数。目前此方面的研究仍然处于现场经验水平。

### (六) 行驶速度

岩土工程研究表明,压实密度与载荷作用时间大致成正比的增长关系,即载荷作用时间越长,压实程度越高。因此,要求压实机械的行驶速度越慢越好,但这样又导致压实生产率偏低,据宝马公司对 BC67ORB 的报道,一般压实机械行驶速度在 5 km/h 左右比较理想。

依据作业经验,建议在压实过程中,行驶速度先慢后快。这是因为初始的垃圾颗粒松散,低速碾压可以较好地嵌入,使得压实机械行驶稳定;之后再提高速度,可显著提高生产率并保证碾压质量。

### (七) 压实方向对斜坡作业影响

斜坡作业是边坡压实采用的一种作业方式。在压实工艺中斜坡作业较为特殊,因为压实机械从不同起始方向开始压实,对压实度贡献不同。碾压方向由坡底向上对增加压实度更有利。

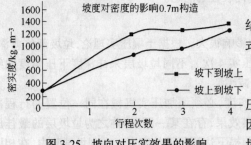

图 3-25　坡向对压实效果的影响

现场试验对此进行了验证性研究(见图 3-25),结果表明:对于边坡压实,由坡下至坡上的压实方式对压实度的贡献更大。

综上所述,可以得出以下结论:

(1) 压实效果最常用的指标是压实后的垃圾压实密度,压力是决定压实效果的最重要的外在因素。决定压实效果的内在因素有垃圾组分,垃圾含水率等。

(2) 垃圾在外力下的形变大体可分为三个阶段:垃圾组分之间的大空隙被填没、垃圾体不可逆蠕变、垃圾体的范性变形。

（3）决定压实效果的填埋运行参数有垃圾堆体的摊铺厚度、机械行程次数、行驶速度和坡向及坡度等。

（4）垃圾压实度的测量，目前没有适合卫生填埋场的成熟方法。

## 第五节　压实设备与流程

根据操作情况，固体废物的压实设备可分为固定式和移动式两大类。凡用人工或机械方法（液压方式为主）把废物送到压实机械中进行压实的设备称为固定式压实器。各种家用小型压实器、废物收集车上配备的压实器及中转站配置的专用压实机等，均属固定式压实设备。

移动式压实器一般安装在收集垃圾车上，接受废物后即进行压实，随后送往处置场地。固定式压实器一般设在工厂内部、废物转运站、高层住宅垃圾滑道的底部等场合。这两类压实器的工作原理大体相同，主要由容器单元和压实单元两部分组成。容器单元负责接受废物原料；压实单元具有液压或气压操作的压头，利用高压使废物致密化。固定式压实器分为小型家用压实器和大型工业压缩机两类。家用小型垃圾压实器的压实机械装在垃圾压缩箱内，常用电动机驱动。如用某种金属制成长方体压缩箱，其大小为 85 cm×45 cm×60 cm，外观类似冰箱，可以掷入瓶子、玻璃制品、纸盒、纸板箱、塑料和纸包装器等，在家庭就地进行垃圾的压缩或破碎。这种压缩方法比较经济，可以减小垃圾体积，便于搬运。大型工业压缩机可以将汽车压缩，每日可以压缩数千吨垃圾，一般安装在废物转运站、高层住宅垃圾滑道的底部以及其他需要压实废物的场合。常用的固定式压实器主要有水平压实器、三向垂直式压实器、回转式压实器、袋式压实器、城市垃圾压实器等。

（1）水平式压实器。图 3-26 为水平式压实器示意图。该装置具有一个可沿水平方向移动的压头先把废物送入供料漏斗，然后压头在手动或光电装置控制下把废物压进一个钢制容器内。该容器一般是正方形或长方形的，其一端的下半部分有一孔，此孔允许压头在压实循环中在容器内滑动。容器的装载端是铰接的，可以摆动至完全打开，使废物倒出。当容器装满时，压实器的压头完全缩回，用防水帆布把容器盖好，然后吊装在重型卡车上以待运走，再把另一个空容器连接在压实器上，再进行下次压实操作。容器的侧面和顶面稍带锥度，以便废物倒出。

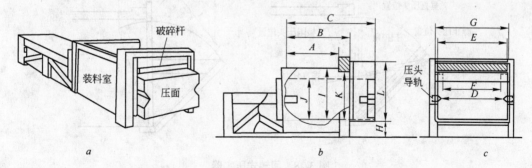

图 3-26　水平式压实器

a一全视图；b一侧视图；c一后视图

A一有效顶部开口长度；B一装料室长度；C一压头行程；D一压头导轨宽度；
E一装料室宽度；F一有效顶部开口宽度；G一出料口宽度；H一压面高度；
I一装料室高度；J一压头高度；K一破碎杆高度；L一出料口高度

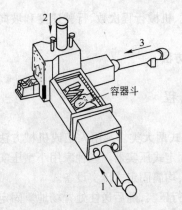

图 3-27　三向垂直式压实器

（2）三向垂直式压实器。图 3-27 是适合于压实松散金属废物的三向垂直式压实器示意图。该装置具有三个互相垂直的压头,金属等废物被置于容器单元内,而后依次启动 1、2、3 三个压头,逐渐使固体废物的空间体积缩小,容积密度增大,最终将固体废物压实为一块密实的块体。压实后的尺寸一般为 200～1000 mm。

（3）回转式压实器。图 3-28 为回转式压实器示意图。该装置的压头铰接在容器的一端,借助液压缸驱动。这种压实器适于压实体积小、自重较轻的固体废物。

（4）袋式压实器。袋式压实器是将废物装入袋内,压实填满后立即移走,换上一个空袋。该装置适用于工厂中某些组分比较均匀的固体废物,压缩比一般为 3:1 到 7:1。填充密度因废物的原始成分而异,一般为 0.29～0.96 g/cm³。袋式压实器的优点是,压实的废物轻便,单人即可搬运,此外,压实的废物外形一致,尺寸均匀,填埋处置方便。

通常所说的台式压实装置,可按类似于袋式压实器的方式使用。如旋转式压实器具有一个压头机构,它可以把松散的废物装入塑料袋或纸袋。旋转式压实器一般具有 8～20 个金属隔室。当处于填充压头下隔室的袋子充满后,工作台就旋转一个位置,把已装满的袋子移走并换一个空袋子。

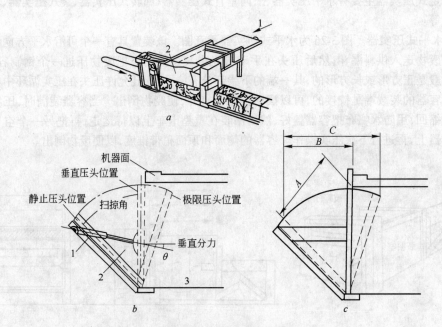

图 3-28　回转式压实器

a—示意图;b—表示压头限定位置的侧视图;c—表示规定尺寸的侧视图

1—液压缸;2—装料室;3—容器部分;A—有效顶部开口长度;

B—装料室长度;C—压头行程;(C-B)—压头进入深度

（5）城市垃圾压实器。

1）高层住宅垃圾滑道下的压实器。图 3-29 为这种压实器工作的示意图。图 3-29$a$ 为压缩循环开始，从滑道中落下的垃圾进入料斗。图 3-29$b$ 为压缩臂全部缩回处于起始状态，压缩室内充入垃圾。当压缩臂全部伸展，垃圾被压入容器中，如图 3-29$c$ 所示，垃圾不断充入，最后在容器中压实。可以将压实的垃圾装入袋内运走。

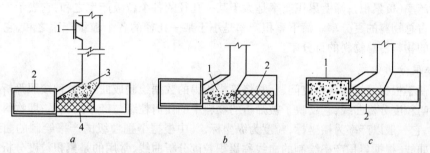

图 3-29　高层住宅垃圾滑道下的压实器

$a$：1—垃圾投入口，2—容器，3—垃圾，4—压缩臂；$b$：1—垃圾，2—压缩臂全部缩回；

$c$：1—已压实的垃圾，2—压缩臂

2）城市垃圾压实器。城市垃圾压实器与金属类废物压实器构造相似，常用的有前面提到的三向垂直式压实器和水平式压实器。在使用时，为了防止垃圾中有机物腐败，要求在压实器的四周涂覆沥青。其他装在垃圾收集车辆上的压实器、废纸包装机、塑料热压机等结构基本相似，原理相同。

城市垃圾在综合利用时，由于垃圾压实后产生水分，在风选分离纸时是不利的，因此，是否选用压实处理与后继处理过程也有关，应当综合考虑。

# 第六节　生活垃圾分选技术及设备

固体废物的分选简称废物分选，是废物处理的一个操作单元，其目的是将废物中可回收利用的或对后续处理与处置有害的成分分选出来。废物分选根据废物物料的性质，如分选物料的粒度、密度、电性、磁性、光电性、摩擦性、弹性以及表面润湿性的差异来进行分离；分选方法包括筛分、重力分选、磁选、电选、光电选、浮选及最简单最原始的人工分选。

## 一、筛分

### （一）筛分的基本概念

#### 1. 粒度组成及粒度分析

所谓粒度就是固体废物的大小，一般用毫米或微米表示；将松散的物料用某种方法分成若干级别，这些级别就叫粒级。用称量法称出各个级别的总量并计算它的总重量百分率或累计重量百分率，从而说明这批固体物料是由各为多少的哪些粒级组成，这种确定粒度组成的试验叫粒度分析。

根据物料粗细不同，粒度分析方法有以下几种：筛分分析，它是利用孔径大小不同的一套筛子进行粒度分级，其优点是设备简单，易于操作，缺点是受颗粒形状的影响大；水利沉降分析，它是利用不同尺寸的颗粒在水中的沉降速度不同而分成若干级别，它不同于筛析法，筛析法测得的是几何尺寸,而水利沉降分析测得的是具有相同沉降速度的当量球径;显微镜分析,主要用于分析细粒物料,它可以直接测出颗粒的尺寸和现状。

### 2. 筛分分析

确定松散物料组成的筛分工作叫筛分分析,简称筛析。筛析方法有干法筛析、干湿联合筛析。筛析的目的是为知道各个粒级的含量,从而确定组成,它分为筛上累积产率(又叫正累积)和筛下累积产率(负累积);筛上累积产率是大于某一孔径的各个粒级产率之和,它表示大于某一筛孔的物料占总物料的百分率。筛下累积产率是小于某一孔径的各个粒级产率之和,它表示小于某一筛孔的物料占总物料的百分率。

### 3. 粒度分析曲线

为了便于根据筛析结果研究问题,常将筛析所得的数据绘制成曲线,这种按照筛析结果绘制的曲线就叫粒度分析曲线,它反映了被筛析的物料中的任何粒级与产率的关系,即物料组成与产率的关系,它一般以产率为横坐标,粒度为纵坐标,其中根据个别粒级的产率绘制的曲线称部分粒级分析曲线,根据累积产率绘制的曲线称累积粒度分析曲线,常用的是累积粒度分析曲线。

### (二) 筛分原理

筛分是利用筛子将物料中小于筛孔的细粒物料透过筛面,而大于筛孔的粗粒物料留在筛面上,完成粗、细粒物料分离的过程。该分离过程可看作是易于穿过筛孔的颗粒通过不能穿过筛孔的颗粒的物料层达到筛面的过程,即物料分层过程,和易于穿过筛孔的颗粒透过筛孔的过程,即细粒透筛过程。物料分层是完成分离的条件,细粒透筛是分离的目的。

要使这两个阶段实现,物料在筛面上必须有适当的运动,使筛面上的物料处于松散状态,这样物料层将会产生离析。同时,物料和筛子的相对运动都促使堵在筛孔上的颗粒脱离筛面,有利于颗粒穿过筛孔。一般说来,粒度小于筛孔尺寸 3/4 的颗粒,很容易通过粗粒形成的间隙到达筛面而透筛,称为"易筛粒";粒度大于筛孔尺寸 3/4 的颗粒,很难通过粗粒形成的间隙,而且粒度越接近筛孔尺寸就越难透筛,这种颗粒称为"难筛粒"。

固体物料通过筛孔的可能性称为筛分概率,筛分概率与下列因素有关:筛孔的大小;颗粒与筛孔的相对大小;颗粒的湿度与含泥量;筛子的有效面积以及颗粒的运动方向与筛面的倾角。

### (三) 筛分效率

筛子有两个重要工艺指标:一是处理能力,即孔径一定的筛子在一定时间内、一定单位面积上的处理能力;二是筛分效率,它表明筛分工作的质量指标。

从理论上讲,固体废物中凡是粒度小于筛孔尺寸的细粒都应该透过筛孔成为筛下产品,而大于筛孔尺寸的粗粒应全部留在筛上排出成为筛上产品。但是,实际上由于筛分过程中受各种因素的影响,总会有一些小于筛孔的细粒留在筛上随粗粒一起排出成为筛上产品,筛上产品中未透过筛孔的细粒越多,说明筛分效果越差。为了评定筛分设备的分离效率,引入筛分效率这一指标。

筛分效率是指实际得到的筛下产品重量与入筛废物中所含小于筛孔尺寸的细粒物料重量之比,用百分数表示,即:

$$E = \frac{Q_1}{Q \times \frac{\alpha}{100}} \times 100\% = \frac{Q_1}{Q\alpha} \times 10^4\% \tag{3-20}$$

式中　$E$——筛分效率,%;

$Q$——入筛固体废物重量,kg;

$Q_1$——筛下产品重量,kg;

$\alpha$——入筛固体废物中小于筛孔的细粒含量,%。

但是,在实际筛分过程中要测定 $Q_1$ 和 $Q$ 是比较困难的,因此,必须变换成便于应用的计算式。按图 3-30 测定出筛下产品中小于筛孔尺寸的细粒,可以列出以下两个方程式:

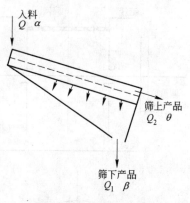

(1) 固体废物入筛重量($Q$,kg)等于筛上产品重量($Q_2$,kg)和筛下产品重量($Q_1$,kg)之和,即:

$$Q = Q_1 + Q_2 \qquad (3-21)$$

(2) 固体废物中小于筛孔尺寸的细粒重量等于筛上产品与筛下产品中所含有小于筛孔尺寸的细粒重量之和,即:

图 3-30 筛分效率的测定

$$Q\alpha = 100Q_1 + Q_2\theta \qquad (3-22)$$

式中,$\theta$ 为筛上产品中有含有小于筛孔尺寸的细粒重量百分数,%。

将式(3-21)代入式(3-20)得:

$$Q_1 = \frac{(\alpha - \theta)Q}{100 - \theta} \qquad (3-23)$$

将 $Q_1$ 值代入式(3-20)得:

$$E = \frac{\alpha - \theta}{\alpha(100 - \theta)} \times 10^4 \% \qquad (3-24)$$

必须指出,筛分效率的计算公式(3-24)是在筛下产品 100% 都是小于筛孔尺寸($\beta = 100\%$)的前提下推导出来的。实际生产中由于筛网磨损而常有部分大于筛孔尺寸的粗粒进入筛下产品。如果考虑到这种情况,式(3-22)的筛下产品项不是 $100Q_1$,而是 $Q_1\beta$,按此推导出另一种筛分效率计算公式,即:

$$E = \frac{\beta(\alpha - \theta)}{\alpha(\beta - \theta)} \times 100\% \qquad (3-25)$$

当筛网磨损严重时,采用上式来计算筛分效率。

**(四) 影响筛分效率的因素**

影响筛分效率的因素有以下几个方面:

(1) 物料的性质。物料的性质主要是物料的粒度特性和物料的含水率和含泥率。前面说过,小于 3/4 筛孔尺寸的颗粒是易筛粒;大于 3/4 筛孔尺寸的颗粒是难筛粒。而粒度为 1~1.5 倍筛孔尺寸的颗粒最易阻碍筛孔。因此物料中易筛粒越多,筛子的筛分效率越高,相反越低。另外颗粒的含水率对筛分效率影响很大,颗粒的含水分表面水和内在水,内在水对筛分效率影响不大。而表面水含量越高,越易使细粒成团,同时还会粘附在大颗粒的表面和筛子上,使得颗粒的相对粒度变大和堵筛子。

(2) 筛子的种类和工作参数。包括筛子的形状和筛孔尺寸、筛子的运动状态和筛子的大小、筛面的倾角等。

(3) 一些操作条件。包括给料量、给料速度等。

**(五) 筛分设备类型及应用**

在固体废物处理中最常用的筛分设备有以下几种类型:

(1) 固定筛。固定筛是由平行排列的钢条或钢棒组成,钢条和钢棒称为格条,格条借横杆连

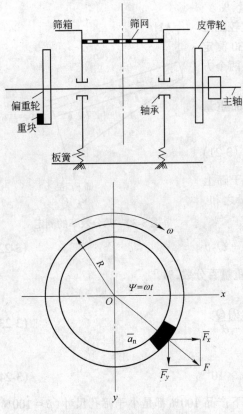

图 3-31　惯性共振筛的工作原理

在一起。固定筛有两种,即格筛和条筛。

(2)振动筛。根据筛框的运动轨迹不同,可以分为圆运动振动筛和直线运动振动筛;其中圆运动振动筛又包括单轴惯性振动筛、自定中心振动筛和重型振动筛;直线运动振动筛包括双轴惯性振动筛和共振筛。振动筛的最大优点是动力消耗小,构造简单,操作维护方便,同时由于筛体以低幅、高振动次数作剧烈运动,可以消除堵塞现象,提高了处理能力和筛分效率。惯性共振筛的工作原理如图 3-31 所示。

惯性振动筛是由于振动器的偏心质量回转运动产生的离心力引起整个筛子的振动;筛上的物料受到筛面向上的作用力而被抛起,由于惯性的作用,前进一段距离后落回筛面。

如当主轴的转速为 $n$ r/min 时,假设偏心重块的向心加速度为 $a_n(\mathrm{m/s^2})$,则 $a_n = R\omega^2$,因此 $F = ma_n = q/g \cdot R\omega^2$。

(3)共振筛。共振筛是利用连杆上装有弹簧的曲柄连杆机构驱动,使筛子在共振状态下进行筛分的。其构造及工作原理如图 3-32 所示。当电动机带动装在下机体上的偏心轴转动时,轴上的偏心使连杆作往复运动。连杆通过其端的弹簧将作用力传给筛箱,与此同时下机体也受到相反的作用力,使筛箱和下机体沿着倾斜方向振动,但它们的运动方向相反,所以达到动力平衡。筛箱、弹簧及下机体组成一个弹性系统,该弹性系统固有的自振频率与传动装置的强迫振动频率接近或相同时,使筛子在共振状态下筛分,故称为共振筛。

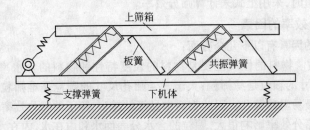

图 3-32　共振筛构造及工作原理图

当共振筛的筛箱压缩弹簧而运动时,其运动速度和动能都逐渐减小,被压缩的弹簧所储存的位能却逐渐增加。当筛箱的运动速度和动能等于零时,弹簧被压缩到极限,它所储存的位能达到最大值,接着筛箱向相反方向运动,弹簧释放出所储存的位能,转化为筛箱的动能,因而筛箱的运动速度增加。当筛箱的运动速度和动能达到最大值时,弹簧伸长到极限,所储存的位能也就最小。可见,共振筛的工作过程是筛箱的动能和弹簧的位能相互转化的过程。所以,在每次振动中,只需要补充为克服阻尼的能量,就能维持筛子的连续振动。这种筛子虽大,但功率消耗却很小。

共振筛具有处理能力大、筛分效率高、耗电少以及结构紧凑等优点,是一种有发展前途的筛子,但其制造工艺复杂,机体重大,橡胶弹簧易老化。

共振筛的应用很广,适用于废物的中细粒的筛分,还可用于废物分选作业的脱水、脱重介质和脱泥筛分等。

(4) 弧形筛。弧形筛是一种湿式细粒筛分选设备,结构简单,整个筛子没有运动部件,筛面由等距离、相互平行的固定筛条组成,筛面成圆弧状,物料运动方向与筛条垂直。它的优点是占地少。弧形筛原理如图 3-33 所示。

(5) 细筛。细筛是一种具有击振装置的细粒筛分设备,它的结构和工作原理如图 3-34 和图 3-35 所示。

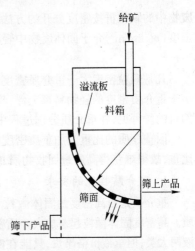

图 3-33　弧形筛原理图

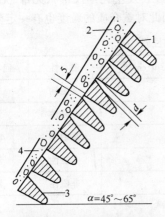

图 3-34　细筛工作原理图
1—筛条;2—给料料浆;3—筛下产品;4—筛上产品;
5—筛孔;$d$—筛下粒度

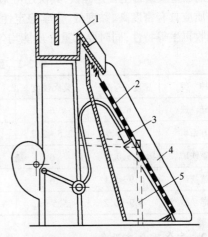

图 3-35　细筛结构示意图
1—给料器;2—筛面;3—敲打装置;
4—筛框;5—筛体

## 二、重力分选

重力分选简称重选,是根据固体废物中不同物质颗粒间的密度差异,在运动介质中受到重力、介质动力和机械力的作用,使颗粒群产生松散分层和迁移分离,从而得到不同密度产品的分选过程。

重力分选的介质有空气、水、重液及重悬浮液等,按介质不同,固体废物的重选可分为重介质分选、跳汰分选、风力分选和摇床分选等。

各种重选过程具有的共同工艺条件是:(1)被分离的固体废物中颗粒间必须存在密度的差异;(2)分选过程都是在运动介质中进行的;(3)在重力、介质动力及机械力的综合作用下,使颗粒群松散并按密度分层;(4)分好层的物料在运动介质流的推动下互相迁移,彼此分离,并获得不同密度的最终产品。

### (一) 重介质分选

通常将密度大于水的介质称为重介质,包括重液和重悬浮液两种流体。在重介质中使固体废物中的颗粒群按密度分开的方法称为重介质分选。为使分选过程有效地进行,需选择重介质密度($\rho_c$,kg/m³)介于固体废物中轻物料密度($\rho_1$,kg/m³)和重物料密度($\rho_w$,kg/m³)之间,即:

$$\rho_1 < \rho_c < \rho_w$$

凡是颗粒密度大于重介质密度的重物料都下沉,集中于分选设备底部成为重产物;颗粒密度小于重介质密度的轻物料都上浮,集中于分选设备的上部成为轻产物,分别排出,从而达到分选的目的。可见,在重介质分选过程中,重介质的性质是影响分选效果的重要因素。

因重介质的比重受加重质密度的影响,很难配成很高的比重,通常只能稍高于轻比重物料的比重,故很难获得高质量回收物质,但对于处理城市垃圾这样的固体废物来说已经够用了。

**1. 重介质性能的要求**

重介质是由高密度的固体微粒和水构成的固液两相分散体系,它是密度高于水的非均匀介质。高密度固体微粒起着加大介质密度的作用,称为加重质。重介质的形式可以是重液和重悬浮液两大类,但重液价格昂贵,只能在实验室中使用。在固体废物分选中只能使用重悬浮液。重悬浮液的加重质通常主要是硅铁,其次还可采用方铅矿、磁铁矿和黄铁矿,它们的性质如表 3-2 所示。重介质应具有密度高、黏度低、化学稳定性好(不与处理的废物发生化学反应)、无毒、无腐蚀性、易回收再生等特性;同时要求重介质能均匀分散于水中,因此对重介质的粒度也有一定要求。

**表 3-2　重悬浮液加重质的性质**

| 种　类 | 密度/g·cm⁻³ | 莫氏硬度 | 配成重悬液的 $\rho_{max}$/g·cm⁻³ | 磁　性 | 回收方法 |
|---|---|---|---|---|---|
| 硅　铁 | 6.9 | 6 | 3.8 | 强磁性 | 磁选 |
| 方铅矿 | 7.5 | 2.5~2.7 | 3.3 | 非磁性 | 浮选 |
| 磁铁矿 | 5.0 | 6 | 2.5 | 强磁性 | 磁选 |
| 黄铁矿 | 4.9~5.1 | 6 | 2.5 | 非磁性 | 浮选 |
| 毒　砂 | 5.9~6.2 | 5.5~6 | 2.8 | 非磁性 | 浮选 |

**2. 重介质分选设备**

目前常用的是鼓形重介质分选机,其构造和原理如图 3-36 所示。由图 3-36 可见,该设备外形是一圆筒形转鼓,由四个辊轮支撑,通过圆筒腰间的大齿轮由传动装置带动旋转(转速为 2 r/min)。在圆筒的内壁沿纵向设有扬板,用以提升重产物到溜槽内。圆筒水平安装。固体废物和重介质一起由圆筒一端给入,在向另一端流动过程中,密度大于重介质的颗粒沉于槽底,由扬板提升落入溜槽内,排出槽外成为重产物;密度小于重介质的颗粒随重介质流从圆筒溢流口排出成为轻产物。

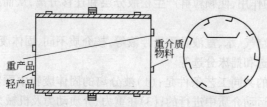

图 3-36　鼓形重介质分选机构造和原理

鼓形重介质分选机适用于分离粒度较粗(40~60 mm)的固体废物。具有结构简单、紧凑、便于操作、分选机内密度分布均匀、动力消耗低等优点。缺点是轻重产物量调节不方便。

### 3. 重介质分选工艺流程

重介质分选工艺一般包括重介质制备、分选、介质回收与再生等。

### (二) 跳汰分选

跳汰分选是在垂直变速介质流中按密度分选固体废物的一种方法。它使磨细的混合废物中的不同密度的粒子群,在垂直脉动的介质中按密度分层,小密度的颗粒群在上层,大密度的颗粒群在下层,从而实现物料的分离。分选介质是水,称为水力跳汰。水力跳汰分选设备称为跳汰机。颗粒在跳汰分选时分层的过程如图 3-37 所示。

跳汰分选时,将固体废物给入跳汰机的筛板上,形成密集的物料层,从下面透过筛板周期性地给入上下交变的水流,使床层松散并按密度分层,分层后,密度大的颗粒群集到底层;密度小的颗粒群进入上层。上层的轻物料被水平水流带到机外成为轻产物;下层的重物料透过筛板或通过特殊的排料装置排出成为重产物。随着固体废物的不断给入和轻、重产物的不断排出,形成连续不断的分选过程。

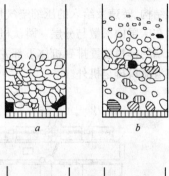

图 3-37　颗粒在跳汰分选时分层的过程

a—分层前颗粒混杂堆积;b—上升水流将
床层抬起;c—颗粒在水流中沉降分层;
d—下降水流,床层紧密,重颗粒进入
底层颗粒在跳汰时的分层过程

### 1. 跳汰分选原理

图 3-38 为跳汰分选装置的工作原理图,机体的主要部分是固定水箱,它被隔板分为两室,左为跳汰室,右为活塞室;活塞室中的活塞由偏心轮带动做上下往复运动。带动活塞附近的水上下交变运动。在运行过程中,当活塞向下运动时,跳汰室中的物料受上升水流作用,由下向上运动,在介质中成为松散的悬浮态。随着上升水流的减弱,粗颗粒开始下降,而轻颗粒可能继续上升,此时物料达到最松散状态。当上升水流开始下降时,固体颗粒按粒度和密度开始下降,下降水流结束后,一个跳汰循环结束。

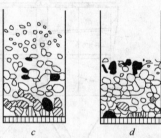

筛上重产物
筛下重产物
入料

图 3-38　跳汰分选装置的工作原理

### 2. 跳汰分选设备

跳汰机主要采用无活塞跳汰机。按跳汰室和压缩空气室的配置方式不同,可将无活塞式跳汰机分为两种类型:压缩空气室配置在跳汰机旁侧的筛侧空气室跳汰机和压缩空气室直接设在跳汰室的筛板下方的筛下空气室跳汰机。

(1) 筛侧空气室跳汰机。筛侧空气室跳汰机是目前使用较多的跳汰机,目前我国生产的筛侧空气室跳汰机主要有 LTG 型、LTW 型、BM 型和 CTW 型。国外有许多国家生产,型号也繁多。下面仅就我国的 LTG 型作一介绍。

LTG-15 型筛侧空气室跳汰机的结构、外形尺寸如图 3-39 所示。主要由机体、风阀、筛板、排料装置、排重产物道、排中产物道等部分组成。纵向隔板将机体分为空气室和跳汰室。风阀将压缩空气交替地给入和排出空气室，使跳汰室中形成垂直方向的脉动水流。脉动水流特性决定于风阀结构、转速及给入的压缩空气量。从空气室下部给入的顶水用以改变脉动水流特性及固体废物在床层中松散与分层。跳汰机的另一部分用水和入料一起加入。分层后的重产物分别经过各末端的排料装置排到机体下部并与透筛的小颗粒重产物相会合，一并由斗子提升机排出，轻产物自溢流口排至机外。

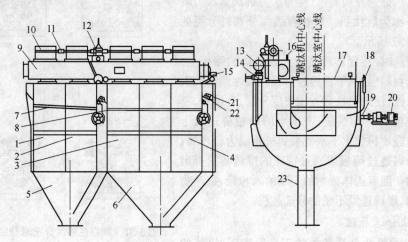

图 3-39　LTG-15 型筛侧空气室跳汰机

1—机体第一段；2—机体第二段；3—机体第三段；4—机体第四段；5—矸石段漏斗；6—中煤段漏斗；

7—矸石段筛板；8—中煤段筛板；9—空气箱；10—风阀；11—链式联轴节；12—风阀传动装置；

13—总水管；14—暗插楔式闸门；15—电动蝶阀；16—压力表；17—排料闸门；18—测压管；

19—排料装置；20—排料轮传动装置；21—压铁；22—人孔盖；23—检查孔

（2）筛下空气室跳汰机。筛下空气室跳汰机与筛侧空气室跳汰机相比具有水流沿筛面横向分布均匀、质量轻、占地面积小、分选效果好且易于实现大型化的优点。目前筛下空气室跳汰机已在许多国家制造和使用。我国生产的筛下空气室跳汰机主要有 LTX 型、SKT 型、X 型。国外生产的筛下空气室跳汰机影响最为深远的是日本的高桑跳汰机，它是各种形式筛下空气室跳汰机的前身，而目前应用较广泛的是德国的巴达克跳汰机。筛下空气室跳汰机除了把空气室移到筛板下面以外，其他部分与筛侧空气室跳汰机基本相同。它们的工作过程也大致相同，但风阀的进气压力较筛侧空气室跳汰机要大，约为 35 kPa。我国生产 LTX 系列跳汰机共有 7 种规格，目前生产使用的主要有 LTX-8 型、LTX-14 型和 LTX-35 型。LTX 系列筛下空气室跳汰机的结构如图 3-40 所示。该机采用旋转风阀，每个格室由单独的风阀供气。同时采用低溢流堰、自动排料方式，由大型浮标带动棘爪轮转速，实现自动排料过程。该系列产品应用较广的是 LTX-14型。

巴达克型跳汰机因合适的风阀结构、筛下空气室的布置方式及床层控制机构和较高的操作自动化水平，具有较高的分选工艺指标。

3. 跳汰机的入料与操作工艺

跳汰机的入料与操作工艺，对跳汰机的处理量及分选效果有很大的影响。

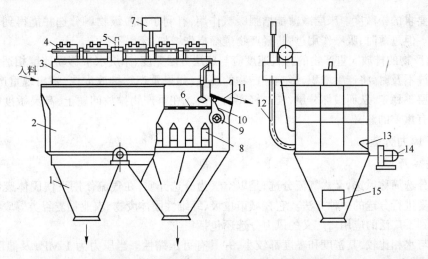

图 3-40　LTX-14 型筛下空气室跳汰机

1—下机体;2—上机体;3—风水包;4—风阀;5—风阀传动装置;6—筛板;7—水位灯光指示器;
8—空气室;9—排料装置;10—中产物段护板;11—溢流堰盖板;12—水管;13—水位接点;
14—排料装置电动机;15—检查孔

(1) 入料要求。跳汰机入料性质的波动及给料量的变化对跳汰机的工艺效果有直接的影响。因此,要求入料性质(密度及粒度组成)的波动应尽量小、给料速度应均匀,以保持床层稳定,并在一定的风水制度下保持床层处于最佳的分选状态。同时,给料沿跳汰机入料宽度上分布要均匀,伴随固体废物给入的冲水,一定要使固体废物预先润湿。

(2) 跳汰机的操作工艺。主要有以下几个方面:

1) 跳汰频率和跳汰振幅。跳汰频率和振幅的选取与给料粒度和床层厚度有关,粒度大、床层厚,则要求有较大的水流振幅,相应的频率应小些,以使上升水流有足够的作用力抬起床层,使轻重物料置换位置有足够的空间和时间。频率只能通过改变风阀的转数来调节,振幅可通过改变风压、风量和风阀的进、排气孔面积等加以调节。

2) 风水联合作用。风水联合作用直接影响床层的松散状况。风压和风量起到加强上升水流和下降水流的作用。通常筛侧空气室跳汰机使用的风压为 0.018~0.025 MPa、风量为 5~6 $m^3/(m^2 \cdot min)$,筛下空气室跳汰机的风压为 0.025~0.035 MPa、风量为 5~6 $m^3/(m^2 \cdot min)$。跳汰室第一段风量要比第二段大,各段各分室的风量自入料到溢流堰依次减小,但有时为加强第二段中间分室的吸啜作用,强化细粒中有用颗粒的透筛过程,其风量可适当加大。跳汰机用水包括顶水和冲水,冲水的用量占总水量的 20%~30%。一般第一顶水量大,给料处的隔室水量应更大些。

3) 风阀周期特性。脉动水流特性主要决定于风阀周期特性。对可调节的风阀,应根据固体废物的性质合理地调节其周期特性,使脉动水流有利于按密度分层的过渡阶段得到充分利用。周期特性的选择应保证床层在上升后期维持充分松散的条件下,尽量缩短进气期,延长膨胀期,使之有足够排气期。同时由于跳汰机第一段的床层厚且重,因此第一段的进气期通常比第二段长些,而第一段的膨胀期要比第二段短一些。

4) 床层状态。床层状态决定固体废物按密度分层的效果。床层状态主要是指床层松散及厚薄。提高床层松散度可以提高分层速度,但同时增加了固体废物的粒度和形状对分层的影响,不利于按密度分层。床层愈厚,松散和分层所需时间愈长,过厚时,在风压和风量不足的情况下,不能达到要求的松散度。床层减薄能增强吸啜作用,有利于细粒级物料分选并能得到比较纯净的轻产物。但过薄时,吸啜作用过强,轻产物透筛损失增加、床层不稳定。

5) 重产物的排放。重产物的排放速度应与床层分层速度、床层水平移动速度相适应。如果重产物排放不及时,将产生堆积,影响轻产物的质量;如果重产物排放太快,将出现重产物过薄,使整个床层不稳定,从而破坏分层,增加轻产物损失。在重产物排放问题上,高灵敏度的自动排料装置具有重要的意义。

### (三) 风力分选

#### 1. 基本原理

风力分选简称风选,又称气流分选,是以空气为分选介质,在气流作用下使固体废物颗粒按密度和粒度进行分选的一种方法。它在城市垃圾、纤维性固体废物、农业稻麦谷类等废物处理和利用中得到了广泛的应用。广义的风力分选还包括集尘。

空气与水相比较,其密度和黏度都较小,并具有可压缩性。当压力为 1 MPa 及温度为 20℃时,空气密度为 0.00118 g/cm³,黏度为 0.000018 Pa·s。因为在风选过程中应用的风压不超过 1 MPa,所以,实际上可以忽略空气的压缩性,而将其视为具有液体性质的介质。颗粒在水中的沉降规律也同样适用于在空气中的沉降。但由于空气密度较小,与颗粒密度相比之下忽略不计,故颗粒在空气中的沉降末速($v_0$)为:

$$v_0 = \sqrt{\frac{\pi d \rho_s g}{6 \psi \rho}}$$
(3-26)

式中　　$d$——颗粒的直径,m;

$\rho_s$——颗粒的密度,kg/m³;

$\rho$——空气的密度,kg/m³;

$\psi$——阻力系数;

$g$——重力加速度,m/s²。

由式(3-26)可知,当颗粒粒度一定时,密度大的颗粒沉降末速大;当颗粒密度相同时,直径大的颗粒沉降末速大。由于颗粒的沉降末速同时与颗粒的密度、粒度及形状有关,因而在同一介质中,密度、粒度和形状不同的颗粒在特定的条件下,可以具有相同的沉降速度。这样的相应颗粒称为等降颗粒。其中,密度小的颗粒粒度($d_{r1}$,mm)与密度大的颗粒粒度($d_{r2}$,mm)之比,称为等降比,以 $e_0$ 表示,即:

$$e_0 = \frac{d_{r1}}{d_{r2}} > 1$$
(3-27)

等降比的大小可由沉降末速的个别公式或通式写出,如两颗粒等降,则 $v_{01} = v_{02}$,那么:

$$\sqrt{\frac{\pi d_1 \rho_{s1} g}{6 \psi_1 \rho}} = \sqrt{\frac{\pi d_2 \rho_{s2} g}{6 \psi_2 \rho}}$$

$$\frac{d_1 \rho_{s1}}{\psi_1} = \frac{d_2 \rho_{s2}}{\psi_2}$$

所以　　　　　　$e_0 = \frac{d_1}{d_2} = \frac{\psi_1 \rho_{s2}}{\psi_2 \rho_{s1}}$
(3-28)

式(3-28)为自由沉降等降比($e_0$)的通式。从公式可见,等降比($e_0$)将随两种颗粒的密度差($\rho_{s2} - \rho_{s1}$)的增大而增大;而且 $e_0$ 还是阻力系数($\psi$)的函数。理论与实践都表明,$e_0$ 将随颗粒粒度变细而减小。颗粒在空气中的等降比远远小于在水中的等降比,大约为其 $1/2 \sim 1/5$。所以,为了提高分选效率,在风选之前需要将废物进行窄分级,或经破碎使粒度均匀后,使其按密度差异进行分选。

颗粒在空气中沉降时，所受到的阻力远小于在水中沉降时所受到的阻力。所以颗粒在静止空气中沉降到达末速所需的时间和沉降距离都较长。颗粒在上升气流中达到沉降末速时，颗粒的沉降速度（$v_0'$，m/s）等于颗粒对介质的相对速度（$v_0$，m/s）和上升气流速度（$u_a$，m/s）之差，即：

$$v_0' = v_0 - u_a \tag{3-29}$$

所以，上升气流可以缩短颗粒达到沉降末速的时间和距离。因此，在风选过程中常采用上升气流。

颗粒在实际的风选过程中的运动是干涉沉降。在干涉条件下，上升气流速度远小于颗粒的自由沉降末速时，颗粒群就呈悬浮状态。颗粒群的干涉末速（$v_{hs}$，m/s）为

$$v_{hs} = v_0(1 - \lambda)^n \tag{3-30}$$

式中，$\lambda$ 为物料的容积浓度，kg/m$^3$；$n$ 值大小与物料的粒度及状态有关，多介于 2.33~4.65 之间。

在颗粒达到末速保持悬浮状态时，上升气流速度（$u_a$，m/s）和颗粒的干涉末速（$v_{hs}$，m/s）相等。使颗粒群开始松散和悬浮的最小上升气流速度（$u_{min}$，m/s）为：

$$u_{min} = 0.125 v_0 \tag{3-31}$$

在干涉沉降条件下，使颗粒群按密度分选时，上升气流速度的大小，应根据固体废物中各种物质的性质，通过实验确定。

在风选中还常应用水平气流。在水平气流分选器中，物料是在空气动压力及本身重力作用下按粒度或密度进行分选的。由图 3-41 可以看出，如在缝隙处有一直径 $d$ 的球形颗粒，并且通过缝隙的水平气流为 $u$ 时，那么，颗粒将受到以下两个力的作用：

(1) 空气的动压力（$R$）：

$$R = \psi d^2 u^2 \rho \tag{3-32}$$

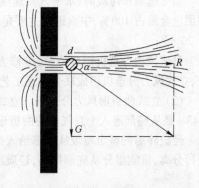

图 3-41　水平气流中颗粒的受力

式中　$\psi$——阻力系数；

　　　$\rho$——空气的密度，kg/m$^3$；

　　　$u$——水平气流的速度，m/s。

(2) 颗粒本身的重力（$G$）：

$$G = mg = \frac{\pi d^3 \rho_s}{6} \times g \tag{3-33}$$

式中　$m$——颗粒的质量，kg；

　　　$\rho_s$——颗粒的密度，kg/m$^3$。

颗粒的运动方向将和两力的合力方向一致，并且由合力与水平夹角（$\alpha$）的正切值来确定：

$$tg\alpha = \frac{G}{R} = \frac{\pi d^3 \rho_s g}{6 \psi d^2 u^2 \rho} = \frac{\pi d \rho_s g}{6 \psi u^2 \rho} \tag{3-34}$$

由式（3-34）可知，当水平气流速度一定、颗粒粒度相同时，密度大的颗粒沿与水平夹角较大的方向运动；密度较小的颗粒则沿夹角较小的方向运动，从而达到按密度差异分选的目的。

风选在国外主要用于城市垃圾的分选，将城市垃圾中的有机物与无机物分离，以便分别回收利用或处置。

**2. 风选设备及应用**

按气流吹入分选设备内的方向不同,风选设备可分为两种类型:水平气流风选机(又称为卧式风力分选机)和上升气流风选机(又称为立式风力分选机)。

(1)卧式风力分选机。图3-42为卧式风力分选机的构造和工作原理示意图。该机从侧面送风,固体废物经破碎机破碎和圆筒筛筛分使其粒度均匀后,定量给入机内,当废物在机内下落时,被鼓风机鼓入的水平气流吹散,固体废物中各种组分沿着不同运动轨迹分别落入重质组分、中重组分和轻质组分收集槽中。

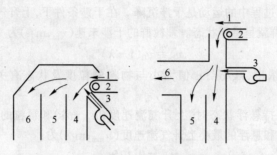

图 3-42　卧式风力分选机的构造和工作原理
1—给料;2—给料器;3—空气;4—重颗粒;5—中等颗粒;6—轻颗粒

当分选城市垃圾时,水平气流速度为 5 m/s,在回收的轻质组分中废纸约占 90 %,重质组分中黑色金属占 100 %,中重组分主要是木块、硬塑料等。实践表明,卧式风力分选机的最佳风速为 20 m/s。

卧式风力分选机构造简单,维修方便,但分选精度不高。一般很少单独使用,常与破碎、筛分、立式风力分选机组成联合处理工艺。

(2)立式曲折形风力分选机。立式曲折形风力分选机的构造和工作原理如图3-43所示。图3-43a 是从底部通入上升气流的曲折形风力分选机;图 3-43b 是从顶部抽吸的曲折形风力分选机。经破碎后的城市垃圾从中部给入风力分选机,物料在上升气流作用下,垃圾中各组分按密度进行分离,重质组分从底部排出,轻质组分从顶部排出,经旋风分离器进行气固分离。

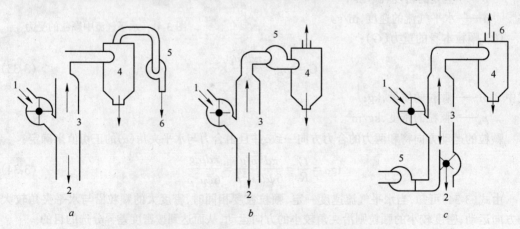

图 3-43　立式曲折形风力分选机的构造和工作原理
1—给料;2—排出物;3—提取物;4—旋流器;5—风机;6—空气

与卧式风力分选机比较,立式曲折形风力分选机分选精度较高。由于沿曲折管路管壁下落的废物可受到来自下方的高速上升气流的顶吹,可以避免直管路中管壁附近与管中心流速不同而降低分选精度的缺点,同时可以使结块垃圾因受到曲折处高速气流而被吹散,因此,能够提高分选精度。曲折风路形状呈 Z 字形,其倾斜度为 60°,每段长度为 280 mm。

### (四) 摇床分选

摇床分选是在一个倾斜的床面上,借助床面的不对称往复运动和薄层斜面水流的综合作用,使细粒固体废物按密度差异在床面上呈扇形分布而进行分选的一种方法。

摇床分选是细粒固体物料分选应用最为广泛的方法之一。该分选法按比重不同分选颗粒,但粒度和形状亦影响分选的精确性。为了提高分选指标和精确性,选别之前需将物料分级,各个粒级单独选别。分级设备常采用水力分级机。

在摇床分选设备中最常用的是平面摇床。平面摇床主要由床面、床头和传动机构组成,如图 3-44 所示。摇床床面近似呈梯形,横向有 1.5°～5° 的倾斜。在倾斜床面的上方设置有给料槽和给水槽。床面上铺有耐磨层(如橡胶等)。沿纵向布置有床条,床条高度从传动端向对侧逐渐降低,并沿一条斜线逐渐趋向于零。整个床面由机架支撑。床面横向坡度借机架上的调坡装置调节。床面由传动装置带动进行往复不对称运动。

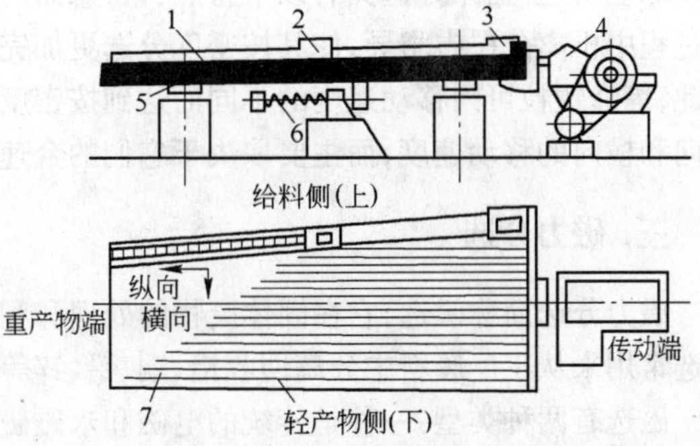

图 3-44　摇床结构
1—床面;2—给水槽;3—给料槽;4—床头;
5—滑动支承;6—弹簧;7—床条

摇床分选过程是由给水槽给入冲洗水,布满横向倾斜的床面,并形成均匀的斜面薄层水流。当固体废物颗粒给入往复摇动的床面时,颗粒群在重力、水流冲力、床层摇动产生的惯性力以及摩擦力等综合作用下,按密度差异产生松散分层。不同密度(或粒度)的颗粒以不同的速度沿床面纵向和横向运动,因此,它们的合速度偏离摇动方向的角度也不同,致使不同密度颗粒在床层上呈扇形分布,从而达到分选的目的,如图 3-45 所示。

在摇床分选过程中,物料的松散分层及在床面上的分带,直接受床面的纵向摇动及横向水流冲洗作用支配。床面摇动及横向水流流经床条所形成的涡流,造成水流的脉动,使物料松散并按沉降速度分层。由于床面的摇动,导致细而重的颗粒钻过颗粒的间隙,沉于最底层,这种作用称为析离。析离分层是摇床分选的重要特点。它使颗粒按密度分层更趋完善。分层的结果是粗而轻的颗粒在最上层,其次是细而轻的颗粒,再次之是粗而重的颗粒,最底层是细而重的颗粒。

床面上扇形分带是不同性质颗粒横向运动和纵向运动的综合结果,大密度颗粒具有较大的纵向移动速度和较小的横向移动速度,其合速度方向偏离摇动方向的倾角小,趋向于重产物端;小密度颗粒具有较大的横向移动速度和较小的纵向移动速度,其合速度方向偏离摇动方向的倾角大,趋向于轻产物端。大密度粗粒和小密度细粒则介于上述两者之间。不同性质颗粒在床面上的运动及分离情况如图 3-46 所示。

床面上的床条不仅能形成沟槽,增强水流的脉动,增加床层松散,有利于颗粒分层和析离,而且所引起的涡流能清洗出混杂在大密度颗粒层内的小密度颗粒,改善分选效果。床条高度由传动端向重产物端逐渐降低,使分好层的颗粒,依次受到冲洗。处于上层的是粗而轻的颗粒,重颗粒则沿沟槽被继续向重产物端迁移。这些特性对摇床分选起很大作用。

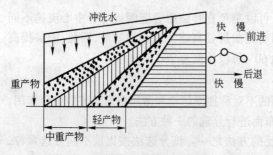

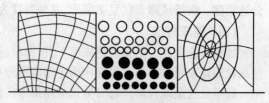

图 3-45　摇床上颗粒分带情况　　　　图 3-46　不同性质颗粒在床面上分离

综上所述,摇床分选具有以下特点:(1)床面的强烈摇动使松散分层和迁移分离得到加强,分选过程中析离分层占主导,使其按密度分选更加完善;(2)摇床分选是斜面薄层水流分选的一种,因此,等降颗粒可因移动速度的不同而达到按密度分选;(3)不同性质颗粒的分离,不单纯取决于纵向和横向的移动速度,而主要取决于它们的合速度偏离摇动方向的角度。

### 三、磁力分选

磁力分选简称磁选;它在固体废物的处理和利用中通常用来分选或去除铁磁性物质;磁流体分选常用来从工厂废料中分离回收铝、铜、铅、锌等有色金属。

磁选有两种类型:一种是传统的电磁和永磁磁系磁选法;另一种是磁流体分选法,是近 20 年发展起来的一种新的分选方法。

#### (一) 磁选

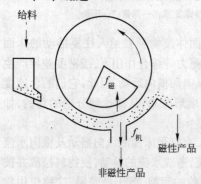

图 3-47　颗粒在磁选机中分离

磁选是利用固体废物中各种物质的磁性差异在不均匀磁场中进行分选的一种处理方法。磁选过程(如图 3-47)是将固体废物输入磁选机后,磁性颗粒在不均匀磁场作用下被磁化,从而受磁场吸引力的作用,使磁性颗粒吸在圆筒上,并随圆筒进入排料端排出;非磁性颗粒由于所受的磁场作用力很小,仍留在废物中而被排出。

固体废物颗粒通过磁选机的磁场时,同时受到磁力和机械力(包括重力、离心力、介质阻力、摩擦力等)的作用。磁性强的颗粒所受的磁力大于其所受的机械力,而非磁性颗粒所受的磁力很小,则以机械力占优势。作用在各种颗粒上的磁力和机械力的合力不同,使它们的运动轨迹也不同,从而实现分离。

磁性颗粒分离的必要条件是磁性颗粒所受的磁力必须大于与它方向相反的机械力的合力,即:

$$f_磁 > \sum f_机 \tag{3-35}$$

式中　$f_磁$——磁性颗粒所受的磁力,N;

$\sum f_机$——与磁力方向相反的机械力的合力,N。

该式不仅说明了不同磁性颗粒的分离条件,同时也说明了磁选的实质,即磁选是利用磁力与机械力对不同磁性颗粒的不同作用而实现的。

1. 固体废物中各种物质磁性分类

根据固体废物比磁化系数的大小,可将其中各种物质大致分为以下三类:

强磁性物质,其比磁化系数 $x_0 > 38 \times 10^{-6}$ m³/kg,在弱磁场磁选机中可分离出这类物质;弱磁性物质,其比磁化系数 $x_0 = (0.19 \sim 7.5) \times 10^{-6}$ m³/kg,可在强磁场磁选机中回收;非磁性物质,其比磁化系数 $x_0 < 0.19 \times 10^{-6}$ m³/kg,在磁选机中可以与磁性物质分离。

2. 磁选设备及应用

磁选设备主要有:

(1) 磁力滚筒。磁力滚筒又称磁滑轮,有永磁和电磁两种。应用较多的是永磁滚筒。这种设备的主要组成部分是一个回转的多极磁系,以及套在磁系外面的用不锈钢或铜、铝等非导磁材料制的圆筒。一般磁系包角为 360°。磁系与圆筒固定在同一个轴上,安装在皮带运输机头部(代替传动滚筒)。图 3-48 所示为 CT 型永磁磁力滚筒。

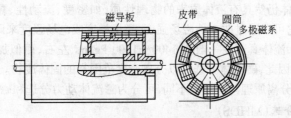

图 3-48 CT 型永磁磁力滚筒

将固体废物均匀地给在皮带运输机上,当废物经过磁力滚筒时,非磁性或磁性很弱的物质在离心力和重力作用下脱离皮带面,而磁性较强的物质受磁力作用被吸在皮带上,并由皮带带到磁力滚筒的下部,当皮带离开磁力滚筒伸直时,由于磁场强度减弱而落入磁性物质收集槽中。

这种设备主要用于工业固体废物或城市垃圾的破碎设备或焚烧炉前,除去废物中的铁器,防止损坏破碎设备或焚烧炉。

(2) 湿式 CTN 型永磁圆筒式磁选机。CTN 型永磁圆筒式磁选机(如图 3-49 所示)的构造型式为逆流型。它的给料方向和圆筒旋转方向或磁性物质的移动方向相反。物料液由给料箱直接进入圆筒的磁系下方,非磁性物质由磁系左边下方的底板上排料口排出。磁性物质随圆筒逆着给料方向移到磁性物质排料端,排入磁性物质收集槽中。

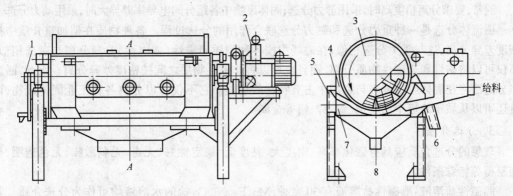

图 3-49 CTN 型永磁圆筒式磁选机

1—磁偏角调整;2—传动部分;3—圆筒;4—槽体;5—机架;6—磁性物质;7—溢流堰;8—非磁性物质

这种设备适用于粒度不大于 0.6 mm 强磁性颗粒的回收及从钢铁冶炼排出的含铁尘泥和氧化铁皮中回收铁,以及回收重介质分选产品中的加重质。

(3) 悬吊磁铁器。悬吊磁铁器主要用来去除城市垃圾中的铁器保护破碎设备及其他设备免受损坏。悬吊磁铁器有一般式除铁器和带式除铁器两种。当铁物数量少时采用一般式,当铁物数量多时采用带式。一般式除铁器是通过切断电磁铁的电流排除铁物,而带式除铁器则是通过胶带装置排除铁物。

### (二) 磁流体分选(MHS)

所谓磁流体是指某种能够在磁场或磁场和电场联合作用下磁化,呈现似加重现象,对颗粒产生磁浮力作用的稳定分散液。磁流体通常采用强电解质溶液、顺磁性溶液和铁磁性胶体悬浮液。

磁流体分选是利用磁流体作为分选介质,在磁场或磁场和电场的联合作用下产生"加重"作用,按固体废物各组分的磁性和密度的差异或磁性、导电性和密度的差异,使不同组分分离。当固体废物中各组分间的磁性差异小而密度或导电性差异较大时,采用磁流体可以有效地进行分离。

似加重后的磁流体仍然具有液体原来的物理性质,如密度、流动性、黏滞性等。似加重后的密度称为视在密度,它可以通过改变外磁场强度、磁场梯度或电场强度来调节。视在密度高于流体密度(真密度)数倍,流体真密度一般为 $1400 \sim 1600$ kg/m³ 左右,而似加重后的流体视在密度可高达 19000 kg/m³,因此,磁流体分选可以分离密度范围宽的固体废物。

磁流体分选根据分离原理与介质的不同,可分为磁流体动力分选和磁流体静力分选两种。

#### 1. 磁流体动力分选(MHDS)

磁流体动力分选是在磁场(均匀磁场或非均匀磁场)与电场的联合作用下,以强电解质溶液为分选介质,按固体废物中各组分间密度、比磁化率和电导率的差异使不同组分分离。磁流体动力分选的研究历史较长,技术也较成熟,其优点是分选介质为导电的电解质溶液、来源广、价格便宜、黏度较低、分选设备简单、处理能力较大,缺点是分选介质的视在密度较小、分离精度较低。

#### 2. 磁流体静力分选(MHSS)

磁流体静力分选是在非均匀磁场中,以顺磁性液体和铁磁性胶体悬浮液为分选介质,按固体废物中各组分间密度和比磁化率的差异进行分离。由于不加电场,不存在电场和磁场联合作用产生的特性涡流,故称为静力分选。其优点是视在密度高,如磁铁矿微粒制成的铁磁性胶体悬浮液视在密度高达19000 kg/m³,介质黏度较小,分离精度高。缺点是分选设备较复杂、介质价格较高、回收困难、处理能力较小。

通常,要求分离精度高时,采用静力分选;固体废物中各组分间电导率差异大时,采用动力分选。

磁流体分选是一种重力分选和磁力分选联合作用的分选过程。各种物质在似加重介质中按密度差异分离,这与重力分选相似;在磁场中按各种物质间磁性(或电性)差异分离与磁选相似,不仅可以将磁性和非磁性物质分离,而且也可以将非磁性物质之间按密度差异分离。因此,磁流体分选法将在固体废物处理与利用中占有特殊的地位。它不仅可以分离各种工业固体废物,而且还可以从城市垃圾中回收铝、铜、锌、铅等金属。

#### 3. 分选介质

理想的分选介质应具有磁化率高、密度大、黏度低、稳定性好、无毒、无刺激味、无色透明,价廉易得等特殊条件。

顺磁性盐溶液:顺磁性盐溶液有 30 余种,Mn、Fe、Ni、Co 盐的水溶液均可作为分选介质。其中有实用意义的有 $MnCl_2 \cdot 4H_2O$、$MnBr_2$、$MnSO_4$、$Mn(NO_3)_2$、$FeCl_2$、$FeSO_4$、$Fe(NO_3)_2 \cdot 2H_2O$、$NiCl_2$、$NiBr_2$、$NiSO_4$、$CoCl_2$、$CoBr_2$ 和 $CoSO_4$ 等。这些溶液的体积磁化率约为 $8 \times 10^{-7} \sim 8 \times 10^{-8}$,真密度约为 $1400 \sim 1600$ kg/m³,且黏度低、无毒。其中 $MnCl_2$ 溶液的视在密度可达 $11000 \sim 12000$ kg/m³,是重悬浮液所不能比拟的。

$MnCl_2$ 和 $Mn(NO_3)_2$ 溶液基本具有上述分选介质所要求的特性条件,是较理想的分选介质。

分离固体废物(轻产物密度小于 3000 kg/m³)时,可选用更便宜的 $FeSO_4$、$MnSO_4$ 和 $CoSO_4$ 水溶液。

### 4. 铁磁性胶粒悬浮液

一般采用超细粒(10 nm)磁铁矿胶粒作分散质,用油酸、煤油等非极性液体介质,并添加表面活性剂为分散剂调制成铁磁性胶粒悬浮液。一般每升该悬浮液中含 $10^7 \sim 10^{18}$ 个磁铁矿粒子。其真密度为 $1050 \sim 2000$ kg/m³,在外磁场及电场作用下,可使介质加重到 20000 kg/m³。这种磁流体介质黏度高,稳定性差,介质回收再生困难。

### 5. 磁流体分选设备及应用

图 3-50 为 J.Shimoiizaka 分选槽构造及工作原理示意图。该磁流体分选槽的分离区呈倒梯形,上宽130 mm、下宽 50 mm、高 150 mm、纵向深 150 mm。磁系属于永磁。分离密度较高的物料时,磁系用钐-钴合金磁铁,其视在密度可达 10000 kg/m³。每个磁体大小为 40 mm×123 mm×136 mm,两个磁体相对排列,夹角为 30°。分离密度较低的物料时,磁系用锶铁铁氧体磁体,视在密度可达 3500 kg/m³,图中阴影部分相当于磁体的空气隙,物料在这个区域中被分离。

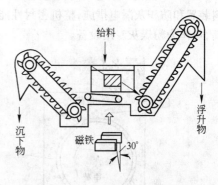

图 3-50 J.Shimoiizaka 分选槽

这种分选槽使用的分选介质是油基或水基磁流体。它可用于汽车的废金属碎块的回收、低温破碎物料的分离和从垃圾中回收金属碎块等。

## 四、电力分选

电力分选简称电选,是利用城市生活垃圾中各种组分在高压电场中电性的差异而实现分选的一种方法。一般物质大致可分为电的良导体、半导体和非导体,它们在高压电场中有着不同的运动轨迹,加上机械力的协同作用,即可将它们互相分开。电场分选对于塑料、橡胶、纤维、废纸、合成皮革、树脂等与某些物料的分离,各种导体、半导体和绝缘体的分离等都十分简便有效。

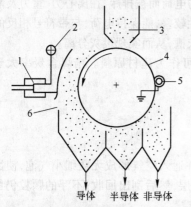

图 3-51 电选分离过程
1—给料斗;2—辊筒电极;3—电晕电极;
4—偏向电极;5—高压绝缘子;6—毛刷

### (一) 电选的分离过程

电选分离过程是在电选设备中进行的。废物颗粒在电晕-静电复合电场电选设备中的分离过程如图 3-51 所示。废物由给料斗均匀地给入辊筒上,随着辊筒的旋转,废物颗粒进入电晕电场区,由于空间带有电荷,导体和非导体颗粒都获得负电荷(与电晕电极电性相同),导体颗粒一面荷电,一面又把电荷传给辊筒(接地电极),其放电速度快,因此,当废物颗粒随辊筒旋转离开电晕电场区而进入静电场区时,导体颗粒的剩余电荷少,而非导体颗粒则因放电速度慢,剩余电荷多。导体颗粒进入静电场后不再继续获得负电荷,但仍继续放电,直至放完全部负电荷,并从辊筒上得到正电荷而被辊筒排斥,在电力、离心力和重力分力的综合作用下,其运动轨迹偏离辊筒,而在辊筒前方落下。偏向电极的静电引力作用更增大了导体颗粒的偏离程度。非导体颗粒由于有较多的剩余负电荷,将与辊筒相吸,被吸附在辊筒上,带到辊筒后方,被毛刷强制刷下;半导体颗粒的运动轨迹则介于导体与非导体颗粒之间,成为半导体产品落下,从而完成电选分离过程。

### (二) 电选设备及应用

图 3-52 是辊筒式静电分选机的构造和原理示意图。将含有铝和玻璃的废物,通过电振给料器均匀地给到带电辊筒上,铝为良导体从辊筒电极获得相同符号的大量电荷,因而被辊筒电极排斥落入铝收集槽内。玻璃为非导体,与带电辊筒接触被极化,在靠近辊筒一端产生相反的束缚电荷,被辊筒吸住,随辊筒带至后面被毛刷强制刷落进入玻璃收集槽,从而实现铝与玻璃的分离。

YD-4 型高压电选机的构造如图 3-53 所示。该机特点是具有较宽的电晕电场区、特殊的下料装置和防积灰漏电措施,整机密封性能好,采用双筒并列式,结构合理、紧凑,处理能力大,效率高,可作为粉煤灰专用设备。

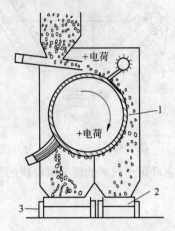

图 3-52　辊筒式静电分选机的构造和原理
1—转鼓;2—导体产品受槽;
3—非导体产品受槽

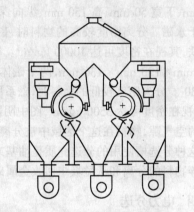

图 3-53　YD-4 型高压电选机结构

该机的工作原理是将粉煤灰均匀给到旋转接地辊筒上,带入电晕电场后,炭粒由于导电性良好,很快失去电荷,进入静电场后从辊筒电极获得相同符号的电荷而被排斥,在离心力、重力及静电斥力综合作用下落入集炭槽成为精煤。而灰粒由于导电性较差,能保持电荷,与带符号相反的辊筒相吸,并牢固地吸附在辊筒上,最后被毛刷强制落入集灰槽,从而实现炭灰分离。

粉煤灰经二级电选分离的脱炭灰,其含炭率小于 8%,可作为建材原料。精煤含炭率大于50%,可作为型煤原料。

## 五、浮选

### (一) 浮选原理

浮选是在固体废物与水调制的料浆中,加入浮选药剂,并通入空气形成无数细小气泡,使欲选物质颗粒粘附在气泡上,随气泡上浮于料浆表面成为泡沫层,然后刮出回收;不浮的颗粒仍留在料浆内,通过适当处理后废弃。

在浮选过程中,固体废物各组分对气泡粘附的选择性,是由固体颗粒、水、气泡组成的三相界面间的物理化学特性所决定的。其中比较重要的是物质表面的湿润性。

固体废物中有些物质表面的疏水性较强,容易粘附在气泡上,而另一些物质表面亲水,不易粘附在气泡上。物质表面的亲水、疏水性能,可以通过浮选药剂的作用而加强。因此,在浮选工艺中正确选择、使用浮选药剂是调整物质可浮性的主要外因条件。

**(二) 浮选药剂**

根据药剂在浮选过程中的作用不同,可将其分为捕收剂、起泡剂和调整剂三大类。

(1) 捕收剂。捕收剂能够选择性地吸附在欲选的物质颗粒表面上,使其疏水性增强,提高可浮性,并牢固地粘附在气泡上而上浮。良好的捕收剂应具备:1)捕收作用强,具有足够的活性;2)有较高的选择性,最好只对一种物质颗粒具有捕收作用;3)易溶于水、无毒、无臭、成分稳定,不易变质;4)价廉易得。常用的捕收剂有异极性捕收剂和非极性油类捕收剂两类。

(2) 起泡剂。起泡剂是一种表面活性物质,主要作用在水-气界面上,使其界面张力降低,促使空气在料浆中弥散,形成小气泡,防止气泡兼并,增大分选界面,提高气泡与颗粒的粘附和上浮过程中的稳定性,以保证气泡上浮形成泡沫层。浮选用的起泡剂应具备:1)用量少,能形成量多、分布均匀、大小适宜、韧性适当和黏度不大的气泡;2)有良好的流动性,适当的水溶性,无毒、无腐蚀性,便于使用;3)无捕收作用,对料浆的 pH 值变化和料浆中的各种物质颗粒有较好的适应性。常用的起泡剂有松油、松醇油、脂肪醇等。

(3) 调整剂。调整剂的作用主要是调整其他药剂(主要是捕收剂)与物质颗粒表面之间的作用。还可调整料浆的性质,提高浮选过程的选择性。调整剂的种类较多,按其作用可分为以下四种:

1) 活化剂。其作用称为活化作用,它能促进捕收剂与欲选颗粒之间的作用,从而提高欲选物质颗粒的可浮性。常用的活化剂多为无机盐,如硫化钠、硫酸铜等。

2) 抑制剂。抑制剂的作用是削弱非选物质颗粒和捕收剂之间的作用,抑制其可浮性,增大其与欲选物质颗粒之间的可浮性差异,它的作用正好与活化剂相反。常用的抑制剂有各种无机盐(如水玻璃)和有机物(如单宁、淀粉等)。

3) 介质调整剂。主要作用是调整料浆的性质,使料浆对某些物质颗粒的浮选有利,而对另一些物质颗粒的浮选不利。常用的介质调整剂是酸和碱类。

4) 分散与混凝剂。调整料中细泥的分散、团聚与絮凝,以减小细泥对浮选的不利影响,改善和提高浮选效果。常用的分散剂有无机盐类(如苏打、水玻璃等)和高分子化合物(如各类聚磷酸盐)。常用的混凝剂有石灰、明矾、聚丙烯酰胺等。

**(三) 浮选设备**

国内外浮选设备类型很多,我国使用最多的是机械搅拌式浮选机,其构造如图 3-54 所示。

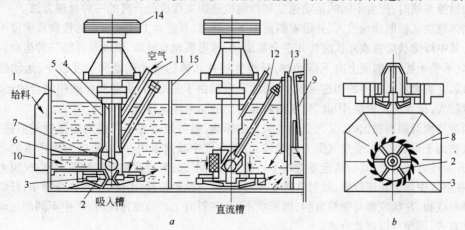

图 3-54 机械搅拌式浮选机

1—槽子;2—叶轮;3—盖板;4—轴;5—套管;6—进浆管;7—循环孔;8—稳流板;
9—闸门;10—受浆箱;11—进气管;12—调节循环量的闸门;
13—闸门;14—皮带轮;15—槽间隔板

大型浮选机每两个槽为一组,第一个槽为吸入槽,第二个槽为直流槽。小型浮选机多为 4~6 个槽为一组,每排可以配置 2~20 个槽。每组有 1 个中间室和料浆面调节装置。

浮选工作时,料浆由进浆管进入,给到盖板与叶轮中心处,由于叶轮的高速旋转,在盖板与叶轮中心处造成一定的负压,空气由进气管和套管吸入,与料浆混合后一起被叶轮甩出。在强烈的搅拌下气流被分割成无数微细气泡。欲选物质颗粒与气泡碰撞粘附在气泡上而浮升至料浆表面形成泡沫层,经刮泡机刮出成为泡沫产品,再经消泡脱水后即可回收。

### (四) 浮选工艺过程

浮选工艺过程为:

(1) 浮选前料浆的调制。主要是废物的破碎、磨碎等,目的是得到粒度适宜、基本上单体解离的颗粒,进入浮选的料浆浓度必须适合浮选工艺的要求。

(2) 加药调整。添加药剂的种类与数量,应根据欲选物质颗粒的性质,通过试验确定。

(3) 充气浮选。将调制好的料浆引入浮选机内,由于浮选机的充气搅拌作用,形成大量的弥散气泡,提供颗粒与气泡碰撞接触机会,可浮性好的颗粒粘附于气泡上而上浮形成泡沫层,经刮出收集、过滤脱水即为浮选产品;不能粘附在气泡的颗粒仍留在料浆内,经适当处理后废弃或作它用。

一般浮选法大多是将有用物质浮入泡沫产品,而无用或回收经济价值不大的物质仍留在料浆内,这种浮选法称为正浮选。但也有将无用物质浮入泡沫产品中、将有用物质留在料浆中的,这种浮选法称为反浮选。

固体废物中含有两种以上的有用物质,其浮选方法有以下两种:

(1) 优先浮选。将固体废物中有用物质依次一种一种地选出,使其成为单一物质产品。

(2) 混合浮选。将固体废物中有用物质共同选出为混合物,然后再把混合物中有用物质一种一种地分离。

## 六、其他分选方法

### (一) 摩擦与弹跳分选

摩擦与弹跳分选是根据固体废物中各组分的摩擦系数和碰撞系数的差异,在斜面上运动或与斜面碰撞弹跳时,产生不同的运动速度和弹跳轨迹而实现彼此分离的一种处理方法。

固体废物从斜面顶端给入,并沿着斜面向下运动时,其运动方式随颗粒的性质或密度不同而不同。其中纤维状废物或片状废物几乎全靠滑动,球形颗粒有滑动、滚动和弹跳三种运动。当颗粒单体(不受干扰)在斜面上向下运动时,纤维体或片状体的滑动运动和速度较小,运动速度不快,所以,它脱离斜面抛出的初速度较小,而球形颗粒由于是滑动、滚动和弹跳相结合的运动,其加速度较大,运动速度较快,因此,它脱离斜面抛出的初速度也较大。

当废物离开斜面抛出时,又因受空气阻力的影响,抛射轨迹并不严格沿着抛物线前进,其中纤维废物由于形状特殊,受空气阻力影响较大,在空气中减速很快,抛射轨迹表现严重的不对称(抛射开始接近抛物线,其后接近垂直落下),使它抛射不远;废物颗粒接近球形,受空气阻力影响较小,在空气中运动减速较慢,抛射轨迹表现对称,使它抛射较远,因此,在固体废物中,纤维状废物与颗粒废物、片状废物与颗粒废物,因形状不同,在斜面上运动或弹跳时,产生不同的运动速度和运动轨迹,因而可以彼此分离。

城市垃圾自一定高度给到斜面上时,其废纤维、有机垃圾和灰土等近似塑性碰撞,不产生弹跳;而砖瓦、铁块、碎玻璃、废橡胶等则属弹性碰撞,产生弹跳,跳离碰撞点较远,两者运动轨迹不同,因而得以分离。

摩擦与弹跳分选设备有带式筛、斜板运输分选机、反弹滚筒分选机等。带式筛是一种倾斜安装带有振打装置的运输带，其带面由筛网或刻沟的胶带制成。带面安装倾角($\alpha$)大于颗粒废物的摩擦角，小于纤维废物摩擦角。

废物从带面的下半部由上方给入，由于带面的振动，颗粒废物在带面上作弹性碰撞，向带的下部弹跳，又因带面的倾角大于颗粒废物的摩擦角，所以颗粒废物还有下滑的运动，最后从带的下端排出。纤维废物与带面为塑性碰撞，不产生弹跳，并且带面倾角小于纤维废物的摩擦角，所以纤维废物不沿带面下滑，而随带面一起向上运动，从带的上端排出。在向上运动过程中，带面的振动使一些细粒灰土透过筛孔从筛下排出，从而使颗粒状废物与纤维废物分离。

图 3-55 为斜板运输分选机的工作原理示意图。城市垃圾由给料皮带运输机从斜板运输分选机的下半部的上方给入，其中砖瓦、铁块、玻璃等与斜板板面产生弹性碰撞，向板面下部弹跳，从斜板分选机下端排入重的弹性产物收集仓，而纤维织物、木屑等与斜板板面为塑性碰撞，不产生弹跳，因而随斜板运输板向上运动，从斜板上端排入轻的非弹性产物收集仓，从而实现分离。

反弹滚筒分选机分选系统由抛物皮带运输机、回弹板、分料滚筒和产品收集仓组成，如图3-56所示。其工作过程是将城市垃圾由倾斜抛物皮带运输机抛出，与回弹板碰撞，其中铁块、砖瓦、玻璃等与回弹板、分料滚筒产生弹性碰撞，被抛入重的弹性产品收集仓；而纤维废物、木屑等与回弹板为塑性碰撞，不产生弹跳，被分料滚筒抛入轻的非弹性产品收集仓，从而实现分离。

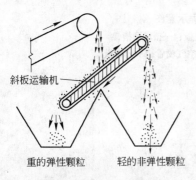

图 3-55　斜板运输分选机

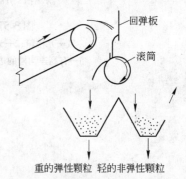

图 3-56　反弹滚筒分选机(secator)

### (二) 光电分选

**1. 光电分选系统及工作过程**

光电分选系统及工作过程包括以下三个部分：

(1) 给料系统。固体废物入选前，需要预先进行筛分分级，使之成为窄粒级物料，并清除废物中的粉尘，以保证信号清晰，提高分离精度。分选时，使预处理后的物料颗粒排队呈单行，逐一通过光检区受检，以保证分离效果。

(2) 光检系统。光检系统包括光源、透镜、光敏元件及电子系统等。这是光电分选机的心脏，因此，要求光检系统工作准确可靠，工作中要维护保养好，经常清洗，减少粉尘污染。

(3) 分离系统(执行机构)。固体废物通过光检系统后，其检测所收到的光电信号经过电子电路放大，与规定值进行比较处理，然后驱动执行机构，一般为高频气阀(频率为 300 Hz)，将其中一种物质从物料流中吹动使其偏离出来，从而使物料中不同物质得以分离。

**2. 光电分选机及应用**

图 3-57 是光电分选过程示意图。固体废物经预先窄分级后进入料斗。由振动溜槽均匀地

逐个落入高速沟槽进料皮带上,在皮带上拉开一定距离并排队前进,从皮带首端抛入光检箱受检。当颗粒通过光检测区时,受光源照射,背景板显示颗粒的颜色或色调,当欲选颗粒的颜色与背景颜色不同时,反射光经光电倍增管转换为电信号(此信号随反射光的强度变化),电子电路分析该信号后,产生控制信号驱动高频气阀,喷射出压缩空气,将电子电路分析出的异色颗粒(即欲选颗粒)吹离原来下落轨道,加以收集。而颜色符合要求的颗粒仍按原来的轨道自由下落加以收集,从而实现分离。光电分选可用于从城市垃圾中回收橡胶、塑料、金属等物质。

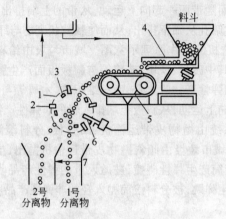

图 3-57　光电分选过程示意图
1—光检箱;2—光电池;3—标准色极;4—振动溜槽;
5—有高速沟槽的进料皮带;6—压缩空气喷管;7—分离板

# 第四章 生活垃圾填埋技术

## 第一节 概 述

### 一、卫生填埋场

卫生填埋是利用工程手段,采取有效技术措施,防止渗滤液及有害气体对水体和大气的污染,并将垃圾压实减容至最小,填埋占地面积也最小,在每天操作结束或每隔一定时间用土覆盖,使整个过程对公共卫生安全及环境均无危害的一种土地处理垃圾方法。

卫生填埋通常是每天把运到填埋场的垃圾在限定的区域内铺撒成 40~75 cm 的薄层,然后压实以减少垃圾的体积,并在每天操作之后用一层厚 15~30 cm 的黏土或粉煤灰覆盖、压实。垃圾层和土壤覆盖层共同构成一个单元,即填埋单元。具有同样高度的一系列相互衔接的填埋单元构成一个填埋层。完整的卫生填埋场是由一个或多个填埋层组成的。当土地填埋达到最终的设计高度之后,再在该填埋层之上覆盖一层 90~120 cm 的土壤,压实后就得到一个完整的封场了的卫生填埋场。图 4-1 为卫生填埋场剖面图。

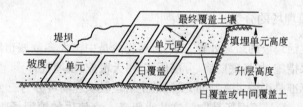

图 4-1 卫生填埋场剖面图

卫生填埋场主要判断依据有以下六条:是否达到了国家标准规定的防渗要求;是否落实了卫生填埋作业工艺,如推平、压实、覆盖等;污水是否处理达标排放;填埋场气体是否得到有效的治理;蚊蝇是否得到有效的控制;是否考虑终场利用。

当一座城市在考虑生活垃圾处理技术时,首先应该考虑的是卫生填埋。卫生填埋场的选址、建设周期较短,总投资和运行费用相对较低。通过卫生填埋场的建设和运营,可以迅速解决生活垃圾出路问题,改变城市卫生面貌。填埋技术作为生活垃圾的最终处置方法,目前仍然是中国大多数城市解决生活垃圾出路的主要方法。每一座城市或在一定区域内,至少应该有一座卫生填埋场。目前,由于可持续发展和循环经济日益深入人心,生活垃圾的减量化和资源化受到高度重视。但是,无论如何减量化和资源化,总有部分固体废物需要填埋,因此,填埋场是必备的。

生活垃圾卫生填埋要求采取各种预防措施,尽量减少填埋场对周围环境的污染,同时该法处理生活垃圾量大,从而为城市化的社会发展提供了垃圾出路的保证,而且填埋场中的开发利用(如填埋气体的有效利用)也可带来巨大的经济效益,所以无论从环境还是从社会与经济角度进行考察,卫生填埋场的建立都是必须和必要的。它主要有以下优点:

(1) 如有适当的土地资源可利用,一般以此法处理垃圾最为经济;

(2) 与其他的处理法比较,其一次性投资额较低;

(3) 与需要对残渣和无机杂质等进行附加处理的焚烧法和堆肥法相比较,卫生填埋是一种完全的、最终的处理方法;

(4) 此法可接受各种类型的城市生活垃圾而不需要对其进行分类收集;

(5) 此法有充分的适应性,能处理因人口和卫生设施增多而加大产量的生活垃圾;

(6) 生活垃圾在填埋场填埋若干年后即可形成矿化垃圾,可以开采和利用,使填埋场成为生活垃圾的巨大生物处理反应器和资源储存器,而不是最终归宿。

应用卫生填埋方法处理生活垃圾的国家很多。在发展中国家,99%以上的生活垃圾采用卫生填埋(或简单堆放场)处理,对于国土较大的发达国家,也有许多国家采用卫生填埋方法。在我国,99%以上的生活垃圾是采用卫生填埋或简单堆放进行处理或处置的。在建设和运行卫生填埋场过程中,如果严格按照卫生填埋场的标准进行,是不可能产生二次污染的。因此,卫生填埋是一种可靠、卫生和安全的生活垃圾处理方法。

我国有许多城市建设了卫生填埋场,如杭州、福州、南昌、深圳、广州、北京、漳州、厦门、泉州等。不过,也有许多城市仍然采用堆放法处置垃圾。目前卫生填埋场面临的最大挑战是渗滤水的低成本高效率处理问题。渗滤水初始浓度 COD 达 10000~50000 mg/L,而国家排放标准为 COD 小于 100 mg/L (一级)或 COD 小于 300 mg/L (二级)。许多填埋场宣称可承受的渗滤水处理费用应该在 20 元/t 以下,并且要达到一级排放标准。实际上,这种技术目前是没有的。全国绝大部分填埋场的渗滤水处理均未达到国家二级排放标准。然而,许多城市却要求渗滤水处理应该达到一级排放标准。根据经验,要使渗滤水处理达到一级国家排放标准,吨处理费用至少在 50~100 元以上。

## 二、生活垃圾填埋场的分类

填埋技术作为生活垃圾的最终处置方法,目前仍然是中国大多数城市解决生活垃圾出路的主要方法。根据环保措施(如场底防渗、分层压实、每天覆盖、填埋气排导、渗滤液处理、虫害防治等)是否齐全、环保标准是否满足来判断,我国的生活垃圾填埋场可分为三个等级:

(1) 简易填埋场。简易填埋场是中国这几十年来一直使用的填埋场,其主要特征是基本没有任何环保措施,也谈不上遵守什么环保标准。目前中国相当数量的生活垃圾填埋场属于这一类型,可称之为露天填埋场,对环境的污染也较大。

(2) 受控填埋场。受控填埋场在我国填埋场所占比重也较大,而且基本上集中于大中小城市。其主要特征是配备部分环保设施,但不齐全,或者是环保设备齐全,但是不能完全达到环保标准。主要问题集中在场底防渗、渗滤液处理和每天覆土达不到环保要求。

(3) 卫生填埋场。所谓卫生填埋场就是能对渗滤液和填埋气体进行控制的填埋方式,被广大发达国家普遍采用。其主要特征是既有完善的环保措施,又能满足环保要求。

## 三、卫生填埋场的分类

根据不同的填埋方式,卫生填埋场可分为不同种类。

(1) 按填埋区所利用自然地形条件的不同,填埋场可大致分为平原型填埋场、山谷型填埋场、滩涂型填埋场三种类型。

1) 平原型填埋场。这一类型通常适用于地形比较平坦且地下水埋藏较浅的地区(见图 4-2a)。一般采用高层埋放垃圾的方式,确定高于地平面的填埋高度时,必须充分考虑到作业的边坡比,通常为1:4。填埋场顶部的面积能保证垃圾车和推铺压实机械设备在上面进行安全作业。由于覆盖材料紧缺目前已成为填埋场作业一个比较突出的问题,因此在填埋场的底部开挖基坑是保证提供填埋场覆盖材料的一个有效方法。北京的阿苏卫填埋场、深圳的下坪填埋场等就是属于这一类型。

2)滩涂型填埋场。滩涂型填埋场地处海边或江边滩涂,采用围堤筑路,排水清基,将滩涂废地辟建为填埋场填埋区。它的场底标高低于正常的地面(见图4-2b)。启用该类填埋场时,首先将规划填埋区域筑设人工防渗堤坝。垃圾填埋通常采用平面作业法,按单元填埋垃圾,分层夯实、单元覆土、终场覆土。由于这一类型的填埋场底部距地下水位较近,因此,其关键点在于地下水防渗系统的设置。此类填埋场填埋区库容量较大,土地复垦效果明显,经济效益、环境效益较好。上海的老港废弃物处置场、大连的毛茔子填埋场就属这一类型。

3)山谷型填埋场。山谷型填埋场通常地处重丘山地(见图4-2c)。垃圾填埋区一般为三面环山、一面开口、地势较为开阔的良好的山谷地形,山谷比降大约在10%以下。此类填埋场填埋区库容量大,单位用地处理垃圾量最多,通常可达 25 $m^3/m^2$ 以上,经济效益、环境效益较好,资源化建设明显,符合国家卫生填埋场建设的总目标要求。典型的山谷型填埋场包括杭州市天子岭垃圾卫生填埋场、深圳市下坪垃圾卫生填埋场等。山谷型填埋场的填埋区工程设施由垃圾坝、库区防渗系统、渗滤液收集系统、防排洪系统、覆土备料场、活动房和分层作业道路支线等组成。垃圾填埋采用斜坡作业法,由低往高按单元进行垃圾填埋、分层压实、单元覆土、中间覆土和终场覆土。

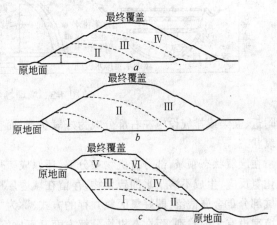

图4-2 不同类型填埋场填埋方式
(Ⅰ~Ⅵ表示分阶段填埋的顺序)
a—平原型;b—滩涂型;c—山谷型

(2)根据填埋场中垃圾降解的机理,填埋场可分为好氧、准好氧、厌氧三种类型(见图4-3)。

1)好氧填埋场。好氧填埋场是在垃圾体内布设通风管网,用鼓风机向垃圾体内送入空气。垃圾有充足的氧气,使好氧分解加速,垃圾性质较快稳定,堆体迅速沉降,反应过程中产生较高温度(60℃左右),使垃圾中大肠杆菌等得以消灭。由于通风加大了垃圾体的蒸发量,可部分甚至完全消除垃圾渗滤液。因此,填埋场底部只需作简单的防渗处理,不需布设收集渗滤液的管网系统。好氧填埋适用于干旱少雨地区的中小城市,适用于填埋有机物含量高,含水率低的生活垃圾。该类型的填埋场,通风阻力不宜太大,故填埋体高度一般都较低。好氧填埋场结构较复杂,施工要求较高,单位造价高,有一定的局限性,故其采用不是很普遍。我国包头市有一填埋场属于该类型。

2)准好氧填埋场。准好氧填埋场结构的集水井末端敞开,利用自然通风,空气通过集水管向填埋层中流通。如填埋层含有有机废弃物,因最初和空气接触,而好氧分解,产生二氧化碳气体,气体经排气设施或立渠放出。随着堆积的废弃物越来越厚,空气被上层废弃物和覆盖土挡住无法进入下层,下层生成的气体穿过废弃物间的空隙,由排气设施排出。这样,在填埋层中形成与放出的空气体积相当的负压,空气便从开放的集水管口吸进来,向填埋层中扩散,扩大好氧范围,促进有机物分解。但是,空气无法到达整个填埋层,当废弃物层变厚以后,填埋地表层、集水

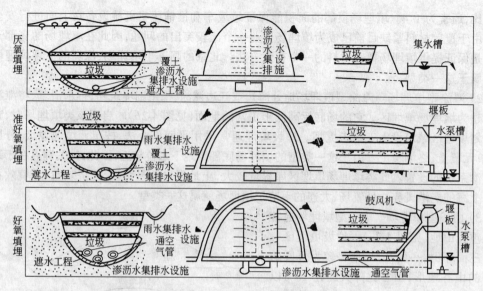

图 4-3　填埋场示意图

管附近、立渠或排气设施左右部分成为好氧状态,而空气接近不了的填埋层中央部分等处则成为厌氧状态。

在厌氧状态领域,部分有机物被分解,还原成硫化氢,废弃物中含有的镉、汞和铅等重金属与硫化氢反应,生成不溶于水的硫化物,存留在填埋层中。这种期望在好氧领域有机物分解,厌氧领域部分重金属截留,即好氧厌氧共存的方式,称为"准好氧填埋"。"准好氧填埋"在费用上与厌氧填埋没有大的差别,而在有机物分解方面又不比好氧填埋逊色,因而得到普及。

3) 厌氧填埋场。厌氧填埋场在垃圾填埋体内无须供氧,基本上处于厌氧分解状态。由于无须强制鼓风供氧,简化结构,降低了电耗,使投资和运营费大为减少,管理变得简单,同时,不受气候条件、垃圾成分和填埋高度限制,适应性广。该法在实际应用中,不断完善发展成改良型厌氧卫生填埋,是目前世界上应用最广泛的。我国上海老港、杭州天子岭、广州大田山、北京阿苏卫、深圳下坪等填埋场属于该类型。

改良型厌氧垃圾卫生填埋场除选择合理的场址外,通常还应有下列配套设施:

① 阻止垃圾外泄,使垃圾能按一定要求高填堆的垃圾坝、堤等设施;

② 排除场外地表径流及垃圾体覆盖面雨水的排洪、截洪、场外排水等沟渠;

③ 为防止垃圾渗滤液对地下水、地表水系的污染而采用场底及周边的防渗设施,渗滤液的导出、收集和处理设施;

④ 为防止厌氧分解产生的沼气而引发的安全事故和沼气作为能源回收利用而设置沼气的导出系统和收集利用系统。

# 第二节　填埋场选址

城市生活垃圾卫生填埋场场址选择是一个综合性的工作。这一工作的好坏,不仅直接影响到卫生填埋场的建设及建成后的经营管理,而且关系到卫生填埋场的建设是否真正能够实现国家科委所提出的垃圾处理减量化、资源化、无害化的总目标要求。

但目前我国的简易城市垃圾填埋场比较注重填埋场的设计而忽略其选址,选址的要求常常仅是开阔地,离城市较近,能容纳足够的垃圾。尽管在设计中采取一定工程设施防止渗滤液进入环境,但一旦渗滤液收集系统出了故障或防渗层局部不起作用,就有可能造成渗滤液危害周围环境,而直接可能受到渗滤液危害的是土壤环境,接着可能是地下水环境。近年来由于填埋场选址不当而造成的渗滤液渗漏污染地下水的现象屡屡发生,严重地污染了地下水源,威胁当地居民的生命安全。

因此,选择合适的填埋场位置,使得在工程屏障局部或全部失效的情况下,填埋场渗滤液对周围环境的影响可以降低到可以接受的地步,显得特别重要。

城市卫生垃圾填埋场场址的选择在其建设过程中是非常重要的环节,条件良好的场地不仅可以很好地保证周围的环境不受到影响,而且场地的建设和垃圾填埋处理费用都将大大降低。

## 一、卫生填埋场选址的有关标准

关于卫生填埋场的选址,现行国家标准《城市生活垃圾卫生填埋技术规范》(CJJ17—2004)、《城市生活垃圾卫生填埋处理工程项目建设标准》(建标[2001]101号)、《生活垃圾填埋污染控制标准》(GB16889—1997)均对填埋场选址应满足的要求作了具体的规定。

这些标准规定了场地选择应符合的规定、库容要求,以及选址人员组成、选址顺序;在规范中对填埋场不应设在的地区作了强制性的规定,必须严格执行。规范中还对选址事先收集的基础资料、对环境影响评价及环境污染防治作了明确的规定。

## 二、选址的准则

场址的选择是卫生填埋场规划设计的第一步,主要遵循以下两个原则:一是从防止污染角度考虑的安全原则;二是从经济角度考虑的经济合理原则。安全原则是填埋场选址的基本原则,是指垃圾填埋场建设中和使用后对整个外部环境的影响最小,不能使场地周围的水、大气、土壤环境发生恶化。经济原则是指垃圾填埋场从建设到使用过程中,单位垃圾的处理费用最低,垃圾填埋场使用后资源化价值最高。即要求以合理的技术、经济方案,尽量少的投资达到最理想经济效果,实现环保的目的。

影响选址的因素很多,主要应从工程学、环境学、经济学以及社会和法律等方面来考虑。这几个因素是相互影响、相互联系、相互制约的。在选址过程中,应满足以下基本的准则:

(1) 场址选择应服从总体规划。作为城市环卫基础设施的一个重要组成部分,卫生填埋场的功能是对城市生活垃圾进行控制和处理,目的是保护城市环境卫生及生态平衡,保障人民的身体健康和经济建设的发展。因此,卫生填埋场的建设规模应与城市建设规模和经济发展水平相一致,其场址的选择应服从当地城市总体规划,符合当地城市区域环境总体规划要求,符合当地城市环境卫生事业发展规划要求。填埋场对周围环境不应产生影响或虽对周围环境有影响但不超过国家相关现行标准的规定。填埋场应与当地的大气保护、水土资源保护、大自然保护及生态平衡要求相一致。

(2) 场址应满足一定的库容量要求。任何一个卫生填埋场,其建设均必须满足一定的服务年限。一般填埋场合理使用年限不少于10年,特殊情况下不少于8年。应选择填埋库容量大的场址,单位库区面积填埋容量大,单位库容量投资小,投资效益好。

库容是指填埋场用于填埋垃圾的场地体积大小。应充分利用天然地形以增大填埋容量。填埋城市生活垃圾应在计划的指导下进行,填埋计划和填埋进度图也是填埋场实际的重要文件。依据填埋进度图可计算出填埋场每阶段的总填埋量,即库容填埋容量基于设计的平面图,每一等高线用求积仪测出面积,平均面积乘以等高线的高度而求得,或由横断面图而求得。

填埋场使用年限是填埋场从填入垃圾开始至填埋垃圾封场的时间。填埋场的规模根据必需的填埋年限而定。从理论上讲,填埋场使用年限越长越好,但考虑填埋场的经济性、填埋场地形的可能性以及填埋场终场利用的可行性,填埋场使用年限的确定必须在选址和作计划时就考虑到,以利于满足废物综合处理长远发展规划的需要。土地要易于征得,而且尽量使征地费用最少,以有利于二期工程或其他后续工程的新建使用。

对于山谷型填埋场,垃圾的沉降对填埋库容有很大的影响。一般把由于沉降而产生的库容折算成垃圾容重。如刚刚填埋的垃圾,在充分压实的条件下,容重可能达到 1 t/m³,若考虑沉降,在计算总库容时,可以把垃圾容重折算为 1.2～1.3 t/m³。

对于长而窄、两头开口的山沟,虽然库容量也可满足要求,但大大增加了临时作业支线,填埋设备使用效率低,管理不便,因此应该谨慎使用。

(3) 地形、地貌及土壤条件。场地地形地貌决定了地表水,同时也往往决定了地下水的流向和流速。废物运往场地的方式也需要进行地貌评价才能确定。一个与较陡斜坡相连的水平场地,会聚集大量的地表径流和潜层径流。地表水和潜层水文条件的研究将有助于这种情况的评价,也有助于评价地表水导流系统的必要性和类型。场地地形,其坡度应有利于填埋场施工和其他建筑设施的布置;不宜选在地形坡度起伏较大的地方和低洼汇水处。原则上地形的自然坡度不应大于 5%,场地内有利地形范围应满足使用年限内可预测的固体废物的产量,应有足够的可填埋作业的容积,并留有余地。应利用现有自然地形空间,将场地施工土方量减至最小。

(4) 气象条件。场址还应避开高寒区,其蒸发量大于降水量;不应位于龙卷风和台风经过的地区,宜设在暴风雨发生率较低的地区。场址宜位于具有较好的大气混合扩散作用的下风向,白天人口不密集地区。寒冷、潮湿、冰冻等气候条件将影响填埋场的作业,要根据具体情况采取相应的措施。

(5) 对地表水域的保护。所选场地必须在 100 年一遇的地表水域的洪水标高泛滥区之外,或历史最大洪泛区之外。避开湿地,与可航行水道没有直接的水利联系,同时远离供水水源,避开湖、溪、泉;场地的自然条件应有利于地表水排泄,避开滨海带和洪积平原。填埋场场址的选择必须考虑其位置应该在湖泊、河流、河湾的地表径流区。最佳的场址是在封闭的流域内,这对地下水资源造成危害的风险最小。填埋场不应设在专用水源蓄水层与地下水补给区、洪泛区、淤泥区、距居民区或人畜供水点 500 m 以内的地区、填埋区直接与河流和湖泊相距 50 m 以内地区。填埋场场址离开河岸、湖泊、沼泽的距离宜大于 1000 m,与河流相距至少 600 m。

(6) 对居民区的影响。场地至少应位于居民区 500 m 以外或更远。最好位于居民区的下风向,使运输或作业期间废物飘尘及臭气不影响当地居民,同时应考虑到作业期间的噪声应符合居民区的噪声标准。

(7) 对场地地质条件的要求。场址应选在渗透性弱的松散岩石或坚硬岩层的基础上,天然地层的渗透性系数最好能达到 10⁻⁸ m/s 以下,并具有一定厚度。基岩完整,抗溶蚀能力强,覆盖层越厚越好。场地基础岩性应对有害物质的运移、扩散有一定的阻滞能力。场地基础的岩性最好为黏滞土、沙质黏土以及页岩、黏土岩或致密的火成岩。场地应避开断层活动带、构造破坏带、褶皱变化带、地震活动带、石灰岩溶洞发育带、废弃矿区或坍塌区、含矿带或矿产分布区,以及地表为强透水层的河谷区或其他沟谷分布区。

(8) 对场地水文地质条件的要求。场地基础应位于地下水(潜水或承压水)最高峰水位标高至少 1 m 以上(参照德国标准),及地下水主要补给区范围之外;场地应位于地下水的强径流带之外;场地内地下水的主流向应背向地表水域。场址不应选在渗透性强的地层或含水层之上,应位于含水层的地下水水力坡度的平缓地段。场址的选择应确保地下水的安全,应设有保护地下水的严密的技术措施。

（9）对场地工程地质条件的要求。场地应选在工程地质性质有利的最密实的松散或坚硬的岩层之上，它的工程地质力学性质，应保证场地基础的稳定性和使沉降量最小，并有利于填埋场边坡稳定性的要求。场地应位于不利的自然地质现象、滑坡、倒石堆等的影响范围之外。填埋场场地不应选择建在砾石、石灰岩溶洞发育地区。

（10）场址周围应有相当数量的土石料。所选场地附近，用于天然防渗层和覆盖层的黏土及用于排水层的沙石等应有充足的可采量和质量来保证能达到施工要求；黏土的 pH 值和离子交换能力越大越好，同时要求土壤易于压实，使土具有充分的防渗能力。填埋场的覆土量一般为填埋场库区库容量的 10% ～20%，并且土源宜为黏土或黏质土。城市附近土地紧张，应尽量利用丘陵或高阶台地上的冲积、残积及风化土，以减少侵占农田；土料应尽量在填埋场附近选择，以降低成本，但对场区内可作为天然衬里的黏性土不宜破坏。

（11）场址应交通方便、运距合理。场址交通应方便，具有能在各种气候条件下运输的全天候公路，宽度合适，承载力适宜，尽量避免交通堵塞。

根据有关资料，垃圾填埋处理费当中约 60% ～90% 为垃圾清运费，尽量缩短清运距离，对降低垃圾处理费的作用是明显的。以目前城市较为普遍采用的垃圾清运车——东风牌自卸汽车为例，运距每缩短 1 km，每 1 t 垃圾即可减少 0.15 L 的耗油量，车辆周转时间可缩短 1 min。因此，场址选择应综合评价场址征地费用和垃圾运输费用，择其最低费用者为优选场址。

对于一个城市唯一建设的卫生填埋场，其与城市生活垃圾的产生源重心距离最好不超过 15 km，否则，将增设大型垃圾压缩中转站以提高单位车辆的运输效率，或者分散建设几个填埋场。

为了方便选址及工程设计，表 4-1 列出了卫生填埋场选址的影响因素及指标，供参考。

**表 4-1　卫生填埋场选址的影响因素及指标**

| 项　目 | 名　称 | 推荐性指标 | 排除性指标 | 参考资料 |
|---|---|---|---|---|
| 地质条件 | 基岩深度 | 大于 15 m | 小于 9 m | 日本资料 |
| | 地质性质 | 页岩、非常细密均质透水性差的岩层 | 有裂缝的、破裂的碳酸岩层；任何破裂的其他岩层 | 相关资料 |
| | 地　震 | 0～1 级地区（其他震级或烈度在 4 级以上应有防震、抗震措施） | 3 级以上地震区（其他震级或烈度在 4 级以上应有防震、抗震措施） | |
| | 地壳结构 | 距现有断层大于 1600 m | 小于 1600 m，在考古、古生物学方面的重要意义地区 | |
| 自然地理条件 | 场址位置 | 高地、黏土盆地 | 湿地、洼地、洪水、漫滩 | GJJ17 |
| | 地　势 | 平地或平缓的坡地，平面作业法坡度小于 10% 为宜 | 石坑、沙坑、卵石坑、与陡坡相邻或冲沟，坡度大于 25% | |
| | 土壤层深度 | 大于 100 cm | 小于 25 cm | |
| | 土壤层结构 | 淤泥、沃土、黄黏土渗透系数 $k<10^{-7}$ cm/s | 经人工碾压后渗透系数 $k>10^{-7}$ cm/s | |
| | 土壤层排水 | 较通畅 | 很不通畅 | |
| 水文条件 | 排水条件 | 易于排水的地质及干燥地表 | 易受洪水泛滥、受淹地区、泛洪平原 | GJJ17 |
| | 地表水影响 | 离河岸距离大于 1000 m | 湿地、河岸边的平地及 50 年一遇的洪水漫滩 | GB3838—2002 标准Ⅰ-Ⅴ类 |
| | 分隔距离 | 与湖泊、沼泽至少大于 1000 m，与河流相距至少 600 m | 与任何河流距离小于 50m，至流域分水岭边界 8 km 以内 | GB3838—2002 |
| | 地下水 | 地下水较深地区 | 地下水渗漏、喷泉、沼泽等 | GB/T14848—93 |

| 项　目 | 名　称 | 推荐性指标 | 排除性指标 | 参考资料 |
|---|---|---|---|---|
| 水文条件 | 地下水水源 | 具有较深的基岩和不透水覆盖层厚大于 2 m | 不透水覆盖层厚小于 2 m，$k>10^{-7}$ cm/s | GB5749—85 GB/T14848—93 |
| | 水流方向 | 流向场址 | 流离场址 | 相关资料 |
| | 距水源距离 | 距自备饮水水源大于 800 m | 小于 800 m | CJ3020—93 |
| 气象条件 | 降雨量 | 蒸发量超过降雨量 10 cm | 降雨量超过蒸发量地区应做相应处理 | 相关资料 |
| | 暴风雨 | 发生率较低的地区 | 位于龙卷风和台风经过地区 | |
| | 风力 | 具有较好的大气混合扩散作用下风向，白天人口不密集地区 | 空气流不畅，在下风向 500 m 处有人口密集区 | 参照德国标准 |
| 交通条件 | 距离公用设施 | 大于 25 m | 小于 25 m | 相关资料 |
| | 距离国家主要公路 | 大于 300 m | 小于 50 m | |
| | 距离飞机场 | 大于 10 km | 小于 8 km | 参照前苏联资料 |
| 资源条件 | 土地利用 | 与现有农田相距大于 30 m | 小于 30 m | GB8172—87 |
| | 黏土资源 | 丰富、较丰富 | 贫土、外运不经济 | 相关资料 |
| | 人文环境条件、人口位置 | 人口密度较低地区大于 500 m，离城市水源大于 10 km | 与公园文化娱乐场所小于 500 m，距饮水井 800 m 以内，距地表水取水口 1000 m 以内 | CJ3020—93 GB5749—85 |
| | 生态条件 | 生态价值低，不具有多样性、独特性的生态地区 | 稀有、濒危物种保护区 | 《固体废弃物污染防治法》第二十条 |
| | 使用年限 | 大于 10 年 | 不大于 8 年 | CJJ17—2004 |

### 三、填埋场选址的方法及程序

填埋场选址的方法及程序如下：

(1) 根据城市总体规划、区域地形，以所要填埋垃圾的城市中心为圆心，以一定的半径画圆，确定出一个范围，从中排除那些受到土地利用法规定限制的土地(如军事要地、自然保护区、文物古迹等)，缩小可征用土地范围。如果在这个范围内没有合适的场址，则需要再扩大搜索半径，再次进行选择。

(2) 填埋场选址工作应充分利用现有的区域地质调查资料包括气象资料、地形图、土壤分布图、土地使用规划图、交通图、水利规划图、洪泛图、地质图、航测图片等。此外，还应收集关于废物类型、填埋量以及填埋设备的原始资料及利用率；运输距离，资金保障等，以及人文原始资料及民意调查，了解人们对使用填埋场地的支持率。

(3) 根据填埋场选址标准和准则，对上述区域的资料进行全面的分析，在此基础上筛选出几个(标准要求为 3 个)比较合适的预选场地。

(4) 野外踏勘是填埋场选址工作中的最重要的技术环节，它可直观地掌握预选场地的地形、地貌、土地利用情况、交通条件、周围居民点的分布情况、水文网分布情况和场地的地质、水文地质和工程地质条件以及其他与选址有关的信息和资料。根据野外踏勘实际调查取得的资料，在结合搜集到的所有其他资料和图片进行整理和分析研究、确定被踏勘调查地点的可选性并进行排序。在排序过程中，要对每个可选地点的基本条件进行分析对比，分别列出每个地点可选性的有利和不利因素。

(5) 详细调查地方的法律、法规和政策,特别是环境保护法、水域和水源保护法。从而评价这些预选场地是否与这些法律和法规相互冲突,相互抵触,并要取消那些受法律、法规限制的预选场地,如地下水保护区、洪泛区、淤泥区、活动的坍塌地带、地下蕴矿区、灰岩坑基及溶岩洞区。

(6) 根据前阶段收集的区域资料、野外现场踏勘结果和场地的社会、法律调查,对预选场址进行技术、经济方面的综合评价和比较。通过对比优选出较为理想的卫生填埋场场址首选方案。可采用的技术方法有灰色系统理论的灰色聚类法、模糊数学中的模糊综合评判法、专家系统法、层次分析法和地理信息系统(GIS)等。GIS(geographical information system)技术的第一步就是决定场地可选性的限制因素,并将收集的一系列因素绘制成各种图表,并在图中突出那些限制性因素的作用。在计算机显示器上把这些图相互叠加和对比,就可明显查找出不受限制性因素制约的具有可选性的预选场地的空间位置,同时也可对比各预选场地的条件优、劣等级。而层次分析法能综合处理具有递阶层次结构的场地适宜性影响因素之间的复杂关系,又易于操作,得到比较量化的结果,方法比较科学而准确。

(7) 预选场址调查结束后应提交预选场地的可行性研究报告,但这并不意味着选址工作已结束。提交预选场地可行性报告的目的是,主要利用充足的调查资料说明场地具有可选性,以报告的形式提出并报请项目主管单位,再由主管单位报请官方审批,列入国家或地方的计划项目,使工程项目从可行性研究阶段进入正式计划内的工程项目阶段,从而可以履行一切计划工程项目的手续。前述工作只是选择出较为理想的场地位置,并征得管理部门的肯定和同意。但是场地的综合地质条件能否满足工程的要求,应对场地进行综合地质初步勘查,查明场地的地质结构、水文地质和工程地质特征。如初勘证实场地具有渗透性较强的地层($k>10^{-6}$ m/s)或含水丰富的含水层,或含有发育的断层组成,则场地的地质质量就很差,会使工程投资增大,该场地也不具有可选性,可能需要放弃该场地而另选其他场地。如初勘证实场地具有良好的综合地质技术条件,则场地的可选性就会得到最终定案。因此场地的地质初步勘察工作是填埋场场址是否可选的最终依据。

(8) 场地初步勘察施工结束,应由钻探施工单位提出场地地质勘查技术报告,再根据地质报告提供的技术资料和数据,由项目主管单位编制场地综合地质条件评价技术报告。报告应详细说明场地的综合地质条件,详细描述对场地的不利和有利因素,作出场地可选性的结论,并对下一步场地详细勘察和工程的施工设计提出建议。场地综合地质条件评价技术报告是场地选择的最终依据和工程立项的依据,使固体废物填埋场项目由选址阶段正式过渡到工程阶段,该报告也是场地详勘的依据。如果场地得到不可选的结论,选址工作则又要重新开始或进行第二或第三场址的初勘工作。填埋场场地位置选择,应在城市工农业发展规划区、风景规划区、自然保护区以外;应在供水水源保护区和供水远景规划区以外,尽量设在地下水流向的下游地区;最好位于城市夏季主导风向下风向。填埋场在其运营期间,应尽可能减少对周围景观的破坏,并且不要对周围主要的有价值的地貌地形造成不必要的破坏。在填埋前必须制定计划,避免产生不利的景观影响,并确保在封场后尽快加以复原,可用树木、灌木或借助自然地形将填埋场与周围公众活动场所隔开,以改变视野。封场后应尽快使填埋场同周围环境融为一体。

(9) 在确定场地可选后,填埋场项目就可立即转入工程实施阶段,依据场地的综合地质条件评价技术报告进行场地的详细勘察设计和施工。

综上所述,卫生填埋场场址选择是一项技术性强、难度大、任务重的工作。整个选址工作要经过多个技术环节,才能最终定案并过渡到工程阶段。一般来说,要找到一个各方面都合适的填埋场场址是非常困难的。但是,为了尽可能选择一个较为合适的填埋场场址,在选择确定场址时应对各方面的因素做全面的调查与分析。垃圾填埋场选址涉及多学科,因此在场址的调查研究与分析过程中,应有不同学科的专业人员参加,组成一个选址班子。选址班子一般应有建设单位所在的市政各部门以及专业设计单位的技术人员参加。选址步骤中的各阶段要以文字报告形式备案,并作为工程竣工验收的重要组成部分。

### 四、场地的综合地质详细勘探技术

当填埋场场址确定之后,要进行场地质量综合技术评价工作。场地质量综合技术评价依据要通过场地综合地质详细勘察技术工作来实现。场地基础详细勘察工作的主要目的是查清场地的综合地质条件,为填埋场的结构设计和施工设计提供详细可靠的技术数据。为此,详勘工作必须达到技术先进、经济合理、确保质量的标准。为了实现这个场地综合地质勘察技术原则,就要针对填埋场的工程特点,进行场地综合地质勘察技术方法的研究,以期使填埋场工程能达到安全处置废物和保护环境的目的。

#### (一)填埋场勘察的控制级别

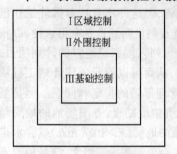

图 4-4　填埋场地勘察
控制范围分级

对场地的地质屏障系统勘察是填埋场建设的关键环节,所以应利用先进的地质勘察技术手段对场地周围地质条件进行由区域到场地基础逐级控制,布置全面而足够密的勘探网络,提出尽可能详细的地质勘察成果,以便作出可靠的评价。填埋场勘察的总控制范围基本可分为三级,即Ⅰ(区域)、Ⅱ(外围)、Ⅲ(基础)级控制标准,如图 4-4 所示。

(1)Ⅰ区域控制。主要查明场地所处的自然地理条件及区域地质、水文地质和工程地质条件。控制重点是区域大型地质构造区域水文网分布特征,以及填埋场可能出现的污染对区域水体和地下水的影响范围和程度。区域控制成图比例尺为 $1:10000\sim1:50000$,控制范围为 $50\sim100$ km$^2$ 或按区域水文网循环系统范围确定。区域控制勘察以搜集资料为主,收集区域 $1:10000$ 或 $1:50000$ 的地质调查资料和图件。另外也可到国家卫星地面站搜集航空卫星相片,从航空卫星相片解释可取得大量信息资料。必要的情况下可通过野外实地踏勘取得特别需要的资料。总之,区域控制基本上不必投入工程量,即可满足场地区域调查目的。

(2)Ⅱ外围控制。主要查明影响填埋场工程的地质构造和不良的地质作用,场地范围内的水文地质条件和地层、岩性分布的外延情况。外围控制成图比例尺为 $1:2000\sim1:5000$,控制范围一般为 $2\sim5$ km$^2$,主要由场地地质条件的复杂程度来确定。外围两种的勘察技术方法主要使用物探手段,这样可以大大地减少勘探工程量,节省工程投资。

(3)Ⅲ基础控制。应通过工程勘探详细查明场地基础的地层、岩性和构造等地质条件,含水层分布和地下水赋存特征等的水文地质条件,以及岩、土物理力学性质等的工程地质条件。基础控制的成图比例为 $1:200\sim1:500$,要根据场地的实际面积确定,并外延一定范围。

基础控制的勘察技术方法主要应用钻探、野外和室内试验等技术手段。基础勘探应在实测的 $1:200\sim1:500$ 场地地形图上布置钻探工程量、取样点和野外实验点。基础控制工程量要在场地详细勘察设计基础上,按设计要求施工,详细勘察设计应在区域控制和外围控制所得的足够资料前提下编制。

#### (二)填埋场详细勘探技术方法

填埋场详细勘探技术方法要根据场地详勘控制等级采用不同技术方法和精度,来确定不同的勘探内容。勘探技术方法包括区域综合地质条件调查、地球物理勘探、钻探、野外实验和室内试验等,但根据场地勘察控制级别对勘察内容和使用的技术方法应有所侧重。

#### 1．区域综合地质条件调查

区域综合地质条件调查工作是场地详勘阶段的先行工作,其目的是研究拟建场地的地形、地貌、地表水系、气象、植被、土壤、交通条件,区域和场区的地质、水文地质和工程地质条件,以及区域的社会、法律法规和经济状况。区域综合地质调查工作方法应以航空卫星相片解译作为主要工作手段,并搜集区域现有的综合地质调查资料,必要时再进行局部的现场踏勘、物探技术以及仪器测量工作。

#### 2．综合物探技术勘察

场地详勘阶段主要应用物探技术方法查明场地外围的地质、水文地质和工程地质条件,如表4-2 所示。其中地质雷达和地震法相配合使用,会取得精度高、准确性好的效果。

表 4-2　综合物探技术方法

| 方　　法 | 调　查　内　容 |
| --- | --- |
| 电测探法 | 确定含水层厚度、埋深,查明地质构造 |
| 充电法 | 追溯地下暗河、充水裂隙,测水流速、流向 |
| 电磁法 | 追溯地下暗河、充水裂隙,测水流速、流向 |
| 地质雷达 | 测定地下水位、固定断层破碎带 |
| 地震法 | 确定覆盖层厚度,测定潜水面等 |
| 静电 $\alpha$ 法 | 划分地层,查明地质构造 |
| 电测井、放射性测井、声波测井 | 划分岩性剖面、地层产状、裂隙发育程度 |

#### 3．钻探技术方法

为获得精确的基础地层密实性资料,每 1000 m² 内应有一组取样点,用于测定岩土的渗透系数,这样就要求勘探线、点间距有足够密度。钻探工程量应布置在场地地貌单元边界线、地质构造线和地层分界线上。如果地质界线不明显,钻孔可按一定密度均匀布置在场内,在场地中心部位要布置 1～2 条主轴线。勘探工程量除设有勘探钻孔外,还应设有实验孔和长期观测或监察孔,并按不同结构设计场地详勘阶段勘探线、点间距,根据场地类型应按表4-3 确定。

表 4-3　场地详勘阶段勘探线、点间距

| 场地类型 | 勘探线间距/m | 勘探点间距/m |
| --- | --- | --- |
| 简单场地 | 70～100 | 70～100 |
| 中等复杂场地 | 50～70 | 50～70 |
| 复杂场地 | 30～50 | 30～50 |

#### 4．土工试验与专门实验技术方法

在填埋场工程中,除了要求进行土的一般物理力学性质试验外,还要做足够数量的水土岩和废物的化学性质的背景化学试验。在土工试验中最重要的是渗透试验。由渗透系数值来评价土层对有害废物的防护能力。土的渗透性与土的物理性质、化学性质、水理性质和力学性质关系十分密切,因此与渗透性有关的土质试验项目都必须进行。

对填埋场工程最重要的野外专门试验是载荷试验、击实试验、抽水试验或压水试验。通过这

些试验测定基础的稳定性和沉降性,以及岩土或含水层的渗透性等数据。

岩土工程试验的类型和方法,在填埋场地下水和土中气体取样和试样处理、地球物理现场勘察等可参考《土工试验方法标准》(GB/T50123—1999)、《土工试验规程》(SL237—1999)等标准。

### (三)场地详细勘察报告书的编写

内容包括工程的目的、任务,简述勘察场区概况,工程进度及所完成的工作量、区域自然地理概况、场区及区域地质特征、场区及区域水文地质条件、区域及场区工程地质条件以及结论等,包括详细勘查工作质量、技术方法、试验成果的评价,对提供的各种技术数据精度的评价,对填埋场场地地质、水文和工程地质条件的综合评价和结论性建议,以及对工程上部结构设计及地基处理方法的建议。

应提交的图件和表格有:

(1) 勘察工程平面布置图 1:500。

(2) 场区地形地貌图 1:500、1:2000。

(3) 场区和区域地质图、剖面图、柱状图 1:2000、1:10000。

(4) 场区和区域水文地质图、剖面图、柱状图 1:2000、1:10000,包括与地下水有关的等值线图、抽水试验成果图、水化学图、水网分布图等。

(5) 场区和区域工程地质图、剖面图、柱状图,场区工程地质立体投影图,各含水层高程的平切面图,不良地质作用分布图。

(6) 各类钻孔结构图、柱状图,抽水试验成果表,压水试验成果表,水质分析成果表,水文、气象资料图表,岩土试验成果表,物理力学指标统计成果表、汇总表,土化学试验成果表,工程地质特殊试验报告书等。

### 五、GIS 系统在选择场址方面的应用

地理信息系统(geographical information system)简称 GIS,是在当代计算机科学和空间技术高速发展的基础上应运而生的一门新兴边缘学科。它能将大量空间数据转化为人们在地球资源调查、土地利用管理、城市规划及环境保护等实践中需要的各种有效信息,为各种专门化分析和决策提供科学依据。运用 GIS 技术,可提高固体废物安全填埋场选址的效率与精度,并将 GIS 与场址选择的综合评判系统并联起来,可形成专门为选址使用的地理信息综合评判系统。

### (一)GIS 系统的基本组成与主要功能

GIS 一般由五大子系统组成(如图 4-5 所示),即数据输入与转换、图形处理、地理信息数据库管理、空间查询与空间分析以及数据输出与表达。其中数据库管理子系统、图形处理和空间分析子系统是 GIS 的核心。GIS 的基本功能可归纳为:

(1) 空间数据的采集、编辑与处理功能。GIS 不但具备一般数据库系统的数据采集与编辑能力,而且在计算机其他软、硬件支持下,可以存入各种已经完成的专题图件;为了清除

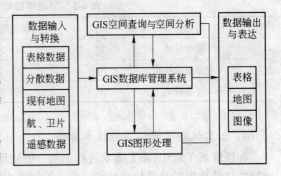

图 4-5　GIS 的基本构成与流程

采集到的实体图形数据和描述它的属性数据中的各种错误,GIS 可对图形及文本数据进行编辑和修改。GIS 还具有处理航空、航天技术所获取的大量空间数据的能力,从而使用户能充分、有

效地利用遥感资料这一重要信息源。

（2）空间数据的管理功能。地理信息数据库是 GIS 的核心，它能够对庞大的地理图形和文本数据进行管理，并能与其他数据库管理系统相互转换，不但可以实现数据库资源的共享，而且也同时提供了新的数据资源。

（3）空间查询与空间分析功能。GIS 具有综合、分解、计算等各种空间分析的能力，能够围绕总体目标从实体图形数据和属性数据的空间关系中获取派生的信息和新的知识，用以回答用户有关空间关系的查询和进行空间分析。一个功能强的 GIS 软件，其空间查询和空间分析的内容是相当广泛的。

（4）图形处理和制图功能。GIS 具有多种图形处理及制图功能，可以完成图形的修改、整饰，并可按照不同用户的需要绘制全要素地图和分层绘制各种专题地图。由于它具有较强的多层次空间叠置分析功能，因而还可以通过空间分析得到一些特殊的地学分析用图。

（5）分析结果的各种输出与转化功能。为便于用户随时进行结果的分析、修正和评价，GIS 可将空间查询和空间分析结果以数学表格或转化图形（二、三维）等多种形式输出，输出范围也相当广泛。

**（二）GIS 在固体废物卫生填埋场选址中的应用途径**

1．场址环境背景资料的收集与管理

固体废物卫生填埋场的选址技术涉及到自然地理、地质、水文地质与工程地质、社会经济和法律等方面的诸多因素，它们构成了填埋场选址的环境背景条件。如何快速、准确地获得和评价这些大量的具有空间数据特征的环境背景资料，是提高填埋场选址效率和精度的关键。

GIS 所持有的基本功能，决定了它能充分利用遥感资料这一重要的信息源，为填埋场选址提供大量及时、准确、综合和大范围的各种环境信息，包括地形坡度、河网分布、分水岭位置、土地利用状况、土壤类型、植被覆盖率、地层岩性及地质构造等大量自然地理和地质的环境背景资料。而利用不同时相的遥感资料则能实现对场址环境背景的动态跟踪，获取动态的空间参数序列，这对水流动态变化、水质污染监测及工程环境勘察等极为实用。总之，利用 GIS 这一工具可以使选址工作者充分利用遥感资料提高对场址环境系统进行动态分析、监测及预报的能力。

利用 GIS 可以将填埋场选址所需要的各种基础性图件（如地形地貌图、岩性土壤分区图、地质图、构造地质图、水文地质图、工程地质分区图等）及专门性图件（如场地等水位线图、水化学参数图、工程地质参数图及物探、钻探成果图等）存入 GIS 数据库系统，并可随时调用进行分析计算，使选址工作能够在综合利用各种前期成果图件的基础上更加深入地进行。

此外，GIS 数据库可与固体废物卫生填埋场数据库管理系统相联并互相转换，实现数据库资源的共享和提供新的数据资源。

2．场址基本条件的量化分析与空间分析

固体废物卫生填埋场场址的基本条件是由多种因素决定的，充分利用 GIS 丰富的数据资源和各种表格计算能力，可以对表征场址自然地理、地质、水文地质及工程地质基本条件的某些参数设定变量，相互之间进行各种函数的统计分析，确定关联方式和相关系数。其表格计算和分析过程可直接与 GIS 数据库管理系统相联，成果可以表格形式输出或进一步参与图件的分析及分类。

GIS 的图件分析和计算功能为填埋场场址的条件分析提供了高效、灵活、直观的工具。不同图件之间的运算可使选址人员从不同角度对场址条件进行多层次、多因素的综合评判。在填埋场选址工作中，野外调查、勘探和各种试验所获取的第一手资料，其参数往往是呈点状或线状分布,而场址条件分析常常需要空间分布的参数。GIS 的功能决定了其特别适宜于空间目标的分析,利用 GIS 的各种空间插值方法便可快速、高效地获取空间参数,形成空间参数图。利用各种自然地理、地质、水文地质与工程地质参数的空间分布图,选址人员可以对各种参数进行不同方向的变异性分析,从量化角度对场址条件进行空间分析。

为了综合表征由 GIS 所获取的各种选址参数在空间不同方向上的变异特点,构造了一个无量纲的指标 $C_d$ 来反映这种方向变异性。

$$C_d = B_r(\alpha)/A_r(\alpha) \tag{4-1}$$

式中,$B_r(\alpha)$、$A_r(\alpha)$ 分别代表 $\alpha$ 方向各参数变量的相对变化幅度和相对变化速度,可由 GIS 所形成的空间参数图经下列计算求得,即:

$$B_r = B_\alpha/B_{max} \tag{4-2}$$

$$A_r = A_\alpha/A_{max} \tag{4-3}$$

式中　$B_\alpha$、$A_\alpha$——变量沿 $\alpha$ 方向的变化幅度和变化速度;

　　　$B_{max}$、$A_{max}$——所有计算方向中变量的最大变化幅度和最大变化速度。

上述 4 个参数可由空间变异分析理论中的实验变异函数计算结果经理论拟合求出,其中实验变异函数的计算公式为:

$$\gamma^*(h,\alpha) = \frac{1}{2N(h)} \sum_{i=1}^{N(h)} [Z(x_i) - Z(x_i + h)]^2 \tag{4-4}$$

$$\gamma(h,\alpha) = \begin{cases} 0 & h = 0 \\ c_0 + c\left(\dfrac{3}{2} \times \dfrac{h}{a} - \dfrac{1}{2} \times \dfrac{h^3}{a^3}\right) & 0 < h \leqslant a \\ c_0 + c & h > a \end{cases} \tag{4-5}$$

式中　$\gamma^*(h,\alpha)$、$\gamma(h,\alpha)$——$\alpha$ 方向实验变异函数及理论拟合模型;

　　　　$Z(x)$——空间变异性分析的表征变量;

　　　　$h$、$N(h)$——空间步长及相对于空间步长 $Z(x)$ 变异的统计点数;

　　　　$c_0$、$c$、$a$——表示变量空间变异特征的 3 个参数,其中 $c_0 + c$ 用来刻画变量的空间变化幅度 $B_\alpha$ 值,$a$ 值则用来刻画变化速度 $A_\alpha$ 值。

变异函数及其理论拟合模型的功能在于:它既能描述由 GIS 所给出的空间分布参数在不同方位上的结构性变化,又能描述其随机性变化。因此,在填埋场场址条件的空间分析中,可以将变异函数视为空间变量的结构函数,该结构函数实际上就是刻画场址条件表征变量空间变异规律的数学模型。

**3. 填埋场选址的地理信息综合评判系统**

地理信息综合评判系统是专门为固体废物卫生填埋场选址而设计的。该系统通过 GIS 获取各种来源的空间数据,并通过系统运行向选址人员输出各种待选场址的综合评判结果。由于固体废物卫生填埋场选址是一个涉及多因素、多层次的复杂系统,因此,在该系统的设计中,力图体现以下设计思想,即复杂系统简单化,定性因素与定量因素相结合,确定性与不确定性相结合,围绕系统目标多层次、多变量相协同进行综合评判,以及将专家知识与决策者决策风格相结合的思想。此外,通过常规 GIS 实现对选址因素的时间、空间监测与分析,从而体现时、空分析相结合的思想。具体实施步骤与方法如下:

(1) 选择评价目标,建立系统的层次结构模型。从系统的观点出发对填埋场选址进行多因素、多层次的分析,从而建立评价系统的层次结构模型(如图 4-6 所示)。其中最上层是目标层,表示研究问题的目的,即选择条件最优的填埋场场址。第二层是准则层,表示实现目标所涉及的中间环节。就填埋场选址而言,必须考虑到各场址的自然地理因素(B1)、地质因素(B2)、水文地质因素(B3)、工程地质因素(B4)及社会经济和法律因素(B5)等对场地评价的影响,因此,将它们作为准则层。第三层称为指标层(C),表示对目标层(A)有影响的、与准则层(B)某个或几个因素有联系的具体指标。根据填埋场选址的特点,选择了 28 个因素构成填埋场选址的指标层,其中各指标与准则层各因素之间的关系见图 4-6。当然,指标的个数以及与其他因素之间的联系,可根据选址实践随时进行调整。最下面一层为方案层(S),表示待对比的场址预选方案、待评价的场地级别等。

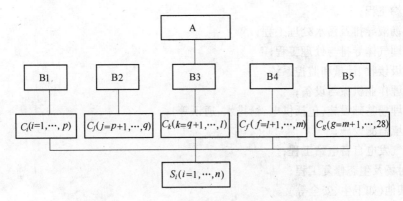

图 4-6　各指标与准则层各因素之间的关系

(2) 建立评价因子数据库。地理信息综合评判系统的数据库包括全部评价因子的空间数据库和一般属性数据库。前者用于存贮、管理具有空间分布属性的评价因子数据,它们通过 GIS 所持有的图形存贮、处理功能和空间查询分析功能自动派生,后者则用于储存选址的一般属性数据。

(3) 定量和定性指标权重的确定。地理信息综合评判系统针对填埋场选址的特点,采取了一套特有的权重确定方法,包括判断矩阵的构造、层次单排序、层次总排序和一致性检验、满意度向量的形成以及建立在灰色统计基础上的协调权重的最终确定。

(4) 场地评价因子分级值的确定与场地质量模糊多层次综合评判。由 GIS 和野外调查、勘探及试验所形成的全部场地评价因子组成了一个场地评价的属性集合。根据不同因素对场地质量的影响特征,对每一个评价因子按照从“优”到“劣”的排序进行五级划分,并给出相应的隶属函数表达式。据此进行场地质量的多因素多层次模糊综合评判,最终得到填埋场场地质量级别的综合评价结果,为选址方案的决策提供依据。根据评判出的场址等级类型来确定该场地可容纳废物的种类、废物的预处理措施、填埋场的密封措施和上部结构的其他技术措施。

利用 GIS 进行固体废物卫生填埋场的选址,不仅可将与选址有关的场地空间数据与场地属性数据进行综合,而且可灵活、迅速、直观地对这些数据进行分析、处理,从而明显提高填埋场选址的效率和精度。

固体废物卫生填埋场选址是一个涉及多因素、多层次的复杂系统,对此而设计的地理信息综合评判系统,一方面能充分利用 GIS 的独特功能进行场地表征变量的空间变异性分析,另一方面可以对填埋场场地质量进行多因素多层次的模糊综合评判,给出不同级别场地划分的定量指标(场地质量数),同时给出不同场址预选方案的综合排序。

当然,利用 GIS 系统进行固体有害废物安全填埋场的选址,不可忽视对各种基础条件的深入研究,尤其要尽可能恰当地选择评价因子及确定其分级指标和权重。

## 第三节　填埋场总体设计

### 一、填埋场设计、施工的主要工程内容

填埋场设计、施工的主要工程内容如下：
(1) 土建工程(包括挖,填土方,场地平整,堤坝,道路,房屋建筑等)；
(2) 防渗工程；
(3) 渗沥液导排及污水处理工程；
(4) 填埋气体导排与处理工程；
(5) 垃圾接收、计量和监控系统；
(6) 填埋作业机械与设备；
(7) 填埋场基础设施(包括供电、给排水、通讯等)；
(8) 环境监测设施；
(9) 沼气发电自备电站工程；
(10) 封场及生态修复工程；
(11) 其他(如卫生、安全等)。

### 二、填埋场运营管理范围

填埋场运营管理有如下几方面：
(1) 防渗工程设施维护；
(2) 垃圾接收、计量及填埋作业；
(3) 渗沥液及污水处理与排放；
(4) 填埋气体导排、处理与安全防护；
(5) 设施设备的维护和管理；
(6) 沼气发电自备电站的运营、维护和管理
(7) 环境监测管理；
(8) 封场及生态修复管理；
(9) 臭气和粉尘控制；
(10) 其他(如病虫害防治等)。

### 三、执行标准

目前,国内现行标准与规范举例如下：
(1)《城市生活垃圾卫生填埋技术规范》CJJ17—2004；
(2)《生活垃圾填埋污染控制标准》GB16889—1997；
(3)《城市生活垃圾卫生填埋处理工程项目建设标准》,中华人民共和国建设部主编,"建标[2001]101号"文；
(4)《生活垃圾填埋场环境监测技术标准》CJ／T3037—1995；
(5)《中华人民共和国工程建设标准强制性条文——城市建设部分》；
(6)《恶臭污染物排放标准》GB14554—93；
(7)《工业企业厂界噪声标准》GB12348—12349—90；

（8）《污水综合排放标准》GB8978—1996；

（9）《环境空气质量标准》GB3095—1996；

（10）《大气污染物综合排放标准》GB16297—1996；

（11）《地表水环境质量标准》GB3838—2002；

（12）《地下水质量标准》GB/T14848—93；

（13）《土壤环境质量标准》GB15618—1995；

（14）《危险废物鉴别标准》GB5085—1996；

（15）《城市生活垃圾采样和物理分析方法》CJ/T3039—1995；

（16）《堤防工程设计规范》（GB50286—1998）；

（17）《厂矿道路设计规范》（GBJ22—1987）；

（18）《地基基础设计规范》（DBJ08—11—1999）；

（19）《地基处理技术规范》（DBJ0840—1999）；

（20）《室外排水设计规程》（GBJ14—1987）；

（21）《供配电系统设计规范》（GB50052—1995）；

（22）《市政工程设计文件编制深度规定》（DGJ08—76—1999）。

（23）有关市政、水利、给排水、电力等工程的其他设计、施工最新技术标准和规范。

技术规范中的标准按中国现行标准执行，亦可套用高于中国现行标准的相关国际标准。在无中国标准的情况下，可采用国际标准。

### 四、填埋场工程方案设计

主要文件应包括：设计说明、方案设计图纸和概算书（按当地有关工程概算定额编制）、施工说明、施工组织设计、施工质量保证体系、垃圾接收及作业规划、机械设备的配置、人员配备、环境监测计划、物料消耗、填埋场封场后处理计划以及运营成本概算等。

#### （一）填埋场方案设计

填埋场的设计在满足中国国家卫生填埋标准的前提下，对其中的部分关键功能和指标可采用国际先进标准，使填埋场达到国内领先、国际先进水平。所采用的技术应该是先进可靠、经济合理、环保达标。对于毗邻海边、地下水水位较高、地下淤泥层埋深较浅的填埋场，须加强地基处理，提高地基承载力，保证防渗系统的可靠性。垃圾填埋堆体的高度应根据地基承载力和垃圾重量计算确定，以防垃圾填埋过高造成地基塌陷。堆体高度的确定还应考虑尽量扩大垃圾填埋库容量以延长填埋场使用寿命，并与周围景观设施相协调。

采取最大限度地减少渗沥液产生量的措施。

方案中应明确确定建设规模、场区面积、填埋年限、总体布局等。根据国家《城市生活垃圾卫生填埋处理工程项目建设标准》，新建垃圾填埋场的使用年限应大于 10 年。应根据场区工程地质和水文气象条件，采用先进技术和工艺尽可能使填埋场使用年限延长。应合理布局不同高度填埋层的垃圾运输道路，以便垃圾车辆顺利到达垃圾堆体每一层。

#### （二）垃圾填埋区的分区分单元设计

填埋场应根据使用年限、填埋垃圾特性、地形条件等因素划分为若干个填埋区，填埋区的划分应有利于分期施工、分期使用、环境保护和生态恢复。

每个填埋区应分为若干个填埋单元，并对填埋单元的划分进行优化设计和论证。填埋单元的划分应便于垃圾车辆和作业机械进出和填埋作业，每个填埋单元应设置渗沥液收集导排的分系统、填埋气体收集、导排系统、填埋作业期间的雨污分流措施。

单元的划分应便于填埋物分区管理,便于运输车辆在场内行驶通畅、卸车方便,便于作业机械充分发挥效益,便于保护环境、控制污染,便于节约填埋场容积。

### (三) 地基处理与场底平整

应认真分析填埋场地质勘探资料,确保场底防渗系统的安全,根据地质勘探资料和地基加固措施做细致的地基承载力校核,以确定安全合理的垃圾填埋高度。填埋区场底坡度应有利于场内洪水的排放,并留有排洪口。填埋区场底坡度应尽可能借用原始地形。每个填埋单元的纵横坡度均应满足渗沥液自然导排的需要。

在场底基面上不允许有植被和表土,场底平整时应将植被和表土加以清除。填埋区场底地基面上的回填料应压实,并采用可靠的地基压实工艺,确保压实密度。

### (四) 斜坡及围堤的设计

场地内所有斜坡、边坡的设计应符合中国国家和地方有关规范,设计时均应进行稳定性计算,并考虑雨水渗透对斜坡、边坡稳定性的影响。围堤应按防洪、挡潮、交通道路、绿化隔离等多种功能设计。

### (五) 填埋场防渗系统设计

填埋场防渗系统必须长期、可靠地防止垃圾渗沥液渗漏,并防止填埋气体的无序迁移,提供场底及四周边坡的防渗结构剖面图和所选用的材质。渗沥液和填埋气体产生期限均比较长,填埋场防渗系统的使用寿命必须与之相匹配,以使渗沥液和填埋气体能得到有效的控制。

填埋场防渗系统的设计,需考虑如下因素:由于防渗系统承受的负荷过大所造成的损害,如垃圾堆积过高或填埋气体导排井过重等;由于渗沥液、填埋气体或者其他材料和物质成分接触防渗系统所造成的侵蚀;由于地基沉降对防渗系统造成的危害。

填埋场防渗层应尽可能不让管道等设施穿过。如果需要穿过,或者防渗层需要连接在刚性结构上,该部分的防渗层应视为薄弱点,必须对其进行特殊设计、施工和保护。

填埋场防渗系统采用的主要材料应满足以下要求:

(1) 天然黏土:

1) 在任何方向上渗透系数不大于 $1 \times 10^{-9}$ m/s;

2) 不能含有木片、树叶、杂物等,或颗粒尺寸大于 50 mm 的旧石块、土块等;

3) 必须压实,压实干密度不小于 93%。

(2) 土工膜:

1) 土工膜的理化特性必须达到国际先进标准;

2) 应选择优质名牌材料做土工膜的保护层;

3) 保护材料的使用寿命应与土工膜的使用寿命相匹配;

4) 保护材料应有足够的厚度和强度,以使土工膜能得到有效保护。

(3) 排水层:

1) 排水层应具有良好的渗水和导水能力;

2) 如用碎石做排水层则应做好粒度搭配,避免颗粒物堵塞排水空隙;

3) 如使用排水网,则排水网的使用寿命应与土工膜的使用寿命相匹配。排水网应具有优良的导水性能和强度。

渗沥液导排系统应达到以下基本性能要求:保证渗沥液收集、导排系统畅通,防止堵塞;有效控制渗沥液的流向和流量,有效缩短渗沥液在垃圾堆体中的停留时间,根据当地水文气象资料计算渗沥液产生量,并说明计算模型和假定条件,采取措施防止渗沥液排放系统的泄漏。应考虑防止渗沥液导排管堵塞的措施和清理导排管的措施。

污水处理的水质、水量应包括垃圾渗沥液、生产污水与生活污水等。污水处理排放水质按《生活垃圾填埋污染控制标准》(GB16889—1997)标准执行,处理工艺的选择在满足排放标准的前提下,要考虑技术先进性、可靠性、投资、运行费用等多种因素相统一,具有抗冲击负荷的能力,确保处理后能达标排放,配备完善的监测设施和设备,提高在线监测水平。

**(六) 填埋气体导排与处理**

填埋场废气排放应达到大气污染物综合排放标准(GB16297—1996)。处理系统应具有以下性能:消除填埋场内外填埋气体爆炸、火灾的隐患;消除填埋气体对人、动物和植物的危害;最大限度地减少填埋气体无控制的溢出;防止填埋气体进入附近的建筑物、管道或其他封闭的空间。填埋气体收集、导排与处理系统应能适应填埋气体产气速率变化的特性,填埋气体导排处理系统的设计应考虑完善的气体监测和安全防范设施。

填埋气体收集系统的材料应具有耐腐蚀性和耐热性,适应气体产生量变化的特性。导排方案应考虑随垃圾填埋区域的扩大导排设施扩建的问题,适应填埋堆体的沉降,有利于填埋气体在管道中的凝结水的排除。

填埋气体处理设施应配置完善的安全控制装置,根据需要提出填埋气体监测方案。

**(七) 地表水导排系统**

地表水导排系统的设计应满足当地防洪标准,场内和场外地表水导排系统任何时间内都能安全运行。应该有效控制进入作业区和已填埋区域的地表水量,减少渗沥液产生量,新形成的和已有的斜坡(边坡)不被地表水渗透和冲刷,系统的抗洪性强。注意当地的台风暴雨强度和高降雨频率,设计完善有效的地表水导排系统。

**(八) 地表水和渗沥液分流系统**

地表水导排系统应具有雨污分流的功能。应根据需要提出地表水监测系统的设计方案,并符合《生活垃圾填埋场环境监测技术标准》(CJ/T3037—1995)。

**(九) 地下水导排控制**

应该对场内和场外影响范围内的地下水资源进行调查、检测和控制,填埋场地下水导排控制系统应满足以下要求:

(1) 防止地下水质量的恶化;

(2) 防止地下水进入垃圾填埋堆体;

(3) 防止地面的沉降或位移,以免造成防渗系统、管线系统、排水沟和基础等的破坏;

(4) 防止地下水对场底及四周边坡防渗层的破坏。

应提出可靠、适时的地下水监测方案。地下水监测方案设计应执行《生活垃圾填埋场环境监测技术标准》(CJ/T3037—1995)

**(十) 填埋场基础设施**

基础设施的设置和设计应满足以下要求:

(1) 使填埋场按卫生填埋规范顺利运营;

(2) 能顺利有效地接受运到填埋场的垃圾;

(3) 对运到填埋场的垃圾进行有效的检验、计量、运输和调度管理;

(4) 控制对场区和周边的环境影响;

(5) 为场内工作人员提供舒适方便的办公、居住和生活条件。

垃圾计量监控设施的设计应满足以下要求:

(1) 能自动识别垃圾车辆;

(2) 能在垃圾车行驶状态下(时速不超过 10 km/h)计量、记录垃圾车总重和垃圾净重;

(3) 计量系统应具有数据记录、汇总、统计、查询和数据分析等功能;

(4) 具有向数据汇总中心和政府监管部门发送数据的功能;

(5) 计量设施最大称重范围应达到 0~50 t,精度应达到国家Ⅲ级标准;

(6) 计量设备应具有计量部门的认证;

(7) 计量系统应具有较高的安全性能(包括传感器安全、秤体安全、接地安全和数据安全等);

(8) 应配置垃圾检验监控设施和场地,以鉴别进场垃圾的成分和垃圾种类。

**(十一) 填埋场垃圾填埋堆体设计及土方平衡**

垃圾填埋堆体设计应考虑尽可能增加垃圾库容、垃圾堆体稳定性、地基稳定性、周围景观,垃圾填埋覆土应尽可能就地解决或用其他覆盖材料替代。根据有关标准和填埋场现场条件提出垃圾填埋堆体的设计方案和土方平衡方案。根据填埋场的填埋区特点提出工程分期实施的设计方案。

**(十二) 技术经济指标**

技术经济指标有:填埋场设计总库容量($m^3$)、填埋场设计有效库容量(扣除填埋区、填埋单元之间隔堤和覆盖材料所占空间后的库容)($m^3$),每立方米库容投资(按总库容计算)(人民币元/$m^3$)、每立方米库容的垃圾填埋重量($t/m^3$)(压实密度)、最高日填埋量。

**(十三) 施工方案主要内容**

施工方案主要内容有:

(1) 填埋场填埋区地基处理和土方工程施工组织方案;

(2) 填埋场填埋区防渗工程施工组织方案;

(3) 填埋场填埋区渗沥液及污水收集、导排与处理工程施工组织方案;

(4) 填埋气体收集导排、处理与利用工程施工组织方案;

(5) 地表水、地下水监测设施的施工组织方案;

(6) 施工质量控制体系方案;

(7) 施工组织管理和施工进度方案。

## 五、总体设计内容

### (一) 填埋场工程

卫生填埋场主要包括垃圾填埋区、垃圾渗滤液处理区(简称污水处理区)和生活管理区三部分。随着填埋场资源化建设总目标的实现,它还将包括综合回收区。

卫生填埋场的建设项目可分为填埋场主体工程与装备、配套设施和生产、生活服务设施三大类:

(1) 填埋场主体工程与装备包括:场区道路、场地整治、水土保持、防渗工程、坝体工程、洪雨水及地下水导排、渗滤液收集、处理和排放、填埋气体导出及收集利用、计量设施、绿化隔离带、防飞散设施、封场工程、监测井、填埋场压实设备、推铺设备、挖运土设备等。

(2) 配套设施包括:进场道路(码头)、机械维修、供配电、给排水、消防、通讯、监测化验、加油、冲洗、洒水等设施。

(3) 生产、生活服务设施包括办公、宿舍、食堂、浴室、交通、绿化等。

进行填埋场设计时,首先应进行填埋场地的初步布局,勾画出填埋场主体及配套设施的大致方位,然后根据基础资料确定填埋区容量、占地面积及填埋区构造,并作出填埋作业的年度计划表。再分项进行渗滤液控制、填埋气体控制、填埋区分区、防渗工程、防洪及地表水导排、地下水导排、土方平衡、进场道路、垃圾坝、环境监测设施、绿化以及生产、生活服务设施、配套设施的设计,提出设备的配置表,最终形成总平面布置图,并提出封场的规划设计。垃圾填埋场由于处所的自然条件和垃圾性质的不同,如山谷型、平原型、滩涂型,其堆高、运输、排水、防渗等各有差异,工艺上也会有一些变化。这些外部的条件对填埋场的投资和运营费用影响很大,需精心设计。总体设计思路如图 4-7 所示。

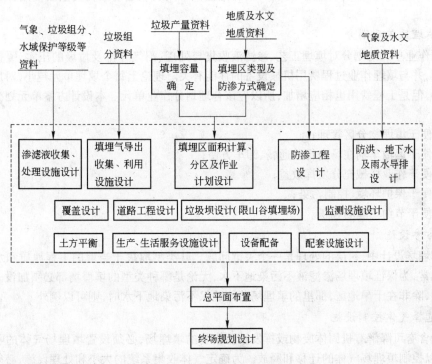

图 4-7　填埋场总体设计思路

**(二) 规划布局**

在填埋场布局规划中,需要确定进出场地的道路、计量间、生产及生活服务基地、停车场的位置,以及用于进行废物预处理的场地面积(如分选、堆肥场地、固化稳定化处理场地),确定填埋场场地的面积和覆盖层物料的堆放场地、排水设施、填埋场气体管理设施的位置、渗滤液处理设施的位置、监测井的位置、绿化带等。

填埋场的规划布局应考虑以下几个原则:

(1) 应充分考虑选址处地形、地质,因地制宜地确定进出场道路和填埋区位置;

(2) 应合理节约土地,按照功能分区布置,满足生产、生活和办公需要;

(3) 渗滤液处理设施及填埋场气体管理设施应尽量靠近填埋区,便于流体输送;

(4) 生产、生活服务基地应尽量位于填埋区的上风向,避免臭气等污染影响工作人员;

(5) 填埋区四周应设置绿化隔离带;

(6) 应根据"生活垃圾填埋场环境监测技术标准"中的规定布置本底井、污染扩散井和污染监视井的位置;

(7) 如果必要的话,预留生活垃圾分选或焚烧场地。

**(三) 填埋区构造及填埋方式**

根据填埋废物类别、场址地形地貌、水文地质和工程地质条件以及法规要求,确定填埋场的构造和填埋方式。考虑的重点包括:填埋场构造、渗滤液控制设施、填埋场气体控制设施和覆盖层结构。

### 1. 填埋场构造

按照地质和水文地质调查的结果,在拟定的填埋场场地钻孔岩心取样所获得的完整地质剖面,确定地下水(包括潜水和承压水)位的标高,分析场地的地下水流向,以及是否有松散含水层或者基岩含水层与填埋场场地有水力联系,确定应该采用的填埋场结构类型及使用什么样的防渗系统。

### 2. 填埋区单元划分

填埋作业单元的划分对填埋工艺、渗滤液收集与处理、沼气导排及垃圾的压实、覆盖等内容都有影响,并与填埋作业过程所用机械设备的性能有关。理论上每个填埋单元越小,对周围环境影响越小,但是工程费用也相应增加,所以应该合理划分作业单元。本设计方案单元划分遵循以下原则:

(1) 便于填埋物分区管理;

(2) 便于运输车辆在场内行驶通畅、卸车方便;

(3) 便于作业机械充分发挥效益;

(4) 便于保护环境、控制污染;

(5) 便于节约填埋场容积。

### 3. 防渗设施

在填埋场设计中,衬层的处理是一个关键问题。其类型取决于当地的工程地质和水文地质条件。通常,为保证填埋场渗滤液不污染地下水,无论是哪种类型的填埋场都必须加设一种合适的防渗层,除非在干旱地区,那里的填埋场若能确保不污染地下水时,则可以例外。

### 4. 选择气体控制设施

处置含有可降解有机固体废物或挥发性污染物的填埋场,必须设置填埋场气体的收集和处理设施,以控制填埋场气体的迁移和释放。为确定气体收集系统的大小和处理设施,必须知道填埋场气体的产生量,而填埋场气体的产生量又与填埋场的作业方式有关(比如是否使用渗滤液回灌系统),故必须分析几种可能的工况。使用水平气体收集井还是使用垂直气体收集井,取决于填埋场设计方案和填埋场的容量;收集到的填埋场气体是烧掉还是加以利用,取决于填埋场的容量和能量的可利用性。

### 5. 选择填埋场覆盖层结构

填埋场的覆盖层通常由几层构成,每一层都有其功能。选择什么样的覆盖层结构取决于填埋场的地理位置和当地的气候条件。为了便于快速排泄地表降雨并不致造成表面积水,最终覆盖层的表面应有2%～4%的坡度。

### (四) 地表水排水设施

地表排水系统设计应包括降雨排水道的位置、地表水道、沟谷和地下排水系统的位置是否需要暴雨储存库取决于填埋场位置和结构以及地表水特征。

### (五) 环境监测设施

填埋场监测设施主要是填埋场地上下游的地下水水质和周围环境气体的监测设施。监测设施的多少取决于填埋场的大小、结构以及当地对空气和水的环境质量要求。

### (六) 基础设施

填埋场基础设施主要包括以下12项:

(1) 填埋场出入口。填埋场的出入口设计与很多因素有关。包括车辆的数量和种类、与填埋场出入口相连的高速公路的种类等。通常要求出入口远离高速公路,本身呈喇叭形,不妨碍车辆的进出视线,有减速和加速路段,以方便车辆进出。

(2) 运转控制室。所有进出填埋场的车辆都须进行控制和记录。专用控制室的类型、大小和位置取决于下列各因素:填埋场所使用的车辆是否由场方管理;填埋场的运载车辆在场区围栏内的停驶数量;是否需要安装车辆计量地衡;其他行政设施的要求。一般情况下,控制室应远离填埋场进口处,以防车辆堵塞公路。如进出车辆较多,特别是设有地衡的填埋场,控制室最好建在进出道路的一侧。控制室设计宜考虑设置障碍栏杆或交通信号灯来管理车辆的进出行驶。对于小型填埋场,可将控制室和行政办公室安排在一起。

(3) 库房。填埋场内所使用的物件应有专门的堆放场所,有毒有害或爆炸性物品如杀虫剂、除草剂、易燃物、液化气罐等,需设置特殊的库房加以保管。其他可燃性物品如柴油、汽油、润滑油等,应存放在有完整标记的桶或容器内。

(4) 车库和设备车间。填埋场设有车库和设备车间时,如果车库以维修为目的,则应有完整的照明、通风、采暖等配套装置。考虑到手工操作人员的需要,应备有低压电源。

(5) 设备和载运设施清洗间。为便于设施等的清洗,作业区域要求有理想的水源和下水系统,这里的电器设备应有专门的保护装置,同时要设置专门的车辆清洗设施。通常,在场内修建一段足够长的高标准道路,以便车辆经过这段道路时,粘附在车辆上的泥土可被振落下来,道路要定时清扫,以防场内的泥土带上高速公路。但在多数场合,因填埋场内场地有限,常采用机械设备清扫除泥。无论何种方式,除泥设备都应设置在远离入口处,以便使车辆进入高速公路之前有足够长的路段来除去轮上残留的淤泥。车轮清洗槽是一种投资较省的车轮清洗方式。用水泥之类的材料砌一个凹槽,充满水,所有离开填埋场的车辆都得驶过这凹槽,同时在凹槽内设置一些障碍物,使驶过的车辆震动,以除去粘附在车轮上的疏松污泥。车辆驶过凹槽时必须注意放慢速度。也可以用震动栅栏清洗车辆,将横栅栏横装与道路相平或者一端稍有一定坡度,车辆驶过时产生震动,使粘附的污泥和杂物落入栅栏下面的坑中,此坑则定期加以清洗。

(6) 废物进场记录。场地承受余量的可信程度取决于准确的进场废物量记录。最好的办法是在进口处设置车辆过磅秤。此外,根据进场废物量记录还可以作出填埋场的发展计划。

(7) 地衡设置。在选择和安装计量地衡时要考虑废物填埋场的服务范围。如果填埋场不限用于某些特定的用户,则所有进出场的载重车辆都要通过称量,这可能会出现车辆的拥塞,因此,一般多将地衡装设在远离进口的位置,以防影响高速公路的车辆正常运行。地衡的承重能力和平板大小与车辆的类型有关。

(8) 场地办公及生活福利用房。填埋场内的建筑物大小、类型和数量、取决于处置废物量、填埋场的使用年限、环境因素及其他设施和库房的需要情况。场内建筑应包括综合办公楼、食堂、仓库、车库和车间、活动的单间房等。所有场内建筑物所具共同特征是:必须满足规划、建筑物、防火、健康和安全的有关规定和要求;防止发生对文化艺术的破坏;填埋场运行时间,要考虑设施的耐用性和生活设施重新调整布局的可能性;易于清洗和维修;外观整齐、协调;动力、上下水、电话等服务设施齐全。填埋场的生活设施应尽可能符合场内管理、记录档案保存、福利以及库房、车库和车间的要求。在大型填埋场,特别是那些处置难以处置的工业废物填埋场,有必要为管理和技术部门提供一定的设施和小型实验室,用于对进入填埋场的废物进行分析检查。

(9) 其他行政用房。大型填埋场应有供各种业务管理、开会等的用房,供展示填埋场运行情况、发展规划和覆盖作业计划等的固定用房。

(10) 场内道路建设。道路的质量是保证有效填埋的基础。进入场内处置区的路面应经常维修保养。从高速公路到填埋场控制室的一段道路,因在整个运行期内全天候使用,因而在设计上应考虑满足这一要求。道路有一定的长度和宽度,以保证在车辆排队等候称量时不致发生堵塞、影响交通。道路的路面可用沥青或水泥铺设,并使用路标。填埋作业区变更后,从控制室到作业区的道路可能需要重新铺设。

(11) 围墙及绿化设施。除非填埋场周围有天然屏障,一般都应圈以围墙,以防出现非正常通路,无限制地随便进出,不仅不利于保卫,而且对周围环境和人群健康带来威胁。填埋场为防止废纸四处乱飞,通常在工作面设置一定高度的拦挡墙(篱笆)。由于作业面经常变动,此种围墙应能搬动。此外,填埋区四周应设置绿化隔离带。

(12) 公用设施。卫生填埋场应有水、电和卫生设备,上述设备在偏僻的填埋场应该更多些,可以使用简易便池,用汽车运送饮用水,还可以使用发电机发电,以免再架设输电线路。

水对于饮用、救火、除尘和工人的卫生是必不可少的。大型填埋场还要安装污水管、架设电话或无线电台。

### (七) 终场规划

填埋场的终场规划是填埋最初设计的一部分,而不是填埋完成后再予考虑的事项。在规划填埋场时,必须决策填埋场的最终使用或后期使用(如图 4-8 所示),该最终或后期使用将影响填埋操作及填埋场程序管理,而且对后期使用的总费用和预期的效益应予以评估。如果这些费用不能被人们接受,那么必须修正后期使用的决定,这样,填埋终场利用在填埋一开始时就成了规划步骤中的一个组成部分。

当作业单元填埋厚度达到设计厚度后,可进行临时封场,在其上面覆盖 45 ～

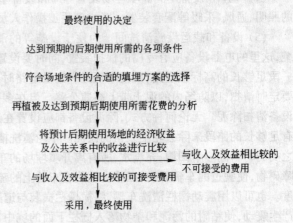

图 4-8　填埋场终场利用决策

50 cm 厚的黏土,并均匀压实。还可以再加 15 cm 厚营养土,种植浅根植物。最终封场覆土厚度应大于 1m。最终封场后至少 3 年内(即不稳定期)不得作任何方式的使用,并要进行封场监测,注意防火防爆。有资料表明,沼气的产生期可长达 50 年,当然后期产生量很少。

事实上,填埋场是一座规模庞大的生物反应器。生活垃圾在填埋场中经过若干年的生物降解后即可达到稳定化,所形成的垃圾也被称为矿化垃圾。大量研究结果表明,矿化垃圾是一种无毒无害的废物,可以开采和利用。在进行终场规划时,也可以考虑矿化垃圾的开采和填埋场的循环使用,提高填埋场的填埋容量。填埋场使用结束后,要视其今后规划的使用要求而决定最终封场要求。通常作绿地、休闲用地、高尔夫球场、园林等,亦可作建材预制件、无机物堆放场等。

## 第四节　填埋工艺

### 一、影响填埋工艺的几个基本概念

不同的填埋场类型和不同的填埋方式,其作业工艺流程基本相同。了解待处理废弃物的性质(如成分、含水率等),对确定填埋场的整体计划以及填埋场的作业工艺是非常重要的。在确定填埋工艺原则前要了解几个基本概念。

（1）计划收集人口数。按确定的计划处理区域统计人口的数量，并适当放有余量。

（2）每人每日平均垃圾排出量。计划收集垃圾量与计划收集人口数之间的比值，即每人每日平均排出量。统计数据表明，每人每日平均垃圾排出量，城市是 $800\sim1200$ g 左右，农村则为 600 g 左右，根据地域而有所不同，并因消费水平、社会形势等而变动。

（3）计划垃圾处理量。计划垃圾处理量可用下式求得：

计划垃圾处理量（t/d）＝计划收集垃圾量（t/d）＋垃圾直接运入量（t/d）＝计划收集人口数（人）×每人每日平均排出量×$10^{-6}$（g/（人·d））＋垃圾直接运入量（t/d）。

垃圾直接运入量是指填埋场附近的单位或居民直接运入填埋场进行处理的量，这个量必须由大量的统计数据归纳得出。

（4）垃圾填埋。如得出了计划垃圾处理量，基于每个城市垃圾处理各种方法（如采取焚烧、填埋、堆肥等）的分布，可以测算出用填埋方法来处理垃圾的量。

（5）垃圾压实密度。指由压实机械将垃圾挤压成紧固状态时的垃圾密度。这个数值根据填埋垃圾的种类、使用的填埋机械不同而异。日本经长期汇总有表 4-4 数据可供参考。

表 4-4　不同种类垃圾的压实密度

| 垃圾压实密度 | 范围/t·m$^{-3}$ | 平均/t·m$^{-3}$ | 代表值/t·m$^{-3}$ | |
|---|---|---|---|---|
| 可燃垃圾主体（60%以上） | $0.74\sim1.00$ | 0.83 | 可燃垃圾 | 0.77 |
| 不燃垃圾主体（60%以上） | $0.42\sim1.59$ | 0.86 | 建筑废材 | 0.71 |
| 混合垃圾 | $0.41\sim1.28$ | 0.71 | 焚烧残灰 | 1.00 |
| | | | 污泥 | 0.80 |
| | | | 塑料及不燃垃圾 | 0.43 |

（6）垃圾填埋容量。以往垃圾填埋容量多用质量表示，现在一般用容积来表示：

垃圾填埋容量（m³/d）＝垃圾填埋量（t/d）/垃圾压实密度（t/m³）

（7）填埋高度。填埋高度＝填埋容量/填埋面积。填埋场的设施建设通常是根据填埋面积来决定的（如渗滤液处理设施、渗滤液收集导排系统、防渗系统面积的设置等），而这个面积的大小又与建设费用密切相关。因此通常也把填埋高度作为衡量填埋场的一个经济指标来考虑，这时又称为填埋效率。假设填埋面积相同，则可能的填埋容量越大，即填埋高度越高，经济性也就越好。

（8）覆盖厚度。一般垃圾一次性填埋，每层垃圾厚度应为 3 m 左右。当天作业完毕，覆土 30 cm 左右。考虑到填埋场的生态恢复，最终覆土层厚达 1 m。如若按照严格的覆盖规程，填埋场覆土量一般占填埋场总容量的三分之一左右。

（9）填埋场使用年限。填埋场的规模根据必需的填埋年限而定。从理论上讲，填埋使用年限越长越好，但考虑到填埋场的经济性、填埋场地形的可能性以及填埋场终场利用的可行性，填埋场使用年限的确定必须在选址规划和做填埋计划时就考虑到。一般填埋场使用以 5～15 年为宜。

（10）填埋终场平地利用率。填埋终场平地利用率＝终场后可利用平地面积/填埋场总面积。填埋终场后得到的平地越宽，可利用的途径就越广，土地的再利用价值也就越高。

## 二、填埋场工艺的确定

按以下几点来确定填埋场工艺：

（1）分区作业，减少垃圾裸露面，降低作业成本按计划进行填埋作业。根据每天的垃圾处理量,确定填埋区域和每天的作业层面,尽量控制垃圾裸露面的范围,这样既可以减少对环境的污染,又可以减少因治理环境污染而所需的费用。

(2) 压实多填,延长填埋场使用年限,提高填埋效率确定合理的填埋高度。选择专用的填埋压实机械,提高垃圾填埋的压实密度,增加填埋场的使用年限,使有效的填埋面积得到最充分的利用。

(3) 控制源头,落实环保措施,防止二次污染。制定有效的环境保护对策。从填埋场地基的防渗、垃圾渗滤水的收集与处理、填埋气体的导排或回收利用以及填埋场的虫害防治等方面,采取及时的预防和治理措施,将垃圾对周围环境的污染降低到最低限度。

(4) 超前规划,采取合理的填埋方式,缩短稳定期,有利于填埋场的复原利用。在填埋场启用前,对填埋场的终场利用必须有一个综合规划。根据制订的规划,并以有利于填埋场的稳定和提高填埋场的终场利用率为前提确定填埋方式,从而使填埋场的复原利用规划得到最有效的实施。

### 三、填埋的方法和步骤

垃圾的填埋工艺总体上服从"三化"(即减量化、无害化、资源化)的要求。垃圾由陆运进入填埋场,经地衡称重计量,再按规定的速度、线路运至填埋作业单元,在管理人员指挥下,进行卸料、推平、压实并覆盖,最终完成填埋作业。其中推铺由推土机操作,压实由垃圾压实机完成。每天垃圾作业完成后,应及时进行覆盖操作,填埋场单元操作结束后及时进行终场覆盖,以利于填埋场地的生态恢复和终场利用。此外,根据填埋场的具体情况,有时还需要对垃圾进行破碎和喷洒药液。典型工艺如图4-9所示。

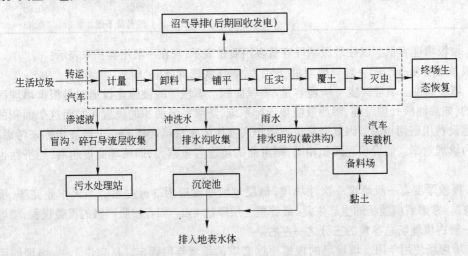

图4-9　生活垃圾卫生填埋典型工艺流程

城市各生活垃圾收集点的垃圾用翻斗车、集装箱、专用垃圾船或铁路专用车厢运送到填埋场,经计量和质量判定后进入场内。按指定的单元作业点卸下,对于大型填埋场通常要分若干单元进行填埋。垃圾卸车后用推土机摊平,再用压实机碾压。大型垃圾场是采用专用压实机,它带有羊角型碾压轮,不仅能起到压实作用,还起到破碎作用,使垃圾填埋体致密,减少局部沉降,高库容利用率等优点。小型填埋场亦有用推土机代用的,但效果较差。分层压实到需要高度,再在上面覆盖黏土层,同样摊平、压实。每一单元的大小,应按现场条件、设备条件和作业条件而定,一般以一日一层作业量为一单元为宜,以便每日一覆盖。昼夜连续作业的可按交接班为界,每班作业量为一单元。单元内作业应采取层层压实的方法,垃圾的压实密度采用推土机压实的应大于 0.6 t/m³,采用专用压实机的应大于 0.80 t/m³。每层垃圾厚度应为 2.5~3.0 m 为宜,每层覆土厚度为 20~30 cm,通常 4 层厚度组成一个大单元,上面覆盖上土 50 cm。10 m 厚的大分层之间通常需建立车辆通过的平台,供垃圾车进场用。要求覆盖的黏土,其渗透率小的为佳。

填埋时各单元建立应服从填埋场的总体设计,一般从右至左或从左至右推进,然后从前向后延伸。左、中、右之间的连线应该呈圆弧形,使覆盖后,面上排水畅通地流向两侧进入排水沟、边沟等,以减少雨水渗入垃圾体内,前后上部的连线应呈一定的坡度。填埋后纵向坡度在设计时应根据堆高、垃圾体坡度的稳定和排水等要求来确定。填埋时应服从总体设计的堆高要求。一般要求外坡为 1:4,顶坡不小于 2%。

由于填埋区的构造不同,不同填埋场采用的具体填埋方法也不同。比如在地下水位较高的平原地区一般采用平面堆积法填埋垃圾;在山谷型的填埋场可采用倾斜面堆积法;在地下水位较低的平原地区可采用掘埋法;在沟壑、坑洼地带的填埋场可采用填坑法填埋垃圾。实际上,无论何种填埋方法主要由卸料、推铺、压实、覆土四个步骤构成。

(1)卸料。采用填坑作业法卸料时,往往设置过渡平台和卸料平台。而采用倾斜面作业法时,则可直接卸料。

(2)推铺。卸下的垃圾的推铺由推土机完成,一般每次垃圾推铺厚度达到 30~60 cm 时,进行压实。

(3)压实。压实是填埋场填埋作业中一道重要工序,填埋垃圾的压实能有效地增加填埋场的容量,延长填埋场的使用年限及对土地资源的开发利用;能增加填埋场强度,防止坍塌,并能阻止填埋场的不均匀性沉降;能减少垃圾空隙率,有利于形成厌氧环境,减少渗入垃圾层中的降水量及蝇、蛆的滋生,也有利于填埋机械在垃圾层上的移动。因此,填埋垃圾的压实是卫生填埋过程中的一个必不可少的环节。垃圾压实的机械主要为压实机和推土机。一般情况下一台压实机的作业能力相当于 2~3 台推土机的工作效能,其在国外大型填埋场已得到广泛使用。在填埋场建设初期,国内较多填埋场用推土机代替专用压实机,压实密度较小,为得到较大的压实密度,国内垃圾填埋场也正在逐步采用垃圾压实机和推土机相结合来实施压实工艺。

(4)覆土。卫生填埋场与露天垃圾堆放场的根本区别之一就是卫生填埋场的垃圾除了每日用一层土或其他覆盖材料覆盖以外,还要进行中间覆盖和最终覆盖。日覆盖、中间覆盖和终场覆盖的功能各异,各自对覆盖材料的要求也不相同。

日覆盖的作用有:1)改善道路交通;2)改进景观;3)减少恶臭;4)减少风沙和碎片(如纸、塑料等);5)减少疾病通过媒介(如鸟类、昆虫和鼠类等)传播的危险;6)减少火灾危险等。日覆盖要求确保填埋层的稳定并且不阻碍垃圾的生物分解,因而要求覆盖材料具有良好的通气性能。一般选用沙质土等进行日覆盖,覆盖厚度为 15 cm 左右。

中间覆盖常用于填埋场的部分区域需要长期维持开放(2 年以上)的特殊情况,它的作用有:1)将可以防止填埋气体的无序排放;2)防止雨水下渗;3)将层面上的降雨排出填埋场外等。中间覆盖要求覆盖材料的渗透性能较差。一般选用黏土等进行中间覆盖,覆盖厚度为 30 cm 左右。

终场覆盖是填埋场运行的最后阶段,也是最关键的阶段,其功能包括:1)减少雨水和其他外来水渗入填埋场内;2)控制填埋场气体从填埋场上部释放;3)抑制病原菌的繁殖;4)避免地表径流水的污染,避免垃圾的扩散;5)避免垃圾与人和动物的直接接触;6)提供一个可以进行景观美化的表面;7)便于填埋土地的再利用等。

卫生填埋场的终场覆盖系统由多层组成,主要分为两部分:第一部分是土地恢复层,即为表层;第二部分是密封工程系统,从上至下由保护层、排水层、防渗层和排气层组成。

表层的设计取决于填埋场封场后的土地利用规划,通常要能生长植物。表层土壤层的厚度要保证植物根系不造成下部密封工程系统的破坏,此外,在冻结区表层土壤层的厚度必须保证防渗层位于霜冻带以下。表层的最小厚度不应小于50 cm。在干旱区可以使用鹅卵石替代植被层,鹅卵石层的厚度为10～30 cm。

保护层的功能是防止上部植物根系以及挖洞动物对下层的破坏,保护防渗层不受干燥收缩、冻结解冻等的破坏,防止排水层的堵塞,维持稳定等。

排水层的功能是排泄通过保护层入渗进来的地表水等,降低入渗水对下部防渗层的水压力。该层并不是必须有的层,只有当通过保护层入渗的水量(来自雨水、融化雪水、地表水和渗滤液回灌等)较多或者对防渗的渗透压力较大时才是必要的。排水层中还可以有排水管道系统等设施。其最小透水率为$10^{-2}$ cm/s,倾斜度一般不小于3%。

防渗层是终场覆盖系统中最为重要的部分。其主要功能是防止入渗水进入填埋废物中,防止填埋场气体逃离填埋场。防渗材料有压实黏土、柔性膜、人工改性防渗材料和复合材料等。防渗层的渗透系数要求$k \leqslant 10^{-7}$ cm/s,铺设坡度不小于2%。

排气层用于控制填埋场气体,将其导入填埋气体收集设施进行处理或者利用。它并不是终场覆盖系统的必备结构,只有当填埋废物降解产生较大量填埋场气体时才需要。

覆盖材料的用量与垃圾填埋量的关系为1:4或1:3。覆盖材料包括自然土、工业渣土、建筑渣土和陈垃圾等。自然土是最常用的覆盖材料,它的渗透系数小,能有效地阻止渗滤液和填埋气体的扩散,但除了掘埋法外,其他类型的填埋场都存在着大量取土而导致的占地和破坏植被问题。工业渣土和建筑渣土作为覆盖,不仅能解决自然土取用问题,而且能为废弃渣土的处理提供出路。陈垃圾筛分后的细小颗粒作为覆盖土也能有效地延长埋场的使用年限,增加填埋容量,因此陈垃圾可以作为垃圾填埋覆盖材料的来源。

对垃圾的填埋除了进行上述四个步骤之外,往往还要进行灭虫。

当填埋场温度条件适宜时,幼虫在垃圾层被覆盖之前就能孵出,以致在倾倒区附近出现一群群的苍蝇,当出现这种情况时,通过在填埋操作区喷洒杀虫药剂可以控制这个问题。当然这种杀虫剂应是在研究苍蝇的习性基础上加以研制开发的,同时应按照一定的规范进行操作。

必须说明的是,真正的科学卫生填埋处理在国内还太少,上述资料只是参照国外一些引进资料作梗概性的介绍,揭示在填埋处理时必须注意的一些原则和需考虑的因素,在国内填埋处理技术上尚待有相当多的经验积累后,才能出现适合国情的科学的卫生填埋技术法规。

### 四、填埋作业

填埋作业如图4-10所示,即填埋垃圾按单元从压实表面开始,向外向上堆放。某一作业期(通常是一天)构成一个填埋单元(隔室)。由收集和运输车辆运来的垃圾按45～60 cm厚为一层放置,然后压实。一个单元的高度通常为2～3 m。工作面的长度随填埋场条件和作业尺度的大小不同而变化。工作面是在给定时间内垃圾卸载、放置和压实等的工作面积。单元的宽度一般为3～9 m,取决于填埋场的设计和容量。

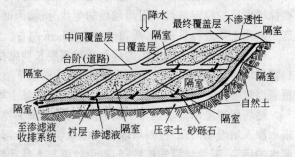

图4-10　填埋场剖面图

### (一)定点倾卸

通过控制垃圾运输车辆倾倒垃圾时的位置,使垃圾摊铺、压实和覆盖作业变得更有规划,也更加有序。如果运输车辆通过以前填平的区域,这个区域将被压得更实。

比较合适的作业方式是计划出当天所需的作业区域,然后就地挖出覆盖料,在一天处置完毕后随即覆盖,第二天如此往复开辟新的作业区。在正常作业不受大的干扰情况下,作业面应当尽量缩小,而做到这一点,现场指挥人员在填埋场开放期间应在作业区用哨子、喇叭、或者小旗指挥进来的车辆在作业面的适当位置倾倒垃圾,可以使用路障和标志规定出当天作业区。应该将作业区放在作业面的顶端,这是因为摊铺和压实从底部开始比较容易而且效率高。如果倾倒从上部开始,要注意防止垃圾被堆成一个陡峭的作业面,并影响当天的压实效果。在底部倾倒还可以减少刮走垃圾碎屑。应当保持作业区清洁、平整,以防止车辆损坏和倾翻。在小的填埋场,可能需要设置一个用作作业面的倾倒区;在大的填埋场或者在短时间内处理垃圾量较大的填埋场,应该设一个人工卸车的倾卸区。如果作业面的宽度不足以进行这种作业时,车辆可以行驶到上部去倾倒。

**(二)摊铺、压实**

摊铺、压实是使作业面不断扩张和向外延伸的一种技术操作方法。垃圾可以沿斜面被摊铺并压实,称为斜面作业。这种操作尤其对于多雨地区有利于场区内减少渗滤水收集量,并防止其在作业区内堆积。斜面作业的优点是比平面作业时所用的覆盖料少,减少飞扬物,同时,当机器向上爬坡时要比向下容易得到一个比较均匀的垃圾作业支撑面。

具体的填埋操作过程为:先将垃圾按从前至后的顺序铺在作业区下部,然后又将其堆成约0.6 m的坡面。推土机沿斜坡向上行驶,边行驶边整平,压实垃圾。然后在压实的垃圾上覆盖上一层土并压实。这样就形成卫生填埋场中许多彼此毗邻的单元,处于同一层的单元,就构成"台",完工后的填埋场就是由一层或多层"台"组成。

每个单元的高度由作业区间距离而定,通常认为合适的单元高度为2.5 m,但也存在着堆高为4.5 m以上的情况。

为形成具有最小损害的填埋点并取得令人满意的土地恢复标准,一般须遵循下列原则。

除需要倾卸性质不同的废物外,每次应在一个地区一个工作面上集中处置。将废物倒在顶部或侧斜面的下部。应该用带叶片或铲斗的活动机械将其散开成为一层,机械应在其上过几趟。斜坡与水平面的夹角不应超过30°,用非常沉重(15~30 t)的钢轮压实机在不超过0.5 m厚的层上操作,以达到最佳压实效果。庞大的废弃物应当压碎或击破,以防止形成空洞。为此,可将其推卸到工作面上部。最初的压缩层厚度不应超过2.5 m。工作面应该足够宽,以便即时卸车,不必排队或影响推土机或压实机工作。可建立移动式屏障,以收集随风飘落的纸和塑料膜。每天应铺一层至少15 cm厚的覆盖材料,以确保整洁的外观,防止臭味,防止害虫及盖住苍蝇卵。固体废弃物和覆盖层应表面倾斜,以利于雨水排出。医院、动物等废弃物及变质食品应倾于工作面前边,以使其覆盖得相对深一些,不许倾于水中。

当达到满堆高度时,应加最后一层覆盖物。现今趋向是用防渗衬垫覆盖,夹在排水层间,用地质织物与土壤相隔,在防渗衬垫和排水层上,应铺中间层以便根系发展,再加上表层土。通常底部和侧面的排水结构及中间和最后覆盖层的措施会明显地减少有用的填埋容量。

**(三)压实作业**

由于填埋场的选择日趋困难,因此,延长现有填埋场的使用年限变为政府部门和每一位经营者十分关注的问题。压实是实现这一目标的有效途径。通过压实,可以延长填埋场使用年限,减少沉降和空隙,因而减少虫害和蚊蝇的滋生,减少飞扬物,降低废弃物被冲走的可能性或避免使废弃物在雨天过多地暴露,减少每天所需的日覆盖土,从而减少机器的挖土工作量;减少渗滤水和填埋气体的迁移;提供一个坚实的垃圾作业面,减少机器保养和维修。

"推铺、压实"是城市生活垃圾卫生填埋作业中一道重要工序。表4-5列出了国内外典型填埋场的推铺、压实工艺参数。

表 4-5　国内外垃圾推铺、压实工艺参数

| 填埋场名称 | 推铺机械与推铺作业 | 压实机械与压实作业 | 压实后垃圾密实度/t·m⁻³ | 分层厚度/m | 备　注 |
|---|---|---|---|---|---|
| 英国伯明翰垃圾卫生填埋(山地) | 钢轮压实机,在向前推进中完成铺平、压实作业 | | 1.2 | ≥2 | 装有重型切削刀的压实机,可把垃圾轧碎 |
| (国外填埋综合技术资料) | 橡胶轮推铺机械把垃圾推铺开来 | 垃圾厚度不超过0.6m,由钢轮压实3～5次 | 0.6～1.0 | | 压实机重型切削刀的压实机,可把垃圾轧碎 |
| 杭州天子岭垃圾填埋场(山地) | 上海 120A 推土机,推铺卸点垃圾 | 垃圾层厚度达0.7m时由上海120A推土机压实 | ≥0.6 | 2.5 | |
| 广州市李坑生活垃圾卫生填埋场(山地) | 上海 120A 推土机,推平卸点垃圾 | 垃圾层厚度达0.6～0.7m,由TA120推土机压实 | | 2.0～2.5 | 场内有德国"宝马"压实机 |
| 西安市江村沟填埋场(山地) | 上海 120A 推土机,推平卸点垃圾 | 堆至分层厚度,由工程压路机压实 | | 2.5～3 | |
| 成都市长安固体废弃物卫生处置场(山地) | 上海 120A、TS140 两种推土机,推平卸点垃圾 | 堆至分层厚度,由工程压路机压实,来回3～4遍 | 0.7～0.8 | 3～4 | |
| 广州大田山填埋场(山地) | 上海 120A 推土机,推平卸点垃圾 | 垃圾层厚度达0.8m时,由工程压路机压实 | 0.8 | 2.0～2.5 | |
| 北京阿苏卫填埋场(平原) | 推平、压实作业由宝马 BC601RB 型压实机同时完成 | | >0.65 | | |
| 上海市废弃物老港处置场(滨海滩地) | 推平压实由上海120A、TS140推土机完成,推铺厚度0.4m,压实3遍 | | >0.65 | 4 | 分层压实厚度0.9～1.2 m |

垃圾层厚是最关键的。为了得到最佳的压实密度,废弃物摊铺层厚一般不能超过 6 m。压实遍数是影响密实度的另一关键因素。"通过遍数"通常被定义为压实机在一个方向通过垃圾的次数。无论何种类型的压实机,最好应该通过3～4次,多于4次,压实密度变化不大,而且在经济上也不合理。坡度应当保持小一点。一般 4:1 或更小一些,一个标准的坡面可以获得最好的压实效果。对垃圾进行破碎也有利于压实。同时,垃圾破碎后降解速度会加快,从而加速其稳定化进程。

由于垃圾成分复杂,四季变化大,特别当夏季西瓜皮含量高或暴雨时,垃圾含水率高;秋冬干旱或纤维状垃圾、塑料、砖木等不易碾碎的垃圾较多时,垃圾含水率低,均会影响压实密实度的变化,同时垃圾的密实度还受作业机械性能、推铺压实密度、压实遍数等因素的影响。由于各地增长率成分、地质、水文和气象条件不同,本试验提供的试验方法可供各地参考,并可结合各自的不同情况,通过试验,确定适合于本地区不同季节的工艺参数。

**(四) 覆盖**

**1. 每日覆盖**

每日覆盖的主要目的是控制疾病、垃圾飞扬、臭味和渗滤液,同时还可控制火灾。在进行每

日覆盖前要把垃圾直接压实,这样就形成了平坦的垃圾面,便于覆盖及有关运行。为达到这个目的,至少要保证每日的覆盖厚度不小于 15 cm。在填埋区扩展延伸时,顶部和斜坡也要覆盖,以防止垃圾到处飞扬。一般情况下,每个作业面在一天工作结束时都应及时覆盖。

### 2. 适时覆盖

适时覆盖与每日覆盖有着同样的作用,但留有使垃圾暴露时间加长的缺点。适时覆盖也可用于运输通道的临时表面。它的最小压实厚度为 30 cm。

### 3. 最终覆盖

封场的区域要进行最终覆盖。最终覆盖的厚度一般不于小 60 cm。厚度、覆盖料和压实厚度都必须遵守设计和作业计划。为减少土壤的渗透性,除上面的几十厘米外,所有的覆盖土都需压实。最终覆盖层上面可以加些表土,在覆盖的同时进行播种,提高肥力和调节 pH 值。用作最终覆盖的土壤不能太湿或冰冻。为便于建立保持平坦表面所要求的坡度,应在场地封闭后节约土壤。封闭也要分阶段进行,以便一旦最终覆盖完成后,再不允许在封场的区域上行驶车辆。

一个最终覆盖基本的设计至少包括两层:表土层和水文层。发展中国家,可取的办法是采用 60 cm 表层土和 20 cm 的水文层。这些设计对那些蒸发快、降雨又少的地区是可以采纳的。在其他气候下以及需要更多保护的地区,如气候比较潮湿,可能要求其他防渗层来补充。为了防止水向下流,覆盖一定要设计得雨水和雪水大部分能流走。这可以通过修建 1% 或 2% 坡度的覆盖层而达到这样的目的。这个倾斜度促使积留的水能流走,同时又减少水土流失。还可以通过建立植被来减少水土流失。反过来,植被又会促进土壤水分蒸发,因而坡度和植被在覆盖的功能里起着重要的作用。

覆盖之前应对垃圾进行推平、铺匀和碾压。垃圾运进场后,按预先划好的区、块卸下,用推土机推平摊铺均匀,每次堆置推平后的垃圾层厚度为 0.6~0.7 m,再用垃圾压实机械或履带式推土机反复压实,压实密度要求不小于 0.8 t/m³。然后按此程序在上面填埋第二层,第三层……,在垃圾填埋层厚度达 2.0~2.5 m 后,立即覆盖 0.2 m 厚度的黏土并予以压实,每个填埋块的大小以按 2~3 天的垃圾量来划为宜,以便能及时覆土,减少垃圾的裸露时间,减少对环境的污染。

填埋到最终顶面标高时,覆盖封顶的黏土厚 0.5~0.7 m,再加 0.2~0.3 m 的耕植土,并作成中间高四面低的坡状,压实后进行绿化。

在覆盖过程中覆盖材料的选择对保持卫生填埋的外观完整是必不可少的,另一个重要的作用是控制气体和液体的运动。因此,在选址时应充分考虑填埋覆盖材料的来源和数量,如果能在填埋场就近取土,则比较理想。

### (五) 封场作业

封场是填埋场设计操作的最后一环。封场要同地表水的管理、渗滤水的收集监测以及气体的控制措施结合起来考虑。封场目的是通过在填埋场表面修筑适当的坡度,以此减少侵蚀,并最大限度地排水,尽量不使环境受到污染。

### (六) 填埋分区计划

分区作业即将填埋场分成若干区域,再根据计划按区域进行填埋,每个分区可以分成若干单元,每个单元通常为某一作业期(通常一天)的作业量。填埋单元完成后,覆盖 20~30 cm 厚的黏土并压实。分区作业使每个填埋区能在尽可能短的时间内封顶覆盖;有利于填埋计划有序,各个时期的垃圾分布清楚;单独封闭的分区有利于"清污分流",大大减少渗滤液的产生。

图 4-11 表示了一座填埋场的简单的分区计划。如果填埋场高度从基底算起超过 9 m,通常在填埋场的部分区域设中间层,中间层设在高于地面 3~4.5 m 的地方,而不是高于基底 3~

4.5 m。在这种情况下,这一区域的中间层由 60 cm 黏土和 15 cm 表土组成。在底部分区覆盖好中间层后,上面可以开始新的填埋区。

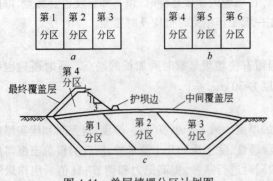

图 4-11　单层填埋分区计划图
a—底层分区;b—上层分区;c—剖面图

后剩余的一个单元之内。

应当注意,用于铺设中间层的土壤不能用于铺设最终覆盖层,这是因为这些土壤沾染了垃圾。这些土壤可以用于每日覆盖,或填入填埋场内。自然表土是可以重新用于最终覆盖层的。

在分区计划中,要明确标明填土方向,以防混乱。在已封顶的区域不能设置道路。永久性道路应与分区平行铺设在填埋场之外,并设支路通向填埋场底部。交通线路应认真规划,使所有垃圾均能卸入最

# 第五节　垃圾的降解与稳定

堆积在填埋区中的生活垃圾经历着各种生物、物理和化学变化,随着时间的推移会逐渐腐烂和生物降解,产生有严重危害的渗滤液,有爆炸可能性的沼气,不均匀的垃圾表面沉降以及成分在不断变化的垃圾分解物。了解填埋后垃圾本身的运行规律对有效地规划、设计和管理卫生填埋场是十分重要的。

## 一、垃圾填埋场有机污染物的生物降解过程

生活垃圾在倾倒入填埋场后,主要是在微生物作用下,进行有机垃圾的生物降解,并释放出填埋气体和大量含有机物的渗滤液。微生物对垃圾的降解作用由微生物对水中污染物的降解和微生物对固体物质的降解两部分组成,两种降解同时进行。

### (一) 填埋场中微生物的作用特性

垃圾填埋场中微生物主要有六大作用特性:(1)微生物个体小,比表面积大,代谢速率快。(2)在覆土和垃圾中存在多种多样的微生物,它们的营养类型、理化性状和生态习性多种多样,并且存在多种类型代谢活动。(3)微生物降解酶具有专一性和诱导性。(4)微生物繁殖快,易变异,适应性强。(5)微生物体内具有质粒,能起调控作用。在有毒物存在的情况下,质粒能够转移,获得质粒的细胞同时获得质粒所具有的性状。(6)微生物具有共代谢作用。微生物通过共代谢作用,使其在可作碳源和能源的基质上生长,也使一种非生长基质不完全转化。共代谢微生物在利用某种生长基质时,与该生长基质结构相似的非生长基质会在微生物降解生长基质的初始酶作用下将非生长基质降解和转化。

微生物的这些作用特性确保了垃圾填埋场中的有机物的降解。

### (二) 填埋场有机污染物的降解过程

垃圾填埋场中垃圾的生物降解是一个复杂的过程。它包括多种连续的或并行的生化反应途径。垃圾填埋从垃圾分层分块填埋、覆土、封场直到稳定的整个过程中,垃圾的可降解有机物在微生物的作用下,一般经历四个阶段:好氧分解阶段、厌氧分解不产甲烷阶段、厌氧分解产甲烷阶段和稳定产气阶段。详见图 4-12。

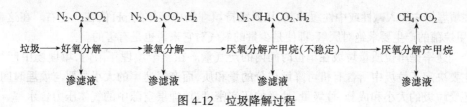

图 4-12　垃圾降解过程

第一阶段(好氧分解阶段)：随着垃圾的填埋,垃圾空隙中的大量空气也同样被埋入其中。因此,开始阶段垃圾只是好氧分解,此阶段经历时间的长短取决于好氧分解的速度,可以是几天到几个月。此阶段的酸性条件为后续厌氧分解创造了条件。同时此阶段所产生的渗滤液有机物质浓度高,$BOD_5/COD>0.4$,pH值小于6.5。当好氧分解将填埋层中的氧气耗尽后进入第二阶段。

第二阶段(厌氧分解不产甲烷阶段)：好氧分解后的11～14天为兼氧分解阶段。随着兼氧分解的进行,pH值和填埋气体产量都开始上升,此时也产生高浓度有机渗滤液,$BOD_5/COD>0.4$。在此阶段,复杂有机物(如蛋白质、脂肪等)在发酵性细菌产生的胞外酶的作用下水解产生简单的溶解性有机物,并进入细胞内由细胞内酶分解为乙酸、丙酸、丁酸、乳酸等,并产生氢气和二氧化碳。丙酸、丁酸、乳酸等脂肪酸和乙醇等在产氢、产乙酸菌的作用下转化为乙酸。在进一步的转化过程中,由于存在硫酸根和硝酸根,微生物利用硫酸根和硝酸根作为氧源,产生硫化物、氮气和二氧化碳。硫酸盐还原菌和反硝化细菌等均为优势菌群,其繁殖速度大于产甲烷菌。当还原程度达到一定程度以后,才能产出甲烷。还原状态的建立和环境因素有关,潮湿而温暖的填埋层或块能迅速完成所处的阶段并进入下一阶段。

第三阶段(厌氧分解产甲烷阶段)：持续一年左右的不稳定产气阶段。此时pH值上升到最大,渗滤液的污染物浓度逐渐下降,$BOD_5/COD<0.4$,填埋气体产量和产气中甲烷浓度逐步升高。此阶段产甲烷菌成为优势菌群,在二氧化碳和乙酸存在的条件下,产生甲烷。甲烷气的产量稳定增加,当温度达到55℃左右时,便进入下一阶段。

第四阶段(稳定产气阶段)：7年左右的厌氧分解半衰期或稳定阶段。此阶段稳定地产出甲烷和二氧化碳,两种气体的浓度在很长时间内保持基本稳定,二者的体积比能达到一个常数,一般为1.2～1.5。此时,可降解的有机物质逐渐减少,pH值保持不变,渗滤液的有机物浓度下降,$BOD_5/COD≤0.1$,而后,填埋气体产量下降,填埋气体中甲烷浓度也逐渐下降。

## 二、填埋气体(LFG)的产生

生活垃圾填埋几周后,填埋场内部的氧气消耗殆尽,为厌氧发酵提供了厌氧条件,于是生活垃圾中的有机可降解垃圾便开始了厌氧发酵过程,这一过程可简单地归纳为两个基本阶段,如图4-13所示。

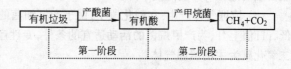

图 4-13　有机垃圾厌氧分解过程示意图

必须指出,这些微生物的实际生化过程是极为复杂的。第一步是产酸阶段。倾倒的垃圾中的复杂有机物被产酸菌降解成简单的有机物,典型的有醋酸盐($CH_3COOH$)、丙酸盐($C_2H_5COOH$)、丙酮酸盐($CH_3COCOOH$)或其他的简单的有机酸及乙醇。这些细菌从这些化学反应获取自身生长所需的能量,其中,部分有机垃圾转化成细菌的细胞及细胞外物质。厌氧分解的第二步是产甲烷阶段,产甲烷菌利用厌氧分解第一阶段的产物产生甲烷和二氧化碳。形成二氧化碳的氧来自有机基质或者可能来自无机离子例如硫酸盐。甲烷菌喜欢中性pH条件,而不喜欢酸性条件。第一阶段产生的酸往往降低了环境的pH值,如果产酸过量,甲烷菌的活性就会受抑制。如果要求产气,那就可在填埋场中加入碱性或中性缓冲剂,从而维持填埋场中液体的 pH 值在 7 左右。在这个过程中,产甲烷菌的产生要求绝对厌氧,即使是少量的氧气对它来说也是有害的。

产气速率是单位质量垃圾在单位时间内的产气量。在整个填埋年限内,填埋场中产气量的大小主要决定于垃圾中所含有机可降解成分的量和质,而产气速率的大小主要与填埋时间有关,另外还受垃圾的大小和成分、垃圾量、垃圾的压实密度、填埋层空隙中的气体压力含水率、pH 值、温度等因素的影响。

随着填埋场内部厌氧过程的进行,垃圾的大小和成分都会改变。垃圾的体积减小,增加了比表面积,从而提高了厌氧生化反应的速度,使甲烷的产率增加;垃圾的填埋时间越长,可降解有机物质含量越低,相同条件下的产气速率也就越低;垃圾的含水量是影响产气速率的重要因素,一般情况下,含水量越高则产气速度越大;甲烷的形成对 pH 值要求严格,当 pH 值为 6.5~8.0 时,甲烷才能形成,甲烷发酵的最佳值是 7.0~7.2;填埋场的压实密度直接涉及到空隙率的大小,从而进一步影响到填埋气体的迁移规律,并对产气速率产生间接影响,垃圾填埋层内的气体压力与厌氧反应的速度有关,及时将填埋气体导出,减少生成物浓度及压力,有利于反应向正方向进行,从而提高了产气速率。

### 三、渗滤液的产生

填埋场的一个主要问题是渗滤液的污染控制。垃圾填埋场在填埋开始以后,由于地表水和地下水的入流,雨水的渗入以及垃圾本身的分解而产生了大量的污水,这部分污水称为渗滤液。垃圾渗滤液中污染物含量高,且成分复杂,其污染物主要产生于以下三个方面:

(1) 垃圾本身含有水分及通过垃圾的雨水溶解了大量的可溶性有机物和无机物。

(2) 垃圾由于生物、化学、物理作用产生的可溶性生成物。

(3) 覆土和周围土壤中进入渗滤液的可溶性物质。

垃圾渗滤液的性质随着填埋场的使用年限不同而发生变化,这是由于填埋场的垃圾在稳定化过程中不同阶段的特点而决定的,大体上可以分为五个阶段:

(1) 最初的调节:水分在固体垃圾中积累,为微生物的生存、活动提供条件。

(2) 转化:垃圾中水分超过其持水能力,开始渗滤,同时由于大量微生物的活动,系统从有氧状态转化为无氧状态。

(3) 酸性发酵阶段:此阶段碳氢化合物分解成有机酸,有机酸分解成低级脂肪酸,低级脂肪酸占主要地位,pH 值随之下降。

(4) 填埋气体产生:在酸化段中,由于产氨细菌的活动,使氨态氮浓度增高,氧化还原电位降低,pH 值上升,为产甲烷菌的活动适宜的条件,专性产甲烷菌将酸化段代谢产物分解成以甲烷和二氧化碳为主的填埋气体。

(5) 稳定化:垃圾及渗滤液中有机物得到稳定,氧化还原电位上升,系统缓慢转为有氧状态。研究表明,渗滤液污染物浓度随填埋场使用年限的增长而呈下降趋势。

渗滤液的产量受多种因素的影响,如降雨量、蒸发量、地面流失、地下水渗入、垃圾的特性和地下层结构、表层覆土和下层排水设施设置情况等等,其中降水量和蒸发量是影响渗滤液产量的重要因素。水质则随垃圾组分、当地气候、水文地质、填埋时间和填埋方式等因素的影响而显著变化。由于影响因素多,造成不同填埋场、不同填埋时期的渗滤液水质和水量的变化幅度很大。

### 四、填埋场的沉降

填埋场地的沉降度与填埋场的初期填埋高度有一定的关系,并随着压实情况和填埋年龄而变化。一般填埋场的沉降要持续25年以上,前5年发生的沉降为总沉降的90%。填埋场的沉降一般分为3个阶段:初始阶段、第一阶段和第二阶段。初始阶段的沉降是由上层垃圾对下层垃圾的压实造成的;第一阶段的沉降一般发生在填埋完工后1~6个月内,主要是由垃圾空隙中的水分和气体由于上层压实作用而散逸所引起的;第二阶段的沉降主要是由垃圾的降解引起的。

在垃圾填埋处理过程中,垃圾堆体的滑坡是一个值得重视的问题。因此,已完工的填埋场,在决定使用它们之前,必须研究其沉降特性。影响填埋场地沉降性能的因素有:(1)最初的压实程度;(2)垃圾的性质和降解情况;(3)压实的垃圾产生渗滤液和填埋气体后发生的固结作用;(4)作业终了的填埋高度对垃圾堆积和固结度的影响。

填埋场的均匀沉降问题不大,主要是不均匀沉降将产生一系列问题。例如,由于不均匀沉降造成的覆盖层断裂就可能在废物相变边界、填埋单元边缘和填埋场边界处出现。填埋场的总沉降量取决于废物种类、载荷和填埋技术因素,通常是废物填埋高度的10%~20%。还有研究表明:在填埋后的前五年发生的沉降大约要占总沉降量的90%。关于已完工的填埋场地集中荷载的分布,目前尚无这方面的可供参考的资料。如果需要进行有关工作,考虑到各地情况的差别很大,建议分别进行现场的荷载试验。

### 五、影响有机污染物降解的因素

填埋垃圾的分解作用受多种因素的影响,例如垃圾的组成、压实的紧密度、含有的水分量、抑制物的存在、水的迁移速度和温度等都可影响垃圾的分解。有机垃圾厌氧分解的最终产物主要是稳定的有机物、挥发性有机酸和不同种类的气体。有机垃圾分解的总速率与垃圾的组成、温度及含水量有关。在正常情况下,用气态产物衡量的降解数量在前两年内可达到峰值,然后就逐渐缓慢地衰减下来,延续期大多长达25年甚至更久。在充分压实的填埋场里,如果垃圾中不加入水分,经过年复一年的埋置将很难找到它们的原形。

#### (一)温度

微生物生长的温度范围很广,约为-5~85℃,根据不同微生物生长温度可以分为低温型、中温型和高温型。垃圾填埋场中的垃圾降解一般发生在中温和高温段,中温型最适温度为18~35℃,最高为40~45℃;高温型最适温度为50~60℃,最高为70~85℃。研究认为,垃圾填埋场中30~40℃是最适合微生物产气的温度。

#### (二)湿度

水的存在是微生物生命活动和垃圾降解过程中的基本条件。填埋场中水的承受范围很广,一般为25%~70%。含水率较高时,容易产生恶臭;而当含水率低时,又不利于垃圾的微生物降解。垃圾降解的最佳含水率为50%~60%,而且含水率越高,产气率越高。

#### (三)pH值

垃圾填埋场中有机物的降解是通过微生物降解的,而对垃圾降解至关重要的产甲烷菌对pH值有严格的要求,最佳pH值范围为6.8~7.2,此外,pH值较高时会使二氧化碳的浓度下降,较低时又会抑制微生物的活动。

#### (四)有机物的组成

在垃圾降解过程中,为满足微生物的生长需要,垃圾中必须提供足够的C、N和P,一般当C/N在(10~20):1时,有机物的去除率最大。如果C/N过高,细菌所需的N不足,会导致有机酸的累积,抑制产甲烷菌的生长;如果C/N过低,会导致盐的积累,使pH值上升,当pH值超过8以后,又会抑制产甲烷菌的生长。

### 六、填埋场中难降解有机物的降解作用

垃圾中绝大多数的无机物已经稳定化了,在填埋场中不发生生物降解,有机物中一些人工合成的高分子有机物如塑料和橡胶等难以生物降解。覆土和垃圾中存在的某些真菌、细菌和放线菌中的有些成员对难降解的合成高分子有机物的生物降解有重要意义。主要降解作用有:(1)生物物理作用:微生物细胞的生长引起合成塑料和橡胶的机械破坏;(2)生物化学作用:微生物代谢产物作用于聚合物;(3)直接酶作用:微生物分泌的酶对聚合物内的某些组分起作用,引起氧化分解等。塑料聚合物先经光解,再进行微生物降解就容易多了,但是,覆土和垃圾中能进行光降解的微生物较少,主要是曲霉等。因此,人工合成的高分子有机物如塑料和橡胶等难以生物降解的物质在垃圾填埋场中的降解很缓慢,降解周期很长。

## 第六节　填埋场场底防渗系统

防止填埋场气体和渗滤液对环境的污染是填埋场中最为重要的部分,对它们的周密考虑需要贯穿于填埋场从设计、施工、运行,直到封场和封场后管理的整个生命周期之中。场底防渗系统是防止填埋气体和渗滤液污染并防止地下水和地表水进入填埋区的重要设施。场底防渗系统主要有水平防渗系统和垂直防渗系统两种类型。垂直防渗是对填埋区地下有不透水层的填埋场而言的,在这种填埋场的填埋区四周建垂直防渗幕墙,幕墙深入至不透水层,使填埋区内的地下水与填埋区外的地下水隔离开,防止场外地下水受到污染。水平防渗是在填埋场的场底及侧边铺设人工防渗材料或天然防渗材料,防止填埋场渗滤液污染地下水和填埋场气体无控释放,同时也阻止周围地下水进入填埋场内。水平防渗技术的关键,首先是防渗层的结构,其决定了防渗的效果和建设投资;其次是防渗层施工质量控制。

### 一、水平防渗系统的构成

填埋场水平防渗的衬层系统通常从上至下可依次包括过滤层、排水层(包括渗滤液收集系统)、保护层和防渗层等。

过滤层的作用是保护排水层,防止垃圾在排水层中积聚,造成排水系统堵塞,使排水系统效率降低或失效,同时,在垃圾分解放热阶段,还可以降低封底层内的温度。

排水层的作用是及时将被阻隔的渗滤液排出,减轻对防渗层的压力,减少渗滤液的外渗可能性。该层内一般按一定的间距设置排水盲沟,盲沟内设穿孔管,以收集并排出渗滤液。

保护层一般应用土工布,用以防止防渗层受到外界影响而被破坏,如石料或垃圾对其上表面的刺穿,应力集中造成膜破损,黏土等矿物质受侵蚀等。

防渗层是水平防渗系统中最重要的一层,其功能是通过在填埋场中铺设低渗透性材料来阻隔渗滤液于填埋场中,防止其迁移到填埋场之外的环境;防渗层还可以阻隔地表水和地下水进入填埋场。防渗层的主要材料有天然粘土矿物如改性黏土、膨润土,人工合成材料如柔性膜,天然与有机复合材料如聚合物水泥混凝土(PCC)等。该层的结构千差万别,有两层 HDPE 膜中间夹一层膨润土的,也有一层 HDPE 膜上铺一层膨润土的,还有单独使用一层 HDPE 膜的。总之,该层至少应设一层 HDPE 膜。防渗层的层数越多,安全性能越强,但造价也相应提高。在具体工程实践中,应根据垃圾性质、场区环境等因素具体分析。

### 二、水平防渗系统的结构

根据上述填埋场水平防渗衬层过滤层、保护层、排水层和防渗层的不同的组合,构成衬层系

统结构。水平防渗的衬层系统可以分为单层衬层系统、复合衬层系统、双层衬层系统、多层衬层系统等,如图 4-14 所示。

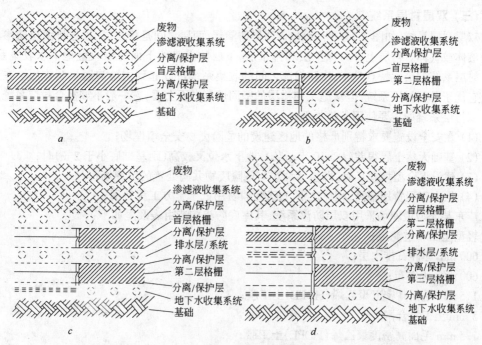

**图 4-14　典型填埋场衬层系统**
*a*—单层衬层系统;*b*—复合衬层系统;*c*—双层衬层系统;*d*—多层衬层系统

### (一) 单层衬层系统

单层衬层系统(如图 4-14*a* 所示)只有一个防渗层,防渗层的上面是保护层和排水层,有时也在下面设下垫层和地下水收集系统。单层衬层系统一般单独使用膨润土或 HDPE 等铺设而成防渗层,设计中一般采用单层土工膜防渗衬垫系统,并用无纺布作为保护层。在铺设该种防渗系统时,先将场底平整压实到设计密实度后,铺设一层无纺布垫底,上铺主防渗土工膜,主防渗层上再铺设无纺布或黏土保护层,保护层上面为渗滤液导流层。单层防渗层造价低,施工方便,但安全系数低。只有在地下水污染风险极低的情况下(如垃圾毒性小、地下水位低、土质防渗性好)才会被推荐使用。三峡库区某大型填埋场采用单层防渗系统,其库底防渗构造由表及里如下:

粒径 20～50 mm 碎石层厚 500 mm;

双层 400 g/m 无纺布;

2.0 mm 光面高密度聚乙烯(HDPE)土工膜;

400 g/m 无纺布;

300 mm 压实黏土;

地基土。

### (二) 复合衬层系统

复合衬层系统(如图 4-14*b* 所示)是用两种防渗材料贴在一起构成一个防渗层,它们相互紧密地排列,提供综合效力。常用的是柔性膜与黏土合在一起,其他层的设置与单层衬层系统相同。复合衬层系统综合了物理、水力特点不同的两种材料的优点,因此具有很好的防渗效果。由于复合衬层系统膜与黏土表面紧密连接,具有一定的密封作用,渗滤液在黏土层上的分布面积很小,因而继续渗漏量很小,优于双层衬层系统。复合衬层两部分之间接触的紧密程度是控制复合衬层渗漏量的关键因素,所以一般不在两层之间设置土工织物。

**(三) 双层衬层系统**

双层衬层系统(如图 4-14c 所示)包含两层防渗层,两层之间是排水层,以导排两层防渗层之间的液体或气体。衬层上方为保护层和排水层,下层防渗膜的下面可以设置地下水收集系统。双层衬层系统的最大特点是主、次防渗膜之间的收集系统可以起到主防渗膜检漏作用。在这一点上它优于单层衬层系统,但从施工和衬层的坚固性等方面上看,它一般不如复合衬层系统。

双衬层系统的主要使用条件如下:

(1) 在安全设施要求特别严格的地区建设的危险废物安全填埋场;

(2) 基础天然土层很差($k > 10^{-5}$ cm/s)、地下水位又较高(距基础底小于 2 m)时;

(3) 建设混合型填埋场时,即生活垃圾与危险废物共同处置的填埋场;

(4) 土方工程费用很高,相比之下,HDPE 膜费用低于土方工程费用。

广东某大型填埋场采用双层防渗系统,其库底防渗构造由表及里如下:

轻型土工布过滤层;

600 mm 厚碎石排水层;

600 g/m 无纺布;

1.5 mm 毛面高密度聚乙烯(HDPE)土工膜;

5 mm 土工复合网;

1.5 mm 毛面高密度聚乙烯(HDPE)土工膜;

600 g/m 无纺布;

地基土。

**(四) 多层衬层系统**

多层衬层系统(如图 4-14d 所示)综合了双层衬层系统和复合衬层系统的特点,其原理与双层衬层系统类似。在两个防渗层之间设排水层,用于控制和收集从填埋场中渗出的液体;不同点在于,上部的防渗层采用复合防渗层。防渗层之上为渗滤液收集系统,下方为地下水收集系统。多层衬层系统具有抗损坏能力强、坚固性好、防渗效果好等优点,但往往造价也高。

图 4-15 和图 4-16 给出了填埋场基础衬层系统结构的典型示例。其中,图 4-15 为复合衬层系统,图 4-16 为双层衬层系统。随着工程技术的发展,用于填埋场的衬层系统也在不断改进,以美国为例,1982 年以前主要使用单层黏土衬层,1982 年开始使用单层土工膜衬层,1983 年改用双层土工膜衬层,1984 年又改用单层复合衬层,1987 年后则广泛使用带有两层渗滤液收集系统的双层复合衬层。

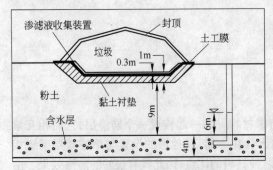

图 4-15　复合衬层系统的典型示例

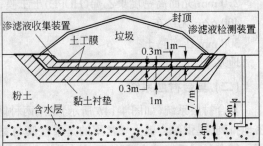

图 4-16　双层衬层系统的典型示例

### 三、填埋场防渗材料

防渗层是由透水性较小的防渗材料铺设而成的。适于做卫生填埋场衬垫的材料主要有三大类：

（1）无机天然防渗材料。主要有黏土、亚黏土、膨润土等。天然黏土由于经济、易得、施工方便，曾被认为是生活垃圾填埋场唯一的防渗衬垫材料，至今仍在填埋工程实践中被广泛使用。

（2）天然和有机复合防渗材料。主要指聚合物水泥混凝土（PCC）防渗材料、沥青水泥混凝土等。

（3）人工合成有机材料。主要有沥青、橡胶、聚乙烯、聚氯乙烯等。现填埋场广泛使用的是高密度聚乙烯（HDPE）。人工合成有机材料通常也叫做柔性膜。

#### （一）天然黏土

黏土是广泛用于填埋场衬垫的自然材料，其渗透率应是不大于 $10^{-6} \sim 10^{-7}$ cm/s。具有下列特性的黏土适宜作衬层材料：

（1）液限（$W_t$）为 25%～30%；

（2）塑限（$W_p$）为 10%～15%；

（3）0.074 mm 或更小的粒度的土料干重占土料土粒的 40%～50%；

（4）黏土成分含量（质量分数）为 18%～25%（黏土成分是粒径小于 0.002 mm 的颗粒）；

（5）英国的标准要求黏土矿物含量 10% 以上；

（6）土料中不允许存在直径大于 2.5～5 cm 的碎石或石头。

黏土的选择主要根据现场条件下所能达到的压实渗透系数来确定。压实的目的是将松散不均匀的黏土层压实成均匀分布、低透水性的土层。在最佳湿度条件下，将黏土压实到 90%～95% 的最大普氏干密度时，能否达到低渗透率作为黏土的选择条件。填埋场衬垫的压实标准和其他工程填土（如房屋地基或路基）不同，表 4-6 给出了两种黏土的比较。

表 4-6　常规压实填土与填埋场黏土衬垫的比较

| 项　目 | 常规压实填土 | 填埋场黏土衬垫 |
| --- | --- | --- |
| 设计压实标准 | 承载力（抗剪强度），压缩性 | 渗水性（$A < 10^{-7}$ cm/s），抗剪强度，压缩性 |
| 施工要求 | 压实度 90%～95%（含水量可大于或小于最优含水量）压实层厚度 200～300 mm | 压实度 90%～95%（含水量大于最优含水量）压实层厚度不得超过 150 mm |

天然黏土衬垫也有许多弱点，限制了它在生活垃圾填埋场防渗衬垫中的单独使用，其中包括：

（1）黏土的含水率和压实程度对其渗透性有很大影响；

（2）压实黏土易产生干燥、冻融和收缩裂缝，使渗透系数提高；

（3）易受垃圾中化学物质冲击，如酸碱成分能溶解黏土中的矿物质，极性分子易被带负电荷的黏土胶体颗粒所吸附，在黏土颗粒表面形成双电层，提高黏土的渗透性。

为保证天然黏土衬层的有效性，要求自然衬垫层必须密实连续，避免有重大的水力缺陷，如裂缝、接合缺陷及洞眼等，这就需通过现场地质勘探和实验室实验相结合的方法来进行评价。而要验证自然黏土及岩石是否均一且具低渗透性是极其困难且昂贵的。因此使用自然黏土作为地下水唯一的保护层是不可取的。通常自然黏土是作为已设计衬垫的基底。

#### （二）人工改性防渗材料

人工改性防渗材料是在填埋场区及其附近没有合适的黏土资源或者黏土的性能无法达到防

渗的要求时,将亚黏土、亚沙土等进行人工改性,使其达到防渗性能要求而成的防渗材料。人工改性主要是通过在亚黏土、亚沙土等天然无机材料中添加成分来实现的。添加剂有有机和无机两种。有机添加剂包括一些有机单体如甲基脲等的聚合物;无机添加剂包括石灰、水泥、粉煤灰和膨润土等。相对而言,无机添加剂费用低、效果好。如黏土的石灰、水泥改性技术就是通过在黏土中添加少量石灰、水泥有效地改善了黏土的性质,大大提高了黏土的吸附能力、酸碱缓冲能力。掺和添加剂后的材料再经压实,能够改变混合过程的凝胶作用,使黏土的孔隙明显变小,抗渗能力增强。改性后黏土的渗透系数可以达到 $10^{-9}$ cm/s,符合填埋场防渗材料对渗透性的要求。又如黏土的膨润土改性技术指在天然黏土中添加少量的膨润土矿物,来改善黏土的性质,使其达到防渗材料的要求。在黏土中添加膨润土,不仅可以减少黏土的孔隙,使其渗透性降低,而且可以提高衬层吸附污染物的能力,同时,也使黏土衬层的力学强度大幅度提高。国内外研究成果和工程应用证明膨润土改性黏土在填埋场工程中有很大的发展前途。

### (三) 人工合成防渗材料

人工合成防渗材料主要有:

(1) 高密度聚乙烯膜(HDPE)。高密度聚乙烯膜(HDPE)是人工合成材料中最常用的防渗材料。目前,美国大多数垃圾卫生填埋场都采用了二层 HDPE 膜防渗,至于有毒有害废弃物填埋场的设计标准就更高了。我国 20 世纪 90 年代初开始采用 HDPE 膜作为垃圾填埋场基底防渗层的主要材料。HDPE 土工膜除用作填埋场库底和侧壁的防渗垫衬的主体材料之外,还广泛用来做封场覆盖系统的主要防渗层和渗滤液调节池的防渗垫衬。因此,HDPE 膜防渗技术在国内垃

**表 4-7　HDPE 土工膜的主要力学性能**

| 项　目 | 指　标 |
|---|---|
| 拉伸强度 | ≥25 MPa |
| 断裂伸长率 | ≥550% |
| 直角撕裂强度 | ≥110 N/mm |
| 炭黑含量 | ≥2% |
| 水蒸气渗透系数 | ≤10×10⁻¹³g·cm/(cm²·s·Pa) |
| 尺寸稳定性 | ≤±3 |

圾填埋场的应用具有非常广阔的发展前景。高密度聚乙烯膜(HDPE)的主要特征:化学性能稳定,垃圾渗滤液不会对其构成威胁;低渗透性,确保地下水和雨水渗透液不会渗过衬垫,甲烷气体不会溢出排放系统;抗紫外线性能稳定,HDPE 中的炭黑加强了抗紫外线能力,不含增塑剂,解决了暴露在紫外线下被分解的问题。其厚度有 1.0 mm、1.25 mm、1.5 mm、2.0 mm、2.5 mm 等几种。根据现行国家规范 CJJ17—2004 规定,垃圾填埋场使用单层 HDPE 土工膜复合垫衬,土工膜的厚度应不小于 1.5 mm。HDPE 土工膜按规格幅宽一般为 3 m、3.5 m、4 m 、6 m、7 m,卫生填埋场铺设面积较大,考虑减少焊缝和施工周期,设计要求幅宽大于 6 m。高密度聚乙烯膜(HDPE)的主要力学性能如表 4-7 所示。

(2) 膨润土垫(GCL)。土工合成材料膨润土垫(geosynthetic clay liners,简称为 GCL)是两层土工合成材料之间夹封天然钠基膨润土粉末,通过针刺、粘接或缝合而制成的或是由膨润土与高密度聚乙烯防渗膜(HDPE)贴合而成的一种薄层防渗材料。膨润土垫在我国当前尚未大批生产和普遍应用,但在世界上很多国家已经是大批生产的、满足城市固体废物填埋场防渗材料执行标准的一种新型防渗材料,其可以应用于垃圾填埋场防渗系统,也可以使用于诸如市政工程和水利工程,是近年来被普遍接受的新型材料之一。在美国,联邦与各州对于填埋场的防渗系统和覆盖系统均制订了规范设计标准,同时提出,在满足联邦执行标准的情况下,允许使用替代方案。而使用 GCL 技术正是能够达到甚至超过联邦执行标准的替代方案之一。表 4-8 为膨润土垫与压实黏土衬层的比较。

表 4-8　膨润土垫与压实黏土衬层的比较

| 特　征 | CCL | GCL |
|---|---|---|
| 材　料 | 天然土或土与膨润土的混合物 | 膨润土、黏合剂、土工织物与土工膜 |
| 施工方法 | 现场施工 | 工厂加工，现场铺设 |
| 厚　度 | 约 60~90 cm；需要占用大量库容 | 约 6 mm 左右；可以节约大量库容 |
| 渗透系数 | $\leqslant 1.0 \times 10^{-7}$ cm/s | $\leqslant (1 \sim 5) \times 10^{-9}$ cm/s |
| 材料方便程度 | 不可能在任何地点均能找到合适的材料 | 材料可由工厂运至任何地方 |
| 施工速度和难易 | 慢，施工复杂；需用重型建设机械 | 快，仅需要简单铺设；只需要轻型机械 |
| 施工期因干燥而被损伤的可能性 | 材料近乎饱和，施工期易干裂；会产生固结水；对于天气状况要求高 | 材料基本上是干的，施工期不会干裂；但对某些材料存在重叠宽度问题，不产生固结水；对于天气条件不敏感 |
| 对于地质不均匀沉降的抵抗 | 无法应付地质不均匀沉降 | 可应付地质不均匀沉降且对渗透性无影响 |
| 冻融循环的影响 | 不能承受冻融循环带来的影响 | 无　影响 |
| 干湿循环的影响 | 会产生龟裂 | 无影响 |
| 质量保证的难易 | 步骤很复杂，需要高度熟练和有知识的监理人员 | 相　对较简单，仅需常规监理 |
| 铺设以后的修补费用 | 难以修补，变幅很大 | 修补方便，大的场地费用较低 |
| 使用经验 | 已应用多年 | 最近才在国内市场使用，国外市场已有十多年的使用经验 |

作为 GCL 的主要组成部分膨润土是一种天然纳米防水材料，具有高膨胀性和高吸水能力，湿润时透水性很低；裹在膨润土外面的土工合成材料一般为无纺土工织物，主要起保护和加固作用，使 GCL 具有一定的整体抗剪强度。GCL 的厚度一般为 7~10 mm，遇水膨胀后厚度可增大到原来的 4~5 倍。幅宽 3~5 m，单位面积重约为 5 kg/m²，渗透系数 $k = 10^{-10} \sim 10^{-8}$ cm/s。图4-17为膨润土垫两种不同结构的构造示意图。

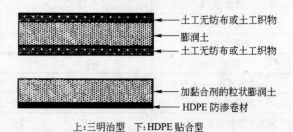

上：三明治型　下：HDPE 贴合型

图 4-17　两种不同结构的膨润土垫

膨润土垫的工程特性如下：

1) 低透水性。一般膨润土垫的渗透系数为 $10^{-10} \sim 10^{-8}$ cm/s，钠基膨润土由于其独特的水化作用，膨胀性更大，其渗透系数更小。

2) 胀缩性。膨润土在吸水时会膨胀，失水时会收缩，并且具有独特的膨胀力。其超强的自我修复能力，使其能持久发挥防水性能。

3) 耐久性。因为膨润土是天然无机物，时间和周边物质对其化学性质的影响很小，并且不发生老化和腐蚀现象，因此可以永久保持其防水能力。

4) 抗冻性。试验表明，经过反复的冻融循环，膨润土垫的渗透系数只有微小的改变，其抗冻性能良好。

5) 施工简单，工期短。只用简单的施工工具就可以施工，施工相对比较简单，与其他防水方法相比工期比较短。与沥青防水相比，大约缩短 50% 的工期；与土工膜相比，其柔性好，不用焊接;与压实黏土相比,其体积小,重量轻,施工简便。

6) 易检测,易修补。施工结束后,可以立即检查出施工不足或者施工中有问题的地方,以及防水材料的损坏等,可以减少防水施工中可能发生的失误。对破损的部位,可以马上简单地进行缝补补丁,所以防水修补非常容易。

7) 抗剪强度。不加筋 GCL 的内摩擦角大约为 30°,黏聚力大于 10 kPa;饱水后,内摩擦角下降至 10°,黏聚力只有 5 kPa 左右。加筋 GCL 的抗剪强度在干燥状态下与不加筋 GCL 差别不大,但在饱水状态下,其内摩擦角为 20° 左右,黏聚力可达 10 kPa。如果需要较高的抗剪强度,选择加筋膨润土是必要的。

由于膨润土优越的工程特性,其适用范围很广,但需要注意的是:膨润土在 Ca、Cl、K 电解质溶液中不膨胀,即在有 Ca、Cl、K 电解质溶液存在的环境中,不能使用膨润土作防渗材料,例如海滩边忌用膨润土;另外,合格的防渗膨润土必须具备 3 个基本条件:pH 值不应超过 8;渗透系数小于 $10^{-7}$ cm/s;通过百年加速老化试验。表 4-9 是几种 GCL 产品性能指标。

**表 4-9　几种 GCL 产品性能指标**

| 项　　目 | 1 号产品 | 2 号产品 | 3 号产品 |
|---|---|---|---|
| 面层织物/g·m$^{-2}$ | 300(PP 非织造针刺) | 300(PP 非织造针刺) | 300(PP 非织造针刺) |
| 底层织物/g·m$^{-2}$ | 200(PP 织造) | 100(PP 织造) 300(PP 非织造) | 199(HDPE 非织造) 250(HDPE 非织造) |
| 膨润土粉/g·m$^{-2}$ | 4200 | 3500 | 4700 |
| 单位面积质量/g·m$^{-2}$ | 5500 | 4200 | 5350 |
| 蒙脱石含量/% | ≥70 | | |
| 含水率/% | ≤15 | ≤15 | ≤15 |
| 吸水率/% | ≥600 | ≥600 | ≥600 |
| 膨胀指数/mL | ≥25 | | |
| 厚度/mm | 6 | 7 | 7 |
| 渗透系数/m·s$^{-1}$ | ≤5×(10~11) | ≤5×(10~11) | ≤5×(10~11) |
| 针刺密度/cm$^{-2}$ | ≥15 | ≥15 | ≥15 |
| 顺机向拉伸强度/kN·m$^{-1}$ | 18 | 14 | 12 |
| 横机向拉伸强度/kN·m$^{-1}$ | 8 | 24 | 12 |
| 顺机向伸长率/% | 10 | 60 | 50 |
| 横机向伸长率/% | 5 | 50 | 50 |
| 剥高强度/N·cm$^{-1}$ | ≥3 | 6 | 6 |
| 卷尺寸/m×m | 4.8×30 | 4.8×30 | 4.8×30 |

### (四) 聚合物水泥混凝土(PCC)材料

聚合物水泥混凝土是由水泥、聚合物胶结料与骨料结合而成的新型填埋场防渗材料。在水泥混凝土搅拌阶段,掺入聚合物分散体或者聚合物单体,然后经过浇铸和养护而成。

PCC 作为一种新型建筑材料,具有比较优良的抗渗和抗碳化性能。抗渗性比普通砂浆提高 2~3 个数量级,抗碳化性提高 3~6 倍。由于聚合物的网络与成膜作用,使 PCC 具有较为密实的微孔隙结构,因此,PCC 具有较高的耐磨性和耐久性。在力学性质方面,其抗压强度、抗折强度、伸缩性、耐磨性都可以通过配方的改变加以改善,从而达到预期要求。所进行的 PCC 作为填埋场防渗材料系列研究表明,PCC 在材料力学性能和抗渗性能等方面基本上具备了防渗材料的要求。所研制的 PCC 防渗材料的抗压强度达到 20 MPa,渗透系数由普通水泥砂浆的 $10^{-6}\sim$ $10^{-8}$ cm/s降低到 $10^{-9}$ cm/s。

## 四、水平防渗系统的设计

防渗工程要求在填埋场的服务年限内和填埋场完全稳定前都能有效地收集垃圾渗滤液,防止其污染地下水。填埋场防渗工程方案应从经济性、安全性、适用性和技术成熟性进行论证而最终确定。各项设计内容应符合工程总体设计要求和当地水文、气象、地形地貌、工程地质等自然要求。填埋场防渗工程的要求还应符合国家现行有关工程防渗方面的标准、规范的规定。

### (一)防渗衬垫系统的基本要求

衬垫系统位于填埋场底部和四周侧面,是一种水力隔离措施,用来隔离固体废弃物和周围环境,以免污染周围土体、地下水和地表水。

(1)渗透系数。根据我国《城市生活垃圾卫生填埋技术规范》(GJJ17—2004)和《生活垃圾填埋污染控制标准》(GB16889—1997),并参照国外的有关标准和规范,要求不管是天然还是人工卫生填埋场衬垫,其水平、竖直向的渗透率应小于 $10^{-7}$ cm/s,其抗压强度必须大于 0.6 MPa。

(2)抗百年老化的耐久性要求。生活垃圾成分复杂,填埋后递降分解的速度很慢,需近百年才能完成。所以,衬垫系统应在相当长一段时间内保持所要求的低渗透率。而不少填埋场选用的场底防渗衬垫材料开始时渗透系数小于 $10^{-7}$ cm/s,但一段时间后,即开始渗漏,产生污染问题的关键在于所选用的防渗衬垫材料耐久性达不到要求。国外工业先进国家均要求对防渗衬垫的材料进行抗百年老化实验。在我国,这方面还未作明确规定,但为保证填埋场防渗衬垫长期、安全可靠,避免因选材不当造成社会及经济两方面的损失,这样的实验也是需要进行的。

(3)填埋场场底应有纵、横向坡度,以利于渗滤液导排。

(4)填埋场地基应是具有承载填埋体负荷的自然土层或经过地基处理的平稳层,且不能因填埋垃圾的沉降而使场底基层失稳。

(5)填埋场防渗层必须具有良好的物理力学性能以防止外力破坏而失效。

### (二)防渗结构设计原则

防渗结构设计应遵循以下原则:

(1)防渗结构设计必须根据实际的地质情况选用合适的防渗材料,下设置保护层,防止防渗材料受到破坏。

(2)应设置渗滤液导流层,以有效地导排渗入的垃圾渗滤液。

(3)根据工程水文资料考虑设置地下水导流系统,以避免地下水对防渗结构造成危害和破坏。

(4)在新建填埋场采用人工水平防渗时,其结构要求不应低于单层衬垫防渗结构的要求,当不得已填埋场选定在环境敏感区时,应最低限度采用双层衬垫防渗结构。

### (三)防渗衬层设计的步骤

防渗衬层设计的步骤如下:

(1)确定填埋场类型。根据填埋物及填埋场选址等条件确定填埋场类型。

(2)确定场区地下水功能和保护等级。对能提取使用的地下水,只需保护地下水含水层;而对地表水、岩石或土壤含水地质构造中的补给水,则包括含水黏土沉积物和上层滞(不抽取)的保护。

(3)确定衬层材料及衬层构造。衬层材料的渗透系数要求必须小于 $10^{-7}$ cm/s,且须与废物中产生的渗滤液相容。

（4）需在现场水文地质勘察的基础上，根据场址降雨量及场内渗滤液产生的情况，建立废弃物浸出液分配模型，以确定防渗层的有关设计参数。

（5）需要考虑衬层的施工及其对衬层的质量的影响。

**（四）防渗层设计的具体要求**

防渗层设计的具体要求有：

（1）防渗层应覆盖填埋场单元底面及坑壁。

（2）防渗材料应保证在填埋场使用年限及影响年限内渗滤液不透过防渗层。

（3）为防止防渗层被破坏，应在其上部铺设保护层。填埋场防渗工程中通常采用土工织物作为土工膜的保护层，其规格宜按边坡稳定、日晒和冰冻等条件及施工要求经现场试验确定。

（4）防渗层直接铺设在地基上时，防渗膜下部宜铺设垫层作为保护层，垫层材料可采用压实细粒土、土工织物、土工网和土工格栅等。

（5）对以下情况可不设下垫层：

1）基底为均匀平整细粒土体；

2）选用复合土工膜、土工聚合黏土材料（GCL）或防水排水材料。

3）由于经济性因素，防渗层必须铺设在软基上时，防渗膜下部必须铺设土工合成材料如土工格栅等，或采取工程措施提高地基承载力。

**（五）黏土衬层设计**

黏土衬层可用来形成单层衬层系统或同其他材料混合形成复合、双层或多层衬层系统。对于单层衬层系统而言，黏土衬层的厚度不应小于 1 m。对于复合、双层或多层衬层系统，如果黏土材料供应不足，在允许的条件下，厚度可以适当减少，渗透性要求也可适当放松。但黏土衬层的厚度不可以低于 0.6 m，这是黏土层达到坚固性和持久性目的所要求的最小厚度。黏土衬层的厚度越大，其防渗能力越强。但衬层厚度过大，不仅占据了大量有效填埋空间，而且将大幅度提高土建工程费用。因此，必须根据具体情况合理设计填埋场黏土衬层的厚度，达到既能满足防渗要求，又能降低建设费用的目的。黏土衬层厚度设计推荐值见表 4-10。

**表 4-10　压实黏土衬层渗透系数与厚度设计推荐值**

| 衬层结构 | 渗透系数/cm·s$^{-1}$ | 黏土层厚度/m |
|---|---|---|
| 单层衬层 | $10^{-7}$ | 1.0~3.0 |
| 复合衬层：土－膜 | $10^{-6}$~$10^{-7}$ | 0.6~1.0 |
| 复合衬层：土－复合土 | $10^{-7}$ | 1.0 |
| 双层衬层 | $10^{-7}$ | 0.6~1.0 |

如表 4-10 所示，黏土衬层渗透系数一般都要求小于 $10^{-7}$ cm/s。实际上渗透系数是度量流体在介质中渗透能力的参数，因此，它既与介质性质有关，还与流体的性质有关。严格地说，不同成分的渗滤液在不同温度条件下在相同性质的黏土中的渗透能力是不同的。因此，渗滤液在黏土中的渗透系数要根据渗滤液实际成分，在填埋场可能的温度范围内，运用设计的黏土材料性质和厚度进行试验才能加以确定。在设计时一般应运用实际渗滤液进行现场渗透实验来准确地确定渗透系数值。

土块的大小将影响黏土的渗透性质和施工质量。通常，土块越小，其中水分分布越均匀，压实效果越好。因此，在设计中一般推荐土块的最大尺寸为 2 cm。如果现场土块尺寸太大，应首先进行机械破碎。

黏土要形成有效的衬层或衬层组成部分,还需要具有一定的可塑性。一般要求液限指数为25%～30%,塑限指数为10%～15%。

黏土材料应具有足够的强度,不应在施工和填埋作业负荷作用下发生变形,同时还需要根据欲填废物的种类进行黏土化学相容性试验。化学不相容的废物不能在填埋场中填埋。如果必须填埋此类废物,则应考虑采取其他防渗措施或者在填埋前,进行固化等预处理。

对于黏土衬层的设计坡度,一般推荐为2%～4%;其衬层系统中的排水层厚度为30～120 cm,集水管最小直径为15 cm,管道间距为15～30m。

### (六) HDPE 衬层设计

在衬层设计中,HDPE 防渗膜通常用于复合衬层系统、双层衬层系统和多层衬层系统的防渗层设计。除特殊情况外,HDPE 防渗膜并不单独使用,因为它需要较好的基础铺垫,才能保证HDPE 防渗膜稳定、安全而可靠地工作。

对 HDPE 防渗层铺设设计要求如下:

(1) 防渗膜的铺设必须平坦、无皱折;

(2) 膜的搭接必须考虑使焊缝尽量减少;

(3) 在斜坡上铺设防渗膜,其接缝应从上到下,不允许出现斜坡上有水平方向接缝,以避免斜坡上由于滑动力在焊缝处出现应力集中现象;

(4) 基础底部的防渗膜应尽量避免埋设垂直穿孔的管道或其他构筑物;

(5) 边坡必须锚固;

(6) 边坡与底面交界处不能设焊缝,焊缝不在跨过交界处之内。

HDPE 膜的性能对 HDPE 衬层非常重要,直接关系到防渗效果好坏。对 HDPE 膜的性能要求包括原材料性能和成品膜性能两个方面,主要指标包括密度、熔流指数、炭黑含量、HDPE 原料、膜厚度、抗穿能力、抗拉强度和渗透系数等。用于安全填埋场的 HDPE 防渗膜的密度一般为 $0.932～0.940 \mathrm{g/cm^3}$,最佳值为 $0.95 \mathrm{g/cm^3}$。材料的熔流指数反应材料的流变特性。熔流指数低,材料脆,但刚性增强;反之,则材料弹性增强,刚性减弱。HDPE 膜的熔流指数的最佳值为 $0.022 \mathrm{g/min}$。一般 HDPE 膜的熔流指数在 $0.005～0.03 \mathrm{g/min}$ 范围就可满足要求。HDPE 膜的炭黑含量则反映材料抗紫外线辐射的能力。一般 HDPE 膜炭黑添加量为2%～3%。

HDPE 膜厚度的选择主要考虑以下三点:(1)膜的抗紫外线辐射能力,美国环保局提出不暴露的 HDPE 膜的最小厚度为 0.75 mm,如果暴露时间大于 30 天,则最小膜厚定为 1.0 mm;(2)膜的抗穿透能力,膜厚 1.0 mm 的 HDPE 膜不得低于 200 N;(3)抗不均匀沉降能力。考虑到各方因素,推荐的膜厚度为 0.5～2.5 mm。

HDPE 膜的渗透系数要小于 $10^{-12} \mathrm{cm/s}$。质量合格的 HDPE 防渗膜的抗渗能力很强,渗透系数比优质黏土低4～5个数量级。

在 HDPE 膜的设计中宜选用宽幅的 HDPE 膜。根据美国联邦环保局(USEPA)的调查,渗漏现象的发生,10%是由于材料的性质以及被尖物刺穿、顶破作用,90%是由于土工膜焊接处的渗漏,而土工膜焊接量的多少与材料的幅宽密切相关,幅宽大的膜所需要的焊接量就要少一些。因此,宜选用宽幅的 HDPE 膜。

同时,在土工膜铺设前,必须进行一些现场的试验,需要做的内容包括边坡锚固的摩擦性质、静水力冲剪抵抗力、静力冲剪抵抗力、胀破徐变与松弛性能、大直径胀破、土工膜接缝的冲击试验、施工损坏试验等。

**1. HDPE 复合衬层下垫层的设计**

HDPE 防渗膜不能铺设在一般的天然地基上,必须铺设在平整、稳定的支撑层上,即在 HDPE 膜之下,必须提供一个科学的下垫层基础设计,一般是以天然防渗材料为主的人工防渗层设计。对 HDPE 复合衬层的下垫层设计如下:

**表 4-11　基础层底标高距地下水水位距离推荐值**

| $h/\text{m}$ | 基础性质(渗透系数 $k/\text{cm·s}^{-1}$) |
|---|---|
| >2 | 黏土($k \leqslant 10^{-7}$) |
| >2.5 | 黏土($10^{-6} < k \leqslant 10^{-7}$) |
| >3 | 黏土($k < 10^{-5}$) |

(1)基础最底层距地下水位的距离。填埋场基底距地下水高水位的距离设计推荐值如表4-11所示。我国东部和东南沿海的发达地区水网密布,地下水位较高。所以在这些地区选址,地下水位可允许距填埋基础 2 m 以上。

(2)下垫黏土层厚度。下垫黏土层的厚度直接影响工程土方量,从而影响工程造价。根据安全填埋场工程建设经验,填埋场的土建工程(包括基础防渗工程)中,土方工程费用约占土建工程费用的 2/3。下垫黏土层的厚度推荐值见表 4-12,一般为 0.6~1.0 m。

**表 4-12　双衬层复合防渗系统设计参数**

| 名　　称 | 厚度及坡度技术要求 | 土壤性质技术要求 |
|---|---|---|
| 人工黏土层边坡 | 100 cm | $10^{-6} \leqslant k \leqslant 10^{-7}$ |
| 人工黏土层基础 | ≤100 cm | $10^{-6} \leqslant k \leqslant 10^{-7}$ |
| 排水层 | 30 cm | |
| 过滤层 | 15 cm | |
| 上层 HDPE 膜 | 0.6~2.0 mm | |
| 基底 HDPE 膜 | 1.0~1.5 mm | |
| 边　坡 | 1:3 | |
| 底　坡 | 2%~4% | |

(3)基础承重设计要求。为了使基础能够均匀承重,下垫层的压实相对密度不得低于90%,黏土下垫层的设计要求与黏土衬层的设计要求相同。

(4)下垫层不能含有直径大于 0.5 cm 的颗粒物,黏土层不能出现脱水、裂开现象;

(5)为了杜绝下垫层植物生长,需均匀施放化学除菱剂;

(6)如有预埋的管、渠、孔洞等,要严格按着黏土衬层要求施工,并使 HDPE 膜与下垫层衔接好。

**2. HDPE 复合衬层的结构设计**

(1)底层压实黏土层厚度一般取 0.6~1.0 m。

(2)边坡土层厚度通常大于底层的厚度,一般大于 10%。

(3)排水层厚度与排水层材料有关,如果使用沙或者砾石,其厚度通常不小于 30 cm。

(4)为了提高排水层的排水效率,排水层推荐使用清洁砾石,其透水系数大,而毛细上升高度较小。

(5)边坡坡度的设计应考虑地形条件、土层条件、填埋场容量、施工难易程度、工程造价等因素。边坡坡度推荐值为 1:3。

(6)底部坡度的设计要满足集水排水需要,同时也要考虑场地条件和施工难易条件。例如,当填埋单元较大时,底部坡度大将造成两端高差增大,开挖深度增加,低点距地下水面距离减小,堆填废物易滑动等问题;坡度太小又不利于渗滤液的集排。2% 排水坡度就可以满足集水要求。

在特殊情况,也可以采用3%~4%的坡度。

3. HDPE双衬层构造设计技术

双衬层可由单层排水系统和双层排水系统构成,一般情况下可只设一层排水系统。双排水系统的次级排水系统一般只在防渗层渗漏监测时使用。双衬层基本设计参数见表4-12。

### (七)土工聚合黏土材料(GCL)的设计

填埋场防渗工程中土工聚合黏土材料(GCL)主要应用于防渗膜下作为防渗层和垫层。其性能指标应符合以下要求:

(1)膨润土膨胀指标应按1/50 t的频率测试,要求不小于24 mL/kg;

(2)膨润土水分流失应按1/50 t的频率测试,要求不超过18 mL/kg;

(3)膨润土单位面积质量应不小于3.6 kg/m²;

(4)膨润土垫抗拉强度不小于400 N;

(5)膨润土垫抗剥强度不小于65 N;

(6)膨润土垫渗透系数小于65 N。

### (八)水平防渗设计实例

图4-18列举了美国城市生活垃圾填埋场几种典型衬层结构设计。

图4-18a的设计从下而上包括:(1)压实黏土层,60 cm;(2)柔性膜,40~80 mm,如HDPE等;(3)沙砾石层,30 cm,其中安装渗滤液搜集管道系统;(4)土工布;(5)防护土层,60 cm,起防护和屏障作用;(6)固体废物。(1)和(2)构成防渗层,用于防止渗滤液下渗和填埋场气体逸出,柔性膜和黏土结合的衬层系统比使用其中一种单一防渗层的防护性能更好,水力有效性更高。

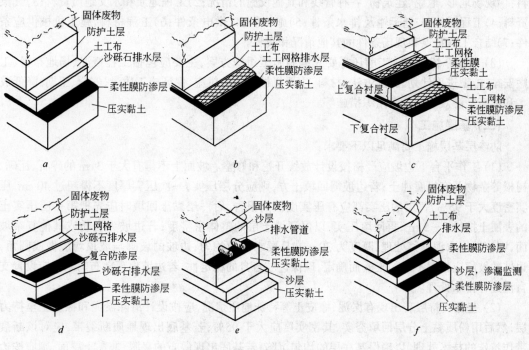

图4-18 典型填埋场衬层设计

图4-18b所示的结构从下而上包括:(1)压实黏土层,60 cm;(2)厚柔性膜,40 mm;(3)土工网格;(4)土工布;(5)防护土层,60 cm;(6)固体废物。(3)和(4)共同作为排水层将渗滤液排向渗滤

液搜集系统。

图 4-18c 为双层衬层系统,包含两层衬层系统,其中第一衬层系统用于搜集渗滤液;第二衬层系统起到渗漏保护作用。从下而上结构包括:(1)压实黏土层,1 m;(2)柔性膜;(3)土工网格;(4)土工布;(5)压实黏土层;(6)柔性膜;(7)土工网格;(8)土工布;(9)防护土层,60 cm;(10)固体废物。

图 4-18d 所示的衬层结构与图 4-18c 类似,只是图 4-18d 中,用沙砾石代替了图 4-18c 中的土工网格用作排水层来收集渗滤液。在双衬层系统中,渗漏监测系统安装在两个衬层系统之间。

图 4-18e 所示的设计亦为双衬层系统,从下而上包括:(1)压实黏土层,60 cm;(2)沙层,15 cm;(3)压实黏土层,60 cm;(4)柔性膜;(5)沙层,60 cm,渗滤液搜集管道直接安装在柔性膜之上;(6)固体废物。

图 4-18f 所示的双衬层系统,从下而上包括:(1)压实黏土层,60~120 cm;(2)柔性膜;(3)沙层,30 cm;(4)柔性膜;(5)沙砾层,30 cm,用于渗滤液搜集;(6)土工布;(7)压实黏土层,60 cm;(8)固体废物。

## 五、水平防渗系统的施工

### (一) 施工前准备

(1) 防渗系统工程施工前需要设计单位进行设计交底。当发现施工图有错误时,应及时向设计单位提出变更设计的要求。

(2) 防渗系统工程施工前,应根据施工需要进行调查研究,并掌握工程项目的下列情况和资料:1)现场地形、地貌、建筑物、各种管线和其他设施的情况;2)工程地质和水文地质资料;3)气象资料;4)工程用地、交通运输及排水条件;5)施工供水、供电条件;6)工程材料、施工机械供应条件;7)结合工程特点和现场条件的其他情况和资料。

(3) 防渗系统工程施工前还需要先编制施工组织方案,主要应包括工程概况、场地布置、工序安排、施工进度计划、施工方法、材料、主要机械设备的供应、保证施工质量、安全、工期、降低成本和提高经济效益的技术组织措施等。

### (二) 基层施工

防渗层基层施工要满足以下要求:

(1) 工作平台下边坡应严格按设计放线开挖和修整。坡面上不得有大于 3 cm 的碎石、瓦砾、树根等杂物及有机腐蚀土;若边坡需回填土方,则应分层压实,一次压实厚度不得超过 40 cm,压实密度大于 95%,每层的压实都应有压实度检查报告,后一层黏土回填时应先把第一层压实土的表层土挖松 3~5 cm,再回填压实,以保证填土层的整体密实度;若边坡为岩质或其他复杂坡面,则应采用水泥喷浆处理,厚度为 30 mm 且要求厚薄均匀;边坡的坡脚与坡顶均应做成圆角,边坡的坡度应根据不同的土质而确定,确保边坡自身的稳定性,若边坡出现散布的泉眼应设置支盲沟进行排水处理。

(2) 基底支持层若出现有淤泥、橡皮土等特殊地质情况,应按设计清除淤泥和橡皮土至持力层,然后用粉质黏土分层回填夯实,其密实度应大于 95%;若基底出现地质断裂带,应对该断裂带作特殊的技术处理,以确保基底层的均匀沉陷;若基底出现散布的泉眼、非黏土层面,则应按边坡的处理办法进行处理。

### (三) 黏土衬层的施工

压实黏土衬垫应与衬垫基础良好地接合,并起到备用防渗层作用。地基必须保证所有可能降低防渗性能和强度的异物均被去除,所有裂缝和坑洞被堵塞,压实处理后的地基表面密度分布均匀。在黏土衬层施工前需要编制黏土层的施工方案和进行土样筛分及土样压实试验。

选择沙质黏性取土区,用挖土机挖土装车运至筛土场,用孔径不大于 3 cm 的筛子对土体进行筛分,最后运至指定地点进行堆放。挖土作业时注意取土区放坡坡度和斜坡的稳定性,防止塌方事故的发生。

黏土衬层施工中,须选择合适的压实方法(设备)和压实的作用力及次数。工程施工中最常使用碾压法,常用机械有羊角碾(压路机)、垫脚压路机、橡胶轮胎压路机和平滑滚筒压路机等。对黏土衬层的压实,采用分层压实的方法,一般压实层数大于 37 层,每铺层厚度为 20~30 cm,压实次数取决于压实机械的压实力和衬层材料的性质,根据现场压实实验来确定。一般地为提高土层密实度,减小透水率,需施加较大压实作用力和足够次数,一般须保证有 5~20 个车程。黏土衬层施工的过程中,一个铺层的最后表面须用一平滑的钢制滚筒压实,以保证压实的铺层表面平滑,减少干化,并有助于防止大雨径流引起的侵蚀。但在新的铺层铺设前,须用圆盘犁翻松表层土再进行新的铺设压实。

边壁黏土衬层的施工可分两种情况:(1)当设计边壁斜率小于 2.5% ,则采用平行铺层法,每层与底衬层一起压实,使边壁与底部衬层连续;(2)当设计边壁大于 2.5% 时,采用水平铺层法,即建造稍大坡度,然后再修整成所需坡度。

### (四) HDPE 防渗层施工

#### 1.施工前准备工作

首先要对 HDPE 膜下基底层进行隐蔽工程验收,要求基底层平整、密实,清除基底层中石块、树桩等杂物。同时,还要保证边坡坡度、坡高、锚固沟尺寸等均达到设计要求。再者,要编写详细的施工组织方案,内容主要包括:施工人员安排,施工所需器材、设备、机械等,施工方案计划图,施工进度计划表,施工方法,施工质量和安全保证措施。最后要对 HDPE 膜材料进行抽样检测,质检人员应对所采用的 HDPE 膜取样,将样本送专业性实验室检测,以确定其理化性能及机械性能是否能够满足工程设计要求。

#### 2. HDPE 膜的铺设

HDPE 膜的铺设方法一般采用机械铺设和人力铺设相结合的方法进行。铺设边坡时一般采用粗糙面 HDPE 膜;而铺设场底时由于坡度较小(一般为 2%),既可以采用粗糙面 HDPE 膜也可以采用光面 HDPE 膜。近年来欧美国家垃圾填埋场场底防渗层多采用粗糙面的 HDPE 膜。

#### 3. HDPE 膜的焊接

HDPE 膜的焊接技术是 HDPE 防渗膜施工中的关键技术。膜焊接技术一般由膜生产单位提供,并且提供施工服务。HDPE 防渗膜的常用焊接方法有挤压平焊、挤压角焊、热楔焊、热空气焊和电阻焊等,见图 4-19。

(1) 挤压平焊(见图 4-19a)是将类似金属焊条一样的带状塑料焊接剂加热呈熔融状态,挤入搭接铺好的两片 HDPE 薄膜中间,同时将引起两片 HDPE 膜搭接部分的表面也呈熔融状态,再加一定的压力,使上、下两片材料结合一体。焊接机在熔融加压过程中,还带有使熔融物均匀混合的功能,使焊接部位融合均匀。目前已发展制造高速自动平面焊接机,用于填埋场底面大面积直缝焊接。此法焊接快速、均匀、易操作、速度、温度和压力都可以调节,是目前填埋场 HDPE 膜焊接方法中使用最多的方法。不过此法不适宜于细微部位的焊接。

(2) 挤压角焊(见图 4-19b)与挤压平焊类似,只是焊接位置不是在上、下两片中间,而是位于搭接部位的上方。上面搭接片需要切成斜面,便于焊控。这种焊接方法常用于难焊部位的焊接,如焊接排水槽底部、管道及管道与防渗膜衔接部位等。一般均用手工焊接。

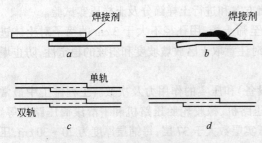

图 4-19　HDPE 膜常用的焊接方法
a—挤压平焊；b—挤压角焊；c—热楔焊；d—热空气焊

（3）热楔焊（见图 4-19c）是以电加热方式将楔型材料的表面熔融，在焊接运动中压在两片 HDPE 膜中间。调节一定的温度、压力和运行速度，可使热楔形焊机自动运行。如果用两条热楔型焊接材料同时焊，可形成两条平行的焊缝。这是此焊接方法的一个特点。可以利用两条焊缝间的空槽进行加压通气，以检测焊接的连续性。该方法也不能用于焊接细微部位。

（4）热空气焊（见图 4-19d）是由加热器、鼓风机（小型）和温度控制器组成的小型焊接设备，其产生的热风吹入搭接的两个膜片之间，使两片的内表面熔融，再用焊接机的滚压装置在上、下两片上同时加压。显然，控制适宜的温度、压力和行速是十分重要的。

（5）电阻焊是将包有 HDPE 材料的不锈钢电线放入搭接的两片 HDPE 膜之间，然后通电，电压 36 V、电流 10～25 A，在 60 s 之内可将包线以及接触区域的表面熔融，形成焊缝。

上述这几种焊接方法各有所长，其中，挤压平焊应用最广。挤压平焊法具有较大的剪切强度和拉伸强度，焊接速度快，焊缝均匀，温度、速度和压力易调节，易操作，可实现大面积快速自动焊接。此法缺点是不适宜细微部位的焊接。挤压角焊可在焊接难度大的部位进行操作，缺点是在大面积焊接应用上，速度较慢，表面有突起。热楔焊尤其是双热楔双轨焊的最大优点是焊接强度高，且可使用非破坏性试验检查焊接质量，缺点也是不能应用于细微部位的焊接。

在焊接作业时需要注意以下几点事项：

（1）场地内遇有混凝土建筑物，HDPE 膜无法铺设焊接时，应使用与 HDPE 膜材质相同的 HDPE 连接锁先植入混凝土建筑物内，然后再按一般焊接方法焊接。

（2）场地内遇有管线须穿越 HDPE 膜时，应先确定管径大小及数量，用 HDPE 膜预制若干套管与 HDPE 膜先行焊接，以免渗漏。

（3）施工期间若焊接工程要停工 1 天以上时，应在已完成焊接施工的 HDPE 膜周边，用沙包予以固定，以免遭受损害。

（4）施工过程中，凡发现人为或非人为因素造成破洞，均应用颜色笔加以标示并编号，然后按顺序逐一修补，不得遗漏。

4．HDPE 土工膜焊接质量检测

（1）热熔焊接的气压检测。针对热熔焊接形成的双轨焊缝、焊缝中间预留气腔的特点，主要采用气压检测设备检测焊缝的强度和气密性。一条焊缝施工完毕后，将焊缝气腔两端封堵，用气压检测设备对焊缝气腔加压至 250 kPa，维持 3～5 min，气压不低于 240 kPa 方视为合格。

（2）挤压焊接的真空检测。对于挤压焊接所形成的单轨焊缝，主要采用真空检测方法检测。用真空检测设备直接对焊缝待检部位施加负压，当真空罩内气压达到 25～35 kPa 时焊缝无任何泄漏方视为合格。

（3）焊缝强度的破坏性取样检测。针对每台焊接设备焊接一定长度取一个破坏性试样进行室内实验分析（取样位置必须立即修补），定量的检测焊缝强度质量，合格的判定标准见表4-13。

**表 4-13　热熔及挤出焊缝强度判定标准**

焊缝强度 ASTMD 4437　　　　测试条件:25℃,50 mm/min

| 厚度/mm | 剪　切 | | 剥　离 | |
|---|---|---|---|---|
| | 热熔焊/N·mm⁻¹ | 挤出焊/N·mm⁻¹ | 热熔焊/N·mm⁻¹ | 挤出焊/N·mm⁻¹ |
| 1.0 | 14.1 | 14.1 | 10.5 | 9.1 |
| 1.5 | 21.2 | 21.2 | 15.7 | 13.7 |
| 2.0 | 28.2 | 28.2 | 20.9 | 18.3 |

### (五) 土工聚合黏土(GCL)防渗层的施工

**1. 准备阶段**

根据铺设面积备好料。GCL 不能在大风、雨雪的天气下进行铺设,只能在晴天空气干燥时铺设,施工之前,要检查地面是否有积水,有积水时先进行排水作业,防止膨润土的早期水化。

**2. 铺设、连接阶段**

人工铺设好 GCL,必要时采用钉子和垫圈固定。GCL 的外部纵向边缘有被织入的粉末状膨润土可用塑料薄膜覆盖,此卷材之间的连接采用直接搭接的方法进行连接,搭接宽度不少于 10 cm。片材之间搭接后,再用 0.5 kg/m 的附加膨润土粉末密封所有搭接的部分,其上再用土工无纺布进行覆盖。

**3. 检查、修补阶段**

铺设施工完成后,需立即进行检查。在卷材发生损伤的地方,应覆盖一块相同材质的卷材,四周应比损伤区域至少长出 20 cm,且被覆盖区域应清除掉所有碎片并擦拭干净,在擦拭过程中若有损耗,则需用膨润土粉末进行补充。全部检查修补合格后,应立即进行保护层或者下一道工序的施工,尽量减少膨润土暴露时间;并且在 GCL 卷材及其保护层的施工过程中,绝不能允许机械设备在无保护表面的卷材上移动。

## 六、国内外防渗标准

### (一) 中国防渗标准

我国 GJJ17—2004 标准中对生活垃圾填埋场的防渗系统制定了以下的标准:

填埋场必须防止对地下水的污染。不具备自然防渗条件的填埋场和因填埋物可能引起污染地下水的填埋场,必须进行人工防渗,即场底及四壁用防渗材料作防渗处理。

天然衬里系统的填埋场必须具有下列条件:

(1) 土衬里的渗透率不大于 $10^{-7}$ cm/s;

(2) 场底及四壁黏土衬里厚度大于 2 m。

人工衬里必须符合下列条件:

(1) 衬料的渗透率必须小于 $10^{-7}$ cm/s;

(2) 衬里抗压强度必须大于 0.6 MPa,不因填埋碾压而断裂;

(3) 衬料应有耐候性,能适应剧冷剧热变化;

(4) 衬里能抵御垃圾中坚硬物体的刺、划;

(5) 防渗膜应为同期产品,厚薄均匀,无薄点、气泡及裂损;

(6) 衬里制作必须结构完整、严密;

(7) 衬料必须具有抗蚀性,与垃圾消化产物相容,不应因相接触而影响衬料的渗透性能。

同时,本规范对填埋场场底基础工程也制定了如下规定:

(1) 地下水水位应与坑底距离 2 m 以上。

(2) 场底基础必须是具有承载能力的自然土层或经过碾压、夯实的平稳层,且不会因填埋垃圾的沉降而使场底变形。

(3) 场底必须有 2% 的纵横坡度。在最低部位修集液池,以使垃圾渗液流入池内。在集液池内设汲水管直通填埋场顶部表土之上 50 cm,以备按时汲取渗液。

(4) 衬材必须贴底平铺,薄膜一般应用双层。

(5) 铺设防渗膜应从最低部开始向高位延伸。每延伸 1m 要向底位方向回折 15 cm 作为折叠节,以备局部下沉延伸。折缝必须贴严,接缝时必须粘实不漏。

(6) 衬里之上应加铺 30 cm 厚的黏土,铺平拍实,作为防渗垫层。垫层之上再铺河卵石(直径 5～10 cm)30 cm 厚,作为导流层,大石在下,小石在上,防止垃圾密塞石缝而影响导流。

### (二) 德国防渗标准

德国卫生填埋场规定衬层系统与安全填埋场结构相类似,基础衬层系统自上而下结构层如下:

(1) 过滤层。没有,在废物和衬层系统之间没有分隔层。

(2) 排水系统。排水层:厚度不小于 0.3 m,面状过滤,砾石粒径 16～32 mm,$k \geqslant 10^{-3}$ m/s,横向坡度 3%;排水管道:HDPE,直径不小于 0.3 m,2/3 穿孔,位于排水层中间,纵向坡度 1%,距离不小于 30 m,依据排水系统设计确定。

(3) 保护层。土工布大约 2000 g/m$^2$,目前倾向于使用 geocomp 保护层。

(4) 柔性膜。柔性膜采用 HDPE 膜,厚度$\geqslant$2.5 mm,要有许可。

(5) 黏土层。厚度 50～75 cm(分三层施工),分 6 层压实,$k \leqslant 5 \times 10^{-7}$ cm/s。

(6) 底土。厚度不小于 3m,$k$ 不小于 $10^{-3}$ m/s,距地下水面不小于 1m。

### (三) 美国防渗标准

美国对卫生填埋场防渗无统一要求,各州具体要求不同,一般都略低于安全填埋场,有的与安全填埋场相同。其安全填埋场规定基础衬层系统自上而下结构层为:

(1) 过滤层。单位质量小、相对高网格的土工布,或者使用多个粒级配比的土层作为过滤层,厚度 0.15 m。

(2) 上部排水系统。矿物排水层:厚度 0.3 m,面状过滤,$k \geqslant 10^{-2}$ m/s,横向坡度 2%;排水管道:HDPE,直径不小于 0.15 m,穿孔,位于排水层中间,纵向坡度 2%,依据水力系统设计管道间距。

(3) 保护层。单位质量大的土工布;

(4) 上部柔性膜。HDPE 膜,厚度 1.5 mm 或 2 mm。

(5) 膨润土层。10 mm 厚的膨润土层置于上下各一层的土工布之间,下置 1.5 mm 厚的 HDPE 柔性膜,防止膨润土深入土工网格中。

(6) 下部排水系统。土工网格,水流断面高度为 5～7.5 mm,网眼大小 10 mm,横向坡度 2%;排水管道置于排水沟中,放砾石到土工网格,排水管道的性质见上部排水系统。

(7) 下部柔性膜。HDPE 膜,厚度 1.5 mm 或 2 mm(应该使用适合于排水沟的柔性膜)。

(8) 矿物层。厚度不小于 0.9 m(考虑排水沟建于其中),分 6 层压实,$k \leqslant 10^{-9}$ m/s,与土工网格完全接触。

(9) 底土。低渗透性(岩石、黏质土),保证地下水位总是低于衬层。

### 七、填埋场防渗层渗漏检测

过去人们普遍认为垃圾及其渗滤液可以通过黏土和地下水得到降解(或净化),而不会污染地下水。从 20 世纪 50 年代开始,西方国家一些机构的持续研究表明,垃圾填埋确实污染地下水。因此,填埋场防渗衬层系统就成了填埋场必不可少的设施之一,其作用是将填埋场内外隔绝,控制渗滤液进入黏土及地下水和阻止外界水进入境埋场增大渗滤液的产生量。可 1978 年,美国环境总署仍然指出所有的填埋场都会渗漏;1990 年美国一项最好填埋场衬层的监测表明,在质量最好、费用最高的工程中,也依然存在渗漏情况,渗漏是由于制造时留下的针眼和施工时留下的小洞造成的。因此,对垃圾填埋场防渗漏检测的研究也就格外重要了。国外防渗漏检测技术的研究始于 20 世纪 70 年代末,应用始于 80 年代,而国内的研究才刚刚起步。几种主要的垃圾填埋场防渗漏检测方法如下:

(1) 地下水监测法。地下水监测法是检测填埋场的集水井中有无污染来实现的。如果没有渗漏,集水井中的水应是干净的地下水;一旦发生渗漏并流到了地下水层,就有可能在集水井中发现被渗滤液污染的水体。该检测方法的优点是:利用填埋场自身的设施进行检测;缺点是:由于集水井数量一般较少,不能保证渗滤液一定会流入集水井,如果增加集水井的数量,工程费用又太高。

(2) 扩散管法。扩散管系统是将气体透过性管路网络埋在衬层下的土壤中,一个运转周期后,由于渗滤液蒸汽进入管路,可以通过抽出管内气体、探测记录污染物浓度,从而达到检测漏洞的目的。该技术的优点是:系统可自行运行,操作费用少;缺点是:如果渗滤液不产生蒸汽,只有当渗滤液接触到管路才能检测到漏洞。

(3) 示踪剂法。示踪剂法是将采样收集探针插入填埋场周边近地面的土壤中,并把一种挥发的化学示踪剂注入垃圾填埋坑中,如果探针检测到示踪剂,则表明有漏洞。该方法的优点是:可用于任何填埋物和填埋场任何阶段的检测;缺点是:大多数示踪系统不能发现漏洞位置,只能确定是否存在漏洞。

(4) 电容传感器法。电容传感器法是通过测量土壤绝缘常数的变化来检测渗漏。干土的绝缘常数在 5 左右,水的绝缘常数在 80 左右。当土壤因渗漏而变得潮湿,绝缘常数会增加。测试一个区域土壤绝缘常数的变化便可知是否有漏洞。电容传感器是利用频率控制技术来工作的,也就是说传感器会根据其探头周围土壤绝缘常数在某一个谐波频率下共振,根据得到的频率,由校准曲线可确定湿度。该技术的优点是:已有电容传感器成品,不需要另行研制;缺点是:通过电容传感器测到的湿度并非专为渗滤液的湿度。

(5) 电化学感应电缆法。电化学感应电缆法主要是利用目标污染物引起了感应电缆的物理和化学变化,这些变化引起或干扰光电信号,通过测量电压降来检测渗漏。该方法的优点是:特别适用于检测含有碳氢化合物的填埋场。电缆可以利用可逆反应再生而不需要在出现渗漏后被替换;缺点是:电缆只能检测一个狭窄范围的污染物。每个填埋场都需要安装特殊的电缆来检测产生渗滤液的不同成分。

(6) 双电极法。双电极法是利用渗滤液或地下水的导电性和 HDPE 的绝缘性的特性来实现的。在填埋坑中放置一个发射电极,在填埋坑以外的近地面的土壤中放置一个接受电极。当土工膜没有漏洞时,给两个电极加一定的电压,不能形成回路,无电流;当有漏洞时,电流就可以把渗滤液或地下水作为导体穿过漏洞从而形成回路,显示一定的电流值。该方法的优点是:不需要预先在衬层下安装任何传感器;缺点是:只能检测到有无漏洞,但不能检测到漏洞的大小、位置和数量。

(7) 电极格栅法。电极格栅法是利用渗滤液比地下水有更好的导电性来检测漏洞的。施工时在土工膜下安装电极格栅(用导线做的格栅,每根导线上都按一定的距离有若干电极),当有渗漏发生时,被渗滤液浸湿的电极显示出比没有被浸湿的电极较高的电压,有较多渗滤液的地区比渗滤液较少地区的电压高。根据绘制的电压分配图可以判断漏洞的位置、大小和数量。该方法的优点是:组件简单、耐用,可监测衬层下的全部区域;缺点是:不适用于已建好的垃圾填埋场,电极格栅必须在施工时埋入填埋单元。

表 4-14 是以上几种防渗层漏洞检测方法的比较。

**表 4-14　几种主要检测方法的比较**

| 方　法 | 能否在任何时候安装 | 能否确定漏洞位置 | 能否确定漏洞大小 | 能否广泛使用 | 能否重复使用 | 自动化程度 |
|---|---|---|---|---|---|---|
| 地下水检测法 | 不　能 | 不　能 | 不　能 | 能 | 能 | 没　有 |
| 扩散管法 | 不　能 | 能 | 能 | 不　能 | 能 | 有 |
| 电容传感法 | 不　能 | 能 | 不　能 | 能 | 不　能 | 没　有 |
| 示踪剂法 | 能 | 不　能 | 不　能 | 能 | 能 | 没　有 |
| 电化学感应电缆法 | 不　能 | 部　分 | 不　能 | 能 | 部　分 | 有 |
| 双电极法 | 能 | 不　能 | 不　能 | 不　能 | 能 | 没　有 |
| 电极格栅法 | 不　能 | 能 | 能 | 能 | 能 | 有 |

# 第七节　渗滤液的产生、组成与产量

作为填埋场的一种主要副产物,渗滤液问题已严重制约了填埋场的发展,渗滤液的有效处理成为填埋场建设过程不可回避的一项议题。渗滤液是指垃圾本身含有的水分以及进入填埋场的雨雪水和其他水分,并扣除垃圾、覆土层的饱和持水量以及填埋场的表面蒸发量,而历经垃圾层和覆土层而形成的一种高浓度有机废水。这些来源中,相对而言,填埋场的外部水量(包括雨雪水、地表水和地下水)对于渗滤液产量具有关键性的作用,这也是填埋场建设过程中唯一可控因素。因此,渗透性能好的区域比干旱、半干旱地区的渗滤液产生量大,未实现日覆盖等措施的填埋场,也比标准填埋场渗滤液产量大。

填埋场水分通过垃圾时,通过淋溶、吸附解析等方式带下垃圾中各类化合物,从而形成形态各异的渗滤液。可以说,世界上没有两种完全相同的渗滤液,考虑特定渗滤液性质时,必须将当地的垃圾状况、气候和地质情况等因素考虑在内。同时,还需考虑填埋场衬底系统的完整性,因为如果衬底系统泄漏,则填埋场内渗滤液容易与地下水发生相互交换作用,从而影响渗滤液性质。

## 一、渗滤液的形成

填埋场设计、运行和管理中一个非常棘手的问题是渗滤液的污染控制。垃圾进入填埋场后,由于自身的好氧或厌氧发酵、降水的淋溶、冲刷以及地表水、地下水的浸泡,而产生大量污水,即为渗滤液。渗滤液主要来源于地表降水(雨、雪)、地表径流、地下水入侵、农田灌溉、液体废弃物以及自身的发酵分解等。其具体来源可参见图 4-20。

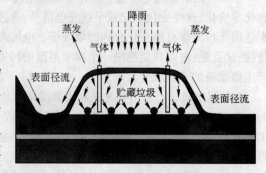

图 4-20　垃圾填埋场水的演变历程

从图 4-20 中可看出,填埋场与外界的水分迁移过程主要包括:(1)在垃圾填埋场中,降水一部分以地表径流形式流失,另一部分通过渗透进入填埋场表层;(2)渗透到填埋场表层的水量,一部分直接蒸发或通过表层植被蒸发,一部分仍留在覆土层中;(3)覆土层中水分达到饱和度后,将直接进入填埋场,与垃圾进行能质交换,渗透到填埋场底部后最终形成渗滤液;(4)填埋场中垃圾的自身降解,形成一定量的渗滤液;(5)非卫生填埋场中,可能有部分地下水进入填埋场形成渗滤液。

从渗滤液的形成过程可看出,垃圾渗滤液中的污染物来源复杂,污染物主要有以下三个来源:(1)垃圾本身含有的大量可溶性有机物和无机物;(2)垃圾通过生物、化学、物理作用产生的可溶性物质;(3)覆土和周围土壤中进入渗滤液的可溶性物质,成分非常复杂,但对于生活垃圾填埋场渗滤液来说,其中的某一特定污染物的浓度均很低。由于污染物种类繁多,因此一般用总量指标来反应其污染状况。pH 值一般为 $4\sim9$,$COD_{Cr}$ 在 $2000\sim62000$ mg/L 范围内,$BOD_5$ 为 $60\sim45000$ mg/L,重金属浓度和市政污水中重金属浓度基本一致。

垃圾渗滤液的性质随着填埋场运行时间的不同而发生变化,这主要是由填埋场中垃圾的稳定化过程所决定的。垃圾填埋场的稳定化过程可以分为五个阶段,即初始调整阶段(initial adjustment phase)、过渡阶段(transition phase)、酸化阶段(acid phase)、甲烷发酵阶段(methane fermentation)和成熟阶段(maturation phase)。图 4-21 为填埋场稳定化五阶段划分的示意图。

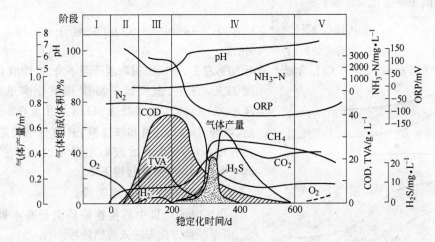

图 4-21　填埋场稳定化过程

Ⅰ—初始调整阶段;Ⅱ—过渡阶段;Ⅲ—酸化阶段;Ⅳ—甲烷发酵阶段;Ⅴ—成熟阶段

## (一) 第一阶段(初始调整阶段)

垃圾填入填埋场内,填埋场稳定化即进入初始调整阶段。

此阶段内垃圾中易降解组分迅速与垃圾中所夹带的氧气发生好氧生物降解反应,生成 $CO_2$ 和水,同时释放一定的热量,填埋场内部温度明显升高。本阶段的主要生化反应可表示如下:

(1) 碳水化合物:

$$C_xH_yO_z + \left(x + \frac{1}{2}y - \frac{1}{2}z\right)O_2 \longrightarrow xCO_2 + \frac{1}{2}yH_2O + 热量$$

(2) 含氮有机物:

$$C_xH_yO_zN_v \cdot aH_2O + bO_2 \longrightarrow C_sH_tO_u + eNH_3 + dH_2O + fCO_2 + 热量$$

在此阶段的初期,除了微生物生化反应外,还包括许多昆虫和无脊椎动物等(螨 mites、倍足纲节肢动物 millipedes、等足类动物 isopods、线虫 nematodes 和 euchytraeids)等对易降解组分的分解作用。此阶段渗滤液中含有高浓度的有机物质,其 $BOD_5/COD_{Cr}>0.4$, $pH \leqslant 6.5$。

**（二）第二阶段**(过渡阶段)

在此阶段,填埋场内氧气被消耗尽,填埋场内开始形成厌氧条件,垃圾降解由好氧降解过渡到兼性厌氧降解,此时起主要作用的微生物是兼性厌氧菌和真菌。

此阶段垃圾中的硝酸盐和硫酸盐分别被还原为 $N_2$ 和 $H_2S$,填埋场内氧化还原电位逐渐降低,渗滤液 pH 值开始下降。

**（三）第三阶段**(酸化阶段)

当填埋气中 $H_2$ 含量达到最大值,意味着填埋场稳定化已进入酸化阶段。

在此阶段,对垃圾降解起主要作用的微生物是兼性和专性厌氧细菌,填埋气的主要组分是 $CO_2$,渗滤液 COD、VFA 和金属离子浓度继续上升至中期达到最大值,此后逐渐下降。同时 pH 值继续下降至中期达到最低值(5.0甚至更低),此后慢慢上升。

**（四）第四阶段**(甲烷发酵阶段)

当填埋气 $H_2$ 含量下降,达到最低点时,填埋场进入甲烷发酵阶段,此时产甲烷菌将醋酸和其他有机酸以及 $H_2$ 转化为 $CH_4$。

此阶段专性厌氧细菌缓慢却有效地分解所有可降解垃圾至稳定的矿化物或简单的无机物。这一过程的主要生化反应如下:

$$5n\,CH_3COOH \xrightarrow{\text{厌氧}} 2(CH_2O)_n + 4n\,CH_4 + 4n\,CO_2 + \text{热量}$$
$$\text{（有机酸）} \qquad\qquad \text{（菌细胞）}$$

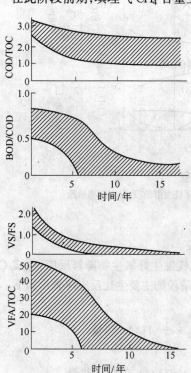

在此阶段前期,填埋气 $CH_4$ 含量上升至50%左右,有机物质浓度逐渐下降,渗滤液 COD 浓度、$BOD_5$ 浓度、金属离子浓度和电导率迅速下降,$BOD_5/COD_{Cr}<0.4$,渗滤液 pH 值上升至 $6.8 \sim 8.0$;此后,填埋气 $CH_4$ 含量和渗滤液 pH 值分别稳定在55%左右和 $6.8 \sim 8.0$,渗滤液 COD 浓度、$BOD_5$ 浓度、金属离子浓度和电导率则缓慢下降。

**（五）第五阶段**(成熟阶段)

当填埋场垃圾中易生物降解组分基本被分解完后,填埋场稳定化即进入成熟阶段。

此阶段由于垃圾中大量营养物质已随渗滤液排出,可生物降解有机物逐渐减少,只有少量微生物对垃圾中的一些难降解物质进行分解,填埋气的主要组分依然以 $CO_2$ 和 $CH_4$ 为主,但产率显著降低,pH 值保持稳定,渗滤液中有机物浓度持续下降,$BOD_5/COD_{Cr} \leqslant 0.1$,常含有一定量难生物降解的腐殖质。

总的来说,填埋场渗滤液污染物的组成和浓度与填埋时间、季节、气温等有密切关系,同一填埋场中不同采样地点、不同采样深度,渗滤液的特征也不尽相同。因此,整个填埋场的渗滤液实质是不同阶段、不同水质的渗滤液综合的结果,见图 4-22 和图 4-23。

填埋作业过程中,采用适当的日覆盖材料将大大

图 4-22　不同时间段渗滤液变化趋势

减少渗滤液的产生量。同时,利用渗滤液回灌到填埋场中,也将大幅度的降低渗滤液产量及浓度,目前在很多国家都已开始推行此方式,特别在意大利最为成熟,美国 EPA 也在 1995 年通过了相关标准。

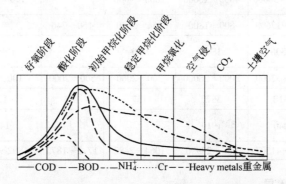

图 4-23　垃圾渗滤液在填埋场稳定化过程不同阶段的变化趋势

## 二、实际填埋场中渗滤液性质

从渗滤液形成过程可看出,渗滤液的性质也必将呈现多样化特征。不同地区、不同时期的渗滤液其污染状况相差较大,因此,掌握填埋场渗滤液的一些基本数据,是进行渗滤液处理工艺设计的基础。因为不同地区、不同时间垃圾渗滤液性质相差较大,这里介绍几种较有代表性的渗滤液数据。

### (一) 不同地区渗滤液性质差异

西方国家与亚洲地区的气候条件、饮食习惯等的不同,使得垃圾组成相差较大,这样一来,垃圾填埋场中产生的渗滤液性质也变化较大。亚洲国家的生活垃圾填埋场产生的渗滤液一般含有60%～90%的有机污染物和3%～18%的难降解物质,同时亚洲国家的饮食结构与西方国家明显不同,使得生活垃圾中厨余含量较高,从而造成渗滤液中的钾、钠、氯的含量都较高。一般西方国家老龄渗滤液的钾、钠、氯的含量分别为 50～400 mg/L、100～400 mg/L、100～400 mg/L,而在亚洲国家的老龄渗滤液中,其含量分别为 400～1940 mg/L、1500～5640 mg/L、875～3500 mg/L。表 4-15 和表 4-16 是一些有代表性的不同国家生活垃圾填埋场中产生的渗滤液特征范围。

表 4-15　美国 4 个填埋场渗滤液性质参数变化范围

| 参　数 | 填埋场 1 | 填埋场 2 | 填埋场 3 | 填埋场 4 |
| --- | --- | --- | --- | --- |
| $BOD/mg \cdot L^{-1}$ | 20～40000 | 80～28000 | | 4～57700 |
| $COD_{Cr}/mg \cdot L^{-1}$ | 500～60000 | 400～40000 | 530～3000 | 31～71700 |
| $Fe/mg \cdot L^{-1}$ | 3～2100 | 0.6～325 | 1.8～22 | 4～2200 |
| $NH_3 \text{-} N/mg \cdot L^{-1}$ | 30～3000 | 56～482 | 9.4～1340 | 2～1030 |
| $Cl^-/mg \cdot L^{-1}$ | 100～5000 | 70～1330 | 112～2360 | 30～5000 |
| $Zn/mg \cdot L^{-1}$ | 0.03～120 | 0.1～30 | | 0.06～220 |
| $TP/mg \cdot L^{-1}$ | 0.1～30 | 8～35 | 1.5～130 | 0.2～120 |
| pH | 4.5～9 | 5.2～6.4 | 6.1～7.5 | 4.7～8.8 |
| $Pb/mg \cdot L^{-1}$ | 0.008～1.020 | 0.5～1.0 | BDL～0.105 | 0.001～1.44 |
| $Cd/mg \cdot L^{-1}$ | <0.05～0.140 | <0.05 | BDL～0.005 | 70～3900 |

**表 4-16　不同国家填埋场渗滤液监测状况**

| 参　数 | COD/mg·L$^{-1}$ | BOD/mg·L$^{-1}$ | TN/mg·L$^{-1}$ | SS/mg·L$^{-1}$ | NH$_3$-N/mg·L$^{-1}$ | pH |
|---|---|---|---|---|---|---|
| 中国上海<br>（老港填埋场） | 10000~50000 | 4000~10000 | 2000~4000 | | 1000~4000 | 7.5~8.5 |
| 泰国（Nonthaburi） | 8800~17600 | 800~1800 | 154~2540 | 150~746 | | 8.1~8.5 |
| 印度<br>（Okhla，New Delhi） | 23306 | 1848 | 450 | | | 7.3~9.3 |
| 中国台北 | 4000~37000 | 2000~28000 | 200~2000 | 500~2000 | 100~1000 | 5.6~7.5 |
| 英国（Bryn Posteg） | 5518 | 3670 | 157 | 184 | 130 | 5.0~8.0 |
| 法国（SARP 工业区<br>垃圾填埋场） | 3946 | 1910 | | | 1434 | 7.1 |
| 韩国（某填埋场） | 1367~41507 | 138~29990 | 1064~2482 | 17.2~1873 | 892~1896 | 6.6~8.2 |

## （二）不同时间的差异

渗滤液性质变化特征主要包括渗滤液扩散衰减过程中的物理（稀释）、化学（氧化还原作用）和生物（微生物主要特征种群）等的作用，其具体污染指标可包括 COD、BOD、TOC 等的 C 素污染，N、P 等的营养元素污染，Pb、Cd 等的重金属污染，Cl$^-$、SO$_4^{2-}$ 和 Ca$^{2+}$、Na$^+$ 等阴阳离子组成的盐度污染，以及一些低浓度、多种类的持久性有机物污染等。

渗滤液的性质与填埋时间有很大的关系，表 4-17 是我国几个典型地区填埋场渗滤液的一些基本性质随填埋时间的变化状况。

**表 4-17　中国北京、上海和深圳填埋场渗滤液随填埋时间变化情况**

| 参　数 | 深　圳 | | 上　海 | | 北　京 | |
|---|---|---|---|---|---|---|
| | 前 5 年 | 5 年后 | 前 5 年 | 5 年后 | 前 5 年 | 5 年后 |
| COD$_{Cr}$/g·L$^{-1}$ | 20~60 | 3~20 | 20~60 | 3~20 | 12~28 | 1.6~10 |
| BOD$_5$/g·L$^{-1}$ | 10~36 | 1~10 | 10~36 | 1~10 | 4~16 | 0.08~6.2 |
| NH$_4^+$/mg·L$^{-1}$ | 400~1500 | 500~1000 | 400~1500 | 500~1000 | 400~2660 | 400~1300 |
| TP/mg·L$^{-1}$ | 10~70 | 10~30 | 10~70 | 10~30 | | |
| SS/mg·L$^{-1}$ | 1000~6000 | 100~3000 | 1000~6000 | 100~3000 | 230~7740 | 40~900 |
| pH | 5.6~7 | 6.5~7.5 | 5.6~7 | 6.5~7.5 | | |
| BOD$_5$/COD$_{Cr}$<br>（典型值之比） | 0.43 | 0.04 | 0.43 | 0.04 | 0.40 | 0.04 |

表 4-18 为国外新鲜渗滤液一些指标的值域范围，老龄渗滤液相关指标一般比表中所列最小值要小。总体来说，渗滤液中包含大量的溶解性物质和无机常量成分，一般其浓度是地表水的1000 倍左右。

在填埋场的稳定化过程中，渗滤液的某些指标变化很大。在初始酸化阶段，渗滤液 pH 值较低，含大量的高浓度物质，特别是一些易降解有机物（如挥发性脂肪酸）。在甲烷化阶段，渗滤液pH 值增加，但 B/C 减少很快，而其中的一些无机物含量也减少。Belevi（1992）等通过 MSW 的淋溶实验，推算认为填埋场渗滤液中的一些化合物浓度将保持在较高浓度达一个世纪之久，特别是氮的含量（或碳的含量）将在数百年内保持较高的水平。虽然外推是一种很好的模拟方式，但由于填埋场本身的复杂性和不均一性，使得直接通过实测数据外推得到的数值往往与填埋场的稳定化实际情况不符。

渗滤液成分变化较大，不仅在长时间尺度内易发生改变，在短时间尺度内（例如，季节的改变或者气温的改变),也都将引起组分的较大变化。

### 三、渗滤液组成

渗滤液作为一种水溶性的组分,其污染物组成按不同标准可分为不同形式。目前应用较多的是 Christensen(1994 年)等的分类方法,认为渗滤液可定义为一种包含以下四种污染物的水基溶液:(1)溶解性有机物,可表示为 $COD_{Cr}$ 或 TOC,包括挥发性脂肪酸和一些难降解有机物,像富敏酸类和腐殖酸类化合物。(2)无机常量成分(macrocomponents):Ca、Mg、Na、K、$NH_4^+$、Fe、Mn、$Cl^-$、$SO_4^{2-}$、$HCO_3^-$ 等常见的一些无机元素。(3)重金属:Cd、Cr、Cu、Pb、Ni、Zn 以及 Hg 和类金属 As 等 8 种有毒重金属。(4)异型生物质的有机物($XOC_s$),主要来源于家庭和工业化学制品,但渗滤液中的含量较低(一般每种物质浓度低于 1 mg/L,包括一系列的芳香族碳氢化合物、苯类物质和氯代脂肪烃)。同时渗滤液中可能还含有其他的一些微量物质,像 B、As、Se、Ba、Li、Co 等,一般总量很低,对自然界的作用也较小。当然作为一种复杂水体,特别是经过长期稳定化后出来的水,渗滤液中微生物含量必定较多,成为渗滤液中另外一种不能忽略的物质。

#### (一)有机污染物

**1.有机污染物总量**

一般来说,渗滤液中绝大部分有机化合物为可溶性有机物,悬浮物所占比例较低。由于垃圾组分和降解程度的不同,渗滤液中有机化合物的浓度变化较大,但总的可分成以下三类组分:(1)小分子的醇和有机酸;(2)中等分子量的灰磺酸类物质;(3)高分子的腐殖质。一般来说,填埋初始产生的渗滤液,大约 90% 的可溶性有机碳由短链的可挥发性脂肪酸组成,其主要成分为乙酸、丙酸和丁酸,其次是带多羧基和芳香族羧基的灰黄酶酸。而当填埋场达到相对稳定时,挥发性脂肪酸组分减少,而灰黄酶酸物质比重增大,表现在 B/C 降低,可生化性降低。

由于渗滤液组分复杂、种类繁多,而每种化合物含量又很少,因此一般在处理工艺中采用 $BOD_5$、COD 等综合指标进行表征。随填埋时间的增加,$BOD_5$ 和 COD 浓度先增加后逐渐减小,渗滤液的 $BOD_5$ 值在垃圾填埋后的 6 个月到 2.5 年间逐步增加达到高峰,而且此阶段 $BOD_5$ 主要以溶解性有机物为主,随后逐渐降低,这主要是由于填埋场中渗出有机污染物减少和有机化合物降解速度提高两方面共同作用的结果。图 4-24 说明了 COD 浓度和填埋时间的变化关系。

评判渗滤液中有机物浓度的指标有很多,例如 COD/TOC、BOD/COD、VOA/TOC 等,通过它们的值,也可以间接的判断填埋时间。最能反应渗滤液成分的参数是 COD/TOC,随着填埋时间增加,COD/TOC 比值逐渐减小,见图 4-25。一些人的研究认为:填埋初期的渗滤液的 COD/TOC

**表 4-18　新鲜渗滤液的一些参数范围**

| 参 数 | | 值的范围 |
|---|---|---|
| pH | | 4.5~9 |
| 电导率/$\mu S\cdot cm^{-1}$ | | 2500~35000 |
| 总固体含量 | | 2000~60000 |
| 有机物 | TOC | 30~29000 |
| | $BOD_5$ | 20~57000 |
| | COD | 140~152000 |
| | B/C | 0.02~0.80 |
| | 有机氮 | 14~2500 |
| 无机常量元素 | TP | 0.1~23 |
| | $Cl^-$ | 150~4500 |
| | $SO_4^{2-}$ | 8~7750 |
| | 碳酸氢盐 | 610~7320 |
| | Na | 70~7700 |
| | K | 50~3700 |
| | 氨氮 | 50~2200 |
| | Ca | 10~7200 |
| | Mg | 30~15000 |
| | Fe | 3~5500 |
| | Mn | 0.03~1400 |
| | Si | 4~70 |
| 无机痕量元素 | As | 0.01~1 |
| | Cd | 0.0001~0.4 |
| | Cr | 0.02~1.5 |
| | Co | 0.005~1.5 |
| | Cu | 0.001~5 |
| | Pb | 0.001~5 |
| | Hg | 0.00005~0.16 |
| | Ni | 0.015~13 |
| | Zn | 0.03~1000 |

注:除 pH 和 B/C 及电导率外,其余参数单位都为 mg/L。

比率为 3.3,填埋时间较长的渗滤液为 1.16。对某些有机物,COD/TOC 最大可能值可达到 4.0,如果其中含有羧基类物质,则可为 1.3。COD/TOC 比值的降低说明渗滤液的有机碳处于氧化状态,不易作为生长所需碳源而被微生物利用。

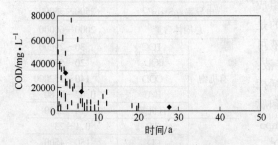

图 4-24　COD 浓度和填埋时间的变化关系

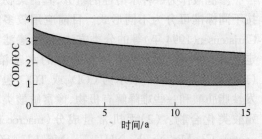

图 4-25　COD/TOC 随填埋时间的变化

$BOD_5$ 是反映水体被有机物污染程度的综合指标,也是研究废水的可生化降解性和生化处理

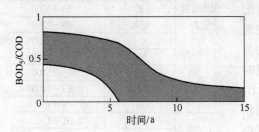

图 4-26　$BOD_5$/COD 随填埋时间的变化

效果,以及生化处理废水工艺设计和动力学研究中的重要参数。与 COD/TOC 一样,$BOD_5$/COD 反映总有机物中可生物降解有机物的含量,随填埋时间增加,其值逐渐减小,大量的降解产物从垃圾中渗出。Miller 等人发现,在填埋场 23 年的稳定化进程中,渗滤液的 $BOD_5$/COD 值中从 0.47 降到 0.07。Chian 和 DeWalle 报道过该比率从 0.49 降到 0.05(见图 4-26)。

### 2. 可溶性有机物

渗滤液中可溶性有机物包含了大量的垃圾有机降解产物,从挥发性酸到类腐殖质和富敏酸化合物等。因其组分复杂,所以在讨论渗滤液在水体降解过程时需要指定特定的物质,但这方面的研究目前报道还较少。

处于不同阶段的填埋场渗滤液,其可溶性有机物相差较大。在酸化阶段,渗滤液中超过 95% 的 DOC(大约 2000 mg/L)含挥发性脂肪酸,而 DOC 中只有 1.3% 物质是由分子量大于 1000 Da 的物质贡献,同时也监测到部分挥发性胺和乙醇。但在产甲烷阶段的渗滤液中,监测不到挥发酸、胺和乙醇等物质,大约 32% 的 DOC(2100 mg/L)是由分子量大于 1000 Da 的物质贡献。而一般来说,产甲烷阶段渗滤液中,约 60% 的 DOC 由腐殖酸类物质构成,但通过对厌氧和好氧渗滤液以及模拟产生的渗滤液发现:只有 6%～30% 的 DOC 是由富里酸组成的。有学者认为渗滤液中 50%～90% 的溶解性有机碳是由腐殖质构成,但也有人认为只占到 30% 左右。腐殖质作为渗滤液中一种难降解物质,具体的组分和特点可参考图 4-27,在渗滤液中,对腐殖质虽然已进行了部分研究,但还未有相关定论。

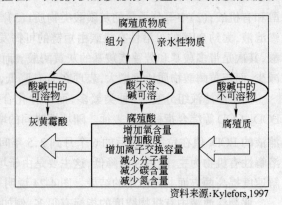

资料来源:Kylefors,1997

图 4-27　腐殖质的组分和特点

对渗滤液中 DOC 的表征主要采用分离和纯化方法来获得,但预处理过程非常重要,不同的预处理方法可能会得到不同的结果。对渗滤液中的富里酸与从土壤和沼泽塘水溶液中提取到的物质进行比较发现,渗滤液中的富里酸含有更高的 C、H、S 含量,但酚类基团较少,对 Cu 的络合能力也较低,同时分子量也较低。Christensen 对 Vejen 填埋场 10m 以下的地下水进行了表征,发现其 DOC 含量为 82%,其中富里酸为 49%,腐殖酸占 8%,亲水性部分占 25%。从分子量、元素组成和酸度角度来看,渗滤液中的富里酸部分和亲水性部分与从其他源头提取的富里酸部分相似,一般类似于富敏酸含有低分子量物质。

### 3. 有机化合物组分

渗滤液中有机污染物主要来自垃圾中的溶解性成分或是可降解的组分。Brown 和 Donnelly 曾对 19 个城市的生活垃圾卫生填埋场渗滤液进行监测,发现的主要有机化合物有有机酸、甲酮、芳香族化合物、氯代芳香化合物、醚、邻苯二甲酸盐、卤代脂肪烃、醇、氨基酸－芳香化合物、硝基芳香化合物、酚、杂环化合物、农药、硫代芳香化合物、多环芳烃、多氯联苯以及有机磷酸盐等。

渗滤液中的高浓度有机物主要是挥发性脂肪酸(例如乙酸、丙酸和丁酸),由脂肪酸、蛋白质和碳水化合物分解产生。通常芳香烃浓度较低,其中包括苯、二甲苯、甲苯。这些化合物是汽油和燃油的组成成分。Sawney 和 Kozloski 等人报道过汽油中的易溶解、难挥发的芳香化合物,说明容易挥发的成分主要随填埋场气体溢出。某些渗滤液中的络合组分也监测到含有烟碱(尼古丁)、咖啡因和邻苯二甲酸软化剂。Oman 和 Hynning 检测到不同的渗滤液中共有 150 种有机化合物,但是其中仅 29 种出现在多个渗滤液样品中,这说明渗滤液的成分与填埋场本身有密切的关系。

由于填埋场中生物、物理和化学反应,渗滤液中有机物随填埋时间的增加而变化。渗滤液中部分有机物的降解速度如下:挥发性脂肪酸＞低分子醛＞氨基＞碳水化合物＞肽＞腐殖酸＞酚类化合物＞富里酸。

### (二) 无机常量成分

### 1. 无机常量元素

同溶解性有机物一样,渗滤液中的无机常量成分也与填埋场的稳定化进程有关。表 4-19 是产甲烷阶段渗滤液中阳离子 $Ca^{2+}$、$Mg^{2+}$、$Fe^{3+}$ 和 $Mn^{2+}$ 的浓度。由于产甲烷阶段,渗滤液 pH 值较高,促进了吸附和沉淀作用的发生,使得渗滤液中阳离子含量降低。同时由于可能与阳离子发生络合作用,可溶性有机物的含量也较低。在微生物的还原作用下,硫酸盐转化为 $S^{2-}$,使得 $SO_4^{2-}$ 含量也降低。

表 4-19 同时也给出了一些在酸化和甲烷化阶段差别不大的参数的平均值,例如,$Cl^-$、$Na^+$ 和 $K^+$,在很多研究报告中,氨氮的浓度范围在 $500\sim4000\,mg/L$ 之间,并且随时间的降解,其变化趋势并不明显,这些参数浓度的降低基本上是由于渗滤液对垃圾洗脱作用引起的,当然也有很少一部分会受到吸附、络合和沉淀的作用,但有些学者并没有观察到此种现象。氨氮的释放主要是由于填埋场中蛋白质等物质的降解引起的,由于此类物质的降解速度相对较慢,所以渗滤液中氨氮浓度的高峰期一般滞后于 $COD_{Cr}$ 等值。

Ehrig 对德国 15 座填埋场在酸化阶段和甲烷化阶段的渗滤液组分进行了观察,结果见表 4-19,在酸化阶段,有机含量比后续阶段要高,pH 值则随着可生化性降低而升高。Krug 在美国的 Wisconsin 的 13 个填埋场的研究也得到了相似的结果,发现了一些特定参数的当量浓度与时间的关系。

**表 4-19　在酸化阶段和甲烷化阶段渗滤液组成的不同变化的均值和变化范围**

| 参　数 | 酸化阶段 | | 甲烷化阶段 | | 平均值 |
| --- | --- | --- | --- | --- | --- |
| | 均　值 | 范　围 | 均　值 | 范　围 | |
| pH | 6.1 | 4.5~7.5 | 8 | 7.5~9 | |
| BOD$_5$ | 13000 | 4000~40000 | 180 | 20~550 | |
| COD$_{Cr}$ | 22000 | 6000~60000 | 3000 | 500~4500 | |
| B/C | 0.58 | | 0.06 | | |
| 硫酸盐 | 500 | 70~1750 | 80 | 10~420 | |
| Ca | 1200 | 10~2500 | 60 | 20~600 | |
| Mg | 470 | 50~1150 | 180 | 40~350 | |
| Fe | 780 | 20~2100 | 15 | 3~280 | |
| Mn | 25 | 0.3~65 | 0.7 | 0.03~45 | |
| 氨氮 | | | | | 741 |
| Cl | | | | | 2120 |
| K | | | | | 1085 |
| Na | | | | | 1340 |
| TP | | | | | 6 |
| Cd | | | | | 0.005 |
| Cr | | | | | 0.28 |
| Co | | | | | 0.05 |
| Cu | | | | | 0.065 |
| Pb | | | | | 0.09 |
| Ni | | | | | 0.17 |
| Zn | 5 | 0.1~120 | 0.6 | 0.03~4 | |

注:除了 pH 和 B/C 外,其他的单位为 mg/L。

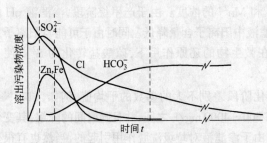

图 4-28　填埋场稳定化过程中部分无机物的变化趋势

图 4-28 则是填埋场内的一些无机物浓度随填埋龄的变化趋势。

由图 4-28 可以看出,随着填埋时间的增加,$SO_4^{2-}$ 和 $Cl^-$ 的浓度都减小,而且 $SO_4^{2-}$ 减小的速度比 $Cl^-$ 更快,使得 $SO_4^{2-}$／$Cl^-$ 比率呈下降趋势。Zn 和 Fe 浓度先升高后降低,间接反映了在填埋场的稳定化过程中,pH 值先降低后升高的趋势。

**2. 营养物质**

在垃圾好氧降解阶段、兼性厌氧降解阶段和完全厌氧降解初期,渗滤液中的氮主要以氨氮、硝酸盐氮、亚硝酸盐氮和多种有机氮的形式存在,各种形式的氮在微生物作用下相互转化,氨氮浓度很高且变化较大。在垃圾完全厌氧降解后期,渗滤液中的氮主要是氨氮。刘疆鹰等人证实,在上海老港填埋场内氨氮浓度呈指数形式衰减。由于微生物生长繁殖对主要营养元素碳、氮、磷的需求成 100:5:1 的比例关系,所以氨氮需求量相对较少,表现出渗滤液中氨氮浓度随时间的衰减比 COD、BOD 浓度衰减慢得多。而较高的氨氮浓度又进一步抑制了微生物的生长繁殖,再加上垃圾经历了好氧阶段、兼性好氧阶段、完全厌氧阶段初期后,积累了大量的不利于微生物生长的代谢产物,所以微生物对剩余垃圾的降解更加缓慢。具体说来就是氨氮的积累,浓度增加,必然导致以降解、利用氨氮为主的微生物优先生长,这样就会有利于氨氮的降解;又由于填埋场内发生着许多复杂的化学反应,氨氮可以与一些物质发生反应,生成不溶于水的、不可生化降解的络合物,也可以转化成为腐殖酸中的成分,从而使渗滤液中氨氮浓度降低。

氨浓度在 50~200 mg/L 范围内对厌氧过程有利,而在 200~1000 mg/L 内对厌氧反应无有害影响,但是浓度为 1500~3000 mg/L 时,pH 值高,对反应有抑制作用。而浓度超过 3000 mg/L 对微生物的生长有害。有机物分解产生的氨和有机氮在厌氧环境中十分稳定,因此渗滤液中溶解性含氮化合物含量很高,填埋时间较长的渗滤液中这些成分的浓度低。

中后期填埋场渗滤液中较高的氨氮含量是导致其处理难度较大的一个重要原因。由于目前多采用厌氧填埋,氨氮在垃圾进入产甲烷阶段后不断上升,达到峰值后延续很长时间并直至最后封场。有研究表明,渗滤液中的氨氮占总氮含量的 85%~90%。氨氮含量过高,要求进行脱氮处理,而过低的 C/N 不但对常规生物过程有较强的抑制作用,而且由于有机碳源的缺乏难以进行有效的反硝化。

与氨浓度不同,磷含量在填埋场中一直较低。对于生化处理,污水适宜的营养元素比例是 $BOD_5$:N:P = 100:5:1,由于垃圾渗滤液中的含磷量通常较低,因此一般的垃圾渗滤液中 $BOD_5$:TP 大都大于 300,与微生物生长所需的磷元素相差很大,尤其是溶解性的磷酸盐浓度更低。溶解性磷酸盐的含量主要由 $Ca_5OH(PO_4)_3$ 控制,由于渗滤液中的 $Ca^{2+}$ 和碱度偏高,从而导致了总磷的偏低。在垃圾稳定化的后期,磷是限制因子,因为微生物生长繁殖过程需要磷元素。

### (三) 重金属

填埋场渗滤液中含有多种金属离子,包括 Zn、Cu、Cd、Pb、Ni、Cr 和 Hg 等,它们的浓度与渗滤液 COD、BOD、营养物或大多数离子浓度的变化趋势并不相同。其浓度变化与所填埋垃圾的组分、填埋时间等有密切关系。对于仅填埋城市生活垃圾的填埋场渗滤液而言,所含的金属离子浓度较其他污染物低得多。Kjeldsen 对 106 个丹麦老填埋场的研究,得到以下结论:Cd 0.006 mg/L,Ni 0.13 mg/L,Zn 0.67 mg/L,Cu 0.07 mg/L,Pb 0.07 mg/L 和 Cr 0.08 mg/L,对于 Hg 和 Co,渗滤液的含量很少,类金属 As 的浓度也同样很低,而 Fe 和 Mn 一般不作为重金属,放在无机常量成分中讨论。

也有学者对填埋场渗滤液中的金属进行进一步的分类,一些研究表明,游离态的 $Cd^{2+}$ 只占渗滤液中 Cd 含量的很少一部分(从百分之几到 1/3 左右),其余都与有机物和无机物络合,两者之间的比例主要取决于渗滤液的组成。渗滤液中大部分的金属络合物是与溶液中的胶体结合在一起,不太稳定,易分解,其量变化较大。而且研究还发现:虽然胶体腐殖质对于重金属的种类分布起一个很重要的作用,但比较有机物分布情况与重金属的分布显示,重金属在胶体中的分布并不与有机物的分布成简单的一一对应关系。而 Gounaris 等认为:胶体与重金属具有很好的亲和力,因此渗滤液中总金属的含量与胶体量也成正比关系。

渗滤液中重金属含量低,究其两个原因:一方面是生活垃圾本身的重金属含量低,另一方面是微量重金属的溶出率很低,在水溶液中为 0.05%~1.80%,微酸性溶液中为 0.5%~5.0%。有研究表明填埋场稳定化垃圾中重金属含量高于新鲜垃圾,说明垃圾本身对重金属有较强的吸附性能;同时渗滤液带出的重金属累计量约占垃圾带入总量的 0.5%~6.5%,说明垃圾中的重金属也只有很少一部分进入了渗滤液。广州市老虎窿填埋场对此做了相关研究,垃圾和渗滤液中的重金属含量如表 4-20 所示。

**表 4-20　广州市老虎窿填埋场新鲜垃圾与渗滤液重金属平均含量对照**　　　　　（mg/L）

| 项　目 | 新鲜垃圾的重金属平均含量 | 渗滤液重金属平均含量 | 项　目 | 新鲜垃圾的重金属平均含量 | 渗滤液重金属平均含量 |
|---|---|---|---|---|---|
| Cd① | 0.261 | 0.454 | Cr | 35.13 | 0.588 |
| Pb① | 48.16 | 49.980 | Mn | 257.10 | 13.012 |
| Cu | 58.41 | 0.224 | As | 28.13 | 0.505 |
| Zn | 107.15 | 0.445 | | | |

① 此两项说明已受工业垃圾的污染。

## （四）XOCs

表 4-21 列出了填埋场渗滤液中常见 XOCs 的浓度范围,由于采用了不同混合填埋方式、不同的垃圾组成、填埋场工艺和垃圾填埋时间,其值的变化范围很大。最常见的 XOCs 是芳香族化合物(苯、甲苯、乙苯和二甲苯)和卤代烃,像四氯乙烯(tetrachloroethylene)和三氯乙烯(trichloroethylene)。这些污染物有时浓度很高。最近在渗滤液里还发现含苯氧基酸除草剂(phenoxyalkanoic acid herbicides),特别是 MCPP、Mecoprop 经常能在渗滤液中监测到。

XOCs 的浓度随着时间推移逐渐减少,但由于其在填埋场中的降解以及随填埋气的挥发程度的不同,这种随时间的降解程度很难估算。Ravi 通过试验(见图 4-29)发现,在美国西部的 KL 填埋场渗滤液中,$Cl^-$、苯、1,1 - DCA 等的半衰期约为 15 年。

**表 4-21　填埋场渗滤液中常见 XOCs 的浓度**

| 物　质 | 化 合 物 | 浓度范围 |
|---|---|---|
| 芳香族碳氢化合物 | 苯 | 1～1630 |
| | 甲苯蓝 | 1～12300 |
| | 二甲苯 | 4～3500 |
| | 乙　苯 | 1～1280 |
| | 三甲基苯 | 4～250 |
| | 萘 | 0.1～260 |
| 卤 代 烃 | 氯　苯 | 0.1～110 |
| | 1,2 - 二氯苯 | 0.1～32 |
| | 1,4 - 二氯苯 | 0.1～16 |
| | 1,1,1 - 三氯乙烷 | 0.1～3810 |
| | 三氯乙烯 | 0.7～750 |
| | 四氯乙烯 | 0.1～250 |
| | 二氯甲烷 | 1.0～64 |
| | 氯仿(三氯甲烷) | 1.0～70 |
| | 酚类化合物 | |
| | 苯　酚 | 1～1200 |
| | 甲　酚 | 1～2100 |
| 杀 虫 剂 | 二甲四氯丙酸 | 2.0～90 |
| 混杂的其他类物质 | 丙　酮 | 6～4400 |
| | 二乙基邻苯二甲酸酯 | 10～660 |
| | 二丁基邻苯二甲酸酯 | 5.0～15 |
| | 四氢呋喃 | 9～430 |
| | 三丁基邻苯二甲酸酯 | 1.2～360 |
| | 樟脑油 | 检测到 |

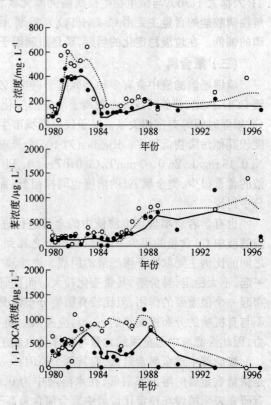

图 4-29　美国 Michigan 州 KL 填埋场下游两个渗滤液检测井中 $Cl^-$、苯和 1,1 - DCA 的浓度在 15 年内的瞬时变化状况

### (五) 微生物

有研究表明填埋场渗滤液中有很多微生物种群,其中的微生物主要是杆菌、大肠杆菌、大肠链球菌等,它们随填埋时间和渗滤液中的化学成分不同而发生较大变化。Ware 等人发现填埋场以及模拟填埋柱产生的渗滤液中存在一定量的微生物病原菌。对填埋场渗滤液中微生物的研究发现,随渗出时间和填埋时间的增加,微生物死亡率增加,主要是由于渗滤液和填埋场的杀菌作用。在垃圾好氧降解过程中,温度相对较高,阻碍了微生物的生长和生存;同样,当 pH 值较低时,微生物越容易失去活性;温度和 pH 同时作用会加速微生物的失活。

由于城市生活垃圾填埋场内含有粪便,肠道病毒很可能随病原菌中进入渗滤液,但通常情况下,在渗滤液中很少能发现肠道病菌。Engelbrecht 等人曾做过一项研究,对于一个大型生活垃圾模拟填埋柱,在填埋过程中使其被甲类脊髓灰质炎病毒(poliovirus type 1)污染。但该填埋柱产生的渗滤液中,并没有发现该病毒存在。目前对于填埋场对病毒的破坏机理还不是非常清楚。病毒失活速度同温度有关,在高温时进行得更快,因此,提高填埋场的温度或者完全厌氧状态下可以加速病毒的失活。

## 四、渗滤液产量的预测

渗滤液的水质水量变化很大,准确预测其水量和水质的变化状况十分困难,但渗滤液的水质水量数据的预测是填埋场渗滤液处理设施设计的前提条件,准确预测渗滤液的产量是建设渗滤液水量调节措施和处理设施的有效保证。为了有效实施填埋场渗滤液的管理,又必须对其进行预测。这里对现有的一些预测方法作一介绍(主要涉及产量影响因素的考虑和计算方法的选择)。

### (一) 产量影响因素

渗滤液的产量与填埋场中所填埋的物质本身的水分饱和度具有密切关系,对于土壤,只有当饱和度达到 50% 时,才可能产生渗滤液,而当饱和度增加到 80% 时,流量就会快速增加,接近于完全饱和时的流量。但对于垃圾来说,还没有发现具体的定量关系。

从前面分析可知,垃圾渗滤液主要来自三个方面:(1)外界环境中进入场内的水分(其中包括地表水、地下水和雨水);(2)垃圾自身含水;(3)垃圾卫生填埋后由于微生物的厌氧分解而产生的水分。而影响渗滤液水量的因素主要包括填埋场降雨量、地形条件、渗入的地下水、垃圾成分、气候条件和填埋技术等。其中降雨量是影响渗滤液水量的决定性因素,具有明显的季节性和地域性特征。渗滤液水量的主要影响因素如表 4-22 所示。

表 4-22　影响渗滤液水量的因素

| 主 因 素 | 子 因 素 |
| --- | --- |
| 降水量 | 降雨量、强度、频率、降雨雪特点和场地条件等 |
| 渗入的地下水 | 地下水的流向、流速、位置;填埋场工程地质情况;填埋场底部防渗系统 |
| 地表径流量和蒸发量 | 地表地形、覆土材料、土壤及初始填埋垃圾的含水量状况;温度、风、湿度、植被、太阳辐射等 |
| 垃圾组成 | 初始水分含量、填埋层的高度及均匀性、压实程度 |

从填埋场建设来说,则与下面的一些因素有关。

1. 填埋场构造

填埋场的构造对于渗滤液产量具有极为重要的关系,特别是是否使用防渗材料。如果一个填埋场未铺设水平和斜坡防水防渗衬垫,或者填埋场直接建设在地下水位以下,则地下水的入渗成为一个重要来源;对于是否实现高质量的覆盖材料,则对地表水的控制具有重要作用。如果一个填埋场严格按卫生填埋场标准设计建设,则可尽量减少地下水和地表径流的进入。

### 2.地表径流

填埋场地表径流包括入流和出流。入流是指来自场地表面上游方向的径流水,称为区域地表径流;出流是指填埋场内产生的并从填埋场流出的地表水,称为填埋场地表径流。

影响填埋场地表径流的主要因素有填埋场地形、覆盖层材料、植被、土壤渗透性、表层土壤的初始含水率和排水条件等。填埋场地形控制着地表积水的流动方向,其中坡度影响最大。入渗速率则主要受表层土壤的类型、渗透性及初始含水率等因素影响,并对地表汇水或地表径流产生影响。填埋场地表植被对地表径流有显著影响,可减慢地表水的流动速度,影响程度主要与植物的类型、密度、生长年龄及季节有关。

### 3.覆土层等的贮水量

覆盖土和垃圾的贮水量对于渗滤液产量也具有重要的影响作用。一般来说,渗入土层的水分,只有少部分会下渗到垃圾层中,大部分在覆土层滞留或流出。降水中超过填埋场本身持水量部分将下排成为填埋场渗滤液,而且由于蒸发蒸腾作用,含水率还会渐渐降低。垃圾的持水量主要受垃圾组成、颗粒大小及压实密度的影响。随垃圾的堆积密度(干)的增加而增大,随颗粒粒径的减少而显著增大。对垃圾进行的分析表明,原始含水率的范围在 0.1~0.2(体积含水率),垃圾的表观田间持水量范围在 0.10~0.15 (体积含水率)。

垃圾中的水分主要以两种形式存在:一种以垃圾微观结构的毛细作用,另一种为垃圾颗粒间隙处的游离水。一般垃圾的孔隙率为 20%~35%。中间覆土材料或经过压实的垃圾可抬高该区域的饱和层,即抬高地下水的静水位。因此,填埋场的持水量取决于垃圾的密度、孔隙率或阻止液体向下渗透的不渗透性隔层。

一般填埋场垃圾的密度为 $0.7~0.8$ t/m$^3$,则每 m$^3$ 垃圾的饱和持水量为 $0.1~0.2$ m$^3$ 的水。如果垃圾压实密度高,垃圾的持水量会下降,当密度高于 $1.0$ t/m$^3$ 时,持水量只有 $0.02~0.03$ m$^3$。

### 4.蒸发量

填埋场覆盖层和垃圾层上部的部分降水,在地表蒸发和植物蒸腾的作用下直接进入大气。蒸发量取决于两方面的因素:一是受辐射、气温、湿度和风速等气象条件的影响;二是受土壤含水率、植物分布状况的影响。一般在同样条件下,有植被的地表较裸露地表蒸发量多。因为有植被的地表,水会通过植物根系吸收并到植物叶面而蒸腾,而且植物的蒸腾作用比土壤蒸发作用更重要。

### 5.其他影响因素

填埋场中有机物的厌氧降解过程需要消耗部分水分,此部分消耗量将影响渗滤液的产量。而且填埋场气体一般都为饱和水蒸气状态,因此水蒸气消耗的水分也是渗滤液影响的主要因素。

## (二)产量计算方法

目前国内外已提出了多种计算渗滤液水量的方法,比较著名的有 HELP 模型、FILL 模型等。常用的渗滤液产量计算方法有以下几种。

### 1.水量平衡法

填埋场的水量平衡关系可参见图 4-30。

$\Delta t$ 时间内,流入和流出填埋场的水量分别为:

流入水量:　　　　　　　　　　　　　$IA \times 10^{-3} + S_i + G + W$

流出水量： $EA \times 10^{-3} + S_0 + Q$

其中，$I$ 为大气降雨量(mm)，$A$ 为填埋场汇水面积($m^2$)，直接进入场区的雨水量为 $IA \times 10^{-3}\,m^3$；$E$ 为填埋场表面以及植物的蒸发蒸腾量(mm)；$S_i$ 为场外径流进入填埋场的水量($m^3$)，通常可通过雨水集排水设施截流；$S_0$ 为在接触垃圾前可排出场外的雨水量($m^3$)，如为封场区域，则通常可被雨水集排水设施排除；$G$ 为渗入填埋场的地下水量($m^3$)，如为卫生填埋场，原则上可忽略不计；$Q$ 为渗滤液产生量($m^3$)。以上水量均为根据需要进行水量平衡的时间 $\Delta t$ 内发生的量，$W$ 是 $\Delta t$ 时间内随垃圾和覆土带入填埋场的水量($m^3$)。

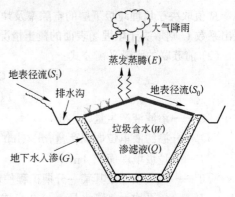

图 4-30 填埋场水量平衡图

规定，$\Delta t$ 时间内，填埋场覆土层中的水分变化为 $\Delta C_w$，而垃圾中的水分变化为 $\Delta R_w$，根据质量平衡，则填埋场的水量平衡式如下：

$$S_i + G + W - (S_0 + Q) + (I - E) \times A \times 10^{-3} = \Delta C_w + \Delta R_w \tag{4-6}$$

式(4-6)为填埋场渗滤液量估算的基本公式。

从填埋场理想状态来看，符合卫生填埋场建设标准的填埋场，$G = 0$；$S_i = 0$；而且在南方多雨季节，垃圾和覆土本身的含水量 $W$，相对于填埋期间进入填埋场的雨水量忽略不计；而如果 $\Delta t$ 足够长，垃圾层含水量的变化 $\Delta C_w$ 和 $\Delta R_w$ 也可以忽略不计，因此可以简化为：

$$Q = (I - E) \times A \times 10^{-3} - S_0 \tag{4-7}$$

在实际操作过程中，上述各项指标中，降水量和蒸发量是影响渗滤液产量的重要因素，可以从当地气象部门获得；外部渗入的水和从填埋场地表流失的水可通过径流系数来计算。由于降水量与蒸发量等是影响渗滤液产量的决定性因素，对于操作单元，其表面径流量很小，则：

$$Q = I - E \tag{4-8}$$

在填埋场的实际使用中，由于不同单元的表面覆盖情况不一样(日覆盖、中间覆盖、最终覆盖)，将直接影响到该地段的表面径流和降水的下渗情况，因而渗滤液的产生量也不相同，应分开加以计算，即：

$$Q = SC_i A_i \tag{4-9}$$

式中，$A_i$、$C_i$ 分别为不同覆盖状况的单元面积及其产水系数。

2. 经验公式法

以理论计算为基础，结合填埋场的实际情况，研究者总结出许多经验公式。

(1) 日本的田中等人在对大量渗滤液产量作分析后提出以下经验公式：

当表面透水性能较好时，

$$U_{max} = 0.25[1 + (C - 1)\lg(1.4R^{0.3})]W_{max}/R^{0.6} \tag{4-10}$$

当表面透水性能较差时，

$$U_{max} = 0.25CW_{max}/R^{0.6} \tag{4-11}$$

式中 $U_{max}$——最大渗滤液发生量，mm/d；

$\quad\quad W_{max}$——最大月间降水量，mm/月；

$\quad\quad C$——流出系数；

$\quad\quad R$——渗滤液浸出延时时间，d。

$R$ 值取决于填埋垃圾下层的空隙率及垃圾的透水系数,压实填埋的 $R$ 值一般是 10 天左右,流出系数 $C$ 则取决于填埋场表面的覆土情况,对最终覆盖,$C$ 值一般为 $0.6\sim0.75$。

(2) 前苏联的水量平衡公式:

$$Q = Q_y F \tag{4-12}$$

$$Q_y = T(P - \bar{E}_0^\tau) - \Delta W \tag{4-13}$$

式中　$Q$——渗滤液产生量,$m^3/d$;

　　　$Q_y$——渗滤液单位面积产量,$m^3/(hm^2 \cdot d)$;

　　　$F$——垃圾填埋面积,$hm^2$;

　　　$T$——垃圾填埋或其某一分期工程使用的时间,$d$;

　　　$P$——年平均大气降水量,$mm/10d$ 或 $m^3/(hm^2 \cdot d)$;

　　　$\bar{E}_0^\tau$——被隔离的生活垃圾表面水分年蒸发量;

　　　$\Delta W$——生活垃圾含水量。

(3) 浸出系数法:

$$Q = I(C_1 A_1 - C_2 A_2) \times 10^{-3} \tag{4-14}$$

式中　$Q$——浸出水量,$m^3/d$;

　　　$I$——日降水量,$mm/d$;

　　　$C_1$——正填埋区浸出系数;

　　　$C_2$——已填埋区浸出系数;

　　　$A_1$——正填埋区面积,$m^2$;

　　　$A_2$——作业区面积,$m^2$。

(4) 合理式经验模型:

$$Q = IAC \times 10^{-3} \tag{4-15}$$

式中　$Q$——渗滤液水量,$m^3/d$;

　　　$I$——降雨量,$mm/d$;

　　　$C$——浸出系数;

　　　$A$——填埋面积,$m^2$。

浸出系数 $C$ 的值与填埋场中填埋施工区域和封场区域的地表状况不同,具有较大的差异。设填埋区的面积为 $A_1$,浸出系数为 $C_1$,封场区的面积为 $A_2$,浸出系数为 $C_2$,则:

$$Q = Q_1 + Q_2 = I \times (A_1 C_1 + A_2 C_2) \times 10^{-3} \tag{4-16}$$

而且,式中的 $A_1$ 和 $A_2$ 随填埋施工进程,其数值不断变化,设计时需找出不同 $A_1$ 和 $A_2$ 组合中最大的渗滤液水量作为设计值。浸出系数 $C_1$、$C_2$ 则可参考以下方法取值。

1) 填埋区浸出系数 $C_1$ 的确定:

由于降入填埋施工区的雨水无法排出场外,根据式(4-7),其渗滤液水量 $Q_1$ 可以表示为:

$$Q_1 = (I - E_1) \times A \times 10^{-3} \tag{4-17}$$

根据式(4-15),$Q_1$ 也可以表示为:

$$Q_1 = I_1 A C_1 \times 10^{-3} \tag{4-18}$$

合并两式得 $C_1$:

$$C_1 = 1 - E_1 / I \tag{4-19}$$

2) 封场区浸出系数 $C_2$ 的确定:

由于封场区域降入的雨水可以通过表面排水系统排出场外,所以渗滤液水量可以表示为:

$$Q_2 = (I - E_2) \times A \times 10^{-3} - S_0 \qquad (4\text{-}20)$$

根据式(4-20)和式(4-15)，$Q_2$ 也可以表示为：

$$Q_2 = I_2 A C_2 \times 10^{-3} \qquad (4\text{-}21)$$

合并两式得 $C_2$：

$$C_2 = 1 - (E_2 + 1000 S_0 / A_2) / I \qquad (4\text{-}22)$$

$$C_2 = C_1(1 - 0.4) = 0.6 C_1 \qquad (4\text{-}23)$$

$C_1$ 和 $C_2$ 之间的关系可由式(4-23)得到

$$C_2 = C_1 [1 - (E_2 - E_1 + 1000 S_0 / A_2) / (I - E_1)] \qquad (4\text{-}24)$$

一般 $1000 S_0 / A_2$ 远大于 $(E_2 - E_1)$，所以：

$$C_2 = C_1 [1 - 1000 (S_0 / A_2) / (I - E_1)] \qquad (4\text{-}25)$$

式(4-25)中的 $1000(S_0 / A_2) / (I - E_1)$ 随封场构造组成的不同而有差异，设计过程中需有所针对进行取值。根据现场测试和施工经验，通常一般可取 $1000(S_0 / A_2) / (I - E_1)$ 为 0.4。

**3. 山谷型填埋场渗滤液产量简化计算模型**

对于我国的填埋场，有很大一部分填埋场采用了山谷型填埋形式，因此，非常有必要对其渗滤液产量进行一个合理的推算。

山谷型填埋场，由于其独特的结构，使得汇水面积较大，而且填埋场中的水量也不容易排出。一般可以考虑用以下的公式来计算其产量：

$$Q = q + G + B - L \qquad (4\text{-}26)$$

式中　$q$——垃圾降解产生的渗滤液量，$m^3$；

　　　$B$——填埋场表面降雨转化产生的渗滤液量，$m^3$；

　　　$L$——从填埋场防渗层渗漏出去的水量，$m^3$；

其余符号同上。

一般，在降雨较多的湿润地区，与其他水量相比，垃圾体分解产生的渗滤液量相对较小，可忽略。对于符合防渗要求的填埋场，从防渗层泄漏的水量很小，可忽略。

对于 $B$ 的计算，计算方法较成熟，可用式：

$$B = (P - E) \times A \times 10^3 \qquad (4\text{-}27)$$

式中　$P$——丰水年降水量，mm；

　　　$E$——年平均降水量，mm；

　　　$A$——场区汇水面积，$km^2$。

对于 $G$ 的计算，则还在探索过程，目前国内提出的方法主要有以下两种：

(1) 以大气降水量为依据计算地下水转化渗滤液量 $G$，计算式为：

$$G = PA \times 10^3 \qquad (4\text{-}28)$$

式中　$P$——大气降水量，mm；

　　　$A$——汇水面积，$km^2$。

以大气降水量进入地表部分作为 $G$ 值计算依据，则

$$G = f_1 A \times 10^3 \qquad (4\text{-}29)$$

式中　$f_1$——泄漏量，mm；

　　　$A$——汇水面积，$km^2$。

泄漏量可由下式计算得到：

$$f_1 = (P - T)(1 - g_1) = P(1 - t)(1 - g_1) \qquad (4\text{-}30)$$

式中　$g_1$——地表径流系数；

　　　$P$——大气降水量，mm；

　　　$T$——树冠截流量，mm；

　　　$t$——树冠截流量，%。

（2）以地表径流量为依据，计算得到的渗滤液产生量为：

$$G = [(P-T)(1-g_1) - E - (F-S)] \times A \times 10^3$$
$$= [P(1-t)(1-g_1) - E - (F-S)] \times A \times 10^3 \qquad (4\text{-}31)$$

式中　$g_1$——地表径流系数；

　　　$P$——大气降水量，mm；

　　　$E$——蒸发蒸腾量，mm；

　　　$T$——树冠截流量，mm；

　　　$F$——土壤持水量，mm；

　　　$S$——土壤原有含水量，mm；

　　　$A$——汇水面积，km²；

　　　$t$——树冠截流率，%。

**4．经验统计**

渗滤液的产量波动较大，但是对于同一地区的填埋场，其单位面积的年平均产生量是在一定范围内变化的。因此对该地区许多填埋场的渗滤液产生量根据历史数据作统计后，就可以据此推断今后渗滤液的产生情况。在上海地区，中间覆盖后的填埋区域的年平均渗滤液产生量大约为 50 m³/(hm²·d)，在一年中降水量较多的季节，产生量高达 70 m³/(hm²·d)。

# 第八节　渗滤液处理

渗滤液处理采用不同类型方法的组合，一般都是以生物法或土地法作为预处理，然后用物化法作为后处理。要达到日益严格的渗滤液处理排放标准，这种组合工艺形式是一种必然的趋势，但设计过程中的关键是各种工艺的搭配和协调的问题。在本节中，主要是对于渗滤液处理，从宏观角度来认识几种处理的组合形式以及各自的适合条件。

## 一、渗滤液的收排系统

渗滤液收排系统包括收集系统和输送系统，其作用主要是将填埋场内产生的渗滤液收集起来，并通过污水管或集水池输送至污水处理系统进行处理，以保证在填埋场预设寿命期限内正常运行，避免渗滤液在填埋场底部蓄积。渗滤液的蓄积会引起下列问题：

（1）填埋场内的水位升高导致更强烈的浸出，从而使渗滤液的污染物浓度增大；

（2）底部衬层之上的净水压增加，导致渗滤液更多地泄漏到地下水－土壤系统中；

（3）填埋场的稳定性受到影响；

（4）渗滤液有可能扩散到填埋场外。

垃圾渗滤液一般通过设置在密封层之上的排水层或者通过敷设在防护层中的排水系统进行排水。设计的排水层要求能够迅速地把渗滤液排掉，这一点十分重要，否则，垃圾中出现壅水会使更多垃圾浸在水中，从而增加了渗滤液净化处理的难度；而且，壅水会对下部密封层施加荷载，有使地基密封系统因超负荷而受到破坏的危险。为了尽量减少对地下水的污染，该系统应保证使衬垫或场底以上渗滤液的累积不超过 30 cm。

**（一）渗滤液收集系统**

渗滤液收集系统的主要部分是一个位于底部防渗层上面的、由沙或砾石构成的排水层。在排水层内设有穿孔管以及防止阻塞铺设在排水层表面和包在管外的无纺布。通常由排水层、集水槽、多孔集水管、集水坑、提升管、潜水泵和集水池等组成。如果渗滤液能直接排入污水管，则集水池也可不要。所有这些组成部分都要按填埋场暴雨期间较大的渗滤液产出量设计，并保证该系统能长期运转而不遭到破坏。

渗滤液收集系统各部分的设计必须考虑基于初始运行期的较大流量和在长期水流作用下其他一些使系统功能破坏的问题。

为了防止渗滤液在填埋场底部积蓄，填埋场底部应做成一系列坡形的阶地。填埋场底部的轮廓边界和构造必须能够使得重力流始终流向最低点，主、次两级渗滤液收集系统均应满足上述要求。因此，填埋场底部做成精确的坡形地势相当重要。如果设计不合理，出现低洼点、下层土料沉积、施工质量得不到有效的控制和保证等现象，渗滤液会存留于土工膜的低洼处，并逐渐渗出，从而得不到输送和处理。但是，建立底坡以便渗滤液能自流收集和检查渗漏都是很困难的。

根据美联邦政府和一些州政府的规范要求，当渗滤液从垂直方向直接进入收集管时取最小底面坡降为 2%，以加速排放和防止在衬垫上积存。收集管须设在截断流向的 1% 或稍陡的坡面上。渗滤液收集系统的最低点必须中止于一个具有提升管或窖井的集水池。

按照渗滤液收集方式，渗滤液收集系统可以分为：

（1）水平收集系统。利用高渗透性的粗大颗粒组成的排水层有两种形式：不带收集管（渠）、带有辅助收集管（渠）。排水层中装有收集管（渠），可以提高整个排水层的排水能力，收集管（渠）由带长条缝的管道组成，或者采用排水槽的形式。

（2）垂直收集系统。垃圾卫生填埋场一般分层填埋，各层垃圾压实后，覆盖一定厚度黏土层，起到减少垃圾污染及雨水下渗作用，但同时也造成上部垃圾渗滤液不能流到底部导层，因此需要布置垂直渗滤液收集系统。

在填埋区按一定间距设立贯穿垃圾体的垂直立管，管底部通过短横管与水平收集管相通，以形成垂直收集系统，通常这种立管同时也用于导出垃圾气体，称为排渗导气管。管材采用高密度塑料穿孔花管，在外围套上套管，并在套管上与多孔管之间填入滤料，在周围垃圾压实后，将套管取出，随着垃圾层的升高，这种设施也逐渐加高，直至最终高度，底部的垂直多孔管与底衬中的渗水管网相通，这样中层渗滤液可通过滤料和垂直多孔管流入底部的排渗管网，可提高整个填埋场的排污能力。排渗导气管的间距要考虑填埋作业和导气的要求，要按 30～50 m 间距交错布置。排渗导气管随着垃圾层的增加而逐段增高。较高的管下部要求设立基础。

渗滤液收集系统主要由以下几部分组成：

（1）渗滤液收集槽。渗滤液收集管通常埋设于堆填砾石的收集槽中。收集槽应衬以土工布织物以防止细粒穿过衬垫进入收集槽并渐次进入收集管。收集槽的砾石应按要求堆填，以分散压实机械的荷载从而更好的保护管道不受损坏。起反渗滤作用的土工布织物应叠放于砾石层的上面，另外，应设计级配渐变的砾石及反滤层以防止废弃物中的颗粒进入收集槽中。

（2）渗滤液收集池及提升管。渗滤液收集池是填埋场衬垫中的低洼点，用以收集渗滤液。收集池用砾石堆填以支撑上覆废弃物、覆盖系统及后期封闭物等荷载。通常，负荷衬垫系统在某一区域下凹面形成收集池。另外，现在有许多收集池常采用预先加工好带有大口径 HDPE 管或 HDPE 窖井的 HDPE 单元来施工。虽然花费颇多，但可对预加工收集池进行彻底的现场检测。

（3）渗滤液收集泵。渗滤液收集泵的输水能力需仔细计算。泵选型时，必须考虑吸入高度及上扬水头，此时应注意渗滤液密度大于水的密度。用来从收集池抽排渗滤液的水泵必须能保证运送最大产流,这些泵应由足够的工作扬程以使渗滤液从集水池送到要求的排放口。通常用自动潜水泵来泵送池中的液体。水泵的起闭液面高应当能使水泵工作相当长一段时间,频繁起闭会损坏水泵。设计排水层和排水系统时,可以考虑把传统式排水系统设置在防护层内,该防护层由渗水性很小的细粒材料组成。排水系统的组成部分包括收集系统、输送系统(主要集水管和支管)以及渗滤液检查井。在天然密封层中采用带有排水系统的防护层更为适宜。

(4)检查井(或观察井)。可以沿着集水管道的定位线设置渗滤液检查井(或观察井)。尽可能地把检查井设置在垃圾填埋体以外的位置,但是必须靠近填埋体以便于取样。确保雨污水分流的措施在填埋场也是至关重要的一环,其目的是把可能进入场地的水引走,防止场地排水进入填埋区内,以及来自填埋区的污水的排出。通常采用的方法有导流渠、导流坝、地表稳定化和地下排水四种。

**(二)输水管道系统**

输水系统的任务是从垃圾底部将渗滤液向外输导。渗滤液输送系统有渗滤液贮存罐、泵和输送管道组成,有条件时可利用地形以重力流形式让渗滤液自流到处理设施,此时可省掉渗滤液贮存罐。

渗滤液贮存罐应该有足够的容积,在渗滤液产生的高峰期,渗滤液贮存一段时间应该与有关机构联系,是否有最小允许容量的指令,贮存体积取决于泵出频率和向处理厂的最大许可排放量。双壁和单壁渗滤液贮存罐都可以使用。单壁渗滤罐装在一个黏土或合成膜的套子里。套子的内部要能监测。监测井可以检测早期罐的渗漏,井中的指示参数应每月监测一次。这种类型的套子对于双壁罐是不需要的,但两壁之间均需预留出一定的监测空间。金属和非金属的罐子都可以使用。金属罐必须防止腐蚀。罐的内壁必须涂上合适的防腐材料,以防止渗滤液对罐子造成损坏。罐子在安装前要进行加压检漏试验,应按制造厂家给出的检漏试验和安装指南进行操作,还应从制造商那里取得长期的性能保证。贮存罐应正确安装。安装过程中不当操作或回填都可能损坏罐子。如果预计水位可能升至罐的底部以上,则贮存罐要用混凝土底基加以适当的固定。当罐子安装在浅层水位时,贮存罐的固定非常重要。

输水管道需要进行水力和静力作用测定或计算,其公称直径至少应为 100 mm,最小坡度应为 1%。选择材质时,应当考虑到垃圾渗滤液有可能对混凝土产生侵蚀作用。

应当尽量把集水管道设置成直管段,中间不要出现反弯折点。同时,第一次铺放垃圾时,不允许在集水管位置上面直接停放机械设备。通常情况下垃圾层厚度为 2 m,这样地基层受压不致过大,密封层和排水管道也不致遭到破坏。

另外,排水管道通常利用具有一定承载能力的滤粒围置,滤粒的覆盖厚度不允许超过管顶以上 30 cm。为防止管道腐蚀,应当避免空气进入管道内。鉴于管道本身有沉降的可能,因此,如果利用传统式排水系统作为垃圾填埋排水系统时,从能够保证长期良好地进行排水这个角度考虑,管道周围堆置的沙砾材料厚度应当比传统设计的厚度要大一些。

**(三)清污分流**

实行清污分流是将进入填埋场未经污染或轻微污染的地表水或地下水与垃圾渗滤液分别导出场外,进行不同程度处理,从而减少污水量,降低处理费用。

地表水渗入垃圾体会使渗滤液大量增加。控制地表径流就是进入填埋场之前把地表水引走,并防止场外地表水进入填埋区。一般情况下,控制地表径流主要是指排除雨水的措施。对于不同地形的填埋场,其排水系统也有差异。滩涂填埋场往往利用终场覆盖层造坡,将雨水导排进入填埋区四周的雨水明沟。山谷型填埋场往往利用截洪沟和坡面排水沟将雨水排出。雨水导排沟一般采用浆砌块石或混凝土矩形沟。此外,地下水导排主要在防渗层下设置导流层。

## 二、渗滤液的处理工艺

垃圾填埋场渗滤液的处理工艺既有与常规废水处理工艺的共性,但是不同的填埋场,资金状况、所处的地理位置、气候条件、渗滤液的水量和水质等都不尽相同,因而又有其极为显著的特殊性。在渗滤液的处理上,既要保证技术上的可行性,还要考虑经济上的可行性。只有根据填埋场的实际情况以及渗滤液的实际特点,选择最佳的处理工艺组合以及最优秀的管理措施,两者结合,才有可能解决各填埋场渗滤液处理的难题。渗滤液的处理工艺从原则上讲有场外处理和场内处理两种方案。

### (一) 场外处理

场外处理主要指渗滤液与适当规模的城市污水处理厂合并处理。这在很多国家都得到采用,该法充分利用了城市污水处理厂对渗滤液的缓冲、稀释和调节营养的作用,可以有效节约渗滤液处理系统单独建设的投资和运行费用,还可以降低处理成本。实践表明,只要渗滤液的量小于城市污水处理厂污水总量的 0.5%,其带来的负荷增加控制在 10% 以下,并且地理位置相匹配,那么这种方法具有一定的可行性。但在实际操作中,下面的一些因素将阻碍其顺利运行:一方面,由于垃圾填埋场往往远离城市污水处理厂,渗滤液的输送将造成较大的经济负担;另一方面,由于渗滤液特有的水质及其变化特点,如果不加控制地采用此法,易造成对城市污水处理厂的冲击负荷,影响城市污水处理厂的正常运行。一般情况下为了避免对城市污水处理厂的冲击,渗滤液往往需要先在场内进行预处理,以降低渗滤液中的 $COD_{Cr}$、$BOD_5$、$NH_3\text{-}N$ 和重金属离子,然后再排入城市二级城市污水处理厂,其排放污染物浓度应符合三级纳管标准,具体限度可以与环保部门和市政部门协商,场内预处理一般应采用生物处理为主的工艺,主要目的是减小负荷,同时尽量减少氨氮的排入量。

在正常运行条件下,城市污水处理厂能接纳的渗滤液量是有限的。国外的研究结果表明,渗滤液量一般不超过城市污水量的 0.5%,实际上即使只加入 0.5% 的渗滤液,污水处理厂的活性污泥负荷也增加了将近一倍。混合处理后出水的 $BOD_5$ 基本不上升,但 $COD_{Cr}$ 将会上升,但上升幅度低于根据渗滤液独立处理出水 COD 的计算值,表明合并处理使渗滤液的可生化性提高。另外,污水处理系统本身的潜在能力也可以用来接纳渗滤液的负荷,一般认为城市污水处理厂可在 4%～5% 的超负荷下运行,对处理系统本身影响不大,否则对城市污水处理厂会造成严重的冲击负荷乃至破坏污水处理厂的运行(因为某些重金属离子会抑制微生物的活性),混合处理的污水处理厂一般都在超负荷下运行。

因而,在考虑合并处理方案时,必须研究其工艺上的可行性。对采用传统活性污泥工艺的城市污水处理厂而言,不同污染物浓度渗滤液量与城市污水处理厂的处理规模的比例是决定其可行性的重要因素。有研究表明,当渗滤液的 $COD_{Cr}$ 浓度为 24000 mg/L 时,须严格控制上述比例。当两者体积比达 4%～5% 时,城市污水处理厂的运行将受到影响,导致污泥膨胀问题;当渗滤液的 $COD_{Cr}$ 浓度为 3500 mg/L 时,上述比例一般不得超过 40%,否则须通过延长污泥龄的方法来保证处理系统中活性污泥的数量。为保证处理效果,可通过增加曝气池中污泥浓度或扩大处理设施容积加以解决。但泥龄过长时,往往因污泥的活性低而影响处理效果,而扩大处理设施容积,则使得投资成本过大。实践表明,采用厌氧(ABR)(水解酸化)—活性污泥法处理渗滤液与城市污水的混合废水,当原渗滤液的 COD 浓度分别为 3700～4500 mg/L 和 6500～9000 mg/L 时,为保证系统的处理出水水质,宜将混合比分别控制在 4:6 和 2:8。

据报道,延时曝气活性污泥系统可有效地处理渗滤液和生活污水的混合废水,SBR 系统处理混合废水时可达到 85%～90% 和 90% 的 TOC 和 $BOD_5$ 去除率。经驯化后的活性污泥,在处理过程中不管是否投加葡萄糖或其他营养元素,可使渗滤液中的有机物去除 80%,渗滤液和城市污水混合 4 h 后污泥生物即发生降解作用,若增加曝气池中的污泥浓度,反应时间可进一步缩短。运行过程中废水的 $COD_{Cr}$ 去除率一直比较稳定,且无需另外添加营养物质,具有良好的经济性,但该研究并未明确渗滤液与城市污水的比例。目前,国内的垃圾填埋场很多都还未建设场内的独立渗滤液处理系统,大多将渗滤液直接排入周围环境或直接汇入城市污水处理厂进行合并处理,结果往往影响污水厂的正常运行。如苏州七子山垃圾填埋场在运行初期,将渗滤液收集后直接送至当时(1993 年)处理规模为 5000 $m^3/d$ 的苏州城西污水处理厂。虽当时因渗滤液的产生量较小而并未对原有系统的正常运行造成危害,但随着渗滤液量的增加(由占该厂处理能力的 16.7% 增加至 48%,渗滤液的 COD 浓度为 3500~6000 mg/L),污水处理厂(活性污泥处理工艺)的运行受到严重干扰,渗滤液停止引入后该厂运行才得到恢复。

### (二) 场内单独处理

场内单独处理渗滤液的工艺流程在目前应用较为普遍。因为场内单独处理可以降低渗滤液的输送、储存成本,产生的污泥也可以直接填埋处置。合理的垃圾渗滤液处理技术应是以生化处理为主,生化法、物化法与土地处理相结合的工艺。由前面所述可知,填埋时间较短,新鲜的垃圾渗滤液中有机物浓度高,可生化性好,应以生化处理为主;而填埋时间较长的渗滤液,由于其可生化性较差,应该采用生化和物化相结合的处理方式。

由于渗滤液浓度较高,直接采用好氧法处理费用高,厌氧法的负荷高、占地小、能耗低,但出水中的有机物浓度和氨氮浓度还达不到排放标准,因此采用先厌氧后好氧的处理流程较为合理。物化处理是填埋时间较长的渗滤液处理中必不可少的环节,同时,它还可以作为预处理过程去除水中的杂质,降低渗滤液中的重金属、氨氮浓度、调节渗滤液的 pH 值,以利于后续的生化处理。

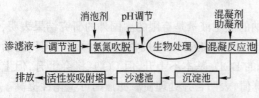

图 4-31　典型的渗滤液处理工艺流程

在确定渗滤液的处理工艺流程时,应该首先获取渗滤液水质的详细资料,并在实验的基础上进行选择。目前常用的工艺组合有:生物处理 – 混凝沉淀、生物处理 – 化学氧化 – 生物后处理、生物处理 – 活性炭吸附、生物处理 – 反渗透 – 蒸发和干化等。图 4-31 是一个较为典型的渗滤液处理工艺流程。

场内单独处理方式主要有回灌处理和其他的一些独立系统。

#### 1. 回灌处理(场内处理)

渗滤液回灌处理法的提出已有二三十年,但其实际应用则是近 10 多年的事。目前美国已有 200 多座垃圾填埋场采用了此技术。该方法除具有加速垃圾的稳定化、减少渗滤液的场外处理量、降低渗滤液污染物浓度等优点外,还有比其他处理方案更为节省的经济效益。通过回喷可提高垃圾层的含水率(由 20%~25% 提高到 60%~70%),增加垃圾的湿度,增强垃圾中微生物的活性,提高产甲烷的速率,促进垃圾中污染物的溶出及有机物的分解。同时,通过回喷,不仅可降低渗滤液的污染物浓度,还可以因喷洒过程中挥发等作用而减少渗滤液的产生量,对水量和水质起稳定化的作用,有利于废水处理系统的运行,节省费用。

美国 Pohland 等人把垃圾填埋场作为生物反应器(bioreactor),进行了较为深入的渗滤液喷洒回灌研究。在采用回罐处理方案时,必须注意喷洒的方式和喷洒的量。一方面,喷洒的渗滤液量应根据垃圾的稳定化进程而逐步提高。一般在填埋场处于产酸阶段早期时,回喷的渗滤液量宜少不宜多,在产气阶段则可以逐渐增加。由于把垃圾填埋场作为一个生物反应器,因而回灌的渗滤液量除可根据其最佳运行的负荷要求确定外,还可以根据填埋场的产气情况来确定。另一方面,填埋场内不同位置的垃圾可能处于不同的稳定化阶段,因而为保证喷洒的应有效果,应将稳定化程度高的垃圾层区(产甲烷区)所排出的渗滤液回喷至新填入的垃圾层(产酸区)、而将新垃圾层所产生的渗滤液回喷至老的稳定化区,这样有利于加速污染物的溶出和有机污染物的分散,同时加速垃圾层的稳定化进程。

Pohland 以每公顷填埋场的年总费用单位(Total Annual Cost Units,TACU,包括垃圾处理和渗滤液处理的投资及运转费用)对渗滤液处理的不同方案进行的经济比较表明,回灌法可比其他方法节省一个平均 TACU,经济上最可行。Mosher 等人的研究表明,渗滤液回灌喷洒处理不仅缩短了 Keele Valley 填埋场的稳定化进程及沼气的产生时间,而且增加了填埋场的有效库容量、促进了垃圾中有机化合物的降解。

我国宁波市布阵岭垃圾卫生填埋场也采用了独立场内渗滤液处理系统回灌。渗滤液处理装置为一个深 2 m、直径 40 m、底部呈 2° 的倾斜坑,于底部铺设两层 30 cm 厚的黏土,其中间复合厚 0.75 mm 塑料薄膜,黏土层上铺设 20 cm 砾石作污水收集导流层。按垃圾填埋方式填入 1523 t 生活垃圾。位于坑下方再建一个容积为 3.7 m×3.7 m×3.4 m 渗滤液收集调贮池,同时布设污水回喷装置 1 套。处理工艺如图 4-32 所示。

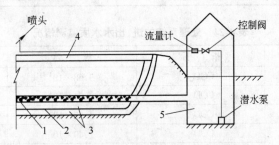

图 4-32 污水回灌法处理渗滤液工艺流程
1—碎石导流层;2—塑膜防渗层;3—黏土防渗层;4—黏土覆盖层;5—渗滤液收集池

首次回喷渗滤液的 $COD_{Cr}$ 为 10900 mg/L,经 10 次回喷跟踪监测分析表明,经 8 个月回喷处理,$COD_{Cr}$ 降解约 98%,渗滤液水质达到特种行业污水排放标准。

**2. 建设独立的场内完全处理系统**

由于城市垃圾填埋场通常位于离城市较远的偏远山谷地带,当城市污水处理厂离填埋场较远时,用与城市污水处理厂合并处理的方案往往因渗滤液远距离输送的费用较高而不经济,此时建设场内独立的完全处理系统便成为一种可供选择的方案。但由于渗滤液的污染负荷很高,尤其是有毒有害物含量较高,因而其处理工艺系统须为多种处理方法的有机组合。

建设场内独立处理系统困难在于:(1)渗滤液的水质随填埋场年龄的变化而有较大的变化,在考虑其处理时必须采用抗冲击负荷能力和适应性强的工艺系统。对于"年轻"填埋场渗滤液宜于采用生物处理工艺,而对"老年"填埋场渗滤液,则处理时必须考虑一个物化处理单元。因而其处理工艺流程操作管理复杂,运行效果难以得到长期的保证;(2)渗滤液中往往含有多种重金属离子和较高浓度的氨氮,须采用化学等方法加以必需的预处理乃至后处理,故而其运转费用较高;(3)渗滤液中的营养比例(C:N:P)往往失调,其突出特点是氮含量过高和磷含量不足,需要在处理过程中削减氮而补充必需的磷;(4)填埋场渗滤液的产量与城市污水处理厂处理规模相比往往较小,因而单独设置小规模的处理系统在运转费用方面缺乏经济上的优越性。

诸暨市垃圾卫生填埋场采用了独立的场内处理系统。此填埋场位于距城关 10 km 的白毛尖山岙,垃圾渗滤液处理厂就在该山脚下,渗滤液实际排放量为 150~200 m³/d,该厂总排口的废水

$COD_{Cr}$为 2000~2500 mg/L,氨氮 800~1000 mg/L。渗滤液处理如图 4-33 所示。

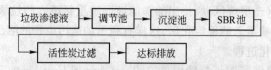

图 4-33　诸暨市垃圾卫生填埋场渗滤液处理

其中,其主要构筑物如表 4-23 所示,处理前后的水质状况如表 4-24 和表 4-25 所示。

表 4-23　主要构筑物及工艺参数

| 序　号 | 构　筑　物 | 规格及参数 |
|---|---|---|
| 1 | 混凝沉淀池 | 钢筋混凝土 $D5.5\,m \times 5.2\,m \times 2$(个) |
| 2 | SBR 池 | 钢筋混凝土 $D5.0\,m \times 5.5\,m \times 4$(个) |
| 3 | 储水池 | 钢筋混凝土 $10.0\,m \times 8.0\,m \times 2.7\,m \times 2$(个) |
| 4 | 污泥浓缩池 | 钢筋混凝土 $3.0\,m \times 3.0\,m \times 3.5\,m$ |
| 5 | 活性炭过滤塔 | GHTA-150 钢制 $D1.5\,m \times 5.4\,m$ |

表 4-24　处理系统的进、出水水质监测情况

| 时　间 | 指　标 | 进　水 | 出　水 |
|---|---|---|---|
| 06-15 | $COD_{Cr}$ | $3.68 \times 10^3$ | 675 |
| 06-25 | $COD_{Cr}$ | $2.74 \times 10^3$ | 373 |
| 07-04 | $COD_{Cr}$ | $3.52 \times 10^3$ | 262 |
| 09-22 | $COD_{Cr}$ | $2.40 \times 10^3$ | 248 |
|  | 氨氮 | 896 | 17.3 |
| 09-23 | $COD_{Cr}$ | $2.47 \times 10^3$ | 240 |
|  | 氨氮 | 905 | 19.9 |
| 09-25 | $COD_{Cr}$ | $2.42 \times 10^3$ | 232 |
|  | 氨氮 | 881 | 18.7 |
|  | 色度 | 900 | 30 |
| 09-26 | $COD_{Cr}$ | $2.42 \times 10^3$ | 244 |
|  | 氨氮 | 850 | 15.0 |
|  | 色度 | 900 | 30 |

注:除色度外,单位为 mg/L。

表 4-25　各处理单元对 $COD_{Cr}$、氨氮的去除效果

| 处理单元 | $COD_{Cr}/mg \cdot L^{-1}$ | | | 氨氮$/mg \cdot L^{-1}$ | | |
|---|---|---|---|---|---|---|
|  | 进　水 | 出　水 | 去除率/% | 进　水 | 出　水 | 去除率/% |
| 沉　淀 | $2.42 \times 10^3$ | $1.72 \times 10^3$ | 29.5 | 897 | 872 | 2.7 |
| SBR | $1.72 \times 10^3$ | 371 | 78.4 | 872 | 17.3 | 98.1 |
| 活性炭过滤 | 371 | 236 | 36.4 | | | |
| 总去除率/% | 90.2 | | | 98.1 | | |

### (三) 预处理－合并处理(场内－场外处理)

预处理－合并处理是基于减轻进行直接混合处理时渗滤液中有害有毒物对城市污水处理厂

的冲击危害而采取的一种场内外联合处理方案。渗滤液首先在填埋场内的预处理设施进行处理,以去除渗滤液中的重金属离子、氨氮、色度以及 SS 等污染物质或通过厌氧处理以改善其可生化性、降低负荷,为合并处理正常运行创造良好的条件。在处理过程中,注意控制 $COD_{Cr}$ 和 $NH_3$-N 去除量的比例,从而保证生物处理有合理的 C/N。预处理－合并处理运转灵活,投资低,可利用城市污水的营养物,处理效果可得到有效保证。

### 三、填埋场实际运行的渗滤液处理工艺

在实际的运行中,由于各地的渗滤液的水质和排放要求不一样,因此所采用的工艺流程在上述典型的工艺流程基础上应进行相应的调整。下面介绍一些我国目前采用的主流渗滤液处理工艺。

#### (一)上海市老港填埋场处理工艺:稳定塘＋芦苇湿地＋化学氧化(或化学混凝)

工艺流程如图 4-34 所示。

老港填埋场设计进水水质为: $COD_{Cr}$ = 12000 mg/L、$BOD_5$ = 3000 mg/L、$NH_3$-N = 400 mg/L。处理工艺主要以稳定塘＋芦苇湿地为主,渗滤液经调节池的调蓄、厌氧塘的厌氧处理、兼性塘的缺氧处理和曝气塘的好氧处理

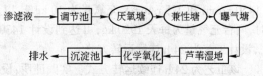

图 4-34　上海市老港垃圾填埋场
渗滤液处理工艺流程

后,进入芦苇湿地,利用植物和土壤的吸收、消解作用,进一步净化水质,如果仍不能达标,再进行化学氧化处理后排放。

#### (二)深圳玉龙山填埋场处理工艺:A/O 生化法＋化学混凝

工艺流程如图 4-35 所示。

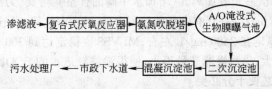

图 4-35　深圳玉龙山垃圾填埋场渗滤液处理工艺流程

该工艺除常规厌氧处理外,增加了氨氮的鼓风吹脱工序,并利用缺氧－好氧(A/O)淹没式生物膜曝气池的反硝化和硝化作用进一步去除 $NH_3$-N、$COD_{Cr}$ 和 $BOD_5$,最后利用 PAC 进行混凝处理,出水通过市政下水道,进入渗滤液处理厂处理。该工艺脱氮效果好,耐负荷冲击,产泥少,无污泥膨胀和无需污泥回流。

#### (三)杭州天子岭填埋场处理工艺:两段好氧生化法

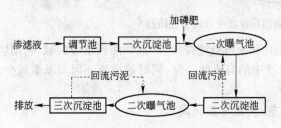

图 4-36　杭州天子岭填埋场渗滤液处理工艺流程

工艺流程如图 4-36 所示。

该填埋场渗滤液原水水质: $COD_{Cr}$ = 230 ～ 5380 mg/L;$BOD_5$ = 100 ～ 4480 mg/L;$NH_3$-N = 434～487 mg/L,渗滤液经调节池的调蓄作用,再经两次鼓风曝气好氧生化处理后排放。在一次曝气池中可根据实际情况加适量磷肥调节营养比例。沉淀池污泥除部分回流外,由污泥浓缩池处理。该工艺出

水达到 GB16889—1997 规定的三级排放标准。但该系统抗冲击负荷较差,受温度、降雨等季节

性因素影响大,产泥量较大,处理费用偏高。

### (四)北京阿苏卫填埋场处理工艺:厌氧+氧化沟

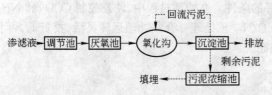

图4-37 北京阿苏卫填埋场渗滤液处理工艺流程

工艺流程如图4-37所示。

阿苏卫设计能力为日处理垃圾渗滤液1000 t。该工艺利用了氧化沟的延时曝气作用进行好氧生化处理,氧化沟工艺容积较大,水力停留时间与泥龄较长,产泥量少、臭味小,减少了处理构筑物,其基建投资和运行费用较低。调节池及厌氧池内各配备两台水下搅拌器(搅拌范围 10 m×4 m,回流污泥率50%~100%,搅拌后的池底速度为0.3 m/s),氧化沟内配备了2台长度为4.5 m的双速转刷曝气机(1450 r/min 和 725 r/min),充氧量为10 kg/h,以及两台单速转刷曝气机(1450 r/min),高速运转时,两台充气量为每天1920 kg,可达到设计1430 kg/d的要求。设计活性污泥指标为4000 mg/L,设计工艺为24 h连续运转方式。

该工艺为24 h连续运转方式。实践证明:设计院的最初设计方案直接采用传统的闷曝方式不可行,即首先向氧化沟注入渗滤液至设计水深,开始闷曝,维持 DO>2.0~2.5 mg/L,至 MLSS>2000 mg/L,停止曝气,静沉1 h,再进少量新鲜渗滤液。即重复循环闷曝、静沉、进水三个过程,逐渐缩短闷曝时间等过程。DO值可以从0.18 mg/L增至0.36 mg/L,活性污泥一开始增加,但过了一个礼拜左右,活性污泥浓度急剧降低,30 min 无沉淀。镜检发现开始阶段出现大量细菌,似有大量变形虫,一个礼拜后发现大量鞭毛虫。说明闷曝无法实现活性污泥的大量生长。第二个替代方案,采用直接投加新鲜活性污泥,但由于水中营养成分不足,不均衡,含磷少,污泥量也直接降到14 mg/L。因此,后来改加鸡粪(增加水中磷的含量)、猪粪(为细菌繁殖提供营养物),活性污泥浓度增至3744 mg/L,并伴有大量菌胶团出现,钟虫占优势。经过一个多月的投加猪粪319 t,活性污泥浓度已稳定在2500 mg/L左右,MLVSS也稳定达到300~500 mg/L。同时由于不同季节降水量相差太大,旱季渗滤液量很小,使得渗滤液进水的 BOD、COD 值波动范围较大,分季节及时调整运行工艺便十分必要。

### (五)河北唐山填埋场处理工艺:沉淀+回灌

工艺流程如图4-38所示。

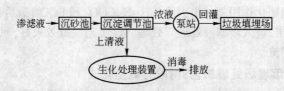

图4-38 河北唐山填埋场渗滤液处理工艺流程

该工艺将渗滤液沉淀处理后,上清液经生化和消毒处理排放,浓液回灌到填埋区域,利用填埋场垃圾层和覆土层的吸附降解作用将渗滤液中的有机物去除,同时渗滤液还因蒸发而减少。经反复回灌后,渗滤液处理量大为减少。

### (六)广州李坑垃圾填埋场污水处理工艺:厌氧+氧化沟

工艺流程如图4-39所示。

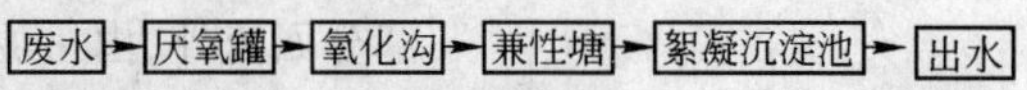

废水→厌氧罐→氧化沟→兼性塘→絮凝沉淀池→出水

图4-39 广州李坑垃圾填埋场污水处理工艺流程

日处理量 300 m³/d,进水 BOD 为 2500 mg/L,COD 为 4000 mg/L,NH₃-N 为 1000 mg/L,SS 为 6130 mg/L,色度为 1000 倍,处理后出水 BOD 为 30 mg/L、COD 为 80 mg/L,NH₃-N 为 10 mg/L,色度为 40 倍,絮凝沉淀系统在进水水质较差时使用。

### (七) 广州大田山垃圾填埋场渗滤液的处理工艺：UASB + 生物接触氧化 + 氧化塘

工艺流程如图 4-40 所示。

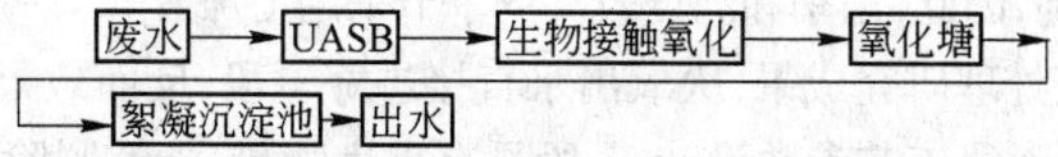

废水 → UASB → 生物接触氧化 → 氧化塘 → 絮凝沉淀池 → 出水

图 4-40 广州大田山垃圾填埋场渗滤液的处理工艺流程

在该工艺下,进水 COD 为 8000 mg/L,BOD 为 5000 mg/L,SS 为 700 mg/L,pH 为 7.5。出水水质 COD 为 100 mg/L,BOD 为 60 mg/L,SS 为 5130 mg/L,pH 为 6.5~7.5。考虑到渗滤液水质波动比较大,在厌氧段后加气浮工艺,提高处理能力以应付进水水质偏高的情况。

### (八) 深圳市下坪固体废物填埋场渗滤液的中试流程：氨吹脱 + 厌氧生物滤池 + SBR

工艺流程如图 4-41 所示。

废水 → 储水池 → 氨吹脱 → 厌氧生物滤池 → SBR池 → 出水

图 4-41 深圳市下坪固体废物填埋场渗滤液的中试流程

该 SBR 池在没有加厌氧搅拌的情况下,氨氮的去除率可以达到 90% 以上,反应器出水总氨在 100 mg/L 以下,进水 COD_Cr 在 2000~5000 mg/L,出水 COD_Cr 可以达到 90% 以上,BOD₅ 去除率在 95%~97% 左右。

第一个工艺中的氧化沟和兼性塘微生物有机负荷低,虽然出水水质较好,但是难以承受较高浓度的有机废水的冲击,而且占地面积很大,在用地要求比较小的地区里不适宜。第二个工艺中的生物接触氧化池对废水中的氨氮、有机物有良好的去除效果,但是对于常见的氨氮污染的处理,是先将它氧化为硝酸态氮,再在厌氧状况下反硝化为氮气。生物接触氧化池对硝酸态氮没有多大的去除效果,如果不进一步处理,则出水的硝酸态氮将超标。

深圳市下坪固体废物填埋场渗滤液的中试流程中采用厌氧生物滤池作为 SBR 的预处理工艺,在厌氧池中,有机物大分子物质厌氧分解为小分子的挥发性脂肪酸,硫酸盐和硝酸盐厌氧状况下被还原为 H₂S 和 N₂,重金属离子可以和硫离子反应生成硫化物沉淀而得到去除。这样厌氧池的预处理相对减轻了重金属离子对后续的好氧生物处理的毒害作用,SBR 池融合了 A/O 工艺和其他一些高负荷活性污泥法工艺的优点,具有冲击负荷强、污染物去除效果好的优点,特别是在处理间歇流、小流量高浓度的有机废水方面有独特的优势,它通过调整反应器中曝气和厌氧搅拌的时段和次序,可方便地实现 A/O 工艺的硝化和反硝化的功能。垃圾渗滤液是一种高浓度的有机废水,采用厌氧生物处理能去除大部分的有机组分,后续再接一个好氧生物处理单元即可达到污水国家排放标准。

### (九) 贵阳市高雁城市生活垃圾卫生填埋场：厌氧 + 兼氧 + A/O + 絮凝

工艺流程如图 4-42 所示。

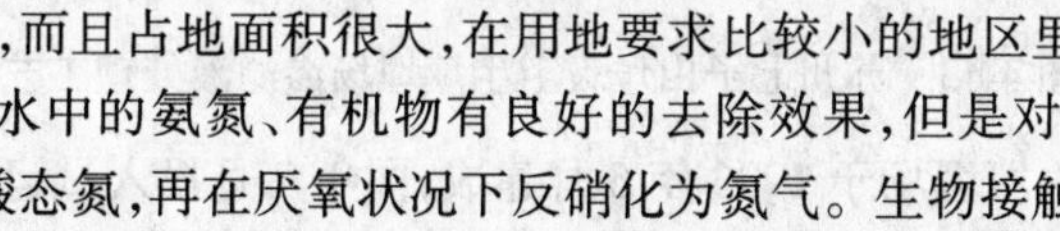

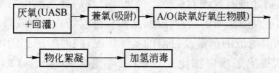

图 4-42 贵阳市高雁城市生活垃圾卫生填埋场渗滤液处理系统

总投资 15050.88 万元,占地 97 hm², 总库容 1980 万 m³, 2001 年 6 月建成, 2001 年 12 月投入使用。

厌氧生化的优点是高效节能,厌氧颗粒活性污泥的生命期一般可维持 1～2 年,只要环境达到适宜温度,厌氧细菌的活性会很快恢复。主要缺点是一次性投资较大,低温(小于 10℃)时甲烷菌活性下降,处理效果变差。采用 UASB 和冬季回灌处理相结合以保证全年处理效果。即使在冬季,填埋场内因垃圾发酵发热,内部温度即使在冬季也有 50～60℃,且冬季降水少,渗滤液量少,回灌还可加速稳定化,但回灌的动力成本较高,因此,雨季和温度较高的季节采用 UASB。

根据一些垃圾渗滤液处理研究成果,厌氧出水直接进好氧段,反而效果不稳定,因此采用 AB 生物法(吸附生物降解法)的 A 段工艺参数设计, A 段具有高生物量,能够脱除厌氧分解的气体,吸附大量的污染物并降解之,因而具有较大的抗冲击负荷。

A/O 膜法氧化不仅具有普通接触氧化池的功能,而且比 A/O 活性污泥法更适应渗滤液水质。其中 O 池类似于接触氧化法,但其增加了硝化氧化功能,而通过混合液回流循环以使硝化氮在缺氮段形成氮气,达到生物脱氮目的,该法微生物世代时间长,单位池容中微生物种类及数量多,且膜中存在食物链,故剩余污泥仅为普通接触氧化法的 1/3。

混凝法是生化处理的补充和达标排放的最后屏障,可以大量去除难以生化的有机物和重金属。通过投加消毒剂杀灭病菌,使渗滤液达标排放。为了节约投资,将反应、沉淀、消毒池合为一体。

### (十) 苏州七子山垃圾卫生填埋场:场内预处理+合并处理

工艺流程如图 4-43 所示。

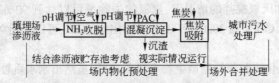

图 4-43　苏州七子山垃圾卫生填埋场渗滤液处理工艺

苏州七子山垃圾卫生填埋场于 1993 年 5 月建成,同年 7 月投入试运行。该垃圾填埋场设计总库容量为 470 万 m³,填埋垃圾总量为 420 万 t,近期处理规模为 500～800 t/d,远期为 1000 t/d(垃圾年增长率为 2.6%～5%),使用年限为 15 年。垃圾填埋场建设了容积为 2.5 万 m³ 的渗滤液储存池,目前将渗滤液通过重力流至垃圾填埋场管理处中转站,并由此直接输送至苏州新区污水处理厂与城市污水进行合并处理。

由于苏州七子山垃圾填埋场渗滤液的产量随季节的不同有较大的波动,月均日变化范围为 55～1200 m³/d, $COD_{Cr}$ 和 $BOD_5$ 具有逐年上升的趋势,而 $BOD_5/COD_{Cr}$ 略有增高,适宜采用生物处理工艺,但由于其氨氮浓度高而 $COD_{Cr}/BOD_5$ 较低,且 $COD_{Cr}/TP$ 极高,因而单独进行生物处理,存在很大的难度。

根据上述渗滤液的水质水量及其变化特征,对苏州七子山垃圾填埋场渗滤液宜采用场内物化预处理—场外与城市污水合并处理的工艺方案。通过在填埋场内建设具有调节功能和适应性强的物化处理设施进行预处理,以去除渗滤液中的重金属离子、$COD_{Cr}$ 和 $NH_3$-N,为合并处理创造良好的条件。预处理过程中,在有效地去除 $COD_{Cr}$ 和 $NH_3$-N 的同时,注意控制 $COD_{Cr}$ 和 $NH_3$-N 去除量的相对比例,以保证生物处理有合理的 C/N。物化预处理后进入城市污水厂与城市污水合并处理,可利用其对水量的调节及对水质的缓冲作用,从而获得较好的处理效果如表 4-26 所示。

根据渗滤液的特征、渗滤液的产量及目前的实际情况,同时考虑到随填埋场的运行及由此引起的渗滤液的水质变化,提出了场内物化预处理(去除重金属离子、$COD_{Cr}$、$NH_3$-N、调整 COD/TKN/TP 等)—合并处理的工艺方案。研究表明,场内物化预处理工艺不仅使得运行具有较高

**表 4-26　渗滤液经预处理前后与城市污水混合后的各指标变化**

| 指标<br>废水类型 | $COD_{Cr}$ | $NH_3-N$ | $F_{wh}/F_{wy}$① | $COD_{Cr}/NH_3-N$ | $COD_{Cr}/TP$ |
|---|---|---|---|---|---|
| 原渗沥液 | 1581～9100 | 421～2300 | | 1.24～8.21 | 104～1500 |
| 城市污水 | 150～250 | 30～40 | 1 | 5～6.25 | 18.75～31.2 |
| 直接混合 | 212.5～467 | 38.5～103 | 1.1～2.35 | 4.54～5.5 | 26.5～58.4 |
| 预处理＋混合 | 206～330 | 35.1～47.8 | 1.03～1.65 | 5.9～6.9 | 25.7～41.3 |

① 混合前后污泥负荷比。

的灵活性,而且可分别获得 50%～60%、80% 和 50%～80% 的 $COD_{Cr}$、$NH_3$-N 及重金属离子处理效果,为合并处理的稳定运行创造良好的条件;考虑到渗滤液随场龄的变化,其 $BOD_5/COD_{Cr}$ 将下降而 $NH_3$-N 浓度将进一步提高,因而采用预处理是必须的,而且须采用合理的合并处理工艺。除考虑脱氮问题外,提高废水生物处理的可生化性也十分重要,因而应采用 AB、A/O 及厌氧＋三槽式氧化等具有多处理功能的工艺,尤其在处理工艺的前端设置水解酸化池有利于改善废水的 $BOD_5/COD_{Cr}$。通过分析表明,苏州七子山填埋场渗滤液采用场内预处理—合并处理的工艺是必要和可行的。

表 4-27 对各种渗滤液处理工艺效果进行了对比。

**表 4-27　各种渗滤液处理工艺效果对比**

| 处 理 工 艺 | 应 用 单 位 | 处理效果(去除率) |
|---|---|---|
| 曝气－管道絮凝 | 武汉市流芳垃圾填埋场 | 色度、COD、总磷:>80%,氨氮:60% |
| 复合厌氧－碱化吹脱－<br>A/O 淹没式生物膜曝气池 | 深圳下坪垃圾填埋场 | COD:83.3%,BOD:88.4% |
| 微氧曝气池－接触氧化池 | 中山市老虎坑垃圾填埋场 | COD:94.4%,BOD:95%,<br>$NH_3-N$:99.3% |
| UASBF-SBR 工艺 | 鞍山垃圾填埋场 | COD:94%～98%,$NH_3$-N:>99% |
| 传统活性污泥法 | 美国宾州 Fall Township 污水处理厂 | BOD:99%,有机碳:80% |
| 曝气稳定塘 | 英国 Bryn Posteg Landfill | COD:98%,BOD:91% |
| 碟管反渗透系统 | 德国 IHLENBERG 市政垃圾处理场 | COD:99.2%,$NH_3$-N:99.9%,<br>重金属:98% |

# 第九节　矿化垃圾生物反应床处理渗滤液示范工程研究

## 一、现场情况与示范工程简介

老港填埋场位于上海市中心东南约 60 km 的东海之滨,地处市郊南汇区境内,北与长江口相连,南距杭州湾 20 km。场地由滩涂经围垦筑堤而成,占地约 340 hm²,三期建设运营总投资为 3.1 亿元。整个填埋场由 40 余个填埋单元组成,每个单元面积约 5 万 m²,垃圾填埋高度 4 m。填埋场从 1990 年开始填入垃圾,截至 2003 年底,已经填埋生活垃圾 3000 万 t。目前每天消纳垃圾 6000～9000 t,是我国规模最大的生活垃圾填埋场。根据 2003 年气象资料统计,老港地区年均气温 15.5℃,其中最高气温 38.5℃,最低气温 1.3℃;年降水量 1267.1 mm,年蒸发量 1063.4 mm;年均相对湿度 82%;年均风速 3.7 m/s;年日照百分率 48%。

　　目前老港填埋场渗滤液日产量约 2400 t,其收集处理分别在南北作业区同时进行:各填埋单元产生的渗滤液由污水泵打入污水管道,再依次流经调节池→厌氧塘→兼性塘→曝气塘→芦苇湿地等生物处理设施的过程中得到处理,然后经土壤－植物系统净化后排入东海。

　　在本项目立项过程中,课题组就开始进行示范工程建设,但立项前的规模很小(原计划渗滤液 25 t/d),立项后在上海市科委的资助下,示范工程的处理规模扩大到 50～100 t/d。示范工程从 2003 年 5 月运行至今,已处理渗滤液 4 万余 t,在适宜的运行条件下,三级出水的 NH₃-N、TSS、色度、嗅味、重金属含量等污染指标均低于渗滤液二级排放标准,而 COD 值在夏季为 250～600 mg/L,春秋季为 450～700 mg/L,冬季为 550～850 mg/L,可满足纳管排放标准。其进出水主要水质如表 4-28 所示。

**表 4-28　示范工程的典型出水水质**(取样日期为 2004 － 06 － 20)

| 指　标 | 色度 | COD | BOD | NH₃-N | TN | NO₂⁻-N | NO₃⁻-N | TP | TSS |
|---|---|---|---|---|---|---|---|---|---|
| 渗滤液进水 | 1800 倍 | 9338 | 1471 | 1103 | 1325 | 0.53 | 42.5 | 13.8 | 11700 |
| 一级出水 | 1200 倍 | 2028 | 326 | 240 | 868 | 3.92 | 325.2 | 1.2 | 4100 |
| 二级出水 | 500 倍 | 936 | 108 | 30.5 | 720 | 7.42 | 480.1 | 0.1 | 1100 |
| 三级出水 | 100 倍 | 450 | 43.5 | 10.2 | 435 | 16.3 | 370.1 | | 350 |

注:除色度外,其他指标单位均为 mg/L。

## 二、矿化垃圾生物反应床的设计与构建

### (一) 矿化垃圾的开采与筛分

　　根据老港填埋场不同填埋单元的稳定化程度及矿化垃圾开采利用的目的,选择 1994 年封场的 40 号填埋单元作为开采点,采用反铲方式进行开挖,挖掘深度约为 2 m,每次开采 2000 t,晾晒 15 天以后进行筛分,以免含水率较高的易粘结物料堵塞筛孔。

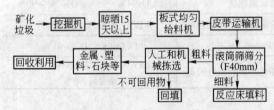

图 4-44　矿化垃圾开采与筛分工艺流程

　　筛分作业在晴天进行,每天筛分 120 t 左右,共筛分矿化垃圾 10800 t,其中粒径小于 40 mm 的细料部分(约 60%)用作反应床生物填料;而人工拣选和机械分离得到的塑料、玻璃、金属、橡胶等其他还未降解的有用物料(约 15%)加以回收利用,对不可回用的粗大物料(约 25%)进行回填处理。其工艺流程及筛分过程如图 4-44 所示。

### (二) 矿化垃圾作为生物介质的可行性分析

　　矿化垃圾是在长期填埋过程中,历经好氧、兼氧和厌氧等复杂环境而逐渐形成的一种微生物数量庞大、种类繁多,水力渗透性能优良,多相多孔的自然生物体系。由于渗滤液的长期洗沥、浸泡和驯化,矿化垃圾各组分之间不断发生着各种物理、化学和生物作用,其中尤以多阶段降解性生物过程为主,这使其成为具有特殊新陈代谢性能的无机、有机、生物复合体生态系统。

　　作为生物介质填料,矿化垃圾的主要特点有:

　　(1) 矿化垃圾作为填埋场整个生态系统的重要组成部分,是填埋场各种生物,特别是微生物的载体,不仅富含生物相,同时作为渗滤液的上游母体,对其含有的污染物质具有与生俱来的亲和性,无须对其中的微生物进行驯化或是筛选,作为多孔介质,能对有机污染物起截留并进行生

物降解的作用,经一段时间启动后,流经填料层的污染物即被矿化垃圾吸附、截留,并在微生物的作用下,进行生物降解,使其对有机物的吸附能力得到再生,如此循环,达到良好的净化效果。矿化垃圾反应床的最大处理量就是维持吸附和降解动态平衡时所允许的废水进水量。

(2) 相对于新鲜垃圾,矿化垃圾具有疏松的结构和较大的表面积,矿化垃圾的多孔结构主要是因为内含较多的腐殖质,而腐殖质对污染物质的去除机理主要表现在以下两方面:

1) 腐殖质具有疏松的海绵状结构,使其产生巨大的比表面积($330 \sim 340 \ m^2/g$)和表面能,构成了物理吸附的应力基础。据研究结果证明,腐殖质是由微小的球状微粒构成,各微粒间以链状形式连接,形成与葡萄串类似的团聚体,在酸性基质中各微粒间的团聚作用是通过氢键进行的。腐殖质微粒直径在 $8 \sim 10 \ nm$ 之间。腐殖质的吸附能力,除了与其表面积和表面能有关外,还与腐殖质对水的膨胀大小有关,腐殖质的钠盐($R—COONa$)或碱土金属盐($R—COO1/2Ca$)较腐殖质($R—COOH$)本身具有较高的膨胀性能。随着膨胀性能的加强,可使腐殖质的活性基团更充分地裸露于水溶液中,增强了腐殖质与污染物质的接触几率,进而提高了吸附能力。

2) 腐殖质分子结构中所含的活性基团能与污染物质特别是金属离子进行离子交换、络合或螯合反应,这是腐殖质类物质能去除渗滤液中污染物质的理论基础。

(3) 相对于一般土壤,矿化垃圾微生物量大、呼吸作用强、微生物熵和代谢熵高,而且其上附着有大量的活性酶(如过氧化氢酶、脱氢酶、转化酶、多酚氧化酶、纤维素酶、漆酶、磷酸酶等),这些氧化还原酶或水解酶活性高、适应性强,能迅速酶促降解污染物,加速各种生化过程顺利进行。

### (三) 矿化垃圾反应床的去除机理

有机污染物在流经矿化垃圾反应床的过程中,其中的悬浮物、胶体颗粒和可溶性污染物在物理过滤与吸附、化学转化与沉淀、离子交换与螯合等非生物作用下,首先被截留在床体浅层($0 \sim 60 \ cm$)的生物填料表面,在落干期良好的好氧条件下,经生物氧化和降解作用,获得微生物生理生化活动所需的能量,将渗滤液中的营养元素吸收转化成新的细胞质和小分子物质,并将 $CO_2$、$H_2O$、$NH_3$ 和无机盐等代谢产物排出系统之外,或淋溶至兼氧区和厌氧区继续降解。已有的研究结论表明,渗滤液中大部分污染物的去除作用主要发生在好氧区,兼氧区和厌氧区因微生物数量少、活性低,其中的生化反应较为平缓。图 4-45 为矿化垃圾反应床由上而下,整个床体内生物降解(好氧、兼氧、厌氧)作用的示意图。

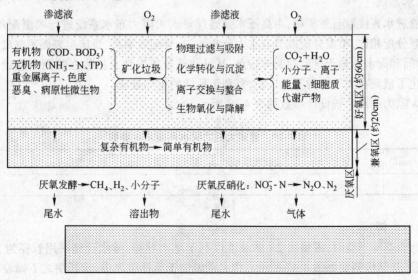

图 4-45　矿化垃圾生物反应床净化渗滤液示意

### （四）生物反应床的设计

矿化垃圾生物反应床处理渗滤液的工艺属天然基质自净化过程。在结构上主要包括填料层、承托层、配水和排水系统；在形状上，应尽量减少死角和流体短路，并力求使床体构型有利于污染物的降解过程。因此，依据快速渗滤系统的设计原则对反应床进行了优化设计，其结构剖面如图 4-46 所示。

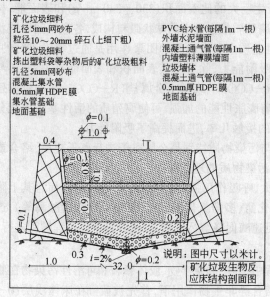

**图 4-46　矿化垃圾生物反应床结构剖面图**

#### 1. 填料层

在示范工程中，为便于布水操作，三个反应床的横截面均为 32 m×32 m 的方形结构，一级床、二级床、三级床内矿化垃圾的实际装填高度分别为：2 m、2.2 m 和 2.4 m，三个反应床共装填矿化垃圾约 5400 t。

填料层高度与通风状况对反应床的净化效能影响很大，前期研究工作表明，渗滤液 COD、$BOD_5$、$NH_3-N$ 和 TSS 等污染物的去除，主要集中在床体 60 cm 以上复氧条件良好的浅层，且沿床层深度由上而下去除效果呈负指数递减趋势。因此填料层厚度太小，水力停留时间短，出水水质差；厚度过大，将大幅增加投资成本，并使床体深层区域的好氧降解作用受到抑制，从而导致单位质量填料对渗滤液的处理负荷下降。

根据反应床的这一特点，基于防止床层堵塞、强化复氧、节省占地、减少重复投资，以及提高处理负荷等方面的考虑，填料层厚度设计为 100 cm 左右，采用上下双层结构，中间采用 10 cm 厚的碎石层予以隔断，碎石层经由床侧通风管道与大气相通，同时在床层内沿纵横方向每隔 5 m 处设置高出床层表面的通风管（F100 mm），以强化床层的通风效果。

#### 2. 配水系统

渗滤液进水直接取自兼氧塘，由高压水泵通过管式大阻力布水系统进行喷灌配水。与表面分配和浇灌分配相比，喷灌分配既具有水力分布均匀、分配效率高、受床层表面平整度影响小、配水/落干时间和配水量易于自动控制等特点，又可使部分挥发性有机物在喷洒中得到逸散去除，同时还强化了液滴在大气中的复氧进程，有利于后续的生物处理。

管式大阻力配水系统设计参数如表 4-29 所示。

**表 4-29　管式大阻力配水系统设计参数**

| 干管管径/mm | 支管管径/mm | 支管间距/mm | 配水孔间距/mm | 配水孔径/mm | 开孔比/% |
|---|---|---|---|---|---|
| 100 | 20 | 500 | 75 | 2 | 0.25 |

#### 3. 排水系统

床体地面基础平整时，需预留 2% 的坡度以利于尾水导排，排水设施采用管径为 200 mm 的穿孔集水管，其结构剖面如图 4-47 所示。排水系统位于承托层之中，承托层之下铺设有 0.5 mm 厚的 HDPE 防渗膜。

### 4．承托层

承托层的主要作用有两方面,一是在反应床底部起承托垃圾层的作用,使垃圾层架空,便于滤出水顺畅排出,以利于渗滤过程的持续进行;二是通过滤液的排出和排水口空气的进入,促进垃圾介质层内的气体交换。

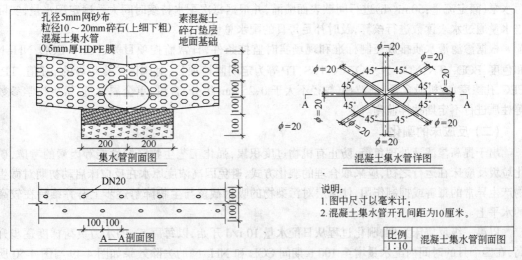

图 4-47　集水管结构图

承托层采用粒径为 10～20 mm 的破碎石块铺设,较大石块置于底层,碎石置于上层,总厚度为 300 mm 以上。

### （五）工艺流程的确定

矿化垃圾生物反应床净化渗滤液的机制主要为配水期的截留、吸附及落干期的生物降解。在此过程中,微生物生长繁殖所产生的代谢产物也绝大多数被截留在床体内部为自身所消化。因此,在适当的负荷下,其出水可不进行固液分离和再处理而直接排放。同时,在适宜的运行方式和运行参数下,矿化垃圾生物反应床可自身形成良好的固、液、气环境,不需要其他人工改善手段。因此,利用矿化垃圾构建反应床处理渗滤液的工艺流程可大为简化,只需要水质调节、厌氧酸化等预处理工序和多级反应床主体工艺两部分即可。预处理的主要目的是降低进水中悬浮物和大分子有机物的含量,防止过量的悬浮物短时间内堵塞床体表层,并有效改善进水的可生化性。

示范工程的工艺流程如图 4-48 所示:渗滤液原水先进入调节池进行水质调节,然后进入厌氧池水解酸化;经泵提升到第一级反应床进行喷灌配水,出水进入集水池;再由泵提升进入第二级反应床配水,出水进入集水池;最后由泵提升到第三级反应床配水,尾水收集后,根据出水水质的不同要求直接排放,或经进一步深度处理后中水回用或达标排放。

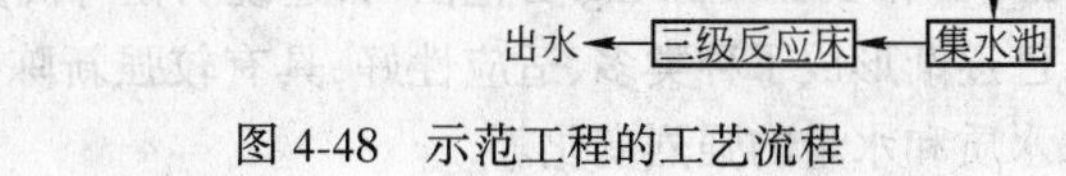

渗滤液 → 调节池 → 厌氧池 → 一级反应床 → 集水池 → 二级反应床

出水 ← 三级反应床 ← 集水池

图 4-48　示范工程的工艺流程

## 三、示范工程的运行与管理

### （一）运行方式和监测指标的确定

在老港填埋场示范工程中,第一级、第二级、第三级反应床的投入运行日期分别为 2003 年 5

月 20 日、8 月 10 日和 10 月 15 日。

基于实验室小试、中试的研究结果,结合现场实际情况,示范工程中驯化与正式运行的工艺参数均采用白天(8:00～20:00)小周期配水－落干、夜间(20:00～8:00)闲置复氧的操作方式。配水操作采用自动和手动控制相结合的方式,白天每隔 2 h 配水 1 次,一天共配水 6 次,通过高压污水泵(额定流量:50 m³/h)进行间歇表面喷灌,并根据每次配水持续时间大致确定配水量,实际进水量通过水表读数进行核算,及时补足每日的配水总量。

根据渗滤液水质排放控制标准和现场实时监控条件,日常监控项目为进出水 COD、NH₃-N 和色度,BOD₅、TN、NO₃⁻-N、NO₂⁻-N、TSS、TP 等为定期监控项目;对床体矿化垃圾的 pH 值、TP、CEC、孔隙度、有机质含量、细粒物(粒径不大于 0.25 mm 组分)含量、重金属含量、微生物学参数等性质进行不定期抽样监测。

**(二) 反应床的驯化**

出于提高渗滤液处理负荷、防止有机物过度积累,强化工艺生物降解性能等因素的考虑,矿化垃圾反应床在运行之初,应采取合理的驯化方式,避免因高浓度原水在反应床启动初期对微生物产生异常的毒害或抑制作用,使床层对污染物的吸附截留与生物降解逐步上升并维持在较高的水平上。

以第一级反应床为例,驯化过程从日配水量 10 t/d 开始,以每周 5 t 的水力负荷梯度逐步升高,在四个月的时间内配水量增至 100 t,期间 COD 和 NH₃-N 的去除效果如图 4-49 与图 4-50 所示。

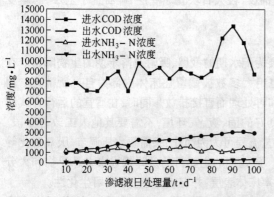
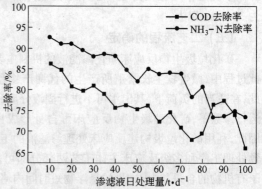

图 4-49　驯化期间进出水 COD 和 NH₃-N 的
　　　浓度变化(2003－05－20～09－26)

图 4-50　驯化期间不同日处理量下 COD 和 NH₃-N 的
　　　去除率变化(2003－05－20～09－26)

由图 4-49 可知,随着配水量的逐周增加,尽管进水 COD 和 NH₃-N 的浓度分别为 7000～12000 mg/L 和 980～1580 mg/L 波动剧烈,但经过反应床处理后,COD 和 NH₃-N 的出水水质均可分别落入 1000～3000 mg/L 和 100～350 mg/L 范围内,这说明在有机负荷的不断提高下,反应床的驯化作用比较平稳,已逐渐形成了种类多、适应性好,具有较强新陈代谢能力和缓冲强度的微生物区系,可适应进水水质和水量的强烈变化。

由图 4-50 发现,在配水量从 10 t/d 逐渐增加至 100 t/d 的过程中,COD 和 NH₃-N 的出水浓度呈上升趋势,其去除率分别从最初的 86.2% 和 92.6% 下降至 66.0% 和 73.6%。从总体上看,反应床对渗滤液的处理具有高进高出、低进低出的特点,因此欲获得较好的水质和较高的去除率,渗滤液的日处理量不宜过高,如在渗滤液日配水量为 50～60 t 的情况下,当进水 COD 和

$NH_3^-$ N 的浓度分别为 8200 mg/L 和 1400 mg/L 左右时,其去除率可分别稳定保持在 75% 和 85% 左右,出水浓度可分别降至 2200 mg/L 和 225 mg/L 左右。

**(三) 示范工程的运行效果**

**1. 100 t/d 渗滤液处理示范工程运行效果**

三个反应床的构建和驯化工艺相继结束后,老港填埋场示范工程于 2003 年 10 月 17 日起即进入三级串联处理渗滤液的正式运行中。表 4-30 列出了在秋末冬初的两个月中,日处理 100 t 渗滤液时,三级反应床进出水 COD 和 $NH_3$-N 的浓度变化。

由表 4-30 可知,当 COD 进水浓度为 7000~10000 mg/L 时,一级、二级、三级反应床尾水的去除率分别为 52.2%~55.5%、72.4%~76.6% 和 82.5%~88.6%;当 $NH_3$-N 进水浓度为 980~1420 mg/L,一级、二级、三级反应床尾水的去除率分别为 55.1%~61.5%、75.2%~78.6% 和 91.2%~94.8%。虽然三级反应床对 COD 和 $NH_3$-N 的处理负荷较高,但从最终出水水质来看,显然已超过了渗滤液的三级排放标准。

**表 4-30　100 t/d 渗滤液处理示范工程运行效果**

| 取样日期 | COD (mg/L) | | | | 去除率/% | $NH_3$-N(mg/L) | | | | 去除率/% |
|---|---|---|---|---|---|---|---|---|---|---|
| | 进水 | 一级 | 二级 | 三级 | | 进水 | 一级 | 二级 | 三级 | |
| 10-17 | 8475.2 | 3846.7 | 1952.2 | 1058.4 | 87.51 | 1154.8 | 456.2 | 250.2 | 78.3 | 93.22 |
| 10-24 | 8742.1 | 3954.1 | 2020.3 | 1025.5 | 88.27 | 1064.0 | 445.2 | 241.2 | 75.1 | 92.94 |
| 10-31 | 7850.4 | 3400.5 | 1900.9 | 1130.1 | 85.60 | 1159.7 | 480.1 | 264.4 | 98.1 | 91.54 |
| 11-07 | 9460.4 | 4020.1 | 2170.1 | 1128.8 | 88.07 | 1065.9 | 470.2 | 230.1 | 80.2 | 92.48 |
| 11-14 | 6987.0 | 3290.1 | 1878.5 | 1045.9 | 85.03 | 1302.9 | 502.2 | 228.1 | 79.5 | 93.90 |
| 11-21 | 7470.1 | 3950.7 | 2085.9 | 1280.7 | 82.86 | 1409.6 | 610.2 | 310.2 | 105.4 | 92.52 |
| 11-28 | 7152.6 | 3275.9 | 1884.7 | 1245.2 | 82.59 | 1228.0 | 510.2 | 275.5 | 80.8 | 93.42 |
| 12-05 | 10370 | 4608.7 | 2320.1 | 1350.1 | 86.98 | 1170.5 | 395.4 | 290.1 | 65.5 | 94.40 |
| 12-12 | 8040.4 | 3825.4 | 1858.9 | 1028.5 | 87.21 | 979.6 | 315.2 | 225.2 | 87.8 | 91.04 |
| 12-19 | 7536.7 | 3512.1 | 1890.7 | 1105.6 | 85.33 | 1416.9 | 589.2 | 295.1 | 110.2 | 92.22 |
| 12-26 | 8742.5 | 4530.5 | 2145.5 | 1254.1 | 85.65 | 1380 | 568.5 | 264.5 | 120.1 | 91.30 |

经分析,当配水量为 100 t/d 时,出水水质不佳的原因可能为:(1) 气温较低,影响了床层内微生物群落和降解酶的生物活性;(2) 配水时间延长,导致落干时间相对较短,影响了床层与大气交换的复氧进程;(3) 配水量较大,引起床层部分区域形成短流现象,渗滤液停留时间太短,未来得及与矿化垃圾充分作用;(4) 床体表层因悬浮物沉积逐渐形成黑色有机膜,管理措施有待提高。

因此,示范工程在日配水量为 100 t 时,虽有较稳定的出水效果,适用于污染负荷高、水质波动大的渗滤液的强化处理,但对气候条件、床层管理、运行参数和床体通风结构等均提出了较严格的要求,在全年中一直保持较好的出水水质尚且困难。

**2. 50 t/d 渗滤液处理示范工程对 COD 和 $NH_3$-N 处理效果**

为评价示范工程的长期稳态运行效能,在提高渗滤液处理能力的同时,兼顾出水水质的改善,在随后 75 周的时间里(2004-01-02~2005-06-03),持续考察了配水量为 50 t/d 时,三级串联反应床对渗滤液的处理效果。

　　图 4-51、图 4-52 和图 4-53 为三级反应床历经春(2 次)、夏(1.5 次)、秋(1 次)、冬(1.5 次)四个季节,对渗滤液主要污染物 COD 和 NH₃-N 的去除效果。可以看出,渗滤液进水水质随季节、气候条件变化明显,其中冬、春两季因雨水较少,COD 和 NH₃-N 浓度较大;而夏、秋两季因降雨频繁、垃圾成分含水量高、地表径流大等因素,稀释了渗滤液的浓度。因此,渗滤液性质的频繁变化,对反应床的抗负荷性能提出一定要求。从中发现,在反应床连续运行的一年半时间里,COD 进水浓度为 6000～11000 mg/L,一级出水水质随进水浓度的波动而有所变化,浓度范围为 1300

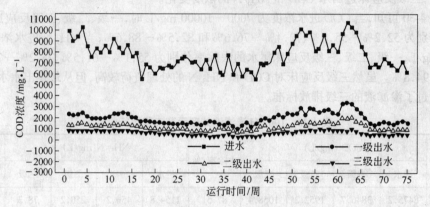

图 4-51　50 t/d 渗滤液处理示范工程对 COD 的去除效果

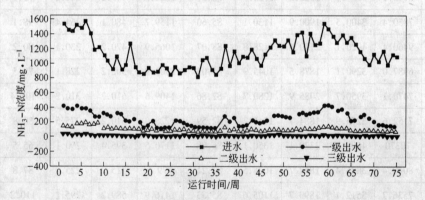

图 4-52　50 t/d 渗滤液处理示范工程对 NH₃-N 的去除效果

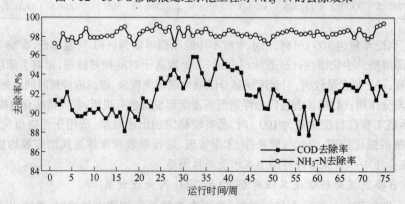

图 4-53　50 t/d 渗滤液处理示范工程对 COD 和 NH₃-N 去除率的变化

～3200 mg/L,而二级、三级出水已基本稳定,浓度范围分别为 680～2000 mg/L 和 270～950 mg/L;就 NH₃-N 的去除效果而言,其进水浓度为 850～1550 mg/L,一级、二级和三级出水浓度范围分别为 120～420 mg/L、60～150 mg/L 和 5～25 mg/L。

由图 4-53 可知,经历三级反应床之后,COD 的总去除率为 88.5%～95.2%,随季节气候变化波动较大,并呈现出高进高出、低进低出的特点;而 NH₃-N 的总去除率为 96.5%～99.8%,波动较小。这是因为随着渗滤液中易降解有机物的去除,尾水的可生化性迅速降低,有机污染物的去除越到最后越难于处理,且床层内微生物群落和降解酶的活性受气温影响较大;而各级床体浅层对 NH₃-N 的吸附截留过程比较平稳,其硝化去除作用在低温条件下也可维持较高的水平,这验证了实验室小试和中试的研究结果。

通过对长期监测数据的统计分析,结果表明:本工艺运行以来,NH₃-N 的最终出水浓度均低于25 mg/L;以一年时间计在 25% 和 75% 的时间中,COD 的最终出水浓度分别低于 300 mg/L 和650 mg/L。

**3. 50 t/d 渗滤液处理示范工程对其他污染物处理效果**

对进水和三级出水中 BOD₅、TN、NO₃⁻-N、TSS、色度等水质指标以 1 次/月频率取样测定,其结果如表 4-31 所示。

表 4-31　50 t/d 渗滤液处理示范工程对其他污染物的处理效果

| 取样年月 | BOD₅/mg·L⁻¹ | | TN/mg·L⁻¹ | | NO₃⁻-N/mg·L⁻¹ | | TSS/mg·L⁻¹ | | 色度/倍 | |
|---|---|---|---|---|---|---|---|---|---|---|
| | 进水 | 出水 | 进水 | 出水 | 进水 | 出水 | 进水 | 出水 | 进水 | 出水 |
| 2004－01 | 1821 | 76.2 | 1568 | 578 | 32.5 | 523 | 12500 | 352 | 2500 | 150 |
| 2004－02 | 1563 | 71.5 | 1620 | 650 | 17.8 | 592 | 11900 | 390 | 2200 | 120 |
| 2004－03 | 1703 | 68.0 | 1652 | 690 | 32.1 | 638 | 13150 | 370 | 1600 | 100 |
| 2004－04 | 1542 | 58.1 | 1495 | 525 | 10.8 | 465 | 11500 | 320 | 1800 | 100 |
| 2004－05 | 1368 | 52.1 | 1410 | 450 | 32.1 | 382 | 11400 | 385 | 2000 | 120 |
| 2004－06 | 1471 | 43.5 | 1325 | 435 | 42.5 | 370 | 11700 | 350 | 2500 | 100 |
| 2004－07 | 1288 | 34.8 | 1385 | 420 | 40.2 | 365 | 12600 | 365 | 1800 | 80 |
| 2004－08 | 1098 | 31.5 | 1425 | 395 | 15.4 | 454 | 13700 | 350 | 2000 | 80 |
| 2004－09 | 970 | 34.4 | 1310 | 355 | 13.0 | 308 | 14700 | 300 | 2200 | 80 |
| 2004－10 | 1210 | 42.1 | 1124 | 350 | 19.8 | 315 | 14200 | 350 | 2400 | 100 |
| 2004－11 | 1285 | 52.1 | 1235 | 515 | 21.4 | 475 | 12540 | 370 | 2500 | 120 |
| 2004－12 | 1354 | 64.7 | 1458 | 578 | 23.9 | 512 | 13580 | 310 | 2200 | 100 |
| 2005－01 | 1320 | 66.7 | 1620 | 650 | 40.2 | 560 | 12350 | 330 | 2500 | 150 |
| 2005－02 | 1425 | 75.1 | 1710 | 715 | 65.1 | 640 | 12150 | 328 | 2800 | 200 |
| 2005－03 | 1568 | 70.3 | 1545 | 605 | 44.0 | 560 | 12480 | 312 | 2000 | 125 |
| 2005－04 | 1252 | 52.4 | 1450 | 535 | 30.5 | 488 | 11750 | 398 | 1800 | 125 |
| 2005－05 | 1150 | 45.8 | 1350 | 505 | 25.1 | 450 | 12600 | 376 | 1500 | 120 |
| 2005－06 | 955 | 38.9 | 1280 | 450 | 11.5 | 395 | 13550 | 325 | 1600 | 90 |

由表 4-31 可知:

(1) 出水 BOD₅ 的含量全年均低于 GB16889—1997 的二级排放标准(150 mg/L),去除率高达 94.5%～97.3%,远高于同期 COD 的去除率,这说明尾水中易降解有机物的含量衰减很快,尾水 B/C 较低,第二级、第三级床层内的反硝化过程可能存在碳源缺乏问题。

（2）出水 TN 的含量波动较大，去除率在 58.5%～72.9% 范围内变化，夏季出水可低于 400 mg/L，冬春季节较差，一般要高于 600 mg/L，其主要成分为 $NO_3^-$-N。

（3）出水 $NO_3^-$-N 含量比进水增长几十倍，最高可达 640 mg/L。这表明床层内硝化作用强烈，绝大部分氨氮都进行了有效转化，但反硝化过程因营养元素（C、P 等）缺乏而受到抑制，尤其是气温较低时，常导致 $NO_3^-$-N 大量残留。

（4）反应床对 TSS 的去除效果高达 96.6%～97.9%，不同季节波动不大，这说明矿化垃圾在配水期可有效实现对悬浮物的吸附、截留，并在落干期进行降解转化。试验中发现，在冬季运行时，床体表面很容易发生悬浮物堵塞成膜现象，需要及时翻土、更新，以维持其正常运行。

（5）出水色度的去除率可达 94.0%～96.4%，进水为浓黑色，依次经历三个反应床后，呈现红棕色→黄色→淡黄色的变化。

**（四）影响示范工程处理效果的主要因素**

在 50 t/d 渗滤液处理的示范工程连续 75 周的稳态运行中发现，除配水量外，进水水质和气候条件对系统的运行效果有重要影响。

**1．进水水质**

在一般情况下，系统对进水水质的适应性较强，可有效消纳各种污染物，但当其中悬浮物含量较多时，配水期吸附截留的 TSS，将无法及时地被微生物降解转化，因此可造成表层矿化垃圾孔隙堵塞，若逐渐形成表面结皮或膜状物，则会对床体的渗透性能、复氧进程构成严重影响，进而使稳态运行系统失控。

尽管渗滤液水质复杂，COD 的进水浓度波动较大，但结合图 4-51 和图 4-52 发现，反应床最终出水的 COD 浓度有趋向于一定值的特征，即反应床对其的去除效果与进水浓度相关性不大。

虽然反应床对进水水质的缓冲性较大，但当进水中含有某些来自工业部门或特殊行业的特殊废水时，系统的处理效果会有所波动，床层内的微生物需经历一段驯化期，方可恢复其原有效能。

**2．气候条件**

由于示范工程暴露于野外，气温、雨雪、风力、光照、蒸发、霜冻等气候条件将不可避免地对系统运行效果产生影响。

（1）气温。示范工程一年半的运行数据表明，不同季节的气温变化，对出水水质影响十分显著。气温升高，不仅有利于降低进水的黏滞系数，使渗滤速率有所增加，从而提高床层的干湿比，强化复氧过程；同时还可提高微生物的降解活性，确保污染物降解反应的正常进行。由图 4-51 可知，气温对渗滤液 COD 的去除率影响较大，有很大的相关性。

（2）雨雪。在运行过程中，较小的雨雪对工艺运行影响不大；当雨雪较大时，应酌情减小渗滤液进量；当遭遇暴雨时，过量的雨水会穿透床层形成短流，此时，应停止工艺运行，并在落干数天后，恢复床层配水。

（3）风力。风力较大时，不仅可促进床体表层、垫层的气体交换，保持较高的复氧率，而且可增加渗滤液中挥发性有机物的挥发逸散损耗；同时，在表面喷灌配水时，较高的风速有利于分散液滴的复氧。现场测定表明，在正常情况下，液滴在从配水管以 45°斜向喷出、至落入床体表层为止，在空中停留约 0.28 s，风力较小时，液滴溶解氧（DO）可增加 2.5～4.0 mg/L，风力较大时，DO 可增加 3.5～6.5 mg/L。

（4）蒸发、蒸腾与光照。床层表面的蒸发、蒸腾和光照作用越强，水量自然耗散和污染物的光催化降解作用就越大，特别是光照和蒸发强烈的夏季，经三级反应床处理后，出水的水量已可减至原来的 20%～40%，水质也有很大改善。

### （五）反应床的日常运行管理

对反应床进行必要的日常运行管理和维护，如床体表面管理、工艺参数控制和运行状况监控等，是保证系统稳态运行的关键。

#### 1．床体表面管理

渗滤液布水后，常因悬浮物含量过多、环境温度较低、一次配水量过大等原因，使床体表层滤积的有机物和矿物质来不及降解转化而聚结成膜，导致表面结壳发硬，滋生藻类，使床体渗透性能降低，进而对反应床的稳态运行造成不利影响。实践表明，一般冬季约 1 个月左右、夏季约 2～3 个月需翻动床体表层一次，以及时对部分致密层进行铲除、翻挖或更新，使其呈松散土状，恢复床体的渗透性能。

除对床体表面结壳发硬管理外，随着反应床的长期运行，其表面层还会逐渐沉降。当降至一定程度时，需添加新鲜垃圾基质以补充其损失。特别是反应床初始运转的 1～2 个月内，往往需要补充 2～3 次。在其后的运行中，约 6 个月需补充一次新鲜垃圾基质。实践中，三级反应床共补加矿化垃圾约 540 t，此外，对反应床表层中自然长出的草本植物也及时进行了清除。

#### 2．工艺参数控制

示范工程采取短周期、小水量多次配水、落干的运行方式，白天每隔 2 h 配水一次，共配水 5～6 次，一次配水量为 8～10 t，配水持续时间 10 min。配水采用人工和自动控制相结合的方式，在人工控制时，需设置一定的监督保障措施，以确保工作的可靠执行；当采用自动程控时，需设置两套监控体系（一套备用）。

在工艺运行中，配水支管常因堵塞，导致床层布水不均，需要随时疏通；记录水量的水表常因渗滤液的腐蚀而失真，需要及时校正或更换；高压污水泵、自动控制系统也常因露天操作出现机械故障，需要定期检查。

#### 3．运行状况监控

反应床日常运行时，可通过 $COD$、$NH_3$-$N$ 和色度的实时监测判断其处理效能。当发现运行效果异常时，需立即查找原因，进行补救和调整。可能发生的原因主要有：运行参数控制出错、反应床表面管理不及时、布水不均、床体内发生渗滤液短流；进水中有毒有害物质严重超标等。

事故原因排除后，如果床体基质的基本环境未遭大的破坏，正常运行一段时间后，反应床基本可以自行恢复原有性能。但如果通过对床体基质微生物数量、有机质含量等特性的监测，发现床体基质的基本环境已遭大的破坏，则可能需要采取进一步的措施，如停止运行，给反应床一段自行调整恢复期；更换部分矿化垃圾生物填料等。

### （六）反应床长期运行过程中矿化垃圾的性质变化

矿化垃圾作为反应床填料，是渗滤液得以净化处理的物质基础，了解其两年来在不同运行条件下的性质变化，如物理化学性质、重金属积累和微生物学特性等，对深入研究其稳态运行性能、优化工艺参数、改进床层结构、提高处理负荷等均有重要意义。

研究表明，在工艺运行中，床体表层（0～20 cm）发生着种类繁多、过程强烈的物理、化学、生物及其复合反应，大部分污染物可在其中得以有效吸附、截留、降解或转化，故本文对矿化垃圾性质变化的研究，主要围绕第一级反应床表层（二级、三级反应床性质类似），按照土壤学方法进行采样，并进行实验室分析。

#### 1．矿化垃圾物理化学性质的变化

表 4-32 列出了示范工程运行两年间，反应床表层矿化垃圾主要物理化学性质随运行时间的

变化。

**表 4-32　矿化垃圾主要物化性质随运行时间的变化**

| 物化性质 \ 运行时间 | 基础原样 | 运行时间 | | | | |
|---|---|---|---|---|---|---|
| | | 6 个月 | 12 个月 | 18 个月 | 21 个月 | 24 个月 |
| pH 值 | 7.5 | 7.8 | 7.4 | 7.5 | 7.7 | 7.6 |
| 孔隙度/% | 37.25 | 30.78 | 34.47 | 32.24 | 33.2 | 33.5 |
| 有机质/$g \cdot kg^{-1}$ | 102.5 | 154.2 | 125.4 | 120.2 | 118.2 | 122.5 |
| CEC(每 100 g 干垃圾)/m mol | 130.8 | 90.4 | 123.0 | 121.0 | 117.0 | 115.8 |
| 不大于 0.25 mm(质量分数)/% | 15.25 | 25.14 | 18.28 | 19.14 | 20.2 | 20.52 |
| TP/$g \cdot kg^{-1}$(以 $P_2O_5$ 计) | 7.25 | 7.80 | 7.92 | 8.15 | 8.33 | 8.50 |

（1）矿化垃圾 pH 值变化不大，均呈现弱碱性，这有利于微生物的生理生化反应和对微量元素、重金属离子的吸噬。

（2）在反应床配水、落干运行中，由于矿化垃圾所吸附、截留的污染物（如 TSS 等）未能及时得以降解转化，使得床层内垃圾的孔隙度比基础原样要稍小些，但基本维持在 32%～35%，其中第 6 个月矿化垃圾的孔隙度仅为 30.78%，这是由于此段时期配水量较大，矿化垃圾孔隙部分堵塞造成的。

（3）在前 6 个月反应床配水量较大时，有机负荷随之升高，表层有机质的含量增幅超过50%，而在随后的 18 个月中，由于配水量较低，其含量基本维持在 120 g/kg 左右，比原样高出20%，这说明有机质的降解转化已处于动态平衡中。

（4）矿化垃圾阳离子交换容量在运行 6 个月后，降低幅度较大；当配水量降为 50 t/d，继续运行一年半中，降低幅度较缓，说明矿化垃圾已形成较为稳定的表面性质，可有效结合和交换渗滤液中的水解性酸和各种金属阳离子。

（5）在渗滤液处理能力较大时，表层对不大于 0.25 mm 细粒物质的过滤、截留也处于较高水平，因此反应床在第 6 个月后细粒含量有较大升高，此时若不采取降低配水负荷或延长落干时间等措施，很容易形成表面堵塞。监测同时发现，即使配水量为 50 t/d 左右，经过一年半的连续运行后，不大于 0.25 mm 的细粒含量仍呈现缓慢的增长趋势，因此，一旦形成堵塞趋势，就需对床层及时进行翻挖、更新等表面管理措施。

（6）渗滤液中除少部分游离态磷酸盐被床层内微生物同化吸收利用外，由于矿化垃圾具有强烈的吸磷、固磷能力，因此表层矿化垃圾的 TP 含量，随着运行时间的延长而持续升高。

因此，由矿化垃圾的物化性质随运行时间的变化可知，渗滤液宜进行水质水量调节、厌氧水解、沉淀等预处理，以降低进水中 TSS 等含量，防止表层细粒物质和有机质的迅速积累，从而引起孔隙度、CEC 的明显下降，进而影响到反应床的稳态运行性能。

**2. 重金属积累**

表 4-33 列出了示范工程运行两年间，反应床表层矿化垃圾中 8 种主要重金属的积累情况。

由表 4-33 可知，随着运行时间的延长，表层矿化垃圾中重金属的含量有所波动，但大致呈现增长的趋势，表层中的累积率并不高，其中 Zn、Hg 两种重金属含量在部分时间反而有降低的趋势，分析原因，主要为：

（1）渗滤液进水中重金属含量不高，除铜外，其余重金属含量均低于 GB8978—1996 污水综合排放标准，这些低浓度的重金属往往可作为微生物细胞质和活性酶的重要组分或辅助因子，促

进微生物的新陈代谢过程;

(2)渗滤液中的重金属在床层中分配时,既有矿化垃圾对其吸附、沉淀、络合等作用,也发生着随水下渗溶出的过程。

总体而言,反应床运行两年后,表层矿化垃圾的重金属累积量并不大,除锌外,其他7种主要重金属的含量仍低于土壤三级标准限值,重金属的积累对反应床的正常运行并无明显不利影响。

表 4-33　矿化垃圾中主要重金属含量随运行时间的变化

| 重金属含量 | 土壤三级标准限值 | 基础原样 | 运行时间 | | | | | 累积率/% |
|---|---|---|---|---|---|---|---|---|
| | | | 6 个月 | 12 个月 | 18 个月 | 21 个月 | 24 个月 | |
| $As/mg \cdot kg^{-1}$ | 400 | 138.60 | 163.50 | 170.25 | 200.15 | 180.15 | 185.28 | 17.9~44.4 |
| $Pb/mg \cdot kg^{-1}$ | 500 | 285.14 | 325.41 | 300.25 | 340.24 | 410.08 | 365.68 | 5.30~43.8 |
| $Cr/mg \cdot kg^{-1}$ | 300 | 152.56 | 205.24 | 187.41 | 165.54 | 210.54 | 255.87 | 8.5~67.7 |
| $Cd/mg \cdot kg^{-1}$ | 1.0 | 0.58 | 0.72 | 0.75 | 0.68 | 0.83 | 0.74 | 17.2~43.1 |
| $Ni/mg \cdot kg^{-1}$ | 200 | 50.10 | 75.54 | 100.58 | 101.74 | 95.14 | 94.35 | 50.7~103 |
| $Cu/mg \cdot kg^{-1}$ | 400 | 178.53 | 202.10 | 185.57 | 198.24 | 230.46 | 250.74 | 3.9~40.4 |
| $Zn/mg \cdot kg^{-1}$ | 500 | 652.88 | 670.28 | 642.5 | 720.15 | 820.45 | 715.89 | −1.6~25.7 |
| $Hg/mg \cdot kg^{-1}$ | 1.5 | 1.18 | 1.20 | 0.95 | 0.68 | 1.15 | 1.00 | −42.3~1.7 |

**3. 微生物学特性参数变化**

微生物学特性研究对于了解矿化垃圾运行机理具有重要作用,对反应床表层矿化垃圾微生物学特性参数的测定结果见表 4-34,取样时间为中午 12:30。

表 4-34　矿化垃圾主要微生物学特性随运行时间的变化

| 微生物学特性 | | 基础原样 | 取样日期 | | | |
|---|---|---|---|---|---|---|
| | | | 03-10 | 03-30 | 04-22 | 05-10 |
| 细菌总数 | | 3.5 | 9.5 | 9.8 | 11.4 | 13.6 |
| 生理生态参数 | 有机碳($C_{org}$) | 25.2 | 33.5 | 32.4 | 32.1 | 31.8 |
| | 微生物生物量碳($C_{mic}$) | 21.61 | 34.3 | 35.1 | 36 | 38.8 |
| | 呼吸作用强度($R_{mic}$) | 5.02 | 22.25 | 25.1 | 26.21 | 28.31 |
| | 代谢商($R_{mic}/C_{mic}$) | 0.23 | 0.65 | 0.72 | 0.73 | 0.73 |
| | 微生物商($C_{mic}/C_{org}$) | 0.043 | 0.051 | 0.054 | 0.056 | 0.061 |
| 酶活性 | 过氧化氢酶 | 16.21 | 33.21 | 32.14 | 33.78 | 34.58 |
| | 脱氢酶 | 63.55 | 71.35 | 82.36 | 95.55 | 108.22 |
| | 脲酶 | 7.90 | 18.20 | 18.01 | 21.20 | 22.91 |
| | 磷酸酶 | 5.24 | 26.28 | 25.51 | 27.69 | 28.85 |
| | 转化酶 | 120.25 | 208.25 | 224.87 | 250.14 | 280.50 |

注:表中各微生物学特性单位:细菌总数(每克干垃圾),$10^6$ 个/g;$C_{org}$,g/kg;$C_{mic}$ 和 $R_{mic}$,mg(每 20 g 土、24 h、28℃ 的 $CO_2$ 量),过氧化氢酶,mL(每 20 克土、30 min、25℃ 的 0.1 mol/$dm^3$ $KMnO_4$ 的量);脲酶,mg(每 10 g 土、3 h、37℃ 的 $NH_3$-N 量);磷酸酶,mg(每 10 g 土、3 h、37℃ 的酚量);脱氢酶,ng(每 20 g 土、6 h、30℃);转化酶,mL(每 10 g 土、24 h、37℃ 的 0.1 mol/$dm^3$ $Na_2S_2O_3$ 的量)。

由表 4-34 可知:

(1)细菌总数。工艺运行一年半后,床体表层的细菌总数基本稳定在基础原样的 3~4 倍上,且随着气温回升数量有所增加。

(2) 微生物生理生态参数。从 3 月至 5 月间,随着气温升高,微生物的活性增强,对床层积累的有机质的降解转化速度加快,故矿化垃圾有机碳($C_{org}$)的含量持续下降,微生物生物量碳($C_{mic}$)不断增加,而以微生物活动为主的基础呼吸作用强度也逐渐升高。从代谢商和微生物商来看,代谢商在 4、5 月份已比较稳定,说明微生物群落对污染物的降解已处于较稳定的水平;而微生物商一直平稳升高,这再次验证了此时系统的良性运转状态。

(3) 酶活性。随着温度的升高,床层中几种主要酶的活性均呈现不同程度的增强趋势,其中脱氢酶和转化酶的增长速度比较明显,过氧化氢酶基本维持不变,这说明由初春到初夏的过程中,矿化垃圾反应床对有机物的降解性能逐渐增强,而腐殖质合成和有机质积累作用相对减弱,气候条件对酶活性影响较大。由于渗滤液中有机磷和有机氮的含量不多,磷酸酶和脲酶的活性增长幅度也较小。

### 四、示范工程处理渗滤液的经济性分析

在一年半的现场工程示范中,当渗滤液配水量为 50 t/d 时,三级出水的 $BOD_5$、$NH_3^-$-$N$、TSS、色度、嗅味、重金属含量等污染指标均可稳定地低于二级排放标准,而 COD 值在 25% 的时间里可低于 300 mg/L,在 75% 的时间里可低于 650 mg/L。若对三级尾水联合采用吸附、亚滤、反渗透等物化工艺进行深度处理,则矿化垃圾生物反应床处理工艺在渗滤液的处理上应用前景广阔。

示范工程的工艺流程如图 4-54 所示,其建设营运的总成本由两部分构成:基建投资成本和运行成本(包括折旧费用),以 50 t/d 渗滤液处理工程为例,从经济上作下述分析。

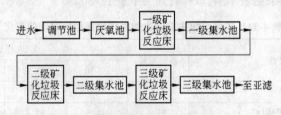

图 4-54　渗滤液处理工艺流程

(1) 基建投资成本:包括矿化垃圾开采、筛分和回填,厌氧调节池(1 个)、反应床(3 个)、集水池(3 个)构建,大阻力配水和自动控制系统安装等,所需主要材料及费用如表 4-35 所示,基建总费用约 66 万元,吨投资成本约为 1.32 万元。

表 4-35　50 t/d 示范工程基建所需主要材料及费用

| 序　号 | 材料名称 | 所需数量 | 单　价 | 小计/元 |
|---|---|---|---|---|
| 1 | 矿化垃圾细料 | 7000 m³ | 30 元/m³ | 210000 |
| 2 | 池壁坝体构造 | 380 m | 100 元/m | 38000 |
| 3 | 集水池 | 600 m³ | 20 元/m³ | 12000 |
| 4 | 碎　石 | 1200 t | 80 元/t | 96000 |
| 5 | 0.5 mm 厚 HDPE 膜 | 4000 m² | 11.5 元/m² | 46000 |
| 6 | 网纱布 | 3200 m² | 4 元/m² | 12800 |
| 7 | 土工布 | 3200 m² | 6 元/m² | 19200 |
| 8 | PVC 集水管 | 210 m | 100 元/m | 21000 |

| 序　号 | 材料名称 | 所需数量 | 单　价 | 小计/元 |
|---|---|---|---|---|
| 9 | PVC 配水干管与支管 | 6500 m | 18 元/m | 117000 |
| 10 | 通气管 | 400 m | 15 元/m | 6000 |
| 11 | 配水与自动控制系统(含维修) | 4 套(50 m³/h) | 6000 元/套 | 34000 |
| 12 | 场地基建、施工安装费 | | | 40000 |
| 13 | 不可预见费用 | | | 18000 |
| 合　计 | | | | 660000 |

(2) 日常运行成本：本工艺不产生污泥，也无需曝气，动力费用消耗低，仅需将渗滤液依次提升至各级反应床表面即可，日耗电约 10 度，电费 5 元/d。反应床需要两个专职工人日常照看，人工费用 60 元/d。假定两个月需对反应床修整一次，600 元/次，平均费用 10 元/d。

因此，日常运行成本为：75 元/d，吨运行成本为 1.5 元。

(3) 折旧费用：矿化垃圾生物反应床可长期使用，假定使用寿命按 30 年计，66 万元/30 a = 2.2 万元/a = 60 元/d = 1.2 元/t

因此，处理 1t 渗滤液，总运行成本为：1.5 元/t + 1.2 元/t = 2.7 元/t。

### 五、矿化垃圾生物反应床处理渗滤液技术在山东即墨的工程应用实例

#### (一) 工程概述

山东省即墨市灵山固体废弃物综合处理场是该市唯一的生活垃圾卫生填埋场，设计生活垃圾处理量为 400 t，设计日产渗滤液量为 120 m³。该填埋场一期工程 2003 年 5 月 4 日建成投产，目前生活垃圾平均处理量为 250 t，平均日产渗滤液量为 60 m³。渗滤液处理工程采用的是矿化垃圾反应床工艺技术，设计处理规模为 70 m³/d，渗滤液处理工程自 2004 年 9 月正式运行以来，各项指标均达到了设计要求。

#### (二) 工艺流程

渗滤液处理工程的核心为三个矿化垃圾反应床，在一级矿化垃圾反应床前设有调节池和厌氧池，对应的每一级反应床之后建有一集水池。渗滤液处理工艺流程如图 4-54 所示。

#### (三) 构筑物和装置

调节池：主要作用是调节水质和水量，并起到厌氧处理的作用。采用半地下式结构，块石浆砌，内衬 2 mm 厚的 HDPE 膜，顶部有 2 mm 厚的 HDPE 膜覆盖，有效尺寸 105 m×36 m×3 m。

调节池进水 COD 12000～20000 mg/L，经厌氧池后的出水 COD 下降到 1800～4000 mg/L，调节池和厌氧池的处理效果明显。

厌氧池：主要起厌氧生物处理作用，兼有调节水量作用。采用半地下式结构，利用开挖出来的土筑堤，片石浆砌，内衬 2 mm 厚的 HDPE 膜，顶部有 2 mm 厚的 HDPE 膜覆盖，有效尺寸 25 m×36 m×4.5 m。

矿化垃圾反应床：是整个系统的核心，长方形结构，三个反应床总有效面积 3000 m²，上部设有大阻力布水装置，下部采用穿孔 HDPE 管作为收集管。

集水池：主要作用是调节各个反应床之间的水量平衡，并通过观察池子的水位和检测池子里的水质来了解矿化垃圾反应床的运行状况。采用敞开式结构，块石浆砌，内衬 2 mm 厚的 HDPE 膜，一级和二级集水池尺寸为 12 m×12 m×5 m，三级集水池尺寸为 8 m×24 m×5 m。

设备与装置:整个处理系统设有扬程 $H=35\,\mathrm{m}$,流量 $Q=70\,\mathrm{m^3/L}$ 的潜水泵 3 台,扬程 $H=10\,\mathrm{m}$,流量 $Q=80\,\mathrm{m^3/L}$ 的潜水泵 1 台,配电系统一套。

### (四) 工艺优化

矿化垃圾反应床在经过一段时间的运行后,出现了配水支管堵塞,布水不均,四周有水而中间大部分无水的现象,日处理水量波动比较大,出水水质受到影响。

针对上述现象,对支管堵塞的原因进行了分析,发现进水中杂质多、水垢沉淀以及夏季集水池中微生物的过度繁殖是造成堵塞的主要原因,为避免这一现象的再次发生改善出水水质,对工艺进行了如下的改造:

(1) 把管道全部采用焊接方法改为小部分采用焊接其余的大部分为活接方法,或干脆全部为活接方法以便于管道的疏通。

(2) 主干管应设清扫口和沉淀管,防止水垢沉淀堵塞管道现象的发生。将大阻力布水管改为园林喷头,喷头的安装位置和间距一般按水泵的扬程计算确定,每喷头的服务半径大约为 5m,进一步保证了布水的均匀性。

(3) 在集水池的各进水管前增加不锈钢筛网,以免杂质把出水喷头堵塞,并在每一进水管设一水表,保证流量的准确。

### (五) 运行效果

反应床工艺经进一步改造后,运行良好稳定,出水清澈,可用于清洗垃圾车、道路等。填埋场管理部门在三级出水池中放养了一些鱼,成活率几乎 100%,鱼的生长状况良好。青岛市检测站对处理系统进行了多次测定。

从表 4-36 中数据可以看出,系统对有机物的去除的效果是很明显的。当一级矿化垃圾反应床进水 COD 的平均浓度为 2000 mg/L 时,三级矿化垃圾反应床出水 COD 的浓度为 100～300 mg/L,去除率大于 85%,$BOD_5$ 则可从 810 mg/L 降到 11 mg/L,去除率为 98.6%。另外,从系统对无机物 $NH_3\text{-}N$ 和 TP 的去除情况看,当进水的平均浓度分别为 940 mg/L 和 7.53 mg/L 时,出水平均浓度为 5.4 mg/L 和 0.07 mg/L,去除率分别为 99.4% 和 99.1%。

表 4-36　渗滤液运行数据

| 运行数据监测项目＼时间 | 2004-09-07 | 2004-09-16 | 2004-09-23 | 2004-10-10 | 2004-10-14 | 2004-10-21 | 2004-10-28 | 2004-11-04 | 2004-11-11 | 2004-11-24 | 2005-03-17 | 2005-05-11 | 2005-06-20 |
|---|---|---|---|---|---|---|---|---|---|---|---|---|---|
| 进水 COD /mg·L$^{-1}$ | 2277 | 1776 | 1327 | 1654 | 1788 | 1778 | 1791 | 2351 | 2129 | 2129 | 3155 | 2016 | 1852 |
| 出水 COD /mg·L$^{-1}$ | 100～300 | | | | | | | | | | | | |
| 进水 $BOD_5$ /mg·L$^{-1}$ | 732 | 573 | 407 | 520 | 488 | 455 | 829 | 756 | 797 | 732 | 2500 | 884 | 819 |
| 出水 $BOD_5$ /mg·L$^{-1}$ | 17.2 | 5.69 | 7.15 | 11.7 | 6.99 | 12.1 | 13.5 | 9.4 | 16.7 | 17 | 6 | 15 | 7 |
| $BOD_5$ 去除率/% | 97.7 | 99.0 | 98.2 | 97.8 | 98.6 | 97.3 | 98.4 | 98.8 | 97.9 | 97.7 | 99.8 | 98.3 | 99.1 |
| 进水 $NH_3\text{-}N$ /mg·L$^{-1}$ | 50.4 | 965 | 949 | 889 | 904 | 945 | 969 | 1007 | 997 | 998 | 1184 | 1140 | 1190 |
| 出水 $NH_3\text{-}N$ /mg·L$^{-1}$ | 3.0 | 1.5 | 2.1 | 2.4 | 19.0 | 0.5 | 18.8 | 4.0 | 2.6 | 6.0 | 3.0 | 2.9 | 5.0 |

续表 4-36

| 运行数据　监测项目　时间 | 2004-09-07 | 2004-09-16 | 2004-09-23 | 2004-10-10 | 2004-10-14 | 2004-10-21 | 2004-10-28 | 2004-11-04 | 2004-11-11 | 2004-11-24 | 2005-03-17 | 2005-05-11 | 2005-06-20 |
|---|---|---|---|---|---|---|---|---|---|---|---|---|---|
| NH₃-N 去除率/% | 94.0 | 99.8 | 99.8 | 99.7 | 97.9 | 99.9 | 98.1 | 99.6 | 99.7 | 99.4 | 99.7 | 99.8 | 99.6 |
| 进水 TP /mg·L⁻¹ | 7.15 | 6.92 | 8.75 | 6.78 | 6.98 | 7.48 | 7.44 | 7.45 | 9.16 | 8.02 | 7.90 | 6.29 | |
| 出水 TP /mg·L⁻¹ | 0.09 | 0.05 | 0.14 | 0.06 | 0.06 | 0.07 | 0.07 | 0.06 | 0.07 | 0.08 | 0.08 | 0.06 | |
| TP 去除率/% | 98.7 | 99.2 | 98.4 | 99.1 | 99.2 | 99.1 | 99.1 | 99.2 | 99.2 | 99.0 | 99.0 | 99.0 | |

注:1. 表中时间是从 2004 年 9 月 7 日开始检测的;2. 2004 年元旦到 2005 年 3 月 15 日由于渗滤液结冰停止运行。

### (六) 结论

综上所述,可得出如下结论:

(1) 在技术方面,工艺流程简单,无重大设备需要维护,不需要固液分离装置,运行管理方便。由于矿化垃圾反应床很适合处理渗滤液,耐冲击负荷,所以反应床运行稳定,对渗滤液 COD、BOD、NH₃-N 和 TP 去除效果显著。

(2) 在经济方面,该工艺所用的矿化垃圾分选自原有填埋场的陈垃圾,开挖分选每吨费用为 50 元,加上征地和其他建设费用,总投资为 120 万元。系统运行管理人员编制为 2 人,系统运行不需要添加任何药剂,除 4 台潜水泵外,无其他耗电量大的设备,包括人工工资在内的运行成本为 3 元/m³。所以,从建设费用和运行费用上看,以矿化垃圾反应床为主的处理系统是经济的。

因晚冬和早春山东气温低于 0 度,渗滤液结冰,处理系统无法运行,只能停止。显然,在低温寒冷地区,矿化垃圾生物反应床的设计处理负荷应高于渗滤液日均产量。根据即墨和蓬莱的运行经验,每年可以运行 10 个月。无法运行的 2～3 个月的时间里,渗滤液储存在调节池和厌氧池中,待仲春后处理。

### 六、矿化垃圾生物反应床处理渗滤液技术在山东蓬莱的工程应用实例

蓬莱的处理规模为 60 t/d,矿化垃圾/日处理渗滤液体积比 90:1。课题组在 2005 年 10 月赴蓬莱填埋场对矿化垃圾生物反应床处理渗滤液的出水进行取样分析,结果表明,出水所有指标全部达到渗滤液国家二级排放标准。

### 七、渗滤液处理技术比较与应用分析

渗滤液处理工艺比较与应用分析见表 4-37。

由表 4-37 可以看出,这 4 类工艺都有其共同的特点,由于渗滤液水量、水质波动范围大,有机污染物浓度高,3 类工艺都设有调节池和厌氧生物处理设施。但其核心处理工艺又各不相同。"物理脱氮 + 生物处理"处理工艺技术主要利用物理吹脱方法去除渗滤液中过量的氨氮,保证常规 A/O 生物处理系统中微生物的正常繁殖与可生化 COD 的有效去除;"A/O 高浓度微生物脱氮处理 + 超滤膜过滤"处理工艺则主要利用 0.02 μm 的超滤膜设备分离污泥和净水,利用超高浓度的微生物和较低的负荷进行生物脱氮,有效避免了 C/N 过低带来的不利于微生物生长的环境;

"厌氧生物处理(A)＋强氧化＋吸附＋化学混凝"处理工艺则利用电子放电器、交变磁场和超声波充分强化了氧和负氧离子对污染物的氧化作用,并利用混凝与吸附完成了对污染物的矿化与吸附;矿化垃圾生物反应床处理技术则是一个较理想的技术,主要是利用矿化垃圾中的微生物处理渗滤液,且运行费用低,投资省。

**表 4-37　渗滤液处理工艺比较表**

| 工　艺　类　别 | | 物理脱氮＋生物处理 | A/O 高浓度微生物脱氮处理＋超滤膜过滤 | 厌氧生物处理(A)＋强氧化＋吸附＋化学混凝 | 矿化垃圾生物反应床处理 |
|---|---|---|---|---|---|
| 水质目标 | 出水水质 | GB16889 规定三级标准 | GB16889 规定三级标准 | GB16889 规定三级标准 | GB16889 规定三级标准 |
| | 技术水平 | 传统 | 较先进 | 较先进 | 国际先进 |
| | 技术可靠性 | 可靠 | 非常可靠 | 较可靠 | 可靠 |
| | 设备复杂性 | 一般 | 较复杂 | 较复杂 | 简单 |
| | 应用实例 | 国内有成功应用 | 国内有中试,欧洲有成功应用 | 国内有中试,韩国有成功应用 | 国内有成功应用 |
| 环境影响 | 大气污染 | 调节池及厌氧池有臭气污染、厌氧池沼气需收集导排、可能有 $NH_3$ 超标排放 | 调节池及厌氧池有臭气污染、厌氧池沼气需收集导排 | 调节池及厌氧池有臭气污染、厌氧池沼气需收集导排 | 调节池及厌氧池需控制臭气污染 |
| | 噪声污染 | 主要为风机噪声 | 主要为风机与高压水泵噪声 | 主要为风机噪声、可能有超声波污染 | 无 |
| | 产泥量 | 一般 | 很少 | 较少 | 很少 |
| 运行管理 | 运行稳定性 | 冬季加药量大,运行效果稍差 | 较稳定 | 混凝剂添加量受水质变化波动大 | 稳定 |
| | 运行操作 | 较复杂 | 一般 | 较复杂 | 简单 |
| | 设备维修 | 一般 | 系统需要更换超滤膜及纳滤膜元件(3 年) | 系统需要更换负氧离子发生器、放电器等设备部件(2 年) | 简单 |
| 经济指标 | 吨投资(万元/$m^3$ 规模) | 1.5～2.5 | 1.5～3.0 | 1.5～3.0 | 1.0～1.5 |
| | 运行成本(元/$m^3$) | 9～13 | 10～14 | 9～14 | 4～5 |
| | 用电量 | 冬天耗电量大 | 超滤膜加压泵用电量较大 | 一般 | 极少 |
| | 用药量 | 酸、碱消耗量较大,需少量消泡剂 | 碱消耗量较大,需少量消泡剂 | 混凝剂和磁性石粉消耗量较大,需少量消泡剂 | 无 |
| | 用水量 | 加药需用水,水量一般 | 加药及超滤膜反冲需用水,水量一般 | 加药需用水,水量一般 | 无 |
| 其他特点 | 占地面积 | 较大 | 中等 | 中等 | 较大 |
| | 专利设备、技术情况 | 常规技术 | 需要分体、正压、错流式超滤膜设备,避免膜孔被污泥堵塞 | 专利技术设备较多 | 专利技术设备 |

目前采用矿化垃圾生物反应床的填埋场有:山东即墨矿化垃圾生物反应床处理渗滤液建设工程、山东蓬莱矿化垃圾生物反应床处理渗滤液建设工程、安徽马鞍山矿化垃圾生物反应床处理渗滤液建设工程、上海老港矿化垃圾生物滤床处理渗滤液建设工程、江苏丹阳矿化垃圾生物滤床处理渗滤液建设工程、江苏高邮矿化垃圾生物滤床处理渗滤液建设工程、江苏宿迁矿化垃圾生物滤床处理渗滤液建设工程、浙江台州矿化垃圾生物滤床处理渗滤液建设工程。

# 第十节 填埋气体的导排及综合利用

## 一、填埋气体的组成与性质

垃圾填埋场可以被概化为一个生态系统,其主要输入项为垃圾和水,主要输出项为渗滤液和填埋气体,二者的产生是填埋场内生物、化学和物理过程共同作用的结果。填埋场气体主要是填埋垃圾中可生物降解有机物在微生物作用下的产物,其中主要含有氨、二氧化碳、一氧化碳、氢、硫化氢、甲烷、氮和氧等,此外,还含有其他的微量气体。填埋气体的典型特征为:温度达 $43\sim49℃$,密度比约 $1.02\sim1.06$,为水蒸气所饱和,高位热值为 $15630\sim19537\,kJ/m^3$。填埋场气体的典型组分及百分含量见表4-38。当然,随着垃圾填埋场的条件、垃圾的特性、压实程度和填埋温度等不同,所产生的填埋气体各组分的含量会有所变化。

**表4-38 垃圾填埋气典型组分**

| 组 分 | 体积分数(干基)/% |
|---|---|
| 甲 烷 | 45~60 |
| 二氧化碳 | 40~60 |
| 氮 气 | 2~5 |
| 氧 气 | 0.1~1.0 |
| 硫化氢 | 0~1.0 |
| 氨 气 | 0.1~1.0 |
| 氢 气 | 0~0.2 |
| 一氧化碳 | 0~0.2 |
| 微量气体 | 0.01~0.6 |

填埋场释放气体中的微量气体量很小,但成分却很多。国外通过对大量填埋场释放气体的取样分析,在其中发现了多达116种有机成分,其中许多可以归为挥发性有机成分($VOC_s$)。这些气体中部分可能有毒,并对公众健康构成严重威胁。近年来,国外已有许多工作致力于对填埋场微量释放气体的研究。

填埋场气体中的主要成分是甲烷和二氧化碳。这种气体不仅是影响环境的温室气体,而且是易燃易爆气体。甲烷和二氧化碳等在填埋场地面上聚集过量会使人窒息。当甲烷在空气中的浓度达到 5%～15%时,会发生爆炸。而在填埋场中,只有有限量的气体存在于填埋场内,故在填埋场内几乎没有发生爆炸的危险。但如果垃圾填埋场气体迁移扩散到远离场址处并与空气混合,则会形成浓度在爆炸范围内的甲烷混合气体,国内外由于填埋气体的聚集和迁移引起的爆炸和火灾事故时有发生。填埋气体中的甲烷会增加全球温室效应,其温室效应的作用是二氧化碳的 22 倍。填埋气体中含有少量的有毒气体,如硫化氢、硫醇氨、苯等对人畜和植物均有毒害作用。填埋气体还会影响地下水水质,溶于水中的二氧化碳,增加了地下水的硬度和矿物质的成分。因此,填埋气体对周围的安全始终存在着威胁,必须对填埋气体进行有效的控制。

填埋气体的热值很高,具有很高的利用价值。国内外已经对填埋气体开展了广泛的回收利用,将其收集、储存和净化后用于气体发电、提供燃气、供热等。

## 二、填埋气产量计算

由于影响填埋场释放气体产生量的因素很复杂,精确的填埋场气体产生量较难估算。为此,国外从 1970 年初就发展了许多基于不同的理论或实际估算垃圾填埋场产甲烷量的方法。填埋产气量的确定方法大体可归为三类,即理论计算法、经验法和实测法。为确定填埋场气体的实际产气量和产生速率,首先须知道填埋场废物的潜在产气量(即理论产气量)。填埋废物的潜在产气量,可根据废物的化学计量分子式计算确定,也可以根据废物的化学需氧量计算确定。

### (一) 理论计算法

根据在下水污泥的消化等方面取得的研究成果,填埋气体产量的理论计算方法有三种。

#### 1. 化学计量计算法

有机城市垃圾厌氧分解的一般反应可写为:

有机物质(固体)+ $H_2O$ →可生物降解有机物质 + $CH_4$ + $CO_2$ + 其他气体

假如在填埋废物中除废塑料外的所有有机组分可用一般化的分子式 $C_aH_bO_cN_d$ 来表示,假设可生化降解有机废物完全转化为 $CO_2$ 和 $CH_4$,则可用下式来计算气体产生总量。

$$C_aH_bO_cN_d + [(4a - b - 2c - 3d)/4]H_2O → [(4a - b - 2c - 3d)/8]CH_4 +$$
$$[(4a - b + 2c + 3d)/8]CO_2 + dNH_3$$

采用化学计量方程式计算填埋废物潜在气体产生量的方法和步骤如下:

(1) 制订一张确定废物主要元素百分比组成的计算表,并确定迅速分解和缓慢分解有机物的主要元素百分比组成;

(2) 忽略灰分,计算元素的分子组成;

(3) 建立一张确定归一化摩尔比的计算表格,分别确定无硫的迅速分解和缓慢分解有机物的近似分子式;

(4) 计算城市垃圾中迅速分解和缓慢分解有机组分产生的 $CH_4$ 和 $CO_2$ 的气体数量、体积和理论气体产量。

#### 2. 化学需氧量法

假如填埋场释放气体产生过程中无能量损失,有机物全部分解,生成 $CH_4$ 和 $CO_2$,则根据能量守恒定律,有机物所含能量均转化为 $CH_4$ 所含能量,即有机物所含能量等于 $CH_4$ 所含能量。而物质所含能量与该物质完全燃烧所需氧气量(即 COD)成特定比例,因而 $COD_{有机物}$ 等于 $COD_{CH_4}$。

据甲烷燃烧化学计算式: $CH_4 + 2O_2 = CO_2 + 2H_2O$,可导出:

$$1 \, gCOD_{有机物} = 0.25 \, gCH_4$$

为便于实际测量和应用,将 $CH_4$ 的衡量单位转化为体积(L),得到:

$$1 \, gCOD_{有机物} = 0.35 \, L \, CH_4(0℃, 101325 \, Pa, 即 1atm)$$

据此,可计算填埋场的理论产 $CH_4$ 量(即最大 $CH_4$ 产生量)。

由于 $CH_4$ 在填埋场气体中的浓度约为 50%,可近似地认为总气体产生量为 $CH_4$ 产生量的两倍,于是可得:

$$1 \, kgCOD_{有机物} = 0.7 \, m^3 \, 填埋气体(0℃, 101325 \, Pa, 即 1 \, atm)$$

这样,如果知道单位质量城市垃圾的 COD 以及总填埋废物量,就可以估算出填埋场的理论产气量:

$$L_0 = W(1 - \omega) \eta_{有机物} C_{COD} V_{COD} \tag{4-32}$$

式中　$W$——废物质量,kg;

$C_{COD}$——单位质量废物的 COD,kg/kg,我国垃圾中的有机物主要为厨余(约 50% ~ 70% 含量),其 $C_{COD} = 1.2kg/kg$;

$V_{COD}$——单位 COD 相当的填埋场产气量,$m^3$/kg;

$L_0$——填埋废物的理论产气量,$m^3$;

$\omega$——垃圾的含水率(质量分数),%;

$\eta_{有机物}$——垃圾中的有机物含量(质量分数),%(干基)。

表 4-39 列出了我国城市垃圾中厨渣、纸、塑料、布和果皮的概化学分子式及各组分单位质量所含 COD 和利用 COD 法、TOC 法得到的单位质量干废物的产气量 $P_{COD}$。

**表 4-39 废物中各有机组分的化学式及 COD 产气量参数**

| 废物成分 | 化 学 式 | COD/kg·kg$^{-1}$ | $P_{COD}$/m$^3$·kg$^{-1}$ |
|---|---|---|---|
| 厨 渣 | $C_{26.6}H_{3.7}O_{23}N_{1.6}S_{0.4}$ | 0.617 | 0.43 |
| 纸 | $C_{41}H_{4.4}O_{39.3}N_{0.7}S_{0.4}$ | 0.661 | 0.46 |
| 塑 料 | $C_{61.6}H_8O_{11.6}Cl_{7.5}$ | 1.96 | 1.37 |
| 布 | $C_{41.8}H_{4.7}O_{43.2}N_{0.8}S_{0.4}$ | 0.597 | 0.42 |
| 果 皮 | $C_{38}H_{3.7}O_{35.6}N_{1.9}S_{0.4}$ | 0.716 | 0.5 |

注:气体状态为 0℃,101325 Pa,即 1 atm。

考虑到有机废物的可生化降解比和在填埋场内的损失,实际潜在产气量为:

$$L_{实际} = \beta_{有机物} \xi_{有机物} L_0 \tag{4-33}$$

$$L_{收集} = \alpha_{LFG} L_{实际} \tag{4-34}$$

式中,$\alpha_{LFG}$ 为填埋场气体收集系统的集气效率,其值为 30%~80%,一般堆放场最大可达 30%,而密封较好的现代化卫生填埋场可达 80%;$\beta_{有机物}$ 为可生化降解比系数;$\xi_{有机物}$ 为填埋场内损失系数。

3. 用垃圾中的有机物可生物降解的特性进行计算

据国外资料介绍,这种计算方法较为合理。利用有机物可生物降解特性,预测单位质量垃圾的甲烷最高产量,计算公式如下:

$$C_i = KP_i(1-M_i)V_iE_i \tag{4-35}$$

$$C = \sum_{i=1}^n C_i \tag{4-36}$$

式中 $C_i$——单位质量垃圾(湿垃圾)中某种成分所产生的甲烷体积,L/kg;

$K$——经验常数,单位质量的挥发性固体物质标准气体状态下所产生的甲烷体积,其值为 526.5,L/kg;

$P_i$——某种有机成分占单位质量垃圾的湿重百分比,%;

$M_i$——某种有机成分的含水率,%(质量分数)

$V_i$——某种有机成分的挥发性固体含量,%(干重);

$E_i$——某种有机成分的挥发性固体中的可生物降解物质的含量,%(质量分数)。

$C$——单位质量垃圾(湿垃圾)所产生的 $CH_4$ 最高产量,L/kg。

通过此方法得到的国外某垃圾场的理论总产气量为 100~170 m$^3$/kg。

**(二)经验法**

1. 经验公式法

根据实验研究,产气量可用以下经验公式确定:

$$dG/dt = -K'(L-R) \tag{4-37}$$

式中 $G$——$t$ 时间内的总产气量,m$^3$/kg;

$K'$——产气速率常数,a$^{-1}$;

$L$——最大可能产气量,$m^3/kg$。

式(4-37)也可表示为:

$$G = L(1 - 10^{-Kt}) \qquad (4\text{-}38)$$

式中,$K = K'/2.303$,如果填埋场的半衰期预计为 20 年,则 $G = 0.5L$,$K = 0.015/a$。

### 2. 经验估算法

此方法需要已知填埋场地尺寸、填埋平均深度、废物组成、降解速度、垃圾填埋量和该场地的最大容量等有效数据。通过地形勘察和数据分析,先判断纪录数据的准确性,然后就可以得到填埋场目前和远期产气较为简单的估算。根据垃圾填埋量和填埋场含水率,可进行初步估算。典型的垃圾填埋场,即含水率为 25% 且填埋后不变,每年的近似产气量为 $0.06\ m^3/kg$。如果是干旱或半干旱气候条件,又没有添加水,填埋废物干燥,则产气量会降低到 $0.03 \sim 0.045\ m^3/kg$。相反,如果填埋后湿度条件很合适,产气量可能达到 $0.15\ m^3/kg$ 或更高。为得到可靠的估算,可参考其他类似的填埋场数据。

### (三) 实测法

填埋垃圾中的有机物不可能全部进行生物分解,从而在填埋场里消失。而且分解后的有机物,也不可能全部变成沼气。一般来说,填埋作业分期进行,所收集的沼气,是从新旧垃圾层所产生出来的混合气体,气体向水平方向扩散,再流向填埋场外,而且有相当一部分沼气还透过覆盖土,逸散到大气里去。因此,在投入使用的填埋场里,测定潜在的沼气发生量和气化率是非常困难的。在美国,有人估计,填埋场产生的实际沼气量约为用化学计算法求得的产气量的 $1/2$。一般从理论上来说,有机物不可能 100% 地发酵,而且即使它们通过发酵,成为可回收的沼气,也有部分逸散到大气中去,因此实际可回收的沼气量约为理论量的 $1/4$。经验统计表明,一般一个 0.8 $km^2$(200 英亩)的填埋场,在合适的条件下,每天可产生的填埋气体体积超过 14 万 $m^3$。如上所述,由于在实际使用中的填埋场里,存在着大量不可确定的因素,故人们往往利用填埋模拟实验,来求生活垃圾在厌气性填埋时的沼气发生量,从而推算出它今后在实际填埋时的可能发生量。

上述填埋气体产生量的估算方法在应用方面要充分考虑到填埋场的实际情况,并且产气量也是随时间而变化的,在估算时要根据各填埋场的具体情况具体估算。

根据上海市老港填埋场四期承包商的预测,四期的垃圾填埋高度为 42 m,3.3 $km^2$(5000 亩)土地上可有 9000 万 $m^3$ 的库容,扣除日覆盖和终场覆盖的库容,有效库容为 8000 多万 $m^3$,是世界上最大的垃圾卫生填埋场之一。在前 20 年内,将填埋垃圾 2000 万 t,最大日产气量为 20 万 $m^3$。

### (四) 影响填埋场气体产生速率的主要因素

影响填埋场气体产生速率的主要因素包含含水率、营养物质、微生物量、pH 值和温度。

### 1. 含水率

填埋场中多数有机物必须经过水解成为颗粒才能被微生物利用产生甲烷,因而填埋场中废物的含水率是影响填埋场释放气产生的一个重要因素。此外,填埋场中水分的运动有助于营养物质微生物的迁移,加快产气。许多研究表明,含水率是产气速率的主要限制因素。当含水率低于垃圾的持水能力时,含水率的提高对产气速率的影响不大。当含水率超过持水能力后,水分在垃圾内运动,促进营养物质的迁移,形成良好的产气环境。垃圾的持水能力通常为 $0.25 \sim 0.5$,因而,50% ～70% 的含水率对填埋场的微生物最适宜。

决定含水率的因素包括填埋垃圾的原始含水率、当地降水量、地表水与地下水的入渗以及填埋场对渗滤液的管理方式,如是否回灌等。

### 2. 营养物质

填埋场中微生物的生长代谢需要足够的营养物质,包括 C、O、H、N、P 及一些微量营养物,通常填埋垃圾的组成都能满足要求。据研究,当垃圾的 C/N 为 20∶1～30∶1 时,厌氧微生物生长状态最佳,即产气速率最快。原因是,细菌利用碳的速度大约是利用氮速度的 20～30 倍。当碳元素过多时,氮元素首先被耗尽,剩余过量的碳,使厌氧分解过程不能顺利进行。我国大多数地区的城市生活垃圾所含有机物以食品垃圾为主(淀粉、糖、蛋白质、脂肪),C/N 约为 20∶1,而国外垃圾 C/N 比典型值为 49∶1,可见,我国垃圾厌氧分解的速度会比国外快得多,达到产气高峰的时间也相对较短。

### 3. 微生物量

填埋场中与产气有关的微生物主要包括水解微生物、发酵微生物、产乙酸微生物和产甲烷微生物四大类,大多为厌氧菌,在氧气存在状态下,产气会受到抑制。微生物的主要来源是填埋垃圾本身、填埋场表层土壤和每日覆盖的土壤。大量研究表明,将污水处理厂污泥与垃圾共同填埋,可以引入大量微生物,显著提高产气速率,缩短产气之前的停滞期。

### 4. pH 值

填埋场中对产气起主要作用的产甲烷菌适宜于中性或微碱性环境,因此,产气的最佳 pH 值范围为 6.6～7.4。当 pH 值在 6～8 范围以外时,填埋产气会受到抑制。

### 5. 温度

填埋场中微生物的生长对温度比较敏感,因此,产气速率与温度也有一定关联。大多数产甲烷菌是嗜中温菌,在 15～45℃ 可以生长,最适宜温度范围是 32～35℃,温度在 10～15℃ 以下时,产气速率会显著下降。

## 三、填埋气体的导排方式及系统组成

填埋气体收集和导排系统的作用是减少填埋气体向大气的排放量和在地下的横向迁移,并回收利用甲烷气体。填埋场废气的导排方式一般有两种,即主动导排和被动导排。

### (一)主动导排

主动导排是在填埋场内铺设一些垂直的导气井或水平的盲沟,用管道将这些导气井和盲沟连接至抽气设备,利用抽气设备对导气井和盲沟抽气,将填埋场内产生的气体抽出来。主动导排系统如图 4-55 所示。

主动导排系统主要有以下特点:

(1)抽气流量和负压可以随产气速率的变化进行调整,可最大限度地将填埋气体导排出来,因此气体导排效果好;

(2)抽出的气体可直接利用,因此通常与气体利用系统连用,具有一定的经济效益;

(3)由于利用机械抽气,因此运行成本较大。

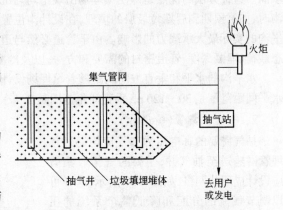

图 4-55　填埋场气体主动导排系统示意

主动气体导排系统主要由抽气井、集气管、冷凝水收集井和泵站、真空源、气体处理站(回收或焚烧)以及检测设备等组成。

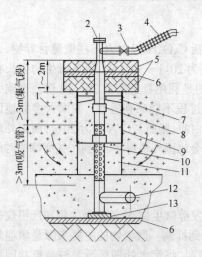

图 4-56　垂直抽气井

1—垃圾;2—接点火燃烧器;3—阀门;
4—柔性管;5—膨润土;6—HDPE 薄膜;
7—导向块;8—管接头;9—外套管;
10—多孔管;11—砾石;12—渗滤液
收集管;13—基座

### 1. 抽气井

填埋废气可用竖井或水平沟从填埋场中抽出,竖井应先在填埋场中打孔(见图 4-56),水平暗沟则必须与填埋场的垃圾层一样成层布置。在井或槽中放置部分有孔的管子,然后用砾石回填,形成气体收集带,在井口表面套管的顶部应装上气流控制阀,也可以装气流测量设备和气体取样口。集气管井相互连接形成填埋场抽气系统。图 4-56 所示的垂直抽气井可设于填埋场内部或周边,典型的抽气井使用直径为 1 m 的勺钻钻至填埋场底部以上 3 m 以内或钻至碰到渗滤液液面(取两者中的较高者)。井内通常设有一根直径为 15 cm 的预制 PVC 套管,其上部 1/3 无孔,下部的 2/3 有孔。再用直径 2.5～5 cm 的砾石回填钻孔,孔口通常用细粒土和膨润土加以封闭。井及管路系统上均应装有调节气流和作为取样口的阀门。这种阀门具有重要作用。通过测量气体产出量及气压,操作员可以更为准确地弄清填埋场气体的产生和分布随季节变化和长期变化的情况,并作适当调整。

由于建造填埋场的年代和抽气井的位置不同,可能产生不均匀沉降而导致抽气井受到损坏,应尝试把抽气系统接头设计成软接头和应用抗变形的材料,以保持系统的整体完整性。

水平抽气沟一般由带孔管道或不同直径管道相互连接而成,沟宽 0.6～0.9 m,深 1.2 m。直径为 10 cm、15 cm、20 cm,长度为 1.2 m 和 1.8 m。沟壁一般要铺设无纺布,有时无纺布只放在沟顶。水平抽气沟常用于处于填埋阶段的垃圾场,有多种建造方法。通常先在填埋场下层铺设一气体收集管道系统,然后在填埋 2～3 个废物单元层后再铺设一水平排气沟。做法是先在所填垃圾上开挖水平管沟,用砾石回填到一半高度后,放入穿孔开放式连接管道,再回填砾石并用垃圾填满。这种方法的优点是即使填埋场出现不均匀沉降,水平抽排沟仍能发挥其功效。开凿水平沟时,如果预期到后期垃圾层的填埋,在设计沟位置时必须考虑填埋过程中如何保护水平沟和水平沟的实际最大承载力的影响。由于管道必然与道路发生交叉,因此安装时必须考虑动态和静态载荷、埋藏深度、管道密封的需要和方法,以及冷凝水的外排等。

水平沟的水平和垂直方向间距随着填埋场设计、地形、覆盖层以及现场其他具体因素而变。水平间距范围是 30～120 m,垂直间距范围是 2.4～18 m 或每 1～2 层垃圾的高度。

### 2. 气体收集管(输送管)

抽气需要的真空压力和气流均通过预埋管网输送至抽气井,主要的气体收集管应设计成环状网络,如图 4-57 所示,这样可以调节气流的分配和降低整个系统的压差。预埋管要有一个坡度,其控制坡度应使冷凝水在重力作用下被收集,并尽量避免因不均匀沉降引起堵塞,坡度至少为 3%,对于短管可以为 6%～12%。管径应

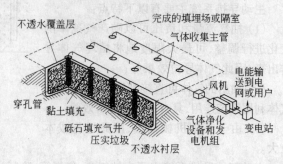

图 4-57　气体收集管网络

略大一些,通常 100~450 mm,以减少因摩擦而造成压力损失。管子埋在填以沙子的管沟内,管身用 PVC 或 HDPE 管,管壁不能有孔。管道的连接采用熔融焊接。沿管线不同位置应设置阀门,以便在系统维修和扩大时可以将不同部位隔开。

在预埋管系统中,PVC 管的接缝和结点常因不能经受填埋废物的不均匀沉降而频繁发生破裂,因此,通常用软弯管连接。由于软管的管壁硬度大于压碎应力,因此预埋管时,采用软接头连接可以补偿某些可能发生的不均匀沉降。

**3. 冷凝水收集井和泵站**

从气流中控制和排除冷凝水对于气体收集系统的有效使用非常重要。填埋废气中的冷凝水集中在气体收集系统的低洼处,它会切断抽气井中的真空,破坏系统正常运行。冷凝水分离器可以通过促进液体水滴的形成并从气流中分离出来,重新返回到填埋场或收集到收集池中,每隔一段时间将冷凝液从收集池中抽出一次,处理后排入下水系统。冷凝水收集井每间隔 60~150 m 设置一个。冷凝水收集井应是气体收集系统的一部分。这些收集井可以使随气流移动的冷凝水从集气管中分离出来,以防止管子堵塞。大概每产生 1 万 m³ 气体可产生 70~800 L 冷凝水,这取决于系统真空压力的大小和废物中含湿量多少。当冷凝水已经聚集在水池或气体收集系统的低处时,它可以直接排入泵站的蓄水池中,然后将冷凝水抽入水箱或处理冷凝液的暗沟内。每个填埋场所需泵站的数量由抽气低凹点和所设置的冷凝液井决定。

**4. 抽风机**

抽风机应置于高度稍高于集气管末端的建筑物内,以促使冷凝水下滴。通常安装于填埋场废气发电厂或燃气站内。抽风机使抽气系统形成真空并将填埋废气输送至废气发电厂或燃气站。抽风机的吸气量通常为 8.5~57 m³/min,在井口产生的负压为 2.5~25 kPa。抽风机的大小型号和压力等设计参数均取决于系统总负压的大小和需抽取气体的流量。抽风机容量应考虑到未来的需求,如将来填埋单元可能扩大或增加或与气体回收系统隔断。抽风机只能抽送低于爆炸极限的混合气体,为确保安全,必须安装阻火器,以防火星通过风机进入集气管道系统。

**5. 气体监测设备**

如果填埋场气体收集井群调配不当,填埋废气就会迁离填埋场向周边土层扩散。由于填埋废气易引起爆炸,因此沿填埋场周边的天然土层内均应埋设气体监测设备,以避免甲烷对周围居民产生危害。埋设检测设备的钻孔常用空心钻杆打至地下水位以下或填埋场底部以下 1.5 m 处,孔内放一根直径为 2.5 m 的 40 号或 80 号 PVC 套管用来取气样。钻孔用细小的碎石和任何一种密封材料(包括膨润土)回填,地面设置直径为 15 cm 并带有栓塞的钢套管套在 PVC 管上面,作为套管保护 PVC 管。每个抽气井中的压力和气体成分及场外气体探头,都要一天监测二次,监测 2~3 天。调整期之后监测 7 天。在调整期内,要调节抽气井里的阀门,使最远的井中达到设计压力。任何严重的集气管泄漏、堵塞或抽气井内阀门的失灵及引风机的装配,都可以通过这一性能监测来检知。

**(二) 被动导排**

被动导排就是不用机械抽气设备,填埋场气体依靠自身的压力沿导排井和盲沟排向填埋场外。被动导排系统如图 4-58 所示。被动导排适用于小型填埋场和垃圾填埋深度较小的填埋场。被动导排系统的特点是:

(1) 使用机械抽气设备,因此无运行

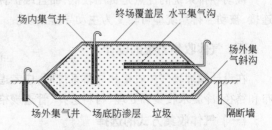

图 4-58 填埋场气体被动导排系统示意

费用；

（2）由于无机械抽气设备，只靠气体本身的压力排气，因此排气效率低，有一部分气体仍可能无序迁移；

（3）被动导排系统排出的气体无法利用，也不利于火炬排放，只能直接排放，因此对环境的污染较大。

被动气体导排系统让气体直接排出而不使用气泵和水泵等机械手段。这个系统可以用于填埋场外部或内部。填埋场周边的排气沟和管路作为被动收集系统阻止气体通过土体侧向流动，如果地下水位较浅，排气沟可以挖至地下水位深度，然后回填透水的砾石或埋设多孔管作为被动排气的隔墙。根据填埋场的土体类型，可在排气沟外侧设置实体的透水性很小的隔墙，以增进排气沟的被动排气。若土体是与排气沟透气行相同的沙土，则需在排气沟外侧铺设一层柔性薄膜，以阻止气体流动，使气体经排气口排出。如果周边地下水较深，作为一个补救方法，可用泥浆墙阻止气体流动。

被动排气设施根据设置方向分为竖向收集方式和水平收集方式两种类型。图 4-59 所示是竖向收集方式，图 4-60 所示是水平收集方式。多孔收集管置于废物之上的沙砾排气层内，一般用粗沙作排气层，但有时也可用土工布和土工网的混合物代替。水平排气管与竖直提升管通过 90°的弯管连接，气体经过垂直提升管排至场外。排气层的上面要覆盖一层隔离层，以使气体停留在土工膜或黏土的表面并侧向进入收集管，然后向上排入大气。排气口可以与侧向气体收集管连接，也可不连接。为防止霜冻膨胀破坏，管子要埋得足够深，要采取措施保护好排气口，以防地表水通过管子进入到废物中。为防止填埋气体直接排放对大气的污染，在竖井上方常安装气体燃烧器，燃烧器可高出最终覆盖层数米以上，可人工或连续引燃装置点火。

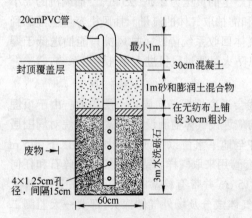

图 4-59　单个排气口的典型构造

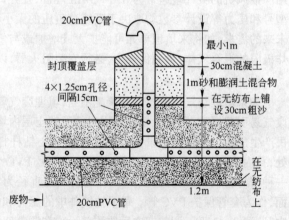

图 4-60　配有水平收集管的被动
导排系统典型构造

被动导排系统的优点是费用较低，而且维护保养也比较简单。若将排气口与带阀门的管子连接，被动导排系统即可转变为主动导排系统。

## 四、气体收集系统的设计

在设计填埋场气体收集和导排系统时，应考虑气体收集方式的选择、抽气井的布置、管道分布和路径、冷凝水收集和处理、材料选择、管道规格（压力差）等。

### （一）气体收集方式的选择

如前所述，主动和被动气体收集方式各有其适用对象和优缺点，见表 4-40。在选择填埋场气体控制方式时,应立足于填埋场的实际情况,进行综合考虑,确定最佳方案。就我国的情况而言,在现有较为简单的城市垃圾填埋场、堆放场中,气体大多无组织释放,存在爆炸隐患,并造成环境危害,建议采用被动控制的方式对气体进行导排燃烧。在一些容量较大、堆体较深、垃圾有机物含量高并且操作管理水平较高的填埋场,可以考虑采用主动方式回收利用填埋场气体。对于新建填埋场,可以在填埋初期通过被动方式控制气体释放,当产气量提高到具有回收利用价值之后,开始对气体进行主动回收利用。

**表 4-40　各种填埋场气体收集系统比较**

| 收集系统类型 | 适用对象 | 优　点 | 缺　点 |
|---|---|---|---|
| 垂直井收集系统 | 分区填埋的填埋场 | 价格比水平沟收集系统便宜或相当 | 在场内填埋面上进行安装、操作比较困难,易被压实机等重型机构损坏 |
| 水平沟收集系统 | 分层填的填埋场;山谷自然凹陷的填埋场 | 因不需要钻孔,安装方便;在填埋面上也很容易安装、操作 | 底层的沟易破坏,难以修复;如填埋场底部地下水位上升,可能被淹没;在整个水平范围内难以保持完全的负压 |
| 被动收集系统 | 顶部、周边、底部防透气性较好的填埋场 | 安装、保养简便、便易 | 收集效率一般低于主动收集系统 |

气体收集设施根据设置方向可分为竖向收集方式和水平收集方式两种类型。竖向收集方式的装置为竖井,水平收集方式的装置是水平沟。

**1. 横向水平收集方式**

横向水平收集方式就是沿着填埋场纵向逐层横向布置水平收集管,直至两端设立的导气井将气体引出场面。水平收集管是由 HDPE(或 UPVC)制成的多孔管,多孔管布设的水平间距为50 m,其周围铺砾石透气层。它适于小面积、窄形、平地建造的填埋场,此收集方式简单易行,可以适应垃圾填埋作业,在垃圾填埋过程直至封顶时使用都方便。

但这种方式也存在许多问题:

(1) 工程量大、材料用量多、投资高,因为气体收集管需要布满垃圾填埋场各分层,管间距只有 40~50 m;

(2) 水平多孔管很容易因垃圾不均匀沉陷而遭到破坏;

(3) 水平多孔管经受不住各种重型运输机械碾压和垂直静压;

(4) 水平多孔管与导气井或输气管接点很难适应场地的沉陷;

(5) 在垃圾填埋加高过程难以避免吸进空气、漏出气体;

(6) 填埋场内积水会影响气体的流动。

**2. 竖向收集井方式**

竖向收集井或竖井横斜向收集管的导排收集方式用的比较多,此方式结构相对简单,集气效率高,材料用量少,一次投资省,在垃圾填埋过程容易实现密封。

竖井的作用是在填埋场范围内提供一种透气排气空间和通道,同时将填埋场内渗滤液引至场底部排到渗滤液调节池和污水处理站,并且还可以借此检查场底 HDPE 膜泄露情况。对在垃圾填埋过程中立井的填埋场,竖井是随垃圾填埋过程依次加高,加高时应注意密封和井的垂直度。

(1) 竖井向上收集方式。目前常采用竖井向上收集导排方式,即气井所收集的气体沿气井向上流动引出地面点火燃烧或收集利用。气体输送管布置在填埋场顶面。若是在垃圾填埋过程立井,敷设在顶面的输气管就与垃圾填埋作业发生矛盾。这种方法,欧美国家常用在已完成的填埋场,即填埋场封顶后钻井,敷设管道。然而目前在垃圾填埋过程立井收集气体已逐渐被采用,这样不仅提高了气体的控制程度,而且提高了气体收集率,从而减少气体的危害并减少了能量(沼气)的损失。

(2)竖井向下横斜向收集方式。这种方式与竖井向上收集原则相同,只是将填埋场顶面气体输送管改到填埋场内,也就是采用所谓竖井与横斜向收集管相结合的方式。一口井一根输气管,输气管从气井下半部接出,其接点位置应高于场内渗滤液液面,并尽可能靠近场底,以便建立支撑物。对于一个有良好渗滤液排出系统的填埋场,其积水液面是不高的,根据场底标高和坡向,多数井底在液面之上,故为输气管设置支撑物提供条件。为了保证安全可靠的输送气体,横斜向的输气管除采用支撑物外还要采用加厚的不开孔的 HDPE 管。对于重型机械经过的地段应加铸铁套管,与气井接点处用柔性短管连接。管道坡向集气井以利排水。

竖井向下横斜向收集方式的优点是垃圾填埋过程可以有效控制气体的散发,提高了气体收集率,并且与垃圾填埋作业不发生矛盾。

### (二)抽气井的布置

竖井的间距是抽气有效与否的关键问题,应根据竖井的影响半径($R$)来按相互重叠原则设计,即其间距要使各竖井的影响区相互交叠。边长为 $\sqrt{3}R$ 的正三角形布置有 27% 的重叠区,而以边长为 $R$ 的正六边形布置则有 100% 的重叠,正方形布置可有 60% 的重叠区。最有效的竖井布置通常为正三角形布置,其井距可用下面的公式计算:

$$X = 2R\cos 30°\qquad\qquad(4\text{-}39)$$

式中,$X$ 为三角形布置井的间距;$R$ 为影响半径。

竖井影响半径及井距由以下几个因素来决定:垃圾堆积量、填埋场深浅及产气速率、竖井井径及深度、填埋场内脱气功能、抽气设备抽力和总压降、填埋场密封程度。

井距与竖井抽力大小的正确与否,直接影响气体控制的安全性、有效性、气体成分和经济性。若井距太小,则竖井间工作会相互干扰,且增加了不必要的井,浪费资金。井距过小或抽力过大还会把空气抽入产生气体回流现象。应通过现场实验确定竖井的影响半径,具体做法是:在试验井周围的一定距离内,按一定原则布置观测孔,通过短期或长期抽气试验观测距离井不同距离处的真空度变化。离井最近的观测孔负压最高,随距离增加,负压迅速下降,影响半径即是压力近于零处的半径。对于旨在减少填埋气体迁移的抽气系统,短期试验就足够了。但对于确定回收方案,应长期试验。抽气井应穿过 80%~90% 的废物厚度,至少 48 h 抽气一次,使所有探头上的压力能维持连续三天(每天至少观测两次)的监测。由于气体的产生量随时间的增长而减少,也使用非均布井,并通过调节井的气体流量来控制井的影响半径。

在缺少试验数据的情况下,影响半径可采用 45 m。对于深度大并有人工薄膜的混合覆盖层的填埋场,常用的井间距为 45~60 m;对于使用黏土和天然土壤作为覆盖层材料的填埋场,可以使用近一点的间距,如 30 m,以防把外界空气抽入气体回收系统中。

被动导排法凭借场内气体产生的静压将气体从竖井导排至地面。竖井作用半径就是从井边到静压为零的距离。井距一般为 30~40 m。对于中小型填埋场,场内产生的气体静压为 0~1320 Pa(13.2 mbar)。静压由覆盖层厚和场自由深度来决定。场内气体流动压降梯度为 0.5~1.3 Pa/m。

主动导排法是在被动导排法的基础上加装抽气机,用机械动力从气井抽出气体送给用户。由于抽气机抽力形成真空,因此改变了竖井的作用半径,井距增至 90~100m 左右。对于一个中型填埋场,设备抽力为 1100~4200 Pa(11~42 mbar),场内气体流动阻力在 0.5~1.3 Pa/m,气井总压降为 500~1000 Pa(5~10 mbar)。

### （三）填埋气体输送系统的布置

不论采用竖井还是水平管线收集,最终均需要将填埋气体汇集到总干管进行输送。输气管的设置除必要的控制阀、流量压力监测和取样孔外,还应考虑冷凝液的排放。输送系统也有支路和干路,干路互相联系或形成一个"闭合回路"。这种闭合回路和支路间的相互联系,可以得到一个较均匀的真空分布和剩余真空分布,使系统运行更加容易、灵活。

管道网络布置重点考虑的问题包括:确定冷凝水去除装置的数量、位置,收集点间距,每个收集点收集冷凝水量和管道坡度,以及管沟设计和布置。

井头的管道必须充分倾斜,以提供排水能力,集气干管一般最小要 3% 的坡降,对于更短的管道系统甚至要有 6%～12% 的斜率。为排出冷凝液,在干管底部可设置冷凝液排放阀。在多数情况下,受长管道的开沟深度限制等原因,很难达到理想的坡度。只有缩短排水点位间距离并增加其数量,才能得到尽可能高的合理坡度。

### （四）冷凝水收集和排放

由于填埋气体收集系统中的冷凝水能引起管道振动,大量液体物质还会限制气流,增加压力差,阻碍系统改进、运行和控制,因此,冷凝水的收集、排放是填埋气体收集系统设计时考虑的重点。

通常垃圾填埋场内部填埋气体温度范围在 16～52℃,收集管道系统内的填埋气体温度则接近周边环境温度。在输送过程中,填埋气体会逐渐变凉而产生含有多种有机和无机化学物质、具有腐蚀性的冷凝液。

为排出集气管中的冷凝液,避免填埋气体在输送过程中产生的冷凝液聚积在输送管道的较低位置处,截断通向井的真空,减弱系统运行,除了允许管道直径稍微大一点外,应将冷凝水收集排放装置安装在气体收集管道的最低处,避免增大压差和产生振动。在寒冷结冰地区还要考虑防止收集到的冷凝水结冰,系统中要有防冻措施,保证冷凝水在结冰情况下也能被收集和储存。

在抽气系统的任何地方,饱和填埋气体中冷凝液的产生量与温度有关。在某一点上收集到的冷凝液总量与这段时间内通过该点的填埋气体体积有关,利用网络分析可以确定一段时间内整个抽气系统将会收集到的冷凝液的量。应分别对夏季和冬季进行管网计算,确定分支或井口处气体流量及其冷凝液产生量的极端最坏值和平均值。

当冷凝水已经聚集在水池或气体收集系统的低处时,它可以直接排入水泵站的蓄水池中,然后将冷凝水抽入水箱或在污水处理系统中处理后排放,或回流到填埋场,或排入公共市政污水管网。冷凝液是必须控制的污染物,其处置和排放也是要严格控制的。大多数管理部门倾向于将冷凝液直接排回到垃圾中而不需要特殊的废物管理。

### （五）气体收集管道规格和压差计算

管道规格确定是一个反复的过程:估算单井最高流量,确定干路和支路管道的设计流量,用当量管道长度法计算阀门阻力,用标准公式计算管道压差,根据每个干路和支路的需要重复上述过程。气体收集管道压差和管道尺寸的设计计算可按如下步骤进行:

(1)假设气体在管道中的流动为完全紊流,主动抽气一般是紊流。假设一个合适的尺寸,通常为 100～200 mm。

(2)估算气流速度,使用连续方程:

$$Q = AV \tag{4-40}$$

式中　$Q$——气体流量,$m^3/s$;

　　　$A$——截面积,$m^2$;

$V$——气流速度,m/s。

若知道管道的内径和气体释放估计量,就可以由上式计算气流速度。假设气体的产生速率为 $18.7\,m^3/t\cdot a$,每一抽气井的气体流量 $Q$ 可通过该井覆盖范围内的废物总量和气体产生速率估算。

$$Q = (dQ_{LDG}/dt)\cdot m_0 \tag{4-41}$$

式中　$Q$——气体流量,$m^3/a$;

$dQ_{LDG}/dt$——气体的产生速率,$m^3/t\cdot a$;

　　$m_0$——废物总量,t。

（3）计算雷诺数:

$$Re = D\cdot V\cdot \rho_g/\mu_g \tag{4-42}$$

式中　$Re$——雷诺数,无量纲;

　　$D$——管道内径,m;

　　$V$——气流速度,m/s;

　　$\rho_g$——填埋场气体的密度,$0.00136\,t/m^3$;

　　$\mu_g$——填埋场气体的黏滞系数,$12.1\times10^{-9}\,t/m\cdot s$。

（4）用经验公式计算达赛摩擦系数:

$$f\approx 0.0055 + 0.00055[(20000\varepsilon/D)(1000000/Re)]/3 \tag{4-43}$$

式中　$f$——达赛摩擦系数;

　　$\varepsilon$——绝对粗糙度,m,PVC 管取 $1.68\times10^{-6}$;

　　$D$——管道内径,m。

（5）Darcy-Deisbach 压差方程:

$$\Delta P = 0.102 f\gamma_g LV^2/(2gD) \tag{4-44}$$

式中　$\Delta P$——压差,水柱;

　　$f$——达赛摩擦系数;

　　$\gamma_g$——填埋场气体容重,$9.62\,N/m^3$;

　　$L$——管长,m;

　　$V$——气体的当量速度,m/s;

　　$g$——重力加速度,$9.81\,m/s^2$;

　　$D$——管道内径,m。

系数 0.102 为压力差由 $N/m^2$ 转换为 mm 水柱的转换系数,$1\,N/m^2 = 0.102$ mm 水柱。

### （六）气体收集系统管道材料

最常用的填埋气体输送管道材料是 PVC 和 PE。PE 柔软,能承受沉降,使用寿命长,是气体收集系统理想的首选材料。PE 安装费用约是 PVC 的 3～5 倍,扩延系数是 PVC 的 4 倍。如果用作地上管道系统会因太阳辐射和气体输送过程中升温等造成热胀现象,而在设计中充分考虑 PE 的热胀并完全补偿是非常困难的。PVC 的热胀冷缩率、初始投资费用和维护费用较低,是地上气体输送管道系统的理想材料。PVC 管在气候温暖地区应用广泛,工作性能良好;在低于 4℃ 的寒冷气候条件下工作性能不太好;在露天时受紫外线损害使工作性能不好,容易变脆,但如涂上兼容漆,可延长其使用寿命。

管道安装时必须留有伸缩余地,允许材料热胀冷缩。管道固定要设计缓冲区和伸缩圈。选择气体收集系统所用的弹性材料(如橡胶和塑料)和金属材料时,必须考虑冷凝液、pH 值、有机酸、无机酸和碱、特殊的碳水化合物等对材料的影响,是否会对金属产生腐蚀、弹性体变形和挤压破坏等问题。如果需要用金属,不锈钢是最佳选择,冷凝液对碳钢有强腐蚀性。

### 五、填埋气各组分的净化方法

现有的填埋气净化技术都是从天然气净化工艺及传统的化工处理工艺发展而来的,按反应类型和净化剂种类分类,针对填埋气中的水、硫化氢、二氧化碳的净化技术见表4-41。

表 4-41　填埋气的净化技术

| 净 化 技 术 | 水 | 硫 化 氢 | 二 氧 化 碳 |
|---|---|---|---|
| 固体物理吸附 | 活性氧化铝 | 活性炭 | |
| | 硅　胶 | | |
| 液体物理吸收 | 氯化物 | 水　洗 | 水　洗 |
| | 乙二醇 | 丙烯酯 | |
| 化学吸收 | 固体:<br>生石灰<br>氯化钙 | 固体:<br>生石灰<br>熟石灰 | 固体:<br>生石灰 |
| | 液体:<br>无 | 液体:<br>氢氧化钠<br>碳酸钠<br>铁盐<br>乙醇氨<br>氧化还原作用 | 液体:<br>氢氧化钠<br>碳酸钠<br>乙醇氨 |
| 其　他 | 冷凝<br>压缩和冷凝 | 膜分离<br>微生物氧化 | 膜分离<br>分子筛 |

吸附和吸收是最常用的净化技术,目前已有应用实例。荷兰的 Tilburg 填埋场运用水洗法去除二氧化碳,将操作条件控制在 1 MPa 下,Wijster 和 Nuener 填埋场运用分子筛去除二氧化碳和水。但传统工艺也存在许多缺陷,成本高、效率低、废酸碱液及其他废物的再处理等问题常常困扰填埋气厂。

#### (一)脱水

填埋场气体产生于27～66℃的温度,水蒸气近于饱和,压力略高于大气压力。当气体被抽吸到收集站时,由于气体在管道中温度降低,水蒸气发生凝结,在管道内形成液体,引起气流堵塞和管道腐蚀,气体压力波动及含水量高等问题。因此在填埋场气体输送和利用前必须脱除水分,脱水过程中还伴有二氧化碳和硫化氢的去除,因此,通过脱水可使原来气体的热值提高大约10％。

一般采用冷凝器、沉降器、旋风分离器或过滤器等物理单元来除掉气体中的水分和颗粒。气体输送管道中,在气体压缩机前及预期液体会凝聚的地方都备有净气器或分液槽,及时将冷凝水收集排除。填埋场气体还可通过分子筛吸附、低温冷冻、脱水剂三甘二醇等进行脱水,使填埋场气体中水分含量小于在气体输送和利用过程中的压力和温度条件下所需的露点以下。

#### (二)硫化氢的去除

填埋气中的硫化氢含量与填埋场的填埋物成分有关。当填埋有石膏板之类的建筑材料和硫酸盐污泥时,填埋场气体中的硫化氢会大量增加。去除硫化氢的实用技术很多,但是选用何种技术则取决于填埋场的场地条件和填埋场气体的情况,其难点是既要高效,花费又最少。

脱硫技术主要有湿式净化工艺和吸附工艺两大类,包括催化净化法、链烷醇烷选择净化法、碱液净化法、碳吸附和海绵铁吸附法等,一般常用的方法是用海绵铁吸附,即将填埋场气体通过

一个含有氧化铁和木屑"混合组成的海绵铁"。在潮湿的碱性条件下,硫化氢和水合氧化铁结合:

$$3H_2S + Fe_2O_3 \cdot 2H_2O \longrightarrow Fe_2S_3 + 5H_2O$$

此反应进行得很彻底,尽管反应速度随硫化铁的增加而减慢。在饱和条件下,5 kg硫化氢与9 kg水合氧化铁完全反应。将海绵铁暴露在大气中可使其再生,硫化铁转换成氧化铁和单质硫:

$$2Fe_2S_3 + 3O_2 + 3H_2O \longrightarrow Fe_2O_3 \cdot 2H_2O + 6S$$

此反应为放热反应,需控制空气流动以防海绵铁过热,油脂及其他杂质会堵塞这种多孔材料,当每 kg 氧化铁吸收 2.5 kg 硫时,则须更换海绵铁。常用的操作参数如下:(1)负荷:<2.5 kg/m³·min;(2)氧化铁含量:1 m³海绵铁吸收材料含 146 kg 氧化铁;(3)吸收容量:1 kg 氧化铁吸收 2.5 kg 硫;(4)最小更换周期:60 d;(5)最小池径:0.3 m;(6)最小深度:3 m;(7)装置最小数目:2。

利用含有氢氧化铁的脱硫剂的干法脱硫,其原理基本与海绵铁脱硫相似,使硫化氢与氢氧化铁反应生成硫化铁:

$$2Fe(OH)_3 + 3H_2S \longrightarrow Fe_2S_3 + 6H_2O$$

在脱硫塔中充填脱硫剂,使沼气自上而下地通过脱硫塔。这时,沼气中的硫化氢被脱硫剂吸收。硫化氢的去除率为 80%～98% 左右。每天从塔的下部放出少量吸收了硫化氢的脱硫剂,并从塔的上部补充再生后的脱硫剂。与硫化氢结合并从下部取出的脱硫剂,利用空气中的氧可进行自然再生。这种脱硫剂受潮后很容易潮解,所以在脱硫装置的前面应安装凝结水疏水器。为了弥补脱硫剂潮解造成的损失,应及时补充新的脱硫剂。因脱硫作用在 20～40℃ 时效果最好,所以冬季脱硫装置本身必须保温,以免其他温度过低,并防止其他通过脱硫剂时生成凝结水。

湿法脱硫是利用水洗或碱液洗涤去除硫化氢。在温度 20℃、压力为 101.3 kPa 的情况下,1 m³ 水能溶解 2.9 m³ 硫化氢。此方法在处理大量含硫化氢的气体时是经济的,硫化氢去除率一般为 60%～85%。碱液比水洗的效果好。其反应如下:

$$Na_2CO_3 + H_2S \longrightarrow NaHS + NaHCO_3$$

$$Na_2OH + H_2S \longrightarrow NaHS + H_2O$$

碱洗后的废液可采用催化法脱硫,再生后的碱液可循环再用。碱洗液中的含碱量约为 2%～3%。大型沼气工程以采用包括碱洗塔和再生塔在内的湿法脱硫系统为宜,虽基建费用高,但是其运行费用低。经过脱硫后,沼气中的 $H_2S$ 含量应低于 $50 \times 10^{-6}$。

**（三）二氧化碳的去除**

为提高填埋场气体的热值及减少贮存容量,某些应用场合可能需要去除填埋场气体中的二氧化碳。二氧化碳的去除费用相当高。因此,只是在甲烷气需要高压储存或作为商品出售时,去除二氧化碳才是可行的。多数二氧化碳去除方法能同时去除硫化氢。二氧化碳的去除方法较多,采用最多的是水或化学溶剂的吸收法。现在所用的溶剂处理系统包括甲基乙醇胺－二乙醇胺、二甘醇胺、热硫酸钾、碳酸丙烯等。也可根据分子大小和极性选择合适的分子筛,通过选择吸附去除比甲烷更易吸附的 $CO_2$、$H_2O$、$H_2S$。还可通过膜分离去除 $CO_2$,随着膜技术的迅速发展,膜分离和胺净化的混合系统可经济的去除 $CO_2$。

**（四）$N_2$ 和 $O_2$ 去除**

将填埋场气体转变为液化天然气时最困难的是把甲烷和 $N_2$ 和 $O_2$ 分离开。$N_2$ 是一种惰性气体,用化学反应技术和物理吸收技术都较难去除。目前正在开发的较先进的 $N_2$ 去除技术,如膜渗透工艺,加压旋转吸附工艺等。迄今为止,适于商业应用的成本效益型的系统还未推出。因此,目前唯一可靠的除氮技术仍是传统的冷冻除氮。填埋场气体中 $O_2$ 在冷冻工艺中可能会形成爆炸性的混合气体。可通过向催化反应器中喷入 $H_2$，使其形成 $H_2O$ 的催化反应来去除。但是该系统的复杂性和整个净化工艺中的不利影响使催化反应中去除 $O_2$ 变得很不实用。

### 六、填埋气净化的新工艺

针对传统工艺的缺陷，近年来人们不断改进单一工艺，发展联合工艺。开发新工艺，如将化学氧化吸收和吸附工艺相结合，利用吸附剂保护催化剂，使处理效率大大增加，对低浓度硫化氢取出有明显优势。典型的联合工艺还有化学氧化洗涤、催化吸附等。新工艺发展最快的是生物过滤。澳大利亚、美国试验结果表明，该工艺具有操作简单、适用范围广、经济、不产生二次污染等许多优点，特别适于处理水溶性低的有机废气，已被认为是最有前途的净化工艺。以下根据回收利用方式不同，介绍一些填埋场气体的净化方法和工艺。

#### （一）活性炭和碳分子筛处理填埋气的工艺流程

国外如美国、荷兰、奥地利和德国已在使用将填埋场气体转化达到天然气质量的设备。处理后的气体可以达到天然气的质量，而且可以用在任何按照天然气设计的标准设备中而不需要进一步的处理，其甲烷气体的含量大约为 85% ~ 90%。

处理工艺包括活性炭吸附和分子筛处理，以及液体溶剂或水萃取两个步骤。图 4-61 给出了利用活性炭和碳分子筛处理气体的流程。利用活性炭吸附硫化氢和有机硫化合物的工艺已经运用了很长的时间，填埋场气体脱硫工艺是应用多孔的碘注入的活性炭作为吸附和催化的场所。在催化吸附工艺的过程中，硫化氢在有氧和活性炭催化剂的作用下被氧化成单质硫。硫化氢的催化氧化方程式如下：

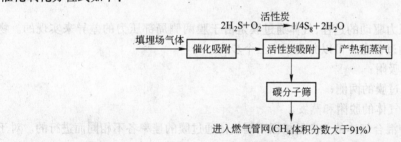

图 4-61　填埋场气体用活性炭和碳分子筛处理的工艺流程

反应过程产生的单质硫被吸附，而反应过程的另外一个产物水则从活性炭的表面解析出来。在通过固定的吸附床后剩余的硫化氢的浓度就已经降到不足 $1 \text{ mg/m}^3$。由于在反应过程中进行的是缺氧氧化，所以只能注入一定数量的氧气。一般采用两个固定吸附床，以便在一个床吸附饱和后切换到另一个床吸附。当进气硫化氢浓度为 $5 \times 10^{-6}$ 且反应单元运行六个月以上时一般就要切换了，饱和的活性炭可以扔掉也可以再生后重复利用。

各种有机物的去除是在第二步处理过程中运用选择类型的活性炭完成的。这种类型的活性炭用在废气治理和溶剂再生中，用以吸附烃类和卤带烃类物质。有机物被活性炭吸附，吸附能力决定于污染物的类型和数量，在实际的应用中还与操作的方式有关。

处理工艺过程的设计要基于被处理的填埋场气体中待去除物质的最低和最高浓度，还要考虑吸附平衡、解析的能量等问题。污染物负荷应在 0.1% ~ 40% 之间变化，而且物质的沸点越高则允许的负荷就越大。图 4-62 所示为活性炭吸附单元的工艺流程。

#### （二）碳分子筛选择压力吸附工艺

填埋场气体的预处理工艺可以提高甲烷气体的比例，比如用碳分子筛进行的选择压力吸附工艺以去除二氧化碳,图4-63给出了该工艺的流程图。

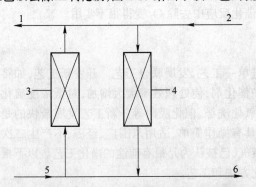

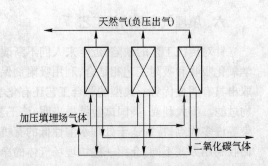

图 4-62　用活性炭去除大分子和卤代烃的基本流程
1—净化后的填埋场气体;2—热空气或热蒸汽(洗涤气体);
3—吸附单元;4—再生单元;5—填埋场气体;
6—含污染物的洗涤气体

图 4-63　分离二氧化碳和甲烷
的选择压力吸附工艺

当二氧化碳被压缩到 5~10 hPa 时就能被吸附在碳分子筛上,少量的氮气和氧气也会积累并被去除。反向的压力则能清洗饱和的碳分子筛,这些积累的气体成分($CO_2$,$N_2$,$O_2$)此时就会被释放到空气中去。还可以选择物理的或是化学的方法来清洗分子筛,例如用化学方法清洗时是用清洗剂固定二氧化碳。物理清洗是利用压力水在 10~30hPa 的条件下进行的,清洗后甲烷的产量明显提高。

### (三) 膜法

气体渗滤是一个压力驱动的过程,气体通过膜是由于膜两侧局部压力的差异来实现的。物质通过非多孔材料膜的过程至少可以分成以下三个步骤:

(1) 膜表面气体的吸附;

(2) 溶解性气体通过膜的两侧;

(3) 在膜的另一侧气体的脱附和蒸发。

在气体渗滤过程中混合气体的分离是根据不同气体通过膜的速率各不相同而进行的。对于填埋场气体用传统的膜材料进行分离,氮气和甲烷气体的渗透性较差,而二氧化碳、氧气、硫化氢和水蒸气的渗透性较高。正是因为不同的渗透性,甲烷才能很容易地与二氧化碳分离。使处理后填埋气体中 $CH_4$ 含量达到 96% 左右。

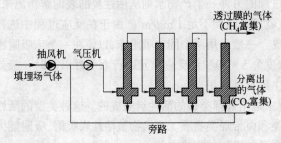

图 4-64　用中空纤维膜分离
$CO_2$ 和 $CH_4$ 的设备示意图

用膜法分离填埋场气体的设备如图4-64所示。气体净化系统的限制因素是氮气在进气中的比例。填埋场气体中的微量污染物质如氯乙烯、苯等,则由于各自性质的差异而能够得到不同程度的去除。无极性或极性较弱的物质一般积累在甲烷气体中,而极性物质或易极化的物质与二氧化碳有相似的渗透性能,就随二氧化碳一同被去除。

### (四) 生物法处理工艺

填埋场气体中散发臭味的物质一般能用生物的方法被微生物降解,这些物质中的大部分是那些浓度在 $10^{-6}$ 级范围的微量物质,诸如硫、氮和氧的化合物。生物降解工艺一般只用在规模较小的填埋场,填埋场气体的回收和利用从费用效益分析的角度来看是不可行的,因此可以用生物法进行有毒害物质的去除后,气体直接排放或烧掉。

在废气的生物处理中,微生物的存在形式可分为悬浮生长系统和附着生长系统两种。悬浮生长系统即微生物及其营养物配料存于液相中,气体中的污染物通过与悬浮液接触后转移到液相中而被微生物所净化,其形式有喷淋塔、鼓泡塔等生物洗涤器。附着生长系统中微生物附着生长于固体介质上,废气通过由介质构成的固定床层时被吸收、吸附,最终被微生物所净化,其形式有生物过滤器和生物滴滤器。

气态污染物生物净化装置中,研究最早和应用最广泛的是生物过滤器或生物滤床。生物过滤器内部充填活性填料,废气经增湿后进入生物过滤器,与填料上附着生长的生物膜接触时,废气中的污染物被微生物吸附,并氧化分解为无害的无机产物。一般有机物的最终分解产物为$CO_2$,有机氮先被转化为$NH_3$,最后转化为硝酸;硫化物最终氧化成硫酸。为了给微生物提供最佳的生长条件,使滤料保持在40%～60%的含水率是很重要的。为保证微生物所需的水分和冲洗出反应产物,需定期的向生物过滤器中喷水,为调节填料内微生物生长所需的酸碱度,可向生物过滤器添加缓冲溶液。生物滤池的特点是生物相和液相都不是流动的,而且只有一个反应器,气液接触面积大,运行和启动容易,投资最省,运行费用最低。

生物过滤器采用具有生物活性的填料,通常有土壤、堆肥、泥炭、谷壳、木屑、树皮、活性炭以及其他一些天然有机材料,这些填料都具有多孔、适宜微生物生长且有较强的持水能力等性质。为防止填料压实、保持填料层均匀和减小气流阻力,常在上述活性填料中掺入一些比表面积大、孔隙率高的惰性材料,如熔岩、炉渣、聚苯乙烯颗粒等。在这些填料中,堆肥是目前应用较多的材料,它是以污水处理厂的污泥、城市垃圾、动物粪便等有机废物为原料,经好氧发酵得到熟化堆肥,含有大量微生物及其生长所需的有机和无机营养成分,是微生物生长繁殖最适合的场所。用堆肥作填料的生物滤池处理废气的效果非常好。但因堆肥是由可生物降解的物质组成的,因而使用寿命有限,一般运行1～5年后就必须更换填料。土壤中也含有大量微生物,也是常用的过滤材料,可用来处理硫化氢和硫醇。一般要经过特殊筛选,以地表沃土尤其是火山灰质腐殖土为好。也可向土壤中加入改良剂来改善土质。土壤作滤料的典型配比为:黏土1.2%、有机腐殖土15%、细沙土53.9%、粗沙29.6%,滤层厚度为0.4～1 m不等。滤料的选择同时也决定了生物滤床的压力损失,泥炭滤料的压力损失一般为200～300 Pa,而垃圾堆肥的压力损失估计为500～1500 Pa。

生物滴滤器结构与生物过滤器相似,不同之处在于顶部设有喷淋装置,不断喷淋下的液体通过多孔填料的表面向下滴。喷淋液中往往含有微生物生长所需要的营养物质,并且由此来控制设备内的湿度和pH值。设置储水容器和液体连续循环的方法使得大多数的污染物能溶解在液体中,为实现更高的除臭效果提供了先决条件。生物滴滤器所采用的填充料也多是不能被微生物所降解的惰性材料,诸如聚丙烯小球、陶瓷、木炭、颗粒活性炭等。这为延长设备寿命以及减少压降提供了可能。

对于处理硫化氢、氨和含卤化合物等会产生酸或碱性代谢物的恶臭气体时,生物滴滤器更容易调整pH值,因此比生物过滤反应器能更有效的处理这些恶臭物质。但生物滴滤器在装备复杂程度上要比生物过滤器有所增加,故投资费用和运行费用也有所提高。

生物洗涤法(也称生物吸收法)是生物法净化恶臭气体的又一途径。生物洗涤器有鼓泡式和喷淋式之分。喷淋式洗涤器与生物滴滤器的结构相仿,区别在于洗涤器中的微生物主要存在于液相中,而滴滤器中的微生物主要存在于滤料介质的表面。鼓泡式的生物吸收装置则由吸收和废水处理两个互连的反应器构成。臭气首先进入吸收单元,将气体通过鼓泡的方式与富含微生物的生物悬浊液相逆流接触,恶臭气体中的污染物由气相转移到液相而得到净化,净化后的废气从吸收器顶部排除。后序为生物降解单元。亦即将两个过程结合:惰性介质吸附单元,其内污染物质转移至液面;基于活性污泥原理的生物反应器,其内污染物质被多种微生物氧化。实际中也可将两个反应器合并成一个整体运行。在这类装置中采用活性炭作为填料时能有效的增加污染物从气相的去除速率。这种形式适合于负荷较高、污染物水溶性较大的情况,过程的控制也更为方便。生物洗涤器的污染物负荷高于生物过滤器,降低了空间需求与结构费用。运行费用低于化学洗涤法。并且正常运转情况下,污染物浓度越高,优势越明显。

### (五) 有机溶剂吸收法

三乙烯乙二醇系统(TDG 系统)是气体脱水广为应用的手段。这是因为乙二醇高度吸湿并具有优良的热量和化学稳定性,蒸发压力也低,价格又适中。

在填埋气的处理中,气体被压缩或冷却,去除大部分水分,然后气体通到三乙烯乙二醇吸收－分离塔里。游离液体在通过塔的底部时就被去除。可以将三乙烯乙二醇系统和一个热的碳酸钾洗涤系统结合成一次性操作,这样就可以除去水、$CO_2$ 和 $H_2S$。

## 七、填埋气的利用

填埋场释放气体会对环境和人类造成严重的危害,但填埋气中甲烷气体占 50%,而甲烷气体是一种宝贵的清洁能源,具有很高的热值。表 4-42 为填埋气与各种气、液燃料发热量比较。可以看出,填埋场气体的热值与城市煤气的热值接近,每升填埋场气体中所含的能量大约相当于0.45 L 柴油、0.6 L 汽油的能量。按燃气分类相当于天然气 4 T,净化处理后是一种较理想的气体燃料。

表 4-42　填埋场气体与其他燃料发热量表

| 燃料种类 | 纯甲烷 | 填埋气 | 煤　气 | 汽　油 | 柴　油 |
|---|---|---|---|---|---|
| 发热量/kJ·m$^{-3}$ | 35916 | 9395 | 6744 | 30557 | 39276 |

常用的填埋气体利用方式有以下几种:

### (一) 用于锅炉燃料

这种利用方式是用填埋气体作为锅炉燃料,用于采暖和热水供应。这是一种比较简单的利用方式,这种利用方式不需对填埋气体进行净化处理,设备简单,投资少,适合于垃圾填埋场附近有热用户的地方。

### (二) 用于民用或工业燃气

该种方式是将填埋气体净化处理后,用管道输送到居民用户或工厂,作为生活或生产燃料。此种利用方式需要对填埋气体进行进一步的后处理,包括去除二氧化碳、少量有害气体、水蒸气以及颗粒物等。此种方式投资大,技术要求高,适合于规模大的填埋场气体利用工程。

### (三) 用作汽车燃料

对填埋气体进行膜分析净化处理,将二氧化碳含量降至 3% 以下并去除有害成分后作为汽车用天然气。美国洛杉矶的 PUENT-HILL 填埋场已有应用实例。天然气的用途一方面将垃圾运输车改烧天然气燃料,每年可节省汽柴油 450~800 t;另一方面,可在填埋场附近的国道和省道上建立天然气加气站,为过往汽车加气。填埋气用作车辆燃料具有热值高、抗暴性好等优点,其资源化不失为解决环境污染、缓解能源危机的一种途径,在我国有广阔发展前景。填埋气作为汽车动力时,通常是将沼气高压装入氧气瓶,一车数瓶备用,大约 1 m³ 填埋气可代替 0.7 kg 的汽油。由于热值较低,故启动较慢,但尾气无黑烟,对空气的污染小。由于改烧填埋气,车辆内燃机需进行改装。

**1. 纯填埋气汽油机的改装**

汽油机改烧填埋气,关键要引入填埋气使之与空气混合,代替汽油工作。目前,主要采取两种措施:直接对汽油机改装、利用压缩天然气内燃机。

(1) 直接对汽油机的改装:最简便、常用的方法是嫁接法,即在原机化油器上钻个孔,再插入前部斜尖状的填埋气进气管,嫁接凸缘管可以安在空气滤清器和化油器之间,也可以安在化油器和节气门之间。

(2) 利用 CNG 内燃机:CNG 内燃机是改装过的汽油机,原则上讲,可直接使用填埋气,但由于填埋气的热值较低,使得填埋气的输出功率至少要达到 CNG 的 2/3,这种改装后的汽化器称为膜式汽化器。

此外,由于甲烷的着火点高,上述两种改装机添加高温点火系统是必不可少的。

**2. 双燃料柴油机的改装**

所需改装主要为空气-填埋气供气系统和柴油供给系统。为实现空气-填埋气混合,仍采用膜式汽化器,在空气进气管添加双通阀门,以增大进气量,这样柴油点燃比较容易,供油系统保留原柴油机的喷油器。不过在双燃料柴油机上,柴油不仅起引燃作用,而且当填埋气供应不足时,柴油替代填埋气工作。在实际运用中,人们发现,这种改装机存在一定的问题。空气-填埋气的火焰传播速度慢,着火延迟期长,部分燃烧往往超过冲程死点,造成功率下降,内燃机过热。

**3. 纯填埋气柴油机的改装**

当使用纯填埋气为燃料时,需要对柴油机作如下改装:(1)去掉原机喷油器;(2)添加火花塞;(3)添加汽化器;(4)降低燃烧室的压缩比。显然这种改装比较麻烦,但三种改装机的性能测试结果表明,纯填埋气柴油机运行稳定、效率高。

附加改装:(1)由于填埋气特殊的燃烧特性及贮存特点,还要进行一些配套工作,填埋气没有润滑性,以纯填埋气为燃料时,要强化阀门及阀门座;(2)内燃机部件最好不要使用铜制品,以防填埋气残留 $H_2S$ 腐蚀;(3)空气-填埋气燃烧产生气体需及时排放,要安装排气系统;(4)高压管,用来将钢瓶里的填埋气输入内燃机;(5)三级减压阀;(6)安全防护设施。

**(四) 填埋气体用于发电**

填埋气体即沼气用作内燃发动机的燃料,通过燃烧膨胀做功产生原动力使发动机带动发电机进行发电。目前尚无专用沼气发电机,大多是由柴油或汽油发电机改装而成,容量由 5 kW 到120 kW 不等。每发一度电约消耗 $0.6\sim0.7$ m³ 沼气,热效率约为 25%~30%。沼气发电的成本略高于火电,但比油料发电便宜得多,如果考虑到环境因素,它将是一个很好的能源利用方式。沼气发电的简要流程为:

沼气→净化装置→贮气罐→内燃发动机→发电机→供电

根据发电设备不同可分为燃气内燃机发电、燃气轮机发电和蒸汽轮机发电三种。

(1) 燃气内燃机发电。这种方法是利用填埋气体作为燃气内燃机的燃料,带动内燃机和发电机发电。这种利用方式设备简单,投资少,不需对填埋气体进行的净化脱水,适合于发电量为 $1\sim4$ MW 的小型填埋气体利用工程。

(2) 燃气轮机发电。这种方法是利用填埋气体燃烧产生的热烟气直接推动涡轮机,涡轮机带动发电机发电。这种利用方式与燃气内燃机发电方式相比,设备比较复杂,投资较大,需要对填埋气体进行深度冷却脱水处理,适合于发电量为 $3\sim10$ MW 的填埋气体利用工程。

（3）蒸汽轮机发电。该种方法是利用填埋气体作为锅炉燃料，产生蒸汽，蒸汽再带动蒸汽轮机发电。在规模较大、填埋气体产生量大的垃圾填埋场宜采用这种方式，一般发电量在 5 MW 以上。

由于沼气中含有硫化氢，对金属设备有较大的腐蚀作用，因此要求设备要耐腐蚀。在沼气进入内燃机之前，可先将沼气进行简单净化，主要去除水分和硫化氢，以防损坏柱头和产生腐蚀。

填埋气体发电的最大优点是系统独立性强，不受外部环境制约，易于实施；采用内燃机发电方案国内外均有应用实例，在我国，如杭州天子岭、香港新界、深圳玉龙坑等填埋场，都采用了填埋气体发电的利用方案。我国深圳下坪填埋场对填埋气体的处理与利用工艺流程见图 4-65。

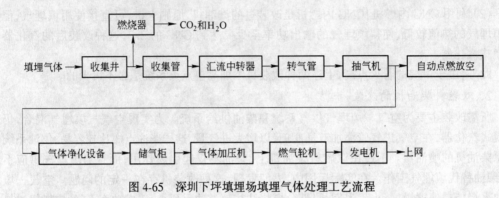

图 4-65　深圳下坪填埋场填埋气体处理工艺流程

### （五）用作化工原料

填埋场沼气经过净化，可得到很纯净的甲烷，甲烷是一种重要的化工原料，在高温、高压或有催化剂的作用下，甲烷能进行很多反应。

甲烷在光照条件下，甲烷分子中的氢原子能逐步被卤素原子所取代，生成一氯甲烷、二氯甲烷、三氯甲烷和四氯化碳的混合物。这四种产物都是重要的有机化工原料。一氯甲烷是制取有机硅的原料；二氯甲烷是塑料和醋酸纤维的溶剂；三氯甲烷是合成氟化物的原料；四氯化碳是溶剂又是灭火剂，也是制造尼龙的原料。

在特殊条件下，甲烷还可以转变成甲醇、甲醛和甲酸等。甲烷在隔绝空气加强热（1000～1200℃）的条件下，可裂解生成炭黑和氢气。

甲烷在 1600℃ 高温下（电燃处理）裂解生成乙炔和氢气。乙炔可以用来制取醋酸、化学纤维和合成橡胶。

甲烷在 800～850℃ 高温，并有催化剂存在的情况下，能跟水蒸气反应生成氢气、一氧化碳，是制取氨、尿素、甲醇的原料。用甲烷代替煤为原料制取氨，是今后氮肥工业发展的方向。

沼气的另一种主要成分二氧化碳也是重要的化工原料。沼气在利用之前，如将二氧化碳分离出来，可以提高沼气的燃烧性能，还能用二氧化碳制造一种叫"干冰"的冷凝剂，可制取碳酸氢铵肥料。

### （六）其他利用方式

最近国外对填埋气体又开发了一些新的用途，主要有用填埋气体制造燃料电池、甲醛产品以及轻柴油等。这些利用方案均在研究和开发中，离实际应用尚有一定距离。

填埋气体的主要利用方式比较见表 4-43。

世界上许多国家（如美国、英国、德国、澳大利亚等）对填埋场气体早有利用。在联邦德国，填埋场释放气体的主要利用方式是：通过内燃发动机设备发电和通过燃烧炉为室内和工业供热。

1991 年底,在 295 个正在运转的生活垃圾填埋场中有 32% 的填埋场拥有气体利用设备。

**表 4-43 填埋场气体利用方式的比较**

| 利用方式 | 使用最小垃圾填埋量/t | 最低甲烷浓度要求/% | 要 求 |
|---|---|---|---|
| 直接燃烧 | | 20 | 适用于任何填埋场 |
| 作为燃气本地使用 | $10 \times 10^6$ | 35 | 填埋场外用户应在 3 km 以内;<br>场内使用适用于有较大能源需要的填埋场,特别是已经使用天然气的填埋场 |
| 发电:<br>内燃机发电 | $1.5 \times 10^6$ | 40 | 场内适用于有高耗电设备的填埋场;输入电网需要有接受方; |
| 燃气轮机发电 | $2.0 \times 10^6$ | 40 | 场内适用于有高耗电设备的填埋场;输入电网需要有接受方 |
| 输入燃气管道:<br>中等质量燃气管道 | $1.0 \times 10^6$ | 30~50 | 燃气管道距填埋场较近且有接受气体能力; |
| 高质量燃气管道 | $1.0 \times 10^6$ | 95 | 需要严格的气体净化处理过程,燃气管道距填埋场较近且有接受气体能力 |

拉丁美洲自 1977 年以来,已完成 5 个利用填埋场释放气体的项目,使拉丁美洲在发展中国家位于领先地位。填埋场释放气体主要用于厨房、照明、机动车燃料和管道气,年产量 2.17 亿 $m^3$。

欧洲对填埋场释放气体的使用以将其转换为热能为主。欧洲第一个完全使用填埋场释放气体连续发电的汽轮发电厂建于 1987 年 10 月。到 1987 年底,英国至少有 18 个商业性利用填埋场释放气体产生能量的过程。

美国填埋场释放气体利用工程发展很快,从 1982 年的 16 个项目,到 1988 年的 155 个项目。美国对填埋场释放气体的利用主要集中在发电,也有一些工厂从事处理填埋场释放气体使其作为管道气的工作。目前在威斯康星的米尔沃基、加利福尼亚州的惠蒂尔、洛杉矶和衣阿华州的塞达拉皮兹均设有利用填埋场释放气体的工程项目。美国专家曾作过估算,全国 1% 的天然气可被填埋场中的甲烷所取代。全国的气体利用工程,每年可产 570 百亿 $m^3$ 气体,对这些气体的利用每年可为国家节约 4~5 亿多美元。

我国的填埋气利用工作始于 20 世纪 80 年代,经过 20 多年的发展,已经取得了长足的进步。目前已有 10 多个大中城市和几十所高校、科研机构进行填埋气收集利用研究工作。1997 年在全球环境资金的资助下,鞍山、马鞍山、南京三个城市利用垃圾填埋气的项目全部启动。已有的研究和试验积累了宝贵的经验,推动垃圾填埋气利用向纵深发展。近几年,一些研究所正着手于填埋气作为车辆燃料的净化研究工作。

我国的填埋气处理及应用技术还不成熟,但发展前途十分广阔。一方面,我国的城市垃圾较之国外更适合于填埋气的产生,有很大的潜力可挖掘。国外垃圾有机成分中纸类占百分比最大,而我国城市垃圾中的有机物部分则以食品垃圾为主。这种气体更适于填埋释放气体利用技术。垃圾的 C/N 较低适宜细菌厌氧发酵,因此,我国城市垃圾填埋场产气速率有可能高于国外,从而有利于填埋释放气体的利用。另一方面,城市垃圾的集中处理处置,可促进填埋气体的回收利用;我国的城市能源结构正在发生变化,煤气和天然气正逐渐走入千家万户的生活中。庞大的管网为填埋释放气作为管道气进入千家万户提供了可能。此外,国家政策加大扶持力度,等等因素必将促进填埋气处理和应用技术的发展。

# 第十一节　终场覆盖与封场

## 一、封场规划

在填埋场的整个生命周期中,甲烷气的产量在封场阶段可能达到其顶峰。由于垃圾的降解导致的不均匀沉降也是一个严重的问题。如果在封场单元上铺设很厚的覆盖土层或者建造大型混凝土建筑都会使不均匀沉降更加恶化,甚至导致覆盖系统的失效。因此,必须妥善进行封场工作。

为了保证在封场期间以及封场后相当长一段时间内,填埋场周围的环境质量得到有效的控制,封场规划必须尽早制订。通常在填埋场的设计和施工阶段就应该根据国家和地方的有关法规明确封场的步骤和封场后的管理等事宜。在美国,由于和填埋场有关的法规越来越严格,填埋场的封场规划已经被要求作为场址审批程序的一部分,早在填埋场的建设和运行之前就应该确定(见表 4-44)。

**表 4-44　填埋场封场规划的要点**

| 要　　点 | 需要做的工作 |
| --- | --- |
| 封场后土地的利用 | 制订并明确合适的利用规划 |
| 最终覆盖层设计 | 选择防渗层、最终覆盖的地表坡度和植被 |
| 地表水导排控制系统 | 计算暴雨流量并选择导排沟渠的周长和大小以收集雨水径流防止流失 |
| 填埋气控制 | 选择监测填埋气的位置和频率,如果需要的话,设置气体抽取井和燃烧装置等设施 |
| 渗滤液控制与处理 | 如果需要的话,设置渗滤液导排与处理设施 |
| 环境监测系统 | 选择采样点位置和监测频率以及测试的指标 |

## 二、最终覆盖系统的功能

当填埋场的填埋容量使用完毕之后,需要对整个填埋场或填埋单元进行最终覆盖。填埋场最终覆盖系统的基本功能和作用包括:

(1)减少雨水和其他外来水渗入垃圾堆体内,达到减少垃圾渗滤液的目的;

(2)控制填埋场恶臭散发和可燃气体有组织地从填埋场上部释放并收集,达到控制污染和综合利用的目的;

(3)抑制病原菌及其传播媒体蚊蝇的繁殖和扩散;

(4)防止地表径流被污染,避免垃圾的扩散及其与人和动物的直接接触;

(5)防止水土流失;

(6)促进垃圾堆体尽快稳定化;

(7)提供一个可以进行景观美化的表面,为植被的生长提供土壤,便于填埋土地的再利用等。

填埋场终场覆盖的最终目的是为了使日后的维护工作降至最低并有效地保护公众的健康和周围环境。

## 三、最终覆盖系统的主要组成

生活垃圾卫生填埋场最终覆盖系统可能包括的主要组成有表土层、保护层、排水层、屏障层和基础层(气体收集层)，见图 4-66，但是实际上根据各国各地区的法规要求不同，并非所有的生活垃圾卫生填埋场都需要图中所示的全部五层覆盖层，一般可能只需要其中两层或三层。某些覆盖层可能包含一种以上的材料，如屏障层可以由土工膜和黏土层复合构成。

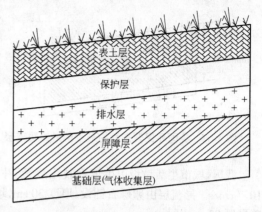

图 4-66　最终覆盖系统的组成

### （一）表土层

表土层的作用是促进植物生长并保护屏障层，通常由当地的土壤组成，一般厚度为 150～600 mm。表土层必须达到一定厚度才能满足下列要求：容纳大多数非木本植物的根系；提供一定的持水能力，从而削弱降雨的水分侵入并在旱季维持植物生长；要考虑到预期的长期侵蚀的损失；防止屏障层的干旱和冰冻。

最终覆盖系统的表土层采用的材料包括地表土、地表土之下的侵蚀控制材料、卵石和铺路材料。

### （二）保护层

如果包含在最终覆盖系统中，可以提供以下功能：将渗入覆盖层的水分贮存起来直到通过植物的蒸腾作用散失掉；将垃圾和掘地动物以及植物根系隔离开来；使人和垃圾接触的可能性最小；保护覆盖系统中下面各层免受过度干湿交替和冰冻的影响而导致某些覆盖材料破裂损坏。

保护层最常使用的材料是土壤、循环再生或再利用的废弃物以及带有土工布渗滤层的卵石。

### （三）排水层

排水层的作用是采用渗透性高的材料排出入渗的雨水或融雪水。最终覆盖系统中包含排水层的主要原因如下：降低其下面屏障层的水头，从而使渗过覆盖系统的水分最小化；排掉其上面保护层和表土层中的水分，从而提高这两层的贮水能力，并减少保护层和表土层被水分饱和的时间，使它们的侵蚀最小化；降低覆盖材料中孔隙水的压力，从而提高边坡的稳定性。

排水层使用的材料包括沙子、有过滤层的沙砾、有土工布滤层的土工网以及土工复合排水材料。

### （四）屏障层

屏障层通常被视为最终覆盖系统中最重要的组成。屏障层使渗过覆盖系统的水分最小化，其中直接的作用是阻碍水分渗过，间接的作用是提高其上面各层的贮水和排水能力，以及通过径流、蒸腾或内部导排最终使水分得以去除。屏障层还控制填埋气向上的迁移。一般来说，压实的黏土层、可折叠土工薄膜和土工复合黏土衬垫都可用作生活垃圾填埋场的屏障层，也有人试验采用灰渣和造纸污泥等其他材料作为填埋场最终覆盖材料。

### （五）基础层(气体收集层)

该层在最终覆盖系统中的作用是提供一个稳定的工作面和支撑面，使得屏障层可以在其上面进行铺设，并收集垃圾填埋场内产生的填埋气体。在某些填埋场覆盖系统中，单独的气体收集层也可以作为基础层。但是，其他填埋场则可能将基础层和气体收集层分开来铺设。

基础层采用的材料通常是土壤、受到污染的土壤、灰渣或其他具有合适的工程属性的废弃物。气体收集层可以是含有土壤或土工布滤层的沙石或沙砾、土工布排水结构以及包含土工布排水滤层的土工网排水结构。

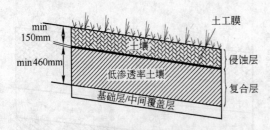

图 4-67　美国环保署推荐的最少的最终覆盖层

美国环保署要求生活垃圾填埋场的最终覆盖系统至少包括侵蚀层和防渗层(见图4-67)。侵蚀层(表土层)至少需要 150 mm 的土质材料以保证植物的生长。防渗层(屏障层)由至少 400 mm 厚的土质材料构成,其水力传导率必须小于或等于填埋场底部衬垫系统或现场的底土,或者不大于 $1 \times 10^{-5}$ cm/s,取最小值。

我国《城市生活垃圾卫生填埋技术规范》中规定天然衬里厚度大于 2 m,渗透系数不大于 $10^{-7}$ cm/s。导流层由卵砾石铺设,厚度 30 cm,垃圾层厚 $2.5 \sim 3$ m,中间覆土 $20 \sim 30$ cm,最终覆盖层厚 80 cm 以上。

选择最终覆盖系统组成可按图 4-68 所示的流程进行。

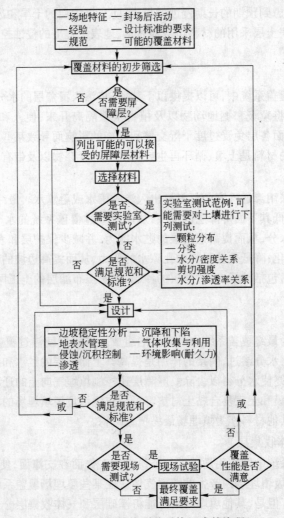

图 4-68　选择最终覆盖系统组成的流程

由表 4-45 可知,植物根系是覆盖层破坏的主要原因之一,因此,选择合适的植物种类非常重要,应当避免竹子、银槭、柳树、白杨等根系穿透力强的树种。

**表 4-45　填埋场覆盖层失效的原因和机理**

| 天　气 | 动　植　物 | 分解(微生物) | 其　他 |
|---|---|---|---|
| (1)洪水<br>(2)冰冻－解冻<br>(3)暴雨<br>(4)河水泛滥<br>(5)干湿交替 | (1)植物根系的穿透作用<br>(2)昆虫侵扰<br>(3)动物活动破坏 | (1)好氧阶段<br>(2)厌氧不产甲烷阶段<br>(3)厌氧产甲烷阶段<br>(4)厌氧状态减弱<br>(5)重新生长阶段 | 构造运动和酸雨等 |

覆盖层表面的不均匀沉降是各种垃圾成分混杂造成的,垃圾被倾入填埋场之后,应当铺设均匀并紧密压实,才能减少不均匀沉降的发生。覆盖材料应当具有一定的可塑性以便能承受较大的变形。

### 四、终场覆盖材料

#### (一)压实黏土

压实黏土是使用历史最悠久,同时也是使用最多的防渗材料。

压实黏土的优点在于:成本低(如果土源能就地解决而不需要从其他地方搬运的话),施工难度小,有一套成熟的规范(包括实验室测试指标和现场操作方式),可以参考的经验多。使用时,往往铺设 30～60 cm,被石子刺穿的可能性小,同时也不易被复垦植被的根系刺穿。

压实黏土的缺点在于:与另外两种防渗材料相比,它的渗透系数偏大,防渗性能较差,使用时需要的土方多,施工量大,施工速度慢,并且施工时若压实程度不够的话,现场实际的防渗系数将与试验室充分压实条件下得到的数据有很大出入。压实黏土的另一个不尽如人意的是容易干燥、冻融收缩产生裂缝,防渗性能迅速下降,在封场完成以后,产生裂缝难以修复。此外,黏土的抗拉性能较差,最大拉伸形变比(最大拉伸长度比黏土土体长度)为 0.1%～1%,对填埋场的不均匀沉降性能要求较高,即在填埋场表面直径为 5 m 的范围,其中心沉降不能超过 0.125～0.25 m。

#### (二)土工薄膜

土工薄膜在过去的十几年里逐渐被许多填埋场采用,土工薄膜的种类较多,目前应用最广的是高密度聚乙烯(HDPE)(high-density polyethylene 高密度聚乙烯板材)。

土工薄膜的优点是:防渗性能好,土工薄膜本身是不透水的,它的渗水主要是因为板材成形工艺过程中造成的针孔、微隙,渗透系数不超过 $10^{-10}$ cm/s,大大低于黏土,施工时,仅需铺设 1～3 mm 的土工薄膜就可满足防渗要求,节约了填埋空间;土工薄膜的抗拉伸性能与合成的材料有关,但都比黏土要好,据研究,HDPE 的最大抗拉伸形变比为 5%～10%,对填埋场不均匀沉降的敏感性远小于黏土。

土工薄膜的缺点是:容易被尖锐的石子刺穿;聚合物本身存在着老化的问题,并可能遭受到化学物质、微生物的冲击;施工过程中的焊合接缝处容易出现接触张口;抗剪切性能差,对上层覆土进行压实时薄膜可能会因不均匀受压而损坏。

单独使用土工薄膜的安全性较差,实际使用时往往把薄膜铺设在压实黏土上,组成复合防渗层。

#### (三)土工合成黏土层

土工合成黏土层是逐渐被人们接受并采用的一种防渗材料,一般是用土工布(geotextile)夹着一层膨润土。土工布是一种透水的聚合材料,广泛应用于岩土工程。膨润土渗透系数非常低、具有吸涨性,含有的矿物质主要是蒙特石。土工合成黏土层的优点有:渗透系数比压实黏土低,但一般比土工薄膜高;抗拉伸能力强,最大抗拉伸形变比 10%~15%,对垃圾填埋场差异性沉降的敏感性低;与压实黏土相比,它的体积小,节约空间,施工量小,可以迅速铺好,发生损坏后可以迅速修复。

土工合成黏土层的缺点有:膨润土吸湿膨胀后,抗剪切性能变差,这就使得斜坡的稳定安全性成了问题;由于施工铺设的厚度小,容易被尖锐的石子或是被复垦植被的根系刺穿;含水率低的膨润土是透气的,因此在干燥季节,甲烷等气体可以透过土工合成黏土防渗层抵达复垦层,对复垦植被的生产造成危害,并有可能泄漏到空气中造成空气污染。

另外,值得注意的是,土工薄膜和土工和成黏土层在应用时都不应该出现拉应力,即要求土工薄膜(或土工合成黏土层)与下层覆土所能承受的剪切力大于土工薄膜(或土工合成黏土层)与上层覆土之间所能承受的剪切力。

### (四) 其他材料

随着城市土地的逐步开发与日益缺乏,国内外开展了利用造纸厂污泥、港湾淤泥和粉煤灰改性制作覆盖材料的研究,但大规模的应用较少。解决改性材料的防渗性能较差和成本偏高是决定其是否能规模化应用的关键。

1995 年,Moo-Young 和 Zimmie 对造纸厂污泥替代黏土的可行性作了研究。他们在实验室分析了几种造纸厂污泥的工程性质,包括含水量、有机质含量、比重、渗透系数、固结性等性质。结果为:未经处理的造纸厂污泥含水量为 150%~270%,渗透系数为 $5 \times 10^{-6} \sim 1 \times 10^{-7}$ cm/s,有机质含量高,属于高有机质土。测定完污泥的工程性质以后,他们用 6 种造纸厂污泥进行了实验室防渗层模拟实验。结果显示:随着污泥的固结压缩和微生物的降解作用的进行,污泥的含水量逐步下降,渗透系数也逐渐减小,防渗性能逐渐增强。进一步的研究发现,造纸厂污泥作为防渗材料因冻融而产生裂缝导致防渗层损坏的几率要比黏土小。从 1995 年起,已陆续有填埋场使用当地造纸厂的污泥作防渗层材料,然而至今很少有关于他们的使用表现的报道。

德国的 K.Tresselt 等人对用 Hamburg 港湾的淤泥替代黏土作填埋场终场覆盖的防渗层的情况作了研究。他们先对淤泥进行预处理,经过机械分选和板压脱水后,得到粒径小于 0.063 mm、含水率为 60%~80% 的土样。颗粒分析实验确定土样的颗粒成分为 17% 黏粒(clay)、57% 的粉粒(silt)和 26% 的沙粒(sand)。1995 年,他们建立了两座试验填埋场,每个填埋场长 50 m,宽 10 m,面积 500 m²,覆盖坡度 8%。第一个试验填埋场严格按照德国的 I 级填埋场的要求进行终场覆盖:顶土层 1.2 m、营养土层 0.3 m、排水层 1 m、防渗层(经预处理的港湾淤泥)1.5 m。防渗层下面铺设了细沙和 HDPE 薄膜,目的是收集经防渗层渗滤下来的水以评价防渗层的性能。第二个试验填埋场的设计就相对简单:0.2 m 顶土层、0.6 m 排水层和 1.5 m 防渗层,之所以把防渗层的保护层(顶土层+排水层)设计的这么薄是为了观察防渗层土样会不会因干燥脱水而产生裂缝。经过对两个填埋场 1.5 年运行状况的观察,结果让人很满意:在经历了降雨量仅为 600 mm 的 1996 年后,两个填埋场的淤泥防渗层都没有出现干裂现象。并且淤泥防渗层的表现极其稳定,无论降雨量和上层排水层的流量多大,防渗层的渗滤量都维持在 0.05 mm/d 附近。根据实测得到的水力梯度数据推算,淤泥防渗层的渗透系数 1995 年是 $4.8 \times 10^{-8}$ cm/s,到 1996 年降至 $3.8 \times 10^{-8}$ cm/s,防渗性能升高的原因可能是进一步的固结压实和渗流的致密作用。

国外有用粉煤灰作防渗层的例子,在这方面,国内也曾做过这方面的研究。1998 年,天津市环境卫生工程设计研究所的何俊宝等人利用粉煤灰对粉质黏土进行改性试验,利用粉煤灰的充填作用和致密作用将粉质黏土的渗透系数由 $10^{-5}$ cm/s 降到 $10^{-7}$ cm/s 数量级;当粉煤灰在复合土中的配比为 25%,含水量为 15%~25%,压实到容重为 1.8 g/cm³ 时,实验室测得的垂直渗透系数为 $6.2 \times 10^{-7}$ cm/s,符合部颁标准。

已有的研究虽然不多,但从研究结果来看,采用黏土替代材料作防渗层是可行的。

### 五、填埋场终场后的植被恢复

植被恢复是重建任何生物群落的第一步,它是以人工手段促进植被在短时间内得以恢复。只要不是在极端的自然条件下,植被可以在一个较长的时期内自然发生。其过程通常是:适应性物种的进入→土壤肥力的缓慢积累→结构的缓慢改善→毒性的缓慢下降→新的适应性物种的进入→新的环境条件变化→群落的进入。

植被恢复需要解决四个问题:(1)物理条件;(2)营养条件;(3)土壤的毒性;(4)合适的物种。通常一个地方,只要有植被扎根的土壤,有一定的水分供应,有适宜的营养成分,没有过量的毒性,总能比较容易地恢复植被。植被恢复的主要方法有:(1)直接植被法;(2)覆土植被法。有资料表明:对于草本植物的正常生长,需要铺 60 cm 厚的土壤,对于木本植物,土层厚 2 m 以上,以防植被退化。

填埋场封场以后,就相当于一块特殊的废弃土地,有着特殊的土地性质。通常在自然和一定程度人工介入的条件下,会逐渐发生一种类似于次生生态演替的过程,其前提是有合适的植被层土壤条件、先锋植物的种子或人工播种、适宜的气候条件,并且无特殊有毒有害物质存在。

填埋场封场后的生态恢复需要经历的步骤为:最终覆盖系统形成适宜的植被层土壤条件→填埋场的稳定化→植被恢复。

在世界上许多地区,尤其是发达国家的大都市,由于人口高速增长和经济的发展,旧的填埋场址,甚至某些正在使用的填埋场址,已经被工业、商业和居住区的设施所包围。现代化城区的扩展急需开发新的闲置地段来满足其对土地日益增长的要求,因此一度作为废弃物处置场所的填埋场址也成为土地复垦开发的特殊热点。封场后的填埋场址可以用作公园、娱乐场所、自然保护区、植物园、作物种植,甚至是商用设施。在美国,上述各种开发都有成功的范例,但是每一处都有其独有的特征。

封场后的填埋场址选择什么样的开发利用方式取决于当地社区的需要和开发计划所能获得的资金。举例来说,建造一个设施有限、适于野生动物生存的公园就比高尔夫球场和多功能娱乐场所的花费要少。但是上面提及的所有终场开发计划都具有一个共同点,即它们都需要植被来实现其功能。

### 六、植被恢复过程

植被恢复的过程应当分为不同的阶段进行,各个阶段需要培养和占优势的植物品种也各不相同。

(1)植被恢复先期。填埋场封场后的覆盖土上,会自然生长一些野生的先锋植物,包括海三棱藨草、灰绿藜、芦苇、稗等,主要是来自随风飘落的种子和来自当地滩涂的覆盖用吹泥土中原来带有的种子、块茎等。因此,在老港填埋场地区特殊的生态环境下,即便不进行有计划的人工种植,封场后的填埋单元也会由于先锋植物的存在而自发开始缓慢的次生演替。但是为了改善和美化封场单元的景观质量,需要投入一定的人工绿化,以加速并优化生态恢复的进程。

老港填埋场多年来的园林绿化工作实践表明,一些植物可以在封场后的覆盖土上生长,达到先期的绿化效果,如草本植物细叶结缕草、葱兰、马尼拉草、本特草、马蹄金等,其中部分植物不仅能够存活,而且生长非常旺盛,和杂草相比亦有一定的竞争力,如:细叶结缕草生命力强,生长旺盛,在其整个生长季节中种植均可成活;常绿植物本特草,在冬季也会呈现一派生机勃勃的景象,而且在贫瘠的吹泥土上生长状况很好,但在夏季高温季节生长缓慢,若不及时除草,可能会被其他种类所掩盖;葱兰亦为常绿植物,由于有地下茎,一年四季均能生长很好;马尼拉草从外观赏极似结缕草,其种子播撒后,能以较少的成本,达到先行绿化的效果。草本植物根系发达,对土壤有一定的改善作用,并且为乔木和灌木类其他植物的生长创造条件,从而改变填埋场封场后整体的景观。

(2)植被恢复初期。某些乔灌木类植物,如龙柏、石榴、桧柏、乌桕、丝兰、夹竹桃、木槿等,对于填埋场的环境适应能力很强,在植被恢复的初期,种植这些植物不仅会使填埋场封场后的景观在原有的单一草本植物基础上得到很大的改观,而且可以加速土壤的改良作用。这些乔灌木的种植,对于改善封场单元生态环境的整个小气候也有一定的作用,如通过植物的吸收和蒸腾作用截流雨水和减少渗滤液、改善群落内的小环境,为其他植物生长创造更好的条件。

(3)植被恢复的中后期和开发阶段。在植被恢复的中后期,应当结合生态规划和开发规划,按照各个不同的功能区划和绿化带设计,有计划地进行大规模园林绿化种植,其中包括各类草本、花卉、乔木、灌木等。许多有经济价值的植物都能够适应填埋场的环境,如乔木类的合欢、构树、乌桕等,但是应当避免安排种植会被人或动物直接食用从而进入食物链的植物品种。

### 七、限制植被生长的因素

封场后的生活垃圾填埋场限制植被生长的因素包括填埋气对植物根系有毒性、土壤含氧量低、覆盖土层薄、离子交换容量有限、营养水平低、持水能力低、土壤含水率低、土壤温度高、土壤压实过密、土壤结构差以及植被种类选择不当。

#### (一)填埋气对根系的毒性

封闭的填埋场中垃圾厌氧分解产生的气体主要是 $CO_2$ 和 $CH_4$。尽管 $CH_4$ 自身没有毒性,但是研究显示,高浓度的 $CO_2$ 对植物却是有着直接的毒性的,其危害表现在 $CO_2$ 能够取代氧气,从而导致植物处于厌氧环境中难以存活。$CO_2$ 和 $CH_4$ 在填埋气中的比例占了 95% 以上,硫化氢、氨气、氢气、硫醇以及乙烯占另外 5%,其中硫化氢和乙烯被认为即使只有微量也是对植物有毒的。

对填埋场土壤的研究表明,充满了填埋气的还原态土壤环境可能提高某些痕量元素的水平,并且有可能浓度高至对植物有毒性的水平。尽管可能存在毒性危害,尚无法证实过量的镉、铜和锌等痕量元素是否真的会伤害填埋场上种植的植物。

#### (二)氧气水平低

土壤中的孔隙被水分和空气交替占据。在降雨或灌溉之后,水分取代空气,占据了土壤孔隙。由于重力的作用将水分从较大的孔隙中拽出来,使空气得以进去。植物生长是否良好取决于在降雨和灌溉的间歇是否有足够的大孔隙保持空气以及是否有足够的小孔隙保持水分。因为植物根系氧气的供给依赖于土壤保持空气的能力,任何减少土壤孔隙的过程对植物生长都是有害的。重型机械对土壤的压实,尤其是对结构很差的填埋场覆盖土的压实,使得植物的生长更加困难。

#### (三)有机质含量低

我国大多数土壤中有机质的含量为 1%～5%,而薄沙地则小于 0.50%,在一般耕地耕层中有机质含量只占土壤干重的 0.5%～2.5%,耕层以下更少,但它的作用却很大。土壤有机质是构成土壤肥力的重要因素之一,它和矿物质紧密地结合在一起,对土壤的物理化学性状影响很大。由于土壤有机质具有较大的阳离子吸持容量,并能螯合或络合许多重金属,所以,富含有机质的土壤可以降低植物对重金属的可利用性。

土壤有机质的组成很复杂,按其分解程度大体可分为三大类:

(1) 新鲜有机质——分解很少,仍保持原来形态的动植物残体;

(2) 半分解有机质——动植物残体的半分解产物及微生物的代谢产物;

(3) 腐殖质——有机物质经分解和合成而形成的腐殖质。

其中,腐殖质是指新鲜有机质经过微生物分解转化所形成的黑色胶体物质,一般占土壤有机质总量的 85%~90% 以上。腐殖质的作用主要有以下几点:

(1) 养分的主要来源。腐殖质既含有氮、磷、钾、硫、钙等大量元素,还有微量元素,经微生物分解可以释放出来供作物吸收利用。

(2) 增强土壤的吸水、保肥能力。腐殖质是一种有机胶体,吸水保肥能力很强,一般黏粒的吸水率为 50%~60%,而腐殖质的吸水率高达 400%~600%;保肥能力是黏粒的 6~10 倍。

(3) 改良土壤物理性质。腐殖质是形成团粒结构的良好胶结剂,可以提高黏重土壤的疏松度和通气性,改变沙土的松散状态。同时,由于它的颜色较深,有利于吸收阳光,提高土壤温度。

(4) 促进土壤微生物的活动。腐殖质为微生物活动提供了丰富的养分和能量,又能调节土壤酸碱反应,因而有利微生物活动,促进土壤养分的转化。

(5) 刺激作物生长发育。有机质在分解过程中产生的腐殖酸、有机酸、维生素及一些激素,对作物生育有良好的促进作用,可以增强呼吸和对养分的吸收,促进细胞分裂,从而加速根系和地上部分的生长。

### (四) 阳离子交换容量低

阳离子交换容量(CEC)和土壤吸附和保持营养物质的能力有关。胶体状有机物和黏土是土壤中阳离子交换位的主要来源。阳离子被吸附在土壤胶体带负电荷的表面位置,被吸附的阳离子不会从阳离子交换位上被淋洗掉,但是可以被其他阳离子交换。交换位上大量发现的阳离子有 $Ca^{2+}$、$Mg^{2+}$、$H^+$、$Na^+$、$K^+$ 和 $Al^{3+}$。许多必需的营养物都必须依赖于土壤的阳离子交换容量来获得。土壤的有机质含量低的话,就无法保持营养物并防止其从植物根部被淋洗掉。土壤中有机质含量一般为 2%~5%。表 4-46 说明了土壤质地和阳离子交换容量的一般关系。

表 4-46 土壤质地和阳离子交换容量的关系

| 土壤质地 | 阳离子交换容量 (CEC)mg/100 g 干土样 |
|---|---|
| 沙 石 | 1~5 |
| 细沙壤土 | 5~10 |
| 壤土和粉沙壤土 | 5~15 |
| 黏壤土 | 15~30 |
| 黏 土 | 30 以上 |

### (五) 营养水平低

土壤肥力指的是土壤中可获得的植物生长所必需的营养物质水平。有 16 种营养物质被认为是植物生长所必需的,表 4-47 中列出的是它们的元素名和植物能利用的离子形态。H、C 和 O 来源于空气和水,N 来源于空气和土壤,其余均来源于土壤。N、P 和 K 被称为常量营养元素,可以从土壤和所施肥料中大量吸收。微量营养元素(痕量元素)是从土壤中少量吸收的,但是,尽管植物生长仅需少量此类元素,一旦缺少仍旧会对植物生长发育产生负面影响。

表 4-47 植物营养素及其在空气、水和土壤中的一般形态

| 植物营养素 | 离子或分子形态 | 植物营养素 | 离子或分子形态 |
|---|---|---|---|
| 碳(C) | $CO_2$ | 氮(N) | $NH_4^+$,$NO_3^-$,$NO_2^-$ |
| 氧(O) | $CO_2$,$OH^-$,$CO_3^{2-}$ | 钙(Ca) | $Ca^{2+}$ |
| 氢(H) | $H_2O$,$H^+$ | 钾(K) | $K^+$ |

| 植物营养素 | 离子或分子形态 | 植物营养素 | 离子或分子形态 |
|---|---|---|---|
| 镁(Mg) | $Mg^{2+}$ | 硼(B) | $H_3BO_3, H_2BO_3^-$ |
| 磷(P) | $H_2PO_4^-, HPO_4^{2-}$ | 锰(Mn) | $Mn^{2+}$ |
| 硫(S) | $SO_4^{2-}$ | 锌(Zn) | $Zn^{2+}$ |
| 氯(Cl) | $Cl^-$ | 铜(Cu) | $Cu^{2+}$ |
| 铁(Fe) | $Fe^{2+}, Fe^{3+}$ | 钼(Mo) | $MoO_4^{2-}$ |

填埋场最终覆盖用土通常都来自于最稳定可靠且最廉价的途径,因此,由于经济上的考虑,填埋场覆盖土土质和营养物质含量经常都比较差。

### (六) 持水能力低

土壤的持水能力取决于土壤的物理性质,尤其需要着重考虑土壤的质地和压实程度。在降雨或灌溉的过程中,土壤中较大的孔隙被水充满。水分逐渐因重力作用从土壤中渗出,于是空气取代了水在较大孔隙中的位置。水由于毛细管力被保持在较小的土壤孔隙中。含有最佳水分适合植物生长的土壤的质地必须中等,并且有理想的大小孔隙之比。重型机械对填埋场覆盖土的压实使得土壤孔隙尺寸减小,并阻止了水分的入渗和保持。

### (七) 土壤含水率低

土壤含水率低和土壤持水能力是相关的。土壤含水率低有两个原因:压实和土壤的不连续性。压实是现代化填埋作业中必不可少的操作步骤,但是却使土壤的孔隙空间减少,从而破坏了土壤的结构。如果没有足够的孔隙空间,土壤的持水能力就会下降,径流流失也增加,于是土壤变得干旱并且会遭到侵蚀。一般来说,填埋场附近的土壤和填埋场中的土壤相比,径流流失要少,而且入渗的水分也更多。土壤的不连续性是由于填埋作用中垃圾和土壤的分层填埋造成的,从而阻碍了水分在一般土壤剖面中的垂直运动。

### (八) 土壤温度高

封场后填埋场的土壤温度最高有过超过 100°F(约 38℃)的报道。尽管这样的高温并不常见,但是和其他与土壤有关的问题联系在一起,过高的土壤温度会给植物的生存带来很大的压力。

### (九) 土壤压实过密

在填埋场的日常作业中,为了工程上的需要,每天都要用重型机械将垃圾和土壤分层压实。另外,土壤作为填埋场最终覆盖系统的一部分也要被压实。这样必然导致土壤的孔隙率和渗透率下降,水和空气无法通过土壤剖面,从而植物根系也无法得到生长所必需的空气和水分。

### (十) 土壤结构差

土壤结构指的是土壤颗粒的聚合情况。有机质、铁氧化物、碳酸盐黏土和硅石都可以是聚合剂。有机质是改善土壤结构促进植物生长的最佳聚合材料。大部分由均一尺寸颗粒组成的土壤持水能力低,且有其他问题,会影响植物生长。加入堆肥之类的有机质可以形成一种适于植物生长的颗粒状土壤。大多数土壤中的有机质含量需要在 2%~5%。

## 七、合适植被选择

在过去,规划者通常很少考虑填埋场植被重建的效果,因而往往倾向于选择较为经济的解决方案,一般是大面积种植草坪。但是,随着人们逐渐开始关注将填埋场址开发为潜在的娱乐设施或者公共场所,选择合适的植被材料也显得日益重要。选择什么样的植被很大程度上要依赖于该场址最终的用途而定。如果目标是恢复当地的生态环境,那么就必须选用合适的当地植物。如果采用非当地植物来建造高尔夫球场或公园,就应当选择适合当地气候条件的种类。

**(一) 选择植被的导则**

实际上,并不存在一个选择植物品种用于填埋场植被重建的通则,因为每个地区的环境条件都不一样,从而适合生长的植物品种也不一样。因此,必须选择适于填埋场址所在地区的植物品种,尤其是因为填埋场本身就是一个不利于植物生长的环境。另外一点需要注意的是,在生态恢复的过程中,必须保证植被及其种子的来源。为了保存本地的种子库,需要采集邻近地区的植物种子和枝条扦插来种植。

**(二) 本地与非本地植物对比**

从长期来看,将封场后的填埋场址恢复至本地的生态水平通常是花费最小的方案,并且可以提供城市地区最需要的户外空地和绿化带。如果目标是生态恢复,那么使用本地植物就是必要的。地区性植物指的是那些自然生长在某个地理区域里的植物。某些植物可能是地区性的,就是说它们的分布局限在某个特定的地理区域。地区性植物通常包括许多稀有的和濒临灭绝的品种。地区性植物是最适合当地地理环境的品种。

非本地植物也可以用于填埋场封场后的植被重建。在非常相似的气候条件下生长的植物是最适合的。例如,桉树原产于澳大利亚,但在美国的加州也广泛种植。加州和澳大利亚都有地中海气候,这两个地区的植物是非常容易互换的。

**(三) 选择木本植物需要考虑的因素**

在选择木本植物用于填埋场植被重建的时候,需要考虑生长速率、树的大小、根的深度、耐涝能力、菌根真菌和抗病能力等因素。

(1) 生长较慢的树种比生长迅速的树种更容易适应填埋场的环境,因为它们需要的水分较少,这在填埋场覆盖土中一般是一个限制性因素。

(2) 个头较小的树(高度在 1 m 以下)能够在近地面的地方扎根生长,这样就避免了和较深的土壤层中填埋气的接触。但是,浅根树种需要更频繁的浇灌。

(3) 具有天生浅根系的树种更能适应填埋场的环境。同样,浅根的树种需要更频繁的浇灌,并且易于被风吹倒。

(4) 在被填埋气充满或者淹水的情况下,土壤中除了含水率之外,其他的变化都比较类似。耐涝的植物比不耐涝的植物对填埋场表现出更强的适应性,但如果栽种它们的话,就需要适当的灌溉。

(5) 菌根真菌和植物根系存在一种共生的关系,可以使植物摄取到更多的营养物。

(6) 易受病虫害攻击的植物不应当栽种在封场后的填埋场上。

**(四) 种植草坪用于填埋场植被重建**

除了木本植物之外,填埋场植被重建也需要种植草坪。和其他植物一样,草本植物也会受到土壤贫瘠和填埋气的影响,但是它们比木本植物更容易种植。不管是本地的还是非本地的,草的根系都是纤维状的并且很浅,从而使其比木本植物更容易在填埋场环境中存活下来。某些草本植物是一年生的,这意味着它们在一年或者更短的时间内就完成了生命周期。因此,一年生的草本植物在一年中最适宜的时期生长并播种。例如,在美国西部的干旱地区,一年生的草本植物在雨季最占优势。而在美国的东部,一年生草本植物则在温暖的季节生长。如果需要,一年生的草本植物很容易再次播种。多年生草本植物存活时间在一年以上,但是它们的许多其他特征和一年生草本植物是相类似的。根系类型、生命周期、快速繁殖等特征使得草本植物在不利的填埋场环境下更容易生长。

### (五) 植被恢复规划设计需要考虑的问题

填埋场封场后用途的确定应该是填埋场整体设计的一部分。除非封场后的填埋场将建为高尔夫球场或其他密集型用途,设计者应当尽全力将封场后的填埋场和周围的自然环境融为一体。这需要种植本地的植物。因此,需要进一步深入研究植物对填埋场环境的适应性,以及有助于克服填埋场不利环境的园艺技术。到目前为止,真正仔细进行过检验和研究的植物种类还非常有限。尽管每个地区的环境条件都不同,研究工作都应当从确认本地植物的适应性和开发填埋场环境下的特殊园艺技术着手。

为了成功地设计和执行填埋场植被重建计划,需要工程人员、规划人员、景观设计人员、土壤科学家、植物学家以及园艺师等不同领域的专业人员共同合作。终场利用的设计目标包括填埋场表面的稳定化和减少侵蚀、确定特殊的终场后用途、场址的景观恢复、土壤肥力的改良、选择合适的植被材料以及植被栽种和维护的管理等内容。

填埋场植被重建的步骤应当包括:(1)项目协调;(2)鉴别植物种类和来源;(3)现场巡查;(4)土壤特性鉴定;(5)场地准备;(6)土壤改良;(7)种植;(8)监测。

## 第十二节　现场运行管理

### 一、填埋场设备管理

#### (一) 设备管理的任务和职责

设备管理的主要任务就是对设备和设备操作人员进行有效的管理。设备是生产力的构成因素,管好、用好、维护好设备是保证填埋场日常运行的重要条件。依据有关部门法规政策、标准、运用目标管理、岗位责任制度和科学管理的方法,对新设备进行检验、登记、调配,对在使用设备的维护、保养、改造、更新作出计划,并对保修单位进行监督、指导、控制。做到合理装备、择优选购、正确使用、精心维护、科学检修、适时更新,以保证设备经常处于良好的工作状态,保持特有的工作能力和精度,并充分发挥其生产效率,确保安全和生产任务的完成,延长其使用寿命,这是设备管理的根本任务。

对操作人员的管理,主要是配合劳资部门和安全部门进行上岗培训、技能培训,安全作业、规范操作的培训,教育和达标考核。设备管理部门在这里主要起督促、指导、协作的作用。但是,通过深化改革,建立设备管理激励机制和各类人员的自我约束机制,通过加强思想政治工作和运用岗位责任制度、岗位竞争机制,增强全体人员的事业心和责任心,也是搞好设备管理工作的重要内容。

设备管理体系可以有多种形式,但任何一种组织机构的设置都是以能高效地进行工作为其主要目的。

要充分发挥设备管理的组织作用,积极正常地开展设备管理,必须坚持"以预防为主,维护保养与计划检修并重"的原则,实行"制造与使用相结合"、"技术管理和经济管理相结合"、"修理、改造和更新相结合"、"专业管理与群众管理相结合"。切实把专业管理和维修部门的组织机构和力量配备健全。同时,实行全员管理,把群众体系建立健全,充分发挥群管作用。

设备管理机构的设置,应根据现代化社会化大生产的要求。对于填埋场来讲,必须有利于建立和健全以场长为首的统一的设备管理指挥系统,在场长的统一领导下,各生产部门有领导专人分管设备管理工作,班组有兼职管理员,实行分级管理,设备管理从上到下形成网络,使设备管理工作在组织上得到保证(组织框架见图4-69)。

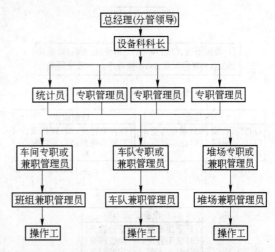

图4-69　填埋场设备管理组织框架结构图

目前国内填埋场设备管理一般在分管领导下开展,下设设备管理职能科室,统一归口设备的日常管理。设备管理部门应与技术、生产等部门一样着眼于填埋场的管理目标——以最少输入获得最多的输出,以最小的消耗获得最大的经济效益,制订出相适应的长期计划、中期计划、短期计划。其主要职责有:完善设备管理体系,健全设备管理责任制,并明确在设备管理中各层次承担的责任目标;负责制订本单位设备发展规划,编制年度设备更新改造和大中修计划,并报上级主管部门和分管领导;负责设备的前期管理、后期管理、资产管理、档案管理、安全及事故管理、备件管理、经济指标统计的实施、检查和考核工作;组织落实设备管理人员的专业技术培训,提高管理人员的业务水平;配合劳资部门组织对各类设备操作人员进行定期或不定期的培训工作和考核工作;按规定进行各类设备统计、报表和分析工作,为领导决策和提高经济效益提供可靠依据。

设备科内的管理人员可按类分设专职的设备管理员,如可分车辆设备、机电设备、工程机械等(其职责由科长另定)。各生产作业单位自上而下设专职和兼职的设备管理员,检查督促对设备的管理、保养,及时反馈设备运行信息,采取适当措施,保证生产的正常进行。

部门专职或兼职设备管理员主要职责包括认真学习设备管理知识,正确贯彻执行有关设备的管理规定及各项规章制度,负责本部门设备的管理。建立台账、统计记录各类仪器设备的技术状况和维修情况、运行情况,做到账物相符,资料齐全。检查督促各岗位对设备的管理、保养、使用等情况,以保证各类生产设备、器材的技术状况良好,如发现设备故障,有权制止运行,并及时向上级领导和设备科汇报,组织有关维修人员抢修。

**(二) 设备的配置原则**

设备管理分为前期管理和后期管理两部分,总称设备全过程管理。设备的前期管理是指设备转入固定资产前的规划、设计、制造、购置、安装、调试等过程的管理,设备的配置就是设备的前期管理,是设备全过程管理的重要部分。设备的后期管理是指设备投入生产后的使用、维护、改造、更新、租赁、出售、报废处置的管理,也是设备全过程管理的重要组成部分。设备部门要参与前期管理中各个阶段的管理工作和制订各个阶段的工作计划,包括:设备规划方案的调研、可行性研究和决策;设备供货的调查、情报收集、整理分析;设备投资计划编制、费用预算及实施程序;设备采购、订货合同及运输管理;设备安装、调试及使用初期的效果分析、评价和信息反馈等工作。运行程序见图4-70。

在前期管理各个阶段的操作中,结合填埋场的实际情况,还应注意设备规划应围绕填埋场的发展目标,并考虑市场状况、生产的发展、节能、安全、环保等方面的需要,通过调查研究,技术经济分析,结合现有设备能力、资金来源、综合平衡,制订填埋场的短期和中长期设备规划。

设备选型的基本原则是生产适用、技术先进、使用安全、经济明显、质量可靠、维修便利、售后

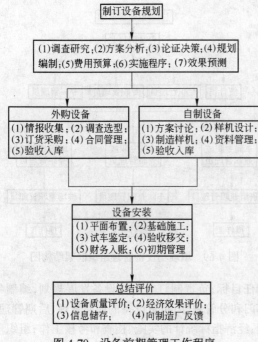

制订设备规划

(1)调查研究;(2)方案分析;(3)论证决策;(4)规划编制;(5)费用预算;(6)实施程序;(7)效果预测

外购设备
(1)情报收集;(2)调查选型;(3)订货采购;(4)合同管理;(5)验收入库

自制设备
(1)方案讨论;(2)样机设计;(3)制造样机;(4)资料管理;(5)验收入库

设备安装
(1)平面布置;(2)基础施工;(3)试车鉴定;(4)验收移交;(5)财务入账;(6)初期管理

总结评价
(1)设备质量评价;(2)经济效果评价;(3)信息储存;　(4)向制造厂反馈

图 4-70　设备前期管理工作程序

服务有保证。在签订大型、高精度、特殊或高价设备的购销合同时,应提出对生产厂家进行现场安装调试的监督、验收、试车和生产厂家对售后技术服务的承诺条款。

设备进场后,由设备科负责组织有关部门进行开箱验收,办理有关手续。设备的安装、由设备科组织人员进行或安排有关部门进行。如本单位无能力安装调试,应聘请专业人员进行指导、安装和调试工作;设备安装调试完成后,应组织场内验收,并做好验收记录(重大设备请上级部门派员参加)。设备在使用初期,应仔细观察记录其运转情况,加工精度和生产效率,做好早期故障管理,并将原始记录整理归档。

目前,国内在填埋场专用设备的研究开发上尚处于起步阶段,大部分填埋场是以针对土方工程设计的机械设备来装备,要使这些设备在比土方工程更为恶劣的生活垃圾处置环境中正常运作,我们就必须重视这些设备的前期管理。我们在具体配置的过程中,要重视把好选型和购置关,择优录用,防止盲目性。对既成事实的定型产品要侧重可靠性(适用、安全)、经济性(成本低、维修费用低)和易修性(容易迅速查处故障部位、原因、备件容易、技术简单、停修时间短)。以现代化机械作为劳动工具,是现代化填埋场的重要特征,机械设备的质量、性能、效率和使用中故障情况对填埋场的正常运作有着巨大的影响。采用什么样的机械设备装备填埋场,这是一个装备政策问题,不能盲目追新图洋,要提倡现实主义和实用技术。

在垃圾填埋场中使用的设备,往往需要其有多功能性,故这里以设备为序对国内填埋场中常用的、重要的大型填埋机械作些介绍,以供参考。为了使填埋场的日常操作规范化、标准化,填埋场应该配备完整的填埋机械设备。表4-48列出了一般垃圾卫生填埋场各种主要大型机械设备的配置要求。

表 4-48　填埋场主要机械设备的配置

| 填埋场规模 t/d | 推土机/台 | 压实机/台 | 挖掘机/台 | 铲运机/台 | 备　　注 |
|---|---|---|---|---|---|
| ≤200 | 1 | 1 | 1 | 1 | 实际使用设备数量 |
| 200～500 | 2 | 1 | 1 | 1 | |
| 500～1200 | 2～4 | 1～2 | 1 | 1～2 | |
| ≥1200 | 5 | 2 | 2 | 3 | |

注:按2～2.5 t/ps配置推土机、按2.8 t/ps配置压实机,按8.8 t/ps配置挖掘机,按11 t/ps配置装载机,以上机械不足1台的配1台。

### (三) 设备的使用与管理

设备的使用和管理好坏,对设备的技术状态和使用寿命有极大的影响。以往只提"设备管理为生产服务",生产工人只顾使用设备,设备部门局限于修修补补,应付工艺的需要,然而,在气候条件恶劣而生产任务又繁重的时节,设备部门便难以保证生产所需的设备数量和质量了。为了不影响生产,只能组织加班加点的抢修,结果设备越修越差。因此,管理部门要强调对设备管理的同时,对职工进行正确使用和精心保养、爱护设备的思想教育和培训,使操作人员养成自觉爱护设备的习惯和风气,熟悉本设备的结构、性能、传动系统、润滑部位以及电气等基本知识,具有较高的操作技术和保养水平。

### 1. 坚持岗位责任制

实行定人、定机,凭操作证使用设备,严格贯彻执行有关的设备岗位责任制是做到合理使用、正确操作、及时维护保养设备的有效措施。设备使用人员应该做到上班前认真检查、按规定润滑,试运转后方可正式开车,下班后彻底清扫,认真扫拭,物件摆放整齐,切断电源后方可离开。工作时要精神集中,设备运转时不能擅离工作岗位。对设备状态要认真记录并及时汇报,多班制作业和公用设备要坚持执行交接班制度,交接内容包括:生产任务、质量要求、设备状态和工卡量具等。对共同操作的设备,由班组长负责组织实施。

操作工人必须经过考试合格,发给操作证后方可允许独立使用设备。每考试合格一种设备就在操作证上作出一种相应的标记。对重点设备更应从严掌握,对其中的精密、大型设备的操作工要进行专门考试,并经管理部门审批后方能使用。

在各种设备的附近,特别是精密、大型设备的旁边应挂有操作规程;对那些一旦发生故障就有可能造成人身事故和造成重大损失危险的设备更应有明显的标记,不断提醒人们要严格遵守安全技术规程。

### 2. 文明生产

文明生产不仅对改善生产环境、振奋人们的精神面貌、提高填埋作业质量、有利于职工的身心健康有着重大意义、同时对设备的维护保养、对设备的安全操作都有重要的影响。在开展质量月的同时,应将设备管理与文明生产都以重要项目列为质量管理的内容,文明生产对生产管理和设备管理都是至关重要的。

文明生产所包括的内容很多。从设备角度看,应该保持设备工作环境的整洁和正常的工作秩序,根据设备的不同要求和地区的差异,采取必要的防护、保安、防潮、防腐、保暖、降温、防尘、防晒、防震等措施,配合必要的测量、控制和保险用的仪器、仪表等。

为确保工作环境整洁,就要建立健全清扫制度,配备必要的除尘设备。同时还要不断改善采光和通风条件,消除噪声和污染等因素,为工人和设备提供一个优良的工作场所。

### 3. 现场管理

设备现场管理是设备管理的一项重要工作,是目标与效果是否一致的重要体现,是使各类设备经常处在良好的技术状况下参加运行,从技术上确保安全生产的必要措施。因此,设备管理人员必须经常深入现场,抓好设备现场管理工作,加强对设备保养和使用的监督,以保证各类设备经常处于良好的技术状况中。主要内容是检查出勤的设备是否符合参加作业的条件,并制止不符合条件的机械出勤;设备机器清洁,无油污,无积灰,防护装置齐全,设备场地整洁有序,有设备性能、操作规程、定机定人牌,设备编号清晰,各类人员持证上岗,安全标志、各种消防设施齐全;检查一级保养是否按期执行,制止已到达保养期的设备不执行保养作业仍继续出勤的现象。

抽查例行保养和一级保养是否按作业范围和规范进行,以及质量检验制度执行情况,制止例行保养和一级保养草率从事的现象;检查交接班工作,并纠正不按制度进行交接班的现象;检查"运行日志"填写情况,督促操作工认真填写;检查操作工作业时,是否遵照"安全操作规程"、"操作技术规范"操作设备。

监督检查工作必须有计划地进行,除了不定期抽查之外,并定出每周的检查计划,务必使每一台设备每周被检不少于一次。设备管理员在履行监督检查职责时,必须认真负责、做好执行记录,对不符合制度规定的行为和现象有权制止。每周应作出设备运行情况的书面报告向领导汇报(或口头汇报)。

4. 设备的分类管理

根据填埋场作业性质和要求,确定设备在作业中起的作用,按各类设备的重要性,对作业的成本、质量、安全维修性诸方面的影响程度与造成损坏的大小,将设备划分为 A、B、C 三类,实施分类管理。

A 类设备是本单位的重点设备,一般占设备的 10% 左右,是重点管理和维修的对象。A 类设备根据下述情况选定:

(1) 关键工序的单一设备;

(2) 负荷高的作业专用设备;

(3) 故障停机对作业影响大的设备;

(4) 台时价高或购置价格高的设备;

(5) 无代用的设备;

(6) 对作业人员的安全及环境污染影响程度大的设备;

(7) 质量关键工序无代用的设备;

(8) 修理复杂程度高、备件供应困难的设备。

B 类设备是主要作业设备,一般占设备的 75% 左右,是加强管理与计划维修的设备。

C 类设备是一般作业设备,一般占设备的 15% 左右,是事后修理的设备。

5. 设备的技术管理

技术管理是对设备管理的重要内容,包括主要作业设备的操作、使用、维护、检修规程,主要作业设备验收、完好、保养、检修的技术标准,主要作业设备的检修工时、资金、能源消耗定额。

6. 设备的报废

固定资产生产设备,符合下列情况之一的,可申请报废:

(1) 磨损严重,基础件已损坏,进行大修已不能达到使用和安全规定要求的;

(2) 大修虽能恢复精度、原技术性能,但修理费用要超过同类型号设备现价 50% 以上的;

(3) 技术性能落后、能耗高、效率低、无改造价值的;

(4) 属淘汰机型或非标产品,无配件供应来源,无法修理使用的;

(5) 国家规定的淘汰产品;

(6) 无法或不可预料的设备损坏情况的;

设备报废由使用部门提出申请,设备管理部门根据设备的履历情况必须进行经济分析和技术鉴定,确定符合报废条件后,填写报废单,审批后执行。设备在报废手续未办妥之前,不可擅自乱拆,应该保持机件的完整。

报废设备处理或支援外系统单位时,应经设备管理部门审批同意后才能处理,其收入一律交财务部门统一管理。

7. 设备对外调拨

由设备部门会同财务部门对设备进行议价,经审批后,根据签发的固定资产调拨单,财务部门办理调拨付款后,方能调出单位。设备调拨时,应保持技术状态良好,附件及单机档案应移交给调入单位。

8．本单位的主要生产设备搬迁

使用部门向设备管理部门提出申请，经审批并经设备部门备案后，方能搬迁设备。搬迁时应有专人负责，防止发生事故或损坏机件，并做好安装、调试、验收工作，经调试、验收合格后方能使用。

9．设备封存

对闲置设备(一个月以上)使用班组必须提出封存申请，设备管理部门办理手续。封存前应该做好清洁、润滑、防腐蚀工作，封存其间应有专人负责管理，启封时应经设备管理部门批准，并办理移交手续。对较长时间封存的设备，启封必须经过检查、调试、验收合格后，才能移交使用。

10．设备外借

设备外借由客户凭介绍信向设备管理部门提出申请，由设备部门办理手续，经批准并向财务部门预交押金后，方能借出，归还时，由设备部门验收借用单，对设备进行技术鉴定，财务部门根据设备部门意见结算租用费和非正常损坏费用后才能接收。向外单位租借设备，必须经有关人员批准，由设备部门办理租借手续。

**(四) 维修和保养**

各种设备在正常使用中，有些零件或部件要相互摩擦和啮合，必然要产生磨损和疲劳，有些零部件因长期接触一个特殊气体或液体，要发生变形或腐蚀，机器设备这种客观的变化属于物理老化，称为有形损耗。相应的无形损耗是指设备的技术老化，需要由改造或更新来解决。当有形损耗达到一定程度后，就要影响设备的工作性能、精度和生产效率。为确保设备经常处于良好的工作状态，应有的工作能力和精度，充分发挥工作效率，延长其使用寿命，我们就应充分重视和做好日常维护保养和计划修理两项工作。

为做好这两项工作，我们必须贯彻"预防为主，养为基础，养修结合"的方针，克服对设备"重使用，轻保养"、"不坏不修"、"以修代保"等现象，充分发挥设备操作者与专业维修人员两方面的积极性，执行强制保养和计划修理的原则，将设备的管理、使用、维修和更新改造有机地结合起来。贯彻"预防为主"的方针，就是加强设备的日常维护和保养工作，减少磨损，"防患于未然"。"养为基础"是贯穿预防为主的重要措施之一，其中检查是搞好日常保养和维修的关键，只有把检查工作认真抓好，才能及早发现问题，杜绝设备事故，杜绝因临时故障而影响正常生产的现象。"养修结合"有利于把操作工人与专业维修人员联系起来，把生产与维修的矛盾统一起来，体现了维修与生产一致的精神。

**(五) 设备资料管理**

设备技术资料管理是直接为设备管理的组织和实施服务的，这项工作的好坏直接关系到设备管理的成败优劣。因此，对这一工作应有较高的要求。

1．加强技术资料管理的主要目的

技术资料管理的目的主要是掌握设备的技术性能、技术状况和生产效能，为机械填埋作业发展和选型工作提供依据，从而采取正确措施，提高设备的作业效率；积累各级保修工作的原始技术资料，探讨在各种运行条件下的机械磨损规律，合理改进保、修级别和保、修作业范围，并为正确编制修理计划创造条件；搜集和整理各种设备的技术文件、数据、图纸，为改进运行工作和保修工作提供参考资料；积累各种作业设备年、季、月度的技术经济定额，指标完成情况，以利改进技术管理工作。

2．技术资料管理工作的分工和要求

设备管理部门对所有技术资料(不包括单机的技术经济定额,指标)均负责汇总、积累、整理、统计、分析和保管。

生产作业部门和修理车间对本部门设备单机技术资料及综合性的技术资料均负责汇总、积累、整理、统计、分析和保管,并将汇总整理后的技术资料按规定上报。各种技术文件图纸应按设备类别、机型分别汇集成套;设备管理部门应按期将各种技术文件材料按规定的归档范围和手续递交档案部门保管(仍在继续收集积累和整理的未完成的技术档案由经办单位保管)。

从档案部门借出应用与参考的技术档案和资料应由借用人保管。技术资料必须按照保密制度进行保管,调阅或借用时应办理一定的手续。各类设备的技术性能、修理的保养记录、技术改进、技术状况分类记录等技术资料,由设备管理部门和各生产作业部门修理车间的专职或兼职管理人员负责收集、整理、审阅和提供,并分析各种技术经济定额,指标和完成情况,提交专职(兼职)资料员汇集和保管。

3. 档案资料管理

主要生产设备必须建立单机档案,由设备部门专人管理。档案内容应完整、准确齐全,增减变动应及时。档案应完好无损,要注意防火、防盗、防潮、防露、防蛀,防污损变质。

档案的借阅、异动及改动应遵循规定的制度进行,并要注意某些档案及资料的机密性。

档案资料的主要内容:

(1) 原机技术文件,使用、保养、修理说明书,零件目录,图纸,出厂合格证;

(2) 设备改装的批准文件、图纸和技术鉴定记录;

(3) 设备随机配件、工具、附属装置登记表;

(4) 设备保养、修理记录;

(5) 设备运转、技术检查记录;

(6) 设备事故记录;

(7) 红旗设备评比及其他竞赛的记录。

档案资料管理员的职责包括负责对各种技术资料的登记和保管工作,各种技术资料的整理汇编工作,各种图书、期刊的管理和添购等工作,技术资料的晒、印、誉抄等工作,并保管有关部门用具;保管仪表和量具,办理技术资料费用的预算和计划,对所保管的资料负有"完整"和"保管"的责任;对不遵守技术资料的仪表量具管理制度及"保密"者,有权拒绝借用。

4. 统计资料管理

登记、统计是设备管理资料的原始记录,是了解情况、决定政策、指导和改进工作最实际的依据,是科学管理的重要条件,因此应该准确、完整地做好登记统计工作。

统计资料的管理要求统计、分析必须符合科学,内容要精确,按时完成,按时上报。分析推理必须依据客观事实,符合逻辑,不能凭空杜撰,底册要按规定形成档案,并妥为保存备查。要注意某些统计资料的机密性。

统计资料主要内容包括:设备的改造、更新申请、选型审批资料;设备的更新、改造项目技术经济论证材料;设备安装、验收及交接班记录;主要设备运行记录及交接班记录;设备的维修保养记录;设备大修的质量检查记录;对重点设备开展的定检、巡检的记录;设备检查、红旗设备评比的记录;设备事故报告及事故处理的记录。

5. 统计人员的职责

(1) 收集统计原始资料;

(2) 汇总各类设备年、季、月度保修计划,并编制正式计划报表;

(3) 编制各种技术经济定额、指标的计划;

(4) 统计各种技术经济定额、指标的完成实绩,定期编制规定的统计报表(包括机械故障和机损事故),并作出必要的分析;

(5) 统计各类设备数量和动态;

(6) 办理各类设备的封存、启封、调拨、报废等手续;

(7) 保管有关部门计划和统计的各类资料;

(8) 对计划、统计数字以及有关部门资料,负有"及时"、"正确"、"严肃"、"保密"的责任;

(9) 有权督促有关部门或人员按时按质提供计划、统计用原始资料;

(10) 有权拒绝不按规定的手续索取计划统计资料。

## 二、填埋场工伤和死亡事故的预防

为了认真贯彻"安全第一,预防为主"的方针,确保职工在生产过程中的人身安全和国家财产免受损失,确保在生产作业运行中清运任务处置任务的有序、顺利完成,必须严格管理,强化安全,促进经济效益、社会效益、环卫效益的提高。

随着经济建设和生产技术的发展,安全技术与劳动保护工作涉及的领域越来越广泛,它是一项综合性的基础管理工作,是组织现代化生产的重要方面,是科学管理的重要组成部分。抓好劳动安全保护工作,对于高速发展国民经济,提高劳动生产率,保证人身健康,使企业管理活动合理化、制度化,达到高质量、高效率、低消耗、低成本、保安全。

填埋场的安全管理工作是环卫行业中收集、运输、处置三个环节中的一个重要组成部分,如何抓好填埋场的安全管理工作,防止填埋场作业过程中职工工伤和死亡事故的发生,是摆在我们面前的一个重要课题。

首先,我们必须以国家有关劳动保护、安全生产法律、法规,结合在安全生产中的实际需要,制订安全生产管理标准和各项安全生产管理制度,进行标准化管理,只有制度的建立健全,才能在作业过程中有章可循;有了完善的管理制度,才能制约各类违章违纪行为,从而有效遏止各类事故的发生。

其次,有了完善的制度,必须要严格地按制度进行操作,严格管理,严格执行。无论是什么地方,不管是哪行哪业,安全工作必须常抓不懈,不能有丝毫的麻痹和放松。"安全第一,预防为主",主要在预防二字上。填埋场的工伤和死亡事故的预防,着重在于垃圾自卸车和推土机、压实机、挖掘机等大型工程机械的管理,在管理中,首先是人的管理,在人的管理中,着重于各类机动车驾驶员的安全教育和现场管理。

安全工作决不能有丝毫的马虎和侥幸,要时刻记牢这一点。坚持不伤害自己、不伤害他人、不被他人伤害的三不伤害的原则。在工作中违章或麻痹大意造成工伤或死亡事故,不仅给自己带来肉体的痛苦和经济上的损失,对国家、集体、自己的家庭造成的损失和痛苦也将是不堪设想的,所以必须时刻敲响安全的警钟,预防伤亡事故的发生。

## 三、职业病的防治措施

城市生活垃圾卫生填埋场的操作工,因长期在环境差、工作脏、大气污染的作业环境中工作,身体健康受到一定程度的影响。为了有效地防治填埋场职工的职业病,必须贯彻"安全第一,预防为主"和劳动保护条例的方针,重视安全生产,把安全工作纳入单位主要议程,举行定期、不定期的例会,及时研究、解决安全生产中的主要不安全因素和防范职业病、确保职工身体健康的措施,并有计划,有目标,有考核,有检查。

组织落实。必须由行政办公室、爱卫会、医务室和环境监察室等部门联合建立工业卫生管理、卫生防疫和职业病防治机构,负责填埋场整个填埋工艺中的工业卫生管理和监督、监测工作,以及职工的身体健康状况。

建立健全更衣室、浴室管理制度。浴室和更衣室应该经常保持清洁、空气新鲜。浴室内应设厕所。更衣室内应有衣柜或衣架等设备。冬季应施放暖气,更衣室内空气温度不得低于 20℃。

各作业地点附近应设置饮水站或流动水车,使工人及时喝到足量的清洁开水。饮水站必须设专人负责水的供应、安全和卫生工作。盛水器具必须保温,并加盖加锁。一切器皿必须要有网罩,预防苍蝇的叮咬。

搞好周围的环境卫生和环境保护工作,经常保持作业场所、车间、办公室、食堂、宿舍、绿化区域及其他公共场所的清洁卫生、创造文明卫生的工作环境。

生产线必须按照卫生填埋工艺合理化、科学化地进行起吊、装卸、运输、填埋、覆盖。码头吊机处不得留有小堆垃圾;填埋场作业区必须做到推平压实、及时覆盖、有效地控制苍蝇的繁殖和生长。

组建一支年轻力壮富有战斗力的灭蝇队伍,并应有文化、懂科学、熟悉各种类型的农药的毒性和预防措施。灭蝇队伍在喷洒灭蝇农药时,必须穿戴好劳动防护用品和防毒口罩,在配药、运输、喷药时防止中毒事故的发生。

特殊工种操作和危险物品、易燃易爆物品,如氧气、乙炔、油漆、电瓶水、农药、各种油类等的使用,必须按规定使用、严格管理。在氧、乙炔焊割过程中,一方面要防止火灾和烫伤事故,另一方面要防止焊割时喷出的烟雾。因焊割各类金属物品会射放出各种不同的有毒气体,人体吸入后,会或轻或重地产生中毒现象。另外在油漆操作中,要注意到油漆不仅是易燃物品,同时也含有苯等有毒物质。对电瓶水中的硫酸、各类农药、各类油料要合理使用和严格管理,有效地控制工伤事故的发生和职业病。

在饮用水方面,要注意病从口入,对水质要进行定期检验,要分别进行理化检验和细菌检验。理化检验,夏季每月测定一次,其他季节每季测定一次;细菌检验,夏季每旬测定一次,其他季节每月测定一次。确保饮用水的饮食卫生达标。

在工业卫生标准和监测管理中,还要抓好职工的健康管理工作。

新工人入场前,必须进行身体健康检查,如有不适应填埋场工作的人员,不宜安排到生产一线岗位上。填埋场生产一线是苦脏类工种,必须要有良好的身体素质。对于机械化程度较高的填埋场,更要抓好职工的技术操作管理,也要确保职工的身体健康。

长期从事环卫事业的职工,应由工会适当组织安排享受疗休养待遇,平均每五年一次。另外,由工会会同医务人员有时期性、计划性地安排职工身体健康状况的普查工作。在普查工作中,不能敷衍了事,必须认真细致地进行检查,如查出有下列病症之一者,不得从事填埋场生产一线工作和特殊工种的操作:各型活动性肺结核或活动性肺外结核;严重的上呼吸道或支气管疾病,如萎缩性鼻炎、鼻腔肿瘤、支气管喘息及支气管扩张;显著影响肺功能的肺脏或胸膜病变,如肺硬化,肺气肿、严重胸膜肥厚与粘连;心、血管器质性疾病,如动脉硬化症、Ⅱ、Ⅲ期高血压症及其他器质性心脏病;癫痫症和精神分裂症;经医疗鉴定,不适于生产一线和特点工种作业的其他疾病。

必须执行国家有关女工保护的法规。劳资部门在安排工作时,必须照顾到女工的生理特点,女工不得从事特别繁重的体力劳动和强烈震动的作业。

大气污染重也会给人体带来影响和损伤,所以环境监察人员要时刻注意监察填埋场区域的大气中有毒有害成分的多少,采取相应措施,保证填埋场作业人员的健康。

水环境污染会造成生态平衡失调,影响植物的生长和枯死,对人体的健康也有很大的影响,所以对填埋场污水的处理和排放,是非常重要的。

处理好填埋场的作业环境,对职工的身体健康和预防及控制职工职业病的发生是一个重要的因素,为了更加确切有效地预防职业病,要创造良好的作业环境,必须要从硬件上着手,不能光在纸上谈兵。建立健全了规章制度,就要按照制度严格执行,另外,还要时刻掌握职工的身体健康,教育职工要注意劳逸结合,有了精神饱满、精力充沛的身体素质,在作业过程中才能更加出色地完成任务,不出差错,学会保护好自己,防止工伤事故和职业病的发生。

### 四、环境的保护措施

#### (一) 水环境保护

填埋场在填埋开始以后,地面水和地下水的流入,雨水的渗入和垃圾、污泥本身的分解,必然会产生大量的渗滤液,这些渗滤液污染物浓度高、成分复杂、数量大,如果不加以妥善处理,将会直接或间接对邻近地面水系或地下水系造成污染。为最大限度控制渗滤液对环境的影响,应采用设置防渗层、雨污分流工程措施、渗滤液收集和处理等措施。

1. 防渗工程

为确保垃圾填埋场产生的渗滤液不污染地表水及地下水,生活垃圾填埋场的防渗工程应采用水平防渗和垂直防渗相结合的工艺,防渗层的渗透系数 $k \leqslant 10^{-7}$cm/s。填埋场基底应为抗压的平稳层,不应因垃圾分解沉陷而使场底变形。

2. 雨污分流工程措施

填埋作业时应合理控制工作面,采用分区填埋和作业单元与非作业单元的清污分流,减少垃圾接受的降雨量,从而可大大减少渗滤液产量,并且保护地面水。

为尽可能减少流进垃圾库库区的雨水量,从而达到垃圾渗滤液的减量化,建议采取如下的雨污分流措施:

(1) 在填埋场边界线外围设置截洪沟。

(2) 划分成若干个填埋作业区域,作业区域之间通过修建土堤分隔。将正在作业区域产生的渗滤液和非作业区的雨水分开收集。

(3) 正在填埋作业的区域内修建 1 m 高的矮土堤,将作业区与非作业区分隔开来,以进一步减少渗滤液量。

(4) 填埋过程中,将较长时间不进行填埋作业的区域用厚约 35 cm 的土壤或塑料薄膜覆盖起来,将其表面产生的雨水收集起来单独排放掉。

(5) 填埋场达到使用年限后,进行终场覆盖,顶面设置为斜坡式,以增大径流系数,在垃圾平台上设置表面排水沟;排水沟以上汇水面多种草木,以防水土流失淤塞排水沟。同时,场地内种植绿化,以减少雨水转化为渗滤液的量,或设导流坝和顺水沟,将自然降水排出场外或使其进入蓄水池。

3. 渗滤液收集和处理措施

填埋场底最低处应设有集水井,其内应设有总管通向地面,并高出地面 100 cm,以便抽出垃圾渗滤液。将填埋场产生的渗滤液收集到污水调节池中。污水调节池的主要作用在于均衡渗滤液水量和水质。为能够起到调蓄暴雨时产生的渗滤水量,调节池的容积应大一些。渗滤液调节池的设计标准,按 20 年一遇降雨量产生的渗滤液量设计。

如果无法将渗滤液排入城市污水处理厂和生活污水合并处理,应设置渗滤水处理设施,处理达标后方可排入附近水体。

生活垃圾填埋场垃圾渗滤液排放控制项目为:悬浮物(SS)、化学需氧量(COD)、生化需氧量

（$BOD_5$）和大肠菌值。其他项目,视各地垃圾成分,由地方环境保护行政主管部门确定。

生活垃圾渗滤液排入限值如下:

（1）生活垃圾渗滤液不得排入 GB3838—88 中规定的 Ⅰ、Ⅱ类水域和Ⅲ类水域的饮用水源保护区及 GB3097—82 中规定的一类海域。

（2）对排入 GB3838—88 中规定的三类水域或 GB3097—82 中规定的二类海域的生活垃圾渗滤液,其排放限值执行表 4-49 中的一级指标值。

（3）对排入 GB3838—88 中规定的Ⅳ、Ⅴ类水域或 GB3097—82 中规定的三类海域的生活垃圾渗滤液,其排放限值执行表 4-49 中的二级指标值。

表 4-49　生活垃圾渗滤液排放限值

| 项　　目 | 一　　级 | 二　　级 | 三　　级 |
|---|---|---|---|
| 悬浮物/mg·L$^{-1}$ | 70 | 200 | 400 |
| 生化需氧量（$BOD_5$）/mg·L$^{-1}$ | 30 | 150 | 600 |
| 化学需氧量（COD）/mg·L$^{-1}$ | 100 | 300 | 1000 |
| 氨氮/mg·L$^{-1}$ | 15 | 25 | |
| 大肠菌值 | $10^{-1} \sim 10^{-2}$ | $10^{-1} \sim 10^{-2}$ | |

（4）排入设置城市二级污水处理厂的生活垃圾渗滤液,其排放限值执行表 4-49 中的三级指标值。具体限度还可以与环保部门、市政部门协商。

（5）排入未设置污水处理厂的城镇排污系统的生活垃圾渗滤液,必须根据排水系统出水受纳水域的功能要求,分别执行（2）和（3）的规定。

（6）由地方环境保护行政主管部门确定的其他项目,其排放限值按照 GB8978—1996《污水综合排放标准》的有关规定执行。

生活垃圾填埋场蓄水池的废水应进入渗滤液处理设施进行处理后方可排放。若单独排放,应做适当处理后方可排放。排放控制项目及其限值按照渗滤液的排放要求执行。

**（二）大气环境的保护措施**

填埋场主要大气污染物有粉尘、$NH_3$、$H_2S$、RSH、$CH_4$ 等,将会对大气造成一定的不良影响,尤其是 $CH_4$ 为易燃、易爆气体,必须予以严格控制。

填埋场应设有气体输导、收集和排放处理系统。气体输导系统应设置横竖相通的排气管,排气总管应高出地面 100 cm,以采气和处理气体用。垃圾填埋气体的收集及处理措施详见第四章第十节。

对填埋场产生的可燃气体达到燃烧值的要收集利用;对不能收集利用的可燃气体要烧掉排空,防止火灾及爆炸。

恶臭气体是有机质腐败降解的产物,亦是填埋场的主要污染物,其主要成分是氨（$NH_3$）、硫化氢（$H_2S$）、甲硫醇（RSH）等。生活垃圾中的菜皮、动物、内脏等厨余垃圾和夏季大量的瓜果皮核等均能在微生物作用下分解发生恶臭,直接影响苍蝇滋生密度。位于填埋场下风向的居民点将受到较大恶臭强度的影响,尤其是在盛夏季节。针对这种情况,拟采取以下措施加以防范:填埋工艺要求一层垃圾一层土,每天填埋的垃圾必须当天覆盖完毕,尽量减少裸露面积和裸露时间,防止尘土飞扬及臭气四溢。填埋场区四周种植绿化隔离带,防止臭气扩散。填埋场封场后,最终覆土不小于 0.8 m,并在其上覆 15 cm 以上的营养土,以便种植对甲烷抗性较强的树种,如枸杞、苦楝、紫穗槐、白蜡树、女贞、金银木、臭椿等以恢复场区原有生态环境。

生活垃圾填埋场大气污染物控制项目:颗粒物(TSP)、氨、硫化氢、甲硫醇、臭氧浓度。生活垃圾填埋场大气污染物排放限值是对无组织排放源的控制。大气污染物排放限值如下:(1) 颗粒物场界排放限值不大于 $1.0\ mg/m^3$。(2)氨、硫化氢、甲硫醇、臭氧浓度场界排放限值,可根据生活垃圾填埋场所在区域,分别按照 GB14551—93《恶臭污染物排放标准》中表 1 相应级别的指标值执行。

**（三）声环境的保护措施**

生活垃圾填埋场噪声控制限值,根据生活垃圾填埋场所在区域,分别按照 GB12348—90 工业企业厂界噪声标准相应级别的指标值执行。

垃圾卫生填埋场大部分机器设备的工作噪声在 85dB 以下,对噪声较大的设备采用消声、隔声和减振措施,种植绿化隔离带可起到屏障作用,减小噪声对居民生活的影响。

**（四）对蚊蝇害虫的防治措施**

蝇类滋生严重影响填埋场职工和临近居民的生活,是公众对填埋场环境污染反应最强烈的问题。所以,防止苍蝇、蚊子的滋生应是生活垃圾填埋场环境保护的一个重要方面,其控制标准:苍蝇密度控制在 10 只/(笼·日)以下。具体灭蝇措施如下:

(1) 运输沿程严格控制灭蝇:可以采用压缩式密封垃圾车减少苍蝇的滋生。

(2) 保证卫生填埋工艺的执行。即每天填埋的垃圾必须当天覆盖完毕,这能有效控制苍蝇的滋生。

(3) 对场外带进或场内产生的蚊、蝇、鼠类带菌体,一方面组织人员定期喷药杀灭,另一方面加强填埋工序管理及时清扫散落垃圾。及时清除场区内积水坑洼,减少蚊蝇的滋生地。

(4) 对垃圾暴露面上的苍蝇,一般采用药物喷雾或烟雾灭杀,但要注意药物对环境产生的副作用。还可用苍蝇引诱药物诱杀。在填埋场种植驱蝇植物,也是有效控制苍蝇密度的方法,且可防止药物造成的环境污染,是今后非药物灭蝇的发展方向。在填埋场的生活区,室外可采用低毒低残留药物喷雾和诱杀剂杀灭,还可用捕蝇笼诱捕,室内可采用粘蝇纸,悬挂毒蝇绳,或在玻璃窗上涂抹灭蝇药物等。

**（五）飞尘的影响及控制措施**

填埋场内飞尘及漂浮物的产生途径为垃圾在装卸、填埋时会扬起大量的尘土,主要是炉灰、塑料制品等轻薄垃圾会随风飞扬,随着场内运输车随走随飞、散布至场内外很大范围。

对填埋场生产性粉尘的限制标准取 $10\ mg/m^3$ 以下。颗粒物场界排放限不大于 $1.0\ mg/m^3$。飞尘的控制可采取下面几项措施:

(1) 配备保洁车辆,对场内道路及作业区采取定时保洁措施;

(2) 填埋场内作业表面及时覆盖;

(3) 种植绿化隔离带控制飞尘扩散;

(4) 对正在进行作业区的四周设置 2.5～3 m 高的拦网,控制轻质垃圾飞扬。

# 第十三节　杭州天子岭垃圾卫生填埋场

## 一、第一填埋场

### （一）第一填埋场工程概况及项目特点

杭州天子岭第一填埋场是南昌有色冶金设计研究院 1987 年设计的我国第一个城市垃圾卫

生填埋场,是在《城市生活垃圾卫生填埋技术标准》(CJJ17—88)颁布前设计的。

垃圾基本坝坝顶标高65 m,为碾压堆石坝,基本坝以上部分以垃圾进行堆坝,采用1:3外坡堆积垃圾堆体,设计垃圾最终填埋堆积标高165 m,设计计算填埋库容600万 m³。该垃圾填埋场设计服务年限13年,1991年4月正式投入运行,2004年服务期满。

为防止垃圾渗滤液污染下游地下水,设计在调节池下侧截污坝下部采用以帷幕注浆为主的垂直防渗措施,经过近10年对地下水监测,垃圾渗滤液未对下游及周边地下水产生明显污染,防渗效果较好。渗滤液采用低氧－好氧活性污泥法处理。该工程先后被建设部、国家环保局、国家科委评为示范工程及优秀工程,并在全国推广。

### (二) 杭州天子岭第一垃圾填埋场主体工程

#### 1. 填埋工艺

填埋场采用改良型厌氧卫生填埋工艺,实行分层摊平、往返碾压、分单元逐日覆土的作业制度。主要工艺过程叙述如下:

来自城区中转站的生活垃圾由自卸汽车运输至填埋场,经地磅计量后,通过作业平台和临时通道进入填埋单元作业点按统一调度卸车,然后由填埋机械摊平、碾压。填埋单元按1~2天的垃圾填埋量划分,每单元长约50 m,每层需铺垃圾约0.8 m厚,碾压作业分层进行并实行往复制,往复次数根据实际掌握(一般要进行10次以上),压实后厚度0.5~0.6 m,压实后垃圾密度可达0.8~1.0 t/m³,当压实厚度达到2.3 m时,覆土0.2 m,构成一个2.5 m厚的填埋单元。一般以一日填埋垃圾作为一个填埋单元,并实行当日覆土。为减少和杜绝蚊蝇、昆虫滋生,需对覆土后的填埋单元进行喷药消毒。填埋场对部分回拣或临时堆放的垃圾及填埋机械还实行不定期喷药制度。同一作业面平台多个填埋单元形成2.5 m厚的单元层。5个单元层组成1个大分层,总高度12.5 m。分层外坡面坡度为1:3,坡面为弧形,坡向填埋区周边截洪沟,以利于排除场区层面上地表径流,减少渗滤液量。大分层之间设宽度为8~10 m宽的控制平台,并设有截排坡面径流的排水沟。

#### 2. 防渗设施

生活垃圾卫生填埋场防渗工程是防止填埋场垃圾渗滤液外泄对地下水造成污染的重要措施,它一般包括填埋区的防渗和渗滤液调节池的防渗。本工程采用的防渗方案为垂直防渗,即在渗滤液可能外泄的地下通道上采用构建防渗墙、帷幕灌浆等工程来防止渗滤液外泄。

垂直防渗方法适用条件为场区一般是地下水贫乏、岩层透水性和富水性差,为一个小的、独立的水文地质单元,周围除谷口外,地下水分水岭较高,能防止填埋场垃圾堆填后,渗滤液不会越过地下分水岭向邻谷渗漏,或者地表分水岭处地层为相对隔水层,可以阻止渗滤液向邻谷渗漏。

杭州天子岭生活垃圾填埋场场区地质情况介绍如下。

天子岭垃圾填埋场位于杭州半山区沈家滨西侧的青龙坞沟谷中,是一个三面环山,向 NWW 方向开口的山谷,填埋场位于山谷的东端,填埋区长约300余 m,南北宽约300 m。由于侵蚀作用,填埋场可溶性岩层只分布在中部的向斜轴部和北东分水岭部位。由分水岭向填埋区方向(由新到老)分布的地层为:

石炭系中统黄龙组白云质灰岩,地表有溶蚀裂隙,1999年在东北角地表分水岭处补充勘查时,在灰岩地层中发现有充填溶洞;石炭系下统至泥盆系下统的一套碎屑岩系,主要为含砾石英粗沙岩、黑色炭质沙质页岩、杂色粉沙质页岩、石英中粗沙砂岩、细沙岩等。在沟谷中心有厚数米至10余米第四系堆积物,有碎石、块石、砾石组成的亚黏土和亚沙土。上部为结构松散的全新统洪积层,下部及两侧山坡为上更新统坡洪积层,黏土含量增加,泥质、铁锰质胶结紧密。

场区断裂主要有 F2 断层带,控制场区山谷的形成,在截污坝勘察孔 ZK13 中可以见到,在相距 5 m 的 ZK14 中就未见到,可见断层带影响范围不大,在钻孔压水试验时,断层无异常水文地质现象,岩层的单位吸水率 $\omega = 0.019 \sim 0.02$ L/(min·m·m)。

场区基底岩层含风化裂隙,岩层透水性弱,沟谷中基岩裂隙水水位高出第四系孔隙潜水位 2~4 m,表明第四系底部透水性更弱,有一定的隔水作用。第四系孔隙潜水水位低于地表 0.2~0.3 m,上部渗透系数 $k = 0.122 \sim 0.133$ L/(min·m·m),底部 $k$ 值更小,可视为相对隔水层。

填埋场区水资源补给来源为大气降水,大气降水绝大部分形成地表径流,部分渗入地下形成地下水。由于风化裂隙常随深度增加其透水性减弱,故地下水与地表径流一致向沟谷汇流,当地下水运移受阻时,地下水上升冒出地表形成泉水转化为地表水。场区各沟谷受不透水岩层的控制,使各沟谷之间同时构成了地表和地下分水岭。因场区为一小的、独立的水文地质单元,所以,在填埋场形成后,其产生的渗滤液一部分被渗滤液收集系统收集,另一部分渗入场区地下含水层,向下游扩散。

根据填埋场总平面设计,调节池设在垃圾坝下游的地下水总出口通道上,场区内的地下水及渗入地下水的渗滤液都将汇入调节池,因此,可以利用帷幕灌浆截断调节池与下游地下水的水力联系,防止调节池中的渗滤液及其上游的地下水向下游排泄,防止污染调节池下游地下水。

由于截污坝处两岸地下水水力坡度较陡,截污坝下用较短的防渗帷幕(设计截污坝长 80 m,帷幕向两端各延长 22 m 和 48 m,共长 150 m),就可保证上游地下水和渗滤液得到有效的拦截。

当时生活垃圾卫生填埋场尚无规范可循,所以借鉴水利部门有关标准而又高于水利标准进行设计,本工程在帷幕内外水位差只有 0.5 m 的条件下,采用单一水泥浆液,帷幕结束标准定为灌浆后压水试验 $\omega \leq 0.03$ L/(min·m·m)。在截污坝下及 F₂ 断层带附近,用双排灌浆孔,两端延长部分为单排孔。

### 3. 清污分流

为减少垃圾渗滤液产生量,降低渗滤液处理成本,设计对填埋区外的未受填埋垃圾污染的雨水和垃圾渗滤液分别收集。

(1) 雨水排放系统。在场区设置了一套完整的防洪排水系统,截洪沟按 10 年一遇流量设计,按 30 年一遇流量校核。填埋场区的排雨水系统按其排水方式分为两种:

1) 截洪沟。截洪沟包括 165 m 环库截洪沟,140 m、115 m 和 90 m 库内分区截洪沟。环库截洪沟设在南北两侧山坡的 165 m 标高上,截排未与垃圾接触的雨水。结构为浆砌块石矩形沟,断面尺寸宽 1.0 m,深 1.5 m。环库截洪沟在渗滤液调节池上游分为内沟和外沟。库内分区截洪沟共 3 条,分别设在库内 90 m、115 m 和 140 m 高程上,也均分为南北两段。其作用尽可能排出未污染的雨水,减少垃圾渗滤液。未受污染的雨水通过环库截洪沟的外沟排入下游地表水体,分区截洪沟被垃圾覆盖时则改为盲沟收集垃圾渗滤液,并通过环库截洪沟的内沟进入渗滤液调节池。

2) 排洪井。设计设置了 3 个直径为 3.8 m 的排水井,顶部标高分别为 65 m、76 m 和 97 m,用于排 90 m 以下山坡雨水,井壁随垃圾填埋上升,用预制钢筋混凝土弧形板块嵌封。作业面高于 90 m 时,排水井管改作收集渗滤液的干管。

(2) 渗滤液收集系统。渗滤液收集管网根据垃圾填埋的不同高程分 5 期设置,并以填埋区域的不同设置了 3 根干管,从而形成了北区、中区、南区 3 个相对独立的排渗滤液管网,这 3 个区域没有确切的分界。从平面上看,主管是干管的分枝,主管的间距不小于 100 m;支管间距为 40~50 m,毛细管由支管引出,间距在 10 m 左右。整个排渗滤液管网形成一个空间的立体网络。由于在排渗滤液时,会渗入一些甲烷等气体,所以在主管和干管的连接处,设置了通气孔排出气体,有利于渗流。渗滤液收集管有毛细管和支管承担,直径分别为 15 mm 和 150 mm 的 PVC 硬花管。渗滤液经支管流入主管后,通过主管和干管迅速排入渗滤液调节池。主管和干管直径分别为 230 mm 和 400 mm 的钢筋混凝土管。

**4．垃圾坝**

为使垃圾堆积体的稳定,在填埋场最下端设置垃圾坝。垃圾坝设计为透水堆石坝,坝高 14.5 m,坝顶宽为 4 m,以满足运输车辆通行的要求。垃圾坝外坡 1:1.5,内坡 1:2.0。内坡及坝基均铺设土工织物的反滤层,渗滤液可通过反滤层渗出进入渗滤液调节池。

**5．渗滤液处理**

对渗滤液进行处理达标排放是垃圾填埋场达到卫生填埋场的重要保障,也是避免渗滤液对地表水和地下水产生二次污染的重要措施。垃圾渗滤液的主要污染物为 $COD_{Cr}$、$BOD_5$、$NH_3\text{-}N$、SS 等。

（1）渗滤液的水质和水量。垃圾渗滤液水质受垃圾成分、气候、降雨量、填埋工艺和填埋时间等方面的因素的影响,变化很大。设计采用的渗滤液水质为填埋场典型值,天子岭填埋场渗滤液设计值如下:$COD_{Cr}$ 为 6000 mg/L、$BOD_5$ 为 3000 mg/L、pH 值为 6~7。处理后出水水质要求为 $COD_{Cr}$ 不大于 300 mg/L、$BOD_5$ 不大于 50 mg/L、pH 值为 6~9、SS 不大于 100 mg/L。

根据填埋场的汇水面积、填埋工艺及当地降雨资料,确定填埋场渗滤液处理量为 300 $m^3$/d。为调节渗滤液处理的水质和水量,设计采用 24000 $m^3$ 的调节池进行水质水量调节。

（2）渗滤液处理工艺。根据杭州市填埋场渗滤液水质预测,填埋初期垃圾渗滤液 $COD_{Cr}$ 为 10000~15000 左右、$BOD_5$ 与 $COD_{Cr}$ 之比为 0.4~0.6,属于生化性较好的有机废水,为了降低处理成本,设计采用以活性污泥法为主的生化法,并辅以物化法进行深度处理,处理工艺流程见图 4-71。

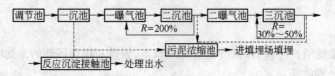

图 4-71　杭州天子岭垃圾卫生填埋场渗滤液处理工艺流程

（3）主要构筑物的技术参数:

1）一沉池:采用平流式沉淀池(二斗),池平面尺寸 6 m×3 m、有效水深 2 m、有效容积 36 $m^3$。水力停留时间 2.88 h。

2）一曝气池:曝气池二座,每座平面尺寸 7 m×3 m、有效水深 6 m,水力停留时间为 20 h,污泥负荷(每千克 MLSS)$COD_{Cr}$ 1.34 kg/(kg·d)、$BOD_5$ 0.76 kg/(kg·d)、MLSS 为 5 g/L、DO 小于 1 mg/L,污泥回流比 200%。

3）二沉池:平流式沉淀池(二斗),池平面尺寸 7 m×3.5 m、有效水深 3 m,水力停留时间 1.96 h。

4）二曝气池:曝气池一座,池平面尺寸 7 m×4.5 m、有效水深 6 m,水力停留时间 15 h,污泥负荷(每千克 MLSS)$COD_{Cr}$ 0.31 kg/(kg·d)、$BOD_5$ 0.07 kg/(kg·d)、MLSS 为 2 g/L、DO 为 2 mg/L,污泥回流比 30%~50%。

5）三沉池:采用平流式沉淀池,池平面尺寸 6 m×3 m、有效水深 2.5 m,水力停留时间 2.4 h。

6）反应沉淀接触池:包括加药反应池、沉淀池和接触消毒池,其中反应池尺寸 4 m×1 m×3 m,水力停留时间 0.96 h;沉淀池尺寸 4 m×4 m×3 m,水力停留时间 2.56 h;接触池尺寸 4 m×2 m×3 m,水力停留时间 1.9 h。一般不必加药,只有在需进一步降低 COD 时,才投加适量的碱式氯化铝。反应沉淀接触池未建,预留建设用地。

7) 污泥浓缩池:污泥浓缩池两座,每池尺寸 7 m×4 m×3.5 m,污泥停留时间约为 4~5 d。

### 6. 沼气导排及处理

沼气导排系统由间隔约为 50 m 的垂直导气石笼组成,石笼底部以纵横的盲沟相接,石笼随连接垃圾填埋高度上升不断建造。当垃圾填埋至每大平台(垂直高度为 25 m)时,在平面上面再设一组盲沟并与垂直的石笼相连接,形成上下、纵横相接的导气排渗系统。

填埋初期产生的沼气直接通过导气石笼排空,1998 年 10 月天子岭废弃物处理总场与美国慧民集团公司合作开发利用填埋沼气发电。填埋沼气发电生产流程包括填埋沼气收集系统、沼气处理系统、沼气发电系统、送变电系统等 4 个部分组成。

### 7. 填埋场封场

为了填埋场的安全,有利于沼气的收集与利用,减少垃圾渗滤液产生量,降低填埋场渗滤液处理成本,垃圾填埋场服务期满须进行封场。

为避免在封场顶部因垃圾不均匀沉降出现积水现象,对填埋场最终覆盖的外形平整应能有效防止填埋场垃圾局部沉陷,最终覆盖的坡度不应小于 4%,但也不能超过 25%。设计本着降低封场投资、增加垃圾填埋量,拟采用垃圾自身填埋形成最终覆盖层的坡度。本封场设计坡面坡向填埋场周边,排水沟的坡降为 0.5%,以便能迅速排除坡面的雨水,封场面周边和坡面中间设置排水沟,排水沟收集的雨水径流将排入填埋场环库截洪沟中。

封场覆盖系统从垃圾体自下而上,由以下几部分组成:

(1) 排气层。为了降低沼气对封场覆盖层的顶托力,有效地导出沼气,一般在垃圾体上设 30 cm 厚的卵石排气层。

(2) 防渗阻气层。由 40 cm 厚的压实黏性土和 0.75 mmHDPE 膜组成。

(3) 排水层及保护层。排水层兼作保护层采用 DN1 排水网格、300 g/m² 无纺土工织物和 60 cm 压实黏性土,并直接置于防渗层上。该层可保护土工膜不受植物根系、紫外线和其他有害因素的伤害。为了有利于排除膜上的渗水,拟在中间设导渗卵(砾)石盲沟。

(4) 绿化层。为了恢复填埋场的生态环境,有助于植物生长,设计拟采用 20 cm 营养表土。根据《水土保持综合治理技术规范》,填埋场可按照荒坡地进行育林育草,但应根据填埋场气候条件和稳定性条件进行选择确定。封场初期绿化宜选择根浅的对 NH₃、SO₂、HCl、H₂S 等有抗性的植物,选用常绿灌木(如海桐、山茶、尾兰、小叶女贞、紫穗槐)和种植草皮(如狗牙根、蜈蚣草)。填埋区封场且垃圾稳定之后,可以开发为果园、花圃或培植经济性草皮。

### 8. 实际运行效果

杭州天子岭垃圾卫生填埋场的实际运行效果如下:

(1) 垂直防渗运行效果。为监测填埋场投产后渗滤液对下游地下水的可能污染,在调节池帷幕地下水下游方向 20 m 及 600 m 各设一地下水水质监测孔。杭州天子岭垃圾填埋场(第一垃圾填埋场)经过 10 余年运行,填埋场对场区地下水监测孔进行多次监测,特别是在 2000 年为将原填埋场垃圾坝外移,扩建第二填埋场进行的环境影响评价时,又对原填埋场已有地下水监测井和新增监测井进行了更为系统的地下水水质监测,根据环境影响评价阶段的监测资料,一位于截污坝帷幕下游 600 m 处供水 10 余年的老井,2000 年 4 月 11 日取样结果其水质仍可达到地下水Ⅲ类标准,可作为集中供水水源。其结论是"杭州市第一垃圾填埋场近十几年的运营,没有对场区地下水造成明显污染,截污坝灌浆帷幕对于防止垃圾渗滤液的下渗污染发挥了一定的作用"。

(2) 渗滤液处理厂运行效果。填埋初期由于渗滤液可生化性较好、NH₃-N 浓度低,因此通过采用低氧－好氧工艺处理效果较好,基本达到出水水质要求。随着填埋年限的增加,目前渗滤液进水 $NH_3$-N 为 700~1300 mg/L,当 C/N<7、可生化比下降时,致使曝气池污泥易膨胀,渗滤液处理效果变差。说明该渗滤液处理工艺对于 $BOD_5/COD_{Cr}$ 为 0.5 左右、C/N>7,处理效果较好;但对于 $BOD_5/COD_{Cr}$ 小于 0.3、C/N<7 时,渗滤液处理效果变差。

(3)沼气发电运行效果。填埋气体收集量(标态)为 1260 $m^3$/h,经燃气发动机的气体压力为 34 kPa。其效益为:电价由杭州市供电局审定,峰电(8:00~22:00)计 14 h,电价 0.68 元/kW·h;谷电(8:00~22:00)计 10 h,电价 0.29 元/kW·h。年上网电量 14343MW·h,年产值 717 万元(未含税收)。

### (三)杭州天子岭第一垃圾填埋场东北角防渗工程

#### 1.东北角防渗的必要性

根据《杭州市天子岭废弃物处理总场一期东北端灰岩分布区防渗处理水文地质勘察报告》(2001-08),东北角黄龙灰岩分布区地表发育有一定的溶蚀裂隙,发现局部有大小不等溶洞或溶蚀裂隙,并有地下水活动痕迹;灰岩分布区在地形分水岭(与地下分水岭一致)处勘查期间最高地下水位标高为 147 m 左右,低于将来垃圾最高填埋标高 165 m 约 18 m。根据现行国家有关垃圾卫生填埋场防渗的规定和第二填埋场环境影响评价结论,必须防止填埋场垃圾渗滤液水位高于分水岭地下水位时向东北方向外渗污染周边地下水,并减小垃圾渗滤液对第一填埋场截污坝下游帷幕的渗透量。

#### 2.主要工程内容

设计经多方案比选,从投资和防渗效果综合分析比较,推荐本防渗工程采用 115~165 m 高程山体铺设单层 HDPE 薄膜为主材的水平防渗层和东北角分水岭下帷幕注浆相结合的防渗方案。工程主要包括 115~165 m 标高山体水平防渗衬垫层、东北角分水岭帷幕注浆、渗滤液收集系统、衬垫表面和底部清水导排系统、滑坡处理、多功能沼气导排井等。

(1)水平防渗。水平防渗包括场地平整、防渗层、保护层等项目。

1)场地平基。第一填埋场东北角山体平均坡度为 1:1.6 左右,场区植被较好,局部野生竹子较多,易刺破水平防渗层;由于 F9 断层的存在,灰岩区局部出现边坡塌方,垃圾堆积后易产生地基的不均匀沉降和溶洞的塌陷;因此铺设水平防渗层前必须对山坡场地平基。场区大部分边坡具有较厚的残积粉土层,土质良好,局部含有少量砾石,但土质坡面植被较丰富,边坡稳定性较差。平整原则为清除所有植被、坡积物,并使山坡形成相对整体坡度。平整土质边坡不宜陡于 1:1.20,局部陡坡应缓于 1:1.0,极少部位低洼处采用原土回填夯实,夯实密实度大于 0.90,锚固平台不应有回填土基础。场区少部分区域第四系很薄,平整后将使岩石裸露,为避免岩石坚硬棱角对防渗膜的损坏,设计对这一小部分岩质基础作如下特殊处理:使坡面大致平整,消除高于坡面部分岩石,坡面上有阴、阳角时,应修圆,使其半径大于 0.5 m,并用 M5 砂浆将坡面抹平,其余处理要求同土质边坡。

2)防渗层设计。根据国内外生活垃圾填埋场水平防渗层的使用情况调查,一般均采用高密度聚乙烯(HDPE)不透水膜作填埋场水平防渗层,HDPE 膜有很多优点,如耐候性好、抗蚀好、抗压强度高、不透水性高等。

3)防渗层的铺设、连接、锚固设计。由于铺防渗膜范围很大,设计采用幅宽 8 m 的 HDPE 膜,铺设时应尽量避免人为损伤防渗膜,如有意外,应及时用新鲜母材修补。在进行 HDPE 膜连接时应遵循下列原则:使接缝数量最少,并且平行于拉应力大的方向(即垂直等高线),接缝避开棱角,设在平面处,避免十字形接缝,宜采用错缝搭接。

根据 HDPE 膜的受力计算和衬垫层的构造要求,以及考虑边坡的稳定性,本水平防渗约 10 m 高程设一锚固平台,锚固平台宽 4 m,其上设一梯形浆砌块石排水边沟兼作锚固沟。排水沟初期未填垃圾时导排洪水,垃圾填到此高程时铺设 DN250 多孔管和碎石用以导排垃圾渗滤液。所有锚固平台都以东北角灰岩塌方区为分水岭,纵坡为 0.5%,以利于排水沟的排水和导排渗滤液。

HDPE 膜底部采用 0.6 m×0.6 m 锚固沟锚固,而顶部利用已修筑的 165 m 截洪沟,采用刚性锚固,即用锚栓将其钉在截洪沟的浆砌块石上,然后用混凝土浇注封闭。

4) 保护层的设计。保护层由垫层和面层组成。对于一般土质区的 HDPE 膜下垫层选用 400 g/m² 无纺土工布作为垫层;在岩石出露区域和塌方区按场地平整要求平整后,HDPE 膜下先用 HF10 土工网格铺在岩石面上,然后再用 400 g/m² 无纺土工布作为垫层。HDPE 膜上部的保护层采用 HF10 土工网格和 400 mm 厚的黏性土,由于边坡坡度较大,设计拟采用编制织袋装黏性土作保护层,袋装黏性土作保护层具有施工便利,材料来源广,保护效果好等优点。

5) 防渗层下地下水导排。根据东北端水文地质报告,115~165 m 高程山体地下水埋深一般在 10 m 左右,本项目铺设薄膜标高相对较高,地下水出露不至于影响水平防渗膜的稳定,因此防渗层下不设地下水导排设施,只在底部锚固沟内侧沿等高线设置一导排上层滞水的 HDPE 多孔管。

(2) 垂直防渗。垂直防渗布设在填埋场东北角垭口最高处分水岭,为了防止填埋区垃圾堆高至 165 m 标高时渗滤液可能越过现有地下水分水岭向东北方向外泄,除采用水平防渗方案外,根据场区水文地质条件,还采用帷幕注浆垂直防渗设施。

为了保证注浆质量,设计中采用双排注浆孔,孔距暂按 3m 计,帷幕深按不同部位的水文地质条件,西北段平均为 45 m,南东段平均按 30 m 计。

针对受注岩层的透水性较好但深部裂隙多为闭合裂隙的特点,若采用普通水泥浆液,则不易注入微小裂隙中,这主要是因为普通水泥颗粒直径较粗(50~80 μm)的缘故。根据俄罗斯对地铁等防渗要求极高的注浆经验,并结合在江西城门山矿区进行的固结黏土注浆试验和南昌麦园垃圾卫生填埋场进行的注浆试验和实际施工经验,采用固结黏土浆液都达到了预期的、较好的效果,本设计推荐以黏土为主要材料的固结黏土浆液配方方案。

## 二、第二填埋场

### (一) 自然现状

杭州第二垃圾填埋场(以下简称第二填埋场)属于天子岭废弃物处理总场的扩建工程,即在现有天子岭垃圾填埋场(以下简称第一填埋场)的基础上向坝口扩展 480 m。

### (二) 总体布置

工程包括:管理区、污水处理厂、污水调节池、冲洗站、填埋场(垃圾坝、排渗导气系统、截洪沟)、道路系统等。

1. 管理区

按照第一填埋场确定的布置体系,管理区仍布置在青龙坞坞口,站内现有办公楼、试验室、食堂与浴室、车库、机修、仓库等建筑。本设计在此基础上重新规划布置管理区,扩建维修车间、生产车停车场、篮球场和羽毛球场,并增加管理区绿化率,绿化率达 50%,将管理区布置成花园式的现代化管理中心。

2. 渗滤液处理厂

第一填埋场污水池位于垃圾坝下 20 m 处,与距其 400 m 的污水处理厂同处第二填埋场用地范围内。现有资料表明,该污水厂处理能力不能满足第一填埋场以及第二填埋场工程的需要,为此,本设计拟新建污水处理厂。新建污水处理厂布置在沼气发电厂西侧 250 m 左右的坡地,西邻管理区维修车间,占地 1.04 hm²,该处东距新设的污水调节池 50 m,设计地面标高 25 m。

渗滤液处理厂主要由 UASB 厌氧反应池、分解池、置换反应池、絮凝反应池、沉淀池、污泥浓缩间、事故放空池、泵房鼓风机房及加药间、控制楼等组成。

### 3.污水调节池

污水调节池位于垃圾坝下游 150 m,利用地形采取半挖半填方式形成池容,占地面积 0.02 km²,调节池容积为 20 万 m³,最高标高 29.0 m,最低标高 16 m。

### 4.冲洗站

为保证城市道路的清洁,出场垃圾运输车必须经过冲洗后方可出场。冲洗站位于距场大门 300 m 处、2 号路下行方向路边,其规模为 3 辆运输车可同时进行清洗,内设有自动感应洗车装置、净水设施及排水设施。冲洗站占地约 800 m²。

### 5.填埋场

第二填埋场是在第一填埋场的基础上西扩 480 m,并加高至 165 m 标高处,最终容积 1973 万 m³,垃圾坝设在原污水处理厂处,该处属青龙坞最窄沟段,建坝工程量最小。

### 6.道路系统

填埋场区内现有 3 条运输主要道路,分别为 1、2、3 号公路。3 条公路中既有进场公路又有场内运输专用路,可满足第一填埋场生产、管理使用需求。1、2 号公路为垃圾运输专用路,经该路可分别抵达第一填埋场的 65 m、77.5 m、90 m、115.0 m、127.5 m、140 m、152.5 m 和 165 m 等各标高平台。为满足扩建工程需要,本设计在现有公路的基础上采用延线、分岔等方法,配合第二填埋场填埋工艺要求,使垃圾运输车到达指定标高。

## (三) 道路与运输

### 1.第一填埋场道路概况

现有场区道路可划分为生产干线、临时道路、辅助道路。1 号路与 2 号路属于生产干线,为连接场外与各主要填埋平台之间的运输道路,三级路技术标准,设计路面宽 8.0 m;路基宽 9.5 m。由 1、2 号公路出线至各个填埋平台的支线为临时路,四级路技术标准,设计双车道路面宽 8.0 m,路基宽 9.5 m。3 号路为进场路,连接临半路与场区、管理站及污水处理厂,分段分别采用三、四级技术标准。

### 2.第二填埋场道路与交通

场内现有 2 号道路已通至 140 m 标高,最终设计标高为 165 m 标高,可满足第二填埋场的填埋工作使用。

第二填埋场从 52.5 m 至 165 m 标高,每隔 12.5 高差设主要平台。大部分通往各级平台的专用道路(支线)引自 2 号公路,只有至初级坝顶 52.5 m 标高平台利用 1 号公路即可抵达。为方便填埋作业,在各级主要平台中间每隔 6.25 m 高差设次要平台,通往次要平台道路(岔线)自支线分岔。

### 3.第二填埋场道路工程

根据场方建议改造 1 号路在碎石路面上加铺混凝土路面,改线长度 1.5 km,路面宽 8 m。为方便坝内垃圾运输行驶,在 1、3 号路终端附近设置简易路连通两路。简易路长 150 m,碎石路面,路面宽 8 m。场内增加干线与支线全长 2.1 km,混凝土路面宽 8 m,路基宽 9.5 m,其余指标执行三级路技术标准。岔线按临时路考虑,标准同现状临时路。

**（四）第二填埋场垃圾填埋量**

根据杭州对生活垃圾处理的总体规划,除分类收集生活垃圾中的一部分回收物外,另外还有一部分以焚烧方式处置,其余生活垃圾将全部进入第二垃圾填埋场以卫生填埋方式处置。第二填埋场所承担的垃圾量见表4-50。

**表4-50　第二垃圾填埋场所承担的垃圾量**

| 年　份 | 年生产垃圾量/万 t·a⁻¹ | 日生产垃圾量/t·d⁻¹ | 垃圾加收量/t·d⁻¹ | 实际填埋垃圾量/t·d⁻¹ | 实际填埋垃圾量/万 t·a⁻¹ | 累计/万 t·a⁻¹ | 需库容/万 m³·a⁻¹ | 备　注 |
|---|---|---|---|---|---|---|---|---|
| 2004 | 99.86 | 2736 | 287 | 1949 | 71 | 71 | 65.2 | |
| 2005 | 104.06 | 2851 | 299 | 2052 | 75 | 146 | 133.8 | 每天焚烧处理 500 t,回收率为 10.5% |
| 2006 | 107.70 | 2951 | 310 | 2141 | 78 | 224 | 205.5 | |
| 2007 | 111.47 | 3054 | 321 | 2233 | 82 | 306 | 280.2 | |
| 2008 | 115.37 | 3161 | 332 | 2329 | 85 | 391 | 358.1 | |
| 2009 | 119.41 | 3272 | 491 | 1881 | 69 | 459 | 421.0 | |
| 2010 | 123.59 | 3386 | 508 | 1978 | 72 | 532 | 487.2 | |
| 2011 | 127.30 | 3488 | 523 | 2065 | 75 | 607 | 556.3 | |
| 2012 | 131.11 | 3592 | 539 | 2153 | 79 | 685 | 628.3 | |
| 2013 | 135.05 | 3700 | 555 | 2245 | 82 | 767 | 703.5 | |
| 2014 | 139.10 | 3811 | 572 | 2339 | 85 | 853 | 781.7 | |
| 2015 | 143.27 | 3925 | 589 | 2436 | 89 | 942 | 863.2 | |
| 2016 | 147.57 | 4043 | 606 | 2537 | 93 | 1034 | 948.1 | |
| 2017 | 152.00 | 4164 | 625 | 2640 | 96 | 1131 | 1036.4 | |
| 2018 | 156.56 | 4289 | 643 | 2746 | 100 | 1231 | 1128.3 | |
| 2019 | 161.25 | 4418 | 663 | 2855 | 104 | 1335 | 1223.8 | 每天焚烧处理 900 t;回收率为 15% |
| 2020 | 166.09 | 4550 | 683 | 2968 | 108 | 1443 | 1323.1 | |
| 2021 | 171.07 | 4687 | 703 | 3084 | 113 | 1556 | 1426.3 | |
| 2022 | 176.21 | 4828 | 724 | 3204 | 117 | 1673 | 1533.5 | |
| 2023 | 181.49 | 4972 | 746 | 3326 | 121 | 1794 | 1644.8 | |
| 2024 | 186.94 | 5122 | 768 | 3453 | 126 | 1920 | 1760.3 | |
| 2025 | 192.55 | 5275 | 791 | 3584 | 131 | 2051 | 1880.3 | |
| 2026 | 198.32 | 5433 | 815 | 3718 | 136 | 2187 | 2004.7 | |
| 2027 | 204.27 | 5596 | 839 | 3857 | 141 | 2328 | 2133.7 | |
| 2028 | 210.40 | 5764 | 865 | 4000 | 146 | 2474 | 2267.5 | |
| 2029 | 216.71 | 5937 | 891 | 4147 | 151 | 2625 | 2406.3 | |
| 2030 | 223.21 | 6115 | 917 | 4298 | 157 | 2782 | 2550.1 | |

**（五）垃圾坝坝址的确定**

从地形条件来看,青龙坞尾部有多处垭口,最低垭口标高 167.7 m,最大宽度为 200 m,在设置工程构筑物(总坝长 440 m,坝高 17～23 m)后,可利用的地形标高可达 190.0 m;从地质条件看,拟定填埋区东北角存在一片灰岩区,岩溶发育,并伴有溶洞不良地质现象,但目前尚未查明其规模和与邻谷的连通性;另外,从垃圾填埋体稳定方面考虑,如果填埋标高至 190 m,最大堆积高度约为 142 m,最大可能深度 120 m,由于国内目前针对垃圾堆体稳定性的研究还在起步阶段,经多年沉降后的垃圾体其物理力学指标很难提取,科学的研究本工程中出现的高堆积体课题还不具备条件,虽然在填埋体堆至190 m后,其一部分工程投资,可获得较大容积,但为规避工程风险,以环境保护安全运行为首要原则,本次设计第二垃圾填埋场最终填埋标高为165.0 m。

**(六) 有效容积和填埋服务年限**

将垃圾坝建于现污水处理厂处,距现垃圾坝480 m,坝底标高27.5 m,坝顶标高52.5 m。当垃圾填埋至165 m标高时,库容约1973万 m³,可消纳原垃圾2152万 t,可填埋至2026年,服务年限约为23年。

**(七) 垃圾坝筑坝材料**

由于填埋场内地表层以下含有黏性土碎石,碎石含量为50%~70%,粒径3~6 cm。填埋库区内由于清理整平场地可产生10万 m³混合土石料,调节池由于池容需要开挖后所得混合土石料,除用于调节池筑堤外,尚余9万 m³。因此,垃圾坝采用土石混合料碾压坝。初期可形成库容92万 m³。

**(八) 填埋场防排洪系统**

防洪设计标准为50年一遇设计,100年一遇校核。

垃圾填埋场总汇水面积0.85 km²,填埋区(包括第一填场的填埋区)以外至分水岭的汇水面积为0.25 km²。由于库内为垃圾填埋体,不能进行洪水调蓄使用,因此对于填埋场的防洪设施应采用截洪沟形式,将洪水截住,由截洪沟将洪水引向填埋场下游排水系统。

截洪沟的布置分为南北两个走向,在库区(含第一填场的填埋区)的西部168 m标高处作为截洪沟顶点分界处,南北两向以1%的坡度顺山势沿填埋区外缘设置截洪沟,直至垃圾坝下游处汇合,根据地形,截洪沟下游段部分为陡坡。

为减少渗滤液量,设计中还采用了清污分流的方式,在填埋区南北两岸顶点标高90 m、115 m、140 m处分别设置截洪沟,顺山势向下,并与第一填埋场工程堆积坝两岸截水陡槽相连接。截洪沟总长7250 m,最大截洪面积可达0.581 km²,占总汇水面积的68.4%。

**(九) 防渗系统**

防渗系统由三部分组成:第一垃圾填埋场封场工程、第二垃圾填埋场的水平防渗工程、第二垃圾填埋场垃圾坝下帷幕灌浆工程。

**1. 第一填埋场坡面封场设计**

第一填埋场于2003年底完成服务,最终堆积标高165 m。由于第一填埋场垃圾堆体的外坡面为第二填埋场场底的一部分,其封场设计要满足第二填埋场场底防渗的要求。

**2. 第一填埋场坡面封场结构**

坡面封场是防止雨水进入第一填埋场,减少其渗滤液的产量。封场结构由下至上为:

(1) 在垃圾坡面铺设不小于450 mm厚的压实黏土,并削坡整平;

(2) 铺设双面烧毛土工布(400 g/m²);

(3) HDPE膜(2.0 mm);

(4) 耕植土层(400 mm);

(5) 表面绿化。

沿坡体每12.5 m的检修平台上设置锚固沟,与第二填埋场的临时排水边沟相连,在二填埋场垃圾堆体未到此平台高度时,可作为雨水导排沟;当第二填埋场场底防渗设施铺设至此高程时,将沟内的填充物清除,作为第二填埋场防渗设施的锚固沟使用。

当第二填埋场需要在第一填埋场的坡面进行防渗设施铺设时,应将坡面的表面绿化清除,并进行削坡整平。

**3. 第二填埋场水平防渗设计**

(1) 场底防渗结构。由于场区覆盖土层较厚,清基开挖后基本为土质基础,在经过场地清理整平后,即可进行防渗系统的铺设;另外由于场区 F2 断层贯穿整个场地东西方向,其影响范围较大,为提高防渗系统的安全性,场底设双层防渗设施,其结构层(从下至上)如下:

GCL 复合膨润土衬垫(6 mm 厚膨润土,其下为 1 mmHDPE 膜);

HDPE 膜(2.0 mm);

土工布(300 g/m²);

黏土保护层(30 cm);

土工布(200 g/m²);

碎石导水层(40 cm、粒径为 32~64 mm)。

为了防止在第一填埋场封顶坡面与第二填埋场底衔接处产生剪切破坏,在其衔接处设置土工加筋材料,铺设范围在第一填埋场与第二填埋场交接处 45 m 标高至 65 m 标高之间,在其上再进行防渗结构层的铺设。

(2) 边坡防渗结构。在对库区南北两侧的边坡削坡清整完毕后,对土质边坡可直接进行防渗结构的铺设,若有岩质边坡出露,则用水泥砂浆进行护面,再进行防渗结构的铺设。为了加强 HDPE 膜边坡抗滑稳定性,加设一层膨润土衬垫,同时也作为 HDPE 膜的底部保护层。边坡防渗结构层如下(自下而上):

膨润土衬垫(6 mm);

HDPE 膜(2.0 mm);

无纺土工布;

袋装土保护层。

为防止 HDPE 膜下滑,在边坡设有锚固平台。每隔 12.5 m 标高锚固平台宽度为 4.0 m,平台处设有防渗材料锚固沟(1.0 m×1.0 m),兼作导水用,防渗系统未铺设时作为雨水导排沟,防渗系统铺设后垃圾堆体至平台时作为导渗滤液用。另外为加强防渗材料的边坡稳定,每隔 6.25 m 高设置一简易锚固沟(0.5 m×0.5 m),再铺设防渗材料时临时开槽,完成铺设后立即回填开挖料。

**4. 垂直防渗设计**

考虑该帷幕仅为第一填埋场防渗措施的加强,而且从第一填埋场的帷幕至第二填埋场的帷幕约有 480 m 的渗径,可产生较强的自滤效果,所以在第二填埋场垃圾坝下设置单排灌浆孔,孔距按 1.5 m 间距设置,沿坝轴线灌浆长度为 117 m,北部坝肩延伸 26 m,南部坝肩处延伸 54 m,灌浆总长度约为 197 m。

(1) 碎石黏土层,层厚为 4~8 m,该层采用高压喷射灌浆法,灌浆材料为黏土水泥浆;

(2) 岩石层,该层采用压力灌浆法,灌浆材料为水泥浆,灌浆深度控制在微风化岩层下 5 m,在 F2 断层及 F2 次生断层区域内,灌浆深度为 60 m,其他部位灌浆深度约为 30~40 m;

(3) 灌浆帷幕的质量要求为渗透系数不大于 $10^{-6}$ cm/s。

**(十) 地下水导排系统**

为了减少地下水向上顶托力,保护防渗结构不受地下水压力的破坏,在防渗结构层下设置有地下水导排系统。

(1) 场底导水系统:场底主盲沟两条,内设 $\phi$450(HDPE)穿孔圆管;每间隔 50 m 左右设网状导排次盲沟,内设 $\phi$200(HDPE)穿孔圆管。次盲沟与主盲沟连接,地下水由主管穿过坝基引向下游排水渠。

(2) 边坡导水系统:在防渗结构层下铺设排水土工网格,将边坡清水导向场底。

**(十一) 排气与导渗设施**

排渗导气设施由沿沟底敷设的两条主盲沟、场底导渗层和竖向导气井组成,另外竖向每25 m高程垃圾层加设水平向盲沟,与坝外坡排水沟连接;此两套设施所收集的渗滤液全部排至垃圾坝下游调节池,最终进入污水处理厂处理。

1．渗滤液盲沟收集系统及垂直方向的石笼导渗井

渗滤液收集系统采用树枝状盲沟系统。

(1) 主盲沟的修筑横断面尺寸为高800 m、宽1.5 m,长度根据场地情况确定;

(2) 场底导渗层由河卵石及粗沙组成;

(3) 盲沟纵横交错成网状,间距控制在30~40 m;

(4) 盲沟的走向要求以一定坡度坡向主盲沟或垃圾坝;

(5) 主盲沟内设 φ500(次盲沟内为 φ250)HDPE 穿孔圆管,管周围填碎石,设粗沙保护,并与竖向石笼的导气管相连,接口处的连接要有伸缩性;

(6) 在山坡较陡、不适宜设置碎石盲沟的区域内铺设 HM1435K 型塑料盲沟,间距为30~40 m,每组两根。盲沟的修筑材料为碎石及块石,块径一般为50~200 mm;

(7) 石笼导渗井在垃圾场纵横交错的盲沟交点,向上垂直修筑石笼,石笼的修筑直径为1.0 m,内设 φ200 高密度聚乙烯(HDPE)穿孔圆管,管周围填块石,石笼随垃圾的填埋作业不断加高。

2．填埋气体及处理

杭州市废弃物处理总场于1998 年8 月与外商合作在渗滤液处理厂西南侧70 m 处建成填埋气体发电厂。采用垂直石笼井与水平导气碎石盲沟相结合的方式,将第二填埋场的沼气导出,经φ300HDPE 管送至现有的发电厂。

3．渗滤液处理工艺概述

本设计的渗滤液处理规模为1500 $m^3$/d,日变化系数为1.33,原水水质为:pH6.7~8.2、$COD_{Cr}$ 8000 mg/L、$BOD_5$3000 mg/L、$NH_3$-N 1000 mg/L、SS 600 mg/L,出水按《生活垃圾填埋污染控制标准》三级排放限值控制。

针对渗滤液的水质水量随时间的变化较大,特别是 $NH_3$ - N 浓度逐年增高、随后趋于稳定,$BOD_5$、$COD_{Cr}$ 比值越来越小,可生化性变差的特点,并参考国内外同类型垃圾渗滤液处理的经验,选择了 UASB+AMT 的渗滤液处理工艺(为设计招标的中标方案)。该处理工艺于2002 年6 月~8 月在天子岭填埋场进行了中试验证,结果表明,在技术经济方面是可行的。

本工艺方案首先采用高效节能的 UASB(上流式厌氧反应器,该设备已在国内普遍使用)去除60%~80%的 $COD_{Cr}$ 和 $BOD_5$,然后采用 AMT 工艺,利用超声波、交变电磁场、电子放电、紫外线照射和负氧离子等物理化学作用,进一步降解渗滤液中的有机物,直至达到三级标准。AMT工艺已在韩国多个填埋场应用,于2001 年在杭州天子岭填埋场业进行了一年的现场小型试验。该工艺的突出特点是:对渗滤液水质水量变化的适应性比较强,解决了因 $NH_3$-N 浓度高、后期渗滤液可生化性差而影响渗滤效果的难题;厌氧产生的沼气可送至现有的沼气发电厂;运行成本低。

**(十二) 调节池设计概述**

因为渗滤液量主要取决于大气降水,故其量不稳定,另外,由于季节不同,渗滤液水质也有较

大变化,故设置一座 20 万 m³ 的调节池。

调节池位于沼气发电厂下游沟谷处。设计将调节池顶标高定为 29.5 m,池底顺应地势向下游倾斜,上游底标高 18.0 m 下游底标高 16.0 m,这样也有利于地下水导排和池底排泥。

调节池北侧紧靠山体,需全部开挖放坡。池顶以下最大挖深 13.5 m,为中风化沙岩,1:0.5的边坡就能满足稳定要求,但考虑方便 HDPE 防渗膜的锚固与施工,设计放坡为 1:1.0。池顶宽度 3 m。池顶以上最大开挖高度 25 m,开挖面上部为强风化沙岩,下部为中风化沙岩,设计在中部设置一马道,分两级放坡,坡度均为 1:1.2。由于杭州市为多雨地区,为防止雨水冲刷引起局部块石滚落,破坏调节池及其 HDPE 膜,设计对岩质边坡进行锚杆挂网喷混凝土护坡处理。

调节池西侧最低原始地面标高一般为 18.0 m,地表至池顶尚有 11.5 m 的高差。由于该处强风化沙岩(承载力标准值 350 kPa)埋深大于 10 m,不适宜做浆砌块石堤坝,并且为了充分利用北侧开挖出来的土石料,设计就地取材修筑碾压土堤拦挡渗滤液。土堤内侧放坡 1:2.0,堤顶宽度 3.0 m,外坡 1:2.0,最大堤坝高度 13.5 m。外坡上采用浆砌石拱形骨架内铺草皮护坡。

调节池东、南两侧的原始地面标高一般为 23.0~29.0 m,为半开挖、半填筑形式。设计下部开挖放坡 1:2.0;上部采用碾压土堤拦挡污水,土堤内侧放坡 1:2.0,堤顶宽度 3.0 m,外坡1:1.5。

调节池防渗:为确保 20 万 m³ 的渗滤液不渗漏,调节池池底及池壁采用 2 mmHDPE 膜加膨润土垫(GCL)作为防渗层。

# 第十四节　深圳下坪垃圾卫生填埋场

## 一、概况

深圳下坪垃圾卫生填埋场是我国首个与国际接轨、按国际标准设计的生活垃圾卫生填埋场。它的建成投产,标志着我国垃圾卫生填埋技术提高到一个新的水平。以深圳下坪垃圾卫生填埋场为实例的垃圾卫生填埋技术,获得了 2002 年国家科技进步二等奖。

1992 年 7 月深圳市垃圾基建办公室组织了下坪垃圾填埋场的设计投标。南昌有色冶金设计研究院率先提出了按照国际水平采用 HDPE 膜复合水平衬垫全封闭防渗的技术方案,一举中标。

下坪填埋场场址位于罗湖区与布吉镇交界处的下坪谷地。场区四面环山,植被良好,山岭海拔 220~445 m,对四周地区形成良好的天然屏障。场址离市区边沿约 1.5 km,1 km 范围内无较大的工业污染源,首期工程服务半径约 9 km。场区占地 149 hm²,工程计划分三期建设:一期工程投资概算 3.4 亿元,占地 63.4 hm²,库容 1493 万 m³,服务年限 12 年;二期填埋区占地 55.8 hm²,库容 1200 万 m³,服务年限 10 年;远期考虑在一、二期填埋区上部再堆高 50~60 m,增加库容 2000 万 m³,总库容可达 4693 万 m³,总服务年限可达 30 年以上。

下坪垃圾填埋场的首期工程 1996 年建成,1997 年投产运行,迄今已正常运行 6 年。生产运行及地下水监测分析均符合有关规范要求。

下坪垃圾卫生填埋场设计和建设的主要指导思想是:

(1) 无害化、安全化、减容化、资源化和效益化;

(2) 采用安全可靠的防渗系统,按全封闭填埋场标准设计建设;

(3) 分期分区建设,减少一次性投资,资金逐步投入,及早投入使用;

(4) 加强监测和成果分析:加强对大气和地下水的监测;测定渗滤液产量、性质和逐年变化规律;进行渗漏监测;不断对垃圾堆体取样试验,测定垃圾的物理力学指标,寻求最佳压实密度和最小的稳定边坡角(稳定分析);定期对排气井排出气体取样化验以防止灾害发生和预测利用的可行性；

(5) 采取多种途径降低投资和经营费用；

(6) 考虑技术发展趋势,预留适当备用场地。

(7) 注重环境生态绿化。

## 二、场区条件

### (一) 位置、地貌和交通

下坪垃圾场位于深圳市宝安区布吉镇西南约 3 km 的下坪和上下坪地区,属深圳市罗湖区草浦村。其地理位置为东经 113°34′,北纬 22°29′。填埋场布置在草浦村的鸡魁石山和金鸡山之间的狭长山谷中,沟谷三面环山,是对周围地区的天然防护屏障。山岭标高一般在 220~445 m。垃圾体堆积在丘陵缓坡谷地,山坡较平缓,植被发育,自然生态环境良好。

原场地对外交通主要通道为红岗路,可直通填埋场主要入口。从入口至填埋区需新修公路,主干线长 2.7 km。对主要服务人口地区(罗湖区和福田区),运输最大半径约 9 km,均有完整的路网,运输垃圾的条件甚优。

### (二) 水文地质和工程地质

填埋场区内有大坑河从西向东径流。大坑河发源于梨头咀顶,流经上坪谷地、下坪谷地及大坑谷地,再入布吉河,全长 2.5 km。河床呈 V 字形,宽度 1.2 m。从水文地质条件来看,是一个具有独立的补给、径流、排泄系统的完整的地质单元,在天然状态下和其他水系无水力联系。填埋区内主要含水层为第四潜水层和基岩裂隙水层,均受大气降雨补给。区内有泉点分布。本地区较大断层为 F1 断层,宽 0.3~1.5 m,断裂带为铁质胶结良好的混合岩和石英砂岩角砾,胶结良好,断裂带宽度较小,一般不可能构成富水带。场区地下水潜水位较浅,埋深最浅仅 0.1 m,填埋区两侧山坡泉水出露点较多,使大坑河与地下水水力联系密切,呈互补关系。场区覆盖的残积坡积层渗透性能良好,基岩裂隙较发育,因此防止垃圾渗滤液污染地下水是设计的主要课题。

场区内岩土层大致均一,有分布于河谷的冲积沙卵石层,分布于山坡的坡积粉土,还有广泛分布在场区的残积粉土,各层的承载力标准值分别为 220 kPa、250 kPa 和 280 kPa。基岩为震旦系混合岩和中侏罗系沙岩。混合岩的强风化层厚 10.0~12.0 m 左右,中风化厚 0.4~4.1 m,其强风化的残积粉土量是良好的填埋场覆盖土源。

## 三、基本规划

### (一) 服务人口及垃圾量

按城市规划,下坪垃圾卫生填埋场服务范围为罗湖和福田两区。参照有关规划,预测两区人口如表 4-51 所示。

表 4-51　深圳市罗湖、福田区人口预测数

| 区　名 | 预测人口增长率 | | 预测人口数 | |
|---|---|---|---|---|
| | 1991~2000 年 | 2000~2012 年 | 1996 年 | 2012 年 |
| 罗　湖 | 4.35% | 3.00% | 119.2 万人 | 195.31 万人 |
| 福　田 | 5.70% | 3.50% | | |

服务区内城市生活垃圾量,在历年垃圾产量调查的基础上,按上表的预测人口数进行测算,测算得填埋初期 1996 年前后,垃圾产量 47.6 万 t/a,其中填埋量 33 万 t/a。至一期填埋区填满

的 2012 年前后,垃圾产量为 115 万 t/a,其中填埋量 100.4 万 t/a。

### (二)填埋场容积和服务年限

设计时本着充分利用山体地形特征和在场区内取覆盖土,尽可能地扩大填埋容积的原则,设计一期容积为 $1493.3 \times 10^4 \text{ m}^3$,二期容积 $1200 \times 10^4 \text{ m}^3$,远期在一、二期之上堆高 $50 \sim 60 \text{ m}$,容积 $2000 \times 10^4 \text{ m}^3$,总容积可达 $4700 \times 10^4 \text{ m}^3$。一期服务 14 年,二期服务 10 年,至远期总服务年限 35 年。

## 四、主要工程内容

垃圾填埋场由垃圾填埋区、污水处理区、管理区、辅助设施区等区块组成。按工程项目分主体工程有垃圾坝工程、地基处理与防渗工程、地表洪雨水排放系统、地下水导排系统、渗滤液收集导排系统、填埋气体导排系统、污水处理厂及道路等。

### (一)垃圾坝

垃圾坝位于跌死狗坳。坝顶标高 120.0 m,坝顶宽 8 m,最大坝高 17.0 m。垃圾坝上、下游坝坡均为 1:2.5。

此前,垂直帷幕防渗的垃圾填埋场,多采用透水堆石坝作为垃圾坝,以加速垃圾堆体的排水固结,增加堆体的稳定性。对于水平衬垫防渗的垃圾填埋场,则不能允许其渗漏,故没有必要作成透水的坝。按照就近取材减少投资的原则,下坪填埋场的垃圾坝采用均质土坝坝型。

### (二)拦洪坝及排洪隧洞

为了拦截填埋场上游河道的洪水,防止其进入填埋区,在填埋场上游修建了拦洪坝,再用排水隧洞将洪水排入填埋场下游,确保填埋场安全。

拦洪坝在填埋场上游,采用均质土坝坝型。坝顶标高 150 m,坝轴线长 65.7 m,坝顶宽 4 m,最大坝高 15 m,上、下游坡均为 1:2.5。

排洪措施对比了隧洞排洪和垃圾堆体下涵管排洪两个方案。经比较,隧洞方案从安全和经济两方面都优于坝下涵管方案,故设计采用了隧洞排洪方案,隧洞断面尺寸:$B \times H = 1.5 \text{ m} \times 1.8 \text{ m}$,长 1463.0 m。

排洪方案考虑了与二期工程排洪设施的衔接问题。

### (三)填埋场区外的排洪系统

填埋区外的径流排放系统,由设在南、北两侧山坡沿垃圾填埋顶面边界设置的永久性截洪沟及陡槽、涵管、消能等构筑物组成在,将水排入大坑溪。其功能为最大限度地排除自分水岭至填埋区边界的山坡径流,使其不渗入垃圾体,从而减少渗滤液量,同时也保护了这部分清水使其不受污染,还可防止山洪冲刷垃圾坡面及垃圾坝。

排洪标准据设计评审会议纪要要求,按 50 年一遇洪水考虑,采用浆砌块石排洪沟。

### (四)场内径流系统

#### 1. 分区截洪沟

为减少进入填埋作业面的降雨汇水,结合分阶段的衬垫层施工,在填埋区两侧山坡(环库截洪沟以下)设置两条不同标高的截洪沟(标高 $150 \sim 140$ m 及 $170 \sim 160$ m)。

分区截洪沟与环库截洪沟相连接,将雨水送出场外。分区截洪沟被填埋后,将改建为排渗边沟。

#### 2. 作业区内的排水设施

填埋作业区内的降雨,未渗入垃圾体内的形成作业面上的径流,这部分径流如不迅速排除,则会浸泡垃圾成为渗滤液,还会影响填埋作业,因此作业场区需设置完善的排水设施。

根据场区的地形、地质情况,按填埋工艺要求,场区内设置标高 110 m 以下和标高 110 m 以上两个排水系统。

在垃圾坝上游右侧标高 120.0 m 处设置了一座斜槽＋连接井＋$\phi$800 管钢筋混凝土排水管;斜槽上拱盖板随垃圾面上升而安装;排除经过垃圾面而未渗入垃圾体内的受污染的水,称"浑水"排放系统。由坝下 $\phi$800 排水出坝后,经沉淀池澄清后,再排入地表水系。

### (五) 防渗系统设计

**1. 选定防渗方案的主要因素**

主要考虑下列三个因素:

(1) 填埋场区的地层在有效深度(20 m)内未发现渗透系数 $k<10^{-7}$ cm/s 的隔水层,各地层均 $k\geqslant10^{-5}$ cm/s,属渗漏性场地;

(2) 地下水渗流有浅层和深层两个通道,填埋场区的防渗措施不仅要考虑浅层渗流而且还要考虑深层内化裂隙和断层裂隙渗流的防渗;

(3) 场区地下水位很高,离地面仅 0.1 m。

**2. 防渗方案的选定**

设计者对比了当时国内外垃圾填埋场较多采用的垂直灌浆帷幕防渗方案和水平衬垫防渗方案,认为前者不符合国际通用的垃圾填埋场的防渗标准,不满足深圳市政府"与国际标准接轨"的要求。因此,设计者选定了水平衬垫防渗方案。

防渗方案选定后,再选择防渗材料。由于深圳市范围内没有合适的、足量的黏土或膨润土源,因此排除了用天然材料做衬垫层的方案。在各种人工合成防渗膜中,选用了性能较优、国外使用经验较多的高密度聚乙烯防渗膜。

在防渗材料和衬垫层结构的选择过程中,设计者总结了国外生活垃圾填埋场使用防渗材料的历史及演变过程,参考了美、日、欧等国家和我国台湾地区、香港特别行政区填埋场的实例,并实地考察了美国和我国香港特别行政区的填埋场。在广泛收集资料和调查研究的基础上,选择了高密度聚乙烯(HDPE)膜作单层复合衬垫结构。

**3. 防渗层设计**

防渗层设计如下:

(1) 地下水引出及衬垫层渗漏监测。填埋场场底地下水丰富,地下水面离地面仅 0.1～2.0 m,而且有大片泉水逸出。为了减少对衬垫的不利影响,在场地设置了树枝状地下排出系统,用碎石盲沟将地下水引出。设干管 2 条,按各泉水的逸出位置设八条支管。干管为 2 根直径800 mm 的多孔混凝土管外包碎石盲沟;支管为直径 200 mm 的多孔混凝土管外包碎石盲沟。利用盲沟引出泉水,可降低地下水位,还能利用盲沟监测衬垫层可能出现的渗漏情况和渗漏量。

(2) 衬垫范围及分区。衬垫范围从垃圾至拦洪坝,纵向长约 900 m,两侧山坡衬垫最高标高为 175.0 m,衬垫平均宽约 450 m。按照分期分区建设和逐区使用的原则,一期工程按 A、B、C、D、E……区依次铺设 HDPE 膜复合衬垫,至 2003 年初已铺至 F 区。

(3) 防渗层结构。

1) 防渗层的基本结构。防渗层是以极低渗水性的化学合成材料——高密度聚乙烯(HDPE)为核心,组成全封闭的非透水隔离层。在隔离层的上面进行垃圾渗滤液的收集和排放,在其下面进行地下水的有效排除,防止地下水位的上升而造成隔离层的失效。

2) 下坪场水平防渗层设计。下坪场的地形是一条三面环山的狭长山谷,地下水位较高(距谷底地面不大于 1 m)。为有效降低地下水位,保证防渗膜不受地下水压力(水浮力)影响,下坪场在填埋区的低处(谷中小溪位置)设置了一条深 2 m 并用不同粒径碎石填满且碎石体中设有两条多孔混凝土管的地下水排放主干沟。在主干沟两边场底基层中,下坪场按地下水泉眼的分布情况,相应设置网状碎石盲沟,使之与主干沟直接相连,构成地下水收集排放系统。防渗隔离层是 2.0 mm 厚度的糙面高密度聚乙烯膜,在聚乙烯膜下还设置有 400 mm 厚的沙层。在场底中间低处,因为 HDPE 膜下水位和 HDPE 膜上渗滤液水位都相对较高,所以设计增设了高密度聚乙烯膜(1.5 mm 光面)——膨润土(6.0 mm)"GCL"复合防渗层。在隔离层上设置的 500 mm 黏土层既可以防止高密度聚乙烯膜破坏,又起到防渗作用,两者共同构成复合防渗结构。碎石层和高密度聚乙烯管组成的渗滤液收集和排放系统是收集和排放渗滤液的主干管道,该管道与垃圾坝下埋设的无孔 HDPE 管连接,直接将渗滤液排入渗滤液处理厂的前处理池。防渗结构中的无纺土工布,既是为了保护高密度聚乙烯膜,又是为了分隔土层和碎石层,起到保证疏水管道畅通的作用。

3) 边坡防渗层结构。为了克服垃圾体沉降在边坡上所产生的拉应力拉裂 HDPE 膜,边坡垂直高度不宜大于 15~20 m。废旧轮胎和碎石随着垃圾体的增高而逐步铺设,边坡上铺设废旧轮胎和碎石层的作用是为了保护边坡 HDPE 膜,避免垃圾体中的尖状物刺破 HDPE 膜。

(4) HDPE 膜的锚固。经计算并考虑衬垫层的构造要求,每 10~15 m 高差设一锚固平台。考虑施工及交通要求,锚固平台宽 5.0~7.5 m,靠山侧的锚固沟兼排水沟。

(5) 防渗层的施工。

1) 施工顺序。典型的山谷型卫生填埋场基底持力层的施工顺序是由填埋区实际的地形、地貌而决定的。下坪场基底层的施工顺序:按图纸确定平台位置→平台上边坡的开挖和修整→平台的开挖(开挖、平整、压实及路面结构的施工)→场底的开挖、平整和压实→主干沟的开挖和修整→地下水收集支盲沟的开挖→主干沟、支盲沟排水系统的施工→沙垫层的施工→平台锚固沟、排水沟的开挖→400 g/m² 土工布的铺设。

2) 基底层施工的注意事项:

① 工作平台下边坡应严格按设计放线开挖和修整;坡面上不得有大于 3 cm 的碎石、瓦砾、树根等杂物及有机腐殖土存在;若边坡需回填土方,则应分层压实,一次压实厚度不得超过 40 cm,压实密度大于 95%,每层的压实都应有压实度检查报告。后一层黏土回填时应先把第一层压实土的表层挖松 3~5 cm 再回填压实,以保证填土层的整体密实度,若边坡为岩质或其他复杂坡面,则应采用水泥喷浆处理,坡度应根据不同的土质而确定,确保边坡自身的稳定性;若边坡出现散布的泉眼应设置支盲沟进行引泉处理。

② 基底支持层若出现有淤泥、橡皮土等特殊地质情况,应按设计清除淤泥和橡皮土至持力层,然后用粉质黏土分层回填夯实,其密度应大于 95%;若基底出现地质断裂带,应对该断裂带作特殊的技术处理,以确保基底层的均匀沉陷;若基底出现散布的泉眼、非黏土层面则应按边坡的处理办法进行处理。

**(六) 渗滤液收集系统**

对于填埋场的渗滤液,首先是要尽可能减少其产生量,其次才是将渗滤液收集好,送至处理厂所,使其不致污染环境。

**1. 减少渗滤液量的工程措施**

(1) 设置完善的场外径流截流设施:填埋区上游设拦洪坝和排洪隧洞,填埋区两侧山坡设截洪沟,使场外的径流不进入填埋场内;

(2) 建立完善的场内径流排放设施,限制每日填埋作业面积,及时用渗透性低的土壤覆盖垃圾,减少填埋面的雨水下渗量。

(3)设立水平衬垫防渗系统,除避免渗滤液污染地下水时,同时可阻止地下水进入垃圾体,减少渗滤液量。

2. 渗滤液量计算

采用以理论计算为基础,结合填埋场构造推理得出的经验公式(修正合理化公式)计算渗滤液量。公式如下:

$$Q = I \cdot (C_1 A_1 + C_2 A_2)/1000 \tag{4-45}$$

式中 $Q$——渗滤液量,$m^3/d$;

$I$——日降水量,$mm/d$;

$C_1$——正填埋区的径流系数;

$C_2$——已填埋区的径流系数;

$A_1$——正填埋区面积,$m^2$;

$A_2$——已填埋区面积,$m^2$。

按 10 年一遇标准计算出不同填埋标高的渗滤液日生产量,再统计出雨季最大平均日渗滤液产量及全年平均最大日渗滤液最大产量。

3. 渗滤液收集系统

渗滤液收集系统由场区排渗网、连接井、输送管、控制闸、计量器与调节池组成。

(1)场区排渗网。场区排渗网由场底排渗盲沟和山坡排渗边沟组成。场底排渗盲沟为碎石中埋设多孔钢筋混凝土管。纵向干线 1 条,多孔管直径 500 mm,坡降大于 0.02;横向支沟每隔 100 m 左右设一条,多孔管直径 200 mm,坡降大于 0.05。排渗边沟是利用 HDPE 膜锚固平台上的场内径流截水沟改建的,碎石中的 HDPE 多孔管直径为 200~300 mm。

(2)连接井、输送管、流量计。排渗盲沟和各标高的排渗边沟汇集于垃圾坝前的总收集井;总收集井底部设 3 根 $\phi$400 mm 的 HDPE 管通过垃圾坝,排污水至前处理池中。由前处理池下游坝底引出 2 根 $\phi$400 mm HDPE 管引入调节池中,另外设置一根 $\phi$400 mm HDPE 旁通管,直接将垃圾坝内导出的污水直接引入渗滤液排放管中。下坪场在污水处理厂与红岗路间专门设置了一条 $\phi$315 mm 的 HDPE 污水排放管,以便将处理达标的污水排放进入城市管网。

(3)渗滤液调节池和前处理池。在垃圾坝与调节池之间的山谷两头砌浆砌块石坝,构成一座 43000 $m^3$ 库容的污水池,该池能够调节污水量,同时根据香港填埋场的经验,渗滤液在该前处理池中停留 8~15 天,能够有效地降低 BOD、COD 值,也就是具有预处理的功能,能够降低渗滤液处理厂运行成本。

在前处理池下游,平整的场地上布置了调节池,总有效容积 7500 $m^3$,原设计为渗滤液调节池,在渗滤液处理厂工程设计时,改造为渗滤液处理设施。

4. 渗滤液处理厂

下坪场自 1997 年 10 月运行以来,工程技术人员对渗滤液的产生、收集和处理进行了一系列的研究,主要有渗滤液水质、水量及其变化规律和渗滤液处理工艺的研究。

渗滤液水质、水量及其变化规律的研究:

影响渗滤液水量的主要因素有:大气降水、垃圾含水量和填埋工艺。

影响渗滤液水质的主要因素有:垃圾的成分、水通量、污染物的溶出速度和化学作用、填埋工艺,其中垃圾成分直接决定了渗滤液的水质特征。

通过对填埋运行过程中渗滤液水量和水质变化的监测资料研究,结合相关模型对下坪场渗滤液的水量和水质进行了分析与预测,水量预测结果表明:随着填埋场填埋区域和汇水面积的增大,渗滤液产生量呈增长的趋势。进入后期填埋,随着封场的面积增加,渗滤液的产生量逐渐减少,最高预测水量为 2024 年的 1736 t/d,2019 年为 1166 t/d。

对渗滤液的水质变化规律分析表明:在填埋初期,BOD、COD 呈上升趋势,BOD 和 COD 最高分别达到 30000 mg/L 和 60000 mg/L,而后逐年下降,填埋一年后 BOD 和 COD 基本稳定在 2000 mg/L和 6000 mg/L 左右。氨氮随填埋时间而升高,一年后稳定在 2000 mg/L 左右。

渗滤液 pH 值在填埋场运行初期为酸性,随着时间的推移,pH 值升高呈弱碱性。预计下坪场以后的渗滤液 pH 值为弱碱性在 7~8 之间。

渗滤液处理工艺:

1999 年起下坪场的垃圾降解进入了稳定阶段,并在此基础上,对渗滤液处理工艺设计进行了方案招标,有关设计参数为:

COD:5000~10000 mg/L;

BOD:2000~4000 mg/L;

氨氮($NH_3$-N):1000~4000 mg/L;

悬浮物(SS):250 mg/L。

1999 年 10 月对中标的工艺方案进行现场实验,通过实验工艺得到了进一步优化,获得了大量运行数据和宝贵的设计参数,最后确定的渗滤液处理工艺为:氨吹脱→厌氧生物滤池→A-SBR 工艺。

一期工程处理规模为 800 $m^3$/d,二期为 1200 $m^3$/d,三期视实际工程情况扩建。

经上述处理工艺理的垃圾渗滤液,出水水质达到《生活垃圾填埋场污染控制标准》三级排放标准限值。处理成本为 11.24 元/t,经济效益和环境效益明显。

### (七) 填埋气体收集处理

#### 1. 近期气体处置

下坪场投产初期产生的沼气量较小,不能够利用,但这种气体对周围环境造成污染,甚至有爆炸的危险。初期主要靠布置的石笼导气井向空中发散排放,收集井的有效作用半径为 45 m,井间距不大于 145 m。一般在集气井上方高出垃圾面 3 m 处安装燃烧器,同时配备了气体探测器,当气体达到一定浓度时点火燃烧。

#### 2. 填埋气体的回收利用规划方案

根据对下坪场垃圾填埋量及填埋气产生量的预测,到 2010 年底建成填埋气收集量(标态)约为 30578 $m^3$/d,发电能力约达到 2039 kW。在 2027 年封场时产生气量达到最大,峰值填埋气收集量(标态)约为 188400 $m^3$/d,其发电能力达 12 MW。电厂初期规模为 2 台额定发电量 1006 kW的燃气轮机发电组,并留有新建 2 台机组的位置。终期规模为 7~8 台燃气轮发电机组,电厂终期总容量约为 10 MW。

### (八) 填埋作业技术

卫生填埋是我国现阶段为较理想的大规模垃圾处理技术的方法之一。采用了推平、压实、覆盖等填埋作业技术,不仅使垃圾得到适当的贮存、减量和稳定化、无害化、资源化,还最大限度地使填埋场的周围环境的污染降到最低限度。

#### 1. 进场垃圾的管理

下坪场在规划设计时对进场垃圾作了明确的规定,只允许许可垃圾进场,非许可垃圾不得进场。对进场的垃圾按情况进行抽查或必查,如存在问题则一律拒绝进场。进场垃圾经地磅称重。

(1) 地磅称重。下坪场采用英国 GEC 公司 ABJ311 型磅桥两台,其规格为:称重容量为 60 t,磅桥长 18 m,宽 3 m,采用厚 12 mm 的滚花钢板 6 个 8710 型精密电子称重传感器,准确率达98%。

(2) IC 卡车辆进、出智能管理系统。下坪每天进场垃圾 1650～2200 t,平均每天 1800 t。为能够准确计量进场垃圾数量并减轻工作人员劳动强度,下坪采用了"非接触式 IC 卡车辆进、出智能管理系统"对进场垃圾进行准确计量。

## 2．填埋规划

下坪场在开发建设填埋区时,就根据实际地形编制了填埋区的垃圾填埋规划。按规划一期工程垃圾体最大填埋高度为 115 m,平均高度为 95 m,共分 7 个填埋层,每层高度大约为 10～15 m。为有效实施填埋区清、污分流功能,每一填埋层划分为若干个分区,各分区形成相对独立的地表水收集、排放系统;当填埋到某一分区时,又将该区划分成若干个填埋单元,单元间用土坝分隔,近单元填埋。一期填埋区底层共分为 A、B、C 三个分区(即工程的 3 个单元)。分区和填埋单元划分,主要应考虑以下因素:

(1) 各分区的填埋作业顺序。为最大限度地排除垃圾体表面雨水,减少渗滤液的产生量,下坪场制定了填埋区一期工程底层垃圾填埋顺序为 A→B₁→B₂→B₃→C。在进行 A 分区填埋时,B、C 分区雨水单独收集排放,在进行 B 分区填埋时,A、C 分区的雨水分别收集和排放。这种填埋作业方案不仅有效控制并减少了渗滤液的产生量,而且为垃圾填埋作业提供了必要的条件,保证了垃圾填埋的有效运行。

(2) 填埋作业方式。垃圾填埋作业必须根据填埋作业规划来选择作业方式,常见的填埋作业方式有水平推填、从上往下推填和从下往上推填三种。下坪场对后两种作业方式进行全面因素比较可以看出,从下往上推填可以使压实密度增加,但从作业的方便性和经济性看,从上往下的作业方式较好。因此,下坪场一般采用按单元自上而下、分层压实的方式进行填埋作业,每个填埋单元可填埋 5～7 天的垃圾量。根据地形情况,每层的垃圾填埋高度一般控制在 6～8 m。先由推土机将卸车平台上的垃圾摊铺在作业面,然后用压实机进行碾压。垃圾填埋作业斜面的坡度最好控制在 1∶5～1∶6 左右,以便于垃圾填埋作业和垃圾体的自身稳定。

(3) 填埋作业工作面。填埋作业时应将工作面尽可能控制到最小,以减少垃圾裸露面,同时也减少垃圾体表面临时覆盖的材料用量,工作面的宽度按进场车辆多少设置,应尽量方便垃圾运输车辆进场卸料作业,同时应留有余地,以便应付紧急情况发生。工作面的设置要考虑填埋作业的连续性,尽量满足清污分流的需要。根据下坪场的实际情况,工作面一般控制在 2500 ㎡ 左右。

(4) 填埋高度。采用分层填埋、分层压实的方法进行填埋作业时,每层垃圾的填埋厚度应不大于 1 m 即用压实机进行碾压,当垃圾体的填埋高度达到 10～15 m 时则进行中间覆盖。

(5) 雨天填埋作业。雨季垃圾含水量较高,垃圾运输车直接进入垃圾填埋区倾卸有较大困难。只有合理规划填埋作业区,设置垃圾车辆卸料平台,才能保证雨天填埋作业的正常进行。下坪场雨天填埋作业的方法为,用平时收集并集中存置的建筑垃圾,在填埋区铺设一块厚度为0.8 m、面积约为 1000 ㎡ 的卸料平台,垃圾运输车通过填埋区简易路到卸料平台后可直接倾倒垃圾。

此外,专门规划一块供暴雨天填埋作业的区域,以保证填埋作业的正常进行。

## (九) 场地绿化及水土流失的治理

垃圾填埋是典型的土地开发型工程,植被破坏、水土流失严重。下坪场设计与管理都十分重视植被的保护,生态功能的恢复和水土流失的治理,主要采取的措施有:

(1) 合理安排施工顺序,防止和减少水土流失。

(2) 采用不同的措施对已被破坏的植被进行恢复。

（3）在治理黄土裸露,绿化环境的同时,选择适宜生长的植物种类(如可净化空气的夹竹桃、桉树、玉兰等)大面积种植以净化空气,改善空气质量,美化场区环境,提高环境质量,最大限度地减少或避免垃圾填埋对周围环境的不良影响,改变垃圾填埋场在人们印象中的脏乱差形象。

几年来绿化场区面积达 10 多万 $m^2$,植树 20 多万株,治理裸露大边坡近 5 万 $m^2$,中间覆盖植草约 3 万 $m^2$,工程费用达 500 万元以上。有效地防止了水土的流失,生态功能逐步得到恢复。

**（十）附属设施工程**

包括排水、消防、水电、自动称重计量、通信、机修、道路、办公和其他设施工程(环境监站、气象站、职工活动中心、食堂等)。

# 第十五节　南昌麦园垃圾填埋场

南昌市麦园生活垃圾卫生填埋场位于南昌市昌北麦园乡境内的山谷中,距南昌市市区15 km。填埋场的总库容为 1793 万 $m^3$,启用年的生活垃圾日处理量为 1000 t,服务年限 31.5 年。工程总投资 9980 万元,单位投资 5.57 元/$m^3$,分二期实施。

南昌有色冶金设计研究院曾设计了我国第一个规范化的生活垃圾卫生填埋场——杭州天子岭垃圾填埋场和第一个按“与国际接轨”要求设计的生活垃圾卫生填埋场——深圳下坪生活垃圾卫生填埋场(均已建成投入使用)。南昌市麦园生活垃圾卫生填埋场的设计则是在上述两个垃圾卫生填埋场设计和建设经验的基础上,总结出既在国内技术先进又节省投资、满足卫生填埋要求的一整套垃圾卫生填埋工艺技术和工程措施,将其用于工程设计中。其技术经济指标较国内同类项目有明显的提高和改善,技术有很大进步,主要有:

（1）首次在国内进行垃圾堆体的稳定分析计算;

（2）根据地形地质条件在国内首次采用黏土固化浆注浆防渗帷幕;

（3）在国内首次明确提出“渗滤液大调节池、小渗滤液处理站”的技术路线;

（4）渗滤液处理工艺在国内首次采用“AB 法＋物化处理”方案;

（5）设计注重填埋场的生态环境建设,总体设计具有园林气息;

（6）在全国已建的生活垃圾卫生填埋场中单位投资最省。

## 一、垃圾堆体的稳定分析计算

国内其他垃圾填埋场的设计,对垃圾堆体特别是高垃圾堆体,大都没有论证其稳定性,有的也只是从经验类比稍加论述,以此来选定边坡,因此多较保守,不能充分扩大库容(将边坡加陡至安全极限)。南昌市麦园生活垃圾卫生填埋场的设计则对生活垃圾腐熟、沉陷后的物理力学特性进行了调查研究,从环境土工学的角度对垃圾堆体的稳定性进行了电算分析,预估了垃圾堆体的稳定性,克服了仅凭经验拟定垃圾堆体边坡的不足,为选定既安全又能尽可能增加垃圾库容的垃圾堆体边坡提供了理论分析依据。

由于垃圾堆体运行工况类似于尾矿坝,故设计参照《选矿厂尾矿设施设计规范》(ZBJ1—90)进行分级,按照《碾压式土石坝设计规范》(SLJ218—84)对拟建工程边坡稳定性进行分析计算。

本填埋场总库容 1793 万 $m^3$,堆体高度 60 m,按尾矿库的等别为三等,垃圾主坝作为主要构筑物,按尾矿库构筑物级别为三级,故正常运行时坝坡抗滑稳定最小安全系数为 1.20,洪水运行时坝坡抗滑稳定最小安全系数为 1.10,特殊运行时坝坡抗滑稳定最小安全系数为 1.05。

设计采用土坝边坡稳定分析有关软件进行计算:根据《建筑抗震设计规范》,南昌市地震基本烈度为 6 度,设计考虑有关荷载和暴雨期间的水作用(有效应力法),采用瑞典条分法,自动搜索最危险滑裂面的安全系数为 1.128,垃圾堆体边坡安全。

　　由于垃圾堆体的工程性质参数与垃圾成分、覆土特性、碾压工艺相关,在现阶段无法准确获取拟建工程未来垃圾堆体的各物理力学参数。在上面的计算中,设计选取类似垃圾堆体的容重值。故设计又类比国内外已运行大型垃圾填埋场、矿山尾矿库,整体垃圾堆积边坡 1:4 时,能满足其稳定性要求,重要的是在堆填过程中的设防措施,结合本工程的实际条件,在设计中做到了以下设防措施:

　　(1) 尽量避免垃圾堆体向下游弯曲折线堆积;

　　(2) 垃圾堆体内设置完善的立体排水导渗系统,以加快垃圾堆体固结;

　　(3) 对于粪便等易液化物尽量堆置于库尾,颗粒较大的垃圾尽量堆置在库前;

　　(4) 及时采用黏性土覆盖,尽量减少暴雨期间的雨水进入垃圾堆体;

　　(5) 使用性能好的大型压实设备;

　　(6) 在未来的运行过程中对本拟建工程垃圾堆体的物理力学参数进行现场试验选取,根据试验参数确定是否要在垃圾体内设置加筋(采用土工布、土工格栅)。

## 二、黏土固化浆注浆防渗帷幕

### (一) 地形地质条件

　　场区地质概况为一向南开口的簸箕状地形,地势北高南低,北部分水岭标高为 159 m,基本坝坝址河床标高 42.8 m。北部近分水岭地形较陡,一般为 $30° \sim 50°$,植被发育,人工林茂密。山顶和山脊可见基岩裸露,风化较严重。

　　场区岩层分布:场区内除沟谷分布较少量第四系覆盖层外,均为古老的前震旦系变质岩－梅岭片麻岩 MP(AnZ),原岩为泥质碎屑沉积岩,新鲜岩石为灰白至青灰色,致密坚硬,风化后多呈黄、黄褐色。

　　场区以南的 $F_1$ 断层上分布着前震旦系变质岩——昌北千枚岩 CQ(AnZ),亦为泥质碎屑岩变质而成。

　　第四纪主要为更新统残坡积层($Q_2^{el+dl}$),分布在北东、北西向冲沟及山坡和山脚处,全新统冲积层、洪冲积层分布在沟谷和小溪两侧;人工堆积物仅分布在采石场出口处。

　　场区共发现有 $F_1 \sim F_5$5 条断层,对填埋场有较大影响的只有 $F_2$,是通过物探发现并经勘查孔 ZK9、ZK11 揭露的。断层位于 ZK9 和 ZK11 西侧,走向北北东,倾向南东,倾角 60°左右。勘查孔在断层附近渗透性相对较强(相对于场区其他孔而言),是本设计防止渗滤液外泄的重点对象。其他 4 条断层或分布在场区以外($F_1$、$F_3$),或因短小而为延伸至场区以外,影响不大。

　　场区发育有北西、北北西、北东、北东东 4 组裂隙,其中前 2 组裂隙透水性能较好,可能构成场区副坝及东侧分水岭渗滤液外泄途径。

　　场区临近地表分水岭,填埋场最高的 120 m 截洪沟北距分水岭 400 m 左右,两侧 100～200 m,东侧小于 100 m。基本坝以上集水面积约 1 km$^2$。地表水系不发育,场区中部有一小型水库——西吉安水库,枯季干涸;沿冲沟发育的小溪枯季也只有涓涓细流。

　　场区主要含水层为片麻岩裂隙含水层,富水性弱,透水性属弱至极弱。第四系洪冲积层分布局限在小溪两侧,但防止渗滤液外泄时应引起足够重视。

　　场区地下水的分布和地下水位受地形地貌控制,地下分水岭和地表分水岭吻合,在水文地质上为一小的独立的水文地质单元。地下水由大气降水补给,由于地形较陡,基底岩层透水性弱,绝大部分以地表径流排泄,少量地下径流遇到冲沟等有利地形时,以泉水形式转化为地表水,故场区地下水贫乏,据测绘资料可知,场区泉水最大流量为 0.044 L/s (1.2t/d),一般在 0.008 L/s

以下。场区地下径流模数为 $0.231\ \mathrm{L/(s \cdot km^2)(20\ m^3/km^2)}$。场区地下水贫乏可从西吉安水库枯季因得不到降水补充、又得不到地下水补给干涸得到证实。

场区西侧地形及地下分水岭较高,渗滤液不会越过地下分水岭外泄;但东侧地形及地下分水岭较低,其水位有可能会出现短时高于地下分水岭而向东侧外泄,影响其东侧的小吉岭水库。

在基本坝坝区的小溪附近的 $F_1$ 断层,距勘查报告的 A-A′剖面上 7 个勘查孔的注水、压水资料,断层带附近的渗透性最好,$k = 6.86 \times 10^{-4} \sim 6.57 \times 10^{-5}\ \mathrm{cm/s}(0.593 \sim 0.057\ \mathrm{m/d})$,远离 $F_2$ 断层的两端 $k = 4.13 \times 10^{-5} \sim 4.21 \times 10^{-5}\ \mathrm{cm/s}(0.036 \sim 0.0036\ \mathrm{m/d})$,一般在孔深 20 m 以下,渗透性更弱。A-A′剖面各孔加权平均的渗透系数 $k = 1.08 \times 10^{-4}\ \mathrm{cm/s}(0.093\ \mathrm{m/d})$。

距场区东侧副坝区的 ZK13、ZK14 两孔注水资料,山基处的强、弱风化片麻岩 $k = 4.28 \times 10^{-4} \sim 7.42 \times 10^{-4}\ \mathrm{cm/s}$,属弱透水性岩,是场区透水性最好的地段。

### (二) 垂直防渗方案

半封闭的地形和小而独立的水文地质单元及基底岩层的微弱透水性能,为防止填埋场渗滤液外泄采用垂直防渗方案提供了可能。

根据总体设计的要求,调节池帷幕布置在渗滤液调节池南,在堤坝中心线上,并向东、西各延长至 48 m 标高处,长约 262 m。场区工程地质勘查未专门在此帷幕上进行工作,设计是参照基本坝的 A-A′和 E-E′剖面上的注水、压水试验成果进行的。

### (三) 副坝帷幕

为防止场区东侧副坝区段可能产生的渗滤液越过地下分水岭外泄,对小吉岭水库产生污染,在 90 m 标高副坝区段及 100 m、120 m 填埋边界附近分别设了防渗帷幕并根据补充勘查后资料进行了施工图的设计。

### (四) 防渗注浆帷幕

根据场区工程地质勘查成果及对防渗要求,参考国内外注浆技术的成熟经验,采用固结黏土浆液配方。

场区受注岩层主要为风化程度不同的梅岭片麻岩。发育有四组裂隙,其中北北西(340°左右)两组裂隙平直,延伸长,张开或闭合,倾角 60°～70°,导水性较好,为副坝帷幕注浆对象,副坝勘查孔注水试验 $k = 4.28 \times 10^{-4} \sim 7.42 \times 10^{-5}\ \mathrm{cm/s}$。

基本坝下的 $F_2$ 断层,ZK11 钻孔揭露其上、下盘注水和压水实验结果,$k = 6.86 \times 10^{-4} \sim 5.546 \times 10^{-4}\ \mathrm{cm/s}$,断层带以外钻孔注水和压水试验,$k$ 值均小于上述数值。

总的来说,场区岩层渗透性除少部分属弱透水层($k = 2.31 \times 10^{-4} \sim 5.78 \times 10^{-3}\ \mathrm{cm/s}$)近下限外,大部属微弱透水性($k = 2.31 \times 10^{-5} \sim 2.31 \times 10^{-4}\ \mathrm{cm/s}$),在孔深 20 m 左右及其以下和基本坝东西两肩大多属极弱透水层($k < 2.31 \times 10^{-5}\ \mathrm{cm/s}$)或不透水层(《SDJ14—78》内页整理规程分类标准)。

勘查报告未对裂隙发育具体数值进行测量和描述,但从注水压水试验的 $\omega$ 值及渗透性分析,场区基底的片麻岩裂隙发育程度较差,裂隙宽度较小,较宽的裂隙多为泥质或石英填充。

针对受注岩层透水性弱,裂隙宽度小的特点,如采用一般水泥为主的浆液,不易注入 0.5 mm 以下的微小裂隙。因水泥颗粒较粗($50 \sim 70\ \mu m$),根据俄罗斯对地铁等防渗要求极高的注浆经验和我院在城门山铜矿进行的固结黏土注浆试验资料,本设计拟采用以黏土为主要材料的固结黏土浆液配方方案。

黏土为主注浆有以下主要优点:

(1) 黏土浆液有良好的分散性和沉降稳定性、流变性,即有良好的可注性能。

(2) 黏土矿物颗粒细小,一般小于 5 $\mu$m 的颗粒含量大于 30%,可注入岩层微小裂隙中,可提高堵水效率;黏土浆液固结后失水量小,体积不收缩或收缩极小,有更好的堵水效果;而纯水泥浆液,特别是稀水泥浆液,固结失水率高,产生的收缩裂隙也较大。

(3) 黏土浆液固化后,有很好的抗腐蚀性。

(4) 黏土浆液材料成本较低。

以往垃圾场防渗帷幕都是用水泥浆液进行注浆(例如杭州天子岭垃圾填埋场、南宁市垃圾填埋场等),由于水泥浆液的沉降不稳定、易失水稠化、颗粒较粗,难注入岩层的微小裂隙,其防渗标准难以提高。

黏土固化浆是以粒度小于 0.074 mm(－200 目)的黏土为主要注浆材料,加一定比例的普通水泥及少量结构剂配制而成的浆液。它具有良好的分散性、沉降稳定性和灌注性,能对场址岩层的微小裂隙进行注浆封堵,其浆液结石抗污水腐蚀性好,渗透系数较低。因此黏土固化浆注浆防渗帷幕的防渗标准可较水泥浆液注浆防渗帷幕的防渗标准提高很多。据南昌市麦园生活垃圾卫生填埋场的主帷幕上 26 个检查孔压水试验检查结果可知,岩层的单位吸水率 $\omega$ 均为 0.001～0.01 L/(min·m·m),全部满足设计 $\omega \leqslant 0.01$ L/(min·m·m) 的要求,较杭州、福州等垃圾填埋场 $\omega \leqslant 0.03$ L/(min·m·m) 的防渗要求提高了数倍。同时,黏土固化浆液注浆的单价仅为水泥注浆单价的 3/4,节省了 1/4。

### 三、"渗滤液大调节池、小渗滤液处理站"的技术路线

我们知道决定填埋场渗滤液量的主要因素是大气降水量,一年内同一地区的降水量雨季多,旱季少,而渗滤液处理站的日处理量是一定值,因此须设置渗滤液调节池,其功能是蓄水和调节渗滤液处理站进水的水质和水量。

取典型年降雨量值 $I = 1608.9$ mm 对来水量(垃圾渗出水量)和出水量(渗滤液处理站处理量)做以下平衡计算,并进行调洪计算校核。

若渗滤液处理站处理量为 1000 m³/d, 则渗滤液调节池需 11 万 m³;

若渗滤液处理站处理量为 1100 m³/d, 则渗滤液调节池需 7 万 m³。

分析比较,渗滤液调节池 11 万 m³ 需投资 300 万元,若渗滤液调节池采用 7 万 m³ 需投资 190 万元,可节省投资 110 万元;

渗滤液处理站处理量按 1000 m³/d,全年运营费 200 万元,若渗滤液处理站处理量按 1100 m³/d,全年运营费 220 万元,前者较后者每年可节省运营费 20 万元,渗滤液处理站按 35 年运行考虑,则总共可节省运行费 700 万元。5 年半就可回收多用的基建投资 110 万元。

通过以上分析对比,大的渗滤液调节池可以减少渗滤液处理规模(并能在池中降解渗滤液中大部分有机物),减轻渗滤液处理站的处理负荷,节省运行费。

本工程设计渗滤液调节池共两个,以利冬季清淤。采用地下式结构,每个有效容积 5.5 万 m³,池顶标高 45 m,底标高 35 m,超高 1 m,沿坝轴线长 112 m,宽 81 m。渗滤液调节池在近坝面设计坡度为 1:2,与填埋场堆石坝协调一致,其余三边坡度为 1:1.5,池顶用浆砌块石砌防护墙,防护墙尺寸为 1 m 高,1 m 宽。

### 四、"AB 法＋物化处理"的渗滤液处理工艺

针对垃圾渗滤液水质水量变化较大、进水有机浓度及氨氮较高的特点,在实践中提出符合其特点的 AB(A 段＋氧化沟)优化处理工艺和各项主要技术参数,该技术与传统的生物法相比,在处理效率、运行稳定性、工程投资和运行费用等方面均具有明显的优势。

AB 工艺对 $BOD_5$、COD 和氨氮的去除率,高于常规活性污泥法。其突出的特点是 A 段负荷高、抗冲击负荷能力很强、对 pH 值和有毒物质的影响有很大的缓冲作用。其处理效果可达到 COD 不小于 90%、$BOD_5$ 不小于 95%、$NH_3$-N 不小于 80%。因此该处理工艺对生活垃圾卫生填埋的渗滤液处理具有良好的效果。

A 段曝气池污泥负荷采用(每千克 MLSS)$BOD_5$2～3 kg/(kg·d),MLSS 为 2500 mg/L,A 段以兼氧方式(DO 0.5 mg/L 左右),BOD 去除率可调整;B 段采用氧化沟,容积 $BOD_5$ 负荷 $BOD_5$ 0.2 kg/(m³·d),MLSS 为 4000 mg/L,(好氧区 DO 控制 2 mg/L,缺氧区 DO 控制 0.5 mg/L),具有脱氮效果;出水加药混凝后水质达(GB16889—1997)二级排放标准。

**(一) 处理工艺**

处理工艺见图 4-72。

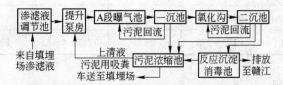

图 4-72　AB(A 段曝气＋氧化沟)＋物化流程图

**(二) 主要建、构筑物技术参数**

主要建、构筑物技术参数有:

(1) 渗滤液调节池提升泵房。在渗滤液调节池上做一钢筋混凝土平台(4 m×4 m)及走道,高 10 m,内设 50QW25-22-4 型潜污泵 4 台,二用二备,$Q=25$ m³/h,$N=4$ kW,$H=22$ m。

(2) A 段曝气池(2 座,每座分 2 格)。每座平面尺寸 6 m×6 m,池深 4.7 m,有效水深 4 m,有效容积 144 m³,MLSS 为 2500 mg/L,污泥负荷(每千克 MLSS)$BOD_5$2.5 kg/(kg·d)。污泥回流比 75%。

(3) 一沉池(2 座)。每座平面尺寸 4.6 m×4.6 m,池深 5.5 m,表面负荷 1 m³/(m²·h)。

(4) 氧化沟(2 座)。采用卡鲁塞尔式,每座池深 4.2 m,有效水深 3.5 m,有效容积 3000 m³,污水实际停留时间 4.6 d,池长 230 m,污泥负荷(每千克 MLSS)$BOD_5$0.05 kg/(kg·d),MLSS 为 3000 mg/L,泥龄不小于 40d,沟内混合液平均流速不小于 0.3 m/s。每座氧化沟内设 D225 倒伞型叶轮表曝机 2 台,其充氧量 37～56 kg/(h·台)。

(5) 二沉池(2 座)。每座平面尺寸 5.8 m×5.8 m,池深 5.8 m,表面负荷 1 m³/(m²·h)。

(6) 反应、沉淀、消毒池(2 座)。每座平面尺寸 6.5 m×4 m,池深 5.8 m,碱式氯化铝选用 JY-2 型搅拌槽溶药,采用计量泵投加。消毒根据 $8×10^{-6}$～$15×10^{-6}$(8～15 ppm)投氯量选用 NaClO,采用计量泵投加。

(7) 污泥浓缩池(1 座,分 2 格)。平面尺寸 8 m×4 m,分 2 格,池深 3.8 m。

(8) 鼓风机房(1 座)。平面尺寸 10 m×6 m×6 m,内设 TSD-125 型罗茨鼓风机 3 台,二用一备,$Q=11.2$ m³/min,$N=18.5$ kW。

(9) 泵房(1 座)。平面尺寸 12 m×6 m×5.3 m(地下 1.3 m),内设 80 WG 型污水泵 8 台。

(10) 控制室(1 座)。平面尺寸 16 m×8 m×7 m(2 层),内设控制间、加药间、值班间、工具间、厕所。

**(三) 占地及投资**

渗滤液处理站总占地面积 9600 m²,工程投资 650 万元,直接运行费用 5.5 元/t。

### （四）监测结果

南昌环境监测站于 1999 年 7 月～8 月对麦园垃圾卫生填埋场工程环保设施进行了竣工验收监测，渗滤液处理监测结果如表 4-52 所示。

**表 4-52　渗滤液处理监测结果**

| 项目名称 | 进口浓度 | | 出口浓度 | | 处理效率/% | (GB16889—1997) 二级排放标准 |
|---|---|---|---|---|---|---|
| | 平均值 | 范围值 | 平均值 | 范围值 | | |
| pH | 7.52 | 7.45～7.71 | 8.0 | 6.69～8.34 | | 6～9 |
| $COD/mg \cdot L^{-1}$ | 5300 | 3200～7225 | 212.0 | 148.4～256.4 | 96 | 300 |
| $BOD_5/mg \cdot L^{-1}$ | 2200 | 821～2534 | 33.0 | 15.7～45.5 | 98.5 | 150 |
| $NH_3^- N/mg \cdot L^{-1}$ | 220 | 173～278 | 25.0 | 17.7～45.5 | 88.6 | 25 |

### （五）工程实施效果

该渗滤液处理站 1998 年 10 月投入使用，1999 年 9 月 8 日由江西省环保局通过环保竣工验收，目前该渗滤液处理站运行良好。

## 五、生态环境建设

南昌市麦园生活垃圾卫生填埋场生态环境保护和建设在设计中主要体现在以下几方面：

（1）场地平基总体上填挖平衡，余土有指定堆放场，道路和场地边坡做护坡处理，并尽量减少对原地表的破坏，防止和减少水土流失；

（2）施工完成后即进行绿化；

（3）填埋垃圾后即进行覆土，定期进行灭蝇；

（4）渗滤液经收集后处理达标排放，场外设环库截洪沟，山坡水经消力沉沙后排放，实现清污分流，减少渗滤液处理费用；

（5）对填埋物产生的气体进行引导并进行燃烧处理，规划中后期进行发电或民用，防止爆炸及对大气臭氧层的破坏，保护城市生态环境；

（6）场区布局紧凑、顺畅，环境美观，建筑物造型及道路布置显示园林气息。

## 六、投资

由于南昌市麦园生活垃圾卫生填埋场的设计是在满足国家有关生活垃圾卫生填埋标准和环保规定的前提下，采取了一系列技术进步措施，使其投资大为节省，单位投资仅为 5.57 元/$m^3$，远远低于国内其他生活垃圾卫生填埋场的单位投资。

南昌市麦园生活垃圾卫生填埋场工程设计是严格按照国家基本建设程序进行的。设计前期工作扎实，基础资料及外部协作条件落实。设计文件的内容、深度、质量符合要求，保证了工程顺利建成。南昌市麦园生活垃圾卫生填埋场是按国家标准建设的大型卫生填埋场，它的建成为改善南昌市及周边环境发挥了重要作用，已成为省样板工程，该工程的设计获江西省优秀设计一等奖。

南昌市麦园生活垃圾卫生填埋场，是一个适合国情、符合环保要求、有一系列国内首创的技术进步措施、全国最经济的大型生活垃圾卫生填埋场。

# 第十六节 珠海西坑尾垃圾填埋场

## 一、概述

珠海市位于广东省的东南部、珠江口西岸,南邻澳门特别行政区,北接中山市,是我国著名的经济特区和优秀的风景旅游城市。目前该市日产生活垃圾近 1000 t,主要采用焚烧和填埋方式处理,垃圾焚烧发电厂日处理垃圾约 400 t,焚烧残渣和剩余垃圾送至沥溪垃圾填埋场填埋处理。沥溪垃圾填埋场服务年限已满,处于超负荷运行状态。因此,本工程的建设是为了接替现有即将填满的沥溪垃圾填埋场。场址位于珠海市垃圾焚烧发电厂北侧的西坑尾山谷中。

为了城市的可持续发展,充分回收资源,减少占用土地,缩短运输距离,合理共用设施,节省投资,设计将垃圾分选和粪便处理以及焚烧配套设施与填埋场建设进行统一规划和配套实施。工程设计内容包括垃圾分选、垃圾填埋、渗滤液处理和粪便处理等主体工艺方案和总图运输、辅助生产设施和管理与生活设施等。设计规模为 800 t/d 的垃圾分选系统、120~150 t/d 的粪便固液分离处理系统和起始垃圾填埋量为 1000 t/d 的卫生填埋工程。

本工程设计填埋区库容 $950 \times 10^4$ m³,填埋场的服务年限为 18 年。本工程设计按改良型厌氧性卫生填埋结构设计,填埋工艺按单元填埋、逐日分层碾压覆土法作业。

## 二、设计条件

### (一) 进场垃圾的组分

根据珠海市环境卫生管理处提供的垃圾成分,本工程进场垃圾的组分见表 4-53。

表 4-53 生活垃圾组分表

| 项 目 | 有机物/% | | 无机物/% | | 废品/% | | | | | | | 含水率/% | 容重/t·m⁻³ |
|---|---|---|---|---|---|---|---|---|---|---|---|---|---|
| | 厨余 | 皮革 | 渣土 | 陶瓷 | 纸 | 塑料 | 橡胶 | 玻璃 | 金属 | 织物 | 木竹 | | |
| 范 围 | 17~35 | 0.2~6 | 0.3~3 | 0.1~2 | 10~20 | 17~23 | 0.2~2.5 | 1.5~8 | 0.8~6 | 9~25 | 3~8 | 40~55 | 0.3~0.5 |
| 设计值 | 30 | 2 | 1.5 | 1.5 | 15 | 20 | 1 | 4.5 | 2.8 | 17 | 4.7 | 50 | 0.4 |

### (二) 气象条件

珠海市属南亚热带海洋性季风气候。多年平均气温 22.4℃,极端最高气温 38.5℃,极端最低气温 2.5℃;多年平均年降雨量为 2008.8 mm,每日最大降雨量为 560.4 mm,1 h 最大降雨量为 133 mm,5~9 月降雨量占全年 74%~84%;多年平均年蒸发总量为 1692.4 mm,最大年蒸发量是 2128.7 mm,最小年蒸发量为 1350.8 mm;主导风向为偏东风,多年平均风速为 3.2 m/s,10 min 平均最大风速为 31.4 m/s。

### (三) 场区地形、工程地质和水文地质条件

西坑尾垃圾卫生填埋场在区域上位于五桂山隆起的南麓,地质构造复杂。中生代酸性岩浆侵入遍布全区。新构造运动主要在中更新世晚期至晚更新世早期($Q_3^2 \sim Q_3^1$),主要表现为区域断裂的再次活动。

地形地貌为剥蚀残Ⅱ－山间谷地。场区北高南低,高度为 18~136 m。天然形成 3 条冲沟谷地。

根据地勘报告,场区地层底部为第四系含黏土角砾冲积层,山坡地分布坡积含碎石黏土层及残积硬质粉尘黏土,厚度 3.7~11.3 m,其下为不同风化程度的燕山期花岗岩,常压注水和抽水试验地层渗透系数 $k=1.64\times10^{-5}$~$1.09\times10^{-3}$ cm/s,不具备天然防渗的条件。

场区山坡分布由花岗岩风化而成的残积粉尘黏土和坡积黏土,遇水容易崩解、软化,已发现有 13 条正在发育的冲沟和数处崩塌区,给场区平基工程、排水沟修筑和填埋场防渗衬层的铺设带来困难,土方工程及加固工程量相对较大。

## 三、工程设施

### (一) 总体布置

填埋场总体布置强调环境景观要求,重点绿化区,符合人的行为心理特点。本着平面布置按功能分区、总体规划、分期实施和竖向设计合理的原则,力求做到功能分区合理、管理方便、节约用地、节省投资。为此,整个工程分为垃圾填埋区、垃圾焚烧厂、垃圾分选厂、污水处理和生活管理区。垃圾焚烧厂为现有设施,根据地形条件填埋区布置在焚烧厂的北面,渗滤液调节池布置在垃圾主坝下游的低洼地,这样,焚烧厂的垃圾渗滤液能自流到调节池。渗滤液处理站和粪便处理车间、垃圾分选车间、综合修理间等建构筑物场地布置在垃圾发电厂东面的小山包上。利用垃圾发电厂进厂道路与青松路 T 形交叉口西北角平坦地形做全场的生活管理区。

为保证珠海市区至填埋库区一次垃圾运输,珠海市区至垃圾发电厂、粪便处理车间、垃圾分选车间至填埋库区的二次垃圾运输空车、重车都能方便地过磅计量而不增加地中衡数量,结合道路网络,利用 T 形交叉口扩大做计量站。利用管理中心与计量站中间的插花地带做全场性的自动洗车和简易洗车场地,生产、生活联系方便,能耗小。

考虑施工方便、节省投资,利用环库截洪沟做填埋库区防火隔离带,为了填埋场逐日覆土,基建期间平基、清基弃土,以及未来发展的需要,规划了弃土场,预留了沼气利用场地和其他综合利用用地。上述布置既可集中管理也可单独管理,既可统一实施也可分期实施。

### (二) 填埋场分区作业设计

考虑项目建设投资的分期投入,结合征地范围的两期用地,本工程对填埋库区进行分区建设。设计将填埋库区分为 A、B、C、D、E 五个填埋大分区,其中 C 区又分为 $C_1$、$C_2$ 两个小分区。各分区建设情况见表 4-54。

**表 4-54　各分区建设情况表**

| 分 区 名 称 | | 建 设 内 容 | 库 容 | 服务年限(起止年限) |
|---|---|---|---|---|
| A 区 | | 征地范围一期用地区域内,填埋标高从场底 24 m 至 80 m | $105\times10^4$ m³ | 第 0 年~第 3.5 年 |
| B 区 | | 征地范围一期用地区域内,填埋标高从场底 26 m 至 80 m | $85\times10^4$ m³ | 第 3.5 年~第 6.0 年 |
| C 区 | $C_1$ 区 | 征地范围二期用地区域内,填埋标高从场底 72 m 至 110 m | $155\times10^4$ m³ | 第 6.0 年~第 9.0 年 |
| | $C_2$ 区 | 征地范围二期用地区域内,填埋标高从场底 76 m 至 110 m | $115\times10^4$ m³ | 第 9.0 年~第 11.0 年 |
| D 区 | | 征地范围二期用地区域内,填埋标高从 110 m 至 130 m | $190\times10^4$ m³ | 第 11.0 年~第 14.0 年 |
| E 区 | | 征地范围三期用地区域内,填埋标高从 80 m 至 140 m | $300\times10^4$ m³ | 第 14.0 年~第 18.0 年 |
| 合　　计 | | | $950\times10^4$ m³ | 18.0 年 |

### (三) 填埋场分期建设情况介绍

根据珠海市的经济发展和实际需要的轻重缓急情况,为更好地筹集和运用建设资金,提高投资效益和保证建设质量。根据填埋场征地范围及已征地附近的地形条件,工程规划初步按一期、二期和远期工程考虑,设计分若干阶段建设施工。并合理的安排了工程建设内容。

(1) 一期工程:一期工程根据资金情况又可分为首期工程和续建工程。其中首期工程包括填埋场 A 区工程设施、填埋设备、总图运输设备、渗滤液调节池、渗滤液处理站、粪便处理车间、生活管理中心、计量站、部分加油设施和主要监测分析仪器,首期工程完成后即可投入运行。续建工程包括 A 区气体导出设施和表面径流导排设施、填埋场 B 区工程设施、维修车间、垃圾分选车间(设备能力 400 t/d)、A 区封场工程和填埋气体处理工程。

(2) 二期工程:二期工程又可分为初期工程和后期工程,初期工程包括新增 400 t/d 垃圾分选设备,垃圾压实机、挖掘机各 1 台及配套运输设备,80~110 m 标高道路工程、C 区主体工程、B 区封场工程和填埋气体处理续建工程。后期工程包括 110~140 m 标高道路工程和 C 区部分封场工程。

(3) 远期工程:D 区工程、110~130 m 和 130~140 m 标高道路工程、封场工程、库区开发利用工程(另行立项建设)。根据技术经济条件还可扩大垃圾综合利用规模和产品种类及粪便处理的能力等。

### (四) 垃圾坝

由于本工程采用水平防渗方案,并考虑到土坝从库区内取土,能够协调好平基弃土的堆放与扩大库容的关系,因此,垃圾坝设计采用碾压土坝。

根据现场地形条件,为了最大限度扩大填埋库容,并结合分区作业的要求,设计在 A 区、B 区、C 区谷口设置三土坝:A 区坝、B 区坝和 C 区坝。从库区内取坡积黏土、残积粉质黏土和风化料筑坝,坝上游坡面铺设 2 mm 厚 HDPE 膜防渗层与库内防渗结构连成一体,膜上采用袋装土保护。

A 区坝坝顶标高为 30.00 m,坝底标高为 22.00 m,坝轴线长 36 m,坝顶宽 3.0 m,最大坝高为 8.0 m;下游坡脚设置堆石排水棱体。

B 区坝坝顶标高为 40.00 m,坝底标高为 20.00 m,坝轴线长 130 m,坝顶宽 4.0 m,最大坝高为 20.0 m;坝体上下游边坡在 30.00 m 标高各设置一 2 m 宽马道,下游坡脚设置堆石排水棱体。

C 区坝坝顶标高为 90.00 m,坝底标高为 70.30 m,坝轴线长 60 m,坝顶宽 4.0 m,最大坝高为 19.70 m;坝体上下游边坡在 80.00 m 标高各设置一 2 m 宽马道,下游坡脚设置堆石排水棱体。

### (五) 场区防洪与排水设施

为了减少进入填埋库区的雨水量,并使进入场区的雨水尽快地排出库区,减少渗滤液的产生量,在库区内设计了一套完整的防洪排水系统,采取的有效清污分流工程措施主要有截洪沟、排水边沟和地下水导排。

(1) 环库截洪沟。截洪沟设计防洪标准为 50 年一遇设计,100 年一遇校核。沟渠采用块石砌筑,断面形式为直角梯形,主要纵坡 $I=0.005$,按节约投资的原则就近排放所截洪水入库外天然水沟。A 区环库截洪沟长度为 624 m,B 区环库截洪沟长度为 466 m,C 区环库截洪沟长度为 2830 m。总长度为 3920 m。

(2) 排水边沟。设计利用 HDPE 膜的锚固沟,设置排水边沟。排水边沟采用"L"形预制混凝土板沟,板与膜之间采用土工布隔离保护。由于混凝土板较重,可兼作 HDPE 膜的锚固作用。后期垃圾填埋后,排水边沟改为渗滤液导排沟。沟渠宽度 2 m,深度 0.5 m,主要纵坡 $I=0.003$,排水边沟所截清水均排入环库截洪沟。A区排水边沟长度为3612 m,B区排水边沟长度为2440 m,C区排水边沟长度为7830 m,E区排水边沟长度为2660 m,总长度为16542 m。

(3)填埋体排水设施。为减少覆盖土的冲刷和水的渗漏,设计在完成填埋的各分层平台内侧设置了DN400半圆排水沟设施。大气降雨在已完成作业坡面上形成的地面径流,由各分层平台的排水沟分别排入相应标高的截洪沟,经消力池沉沙后排入天然沟。排水沟长度合计为5330 m,排水纵坡$I = 0.02 \sim 0.05$。

(4)地下水导排。设计沿库底冲沟设置地下水导排主沟,沿各小冲沟设置地下水导排支沟。主沟为中部埋多孔钢筋混凝土管的碎石盲沟,支沟为碎石盲沟,支沟汇水入主沟。地下水导排沟主要纵坡$I = 0.02$。A区主沟长度为286 m,支沟长度为284 m。B区主沟长度为220 m,支沟长度为218 m。C区主沟长度为1140 m,支沟长度为1160 m,各区地下水导排沟从各区坝底部穿过排入下游天然水渠。

(5)C区库底排洪管及分区土堤。二期预留用地及其北侧红线以外为狭长天然山沟,在这一山沟实行分区填埋,利用库底排洪管排洪。设计在C区设挡水土堤两座,将库区分为$C_1$、$C_2$、E区。库底排洪管内径1.2 m,管壁厚度为0.2 m,总长度736 m。排洪管采用钢筋混凝土圆管。

**(六)场区防渗措施**

根据场区工程地质、水文地质勘察报告,本场区不但在岩土透水性能方面不能满足"自然防渗"的要求,而且作为复合衬里基底的场区工程地质条件,也不理想,场区内有13条较大的正在发育的冲沟和数处崩塌,不但给铺膜带来一定的困难,而且给单层复合衬里的安全性带来一定的影响。为此,设计采用"水平防渗和垂直防渗相结合的防渗措施",以HDPE为主的单层复合衬里的水平防渗系统。另外又在适当部位增设以灌浆帷幕为主的垂直防渗系统,目的是防止在单层复合衬里局部破损又无法进行修复时,能有效的防止渗滤液向下游扩散,污染下游地下水。

单层复合防渗衬垫的结构包括主防渗薄膜及其上下保护层。对于场底,HDPE膜铺设在平整后的粉质黏土地层上,上部保护层依次采用400 g/m² 无纺土工布、300 mm厚的黏性土层和200 g/m² 无纺土工布;对于边坡,首先在平整后的坡面上铺设400 g/m² 无纺土工布,在土工布上铺设单糙面的HDPE膜,保护层采用编织袋装土,袋装土作保护层具有施工便利,材料来源广,保护效果好等优点。

根据现场条件,设计在A区坝、B区坝的下游各设一条长度分别为51 m和111 m的防渗帷幕,在副坝C下游设一条长度为54 m的防渗帷幕,并在帷幕上游设置监测抽水井共4个。当监测抽水井发现地下水受污染后,可用深井潜水泵抽出被污染的地下水,使井中水位保持在下游地下水位标高以下,确保被污染的地下水不会向下游扩散。

**(七)沼气导排设施**

根据珠海市生活垃圾中有机物含量的情况,理论计算的本工程填埋场的总产气量约16.26亿 m³,填埋场起用的第2年平均产气量为866 m³/h,最大产气年为填埋场起用的第19年,其平均产气量为15422 m³/h。

(1)导出方式的选择:设计采用竖向收集井向上收集的方式。此方式结构简单,能形成立体的导气体系,且可以兼顾垃圾体内渗滤液的收集。

(2)导出井的构造及布置:填埋气体导出井直径为1m,由集气导渗管、碎石导气导渗层、土工网箍圈等三部分组成。集气导渗管为DN200的HDPE多孔管。导出井呈梅花形布置,每个导出井的收集范围为50 m,导出井高度随垃圾填埋层的高度而增加,加高后将下层的外套管拔起留作后用。

### (八) 渗滤液收集与处理设施

**1. 渗滤液收集**

渗滤液收集设施包括场区排渗管网和渗滤液调节池。

(1) 场区排渗管网场区排渗管网由以下两部分组成:

1) 场底排渗管网:设计在场底水平衬垫层上设置 300 mm 厚、$\phi30\sim50$ mm 粒径的碎石导流层,中间铺设 DN550 mmHDPE 多孔管作为导渗主管,主管接入垃圾坝下游的渗滤液调节池。在库区各山坳内铺设 DN300 mmHDPE 多孔管作为导渗支管,主管和支管的坡降均$\geqslant2\%$。在填埋体垂直范围内设置了 $\phi1000$ mm 渗滤液沼气收集多功能井,以扩大渗滤液的收集半径并增强填埋后期整个垃圾体的渗滤液竖向收集能力。

2) 排渗盲边沟:水平防渗层的各锚固平台上的"L"形边沟在垃圾覆盖前排出坡面上的清水,当垃圾填埋至平台标高时在边沟中填充碎石,使其成为环库渗滤液收集盲边沟。

(2) 渗滤液调节池:排渗管网收集的渗滤液汇入渗滤液调节池。调节池采用半开挖半填筑的形式,整个池底、池壁铺设 2 mm 厚 HDPE 膜防渗,池底的膜上采用预制混凝土板保护。有效容积 42000 m³。

**2. 渗滤液处理**

处理规模　设计除了考虑本工程填埋场产生的渗滤液和粪便处理后的清液外,还接纳垃圾焚烧厂的渗滤液。根据填埋场防渗和清污分流设施布置及分区作业的情况和当地降雨资料,计算的渗滤液量列于表 4-55。

**表 4-55　填埋场渗滤液平均产出量计算表**

| 区　域 | A 区 | B 区 | C₁ 区 | C₂ 区 | C₃ 区 | D₁ 区 | D₂ 区 |
|---|---|---|---|---|---|---|---|
| 填埋标高 /m | 30~80 | 40~80 | 74~110 | 76~110 | 78~110 | 110~130 | 110~140 |
| 渗滤液量 /m³·a⁻¹ | 44000 | 48000 | 115000 | 120000 | 127750 | 153300 | 184325 |

另外,考虑接纳垃圾焚烧厂、分选厂及粪便处理厂的污水,设计考虑一定的富裕量,渗滤液处理站规模按 1000 m³/d 的能力设计,并分为两个系列,分期实施。

渗滤液水质　结合珠海市现有填埋场、垃圾焚烧厂和粪便的实测资料及国内类似填埋场渗滤液的水质资料,预测西坑尾生活垃圾卫生填埋场各股污水水质特征比较相近,主要含有机可生化的污染物质、氨氮较高。经渗滤液调节池调节和降解后的平均水质见表 4-56。

**表 4-56　珠海市西坑尾生活垃圾填埋渗滤液水质**(mg/L)

| 区　域 | pH 值 | COD/mg·L⁻¹ | BOD₅/mg·L⁻¹ | NH₃-N/mg·L⁻¹ | TP/mg·L⁻¹ | SS/mg·L⁻¹ |
|---|---|---|---|---|---|---|
| 填埋场区 | 7.4~8.2 | 2000~25000 | 500~2000 | 500~2000 | 3~20 | 50~600 |
| 分选车间 | 6.0~7.0 | 20000~40000 | 8000~15000 | 400~1000 | 15 | 600 |
| 焚烧厂 | 6.5~7.5 | 30000~50000 | 10000~30000 | 300~1000 | 15 | 600 |
| 粪便处理水 | 6.8~7 | 15000 | 6500 | 2000 | 180 | 2500 |
| 调节池 | 7~7.5 | 20000 | 8000 | 1800 | 30 | 800 |

处理方案选择　针对珠海市西坑尾填埋场渗滤液的水质特点,设计采用运行费用低、经济合理的以"氨吹脱＋厌氧＋CASS 生物系统"为主的处理工艺。渗滤液处理工艺原则流程如图 4-73 所示。

渗滤液经处理后达到《生活垃圾填埋污染控制标准》(GB16889—1997)的三级标准,即 COD 不大于 1000 mg/L,BOD₅ 不大于 600 mg/L。排入上冲检查站附近的城市下水管网,与城市污水二级处理厂联合处理,以节约渗滤液处理站运行成本。

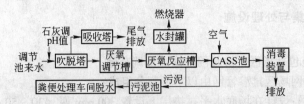

图 4-73　渗滤液处理工艺原则流程

　　**主要设施和设备**　厌氧池:采用上流式厌氧池,COD 负荷 $5\sim8$ kg/(m³·d),水力停留时间 3d,污泥浓度 20 g/L,厌氧池尺寸为 28.6 m×13.6 m×6.8 m,2 座;CASS 系统:设计容积 $BOD_5$ 负荷为 0.27 kg/(m³·d),MLSS 为 3500 mg/L;总有效容积 4500 m³,分为 5 池,每池尺寸为 20 m× 8 m×5.5 m,钢筋混凝土结构。主要设备,见表 4-57。

表 4-57　渗滤液处理主要设备表

| 序　号 | 设备名称 | 型号规格及技术性能 | 单　位 | 数　量 |
|---|---|---|---|---|
| 1 | 混合反应池 | $\phi2000\times2200$ | 台 | 2 |
| 2 | 螺旋给料机 | $D160$ mm,$L=6$ m | 台 | 2 |
| 3 | 吹脱塔 | $\phi2500\times8000$,材质:FRP | 套 | 1 |
| 4 | 吸收塔 | $\phi2500\times8000$,材质:FRP | 套 | 2 |
| 5 | 厌氧调理槽 |  | 台 | 2 |
| 6 | IH 型泵 |  | 台 | 6 |
| 7 | 回流泵 | $Q=40$ m³/h,$H=11$ m | 台 | 7 |
| 8 | 提升泵 | $Q=40$ m³/h,$H=11$ m | 台 | 4 |
| 9 | 鼓风机 | TSD-150 | 台 | 7 |
| 10 | 二氧化氯发生器 | H-500 型,投加量约 10.0 g/m³ | 台 | 1 |
| 11 | 加药装置 | 0.8 m³ | 套 | 2 |

### （九）封场设计

　　由于设计分区填埋,各区之间又相互衔接,这就存在两区搭接处的临时封场面和最终封场面。本填埋场封场结构设计如下:

　　(1) 临时封场设施:

　　1) 所有临时封场区的平台(8~10 m 宽)处按最终封场基本结构封场,但暂不铺营养表土,改铺道渣、碎石或建筑碎渣,以方便车辆通行。内侧修排水沟。

　　2) 其他临时封场区,按 0.5 m 的覆土层考虑。

　　3) 临时封场区内过境通道,可以按覆土 0.3~0.5 m,上层铺建筑碎渣或碎石。

　　(2) 最终封场设施:最终封场设施,按封场结构及其功能要求实施,顶面坡度平均 7%,由中间坡向两侧山坡,形成鱼背形。斜坡面为 1:3;台阶高差为 10 m,平台宽为 8~10 m,根据水土保持效果,可在每 5 m 高处加设 1 m 宽马道。

### （十）辅助生产设施

#### 1. 计量设施

　　为记录进场垃圾量,设计在车辆入场处设置了计量站。设 SCS-30B 型电子地中衡一台,并配有与全场计算机管理网络相接的端口。

## 2．洗车装置

为防止出入填埋场的垃圾和粪便运输车可能对外部道路及市区环境的污染影响，设计在车辆出场处(进场道路左侧)设置了一套洗车装置。其主要技术参数如下：

喷淋水量：30 $m^3$/h；冲洗水压(最大)：2.1 MPa；水泵电机功率：55 kW；行走电机功率：3×2 kW；行走速度：约 15 m/min。

## 3．机汽修设施

为满足填埋场工程机械与汽车日常维护及修理，设计设置了一综合修理间。分维修作业区、机械加工及钳工作业区、总成修理区等辅助修理作业区。

## 4．加油设施

设计考虑到填埋作业区的压实机、推土机和挖掘机等大型工程机械车辆进出填埋场不方便，且这些车辆均为履带式，经常进出填埋场易对进场道路造成损坏。因此配备了两辆加油车(分别加注汽油和柴油)。

## 5．环境管理与监测

填埋场设置了专门的环境管理与监测机构。负责对填埋场及场区周围环境的污染动态进行监测；促进填埋场作业实现卫生填埋的目标，为填埋场收集并积累各种环境资料，建立环境质量档案。

(1)污染源监测：

1)渗滤液。分别在填埋场渗滤液导排管出口处，分选车间来水、粪便处理车间来水、垃圾焚烧厂来水、渗滤液处理站进口水、厌氧池出口、好氧池出口、总排放口设监测点。主要监测项目：pH 值、SS、COD、$BOD_5$、$NH_3^-$-N、大肠菌。监测频率：渗滤液处理站每日 1 次(主要项目为 COD、$NH_3$-N)，其余为每月测 1 次。重金属项目如 Cu、Pb、Zn、Cd、$Cr^{6+}$、Hg 等每年测 1～2 次，开始时选 2 次分别在丰、枯水文期，以后选择较高季节经常跟踪测定。

2)气体。分别在各气体导出井、调节池、渗滤液处理站吹脱系统、分选车间、粪便处理车间设监测点，监测项目为 $CH_4$、$H_2S$、$NH_3$、甲硫醇、水蒸气。监测频率：$CH_4$ 每月 1 次；其余项目每季 1 次或夏冬两季各测 1 次。

3)噪声。主要是填埋设备、风机噪声和分选车间噪声。可以每年监测 1～2 次。

(2)环境监测：

1)地下水监测。共设 7 个井。分别在下列各处设监测井，即 A 区坝下游、B 区坝下游、C 区坝下游各设监测抽水孔一个；在调节池下游和 C 区坝下游约 200 m 处和 C 区分水岭西侧监测频率为投产前测定 1 次，投产后可于丰、枯、平水期各测 1 次，直到填埋场稳定为止。

2)地表水监测：分别在排放口上游和下游各测 1 次，主要测定 COD、TN、$NH_3$-N、大肠菌。各水文期测 1 次。

3)环境空气监测：在作业区上风向和下风向及分选车间和粪便处理车间外各布 1 点。监测项目为 $CH_4$、$H_2S$、$NH_3$、TSP、恶臭，每年夏冬各 1 次。

## 四、工程投资估算

本工程估算总投资为 19112.12 万元，其中工程费用为 15741.39 万元，其他费用为 1261.93 万元，预备费 2040.40 万元。工程投资估算见表 4-58。

表 4-58　投资总估算

| 序　号 | 工程或费用名称 | 价值/万元 | | | | |
|---|---|---|---|---|---|---|
| | | 建筑工程 | 设备购置 | 安装工程 | 其他费用 | 总价值 |
| Ⅰ | 工程费用 | | | | | |
| 一 | 总图运输工程 | 2507.71 | 530.72 | 0.2 | | 3038.63 |
| 二 | 填埋作业区 | 7171.93 | 876.78 | 1247.40 | | 9296.11 |
| 三 | 沥液处理 | 271.52 | 583.37 | 171.57 | | 1026.46 |
| 四 | 垃圾分选车间 | 345.52 | 662.84 | 131.06 | | 1139.42 |
| 五 | 粪便处理车间 | 83.11 | 342.81 | 111.04 | | 536.96 |
| 六 | 管理中心及公用工程 | 500.05 | 129.34 | 74.42 | | 703.81 |
| 七 | Ⅰ 合计 | 10879.84 | 3125.86 | 1735.69 | | 15741.39 |
| Ⅱ | 其他费用 | | | | 1261.93 | 1261.93 |
| | Ⅰ+Ⅱ合计 | 10879.84 | 3125.86 | 1735.69 | 1261.93 | 17003.32 |
| Ⅲ | 预备费 | | | | 2040.40 | 2040.40 |
| | Ⅰ+Ⅱ+Ⅲ合计 | 10879.84 | 3125.86 | 1735.69 | 3302.33 | 19043.72 |
| Ⅳ | 铺底流动资金 | | | | 68.40 | 68.40 |
| | 建设总投资 | 10879.84 | 3125.86 | 1735.69 | 3370.73 | 19112.12 |

## 五、主要技术经济指标

本工程主要技术经济指标见表 4-59。

表 4-59　综合技术经济指标

| 序　号 | 指标名称 | 单　位 | 数　量 | 备　注 |
|---|---|---|---|---|
| 1 | 装机容量 | kW | 1020.00 | |
| 2 | 年耗电量 | kW·h | 3000.00 | |
| 3 | 总用水量 | m³/d | 210.53 | |
| 4 | 用地面积 | hm² | 70.40 | 一期用地 37.1 hm² |
| 5 | 劳动定员 | 人 | 131 | |
| 6 | 固定资产投资 | 万元 | 19043.72 | 自有资金 |
| 7 | 流动资金 | 万元 | 228.00 | 自有资金 68.40,流动资金贷款 159.60 |
| 8 | 总成本费用 | 万元/a | 2497.34 | 运营期平均 |
| 9 | 单位总成本费用(每吨垃圾) | 元/t | 39.85 | 运营期平均 |
| 10 | 年收入、税金及利润 | | | |
| | 年收入 | 万元/a | 2619.31 | 运营期平均 |
| | 其中:废品回收收入 | 万元/a | 737.66 | 运营期平均 |
| | 垃圾收费 | 万元/a | 1881.65 | 运营期平均(每吨垃圾)30.00 元/t |
| 11 | 利润总额 | 万元/a | 121.97 | 运营期平均 |

# 第十七节　贵阳市高雁城市生活垃圾卫生填埋场

## 一、概述

### (一) 工程特点

高雁城市生活垃圾卫生填埋场于 1998 年由原国家计委批准立项建设,总库容 1980 万 $m^3$,总投资 2.199 亿元。2000 年 10 月基本建成,具有完善的清污分流、垂直和水平相结合防渗、渗滤液处理、气体收集处理及配套设施,成为西南地区生活垃圾卫生填埋处理的示范工程。该工程开创设计了专门的填埋体表面径流导排系统、渗滤液回灌系统以及垂直和水平相结合的防渗设施

### (二) 服务区域范围和人口

根据贵阳市环卫规划,高雁生活垃圾卫生填埋场服务范围为云岩区及其相邻的区域,现有人口约 70 万人。

高雁垃圾填埋场处理对象为贵阳市云岩区生活垃圾,包括居民生活垃圾、商业垃圾、集市贸易市场垃圾、街道垃圾、公共场所垃圾、机关、学校、厂矿等生活垃圾和少量建筑废弃物(用于铺设临时通道)。

严禁危险废物和工业有害废物进入填埋场。

据调查资料分析,目前贵阳市生活垃圾的主要特征如下:

含水分:23.17%～37.38%;

容重:0.498～0.608 $t/m^3$;

含有机物:8.95%～19.31%(湿基);

人均日产垃圾量:0.7 $kg/(d\cdot人)$。

## 二、处理规模与服务年限

### (一) 垃圾量增长趋势

根据贵阳市历年生活垃圾日清运量统计,1995～1998 年逐年递增率平均为 2.5%。

又据贵阳市市容环卫局 1997 年 11 月编制的《贵阳市环境卫生及第三产业发展规划(1996—2010)》(以下简称"环卫规划")提出随着人民生活水平的提高,生活垃圾将会继续递增,市中心区的日产垃圾量 2010 年将达到 1800 t。按 1996 年日清运量 1020 t 计算,1996～2010 年垃圾量递增率即为 4%。

1998～2010 年垃圾产量的逐年平均递增率统计预测只有 3.4%。

一方面考虑贵阳市中心区老城改造与搬迁,人口规模发展受到限制,新城区金阳区等另有比例坝填埋场处理;另一方面人民生活水平会逐年提高,人均垃圾产生量会有所提高;同时参考相当规模和经济条件城市的生活垃圾增长规律,确定未来 30 年本项目服务范围生活垃圾平均递增率为 4%。

### (二) 垃圾量预测

根据贵阳市云岩区及其相邻区域的人口数和贵阳市垃圾递增率,服务区内生活垃圾逐年产生量预测 800～2595 t/d(即 29.2～94.7 万 t/a)。

### (三) 填埋场容积与服务年限

高雁生活垃圾卫生填埋场分东、西两库区,两库区由一公路相隔,按先启用西库区(即一库区)设计,即在西库区西北面设一主坝,填埋场设计由标高 1030 m 堆至标高为 1150 m,总库容为 1170 万 m³,服务年限为 22 年,可填埋垃圾量约 1000 万 t;一库区服务期满后将启用东库区(即二库区),二库区在东北面设一主坝,由标高 1030 m 堆至标高 1130 m,二库区总库容为 810 万 m³,服务年限为 9 年,可填埋垃圾量约 720 万 t,两库区总库容为 1980 万 m³,服务年限 31 年。

## 三、填埋设备

本工程采用改良型厌氧卫生填埋,每天分层碾压覆土,分单元作业方式。根据本工程规模,场区条件和作业制度,设计配备的填埋作业主要设备有推土机(5 台)、压实机(2 台)以及挖掘机、装载机等。

## 四、主要工程设施

### (一) 填埋场的主要工程设施

垃圾基本坝:一库区坝顶标高为 1035 m(1956 年黄海高程,下同),坝顶轴线长 120 m,坝顶宽 4 m,坝高 15 m;二库区坝顶标高为 1040 m,坝顶轴线长 34 m,坝顶宽 4 m,坝高 14 m,坝体结构为干砌块石透水石坝。

垃圾副坝:一库区 1 号和 2 号坝顶标高分别为 1045 m 和 1067 m,坝顶轴线长分别为 60 m 和 96 m,坝高分别为 15 m 和 8 m,坝顶宽度均为 2.5 m;二库区坝顶标高为 1076 m,坝顶轴线长 54 m,坝高 14 m,坝顶宽 2.5 m,坝体砌块石不透水石坝。

截洪沟:由永久性截洪沟组成,一库区沿 1150 m 等高线,二库区沿 1130 m 等高线布置永久性截洪沟,拦截山坡地表径流,并通过陡槽将雨水引至基本坝外,向北排放南明河,在 1150 m 和 1130 m 以下每隔 40 m 高程沿等高线布置非永久性截洪沟,当垃圾体将截洪沟覆盖后,截洪沟可做渗滤液收集沟使用。

渗滤液防渗系统:根据工程水文地质勘察结果,在一库区东西两侧高程分别在 1050 等高线和 1050 m 场地内及调节池拦污坝西北侧,在二库区污水收集槽拦污坝东北侧设置防渗帷幕,防止渗滤液污染区域地下水,另外在填埋场内外共设置了 10 个地下水监测孔。

渗滤液收集系统:在一库区和二库区 1030～1040 m 标高的库底,设有透水层及管路,在 1040 m 标高以上则采用转变后的截洪沟为收集沟。

气体收集系统:采用收集井收集垃圾体产生的沼气,在综合利用实施之前,集中至沼气处理场地燃烧放空。

活动排班房:供推土机,压实机等库区生产机械停放,司机排班休息及临时检修用,采用移动式拼装结构。

覆土备料棚:收集场区外部黏土并储存,为在雨雪天气作业提供所需覆土,备料棚面积 2376 m²,室内地坪标高 1023 m,布置在渗滤液调节池北面乌东公路。

渗滤液调节池:设于一库区基本坝北侧下游,调节池容积 3.5 万 m³,采用地下式,池底标高 1015 m。

污水收集槽:设于二库区垃圾坝北侧下游,有效容积 1600 m³,采用地下式,池底标高 1021 m。

渗滤液处理站:一库区渗滤液处理规模 700 t/d,处理站用地面积为 0.55 hm²,场地标高为 1023 m,布置在渗滤液处理站东北面约 100 m 处,靠乌东公路南侧。

加油站及机修场地:由加油站、机汽修车间、停车库和回车场组成,用地面积 0.6 hm²,场地标高 1035 m,布置在渗滤液处理站东面约 200 m 处。

洗车台:布置在乌东公路北侧,进场道路入口处西面,地坪标高为 1036 m。

地磅房:设置在管理中心东面乌东公路南侧的小山窝内,选用一台无基坑电子地中衡(SCS30),市内垃圾车经过称量,室内地坪标高为 1019 m。

给水设施:在管理中心东面的山丘脚下,乌东公路南侧 1025 m 标高处设有加压泵房和 200 m³ 的蓄水池。生活用水由水泵加压送至管理中心综合楼楼顶的水箱中,生产用水通过水泵加压送至一库区北面 1050 m 标高为 50 m³ 高位水池,由高位水池向其他生产用水设施如污水处理站,洗车台,洒水车等供水。

供电设施:在管理中心和渗滤液处理站分别设有变配电室,在填埋库区设有为夜间作业用的照明灯,投光灯。

管理生活中心:由综合楼、单身宿舍、锅炉房、煤堆场、车库和篮球场、门卫等组成,占地 0.8 hm²,场地标高为 1020 m,布置在乌东公路南明河桥南端的山洼内,距填埋场一库区基本坝约 400 m。

**(二) 规划预留地**

焚烧厂:规模为 200 t/d,占地约 1.8 hm²,规划布置在垃圾进场道路入口处的西南面,西距一库区基本坝约 600 m。

滤液处理站:二库区启用后,渗滤液处理量加大,渗滤液处理站规模为 700 m³/d,规划在渗滤液处理站南侧增加改扩建用地约 0.35 hm²(即预留增加 350 m³/d 规模的用地)。

气体处理利用场地:收集沼气燃烧发电,容量约 4000 kW,占地约 0.24 hm²,规划布置在一库区东面,二库区北面,原沼气处理场旁。场坪标高为 1055 m。

**(三) 交通运输设施**

填埋场道路系统主要由进场道路,分层支线及其他联络道组成,具体如下:

(1) 进场道路:起自乌当镇县级公路,向南穿越一、二库区,与原有乡级公路相结,是填埋区交通主干道,全长 2.4 km,平均纵坡 5%,路面结构为水泥混凝土面层厚 22 cm,由于填埋场初期垃圾进场量为 800 t/d,远景第 31 年垃圾进场量约为 2595 t/d,折合成日进场车流量(现按东风 5 t 自卸车计)为近期 200 辆/d,远景按 8 t 自卸计为 330 辆/d,此外进场道路还作为一条乡级公路使用,故而本工程道路设计采用厂外三级公路重丘型标准,其主要参数如下:

| | |
|---|---|
| 计算行车速度 | 30 km/h |
| 路面宽度 | 6.0 m |
| 路基宽度 | 7.5 m |
| 平曲线最小半径 | 25 m |
| 回头曲线主曲线半径 | 20 m |
| 竖曲线最小半径 | 250 m |
| 最大纵坡 | 8% |
| 小桥涵及路基设计洪水频率 | 1/25 |
| 路面设计荷载 | 汽-20级 |

碎石平整层厚 8 cm,块石或片石基层厚 22 cm。

(2)分层支线:在进场道路以外设置进入库区各填埋平台的分层支线,总长 4.26 km,其中一库区 1.89 km,二库区 2.37 km,线路平均线路纵坡 3%。一库区先施工进入 1060 m 标高平台的支线,而进入基本坝顶平台和 1040 m,1050 m 平台的支线由 1060 m 平台支线向填埋库内延伸向下,至各作业平台,路面结构为混合料磨耗层厚 3 cm,泥灰结碎石基层厚 32 cm。

(3) 联络道路:将各生产和生活设施与乌东公路和进场道路连接在一起,路面结构与进场道路相同。

### (四) 绿化

垃圾填埋场是城市居民污染物集中的地点,搞好填埋场的绿化尤为重要。设计根据填埋场各场地不同的使用功能采取不同的绿化和美化措施,覆土造地,造福人民。

(1) 在渗滤液处理站周围设有 15 m 卫生防护隔离带,种植抗污染较强的树种,以改善景观,减少废气,臭味对周围环境的影响。

(2) 为了给全厂职工提供一个环境优美的工作和休息场所,管理中心的绿化美化是重点。设计考虑管理中心建成庭院式建筑,中间布置小游园,综合楼西北侧留有 20 m×22 m 的场地,可以布置成小园林,在建筑物周围可种植抗污染的树种。

(3) 在覆土备料棚周围留有 10 m 宽绿化带,种植高大树种;并在填埋场封场后铺砌草皮,并结合当地气候种植果树。

(4) 边坡及时种草或灌木,尽量减少裸露面,道路两侧种植乔木及绿草护坡。

## 五、覆土土源和建设用石料

### (一) 覆土量及土源

一库区需覆土约 120 万 m³,二库区需覆土量约 88 万 m³,

根据地质勘探资料:覆土土源近期选在一库区基本坝北东方向 600 m 处,即去联营砖厂小公路北西侧的小山和南东侧的山坡下部,两处泥岩均露出地表,属白垩系红土泥岩,经采出堆放"风化"、加水软化后是很好的黏土原料,据击实试验得出其最大干密度为 1.93 g/cm³,最佳含水量为 12.6%～13%。室内渗透试验则表明当其压实系数在 0.95～0.98 时,其渗透系数仅为 4.04×10⁻⁹～5.00×10⁻⁹ cm/s,且成分较纯,沙砾质甚少,是较好的填埋垃圾的土料。黏土储量为 199 万 m³,能满足填埋场黏土用量。

### (二) 石料量及石料源

本工程筑坝和砌筑截洪沟石料总用量约 8 万 m³,其中一库区需 6 万 m³,二库区需 2 万 m³。

根据地质勘探资料,石料场选在二坡岩山脚,在基本坝北东约 900 m 处。拟采石料为三叠系关岭组的薄－中厚层白云岩,料石饱和抗压强度的经验值为 50 MPa,估算其可采量在 30 万 m³ 以上,可满足建造堆石坝等工程的需要。

## 六、防渗工程

根据"城市生活垃圾卫生填埋技术标准"(CJJ7—2001)的要求,不具备自然防渗条件的填埋场和因填埋物可能引起污染地下水的,必须进行人工防渗。根据本场区水文、工程地质条件,不能依托自然防渗,必须采用人工辅助防渗措施。

场区水文地质勘察结果表明,本场区采用垂直防渗和水平防渗方案都是可行的。

### (一) 场区地质概况

场区位于贵阳市郊南明河及其支流鱼梁河所夹的地块内,北、东、西三面受河流切割,北部南明河标高 995 m,南部及西部吾岭标高 1245.8 m,相对高差 200 m 左右,属溶蚀侵蚀低山沟谷地貌。

一库区为一南北向冲沟,长约 1500 m,宽 500～600 m,南部分水岭标高 1216.6 m,北部冲沟标高 1015 m。

二库区位于一库区东侧，与一库区以地形分水岭相隔，四周地形较高，中部较低，形成东西长约 760 m，南北宽约 480 m 的小盆地，但在北东角有一狭窄出口。

可以看出，库区地形为填埋场形成较大库容是十分有利的。

场区出露地层从老到新主要有中上寒武统、下奥陶统、白垩系、第四系等，现分述如下：

中上寒武统娄山关群及下奥陶统桐梓组（$\in LSO1t$），分布在一库区及二库区中部，约占库区面积的 70% ~ 80%；下奥陶系红花园组（O1h），呈条带状分布于场区南部边缘，约占库区面积的 5% ~ 10%；下奥陶系湄潭组（O1m），上部为页岩及粉沙岩、细沙岩，下部为绢云母页岩、粉沙质页岩，分布于一库区南部及二库区南、东、北部边缘分水岭附近，多在填埋区外缘。以上三层为整合接触。白垩系（K）：上部为泥岩，有时含沙砾或砾质泥岩，块状，层理不清。下部为砾岩，沙质砾岩夹少量泥岩。胶结物为泥质、铁质和钙质。不整合于 $\in LSO1t$，分布于一库区北部垃圾坝及调节池一带，约占库区面积的 5% 左右；第四系冲积层及残坡积层（Qal、Qel + dl），冲积层为松散的卵砾石夹黏土，分布于一库区北西角标高 1050 ~ 1060 m 的山坡及小山顶。

残坡积依其下伏岩性不同而异，母岩为碳酸盐类岩时（$\in Ls$、O1h、O1t 等）为红黏土，母岩为碎屑岩（O1m）时，则为含碎屑的黏土，下部为残积红黏土，厚度为 0 ~ 10 m 以上，分布于两个库区的绝大部分的表层，其规律是一库区比二库区厚；一库区为南部厚，北部薄，冲沟两侧山坡厚，冲沟底部薄，一般均在 2 ~ 6 m 以上；二库区南部、西部厚，东部和南部变薄。仅在一库区冲沟底部缺失。

本区在区域上处于杨子准地台的贵阳复杂构造变形区内乌当倾斜背斜的倾伏端及南东翼。场区地层倾向南及南东，倾角 21° ~ 40°。

场区已知断层有 $F_2$、$F_3$、$F_4$、$F_6$、$F_7$、$F_9$、$F_{10}$、$F_{11}$、$F_{12}$、$F_{14}$、$F_{15}$、$F_{17}$ 等，$F_1$ 区域乌当大断层由于在场区以北白垩系覆盖未能控制。对场区有较大影响的仅为 $F_3$ 断层，$F_3$ 断层位于一库区北部垃圾坝南 70 m 左右，为东西向横断层，使北部 K 与南部 $\in LS$、O1t 有接触，阻止了一库区南来地下水向北径流。$F_3$ 为一正断层，见有断层角砾岩，胶结较紧密。压水试验 $k = 2.14 \times 10^{-4}$ cm/s，仅有微弱渗透性，由于场区地下水向北径流不畅，因此，可能沿 $F_3$ 断层向东、西方向渗透。

场区分布岩层 90% 左右面积为碳酸盐类岩层，含岩溶裂隙水或岩溶管道裂隙水，富水性低至中等，且不均一。

一库区进行的 $\in LO1t$ 层位 19 段压水资料中，透水性较强的有一孔（ZK306）二段；弱透水（$k > 2n \times 10^{-4}$ cm/s）5 孔 6 段；微弱透水的（$k = 10^{-4} \sim n \times 10^{-5}$ cm/s）6 孔 9 段；透水极弱的（$k = 3 \times 10^{-6} \sim n \times 10^{-7}$ cm/s）2 孔 2 段。

$k$ 层位共有压水资料 16 段，其中仅 ZK08 一段及 ZK09 一段为弱透水层外，其余微弱透水 4 段，极弱透水和不透水共有 10 段。

在碳酸盐岩顶部的强风化带中有厚度不等的强风带，据压水和注水资料，水量全部漏失，应属良好的透水层。

在强风化带以上的亚黏土和红黏土层，成为场区顶部的良好相对隔水层，对阻止降水渗入底下有良好的作用。3 段压水试验成果，$k = 4.90 \times 10^{-6} \sim 6.15 \times 10^{-6}$ cm/s，应属极弱透水层。

二库区进行的 50 段基岩压水试验中，$k = n \times 10^{-3}$ 一级共 4 段，其中 3 段孔深 2.80 ~ 8.60 m 范围进行的，一孔（ZK302）位于陡坎附近，其余均为 $n \times 10^{-4} \sim n \times 10^{-6}$ cm/s，其中 $n \times 10^{-4}$ cm/s 共有 23 段，$n \times 10^{-5}$ cm/s 有 21 段，$n \times 10^{-6}$ cm/s 有 2 段，并有明显的随深度增加，岩层透水性减弱的规律，与随深度增加岩层风化裂隙减弱的规律是一致的。

总的来说，场区地表广泛分布有红黏土及碎石黏土层，透水性微弱；基岩岩溶裂隙除个别形成漏斗,落水洞并在场区内相互沟通外,其余发育较差,并有随深度增加,由强风化至微风化,其透水性亦由较好至弱、微弱到极弱。在地表黏性土和深部中风化、弱风化两相对隔水层间,夹有厚度不等的基岩强风化带良好透水层存在,但根据其赋存部位及标高看,应为一透水而不含水层:上部有透水性微弱的黏土层覆盖,阻滞了降水的补给;下有微弱、极弱透水性的弱风化基岩的阻隔,少量强风化地层的地下水应沿山坡向冲沟底部基岩裸露区以泉的形式排泄,转化为地表水。故强风化带的地下水不会构成向邻谷渗漏的通道。

场区岩溶漏斗、落水洞:场区一库区南部填埋区边缘附近,有漏斗、落水洞、小洼地共 6 个,洞口及洞的体积大小,据地面物探资料,洞间联系密切,各洞地下水均汇向标高最低的 $Y_2$ 落水洞。$Y_2$ 洞中有水,但未见流动行迹,亦未发现主流方向。据物探成果推测,$Y_2$ 中地下水通过 $F_2$ 断层带向北渗流排泄转化为地表水。

上述 6 个漏斗、落水洞,仅 $Y_2$、$Y_3$ 两洞在填埋区内,其余均在填埋区以外,$Y_1$ 则在场区分水岭以南。

在场区碳酸盐岩中钻进,未见大型岩溶洞穴,见有小溶孔、溶隙,且多为黏土充填。

## (二) 垂直防渗方案

由于场区地层渗透性微弱,天然条件下,降水绝大部分转化为地表径流,地下径流量较小,填埋场形成后,在总体设计上采用截洪沟拦截场外降水,场内垃圾分层压实并覆盖黏土等措施,又可排除部分降水,因此,为数不多的降水渗入填埋区形成渗滤液,再通过填埋场中设计的渗滤液收集系统,将其引至调节池。因此,处于垃圾坝下游的渗滤液调节池,是场区地下渗滤液和收集系统收集的渗滤液汇集点,防止池中渗滤液外泄,是垂直防渗的关键。

设计的渗滤液调节池设在总体为相对隔水层的白垩系泥岩和泥砾岩中,勘察成果表明,在调节池的北沿部分,古地形∈LS 形成小丘,致使该剖面白垩系泥岩厚度变薄,最薄处仅为 10～16 m。压水试验岩层渗透性为弱至微弱,而东西两端透水性极弱,调节池北沿中部,是渗滤液外泄的主要通道,必须设置防渗帷幕,防止其外泄。

$F_3$ 断层,在天然条件下,是场区地下水可能的径流通道,虽然其透水性微弱。但在填埋场形成后,渗滤液也有可能由此向东、西邻谷外泄。为此,在 $F_3$ 东西侧填埋区外侧,各设防渗帷幕一条,以防止渗滤液的可能外泄,但其长度和是否必须建立,需待施工图设计前勘察成果而定。后经施工图阶段勘察结果,$F_3$ 东端透水性能较好,最终设置长 54 m 的 $F_3$ 西帷幕。东端透水性极弱,不需再设帷幕。

在采用垂直防渗方案为主的同时,辅以对场区局部地段的水平防渗措施,具体内容如下:

对位于填埋区内的 $Y_2$、$Y_3$ 落水洞,采用防渗回填措施,即在落水洞下部回填块石,中部填入碎石、砾石、粗沙、沙,上部回填黏土并予夯实,在洞口清理至基岩后用混凝土封堵,并开挖排水沟,设置滤水管,改变原负地形,让渗滤液能自流至收集系统。

对于填埋区以外,分水岭以内的漏斗、落水洞,亦采用上述的防渗回填,如为负地形,亦须开沟将降水引至附近截洪沟,以防其下渗形成渗滤液,达到清污分流效果。下沿的帷幕,顶部均设计了平均深度为 4 m 的防渗墙,总工程量为混凝土 480 m³。

总的来说,场区受注地层主要为透水性弱,微弱及极弱的裂隙含水层,勘察报告虽未对裂隙进行测量统计,但从压水成果看,受注岩层裂隙发育较差,明显裂隙又被石膏或泥质充填,有效裂隙宽度较小。

针对受注岩层透水性弱、裂隙宽度小的特点,若采用普通水泥浆液,不易注入 0.5 mm 以下的微小裂隙,因普通水泥颗粒直径较粗(50～70 μm),根据俄罗斯对地铁等防渗要求极高的注浆经验,结合在江西城门山矿区进行的固结黏土注浆试验和南昌麦园卫生填埋场进行的注浆试验和实际施工经验,采用固结黏土浆液效果较好,均达到了预期效果,本设计推荐以黏土为主要材料的固结黏土浆液配方方案。其优点如下:

(1) 黏土浆液有良好的分散性和抗沉降稳定性、流变性,即有良好的可注性能。

(2) 黏土颗粒细,麦园使用的宜春产高岭土黏土粉 90% 的平均粒径为 43.17 $\mu m$,其中小于 11 $\mu m$ 的占 24.6%,远小于普通水泥粒径,可注入岩层微小裂隙中,提高堵水效率;黏土浆液固结后,体积不收缩或收缩很小,有更好的堵水效果。而水泥浆液,特别是稀水泥浆液,固化失水率高,产生的收缩裂隙也大。

(3) 黏土浆液固化后,有很好的抗腐蚀性。

(4) 黏土浆液成本较低。

黏土浆液用在以防渗为主要目的的注浆帷幕中,明显优于纯水泥浆液。

地下水水质监测系统:为了了解渗滤液外泄可能对区域地下水的影响,在填埋区外共设了 10 个监测孔,定期取样化验。在一库区调节池下游 20 m 处均匀布置 3 个;公路以北设 1 个;南部分水岭以南 $Y_1$ 附近设 1 个;$F_3$ 断层东、西各 1 个。二库区集水池及副坝下游 20 m 处各 1 个,集水池沟口以下 220 m 处设 1 个。

调节池和集水池下游的监测孔,可兼做抽水孔,万一调节池局部渗漏影响下游时,可临时降低孔中水位,以防渗滤液向外扩散,然后再查清渗漏通道,予以封堵。

## 七、渗滤液处理

### (一) 进水水质

参考南昌、杭州、福州等市垃圾成分和渗滤液水质变化情况,结合贵阳市的实际,随着经济的发展,城市燃气化率提高,垃圾中无机组分相对比重会下降,厨余等有机组分会有所提高,并参考深圳特区及沿海发达地区垃圾渗滤液垃圾物明显提高的特点,因此,经过类比分析,拟定设计水质如下:COD 为 7000 mg/L,$BOD_5$ 为 3000 mg/L,$NH_3$-N 为 350 mg/L。

### (二) 处理工艺确定

根据一些垃圾渗滤液处理研究成果,厌氧出水直接接好氧段,反而效果不稳定,一般需要进行曝气,以吹脱一部分厌氧分解气态产物,如 $NH_3$、$H_2S$、$CO_2$ 等,考虑到好氧段采用具有生物脱氮功能 A/O 接触膜氧化法(其中 O 池类似接触氧化法,但其增加了硝化氧化功能,而通过混合液回流循环以使硝化氮在缺氧段形成氮气,达到生物脱氮目的),该法微生物世代时间长,单位池容中微生物种类及数量多,且膜中有食物链存在,故剩余污泥量仅为普通接触氧化法的 1/3。

经优化设计采用的工艺流程如下:

由于设有厌氧段,同时又对厌氧工艺进行了相应的优化,因此,可以大大节省能耗和经营费用。主要表现在以下两点:

(1) 采用厌氧处理后,可以使好氧段进水有机物负荷减少 60% 以上,从而可使好氧段能耗节约一半以上(原鼓风机工作容量 165 kW,现鼓风机工作容量 74 kW)。

(2) 寒冷季节,即冬季及初春时采用回灌法进行厌氧处理可以大大节省运营费。

厌氧加温处理需增加燃油或燃气锅炉,厌氧池加保温措施等需要加大投资(需设 1t/h 锅炉,投资 30 余万元),且人工费用每年至少增加 1.5~2 万元,锅炉供水、供风等用电甚至高于回灌泵耗电(加热设施用电负荷 10 kW 以上,而回灌用电负荷仅 5.5 kW)。

### (三) 主要工艺设施和设备的选择和确定

**1. 渗滤液调节池提升泵房**

在一库区渗滤液调节池内设计提升泵,将渗滤液送至渗滤液处理站。根据渗滤液调节均衡处理能力,设计先安装 50QW15-22-2.2 型潜水泵 3 台,2 用 1 备。提升泵的主要性能指标为 $Q=15\ m^3/h$,$N=2.2\ kW$,$H=22\ m$。以后可根据水量的实际情况还能再安装一台潜水提升泵。

**2．配水池**

由一库区渗滤液调节池来水,先送入 1028 m 标高处的配水池,其功能有二:一是作为后续厌氧反应器的进水调节设施;另一个功能是作为回灌的接力提升泵吸水池。该池采用钢筋混凝土结构,尺寸为 F4.6 m×3.5 m。关于渗滤液回灌的设施见后述。

**3．厌氧反应器**

考虑贵阳市目前的经济能力和实际需要(包括处理效果与维护管理方面),本设计选用国产设备。根据国内同类设备运行经验,厌氧床主要设计指标如下:

有机负荷 COD3～6 kg/($m^3$·d),高浓度夏季气温较高时取较高值,这里按 COD 4 kg/($m^3$·d)进行设计计算;水力停留时间:1.8 d;污泥层平均污泥浓度 SS 20～50 kg/$m^3$;COD 去除率 65%;$BOD_5$ 去除率 70%;污泥床总高 6.85 m,有效池容 620 $m^3$,总池容 750 $m^3$;厌氧产沼气量最大为 92 $m^3$/h,设有水封罐及燃烧器处理。

**4．A 段曝气池(吸附生物曝气池)**

主要设计参数:污泥负荷 $BOD_5$3.0 kg/(kg·d),污泥回流比 50%。DO 为 0.3～1.0 mg/L,MLSS 为 2～3 kg/$m^3$。

采用钢筋混凝土结构,有效容积 18 $m^3$,主要尺寸 3 m×1.5 m×4.7 m,共 2 座。

一次沉淀池,采用竖流式沉淀池,水力停留时间 2 h,钢筋混凝土结构,主要尺寸 4.6 m× 4.6 m×5.9 m,2 座。

该段出水 COD 小于 1800 mg/L,$BOD_5$ 小于 750 mg/L,$NH_3$-N 小于 250 mg/L。

**5．A/O 膜氧化池(2 座合建)**

该法为国内先进技术,其不仅具有普通接触氧化的功能,还兼有硝化和脱氮的功能,且比 A/O 活性污泥法更适应垃圾填埋场渗滤液水质。

主要设计参数:有机负荷 $BOD_5$1.1 kg/($m^3$·d),混合液回流比 200%。回流泵选用 80 WG 型污水泵 3 台(2 用 1 备)。A(缺氧段)占总池容的 1/3,DO 小于 0.5 mg/L,O 段 DO 不小于 2～ 4 mg/L,池内采用组合填料。

A/O 池(两座合建):为竖流式沉淀池,采用钢筋混凝土结构,每座平面尺寸 3.8 m×3.8 m,池深 5.3 m,有效水深 2.0 m,渗滤液停留时间 2.0 h。

该段处理出水:COD 小于 550 mg/L,$BOD_5$ 小于 80 mg/L,$NH_3$-N 小于 30 mg/L。

**6．反应、沉淀、消毒池(合建)**

根据研究成果及填埋场生产经验,采用混凝法是生化处理的补充处理方法,可以大量去除难以生化 COD。通过投加消毒剂杀灭病菌,使渗滤液达标排放。

钢筋混凝土结构,共 2 座,每座平面尺寸 6.5 m×4 m,池深 4.5 m,有效水深 4 m,碱式氯化铝选用 YJB-3 型搅拌槽溶药,采用计量泵投加;消毒剂采用液氯,投氯选用加氯机投加。

该段处理出水:COD 小于 300 mg/L,$BOD_5$ 小于 60 mg/L,$NH_3$-N 小于 25 mg/L。

**7．污泥浓缩脱水间**

砖混结构,平面尺寸 12 m×8 m,层高 6 m。污泥浓缩选用微孔瓷板为材料的污泥干化箱两台,过滤面积 10 $m^2$,处理量 10 t/h。浓缩后的污泥选用 5DN-20/15 污泥泵(1 用 1 备,$Q=7\ m^3$/h,$N=5\ kW$)压入板框压滤机(1 用 1 备,$N=7.5\ kW$)进行加压过滤,污泥压缩后的泥饼用空气压缩机(1 用 1 备,$N=5.5\ kW$)来剥离泥饼。

8．鼓风机房

砖混结构,平面尺寸 20 m×8 m,层高 6 m,内设 TSE-200 型低噪声罗茨鼓风机 3 台,2 用 1 备,$Q = 29.6 \ m^3/min$,$N = 37 \ kW$。A 段曝气池和 A/O 池共用。

9．泵房

砖混结构,平面尺寸 12 m×6 m,层高 5.3 m(地下 1.3 m),内设 25 WG 型污水泵 5 台,其中 $N =$ 3 kW,3 台,2 用 1 备;$N = 1.1 \ kW$,2 台,1 用 1 备。设 80 WG 型污水泵 3 台,$N = 3 \ kW$,2 用 1 备。

10．控制楼

砖混结构,平面尺寸 16 m×8 m,层高 8 m(2 层),内设仪表控制表、加药间、加氯间,药库,值班间、化验室及办公室等。

11．回灌设施

回灌设施有:

(1) 在一库区 1028 m 标高处设一尺寸为 F4.6 m×3.5 m 的钢筋混凝土渗滤液配水池。池中设置 50QW25-30-5.5 型潜水泵 2 台,1 用 1 备,$Q = 25 \ m^3$,$N = 5.5 \ kW$,$H = 30 \ m$。

(2) 在 1046 m 平台上设直径为 1.5 m、深 2.0 m 的回灌竖井,其下部为 HDPE 栅网及碎石,上部为砖砌,地面以上超高 0.3 m,共 8 个。井间距约 40 m。

(3) 回灌输水及布水管均为 0.6 MPa HDPE 管,输水管及布水主管管径 F50,每井设阀门 1 个。

## 八、填埋气体的导出与处理

城市生活垃圾填埋场沼气导排与利用是减少大气污染和防止爆炸事故,使之达到卫生填埋场标准;合理利用沼气对改善环境充分利用能源有着重大意义。

### (一) 气体产量和收集量预测

高雁垃圾填埋场分一库区和二库区,库容量分别为 1170 万 $m^3$ 和 810 万 $m^3$,服务年限分别为 22 年和 9 年,初期每天处理垃圾量 800 t,垃圾年增长率 4%,计算得沼气产量和收集量为 200～3000 万 $m^3/a$。

### (二) 气体的收集系统

1．系统组成

填埋场沼气收集系统如图 4-74 所示。

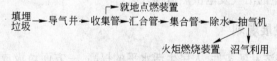

图 4-74　填埋场沼气收集系统

在垃圾填埋场初期(如一库区 3 年内,二库区 2 年内),由于垃圾填埋量小,填埋年限短,沼气产量偏小,不考虑收集,采用就地点燃。随着填埋年限增加,垃圾填埋量增加,沼气产量也增加,采用就地点燃的方法存在一定的危险和污染,对垃圾场的作业不利。因此,需将沼气集中收集起来用火炬点燃或利用。

2．气体的收集方式

要有控制、有目的地排除场内不断分解的沼气,需设计一种既能适应填埋场填埋作业又能安全可靠地在场内形成良好的透气空间和通道。沼气收集方式一般有两种:竖向收集井和横向水平收集管方式。

　　根据本填埋场的具体情况,经比较选用竖向收集井向上收集的方式,此方式结构简单,集气率高,材料耗量少,投资低,且密封性较好,适合一边收集一边填埋加高作业。

　　经过导出井收集的沼气经收集管连续接至汇合管,一个汇合管同时连接五个收集井。由汇合管出来的沼气管连到集合管上,每个集合管连接 4 个汇合管。由集合管出来的沼气,通过输气管道送到抽气机入口,这种收集系统收集管线用材最省。

　　3．导气收集井结构及要求

　　沼气导气井的作用是使填埋场内产生的沼气能有效地排出地面。导气井要注意密封,防止空气进入和沼气渗出,同时要能有效地将渗滤液导致底部排水系统。收集井的周壁要布置足够的导气孔,井周围需填满一定厚度的不同级别的卵石。

　　导气井高度随垃圾填埋层增高而加高,加高后应将下层的外套管拔起。

　　4．气体脱水

　　沼气排出导气井时,温度为 35～40℃,为饱和气体,当到达抽气机前,沼气中有大量的凝结水析出,为防止含水分的沼气进入抽气机,腐蚀设备,在抽气机入口设置沼气脱水器,以延长抽气机使用寿命。

　　**(三) 气体利用规划**

　　填埋场产生的沼气以甲烷为主(40%～50%),其低位发热值较高(18900 kJ/m³),可作为一种再生能源予以利用,高雁填埋场沼气总含热量约 13000 GJ,目前沼气的利用主要有以下几个方面:

　　(1) 作为居民燃气;

　　(2) 作为动力燃料;

　　(3) 区域供热;

　　(4) 用于燃气发电。

　　高雁垃圾填埋场位于东风镇高雁村,距贵阳市中心 16 km,居住人口主要是距填埋场 1.5 km的东风镇,人口约 5000 人,沼气的利用在开始收集的初期可作为镇上的居民用气,随垃圾填埋年限的增加,沼气产量在不断增加,此时可考虑沼气燃气发电将多余的沼气消耗掉。尽管目前贵阳市电力充足(特别是水电),电价低,但随着贵阳市工业发展以及居民生活水平提高,利用垃圾填埋场产生的沼气发电,其热效率高(30%～45%),投资少,运行成本低,因此可以在今后一定时期,合理利用填埋场产生的沼气发电供热造福人类。

　　**九、综合利用和发展规划**

　　根据贵阳市城市经济发展条件、人民生活水平的提高,一方面垃圾成分将来会发生改变,热值可能会有所提高;另一方面,人们分类丢弃垃圾的习惯增强,可以实施分类收集,为垃圾综合利用创造条件。

　　在填埋场预留场地可实施垃圾综合利用,生活垃圾经预分选后,一部分金属、塑料等可以回收,另一部分可以进行焚烧处理,其余部分作填埋处理。一方面可以实现资源的回收利用,另一方面可以减少容积,且对防治填埋场水和沼气污染有利。规划预留规模 200 t/d 垃圾焚烧场地,近期可先建 100 t/d 焚烧能力。废塑料可以热解为燃料油。

　　为了充分进行资源和能源的回收,还规划了填埋沼气发电或供热在今后有条件时建设。减少沼气对周围环境的影响。

　　若进行垃圾高温堆肥,可先在一库区(知青点)附近作堆肥场地,一库区封场后还可在其

1150 m 平面作堆肥场地,可不设污水处理设施。

填埋场近期服务年限为 31 年,分一、二期建设。一期主要建设一库区,服务年限为 22 年,二期建设二库区,服务年限 9 年。

渗滤液处理站建设 700 $m^3$/d 设施,预留了扩建 350 $m^3$/d 场地,可以根据运行后渗滤水量和水质实际情况,变化规律及当地的环境保护要求,可以扩大处理规模或调整后续处理工艺配置。

有关综合利用和发展的设施未列入本设计概算中。

### 十、封场规划

当填埋场服务期满后,为美化场区景观和为后续利用创造条件,设计拟作如下覆土封场处理:

(1) 在最终的垃圾填埋体表面(包括坡面和平面)依次覆盖 25 cm 厚的黏土、导气层、防渗层、排水层和 50 cm 厚的自然土,并均匀压实,使填埋场顶面形成 2% 的平整斜坡;

(2) 保留填埋场的导气、防渗及导水设施,待确定达到安定化后导气和渗滤液处理方能最终停止运行;

(3) 设计采取以恢复场区生态为主的绿化措施,即在最终覆盖土之上加覆 35 cm 厚的营养土,根据贵阳地区的实践经验,树种选用生长快速的意大利杨树,草种选择黑麦草等为宜;合理进行乔木、灌木和草本植物的交叉种植。安定后的填埋场可作绿化、旱地农作、堆肥场、废弃物无害化处理场以及一些无机物资堆放场等用地;也可以配合周围游乐景观的开发而规划成野营地、度假村等休假场地。如果城市规划部门到时有具体的规划用途,则再结合规划情况作相应的调整。

# 第五章　生活垃圾焚烧技术

## 第一节　概　　述

焚烧是一种城市垃圾的高温热处理工艺,在 800～1000℃ 焚烧炉膛内,通过燃烧,垃圾中的化学活性成分被充分氧化,留下的无机成分成为熔渣被排出,在此过程中垃圾的体积得到缩减,其易腐的讨厌性质得到了充分的改变。垃圾焚烧技术一般分为机械炉排、流化床、旋转窑等。

焚烧法不但可以处理固体废物,还可以处理液体废物和气体废物;不但可以处理生活垃圾和一般工业废物,而且可以用于处理危险废物。在焚烧处理生活垃圾时,也常常将垃圾焚烧处理前暂时储存过程中产生的渗滤液和臭气引入焚烧炉焚烧处理。

随着经济的发展和时间的推移,先进国家的垃圾处理技术已由初期的填埋发展到简易焚烧,再发展到热能回收型的焚烧。相比之下,我国的垃圾处理现在刚刚起步,却同时有各种技术可供选择,给我们提供了"迎头赶上"的机会。随着中国经济的飞速发展,人民生活水平的不断提高,中国城市生活垃圾产量也飞速增长,垃圾焚烧处理相对于卫生填埋法、堆肥法而言,在减量化、无害化、资源化等方面具有很大优势,尤其是在人口高度密集、土地资源紧张、垃圾热值较高的大中城市和沿海经济发达地区,垃圾焚烧处理法得到大力发展。北京、深圳、上海、广州、宁波、温州、杭州、苏州等经济发达城市已纷纷开始建设垃圾焚烧厂,国家环保总局在有关城市垃圾处理的文件中也确定在经济较发达、垃圾热值较高的地区推广焚烧法处理城市生活垃圾。但是焚烧也有其固有的缺点:投资大,燃烧产生的余灰处理成本高,占用资金周期长;焚烧对垃圾的热值有一定的要求,一般不低于 3347 kJ/kg(800 kcal/kg),限制了它的应用范围;焚烧还会产生强致癌物——二噁英。

因此,我们要权衡利弊,做到扬长避短。在规划、设计、建设和运行垃圾焚烧厂的各个阶段,必须严格遵守有关环保标准和要求,并协调好周边企业、居民的关系。不能因为节省投资和运行费用,而降低环保要求,损害周边居民的利益。同时,还要注意不仅要建设好高标准的垃圾焚烧厂,更要管理和运营好垃圾焚烧厂,使其达到设计指标。此外,还必须建立行之有效的垃圾处理运营监理机制,促使和监督垃圾处理商严格遵守环保要求。

### 一、焚烧技术的特点

垃圾焚烧技术经历了一百多年的发展过程,已日臻完善并得到了广泛的应用,目前通用的垃圾焚烧炉主要有炉排式、流化床式和旋转窑式焚烧炉,在焚烧炉设备的技术细节方面,国外大量垃圾焚烧经验表明:对于生活垃圾而言,机械炉排焚烧炉与流化床焚烧炉均具有较好的适应性;而对于危险废物,回转窑焚烧炉适应性更强。

焚烧法具有许多独特的优点:

(1) 无害化。垃圾经焚烧处理后,垃圾中的病原体被彻底消灭,燃烧过程中产生的有害气体和烟尘经处理后达到排放要求;

(2)减量化。经过焚烧,垃圾中的可燃成分被高温分解后,一般可减重80%、减容90%以上,可节约大量填埋场占地;

(3)资源化。垃圾焚烧所产生的高温烟气,其热能被废热锅炉吸收转变为蒸汽,用来供热或发电,垃圾被作为能源来利用,还可回收铁磁性金属等资源;

(4)经济性。垃圾焚烧厂占地面积小,尾气经净化处理后污染较小,可以靠近市区建厂,既节约用地又缩短了垃圾的运输距离,随着对垃圾填埋的环境措施要求的提高,焚烧法的操作费用可望低于填埋;

(5)实用性。焚烧处理可全天候操作,不易受天气影响。

这里需要强调的一点是垃圾焚烧技术远非完善,主要表现在:

(1)目前焚烧炉渣的热灼减率一般为3%～5%,尚有潜力可挖;

(2)气相中亦残留有少量以CO为代表的可燃组分;

(3)气相不完全燃烧为高毒性有机物(以二噁英为代表)的再合成提供了潜在的条件;

(4)未燃尽的有机质和不均匀的品相条件,使灰渣中有害物质的再溶出不能完全避免;

(5)垃圾焚烧的经济性及资源化仍有改善的余地。

## 二、焚烧技术的应用现状和前景展望

### (一)国外的应用现状

自20世纪70年代以来,随着烟气处理技术和焚烧设备制造技术的发展,垃圾焚烧技术正逐步为越来越多的欧美发达家国家所采用。在国土资源相对紧张的瑞士、法国和新加坡等国焚烧的比例也都已接近或超过填埋。目前垃圾焚烧技术应用现状以日本和欧美等发达国家最具代表性。

日本最早的垃圾发电站1965年建于大阪市,目前共有垃圾焚烧炉约3000座,其中垃圾发电站131座,总装机容量650 MW。2000年垃圾发电总容量达到2000 MW。垃圾日处理能力1000 t/d以上的垃圾发电站8座,1995年建成一座最大的垃圾电站,发电容量24 MW。

美国垃圾焚烧厂发展很快,截至1990年已建成400座,生活垃圾焚烧率达18%,2000年提高到了40%。美国垃圾发电已达2000 MW,最近在建的有日处理垃圾2000 t/d、蒸汽温度达430～450℃、发电量为85 MW的垃圾电站。

法国现有垃圾焚烧锅炉300多台,可处理40%城市垃圾,巴黎有4台日处理垃圾450 t/d的马丁式锅炉。德国拥有世界上最高效率的垃圾发电技术,至1998年有75台垃圾焚烧锅炉。英国最大的垃圾电站位于伦敦,共有5台滚动炉排式锅炉,年处理垃圾40万t。

### (二)国内的应用现状

目前生活垃圾填埋处理在我国的生活垃圾处理处置中仍处于主导地位,而且在今后相当长的一段时间内依然继续存在并得以发展。目前制约我国推广垃圾焚烧技术的主要因素有:(1)大部分城市的生活垃圾的低位热值较低,不能达到自燃的要求;(2)城市生活垃圾中灰渣含量较高,制约了焚烧减量化效益的发挥;(3)国内尚未系统掌握垃圾焚烧技术,在建设与运行中均缺乏可靠的技术支撑;(4)现代化垃圾焚烧属高成本技术,建设的筹资难度较大。

但随着国民经济及城市建设的发展,在我国许多经济比较发达的沿海城市,新建垃圾填埋场受到越来越多的限制,已经很难找到合适的场址。同时垃圾中可燃物的大量增多,垃圾热值的明显提高,使焚烧技术成为近年来许多城市解决垃圾出路问题的新趋势和新热点。目前,我国已有较多城市开始引进国外先进的焚烧工艺和设备处理城市生活垃圾,深圳、珠海、上海、温州、顺德已建成一批生活垃圾焚烧厂,北京、广州、杭州、天津等城市正在筹建生活垃圾焚烧处理设施。与此同时许多中小城市也把建设垃圾焚烧厂提到了议事日程。

上海引进法国先进的焚烧工艺建造上海浦东垃圾焚烧厂,日处理生活垃圾 1000 t 规模的焚烧厂,工程总投资 6.7 亿元。上海浦东垃圾焚烧厂是我国目前水平较高的现代化垃圾焚烧厂。焚烧厂的主要焚烧设备采用倾斜往复阶梯式机械炉,配置有 3 条生产线,2 套 8500 kW 的汽轮发电机组。此外上海御桥垃圾焚烧厂日处理 1500 t 的垃圾焚烧厂也已建成,目前正处于试运行中。

深圳市已建成 3×150 t/d 垃圾焚烧发电厂,1 号、2 号机系日本进口三菱－马丁式炉排焚烧炉,3 号机为采用"杭锅"与三菱合作的 150 t/d 马丁式炉排焚烧炉,三台机组共 4000 kW。其中深圳和三菱合作生产一台 150 t/d 垃圾锅炉,垃圾焚烧锅炉本体由 MHI 作基本设计,炉排及重要燃烧自控装置由 MHI 供货。

另外,我国在引进国外先进焚烧工艺和焚烧设备的同时,也加紧焚烧设备和技术国产化的科技攻关。目前我国的相关研发和制造单位在借鉴发达国家成功经验的基础上,正努力研制国产化的生活垃圾焚烧技术和设备。

**(三) 发展前景**

从目前看来,在今后很长一段时间内发展城市生活垃圾焚烧技术的有利因素将依然存在。同时垃圾焚烧管理与经营的集约化程度较高比较适宜的民营化运行,因此垃圾焚烧技术在全球范围内仍持有较大的发展空间。综合近年来生活垃圾焚烧技术的发展过程,将来的垃圾焚烧技术将会向以下几个方面发展:

(1) 自我完善。焚烧设备构造的不断改进,废气处理新技术的广泛应用,特别是许多高新技术在垃圾焚烧厂的应用,促使垃圾焚烧厂向高新技术方向发展。另外,先进的自控技术和新颖的外观设计,都使垃圾焚烧厂更加趋于完善。

(2) 多功能。现代垃圾焚烧厂不仅具有焚烧垃圾的功能,还具有发电、供电、供热、供气、制冷以及区域性污水处理、附带娱乐设施等多种功能。

(3) 资源化。如垃圾焚烧余热发电、焚烧残渣制砖等,使垃圾焚烧与能源回收有机地结合起来。利用焚烧垃圾产生的余热进行发电不仅可以解决垃圾焚烧厂内的用电需要,还可以外售盈利,促使了垃圾焚烧技术的迅速发展。另外,节能化也被国外垃圾焚烧厂所普遍重视。如提高焚烧炉燃烧效率及余热锅炉的热回收率,减小排烟等散热损失,均是提高节能化的有效措施。

(4) 智能化。垃圾焚烧厂运行实现自动化后,为了保证较佳的运行状态,目前仍然必须依赖人的判断。将来会开发出更先进的软件,可以进行图像解析、模糊控制等,使其与熟练操作员的判断非常接近,从而实现真正意义上的自动化控制。另外,人工智能的发展、高效传感器的开发、机器人的研制,使垃圾焚烧厂设备及系统故障的自我诊断功能成为可能,从而得以实现低故障串和高运转率。

### 三、焚烧技术的指标和标准

由于固体废物产生许多有害污染物,包括重金属和二噁英类等,如果不加以严格监督和控制,必然会造成对周围环境的二次污染,并危害人类身体健康。为此,世界各国的主管部门都制定了污染控制指标和标准,借以对废物焚烧设施及焚烧全过程实行有效的控制,以减少乃至消除对周围环境的影响。

**(一) 焚烧处理技术指标**

在实际的燃烧过程中,操作条件不能达到理想效果,致使垃圾燃烧不完全。不完全燃烧的程度反映焚烧效果的好坏,评价焚烧效果的方法有多种,比较直接的是用肉眼观察垃圾焚烧产生的烟气的"黑度"来判断焚烧效果,烟气越黑,焚烧效果越差。另外,也可用如下几项技术指标来衡量焚烧处理效果。

### 1. 减量比

用于衡量焚烧处理废物减量化效果的指标是减量比,定义为可燃废物经焚烧处理后减少的质量占所投加废物总质量的百分比,即:

$$MRC = \frac{m_b - m_a}{m_b - m_c} \times 100\% \tag{5-1}$$

式中,$MRC$ 为减量比,%;$m_a$ 为焚烧残渣的质量,kg;$m_b$ 为投加的废物质量,kg;$m_c$ 为残渣中不可燃物质量,kg。

### 2. 热灼减量

热灼减量指焚烧残渣在 $(600 \pm 25)$℃ 经 3 h 灼热后减少的质量占原焚烧残渣质量的百分数,其计算方法如下:

$$Q_R = \frac{m_a - m_d}{m_a} \times 100\% \tag{5-2}$$

式中,$Q_R$ 为热灼减量,%;$m_a$ 为焚烧残渣在室温时的质量,kg;$m_d$ 为焚烧残渣在 $(600 \pm 25)$℃ 经 3 h 灼热后冷却至室温的质量,kg。

### 3. 燃烧效率及破坏去除效率

在焚烧处理城市垃圾及一般工业废物时,多以燃烧效率($CE$)作为评估是否可以达到预期处理要求的指标:

$$CE = \frac{[CO_2]}{[CO_2] + [CO]} \times 100\% \tag{5-3}$$

式中,$[CO_2]$ 和 $[CO]$ 分别为烟道气中该种气体的浓度值。

### 4. 对危险废物,验证焚烧是否可以达到预期的处理要求的指标还有特殊化学物质(有机性有害主成分(POHCS))的破坏去除效率(DRE),定义为:

$$DRE = \frac{W_{in} - W_{out}}{W_{in}} \times 100\% \tag{5-4}$$

式中,$W_{in}$ 为进入焚烧炉的 POHCS 的质量流率,kg/(m²·s);$W_{out}$ 为从焚烧炉流出的该种物质的质量流率,kg/(m²·s)。

### 5. 烟气排放浓度限制指标

废物在焚烧过程中会产生一系列新污染物,有可能造成二次污染。对焚烧设施排放的大气污染物控制项目大致包括四个方面:(1)烟尘:常将颗粒物、黑度、总碳量作为控制指标;(2)有害气体:包括 $SO_2$、HCl、HF、CO 和 $NO_x$;(3)重金属元素单质或其化合物:如 Hg、Cd、Pb、Ni、Cr、As 等;(4)有机污染物:如二噁英,包括多氯代二苯并-对-二噁英(PCDDs)和多氯代二苯并呋喃(PCDFs)。

## (二)焚烧处理技术标准

### 1. 国外焚烧标准

国外城市垃圾焚烧标准如表 5-1 所示。

**表 5-1　一些国家城市垃圾焚烧大气污染物排放限值**

| 污　染　物 | 欧共体(1989) | 荷兰(1989) | 瑞士(1990) | 瑞典(1990) | 法国(1990) | 丹麦(1990) | 韩国 | 新加坡 |
|---|---|---|---|---|---|---|---|---|
| 参考标准 | 11%$O_2$ | 11%$O_2$ | 12%$O_2$ | 10%$O_2$ | 9%$O_2$ | | | 12%$O_2$ |
| 监测要求 | 日平均 | 时平均 | 日平均 | 月平均 | 日平均 | 年平均 | | |

| 污　染　物 | 欧共体(1989) | 荷兰(1989) | 瑞士(1990) | 瑞典(1990) | 法国(1990) | 丹麦(1990) | 韩国 | 新加坡 |
|---|---|---|---|---|---|---|---|---|
| 颗粒物/mg·m$^{-3}$ | 30 | 5 | 20 | 20 | | 35 | 300 | 200 |
| CO/mg·L$^{-1}$ | 100 | 50 | | 100 | 130 | | 400 | 1000 |
| HCl/mg·L$^{-1}$ | 50 | 10 | 20 | 30 | 65 | 100 | 25 | 200 |
| HF/mg·L$^{-1}$ | 2~4 | 1 | 2 | | 2 | 2 | 10 | |
| SO$_2$/mg·L$^{-1}$ | 300 | 40 | 50 | | 330 | 300 | 1800 | |
| NO$_x$/mg·L$^{-1}$ | | 70 | 80 | | | | 250 | 1000 |
| Ⅰ类金属(Cd,Hg)/mg·L$^{-1}$ | 共0.2 | 各0.05 | 各0.1 | Hg0.08 | Hg0.1 | | Hg1.0 | 各10 |
| Ⅱ类金属/mg·L$^{-1}$ | (Ni+As)0.1 | | | | | | As3 | As20 |
| Ⅲ类金属/mg·L$^{-1}$ | (Pb+Cr+Cu+Mn)5.0 | | | | | Pb1.4 | Pb30,Cr1 | Pb20,Cu20,Sb10 |
| PCDD/Fs(TEQ)/ng·m$^{-3}$ | | 0.1 | | 0.1 | | | | |

## 2．我国现行标准

我国于 2001 年 11 月发布《生活垃圾焚烧污染控制标准(GB18485—2001)》,并规定于 2002 年 1 月 1 日起实施。焚烧炉大气污染物排放限值列在表 5-2 中。

表 5-2　我国现行生活垃圾焚烧炉烟气大气污染物排放限值[①]

| 序　号 | 项　目 | 单　位 | 数字含义 | 限　值 |
|---|---|---|---|---|
| 1 | 烟尘 | mg/m$^3$ | 测定均值 | 80 |
| 2 | 烟气黑度 | 格林曼黑度,级 | 测定值[②] | 1 |
| 3 | 一氧化碳 | mg/m$^3$ | 小时均值 | 150 |
| 4 | 氮氧化物 | mg/m$^3$ | 小时均值 | 400 |
| 5 | 二氧化碳 | mg/m$^3$ | 小时均值 | 260 |
| 6 | 氯化氢 | mg/m$^3$ | 小时均值 | 75 |
| 7 | 汞 | mg/m$^3$ | 测定均值 | 0.2 |
| 8 | 镉 | mg/m$^3$ | 测定均值 | 0.1 |
| 9 | 铅 | mg/m$^3$ | 测定均值 | 1.6 |
| 10 | 二噁英类(TEQ) | ng/m$^3$ | 测定均值 | 1.0 |

① 本表规定的各项标准限值,均以标准状态下含 11%O$_2$ 的干烟气为参考值换算;

② 烟气最高黑度延续时间,在任何 1 h 内累计不得超过 5 min。

在我国,若焚烧危险废物时,则执行 2001 年 11 月发布、于 2002 年 1 月开始实施的《危险废物焚烧污染控制标准(GB18484—2001)》。其中规定的焚烧炉大气污染物排放限值列入表 5-3 中。

表 5-3　我国危险废物焚烧炉大气污染物排放限值①

| 序号 | 污染物 | 不同焚烧容量时的最高允许排放浓度限值/mg·m⁻³ | | |
| --- | --- | --- | --- | --- |
| | | ≤300 | 300~2500 | ≥2500 |
| 1 | 烟气浓度 | 格林曼 I 级 | | |
| 2 | 烟尘 | 100 | 80 | 65 |
| 3 | 一氧化碳(CO) | 100 | 80 | 80 |
| 4 | 二氧化硫(SO₂) | 400 | 300 | 200 |
| 5 | 氟化氢(HF) | 9.0 | 7.0 | 5.0 |
| 6 | 氯化氢(HCl) | 100 | 70 | 60 |
| 7 | 氮氧化物(以 NO₂ 计) | 500 | | |
| 8 | 汞及其化合物(以 Hg 计) | 0.1 | | |
| 9 | 镉及其化合物(以 Cd 计) | 0.1 | | |
| 10 | 砷、镍及其化合物(以 As + Ni 计)② | 1.0 | | |
| 11 | 铅及其化合物(以 Pb 计) | 1.0 | | |
| 12 | 铬、锡、锑、铜、锰及其化合物<br>(以 Cr + Sn + Sb + Cu + Mn 计)③ | 4.0 | | |
| 13 | 二噁英类(TEQ) | 0.5ng/m³ | | |

① 在测试计算过程中,以 11%O₂(干气)作为换算标准。换算公式为:

$$\rho = \rho_s[10/(21 - O_s)]$$

式中　$\rho$——标准状态下被测污染物经换算后的浓度,mg/m³;

　　　$O_s$——排气中氧气的浓度,%;

　　　$\rho_s$——标准状态下被测污染物的浓度,mg/m³。

② 指砷和镍的总量。

③ 指铬、锡、锑、铜和锰的总量。

在上项标准中注明:自本标准实施之日起,二噁英类污染物排放限值在北京市、上海市、广州市执行。2003 年 1 月 1 日起在全国执行。

## 四、垃圾焚烧厂建设及经济分析

在国外,焚烧是垃圾处理的主要选择方式,积累了丰富的经验。垃圾焚烧技术多样,有流化床、机械炉排、旋转窑。另外,近年来,欧洲和日本开发并建造了相当一部分热解或气化熔融炉。

如何从繁多的技术中选择适合自己城市的垃圾焚烧技术,是决定焚烧厂运行成功与否和经济性是否合理的关键。垃圾焚烧技术一般根据当地的垃圾特性,从以下几个方面来考察:

(1)垃圾分类。可燃,不可燃,大件垃圾的分类不十分理想时,应首选机械炉排技术,分类较好的情况下,才可以考虑选用流化床和气化熔融技术。

(2)垃圾热值。热值在 4184 kJ/kg(1000 kcal/kg)左右,机械炉排比较合适;热值更高可考虑流化床;而 8368 kJ/kg(2000 kcal/kg)以上才可以选用气化熔融技术。因此,现在国内有些流化床掺煤来烧垃圾。

(3)焚烧规模。如果 600 t/d 以上的焚烧厂,一般首选机械炉排,而流化床和气化熔融技术国外多应用在 200 t/d 左右的焚烧厂。

(4) 烟气处理。流化床在炉内燃烧时间极短,烟气量和成分等随垃圾特性变化较快,一般认为其烟气处理和燃烧控制较机械炉排为难。

(5)飞灰处理。机械炉排放飞灰较少,飞灰处理方面较为有利。飞灰中重金属含量较高,一般需作为有害废弃物处理,而流化床的飞灰较多处理成本较高。

(6)经济性能。一般流化床需要破碎等预处理,耗能和耗人工较多,但是流化床本体可动部分较机械炉排为少。气化熔融技术的处理成本一般为机械炉排的 1.5 倍以上。

垃圾焚烧厂的建造需要严格满足国家规定的环保要求,我国的环保标准除了二噁英以外,和世界先进国家基本在同一水平。但是上海已建成的浦东和江桥焚烧厂的环保标准都比全国要高,与欧洲先进国家同等。

由于我国国内投入运行的焚烧炉数量相对较少,对于焚烧的经济性分析一般多以国外为例。若每天焚烧 1100 t 垃圾并有能量回收的焚烧厂,其投资在 2100~5500 万美元之间,即每天每吨处理量为 20150~55300 美元/(t·d)投资。而对于操作费用影响主要来自设备利用率、利率、劳动生产率和二次排泄废物处理费用。每吨城市垃圾焚烧的操作费用约为 12~25 美元,焚烧产生蒸汽的出售价格为 0.007~0.01 美元/kg。

### 五、焚烧垃圾产生的二次污染物

焚烧垃圾产生的二次污染物主要有:烟气、废水、飞灰及灰渣。

(1) 烟气污染。由于城市垃圾性质的多样性、成分的复杂性和不均匀性,在垃圾的焚烧过程中将发生许多不同的化学反应,焚烧废气中含有大量对人体和环境有危害的二次污染物。科学证实,城市垃圾的焚烧烟气中含有卤化氢、挥发性的重金属、氧化氮氧化硫以及多氯环芳烃等有毒有害的污染物。如果不经过有效处理,这些污染物极有可能在一定的条件下产生严重的环境污染。例如,1999 年比利时、荷兰、法国、德国相继发生二噁英污染畜禽类产品及乳制品的事件。仅比利时一国,当年上半年就造成直接损失 3.55 亿欧元,间接损失超过 10 亿欧元。

(2) 废水污染。垃圾处理处置过程中将产生大量的废水。这些废水需要经过特殊的消毒杀菌处理,一方面防止这些废水对城市污水处理厂正常运行的干扰,同时减少污染物向环境的排放。

(3) 飞灰及灰渣污染。城市垃圾焚烧处理过程中,焚烧炉渣和飞灰可能含有大量的有害物质,如重金属和二噁英类物质,若未经处理直接排放,将会严重污染地下水源和土壤,对环境造成危害。因此我国相关法规明确规定,所有垃圾焚烧系统的灰渣都属于危险废物,对这些灰渣的处置,都要按照国家关于危险废物处理处置的相关法规,妥善处置,并特别强调长期的安全性和稳定性。

# 第二节　焚烧过程及焚烧产物

## 一、焚烧的基本概念

### (一) 燃烧

燃烧是一种剧烈的氧化反应,具有强烈放热效应、有基态和电子激发态的自由基出现,常伴有光与热的现象,即辐射热会导致周围温度的升高。燃烧也常伴有火焰现象,而火焰又能在合适的可燃介质中自行传播。火焰能否自行传播,是区分燃烧与其他化学反应的特征。其他化学反应都只局限在反应开始的那个局部地方进行,而燃烧反应的火焰一旦出现,就会不断向四周传播,直到能够反应的整个系统完全反应完毕为止。燃烧过程,伴随着化学反应、流动、传热相传质等化学过程及物理过程,这些过程是相互影响、相互制约的。因此,燃烧过程是一个极为复杂的综合过程。

### (二) 着火与熄灭

着火是燃料与氧化剂由缓慢放热反应发展到由量变到质变的临界现象。从无反应向稳定的强烈放热反应状态的过渡过程为着火过程;相反,从强烈的放热反应向无反应状态的过渡是熄火过程。

影响燃料着火与熄火的因素可分为化学因素和物理因素,包括燃料性质、燃料与氧化剂的成分、过剩空气系数、环境压力及温度、气流速度、燃烧室尺寸等。

在日常生活和工业应用中,最常见到的燃烧着火方式为化学自燃、热自燃和强迫自燃。

(1) 化学自燃。通常不需要外界加热,在常温下依靠自身的化学反应发生。如金属钠在空气中的自燃,烟煤长期堆积通风不好而自燃。

(2) 热自燃。将一定体积的可燃气体混合物放在热环境中使其温度升高,由于热生成速率是温度的指数函数,而热损失只是一个简单的线性函数,因此只要稍微增加反应混合物的温度,其温度上升率就会大大增加。当热量生成速率超过损失速率,着火就会在整个容器内瞬间发生,燃烧反应就能自行继续下去,而不需要进一步的外部加热。

(3) 强迫自燃。点火方法即用炽热物体、电火花及热气流等使可燃混合物着火,炽热物体向气体散热,在边界层中可燃混合物由于温度较高而进行化学反应,反应产生的热量又使气体温度不断升高而着火。

### (三) 着火条件与着火温度

如果在一定的初始条件或边界条件(闭口系统)下由于化学反应的剧烈加速,使反应系统在某个瞬间或空间的某部分达到高温反应态(燃烧态),那么,实现这个过渡的初始条件被称为着火条件,它是化学动力参数和流体力学参数的综合函数。

容器内单位体积混合气在单位时间内反应放出的热量,简称放热速度($Q(G)$)。单位体积混合气在单位时间内向外界环境散发的热量,简称散热速度($Q(L)$)。着火的本质问题取决于放热速度 $Q(G)$ 与散热速度 $Q(L)$ 的相互作用及其随温度增长的程度。放热速率与温度成指数曲线关系,而散热速率与温度成线性关系。当压力(或浓度)不同时,则得如图 5-1 中所示的一组放热曲线($Q(G1)、Q(G2)、Q(G3)$);当改变混合气的初始温度($T(初)$)时则得到一组平行的散热曲线($Q(L1)、Q(L2)、Q(L3)$);同样改变 $hF/V$($h$ 为对流换热系数,$F$ 为容器表面积,$V$ 为容器体积)时,则得到一组不同斜率的散热曲线($Q(L'1)、Q(L'2)、Q(L'3)$)。直线 $Q(L'2)$ 与曲线 $Q(G3)$ 相切于点 $A$。$A$ 点以前放热速率总是大于散热速率,不需要外界能量的补充,完全靠反应系统本身的能量积累自动达到 $A$ 点。因此,$A$ 点将标志由低温缓慢的反应态到不可能维持这种状况的过渡,点 $A$ 为着火点(热自燃点),$T(a)$ 为着火温度。

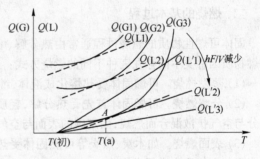

图 5-1  放热曲线与散热曲线

### (四) 热值

生活垃圾的热值是指单位质量的生活垃圾燃烧释放出来的热量,以 kJ/kg(或 kcal/kg)计。

　　要使生活垃圾维持燃烧,就要求其燃烧释放出来的热量足以提供加热垃圾到达燃烧温度所需要的热量和发生燃烧反应所必需的活化能。否则,便要添加辅助燃料才能维持燃烧。

　　热值有两种表示法,高位热值和低位热值。高位热值是指化合物在一定温度下反应到达最终产物的焓的变化。低位热值与高位热值的意义相同,只是产物的状态不同,前者水是液态,后者水是气态。所以,二者之差就是水的汽化潜热。用氧弹量热计测量的是高位热值。将高位热值转变成低位热值可以通过式(5-5)计算:

$$LHV = HHV - 2420 \left[ w(H_2O) + 9 \times \left( w(H) - \frac{w(Cl)}{35.5} - \frac{w(F)}{19} \right) \right] \tag{5-5}$$

式中　　　　　　　　$LHV$——低位热值,kJ/kg;

　　　　　　　　　　$HHV$——高位热值,kJ/kg;

　　　　　　　　$w(H_2O)$——焚烧产物中水的质量百分数,%;

　　$w(H)$、$w(Cl)$、$w(F)$——分别为废物中氢、氯、氟含量的质量百分数,%。

　　若废物的元素组成已知,则可利用 Dulong 方程式近似计算出低位热值:

$$LHV = 2.32 \times \left[ 14000 m_C + 45000 \times \left( m_H - \frac{1}{3} m_O \right) - 760 m_{Cl} + 4500 m_S \right] \tag{5-6}$$

式中　　　　　　　　$LHV$——低位热值,kJ/kg;

　　$m_C$、$m_O$、$m_H$、$m_{Cl}$、$m_S$——分别代表碳、氧、氢、氯和硫的摩尔质量。

### (五) 理论燃烧温度

　　燃烧反应是由许多单个反应组成的复杂的化学过程。它包括氧化反应、气化反应、离解反应等,在这些单个反应中有放热反应,也有吸热反应。当燃烧系统处于绝热状态时,反应物在经化学反应生成产物的过程中所释放的热量全部用来提高系统的温度,系统最终所达到的温度称为理论燃烧温度,即绝热火焰温度。这个温度与反应产物的成分有关,也与反应物的初温和压力有关。

## 二、燃烧的基本过程

　　固体可燃性物质的燃烧过程通常由热分解、熔融、蒸发和化学反应等传热、传质过程所组成。可燃物质因种类不同存在三种不同的燃烧方式:

　　(1) 蒸发燃烧。可燃固体受热熔化成液体,继而化成蒸气,与空气扩散混合而燃烧;

　　(2) 分解燃烧。可燃固体首先受热分解,轻质的碳氢化合物挥发,留下固定碳及惰性物,挥发分与空气扩散混合而燃烧,固定碳的表面与空气接触进行表面燃烧;

　　(3) 表面燃烧。如木炭、焦炭等可燃固体受热后不发生熔化、蒸发和分解等过程,而是在固体表面与空气反应进行燃烧。

　　生活垃圾中可燃组分种类复杂,因此固体废物的燃烧过程是蒸发燃烧、分解燃烧和表面燃烧的综合过程。根据固体废物在焚烧炉的实际焚烧过程,将固体废物的焚烧过程划分依次分为干燥、热分解和燃烧三个过程。

　　(1) 干燥。生活垃圾的干燥阶段是利用燃烧室的热能使垃圾的附着水和固有水汽化,生成水蒸气的过程。按热量传递的方式,可将干燥分为传导干燥、对流干燥和辐射干燥三种方式。生活垃圾的含水率愈大,干燥阶段也就愈长,消耗的热能也就越高,从而导致炉内温度降低,影响垃圾的整个焚烧过程。

　　(2) 热分解。固体废物中的可燃组分在高温作用下的分解和挥发化学反应过程,生成各种烃类挥发分和固定碳等产物。热分解过程包括多种反应,这些反应有吸热的,也有放热的。固体废物的热分解速度受可燃组分组成、传热及传质速度和有机固体物粒度有关。

（3）燃烧。在高温条件下，干燥和热分解产生的气态和固态可燃物，与焚烧炉中的空气充分接触，达到着火所需的必要条件时就会形成火焰而燃烧。因此，生活垃圾的焚烧是气相燃烧和非均相燃烧的混合过程，它比气态燃料和液态燃料的燃烧过程更复杂。

### 三、影响燃烧过程的因素

影响生活垃圾焚烧过程的因素主要包括生活垃圾的性质、停留时间、温度、湍流度、空气过量系数。其中停留时间、温度及湍流度和空气过量系数称为"3T-1E"，是焚烧炉设计和运行的主要控制参数。

#### （一）固体废物的性质

生活垃圾的热值、成分组成和颗粒粒度等是影响生活垃圾焚烧的主要因素。固体废物的热值越高，焚烧释放的热能越高，焚烧也就容易启动。生活垃圾的粒度越小，生活垃圾与周围氧气的接触面积也就越大，焚烧过程中的传热及传质效果越好，燃烧越完全。因此，在生活垃圾焚烧前，应进行破碎预处理；固体废物的水分过高，导致干燥阶段过长，着火困难，影响燃烧速度，不易达到完全燃烧。

#### （二）停留时间

生活垃圾的焚烧是气相燃烧和非均相燃烧的混合过程，因此生活垃圾在炉中的停留时间必须大于理论上固体废物干燥、热分解及固定碳组分完全燃烧所需的总时间。同时还满足固体废物的挥发分在燃烧室中有足够的停留时间以保证达到完全燃烧。虽然停留时间越长焚烧效果越好，但停留时间过长也会使焚烧炉的处理量减少，焚烧炉的建设费用加大。

#### （三）温度

温度是指生活垃圾焚烧所能达到的最高焚烧温度，一般来说位于生活垃圾层上方并靠近燃烧火焰的区域内的温度最高，可达 $850 \sim 1000℃$。焚烧温度越高，燃烧越充分，二噁英类污染物质去除也就彻底。

停留时间和温度的乘积又可称为可燃组分的高温暴露。在满足最低高温暴露条件下，可以通过提高焚烧温度，而缩短停留时间；同样可以在燃烧温度较低的情况下，通过延长停留时间来达到可燃组分的完全燃烧。

#### （四）湍流度

湍流度是表征生活垃圾和空气混合程度的指标。在生活垃圾焚烧过程，当焚烧炉一定时，可以通过提高助燃空气量来提高焚烧炉中的流场湍流度，改善传质与传热效果。

#### （五）过量空气系数

在焚烧室中，固体废物颗粒很难与空气形成理想混合，因此为了保证垃圾燃烧完全，实际空气供给量要明显高于理论空气需要量。实际空气量与理论空气量之比值为过量空气系数。但是如果助燃过量空气系数太高，同时会导致炉温降低，影响固体废物的焚烧效果。

综上所述，不难发现以上 3T-1E 因素相互依赖相互制约，构成一个有机系统。任何一个因素的波动，都会产生"牵一发而动全身"的效果。因此必须从系统的角度来控制和选择以上运行参数。

#### （六）"3T-1E"参数的关系

在焚烧系统中，焚烧温度、搅拌混合程度、气体停留时间和过量空气率是相互依赖、相互制约的，构成一个有机系统，必须从系统的角度来控制和选择以上运行参数。

气体停留时间由燃烧室几何形状、供应助燃空气速率及废气产率决定。过量空气率由进料速率及助燃空气供应速率决定。而助燃空气供应量也将直接影响到燃烧室中的温度和流场混合(紊流)程度,燃烧温度则影响垃圾焚烧的效率。四个焚烧控制参数的互动关系如表5-4所示。

表 5-4   焚烧四个控制参数的互动关系

| 参 数 变 化 | 搅拌混合程度 | 气体停留时间 | 燃烧室温度 | 燃烧室负荷 |
|---|---|---|---|---|
| 燃烧温度上升 | 可减少 | 可减少 | | 会增加 |
| 过量空气率增加 | 会增加 | 会减少 | 会降低 | 会增加 |
| 气体停留时间增加 | 可减少 | | 会降低 | 会降低 |

焚烧温度和废物在炉内的停留时间有密切关系。若停留时间短,则要求较高的焚烧温度;停留时间长,则可采用略低的焚烧温度。设计时不宜采用提高焚烧温度的办法来缩短停留时间,而应从技术经济角度确定焚烧温度,并通过试验确定所需的停留时间。同样,也不宜片面地以延长停留时间而达到降低焚烧温度的目的,这不仅使炉体结构庞大,增加炉子占地面积和建造费用,甚至会使炉温不够,使废物焚烧不完全。

### 四、焚烧的产物

#### (一) 完全燃烧的产物

废物焚烧时既发生了物料分子转化的化学过程,也发生了以各种传递为主的物理过程。大部分废物及辅助燃料的成分非常复杂,一般仅要求提供主要元素的分析结果,固体废物中的可燃组分可用 $C_xH_yO_zN_uS_vCl_w$ 表示,其完全燃烧的氧化反应可表示为:

$$C_xH_yO_zN_uS_vCl_w + \left(x + v + \frac{y-w}{4} - \frac{z}{2}\right)O_2 \rightarrow xCO_2 + wHCl + \frac{u}{2}N_2 + vSO_2 + \left(\frac{y-w}{2}\right)H_2O$$

(1) 有机碳的焚烧产物是二氧化碳气体。

(2) 有机物中的氢的焚烧产物是水。若有氟或氯存在,也可能有它们的氢化物生成。

(3) 有机氮化物的焚烧产物主要是气态的氮,也有少量的氮氧化物生成。由于高温时空气中氧和氮也可结合生成一氧化氮,相对于空气中氮来说,生活垃圾中氮元素含量很少,一般可以忽略不计。

(4) 生活垃圾中的有机硫和有机磷,在焚烧过程中生成二氧化硫或三氧化硫、五氧化二磷。

(5) 有机氟化物的焚烧产物是氟化氢。若体系中氢的量不足以与所有的氟结合生成氟化氢,可能出现四氟化碳或二氟氧碳($COF_2$);若有金属元素存在,可与氟结合生成金属氟化物。添加辅助燃料($CH_4$、油品)增加氢元素,可以防止四氟化碳或二氟氧碳的生成。

(6) 有机氯化物的焚烧产物是氯化氢。由于氧和氯的电负性相近,存在着下列可逆反应:

$$4HCl + O_2 \rightleftharpoons 2Cl_2 + 2H_2O$$

当体系中氢量不足时,有游离的氯气产生。添加辅助燃料(天然气或石油)或较高温度的水蒸气(1100℃)可以使上述反应向左进行,减少废气中游离氯气的含量。

(7) 有机溴化物和碘化物焚烧后生成溴化氢及少量溴气以及元素碘。

(8) 根据焚烧元素的种类和焚烧温度,金属在焚烧后可生成卤化物、硫酸盐、磷酸盐、碳酸盐、氧化物和氢氧化物等。

#### (二) 燃烧过程污染物的产生

固体废物的完全燃烧反应只是理想状态,实际的燃烧过程非常复杂,最终的反应产物未必只

是 $CO_2$、HCl、$N_2$、$SO_2$ 与 $H_2O$。在实际燃烧过程中,只能通过控制 3T-1E 因素,使燃烧反应接近完全燃烧。若燃烧工况控制不良,废物焚烧过程会产生大量的酸性气体、碳烟、CO、未完全燃烧有机组分、粉尘、灰渣等物质,甚至可能产生有毒气体,包括二噁英、多环碳氢化合物(PAH)和醛类等。因此有必要对固体废物的燃烧污染产物的产生和控制原理进行深入研究。

1. 粉尘的产生和特性

焚烧烟气中的粉尘可以分为无机烟尘和有机烟尘两部分,主要是垃圾焚烧过程中由于物理原因和热化学反应产生的微小颗粒物质。其中无机烟尘主要来自固体废物中的灰分,而有机烟尘主要是由于灰分包裹固定炭粒形成。焚烧烟气中的粉尘产生的机理见表 5-5。

表 5-5 粉尘产生机理

| | 炉 室 | 燃 烧 室 | 锅炉室、烟道 | 除尘器 | 烟 囱 |
|---|---|---|---|---|---|
| 无机烟尘 | (1)由燃烧空气卷起的不燃物、可燃灰分;<br>(2)高温燃烧区域中低沸点物质汽化;<br>(3)有害气体(HCl、$SO_x$)去除时,投入的 $CaCO_3$ 粉末引起的反应生成物和未反应物 | 气-固、气-气反应引起的粉尘 | (1)烟气冷却引起的盐分;<br>(2)为去除有害气体(HCl、$SO_x$)而投入的 $Ca(OH)_2$,反应生成物和未反应物 | | 微小粉尘(<$1 \mu m$),碱性盐占多数 |
| 有机烟尘 | (1)纸屑等的卷起;<br>(2)不完全燃烧引起的未燃碳分 | 不完全燃烧引起的纸灰 | | 再度飞散的粉灰 | |
| 粉尘浓度 | | 1~6(g/m³,标态) | 1~4(g/m³,标态) | | 0.01~0.04(g/m³,标态)(使用除尘器的场合) |

粉尘的产生量与垃圾性质和燃烧方法有关。机械炉排焚烧炉膛出口粉尘含量(标态)一般为 1~6 g/m³,除尘器入口(标态)1~4 g/m³,换算成垃圾燃烧量一般为 5.5~22 kg/t(湿垃圾)。

粉尘粒径的分布十分广。微小粒径的粉尘比较多,30 $\mu m$ 以下的粉尘占 50%~60%。粉尘的真密度为 2.2~2.3 g/cm³,表观密度为 0.3~0.5 g/cm³。垃圾焚烧设施的粉尘比较轻,而且,由于碱性成分多有一定的黏性,微小粒径的粉尘含有重金属。

2. 烟气的产生与特性

烟囱部位的烟气成分含量与垃圾组成、燃烧方式、烟气处理设备有关,垃圾焚烧产生的烟气与其他燃料燃烧所产生的烟气在组成上相差较大。同其他烟气相比,垃圾焚烧烟气的特点是 HCl 和 $O_2$ 浓度特别高,粉尘中的盐分(氯化物和硫酸盐)特别高,表 5-6 为城市生活垃圾与其他燃料燃烧产生的烟气组成对比。

表 5-6 垃圾与其他燃料燃烧产生的烟气组成对比

| 燃料 \ 成分 | 颗粒物/mg·m⁻³ | $NO_x$/mg·L⁻¹ | $SO_x$/mg·L⁻¹ | HCl/mg·L⁻¹ | $H_2O$/mg·L⁻¹ | 温度/℃ |
|---|---|---|---|---|---|---|
| LNG、LPG | 约 10 | 50~100 | 0 | 0 | 5~10 | 250~400 |
| 低硫磺重油原油 | 50~100 | 约 100 | 100~300 | 0 | 5~10 | 270~400 |
| 高硫磺重油 | 100~500 | 100~500 | 500~1500 | 0 | 5~10 | 270~400 |

| 燃料 \ 成分 | | 颗粒物/mg·m$^{-3}$ | NO$_x$/mg·L$^{-1}$ | SO$_x$/mg·L$^{-1}$ | HCl/mg·L$^{-1}$ | H$_2$O/mg·L$^{-1}$ | 温度/℃ |
|---|---|---|---|---|---|---|---|
| 炭 | | 100～25000 | 100～1000 | 500～3000 | 约 30 | 5～10 | 270～400 |
| 城市垃圾 | 除尘器前 | 2000～5000 | 90～150 | 20～80 | 200～800 | 15～30 | 250～400 |
| | 除尘器后 | 2～100 | | | | | 200～250 |

根据固体废物的元素分析结果,固体废物中的可燃组分可用 C$_x$H$_y$O$_z$N$_u$S$_v$Cl$_w$ 表示,固体废物的完全燃烧的氧化反应可用总反应式来表示:

$$C_xH_yO_zN_uS_vCl_w + \left(x + v + \frac{y-w}{4} - \frac{z}{2}\right)O_2 \rightarrow xCO_2 + wHCl + \frac{u}{2}N_2 + vSO_2 + \left(\frac{y-w}{2}\right)H_2O$$

在适当或完全燃烧条件下,固体废物中的硫与氧气反应的主要产物是 SO$_2$ 和 SO$_3$。但如果燃料燃烧的过量空气系数低于 1.0 时,有机硫将分解氧化生成 SO$_2$、S 和 H$_2$S 等气体。

固体废物燃烧过程中生成的氮氧化物,主要是燃烧空气和固体废物中的氮在高温下氧化而成。相对空气中氮来说,生活垃圾中的氮元素含量很少,一般可以忽略不计。

固体废物中的有机氯化物的焚烧产物是氯化氢。当体系中氢量不足时,有游离的氯气产生。添加辅助燃料(天然气或石油)或较高温度的水蒸气(1100℃)可以减少废气中游离氯气的含量。

固体废物中的金属元素在焚烧过程可生成卤化物、硫酸盐、磷酸盐、碳酸盐、氢氧化物和氧化物等,具体产物取决于金属元素的种类和燃烧温度以及固体废物的组成。

表 5-7 列出了烟气中污染物来源、产生原因及存在形态。

**表 5-7　烟气中污染物来源、产生原因及存在形态**

| 污 染 物 | | 来　源 | 产 生 原 因 | 存 在 形 态 |
|---|---|---|---|---|
| 酸性气体 | HCl | PVC、其他氯代碳氢化合物 | | 气 态 |
| | HF | 氟代碳氢化合物 | | 气 态 |
| | SO$_2$ | 橡胶及其他含硫组分 | | 气 态 |
| | HBr | 火焰延缓剂 | | 气 态 |
| | NO$_x$ | 丙烯腈、胺 | 热 NO$_x$ | 气 态 |
| CO 与碳氢化合物 | CO | | 不完全燃烧 | 气 态 |
| | 未燃烧的碳氢化合物 | 溶剂 | 不完全燃烧 | 气、固态 |
| | 二噁英、呋喃 | 多种来源 | 化合物的离解及重新合成 | 气、固态 |
| 颗 粒 物 | | 粉末、沙 | 挥发性物质的凝结 | 固 态 |
| 重金属 | Hg | 温度计、电子元件、电池 | | 气 态 |
| | Cd | 涂料、电池、稳定剂/软化剂 | | 气、固态 |
| | Pb | 多种来源 | | 气、固态 |
| | Zn | 镀锌原料 | | 固 态 |
| | Cr | 不锈钢 | | 固 态 |
| | Ni | 不锈钢 Ni-Cd 电池 | | 固 态 |
| | 其 他 | | | 气、固态 |

### 3. 炉渣、飞灰的产生和特性

焚烧过程产生的灰渣(包括炉渣和飞灰)一般为无机物质,它们主要是金属的氧化物、氢氧化物和碳酸盐、硫酸盐、磷酸盐以及硅酸盐。大量的灰渣特别是其中含有重金属化合物的灰渣,对环境会造成很大危害。炉渣、飞灰的产生和特性如表 5-8 所示。

**表 5-8　炉渣、飞灰的产生和特性**

| 项　　目 | 产生机理与性状 | 产生量(干重) | 重金属浓度 | 溶出特性 |
|---|---|---|---|---|
| 炉　渣 | Cd、Hg 等低沸点金属都成为粉尘,其他金属、碱性成分也有一部分气化,冷却凝结成为炉渣。炉渣由不燃物、可燃物灰分和未燃分组成 | 混合收集时湿垃圾量的 10%～15%;不可燃物分类收集时湿垃圾量的 5%～10% | 除尘器飞灰浓度的 1/2～1/100 | 分类收集或燃烧不充分时,Pb、$Cr^{6+}$ 可能会溶出,成为 COD、BOD |
| 除尘器飞灰 | 除尘器飞灰以钠盐、钾盐、磷酸盐、重金属为多 | 湿垃圾质量的 0.5%～1% | Pb、Zn:0.3%～3%;Cd:20～40 mg/kg;Cr:200～500 mg/kg;Hg:110 mg/kg | Pb、Zn、Cd 挥发性重金属含量高。pH 值高时,Pb 溶出;中性时,Cd 溶出 |
| 锅炉飞灰 | 锅炉飞灰的粒径比较大(主要是沙土),锅炉室内用重力或惯性力可以去除 | 与除尘器飞灰量相当 | 浓度介于炉渣与除尘器飞灰之间 | |

垃圾焚烧设施灰渣的产量,与垃圾种类、焚烧炉型式、焚烧条件有关。一般焚烧 1 t 垃圾会产生 100～150 kg 炉渣,除尘器飞灰为 10 kg 左右,余热锅炉室飞灰的量与除尘器飞灰差不多。

### 4. 恶臭的产生

在垃圾燃烧过程中,常会产生恶臭。恶臭物质也是未完全燃烧的有机物,多为有机硫化物或氮化物,它们刺激人的嗅觉器官,引起人们厌恶或不愉快,有些物质亦可损害人体健康。恶臭物质浓度与臭气强度密切相关,它们之间的关系为:

$$Y = A\lg X + B \tag{5-7}$$

式中,$Y$ 为臭气强度;$X$ 为恶臭物质浓度,mg/L;$A$、$B$ 为常数。

臭气强度划分如表 5-9 所示。

**表 5-9　臭气强度划分**

| 臭气强度 | 1 | 2 | 2.5 | 3 | 3.5 | 4 | 5 |
|---|---|---|---|---|---|---|---|
| 特　征 | 勉强能感觉到的气味 | 稍能感觉到的气味 | | 易感觉到的气味 | | 很强的气味 | 强烈的气体 |

### 5. 白烟的形成

垃圾焚烧过程中,如果燃烧非常完全,烟囱冒出的烟应该是肉眼看不见的。但是,由于水蒸气、粉尘等原因会形成白烟。

烟囱出口燃烧烟气中含粉尘(标态)0.1 g/m³ 以上,可以用肉眼看见有色烟尘。含粉尘 0.1～0.01 g/m³ 能隐约看到烟尘,含粉尘 0.1 g/m³ 以下肉眼看不出有灰尘。同样浓度的烟尘,烟尘粒径越小,肉眼越难看见。微小烟尘会成为白烟的核,理论上含粉尘 0.1 g/m³ 以下也能看到有色烟尘。

烟气中一般水蒸气含量为 23% 左右(洗烟处理后,含量为 30% 左右)。水蒸气从烟囱排出数米内,由于透过率大,看不出有烟尘。随后,由于大气冷却作用,烟气中的水分进入饱和状态,水分凝聚后形成白烟,微小颗粒和离子会使白烟更浓。

## 第三节 焚烧过程平衡分析

### 一、物质平衡分析

生活垃圾焚烧过程中,输入系统的物料包括生活垃圾、空气、烟气净化所需的化学物质及大量的水。生活垃圾在焚烧时,其中的有机物与空气中的氧气发生化学反应生成二氧化碳进入烟气中,并生成部分水蒸气;生活垃圾中所含的水分吸收热量后气化变为烟气中的一部分,其中的不可燃物(无机物)以炉渣形式从系统内排出。进入系统内的空气经过燃烧反应后,其未参与反应的剩余部分和反应过程中生成的二氧化碳、水蒸气、气态污染物以及细小的固体颗粒物(飞灰)组成烟气排至后续的烟气净化系统。进入系统内的化学物质与烟气中的污染物发生化学反应后,大部分变为飞灰排出系统,而净化后的烟气则从烟囱排入大气中。图 5-2 为瑞士某垃圾焚烧过程的物质转化示意图。

焚烧系统物料的输入与输出如图 5-3 所示。

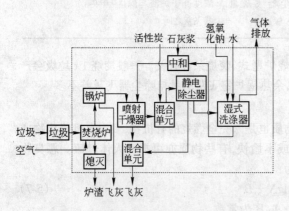

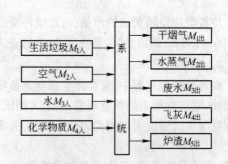

图 5-2 瑞士某垃圾焚烧厂焚烧过程的
物质转化系统分析

图 5-3 焚烧系统物料的输入与输出

根据质量守恒定律,输入的物料质量应等于输出的物料质量,即:

$$M_{1入} + M_{2入} + M_{3入} + M_{4入} = M_{1出} + M_{2出} + M_{3出} + M_{4出} + M_{5出} \qquad (5-8)$$

式中　$M_{1入}$——进入焚烧系统的生活垃圾量,kg/d;

$M_{2入}$——焚烧系统的实际供给空气量,kg/d;

$M_{3入}$——焚烧系统的用水量,kg/d;

$M_{4入}$——烟气净化系统所需的化学物质量,kg/d;

$M_{1出}$——排出焚烧系统的干蒸汽量,kg/d;

$M_{2出}$——排出焚烧系统的水蒸气量,kg/d;

$M_{3出}$——排出焚烧系统的废水量,kg/d;

$M_{4出}$——排出焚烧系统的飞灰量,kg/d;

$M_{5出}$——排出焚烧系统的炉渣量,kg/d。

一般情况下,焚烧系统的物料输入量以生活垃圾、空气和水为主。输出量则以干烟气、水蒸气及炉渣为主。有时为了简化计算,常以这6种物料作为物料平衡计算参数,而不考虑其他因素,计算结果可以基本反映实际情况。

图 5-4 为瑞士某垃圾焚烧厂烟气、底灰、飞灰等垃圾焚烧产物所占垃圾质量百分比的示意图。

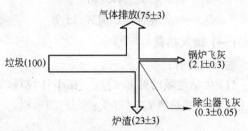

图 5-4 瑞士某垃圾焚烧厂垃圾焚烧产物质量比分布

垃圾焚烧后,垃圾中各元素在焚烧产物中的质量分布大不相同,表 5-10 列出了瑞士某垃圾焚烧厂 P、Cu、Cd、Sb、Zn、Pb 六种元素在焚烧产物中的质量分布情况。结果表明:垃圾经焚烧后,绝大部分的 P 和 Cu 残留在底灰中,80% 以上的 Cd 和 Sb 存在于除尘器飞灰中,而 Zn 和 Pb 则平均分布在底灰和除尘器飞灰中。

**表 5-10 瑞士某垃圾焚烧厂焚烧产物中几种元素的质量分布情况**

| 元 素 | 质量百分比(产物中元素质量/垃圾中元素质量)/% | | | |
|---|---|---|---|---|
| | 底 灰 | 余热锅炉飞灰 | 除尘器飞灰 | 最终排放的气体 |
| P | 89±2 | 3±1 | 8±2 | <0.1 |
| Cu | 96±1 | 0.7±0.2 | 3.6±1.1 | <0.1 |
| Cd | 10±2 | 7±1 | 82±3 | <1 |
| Sb | 13±4 | 6±1 | 80±4 | <1 |
| Zn | 38±6 | 7±1 | 55±5 | <0.2 |
| Pb | 44±7 | 11±4 | 44±6 | <1 |

## 二、热平衡分析

从能量转换的观点来看,焚烧系统是一个能量转换设备,它将垃圾燃料的化学能,通过燃烧过程转化成烟气的热能,烟气再通过辐射、对流、导热等基本传热方式将热能分配交换给工质或排放到大气环境。焚烧系统热量的输入与输出可用图 5-5 简单地表示。

在稳定工况条件下,焚烧系统输入输出的热量是平衡的,即:

$$Q_{r,w} + Q_{r,a} + Q_{r,k} = Q_1 + Q_2 + Q_3 + Q_4 + Q_5 + Q_6 \quad (5-9)$$

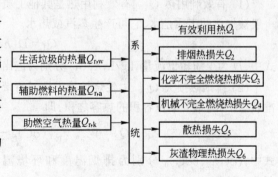

图 5-5 焚烧系统热量的输入与输出

式中 $Q_{r,w}$——生活垃圾的热量,kJ/h;

$Q_{r,a}$——辅助燃料的热量,kJ/h;

$Q_{r,k}$——助燃空气的热量,kJ/h;

$Q_1$——有效利用热,kJ/h;

$Q_2$——排烟热损失,kJ/h;

$Q_3$——化学不完全燃烧热损失,kJ/h;

$Q_4$——机械不完全燃烧热损失,kJ/h;

$Q_5$——散热损失,kJ/h;

$Q_6$——灰渣物理热损失,kJ/h。

### (一) 输入热量

输入热量有:

(1) 生活垃圾的热量 $Q_{r,w}$。在不计垃圾的物理显热情况下,$Q_{r,w}$ 等于送入炉内的垃圾量 $W_r$(kg/h)与其热值 $Q_{dw}^y$(kJ/kg 水分)的乘积。

$$Q_{r,w} = W_r Q_{dw}^y \tag{5-10}$$

(2) 辅助燃料的热量 $Q_{r,a}$。若辅助燃料只是在启动点火或焚烧炉工况不正常时才投入,则辅助燃料的输入热量不必计入。只有在运行过程中需维持高温,一直需要添加辅助燃料帮助焚烧炉的燃烧时才计入。此时

$$Q_{r,a} = W_{r,a} Q_a^y \tag{5-11}$$

式中,$W_{r,a}$ 为辅助燃料量,kg/h;$Q_a^y$ 为辅助燃料热值,kJ/kg。

(3) 助燃空气热量 $Q_{r,k}$。按入炉垃圾量乘以送入空气量的热焓计。

$$Q_{r,k} = W_r \beta (I_{rk}^0 - I_{vk}^0) \tag{5-12}$$

式中,$\beta$ 为送入炉内空气的过剩空气系数;$I_{rk}^0$、$I_{vk}^0$ 分别为随 1 kg 垃圾入炉的理论空气量在热风和自然状态下的焓值,kJ/kg。

以上助燃空气热量只有用外部热源加热空气时才能计入。若助燃空气的加热是焚烧炉本身的烟气热量,则该热量实际上是焚烧炉内部的热量循环,不能作为输入炉内的热量。对采用自然状态的空气助燃,此项为零。

### (二) 输出热量

输出热量有:

(1) 有效利用热 $Q_1$。有效利用热是其他工质被焚烧炉产生的热烟气加热时所获得的热量。一般被加热的工质是水,它可产生蒸汽或热水。

$$Q_1 = D(h_2 - h_1) \tag{5-13}$$

式中,$D$ 为工质输出流量,kg/h;$h_1$、$h_2$ 分别为进出焚烧炉的工质热焓,kJ/kg。

(2) 排烟热损失 $Q_2$。由焚烧炉排出烟气所带走的热量,其值为排烟容积 $W_{r,w} V_{py}$(m³/h,标准状态下)与烟气单位容积的热容之积,即

$$Q_2 = W_{r,w} V_{py} [(\partial C)_{py} - (\partial C)_0] \times \frac{100 - Q_4}{100} \tag{5-14}$$

式中,$(\partial C)_{py}$、$(\partial C)_0$ 分别为排烟温度和环境温度下烟气单位容积的热容量,kJ/(m³·℃);$\dfrac{100 - Q_4}{100}$ 为因机械不完全燃烧引起实际烟气量减少的修正值。

(3) 化学不完全燃烧热损失 $Q_3$。由于炉温低、送风量不足或混合不良等导致烟气成分中一些可燃气体(如 CO、$H_2$、$CH_4$ 等)未燃烧所引起的热损失即为化学不完全燃烧热损失。

$$Q_3 = W_r (V_{CO} Q_{CO} + V_{H_2} Q_{H_2} + V_{CH_4} Q_{CH_4} + Q_4) \frac{100 - Q_4}{100} \tag{5-15}$$

式中,$V_{CO}$、$V_{H_2}$、$V_{CH_4}$ 为 1 kg 垃圾产生的烟气所含未燃烧可燃气体容积,m³。

(4) 机械不完全燃烧热损失 $Q_4$。这是由垃圾中未燃或未完全燃烧的固定碳所引起的热损失。

$$Q_4 = 32700 W_r \times \frac{Q_4^y}{100} \times \frac{C_{lx}}{100 - C_{lx}} \tag{5-16}$$

式中，$C_{lx}$为炉渣中含碳百分比，%。

（5）散热损失 $Q_5$。散热损失为因焚烧炉表面向四周空间辐射和对流所引起的热量损失。其值与焚烧炉的保温性能和焚烧炉焚烧量及比表面积有关。焚烧量小，比表面积越大，散热损失越大；焚烧量大，比表面积越小，其值越小。

（6）灰渣物理热损失 $Q_6$。垃圾焚烧所产生炉渣的物理显热即为灰渣物理热损失。若垃圾为高灰分、排渣方式为液态排渣、焚烧炉为纯氧热解炉，则灰渣物理热损失不可忽略。

$$Q_6 = W_r \alpha l_x \times \frac{Q_4^y}{100} \times c_{lx} t_{lx} \tag{5-17}$$

式中，$c_{lx}$为炉渣的比热，kJ/(kg·℃)；$t_{lx}$为炉渣温度，℃；$\alpha l_x$为灰烬燃烧系数。

### 三、固体废物热值的利用

实际上固体废物的焚烧过程是在非理想的焚烧系统中进行的，因此固体废物焚烧后可利用的热能要远低于固体废物的理论热值。可利用的热能应从固体废物的理论热值中减去各种热量损失，如空气的对流辐射、可燃组分的不完全燃烧、炉渣飞灰和烟气的显热。

固体废物焚烧热能的利用包括供热和发电。固体废物焚烧发电多采用蒸汽锅炉－蒸汽透平－发电机联合系统，供热采用焚烧炉－废热锅炉系统。日本一垃圾焚烧厂的热平衡分析如图5-6所示。从图中数据可知：当垃圾的低位热值为 6276 kJ/kg （1500 kcal/kg），垃圾焚烧产生的热量高效吸收以后转换成蒸汽，如果蒸汽全部用于发电，在焚烧厂垃圾焚烧产生的热量中，23％的热量被尾气带走，46％的热量用于汽轮机发电，5％的热量用于取暖、供热水，26％的热量被焚烧厂内的各种设备消耗。汽轮机的发电量为焚烧厂自身电力消耗的 3～4 倍，与汽轮机发电量相当的热量仅为垃圾焚烧产生热量的 4％。

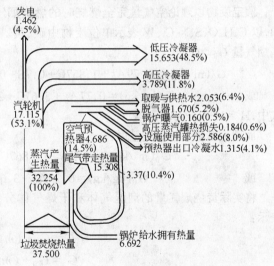

图 5-6　日本一垃圾焚烧厂热平衡分析

一般来说，焚烧锅炉－废热锅炉的典型热效率是 63％，而蒸汽透平－发电机联合系统仅有 30％。因此固体废物的有效热值在不高的情况下，通常用于废热锅炉产生蒸汽或热水回收利用。

### 四、主要焚烧参数计算

焚烧炉质能平衡计算，是根据废物的处理量、物化特性，确定所需的助燃空气量、燃烧烟气产生量及其组成以及炉温等主要参数，是后续炉体大小、尺寸、送风机、燃烧器、耐火材料等附属设备设计参考的依据。

#### （一）燃烧所需空气量

#### 1. 理论燃烧空气量

理论燃烧空气量是指废物（或燃料）完全燃烧时，所需要的最低空气量，一般以 $A_0$(m³/kg)来表示。假设液体或固体废物 1 kg 中的碳、氢、氧、硫、氮、灰分以及水分的质量分别以 C、H、O、S、N、$A_{sh}$ 及 W 来表示,则理论空气量为:

体积基准

$$A_0 = \frac{1}{0.21}\left[1.867C + 5.6\left(H - \frac{O}{8}\right) + 0.7S\right] \tag{5-18}$$

质量基准

$$A_0 = \frac{1}{0.231}(2.67C + 8H - O + S) \tag{5-19}$$

式中,$\left(H - \frac{O}{8}\right)$ 称为有效氢。因为燃料中的氧是以结合水的状态存在,在燃烧中无法利用这些与氧结合成水的氢,故需要将其从全氢中减去。

2. 实际需要燃烧空气量

实际需要燃烧空气量 A 为:

$$A = mA_0 \tag{5-20}$$

**(二) 焚烧烟气量及组成**

1. 烟气产生量

假定废物以理论空气量完全燃烧时的燃烧烟气量称为理论烟气产生量。如果废物组成已知,以 C、H、O、S、N、Cl、W 表示单位废物中碳、氢、氧、硫、氮、氯和水分的质量比,则理论燃烧湿基烟气量 $G_0$ 为:

$$G_0(\mathrm{m^3/kg}) = 0.79A_0 + 1.867C + 0.7S + 0.631Cl + 0.8N + 11.2H' + 1.244W \tag{5-21}$$

或　　　　$$G_0(\mathrm{kg/kg}) = 0.77A_0 + 3.67C + 2S + 1.03Cl + N + 9H' + W \tag{5-22}$$

式中,$H' = H - Cl/35.5$。

而理论燃烧干基烟气量为:

$$G_0'(\mathrm{m^3/kg}) = 0.79A_0 + 1.867C + 0.7S + 0.631Cl + 0.8N \tag{5-23}$$

或　　　　$$G_0'(\mathrm{kg/kg}) = 0.79A_0 + 3.67C + 2S + 1.03Cl + N \tag{5-24}$$

将实际焚烧烟气量的潮湿气体和干燥气体分别以 G 和 G' 来表示,其相互关系可用下式表示:

$$G = G_0 + (m-1)A_0 \tag{5-25}$$

$$G' = G_0' + (m-1)A_0 \tag{5-26}$$

2. 烟气组成

固体或液体废物燃烧烟气组成,可依表 5-11 所示方法计算。

**表 5-11　焚烧干、湿烟气百分组成计算表**

| 组　成 | 体积百分组成 | | 质量百分组成 | |
|---|---|---|---|---|
| | 湿烟气 | 干烟气 | 湿烟气 | 干烟气 |
| $CO_2$ | 1.867C/G | 1.867C/G' | 3.67C/G | 3.67C/G' |
| $SO_2$ | 0.7S/G | 0.7S/G' | 2S/G | 2S/G' |
| HCl | 0.631Cl/G | 0.631Cl/G' | 1.03Cl/G | 1.03Cl/G' |
| $O_2$ | 0.21(m-1)$A_0$/G | 0.21(m-1)$A_0$/G' | 0.23(m-1)$A_0$/G | 0.23(m-1)$A_0$/G' |
| $N_2$ | (0.8N+0.79$mA_0$)/G | (0.8N+0.79$mA_0$)/G' | (N+0.77$mA_0$)/G | (N+0.77$mA_0$)/G' |
| $H_2O$ | (11.2H'+1.244W)/G | | (9H'+W)/G | |

### （三）热值计算

生活垃圾的热值指单位质量的生活垃圾燃烧释放出来的热量，以 kJ/kg 计。

热值的大小可用来判断固体废物的可燃性和能量回收潜力。通常要维持燃烧，就要求其燃烧释放出来的热量足以提供加热垃圾到达燃烧温度所需要的热量和发生燃烧反应所必需的活化能。否则，便要添加辅助燃料才能维持燃烧。有害废物焚烧，一般需要热值为 18600 kJ/kg。

热值有两种表示法，高位热值和低位热值。高位热值指化合物在一定温度下反应到达最终产物的焓的变化。低位热值与高位热值意义相同，只是产物的状态不同，前者水是液态，后者水是气态，二者之差就是水的汽化潜热。用氧弹量热计测量的是高位热值。将高位热值转变成低位热值可通过下式计算：

$$LHV = HHV - 2420\left[ H_2O + 9\left( H - \frac{Cl}{35.5} - \frac{F}{19} \right) \right] \tag{5-27}$$

式中　　$LHV$——低位热值，kJ/kg；

　　　　$HHV$——高位热值，kJ/kg；

　　　　$H_2O$——焚烧产物中水的质量百分率，%；

　　　　H、Cl、F——分别为废物中氢、氯、氟含量的质量百分率，%。

若废物的元素组成已知，则可利用 Dulong 方程式近似计算出低位热值：

$$LHV = 2.32[14000 m_C + 45000(m_H - m_O/8) - 760 m_{Cl} + 4500 m_S] \tag{5-28}$$

式中，$m_C$、$m_H$、$m_O$、$m_{Cl}$、$m_S$ 分别代表碳、氢、氧、氯和硫的摩尔质量。

干基热值是废物不包括含水分部分的实际发热量。

干基热值与高位热值的关系如下：

$$H_d = \frac{HHV}{1 - W} \tag{5-29}$$

式中，$W$ 为废物水分含量；$H_d$ 为干基发热量，kJ/kg。

### （四）废气停留时间

所谓废气停留时间是指燃烧所生成的废气在燃烧室内与空气接触时间，通常可以表示如下：

$$\theta = \int_0^V dV / Q \tag{5-30}$$

式中，$\theta$ 为气体平均停留时间，s；$V$ 为燃烧室内容积，$m^3$；$Q$ 为气体的炉温状况下的风量，$m^3/s$。

按照化学动力学理论，假设焚烧反应为一级反应，则其反应动力学方程可用下式表示：

$$dC/dt = -kC \tag{5-31}$$

在时间从 $0 \rightarrow t$，浓度从 $C_{A_0} \rightarrow C_A$ 变化范围内积分，则停留时间 $t$ 为：

$$t = -\frac{1}{k} \ln\left( \frac{C_A}{C_{A_0}} \right) \tag{5-32}$$

式中，$C_{A_0}$，$C_A$——分别表示 A 组分的初始浓度和经时间 $t$ 后的浓度，g/mol；

　　　　$t$——反应时间，s；

　　　　$k$——反应速度常数，是温度的函数，$s^{-1}$。

### （五）燃烧室容积热负荷

在正常运转下，燃烧室单位容积在单位时间内所承受的由垃圾及辅助燃料所产生的低位发热量，称为燃烧室容积热负荷（$Q_V$），单位为 kJ/($m^3 \cdot h$)。

$$Q_V = \frac{F_f \times LHV_f + F_w \times [LHV_w + AC_{pa}(t_a - t_0)]}{V} \tag{5-33}$$

式中　$F_f$——辅助燃料消耗量,kg/h;

　$LHV_f$——辅助燃料的低位热值,kJ/kg;

　　$F_w$——单位时间的废物焚烧量,kg/h;

$LHV_w$——废物的低位热值,kJ/kg;

　　$A$——实际供给每单位辅助燃料与废物的平均助燃空气量,kg/kg;

　$C_{pa}$——空气的平均质量定压热容,kJ/(kg·K);

　　$t_a$——空气的预热温度,℃;

　　$t_0$——大气温度,℃;

　　$V$——燃烧室容积,m³。

### (六) 焚烧温度

燃烧反应是由许多单个反应组成的复杂的化学过程。它包括氧化反应、气化反应、离解反应等,在这些单个反应中有放热反应,也有吸热反应。当燃烧系统处于绝热状态时,反应物在经化学反应生成产物的过程中所释放的热量全部用来提高系统的温度,系统最终所达到的温度称为理论燃烧温度,即绝热火焰温度。这个温度与反应产物的成分有关,也与反应物的初温和压力有关。

对单一燃料的燃烧,可以根据化学反应式及各物种的定压比热,借助精细的化学反应平衡方程组推求各生成物在平衡时的温度及浓度。但是固体废物的组成复杂,故工程上多采用较简便的经验法或半经验法计算燃烧温度。

若温度为25℃,许多烃类化合物燃烧产生净热值为4.18kJ时,约需理论空气量$1.5×10^{-3}$kg,则废物燃烧所需理论空气量$A_0$(kg)可计算如下:

$$A_0 = 1.5×10^{-3}LHV/4.18 = 3.59×10^{-4}LHV \tag{5-34}$$

实际供应空气量$A$(kg):

$$A = (1+EA)A_0 \tag{5-35}$$

式中,$EA$为过剩空气率。

以废物及辅助燃料混合物1kg作为基准,固体废物的主要燃烧产物为$CO_2$、$H_2O$、$O_2$、$N_2$,根据质量守恒定律,烟气质量为$(1+A)$kg,烟气在16~1100℃范围内的近似质量热容$C_p$为1.254 kJ/(kg·K),则近似的绝热火焰温度$T$(℃)可用下式计算:

$$LHV = (1+A)C_P(T-25) \tag{5-36}$$

得
$$LHV = [1+(1+EA)A_0]C_P(T-25) \tag{5-37}$$

$$T = \frac{LHV}{[1+(1+EA)A_0]C_P} + 25 \tag{5-38}$$

式中　$LHV$——废物及辅助燃料的低位热值,kJ/kg;

　　$EA$——过剩空气率;

　　$A_0$——废物燃烧所需理论空气量,kg;

　　$C_p$——烟气在16~1100℃范围内的近似质量热容,1.254 kJ/(kg·K)。

# 第四节　生活垃圾焚烧工艺

## 一、炉排型焚烧炉焚烧工艺

炉排型焚烧炉形式多样,其应用占全世界垃圾焚烧市场总量的80%以上,如图5-7所示。该类炉型的最大优势在于技术成熟,运行稳定、可靠,适应性广,绝大部分固体垃圾不需要任何预处理可直接进炉燃烧。尤其应用于大规模垃圾集中处理,可使垃圾焚烧发电(或供热)。但炉排需用高级耐热合金钢做材料,投资及维修费较高,而且炉排型焚烧炉不适合含水率特别高的污泥,对于大件生活垃圾也不适宜直接用炉排型焚烧炉。

炉排型焚烧炉垃圾燃烧的工艺特点如下:

(1) 燃烧温度。垃圾的燃烧温度是指垃圾中的可燃物质和有毒害物质在高温下完全分解,直至被破坏所需要达到的合理温度。根据经验,该温度范围在800~1000℃之间。

(2) 垃圾燃烧过程。垃圾在炉排上的焚烧过程大致可分为3个阶段:

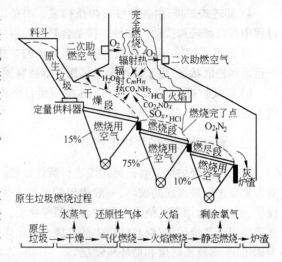

图 5-7 炉排型焚烧炉的概念图

第1阶段:垃圾干燥脱水、烘烤着火。针对我国目前高水分、低热值垃圾的焚烧,这一阶段必不可少。一般为了缩短垃圾水分的干燥和烘烤时间,该炉排区域的一次进风均需经过加热(可用高温烟气或废蒸汽对进炉空气进行加热),温度一般在200℃左右。

第2阶段:高温燃烧。通常炉排上的垃圾在900℃左右的范围燃烧,因此炉排区域的进风温度必须相应低些,以免过高的温度损害炉排,缩短使用寿命。

第3阶段:燃烬。垃圾经完全燃烧后变成灰渣,在此阶段温度逐渐降低,炉渣被排出炉外。

(3) 炉内停留时间。垃圾焚烧的停留时间有两层含义:一是指垃圾从进炉到从炉内排出之间在炉排上的停留时间,根据目前的垃圾组分、热值、含水率等情况,一般垃圾在炉内的停留时间为1~1.5 s;二是指垃圾焚烧时产生的有毒有害烟气,在炉内处于焚烧条件进一步氧化燃烧,使有害物质变为无害物质所需的时间,该停留时间是决定炉体尺寸的重要依据。一般来说,在850℃以上的温度区域停留2 s,便能满足垃圾焚烧的工艺需要。

炉排型焚烧炉按炉排功能可分为干燥炉排、点燃炉排、组合炉排和燃烧炉排;按结构形式可分为移动式、往复式、摇摆式、翻转式和辊式等。炉排型焚烧炉的特点是能直接焚烧城市生活垃圾,不必预先进行分选或破碎。其焚烧过程如下:垃圾落入炉排后,被吹入炉排的热风烘干;与此同时,吸收燃烧气体的辐射热,使水分蒸发;干燥后的垃圾逐步点燃,运行中将可燃物质燃尽;其灰分与其他不可燃物质一起排出炉外。到目前为止,炉排已广泛应用于城市生活垃圾处理中,主要包括如下类型:

1) 移动式(又称链条式)炉排,通常使用持续移动的传送带式装置。点燃后垃圾通过调节填料炉排的速度可控制垃圾的干燥和点燃时间。点燃的垃圾在移动翻转过程中完成燃烧,炉排燃烧的速度可根据垃圾组分性质及其焚烧特性进行调整。

2) 往复式炉排,是由交错排列在一起的固定炉排和活动炉排组成,它以推移形式使燃烧床始终处于运动状态。炉排有顺推和逆推两种方式,马丁式焚烧炉的炉排即为一种典型的逆推往复式炉排,这种炉排适合处理不同组分的低热值生活垃圾。

3) 摇摆式炉排,是由一系列块形炉排有规律地横排在炉体中。操作时,炉排有次序地上下摇动,使物料运动。相邻两炉排之间在摇摆时相对起落,从而起到搅拌和推动垃圾作用,完成燃烧过程。

　　4）翻转式炉排，由各种弓形炉条构成。炉条以间隔的摇动使垃圾物料向前推移，并在推移过程中得以翻转和拨动。这种炉排适合轻质燃料的焚烧。

　　5）回推式炉排，是一种倾斜的来回运动的炉排系统。垃圾在炉排上来回运动，始终交错处于运动和松散状态，由于回推形式可使下部物料燃烧，适合低热值垃圾的燃烧。

　　6）辊式炉排，它由高低排列的水平辊组合而成，垃圾通过被动的轴子输入，在向前推动的过程中完成烘干、点火、燃烧等过程。

## 二、流化床焚烧炉焚烧工艺

　　流化床焚烧炉可以对任何垃圾进行焚烧处理。它的最大优点是可以使垃圾完全燃烧，并对有害物质进行最彻底的破坏，一般排出炉外的未燃物均在1%左右，燃烧残渣最低，有利于环境保护，同时也适用于焚烧高水分的污泥类等物质。流化床主要用来焚烧轻质木屑等，但近年开始逐步应用于焚烧污泥、煤和城市生活垃圾。流化床焚烧炉根据风速和垃圾颗粒的运动状况可分为固定层、沸腾流动层和循环流动层。

　　(1) 固定层：气速较低，垃圾颗粒保持静态，气体从垃圾颗粒间通过。

　　(2) 沸腾流动层：气速超过流动临界点的状态，从而在颗粒中产生气泡，颗粒被剧烈搅拌处于沸腾状态。

　　(3) 循环流动层：气体速度超过极限速度，气体和颗粒之间激烈碰撞混合，颗粒在气体作用下处于飞散状态。

　　流化床垃圾焚烧炉主要是沸腾流动层状态。图5-8所示为流化床的结构。一般垃圾粉碎到20 cm以下后再投入到炉内，垃圾和炉内的高温流动沙(650～800℃)接触混合。瞬间气化并燃烧。未燃尽成分和轻质垃圾一起飞到上部燃烧室继续燃烧。一般认为上部燃烧室的燃烧占40%左右，但容积却占流化层的4～5倍，同时上部的温度也比下部流化层高100～200℃，通常也称为二燃室。

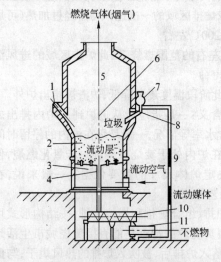

图5-8　流化床焚烧炉的结构
1—助燃器；2—流动媒体；3—散气板；
4—不燃物排出管；5—二次燃烧室；
6—流化床炉内；7—供料器；
8—二次助燃空气喷射口；
9—流动媒体(沙)循环装置；
10—不燃物排出装置；
11—振动分选

　　不可燃物和流动沙沉到炉底，一起被排出，混合物分离成流动沙和不可燃物，流动沙可保持大量的热量，因此流回炉循环使用。70%左右垃圾的灰分以飞灰形式流向烟气处理设备。

　　流化床炉体较小，焚烧炉渣的热灼减率低(约1%)，炉内可动部分设备少，同时由于流动床将流动沙保持在一定的湿度，所以便于每天启动和停炉。但由于流化床焚烧炉主要靠空气托住垃圾进行燃烧，因此对进炉的垃圾有粒度要求，通常希望进入炉中垃圾的颗粒不大于50mm，否则大颗粒的垃圾或重质的物料会直接落到炉底被排出，达不到完全燃烧的目的。所以流化床焚烧炉都配备了大功率的破碎装置，否则垃圾在炉内保证不了完全呈沸腾状态，无法正常运转。另外，垃圾在炉内沸腾全部靠大风量高风压的空气，不仅电耗大，而且将一些细小的灰尘全部吹出炉体，造成锅炉处大量积灰，并给下游烟气净化增加了除尘负荷。流化床焚烧炉的运行和操作技术要求高，若垃圾在炉内的沸腾高度过高,则大量的细小物质会被吹出炉体;相反,鼓风量和压力不够,沸腾不完全,则会降低流化床的处理效率。因此需要非常灵敏的调节手段和相当有经验的技术人员操作。

### 三、回转窑焚烧炉焚烧工艺

回转窑焚烧炉是一种成熟的技术,如果待处理的垃圾中含有多种难燃烧的物质,或垃圾的水分变化范围较大,回转窑是唯一理想的选择。回转窑因为转速的改变,可以影响垃圾在窑中的停留时间,并且对垃圾在高温空气及过量氧气中施加较强的机械碰撞,能得到可燃物质及腐败物含量很低的炉渣。

回转窑可处理的垃圾范围广,特别是在工业垃圾的焚烧领域应用广泛。城市生活垃圾焚烧中的应用主要是为了提高炉渣的燃尽率,将垃圾完全燃尽以达到炉渣再利用时的质量要求。这种情况时,回转窑炉一般安装在机械炉排炉后。

图 5-9 所示为将回转窑作为干燥和燃烧炉使用时的示意图。在此流程中,机械炉排作为燃尽段安装在其后,作用是将炉渣中未燃尽物完全燃烧。但该技术也存在明显的缺点:垃圾处理量不大,飞灰处理难,燃烧不易控制。这使它很难适应发电的需要,在当

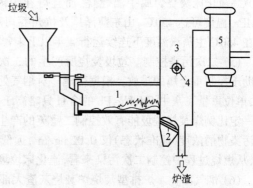

图 5-9 作为干燥和燃烧炉作用的回转窑
1—回转窑;2—燃尽炉排;3—二次燃烧室;
4—助燃器;5—锅炉

前的垃圾焚烧中应用较少。回转窑炉是一个带耐火材料的水平圆筒,绕着其水平轴旋转。从一端投入垃圾,当垃圾到达另一端时已被燃烧成炉渣。圆筒转速可调,一般为 0.75～2.50 r/min。处理垃圾的回转窑的长度和直径比一般为 2:1 到 5:1。

回转窑由两个以上的支撑轴轮支持,通过齿轮驱转的支撑轴轮或链长驱动绕着回转窑体的链轮齿带动旋转窑炉旋转。回转窑的倾斜角度可以通过上下调整支撑轴轮来调节,一般为 2%～4%,但也有完全水平或倾斜极小的回转窑,且在两端设有小坝,以便在炉内维持成一个池形,一般用作熔融炉。

根据不同的分类,回转炉可分成如下几类:

(1)顺流和逆流炉。根据燃烧气体和垃圾前进方向是否一致分为顺流和逆流炉。处理高水分垃圾选用逆流炉,助燃器设置在回转窑前方(出渣口方),而高挥发性垃圾常用顺流炉。

(2)熔融和非熔融炉。炉内温度在 1100℃ 以下的正常燃烧温度域时,为非熔融炉。当炉内温度达约 1200℃ 以上,垃圾将会熔融。

(3)带耐火材料炉和不带耐火材料炉。最常用的回转窑一般是顺流式且带耐火材料的非熔融炉。

### 四、炉排型焚烧炉和流化床焚烧炉的对比

两种焚烧炉可从以下几方面进行对比:

(1)应用情况。炉排型焚烧炉在国外有成熟的长期运行经验,使用数量最多,近年来国内也有较多的使用。而流化床焚烧炉相对使用较少。

(2)适用垃圾对象。从环保考虑,为了保证垃圾稳定燃烧并具有较高的燃烧效率,要求垃圾平均低位热值应达到 5000 kJ/kg 以上。我国多数城市生活垃圾热值不是很高且季节波动比较

大,流化床焚烧炉可以添加适量的辅助燃料(煤),使混合燃烧的热值达到要求,故适宜选用。

(3) 单炉容量。炉排型焚烧炉在国外最大单炉处理垃圾量可达 1200 t/d,而流化床焚烧炉为 150 t/d。

(4) 蒸汽参数。在单炉垃圾处理量相同情况下,由于流化床焚烧炉有辅助燃煤,故其蒸发量比炉排型焚烧炉大。例如,深圳垃圾焚烧电厂单炉容量为 150 t/d 的炉排型焚烧炉的蒸发量为 10.65 t/h,杭州乔司厂 300 t/d 流化床炉的蒸发量为 35 t/h。另由于炉排型焚烧炉在垃圾焚烧时产生的 HCl、$SO_x$ 等有害气体对过热器会产生高温腐蚀,因此,蒸汽压力 4 MPa,蒸汽温度不超过 400℃;流化床焚烧炉属中温燃烧,而且可在炉内加石灰石控制 HCl、$SO_x$ 的生成,故蒸汽压力 4 MPa,温度可达 450℃,山东菏泽厂及杭州乔司厂均采用此蒸汽参数。浙江余杭某流化床焚烧炉在 450℃ 主蒸汽温度下连续运行 4 年以上未曾发现高温腐蚀现象。

(5) 二次污染控制。垃圾焚烧所产生的二次污染主要指重金属和二噁英,流化床焚烧垃圾有助于控制重金属的排放。根据菏泽厂对烟气处理系统捕集下来的飞灰所作的重金属分析结果看,单位重量飞灰中 Cd、Hg、Pb 的含量只略高于国际农用垃圾的排放标准;此外,流化床焚烧炉掺一定比例煤焚烧垃圾能有效控制二噁英的产生。在菏泽厂焚烧炉尾部烟气取样检测,二噁英类污染物的浓度(标准状态)仅 0.02 ng/m³,远低于国家关于垃圾焚烧排放 1 ng/m³ 的标准。因此,从燃烧过程中控制二次污染来看,流化床垃圾焚烧炉要优于机械炉排炉。

(6) 烟气净化。炉排型焚烧炉焚烧灰渣大部分(约 90%)作为主灰由炉排底部排出,烟气净化较容易;流化床焚烧炉烟气中飞灰含量远高于炉排型焚烧炉,烟气净化复杂。因此,使用流化床焚烧垃圾,要十分重视布袋除尘器的布袋质量,消除漏灰现象,以免造成环境污染。

(7) 垃圾预处理。炉排型焚烧炉一般不设置垃圾预处理系统,只需将大尺寸的垃圾挑出即可;而流化床对入炉垃圾的粒度一般要求为(150~200)mm,因此需设置垃圾预处理系统,选用冲击式破碎机再加人工分选。

(8) 飞灰处理。炉排型焚烧炉焚烧飞灰中含有大量重金属及有机类污染物,这些危险废弃物需进行固化处理后填埋;流化床焚烧炉飞灰量大,但单位重量飞灰中重金属及有机类污染物量非常低,便于飞灰的综合利用。

# 第五节　生活垃圾焚烧烟气处理技术

与煤、木材等燃料的燃烧过程一样,垃圾焚烧会产生烟气,同时释放出能量。由于垃圾成分的复杂性,其焚烧产生的烟气含有许多有害物质(如颗粒物、酸性气体、金属等),这些物质视其数量和性质对环境都有不同程度的危害。因此垃圾焚烧所产生的烟气是焚烧处理过程产生污染的主要来源。鉴于这些物质对环境和人类健康造成的危害,焚烧烟气在排入大气之前,必须进行净化处理,使之达到排放标准。20 世纪 90 年代以来,经济发达国家越来越重视焚烧烟气的污染控制,排放标准也越来越严格,用于烟气净化的一次性工程投资和运行费用也越来越高。烟气处理和烟气排放要求也就成为影响垃圾焚烧处理经济性和环境影响的重要因素。

焚烧烟气中污染物的种类和浓度受生活垃圾的成分和燃烧条件等多种因素的影响,每种污染物的产生机理也各不相同。充分掌握焚烧烟气中污染物的种类、产生机理和原始浓度波动范围是烟气净化工艺的基础。

## 一、焚烧烟气的特点

垃圾在焚烧炉中燃烧产生烟气,焚烧烟气的特点有:

(1) 焚烧烟气的排烟温度高。排烟温度一般为 $200\sim600℃$,在进行了废热回收后焚烧气的温度为 $150\sim250℃$。

(2) 焚烧烟气中污染物种类繁多。除生成常规的 $SO_2$、$NO_x$、$CO$、$CO_2$ 和粉尘等大气污染物及灰渣等固体废弃物外,还会产生其他燃料燃烧所少有的污染物。当垃圾中含有含氯的塑料或其他有机物、无机物时,会产生氯气和光气等有毒气体。当燃烧不充分时,会产生甲烷、苯和氰化氢等物质,甚至有恶臭。当垃圾含有重金属(如电池、各种添加剂)时会大大增加焚烧生成物中的重金属含量。

(3) 焚烧烟气中污染物的浓度低,一般为 ppm 或 ppb 数量级。

焚烧烟气的特点决定了焚烧系统的烟气处理设备与一般的空气处理设备既有相同的地方,又有其特殊性,净化装置必须效率高,且要具有耐高温和耐酸腐蚀的能力。

### 二、焚烧烟气中污染物的种类和危害

由于生活垃圾成分的复杂性、性质的多样性和不均匀性,焚烧过程中发生了许多不同的化学反应,生成的烟气中除了过量的空气和二氧化碳外,还有对人体和环境有直接或间接危害的成分即焚烧烟气污染物。根据烟气污染物的性质的不同,可将其分为粉尘、酸性气体、重金属和有机污染物四大类。

(1) 粉尘。废物中的惰性金属盐类、金属氧化物或不完全燃烧物质等颗粒物。

(2) 酸性气体。包括氯化氢、卤化氢(氯以外的卤素,氟、溴、碘等)、硫氧化物(二氧化硫及三氧化硫)、氮氧化物($NO_x$)、碳氧化物以及五氧化磷($PO_5$)和磷酸($H_3PO_4$)。

(3) 重金属污染物。包括铅、汞、铬、镉、砷及其化合物以及其他重金属及化合物。

(4) 不完全燃烧污染物。包括二噁英、呋喃及其他有机物。

表 5-12 列出了典型的垃圾焚烧二次污染物排放情况。

**表 5-12　垃圾焚烧二次污染物排放**

| 国家 | 烟尘 /mg·m⁻³ | CO /mg·m⁻³ | HCl /mg·m⁻³ | SO₂ /mg·m⁻³ | NOₓ /mg·m⁻³ | Pb /mg·m⁻³ | Cd /mg·m⁻³ | Hg /mg·m⁻³ | PCDD /ng·m⁻³ | PCDF /ng·m⁻³ |
|---|---|---|---|---|---|---|---|---|---|---|
| 英国 | 16~2800 | 6~640 | 345~950 | 180~670 | | 0.1~0.5 | <0.1~3.5 | 0.21~0.39 | 0.73~1225 | 6.84~1425 |
| 瑞典 | 1.2 | | 25 | 17 | | 0.06 | 0.002 | 0.09 | 0.04 | |
| 加拿大 | | | | | | 0.055 | 0.004 | 0.02 | 0 | 0.1 |
| 德国 | 15 | | <2 | | | 0.358 | 0.026 | 0.067 | | |
| 中国 | 180 | 60 | 17.6 | 15 | 7.6 | | | | | |

垃圾焚烧烟气中污染物会对周围环境和人体健康造成严重危害。主要表现:酸性气体($HCl$、$NO_x$ 和 $SO_2$ 等)对周围环境危害严重。$HCl$ 对人体危害可能腐蚀皮肤和黏膜,致使声音嘶哑、鼻黏膜溃疡、眼角膜浑浊、咳嗽直至咯血,严重者出现肺水肿以至死亡。对于植物,$HCl$ 会导致叶子褪色进而坏死。$HCl$ 还会危害垃圾焚烧设备,会造成炉膛受热面的高温腐蚀损毁和尾部受热面的低温腐蚀。$NO_x$ 对人体和动物的各组织都有损害,浓度达到一定程度会造成人和动物死亡,危害人类的生存环境。$SO_2$ 对人体影响是呼吸系统,严重可引起肺气肿,甚至死亡。重金属的危害在于它不能被微生物分解且能在生物体内富集(生物累积效应)或形成其他毒性更强的化合物,通过食物链它们最终对人体造成危害。垃圾焚烧产生的粉尘中含有的重金属元素,在这些污染物中含有致癌、致突变、致畸化合物。二噁英等物质有剧毒,易溶于脂肪,易在生物体内积

聚,能引起皮肤痤疮、头痛、失聪、忧郁、失眠等症状,即使很微量的情况下,长期摄取也会引起癌症、畸形等。我国正处于垃圾焚烧发展初期,尤其应关注垃圾焚烧的二次污染对人类造成的严重危害,二次污染物的控制技术是垃圾焚烧处理技术中的重要环节。

### 三、烟气污染物产生机理

#### (一) 粉尘的产生机理

烟气中的粉尘是焚烧过程中产生的微小无机颗粒状物质,主要是:(1)被燃烧空气和烟气吹起的小颗粒灰分;(2)未充分燃烧的炭等可燃物;(3)因高温而挥发的盐类和重金属等在冷却净化过程中又凝缩或发生化学反应而产生的物质。前两种可认为是物理原因产生的,第三个则是热化学原因产生的。表 5-13 列出了粉尘产生的机理。

表 5-13　粉尘产生机理

| | 炉　室 | 燃烧室 | 锅炉室、烟道 | 除尘器 | 烟　囱 |
|---|---|---|---|---|---|
| 无机烟尘 | (1) 由燃烧空气卷起的不燃物、可燃灰分;<br>(2) 高温燃烧区域中低沸点物质气化;<br>(3) 有害气体(HCl、SO$_x$)去除时,投入的 CaCO$_3$ 粉末引起的反应生成物和未反应物 | 气-固、气-气反应引起的粉尘 | (1) 烟气冷却引起的盐分;<br>(2) 为去除有害气体(HCl、SO$_x$)而投入的 Ca(OH)$_2$ 反应生成物和未反应物 | | 微小粉尘(<1 μm),碱性盐占多数 |
| 有机烟尘 | (1) 纸屑等的卷起;<br>(2) 不完全燃烧引起的未燃碳分 | 不完全燃烧引起的纸灰 | | 再度飞散的粉灰 | |
| 粉尘浓度(标态)/g·m$^{-3}$ | | 1~6 | 1~4 | | 0.01~0.04(使用除尘器的场合) |

#### (二) 酸性气体的产生机理

**1. 氯化氢的产生机理**

氯化氢主要来源于生活垃圾中含氯废物的分解。生活垃圾中的含氯塑料是产生 HCl 气体的主要成分之一;此外厨余(含有大量食盐 NaCl)、纸、布等成分在焚烧过程中也能生成部分 HCl 气体。以聚氯乙烯塑料(PVC)为例,产生 HCl 气体的总反应方程式为:

$$C_xH_yCl_z + O \longrightarrow CO_2 + H_2O + HCl + 不完全燃烧物$$

PVC 的性质之一是热稳定性和耐火性较差,在 140℃ 时可分解放出 HCl 气体。这是由于"Cl"原子与相邻的"C"原子上的"H"原子发生了脱除而生成的。焚烧过程 HCl 的生成有如下规律:(1)Cl 向 HCl 的转化率随温度的升高而增大;(2)PVC 焚烧释放 HCl 是一个分解燃烧过程,存在两个阶段,氯原子主要在第一阶段(250~300℃)以 HCl 的形式释放出来,为一级反应;(3)过剩空气系数对 HCl 生成的影响可忽略不计。

**2. 硫氧化物的产生机理**

硫氧化物来源于含硫生活垃圾的高温氧化过程。以含硫有机物为例,SO$_x$ 的产生机理可用下式表示:

$$C_xH_yO_zS_p + O_2 \longrightarrow CO_2 + H_2O + SO_2 + 不完全燃烧物$$

$$2SO_2 + O_2 \Longrightarrow 2SO_3$$

### 3. 氮氧化物的产生机理

在高温条件下,氮氧化物来源于生活垃圾焚烧过程中的 $N_2$ 与 $O_2$ 的氧化反应,此外,含氮有机物的燃烧也生成氮氧化物。氮氧化物中 95% 都是 NO,$NO_2$ 仅占很少部分。氮氧化物的产生机理可用下式表示:

$$2N_2 + 3O_2 \Longrightarrow 2NO + 2NO_2$$

$$C_xH_yO_zN_w + O_2 \longrightarrow CO_2 + H_2O + NO + NO_2 + 不完全燃烧物$$

### 4. CO 的产生机理

CO 的产生机理是由于生活垃圾中有机可燃物不完全燃烧产生的。有机可燃物中的"C"元素在焚烧过程中,绝大部分被氧化为 $CO_2$,但由于局部供氧不足及温度偏低等原因,另外极小一部分被氧化成 CO。CO 的产生涉及几种不同的反应:

$$3C + 2O_2 \Longrightarrow CO_2 + 2CO$$

$$CO_2 + C \Longrightarrow 2CO$$

$$C + H_2O \Longrightarrow CO + H_2$$

### (三) 重金属类污染物的产生机理

重金属类污染物来源于焚烧过程中生活垃圾所含重金属及其化合物的蒸发。含重金属物质经高温焚烧后,除部分残留于灰渣中之外,其他会在高温下气化挥发进入烟气。部分金属物在炉中参与反应生成比原金属元素更易气化挥发的氧化物或氯化物。这些氧化物及氯化物因挥发、热解、还原及氧化等作用,可能进一步发生复杂的化学反应,最终产物包括元素态重金属、重金属氧化物及重金属氯化物等。元素态重金属、重金属氧化物及重金属氯化物在烟气中将以特定的平衡状态存在,且因其浓度各不相同,各自的饱和温度亦不相同,遂构成了复杂的连锁关系。元素态重金属挥发与残留的比例与各种重金属物质的饱和温度有关,饱和温度愈高则愈易凝结,残留在灰渣内的比例亦随之增高。各种金属元素及其化合物的挥发度见表 5-14。其中汞、砷等蒸气压均大于 7 mmHg(约 933 Pa),多以蒸气状态存在。

表 5-14　重金属及其化合物的挥发度

| 名　　称 | 沸点/℃ | 蒸气压/mmHg | | 类　　别 |
| --- | --- | --- | --- | --- |
| | | 760℃ | 980℃ | |
| 汞(Hg) | 357 | | | 挥　发 |
| 砷(As) | 615 | 1200 | 180000 | 挥　发 |
| 镉(Cd) | 767 | 710 | 5500 | 挥　发 |
| 锌(Zn) | 907 | 140 | 1600 | 挥　发 |
| 氯化铅(PbCl$_2$) | 954 | 75 | 800 | 中度挥发 |
| 铅(Pb) | 1620 | $3.5 \times 10^{-2}$ | 1.3 | 不挥发 |
| 铬(Cr) | 2200 | $6.0 \times 10^{-3}$ | $4.4 \times 10^{-5}$ | 不挥发 |
| 铜(Cu) | 2300 | $9.0 \times 10^{-3}$ | $5.4 \times 10^{-5}$ | 不挥发 |
| 镍(Ni) | 2900 | $5.6 \times 10^{-10}$ | $1.1 \times 10^{-6}$ | 不挥发 |

注:1 mmHg = 133.3224 Pa。

高温挥发进入烟气中的重金属物质随烟气温度降低,部分饱和温度较高的元素态重金属(如汞等)会因达到饱和而凝结成均匀的小粒状物或凝结于烟气中的烟尘上。饱和温度较低的重金属元素无法充分凝结,但飞灰表面的催化作用会使其形成饱和温度较高且较易凝结的氧化物或氯化物,或因吸附作用易附着在烟尘表面。仍以气态存在的重金属物质,也有部分会被吸附于烟尘上。重金属本身凝结而成的小粒状物粒径都在 $1~\mu m$ 以下,而重金属凝结成或吸附在烟尘表面也多发生在比表面积大的小粒状物上,因此小粒状物上的金属浓度比大颗粒要高,从焚烧烟气中收集下来的飞灰通常被视为危险废物。

**(四) 不完全燃烧污染物的产生机理**

烟气中不完全燃烧污染物是由于垃圾可燃物的不完全燃烧形成的。通常存在形式有低分子的碳氢化合物、有机酸等有机物,它与烟气中的氮氧化物会形成光化学氧化物,在光照条件下会形成光化学烟雾。

生活垃圾焚烧过程中,有机物发生分解、合成、取代等多种化学反应生成一些有毒有害的中间体物质,对环境造成极大的危害。烟气中的二噁英是近几年来世界各国所普遍关心的问题,自 1999 年比利时发生动物饲料二噁英污染事件后,二噁英更是备受世人关注,一时成为全球范围的热点。

二噁英(Polychlorinated Dibenzop-dioxin),简写为 PCDDs,两个苯核由两个氧原子结合,而苯核中的一部分氢原子被氯原子取代后所产生,根据氯原子的数量和位置而异,共有 75 种物质,另外,和 PCDDs 一起产生的二苯呋喃 PCDFs,共有 135 种物质。人们通常所说的二噁英指的是多氯二苯并二噁英(PCDDs)、多氯二苯并呋喃(PCDFs)的统称,共有 210 种异构体。二噁英在标准状态下呈固态,二噁英极难溶于水,易溶解于脂肪,易在生物体内积累,并难以被排出。二噁英是目前发现的无意识合成的副产品中毒性最强的化合物,它的毒性 $LD_{50}$(半致死剂量)是氰化钾毒性的 1000 倍以上。

从 1977 年在美国市政垃圾焚烧炉烟气中首次检测到二噁英起,焚烧过程中二噁英的形成过程仍不为人们所充分了解,至今仍存在许多争议。概括起来,目前普遍认为至少存在 3 种可能的二噁英形成过程:

(1) 原始存在说。生活垃圾中本身含有微量的二噁英,由于二噁英具有热稳定性,尽管大部分在高温燃烧时得以分解,但仍会有一部分在燃烧以后排放出来。

(2) 焚烧过程中形成。在生活垃圾干燥、燃烧、燃尽过程中,有机物分解生成低沸点的烃类物质,再进一步被氧化生成 $CO_2$ 和 $H_2O$。如果在此过程中局部供氧不足,含氯有机物就会生成二噁英类的前驱物,前驱物包括聚氯乙烯、氯代苯、五氯苯酚等,这些物质在适宜温度并在氯化铁、氯化铜的催化作用下与 $O_2$、HCl 反应,通过分子重排、自由基缩合、脱氯等过程就可能生成剧毒性的二噁英类物质。

(3) 焚烧以后生成。因不完全燃烧而产生的剩余部分前驱物,在烟气中所含金属(尤其是 Cu)的催化作用下,可能再次形成二噁英类污染物。

研究表明 $250\sim350℃$ 是最易生成二噁英的温度范围,也有研究认为生活垃圾焚烧处理过程中二噁英类主要产生于垃圾焚烧过程和烟气冷却过程。总之,生活垃圾在焚烧过程中,二噁英的生成机理相当复杂,目前还没有成熟的理论能确切描述其形成机理,需要进一步研究。

**四、烟气污染物的影响因素**

影响垃圾焚烧烟气污染物的产生及含量的主要因素是垃圾成分和垃圾焚烧炉内工艺条件。

在相同工艺条件下,生活垃圾中所含的产生污染物的"源体"物质越多,则对应污染物的原始浓度越高。某些重金属如 Cu、Ni 的存在,会促使二噁英类污染物(PCDDs 和 PCDFs)的生成,使其原始浓度升高。另外,生活垃圾的含水率与 PCDDs 和 PCDFs 的形成有关,相同条件下,较高的含水率有利于降低烟气中这两种污染物的原始浓度。

工艺条件对污染物产生量的影响比生活垃圾成分更为重要。影响污染物原始浓度的工艺条件包括:温度、烟气在炉内的停留时间、炉内气体的湍流度、空气过量系数、生活垃圾在炉排上的运动形式等。温度使最为显著的影响因素。较高的温度有利于生活垃圾中有机物的完全燃烧从而使烟气中有机类污染物的原始浓度降低。烟气在垃圾焚烧炉高温区内的停留时间越长,燃烧效果越好,烟气中 CO 和有机类污染物的原始浓度越低。适当的空气过量系数有利于完全燃烧,可降低不完全燃烧类污染物的原始浓度。生活垃圾在炉排上的运动形式决定于垃圾焚烧炉型,有效的生活垃圾翻动、跌落、破碎等均有利于完全燃烧,良好的垃圾焚烧炉型可以减少烟气中飞灰的含量。

烟气中的污染物原始浓度是烟气净化系统工艺设计的基础数据。国外经济发达国家对运行中的垃圾焚烧炉进行了长期的监测和统计,得出了原始浓度的正常波动范围和可能出现的最大波动范围。表 5-15 中的数据是在国外经济发达国家正常条件下得出的主要污染物的原始浓度波动范围。表 5-16 中的数据是在生活垃圾成分变化较大和操作不良等条件下得出的最大可能波动范围。

**表 5-15　焚烧烟气中主要污染物的原始浓度波动范围**

| 序 号 | 污染物名称<br>或种类 | 原始浓度正常波动范围<br>(标态)/mg·m$^{-3}$ | 序 号 | 污染物名称<br>或种类 | 原始浓度正常波动范围<br>(标态)/mg·m$^{-3}$ |
|---|---|---|---|---|---|
| 1 | 颗粒物 | 1000~5000 | 5 | Hg | 0.1~0.6 |
| 2 | HCl | 600~1200 | 6 | 其他重金属 | 5~30 |
| 3 | SO$_x$ | 100~600 | 7 | 总有机物 | 200~1200 |
| 4 | NO$_x$ | 200~600 | | | |

注:mg·m$^{-3}$ 是指标准状态(0℃、101.3 kPa)下 1 m$^3$ 干烟气中所含的污染物 mg 数。

**表 5-16　焚烧烟气中污染物原始浓度最大波动范围**

| 序 号 | 污染物名称<br>或种类 | 原始浓度正常波动范围<br>(标态)/mg·m$^{-3}$ | 序 号 | 污染物名称<br>或种类 | 原始浓度正常波动范围<br>(标态)/mg·m$^{-3}$ |
|---|---|---|---|---|---|
| 1 | 颗粒物 | 1000~10000 | 7 | Hg | 0.1~5 |
| 2 | HCl | 100~3300 | 8 | Pb | 1~50 |
| 3 | SO$_x$ | 50~2900 | 9 | Cd | 0.05~2.5 |
| 4 | HF | 0.5~4.5 | 10 | Cr | 0.5~2.5 |
| 5 | NO$_x$ | 100~1000 | 11 | Cu | 0.5~2.5 |
| 6 | CO | 10~200 | 12 | Ni | 5~30 |

在现阶段,我国大城市生活垃圾焚烧烟气中的颗粒物、HCl、NO$_x$ 的原始浓度基本上在表 5-15 所列的范围内,而 SO$_x$ 的原始浓度却低得多,其他几种污染物到目前为止尚无进行过系统测定。

**五、垃圾焚烧烟气排放标准**

生活垃圾焚烧产生烟气中的污染物,视其数量和性质对环境都有不同程度的危害。垃圾焚烧烟气净化后,其中仍含有少量的污染物从烟囱排入大气,这部分污染物的排放必须要达到排放标准。烟气污染物的排放标准为清洁地处理生活垃圾、防止二次污染提供了技术依据,也为环保管理部门提供了执法尺度,因而是十分重要的。垃圾焚烧厂的环保标准越严格对环境越好,但设备的投资和运行费用也越昂贵,在国外经济发达国家,用于垃圾焚烧厂烟气净化的工程投资占总投资的 30% ~50% 甚至更高。

### (一) 发达国家生活垃圾焚烧烟气排放标准

20 世纪 70 年代以来,国外发达国家都对垃圾焚烧制定相应的烟气排放标准。欧美、日本等经济发达国家地生活垃圾焚烧技术在世界上居领先地位。这些国家垃圾焚烧烟气排放指标比较严格,限制的指标也较多。对于烟尘含量、重金属以及二噁英(PCDDs/PCDFs)等指标和限制排放指标不断提高。随着垃圾焚烧技术的发展和环境标准的提高,欧洲国家对垃圾焚烧烟气排放的要求进一步提高。欧美诸国中,尤以荷兰、德国地排放标准中规定的污染物种类最全、排放限值也最严格。表 5-17 列出了国外部分经济发达国家的焚烧烟气污染物地排放限值。国外经济发达国家主要采用的是浓度排放标准。

表 5-17　国外部分经济发达国家生活垃圾焚烧烟气污染物的排放限值

| 污染物<br>国　家 | 污染物排放限值(标态)/mg·m$^{-3}$ | | | | | | | |
|---|---|---|---|---|---|---|---|---|
| | 颗粒物 | HCl | SO$_x$ | NO$_x$ | HF | CO | Cd 及其化合物 | Hg 及其化合物 |
| 联邦德国(1986 年) | 30 | 50 | 100 | 500 | 2 | 100 | 0.1 | 0.1 |
| 德国(1900 年) | 10 | 10 | 50 | 200 | 1 | 50 | 0.05 | 0.05 |
| 荷兰(1993 年) | 6 | 10 | 40 | 70 | 1 | 50 | 0.05 | 0.05 |
| 丹麦(1886 年) | 40 | 100 | 300 | | 2 | 100 | 0.1 | 0.1 |
| 瑞典(1987 年) | 20 | 100 | | | | | | 0.03 |
| 法国(1991 年) | 30 | 50 | 300 | | 2 | 100 | 0.1 | 0.1 |
| 欧共体(1989 年) | 30 | 50 | 300 | | 2 | 100 | 0.1 | 0.1 |
| 欧盟(1996 年) | 5 | 10 | 50 | 80 | 1 | 50 | 0.05 | 0.05 |
| 加拿大(1989 年) | 20 | 75 | 260 | 400 | | 57 | 0.1 | 0.1 |
| 美国(1991 年) | 35 | 40 | 85 | 300 | | | 0.2 | 0.14 |
| 日本(现执行) | 20 | 25 | 57 | 105 | | 88 | | 0.05 |

注:1. 在国外经济发达国家的排放标准中,对不同处理量(t/h)垃圾焚烧炉的烟气污染物排放浓度要求不同,这里仅列出了大规模垃圾焚烧炉的排放浓度限值;

　　2. 德国、日本、瑞典、加拿大等国的排放标准中还规定了二噁英污染物的排放限值(标态)为 0.1 ng/m$^3$,表中未列出,括号内为标准颁布年份,空白处表示没有规定。

　　3. 一个完整的排放标准还应包括污染物的测定方法、采样时间、计算方法等,这里仅列出了排放限值。

日本的焚烧厂环保标准从 20 世纪 60 年代至 90 年代有一个从低到高的过程,现在基本与欧洲一致,这样可能更符合经济与社会的发展要求。美国和加拿大等北美国家的环保标准要比欧洲松一些。我国是发展中国家,在制定排放标准时既要考虑不造成二次污染,又要量经济实力而行,保证垃圾焚烧的建设和经济运行,达到环保与经济共存的目的。

### (二) 国内生活垃圾焚烧烟气排放标准

我国的城市生活垃圾焚烧技术起步较晚,目前还缺乏系统的研究和成熟的工程经验。1996年,我国国家环保局颁布了大气污染物综合排放标准。近些年,国内经济较为发达的城市开始筹建大规模的现代化生活垃圾焚烧厂,一些企业也开始开发焚烧设备,但都碰到没有国家或地方垃圾焚烧烟气排放标准问题。为了推动国内垃圾焚烧技术的发展,国家环保总局于 2000 年 6 月 1 日颁布了《生活垃圾焚烧污染控制标准》GWKW3—2000,该标准已于 2001 年下半年开始实施。

该标准对焚烧厂的选址原则,垃圾入厂要求,焚烧炉技术标准指标、污染物排放限值等作了严格的规定。标准对焚烧炉的技术性能指标要求很严,包括烟气出口温度、烟气停留时间、焚烧残渣热灼减率、出口烟气含氧量以及烟囱高度等、此外焚烧炉的除尘装置要求必须采用袋式除尘器,以减少焚烧过程中有害物质的产生和排放。标准还对焚烧炉尾气中的污染物的排放规定了 10 项指标。表 5-18 列出了《生活垃圾焚烧污染控制标准》GWKW3—2000 中规定的垃圾焚烧炉大气污染物排放浓度限值。

**表 5-18　我国生活垃圾焚烧烟气排放标准**

| 标准类别 | 不同污染物的排放浓度限值(标态) | | | | | | | | |
|---|---|---|---|---|---|---|---|---|---|
| | 烟尘/mg·m⁻³ | 林格曼黑度/mg·m⁻³ | HCl/mg·m⁻³ | HF/mg·m⁻³ | $SO_2$/mg·m⁻³ | $NO_x$/mg·m⁻³ | CO/mg·m⁻³ | 重金属/mg·m⁻³ | 二噁英及呋喃/ng·m⁻³ |
| GWKW3—2000 | 80 | 1 | 75 | | 260 | 400 | 150 | Hg:0.2 Cd:0.1 Pb:1.6 | 1.0 |

### 六、垃圾焚烧烟气控制、净化技术

只有从源头控制污染物和污染物的末端净化相结合才能使得垃圾焚烧烟气排放达标成为可能。通过对垃圾焚烧工况的控制,尽量减少污染物的产生量是防止焚烧气二次污染最有效的措施。如为了减少焚烧过程中 CO、碳氢化合物和二噁英的产生量,应尽可能使垃圾中可燃成分充分燃烧。

#### (一) 颗粒物的去除

焚烧烟气中粉尘的主要成分为惰性无机物质,如灰分、无机盐类、可凝结的气体污染物质及有害的重金属氧化物,其含量在 $450 \sim 22500$ mg/m³ 之间,视运转条件、废物种类及焚烧炉型式而异。颗粒物的去除主要利用的是除尘器。除尘设备不仅收捕一般颗粒物,而且收除挥发性重金属或其氯化物、硫酸盐或氧化物凝结成直径不大于 $0.5$ $\mu$m 的气溶胶,还能收除吸附在灰分或活性炭颗粒上的二噁英等有机类污染物。

除尘设备的种类主要包括重力沉降室、旋风(离心)除尘器、喷淋塔、文氏洗涤器、静电除尘器及布袋除尘器等,其除尘效率及适用范围列在表 5-19 中。

**表 5-19　焚烧尾气除尘设备的特性比较**

| 种 类 | 有效去除颗粒直径/$\mu$m | 压差/cmH₂O | 处理单位气体需水量/L·m⁻³ | 体积 | 受气体流量变化影响否 | | 运转温度/℃ | 特 性 |
|---|---|---|---|---|---|---|---|---|
| | | | | | 压力 | 效率 | | |
| 文氏洗涤器 | 0.5 | 1000~2540 | 0.9~1.3 | 小 | 是 | 是 | 70~90 | 构造简单,投资及维护费用低、耗能大,废水须处理 |
| 水音式洗涤塔 | 0.1 | 915 | 0.9~1.3 | 小 | 否 | 是 | 70~90 | 能耗最高,去除效率高,废水须处理 |
| 静电除尘器 | 0.25 | 13~25 | 0 | 大 | 是 | 是 | | 受粉尘含量、成分、气体流量变化影响大,去除率随使用时间下降 |

续表 5-19

| 种　　类 | 有效去除颗粒直径/$\mu m$ | 压差/cmH$_2$O | 处理单位气体需水量/L·m$^{-3}$ | 体积 | 受气体流量变化影响否 | | 运转温度/℃ | 特　　性 |
|---|---|---|---|---|---|---|---|---|
| | | | | | 压力 | 效率 | | |
| 湿式电离洗涤塔 | 0.15 | 75～205 | 0.5～11 | 大 | 是 | 否 | | 效率高,产生废水须处理 |
| 布袋除尘器: | | | | | | | 100～250 | 受气体温度影响大,布袋选择为主要设计参数,如选择不当,维护费用高 |
| (1) 传统形式 | 0.4 | 75～150 | 0 | 大 | 是 | 否 | | |
| (2) 反转喷射式 | 0.25 | 75～150 | 0 | 大 | 是 | 否 | | |

注:1 cmH$_2$O＝98.0665 Pa。

由于焚烧气的颗粒物细小,因此惯性除尘器和旋风除尘器不能作为主要的除尘装置,只能视为除尘的前处理设备。垃圾焚烧厂的颗粒物净化设备主要有静电除尘器、文氏洗涤器及布袋除尘器等。由于焚烧烟气中的颗粒物粒度很小($d < 10\ \mu m$ 的颗粒物含量相对而言较高),为了去除小粒度的颗粒物,必须采用高效除尘器才能有效控制颗粒物的排放。文丘里洗涤器虽然可以达到很高的除尘效率,但能耗高且存在后续的废水处理问题,所以不能作为主要的颗粒物净化设备。

静电除尘器和袋式除尘器静的除尘效率均大于 99%,且对小于 0.5 $\mu m$ 的颗粒也有很高的捕集效率,广泛应用于垃圾焚烧厂对烟气中颗粒物的净化。国外的实践表明,静电除尘器可以使颗粒物的浓度(标态)控制在 45 mg/m$^3$ 以下,而袋式除尘器可以使颗粒物的浓度控制在更低的水平,同时具有净化其他污染物的能力(如重金属、PCDDs 等)。对于重金属物质,静电除尘器的去除效果较差,因为尾气进入静电除尘器时的温度较高,重金属物质无法充分凝结,且重金属物质与飞灰间的接触时间不足,无法充分发挥飞灰的吸附作用。布袋除尘器运行温度较低,烟气中的重金属及其氯有机化合物(PCDDs/PCDFs)达到饱和凝结成细颗粒而被滤布吸附去除。在除尘器前边的烟道加入一定量的活性炭粉末,它对重金属离子和二噁英有很好的吸附作用,进一步脱除烟气中重金属物质和二噁英。

袋式除尘器的优点是除尘效率高,除尘效率的变化对进气条件的变化不敏感。当滤袋的表面进行防腐处理后可进一步处理酸性气体。当与干式或半干式洗气塔连用时,滤袋表面可截留未反应的磁性物质,进一步处理酸性气体,可截留部分二噁英。因此在去除二噁英方面袋式除尘器优于静电除尘器;在投资方面;静电除尘器大于袋式除尘器;在运行的稳定性方面,袋式除尘器要高于静电除尘器。由于袋式除尘器在高效去除颗粒物的同时兼有净化其他污染物的作用,近来国内外建设的大规模现代化垃圾焚烧厂大都采用袋式除尘器。当然袋式除尘器也有它的缺点:对滤料的耐酸碱性能要求高,须使用特殊性材质;颗粒物湿度较大时,会引起堵塞;压降高,导致能耗也较高;滤袋要定期更换和检修。

**(二) 酸性气态污染物**

**1. HCl、SO$_x$、HF 的净化**

去除垃圾焚烧尾气中的 SO$_2$、HCl 等酸性气体的机理是酸碱中和反应,利用碱性吸收剂(如 NaOH、CaO、Ca(OH)$_2$ 等)以液态(湿法)、液—固态(半干法)或固态(干法)的形式与以上污染物发生化学反应,涉及的主要反应如下:

$$HCl + NaOH \longrightarrow NaCl + H_2O$$

$$2HCl + Ca(OH)_2 \longrightarrow CaCl_2 + 2H_2O$$

$$SO_2 + 2NaOH \longrightarrow Na_2SO_3 + H_2O$$

$$SO_2 + Ca(OH)_2 \longrightarrow CaSO_3 + H_2O$$

$$HF + NaOH \longrightarrow NaF + H_2O$$

$$2HF + Ca(OH)_2 \longrightarrow CaF_2 + 2H_2O$$

理论上,强碱性吸收剂与酸性污染物的反应在极短的时间内可以完成,但该反应涉及到"气—液"或"气—固"物理传质过程,使得污染物的去除的效果决定于传质效果。可以用下列公式描述整个过程:

$$N_A = K_{PA}S(C_{GA} - C_{SA}) = K_{GA}S(P_{GA} - P_{SA}) \tag{5-39}$$

式中,$N_A$ 为单位时间、单位面积上传质的量;$K_{PA}$ 和 $K_{GA}$ 是分别以浓度和分压表示的 $A$ 组分的传质系数;$S$ 为吸收传质表面积;括号中的差值反应了传质推动力的大小。$N_A$ 越大,$A$ 组分污染物的去除效率越高。$N_A$ 的大小决定于传质系数、传质表面积和传质推动力。因为"气—液"传质系数大于"气—固"传质系数,所以在相同条件下,湿法的净化效率明显高于干法,半干法的净化效率居中。另外,增加吸收剂的比表面积和"吸收剂/污染物"的当量比也可使净化效率增加。在实际操作过程中,往往通过足够的停留时间来保证污染物的高效去除。

$HCl$、$SO_x$、$HF$ 等酸性气体的净化处理方法大致可分为三类:

(1) 湿式洗涤法。湿式洗涤法利用碱性溶液(如 $Ca(OH)_2$、$NaOH$ 等)作为吸收剂,对焚烧烟气进行洗涤,通过酸碱中和反应将 $HCl$ 和 $SO_x$ 去除,使得其中的酸性气态污染物得以净化。就 $HCl$ 而言,仅以水就可以达到有效去除,但为了进一步对 $HF$ 和 $SO_x$ 进行控制,就必须用强碱性物质作为吸收剂,并适当增加焚烧烟气在净化设备中的停留时间。为避免结垢,湿法净化工艺中常采用 $NaOH$ 作为吸收剂,$Ca(OH)_2$ 应用较少。湿法净化可分一段或二段完成,净化设备有吸收塔(填料塔、筛板塔)和文丘里洗涤器等。湿式洗涤法最大优点是去除效率高,对 $SO_x$ 及 $HCl$ 去除效率在 90% 以上;工作稳定性高,可以承受气体污染负荷的波动;并对高挥发性重金属物质(如汞)亦有去除能力。此法的缺点会产生废水,需要对液态产物进一步处理,流程较复杂,投资和运行费较高。湿式洗涤法在发达国家的应用比例较高。

(2) 干法净化。干法采用的是干式吸收剂(如 $CaO$、$CaCO_3$ 等)粉末喷入炉内或烟道内,使之与酸性气态污染物反应,然后进行气固分离。相对湿法,干法净化对污染物的去除效率相对较低,在发达国家应用较少。为了有效控制酸性气态污染物的排放,必须增加干态吸收剂在烟气中的停留时间,保持良好的湍流度,使吸收剂的比表面积足够大。干法净化所用的吸收剂以 $Ca(OH)_2$ 粉末居多。"吸收剂/污染物"的当量比对去除效率的影响有限,较高的当量比有利于污染物的净化,该值以 2~4 为宜,太高的当量比并不能使去除效率显著增加。干法净化的工艺组合形式一般为"吸收剂管道喷射 + 反应器",并辅以后续的高效除尘器(静电除尘器或袋式除尘器)。干法净化的显著优点是反应产物为固态,可直接进行最终的处理,而无须像湿法净化工艺那样要对净化产物进行二次处理,投资较少,设备的腐蚀较小。该法最大的缺点是污染物的去除率低,且对 $Hg$ 的去除效果不好。

(3) 半干法。半干法净化是使烟气中的污染物与碱液进行反应,形成固态物质而被去除的一种方法,是介于湿法和干法之间的一种方法。普通半干法洗气塔是一个喷雾干燥装置,利用雾化器将熟石灰浆从塔顶或底部喷入塔内,烟气与石灰浆同向或逆向流动并充分接触产生中和作用。由于液滴直径小表面积大,不仅使气液充分接触,同时水分在塔内能完全蒸发,不产生废水。它具有净化效率高且无需对反应产物进行二次处理的优点。但是此法制浆系统复杂,反应塔内壁容易粘结,喷嘴能耗高,对操作水平要求较高,需要长时间地实践积累才能达到良好的净化效果。研究表明停留时间是半干法净化反应器设计中非常重要的参数。国外经验证明,上流式和下流式半干式净化反应器的最小停留时间分别为 8 s 和 18 s。另外,净化反应器人、出口的温差直接影响到反应产物是否以固态形式排出,国外推荐该温差不应小于 60℃。除停留时间和温差外,吸收剂的粒度、喷雾效果等对整个净化工艺也有较大的影响,实际操作过程中对上述影响因素都有严格要求。否则,可能导致整个工艺的失败。半干法装置一般设置在除尘器之前,无需废水处理设施,但要充分考虑固态物质的干燥问题,防止固态物质收集时发生堵塞与粘附。

2. $NO_x$ 净化技术

$NO_x$ 的净化是最困难且费用最昂贵的技术,这是由于 NO 的惰性(不易发生化学反应)和难溶于水的性质决定的。垃圾焚烧烟气中的 $NO_x$ 以 NO 为主,其含量高达 95% 或更多,利用常规的化学吸收法很难达到有效去除。除常用的选择性非催化还原法(SNCR)外,还有选择性催化还原(SCR)、氧化吸收法、吸收还原法等。其中,SNCR 法在垃圾焚烧烟气净化中应用最多。

氧化吸收法和吸收还原法都是与湿法净化工艺结合在一起共同使用的。氧化吸收法是在湿法净化系统的吸收剂溶液中加入强氧化剂如 $NaClO_2$,将烟气中的 NO 氧化为 $NO_2$,$NO_2$ 再被钠碱溶液吸收去除。吸收还原法是再湿法系统中加入 $Fe^{2+}$,$Fe^{2+}$ 将 NO 包围,形成 EDTA 化合物,EDTA 在与吸收溶液中的 $HSO_3^-$ 和 $SO_3^{2-}$ 反应,最终放出 $N_2$ 和 $SO_4^{2-}$ 作为最终产物。吸收还原法的化学添加剂费用低于氧化吸收法。

为了减少 $NO_x$ 的产生,可以采取的措施有:

(1) 降低焚烧温度,以减少热氮型 $NO_x$ 的产生,一般要小于 1200℃。有研究表明 $NO_x$ 生成量最大的温度区间是 600~800℃,因此,从减少 $NO_x$ 生成量的角度出发,焚烧温度不应小于800℃。

(2) 降低 $O_2$ 的浓度。

(3) 使燃烧在远离理论空气比条件下运行。

(4) 缩短垃圾在高温区的停留时间。

研究发现减少 $NO_x$ 产生所采取的措施是与减少 CO、$C_xH_y$ 和二噁英产生的措施相矛盾的。一般在焚烧的实际运行中应在保证垃圾中可燃组分充分燃烧的基础上,再兼顾 $NO_x$ 的产生。为了解决上述矛盾,国外目前的措施是在烟气处理系统中增加脱硝装置。另外,美国科研机构 IGT(Institute of Gas Technology)研究的炉内脱氮技术的研究与应用前景十分广阔。这一技术的原理主要是利用碳氢类物质与 $NO_x$ 进行直接的氧化还原反应,生成无害的氮气。

(三) 二噁英类物质

垃圾焚烧处理技术目前正在世界范围内兴起并被广泛采用,由此所引发的二噁英污染问题更为国内外所广泛关注。传统的城市生活垃圾焚烧处理过程中既能提供含有 $CuCl_2$、$FeCl_3$ 的灰尘,又能提供含有 HCl 的烟气,同时在烟气冷却过程中有 300℃ 左右的温度区,即二噁英类毒性物质生成的必要条件全部具备。目前 PCDDc、PCDFs 和其他痕量级有机污染物的净化越来越受到发达国家的重视,我国新颁布的《生活垃圾焚烧污染控制标准》中也对 PCDDc、PCDFs 的排放浓度有了严格的规定。

研究表明,垃圾焚烧是二噁英排放的主要污染源之一。二噁英的产生几乎存在于垃圾焚烧处理工艺的各个阶段:焚烧炉内、低温烟气段、除尘净化过程等。因此,专家们也在积极致力于研究如何从上述各个环节抑制二噁英的产生。国外研究表明,减少控制 PCDDc、PCDFs 的浓度的主要措施包括以下几方面:

(1) 选用合适的炉膛和炉排结构,使垃圾在焚烧炉中得以充分燃烧。烟气中 CO 的浓度是衡量垃圾是否充分燃烧的重要指标,其比较理想的指标是低于(标态)60 mg/m$^3$。

（2）控制炉膛及二次燃烧室内，或在进入余热锅炉前烟道内的烟气温度不低于850℃，烟气在炉膛及二次燃烧室内的停留时间不小于2 s，氧气浓度不少于6%，并合理控制助燃空气的风量、温度和注入位置，称为"3T"控制法。

（3）缩短烟气在处理和排放过程中处于300～500℃温度域的时间，控制余热锅炉的排烟温度不超过250℃左右。

（4）选用新型袋式除尘器，控制除尘器入口处的烟气温度低于200℃，并在进入袋式除尘器的烟道上设置活性炭等反应剂的喷射装置，进一步吸附二噁英。

（5）在生活垃圾焚烧厂设置先进、完善和可靠的全自动控制系统，使焚烧和净化工艺得以良好执行。

（6）通过分类收集或预分拣控制生活垃圾中氯和重金属含量高的物质进入垃圾焚烧厂。

（7）由于二噁英可以在飞灰上被吸附或生成，所以对飞灰应用专门容器收集后作为有毒有害物质送安全填埋场进行无害化处理，有条件时可以对飞灰进行低温（300～400℃）加热脱氯处理，或熔融固化处理后再送安全填埋场处置，以有效地减少飞灰中二噁英的排放。

进入20世纪90年代后，日本、德国的科学家也分别发表了研制控气型焚烧炉的分级燃烧成果，据日本笠原公司报道，采用热解气化焚烧炉，由于其一燃室是还原气氛，所以$SO_2$仅为$9.5 \times 10^{-4}$%（9.5 ppm），$NO_x$为$6.1 \times 10^{-4}$%（6.1 ppm），二燃烧室是高温燃烧，CO接近零，所以二噁英值可望处于很低的水平。目前国际上采用控气型焚烧炉较多的国家是美国、加拿大，日本、德国也将此种技术作为垃圾焚烧的推广技术，以减少二噁英的排放。因此在烟气净化阶段采用合适的冷却技术以确保烟气的温度尽快降至250℃以下，对废气净化过程中尽可能少地形成二噁英起着决定性的作用。

有研究表明可以采用化学反应来破坏二噁英类物质的结构，使其分解成小分子物质。首先利用活性炭或活性焦固定床层对二噁英进行吸附、浓集，然后将二噁英彻底地催化氧化生成$CO_2$、$H_2O$、HF、HCl等物质。发生的催化反应如下：

$$C_{12}H_nCl_{8-N}O_2 + (9+0.5n)O_2 \longrightarrow (n-4)H_2O + 12CO_2 + (8-n)HCl$$

$$C_{12}H_nF_{8-N}O_2 + (9+0.5n)O_2 \longrightarrow (n-4)H_2O + 12CO_2 + (8-n)HF$$

虽然对二噁英类污染物的捕获机理没有充分认识，但工程实践表明：低温控制和高效的颗粒物捕获有利于二噁英污染物的净化。德国曾利用半干法净化工艺进行系统的研究，结果如表5-20所示。

表5-20　半干法净化工艺对二噁英类和呋喃类污染物的去除效率

| 污染物种类 | | 不同工艺组合的去除率/% | | |
| --- | --- | --- | --- | --- |
| | | 半干法＋静电除尘器 | 半干法＋袋式除尘器（高温） | 半干法＋袋式除尘器（低温） |
| PCDDs | TCDD | 48 | <52 | >97 |
| | Penta-CDD | 51 | 75 | >99.6 |
| | Hexa-CDD | 73 | 93 | >99.5 |
| | Hepta-CDD | 83 | 82 | >99.6 |
| | OCDD | 89 | NA | >99.8 |
| PCDFs | TCDF | 85 | 98 | >99.4 |
| | Penta-CDF | 84 | 88 | >99.6 |
| | Hexa-CDF | 82 | 86 | >99.7 |
| | Hepta-CDF | 83 | 92 | >99.8 |
| | OCDF | 85 | NA | >99.8 |

注：NA指没有引用，低温指160°，高温指220°。

从表 5-20 可看出,对于有机类污染物的控制,袋式除尘器明显优于静电除尘器。低温有利于提高去除效率。

**(四) 重金属**

与有机类污染物的净化相似,"高效的颗粒物捕集"和"低温控制"是重金属净化的两个主要方面。重金属以固态、液态和气态的形式进入除尘器,当烟气冷却时,气态部分转变为可捕集的固态或液态微粒。但是,对于挥发性强的重金属如 Hg 而言,即使除尘器以最低的温度操作,该部分金属仍有部分存在于烟气中。总之,垃圾焚烧烟气净化系统的温度越低,则重金属的净化效果越好,反之越差。

对于汞的吸附目前应用较多的方法就是向烟气中喷入特殊试剂,如向烟气(在 135~150℃ 时)中逆喷 $Na_2S$ 形成 HgS,因其不溶,颗粒大而较易捕获,汞去除率达 60%~90%。另外一种目前较为成熟、应用最多的控制技术是向烟气中喷入粉末状活性炭,其吸附机理为:气体分子向炭基体扩散,由于分子间范德华力的作用,而将这些扩散来的分子保留在表面,其脱除汞的效率达 90%。瑞典一中试垃圾焚烧厂,利用"湿法净化 + 静电除尘 + 后续冷却"的工艺使烟气的温度降至 60℃,结果总 Hg(固态 + 气态)的排放浓度(标态)降低为 0.01 $mg/m^3$。德国一家采用"半干法 + 静电除尘"工艺的垃圾焚烧厂测试结果表明,在 150℃ 的操作条件下,气态形式的 Hg 的排放浓度(标态)降低为 0.05 $mg/m^3$ 以下。瑞典一家采用"半干法 + 袋式除尘"净化工艺的垃圾焚烧厂测试数据表明,烟气排放颗粒物中的 Hg 可以达到测不出的水平,而气态 Hg 的排放浓度(标态)范围为 0.012~0.065 $mg/m^3$。

**(五) 垃圾焚烧烟气处理技术新动向**

**1. 电子束废气处理法**

电子束法是 20 世纪 70 年代日本率先开始研究的一种同时能实现除氯化氢脱硫脱硝的干式垃圾焚烧排气处理法。经过 20 多年的研究,已取得了一定的成果。1992 年在日本的松户市建设了一套小型的验证设备。近几年,美国、德国、波兰等国也在进行电子束废气处理法的研究,并在进行论证试验。处理对象主要是煤炭燃烧排气、重油燃烧排气、制铁烧结炉排气以及隧道排气。目前,各国均无实用化的电子束废气处理设备。

电子束法的原理是用电子束对焚烧烟气进行照射,吸收排气中的氮、氧、水和二氧化碳,生成了寿命短且富有活性的 OH、O、N 等活性中间体。废气中的微量 $NO_x$、$SO_2$ 虽然不直接受电子束的作用,但在这些活性体的作用被氧化成硝酸和硫酸。例如燃烧排气中占 $NO_x$ 的 90% 以上的是 NO,采用电子束照射法使 NO 中的一部分被氮原子还原成 $N_2$,另一部分被含有氧的活性体氧化,再经其他中间体的氧化,最终被氧化成 $HNO_3$。$NO_x$、$SO_2$ 被氧化成硝酸和硫酸后,加入消石灰碱性剂与之进行中和,形成无害的粒子状固体,最后被除尘器捕集。HCl 与加入的消石灰进行反应生成氯化钙,从而达到去除 HCl 的目的。

使用电子束法可以同时去除氯化氢、硫氧化物和氮氧化物,去除率很高,设备规模小,可削减脱硝装置,使废气处理工艺流程简单化。同时,在能源回收及减少药品使用等方面都是非常有利的。

**2. 炉内的 $NO_x$ 氧化还原技术**

在废气处理过程中,为防止炉内生成 $NO_x$,一般是采用控制炉内燃烧温度的方法来抑制 $NO_x$ 的生成。因为炉内的温度越高,$NO_x$ 的生成量就越大。而在防止二噁英的生成技术中,主要的对策是提高炉内的温度,使气体充分燃烧,控制 CO 的生成,使之不形成二噁英的前驱物质,从而达到防治二噁英的目的。这在处理环节上就形成一对矛盾。为解决这一矛盾,国外目前的主要措施是在废气处理系统中增加脱硝装置，以达到去除 $NO_x$ 的目的。这样既增加了废气处理系统的规模，又加大了废气处理系统的设备成本，使废气处理工艺更为复杂。

炉内 $NO_x$ 的氧化还原技术即炉内的脱氮技术，实际上就是为了解决上述矛盾而被提出来的一项废气处理新技术。这一技术的原理主要是利用碳氢类燃烧与 $NO_x$ 进行直接的氧化还原反应，最后生成无害的氮气。具体的方法是向焚烧炉内吹入含有大量碳氢气体的天然气。天然气与 $NO_x$ 进行直接的氧化还原反应，生成无害的氮气或氮的化合物，可以达到去除 $NO_x$ 的目的。这项技术目前正处于试验阶段，还有很多问题有待解决。若这项技术获得成功，对缩小废气处理设备的规模，降低焚烧厂的建设费用及运营费用都具有很大意义。

### 七、垃圾焚烧烟气净化工艺

焚烧烟气在排入大气之前必须进行净化处理，使之达到排放标准。高效的焚烧烟气净化系统的设计和运行管理是防止垃圾焚烧厂二次污染的关键。烟气净化系统主要包括烟气除尘和烟气吸收净化两个部分。除尘器主要用于去除颗粒物，而其他污染物主要依靠烟气吸收净化装置去除。

将前述的各种焚烧气污染物净化方法组合，可以有很多焚烧气净化工艺。典型的烟气吸收净化工艺主要有以下三种：湿法工艺、干法工艺及半干法工艺。每种工艺有多种组合形式，也各有优缺点。下面分别对湿法、半干法和干法三种工艺进行简要分析，同时介绍 NO 净化和活性炭喷射吸附净化系统。

#### （一）湿法吸收工艺

湿法洗涤工艺是将碱性药剂溶液喷射入湿法洗涤塔内，再将烟气冷却到饱和温度过程中，HCl、$NO_2$、$SO_2$ 和碱性药剂发生化学反应而生成 NaCl、$NaNO_2$、$Na_2SO_3$ 等。置于除尘设备之后的湿法吸收塔，对于 HCl、$SO_2$ 的脱除率可达 80%，对各种有机污染物及重金属亦比干法和半干法方式有更好的去除效果。湿法洗涤工艺在欧洲和美国等水源较充足的地区亦有多年的实绩。总体来讲，湿法洗涤工艺的污染物去除效率较高，是成熟、应用广泛的工艺。但存在后续废水的处理问题，净化后的烟气温度显著降低，不利于扩散且易形成白雾，故常需再加热后排放。与干法和半干法净化相比，湿式净化的工程投资和运行费较高。

图 5-10～图 5-12 分别表示了不同的垃圾焚烧烟气湿法洗涤工艺流程。图 5-10 所示流程的工艺组合形式为"喷射干燥器＋静电除尘器或袋式除尘器＋一级文丘里洗涤器＋二级文丘里洗涤器"。本工艺最大特点是洗涤器重的污水经沉淀后，溢流循环使用，底流进入喷射干燥器，最终以颗粒物的形式被捕获，从而避免了污泥处理的问题。一级、二级文丘里洗涤器对气态酸性污染物。细小颗粒物、有机污染物和重金属进行净化，净化后烟气加热从烟气排入大气。

图 5-11 所示工艺中的污染物净化集中再洗涤塔内完成。本工艺的特点是烟气从洗涤塔底部进入塔内，洗涤器共分三段：下部为冷却段，中部为洗涤吸收段，上部为脱湿即雾沫分离段。洗涤产生的废水经旋流浓缩后进入废水处理设备，一部分吸收液回用。

本工艺集除尘、气态污染物净化为一体，大大减少了工艺设备的占地面积，降低了设备投资，但还存在废水处理问题。

图 5-12 所示工艺构成形式为"预处理洗涤塔＋文丘里洗涤器＋吸收塔＋电滤器"。预处理洗涤塔具有除尘。去除部分酸性气态污染物（HCl、HF）和降温的功能，$Ca(OH)_2$ 的吸收液定期排放至废水处理设备，经水力旋流器浓缩后进行处理后循环利用。同时加入新鲜的 $Ca(OH)_2$。文丘里洗涤器去除较细小的颗粒物和有机类污染物。电滤单元使亚微米级的细小颗粒物和其他污染物再次得以高效净化。电滤单元由高压电极和文丘里管组成，低温饱和烟气在文丘里喉管处加入，其中的颗粒物在高压电极作用下荷电，随后与扩张管口处的正电性水膜相遇而被捕获。电

滤单元的洗涤液定期排放并补给新鲜水。

　　该工艺可使污染物浓度控制得更低,但工艺更加复杂,投资和运行费用也更高,而且仍有湿法净化难以避免的废水处理问题。

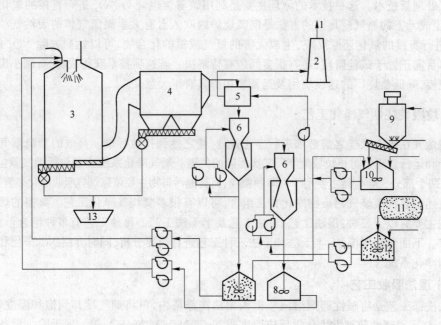

图 5-10　生活垃圾焚烧烟气湿法吸收工艺流程之一

1—烟气;2—烟囱;3—干燥器;4—静电除尘器或袋式除尘器;5—热交换器;6—文丘里洗涤器;7—中和箱;
8—污泥箱;9—石灰贮存仓;10—石灰熟化仓;11—NaOH贮存仓;12—搅拌池;13—固态灰渣

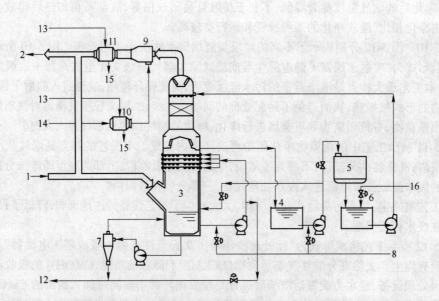

图 5-11　生活垃圾焚烧烟气湿法吸收工艺流程之二

1—烟气;2—指烟囱排放;3—洗涤塔;4—缓冲水箱;5—冷却塔;6—冷却水箱;7—水力旋流器;8—NaOH;9—混合器;
10—空气预热器具;11—烟气加热器;12—至废水处理;13—蒸汽;14—空气;15—排放;16—冷却水

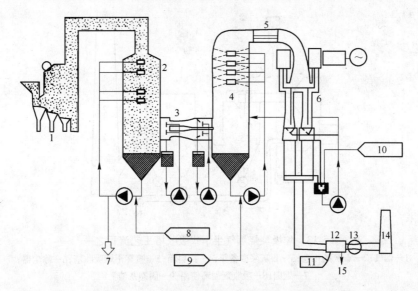

图 5-12　生活垃圾焚烧烟气湿法吸收工艺流程之三

1—垃圾焚烧炉；2—预处理洗涤器；3—文丘里洗涤器；4—吸收塔；5—雾沫分离器；6—电滤器；

7—至废水处理；8—Ca(OH)$_2$；9—NaOH；10—新鲜水；11—蒸汽；

12—加热器；13—风机；14—烟囱；15—排放

### （二）半干法吸收工艺

半干法吸收工艺多采用氧化钙作吸收剂原料，将其制备成氢氧化钙溶液。在烟气净化工艺流程中通常将吸收塔置于除尘设备前，塔内未反应完全得吸收剂随烟气进入除尘器，附着于滤袋，同时与通过滤袋的酸气发生反应，使得除酸效率进一步提高，并提高了石灰浆的利用率。半干式吸收塔脱酸效率较高，HCl 得去除率可达到 90％以上。此外，对一般有机污染物及重金属也具有良好的去除率，若搭配滤袋式除尘器，则重金属（汞除外）去除率可达到 99％以上。该吸收塔的优点是不产生水，耗水量较湿法吸收塔少，缺点是喷嘴易堵塞，反应塔壁易积垢。此问题可借良好的设计及管理得以解决。大部分喷嘴部件极易拆卸及更换，反应器积垢可通过维持正确的操作温度、适宜的石灰浆浓度等来解决。半干式吸收塔工艺的组合形式一般为"喷雾干燥吸收塔＋除尘器"，如图 5-13 和图 5-14 所示。

图 5-13 和图 5-14 所示的工艺区别是：

（1）前者为上进气，烟气与吸收剂浆液一起下流动，随后进入后续的高效除尘器，后者为下进气，烟气与吸收剂浆液一起向上流动，然后进入后续的高效除尘器。

（2）除烟气流动方向不同外，后者还通过旋风分离器将"固－气"分离，所得的部分固体分离物返回反应塔体内，使未完全反应的吸收剂得以充分利用，进一步提高了净化系统的吸收剂利用率。在国外经济发达国家，前者的半干式设备常称为"喷雾干燥吸收塔"，后者称为"气态悬浮吸收塔"。

国内在传统半干法工艺基础上开发出来的新一代半干法工艺—循环流化床吸收工艺。目前国内已有 1 台焚烧垃圾量为 100 t/d 的烟气处理系统运行业绩，3 台焚烧垃圾量各为 350 t/d 的烟气处理工艺正调试。此工艺特点是在反应器内应用流化床技术，并使反应物料循环，明显增强了反应过程中的传质和传热，使石灰石消耗量降低：缺点是仍需复杂的制浆系统。从垃圾焚烧炉尾部排出的含酸性物质的烟气被引入吸收塔底部，与水、石灰浆和还具有反应性的循环干燥副产品相混合。石灰浆被高速的烟气吹散，附着在床内流动的物料表面，显著增大了石灰反应表面积，

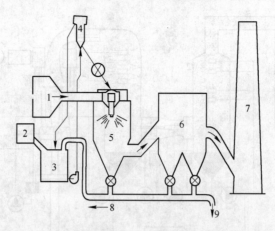

图 5-13　垃圾焚烧烟气半干式吸收塔工艺流程之一
1—烟气;2—石灰熟化仓;3—石灰浆准备箱;4—给料箱;5—喷雾干燥吸收塔;6—除尘器;
7—烟囱;8—吸收剂循环使用;9—固态灰渣

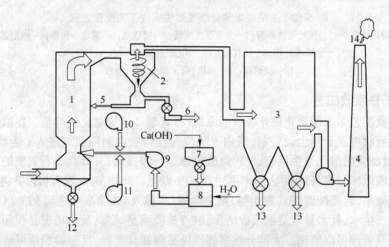

图 5-14　垃圾焚烧烟气半干式吸收塔工艺流程之二
1—半干法净化反应塔体;2—旋风分离器;3—高效除尘器;4—烟囱;5—吸收剂循环使用;6—固体废弃物;
7—石灰仓;8—石灰熟化仓;9—石灰浆液泵;10—压缩空气机;11—稀释水泵;12—反应塔底
固体废弃物;13—除尘器底部飞灰;14—烟气净化后排入大气

使石灰和烟气中的酸性组分充分接触反应中和。同时由于高浓度的干燥循环物料强烈紊流和适当温度,吸收塔内表面保持干净,没有物料沉淀。在焚烧各种垃圾过程中产生的二噁英、重金属通过在吸收塔中高浓度再循环物料和石灰表面及在吸收塔后和布袋除尘器前的烟道中喷入的活性炭吸附去除。去除酸性气体后的烟气通过旋风分离器到布袋除尘器,除去粉尘和灰粒,处理后的烟气通过引风机烟囱排入大气。含废物颗粒、残留石灰和飞灰固体物在吸收塔后的旋风分离器内分离并循环于吸收塔。由于固体物的循环部分还能部分反应,即循环石灰的未反应部分还能与烟气中酸性物反应,通过循环使石灰的利用率提高。喷射的石灰浆与烟气中的酸性气体中和后的副产品与锅炉飞灰一起,在旋风分离器和吸收塔间循环。因此,新鲜灰浆与酸性烟气能保持较大的反应表面。吸收塔的高度提供了恰当的化学中和反应时间和水分蒸发吸热时间,同时由于高浓度的干燥循环物料的强烈湍流作用和适当温度,反应器内表面保持干净且没有沉积物,这也是工艺的特点之一。最后,多余的脱硫副产品就在旋风分离器下部的返送系统中通过螺旋出灰机流出。正常情况下,像这样的石灰循环在从系统中导出前约有100次,因此石灰利用率高耗量减少。石灰浆通过雾化喷嘴喷入吸收塔中,雾化喷嘴是一种压缩空气雾化喷嘴,同时通过喷嘴将水喷入吸收塔,通过调节水量,维持吸收塔中所需温度。该温度必须尽可能低,因为烟气中吸收酸性成分的能力随温度降低而增加;反之,太低的温度将增强吸收塔中循环物的粘结趋势。兼顾这两种趋势,一般控制在130℃左右。

### (三) 干法吸收工艺

干法吸收工艺是在除尘器前的吸收塔中喷入消石灰等碱性药剂粉末,使其和烟气中的 $HCl$、$SO_x$ 等产生反应,生成 $NaCl$、$CaCl_2$、$Na_2SO_3$、$CaSO_3$ 等颗粒被除尘器除去。采用这种方式时,一般无需废水处理装置,但必须要充分考虑后一工序除尘装置的容量。干法与湿法相比一般去除率低,为提高去除效率,一要延长反应时间,二要选用反应效果好的药品,干法净化工艺组合形式一般为"干法吸收反应器 + 除尘器"(图5-15)。

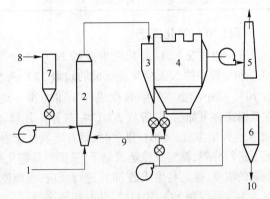

图5-15　生活垃圾焚烧烟气干法吸收工艺流程
1—烟气;2—反应器;3—旋风除尘器;4—袋式除尘器;
5—烟囱;6—飞灰贮存仓;7—石灰贮存仓;
8—石灰;9—吸收剂循环使用;10—固态废物排出

图5-15中,从锅炉排出的烟气直接进入干法反应吸收器,与该单元内的 $Ca(OH)_2$ 粉末发生化学反应(同时,干法吸收反应器还有降温的作用)。从反应器排出的"气 - 固"两相混合物经预除尘后,进入最后的高效除尘器,使除尘器捕获的颗粒物中含有大量未反应的吸收剂,为节约运行费用,可使其中一部分作为吸收剂循环使用,同时加入新鲜的吸收剂粉末,进入下一轮吸收剂循环使用。

干法吸收塔的形式有多种,如移动床、固定床等,其目的是增加吸收剂和污染物的接触时间,提高污染物的净化效率。需要特别指出,干法净化工艺中应选用袋式除尘器,使干法吸收反应器中未去除的气态污染物进一步得到净化,这一点与半干法净化工艺是一致的。

比较上述三种烟气净化工艺,湿法洗涤工艺污染物去除效率高,但工程投资和运行费用很高,发展中国家难以承受;干法净化工艺虽然去除率偏低,但工程投资和运行费用低,适合于大气污染物排放标准相对较低、经济不太发达的国家和地区,并且随着新设备的开发应用,仍有较大的发展前途。半干法是介于干法和湿法之间的工艺,不但能达到较高的污染物去除效率,而且运行费用较低,但它要求操作者有较高的操作水平,需要长时间的实践经验才能达到理想的应用效果。发达国家焚烧烟气各种净化工艺对酸性气态污染物的去除效率见表5-21。

表5-21　发达国家各种净化工艺的酸性气态污染物净化效率

| 净化工艺类型 | 净化效率/% | | |
| --- | --- | --- | --- |
| | HCl | HF | SO₂ |
| 干法喷射 + 袋式除尘器 | 80 | 98 | 50 |
| 干法喷射 + 流化床反应器 + 静电除尘器 | 90 | 99 | 60 |
| 半干法净化 + 静电除尘器(吸收剂循环使用) | >95 | 99 | 50~70 |
| 半干法净化 + 袋式除尘器(吸收剂循环使用) | >95 | 99 | 70~90 |

| 净化工艺类型 | 净化效率/% | | |
| --- | --- | --- | --- |
| | HCl | HF | SO₂ |
| 半干法净化＋干法喷射＋静电除尘器或袋式除尘器 | >95 | 99 | >90 |
| 静电除尘器＋湿法净化 | >95 | 99 | >90 |
| 半干法净化＋静电除尘器或袋式除尘器＋湿法净化 | >95 | 99 | ≥90 |

**（四）$NO_x$ 净化工艺**

在一般情况下,垃圾焚烧生成的 $NO_x$ 可分为高温燃料条件下空气中 N 的氧化形成的热 $NO_x$ 和垃圾中的 N 元素焚烧形成的垃圾 $NO_x$ 两种。炉内燃料温度较低时,由垃圾生成的 $NO_x$ 占 70%～80%,由空气中 N 生成 $NO_x$ 非常少。垃圾中的 N 含量约为 0.5%～1%,将垃圾、污泥在低温条件下加热,一般从 300℃ 左右开始分解,最初有氨生成,近 450℃ 时,在生成氨的同时,HCN 也开始生成。500℃ 以上时,就有碳氢化合物、CO、$CO_2$ 等气体生成。氮在空气比较少的情况下进行分解,就变成稳定氮分子,只要尽量避免高温,就可成功的抑制氮分子生成 $NO_x$ 同时控制氨的浓度,使其与生成的 $NO_x$ 进行反应,也能使其变成稳定的氮分子而去除。

为达到控制 $NO_x$ 的目的,共有四种途径:

（1）燃烧控制法。一般是通过低氧气浓度燃烧,避免高温,从而控制 $NO_x$ 的产生,但氧浓度低时,易引起不完全燃烧,产生 CO 进而产生二噁英。

（2）无催化剂脱氮法。将尿素或氨水喷入焚烧炉内,通过上述物质与 $NO_x$ 反应生成氮气从而去除 $NO_x$(工艺流程见图 5-16)。本法去除率约为 30%～50%,但喷入药剂过多时,会生产氯化铵,烟囱的烟气会变成紫色。本方法简单易行,成本低廉,由于本方法在高温下进行还原反应,可在垃圾焚烧炉膛内完成,高温有利于减少二噁英的排放量,目前在国外经济发达国家采用较多。

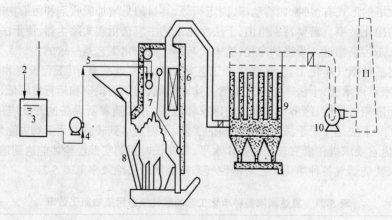

图 5-16　无催化剂脱氮工艺流程

1—去离子水;2—尿素;3—尿素溶液箱;4—泵;5—雾化空气;6—锅炉;
7—喷嘴;8—垃圾焚烧炉;9—袋式除尘器;10—引风机;11—烟囱

（3）催化脱氮法。该方法是在催化剂表面有氨气存在下,将 $NO_x$ 还原成氮气。由于前段烟气处理的需要,烟气温度较低,所以一般使用 200℃ 左右的低温催化剂。该方法理论上反应效率可达 100%,但实际上处理效率一般为 59%～95%。低温催化剂比较昂贵,还要建造氨气等供应

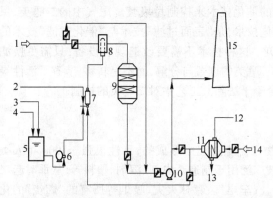

图 5-17　催化脱氮工艺流程

1—从静电除尘器排出的烟气；2—雾化空气；
3—去离子水；4—25%的氨水；5—氨水溶液罐；
6—泵；7—蒸发器；8—喷射混合器；9—催化脱氮器；
10—引风机；11—空气预热器；12—高压蒸汽；
13—蒸汽；14—空气；15—烟囱

设备,所以在选用之前要进行仔细比较和研究。图 5-17 为催化脱氮工艺流程,还原反应是在静电除尘器后面的专用催化脱氮器中完成。

(4) 天然气再烧法。这一技术的原理是利用碳氢类燃烧与 $NO_x$ 进行直接的氧化还原反应,最后生成无害的氮气。具体的方法是向焚烧炉内吹入含有大量碳氢气体的天然气,天然气与 $NO_x$ 进行直接的氧化还原反应,生成无害的氮或氮的化合物,可以达到去除 $NO_x$ 的目的。本方法再去除 $NO_x$ 的同时,也有去除 CO 的效果,该方法仍处于研究开发阶段。

**(五) 二噁英净化工艺**

传统的二噁英处理办法称为 PAC 法,其核心是控制炉膛内垃圾燃烧温度高于 850℃,烟气停留时间大于 2 s,$O_2$ 浓度大于 6%,在除尘器滤袋前喷射活性炭吸附。活性炭有着极大的比表面积,只要向尾气喷入一定量的活性炭,在与烟气均匀混合以及足够时间的前提下就可以达到较高的吸附净化的效率,吸附后的颗粒通过袋式收尘器去除。世界上许多大型现代化的垃圾电厂都采用这种办法。

传统的办法需要昂贵的活性炭及喷射装置,而且每天需要消耗活性炭。美国戈尔公司 1998 年首创 Remedia 工艺,发明用催化滤袋解决垃圾焚烧中的二噁英控制,成为一种新的技术(见图 5-18)。戈尔公司在垃圾焚烧发电行业成功地解决了尾气处理烟气净化中的可靠性和寿命等主要问题,推出

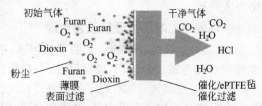

图 5-18　表面过滤与催化过滤原理

滤袋褶皱次数 MIT 测试超过一百万次专利的 Superflex TM 技术,并在世界各地垃圾电厂成功应用。Remedia 技术是继 Superflex TM 技术以后,戈尔对垃圾发电行业的又一新的贡献。这种办法与传统的 PAC 法相比较具有以下特点:

(1) 气态的二噁英被彻底分解,不是被吸附在固体颗粒表面仅通过转移而仍然存在;

(2) 系统不需要化学物质(活性炭)喂料装置;

(3) 新技术实施非常简单,不需要改造机械设备;

(4) 减少了二噁英再合成的潜在可能;

(5) 系统集成了粉尘捕集,过滤压降低,机械寿命长,抗腐蚀性能强等 ePTFE 薄膜滤袋的优势。

这种系统实际上是集成了"催化过滤"技术与"表面过滤"两种技术。系统由 ePTFE 薄膜与催化底布所组成。底布是一种针刺结构,纤维是由膨体聚四氟乙烯复合催化剂所组成。这种覆膜的催化毡材料能够把 PCDD/F 在一个低温态(180~260℃)通过催化反应来摧毁 PCDD/F,同时在催化介质表面将二噁英分解成 $CO_2$、$H_2O$ 和 HCl。

这种滤袋表面仍然有 ePTFE 的膜来捕集亚微粉尘,这种膜就是 Gore Tex 薄膜,能阻挡任何细微的颗粒穿透到底布中。这样表面的薄膜承担了阻挡任何吸附了 PCDD/F 的颗粒的功能,气态的 PCDD/F 穿过薄膜进入催化毡料被有效分解。

世界上有数十个垃圾电厂成功地运用戈尔的催化技术来控制垃圾焚烧尾气中的二噁英,保证环保标准的实现。戈尔公司提出 Remedia 催化技术,是"表面过滤"技术与"催化过滤"技术的复合技术,利用它来分解 MSW 焚烧中的二噁英。这种技术不需要改造现有设备,只需更换滤袋,与传统的活性炭吸附技术相比,它是对气态二噁英的摧毁与分解,而不是转移,节省了活性炭及其喷射装置,并能完全达到欧洲标准。它适合于干法除酸工艺中对二噁英的控制。

### 八、环境中二噁英及其控制、降解技术

二噁英不是天然产物,是含氯的碳氢化合物在燃烧过程中形成的,毒性很强。1900 年人类发明了把盐电解为钠和氯的方法,后来游离氯被广泛用于制造杀虫剂、溶剂、塑料等,从那时起二噁英即开始在环境中聚积。除了垃圾焚烧以外,汽车尾气、森林火灾、吸烟等所有的"燃烧"的化学反应都会在不同程度上产生二噁英。另外,造纸的漂白过程,农药生产等有机氯化化合物的生产过程等都有可能作为不纯物产生二噁英。比如越南战争期间,据说美国散布的枯叶剂中就含有大量的二噁英。

环保标准中的二噁英排放值是根据人每天允许的摄取量标准而换算出来的。现在世界卫生组织和日本环保部把标准定为 TEQ 4 pg/(kg·d)(这里的 kg 为体重的单位),考虑此标准进而确定垃圾焚烧厂等的烟气排放标准,日本的垃圾焚烧厂的烟气二噁英排放标准(标态)为 TEQ 0.1 pg/m$^3$。

人类接触二噁英类物质的途径有两条,即环境和食物。WHO 认为,二噁英一旦摄入体内很难排出并引发癌变,并于 1997 年宣布 TCDD 是最毒的二噁英,是世界上头号致癌物质,一滴即可使 1000 人致死。

#### (一) 环境中二噁英的性质及发生源

二噁英类物质的熔、沸点高,常温下是固体,不溶于水,易溶于四氯化碳。在环境中稳定性高,生物降解性迟缓,在低温下稳定存在,一般为白色晶体,熔点为 302~305℃,800℃ 时在 21 s 内完全分解。二噁英具有相对稳定的芳香环,广泛分布于空气、水和土壤中,同时耐酸、碱、氧化剂和还原剂,在环境中具有稳定性、亲脂性、热稳定性,并具有高度的持久性和累积性,其累积性可通过食物链的放大对人类造成严重的危害。

二噁英主要是由人类工业化生产活动产生:

(1) 焚烧含有氯元素的有机物,如工业废弃物和城市生活垃圾的焚烧处理,尤其在焚烧不完全或较低温度时容易产生二噁英。

(2) 森林火灾及火山爆发也会产生二噁英,有研究表明森林和灌木起火是环境中二噁英的一个重要来源。

(3) 有机化学药品制造过程,特别是氯酚的生产过程中常以副产物的形式生成少量的二噁英,如除草剂、五氯酚杀虫剂(PCP)、木材防腐剂及干洗剂的生产过程。

由于目前垃圾焚烧是二噁英产生的最主要来源,因此主要讨论垃圾焚烧过程二噁英形成的控制技术。

#### (二) 二噁英的形成过程及生成机理

据统计,95% 以上的二噁英来源于垃圾的焚烧。垃圾焚烧过程中二噁英有三种来源,即燃前原生垃圾、燃烧过程和燃烧后尾部烟气。垃圾焚烧过程产生二噁英的情况如下:

(1) 垃圾本身含有二噁英,填埋、生化处理时,此部分二噁英保留不变,焚烧处理时此部分二噁英在焚烧过程中被分解。

(2) 在烟气冷却的过程中,250~400℃ 的温度域内容易产生二噁英。

（3）部分二噁英的前载体在炉内温度等不充分的条件下转变为二噁英。

垃圾焚烧形成二噁英的机理一般可描述为：原生垃圾中含有碳元素、氢元素、氯元素、氧元素和铁、铜、镍等过渡金属，在垃圾高温燃烧和尾气冷却过程中，这些元素会发生重组和分解等变化导致二噁英生成。影响垃圾焚烧过程中二噁英形成的因素主要包括以下方面：

（1）原生垃圾中含氯和过渡金属量的多少，含量越少，燃烧过程中二噁英的产生量越少；

（2）原料中硫化物可以有效地抑制二噁英的形成；

（3）燃烧条件的影响，燃烧温度越高，扰动程度越强烈，停留时间越长，二噁英越不容易生成。

由二噁英产生机理可知，在垃圾焚烧过程中氯元素被氧化成氯化氢或氯气，加上废气中含有大量的粉尘，则在一定的焚烧温度范围内很容易产生二噁英类物质。因此，二噁英类物质的生成应具备如下条件：

（1）含苯环的化合物（苯、酚等）；

（2）反应催化剂（铁、铜等）；

（3）含氯元素的化合物（氯化氢、氯气等）；

（4）反应温度为 300～600℃。

### （三）垃圾焚烧中二噁英形成的控制

控制二噁英产生的最有效的方法是所谓的"3T"法：

（1）Temperature 温度：保持焚烧炉内 800℃以上的高温，将二噁英完全分解。

（2）Time 时间：保证烟气在高温域内停留足够的时间，一般在 1～2 s 以上。

（3）Turbulence 涡流：让烟气在炉内高温域充分得到混合和搅拌。

垃圾焚烧中可采取相应措施处理二噁英类物质。

（1）捕集技术：包括电炉集尘器和袋式除尘器、活性炭吸附法。

（2）分解技术：焚烧法、热分解法、光分解法、化学分解法、臭氧分解法、超临界水分解法、生物分解法、催化氧化分解法等。

另外，为了除去烟气中的二噁英，一般有以下方法：

（1）喷入粉末活性炭来吸收二噁英；

（2）设置触媒分解器分解二噁英；

（3）设置活性炭塔吸收二噁英；

有关资料显示，日本 1995 年以后新建的垃圾焚烧炉，无论全连续炉、准连续炉还是间歇炉，在采取了适当的控制措施后，设备、焚烧灰和飞灰中的二噁英类物质浓度都有显著降低。

#### 1．燃前垃圾预处理

在垃圾进入焚烧炉之前，采用垃圾分选技术，分选出垃圾中铁、铜、镍等过渡金属；减少含氯有机物的量，从源头上减少垃圾焚烧二噁英生成的氯的来源。

#### 2．焚烧过程中控制二噁英的形成

控制燃烧条件，控制二噁英在炉内生成，在垃圾焚烧过程中加热起燃和降温熄火以及正常运行时段二噁英类物质都可能产生。迅速升温和降温并尽可能使正常运行温度高达 800℃可大大减少这三个阶段产生的二噁英量。

保证使垃圾完全燃烧和稳定燃烧，足够的停留时间可使未燃烧的气体与空气充分混合，要维持适宜的氧气浓度并使之缓慢流动，要便于进行自动燃烧控制。在气体冷却过程中回收热量以使燃烧气体迅速冷却、防止粉煤灰积累、并进行除氯防止粉煤灰的载体过量。

将高硫煤与垃圾混合燃烧,利用煤中硫来抑制二噁英形成;在垃圾焚烧过程中添加脱酚剂实现炉内低温脱氯,将大部分气相中的氯转移到固相残渣中,从而减少二噁英的炉内再生成和炉后再合成。炉内加钙脱酚的效果与碳酸钙质量、钙氯比以及反应温度相关。

3．在排气系统收集、去除二噁英

主要方法有:

(1) 在低温状态下提高除尘器的效率。降低除尘器入口侧的排气温度,既可以抑制二噁英的再合成,又有除去灰尘的可能性及吸附在其上的二噁英。

(2) 雾状活性炭粉末吸附法。活性炭在常温时对二噁英等平面构造的芳香族碳氢化合物有吸附性,除尘前喷雾状活性炭粉末,能够去除二噁英。

(3) 用催化剂分解二噁英。作为去除二噁英的方法,除吸附处理之外,还有使用氧化催化剂分解二噁英的方法。资料显示,Skimodaira 在其所设计的设备中将含有二噁英的焚烧炉飞灰在低于 250℃ 的环境里,与半导体物催化剂拌匀,在紫外线照射下,二噁英被分解掉而不会重新生成。

(4) 用纳米管清除二噁英。美国密执安大学化学工程系一项研究表明,多壁碳纳米管清除二噁英效率高。提高去除效率的原因是,围绕管轴的碳原子呈六方晶系排列,使二噁英的苯环与纳米管表面强烈反应,研究已取得 PP7 水平的结果。所需纳米管可以从甲烷和廉价的铁镍催化剂中制备。

(5) 在袋式除尘器中通过粉尘层可过滤含尘气体,从而减少垃圾焚烧后飞灰中的二噁英类物质浓度。

4．二噁英类物质的处理

对于已受高浓度二噁英污染的土壤以及垃圾焚烧炉排出的飞灰,则需要将其降解而彻底消除,降解的方法可分为以下几种:

(1) 热处理法:

1) 高温焚烧法。在 1100℃ 左右,将二噁英在氧化气氛中热分解,将处理物变为残渣及排气等。

2) 熔融法。将污染物加热到熔融温度(1300℃ 左右)以上,二噁英分解,污染物转化为熔融炉渣、飞灰、排气等等。

3) 还原加热脱氯。在氮气氛下加热到 400℃ 左右脱氯,处理物的外观变化小,生成冷凝水(含氯化氢)及排气等。

(2) 光化学分解法。用紫外线照射使二噁英脱氯,产生的臭氧的氧化作用使之分解。

(3) 微生物分解法。早在 1980 年,就有人提出用微生物破坏二噁英;到 1989 年才分离出能矿化二苯-P-二噁英、氧荀、二苯醚及其卤化类似物的好氧菌,并对其降解途径进行了机理分析。在利用微生物处理二噁英及其相关化合物污染物的可能性方面已进行了一些研究。资料显示,杜秀英等从多氯代二苯并－对－二噁英污染的土壤和含氧沉积物中分离筛选出 8 株降解 PCDDS 的菌株,均能以一氯代和二氯代二噁英为单一碳源和能源生长并使其降解。

(4) 超声波分解法。日本大阪府立大学工学系前田昭泰教授成功开发出超声波分解水中二噁英和多氯联苯等有害有机氯化物的新技术。前田发现,二噁英、PCB、氯氟烃等有机氯化物与水的亲和性很差,当用超声波在水中产生细小气泡后,这些物质就被吸附在气泡上,气泡破裂时,依靠产生的高温高压,有害物质被分解成无害的碳酸气和氯化物离子。前田等对浓度为 0.001% (10 ppm)的 PCB 溶液加以 200 kHz 的超声波,经 30 min 后,95% 的 PCB 被分解了,对二噁英和氯氟烃的效果基本相同。除以上方法外,降解二噁英还有气相氢气还原法,超临界水氧化分解法、金属钠分散法等。

综上所述,鉴于二噁英及其类似物的危害及我国不断增加的城市垃圾的焚烧处理量,对二噁英及其类似物的研究和防治工作应当得到进一步的重视与加强。

# 第六节　垃圾焚烧飞灰的处理与处置

## 一、生活垃圾焚烧飞灰的产生

垃圾焚烧产生的灰渣一般可分为下列四种:

(1) 底灰。底灰系焚烧后由炉床尾端排出的残余物,主要含有焚烧后的灰分及不完全燃烧的残余物(例如铁丝、玻璃、水泥块等),一般经水冷却后再送出;

(2) 细渣。细渣由炉床上炉条间的细缝落下,经集灰斗槽收集,一般可并入底灰,其成分有玻璃碎片、熔融的铝锭和其他金属;

(3) 飞灰。飞灰是指由空气污染控制设备中所收集的细微颗粒,一般系经旋风除尘器、静电除尘器或布袋除尘器所收集的中和反应物( 如 $CaCl_2$、$CaSO_4$ 等)及未完全反应的碱剂,如 $Ca(OH)_2$;

(4) 锅炉灰。锅炉灰是废气中悬浮颗粒被锅炉管阻挡而掉落于集灰斗中,亦有沾于炉管上再被吹灰器吹落的,可单独收集,或并入飞灰一起收集。

城市生活垃圾焚烧灰渣的产生示意图见图 5-19。

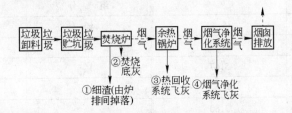

图 5-19　城市生活垃圾焚烧灰渣的产生

注:1. 图中①细渣(由炉排间掉落)和②焚烧残余物两者的混合物一般统称为焚烧底灰;
　　2. 图中③热回收系统飞灰和④烟气净化系统飞灰两者的混合物一般统称为焚烧飞灰。

垃圾焚烧设施灰渣的产量,与垃圾种类、焚烧炉型式、焚烧条件有关,一般垃圾焚烧所产生的底灰和飞灰分别占被焚烧垃圾重量的 20%～30% 和 2%～5%。以上海市目前的垃圾焚烧厂为例,已运行投产的浦东御桥生活垃圾焚烧厂,处理能力为 1000 t/d,浦西江桥生活垃圾焚烧厂也已经在 2003 年 8 月开始调试,两期总的处理能力为 1500 t/d,如果按焚烧 1t 垃圾有 2%～4% 的飞灰生成,飞灰产量为 50～100 t/d,年产生量将达到 2～4 万 t。

## 二、生活垃圾焚烧飞灰的物理化学性质

### (一) 生活垃圾焚烧飞灰的物理特性

采用干法和半干法烟气净化系统的焚烧厂,未刻意加湿前捕集的飞灰通常是含水率较低的球状细小颗粒,表观颜色从浅灰色到黑色不等,依其组成而定。国外某焚烧厂所产焚烧飞灰的物理性质见表 5-22,同时列出了沙子的典型值以供比较。由表 5-22 可知,与天然沙砾相比,飞灰是一种比较轻质松散的材料,吸水能力强。飞灰的热灼减量大,为 15%,飞灰中的有机成分较高,这是因为垃圾焚烧过程中有大量细小的有机物质未被燃尽,这些细小颗粒在烟气中为除尘器捕

集下来。另外,飞灰一般呈碱性。

**表 5-22 飞灰的物理性质**

| 特 性 | | 飞 灰 | 沙 子 |
|---|---|---|---|
| 密度比 | | 2.45 | 2.65 |
| 密度/g·cm$^{-3}$ | 松散堆置 | 0.81 | 1.35 |
| | 压实堆置 | 1.09 | 1.90 |
| 颗粒尺寸分布 | 有效尺寸/mm | 0.01 | |
| | 均匀系数 | 4.76 | |
| | 级配系数 | 1.44 | |
| 热灼减量/% | | 15.0 | |
| pH 值 | | 11.4 | |

### (二) 生活垃圾焚烧飞灰的化学组成

表 5-23 为飞灰的化学组成。可以看出飞灰中 2/3 以上的化学物质是硅酸盐和钙,其他的化学物质主要是铝、铁和钾,像锌、铅、镍、铬和镉这些重金属在飞灰和水冷熔渣中都以微量形式存在。

**表 5-23 飞灰的化学组成**

| 组 分 | 飞灰/% | 组 分 | 飞灰/% |
|---|---|---|---|
| 硅酸盐 | 35.00 | 铅 | 0.20 |
| 铝 | 12.50 | 铜 | 0.04 |
| 铁 | 5.67 | 锰 | 0.08 |
| 钙 | 32.49 | 铬 | 0.01 |
| 钾 | 3.80 | 镉 | 0.007 |
| 钠 | 1.90 | 镍 | 0.008 |
| 镁 | 1.02 | 其他 | 6.80 |
| 锌 | 0.48 | | |

### 三、飞灰的浸出毒性

对我国某垃圾焚烧厂的飞灰进行的浸出毒性试验测定结果见表 5-24。表 5-25 中列出了 GB5085.3 规定浸出毒性鉴别标准限值。

**表 5-24 飞灰的浸出毒性**

| 金属名称 | 飞灰浸出液浓度/mg·L$^{-1}$ | | | 浸出率/% | 固体废弃物浸出毒性鉴别标准 /mg·L$^{-1}$ |
|---|---|---|---|---|---|
| | 第一次测值 | 第二次测值 | 平均值 | | |
| Hg | 0.0346 | 0.0309 | 0.03275 | 0.6 | 0.05 |
| Zn | 56.66 | 57.89 | 57.23 | 13.05 | 50 |
| Cu | 0.71771 | 0.70567 | 0.71169 | 2.27 | 50 |
| Pb | 23.96 | 25.15 | 24.56 | 16.42 | 3.0 |

| 金属名称 | 飞灰浸出液浓度/mg·L$^{-1}$ | | | 浸出率/% | 固体废弃物浸出毒性鉴别标准 /mg·L$^{-1}$ |
|---|---|---|---|---|---|
| | 第一次测值 | 第二次测值 | 平均值 | | |
| Ni | 0.30101 | 0.38794 | 0.34448 | 5.67 | 25 |
| Cd | 1.2057 | 1.3145 | 1.2601 | 49.42 | 0.3 |
| Cr | 0.13881 | 0.13575 | 0.13683 | 1.16 | 1.5 |

**表 5-25　GB5085.3 规定浸出毒性鉴别标准限值**

| 项　目 | 浸出液最高允许浓度/mg·L$^{-1}$ | 项　目 | 浸出液最高允许浓度/mg·L$^{-1}$ |
|---|---|---|---|
| 无机氟化物(不包括氟化钙) | 50 | 氰化物(以 CN$^-$ 计) | 1.0 |
| 砷及其化合物(以总砷计) | 1.5 | 镉(以总镉计) | 0.3 |
| 镍及其化合物(以总镍计) | 10 | 铅(以总铅计) | 3 |
| 钡及其化合物(以总钡计) | 100 | 汞及其化合物(以总汞计) | 0.05 |
| 铍及其化合物(以总铍计) | 0.1 | 有机汞 | 不得检出 |
| 锌及其化合物(以总锌计) | 50 | 六价铬 | 1.5 |
| 铜及其化合物(以总铜计) | 50 | 总　铬 | 10 |

由表 5-24 可见,飞灰浸出液中锌、铅、镉的浓度高于固体废弃物浸出毒性鉴别标准,也正是因为这一点飞灰被普遍认为是一种危险废弃物,必须对之进行无害化处理。

中国《生活垃圾焚烧污染控制标准》GBW3—2000 中对垃圾焚烧灰渣的处置要求是:"垃圾焚烧炉渣与除尘设备收集的焚烧飞灰应分别收集、贮存和运输;垃圾焚烧炉渣按一般固体废物处理,焚烧飞灰应按危险废物处理,其他尾气净化装置排放的固体废物按 GB5085.3 危险废物鉴别标准判断是否属于危险废物,如属于危险废物,则按危险废物处理"。《国家危险废物名录》把固体废物焚烧飞灰列为危险废物编号 HW18,依据其毒性必须纳入危险废物管理范畴。

我国的《危险废物污染防治技术政策》(国家环境保护总局,2001.12)中第 9 条第 3 点规定:

9.3.1 生活垃圾焚烧产生的飞灰必须单独收集,不得与生活垃圾、焚烧残渣等其他废物混合,也不得与其他危险废物混合。

9.3.2 生活垃圾焚烧飞灰不得在产生地长期贮存,不得进行简易处置,不得排放,生活垃圾焚烧飞灰在产生地必须进行必要的固化和稳定化处理之后方可运输,运输需使用专用运输工具,运输工具必须密闭。

9.3.3 生活垃圾焚烧飞灰须进行安全填埋处置。

我国的普通卫生填埋场规定的浸出毒性标准值如表 5-25 所示(即浸出毒性必须小于表 5-25 中的限值)。危险废物填埋场的浸出毒性标准见表 5-26 中的限值。另外,进场废物的浸出液 pH 值需在 7.0～12.0 之间。

**表 5-26　GB 18598—2001 规定允许进入危险废物填埋区的控制限值**

| 序　号 | 项　目 | 稳定化控制极限/mg·L$^{-1}$ |
|---|---|---|
| 1 | 有机汞 | 0.001 |
| 2 | 汞及其化合物(以总汞计) | 0.25 |
| 3 | 铅(以总铅计) | 5 |

| 序　号 | 项　　目 | 稳定化控制极限/mg·$L^{-1}$ |
|---|---|---|
| 4 | 镉（以总镉计） | 0.50 |
| 5 | 总铬 | 12 |
| 6 | 六价铬 | 2.50 |
| 7 | 铜及其化合物（以总铜计） | 75 |
| 8 | 锌及其化合物（以总锌计） | 75 |
| 9 | 铍及其化合物（以总铍计） | 0.20 |
| 10 | 钡及其化合物（以总钡计） | 150 |
| 11 | 镍及其化合物（以总镍计） | 15 |
| 12 | 砷及其化合物（以总砷计） | 2.50 |
| 13 | 无机氟化物（不包括氟化钙） | 100 |
| 14 | 氰化物（以 $CN^-$ 计） | 5 |

目前我国的垃圾焚烧飞灰并未进行固化/稳定化，而是直接打包运往危险物填埋场填埋。上海浦东新区垃圾焚烧发电厂飞灰就是用聚乙烯袋打包后运往嘉定危险废物填埋场进行填埋处置的。

### 四、垃圾焚烧飞灰的处理技术

目前对飞灰处置的污染控制主要有两个方面：一是重金属的含量（即总量控制）；二是评价它的浸出毒性。前者一般采用重金属分离技术，而后者则依靠固化/稳定化方法。

#### （一）固化/稳定化

危险废物固化/稳定化处理的目的，是使危险废物中的所有有污染组分呈现化学惰性或包容起来，以便运输、利用和处置。在一般情况下，稳定化过程是选用某种适当的添加剂与废物混合，以降低废物的毒性和减少污染物自废物到生物圈的迁移率，因而它是一种将污染物全部或部分地固定于支持介质、黏结剂上的方法。固化过程是一种利用添加剂改变废物的工程特性（例如渗透性、可压缩性和强度等）的过程。固化可以看作是一种特定的稳定化过程，可以理解为稳定化的一个部分。但从概念上他们又有所区别。无论是稳定化还是固化，其目的都是减小废物的毒性和可迁移性，同时改善被处理对象的工程特性。

固化/稳定化的基本要求是：有害废物的固化处理后所形成的固化体应具有良好的抗渗透性、抗浸出性、抗干湿性、抗冻腐性及足够的机械强度等；最好能作为资源加以利用，如作建筑基和路基材料等；固化过程中材料和能量消耗要低，增容比（即所形成的固化体体积与被固化废物的体积之比）要低；固化工艺过程要简单、便于操作，应有有效措施减少有害物质的逸出；固化剂来源丰富、价廉易得；处理费用低。以上要求大多是原则性的，实际上没有一种固化/稳定化方法和产品可以完全满足这些要求，但若其综合比较效果尚优，在实际中就可以得到应用和发展。

下面对国内外几种常用的固化/稳定化方法进行简短的介绍。

#### 1．水泥固化技术

水泥是一种最常用的危险废物稳定剂。该技术是将废物和水泥混合，经水化反应后形成坚硬的水泥固化体，从而达到降低废物中危险成分浸出的目的。水泥固化的基本原理在于通过固化包容减少有害固化废物的表面积和降低其可渗透性，达到稳定化、无害化的目的。可以用作固化剂的水泥品种很多，通常有普通硅酸盐水泥、矿渣硅酸盐水泥、火山灰质硅酸盐水泥、矾土水泥和沸石水泥。具体可根据固化处理废物的种类、性质、对固化剂的性能要求选择水泥的品种。

水泥固化是一种比较成熟的有害废物处置方法，它具有工艺设备简单、操作方便、材料来源广、价钱便宜、固化产物强度高等优点,因此被世界许多国家所采用。但其缺点是体积增加倍数较大,一般固化产物的体积要比处理前废物的体积增加 0.5～1 倍。因此使最终处置的费用增加。此外,水泥固化物的抗浸出性能不如沥青固化物好,污染物的浸出浓度有时会升高。

水泥固化技术已被广泛用于处理含各类重金属(如镉、铬、铜、铅、镍和锌等)的危险废物,并已取得较成熟的经验。为了增强水泥固化的抗浸出性能,Aldo Jakob 对三种飞灰的水泥固化技术进行了比较:(1)未洗飞灰的水泥固化;(2)中性水洗飞灰后的水泥固化;(3)酸洗后的水泥固化。试验结果表明,未经淋洗的飞灰水泥固化后产生一种高氯和高重金属含量的残渣,由于其含有大量的氯化物,所以需大量昂贵的有良好水力性能的优质水泥。中性水淋洗后的飞灰首先浸析的是碱土金属和碱金属的氯化物,在这过程中,溶解性的重金属氯化物转变成可沉降的重金属氢氧化物,过滤后用少量的廉价水泥固化会产生一种含少量氯但高重金属含量的固化体,但这时所含的重金属已不可浸析,故可用填埋法来处理它。飞灰经酸洗后不再含有害重金属和氯化物,可用很少量的水泥对之进行固化。在普通水泥中加入黄原酸盐来处理重金属污泥能降低重金属的浸出率。

2. 沥青固化法

本法是将废物同沥青混合,通过加热、蒸发实现固化。使沥青固化处理所生成的固化体空隙小、致密度高、难以被水渗透,同水泥固化体相比,有害物质的沥滤率小 2～3 个数量级,大约为 $10.4 \sim 10.6 \, \mathrm{g/(cm^2 \cdot d)}$。而且采用沥青固化,无论灰渣的种类如何,均可得到稳定的固化体(用水泥固化法,有时由于灰渣的种类和性质而难于固化)。此外,沥青固化处理后随即就能硬化,不像水泥固化那样必须经过 20～30 天的养护。

但是,另一方面,沥青固化时,由于沥青的导热性不好,加热蒸发的效率不高,同时倘若灰渣中所含的水分较大,蒸发时会有起泡的现象和雾沫夹带现象,容易使排出的废气发生污染。因此,对于水分较大的灰渣,在进行沥青固化之前,可以通过冻融、离心分离等脱水方法使其水分降为 50%～80% 左右。再有,沥青具有可燃性,因此必须考虑到加热蒸发时如果沥青过热就会引起大的危险,在储存和运输时也要采取适当的防火措施。

沥青固化方法有多种方式。作为已经可供实用的放射性废物处理装置的主要方式有:搅拌加热蒸发法、使用表面活性剂的乳化分离法(应用螺旋桨)、膜式蒸发法(使用膜式刮板蒸发器和立式离心膜式蒸发器)、螺旋桨挤压机法等。

搅拌加热蒸发法,1959 年由比利时的摩尔原子能研究所开发,1965 年达到实用。该法是将经过冻融、真空过滤等预处理操作脱水到 50%～80% 的灰渣与预先定量配好的加热混合槽中的沥青一起(灰渣同沥青的配比随灰渣和沥青的性质、条件而异,大致为 1:1～3:2)用转速和叶轮角度可变的搅拌机进行充分的搅拌混合,并加热到最终温度约为 220℃,使得水分蒸发进行固化。

这种固化方式的装置和工艺都很简单,但是水分蒸发必须通过沥青,而沥青的导热能力系数很低,加上不可能使每个角落都混合得很均匀,致使处理时间拖得过长,而且是间歇处理,因此这种方式效率不高,不合适于大量处理。

沥青固化只是在最近才开始用于含有有害重金属的灰渣或其他废物的处理,但是如果注意了下述两点,有可能使用于几乎所有的废物:(1)要使水分降到 10% 以下。如果水分多,混练性能和沥青的浸透性都将恶化,而且固化后往往产生裂纹。(2)废物的颗粒最好在 10 mm 以下。由于这种处理方法需要在对灰渣进行处理以前进行大量的准备工作,而且这种灰渣材料的颗粒不均匀,因此不适合用沥青固化法。

3. 塑料固化法

本法是把塑料作为凝结剂,将含有重金属的灰渣固化而将重金属封闭起来,同时又把固化体作为农业或建筑材料加以利用。

日本冈山县公害防止中心向含有大量重金属、有机物及油类的电镀混合灰渣(用一般的水泥固化法难于固化)内加入碳酸钙使其干燥,随后加入不饱和聚酯树脂、催化剂促进剂以及河沙(骨料)等进行混合、加热,使其固化,所得的固化体比水泥固化体的抗压抗拉强度大。固化体重量轻、具有光泽、外表美观,可以考虑作为轻型建筑材料来使用。缺点是成本较高。标准配比为干燥灰渣 30% 以下,塑料 20%～35%,骨料 35%～50% 以上。

把塑料制成半熔融状态之后,同废物以 1:1 的配比熔融、混练、成形。

塑料固化比较适用于灰渣。

### 4. 水玻璃固化法

本法是把水玻璃作为主要试剂使用,硫酸、硝酸、盐酸、磷酸等酸类则作为辅助剂,从而实现废物的固化和自然脱水。

水玻璃的化学结构,假定为以下的线状甲硅烷氧醇低聚物的钠盐,如果用酸中和,就会生成甲硅烷氧醇低聚物,由于硅醇基的反应活性大,直接引起烷硅醇的结合,形成凝胶化。这种凝胶体即使经水化作用也不会再溶解,是不可逆变的凝胶。利用这种现象的固化方法即称水玻璃法。向灰渣中添加预先调制好的甲硅烷氧醇低聚物之后,可以认为灰渣是由于下述原因而进行凝结的:

(1) 过泥质的极性物质(S)和甲硅烷氧醇(SIL)的氧键或者相互偶极作用使 S 被 SIL 所包覆。

(2) 通过被包覆物质之间的氢键以及相互偶极作用,使离子按三维方向不断成长。

(3) 灰渣中的极性物质 S 同 SIL 发生化学反应,使得 S 受 SIL 包覆。

(4) 通过被包覆物质之间的硅烷醇缩合反应,使粒子按三维方向不断成长。

(5) 通过游离甲硅烷氧醇之间的氢键、相互偶极作用以及硅烷醇缩合反应引起凝胶化。

上述各种反应的持续进行,使得键的数目增加,结合力提高,引起收缩。其结果则使系统内部所含的水分受到压缩而析出,而且体系发生内应力,并从应力集中的地方破裂。破裂又使体系的表面积增大,促进干燥。同时,由于结合力的增强,体系最终成为固结体。键本体是硅氧烷键,它是 50% 离子性的高极性,所以能强有力地吸附各种离子和极性物质。因此,不但灰渣中的离子和极性物质能受到强烈的吸附作用,而且固结体中的这种成分还被牢固地固定住,向离析水中的溶出或固体化浸入水中的浸出也受到强烈的抑制。

上述固结体中的聚硅氧烷,也就是所谓水凝胶,其中残留着未反应的硅烷醇。但是若对他们进行热处理,在促进硅烷醇缩合反应的同时,将通过靠水分共存的硅氧烷键的切断而转向更为稳定的结构,随之,结合力增大,发生沙砾化。

总之,用水玻璃进行废物固化,其基础是利用水玻璃的硬化、结合、包容及其吸附性能。

水玻璃固化成本较高,而垃圾焚烧炉渣量较大,所以在近期内使用不太现实。

### 5. 烧结法——玻璃固化法

玻璃的溶解度及其所含成分的浸出率非常低,而减容系数却相当高。因此,应用已经形成玻璃制造技术,将含有重金属的灰渣和废液进行玻璃化,使重金属固定在玻璃体中,这就是玻璃固化法。几乎所有的重金属的灰渣本身都不能照原来的成分就此烧成玻璃质,因此必须添加形成玻璃质的材料。

玻璃固化的优点是:(1)固化体系结构致密,在水、酸性、碱性水溶液中的沥滤率很低;(2)减容系数大。但是,该法的装置比较复杂,处理费用比较高。由于高温处理(800～1200℃),必须提供热能。此外还有装置材料的耐热性,灰渣内重金属的挥发飞散等问题待解决。

熔融玻璃的温度越高,玻璃质的黏度就越低,它向灰渣粒子间的扩散就越充分,作为凝结剂的效果就越好,同时反应速度也加快了,促进了玻璃化,也促进了难熔化。

但是,如果在空气中加热含有铬灰渣,三价铬会氧化成为有害的六价铬。而通过向铬灰渣中添加硅酸钠和黏土时即可起到抑制作用。

玻璃固化由于是在高温下进行,根据重金属的种类、化合物的形态、共存物质的存在等各种情况,重金属的挥发飞散数量有可能增大。因此,在使用硅酸钠和黏土时,所处理的灰渣必须满足下列情况:

(1) 不含有 Hg、As。由于 Hg 和 As 的蒸气分压高,加热到几百度,几乎全都挥发飞散;

(2) 对于含有 Cd、Zn、Ni 的灰渣,不要含有大量的有机物等还原物质。因为 Cr 和 Zn 的化合物会被有机物中的碳还原成金属雾气而挥发;

(3) 不含以氯化物形态存在的重金属。Cr、Zn、Cu、Pb 的氯化物蒸气分压高,到 500℃ 左右时,其中一部分将开始挥发飞散;

(4) 不含大量的食盐之类的氯化物。有些化合物单独存在时不挥发飞散,但当他们同氯化钠和氯化钙等共存时往往作为氯化物而挥发掉。

玻璃固化适用于体积大、有机物含量高、毒性大的物质的固化。

### 6. 石灰固化

石灰固化是以石灰石为主要固化基材的一种方法。其固化机理是根据石灰和活性的硅酸盐物料可与水反应生成坚硬的物质,进而达到包容废物的目的。

其固化工艺是把石灰、添加剂、废物与水混合,经养护即可得到具有良好抗浸出性和一定强度的固化产物。

石灰固化的两种添加剂是粉煤灰和水泥窑灰,二者均为应予以处理的废物,因此此法等于以废治废。固化过程还需添加其他种类的添加剂,以便提高固化产物的强度和抑制污染物的浸出。

石灰固化的设备也比较简单,同水泥固化类似,操作也比较方便,工艺条件同水泥固化大体相同,各项参数可根据实验条件来确定。

根据以上情况,必须依照废物中重金属的种类、化合物的形态、共存物等,来确定最经济而又最有效的添加剂配比以及烧制条件。

### 7. 灰渣的化学稳定化

化学药剂稳定化是利用化学药剂通过化学反应使有毒有害物质转变为低溶解性、低迁移性及低毒性物质的过程。用药剂稳定化技术处理危险废物,可以在实现废物无害化的同时,达到废物少增容或不增容,从而提高危险废物处理处置系统的总体效率和经济性。同时,还可以通过改进螯合剂的结构和性能使其与废物中危险成分之间的化学螯合作用得到强化,进而提高稳定化产物的长期稳定性,减少最终处置过程中稳定化产物对环境的影响。

用药剂稳定化来处理危险废物,根据废物中所含重金属种类可以采用的稳定化药剂有:石膏、磷酸盐、漂白粉、硫化物(硫代硫酸钠、硫化钠)和高分子有机稳定剂等。药剂处理法处理后,飞灰的重量增加量为 10%～30%,容量可减少 1/3,设备费用和处理成本均较低。药剂处理中的关键是要将灰渣和药剂混合均匀,因此常需要合适的混合机械,常用的有高速混合造粒机、二轴浆式,造粒振动式等。

采用硫化钠、硫代硫酸钠和硫脲等含硫的无机和有机硫化物对飞灰进行处理时,主要是利用他们与重金属生成硫化物沉淀从而稳定飞灰中重金属的。采用硫化钠和硫脲对国内某生活垃圾焚烧厂飞灰进行稳定化处理时发现,在达到相同的稳定效果时硫化钠的最佳用量为硫脲的两倍,但目前硫脲的市场价格很高。

磷酸盐处理方法是基于不溶性金属磷酸盐的生成,如 $Pb_5(PO_4)_3Cl$、$Cd_3(PO_4)_2$ 等,从而使生活垃圾焚烧飞灰稳定化的一种方法。在美国和日本,应用磷酸盐稳定化技术来处理灰渣的焚烧厂很多。从对国外同种飞灰的重金属螯合剂、磷酸盐和铁酸盐三种不同方法的处理效果来看,重金属螯合剂处理后的飞灰有很强的抗酸、碱性冲击的能力。磷酸盐处理后的飞灰重金属的浸出率很小,尤其是 Pb,在 pH 值为 4~13 的范围内 Pb 的浸出量都很小。铁酸盐处理后的飞灰在 pH 值为 5~12 的范围内都有很好的抗浸出能力。

利用铁酸盐处理飞灰的研究报道表明该方法基于 $Fe_2O_3$ 晶体的生成。具体过程为:将 $FeSO_4$ 和水加入飞灰中,然后用 NaOH 调节 pH 值为 9.5~10.5,混合物被加热到 60~70℃。然后会生成 $Fe_2O_3$ 晶体,金属就被包含在晶格中,从而达到稳定化的目的。

螯合剂稳定法能够实现很好的稳定效果,对于同种金属来说,螯合剂稳定后的产物比氢氧化物、碳酸盐和硫化物更为稳定,但是价格也是这几种化学稳定药剂中最高的。另外,腐殖酸和灰黄霉酸能和重金属形成络合物,一些低分子量的有机酸也能和重金属形成络合物。钙矾石矿物中的天然金属也可以置换废物中的危险重金属。更多的报道都是关于人工合成的高分子螯合剂用于捕集废物中的重金属。

8. 固化/稳定化方法对比

上述固化/稳定化方法的优缺点以及适用范围见表 5-27。目前研究的热点主要是化学稳定化和熔融固化,这是因为化学稳定化的稳定效果好,并且增容比小,成本相对较低;鉴于熔融固化技术能够分解飞灰中的二噁英,这方面的研究也非常活跃。

表 5-27　固化/稳定化方法比较

| 技　术 | 适用对象 | 优　点 | 缺　点 |
|---|---|---|---|
| 水泥固化法 | 重金属,氧化物,废酸 | 水泥搅拌,处理技术已相当成熟,对废物中化学性质的变动具有相当的承受力;<br>可由水泥与废物的比例来控制固化体的结构缺陷与不透水性,无需特殊的设备,处理成本低;<br>废物可直接处理,无需前处理 | 废物中若含有特殊的盐类,会造成固化体破裂;<br>有机物的分解造成裂隙,增加渗透性,降低结构强度;<br>大量水泥的使用增加固化体的体积和质量 |
| 石灰固化法 | 重金属,氧化物,废酸 | 所用物料价格便宜,容易购得;<br>操作不需特殊设备及技术;<br>在适当的处置环境,可维持波索来(pozzolanic reaction)反应的持续进行 | 固化体的强度较低,且需较长的养护时间;<br>有较大的体积膨胀,增加清运和处置的困难 |
| 塑性固化法 | 部分非极性有机物,氧化物,废酸 | 固化体的渗透性较其他固化法低;<br>对水溶液有良好的阻隔性 | 需要特殊的设备和专业的操作人员;<br>废物中若含氧化剂或挥发性物质,加热时可能会着火或逸散;<br>废物须先干燥,破碎后才能进行操作 |
| 熔融固化法 | 不挥发的高危害性废物,核能废料 | 玻璃体的高稳定性,可确保固化体的长期稳定;<br>可利用废玻璃屑作为固化材料;<br>对核能废料的处理已有相当成功的技术 | 对可燃或具挥发性的废物并不适用;<br>高温热融需消耗大量能源;<br>需要特殊的设备及专业人员 |
| 自胶结固化 | 含有大量硫酸钙和亚硫酸钙的废物 | 烧结体的性质稳定,结构强度高;<br>烧结体不具生物反应性及着火性 | 应用面较为狭窄;<br>需要特殊的设备及专业人员 |
| 化学稳定化 | 对重金属稳定效果好 | 化学药剂稳定法一般不改变飞灰的物理状态,投资和运行成本较低,产物体积增量小(<10%),技术相对较简单,重金属稳定效果好 | 对二噁英和溶解盐的稳定作用较小 |

### (二) 生活垃圾焚烧飞灰中重金属的分离方法

飞灰中重金属的分离和提取方法主要有酸提取、水提取、碱提取、高温提取、生物浸出提取和其他药剂提取等。目前国际上对于酸提取的研究比较多。

#### 1. 生物浸出技术

生物浸出技术是指利用特定微生物细菌对某些金属硫化物矿物的氧化作用,使金属离子进入液相并实现对金属离子的富集作用。微生物在湿法冶金过程中的作用基本上可以分为三大类:生物吸附、生物累积、生物浸出。关于生物浸出的作用机理,一般有两种观点,即直接浸出机理和间接浸出机理,直接浸出是指细菌吸附于矿物颗粒表面,利用微生物自身的氧化或还原特性,使物质中有用组分氧化或还原,从而以可溶态或沉淀的形式与原物质分离的过程;间接浸出是指依靠微生物的代谢产物(有机酸、无机酸和 $Fe^{3+}$ 等)与矿物质进行化学反应,而得到有用组分的过程。生物浸出目前在飞灰的处理方面也有一定的应用。

生物技术之所以可以在飞灰的处理方面得到应用,主要由以下两方面因素决定的。一方面,相对矿产资源而言飞灰中重金属的含量很低,用常规的选冶方法遇到了一定的困难,同时世界各国的环保要求日益严格,使得一些常规处理方法不符合要求,而迫使人们寻找新的方法和途径。另一方面,尽管生物技术处理时间长,但只要处理适当,就可以从灰渣、废液中回收某些有价金属,或降低某些物质对环境的污染程度;同时其生产成本却低于常规方法,并可减少二次污染甚至没有污染。基于上述这些因素,生物技术在湿法冶金中的应用越来越引起人们的关注,人们开始投入更大的精力进行研究与应用。

用甾体皂甙溶液对飞灰中重金属浸出,在温度为 20℃,pH 值为 4~9 的条件下,用浓度为 3%的甾体皂甙对飞灰进行 24 h 的振荡浸提时,大约 20%~45%的 Cr,50%~60%的 Cu,60%~100%的 Pb 和 50%~60%的 Zn 会被提取出来。经甾体皂甙溶液浸提后的飞灰经过标准规定的浸出程序检验,浸出液中的重金属离子浓度很低,因此可以满足一般填埋场的进场规定。甾体皂甙是一种生物制剂,有显著的和安全的生物降解性能,同时具有回用的可能性。另外还有利用黑曲霉的溶解作用可以对生活垃圾焚烧飞灰进行生物浸出,可将飞灰中约 81%的 Cd、52%的 Pb 和 66%的 Zn 提取出来,而且其投资仅仅比化学提取法略高。

用硫氧化细菌进行浸提的实验结果表明,细菌对解毒后的城市生活污水厂污泥与城市生活垃圾焚烧飞灰混合物进行生物浸提时,可以达到很高的重金属去除率,大约 80%的 Cr,80%的 Cu 和 70%~80%的 Zn 会被提取出来。

#### 2. 水提取

飞灰的产生过程为好氧过程,因此飞灰中存在很多碱性的金属氧化物。飞灰的捕集过程中一般均要用到氧化钙(CaO)、氢氧化钙($Ca(OH)_2$)或者氢氧化钠(NaOH),因此飞灰中会含有大量的 Ca、Na、K 的可溶解盐类。因此对于飞灰的酸碱性的测定结果一般均为碱性,视所投加吸附剂的种类和量的不同,碱性会有细微差别。

水浸取可将飞灰中的可溶解盐类大量溶出,但对于重金属的浸出效率很低,但经过水浸取后飞灰的某些性质会发生有利转变,因此通常作为飞灰处理的预处理工艺。在采用液固比为 2 mL/g 的飞灰的水洗过程中,一般可以将飞灰中 65%的 Cl,超过 50%的 Na、K、Ca 和超过 30%的 Cr 洗除,同时可以增强洗后飞灰中重金属的热稳定性。

#### 3. 酸浸取

对日本某焚烧场飞灰的硝酸、硫酸和盐酸的浸取实验结果表明三种酸对于金属的浸出效率都很高,硫酸浸出的缺点是不能将 Pb 浸出,但在飞灰中,Pb 的含量过高是飞灰毒性的一个主要来源。因此必须在硫酸浸出步骤后增加其他的酸或者碱浸出解决 Pb 的问题。

### 4．药剂提取

EDTA(这里采用乙二胺四乙酸二钠盐)能与重金属离子(用 $M^{2+}$ 表示)配位形成非常稳定的可溶性螯合物:用 EDTA 进行浸出时,pH 值对浸出效率的影响不大。Kyung-Jin Hong 等的研究表明:在温度为 20℃ ,pH 值为 3～9 的条件下,用浓度为 3% 的 EDTA 或 DTPA(diethylenetriaminepentaacetate)对飞灰进行 24 h 的振荡浸提时,大约 20% ～50% 的 Cr、60% ～95% 的 Cu、60% ～100% 的 Pb 和 50% ～100% 的 Zn 会被提取出来。EDTA 浸提后的飞灰经过标准规定的浸出程序检验,浸出液中的重金属离子浓度很低,因此可以满足一般填埋场的进场规定。

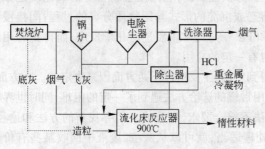

图 5-20　CT－FLUAPUR 工艺流程

### 5．高温分离

瑞士的 CT Environment 公司开发的 CT-FLUAPUR 工艺,其流程见图 5-20。该工艺处理可用于生活垃圾焚烧飞灰的处置,其基本思想是要把重金属尽可能地从灰渣中分离出来。该工艺可分为下述几个基本步骤:(1)在 900℃ 的温度、HCl 的气氛下,对飞灰进行热处理;(2)金属氯化物的生成和挥发;(3)金属氯化物的收集;(4)经过处理后飞灰被分为无机的惰性物料和重金属两部分。本工艺利用焚烧产生的热量和湿式除尘器产生的含 HCl 的废液。本工艺可达到的处理效果为:对于 Cu 和 Pb,处理后的飞灰几乎可达到与地球土壤相同的含量。对于 Cd 和 Zn,处理后的飞灰中的含量是地球土壤中该元素含量的 10 倍。

## 五、上海嘉定区危险固定废物填埋厂处理工艺

### (一) 基本情况介绍

上海市嘉定区危险固废填埋场占地 10 hm$^2$,采用一次性征地、分阶段开发的经营方式。目前,建有 3 个容积为 3.2 万 m$^3$ 的填埋坑,按照目前每年接收 2.5 万 m$^3$ 固体废弃物计算,预计在 3.7 年内填平。该填埋场场地使用寿命为 47 年,二期工程预计建造 15 个填埋坑。

### (二) 飞灰预处理工艺流程

生活垃圾焚烧产生的飞灰在填埋前需经过固化处理,其工艺流程如图 5-21 所示。

### (三) 飞灰运输与处理的接口要求

#### 1．干飞灰

干飞灰运至填埋场后,需利用气动装置将飞灰从运输容器输送至专用的飞灰储罐,后利用输送机将飞灰运至搅拌仓与水泥等物质掺混。为防止飞灰在输送入储罐时发生泄漏而产生扬尘,储罐的入口管依据运输车辆形式及飞灰输送方式特别改造。

#### 2．湿飞灰

若飞灰在运输前已经过加湿处理,运至填埋场后需在保证不产生扬尘的前提下倾倒至飞灰料斗,后利用输送机将湿飞灰运至搅拌仓与水泥等物质掺混。

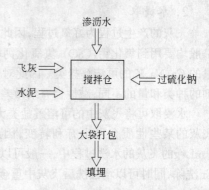

图 5-21　飞灰预处理工艺流程图

### （四）飞灰填埋处理

该危险固废填埋场目前建成的填埋坑分北、中、南三个。中间的填埋坑有防雨措施,接收固化处理后的袋装飞灰,填埋后以土壤覆盖。北侧填埋坑目前暂时存放浦东垃圾焚烧厂积存的袋装湿飞灰。南侧填埋坑内铺有中侧及北侧填埋坑的渗沥液收集管,目前注有河水以维持坑内压力平衡。收集的渗沥水经厂内污水处理厂处理后被回用于飞灰的固化处理。三个填埋坑内均采用从美国进口的防渗材料加以铺垫。

### （五）填埋场运行情况

目前,该填埋场主要处理浦东御桥、浦西江桥2座生活垃圾焚烧厂产生的飞灰,以及一些小型工业焚烧炉产生的飞灰及底灰。其核心设备——搅拌仓的处理能力为12 t/h,浦东御桥、浦西江桥2座生活垃圾焚烧厂产生的飞灰可在8 h内完成处理。

### （六）处理费用

填埋场处理费用以入厂灰渣重量计算。目前,浦东厂飞灰处理预付费用为:1110.84 元/t,该填埋场的经济核算中对飞灰处理费用估价为1860 元/t。

# 第七节　垃圾焚烧炉渣处理与资源化利用现状

## 一、垃圾焚烧炉渣的性质

### （一）炉渣的粒径分布

南洋理工大学的环境工程实验室对焚烧炉渣和飞灰的物理化学性质进行了分析测定。此处的炉渣是指焚烧炉尾端排出的、经水冷和 5 mm 筛筛分的细粒部分,呈不规则蜂窝状,表面多为玻璃质。炉渣和飞灰的颗粒分布如图 5-22 和图 5-23 所示。飞灰主要是一些煤粉一样大小的球形颗粒。由图可知,炉渣颗粒大小为 0.074~5 mm,其中 71% 是沙子大小(0.074~2 mm)的颗粒,27% 是砾石大小(>2 mm)的颗粒,2% 是煤粉大小(0.002~0.074 mm)的颗粒。

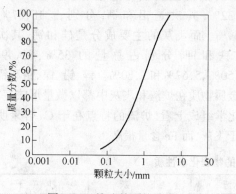

图 5-22　炉渣的颗粒分布

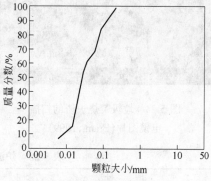

图 5-23　飞灰的颗粒分布

### （二）炉渣的形貌特征

Brami 等人用扫描电镜(SEM)观察垃圾焚烧炉渣的形貌时发现大部分炉渣颗粒是由完全中空的球体(cenospheres)或者内部包有数量众多小球的子母球体(plerospheres)所组成。Brami 等人也发现,从放大1000倍的炉渣SEM图(图5-24)可以看到在大的中空球体颗粒表面粘附有微晶

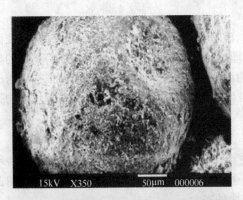

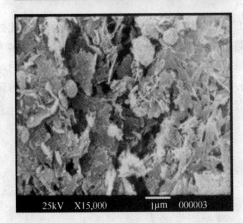

图 5-24　垃圾焚烧炉渣的扫描
电镜图片（Brami,1999）

体和小的球形颗粒,用 EDS(能量色散谱仪)探测器进行分析发现有莫来石、石英和典型的含有 Si、Al、Ca、Na 和少量 Fe 的子母球体存在;由放大 15000 倍的 SEM 图则能看到呈不规则多孔海绵状的炉渣颗粒。Young－Sook Shim 指出,用 SEM 观察到的球形颗粒应是铝硅酸盐,是被广泛用于去除重金属的吸附剂的主要成分。而早在 1978 年就有人发现沸石的主要晶体物质就是铝硅酸盐,这为应用焚烧炉渣作填料来处理污水打下了理论基础。

**（三）炉渣的物理化学性质**

表 5-28 所示为炉渣和飞灰的物理化学性质,同时列出了沙子的典型值以供比较。由表可知,飞灰和炉渣的有效粒径分别为 0.01 mm 和 0.2 mm,均匀系数分别是 4.76 和 3.88,级配系数分别是 1.44 和 1.68,表明这两种物质很难被分级。飞灰和炉渣的热灼减量分别是 15% 和 2.7%,表明炉渣中有机成分很低,这主要是因为在水洗过程中粘附在残渣颗粒上的未燃物质被洗掉的缘故,而大量细小未燃有机物质随烟气排出炉外在烟气中为除尘器捕集下来,所以飞灰中的有机成分相对较高。另外,飞灰和炉渣都呈碱性,pH 值分别是 11.4 和 10.8。

表 5-29 为垃圾焚烧炉渣的化学组成。可以看出炉渣的主要成分是硅和铁,占 42.5% 和 24.32%,其次是铝和钙,分别占 18.67% 和 7.39%。而飞灰的主要成分是硅和钙,其次是铝、铁和钾,分别占总量的 35%、32.49%、12.50%、5.67% 和 3.80%。锌、铅、镍、铬和镉等重金属物质在炉渣和飞灰中都以微量形式存在。从化学组成上看,炉渣的特点在于 Ca 含量明显低于飞灰,而 Fe 含量很高。

**表 5-28　炉渣和飞灰的物理化学性质**

| 特　　性 | | 炉　渣 | 飞　灰 | 沙　子 |
|---|---|---|---|---|
| 比　重 | | 2.67 | 2.45 | 2.65 |
| 密度/g·cm$^{-3}$ | 松散堆置 | 1.17 | 0.81 | 1.35 |
| | 压实堆置 | 1.54 | 1.09 | 1.90 |
| 颗粒尺寸分布 | 有效尺寸/mm | 0.2 | 0.01 | |
| | 均匀系数 | 3.88 | 4.76 | |
| | 级配系数 | 1.68 | 1.44 | |

续表 5-28

| 特　　　性 | 炉　　渣 | 飞　　灰 | 沙　　子 |
|---|---|---|---|
| 热灼减量/% | 2.7 | 15.0 | |
| pH 值 | 10.8 | 11.4 | |

**表 5-29　炉渣的化学组成**

| 成　　分 | 炉渣/% | 飞灰/% | 成　　分 | 炉渣/% | 飞灰/% |
|---|---|---|---|---|---|
| 硅酸盐 | 42.50 | 35.00 | 铅 | 0.52 | 0.20 |
| 铝 | 18.67 | 12.50 | 铜 | 0.50 | 0.04 |
| 铁 | 24.32 | 5.67 | 锰 | 0.18 | 0.08 |
| 钙 | 7.39 | 32.49 | 铬 | 0.05 | 0.01 |
| 钾 | 1.30 | 3.80 | 镉 | 0.001 | 0.007 |
| 钠 | 1.10 | 1.90 | 镍 | 0.13 | 0.008 |
| 镁 | 0.72 | 1.02 | 其　他 | 2.07 | 6.80 |
| 锌 | 0.55 | 0.48 | | | |

　　美国威斯康星州 Sheboygan 焚烧炉的炉渣浸出毒性试验表明,炉渣和飞灰的浸取液中含有较高浓度的铝、硼、镉、氯化物、铅和硫化物。另外,在威斯康星州 Waukesha 市和美国另外一些州的焚烧炉也得到同样的结果。总的来说,焚烧飞灰中含有大量可浸出的铅和镉等重金属,属于有害废物;而炉渣虽然不属于有害废物,但一般仍含有较高浓度的铅,若处理不当,也会对环境造成很大危害。

### (四) 炉渣的土木工程特性

　　为考察焚烧炉渣在土木工程上应用的可能性,南洋理工大学环境工程实验室还对飞灰和炉渣的土木工程特性进行了测定。按照英国标准委员会制定的"BS1377"(1975)测定方法,用烘箱把炉渣和飞灰烘干后测定了它们的密度、渗透度和强度,结果如表 5-30 所示。炉渣密度为 1.17 ~1.54 mg/m$^3$,仅为沙子密度的 81%,是由于炉渣颗粒经过高温烧结,表面为玻璃质、蜂窝状的特性造成的。

**表 5-30　炉渣和飞灰的工程特性**

| 性　　质 | | 炉　　渣 | 飞　　灰 | 沙子的典型值 |
|---|---|---|---|---|
| 密度/g·cm$^{-3}$ | 最小值 | 1.17 | 0.80 | 1.35 |
| | 最大值 | 1.54 | 1.09 | 1.90 |
| 渗透率/m·s$^{-1}$ | 松散堆置 | $8.8×10^{-4}$ | $3.0×10^{-4}$ | $1.0×10^{-4}$ |
| | 压实后 | $3.3×10^{-5}$ | $1.4×10^{-5}$ | $1.0×10^{-6}$ |
| 堆放参数 | 摩擦角/(°) | 46.5 | 36.5 | 32~45 |
| | 视凝聚力/kPa | 0 | 43 | 0 |

　　炉渣排水比较通畅,与沙子具有相同数量级的渗透率。松散堆置时(干密度为 1.17 g/cm$^3$)渗透率为 $8.8×10^{-4}$ m/s,被压实后(干密度为 1.54 g/cm$^3$)渗透率为 $3.3×10^{-5}$ m/s。虽然飞灰的渗透率比水冷熔渣要小一些,松散堆置时(密度为 0.81 g/cm$^3$)渗透率为 $3.0×10^{-4}$ m/s,被压

实后(密度为 $1.09 \, g/cm^3$)渗透率为 $1.4 \times 10^{-5} \, m/s$,但对同样大小的飞灰和水冷熔渣来说水流却更易通过飞灰,这可能是由于飞灰颗粒大小均匀且为球形的缘故。炉渣的摩擦角高达 $46.5°$,主要是由于炉渣的不规则形状和粗糙表面造成的。飞灰的摩擦角为 $36.5°$,视凝聚力为 $43 \, kPa$,表明飞灰由于颗粒间连锁作用形成的内摩擦力而达到最大抗剪切强度。

## 二、垃圾焚烧炉渣的处理

### (一) 炉渣的收集

炉渣与飞灰这两种焚烧灰渣,不仅在数量上差别很大,而且性质也有显著差异,炉渣中可浸出的重金属的量明显低于飞灰,且在标准范围之内。因此,城市生活垃圾焚烧炉渣不在欧盟委员会规定的有害废物之列,而城市生活垃圾焚烧飞灰被欧盟委员会列为 19.01.03 号和 19.01.07 号废物。日本 1992 年修订的《废物处置和公共清扫法》规定新建的垃圾焚烧炉须分别收集飞灰和炉渣。生活垃圾焚烧飞灰在比利时也被认为是有害物质。因此,应该将炉渣从飞灰中分离出来以便于利用炉渣和处理飞灰;将余热回收灰和控制空气污染残余物一起来管理。

目前,英国、德国、法国、荷兰、丹麦、加拿大以及日本等国大部分的生活垃圾焚烧厂,其炉渣和飞灰都是分别收集、处理和处置的;而在美国,炉渣和飞灰是混合收集、处理和处置的,因此被称作混合灰渣。

我国《生活垃圾焚烧污染控制标准》(GB18485—2001)明确规定"焚烧炉渣与除尘设备收集的焚烧飞灰应分别收集、贮存和运输,焚烧炉渣按一般固体废物处理,焚烧飞灰应按危险废物处理"。

### (二) 炉渣的处理

生活垃圾焚烧炉渣的处理是一个重要的环境生态问题。在我国,炉渣属于一般废物,可直接填埋或作建材利用。但是,由于焚烧的垃圾组成复杂,炉渣中可能含有多种重金属、无机盐类物质,如铅、锡、铬、锌、铜、汞、镍、硒、砷等,在炉渣填埋或利用过程中有害成分会浸出而污染环境。因为包括土壤酸性、酸雨、充满 $CO_2$ 的水等都会把不可溶的重金属氢氧化物转化成为易溶的碳酸盐,甚至是含水碳酸盐。Dugenest 等人(1999)的研究发现焚烧炉渣的 TCLP 浸出毒性测试中 Pb、Cd 超出有害废弃物限定标准。Pb、Zn、Cu 的浸出成为炉渣资源化利用的潜在威胁。

欧盟标准委员会第 12920 条法规规定城市生活垃圾焚烧灰渣如果不进行前处理,将不能填埋或资源化利用。

欧美等发达国家早已开如采用卫生填埋方式来处理焚烧炉渣,以避免其中含有的可溶有害成分进入土壤。然而,由于卫生填埋的维护费用极高,这样进而增加了整个焚烧过程的费用,因此这种方法在我国现阶段是不可行的。

炉渣引起的环境污染问题是其不能直接填埋的主要原因。另外,填埋场地急剧减少的客观现实也限制了焚烧炉渣的填埋处理。

1. 预处理

焚烧炉渣成分复杂,且含有大量污染物质,因此在处理和利用之前,必须进行适当的预处理。

(1)风化。在处置和资源化利用之前,先把炉渣放置一段时间,从几个星期到几个月不等,达到降低炉渣 pH 值和使金属氢氧化物氧化成难溶的金属氧化物从而减少重金属物质的浸出、稳定炉渣性质的目的。在欧洲,特别是德国,这种方法由于投资和运行费用低而被广泛采用。

(2) 水洗。为减少炉渣中的有害污染物,一些学者开始采用水洗的处理方法。研究表明,水洗过程能改变灰渣的化学成分,如减少水溶性化合物的含量(大多数的氯化物、可浸出的盐类),

增加玻璃化氧化物的含量,并能去除轻质的细微成分。有研究者认为水洗过程能最大限度地增加水泥基体中的炉渣含量(占总固体量的75%~90%),而无重金属浸出的危险。此外,水洗过程还会使固化产物的硬化时间的延迟作用大幅减弱。除去炉渣中部分轻质细微成分,有利于提高固化体的硬化性能,并提高灰渣烧结产物的化学和工程性质。浸出实验和硬化时间证明了水洗预处理城市生活垃圾焚烧灰渣作为一种在水泥材料中尽量利用残余物的方法的技术可行性。同时,水洗过程也被证明是个提高残余物－水泥混合物硬化特性的合适方法。由于消耗较少的水泥和需处置的最终产品的体积减少,因而可以获得较高的经济效益。

然而,水洗过程也有一定的副作用,虽然去除可溶氯化物,然而由于水洗过程洗掉了大多数元素,故失去大量重量,因而使得重金属的含量明显升高,导致了负面影响,也使得安全处置水洗灰成了一个问题。水洗预处理城市生活垃圾焚烧灰渣还会产生额外的费用,主要包括这一过程产生的废水的处理费用。另外,水洗预处理还会产生重金属富集的残余物,这样增加了重金属浸出的危险。水洗城市生活垃圾焚烧灰渣热处理时,重金属化合物的挥发更为明显,这也是因为水洗残余物会导致重金属的富集。

(3) 其他前处理方法。在处理和资源化利用前,有时需对焚烧灰渣进行适当分选。

**2. 固化/稳定化处理**

在填埋之前,通常需要对焚烧灰渣进行固化/稳定化处理。固化/稳定化处理既能减少灰渣中有毒重金属的浸出对地质环境的影响,还能保证工程安全。

(1) 固化。固化是用物理化学方法将有害废物掺和并包容在密实的惰性基材中,使其稳定化的一种过程。固化处理机理十分复杂,目前尚在研究和发展中,有的是将有害废物通过化学转变或引入某种稳定的晶格中的过程;有的是将有害废物用惰性材料加以包容的过程;有的兼有上述两种过程。常用的固化剂主要有水泥、石灰、石膏、硅酸盐、火山灰和沥青等。用水泥和沥青对垃圾焚烧灰渣进行固化处理都取得了良好的效果,焚烧灰渣的水泥固化体主要用于路基、河坝等场合。水泥固化的缺点是固化体增容比大,且存在长期稳定性问题,固化体中重金属稳定性可能会因水溶性硫酸盐、有机酸和有机质分解产生的二氧化碳气体而降低。

(2) 药剂稳定化。根据废物中所含重金属种类可以采用的稳定化药剂有石膏、漂白粉、硫代硫酸钠、硫化钠和高分子有机稳定剂。近年来,发展较快的是重金属螯合剂的应用。它是一种水溶性的螯合高分子,其母体高分子具有亲水性螯合基,与重金属离子反应生成不溶于水的高分子络合物。蒋建国、王伟等人对重金属螯合剂的开发及其处理垃圾焚烧飞灰的效果和工艺进行了系统的研究。

磷酸盐也被应用于稳定焚烧炉渣,原理在于能与重金属反应形成自然界稳定存在的金属三态磷酸盐和磷灰石族矿物,这些物质对于pH、Eh有着相当高的稳定性,从而降低炉渣中重金属的浸出。其反应机理总的来说有表面吸附和沉积/置换两个途径,具体的过程与磷酸盐的理化特性(如溶解度)和重金属的浓度及存在形态等很多因素相关。研究表明,磷酸盐能与30多种元素反应生成300余种自然界稳定存在的矿物,常用来控制自然土地系统中 $Ca^{2+}$、$Cd^{2+}$、$Cu^{2+}$、$Pb^{2+}$ 和 $Zn^{2+}$ 的污染,尤其是 $Pb^{2+}$。

另外,有研究表明(M. A. Sorenesn et al., 2001),用 $FeSO_4$ 溶液来处理焚烧灰渣时,灰渣中大部分盐类被溶解,表面有不定形的铁氧体沉积,而重金属由于表面吸附或直接物理结合于铁氧体中,能很好地固定重金属。

**3. 热处理**

热处理城市生活垃圾焚烧灰渣是一项很有前途的技术,它既能固定重金属又能减少废物的体积。当条件控制得当时,还能生产适于进一步利用的材料,是一种节省费用的处理方法。然而,热处理方法的能耗高,限制了其使用。通常,热处理方法有熔融和烧结两种类型。

(1)熔融。熔融法是将焚烧炉渣在1200～1400℃熔化,使有机组分热分解、燃烧气化,而无机成分熔融成玻璃质熔渣,形成稳定的玻璃态物质。熔融过程中,低沸点的重金属及盐类挥发成气体被收集,不挥发的重金属与二氧化硅发生反应被包封在硅酸盐网状基体结构中,或者在浸出时被吸附在熔融产物人工玻璃上的铝硅酸层上。炉渣经熔融处理,质量和体积均大大减少,并产生高密度稳定的熔融产物。不仅可节省填埋场库容,且产生的熔渣可用作填充料和路基、混凝土、沥青和水泥原料等建筑材料,如进一步去除重金属便能促进渣的再利用,如作水泥、装饰瓦、沥青和铺路砖等。王学涛对焚烧炉渣进行了熔融处理试验研究,发现在熔融温度高于1300℃时,试样达到较好的熔融效果,Zn、Cr、Pb、Cu、Cd等重金属浸出率明显降低。挥发性重金属Cd和Pb以气态形式被收集,Zn、Cr、Ni被固溶在熔渣中。

近年来,在原有的熔融处理技术上,又发展出了一些新兴的技术:

1)二次熔融。通过各种二次熔融工艺,使垃圾焚烧灰渣更进一步玻璃化。

2)熔融渣再晶体化。强度不够限制了熔融渣的利用,因此有学者把熔融渣进行再晶体化,制成高强度的石头,主要应用于沥青黏合料、混凝土黏合料和渗透性人行道等。

3)控制核化及结晶过程。由于能以相对较低的成本把复杂化学组成转化成有较好工程性能的有用材料,熔融和促使受控晶体化以形成玻璃陶瓷是一个很有前途的技术。

(2)烧结。烧结是将粘结在一起的颗粒进行热处理来增强压实颗粒的强度和其他工程性质。烧结已应用于多个方面,如陶瓷、金属和各种复合材料的产品,近期开始应用于处理焚烧灰渣达到除去二噁英和将重金属稳定于烧结基体中的安全处置或回收及将焚烧灰渣应用于建筑材料的粘合料、路基的粒料、路面砖及其他用途的目的。

烧结产物用于建筑材料时,要求极低的重金属浸出特性和足够的抗压强度。然而,烧结过程中由于碱金属氯化物的挥发使孔隙率增加,和未充分形成的晶间玻璃相会导致压实样品固化程度较低,机械强度不够。可是,烧结产物中Cr的浸出率明显提高,是因为烧结过程将不溶于水的$Cr^{3+}$氧化成可溶于水的$Cr^{6+}$。

通常,烧结产物适用于波特兰水泥的集合料、路基的沥青混凝土、路面砖、花园砖、高温矿物棉隔热材料。

### 三、焚烧炉渣的资源化利用现状

为了合理地处置日益增加的焚烧炉渣,减轻填埋场场地紧张的压力或省去昂贵的填埋费用,美国、日本和欧洲的许多国家在几十年前就开始从资源利用和环境影响两方面考虑,研究炉渣资源化利用的可行性,力求在经济成本与环境要求中找到最佳平衡点,提供既能减少处理处置费用,又不至于对环境造成不利影响并且技术可行的处理策略。

由于炉渣主要含有中性成分(如硅酸盐和铝酸盐等,含量占30％以上),且物理化学和工程性质与轻质的天然骨料(石英砂和黏土等)相似,因而是很好的建筑原材料。

日本、瑞士、美国、法国和荷兰等国家都已采用国家法规的形式来规定垃圾焚烧炉渣的利用。例如,在欧洲,约50％的城市生活垃圾的炉渣用于二次建筑材料(天然的粗黏结料,即混凝土中的部分替代骨料)、路基建设或陶瓷工业的原材料。美国、日本及欧洲一些国家将城市生活垃圾焚烧炉渣或混合灰渣通过筛分、磁选等方式去除其中的黑色及有色金属并获得适宜的粒径后,再与其他骨料相混合,用作石油沥青铺面的混合物。最常见的一种做法是将城市生活垃圾焚烧炉渣、水、水泥及其他骨料按一定比例制成混凝土砖,这在美国已有商业化应用。

焚烧炉渣的资源化利用也是符合中国实际情况的一个可行办法。

## （一）分选回收系统

炉渣中含有黑色金属和有色金属,黑色金属大约占 15%,许多欧美的垃圾焚烧厂都利用筛分和磁选技术从炉渣中提取黑色金属。有些工厂还利用涡电流来分离回收有色金属。

美国矿山局进行了从城市垃圾焚烧炉渣中回收铁、非铁金属和玻璃的研究,铁回收率达 93%,已在马里兰州建立了中试回收工厂,运转成功。美国约克镇附近的一个灰渣处理厂,处理规模为 18 万 t/a,每月可从焚烧灰渣中分选出钢制美元约 1 万美元,金属罐制品和黑色金属、非金属制品(约 3%),大部分为灰渣。此厂经济收入为:灰渣处理费 20 美元/t,废金属可卖钱,灰渣作为筑路的材料,每吨卖 10 美元,另外还有政府补助费。

德国汉堡 MVB Borogstrape 垃圾焚烧处理厂炉渣处理的工艺流程可分为:(1)超大粒度物料的分离;(2)不同粒度物料的生产(破碎和筛分);(3)黑色金属的分离;(4)有色金属的分离。从炉渣中分离出黑色金属和有色金属等物质进行再次利用,来自废料拣选车间的树桩状、纤维状或纸包状等超大粒度的可燃物料重新返回到焚烧过程。除了炉渣外,小粒度到中等粒度的球团中也主要含有矿物质,如石头、水泥和陶瓷。

前苏联研究用感应射频共振法从垃圾焚烧炉渣中分离回收导电性的黑色和有色金属;用光电分选方法得到玻璃和陶瓷。

此外,有报道可采用焚烧法从焚烧炉渣中回收有价金属。

## （二）建筑材料

关于焚烧灰渣作建筑材料应用方面有大量报道,用焚烧灰渣制砖、沥青和混凝土骨料以及填充材料等。

国外垃圾焚烧灰渣的产生与资源化利用的情况见表 5-31。

**表 5-31　国外垃圾焚烧灰渣的产生与资源化利用情况**

| 国　家 | 灰渣种类 | 产生量/kg | 资源化利用率/% | 用　途 |
|---|---|---|---|---|
| 美国(2000 年) | 混合灰渣 | $6000×10^6$ | | 填埋场覆盖材料,沥青、混凝土骨料,路基材料等 |
| 加拿大(1993 年) | 炉　渣 | $300×10^6$ | 0 | |
| | 飞　灰 | $20×10^6$ | | |
| 日本(1991 年) | 炉　渣 | $5000×10^6$ | 10 | 填料、路床、水泥砖及沥青的骨料等 |
| | 飞　灰 | $1160×10^6$ | 0 | |
| 荷兰(1995 年) | 炉　渣 | $620×10^6$ | 95 | 道路路基、路堤等的填充材料,混凝土与沥青的骨料沥青中的细骨料 |
| | ESP 飞灰 | $55×10^6$ | 30 | |
| 丹麦(1993 年) | 炉　渣 | $500×10^6$ | 90 | 停车场、道路等的路基材料 |
| | 飞　灰 | $50×10^6$ | 0 | |
| 德国(1993 年) | 炉　渣 | $3000×10^6$ | 60 | 路基和声障等 |
| | 飞　灰 | $300×10^6$ | 0 | |
| 法国(1994 年) | 炉　渣 | $2160×10^6$ | 45 | 市政工程 |
| 瑞典(1990 年) | 炉　渣 | $430×10^6$ | | 在限定范围内,用于道路铺面,资源化利用十分有限 |
| | 飞　灰 | $60×10^6$ | 0 | |
| 瑞士(1999 年) | 炉　渣 | $520×10^6$ | | 作建材、生产水泥和混凝土、道路路基等,现已被禁止 |
| | 飞　灰 | $60×10^6$ | | |
| 英　国 | 炉　渣 | $800×10^6$ | | 1997 年全部填埋 |
| | 飞　灰 | $10×10^6$ | | |
| 意大利 | 炉　渣 | | | 陶粒烧结激发剂 |
| | 飞　灰 | | | |

## 1．水泥混凝土和沥青混凝土的骨料

城市垃圾焚烧炉渣或混合灰渣经筛分、磁选等方式去除其中的黑色及有色金属并获得适宜的粒径后，可与其他骨料相混合，用作石油沥青铺面的混合物。这在美国、日本及欧洲一些国家均有使用。

美国富兰克林研究所(费城)实验工厂用垃圾焚烧炉残渣作波特兰水泥混凝土和沥青混凝土的骨料，生产成本为每吨 4~5 美元，用于铺设试验公路的沥青路面，效果良好。

从 20 世纪 70 年代至 80 年代初，美国联邦公路管理局(FHWA)分别在休斯敦、华盛顿和费城等地成功地完成了至少 6 项含混合灰渣的沥青铺装示范工程，这些灰渣被分别用于道路的粘结层、耐磨层或表层和基层。试验结果发现，当灰渣用于粘结层或基层时，灰渣最佳含量不宜超过 20%；用于表层时，不宜超过 15%。为避免灰渣会对沥青产生较高且不均匀的吸附，其热灼减率(LOI)不能大于 10%。并且，示范工程的测试结果表明，只要处置得当，灰渣沥青利用并不会对环境造成危害。

通过对炉渣－沥青混合物渗滤液 9 年的跟踪测试，研究者发现即使用保守的方法估计(当重金属浓度低于检测限时，以检测限值作为该重金属的浸出浓度)，炉渣中 Pb、Cd、Zn 和其他成分的 9 年累计释放量也仍然是很低的。研究者们也对某种用于沥青中的商品化灰渣骨料(Boiler AggregateTM，美国工程材料公司制造，由去除黑色及有色金属后的炉渣制成)，利用的预期生命周期及其对人类健康和环境的影响等进行了综合风险评价。评价结果认为：只要采用适当的管理技术，该骨料沥青利用的所有风险均低于美国环保局认为的可接受风险目标值；骨料中最有可能造成潜在危害的元素为 Pb，但其危害程度也低于实施中的健康标准；该骨料的沥青利用不会对人类和环境造成不可接受的影响。

焚烧炉渣如果未经处理直接替代部分砾石生产混凝土，则会出现膨胀和裂缝问题(J. Pera et al.，1997)。这是因为炉渣中的有色金属(特别是铝和锌)和水泥的水化产物发生反应生成氢气逸出的缘故。

$$n\text{Al} + \text{X(OH)}_n + n\text{H}_2\text{O} \longrightarrow \text{X(AlO}_2)_n + \frac{3n}{2}\text{H}_2$$

对炉渣进行适当处理，用氢氧化钠溶液浸泡 15 天后，取代部分天然砾石生产出来的混凝土性能完全满足要求，机理在于

$$2\text{Al} + \text{NaOH} + \text{H}_2\text{O} \longrightarrow \text{NaAlO}_2 + \frac{3}{2}\text{H}_2$$

轻骨料的生产，首先要进行技术可行性研究，以确定生产的最佳方案。研究包括：研磨焚烧物、骨料配方研究(即选定黏土的加入量)、烧结试验和混凝土试验。黏土的加入，一是便于加工成球；二是稳定废玻璃的苏打量；三是增加烧制陶粒的强度。

日本东京工业试验所对城市垃圾焚烧物作轻骨料进行了成功的研究，产品表现出良好的性能。研究结果表明：建筑混凝土的轻骨料完全可以用城市垃圾焚烧灰渣作主要原料。

## 2．利用焚烧炉渣制作墙砖和地砖

上海普陀区市容管理局废弃物处置中心(徐福华，2003)利用焚烧炉渣和垃圾中分选出的废玻璃为原料，利用非烧结粘结砖工艺制备彩色道砖，产品经检测其抗压、抗折强度等质量指标以及产品的放射性和有害物质含量等均符合国家建筑材料的有关标准。为垃圾焚烧炉渣的利用开辟了一条新路子，实现了社会效益、环境效益和经济效益的统一。

日本东京工业实验所利用焚烧炉渣制作墙砖和地砖进行了大量的研究。结果表明，烧制出的墙砖和地砖，性能完全符合日本国家标准 JISA5209 的要求。墙砖和地砖一般是由硅石、长石、

蜡石、瓷石及黏土作原料制成的。用垃圾焚烧炉渣代替这些原料中的一部分,尽管质量有所下降,却可以使成本大大降低。

我国贵阳、西安等地利用 80%~85% 的垃圾灰,配上其他原料,制出了符合国家标准的硅酸蒸养垃圾砖。其工艺仅比普通蒸养砖多一道垃圾筛选工序,在价格上略高于普通蒸养砖。但这些地区对建筑砖的需求量大于供应量,因此在蒸养砖价格略高的情况下,还是能够销出去。

### 3. 焚烧灰渣的土木工程应用

炉渣的土木工程性质表明它替代传统的填充材料有很大的优势(J.H.Tay, et al, 1991)。一种应用是作为路堤和土壤改良的填料。炉渣的密度低,这使它们在作路堤和软土的填料时比传统的填料要好,因为施加在软土上的负荷小,所以引起的地面沉降也小。炉渣的抗剪强度很高,表明这两种物质有足够的耐受能力和稳定性。另外,炉渣的渗透系数很高,与沙子具有相同的数量级,这使它们在作填料时很快稳定。

### 4. 填埋场覆盖材料

适当压实处理后的炉渣的渗透系数可以降至很低,是一种适合的填埋场覆盖材料。有试验表明:炉渣经压实密度可增至 1600 kg/m$^3$ 以上。合适的含水率(大约为 16%)并加以适当的压力,可使其渗透系数减小到 $10^{-6}$ cm/s,有的甚至小于 $10^{-8}$ cm/s。

灰渣作填埋场覆盖材料也是美国目前应用最广泛的资源化利用方式。由于填埋场自身具有良好的卫生条件,如设有防渗衬层和渗滤液回收系统等,灰渣中重金属浸出产生的不利影响可以得到很好的控制;另外,可不必进行筛分、磁选、粒径分配等灰渣预处理工艺。因此,无论在经济上、技术上还是环境上,炉渣作填埋场覆盖材料均是一种非常好的选择。

通过对专用混合灰渣填埋场渗滤液的分析表明,渗滤液中的重金属浓度均低于毒性浸出测试(TCLP)最大允许浓度,但须引起注意的是,渗滤液的溶解盐浓度较高,常高出饮用水标准值几个数量级以上。因此,在用炉渣作填埋场覆盖材料时,须监测其渗滤液中溶解盐情况。

目前,全世界每年产生炉渣 1700 万 t,而且预测 10 年或 15 年后将成倍增长。根据国外的资料,垃圾焚烧炉渣重金属和溶解盐含量低,一般属于一般废弃物,在欧美一些国家替代天然集料或部分替代天然集料应用于公路基层中。但是,由于炉渣的性质受生活垃圾成分、焚烧炉的炉型、运行条件等诸多因素影响,故应对我国垃圾焚烧厂产生的炉渣特性进行详尽的分析,特别是炉渣中的重金属含量和活性,从而为炉渣利用过程的环境安全性做出正确评价。

# 第八节 垃圾焚烧厂沥滤液处理技术

## 一、沥滤液的危害及处理现状

中国城市生活垃圾的厨余物多、含水率高、热值较低,焚烧法处理垃圾时必须将新鲜垃圾在垃圾储坑中储存 3~5 天进行发酵熟化,以达到沥出水分、提高热值的目的,才能保证后续焚烧炉的正常运行,《生活垃圾焚烧污染控制标准》(GB18485—2001)中将此过程中沥出的水分称为“沥滤液”,其特点是污染物浓度高、水质变化大、带有强烈恶臭,呈黄褐色或灰褐色。沥滤液又是垃圾处理的最后一道环节,多种因素导致了沥滤液处理一直不被公众、媒体及全社会所关注,成为被遗忘的角落。

焚烧厂沥滤液的 COD 比填埋场渗滤液高几倍甚至几十倍,而垃圾渗滤液量占垃圾焚烧厂中工艺废水水量的绝大部分。对比排放标准数据发现,垃圾填埋场渗滤液排放标准中污染物排放浓度比垃圾焚烧厂相应为高,这样垃圾焚烧厂中沥滤液处理难度将大大高于填埋场渗滤液的处理。作为特殊行业,垃圾焚烧厂中沥滤液是一种高浓度、成分复杂、难降解的污水,其处理难度也比其他行业更加难以处理,按《污水综合排放标准》中规定的如制糖、化工、味精等特殊行业排放标准适当放宽的宗旨,垃圾焚烧厂的污水排放标准是否应当适当放宽值得探讨,否则处理难度和成本太高会使很多焚烧厂无法承受。

　　垃圾沥滤液的处理是目前国内环保界处理的研究热点,同时也是一个难点,而大量垃圾焚烧厂已在国内纷纷建设。垃圾沥滤液是一种高污染、强烈恶臭的污水,垃圾焚烧厂在没有解决沥滤液处理的情况下投入运行,会产生新的二次污染,在目前没有经济可靠工艺的情况下,部分已投运的垃圾焚烧厂采用将沥滤液运往城市污水处理厂与生活污水混合处理,不说其成本昂贵(每吨水最少需 80～100 元),其行为也是一种污染物转移的违法活动,与将污水偷排到城市污水管网的行为相同。而更有某些厂采用偷排的方式,将沥滤液直接排到海洋及河流等地表水体中,严重污染环境。还有部分厂家采用高运行费用的工艺,仅在环保部门检查时运行,其余时间则直排,这些做法会严重污染环境,建议在环保部门审批验收垃圾焚烧厂沥滤液处理时应增加相应条款,严格禁止将沥滤液外运城市污水处理厂,并参照垃圾焚烧厂中对烟气要求的自动在线监测系统,在其排水口增设 COD 自动在线监测系统。

　　目前我国的沥滤液处理还存在以下两种现状:

　　1. 投入资金严重不足

　　目前已经建成的 70 多座垃圾处理场的沥滤液处理系统,总投资约为 4～5 亿元,这一投资不能和我国每年上千亿元的城市污水处理投资相比。由于撒胡椒面式的投资,从而造成有的系统勉强运行不能达标,有的甚至不能运行进而废弃。近几年虽然有一些新工艺开始进入市场,但大部分都是探索性的试验,还未经受住实际工程运行的考验,主要表现为处理效果不稳定、达标率低。

　　2. 处理技术亟待提升

　　目前我国沥滤液处理技术大致有以下三种:一是沿用传统生活污水治理技术,以简单生化为主,基本不达标,这种工程占沥滤液工程总量的 60% 以上。二是近年来许多科研院所考虑到垃圾沥滤液的特点,不断探索一些新技术,改良了一些老办法,整合了一些新工艺,并应用于实际工程,但效果并不理想,这类工程占 10% 左右。三是一些填埋场苦于没有良好的处理技术,干脆简单对付,这类工程占 20% 以上。

　　西方发达国家关注并大规模开展沥滤液处理是在 20 世纪 50 年代,基本上是在无奈和失败中探索,直到 80 年代随着膜处理技术应用于沥滤液处理,才走出了以反渗透技术为主,高效生物反应器结合反渗透的技术路线。从国外近十几年来沥滤液处理技术发展来看,简单生化法处理沥滤液的技术已被逐渐淘汰,取而代之的是以反渗透为主的膜处理工艺和高效生化处理结合膜法的先进技术。2003 年以来,随着国家加大环保、垃圾及沥滤液处理力度,先后引进国外先进的反渗透处理沥滤液技术的工程相继建成,使我国的沥滤液处理水平迈上了一个台阶,开创了沥滤液处理的新时代。

　　碟管式反渗透由于其独特的开放式流道、短流程、湍流行的技术特点,使得该设备对沥滤液的适应能力强,其处理效率不因沥滤液水质的变化而变化,出水水质稳定。重庆长生桥及北京安定填埋场沥滤液分属于早期沥滤液与晚期沥滤液,两个项目的正常运行,及优越的出水水质均证明了碟管式反渗透对沥滤液浓度高、变化大的复杂水质的高度适应性。

## 二、沥滤液的性质

### (一) 沥滤液的特点

进入城市生活垃圾焚烧厂的生活垃圾一般不经过分选和预处理,垃圾成分复杂,不仅含有大量的厨余类垃圾,还含有废日光灯管、废电池。垃圾的含水率高,有机污染高,各类垃圾的比例会随着地区和季节的不同而变化。垃圾沥滤液的水量水质变化大且呈非周期性。这些都给对其进行有效而稳定的处理带来较大困难。因此掌握沥滤液的特性对科学、合理地确定处理工艺方法非常必要。

### 1. 水量变化大

生活垃圾焚烧厂垃圾沥滤液主要来自三个方面:

一是外在水分,由于垃圾的中转和收运过程都是一个敞开的作业系统,因此沥滤液的产生受到大气降水的影响。在气候干燥的地区和旱季,降雨量少,产生的沥滤液就少;而在气候湿润的地区和雨季,降雨量多,产生的沥滤液也会相应增多。

二是垃圾在垃圾储坑中受到挤压,搅拌后部分初始含水的释放;如在夏季,生活垃圾中含有的果皮较多,沥滤液量也会增多。

三是垃圾堆放时垃圾降解过程中大量的有机物在微生物的作用下转化为水、二氧化碳、甲烷等所释放的内源水。

由此可见,垃圾沥滤液的水量不仅取决于垃圾本身的组成,而且还与降雨量、地区、季节有关。在设计中,要通过调查分析,掌握水量及其变化规律,并在选择沥滤水处理工艺时考虑此特性。不论是进行直接回喷焚烧,厂内处理或最终纳入城市污水管网,均应以最不利的状况,即一年内可能出现的最大沥滤液量进行考虑。

### 2. 污染物种类多

沥滤液属高浓度有机废水,有机物有烃类及其衍生物、酸酯类、醇酚类、酮醛类和酰胺类等,除此之外还含有重金属和有毒有害物质。一般情况南方沿海城市垃圾沥滤液中 $COD_{Cr}$ 浓度范围 $20000\sim50000$ mg/L,$BOD_5$ 浓度范围 $10000\sim20000$ mg/L,SS 约为 $2000\sim3000$ mg/L,$NH_3\text{-}N$ 在 $2500\sim4000$ mg/L,pH 值为 $4\sim6$。沥滤液的水质不仅相当复杂,污染物种类多,而且浓度存在短期波动性(随季节变化)和长期变化(随垃圾成分的变化)的复杂性。

### 3. 选择处理工艺时应考虑的水质因素

主要应考虑以下几个因素:

(1) $BOD_5/COD_{Cr}$ 比值。运进垃圾焚烧厂的垃圾大部分是比较新鲜的生活垃圾,在垃圾池内的储存时间一般为 $3\sim7$ 天。垃圾沥滤液的性质与新的垃圾填埋场所产生的垃圾渗滤液的性质有一定的相似之处,即低 pH 值,高 $BOD_5$ 和 $COD_{Cr}$,高 $BOD_5/COD_{Cr}$,可生化降解的有机物较多。在设计中如采用生化处理,选择处理工艺时,必须考虑这个问题。

(2) 金属离子问题。一般运入生活垃圾焚烧厂的垃圾不分选,由于其物理和化学环境而使垃圾中的高价不溶性金属离子转化为可溶性金属离子而溶于沥滤液中(所谓物理环境主要是指淋溶作用,化学环境主要是指因微生物对有机物的水解酸化使 pH 值下降以及在厌氧条件下形成的还原环境)。在沥滤液中含有的金属离子包括 Mn、Cr、Ni、Pb、Hg、Mg、Fe、Na 等,其中一些还是第一类污染物。这些重金属离子会对生物处理过程产生严重的抑制作用。因此如果采用生物法处理,需要考虑这部分重金属对生物处理的影响。

(3) $NH_3\text{-}N$ 浓度问题。沥滤液中高浓度的 $NH_3\text{-}N$ 是导致处理难度增大的一个重要原因。高浓度的 $NH_3\text{-}N$ 不仅加重了受纳水体的污染程度,也给处理工艺的选择带来了困难,增加了复杂性。过高的 $NH_3\text{-}N$ 要求进行脱氮处理,而处理的结果使水中的 C/N 值更低,反过来抑制常规生物处理的进行。

### (二) 沥滤液的组成

由于垃圾的焚烧处理技术在国内刚刚兴起,目前国内对垃圾焚烧厂沥滤液的性质研究报道不多。根据 2001 年某次测定的沥滤液全分析数据如表 5-32 所示。

表 5-32　2001 年南方某垃圾焚烧厂某次沥滤液全分析数据

| 项　目 | pH | SS | 油脂 | COD | BOD | Cu | Pb | Zn | Cd | Fe |
|---|---|---|---|---|---|---|---|---|---|---|
| 数　值 | 6.4 | 1120 | 8 | 49800 | 19200 | 0.12 | 0.2 | 1.37 | 0.05 | 28.6 |

| 项　目 | Mn | Ca | Mg | 总汞 | 总磷 | 氨氮 | 磷酸盐 | 氯化物 | 总硬度 | |
|---|---|---|---|---|---|---|---|---|---|---|
| 数　值 | 2.23 | 100 | 135 | 2.24 | 48 | 1200 | 22 | 2940 | 2340 | |

注:除 pH 和总硬度之外,其他项目的单位均为 mg/L。

根据掌握的国内部分城市的生活垃圾焚烧厂沥滤液的水质数据,其 COD 约 40000~80000 mg/L(混有工业或建筑垃圾时 COD 最低约 20000 mg/L),夏季时较低,冬季较高;BOD/COD 为 0.4~0.8,氨氮为 1000~2000 mg/L,pH 值为 5.0~6.5,SS 为 1000~5000 mg/L,呈黄褐色或灰褐色,挥发出的气体带有强烈恶臭,对人体有危害,能使人产生恶心、尿血、头晕等症状。通过质谱分析,垃圾沥滤液中有机物种类高达百余种,其中所含有机物大多为腐殖类高分子碳水化合物和中等分子量的灰黄霉酸类物质。

国内外垃圾沥滤液的产生量有很大不同。国外垃圾中厨余物含量很少,比利时某垃圾焚烧厂处理能力为 1000 t/d,垃圾沥滤液最大产量约 4 t,日常基本不产生沥滤液。而中国城市生活垃圾中厨余物含量很高,根据中科院广州能源研究所对深圳城市生活垃圾基础分析报告,深圳的部分垃圾焚烧厂的经熟化堆放排出沥滤液后的垃圾(即进入焚烧炉进行处理的垃圾)中厨余物含量在 40%~45%,含水率约 50%,因此,中国城市生活垃圾的沥滤液产生量非常高,根据上海、苏州等不同地域城市的统计数据,垃圾沥滤液的产量占垃圾总量的 10%~20% 左右,平均约 15%。

### 三、垃圾沥滤液处理技术及研究

对沥滤液的处理,通常需要研究两方面的问题:一是采用什么样的处理方案,二是采用什么样的处理工艺方法。

随着垃圾焚烧技术在中国的逐步推广,为防止焚烧过程中产生的"二次污染",垃圾沥滤液必须经过处理达标后才能排放,因此沥滤液的处理技术受到国内外环保界的广泛关注。目前正在研究或运用的处理技术有以下几种。

#### (一) 回喷法

回喷法适合于沥滤液产量少、垃圾热值高的场合,对于热值较低的垃圾则不适合,否则会造成焚烧炉炉膛温度过低、甚至熄火的状况。经计算,对于热值为 5117 kJ/kg(1223 kcal/kg)、含水率为 48% 的城市生活垃圾,理论上沥滤液最大回喷量为垃圾焚烧量的 3.19%。但中国垃圾的含水率太高,沥滤液产量大,显然回喷法不适用于中国,目前中国所建的众多垃圾焚烧厂均没有采用回喷法处理沥滤液。

#### (二) 反渗透法处理

反渗透法处理高浓度、高盐分污水已得到广泛应用,在城市生活垃圾填埋场渗滤液的处理中也已有成熟的运行经验,目前国内有公司尝试引进德国技术运用于中国垃圾焚烧厂沥滤液处理。但焚烧厂垃圾沥滤液与填埋场渗滤液不同,有机物、悬浮物含量要高得多,反渗透浓缩液量也要比填埋场渗滤液大得多。一般来说二级 RO 系统处理填埋场渗滤液的浓缩比可达到 10%,而运用于沥滤液处理时,经实验证明浓缩比最高只有 50%,反渗透膜也极易污染中毒,膜组件更换频繁,而且预处理系统要复杂得多。

反渗透法产生的浓缩液的处理是一个难点,焚烧厂沥滤液用反渗透法处理产生的浓缩液还有 50% 以上,由于没有填埋场回灌的便利条件,回喷焚烧炉水量又太大,因此用膜处理法处理沥滤液的前提是解决浓缩液的处理问题。

碟管式反渗透处理过程不同于生物处理工艺的有机物降解机理,而是采用反渗透膜将有机污染物 99% 以上截留,虽然在过滤过程中污染物质不发生相应的变化,但是浓缩液回灌填埋场过程将完成污染物的消纳降解,垃圾场成为碟管式反渗透工艺的生物反应器部分,两者共同组成具有多种降低污染物功能的"宏观 MBR",具有管理简便、运行费用低、处理效率高、运行稳定、可加速卫生填埋场稳定等特点。

因为相对于渗滤液回灌,碟管式反渗透设备仅将少量的浓缩液回灌于垃圾填埋场,工作量少,降低了回灌的成本,且对渗滤液的产量影响甚微。且由于碟管式反渗透对盐类和重金属的截留率高达 98%,含盐量高达 $10 \sim 20$ g/L 的渗滤液经碟管式反渗透处理的出水,含盐量 $10 \sim 20$ mg/L,可回收再用,若排入水体,不会对渔业、农田灌溉及其他用途造成不利影响,可确保水环境安全。

### (三) 生化处理

以生化处理方法去除沥滤液中主要污染物的工艺目前研究较多的是氨吹脱 + UASB + SBR,以及在此基础上增加臭氧氧化、混凝等工艺,较典型的是采用改进的填埋场渗滤液工艺——混凝 + 氨吹脱 + pH 回调 + 厌氧滤池 + SBR + 臭氧消毒。

以前的垃圾渗滤液通常采用的处理工艺是生化法,但生化法本身固有的技术缺陷也是致命的。比如,渗滤液的水质随填埋场年限的增长而发生较大的变化,可生化性越来越差,必须采用抗冲击负荷能力强的生物工艺系统,因而其处理工艺流程操作管理复杂,运行效果难以得到长期的保证;比如,由于渗滤液的化学耗氧量中将近有 $500 \sim 600$ mg/L,无法用生物处理的方式处理,即使在填埋初期,渗滤液的可生化性较好,光靠生物处理也很难将之处理至二级甚至一级标准;再比如,生化法的采用受地区气候条件制约明显,在北方,冬季基本没有处理效果。经过相当长时间调试好的生化系统,结果只能在气候适宜的时间段内运行,既造成资金浪费又致使渗滤液在漫长的冬季放任自流。

### (四) 化学氧化处理

某垃圾焚烧厂曾采用 Feton 试剂氧化 + 氨吹脱 + 混凝沉淀 + 厌氧 + SBR + $ClO_2$ 氧化 + 活性炭吸附工艺处理沥滤液,该工艺主要是依靠化学氧化剂及活性炭吸附去除污染物,加药正常时出水可以达到国家三级排放标准,但运行费用高达 120 元/t 以上。

### (五) CTB 工艺处理

CTB(coagulation-thermodynamica-biochemical oxidation)处理工艺,该工艺采用混凝 + 低温多效蒸发 + 氨吹脱 + 生化处理法。低温多效蒸发和氨吹脱作为本工艺的核心技术,大部分污染物如 COD、氨氮等主要在此阶段去除。

经混凝去除悬浮物后的沥滤液经这两道工序处理后,沥滤液可被处理到 COD 小于 1000 mg/L、氨氮小于 100 mg/L,且其 BOD/COD 约为 0.6,生化性能良好,再辅之以好氧生化处理单元,其最终出水可满足国家二级排放标准。在此过程中产生的污泥、蒸发残渣等排入垃圾仓,随垃圾进入焚烧炉进行焚烧处理,而吹脱出的氨等气体作为焚烧炉二次风进行高温氧化处理,不会带来新的二次污染,只是该工艺尚未完全实现工业化。

### (六) 其他处理工艺

除上述处理方法,目前进行的沥滤液处理的工艺研究还包括催化氧化法、湿式氧化法、电氧化法、光氧化法等,这些氧化法或由于催化剂极易中毒、或由于耗电量太大等均无法进入实际工业化阶段。

## 第九节 焚 烧 设 备

固体废物焚烧系统主要由垃圾接受系统、焚烧系统、助燃空气系统、余热利用系统、蒸汽及冷凝水系统、烟气净化系统、灰渣处理系统、自动控制系统等组成。其典型的工艺流程见图 5-25 和图 5-26。

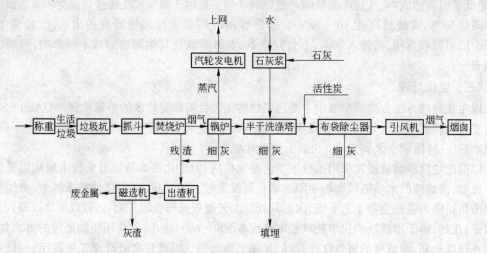

图 5-25 固体废物焚烧系统工艺流程

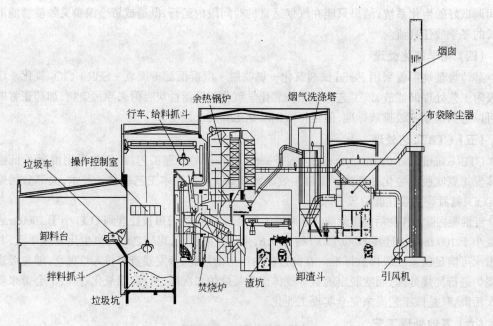

图 5-26 工艺流程与设备

本节内容对这几个系统中的主要设备进行介绍。

## 一、进料设备

焚烧炉垃圾进料系统包括垃圾进料漏斗和填料装置。垃圾进料漏斗暂时贮存垃圾吊车投入的垃圾,并将其连续送入炉内燃烧。具有联结滑道的喇叭状漏斗与滑道相连,并附有单向开关盖,在停机及漏斗未盛满垃圾时可遮断外部侵入的空气,避免炉内火焰的窜出。为防止阻塞现象,还可附设消除阻塞装置。

### (一) 种类及功能

垃圾进料漏斗的基本功能是:完全接受吊车抓斗一次投入的垃圾,既能在漏斗内存留足够量的垃圾,又能将垃圾顺利供至炉体内,并防止燃烧气漏出、空气漏入等现象发生。进料漏斗及滑道的形状,取决于垃圾性质和焚烧炉类型。

漏斗一般可分为双边喇叭型及单边喇叭型两种,滑道则有垂直型及倾斜型两种型式。为防止滑道下部因受热烧损或变形,可装设水冷外壳、空冷散热片或耐火衬里来加以保护。其设计原理可参考图 5-27,a 型及 c 型为单喇叭型,b 型及 d 型为双喇叭型。a 型接受口的角度为 $\alpha$,与 c 型的喉部角度 $\beta$ 均因厂家的不同而异。喉部滑道的长度视垃圾抓斗抓举一次垃圾的容量而定。若一次抓取投入量为 $A$ m³,投在前次投入的 $B$ m³ 垃圾上,而放置在漏斗接受口的底面上时,高度 $a$ 对于下部喉口宽度 $b$ 为 $a \leqslant b$ 的条件下可决定 $e$ 的长度。这是为了防止垃圾的堵塞,若采用倾斜型的漏斗型则通常采用 $f < e$。$\alpha$ 角及 $\beta$ 角比垃圾的摩擦角大即可。垃圾的摩擦角视滑动面的形状、材质及粗糙度而异。一般进料开口部分的尺寸参见图 5-28,进料口需比吊车抓斗全开时的最大尺寸还大 0.5 m 以上,以防止垃圾掉落斗外。喇叭部分应与水平面呈 45°以上的倾斜角,纵深在 0.6 m 以上。而进料斗的容量,应能贮存 15～30 min 左右的焚烧垃圾量。

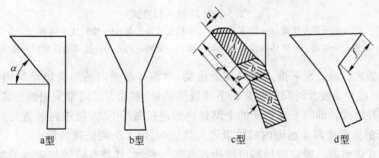

图 5-27　投入垃圾的漏斗形状

进料阻塞是由于障碍物卡住滑道,或因吊车操作错误使投入位置偏离,在滑道入口处形成局部压实现象所造成的。阻塞消除装置分内推式和外移式两种,内推式可把阻塞的垃圾推进炉内,外移式则是把阻塞的垃圾顶出进料口。当大型垃圾在进料口堵塞时,通常可用预先设置的吊锤或推杆将卡住的垃圾推入燃烧室内或顶出进料口使之落回贮坑,待用抓斗送往破碎机破碎后再投入,如图 5-29 所示。图中 1 及 2 为一种吊挂式堵塞消除装置,3 及 4 为推杆式消除堵塞装置,5 为旋转式堵塞消除装置。

### (二) 进料设备

进料设备的功能是:

(1) 连续将垃圾供给到焚烧炉内;

(2) 根据垃圾性质及炉内燃烧状况的变化,适当调整进料速度;

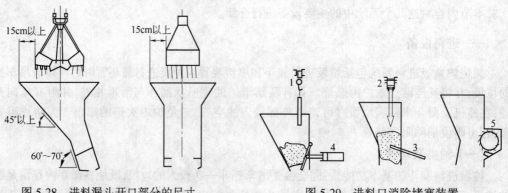

图 5-28　进料漏斗开口部分的尺寸　　　　　　　图 5-29　进料口消除堵塞装置
1,2—吊挂式;3,4—推杆式;5—旋转式

（3）在供料时松动漏斗内被自重压缩的垃圾,使其呈良好通气状态;

（4）如采用流化床式焚烧炉,还应保持气密性,避免因外界空气流入或气体吹出而导致炉压变动。

至于进料设备,炉排型焚烧炉多采用推入器式或炉床并用式进料器;流化床焚烧炉则采用螺旋进料器式进料装置,详见图 5-30。

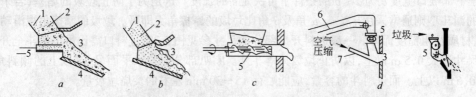

图 5-30　垃圾入料方式
a—推入器式;b—炉床并用式;c—螺旋式进料器;d—旋转式进料器
1—滑道;2—垃圾;3—炉体内部;4—干燥炉床;5—旋转进料器;6—裙带输送带;7—播撒器

（1）推入器式。通过水平推入器的往返运动,将漏斗滑道内的垃圾供至炉内。可通过改变推入器的冲程、运动速度及时间间隔来调节垃圾供给量,驱动方式通常采用油压式。

（2）炉床并用式。即将干燥炉床的上部延伸到进料漏斗下方,使进料装置与炉床成为一体,依靠干燥炉床的运动将漏斗通道内的垃圾送入焚烧炉,但无法调整进料量。

（3）螺旋式进料器。螺旋进料器可维持较高的气密性,并兼有破袋与破碎的功能,通常以螺旋转数来控制垃圾供给量。

（4）旋转式进料器。旋转进料器气密性高,排出能力较大,供给量则可以通过变换进料输送带的速度来控制,而旋转数也能与进料输送带作同步变速,一般设置在进料输送带的尾端。但是只能输送破碎过的垃圾,并须在旋转进料器后装设播撒器使垃圾均匀分散进入炉内。

## 二、垃圾焚烧炉

### （一）垃圾焚烧炉的设计

#### 1.垃圾焚烧炉设计的基本原则

垃圾焚烧炉设计的基本原则是使废物在炉膛内按规定的焚烧温度和足够的停留时间,达到完全燃烧。这就要求选择适宜的炉床,合理设计炉膛的形状和尺寸,增加垃圾与氧气接触的机会,使垃圾在焚烧过程中水气易于蒸发、加速燃烧,以及控制空气及燃烧气体的流速及流向,使气体得以均匀混合。

(1) 炉型。选择炉型时,首先应看所选择炉型的燃烧形态(控气式或过氧燃烧式)是否适合所处理的所有废物的性质。过氧燃烧式是指第一燃烧室供给充足的空气量(即超过理论空气量);控气燃烧式(缺氧燃烧)即第一燃烧室供给的空气量约是理论空气量的70%~80%,处于缺氧状态,使垃圾在此室内裂解成较小分子的碳氢化合物气体、CO与少量微细的炭颗粒,到第二燃烧室再供给充足空气使其氧化成稳定的气体。由于经过阶段性的空气供给,可使燃烧反应较为稳定,相对产生的污染物较少,且在第一燃烧室供给的空气量少,所带出的粒状物质也相对较少,为目前焚烧炉设计与操作较常使用的模式。

一般来说,过氧燃烧式焚烧炉较适合焚烧不易燃性废物或燃烧性较稳定的废物,如木屑、纸类等;而控气式焚烧炉较适合焚烧易燃性废物,如塑料、橡胶与高分子石化废料等;炉排型焚烧炉适用于生活垃圾;旋转窑焚烧炉适宜处理危险废物。

此外,还必须考虑燃烧室结构及气流模式、送风方式、搅拌性能好坏、是否会产生短流或底灰易被扰动等因素。焚烧炉中气流的走向取决于焚烧炉的类型和废物的特性。其基本的取向如图5-31和图5-32所示。多膛式焚烧炉的取向通常是垂直向上燃烧的;回转窑焚烧炉通常是向斜下方向燃烧;而液体喷射式焚烧炉、废气焚烧炉及其他圆柱形的焚烧炉可取任意方向,具体形式取决于待焚烧的废物形态及性质。当燃烧产物中含有盐类时,宜采用垂直向下或下斜向燃烧的设计类型,以便于从系统中清除盐分。

图 5-31　焚烧炉的取向(一)　　　　图 5-32　焚烧炉的取向(二)

焚烧炉的炉体可为圆柱形、正方形或长方形的容器。旋风式和螺旋燃烧室焚烧炉采用圆柱形的设计方案;液体喷射炉、废气焚烧炉及多燃烧室焚烧炉虽然既可以采用正方形也可以采用长方形的设计,但是圆柱形燃烧室仍是较好的结构形式。将耐火的顶部设计成正方形或长方形往往是非常困难的。大型焚烧炉二次燃烧室多为直立式圆筒或长方体,顶端装有紧急排放烟囱,中、小型焚烧炉二次燃烧室则多为水平圆筒形。

(2) 送风方式。就单燃烧室焚烧炉而言,助燃空气的送风方式可分为炉床上送风和炉床下送风两种,一般加入超量空气100%~300%,即空气比为2.0~4.0。对于两段式控气焚烧炉,在第一燃烧室内加入70%~80%理论空气量,在第二燃烧室内补足空气量至理论空气量的140%~200%。二次空气多由两侧喷入,以加速室内空气混合及搅拌混合程度。从理论上讲强制通风系统与吸风系统差别很小。吸风系统的优点是可以避免焚烧烟气外漏,但是由于系统中常含有焚烧产生的酸性气体,必须考虑设备的腐蚀问题。

(3) 炉膛尺寸的确定。垃圾焚烧炉炉膛尺寸主要是由燃烧室允许的容积热强度和垃圾焚烧时在高温炉膛内所需的停留时间两个因素决定的。通常的做法是按炉膛允许热强度来决定炉膛尺寸,然后按垃圾焚烧所必需的停留时间加以校核。

考虑到垃圾焚烧时既要保证燃烧完全,还要保证垃圾中有害组分在炉内一定的停留时间,因此在选取容积热强度值时要比一般燃料燃烧室低一些。

2. 设计参数

焚烧炉的设计主要与被烧垃圾的性质、处理规模、处理能力、炉排的机械负荷和热负荷、燃烧室热负荷、燃烧室出口温度和烟气滞留时间、热灼减率等因素有关。

(1) 垃圾性质。垃圾焚烧与垃圾的性质有密切关系,包括垃圾的三成分(水分、灰分、可燃分)、化学成分、低位热值、相对密度等。同时由于垃圾的主要性质随人们的生活水平、生活习惯、环保政策、产业结构等因素的变化而变化,所以必须尽量准确地预测在此焚烧厂服务时间内的垃圾性质的变化情况,从而正确地选择设备,提高投资效率。为使设备容量得到充分利用,一般采用工厂使用期的中间年的垃圾性质和垃圾量作为设计基准,并且可以采用分期建设的情况进行。

(2) 处理规模。焚烧炉处理规模一般以每天或每小时处理垃圾的重量和烟气流量来确定,必须同时考虑这两者因素,即使是同样重量的垃圾,性质不同,也会产生不同的烟气量,而烟气量将直接决定焚烧炉后续处理设备的规模。一般而言,垃圾的低位热值越高,单位垃圾产生的烟气量越多。

(3) 处理能力。垃圾焚烧厂的处理能力随垃圾性质、焚烧灰渣、助燃条件等的变化而在一定范围内变化。一般采用垃圾焚烧图来表示焚烧炉的焚烧能力。

(4) 炉排机械负荷和热负荷。炉排机械负荷是表示单位炉排面积的垃圾燃烧速度的指标,即单位炉排面积、单位时间内燃烧的垃圾量 $kg/(m^2 \cdot h)$。炉排机械负荷是垃圾焚烧炉设计的重要指标,高则表示炉排处理垃圾的能力强。炉排面积热负荷是在正常运转条件下,单位炉排面积在单位时间内所能承受的热量 $kJ/(m^2 \cdot h)$,视炉排材料及设计方式等因素而异。

(5) 燃烧室热负荷。燃烧室热负荷是衡量单位时间内、单位容积所承受热量的指标,包括一次燃烧室和二次燃烧室。燃烧室热负荷的大小即表示燃烧火焰在燃烧室内的充满程度。

(6) 燃烧室出口温度和烟气滞留时间。废气停留时间与炉温应根据废物特性而定。处理危险废物或稳定性较高的含有机性氯化物的一般废物时,废气停留时间需延长,炉温应提高;若为易燃性或城市垃圾,则停留时间与炉温在设计方面可酌量降低。一般而言,若要使 CO 达到充分破坏的理论值,停留时间应在 0.5 s 以上,炉温在 700℃ 以上,但任何一座焚烧炉不可能充分扰动扩散,或多或少皆有短流现象,而且未燃的炭颗粒部分仍会反应成 CO,故在操作时,炉温应维持 1000℃,而停留时间以 1 s 以上为宜。若炉温升高,停留时间可以降低;炉温降低时,停留时间需要加长。

(7) 热灼减率。炉渣的热灼减率是衡量焚烧炉渣无害化程度的重要指标,也是炉排机械负荷设计的主要指标。焚烧炉渣的热灼减率是指焚烧炉渣中的未燃尽分的重量,目前焚烧炉设计时的炉渣热灼减率一般在 5% 以下,大型连续运行的焚烧炉也有要求在 3% 以下。

**3. 炉排型焚烧炉的设计**

炉排型焚烧炉设计如下:

(1) 炉膛几何形状及气流模式。燃烧室几何形状要与炉排构造协调,在导流废气的过程中,为废物提供一个干燥、完全燃烧的环境,确保废气能在高温环境中有充分的停留时间,以保证毒性物质分解,还需兼顾锅炉布局及热能回收效率。

1) 对于低位发热量在 2000～4000 kJ/kg、高水分的垃圾,适宜采用逆流式的炉床与燃烧室搭配形态,即指经预热的一次风进入炉床后,与垃圾物流的运动方向相反,燃烧气体与炉体的辐射热利于垃圾受到充分的干燥。德国 Martin 公司的炉体大部分即设计成此种形式。

2) 对于低位发热量在 5000 kJ/kg 以上及低含水量的垃圾,适宜采用顺流式炉床与燃烧室搭配形态,此时垃圾移送方向与助燃空气流向相同,燃烧气体对垃圾干燥效果较差。

3) 对于低位发热量在 3500～6300 kJ/kg 的垃圾,可采用交流式的炉床与燃烧室搭配形态,使垃圾移动方向与燃烧气体流向相交。这种燃烧模式的选择有很大灵活性,若焚烧质佳的垃圾,则垃圾与气体流向的交点偏后向燃烧侧(即成顺流式);反之则偏向干燥炉床侧(即成逆流式),瑞士 Von Roll 公司的炉体即属此形式。

4）对于热值变化较大的垃圾，则可以采用复流式的搭配形态。燃烧室中间由辐射天井隔开，使燃烧室成为两个烟道，燃烧气体由主烟道进入气体混合室，未燃气体及混合不均的气体由副烟道进入气体混合室，燃烧气体与未燃气体在气体混合室内可再燃烧，使燃烧作用更趋于完全。丹麦 Volund 及其代理厂家日本钢管株式会社(NKK)的炉体即属于此种形式。

欧洲共同体燃烧优化准则(GCP)中规定，焚化废气在燃烧室炉床上方至少须在 850℃ 环境中停留 2 s，以彻底破坏可能产生二噁英的有机物。此外在工程设计时，为避免废气流量过大对耐火衬产生腐蚀，一般均将燃烧室烟气流速限制在 5 m/s 之下，废气通过对流区的流速不得高于 7 m/s。燃烧室内废气温度亦不可高于 1050℃，以免飞灰因温度过高而黏着于炉壁造成软化及腐蚀，并且易于产生过量的氮氧化物。

（2）燃烧室的构造。垃圾燃烧室中，依吸热方式的不同可分为耐火材料型燃烧室与水冷式燃烧室两种。前者燃烧室仅以耐火材料加以被覆隔热，所有热量均由设于对流区的锅炉传热而吸收，仅用于较早期的焚烧炉中。而后者中的燃烧室与炉床成为一体，空冷砖墙及水墙构造不易烧损及受熔融飞灰等损害，所容许的燃烧室负荷较一般砖墙构造高，多为近代大型垃圾焚烧炉燃烧室炉壁设计所采用。水管墙可有效地吸收热量，并降低废气温度，其主要设计准则为：

1）水管墙应采用薄膜墙设计，以达到良好气密性的要求；

2）水管墙的底部，即靠近炉床的上方部分，因暴露于极高温度的火焰中而易遭受腐蚀，须覆以耐火材料加以保护；

3）水管墙位置一般在炉床左右侧耐火砖墙的顶部，靠近炉床的侧壁因直接承受高温环境及熔融飞灰的冲击，不适宜采用裸管水墙或鳍片管水墙，有时在接近炉床的位置采用空冷砖墙或耐火砖墙，直至越过火焰顶端后的燃烧室侧壁再采用各型水墙。

（3）燃烧室热负荷。连续燃烧式焚烧炉燃烧室热负荷设计值约为 $(34 \sim 63) \times 10^4$ kJ/($m^3$·h)。若设计不当，对于垃圾燃烧有不良的影响。其值过大时，将导致燃烧气体在炉内停留时间太短，造成不完全燃烧，且炉体的热负荷太高，炉壁易形成熔渣，造成炉壁剥落龟裂，影响燃烧室使用寿命，同时亦影响锅炉操作的效率及稳定性；其值过小时，将使低热值垃圾无法维持适当的燃烧温度，燃烧状况不稳定。应根据垃圾处理量与低位发热量确定适宜的燃烧室热负荷，避免设计值与实际操作值误差过大。

（4）助燃空气。通常助燃空气分二次供给，一次空气由炉床下方送入燃烧室，二次空气由炉床上方燃烧室侧壁送入。一般而言，一次空气占助燃空气总量的 60% ~ 70%，预热至 150℃ 左右由鼓风机送入；其余助燃空气当成二次空气。一次空气在炉床干燥段、燃烧段及后燃烧段的分配比例，一般为 15%、75% 及 10%。二次空气进入炉内时，以较高的风压从炉床上方吹入燃烧火焰中，扰乱燃烧室内的气流，可使燃烧气体与空气充分接触，增加其混合效果。操作时为配合燃烧室热负荷，防止炉内温度变化剧烈，可调整预热助燃空气的温度。二次空气是否需预热须根据热平衡的条件来决定。

（5）燃烧室所需体积。燃烧室容积($V$)大小，应兼顾燃烧室容积热负荷及燃烧效率两种准则，方法是同时考虑垃圾的低位发热量与燃烧室容积热负荷的比值(即 $Q/Q_v$)，及燃烧烟气产生率与烟气停留时间的乘积(即 $Gt_r$)，取两者中较大值。即为：

$$V = \max\left[\frac{Q}{Q_v}, Gt_r\right] \tag{5-40}$$

及

$$G = \frac{m_g F}{3600\gamma} \tag{5-41}$$

式中　$V$——燃烧室容积，$m^3$；

　　　$Q$——单位时间内垃圾及辅助燃料产生的低位发热量，$kJ/h$；

　　　$Q_v$——燃烧室容许体积热负荷，$kJ/(m^3 \cdot h)$；

　　　$G$——废气体积流率，$m^3/s$；

　　　$t_r$——气体停留时间，$s$；

　　　$m_g$——燃烧室废气产生率，$kg/kg$；

　　　$\gamma$——燃烧气体的平均密度，$kg/m^3$；

　　　$F$——垃圾处理率，$kg/h$。

（6）所需炉排面积。确定所需炉排面积时，应同时考虑垃圾处理量及其热值，以使所选定的炉排面积能满足垃圾完全燃烧要求。具体方法是，综合考虑垃圾单位时间产生的低位发热量与炉排面积热负荷之比（$Q/Q_R$），及单位时间内垃圾的处理量与炉排机械燃烧强度之比（$F/Q_f$），炉排面积按两者中较大值确定，即

$$F_b = \max(Q/Q_R, F/Q_f) \tag{5-42}$$

式中　$Q$——单位时间内垃圾及辅助燃料所产生的低位热量，$kJ/h$；

　　　$F_b$——炉排所需面积，$m^2$；

　　　$Q_R$——炉排面积热负荷，$kJ/(m^2 \cdot h)$，$(1.25 \sim 3.75) \times 10^6$；

　　　$F$——单位时间内垃圾处理量，$kg/h$；

　　　$Q_f$——炉排机械燃烧强度，$kg/(m^2 \cdot h)$。

一般而言，炉排机械负荷（或燃烧强度）的选择有下述原则：

1）高水分低热值垃圾采用的炉排机械负荷值较低；

2）焚烧炉渣的热灼减率值低时，要求机械负荷值要低；

3）燃烧空气预热温度越高，机械负荷值越高；

4）每台炉的规模越大，机械负荷值也越高；

5）水平炉排比倾斜炉排的机械负荷值稍低。

**4．回转窑焚烧炉的设计**

由于废物种类及特性变化大，现有燃烧模式无法准确推测出实际燃烧情况，焚烧炉的运转及设计必须根据制造厂商过去累积的经验，设计方法及准则趋于保守。一般设计及运转的准则如下：

（1）温度。干灰式旋转窑焚烧炉内的气体温度通常维持在 850～1000℃ 之间。如果温度过高，窑内固体易于熔融，温度太低，反应速率慢，燃烧不易完全。熔渣式旋转窑焚烧炉则控制于 1200℃ 以上，二次燃烧室气体的温度则维持于 1100℃ 以上，但是不宜超过 1400℃，以免过量的氮氧化物产生。

（2）过剩空气量。旋转窑焚烧炉的废液燃烧喷嘴的过剩空气量控制在 10%～20%。如果过剩空气量太低，火焰易产生烟雾；太高则火焰易被吹至喷嘴之外，可能导致火焰中断。旋转窑焚烧炉中的总过剩空气量通常维持在 100%～150%，以促进固体可燃物与氧气的接触，部分旋转窑焚烧炉甚至注入高浓度的氧气。二次燃烧室过剩空气量约为 80%。

（3）旋转窑焚烧炉内气、固体混合。旋转窑焚烧炉转速是决定气、固体混合的主要因素。转速增加时，离心力亦随之增加，同时固体在窑内搅动及抛掷程度加大，固体和氧气的接触面及机会也跟着增加。反之，则下层的固体和氧气的接触机会小，反应速率及效率降低。转速过大固然可加速焚烧，但粉状物、粉尘易被气体带出，排气处理的设备容量必须增加，投资费用也随之增高。

(4) 停留时间。旋转窑焚烧炉二次燃烧室体积一般是以 2 s 的气体停留时间为基准而设计的。

固体在旋转窑焚烧炉内的停留时间可用式(5-43)估算:

$$\theta = 0.19(L/D)\frac{1}{NS} \tag{5-43}$$

式中,$\theta$ 为固体停留时间,min;$L$ 为旋转窑焚烧炉长度,m;$D$ 为窑内直径,m;$N$ 为转速,r/min;$S$ 为窑倾斜度,m/m。

旋转窑长度、转速及倾斜度必须互相配合,以达到停留时间的需求。一般来说,废物物料需要在窑体内停留的时间越长,所需要的转速就越低,而 $L/D$ 比值就越高。窑的转速通常为 1~5 r/min,$L/D$ 比值为 2~10,倾斜度约为 1~2,停留时间为 30 min~2 h,焚烧能力容积热负荷为 $(4.2~104.5)\times10^4$ kJ/(m³·h),容积质量负荷为 35~60 kg/(m³·h)。

(5) 其他考虑因素。由于液体废物也在旋转窑焚烧炉内销毁,液体燃烧喷嘴的形式、火焰特性、燃烧喷嘴的相互位置、喷嘴的安排及相互干扰情况也必须慎重考虑。

为避免有毒的未完全燃烧气体逸出炉外,旋转窑及二次燃烧室皆在负压(约 -0.5 kPa)下操作,因此要求旋转窑焚烧炉有较好的气密程度,以免影响窑内焚烧情况。在窑两端嵌入环上装置金属或陶瓷纤维薄片,可将空气吸入量降至 10% 以内。部分旋转窑焚烧炉的两端衔接处以压缩空气造成气幕,除降低空气吸入外,亦可冷却衔接部分的金属。

### (二)常用的生活垃圾焚烧炉

目前,世界上使用较广的焚烧炉约有 8 种,如表 5-33 所示。从炉型上看主要有移动床式焚烧炉、流化床式焚烧炉、固定床式焚烧炉、回转炉床式焚烧炉等。

**表 5-33 世界上使用较广的城市生活垃圾焚烧炉制造商**

| 炉型 | 日 本 | 美 国 | 欧 洲 |
|---|---|---|---|
| Martin | 三菱重工业株式会社 | Ogden Martin System | 德国 Josef Martin Feuerungsbau GmbH |
| Von roll | 日立造船株式会社 | Whellabrator Technologies Inc | 瑞士 Von roll 公司 |
| DBA | 川崎重工业株式会社 | American Ref-Fuel | 德国 Deutche Babcock Analagen GmbH |
| Takuma | 田熊株式会社 | Filey Stoker 公司 | 无 |
| Volund | 日本钢管株式会社 | Vound/MK Ferguson | 丹麦 Volund Eoological System Corp. |
| W+E | 住友重工业株式会社 | Blount Energy Resources Corp. | Widmer + Ernst Corp. ABB |
| O' connor | IHI | Westinhouse | 无 |
| Detroit | 无 | Foster Wheeler Power System | 无 |
| 其他 | 荏原,久保田等 | Consumat Systems<br>Noell－K+K<br>Abfalltecknik GmbH<br>Nontenay Power Corp. 等 | 德国 steinmuller 公司<br>法国 Stein 公司 |

#### 1. 反推式机械炉排焚烧炉

马丁反推式机械炉排焚烧炉是德国马丁(Josef Martin Feuerungsbau GmbH)公司开发并拥有专利的垃圾焚烧技术的产品。马丁公司从事垃圾焚烧技术的开发已有近 70 年的历史,是世界上最大的垃圾焚烧炉制造商之一。

反推式机械炉排(简称反推炉排)的开发始于二次世界大战期间。由于战争的原因,这种技术在当时主要用于燃烧低质煤炭的锅炉,效果甚佳。二次世界大战后,由于工业的蓬勃发展,欧洲城市垃圾的数量日益增多,热值逐渐提高,马丁公司开始设计反推炉排的垃圾焚烧炉,并对余热的利用和二次污染的防治予以特别的注意。首台实用焚烧炉在1959年建于巴西的圣保罗市,规模为150 t/d。从1959年到1999年该公司在全世界共建造了200个垃圾焚烧厂,有400多台焚烧炉。

(1) 马丁型反推炉排的主要技术特点。

1) 可动炉排作反向往复移动,使垃圾的干燥、主燃烧、后燃烧交叉进行,提高了干燥、后燃烧的效率,缩小了干燥段、后燃烧段的面积,提高了单位面积的燃烧速度;同时,又使垃圾小幅度频繁翻滚、混合、前移,避免了其他炉排采用垂直位差使垃圾翻滚时产生大量飞灰的缺点,燃烧平稳均匀,彻底。但是,垃圾在炉床上正向移动的速度可调性差。

2) 炉床不分段,不设垂直位差,整个炉床为一整体,构造简单,维修方便。但是,炉床倾斜度大,垃圾易发生滑坡。

3) 炉排片内设有迷宫式通道,提高了炉排片的冷却效果,延长了使用寿命;使燃烧用空气分布均匀,燃烧更加稳定。

4) 垃圾的搅拌、翻动完全依靠炉排机械搅动,动力消耗大。可动炉排移动时发生正面摩擦,炉排片磨损大。

(2) 主要技术参数。

1) 垃圾热值。马丁炉适合于燃烧热值在3300～14438 kJ/kg的垃圾。垃圾热值小于3300 kJ/kg时必须助燃,大于3300 kJ/kg时可以自燃,垃圾热值小于8003 kJ/kg时,燃烧用空气采用蒸汽预热和烟气预热。当垃圾热值小于2475 kJ/kg、含水量大于50%时,通过加长干燥段,使垃圾脱水干燥,热值会上升,也能焚烧。

2) 炉床面积与燃烧速率:深圳市、日本横滨市部分现有焚烧炉的炉床面积、燃烧速率和炉床热负荷详见表5-34。

表 5-34　马丁垃圾焚烧炉的炉床面积、燃烧速率和炉床热负荷

| 用户名 | 垃圾热值/kJ·kg$^{-1}$ | 规模/t·d$^{-1}$ | 炉床面积/m$^2$ | 燃烧速率/kg·(m$^2$·h)$^{-1}$ | 炉床热负荷/kJ·(m$^2$·h)$^{-1}$ |
|---|---|---|---|---|---|
| 深　圳 | 4950 | 150 | 14.2 | 440 | 52.8×429 |
| 横滨北部 | 7425 | 400 | 62.6 | 266.2 | 47.9×429 |
| 横滨鹤见 | 8250 | 400 | 70.98 | 234.8 | 46.9×429 |
| 横滨荣 | 7425 | 500 | 80.2 | 259.7 | 46.7×429 |

(3) 三菱－马丁反推式垃圾焚烧炉。三菱重工业株式会社于1971年从马丁公司引进技术,设计开发了三菱－马丁反推式垃圾焚烧炉。开发中,特别注意了亚洲的城市垃圾含水量高、灰渣含量高、热值低的特点,设计中采用了以下改进:增大炉床的宽度,以解决含水量大的问题;增加炉床的长度,以解决含渣量大和热值低的问题;增加了带有锥菱形的炉排片,以改善对垃圾的翻动功能;空气先预热后再用于燃烧;增加通气孔的截面积。

1) 三菱－马丁反推式垃圾焚烧炉的构造见图5-33,包括以下一些系统。

① 垃圾收集和加料系统:包括垃圾投入仓、垃圾槽、吊车、投入料斗、进料槽及推料器等。

② 燃烧系统:包括马丁型反推式炉排、助燃器等。

③ 余热利用系统:主要包括锅炉、汽轮机、发电机等。

④ 二次污染的防止系统:主要包括燃烧尾气净化系统、废水处理系统和噪声控制措施三部分。其中,尾气净化系统包括静电集尘器和干法有害气体($NO_2$、$SO_x$、$HCl$)净化设备等。

⑤ 出灰系统:主要包括炉灰传输设备和贮灰槽、吊车等。

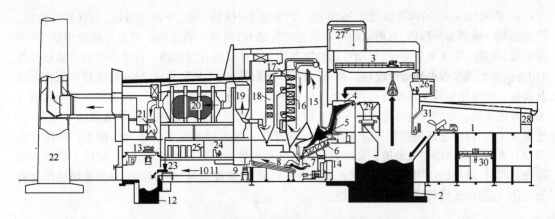

图 5-33 三菱－马丁反推式垃圾焚烧炉的构造

1—卸料口;2—垃圾坑;3—吊车;4—垃圾料斗;5—垃圾推料器;6—马丁－三菱形反推式炉床;7—推灰器;
8—灰传送带;9—振动筛选传送带;10—金属筛选传送带;11—粗物质筛选传送带;12—灰贮槽;
13—灰吊车;14—空气预热器;15—锅炉;16—前预热器;17—蒸发器;18—雾化器;
19—石灰喷洒反应器;20—静电除尘器;21—风机;22—烟囱;23—飞灰湿化器;
24—控制室;25—传动设备室;26—吊车控制室;27—维护吊车;
28—交通控制室;29—旋转破碎机;
30—备用吊车;31—垃圾进口

⑥ 控制系统:采用自动控制,远距离集中控制,操作简单方便。

2) 垃圾料斗与推料器的构造 为了垃圾能够顺利进入炉膛,焚烧炉入口处设有垃圾料斗和推料器。图 5-34 显示了垃圾料斗的构造。垃圾料斗和通道的角度经过特别设计,垃圾不会在此堆积而形成堵塞。焚烧炉运行时,料斗和通道内必须填满垃圾,通道内垃圾填充高度一般要达到3 m,这样炉膛内的燃烧空气就不会从料斗中逸出。否则,通道上的阀门必须关闭,以防止燃烧气体逸出。料斗壁和通道壁内设有水冷夹套,通水冷却,以防止料斗和通道高温损伤。图 5-35 显示了推料器的构造。进料器由液压推进装置推动作往复运动,将垃圾不断推入炉床;调整往复运动的速度,可以控制垃圾的进料速度。进料器由耐火材料制成,热变形很小;下设有活动的导轮使进料器往复运动十分顺畅。

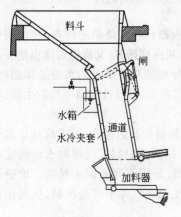

图 5-34 垃圾料斗的构造图

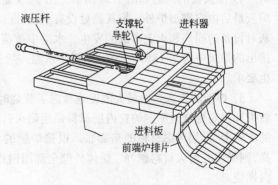

图 5-35 三菱－马丁反推式垃圾焚烧炉
推料器的构造

3）炉床(hearth)的构造如图 5-36 所示。炉床呈 26°倾斜布置,中间不分段,不设垂直位差。炉床的每一横排为一整体,有可动炉排和固定炉排之分,两者间隔排列。固定可动炉排的"Z"字形箱梁,由液压驱动装置驱动,带动可动炉排在炉床上作反向往复移动。可动炉排的移动幅度为410 nm,移动速度根据燃烧情况可以调节。炉床末端设有一个炉灰导轮,导轮转动将炉灰推入排灰设备。调整导轮转动速度可以调节垃圾层在炉床上的堆积厚度。炉床下设有炉灰下落的漏斗和炉灰的滑道。燃烧用空气经过漏斗壁上的调节阀门和炉床进入炉膛。漏斗末端的炉床阀门,通常关闭着,以防止燃烧用空气泄漏;出灰时则打开。图 5-37 显示了炉排片的构造。炉排片内部设有迷宫式燃烧用空气通道。高速射入的空气对炉排片有很好的冷却作用,延长了炉排片的寿命。同时,高速燃烧用空气在迷宫式通道内受到阻力,速度减慢,分布均匀,即使垃圾层厚度有所变化,也能保证垃圾稳定均匀地燃烧。

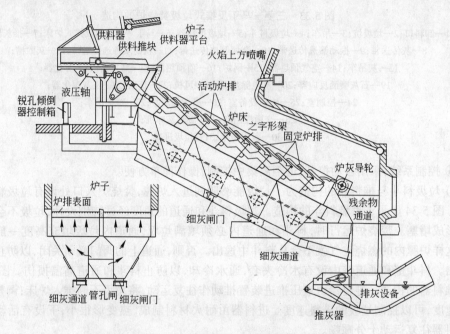

图 5-36　三菱－马丁反推式垃圾焚烧炉炉床的构造

4）推灰器的构造如图 5-38 所示。图 5-38 显示了推灰器设在焚烧炉的终端,燃烧所剩余的炉灰最后由它推出炉外。推灰器处设有水浴,既防止了飞灰再度扬起,又降低温度以防止高温炉灰对设备的损伤和火灾事故的发生。水浴中被蒸发的水分和随灰被排走的水分必须随时补充。排出的炉灰中含水 15％～25％,水浴中水温一般达到 80℃左右,所以没有微生物的生长,符合卫生要求。

5）炉壁的构造炉壁最大限度地考虑了焚烧时热能的辐射和耐热强度,以求提高垃圾干燥的效果和提高燃烧效率。炉壁内层材料采用耐火砖,外层采用隔热材料。内层耐火砖固定在特别的支架上,无须考虑材料的热膨胀。根据炉壁的温度分布,采用不同的耐火材料。炉壁温度越高,则采用的耐火材料越好。炉体外壁全部用钢板覆盖,使燃烧气体不可能泄漏,从而保证了高温燃烧。

6）反推式炉排的作用:图 5-39 显示了炉排移动对垃圾的作用模式。炉排片上特别设置了棱锥状突起部分,使炉排片顶端形成三个面($A$,$D$,$R$)。$D$ 面用于推动垃圾向前,$A$ 面用于对垃圾

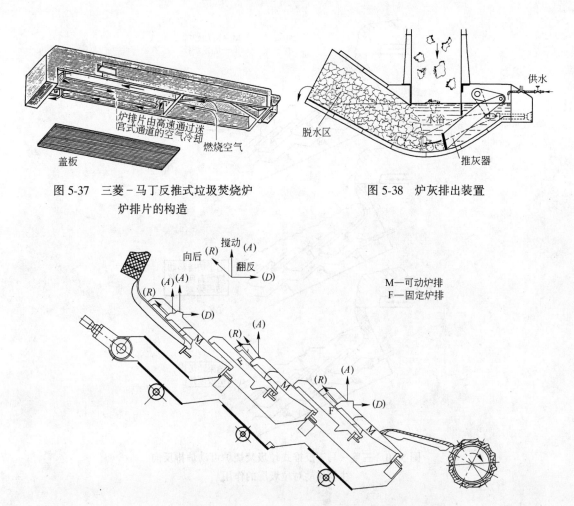

图 5-37　三菱－马丁反推式垃圾焚烧炉　　　　　　　　图 5-38　炉灰排出装置
炉排片的构造

图 5-39　三菱－马丁反推式垃圾焚烧炉反推炉排的作用模式

搅拌翻动，$R$ 面用于对垃圾反向推动。图 5-40 显示了可动炉排反向往复移动对垃圾层的作用。由于炉床按 26°倾斜布置，垃圾层由于自重有一向下的移动趋势。可动炉排反向推进时，将垃圾层底部的垃圾，反方向推至垃圾层的表面，使垃圾得到了搅拌和翻滚。可动炉排正向返回时，由于炉排片上棱锥状突起部分的推动作用，帮助垃圾层向前移动。这样由于可动炉排的反复移动，使垃圾层不断地完成小幅度的翻滚、搅拌、前移，得以充分彻底燃烧。

　　图 5-41 显示了反推式炉排和其他正向推进式炉排在垃圾焚烧中的差异。一般正向推进式炉排的整个炉床分为三段，各段之间设有垂直落差；垃圾的干燥、燃烧和后燃烧完全分离，在不同区段内完成。反推式炉排的整个炉床为一个整体，垃圾落入炉床后，在辐射、预热空气等作用下部分干燥，随后由于可动炉排的反向推动，使部分着火燃烧着的垃圾向后移动，与尚未完全干燥的垃圾混合，这样有利于垃圾加快干燥并立即着火燃烧，减小了干燥段所需面积。另外，同样由于可动炉排的反向推动，使后燃烧段的垃圾向后移动，与主燃烧段的垃圾混合，这样能够提高垃圾的燃尽率，减小了后燃烧段所需面积。一般反推式炉排与正向推进式炉排相比，垃圾的燃烧速率可以提高 20%～30%，即在燃烧速率相同的情况下，炉床面积可以减小 20%～30%。

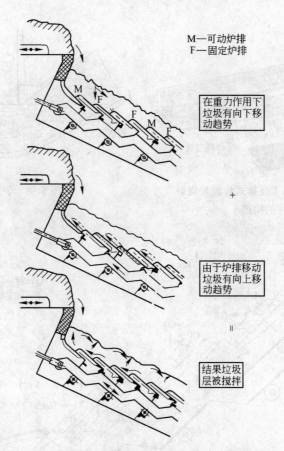

M—可动炉排
F—固定炉排

在重力作用下垃圾有向下移动趋势

由于炉排移动垃圾有向上移动趋势

结果垃圾层被搅拌

图 5-40　三菱－马丁反推式垃圾焚烧炉可动炉排反向
往复移动对垃圾层的作用

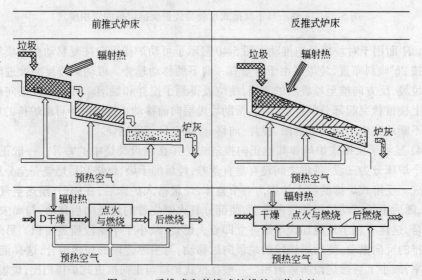

图 5-41　反推式和前推式炉排的工作比较

**2. 冯罗尔型顺推式机械炉排焚烧炉**

冯罗尔(Von Roll)型顺推式机械炉排焚烧炉(forward push grate incinerator)由瑞士冯罗尔公司开发,首台在 1954 年建于瑞士,单台焚烧能力为 100 t/d。此后 40 年间,在全世界各地建立的 231 个垃圾焚烧厂中,建有该焚烧炉 486 台,每天焚烧的垃圾总量达到 8.4 万 t 左右。可见,其在世界市场上占有十分重要的地位。亚洲地区的此类型焚烧炉基本上由日本的日立造船株式会社提供。

日立造船株式会社是日本主要的垃圾焚烧炉制造商之一,于 60 年代从瑞士引进技术,制造了冯罗尔型垃圾焚烧炉,并对其进行了多方面的改进,使其适应日本生活垃圾的焚烧。到目前为止,日立造船株式会社共在日本国内建造了 121 个垃圾焚烧厂,垃圾焚烧炉 255 台。每天焚烧垃圾总量为 2.5 万 t 以上,占日本垃圾焚烧总量的 25% 左右。

图 5-42 显示了焚烧炉的构造。其炉床分为三段,即干燥段、燃烧段和后燃烧段。各段之间有明显的位差,位差一般为 1.3 m。炉床采用顺向推进式,各段纵列为一整体,有可动炉排和固定炉排,两者间隔排列。可动炉排移动距离 155 mm,移动速度根据垃圾焚烧情况可调节。一般,10 s 完成前移、10 s 后退复原,停止 20～30 s 再重复上述动作。炉排的炉排片用高铅(铅含量为25%)耐火合金钢制成。由于燃烧空气从炉排底部吹入,对炉排有很好的降温作用,炉排片可使用 4～5 年。在燃烧段装有切刀,对垃圾进行切割,根据垃圾性状切刀可以安装多个,使垃圾更加细碎,堆积均匀平整,燃烧更加彻底。切刀的作用如图 5-43 所示。

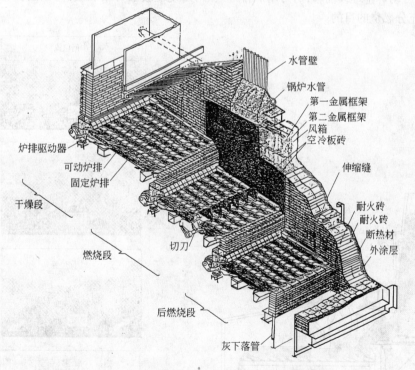

图 5-42　冯罗尔型顺推式机械炉排焚烧炉构造

**3. W+E 双向推动式炉排焚烧炉**

W+E 双向推动式炉排焚烧炉是由瑞士 Widmer+Ernst (W+E)公司开发的,目前专利已转让给 ABB 公司。焚烧炉的炉排,水平布置,没有垂直位差,可避免垃圾在炉床上滑坡,结构简单。由于垃圾在炉排上能频繁地翻滚、松动、开裂、破碎,保证了燃烧的高效率,并适用于规模较大的

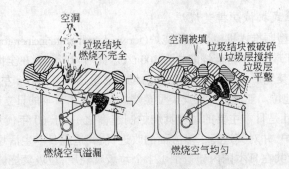

图 5-43　切刀对垃圾的作用

焚烧炉。焚烧炉的炉膛使燃烧空气流动十分流畅,并采用二次空气,以防止氮氧化物和二噁英的产生。到 1998 年,已建造了 100 多台焚烧炉,其中单台四室的大型焚烧炉共 4 台。焚烧炉的构造如图 5-44 所示。炉排运动对垃圾层的作用如图 5-45 所示,图 5-45a 显示了固定炉排处于两个可动炉排的中间位置,这时垃圾较为平整均匀;随后固定炉排的前可动炉排向后移动,后可动炉排向前移动,三个炉排处于最接近的状态,垃圾就向前翻滚、松动,如图 5-45b 所示,垃圾落入低谷;然后前可动炉排使谷底垃圾向前推出,后可动炉排继续后移,恢复到中间位置如图 5-45c 所示;接着前可动炉排继续前移,后可动炉排继续后移,使垃圾层开断和破碎,如图 5-45d 所示,达到了垃圾充分燃烧的目的。

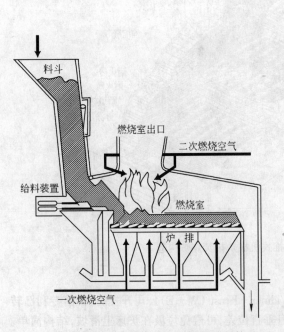

图 5-44　W + E 双向推动式炉排焚烧炉的构造

图 5-45　W + E 双向推动式炉排焚烧炉
炉排运动对垃圾层的作用

#### 4. DBA 辊底炉排焚烧炉

DBA 辊底炉排焚烧炉是由德国的 Deutche Babcock Analagen 设计的,利用平行流动燃烧系统与辊底炉排相结合的方式,使垃圾得以充分燃烧,适用于大型垃圾焚烧,每台处理能力为 150～300 t/d。到 1995 年,该种焚烧炉在世界上已有 250 套以上。

DBA 辊底炉排焚烧炉的焚烧流程如图 5-46 所示。各种类型生活和工业垃圾送垃圾料仓。抓斗将垃圾均匀化,堆放在料斗中送入焚烧炉。推料器将垃圾送到炉排上,通过六个辊组成的炉排的转动输送分配着垃圾,同时使垃圾一面向下滚动,一面翻动,使垃圾充分燃烧。助燃空气从下面通过辊底炉排按区域分布提供。烟气的完全燃烧由供入炉内顶部二次供风来保证,从炉膛来的强烈的火焰辐射,加强对送入垃圾的干燥作用,以保证垃圾有效燃烧。在后炉排部分,热烟气使炉渣经过后燃区前燃尽。

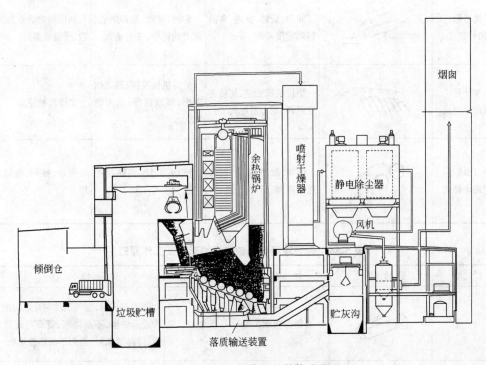

图 5-46　DBA 焚烧炉的焚烧流程

为了减少对环境的污染,垃圾焚烧炉膛内要求高温,同时由于残渣和飞灰在炉膛内滞留时间较长,并形成强烈的紊流,故对炉排系统和炉膛的设计有特别的要求。炉膛采用了辊式炉排和屋顶形,保证了平行流动的燃烧系统,也就使垃圾的残渣和飞灰得到充分燃尽,并使有害物质大大地减少,最后通过余热锅炉产生蒸汽,用于发电和供热;烟气还要经过干式反应塔和布袋除尘器,净化后再排入大气。

目前较流行的几种炉型中炉床形状和炉排形状的比较,可见表 5-35 和表 5-36。

#### 5. 流化床式焚烧炉

流化床式焚烧炉(fluidimd-bed incinerator)是直立式炉型,起源于燃煤沸腾炉和煤气发生炉。炉内装有沙子,在高温下从炉底不断鼓进空气,灼热的沙粒不断翻腾,形如沸水。垃圾在炉上方与沙子充分混合并吸收热量而焚化,同时放出热量,维持燃烧。

**表 5-35　各型垃圾焚烧炉的炉床形状及工作原理**

| 炉床类型 | 炉床形状 | 垃圾向前移动 | 垃圾翻转搅拌 | 垃圾松散开裂 |
|---|---|---|---|---|
| 马丁反推式 | | 倾斜,炉排机械拉动;向前移动速度难以调整 | 反向炉排机械搅拌;翻转幅度小,频繁进行,飞尘量小;炉排磨损大 | 炉排片上凸起部机械拉动 |
| 冯罗尔顺推式 | | 倾斜,炉排机械推进;向前移动速度可调 | 利用落差垂直翻落;翻转彻底,动力消耗小;翻动幅度大,飞尘量大 | 利用落差垂直翻落,增设切刀剪切,松散、开裂效果好 |
| 奥可那回转窑式 | | 倾斜,旋转,推进;向前移动速度可调 | 旋转,翻动;翻转彻底,动力消耗小;飞尘量大 | 利用落差垂直翻落;松散、开裂效果好 |
| W + E双向推动式 | | 炉排机械推进,前移速度可调,动力消耗大 | 炉排机械搅拌;翻动幅度小,频繁进行;动力消耗大 | 炉排机械拉动 |
| DBA辊底炉排式 | | 倾斜,滚动,推进;前移速度可调 | 滚动,翻转;翻转搅拌彻底 | 滚动、翻转、松散效果好 |

**表 5-36　各型垃圾焚烧炉炉排的形状及工作原理**

| 炉型 | 炉排形状 | 材质 | 使用年限 | 特点 |
|---|---|---|---|---|
| 马丁 | | 高铬合金钢 | 5年 | 侧面有风槽,空气从片与片之间的夹缝中进入炉膛,不易堵塞;背面有迷宫式通道,冷却效果好;适用于高热值垃圾 |
| 冯罗尔 | | 25%高铬钢 | 5年 | 空气从炉排片之间的夹缝中进入炉膛,不易堵塞 |
| W + E | | 25%高铬钢 | 5年 | 侧面有风槽,空气从片与片之间的夹缝中进入炉膛,不易堵塞;背面有空气通道,冷却效果好 |
| DBA | | 耐热铸铁 | 32000 h更换15% | 无磨损,无堵塞,寿命长;侧面有风槽,空气从炉排片之间的夹缝中进入炉膛 |

　　流化床焚烧炉可以对任何垃圾进行焚烧处理。它的最大优点是可以使垃圾完全燃烧,并对有害物质进行最彻底的破坏,一般排出炉外的未燃物均在1%左右,燃烧残渣最低,有利于环境保护,同时也适用于焚烧高水分的污泥类等物质。流化床主要用来焚烧轻质木屑等,但近年开始逐步应用于焚烧污泥、煤和城市生活垃圾。流化床焚烧炉根据风速和垃圾颗粒的运动状况可分为固定层、沸腾流动层和循环流动层。

　　(1)固定层。气速较低,垃圾颗粒保持静态,气体从垃圾颗粒间通过。

　　(2)沸腾流动层。气速超过流动临界点的状态,从而在颗粒中产生气泡,颗粒被剧烈搅拌处于沸腾状态。

　　(3)循环流动层。气体速度超过极限速度,气体和颗粒之间激烈碰撞混合,颗粒在气体作用下处于飞散状态。

　　当空气量很小时,沙粒不运动,空气从沙粒的缝隙中通过。此时称为"静态床"状态。

　　当空气量增加到一定量,沙粒开始运动,像炉中的沸水。这时就称为"流化床"状态。如果再进一步增加通入的空气量,沙粒就会与空气流同方向流动,处于"气动传输状态"。当流化床状态的沙粒被加热到600～700℃时,沙粒被认为是一种热的介质或是"载体"。把要焚烧的垃圾投入炉内,垃圾由于得到热介质迅速和均衡的热传递,就开始燃烧。

　　流化床式焚烧炉的工作流程如图5-47所示。

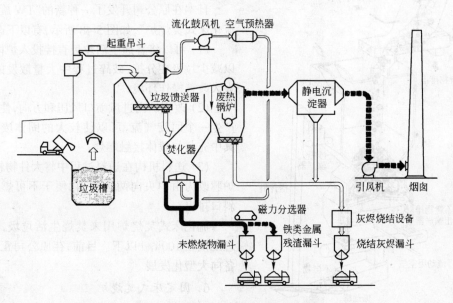

图 5-47　流化床式焚烧炉的工作流程

　　流化床式焚烧炉加热启动后,炉温达到600～700℃。垃圾投入后进行焚烧,热量从垃圾焚烧过程中不断维持和补充,不需要再加燃料。产生的余热,由余热锅炉产生蒸汽,供发电或回收利用。

　　流化床炉体较小,焚烧炉渣的热灼减率低(约1%),炉内可动部分设备少,同时由于流动床将流动沙保持在一定的湿度,所以便于每天启动和停炉。但由于流化床焚烧炉主要靠空气托住垃圾进行燃烧,因此对进炉的垃圾有粒度要求,通常希望进入炉中垃圾的颗粒不大于50 mm,否则大颗粒的垃圾或重质的物料会直接落到炉底被排出,达不到完全燃烧的目的。所以流化床焚烧炉都配备了大功率的破碎装置,否则垃圾在炉内保证不了完全呈沸腾状态,无法正常运转。另外,垃圾在炉内沸腾全部靠大风量高风压的空气,不仅电耗大,而且将一些细小的灰尘全部吹出炉体,造成锅炉处大量积灰,并给下游烟气净化增加了除尘负荷。流化床焚烧炉的运行和操作技术要求高,若垃圾在炉内的沸腾高度过高,则大量的细小物质会被吹出炉体;相反,鼓风量和压力不够,沸腾不完全,则会降低流化床的处理效率。因此需要非常灵敏的调节手段和相当有经验的技术人员操作。

流化床式焚烧炉有如下特点:

(1) 流化床焚烧是通过高温沙粒充分传递热量,故垃圾可以在最短时间内吸收热量,达到燃烧温度;

(2) 停炉后沙粒能保持巨大的热容量,所以可以作为间隙运转炉型,它的热启动比较容易;

(3) 由于垃圾与沙粒共同沸腾,充分拌和,所以燃烧相当充分,烧净率相当高;

(4) 炉体内没有在高温下运动的机械结构,结构简单,便于维修,但粉尘排量较大,需要配备复杂的除尘设备,必须有预热空气。

(5) 燃烧充分,温度便于控制,对排放气体控制相对有利;

(6) 炉体相对机械式炉排较为紧凑,可以减少厂房设施用地;

(7) 要求进炉垃圾控制在一定粒径范围,一般均要配置粉碎机械。

日本在原公司开发了一种新的"TW 旋回流型流化床式焚烧炉",如图 5-48 所示,有以下改进:

(1) 可以将普通生活垃圾直接投入炉内焚烧,以减少垃圾在分拣、破碎过程中大量散发的臭气,大大改善操作环境;

(2) 改变炉内进风喷口风压和方向,使炉膛内产生一个回旋气流,可以使较大的固体废弃物在其中充分与载体接触燃烧;

(3) 送料机构在送料过程中将大件物料挤碎,炉膛改为由中央向两边倾斜,便于不可燃物随倾斜口排出

流化床式焚烧炉用来焚烧生活垃圾,一般处理规模在 100 t/d 以下。目前,荏原公司正在使设备向大型化发展。

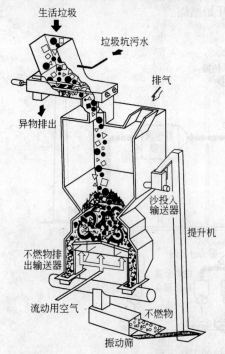

图 5-48　TW 旋回流型流化床式焚烧炉

**6. 固定床式焚烧炉**

一般固定床式焚烧炉 (fixed-bed incinerator)由于对垃圾不具备翻动的功能,因此燃尽率一直不高。固定床式焚烧炉适用于焚烧规模小于 50 t/d 的垃圾焚烧厂,一般仅用于中小城镇的垃圾焚烧。这种焚烧炉在日本使用较多,特别是小城镇,大约有 300 多台。

最新固定床式炉型是美国 BASIC 公司的焚烧炉专利,如图 5-49 所示。新型 BASIC 固定床式焚烧炉由垃圾填料机、主燃烧室、干燥床、炉床、排灰装置、二次燃烧室、三次燃烧室组成,是十分独特的焚烧炉。垃圾由填料机每隔几分钟一次送入炉内,先在干燥床上进行干燥及部分焚烧,并掉落到炉床上。该炉床从炉外吊装在炉本体上,通过压缩空气产生的冲击使炉床振动。其效果同铲子投物一般。炉床每受一次冲击,炉床上的焚烧物及灰相互混合并向前移动 5～10 cm。

同时,焚烧所需的空气由安装在干燥床、炉床、主燃烧室侧面的喷嘴送入炉内。焚烧灰最终落入灰槽,经排灰装置自动排出炉外。焚烧废气经二次、三次燃烧室,根据需要进行再燃烧,通过供给燃烧空气进行充分的搅拌,并保证温度及滞留时间,使 CO、硫化氢及二噁英等完全分解。

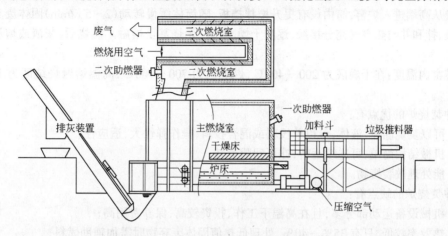

图 5-49　新型 BASIC 固定床式焚烧炉的结构

新型 BASIC 固定床式焚烧炉具有以下特点:

(1) 炉床由耐火/隔热材料构成,经空气冷却,适宜于长时间连续运转,维修费用低;

(2) 炉内无机械运动部件,炉床是从炉外吊置在炉本体上,通过压缩空气使炉床振动;

(3) 炉床通过压缩空气产生的间隙冲击运动,垃圾在炉床上不会固定在某一点,不会产生局部高温,结块少,且不会附着在炉床上;

(4) 可通过对炉床冲击间隙时间的调整,控制垃圾在炉床上的停留时间,可以适应焚烧各种垃圾;

(5) 上部的主燃烧室及摇动的炉床采用水密封,故燃烧废气不会漏出,外部空气也不会被吸入炉内;

(6) 废气经二次、三次燃烧,其中的有害物质均被分解;

(7) 主燃烧室为水冷壁结构,故可得到较高的热回收率。

日本日立金属公司生产的另一种固定床式焚烧炉,垃圾可以通过垃圾推料器将垃圾推入焚烧炉。调整高速推料器的速度,可以控制垃圾的进料速度。在进料口装有炉门,以保证炉内燃烧的气体不会外逸。焚烧炉分成三段:第一段为干燥段,第二段为燃烧段,第三段为后燃烧段,各段之间有垂直落差。这种焚烧炉不采用炉排,仅采用推料器,使垃圾翻滚,以利于燃烧。

在炉壁外有小孔,通过送风系统,可以控制进风量。在开始燃烧时或垃圾热值不够时,可通过燃料系统送入燃料帮助燃烧。燃烧室进行二次燃烧,尽可能减少对大气污染。

### 7. 回转炉床式焚烧炉(回转窑)

回转窑焚烧炉是一种成熟的技术,如果待处理的垃圾中含有多种难燃烧的物质,或垃圾的水分变化范围较大,回转窑是唯一理想的选择。回转窑因为转速的改变,可以影响垃圾在窑中的停留时间,并且对垃圾在高温空气及过量氧气中施加较强的机械碰撞,能得到可燃物质及腐败物含量很低的炉渣。

回转窑可处理的垃圾范围广,特别是在工业垃圾的焚烧领域应用广泛。城市生活垃圾焚烧中的应用主要是为了提高炉渣的燃尽率,将垃圾完全燃尽以达到炉渣再利用时的质量要求。这种情况时,回转窑炉一般安装在机械炉排炉后。

欧洲和美国的垃圾焚烧炉有部分采用回转窑(mtary kiln)。它的应用源于烧制水泥和石灰回转炉窑。回转窑的主体是可转动的带耐火内衬的圆形钢筒,一般与地面呈3°~5°倾角,转速为0.5~3 r/min,筒长一般为筒体直径的3~5倍,可达4~5 m长。

垃圾从高端进入炉窑,筒内设有提升搅拌挡板,随筒体缓慢转动(2~5 r/min)固体废弃物在筒内翻滚、拌和并与热空气充分接触,逐步干燥、着火、燃烧甚至熔融。燃烧后,灰渣或熔渣由底端排出。

回转窑内温度:在干燥区为200~400℃,燃烧区为700~900℃,高温熔融烧结区为1100~1300℃。

这种焚烧炉的优点有:

(1) 可以焚烧固体、液体,可以单投料或混合投料,操作弹性大,适应性广;

(2) 机械结构简单,可连续运转,亦可间隙运转;

(3) 能处理散装废物。

这种焚烧炉的缺点有:

(1) 机械设备运动部分多,且在高温下工作,投资较高,保养费用高;

(2) 热效率较低,只有35%~40%,处理低热值固体废弃物时需加辅助燃料;

(3) 垃圾随筒翻转,对耐火内衬磨损较大;

(4) 系统要求气密性高;

(5) 不适宜焚烧容易熔融粘结的塑料或树脂类废料。

回转炉床式焚烧炉是美国奥可那(O'connor)工程研究院开发成功的。它利用旋转对垃圾进行立体搅拌,保证了垃圾充分燃烧,适用于大中型垃圾焚烧厂,每台处理能力为120~450 t/d。

回转炉床式焚烧炉结合后段移动式炉排的焚烧流程如图5-50所示。垃圾收集车运来的垃圾,通过垃圾投入门投入到垃圾储存坑,抓斗将垃圾放入料斗,推料器将垃圾不断送入。垃圾在

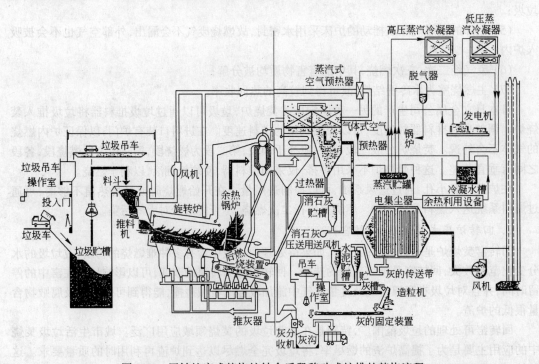

图 5-50　回转炉床式焚烧炉结合后段移动式炉排的焚烧流程

回转炉充分搅拌和翻动,被通过炉壁的气孔吹入的高温空气干燥后焚烧。由于不断的翻滚,垃圾燃烧充分,如图 5-51 所示。

未燃尽的垃圾送入后燃烧装置,通过炉排的移动和再燃烧。燃烧后的灰烬通过推灰器,落入灰仓。烟气通过余热锅炉后产生的蒸汽用于发电和供热。

它的炉壁是由锅炉水管排列组成的,水管直径为50.8 mm。水管与水管之间用带钢连接,带钢宽 50 mm 钢上有直径为 16.5 mm 的气孔,燃烧空气从气孔进入燃烧室。

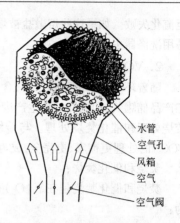

图 5-51　翻滚的垃圾燃烧充分

水管
空气孔
风箱
空气
空气阀

### (三) 几种特殊焚烧设备

#### 1. 有机废液焚烧设备

高浓度有机废液的焚烧设备多种多样,对于不同的工业废水,可以采用不同的炉型。常用的有机废液焚烧设备有液体喷射焚烧炉、回转窑焚烧炉、流化床焚烧炉等。

液体喷射焚烧炉用于处理可以用泵输送的液体废弃物。结构简单,通常为内衬耐火材料的圆筒(水平或垂直放置),配有一个或多个燃烧器。废液通过喷嘴雾化为细小液滴,在高温火焰区域内以悬浮态燃烧。可以采用旋流或直流燃烧器,以便废液雾滴与助燃空气良好混合,增加停留时间,使废液在高温区内充分燃烧。废液雾滴一般在燃烧室停留时间为 0.3~2.0 s,最高温度达1650℃。良好的雾化是达到有害物质高破坏(燃烧)率的关键。常用的雾化技术有低压空气、蒸汽或机械雾化。一般高黏度废液应采用蒸汽雾化喷嘴,低黏度废液可采用机械雾化或空气雾化喷嘴。目前常用的喷嘴有转杯式机械物化喷嘴、加压机械物化片式喷嘴、旋流式废液喷嘴、碟形旋流式废液喷嘴、蒸汽雾化喷嘴、空气雾化喷嘴及组合喷嘴等。

回转窑焚烧炉是用于处理固态、液态和气态可燃性废物的通用炉型,对组分复杂的废物,如沥青渣、有机蒸馏残渣、漆渣、焦油渣、废溶剂、废橡胶、卤代芳烃、高聚物,特别是含 PCB 的废物等都很适用。美国大多数危险废物处置厂采用这种炉型。该炉型操作稳定、焚烧安全,但管理复杂、维修费用高。回转窑焚烧炉平均热容量约为 $63 \times 10^6$ kJ/h。炉中焚烧温度(650~1260℃)的高低取决于两方面:一方面取决于废液的性质,对含卤代有机物的废液,焚烧温度应在 850℃ 以上,对含氰化物的废液,焚烧温度应高于 900℃;另一方面取决于采用哪种除渣方式(湿式还是干式)。

流化床焚烧炉内衬耐火材料,下面由布风板构成燃烧室。燃烧室分为两个区域,即上部的稀相区(悬浮段)和下部的密相区。其工作原理是流化床密相区床层中有大量的惰性床料(如煤灰或沙子等),其热容量很大,能够满足有机废液的蒸发、热解、燃烧所需大量热量的要求。流化床焚烧炉可以两种方式操作,即鼓泡床和循环床,这取决于空气在床内空截面的速度。随着空气速度提高,床层开始流化,并具有流体特性。进一步提高空气速度,床层发生膨胀,过剩的空气以气泡的形式通过床层。这种气泡将床料彻底混合,迅速建立烟气和颗粒之间的热平衡。以这种方式运行的焚烧炉为鼓泡流化床焚烧炉。空气速度更高时,颗粒被烟气带走,在旋风筒内分离后,回送至炉内进一步燃烧,实现物料的循环,以这种方式运行的称为循环床焚烧炉。因为流化床焚烧炉有传热效果优越、床内温度均匀稳定、烟气排放少等特点已被广泛应用于固体废弃物的焚烧处理。目前,流化床焚烧炉也已被应用在有机废液的焚烧中。但是,在采用流化床焚烧炉处理含盐有机废液时也存在一定的问题。当焚烧含有碱金属盐或碱土金属的废液时,在床层内容易形成低熔点的共晶体(熔点在 635~815℃ 之间),如果熔化盐在床内积累,则将导致结焦、结渣,甚至流化失败。如果这些熔融盐被烟气带出,就会粘附在炉壁上固化成细颗粒,而这些细颗粒不容易用洗涤器去除。

### 2. VOCS 焚烧设备

随着环境保护的日趋严格,含有挥发性有机化合物(VOCS)的化工和石化工艺废气,石油、化工产品储罐气,印刷和油漆生产废气,萃取废气,木材干馏废气及制药厂废气等愈来愈多地采用焚烧处理和催化焚烧处理。与传统使用的冷凝法、吸收法、吸附法和生物法等相比,焚烧法对 VOCS 的处理更彻底、更完全,成为处理污染物成分复杂、高浓度废气治理的首选方法。

焚烧和催化焚烧:

焚烧和催化焚烧是在氧($O_2$)存在下将 VOCS 分解成 $CO_2$ 和水的无害化过程,其反应通式为:

$$C_zH_y + (z + y/4)O_2 \longrightarrow (z)CO_2 + (y/2)H_2O$$

上述反应为放热反应。但反应开始时需投加燃料使焚烧过程启动,如果被焚烧处理的 VOCS 有足够高的热值,焚烧启动之后燃烧过程可直接进行,否则需投加辅助燃料以维持燃烧过程的正常进行。而催化剂的使用,正是为减少辅助燃料的消耗量而开发。

当被焚烧处理的废气中含有 $Cl_2$、S、$N_2$ 等元素时会生成诸如 HCl、$SO_2$、$SO_3$、$NO_x$ 之类的有害气体。以含氯化合物焚烧时产生的 HCl 和 $Cl_2$ 为例,其废气中 HCl 和 $Cl_2$ 在平衡时的浓度可由式(5-44)和式(5-45)近似表示:

$$\ln(K_p) = 7048.7/T + 0.0151(\ln T) - 9.06 \times 10^{-5}T - 2.714 \times 10^4 T^{-2} - 8.09 \qquad (5-44)$$

$$K_p = \frac{p(Cl_2) \times p(H_2O)}{p(HCl) \times p(O_2)^{1/2}} \qquad (5-45)$$

式中,$T$ 为燃烧温度,℃;$p$ 为分压,Pa;$K_p$ 为化学反应平衡常数。

由上述反应式可见,随燃烧室内焚烧温度的上升,VOCS 中 $Cl_2$ 的浓度会因 HCl 的生成而降低。但不管是 $Cl_2$ 还是 HCl,它们的存在都会对后续设备、管道造成腐蚀。为防止腐蚀,只有选用耐腐蚀的材质或用酸性气体洗涤器将其脱除。

当 VOCS 中有 S 元素存在时,焚烧时生成 $SO_2$ 转化成 $SO_3$ 的平衡浓度,可用式(5-46)和式(5-47)近似计算:

$$\ln(K_p) = 11996/T - 0.362(\ln T) + 9.36 \times 10^{-4}T - 2.969 \times 10^5 T - 2.969 \times 10^5 T^2 - 9.88$$
$$\qquad (5-46)$$

$$K_p = \frac{p(SO_3)}{p(SO_2) \times p(O_2)^{1/2}} \qquad (5-47)$$

由上述反应式可见,随焚烧温度升高,$SO_3$ 的百分浓度降低,实际上,不管焚烧温度多高,都会有 $SO_3$ 存在。出于与 HCl 同样的考虑,也希望用酸性气体洗涤器将其脱除。

焚烧过程的三项要素是焚烧温度 $T$、停留时间 $t$ 和废气在炉膛内的湍流程度。通常,焚烧 VOCS 需要的温度为 815.6℃,使用催化剂时温度可降低到 371.1℃,在高温区的停留时间通常为 0.75～1.0 s。VOCS 在焚烧炉内要保持良好的湍动状态。只有在此良好工况下,非氯化物 VOCS 的破坏率才可能达到 98%～99%。VOCS 的化学成分和氧的有效浓度对焚烧温度影响很大,当 VOCS 中含有氯化烃之类化合物时,其焚烧温度通常要求达到 982.2℃以上。

表 5-37 列出含不同化合物的 VOCS 在不同停留时间达到 99.99% 破坏率时所需的焚烧温度。由表 5-37 可知,要达到足够高的破坏率,含氯化物的 VOCS 要比不含氯化物的 VOCS 所需焚烧温度要高得多。使用催化剂时,焚烧温度会有所下降,下降幅度和催化剂的类别有关。

表 5-37 VOCS 燃烧温度

| 名　称 | 自燃温度/℃ | 99.99%破坏率实需温度/℃ | |
| --- | --- | --- | --- |
| | | 停留时间 1 s | 停留时间 2 s |
| 丙烯腈 | 426.7 | 548.9 | 523.9 |
| 苯 | 562.2 | 732.8 | 716.7 |
| 氯苯 | 637.8 | 764.4 | 744.4 |
| 乙烷 | 515 | 742.2 | 720.0 |
| 甲烷 | 537.2 | 840.6 | 807.8 |
| 丁酮 | 515.6 | 698.9 | 675.0 |
| 氯代甲烷 | 632.2 | 869.4 | 823.3 |
| 甲苯 | 536.1 | 726.7 | 701.7 |
| 氯乙烯 | 472.2 | 743.9 | 722.2 |

尤其在处理大气量、低浓度 VOCS 废气时必须进行热能回收,以降低辅助燃料用量,焚烧炉的设计必须考虑热回收方式。焚烧炉的热回收方式有对流换热式和蓄热式,前者系通过表面换热(如热交换器),后者通过蓄热式换热。设计良好的焚烧炉热能回收装置,热能回收率可达 95%。

VOCS 焚烧炉:

(1) 直接焚烧炉。它是最早开发和投入工业化使用的一种焚烧炉。将含 VOCS 废气、辅助燃料和燃烧空气直接喷入焚烧炉炉膛燃烧,焚烧后的废气由烟囱排放。这类焚烧炉没有设计热能回收装置,目前只在一些小 VOCS 处理量的特定场合使用。

(2) 对流换热式焚烧炉。对流换热式焚烧炉系国内的行业称谓,国外称同流换热式焚烧炉,典型装置如图 5-52 所示。其废热回收系统设计使得其在操作下限(LEL)范围内使用较经济。设计较蓄热式焚烧炉简单,装置较小和轻便,可装在滑轮上制成轻便移动式。该焚烧炉热回收系统的典型设计是将管式或板式换热器安装在燃烧室的废气排气一端,当废气中含颗粒物较少时,通常采用板式换热器,其热回收效率可达 70%;而管式换热器的热回收效率通常只有 40%～50%。热回收效率为实际回收热能与可回收最大热能之比,用式(5-48)表示:

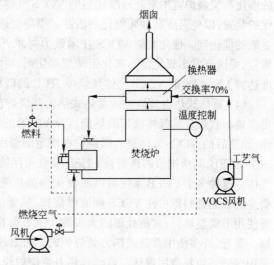

图 5-52 对流换热式焚烧炉

$$热回收效率 = \frac{T_{预热温度} - T_{进口温度}}{T_{燃烧温度} - T_{进口温度}} \quad (5-48)$$

该焚烧炉特别适于处理 VOCS 浓度较高,废气中 VOCS 浓度波动不大的废气。当废气中 VOCS 浓度不高,VOCS 浓度波动大时,只能靠投加辅助燃料维持燃烧过程。而投加辅助燃料使焚烧炉内高温区温度会达到或超过 1537.8℃,导致 $NO_x$ 生成量增加。由于换热器和火焰直接接触,在换热区可能会有 VOCS 自燃现象发生,故换热器多采用金属材质。如果焚烧炉在低于

760℃以下运行,要求 VOCS 在炉内有较好的湍动设计和有较长的停留时间。当废气中含有氯化物时,会存在 Cl₂ 生成 HCl 导致腐蚀发生,设计时务必选用耐腐蚀材料,虽投资费用增加,但很有必要。

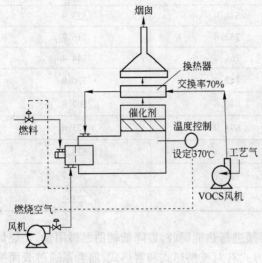

图 5-53　催化剂焚烧炉

(3) 催化燃烧焚烧炉。催化燃烧焚烧炉如图 5-53 所示。除在燃烧室内装有催化剂之外,其他均与对流换热焚烧炉相同。由于使用了催化剂,它可以在较低的温度下运行,从而降低了辅助燃料消耗和运行费用。催化剂床体可以是固定床或流化床。在启动流化床催化剂层时催化剂呈流化状态,使催化剂与 VOCS 之间有着最佳的接触状态。但任何床体废气通过时都会有一定的阻力,需消耗一定的能量。高温下催化剂对一些毒性物质敏感,如待处理的 VOCS 气体中含有铅(Pb)时易使催化剂中毒,也可能会有一些新生成的无机盐类(如钠盐)覆盖在催化剂表面,从而导致催化剂活性下降。对覆盖有无机盐的催化剂可使用反吹技术使其恢复活性,但对中毒很深的催化剂只有更换。贵重金属之类的催化剂具有良好的分散性,在活性点上的浓度很低,在高温条件下贵重金属催化剂在高浓度点上的积累也很少。如使用有载体的氧化型金属催化剂,在高温下其金属氧化晶体结构会受到破坏。所以,在高温条件下,宜选用贵重金属之类的催化剂。催化剂通常可以使用数年,长时间使用后会有一些硅酮、重质烃类及颗粒物覆盖其表面,使其活性下降。故催化剂焚烧炉宜用来处理净化后的 VOCS 气体。在使用对温度较敏感的催化剂时,必须设计保护装置,以免温度高破坏催化剂活性。当待处理的 VOCS 气体中有氯化物存在时,宜选用可耐受氯的催化剂。催化焚烧 VOCS 技术致力寻求开发出耐受性强、活性降低缓慢的新型催化剂。最近,美国开发出氧化铬-氧化铝球型催化剂,可将加利福尼亚某空军基地含三氯乙烯(TCE)浓度达到 1%～2%的 VOCS 气体焚烧掉,TCE 的破坏率达 97.5%。

(4) 蓄热式热力焚烧炉。蓄热式热力焚烧炉在设计上采用陶瓷热交换固定床(CHEB),以便更多地回收燃烧后气体携带的热能。含 VOCS 的气体在进入燃烧炉之前首先进入 CHEB 进行预热,预热后的 VOCS 气体进入燃烧炉在规定的温度下燃烧,燃烧后由燃烧炉排出的热烟气进入另一个 CHEB,其所携带的热能被 CHEB 吸收和存储,用来预热下个循环时进入燃烧炉的含 VOCS 气体。这种多个 CHEB 系统可以回收 95%的热能。低浓度的 VOCS 气体在采用 CHEB 时,只需极少的辅助燃料即可使 VOCS 彻底燃烧掉,从而大大节省运行费用。CHEB 可使用规整填料也可使用不规整填料,对所处理的大多数 VOCS 而言,仍习惯使用 25.4 mm³ 瓷质"鞍形"不规整填料。最近,许多使用蓄热式热力焚烧炉的 CHEB 改用"蜂窝"状瓷质规整填料,以降低压力降。但采用"鞍形"填料费用较低。蓄热式热力焚烧炉较对流换热焚烧炉庞大得多,一次投资亦高,最近为争夺更多的 VOCS 焚烧炉市场占有率,全力以赴地采取多种措施,减少其体积和一次性投资费用。采用不规整陶瓷蓄热床的 VOCS 焚烧炉,其通用装置设计的 VOCS 通过蓄热床的气体速度为 60.96～72.6 m/min;采用规整陶瓷蓄热床的 VOCS 焚烧炉,其通过蓄热床的典型速度为 91.44～106.68 m/min。两种气体速度均是标准状态的 VOCS 焚烧炉尾气通过蓄热床的速度。焚烧炉尾气通过蓄热床的压降因填料不同而不同,采用不规整填料时,压力降为 215.82 Pa;采用规整填料时,压力降为147.15 Pa,后者比前者降低32％左右。蓄热式焚烧炉的体积庞大和一次性投资大的不足;可通过节省辅助燃料和高温(1093.3℃)下焚烧的高破坏率得到补偿。此外,由于它对废气流的预热,使废气在高温区的停留时间大为缩短,从而减少了 $NO_x$ 的生成量。在处理大气量低浓度 VOCS 气体时,例如气量 283.2 m³/min 以上,VOCS 低于10％最低爆炸限浓度(10％LEL),推荐使用该类焚烧炉,它对 VOCS 的破坏率大于99％。该焚烧炉选用气动或液压阀门,特别是 CHEB 使用的气体换向阀门,其密闭性能的优劣直接影响换热效率的高低。

(5) 蓄热式催化焚烧炉。这是新近开发成功的一种焚烧炉,与蓄热式热力焚烧炉有许多相似之处,所不同的是在燃烧室内增设了一层催化剂。催化剂可以是贵重金属,也可使用带载体的金属氧化物。蓄热式催化焚烧炉的热能回收率可达95％,可以在较低的温度下运行。最新的研究报告宣称,由于该类焚烧炉降低了炉腔内的燃烧温度和系统的压力降,其操作费用降低30％,对用户极具吸引力。

### 3. HFX 型焚烧炉

焚烧的本质是高温氧化反应。为了使可燃废弃物以较快速率燃尽,三个基本条件是必要的,即充足的空气、空气与废弃物良好的接触、一定的温度。在焚烧过程中,这些条件若不能很好地满足,废弃物将出现不完全燃烧或热分解。由此产生挥发分、一氧化碳、炭黑等物质随同烟气排出烟囱而污染环境。一个明显可见的例子便是冒黑烟。

有不少类型的焚烧炉为了使可燃废弃物彻底燃尽,采用二级或多级焚烧。所谓多级焚烧就是在一级焚烧后补燃,补给部分空气和燃料将一级焚烧所残留的可燃物质燃尽,这样可以有效地去除烟气中的一些有害成分和消除冒黑烟现象。但是,由于采用了多级燃烧方式,焚烧炉不可避免地设置多个燃烧室和燃烧装置,使得焚烧炉结构复杂,造价增加。

从燃烧学角度考虑焚烧过程,保持燃烧室内较高的炉温,合理的配风(可燃物质包括燃料及废弃物与空气的化学当量比),并使空气与废弃物有良好的接触,就能使可燃废弃物在一次焚烧过程中充分燃尽。同时较高的炉温除了能强化焚烧外,还能避免废弃物在低温热分解时散发出异味。HFX 型焚烧炉就是在上述思想指导下设计而成,其结构紧凑完善,仅设置一个燃烧室,焚烧效率高,能源消耗低,使用效果良好。

(1) HFX 型焚烧炉结构。HFX 型焚烧炉结构示意图见图5-54。

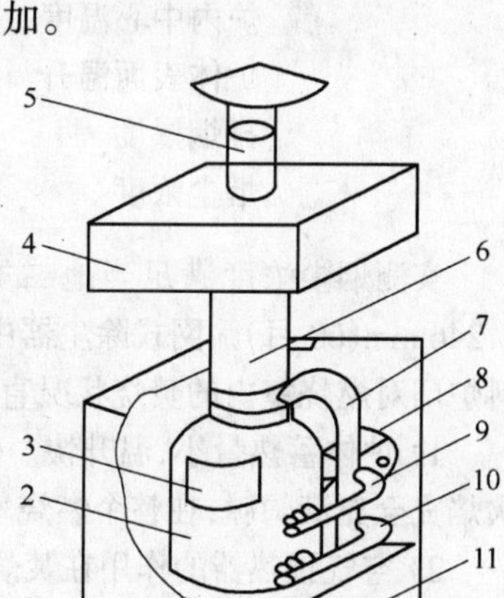

主要技术参数:

| | |
|---|---|
| 焚烧能力 | ＞50 kg/h |
| 炉膛容积 | 0.3 m³ |
| 燃　　料 | 轻柴油燃料消耗量　　　　5~7 kg/h |
| 最高炉温 | 1300℃ |
| 烟气排放 | 达到地区排放标准 |
| 外形尺寸 | 1100 mm×1600 mm |

图 5-54　HFX 型焚烧炉结构
1—出灰门;2—燃烧室;3—进料口;
4—除尘器;5—烟囱;6—空气预热器;
7—总风量;8—燃烧器;9—二次风管;
10—一次风管;11—盛灰桶

(2) 焚烧炉工作机理。为了确保可燃废弃物彻底燃尽,HFX 型焚烧炉燃烧室内设计为二次供风。一次风由一次风管供给,从燃烧室底部进入起助燃作用。一次风设计风速为5 m/s,风量为总风量的一半。二次风由二次风管供给,设计风速为8 m/s,分成多股沿水平方向从燃烧室中部进入。二次风除了补充焚烧废弃物所需要的空气外,另一个重要作用是使燃烧室内形成一个围绕火焰中心的旋转气流。燃烧室内旋转气流形成在于二次风沿火焰中心的切向快速流动。可燃废弃物在燃烧室底部的高温区内焚烧,由于不完全燃烧或热分解生成的炭黑及可燃成分在上升时被二次风卷吸并充分混合,随旋转气流重新进入燃烧室底部高温区完全燃尽。为了提高炉温,强化废弃物的焚烧,焚烧炉安装有空气预热器。废弃物焚烧所需要的空气经预热器加热后成为200℃以上的热风进入燃烧室,既能促进焚烧,特别是潮湿废弃物的焚烧,又能充分利用烟气余热,降低燃料消耗量,还能降低烟气排放温度,延长烟囱使用寿命。在烟囱上部还装有除尘器,考虑到废弃物焚烧后主要生成轻质片状飘尘,一般离心式除尘器作用不大,因此采用可翻动的筛网式除尘器,使除尘器结构简单而实用。烟气通过除尘器后含尘量的排放可达到国家标准规定的许可值。

(3) 特点:

1) 焚烧炉采用先进的燃烧机。自动点火,自动程序操作,配有光电火焰监视器,使用安全方便。

2) 焚烧炉配备了空气预热器和除尘器,使焚烧炉系统臻于完善。

3) 焚烧炉炉体结构简单、重量轻、蓄热量少、热启动快,燃烧机启动后即能投入使用。

(4) 运行分析。黄庆生等曾委托江苏省轻工机械质量监督检测站与常州市环境监测站对HFX焚烧炉使用性能进行全面检测。测定时焚烧物为医疗垃圾,有纱布、潮湿的纸张、一次性输液器、手术废弃物等。几个主要参数实测如下:

| | |
|---|---|
| 燃　料 | 轻柴油燃料 |
| 消耗量 | 7 kg/h |
| 焚烧能力 | 65 kg/h |
| 炉内中心温度 | 1312℃ |
| 炉体表面温升 | 25℃ |
| 排烟黑度 | ＜林格曼1级 |
| 烟尘浓度 | 247 mg/m$^3$ |

实测烟尘浓度满足当地二类地区排放标准。若需要达到一类地区排放标准,只要将原0.246 mm(60目)筛网式除尘器中筛网目数加大,并增加烟囱高度即可。在焚烧废弃物时,从进料炉门对燃烧室内的焚烧状况直接观察,有以下几点印象:

1) 炉体蓄热量小,温升快。燃烧机启动后,球团形火焰由小变大,由红变白。约10 min后,火焰完全充满炉膛,在整个燃烧室内激烈地翻滚。

2) 空气预热器的作用在焚烧初期可明显观察到。在二次风喷口处,随二次风窜动的火焰由短变长,燃烧噪声由轻变响,这是预热后的空气温度升高体积膨胀增加了流速引起的。

3) 二次风在燃烧室内形成强旋流,有效地帮助了废弃物的燃尽。在不翻动炉内废弃物的情况下,排出的废灰中未燃尽物所见很少。

4) 燃烧温度高。燃烧机启动后不久,燃烧室内火焰颜色很快变白。当投入较多的一次性输液器或潮湿纸张时,未发生因炉温降低而热分解引起的冒黑烟现象。铁质针头、玻璃瓶等高熔点物质在炉内熔成块状进入废灰中。

5) 在焚烧炉周围未闻见异味。

**4. 焚烧可燃固态废物的 HOTDISC 燃烧设备**

设备结构　HOTDISC 燃烧设备是一种新型的工业窑炉。它体积庞大,带有运动炉床,该系列的设备型号和规格见表5-38。其组成部分如下:

表 5-38　HOTDISC 的设备型号和规格

| 型　号 | 旋转盘直径/m | 内部高度/m | 旋转盘有效面积/m | 功率/kW |
|---|---|---|---|---|
| 50-200 | 5 | 2 | 10.9 | 1.5 |
| 50-250 | 5 | 2.5 | 10.9 | 1.5 |
| 50-315 | 5 | 3.15 | 10.9 | 1.5 |
| 63-250 | 6.3 | 2.5 | 19.3 | 2.2 |
| 63-315 | 6.3 | 3.15 | 19.3 | 2.2 |
| 63-400 | 6.3 | 4 | 19.3 | 2.2 |
| 80-315 | 8 | 3.15 | 33.2 | 4.4 |
| 80-400 | 8 | 4 | 33.2 | 4.4 |
| 80-500 | 8 | 5 | 33.2 | 4.4 |

（1）环形燃烧室。内部镶有耐火材料,有固定外壳,燃烧室底部是镶有耐火材料的水平旋转圆盘,简称旋转盘;旋转盘的耐火材料部分由螺栓固定,部分是耐火浇注料。

（2）转动环。安装在支撑设备上的转动环撑托并带动旋转盘转动。转动环是一个大的内齿轮,由装在内部的两台变频电动机通过齿轮驱动,旋转盘的转速可在 1～4 r/h 内调整。

（3）中心柱。中心柱有开口,供以自然通风方式从旋转盘下部引入自然冷空气。

（4）分隔墙。墙上装有刮刀,分隔墙把燃烧室分成废物入口和灰渣出口两个部分。

（5）中心柱、转动环和壳体安装在一个共用的底部支架上。在两个支撑外部留有维护和检修的开口。

整个设备顶部留有两个入口,供三次风和冷生料进入燃烧室。其中三次风入口也是废物和从倒数第二级旋风筒来的生料进入燃烧室的入口。该部分生料用来控制设备正常运行时燃烧室的温度,而冷生料则是在紧急情况时供燃烧室降温用的。壳体上留有一个大的开口,以连接壳体与窑上升烟道和分解炉;壳体上还有各种检修人孔门、检查孔和清灰孔,以及温度和压力的测量孔。设备周围有供检修和检查用的平台。该设备的示意图见图 5-55。

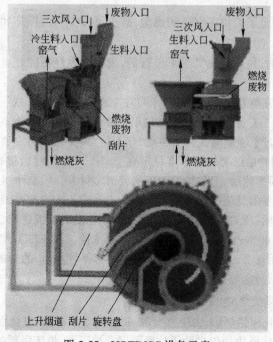

图 5-55　HOTDISC 设备示意

运行方式　可燃废物通过三次风管进入燃烧室,在缓慢旋转的旋转盘上和富含 $O_2$ 的三次风接触后燃烧。燃烧中的废物在旋转盘上运行大约 270°左右,而后遇到安装在隔墙上的刮刀,部分较轻的燃烧灰和燃烧着的废物随着烟气进入上升烟道,最后进入分解炉中。燃烧灰中比较重的部分在重力作用下进入回转窑中。根据可燃废物不同的燃烧特性,通过调节旋转盘的转速来保证废物在旋转盘上的停留时间,以达到充分燃烧的效果。

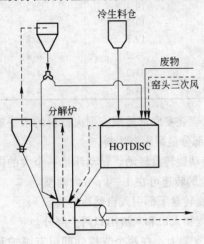

图 5-56　有 HOTDISC 的窑尾工艺流程

控制方法　该设备操作控制方法简单。通过调整设在分解炉和 HOTDISC 之间的分料阀来控制从倒数第二级旋风筒下来的物料进入 HOTDISC 的量,以此来调整从 HOTDISC 进入分解炉的烟气温度,使之维持在 1050℃ 左右。可燃废物进入 HOTDISC 的量是恒定的,通过调节分解炉用燃料(主要是煤)来控制最低一级旋风筒的温度。其工艺流程见图 5-56。

安全保证　在突然停电以及窑或主排风机突然停车时,旋转盘上的废物将继续燃烧,这时通过设在该设备上方的一个冷生料仓把一定量的冷生料注入燃烧室中,可保证在任何情况下都会很快中止废物的燃烧过程,避免气体超标排放。

基本特点:

(1)适宜大量焚烧各种规格的可燃固体废物,如整轮胎。这样就可以省去购置昂贵的废物破碎及粉磨设备。试验证明 HOTDISC 可以焚烧的可燃废物包括:碎轮胎、整轮胎、电话壳、漂白土、造纸污泥、污油、汽车内饰品和仪表盘、松散或压缩的可燃城市生活垃圾、浸润废木材等。

(2)焚烧可燃废物产生的热量,供部分废物在 HOTDISC 里的分解,及加热进入分解炉的三次风。

(3)使用该设备,避免了废物在窑尾的燃烧,减少了挥发分的循环和堵塞的可能,加大了废物利用量。

(4) HOTDISC 的运行是在氧化气氛下进行的,废物的燃烧更加完全,并降低了气体排放的负面影响。

运行经验　第一台完整意义上的 HOTDISC 在 2002 年应用于挪威一家 1600 t/d 的水泥厂,该厂窑系统采用 FLS 的 ILC 系统。设计 HOTDISC 替代分解炉用煤的 40%,该设计目标已经达到,并于 2003 年 5 月通过了性能测试。从 2002 年 10 月以来该设备一直连续运行,对破碎后粒径为 200~300 mm 的旧轮胎的焚烧量一直稳定在 2t/h。厂家同时也进行了一些焚烧其他废物的短期试验,包括整的轿车轮胎、卡车轮胎和条状废旧木材等。厂家计划进行更加深入的焚烧试验来扩大该废物焚烧设备的焚烧范围和运行经验。

该厂的实际运行证明:HOTDISC 易于操作(焚烧废轮胎时可以达到 2~3 t 的喂入量,相当于分解炉用煤量的 40%~60%;由于该厂原料结构的特殊性,当 HOTDISC 废物的喂入量为 2 t/h 时,每小时可替代系统用煤 2 t 或 40% 的分解炉用煤;窑系统 $NO_x$ 的排放降低 15% 左右,CO 的排放几乎没有变化,对回转窑效率没有不良影响)。

**5. 旋回流式流动床焚烧炉**

TIF 型旋回流式流化床焚烧炉,由空气分散装置、流动层部分、燃烧室部分构成,该炉的炉床呈长方形,当中突起,坡向两边使炉内沙子垃圾可以顺坡下滑,炉床底部的风室分成三个区,两边风室容积小而进风量多,中间风室容积大而进风量少,导致进入炉膛的风速两边比中间大,在两边区域内被风吹起向上流动的沙子和垃圾经过屈折板炉壁的阻挡回流到炉的中间位置,中间部位的沙子和垃圾又顺坡下滑至两边,形成了移动层、流动层和排除层,垃圾中的不燃物由两边排出口排出,便形成了循环流化床焚烧炉,如图 5-57 所示。

风的组成与作用 垃圾在焚烧炉内燃烧所需要的风,由一次流化风机和二次送风机供给,为了避免垃圾池中臭味气体扩散影响空气环境,所以将流化风机和二次送风机吸风口设置在垃圾池上方,流化风从焚烧炉底空气分散装置送入。根据炉床流动层、移动层所需风量的不同进行配风,主要作用是使焚烧炉内沙子和投进的垃圾旋转流动、沸腾,使沙子和垃圾充分均匀混合,有利于燃烧,同时提供部分氧量。二次风为垃圾充分有效燃烧提供所需氧量,分上二次风和下二次风两部分风量,上二次风为垃圾二次燃烧提供氧量,建立二次燃烧室。在焚烧过程中有压火作用,

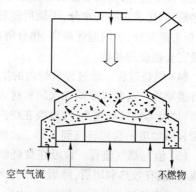

图 5-57 旋回流化床焚烧炉原理

控制炉顶烟气流速和炉顶温度,下二次风按四角配置,除提供燃烧用氧气外,通过风的流速在焚烧炉中建立垃圾燃烧漩涡,使垃圾在离心力作用下,沿着漩涡旋转燃烧,保证了垃圾在炉内滞留时间,为充分燃烧提供保证。同时由于垃圾中水分大,为除去垃圾中水分,使其更好燃烧,提高空气温度,在流化风与二次风出口安装了蒸汽加热预热器,对炉床升温,提高炉顶温度,保证垃圾正常燃烧温度起到了很大作用。

沙循环系统 由于生活垃圾水分大,为了干燥垃圾,把焚烧炉内加入的 70t 沙子加热到 600~700℃,再投入垃圾。这样随着生活垃圾中的水分、热值的变化,控制保持炉床沙温,有利于干燥垃圾,使其充分有效燃烧,焚烧炉内沙子缺少时,新沙可由沙斗进入沙箱再由给沙阀排入炉内。当炉内沙子多时,一方面可通过振动筛将沙子回收,由提升机提至沙箱中作为炉内沙少时补沙,另外可随不燃物排掉。

辅助燃料系统 由于垃圾中水分大,燃烧不稳定,为保持炉床温度在 550~650℃,设置了辅助燃料(燃煤)系统。当炉床温度低于 550℃ 时,煤自动由煤斗经输送机、转运箱、提升机,至给料机进炉内与垃圾混烧,当炉床温度高于 650℃ 时,煤自动停止。

燃烧过程及烟气流程 生活垃圾中的固体可燃物通常由 C、H、O、N、S、Cl 等构成,还含有灰分和水分,其燃烧过程是蒸发燃烧、分解燃烧、表面燃烧的综合过程,由于生活垃圾含水率高于其他燃料,低者达 30%,高者达 50%,垃圾在焚烧炉中的燃烧是通过垃圾给料、干燥、热分解和燃烧四个过程实现:

(1) 垃圾给料系统。垃圾车经地磅称重后,进入垃圾大厅将垃圾投入到垃圾池,由垃圾吊车抓起放入垃圾斗,经给料机,输送入焚烧炉。垃圾给料机采用特殊双螺旋式,能连续定量地向炉内供给垃圾。通过双螺杆的作用,能够压碎和破坏大型垃圾袋和比较大的垃圾,通过控制螺杆的转数达到垃圾供给量的自动调整。在双螺旋轴中一根是固定的,另一根为活动轴。如有铁等异物吸入时,活动轴边移动边向炉内供给;如有大块异物吸入时,即使活动轴移动也无法排除时,反转螺杆,以解除异物咬入。在双螺杆的出口处,设置了与其成直角的单轴螺杆式旋转刮板以确保垃圾的定量供给。

(2) 干燥过程。进入焚烧炉内的垃圾,与炉内 600~700℃ 的沙子充分混合,在一次流化风的作用下,不断翻转流化至沸腾,吸收沙子和部分垃圾表面的热量使垃圾水分蒸发出来。垃圾热值

低水分大时,自身燃烧保持不住沙温和炉床温度时可加入辅助燃料煤,提高炉温,改善干燥、着火条件。

(3) 热分解过程。生活垃圾中的热分解过程是垃圾中多种有机物在高温作用下分解或聚合的化学反应过程,同时更是析出挥发分的过程。当垃圾进入炉内遇到高温沙,吸收沙和表面燃烧的热量,汽化蒸发除去水分,干燥后随着炉温升高,垃圾中的可燃固体物质开始热分解,放热或吸热,析出挥发分,炉内温度越高,热分解速度越快,热分解在较短的时间内彻底完成,是保证生活垃圾完全燃烧的基础。

(4) 燃烧过程。该过程是炉内的生活垃圾经干燥和热分解后,产生许多不同种类的气态、固态可燃物质。这些物质同二次风机送入的氧接触,搅拌混合,在一定温度下开始燃烧。炉内温度越高,垃圾与氧接触越充分,垃圾在炉内停留时间越长(大约 5 min),燃烧越可靠越好,未燃尽成分和轻质垃圾一起旋转飞到上部二次燃烧室继续燃烧。

(5) 渣与烟气流程。垃圾在焚烧炉内燃烧产生大量高温烟气(850~900℃)流经余热锅炉、省煤器,被有效热利用后,经烟气冷却器进一步降温净化,由布袋除尘器、引风机经烟囱排至大气。垃圾燃烧减量化后生成的灰,由余热锅炉省煤器、烟气冷却器、布袋除尘器排灰口排出,经输送机排入运灰车运走,不燃物及渣由焚烧炉排出口排出,由不燃物输送机排入振动筛,回收部分沙后,经转运输送机排入拉渣车运走填埋或再利用。

**6. 危险废物焚烧炉**

一般设计原则　通过仔细分析和检查危险废物的物理化学特性以及其他参数以后,按照危险废物的焚烧规律进行焚烧炉以及净化系统等的设计。设计的内容包括焚烧炉炉型、炉排结构、进风布置设计、净化系统设计等。具体选择炉型时可参考如下经验:

(1) 对于干性或半干性的无滴液危险废物,可以采用炉排式焚烧炉进行焚烧处理。

(2) 对于湿性较小的危险废物,可以采用机械移动炉排焚烧炉进行焚烧处理。

(3) 对于湿性或含液滴的危险废物应该采用旋转窑式危险废物焚烧炉进行焚烧处理。旋转炉窑的长度和直径应与每小时的水分蒸发量相匹配。

(4) 对于气体危险废物,一般可以直接混入可燃气体进行焚烧处理。

(5) 对于小量的危险废物焚烧处理,可以考虑采用固定炉排式焚烧炉进行焚烧处理。

(6) 对于液体危险废物,一般可以采用介质雾化燃烧或燃油乳化燃烧,在助燃燃料的燃烧帮助下进行焚烧处理,炉形可以是圆形。在工程实际中,也常常采用方形燃烧室的焚烧炉进行焚烧处理。

(7) 对于含水量较高的危险废物,应该考虑含水量蒸发所需要的蒸发空间和额外的蒸发时间,同时补充少量的辅助燃料加热。这种情况下,采用移动式机械炉排较为合适,通过调节移动炉排的移动速度,预热干燥时间以及焚烧时间,即可以较好地对该废物进行焚烧处理。如果采用转窑式焚烧炉,只调节旋转速度难以实现蒸发和焚毁的严格要求。

(8) 对于蒸发的时间、空间和燃料的增加量,推荐的数据如下:每 100 kg 水蒸发需额外增加炉膛空间 1 m³、时间 10 s、燃油 10 kg。

设计参数的选择:

(1) 炉排机械负荷和热负荷及燃烧室热负荷。焚烧处理的炉排面积实际计算时,一般的单位面积处理量在 50~350 kg/(m²·h),实际工况应该考虑到危险废物的易燃性、颗粒度、含水量、发热值和灰分等特性。焚烧处理时也应该对单位体积的热强度进行核算,一般炉内的热强度在 $(10 \sim 200) \times 10^4$ kJ/(m³·h)。为保证在给定的时间内将危险废物彻底烧透焚毁,单位炉排面积的废物的焚烧必须加以限制。该限定值称为单位面积焚烧量也称为炉排处理能力,一般用 $Q_s$ 表

示。对于常见的各类废物,可供参考的数据如下:

一般垃圾:　　　　　　　　　　　　100~250 kg/(m²·h)

干燥废弃物质:　　　　　　　　　　150~350 kg/(m²·h)

橡胶类塑料类:　　　　　　　　　　200~500 kg/(m²·h)

干燥有机废物:　　　　　　　　　　200~500 kg/(m²·h)

医疗垃圾:　　　　　　　　　　　　100~300 kg/(m²·h)

在上述数据中,对于机械移动炉排时,体积热强度和炉排处理能力的数值取较高的上限;对于固定炉排焚烧处理时,体积热强度和炉排处理能力取较小的下限;对于使用流化床焚烧炉对危险废物进行焚烧处理时,可以取体积热强度和炉排处理能力的最大值。对于采用机械移动炉排或旋转窑焚烧炉,推荐的焚烧室体积热强度 $Q_v$ 参考数据如下:

一般城市生活垃圾:　　　　　　　　$(20~100)×10^4$ kJ/(m³·h)

干燥废弃生物质:　　　　　　　　　$(50~150)×10^4$ kJ/(m³·h)

橡胶塑料类:　　　　　　　　　　　$(100~300)×10^4$ kJ/(m³·h)

干性甲苯类有机残渣:　　　　　　　$(150~400)×10^4$ kJ/(m³·h)

医疗垃圾:　　　　　　　　　　　　$(20~100)×10^4$ kJ/(m³·h)

半干性污泥:　　　　　　　　　　　$(10~100)×10^4$ kJ/(m³·h)

对于液体危险废物的焚烧炉膛,一般体积热强度可以达到 $(80~120)×10^4$ kJ/(m³·h)。如果废物的发热值较高时,热强度的数值还可以变化 25%~75%。

(2) 助燃空气。送风方式与炉膛结构有关,在采用机械炉排焚烧炉时,可以有上下送风方式。采用多燃烧室焚烧处理时,可以将焚烧过程分段进行。在简单固定炉排焚烧炉中,总空气量可以达到 150%~400%。对于多室式焚烧炉,总空气量可以达到 120%~300%,可以按照实际焚烧要求进行合理分配和布置。对于转窑式焚烧炉,总空气量可以达到 150%~300%。采用固定床焚烧时,气流可以同时从下部和上部两个方向输入,比例一般可以取为 60% 和 40%,总量为 $m=1.5~3.0$。而且需要定时将物料翻动。焚烧过程安全性较差,焚毁率较低。采用机械移动炉排进行焚烧时,进入的空气可以布置成各种方式,顺流、逆流或者混合流均可。下部和上部的气流比例可以为 75% 和 25%。总空气量为 $m=1.5~2.5$。采用流化床焚烧炉进行危险废物焚烧时,燃烧用的空气一般大部分从下部进入,上部送风仅作为二次燃烧用。比例为下部送风量为总风的 85%~90%,上部进风的量仅为 10%~15% 总风量约为 $m=1.2~2.2$。为了使炉内焚烧过程稳定和高效,一般可以通过热风预热器将一次风和二次风进行预热,预热风温度一般为 150~350℃,预热空气的温度不能过高,否则会影响运行设备的正常工作。预热温度太低,则起不到明显的作用。

(3) 燃烧室出口温度和烟气滞留时间。焚烧分解的时间大于 2 s,其中不含预热干燥和干馏等过程的时间。焚烧室结构的设计必须充分考虑焚烧反应的时间,为了确保有 2 s 的焚烧时间,需要将焚烧室进行流动与焚烧时间匹配的设计。一般认为 650℃ 以下的焚烧对于危险废物中毒性和危害性的分解或去除意义不大。而太高的焚烧温度对反应分解非常有效,但是对焚烧炉有损坏作用。一般焚烧的温度限于 850~1200℃ 之间。对于危险废物焚烧过程而言,由于其中常常含有许多不同酸、碱的物质,或者在焚烧反应过程中会产生大量的腐蚀性物质,因此焚烧炉的内壁应该配置足够的耐碱和耐酸性材料。对于一般设计要求,焚烧温度在 1250℃ 以下,耐热或耐火的温度可以选为 1450℃。材料为刚玉砖或精密氮化硅和碳化硅混合材料的陶瓷砖。

设计步骤　危险废物的种类繁多,焚烧处理的要求也经常变化。因此实际设计或设备选用也经常改。加上实际可以采用的焚烧炉也很多,因此设计过程可能有多种方法和结果。具体设计步骤如图5-58所示。需要指出的是,目前国内许多危险废物焚烧设备在设计时处理容量过大,在焚烧设备运营过程中,长期处于不饱和状态。因此,在确定焚烧炉的焚烧容量时,应该实事求是地核实近期和中期的危险废物量,保证处理设备能够经济和稳定地运行。

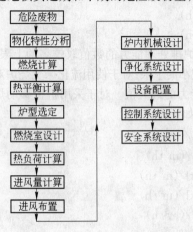

图 5-58　焚烧炉设计一般步骤

(4) 气体危险废物焚烧炉　气体危险废物的焚烧炉的结构较为简单,主要地可以按其燃烧的喷嘴结构和气体反应特性确定燃烧的空间和燃烧的时间。通常认为,当危险气体具备足够的热值以后,才能进行正常的稳定着火、焚烧和净化工艺,如:$Q_{dw}>750$ kcal/m³,或相当于 3000 kJ/m³(标态)。热值较低时,采用预混部分可燃料(液体或气体),然后进行燃烧;热值较高时,则可以与空气混合进行焚烧。此外,必须提醒的是,危险废物与可燃气体进行混合时,经常发生爆燃事件,对焚烧过程以及设备和人员的安全造成威胁,因此对易爆危险物必须进行严格的检查和控制。气体危险废物的焚烧过程有时也类似于液体或固体焚烧炉中的二次焚烧室。或有时甚至可以引入液体或固体焚烧炉中充当二次焚烧的辅助气体。由于气体焚烧时,燃烧工况易于调节和控制,一般焚烧焚毁的效果比较好。

液体危险废物焚烧炉　对液体危险废物进行焚烧时采用的焚烧炉的结构应该与危险废物的种类、物理化学性质以及处理要求结合起来考虑。按危险废物可燃的性质,其可以分为自燃焚烧、辅助焚烧和混合焚烧等三种。按焚烧过程中流动特性和反应容积特性可以分为立式喷射雾化焚烧、卧式喷射雾化焚烧、乳化焚烧以及蒸发焚烧等焚烧炉类型。不论何种焚烧炉或焚烧方式,液体焚烧过程均需要将液体细化成为微细颗粒进行快速汽化燃烧。而将液体细化为微细颗粒的方法通常使用的最多的是雾化技术和乳化技术。对于液体危险废物焚烧以后的烟气,一般需要进行二次焚烧,即,通过采用外加辅助燃料,在设定的温度和气氛条件下,进行强制性焚烧,目的是确保彻底焚毁残余的污染物的存在。常见的液体焚烧炉的结构和焚烧布置示意图见图5-59。图5-59a 是采用雾化燃烧对危险废物进行焚烧处理的卧式二次焚烧炉。在雾化过程中可以预混部分可燃燃料(如重油)进行焚烧处理。图5-59b 是立式液体二次焚烧式焚烧炉,液体危险废物在下部经过雾化和预混燃料后与空气混合进行焚烧,然后再进入二次焚烧室进行第二次焚烧,在第二次焚烧过程中,一般需要加入辅助材料通过强制的方式进行焚烧。图5-59c 是液体不可燃危险废物的立式焚烧炉,在下部将不可燃液体进行雾化以后进入燃烧室与燃料燃烧火焰混合,不可燃液体的雾化气流可以布置成为流动助燃型分布,推动燃烧流动过程的旋流的进行。在二次焚烧室再进行辅助燃料强制焚烧,以保证彻底焚毁参与危险物质的存在。图5-59d 为可燃液体废物自身雾化或乳化燃烧,然后进行强化焚烧处理的立式焚烧炉。二次燃烧室中的流动与燃烧结构原理相同。

固体危险废物焚烧炉　固体危险物是指各种固体物料和大量的液体废弃物的混合物,其中可以包含许多常用废弃物料和有毒有害物料,在有些废弃物中还可能包含危害性很大的病毒或病原。对这些危险固体废物进行处理时应该按照实际可焚烧的物质的特性和危险物质的具体组成进行焚烧设计和运行管理。对固体废物的焚烧设计主要包括焚烧炉结构、进风和气流布置、炉排选用、排渣方式、二次焚烧设计以及热力化学过程设计和控制。

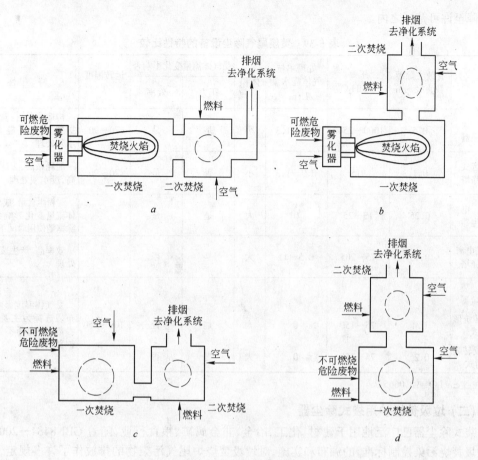

图 5-59　液体危险废物焚烧炉结构示意图

### 三、垃圾焚烧炉配套除尘设备

#### （一）除尘设备选择

焚烧烟气中粉尘的主要成分为惰性无机物质,如灰分、无机盐类、可凝结的气体污染物质及有害的重金属氧化物,其含量在 $450\sim22500$ mg/m³ 之间,视运转条件、废物种类及焚烧炉型式而异。一般来说,固体废物中灰分含量高时所产生的粉尘量多,颗粒大小的分布亦广,液体焚烧炉产生的粉尘较少。粉尘颗粒的直径有的大至 100 μm 以上,也有的小至 1 μm 以下,由于送至焚烧炉的废物来自各种不同的产业,焚烧烟气所带走的粉尘及雾滴特性和一般工业尾气类似。

选择除尘设备时,首先应考虑粉尘负荷、粒径大小、处理风量及容许排放浓度等因素,若有必要则再进一步深入了解粉尘的特性(如粒径尺寸分布、平均与最大浓度、真密度、黏度、湿度、电阻系数、磨蚀性、磨损性、易碎性、易燃性、毒性、可溶性及爆炸限制等)及废气的特性(如压力损失、温度、湿度及其他成分等),以便作一合适的选择。

除尘设备的种类主要包括重力沉降室、旋风(离心)除尘器、喷淋塔、文氏洗涤器、静电除尘器及布袋除尘器等,其除尘效率及适用范围列于表 5-39 中。重力沉降室、旋风除尘器和喷淋塔等无法有效去除 $5\sim10$ μm 的粉尘,只能视为除尘的前处理设备。静电除尘器、文氏洗涤器及布袋除尘器等三类为固体废物焚烧系统中最主要的除尘设备。液体焚烧炉尾气中粉尘含量低,设计时不必考虑专门的去除粉尘设备。急冷用的喷淋塔及去除酸气的填料吸收塔的组合足以将粉尘含量降至许可范围之内。

**表 5-39　焚烧尾气除尘设备的特性比较**

| 种　类 | 有效去除颗粒直径/μm | 压差/cmH₂O | 处理单位气体需水量/L·m⁻³ | 体积 | 受气体流量变化影响否 | | 运转温度/℃ | 特　性 |
|---|---|---|---|---|---|---|---|---|
| | | | | | 压力 | 效率 | | |
| 文　氏洗涤器 | 0.5 | 1000~2540 | 0.9~1.3 | 小 | 是 | 是 | 70~90 | 构造简单,投资及维护费用低,耗能大,废水须处理 |
| 水音式洗涤塔 | 0.1 | 915 | 0.9~1.3 | 小 | 否 | 是 | 70~90 | 能耗最高,去除效率高,废水须处理 |
| 静　电除尘器 | 0.25 | 13~25 | 0 | 大 | 是 | 是 | | 受粉尘含量、成分、气体流量变化影响大,去除率随使用时间下降 |
| 湿式电离洗涤塔 | 0.15 | 75~205 | 0.5~11 | 大 | 是 | 否 | | 效率高,产生废水须处理 |
| 布　袋除尘器<br>(1)传统形式 | 0.4 | 75~150 | 0 | 大 | 是 | 否 | 100~250 | 受气体温度影响大,布袋选择为主要设计参数,如选择不当,维护费用高 |
| (2)反转喷射式 | 0.25 | 75~150 | 0 | 大 | 是 | 否 | | |

注:1 cmH₂O=98.0665 Pa。

### (二) 垃圾焚烧炉用袋式除尘器

袋式除尘器已广泛地用于建材、化工、冶金、非金属矿、粮食行业,随着 GBI 8484—2001《生活垃圾焚烧污染控制标准》的颁布和实施,对垃圾焚烧炉尾气污染物的排放作了许多规定,其中为了解决垃圾焚烧炉尾气中二噁英的重新生成问题特别规定焚烧炉的除尘装置必须采用袋式除尘器。

1. 用于垃圾焚烧炉的袋式除尘器的构成

用于垃圾焚烧炉的袋式除尘系统是由投药设备、袋式除尘器本体及气体自动监测仪构成的。

投药设备根据要除去的有害气体来工作。对于垃圾焚烧炉废气处理来说,其所投的药品种类必须能除去二氧化硫、氯化氢、汞、镉、铅、二噁英等,同时要起保护滤料和降低粉尘层阻力的作用。一般说来,药剂从储药罐中被定量排出后,通过空气输送、均布、随气体均匀分布后进入袋式除尘器,并吸附在滤袋的表面,形成一层预涂层,当有害气体通过预涂层时,有害气体就与这些药剂反应而被除去。

近年来,脉冲袋式除尘器及其新型过滤材料的发展,使得袋式除尘器的体积可以做得比较小,从而被广泛用于垃圾焚烧炉尾气处理。为了处理二氧化硫和氯化氢等,同时也为了降低除尘系统的阻力延长滤袋的使用寿命,使用熟石灰和特殊反应助剂等作为袋式除尘器的预涂层。各种药剂的用量则根据有害气体处理前后的浓度差和废气的温度等因素来设计和计量。

袋式除尘器的本体设计要考虑有害气体通过预涂层的速度,即过滤风速,同时还要考虑滤袋的使用寿命。关于滤袋的使用寿命,与除尘器的运行相比,更重要的是除尘器停机后的保护。为了避免袋式除尘器停机后滤袋的结露与腐蚀,一定要考虑袋式除尘器的保温和热风循环。

2. 用袋式除尘器处理有害气体的技术发展情况

考虑到各种有害气体的特性,为提高净化处理的技术水平国外各种新技术不断地被开发出

来,已经在应用的技术有:

(1) 低温处理废气技术。对于二氧化硫、氯化氢和二噁英,温度越低,处理效率越高,在寻求低温处理技术时一定要考虑到 CaO 的潮解问题。

(2) 使用活性炭的袋式除尘器。使用活性炭的袋式除尘器,对除去二噁英是有效的。

(3) 使用超细熟石灰。超细熟石灰的比表面积大,效果好,同时利用率也高,对降低熟石灰的使用量和减少排灰的处理量是有效的。

(4) 活性炭和熟石灰的混合使用。为了节约储存罐,随着熟石灰投入量的变化,活性炭的投入量也相应变化。

(5) 催化剂式双层袋式除尘器。在双层袋式除尘器中填充催化剂,使滤袋具有多重功能,今后对除去 $NO_x$ 和对气体的二噁英分解、去除带来了希望。但是袋式除尘器最佳使用温度和催化剂的最佳使用温度不同,这是一个有待解决的技术问题。

(6) 二级袋式除尘器。用一级袋式除尘器除去粉尘,二级袋式除尘器去除有害气体或者用一级袋式除尘器除去粉尘、氯化氢和二氧化硫,用第二级袋式除尘器除去微量有害成分。前者可有效减少捕集的粉尘中的钙的化合物,在第二级袋式除尘器中投入药剂(活性炭),可使药剂得到有效利用和可能使药剂进行再生循环使用。

(7) 与其他设备的合用。

袋式除尘器 < 催化剂反应器,可以高效率除去二噁英和氮氧化物;

袋式除尘器 < 水洗 < 催化剂反应器,可以高效率除去二噁英氯化氢和氮氧化物;

袋式除尘器 < 低频放电,可以高效率除去二噁英;

袋式除尘器 < 放射线,可以高效率除去氮氧化物。

近 10 年来,由于二噁英问题,发达国家新建的垃圾焚烧炉装置的除尘设备基本上全部采用袋式除尘器。因此,袋式除尘器在性能上、使用寿命上、使用用途上都有了很大的发展,国内在新建的垃圾焚烧厂也已明确要求配备性能优越的袋式除尘器。

3. 应用实例和注意事项

浙江绍兴城东热电厂 400 t/d 垃圾焚烧炉和广东南海环保发电厂 2 台 200 t/d 垃圾焚烧炉尾气处理,采用了除尘和脱有害气体一体化袋式除尘器系统。对此类袋式除尘器技术及滤料的选用问题,有以下结论。

(1) 治理设施及工艺。绍兴城东热电厂和南海环保发电厂的垃圾焚烧炉尾气处理都选用了多组分有毒、有害废气综合治理系统,使烟气中的污染物排放达到国家排放标准的要求;从锅炉排出的烟气,进行脱有害气体和除尘。治理系统包括:混合器、反应器、石灰粉加料系统、活性炭添加系统、布袋除尘器等装置。绍兴城东热电厂的锅炉为 75 t/d 生活垃圾和煤混烧的流化床锅炉(燃煤约占 25%),规模为日处理生活垃圾 400 t。其工艺原理:利用 $Ca(OH)_2$ 吸收烟气中 $SO_2$ 使之成为 $CaSO_4$、固态小颗粒,进入袋式除尘器时被滤袋从烟气中分离出去。脱硫采用的是 CaO,CaO 先进入消化器消化成 $Ca(OH)_2$,然后与来自锅炉烟气的飞灰一起进入增湿混合器,使混合物的水含量增加到 5% 左右,再以流化风为动力并借助烟道的负压引入反应器。进入反应器后,由于蒸发表面很大,水分很快蒸发,在极短的时间内,烟气温度从 167℃ 冷却到 135℃ 左右;烟气的相对湿度迅速增加,形成一个较好的脱有害气体的工况。烟气中的有害气体只要能保持 1 s 左右反应时间,都能被有效地除去。在反应器中同时加入活性炭,用来吸附烟气中的其他有害成分。南海环保厂的处理工艺与绍兴城东热电厂的处理工艺完全相同。

(2) 袋式除尘器的优点。国内在建的垃圾焚烧厂尾气处理都是采用袋式除尘器,一般认为最好选用脉冲清灰袋式除尘器,它有以下优点:

1) 清灰能力强。脉冲清灰时滤袋得到很大的重力加速度,这是反吹风清灰的布袋除尘器无论如何达不到的。

2) 喷吹压力低。绍兴城东热电厂和南海环保发电厂的袋式除尘器都是采用澳大利亚高原公司产的脉冲阀,压缩空气压力为 0.25 MPa 时开始清灰,清灰效果良好;正常运行时净气室与过滤室的压差达 1700 Pa 时开始清灰,清灰后阻力只有 700~900 Pa;由于喷吹压力低,可直接采用管网压缩空气。

3) 过滤风速高、过滤效率高。绍兴城东热电厂设计风量为 200000 $m^3$/h,设计过滤风速为 0.96 m/min,最大过滤风速为 1.05 m/min,出口粉尘排放浓度(标态)为 50 mg/$m^3$。该设备于 2001 年 8 月和垃圾焚烧炉同时建成投运。2002 年 1 月 8 日实测风量为 244000 $m^3$/h,过滤风速为 1.17 m/min,最大过滤风速为 1.25 m/min,出口粉尘排放浓度(标态)为 36.8~53.4 mg/$m^3$,平均排放浓度(标态)为 45.1 mg/$m^3$;2002 年 1 月 10 日实测风量为 259400 $m^3$/h,出口粉尘排放浓度(标态)为 2.4~28.5 mg/$m^3$,平均排放浓度(标态)为 16.9 mg/$m^3$,完全达到设计和环保要求。

4) 占地面积小。处理同样风量时,设备占地面积比反吹风清灰的袋式除尘器节省 50% 左右,设备投资也比反吹风清灰的布袋除尘器省。

5) 运用 PLC 控制系统,以可编程为机芯,配备各种传感元件,抗干扰能力强,工作可靠,功能齐全,可分别以定时和定压差两种方式对袋式除尘器进行清灰控制,还可对袋式除尘器和管路的风量、温度、压差、压力等参数实现实时监控和对排灰系统等其他设备实现实时监控、故障提示、报警等。

(3) 滤料和喷吹装置的选用。袋式除尘器的性能主要体现在过滤和清灰两个方面,从现有技术来说,要使设备达到环保要求并不难,要把设备阻力控制在一定范围内则相对较难。要达到预期效果,需从以下几个方面考虑:

1) 滤料的选择。上述两项目中都采用 PPS 滤料。垃圾焚烧炉尾气脱硫后的温度通常在 125~167℃,瞬时温度有时会达到 200℃ 左右。为防止在使用过程中滤料收缩,应对滤料进行热定形。尾气中含有硫氧化物、氯化氢及氮氧化物等酸性气体,要防止酸结露;酸露常会在滤袋中产生积蓄,且酸性气体自身吸湿能力强,当温度下降时被捕集到滤袋的粉尘会导致滤袋滤料孔堵塞甚至滤袋破损;尾气中通常含有的水分很高,废气含湿量达 25%,考虑实际使用情况和价格因素,最好选取 PPS 加机油处理的滤料;我们试用的 PPS 覆膜过滤材料效果并不好。

2) 喷吹阀应选择淹没式脉冲阀,直角阀的阻损达 0.2~0.3 MPa。淹没式脉冲阀阻力小,开启和关闭迅速,能以最短的时间释放最大能量。绍兴城东热电厂实际耗气量为 3.0 $m^3$/min,压力罐的大小和脉冲阀的规格有关。

(4) 其他应注意的问题。设计时应充分考虑保温,设备顶部也应考虑保温,在灰斗处应采取保温和加热措施。酸结露问题在实际运行中有以下几个方面值得考虑:1)设备漏风是否过大;2)灰斗底部流化风机吹入的流化风多少;3)中间预热除尘烟道是否保温;4)应严格保证烟气温度高于酸露点 20℃ 以上。

为使袋式除尘器的使用效率最大化,对于清灰控制方式,我们认为应优先采用压差控制仪定阻清灰方式。定时清灰和定阻清灰各有优缺点:定时清灰控制成本相对较低,最好的清灰时机应当是净气室和过滤室的压差开始快速上升时就开始清灰,用时间来控制非常困难,几乎无法达到最佳清灰状态,其中经验的因素很大;压差控制仪成本较高,但能使清灰达到最佳时间,延长滤袋使用寿命。实际压差应根据具体情况来确定,且随着设备运行时间的不同,设备的压差设定值也应相应调整。应严格保证压缩气品质,使用洁净的压缩空气。

### (三) 文氏洗涤器

文氏洗涤器可以有效去除废气中直径小于 2 μm 的粉尘,其除尘效率和静电除尘器及布袋除尘器相当。由于文氏洗涤器使用大量的水,可以防止易燃物质着火,并且具有吸收腐蚀性酸气的功能,较静电除尘器及布袋除尘器更适于有害气体的处理。典型的文氏洗涤器(图 5-60)是由两个锥体组合而成,锥体交接部分(喉)面积较小,便于气、液体的加速及混合。废气从顶部进入,和洗涤液相遇,经喉部时,由于截面积缩小,流体的速度增加,产生高度乱流及气、液的混合,气体中所夹带的粉尘混入液滴之中,流体通过喉部后,速度降低,再经气水分离器作用,干净气体由顶端排出,而混入液体中的粉尘则随液体由气水分离器底部排出。

文氏洗涤器依供水方式可分为非湿式及湿式两种(图5-61)。非湿式文氏洗涤器中气体和液体在进入喉部前不互相接触,适于低温及湿度高的气体处理,价格较低。湿式文氏洗涤器中液体从顶部流入,充分浇湿上部锥体内壁,因此气体所夹带的粉尘不易附着在内壁上,适用于高温或夹带黏滞性粉尘的废气处理,其价格较非湿式昂贵。由于除尘效率和喉部压差有关,喉部通常装有调节装置,视气体流量变化而调整,以维持固定的压差及流速。

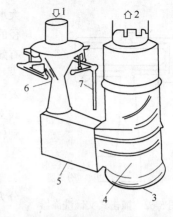

图 5-60 文氏洗涤器及汽水分离器
1—废气进口;2—净化气体出口;3—排水口;
4—汽水分离器;5—充满水的肘部;
6—喉;7—入水口

应用于危险废物焚烧尾气处理的文氏洗涤器的压差控制于 75~250 kPa 之间,喉部气体流速约在 45~150 m/s 之间,洗涤水使用量为 0.7~3 L/m³(尾气)。

文氏洗涤器体积小,投资及安装费用较布袋除尘器或静电除尘器低,是最普遍的焚烧尾气除尘设备,由于压差较其他设备高出很多(至少 7.5~19.9 kPa),抽风机的能源使用量亦高(抽风机的电能和压差成正比),同时尚需处理大量废水,运转及维护费用和其他设备相当。

文氏洗涤器也具酸气吸收作用,其效率约为 50%~70%,但无法达到 99% 的酸气去除要求。当焚烧尾气含有酸气时,必须使用吸收塔。

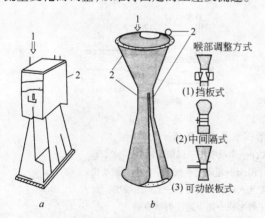

图 5-61 不同形式的文氏洗涤器
a—长方形非湿式型;b—圆锥形湿式型(喉部截面可调)
1—废气;2—进水口

喉部调整方式
(1)挡板式
(2)中间隔式
(3)可动嵌板式

文氏洗涤器的除尘效率和压差有很大的关系,由于尾气中粉尘许可含量规定越来越低,一般传统文氏洗涤器的压差必须维持在 200~250 kPa,不仅能量使用高,而且由于喉部流速太高,磨损情况严重,近年来多种改良形式陆续发展出来,其中最普遍为焚烧系统所使用的是水音式洗涤器和撞击式洗涤器。撞击式洗涤器构造如图 5-62 所示,废气由顶部分成两条气流进入后再在喉部合流。由于高速气流碰撞及喉部加速作用,可以有效分离直径低于 1 μm 的粉尘。

水音式洗涤器是一个由蒸汽喷射器驱动的文氏洗涤塔(图 5-63),蒸汽、水滴、气体及粉尘在喉部混合后,产生剧烈的洗涤作用,水滴和混入水滴中的粉尘进入洗涤器下方扩张部分后,形成

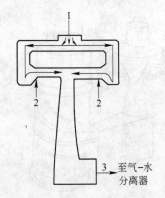

图 5-62　撞击式文氏洗涤器
1—废气入口；2—洗涤水入口；
3—排气

大水珠,再经气水分离器作用和气体分离。特点是将微米级粒径的粉尘包入水滴之中,加强水滴的凝聚及结合,使气、水得以有效分离,压差容易调节,可视需要大幅增加或减少。

使用水音式洗涤器,只需增加蒸汽注射量即可增加压差及效率,粒子直径小至 $0.2\ \mu m$ 的收集效果亦高达 99%；而其他形式文氏洗涤器则必须替换抽风机,并调整喉部的截面积,才可达到较高的效率。

**(四) 静电除尘器**

静电除尘器能有效去除工业尾气中所含的粉尘及烟雾,可分为干式、湿式静电集尘器及湿式电离洗涤器三种。

湿式为干式的改良形式,使用率次之；湿式电离洗涤器发展虽然较晚,但是它除了不受电阻系数变化影响外,还具有酸气吸收及洗涤功能,是美国危险废物焚烧系统中使用最多的粉尘收集设备之一。

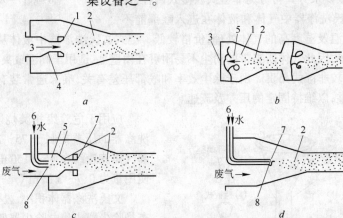

图 5-63　不同形式水音式洗涤器
a—单 - 喷嘴 - 风扇驱动式；b—串联喷嘴 - 风扇驱动式；
c—高速风扇驱动 - 蒸汽或空气注射式；d—超声速蒸汽 - 空气注射驱动式
1—水人口；2—气、水混合；3—废气入口；4—喷嘴；5—低声速喷嘴；
6—蒸汽或压缩空气；7—注射水；8—超声速注射器喷嘴

**1. 干式静电集尘器**

干式静电集尘器由排列整齐的集尘板及悬挂在板与板之间的电极所组成,利用高压电极所产生的静电电场去除气体所夹带的粉尘(图 5-64)。电极带有高压(40000 V 以上)负电荷,而集尘板则接地线。当气体通过电极时,粉尘受电极充电带负电荷,被电极排斥而附着在集尘板上。

粉尘的电阻系数是静电集尘器设计的主要参数。如果粉尘电阻系数太大,它和集尘板接触后,不能丧失所有的电荷时,很容易造成尘垢的堆积；如果电阻系数太小,它和集尘板接触后,不仅丧失原有的负电荷,反而会被充电而带正电,然后被带正电的板面推斥至气流之中,因此无法达到除尘的目的。电阻系数在 $10^4 \sim 10^{10}\ \Omega \cdot cm$ 之间的粉尘可以有效地被静电集尘器所收集。由于粉尘粒子的电阻系数受温度变化影响很大,因此操作温度必须设定在设计温度范围之内,否则会造成除尘效率的降低。

干式静电集尘器发展较早,普遍应用于传统工业尾气处理中。干式静电集尘器的功能仅限于固态粉尘粒子的去除,它无法去除废气中的二氧化硫及氯化氢等酸气,也不适于处理含爆炸性物质的气体。静电集尘过程中经常会产生火花,可能造成设备的损坏。当气体中含有高电阻系数的物质时,集尘板面积及集尘设备体积必须增加,否则除尘效果不佳,氧化铅在150℃左右时,就具有此特性,因此干式静电集尘器通常仅用于焚烧烟气的初步处理,且无法有效去除所有的粉尘。由于干式静电集尘器的集尘效率和粉尘的电阻系数有很大的关系,而焚烧废物的种类繁多、粉尘的电阻系数变化很大,难以控制,所以传统干式静电集尘器很少使用于焚烧烟气处理。

**2. 湿式静电集尘器**

湿式静电集尘器是干式设备的改良形式(图5-65),它较干式设备增加了一个进气喷淋系统及湿式集尘板面,因此不仅可以降低进气温度,吸收部分酸气,还可防止集尘板面尘垢的堆积。略含碱性(pH值为8~9)的水溶液为主要喷淋液体,喷淋速度约为1.2~2.4 m/s,较气体流速高,可以加强除尘效果。部分雾化液滴会被充电,易为集尘板面收集。包覆粉尘的液滴和集尘板碰撞后,速度降低,可以增加气、液分离作用,除尘效率亦不受粉尘电阻系数影响。由于液体不停地流动,集尘板上的尘垢可随时清除,不致堆积。由于气体所含的水分接近饱和程度,烟囱排除形成白色雾气。烟气粉尘含量约10~25 mg/m³。目前仅有少数湿式吸尘设备应用于危险废物焚烧系统中。

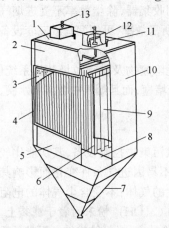 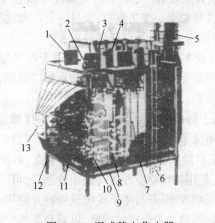

|  图5-64 干式静电集尘器 | 图5-65 湿式静电集尘器 |
|---|---|
| 1—盖板;2—上部盖板;3—穿孔的气流分配板; | 1—绝缘室加热及加压管;2—高压绝缘室;3—高压绝缘器; |
| 4—气体流动;5—底部面板;6—电极; | 4—静电场雾化系统;5—气体出口;6—梯;7—收集器电极板; |
| 7—漏斗;8—漏斗挡板;9—收集板; | 8—电极中间隔板;9—固定电极架;10—延伸放电电极; |
| 10—侧面板;11—收集板除尘器; | 11—进气喷淋系统;12—进气扩散室;13—废气进口 |
| 12—绝缘部分;13—电极除尘器 | |

湿式静电集尘器的优点为:除尘效率不受电阻系数影响;具有酸气去除作用;耗能少;可以有效去除颗粒微细的粒子。其主要缺点为:受气体流量变化的影响大;产生大量废水,必须处理;酸气吸收率低,无法去除所有的酸气。

**3. 湿式电离洗涤器**

湿式电离洗涤器是将静电集尘及湿式洗涤技术结合而发展出来的设备,基本构造如图5-66所示,由一个高压电离器及交流式填料洗涤器所组成。当气体通过电离器时,粉尘会被充电而带负电,带负电的粒子通过洗涤器时,由于引力的作用,易与填料或洗涤水滴接触而附着,因此可以由气流中分离出来,附着于填料表面的粉尘粒子随着洗涤水的流动排出。由于填料可以增加气-液接触面积,所以酸气或其他有害气体可以被有效吸收。粒子充电的时间很短,但电压强度很高,放电电极本身带负电,集尘板上不断有洗涤水通过,可避免尘垢的堆积。

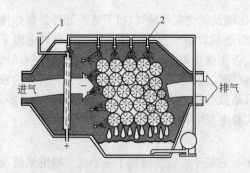

图 5-66  湿式电离洗涤器
1—高压电离器；2—交流式填料洗涤器

湿式电离洗涤器不仅可以有效去除直径小于 1μm 的粉尘粒子，并可同时吸收腐蚀性或有害气体。它的构造简单，设计模组化，主要部分由耐蚀塑胶制成，质量轻，易于安装及运输。湿式电离洗涤器的优点如下：

（1）集尘率高。可自废气中高效率收集直径小至 0.05μm 的粉尘粒子，且效率不受粒子的电阻系数影响。

（2）能耗低。单段电离洗涤部分的压差仅为 4～5kPa，略高于干式静电集尘器，但远低于其他湿式洗涤系统，处理气体所需充电能量仅为 7～14 W/m³。

（3）防腐性高。外设及内部主要部分是以热塑胶及玻璃纤维－聚酯材料制成，可以抗拒氯化氢、氯气、氨气、硫氧化物的侵蚀，电极及导电部分由特殊合金制成，也具有防腐特性。

（4）气体吸收率高。使用泰勒环填料，液滴产生数目多，气体吸收率较其他填料高。

（5）分别收集作用。湿式电离洗涤器基本上是一个分别收集器，除尘效率不受进烟气中粉尘含量及颗粒大小变化影响，如果一套电离洗涤器无法达到所需效率，可用两套或三套设备串联使用，因此几乎可以达到任何效率。

（6）效率不受气体流量影响。适于烟气流量变化大的危险废物及城市垃圾焚烧系统使用，它的主要缺点为废水产生量大，必须加以处理，填料之间易受堵塞，而且烟气中含雾状水滴，必须安装除雾器。

**（五）静电除尘器与布袋除尘器的优缺点比较**

静电除尘器与布袋除尘器是目前使用最广泛的两种粒状污染物控制设备，其功能比较见表 5-39。布袋除尘器的优点是：除尘效率高，可保持一定水准，不易因进气条件变化而影响其除尘效率；当使用特殊材质或进行表面处理后，可以处理含酸碱性的气体；不受含尘气体的电阻系数变化而影响效率；若与半干式洗气塔合并使用，未反应完全的 Ca(OH)₂ 粉末附着于滤袋上，当废气经过时因增加表面接触机会，可提高废气中酸性气体的去除效率；对凝结成细微颗粒的重金属及含氯有机化合物（如 PCDDs/PCDFs）的去除效果较佳。缺点为：耐酸碱性较差，废气中含高酸碱成分时，滤布可能在较高酸碱度下损毁，需使用特殊材质；耐热性差，超过 260℃ 以上，需考虑使用特殊材质的滤材；耐湿性差，处理亲水性较强的粉尘较困难，易形成阻塞；风压损失较大，故较耗能源；滤袋寿命有一定期限，需有备用品随时更换；滤袋如有破损，很难找出破损位置；采用振动装置振落捕集灰尘时需注意滤布破裂的问题。

**四、废热锅炉**

废热锅炉（又称热回收锅炉）是利用燃烧或化学程序尾气的废热为热源以产生蒸汽的设备。利用废热锅炉降低尾气温度及回收废热的优点是：单位面积的传热速率高，可耐较高温度，材料不受限制，体积较小，安装费用低；不需准确地控制气体及水的流量，在进气温度变化大时能承受蒸汽压力的改变，维持尾气温度的稳定；产生蒸汽，可供制程使用。

焚烧系统中的废热锅炉必须考虑的问题包括：焚烧尾气中的粉尘特性及含量、磨损及腐蚀的问题、积垢及积垢清除、废物热值变化、焚烧的操作温度以及蒸汽利用方式。

操作稳定性是大型焚烧系统最重要的考虑因素，安装废热锅炉会增加系统的复杂性，同时降低其可靠程度。焚烧厂的主要收入来自处理费用，而处理费用远高于能源回收的价值。如果仅考虑能源回收的价值,而忽略系统的稳定性是得不偿失的。

### (一) 种类

锅炉的分类可按管内流体种类、炉水循环方式、热传递方式及构造配置等加以分类,常用管内流体种类及炉水循环方式加以分类。

按管内流体种类,锅炉可分为烟管式(或称为火管式)及水管式两种。所谓烟管式即锅炉传热管管内流体为燃烧气体;而水管式即锅炉传热管管内流体为水。

按锅炉水循环方式可分为自然循环式、强制循环式及贯流循环式。自然循环式的原理为管内炉水受热后变为汽水混合物,使得流体密度减小,形成上升管,而饱和水因密度较大,在管内由上往下流动,形成降流管,在降流管与上升管两者之间因密度差而自然产生循环流动,称为自然循环式锅炉。锅炉的压力愈低,其饱和水与饱和蒸汽间的密度差愈大,炉水循环效果愈佳,因此自然循环式广泛被运用于中低压的锅炉系统中。强制循环式锅炉的炉水循环系统靠锅炉水循环带动,主要应用于高压锅炉系统中。

### (二) 城市垃圾焚烧厂废热锅炉

中小型模组式焚烧炉多采用水平烟管式废热回收锅炉,其锅炉可设置在二次燃烧室上方或侧面。大型垃圾焚烧厂因考虑其构造形式及操作实用性,以水管式较佳,水管式锅炉及烟管式锅炉的比较如表 5-40 所示。

表 5-40　水管式锅炉及烟管式锅炉比较

| 项 次 | 项 目 | 锅 炉 种 类 | |
|---|---|---|---|
| | | 水管式 | 烟管式 |
| 1 | 构 造 | 复杂 | 简单 |
| 2 | 价 格 | 高 | 低 |
| 3 | 操作保养 | 困难 | 容易 |
| 4 | 负载变动 | 储水量较少,受负载影响变动大 | 储水量较大,受负载影响变动小 |
| 5 | 产汽时间 | 储水量少,产汽所需时间较短 | 储水量多,产汽所需时间较长 |
| 6 | 操作压力 | 适用于蒸汽压力大于 1.5 MPa 的系统 | 适用于蒸汽压力小于 1.5 MPa 的系统 |
| 7 | 蒸发量 | 适用于 15 t/h 以上的蒸发量 | 适用于 15 t/h 以下的蒸发量 |
| 8 | 传热面积 | 锅炉蒸发量相同时,水管式锅炉传热面积较大 | 锅炉蒸发量相同时,烟管式锅炉传热面积较小 |
| 9 | 锅炉效率 | 较高 | 较低 |
| 10 | 经济效益 | 大容量的锅炉可规划为汽电共生系统,经济效益高 | 经济效益低 |

废热锅炉回收的效率取决于所产生的过饱和蒸汽条件。目前大型垃圾焚烧厂使用的废热锅炉系统多采用中温中压蒸汽系统,炉水循环方式多采用自然循环式,主要由燃烧室水管墙、锅炉内管群、汽水鼓和水鼓、过热器、节热器及空气预热器等组成。废热锅炉的主要部件名称及位置如图 5-67 所示。日本早期垃圾焚烧厂的蒸汽条件约为 2.5 MPa、280℃ 左右,采用低温低压形式,以纯粹焚烧垃圾为主,不考虑能源回收;德国目前的垃圾焚烧厂蒸汽条件约为 3.5 MPa、350℃ 到 4.5 MPa、450℃ 左右,采用中温中压形式,以避免炉管高温腐蚀为主;美国的焚烧厂多为民营,因考虑发电收入,故多采用高温高压方式,以提高能源回收效率,故一般多将蒸汽条件设计在 5.2 MPa、420℃ 以上,并采用较好的炉管材质,以减缓腐蚀的发生。

整体而言,垃圾焚烧厂及废热回收的设计与燃煤电厂不同之处在于垃圾性质多变,热值不稳定,又含有硫、氯等元素,易于对炉管产生腐蚀。故垃圾焚烧厂的废热回收锅炉设计上有两项变革：第一为燃烧室改为多气道型，将锅炉置于下游对流区内，以避免锅炉直接吸收辐射区的高温废热；第二为利用布置于炉床上方的水管墙来降低及调节废气离开辐射区的温度，但接近炉床的水管墙必须以耐火材料包覆。这些改进措施，配合各项传热管材质的改善、线上除灰系统的配置及自动化的燃烧控制，能够使现在的过热蒸汽可以操控在 400℃ 及 5.5 MPa 的状态。

### （三）处理特殊废物的废热锅炉

目前碳素钢废热锅炉在用于特殊废物时受到限制。它对废物中的化学物质非常敏感，腐蚀是其中的主要问题。

对于氯代烃的焚烧，碳素钢管式锅炉已经使用成功。图 5-68 表示的是一个用于这类焚烧的典型锅炉。这种废热锅炉通常有一个附带的蒸汽包。

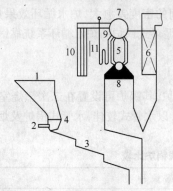 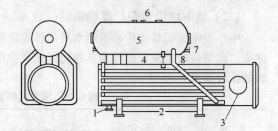

图 5-67　大型垃圾焚烧厂炉水循环式　　　　　　　图 5-68　用于含氯有机物焚烧的废热锅炉
　　　　废热锅炉主要部件　　　　　　　　　　　1—热气出口；2—排除口；3—人孔；

1—垃圾入口；2—垃圾进料器；3—炉床；　　　　4—提升管；5—蒸汽鼓；6—蒸汽出口；
4—燃烧室；5—锅炉本体管群；6—节热器；　　　　　　　　7—进水口；8—泄水管
7—汽水鼓；8—水鼓；9—过热器；
10—集管器；11—水管墙

由于氯代烃存在于焚烧废气中，作为焚烧氯代烃的锅炉，设计重点是维持锅炉管壁的温度，以避免氯化氢的高温腐蚀和低温冷凝。对于氯代烃的焚烧，只要满足下列条件就可以选择碳素钢锅炉：锅炉管壁保持清洁；金属温度维持在 200～260℃；锅炉在停炉期间进行清扫；焚烧系统要设计成使氯气的形成保持最少。如果管表面没有存积物，那么废气中的氯化氢对钢管的腐蚀是微不足道的，除非金属温度高于 315℃。如果废气中含有尘灰，并且积存在管子表面，那么氯化氢在沉积物的催化作用下，形成游离氯。然后，在中管的金属温度下，游离氯就会与管子起反应而产生腐蚀。如果沉积物在锅炉停炉以前不被去除，那么沉积物的作用如同收集冷凝液的海绵，在低温下的酸腐蚀就不可避免。此外，在废气中高浓度的游离氯对锅炉管道也是有害的。因此必须同焚烧工艺调整，使氯气产生量最小。如果管子金属的温度维持在 200～260℃，在管壁中废气温度将远高于露点。为了达到所需的金属温度范围，在锅炉内的压力应在 1.38～3.44 MPa。在停炉期间洗净锅炉管子的废气可以保护管子。管道中腐蚀性气体应在管道金属温度降低到气体露点以下之前除去。在现有的工艺水平下，氯代烃废热回收锅炉进口最高温度为 1200℃，为了保证管材的安全，这一限制是必须的。除氯以外，碳素钢锅炉在有其他卤素存在的场合运用情况还不清楚。目前已有几个用碳素钢锅炉处理富含磷酸废气而遭到失败的例子。磷酸蒸气的露点可以高达 450℃。

处理含有金属化合物的废物时，对锅炉的状况必须做更详细的研究。废气温度必须低于金属化合物的熔点，以防止黏性颗粒沉积在热传导表面上。对于固体颗粒，一般需要采用烟尘吹扫器；

对于易熔颗粒,在废气引入锅炉以前,必须降低废气的温度以固化这些颗粒。为了使所有的颗粒固化,必须保证有足够的停留时间。例如当钠盐存在于废气中时,颗粒的"黏性"温度为650～730℃。因此,为了把温度降到730℃以下,必须进行冷却,并且为了给钠盐固化提供时间,耐火衬里的冷却室也是必需的(见图5-69),对于这类废物,水管锅炉是最适宜的。还要用吹灰器定期清扫外壳。

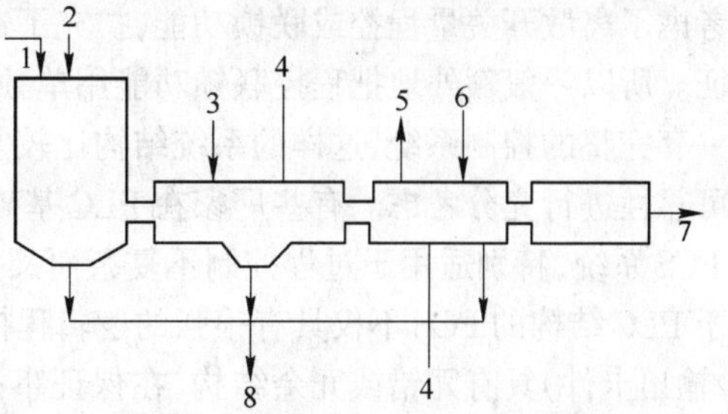

图 5-69 碱性废物焚烧的热回收
1—空气;2—含盐废物;3—冷却空气;4—吹灰器;
5—蒸汽;6—进水;7—尾气;8—融盐

盐冷却室是含碱废物焚烧中热回收的一个关键设备。冷却室能提供一种冷却介质以把焚烧炉废气的温度降低到固化温度以下。对于熔化的盐颗粒,冷却室还提供足够的停留时间,以使颗粒完全固化。如果没有足够的时间,那么盐颗粒外部将固化,而内部仍处于熔融状态。当盐颗粒碰撞锅炉管时,碰破固态的外壳,熔化的盐将粘在锅炉管上。盐冷却室的冷却方式可以是辐射冷却、再循环废气冷却、空气和火的冷却。

## 五、自动控制系统

垃圾焚烧厂内自动控制系统的正常运行是保证整个焚烧厂安全、稳定、高效运行的重要保证,同时自控系统可减轻操作人员的劳动强度,最大限度地发挥工厂性能。通过监视整个厂区各设备的运行,将各操作过程的信息迅速集中,并作出在线反馈,为工厂的运行提供最佳的运行管理信息。

近年来,以微机为基础的集散型控制系统(distributed control system,DCS)以及可编程控制器(programmable loop controller,PLC)等技术的先进性及社会经济效益越来越得到人们的认可,在大型垃圾焚烧厂自控系统中,一般也选用此控制系统。DCS系统的运作方式与人的大脑工作方式相仿,具体运作方式如图5-70所示。

图 5-70 DCS 系统的运作

垃圾焚烧厂的典型自动控制包括称重及车辆管制自动控制、吊车的自动运行、炉渣吊车的自动控制、自动燃烧系统、焚烧炉的自动启动和停炉,以及实现多变量控制的模糊数学控制。

### (一)集散型控制系统组成

焚烧场内集散型控制系统包括三部分:上级计算机和控制操作台、下级自动控制计算机系统、现场自动控制计算机系统。

上级计算机和控制操作台主要将下级计算机或控制单元的数据汇集、加工、显示并对下级计算机进行监视和发出指示。上、下级控制计算机及现场控制器之间,主要通过网络通讯交换数据。

下级自动控制系统主要完成两个功能:一方面负责向中央控制室的上级监控计算机传送数据;另一方面对现场PLC进行输入和输出控制并监视其运行工况。

现场自动控制计算机系统的各操作计算机直接对现场设备进行控制,并与现场PLC等进行数据交换并监视运行。

### (二)PCS 系统

DCS丰富的过程控制软件特别适用于连续生产过程的复杂模拟量控制要求,虽然在这之中也考虑了离散开关量程控或联锁功能,扩充了逻辑编程功能,但连续过程控制功能仍然是其主要特征。所以一般额外地把程控联锁功能用单独的 PLC 来完成,使之与 DCS 进行通讯,二者组合成一套完整的控制系统,这样的系统结构比较复杂,且要通过外部通讯,因此必须对其处理速度及可靠性进行充分考虑。有些厂家在 PLC 基础上增强了原来不足的模拟量控制功能,产生了所谓 PCS 系统,特别适用于过程控制不复杂而又存在大量开关量处理的垃圾焚烧装置。这是因为基于 PLC 结构的 PCS 不仅具有很强的逻辑程控功能,同时适用生产安全要求的硬件(尤其是输入/输出卡件)具有容错或冗余结构,在保证事故情况下不会影响装置安全运转,且 PCS 内部增强的连续控制软件能与联锁程控软件内部通信,保证了软件系统的可靠性。

　　宁波垃圾焚烧发电厂采用 3 台德国 NOELL 公司的机械炉排式焚烧炉,每台焚烧炉日处理垃圾 350 t,最大发电能力 2×6 MW,采用母管制运行。全厂 DCS 采用西门子公司新一代控制系统 PCS7,工厂于 2001 年 12 月进入试运行阶段。

　　1. 系统配置

　　宁波垃圾焚烧发电厂 PCS7 控制系统见图 5-71。

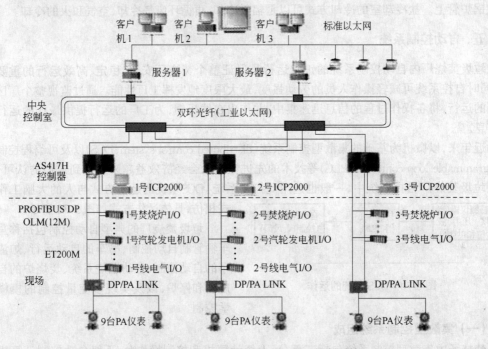

图 5-71　宁波垃圾焚烧发电厂 PCS7 控制系统

　　PCS7 系统配置 3 对 AS417H 冗余控制站,分别控制 3 台焚烧炉、余热锅炉;1 号、2 号控制站还分别控制 1 号、2 号汽轮发电机。1 号冗余 CPU—1 号焚烧炉、1 号汽轮发电机;2 号冗余 CPU—2 号焚烧炉、2 号汽轮发电机;3 号冗余 CPU—3 号焚烧炉、外围设备。

　　每对 AS 站通过冗余的 PROFIBUS 现场总线连接 ET200M 远程 I/O 站,所有炉侧和机侧的 I/O 均在就地分布,这样大大节省了现场的电缆敷设和施工工作量。每台炉的烟道压力、烟气净化装置进出口压力共 27 点压力信号通过 SIEMENS 的 PA 仪表及 DP/PA LINK 连接到冗余的 PROFIBUS 现场总线上。

　　本系统共有:AI752 点,AO144 点,DI1544 点,DO424 点,PA 现场总线仪表 27 台。

　　另外,每对控制站通过 CP443-5Ext 以 PROFIBUS DP 方式和 NOELL 公司的 ICP2000 系统相连,控制焚烧炉给料和炉排的速度及焚烧的风量控制,实现垃圾给料调节和燃烧空气调节的优化控制。

上位机采用客户机－服务器方式。系统配置冗余的 OS Server 2 台，其中 1 台兼作 ES 工程师站，操作员站配置 OS 3 台，为 CLIENT 站，CLIENT OS 站带双屏显示，所有操作员站可以相互备用。ES 站配置磁卡阅读机，以磁卡识别登录工程师环境。配置打印服务器 1 台，连接 2 台针式打印机和 1 台彩色喷墨打印机。

PCS7 的系统及网络采用冗余的 100 Mb 快速以太网。所有的站点通过 4 个智能交换机 OSM 连接到系统中。

除了标准的 PCS7 ES Tools Kit 和 OS 软件外，系统还配置了：

（1）SFC Visualization，用于顺序控制系统的操作及顺控设备运行工况的监视。

（2）PDM，用于 PA 仪表的远程组态和维护。

（3）PM OPEN，用于开发适用于中国垃圾焚烧发电行业的运行报表。系统采用具有自动切换功能的两路 380 VAC 供电，通过 SIEMENS 15 kV·A UPS 进行供电。系统的其他部件，如 I/O 卡件、IM 153-2PROFIBUS 接口卡件、OSM 等采用 24 VDC 供电方式。在每个机内安装一对 SITOP24VDC 电源，经 MDK 直流电源切换元件后对这些部件供电。PCS7 系统的交流地、逻辑地、系统地是不区分的，所以系统接地分系统地和信号屏蔽地。在主机柜内安装两个接地的接地铜排，任一机柜的接地均分别引到这两个铜排上，由此统一接地。

2．系统功能

系统功能介绍如下：

（1）数据采集系统（DAS）。数据采集系统完成全厂模拟量、开关量、脉冲量的信号采集，将全厂所有运行参数、输入输出状态、操作信息、异常情况等信息以实时的方式提供给操作员，指导运行人员进行安全可靠的操作。DAS 包括信号处理及显示、成组显示、历史数据存储和检索、历史和实时趋势、过程和系统报警、运行报表等功能。PCS7 系统对画面显示、报警画面、报表实现了汉化。对画面的每个动态模拟量点可以弹出详细显示画面，说明该点的名称、位置、量程范围、高低报警值、DP 地址、在 I/O 卡件上的物理位置等，便于调试和今后的维护。

（2）模拟量控制系统（MCS）。MCS 包括：ICP 指令及投切逻辑，给料单元及炉排控制，一次风门控制，一次风流量/压力控制，二次风流量控制，烟道压力控制，汽包水位控制，主汽温度控制，一级减温控制，一次风空预器出口温度控制，二次风空预器出口温度控制，省煤器出口温度控制，引风机出口挡板控制，连续排污控制，除渣机控制，辅助燃烧器控制，定排出口温度控制，减温减压器后温度控制，减温减压器后压力控制，1 号、2 号除氧器水位控制，1 号、2 号除氧器压力控制。垃圾焚烧炉的控制比起燃煤、燃油或燃气焚烧炉要复杂得多，因为燃料"垃圾"的成分和燃料特性是极其不稳定的。焚烧最重要的任务就是使烟气及固体废料——飞灰和残渣尽可能地完全燃尽，这使得存在的有机成分被破坏，并不会产生新的有害成分如二噁英和呋喃。同时，通过适当的措施（如分段燃烧）使氮氧化物的浓度很低，粉尘量尽可能地减少。燃烧控制的目的是保证热量在炉排的整个长度和宽度上尽可能均匀释放，尽可能少地形成污染物，使废气和残渣全部燃尽。PCS7 获得实时的过程数据，通过 PROFIBUS 和 ICP2000 通信，ICP2000 根据这些数据计算出给料单元、炉排和风量的优化设定值，传回 DCS 控制相应设备。ICP2000 由两部分组成：燃烧空气控制（CAC）和垃圾输送控制（RTC）。当锅炉的负荷达到 60％以上时 ICP2000 即可投入使用，如果负荷低于 40％，该系统自动关闭。

1）CAC 对整个配风系统，即一次风和二次风的设定值进行计算。这样，气量分布就能根据实际负荷和焚烧炉的条件连续并且灵活地进行控制。空气分布的基础就是确定产生蒸汽量目标值所需的总风量。

2）RTC 对炉排驱动和两套给料推杆的设定值进行计算。这样就控制了焚烧炉内燃料的输入量以及焚烧炉内燃料流动的速度。因为这些驱动均能独立操作，所以燃烧过程非常平稳。ICP2000 将根据燃烧负荷自动控制垃圾给料。通过慢慢地向前推动推杆和快速撤回推杆实现连续给料。当停止给料时，推杆完全退回到启动位置。焚烧炉采用往复式炉排，由两列炉排组成。每列炉排有四个独立焚烧区。所有焚烧炉排水平布置，以保证垃圾燃烧。

ICP2000 通过调节给料和炉排速度，控制垃圾量的变化，得以控制蒸汽量，使焚烧炉负荷相对稳定。当蒸汽量低于设定值时，引风量、一次风量、给料装置和炉排速度增加；如果相反，以上的速度和数量将下降。运行人员可以在一定的范围内调整所有的设定值，以便使自动控制适合于实际工况。

（3）顺序控制系统（SCS）。锅炉侧的顺序控制包括：

1）顺序控制系统：清灰准备系统投用顺序控制、清灰结束系统停用顺序控制、2 号烟道清灰系统投用顺序控制、3 号烟道清灰系统投用顺序控制、4 号烟道清灰系统投用顺序控制、风烟系统投用顺序控制、风烟系统停用顺序控制。

2）定时程控系统：清灰系统定时程控。

3）联锁控制系统：给料溜槽补水阀控制、进料溜槽冷却喷水阀控制、漏灰刮板机左右加水控制、液压泵控制、垃圾隔离挡板控制、管道泵控制、潜污泵控制、汽包排水门控制、生产及生活水箱水位控制。

汽轮机侧的顺序控制包括：循环水泵控制、凝结水泵控制、交流润滑油泵控制、直流润滑油泵控制、交流高压油泵控制、主机排烟风机控制、EH 控制油泵控制、主机盘车控制、疏水泵控制、给水泵控制、主蒸汽放空门控制、除氧器补水电磁阀控制、启动阀控制、EH 油加热器控制。通过 PCS7 WINCC 和 SFC Visualization 开放的功能函数，我们实现了顺序控制功能的操作员指导，在发生顺序控制报警或定时启动程控设备时，系统将自动提示操作员相关信息。系统还设计了设备检修状况一览表，供维护人员远程操作设备并方便检修。

（4）锅炉安全保护系统（FSSS）。FSSS 包括：主燃料跳闸 MFT、锅炉吹扫、辅助油燃烧器及其相关设备的控制、汽机跳闸。

**（三）主要控制系统**

1. 燃烧主要控制及测量系统

该系统的功能有：

（1）炉排表面温度调节炉排传动速度；

（2）炉子上部气相温度调节推料机进料速度；

（3）一次空气预热器出口空气温度控制；

（4）垃圾加入量计算；

（5）炉膛负压调节；

（6）烟气含氧量与一次空气流量串级系统；

（7）根据垃圾热值及处理量通过关联式计算出副产蒸汽量、一次空气量及二次空气量，实现设定值控制（SPC）；

（8）炉子自动点火及熄火安全停炉装置；

（9）垃圾装卸料操作及炉子燃烧情况工业电视监视系统。

2. 锅炉自控及报警系统

该系统的功能有：

（1）锅炉汽包液位三冲量控制系统及报警；

（2）除氧器液位控制系统及报警；

（3）除氧器压力控制系统及报警；

（4）过热器出口温度控制。

3．烟气处理部分主要监控系统

该系统的功能有：

（1）排烟温度控制；

（2）烟气 HCl 浓度控制；

（3）石灰料仓料位控制；

（4）反应剩余物料位控制；

（5）石灰液配制槽及分配槽液位控制；

（6）滤袋式除尘器旁通阀控制。

4．汽轮机部分主要监控系统

汽轮机随机提供的以微处理机为基础的数字式电子调节器可在机组运行状态下改变调速器/汽轮机的动态特征。通过 RS-232 接口与 PCS 通信。随机提供的可编程控制器 PLC 完成汽轮机的联锁及保护功能通过总线与 PCS 通信。

（1）主要控制系统：

1）汽轮机进汽压力控制；

2）汽轮机转速控制；

3）蒸汽转换阀、减温减压器温度及压力控制。

（2）主要联锁点：

1）润滑油压力低；

2）轴位移及轴振动；

3）轴承温度高；

4）汽轮机超速；

5）入口蒸汽压力低。

### （四）回转炉床式焚烧炉计算机实时监测系统

1．系统需求分析

回转炉床式焚烧炉计算机实时监测和控制系统是把计算机技术引入到城市垃圾焚烧设备中的高科技技术。

该系统对回转炉床式焚烧炉的整个流程中各环节的生产数据，如入窑垃圾量、入窑温度、燃烧温度、送风压力、辅助燃料量、废气成分、窑转速等几十项运行量进行实时监测及控制，以提高焚烧炉的焚烧量和焚烧质量，使焚烧效率最佳。另外还需对几十个设备参数进行监视，以保证设备长期正常可靠运行。根据操作者需要，系统可显示生产流程各环节的运行情况，并能自动记录异常和故障，以图、声方式报警。系统还可根据操作者的要求，改变生产流程中的某个运行量。这样，就可以通过计算机来控制整个生产过程的正常运行，减轻操作人员的负担，减少差错，提高工作效率。而且，要求系统操作界面简单易懂、使用方便，易于各层次人员的使用。

2．系统组成

根据垃圾焚烧设备的生产规模和自动化水平，本系统采用工业计算机和可编程控制器（IPC-PLC）两级控制，PLC 完成系统单机控制和操作顺序控制，IPC 实现系统的实时监测和管理功能。

PLC选用 SIEMENS 的 S7-300 系列模块。IPC选用研华 IPC610。采用 VisualC＋＋为软件开发平台,以 Mi-crosoftAccess2000 作为后台数据库。

SIEMENS 的 S7-300 系列模块包括:

(1) CPU315-2DP:内置 64KRAM,具有 PROFIBUS 总线接口;

(2) SM321 数字量输入模块:32 点,24VDC;

(3) SM322 数字量输出模块:32 点,24VDC,0.5 A;

(4) SM331 模拟量输入模块:8 通道隔离输入,10～14 位精度;

(5) SM332 模拟量输出模块:4 通道隔离输出,12 位精度;

(6) IPC610 为:Pentium MXX CPU,64MB,10G,Windows2000 系统。

由生产流程各环节检测仪表测得的数据,经 PLC 采集和处理后,通过现场总线(PROFIBUS)传输到 IPC 计算机,IPC 计算机对这些数据再进行处理、运算,按数据类型、日期保存,并以各种生动活泼的人机界面提供操作者使用,实现对回转炉床式焚烧炉系统运行进行监督、管理、调度和指挥。

3. 系统功能和软件模块划分

系统包括以下主要功能:

(1) 数据采集及处理。IPC计算机通过 PROFI-BUS 现场总线,完成对 PLC 控制器提供的原始数据采集,再对采集的数据进行处理,得到系统运行量和设备运行状态等各项信息,然后将数据以时间顺序方式保存在数据库中。

(2) 系统异常、故障报警功能。当数据进入数据库之前先进行判断,对越界的数据进行告警。统计异常运行量、告警的设备及次数;界限值可以根据生产工艺要求进行设置;设置有操作权限限制;采用声光图表等多种报警形式。

(3) 报表功能。可以绘制当日各项运行数据的实时曲线;选择绘制任意日期的历史曲线;也可以生成各项数据报表。

(4) 数据库。本系统有大量的数据需要保存以备查用,所以使用数据库。数据库应有实时性强、通用性和安全性的要求。

(5) 人机界面。工业控制软件图形界面是工业控制软件中最重要的内容,它实时显示整个系统的运行情况,并有各种表格数据、统计图、运行数据变化图等,使管理人员对整个系统运行情况一目了然,有利于进行全局指挥和科学管理。

根据以上功能需求分析,系统分成以下模块:

(1) 工艺流程图模块。该模块是作为整个系统的主界面,它以实物方式立体显示工艺流程,使人一目了然,便于了解整个生产流程的布局。

(2) 运行数据流程显示模块。该模块以工艺流程图为背景,以物理量在流程图上的实际位置显示实时数据,当鼠标移动近时,立即显示该物理量的详细信息。如有报警,用红颜色显示数据。

(3) 实时列表显示模块。该模块把所有的运行量、设备参数的实时数据以列表的形式显示,这样操作者就可以集中观察各种信息的当前值。

(4) 实时记录与历史记录曲线显示模块。该模块以曲线的方式显示生产数据的实时变化和历史记录变化,此模块可以同时显示 3 条曲线,操作人员可以任意选择要显示的参数名称和时间,也可以选择将曲线打印保存,以便于分析各数据的变化情况,提供决策。

(5) 生产报表模块。该模块以报表的形式打印日报表。可以任选要打印的日期。

(6) 系统维护模块。1)系统设置:供操作者设置主要设备参数的范围,运行量的上下界限。

还可校准时钟。系统设置操作有权限控制。2)操作员管理:计算机储存了所有工作人员(包括系统管理员、工程师、操作员)的姓名、身份、权限,并具有"添加"、"编辑"、"删除"、"登录"等功能。

(7) 系统报警模块。此模块用于查询报警记录:报警时间、报警次数、报警值等。

(8) 数据管理模块。此模块主要实现数据的管理,它包括实时数据的采集,超限检查、报警记录,数据存储,操作员身份记录等功能。系统功能结构如图 5-72 所示。

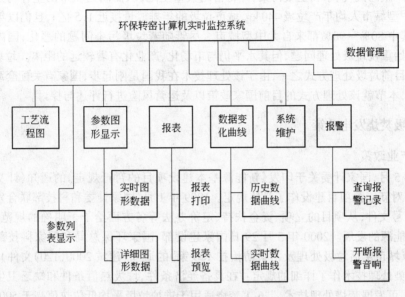

图 5-72　系统功能结构图

4. 软件设计

根据系统模块的划分,数据管理模块是完成后台数据处理和对数据库的操作,其他模块是完成人机界面和系统维护功能。为使程序模块化和方便系统扩展,本系统设计成三个层次的结构:人机交互层、数据管理层和数据库层。数据库选用 Microsoft Access 2000,与数据库的连接采用 ODBC 接口。前两层分别命名为 Work 和 Data-Manager,见图 5-73。Work.exe 完成人机交互和系统维护功能,Data-Manager.exe 实现数据管理。两者都为可执行文件,两个程序又不是独立的,两者间的数据通讯由 VC++6.0 的 Automation 技术完成。

Automation 技术是建立在组件对象模型 COM 基础之上的,它允许一个程序驱动控制另一个应用程序。编写作为服务器的应用程序(自动化对象)能供其他客户程序(或自动化控制器)调用。本系统设计中 Data-Manag-

图 5-73　软件层次结构

er.exe 是一个 Automation 服务器,而 Work.exe 是一个 Automation 用户。Data-Manager.exe 使用了自动化核心部分 Idispatch 接口,向使用者提供方法(功能服务)和属性(数据特征),Work.exe 直接调用接口方法 Idispatch:In-voke( )来访问属性和方法。它们以进程外对象模型实现。

# 第十节　垃圾焚烧发电的政策与风险

本节内容旨在对国家现行的垃圾处理政策进行研究分析,从而对进入垃圾处理产业可能存在的风险进行评估,并提出相关对策。

## 一、背景

目前,我国有 668 个大中型城市,由于人口集中,经济相对发达,资源能源消耗量高,城市的垃圾污染问题都比较严重。随着我国城市化进程的加快,垃圾污染日益严重。对垃圾处理不当,可能会造成严重的大气、水和土壤污染,并将占用大量土地,从而制约城市的生存与发展。据统计,我国大中型城市人均年产垃圾 440 kg,城市垃圾的年排放量接近 1.5 亿 t,且仍以年均 10% 的速度增长,其中 80%～90% 都来自大中型城市。尽管随着垃圾污染问题的恶化,国内大中型城市已逐渐开始重视垃圾处理问题,但其水平仍与市场化、产业化有着较远的距离。垃圾焚烧处理方式是我国目前垃圾处理方式之一,由于该处理技术在我国是刚起步,国家有关配套政策不是很完善和健全,本节就该处理方式的目前国家政策以及运营风险进行评述与探讨。

## 二、垃圾焚烧发电政策

### (一)产业政策

1997 年 5 月,国家计委关于印发《新能源基本建设项目的暂行规定》的通知(计交能[1997]955 号文件)对新能源项目建设作了具体规定。1999 年 1 月,国家计委和科技部联合发出了计基础[1999]44 号文件,从项目的立项、资金扶持、定价办法等各方面给予了明确的规范,目的是加快对可再生能源的发展。2000 年 5 月 29 日国家建设部、国家环保总局和国家科技部联合下发了关于发布《城市生活垃圾处理及污染防治技术政策》的通知(建城 2000(120)文件),对垃圾处理技术和污染处理技术作了详细的规定:"在具备经济条件、垃圾热值条件和缺乏卫生填埋场地资源的城市,可发展焚烧处理技术。""6.1 焚烧适用于进炉垃圾平均低位热值高于 5000 kJ/kg、卫生填埋场地缺乏和经济发达的地区。""6.2 垃圾焚烧目前宜采用以炉排炉为基础的成熟技术,审慎采用其他炉型的焚烧炉。禁止使用不能达到控制标准的焚烧炉。""6.6 应采用先进和可靠的技术及设备,严格控制垃圾焚烧的烟气排放。烟气处理宜采用半干法加布袋除尘工艺。"

为贯彻落实《国民经济和社会发展第十个五年计划纲要》,改善城市环境质量,提高我国城市垃圾处理水平,实现可持续发展,进一步推进城市垃圾处理产业化发展,2002 年 9 月 10 日国家计委下发了《关于推进城市污水、垃圾处理产业化发展的意见》(计投资[2002]1591 号)文件,对垃圾处理产业的政策进一步做了详细的规定:"全面实行城市垃圾处理收费制度,实现垃圾收运、处理和再生利用的市场化运作。""各级政府要从征收的城市维护建设税、城市基础设施配套费、国有土地出让收益中安排一定比例的资金,用于城市垃圾收运设施的建设,或用于垃圾处理收费不到位时的运营成本补偿。""政府对城市垃圾处理企业以及项目建设给予必要的配套政策扶持,包括:城市垃圾处理生产用电按优惠用电价格执行;对新建城市垃圾处理设施可采取行政划拨方式提供项目建设用地;投资、运营企业在合同期限内拥有划拨土地规定用途的使用权。""对城市垃圾处理企业,当地政府应委派监督员,依法对企业运行过程进行监督。"

通过对上述国家产业政策进行分析,可以认为:国家对垃圾处理产业的政策是一贯支持的,而且政策规定越来越具体、越来越容易实施,垃圾处理产业前景很广阔。目前国家对进入该产业的企业没有限制,但是根据上海的城市生活垃圾焚烧发电项目的招投标来看,对投标企业处理城市生活垃圾的资质有明确的要求,不排除将来国家对进入垃圾处理产业的企业进行资格认定和审查制度。

### (二)投资政策

电力部的电计[1997]731 号,《关于对综合利用电厂不收取上网配套费有关问题的通知》明确:"电计[1997]431号文印发的《小火电机组建设管理暂行规定》第八条中收取上网配套费的范围不含综合利用电厂。"

国家经贸委资源节约综合利用司于1996年12月发文《关于〈关于进一步开展资源综合利用的意见〉若干主要问题的说明》,一是明确了"免交小火电上网配套费",同时规定"因成本过高等特殊情况不能执行同网同质同价原则的,可以实行个别定价"等规定;二是在重点和难点问题上有所突破,如《意见》对综合利用电厂在调峰问题上作出了具体和明确的规定,可操作性较强;三是注重与国家有关法律法规的衔接,有利于《意见》的贯彻落实,如在综合利用电厂上网电价方面,既考虑到《电力法》规定"同网同质同价"原则,也照顾到综合利用电厂可能出现的"成本过高"等特殊情况,可以实行个别定价。《资源综合利用电厂(机组)认定管理办法》指出:上网电价原则上按同网同质同价的原则确定,有条件的可实行峰谷电价;因成本过高等特殊情况不能执行同网同质同价原则的,可实行个别定价,由综合利用发电企业电网经营管理部门提出方案,报省级以上物价行政主管部门核准。电网购入综合利用电厂电量所发生的购电费可计入成本,作为电网销售电价调整的基础。综合利用电厂单机容量在1.2万kW及以下的,不参加电网调峰;单机容量在1.2万kW以上的,可安排一定的调峰容量,低谷发电负荷不低于发电设备额定功率的85%,高峰满发。

投资优惠政策除了上述的并网优惠外,国家在《国家计委、科技部关于进一步支持可再生能源发展有关问题的通知》(计基础[1999]44号文件)中,在项目立项资金支持、电价确定方面有优惠政策,"可再生能源发电项目可由银行优先安排基本建设贷款","对于银行安排基本建设贷款的可再生能源发电项目给予2%财政贴息","对利用国产化可再生能源发电设备的建设项目,国家计委、有关银行将优先安排贴息贷款,还贷期限经银行同意可适当宽限","利用可再生能源进行并网发电的建设项目,在电网容量允许的情况下电网管理部门必须允许就近上网,并收购全部上网电量,项目法人应取得与电网管理部门的并网及售电协议。项目建议书阶段应出具并网意向书,可行性研究阶段应出具并网承诺函",对可再生能源并网发电项目在还款期内实行"还本付息＋合理利润"的定价原则,高出电网平均电价的部门由电网分摊。利用国外发电设备的可再生能源并网发电项目在还款期内的投资利润率以不超过"当时相应贷款期贷款利率＋3%"为原则。国家鼓励可再生能源发电项目利用国产化设备,利用国产化设备的可再生能源并网发电项目在还款期内的投资利润率,以不低于"当时相应贷款期贷款利率＋5%"为原则。其发电价格应实行同网同价,即与采用进口设备的项目享有同等的电价,"可再生能源并网发电项目在项目建议书阶段应出具当地物价部门对电价的意向函,可行性研究阶段由当地物价部门审批电价(包括电价构成),并报国家计委备案。经当地物价部门批准和国家计委备案的可再生能源并网发电项目电价从项目投产之日起实行。还本付息期结束以后的电价按电网平均电价确定"。

### (三) 税收政策

2001年12月1日财税[2001]198号,《财政部、国家税务总局关于部分资源综合利用及其他产品增值税政策问题的通知》精神如下:利用城市生活垃圾生产的电力,自2001年1月1日起,实行增值税即征即退的政策财税字(94)001号《关于企业所得税若干优惠政策的通知》。企业利用废渣等废弃物为主要原料进行生产的,可在5年内减征或者免征所得税。由于该文件是1994年下发的,当时的资源综合利用目录中尚未有城市垃圾,但在新的《资源综合利用目录(2003年修订)》中对综合利用"三废"生产的产品的定义中有:"利用石煤、煤泥、煤矸石、共伴生油母页岩、高硫石油焦、煤层气、生活垃圾、工业炉渣、造气炉渣、糠醛废渣生产的电力、热力及肥料,利用煤泥生产的水煤浆,以及利用共伴生油母页岩生产的页岩油。"所以目前税务部门对垃圾发电所得税属不属于免税范围没有一个统一的共识。

**（四）环保政策**

《城市生活垃圾处理及污染防治技术政策》中规定：

（1）应按照减量化、资源化、无害化的原则，加强对垃圾产生的全过程管理，从源头减少垃圾的产生。对已经产生的垃圾，要积极进行无害化处理和回收利用，防止污染环境。

（2）鼓励垃圾焚烧余热利用和填埋气体回收利用，以及有机垃圾的高温堆肥和厌氧消化制沼气利用等在垃圾回收与综合利用过程中，要避免和控制二次污染。

（3）垃圾焚烧目前宜采用以炉排炉为基础的在熟技术，审慎采用其他炉型的焚烧炉。禁止使用不能达到控制标准的焚烧炉。垃圾应在焚烧炉内充分燃烧，烟气在后燃室应在不低于850℃的条件下停留不少于2 s。垃圾焚烧产生的热能应尽量回收利用，以减少热污染。

（4）垃圾焚烧应严格按照《生活垃圾焚烧污染控制标准》等有关标准要求，对烟气、污水、炉渣、飞灰、臭气和噪声等进行控制和处理，防止对环境的污染。

（5）应对垃圾贮坑内的渗沥水和生产过程的废水进行预处理和单独处理，达到排放标准后排放。

（6）应采用先进和可靠的技术及设备，严格控制垃圾焚烧的烟气排放。烟气处理宜采用半干法加布袋除尘工艺。

（7）垃圾焚烧产生的炉渣经鉴别不属于危险废物的，可回收利用或直接填埋。属于危险废物的炉渣和飞灰必须作为危险废物处置。

与此同时，国家环保总局特制定《生活垃圾焚烧污染控制标准》，其中主要内容如下：

生活垃圾焚烧厂选址应符合当地城乡建设总体规则和环境保护规划的规定，并符合当地的水资源保护、大气污染防治、自然保护的要求。危险废物不得进入生活垃圾焚烧厂处理。进入生活垃圾焚烧厂的垃圾应贮存于垃圾贮存仓内。垃圾贮存仓应具有良好的防渗性能。贮存仓内部应处于负压状态，焚烧炉所需的一次风应从垃圾贮存仓抽取。垃圾贮存仓还必须附设污水收集装置，收集滤液和其他污水。

焚烧炉技术性能要求如表5-41所示。

**表 5-41a　焚烧炉大气污染物排放限值**

| 项　　目 | 烟气出口温度/℃ | 烟气停留时间/s | 焚烧炉渣热灼减率/% | 出口烟气中含氧量/% |
|---|---|---|---|---|
| 指　标 | ≥850 | ≥2 | ≤5 | 6～12 |
|  | ≥1000 | ≥1 |  |  |

**表 5-41b　焚烧炉污染物排放限值**

| 序　号 | 项　　目 | 单　　位 | 数值含义 | 限　　值 |
|---|---|---|---|---|
| 1 | 烟　尘 | mg/m³ | 测定均值 | 80 |
| 2 | 烟气黑度 | 林格曼级 | 测定值 | 1 |
| 3 | 一氧化碳 | mg/m³ | 小时均值 | 150 |
| 4 | 氮氧化物 | mg/m³ | 小时均值 | 400 |
| 5 | 二氧化硫 | mg/m³ | 小时均值 | 260 |
| 6 | 氯化氢 | mg/m³ | 日均值 | 75 |
| 7 | 氟化氢 | mg/m³ | 日均值 | 2～4 |
| 8 | 汞＋镉 | mg/m³ | 测定均值 | 0.2 |

| 序　号 | 项　　目 | 单　　位 | 数值含义 | 限　　值 |
|---|---|---|---|---|
| 9 | 镍+砷 | mg/m³ | 测定均值 | 1 |
| 10 | 铅+铬+铜+锰 | mg/m³ | 测定均值 | 1.6 |
| 11 | 二噁英类(TEQ) | ng/m³ | 测定均值 | 1.0 |

此外,焚烧炉渣按一般固体废物处理,焚烧飞灰应按危险废物处理。生活垃圾焚烧厂工艺废水必须经废水处理系统处理,处理后的水应优先考虑循环再利用,必须排放时,废水中污染物最高允许排放浓度按国家相关标准执行。其他尾气净化装置排放的固体废物按危险废物鉴别标准判断是否属于危险废物,如属于危险废物,则按危险废物处理。

### 三、垃圾焚烧发电风险

#### (一) 技术风险

#### 1. 焚烧处理技术

垃圾焚烧处理的目的之一就是减量化,因此垃圾是否能烧、并能烧透就成为此项目成功的关键之一。如果垃圾在焚烧炉内不能充分燃尽,不但无法达到热灼减率5%国家标准,还增加了恶臭、异味对大气的污染,影响人们的生活及企业的形象,势必会产生二次污染。同时,炉渣的综合利用亦成为一纸空文,不但不能为企业创造效益,还让企业背上了废弃物二次填埋的包袱。

目前炉排焚烧炉的技术优势主要表现为:

(1) 飞灰产量低(仅为 CFB 焚烧炉的 1/3);

(2) 垃圾的焚烧效率高(热灼减率可达到不大于 3%);

(3) 对垃圾的适应性强。可适应不同大小、种类的各种垃圾,无须预处理系统。

通过对国内外垃圾的热值、成分和数量的发展过程分析后认为,垃圾的热值是逐年提高的,而且随着居民生活水平的提高在一定阶段是阶跃式提高,所有国家都经历过垃圾热值从低到高的过程。但在日本垃圾热值从 9205 kJ/kg(2200 kcal/kg)下降到 8368 kJ/kg(2000 kcal/kg)的原因是把能回收利用的进行了回收;垃圾的成分和居民的生活习惯有关系,亚洲生活垃圾水分高厨余多,欧美生活垃圾水分少煤灰多;垃圾的产生量为每人每日 0.9~1.2 kg,一般发达国家人均日产垃圾量高;原生生活垃圾热值超过 5439 kJ/kg(1300 kcal/kg)以上,目前所有的垃圾焚烧技术和设备都能做到很好的焚烧效果,但是我国目前原生生活垃圾热值都在 3766~4602 kJ/kg(900~1100 kcal/kg),经过存储脱水发酵后热值平均上升 837 kJ/kg(200 kcal/kg);所以垃圾焚烧设备的选型应参考亚洲成熟技术为好。

为此,必须针对当地垃圾的特点,采用适合本地垃圾特点的工艺方案,量身打造焚烧设备。大量的实际生产经验说明,目前国内生活垃圾处理采用逆推式炉排的主工艺方案,同时通过增加顺推工作段、加长末级炉排片长度,提高一次风温度及合理的配风方案等方法,可以有效地解决着火与燃尽的问题,满足目前国家的垃圾焚烧技术规范。

此外我国目前还有许多普通循环流化床锅炉掺烧垃圾的垃圾焚烧发电厂,虽然它们进炉的煤量和进入锅炉的总燃料量(垃圾量和煤量之和)的重量比没有超过 20%,符合国家关于垃圾焚烧炉和其他锅炉的政策分界点,但是实际操作都有很大难度,国家要求把煤和垃圾两个进厂的电子秤数据实时上传随时监控。关于循环流化床的炉渣和飞灰问题由于掺烧了煤炭,两个的产生量都远远大于单烧垃圾的炉排炉和循环流化床锅炉,虽然炉渣和飞灰相对来讲重金属含量指标没有超标,没有按照危险废物对待,但是目前对该种方法有争议。另外由于这种炉型发电量主要是靠煤发出来的,关于享受税收减免政策和上网电价优惠也有争议,国家发改委正在调研,有专家提出要按照进炉的燃料的热量比来享受税收优惠和电价优惠。

**2．烟气处理技术**

烟气处理风险主要在酸性气体 $SO_x$、HCl 及二噁英和粉尘等的控制。通过干式或半干式反应塔＋布袋除尘器的工艺完全可以达到国家对 $SO_x$、HCl 及粉尘等的控制标准。

目前,从二噁英产生的机理上而言,尚无有效的处理办法来处理,但是我们可以利用多种手段来控制、减少烟气中的二噁英,以达到国家排放标准:

(1) 生产工艺控制:让烟气在 850℃ 以上,并停留 2 s,以促进二噁英分解;

(2) 物理吸附:通过喷入活性炭进行吸收及通过布袋除尘器附膜滤料使其凝结脱落;

(3) 化学反应:可通过催化方式进行化学反应进行脱除。

随着国家对环境保护要求的日益提高,对污染物排放的要求也会随之提高,这将增加本项目的运行成本。垃圾热值降低(可燃物减少、水分和灰分增加),需增加燃油助燃来确保焚烧系统的环保指标,也使项目运行成本增加。

**3．恶臭控制技术**

恶臭控制同样也是垃圾焚烧处理的形象之一。通过下列举措可以有效控制恶臭:

(1)严格的封堵;

(2)采用防渗透涂层;

(3) 抽垃圾储坑中的空气作为一次风,进炉膛燃烧。既可通过燃烧消灭病毒、细菌及其他微生物,达到除臭的目的,又可使垃圾储坑形成一定的负压,以防止臭气外溢。

**4．渗滤液的处理技术**

垃圾渗滤液的处理目前尚在实验研究、摸索阶段,无标准和推荐流程。目前垃圾渗滤液的处理工艺一般为:生化处理、减压蒸发。

(1) 生化处理。垃圾渗滤液先进行电氟通(Feuton)和电氧化及两次物化预处理,使 $BOD_5$、$COD_{Cr}$、SS 去除 80％ 以上的同时,进一步使难生化降解的大分子有机物水解和酸化,为后续厌氧－好氧生化性的提高奠定基础。然后预处理后的垃圾渗滤液( $COD_{Cr}$ 在 10000 mg/L 左右)与厂区生活污水、车辆冲洗水、卸料平台地面冲洗水等废水在混合池混合,使水质中废物浓度降低,再进行厌氧－好氧生化处理,最终达标、排放。

(2) 减压蒸发。垃圾渗滤液经电混凝、石灰预处理的滤液经 pH 调节后进行预热和多级减压蒸发,蒸发得二次冷凝液,再通过吹脱塔除氨氮污水( $COD_{Cr}$ 在 2500 mg/L 左右)与厂区卸料平台地面冲洗水等废水进调节池混合后进行厌氧－好氧生化处理,达标后排放。

**(二) 政策风险**

**1．税收优惠政策的落实**

(1) 通过政府对企业认证,取得"综合利用电厂"的资格,进而确立企业的免税资格;

(2) 积极联系税务部门,使得税收政策落到实处。

**2．环保指标的提高**

随着国家对环境保护要求的提高,政府对企业污染物排放的环保指标将不断与国际接轨。为此垃圾项目在焚烧工艺及烟气处理工艺设计与设备选型时应当加以充分考虑,选用先进的设备和技术,适当考虑改扩建的余地,以国际通用的标准建设、运营管理企业,以应对环保指标的提高。

### 3．地方政府的公信度

地方政府的公信度主要是指以下几个方面：

（1）政府承诺的垃圾处理补贴能否按时支付；

（2）政府承诺的垃圾项目投资优惠条件的兑现率；

（3）垃圾项目运营后政府是否可以根据实际运营状况进行补贴的调整（如果运营效益不理想）。

### （三）运营风险

#### 1．垃圾的收集和运输

目前垃圾的收集和运输都是由政府环卫部门完成的，但是国家《关于推进城市污水、垃圾处理产业化发展的意见》中提出："要将城市垃圾处理经营权（包括垃圾的收集、分拣、储运、处理、利用和经营等）进行公开招标。垃圾收集的质量直接影响到垃圾项目的运营，大城市中垃圾运输的管制和路途的长短影响到垃圾运输企业的效益，从而影响他们的选择。那么存在垃圾的收集和运输由另外企业完成的可能性。鼓励符合条件的各类企业参与垃圾处理权的公平竞争。进一步推进垃圾分类收集，提高垃圾收集转运系统的配套程度。"中小城市可以实行特许范围指定处理，大城市就要考虑划区特许经营。

#### 2．与周围居民的关系

通过对国内外垃圾处理厂的建设经验看，几乎所有当地居民都反对该项目坐落于当地，都曾经发生过或多或少的冲突，因此垃圾项目受当地居民的影响比较大，给项目能否顺利运营带来风险，因此要从以下几个方面规避该风险：

（1）首先从项目选址上看，要符合国家和当地对区域统一规划、环保的要求，尽量远离居民区；

（2）在电厂设计与建设中，充分考虑生产设备及生产区域与周围居民居所的防护距离，以进一步降低对他们的影响；

（3）通过政府机关进一步做好周围居民的定期随访、协调工作；

（4）通过土地换社保的方式从根本上解决他们的经济利益问题。

综上所述，国家对垃圾处理产业化政策方面是越来越详细，便于规范操作，但是有关优惠政策的出台往往落后于产业政策几年，尤其是在税收方面只有原则意见没有详细可操作的执行细则；垃圾焚烧处理技术和设备目前成熟技术很多，但是由于各国垃圾成分和热值的差异，相应的处理技术有所不同，尤其是低热值垃圾的焚烧处理能否达到产业化运营还是一个需要探讨的问题，制约因素是投资总额和政府垃圾处理费之间的矛盾；垃圾处理项目是和政府密切配合的项目，尤其是政府负责垃圾供应的情况下，垃圾供应的质量和数量直接影响垃圾焚烧发电项目的运营；虽然垃圾焚烧发电在我们国家刚起步，但是前景和市场很广阔。

# 第十一节　浦东新区生活垃圾焚烧厂工程实例

## 一、引言

2002 年，我国第一个处理能力达 1000 t/d 的大型生活垃圾焚烧厂在浦东新区正式投入运行并并网发电，这意味着生活垃圾焚烧技术在我国已经进入了一个全新的阶段。焚烧作为垃圾处理的方法，有着填埋、堆肥等不能企及的优点，在我国必将得到越来越广泛的应用。本节将通过对浦东生活垃圾填埋场的工程设计基本方案的介绍,为拟采用焚烧技术的单位提供一定技术上的比较和参考。

## 二、新区垃圾现状

### (一) 垃圾的来源

浦东新区城市生活垃圾主要来自城市化地区居民、企业、集市、商业网点、学校、清道等六个大类,据浦东新区环卫署统计,浦东新区城市化地区的各类生活垃圾清运所占比例如图 5-74 所示。

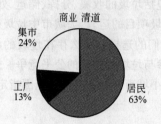

1994 年各类生活垃圾清运量占总量百分数

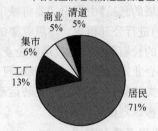

1995 年各类生活垃圾清运量占总量百分数

1996 年各类生活垃圾清运量占总量百分数

1997 年各类生活垃圾清运量占总量百分数

图 5-74　浦东新区历年生活垃圾来源

从图 5-74 可知,新区城市生活垃圾清运量约 70% 来自于居民区,20%～30% 来自于工商企事业单位。随着新区功能开发及管理机制逐步完善,工商办公生活垃圾在垃圾总量中所占的比重及收集、清运量都将进一步增加。新区已建综合性的大楼项目已 100 余个,另有 100 个在建或拟建。至 2000 年,这些商业办公大楼都已投入使用。仅以陆家嘴中心区为例,占地面积仅 1.7 km²,区内建有商业、旅馆、文化娱乐及高档公寓百余幢高层建筑,建筑面积达 460 万 m²,每天将产生数量可观的商业办公垃圾。

### (二) 垃圾的产量

近年来新区城市生活垃圾产生量的变化与新区开发建设密切相关,新区建立伊始,随着城市化地区及人口的迅速扩大,垃圾量有一突变;至 1995 年,新区经过三年大变样的建设,城市、经济发展跃入新的台阶,与此相对应,城市生活垃圾有了新的增长。目前,新区正进入功能开发与基础设施建设并举的新阶段,生活垃圾量将逐年稳定增加,并随着新区功能开发的完善,届时又将跃入新的台阶,并逐步向平缓发展过渡。浦东新区城市生活垃圾量变化情况如图 5-75 所示。

### (三) 垃圾特性分析及预测

为了取得较为可靠的第一手资料,在新区环卫署的领导下,分别在 1993 年、1996 年、1997 年对新区城市生活垃圾进行调查工作,并委托上海市环境工程设计科学研究院,根据新区生活垃圾的来源,分别对不同类型居民区、商业网点、工厂、集市及中转站布点,按规范定时对上述布点进行采样,共 18 次对垃圾成分进行调查、分析、测定。其中,1996 年连续进行了 2 个月检测,1997 年连续 4 个月进行了检测,平均每星期一次对上述布点进行采样。目前,该工作已列入新区环卫署日

图 5-75　历年来浦东新区城市生活垃圾日均清运量

常工作,将常年对浦东新区生活垃圾的组分、水分、热值等进行监测、分析、统计。

浦东新区城市生活垃圾主要由居民生活垃圾与工商企事业单位生活垃圾两大部分组成,现将 1993 年、1996 年与 1997 年实测结果分别汇总统计如下。

1. 垃圾成分分析统计

(1) 居民生活垃圾成分分析统计如表 5-42、表 5-43 所示。

**表 5-42　1993 年浦东新区居民生活垃圾组分实测平均值统计汇总**

| 类　目 | 垃圾成分(质量分数)/% | | | | | | | | |
| --- | --- | --- | --- | --- | --- | --- | --- | --- | --- |
| | 纸类 | 塑料 | 竹木 | 布类 | 厨余 | 果皮 | 金属 | 玻璃 | 渣石 |
| 居　民 | 8.32 | 4.63 | 2.20 | 2.48 | 62.34 | 12.24 | 0.10 | 3.11 | 4.58 |

**表 5-43　1996～1997 年浦东新区居民生活垃圾组分实测平均值统计汇总**

| 类　目 | 垃圾组分(质量分数)/% | | | | | | | | |
| --- | --- | --- | --- | --- | --- | --- | --- | --- | --- |
| | 纸类 | 塑料 | 竹木 | 布类 | 厨余 | 果皮 | 金属 | 玻璃 | 渣石 |
| 居　民 | 8.43 | 12.83 | 0.80 | 2.83 | 60.00 | 11.04 | 0.61 | 2.49 | 0.97 |

(2) 工商企事业单位生活垃圾组分分析统计如表 5-44 所示。

**表 5-44　1996～1997 年工商企事业单位生活垃圾组分实测平均值统计汇总**

| 类　目 | 垃圾组分(质量分数)/% | | | | | | | | |
| --- | --- | --- | --- | --- | --- | --- | --- | --- | --- |
| | 纸类 | 塑料 | 竹木 | 布类 | 厨余 | 果皮 | 金属 | 玻璃 | 渣石 |
| 商业办公 | 31.90 | 22.91 | 0.77 | 0.58 | 30.64 | 6.58 | 1.53 | 5.01 | 0.08 |
| 工　厂 | 27.35 | 16.44 | 0.38 | 3.95 | 34.15 | 7.60 | 2.11 | 6.42 | 1.60 |
| 集　市 | 6.17 | 10.84 | 1.27 | 1.20 | 69.29 | 7.82 | 0.38 | 0.85 | 2.18 |
| 综合值① | 21.85 | 16.46 | 0.77 | 2.13 | 44.41 | 7.38 | 1.39 | 4.24 | 1.36 |

① 综合值是根据工商企事业单位生活垃圾清运量所占的比例计算所得。

(3) 浦东新区混合生活垃圾成分分析统计如表 5-45 所示。浦东新区混合垃圾取自于白莲泾中转码头,另外,根据新区生活垃圾清运量中这两类垃圾的比例组成混合样进行分析。由于生活垃圾在中转过程中,一些有回收价值的可燃成分被人拾走,同时一些建筑垃圾亦混入中转站内,因此,其垃圾成分与组分样相比,纸类等减少,渣石增加。

**表 5-45 1996~1997年混合生活垃圾组分实测平均值统计汇总**

| 类　目 | 垃圾组分(质量分数)/% | | | | | | | | |
|---|---|---|---|---|---|---|---|---|---|
| | 纸类 | 塑料 | 竹木 | 布类 | 厨余 | 果皮 | 金属 | 玻璃 | 渣石 |
| 混合组分样① | 11.78 | 13.74 | 0.79 | 2.65 | 56.10 | 10.13 | 0.80 | 2.93 | 1.07 |
| 中转站 | 10.76 | 13.47 | 1.26 | 1.98 | 55.43 | 6.22 | 0.55 | 3.00 | 7.35 |

① 混合组分样是根据居民与工商企事业单位垃圾量所占的比例,经加权后,计算所得。

### 2．垃圾水分、热值分析统计

浦东新区生活垃圾水分、热值分析如表 5-46 所示。

**表 5-46 1996~1997年浦东新区生活垃圾水分、热值实测平均值统计汇总**

| 垃圾测定项目 | 居　民 | 工商企事业 | 中 转 站 | 混合组分样① |
|---|---|---|---|---|
| 平均水分/% | 59.57 | 50.86 | 50.52 | 56.76 |
| 平均低位热值/kJ·kg$^{-1}$ | 4813.46 | 6509.93 | 5668.76 | 5396.80 |
| (kcal·kg$^{-1}$) | (1151.56) | (1557.40) | (1356.17) | (1291.58) |

① 混合组分样是根据居民与工商企事业单位垃圾量所占的比例,经加权后,计算所得。

### 3．垃圾单组分化学元素、灰分分析统计

浦东新区城市生活垃圾可燃物质中各单组分的元素、灰分测定结果如表 5-47 所示。

**表 5-47 1996年生活垃圾单组分元素、灰分、高位热值测定结果(干燥基)**

| 分析项目 | 纸　类 | 塑料 | 竹木 | 布　类 | 厨　余 | 果　皮 |
|---|---|---|---|---|---|---|
| 碳(C)/% | 40.74 | 72.64 | 47.91 | 48.80 | 34.76 | 43.19 |
| 氢(H)/% | 6.84 | 14.98 | 696 | 6.51 | 4.74 | 6.48 |
| 氧(O)/% | 38.71 | 4.30 | 41.98 | 38.22 | 25.66 | 36.56 |
| 氮(N)/% | 0.47 | 0.13 | 0.15 | 1.83 | 2.17 | 1.47 |
| 硫(S)/% | 0.11 | 0.10 | 0.11 | 0.15 | 0.24 | 0.15 |
| 氯(Cl)/% | 0.43 | 1.15 | 0.20 | 0.21 | 0.85 | 0.98 |
| 灰分/% | 12.7 | 6.70 | 2.69 | 4.28 | 31.58 | 11.17 |
| 高位热值/kJ·kg$^{-1}$ | 16511 | 35906 | 18726 | 18225 | 13543 | 17138 |
| (kcal·kg$^{-1}$) | (3950) | (8590) | (4480) | (4360) | (3240) | (4100) |

## 三、新区生活垃圾焚烧厂工艺设计方案

### (一) 工艺方案

#### 1. 主要工艺流程

新区生活垃圾焚烧厂主要工艺流程如图 5-76 所示。

#### 2. 主要设计参数

(1) 焚烧炉。

焚烧厂日平均焚烧处理垃圾量：　　　　　　　1000 t/d(年处理垃圾量为 365000 t/a)

垃圾设计热值：　　　　　　　6060 kJ/kg(1450 kcal/kg)

适应波动范围：　　　　　　　4600~7500 kJ/kg(1100~1900 kcal/kg)

每条垃圾处理生产线的设计处理能力约为：　　15.2 t/h(最小处理量为:9.0 t/h;超载量为:16.7 t/h)

炉排型式：　　　　　　　　　　　　　　　SITY-2000 倾斜往复阶梯式机械炉排
焚烧炉年连续工作时间：　　　　　　　　　8000 h
垃圾处理生产线：　　　　　　　　　　　　3 条

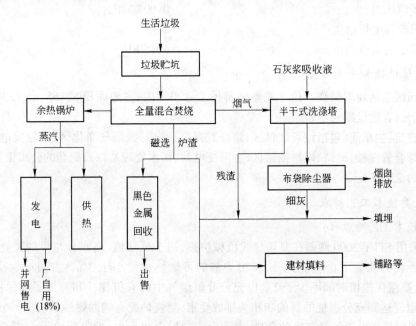

图 5-76　工艺原理流程

(2) 余热锅炉。
　　余热锅炉过热蒸汽蒸发量：　　　　　　29.3 t/(h·台)
　　余热锅炉蒸汽压力：　　　　　　　　　4.0 MPa(g)
　　余热锅炉蒸汽温度：　　　　　　　　　400℃
　　余热锅炉给水温度：　　　　　　　　　130℃
　　余热锅炉生产线：　　　　　　　　　　3 条
(3) 烟气净化。
　　烟气处理量：　　　　　　　　　　　　66167～72785 m³/h(标态，锅炉出口处)
　　锅炉出口烟气温度：　　　　　　　　　200～240℃
　　烟气净化处理方式：　　　　　　　　　半干式洗涤塔 + 滤袋集尘器
　　烟气净化线：　　　　　　　　　　　　3 条
(4) 汽轮发电机组。
　　汽轮发电机组铭牌功率：　　　　　　　8500 kW/套
　　汽机进汽量：　　　　　　　　　　　　44 t/h
　　汽机进汽压力：　　　　　　　　　　　3.9 MPa(g)
　　汽机进汽温度：　　　　　　　　　　　390℃
　　汽机凝汽量：　　　　　　　　　　　　35.4 t/h
　　一级非调抽汽量：　　　　　　　　　　4.3 t/h
　　二级非调抽汽量：　　　　　　　　　　4.3 t/h
　　一级非调抽汽压力：　　　　　　　　　1.2 MPa

| 二级非调抽汽压力： | 0.5 MPa |
| 一级非调抽汽温度： | 260℃ |
| 二级非调抽汽温度： | 184℃ |
| 排汽压力： | 0.007 MPa |
| 汽轮发电机组生产线： | 2 条 |
| 发电机出线电压： | 10.5 kV |

**3．厂址选择和平面布置**

浦东新区生活垃圾焚烧厂位于北蔡镇御桥工业小区内,占地面积 82165 m²(123 亩)。总投资 6.98 亿元(含建设期利息)。

主要建筑:主车间(包括垃圾卸料区、垃圾贮存区、焚烧区、烟气净化区、汽轮发电区、灰渣贮存区等)、综合管理楼、磅站、燃料油罐区、上网变电站、污水处理站以及配套的公用工程。工程建设总面积为 22197 m²。

**4．主要技术工艺特点**

主要技术工艺特点有:

(1) 采用 SITY-2000 倾斜往复阶梯式机械炉排,适于低热值、高水分垃圾的焚烧,垃圾在不添加辅助燃料的前提下也燃烧充分,排出炉渣的可燃物含量小于 3%。并可确保烟气在炉内 850℃ 以上高温区停留时间不少于 2 s,以充分分解烟气中的有机物,同时,为了确保夏季过低热值垃圾时也能达到充分燃烧的目的和相关排放要求,焚烧炉配有辅助燃油系统。

(2) 利用焚烧生活垃圾产生的余热,由两台汽轮发电机发电,发电能力为 1.72 万 kW,全年发电 1.37 亿 kW·h,其中,3021 万 kW·h 自用,1.07 亿 kW·h 可向城市电网供电。

(3) 为控制项目投资和充分利用国内的设备制造能力,引进现代化技术的垃圾焚烧厂包括焚烧工艺,余热利用,烟气净化和控制系统在内的工艺以及部分关键设备的硬件。而对于国内确有技术和制造能力的设备则由国外提供图纸在国内进行生产的方式进行合作制造,以降低项目投资。

(4) 采用半干式洗涤塔+滤袋式集尘器的烟气净化工艺。滤袋式集尘器对重金属可提供较佳的去除效果。为了保护滤袋式集尘器,半干式洗涤塔可提供良好的冷却效果,既可达废气冷却的效果,且不导致废气饱和而造成堵塞滤袋的问题。

(5) 采用 DCS 集散系统,使生产达到了现代化的水平。

**(二) 投资及运行成本**

本项目建设投资为 66915.04 万元(含法国政府贷款 3017 万美元),其中:建筑工程费 10419.71 万元,占总估算 15.57%;设备购置费 30828.84 万元,占总估算 46.07%;安装工程费 7574.28 万元,占总估算 11.32%;其他工程费 18092.21 万元,占总估算 27.04%。

项目经营成本为 2428 万元/a(垃圾焚烧单位处理经营成本:66.52 元/t);固定总成本为 2079~6760 万元/a;可变总成本为:386 万元/a(正常年)。

## 四、总结

垃圾焚烧能大幅度减少垃圾体积和重量,焚烧后残渣的重量是垃圾重量的 25%～30%,体积是原来的 8%～12%。

焚烧处理彻底,无害化程度高,易达到环保排放标准。焚烧能分解有毒、有害的废弃物,使之成为无毒、无害的简单化合物,而且排出的残渣容易处理。

现代的垃圾焚烧厂能有效地控制污染因子,不会对周围环境造成二次污染,也大大节约了土地资源。同时,余热的回收利用,也可在垃圾处理的同时得到一定的经济回报。与填埋堆肥等工艺不同,焚烧厂并不一定建在远离市区的市郊,因此大大减少了长途运输费用,以浦东新区生活垃圾焚烧厂为例,每年可以节省费用约为 3000 万元。

浦东新区生活垃圾焚烧厂建成后,将彻底改观目前落后的生活垃圾处置方式,其服务范围将覆盖新区目前已城市化地区,服务面积 100 km²,服务人口 120 万左右。

根据对本项目的初步经济分析,依靠售电收入,基本上可以按期还清法国政府贷款的部分项目投资。同时,如何引导焚烧厂纳入市场机制运作,使其更好地在经营模式、投资、政府优惠政策上得到发展,对中国焚烧机制的建立健全和规模的扩大,是非常有益的。

建设新区生活垃圾焚烧厂的根本目的在于改变目前新区生活垃圾简易堆放、侵占农田、危害环境的落后处置方式,使生活垃圾处置与新区城市建设步伐、经济发展速度相匹配,为浦东新区创造良好的投资环境、生活环境,使新区的生活垃圾真正实现无害化、减量化、资源化,从而形成良好的社会、环境、经济效益。

# 第十二节　绍兴市垃圾焚烧发电厂工程实例

## 一、引言

绍兴市垃圾焚烧发电厂位于绍兴市城东南郊区的经济开发区内,是以绍兴市新民热电有限公司为依托,利用原电厂配套设施和运行管理经验,在热电厂内建造的公益性环保工程,是国家环保示范项目、浙江省重点建设项目。该工程设计采用 2 条循环流化床垃圾焚烧处理线,处理垃圾量为 800 t/d,其中一期工程为 1 条日处理垃圾 400 t 的循环流化床垃圾焚烧处理线,经过 1 年建设,已于 2001 年 8 月 28 日成功点火,投运至今。焚烧炉出力为 75 t/h(蒸汽),与原电厂的 15 MW汽轮发电机组配套,进行发电和供热,投运以来成功地处理了绍兴市每天产生的 400 t 的全部生活垃圾,还实现了连续稳定地发电和供热(每小时发电 15 MW·h)。二期工程已经在建设中,将能处理绍兴周边乡镇生活垃圾。该垃圾发电工程的建成,使绍兴市的城市生活垃圾全部实现了无害化、减量化和资源化处理,这是目前最快捷、最有效、最彻底的处理城市生活垃圾的方式之一。

## 二、绍兴生活垃圾成分分析

目前我国城市生活垃圾具有成分杂、水分高、热值低的基本特点,垃圾袋装但没有实行分捡,因此成分极为复杂,水分均在 50% 以上,平均热值只有 3300~4200 kJ/kg,而且还随地域、季节、生活水平不同,差异很大,与国外含热值为 10500~12600 kJ/kg 的城市垃圾相比差距甚远。所以,购置国外设备来焚烧国内垃圾的经验,是较难在中小城市推广的。绍兴市城市生活垃圾的组成成分和元素分析见表 5-48 与表 5-49。

**表 5-48　绍兴市垃圾组成成分**

| 可燃物/% | | | | | 非可燃物/% | | | 热值/kJ·kg⁻¹ | 密度/t·m⁻³ | 含水率/% |
|---|---|---|---|---|---|---|---|---|---|---|
| 厨余 | 纸 | 塑料 | 纺织品 | 竹木 | 脏土 | 金属 | 玻璃 | | | |
| 63.8 | 6.68 | 6.62 | 2.8 | 1.4 | 15.1 | 1.1 | 2.5 | 4620 | 约0.35 | 约50 |

表 5-49　垃圾元素含量分析

| 元　素 | C | H | N | S | O | Cl | W① | A② |
|--------|------|------|------|------|-------|------|-----|-------|
| 含量/% | 26.09 | 3.26 | 1.43 | 0.29 | 18.59 | 0.23 | 50 | 25.06 |

① W 指含水率;

② A 指灰烬。

## 三、主要工艺流程及特点

焚烧炉的技术参数如下:循环流化床垃圾焚烧炉 UG-75/5.3-MT,主蒸汽流量 75 t/h,主蒸汽压力 5.3 MPa,主蒸汽温度 485℃,给水温度 146℃,排烟温度 166℃,焚烧垃圾量 400 t/d,混烧煤量 100 t/d。

主要工艺流程如图 5-77 所示。

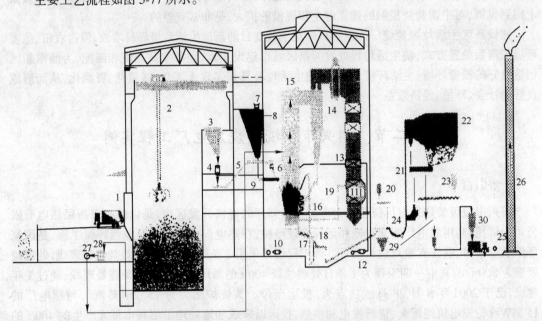

图 5-77　绍兴市城市生活垃圾焚烧发电工程工艺流程

1—垃圾车;2—垃圾行车;3—垃圾仓;4—双螺旋给料机;5—链板输送机;6—拨轮机;7—皮带输送机;8—煤仓;
9—螺旋给煤机;10——次风机;11——次风空气预热器;12—二次风机;13—二次风空气预热器;
14—高温旋风分离器;15—流化床炉膛;16—外置换热器;17—冷渣机;18—沙石提升机;19—返料器;
20—活性炭料仓;21—反应塔;22—布袋除尘器;23—石灰仓;24—消化增湿器;25—引风机;
26—烟囱;27—渗沥水入炉泵;28—渗沥水箱;29—渣仓;30—灰仓

### (一) 垃圾贮存与给料系统

专用垃圾汽车经地磅计量,倒入容积为 6000 m³ 的垃圾坑内,由行车液压抓吊将垃圾抓入 1 号、2 号垃圾料仓;采用变频控制的 1 号、2 号双螺旋给料机,同时起破碎机和均匀给料机的作用;垃圾经大倾角的链板提升机和炉前拨轮机,被匀速送入炉膛;两条垃圾输送线中的一条检修,另一条单独运行也能达到额定输送能力。汽车倒垃圾的电动门设计为自动开闭,垃圾坑为密闭作负压运行,坑内臭气由一次风机打入炉膛焚烧。

### (二) 输煤系统

原煤经"破碎机→皮带输送机→1 号、2 号煤仓→煤斗计量→变频调速的 1 号、2 号螺旋给煤机",把助燃的煤借播煤风,均匀喷入炉内燃烧。

### (三) 送风系统

一次风机把垃圾坑臭气、沼气抽出,经一次风空气预热器加热,送入床下布风板,通过风帽喷入炉膛,使石英砂作流化沸腾。风机出口分一路作为 1 号、2 号播煤风和 1 号、2 号播垃圾风,又分一路去外置换热器和高温旋风分离器作流化风和返料风。二次风机经二次风空气预热器,从锅炉中部分二层喷入炉膛助燃。

### (四) 锅炉本体

采用了循环流化床锅炉,它由炉膛、高温旋风分离器和返料器组成,在高温旋风分离器的烟气出口布置了对流管束蒸发受热面,其后部烟道依次布置低温过热器、省煤器和一、二次风空气预热器。

针对生活垃圾中含有砖头、碎石和金属等复杂成分和高含量的 HCl 气体,会对高温金属受热面产生强烈腐蚀的特点,在流化床布风系统、排渣系统和锅炉受热面布置等方面都采用了不同常规燃煤循环流化床锅炉的结构设计。如:

(1) 燃烧室的布风板采用倾斜式水冷布风板和水冷风室超大的排渣口设计,可使大块的不可燃物顺利排出。

(2) 采用新型紧凑式外置换热器,布置在燃烧室后墙侧,用水冷壁作为分隔,高温过热器布置其内,下部相通,由返料器送回炉膛的高温循环物料先与高温过热器热交换后,再进入主燃烧室,这样使高温过热器和燃烧室内的 HCl 气体隔绝,有效地防止了过热器高温腐蚀问题。此外,还通过改变流化风速,换热系数可在 $90 \sim 320$ W/$(m^2 \cdot K)$ 范围内变化,从而控制过热蒸汽的温度,使锅炉的过热蒸汽参数可以获得大幅度提高,进而提高系统发电效率。

### (五) 烟气处理系统

垃圾焚烧产生的烟气成分包括:粒状污染物、CO、$CO_2$、$SO_2$、$SO_3$、HCl、HF、$NO_x$、$N_2$、$H_2O$、重金属(Hg、Cd)及二噁英和呋喃(PCDDs/PCDFs)。烟气排放能否达标是本工程成败的关键,因此本工程花巨资,加强了这方面的配置,主要采用了半干法脱酸技术、脱酸反应塔、活性炭吸附器及布袋除尘器和烟气在线监测仪等技术和设备,加上锅炉燃烧系统结构的特殊设计和良好合理的燃烧控制技术,对去除酸性气体、粉尘、重金属,减少 $NO_x$ 和二噁英排放非常有效,保证了烟气排放指标优于国家允许标准。

### (六) 汽水系统流程

汽水系统流程如图 5-78 所示。

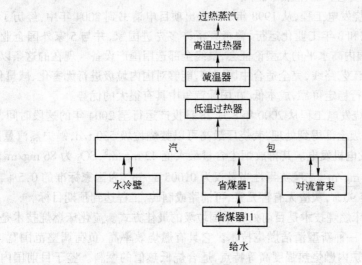

图 5-78 汽水系统流程

### (七) 出渣出灰系统

炉渣由出渣口进入滚筒式冷渣机，经冷却并筛选后，细渣由沙石提升机经星形阀返送入炉膛，补充床料高度；粗渣经斗式输送带，送入渣仓，由汽车运走。除尘后的飞灰经中间灰仓由气泵打入灰仓，经调湿后，由汽车运走，填埋处理或制砖。

### (八) 电视监视及 DCS 自动控制系统

从抓吊开始对两条垃圾输送线和给煤机的各设备及各输送状况进行电视监视，对运行烟尘也进行电视监视，以便运行人员根据电视显示情况，及时跟踪调控。

锅炉的监视控制采用了 DCS 分散控制系统，是由工程师站、操作员站、过程控制站、以太网和控制网、本地和远程 I/O 站及打印机等构成，把主设备的控制、电气控制和现场各辅机系统控制融为一体，具有热工及电气过程的数据采集、远程监视及控制、故障报警、故障诊断、历史趋势管理、实时数据库、信息储存、通信和打印等功能，实现了焚烧锅炉的数据采集和过程监视(DAS)、生产过程的模拟量参数的调节控制(MCS)、生产过程的开关量控制及逻辑控制(SCS)以及锅炉燃烧安全监视(FSSS)等的全自动控制。

### (九) 自动点火系统

在炉底一次风室内设两台轻柴油点火器，采用先进的床下动态点火技术，先将床料加热至燃料着火温度，再启动床上点火装置，直至稳定燃烧，实行全过程自动控制，使点火快速、节油、效率高。

### (十) 废水与臭气处理系统

(1) 废水处理。垃圾渗沥水及垃圾汽车冲洗水，全部进入渗沥水箱，由渗沥水入泵喷入炉内，采用高温热解方法消除废水。

(2) 臭气处理。垃圾坑的臭气，主要是 $H_2S$、$NH_3$ 等，由一次风机抽取供燃烧所用空气，通过高温分解去除臭味，垃圾坑采用密闭并始终保持负压，倒垃圾门均为自动开闭电动门，臭气不会外溢。

## 四、小结

对绍兴市垃圾焚烧发电厂工程总结如下：

(1) 绍兴市垃圾焚烧发电工程，从 1998 年 3 月提出项目申请书到 2004 年中，经历了 2 年多的前期工作、1 年建设期和 3 年工业化运行，曾考察了许多先进国家，并与 5 家外国企业进行过技术洽谈，组织了 5 次国内高水平的大型论证会，最终全部选用国产设备。现在的这条以煤助燃的循环流化床垃圾焚烧工艺路线，完全适合中国国情，能够对国内垃圾进行无害化、减量化、资源化处理，并且投资省、运行稳定可靠，成本低，在国际竞争中具有很大的优势。

(2) 绍兴市垃圾焚烧发电工程从 2000 年 8 月 28 日投产运行至 2004 年的这段时间，绍兴市区每天 350~400 t 的垃圾全部得到处理，焚烧厂最高可以焚烧垃圾 530 t/d，锅炉蒸汽量高达 82 t/h，带动 15 MW 汽轮发电机发电。其排放烟尘含量最大值 42 mg/m³，$SO_2$ 为 86 mg/m³，HCl 为 15.5 mg/m³，$NO_x$ 为 90 mg/m³，二噁英毒性当量仅为 0.005 ng/m³，为国家标准的 0.5%，垃圾全部燃尽，减重 80%，减容 90%，灰渣无有害元素，可铺路或制砖，工程达到预期目标。

(3) 采用循环流化床燃烧技术是目前处理中国垃圾的最佳方式。流化床燃烧技术是我国近 20 年来迅速发展起来的一种新型清洁燃烧技术。它具有燃烧效率高、负荷调整范围宽、垃圾容易燃尽、污染物排放低、炉内燃烧热强度高等特点，适合烧低热值的燃料。鉴于目前国内的垃圾热值普遍低于 4200 kJ/kg 的现状，要实现垃圾高效稳定燃烧，流化床焚烧技术无疑是最佳选择。

（4）采用垃圾和煤混烧,可以有效地抑制有害气体的生成,确保稳定发电、供汽。目前我国的生活垃圾尚以厨余为主。由于城市生活垃圾热值低,含水率高达50％,还随天气和季节的变化而变化,垃圾的热值很不稳定,垃圾的成分又极为复杂,从工艺角度讲,必须用高热值的燃料助燃。国内有几家企业虽然是进口的垃圾焚烧炉,由于采用了喷油助燃,所以每年需大量的财政补贴,这是一般中小城市无法效仿的。绍兴市垃圾发电工程采用了煤和垃圾混烧的流化床锅炉,用低廉的煤作为垃圾的助燃物,而不用昂贵的油助燃,不但降低运行费用、降低处理垃圾的成本,而且由于煤的混烧,在燃烧的化学反应过程中,煤中的硫能和垃圾中的触媒物质(如 Cu、Fe、Al 等重金属)先化合,从而有效地抑制二噁英等有害气体的产生。特别在点炉、停炉过程中,由于煤的先烧后断,始终把炉温烧到850℃以上,有效抑制了二噁英的产生。同时,由于煤的混烧,使燃烧稳定,也保证了蒸汽参数稳定,确保可靠发电和供汽,经济效益明显。

（5）建造垃圾焚烧发电工程,热电厂具有独特的优势。目前各城市热电厂都是热电联产、集中供热,是具有节约能源、改善环境、提高供热质量、增加电力供应的综合效益,是城市治理大气污染和提高能源利用率的重要措施,是提高人民生活质量的公益性基础设施。热电厂与垃圾焚烧发电工程具有基本相同的工艺流程,完全一样的设备和技术,相同的管理模式,都是改善环境、造福社会的环保事业,是城市公益性基础设施。由于热电厂都建在城市郊区和工业区,便捷的交通和适宜的地理位置,是最适合城市垃圾的焚烧处理,并且具有投资省、建设速度快、运行管理好,经济效益、社会效益、环保效益高的独特优势。

# 第十三节　宁波垃圾焚烧厂工程实例

## 一、引言

宁波市作为我国经济发展最快的城市之一,人口密度大,可供利用的土地资源很少,采用单一的填埋方式已不能解决宁波的城市垃圾问题,宁波垃圾焚烧厂正是在这一背景下经过充分论证果断决策在较短的时间内建成运营的。宁波垃圾焚烧发电厂是一座 1000 t/d 处理量的大型现代化的城市垃圾焚烧厂。该工程于 1998 年下半年开始筹建,1999 年初开始可行性研究及初步设计,2000 年初开始详细设计,经过紧张的建设,于 2001 年底顺利投入运营,并很快达到并网发电,是我国垃圾焚烧发电厂中建成最早、工期最短、投资最省、国产化率最高的项目。

## 二、宁波市垃圾现状及特性分析

宁波市生活垃圾主要来自居民区、企事业单位、商业网点、集贸市场等场所。1990～1996 年宁波市垃圾平均年增长率为 6.5％(见表 5-50),目前垃圾平均日产生量为 950～1000 t。

表 5-50　1990～1996 年宁波市垃圾年产生量及增长率

| 项　目 | 1990 年 | 1991 年 | 1992 年 | 1993 年 | 1994 年 | 1995 年 | 1996 年 | 平　均 |
|---|---|---|---|---|---|---|---|---|
| 年产生量/万 t | 17.62 | 19.98 | 20.95 | 22.01 | 22.80 | 24.11 | 25.65 | |
| 增长率/% | | 13.40 | 4.80 | 5.10 | 3.60 | 5.70 | 6.40 | 6.50 |

在宁波垃圾焚烧厂建立之前,宁波市主要的垃圾处置场所仍为铜盆浦垃圾场,该场位于奉化江下游的铜盆浦湾,是由该湾截直并利用废弃航道填埋垃圾而形成的。1994～1995 年,根据建设部《城市生活垃圾卫生填埋技术标准》(CJJ17—88)的要求对该场进行了改造,并于 1995 年 8

月通过了由浙江省建设厅组织的"垃圾卫生填埋鉴定小组"的鉴定,其"城市生活垃圾填埋场无害化处理技术鉴定证书"编号为"浙建城卫监字[1995]第 3 号"。1997～1998 年宁波市的垃圾处理及计划新建垃圾处理工程情况如表 5-51 所示。

**表 5-51　宁波市垃圾处理现状及发展**

| 垃圾场 | 使用区域 | 处理性质 | 1997 年垃圾量/万 t | 比例/% | 1998 年垃圾量/万 t | 比例/% |
|---|---|---|---|---|---|---|
| 铜盆浦垃圾场 | 市　区 | 无害化 | 30.22 | 83.2 | 33.40 | 83.8 |
| 镇北渡垃圾场 | 镇　海 | 简　易 | 4.34 | 11.9 | 4.80 | 12.0 |
| 下三山垃圾场 | 北　仑 | 简　易 | 1.76 | 4.9 | 0.82 | 4.2 |
| 布阵岭(枫林)垃圾处理场 | 全市 5 区 | 无害化、资源化 | | | | |

宁波市为沿海开放城市,改革开放以来,经济发展很快,人民的生活水平大幅度提高,因而生活垃圾的成分也发生了变化。其中较为明显的变化是:垃圾中的渣土含量逐年下降、可燃物组分逐年上升,因而热值也在不断地提高(见表 5-52)。

**表 5-52　宁波市垃圾组成成分及低位热值**

| 年　份 | 易腐垃圾/% | 灰渣/% | 纸/% | 布/% | 塑料/% | 金属/% | 玻璃/% | 竹木/% | 可燃物/% | 低位热值/kJ·kg$^{-1}$ |
|---|---|---|---|---|---|---|---|---|---|---|
| 1993 | 52.62 | 37.64 | 1.74 | 2.05 | 2.27 | 0.91 | 1.82 | 0.95 | 7.01 | |
| 1994 | 51.87 | 36.48 | 1.80 | 1.63 | 2.28 | 0.84 | 1.87 | 0.95 | 6.66 | |
| 1996～1997 | 53.69 | 25.48 | 5.40 | 2.96 | 7.90 | 1.04 | 2.43 | 1.10 | 17.36 | 2307 |
| 1998 | 55.71 | 9.65 | 7.85 | 4.36 | 12.27 | 2.91 | 3.43 | 3.82 | 28.29 | 3140 |
| 1999 | 55.90 | 15.60 | 5.10 | 4.50 | 13.80 | 0.50 | 3.20 | 1.00 | 24.40 | 3812 |

## 三、主要工艺流程及技术特点

### (一) 工艺流程

宁波垃圾焚烧厂的工程设计是由中国有色工程设计研究总院完成的。设计规模为日处理城市生活垃圾 1000 t,设有 3 台 350 t/d 垃圾焚烧炉,2 台 6.8 MW 汽轮发电机组。关键设备焚烧炉核心部分选用德国先进技术,其余配套设备全部做到国产化。垃圾焚烧炉为往复式机械顺推炉排炉,主体设备机械与传动部分为德国 NOELL 公司引进,采用低机械负荷、大炉排面四层炉排、增加高水分垃圾在炉内的停留时间,一二次风均经过预热,炉膛全部砌砖并采用冷却风保护等一系列适用于低热值垃圾焚烧新工艺。在入炉垃圾热值为 5230 kJ/kg(1250 kcal/kg),含水 48%,不加任何辅助燃料的条件下,焚烧温度达到 850℃,烟气保持 2 s 后进入余热锅炉,烟气可以满足国家规定的排放标准。余热锅炉为立式四通道,蒸汽参数为 4 MPa(40 bar),400℃,额定蒸发量为 25 t/h,烟气净化采用半干法和布袋除尘工艺技术,其 HCl(HF)、$SO_2$ 脱除率分别为 85% 和 93%。烟气 140℃ 左右进入布袋除尘器。布袋除尘器为低压脉冲长布袋,可实现在线清灰,并采用带旁路和热风再循环,除尘效率达 98% 以上。净化后的烟气排至 80 m 钢制组合烟囱。垃圾仓内设置 2 台 10 t 自动液压抓斗桥式起重机,灰、渣采取分除、分运和分存,炉渣现已进行综合利用,飞灰送安全填埋。垃圾仓排除的垃圾渗滤液经收集后,送至灰渣场的污水处理站,经处理后排至市政污水处理厂。余热锅炉产生的蒸汽送至汽轮发电机膨胀做功,推动汽机发电。本工程的焚烧与发电系统,采用联合厂房布置,既节省管道、电缆,又便于运行维护。机、电、炉采用 DCS 控制系统,有较高的自动化程度。焚烧发电厂的配套项目有垃圾中转站和灰渣场,全部投资为 4 亿元人民币。目前宁波垃圾焚烧厂已经正常运营一年多,最高日处理生活垃圾达到 1100 t/d,现采用企业化运营模式,除了正常的上网发电收入外,政府给予一定垃圾处置费。具体流程图见图 5-79。

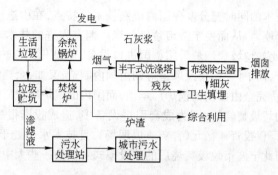

图 5-79　宁波垃圾焚烧厂工艺流程图

### (二) 平面布置和结构安排

宁波垃圾焚烧厂的总体布局,首先在思维上打破传统的布置框框,厂区建筑物整体风格和立面处理充分体现了现代气息,以及精炼和清新的建筑风格。焚烧发电厂厂房为钢与钢筋混凝土柱组合、钢屋盖,其余建筑为钢筋混凝土柱和屋面或为砖混结构、空心板屋面。烟囱为多管组合钢烟囱。

焚烧发电区由焚烧发电厂房、净化系统、加压泵房及空压机室、冷却塔、汽车衡、门卫室等组成。焚烧发电厂房中包括卸车平台、垃圾仓、焚烧间、烟气净化、烟囱、汽机间及给水除氧间、控制室及升压站等垃圾处理所需要的大部分设施。

净化系统、加压泵房及空压机室、冷却塔布置在焚烧发电厂房以东。为方便进厂垃圾车检并保证称量设施免遭破坏,本设计将汽车衡布置在卸车平台大门附近。汽车衡计量控制室紧靠秤台布置。计量控制室兼备汽车衡检查、卸车平台大门监控、垃圾仓大门监控多种功能。

综合管理区由综合楼、汽车库、油库及油泵房组成。布置在焚烧发电厂房以北,与焚烧发电厂房一路之隔。区内配套设有生活污水处理系统。综合楼集办公、食堂、浴室、小车库于一体,布置在管理区西部,靠近厂区西大门一侧。

### (三) 建设工期及工程费用

1999 年 5 月,完成了与德国 NOELL 公司的商务与技术谈判,7 月完成了对中国有色工程设计总院完成的可行性研究的审查,1999 年 12 月完成了初步设计的会审及国产主要设备的招投标,2000 年 2 月至 7 月为工程详细设计阶段,2000 年 5 月土建工程进入基础施工阶段,2000 年 12 月主要设备进入准备安装阶段,2001 年 7 月 1 并焚烧炉的辅助设备投入空负荷试运行,2001 年 10 月 1 并焚烧炉及锅炉和汽轮机开始试运营,年底顺利实现并网发电,投产一次成功。

宁波垃圾焚烧厂总投资为 4 亿元人民币(含市政垃圾转运站建设及灰渣填埋厂建设资金),主要采用靠组建股份制投资公司的方式筹集资金,政府进行协调并参与指导。由宁波城建投资控股有限公司出资 1.2 亿元、宁波富达股份有限公司出资 0.5 亿元、宁波电力开发公司出资 0.3 亿元,共计 2 亿元人民币组建宁波枫林绿色能源开发有限公司,其余资金为银行贷款的方式筹集兴建垃圾焚烧厂,采用现代企业的管理运营模式。按目前日处理生活垃圾 1000 t 计算,年运营总成本费用约为5300万元。按年处理垃圾30万t,发电收入2500万元计算,吨垃圾收费约合110元人民币。宁波地区雨水多,垃圾的含水率,常常高达60%以上,垃圾的实测热值一般都在5000 kJ/kg以下。为了达到850℃以上的焚烧温度,有时需要向焚烧炉内喷入辅助燃料柴油,这样无形中加大了运营成本。

### (四) 技术特点

在采用国外先进技术的同时充分发挥国内成熟技术的特点,在引进国外先进设备的同时充分利用国内的设备配套能力,从而使宁波市垃圾焚烧厂拥有先进的技术、可靠的设备,同时又能节约投资、经济实用。比如垃圾焚烧炉采用德国进口设备,但是只进口炉排及其传动件、自动控制系统等最核心的部分,而炉体、钢架及风道等则由国内制造;又如,余热锅炉只是由国外提供基本设计,而锅炉制造供货完全由国内的锅炉厂承担,而国内的锅炉制造厂完全具备这样的能力。

国内同类同规模的垃圾焚烧厂,因为成套引进设备多,造成投资很高,一般需投资6~7亿元,而宁波市垃圾焚烧厂仅投资4亿元(含灰渣填埋场),且技术水平处于国内领先地位,也达到了国外的先进水平。因此宁波市垃圾焚烧厂的建设模式对国内一些大中城市建设垃圾焚烧厂起到了示范作用。

工程总体设计上充分体现以人为本的理念,在设计中以节约用地、充分利用地形减少土石方工程量、节省基建投资、方便管理、有利生产为原则,在采用垃圾焚烧先进技术的基础上,同时还采用了综合厂房的设计模式,并根据各功能区的不同特点,采取分区布置方式。结合厂区发展规划与近期实施方案,做到一次规划分步实施,以达到进一步减少厂区占地面积、提高环境质量的目标。

### 四、小结

宁波垃圾焚烧厂作为国内最早建设运营的现代化垃圾焚烧厂已成功运行至今,它的建设运营与管理模式肯定有许多值得改进的地方,但可为今后新建或正准备筹建的大型垃圾焚烧厂提供一些参考。建设垃圾焚烧厂应根据城市自身的特点和情况及垃圾的特点,慎重地选择方案和筛选炉型,引进技术时要充分考虑到中国城市垃圾的特点和处理的复杂性,工程设计不能忽略细节问题的考虑,否则同样会造成较大的损失。宁波垃圾焚烧厂的建设,解决了宁波城市垃圾处理的迫切矛盾,为宁波市的发展做出了贡献,也为国内的垃圾焚烧处置做出了示范。

国内的垃圾焚烧技术由于起步较晚,成功的先例较少。因此,完全采用国内技术势必存在一定的风险。宁波在进行焚烧方案论证阶段时,就非常明确地提出3点:

(1) 提供的技术必须有成功运行的先例;

(2) 提供的技术运行必须可取;

(3) 不能将宁波项目作为试验工厂。国外的垃圾焚烧技术虽然较为成熟,但是,我们应看到国内外垃圾特性差别明显,如国外垃圾的热值明显地高于国内,因此有一个技术的适应性问题。

就目前条件而言,垃圾填埋处理在国内仍具有较为明显的优势。对于一般城市来讲,没有进行充分的论证和考虑,平衡各方面的因素,勉强进行垃圾焚烧厂的建设,存在的风险还是比较大的。因此,城市垃圾处理应做到统一规划,要以填埋处理为基础进行垃圾焚烧的研究与应用。

# 第六章　生活垃圾堆肥

## 第一节　概　　述

自然界的许多微生物具有氧化、分解有机物的能力。利用微生物的这种能力,处理可降解的有机生活垃圾,达到无害化和资源化,是有机生活垃圾处理利用的一条重要途径。

### 一、堆肥化及堆肥的定义

堆肥化(Composting)就是利用自然界广泛分布的细菌、放线菌、真菌等微生物,以及由人工培养的工程菌等,在一定的人工条件下,有控制地促进来源于生物的有机垃圾发生生物稳定作用,使可被生物降解的有机物转化为稳定的腐殖质的生物化学过程。

这个定义具有3个方面的含义:

(1) 强调作为堆肥化的原料是来自生物的有机垃圾,是生活垃圾中可降解的有机成分;

(2) 强调堆肥过程是在人工控制条件下进行,采取有效措施促进生物分解,不同于垃圾的自然腐烂与腐化;

(3) 强调堆肥过程发生"生物稳定"(Biostablization)作用,既说明堆肥化的实质是生物化学过程,又说明了实现无害化的条件,堆肥产品对环境无害,即垃圾达到相对稳定。

垃圾经过堆肥化处理,制得的成品叫做堆肥(Compost)。它是一类呈深褐色、质地疏松、有泥土气味的物质,形同泥炭,腐殖质含量很高,故也称为"腐殖土",是一种具有一定肥效的土壤改良剂和调节剂。

### 二、堆肥化分类

堆肥化系统常用的分类方法有3种:

(1) 按需氧程度,可分为好氧堆肥和厌氧堆肥;

(2) 按温度,可分为中温堆肥和高温堆肥;

(3) 按场所,可分为露天堆肥和机械密封堆肥。

习惯上一般按好氧堆肥与厌氧堆肥区分。现代化堆肥工艺,基本上都是好氧堆肥,这是因为好氧堆肥具有温度高、基质分解比较彻底、堆制周期短、异味小、可以大规模采用机械处理等优点。厌氧堆肥是利用厌氧微生物完成分解反应,其特点是空气与堆肥相隔绝、温度低、工艺比较简单以及产品中氮保存量比较多,但堆制周期较长、异味浓烈、产品中杂有分解不充分的物质。

### 三、堆肥原料

可通过生物化学过程降解转化进行堆肥的原料主要有生活垃圾、由纸浆厂、食品厂等排水处理设施排出的污泥和下水污泥、粪尿消化污泥、家畜粪尿、树皮、锯末、糠壳、秸秆以及泔脚等。我国传统的堆肥主要原料是生活垃圾和粪便的混合物,后来城市水厕的应用取代了旱厕,粪便随水进入生活污水下水道,由污水处理厂进行处理。现在我国禁止厨余物(泔脚)和食品废物直接喂养禽畜,因此,泔脚和食品废物将成为堆肥原料的主要来源之一。

### (一) 生活垃圾

生活垃圾是指人们在日常生活、商业活动、机关办公、市政维护等过程中产生的固体废物,包括厨余物、废纸、废织物、废旧家具、玻璃陶瓷碎物、废旧塑料、废交通工具、煤灰渣、脏土及粪便等。各种成分的比例随时间和场合而异。生活垃圾中能用作堆肥原料的是有机物质,其余的不可堆腐物如金属、玻璃陶瓷碎物、塑料等物质必须经过分选回收等预处理手段去除后,生活垃圾才可用于生产堆肥。随着生活垃圾中有机组分的含量增大,生活垃圾用作堆肥回收其物质资源的优越性也会进一步增加。

### (二) 禽畜粪便

随着禽畜场的规模化和数量的增加,禽畜粪便的数量相当可观。禽畜粪便中有机质、N、P、K及微量元素含量丰富,碳氮比也比较低,是微生物的良好营养物质,非常适合作堆肥原料。但有臭味,需进行除臭处理。

### (三) 污泥

污泥是指来自生活污水及某些工业废水处理过程中产生的污泥。来自生活污水处理后的污泥含 $30\% \sim 50\%$ 有机物,$2\% \sim 6\%$ N,$1\% \sim 4\%$ P,$0.2\% \sim 0.4\%$ K。来自食品、制革、造纸、炼油等行业的工业废水处理污泥中也含有大量的有机物质,部分适于堆肥。但污泥一般含有较高的重金属,尤其当排水系统接纳不加控制的工业污水时,问题更加严重,应注意限制含重金属工业废水的排放。

### (四) 农林废物

农林废物是指农、林、牧、渔各业生产及农民日常生活过程中产生的植物秸秆、牲畜粪便等,这些都是微生物的良好营养物质,是理想的肥源。我国是个农业大国,各种农林废物种类繁多,数量巨大,分布广泛,价廉易得,是进行堆肥的理想材料。

### (五) 泔脚和食品废物

泔脚等食品废物的特点是有机质含量非常高,含水率也相当高,不可堆腐的惰性物质和其他杂质含量很少,有害物质含量甚微,无需像处理生活垃圾那样经过复杂的前处理和后处理,投入的技术力量较少,就可生产出高质量的堆肥,是很有前途的堆肥原料。

### 四、堆肥的原则

对于任何一种堆肥工艺,都应当研究如何能充分地利用微生物的分解作用,以保证将有机废弃物转化为有用的物质。工艺控制的目的在于:

(1) 分解过程尽量充分、完善;

(2) 杀灭垃圾中的病原体;

(3) 杀灭有害昆虫卵,避免昆虫繁殖;

(4) 破坏垃圾中的植物种子(以使作物纯净);

(5) 保留 N、P、K 等营养物的最大含量;

(6) 减少臭味;

(7) 减少完成整个堆肥工艺所需的时间;

(8) 减少堆肥过程的占地面积。

### 五、堆肥的发展历史

人类利用有机生活垃圾生产堆肥,已有几千年历史。早在我国宋代的《农书》中就已经详细记录了我国农村广为采用的堆肥技术,文中精确地描述了堆肥的设施、方法及肥料施用的过程:"粪屋之中,凿为深池,筑以砖壁,勿使渗漏,凡扫除之土,燃烧之灰,簸扬之糠秕,断蒿落叶,积而焚之,沃以粪汁,积之即久,不觉甚多,凡欲播种,筛去瓦石,取其细者,和匀种子,疏把撮之,待其苗长,又撒以壅之,何患收成不倍厚也哉。"

堆肥一直是农业肥料的主要来源,其方法是将秸秆、落叶、杂草和动物粪便等堆积起来使其发酵。但都是手工操作,劳动强度大,堆制时间长,原料也多限于农林废物和人畜粪便,属于"露天堆积法"。

20 世纪初,不少国家重视以生活垃圾、生活污水污泥等为原料,进行堆肥化的研究和开发。1925 年印度的 A. Howard 把树叶、尘土、动物粪尿等堆积成 1.5 m 高的肥堆,称为 Indore Process。后来,又进一步改良成将废物与粪便多层交互重叠、堆积 4~6 个月的 Bangalore 法。

1922 年 Beccari 法在意大利取得专利。这是一种封闭系统,此法先使固体有机物厌氧发酵,然后送入空气促其好氧发酵。作为此种方法改良的 Verdlier 法,使厌氧发酵的渗出液循环使用,再充分供给空气,以促进物料的腐熟化提前完成,该法在法国南部得到推广应用。

以上方法由于利用厌氧发酵,过程非常缓慢,加上社会销路不广,因而发展不快。

到 20 世纪 30 年代,开始利用好氧分解并采用机械连续生产。1933 年,丹麦出现了 Dano 法,运用回转窑发酵筒进行好氧发酵,特点是发酵周期短,一般只用 3~4 天。德国的 Schweinfurt 和瑞士的 Biel 采用了固定式固定床方法,将磨碎物料压成块状并堆放约 30~40 天。堆置期间采用自然扩散及气流穿过风管通风,腐熟堆肥经过破碎再利用。1939 年,美国的厄普托马斯法取得了专利,此法用多段竖炉发酵仓通过接种特种细菌而使堆肥时间缩短 1~3 个月。该法的出现促使高温堆肥迅速发展。

后来因分选技术不完善,垃圾中的不可堆肥物造成堆肥质量低劣,销路不好,以及人们环保意识的稳步提高,更加重视垃圾堆肥产品的重金属含量、有毒有机含量及病原菌等对人体健康的危害和影响,使得一些堆肥厂相继关闭停产。

直到 20 世纪 80 年代初,生活垃圾的破碎分选技术有了较大的发展,同时其他垃圾处理方法在实施中也存在各种各样的困难,例如,由于土地资源紧张使填埋场选址困难;因居民反对导致焚烧厂建厂地点受限等,堆肥法又得到了推广和应用。近年来,在一些发达国家,机械化的堆肥工厂相继出现,堆肥化已成为生活垃圾、生活下水污泥、农林牧废物、人畜粪便资源化的途径之一。

随着我国工农业生产的发展和人口的增加,生活垃圾处理已成为亟待解决的问题,各地区、各部门纷纷开展生活垃圾堆肥技术的研究和应用,新工艺、新技术不断涌现,堆肥专用机械设备得到开发,堆肥机理得到深入研究。20 世纪 80 年代初到 20 世纪 90 年代中期,是我国机械化高温堆肥技术发展的鼎盛时期,北京、上海、天津、无锡、杭州、常州等城市建立了规模不等的机械化高温堆肥厂。

### 六、堆肥存在的问题

堆肥技术和产品存在的主要问题有以下几方面。

(1) 营养成分含量较低。堆肥中的 N、P、K 等营养成分的混合含量通常很低,很少达到 3%,低于发展中国家的平均含量,比发达国家的更低(见表 6-1)。

**表 6-1　我国堆肥与国外堆肥营养成分比较**(质量分数/%)

| 营养成分 | 发达国家 | 发展中国家 | 中　国 |
|---|---|---|---|
| 氮 | 1.37 | 0.99 | 0.66 |
| 磷 | 0.51 | 0.49 | 0.18 |
| 钾 | 0.71 | 0.97 | 0.83 |

（2）杂质含量较高。杂质成分如碎玻璃、金属、废塑料及陶瓷等不易腐化的物质,它们的存在降低了产品的应用价值和产品的减容率,施用于农田,会造成地表粗糙,破坏表土性能,减弱土壤的耕作性能,造成土壤污染。根据我国京津地区土壤调查表明,施用仅经过初步分选的生活垃圾 10~20 年者,土壤中硬质杂物的含量可达 25%~50%,耕作过程会损坏农业机械。

（3）病原体及寄生虫卵的潜在危害。堆肥中如有未被杀死的病原微生物等,会有致病作用。

（4）重金属积累。某些重金属会在土壤中积累,含量明显提高。

（5）易产生恶臭。

（6）投资较大。据估算,建设一座机械化堆肥厂,投资额与处理能力之比为 1 万元/(t·d)。堆肥的生产设施一般按照就近的原则建在市内,操作过程会产生恶臭,对环境卫生不利,必须投入较多资金装配除臭等环境保护设施;为去除杂质,需要增加相应的预处理设施。

（7）占地面积较大。为适应施肥的季节性,贮存产品需要较大的占地面积。

（8）处理效率低,工艺条件较难控制。

从以上存在的问题可看出,堆肥在肥效和成本上均无法与化肥竞争,施用量和运输量较化肥高。

### 七、生活垃圾堆肥的发展前景

生活垃圾堆肥技术作为垃圾处理的 3 种主要方法之一受到多数国家重视,但目前在我国的应用却很有限。其原因主要是堆肥产品肥效较低,难以达到市场要求。我国生活垃圾分类收集体制尚未形成,垃圾成分复杂,严重影响堆肥效果。因此,编者认为,在现阶段采用堆肥处理生活垃圾前景堪忧。但是,将堆肥作为一种预处理手段则有很多优点。有研究表明,通过堆肥预处理可使生活垃圾含水率大大下降,并可以加速垃圾的稳定进程,这有利于减少垃圾填埋渗滤液产生量以及减少渗滤液中有害物质含量,同时,也能提高垃圾焚烧处理的效率。

# 第二节　堆肥的性质与质量标准

堆肥的理化特性、稳定性、安全性和卫生学性质等直接关系到堆肥的农林等土地利用。

### 一、堆肥的理化特性

#### （一）堆肥的成分和养分

堆肥产品的成分常因堆肥原料、工艺、堆制周期和过程条件控制的不同而有差异,表 6-2 是我国 22 个城市的垃圾堆肥成分分析结果。它与国外垃圾堆肥的相应成分额定值接近,可以认为,我国生活垃圾堆肥适于农林利用。

表 6-2  我国城市垃圾堆肥成分分析

| 项 目 | 单 位 | 北 京 | 天 津 | 上 海 | 广 州 | 全国 22 个城市垃圾堆肥分析平均值 |
|---|---|---|---|---|---|---|
| 水分 | % | 13.0～30.5 | 24.5～31.2 | 30～40 | 30～40 | 26.5±0.3 |
| pH | | 7.04～8.22 | 7.8 | 7.5～8.0 | 7.0 | 7.9±0.3 |
| 全碳(C) | % | 7.62 | 11.85 | 11.7 | 10.6 | 8.3 |
| 全氮(N) | % | 0.59 | 0.27 | 0.4 | 0.45 | 0.39 |
| 全磷($P_2O_5$) | % | 0.18 | 0.69 | 0.51 | 0.19 | 0.18 |
| 全钾($K_2O$) | % | 0.36 | 1.6 | 0.80 | 1.22 | 0.81 |
| 汞(Hg) | $10^{-6}$ | 3.57 | | | 0.43 | 9.23 |
| 镉(Cd) | $10^{-6}$ | 0.27 | 0.9 | 0.37 | 0.39 | 2.14 |
| 铬(Cr) | $10^{-6}$ | 20.37 | 20.8 | | 46.75 | 26.5 |
| 铅(Pb) | $10^{-6}$ | 54.3 | 41.0 | 45.8 | 87.8 | 39.6 |
| 砷(As) | $10^{-6}$ | 5.53 | | | 22.42 | 93.0 |

注：引自《垃圾农用控制标准》，垃圾农用控制研究小组，1986。

1．含水率

含水率越高，表明其持水能力越强，堆肥本身都具有较高的持水能力。作为堆肥产品，其含水率一般应控制在 30% 以下。国内外生活垃圾堆肥的持水能力为每 100 g 干物质可持水 85～120 g。

2．pH 值和全盐含量

堆肥的 pH 值宜中度偏碱性。国内外垃圾堆肥的 pH 值范围约为 7.0～8.5。

堆肥的全盐含量是指堆肥中可溶性盐的总量，可通过测定其全盐溶液的电导率求出，其值不宜过高，否则长期施用会导致土壤碱化。

3．全碳含量

堆肥的全碳含量反映堆肥中有机物的含量。堆肥中有机物含量越高，持水性和吸附铵离子的能力越强。国内堆肥有机物含量相当于土壤中有机物含量的 4 倍，全碳含量大多在 11% 左右，接近国外额定值 12%～20% 的低限。

4．养分含量

堆肥的养分主要指 N、P、K 元素，此外还包括一部分微量元素。国内堆肥 N、P、K 养分的含量有的低于国外堆肥的额定值。例如，全氮值国外的额定范围是 0.5%～1.5%，日本最高在 2% 以上，我国一般都低于 0.5%；全磷含量均低于国外的额定值范围（0.4%～0.8%）；全钾含量有的高于国外的额定值范围（0.3%～1%）。

国内堆肥全氮含量相当于土壤全氮含量的 4 倍；速效磷的含量相当于土壤的 3.5 倍；速效钾的含量相当于土壤的 21～25 倍。特别是 P、K 两种养分，在我国土壤中含量很不足，施用堆肥不仅能全面提高土壤有机物及 N、P、K 等养分含量，而且可以在一定程度上弥补 P、K 的不足。

堆肥含有的 $Ca^{2+}$、$Mg^{2+}$、$Mn^{2+}$、$Na^+$、$B^{3+}$ 等都是植物生长所需要的元素。

5．重金属含量

国内堆肥中汞的含量接近于国外的允许值（1～4）×$10^{-6}$ kg/kg，镉、铬、铅的含量依次低于国外的额定值范围：（1～6）×$10^{-6}$ kg/kg，（50～300）×$10^{-6}$ kg/kg，（200～900）×$10^{-6}$ kg/kg，在农业利用方面可以认为是比较安全的，唯砷的含量相当于国外允许值的 2 倍，应予重视。

**（二）杂质**

堆肥中杂质包括玻璃、塑料、铁及其他金属类物质,当其颗粒较大和数量较多时,会对堆肥的质量产生不良影响。它们的存在会妨碍堆肥的外观,降低堆肥的有机组分和养分的含量,不利于耕作,而且对土壤和植物有害。堆肥中杂质粒度的额定范围国内外不同,国外标准是颗粒直径大于11.2 mm的最高允许含量为堆肥干物质的3%,玻璃杂质的最大直径大于6.3 mm的不大于0.5%,我国对各种杂质的粒度规定为不大于5 mm。

**（三）堆肥的阳离子交换量**

堆肥和土壤都具有交换阳离子的能力。国内生活垃圾堆肥的阳离子交换量低于土壤,因此大量施用堆肥有可能降低土壤阳离子交换量,并降低土壤的保肥能力,提高堆肥有机物的含量,有利于提高其阳离子交换量。

## 二、堆肥的稳定性

堆肥的稳定性是指堆肥产品的稳定程度,也称腐熟度。堆肥的腐熟度影响堆肥的使用。未腐熟的堆肥施入土壤,会在土壤中保持较高的分解代谢活动,在某种程度上引起氮源的缺乏,形成厌氧环境及氨和某些低分子量有机酸的产生,从而严重影响植物根系的生长。因此,堆肥的理想稳定程度在于堆存时不会产生有害的物质。堆肥的稳定程度在经济上直接影响设备容量的利用率、投入的劳动量、消耗的能量以及维修费用等,还关系到堆肥评价标准的制定。

关于腐熟度的参数和指标的详细介绍见本章第九节内容。

## 三、堆肥的安全性和卫生学性质

因生活垃圾堆肥中含有重金属、病原体等有害物质,其施用可能对人体及环境造成污染及潜在危害,引起堆肥的安全性问题。根据卫生学观点,高温堆肥的过程,就是将各种堆肥原料适当搭配地堆积起来,在湿度、温度、通风、养分等方面给微生物的生长繁殖创造良好环境,使其大量生长繁殖,从而使有机物分解、转化为植物能吸收的无机质和腐殖质。在此过程中产生的高温能使病原体及寄生虫卵死亡,达到无害化的目的。

生活垃圾用于堆肥时,其重金属含量以及卫生安全等要求均应符合有关标准的规定,如《城镇垃圾农用控制标准》(GB8172—87)(见表6-3)、《粪便无害化卫生标准》(GB7959—87),后者包括《高温堆肥的卫生标准》(见表6-4)。

**表 6-3　城镇垃圾农用控制标准（GB8172—87）**

| 编　　号 | 参　　数 | 标 准 限 制 |
|---|---|---|
| 1 | 杂物/% | ≤3 |
| 2 | 粒度/mm | ≤12 |
| 3 | 蛔虫卵死亡率/% | 95~100 |
| 4 | 粪大肠杆菌值 | $10^{-1} \sim 10^{-2}$ |
| 5 | 总汞(以 Hg 计)/mg·kg$^{-1}$ | ≤3 |
| 6 | 总镉(以 Cd 计)/mg·kg$^{-1}$ | ≤5 |
| 7 | 总铅(以 Pb 计)/mg·kg$^{-1}$ | ≤100 |
| 8 | 总铬及化合物(以 Cr 计)/mg·kg$^{-1}$ | ≤300 |
| 9 | 砷及化合物(以 As 计)/mg·kg$^{-1}$ | ≤30 |

| 编　号 | 参　数 | 标准限制 |
|---|---|---|
| 10 | 有机质/% | ≥10 |
| 11 | 全氮(以 N 计)/% | ≥0.5 |
| 12 | 全磷(以 P$_2$O$_5$ 计)/% | ≥0.3 |
| 13 | 全钾(以 K$_2$O 计)/% | ≥1.0 |
| 14 | pH 值 | 6.5~8.5 |
| 15 | 水分/% | 25~35 |

注:适合本标准的垃圾堆肥,农田用量黏性土壤不超过 4 t/(hm$^2$·a),沙性土壤不超过 3 t/(hm$^2$·a)。

**表 6-4　高温堆肥的卫生标准(GB7659—87)**

| 项　目 | 卫生标准 |
|---|---|
| 堆肥温度 | 最高温度达 50~55℃以上,持续 5~7 d |
| 蛔虫卵死亡率/% | 95~100 |
| 粪大肠杆菌值 | 10$^{-1}$~10$^{-2}$ |
| 苍蝇 | 有效地控制苍蝇滋生,堆肥周围没有活的蛆、蛹或新羽化的成蝇 |

成品堆肥应满足一定的质量标准要求:

(1) 堆肥中对土壤改良起主要作用的是有机物质,有机物质的含量应在 35%以上(干燥状态下,其中 N、P、K 的含量分别为 2%、0.8%、1.5%)。

(2) 堆肥产品存放时,含水率应小于 30%,袋装堆肥含水率应小于 20%。控制堆肥含水率,是因为水分在运输中有损耗,也是为了保持堆肥良好的撒播性。

(3) 根据卫生要求与农作物生长需要,堆肥中动植物的致病菌、杂草种子、害虫卵等应已杀灭,堆肥产品的施用必须对环境、土壤和农作物无害。

(4) 为了有利于堆肥产品的利用,堆肥中的惰性材料如玻璃、陶瓷、废金属、石头、塑料、橡胶、木材等必须除去(筛选等)。

(5) 不含重金属等有害杂质。成品堆肥重金属等有害杂质允许含量如下:

砷:总量分析<50 mg/kg(干重),洗涤试验<1.5 mg/kg;

镉:总量分析<5 mg/kg(干重),洗涤试验<0.3 mg/kg;

汞:总量分析<2 mg/kg,洗涤试验<0.005 mg/kg;

铅:洗涤试验<3 mg/kg;

有机磷:洗涤试验<1 mg/kg;

六价铬:洗涤试验<15 mg/kg;

氰化物:洗涤试验<1 mg/kg;

多氯联苯:洗涤试验<0.003 mg/kg。

(6) $w(C)/w(N)$ 比要控制在 20 以下。如果大于 20,当堆肥施于土壤时,微生物分解有机物的同时会摄取土壤中的氨态氮或硝酸盐氮来作为自身的营养,从而使农作物陷于"氮饥饿"状态,影响作物的生长发育。

(7) 堆肥含盐高容易造成土壤酸化和损害作物根部功能,影响作物的生长。堆肥产品含盐量一般在 1%~2%。施用堆肥时,一部分盐(包括营养盐)由植物吸收,一部分则留在土壤中。

（8）成品堆肥外观应是茶褐色或黑褐色,无恶臭,质地松散,具有泥土芳香气味。

## 四、堆肥产品的分类

根据对于堆肥产品的用途和对其质量要求的差异,常把堆肥产品按两种形式分类。

### （一）按等级分类

按等级分类,分为生堆肥、初级堆肥、精致堆肥和特种堆肥:

（1）生堆肥:未经堆肥发酵处理的可堆肥的有机垃圾,如生活垃圾、污泥和禽畜粪便等;

（2）初级堆肥:经过一次好氧发酵处理的有机垃圾剩余物;

（3）精制堆肥:经过全发酵(一次发酵和二次发酵)及机械分选处理后的有机垃圾剩余物;

（4）特种堆肥:将精制堆肥通过添加无机肥料、黏土和功能微生物等进一步加工处理而制成的具有高肥效和特殊用途的堆肥。

### （二）按堆肥产品粒径分类

按堆肥产品粒径分类,分为细粒堆肥、中粒堆肥和粗粒堆肥:

（1）细粒堆肥:平均粒径小于 8 mm 的堆肥产品,且堆肥中石渣含量小于 5%（风干状态下的计量）;

（2）中粒堆肥:平均粒径在 8~16 mm 之间的堆肥产品,且堆肥中石渣含量小于 20%（风干状态下的计量）;

（3）粗粒堆肥:平均粒径在 16~25 mm 之间的堆肥产品。

## 五、欧洲国家的堆肥质量和质量保证概况

欧洲国家的实践证明,堆肥技术决定堆肥质量,堆肥质量影响市场,堆肥质量保证系统为有机垃圾再利用提供了较好的机会。欧洲国家在具体的有机垃圾堆肥的实施措施上,首先推行有机垃圾的分类收集,并由专门的质量监督部门对堆肥设施的设计进行审查,生产的堆肥产品必须在经过严格的产品质量检验后才能进入市场,并配备质量标志或质量证书,由此形成有机垃圾堆肥产品质量保证系统。通过这一系列的措施保证了堆肥产品的市场销售。

欧洲各国独立的质量保证机构如奥地利的堆肥协会,依据奥地利堆肥研究所的标准进行堆肥产品检查;比利时的农业部和堆肥促进机构 VLCO;丹麦的垃圾委员会工作组 DAOFA;德国的堆肥联邦监督委员会,实施堆肥产品质量检测的为德国质保和标记 RAL 研究所;荷兰的堆肥设施经营者联合会 WAV,其堆肥质量证书的颁发部门是 KIWA。

一般欧洲国家针对不同作物、不同土壤等基础条件形成不同用途的堆肥质量系列产品,每类产品都配备使用推荐说明。例如:奥地利的有机垃圾堆肥产品分为Ⅰ级和Ⅱ级或 A 级和 B 级。比利时分为绿色堆肥和生物堆肥。德国的堆肥产品分为新鲜堆肥和熟化堆肥。荷兰分为一般堆肥和上等堆肥。法国的堆肥产品均按国家制定的《有机土壤改良剂》标准销售;由于动物粪便堆肥中氮、磷、钾含量高,可按有机肥出售;并实行了生活垃圾堆肥《质量检验合格证》,对优良的垃圾堆肥产品进行认证,并制定了垃圾堆肥的 A 级和 B 级质量标准。

为保证有机垃圾堆肥产品的质量,欧洲国家对有机垃圾的有害物质含量提出了明确要求,例如:奥地利对有机垃圾质量把握不准时就进行研究分析,以得出准确的数据。丹麦自 1997 年 1 月 1 日起每年必须对所有出售的堆肥产品进行一次有害物质检查。德国每年要对一些堆肥设施进行检验审批,以确保堆肥产品质量。

欧洲各国在堆肥标准的设计范围与重金属极限值方面的规定是存在差别的（见表 6-5）。

表 6-5　欧洲国家堆肥产品的重金属含量限值　　　　　　　　　（mg/kg）

| 项　　目 | 铬 | 镍 | 铜 | 锌 | 镉 | 汞 | 铅 |
|---|---|---|---|---|---|---|---|
| 德国:生物和绿色肥料 | 25~60 | 10~30 | 30~50 | 150~350 | 0.1~1.0 | 0.1~0.5 | 150~350 |
| 混合垃圾堆肥 | 70 | 50 | 270 | 1300 | 4.0 | 2.5 | 400 |
| 私人庭院堆肥 | 40 | 20 | 30 | 250 | 0.5 | 0.2 | 100 |
| 有机垃圾堆肥 | 100 | 50 | 100 | 400 | 1.5 | 1.0 | 150 |
| 奥地利:Ⅰ级有机堆肥 | 70 | 42 | 70 | 75 | 0.7 | 0.7 | 70 |
| 丹麦:有机垃圾堆肥 | 100 | 30 | 1000 | 4000 | 0.8 | 0.8 | 120 |
| 荷兰:有机垃圾堆肥 | 50 | 10 | 25 | 75 | 0.7 | 0.2 | 65 |
| 比利时:有机垃圾堆肥 | 70 | 20 | 900 | 800 | 1.5 | 0.7 | 120 |

　　欧洲国家对有机垃圾堆肥产品的卫生要求也是很严格的,例如:奥地利根据有机垃圾发酵过程和最终产品来验证传染病菌情况。堆肥设施投产后,要根据变化随时进行检验。发酵过程要求 4 d,原料含水量大于 40%,温度要求 65℃,并每天测试。堆肥产品不许滋生病菌。丹麦、德国、荷兰等对堆肥产品的卫生要求也有具体的规定。

　　在加强堆肥产品质量立法上,欧洲国家还通过对堆肥产品的质量评鉴来加强堆肥设备的评鉴。例如:奥地利建设了 18 座具有质量保证的堆肥设施。比利时、德国、荷兰、瑞士、挪威、意大利、法国等也就此进行了规划设计。

　　总之,欧洲国家的垃圾堆肥产品质量标准体系,是值得我国在制定有机垃圾堆肥质量标准和有关政策时借鉴的。

# 第三节　堆肥原理

## 一、堆肥化原理

　　根据堆肥化过程中微生物对氧气需求的不同,可以把堆肥化方法分成好氧堆肥和厌氧堆肥两种。好氧堆肥是在通气条件好,氧气充足的条件下借助好氧微生物的生命活动以降解有机物,通常好氧堆肥的堆温较高,一般在 55~60℃,极限温度可达 80~90℃,所以好氧堆肥也称为高温堆肥。厌氧堆肥则是在通气条件差、氧气不足的条件下,借助厌氧微生物的作用使发酵过程得以进行。

### （一）好氧堆肥原理

　　有机生活垃圾好氧堆肥过程是在有氧条件下,依靠好氧微生物作用腐殖化的过程。好氧堆肥过程中,首先是垃圾中的可溶性小分子有机物质透过微生物的细胞壁和细胞膜而为微生物吸收利用。不溶性大分子有机物则先附着在微生物的体外,由微生物所分泌的胞外酶分解为可溶性小分子物质,再输送入细胞内为微生物所利用。

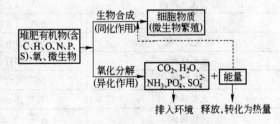

图 6-1　堆肥有机物好氧分解示意

通过微生物的生命活动(合成及分解过程),把一部分被吸收的有机物氧化成简单的无机物,并提供生命活动所需要的能量,把另一部分有机物转化合成为新的细胞物质,供微生物增殖所需。图 6-1简要地说明了这一过程。

式 6-1 反映了好氧堆肥过程中有机物氧化分解的关系：

$$C_sH_tN_uO_v \cdot aH_2O + bO_2 \rightarrow C_wH_xN_yO_z \cdot cH_2O + dH_2O(气) + eH_2O(液) + fCO_2 + gNH_3 + 能量 \quad (6\text{-}1)$$

由于堆温较高,部分水以蒸汽形式排出。堆肥成品 $C_wH_xN_yO_z \cdot cH_2O$ 与堆肥原料 $C_sH_tN_uO_v \cdot aH_2O$ 之比为 0.3～0.5(这是氧化分解减量化的结果)。式 6-1 中 $w,x,y,z$ 通常可取如下范围: $w=5\sim10, x=7\sim17, y=1, z=2\sim8$。

如果考虑有机垃圾中的其他元素,则式 6-1 可简单表示为:

$$[C、H、O、N、S、P] + O_2 \rightarrow CO_2 + NH_3 + SO_4^{2-} + PO_4^{3-} + 简单有机物 + 更多的微生物 + 热量 \quad (6\text{-}2)$$

好氧堆肥过程大致可分成 3 个阶段。

**1. 中温阶段**

中温阶段也称升温阶段,这是指堆肥化过程的初期,堆层基本呈 15～45℃ 的中温,嗜温性微生物较为活跃,主要以糖类和淀粉类等可溶性有机物为基质,进行自身的新陈代谢过程。这些嗜温性微生物包括真菌、细菌和放线菌。真菌菌丝体能够延伸到堆肥原料的所有部分,并会出现中温真菌的子实体,同时螨、千足虫等也参与摄取有机废物。腐烂植物的纤维素则维持线虫和线蚁的生长,而更高一级的消费者中弹尾目昆虫以真菌为食,缨甲科昆虫以真菌孢子为食,线虫及原生动物则以细菌为食。

总之,本阶段所经历的时间较短,糖、淀粉等基质不可能全部降解,所生成的后生动物也仅为开始,为数不多,主发酵将在下一阶段进行。

**2. 高温阶段**

当堆温升至 45℃ 以上时即进入高温阶段。在这一阶段,嗜温微生物受到抑制甚至死亡,嗜热微生物成为主体。堆肥中残留的和新形成的可溶性有机物质继续被氧化分解,堆肥中复杂的有机物如半纤维素、纤维素和蛋白质也开始被快速分解。在此阶段中,各种嗜热性微生物的最适宜的温度也各不相同,在温度上升的过程中,嗜热微生物的类群和种群相互交替成为优势菌群。通常在 50℃ 左右最活跃的是嗜热性真菌和放线菌;当温度上升到 60℃ 时,真菌则几乎完全停止活动,仅有嗜热性放线菌和细菌的活动;温度升到 70℃ 以上时,大多数嗜热性微生物已不再适应,从而大批死亡或进入休眠状态。现代化堆肥生产的最佳温度一般为 55℃,这是因为大多数微生物在 45～80℃ 范围内最活跃,最易分解有机物,其中的病原菌和寄生虫大多数可被杀死(表 6-6)。

表 6-6　几种常见病菌与寄生虫的死亡温度

| 名　称 | 死亡情况 |
| --- | --- |
| 沙门氏伤寒菌 | 46℃ 以上不生长;55～60℃,30 min 内死亡 |
| 沙门氏菌属 | 56℃,1 h 内死亡;60℃,15～20 min 死亡 |
| 志贺氏杆菌 | 55℃,1 h 内死亡 |
| 大肠杆菌 | 绝大部分:55℃,1 h 内死亡;60℃,15～20 min 内死亡 |
| 阿米巴属 | 68℃ 死亡 |
| 无钩涤虫 | 71℃,5 min 内死亡 |
| 美洲钩虫 | 45℃,50 min 内死亡 |
| 流产布鲁士菌 | 61℃,3 min 内死亡 |
| 化脓性细球菌 | 50℃,10 min 内死亡 |
| 酿脓链球菌 | 54℃,10 min 内死亡 |
| 结核分枝杆菌 | 66℃,15～20 min 内死亡,有时在 67℃ 死亡 |
| 牛结核杆菌 | 55℃,45 min 内死亡 |

也有报道加拿大已开发出能够在85℃以上生存的微生物,它可在含固率仅8%的有机废液中分解有机物,使之转化为高效液体有机肥,这对于有机垃圾的降解意义重大。

微生物在高温阶段的整个生长过程与细菌的生长繁殖规律一样,可细分为3个时期,即对数生长期、减速生长期和内源呼吸期。在高温阶段微生物活性经历了3个时期的变化后,堆积层内开始发生与有机物分解相对应的另一过程,即腐殖质的形成过程,堆肥物质逐步进入稳定化状态。

**3. 降温阶段**

在堆肥化的后期,堆肥原料中的残余部分为较难分解的有机物质和新形成的腐殖质。此时微生物活性下降,发热量减少,温度下降。嗜温性微生物重新占优势,对残余较难分解的部分有机物做进一步分解,随后腐殖质不断增多且趋于稳定。待堆肥进入腐熟阶段,需氧量大为减少,含水率也有所降低。

**(二) 厌氧堆肥原理**

厌氧堆肥是在缺氧条件下,将垃圾中的可降解有机物通过厌氧微生物的代谢,使其达到腐熟,其最终产物除$CO_2$和水外,还有氨、硫化氢、甲烷和其他有机酸等还原性物质,其中氨、硫化氢等还原性终产物有令人生厌的异臭。

厌氧堆肥过程主要可划分为两个阶段:

第一阶段是产酸阶段,产酸菌将大分子有机物降解为小分子的有机酸和乙醇、丙醇等物质,并提供部分能量因子ATP。以乳酸菌分解有机物为例:

$$C_6H_{12}O_6 \xrightarrow{\text{乳酸菌}} 2C_3H_6O_3(乳酸) + 2ATP \tag{6-3}$$

第二阶段为产甲烷阶段。甲烷菌继续分解有机酸为甲烷气体:

$$2C_3H_6O_3 \xrightarrow{\text{甲烷菌}} 3CH_4 + 3CO_2 + 能量 \tag{6-4}$$

厌氧过程没有氧分子参加,酸化过程产生的能量较少,许多能量被保留在有机酸分子中,随着甲烷菌的作用以甲烷和二氧化碳的气态形式释出。厌氧堆肥的特点是有机物生物代谢的反应步骤较多,速度缓慢,需要的时间较长,完全腐熟需要数月的时间。传统的农家堆肥即属此种类型。

## 二、堆肥微生物

堆肥化过程的实质是微生物在自身生长繁殖的同时对有机垃圾进行生化降解的一个过程,说明微生物是堆肥过程的主体。堆肥微生物主要来自两个途径:

(1) 来自有机垃圾固有的微生物种群,一般生活垃圾中的细菌数量在$10^{14} \sim 10^{16}$个/kg;

(2) 来自人工加入的特殊菌种,这些菌种在一定条件下对某些特定有机废物具有较强的分解能力,具有活性强、繁殖快、分解有机物迅速等特点,能加速堆肥反应的进程,缩短堆肥腐熟的时间。

堆肥中发挥作用的微生物主要是细菌和放线菌,其次还有真菌和原生动物等。随着堆肥化过程有机物的逐步降解,堆肥微生物的种群和数量也随之发生变化。

细菌是堆肥中形体最小数量最多的微生物,它们分解了有机垃圾中大部分的有机物并产生热量。细菌是单细胞生物,形状有杆状、球状和螺旋状,有些还能运动。在堆肥初期温度小于40℃时,嗜温性的细菌占优势。当堆肥温度升至40℃以上时,嗜热性细菌逐步占优势。细菌的主体为杆菌,杆菌的种群在50～55℃时差异是相当大的,当温度大于60℃时差异又变得很小。

当环境温度改变不利于微生物生长时,杆菌通过形成孢子壁而幸存下来。厚壁孢子对热、冷、干燥及食物不足都有很强的耐受力,一旦周围环境改善,它们可重新恢复活性。

成品堆肥散发的泥土气息是由放线菌引起的。在堆肥化的过程中,放线菌的酶能够分解诸如树皮、报纸等一类坚硬有机物,对于纤维素、木质素、角素和蛋白质等复杂有机物具有较好的分解特性。

在堆肥后期,当水分逐步减少时,真菌发挥着重要的作用。当其与细菌竞争食物时,更能够忍受低温的环境,并且部分真菌对氮的需求比细菌低,因此能够分解木质素,而细菌则不能。同时必须关注真菌在堆肥中的种群情况,因为有些属于曲霉种类的真菌对人类健康具有潜在的威胁。

微型生物在堆肥过程中,也发挥着重要的作用,如轮虫、线虫、跳虫、蜻虫、甲虫和蚯蚓等生物通过在堆肥中的移动和吞食作用,不仅能消纳部分有机垃圾,而且还能增大垃圾的表面积,并促进微生物的生命活动。

同济大学陈世和等人对堆肥过程中的微生物种群进行了分离鉴定。他们从中温菌中共分离出 57 株,经复筛,对得出的 12 株再进行鉴定;从高温菌中共分离出 32 株,经复筛得 7 株再进行鉴定,然后对得出的 19 株在分别测定其生理生化特性的基础上,进一步依据适合于各类菌株繁衍的温度选定两种(分别为 45℃和 55℃),研究其对蛋白、淀粉、果胶、纤维素 4 种酶的酶活力的影响,并做出比较。研究结果证明:总的看来,高温阶段的高温微生物中,各菌株的各种酶反应速率一般均远大于中温微生物的反应速率,生理最佳温度为 70℃。

### 三、影响堆肥化的因素分析

#### (一) 化学因素

##### 1. 碳氮比(C/N)

碳和氮是微生物分解所需的最重要元素。碳主要提供微生物活动所需能源和组成微生物细胞 50% 的物质,氮则是构成蛋白质、核酸、氨基酸、酶等细胞生长所需物质的重要元素。通常用 $w(C)/w(N)$ 比来反映这两种关键元素。堆肥过程理想的 C/N 在 30:1 左右。当 C/N<20:1 时,氮将过剩,并以氨气的形式释放,发出难闻的气味;而 C/N 高,将导致氮的不足,影响微生物的增长,使堆肥温度下降,有机物分解代谢的速度减慢。当 C/N 超过 40 时,应通过补加氮素材料(含氮较多的物质)的方法来调整 C/N,畜禽粪便、肉食品加工废弃物、污泥均在可利用之列。一般认为,有机垃圾作为堆肥原料时,最佳 C/N 在(25~35):1。

随着堆肥化过程的发展,堆体中的有机物含量逐渐降低,C/N 逐步从 30:1 降至 15:1,其中有 2/3 的碳以 $CO_2$ 形式释放,只有 1/3 的碳与氮合成细胞物质,并在微生物死后被进一步释放。

虽然对堆肥原料 C/N 的控制目标为 30:1,但这个比例对不同的堆肥原料要进行相应的调整。大部分堆肥原料中的氮是容易利用的,然而在某些有机物中的碳是由套装在木质素内的纤维素所组成,这种存在于木材中的物质很难降解,正因为它们所含的碳并非全部都易被微生物所利用,所以在使用这些原料进行堆肥时就要考虑具有较高的 C/N。

##### 2. O₂

通风供氧是堆肥成功与否的关键因素之一。在机械堆肥系统中,要求至少有 50% 的氧渗入到堆料各部分,以满足微生物氧化分解的需要。堆肥需氧量主要与堆肥材料中有机物含量、挥发度(%)、可降解系数等有关,堆肥原料中有机碳愈多,其需氧量愈大。堆肥过程中合适的氧浓度为 18%,一旦低于 8%,氧将成为好氧堆肥中微生物生命活动的限制因素,容易使堆肥发生厌氧作用而产生恶臭。

从理论上讲,堆肥过程中的需氧量取决于碳被氧化的量。然而堆肥过程中,只是易分解的物质被微生物利用合成新的细胞,同时为合成新的细胞提供能量,而一部分纤维素和木质素并不能全部被微生物分解,仍然保留在堆肥成品中。

### 3．营养平衡

微生物的新陈代谢必须保证足够的 P、K 和微量元素,磷是磷酸和细胞核的重要组成元素,也是生物能 ATP 的重要组成成分,一般堆肥原料的 C/P 以 $(75\sim150):1$ 为宜。通常这些营养元素不是限制条件,因为在堆肥原料中这些物质是充足的。

### 4．pH 值

微生物的降解活动需要一个微酸性或中性的环境条件,最佳的 pH 值为 $5.5\sim8.5$。当细菌和真菌消化有机物质时,将释放出有机酸,在堆肥的最初阶段,这些酸性物质会积累。pH 值的下降刺激真菌的生长,并分解木质素和纤维素,通常有机酸在堆肥过程中会进一步分解。如果系统变成厌氧,将使 pH 值降至 4.5,会严重限制微生物的活性。通过曝气可使 pH 值回升到正常的区域。一般认为堆肥的 pH 值在 $7.5\sim8.5$ 时,可获得最大堆肥速率。

### （二）物理因素

堆肥速度除了受化学因素的影响外,还受物理因素影响,主要包括温度、颗粒尺寸、含水率等。

### 1．温度

温度在堆肥过程中扮演着一个重要角色,它是堆肥时间的函数,对微生物的种群有着重要的影响,而且影响堆肥过程的其他因素,使其随着温度的变化而改变。对于一个管理良好的堆肥系统,温度可以根据需要进行控制。例如,如果废物含有致病的病原菌,那么杀灭这些病原菌将是堆肥工艺过程中的一项重要内容。对于那些不含致病菌的堆肥原料,对温度的控制只要求杀灭杂草的种子等。

不同的堆肥工艺可能达到不同的堆温。在封闭堆肥系统中,堆肥过程达到的温度可以最高,静态垛系统能够达到的温度则最低,且温度分布不均匀,堆层的中心偏高而表层的温度较低。

关于最佳的堆肥温度还有一些不同的意见,一般认为最佳温度在 $50\sim60℃$ 之间,高温菌对有机物的降解效率高于中温菌,快速、高温、好氧堆肥正是利用了这一点。如果要考虑杀灭堆肥中的病菌和虫卵,需保持温度超过 55℃ 的时间达数天之久。

### 2．颗粒尺寸

由于微生物通常在有机颗粒的表面活动,因而降低颗粒物尺寸,增加其表面积,将有效促进微生物的活动并加快堆肥速度;同时,若颗粒太细,又会阻碍堆层中空气的流动,减少堆层中可利用的氧量,反过来将会减缓微生物的生存活性,影响其活动能量使降解速率减慢。

一般地说,适宜的粒径范围是 $12\sim60\ mm$,其最佳粒径随垃圾物理特性变化而变化,如果堆肥物质结构坚固,不易挤压,则粒径应小些,否则粒径应大些。可根据实际情况确定合适的颗粒尺寸。

### 3．含水率

由于微生物只能摄取溶解性养料,因而堆肥原料的含水率大小对其生物代谢的速度和腐熟度具有直接的影响。因此,含水率是好氧堆肥的关键因素之一。堆肥原料的最佳含水率与有机物百分含量正相关,通常在 $45\%\sim60\%$,当含水率小于 $30\%$ 时将影响微生物的繁殖,有机物分解过程迟缓;太高也会降低堆肥速度,导致厌氧分解并产生臭气以及营养物质的沥出。不同有机废物的含水率相差很大,通常要把不同种类的堆肥物质混合在一起,从而可以相互调节。堆肥物质的含水率还与设备的通风能力和堆肥物质的结构强度密切相关,若含水率超过 60%,水就会挤走空气,垃圾颗粒间空隙将为水分所充满,使堆肥原料呈致密状态,堆肥就会向厌氧方向发展,此时应加强通风。若含水率小于 12%,微生物将停止活动。一般说来,含水率低于 40% 时,应加水调节。

对于含水率,李国建等提出了极限含水率概念:在堆肥化过程中,最大含水量亦称"极限水分",即依据通气性的观点,当固体粒子内部细孔均为水所充填时的水分含量称作堆肥作业中的极限水分。试验证明:极限含水率的 60%～80% 是堆肥原料进行生物代谢的适宜含水率。

### (三) 生物因素

向堆肥原料中加入接种剂可加快堆腐材料的降解速度,如加入分解较好的厩肥或占原料体积 10%～20% 的腐熟堆肥。在堆制中,按自然方式形成了参与有机废物降解以及从分解产物中形成腐殖质的微生物群落。通过有效的菌系选择,可从中分离出具有较大活性的微生物培养物,建立人工种群——堆肥发酵要素母液。

## 第四节　堆肥工艺分类

按照目前堆肥工艺的特点,可从如下的几个角度进行分类。

### 一、按微生物对氧的需求分类

根据堆肥微生物对氧的需求情况可将其分为好氧堆肥和厌氧堆肥两类。

#### (一) 好氧堆肥

好氧堆肥是在通气良好,氧气充足的条件下,依靠专性和兼性好氧微生物的生命活动使有机物得以降解的生化过程。好氧堆肥具有对有机物分解速度快、降解彻底、堆肥周期短的特点。一般一次发酵在 4～12 d,二次发酵在 10～30 d 便可完成。由于好氧堆肥温度高,可以灭活病原体、虫卵和垃圾中的植物种子,使堆肥达到无害化。此外,好氧堆肥的环境条件好,不会产生难闻的臭气。

目前采用的堆肥工艺一般均为好氧堆肥。但由于好氧堆肥必须维持一定的氧浓度,因此运转费用较高。

#### (二) 厌氧堆肥

厌氧堆肥是依赖专性和兼性厌氧细菌的作用以降解有机物的过程。厌氧堆肥的特点是工艺简单。通过堆肥自然发酵分解有机物,不必由外界提供能量,因而运转费用低。若对所产生的甲烷处理得当,还有加以利用的可能。但是,厌氧堆肥具有周期长(一般需 3～6 个月)、易产生恶臭且占地面积大等缺点。因此,厌氧堆肥不适合大面积推广应用。

### 二、按要求的温度范围分类

若按堆肥工艺所要求的温度范围分类,则有中温堆肥和高温堆肥两种。

#### (一) 中温堆肥

一般系指中温好氧堆肥,所需温度为 15～45℃。由于温度较低,不能有效地杀灭病原菌,因此,目前中温堆肥较少采用。

## （二）高温堆肥

好氧堆肥所产生的高温一般在 50～65℃，极限可达 80～90℃，能有效地杀灭病原菌，且温度越高，令人生厌的臭气产生量越少。因此高温堆肥已为各国所共识，采用较多。

### 三、按堆肥过程的操作方式分类

按堆肥过程的操作方式分类，有静态堆肥、动态（连续或间歇式）堆肥两种。

#### （一）静态堆肥

静态堆肥是将收集的新鲜有机废物成批地加以堆制，当堆肥原料达到一定高度后，不再添加新的有机废物和翻倒，直待其微生物代谢过程充分，或达到稳定化要求，成为腐殖土后运出。这里的静态是相对的，实际上堆肥原料通过微生物的分解作用，由于体积减少，也同样会发生动态沉降过程。静态堆肥适合于中、小城市厨余垃圾或下水污泥的处理。

#### （二）动态（连续或间歇式）堆肥

动态堆肥采用连续或间歇进、出料的动态机械堆肥装置，具有"一次发酵"或"前稳定化"的短周期（3～7 d）、物料混合均匀、供氧均匀充足、机械化程度高等特点。因此，动态堆肥适用于大中城市生活垃圾的处理。但是，动态堆肥要求高度机械化，并需要复杂的设计、施工技术和高度熟练的操作人员，其一次性投资和运转成本较高。目前，动态堆肥工艺在发达国家已得到普遍的应用。

### 四、按堆肥堆制场所分类

按堆肥的堆制场所分类，有露天式堆肥和装置式堆肥两种。

#### （一）露天式堆肥

露天式堆肥即将堆肥物料露天堆积，使其在开放的场地上通过自然通风、翻堆或强制通风方式，以供给有机物降解所需的氧气。这种堆肥所需设备简单、投资较低。其缺点是：发酵周期长，占地面积大，受气候的影响大，有恶臭，易招致蚊蝇、老鼠的孳生等。这种堆肥特别适宜在农村使用，也有大型机械化的堆肥厂采用此种野放式的。

根据堆肥技术的复杂程度，露天式堆肥还可分为条垛或条堆式和通风静态垛式两种系统。前者是将堆肥物料以条垛状堆置，断面可以是梯形、不规则四边形或三角形，主要特点是通过翻堆来实现堆体的有氧状态。

#### （二）装置式堆肥

装置式堆肥也称为封闭式堆肥，是将堆肥物料密闭在堆肥发酵设备（如发酵塔、发酵筒、发酵仓）中，通过风机强制通风，提供氧源。装置式堆肥的特点有：机械化程度高，堆肥时间短，占地面积小，环境条件好，堆肥质量可控可调等。因此适用于大规模工业化生产。

### 五、按发酵历程分类

按发酵历程分类，有一次发酵和二次发酵两种工艺。

#### （一）一次发酵

好氧堆肥的中温与高温两个阶段的微生物代谢过程称为一次发酵或主发酵。它是指从发酵初期开始，经中温、高温然后到达温度开始下降的整个过程，一般需 10～12 d，以高温阶段持续时间较长。

## (二) 二次发酵

经过一次发酵后，堆肥物料中的大部分易降解的有机物质已经被微生物降解了，但还有一部分易降解和大量难降解的有机物存在，需将其送到后发酵仓进行二次发酵，也称后发酵，使其腐熟。在此阶段温度持续下降，当温度稳定在40℃左右时即达到腐熟，一般需20～30 d。

以上为堆肥工艺的基本类型，由于仅按其中某一种分类方式难以全面描述实际情况，因此常兼用多种工艺加以说明，如高温好氧静态堆肥、高温好氧连续式动态堆肥、高温好氧间歇式动态堆肥等。国外有一种较为直观简便的分类方法，亦为国内研究人员所接受，即按照堆肥技术的复杂程度，将堆肥系统分为条垛式堆肥系统、通风静态垛系统、反应器(或发酵仓)系统等。实际上，前两者属于露天式好氧堆肥，后者为装置式堆肥，有的属连续式或间歇式好氧动态，有的属静态。

# 第五节　简易沤肥技术

我国农民自古就有成熟的积肥制肥工艺，这在我国《氾胜之书》《齐民要术》《农书》等古代著作中都有记载。简易沤肥技术是指将人粪尿、不能食用的烂叶子、动物粪便、杂草、秸秆、废物垃圾等有机废物混合堆积、糊泥密封，然后在自然条件下利用微生物的发酵作用，使堆料中的有机物腐熟，达到土壤可接受的稳定程度，成为一种含氮丰富的腐殖质，这一过程基本不进行或者很少进行人为控制。这种简单的不使用机械设备的堆肥方法称为简易堆肥，又称沤肥。

## 一、简易沤肥方法

简易沤肥技术一般介于好氧堆肥与厌氧发酵之间(没有强制通风装置)，初期为好氧，主要是利用需氧性微生物的活动，快速分解有机物，并产生大量的热能使堆内的温度不断上升，一般可达到50～70℃，并可维持一定时间，从而将堆料的病菌、蠕虫卵、蝇蛆等杀死，达到无害化的目的；但随着有机垃圾降解的进行，逐步转为厌氧性微生物为主要微生物来降解有机物，在这一阶段，一般有机物分解较缓慢，产生的热量少，堆温低。

随着人们对于简易沤肥技术的逐步认识，人为控制的因素逐步增多，堆肥技术也越来越复杂，堆肥的周期也逐步缩短，产品肥料的质量也逐渐改善。

### (一) 污水坑沤肥法

污水坑沤肥法就是一般人们所说的"压绿肥"，具体是将垃圾、人粪尿、畜粪尿、绿肥、灰肥和草皮等混合，放入污水坑中沤制。在保持坑内湿润的同时，又需防积水。如有积水，最好每隔十天左右翻坑倒肥一次，这样既能提高沤肥的速度，又能杀灭蚊卵而防止蚊虫滋生。同时，沤肥时可加入0.5%～1%的生石灰，以加速寄生虫卵的死亡和绿肥的腐熟。

### (二) 平地沤肥法

平地沤肥法堆料的配合比例，可采用人粪尿和牲畜粪30%～40%，垃圾(包括秸秆、杂草、树叶、生活垃圾)60%～70%。堆肥前应将堆料中的秸秆(麦秆、玉米秆和稻草等)切碎，长度以3.3 cm左右为宜，并用水浸湿。堆料水分宜保持在50%～60%。

具体做法是：选择干燥结实的地面铲平夯实，周围开排水沟，一般长2～2.5 m，宽1.5～2 m，挖纵向通气沟两条，横沟三条，沟的深宽各15 cm左右，沟上面铺一层树枝或荆条，在交叉处，竖立六根木棍或粗竹竿，然后在底层铺30～40 cm厚的一层垃圾，再加入一定量的牛马粪，适量加洒一层粪尿和水，这样逐层上堆，直到堆高1.5～2 m时为止，堆成梯形，上窄下宽。堆成后要用湿泥密封，2～3 d泥封稍干后，将木棍或竹竿拔出，形成通风道。如堆内条件适宜，3～5 d温度即可上升到50℃以上,在向阳的地方堆料15 d左右即可腐熟。此法适用于气温较高的夏季和地下水位较高的地区。

### (三)半坑式沤肥法

首先在平地挖坑,坑的大小依据堆肥原料的数量而定,一般多采用挖深1 m,长、宽各2 m的方形或圆形坑。把挖出的土堆在四周筑成高0.67 m的土围墙,同时在坑底和四面坑壁中间挖一条十字形通气沟,一直沿坑壁通至地面上开口,沟深、宽各20 cm。

堆肥时先用秸秆或树枝架于沟上。在十字沟交叉处竖立直径约10 cm,长约23.3 cm的木棍或秸秆,然后将配好的堆料填入坑内。配料方法与上法相同。每堆一层,加水一次,总加水约45%～55%,以不流出为度,以利于有机物的分解腐熟和微生物的活动。堆满后,不宜踏实,只在顶上再糊一层3～7 cm厚的黏泥或稀泥,2～3 d后将中间插的木棍或秸秆拔出,形成通气道。

此法在南方一年四季均可进行,在北方适宜于春、夏、秋三季,堆温上升快而稳定。堆内湿度均匀,腐熟时间一般约20 d左右。堆料腐熟之后,颜色呈现黑色或棕色,没有臭味,质地松软,一捏成团,一搓就碎,可作肥料使用。

### (四)发酵室堆肥法

发酵室堆肥法属小型需氧性发酵,适用于粪便、垃圾的无害化处理。发酵室的大小依粪便、垃圾堆料配比成分而定。一般每个室按4～6 d的粪便产量设计。发酵室宽为1～1.2 m,高1.5 m,总容积为1.5～2.0 m³。发酵室用砖或石块砌筑,内壁用水泥砂浆粉刷,室顶用竹筋水泥或砖拱,顶部中间留0.5 m×0.5 m或0.6 m×0.6 m的进料口,并加活动板。室前壁留宽0.8 m、高0.5～0.6 m的出料口,使用时此口封严,出料时打开。室底设十字形或米字形排水通气沟,沟宽和深各0.15～0.20 m,沟面盖砖(留适当砖缝)或钻有小孔的盖板,排水通气沟与室外总排水沟相通,管的下口与室底排水通气口相连通。用这种方法处理人粪、垃圾和秸秆灰,温度可达55℃以上,维持8～14 d,灭菌、杀卵、防蝇效果较好。

### (五)厌氧性堆肥法

厌氧性堆肥法堆内无通风道,有机物进行厌氧发酵,堆温低,腐熟及无害化的时间较长,但比较省工、省时,在急需用肥或劳力紧张的地区,仍广为采用。此法适用于秋末春初、气温较低的季节。一般封堆20～30 d后翻堆一次,以利于堆料腐熟。

## 二、简易沤肥的影响因素及其控制

简易沤肥技术的影响因素主要有:堆体中的有机成分含量、微生物量、湿度、pH值、通风状况及保温措施等。

### (一)原料有机成分含量

为供给微生物以充分的养料,堆肥原料中的有机质应占25%以上,C/N约为25:1。据广州、北京、河北等地的经验,沤肥中人粪尿以20%～40%为宜。

### (二)微生物量

沤肥是多种微生物综合作用的结果,其中高温纤维分解菌起着极为重要的作用。为了加速沤肥的腐熟,可加入一些富含高温纤维分解菌的骡、马粪或已经腐熟的堆肥土,其加入量视堆料而定,一般为堆体的10%～20%。

### (三)含水率

沤肥原料要求具有一定的含水率,含水率需根据原料质量、性质、季节而定,一般以30%～50%为适宜。水分过少将影响微生物繁殖,过多则造成厌氧环境,不利于发酵。南方雨水多,新鲜草料、树叶等材料中含水量大,水分不宜多加,而北方加水量应大些。

**（四）pH 值**

沤肥过程微生物一般适于在中性和弱碱性的环境中生长繁殖,为减少沤肥中产生的有机酸的影响,可适当加入炉灰、石灰或草木灰调节,但盐碱地区不宜加石灰。

**（五）空气供给**

沤肥中需氧菌的活动需要有良好的通风条件,但通气量太大会造成水分蒸发过快,不利于保温、保湿和保肥。一般要求在温度上升期通风量要大些,温度下降期应限制通风量;冬季为了保温,通风量要小些。

**（六）封泥**

堆体表面封泥对保温、保肥、防蝇和减少臭味都有很大作用。泥的厚度一般以 5~6 cm 为宜,冬季可适当加大厚度。

### 三、简易沤肥的无害化处理

为使沤肥符合卫生学性质要求,可通过加入药剂,以杀灭沤肥中的病原菌和虫卵。具体做法有以下几种。

**（一）加生石灰**

每 50 kg 粪便加生石灰 0.5 kg,搅匀后,2~3 d 便可达到无害化。但粪肥应在加生石灰 3~5 d 后就施用,否则,会因加碱引起氨挥发,导致肥效降低。

**（二）加农药**

每 50 kg 粪便加"敌百虫"或"西维因"粉剂 0.25 kg,经混匀后,一天便可杀灭 90% 的钩虫卵和大部分蛔虫卵。

**（三）加尿素**

每 50 kg 粪便加 0.5 kg 尿素,经 2~4 d 后,就能杀灭大部分虫卵。这种肥施用时,要先兑水,稀释后再用,稀释比例一般按尿素与水之比为 1∶100 为宜,否则浓度太大易损害农作物或园林植物。

## 第六节　好氧堆肥工艺

### 一、好氧堆肥的基本工艺程序

传统的堆肥技术采用厌氧的露天堆积法,这种方法占地面积大,需要时间长。现代化的堆肥生产一般采用好氧堆肥工艺。尽管好氧堆肥系统多种多样,但通常其基本工序均由前处理、主发酵(一次发酵)、后发酵(二次发酵)、后处理、脱臭及贮存等组成。堆肥化的一般流程见图 6-2。底料为堆肥系统处理对象,一般是污泥、生活垃圾、农林废物和庭院废物等。调理剂可分为两种类型:(1)结构调理剂,是一种加入堆肥底料的物料,主要目的是减少底料容重,增加底料空隙,从而有利于通风;(2)能源调理剂,是加入堆肥底料的一种有机物,用于增加可生化降解有机物的含量,从而增加混合物的能量。

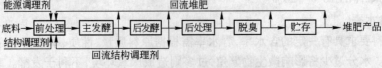

图 6-2　堆肥过程的流程示意图

### (一) 前处理

生活垃圾用于堆肥,由于其中组分复杂,形式多样,往往含有粗大垃圾和不能堆肥的物质,这些物质的存在容易阻碍垃圾处理机械的正常运行,对设备造成损害,降低其运行寿命,并且会增加堆肥发酵仓的容积和影响其处理的合理性,使堆肥产品的质量不能得到应有的保证。因此,在有机垃圾堆肥之前,必须对其进行一定程度的预处理。

前处理往往包括破碎、分选、筛分等工序。通过破碎、分选和筛分可达到以下目的:

(1) 去除粗大垃圾和不能堆肥的物质,提高物料的有机物含量。

(2) 调整物料粒度。堆肥物料的粒度大小决定着发酵时间的长短和发酵速率的快慢,是提高堆肥生产效率的关键环节。

通常适宜的粒径范围是 12～60 mm,其最佳粒径随垃圾物理特性变化而变化。同时,还应从经济方面考虑,因为破碎得越细小,动力消耗就越大,垃圾的处理费用就会增加。

(3) 调整堆肥原料的含水率,通常使用人粪尿作为低湿度物料的水分调节剂。

(4) 调节 C/N。堆肥物料适宜的 C/N 比不仅可以提高堆肥场的生产效率,而且可以保证获得高效的堆肥。通常使用堆肥成品、稻草、木屑等作为高湿度、低含碳量物料的调理剂。

(5) 调节微生物含量,当以粪便或污泥等含水率较高的物质为堆肥原料时,有时尚需添加一些菌种和酶制剂。

### (二) 主发酵(一次发酵)

通常,在严格控制通风量的情况下,将堆温升高至开始降低为止的阶段称为主发酵阶段。主发酵可在露天或发酵装置内进行,通过翻堆或强制通风向堆层或发酵装置内的物料供给氧气。此时在微生物的作用下,物料开始发酵。首先是易分解物质被分解,产生 $CO_2$ 和 $H_2O$,放出热量,使堆温上升。同时微生物吸取有机物的营养成分合成新细胞进行自身繁殖。

发酵初期物质的分解作用是靠嗜温菌(30～40℃为最适宜生长温度)进行的,随着堆温上升,最适宜温度为 45～65℃的嗜热菌取代了嗜温菌。堆肥从中温阶段进入高温阶段。此时应采取温度控制手段,以免温度过高,同时应确保供氧充足。经过一段时间后,大部分有机物被降解,各种病原菌被杀灭,堆温开始下降。对于以生活垃圾为主体的垃圾和家畜粪尿好氧堆肥,其主发酵期约为 4～12 d。

### (三) 后发酵(二次发酵)

主发酵产生的堆肥半成品被送至后发酵工序,将主发酵工序尚未分解的易分解和较难分解的有机物进一步分解,使之转化成为比较稳定的有机物(如腐殖质等),得到完全腐熟的堆肥制品。通常,把物料堆积到高约 1～2 m,通过自然通风和间歇性翻堆,进行敞开式后发酵,但需防止雨水流入。

在这一阶段的分解过程中,反应速度降低,耗氧量下降,所需时间较长。后发酵时间的长短,决定于堆肥的使用情况,通常为 20～30 d。例如,堆肥用于温床(利用堆肥的分解热)时,可在主发酵后直接使用;对几个月不种作物的土地,大部分可以不进行后发酵而直接施用堆肥;对长期耕作的土地,则需使其发酵直至进行到本身已有微生物的代谢活动不致夺取土壤中的氮含量,并过度消耗土壤孔隙中的氧的程度。

### (四) 后处理

经过二次发酵后的物料,其中几乎所有的有机物都已细碎和变形,数量也有所减少。但生活垃圾堆肥时,仍然存在预分选工序没有去除的塑料、玻璃、陶瓷、金属和小石块等,因此,还需经过一道分选工序以去除这类杂物,并根据需要,如生产精制堆肥等,进行再破碎过程。除分选、破碎外,后处理工序还可包括压实造粒、打包装袋等设备,可根据实际情况进行必要的选择。

### (五)脱臭

在堆肥过程中,由于堆肥物料局部或某段时间内的厌氧发酵会导致臭气产生,污染工作环境。因此,必须进行堆肥排气的脱臭处理。除臭的方法主要有化学除臭剂除臭、碱水和水溶液过滤、熟堆肥或活性炭、沸石等吸附剂吸附等。较为常用的除臭装置是堆肥过滤器。

### (六)贮存

堆肥施用于农田有一定的季节性,一般为春秋两季,因此需要适当的库存容量以便将夏冬两季生产的堆肥产品贮存起来。若是建造库房存放时,其容量以能容纳 6 个月的堆肥生产量为宜。贮存方式可直接堆存在二次发酵仓内或袋装存放,要求具备干燥而通风的室内环境。若是置于密闭或潮湿的条件下,则会影响堆肥产品的质量。

## 二、典型的好氧堆肥工艺

在《城市生活垃圾好氧静态堆肥处理技术规范》(CJJ/T52—1993)中明确提出好氧静态堆肥标准,提出好氧堆肥工艺可分为一次性发酵和二次性发酵,其工艺流程图分别见图 6-3 和图 6-4。

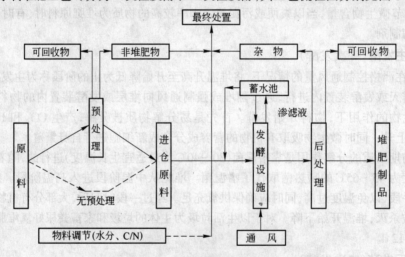

图 6-3　一次性发酵工艺流程

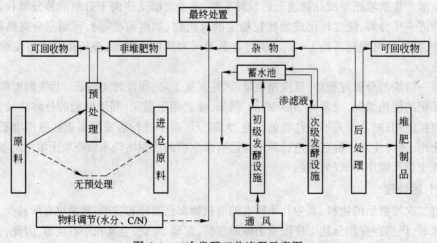

图 6-4　二次发酵工艺流程示意图

### (一) 好氧静态堆肥工艺

我国在好氧静态堆肥技术方面有较丰富的实践经验。

静态好氧堆肥常采用露天强制通风垛,或是在密闭的发酵池、发酵箱、静态发酵仓内进行。当一批物料堆积成垛或置于发酵装置之后,不再添加新料和翻倒,直至物料腐熟后运出。但由于堆肥物料一直处于静止状态,导致物料中有机物和微生物生长的不均匀性,尤其对于有机质含量高于50%的物料,静态强制通风较困难,易造成厌氧状态,使发酵周期延长。

### (二) 间歇式好氧动态堆肥工艺

间歇式堆肥采用静态一次发酵的技术路线,其发酵周期缩短,堆肥体积减小。它将原料分批发酵,一般采用间歇翻堆的强制通风垛或间歇进出料的发酵仓。对高有机质含量的物料,在采用强制通风的同时,用翻堆机械将物料间歇地进行翻堆,以防结块并使其混合均匀,利于通风且加快发酵过程。

间歇式发酵装置有长方形池式发酵仓、倾斜床式发酵仓、立式圆筒形发酵仓等。各种装置均配有通风管,有的还配设搅拌或翻堆设施。

常州市垃圾处理场采用了间歇式好氧动态堆肥技术,其特点是采用分层均匀进出料方式:一次发酵仓底部每天均匀出料一层,顶部每天均匀进料一层,分层发酵。发酵仓内控制在一定温度内,以促使菌种在最佳条件下繁殖,每天新加的垃圾得到迅速发酵分解,底部达到一定腐熟度的垃圾及时输出。可大大缩短发酵周期(约为5 d),发酵仓数可比静态一次性发酵工艺减少一半。更详细的说明可参见《环境工程手册——固体废物污染防治卷》第五篇中有关的内容。

### (三) 连续式好氧动态堆肥工艺

连续式好氧动态堆肥工艺是一种发酵时间更短的动态二次发酵技术。采取连续进料和连续出料的方式,在一个专设的发酵装置内,使物料处于一种连续翻动的动态下,其组分混合均匀,为传质和传热创造了良好条件,加快了有机物的降解速率,同时易于形成空隙,水分易于蒸发,故发酵周期缩短。同时可有效地杀灭病原微生物,并可防止异味的产生。

连续式堆肥可有效地处理高有机质含量的物料,因此在一些发达国家被广泛采用,如DANO回转滚筒式发酵器、桨叶立式发酵器等。图6-5为使用DANO回转滚筒发酵器(达诺系统)的垃圾堆肥系统流程,其主体设备为一个倾斜的卧式回转滚筒,物料由转筒的上端进入,并随着转筒的连续旋转而不断滚动、搅拌和混合,并逐渐向转筒下端移动,直到最后排出。与此同时,空气则通过沿转筒轴向装设的两排喷管进入筒内,发酵过程中产生的废气则通过转筒上端的出口向外排放。

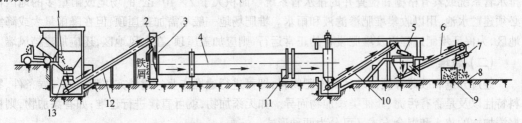

**图 6-5　DANO 卧式回转滚筒垃圾堆肥系统流程**
1—加料斗;2—磁选机;3—给料机;4—DANO 式回转窑发酵仓;5—振动筛;6—三号皮带运输机;7—玻璃选出机;
8—堆肥;9—玻璃片;10—二号皮带运输机;11—驱动装置;12——号皮带运输机;13—板式给料机

DANO动态堆肥工艺的特点是:由于物料的不停翻动,在极大程度上使其中的有机成分、水分、温度和供氧等的均匀性得到提高,为传质和传热创造了良好条件,加快了有机物的降解速率,亦即缩短了一次发酵周期,使全过程提前完成。这对节省工程投资,提高处理能力都是十分重要的。

DANO动态堆肥的主要工艺参数为:

(1) 转筒:直径 2.5~3 m;长度 20~70 m;转速 0.5~1.0 r/min;

(2) 停留时间:2~5 d;

(3) 转筒充满度:0.5~0.75;

(4) 进料中有机物含量为 50%~60%,不宜小于 40%;含水率为 50%~55%;C/N 为(25~30):1;

(5) 供风量:每立方米堆层 0.2 m³/min(标态);

(6) 功率:55~100 kW。

# 第七节　好氧堆肥系统

按照堆肥技术的复杂程度,堆肥系统可分为条垛式系统、通风静态垛系统、反应器(发酵仓)系统。下面分别介绍这 3 种堆肥系统的特点及其技术要点。

## 一、条垛式堆肥系统

条垛式是堆肥系统中最简单、最古老的一种。它是在露天或棚架下,将堆肥物料堆置成条垛或条堆,并在好氧条件下进行发酵。垛的断面可以是梯形、不规则四边形或三角形。条垛式堆肥的特点是通过定期翻堆来实现堆体中的有氧状态。其一次发酵周期为 1~3 月。该式堆肥由场地准备、建堆、翻堆和贮存 4 个工序组成,其技术要点有以下几点。

### (一) 场地准备

场地应留有足够的空间,使堆肥设备在条垛之间操作方便。堆体的形状应注意维持不变,还应重视对周围环境的影响和渗漏问题,其场地表面应满足两方面要求:

(1) 必须坚固,常用沥青或混凝土作面料,其设计施工标准与公路相似。

(2) 必须有坡度,便于积水快速流走。当采用硬质材料时,场地的表面坡度不小于 1%;当采用其他材料(如砾石和炉渣)时,其坡度应不小于 2%。

虽然在理论上堆肥过程只存在少量的排水和渗滤液,但也应考虑异常情况下产生渗滤液。需配置渗滤液收集和排出系统,至少包括排水沟和贮水池。重力排水沟的结构较简单,常用地下排水管系统或具有格栅和检查井的排水管系统。面积大于 $2 \times 10^4$ m² 的场地或雨量多的地区都必须建贮水池,用以收集堆肥渗滤液和雨水。堆肥场地一般不需加盖屋顶,但在降雨量大或降雪地区,为保证堆肥过程以及堆肥设备的正常运行,则应加盖屋顶;在大风地区,还应加建挡风墙。

### (二) 建堆

经过分选和破碎等预处理后的堆肥物料,即可进行建堆作业。建堆方法随当地气候条件、物料特性以及是否有污泥、粪便类添加物而异。如无添加物,就可直接进行建堆;如有添加物,则根据添加物的掺入和混合方式又可分为两种形式:

(1) 采用一层垃圾一层添加物的方法建堆,其混合靠翻堆来完成;

(2) 垃圾和添加物从公共出口排出,边混合边建堆。

建堆的形状主要取决于气候条件以及翻堆设备的类型。在雨天较多、降雪量较大的地区宜采用便于遮雨的圆锥形或采用平顶长堆,后者的相对比表面(外层表面积与体积之比)小于圆锥形,因此它的热损失少,能使更多的物料处于高温状态。除此之外,建堆形状的选择还与所采用的通风方式有关。

在建堆的尺寸方面,首先考虑发酵需要的条件,但也要考虑场地的有效使用面积。堆高大可减少占地,但堆高又受到物料结构强度和通风的限制。若物料主要组成成分的结构强度好,承压能力较好,在不会导致条堆倾塌和不会显著影响物料的空隙容积的前提下,堆高可以相应增加,但随着堆高的增加,通风阻力也会增加,从而导致通风设备的出口风压也相应增加,且堆体过大,易在堆体中心发生厌氧发酵,产生强烈的臭味,影响周围环境。根据综合分析和实际运行经验,推荐条垛适宜尺寸为:底宽2~6 m,高1~3 m,长度不限,最常见的尺寸为:底宽3~5 m,高2~3 m,其断面大多呈三角形。生活垃圾堆肥合适的堆高为1.5~1.8 m。总之,最佳尺寸宜根据当地气候条件、翻堆使用设备和堆肥物料的性质而定。在冬季和寒冷地区,为减小堆肥向外散热,通常都采用增加条堆的尺寸来提高保温能力,同时也可避免干燥地区过大的水分蒸发损失。

**(三) 翻堆**

按翻堆方式、翻堆次数和翻堆设备分述如下。

**1. 翻堆方式**

翻堆是用人工或机械方法进行堆肥物料的翻转和重堆。翻堆不仅能保证物料供氧,以促进有机质的均匀降解;而且能使所有的物料在堆肥内部高温区域停留一定时间,以满足物料杀菌和无害化的需要。翻堆过程既可以在原地进行,又可将物料从原地移至附近或更远的地方重堆。翻堆操作见图6-6。

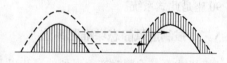

图6-6　翻堆操作示意

**2. 翻堆次数**

由于通风是翻堆的主要目的,因此翻堆次数取决于条堆中微生物的耗氧量。因此,堆肥初期的翻堆频率应显著高于后期。此外,翻堆频率还受其他因素限制,如腐熟程度、翻堆设备类型、防臭措施、占地范围及各种经济因素等。实践表明,3天1次的翻堆作业即可满足生活垃圾堆肥所需的最佳氧浓度。为了保证灭菌效果,可采用温度反馈装置控制,即在堆体中安装温度传感器,当温度大于60℃时就应进行翻堆。当用稻草、谷壳、干草、干树叶、木片或锯屑作调节剂且与污泥形成的混合物的含水率约为60%时,在堆体建好后的第3天就应进行翻堆,以后每隔1天翻堆1次,直至第4次,之后每隔4或5天翻堆一次。在一些特殊情况下,如物料含水过高或物料过度压实,也需通过翻堆来促进水分蒸发和物料松散。因此,设计和配置翻堆设备时,宜保证一天一次的翻堆能力。

**3. 翻堆设备**

国外最初用于翻堆的设备是推土机和前置式装卸机。推土机通过将堆肥物料摊开和重堆来进行翻堆作业,装卸机则首先将物料装入料斗,然后在行进中将物料倾倒下来完成翻堆或布料。这两种方法都使物料受到一定程度的压实而被逐渐淘汰。目前,国外常用的翻堆设备有斯卡布公司生产的带齿滚筒翻堆设备,该设备通过带齿滚筒就地搅混完成物料翻堆。德克斯公司生产的翻堆设备利用耙、液力驱动的带齿滚筒等在翻转、搅混物料的同时将物料移至附近重堆。翻堆机工作示意图见图6-7。

条垛式系统的优点:所需设备简单,投资相对较低;翻堆易使堆肥干燥,填充剂易于筛分和回用;长时间的堆腐使产品的稳定性相对较好。其缺点为:占地面积大,腐熟周期长,需要大量的翻堆机械和人力,需要频繁的监测以保证通气和温度等技术要求,开放式翻堆会造成臭味的散发,运行操作受气候影响较大,雨季会破坏堆体结构,冬季则造成堆体热量大量散失而使温度降低等。

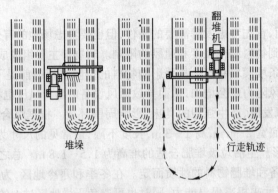

图 6-7　条垛堆肥翻堆机的工作示意

条垛式系统一直有广泛的应用,尤其是在美国、加拿大等有足够土地面积的国家。据美国1993 年普查,在 321 座堆肥厂中,此式系统占 21.5%。该年加拿大全国 121 座运行的堆肥厂中,有 90 座是此式系统。

### 二、强制通风静态垛堆肥系统

条垛式系统堆肥时产生强烈的臭味以及病原菌难以灭活,研究人员在条垛式基础上加入通风系统,而成为强制通风静态垛系统,该系统能更有效地确保高温和杀菌。它与条垛式系统的不同在于:堆肥过程中通过强制通风而非翻堆向堆体供氧。此系统在堆体下部设有一套穿孔通风管路,与风机连接,此管路可置于堆肥场地表面或地沟内,管路上铺一层木屑或其他填充料,使布气均匀,然后在其上堆放堆肥物料,成为堆体,最后在最外层覆盖经过筛(或未过筛)的堆肥成品进行隔热保温。图 6-8 为用于庭院废物堆肥的静态通风垛堆肥系统示意。

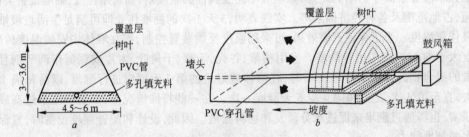

图 6-8　静态通风垛堆肥系统示意
a—横断面;b—系统图

其技术要点有以下几点:

#### (一) 场地

强制通风静态垛系统和条垛式一样,是开放系统,它们对场地的要求基本一致。场地的表面应结实,能迅速排走积水和渗滤液。

#### (二) 通风系统

强制通风静态垛系统的关键是通风系统,包括鼓风机和通气管路。根据流体力学的原理,要使气体在堆体中均匀流通,必须使各路气体通过堆层的路径大致相等,且通气管路的通风孔口要分布均匀,这是通风管路铺设应遵循的一个原则。通气管路有固定式和移动式。固定式放于水泥沟槽中或者平铺在水泥地面上,上铺木屑、刨花等空隙率较大的填充料,以均匀布气。还有一些固定式通气系统完全靠水泥沟槽充当通气管路。水泥沟槽必须能支撑住其上堆料的压力。移动式通气系统是简单的将管道直接放在地面上。其优点是成本低,布置灵活,易于调整,故使用更为普遍。

通风方式可采取正压鼓风或负压抽风,也可由二者组成混合通风。正压鼓风就是用鼓风机将空气吹入堆肥物料中,而负压抽风则是将物料中的潮湿高温气体用风机抽出。前者的特点是输入的空气均匀,有利于物料中气孔的形成,使物料保持蓬松,输气管不易堵塞,能有效地散热和去除水分;负压抽风易使物料压实过紧,效率较前者差。

通风控制一般常用温度或时间控制。前者在堆体中安装温度反馈系统,当其内部温度大于60℃时,鼓风机自动启动工作,排出堆料的热量和水蒸气,使堆体温度降低。鼓风机也可定时控制,每隔一定时间通风供氧,具体时间根据实际情况确定。为保证杀灭病原菌,系统的堆肥温度必须保持在55℃并至少持续7天。

**(三)物料特性要求**

为减小通风阻力,强制通风方式对堆肥物料的特性有较为严格的要求:

(1)物料呈粒状,松散状。

(2)颗粒尺寸应均匀。生活垃圾作为堆肥原料时,一般适宜的粒径范围为1.2~6 cm左右。

(3)物料含水率应控制在55%左右,避免水分过多引起物料空隙容积减少甚至压实。

若采用翻堆与强制通风相结合,则称为强制通风条垛系统。其操作除定时翻堆外,其余与强制通风静态垛系统相似。

强制通风静态垛系统的优点是:设备投资相对较低;与条垛式系统相比,温度及通风条件得到更好的控制;堆腐时间相对较短,一般为2~3周;产品稳定性好,能更有效地杀灭病原菌及控制臭味;由于堆腐期相对较短、填充料相对较少,因此占地也相对较少。但是该系统易受气候条件的影响,如雨天会破坏堆体的结构。与条垛式系统相比,在足够大体积和合适的堆腐条件下,受寒冷气候的影响较小。

强制通风静态垛系统在美国使用最普遍,1993年普查结果,321座堆肥厂中占136座,为总量的42.3%。操作运行费用低是其被广泛采用的主要原因。

### 三、装置式反应器(发酵仓)堆肥系统

装置式堆肥系统是将堆肥物料密闭在发酵装置(如发酵仓、发酵塔等)内,在控制通风和水分的条件下,使物料进行生物降解和转化,也称反应器系统、发酵仓系统等。发酵装置种类繁多,分类方法也多种多样。下面为国外研究者的分类方法。

**(一)按物料的流向分类**

按物料的流向可分为:竖直式、水平或倾斜式和静止式。

(1)竖直流向反应器包括:搅拌固体床(分为多床式和多层式)和筒仓式(也称包裹仓式,分为气固逆流式和气固错流式)。

(2)水平或倾斜流向反应器包括:滚动(转筒或转鼓)固体床(也称旋转仓式,分为分散流式、蜂窝式和完全混合式)、搅拌固体床(搅拌箱或开放槽)、静态固体床(管状,分为推进式和输送带式)。

(3)静止式:即堆肥箱。

**(二)按物料的流态分类**

美国环保局把反应器系统分为:推流式和动态混合式两类。

（1）推流式：入口进料、出口出料，各物料颗粒在反应器内的停留时间相同。

（2）动态混合式：堆肥物料在反应器内通过机械的不停搅拌进行混合。根据反应器的形状不同，推流式系统又分为：圆筒形、长方形、沟槽式3种；动态混合式系统可分为：长方形发酵塔和环行发酵塔。

有关各种常用发酵装置的特点、性能及构造等，详见本章第十一节"堆肥设备及辅助机械"中的相关内容。

同条垛式和强制通风静态垛系统相比，反应器堆肥系统占地面积小，能进行良好的过程控制，堆肥过程不受气候条件的影响，可对废气进行统一收集处理，从而防止对环境的二次污染。其缺点：投资和运行维护费用较高；由于堆肥周期较短，堆肥产品会有潜在的不稳定性，堆肥的后熟期相对延长；由于机械化程度高，一旦设备出现问题，堆肥过程即受影响。

反应器（发酵仓）堆肥系统在发达国家使用较普遍。美国1993年普查，在321座堆肥厂中发酵仓系统占30.1%。法国目前有70多座堆肥厂，多数实行了半机械化操作，其中采用最多的是滚筒式发酵系统。

# 第八节　好氧堆肥的过程控制

为保证堆肥过程的顺利进行，需对堆肥过程中有关参数进行控制，主要包括：有机物的情况和变化，碳氮比、含水率、温度和通气量控制，pH值的变化以及腐熟度等。

## 一、堆肥中的有机物控制

### （一）堆肥原料

按照《城市生活垃圾堆肥处理厂技术评价指标》（CJ/T3059—1996）中的相关规定，堆肥原料特性应满足：

（1）可堆肥原料密度一般为 $350\sim650\ kg/m^3$；

（2）组成中有机物含量（湿重）不少于20%；

（3）原料含水率为40%～60%；

（4）原料 C/N 为 $(20\sim30):1$。

对于快速高温机械化堆肥，首要的是对物料的热值要求和产生的温度间的平衡问题。堆肥原料有机质含量低，则发酵过程中产生的热量将不足以维持堆肥所需要的温度需求，而且堆肥产品肥效低。同时，过高的有机质含量又将给通风供氧带来不利影响，往往造成供氧不足而产生恶臭。大量研究表明：在高温好氧堆肥中，有机物含量变化的适宜范围为20%～80%。

堆肥是我国生活垃圾处理的主要方法之一。生活垃圾的无机含量较高，因而不利于堆肥的顺利进行和产出产品的使用，因此，适当调整和增加堆肥原料的有机组分是十分必要的。具体的做法可参考如下所述：

（1）对堆肥原料进行预处理。通过破碎、筛分等工艺去除其中的部分无机成分，使生活垃圾的有机物含量提高到占总量的50%以上。

（2）发酵前在堆肥原料中掺入一定比例的稀粪、城市污水、污泥、畜粪等。在这些掺进物中，以掺稀粪为最多，既可增加堆肥原料中的有机物含量，又可调节原料的含水率，同时也为城市粪便处理找到一条出路。

（3）生活垃圾和污泥混合堆肥。这种方法既可以提高堆肥有机物含量，又能同时解决现代城市的生活垃圾和下水污泥的出路问题。目前，这种方法在发达国家已得到广泛的应用。

### （二）堆肥过程的有机物含量变化

在堆肥期间首先被降解的是可溶性易分解的有机物质,如糖类,然后是蛋白质、纤维素等。可溶性的糖类物质的降解率一般在95%以上,而纤维素等的降解往往是逐步完成的。衡量堆肥过程有机物的过程变化可采用多种参数表示,目前大多采用COD(还原性物质),挥发性物质VM(或灰分)、纤维素、糖类物质等。图6-9反映了生活垃圾堆肥中有机成分的变化过程。

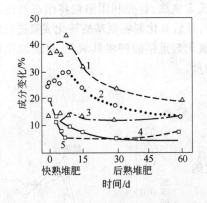
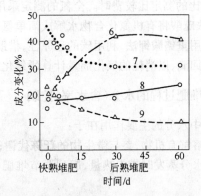

图 6-9　生活垃圾堆肥中有机成分的变化曲线
1—还原性物质;2—纤维素;3—木质素;4—热水中可溶有机物;
5—半纤维素;6—灰分;7—总碳;8—总氮;9—碳氮比

## 二、堆肥过程的碳氮比控制

在微生物所需营养中,以碳、氮最多。正常的好氧堆肥原料中要求有一定的 C/N 比,但最佳的 C/N 究竟应为多少却众说纷纭。实践证明:当 C/N 为(25～35):1 时发酵过程最快。若 C/N 过低(小于 20:1),微生物的繁殖就会因能量不足而受到抑制,导致分解缓慢且不彻底。而 C/N 过高(大于 40:1),则在堆肥施入土壤后,将会发生夺取土壤中氮素的现象,产生土壤的"氮饥饿"状态,导致对作物生长产生不良影响。总的趋势是,随着堆肥发酵的进行,在整个过程中 C/N 逐渐下降。

为保证堆肥成品中一定的 C/N 和在堆肥过程中有理想的分解速度,必须调整好堆肥原料的 C/N。适合堆肥的垃圾 C/N 为(20～30):1。初始原料的 C/N 比一般都高于最佳值,调整的方法是加入人粪尿、畜粪以及城市污泥等调节剂,使之调到合适比例。表6-7所示的有机废物的 C/N 较低,用来调整堆肥原料的 C/N 可收到较理想的效果。

表 6-7　各种生活废物的氮含量和 C/N

| 物　料 | N/% | C/N | 物　料 | N/% | C/N |
|---|---|---|---|---|---|
| 人　粪 | 5.5～6.5 | (6～10):1 | 厨房垃圾 | 2.15 | 25:1 |
| 人　尿 | 15～18 | 0.8:1 | 羊厩肥 | 8.75 | |
| 家禽肥料 | 6.3 | | 猪厩肥 | 3.75 | |
| 混合的屠宰场废物 | 7～10 | 2:1 | 混合垃圾 | 1.05 | 34:1 |
| 活性污泥 | 5.0～6.0 | 6:1 | 农家庭院垃圾 | 2.15 | 14:1 |
| 马齿苋 | 4.5 | 8:1 | 牛厩肥 | 1.7 | 18:1 |
| 嫩　草 | 4.0 | 12:1 | 干麦秸 | 0.53 | 87:1 |
| 杂　草 | 2.4 | 19:1 | 干稻草 | 0.63 | 67:1 |
| 马厩肥 | 2.3 | 25:1 | 玉米秸 | 0.75 | 53:1 |

当有机原料的 C/N 比为已知时,可按下式计算所需添加的氮源物质的数量:

$$K = \frac{C_1 + C_2}{N_1 + N_2}$$ 　　　　　(6-5)

式中　　　　　　　$K$——混合原料的碳氮比,通常最佳范围值在配合后为 35:1;

　　　　$C_1$、$C_2$、$N_1$、$N_2$——分别为有机原料和添加物料的碳、氮质量数。

C/N 比的测定比较费时。全氮的测定采用凯氏定氮法,首先利用铬粒将硝态氮还原为铵态氮,再用浓硫酸将有机氮化合物水解成简单氨基酸,最后氧化剂将氨基酸转化成氨进行测定。全碳的测定用重铬酸钾法,利用碳的还原性,借助于氧化剂重铬酸钾将其氧化,过剩氧化剂用硫酸亚铁溶液回滴,以消耗的氧化剂量计算所氧化的碳量。

### 三、堆肥过程的水分(含水率)控制

堆肥中水分的主要作用在于:

(1) 溶解有机物,参与微生物的新陈代谢;

(2) 水分蒸发时带走热量,起到调节堆肥温度的作用。

图 6-10 是垃圾含水率与细菌生长和氧摄入量的关系曲线。

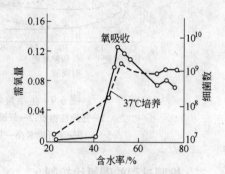

图 6-10　含水率与需氧量和细菌生长的关系曲线

从图中可以看到,微生物的生长和对氧的要求均在含水率为 50%～60% 时达到峰值。因此,用生活垃圾堆肥时,一般以含水率 50%～60%(按重量计)为最佳。水分过多时,会把空气从原料空隙中挤出,降低游离空隙率,影响空气扩散,从而易造成厌氧状态,而且会产生渗滤液的处理问题。水分小于 40% 时,微生物活性降低,堆肥温度随之下降,进而又导致生物活性进一步降低。

通常,生活垃圾的含水率均低于最佳值,可添加污水、污泥、人畜尿、粪便等进行调节。添加的调节剂与垃圾的重量比,可根据下式求出:

$$M = \frac{W_m - W_c}{W_b - W_m}$$ 　　　　　(6-6)

式中　　　　　　　$M$——调节剂与垃圾的重量(湿重)比;

　　$W_m$、$W_c$、$W_b$——分别为混合原料、垃圾含水率和调节剂的含水率。

如生活垃圾中水分过高时,则需采取有效的补救措施,包括:

(1) 若土地空间和时间允许,可将物料摊开进行搅拌,即通过翻堆促进水分蒸发;

(2) 在物料中添加松散或吸水物,常用的有:稻草、谷壳、干叶、木屑和堆肥产品等,以辅助吸收水分,增加其空隙容积。

测定含水率的方法有多种,常规的方法是在规定温度 105±5℃ 下,按规定的停留时间 2～6 h,测定物料的失重。也可采用快速测试方法,即利用微波炉干燥物料 15～20 min 来测定物料含水量。还可根据堆肥物料的一些现象来判断含水率是否适宜:若物料含水过多,在露天堆肥的情况下,会有渗滤液产生;动态堆肥时会出现结块或结团,甚至有恶臭产生。

### 四、堆肥过程的温度控制

在堆肥过程中,随着物料中微生物活动的加剧,分解有机物所释放出的热量大于堆肥的热耗

时,堆肥温度上升。因此,温升直接反映了微生物活动的剧烈程度。堆肥过程温度变化见图 6-11。根据绘制的常规堆肥温度变化曲线,可判断发酵过程的进展情况。如测出温度偏离常规温度曲线,就表明微生物的活动受到了某种因素(主要为供氧情况和物料含水量)的干扰或阻碍。

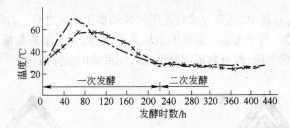

图 6-11　生活垃圾堆肥全程发酵温度变化的典型曲线

温度主要通过影响微生物的生长和活性来影响整个堆肥过程,一般认为嗜热菌对有机物的降解效率高于嗜温菌,现代的快速高温好氧堆肥正利用这一特点,在堆肥初期,堆体温度一般与环境温度相近,经过嗜温菌 1～2 天的作用,堆肥温度便能达到 50～65℃,此时,嗜温菌受到抑制,而嗜热菌进入激发状态(见表 6-8)。

表 6-8　堆肥温度与微生物生长的关系

| 温度/℃ | 温度对微生物生长的影响 | |
|---|---|---|
| | 嗜 温 菌 | 嗜 热 菌 |
| 常温～38 | 激发态 | 不适应 |
| 38～45 | 抑制状态 | 可开始生长 |
| 45～55 | 毁灭期 | 激发态 |
| 55～60 | 不适用 | 抑制状态(轻微度) |
| 60～70 | | 抑制状态(明显) |
| >70 | | 毁灭期 |

嗜热菌的大量繁殖和温度的迅速升高,使堆肥发酵由中温进入高温,并将稳定一段时间。在此温度范围内,堆肥中的寄生虫和病原菌被杀死,一般经过 5～6 天,无害化过程即可完成,此间腐殖质开始形成,堆肥达到初步腐熟。

在后发酵阶段(二次发酵),由于大部分的有机物在主发酵阶段(一次发酵)已被降解,此时的热量释放减慢,堆肥将一直维持在中温 30～40℃,所生成的堆肥产物进一步稳定,最后达到深度腐熟。

因此,在堆肥过程中,对堆体进行温度控制非常必要,堆体温度应控制在 50～65℃ 之间,但以 55～60℃ 为更好。为达到杀灭病原菌的效果,对于装置(反应器)式系统和强制通风静态垛系统,堆体内部温度大于 55℃ 的时间必须达 3 天;对于条垛式系统,堆体内部温度大于 55℃ 的时间至少为 15 天,且在操作过程中至少翻堆 5 次。

常规影响堆肥温度变化的因素主要是供氧情况和物料含水量。温度控制一般是通过控制通风量来实现的。一般地,在堆肥初期的 3～5 天中,通风的主要目的是满足供氧,使生化反应顺利进行,以达到提高堆体温度的目的。当堆肥温度升到峰值以后,通风量的调节主要以控制温度为主。在极限情况下,堆体温度可上升到 $80\sim90℃$ ,这将严重影响微生物的生长繁殖,这时必须通过加大通风量将堆体内的水分和热量带走,使堆温下降。在生产实际中,往往可通过温度－通风反馈系统来完成温度的自动控制,当堆体内部温度超过 $60℃$ 时,风机自动开始向堆体内送风,使堆体温度降下来。

在强制通风静态垛系统中,通风方式有正压鼓风和负压抽风之分,这两种通风方式与料堆温度分布的关系见图 6-12。对于无通风系统的条垛式堆肥,则采用定期翻堆来实现通风控温。若运行正常,而堆温却持续下降,即可判定堆肥已进入结束前的温降阶段。

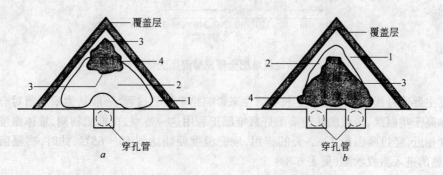

图 6-12　强制通风静态垛堆肥系统的通风方式与温度分布
a—正压吹风;b—负压抽风
1—$T<45℃$;2—$T=4\sim55℃$;3—$T=55\sim65℃$;4—$T>65℃$

### 五、通风供氧的过程控制

通风是好氧堆肥成功的重要因素之一,其主要作用在于:

(1) 提供氧气,以促进微生物的发酵过程;

(2) 通过供气量的控制,调节最适温度;

(3) 在维持最适温度的条件下,加大通风量可以去除水分。

从理论上讲,堆肥过程中的需氧量取决于被氧化的碳量,但由于有机物在堆肥过程中分解的不确定性,难以根据垃圾的碳含量变化精确确定需氧量。目前,往往通过测定堆层中的氧浓度和耗氧速度来间接了解堆层的生物活动过程和需氧量,从而达到控制供氧量的目的。

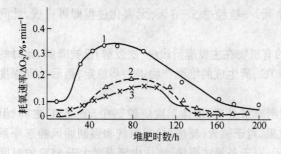

图 6-13　生活垃圾堆肥中不同有机物含量的典型耗氧速率曲线
1—有机物含量 $F=50\%$;2—有机物含量 $F=30\%$;3—有机物含量 $F=20\%$

需氧量和耗氧速度是微生物活动强弱的宏观标志,其大小既能表征微生物活动的强弱,也可反映堆肥中有机物的分解程度。图 6-13 示出生活垃圾堆肥时不同有机物含量的典型耗氧速率变化曲线。许多研究表明,在不同组分和不同物料的堆肥作业中,它们彼此间的耗氧速度差异很大,因此不同的堆肥对供氧的要求是不同的。

在通风供氧过程控制中,首先必须保证足够的氧浓度,合适的氧浓度应根据实验测定。有实验表明,堆料孔隙中氧浓度大于 $10\%$ 时,耗氧速率不变,即微生物的活动正常;当氧浓度小于 10% 时,氧的扩散动力降低,传递速度变慢,由此降低了提供给好氧微生物进行生化反应所必需的氧,影响到微生物的正常活动,使其分解有机物的速度变慢;氧浓度越低,这种影响就越大。我国生活垃圾堆肥氧浓度可取大于 10%。一般其值若小于 8%,氧将成为好氧堆肥中微生物生命活动的限制因素,并易使堆肥产生恶臭。每千克挥发性固体适宜的通气量通常取 $0.6 \sim 1.8 \ m^3/d$,或每立方米堆料$(0.05 \sim 0.2) m^3/min$ 左右,或将氧浓度维持在 10% ~ 18%。

强制通风的风量可根据不同要求进行计算。用于通风散热来控制适宜温度所需的通风量是有机物分解所需空气量的 9 倍。

### (一) 通风供氧的方式

根据不同堆肥对供氧要求的差异和堆肥反应器结构及工艺过程的不同,好氧堆肥的供氧方式有以下几种:

(1) 自然扩散:利用空气的自然扩散,氧由堆层表面向里扩散。经近似计算,在一次发酵阶段,通过表面扩散的供氧只能保证堆体表层约 20 cm 厚的物料内有氧存在。显然,利用自然扩散法为一次发酵供氧,远不能满足其内层所需的氧量而将呈厌氧状态。在二次发酵阶段,氧可自堆层表面扩散至内约 1.5 m 处。因此,在实际生产中,若堆高在 1.5 m 以下时,可采用自然扩散的供氧方式,这是一种节能的供氧方法。

(2) 翻堆:利用堆料的翻动或搅拌,使空气包裹到固体颗粒的间隙中。这种供氧方式较为有效,常用在条垛堆肥系统中。

(3) 强制通风:指通过机械通风系统对堆体强制通风供氧,有正压鼓风、负压抽风和由正压鼓风、负压抽风组成的混合通风 3 种方式。与其他方式相比,强制通风易于操作和控制,是为堆料供氧的最有效方式。强制通风静态垛系统和反应器系统常用这种通风方式。

(4) 被动通风:指由于热空气上升引起所谓"烟囱"效应而使空气通过堆体的方式。条垛式堆肥系统常用此通风方式,称为被动通风条垛系统。做法是:堆体底部铺以孔眼朝上的穿孔管,或用空心竹竿竖直插入堆体中,当堆体中的热空气上升时,其所形成的抽吸作用能使外部空气进入堆体中,达到自然的通风效果。它不需要翻堆和强制通风,因此与条垛式和强制通风静态垛系统相比,大大地降低了投资和运行费用。其不足在于不能有效地控制通风量的变化,以满足不同堆肥阶段的需要。

### (二) 强制通风的控制

强制通风的控制方式理论上有多种:

(1) 在风机间歇运行的情况下,控制方式可分为:

1) 通风速率恒定的时间控制;

2) 通风速率变化的时间控制;

3) 温度反馈控制;

4) 通风速率变化的时间 - 温度控制;

5) 微电脑控制;

6) $O_2$ 和 $CO_2$ 含量反馈控制。

(2) 根据控制指标的分类:

1) 温度反馈控制;

2) $O_2$ 含量反馈控制;

3) 温度和 $O_2$ 含量反馈控制组成的混合控制。

根据不同的堆肥阶段,间歇式通风的气量控制可相应地分为三个阶段:第一阶段通气量应尽量小,以保证在好氧条件下使气体对堆肥的冷却作用最小,使堆温尽快达到最佳温度范围 $55\sim$ $60℃$ ;第二阶段,应加大通气量,使反应热和散热量持平,以控制堆温不至过高;第三阶段,反应速率因有机物含量的减少而下降,无法产生足够热量以维持最佳堆温,温度开始降低,最好逐渐减小气量。

对于强制通风静态垛系统,常用的是时间控制和时间－温度反馈控制两种方式。时间控制的目标是提供足够的氧并对温度进行一定程度的控制,但往往不能很好地保证堆肥过程对风量的要求。若通风时间过短,会造成局部厌氧;若通风时间过长,则会造成气量的浪费及引起堆体温度下降。温度反馈控制法可较好地控制堆体温度,但堆体的温度变化只是氧含量变化的间接反映,并不能直接反映堆体内氧含量的多少。时间－温度反馈控制的目标是使堆体温度保持在最佳范围内。从管理的角度来看,时间控制优于时间－温度反馈控制,后者需要更大的通风速率、功率更大的风机和更复杂、高价的温度控制系统。因此,从管理、设备投资、运行费用和堆肥腐熟度多方面综合考虑,强制通风静态垛系统宜采用通风速率变化的时间－温度反馈正压通风控制方式,控制堆体中心最高温度为 $60℃$ 。

密闭式反应器堆肥系统宜采用 $O_2$ 含量反馈的通风控制方式,保持堆料间 $O_2$ 体积分数为 $15\%\sim20\%$ 。通过测定堆体内部耗氧速率的快慢来控制通风量的大小和时间是最为直接有效的方法,也可将以上控制方法联合起来使用。将温度传感器及氧气传感器测得的数据连续输入计算机,经过程序加工处理,以控制鼓风机的通断。它可将温度控制和耗氧速率控制有机结合起来,保持最佳的堆温和氧含量,当氧浓度控制在 $15\%$ 左右时,可保证在整个堆肥过程中堆温不会超过 $70℃$ ,水分含量逐渐降低,实现堆肥通风系统的自动化控制。

在堆肥实际运行中,由于堆肥物料存在着组成、颗粒度和布风不均匀等问题,会导致堆肥中的供氧和耗氧不均现象,堆肥物料的综合降解情况只能通过多点法测定其中的 $O_2$ 浓度来近似地描述。可根据以下空气量近似估计方法来评价堆肥发酵情况:

(1)排气中 $O_2$ 浓度大于 $14\%$ ,表示所消耗空气中的氧不到 $1/3$ ;

(2)最佳排气 $O_2$ 浓度为 $10\%\sim13\%$ ;

(3)如排气中 $O_2$ 体积浓度降至 $10\%$ ,表示好氧发酵处于不良状态;

(4)如用排气中 $CO_2$ 浓度代替 $O_2$ 浓度作为监测参数,其体积浓度宜为 $3\%\sim6\%$ 。

## 六、堆肥过程的 pH 值控制

pH 值是一项能对细菌环境做出估价的参数。在堆肥的生物降解和发酵过程中,pH 值随着时间和温度的变化而变化,因此 pH 值也是揭示堆肥分解过程的一个重要标志。适宜的 pH 值可使微生物有效地发挥其应有的作用,而过高或过低的 pH 值都会对堆肥的效率产生影响。一般认为 pH 值在 $7.5\sim8.5$ 时,可获得最大堆肥速率。

在堆肥开始时,pH 值在 7 左右,堆肥两三天内 pH 值便上升到 8.5 左右,如果发酵方式变成厌氧,pH 值就会降到 4.5 左右。好氧堆肥的 pH 值在 $5.5\sim7.5$ 时,是大多数微生物活动的最佳范围。真菌活动的最佳 pH 值为 $5.5\sim8.0$ 。在好氧堆肥初期,堆肥物产生有机酸,此时有利于微生物生存繁殖,随后 pH 值可下降到 $4.5\sim5.0$ ;然后逐渐上升,最高可达到 $8.0\sim8.5$ 。这种新鲜堆肥产品对酸性土壤很有好处,但对正在发芽的种子则不利。二次发酵可除去大部分氨,最终的堆肥产品 pH 值基本在 7.5 左右,是一种中性肥料。

由此可以看出,在堆肥过程中,尽管 pH 值在不断变化,但能够通过自身得到调节。通常认为,当堆肥物料为生活垃圾时,通过在堆肥物中添加中和剂如石灰、磷酸盐、钾盐等来改变 pH 值是没有必要的,反而会产生不良后果。若 pH 值降低,可通过逐步增强通风来补救。堆肥中如果没有特殊情况,一般不必调整 pH 值,因为微生物的繁殖和活动可在较大 pH 值范围内进行。

### 七、发酵周期的确定

发酵周期是指生活垃圾经好氧发酵过程由原料成为稳定无害的堆肥产品所需的时间。堆肥发酵周期的长短是评价堆肥工艺好坏的一个重要标准。物料的不同 C/N、通风量、温度和水分等是否处于最佳条件均能直接影响发酵周期。传统的静态堆肥法,依靠自然通风和翻堆实现好氧堆肥的全过程,因此,其发酵周期需 2~3 月,有时甚至长达半年之久。而目前一些高效快速动态堆肥技术,可使堆肥的一次发酵时间控制在 7d 以内,有的仅需 2~3d,但其二次发酵仍需 1~2 月。

堆肥产品要达到稳定化,才能认为无害化的堆肥过程已告结束,其判定的标准就是"腐熟度"。关于腐熟度的参数和指标详见第十二节内容。

## 第九节 强制通风系统的设计计算

强制通风系统的核心设备是鼓风机,它是堆肥系统建设和运行费用的主要影响因素。因此,如何进行合适的风机选型是非常重要的。风机选型需要知道风机的风量、风压和轴功率。魏源送和褚莲清等人据有关资料总结和阐述了风机选型的方法。

### 一、风机压力

#### (一) 堆体压力损失

气体在堆体中的流动远比气体流经管道时的情况复杂得多。当气体通过堆料时,由于气体是在垃圾颗粒间所形成的通道内流动,这些通道彼此交错联通、极不规则,堆层横截面积上的不同区域所形成的通道数目不等,各通道的几何形状存在差异。影响堆层通道特性的因素与垃圾颗粒度有关。颗粒的粒度越小,形成的通道数目越多,通道面积也就越小,颗粒度分布不均匀,形成的通道就愈不规则。这些因素的影响,使得气体在堆料中的流动不如在空管中流畅,在堆料的某些地方往往会形成死角,在死角处的气体则处于静止状态,有些地方又会形成湍流,而且由滞流转向湍流时不像在空管中那样有明显的界线。

气体通过堆层的压力损失,其主要原因是由于气体与垃圾颗粒表面间的摩擦,以及因通道截面积的突然扩大或收缩和气体对颗粒的撞击而产生的。在低流速时,压力损失主要是由于表面摩擦而产生,在高流速(湍流)时,因通道截面突变引起的损失便起着重要的影响。

堆体压力损失计算可由下式计算:

$$\Delta p_1 = aH^j U^n \tag{6-7}$$

式中 $\Delta p_1$——堆体压力损失,$cmH_2O$❶;

$a$——堆体压力损失与通风的关系指数;

$H$——堆体高度,m;

$U$——空气通过堆体的风速,m/d;

$j$——堆体压力损失与堆体高度的关系指数;

$n$——堆体压力损失与通风速率的关系指数。

不同废气物的堆体压力损失计算参数见表 6-9。

---

❶ $1 cmH_2O = 98.0665 Pa$(Pa 为国际标准单位)。

**表 6-9　不同废弃物的堆体压力损失计算参数**

| 名　称 | 比　例 | 含水率/% | 参数 | | |
|---|---|---|---|---|---|
| | | | $a$ | $j$ | $n$ |
| 木片/污泥 | 2:1($V/V$) | | $8.39 \times 10^{-7}$ | 1.05 | 1.61 |
| 木片/污泥 | 3:2($V/V$) | | $1.13 \times 10^{-6}$ | 1.30 | 1.63 |
| 木片/污泥 | 1:1($V/V$) | | $1.14 \times 10^{-5}$ | 1.47 | 1.47 |
| 木片/污泥 | 1:2($V/V$) | | $3.02 \times 10^{-5}$ | 1.41 | 1.48 |
| 新鲜木片 | | | $1.00 \times 10^{-6}$ | 1.08 | 1.74 |
| 回流筛分木片 | | | $3.97 \times 10^{-5}$ | 1.54 | 1.39 |
| 腐熟后的堆肥 | | | $8.22 \times 10^{-6}$ | 1.66 | 1.47 |
| 笼舍垫料/木屑 | 1:2($W/W$) | 60 | $9.50 \times 10^{-6}$ | 1.0 | 1.17 |
| 笼舍垫料/玉米芯 | 1:2($W/W$) | 60 | $3.29 \times 10^{-7}$ | 1.0 | 1.60 |
| 木片/回流堆肥/树叶/污泥 | 2:0:2:1($V/V$) | 50 | $1.62 \times 10^{-6}$ | 1.0 | 1.56 |
| 木片/回流堆肥/树叶/污泥 | 3:0.5:1.5:1($V/V$) | 49 | $3.26 \times 10^{-7}$ | 1.0 | 1.73 |
| 木片/回流堆肥/树叶/污泥 | 3:0:1:1($V/V$) | 49 | $1.79 \times 10^{-7}$ | 1.0 | 1.82 |
| 木片/回流堆肥/树叶/污泥 | 3:1:0:1($V/V$) | 52 | $2.69 \times 10^{-8}$ | 1.0 | 2.02 |
| 市政固体废物 | | | $1.02 \times 10^{-4}$ | 1.0 | 1.23 |

注:压力损失($\Delta p$)单位:$cmH_2O$(1 $cmH_2O$ = 98.0665 Pa);堆体高度($H$)单位:m;通过堆体的风速($U$)单位:m/d;$V/V$:体积比;$W/W$:重量比。

## (二) 管路压力损失

在堆肥系统中,通风系统通常需要一定长度的干管和穿孔管(某些情况下替代风室),所以,必须考虑管路压力损失。Higgins 等和 Steele 等讨论了穿孔管及其在污泥堆肥中的压力损失。Rynk 认为管路压力损失为 2.5~5.0 $cmH_2O$(245~490 Pa)。

首先选定空气在管路中的流速,然后根据所需的风量确定通风管道的管径;其次是分别计算穿孔管的压力损失和从风机出口到穿孔管的管路压力损失。

对于孔径一致的穿孔管,正压鼓风和负压抽风的压力损失计算公式:

正压鼓风:
$$C \frac{dQ}{dx_1} \times \frac{d^2Q}{dx_1^2} = -Q \frac{dQ}{dx_1} + Q^2 \tag{6-8}$$

负压抽风:
$$C \frac{dQ}{dx_1} \times \frac{d^2Q}{dx_1^2} = +Q \frac{dQ}{dx_1} + Q^2 \tag{6-9}$$

其中
$$x_1 = \frac{fx}{2kD}, C = \frac{1}{64K_p^2 k^3}\left(\frac{fA_s}{A_p}\right)^2$$

式中　$Q$——穿孔管流量,$m^3$/min;

　　　$x$——与穿孔管闭端的距离,m;

　　　$k$——与空气动压头有关的常数。正压鼓风,$k = 1.5$;负压抽风,$k = 1.7$;

　　　$f$——通风管道摩擦系数;

　　　$K_p$——孔系数,$K_p = 0.6$;

　　　$A_s$——单位长度管道的总表面积,$m^2$/m;

$A_p$——单位长度管道的孔面积,$m^2/m$;

$D$——管道的当量直径,m。

为便于计算,Steele 等利用计算机将上述方程绘成了曲线图,图 6-14、图 6-15 为单位长度穿孔管横截面和孔面积一定时,负压抽风和正压鼓风的总流量、静压等的分布曲线。因此,首先确定 $C$ 值和 $2kD/f$ 值,其次查曲线图得到相应的值(如 $Q_x/q_0x$),然后根据下式求穿孔管的压差损失。

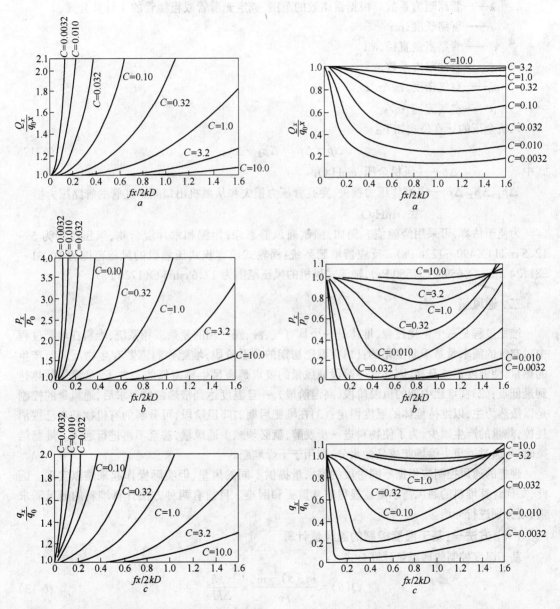

图 6-14 负压抽风总流量、静压及吸入量分布曲线
　　$a$—负压抽风总流量分布曲线;$b$—负压抽风静压
　　分布曲线;$c$—负压抽风吸入量分布曲线

图 6-15 正压鼓风总流量、静压及排出量分布曲线
　　$a$—正压鼓风总流量分布曲线;$b$—正压鼓风静压
　　分布曲线;$c$—正压鼓风排出量分布曲线

$$\Delta p_2 = (Q_x/765 A_p K_p)^2 \qquad (6\text{-}10)$$

式中　$\Delta p_2$——穿孔管压差损失,$cmH_2O$;

$Q_x$——单位长度穿孔管流量，$m^3/min·m$。

从风机出口到穿孔管的管路压力损失计算公式：

$$\Delta p_3 = \left( \lambda \frac{l}{d} + \sum \xi \right) \frac{\rho_0 u^2}{2} \tag{6-11}$$

式中　$\Delta p_3$——管路压力损失，Pa；

　　　　$\lambda$——管路阻力系数。根据雷诺数的范围，选定光滑管或粗糙管的 $\lambda$ 计算公式；

　　　　$l$——管路长度，m；

　　　　$d$——管路当量直径，m；

　　　　$\xi$——管件阻力系数；

　　　　$\rho_0$——空气密度，$kg/m^3$；

　　　　$u$——空气流速，m/s。

风机全压的计算公式如下：

$$\Delta p = \Delta p_1 + \Delta p_2 + \Delta p_3 \tag{6-12}$$

式中　　　　　　$\Delta p$——风机全压，$cmH_2O$；

$\Delta p_1$、$\Delta p_2$、$\Delta p_3$——堆体压力损失、穿孔管压力损失和从风机出口到穿孔管的管路压力损失，$cmH_2O$。

为便于估算，可采用经验值。例如，强制通风静态垛：污泥和木片混合物，风压范围为 5～12.5 $cmH_2O$(490～1226 Pa)。反应器堆肥系统：涡轮式或容积式压缩机的风压范围为 70.31～281.24 $cmH_2O$(6895～27580 Pa)，轴流式风机的风压范围为 17.6 $cmH_2O$(1726 Pa)。

## 二、通风量

堆肥过程是一个生化过程，堆体是一个具有气、液、固三相的复杂多相系统，堆料在堆肥过程中对空气的需求量是不断变化的：(1)在堆肥初期的升温阶段，堆肥物料需贮存生物反应所产生的热量，使温度迅速升高，因此这一阶段通风量的要求是满足生物需氧的条件下，尽量使散热达到最低点；(2)在堆肥中期的恒温阶段(高温阶段)，一旦温度达到嗜热菌的要求后，通风量的控制是以散热为主，以维持堆体的温度恒定；(3)在堆肥后期的降温阶段，可分解的有机物基本已被消耗掉，热量的产生减少，为了使物料进一步发酵，就必须减少通风量，甚至不再进行通风。堆肥结束时，可通过通风去除堆肥成品的水分，即用于干燥堆肥。

理想的通风控制应根据不同阶段的需求量提供不同的风量，但实际操作起来难以实现。因此，如何计算堆料的通风需求量就显得非常重要和困难。目前有两种方法计算堆料的通风需求量，现分别进行介绍。

### (一)方法一：基于温度控制的通风量计算

基于温度控制的通风量计算公式：

$$Q(\theta) = \frac{m_c(\theta) - m_e}{\rho_0} \times \frac{-kh_c}{\Delta H} \tag{6-13}$$

其中

$$m_e = \beta_0 m_0$$

式中　$Q(\theta)$——堆肥通风需求量，$m^3/d$；

　$m_c(\theta)$——堆料干重，kg；

　　$m_0$——堆料初始干重，kg；

　　$m_e$——堆料中不可降解物干重，kg；

$\theta$——时间，d；

$\rho_0$——空气密度，kg/m³，$\rho_0 = 1.18$ kg/m³；

$h_c$——堆料燃烧热，kJ/kg，$h_c = -20000$ kJ/kg；

$k$——堆料中干物质消失速率，d⁻¹；

$\Delta H$——进、出空气焓差，kJ/kg；

$\beta_0$——堆料可生化降解分数（$\theta = 0$ 时，$\beta = \beta_0$），通常取 $\beta_0 = 0.5$。

上述方程可变成如下形式：

$$q(\theta) = q_0 e^{-k\theta} \tag{6-14}$$

其中

$$q_0 = \frac{1-\beta_0}{\rho_0} \times \frac{-kh_c}{\Delta H}$$

式中　$q(\theta)$——单位干堆料所需风量，m³/kg·d。

那么，所需通风量可由下式计算：

$$M = q(\theta) \times m_{mix} \tag{6-15}$$

式中　$M$——所需通风量，m³/d；

$m_{mix}$——堆料干重，kg。

其中，堆料干重可由下式计算：

$$m_{mix} = (V_s\rho_s + V_a\rho_a)(1 - x_{mix}) \tag{6-16}$$

式中　$m_{mix}$——堆料干重，kg；

$V_s$、$V_a$——湿污泥和调理剂的体积，m³；

$\rho_s$、$\rho_a$——湿污泥和调理剂的密度，kg/m³；

$x_{mix}$——堆料含水率，%。

上述方程是在以温度而不是以 $O_2$ 含量控制通风需求量的基础上建立的。风机选型包括风量、风压和功率。通风需求量由以下两个因素确定：

(1)堆肥过程开始后 36 h 内最大通风需求量；

(2)整个堆肥操作的管理方式（如连续或间歇操作）。

风机可按两种方式布置：(1)单个堆体—台风机；(2)多个堆体—台风机。堆体温度在堆肥过程对通风需求量的影响见表 6-10。

**表 6-10　堆体温度在堆肥过程对通风需求量的影响**

| $T/℃$ | $\Delta H/\text{kJ·kg}^{-1}$ | $-h_c/\rho_0 \times \Delta H/\text{m}^3·\text{kg}^{-1}$ |
|---|---|---|
| 30 | 50.6 | 335 |
| 40 | 113.8 | 148 |
| 50 | 215.6 | 79 |
| 60 | 387.7 | 44 |
| 70 | 678.0 | 25 |

## (二) 方法二：基于 $O_2$ 含量控制的通风需求量计算

在好氧堆肥过程中，通风有 3 个作用：供氧、散热和去除水分。在不同的堆肥过程，通风的作用不同。在堆肥初期，通风的作用是提供氧气；堆肥中期，通风起供氧、散热冷却的作用；堆肥后期，通风的作用在于降低堆肥的含水率。故可据此计算堆肥物料所需的通风量。

### 1. 供氧所需的通风量

堆料中可生化降解有机物所需的通风量计算公式：

$$m_{O_2} = O_s m_s (1-x_s) y_s k_s + O_a m_a (1-x_a) y_a k_a \tag{6-17}$$

$$W_1 = \frac{m_{O_2}}{0.232 \rho_0} \tag{6-18}$$

式中　$m_{O_2}$——堆料中可生化降解有机物的需氧量,kg;

　　　　$W_1$——堆料中可生化降解有机物的通风量,$m^3$;

　　　　$O_s$、$O_a$——有机废物和调理剂的需氧量值,$kgO_2$/kg BVS;

　　　　$x_s$、$x_a$——有机废物和调理剂的含水率,%;

　　　　$m_s$、$m_a$——有机废物和调理剂的湿重,kg;

　　　　$y_s$、$y_a$——有机废物和调理剂中挥发性有机物含量,%;

　　　　$k_s$、$k_a$——有机废物和调理剂中挥发性有机物的降解系数,混合污泥 $k_s=0.5$,木屑 $k_a=0.2$;

　　　　0.232——空气中含有23.2% $O_2$(重量);

　　　　$\rho_0$——空气密度,20℃时,$\rho_0=1.18$ kg/$m^3$。

不同有机废物的化学组成见表6-11。

表 6-11　不同有机废物的化学组成

| 废　物 | 化学组成 | 废　物 | 化学组成 |
|---|---|---|---|
| 碳水化合物 | $(C_6H_{10}O_5)_x$ | 木　片 | $C_{295}H_{420}O_{186}N$ |
| 蛋白质 | $C_{16}H_{24}O_5N_4$ | 绿　草 | $C_{23}H_{38}O_{17}N$ |
| 脂　肪 | $C_{50}H_{90}O_6$ | 垃　圾 | $C_{16}H_{27}O_8N$ |
| 初级污泥 | $C_{22}H_{39}O_{10}N$ | 食品废弃物 | $C_{18}H_{26}O_{10}N$ |
| 混合污泥 | $C_{10}H_{19}O_3N$ | 混合废纸 | $C_{266}H_{434}O_{210}N$ |
| 生活垃圾 | $C_{64}H_{104}O_{37}N$ $C_{99}H_{148}O_{59}N$ | 庭院废弃物 | $C_{27}H_{38}O_{16}N$ |

例如,进行堆肥处理的垃圾的化学组成是 $C_5H_7O_2N$,其中的挥发性有机物含量是80%,可降解系数是0.6,每克垃圾发生生化反应所需要的空气的质量和体积可以计算如下:

(1) 列出生化反应方程式:　$C_5H_7O_2N + 5O_2 \longrightarrow 5CO_2 + 2H_2O + NH_3$

$$113 \qquad 5\times32$$

$$1.0\text{ g} \qquad X$$

则每克有机物需氧量为:$X = 5\times32/113 = 1.42$(g)

(2) 已知垃圾中挥发性有机物含量为80%,可降解系数是0.6,则可求出每克垃圾的需氧量为:

$$Y = X \times 80\% \times 0.6 = 0.68\text{(g)}$$

(3) 在25℃、一个大气压下,空气密度为1.20 g/L,氧含量为23.2%,因此理论上每克垃圾所需要的空气的体积和重量为:

$$V = 0.68 \div (1.20 \times 0.232) = 2.44\text{(L)}$$

$$M = 0.68 \div 0.232 = 2.93\text{(g)}$$

所以,每克垃圾进行堆肥所需的通风量为2.44 L,每吨垃圾所需的通风量为 $2.44\times10^6$ L。

2. 去除水分所需的风量

为便于计算,可忽略调理剂的水分和堆肥过程产生的水分,那么堆肥过程的水分蒸发量计算公式如下:

$$\omega = \frac{x_s}{1 - x_s} - \frac{x_c(1 - y_s)}{(1 - x_c)(1 - y_c)} \tag{6-19}$$

式中　$\omega$——每千克干堆料水分蒸发量，kg；

　$x_s$、$x_c$——有机废物和堆肥的含水率，%；

　$y_s$、$y_c$——有机废物和堆肥中挥发性有机物含量，%。

　　去除水分所需的通风量可由下式计算：

$$W_2 = \frac{m_w}{(H_o - H_i)\rho_0} = \frac{\omega \times m_{mix}}{(H_o - H_i)\rho_0} \tag{6-20}$$

式中　$W_2$——去除水分所需的通风量，$m^3$；

　$H_i$、$H_o$——每千克干空气进、出堆体空气的湿度，kg；

　$m_{mix}$——堆料干重，kg，计算如上所示；

　$m_w$——堆肥过程蒸发的水分，kg，$m_w = \omega \times m_{mix}$；

　$\rho_0$——空气密度，$kg/m^3$。20℃时，$\rho_0 = 1.18\ kg/m^3$。

　　3. 散热所需的通风量

　　根据热量衡算，有：

$$q_r = q_a + q_w + q_{mix} \tag{6-21}$$

式中　$q_r$——堆料中有机物发生氧化反应所放出的热量，kJ；

　$q_a$——空气通过堆体带走的热量，kJ；

　$q_w$——堆体中水分蒸发所带走的热量，kJ；

　$q_{mix}$——加热堆体所需的热量，kJ。

　　其中，$q_r$、$q_a$、$q_w$、$q_{mix}$的计算公式如下：

$$\left.\begin{array}{l} q_r = a \cdot m_{O_2} \\ q_a = m_{air}c_{p,a}(T_o - T_i) \\ q_w = m_w c_{p,w}(T_o - T_i) + m_w\beta \\ q_{mix} = m_{mix}c_{p,mix}(T_0 - T_i) \end{array}\right\} \tag{6-22}$$

式中　　　　　$a$——常数，$a = 13868.78\ kJ/kg$；

　　　　　$\beta$——水在60℃的汽化潜热，$\beta = 2399.04\ kJ/kg$；

$c_{p,a}$、$c_{p,w}$、$c_{p,mix}$——空气、水和堆料固体的质量热容，$c_{p,a} = 1.0070\ kJ/(kg \cdot ℃)$；$c_{p,w} = 4.1868\ kJ/(kg \cdot ℃)$；$c_{p,mix} = 1.0467 \sim 1.2142\ kJ/(kg \cdot ℃)$，取 $c_{p,mix} = 1.0467\ kJ/(kg \cdot ℃)$；

$m_{O_2}$、$m_{air}$、$m_w$、$m_{mix}$——堆料中可生化降解有机物所需氧量、散热所需空气量、蒸发的水量、堆料干重，kg。在堆肥过程中，有机物不断降解，但为了便于计算，可假定堆料中的固体不变，则 $m_{mix}$ 的计算见通风量部分。

　　　　　$T_i$、$T_o$——进、出堆体的空气温度，℃。

　　对上述式(6-21)、式(6-22)联立求解可得散热所需的空气量 $m_{air}$。则散热所需的通风量为：

$$W_3 = m_{air}/\rho_0 \tag{6-23}$$

式中　$W_3$——散热所需的通风量，$m^3$；

　$m_{air}$——散热所需的空气量，kg；

　$\rho_0$——空气密度。20℃时，$\rho_0 = 1.18\ kg/m^3$。

通常去除水分和散热所需的通风量远远大于供氧所需的通风量,并且它们是影响通风量的控制因素。散热所需的空气量与供氧所需的空气量之比称为空气功能比率(Air Function Ratio),其值为9:1。对于湿物料,去除水分所需的通风量是控制因素;对于干物料,散热所需的通风量大于去除水分所需的通风量。对于间歇操作过程,通风速率可分为最高、平均和最小。

4．通风总量

根据通风的三个作用,便可计算堆肥所需的通风总量:

$$W = (W_1 + W_2 + W_3)/t \tag{6-24}$$

式中　　　　　$W$——堆肥所需的通风总量,$m^3/d$;

$W_1$、$W_2$、$W_3$——供氧、去除水分和散热所需的通风需求量,$m^3$;

$t$——堆肥所需的时间,$d$。

还有一个方法的总体思路与方法二一样,也是根据通风的三个作用分别计算,只是每种风量的计算公式与方法二稍有差别。

(1) 供氧所需风量。

在发酵周期中,微生物的种类、繁殖速度和代谢快慢程度不同,耗氧速率也不一样,为了满足发酵过程中的最大需氧量,根据最大耗氧速率 $R_{O_{2max}}$,求供氧所需的风量 $Q_f$:

$$Q_f = \frac{R_{O_{2max}} abeV}{cd} \tag{6-25}$$

式中　　$Q_f$——供氧所需风量,$m^3/min$;

$R_{O_{2max}}$——每立方厘米堆层发酵物料的最大耗氧速率,$mol/h$;

$a$——标准状态下,1 mol 气体的体积,$a = 22.4$ L/mol;

$b$——升与立方米的换算,$b = 10^{-3}/L$;

$c$——标准状态下,空气中氧的体积百分含量,$c = 0.21$;

$d$——小时与分钟的换算,$d = 60$ min/h;

$e$——立方米与立方厘米的换算,$e = 10^6$ $cm^3/m^3$;

$V$——发酵物料的体积,$m^3$。

代入上述 $Q_f$ 计算式可得:

$$Q_f = 177.8\, R_{O_{2max}} V$$

(2) 冷却通风所需风量。

由热力学第一定律可知,在一个平衡的系统中,能量的输入等于能量的输出。对于发酵的反应过程也是如此。因此,堆肥过程中的能量平衡式为:

堆肥过程生化反应产生的反应热 $q$ = 发酵物料升温吸热 $q_s$ + 气体升温吸热 $q_a$ + 水蒸发吸热 $q_w$ + 装置热损失 $q_z$

在实际工程运用中,当堆体温度升高到超过适宜温度后,堆体才需要冷却通风,在此阶段可视 $q_s = 0$;另外发酵装置的保温性能较好,则装置热损失 $q_z$ 可忽略不计,由热力学第一定律可得:

$$q = q_a + q_w \tag{6-26}$$

1) 含 1 mol 氧气的空气进入发酵装置,经微生物耗氧后,从装置中向外排放气体所带走的热量 $q_w^1$,$q_w^2$ 的计算公式如下:

$$q_w^1 = G_w \gamma \tag{6-27}$$

$$G_w = \frac{B(273 + t_1)AP}{1000(273 + t_0)}$$

式中 $G_w$——从发酵装置中向外排放含 1 mol 氧气的空气时带走的水分,kg;

$B$——标准状态下,1 mol 气体的体积,$B = 22.4$ L/mol;

$A$——标准状态下,含 1 mol 氧气的空气的物质量,$A = 1/0.21 = 4.78$ mol;

$P$——被排放气体所处温度下的空气的饱和水蒸气含量,g/dm³;

$\gamma$——被排放气体所处温度下的空气的气化潜热,kJ/kg;

$t_1$、$t_0$——气体出、入堆时的温度,℃。

在工程或试验中,气体出、入堆时的温度,$t_1$ 常取 60℃,$t_0$ 常取 20℃,因此 $P = 0.128$ g/dm³,$\gamma = 2358.6$ kJ/kg,代入式(6-27)得:

$$q_w^1 = 36.7 \text{ kJ}$$

2) 含 1 mol 氧气的空气进入发酵装置在升温过程中吸收的热量 $q_a^1$、$q_a^2$ 的计算公式如下:

$$q_a^1 = G_{air} c_a (t_1 - t_0) \tag{6-28}$$

$$G_{air} = A M_{air}/1000$$

式中 $G_{air}$——含 1 mol 氧气的空气质量,kg;

$c_a$——空气的平均质量热容,$c_a = 1.007$ kJ/kg·℃;

$M_{air}$——空气的平均相对分子质量,$M_{air} = 28.84$ g/mol;

其他符号意义及取值同前。

因此,若 $t_1 = 60$℃、$t_0 = 20$℃时,代入式(6-28)得

$$q_a^1 = 5.5 \text{ kJ}$$

3) 供氧通风与冷却通风的关系。

冷却通风与供氧通风完成的目的不同,但两者所需的风量之间有一定的关系。

对于好氧微生物而言,每消耗 1 mol 氧气和 1 g 固体挥发物的生化反应产生的反应热为:

$$q^1 = 443.5 \text{ kJ}$$

由 $q_w^1 = 36.7$ kJ 和 $q_a^1 = 5.5$ kJ 得:$q_w^1 + q_a^1 = 42.3$ kJ,与 $q^1 = 443.5$ kJ 比较,两者之间得倍数约为 11(443.5/42.2)。

因此要保持适宜的堆温,冷却所需的风量 $Q_冷$ 要以供氧通风所需的空气量 $Q_f$ 的一定倍数供气,才能维持适宜的堆层温度。由热量输出与热量输入的平衡关系及式(6-26)得:

$$q = N(q_w^1 + q_a^1)$$

$$Q_冷 = N Q_f \tag{6-29}$$

式中 $N$——冷却风量是供氧风量的倍数,$N$ 为 6~15 倍;

$Q_f$——供氧所需的风量,m³/min;

$Q_冷$——堆体冷却所需的风量,m³/min。

从计算和工程运用中得出,用于冷却的风量要远大于供氧的风量,因此选择风机只需考虑冷却所需的通风量。也可以依据《城市生活垃圾堆肥处理厂技术评价指标》中的规定来确定通风量,静态堆肥每立方米垃圾 0.05~0.20 m³/min 的通风量进行取值,完全满足堆体发酵过程中供氧及冷却所需通风量。

**(三)通风管道设计**

通风系统设计之初,应先根据堆体形状大小和多少对通风管道进行合理布置。通常遵循的原则是:通风管道对称布置,通风管道上的通风孔分布也应均匀,从而保证对堆体各部分能均匀供氧使物料充分发酵。

按照通风设计标准,通风系统中干管风速应控制在 6~14 m/s,支管则控制在 2~8 m/s。利

用如下公式确定各干管与支管管径：

$$d = 1000 \sqrt{4Q/3600\pi v} \tag{6-30}$$

式中　　$Q$——通过风管的风量，$m^3/h$；

　　　　$v$——空气的设计流速，$m/s$；

　　　　$d$——风管管径，$mm$。

### （四）风机的额定风量

在实际运用中，风机的额定风量通常由下式来确定：

$$Q_\text{额} = K_1 Q_\text{冷} \tag{6-31}$$

式中　　$K_1$——通风系数，通常取 $1.1\sim1.2$；

　　　　$Q_\text{额}$——风机的额定风量，$m^3/min$；

　　　　$Q_\text{冷}$——堆体冷却所需的风量，$m^3/min$。

## 三、风机轴功率及电机功率

风机轴功率和电机功率可由下式计算：

$$P = \frac{Q_\text{实} \Delta p_\text{实}}{1000\eta} \qquad P' = \frac{Q_\text{实} \Delta p_\text{实} k}{1000\eta \eta_1} = \frac{Pk}{\eta_1} \tag{6-32}$$

其中　　　　　　　　　　　$\Delta p_\text{实} = k_p \Delta p ; Q_\text{实} = k_q Q$

式中　　$P$、$P'$——实际所需的风机轴功率和电机功率，$kW$；

　　　　$\eta$、$\eta_1$——风机的机械效率和电机不同传动方式的机械效率，通常 $\eta = 70\%$；

　　　　$k$——不同传动方式的电机容量贮备系数；

　　　　$k_p$、$k_q$——常数。送排风系统，$k_p = 1.1\sim1.15, k_q = 1.1$；

　　　　$\Delta p$、$\Delta p_\text{实}$——计算和实际情况下的风机全压，$Pa$；

　　　　$Q$、$Q_\text{实}$——计算和实际情况下的空气流量，$m^3/s$。

## 四、脱水污泥堆肥风机选型计算

脱水污泥的含水率为 75%，采用木片为调理剂，调理剂与脱水污泥的体积比由含水率控制确定。污泥质量符合污泥农用国家标准(GB8172—87)，堆肥质量符合无害化卫生标准(GB7959—87)。采用强制通风静态垛系统进行堆肥，该系统采用加大垛(Extended Static Pile)形式，其单堆大小(长×宽×高)为 21 m×2 m×2 m。因该加大垛包含 6 个单堆，故加大垛大小(长×宽×高)为 21 m×12 m×2 m。采用方法二计算通风需求量时，计算参数见表 6-12。

表 6-12　计算参数

| 项　目 | 参　数 |
|---|---|
| 含水率 | 污泥 $x_s = 75\%$；木片 $x_a = 20\%$，堆料混合物 $x_\text{mix} = 60\%$，堆肥 $x_c = 40\%$ |
| 挥发性固体含量 | 污泥 $y_s = 75\%$；木片 $y_a = 20\%$；堆肥 $y_c = 45\%$ |
| 有机物降解系数 | 污泥 $k_s = 0.5$，木片 $k_a = 0.2$ |
| 空　气 | 进口温度 $t_1 = 20℃$，相对湿度 $\phi = 0.75$，饱和水蒸气压 $p_{s,20℃} = 2.34\ kPa$<br>出口温度 $t_0 = 60℃$，相对湿度 $\phi = 1.0$，饱和水蒸气压 $p_{s,60℃} = 19.92\ kPa$ |
| 质量热容 | 空气 $c_{p,a} = 1.008\ kJ/(kg \cdot ℃)$，水 $c_{p,w} = 4.182\ kJ/(kg \cdot ℃)$<br>堆肥固体 $c_{p,\text{mix}} = 0.146\sim1.213\ kJ/(kg \cdot ℃)$，取 $c_{p,\text{mix}} = 0.146\ kJ/(kg \cdot ℃)$ |
| 密　度 | 污泥 $\rho_s = 1000\ kg/m^3$，木片 $\rho_a = 350\ kg/m^3$，空气 $\rho_o = 1.18\ kg/m^3$ |
| 常　数 | $a = 13852.875\ kJ/kg$，水在 60℃ 的汽化潜热 $\beta = 2396.286\ kJ/kg$，氧气在空气中的重量比为 0.232 |

取湿污泥的容重为 1000 kg/m³,木片的容重为 350 kg/m³,含水率为 20%,污泥混合物的含水率为 60%。所以,根据下式:

$$R_v = \frac{V_a}{V_s} = \frac{\rho_s}{\rho_a} \times \frac{x_s - x_m}{x_m - x_a} \tag{6-33}$$

式中　$R_v$——调理剂与污泥的体积比;

$V_a$、$V_s$——调理剂和污泥的体积,m³;

$x_s$、$x_a$、$x_m$——污泥、调理剂和污泥混合物的含水率,%;

$\rho_s$、$\rho_a$——污泥和调理剂的密度,kg/m³。

得出如下结果(表 6-13)。

**表 6-13　木片与湿污泥的体积比**

| 污泥含水率/% | 污泥体积/m³·d⁻¹ | 木片含水率/% | 污泥混合物含水率/% | $R_v = V_a/V_s$ | 木片体积/m³·d⁻¹ | $V_s + V_a$/m³·d⁻¹ |
|---|---|---|---|---|---|---|
| 75 | 40 | 20 | 60 | 1.1 | 44 | 84 |

注:日产干污泥 10 t,$\rho_s = 1000$ kg/m³,$\rho_a = 350$ kg/m³。

根据方法一和方法二,风机选型结果如下(表 6-14)。

**表 6-14　不同方法的风机选型结果**

| 项　　目 | 含水率/% | $Q_{实}$/m³·s⁻¹ | $\Delta p_{实}$/cmH₂O | $P$/kW | $P'$/kW |
|---|---|---|---|---|---|
| 方法一 | 75 | 11.18 | 5.52(541 Pa) | 8.64 | 9.94 |
| 方法二 | 75 | 19.4 | 5.52(541 Pa) | 15.00 | 17.26 |

由表 6-14 可见,两种方法计算的结果有差异,利用方法二进行的风机选型大于利用方法一进行的风机选型,但目前常用的风机选型方法是方法二。

魏源送等通过进行污泥堆肥系统的技术经济分析后,建造了污泥堆肥中试装置(长×宽×高:2.8 m×1.4 m×1.5 m),并根据方法二选用了离心通风机(型号 4—72,机号 2.8,流量1131 m³/h,全压 994 Pa,电机功率 1.5 kW)。但是根据污泥堆肥中试的试验结果,该风机的风量偏大。

# 第十节　厌氧堆肥工艺

在亚洲一些国家,由于饮食习惯不同于欧美国家,所形成的固体废弃物中含有较高比例的食品废物,而欧美国家的食品废物含量较少。含有较高食品废物的有机固体废物常常含有大量的水分,其热值通常低于 5000 kJ/kg,很难采用焚烧处理。若用填埋处理,不但降解速度慢,整个过程要持续多年,而且将产生大量高有机质含量的渗滤液,有机质腐败产生恶臭并释放出甲烷温室气体,这两个问题都不好解决。越来越多的国家禁止有机物进行填埋处理。而采用常规的好氧堆肥法难以满足高含量有机质好氧生物降解所需的大量氧气。因此近二十几年来,在传统的厌氧堆肥的基础上,借鉴污泥厌氧消化的经验,国外发展起垃圾厌氧堆肥技术,即加快了有机质的降解速度,又可回收利用厌氧处理过程中产生的沼气作能源,用于发电或提纯制取气体燃料,较好地实现了无害化处理和资源化利用。厌氧堆肥法可用于处理垃圾、泔脚、污泥、禽畜粪便等高有机质含量的废弃物。在国外的一些国家建有机械化程度较高的厌氧堆肥厂,目前在我国尚无应用。目前我国泔脚等食品废物已经禁止未经严格处理就用作禽畜饲料,大量的食品废物面临着急需处理的问题,厌氧堆肥法无疑是解决此问题的一种较好的途径。

## 一、厌氧堆肥的优点

厌氧堆肥是在缺氧条件下,主要由厌氧类和兼性厌氧类微生物分解易腐有机物。由于传统的厌氧堆肥周期很长(一般需 3～6 个月),致使占地、占用设备、设施时间较久,且产生的气体有恶臭,所以各地较为普遍地采用好氧堆肥技术。但在有机质和水分含量都很高的情况下,常规的好氧堆肥法难以满足好氧生物降解所需的大量氧气。而且,好氧堆肥过程会产生大量热能,使温度显著升高,堆肥中氮随热量逸失较多,从而降低了肥效。对厌氧堆肥而言,其腐熟过程平缓,堆肥接近常温,有利于肥效的保存。现代机械化垃圾厌氧堆肥工艺中,垃圾发酵之前的破碎和分选技术,保证了堆肥物料的有机质含量的提高和异物的减少。厌氧发酵是在可加温和搅拌的密封容器中进行,从而杜绝了垃圾渗滤液的流出和恶臭气体的散发而导致的环境污染。发酵产生的沼气便于集中回收和综合利用,可用于燃烧产生的热能提高发酵罐温度,也可用于发电,实现资源化利用。

## 二、垃圾厌氧堆肥工艺的分类

垃圾厌氧堆肥工艺是从城市污水处理厂对污泥的厌氧消化处理技术发展而来的,其实质仍是厌氧发酵或厌氧消化。它是将垃圾的厌氧处理过程放置在可加温和搅拌的密封反应器(消化池)内完成,从而有效地缩短发酵周期,并可保证垃圾渗滤液和还原性气体不泄漏于环境中。根据消化的次数,有单级、多级之分;根据消化温度高低不同,有中温、高温之分。根据有机固体废物在厌氧处理过程中含水率或含固率的多少,有干式和湿式之分。根据进料方式和物料运动方式不同,有连续式和间歇式(序批式)之分。

## 三、垃圾厌氧堆肥的发展

20 世纪 70 年代后期,第一个生产规模的厌氧堆肥厂在美国的佛罗里达州建成。该厂用湿式厌氧发酵处理垃圾,加水后的垃圾含固率为 3%～5%。但是由于固液分离、搅拌和浮渣等问题得不到根本的解决,运行效果不好。1984 年,Ghosh 使用了改进的系统,即采用固体废物不加水直接进行两阶段消化。第一阶段中,固体废物堆成堆,在顶部喷水,有机物水解为短链的脂肪酸。第二阶段,收集起来的渗滤液在厌氧反应器产生甲烷。该系统的缺点是渗滤过程不够完全,废弃物只是部分稳定,排入环境中会产生污染。后来的 Dranco 和 Valorga 工艺改进了干式厌氧消化。这两种工艺都是处理原生垃圾经机械分选出来的有机物质。水分用量很少。消化池运行温度控制在 50～55℃,原料含固率保持在 30%～35%。

近年来,欧洲城市生活垃圾的收集方式发生改变,普遍采用垃圾源头分类,有机部分进行厌氧消化。但是,由于垃圾源头分类的收集和处理费用较高,为减少费用,越来越多的厌氧垃圾发酵工艺同生活垃圾的机械分选相结合。全世界已有 100 多套厌氧发酵装置,单套装置的处理能力最小也达 2500 t/a,每年处理的有机生活垃圾量超过 600 万 t。世界上最大的垃圾厌氧堆肥厂是建在法国亚眠市(Amiens)的 Valorga 厂,该厂每年处理垃圾约 80000 t。1997 年 4 月,德国的 Bassum 市也建成了生产规模的 Dranco 工艺垃圾堆肥厂,采用干式消化法,每年发酵处理 11000 t 机械分选后的垃圾和污水污泥的混合物,每年产气量预计 170 $m^3$/t。瑞典用厌氧法堆制家庭垃圾,1995 年政府出资 500 万磅建设了 200 座堆肥厂,年处理量为 30 万 t。在厌氧堆肥工艺中,一级干式消化技术被认为是最适合于剩余垃圾的厌氧发酵技术。例如:采用连续式处理的 Kompogas、Valorga、Dranco 和 ROMopur 工艺;采用间歇式(序批式)处理的 HGG、3A 和 Biocell 工艺。

### 四、剩余垃圾厌氧发酵的基本流程

所谓剩余垃圾是指经过生物物质垃圾箱、有用物质垃圾箱、玻璃收集箱等容器分类收集后剩余的家庭垃圾。经试验证实,这种垃圾中所含可生物处理成分约占 30%~50%,其余部分是塑料、惰性物及纺织物等成分。

剩余垃圾发酵工艺主要由机械干燥预处理和生物处理和最终处置等步骤组成。

剩余垃圾的机械干燥预处理是必须采取的处理手段,其目的是保持原料内有机物质的高含量,并减少进入生物处理设备的物料量。现代机械化的厌氧堆肥工艺中,一般先将垃圾全部粉碎,再用筛选、磁选和水选等手段将垃圾中不适合做肥料的废物分拣出来。

生物处理由分选后的剩余垃圾的调节处理、发酵工艺、最终处理三步组成。在剩余垃圾发酵之前,应根据发酵工艺要求调节原料的含水率,同时为提高生物处理的效率,还应根据处理工艺要求投放添加物。在发酵阶段,可生物处理的有机物质在缺氧条件下分解,同时产生生物气体——沼气,其主要成分由 $CH_4$(约占 50%~70%)和 $CO_2$(约占 25%~35%)组成,可作能源利用。厌氧发酵的时间一般在 5~20 d。在作为发酵剩余物质中还存留有不溶于水的水解余物。这类物质在填埋前通过二次处理清除掉。其第三步的最终处理就是将发酵剩余物质进行脱水和二次消化,二次消化是为了使发酵剩余物质中有机物部分再次进行分解。

最终处置就是将厌氧发酵处理的残余物进行填埋,或作为肥料运出或出售,也可对肥料进行深加工,制成有机颗粒肥料或复合肥料。

剩余垃圾的整个厌氧处理过程示于图 6-16。

### 五、典型厌氧堆肥工艺

现代机械化垃圾厌氧堆肥工艺在我国尚无应用,以下介绍几个国外厌氧堆肥处理剩余垃圾工艺实例及典型处理装置。

#### (一) WABIO 工艺

WABIO 工艺是从城市污水厂对污泥的厌氧消化处理技术发展而来的,其工艺流程如图 6-17 所示,WABIO 工艺全过程包括垃圾分选、厌氧发酵和脱水成肥三个主要环节。

垃圾分选:将垃圾中无肥效和有害于农业生产的杂物分拣出来,以提高肥效和扩大堆肥使用

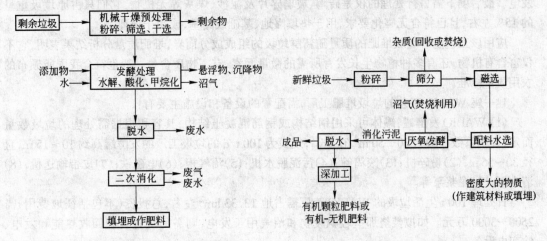

图 6-16　剩余垃圾发酵处理过程示意图　　　　图 6-17　WABIO 垃圾堆肥工艺流程图

范围。分拣方法有筛选、磁选和水选。为提高分选效果,须将垃圾全部粉碎至粒径小于 30 mm 的颗粒后,用滚筒筛将未破碎的纸品、纺织品、塑料、胶革制品等废物分拣出来。再加水配制成含固率为 15% 的浆料送入水选反应罐内,通过重力作用,将砖瓦、陶瓷、玻璃等碎片和泥沙、煤灰等废料分选出来。剩余的属于可被生物降解的有机物,进行消化处理。

厌氧发酵:上述含固率 15% 的浆料在厌氧发酵罐内发酵,保持温度在中温(30~40℃),经过 15~20 d,有机物被微生物降解为性质较为稳定的腐殖质,即消化污泥。发酵过程中产生的生物气体——沼气,通过集气、导气系统引入沼气柜中贮存备用。

脱水:消化污泥含水率达到 90% 以上,为便于运输、贮存和使用,必须脱水至含水率约为 65% 左右。脱水后污泥可直接施于农田,也可深加工成有机颗粒肥料或有机-无机复混肥料。

WABIO 工艺的主要技术参数有:固体物料粒径小于 30 mm,浆料中总固体含量 15% 左右,WABIO 反应罐内温度 30~40℃,浆料在反应罐内停留时间 15~20 d,浆料的酸碱度 7 左右,反应罐容积负荷 30~70 kg/(m³·d)(VS),发酵后原活性污泥固体含量 10% 左右,脱水后活性污泥含水率 60%~65%,活性污泥产率约 0.5 t/t(TS),沼气产率约 435 m³/t(VS),沼气中甲烷含量 50%~60%。

WABIO 垃圾堆肥工艺与一般厌氧堆肥技术不同之处在于:

(1) 堆肥发酵之前须将垃圾全部粉碎,再通过筛选、磁选及水选等方法将垃圾中不适于制作肥料的废物分拣出来,以减少厌氧发酵物料的杂质量,提高堆肥质量。

(2) 厌氧发酵是在能加温和搅拌的密封容器——WABIO 反应罐内完成,从而控制了垃圾渗漏液流出及恶臭气体逸散而引起的污染环境。垃圾腐熟过程明显地缩短,有效地减少了占地面积。

(3) 厌氧发酵过程产生的沼气,便于集中回收和综合利用,既防止污染环境,又提高经济效益。

(4) 垃圾先经过分选和粉碎后再发酵,并且是处于密封、中温环境下发酵,获得的消化污泥肥效较高、质量较好,也便于深加工成有机颗粒肥料或复混肥料。

(5) WABIO 堆肥处理全过程,作为二次资源回收再利用率高。消化污泥一般占被处理垃圾总量的 50% 左右。纸、塑料、胶革及纺织品的燃烧热值高,可通过焚烧回收能源;金属可直接回收再利用。厌氧处理过程获得的副产品——沼气,可燃烧利用热能提高反应罐内温度,亦可用于发电。最后剩下需另行处理的仅是砖陶、玻璃碎片及泥沙、煤灰等无机物,它们只占原垃圾重量的 15% 左右,且已符合无害化要求,用于垫填凹地、基础或路基,或用于填埋。

应用该工艺生产垃圾堆肥的质量随新鲜垃圾的组成成分而异,堆肥质量分析结果表明,它不仅富含有机物,还有多种植物生长发育所需的微量元素,有害物质含量一般也符合我国所颁布的农用质量标准。

建一座 WABIO 工艺的垃圾堆肥工厂,需配置的设备和设施主要有:

(1) WABIO 发酵罐:罐体可采用钢结构或钢筋混凝土结构;其容积根据需处理的垃圾数量而定,容积系数一般为 30~50 m³/t新鲜垃圾,规模为 100 t/d 的垃圾工厂的发酵罐高约 10~15 m,直径 30~35 m;(2)粉碎机;(3)滚筒筛;(4)污泥脱水机;(5)沼气柜;(6)电磁铁;(7)皮带输送机;(8)清水泵;(9)泥浆泵等。

日处理 100 t 生活垃圾的 WABIO 工厂需占地 13.33 km² 左右,总投资(不包括征地费用)需 2500~3000 万元。如拟焚烧那些轻飘废物和沼气用于发电,则需另配置焚烧回收热能和发电、输变电设备。

WABIO 厌氧堆肥工艺在芬兰、德国、波兰等欧洲国家都有应用,亚洲的泰国也决定兴建采用此工艺的垃圾堆肥厂。1997 年我国广东省番禺市在石楼镇奠基兴建一座规模为 100 t/d 的 WABIO 工艺垃圾堆肥试验厂。

芬兰 Vaasa 市最先采用的 WABIO 垃圾厌氧堆肥工艺示意图如图 6-18 所示。

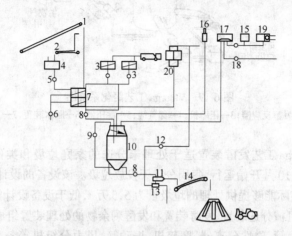

图 6-18　芬兰 Vaasa 市 WABIO 垃圾厌氧堆肥工艺示意图

1—输送带；2—生物过滤器用物料；3—污泥存储罐；4—生物过滤器；5—鼓风机；6—空气压缩机；7—混合浆料池；
8—发酵物料用泵；9—气体压缩机；10—发酵罐；11—脱水机；12—工艺水泵；13—水井；14—肥料输送带；
15—气体燃烧器；16—火炬；17—储气罐；18—生物气体分配用压缩机；19—气体发电机；20—贮水池

该工艺物料的生物处理过程是：先将物料输入混合反应器中，按 1:1 比例与净化污泥混合，再加入热水，使工艺温度达到 37℃，发酵原料的固料含量为 15%，在 24 h 内进行搅拌。因原料掺加污泥而产生的过量废水，一部分作为工艺水循环利用，剩余部分输入净化装置。产生的臭气通过生物过滤器进行除臭处理。剩余物料勿需再进行悬浮和沉降分离。最后将经处理的发酵悬浮物输入容积为 1500 m³ 的发酵反应器进行发酵，停留时间为 14 天，利用生物气体循环进行搅拌。

发酵过程所产生的生物气体的甲烷含量达 65%（体积分数），利用其作为能源，部分供自身需求，部分用于发电，另有部分用于制热（烧锅炉）。发酵过程存留的发酵剩余物排入另一个反应器，将剩余物加热到 70℃，并在反应器内停留 20 min，进行卫生化处理。经卫生化处理后的剩余物再进行脱水，脱水后存储于采石场。该工艺采取连续式运行方式。

尽管使用了机械分选设备，原料垃圾中的一部分塑料悬浮物仍进入了发酵反应器，因此每周需清理 4 次。该装置投料期为 5 d/周。该套装置配有 7 名工作人员，处理未分选家庭垃圾的成本为 100 马克/t。

**（二）Valorga 工艺**

世界上最大的垃圾厌氧堆肥厂是建在法国亚眠市（Amiens）的堆肥厂，它建于 1985 年，采用 Valorga 工艺。

在 Valorga 工艺中，整个发酵过程（水解、酸化、甲烷化）都在容器中进行。图 6-19 为该工艺的简化示意图。将可发酵废物装入一个混合容器，加入工艺水，使其含固率保持在 30%～35%，加温到约 37℃（中温工艺温度），再输入发酵反应器。为调整反应器容量，利用一台压缩器输出并压缩一部分生成的生物气体，再将气体从反应器底部输回发酵反应器，并借此挤压发酵物质。发酵物质在反应器中的停留时间为 15～20 天，之后从容器中清出存留的发酵物，并进行脱水。工艺废水经过处理后再循环使用。Valorga 工艺采用一级干式中温发酵，连续式运行方式。

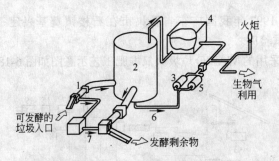

图 6-19　Valorga 工艺简化系统图

1—混合装置;2—发酵反应器;3—压缩机;4—储气罐;5—蓄压器;6—脱水装置;7—工艺水处理装置

Amiens 市的 Valorga 工艺发酵装置适于处理未分选的家庭垃圾和类似家庭垃圾的商业垃圾。该设备自 1988 年 10 月开始运行,每周分 4 天投放垃圾。该设备的设计总容纳量可达到 6.5～7.2 万 t/a,而每年实际能够提供处理的垃圾量为 5.5 万 t,低于设备设计能力。

发酵设备主要由机械分选装置、发酵装置和发酵剩余物的处理装置组成。在机械分选阶段,输送来的垃圾经过滚筒筛、磁性分离器、磨碎机、振动筛、风力分级机等各种分选和破碎设备处理,玻璃、石头、陶瓷等惰性物质,金属、塑料、纸等轻质物质及细小物质都从物料中分离出来。由于夜间用电便宜,所以一般都在夜班进行机械分选。

在发酵阶段,有机物质在厌氧发酵器内进行发酵降解,并产生沼气。发酵设备为三个容积为 2400 m³ 的容器。每个容器每夜进料 3～5 h,每周 5 夜进料。生产出的生物气体含有 54% 的甲烷,输入一台锅炉用于生产工艺蒸汽。生产的工艺蒸汽送往邻近的一个化工厂。

发酵剩料从发酵设备清出,进行后处理,即先将发酵剩料脱水至含固率约 50%～60%,再进行粉碎,然后分离出玻璃、塑料等杂物,最后进行 6 个月的二次消化。二次消化后的发酵剩料作为肥料出售。这种肥料主要用作葡萄园的土壤改良剂。该设备运行需要 3～5 名操作人员。处理未分选的家庭垃圾的成本(投资成本和运营成本)为 110 马克/t。

Valorga 工艺的技术水平还是比较高的,自 1984 年小型试验后,以各种垃圾为原料至今仍运转正常。Valorga 工艺为未分选垃圾的发酵处理提供了成熟的运行经验,但同时也存在一些不足之处,如:用于发酵的细颗粒成分虽然进行了机械预分选,但仍存留有很多碎玻璃和塑料块。这些物质在发酵剩余物最后处理后仍然很明显,而且设备运行时有明显臭味散发。利用未分选家庭垃圾制取的二次消化发酵剩料,作为堆肥出售,因其有害物质浓度较高,在德国的巴登－沸腾堡州没有销售市场。

## (三) DRANCO 工艺

DRANCO 工艺是 20 世纪 80 年代日内瓦大学的 W. Verstaete 教授发明的,该工艺的所有权属于日内瓦的 OWS 公司。丹麦于 1991 年 9 月开始建设 DRANCO 工艺处理装置,1992 年夏季投入运行。该工艺以分类收集的生物垃圾为原料,采用二次消化进行堆肥。

该工艺采用一级高温发酵技术,其流程是先将生物垃圾破碎,然后送入带水蒸气的预处理系统,将其加热到 55℃。原料固体含量保持在 25%～45% 之间(干式法)。经预处理的混合物从上方输入到发酵反应器。每天反应器中 1/3 的物料进行循环。发酵持续 18～21 天。排出的发酵剩余物脱水后进行二次消化。该工艺以连续运行方式进行,其工艺流程见图 6-20。

勃莱西特市将上述工艺的运行设备(其处理装置系统见图 6-21)用于处理分类收集的生物垃圾,而将设备安装在填埋场陆地上。垃圾收集在 120 L 的容器中,每 14 d 倒空一次。该设备处理本地 13 个单位的生物垃圾,总处理能力为 $10^4$ t/a。送来的生物垃圾在正式生物处理之前,先送入既能粉碎又能将粗、细垃圾分开的孔眼为 40 mm 的滚筒筛。垃圾在筛中停留时间为 2 h,其筛上物可作填埋处置。根据前述工艺要求的参数(温度 55℃,干物质成分 25%~45%)作为基础,对细小物质进行预处理,然后送入发酵反应器内。发酵反应器体积 800 m³。发酵物料在反应器中的停留时间为 18 天(包括循环)。

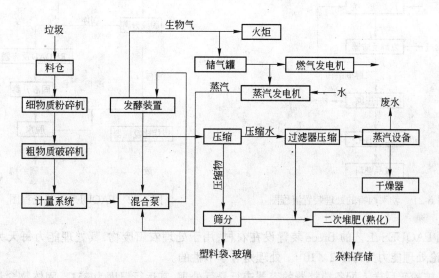

图 6-20　垃圾发酵 DRANCO 工艺流程方框图

发酵过程中产生的生物气体一小部分用以生产蒸汽供本工艺使用,其余大部分用作燃气发动机的燃料以产生电力,如此所得到的部分电能可满足本工艺需求。排除的发酵剩余物用螺杆压力机脱水后,固体含量达 50%,将其进行二次消化后再进行加工,最后可作堆肥产品出售。

DRANCO 工艺自 1984 年试运行以来运转状况良好。整套装置经长时间运转的实践证明,其性能适应生物垃圾和剩余垃圾的发酵处理要求。

**（四）PAQUES 工艺**

PAQUES 工艺最初是由荷兰的 Pisvokade 公司研制的。采用 PAQUES 工艺的发酵处理装置于 1987 年投入运转,主要用于处理农业废物。

1993 年,荷兰批准莱顿市建设一套大型 PAQUES 工艺设施,用于处理生物垃圾和剩余垃圾。该装置的设备设计能力为每年 75000 t 剩余垃圾和每年 25000 t 生物垃圾。该装置将与荷兰南部的现有垃圾焚烧装置联合运行。

PAQUES 工艺一般是两级或三级发酵工艺。可发酵的垃圾在机械预分选后输入到反应器中。产生的悬浮物被加热到 35℃,固体含量保持在 10%。水解后进行固体和液体分离。液体直接送去甲烷化,采用专用于厌氧废水处理工艺——BIOPAQ 工艺。分离出的固体在第二处理阶段中又回流到原来的水解反应器中,以使有机物继续分解,这一过程反复进行。在第三处理阶段,处理物在另一个水解系统(RUDAD 反应器)中继续分解,其运行方式有点像牛胃。RUDAD反应器的工作温度是 35℃。从 RUDAD 反应器输出的物质进行固液分离,液体输入到甲烷化反应器内,其发酵时间为 6~8 天。最终不能发酵的固体进行脱水处理后作为肥料用作农田。该工艺为连续运行方式,工艺流程见图 6-22。

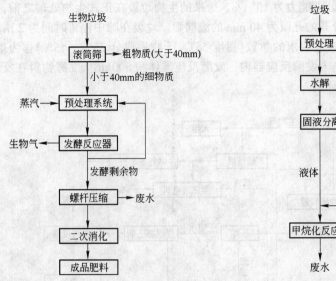

图 6-21　勃莱西特的处理装置流程图

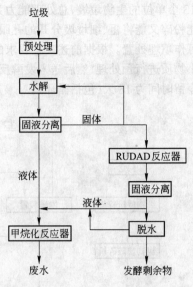

图 6-22　PAQUES 工艺流程图

采用 PAQUES 工艺的 Brede 装置设在农村,用于处理农田废物,其处理能力每天为 120～150 t,理论处理能力为每年 $2 \times 10^4$ t。处理是有季节性的。

垃圾被粉碎后送入配备搅拌器的容器进行悬浮处理,其运行温度为 35℃,固体物含量 10%。按照 PAQUES 工艺要求悬浮物需进行二级发酵。存留的发酵剩余物脱水后作为肥料用于农田。该工艺每小时产生 60～80m³ 生物气,它主要用于发电。生物垃圾在发酵系统中停留的时间为 1 天。

1994 年,三级处理的 PAQUES 工艺在荷兰处于试验阶段,仅有一台年处理能力为 800 t 的试验设备在荷兰的 BALK 市试运转。

国外采用的厌氧堆肥处理生活垃圾的技术多种多样,在此仅将上述四种工艺的运行状况作横向比较,列于表 6-15 中。

表 6-15　四种垃圾厌氧发酵处理工艺装置及运行情况比较表

| 工 艺 名 称 | WABIO | VALORGA | DRANCO | PAQUES |
|---|---|---|---|---|
| 工艺类型 | 一级处理<br>中温<br>湿式法<br>气动搅拌 | 一级处理<br>中温<br>干式法<br>气动搅拌 | 二级处理<br>高温<br>干式法<br>发酵物质循环 | 二级或三级处理<br>中温<br>湿式法<br>机械搅拌 |
| 厌氧处理时间/d | 15～20 | 15～20 | 18～21 | 6～8 |
| 运行设备所在城市 | Vaasa(芬兰) | Amiens(法国) | Brecht(比利时) | Brede(荷兰) |
| 开始运行时间 | 1990 年 5 月 | 1988 年 10 月 | 1992 年 7 月 | 1987 年 8 月 |
| 输入的物质 | 非分选的家庭垃圾 | 非分选的家庭垃圾 | 生物垃圾 | 农业废物 |
| 设备处理能力/t·a⁻¹ | 21000 | 55000 | 10000 | 120～150 |

| 工艺名称 | | WABIO | VALORGA | DRANCO | PAQUES |
|---|---|---|---|---|---|
| 设备技术状况 | 预处理 | 机械分选,可燃物(焚烧);铁(再利用);粗物质(填埋);有机成分(发酵处理) | 粉碎和分选出玻璃和其他惰性物(填埋);铁物质(再利用);可燃成分(填埋);有机细小成分(发酵处理) | 用DANO滚筒筛粉碎筛上物(填埋);小于40 mm的有机细物(发酵) | 机械粉碎 |
| | 发酵 | 添加污泥和水进行处理,在处理容器中停留24 h;一级反应器输入物质15%为干物质,在35℃温度下发酵生物气被压缩,多次返回反应器(循环)连续运行 | 一级反应器,输入的物质中含0~35%干物质,在37℃发酵,生物气经压缩和多次返回反应器(循环)连续运行 | 一级固体反应器输入物质中30%~40%为干物质。发酵温度55℃,反应器中物质循环输入,使其均匀化,连续运行 | 二级发酵,在水解反应器中,干物质小于10%,温度35℃;在甲烷化反应器中,悬浮物粒度小于0.5 mm,温度约35℃,连续运行 |
| | 后处理 | 脱水使干物质达45%,脱水后的剩余物送填埋场,也可用于耕种 | 脱水使干物质达50%~70%。二次消化6个月后堆肥用于葡萄园 | 脱水使物质达50%,二次消化5~6天后,堆肥可出售 | 无后处理,10%的剩余物用于农田 |
| 建设地点 | | 矿区原来的采石场现为填埋场 | 工业区蒸汽用户附近 | 填埋场 | 农业区 |

# 第十一节　堆肥设备及辅助机械

　　堆肥发酵装置是堆肥处理工艺的核心。当代所用各种各样的发酵装置和堆肥化系统,都是以能向微生物提供生存和繁殖的良好条件而获得成功的。要堆制出好的肥料,必须把握好微生物、堆肥物质和发酵设备三者之间的关系。为了使微生物的新陈代谢旺盛,保持微生物生长的最佳环境条件以促使发酵顺利进行,设计出结构合理、造价低廉的发酵装置是极为重要的。堆肥发酵装置通常系指堆肥物料进行生化反应的反应器装置,是堆肥系统的主要组成部分。

## 一、堆肥设备的分类

### (一) 按照通风方式分类

　　目前世界上采用的堆肥方法主要是高温好氧堆肥,它基本上可分三种类型:静态强制通风法堆肥、间歇翻堆强制通风法、连续动态强制通风法。各种方法的目的都以使垃圾达到无害化为指标,经充分腐熟,作肥料使用。各种方法的选择由垃圾的组成和地方的投资能力而决定。

### 1. 静态强制通风的发酵装置

　　静态强制通风法堆肥要求在密闭的发酵池内进行。池形有方形、圆形、矩形、倒锥形等。发酵池池形的选择由进出料的方式所决定。高度一般为3~4 m。发酵池的密封有利于发酵条件的控制和无害化指标的实现。发酵池底设有通风、排水管道,两者可共用。池顶设有排风口,将废气排出并除臭。通风亦可由底部抽风,造成池力负压来实现。这种方法有利于对臭气的控制。风机一般选用离心式风机,风压53.32~66.65 kPa,每立方米堆层风量为0.1~0.2 m³(标准)/s。静态强制性的通风发酵由于是好氧发酵,其发酵周期比厌氧发酵短。但是,由于垃圾一直处于静止状态,导致物料的不均性及微生物生长的不均匀。因此,完成堆肥仍然需要较长的发酵周期,尤其对有机质含量高于 50% 的垃圾,静态强制通气较困难,易造成厌氧状态,发酵周期延长,这是它的局限性。

### 2. 间歇翻堆强制通风发酵装置

间歇翻堆强制通风法堆肥就是对高有机质含量的垃圾在利用堆肥法处理过程中,在强制通风的同时用翻堆机械将垃圾间歇翻堆,一方面防止堆肥物料结块以保持物料疏松而有利通风,另一方面促使堆肥物料的均匀混合,从而加快发酵过程,缩短发酵周期。翻堆机械装置有应用于露天条堆的轮胎式翻堆机和履带式链耙机,用于槽形发酵池的轨道形转子式翻堆机的板式输送翻堆机,用于圆形多层发酵塔形的翻堆桨和圆柱刮板旋转桨,也用于圆柱形密闭发酵池的桥架立式螺旋搅拌钻等。

### 3. 连续动态强制通风发酵装置

连续动态强制通风形发酵装置是目前高速堆肥系统中用得最多的一种装置,发酵采用达诺式发酵滚筒。该装置适合于以纸张为主(占 35%～40%),碳氮比高达 70 的垃圾,通过加入污泥、粪便进行混合发酵。一般情况下,筒体以 3 r/min 的转速不断翻滚,并通入空气由另一端抽出气体,然后除臭。达诺发酵滚筒的直径 3～5 m,长为 20～70 m,功率为 55～100 kW。达诺发酵滚筒能在 28～48 h 内完成第一次发酵,并由一端连续进料,另一端连续出料。

### (二) 按照发酵装置的类型分类

按照发酵装置的类型有立式堆肥发酵塔、卧式堆肥发酵滚筒、筒仓式堆肥发酵仓和箱式堆肥发酵池等。

### 1. 立式堆肥发酵塔

立式堆肥发酵塔通常由 5～8 层组成。堆肥物料由塔顶进入塔内,在塔内堆肥通过不同形式的机械运动,由塔顶一层层地向塔底移动。一般经过 5～8 天的好氧发酵,堆肥物即由塔顶移动至塔底而完成一次发酵。立式堆肥发酵塔通常为密闭结构,塔内温度分布为从上层至下层逐渐升高,即最下层温度最高。为了保证各层内微生物的各自活性以进行高速堆肥,分别维持塔内各层处于微生物活动的最适温度和最适通气量,塔式装置的供氧通常以风机强制通风,通过安装在塔身一侧不同高度的通风口将空气定量地通入塔内以满足微生物对氧的需求。

立式堆肥发酵塔的种类通常包括:立式多段圆筒式、立式多段降落门式、立式多段桨叶刮板式、立式多段移动床式等。

### 2. 卧式堆肥发酵滚筒

卧式堆肥发酵滚筒又称达诺(Danot)式。主体设备是一个长 20～35 m,直径为 2～3.5 m 的卧式滚筒。在该发酵装置中废物靠与筒体内表面的摩擦沿旋转方向提升,同时借助自重落下。通过如此反复升落,废物被均匀地翻到并且与供入的空气接触,并借微生物的作用进行发酵。此外,由于筒体斜置,当沿旋转方向提升的废物靠自重下落时,逐渐向筒体出口一端移动,这样,回转窑可自动稳定地供应、传送和排出堆肥物。该装置的处理条件概括如下:通风空气温度原则上为常温,对 24 h 连续操作的装置,通风量为 $0.1 \ m^3/(m^3 \cdot min)$,筒内搅拌的旋转速度应以 0.2～3.0 r/min 为标准。如果发酵全过程都在此装置中完成,停留时间应为 2～5 天。筒填充率一般为:筒内废物量/筒容量≤80%。当以该装置作全程发酵时,发酵过程中堆肥物的平均温度为 50～60℃,最高温度可达 70～80℃;当以该装置作一次发酵时,则平均温度 35～45℃,最高温度可为 60℃左右。

### 3. 筒仓式堆肥发酵仓

筒仓式堆肥发酵仓为单层圆筒状(或矩形),发酵仓深度一般为 4～5 m。其上部有进料口和散刮装置,下部有螺杆出料机。大多采用钢筋混凝土筑成。发酵仓内供氧均采用高压离心风机强制供气,以维持仓内堆肥好氧发酵。空气一般由仓底进入发酵仓,堆肥原料由仓顶进入。经过6~12 d的好氧发酵,得到初步腐熟的堆肥由仓底通过出料机出料。根据堆肥在发酵仓内的运动形式,筒仓式发酵仓可分为静态和动态两种。

(1) 筒仓式静态发酵仓。该装置呈单层圆筒形,堆积高度4~5 m。堆肥物由仓顶经布料机进入仓内,经过10~12天的好氧发酵后,由仓底的螺杆出料机出料。由于仓内没有重复切断装置,原料呈压实块状,通气性能差,通风阻力大,动力消耗大,而且产品难以均质化。但是该装置占地面积小,发酵仓利用率高,这是它的优点。这种装置的结构简单,所以使用比较广泛。

(2) 筒仓式动态发酵仓。筒仓式动态发酵仓呈单层圆筒形,堆积高度为1.5~2 m。动态发酵仓运行时,经预处理工序分选破碎的废物被输料机传送至池顶中部,然后由布料机均匀向池内布料,位于旋转层的螺旋钻以公转和自转来搅拌池内废物,这样操作的目的时防止形成沟槽,并且螺旋钻的形状和排列能经常保持空气的均匀分布。废物在池内依靠重力从上部向下部跌落。既公转又自转的旋转切割螺杆装置安装在池底,无论上部的旋转层是否旋转,产品均可从池底排出。好氧发酵所需的空气从池底的布气板强制通入。为了维持池内的好氧环境,促进发酵,采用鼓风机从池底强制通风。通过测定池内每一段的温度和气体的浓度,可调节向每一段供应的空气量以及控制桥塔的旋转周期来改变翻倒频率。一次发酵的周期为5~7天。在堆肥过程中,螺旋叶片重复切断原料,原料被压在螺旋面上,容易产生压实块状,所以通气性能不太好。此外,它还有原料滞留时间不均匀、产品呈不均质状,不易密闭等缺点。其优点是排出口的高度和原料的滞留时间均可调节。

**4. 箱式堆肥发酵池**

箱式堆肥发酵池种类很多,应用也十分普遍,其主要分类有:

(1) 矩形固定式犁形翻倒发酵池。这种箱式堆肥发酵池设置犁形翻倒搅拌装置,该装置起机械犁掘废物的作用,可定期搅动兼移动物料数次,它能保持池内通气,使物料均匀发散,并兼有运输功能,可将物料从进料端移至出料端,物料在池内停留5~10天。空气通过池底布气板进行强制通风。发酵池采用输送式搅拌装置,能提高物料的堆积高度。

(2) 戽斗翻倒式发酵池。这种发酵池呈水平固定,池内装备翻倒机对废物进行搅拌使废物湿度均匀并与空气接触,从而促进易堆肥物迅速分解,阻止产生臭气。停留时间为7~10天,翻倒废物频率以一天一次为标准,也可视物料性状改变翻倒次数。该发酵装置在运行中具有几个特点:发酵池装有一台搅拌机及一架安置于车式输送机上的翻倒车,翻倒废物时,翻倒车在发酵池上运行,当完成翻倒操作后,翻倒车返回到活动车上;根据处理量,有时可以不安装具有行吊结构的车式输送机;当池内物料被翻倒完毕,搅拌机由绳索牵引或机械活塞式倾斜装置提升,再次翻倒时,可放下搅拌机开始搅拌;为使翻倒车从一个发酵池移至另一个发酵池,可采用轨道传送式活动车和吊车刮出输送机、皮带输送机或摆动输送机,堆肥经搅拌机搅拌,被位于发酵池末端的车式输送机传送,最后由安置在活动车上的刮出输送机刮出池外;发酵过程的几个特定阶段由一台压缩机控制,所需空气从发酵池底部吹入。

(3) 吊车翻倒式发酵池。这种发酵池一般作二次发酵用。经过预处理设备破碎分选的堆肥化物料或已通过一次发酵的可堆肥物由输送设备送至发酵池中,送入的可堆肥物由穿梭式输送设备堆积在指定的箱式发酵池中。堆积期间,空气从吸槽供给,带挖斗吊车翻倒物料并兼做接种操作。

(4) 卧式桨叶发酵池。搅拌桨叶依附于移动装置而随之移动。由于搅拌装置能横向和纵向移动,因此操作时搅拌装置纵向反复移动搅拌物料并同时横向传送物料。因为搅拌可遍及整个发酵池,故可将发酵池设计得很宽,这样发酵池就具有较大的处理能力。

(5)卧式刮板发酵池。这种发酵池主要部件是一个成片状的刮板,由齿轮齿条驱动,刮板从左向右摆动搅拌废物,从右向左空载返回,然后再从左向右摆动推入一定量的物料。由刮板推入的物料量可调节。例如,当一天搅拌一次时,可调节推入量为一天所需量。如果处理能力较大,可将发酵池设计成多级结构。池体为密封负压式构造,因此臭气不外逸。发酵池有许多通风孔以保持好氧状态。另外,还装配有洒水及排水设施以调节湿度。

5.各种堆肥设备比较

各种发酵装置比较如表 6-16 所示。

表 6-16　各种发酵装置对比

| 项　目 | | 立式多层圆筒式发酵塔 | 立式多层板闭合门式发酵塔 |
|---|---|---|---|
| 立式堆肥发酵塔 | 结　构 | | |
| | 概　况 | 该装置呈多层圆筒形,每层堆高 0.3 m。它是利用每层之间的固定旋转间隙,同时对原料进行反复切断及输送,原料从塔顶送入,由塔底排出 | 这套装置呈多层条形,每层堆高不超过 1 m。在每一层床都有闭合门,在反复切断输送的同时,利用打开闭合门来顺序向下输送原料 |
| | 一次发酵天数/d | 3~7 | 5~10 |
| | 重复切断方法及频率 | 立式多层发酵塔是利用固定间隙进行重复切断的,频率为 1 次/d | 多层板闭合门式发酵塔的重复切断是利用各层闭合门的开闭来完成的,1 次/1~2 d |
| | 通气方法 | 空气是通过每层床来通入的,并且集中向槽上部排气 | 每层交替进行通气和排气 |
| | 压实块状化及通气性能 | 由于是利用固定间隙进行重复切断的,所以原料压在间隙内易产生压实块状,因此导致通气性能也不太好 | 多层板闭合门式发酵塔的重复切断是由闭合门自由下落来完成的,所以它没有破碎功能,无压实块状化,通气性能好 |
| | 通气阻力 | 中 | 中(4.0 kPa) |
| | 通气动力 | 中 | 中 |
| | 除臭类型 | 密闭型 | 密闭型 |
| | 优　点 | 占地面积小;除臭设备体积小 | 占地面积小;除臭设备体积小 |
| | 缺　点 | 堆积低,容积有效利用率低;装置运行所需的动力大;在堆肥过程中物料容易呈压实块状化,通气性能差;多层结构,整个装置很高 | 物料在输送过程中是利用自由下落而进行重复切断的,没有破碎作用,通气性能差;必须配备原料供给装置;多层结构,装置很高 |

| 项 目 | | 立式多层桨叶刮板式发酵塔 | 立式多层移动床式发酵塔 |
|---|---|---|---|
| 立式堆肥发酵塔 | 结 构 | | |
| | 概 况 | 呈多层圆筒形,每层堆高 1～1.5 m。利用各段内旋转的刮板同时进行原料的反复切断及输送。原料落在与刮板相反方向的叶片上,按顺序向下输送 | 该装置呈多层条形,每层堆高为 2.5 m。各层床构成整体的移动床。由水平运动将原料推出,顺序输送到下层。 |
| | 一次发酵天数/d | 3～7 | 8～10 |
| | 重复切断方法及频率 | 装置的重复切断方法是利用各层旋转的刮板来进行原料的切断,频率为 1 次/d | 该装置是利用每层床的水平移动进行重复切断的,频率为 1 次/2 d |
| | 通气方法 | 空气由风机鼓入,通过床层,集中向槽上部排出 | 空气是通过每层床来通入的,并且集中向槽上部排气 |
| | 压实块状化及通气性能 | 因为是利用刮板重复切断,对原料进行粉碎后缓慢堆积,所以没有压实块状化现象,因此通气性好 | 利用床的移动进行物料输送的,原料被推向筒壁,很容易压实,所以造成通气性能不好 |
| | 通气阻力 | 小(0.67 kPa) | 大 |
| | 通气动力 | 小 | 大 |
| | 除臭类型 | 密闭型 | 密闭型 |
| | 优 点 | 利用旋转刮板重复切断,无压实块状化;通气阻力及动力消耗小;占地面积小;除臭设备体积小 | 占地面积小;除臭设备体积小 |
| | 缺 点 | 多层结构,装置很高 | 物料容易压实,通气性能差;床的移动机构复杂;多层结构,装置很高 |

| 项 目 | | 筒仓式静态发酵仓 | 筒仓式动态发酵仓 |
|---|---|---|---|
| 筒仓式堆肥发酵仓 | 结 构 | | |
| | 概 况 | 呈单层圆筒形,堆积高度 4～5 m。堆肥物由仓顶经布料机进入仓内,顺序向下移动,由仓底的螺杆出料机出料 | 单层圆筒型,堆积高度为 1.5～2 m,螺旋推进器在仓内旋转,自外围投入的原料受到重复切断后,又接着输送到槽的中心部位的排出口排出 |

| 项　目 | | 筒仓式静态发酵仓 | 筒仓式动态发酵仓 |
|---|---|---|---|
| 筒仓式堆肥发酵仓 | 一次发酵天数/d | 10～12 | 5～7 |
| | 重复切断方法及频率 | 无 | 利用螺旋推进器的叶片进行重复切断,频率为 1 次/d |
| | 通气方法 | 由仓底部通气,并向上部排出 | 利用仓底部的管路通风供氧,并向上排气 |
| | 压实块状化及通气性能 | 仓内没有重复切断装置,原料呈压实块状,通气性能差 | 利用螺旋叶片重复切断,原料被压在螺旋面上,容易产生压实块状,通气性能不太好 |
| | 通气阻力 | 非常大 | 中 |
| | 通气动力 | 非常大 | 中 |
| | 优　点 | 占地面积小;发酵仓利用率高 | 排出口的高度和原料的滞留时间均可调节 |
| | 缺　点 | 堆积高,呈压实状;通风阻力大,动力消耗大;产品难以均质化 | 原料滞留时间不均匀,产品呈不均质状;易呈块状,通气性能差;不易密闭 |

| 项　目 | | 旋转发酵池 | 卧式刮板发酵池 |
|---|---|---|---|
| 箱式堆肥发酵仓 | 结　构 | | |
| | 概　况 | 利用低速旋转滚筒进行经常的反复搅拌和输送 | 平面型(最大槽长为 25 m,堆积高度 1.5 m),能横向行走的刮板进行锯齿形运行,同时进行原料的重复搅拌和输送,原料缓慢堆积放在与刮板相反方向的叶片上 |
| | 一次发酵天数/d | 2～5 | 8～12 |
| | 重复切断方法及频率 | 利用筒的旋转连续进行 | 利用锯齿形行走的刮板进行重复切断,1 次/d |
| | 通气方法 | 空气从筒的原料排出口进入,并从进料口排出 | 利用底部管路通气 |
| | 压实块状化及通气性能 | 在发酵过程中,筒体不断地旋转,对物料进行重复切断,所以易产生压实现象,不能对原料进行充分通气 | 利用刮板重复切断、破碎原料,缓慢堆积,不会产生压实现象,通气性能非常好 |
| | 通气阻力 | 小 | 小 |
| | 通气动力 | 小 | 小 |
| | 除臭类型 | 半敞开式 | 敞开式 |
| | 优　点 | 技术成熟,操作简单;容易形成规模化;生产效率高,停留时间短,占地面积少;自然通风,能耗少;环境条件较好 | 利用旋转刮板重复切断,无压实呈块现象,通气性能好,发酵时间短;通气阻力小,动力消耗少 |
| | 缺　点 | 原料滞留时间短,发酵不充分;密闭困难;容易产生压实现象,通气性能差,产品不易均质化 | 占地面积大;环境条件差;除臭设备体积大 |

| 项　目 | | 戽斗翻倒式发酵池 | 卧式桨叶发酵池 |
|---|---|---|---|
| 箱式堆肥发酵池 | 结　构 | | |
| | 概　况 | 平面型(最大槽长为 31 m,高为 1.5 m),利用行走式戽斗同时进行原料的重复搅拌和输送,原料到达戽斗的投入口时,向上提升到排出口再将戽斗返回 | 平面型(最大槽长为 31 m,堆高 1.5 m),利用行走螺旋输送机的同时进行原料的反复搅拌和输送,原料到达螺旋输送机的投入端时提升到排出端后再返回 |
| | 一次发酵天数/d | 8～12 | 8～12 |
| | 重复切断方法及频率 | 利用行走戽斗来进行重复切断,1 次/d | 利用行走螺旋输送机构中的叶片,1 次/d |
| | 通气方法 | 利用发酵池底部管路通风 | 利用底部的管路通风 |
| | 压实块状化及通气性能 | 利用戽斗将切下的原料进行重复切断输送,很少产生压实成块现象,通气性能好 | 利用螺旋叶片进行重复切断和输送,将原料通向螺旋面,易产生压实呈块现象,通气性能不太好 |
| | 通气阻力 | 小 | 中 |
| | 通气动力 | 小 | 中 |
| | 除臭类型 | 敞开式 | 敞开式 |
| | 优　点 | 很少产生压实成块现象;通气阻力小,动力消耗小 | |
| | 缺　点 | 占地面积大;环境条件差;戽斗的长度决定于槽的长度,发酵池的有效利用率低 | 环境条件差;占地面积大;螺旋的总长度取决于槽的长度;易产生压实成块现象 |
| 项　目 | | 气 流 箱 式 | 定 箱 槽 式 |
| 堆集式 | 结　构 | | |
| | 概　况 | 室外堆积式(堆积高度为 1.5～3 m)。利用铲式装载机或其他专用机械堆积 | 室内堆积式(堆积高度 1.5～3 m)。利用铲式装载机,在固定的角槽内堆积 |
| | 发酵天数/d | 约 60～90 | 约 30～60 |
| | 重复切断方法及频率 | 利用铲式装载机等,1 次/2 周 | 利用铲式装载机等,1 次/2 周左右 |
| | 通气方法 | 利用底部管路通气,多数情况不通气 | 利用底部管路通气 |
| | 压实块状化及通气性能 | 重复切断的间隔时间长,无压实现象,通气性能差 | 重复切断的间隔时间长,有压实现象,通气性能差 |

| 项　目 | | 气　流　箱　式 | 定　箱　槽　式 |
|---|---|---|---|
| 堆集式 | 通气阻力 | 大 | 大 |
| | 通气动力 | 大 | 大 |
| | 除臭类型 | 露天敞开式 | 敞开式 |
| | 优　点 | 设备简单 | 设备简单 |
| | 缺　点 | 不能除臭;重复切断时间长;易产生压实现象,发酵时间长;产品均质化困难 | 除臭设备体积大;重复切断时间长;易产生压实现象,发酵时间长;产品均质化困难 |

## 二、堆肥辅助机械设备

作为一个完整的堆肥系统,高速机械化堆肥要生产出符合要求的堆肥产品,达到规定的卫生指标与环境指标,堆肥反应发酵设备是整个工艺的重心,而必要的辅助机械和设施也是必不可少的。工艺流程的确定以及发酵装置和设备的选择会对最终堆肥产品的质量产生很重要的影响。

堆肥辅助机械的种类、规格、数量的选择和配置是随不同的工艺流程而变化的,其目的是满足工艺所提出的参数要求,以保证工艺路线的畅通和堆肥产品的质量。在一般的高速机械化堆肥厂中常用的辅助设施可归纳如下:计量装置、存料区与贮料池、给料装置、堆肥厂内运输与传送装置、铁金属和其他可回收物资的分选设备、筛选设备、破碎设备、混合设备、翻堆设备、后处理设备、熟化设备、回返堆肥设备、添料装置、除臭设备。

### (一) 计量装置

计量装置通过计量载荷台上每辆收运车的重量来计量载荷台上卸下的固体废物重。安装计量装置是为了控制处理设施的废物进料量,从堆肥场输出的堆肥量,以及回收的有用物和残渣。计量装置应有 20 kg 或更小的最小刻度,并装备快速稳定机构。具备 20 t/d 或更大处理能力的处理系统必须装备一套计量装置。通常情况下,计量装置采用地磅秤。计量装置应安装在处理场内废物收运车的通道上(最好将其设置在高出防雨路面 50~100 mm 处,并建造顶棚)。计量装置应安装在容易检测进出车辆的开阔位置。为了便于检修计量装置,最好在计量装置前后约 10 m 处建一条直通道。地磅秤旁还应建造副车道,供不需称量的车辆通过。地磅秤的选择要根据所用车辆载重量的大小而定。分选后的垃圾或分选物需称量时,可选用皮带秤或吊车秤计量。

### (二) 存料区与贮料池

#### 1. 存料区

在实际堆肥厂运行当中,为了临时储存将送入处理设施中的垃圾,以保证能均匀地将垃圾送入处理设施,同时为了防止当进料速度大于生产速度或因机械故障和短期停产而造成垃圾堆集,待处理的垃圾在处理前必须配备一个贮存的场地,称存料区。一般日处理量在 20t 规模以上的堆肥厂,都必须设置存料区。存料区的容积一般要求能容纳日计划最大处理量的 2 倍,以适应各种临时变动情况。存料区必须建立在一个封闭的仓内,它由垃圾车卸料地台、封闭门、滑槽、垃圾储存坑等组成。垃圾储存坑一般设置在地下或半地下,一般用钢筋混凝土制造,要求耐压防水并能够承受起重机抓斗的冲击。垃圾储存坑底部必须有一定的坡度和集水沟,使垃圾堆积过程中产生的渗沥液能顺利排出。为了防止火灾和扬尘,必须配置洒水、喷雾装置,并配有通风装置以排除臭气以及在必要时工作人员可进入仓内清理或排除故障等需要。

#### 2. 贮料池

贮料池是一个底部设有垃圾传送设备的垃圾储料设施,其功能和垃圾存料区相同,但是结构较简单,造价便宜,适合于日处理 20 t 以下的堆肥厂。它由地坑、垃圾输送设备、雨棚等组成。地坑一般设置在地下,地坑容积一般为 $10\sim20$ m³。由于贮料池设置在地下,就要求其承受水压和土压;承受堆集废物重和内压;不受废物的流出物影响;以及承受废物吊车铲车的冲击。因此,贮料池最好建成钢筋混凝土结构,外层为防水结构,内层多为混凝土。

此外,为了易于排放由堆集废物中挤榨出的废水,防止其溃积在地坑内,必须使地坑有适当的斜度并在底部设置集水沟。

**3. 给料装置**

待处理的垃圾要由存料区或储料池送入处理设施,必须通过给料装置来完成。通常使用的给料装置有起重机抓斗、板式给料机、前端斗式装载机。

(1)起重机抓斗。起重机抓斗容量大,不易出故障,运行费用低,能满足一般堆肥厂的要求,所以使用比较普遍。

(2)板式给料机。板式给料机供料均匀,供料量可调节,一般在 $35\sim500$ m³/h,供料最大粒度为 1110 mm,承受压力大,送料倾斜度可达 12°。但是,板式给料机供料仓容积有限,储料池不可能很大,因此,在储料池或存料区采用板式给料机给料时,必须另设置给料装置,如抓斗起重机或前端斗式装载机。

(3)前端斗式装载机。前端斗式装载机除可完成给料工作外,还可用于造堆,运输装车等多种用途,其生产力较高,但造价高、易出故障、运行费用高。

**4. 堆肥厂内运输与传动装置**

堆肥厂的运输传动装置是用于堆肥厂内物料的提升、搬运的机械设备。它用来完成新鲜垃圾、中间物料、堆肥成品和二次废弃物残渣的搬运等。堆肥厂内物料的运输传动形式有许多,关键在于合理的选择,这是保证工艺流程的实施、提高垃圾处理效率、实现堆肥厂机械化、自动化的保障。同时,它也是降低工程造价和工厂运行费用的重要环节。堆肥厂常用的运输传动装置有起重机械、链板输送机、皮带输送机、斗式提升机、螺旋输送机等。

(1)起重机械。起重机械是将物料提升到一定高度并转载到一定位置的机械设备。堆肥厂新鲜垃圾由存料区或储料池运输至处理设施以及一次发酵池、二次发酵池进出料均可采用起重机械,起重机械运行稳定可靠、运行费用低,但在工艺流程中某些环节应用时,要求在密闭环境下使用,否则因扬尘和撒料而污染环境。

目前,堆肥厂采用的起重机械有桥式抓斗起重机、龙门抓斗起重机、装料抓斗起重机。

1)桥式抓斗起重机。桥式抓斗起重机具有灵活的特点,可在移动空间的任意点装卸物料,提升高度不受机械本身的限制,起重机本身不占用地面,所以,桥式抓斗起重机在垃圾处理系统中得到广泛应用。桥式抓斗起重机的主要组成有桥架及其运行结构(大车),小车及卷扬机构,抓斗及控制系统等。桥式抓斗起重机主要规格见表 6-17。

**表 6-17　桥式抓斗起重机的主要规格**

| 起重量/t | 跨度/m | 起重总量/t | 起升高度/m | 速度/m·min⁻¹ | | | 抓斗特性 | | | |
|---|---|---|---|---|---|---|---|---|---|---|
| | | | | 起重机运行 | 小车运行 | 提升开闭 | 容量/m | 物料容重/t·m⁻³ | 抓取量/kg | 抓斗重/kg |
| 5 | 10.5 | 17.3 | 6 | 87.5 | 44.6 | 38.8 | 2.5 | 0.5~1.0 | 1250~2500 | 2493 |
| | 13.5 | 19.0 | 8 | | | | | | | |
| | 16.5 | 21.1 | 10 | | | | | | | |

2)龙门抓斗起重机。龙门抓斗起重机是带支撑架的桥式起重机,一般龙门抓斗起重机的跨

度不大于 35 m,大车运行速度不超过 60 m/min,并主要在调整工作位置时移动。抓斗与装卸桥相连,起升速度大于 60 m/min。小车速度大于 150 m/min。

3) 装料抓斗起重机。装料抓斗起重机是根据某些工艺需要而制作的运输装置,一般由固定的基础、支撑臂、卷扬机和抓斗组成,不能移动,工作范围小。

(2) 链板输送机。借助于链条作为牵引构件而承载物料的构件安装在链条上,由链条牵引传动达到运输目的。其主要特点是:结构简单牢固,对被运物料的块度适应性强,改变运输机的输送长度较方便,可在机械的任意点装料或卸料;供料均匀,供料量可调节,承受压力大。根据输送物料性质的不同,链板输送机的承载构件的板片形状也不同。在输送垃圾的散装物时一般选用槽形板片和波浪形板片,这可增加输送量和提高输送角度,倾斜角可达 45°,甚至更大。

(3) 皮带输送机。皮带输送机是机械化垃圾处理系统中运输物料效率最高,使用最普遍的一种机型。它具有能连续运输操作、运输量高、动力消耗低、输送距离长、安装与操作维修方便、使用可靠等优点。皮带输送机可以水平和倾斜输送,其允许最大倾角为 12°~15°。如果在皮带上加装横向料板,倾斜角度还可大大提高。目前垃圾处理厂一般采用带速为 1.2 m/s,常用带宽有 500 mm、650 mm、800 mm、1000 mm 和 1400 mm 六种规格。

皮带输送机的输送带既是承载构件又是牵引构件,依靠皮带与滚筒之间的摩擦力平稳的进行驱动。输送带是皮带输送机中最重要也是最昂贵的部件,其价格约占输送机总投资的 30%~50%。因此,使用时要充分考虑保护输送带,使之有较长使用寿命,一般可用 5~10 年。

皮带输送机的输送带一般采用普通橡胶带。按其带芯不同又可分为织物芯胶带和钢绳芯胶带。胶带接头有机械接头和硫化接头两种。机械接头对带芯有损伤,故接头强度低而使用寿命短。目前,专用设备都采用硫化接头,其强度可达胶带本身强度的 85%~90%。

皮带输送机在运行过程中,不可避免地有垃圾粘在皮带和滚筒表面,从而造成带条跑偏,使皮带磨损撕裂。因此,清扫粘结在带条、滚筒表面的粘附物对于提高输送带的使用寿命和保证输送机的正常运行,具有重要意义。常用的清扫装置有清扫刮板和清扫刷。

皮带输送机的卸料有端部卸料和中途卸料两种方式。输送机端部卸料不必另设卸料设备。如需改变卸料方向必要时可加转向滑槽即可。中途卸料时,必须加上挡板式卸料器。

挡板式卸料器是将一金属挡板装于输送线卸料部位,移动的物料在碰到挡板时,就流向一侧或两侧(取决于板的形式)。挡板倾斜度为 30°~45°,挡板式卸料器适用于平输送带,不适于槽形输送带。

如要求在不同部位任意选择卸料时,可采用皮带输送卸料小车。卸料小车由电动机驱动,在轨道上往复走,可达到多点卸料的目的。

(4) 斗式提升机。斗式提升机是在垂直或接近垂直的方向上连续提升粉粒状物料的输送机械。它适用于经破碎、分选后的垃圾和堆肥成品的输送。对未经破碎和分选的垃圾,由于缠绕等原因造成阻塞故障,不宜选用。

斗式提升机的牵引构件(胶带或链条)绕过头部及底部的滚筒和链轮,牵引构件上每隔一定距离装一料斗,由头部滚筒或链轮驱动,形成具有上升的有载段和下降无载段的无端闭路循环。物料由有载分段的下部供入,由料斗把物料提升到上部卸料口卸出。

斗式提升机的优点是:能在垂直方向内输送物料,占地面很小;与倾斜皮带输送机相比,提升同样高度时,输送路程最短;能在全封闭罩壳内进行工作,避免了对环境的污染。它的缺点是:输送物料要求呈粉粒状;对超荷载适应性差;料斗倒不干净,易造成堵塞;运输效率不高;料斗及牵引构件较易损坏。

斗式提升机的物料装入料斗的方法有两种,即挖取法和装入法。对小颗粒和磨损性小的物料,由于挖取时挖掘阻力小可采用挖取法装料。输送块度较大和磨损性大的物料时,因挖取阻力大可采用装入法。

斗式提升机的卸料方法,由料斗运行速度决定。由于离心力的不同可存在三种卸料方式:离心式、重力式、混合式。

(5)螺旋输送机。螺旋输送机是一种无挠性牵引构件的连续输送设备。在水平螺旋输送机中,物料由于自重而贴紧料槽,当螺旋轴旋转时,物料与料槽之间的摩擦力阻止物料跟着旋转,因而物料得以前进。当螺旋在无料槽的条件下,由于料槽自重亦同样能将物料推动前进。

螺旋输送机可以用来沿水平和倾斜方向或垂直方向输送物料。它具有下列优点:能实现密闭输送,可减少对环境污染;结构简单,造价低,易于维修管理;尺寸紧凑,占地面积小,可在路线的任意点装料卸料。

螺旋输送机的主要缺点是:单位能耗大,螺旋叶片和机壳易磨损;对较大的块状物料,带状物料及黏性物料不宜采用。

螺旋输送机在垃圾堆肥处理中已经得到应用,它是较为理想的输送机械。但是,垃圾必须经过预处理,只有将粗大物和带状物去除后才能使用,否则会发生缠绕、堵塞等故障。

螺旋的直径通常制成 $D = 80$ mm、100 mm、140 mm、200 mm、500 mm、600 mm,最大可达1250 mm。

螺旋叶片有多种形状,通常有四种形式、全叶式、带式、叶片式、齿式。垃圾堆肥处理中以满面式叶片最适用。

5．筛选设备

筛选设备是用来将垃圾中各种组成成分进行分类的机械装置。一般堆肥厂选用筛选设备的目的是将可堆肥物和不可堆肥物分开,这有利于堆肥质量的提高。

由于城市垃圾物料性质不同,因此组成复杂,形状不一,干湿程度悬殊,从而增加了筛选分离的难度。所以,实际上不能用单一的分离方法来达到筛选目的,应该根据工艺设计要求,配备多种适用的筛选机械,以满足生产要求。

按照堆肥工艺要求,可将筛选设备分为预分选和精分选。

(1)预分选设备。预分选的目的是将有碍于发酵的粗大物及非堆肥物去除,如草包、席子、包装带、玻璃、塑料、石块等。

1)振动格筛。振动格筛是由直棒条组成的振动筛,一般格筛的间隙为 5~10 cm。振动格筛的优点是:构造简单、造价低、不会堵塞、能去除粗大物和带状物。

2)滚筒筛。滚筒筛是由筒形筛面作旋转运动的筛机,其筛面形状有圆柱形、截头圆锥形、角柱形和角锥形,分别成为圆柱筛、圆锥筛、角柱筛和角锥筛。其中,角柱筛中以八边形、十二边形截面为多,常称八角筛、多角筛。目前城市垃圾处理中得到广泛应用的是圆筒筛。

圆筒筛是一个倾斜的圆筒,圆筒的壁上开有许多筛孔,筛孔形状有圆形、方形、长方形等,直径一般以 50 mm 和 4 mm×50 mm 为宜。传动装置通过筒体上的大齿圈在动力下驱动,旋转速度为 10~15 r/min。这种圆筒筛作垃圾预处理的主要优点是筛分效率高,消耗功率少,不会堵塞筛孔。

圆筒筛可分为单级圆筒筛和双级圆筒筛。单级圆筒筛的筛面配有相同的筛孔孔径。双级圆筒筛将筛面分成二段,各段筛面的孔径是不相同的。另外,根据需要还要设计二级以上的多级。

3)旋转筛。旋转筛广泛的用于各种大粒度物料的粗分选上,能够广泛的将物料按粒度分级,从而提高物料中可堆肥物质的比例。最大的问题是筛网堵塞、清筛困难。

(2)精分选设备。堆肥经充分发酵腐熟后要制备成符合国家垃圾农用标准的产品时,必须通过精分选设备。适合我国城市垃圾精分选的设备有：振动筛、弛张筛、双层圆筛、碾辊。下面主要介绍两种。

1）振动筛。振动筛是利用振动原理进行筛分的机械。振动筛具有以下特点：由于筛面强烈振动，因此与其他网眼筛相比，能减少筛孔堵塞，生产能力和筛分效率均很高；可以在封闭条件下筛分和输送，能防止环境污染；结构简单，耗费功率小。

因此振动筛在垃圾处理系统中应用较广泛。但是，振动筛对粗大物料的分选效果不理想，因此在预分选中一般不用振动筛。经预分选发酵后的垃圾，用振动筛进行分选，能取得较好效果。因此，在精分选中往往选用振动筛作为精分选机械。但是，振动筛对物料的水分有一定要求。一般对于含水率小于30%的物料，能取得较理想效果，而对于纤维含量较多的垃圾，使用振动筛易造成堵塞筛孔，一般不宜选用。

2）弛张筛。弛张筛是20世纪70年代初开发的一种以摇动筛为基础发展的一个新型筛具，对于含水量较高、黏滞性强的物料能取得较好的筛分效果。

表 6-18　城市固体废物堆肥系统的分选技术

| 分选技术 | 分离物料 |
|---|---|
| 筛　分 | 大：塑料膜、大纸张、硬纸板、其他杂物<br>中：可回收物品、大部分有机废物、其他杂物<br>小：有机废物、金属碎片、其他杂物 |
| 人工分拣 | 可回收物品、惰性废物和化学废物 |
| 磁分选 | 铁 |
| 涡流分选 | 有色金属 |
| 风　选 | 轻物料、纸、塑料<br>重物：金属、玻璃、有机废物 |
| 湿　选 | 漂浮物：有机废物、其他杂物<br>沉淀物：金属、玻璃、沙石、其他杂物 |
| 冲　击<br>分　选 | 轻物料：塑料、未分解的纸张<br>中等重量物料：堆肥<br>重物料：金属、玻璃、沙石、其他杂物 |

弛张筛具有内外两个筛箱，通过两套曲柄连杆机构的传动，使内外筛箱做往复摆动，从而带动固定在箱底上的弹性筛板作伸缩运动（弛张运动）。由于筛板的伸屈变形交替着呈绷紧或松弛状态，使带面上的物料以较高的速度抛掷而弹跳，在较高频率的弹跳过程中，增加了透筛的机会，从而有效地防止粘结潮湿物料对筛孔的堵塞而获得较高的筛分效率。

城市固体废物堆肥系统需各种分选技术见表 6-18。

6. 破碎设备

垃圾破碎是作为搬运、贮藏、焚烧、堆肥等处理的预处理而进行的，其主要目的是把垃圾，主要是城市固体废物、废纸、波纹薄纸板、灌木和庭院废物等，破碎至处理工艺所需要的形状和尺寸，使垃圾混合物达到均一化。在垃圾堆肥化处理中，混合垃圾经破碎得到均一颗粒，从而使垃圾中有机物的表面积增加以促进有机物的好氧分解，缩短堆肥发酵周期，同时也保证堆肥产品的粒度要求。在预分选和精分选的不同工艺阶段的设置，其破碎的目的和要求是有区别的。一般在预分选中破碎的目的主要是使较粗大的有机物破碎至 5 cm 左右，以有利于分选和发酵。精分选中破碎的要求是将堆肥物粉碎至 12 mm，以获得细颗粒的堆肥产品。

在预处理中常用的破碎设备有粗分选机和精分选机。粗分选机有破袋机和两轴剪切撕包机等类型。精分选机有常温型、低温型、湿型、半湿型破碎机。

破袋机结构较简单，只是把垃圾袋撕开而非破碎。两轴剪切撕包机主要是撕包而不会撕碎内部的垃圾。

湿型破碎机是直接将垃圾倒入水中，如纸和厨余倒入水中后成为混合液，通过利用类似浇水机的原理对它们进行充分混合、搅拌，同时靠水中破碎机的环锤对其物料进行破碎，破碎后的物料随混合液在后续处理中被分别分选出来。这类破碎机因为涉及较复杂的污水处理系统,在实际中应用较少。

半湿型破碎机是利用加水来增加各种物料脆性的差别,从而利用这种差别来进行破碎及分选的。

低温破碎机常用于破碎那些坚硬或在废料中不易收集出来的东西,在极低的温度下这些东西变脆,在这些温度下,可以破碎到极细小的粒度,但这种方法成本极高。

常温破碎机是垃圾破碎中最常用的方法。常温破碎机可分为剪切式破碎机和撞击/剪切旋转破碎机。剪切式破碎机用于破碎纤维物料、草席、塑料、轮胎等,但不适于破碎坚硬的物料如金属和水泥块等。撞击/剪切旋转破碎机是通过高速旋转的轴和固定在箱体上的撞击杆和板的作用实现的。旋转轴上安有锤头,同时它还具有剪切或破碎作用。这类破碎机能够破碎脆性物、煤、金属和水泥块,但它不适合处理纤维、草席等。

选用破碎机的类型是根据破碎物料的性质而定的,各种类型的破碎机如图 6-23 所示。

常用破碎机的破碎方法大致分剪切破碎和冲击破碎。一般按照剪断机能为主的叫剪断破碎,以冲击机能为主的叫冲击破碎。

(1) 剪断破碎。这是通过固定刀和可动刀组合把垃圾剪断的方法。这种类型的破碎机主要有:

1) Von Roll 式往复剪断破碎机。这是用装在横梁上的可动框架和固定框架构成的(往复刀横梁 6 根,固定刀横梁 7 根);在框架下面连接着轴,往复刀和固定刀交错

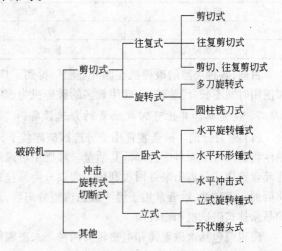

图 6-23　各种类型破碎机形式

排列,当开口状态时,可从侧面看到往复刀与固定刀之间成 V 形。大型废弃物从上方供给,V 字形闭合,废弃物被挤压破碎。刀的宽度均为 30 mm,驱动力为油压泵(12.74 MPa)。驱动速度虽然慢,但驱动力巨大。如破碎阻力超过最大值,便自然地开启避免损坏刀具。处理量 80～150 m³/h(因废弃物种类而异),剪断尺寸为 30 cm,如普通钢质废弃物,厚度可剪到 200 mm 的程度,该机噪声小,粉尘少,适用于城市垃圾焚烧工厂预处理用。

2) Lindemann 式剪断破碎机。废弃物通过预备压缩机压缩盖的闭合,压缩破碎后再通过剪断机剪断。剪断长度可由推进部分控制。

3) Tollemacshe 式旋转剪断破碎机。由输送带投入的废弃物,通过因离心机甩出的剪断锤撞击,剪断后,被送到下部,在转速 70m/s 旋转粉碎锤进一步撞击的同时,在锤与衬垫之间被再次剪断破碎。这种破碎特点是,上部未被破碎的废物,在下部可再次剪断破碎,该机处理能力 100～120 t/h。

(2) 冲击破碎。冲击破碎机大多是旋转式的,投入的废弃物由于中心轴周围高速旋转的打出刀式锤强力的撞速而被撞碎,在旋转刀一次粉碎后的废弃物,再被固定刀撞击破碎。这种类型的破碎机主要有:

1) Hammer Mills 式旋转破碎机。这种破碎机适用于废汽车等大型废弃物的破碎,大型废弃物在压缩送料器中预压缩后再进行破碎。锤有大小两种,大锤破碎后转用小锤。

2）BJD 式旋转冲击破碎机。普通大型废弃物用破碎机：用于家具、电视机、冰箱、洗衣机等大型废弃物的破碎，这些废弃物可被破碎到 50 mm 左右，不能破碎的在旁边排出。处理量 7～55 t/h。旋转速度 1500～450 r/min。金属大型废弃物破碎机：用于电冰箱、废汽车等大型金属废弃物的破碎，可破碎到拳头大小。处理量 7～12 t/h 或 20～40 台/h。旋转速度 575～585 r/min。

常用的破碎设备见表 6-19。

表 6-19　各种破碎机械一览表

| 形　式 | 原　理 | 适 用 范 围 |
|---|---|---|
| 小型粉碎机 | 磨碎、压碎 | 家庭用、有机生活垃圾 |
| 切碎机 | 剪　切 | 纸制品、纸板、木材、塑料 |
| 大型粉碎机 | 磨碎、压碎 | 脆性材料 |
| 锉磨机 | 扯碎、撕碎 | 适用潮湿垃圾 |
| 撕碎机 | 扯碎、撕碎 | 城市垃圾 |
| 剪切机 | 剪　切 | 城市垃圾 |
| 锤式粉碎机 | 撕、切、轧 | 适用各种垃圾 |

目前，各种类型的破碎机在国外堆肥厂得到了广泛应用。我国垃圾堆肥厂对破碎机的研究和使用时间不长、经验较少，应用较多的破碎机为 50 kW 的锤击式破碎机。

**7. 铁金属和其他可回收物资的分选设备**

（1）磁力分选。磁选装置用于分选被破碎袋子、被破碎废物和半成品中的磁性物，因为大量磁性物混入堆肥原料中会降低其质量。堆肥中可通过磁分选机将垃圾中的空罐头盒、铁屑、干电池等含铁物质分离出来并回收利用。大致分为悬挂式和皮带轮式两类。前者主要用于垃圾破碎前后的一级磁选，后者常用于经一级磁选粗分离后，从破碎的垃圾中去除铁质的二级磁选。常用的是悬挂式磁选机和磁辊筒。

磁辊筒包括永磁辊筒和电磁辊筒两种。永磁辊筒与电磁辊筒的结构和工作过程大致相似。作业时，物料在皮带上向前运动，经过磁辊筒的磁力区时，垃圾中的非磁性物料在重力和惯性力的作用下落入前方，而铁金属则继续贴在皮带上向前运动转入皮带下方，逐渐离开磁辊筒，磁力逐渐减小直至消失，铁块经挡板而落下。

使用磁辊筒分选时要注意垃圾在输送带上的堆积厚度一般可高于 100 mm。常用磁辊筒直径规格为 400 mm、500 mm、650 mm，带宽为 400～1000 mm。

悬挂式永磁分选机由辊筒、皮带、分离挡板、张紧装置、机架等组成。其结构和工作原理相似于磁辊筒。磁辊筒磁选机有利于贴近皮带底部铁金属的吸除，悬挂式永磁分选机有利于皮带上垃圾表层铁金属的吸除，因此，在工艺上往往把两种磁选机一起作用，以提高除铁效果。

（2）其他可回收物资的分选设备：

1）手选。手选是用人工在输送带旁将输送带上运输得垃圾中可回收物资分拣回收加以利用，这是一种非常行之有效的回收分选方法。目前，在发达国家的垃圾处理系统中，仍保留用手选方式分选。

2）风力分选机。风力分选机是利用空气流对不同物料按密度差或粒度大小而进行分选的一种分离方法。通过空气压缩机和供风装置将空气送入旋风分离器中，风力的大小可改变分选的效果。垃圾在空气流中由于物料得密度和形状不同，空气阻力也不同，在适当调节气流速度条件下，使垃圾中塑料、纸张等较轻物料被向上气流带走，而较重物料则沉降，以达到将混合垃圾中的轻重物料分离。采用风力分选能将城市混合垃圾中的塑料袋和纸张等可燃物作为能源资源回收，金属、玻璃可作为再生资源回收利用。

**8．混合设备**

混合设备主要有斗式装载机、肥料撒播机、搅拌机、转鼓混合机和间歇混合机。混合设备直接影响物料的结构,这关系到堆肥过程能否顺利进行。因此,混合设备是物料处理设备中最重要的一部分。

可从工程和经济两方面评价混合设备,工程评价内容主要是不同配比的物料混合物容重、孔隙率和空气阻力;经济评价包括设备投资和运行费用。经济评价表明:混合设备运行费用的大小依次为搅拌机＞斗式装载机＞移动式混合设备。

**9．翻堆设备**

条垛堆肥系统的翻堆设备分为三类:斗式装载机或推土机、垮式翻堆机、侧式翻堆机。翻堆设备可由拖拉机等牵引或自行推进。中、小规模的条垛宜采用斗式装载机或推土机;大规模的条垛宜采用垮式翻堆机或侧式翻堆机。垮式翻堆机不需要牵引机械,侧式翻堆机需要拖拉机牵引。美国常用的是垮式翻堆机,欧洲普遍使用侧式翻堆机。这三类翻堆机设备的优缺点见表6-20。

**表6-20　不同翻堆设备的优缺点**

| 项　目 | 斗式装载机或推土机 | 垮式翻堆机 | 侧式翻堆机 |
|---|---|---|---|
| 优　点 | 便宜,操作简单 | 条垛间距小,堆肥占地面积小 | 翻堆彻底,堆料混合均匀;条垛大小不受限制 |
| 缺　点 | 堆料易压实;堆料混合不均匀;条垛间距应≥10 m,可利用的堆肥场地小 | 条垛大小受到严重限制,处理的物料少 | 易损坏,翻堆能力小 |

**10．熟化设备**

发酵处理后的产品熟化,能有效地提高产品的价值和防止二次污染。因此,考虑到产品的应用,最好安装熟化设备。熟化设备有各种类型,如露天堆积式、多段池式、犁翻倒式、翻转式和筒仓式等。有必要预先充分调查经济性及二次污染。

**11．后处理设备**

为了提高堆肥质量,必要时设置后处理设备以去除堆肥中的玻璃、陶瓷、金属片、塑料、木片、纤维、石子等,净化后的散装堆肥产品,既可以直接销售给用户,施于农田、菜园、果园或作土壤改良剂,也可以根据土壤情况、用户的需求,将散装堆肥中加入 N、P、K 添加剂后制成有机、无机复混肥,做成袋装产品,既便于运输,也便于储存,而且肥效更佳。有些地方根据当地实际情况把散装堆肥压实固化填埋,有的固化成粒进行贮存,到堆肥销售旺季时再使用。

后处理设备在作用上和预处理设备略有所不同,它主要是提高经过一次发酵或二次发酵的可堆肥物精度。当然,有时后处理设备是在可堆肥物送至二次发酵池之前起预处理作用。后处理设备的组成可大致如下:分选设备、造粒精化设备、打包设备等。

(1)后处理分选设备。经预处理及二次发酵后的堆肥粒度范围远远小于预处理的物料粒度范围,因此后分选设备比预分选设备更精巧,采用的手段也不尽相同。与预处理设备相比较,后处理设备具有较小的筛孔和破碎动力,多采用弛张筛、弹性分选机、静电分选机等。

(2)造粒精化设备。造粒精化设备用于堆肥物料的粒化,使其有利于贮放、运输,以便满足季节对堆肥需求的变化,有时用于填埋造地,也需将填埋压实。

造粒机必须具有处理一定大小粒度比和一定量的堆肥的能力,粒度比指的是堆肥未压缩的粒度体积与压缩后的粒度体积比,这可通过筛选测量。

造粒机的成形机理与下面的一些因素有关,在使用设备时要充分注意到这些因素:湿度与水分的表面张力或毛细管作用的形成有关;颗粒组成与注入造粒机内的物料有关;颗粒形状与注入造粒机内的物料的附着力有关;表面密度与压力有关;

(3) 打包设备。考虑到运输、管理和保存的方便,常使用打包机来将最后的堆肥产品包装起来,要根据堆肥的数量和用途来选择包装袋的材料、大小和形状以及包装机的规格。

**12. 回返堆肥设备**

通过回返部分堆肥或中间产品(取自发酵设备)至预处理设备或发酵设备进行接种,以利用回返物料中起作用的微生物活性而达到促进发酵的目的。为接种堆肥中活跃的微生物(细菌)以及调节含水量,必要时设置回返堆肥设备以回返充分熟化的堆肥至发酵设备投入口。

输送机回返式:该形式由料斗和输送机组成。堆肥产品靠铲斗装载车或类似设备送入料斗,然后返回。

仓贮存式:堆肥产品贮存在仓内,以输送机或类似设备不断从仓内定量取出。

直接回返式:由铲斗装载车或类似设备运载堆肥产品直接回返至接受(进料)设备和发酵设备。

气动运输式:借助气动运输设备回返堆肥产品。

上述回返装置有时可配备计量装置、湿度计等。

**13. 添料装置**

为促进废物堆肥或提高产品质量,必要时可配备无机物或有机物添料装置。添加量一般约为废物量的 10%～40%。有机物添料装置通过添加人粪、农产废品、动物残体等调节可堆肥物的碳氮比和提高堆肥质量。添料设备的类型和结构类似于贮存设备或回返堆肥设备。

**14. 除臭设备**

臭味问题关系到一个堆肥厂能否正常运行,有效的臭味控制是衡量堆肥工厂成功运转的一个重要标志。控制臭味要采取以下一些措施:堆肥过程控制、调查可能的臭味来源、臭味收集系统、臭味处理系统、残留臭味的有效扩散。

高速堆肥化系统中产生的臭气物质主要是氨、硫化氢、甲硫醇、胺等。堆肥控制过程是控制臭味的关键因素,但不能完全有效地控制臭味。根据臭味来源的调查结果,建立适当的臭味收集和处理系统。

臭味收集主要是通过风机的鼓风和抽风来实现的。臭味处理方法主要有化学除臭法和生物过滤器等。化学除臭器包括:去除氨气的硫酸部分;氧化有机硫化物和其他臭味物质的次氯酸钠或氢氧化钠部分。实践中,常采用生物过滤器处理臭味。它的组成材料为熟化的堆肥、树皮、木片和粒状泥炭等,负荷为 $80～120\ m^3/(m^3 \cdot h)$,出气温度维持在 $20～40℃$,保持生物过滤器中过滤床一定的含水率(40%～60%,(质量分数)),是实现其最佳操作的关键。这种方法成本低,效果好,除臭率可达 95%。控制臭味最常用的措施是采用全封闭的堆肥设备,再辅助以生物过滤器并同时进行堆肥过程的控制。

主要的脱臭技术有如下几种:

气洗法,是指将排气管的臭气通入水、海水、酸(各种酸、臭氧水、二氧化氯、高锰酸钾等)、碱(苛性碱、次氯酸钠)等液体进行液化。

臭氧氧化法,利用臭氧的强氧化能力,同时依靠臭氧气味起掩蔽作用。

直接燃烧法,该法是将臭气送入锅炉燃烧室、焚烧炉等设备燃烧可燃成分。必须在大于 $800℃$ 的高温才能完全燃烧臭气成分。不过,彻底烧掉臭气成分和燃料是困难的,较多的中间产物、氧化物和烟灰连同水分部分地排入大气,冷却并迅速凝结成烟雾,导致对周围地区的污染。

吸附法,将臭气送入对气体具有强吸附能力的物质如活性炭、硅胶及活性黏土,臭气成分可被吸附除去。活性炭吸附法一般采用柱状容器,内填双层颗粒状活性炭,臭气均匀通过层面时,臭气分子被吸附于活性炭表面。这种方法活性炭消耗不可恢复,需要再生或者重新充填,并且容易堵塞,因而不宜作为主要的臭气处理方法,适合在湿式处理法之后使用。

氧处理法,用氯、次氯酸钠、次氯酸钙及二氧化氯等氧化剂进行脱臭。

空气氧化法,用水吸收臭气中硫化氢,硫化氢再经空气氧化成无臭无害的硫代硫酸钠。

掩蔽法和中和法,用比待处理臭气成分气味更强的芳香味作为掩蔽剂。除了评价掩蔽剂的效果外,考虑掩蔽剂与待处理臭气的相容性也是至关重要的。中和法降低总臭气浓度,中和剂对臭气成分反应及吸附有效果。

土壤氧化法,通过各种土壤细菌的生化作用分解和去除臭气物质。堆肥本身常作为过滤培养基。

离子交换树脂法,臭气成分可被离子交换树脂吸附并应用带电的离子交换去除。必须考虑各种臭气成分的亲和性及使用的浓度范围。

# 第十二节　堆肥的腐熟度及其测定

腐熟度作为衡量堆肥产品的质量指标早就被提出,它的基本含义是:

(1) 通过微生物的作用,堆肥产品达到稳定化、无害化,不对环境产生不良影响;

(2) 堆肥产品在使用期间,不能影响作物的生长和土壤的耕作能力。

所谓"腐熟度"是国际上公认的衡量堆肥反应进行程度的一种概念性参数。一般认为,作为一项生产性指示反应进程的控制标准,必须具有操作方便、反应直观、适应面广、技术可靠等特点。多年来,国内外许多研究人员对腐熟度进行过多种研究和探讨,提出了许多评判堆肥腐熟和稳定的指标和参数。

## 一、堆肥腐熟和稳定的评估方法

国内学者在总结国内外有关的研究工作基础上,主要从化学方法、生物活性、植物毒性分析等方面对堆肥腐熟、稳定及安全性的研究做了概述。表 6-21 是一些评价堆肥腐熟度的方法。

**表 6-21　评价堆肥腐熟度的方法**

| 方法名称 | 参数、指标或项目 |
|---|---|
| 物理方法 | (1) 温度<br>(2) 颜色<br>(3) 气味<br>(4) 密度 |
| 化学方法 | (1) 碳氮比(固相 C/N 和水溶态 C/N)<br>(2) 氮化合物($NH_4$-N,$NO_3$-N,$NO_2$-N)<br>(3) 阳离子交换量(CEC)<br>(4) 有机化合物(水溶性或可浸提有机碳、还原糖、脂类、纤维素、半纤维素、淀粉等)<br>(5) 腐殖质(腐殖质指数、腐殖质总量和功能基团) |
| 生物活性 | (1) 呼吸作用(耗氧速率、$CO_2$ 释放速率)<br>(2) 微生物种群和数量<br>(3) 酶学分析 |
| 植物毒性分析 | (1) 种子发芽实验<br>(2) 植物生长实验 |
| 安全性测试 | 致病微生物指标等 |

　　以上列出的指标和参数在堆肥初始和腐熟后的含量或数值都有显著的变化,其定性的变化趋势很明显,如 C/N 降低,$NH_4$-N 减少和 $NO_3$-N 增加,阳离子交换量升高,可生物降解的有机物减少,腐殖质增加,呼吸作用减弱等。但这些指标和参数都不同程度地受到原材料和堆肥条件的影响,很难给出统一的普遍适用的定量关系。现仅就常用的方法、指标和参数的主要特点和在评估中所起的作用以及存在的不足之处进行简要分析。

### (一) 物理方法

　　物理方法亦称表观分析法,根据外观、气味和温度等评价堆肥的稳定性。

　　堆肥经微生物降解腐熟后,其表观特征为:外观呈茶褐色或暗灰色,无恶臭,具有土壤的霉味,不再吸引蚊蝇,其产品呈现疏松的团粒结构。由于真菌的生长,其产品出现白色或灰白色菌丝。当微生物活动减弱时,热的生成率也相应下降,因而堆肥温度下降,一旦前期发酵的终点温度达到 45~50℃,且一周内持续不变,则可认为堆肥已完成一次发酵过程。

　　此法是凭经验观察堆肥的物理性状,可以作为定性的判定标准,难以进行定量分析。

### (二) 化学方法

　　化学方法的参数包括碳氮比、氮化合物、阳离子交换量、有机化合物和腐殖质 5 种。

#### 1. 碳氮比

　　固相 C/N 是传统的最常用的堆肥腐熟评估方法之一。一般地,堆肥的固相 C/N 从初始的 (25~30):1 或更高,降低到(15~20):1 以下时,认为堆肥达到腐熟。由于初始和最终的 C/N 值范围很大,使这一参数的广泛应用受到影响。有研究提出,堆肥过程是微生物对原料中水溶态有机质进行矿化的过程。通过检测堆肥浸提液中水溶态成分的变化,可以判断堆肥的腐熟程度。Chanyasak 研究了多种腐熟的堆肥后,首先提出腐熟的堆肥中水溶态有机质的 C/N 几乎都在 5~6 左右。但当堆肥原料中含有污泥时,原料本身的水溶态有机质的 C/N 很低,经堆腐后其值反而上升,这时水溶态有机质的 C/N 不能作为腐熟度的指标。

#### 2. 氮化合物

　　铵态氮($NH_4$-N)、硝态氮($NO_3$-N)及亚硝态氮($NO_2$-N)的浓度变化,也是堆肥腐熟评估常用的参数。堆肥初期 $NH_4$-N 含量较高,堆肥结束时 $NH_4$-N 含量减少或消失,$NO_3$-N 含量增加,数量最多,$NO_2$-N 含量次之。Senesi 提出,当总氮量超过干重的 0.6%,其中有机氮达 90% 以上和 $NH_4$-N<0.04% 时,堆肥达到腐熟。不过,由于有机和无机氮浓度的变化受温度、pH 值、微生物代谢、通气条件和氮源等多种因素的影响,这一类参数通常只能作为堆肥腐熟的参考,不能作为堆肥腐熟的绝对指标。

#### 3. 阳离子交换量(CEC)

　　阳离子交换量(CEC)能反映有机质降低的程度,是堆肥的腐殖化程度及新形成的有机质的重要指标,可作为评价腐熟度的参数。Harada 等研究表明,CEC 与 C/N 之间有很高的负相关性 ($r = -0.903$),在研究生活垃圾堆肥 60 天过程中发现,每 100 g 样品中 CEC 从 40 mmol 增加到 80 mmol,建议以 CEC>60 mmol 时,作为堆肥腐熟的指标。但对于 C/N 较低的废物堆肥,CEC 值在(41.4~123) mmol 范围内波动,此时不能作为评价堆肥腐熟度的参数。由于腐殖质各组分可使 CEC 发生变化,原有机质的多少也会影响腐熟时 CEC 的数值,因此 CEC 不能作为各类堆肥腐熟的绝对指标。

#### 4. 有机化合物

　　在堆肥过程中,堆料中的不稳定有机质分解转化为二氧化碳、水、矿物质和稳定化有机质,堆料的有机质含量变化显著。反映有机质变化的参数有化学耗氧量(COD)、生化需氧量($BOD_5$)、挥发性固体(VS)、生物可降解物质(BDM)等。

张所明等对垃圾堆肥的实验结果显示,COD 的变化主要发生在热降解阶段,在随后的阶段趋于平稳。对腐熟堆肥的 COD 进行测定,结果为 COD=60~110 mg/g。Lossin 对动物的排泄物进行堆肥研究,提出当每克干堆肥堆料的 COD<700 mg 时达到腐熟。

$BOD_5$ 虽然不代表堆肥中的全部有机物,但代表了堆肥中的可生化降解部分。Mathur 等认为腐熟的堆肥产品中,$BOD_5$ 值应小于 5 mg 每克干堆肥。

VS 基本上反应了堆肥原料中有机质的含量,美国科罗拉多州健康标准局要求,VS 含量应小于65%。但是,不同原料的 VS 含量及性质显著不同,使得这一参数及指标的使用难以具有普遍意义。

BDM 用于间接测定生活垃圾的生物可降解物质。可用 BDM 来跟踪堆肥过程,如堆肥试验表明,堆肥原料 BDM 为 19.5%,当堆肥时间为 20 天时,BDM 为 6.09%;堆肥时间为 50 天时,BDM 为 5.20%;120 天时 BDM 为 4.17%。但未给出具体的判别堆肥腐熟的数据。

堆肥中的纤维素、半纤维素、有机碳、还原糖、氨基酸和脂肪酸等都曾被检测过,并试图作为堆肥腐熟的指标。据报道,纤维素、半纤维素、脂类等经过成功的堆肥过程,可降解 50%~80%,蔗糖和淀粉的利用接近 100%。在堆肥过程中,最易降解的有机质可能被微生物利用而最终消失,所以一些研究者认为它们是最有用的参数,如淀粉和可溶性糖。在堆肥过程中,糖类首先消失,接着是淀粉,最后是纤维素。一般认为,淀粉的消失是堆肥腐熟的重要标志。淀粉的消失可用一个点状定性检测器来检测,该法现场应用简单方便,但当堆肥物料中的淀粉量并不多时,检不出淀粉并不一定表示堆肥已腐熟。

微生物的代谢活动主要在液态进行,水溶性或可浸提有机物的变化,对堆肥腐熟的评估具有重要意义。Garcia 提出,当碱性浸提碳和水溶性碳的浓度减少到相对稳定、水溶性有机质含量小于 2.2 g/L 时,堆肥可以被认为已达腐熟。Keeling 等提出,利用气相色谱和质谱检测堆肥中可浸提有机物的产生或消失,可作为堆肥腐熟的指标,且在堆肥开始时大量存在的烷基、苯甲酰基酞酸酯以及长链脂肪酸酯等在腐熟后很少被发现。

**5. 腐殖质**

在堆肥过程中,原料中的有机质经微生物作用,在降解的同时还进行着腐殖化过程。用 NaOH 提取的腐殖质(HS)可分为胡敏酸(HA)、富里酸(FA)及未腐殖化的组分(NHF)。堆肥开始时一般含有较高的非腐殖质成分及 FA 和较低的 HA,随着堆肥过程的进行,前两者保持不变或稍有减少,而后者大量产生成为腐殖质的主要部分。一些腐殖质参数相继被提出,如:腐殖化指数(HI)[HI=HA/FA];腐殖化率(HR)[HR=HA/(FA+NHF)];胡敏酸的百分含量(HP)[HP=HA×100/HS]。HI 和 HP 与 C/N 有良好的相关性。对生活垃圾堆肥的研究表明:HI 呈上升趋势反映了腐殖质的形成;当 HI 值达到 3 时堆肥已腐熟。

一些较为复杂的有机化学分析手段已经开始用于腐殖质的功能基团测定,如 $C^{13}$ 核磁共振和红外光谱等波谱分析技术。前者可提供有机分子骨架的构造情况,能更敏感地反映碳核所处化学环境的细微差别,为测定复杂有机物提供帮助;后者可辨别化合物的特征官能团。研究者利用这两种技术,通过定量研究堆肥过程中多糖、芳香族和脂肪族化合物的变化,对有机物进行精细分析,有利于了解碳化合物的降解和腐殖化过程,但尚需研究其与简单腐熟评估方法的相关性,以提高其实用价值。

**(三) 生物活性法**

反映堆肥腐熟和稳定情况的生物活性参数有:呼吸作用、微生物种群和数量以及酶学分析等,其中较为普遍使用的是呼吸作用参数,即耗氧速率和 $CO_2$ 产生速率。

### 1．呼吸作用

在堆肥中，好氧微生物的主要生命活动形式就是在分解有机物的同时消耗 $O_2$ 产生 $CO_2$。研究表明，$CO_2$ 生成速率与耗氧速率具有很好的相关性。每克挥发性物质耗氧速率(mg($O_2$)/min)和每克挥发性物质 $CO_2$ 产生速率(mg($CO_2$)/min)标志着有机物分解的程度和堆肥反应的进行程度，以耗氧速率或 $CO_2$ 产生速率作为腐熟度标准是符合生物学原理的。由于受堆肥原料本身的影响较小，耗氧速率作为腐熟度标准具有应用范围较广的特点，它不但可用于垃圾堆肥，也可用于污泥堆肥、污泥－垃圾混合堆肥等过程的腐熟度判断。一般认为其数值在(0.02～0.1) $\Delta O_2\%$/min 的稳定范围时为最佳。国外研究者在总结堆肥呼吸过程的数据基础上，提出当堆肥释放的 $CO_2<5$ mg(C)/g(堆肥原料 C)时，达到相对稳定，而在小于 2 mg(C)/g(堆肥原料 C)时，可认为达到腐熟。呼吸作用同样受到堆肥条件的影响，包括温度、湿度、通气量和材料密度等，完善的操作控制条件是这一方法可靠性的保证。

### 2．微生物种群及数量

特定微生物数量及种群的变化，也是反映堆肥代谢情况的重要依据。在堆肥的不同时期，堆肥的温度不同，微生物的种群和数量也随之相应变化。在堆肥初期的中温阶段，嗜温菌较活跃并大量繁殖，主要是蛋白质分解细菌，产氨细菌数量迅速增加，在 15 天内达最多，然后突然下降，在30d 内完成其代谢活动，在堆肥 60 天时降到检测限以下。

当堆温达到 50～60℃时，嗜温菌受到抑制甚至死亡，嗜热菌则大量繁殖。分解纤维素的细菌和真菌都是中温菌及高温菌，在堆肥的 60 天时最多，并在整个过程中保持旺盛的活动。

在高温阶段，堆肥中的寄生虫和病原体被杀死，腐殖质开始形成，物料达到初步腐熟。硝化细菌在堆肥初期受到抑制，在堆肥 80 天时其数量达到峰值，活动最旺盛，直到堆肥的最后也仍然存在。在堆肥的腐熟期主要以放线菌为主。

尽管堆肥中某种微生物种群的存在与否及其数量多少并不能指示堆肥的腐熟程度，但在整个堆肥过程中微生物种群的演替可很好地指示其腐熟的完整过程。嗜热及嗜温细菌、放线菌、真菌及生理性微生物，包括氨化细菌、硝化细菌、蛋白及果胶水解微生物、固氮微生物和纤维素分解微生物等，是较为传统的分析对象。为反映微生物数量的变化，通常采用生物量测定法。三磷酸腺苷(ATP)的分析是测定土壤中生物量的方法之一，近年来开始应用于堆肥研究。

### 3．酶学分析

在堆肥过程中，多种氧化还原酶和水解酶与 C、N、P 等基础物质的代谢过程密切相关，通过分析相关的酶活力，可间接反映微生物的代谢活性和酶特定底物的变化情况。Diaz-Burgos 等分析了污泥堆肥中尿酶、磷酸酶、N-苯甲酰-L-精氨酰胺水解蛋白酶、酪蛋白质水解酶的活性变化。其研究结果表明，水解酶的较高活性阶段可反映堆肥的降解代谢过程，而在较低活性时则反映堆肥达到腐熟，这与 $CO_2$ 的释放速率变化相一致。Herrmann 在研究生活垃圾堆肥过程中发现，纤维素酶和酯酶活性在堆肥后期(80～120 天)迅速增加，这反映了微生物对难降解碳源的充分利用，故可间接地用来了解堆肥的稳定性。

### （四）植物毒性分析法

通过种子发芽和植物生长实验可直观地表明堆肥腐熟情况。

### 1．种子发芽实验

种子发芽实验是测定堆肥植物毒性的一种直接而快速的方法。植物在未腐熟的堆肥中生长受到抑制，而在腐熟的堆肥中生长得到促进。一般认为，堆肥的腐熟水平可由植物的生长量表示。未腐熟堆肥的植物毒性主要来自乙酸等低分子量有机酸和大量 $NH_3$、多酚等物质。厌氧条件下的堆肥极易生成大量有机酸,因此,良好的通风条件是促进堆肥腐熟的重要保证。

植物毒性可用发芽指数(GI)来评价,通过十字花科植物种子的发芽实验,根据其发芽率和根长按下式计算发芽指数:

GI(%)=[(堆肥处理的种子发芽率×种子根长)/(对照的种子发芽率×种子根长)]×100　　　(6-34)

Garcia 等通过进行城市有机废物的实验,根据堆肥的腐熟程度将堆肥过程分为三个阶段:

(1) 抑制发芽阶段:一般在堆肥开始的第 1~13 天,此时堆肥对种子发芽几乎完全抑制;

(2) GI 迅速上升阶段:一般发生在堆肥后的 26~65 天,34 h 后,种子的发芽指数 GI=30%~50%;

(3) GI 缓慢上升至稳定阶段,继续堆肥超过 65 天,GI 可上升到 90%。

可见,发芽的抑制性物质是在堆肥过程中逐渐消除的。Rittaldi 等认为,当 GI 达到 80%~85%时,这种堆肥通常已不再对植物有毒性存在,可认为堆肥已腐熟了。不过,腐熟度低可能不是限制种子发芽率的主要原因,由于发芽而产生的有机酸及氮的缺乏和盐分含量可能是影响发芽的主要因素,尚待进一步研究。

2. 植物生长

未腐熟的堆肥含有植物毒性物质,对植物的生长产生抑制作用,因此可用堆肥和土壤混合物中植物的生长状况来评价堆肥腐熟度。一些农作物包括黑麦草、黄瓜、大白菜、胡萝卜、向日葵、番茄和莴苣等都曾被利用来测试堆肥的腐熟性。有关研究表明:堆肥可提供植物生长所需的有机物,有明显促进生长的作用,但这种作用与植物的种类、堆肥的 pH 值、盐度及 C/N 等因素有关。有研究指出,堆肥稳定性本身不一定预示植物生长的可能性。因此植物生长评价只能作为堆肥腐熟度评价的一个辅助性指标,而不能作为唯一的指标。

采用多种植物的发芽和生长实验来确定堆肥的腐熟度从理论而言是可靠的,不过还有大量工作有待进行。

**(五) 安全性测试法**

生活垃圾中含有重金属、病原体、寄生虫卵及植物种子等有害物质,其存在直接影响堆肥的安全性。安全性测试指标详见本章第二节中有关内容。

研究者们普遍认为,仅用某个单一参数很难确定堆肥的化学及生物学稳定性,需要通过多个参数共同进行。利用化学方法、生物活性和植物毒性等分析手段,对堆肥的腐熟和稳定性进行综合分析,所得出的结果较为可靠。通常,化学方法提供堆肥的基础数据,其中水溶性有机化合物的分析及 C/N 最为常用。生物活性测试通过对呼吸作用、微生物种群和数量及酶学的研究,可反映堆肥的稳定性,其中呼吸作用是较为成熟的评估堆肥稳定性的方法。植物毒性分析是检验正在堆肥的有机质腐熟度的较精确有效的方法,其中发芽指数的测定较为快速、简便,而植物生长分析则可最直接地反映堆肥对植物的影响,但存在需时较长、劳动量大的缺点。随着分析技术和微生物技术的发展,先进、快捷的堆肥腐熟度评估方法将不断出现,堆肥的生产和使用者可根据实际情况,选择合适的评估方法。

**二、腐熟度的检测方法与过程**

测定堆肥的腐熟程度对于堆肥工艺的研究、设计、肥效评价、堆肥的质量管理各方面都是重要的。以下仅对淀粉测定法、氮素试验法、生物可降解度的测定和耗氧速率法做具体介绍。

**(一) 淀粉测定法**

淀粉与碘可形成络合物,利用反应的颜色变化来判断堆肥的降解程度。当堆肥降解尚未结束时,堆肥物料中的淀粉未完全分解,遇碘形成的络合物呈蓝色;堆肥完全腐熟时,物料中的淀粉已全部降解,加碘呈黄色,堆肥进程中的颜色变化过程是深蓝→浅蓝→灰→绿→黄。

该法分析实验步骤是:

(1)将1g堆肥物置于100mL的烧杯中,滴入几滴酒精使其湿润,再加36%的高氯酸20mL;

(2)用网纹滤纸(90号试纸)过滤;

(3)向滤液中加入20mL的碘试剂并搅动;

(4)将几滴滤液滴到白色板上,观察其颜色变化。

该试验需用的试剂有:

(1)碘试剂:将2g碘化钾溶解到500mL水中,再加入0.08g的碘;

(2)36%的高氯酸;

(3)纯酒精少量。

### (二)氮素试验法

完全腐熟的堆肥含有硝酸盐、亚硝酸盐和少量氨,未腐熟时则含大量氨而不含硝酸盐。根据这一特点,利用碘化钾溶液遇痕量氨呈黄色、遇过量氨呈棕褐色,Grless试剂(苯和醋酸的混合液)和亚硝酸盐反应呈红色等现象,分别定性测试堆肥样品中是否含有氨和亚硝酸盐,来判定堆肥是否腐熟。

此法的测定过程是:

(1)将少量堆肥样品置于器皿中,徐徐加入蒸馏水并用角匙充分搅拌,同时用角匙试压固态试样表面当有少量的水渗出时就停止加水;

(2)将直径为9cm的滤纸裁成两半,置于一块玻璃板或塑料板上,在此两张半圆的滤纸上再放上一张未被裁开的相同直径的滤纸;

(3)在滤纸上面覆以一外径为8cm的塑料环,在环内装满潮湿的试样,用角匙压实试样使其能够湿透滤纸;

(4)将环和试样及其下面的滤纸一齐拿掉,试样浸液透过上层滤纸清晰地呈现在两张半圆的滤纸上;

(5)取市售的纳氏试剂(主要为碘化钾溶液)数滴,滴于半张滤纸上,若出现棕褐色则表明堆肥尚未完全腐熟,即可停止试验;

(6)若出现黄色或淡黄色,表明堆肥中有少量氨存在,则取另外半张滤纸,在其上滴数滴Grless试剂,如果滤纸呈现红色,说明存在亚硝酸盐;若不显红色,接着在滤纸表面撒上少量还原剂(150℃烘干的$BaSO_4$95g、锌粉5g、$MnSO_4 \cdot H_2O$ 12g的混合物),如果不久滤纸出现红色,说明存在硝酸盐,表明堆肥已完全腐熟。

该实验所用试剂有:(1)纳氏试剂;(2)苯;(3)醋酸;(4)锌粉;(5)硫酸钡;(6)硫酸锰。

### (三)生物可降解度的测定

生物可降解度的测定是一种以化学手段估算生物可降解度的间接测定方法。根据生物可降解有机质比生物不可降解有机质更易于被氧化的特点,在原有"湿烧法"测定固体有机质的基础上,采用常温反应以降低溶液的氧化程度,使之有选择性地氧化生物可降解物质,即在强酸性条件下,以强氧化剂重铬酸钾在常温下氧化样品中的有机质,过量的重铬酸钾以硫酸亚铁铵回滴。根据所消耗的氧化剂的量,计算样品中有机质的量,再换算为生物可降解度。反应式如下:

$$2K_2Cr_2O_7 + 3C + 8H_2SO_4 \longrightarrow 2K_2SO_4 + 2Cr_2(SO_4)_3 + 3CO_2 + 8H_2O \qquad (6-35)$$

$$K_2Cr_2O_7 + 6FeSO_4 + 7H_2SO_4 \longrightarrow K_2SO_4 + 2Cr_2(SO_4)_3 + 3Fe_2(SO_4)_3 + 7H_2O \qquad (6-36)$$

本法实验步骤为：

（1）称取 0.5000 g 风干并经磨碎的试样，置于 250 mL 的容量瓶中；

（2）用移液管准确量取 15 mL 重铬酸钾溶液，加入瓶中；

（3）向瓶中加入 20 mL 硫酸，摇匀；

（4）在室温下将容量瓶置于振荡器中，振荡 1 h（振荡频率 100 次/min 左右）。

（5）取下容量瓶，加水至标线，摇匀。

（6）从容量瓶中分取 25 mL 置于锥形瓶中，加试亚铁灵指示液 3 滴，用硫酸亚铁铵标准溶液滴定，溶液的颜色由黄色经蓝绿色至刚出现红褐色不褪即为本次试验的终点，记录硫酸亚铁铵溶液的用量；

（7）用同样的方法在不放试样的情况下，做空白实验；

（8）按下式计算生物可降解度 $BDM$：

$$BDM(\%) = \frac{(V_0 - V_1) \times C \times 6.383 \times 10^{-3} \times 10}{w} \times 100\% \tag{6-37}$$

式中    $V_0$——空白试验所消耗的硫酸亚铁铵标准溶液的体积，mL；

$V_1$——样品测定所消耗的硫酸亚铁铵标准溶液的体积，mL；

$C$——硫酸亚铁铵标准溶液的浓度，mol/L；

$w$——样品重量，g；

6.383——换算系数，碳的毫克当量 3.0 除以生物可降解物质平均含碳量 47%。

本实验所需试剂有：

（1）重铬酸钾溶液：$(1/6K_2Cr_2O_7) = 2$ mol/L，将 98.08 g 重铬酸钾溶于 500 mL 蒸馏水中，然后缓慢加入 250 mL 的浓硫酸，加蒸馏水至 1 L；

（2）硫酸亚铁铵标准溶液：$[(NH_4)_2Fe(SO_4)_2] = 0.25$ mol/L，小心地将 20 mL 浓硫酸加入 780 mL 水中，再将 980.5 g$(NH_4)_2Fe(SO_4)_2 \cdot 6H_2O$ 溶于其中；

（3）浓硫酸；

（4）试亚铁灵指示液：称取 1.485 g 邻菲罗啉，0.685 g 硫酸亚铁溶于水中，加水稀释至 100 mL，贮于棕色瓶中。

### （四）耗氧速率法

在高温好氧堆肥中，通过好氧微生物在有氧的条件下分解有机物的过程，可使堆肥物质逐渐稳定腐熟，此生物化学过程中，$O_2$ 的消耗速率和 $CO_2$ 的生成速率可以反映堆肥的腐熟程度。可通过测氧枪和微型吸气泵将堆层中的气体抽吸至 $O_2$—$CO_2$ 测定仪，由仪器自动显示堆层中 $O_2$ 或 $CO_2$ 浓度在单位时间内的变化值，以了解堆肥物料的发酵程度和腐熟情况。为提高测定的准确性，可同时对堆层的不同深度、不同位置进行测定。

本法测试中使用的测氧枪由金属锥头和镀锌自来水管组成。测氧枪构造如图 6-24 所示。可制成多个（1～3个）气室，这样用一支枪可分别采集多个位点的试样。此外，在测试中也可将热敏电阻插头装入枪内，在采集气体同时测得温度。

气体测定时必须注意残留在测氧枪中的气体量的影响，残留气体量可根据测氧枪气室和金属细管容积以及乳胶管的长度和内径求得。在采集下一次的测定试样

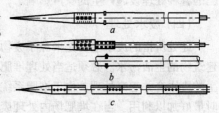

图 6-24　测氧枪构造图

$a$—单气室测氧枪；$b$—装配详图；

$c$—多气室测氧枪

时,应先将这部分残留气体抽出。

## 第十三节　堆肥对环境的影响与污染防治

### 一、堆肥的环境影响

垃圾堆肥系统产生的具有危害性污染因子主要包括:臭气、渗滤水、粉尘、振动和噪声等。在规划垃圾堆肥化设施时,必须作出环境影响评价,并制定相应的措施以防止对环境造成污染。在防止污染的处理设施建成以后,还应继续进行经常性的调查访问和取样分析,以便及时了解情况并作出对策,保证环境处于良好的状态。除了上面提到的臭气、噪声和振动等污染因子外,还有电磁波的干扰问题,有关的堆肥设施布局及众多的进出车辆等也直接影响周围地区的自然环境和景观。综合各方面的情况,多做些充分必要的调查并根据实际需要制定相应对策,以满足作业环境,减少堆肥处理对人民生活和环境造成的影响。

### 二、污染防治技术

在设计过程及实际工程中,应采取必要的工程技术手段以防止粉尘、振动、噪声、废水、臭气等的污染。

#### (一) 粉尘

为防止堆肥设施中产生的粉尘,可安装除尘设备。对于垃圾破碎装置可配备收尘设备,最好维持排气中的粉尘浓度小于 $0.1\,g/m^3$(标态)。

#### (二) 振动

在堆肥处理设施中,破碎机或失衡旋转机械部件的撞击可能引起振动。必须遵守国家和当地环境保护机构制定的有关标准,使其产生的振动控制在一定的范围内。

通常的防振措施是在设备和机座间安装防振装置,建造足够大的机座,以及在机座和构筑物基础间留伸缩缝。地基土层受到频繁振动可能造成松软,须预先进行细致的地质调查,且在独立的支撑结构和基础上安装处理设施的主体装置及附属设备。如果振动问题是在有关的设施安装完毕和运转之后产生或被发现,再来设法解决是极为困难的。因此,最好事先做好必须的准备工作。

#### (三) 噪声

必须根据周围的环境条件特别是当地居民的生活习性,采取必要和有效的措施以防止由堆肥的各种处理设施产生的噪声影响。

#### (四) 废水处理

此处所指的废水主要是来源于废物坑及相应处理设施所产生的废水,同时包括来源于附属建筑物的生活污水。必须适当处理堆肥过程中产生的废水,也可以与当地附近的其他单位所产生的废水合并起来处理。由于堆肥系统产生的废水量较少,若附近有粪便处理厂和污水处理厂时最好加以利用。当在堆肥场内处理废水时,最好是建造贮存池来暂时贮存废水,等达到一定量再将其运往粪便处理厂和污水处理厂。对于某些处理设施(如发酵仓等)产生的废水,可采用废水环流系统在垃圾处理过程中消化掉。

### (五) 脱臭

高速堆肥化系统中产生的臭气物质主要有氨、硫化氢、甲硫醇、胺等。根据周围环境条件,有必要采取成套的脱臭设施。脱臭措施及其效果常以人们的嗅觉进行基本评价。处理设施中产生臭气的量和质取决于设施结构、废物组成、收集和处理条件,以及附属设备的密闭性能。即使在同一处理系统中,也不可能采取同一种脱臭措施。各种脱臭措施主要视堆肥设施的现场条件、当地的天气情况、对当地居民的危害程度以及臭气的控制指标等而定。

主要的脱臭技术有:

(1) 稀释淡化法:将臭气通入水、海水、酸、碱、次氯酸钠等液体将其淡化。

(2) 臭氧氧化法:利用臭氧(液态或气态)的强氧化能力进行恶臭的破坏性氧化。

(3) 空气氧化法:以水吸收臭气中硫化氢,再经空气氧化成无臭无害的硫代硫酸钠。

(4) 药剂氧化法:通过利用过氧化氢、高锰酸钾、氯、次氯酸钠、次氯酸钙等氧化剂脱去。

(5) 燃烧氧化法:将臭气送入锅炉燃烧室或焚烧炉等设备中,利用炉内高温,通过焚烧可燃成分将其去除掉。但应注意必须在大于 800℃ 的高温才能使其完全燃烧。由于臭气成分的彻底去除比较困难,在燃烧过程中,将有较多的中间产物、氧化物和烟灰连同水分的一部分会随同焚化的尾气一起排入大气,导致对周围地区造成环境污染。因此采用此法时应慎加考虑。

(6) 中和法:利用中和剂与臭气成分起反应。

(7) 掩蔽法:以较臭气成分气味更强的芳香族物质的气味作掩蔽剂,可以阻挡和减少臭气的散发。该试剂具有与臭气相容的特性,可作评价使用。

(8) 吸附法:利用活性炭、硅胶、活性黏土等具有强吸附能力的物质对臭气进行吸附加以去除。

(9) 离子交换树脂法:臭气成分可为离子交换树脂所吸附,然后通过带电离子的交换作用将其去除。应注意采用此法时树脂材料不应与臭气成分有亲和性,另外还应考虑臭气的浓度范围。

(10) 生物脱臭法:有堆肥、土壤过滤、生物滴滤床处理等,利用各种细菌等微生物的生化作用使臭气成分得以分解和去除。较为常用的除臭装置是堆肥过滤器(堆高约 0.8～1.2 m),当臭气通过该装置时,恶臭成分被熟化后的堆肥所吸附,进而被其中好氧微生物分解而脱臭。也可用特种土壤代替熟堆肥使用,称作土壤脱臭过滤器。

# 第十四节　堆肥肥效和利用

## 一、垃圾堆肥肥效

垃圾堆肥含有丰富的有机质、氮、磷等养分,不仅可作为土壤改良剂,而且可作为有机肥用于粮食、蔬菜、花卉、林木等方面的生产。

### (一) 堆肥作为土壤改良剂

#### 1. 改善土壤结构

我国中低产耕地土壤中,耕层薄、结构差属大多数。堆肥有机质含量较高,通过有机肥料与土壤的相融,有机胶体与土壤矿质粘粒复合,可以促进土壤团粒结构的形成,相应增加了土壤固相容积,提高了土壤空隙度和毛管空隙度,从而提高了土壤的通透性能,调节了土壤的水、肥、气、热比例;施用堆肥还可提高土壤的阳离子交换量,改善土壤对酸碱的缓冲能力;堆肥通过提供养分交换和吸附的活性位点,提高土壤的保肥性,从而改善了土壤的理化性质(见表 6-22)。

表 6-22　施用有机肥对土壤理化性质的改变

| 处　理 | 有机质/% | 容重/g·cm⁻³ | 总孔隙率/% | 持水量/% | pH 值 |
|---|---|---|---|---|---|
| 未用堆肥 | 2.06 | 1.62 | 35.1 | 14.1 | 5.9 |
| 施用堆肥 | 4.43 | 1.15 | 57.8 | 23.6 | 7.3 |
| 效果对比 | 增加 115% | 降低 40% | 增加 60% | 增加 67% | 酸性减弱 |

### 2. 增加土壤养分

有机堆肥含有作物生长必需的氮、磷、钾养分，而且各种有机肥料所含养分各有特点，粪尿类含氮、磷比较丰富，如人粪含氮 1.159%，磷 1.59% 左右；羊粪含氮高达 2.01% 左右；多数秸秆和绿肥含钾较多，如水稻秆含钾 1.50% 以上。另外，堆肥还含有植物所需要的各种微量营养元素，如谷类作物含硼(B)6~9 mg/kg，锰(Mn)22~100 mg/kg，铜(Cu)3~10 mg/kg，钼(Mo)0.2~1.0 mg/kg，锌(Zn)15~20 mg/kg。有机肥料的养分具有两个重要特点：一是有机物质吸附量大，许多养分不易流失；二是有机肥料养分齐全，易分解，其营养元素的含量和配比很适合作物吸收利用。

有机肥不但补充了土壤养分，同时从养分循环的角度看，还可以使作物从土壤中吸收的营养元素得到再生，减少土壤养分的亏缺。大量研究证明：随着垃圾堆肥用量及施用年份的增加，土壤中的有机质含量逐渐增加，同时垃圾堆肥还能显著提高土壤全氮、速效磷和速效钾等养分的含量(见表 6-23)。

表 6-23　使用堆肥对土壤养分含量的变化

| 处　理 | 全氮/% | 全磷/g·cm⁻¹ | 碱解氮/% | 速效磷/% | 速效钾/% |
|---|---|---|---|---|---|
| 未用堆肥 | 0.14 | 0.06 | 109 | 8.9 | 64 |
| 使用堆肥 | 0.19 | 0.12 | 154 | 25.5 | 107 |
| 效果对比 | 增加 34.3% | 增加 101% | 增加 41.1% | 增加 186% | 增加 76% |

施有机堆肥在补给土壤养分的同时，还能活化土壤中的养分，如有机肥分解产生的有机酸或某些有机物基团与铁、铝螯合或络合，能减少土壤对磷的固定；有机肥分解，尤其是在淹水条件下分解，可提高土壤的还原性，使铁、铝成还原态而提高磷的溶解度。

### 3. 提高土壤生物活性

堆肥中丰富的有机物质，为土壤微生物和酶提供了充足的养分和能源，加速了微生物的生长和繁殖，不仅使其数量增加，而且活性提高，这在有机质的矿化、营养元素的累积、腐殖质的合成等方面起着重要作用。

在微生物的作用下，有机养分不断分解转化为植物能吸收利用的有效养分，同时也能将被土壤固定的一些养分释放出来。例如微生物能分解含磷化合物，使被土壤固定的磷释放出来，钾细菌可以提高土壤钾的活性。微生物还能固定土壤中的易流失养分，例如对土壤游离氮的微生物固定。在绿色食品基地北京巨山农场保护地的黄瓜及番茄茬口取土，测定土壤微生物数量，结果如表 6-24 所示。

**表 6-24　每克干土壤微生物总量的变化**

| 处　　理 | 黄 瓜 地 | 番 茄 地 |
|---|---|---|
| 高温堆肥 | $15.9 \times 10^9$ | $17.8 \times 10^9$ |
| 当地沤肥 | $7.50 \times 10^9$ | $7.38 \times 10^9$ |
| 化　　肥 | $6.69 \times 10^9$ | $4.5 \times 10^9$ |

该表结果表明,化肥区土壤微生物数量最低,随着培肥时间的延长,其微生物活性即数量并不增加,堆肥处理的生物总数较高,而沤肥处理的土壤微生物数量略高于化肥区;由此可见,堆肥处理确有利于改善土壤微生物学性状。沤肥由于其腐熟程度不高,有效养分较低,培肥效益较差。

堆肥中的有机质也为土壤中动物的生存和繁殖提供了丰富的养分。土壤动物的旺盛生命活动对有机物的分解及各种化合物的合成也起着极为重要的作用。这些小动物排出的粪便增加了土壤的养分,对改善土壤理化性状、提高土壤肥力方面也有重要作用。

**（二）堆肥的增产作用**

由于施用有机肥可以改善土壤结构,增加土壤肥力,可以提供作物所需的全面营养物质,因此可起到提高作物产量并改善农产品品质的作用。

堆肥中的有机物经微生物分解转化产生的降解物,如维生素、腐殖酸、激素等,具有刺激作用,能促进作物根系旺盛生长,提高其对养分尤其是磷钾元素的吸收能力;同时还可增强作物的光合作用,使作物根系发达,从而生长苗壮,产量提高。

堆肥含有的多种无机元素能促进作物正常生长发育,使其不易因缺乏某种元素而影响其品质,有目的的施用某种有机肥,还可以改善并提高产品的品质风味,例如把富含有钾的草木灰、秸秆类有机肥施用于甜菜,可提高其含糖量;种植薄荷施入人粪尿,其中的铵态氮可以促进植株体内的还原作用,增加挥发性油的含量。

**二、堆肥的利用**

**（一）堆肥的用途**

堆肥的用途很广,既可以用作农田、绿地果园、葡萄园、菜园、苗圃、畜牧场、庭院绿化、风景区绿化、林业等种植肥料,也可以作蘑菇盖面、过滤材料、隔音板及制作纤维板等。表 6-25 是堆肥产品利用一览表。

**表 6-25　堆肥产品利用一览表**

| 用　　途 | 肥料等级 | 施肥频率/a·次$^{-1}$ | 施　肥　期 | 施　用　法 | 施用量/t·hm$^{-2}$ |
|---|---|---|---|---|---|
| 谷物种植 | 初级或成品堆肥 | 2~4 | 秋天或春天 | 施入土壤表面 | 40~100 |
| 牧　　场 | 细粒的初级或成品堆肥 | 2~4 | 全年均可 | 施入浅层表土 | 20~60 |
| 果树种植 | 初级或成品堆肥 | 3 | 除收获季节外均可 | 施入土壤表面 | 100~200 |
| 葡萄种植:腐殖质供给 | 初级或成品堆肥 | 2~3 | 葡萄收获后和返青前 | 施入浅层表土 | 100~250 |

| 用　途 | 肥料等级 | 施肥频率/a·次$^{-1}$ | 施肥期 | 施用法 | 施用量/t·hm$^{-2}$ |
|---|---|---|---|---|---|
| 保护地力 | 初级堆肥 | 2 | 葡萄收获后和返青前 | 均匀撒于表层 | 200~300 |
| 蔬菜种植 | 初级或特殊堆肥 | 2~4 | 除收获季节外均可 | 浅表层 | 60~100 |
| 温　室 | 成品或特殊堆肥 | 2~4 | 除收获季节外均可 | 浅　层 | 10~15 |
| 蘑菇栽培 | 成品堆肥 | 4~5 | 全年均可 | 70%堆肥、低于20%黑泥炭和5%石灰、5%黏土(体积分数) | 40~50 |
| 苗　圃 | 成品或特殊堆肥 | 2 | 全年均可 | 表　层 | 30~40 |

施用堆肥时应注意以下事项：

(1) 成品堆肥富含活的微生物，其耗氧量虽然比未腐熟堆肥少，仍然易造成厌氧状态，所以在农田施用时，不要将堆肥埋起来，最好撒在土壤表面让其暴露于空气中。堆肥层的厚度不宜超过 1~2 cm，优质堆肥的厚度为 1 mm 即可。

(2) 如果新鲜堆肥的施用量大于 10 t/hm$^2$，须在堆肥施撒与播种之间间隔一定的时间。一般冬季需隔 1~1.5 月，夏季至少 3~4 周。堆肥越新鲜、雨量越小、外界温度越低、施用量越大，则所需间隔时间越长。

(3) 粗堆肥最好用于黏质、淤泥和板结的土壤；细堆肥用于干燥、疏散及多沙的土壤。含有 5% 以上石灰的垃圾堆肥，属于石灰质肥料，建议用于酸性和有酸化倾向的土壤。

(4) 施用垃圾堆肥应配以最佳的无机厩肥，特别是氮厩肥，而不能离开氮肥单独施用。

(5) 堆肥不应装在密闭的容器里保存，而应与空气接触。

**(二) 混合施肥的必要性**

有机、无机肥配合对平衡农田养分有重要作用。虽然有机肥具有养分齐全、肥效持久，改善土壤结构和理化性质，提高土壤肥力，活化土壤养分等优点，但也具有明显的缺点，如沤制与施用费工费时，运输不便；肥效较慢，养分浓度较低；有机肥养分的分解和释放过程受土壤温度、湿度、微生物活性以及有机肥本身的 C/N 等诸多因素的影响，不易进行定量控制；有机肥的施用实际上是把作物从土壤中带走的养分部分归还土壤，是一种部分物质和能量消失的半封闭式的物质循环，因此必须投入新的物质才能维持土壤的原有肥力，因而单靠有机肥不能满足大面积大幅度提高作物产量的现代农业的要求。

化肥与堆肥具有很大程度的互补性，它具有养分浓度高、肥效快、供肥强度大等优点，但成分较单一或不齐全，改土效果较差，而且由于其养分浓度高，施用不当容易造成肥害，长期大量施用化肥还会降低其肥效，增高成本，造成污染。

因此，这两种肥料配合施用，能达到优势互补，扬长避短。在施用有机肥的基础上，根据土壤、气候、作物品种以及田间生长的情况，按照缺什么补什么的原则施用化肥，既满足了作物高产稳产的养分需求，又保证了土壤肥力的继续提高。

**(三) 有机－无机复混肥配方**

利用熟化堆肥作基料生产有机复混肥的关键技术在于养分配方，包括 N、P、K 配比以及微量营养元素的补充调节。有机复混肥的养分配方设计应根据作物品种、根系分布、吸收能力和土壤结构、pH 值、水分、有机质、养分数量、养分存在形态以及有机复混肥等的特点，考虑土壤－作物养分供求关系的平衡，然后拟定设计方案。养分配方有两种类型，一是通用型配方；二是专用型配方。

### 1. 通用复混肥配方

通用复混肥配方的应用对象是某一地区对养分(主要指 N、P、K)需求差异不太悬殊的多种主要作物,例如在广东,水稻、叶菜类、桑、林木一类作物,应用 11:3:7 或 10:2.5:6 的通用配方,均有较好效果。多年实践表明,有机复混肥使用范围较广,在等氮或等重施用条件下,增产效果比一般无机复混肥高而成本降低。在某些情况下(沙质土、瘦土)施用时,甚至还优于专用型无机复混肥。利用熟化堆肥配制有机复合肥时,可采用广谱型配方。堆肥和添加剂可按上述比例进行调配来研制高效有机复混肥。由于腐熟堆肥含有机质高,利用这种通用配方可达到供求平衡,同时其中腐殖酸、铵有助于农作物和林木的生理调节作用。

部分配方的养分设计可参考表 6-26,各地可按原料的价格和丰缺情况,作适当调整。例如:蔗渣可用谷壳、棉秆、剑麻渣或畜禽粪代替,普钙可部分用钙镁磷代替。若制高浓度复混肥,普钙宜用磷胺代替或部分代替。某些原料中以三要素含量较高的鸡粪、酒精废液浓缩物为主时,化肥的用量需相应减少。该配方未给出调理剂,因调理剂加入量小,按主要原料种类和比例以及当地土壤条件而定。调理剂加入量可从有机或无机原料(蔗渣、滤泥)中减除。

**表 6-26　通用型复混肥配方的养分设计**

| 肥料类型及养分比例 | 原料成分(质量分数/%) | | | | | | | | | | |
| --- | --- | --- | --- | --- | --- | --- | --- | --- | --- | --- | --- |
| | 尿素 | 硝胺 | 磷胺 | 普钙 | 硫酸钾 | 氯化钾 | 浓缩液 | 滤泥 | 蔗渣 | 云石粉 | 粉煤灰 |
| 稻菜桑(11:3:7) | 23.5 | | | 21 | | 11 | 20 | 6 | 10.5 | | 10.5 |
| 烟(9.0:5.4:16) | 9.6 | 10 | 8 | 15 | 25 | 5.8 | | 10 | 7.4 | 5 | 5 |
| 茶(14:2.9:3.0) | 30.4 | | | 21 | | 5 | | 20 | 10 | | 9 |
| 甘蔗(11:3:9) | 24 | | | 21 | | 15 | | 15 | 15 | | 10 |
| 香蕉(9:2.4:15) | 18 | | 4 | 4 | | 25 | 10 | 10 | 15 | 5 | 5 |
| 花生(9:3.5:8) | 19.5 | | | 25 | | 13 | 10 | 10 | 10 | 8 | 5.5 |
| 叶菜(11:3:7) | 16.5 | 10 | | 21 | | 11 | | 20 | 10 | 7 | 7 |
| 番茄(10:3:9) | 21.7 | | | 21 | | 15 | | 20 | 8 | 10 | 2.3 |

通用配方,适当配施一些其他肥料,有更大适应范围和更好效果。例如对幼龄茶和林木作基肥施用时,可适当加些磷肥,效果更好。对成龄茶,则可加大氮比例。对挂果期的果树,宜加施一些钾肥。

### 2. 专用复混肥配方

专用型配方完全是针对某些土壤-作物供求关系中对 N、P、K 有较特殊需求,或者某类土壤生长的农作物或林木出现缺素症,而对某种微量元素有特殊需求所拟定的养分配方。这类养分配方设计是针对某些作物品种和土壤类型的,用以调节这些作物与土壤的供求平衡,满足作物生长所需,针对性明显。例如:香蕉和烟草对钾的需求很高,对氮的供应需有一定的限制,防止质量受损。而茶对氮的需求量很高,对 P、K 则需控制在一定范围内。一般的通用肥,难以满足其特殊需求。另外,这类作物经济价值高,也是配置专用肥的一个重要原因。表 6-27 列出了几种有代表性作物的专用配方。

**表 6-27　一些作物吸收氮、磷、钾三要素的比例**

| 项目 | 水稻 | 小麦 | 棉花 | 白菜 | 球甘蔗 | 甘蔗 | 花生 | 大豆 | 香蕉 | 甘薯 | 黄瓜 | 烟草 | 苹果 | 柑橘 |
| --- | --- | --- | --- | --- | --- | --- | --- | --- | --- | --- | --- | --- | --- | --- |
| N | 3 | 3 | 3 | 2 | 3 | 3 | 5 | 4.7 | 1 | 1 | 3 | 2.5 | 2 | 3 |
| $P_2O_5$ | 1 | 1 | 1 | 1 | 1 | 1 | 1 | 0.2 | 1 | 1 | 1 | 1 | 1 | 1 |
| $K_2O$ | 2 | 3 | 3 | 2.6 | 4 | 4 | 1 | 1.6 | 3.7 | 2.5 | 9 | 3.5 | 2 | 5 |

综上所述,有机－无机复混肥配方的养分设计,应根据作物吸肥特点和特性、土壤养分含量及有关理化性质、气候条件、不同生长期和不同季节时作物的养分需求变化、当地的施肥习惯、复混肥的特点等因素而定,并需经多点验证,完善后才能定出较优化的配方。根据作物种类、种植面积及季节,可定出几种基本专用肥配方。在一定条件下,把不同基本专用肥按一定比例相互组合,可得到更多种类的专用肥,这不仅有利于生产管理和更好地适应市场变化,而且对于提高肥效也有较好作用。

**(四) 利用生活垃圾生产复混肥**

用生活垃圾堆肥产品为基质,经过烘干粉碎,去除多余的水分,添加适当的无机肥料和添加剂,在造粒机中制成颗粒,经过干燥,磁化,最后制成颗粒状有机复合肥料。

**1. 产品方案**

采用"堆肥＋无机复混肥系＋添加剂"有机复混肥体系。

无机复混肥体系选用"尿素＋磷铵＋钾肥"体系,该体系中尿素与磷铵的反应产物是较理想的粘合剂。

添加剂的选用:为进一步提高有机复混肥的营养成分,改善肥料的品质,在有机复混肥的生产过程中可以将腐熟的污泥和粉煤灰作添加剂加入。污泥中含有大量的有机质、氮、磷、钾以及微量元素等营养成分,用作有机复混肥的添加剂可以提高肥料的有机质含量,补充营养元素。粉煤灰中含有丰富的磷、钾以及硅、铁、锰、镁、锌、钼等多种营养元素,对作物的生长发育有益处。另外粉煤灰还具有较强的吸热能力,施用于土壤可以起到提高地温的特殊作用。

在使用污泥和粉煤灰作有机复混肥的添加剂时,应严格执行《农用污泥中污染物控制标准》(GB 4284—84)和《农用粉煤灰中污染物控制标准》(GB8173—87),防止重金属污染。

**2. 生产工艺流程设计**

城市生活垃圾复混肥的生产工艺流程可以分成堆肥和复混肥生产两个阶段:

(1) 堆肥阶段:包括前处理、一次发酵、筛分、二次发酵等工序。经过二次发酵后,生活垃圾中的有机物形成稳定的腐殖质。

(2) 复混肥生产阶段

1) 基础物料粉碎:堆肥及添加的大块物质被送入高湿物料机烘干粉碎,各种基础化肥被送入锤式粉碎机粉碎。考虑到物料的吸潮性,最好现配现用。

2) 配料混合:各种基础物料经过粉碎后被提升到料仓,按照配方计量后,进入密闭的混合设备进行混合。混合机的充填度是影响混匀的主要因素,装得过多,物料运动不充分,混匀程度差;装得过少,混匀程度高但是能耗大。一般填充度为60%～70%较合适。

3) 造粒:混匀的物料通过物料分配器均匀地进入造粒机造粒,常采用两台造粒机同时生产。挤压造粒法具有以下优点:①工艺流程简单,造粒过程添加水分少,颗粒含湿量小,干燥量小,养分的损失少;②颗粒大小由模板控制,大小均匀,成形率高,成品无需过筛;③设备占地面积小,结构紧凑,操作方便。因此建议选择挤压造粒机造粒。

4) 干燥:从造粒机出来的产品往往含15%左右的水分,为贮存、运输和使用方便,需经过干燥处理,使水分降到5%以下,干燥过程的温度不宜过高或过低,温度过高,热敏性物料易受损;温度过低,起不到烘干的效果,温度宜控制在70～80℃左右。

5) 磁化:干燥后的有机复混肥进入磁化机磁化,与一般的有机复混肥相比,磁化肥具有磁性,可促进土壤中有效成分的形成,提高作物对养分的吸收利用。

6) 包装:经过磁化后的合格产品被送入自定量包装机进行包装。包装袋采用内衬塑料薄膜,外加聚丙烯双层编织袋。

**3．主要控制工艺参数**

(1) 一次发酵:原料含水率 40%～50%,C/N 为(30～35):1,每立方米堆层通风量(0.1～0.2)$m^3$/min(标态),温度 55～65℃(维持 5～7 d),发酵周期 10 d,达到容积减量不小于 30%,水分去除率 10%～15%,C/N 为(15～20):1;

(2) 二次发酵:温度不大于 40℃,发酵周期 20 d,达到含水率 20%～30%,C/N≤20:1;

(3) 烘干、粉碎:进气温度 200～400℃,出气温度不小于 120℃,粉碎粒度不大于 80 目;

(4) 配料、混合:配料精度 1%,混合变异系数(CV)不大于 7%,混合充填率 60%～70%,含水率 15%左右;

(5) 造粒:成粒率不小于 90%,粒径 4～5 mm;

(6) 成品烘干:进气温度 70～80℃,出气温度 40℃左右,含水率不大于 5%。

要求堆肥成品满足《城镇垃圾农用控制标准》(GB8172—87),生活垃圾复混肥成品还需满足《复混肥质量标准》(GB15063—94)。

**4．物料平衡**

根据对中小城市垃圾成分的分析,日处理生活垃圾 100 t,经过堆肥发酵后可以得到精制堆肥 40 t,与无机肥料及其他添加剂配合造粒后,可以生产养分含量为 15%城市生活垃圾复混肥 50 t,按照年运转 300 d 计,可以生产城市生活垃圾复混肥 1.5 万 t。

**5．经济效益**

经济效益有以下几点:

(1) 年产 1.5 万 t 生活垃圾复混肥生产线,按照纯利 100 元/t 计,每年可获利 150 万元。

(2) 节约了大量作为倾倒生活垃圾的土地和至堆放场的清运费,填埋场投资费按每吨 10 元计,每公里的运费按 1.6 元计,运输距离按 10 km 计,1.2 万 t 的生活垃圾需耗建场费 12 万元,运费 19.2 万元/a。

(3) 年处理生活垃圾 3 万 t,若可回收废品占垃圾重量的 1%,可年回收 300 t,按每吨废品收益 300 元计,年收益 9 万元。

# 第十五节　堆肥在控制污染及其他方面的应用

传统的堆肥一般用来处理城市固体废弃物、农林废物,实现废物的无害化、减量化和资源化,腐熟的堆肥作为有机肥用来改善土质、增加土壤中的肥分。随着堆肥技术的发展,堆肥被用来修复被污染的土壤、处理雨水污染、降解挥发性有机化合物、处理恶臭、控制作物病虫害等。实践表明,堆肥在修复污染土壤、控制环境污染方面具有成本低、效率高、无二次污染等优点。

## 一、有机污染物的堆肥处理

堆肥技术近几年才应用于有机污染土壤进行生物修复。生物修复是指微生物降解去除有机污染物的一个受控自发进行的过程。它与传统的生物处理既有共同之处也有区别。利用微生物来降解污染物,这是共同之处;不同的是传统的生物处理要把肥水、废气活固体废物收集起来后用生物进行处理,而生物修复技术并不收集分散在环境中的污染物,而是通过向环境提供营养物、供氧和微生物,并依靠有机污染物自身的碳源促进微生物群体的生长繁殖,达到降解有机污染物的目的。目前可以处理的土壤有机污染物种类也很有限,有机污染物种类也很有限,主要包括石油烃、炸药、氯酚、杀虫剂及多环芳烃等,其中对多环芳烃的研究最多。堆肥技术具体采用的堆制方法有两种:一种是直接将受污染土壤与堆制原料混合后进行堆肥,有机污染物在堆制过程中的消失主要通过两条途径:生物降解和非生物损失包括挥发、水解、光解、络合等,其中生物降解起着主要作用;另一种堆制方法是在污染土壤中添加已经堆制过的堆肥产品进行生物修复。与前一种堆制方法相比,堆肥产品中不仅含有多种微生物包括杆菌、假单胞菌、放线菌及能降解木质素的真菌,还含有丰富的营养物质,而且又能作为土壤改良剂,改善土壤结构、水分和 pH 值等,使土壤环境更有利于微生物发挥作用。下面介绍几种有机污染物的处理方法。

### (一) 氯酚类污染物

氯酚类化合物(PCP)广泛用于木材和粗帆布防腐,也用于农药、树脂、染料和医药的合成。PCP 易于在环境中由化学作用或生物作用而降解,细菌和真菌都可以降解它们。细菌种类有假单胞菌、黄杆菌和氯酚分枝杆菌等,真菌有黄孢原毛平革菌、木酶和云芝等。

采用上述两种堆制方法对含有氯酚类污染物土壤进行堆肥处理后,都取得了很好的效果,而且 PCP 从土壤中消失是主要被微生物矿化掉。堆体中加入的填充剂可以吸附 PCP,从而使微生物处在一个相对毒性较小的环境中,更有利于其发挥活性。因 PCP 毒性较大,向堆体中外加接种剂对降解作用没有明显的促进。Laine 等在五氯酚含量为 44 mg/kg 土壤中使用不同的接种剂与未接种进行堆肥对比实验,接种剂分别为菇渣与稻草混合堆肥后的产品及堆制过的土壤,2 个月后,3 个系统中的五氯酚去除率没有明显差别,都达到 80% 以上。在此基础上,又向堆体中投加污染更严重的土壤(五氯酚含量 683~1108 mg/kg),发现五氯酚的降解更快,最终降解率超过90%。可见堆制一段时间后,微生物的降解活性较高,此时适当添加底物,可补充微生物所需的碳源和能量,有助于污染物的降解。五氯酚的降解过程见图 6-25,降解的第一步为需氧和HADPH 的酶催化,脱去对位的氯,形成四氯氢醌。四氯氢醌在再经过一次羟基化和三次还原性脱氯后形成 1,2,4-三羟基苯,然后开环后降解。

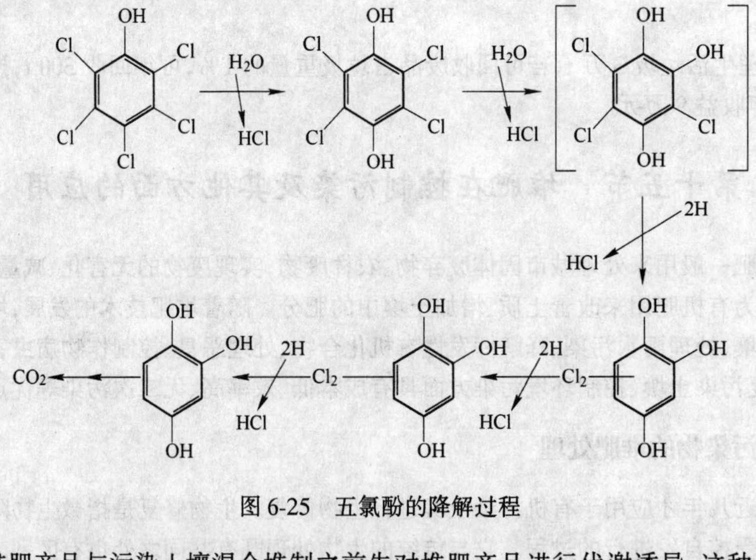

图 6-25　五氯酚的降解过程

如果将堆肥产品与污染土壤混合堆制之前先对堆肥产品进行代谢诱导,这种作用会有助于PCP 的降解,含有 PCP(5~10 mg/L)溶液流过堆肥产品对其进行 3 个月诱导后,再与污染土壤混合堆制后,其中 56% 的 PCP 可以被矿化为 $CO_2$,而且脱氯过程没有形成中间产物,而未经诱导的对照组 PCP 则没有发生矿化。对发酵期和腐熟期的堆肥产品进行代谢诱导研究,结果都证实了这种诱导作用确实可以促进 PCP 污染土壤的生物修复。

### (二) 多环芳香烃类污染物

多环芳烃(PAHs)多指含两个或多个以上苯环的稠环芳烃。PAHs 是无处不在的污染物,有机质的不完全燃烧会产生 PAHs,杀虫剂、涂料、树脂和染料等也会有 PAHs 污染。据报道,采油、炼油和石油运输要占 PAHs 污染的 70%。

PAHs 好氧和厌氧降解的难易程度与以下几个方面有关:PAHs 的溶解度、环的数目、取代基的数目、取代基的类型、取代基的位置和杂环化合物中的原子性质。环数越多,越难降解,张文娟等用实验室模拟方法,研究了堆肥处理对污染土壤中 4~6 环 PAHs 结果表明,去除率顺序为荧蒽＞苯并蒽＞苯并芘＞苯并荧蒽＞苯异荧蒽,并且随着污染负荷增加,高浓度的污染物对微生物产生极大的毒害作用,也会抑制微生物对污染物的降解。

在对微生物降解 PAHs 的代谢研究中发现,细菌主要是通过双加氧酶的途径来降解 PAHs,而酵母菌和丝状菌主要以单加氧酶的途径来降解 PAHs。

萘是最简单的 PAHs。降解由双加氧酶催化产生顺－二氢二醇,再脱氢形成 1,2-二羟基萘;然后环氧化裂解,接着去除侧链,形成水杨酸;水杨酸进一步氧化形成儿茶酚或龙胆酸后开环。降解过程也能在单加氧酶的参与下完成。降解过程见图 6-26。

3 环的 PAHs 也有类似的降解过程。第一步总是双加氧酶催化产生顺－二氢二醇,然后脱氢形成对应的二醇;然后环氧化裂解,侧链去除,形成一个环的二醇。至于 4 环和 4 环以上的 PAHs,目前其降解代谢

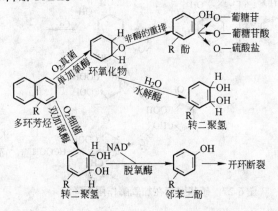

图 6-26　多环芳烃的降解过程

的途径尚未完全阐明,但最初的氧化过程类似。共代谢在 4 环和 4 环以上的 PAHs 中起重要作用。

很多研究发现,向 PAHs 污染土壤中添加腐熟堆肥混合堆制比直接堆制污染土壤的效果要好。这主要因为微生物可以利用腐熟堆肥中含有的大量腐殖质作为营养物质,通过共代谢作用降解 PAHs。石油污染土壤中富含芳香烃污染物,包括苯、甲苯和乙苯及二甲苯的同系物,利用堆肥技术对其进行生物修复有很好的效果。用牛粪、羊粪与锯木屑混合制成有机肥,再与被石油污染的土壤按污染土:有机肥为(3.5~4.0):1 比例混合,堆放高度设为 1.5~1.8 m,中间放置多孔软管,以便排水及通气,可处理一个约 420 $m^3$ 被燃料油和柴油污染了的土壤,11 周后,土壤中未检出苯、甲苯及二甲苯。处理效果好的原因是动物粪便提供了微生物生长必需的营养物,加入锯屑,不仅能保持温度,而且由于其具有一定的堆积孔隙,提供了 $O_2$、$CO_2$ 迁移交换的有利条件。

陈勇等研究发现在处理芳香烃污染物时接种降解菌的比不接种的有比较明显的降解效果。与未加降解菌的堆肥比较,在堆肥中加入降解菌可迅速进入升温期,并对多环芳烃有较好的降解效果,说明降解菌对多环芳烃有明显的降解作用,其中又以白腐真菌降解效果为佳。

### (三) 环境激素类物质

环境中存在一些能够像激素一样影响人体和动物体内分泌功能的物质,称为环境激素,又叫内分泌干扰物。尽管它们在环境中的浓度极小,但是一旦进入人体内,就可以与特定的激素受体结合,干扰内分泌系统的正常功能。这类化学物质主要用来制造农药、洗涤剂和塑料制品的材料

或添加剂以及药品等。将秸秆与污泥混合好氧堆肥处理所添加的污染物即增塑剂粗品对苯二甲酸二异辛酯,对堆肥过程不同时期的乙醇萃取样品的液相色谱分析后发现,堆肥处理对这种污染物有很好的降解效果。虽然目前生物修复方面关于环境激素类污染物降解的研究较少,比如用生物降解只能处理含多氯联苯浓度较低的废物,而且速率较慢。但是随着我们对环境激素危害性的认识,应用堆肥技术对这类污染物的生物降解的研究也必然获得很大进展。

### (四)硝基类污染物

硝基类化合物的降解途径主要有两种:一是氧化分解代谢,由单或双加氧酶作用脱除苯环上的硝基,形成相应的多元酚,进一步由加氧酶作用开环降解,脱除的硝基形成亚硝基盐,进而被微生物利用作为氮源,见图6-27。二是硝基还原代谢,苯环上的硝基在硝基还原酶作用下还原成羟氨基,随后由羟氨基裂解酶作用水解脱氨基,形成相应的二羟基芳香化合物开环降解,如图6-28所示。

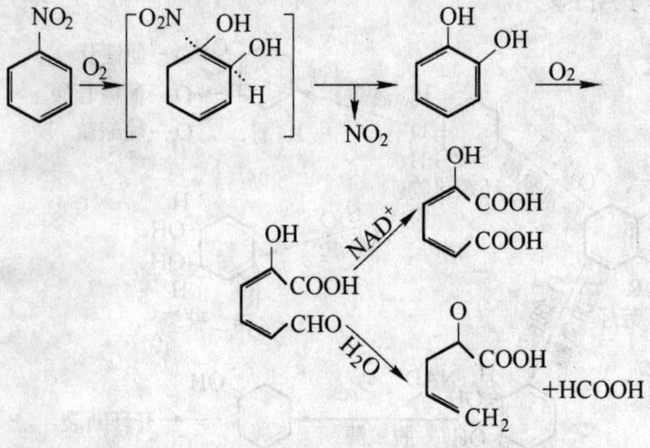

图6-27　硝基甲苯在加氧酶作用下降解 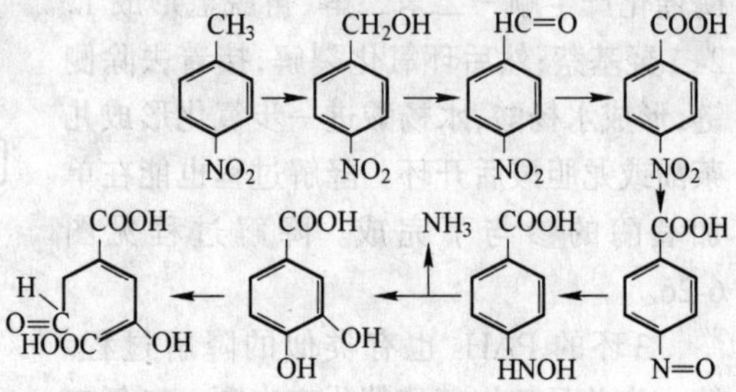　　　　图6-28　4-硝基甲苯的硝基还原降解

堆肥方法处理受爆炸物如 TNT、RDX 等污染土壤的生物修复,取得了一定的成功经验,发现高温时堆肥处理污染物的降解率更高,半衰期更短。Breiting 等首次采用两种堆肥系统比较生物降解土壤中 TNT 的效果,第一种为始终通氧,第二种为先厌氧 65 天后,再通氧 95 天,结果表明,第一个系统中 TNT 浓度迅速下降,去除率达 92%,但是 28 天后,土壤中 TNT 仍有残留,第二个系统中厌氧阶段 TNT 中硝基被依次还原。随着 TNT 浓度的下降,首先出现的是氨基二硝基甲苯,然后随其浓度减少,二氨基硝基甲苯开始出现,最后在好氧系统中全部消失。在最近的研究中,将 TNT 污染的土壤与甜菜废料、稻草混合堆制,同样进行先厌氧后好氧的联合处理后,也得出了类似的结论,并且进一步发现,厌氧阶段还有少量 TNT 转化为三种乙酰化和甲酰化的氨基硝基甲苯(Bruns Nagel D,1998)。国外在治理硝基类污染物的经验比较成熟,通过堆肥法处理军事基地爆炸残留物的效果良好。

### (五)农药

从 20 世纪 60 年代就已经对农药微生物降解途径展开了研究,其实质仍是酶促反应。现在,大多数农药的微生物降解途径已经清楚,这些途径与硝基芳烃降解途径相似,包括氧化、还原、水解、脱卤、缩和、脱羟、异构化等。目前对于农药降解的研究已进入到降解酶及其基因水平的研究。能降解农药的微生物种群很多,有细菌、真菌、放线菌和藻类等。

Cole 在处理浓度 $3000 \times 10^{-4}$% 的除草剂污染时,将 10% 的木屑和腐熟堆肥均匀混合于 90% 的污染土壤中(体积比),仅用 50 天就使污染物降解完全。如果仅靠土壤自然降解污染物,这一过程将持续数年。除了能加快生物修复的速度以外,应用堆肥可大大的节省费用,传统的修复方法如填埋、焚烧的费用是堆肥法五倍多。据 Cole 调查,堆肥生物修复技术优于其他任何的土壤清消技术。

## 二、堆肥处理技术应用于有机污染土壤时的影响因素

堆肥对有机污染物的清除受到许多因素的影响,其中有机污染物和土壤之间的相互作用是影响污染物的微生物可利用性的关键因素,从而决定堆肥处理技术的成败,其他环境因素如堆肥的温度、湿度、pH 值、C/N 和通气性等对有机污染物的降解也有明显的影响。此外,表面活性剂的使用也会产生一定的影响。

### (一) 土壤和有机污染物质的性质

有机污染物进入土壤中,主要经历生物降解和非生物损失(包括挥发、光解、水解和渗滤等)两种消失途径,其中生物降解起着重要作用。其归宿首先由自身性质决定,同时环境因素也产生重要影响,包括土壤的组成与结构、温度和降雨等。污染物除了可以从土壤中消失,还可以与土壤发生相互作用,并且这种作用过程会降低污染物的微生物可利用性,随着时间推移,使污染物被土壤屏蔽,逐渐转化为不可被微生物利用的残留物,但是值得注意的是,这种用时间来定义的不可被微生物所利用的残留物并不是绝对意义上的,也存在将来通过微生物活动而被释放的可能。

化合物分子反应能力与其结构及物理化学性质有关,环境中化合物对生物或生物目标分子间的作用服从化学反应基本定律,即有机污染物亲脂性参数、电子参数、空间参数、量子化学参数与其生物降解性之间存在相应关系。王菊思等人在对芳香族化合物生物降解性研究表明:取代基团对化合物生物降解难易影响的顺序为:—$NO_2$＞—$NH_2$＞—$CH_3$＞—COOH＞—OH;苯环上取代基数量的增加和链的增长,都能增加生物降解的难度;而且取代基位置不同,其生物降解性也不同。Hatzinger 等观察到,有机污染物的微生物可利用性随着其在土壤中持留时间的延长而下降,这种现象称为污染物的老化(aging)。污染物发生老化后,通常在土壤中以 3 种形式存在:(1)污染物可以迅速发生解吸;(2)污染物慢速发生解吸;(3)污染物转化为与土壤结合的残留物,也就是使用溶剂提取后,污染物仍以其本身或其代谢产物的形式存在于土壤中。但是需要强调一点,某种污染物是否能被溶剂提取是针对具体的溶剂和提取条件而言的。发生老化的本质是,通过污染物与土壤相互作用使污染物从土壤中较容易与微生物作用的区域转移到不易或不能被微生物接触的区域,从而降低了污染物的生物可利用性。比如多数研究认为,土壤对污染物的吸附作用会使污染物发生老化,一般情况下,土壤固有微生物将被阻挡在土壤颗粒内孔隙以外,只能存在于颗粒外部水溶液中,这样,那些吸附在土壤有机质内部以及土壤中无机组分颗粒(包括大孔和微孔)内部的有机污染物,不能直接接触到微生物,因而也不能直接发生降解反应。鉴于污染物的微生物可利用性直接影响到生物修复技术的成败,所以围绕土壤中污染物发生老化的过程开展了很多研究。首先,污染物在土壤中是否发生老化由其本身性质决定,其中污染物的水溶性影响最大。其次,土壤的性质如土壤有机质的含量和性质、土壤无机组分的结构及颗粒孔径大小也有一定影响。此外,有机污染物和土壤之间存在的一些引力如偶极 - 偶极力、偶极 - 诱导偶极力及氢键合力也促使污染物发生老化。Cornelissen 等人提出使用 Tenax 树脂测定出土壤中污染物能发生快速解吸区域的大小,可以判断出对土壤进行生物修复的潜力,并且在试验中发现,土壤中存在的有机质可以大大增加多氯联苯慢速解吸区域的范围。Divincenzo 等人发现,污染物浓度越高,越容易被吸附发生老化,但是,土壤中污染物浓度如果低于最小阈值时,也不能实现通过微生物新陈代谢降解污染物的目的。Bosma 等人(1996 年)认为除了浓度外,污染物在土壤中发生解吸进入到水相中的速率也影响其生物可利用率,甚至发现生物修复总反应速率受控于解吸速率而不是微生物活性。

### (二) 微生物的驯化

在生物修复污染土壤方面，一般都是采用增加营养物和改善环境条件的方法，利用土壤和堆肥原料中原有的土著微生物来降解有机污染物，这样处理时间较长，需要数十天甚至百余天。现在研究发现，向堆体中接种特殊微生物，能显著提高有机污染物的降解速率。Mc Farland 等人在实验中接种了 10% 的白腐真菌处理被石油污染的土壤。堆制 30 天后，接种真菌处理的苯并[a]芘的最大去除率达到 $1.36\ mg/(kg \cdot d)$，而对照组中的最大去除率只有 $0.83\ mg/(kg \cdot d)$。Milne 等在对油泥污染土壤进行堆肥处理的实验中，使用 3 种不同填充剂，分别是稻草、经过热处理的泥炭藓及含有丰富石油降解菌的泥炭藓，堆制 800 h 后，前两组中总石油烃（TPHS）降解率是 25%，而后一组则达到 55%，并产生大量 $CO_2$。实际上，土壤在遭受污染后，土壤中的微生物就存在一个驯化选择的过程，一些特殊的微生物在污染物诱导下会产生分解污染物的酶系，进而将其分解，这就是在污染土壤中普遍存在的降解菌富集现象。所以，现代堆制研究中可以从受污染土壤中分离并培养降解速率最大的微生物种类，然后再把它们接种于同类污染土壤，利用其互生作用，缩短生物降解的启动期。Grosser 等报道，从受多环芳烃污染的土壤中分离细菌，培养 2 天后，回接到土壤中，芘的矿化作用提高了 50%。需要注意的是，由于土著微生物已经适应了污染物的存在，外源微生物有可能不能有效地和土著微生物竞争，而且微生物从一种土壤引入到另一种土壤后，适应新的土壤环境可能会有困难，所以实际处理时，要考虑菌种接入到污染土壤后的存活率。

### (三) 堆制环境因素

将受污染土壤与堆制原料混合后进行堆肥，要保持适宜的堆制条件，在堆制时除待处理的污染物外，还要加入易降解的固体有机物，如稻草、木屑、树皮等，并补充氮和磷以及其他无机盐。堆制因素包括温度、湿度、pH 值、通气性以及 C/N 等，这些因素的调控决定了堆肥技术处理有机污染土壤的效果。应用堆肥技术时，需要考虑两方面的条件：一是堆肥本身所需要的适宜条件，这些条件的控制目前已经较为成熟，容易实现；二是有机污染物降解所需要的最适条件。通过调整环境条件来使微生物的降解能力达到最佳，提高降解污染物的速率，见表 6-28。堆肥过程处理污染物应结合这两方面考虑，选出最佳的堆制降解条件。

**表 6-28　保持微生物降解活力的适宜条件**

| 环　　境 | 保持微生物降解活力的适宜条件 |
|---|---|
| 温度/℃ | 15～45 |
| 湿度/% | 25～85 |
| pH 值 | 5.5～8.5 |
| 氧化还原电位/mV | 好氧、兼性大于 50，厌氧小于 50 |
| 氧气含量/% | 好氧大于 10，厌氧小于 1 |
| 养分比例(C∶N∶P) | 120∶10∶1 |

### (四) 表面活性剂的使用

很多有机物被强烈地吸附在土壤上，不易降解，使用表面活性剂能促进憎水性有机物的解吸和溶解。使用合成的表面活性剂要注意两个方面：一是使用浓度要合适，浓度过高既不经济，又可能抑制微生物的活性；另一方面就是注意不要在环境中引入新的化学污染。另外，由微生物、植物或动物产生的天然表面活性剂称为生物表面活性剂。例如，Oberbremer(1989 年)等发现，微生物自身能产生以糖脂形式存在的生物表面活性剂,随后,在一个含"模拟"油类的土壤微观体系中加入生物表面活性剂发现,油类降解 90% 所需的总体时间可以缩短,即生物降解作用得到了加强。因此,研究生物表面活性剂及其实际引用效果是今后研究热点之一。目前主要问题是如何将具有特定代谢功能的微生物接种于污染现场,并保证其能产生有效增强生物降解的生物表面活性剂。

### 三、堆肥处理有机污染土壤方面有待研究的问题

用堆肥法对有机污染土壤进行生物修复的研究,目前虽然是取得了一些进展,并为土壤中有机污染物的治理提供了一种新技术和新思路,但是在其广泛应用上,还需进一步在以下几方面进行深入探索。

#### (一) 有机污染物在堆制过程中降解的中间产物及终产物

有机污染物在堆肥处理过程中,变化较复杂,一方面可通过微生物的作用而降解,另一方面会衍生其他的中间产物,这些中间产物具有较大的迁移性,在某些条件下可以形成比目标污染物毒性更大的有机污染物,因此,关于中间产物和终产物的分析确定是评估生物降解的非常有用的指标,由此确立有机污染物降解动力学,寻求低生物毒性的代谢途径,使污染物降解的彻底。

#### (二) 降解微生物及酶的研究

复杂的有机污染物混合物的降解需要有混合菌株的参与,但不同菌株之间可能会产生竞争或抵抗作用,从而对降解产生负面影响,使用可高效降解多种污染物的降解工程菌就可以避免这类问题。现在已有人尝试通过基因工程的手段能降解某些化合物的高效菌株,以加速污染物质的转化。各种有机化合物能否被微生物降解,取决于微生物能否产生相应的酶素。因此,开发有特殊功能的酶类、酶分子化学修复和酶的分离、提纯等技术,制备具有高降解能力的制剂,加入到堆肥中,为微生物降解有机物开辟新途径。

#### (三) 加大推广应用

虽然已有应用堆肥处理有机污染的报道,但是目前的研究多数停留在实验室和小规模试验阶段,距实际应用还有很大差距,因此必须不断消化吸收先进的理论和技术,改进工艺和设备,研制高效低耗堆肥反应器,并推广堆肥处理有机污染的利用,缩短由实验到工程应用的周期。

### 四、去除挥发性有机污染物和控制恶臭

废气或尾气在生物反应器内进行,可用于处理挥发性有机化合物(Volatile Organic Compounds, VOCs)以及其他有毒或者有臭味的气体,如 $NH_3$ 和 $H_2S$ 等,可用作控制化工、制药、电镀、印刷等行业产生的有害污染物以及废水处理厂、堆肥厂、垃圾填埋场产生的恶臭等。常见的VOCs有油漆残余物、有机溶剂、清洗剂、润滑剂等。传统的处理 VOCs 和恶臭的方法是活性炭方法、加热氧化法和化学氧化法等,但是活性炭法只是物理吸附,不能降解,当吸附达到饱和后,必须对活性炭进行再生或更换处置。加热氧化和化学氧化也存在着二次污染和处理成本高的缺点。堆肥吸附处理技术是通过自身携带的微生物降解有机污染物,有下面一些优点:

(1) 去除效率高。对于一般的空气污染物去除率超过 90%。

(2) 污染少。生物处理的产物是生物量,容易处理,而化学氧化法会产生氯和含氯产物,加热法会产生氮氧化物等污染物,还需进一步处理。

(3) 投资少、能耗低、运行费用低。不需投入额外的化学药品,生物反应在常温下进行,生物处理法的动力消耗只是污染气体进入处理系统时所消耗的能量(正压鼓风或负压抽风)。

适宜处理的污染物特征：

(1) 水溶性强，并具有蒸汽压低、亨利定律常数低的特点，这类物质向介质表面微生物膜扩散速率高，这类物质有无机物、($H_2S$、$NH_3$)、醇类、醛类、酮类以及简单芳烃，现在水溶性的化合物，如石油烃或卤代烃也能被去除。

(2) 易降解，分子被吸附在生物膜上必须被降解，否则会导致污染物浓度增高，这样会影响传质，毒害生物膜，降低生物滤器效率，或使处理完全失效。

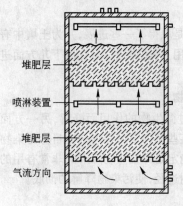

图 6-29　气相生物过滤器示意图

生物过滤器(Compost Biofilter)是去除 VOCs 和恶臭的核心装置(Finn, L, 1997)，其形式多种多样，示意图见图 6-29，残留 VOCs 的容器、织物等在密闭室中加热挥发，鼓入空气将挥发性气体带入气相生物过滤器，带有恶臭或其他有害物质的气体可直接鼓入生物过滤器，混合气体通过两层富含微生物的堆肥层时，气体中的 VOCs 被堆肥中的微生物吸附降解，气体在通过底层的堆肥时气体中的有机物已大部分分解成 $CO_2$、$H_2O$，上层的堆肥主要应对异常气流的出现。

大规模的堆肥生物过滤器在过去广泛应用于处理欧洲的堆肥厂恶臭(Haug, 1993)，挥发性有机物的去除率很稳定而且比较高。堆肥生物过滤器也用来处理污水处理设施、工厂产生的恶臭和 VOCs，每立方米空气被处理的 VOCs 的含量在 20～150 mgVOCs，恶臭的浓度也相当大。生物过滤器的去除效率相当高，$H_2S$ 的去除率在 82%～99%，其他简单的芳香烃的去除率也比较高，见表 6-29。

表 6-29　生物过滤器的去除效率

| 去 除 物 | 入口浓度/$\mu g \cdot L^{-1}$ | 出口浓度/$\mu g \cdot L^{-1}$ | 去除率/% |
|---|---|---|---|
| $H_2S$ | 19900 | 20 | 99.9 |
| 苯 | 900 | 68 | 95 |
| 甲苯 | 1060 | 75 | 97 |
| 二甲苯 | 260 | 27 | 93 |

堆肥生物过滤器在运行中应注意以下问题：

(1) 作为填料的堆肥应该具有良好的通透性和持水性，城市垃圾堆肥不能满足这种要求，一般选择园林废物和其他植物类废物的堆肥。填料层厚度一般在 1 m 左右，过低处理效果下降，过高填料容易被压实，气流压力损失增大。在填充堆肥时应保证气流均匀通过，防止出现气流孔道。

(2) 堆肥的湿度保持在 50%～70%，使微生物具有高的生物活性，较高的湿度也能增大对挥发性有机物的吸附，一般通过从底部通入潮湿的空气和上部喷淋来加湿。温度保持在 20～35℃，低于 20℃，微生物活性低，降解速度变慢；高于 35℃，嗜温菌的活性受到抑制，同时，填料的水分损失增大。

(3) 适时向堆肥中补充氮，因为被处理的挥发性物质多为含碳的有机物，而微生物生长需要保持合理的营养比例，Morgeroth 通过试验发现未补充氮，80 cm 厚的堆肥层仅去除 40%～70% 的己烷，而补充氮，60 cm 厚的堆肥层却能去除 90%～100% 的己烷。

与基于堆肥的生物修复技术相比，堆肥生物过滤器的研究还是比较少，生物过滤器的发展主要靠经验，而不是基本的理论研究。例如，一个研究人员有时需要试验 30 多种堆肥混合物才能找到一种适合的填料。技术的革新靠的是基本理论的积累丰富,所以对于堆肥生物过滤器来说,还有一个很大的空间来提高其设计,增加处理能力和可靠性。

### 五、处理城市雨水污染

堆肥在处理水污染方面的应用还比较少,报道较多的是用来处理城市雨水污染。

大气降雨后,雨水在清洗空气,冲洗屋面、路面后携带了大量的有害污染物,主要有油类、有机毒物、杀虫剂、重金属等,所以雨水,特别是初雨径流有必要经过处理后再排入水体。在美国,城市雨水在排入水体前,必须经过处理达到环保署制定的排放标准。为了达标,一些市政当局和工厂采用堆肥来处理,而不是采用其他处理费用较高的芦苇塘、稳定塘等方法。与传统的方法相比,堆肥法占地少。例如在一个工业区,传统的稳定塘方法需要占地 14000 $m^2$,而堆肥雨水处理系统处理同样多的污水仅需 2000 $m^2$,而且运行维护费用较低。

堆肥雨水处理系统的核心是堆肥雨水过滤器(Compost Stormwater Filter, CSF),构造如图 6-30 所示,CSF 可去除雨水中的漂浮物、泡沫、化学污染物、沉淀物等。CSF 中的堆肥经过特别的筛选,结构为多孔型结构,雨水从其内部流过时被堆肥填料吸附,进而被里面的微生物降解,浮渣经过挡板拦截可定期清除。

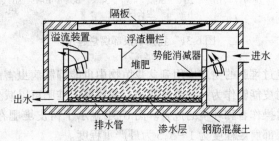

图 6-30　堆肥雨水过滤器示意图

这种雨水处理系统中的堆肥采用植物类废物的堆肥产品,这种堆肥具有渗透性好,腐殖质含量高,过滤性好的优点,可去除雨水中90%的固体、85%的油脂、82%~98%的重金属,CSF的优点是运行维护费用低,过流量大,能达到 8 $m^3$/s。当堆肥填料失去作用后,可重新进行堆肥化,去除有机污染物后用作其他用途,如垃圾填埋厂覆盖用土,但不能重新用作 CSF 的填料,因为其中的重金属无法经过堆肥去除,而且其渗透性也降低。

## 第十六节　堆肥的革新应用——防治病虫害

植物容易受到病虫害的侵害,每年农户及园林绿化部门都要遭受数亿元的损失。在过去大量的人工合成杀虫剂被用来控制病虫害,农作物的产量也随之迅速增加,但有些杀虫剂难以降解、毒性大,容易在生物体内富集,已经对环境和人体产生了不利影响。堆肥很早就被用来改善土壤结构、提高作物的产量,如今,堆肥在用作提高作物产量的同时也被用来抑制植物病虫害。这样既能节省投入,减少杀虫剂的使用,又能减少污染保护环境。

生物控制是使用一种生物物种来控制其他物种的数量。在实际生产应用上有用瓢虫来控制蚜虫的数量,用寄生黄蜂来减少蛾的数量,用真菌来杀灭蚊子和蛀虫的幼虫等。生物控制不是直接杀灭治病害虫和微生物,而是通过生物物种间的相互作用将病虫害控制在一定合理的程度内。由于生物杀虫剂存在着一些不确定因素,可能会对环境和生态系统存在潜在的危害,在美国,生物杀虫剂的注册登记需要一个很长的过程而且费用很高,所以很多人将眼光投向了堆肥。在所有的用自然方法控制病虫害中,堆肥化和堆肥的使用是研究最多的,在高温堆肥中由于温度超过55℃,大部分致病微生物被杀死,被病虫害感染的农田秸秆、垃圾经过堆肥后,可以安全的施用到农田中不会再重新引起病虫害。相反,没有经过堆肥的秸秆施用到农田后会成为引起下一季农作物致病的微生物载体。堆肥化已被证实能有效杀灭线虫类、细菌、病毒、真菌等致病微生物。

腐熟的堆肥含有丰富的养分和有益微生物,能够抑制或杀死致病微生物。其作用机理有以下几种:(1)堆肥施入土壤后引起土壤环境的改变抑制病原体的生长,同时增加了土壤中的养分,使有益微生物处于竞争的优势地位;(2)有益微生物产生抗生素,抑制有害微生物的生长;产生酶破坏致病菌的细胞壁杀死病菌;(3)有益微生物捕食有害的病原体,减少病原体数量;(4)堆肥能够提高作物自身对疾病的抵御能力。

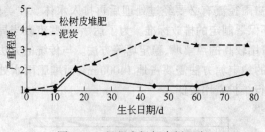

图 6-31　猩猩木根部腐烂程度

在所有可堆肥物质中,树皮由于能够抑制病虫害的产生被广泛用来作为盆栽植物的培养基。在国外,用树皮作为培养基的最初目的是想减少泥炭的使用,因为泥炭是一种相对较贵而且不能再生利用的产品,而树皮是一种廉价充足的林业废物。一些树皮中含有植物毒素物质,虽然堆肥能够减少其中的植物毒素,但是研究显示经过堆肥的树皮应用到盆栽植物中也能抑制病虫害的产生,如今人们已经普遍认为经过堆制的树皮能够作为一种杀真菌剂。使用树皮堆肥可以减少化学杀真菌剂的使用,降低成本,减少农药对操作者和环境的危害。图 6-31 显示了树皮堆肥在温室猩猩木种植中降低了根部腐烂程度。根部腐烂程度为 1~5,5 为最严重程度。

在农田施用中,堆肥也能抑制病虫害的产生及病虫害的程度。堆肥能够减少因为病虫害引起的苜蓿倒伏,减少南瓜茎枯萎及幼苗根部腐烂,一些堆肥还能够抑制植物硬元状斑病,堆肥对作物病虫害的防治有以下特点:

(1) 不同种类的堆肥,其对病虫害的作用有效性不同。有的市政污泥堆肥对病虫害有作用,而有的就完全没有作用。

(2) 一年内不同时间内对病虫害的抑制作用有很大的改变,特别用作杀真菌剂时。

(3) 一些堆肥的作用在不同年份有不同的表现。堆肥的抑制病虫害的作用效果类似于其他生物控制病虫害产品。

限制生物控制病虫害产品应用的主要因素是它的作用不稳定性,不能像其他化学合成杀虫剂那样有稳定直接的效果。这种不稳定性存在很多原因:一是土壤环境中各种因素存在着复杂的联系,作物对致病微生物的敏感性在不停的变化;二是致病微生物之间也存在复杂的联系,它们对作物的感染性也是在变化的。生物控制产品有效性也随着土壤条件的改变而改变。土壤缺少水分或气温升高,作物的活性会降低;作物的根系受到线虫或其他害虫的侵害也容易染病。总的来说,菌类的活性受土壤养分、水分、含氧量、$CO_2$ 含量及其他与之竞争的微生物影响。由于这些影响条件在不同时间、不同病虫害下变化很大。

堆肥也能控制植物根系周围土壤中细菌的数量,增加抑制致病真菌的细菌数量,减少根部腐烂,然而,有的堆肥会对作物根系中有益微生物有不利的影响。除了能够控制真菌病原体,堆肥也能减轻治病线虫的危害。Marull 研究了在盆栽和农田实验条件下城市生活垃圾堆肥对根部节点线虫数量和作物成长的影响。在盆栽实验中,在堆肥占土壤 33%(质量比)时能够明显促进作物的生长,降低土壤中线虫的数量。然而,当堆肥比例提高到 66% 时在作物的生长和土壤中线虫数量的影响上和堆肥占 33% 时没有变化,这可能是过高的堆肥比例对作物的生长不会再起作用。城市生活垃圾堆肥对线虫数量的影响见表 6-30。

**表 6-30　城市生活垃圾堆肥对线虫数量的影响**

| 处　　理 | 线虫数量(250 cm³ 土壤中)/条 | 线虫数量(1 g 根上)/条 |
|---|---|---|
| 对　　照 | 4380 | 17000 |
| 施加堆肥 | 1410 | 8010 |

堆肥对土壤的致病病原体的抑制作用也有广泛的研究,然而,对于堆肥茶(堆肥浸提液)也能减少叶面病原体数量的研究还比较少。蘑菇培养基、牛粪、羊粪的堆肥浸提液能有效地控制苹果疮痂病,控制红松幼苗枯萎的效果更好。不同堆肥浸提液的作用效果有很大不同,目前,堆肥茶还不是一种成熟的技术,制作的程序不统一,每个操作者的工序不同,而且其控制机理还不是很清楚,有待于进一步研究:浸提液中的化学成分和微生物是如何起作用。

堆肥对病虫害的抑制作用的详细机理还不是很清楚。堆肥物料成分复杂,有的堆肥物料成分就含有的抗病原体物质,在一定情况下,这些物质会在堆肥过程中被破坏,如物料中含有的一些挥发性物质对致病微生物有抑制作用。研究显示堆肥中无机盐的含量在抑制疾病增加作物产量方面有不可替代的作用。每英亩❶ 10 t 和 20 t 的施用量时,作物疾病控制的最好,产量也最高。每英亩而 50 t 的使用量时,作物的产量最低。未施用堆肥和每英亩施用 30 t 时作物的产量相当,都比较低。堆肥施用量高而作物产量低的原因是堆肥中无机盐的浓度比较高,这使得作物容易受到病菌的感染。堆肥物料抑制病虫害的机理非常复杂,例如对线虫类的影响。一些物质经过堆肥后对病虫害的抑制作用反而降低,所以如果堆肥中含有未腐熟的成分,可能起作用的是未腐熟的堆肥物料而不是堆肥。因此,堆肥对致病微生物的抑制作用在不同堆肥中变化很大,在一些情况下是化学成分起作用,在另外一些情况下是微生物起作用。但是随着人们环保意识的增强,用堆肥防治病虫害是生态农业的发展方向之一。

为了增强堆肥在防治病虫害的稳定性,研究人员在堆肥中加入特殊的控制疾病的有益微生物来提高防治作物疾病的能力,这种经过特殊配制的堆肥能够用来防治一些常见的作物疾病,研究表明特制堆肥能够明显的减少甚至停止杀虫剂、杀真菌剂和杀线虫剂的使用,减少这些化学药剂对水体、食品安全及操作者的危害,而且效果比使用单纯堆肥稳定持久。

# 第十七节　堆肥厂的运行和管理

为了保证垃圾堆肥厂的安全运行,提高生产效率,同时加强和完善城市生活垃圾堆肥处理厂的科学管理,提高相关人员的技术水平,实现城市生活垃圾无害化、减量化、资源化处理,下面将对堆肥厂运行和管理的相关规程进行详述,这里涉及的相关条例主要针对的是以城市生活垃圾为主要原料的静态和间歇动态高温堆肥处理厂。

## 一、运行管理总则

城市生活垃圾堆肥处理厂各岗位操作人员必须了解有关处理工艺,熟悉本岗位设施、设备的技术性能和安全操作、维修规程,而运行管理人员则必须熟悉整个处理工艺和设施、设备的运行要求和主要技术指标。为了实现全过程安全生产的系统管理,必须按照《生产过程安全卫生要求总则》(GB12801)的基本要求,建立和完善全厂范围的安全生产管理机制;同时各生产岗位应根据其工艺特征与具体要求,建立有利于本岗位安全生产管理的岗位安全操作规程。

---

❶　1 英亩 = 4046.86 m²。

## 二、主要工艺流程

对于堆肥厂操作过程中所涉及的各种机械设备,应按主要工艺流程(见图6-32),从末端向始端逆方向开机;作业结束时,则应按主工艺流程,从始端向末端顺方向关机,并关闭总开关。开机前,操作人员应按规程检查有关设备,并根据各工序设备工况,应分别挂出"合格证"或"停运行证",合格的设备必须点动试机正常后方可正式启动机械设备。开机后,操作人员和管理人员应经常检查巡视所操作或管辖的设施、设备及仪器、仪表的运行状况,并及时准确做好设施、设备运转记录及其他必要的记录和报表。记录报表应准确及时,能真实地反映处理厂运行实际情况。同时,但发现运转异常时,应采取相应处理措施,并及时上报。根据各种机电设备的不同要求,应定期检查、维护,添加或更换润(脂)滑油。

原料 → 滚筒筛 → 破碎机 → 振动筛 → 混料机 → 发酵仓

图6-32　机械设备主要工艺流程及启闭基本程序示意

当电源电压超出额定电压10%时,不得启动电机。机械设备的运料、贮料装置应保证垃圾日进日清,不滞留过夜。

在进行堆肥厂的相关操作时,必须按照以下的步骤严格执行:

(1) 各岗位操作人员和维修人员必须经过岗位培训,并经考核后持证上岗。

(2) 操作人员必须严格执行本岗位安全操作规程。

(3) 做好各项准备工作后,方可启动机械设备。

(4) 操作人员必须佩戴必要的劳保用品,做好安全防范工作。

(5) 控制室、化验室、变电房、发酵仓等工作间内严禁吸烟。

(6) 吊装机械应配专人操作,其操作人员须经专门培训,取得合格证后方可持证上岗操作,吊装机械运行时被吊物体下方不得有人。

(7) 严禁非本岗位操作管理人员擅自启、闭本岗位设备,管理人员不允许违章指挥。

(8) 操作人员启、闭电器开关时,应按电工操作规程进行。

(9) 必须断电维修的各种设备,断电后应在开关处悬挂维修标牌后,方可进行检修作业。

(10) 检修电器控制柜时,必须先通知变、配电站断掉该系统电源,并验明无电后,方可作业。

(11) 清理机电设备及周围环境卫生时,严禁擦拭设备转动部分,不得有冲洗水溅落在电缆接头或电机带电部位及润滑部位。

(12) 皮带传动、链传动、联轴器等传动部件必须有机罩,不得裸露运转。

(13) 当一工序设备停机检修时,应首先关闭相关的前序设备,并将有关信息传至中央控制室,或后序工序。

(14) 垃圾堆肥处理厂消防措施应按中危险度和轻危险度来考虑。其中化验室、回收废品贮存库应按中危险度进行考虑。

(15) 垃圾堆肥处理厂消防措施应按 A、B、C 三类火灾考虑。

在遵守以上总则的同时,每一处理单元也有自己相应的运行管理步骤,下面将对各个处理单元的相关规程进行详述。

## 三、称重

作为堆肥厂的第一道工序,地磅前方应设置醒目标志、防止运输车辆撞击地磅及附属设施,并应设置低速装置,运输车辆上磅时车速不应大于 5 km/h。

运行过程要注意以下几点:

(1) 为保证计量精确性,同时为保持良好的生产作业环境,需保持地磅及承重台上不得有异物。

(2) 地磅应配置良好的防雨设施,并便于运输车辆通行,防雨顶棚应定期检修维护。

(3) 定期请专业人员校核调整计量误差,并挂合格证。

(4) 应做好称重记录和统计工作,做好称重记录和统计工作,包括按日、月计量的进厂原料量、车数、车型、地磅运行情况及其他有关事宜。

## 四、板式给料

板式给料机是将间歇受料转换为皮带输送机等后序设备的均匀连续受料的均载设备,运行管理应注意以下几点:

(1) 板式给料机作业前,首先应检查受料部位有无卡塞现象。若受料部位被异物卡塞,则将加大电机启动负荷,甚至导致电机烧毁。

(2) 运行速度平稳与否是板式给料机输送带及其电机和传动装置正常运行与否的基本标志。因此要严格监视、调整给料速度,以保证后序设备能均匀、连续、平稳的受料。

(3) 板式给料机运行时,若受料部位被异物卡塞,会导致设备过载、电机烧毁或传动件、连接件破坏,因此应及时停机检修。同时,故障排除后(或确定无故障时),为检验设备修复情况,需空转 3～5 min。

## 五、皮带输送

堆肥处理厂涉及的皮带输送机包括预处理工序的手选皮带输送机,发酵仓(场)的布料皮带输送机、出料皮带输送机,各工序之间的固定或移动式皮带输送机。

(1) 皮带输送机运转前,操作人员应检查其接头、拉紧装置、托辊情况,并做必要调整。

(2) 运转过程中,当出现皮带跑偏、物料散落等现象,应及时调整,以保持连续平稳运行。

(3) 运转过程中,当出现接头断裂,尖硬异物卡刺皮带等现象,应立即停机检修。故障排除后(或确定无故障时),应空转 3～5 min 后,再恢复满负荷运行。

(4) 手选皮带输送机启动前,应检查手选操作人员是否到位,只有在到位的情况下才可开机。

(5) 悬挂式磁选机配置的皮带输送机位置设定后,应注意调整两者之间的有效空间,这样有利于保证磁选效果,同时可避免出现异物卡塞现象。

(6) 手选皮带输送机带速不应大于 0.5 m/s。

## 六、振动筛选

振动筛选机包括不同筛选工作面(如格栅式和网眼式)和多种激振源的振动筛选设备。

使用振动筛选应注意以下几点:

(1) 振动筛运转前,应检查下列内容,并做处理、调整:

1) 筛面应完好、整洁,无堵塞或损坏;

2) 各弹簧应完好,筛分机及筛面应平稳;

3) 机电设备及传动装置应完好。

(2) 振动筛运行中,应检查下列内容,并采取必要措施:

1）筛面受料无过多或过少现象；

2）筛面受料均匀；

3）筛面无异物（如大块物、坚硬物、缠绕物等）；

4）整机无不平稳的晃动；

5）整机与相邻设备无碰撞、干涉；

6）无异常噪声等。

因为振动筛选机械是一种利用机械振动特性强化筛选效果的低能高效分选机械，其振动特性及运行工况与振动体质量有直接关系，振动体的固有频率为

$$\omega_i = \sqrt{\frac{K}{m}}$$

式中，$\omega_i$ 为固有频率；$K$ 为振动系统刚度；$m$ 为振动体质量，它由振动机本身质量 $m_i$ 与筛面物料质量 $m'$ 组成。

若筛面物料质量变化（无论是质量大小变化还是分布变化），将导致振动体固有频率 $\omega_i$ 变化，在一定的工作频率 $\omega_i$ 时，频率比 $Z = \dfrac{\omega}{\omega_i}$ 变化，导致振动特性变化。因此必须严格控制筛面受料情况：筛面是否受料过多或过少，筛面受料是否均匀等。

（3）振动筛运行中出现异常情况应及时停机检修。故障排除后，应空转 3～5 min，再满负荷运行。

（4）振动筛选机运行中，应保持其平稳连续受料。

（5）结束筛选作业后，应及时清除筛面物料。

（6）应保持振动筛选机连续平稳运行。

（7）筛选处理量不得低于设计处理能力的 95％，从而保证满足工艺运行的最低经济要求。

## 七、滚筒筛选

运行管理应注意以下几点：

（1）滚筒筛运行前，应检查以下内容，并做处理、调整：

1）筛筒内无剩余物料；

2）筛面无严重堵塞；

3）电机及传动装置应完好，若传动装置及相关部件有振动、损坏，应及时调整、更换；

4）托辊应无损坏、偏离或松动。

（2）滚筒筛运行中，应检查以下内容：

1）受料连续平稳；

2）筛筒内无异物（棒状物、缠绕物）；

3）电机或轴承无升温过高现象。

（3）滚筒筛运行中出现以上异常情况，应及时停机检修。故障排除后，应空转 3～5 min，再满负荷运行。

（4）结束筛分作业后，应及时清除筛筒内残留物料。

（5）滚筒筛筛选能力应与各自先行工序设备能力协调匹配。

## 八、一级发酵

一级发酵是垃圾高温堆肥的关键环节，一级发酵过程中产生的 50～70℃ 的高温可使垃圾达

到无害化要求。

原始垃圾的成分及堆肥过程条件必须符合《城市生活垃圾堆肥处理厂技术评价指标》(CJ/T3059)的基本要求。

**（一）运行管理**

根据工艺技术要求及发酵原料实际条件,应适时调整、控制一级发酵期各主要技术参数,并符合下列规定:

(1) 一级发酵原料含水率宜为40%～60%,灰土含量大且环境温度低时取下限,反之取上限。当含水率超出此范围时,应采用污水回喷或添加物料、通风散热等措施调整水分。

(2) 一级发酵原料碳氮比宜为20:1～30:1,当超出此范围时,应通过添加其他物料调整碳氮比。碳氮比偏高时可添加粪便污泥,偏低时可添加腐熟堆肥物。

(3) 一级发酵的最低要求为一级发酵原料易腐有机物比例不得小于20%,但实践表明,从有利于堆肥过程进行及提高堆肥产品质量考虑,易腐有机物含量大于30%更为有利。可通过添加污泥、粪水等措施提高堆肥中的有机物含量。

(4) 发酵仓进料应均匀,防止出现物料层厚不等,含水率不均,或物料挤压等不利于发酵升温的情况。实践表明,有预处理工序的堆肥工艺和配置了布料机械的堆肥工艺,通常不会出现上述情况,而无预处理工序,特别是用装载机(甚至是卡车)直接从发酵仓顶部倾倒装料的堆肥工艺,就易发生上述情况。

(5) 静态发酵自然通风物料堆置高度宜为1.2～1.5 m,当在仓底设置风沟时,自然通风的物料堆置高度可为3 m。灰土含量大时,取上限,反之取下限。实践证明,间歇动态工艺的物料堆高可为5 m。

(6) 静态发酵强制通风时,每立方米垃圾风量宜取0.05～0.20 $m^3$/min(标态),通常进行非连续通风;间歇动态工艺可参照静态工艺并根据试运行情况确定通风量。

(7) 一级发酵仓通风风压应按照堆层每升高1 m,风压增加1000～1500 Pa来计算。灰土含量大,含水率小时取下限,反之取上限。当堆料高度超过3 m时(如间歇动态工艺),仅靠底部通风不够时,可考虑侧面通风等措施。

**（二）运行监测**

应定期测试一级发酵仓升温情况,参照《城市生活垃圾好氧静态堆肥处理技术规程》要求,测温点应根据升温变化规律分层、分区设定。高度应分上、中、下三层,上下层测试点均应设在离堆层表面或底部0.5 m左右处,每个层次水平面测试点按发酵设施的几何形状,可分中心部位和边缘部位设置,边缘部位距边缘宜为0.3 m左右。

**（三）监测指标**

一级发酵阶段主要技术指标应符合现行行业标准《城市生活垃圾堆肥处理厂技术评价指标》(CJ/T3059)的有关规定。

一次发酵阶段的监测项目见表6-31。

**表 6-31　一次发酵阶段的监测项目**

| 序　号 | 项　　目 | 指标参数 |
|:---:|:---:|:---:|
| 1 | 发酵仓有效容积 | >70% |
| 2 | 堆肥温度:静态工艺<br>间歇动态工艺 | 55%持续5天以上 |
| | | >55%(至少1天60%)持续3天以上 |

| 序　号 | 项　目 | 指标参数 |
|---|---|---|
| 3 | 蛔虫卵死亡率 | 95%～100% |
| 4 | 粪大肠菌值 | $10^{-1}$～$10^{-2}$ |
| 5 | 含水率 | 下降 10%以上 |
| 6 | 减　容 | 20%以上 |

### 九、二级发酵

二级发酵应注意以下几点：

(1) 根据工艺技术要求及一级发酵半成品情况应调整、控制通风及翻堆作业。

(2) 二次发酵仓(场)进、出料及传送、运输设备可视具体要求单独配备或与一级发酵仓共用,诸如单斗装载机、吊车抓斗、移动式皮带输送机等设备可与一级发酵仓或贮料场、成品库等多工序合用。

(3) 综合性二次发酵场内各作业区应保证设备通道或人员通道的畅通。综合性发酵场系指集二级发酵场、精处理车间、成品库等多工序于一体的综合场地。尽管该场地综合了多种功能,但各作业区则是相对独立的。为了保持正常的生产作业秩序,必须保证通道设备和人员通道的畅通。

(4) 二次发酵主要技术指标应符合现行行业标准《城市生活垃圾堆肥厂技术评价指标》(CJ/T3059)的有关规定。

二次发酵阶段的监测项目见表 6-32。

表 6-32　二次发酵阶段的监测项目

| 序　号 | 项　目 | 指标参数 | 备　注 |
|---|---|---|---|
| 1 | 发酵周期 | 不小于 10 天 | |
| 2 | 含水率 | 不大于 35% | |
| 3 | pH 值 | 6.5～8.0 | |
| 4 | TN | 不小于 0.5% | 指精处理后 |
| 5 | TP(以 $P_2O_5$ 计) | 不小于 0.3% | 指精处理后 |
| 6 | TK(以 $K_2O$ 计) | 不小于 1.0% | 指精处理后 |
| 7 | 有机质(以 C 计) | 不小于 10% | 指精处理后 |

### 十、通风

通风时应注意以下几点：

(1) 为保证风机正常运行并延长其使用寿命,风机及风机房应保持整洁、干燥。

(2) 应根据发酵工艺要求及升温情况,及时调节送风量。若环境温度高,仓内升温快、温度高且持续时间较长时,应加大通风量并延长通风时间,反之则减小通风量,缩短通风时间。

（3）风机运行时,应注意观察、记录风机风量、风压等主要运行参数。

（4）备用风机应关闭其进、出气闸阀。防止由于管道的风压造成风机在没有良好润滑的状态下叶轮反向转动,损坏设备。

### 十一、污水回流

污水回流应注意以下几点:

（1）垃圾渗沥液回流沟应及时清理、疏通,使一级发酵仓和垃圾原料坑内的渗沥液能顺畅流至污水池。

（2）污水池中的杂物应及时清捞。以防可能随回流污液一起输送,并卡塞回流泵叶片,降低回流量,磨损叶轮,甚至损坏设备。

（3）必要时可向发酵仓回喷一定量的污水,调节含水率;剩余污水应送至污水处理设施集中处置。

（4）污水泵不宜频繁启动。

### 十二、控制检测

控制检测应注意以下几点:

（1）控制监测仪器设备操作人员必须经过岗位培训后,持证上岗;

（2）工艺设施(设备)运行前,应先检查控制监测仪器设备是否完好;

（3）控制室(或监测岗位)应保持良好视角,以便观察控制有关工序及设备运行状况;

（4）由中央控制室控制的工序应同时具备各工序独立控制功能;

（5）控制室应将事故工序有关情况及时通知其前后有关工序;

（6）控制室宜采用微机处理主要技术参数并用微机进行自动化管理;

（7）非中央控制室控制监测的工序也应提高微机管理水平。

### 十三、化验（检验）

化验(检验)应注意以下几点:

（1）堆肥原料检测项目有:密度、含水率、碳氮比、蛔虫卵、大肠菌值、细菌总数、组分等,检测频率都为每月 1 次。

（2）堆肥产品检测项目如下:每月 1 次的有密度、粒度、含水率、pH 值、蛔虫卵、大肠菌值、细菌总数;每半年 1 次的有总镉、总汞、总铅、总铬、总砷;视情况而定的有:TN、TP、TK。

（3）发酵仓、垃圾原料坑等处渗沥液检测项目每月一次的有:pH、SS、$BOD_5$、$COD_{Cr}$、细菌总数、大肠菌值和蛔虫卵;每季一次的有:TN、TOC;每半年一次的有:总镉、总汞、总铅、总铬、总砷。

（4）化验室应承担总检测项目 50% 以上的任务。

（5）化验检测应符合国家现行标准《水质分析方法标准》(GB7466～7494)、《生活垃圾渗沥液理化分析和细菌学检验方法》(CJ/T3018.1～15)、《城镇垃圾农用控制标准》(GB8172)等的有关规定。

### 十四、变配电

变配电室的运行管理、维护保养及安全操作除应符合现行国家行业标准《电业安全工作规程》(DL408)的有关要求之外,还可参照《城市污水处理厂运行、维护及安全技术规程》(CJJ60)等标准中有关章节的内容。

## 第十八节　堆肥示例介绍

### 一、堆肥实例一（无锡 100 t/d 生活垃圾处理厂）

#### （一）工艺流程概述

整个工艺由预处理，一次发酵、后处理（精分选）、二次发酵等四部分组成。城市生活垃圾运到处理厂，由给料机送到预处理工段，经磁选、手选、筛选后，回收部分有用物质，去除一部分非堆肥化粗大物，然后送入一次发酵仓，在仓内调节水分和碳氮比，通风发酵，10 天后一次发酵结束，堆肥物出料至后处理工段，精分选机械去除堆肥物中的杂物并加以破碎，然后物料进入二次发酵仓发酵，由风机将一次发酵产生的尾气送入二次发酵仓风道，给二次发酵堆肥通风，既起到脱臭作用，又保证了二次发酵供氧，10 天后二次发酵结束，堆肥产品即可出厂供农用。工艺流程框图见图 6-33。

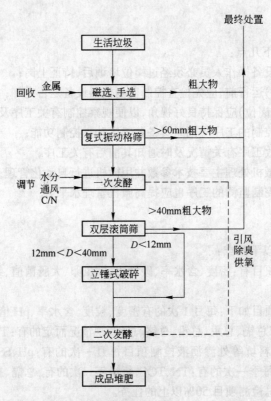

图 6-33　快速高温堆肥法二次发酵工艺流程框图

#### （二）工艺流程要点

1. 垃圾的预处理

垃圾进厂后，即开始进行预处理，先由磁选机分出黑色金属，然后经人工手选，除去较大的砖石、箩筐、席包等非堆肥物，再经往复式摆动除去直径大于 60 mm 的粗大物和细长的带状物。预处理的主要作用如下：

（1）最大限度地回收金属、塑料等可回收物质；

（2）除去对一次发酵机械运行有妨碍的物质，特别是对螺杆出料机组有影响的大块坚硬物；

（3）使堆肥原料粒度相对均匀，有利于通风供氧；

（4）减少了原料体积，提高了一次发酵仓的有效容积。

**2．一次发酵**

一次发酵应注意以下几点：

（1）调节水分。堆肥的含水量对发酵过程影响很大，水分含量过高易堵塞垃圾空隙，造成通气不良而厌氧发酵，使发酵周期延长并产生恶臭。水分过低会阻止微生物的生长。根据基础研究结果，经预处理的垃圾极限含水率为 51% 左右，波动范围在 41%～65% 之间，适宜含水率为极限含水率的 60%～80%，则一次发酵的适宜含水率应控制在 30%～50%。

根据实践经验，在生产中水分应控制在 40% 左右。由于生活垃圾含水量随季节、天气等因素的影响而变化，有较大波动，因此，当原始垃圾含水量低于 35% 时，应添加适量的粪水，其作用不但能调节含水量，还能调节堆肥物的 C/N 比，提高堆肥质量。当堆肥物含水量在 35%～40%，则不必加水。水分过高时，采用减少进料量，降低料层高度，增加通风时间，以加速水分散失，必要时还可添加一部分比较干燥的成品堆肥，以降低含水量。

堆肥物调节水分，应在物料进仓时分三次喷洒，使上、中、下层水分含量比较均匀。通风是好氧堆肥工艺中很重要的一个环节，其目的是向堆层中好氧微生物不断供氧，保证堆肥反应以最高速率进行。停止通风后，堆层氧浓度的下降与微生物利用空隙中氧的速率直接相关。根据基础研究结果，当堆层氧浓度大 10% 时，耗氧速率与堆层氧浓度成正比，所以在发酵的大部分时间应保证堆层氧浓度在 10% 以上。

（2）微生物耗氧速率。耗氧速率是指堆肥中微生物对氧的消耗速度，可以看作是堆肥中好氧微生物活动强弱的宏观标志。工程上习惯用相对耗氧速率表示，即以单位时间内堆层氧分压的下降率（$\Delta O_2\% /min$）来表示。

在正常通风供氧的情况下，耗氧速率的变化，反映了微生物对有机物的分解情况，当耗氧速率趋于平缓和稳定的状态，也表明有机物的分解已接近初步稳定。因此，在实际生产中，经常测定堆层的氧浓度，掌握耗氧速率的变化，可以针对垃圾成分的变化而调整工艺操作要求。

（3）通风与控制温度。堆层由于微生物代谢产热，温度升高很快，一般 2～3 天堆温可升至 65℃ 以上，堆肥正是利用这点，达到无害化要求。但温度继续升高，对高温微生物的生存也有害，因此必须适当控制堆层温度。通常把 65～70℃ 看作是高温菌生长的生理上限温度，所以当堆温升到 65℃ 之后，通风的主要任务由供氧转为控温。但是，由于发酵池容积大，堆层热惯性很大，延长通风时间对降低堆温作用并不明显，根据试验，连续通风 10 h，堆温下降 7～10℃。因此，在堆层温度达 60℃ 时，就应适当延长通风时间，有利于温度的控制。在本工艺的实际生产中，在一次发酵的最后一两天，适当延长通风时间，打开发酵池盖，加速水分散失，使之降温并降低含水率，满足后处理机械对含水率的要求（小于 30%）。从生产实践来看，尽管有时发酵温度高出理论上限温度较多，但无论从发酵过程或堆肥制品中，都未发现有明显的不良影响。

**3．后处理**

后处理的目的是除去在预处理中没有完全除去的粒径较小的非堆肥化物，以保证堆肥的质量。从理论上讲，一次发酵后应紧接着进行二次发酵，使有机物充分分解后，再进行后处理。由于考虑到减少一次物料的提升，降低能耗，并使二次发酵仓与成品库合二为一，节省建设投资，因此，在本工艺中，将后处理工序放在一次发酵与二次发酵之间。后处理又称精分选，由复合筛分双层滚筒筛和立锤式破碎机组成。滚筒筛内层孔径 50 mm，外层孔径 14 mm，物料经筛分后，可分成三类，即：粒径大于 50 mm 的非堆肥物，作填埋或焚烧处理；粒径小于 50 mm、大于 12 mm 的堆肥物,经立锤式破碎机粉碎后,与粒径小于 12 mm 的细堆肥混合,进入二次发酵仓。经精分选,除去非堆肥化杂物约 3.5%,容重 0.67 t/m³,体积减少约三分之一。

**4. 二次发酵**

二次发酵在有屋顶的仓房内进行,底部有通风道,主要起到通风、防风雨、保温的作用。堆肥物经后处理后进入二次发酵仓,堆高 2~2.5 m,每日通风 2~3 次,每次 30 min。

堆肥物结束一次发酵后,经过螺杆出料,再经过滚筒筛筛分,翻倒均匀,微生物获得一次重新接种的机会,使一次发酵中未分解完全的一些较难分解的有机物,得以继续分解。堆肥温度的下降,使中温菌又迅速生长繁殖,因此,耗氧速率再度上升,堆肥温度也有所提高,这一过程持续 4~5 天后,渐趋平缓、稳定。本工程中,二次发酵的耗氧速率和温度,都比一次发酵低,这说明部分可降解的有机物已在一次发酵中分解了。二次发酵的耗氧速率和温度的回升,则说明了二次发酵的必要性。在二次发酵中起主要作用的是中温微生物。

**(三) 关键构筑物设计及有关技术数据**

**1. 一次发酵仓**

仓形:为防止垃圾起拱,仓壁设计成倒锥形(角度以大于 4°为宜)。为减少螺杆出料机的启动力矩,将螺杆置于仓内间隔墙的腔室内,间隔墙设计成倒 Y 形。

容积:10 m×4 m×4 m,容积为 160 m³,可容纳经预分选的垃圾 96 t(容重 0.6 t/m³)。

通风道:在仓底纵长方向设置主通风道,宽 300 mm,末端距池壁 1.2 m,从主风道分出四个支风道,风道上覆盖打孔木板,孔径 14 mm,间距 50 mm,通风孔密度为 30%。

排水道:与通风道共用,渗滤液经通风孔流入通风道,经排污排到仓外,汇集到污水井,再通过泵进入蓄粪池,用作调节垃圾含水量。

排风口:仓上方设有 300 mm×500 mm 的排风口,各仓排风口与排气总管连接,由风机将发酵尾气送入二次发酵仓底部,经堆肥层过滤后扩散入大气,这样既有利于二次发酵供氧,又有利于一次发酵尾气的脱臭。

测试孔:在发酵仓壁,按上、中,下层位置,留有测试孔,可使用插入式钢管温度计、气体采集枪和便携式 $O_2$—$CO_2$ 测试仪,测试堆层氧浓度和温度,以便对工艺过程进行监控。

仓群布置:按每日装满一仓计算,一个发酵周期共需十座发酵仓,考虑备用及检修,增加两座共十二座发酵仓,分为两列平行布置,每列为六座发酵仓。

**2. 二次发酵仓**

形式:采用砖混结构单层厂房。

面积:每日进 2 次发酵仓的堆肥为 77 m³,10 天共计 770 m³,按堆高 2 m 计,共需 385 m² 的发酵仓面积。考虑到精分选间,风机房,配电室的需要,以及输送机廊道、操作道的布置,二次发酵仓和精分选间总建筑面积为 1200 m²。

通风:二次发酵仓底部设通风道,仓上方设有高气窗,使堆肥层逸出的气体易于排出。

**(四) 配套工具和设备**

**1. 受料和预分选机组**

板式给料机:是一种重型的受料装置,它以步进式的工作方式,将垃圾均匀输入输送机。

磁选带式输送机:是一种带磁性滚筒的皮带输送机,可吸附、分离垃圾中的铁器。

摆动筛:是一种分选粗大物的分选机械,往复式运动,可筛分大粒径非堆肥物,对带状物无缠绕现象。可不停机清除悬挂物,操作安全。

**2. 发酵仓进出料机组**

进料小车:是一种将垃圾分送入各个发酵仓的专用机械。它与皮带机组合连接,能纵向移动,并可将皮带机上的垃圾分配至横向皮带机送入发酵仓。

螺杆出料机:是一种针对垃圾特点的出料机械,可避免带状物缠绕,既做旋转运动,又可做水平低速移动。

驱动系统每六个发酵仓共用一套。

**3. 精分选机组**

双层滚筒筛:是一种对一次发酵后的无害化堆肥物进行筛分的机械,由双层筒筛和立锤式破碎机组成,可筛分出大于 50 mm 的非堆肥杂物,小于 14 mm 的细堆肥,及小于 50 mm,大于 14 mm 的粗堆肥物,由立锤式破碎机粉碎后,与细堆肥混合进行二次发酵。

**4. 通风、排风机组**

一次发酵仓每座配一台 7.5 kW 离心风机。

二次发酵仓配一台 30 kW 离心风机,其进风口与一次发酵仓排风总管连接,可将发酵尾气送入二次发酵仓,它既是一次发酵的排气装置,又是二次发酵的供气装置。

**5. 排水机组**

一次发酵的渗滤污水,汇集至污水井由混流泵泵入蓄粪池。蓄粪池安装一台粪泵,将粪污水泵入一次发酵间,通过水栓连接皮管、喷头,将粪水喷洒入发酵仓,调节物料含水量。

**(五) 设计参数**

**1. 几种主要机械的设计参数**

几种主要机械的设计参数见表 6-33。

表 6-33 几种主要机械的设计参数

| 堆肥机械设备 | 设 计 参 数 |
|---|---|
| 板式布料机<br>(一种重型的受料装置,它以步进式的工作方法,将垃圾均匀送入输料机) | 链板:长 6 m,宽 1.2 m<br>链板速度:0.0025~0.15 m/s<br>生产能力:50 m³/h<br>功率:7.5 kW |
| 高效复合筛分破碎机<br>(一种对一次发酵后的无害化堆肥物进行筛分的机械,由双层筒筛和立锤式破碎机组成,可筛分出 大于 40 mm 的非堆肥杂物,小于 12 mm 的细堆肥,及小于 40 mm、大于 12 mm 的粗堆肥物,由立锤式破碎机粉碎后,与细堆肥混合进行二次发酵) | 双层滚动筛尺寸:$\phi1420 \times \phi1710 \times 6000$ mm;内筒筛孔 $\phi40$ mm,外筒筛孔 $\phi13$ mm<br>筛筒转速:5~18 r/min 范围内无级转速<br>额定处理量:20~25 t/h<br>功率:滚动筒 7.5 kW;破碎机 30 kW |
| 复式振动格筛(预分选)<br>(用于去除大于 60 mm 的粗大物的分选机械,往复运动,可筛分大粒径非堆肥物,对带状物无缠绕现象。可不停机清除悬挂物,操作安全) | 尺寸:2500 mm×1200 mm<br>功率:3 kW<br>处理能力:16 t/h |
| 进料桥式小车<br>(一种将垃圾分送入各个发酵仓的专用机械。它与皮带机组合连接,能纵向移动,并可将皮带机上的垃圾分配至横向皮带机送入发酵仓) | 总功率:7.4 kW |

| 堆肥机械设备 | 设 计 参 数 |
|---|---|
| 螺杆出料机<br>(一种针对垃圾特点的出料机械,可避免带状物缠绕,既可做旋转运动,又可做水平低速移动,驱动系统每 6 个发酵仓共用一套) | 螺杆长度:4.5 m,直径 0.3 m<br>处理能力:100 t/h<br>总功率:9 kW<br>功能:为一次发酵仓出料用 |
| 其他配套工具和设备 | 1. 通风、排风机组<br>一次发酵仓每座配一台 7.5 kW 的离心风机。二次发酵仓配一台 30 kW 的离心风机,其进风口与一次发酵仓排风总管连接,可将发酵尾气送入二次发酵仓,它既是一次发酵的排气装置,又是二次发酵的供气装置<br>2. 排水机组<br>一次发酵的渗滤污水,汇集至污水井由混流泵打入蓄粪池。蓄粪池安装一台粪泵,可将粪污水打入一次发酵间,通过水栓连接皮管、喷头,将粪水喷洒入发酵仓,调节物料含水量 |

**2. 主要设计参数**

设计规模为 10 t/d。一次发酵主要参数:总含水率 40%～50%,碳氮比 25:1 每立方米堆层,通风量为 0.1～0.2 m³/min,风压 4.9 kPa,发酵周期 10 天,温度控制 50℃ 以上(最高不超过 75℃)维持 7 天。一次发酵最终指标:无恶臭,发酵符合无害化标准,容积减量 1/3 左右,水分去除率 8% 左右,挥发性固体转化率 15% 左右,碳氮比 20:1。二次发酵主要参数:发酵周期 10 天,温度回升至小于 40℃,二次发酵最终指标:堆肥充分腐熟,含水率小于 20%,碳氮比小于 20:1。

堆肥质量指标:符合无害化标准,含水率小于 20%,pH:7.5～8.5,全氮:0.30%,速效氮:0.04%,全磷:0.1%,全钾:0.2%,无机物粒径小于 5 mm。

**（六）总平面布置**

占地总面积 17098 m²,建筑总面积 4657 m²,建筑密度 27.24%,主要道路总长 678 m,绿化总面积 6521 m²,各建筑物的面积见表 6-34,各建筑物的结构均为砖混结构。

表 6-34　各建筑物的建筑面积

| 建筑物名称 | 建筑面积/m² | 建筑物名称 | 建筑面积/m² |
|---|---|---|---|
| 进料间 | 160 | 食堂 | 170 |
| 预分选车间 | 200 | 浴室 | 70 |
| 一次发酵车间 | 1404 | 焚烧室 | 100 |
| 二次发酵车间 | 1170 | 排水泵房 | 50 |
| 汽车库、机修车间 | 400 | 交配电室 | 143 |
| 门卫 | 50 | 厕所、粪池泵房 | 40 |
| 综合楼 | 700 | 合计 | 4657 |

**二、堆肥实例二**(常州市城市垃圾综合处理工艺)

常州市城市垃圾综合处理工艺是兼高温堆肥、焚烧及卫生填埋的综合性技术,日处理垃圾 150 t,焚烧 50 t,填埋 5～10 t。常州环卫综合厂堆肥系统于 1994 年正式投产,它是将一部分垃圾经过高温堆肥,其筛余物和另一部分垃圾进行焚烧,焚烧后的残渣进行填埋,这样既可以扬长避短、发挥各自的优势,又可使垃圾真正达到无害化、减量化、资源化的最终目的,其工艺流程见图6-34。

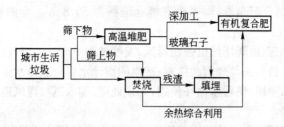

图6-34　常州市垃圾综合处理工艺

### (一) 工艺类型

采用间歇式动态好氧堆肥工艺,其特点是发酵周期短,处理工艺流程简单、发酵仓数少。该工艺是一次发酵仓底部每天均匀出料一层,发酵仓顶部每天进料一层,仓内发酵垃圾沉降翻滚一次,新鲜垃圾入仓发酵升温快,使第三天的垃圾始终置于温度最高的中间层。发酵仓内一直保持一定的温度、湿度、空隙,从而促使菌种大量繁殖,使每天新加的垃圾得到迅速发酵分解。底层已熟化的垃圾及时输出,这样大大缩短了发酵周期。这种工艺的发酵周期仅需5天,比静态工艺天数缩短了一倍。

### (二) 工艺流程

该工艺分为7个主要部分:前处理、一次发酵、中间处理、二次发酵、精处理、筛上物焚烧和残渣填埋等。

#### 1. 前处理

生活垃圾由垃圾运输车运输进厂,经地磅计量后进入前处理车间,卸入垃圾集料坑的容量要保证一天的处理量,使垃圾日进日出,不滞留过夜。

集料坑长度22 m,呈梯形断面,上口4 m,下底3 m,深度4.3 m,设计总容量331 m³。垃圾在集料坑里产生的渗滤水,进入在坑底一端设置的吸水井,由污水泵泵入集水池储备,以供一次发酵物料调节含水率之用。

集料坑放在室内,避免未处理的垃圾在厂内的露天堆放和转运,保证厂内的环境不造成二次污染。车间内设有排风系统,以保证轻微的负压状态,不使室内气味溢出室外,保证司机的正常工作环境。

前处理的目的是去除不利于一次发酵的粗大物料。由桥式抓吊把集料坑中的垃圾抓入板式给料机,使物料的间歇输送转为均匀连续输送。物料通过板式给料机和带式输送机进入双层摆动格筛。筛上的粗大物料由带式输送机送入焚烧炉,筛下物料经磁选去除部分铁金属,由带式输送机送到一次发酵仓顶部,由布料机均匀布料进仓。

#### 2. 一次发酵

一次发酵为堆肥处理工艺的核心部分,其目的是使垃圾达到无害化、减量化和有机物的初步稳定。

该处理工艺,是每天均匀进料一层,发酵仓内物料依次自下而上发酵腐熟,最腐熟的底层每天排出。由于自下而上热量的传递和微生物的接种作用,可比一般的静态好氧式发酵周期大为缩短。实测证明,在底层强制通风的作用下,上层新垃圾受下层高温(65 ℃左右)影响和微生物接种繁殖的作用,在 4 h 内即达到无害化所需温度(55℃左右),仅 72 h 垃圾即达无害化指标,减量约达 1/3,故本工艺一次发酵周期为 5 天已足够满足无害化、减量化的要求。

根据物料平衡和 5 天发酵周期,每天进一次发酵仓的物料为 254 $m^3$,设置了 6 个仓(其中一个是备用仓),两排平行,三三布置,即每个发酵仓进料为 50.8 $m^3$。仓的容积为:长×宽×高 = 12 m×4 m×5 m。

仓底布设通风排水道,由高压风机强制通风,发酵过程中产生的废气(主要是水蒸气、二氧化碳、氨气等)由仓顶排气道引到焚烧烟囱排放;产生的渗滤水由仓底排水道收集后汇入污水池,作调节一次发酵物料含水率用,使污水循环使用,无须处理,排水道与通风道共用,在排水出口处利用水封井防止风道短路。

每天底层熟化垃圾和出料由特种出料机完成。通常出料机位于发酵仓的一端,出料时向另一端移动,对底层已经腐熟的垃圾进行强制切割均匀出料,每天一次,每次出料层厚约 80 cm。两排发酵仓中间设出料皮带通道,出料时螺杆均由两排仓的外侧向中间出料至两条皮带机上送往中间处理,中间通道设排水口,对发酵仓内通过出料所渗出的水收集回用;同时使通道保持干燥,有利于出料皮带机的工作和养护。

实践运行中,以含水率在 35%～45% 较宜。当含水率低于 30% 时,利用集料坑与一次发酵的渗沥水和粪便污水进行回喷,来增加一次发酵物料的含水量。

### 3. 中间处理

中间处理是将经一次发酵后的物料通过双边驱动的滚筒筛筛分和磁选,筛上物送焚烧炉,筛下物经磁选去除部分铁金属后送向二次发酵仓。

### 4. 二次发酵

经过一次发酵和中间处理的物料,由带式输送机送到二次发酵仓,由双翼布料机进行强制式均匀布料。二次发酵采用静态自然通风好氧发酵,根据自然通风对料堆的穿透能力,物料堆高为 2.5 m 左右。每天进入的物料为 90 余 t,发酵周期约 8～10 天。二次发酵的目的是使物料成为粗堆肥,可施用于果园、蔬菜田等。

### 5. 精处理(制造有机复合肥)

二次发酵后的粗堆肥,由装载机运至螺杆输送机,再送入精处理车间,经滚筒筛(细筛)筛分后,筛上物进入硬物料分选机以去除石子、玻璃、砖瓦等硬料后,由破碎机破碎,并与筛下物一起进行烘干。烘干后的堆肥再按需要掺入一定量的复合肥。

### 6. 焚烧

焚烧是本处理工艺的辅助工序,主要是焚烧前处理和中间处理中的筛上物(粗大料)。由一台可处理 50 t 的 FDLLF-50 型垃圾焚烧炉进行焚烧工作,有时也可直接焚烧一定量的原垃圾。

### 7. 残渣填埋

本工艺填埋的物料主要是焚烧后的残渣和精处理工序分选出的硬物料,这些均为无机物,可作为工程的填料使用,对环境没有污染。

### (三) 工艺参数

工艺参数如下:

(1) 一次发酵主要工艺参数:每立方米堆层通风量:0.1～0.2 $m^3$/min 等间隔通风(运行参数:每立方米堆层 0.075 $m^3$/min 等间隔通风);控制温度:55℃ 以上维持 3～4 天,最高温度小于 75℃,最佳为 65℃ 左右(运行时从上到下各层优化控制温度为 55℃、60℃、50℃、35℃);周期:5 天。

　　(2) 一次发酵终止指标:容积减量 30% ～33%,水分去除率 10% ～12% ,发酵物达无害化标准:无恶臭、不招苍蝇、蛔虫卵死亡率不小于 95% ,大肠杆菌在规定指标内。

　　(3) 二次发酵主要控制参数:周期:10 d,发酵温度小于 40℃ 。

　　(4) 二次发酵终止指标:含水率:20% ～30% ,堆肥腐熟稳定。

　　(5) 粗堆肥产品质量指标:达到无害化标准:堆肥产品呈褐色腐殖质,无恶臭、松散,不招致蚊蝇,大肠菌群值 $10^{-1}$ ～$10^{-2}$ ,蛔虫卵死亡率 95% ～100% ,堆肥产品粒度不大于 25 mm。

　　(6) 精处理控制指标:烘干时物料在不大于 105℃ 滚筒中通过 15～18 min,可以彻底杀死底物料中的大肠菌和蛔虫卵,同时消除大部分垃圾气味。用于制造营养和有机复合肥的物料中有机物含量在 35% ～45% 左右,N、P、K 含量不小于 5% ～10% ,少量的粉末状 $SiO_2$ 等微量元素,颗粒肥料粒径 3 mm。

# 第七章　生活垃圾厌氧发酵发电技术

厌氧发酵在微生物生理学中的定义是：在没有外加氧化剂的条件下，被分解的有机物作为还原剂被氧化，而另一部分有机物作为氧化剂被还原的生物学过程。现代工业则把利用微生物生产菌体、酶或各种代谢产物的过程（不论这些过程是在厌氧条件还是在有氧条件下发生的）都称为发酵（或消化）。从环境污染治理的角度来说，发酵技术是指以废水或固体废弃物中的有机污染物为营养源，创造有利于微生物生长繁殖的良好环境，利用微生物的异化分解和同化合成的生理功能，使得这些有机污染物转化为无机物质和自身的细胞物质，从而达到消除污染、净化环境的目的。

厌氧发酵（或称厌氧消化）是一种普遍存在于自然界的微生物过程。凡是在有机物和一定水分存在的地方，只要供氧条件不好或有机物含量多，都会发生厌氧发酵现象，使有机物经厌氧分解而产生 $CH_4$、$CO_2$ 和 $H_2S$ 等气体。一般最常发生厌氧发酵过程的地方有：(1)沼泽淤泥；(2)海底、湖底和江湾的沉积物；(3)污泥和粪坑；(4)牛及其他一些反刍动物的胃；(5)废水、污泥及固体废弃物（主要是生活垃圾）的厌氧发酵构筑物。

厌氧发酵虽是一种普遍存在于自然界的微生物过程，但对参与这一过程的微生物却研究和认识得不很深入，其原因有：(1)厌氧发酵是一种多种群多层次的生物过程，种群多，关系复杂，难以分清楚；(2)有些种菌群之间呈互营共生性，分离鉴定的难度大；(3)在厌氧条件下培养和鉴定细菌的技术复杂。

近年来，有机垃圾厌氧发酵技术在德国、瑞士、奥地利、芬兰、瑞典等国家发展迅速，日本荏原公司也从欧洲引进技术，建设了首座厌氧发酵示范工程。有机垃圾的厌氧发酵处理正成为有机垃圾处理的一种新趋势。目前，比较典型的厌氧发酵系统一般为日处理有机垃圾 100 t 左右，每日可以产生 12000 $m^3$ 左右生物气体，同时还可以产生 25 t 左右的优质有机肥。

根据发酵时垃圾中固体含量的不同，厌氧发酵可分为湿式与干式两种方法：湿式厌氧发酵处理的垃圾中，固体含量一般为 10%～15%；干式厌氧发酵处理的垃圾中，固体含量一般为 20%～30%。发酵方法的不同，会直接影响到发酵反应器的构造、搅拌系统、垃圾加热方式以及发酵残渣的固液分离方法。在实际项目中，应根据具体垃圾成分与处理目的，选择合适的方法。

厌氧发酵产生的生物气体有多种用途，使用最多的方式是利用气体发电机发电，或净化处理后加压装罐，生产天然气汽车燃料，也可以输入城市燃气管网用于民用燃气。近年来，随着大型填埋场的兴建和形成以及人们环境意识的日益增强，我国已经开始对垃圾填埋场产生的生物气体进行利用。1995 年，加拿大 ETI 环境技术公司开始在中国开展垃圾填埋场生物气体收集利用项目。1998 年，美国亚洲惠民环境技术有限公司在杭州天子岭垃圾填埋场建成国内第一个填埋气体发电厂。1999 年 7 月，惠民公司又在广州建成第二个填埋气体发电系统。随着我国城市建设的发展，我国还会出现很多大型的垃圾填埋场，填埋气体的回收利用具有很大的市场潜力。

厌氧发酵与厌氧堆肥处理技术的不同之处在于：厌氧发酵着重于获得可燃烧的气体资源（$CH_4$ 等），其发酵底物的配比、发酵工艺设计都以获得更多能源气体为目标；而厌氧堆肥则以垃圾稳定化为首要目标，其主要产品为产生的堆肥，气体产物只是副产品。

# 第一节　厌氧发酵原理

## 一、厌氧发酵三(四)阶段理论

早期的理论认为有机物的厌氧分解分为两个阶段——酸性发酵阶段和碱性发酵阶段,其中酸性发酵是产酸菌利用胞外酶将复杂的大分子水解成小分子,并进一步转化为有机酸,此阶段也称产酸阶段。碱性发酵是甲烷细菌利用上阶段产生的有机酸为底物,生成甲烷和 $CO_2$,此阶段又称为产气阶段。

两阶段理论作为厌氧处理的基本理论,多年来一直为人们所认可。直到 20 世纪 60 年代末期,人们对厌氧过程进行了深入的研究,尤其是对其中发挥重要作用的甲烷细菌的研究表明,甲烷细菌在厌氧处理过程中发挥了极其重要的作用,它只能以乙酸、甲酸、氢等极少数的物质为底物。因此,厌氧过程中还应该有产生甲烷菌底物的步骤。于是,厌氧处理过程发展为三阶段(或四阶段)理论,见图 7-1。

### (一) 水解阶段

水解是复杂的非溶解性的聚合物被转化为简单的溶解性单体或二聚体的过程。高分子有机物因相对分子质量巨大,不能透过细胞膜,因此不能为细菌直接利用。它们首先在细菌胞外酶的水解作用下转变为小分子物质。这些小分子的水解产物能够溶解于水并透过细胞膜为细菌所利用。

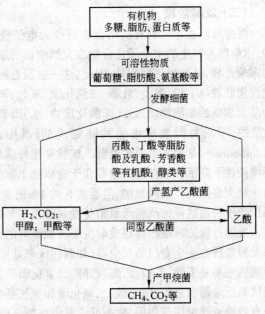

图 7-1　厌氧处理过程三阶段(或四阶段)理论

水解过程通常较缓慢,因此是含高分子有机物或悬浮物废液厌氧降解的限速阶段。影响水解速度与水解程度的因素很多,包括水解温度、有机质在反应器内的保留时间、有机质的组成、有机质颗粒的大小、pH 值、氨的浓度、水解产物的浓度等。

胞外酶能否有效接触到底物是影响水解速度的关键。因此大颗粒比小颗粒底物降解要缓慢得多。对来自于植物中的物料,其生物降解性取决于纤维素和半纤维素被木质素包裹的程度。纤维素和半纤维素是可以生物降解的,但木质素难以降解,当木质素包裹在纤维素和半纤维素表面时,酶无法接触纤维素与半纤维素,导致降解缓慢。

许多微生物可以产生胞外酶,其中主要的水解酶有脂肪酶、蛋白酶和纤维素酶等。它们的作用是将复杂的大分子水解为可被微生物同化的单体。在有机聚合物占多数的废物厌氧生物处理中,水解作用是整个过程的限速步骤。

蛋白质分解细菌在含蛋白质较高的废物厌氧处理中起着重要的作用。据报道,消化液中蛋白质分解细菌的浓度为 $10^4 \sim 10^5$ 个/mL,其中为数最多的是梭菌和厌氧球菌,如双酸梭菌(*Glostridium Bifermentans*)和金黄色葡萄球菌(*Staphylococcus Aureus*)等,其他的还有八叠球菌属(*Sarcina*)、拟杆菌属(*Bacteriodes*)等的细菌。某些蛋白质分解菌对基质的适应能力强,不但能水解蛋白质,也能水解多糖。蛋白质水解酶保持稳定的 pH 值范围为 5.0~11.0,但最合适的 pH 值各不相同,对底物的特异性也有差异,有的高度专一,有的则作用范围很宽。

淀粉酶是一种能够降解淀粉、糖原和其他多糖的酶,它可由淀粉分解菌合成。垃圾中出现的淀粉分解菌较多,如丁酸梭菌、枯草芽孢杆菌等。

研究表明,上述各类微生物胞外酶的合成似乎均受基质和水解产物的支配,一种水解产物的浓度过高可反馈阻碍相应水解酶的合成。

如前所述,许多因素影响到水解速度,但水解速度常数和这些因素的关系尚不完全清楚。水解速度常数的大小通常只适用于某种条件下某一特定底物,因而不是普遍有效的。有研究表明,向反应器中添加使细胞壁水解的酶类可以促进消化过程并增加产气量。

## (二)发酵阶段

发酵可以被定义为有机化合物既作为电子受体也是电子供体的生物降解过程。在此过程中,水解阶段产生的小分子化合物在发酵细菌的细胞内转化为更为简单的以挥发性脂肪酸为主的末端产物,并分泌到细胞外,因此,这一过程也称为酸化阶段。这一阶段的末端产物主要有挥发性脂肪酸(VFA)、醇类、乳酸、二氧化碳、氢气、氨、硫化氢等。与此同时,发酵细菌也利用部分物质合成新的细胞物质,因此未酸化废物(水)厌氧处理时产生更多的剩余污泥。发酵过程是由大量的、不同种类发酵细菌共同完成的,其中,拟杆菌属(Bacteroides)和梭状芽孢杆菌属(Clostridium)是两大重要的类群。梭状芽孢杆菌是厌氧的、产芽孢的细菌,因此它们能在恶劣的环境条件下存活。拟杆菌大量存在于有机物丰富的地方,它们分解糖、氨基酸和有机酸。上述细菌中绝大多数是严格厌氧的,但通常有约 1% 的兼性厌氧菌存在于厌氧环境中,这些厌氧菌可以保护产甲烷菌这样的严格厌氧菌免受氧的损害与抑制。

发酵过程的末端产物组成取决于厌氧降解的条件、底物种类和参与发酵的微生物种群。如果发酵过程在一个专门的反应器(如两相厌氧处理的产酸相)内进行,糖作为主要的底物,则末端产物将主要是丁酸、乙酸、丙酸、乙醇、二氧化碳和氢气等混合物。如果发酵过程在一个稳定的单相厌氧反应器内进行,则乙酸、二氧化碳和氢气是酸化细菌最主要的末端产物,其中氢气又能相当有效地被产甲烷菌利用,故在反应器中往往只能检测到乙酸和二氧化碳。氢气也可以被能利用氢的硫酸盐还原菌或脱氮菌所利用。

氢的有效去除使发酵细菌能产生更多的供其氧化并从中获得能量的中间产物。大多数发酵细菌可以利用发酵过程中产生的质子。利用质子有两个途径,一是形成乙醇,另一途径则是在氢化酶作用下把质子转交给电子形成氢气。在这种情况下,不产生乙醇、乳酸等产物,而是几乎只有乙酸形成。

氨基酸分解是通过所谓的史提克兰德(Stickland)反应进行的,此反应需要两种氨基酸参与,其中一个氨基酸分子进行氧化脱氨,同时产生质子使另外一个氨基酸的两个分子还原,两个过程同时伴随着氨基酸的去除。由于氨基酸降解能够产生 $NH_3$,因此这一过程会影响到溶液中的 pH 值。$NH_3$ 的存在对厌氧过程非常重要,一方面 $NH_3$ 在高浓度下对细菌有抑制作用;另一方面,它又是微生物的营养,因为细菌利用氨态氮作为其氮源。较高级脂肪酸遵循 β 氧化机理进行生物降解。在其降解过程中,脂肪酸末端每次脱两个碳原子(即乙酸)。对于含偶数个碳原子的较高级的脂肪酸,这一反应物终产物为乙酸,而对含奇数个碳原子的脂肪酸,最终要形成一个丙酸。不饱和脂肪酸首先通过氢化作用变成饱和脂肪酸,然后按 β 氧化过程降解。

## (三)产乙酸阶段

发酵阶段的末端产物(挥发性脂肪酸、醇类、乳酸等)在产乙酸阶段进一步转化为乙酸、氢气、碳酸以及新的细胞物质。较高级脂肪酸遵循氧化机理进行生物降解。在其降解过程酸化发酵阶段的末端产物在产乙酸阶段被产氢产乙酸菌转化为乙酸、氢气和二氧化碳。近来的研究发现产氢产乙酸菌包括互营单胞菌属（*Syntrophomonas*）、互营杆菌属（*Syntrophobacter*）、梭菌属（*Clostridium*）、暗杆菌属（*Pelobacter*）等。这类细菌能把各种挥发性脂肪酸降解为乙酸和氢气。

据报道，产氢产乙酸菌把含偶数碳的脂肪酸转化为乙酸和氢气，把含奇数碳的脂肪酸转化为乙酸、丙酸和氢气，这类细菌通常与利用氢的产甲烷菌或者脱硫弧菌共生。通常把能将丙酸、丁酸和其他高级脂肪酸转化为乙酸的微生物，统称为专性产氢产乙酸菌（OHPA）菌。在厌氧反应过程中，由 OHPA 菌代谢产生乙酸的氢气约占总产甲烷基质的 54%。由于这类微生物耐受 pH 值波动的能力较差，因此在厌氧降解过程中应该将 pH 值控制在中性的范围，并保持稳定；此外，OHPA 菌的倍增周期为 2~6 天，生长速率比甲烷菌还慢。一旦 OHPA 菌受到抑制，反应液中就会积累高浓度的丙酸和丁酸，其中前者对细菌的毒害作用很大。一般情况下，发酵细菌和 OHPA 菌的生长和代谢有赖于产甲烷菌等为其处置基质上脱下的氢。

### (四) 产甲烷阶段

产甲烷阶段，产甲烷菌通过以下两个途径之一，将乙酸、氢气、碳酸、甲酸和甲醇等转化为甲烷、二氧化碳和新的细胞物质。一是在二氧化碳存在时利用氢气生产甲烷；二是利用乙酸生产甲烷。利用乙酸的甲烷菌有索氏甲烷菌丝（*Methanoyhrix Soehngenii*）和巴氏甲烷八叠球菌（*Methanosarcina Barkeri*），两者的生长速率差别较大。在一般的厌氧反应器中，约 70% 的甲烷由乙酸分解而来，30% 由氢气还原二氧化碳而来。

在厌氧反应器中，产甲烷量的 70% 是由乙酸歧化菌产生的。在反应中，乙酸中的羧基从乙酸分子中分离，甲基最终转化为甲烷，羧基转化为二氧化碳，在中性溶液中，二氧化碳以碳酸氢盐的形式存在。从乙酸形成甲烷的过程产生能量 31.0 kJ/mol，这对于形成 ATP（三磷酸腺苷）这一生物体内能量的载体是不够的，形成 ATP 至少需要 31.8 kJ/mol 的能量。因此在很长一段时间里，人们认为仅仅由乙酸产生甲烷是不可能的。但目前人们已经分离出纯的产甲烷菌，并证明乙酸转化为甲烷能够为微生物提供足够的能源。能量的贮存大概由于它能在细胞两侧形成电势（即所谓"质子动力"），其后被贮存的电势可被用于形成 ATP。

值得一提的是，上述 4 个阶段是瞬时连续发生的，而且，此过程中还包含着以下过程：(1)水解阶段包含蛋白质水解、碳水化合物水解和醇类水解；(2)发酵酸化阶段包含氨基酸和糖类的厌氧氧化；(3)产乙酸阶段包含从中间产物中形成乙酸和氢气和由氢气和二氧化碳形成乙酸；(4)产甲烷阶段包括由乙酸形成甲烷和从氢气和二氧化碳形成甲烷。此外，有些文献中，将水解、酸化、产乙酸阶段合并统称为酸性发酵阶段，将产甲烷阶段称为甲烷发酵阶段。

## 二、厌氧发酵微生物学

### (一) 发酵酸化阶段

发酵可以被定义为有机化合物既作为电子受体也是电子供体的生物降解过程，在此过程中，溶解性有机物被转化为以挥发性脂肪酸为主的末端产物，因此这一过程也称之为酸化。

酸化过程是由大量的、多种多样的发酵细菌完成的，其中重要的类群有梭菌属（*Clostridium*）和拟杆菌属（*Bacteroides*），还有一些属于丁酸弧菌属（*Butyrivibrio*）、真菌属（*Eubacterium*）、双歧杆菌属（*Bifidobacterium*）等专性厌氧细菌和兼性厌氧链球菌和肠道菌。梭状芽孢杆菌是厌氧的、产芽孢的细菌，因此它们能在恶劣的环境条件下存活。拟杆菌大量存在于有机物丰富的地方，它们分解糖、氨基酸和有机酸。

水解细菌和发酵细菌组成了一个相当多样化的兼性和专性厌氧细菌群。最初认为兼性菌占主要，但事实证明正好相反，一般认为，专性厌氧微生物的数量比兼性厌氧微生物多出 100 多倍。这并不意味着兼性细菌就不重要，因为当进水中含有大量细菌，或者进入反应器的易发酵基质负荷剧增，或者投料带进少量空气时，兼性细菌相对数量就增加，这些兼性厌氧菌能够起到保护像甲烷菌这样的严格厌氧菌免受氧的损害与抑制。

尽管如此，最重要的水解反应和发酵反应确实是由专性厌氧微生物例如畸形菌（Bacteroide）、梭状芽孢杆菌和双歧杆菌完成的，基质性质决定着细菌的种类。

### （二）产氢产乙酸阶段（厌氧氧化阶段）

专性厌氧的产氢产乙酸细菌将上阶段的产物进一步利用，生成乙酸和 $H_2$、$CO_2$；同时同型乙酸细菌将 $H_2$ 和 $CO_2$ 合成乙酸。

长链脂肪酸被氧化为乙酸，电子从还原性携带体直接传递给氢离子。由于反应热力学原因，$H_2$ 分压变高会抑制厌氧氧化反应，而由丙酮酸产生 $H_2$ 的反应却不会受到抑制。

厌氧氧化产生 $H_2$ 对于厌氧处理的正常运行是非常重要的。首先，$H_2$ 是形成甲烷的重要基质之一。第二，如果没有 $H_2$ 形成，长链脂肪酸就不会氧化为乙酸，而乙酸是主要的溶解性有机产物。这时，能产生乙酸的唯一反应是发酵反应。在发酵反应中，一种有机化合物氧化所释放的电子被传递给另外一种作为电子受体的有机化合物，产生由氧化产物和还原产物组成的混合物。因此，溶解性有机物的能量水平不会得到显著改变，因为所有最初存在的电子仍以有机物形式存在于溶液之中。然而，当 $H_2$ 作为还原产物形成时，因为它是一种气体，可以从水相中逸出，因而导致废水能量水平降低。在实际应用中，$H_2$ 并没有逸出，而是用作生成甲烷的一种基质，但是甲烷作为气体被排出，因此使能量水平降低。最后，如果没有形成 $H_2$，却形成了还原性有机产物（如进行丙酸发酵和丁酸发酵生成丙酸和丁酸），由于其不能用作形成甲烷的基质，会在水中积累。只有乙酸、$H_2$、甲醇和甲胺才能被用于生成甲烷。

同时同型乙酸菌能将一些 $H_2$ 与 $CO_2$ 结合形成乙酸，有时也可将乙酸转变为 $H_2$ 和 $CO_2$，由于 $H_2$、$CO_2$ 和乙酸都能作为产甲烷菌的基质，所以研究沼气发酵时并不把该反应作为主要研究目标。

早期研究试图在实验中有 $H_2$ 积累情况下收集 $H_2$ 形成菌，却低估了 $H_2$ 的反馈抑制作用。产氢产乙酸菌的典型代表是从所谓"奥氏甲烷芽孢杆菌"混合培养物中分离出的"S"有机体，在甲烷杆菌存在时，"S"有机体可以分解代谢乙醇。在此启发下，以后又陆续分离出了代谢脂肪酸产氢的细菌，如氧化丁酸，戊酸等的沃尔夫互营单胞菌（Syntrophomonas Wolfei），降解丙酸的沃林互营杆菌（Syntrophobacter Wolinii）氧化丙酮酸的 Syntrophomonas 和降解苯甲酸盐的 Syntrophus Buswellii 等。此外，部分硫酸盐还原菌，如脱硫弧菌和普通脱硫弧菌，在环境中没有硫酸盐，却有产甲烷菌存在时，也可在乙醇或乳酸盐培养基上生长，并氧化乙醇或乳酸生成乙酸和氢气。

### （三）甲烷化阶段

产甲烷菌是甲烷发酵阶段的主角。曾有研究报道，1 L 消化污泥中检出 $10^8$ 个产甲烷菌。在电子显微镜下观察，甲烷菌虽然大小与细菌相似，但细胞壁结构不同。根据这些微生物的基因记载，发现它们既不同于一般细菌，也不同于真菌，而是属于与真菌谱系和单细胞生物谱系无关的第三谱系，称为古细菌。在细胞膜结构上，产甲烷菌的细胞壁不含二氨基庚二酸和胞壁酸，也不像其他原核生物那样含有肽聚糖。产甲烷菌在代谢过程中有许多特殊的辅酶，如辅酶 M、$F_{420}$、$F_{430}$ 等，这些辅酶在非产甲烷菌上都未曾发现过。

各种甲烷菌在形态上是不同的,有短杆状、长杆状或弯杆状、丝状、球状、不规则拟球状单体和集合成假八叠球菌状。常见的甲烷菌有四种形态:八叠球状、杆状、球状和螺旋状。按照产甲烷菌的形态和生理生态特征,可将甲烷菌分类,见图7-2。

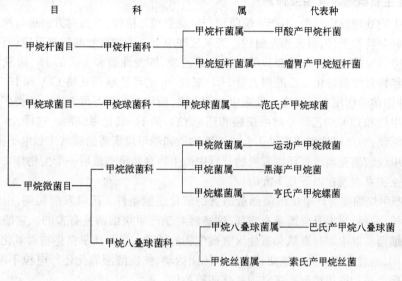

图 7-2 甲烷菌的分类

氧化 $H_2$ 的产甲烷菌在古细菌类中分为 3 个科:(1)甲烷杆菌科(*Methanobacteriales*);(2)甲烷球菌科(*Methanococcales*);(3)甲烷微菌科(*Methanomicrobials*)。从厌氧消化器中已培养分离出大量的这类细菌,包括第一科的 *Methanobrevibacter* 和 *Methanobacterium* 属,以及第三科的 *Methanospirillum* 和 *Methanogenium* 属。它们都是严格专性厌氧微生物,从 $H_2$ 氧化中获得能量,从 $CO_2$ 中获得碳。由于它们的生活模式属自养型,所以利用单位 $H_2$ 所合成的细胞物质的量低。在新陈代谢过程中,它们也以 $CO_2$ 作为最终电子受体,形成甲烷气体。它们的电子供体是极有限的,通常是 $H_2$ 和甲酸盐,有时也能利用短链醇类。氢营养产甲烷菌利用氢气的效率高(远高于乙酸营养产甲烷菌),在厌氧消化器中,氢营养混合群对氢气的 $K_s$ 值可低达 0.078 mm/L,表现出对氢气极大的亲和力。因此,在产甲烷厌氧生境中,存在着高效的"氢缓冲作用",使得生活环境中的氢分压始终保持在非常低的水平,这对厌氧消化过程的正常进行是非常重要的。

尽管分解乙酸产生甲烷这条途径很重要,但得到培养和鉴定的分解乙酸的产甲烷菌较少。甲烷八叠球菌(*Methanosarcina*)常被视作乙酸营养型甲烷菌的代表,可在厌氧处理过程中培养,是已知种类最多的产甲烷菌之一。实际上它是混合营养型的,能够以 $H_2$ 和 $CO_2$、甲醇、甲胺和乙酸作为基质,其中氢气往往作为主要能源,对乙酸的亲和力还相当低。当乙酸作为基质时,乙酸被分解为甲基和羧基,甲基最终转化为甲烷,羧基转化为 $CO_2$。

乙酸浓度高时,甲烷八叠球菌生长速率相对比较快,尽管它对乙酸浓度变化非常敏感。此外,$H_2$ 对乙酸的利用有调节作用,$H_2$ 分压升高时就会导致反应停止(因为甲烷八叠球菌对 $H_2$ 的亲和力很高)。乙酸营养型甲烷菌的真正代表应该是索氏甲烷丝状菌(*Methanosaeta* 以前为 *Methanothrix*),它能够有效地利用乙酸,只以乙酸作为电子和碳供体,对乙酸的亲和力比甲烷八叠球菌高出 10 倍左右。不仅如此,索氏产甲烷丝状菌还能够把所吸收乙酸的 98% ～99% 的甲基转化成甲烷,因此是消化污泥和淡水沉积物等环境中最为重要的乙酸营养产甲烷菌。当乙酸浓度高时,它们的生长速率比甲烷八叠球菌慢得多,但它们受乙酸浓度的影响不像甲烷八叠球菌那样强烈,可以在后者生长速率低时与之有效地竞争。因此,厌氧处理的设计和运行方式将决定处理系统中分解乙酸产甲烷菌的优势类型。

**(四) 微生物群落及其相互作用**

在厌氧生物处理反应器中,不产甲烷菌和产甲烷菌相互依赖,互为对方创造与维持生命活动所需要的良好环境和条件,但又相互制约。厌氧处理中有三类细菌参与酸解反应,有两类细菌参与产甲烷反应。发酵细菌将氨基酸和单糖转化成乙酸、挥发性酸和少量的 $H_2$,厌氧氧化细菌将长链脂肪酸和挥发性酸转化为乙酸和大量 $H_2$。氧化 $H_2$ 的产乙酸菌还将 $CO_2$ 和 $H_2$ 转化生成乙酸,但是这种细菌的作用在厌氧废水处理中并不重要,所以在此将不再考虑。两类产甲烷菌是将乙酸分解为甲烷和 $CO_2$ 的乙酸分解甲烷菌和还原 $CO_2$ 的 $H_2$ 氧化甲烷菌。这样,不产甲烷细菌通过其生命活动,为产甲烷细菌提供了合成细胞物质和产甲烷所需的碳前体和电子供体、氢供体和氮源。产甲烷细菌充当厌氧环境有机物分解中微生物食物链的最后一个生物体。厌氧微生物群体间的相互关系表现在以下几个方面:

(1) 不产甲烷细菌为产甲烷细菌创造适宜的氧化还原条件。厌氧发酵初期,由于加料使空气进入发酵池,原料、水本身也携带有空气,这显然对于产甲烷细菌是有害的。它的去除需要依赖不产甲烷细菌类群中那些需氧和兼性厌氧微生物的活动。各种厌氧微生物对氧化还原电位的适应也不相同,通过它们有顺序地交替生长和代谢活动,使发酵液氧化还原电位不断下降,逐步为产甲烷细菌生长和产甲烷创造适宜的氧化还原条件。

(2) 不产甲烷细菌为产甲烷细菌清除有毒物质。在以工业废水或废弃物为发酵原料时,其中可能含有酚类、苯甲酸、氰化物、长链脂肪酸、重金属等对于产甲烷细菌有毒害作用的物质。不产甲烷细菌中有许多种类能裂解苯环、降解氰化物,从中获得能源和碳源。这些作用不仅解除了对产甲烷细菌的毒害,而且给产甲烷细菌提供了养分。此外,不产甲烷细菌的产物硫化氢,可以与重金属离子作用生成不溶性的金属硫化物沉淀,从而解除一些重金属的毒害作用。

(3) 不产甲烷细菌和产甲烷细菌共同维持环境中适宜的 pH 值。在厌氧发酵初期,不产甲烷细菌首先降解原料中的糖类、淀粉等物,产生大量的有机酸,产生的二氧化碳也部分溶于水,使发酵液的 pH 明显下降。而此时,一方面不产甲烷细菌类群中的氨化细菌迅速进行氨化作用,产生的氨中和部分酸;另一方面,产甲烷细菌利用乙酸、甲酸、氢和二氧化碳形成甲烷,消耗酸和二氧化碳。两个类群的共同作用使 pH 稳定在一个适宜范围。

(4) 产甲烷细菌为不产甲烷细菌的生化反应解除反馈抑制。前面已经提到 $H_2$ 产生过程中接纳电子对于产生乙酸作为最终酸解产物是非常关键的。在标准条件下,由长链脂肪酸、挥发性酸、氨基酸和碳水化合物生成乙酸和 $H_2$ 的反应具有正的标准自由能,在热力学上是不利的。因此,当 $H_2$ 分压高时,这些反应将不会进行而发酵反应则会进行。当 $H_2$ 分压为 10.1 Pa 或更低时,对这些反应是有利的,反应能够进行,产生能被转化为甲烷的最终产物(乙酸和 $H_2$)。这意味着,产 $H_2$ 的细菌与利用 $H_2$ 的产甲烷菌是专性相连的。只有产甲烷菌通过不断地产生甲烷来去除 $H_2$ 时,$H_2$ 才能维持足够低的分压,使得乙酸和 $H_2$ 作为酸解反应的最终产物被不断产生。例如乙酸化阶段产生的 $H_2$ 如不加以去除,则会使发酵途径变化,产生丙酸(称为丙酸型发酵),丙酸积累会导致反应器中的酸性末端增加,pH 降低,厌氧消化停止。类似地,产甲烷菌与完成酸解反应的细菌专性相连,因为后者产生前者所需的生长基质。两类微生物之间的这种关系称为专性互生。

如前所述,厌氧生物处理中主要的有害微生物是硫还原菌,其在废水中硫酸盐浓度高时会引起麻烦。硫还原细菌都是专性厌氧型细菌。它们形态多样,但有一个共同特性,即都能以硫酸盐作为电子受体。Ⅰ类硫酸盐还原菌能以不同有机化合物作为电子受体,将其氧化为乙酸,并将硫酸盐还原为硫化物。去磺弧菌是厌氧生物处理中常见的此类细菌。Ⅱ类硫酸还原菌能专性地将脂肪酸特别是乙酸氧化为 $CO_2$,同时将硫酸盐还原为硫化物。脱硫菌就是这类细菌中的重要一类。

### (五) 厌氧发酵微生物动力学

生物处理动力学的基本内容包括两个方面:

(1) 确定基质降解与基质浓度和微生物浓度之间的关系,建立基质降解动力学;

(2) 确定微生物增长与基质浓度和微生物浓度之间的关系,建立微生物增长动力学。

从污染控制的角度上来看,基质降解动力学有助于推测有机污染物的去除率和所需时间,微生物增长动力学有助于推测活性污泥的增长和相应的时间。

#### 1. 基质降解和微生物增长表达式

基质降解和微生物增长都是一系列酶促反应的结果。Michaelis 和 Menten 根据酶和基质作用时形成的各种曲线特征得出反应速度和浓度关系的方程式,称米-门方程:

$$v = \frac{v_{max} S}{K_m + S} \tag{7-1}$$

式中　$v$——以浓度表示的酶促反应速度,mg/(L·s);

　　　$S$——作为限制步骤的基质的浓度,mg/L;

　　$v_{max}$——最大酶促反应速度,mg/(L·s);

　　　$K_m$——米氏常数,其值等于 $v = 0.5 v_{max}$ 时的基质浓度。

在米-门关系式的基础上,莫诺特(Monod)将其应用于微生物细胞的增长上,得出一个相似的表达式——莫诺特公式:

$$\mu = \frac{\mu_{max} S}{K_S + S} \tag{7-2}$$

式中　$\mu$——微生物比增长速度,$d^{-1}$,即单位时间内单位质量微生物的增长量,若用 $X$ 表示微生物的浓度,则 $\mu = \frac{1}{X}\frac{dX}{dt}$;

　　　$S$——基质的浓度,mg/L;

　　$\mu_{max}$——在饱和浓度中的微生物最大比增长速度,$d^{-1}$;

　　　$K_S$——饱和常数,其值等于 $\mu = 0.5 \mu_{max}$ 时的基质浓度。

一般认为,微生物的比增长速度($\mu$)和基质的比降解速度($v$)成正比,即:

$$\mu = Yv \tag{7-3}$$

式中　$Y$——微生物生长常数,或产率,即吸收利用单位质量的基质所形成的微生物增量(mg/mg)。

在最大比增长速度下,当有 $\mu_{max} = Yv_{max}$,将其与前两个公式相结合,得出基质比降解速度如下:

$$v = \frac{v_{max} S}{K_S + S} \tag{7-4}$$

式中　$v$——基质比降解速度,$d^{-1}$,即单位时间内单位微生物量所降解的基质量,$v = -\frac{1}{X}\frac{dS}{dt}$;

　　　$S$——基质的浓度,mg/L;

　　$v_{max}$——基质最大比降解速度,$d^{-1}$;

$K_S$——饱和常数,其值等于 $v=0.5v_{\max}$ 时的基质浓度。

从以上三式可以看出,不论是微生物增长关系式还是基质降解关系式都具有以下特性:

(1) 当基质浓度很大时($S\gg K$)时,分母中的 $K_S$ 可略去不计,从而得:

$$\mu=\mu_{\max} \tag{7-5}$$

$$v=v_{\max}$$

上式表明,在营养物质丰富的情况下,微生物的比增长速度和基质的比降解速度都是一常数,且为最大值,而与基质浓度无关。

(2) 当基质浓度很小($S\ll K$)时,分母中的 $S$ 可略去不计,从而得:

$$v=\frac{v_{\max}S}{K_S} \tag{7-6}$$

$$\mu=\frac{\mu_{\max}S}{K_S} \tag{7-7}$$

上式表明,在营养物质十分缺乏的情况下,微生物的比增长速度和基质的比降解速度都与基质浓度成正比,即受到基质浓度的制约。

(3) 当基质浓度介于上述两种情况之间时,可得以下关系:

$$\mu=K_1S^{n_1} \tag{7-8}$$

$$v=K_1S^{n_2} \tag{7-9}$$

式中,$K_1$、$K_2$、$n_1$、$n_2$ 均为系数,且 $0<n_1(n_2)<1$。

**2. 厌氧发酵动力学基本方程**

在厌氧发酵过程中,由于甲烷发酵阶段是厌氧发酵速率的控制因素,因此,厌氧发酵动力学是以该阶段作为基础建立的。

在连续运行的稳态生物处理系统中,同时进行着三个过程:有机基质的降解过程、微生物新细胞物质的不断合成、微生物老细胞物质的不断自身衰亡。将这三个过程综合起来,形成如下基本方程:

$$\frac{\mathrm{d}X}{\mathrm{d}t}=Y\left(-\frac{\mathrm{d}S}{\mathrm{d}t}\right)-bX \tag{7-10}$$

式中　$\dfrac{\mathrm{d}X}{\mathrm{d}t}$——以浓度表示的微生物净增长速度,mg/(L·d);

$\dfrac{\mathrm{d}S}{\mathrm{d}t}$——以浓度表示的基质降解速度,mg/(L·d);

$Y$——微生物增长常数,即产率,mg/mg;

$b$——微生物自身氧化分解率,即衰减系数,$\mathrm{d}^{-1}$;

$X$——微生物浓度,mg/L。

上式两边同除以 $X$,并经过一系列变换:

$$\mu'=\frac{\mathrm{d}X/\mathrm{d}t}{X}=Y\left(-\frac{\mathrm{d}S/\mathrm{d}t}{X}\right)-b$$

$$\frac{\dfrac{1}{VX}}{V\dfrac{\mathrm{d}X}{\mathrm{d}t}}=-Y\frac{V\mathrm{d}S/\mathrm{d}t}{VX}-b$$

$$1/(X_0/\Delta X_0)=Y(\Delta S_0/X_0)-b$$

$$1/\theta_c=YU_S-b \tag{7-11}$$

式中 $\dfrac{\mathrm{d}X/\mathrm{d}t}{X}$ ——微生物的(净)比增长速度 $\mu'$；

$\quad\quad\dfrac{\mathrm{d}S/\mathrm{d}t}{X}$ ——单位微生物量在单位时间内降解有机物的量,即基质的比降解速度；

$\quad\quad V$ ——生物反应器容积,L；

$\quad\quad X_0$ ——生物反应器内微生物总量,mg, $X_0 = VX$；

$\quad\quad \Delta X_0$ ——生物反应器内微生物净增长总量,mg/L, $\Delta X_0 = V(\mathrm{d}X/\mathrm{d}t)$；

$\quad\quad \Delta S_0$ ——生物反应器内降解的基质总量,mg/L, $\Delta S_0 = -V(\mathrm{d}S/\mathrm{d}t)$；

$\quad\quad U_S$ ——生物反应器单位质量微生物降解的基质量,mg/(mg·d), $U_S = \Delta S_0/X_0$；

$\quad\quad \theta_c$ ——细胞平均停留时间,在废水生物处理系统中,习惯称为污泥停留时间或泥龄,d。

在特定条件下运行的生物处理系统,其中微生物的增长率是有一定限度的,而且与污泥负荷有关。如每天增长20%,则倍增时间为5天。如果污泥停留时间为5天,则每天的污泥排出量为20%,此排出量与微生物增长量相等,从而保证了处理系统的微生物总量保持不变。如果污泥停留时间小于微生物的倍增时间,则每天的污泥排出量大于增长量,其结果将使污泥总量逐渐减少,无法完成处理任务。如果停留时间大于微生物的倍增时间,则每天排出的污泥量小于微生物增长量,从而处理系统有多余的污泥量以备排出。

厌氧发酵系统的微生物生长很慢,倍增时间很长。因此,在一些新一代的高效处理装置中,为了保证有足够的厌氧活性污泥,都采用了一些延长污泥停留时间的措施,如在完全混合式厌氧发酵系统后设立沉淀池,以截留和回流污泥;在上流式厌氧发酵系统中培养不易漂浮的颗粒污泥,并在出水端设立三相分离器;在系统内设置挂膜介质,以生物膜的形式将微生物固定起来,不使流失。

### 三、厌氧发酵的生化反应过程

厌氧发酵系统中,发酵细菌最主要的发酵基质是纤维素、淀粉、脂肪和蛋白质,这些复杂有机物首先在水解酶的作用下分解成水溶性的简单化合物,然后这些水解产物再经发酵细菌的胞内代谢,除产生无机的 $CO_2$、$NH_3$、$H_2S$ 及 $H_2$ 外,主要转化为一系列的有机酸和醇类物质而排泄到环境中去。这些代谢产物主要是乙酸、丙酸、丁酸和乳酸等。

发酵细菌所进行的生化反应受两方面因素的制约:一方面是基质的组成及浓度;另一方面是代谢产物的种类及其后续生化反应的进行情况。

一般而言,发酵细菌利用有机物时,首先在胞内将其转化为丙酮酸,然后根据发酵细菌的种类不同和控制的环境条件的不同而形成不同的代谢产物。

#### (一) 基本营养型有机物的厌氧生物降解

自然界能广泛供作微生物营养基质的有机物,称为基本营养型有机物,如大分子的淀粉、纤维素、脂肪、蛋白质及其水解产物等。生物残体、生物排泄物及生活污水、生活垃圾中广泛存在这类有机物,是造成环境污染的主要原因。基本营养型有机物的可生化性很好,属于易生物转化的有机物。

在厌氧条件下,只要营养元素的配比合适,环境条件相宜,微生物就能很好地利用这些基质进行生长繁殖,而且不受有机物浓度的限制。

#### (二) 碳水化合物的厌氧生物降解

广义的碳水化合物包括除蛋白质及脂类以外的一大群有机物,如淀粉、纤维素、木质素、果胶质等。纤维素和淀粉以及它们的水解产物的葡萄糖和进一步降解产物的有机酸和醇等是最常存于废水中的碳水化合物。

**1. 纤维素的水解**

在纺织印染、人造纤维、制浆造纸等工业排放的废水中含有较多的纤维素,同时它是生活污水和生活垃圾中的重要成分。纤维素的生物水解反应分两步进行,依次生成纤维二糖和葡萄糖:

$$2(C_6H_{10}O_5)_n + nH_2O \xrightarrow{\text{纤维素酶}} nC_{12}H_{22}O_{11}$$
$$\text{淀粉} \qquad\qquad\qquad\qquad \text{纤维二糖}$$

$$C_{12}H_{22}O_{11} + H_2O \xrightarrow{\text{纤维二糖酶}} 2C_6H_{12}O_6$$
$$\text{纤维二糖} \qquad\qquad\qquad \text{葡萄糖}$$

**2. 淀粉的水解**

废水或生活垃圾中的淀粉是易被微生物降解的有机污染物。食品、纺织、印染、发酵等工业废水、生活污水及生活垃圾中经常有多量的淀粉及其水解产物存在。

在淀粉酶的作用下,淀粉水解的最终产物均是葡萄糖,其反应如下:

$$2(C_6H_{10}O_5)_n + nH_2O \xrightarrow{\text{淀粉酶}} nC_{12}H_{22}O_{11}$$
$$\text{淀粉} \qquad\qquad\qquad\qquad \text{麦芽糖}$$

$$C_{12}H_{22}O_{11} + H_2O \xrightarrow{\text{麦芽糖酶}} 2C_6H_{12}O_6$$
$$\text{麦芽糖} \qquad\qquad\qquad \text{葡萄糖}$$

**3. 葡萄糖的降解**

在厌氧发酵过程中,葡萄糖经过糖酵解的 EMP 途径转化成丙酮酸后,进一步的转化方式随参与代谢的微生物种类不同和控制的环境条件(温度、pH 值、浓度等)的不同而异。研究表明,菌种不同,形成的产物不尽相同。同一菌种,在不同环境条件下,也会形成不同的厌氧发酵产物。例如,瘤胃月形单胞菌可将糖酵解产物的丙酮酸进一步转化为不同的产物,其反应如下:

$$CH_3COCOO^- + 2NADH + 2H^+ \Longrightarrow CH_3CH_2COO^- + 2NAD^+ + H_2O$$
$$\text{丙酸} \qquad\qquad \Delta G^\ominus = -87.0 \text{ kJ/反应}$$

$$CH_3COCOO^- + CH_3COO^- + NADH + H^+ \Longrightarrow CH_3CH_2CH_2COO^- + NAD^+ + HCO_3^-$$
$$\text{丁酸} \qquad\qquad \Delta G^\ominus = -77.4 \text{ kJ/反应}$$

$$CH_3COCOO^- + HCO_3^- + 2NADH + 2H^+ \Longrightarrow {}^-OOCCH_2CH_2COO^- + 2NAD^+ + 2H_2O$$
$$\text{琥珀酸} \qquad\qquad \Delta G^\ominus = -66.9 \text{ kJ/反应}$$

$$CH_3COCOO^- + NADH + H^+ + H_2O \Longrightarrow CH_3CH_2OH + NAD^+ + HCO_3^-$$
$$\text{乙醇} \qquad\qquad \Delta G^\ominus = -38.9 \text{ kJ/反应}$$

$$CH_3COCOO^- + NADH + H^+ \Longrightarrow CH_3CHOHCOO^- + NAD^+$$
$$\text{乳酸} \qquad\qquad \Delta G^\ominus = -25.1 \text{ kJ/反应}$$

就以上反应的热力学条件来看,由丙酮酸形成丙酸的生化反应最易进行,因而首先形成丙酸。当丙酸有所积累时,便形成了丁酸。以后依次形成琥珀酸、乙酸和乳酸。

另外,除甲醇、甲胺、甲酸和乙酸外,其他的有机酸、醇和酮等代谢产物均不能被甲烷细菌吸收利用。因此,在厌氧发酵系统中,它们被产氢产乙酸细菌进一步降解为 $CH_3COOH$ 和 $H_2$。例如:

$$CH_3CH_2OH + H_2O \Longrightarrow CH_3COOH + 2H_2$$

$$\Delta G^\ominus = +19.2 \text{ kJ/反应}$$

$$CH_3CH_2COOH + 2H_2O \Longrightarrow CH_3COOH + 3H_2 + CO_2$$

$$\Delta G^\ominus = +76.1 \text{ kJ/反应}$$

以上反应均为吸热反应,只能在充分降低氢分压的条件下进行,这一任务在厌氧条件下有甲烷菌完成。乙酸的进一步厌氧转化反应如下:

$$CH_3COOH \longrightarrow CH_4 + CO_2$$

总之,葡萄糖进行厌氧生物转化的主要结果是:第一,排入水环境中的最终代谢产物为各种各样的有机物,如乙酸、丙酸、丁酸、乳酸、琥珀酸、乙醇、丙醇、丁醇、丙酮等,这些物质本身都具有COD值,因此需氧性污染指标(BOD、COD)的脱除率不高;第二,化学能的释放很不彻底。

**4. 半纤维素的降解**

半纤维素是由木糖、甘露糖和葡萄糖等组成的低聚合度的化学物质,它是20℃下在17.5%~18%的氢氧化钠溶液里浸泡纤维素而析出的那部分物质。半纤维素经水解后生成木糖、甘露糖和葡萄糖。它们和葡萄糖一样,先转化为中间产物的丙酮酸,并进一步转化为其他简单有机物。

**5. 果胶质的降解**

果胶质的水解产物是甲醇和糖醛酸。糖醛酸可进一步被发酵细菌和产氢产乙酸菌降解。甲醇为甲烷细菌吸收利用。

**6. 油脂的厌氧生物降解**

油有动物油、植物油和矿物油三大类,动植物油的主要成分是脂肪酸和甘油酯,矿物油的主要成分是碳氢化合物。动植物油统称脂肪油、油脂或脂肪。

油脂是易降解的化学物质,但经常滞后于糖和蛋白质。油脂是甘油和高级脂肪酸构成的甘油三酯。常温时呈液态的称为油,呈固态的称为酯,在自然界比较稳定,微生物对其吸收利用的速度比较缓慢。

在脂肪酶的作用下,脂肪首先被水解为甘油和脂肪酸,甘油主要被分解为丙酮酸。丙酮酸在厌氧条件下,进一步分解为丙酸、丁酸、乙醇和乳酸等。

脂肪酸在微生物细胞内通过β-氧化,使碳原子两个两个地从脂肪酸链上不断地断裂下来,形成乙酰辅酶 A。在厌氧条件下,乙酰辅酶 A 再转化为乙酸等低分子有机物。

**(三) 蛋白质的厌氧生物降解**

蛋白质是由多种氨基酸组合而成的高分子化合物,是生物体的一种主要组成物质及营养物质,肉类加工厂、屠宰场食品加工厂等排出的工业废水、生活污水及城市生活垃圾中,都含有蛋白质及其分解产物。

蛋白质的分解分两个大的阶段,第一阶段为胞外水解阶段,第二阶段为胞内分解阶段。在胞外水解阶段,蛋白质在蛋白酶的催化下逐步分解成氨基酸。

在胞外水解阶段,蛋白质在蛋白酶的催化下逐步分解成氨基酸,其步骤如下:

$$蛋白质 \xrightarrow{\text{蛋白酶(内肽酶)}} 蛋白胨 \xrightarrow{\text{蛋白酶(内肽酶)}} 多肽 \xrightarrow{\text{肽酶(外肽酶)}} 氨基酸$$

在此水解过程中,首先由内肽酶作用于蛋白质大分子内部的肽键(—CO—NH—)上,使其逐步水解断裂,直至形成小片段的多肽;然后由外肽酶作用于多肽的外端肽键,每次断裂出一个氨基酸。

氨基酸是分子中同时含有氨基(—NH$_2$)和羧基(—COOH)的有机化合物,通式是 H$_2$N—R—COOH。根据氨基酸连接在羧酸碳原子上的位置(R$\cdots\overset{\gamma}{C}$—$\overset{\beta}{C}$—$\overset{\alpha}{C}$—COOH)不同,可分为 α—氨基酸、β—氨基酸、γ—氨基酸。α—氨基酸是组成蛋白质的基本单元,约有二十余种。有几种氨基酸中,除 C、H、O、N 外,还有 S。

氨基酸是水溶性物质,可被微生物吸收进细胞内。大部分氨基酸用于细胞物质的合成,少部分则通过脱氨基作用、脱羧基作用生成 NH$_3$、乙酸、CO$_2$、H$_2$S 及胺等物质。

### (四) 尿素及尿酸的生物降解

尿素 CO(NH$_2$)$_2$ 是存在于生活污水、饲养场废液以及农田退水中的能构成 COD 值的污染物,同时也是营养性污染物。尿素能在微生物的尿素酶催化下,水解生成无机的碳酸铵,因其很不稳定,很快分解为 NH$_3$ 及 CO$_2$。

$$CO(NH_2)_2 + 2H_2O \xrightarrow{\text{尿素酶}} (NH_4)_2CO_3$$

$$(NH_4)_2CO_3 \longrightarrow 2NH_3 + CO_2 + H_2O$$

尿酸在微生物作用下最终转化为尿素和乙醛酸。

### (五) 非基本营养型有机物的厌氧生物降解

非基本营养型有机物指基本营养型以外的所有有机物,例如工业废水中常见的烃类、酚类、表面活性剂等。

一般而言,微生物能够降解的有机物种类繁多。在好氧条件下,除为数不多的一些合成有机物之外,微生物可以降解绝大多数有机物。但是,在厌氧条件下,微生物降解非基本营养型有机物的能力非常差。在基本营养型有机物存在的沼气发酵系统中,加入一定浓度的某些非基本营养型有机物,会增加总产气量,表明这些有机物在一定程度上被厌氧微生物吸收利用和降解了。

# 第二节　厌氧发酵工艺

人们在自然界中早就观察到厌氧微生物分解有机物产生沼气的现象,而且有目的地利用这种气体已有相当长的历史,但是人类主动地把厌氧消化产沼气过程用于保护环境和获得能源却只是近百年来的事。如今,人们已开发出多种沼气发酵工艺技术,其应用领域也越来越广。沼气发酵工艺的研究已有百年历史,已开发出多种发酵工艺。按不同的标准,沼气发酵可划分出不同的工艺。

沼气发酵工艺包括从发酵原料到生产沼气的整个过程所采用的技术和方法。它主要含有原料的收集和预处理,接种物的选择和富集,进出料的方式,温度和酸碱度的控制,沼气发酵装置选择、启动和日常运行管理等技术措施。

## 一、厌氧发酵工艺及影响因素

### (一) 沼气发酵原料性质

人工制取沼气所利用的主要原料有畜禽粪便污水,食品加工业、制药和化工废水,生活污水,污水处理厂剩余污泥,城市有机固体废物等。在农村主要用畜禽粪便和农作物秸秆制取沼气。从是否溶于水来看,沼气发酵原料可用两种方式表示。一种方式是用挥发性固体表示,简写为 VS,也常用总固体(TS)表示,虽然不很精确,但方便实用。两者关系可用图 7-3 表示。只有挥发性固体中的一部分能被转化为沼气。农村常用沼气发酵原料可用总固体表示:一般风干的农作物秸秆总固体有 85% 左右,北方地区可达到 90%,南方地区有时只有 80%。新鲜猪粪(不含尿)总固体含量大约为 20%,奶牛粪大约为 14%。

另一种方式是沼气发酵原料用 COD 来表示,COD 往往表示一般工业有机废水的浓度。例如玉米酒精蒸馏废水的 COD 浓度为 40000 mg/L。有些沼气发酵料液肉眼看来好像不"浓",但可溶性组分多,实际上能产很多沼气。

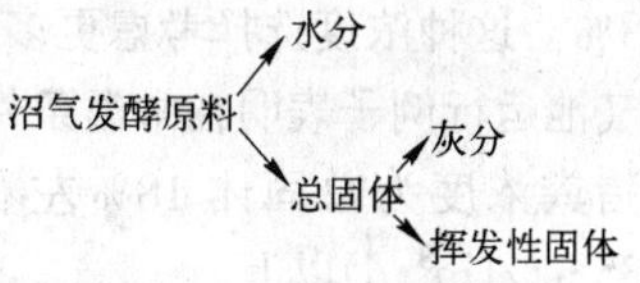

进料浓度关系到发酵浓度,对不同沼气装置来说,所需的最佳浓度是不同的。例如目前先进的以工业有机废水为原料

图 7-3 发酵原料中总固体与挥发性固体关系

的沼气池,如 UASB、AF、EGSB 对原料的固体含量要求很低,一般不超过 1%,但对可溶性 COD 浓度则无限制。

目前的研究结果表明,在总固体含量不高于 40% 的条件下,沼气发酵都能进行,只是速度较慢,例如典型的城市垃圾填埋场,水分不多但沼气发酵可持续数十年。填埋场中废物的含水率是影响填埋场产气多少的一个重要因素。水作为营养物质、胞外酶和气体的溶剂,以及在不同转化时(水解过程)作为化学有效物质,是微生物活动和厌氧降解成功的基本条件。填埋场中水分的运动有助于营养物、微生物的迁移,加快产气。许多研究表明,含水率是产气速率的主要限制因素,当含水率低于垃圾的持水能力时,含水率的提高对产气速率的影响不大;当含水率超过持水能力后,水分在垃圾内运动,促进营养物、微生物的转移,形成良好的产气环境。

垃圾中的水分主要取决于垃圾内自身的含水量、填埋区的降雨量以及地面水和地下水的防渗措施。垃圾的持水能力通常在 0.25~0.50 之间,因而 50%~70% 的含水率对填埋场的微生物生长最适宜。但是含水量较高时,卫生填埋过程中容易形成恶臭,导致空气污染。卫生填埋场的恶臭问题也是公众关注的焦点问题。通常城市生活垃圾的含水率在 15%~40% 左右,垃圾含水率较高,产气量也较高。适当补充水分有利于垃圾降解。增加含水率有两条渠道:一可利用雨水或地表水造成渗透;二可利用井、管、盲沟注入垃圾渗滤液。

Begner 等用来源于美国三个州的垃圾填埋场的样品试验湿度对 $CH_4$ 的影响,结果表明当试验样品的含水率增加到 200% 时,其 $CH_4$ 平均产率比对照样品(含水率为 60%~70%)高一倍。由此可见,同种填埋场的垃圾样品的湿度越大,$CH_4$ 的产率越高。

农村沼气发酵原料尽管很多,但从沼气利用的角度考虑,主要可分为秸秆类与粪便类。

1. 秸秆类特点

秸秆类有以下特点:

(1) 随农业活动批量获得,能长时间存放不影响产气,可随时满足沼气池进料需要,可一次性大量入池。

(2) 每立方米沼气池只能容纳风干秸秆 50 kg 左右。一旦入池后,从沼气池内取出较为困难;通常采用批量入池、批量取出的方法。

(3) 入池前需要进行切短、堆沤等预处理。

(4) 和粪便一起发酵时效果好。

(5) 需要较长时间才能分解达到预期的沼气产量。

2. 粪便类特点

粪便类有以下特点:

(1) 不管是否使用每天都要产生,存放后产气量大大减少,因此适合每天进入沼气池。

(2) 分解速度相对较快。

(3) 入池和发酵后取出都很方便。

(4) 单独使用产气效果也很好。

作物秸秆采用总固体浓度为25%时,发酵很好。大多数沼气工程所采用的粪便浓度为5%~8%。这种浓度选择考虑更多的是原料本身具有的浓度和进料泵对浓度的承接能力。已有的沼气池运行例子表明在常温条件下,猪粪高浓度发酵在技术和实践上都是可能的,例如不经稀释的猪粪浓度为总固体18%左右,直接入沼气池发酵已获成功,且池容产气率也达到年平均$0.35 m^3/(m^3 \cdot d)$以上。

**(二) 发酵温度**

与所有生物处理工艺一样,沼气发酵工艺的性能受运行温度的显著影响。最佳性能只有在最佳温度范围内才能达到,即中温范围30~40℃,高温范围50~60℃。大多数厌氧工艺的设计都采用这两个温度范围。这两个范围代表着产甲烷细菌最佳生长温度范围。尽管如此,产甲烷细菌还是可以在更低的温度下生长,此时需要采用比较长的生物固体停留时间(SRT)以弥补比较低的最大比生长速率的影响。

虽然产甲烷细菌对温度很敏感,但是运行温度也会影响水解和产酸反应。对于含大量简单和易生物降解有机物的废水,温度对产甲烷过程的影响是首要考虑的问题。然而,对于含大量复杂有机物或者颗粒态有机物的废水,应该首先考虑温度对水解和产酸反应的影响。由上一节的讨论可知,这时候水解反应往往是沼气发酵的限制性步骤。根据发酵温度沼气发酵工艺可分为高温发酵工艺、中温发酵工艺和常温发酵工艺。

1. **高温发酵**

高温发酵指发酵温度在50~60℃之间的沼气发酵。其特点是微生物特别活跃,有机物分解消化快,滞留期短,产气率高[一般情况下每立方米料液在$2.0 m^3/d$以上],但气体中所含甲烷所占比例比中温发酵低。高温发酵工艺主要适用于处理温度较高的有机废物和废水,如酒厂的酒糟废液、豆腐厂废水等。对于有特殊要求的有机废物,例如杀灭人粪中的寄生虫卵和病菌,也可采用该工艺。

高温发酵工艺可以增加反应速率,缩小反应器体积,提高病原微生物灭活效率,但在高温运行时,能量消耗增加,温度变化的敏感性也增加,另外挥发性有机酸浓度增加使得工艺稳定性降低,氨氮浓度提高会使毒性增加,泡沫增多,臭味增加。由于其优点常常不稳定,又有许多缺点,所以除非有现场中试实验或现场生产性系统的经验,否则的话,根据高温厌氧工艺运行的一般经验进行设计需要谨慎小心。农村沼气发酵很少采用高温发酵工艺。

2. **中温发酵**

中温发酵是指发酵温度维持在30~35℃的沼气发酵。此发酵工艺有机物消化速度较快,产气率较高[一般情况下每立方米料液在$1 m^3/d$以上]。与高温发酵相比,中温发酵所需的热量要少得多。从能量回收的角度,该工艺被认为是一种较理想的发酵工艺类型。目前世界各国的大、中型沼气工程普遍采用此工艺。农村沼气发酵很多也采用中温发酵工艺。

填埋场垃圾的降解主要发生在中温和高温段。中温型最适温度为18~35℃,最高为40~45℃;高温型最适温度为50~60℃,最高70~85℃。Roben K. Ham等认为,30~40℃对于垃圾的产气是合适的温度。Kenneth E. Hartz等研究了温度对于填埋场垃圾试样产气的影响,结果表明,41℃是垃圾产气的最佳温度,而在48~55℃之间,垃圾基本上不产气。

低温会使微生物的活性降低,不利于填埋气的产生。解决这一问题的主要方法是通过加厚顶部的覆盖层来隔绝垃圾和大气的接触。在冬天,倾倒的垃圾中含有一定的水分,要尽量缩短这些垃圾在地表停留的时间,为防止其结冰,要迅速用较厚黏土覆盖。

### 3．常温发酵

常温发酵是指在自然温度下进行的沼气发酵。该工艺的发酵温度不受人为控制,基本上是随气温变化而变化,通常夏季产气率较高,冬季产气率较低。这种工艺的优点是沼气池结构相对简单,造价较低,因此农村沼气池常采用常温发酵。

在修建沼气池时,将它与猪舍改造相结合,将沼气池建在猪舍下面,不仅节约沼气池占地而且冬天池温会高 2~3℃,这对冬天产气是极为有利的。在北方,将沼气池建在太阳能猪舍下并与太阳能蔬菜大棚相接合,可使冬天池温提高 5℃ 以上,达到 10℃ 以上。此法解决了北方地区沼气池越冬和产气问题。

由于农村沼气池常采用常温发酵,因此起动时间最好不超过 11 月份。我国南方地区有相当部分沼气池是在秋收农忙结束后修建的,因此面临气温较低的问题。目前只有采用加大接种物数量、加长堆沤时间的办法来解决。北方地区冬天一般不能正常起动,只有等待来年。

### （三）pH 值和碱度

与所有生物处理一样,pH 值对沼气发酵的运行有着重要的影响。当 pH 值偏离最佳值时,生物活性会下降。这种影响对于沼气发酵尤其明显,因为产甲烷细菌比其他微生物受影响的程度更大。因此,当 pH 值偏离最佳值时,产甲烷菌活性下降得更多。对于产甲烷细菌,最佳 pH 值范围是 6.8~7.4,而 pH 值在 6.8~7.4 之间是保持适当活性所必需的范围。pH 值也会影响产酸细菌的活性,但是这种影响并不那么重要,主要是影响产物的性质。pH 值降低会增加比较高分子量的挥发性有机酸,尤其是丙酸和丁酸,而乙酸产生量减少。

由于产甲烷细菌对于 pH 值的敏感性,再加上挥发性有机酸是有机物降解过程的中间产物,使得厌氧系统对 pH 值下降的响应并不稳定,这种不稳定在高水力负荷(或者说进料量)下更严重,导致产酸细菌产生更多的挥发性有机酸。如果挥发性有机酸产生量的增加速度超过了产甲烷细菌利用乙酸和 $H_2$ 的最大能力,多余的挥发性有机酸开始积累,引起 pH 值下降。pH 值降低使得产甲烷细菌的活性减弱,从而减少它们对乙酸和 $H_2$ 的利用,引起挥发性有机酸进一步积累和 pH 值进一步降低。如果这种情况再发展下去,pH 值会大幅度下降,大分子挥发性有机酸积累,产甲烷细菌活性几乎停止。

这个问题可以在运行初期解决,调整相关的环境因素使产酸细菌和产甲烷细菌之间达到平衡。对于以上情况,可以减少水力负荷(或者说减少进料量),直到挥发性有机酸产生量小于其消耗量。这样就可以使系统中多余的挥发性有机酸消耗掉,pH 值恢复到中性,产甲烷细菌活性重新增加。等系统恢复到能够利用全负荷的状态,可以再提高进料量。在极端情况下,可以在降低负荷的同时结合投加化学药剂,以调整 pH 值。

碱度系指沼气发酵液结合氢离子的能力,这种结合能力的大小,一般是用与之相当的 $CaCO_3$ 浓度(mg/L)来表示。碱度是衡量发酵体系缓冲能力的尺度。然而,过去在沼气发酵监测指标中,人们往往只重视了反映发酵液酸碱强弱程度的 pH 值的测试,而忽视了溶液中与氢离子结合能力的碱度测定。

沼气发酵液的碱度主要由碳酸盐($CO_3^-$)、重碳酸盐($HCO_3^-$)以及部分氢氧化物($OH^-$)所组成。它们对发酵液中一定量的过酸过碱物质,能起缓冲作用,使发酵液 pH 值变化较小。

消化液的酸度通常由其中的脂肪酸含量决定。脂肪酸含量较多的有乙酸、丙酸、丁酸,其次为甲酸、己酸、戊酸、乳酸等。丙酸的积累是造成酸抑制的基本原因。实验研究表明。脂肪酸含量大于 2000~3000 mg/L 会使发酵过程受阻。

消化液的碱度通常由其中的氨氮含量决定,它能中和酸而使发酵液保持适宜的 pH 值。氨有一定的毒性,一般以不超过 1000 mg/L 为宜。

水解与发酵菌及产氢产乙酸菌对 pH 值的适应范围大致为 $6.5\sim8$,而甲烷菌对 pH 值的适应范围为 $6.8\sim7.2$。如果水解发酵阶段与产酸阶段的反应速率超过产甲烷阶段,则 pH 值会降低,影响甲烷菌的生活环境。但是,在发酵系统中,氨与二氧化碳反应生成的碳酸氢氨使得发酵液具有一定的缓冲能力,在一定的范围内可以避免发生这种情况。缓冲剂是在有机物分解过程中产生的,发酵液中的 $NH_4^+$ 一般是以 $NH_4HCO_3$ 存在,故重碳酸盐($HCO_3^-$)与碳酸($H_2CO_3$)组成缓冲溶液。

$$H^+ + HCO_3^- \rightleftharpoons H_2CO_3; \tag{7-12}$$

取对数得:
$$K' = \frac{[H^+][HCO_3^-]}{[H_2CO_3]} \tag{7-13}$$

$$pH = -\lg K' + \lg \frac{[HCO_3^-]}{[H_2CO_3]} \tag{7-14}$$

式中　$K'$——弱酸电离常数。

可见缓冲溶液的 pH 值是弱酸电离常数的负对数及重碳酸盐浓度与碳酸浓度比例的函数。当溶液中脂肪酸浓度增加时,反应向右进行,直到平衡条件重新恢复。由于发酵液中 $HCO_3^-$ 与 $CO_2$ 的浓度都很高,故脂肪酸在一定的范围内变化,上式右侧的数值变化不会很大,不足以导致 pH 的变化。因此在发酵系统中,应保持碱度在 2000 mg/L 以上,使其有足够的缓冲能力,可有效地防止 pH 值的下降。发酵液中的脂肪酸是甲烷发酵的底物,其浓度也应保持在 2000 mg/L 左右。如果脂肪酸积累过多,便与碳酸氢氨反应生成脂肪酸铵和二氧化碳,削弱了消化液的缓冲能力:

$$NH_4^+ + HCO_3^- + RCOOH \longrightarrow NH_4^+ + RCOO^- + H_2O + CO_2$$

根据实验,总碱度在 $3000\sim8000$ mg/L 时,由于发酵液对所形成的挥发酸具有较强的缓冲能力,在消化器运行过程中,发酵液内挥发酸浓度在一定范围变化时,都不会对发酵液的 pH 值有多大影响,因而可以使沼气发酵正常而稳定地进行。但在发酵过程中,如挥发酸大量积累,碳酸盐碱度低于 1000 mg/L 时,发酵液 pH 值的变化即进入警戒点,因此,此时缓冲能力已所剩无几,挥发酸继续积累将会造成发酵液 pH 值的明显下降,甚至导致发酵的失败。

**(四) 进料方式**

按进料方式,沼气发酵可分为批量发酵、连续发酵与半连续发酵。

**1. 批量发酵**

批量发酵是指将发酵原料和接种物一次性装满沼气池,中途不再添加新料,产气结束后一次性出料。产气特点是初期少,以后逐渐增加,然后产气保持基本稳定,再后产气又逐步减少,直到出料。因此,该工艺的发酵产气是不均衡的。目前,该工艺主要应用于研究有机物沼气发酵的规律和发酵产气的关系等方面。固体含量高的原料,如作物秸秆、有机垃圾等,由于日常进出料不方便,进行沼气发酵也可采用这一方法。

综合我国的研究结果指出,不同原料的产气速度是不同的。猪粪、马粪、青草等在 35℃ 的发酵温度下发酵,15 天内的产气量占总产气量的 80%;在相同的发酵温度下,玉米秸秆、麦秆在 20 天内的产气量占总产气量的 80%。如果我们以 80% 的总产气量所需的时间作为产气高峰期,则产气高峰期的长大体上只有 20 天左右的时间,过了产气高峰期,产气率很低,而且需要延续 $5\sim6$ 月,甚至更长的时间才能逐渐停止消化。因此,从使用价值考虑,真正有用的是产气高峰期。可见,对于一次大进料制度的批量发酵工艺,原料液在池中的滞留时间(HRT)宜不超过产气高峰期,否则沼气池利用率很低。

### 2．连续发酵

连续发酵是指消化池加满料正常产气后，每天连续不断地加入发酵原料，同时也排走相同体积的发酵料液。其发酵过程能够长期连续进行，大中型沼气工程通常采用这种发酵方式，如高浓度有机废水处理和污泥处理。图7-4为城市垃圾厌氧消化与沼气回收基本流程。

流程中大体可分解为三项主要操作：垃圾预处理、配料制浆、垃圾厌氧消化与沼气回收。

厌氧消化处理仅适用于垃圾经加工、分选处理后的轻组分，这种组分已富集了垃圾中大部分可生物转化的有机质，并已去除了有毒害

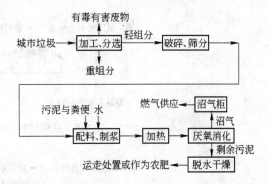

图 7-4 城市垃圾厌氧消化与沼气回收基本流程

性废物。但轻组分颗粒尚较大，不能满足消化处理的技术要求，还需再进一步破碎与筛分，以减小颗粒粒度，均匀质地后再进行消化处理。

厌氧消化处理的废物应满足碳氮比与碳磷比的要求，尤其是碳氮比更重要，一般情况，碳氮比在(20～30)∶1 为宜，若高于 35∶1，产气量将显著下降。一般城市垃圾多为碳源过量，氮、磷不足，配料制浆时需投配适量含氮、磷较高的配料。城市污水厂污泥与粪便是最佳配料。以污泥为配料时，其投配率在 10%～50% 范围，视垃圾中含氮、磷量而定，一般投配率 40% 为最佳。配料后的混合物加入适量水，制成流动性浆体。含水率应大于 90%，以便输送与搅拌操作。浆体 pH 值调节为 6.8～7.5 之间。

垃圾浆体厌氧消化处理设备与操作的基本工艺参数：设备内水力停留时间约 3～4 天，多数采用机械搅拌，也可以采用沼气回流搅拌方式。搅拌度与频率以保证槽内浆料混合均匀、防止表面结壳为准。浆液最大运动线速度不宜过高，以防止破坏厌氧菌的活性。一般在高温下消化，操作温度应维持在 55～60℃。新鲜浆液必须预加热到操作温度再输入消化反应器内。设备有机负荷率应为 0.6～1.6 kg/(m³·d)。垃圾中有机成分部分被厌氧分解生成沼气，部分转化为低分子有机质。不可生物降解的有机质，基本上不被分解。

我国城市垃圾中惰性物远高于可腐化物，不具备厌氧消化处理的条件。但在农村采用农作物秸秆与粪便，利用家庭用小型沼气池生产沼气，供家庭生活用气，已得到广泛发展，并积累了一定的经验。

现代化的大型工业沼气发酵工艺能够更好地利用沼气和堆肥产品，对周围的环境不造成破坏性污染，具有良好的环境效益、经济效益和社会效益，是一个真正的生态工业沼气发酵生产系统。它的主要特点有：(1)能大量消纳有机废物，适应于城市垃圾和污水处理厂污泥的处理和处置；(2)发酵周期比较短；(3)产生的沼气量大，质量高，用途广泛；(4)堆肥产品肥效高，市场潜力大；(5)整个系统在运行过程中不会产生二次污染，不会对周围的环境造成危害；(6)整个系统的运行完全是自动化管理。

### 3．半连续发酵

半连续发酵介于上述两者之间。我国广大农村由于原料特点和农村用肥集中等原因，主要是采用这种发酵工艺。

在沼气池启动时一次性加入较多原料，正常产气后，不定期、不定量地添加新料。在发酵过程中，往往根据其他因素(例如农田用肥需要)不定量地出料；到一定阶段后，将大部分料液取走用作它用。可根据是否采用秸秆，把农村沼气池通常采用的半连续发酵工艺分为两种不同的工

艺流程(见图 7-5、图 7-6)。

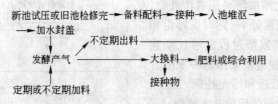

图 7-5　采用秸秆的沼气发酵工艺流程

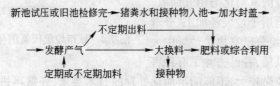

图 7-6　不采用秸秆的沼气发酵工艺流程

**4. 接种物的选取和驯化**

在各种有机物厌氧消化的地方采集接种物。下水道污泥、屠宰场、肉食品加工厂、豆腐房、酒厂、糖厂等地的阴沟污泥,湖泊、塘堰等的沉积污泥,正常发酵的沼气池底污泥或发酵料液,以及陈年老粪坑底部粪便等,均含有大量沼气微生物,都可以采集为接种物。新建沼气池投料或旧池大换料时,一般应加入占原料量 30% 以上的活性污泥,或留下 10% 以上正常发酵的沼气池脚污泥,或 10%～30% 沼气池发酵料液作启动菌种。若新建沼气池没有活性污泥,也可以用堆沤 10 天以上的畜粪或者粪坑底部粪便作接种物。加入适量的接种物,是加快沼气池启动速度,加速原料分解,提高产气量的一个重要步骤。此外,有条件的地方最好能对所选取的接种物进行富集、驯化和扩大培养。这样,既可以使不同区系的沼气微生物个体得到增殖,又可以使大量接种微生物群体适应入池后的新环境。

**5. 备料配料**

备料配料是沼气发酵工艺的首要步骤,含原料的收集与预处理。固体有机物半连续沼气发酵工艺的预处理通常是指适度的切碎。秸秆的预处理关系到发酵的好坏。通常是要切短,一方面有利于产气,另一方面也有利于今后出料。其切后长度最好不超过 20 cm。切好的秸秆先用水发湿;大约半天后按质量 1:1:1 的比例将接种物、粪便和秸秆混合好,然后放入沼气池内。采用单纯粪便作原料进行沼气发酵比较简单,只需将粪便与接种物混合即可,一份粪便,三份水量,投料的总量达到沼气池容积的 80%,接种物的量一般占发酵料液的 15%～30%。

**6. 拌料投料**

秸秆为主要发酵原料启动时,先将风干铡短或粉碎的作物秸秆铺于沼气池旁空地或晒坝上,其厚度约 30 cm 左右,泼上拌和均匀的粪类原料、接种物和适量的水(其用水量以淋湿不流为宜,一般不得超过总用水量的三分之一,在此用量范围内,冬季宜少)。拌料时,要求边泼洒边拌匀,操作要迅速,以免造成粪液和水分流失。将接种物与发酵原料在池外混合均匀后投入沼气池。没有条件拌料入池的地方,可用分层加料,分层接种的办法进行,先加一层秸秆,再加一层粪类和接种物,每层不宜太厚,并要层层踩压紧实。堆好后用塑料膜覆盖,进行堆沤处理,一般夏季 2～3 天,冬季 5～7 天。

#### 7. 堆沤

采用秸秆的沼气发酵工艺流程需要进行堆沤。堆沤在沼气池外进行时,经过堆沤的秸秆体积减小,便于入池发酵,在堆沤过程中,发酵细菌大量繁殖,温度上升,最高温度可达60℃。堆沤也可以在沼气池内进行,在已入池的接种原料中喷洒少量的水(用水量以淋湿为宜,一般不得超过总用水量的三分之一),敞口堆沤数天,一般夏、春季1~2天,秋、冬季3~5天为宜。

#### 8. 加水封池

在池内堆沤过程中,由于好氧和兼性微生物的作用,发酵料液的温度不断升高。当池内发酵原料温度上升到40~60℃时(上述堆沤时间内,一般可达到此温度范围),即可分别从进出料口加水。加水以保证池内发酵原料总固体浓度为:南方各省夏天6%,冬天10%;北方各省10%。加水完毕,检验发酵料液pH值,若pH在6以上时,即可封池;若pH低于6,加入适宜草木灰、氨水或澄清石灰水等碱性物质调整至7左右后,再封池。

#### 9. 放气试火

按上述工艺流程操作,当沼气压力表的水柱压力差达到40 cmH_2O(3923 Pa)以上时,将气体全部放掉,此时沼气不能点燃,是因为沼气池气室内的空气没排放掉,当沼气压力再升高时,随着气体中甲烷含量的增加,沼气即可点燃使用。一般在封池两三天后所产生的沼气即可使用,做点火实验,如能点燃,则说明沼气发酵已开始正常运行。

#### (五) 搅拌

在生物反应器中,生物化学反应是依靠微生物的代谢活动而进行,这就需使微生物不断接触新的食料。在分批投料发酵时,搅拌是使微生物与食物接触的有效手段;而在连续投料系统中,特别是高浓度产气量大的原料,在运行过程中进料和产气时气泡形成和上升过程所造成的搅拌构成了食料与微生物接触的主要动力。

在成批投料消化器里,发酵料液通常自然沉淀而分成4层,从上到下分别为浮渣层、上清液、活性层和沉渣层。在这种情况下,厌氧微生物活动较为旺盛的场所只限于活性层内,而其他各层或因可被利用的原料缺乏,或因条件不适宜微生物的活动,使厌氧消化难以进行。因此,在这类消化器里应采用搅拌措施来促进厌氧消化。对消化器进行有限的搅拌,可使微生物与发酵原料充分接触,同时打破分层现象,使活性层扩大到全部发酵液内。此外,搅拌尚有防止沉渣沉淀、防止产生或破坏浮渣层,保证池温均一,促进气液分离等功能。

对于农村小型沼气池,沼气池搅拌,是大多数用户忽视的问题。沼气池长期不搅拌,所进发酵料受到池内气体和旧渣堆积而堆积在进料筒内,并在进料筒内发酵,所产沼气随进料管壁上升而散失掉,池体里面的旧渣液也由于长期不搅拌而得不到轮回排出,形成发酵料进出循环断路,代谢失调。沼气池适当搅拌,可使新入池发酵料进入池内并与池旧料混合发酵,有利于加快沼气池发酵料液的发酵进程,同时,搅拌有利于旧渣的适当清排,畅通沼气池,提高沼气池利用效率。

农村户用沼气池经常采用料液回流搅拌的方式,可将出料间的料液取出,再从进料间冲入,使池内的料液达到搅动的目的。还有一种是人工抽提搅拌:简易的人工抽粪器是由一根硬质塑料管及配有活塞的提杆组成,可以固定在池顶部,管的直径一般100~120 mm,活塞为两个半圆形合页,随着提杆的上下移动,料液产生振动,达到搅拌的目的。同时也可以用作人工出料器。目前这种简易搅拌的使用已在四川、湖南、云南等省推广使用。

大中型沼气消化池的污泥循环系统主要有以下三种基本结构单元:

(1) 设在消化池外部的动力泵;

（2）反应污泥混合搅拌装置；

（3）加气设备。

反应污泥利用外部的动力泵实现循环。这一过程比较简单，主要用于最大容积为 4000 $m^3$ 左右的消化池。对于较大的消化池要用 2 台泵来完成。这种机械式动力循环方式非常适用于圆柱形消化池。另外，为了防止在消化池底部形成沉积，需安装刮泥器。

作为一种循环装置，螺旋桨机械搅拌混合器于 1926 年就已发明，它主要包括：升液管、加速器、混合器、循环折流板和驱动泵几部分组成。

升液管垂直安装在消化池的中间，其四周用钢缆或钢筋固定在消化池的罐壁上，防止其四处摇摆。循环用的混合器是一种专门制作的一级或二级螺旋转轮，它既可以起到混合作用又可以形成污泥循环。这种装置的可靠性已在实际应用中得到证明。循环折流板的作用有两个：一是当污泥通过升液管由下向上流动时，可以将污泥更好的均匀分布在表面浮渣层上；二是当污泥由上向下流动时，可以将已破碎浮动的污泥导入升液管中。

在污泥的处理中，加气循环被认为是一种古老但证明很有效的方法。例如在德国 Essen-Rcllinghausen 污水处理厂由 Ruhrverband（ Association of Rnhr River Communities）管理的两座 1400 $m^3$ 的消化池，其中一台早在 1930 年就安装了加气循环系统。该系统的工作原理主要是：气体在空气压缩泵的作用下进入消化池的底部并形成气泡，气泡在上升过程中带动污泥向上运动形成循环，从而达到预期的混合目的。在厌氧污泥发酵系统中所通入的气体主要是发酵气（沼气），既可以防止浮渣层的形成又不会影响气泡的产生。

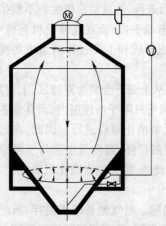

图 7-7　利用压缩沼气进行
搅拌的圆柱形消化池

在底部为漏斗状的消化池的运行中，Roediger 建议将沼气沿罐壁四周注入（见图 7-7），这样发酵污泥会形成沿罐壁四周由下而上，中部由上而下的环流。

在平底消化池中，气体通过几根坚硬的（有一定的韧性最好）空心管进入消化池，这些管子可以从消化池的顶部拆下来轻轻安置在罐底的上面（见图 7-8）。

加气循环系统适用于平底形消化池。在消化池运行中完成污泥循环和混合所需的能量在 $3\sim5$ $W/m^3$。Wiedemann 于 1977 年在大量研究的基础上得出，在相同的运行条件下，加气循环系统的能量消耗要高于螺旋桨机械混合系统。

**（六）负荷**

厌氧消化池的容积决定于厌氧消化的负荷率。负荷率的表达方式有两种：容积负荷（用投配率为参数）；有机物负荷（用有机负荷率为参数）。

以往，有按污泥投配率计算消化池体积的，所谓投配率是指日进入的污泥量与池子容积之比，在一定程度上反映了污泥在消化池中的停留时间（投配率的倒数就是生污泥在消化池中的平均停留时间）。以水力停留时间为参数，对生物处理构筑物是不十分科学的。投配率相同，而含水率不同时，则有机物量与微生物量的相对关系可相差几倍。有机物负荷率是指每日进入的干泥量与池子容积之比，单位为 $kg/(m^3 \cdot d)$。它可以较好地反映有机物量与微生物量之间的相对关系。同时要注意，容积负荷较低时，微生物的反应速率与底物（有机物）的浓度有关。在一定范围内，有机负荷率大，消化速率也高。

低负荷率消化池是一个不设加热、搅拌设备的密闭的池子，池液分层，见图 7-9。它的负荷率低，一般为 VSS0.5$\sim$1.6 $kg/(m^3 \cdot d)$，消化速度慢，消化期长，停留时间为 $30\sim60$ 天。污泥间歇进入，在池内经历了产酸、产气、浓缩和上清液分离等所有过程。产生的沼气（消化气）气泡的上升有一定的搅拌作用。池内形成三个区：上部浮渣区、中间上清液区、下部污泥区。顶部汇集消化产生的沼气并导出。

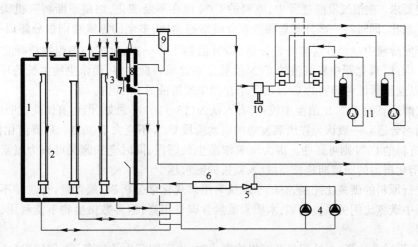

图 7-8　气体提升式消化池

1—消化池；2—气体提升管；3—加气浮渣控制器；4—污泥加热混合泵；5—注泥泵；6—热交换器；
7—排水管；8—液面控制器；9—泡沫捕捉器；10—沙滤器；11—沼气压缩器

高负荷率消化池的负荷率达 VSS$1.6\sim6.4$ kg/($m^3\cdot d$)或更高，与低负荷率池的区别在于连续运行，设有加热，搅拌设备连续进料和出料；最少停留 10～15 天；整个池液处于混合状态，不分层；浓度比入流污泥低。高负荷率消化池常设两级，第二级不设搅拌设备，作泥水分离和缩减泥量之用。

从现在的认识来看，有机物的稳定过程要经过一定的时间，也就是说污泥的消化期（生污泥的平均逗留时间）仍然是污泥消化过程的一个不可忽视的因素。因此，用有机物容积负荷计算消化池容积时，还要用消化时间进行复核。消化时间，

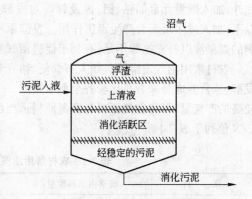

图 7-9　低负荷厌氧消化池

可以是指固体平均停留时间，也可以指水力停留时间。消化池在不排出上清液的情况下，固体停留时间与水力停留时间相同。我国习惯上计算消化时间时不考虑排出上清液，因此消化时间是指水力停留时间。

**（七）营养物质**

沼气发酵过程是培养微生物的过程，发酵原料或所处理的废水应看作是培养基，因而必须考虑微生物生长所需的碳、氮、磷以及其他微量元素和维生素等营养物质。

厌氧消化池中，细菌生长所需营养由污泥提供。合成细胞所需的碳（C）源担负着双重任务，其一是作为反应过程的能源，其二是合成新细胞，氮则只用于细胞建造。麦卡蒂（McCarty）等提出污泥细胞质（原生质）的分子式是 $C_5H_7NO_3$，即合成细胞的 C/N 约为 5∶1。因此要求 C/N 达到（10～20）∶1 为宜。如 C/N 太高，细胞的氮量不足，消化液的缓冲能力低，pH 值容易降低；C/N 太低，微生物在生长过程中就会将多余的氮素分解为氨而放出，使发酵液中构成碱度的物质

$NH_4HCO_3$增加,虽可以提高发酵液的缓冲能力,但氮量过多,pH值可能上升,铵盐容易积累,会抑制消化进程。

发酵原料的C/N比值,是指原料中有机碳素和氮素含量的比例关系,因为微生物生长对碳氮比有一定要求。在沼气发酵过程中,原料的C/N值在不断变化,细菌不断将有机碳素转化为$CH_4$和$CO_2$放出,同时将一部分碳素和氮素合成细胞物质,多余的氮素物则被分解以$NH_4HCO_3$的形式溶于发酵液中。经过这样一轮分解,C/N值则下降一次,生成的细胞物质死亡后又可被用作原料。因此,消化器中发酵液的C/N值总是要比原料低的多,而微生物生长的环境是在消化器内,所以这里所说营养物的C/N值是消化器中发酵液的C/N值。

沼气发酵适宜的C/N比值范围较宽,有人认为(13～16):1最好,但也有试验说明(6～30):1的范围内仍然合适。一般认为在厌氧发酵的启动阶段C/N不应大于30:1。只要消化器内的C/N值适宜,进料的C/N则可高些。因为厌氧细菌生长缓慢,同时老细胞又可作为氮素来源。所以,污泥在消化器内的滞留期越长,对投入氮素的需求越少。

如何进行原料的碳氮比配制,有的学者认为用常规化学分析碳、氮含量,有时并不能正确反映发酵原料中碳氮比例关系。例如,木质素虽然含碳量很高,但多数微生物不能利用,这些碳可称为无效碳。

以COD为标准计算,在处理复杂有机物废水时,由于细菌生长较多,要求COD:N:P的比值为350:5:1。如果以挥发酸废水为原料,细菌生长量低,其COD:N:P的比值可为1000:5:1。在N、P、S不足的废水中,应考虑加入铵态氮($NH_4HCO_3$、$NH_4Cl$),磷酸盐和硫酸盐以补充其不足。此外,加入微量元素如钴、铝、镍及锌等对发酵有一定促进作用,但其用量都应在50～100 $\mu mol$以下,加入过多反而会产生毒害作用。发酵原料或工业污水中氮、磷不足时,可适当添加一定比例的粪尿液以补充氮源不足,有利于促进沼气发酵的进行。

农村常用沼气发酵原料如人畜粪便、秸秆和杂草等都是生物质所构成,用这些原料进行沼气发酵,从营养成分来看是比较齐全而丰富的,一般不需添加什么营养成分。为使发酵过程有一个较高的产气量,可将贫氮原料与富氮原料适当配合成具有适宜碳氮比的混合原料。常用原料的C/N值列于表7-1。

表7-1　农村常用沼气发酵原料碳氮比(近似值)

| 原　　料 | 碳素占原料重量/% | 氮素占原料重量/% | 碳氮比 |
|---|---|---|---|
| 鲜人粪 | 2.5 | 0.85 | 2.9:1 |
| 鲜猪粪 | 7.8 | 0.60 | 13:1 |
| 鲜马粪 | 10 | 0.42 | 24:1 |
| 鲜牛粪 | 7.3 | 0.29 | 25:1 |
| 鲜羊粪 | 16 | 0.55 | 29:1 |
| 花生茎叶 | 11 | 0.59 | 19:1 |
| 野　草 | 14 | 0.54 | 26:1 |
| 大豆茎 | 41 | 1.30 | 32:1 |
| 落　叶 | 41 | 1.00 | 41:1 |
| 玉米秆 | 53 | 0.75 | 53:1 |
| 干稻草 | 42 | 0.63 | 67:1 |
| 干麦草 | 46 | 0.53 | 87:1 |

注:由于原料来源不同,原料中的成分也会有差异,此表中的数字只是参考近似值。

在垃圾厌氧降解中,为满足微生物生长的需要,垃圾中要有足够的 C、N、P 存在,一般 C/N 值在(10~20):1 之间,有机物去除量最大。若 C/N 值太高,则细菌生长所需的 N 量不足,容易造成有机酸的积累,抑制产甲烷菌的生长。如 C/N 值太低,盐大量积累,pH 值上升到 8 以上,也会抑制产甲烷菌的生长。另外,Morton A.Barlaz 等所做的垃圾质量平衡研究表明,垃圾中的糖分在厌氧条件下生成羧酸而引起 pH 值下降,抑制垃圾的降解。因此,通过堆肥预先去除部分含糖量高的厨余垃圾将有助于填埋场内垃圾的降解。

## 二、两步发酵工艺

两步发酵工艺是根据沼气发酵过程分为产酸和产甲烷两个阶段原理而开发的。其基本特点是沼气发酵过程中的产酸和产甲烷过程分别在不同的装置中进行,并分别给予最适条件,实行分步的严格控制,以实现沼气发酵过程的最优化,因此单位产气率及沼气中的甲烷含量较高。

两步发酵工艺是根据沼气发酵分段学说,在 20 世纪 70 年代开始发展起来的。其特点是将沼气发酵全过程分成两个阶段,在两个池子内进行。第一个为水解产酸池,装入高浓度的发酵原料,让其沤制产生浓的挥发酸溶液。第二个为产甲烷池,以水解池产生的酸液为原料产气。该工艺可大幅度提高产气率,气体中甲烷含量也有提高。同时实现了渣和液的分离,使得在固体有机物的处理中,引入高效厌氧处理器成为可能。

S.Ghosh 在实验室采用图 7-10 所示两步发酵工艺流程,对纤维性垃圾进行厌氧消化试验,取得了较好的效果,其挥发酸产量每克 VS 可达 0.2 g,甲烷产量达每千克 VS 0.21~0.31 Stdm³。该工艺的特点是酸性固相发酵无需搅拌,仅用循环生物滤液方法进行接种,控制进甲烷相挥发酸浓度,甲烷相可利用 UASB 等高效厌氧处理装置,是较为成功的低能耗、高效率的处理方法。

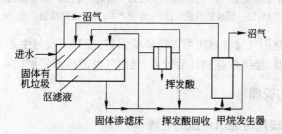

图 7-10　两步发酵工艺处理固体有机垃圾工艺流程示意图

## 三、现代大型工业化沼气发酵工艺流程

现代化的大型工业沼气发酵工艺以处理有机废物为目的,能够更好地利用沼气和堆肥产品,对周围的环境不造成破坏性污染,具有良好的环境效益、经济效益和社会效益,是一个真正的生态工业沼气发酵生产系统。具体说它有以下几个特点:

(1) 能大量消纳有机废物,适应于城市垃圾和污水处理厂污泥的处理和处置;
(2) 发酵周期比较短;
(3) 产生的沼气量大,质量高,用途广泛。堆肥产品肥效高,市场潜力大;
(4) 整个系统在运行过程中不会产生二次污染,不会对周围的环境造成危害;
(5) 整个系统的运行完全是自动化管理。

图 7-11 所示是一个典型的大型工业化沼气发酵工艺流程。有机废物通过分选、破碎等预处理工艺,再经预热后进入发酵罐充分发酵。为了缩短发酵时间,发酵罐的底部设有加热系统。产生的沼气经气体处理站处理后贮存在沼气贮存罐中。一部分沼气可进入加气站作为汽车燃料或

进入天然气供应网;一部分沼气可用于发电。所发电能除满足自身系统运行所需电力外还可并入电网或用于区域供热系统。另外发酵产物——稳定的发酵污泥,经脱水后在堆肥精制车间制成堆肥产品,作为肥料用于农作物的生长。

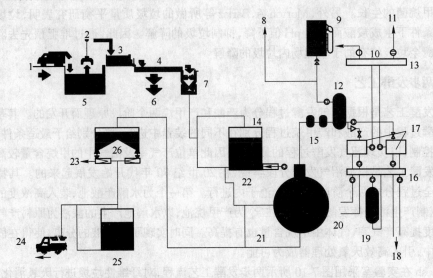

图 7-11　典型的大型工业化沼气发酵工艺流程

1—有机废物;2—进料;3—进料口;4—分选;5—料槽;6—废物;7—破碎机;8—天然气供应站;9—加气站;
10—内消耗;11—电网;12—沼气罐;13—主变电站;14—临时储存仓;15—气体处理站;
16—热交换;17—发电;18—区域供热系统;19—热储存罐;20—发酵热;21—发酵仓;
22—热交换;23—废液肥料脱水;24—堆肥产品;25—堆肥精制车间;26—脱水

总之,现代大型工业沼气发酵系统可以把环境保护、能源回收与生态良性循环有机的结合起来,具有较好的环境效益、经济效益和社会效益,是沼气发酵技术发展的必然趋势。

### 四、沼气池运行与管理

#### (一) 城市污水处理厂污泥消化池的管理

污水处理厂污泥消化池污泥的培养与驯化可分为逐步培养法和一次培养法。

**1. 逐步培养法**

将每天排放的初次沉淀污泥和浓缩后的活性污泥投入消化池,然后加热,使每小时温度升高1℃。当温度升到消化温度时,维持温度,然后逐日加入新鲜污泥,直至设计泥面,停止加泥,维持消化温度,使有机物水解、液化,约需 30～40 天,待污泥成熟、产生沼气后,方可投入正常运行。

**2. 一次培养法**

将池塘污泥,经 2 mm×2 mm 孔网过滤后投入消化池,投加量占消化池容积 1/10,以后逐日加入新鲜污泥至设计泥面。然后加温,控制升温速度为 1℃/h,最后达到消化温度,控制池内 pH 值为 6.5～7.5,稳定 3～5 天,污泥成熟,产生沼气后,再投加新鲜污泥。如当地已有消化池,则可取消化污泥更为简便。

消化池异常表现在产气量下降、上清液水质恶化等。

(1) 产气量下降。产气量下降的原因与解决办法主要有:

1) 投加的污泥浓度过低,甲烷菌的底物不足,应设法提高投配污泥浓度。

2) 消化污泥排量过大,使消化池内甲烷菌减少,破坏甲烷菌与营养的平衡。应减少排泥量。

3) 消化池温度降低,可能是由于投配的污泥过多或加热设备发生故障。少投配量与排泥量,检查加温设备,保持消化温度。

4) 消化池的容积减少,由于池内浮渣与沉沙量增多,使消化池容积减小,应检查池内搅拌效果及沉沙池的沉沙效果,并及时排除浮渣与沉沙。

5) 有机酸积累,碱度不足。解决办法是减少投配量,继续加热,观察池内碱度的变化,如不能改善,则应投加碱性物质,如石灰等。

(2) 上清液水质恶化。上清液水质恶化表现在 $BOD_5$ 和 SS 浓度增加,原因可能是排泥量不够,固体负荷过大,消化程度不够,搅拌过度等。解决办法是分析上列可能原因,分别加以解决。

(3) 沼气的气泡异常。沼气的气泡异常有 3 种表现形式:

1) 连续喷出像啤酒开盖后出现的气泡,这是消化状态严重恶化的征兆。原因可能是排泥量过大,池内污泥量不足,或有机物负荷过高,或搅拌不充分。解决办法是减少或停止排泥,加强搅拌,减少污泥投配。

2) 大量气泡剧烈喷出,但产气量正常。池内浮渣层过厚,沼气在层下集聚。一旦沼气穿过浮渣层,就有大量沼气喷出,对策是破碎浮渣层充分搅拌;

3) 不起泡。可暂时减少或中止投配污泥。

### (二) 农村沼气池发酵的异常与对策

沼气发酵是一个系统较为复杂的生物化学过程,必须在一定温度、浓度及酸碱度的厌氧环境下进行。通过观察水压间料液的变化,可以判断沼气池发酵,产气是否正常,颇为准确。

(1) 料液呈浅绿色或灰色,表面泡沫较少。这种情况属于发酵原料不足,缺少菌种,发酵料液浓度偏低,往往导致沼气池不产气或产气少。多见于新池刚投料或长期少养或不养猪的农户使用的沼气池。应在多投发酵原料的同时,及时加入菌种,使沼气池运行正常。

(2) 料液表面生白膜,这说明沼气池已经酸化,发酵偏酸。主要原因是冬春季节温度偏低,新池投料少,没有加入足够量的菌种(约占总投料量的 30%)或单一粪便发酵,根本不加入菌种所致。处理方法:利用 pH 试纸测试料液偏酸程度,pH 值介于 6～7 之间的,可加入一定量的石灰水予以中和,并同时加入一定量的菌种即可;如 pH<6 时,则建议清池重新投料。

(3) 料液呈酱油色或黑色,液面泡沫厚积。这说明沼气池发酵,产气都很正常,料液发酵完全。只要保持每天小进小出,均衡出料,科学管理,沼气池就可以保持最佳运转状态。

### (三) 农村沼气池的日常管理

农村沼气池日常管理如下:

(1) 每日补充新鲜原料,总量大约在 150～180 kg,采用先出料,再进料,出料量不能过多,要保证池内料液高于进出料管口之上。

(2) 经常监测料液的 pH 值,一般采用广泛 pH 试纸进行检测,正常 pH 值在 6.8～7.5,如果由于配料不当,或投入过量的作物秸秆,禽畜粪便,会导致发酵料液产酸过高,pH 值下降,如果pH 值低于 6,则需采取调整措施,可通过投加大量菌种进行调节,或者加入适量的草木灰,澄清的石灰水,将 pH 值调整到 6.8。

(3) 沼气池内料液要经常进行搅拌,搅拌可使新鲜原料与发酵微生物充分接触,避免沼气池产生短路和死角,提高原料利用率和产气率。

(4) 经常进行输气管道的检查,观察压力表,气压是否正常,如出现漏气或管道堵塞,及时处理。

### (四) 农村沼气池的安全使用及管理

沼气的安全管理使用,主要抓以下几个环节:

**1．安全发酵**

（1）各种剧毒农药,特别是有机杀菌剂以及抗菌素等,刚喷洒了农药的作物茎叶,刚消过毒的禽畜粪便;能做土农药的各种植物,如大蒜、桃树叶、皮皂子嫩果、马钱子果等;重金属化合物、盐类,如电镀废水等都不能进入沼气池,以防沼气细菌中毒而停止产气。如发生这种情况,应将池内发酵料液全部清除再重新装入新料。

（2）禁止把油枯、骨粉和磷矿粉等含磷物质加入沼气池,以防产生剧毒的磷化三氢气体,给人以后入池带来危险。

（3）加入的青杂草过多时,应同时加入部分草木灰或石灰水和接种物,防止产酸过多,使 pH 值下降到 6.5 以下发生酸中毒,导致甲烷含量减少甚至停止产气。

（4）防止碱中毒。发生这种现象主要是人为的加入碱性物质过多,如石灰,使料液 pH 值超过 8.5 时发生的中毒现象,有时也伴随氨态氮的增加。碱中毒现象与酸中毒相同。

（5）防止氨中毒。主要是加入了含氮量高的人、畜粪便过多,发酵料液浓度过大,接种物少,使氨态氮浓度过高引起的中毒现象,其现象与碱中毒的现象相同,均表现出强烈的抑制作用。

**2．安全管理**

（1）沼气池的出料口要加盖,防止人、畜掉进池内造成死亡。

（2）经常检查输气系统,防止漏气着火。

（3）要教育小孩不要在沼气池边和输气管道上玩火,不要随便扭动开关。

（4）要经常观察压力表中压力值的变化。当沼气池产气旺盛、池内压力过大时,要立即用气和放气,以防胀坏气箱,冲开池盖,压力表充水。如池盖一旦被冲开,要立即熄灭沼气池附近的明火,以免引起火灾。

（5）加料或污水入池,如数量较大,应打开开关,慢慢地加入,一次出料较多,压力表水柱下降到零时,打开开关,以免产生负压过大而损坏沼气池。

（6）注意防寒防冻。

**3．安全用气**

（1）沼气灯、灶具和输气管道不能靠近柴草等易燃物品,以防失火。一旦发生火灾,不要惊慌失措,应立即关闭开关或把输气管从导气管上拔掉,切断气源后,立即把火扑灭。

（2）鉴别新装料沼气池是否已产生沼气,只能用输气管引到灶具上进行试火,严禁在导气管口和出料口点火,以免引起回火炸坏池子。

（3）使用沼气时,要先点燃引火物,再开开关,以防一时沼气放出过多,烧到身上或引起火灾。

（4）如在室内闻到腐臭鸡蛋味时,应迅速打开门窗或风扇,将沼气排出室外,这时不能使用明火,以防引起火灾。

**4．安全出料和维修**

（1）下池出料、维修一定要做好安全防护措施。打开活动顶盖敞开几小时,先去掉浮渣和部分料液,使进出料口、活动盖三口都通风,排除池内残留沼气。下池时,为防止意外,要求池外有人照护并系好安全带,发生情况可以及时处理。如果在池内工作时感到头昏、发闷,要马上到池外休息,当进入停止使用多年的沼气池出料时更要特别注意,因为在池内粪壳和沉渣下面还积存一部分沼气,如果麻痹大意,轻率下池,不按安全操作办事,很可能发生事故。要大力推广"沼气出肥器",这样可以做到人不入池,即方便又安全。

（2）揭开活动顶盖时,不要在沼气池周围点火吸烟。进池出料、维修,只能用手电或电灯照明,不能用油灯、蜡烛等照明,不能在池内抽烟。

5.事故的一般抢救方法

(1)一旦发生池内人员昏倒,而又不能迅速救出时,应立即采用人工办法向池内送风,输入新鲜空气,切不可盲目入池抢救,以免造成连续发生窒息中毒事故。

(2)将窒息人员抬到地面避风处,解开上衣和裤带,注意保暖。轻度中毒人员不久即可苏醒;较重人员应就近送医院抢救。

(3)灭火。被沼气烧伤的人员,应迅速脱掉着火的衣服,或卧地慢慢打滚或跳入水中,或由他人采取各种办法进行灭火。切不可用手扑打,更不能仓皇奔跑,助长火势,如在池内着火要从上往下泼水灭火,并尽快将人员救出池外。

(4)保护伤面。灭火后,先剪开被烧烂的衣服,用清水冲洗身上污物,并用清洁衣服或被单裹住伤面或全身,寒冷季节应注意保暖,然后送医院急救。

# 第三节　厌氧发酵设备

## 一、沼气系统

沼气系统包括沼气的收集、运输、净化、贮存、使用及附属设备等。根据贮气柜中沼气压力的不同,分为低压沼气系统和中压沼气系统。两种沼气系统的组成见图7-12。

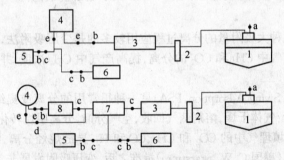

图 7-12　低压和中压沼气系统

1—消化池或沼气池;2—排水器;3—脱硫装置;4—贮气柜;5—锅炉;

6—余气燃烧器;7—缓冲器;8—压缩机

a—安全阀;b—止火器;c—流量计;d—减压阀;e—紧急截止阀

## (一)沼气的收集

垃圾填埋厂就像一个巨大的消化池。填埋厂的沼气须经收集才能被利用,目前的沼气收集可分为主动型气体控制系统和被动型气体控制系统。主动型气体控制系统通过泵等耗能设备创造压力梯度来收集气体。收集的气体可进行利用,也可直接燃烧。其收集系统又可分为垂直井系统和水平沟系统。垂直井系统一般在填埋场大部分或全部填埋完成以后,再进行钻孔和安装;而水平沟系统在填埋过程中即进行分层安装。主动型气体控制系统的关键是根据收集井、收集沟的影响范围确定系统的布设,保证填埋场内各部分气体尽可能完全回收。被动型气体控制系统通过填埋场内部产生气体的压力和浓度梯度将气体导排入大气或控制系统。通过由透气性较好的砾石等材料构筑的气体导排通道,填埋场产生的气体被直接导入大气、燃烧装置或气体利用设备。总的来说,被动型气体控制效率较低,只解决了部分环境问题,如减少爆炸的危险,防止气体无组织释放而损坏防渗层等,尚不能满足对气体进行充分回收和利用的要求。

两种气体收集方式各有其适用对象和优缺点,在选择填埋气控制方式时、应立足于填埋场的实际情况、地形特征、产气状况、控制要求及资金情况,进行综合考虑,确定最佳方案。就我国的情况而言,在现有较为简单的城市垃圾堆放场、填埋场中,气体大多无组织释放。存在爆炸隐患,并造成环境危害,建议采用被动控制的方式对气体进行导排燃烧。在一些容量较大、堆体较深、垃圾有机物含量高且操作管理水平较高的填埋场,可以考虑采取主动方式回收利用填埋气。对于新建填埋场,可以在填埋初期通过被动方式控制气体释放,当产气量提高到具有回收价值之后,开始对气体进行主动回收利用。

### (二) 集气室

集气室建于沼气反应器的顶部,沼气由集气室的最高处用管道引出,集气室要保持一定的容积,能维持沼气压力的相对稳定,能防止浮渣或消化液进入沼气排出管。有三相分离器时,还要防止沼气进入沉淀室。集气室要有良好的气密性,防止沼气外逸和空气渗入。

### (三) 输气管和配气管

集气室至贮气柜间的沼气管称为输气管,贮气柜至用户之间的沼气管道称为配气管。

沼气在输气管中流动时,随着温度的逐渐降低,不断有冷凝水析出。为了排出冷凝水,输气管应以 0.005 的坡降设计建造,而且在经过一段距离后或在最低处设置排水水封管。水封的高度为 $0.4 \sim 0.5$ m。为了防止水封冻结,可采取加热、充防冻液或连续供水等措施。输气管的 $H_2S$ 含量高,应采取防腐蚀措施。配气管通常按 $3 \sim 5$ m/s 的气流速度计算。

### (四) $CO_2$ 的去除

目前对于填埋气这种大吸附量的分离过程应用较多的是变压吸附法,即以碳分子筛或沸石等为吸附剂实现填埋产气中 $CH_4$ 和 $CO_2$ 的分离,提高产气中 $CH_4$ 浓度,并通过压力的变化实现吸附剂的再生。

变压吸附(Pressure Swing Adsorption,PSA)是一种很常用的分离或提纯气体混合物的工艺,其主要的工业应用包括:气体干燥,溶剂蒸气回收,空气分馏,分离甲烷转化炉排放气和石油精炼尾气中的 $H_2$,分离垃圾填埋气中的 $CO_2$ 和 $CH_4$、CO 和 $H_2$,异链烷烃分离,酒精脱水等。自 1960 年第一个变压吸附专利(美国 C. W. Skarstrom)批准之后,变压吸附发展非常迅速。

变压吸附分离气体的概念比较简单。在一定的压力下,将一定组分的气体混合物和多微孔中孔的固体吸附剂接触,吸附能力强的组分被选择性吸附在吸附剂上,吸附能力弱的组分富集在吸附气中排出。然后降低压力,被吸附的组分从吸附剂中解吸出来,吸附剂得到再生,解吸气中富集了气体中吸附能力强的组分。

变压吸附是利用选择性吸附剂在加压下吸收 $CO_2$,使其与填埋气中的 $CH_4$ 分离,吸附了 $CO_2$ 的吸附柱在减压后解吸,使 $CO_2$ 排出系统,吸附剂得以再生。但一些工程实例证明,该工艺操作程序复杂,设备易损坏,投资费用和维护费用都较高。

在变压吸附中吸附剂再生和吸附的整个循环只需数分钟甚至几秒钟就可完成。近几年来变压吸附发展很快,对于填埋气的净化,通过变压吸附分离可生产出 $CH_4$ 含量高的气体,其中 $CH_4$ 的回收率可大于 $80\%$,产气中 $CH_4$ 的含量可大于 $90\%$,同时产气中 $CO_2$ 的含量小于 $1\%$。

### (五) 脱硫装置

沼气中的 $H_2S$ 是一种腐蚀性的气体。一般含量为 $(100 \sim 300) \times 10^{-4}\%$,当原料中含硫有机物(如蛋白质等)多或消化液中硫酸盐浓度高时,沼气中的 $H_2S$ 含量可高达 $(1000 \sim 2000) \times 10^{-4}\%$。湿态时的腐蚀性要比干态时的大得多。湿态时,$600 \times 10^{-4}\%$ 的 $H_2S$ 含量就具有很强的腐蚀性。

另外,沼气燃烧时,其中的 $H_2S$ 还会转化为腐蚀性很强的亚硫酸气雾,污染环境和腐蚀设备。为了防止 $H_2S$ 的危害,通常设置脱硫装置将其除去。脱硫装置一般设置在贮气柜前的输气管上。

脱硫方法有干法和湿法两种。干法是将氧化铁屑(或铁粉)和木屑拌和制成脱硫剂,以湿态(含水 40%)填充于脱硫装置内,当沼气通过时,经如下反应而达到脱硫的目的:

$$Fe_2O_3 \cdot 3H_2O + 3H_2S \longrightarrow Fe_2S_3 + 6H_2O$$

$$Fe_2O_3 \cdot 3H_2O + 3H_2S \longrightarrow 2FeS + S + 6H_2O$$

当脱硫剂失效后,曝晒再生或更换新料。湿法是用水或碱液洗涤沼气。碱液比水洗的效果好。其反应如下:

$$Na_2CO_3 + H_2S \longrightarrow NaHS + NaHCO_3$$

$$Na_2OH + H_2S \longrightarrow NaHS + H_2O$$

碱洗后的废液可采用催化法脱硫,再生后的碱液可循环再用。碱洗液中的含碱量约为 2%~3%。大型沼气工程以采用包括碱洗塔和再生塔在内的湿法脱硫系统为宜,虽基建费用高,但是其运行费用低。经过脱硫后,沼气中的 $H_2S$ 含量应低于 $50 \times 10^{-4}$%。

目前湿式脱硫范围约为 1200~10000 $g/m^3$,干式脱硫范围约为 500~5000 $g/m^3$,如果不能完全彻底脱硫,建议将湿式脱硫与干式脱硫串联起来,先湿式脱硫,后干式脱硫,以提高沼气的净化程度。

近年来,人们不断地改进单一工艺,发展联合工艺,开发新工艺,如将化学氧化吸附和物理吸附工艺相结合,利用吸附剂保护催化剂,使处理效率大大提高,这对去除低含量的 $H_2S$ 具有明显的优势。典型的联合工艺还有化学氧化洗涤、催化吸附等。目前发展最快的还数生物过滤。一些发达国家的研究表明,该工艺具有操作简单、适用范围广、经济、不产生二次污染等许多优点,特别适于处理水溶性低的有机废气,被认为是最有前途的净化工艺。生物过滤法可以同时去除 $H_2S$、$CO_2$ 两种杂质,其工作原理是利用滤料中微生物的生物降解作用。

### (六) 贮气柜

贮气柜有低压柜和中压柜两种(图 7-13)。前者维持的沼气压力为 0.98~2.94 kPa(100~300 $mmH_2O$),后者的压力为 392~588 kPa。

低压贮气柜在国内应用最广,它由水封池和浮罩组成。水封池是一个由钢、钢筋混凝土或其他材料制造的圆筒形池子,建于地面或地下。池内装满水。浮罩是一个用钢板或其他材料制作的有顶盖的圆筒,筒壁插入水池内。进出气管由池底伸入浮罩。当有沼气进入时,浮罩上升,而当沼气排出时,浮罩下降。浮罩筒壁与水封池壁的间隙很小,当浮罩升降时,稍有倾斜,便被卡住。为了保持浮罩的垂直升降,通常设有导向装置,即在池周围固定数个导杆,连于浮罩外缘的导轮沿导杆上下滑动。此外,浮罩顶经常放置许多重块(铸铁或混凝土块),一来保证沼气所需的压力,二来移动重块的位置,可调节浮罩的平衡,有利于垂直升降。贮气柜应设置安全阀,进出气管上应装止火器。

### (七) 止火器

止火器(或逆火防止器)的作用是防止明火沿沼气管道流窜,引起贮气柜、集气室及其他重要附属设备的爆炸。止火器有湿式和干式两种(图 7-14)。湿式止火器实际上是一个水封筒,沼气从中心管底口进入,穿过水层,从侧管流出。水封高度根据系统沼气压力而定,一般为 300~500 mm。为了维持水封高度稳定,应采用连续供水和溢流方式。水封筒还应设有水位观察管。干式止火器由装于法兰盒中的多层金属网组成,当明火通过金属网时,因散热快而使温度降至燃点以下,使火熄灭。此外,还有一种热阀板式,当明火烧临时,热阀板即遇热升起,截断气路。一般在贮气柜的进出气管上以及压缩机或鼓风机前后,均应设置止火器,有时为了安全,可串联设置干式和湿式止火器。

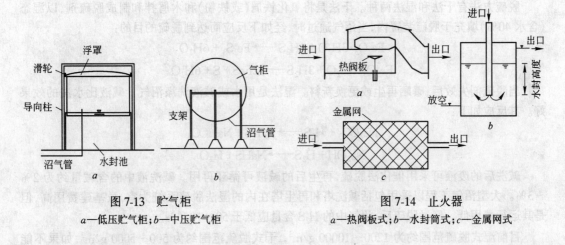

图 7-13　贮气柜
a—低压贮气柜;b—中压贮气柜

图 7-14　止火器
a—热阀板式;b—水封筒式;c—金属网式

### (八)用气设备

沼气除在沼气循环搅拌中自身使用外,主要作为气体燃料供燃烧用,如用于锅炉或驱动燃气轮等。特殊情况下作为化工原料。

## 二、沼气发酵设备

从发展的角度来看,沼气发酵设备经历了两个大的发展阶段。第一阶段的发酵设备称为传统发酵设备系统。传统发酵设备系统是主要用于间歇性、低容量、小型的农业或半工业化人工制取沼气的最基本设备。人们一般把传统的发酵系统称为沼气发酵池、沼气发生器或厌氧消化器。传统的发酵设备内一般没有搅拌设备,发酵基质投入池中后,难以和原有厌氧活性污泥充分接触,因此生化反应速率往往很慢。要得到较完全的发酵,必须有很长的水力停留时间,从而导致负荷率很低。传统发酵罐内分层现象十分严重,液面上有很厚的浮渣层,久而久之,会形成板结层,妨碍气体的顺利逸出;池底堆积的老化(惰性)污泥很难及时排出,在某些角落长期存存,占去了有效容积;中间的清液(常称上清液)含有很高的溶解态有机污染物,但因难以与底层的厌氧活性污泥接触处理效果很差。除以上方面外,传统发酵设备往往没有人工加热设施,这也是导致其效率很低的重要原因。但由于传统的发酵设备投资小、见效快、施工简单,是尤其适合广大农村的小型沼气发酵设备。第二阶段的发酵设备称为现代高效工业化发酵设备系统,后者是在前者的基础上发展起来,工业化、系统化、高效化的能够大量处理城市垃圾、废弃污泥、高浓度有机废水等的现代沼气发酵处理系统。

### (一)双层沉淀池

最早出现的厌氧生物处理构筑物依次是化粪池和双层沉淀池(图7-15)。双层沉淀池管理简单,适合于小型污水处理厂,如小城镇、生活小区的污水处理。它的特点是废水沉淀与污泥发酵在同一个构筑物中进行。由于污泥发酵是在自然温度下进行,加之废水沉淀室太小、产生的气泡对废水沉淀产生干扰,因此处理效果不太好。

### (二)普通消化池

普通消化池是最早开发的单独处理污水污泥(即城市生活污水产生的污泥)的构筑物。它的出现和不断的改进和完善,在有机污泥及类似性能的污染物处置方面,开辟了一个新纪元,至今广泛应用于世界各地。使剩余污泥中的有机成分得以降解,污泥得以稳定化,生污泥变熟污泥。基本池型有圆柱形、蛋形,见图 7-16。

圆柱形消化池在结构上主要分三部分,中间是一个直径与高度比为 1 的圆桶,上下两头分别有一个圆锥体。底部锥体的倾斜度为 1.0～1.7,顶部为 0.6～1.0。这种结构有助于发酵污泥处于均匀的、完全循环的状态。蛋形消化池是在圆柱形消化池的基础上加以改进而形成的。由于混凝土施工技术的进步,使得这种类型的消化池的建造得以实现并迅速发展起来。蛋形消化池有两个特点:一是消化池两端的锥体与中部池体结合时,不像圆柱形消化池那样形成一个角度,而是光滑的,逐步过渡的,这样有利于发酵污泥完全彻底的循环,不会形成循环死角;二是底部锥体比较陡峭,反应污泥与池壁的接触面积比较小。这二者为消化池内污泥形成循环及均一的反应工况提供了最佳条件。

目前在德国所有大型或中型的消化池都采用蛋形消化池,图 7-17 为蛋形与圆柱形消化池内部传质过程比较。其他类型消化池和蛋形消化池比较有如下缺点:

（1）在运行过程中,消化池会逐渐被沉积在底部的细泥沙阻塞。在罐体内的一些循环死角区会积累一些未完全发酵的污泥,这会影响发酵反应过程,因此每隔 2～5 年清理一次(见图 7-16)。这就意味着要把消化池全部排空,清理干净后重新启动运行。由于消化池容积很大,从开始运行到运行工况稳定需要花费几个月的时间(一般为 3～6 个月)。这一期间消化池不会满负荷运行,影响沼气的产量。

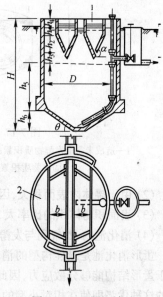

图 7-15　双层沉淀池
1—沉淀槽;2—消化室

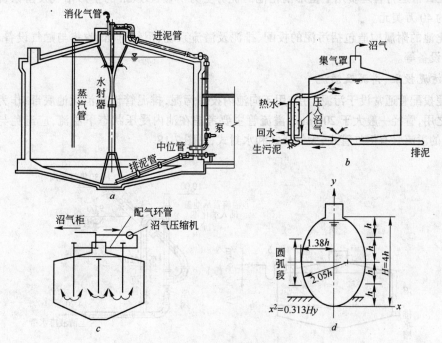

图 7-16　普通消化池
a、b、c—圆柱形;d—蛋形

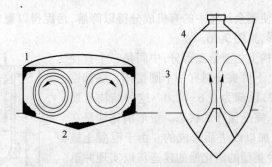

图 7-17　蛋形与圆柱形消化池内部传质过程比较

1—造成未完全发酵物质积累的循环死角；2—沉渣（通常要求停产清除）；3—造成不能充分混匀的
固体物质积累的小空间；4—小的发酵液表面（减少了浮渣层的量）

（2）由于罐体内表面积大，因此为了防止浮渣层的形成需消耗大量的能量。

（3）表面积与体积的比率大，会造成大量热量损失。

（4）消化池内，贮气间与发酵间的比例不协调，得不到充分有效的利用。

蛋形消化池是最佳构型的消化池，这种消化池在操作运行和设计施工上都有一定的优势。由于蛋形结构能够分散应力，因此罐体不需要太厚，这样就会降低材料费用。蛋形消化池在工艺上的这种优势即使在相对小型的消化池上也是比较经济合理的选择。

蛋形消化池当发酵容量小于 $1000~m^3$ 时比圆柱形消化池要经济，容量大于 $4000~m^3$ 时在施工费用上要小。如果同时安装两个以上的消化池，蛋形消化池的这种优势会更加明显。另外蛋形消化池同圆柱形比起来占地面积要小。例如在 Boston 的 Deer Island 工程项目中 16 个消化池占地面积为 $10000~m^2$，而在美国同样规模的低油罐型消化池占地面积为 $20000~m^2$，节约了大量占地费用。在日常运行管理费用上蛋形消化池的优势更为明显，Boston 的蛋形沼气发酵系统每年可节约大约 40 万美元。

消化池的附属构造包括污泥的投配、排泥及溢流系统、沼气排出、收集与贮气设备、搅拌设备、加温设备等。

**1．污泥投配、排泥及溢流**

污泥投配管通常设于污泥上层，用于向池内投加污泥，排泥管设在消化池底部，作为排出消化污泥之用，管径一般大于 200 mm；溢流管主要考虑在池内受压状态下溢流，应避免与大气相通，常用的溢流管有倒虹管式、大气压式和水封式，见图 7-18。

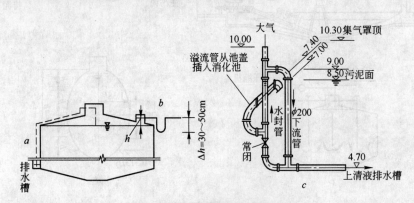

图 7-18　消化池的溢流装置

a—倒虹管式；b—大气压式；c—水封式

### 2.沼气排出、收集与贮气设备

采用沼气管排气,集气时应保证均匀集气;贮气设备有固定盖式和浮盖式两类,浮盖式可调节出气压力,目前使用较为广泛。

### 3.搅拌设备

常用的搅拌方式有机械搅拌、泵-水射器搅拌及沼气搅拌。图7-19和图7-20为机械和鼓风机搅拌的消化池。泵-水射器搅拌是利用水泵压力将污泥经水射器喷入池内,水射器处吸入已消化污泥(熟污泥),使生、熟污泥混合,一般生、熟污泥之比为1:(3~5);沼气搅拌是利用压缩后的沼气通过配气管注入池中,使生、熟污泥混合的一种方式,由于没有机械磨损、搅拌充分。

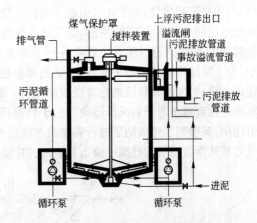

图 7-19　螺旋桨搅拌的消化池

### 4.加温设备

由于污泥消化通常采用中温或高温消化,因此需对投加的污泥进行加温。加温方式有两种:一是池内直接加温,一是池外间接加温。池内加温可能导致污泥局部受热过度、加热管、盘外结垢等,较少使用;池外加温是通过热交换器将生污泥加至一定温度以补充由于池壁及管道散热造成的热损失,从而维持池内的消化温度。

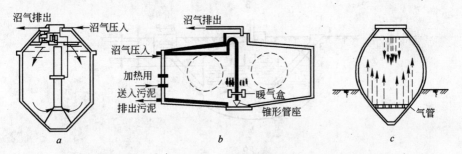

图 7-20　用鼓风机搅拌

*a*—气体升液器式;*b*—气体扩散式;*c*—利用池底配管压入气体方法

### (三) 农村小型沼气池

农村小型沼气池的建造材料通常有炉渣、碎石、卵石、石灰、砖、水泥、混凝土、三合土、钢板、镀锌管件等。发酵池的种类很多,按发酵间的结构形式有圆形池、长方形池和扁球池等多种,按贮气方式有气袋式、水压式和浮罩式;按埋没方式有地下式、半埋式和地上式。

### 1.农村水压式沼气池的结构、工作原理与池型

我国沼气发酵池类型较多,其中,水压式沼气池是在农村推广的主要池型,已有几十年历史和运行经验,特别受到发展中国家的欢迎,被誉为"中国式沼气池"。

水压式沼气池是通过进料管和出料管的连接,将发酵-储气间和水压间共同组成一个异形连通管的工作机构,并由排气管将沼气输送给沼气灶进行工作,如图7-21所示。

水压式沼气池的工作机构是根据连通管的工作原理和气体的状态反应规律而设计的。当水压式沼气池在进料之后,并封闭了发酵-储气间时,留存在发酵-储气间内的气体就处在密闭的气体状态中。这时密闭气体的气压和空气中的气压相等,因而发酵-储气间内的料液面和水压

间内的料液面同时受 1 个大气压力的作用,而使发酵-储气间的池内外的料液面处在同一个的料液面上。产气以后,发酵-储气间内储存了沼气,则要从发酵-储气间内排除出与储气量同体积的料液进入水压间,而使发酵-储气间内的料液面下降,同时水压间内的料液面则上升了,结果出现了液位差。液位差所产生的水压力和发酵-储气间内的沼气压力将时时处于动态平衡状态,所以,当用户开始用气,由于耗气引起了与耗气量同体积的料液要从水压间内回流入发酵-储气间,则使水压间内的料液下降,发酵-储气间内的料液面则上升了。此时,液位差所产生的水压力和发酵-储气间内的沼气压力又处在另一个动态平衡状态。这样,在产气和用气的无限循环过程中,为了维持压力的动态平衡条件,必然要驱使发酵原料液在发酵-储气间和水压间之间进行着往返流动,对发酵原料液进行着缓慢的搅拌。原料液往返流动的结果,迫使发酵-储气间内的原料液进行着忽上忽下的沉浮运动。由于料液面上的浮渣结层受到发酵-储气间的池盖内壁的约束作用,又引起了浮渣结层进行着忽聚忽散的水平运动。其结果是对浮渣结层进行了搅拌,使沼气容易从浮渣结层的缝隙中溢出料液面。这就是水压式沼气池的工作原理。

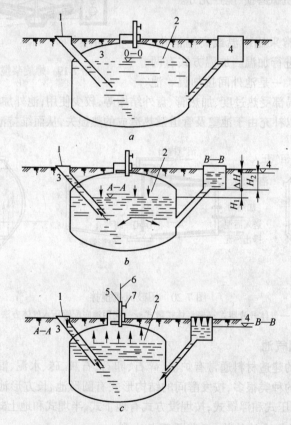

图 7-21  水压式沼气池工作原理

$a$:1—加料管;2—发酵间(储气部分);3—池内液面 0—0;4—出料间液面

$b$:1—加料管;2—发酵间(储气部分);3—池内料液面 $A$—$A$;4—出料间液面 $B$—$B$

$c$:1—加料管;2—发酵间(储气部分);3—池内料液面 $A$—$A$;4—出料间液面 $B$—$B$;

5—导气管;6—沼气输气管;7—控制阀

至此,我们还可以看到水压式沼气池另外两个特点,即沼气压力不稳定,发酵-储气间的储气容积时而储气时而贮料,并不断的相互转换,使直接参加发酵产气的料液量经常在变化着。

水压式沼气池(这里仅指发酵罐)内空间分为两部分:第一部分是贮装发酵原料的部分,称为发酵间;第二部分是贮存沼气的部分,称为贮气间,人们已经习惯地把沼气池的发酵间和贮气间之容积和称为沼气池的容积(即不包括进料斗及其进料管和水压间及其出料斗在内)。

水压式沼气池在生产沼气的过程中,其发酵间、贮气间和水压间三部分的介质所占的空间在不停地相互变化。图7-21a是沼气池启动前的状态。池内初加新料,处于尚未产生沼气阶段,沼气池内的气体气压为一个大气压,发酵间的液面为0—0水平,此时发酵间与水压间的液面处在同一水平,称为初始工作状态。这时,发酵间内的发酵料液体积为最大设计体积(即设计最大值),而贮气间的沼气体积和水压间的料液体积为最小体积(即设计最小值)。发酵间内尚存的空间为死气箱容积。由于零压线0—0以上的发酵-储气间的容积在产气以前已被空气占满空间,当用户开始用气,空气逐渐被全部排出,代之以沼气填充这部分容积。但是,由于压差等于零,所以这部分容积内的沼气排不出去,用户是无法使用这部分的沼气,故此,称这部分容积为发酵-储气间的无效储气容积,也称死气箱容积,用 $V_0$ 表示。另外我们设零压线以下的水压间容积为 $v_0$,在产气以前已被料液占领,产气以后不能储存从发酵 – 储气间内排除出与储气量同体积的料液,则称 $v_0$ 为水压间的无效储料容积,所以,必须取 $v_0$ 等于零。至此,我们得到设计水压式沼气池的一个重要规则——以零压线的位置0—0作为水压间的底面标高,图7-21a就是这样表示的。(部分学者认为将初始投料时池内液面的零压线作为计算水压间容积的基准是不合理的。因为沼气池正常运转时,由于燃烧器额定压强的限制,农民不可能将沼气使用到压强为零。按这种假设的"零压线"设计,可能出现水压间有效容积减小、实际压强大于设计控制压强的情况。)

图7-21b是启动后状态。此时,发酵池内发酵产气,发酵间的气压随产气量增加而增大,造成水压间液面高于发酵间液面。当发酵间内贮气量达到最大量时,发酵间的液面下降到可下降的最低位置 A—A 水平,水压间的液面上升到可上升的最高位置 B—B 水平,这时,称为极限工作状态。极限工作状态时两液面的高差最大,称为极限沼气压强,其值可用下式表示:

$$\Delta H = H_1 + H_2 \tag{7-15}$$

式中 $H_1$——发酵间液面最大下降值;

$H_2$——水压间液面最大上升值;

$\Delta H$——沼气池最大液面差。

以发酵间和水压间设计最大极限料位差来计算出发酵间排入水压间的料液体积,即为该沼气池的最大贮气量。

图7-21c表示使用沼气时,发酵间压力减小,水压间液体被压回发酵间。这样,不断产气和不断用气,发酵间和水压间液面总是在初始状态和极限状态间不断上升或下降。

世界各国所建的沼气池池型很多,诸如长方形、正方形、纺锤形、球形、椭球形、圆管形、圆筒形(亦称圆形)、坛子形、扁球形等,其池型之多,不胜枚举,然而所有这些形状的沼气池,大致可以分为三类。

(1)平面形组合沼气池,这种沼气池各部分均由平面组成:

1)正方形沼气池(图7-22)。

这种类型的沼气池在国外居多,国内基地较好的地区也常见使用,其主要优点是施工比较方便。

2)长方形沼气池(图7-23)

(2)球面形组合沼气池(图7-24)。

这类沼气池是由球面或不同曲面组成,适合于地基软弱地区,如沿海、地下水位较高的淤泥流沙地基。在我国的上海市采用球形和管形沼气池较多,而椭球形沼气池主要在江西地区采用较多。

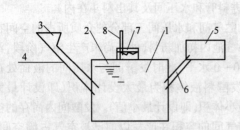

图 7-22　正方形沼气池

1—发酵间；2—贮气间；3—进料斗；4—进料管；
5—水压间；6—出料管；7—活动盖；8—导气管

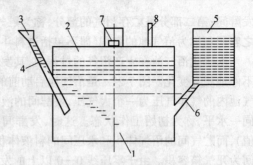

图 7-23　长方形沼气池

1—发酵间；2—贮气间；3—进料斗；4—进料管；
5—水压间；6—出料管；7—活动盖；8—导气管

（3）由平面和曲面组合成的沼气池，这种沼气池的池型由球面或其他曲面与圆筒或其他平面（如两端封头为直墙）组合而成，如：

1）卧式圆筒形沼气池（图 7-25）。

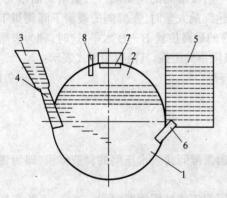

图 7-24　球形沼气池

1—发酵间；2—贮气间；3—进料斗；4—进料管；
5—水压间；6—出料管；7—活动盖；8—导气管

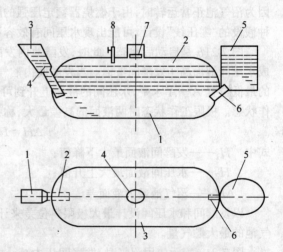

图 7-25　卧式圆筒形沼气池

1—发酵间；2—贮气间；3—进料斗；4—进料管；
5—水压间；6—出料管；7—活动盖；8—导气管

2）椭球形沼气池（图 7-26）。

这种沼气池是由一个圆管和两只球冠壳封头组成，封头也可以采用平面形圆板，采用混凝土浇筑或砖、石料块砌筑，其特点是埋深适于高地下水位地区使用，适用于商品化集中预制成型，运到现场安装，提高现场施工速度。进出料口分别设在发酵间两端，发酵料液流线长，使新鲜料液直接冲入出料管的情况受到抑制。

3）拱顶沼气池（图 7-27）。

直墙拱顶沼气池类似于隧道式建筑，它由两边矮短的直墙，圆弧拱顶和拱底构成而成，两个端头一般采用直墙封头，沼气池的高度约高于圆管沼气池，适宜地基较为坚实地区建筑。由于拱顶会对直墙产生水平推力，因此要求直墙的刚度较大，地基土比较坚实，才能平衡水平推力，否则须在拱脚处设置一定数量的拉杆。这种沼气池适宜在山区和丘陵地区建造。拱顶可采用砖石材料砌筑,施工简单。

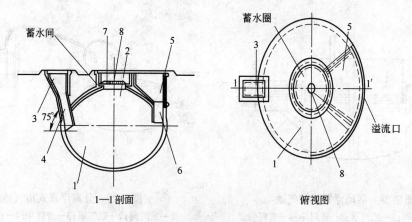

图 7-26　椭球形沼气池
1—发酵间;2—贮气间;3—进料间;4—进料管;5—出料间;
6—出料管;7—活动盖;8—导气管

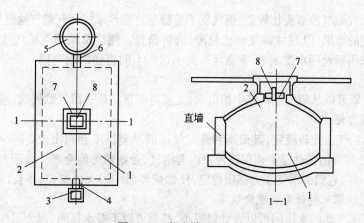

图 7-27　直墙拱顶沼气池
1—发酵间;2—贮气间;3—进料间;4—进料管;5—出料间;
6—出料管;7—活动盖;8—导气管

立式圆筒形水压式沼气池在农村家用沼气池中是建造量比较大的一种池型。图 7-27 就是这种池形。这种沼气池的池盖和池底都是由球冠组成,池身为一个圆筒,结构简单明确。池体总体高度适中(一般在 2 m 左右),几乎各种地基情况都能适用,适应多种地质、水文、气象和环境条件,这种池型优化后的体表比接近于球形沼气池,表明其建筑材料耗用量较省。这种池型对材料品种的选择也比较广泛,砖、石、混凝土、预制块都可以,可以采用混凝土现浇,也可以采用砖或石料砌筑,还可以用混凝土预制成预制件,在现场拼装,是一种比较受用户欢迎的池型。

## 2. 浮罩式沼气池

图 7-28 和图 7-29 是浮罩式沼气池示意图。这种沼气池也多采用地下埋设方式,它把发酵间和贮气间分开,因而具有压力低、发酵好、产气多等优点。产生的沼气由浮沉式的气罩贮存起来。气罩可直接安装在沼气发酵池顶,见图 7-28;也可安装在沼气发酵池侧,见图 7-29。浮沉式气罩

由水封池和气罩两部分组成。当沼气压力大于气罩重量时,气罩便沿水池内壁的导向轨道上升,直至平衡为止。当用气时,罩内气压下降,气罩也随之下沉。

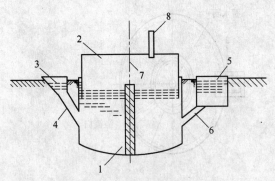

图 7-28　活动浮罩式沼气池
1—发酵间;2—贮气罩;3—进料斗;4—进料管;
5—水压间(出料间);6—出料管;
7—中心导轨;8—导气管

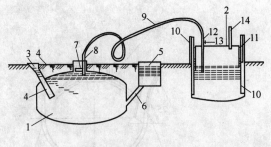

图 7-29　分离浮罩式沼气池
1—发酵间;2—贮气罩;3—进料斗;4—进料管;
5—水压间;6—出料管;7—活动盖;8—导气管;
9—导气软管;10—贮气罩导轨;11—贮气罩导轮;
12—进气管;13—开关;14—输出气管

　　顶浮罩式沼气贮气池造价比较低,但气压不够稳定。侧浮罩式沼气贮气池气压稳定,比较适合沼气发酵工艺的要求,但对材料要求比较高,造价昂贵。侧浮罩式沼气贮气池也可采用气袋式。浮罩一般采用钢丝网水泥制成,根据浮罩大小选用不同直径的钢丝网。浮罩式沼气池的优点是:

　　(1) 活动浮罩可以从沼气池圆筒中抬出来,尤其对于顶浮罩式沼气贮气池,清理沼气池的浮渣和沉渣都比较方便;

　　(2) 沼气池的气压比较稳定,其最高和最低气压波动范围不会超出 196～490 Pa,即 20 mm 至 50 mm 水柱之间(注:条件是必须保证浮罩内有沼气,否则就可能会产生负压)。因此,顶浮罩和分离式浮罩一样,它们的沼气压力都很稳定,使燃烧器(灶具)火力稳定,不会因为沼气池中的沼气量减少而气压越来越低影响燃烧效果。

　　(3) 浮罩式沼气池的水压间可以设计得很小,甚至可以不要水压间,因为沼气的贮存是由浮罩(或气袋)承担。当沼气量增加时,浮罩就上升;当沼气量减少时,沼罩就下降(不会像水压式沼气池那样。当沼气量增加时,发酵间的沼气体积就增大,从而把发酵间内的发酵料液排挤出去,进入到水压间;反之,当沼气池内的沼气量减少时,因其贮气间的沼气体积变小,水压间的发酵液又返回发酵间,去填充沼气体积减小的空间,故参与发酵的料液量不稳定)。所以,浮罩式沼气池能相对稳定地保持发酵间内发酵料液的有效数量,从而较水压式沼气池产气更稳定,产气率也相应提高。但是浮罩式沼气池对发酵液的搅拌效果不如水压式沼气池好。目前国内使用较好的贮气装置有钢丝水泥贮气罩和橡胶气袋或加强软塑料气袋等贮气装置,其容积确定如下:

　　1) 钢丝水泥贮气罩的最大沼气气压不大于 3000 Pa 为宜;

　　2) 气袋式贮气装置的最大沼气气压设计为 3000 Pa 为宜。

　　为防止产气猛烈时、部分液料随快速气流卷入气袋,其发酵间容积以小于 90% 为好。

**(四) 立式圆形半埋式沼气发酵池组**

　　我国城市粪便沼气发酵多采用发酵池组。图 7-30 是用于处理粪便的一组圆形、半埋式组合沼气池的平面图。该池采用浮罩式贮气,单池深度 4 m,直径 5 m,为少筋混凝土构筑物,埋入土内1.3m,发酵池上安装薄钢浮罩,内面用玻璃纤维和环氧树脂作防腐处理,外涂防锈漆。发酵池内密封性好,总储粪容积为340 m³,进粪量控制在290 m³,贮气空间为156 m³。运转过程中,池内气压为2.35~3.14 kPa,温度维持在32~38℃。1 m³池容积每天产气0.35 m³,按1 m³沼气相当于0.7 L汽油价值折算,一年可节约汽油费24000元,节约原煤76 t。发酵池工艺操作简便造价低廉,当气源不足时,可从投料孔,添进一些发酵辅助物,如树叶、稻草、生活垃圾、工业废水等,以帮助提高产气量。

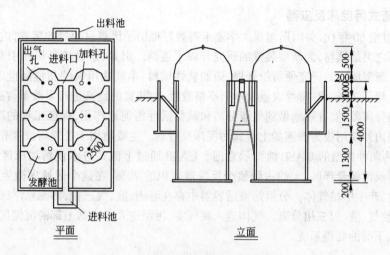

图7-30 粪便发酵池组平面图

### (五) 长方形(或方形)发酵池

长方形(或方形)发酵池的结构由发酵室、气体贮藏室、贮水库、进料口和出料口、搅拌器、导气喇叭口等部分组成,参看图7-31。

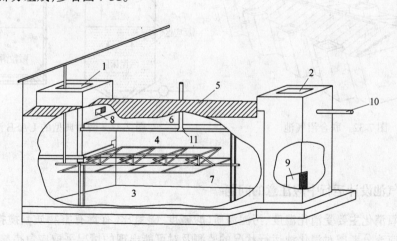

图7-31 长方形发酵池

1—进料口;2—出料口;3—发酵室;4—气体储藏室;5—木板盖;6—储水库;7—搅拌器;
8—通水穴;9—出料门洞;10—粪水溢水管;11—导气喇叭口

发酵室主要是贮藏供发酵的废料。气体贮藏室与发酵室相通,位于发酵室的上部空间,用于贮藏产生的气体。物料分别从进料口和出料口加入和排出。贮水库的主要作用是调节气体贮藏室的压力。若室内气压很高时,就可将发酵室内经发酵的废液通过进料间的通水穴,压入贮水库内。相反,若气体贮藏室内压力不足时,贮水库中的水由于自重便流入发酵室,就这样通过水量调节气体贮藏的空间,使气压相对稳定,保证供气。通过搅拌器使发酵物不至沉到底部加速发酵。产生的气体通过导气喇叭口输送到外面导气管。

### (六) 联合沼气池

若需产气量较大,可将数个发酵池串联在一起,就是所谓联合沼气池,参见图7-32。

### (七) 上流式污泥床反应器

早在20世纪60年代,美国斯坦福大学麦卡蒂教授提出了厌氧过滤器的装置,内部装有可固定菌种的卵石之类的填料,为新型装置的研究开辟了道路。但是,这种填料极易引起堵塞,影响过程的运行。新型填料的研究便纷纷开展,诸如软性填料、半软性填料的相继问世,为环境工程做出了贡献。到了70年代,荷兰农业大学列亭格教授,对装置的设施进行了改革,在其上部装上气、液、固三相分离器,能有效地做到气液分离和截留活性污泥地作用,保证工程的高效运行,这就是目前在国内外应用极为普遍的上流式污泥床反应器。主要适用于处理高浓度有机废水。

图7-33为两种典型的UASB池型示意图。UASB通过上流式进水使污泥床区的污泥与污水充分混合形成污泥悬浮区,大约占到整个反应器容积的70%,在这个区域内微生物对有机物进行厌氧消化,产生甲烷气体。分解结束后容器中存在着固、液、气三相,污泥悬浮区的上部安装三相分离器,使气、液、固三相分离。气体进入集气室,污泥进入分离器上部的沉淀区、回流,处理过的污水进入下面的处理系统。

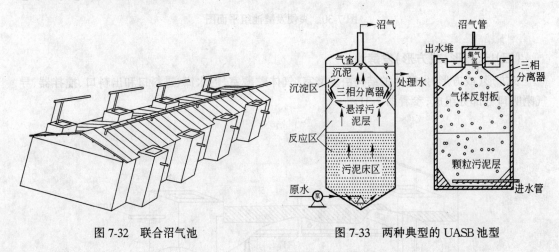

图 7-32　联合沼气池　　　　　　　图 7-33　两种典型的 UASB 池型

## 三、沼气池设计运行中应注意的问题

由于厌氧消化主要受消化温度、污泥泥质(酸碱度、碳氮比、有毒有害物质)、搅拌情况影响,所以设计中应充分考虑对消化池运行状况的监测及对可能出现的情况采取应急措施的可能性。

对消化池的监测包括泥位、温度、pH值、总碱度、挥发脂肪酸、沼气成分、气相压力等,其中pH值、总碱度、挥发脂肪酸可以通过对消化池液相取样分析而得,沼气成分通过对消化池气相取样分析而得。对于大型污水处理厂可设专门仪表进行监测。对于温度、泥位、气相压力、pH值、$CH_4$含量这样需经常监测的量可将信号送往计算机系统进行显示,同时利用这些值进行自动控制,以使消化系统运行稳定、安全、简便。

对消化池的温度控制最好能根据季节变化和早晚变化进行自动调节(夏天需热量小、冬天需热量大),以节省能源、保证消化系统正常运行。一般来说,在夏季时发电余热大于污泥加热所需热量,冬季时需由锅炉房进行蒸汽补热。冬季时根据消化池测温仪表的自控系统自动调节蒸汽管路上的调节阀以适应加热的需要;夏季时可将锅炉关闭,如回收余热量仍大于加热所需时,回水温度升高,导致发电机冷却水温度升高,从而使自控系统启动风冷器,降低发电机冷却水温度,降低污泥加热热水的温度,减少供热量。但这种调节方式时间滞后较大,调节较为间接,如换为在污泥加热热水管路上加设一电控旁通阀,根据消化池测温仪表自动调节热水流量,则可使温度调节更为迅速。

搅拌是保证消化池容积充分利用和保持均衡温度的决定因素,应慎重选择。虽然沼气搅拌无机械磨损,搅拌力大,不受液面变化的影响,在设计、施工及运行中皆存在一定的缺点。首先管路系统复杂,需设负压防止阀、消焰器、水封罐、凝水器、压缩机;其次施工不便,且增大了消化池漏气的可能性。因此建议采用机械搅拌方式,该法设备少、无杂管线与消化池接口少。但该法可能存在污泥中纤维缠绕在桨叶上的问题。

另外一个与消化池气相系统密切相关的问题是安全问题。一为消化池泥位应相对稳定,不产生较大的波动。如果采用底排泥,根据差压液位计的值利用自控系统控制进、排泥。当一级消化池泥位高时停止污泥浓池的排泥泵使一级消化池不进泥,当二级消化池泥位高时停止一级消化池的排泥泵使二级消化池不进泥;当消化池(包括一、二级)泥位低时停止该池的排泥泵使其不排泥。但由于自控系统的累积误差可能使消化池泥位逐渐上升或下降,至控制值时再启动自控系统使其恢复正常值。然后重复此过程、如采用溢流排泥方式,则可避免此问题,使消化池泥位保持在一个固定值,同时可不受自控系统故障或电力系统故障的影响。

另一个安全问题是消化池产生超压或负压的情况。超压情况可能由进泥或出气管路系统堵塞(或阀门未开)造成,负压情况可能由排泥、消化池气相压力已很低而又启动压缩机或消化池处于酸化阶段投加石灰造成。超压与负压同样有害,需设专门装置防止其产生。在消化池顶设置真空、压力安全阀,在气柜处设置沼气回流阀,在沼气压缩机进口管线上设负压防止阀基本可以防止意外情况的发生。

# 第四节　沼气性质及产量

## 一、沼气的组成及其特点

沼气是有机物经过厌氧消化过程产生的一种混合气体。最早发现这种生物气于沼泽地区,因此习惯上称为沼气。

沼气的成分比较复杂,其中最主要的成分是甲烷($CH_4$)和二氧化碳($CO_2$),其中甲烷60%～70%,二氧化碳40%～30%,此外还含有少量的一氧化碳($CO$)、氢气($H_2$)、硫化氢($H_2S$)气体、氧气($O_2$)、氮气($N_2$)、氨气($NH_4$)、磷化氢($PH_3$)和碳氢化合物($C_mH_n$)等,总量不超过5%。人们把由60%甲烷和40%二氧化碳组成的沼气称为标准沼气。利用各种有机机质产生的 $CH_4$ 和 $CO_2$ 量可用 Buswell 公式计算:

$$C_nH_aO_b + (n - \frac{a}{4} - \frac{b}{2})H_2O \xrightarrow{\text{厌氧发酵}} (\frac{n}{2} + \frac{a}{8} - \frac{b}{4})CH_4 + (\frac{n}{2} - \frac{a}{8} + \frac{b}{4})CO_2 \quad (7\text{-}16)$$

沼气的性质由组成它的气体性质及相对含量来决定。沼气中以甲烷和二氧化碳对沼气的性质影响最大。表 7-2 是沼气主要成分及相应的理化特性。

**表 7-2　沼气各组分的理化特性**

| 参数<br>名称 | 相对分子质量 | 密度<br>/g·L⁻¹ | 比重<br>(空气) | 临界温度<br>/℃ | 临界压力<br>/MPa | 平均热值<br>/kJ·L⁻¹ | 爆炸范围<br>/% | 毒性 |
|---|---|---|---|---|---|---|---|---|
| CH₄ | 16.04 | 0.717 | 0.554 | −82.5 | 4.62 | 37.84 | 5.3~14 | |
| CO₂ | 44 | 1.977 | 1.528 | 31.1 | 7.36 | | | |
| H₂ | 2.01 | 0.09 | 0.06 | −239.9 | 1.29 | 11.76 | 6~71 | |
| O₂ | 32 | 1.43 | 1.10 | −198 | 4.82 | | | |
| N₂ | 28 | 1.25 | 0.967 | −147 | 3.38 | | | |
| H₂S | 34 | 1.53 | 1.18 | 100.4 | 8.98 | 24.56 | 4~46 | 剧毒 |
| CO | 28 | 1.250 | 0.967 | −140 | 3.49 | 12.63 | | 剧毒 |
| 标准沼气 | | 1.224 | 0.94 | | | 22.7 | 6~12 | |

注:爆炸范围指与空气混合时的体积分数。

甲烷($CH_4$):纯甲烷是一种无味、无臭、无色的有机气体,由于沼气中含有少量的硫化氢气体,因此常带有微弱的臭味,甲烷气体比较轻,它对空气的比重是 0.554,约为空气的一半。

$$\frac{1\ m^3\ 甲烷的重量}{1\ m^3\ 空气的重量} = \frac{0.716\ kg}{1.293\ kg} = 0.554 \tag{7-17}$$

沼气略比空气轻,它对空气的比重为 0.85。甲烷的扩散速度较空气快三倍。甲烷在水中的溶解度小,在 1 个大气压下、0℃ 时为 0.033%,20℃ 时为 3%。甲烷较难液化,在 −82.5℃ 和 4.64 MPa 下,才能液化,体积变为原体积的 1%,其液态密度比为 0.42,熔点为 −182.5℃,沸点为 161.6℃,着火点为 650~750℃,热值为 35.82~39.77 $MJ/m^3$。而沼气的着火点比甲烷的略低为 645℃,热值为 5500~6500℃,甲烷是一种最简单的有机化合物,只含一个碳原子,甲烷燃烧时发出淡蓝色火焰,温度可达 1400℃ 以上。

$$CH_4 + 2O_2 = CO_2 + 2H_2O + 889.5\ J \tag{7-18}$$

据式 7-18 可知,甲烷和空气的理论混合量为空气的 9.47%,及 1 份甲烷约需 10 份空气才能完全燃烧。空气中如混有 5%~15% 的甲烷,在封闭条件下遇火会发生爆炸。甲烷本身无毒,但在空气中浓度达到 25%~30% 时,对人畜有一定的麻醉作用,含量达 50%~70% 时也能使人窒息。沼气中甲烷含量占 30% 时,可勉强点燃,含量在 50% 时方可正常燃烧。

二氧化碳($CO_2$):二氧化碳是无色气体,不能燃烧也没有助燃性,有弱酸味,密度比空气大 1.53 倍。二氧化碳易溶于水,在 0.1 MPa,20℃ 下,1 体积的水可以溶解 1.71 体积的二氧化碳,二氧化碳溶解后与水作用生成碳酸。

硫化氢($H_2S$):硫化氢具有强烈的臭鸡蛋味,比空气重,具有毒性,吸入高浓度的硫化氢,会引起窒息而死亡。按规定空气中的硫化氢浓度不得超过 $0.01 \times 10^{-4}$%。硫化氢在空气中能燃烧,热值在 14.73~25.06 $kJ/m^3$ 之间,火焰呈蓝色,硫化氢完全燃烧生成二氧化硫,不完全燃烧时生成硫磺。硫化氢溶于水后生成氢硫酸,氢硫酸是一种弱酸,能与铁等金属起反应,具有强烈的腐蚀作用,因此在沼气的生产、运输和使用等过程中应该注意防腐处理。

氢气($H_2$):氢气是一种无色无味无毒的气体,比空气轻,约为空气的 7%,在空气中的扩散速度最快。氢气熔点 −259℃,沸点 −253℃,在水中溶解度很小。纯净的氢气会在氧气或空气里平静的燃烧,但氢气和氧气或空气的混合物遇火会发生爆炸。在沼气发酵过程中,碳水化合物与金属钙、镁作用,可以产生氢气,这种生物作用放氢迅速,易被利用,是甲烷菌的很好基质。

一氧化碳($CO$):一氧化碳是无色无臭的气体,比空气轻,不易溶于水,也不和酸碱作用。一氧化碳具有夺取生物组织中的氧,而生成二氧化碳的特性。当空气中一氧化碳含量达到0.1%时,就会使人中毒,以致死亡。对一氧化碳的毒性,有关工业规定,空气中的含量不得超过0.02 mg/L。一氧化碳能燃烧,火焰呈蓝色。

磷化氢($H_3P$):磷化氢是一种剧毒的气体,产生于发酵料中的含磷物(油饼、磷矿粉、骨粉、草木灰、钙镁磷肥、过磷酸钙等)。接触这种气体即使是微量的也会使人中毒死亡。

碳氢化合物($C_mH_n$):沼气中常含有碳原子较多重烃和烯烃,一般在低温高压的情况下易产生这种烃类,含碳原子愈多,烃类的发热量愈大。

沼气中含有硫化氢等有害气体,人和动物暴露在一定浓度的沼气中并持续一定的时间,会产生不良的生理反应。表7-3给出了沼气中各种成分的生理特性。

**表7-3　沼气中各种成分的生理特性**

| 气体成分 | 浓度(ppm) | /(体积分数) | 暴露时间/h | 生 理 效 应 |
|---|---|---|---|---|
| $CH_4$ | 500000 | 50~70 | | 窒息、头痛、非中毒窒息 |
| $CO_2$ | 20000 | 2 | | 安　全 |
| | 30000 | 3 | | 气　喘 |
| | 40000 | 4 | | 昏昏欲睡、头痛 |
| | 60000 | 6 | 0.5 | 呼吸困难、窒息 |
| | 300000 | 30 | 0.5 | 可能致命中毒 |
| $H_2S$ | 100 | 0.01 | 数小时 | 刺激鼻眼 |
| | 200 | 0.02 | 1 | 头痛、眩晕 |
| | 500 | 0.05 | 0.5 | 恶心、亢奋、失眠 |
| | 1000 | 0.1 | | 失去知觉、致死 |

注:1. ppm指$10^6$个单位空气中所含的纯气体浓度;
2. 暴露时间:指成人或68 kg的动物(特别是猪)感受到有害气体影响的时间;
3. 生理效应:指有害气体对成人或体重68 kg动物产生的生理反应。体重轻的动物反应较快,产生效应时的浓度较低;体重重的动物反应较慢,产生效应时的浓度高。

沼气具有可燃性,是优良的燃料,具有热效率高,环境污染小,原料来源广泛等特点。1 m³沼气的热值相当于1 kg原煤的热值,但是由于沼气燃烧热效率比煤约大3.3倍,因此在热值利用上,1 m³沼气能顶3.3 kg原煤使用。一只沼气池每产300 m³沼气,就等于节约1 t煤,同时还可以大大减少燃煤对环境造成的污染。表7-4是有关沼气与其他燃料的特性及燃料值和能量的比较。

**表7-4　沼气和其他各种燃料的特性**

| 特性＼燃料 | 标准沼气 | 柴　油 | 汽　油 | 液化气 | 乙　醇 | 甲　醇 |
|---|---|---|---|---|---|---|
| 密度/kg·$L^{-1}$ | 1.2 | 0.81~0.85 | 0.73~0.78 | 0.54~2.25 | 0.79 | 0.79 |
| 比重(空气) | 0.94 | | | 1.6~2.0 | | |

| 特 性 | 燃 料 | 标准沼气 | 柴 油 | 汽 油 | 液化气 | 乙 醇 | 甲 醇 |
|---|---|---|---|---|---|---|---|
| 纯热值 | MJ/m³ | 21.5 | | | 93～120 | | |
| | MJ/kg | 26.0 | 40.6～44 | 42.7 | 46.1 | 26.8 | 19.7 |
| 总热值 | MJ/m³ | | | | 100～130 | | |
| | MJ/kg | | | | 49.5 | | |
| 沸点温度/℃ | | -162 | 150～360 | 25～210 | -30 | 78 | 65 |
| 发火极限 (空气中容积)/% | | 6～12 | 0.6～6.5 | 0.6～8 | 1.5～15 | 3.5～15 | 5.5～26 |
| 发火温度/℃ | | 650～750 | 220 | 220 | 400 | 420 | 450 |
| 汽化热/kJ·kg⁻¹ | | | 544～795 | 419 | | 904 | 1110 |
| 发火速度/cm·s⁻¹ | | 约40 | | | 32～39 | | |

## 二、甲烷气体产量的计算

有机物厌氧分解的总反应可用下式表示：

$$C_aH_bO_cN_d + nH_2O \longrightarrow nC_5H_7O_2N + xCH_4 + yCO_2 + wNH_3 \qquad (7\text{-}19)$$

在这个公式中 $C_aH_bO_cN_d$ 和 $C_5H_7O_2N$ 分别表示固体废物中有机降解物的经验化学式和微生物的化学组成。假如反应系统中停留时间无限长,转化为生物量的有机物大约为4%,因而转化为生物量的部分可忽略不计,公式7-19变为：

$$C_aH_bO_cN_d + 0.25(4a - b - 2c + 3d)H_2O$$

$$\longrightarrow 0.125(4a + b - 2c - 3d)CH_4 + 0.125(4a - b + 2c + 3d)CO_2 + dNH_3 \qquad (7\text{-}20)$$

如果已知有机废物的元素组成,通过公式7-20就可计算产生气体的质量和数量。城市垃圾可降解部分的元素组成见表7-5。

**表7-5 典型城市垃圾中可降解部分的元素组成**

| 组 分 | 湿 重 | 干 重 | 元 素 组 成 | | | | | |
|---|---|---|---|---|---|---|---|---|
| | | | C | H | O | N | S | Ash |
| 食物 | 11.3 | 3.4 | 1.61 | 0.22 | 1.28 | 0.08 | | 0.17 |
| 纸 | 42.8 | 40.3 | 17.52 | 2.41 | 17.72 | 0.14 | 0.08 | 2.41 |
| 纸板 | 7.5 | 7.2 | 3.16 | 0.42 | 3.22 | 0.03 | | 0.36 |
| 塑料 | 8.8 | 8.7 | 5.21 | 0.64 | 1.97 | | | 0.86 |
| 织物 | 2.5 | 2.2 | 1.25 | 0.14 | 0.69 | 0.11 | | 0.06 |
| 橡胶 | 0.6 | 0.6 | 0.47 | 0.06 | | | | 0.06 |
| 皮革 | 0.6 | 0.5 | 0.30 | 0.03 | 0.06 | 0.06 | | 0.06 |
| 木材 | 2.5 | 2.0 | 1.00 | 0.14 | 0.86 | | | 0.03 |
| 其他 | 23.3 | 8.2 | 3.94 | 0.50 | 3.13 | 0.28 | 0.03 | 0.36 |
| 总计 | 100.0 | 73.1 | 34.46 | 4.55 | 28.92 | 0.69 | 0.11 | 4.35 |

由公式7-20可以得出,1 mol的有机碳可转化成1 mol气体。由于在标准状况下,1 mol气体

的体积为 22.4 L。

$$1 \text{ mol C(有机物)} = 22.4 \text{ L 气体}(CH_4 + CO_2) \tag{7-21}$$

以质量表示为：

$$1 \text{ g C(有机物)} = 1.867 \text{ L 气体}(CH_4 + CO_2) \tag{7-22}$$

由有机废物的通式 $C_aH_bO_cN_d$ 出发，根据公式 7-20 可以估计气体的最大理论产量，即可以根据某一具体化合物的分子式或者代表城市垃圾可降解部分的经验公式来加以估计。

根据有机物完全氧化所消耗的氧，城市垃圾降解产生的甲烷气体产量也可以通过 COD 来表示。

氧化 1 mol$CH_4$ 需要 2 mol$O_2$：

$$CH_4 + 2O_2 \longrightarrow CO_2 + 2H_2O$$

$$1 \text{ mol}CH_4 \longrightarrow 2 \text{ mol}COD$$

假设对 COD 有贡献的所有碳都转化为甲烷：

$$COD_{有机物} = COD_{甲烷}$$

甲烷产量为：　　　　　　　　$2 \text{ mol}COD_{有机物} = 1 \text{ mol}CH_4$

以重量表示为：　　　　　　　$1 \text{ g}COD_{有机物} = 0.25 \text{ g}CH_4$

以气体体积表示为：　　　　　$1 \text{ g}COD_{有机物} = 0.351CH_4$

这一方法并不能估计出二氧化碳的产量，因而必须根据式 7-20 或者甲烷和二氧化碳的比例来估计二氧化碳的产量。

由于以下几个原因，在任何情况下，通过式 7-20 计算出的二氧化碳的量并不是在垃圾填埋场测得的产量：

(1) 渗滤液溶解的 $CO_2$(相反，甲烷在渗滤液中溶解度很小)；

(2) 与碳酸根离子或碳酸氢根离子平衡的二氧化碳，沉淀为碳酸盐；

(3) 在好氧发酵中二氧化碳的产生。

由于以上原因，垃圾填埋场甲烷气体的最大理论产量主要根据式 7-22 计算，假设 $CH_4/CO_2 = 0.55 \sim 0.6$。

此外，以上所有的计算只是考虑废物中的有机物量，并没有考虑它的降解效率。根据 Andreottola 和 Cossu 指出城市垃圾干重的 50% 为有机物，大约 50% 是可以降解的。

### 三、发酵原料产气率

单位质量原料的产气量称为原料产气率，根据不同情况可分为理论产气率、实验室产气率和生产实际产气率。理论产气率可用原料化学成分计算，是不变的。实验室产气率可用具体实验来测，它有一定变化。生产产气率通常是根据大量实际情况来估计或进行实测。

理论产气率用巴斯维尔公式 7-23 计算，只要测出了沼气发酵原料化组成中的碳、氢、氧元素含量就可计算出。

$$C_nH_aO_b + (n - \frac{a}{4} - \frac{b}{2})H_2O \xrightarrow{厌氧发酵} (\frac{n}{2} + \frac{a}{8} - \frac{b}{4})CH_4 + (\frac{n}{2} - \frac{a}{8} + \frac{b}{4})CO_2 \tag{7-23}$$

碳水化合物、脂肪、蛋白质三大类物质种类很多，但其 C、H、O 的组成大致差不多。由于一部分产生的沼气将溶于水中，一部分有机物要用于微生物的合成，实际沼气产量要比理论值小。一般说来，糖类物质厌氧消化的沼气产量较少，沼气中甲烷含量也较低。脂类物质沼气产量较高，甲烷含量也较多。表 7-6 列出了常用发酵原料的产沼气率。

**表 7-6　常用发酵原料的产沼气率**

| 原料名称 | 每吨干物质产生的沼气量/m³ | 甲烷含量/% | 产气持续时间/d |
|---|---|---|---|
| 牲畜厩肥 | 260～280 | 50～60 | |
| 猪　粪 | 561 | 65 | 60 |
| 人　粪 | 240 | 50 | 30 |
| 青　草 | 630 | 70 | 60 |
| 玉米秆 | 250 | 53 | 90 |
| 麦　秸 | 342 | 59 | |
| 向日葵梗 | 300 | 58 | |
| 废物污泥 | 640 | 50 | |
| 酒厂废水 | 300～600 | 58 | |
| 碳水化合物 | 750 | 49 | |
| 类脂化合物 | 1400 | 72 | |
| 蛋白质 | 980 | 50 | |

　　高浓度有机废水常用 COD 来表示废水浓度,一般 1 g COD 在厌氧条件下完全降解可以生成 0.25 g CH₄,相当于在标准状态下沼气体积 0.35 L。如果能测出 COD 浓度,也可算出原料理论产气量。

　　由表 7-7 可知:我国城市污水处理厂的污泥属于低脂肪,蛋白质,高碳水化合物类型。国外污泥脂肪约占 20%～50%,蛋白质约占 38%～45%,碳水化合物约占 12%～35%。

**表 7-7　我国城市污泥有机物含量、厌氧消化产气量及 CH₄**

| 有机物种类 | 碳水化合物 | 蛋白质 | 脂肪 |
|---|---|---|---|
| 初次沉淀污泥中含量/% | 43～57 | 14～29 | 8～20 |
| 剩余活性污泥中含量/% | 20～61 | 36～56 | 1～24 |
| 消化 1 g 产沼气量/mL | 790 | 704 | 1250 |
| 沼气中 CH₄ 体积/mL | 390 | 500 | 850 |
| CH₄ 所占/% | 50 | 71 | 68 |
| 污泥可消化程度/% | | 35～40 | |

　　垃圾中可降解的有机物的含量,以及这些有机物中纤维素、蛋白质、脂肪的构成比例,对填埋气的产生起着决定性的作用。其中,易降解有机物(如食品垃圾)对填埋气的产生贡献最为直接,且为其他有机物的降解提供了条件,含纤维质较多的植物为主的垃圾 CH₄ 的产生量较少。此外,较小的垃圾粒度可以增加垃圾的表面积及分布的均匀性,通过垃圾的预处理,对垃圾中有利物质加以回收,同时对垃圾进行粉碎,增大垃圾表面积,可提高垃圾分布的均匀性和加快降解速度。目前我国绝大部分填埋垃圾没有经过预处理,这不仅浪费了垃圾中的资源,也不利于垃圾的降解。

## 四、沼气发酵系统理论计算

　　沼气发酵系统中沼气的产生量可按下列基本关系式进行计算:

$$G = Q(S_r - S_m)Y - Qd \tag{7-24}$$

$$G_0 = G/Q = (S_r - S_m)Y - d \tag{7-25}$$

式中 $G$——每日的沼气产生量；

$G_0$——进入发酵系统的有机固体废物或废水的单位沼气产生量，$m^3$；

$Q$——每日进入发酵系统的有机固体废物或废水的量，$m^3/d$；

$S_r$——单位体积的有机固体废物或废水去除的有机物量(以 $BOD_5$、COD 或 VSS 表示)，$kg/m^3$；

$S_m$——单位体积的有机固体废物或废水中转化为污泥有机体或微生物的有机物量(以 $BOD_5$、COD 或 VSS 表示)，$kg/m^3$；

$Y$——去除 1 kg 有机物的沼气产量，$m^3/kg$；

$d$——沼气在发酵液中的溶解度，$m^3/m^3$。

由公式可知，单位体积的固体废物或废水所产生的沼气量与 $S_r$、$S_m$、$Y$ 和 $d$ 四个参数有关。

沼气中的主要成分是甲烷和二氧化碳，它们分别由有机碳的还原和氧化而形成，因此，以有机碳为主要构成元素的有机物的去除多少，是决定沼气产量的主要因素。有机物的去除量与废水或有机固体废物的成分和浓度，以及发酵系统的工况等因素有关。有机物的可生化性越大，浓度越高，去除量也越多，沼气产生量也就越大。如果沼气发酵系统的有机负荷适中，水力停留时间较长，消化温度合适又稳定，无抑制物存在，则此系统的有机物去除率就高，沼气产生量也高。

沼气发酵系统的微生物增量虽与被发酵物的性质和浓度有关，但更为重要的是与系统的工况有关。高效率的发酵系统，其污泥的增量适中，约 5%～10%。系统不正常时，污泥增量可降至 3%，也可高至 18%，但和好氧生物处理系统相比，沼气厌氧发酵系统的污泥增量要小得多。据测定，增加 1kg 的污泥有机体，约消耗 1.22 kg 的 $BOD_5$。

$Y$ 值因沼气中甲烷百分含量($n\%$)的不同而异，其量约为 $35/n(m^3/kg)$。

沼气中的甲烷微溶于水，损失量很少，但另一主要成分二氧化碳的溶解量很大(每升水 1.17 L)，而且在消化液中经常呈饱和状态。二氧化碳的溶解虽影响沼气的量，但却由于甲烷的相对量增加而使热值增加。

以上公式还可以用来估算甲烷的产生量，此时的 $Y$ 值根据理论公式推算为 0.35 $m^3/kg$，而 $d$ 值可取零。

# 第五节 沼气及其发酵余物的利用

有机物质在厌氧条件下发酵的产物——沼气是一种生物质能，是取之不尽、用之不竭的优质、廉价、卫生的燃料。发酵余物——沼渣、沼液是农林作物可利用的无害高效有机肥。沼气发酵是科学、经济、合理地利用生物质能源的最好方式，它具有制备容易、资源丰富、用途广泛，能够综合利用以及经济效果显著等特点。沼气能是解决农村能源短缺的极为重要的措施。它不仅为解决农村生活燃料来源开辟了新途径，而且有利于扩大肥源、提高肥效、促进生态农业的发展；不仅能节约大量矿产资源，还有利于保护林木资源，维护自然生态平衡，建立良性的生态环境。因此，发展沼气具有巨大的经济、社会效益。沼气发酵技术受到各国的重视，我国农村沼气建设有了很大发展，在沼气及其发酵余物的利用方面积累了一些实践经验。

## 一、沼气的综合利用

沼气是一种可燃气体，其主要成分甲烷占总体积的 50%～70%，二氧化碳占 30%～40%，此外还有少量的一氧化碳、氢、硫化氢、氧、氮和水蒸气等。沼气基本无味,但因含有少量硫化氢,故有臭鸡蛋味。沼气在 0℃时的容重为 $1.19\sim1.22$ kg/m$^3$,比空气轻 6%～8%。甲烷的临界温度较低,为 -82.5℃,故沼气很难液化。在标准状态下,沼气成分按甲烷占 60% 计,沼气的低热值约为 21474 kJ/m$^3$。

### (一) 沼气用作生活燃料

沼气是一种良好的燃料,可用于炊事、照明、锅炉、烘干等。利用沼气作生活燃料,不仅清洁卫生、使用方便,而且热效率高,节省时间。一般烧一顿饭用 0.3 m$^3$ 沼气。1 m$^3$ 沼气可满足四、五口人家烧水做饭。1 m$^3$ 沼气能供一盏沼气灯照明 5～6 h,相当于 60～100 W 的电灯光亮度。

沼气与煤气、天然气、液化石油气相比,在燃烧中有三个明显特点:(1)燃点高(610～750℃);(2)火焰传播速度低,燃烧稳定性差,极易脱火,但不易回火;(3)需氧量大,按甲烷含量为 60%,可计算得使 1 m$^3$ 沼气完全燃烧在理论上需要约 6 m$^3$ 的空气。这些特点说明沼气燃烧性能较差,因而对燃具的要求较苛刻。如果采取一些净化方法对沼气进行处理,将 $CO_2$ 除去,使沼气的甲烷含量增加,其燃烧性能将有很大提高,接近于天然气。

沼气燃烧方式分为三种:(1)扩散式燃烧:可燃气体在燃烧前不预先与空气混合,燃烧是只靠火焰周围扩散一部分空气参加燃烧。这种燃烧速度慢,火焰温度低,燃烧不完全,热效率低(35% 左右)。农村中的土制沼气灶就属于这种燃烧,效果不好,不应采用。(2)大气式燃烧:在燃烧之前,可燃气体与燃烧所需的部分空气量进行预先混合。这部分空气称为一次空气。一次空气与理论空气需要量之比称为一次空气系数($\alpha_1$)。这种燃烧 $\alpha_1$ 在 0 与 1 之间,其特点是具有明显的蓝色内焰。它比扩散式燃烧有较快的燃烧速度、较高的燃烧温度,燃烧较完全,热效率较高。目前正规产品沼气灶都是按照这一燃烧方式设计的。(3)无焰式燃烧:在燃烧之前可燃气体与燃烧所需的全部空气进行混合($\alpha_1=1$)。特点是燃烧时无明显火焰。这种燃烧温度和加热效率最高,由于辐射传导热量较多,适宜取暖照明。沼气灯和农村中孵化禽类、烘烤农产品的红外辐射器就是按这种燃烧方式设计的。

通过观察火焰的颜色和形状,可判断沼气燃烧器燃烧是否正常。沼气完全燃烧时,火焰呈浅蓝色,火苗短而急,燃烧发出响声,燃烧温度较高。如果火苗拉长,火焰呈红黄色,表明空气量太少,燃烧不充分;如果火苗很短,呈蓝色,有时有脱火现象,表明空气量太多,或沼气中的甲烷含量太少。

沼气燃烧器应按照热负荷、压力和流量来设计,对其性能要求是:(1)热负荷应在 8360～11704 kJ/h 之间,通常额定热负荷约为 10032 kJ/h,大约一小时耗气 0.5 m$^3$ 左右。(2)热效率高,应不低于 55%。(3)燃烧稳定性好,在 50% 额定压力下不产生回火,在 1.5 倍额定压力下不脱火和出现黄焰。(4)卫生条件好,在额定热负荷下废气中一氧化碳含量不大于 0.05%,燃烧噪声不超过 65 dB,熄火噪声不超过 85 dB。我国生产的燃烧器一般分高压和低压类型,其压力分别为 1.96～3.92 kPa 和 0.196～0.92 kPa。设计负荷大多为 10084 kJ/h。

### (二) 沼气用作运输工具的动力燃料

沼气是一种良好的动力燃料,1 m$^3$ 沼气的热量相当于 0.5 kg 汽油,或 0.6 kg 柴油,或 1 kg 原煤。沼气的抗暴性能良好,其辛烷值(评价燃油理化性能的指标之一)高达 125。同样容积的内燃机,在使用沼气时可获得不低于原机的功率。沼气可直接用于各种内燃机,如煤气机、汽油机、柴油机等,每千瓦小时约耗沼气 0.82～1.36 m$^3$。据有关资料,1997 年我国有沼气动力站 186 个,总功率 3458.8 kW,均用于乡镇企业和农副产品加工等。

沼气用于煤气机时,无需任何改装,但为获得较好效果,应改变煤气机的压缩比,因为沼气在高压缩比为 12 时燃烧效果最好。沼气用于汽油机时,只需在原机的化油器前增设一个沼气-空气混合器,混合器应适应沼气和空气 1:7 的混合比,但由于汽油机的压缩比较低,一般为 7,因此效率低,耗能大。沼气用于柴油机时,由于甲烷燃点为 841℃,比柴油机压缩终了的汽缸温度(一般为 700℃)高,难以靠压缩着火,故除加沼气-空气混合器外,还需另加一点火装置或采用混烧的方法,以沼气为主要燃料,少量柴油用于引燃,一般柴油量控制在 10%~20% 范围内。用柴油机烧沼气的效率高于汽油机。

### (三) 沼气用来发电

沼气用作内燃发动机的燃料,通过燃烧膨胀做功产生原动力使发动机带动发电机进行发电。发动机主要有双燃料发动机、点火发动机和燃气轮机(即为上述的沼气用于柴油机、汽油机和煤气机),其热效率依次降低。点火发动机结构简单,操作方便,而且无需辅助燃料,适合大、中型产沼工程条件下工作,因此,这种发动机已成为沼气发电技术实施中的主流机组。沼气发电的简要流程为:

沼气→净化装置→贮气罐→内燃发动机→发电机→供电

由于沼气中含有硫化氢,对金属设备有较大的腐蚀作用,因此要求设备要耐腐蚀。在沼气进入内燃机之前,可先将沼气进行简单净化,主要去除硫化氢,同时吸收部分二氧化碳,以提高沼气中甲烷的含量。为确保沼气进入发动机时的压力稳定,需在沼气管路上安装稳压装置。另外,为防止进气管路发生爆炸,应在沼气供应管路上安装防回火与防爆装置。

1 m³ 沼气约发电 1.25 kW·h。据有关资料,1997 年我国有沼气发电站 115 个,装机容量 2342 kW,年发电量 301 万 kW·h,均用于乡镇企业。

### (四) 沼气用作化工原料

沼气中的甲烷和二氧化碳是重要的化工原料。甲烷可用来制作炭黑、一氯甲烷(制取有机硅的原料)、二氯甲烷(塑料和醋酸纤维的溶剂)、三氯甲烷(制造聚氯乙烯的主要原料)、四氯化碳(良好的溶剂、灭火剂、制造尼龙的原料)、乙炔(制取醋酸、化学纤维和合成橡胶的原料)、甲醇、甲醛等。沼气中的二氧化碳可用来制作干冰、碳酸氢铵肥料等。

### (五) 用沼气孵化禽类

用沼气孵化禽类可避免传统的炭敷、炕孵工艺造成的温度不稳定和一氧化碳中毒现象。沼气孵化技术可靠,操作方便,孵化率高,不污染环境。四川省农能办研制的孵化容量为 1 万只种蛋的大型沼气孵化器,孵化成本仅为电孵化的三分之一,孵化器成本也只有电孵化器的 35.7%,节电率达 73.1%。

### (六) 沼气用于蔬菜种植,增产效果显著

把沼气通入种植蔬菜的大棚或温室内燃烧,利用沼气燃烧产生的二氧化碳进行气体施肥,不仅具有明显的增产效果,而且生产出的是无公害蔬菜。辽宁省农能所的实验表明,在大棚内燃烧沼气,可提高棚温 2~5℃,$CO_2$ 浓度达到 1000~1300 mg/L 时,蔬菜叶片光合强度可提高 7%~20%,黄瓜、辣椒、西红柿和芹菜产量分别比对照增产 49.8%、36%、21.5%、25%。

### (七) 利用沼气贮粮防虫

沼气中含氧量极低,当向储粮装置内输入适量的沼气并密闭停留一定时间时,即可排除空气,形成缺氧窒息的环境,使害虫因缺氧而窒息死亡。此法可保持粮食品质,对粮食无污染,对人体和种子发芽均无影响。此项技术可节约贮存成本 60% 以上,减少粮食损失 10% 左右。

### (八) 利用沼气贮藏水果

利用沼气含氧量极低,甲烷含量高,以及甲烷无毒的特性,来调节贮藏环境中的气体成分,造成一定的缺氧状态,以控制水果的呼吸强度,减少养分消耗,从而无虫保鲜,达到产增值的目的。

用沼气保鲜苹果、柑橘等水果,储存期长,好果率高,而且成本低,无药害,外观、硬度、甜度等基本保持鲜果风味,其贮存效果可于大型冷库贮鲜相媲美,大大好于土窖贮鲜水果。

### 二、沼液的综合利用

经沼气发酵后的有机残渣和废液统称为沼气发酵残留物。它是由固体和液体两部分组成,在沼气池内,这两部分的分布不均匀。浮留在表面的固体物叫浮渣,这层的组成很复杂,既有经过发酵密度变轻了的有机残屑,也有未被充分脱脂的秸秆、柴草;沼气池的中间为液体(中上部为清液,下半部为悬液),通常称之为沼液;底层为泥状沉渣,称之为沼渣。在缺乏搅拌装置的沼气池中,固、液分层分布的现象很普遍,对产沼气和出沼肥都有一定的影响。

以某厌氧反应器内泔脚发酵后的沼液为例,其基本参数如表7-8所示。

**表 7-8　沼液的基本性质**

| 参　　数 | 单　　位 | 数　　值 |
|---|---|---|
| COD | mg/L | 6600～8600 |
| TSS(总悬浮固体) | mg/L | 350～620 |
| VSS(挥发性悬浮固体) | mg/L | 300～550 |
| VFA(挥发性脂肪酸) | mg/L | 5920～7910 |
| 醋酸酯 | % | 26 |
| 丙酸酯 | % | 18 |
| 丁酸酯 | % | 35 |
| 戊酸酯 | % | 17 |
| 己酸酯 | % | 4 |
| $PO_4^{3-}$-P | mg/L | 80～150 |
| TKN | mg/L | 150～250 |
| pH 值 | | 6.4～6.8 |
| 碱度 | mg/L($CaCO_3$) | 2500～3500 |

沼液不仅含有丰富的氮磷钾等大量营养元素和锌等微量营养元素,而且含有 17 种氨基酸、活性酶,这些营养元素基本上是以速效养分形式存在的。因此,沼液的速效营养能力强,养分可利用率高,是多元的速效复合肥料,能迅速被动物和农作物吸收利用。

长期的厌氧、绝(少)氧环境,使大量的病菌、虫卵、杂草种子窒息而亡,并使沼液不会带活病菌和虫卵,沼液本身含有吲哚乙酸、乳酸菌、芽孢杆菌、赤霉素和较高容量的氨和铵盐,这些物质可以杀死或抑制谷种表面的病菌和虫卵。因此,沼液、沼渣又是病菌极少的卫生肥料,生产中常用于浸种、叶面施肥,达到防病灭虫的效果。据实验,它对小麦、豆类和蔬菜的蚜虫防治具有明显效果。另外,沼液对小麦根腐病菌、水稻小球菌核病菌、水稻纹枯病菌、棉花炭疽病菌等都有强抑制作用,对玉米大斑病菌、小斑病菌有较强抑制作用。

### (一) 农作物肥料

沼液作为有机肥料,可以直接作为粮食作物,蔬菜,经济作物等的肥料,同时兼具农药作用。节省了购买化肥费用,同时也可以保持和提高土壤质量,减少化肥可能带来的负面作用。沼液可以作为灌溉肥料,施与作物根部,可以为作物提供多种营养与微量元素,促进其生长发育;沼液也可作为叶面喷肥,稀释后(6～10倍)直接喷于叶面之上,可以提高叶绿素含量,增强光合作用,提高产量;另外,沼液还可以作为无土栽培营养液,实现完全无公害栽培。

### 1.茶树肥料

林婷等人对武夷山城南村岩后垅茶树进行了茶叶根外喷施沼液和清水对比实验,发现茶树喷施沼液不仅能明显提高百芽重,增加芽头密度,提高产量,而且长毛虫、炭疽病等病虫害的发生率明显低于清水组,尤以第2年效果更为明显;农药、化肥使用量可减少1/3,提高了茶叶品质。因此,沼肥是生产绿色无公害茶叶的理想有机肥。

### 2.玉米肥料

兰家泉等人对湖南省凤凰县柳薄乡禾若村中面积为 1334 $m^2$ 的玉米地进行沼液、沼渣施肥实验,结果表明:实验中使用沼渣、沼液的 A 地块产量最高,比未施用沼肥的 C、D 块增幅分别达到 21.13％ 和 12.44％。而且,单独施用沼液的 B 地块出苗快且整齐,成苗率高,前期营养生长较旺盛,主要由于播种后使用沼液可以充分满足种子对水分的要求,有利于种子的萌芽和生长;而且种子、种根吸收了沼液中的赤霉素等,可使种子提早发芽,并促进了种苗的生长,提高了出苗势和成苗率。

### 3.蔬菜肥料

宁晓峰等人以猪粪发酵正常产气后 60 天的沼液作为营养液,以 1∶4 的稀释比例对紫背天葵、白风菜、紫叶生菜三个叶菜品种进行无土栽培实验,证明用沼液作为营养液进行无土栽培是可行的,但在栽培过程中必须及时更换沼液(10～15 天),及时补充必要的营养元素和调节沼液的 pH 值至 6 左右,才可以保持植株的正常生长。

### (二) 浸种

沼液内涵多种对植物生长有益的物质:诸如钙、铁、锰、铜等微量元素,可以在浸种时渗入种子细胞内,刺激种子发芽和生长;氮、磷、钾等营养元素,可以在浸种时提供种子发芽和幼苗生长所需的营养;氨基酸、生长素、水解酶、腐殖酸、B 族维生素及有益菌等活性物质,可以对作物生长发育起到辅助作用,促进细胞分裂和生长,使种子具有发芽、苗齐、苗壮等特点。而且沼液还能消除种子携带的病原体、细菌等,增强种子的抵抗力,确保作物健康和快速成长,达到减少投资,增加产量的目的。

### 1.水稻浸种

蔡大兴等人对贵州铜仁地区廖家坳村村民责任田的稻种进行沼液——清水浸种对比实验,稻种经沼液 36 h 浸种后,可明显提高稻种发芽率及秧苗素质,使秧苗生长旺盛,粗壮,白根多,抗寒力强,分蘖早而多,可以增加结实率和千粒重,不仅可以节省用种量,还为秧田早发、高产打下基础。

### 2.小麦浸种

张春巧等人对河北省宁晋县常家庄村部分农田进行了小麦浸种实验,发现在同等条件下,沼液浸种田比清水浸种对照田早出苗 1 天,且苗齐苗壮,叶色浓绿,基本苗多 0.7 万/亩,单株分蘖多 0.3 个,永久根数多 0.7 条,返青期早 2 天,拔节期早 3 天,抽穗期早 2 天,每亩成垄多 4.3 万株,且秸秆粗壮。小麦成熟期平均穗长多 0.5 cm,穗数多 1.3 个,千粒重多 1.0 g,亩产量增加了49.5 kg。小麦浸种能提高小麦抗病虫害,抗倒伏能力,是简单易行,廉价高效的方法。

### 3.玉米浸种

蔡大兴等人对贵州铜仁地区廖家坳村村民责任田的玉米进行浸种实验,结果表明:玉米经沼液 24 h 浸种后,相对于清水浸种可提高其发芽率 10 个百分点,成苗率提高 1～2 个百分点。经沼液浸种和叶面喷施的玉米穗长、穗实粒数和百粒重较常规栽培有明显提高,空秆率降低。而且,经沼液浸种的玉米其产量可增加16.9%,沼液浸种加叶面喷施可增加产量20%左右,增产效果明显。

**4. 沼液浸甘薯种**

根据山东省莱芜市农村能源办公室两年的试验,防治效果明显。浸种方法:将选好的薯种分别放入大缸或清洁的水池内;将沼液倒入,液面超过上层薯块表面6 cm为宜,并在浸泡中及时添加;2 h后捞出薯种,用清水冲洗净后,放在草席或苇箔上晾晒,直至种块表面无水分为止,然后按常规排列上床。苗床土培养基为30%的沼渣和70%的泥土混合而成。浸种的与不浸种的相比,黑斑病下降50%,产芽量提高40%,壮苗率提高50%。

### (三) 农药

沼液是一种溶肥性质的液体,其中不仅含有较丰富的可溶性无机盐类,同时还含有多种沼气发酵的生化产物,具有易被作物吸收及营养、抗逆等特点。使用沼液喷洒植株,可起到杀虫抑菌的作用,减少农药使用量,使农药残留低。

沼液中含有抗生素类物质,它能够防治某些作物病虫害。经过实验发现,喷洒沼液对蚜虫、红蜘蛛、日粉虱等害虫和白粉病、霜霉病、灰霉病等病害有良好的防治效果。尤其是白粉虱,许多化学农药都防治不了,而喷洒沼液后,虫口密度大大降低,同时叶面健壮,抗病力强,减少用药次数,节约开支,并可生产出无公害蔬菜和绿色食品。

**1. 防止作物病害**

时振山等人在陕西省关中西部小麦赤霉病易发区扶风县揉谷乡太子藏村进行了麦田沼液喷洒实验,结果表明:采用沼液防止小麦赤霉病,当每亩用原液50 kg以上时,效果最好,且不需任何投资,降低了生产成本,便于推广。

小麦全蚀病是一种毁灭性病害。今还无有效的防治办法,但喷施沼液后,对小麦全蚀病的防治效果相当显著,其白穗率仅为6.0%,而对照则高达40%。

用沼液浸种和作为肥料使用,棉花枯萎病的防治效果可达52%,死苗率下降22%,而且,沼液对棉花炭疽病菌也有极强的抑制作用。沼液浸种甘薯,其黑斑病的发病率仅为1.2%,而对照则为3.1%。窖藏的甘薯,喷施沼液后,甘薯软腐病的发病率比对照降低54.5%。用沼液喷施西瓜催芽育苗,对比实验结果表明,西瓜枯萎病发病率为0.6%,对照为10.6%;无死株,对照为5.3%;处理的亩产量为3811.5 kg,对照为2800 kg。

**2. 防止作物虫害**

刘银洲等人在四川省南溪县林丰乡金光村进行了沼液喷洒果树治虫试验,发现分别两次用沼液给2100株果树治虫后,虫杀灭率达94%以上,而且沼液中含有大量的氨态氮等肥效,在喷洒治虫时起到根外叶面施肥的作用,取得了较好的效益。

喷施沼液于小麦、黄豆、豇豆、莲花白、大芹菜、白菜、蒿笋、厚皮菜、菊花等,其对蚜虫的防治效果与乐果完全一样。虫死亡率在90%以上。沼液喷施果树,对蚜虫、红蜘蛛有一定的防治效果,48 h内害虫减退率为50%以上。沼液浸种棉花种子,可大大减轻棉铃虫危害;浸种番茄、海椒种,能减少各种病虫害的发生。

### 三、沼渣的综合利用

沼渣为固体状物质,一般为黑色或灰色。由于发酵原料的不同,沼渣的物理和化学性质也有较大差异,以某农场的牛羊粪便厌氧发酵后的沼渣为例,其具体性质见表7-9及表7-10。

**表 7-9　沼渣的基本性质**

| 参　数 | 数　值 | 参　数 | 数　值 |
|---|---|---|---|
| pH值 | 8.9 | 空隙率/% | 60.17 |
| 表面积/m²·g⁻¹ | 160 | 含水率/% | 3.525 |
| 容积密度 | 1.86 | 灰分/% | 54.93 |
| 密度比 | 1.86 | C/N比 | 15.4 |

**表 7-10　灰分元素分析**

| 元素含量(质量分数)/% | | | | | | | |
|---|---|---|---|---|---|---|---|
| N | P | K | Na | Ca | Cu | Zn | Mn |
| 1.33 | 0.21 | 0.30 | 0.14 | $0.88×10^{-4}$ | $35×10^{-4}$ | $99×10^{-4}$ | $397×10^{-4}$ |

除此之外,沼渣还具有以下性质:

(1) 沼渣含有丰富的蛋白质,以风干物的粗蛋白质含量计算,可达 10%~20%,并且还含有作饲料必备的特种氨基——蛋氨酸和赖氨酸等;

(2) 沼渣具有丰富的氮、磷、钾和矿物盐等,适用于农作物和畜类的发育和生长;

(3) 沼渣含有一定数量的激素、维生素,有利于禽畜的生长;

(4) 沼渣无毒无臭,细菌和病原体的含量也较少。

**(一) 农作物肥料**

沼渣含有大量的有机质和植物生长所需的营养元素,是一种优质的有机质肥料,而且,其含有的微量生长素、水解酶、腐殖酸、B族维生素及有益菌等活性物质,也可以对农作物起到抗病杀菌的作用,防止病害和虫害的发生。

**1. 茶园施用沼渣**

广东省潮州市农村能源办公室在潮安县凤凰镇茶园利用沼渣和化学肥料进行对比试验,结果表明:施沼渣的茶树分枝粗壮,叶片厚。施化肥的茶树,供肥速度快,分枝多,叶片大且薄,但肥效不持久,后期表现为易退赤,无后劲,秋冬分枝少且细,叶小薄。

施化肥处理,春茶产量比沼渣处理的产量高,而沼渣供肥平稳,肥效长,夏、秋、冬茶产量则比化肥处理高,全年沼渣处理比化肥处理亩增产 7.75 kg,增产幅度为 8.3%。

施沼渣处理,茶株分枝粗壮,叶片较厚,既增加于茶产量,且提高茶叶的档次,春茶每千克干茶销售价格可提高 2.00 元。全年茶叶销售总收入施沼渣比施化肥亩增加 359.00 元。

而且,投入成本方面,沼渣处理每亩减少投入化肥成本 90 元,除了沼渣的施用,制备每亩需大约 50 元外,可节约投入成本 40 元。所以,施沼渣比施化肥,每亩增加纯收 399 元。

**2. 稻田施用沼渣**

陶战等人在天津市农业部环境保护科研监测所进行了水稻田沼渣施肥试验,结果表明:用沼渣作稻田基肥不仅能节省化肥,改善土壤理化性质,而且不影响水稻产量,如沼渣用量为 22500 kg/hm²,可给稻田土壤提供氮素约 225 kg/hm²,并可省施磷、钾肥,也可间接减少由尿素中的碳转化而来的那部分甲烷排放量。

施用 4 种沼渣稻田的甲烷排放通量与施用尿素稻田的甲烷排放通量没有显著差别,比施用未腐熟农家肥的稻田甲烷排放通量减少 90% 以上;此外,各种处理方法所得产量没有明显差别,说明沼渣是有利于水稻生产和减少稻田甲烷排放的适宜有机肥料。

### 3.玉米田施用沼渣

兰家泉等人在湖南生凤凰县柳薄乡禾若村进行了沼渣、沼液栽培玉米试验,试验中施用沼渣、沼液的 A 区处理产量最高,达到 576.5 kg/667 m²,与对照 C、D 处理相比,增产幅度达到 21.13% 和 12.44%。

施用沼渣、沼液和单一施用沼液的 A、B 处理出苗快且整齐,成苗率高,前期营养生长较旺盛,为高产打下了良好的基础。

### 4.水稻催芽

潘立章等人在湖南省益阳市资阳区迎丰桥乡陈家村进行了水稻沼渣催芽试验,沼渣催芽的出芽率达99%,而常规催芽的出芽率98.5%,前者比后者提高 0.5%;沼渣催芽的芽长 10 mm,根长 28 mm,分别比常规催芽增长 7 mm 和 1.5 mm,而且出芽整齐,富有韧性,不宜断裂。

沼渣催芽的株高 21 cm,叶龄 4.8 片、根 17.4 条、茎基宽 0.16 mm,比常规催芽的分别高出 1 cm、0.1 片、2.2 条、0.02 mm,沼渣催芽的秧苗表现出明显优势。

沼渣催芽的分叶率为 193.1%,成穗率78.2%,结实率86%,千粒重26 g,分别比常规催芽的这些指标高出 42%、7.1%、11.4%、1.6 g。沼渣催芽的每公顷产量为 5824.5 kg,比常规催芽高出 675 kg,增产 13.1%。

### 5.黄瓜种植

李维美等人在北京市农场局苇沟蔬菜试验场利用沼渣进行了黄瓜栽培试验,结果表明:用沼渣作基肥时肥效稍优于等量 N、P、K 化肥,用稻水作追肥肥效明显低于等氮化肥。沼渣中所含的 Ca、Fe、Cu、Mg、Mn、Zn、Mo 等元素与黄瓜植株中所含的元素种类基本一致,长期应用稻渣可保持土壤肥力平衡。

### 6.大棚蔬菜栽培

侯育善等人在上海市东风农场进行了沼渣和化肥在塑料大棚蔬菜上的应用试验,在番茄、黄瓜作春秋二季栽培的沼渣和化肥对比试验中,均以应用沼渣的产量为高,番茄二季分别增产为 11.9% 和 11.97%,黄瓜二季分别增产为 12.15% 和 18.25%。全年施用沼渣的春番茄、春黄瓜比施用化肥的分别增产 12% 和 14.9%。

施用沼肥的果形大,番茄单果重比对照增加 7.8%～8.3%,黄瓜单果重提高 6.4%～6.5%,而且果型大小均匀,色泽鲜艳,商品率高。而且,春黄瓜和春番茄施用沼渣后成熟早,有利于提前上市,每亩增收达 200～400 元。

而且,沼渣大部分为简单的分子态有机物和离子态的无机物,易被作物吸收利用,N、P、K 完全,迟效和速效兼备,可以明显改善土壤的肥力。

### (二) 花卉栽培

余洪涛等人在四川省自贡市贡井区利用沼渣作基肥进行了兰花栽培试验,发现沼渣对兰花的生长发育有明显的促进效果,沼气厌氧发酵后的沼渣与山泥混合作为培养土,含腐殖质多,有机质高,有效养分含量高,具有很好的保湿透气性能,排水好。正好为兰根与根菌供生达到适当的生长平衡提供了条件,使兰株早生快发,各器官生长旺盛。

用沼渣作基肥的兰花抗逆性明显增强。从试验看出,凡用沼渣作基肥的兰花根粗长,肥壮而包白,无根腐现象,叶片肥厚,长宽此例适当,叶面无病斑,叶尖无发黑现象。而对照有 30% 的叶片叶尖枯死。100% 的兰根发黄,15% 左右的兰根腐烂,叶片下垂,叶面有黄斑。

而且,用沼渣作为基肥可以保持兰花的观赏价值,而且投资少,见效快,具有广阔的市场前景。

### (三) 改良土壤

沼渣是很好的改土材料,施用于农田不仅可补充磷、钾元素,有利于养分平衡,而且能改善土壤的通透性能,经测试,在 $0\sim15$ cm 土层大于 $0.05$ mm 传导孔隙增幅达 $42.4\pm8.0\%(N=12)$,种植马铃薯,增产幅度达 $17.3\pm11.3\%(N=8)$。

李全等人利用沼渣和化肥配合施用,对土壤品质起到了明显的改善作用,增加了复合胶体的数量。随着沼渣用量的增加,原土中的有机碳、复合量、复合体腐殖质松紧比及土壤全氮均显著增加,土壤容重降低,孔隙率增加,固相减少,气相增加,使得稻麦的产量和品质得到了显著提高。

陈维志等人利用沼渣最为底肥对日光温室内的土壤进行改良,经过 3 年的试验,结果表明,土壤的容重减小了 $0.2$ g/cm$^2$,孔隙度则增加了 $6.6\%$,与化肥作为底肥的对照区相比,平均容重减小了 $0.113$ g/cm$^2$,孔隙度增加 $4.27\%$,这样可使得土壤蓄存更多的水分和空气,有利于作物的生长发育。

用化肥作为底肥的对照组其 pH 值由于土壤缺钙及酸根离子的增加而逐渐降低,施用沼渣的土壤 pH 值较稳定,利于作物生长。而且,沼渣可以明显增加土壤中的有机质含量,较试验前增加了 $0.39\%$,全氮也增加了 $0.051\%$,较化肥对照区增加了一倍以上。

施用化肥会导致耕作层土壤盐类积累,并在较短时间内超过作物可以承受的含盐标准,而是由于沼渣具有较高有机质含量,施用土壤后形成腐殖质壤土,可以缓解盐类对作物的危害。

杨春璐等人通过室内干湿交替培养研究了沼渣对沈阳地区耕地棕壤和草甸土中速效钾含量及外源钾固定的影响,结果表明:(1)加入沼渣可以促进土壤中钾元素的释放,含 6% 沼渣的棕壤和草甸土速效钾含量低于 $130.53$ mg/kg 和 $139.29$ mg/kg 时,干燥就会引起层间钾的释放;(2)沼渣可以减少土壤对外源钾的固定量,含沼渣 2% 和 6% 的棕壤在干湿交替培养 15 天后,固钾量比对照分别减少了 $12.51$ mg/kg 和 $54.81$ mg/kg,草甸土则分别比对照减少了 $62.57$ mg/kg 和 $137.66$ mg/kg。

### (四) 吸附剂

C.Namasivayam 等人的研究表明,沼渣对于废水中的重金属离子 Cr(Ⅵ) 有较好的吸附作用,到达吸附平衡的时间很快。随着 pH 值的降低,吸附作用越明显,在 pH 值为 1.5 时,其对 Cr(Ⅵ) 的去除率几乎可以达到 100%,而且,由于沼渣中富含营养元素和多种微量元素,废水经沼渣处理后可用于浇灌农田。

C.Namasivayam 等人利用沼渣对于工业废水中的 Direct red 12 B 型染色剂进行吸附试验,结果表明,沼渣对于此类染色剂具有良好的吸附作用,在 pH 值为 2.7 时,去除率可以达到 100%。而且,沼渣富含多种营养元素和微量元素,经沼渣吸附处理后的工业废水可以作为灌溉用水。

C.Namasivayam 等人还利用沼渣对废水中的 Pb(Ⅱ) 进行吸附,也取得了良好的效果,沼渣对于 Pb(Ⅱ) 的吸附容量可以达到 $28$ mg/g,是一种十分优越的吸附剂。

## 第六节　沼气发电技术

沼气作为农村生活燃料已为人们所接受,沼气作为发动机燃料,直接驱动加工作业机具和发电机以代替石油,在我国 20 世纪 70 年代就开始受到国家的重视,成为一个重要的课题被提出来。到 80 年代中期我国已有上海内燃机研究所、广州能源所、四川省农机院、南充地区农机所、武进柴油机厂、泰安电机厂等十几家科研院所、厂家对此进行了研究和试验。经过几十年的研发应用,在全国兴建了大中型沼气工程 2000 多座;户用农村沼气池 1060 万户,其数量位居世界第一。不论是厌氧消化工艺技术,还是建造、运行管理等都积累了丰富的实践经验,整体技术水平已进入国际先进行列。2002 年我国的城市垃圾量达到 1.5 亿 t,垃圾填埋场中蕴藏的沼气资源已被人们认识,目前已有少量垃圾场的填埋气被收集起来用于发电,如果所有的垃圾场填埋气和沼气工程的沼气能被收集起来,将有大量的沼气可用于发电。

据 2001 年数据,全国已建 400 余座城市污水处理厂,但处理率不足于应处理的生活污水量的 20%。按国家"十五"规划,工厂、污水处理厂或规模化畜禽养殖场又是用电大户,近几年由于国内电力日趋紧张,特别是经济发达地区的企业,经常受到国家电网用电量的限制(每星期停电 1~2 天)或计划外用电需高价购买。因此,许多企业已开始意识到沼气发电既提高了沼气自身的经济价值,又为企业缓解了电力紧缺的矛盾。

## 一、国内沼气发电机研制概况

在我国,沼气机、沼气发电机组已形成系列化产品。目前国内从 0.8 kW 到 5000 kW 各级容量的沼气发电机组均已先后鉴定和投产,主要产品有全部使用沼气的纯沼气发动机及部分使用沼气的双燃料沼气——柴油发动机。这些机组,各具特色,各有技术上的突破和新颖结构,已在我国部分农村和有机废水的沼气工程上配套使用。近十几年由于农村家庭责任制,大中型的工厂化畜牧场的建立,及环境保护等原因,我国的沼气机、沼气发电机组已向两极方向发展。农村主要以 3~10 kW 沼气机和沼气发电机组方向发展,而酒厂、糖厂、畜牧场、污水处理厂的大中型环保能源工程,主要以单机容量为 50~200 kW 的沼气发电机组方向发展。国外,绝大多数小型沼气发电机均由原汽油机改装而成,其功率大都下降,一般下降 15%～20%,而柴油机改装成小功率的沼气机很少,原因在于其控制系统均采用电子调速系统来控制混合器,增加成本。在国内,大多数小功率沼气机的改装都以柴油机为主,其功率有所下降的机组,其下降率也在 10%～15% 之间,主要原因为沼气中含甲烷量少,发动机工作容积不变,不能增加混合气热值所致,热效率在 33%～36% 之间。

### (一) 全烧沼气(天然气、煤气)发动机和发电机组

国内的全烧气发动机是将一台四冲程的液体燃料发动机改装成为气体燃料发动机,比改装为双燃料发动机复杂、困难,因为液体燃料发动机本身缺少点火装置。若将柴油机改烧沼气(天然气),需做如下几项工作:

(1) 确定为降低压缩比及燃烧室形状所必须的机器改装。

(2) 设计沼气(天然气)的进气系统和沼气—空气混合器结构。

(3) 设计气体调节系统及其与调速器的联动机构。

(4) 设计点火系统。若是由汽油机改烧沼气(天然气),则不需要再作(1)、(3)、(4)项工作。

柴油机改为全烧沼气(天然气、煤气)发动机比较见表 7-11,汽油机改为全烧沼气(天然气、煤气)发动机比较见表 7-12。

表 7-11　柴油机改为全烧沼气(天然气、煤气)发动机比较

| 国家或单位 | 机　型 | 燃　料 | 工作方式 | 比热能/MJ·(kW·h)$^{-1}$ | |
|---|---|---|---|---|---|
| | | | | 发电机组 | 发　动　机 |
| 英　国 | DAG | 煤　气 | 全煤气 | | 10.21 |
| 前苏联 | DKE030 | 天然气 | 全天然气 | | 10.22 |
| 武进柴油机厂 | 195-Z | 沼　气 | 全沼气 | | 10.26 |
| 四川省农机院 | CC195 | 沼　气 | 全沼气 | 13.96 | 10.61 |
| 四川省农机院 | 1100 | 天然气 | 全天然气 | 11.08 | |

| 国家或单位 | 机 型 | 燃 料 | 工 作 方 式 | 比热能/MJ·(kW·h)⁻¹ | |
|---|---|---|---|---|---|
| | | | | 发电机组 | 发动机 |
| 四川省农机院 | 195 | 沼 气 | 全沼气 | | 11.74 |
| 上海内研所 | SGFZ | 沼 气 | 全沼气 | 17.77 | 13.42 |
| 重庆电机厂 | 1.2 kW | 沼 气 | 全沼气 | 20.94 | 12.27 |

**表 7-12 汽油机改为全烧沼气(天然气、煤气)发动机比较**

| 国家或单位 | 机 型 | 燃 料 | 工 作 方 式 | 比热能/MJ·(kW·h)⁻¹ | |
|---|---|---|---|---|---|
| | | | | 发电机组 | 发动机 |
| 英 国 | T2M425 | 煤 气 | 全烧煤气 | | 14.36 |
| 四川省农机院 | 0.8GFZ | 沼 气 | 全烧沼气 | 22.66 | 14.27 |

### (二) 双燃料发动机和发电机组

任何一台四冲程柴油机都不必更换主要零件,就可以改装成为柴油—沼气(天然气)机。

我国采用的双燃料工作方法,在不改变原柴油机结构,可保证在运行状态时转换为全烧柴油工作。我国的双燃料发动机在保留原燃油系统而节油率确定以保证喷油嘴偶件有足够的冷却强度以免烧坏偶件的情况下,其节油指标均能达到国际公认的最佳范围。国外柴油机改为柴油—沼气(天然气)双燃料机若供油系统不变,其节油率为70%～85%,但其热量利用低于原柴油机。

我国的双燃料发动机,从1974年先后有四川省农机院、上海内燃机研究所、中科院广州能源所等十几个科研单位从事这方面的研究试验工作,并取得很好的成绩,改装后的机组,操作极其简单方便,其节油率在75%以上,发电机组的主要性能指标达到我国 GB2819—81《交流工频移动电站通用技术条件》所规定的指标范围。双燃料机节油率比较见表7-13。

**表 7-13 双燃料机节油率比较**

| 国家或单位 | 机 型 | 燃 料 | 工 作 方 式 | 节油率/% | 比热能/MJ·(kW·h)⁻¹ | |
|---|---|---|---|---|---|---|
| | | | | | 发电机组 | 发动机 |
| 前苏联 | 38-КЧ-8 | 柴油－煤气 | 双燃料 | 80 | | 9.57 |
| 英 国 | MANC-V33 | 柴油－煤气 | 双燃料 | 90～80 | | 8.81 |
| 美 国 | | 柴油－煤气 | 双燃料 | 95～85 | | 8.77 |
| 泰安电机厂 | 12GFS32 | 柴油－沼气 | 双燃料 | 81 | 14.73 | 11.90 |
| 南充农机所 | 195 | 柴油－沼气 | 双燃料 | 76 | | 9.26 |
| 泰安电机厂 | 10GFS13 | 柴油－沼气 | 双燃料 | 62 | 11.51 | 9.50 |

从能量利用的角度看,碳氢燃料可被多种动力设备使用,如内燃机、燃气轮机、锅炉等。图7-34是采用发动机、内燃机、燃气轮机和锅炉蒸汽轮机发电的结构示意图,燃料燃烧放热量通过动力发电机组和热交换器进行利用,相对于不进行余热利用的机组,其综合热效率要高。从图7-34中可见,采用发动机方式的结构最简单,而且还具有成本低、操作简便等优点。

图7-35是采用不同种类动力发电装置的效率图。从图7-35中可见,在4000kW以下的功率范围内,采用内燃机具有较高的利用效率。相对燃煤、燃油发电来说,沼气发电的特点是中小功

率性,对于这种类型的发电动力设备,国际上普遍采用内燃机发电机组进行发电,否则在经济性上不可行。因此采用沼气发动机发电机组,是目前利用沼气发电的最经济、高效的途径。

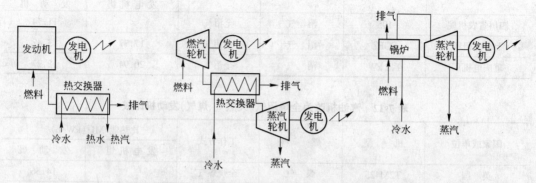

图 7-34　不同类型动力发电设备工作简图

### （三）沼气发动机的类型

沼气发动机一般是由柴油机或汽油机改制而成,分为压燃式和点燃式两种。

压燃式发动机采用柴油-沼气双燃料,通过压燃少量的柴油以点燃沼气进行燃烧做功。这种发动机的特点是可调节柴油/沼气燃料比,当沼气不足甚至停气时,发动机仍能正常工作。缺点在于系统复杂,所以大型沼气发电工程往往不采用这种发动机,而多采用点燃式沼气发动机。

点燃式沼气发动机也称全烧式沼气发动机,其特点是结构简单,操作方便,而且无需辅助燃料,适合在城市的大、中型沼气工程条件下工作,所以这种发动机已成为沼气发电技术实施中的主流机组。

### （四）沼气发动机发电机组系统

沼气发动机发电机组工作系统见图 7-36。根据沼气发动机的工作特点,在组建沼气发动机发电机组系统时,要着重考虑以下几个方面。

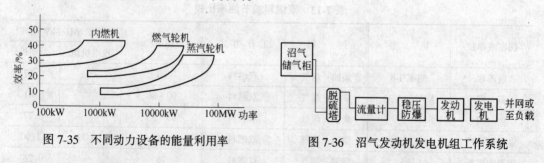

图 7-35　不同动力设备的能量利用率　　　　　图 7-36　沼气发动机发电机组工作系统

（1）沼气脱硫及稳压、防爆装置:沼气中含有少量的 $H_2S$,该气体对发动机有强烈的腐蚀作用,因此供发动机使用的沼气要先经过脱硫装置。沼气作为燃气,其流量调节是基于压力差,为了使调节准确,应确保进入发动机时的压力稳定,故需要在沼气进气管路上安装稳压装置。另外,为了防止进气管回火引起沼气管路发生爆炸,应在沼气供应管路上安置防回火与防爆装置。

（2）进气系统:在进气总管上,需加装一套沼气/空气混合器,以调节空燃比和混合气进气量,混合器应调节精确、灵敏。

（3）发动机:沼气的燃烧速度很慢,若发动机内的燃烧过程组织不利,会影响发动机运行寿命,所以对沼气发动机有较高的要求。

(4) 调速系统:沼气发动机的运行场合是和发电机一起以用电设备为负荷进行运转,用电设备的装载、卸载会使沼气发动机负荷产生波动,为了确保发电机正常发电,沼气发动机上的调速系统必不可少。

从沼气发动机的经济性能出发,希望沼气发动机多工作在中、高负荷工况下,因为这样发动机的燃气能耗率较低,即发动机在高效率下工作。从在沼气发动机上测得的负荷特性来看,在低负荷下气耗率很高,因此要尽可能使发动机避免在此工况下工作。

为了提高沼气能量利用率,可采取余热利用装置,对发动机冷却水和排气中的热量进行利用。采取余热利用装置后,发动机的综合热效率会大幅度提高。

### (五) 沼气发动机的可靠性

沼气的燃烧速度慢,若不采取有效措施,很容易使发动机出现后燃现象,也就是发动机的排气温度较高,使发动机热负荷增大,影响使用寿命。

近年来,我国已研制出不同型号的沼气发动机,单机功率逐步上升到 100 kW 以上,最大的已达到 400 kW。但由于在基础研究(如发动机工作过程)等方面的科研相对滞后,沼气发动机后燃严重未能根本解决。许多发动机实际排温高达 600~700℃,排气阀严重磨损,阀座下陷,气缸盖要经常拆动,发动机可靠性与寿命过不了关。而且,由于燃烧过程组织不利,沼气消耗率普遍偏高,实际上 1 m³ 沼气发电不到 1.6 度,与国际上 1 m³ 沼气能发电 2 度以上的性能相比,经济性不好。

由于上述原因,许多国产机组不得不降负荷运行,有的在使用中途被国外机组替换,而有的沼气工程则直接使用国外机组,这对沼气发电技术的国产化造成不利影响。因此,重视有关问题的研究,加强相关科研攻关,提高国产机组的性能,对推进我国在实施沼气发电技术上的水平,具有重要意义。

## 二、沼气发电系统

沼气发电系统是能量转换与传递的主要场所,它涉及到化学能与热能和压力能的转换、压力能与动能的转换、动能与电能的转换、热能的传递,子系统较多,工艺管线复杂,需仔细研究才能掌握其整体情况。在研究时可按以下几个思路进行:(1)掌握各子系统的功能;(2)掌握各子系统的控制条件;(3)掌握各子系统与其他子系统的关系(传质还是传热);(4)换热器内不发生传质,仅通过导热材料(如换热器壁)进行传热。

以高碑店污水厂沼气发电系统为例,沼气发电机房的几大系统简述如下:

(1) 缸套水冷却系统:缸套冷却水(每机 852 L/min)在缸套处吸收沼气燃烧所产生的一部分热能,温度从 79℃升高到 82℃,如缸套冷却水温度高于 80℃(175OP),则进入缸套水换热器(反之跨越缸套水换热器),在缸套水换热器处将热量传递给从消化池污泥泵房来的循环冷却水,若出水温度还未降到 80℃以下,则进入风冷器(反之跨越风冷器),通过风冷器使温度降到 80℃以下,降温后的水(79℃)再由水泵打到缸套,循环运行。

(2) 废热回收系统:从发动机气缸排出的废气(每机 3400 kg/h)带有大量热能,若不进行回收则是一种浪费,同时也是一种热污染,因此,废气在排出系统前要经过废热回收装置,回收热能,使温度从 579℃降到 177℃(不能低于 170℃),然后经消音器排到大气中。

(3) 热水循环利用系统:循环水(每机 530 L/min)先通过缸套水冷却器,温度从 57℃升高到 62℃,然后通过废热回收装置,温度从 62℃升高到 74℃,最后在消化池污泥泵房泥水热交换器中加热污泥(中途热损失使温度降为 73℃),使污泥从 34℃升高到 45℃,而水的温度从 73℃降到 58℃,降温后的水再回到发电机房(中途热损失使温度降低 1℃)进行换热。

(4) 润滑油系统:润滑油在润滑过程中被加热,如温度高于74℃,则进入润滑油冷却器进行换热,温度小于74℃时则不进行换热,跨越润滑油冷却器。

(5) 中冷器系统:中冷器的水吸收润滑油的热量,进入水泵加压,若温度大于49℃通过风冷器进行换热使温度小于49℃;若不大于49℃,则跨越风冷器,然后通过中冷器预热空气,回收部分热量,循环运行。

(6) 风冷器系统:风冷器系统作为一种紧急冷却系统安装在室外(管理房顶),当缸套冷却水从缸套水冷却器出来后温度仍高于80℃或中冷器的出水温度高于49℃时启动该系统对缸套水或中冷器水进行冷却,以保证沼气发电系统正常运行。

(7) 沼气进气系统:沼气(每机274.6 $m^3$/h)(400~600 kPa)通过过滤分离器去除水分,然后进入气缸进行燃烧。

(8) 空气进气系统:空气(每机2914 $m^3$/h,15℃)通过空气过滤器(机座上)分离水分,被蜗轮增压器加压,在中冷器中被加热,然后进入气缸进行燃烧。

(9) 空气启动系统:空气经空压机压缩后储存在空压罐中,然后经Y形过滤器过滤,推动启动马达运转,启动马达带动发动机运转,吸入沼气与空气进行燃烧,当燃烧开始且发动机运行正常后即停止。每次每机启动需690~1240 kPa的空气9.57 $m^3$。

### 三、两种常见的发电模式的比较

工业发达国家最常见的两种利用垃圾发电的模式,一是将垃圾卫生填埋,回收填埋场沼气,以沼气为燃料燃烧发电;二是直接以垃圾为燃料,焚烧垃圾发电。这两种方法均是垃圾能源化的有效途径。前者由于垃圾在填埋场内经过厌氧消化(发酵),故称生化法;后者利用垃圾燃烧将化学能转变成热能,故称焚烧法。两种方法的原理、工艺流程、发电能力、占地面积及适应条件均有差异,两种发电模式的综合比较见表7-14。

**表7-14　两种发电模式的综合比较**

| 项　　目 | 生　化　法 | 焚　烧　法 |
|---|---|---|
| 适应条件 | 对垃圾成分、热值无要求 | 要求含可燃物较高,$Q_{DY}^Y \geqslant 3350$ kJ/kg |
| 技术可靠性 | 沼气易燃易爆,须防火防爆 | 技术安全可靠 |
| 无毒化 | 垃圾填埋后封闭,可防止一次污染 | 垃圾在高温下被消除病原体 |
| 能源化 | 回收沼气,沼气联合循环发电 | 直接实现垃圾化学能向电能转换 |
| 减量化 | 处理速度较慢,减量程度较少 | 焚烧后可减容70%~90%,处理快 |
| 二次污染 | 须防止渗滤液污染地下水源 | 须防止烟气污染大气 |
| 选　址 | 要求适宜地理条件,远离市区大于15 km | 市郊,运输距离小于10 km |
| 占　地 | 占地面积较大 | 占地面积较小 |
| 投　资 | 初投资较小 | 初投资较大 |
| 运行费 | 处理每吨垃圾约15~20元 | 处理每吨垃圾约25~35元 |
| 腐　蚀 | 不腐蚀燃烧设备 | 过热器易产生高温腐蚀 |

利用垃圾沼气发电可实现环保效益和经济效益"双赢"。这是因为垃圾填埋场沼气的主要含量是甲烷和二氧化碳,它们不仅严重污染大气环境,加剧地球温室效应,而且易引起自燃和爆炸

事故。采用以厌氧消化(沼气技术)为核心的综合治理与利用工程技术,既经济(节能、产能),又有效(仅厌氧消化工序有机物的去除率可达到75%以上),其厌氧消化的副产物——沼液、沼渣又是优质有机肥料,为生态农业的种植业所需要。沼气发电不但可以减少垃圾环境污染,杜绝燃爆事故,还可将污染物转化为"绿色能源"。与垃圾焚烧发电相比,填埋气发电投资小,运行费用低,仅为焚烧费用的1/4左右。

### 四、填埋气发电

各国填埋气的资源化利用是自20世纪70年代开始的,目前在美国和英国等对于填埋气开发利用较早的国家,填埋气的利用被认为是一种可再生的清洁能源和减少本国温室气体排放的重要途径而得到广泛的重视。

美国国家环保局(1996年)估计,美国全国已有750个垃圾填埋场,所产气体发出的电力,足够300万户家庭使用。利用这些含$CH_4$的气体作为能源,还降低了温室气体的排放,相当于停驶1400万辆轿车的效果。美国加州的哥兰多(Glendale)市,成功地把垃圾填埋气从8.85 km(5.5英里)以外的填埋场用管道送到电厂,发出足够3万户家庭使用的电力,每天利用填埋气$22.7 \times 10^4$ $m^3$。这一项目在投入运行的头20年中收益4000万美元。

随着工业的发展和人民生活水平的提高,我国城市人均年产垃圾达440 kg,年增长率为8%~10%。由于垃圾无害化处理率较低(不到2%),只能将其运到城郊裸露堆放,导致200多个城市陷入垃圾包围之中。因此,垃圾能源化处理是我国迫切需要解决的问题。目前,东南沿海城市已建成或正在规划筹建垃圾发电站。填埋气发电主要有以下几种形式:

(1) 燃气内燃机发电。利用填埋气作为燃气内燃机的燃料,带动内燃机和发电机发电。这种利用方式设备简单,投资少,不需对填埋气做复杂的净化脱水,利用效率高,适合于发电量为1~4 MW的小型填埋气利用工程。

近年来我国小型沼气发电有较大发展,全国目前已有小型沼气发电站2000余处,主要采用异步发电机。用双燃料发动机作动力,带动三相交流异步发电机,即成为双燃料异步发电机组。它具有结构简单,操作维护方便,故障较少,比较安全及售价低廉等优点,能承受超载10%运行;当外线发生短路事故时,也不会烧坏发电机,能承受不对称负荷。适宜于一般居住较集中的农村使用。其缺点是发电质量差,电压不稳;动力负荷小,只能占总容量20%以下。15 kW以下,可采用异步发电机。

小型沼气发电在农村得到广泛推广。沼气发动机与发电机配套,即可建成沼气电站,为照明、抽水等提供电力。除了发电外,沼气发动机也可以用来开动汽车和拖拉机,还可以直接驱动水泵、饲料粉碎机、碾米机及其他需要动力的机械。

(2) 燃气轮机发电。利用填埋气燃烧产生的热烟气直接推动涡轮机,涡轮机带动发电机发电。这种利用方式与燃气内燃机发电方式相比,其发电效率低,投资较大,需要对填埋气进行深度冷却脱水处理,适合于发电量为3~10 MW的填埋气利用工程。

(3) 蒸汽轮机发电。利用填埋气体作为锅炉燃料,产生蒸汽,蒸汽再带动蒸汽轮发电。这种方式发电效率较低,在规模较大、填埋气产生量大的填埋场宜采用这种方式,一般发电量在5MW以上发电。这种利用方式与燃气内燃机发电方式相比,其发电效率低,投资较大,需要对填埋气进行深度冷却脱水处理,适合于发电量为3~10 MW的填埋气利用工程。它的一般的工艺流程如图7-37,填埋气燃烧发电过程如图7-38所示。

由于填埋气中含有$H_2S$,对金属设备有较大的腐蚀作用,因此要求设备要耐腐蚀。在填埋气进入内燃机之前,可先将填埋气进行简单净化,主要去除$H_2S$,同时吸收部分$CO_2$,以提高填埋气

中 $CH_4$ 的含量。

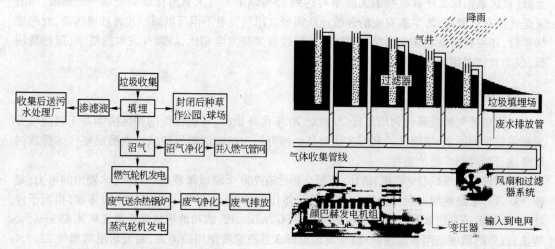

图 7-37　沼气发电工艺流程图　　　　　　图 7-38　垃圾填埋气燃烧发电过程示意图

目前,已开发出专门利用沼气、填埋气为原料燃烧发电的高效率发电机组。尽管由于填埋气的产生量及组分波动对填埋气的热值造成很大的影响,但不同功率的填埋气发电设备均达到了相当高的热效率,燃烧尾气排放也符合环保的要求。表 7-15 为奥地利某公司生产的以沼气或填埋气为燃料的燃气发电机主要技术参数。

表 7-15　以沼气或填埋气为燃料的燃气发电机主要技术参数

| 燃气机组型号 | 机械功率输出①/kW | 电功率输出②/kW | 热功率输出③/kW | 能量输入④/kW | 机械效率/% | 电效率/% | 热效率/% | 总效率/% | 平均有效压力/MPa | 中冷器水温/℃ | 甲烷指数 |
| --- | --- | --- | --- | --- | --- | --- | --- | --- | --- | --- | --- |
| JMS208 GS-B.L | 342 | 330 | 421 | 869 | 39.36 | 37.98 | 48.46 | 86.44 | 1.65 | 70 | 100 |
| JMS312 GS-B.L | 646 | 625 | 766 | 1619 | 39.90 | 38.51 | 47.31 | 85.89 | 1.77 | 50 | 100 |
| JMS320 GS-B.L | 1077 | 1048 | 1281 | 2692 | 40.01 | 38.93 | 47.60 | 86.53 | 1.77 | 50 | 100 |
| JMS620 GS-B.L | 2495 | 2428 | 2680 | 6106 | 40.86 | 39.76 | 43.89 | 83.65 | 1.60 | 60 | 85 |

①以上技术参数是在机组转速 1500 r/min 和 50 Hz 时按 ISO3046/I—1991 条件量度出的 ISO 标准输出;
②在功率因数为 1.0 时按 VDE0530REM 标准量度;
③热功率输出的总公差是 ±8%,尾气出口温度 120℃,沼气尾气出口温度 150℃;
④能量输入按 ISO3046/I—1991,+5% 公差的标准量度。

天子岭垃圾填埋气体发电厂是我国首家垃圾填埋气体发电厂,1994 年 5 月与美闰惠民公司合作,成立杭州中佳环境技术有限公司。中方提供填埋气体及 1000 m² 土地,美提供资金及负责发电厂建设、运行管理。1998 年 10 月厂正式投产发电,现使用两台美国 Catepiller 公司提供的 970 kW 发电机组,至今运转良好,每度电收益额 0.53 元。电厂管理技术人员共 5 名,进行自动化控制、气体收集处理等日常工作。该项目具有良好的环境效益、社会和经济效益,它不仅可以防止填埋气体的二次污染,变废为宝,又可有效地消除填埋场沼气带来的不安全隐患。图 7-39 为该厂主要工艺流程。

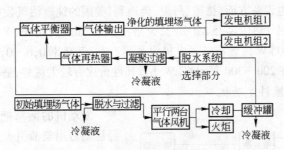

图 7-39　填埋气体处理系统流程

工程设计总投资 2075 万元,其中包括 1660 万元的设施建设资金和 415 万元的技术投入,工程占地 1250 m²,初始投资见表 7-16。工程运行费用包括人力、动力、设备维修检测等每年 210 万元。预计的年税前电力销售利润为每年 510.69 万元。

表 7-16　天子岭垃圾填埋气体利用工程初始投资表

| 项 目 名 称 | 费用/万元① | 项 目 名 称 | 费用/万元① |
|---|---|---|---|
| 征地及平整费用 | 7.5 | 安　装 | 105 |
| 土建工程 | 45 | 办公设备及交通工具 | 30.7 |
| 焚烧火炬 | 5.8 | 技术投入 | 415 |
| 发电机组及风机 | 931 | 其　他 | 158 |
| 自控系统及测量仪器 | 120 | 合　计 | 2075 |
| 零部件、配件及工具 | 257 | | |

①1995 年价格。

2002 年 7 月底,由联合国基金资助,澳大利亚可宁卫南京能源有限公司承建的南京水阁垃圾填埋气发电厂,正式并网发电,目前装机容量为 1250 kW,每年可发电 8.7×10⁶ kW·h,能提供 5000 户家庭用电。垃圾填埋气发电工程包括沼气收集、发电和并网系统。在水阁垃圾场内分布着数十个深达 25 m 的垂直沼气收集井,从这里收集的沼气通过输送管线,汇集到附近的沼气收集站。垃圾沼气进入发电机之前,必须通过前期处理设备过滤掉水分、碳化物、粒状污染物,并保持稳定的进气温度。沼气燃烧发电后产生的电力则通过地下电缆传输到 100 m 外的电力输出终端站,并入当地电网供用户使用。

## 五、污水处理厂污泥消化沼气发电

目前在国内城市污水处理行业,沼气发电利用途径一般为沼气内燃机-余热回收-发电机组:利用沼气内燃机驱动发电机发电与厂内供电并网,并利用余热回收装置回收沼气内燃机的余热加热消化污泥。这种利用途径能充分利用沼气热值,一般可达沼气热值的 85%～90%。

该技术的关键是选用高效的沼气发电机组、锅炉废气以及发电机组冷却水的含热量回收、沼气脱硫技术等。

### (一) 沼气发电机组

沼气发电机组包括沼气发动机与发电机。沼气发动机有两种。

**1．火花点火式燃气发动机**

由燃气发动机的活塞把沼气与空气吸入汽缸经压缩后用电火花点火燃烧，再带动发电机。发动机的耗热量为 $10884\sim12141\ kJ/(kW\cdot h)$，每立方米沼气约可发电 $1\sim1.5\ kW$，它的示意图如图 7-40 所示。沼气发电设备方面，德国、丹麦、奥地利、美国的纯燃沼气发电机组比较先进，气耗率 $\leqslant0.5\ m^3/(kW\cdot h)$（沼气热值 $\geqslant25\ MJ/m^3$），价格在 $300\sim500$ 美元/$(kW\cdot h)$。我国"九五"、"十五"期间研制出 $20\sim600\ kW$ 纯燃沼气发电机组系列产品，气耗率 $0.6\sim0.8\ m^3/(kW\cdot h)$（沼气热值 $\geqslant21\ MJ/m^3$），价格在 $200\sim300$ 美元/$(kW\cdot h)$，其性价比有较大优势，适合我国经济发展状况。

**2．压缩点火式双燃料发动机**

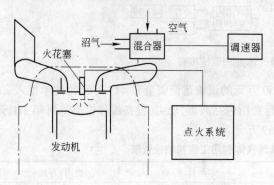

图 7-40　火花点火全烧沼气发动机示意图

发动机的活塞把沼气和空气吸入汽缸经压缩后用柴油引火，引火用的柴油量约占发动机总燃料量的 $8\%\sim10\%$，如沼气量不足，也可全部用柴油，故称"双燃料"。发动机的耗热量为 $9629\sim10884\ kJ/(kW\cdot h)$，每立方米沼气约可发电 $2.1\ kW$。双燃料发动机的特点是在燃气不足甚至没有的情况下可增加进行燃烧的柴油量，甚至完全烧柴油，以保证发动机运行正常。因此，使用起来比较灵活，适用于产气量较少的场合（如农村地区的小沼气工程中）。

**（二）热量回收**

许多污水厂用沼气烧锅炉为污泥消化池加热或者为污水厂生活提供炊事、采暖、洗浴的热源。沼气一部分用于沼气锅炉，另一部分用于发电机，发动机排出的废气余热由冷却水收回。热水送至废热锅炉或沼气锅炉，产出的蒸汽回用于加热消化池，可满足消化池所需的全部热量。沼气发电系统中发动机的效率取决于发动机的设计和运行方式，沼气能量在这种方式下经历由化学能→热能→机械能→电能的转换过程，其能量转换效率受热力学第二定理的限制，热能不能完全转化为机械能，热机的卡诺循环效率不超过 40 ％，大部分能量随废气排出。

沼气锅炉的废气温度高达 $380\sim450℃$，沼气发电机组的冷却水温约 $50\sim60℃$，含热量很高。用于消化池加温，可提高沼气的燃烧热效率，节约能源，故热量回收是沼气发电成败的关键。若沼气燃烧的总热量为 $100\%$ 计：约 $34\%$ 可转化为发动机的机械能，其中约 $32\%$ 带动发电机转换为电能，机械损失约 $2\%$；另外 $66\%$ 的热量含于发电机组的冷却水与燃烧废气中，如用冷却水与废气加温生污泥，则约可回收其中所含热量的 $51\%$，热损失 $15\%$：所以综合热效率可达 $32\%+51\%=83\%$，热量损失约 $2\%+15\%=17\%$，此为最理想的热效率。但目前能达的综合热效率约为 $75\%$，热量损失约为 $25\%$。

图 7-41 是利用沼气锅炉的废气与发动机冷却水所含的热量加温生污泥的工艺流程。首先用沼气锅炉的废气，在废热锅炉 1（即废气热交换器）中加热发动机的冷却水，使冷却水的温度再提高 $8\sim10℃$，然后在热交换器 2 中加温已被预热的生污泥，废气的温度可从 $380\sim450℃$ 降低至 $180\sim200℃$ 排放。当沼气量不足不能发电时，可用沼气锅炉 13 直接加温生污泥。

图 7-42 为日本某污水处理厂沼气发电机发电系统图。该厂所产沼气一部分用于沼气锅炉，另一部分用于发电机，发动机排出的废气余热由冷却水收回。热水送至废热锅炉或沼气锅炉，产出的蒸汽回用于加热消化池，可满足消化池所需的全部热量。

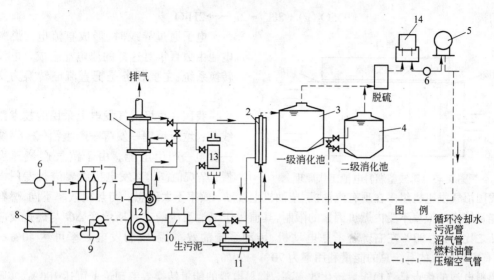

图 7-41 沼气发电热量回收流程

1—废热锅炉；2—热交换器；3、4—一级、二级消化池；5—高压储气罐；
6—空压机；7—启动氧气瓶；8—贮油池；9—燃油桶；10—润滑油冷却器；
11—生污泥加热器；12—沼气发动机；13—沼气锅炉；14—低压储气罐

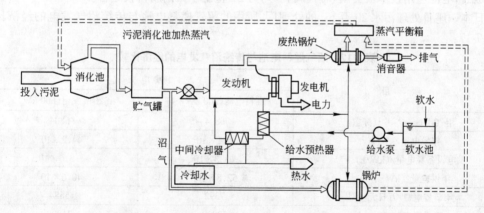

图 7-42 日本某污水处理厂沼气发电机发电系统图

## 六、沼气燃料电池发电

燃料电池是一种清洁、高效、噪声低的发电装置，近年来日本和欧美国家研究较多，但在国内，这项工作未提到议事日程上来。

沼气燃料电池是将沼气化学能转换为电能的一种装置，它所用的"燃料"并不燃烧，而是直接产生电能。沼气燃料电池系统一般由三个单元组成：燃料处理单元、发电单元和电流转换单元。燃料处理单元主要部件是改质器，它以镍为催化剂，将甲烷转化为氢气。发电单元基本部件由两个电极和电解质组成，氢气和氧化剂($O_2$)在两个电极上进行电化学反应，电解质则构成电池的内回路，其工作原理简图见图 7-43。

电解质可采用磷酸，电池反应为：

阳极： $$H_2(g) \longrightarrow 2H^+ + 2e$$

阴极：
$$0.5O_2(g) + 2H^+ + 2e \longrightarrow 2H_2O$$

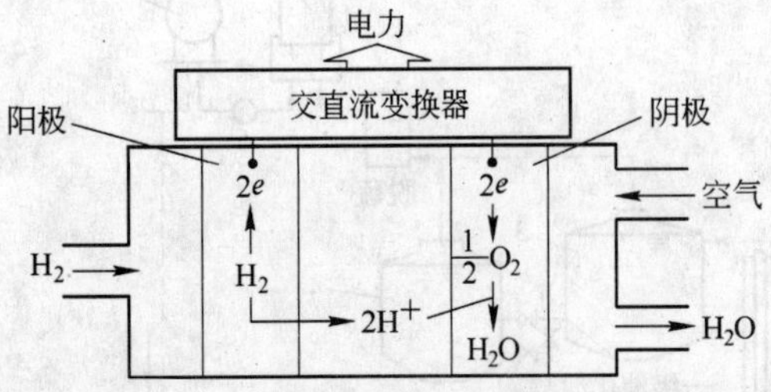

图 7-43　磷酸型燃料电池工作原理

电子通过导线时,形成直流电。燃料电池由数百年对这样的原电池组成。电流转换系统:主要任务是把直流电转换为交流电。

我国在垃圾沼气发电上采用的技术路线是:垃圾填埋—发酵—产生沼气—燃烧—发电—产生电能。由于沼气燃烧速度慢,辛烷值高,其发电机组要进行专门设计。我国沼气发电机组多在现有汽油机、柴油机上改动,效率不太理想。与热机效率不同,燃料电池能量转换的效率不受内燃机因素的限制,其值等于电池反应的吉布斯熵变 $\Delta G$ 与燃烧反应热 $\Delta H$ 之比,可达 90% 左右。若考虑电动机、传动系统的效率,系统的发电效率可达 40% ～ 60%,有废热回收的系统总的能量利用率为 70% ～ 90%。

燃料电池的优点是:(1)能量转化效率高,燃料电池的能量转换效率理论上可达 100%,实际效率已可高达 60% ～ 80%,为内燃机的 2～3 倍;(2)不污染环境,燃料电池的燃料是氢和氧,生成物是清洁的水;(3)寿命长。燃料电池本身工作没有噪声,没有运动件,没有振动,所以燃料电池是一种近乎零排放的动力源,它不经历热机卡诺循环过程而直接把燃料的化学能转变成电能,故燃料电池应用技术被美国《时代周刊》列为 21 世纪十大高新科技之首。

日本一座日处理污水 20 万 $m^3$ 的处理厂,所用的沼气燃料电池与传统沼气发电的经济比较见表 7-17。

表 7-17　沼气燃料电池与传统沼气发电的经济比较

| 项　　目 | 发电方式 | |
|---|---|---|
| | 燃料电池(200 kW×4) | 沼气发电(600 kW) |
| 沼气用量/$m^3 \cdot d^{-1}$(标态) | 6804 | 6804 |
| 年发电量/$kW \cdot a^{-1}$ | $56.1 \times 10^5$ | $44.2 \times 10^5$ |
| 发电设备耗电量/$(kW \cdot h) \cdot a^{-1}$ | $-3.3 \times 10^5$ | $-3.6 \times 10^5$ |
| 年供电量/$(kW \cdot h) \cdot a^{-1}$ | $52.8 \times 10^5$ | $40.6 \times 10^5$ |
| 年节省电费/万日元$\cdot a^{-1}$ | 7392 | 5684 |
| 建设费/万日元$\cdot a^{-1}$ | 72000 | 71000 |
| 年运行费/万日元$\cdot a^{-1}$ | 6248 | 5056 |
| 年盈利/万日元$\cdot a^{-1}$ | 1144 | 628 |

### 七、沼气发电产业的前景

沼气是一种具有较高热值的可燃气体,把它作为动力机的燃料,带动发电机运转,将得到高品位的电能。沼气发电技术在沼气工程中的引入,不但提升了沼气工程整体技术水平,而且可以通过出售电能带来较高的资金回报。热电联产受供热范围限制,一般要按照热用户的位置分散布点;离网的分散电源点受人口密度限制,布点也是分散的;各种废弃物资源数量有限,受能量密度限制,也需要分散利用。沼气发电主要包括畜禽养殖场废水、工业废水、垃圾填埋场沼气发电,农业秸秆、粮食加工废弃物、林业生产和木材加工废弃物发电,城市生活垃圾发电。这些废弃物都有能源利用价值,但燃料不适宜远距离运输,分散利用较为合理,适宜建设小型发电设施,电力基本上就地消化,这也是一种典型的分布式发电,所以沼气发电往往具备了分布式发电的许多优点:(1)电力就地消化,节省输变电投资和运行费用,减少了集中输电的线路损耗;(2)与大电网供电互为补充,减少电网总容量,改善电网峰谷性能,提高供电可靠性;(3)对用户自发自用的分布式发电,不存在电力交易,可降低用户的用电成本。

沼气发电是一个系统工程,它包括沼气生产、沼气净化与储存、沼气发电及上网等多项单元技术的优化组合,也涉及到国家对沼气发电的扶持政策和技术法规等。剖析国内已有的沼气发电工程,并借鉴发达国家的沼气发电经验,以及国家对可再生能源的政策导向,作者认为我国沼气发电产业将在未来的若干年后会有突破性进展,其依据是:

(1)国家相关政策的出台将打通包括沼气发电在内的绿色电力上网的瓶颈。当一个国家经济实力达到一定程度后,就会把目光更多地投向环保,就会更关注可持续发展问题,就会把资金投向这一领域,就会出台相关的政策来确保可持续发展战略目标的实现。

以德国为例。第二次世界大战后的德国经过几十年的经济复苏,已经具备经济能力来处理可持续发展问题。为了保护环境,控制全球变暖和促进能源的可持续供应,德国于1990年制定了"输电法",2000年又出台了"可再生能源法"。"输电法"规定公用电网对沼气发电输送来的电力实行优惠收购价,这一政策促进德国沼气发电技术的提高,促成了随后700多个沼气工程的建立。而"可再生能源法"提高了可再生能源发电上网的收购价,对于装机达到500 kW的发电站,输送到电网的电力获得的补贴比1999年增加了37%。可以预见,这将再一次促进德国的沼气工程的推广。

我国关于绿色电力上网和优惠政策的问题已经酝酿了一段时间,其重要性已被充分认识。对于具有一定规模的沼气发电站而言,能否使发电机组长期在额定负载下工作以及电价的高低决定着沼气发电能否取得较好的经济效益。如果一个沼气发电站的发电能力不能被较充分地利用,效益从何谈起? 在相当一部分沼气工程中,与其产气量相适应的发电站规模远大于内部(沼气工程自身或建设企业)用电总负载,也有内部用电负载装机容量甚大但只是间隙性地达到发电机组额定值的情况,这样一来,这种规模的沼气发电站如果不能向公用电网输送电力,是没有出路的;在地方电力部门方面,一个沼气发电站生产的电量对他们来说实在是微不足道,可要可不要,就是要收购,也得考虑利润,收购价往往让沼气发电站无法接受。所幸的是,国家已下决心要打通包括沼气电力在内的绿色电力上网的瓶颈。国家站在可持续发展的高度,出台促进绿色电力上网政策已为时不远。这时候沼气发电就不是简单的分布式发电了。正在研究和制定的可再生能源发电配额比例、份额标准、绿色证书以及发电上网的优惠政策,会筑造起有利于绿色电力发展的交易平台。

(2)我国将生产出性价比更好的沼气发电机组系列产品,为沼气发电提供有力的设备支持。目前较成熟的国产沼气发电机组的功率规格,主要集中在100~800 kW这个区段。根据沼气建设发展趋势分析和对沼气发电设备的市场需求调查,对大于和小于这个区段规格的发电机组的需求正在增长。

从沼气工程的产气量来看,有不少沼气工程适宜配建500 kW以上的沼气发电机组。从沼气发电机组的性价比来看,在有可以利用的动力原机的情况下,单机功率越大,越利于提高燃料发电效率,越利于降低发电机组单位功率成本,从而获得较理想的性价比。

同样从沼气工程的产气量来看以及从用电负荷性质来看,20 kW以下的发电机组也大有市场。例如一个万头猪场沼气工程,日产沼气80 $m^3$,显然不适合发电上网,适宜内部用电。其沼电用途一般为驱动沼气工程污水泵和猪场通风机,照明等,因此宜配备10 kW左右的发电机组。

鉴于沼气发电广阔的发展前景,国内数家有实力的研究院所和大型企业进行了强强合作,针对市场需求开发出不同规格的沼气发电机组系列产品。在大机组方面,济南柴油机股份有限公司已开发出了全烧沼气内燃机的 600 kW 沼气发电机组,并在"十五"科技攻关项目《大型高效厌氧沼气发电技术及示范电站》的工程应用成功。500～600 kW 的沼气发电机组会很快面市。值得一提的是,国内新一轮开发出来的沼气发电机组,已不是过去简单改装内燃机的发电机组。新的发电机组在性能方面已缩小了与国外先进机组的差距,特别是大机组的性能已经较为接近国外先进机组的技术指标。在小机组方面,重庆红岩、山东潍坊柴油机厂等开发了 10～65 kW 的动力机为全烧沼气内燃机的沼气发电机组,已投放市场。因此可以说,在发电设备方面国内已可为沼气发电的实施提供有力支持。可见,小功率沼气发电机组需求量也不少。

由以上分析可以看出,无论是沼气产量潜力、发电技术水平,还是市场需求、政策导向,都将会催生沼气发电的大发展。一些先行一步的企业已尝到了甜头。若干年后,在我国很可能出现德国的情景,几乎每个沼气工程都要进行发电。可以预见,沼气发电产业的形成势在必行,并有很大的发展空间。

# 第七节　生活垃圾综合处理与厌氧发酵实例

## 一、厌氧发酵技术在发达国家的应用

基于生态和法律的要求,对生活垃圾及有机垃圾进行厌氧发酵处理正成为全球的大趋势。至 2002 年,欧洲厌氧发酵处理厂的垃圾处理量比 1991 年增长了 13 倍。

百玛士(Biomax)公司所选用的干式厌氧发酵技术是法国 Valorga 公司的专利技术,已经有超过几十年的历史。目前,欧洲有超过 20 家工厂正运用该项技术成功地进行生活垃圾及有机垃圾的处理。国际著名的大都市如巴黎、科隆、日内瓦、巴塞罗那等城市均建设了运用该技术的工厂。很多发展中国家也对厌氧发酵技术产生了浓厚的兴趣。

采用 Valorga 干式厌氧发酵技术的部分欧洲垃圾处理厂见表 7-18。

**表 7-18　厌氧工艺欧洲工厂范例**

| 处 理 厂 | AMIENS | TILBURG | ENGELSKIRCHEN |
|---|---|---|---|
| 国 别 | 法 国 | 荷 兰 | 德 国 |
| 投产年份 | 1987 | 1993 | 1997 |
| 垃圾成分 | 生活垃圾 | 有机垃圾 | 有机垃圾 |
| 处理能力/t·d⁻¹ | 327 | 200 | 135 |
| 处 理 厂 | FREIBURG | MONS | GENEVA |
| 国 别 | 德 国 | 比利时 | 瑞 士 |
| 投产年份 | 1999 | 2000 | 1999 |
| 垃圾成分 | 有机垃圾 | 分选垃圾与有机垃圾 | 有机垃圾 |
| 处理能力/t·d⁻¹ | 140 | 226 | 39 |
| 处 理 厂 | VARENNES-JARCY | LA CORUNA | BARCELONA |
| 国 别 | 法 国 | 西班牙 | 西班牙 |
| 投产年份 | 2002 | 2000 | 2002 |
| 垃圾成分 | 混合生活垃圾 | 混合生活垃圾 | 混合生活垃圾 |
| 处理能力/t·d⁻¹ | 385 | 702 | 462 |

## 二、垃圾处理方案确定

为了在普陀区桃浦镇建设垃圾处理厂选择一种合适的工艺,对百玛士综合处理方案与垃圾焚烧方案进行比较。

### (一)工程投资

百玛士综合处理方案与垃圾焚烧方案的工程投资比较见表 7-19。

表 7-19　垃圾处理方案比较表(万元)

| 序　号 | 项　目 | 垃圾处理厂($800\ t\cdot d^{-1}$) | |
|---|---|---|---|
| | | 百玛士综合处理方案 | 焚烧方案 |
| 1 | 土　地 | 5460 | 6650 |
| 2 | 土　建 | 2350 | 1800 |
| 3 | 设　备 | 15730 | 28000 |
| 4 | 安　装 | 780 | 2240 |
| 5 | 其　他 | 4380 | 3000 |
| 6 | 总投资 | 28700 | 41690 |

注:按同样的选址进行评估。

可见,相对焚烧方案,百玛士综合处理方案能节省工程投资 17230 万元。

### (二)垃圾处理厂方案评价

对百玛士垃圾处理方案及焚烧方案归纳出工程总投资、经济效益、减量化等指标,并根据重要程度进行加权,评价结果见表 7-20。

表 7-20　垃圾处理方案评价计算表

| 序　号 | 评价项目 | 基准加权数 | 百玛士处理方案 | | 焚烧方案 | |
|---|---|---|---|---|---|---|
| | | | 评价值 | 得分 | 评价值 | 得分 |
| 1 | 安全程度运行可靠性 | 5 | 4.5 | 22.5 | 4.5 | 22.5 |
| 2 | 减量化 | 5 | 2.5 | 12.5 | 4.5 | 22.5 |
| 3 | 工程造价 | 5 | 4.0 | 20.0 | 3.0 | 15.0 |
| 4 | 年成本和能耗 | 5 | 4.0 | 20.0 | 3.0 | 15.0 |
| 5 | 施工难易程度及建设周期 | 5 | 3.0 | 15.0 | 2.0 | 10.0 |
| 6 | 对上海市垃圾成分的适应性 | 5 | 4.5 | 22.5 | 3.0 | 15.0 |
| 7 | 对城市发展适应性 | 5 | 4.0 | 20.0 | 2.0 | 10.0 |
| 8 | 环境影响 | 5 | 4.0 | 20.0 | 2.0 | 10.0 |
| 9 | 得分总值 | | | 152.5 | | 120.0 |

此外,考虑到选址 2 km 外嘉定区已建有江桥焚烧厂,其现有处理能力为 1000 t/d,并将于短期内增加至 1500 t/d。若普陀区再建设一座垃圾焚烧厂,不但投资大,而且服务半径重合。此外,综合处理厂分选出来的筛上物,含水率较低,热值比一般混合生活垃圾高,更易于焚烧,故可以与焚烧厂配套,不但解决了筛上物处理的问题,而且能增加焚烧的效益。根据垃圾处理厂选址

的地理、地质条件以及上海市经济发展现状、城市生活垃圾成分特点,垃圾处理技术方案拟采用百玛士有机垃圾厌氧发酵综合处理技术方案,即采取分选预处理+厌氧发酵的综合处理工艺技术路线。

### 三、垃圾分选系统

#### (一) 分选线设计原则

普陀区生活垃圾综合处理厂的主要处理对象为混合城市生活垃圾,必须先对其进行分选;根据委托单位提供的数据,来自集市及餐馆的有机垃圾含有近 20% 的废纸、塑料、金属、玻璃等组分,在进行生物处理前,也须进行分选预处理。为尽可能减少处理设备,两种不同处理对象采用相同的分选工艺处理。

根据垃圾的成分特性,采用人工与机械相结合的分选工艺,利用滚筒筛选、磁选等技术,尽可能拣选出金属、纸张、玻璃等可回收物,并拣选出混杂在垃圾中的有毒有害物及建筑垃圾等不可发酵的物质送填埋场或焚烧厂处置,垃圾中的有机部分则进入厌氧发酵车间进行生物处理。

设计两条生产线,生产线 A 处理城市生活垃圾,生产线 B 处理城市生活垃圾和有机垃圾。在正常条件下,该工艺设计能够处理 22.75 万 t/a 城市生活垃圾和 4.1 万 t/a 有机垃圾,可允许 10% 的波动。

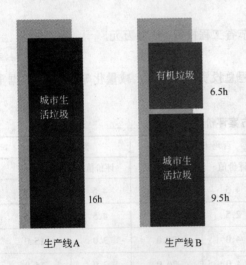

图 7-44　分选车间生产线运行时间

生产线 A 每天处理城市生活垃圾 16 h,生产线 B 每天处理城市生活垃圾 9.5 h,处理有机垃圾 6.5 h。两条生产线处理工艺保持一致,仅有的不同点是进入第二条生产线的垃圾特性会发生改变(例如对有机垃圾来说,只有很少的黑金属、塑料、罐头瓶等需要手选)。分选车间生产线运行时间安排见图 7-44。

#### (二) 分选工艺流程

分选工艺包括:进料及送料单元、破袋预处理单元、一级人工分选单元、筛分单元、磁选单元、二级人工分选单元、臭气收集与处理单元等。城市生活垃圾分选回收处理主要工艺流程如图 7-45 所示。

**1. 垃圾进料及送料**

载有城市生活垃圾的垃圾运输车,经称重后,进入卸料大厅,由该垃圾运输车自带的液压动力系统将集装箱内的垃圾倾斜卸料,将垃圾倒入卸料坑,卸料坑容积设计为综合处理厂两天的处理量。垃圾卸下后,由吊车抓送,通过给料机均匀地送至预处理工序。有机垃圾的进料过程与城市生活垃圾一致,在卸料坑中有专门隔间用于暂存有机垃圾。

**2. 破袋预处理**

垃圾由给料机直接进入破袋预处理单元。经破袋机破袋处理后,袋装垃圾被均匀地撕裂、破碎,然后由皮带机输送到一级人工分选工序。

**3. 一级人工分选**

一级人工分选是对垃圾进行分类分选回收的关键工序。当输送带上的垃圾通过分选作业平台时,输送带两侧的拣选工人根据作业分工要求,分别拣选垃圾中的大件垃圾、玻璃以及纸或硬纸板,置于操作工人旁边的分类漏斗中。分类漏斗的底部与相应的垃圾箱相通,被拣选的物料通过漏斗落入垃圾箱内,在规定时间内由专用运输车将其运送至指定地方,集中进行处理或利用。

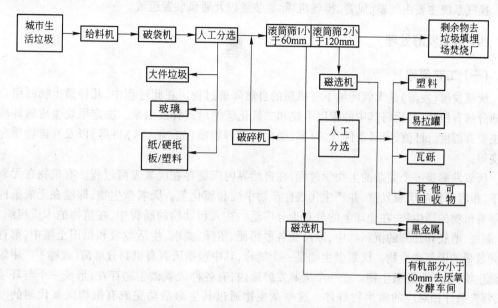

图 7-45　城市生活垃圾分选回收处理工艺流程图

### 4. 筛分处理

筛分处理主要是通过滚筒筛对经过破袋以及一级人工拣选后的垃圾进行筛分处理。另外,考虑到我国生活垃圾的实际情况,在滚筒筛内会加入第二次破袋设计,以确保所有垃圾均通过机械筛分。

根据粒径的不同,一级滚筒筛可以将垃圾筛分为大于 60 mm 和小于 60 mm 两类。粒径小于 60 mm 的垃圾经磁选后,由输送带将其直接送往干式厌氧发酵车间,经预处理后进入厌氧发酵系统。粒径大于 60 mm 的垃圾需继续筛分处理。

一级筛分后粒径大于 60 mm 的垃圾进入二级滚筒筛进行筛分处理。根据粒径的不同,可以将垃圾分为大于 120 mm 和小于 120 mm(大于 60 mm)两类。其中粒径大于 120 mm 的部分直接送至垃圾填埋场或焚烧厂。

### 5. 磁选处理

粒径大于 60 mm 但小于 120 mm 的垃圾中,仍含有一些金属等物质,因此需经磁选回收其中的黑色金属。

### 6. 二级人工分选处理

经磁选后的垃圾再次进行人工分选,以进一步回收利用其中的有用物质。当输送带上的垃圾通过分选作业平台时,输送带两侧的拣选工人拣选出垃圾中的塑料、易拉罐、瓦砾以及其他可回收物。余下的部分由输送带直接输送到破碎机破碎。经破碎的垃圾将由输送带送至一级筛分处理单元,与来自一级人工分选单元的垃圾混合,再进行筛分。

### 7. 臭气收集系统

为保护环境,防止分选过程中产生的臭气及粉尘外逸,特别是为改善人工分选平台操作员的工作条件,需对分选车间的臭气进行收集与处理。整个分选车间完全封闭,利用人工分选平台上方的吸风换气装置将臭气吸出,经排气管收集进入除臭系统处理后排放。同时,新鲜空气以可控的方式通过内置墙上的通风口进入车间,以改善车间内部的空气质量,达到保护操作员健康的目的。换气系统主要由气罩、风管、排气机、除臭装置以及通风装置组成。

### 四、厌氧发酵处理

#### (一) 工艺原理

厌氧发酵(发酵)是无氧环境下有机质的自然降解过程。在此过程中,几种微生物的组合体不断分解有机物,最后将其中的碳以甲烷和二氧化碳的形式释放出来。决定甲烷生成的环境因素主要有温度、pH值、厌氧条件、C/N率、微生物营养物质(如 Ni、Co、Mo 等)以及有毒物质允许浓度等。

厌氧发酵是一个复杂的生物学过程,在自然界内广泛存在厌氧发酵过程。有机物在无氧条件下,很容易发生厌氧发酵,并产生代表性产物甲烷和硫化氢。厌氧微生物,即能在无氧条件下分解有机物的微生物,在地球上的分布十分广泛。在人和动物的肠胃中,在植物的木质组织、海底、湖底、塘底和江湾的沉积物中,以及在各种污泥、沼泽、粪坑、生活垃圾和稻田土壤中,都存在不同数量的厌氧微生物。厌氧微生物是一个统称,其中包括厌氧有机物分解菌(或称不产甲烷厌氧微生物)和产甲烷微生物。在一个厌氧发酵罐内,有各种厌氧微生物存在,形成一个与环境条件、营养条件相对应的微生物群体。这些微生物通过其生命活动完成有机物厌氧代谢的复杂过程。

百玛士所采用的厌氧发酵工艺,是人为创造厌氧微生物所需要的营养与环境条件,使发酵罐内积累高浓度的厌氧微生物,因此,人工厌氧发酵的速度大大超过自然界中自发的厌氧发酵过程。

厌氧发酵过程可分为四个阶段,每个阶段都由一定种类的微生物完成有机物的代谢过程。

**1. 水解**

有机物厌氧分解菌产生胞外酶水解有机物。这些细菌的种类和数量随着有机物种类而变化。通常按原料种类分为纤维素分解菌、脂肪分解菌和蛋白质分解菌。在这些细菌作用下,多糖分解成单糖;蛋白质转化成肽和氨基酸;脂肪转化成甘油和脂肪酸。

**2. 酸化**

产醋酸细菌,例如胶醋酸细菌、某些梭状芽孢杆菌等,分解较高级的脂肪酸产生醋酸和氢。此外,有机物厌氧分解菌在分解脂肪时,也产生长链脂肪酸,如硬脂酸;分解蛋白质时产生芳族酸,如苯基醋酸和吲哚醋酸。这些酸也为第二阶段细菌所分解,产生醋酸和氢。在此阶段产酸速率很快,致使料液 pH 值迅速下降,使料液具有腐烂的气味。

**3. 酸性衰退**

有机酸和溶解的含氮化合物分解成氨、胺、碳酸盐和少量的 $CO_2$、$N_2$、$CH_4$ 和 $H_2$,在此阶段 pH 上升。酸性衰退阶段的副产物还有 $H_2S$、吲哚、粪臭素和硫酸。

**4. 甲烷化**

甲烷菌转化醋酸成为 $CH_4$ 和 $CO_2$,利用 $H_2$ 还原 $CO_2$ 成甲烷,或利用其他细菌产生的甲酸形成甲烷与水。

厌氧发酵各阶段的微生物及产物见表 7-21。

表 7-21 厌氧发酵各阶段的微生物与产物

| 序号 | 发酵阶段 | 微生物 | 产物 |
|------|----------|--------|------|
| 1 | 水解 | 纤维素分解菌、脂肪分解菌、蛋白质分解菌 | 单糖、肽、氨基酸、甘油、脂肪酸 |
| 2 | 酸化 | 胶醋酸细菌、梭状芽孢杆菌 | 醋酸、氢(长链脂肪酸、芳族酸) |
| 3 | 酸性衰退 | | 氨、胺、碳酸盐、少量 $CO_2$、$N_2$、$CH_4$、$H_2$,副产物 $H_2S$、吲哚、粪臭素、硫酸 |
| 4 | 甲烷化 | 甲烷菌 | $CH_4$、$CO_2$、水 |

## (二) 处理规模及进料垃圾成分特性

经过前述分选处理工艺的垃圾成分见表 7-22、表 7-23。

表 7-22 分选后城市生活垃圾成分

| 序号 | 垃圾成分 | 湿基百分比/% | 湿基重量/t |
|------|----------|--------------|------------|
| 1 | 纸张/板纸 | 7.8 | 13452 |
| 2 | 有机部分:厨余垃圾 | 67.8 | 116156 |
| 3 | 有机部分:园艺垃圾 | 16.2 | 27957 |
| 4 | 塑料/纺织品 | 3.3 | 5762 |
| 5 | 金属(黑色金属+有色金属) | 0.1 | 112 |
| 6 | 玻璃,石头,瓷器(粗惰性物质) | 3.7 | 6391 |
| 7 | 沙石和灰烬(细颗粒惰性物质) | 1.7 | 2889 |
| 8 | 合计 | 100 | 172719 |

注:干物质成分: DM 34.3%
挥发性干物质成分: VDM 67.9% (干基中含量)

表 7-23 分选后有机垃圾成分

| 序号 | 垃圾成分 | 湿基百分比/% | 湿基重量/t |
|------|----------|--------------|------------|
| 1 | 纸张/板纸 | 4.3 | 1634 |
| 2 | 有机部分:厨余垃圾 | 24.2 | 9224 |
| 3 | 有机部分:园艺垃圾 | 62.2 | 23712 |
| 4 | 塑料/纺织品 | 1.7 | 665 |
| 5 | 金属(铁+非铁) | 0.1 | 54 |
| 6 | 玻璃,石头,瓷器(粗惰性物质) | 3.2 | 1220 |
| 7 | 沙和灰烬(细颗粒惰性物质) | 4.3 | 1635 |
| 8 | 合计 | 100 | 38145 |

注:干物质成分: DM 39.4%
挥发性干物质成分: VDM 74.3% (干基中含量)

根据物料平衡计算,经分选处理后,进入厌氧发酵车间的垃圾量为:城市生活垃圾 17.2719 万 t/a 和有机垃圾 3.8145 万 t/a。因此,厌氧发酵设计处理规模为城市生活垃圾 17.5 万 t/a,有机垃圾 3.9 万 t/a。按两条生产线设计,则每条生产线设计处理规模 10.7 万 t/a;峰值系数取 110%,每条生产线最大处理能力可达 11.7 万 t/a。

**(三) 工艺流程**

根据分选后的垃圾成分,需处理的垃圾中含有 30% 以上的干物质成分,因而更适于采用干式厌氧发酵工艺。

百玛士干式厌氧发酵工艺包括:进料及预处理单元、厌氧发酵单元、出料与残渣脱水单元、生物气体利用单元等。800 t/d 生活垃圾综合处理与厌氧发酵主体工艺流程及质量平衡见图 7-46。

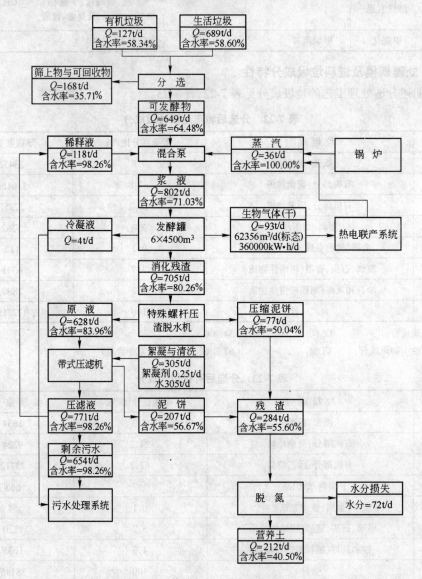

图 7-46　800 t/d 生活垃圾综合处理与厌氧发酵主体工艺流程及质量平衡

**1. 进料及预处理单元**

(1) 计量称重。分选后的垃圾通过传送带输送至厌氧发酵车间。为达到设计处理能力,并控制物料在发酵罐中的流程以及设备的运行,需要对进入厌氧发酵车间的垃圾量进行精确计量。为此,在连接混合泵的传送带上集成一个可连续计量的设备。

(2) 稀释、加热及混合。为达到最佳的微生物降解条件,垃圾在进入发酵罐发酵之前,需在混合泵中进行必要的稀释、混匀和加热。利用脱水单元的回用工艺水稀释物料,稀释至固体含量约 30%,所需稀释用水量由中央控制系统计算后,由容积式计量泵自动输送。在一般情况下,干式发酵要求垃圾中固体含量不低于 25%。由于国内垃圾的含水率较高,含固率一般不超过30%,回用水的主要目的是保持发酵罐内的养分与微生物的活力。利用锅炉蒸汽加热物料。需要的蒸汽量由中央控制系统根据外界温度、垃圾量和稀释液量等参数计算,设计最大蒸汽产生量1800 kg/h。该加热系统的优势是适应性很强,即使外界温度很低,也能保持物料的温度。利用厌氧发酵产生的生物气体为蒸汽锅炉提供热量,启动阶段以及生产中断期则利用城市燃气作为锅炉燃料。物料在进入发酵罐之前,必须混合均匀,以确保生物反应过程能顺利进行。同时,向混合物中加入一定量的发酵后料液,以增加物料的均匀性,并使得混合物容易输送。混合搅拌器由两个平行放置、反向旋转的搅拌螺旋桨组成。搅拌后的混合物具有稠污泥一样的均匀性,并且已适合微生物降解,可以直接泵到发酵罐中。搅拌器上方的料斗为搅拌器提供均匀的物流,以缓冲物料接收过程中的流量波动。

(3) 发酵罐加料。在设定的工作时间内给发酵罐加料。当停止投料时,发酵罐中的微生物活动并不会立即停止,而是会持续好几天。由一个特别坚固的活塞泵将混合泵中的均匀混合物注入到发酵罐中。物料输送管道由碳钢合金制成,具有绝热及耐腐蚀的性能。出料和料液处理也必须在工作时间进行,即与发酵罐加料同时进行,以便发酵物能在发酵罐中保持稳定的水平。进出料操作的正确与否可直接影响工厂运行的稳定性与安全性。

2. 厌氧发酵单元

(1) 厌氧发酵工艺的特点。

1) 无预水解过程。百玛士工艺是一个没有预水解过程的单相工艺,整个厌氧过程在同一个发酵罐中进行,克服了多相工艺过程中可能存在的不足之处:

① 在多相工艺过程中,一部分有机物在产甲烷之前的水解阶段被消耗掉,因而会损失部分潜在的生物气体生产能力。

② 水解产生有机酸,有机酸是导致发酵罐外臭味的主要原因。在单相过程中,有机物直接投加到完全密闭的发酵罐中,避免了有机酸的外逸;

③ 物料的机械输送尽可能减少,工艺简单,操作可靠。

2) 干式发酵。发酵罐中的干物质含量约 30%,较高的干物质含量能节省处理和加热所需的工艺用水量与能量,简化操作过程。

3) 重力出料。发酵罐立式圆柱形的构造,能够利用重力排出料液。在利用特殊螺杆压渣脱水机对排出料液进行第一步脱水时,为保证操作的正常进行,进口处的压力需达到 70~80 kPa,发酵罐中因重力产生的静态压力足以提供所需压力。

4) 平推流过程。物料在发酵罐内以平推流方式流动。发酵罐内部约直径 2/3 处有一堵垂直隔离墙,发酵罐下部的进、出料口分别位于隔离墙的两侧。物料必须绕过隔离墙沿环形路径流动,只有经过发酵罐的整个空间后才能被排出,避免了新鲜物料直接排放的短路现象。

5) 气体搅拌。发酵物料必须充分混匀以保证接触面积的更新,以便能在停留时间内快速降解。因此,一个有效的搅拌装置对于该过程来说十分必要。由于发酵物料中含有大量细小的惰性颗粒物,因此具有很强的磨损性。为避免发酵物对机械搅拌系统的巨大磨损,工艺中采用特别设计的混合搅拌方式,即气体搅拌系统,该系统通过注射器将压缩生物气体由发酵罐底部注入实现。发酵罐的底部分成 10 个区域,每个区域有 40 个注射器。搅拌次序完全自动化,注射生物气体的压力约 0.8 MPa,所释放的能量足以提升搅拌区上方的物料,因此能完全且适当地搅拌均匀物料。用于搅拌的生物气体沿着密闭路线流动,最终在发酵罐顶部的圆顶盖处收集起来。

6) 工艺可靠。由于采用了重力出料与气体搅拌,发酵罐内没有机械部分,因此不需要打开甚至清空发酵罐进行维护操作。在进行设备维护时,搅拌过程还可以继续(生物气体在封闭线路中循环);由于表面覆盖物的绝热作用,发酵罐可维持在一定温度下,而且发酵罐可以随时加料重新启动。

(2) 设备构造。每条生产线有 3 个 4500 $m^3$ 的发酵罐。厌氧发酵罐构造见图 7-47。发酵罐是预制的圆柱形混凝土罐,内径 16.5 m,包括扶手时的总高 26.3 m。罐体内壁暴露于气体中的上部需做防腐蚀处理;鉴于生物转化过程中产生的缓冲能力能够维持相对稳定的 pH 范围(约7),与料液接触的下部不需要防腐涂层。发酵罐有一个盖板与一个内部钢筋混凝土隔离墙。罐体底部的混凝土板上安装有气体注射器,底部下面有管道设备间,与发酵罐一起建在一个平坦的混凝土地基上。发酵罐外壁覆以绝缘物和单层金属壳,顶部由一个由带有泄露保护的绝缘体密封构成。罐体外的楼梯和斜坡/人行道等由电镀钢铁制成,边界或边缘包有不锈钢。

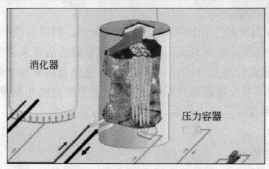

消化器

压力容器

图 7-47　干式厌氧发酵罐构造

(3) 发酵过程的监控。在正常条件下,可以通过一系列测量和分析控制厌氧发酵过程:

1) 进入发酵罐的物料量由一个集成到传送带上的连续称量系统计量;

2) 生物气体产量由一个微分压力流量计连续测量;

3) 生物气体组成由红外线分析仪测定;

4) 进入发酵罐的物料的温度以及发酵罐内的温度;

中央控制系统自动整理、记录上述测量的结果,并显示在显示器上;

5) pH 值,手工测定;

6) 挥发酸,手工滴定法测定。

车间操作人员必须能够实际利用这些测量、分析结果,并在必要条件下对某些参数进行适当的调整,以确保发酵过程的持续性并优化生物气体的产生量。

(4) 设计及运行参数。厌氧发酵工艺的主要设计与运行参数见表 7-24。

表 7-24　厌氧发酵工艺的主要设计与运行参数

| 序　号 | 项　　目 | | 生活垃圾 | 有机垃圾 |
|---|---|---|---|---|
| 1 | 进罐垃圾流量 | 年流量/$t \cdot a^{-1}$ | 175000 | 39000 |
| | | 峰值因素/% | 10 | |
| 2 | 发酵罐容积 | 计算容积 | $5 \times 4500\ m^3$ | $1 \times 4500\ m^3$ |
| | | 有效容积 | $5 \times 3735\ m^3$ | $1 \times 3735\ m^3$ |
| 3 | 设计负荷 | kgVDM/($m^3$ 有效容量·d) | 5.9 | 8.2 |
| | | 停留时间/d | 32 | 25 |

续表 7-24

| 序　号 | 项　　目 | | 生活垃圾 | 有机垃圾 |
|---|---|---|---|---|
| 4 | 最大负荷 | kgVDM/(m³ 有效容量·d) | 6.5 | 9.0 |
| | | 停留时间 /d | 29 | 23 |
| 5 | 发酵温度 /℃ | | 55 | |
| 6 | 生物气体 | 产量(标态)/m³·t⁻¹ | 110 | 90 |
| | | 年均甲烷含量 /% | 55 | |
| | | 日均甲烷含量 /% | 50~60 | |
| | | 瞬时甲烷含量 /% | 45~65 | |
| | | 甲烷产率((标态)m³/kg 非合成 VDM) | 0.31 | 0.18 |
| | | 气体产率(生物气体/非合成 VDM) | 71% | 41% |

**3. 出料与脱水单元**

(1) 出料系统。发酵罐立式圆柱形的设计,能够利用重力排出料液。发酵罐内部垂直隔离墙两侧的底部,各有两个直径为 400 mm 的出口。在静压作用下,料液通过隔离阀流入有两个出口的集流管中:集流管的一个出口连接到脱水设备,另一个连接到循环泵。在重力作用下物料可以正常无间断地排出,而且能够维持压滤系统入口处的压力稳定。在工作时间内进出料同时进行,因此发酵罐中物料水平基本保持恒定。每条生产线上均有三个特殊螺杆压渣脱水机对发酵物进行脱水,脱水后可得到:

1) 固态副产物(压缩残渣),含水率约 50%~60%,根据处理的垃圾类型而有所变化;

2) 液态副产物(发酵液),含水率约 75%~85%,根据处理的垃圾类型而有所变化。

(2) 二次脱水。由于经特殊螺杆压渣脱水机脱水后的发酵液固体含量相当高,因此与冲洗机器或地板的清洗水一起收集到一个储水池中后,由泵输送至卧式螺旋沉降带式压滤机进行二次脱水。发酵残渣脱水流程见图 7-48。每条生产线上配有两台带式压滤机系统。带式压滤机由压滤机、混合器、絮凝系统、脱水辊、卸料刮板及自清洗系统等组成。加入絮凝剂的发酵液依次进入压滤机的重力段、楔型段和挤压段,并在压力的作用下进行脱水,然后,利用两个皮带的速度差将泥饼破碎。最后由一个刮刀将泥饼从皮带上刮下。一部分滤液用于稀释输送到发酵罐中的垃圾。多余的滤液贮存在水池中,输送到工业污水处理系统。压滤机带宽 3 m,单机设计处理能力 12~15 m³/h,大小为 5450 mm×4030 mm×2640 mm($L×B×H$),脱水后泥饼的含水率约 50%~60%。

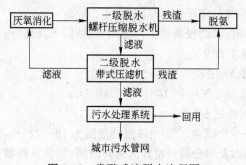

图 7-48　发酵残渣脱水流程图

### 4．生物气体产生及利用单元

（1）气体搅拌。每条生产线上有四个压缩机将发酵罐中产生的低压生物气体压缩到0.9 MPa后输送到搅拌容器。当压力达到一参考值，发酵罐底部搅拌系统的10个自动阀中的一个就会自动开启，几秒钟后，容器中的压力迅速下降到一个较低的参考值，自动阀自动关闭。自动阀程式化的开启可释放出相当于40 m³（标态）的生物气体，对发酵罐中的物料进行混合。气体压缩机可连续操作，搅拌过程也可自动依次进行。

（2）生物气体净化。厌氧发酵过程产生的生物气体是一种混合气体，主要成分为$CH_4$、$CO_2$、$H_2S$以及水汽。生物气中所含的$H_2S$是一种无色气体，比空气重，浓度低时有典型的臭鸡蛋味，其毒性很大，燃烧产生$SO_2$，遇水酸化，具有腐蚀性，其浓度应控制在设备生产商的规定值以下，并且，$H_2S$燃烧时产生$SO_2$，为了满足$SO_2$的排放要求，$H_2S$的浓度也应该维持在较低水平。生物气中的水汽在温度较低时冷却产生冷凝水，会在设备、气体管路中聚集，与$H_2S$或$SO_2$结合能产生腐蚀性的酸液。因此，为保护设备，方便生物气体的储存与利用以及控制$SO_2$排放对环境的影响，需对生物气体进行净化处理，去除其中的$H_2S$与水汽。水汽的去除主要在冷凝器中进行，从发酵罐出来的含有饱和水汽的生物气体在经过冷凝器时，其中所含水汽冷却凝结，达到干燥的目的。$H_2S$主要通过箱式脱硫设备去除，其中脱硫剂以氧化铁为主要活性催化组分，并添加多种助催化剂与载体，在常温常压下通过催化作用去除$H_2S$，脱硫率可达90%以上。

（3）生物气体储存。生物气体储存在发酵罐内物料上方的自由气室（圆顶盖）内，每个发酵罐可容纳约900 m³的低压生物气体。

（4）安全火炬。处理厂内设置1个火炬，当生物气体产量过高时燃烧生物气体以避免生物气体滞留或泄漏。

### 5．臭气收集单元

各单元构筑物尽量密封，并采用负压以限制臭气外逸。在部分臭气发生点，如混合泵、污水池、特殊螺杆压渣脱水机、带式脱水机及传输发酵后垃圾的传送带等，采用带有除气喷嘴的通风罩收集臭气。臭气抽出后送入除臭处理单元处理。

### （四）处理能力及设备运行时间

整个工艺由两条生产线组成：生产线 A 专门处理城市生活垃圾；生产线 B 同时处理城市生活垃圾和有机垃圾。

实行两班制，每班9 h，即每个工作日有18 h的工作时间。工作期间，会有部分机械调整和操作，以保证每天16 h的有效运转时间。

设计所基于的峰值负荷（110%）表明，该工艺在16 h/d内具有完成峰值（按超出10%计）的处理能力。由于保留了额外10%的日常处理能力，为尽量维持稳定状态，而且在正常状况下尽量减少运转时间，每条生产线的实际运行时间为14.5 h/d。

发酵阶段的名义运转时间（即投料和出料之间）包括以下几部分：

（1）两个轮班，每班各工作9 h；

（2）工作时间：18 h/d，330 d×18 h/d＝5940 h/a；

（3）有效运转时间：16 h/d，330 d×16 h/d＝5280 h/a；

（4）维护：工作时间以外的6 h/d。

设计处理能力为每条生产线20 t/h，允许波动范围为18～22 t/h。处理厂工艺布局设计保证89%的可用性。设计中周六及部分周日也计入运转时间，以将其提高至330 d/a。

厌氧发酵工艺设备清单见表7-25。

**表 7-25 厌氧发酵工艺主体设备清单**

| 序 号 | 项 目 | 单 位 | 数 量 | 设 计 参 数 |
|---|---|---|---|---|
| 1 | 发酵罐进料系统 | 台 | 2 | 60 m³/h |
| 2 | 发酵罐出料系统 | 台 | 6 | 14 t/h |
| 3 | 设备起重机 | 台 | 1 | 2000 kg |
| 4 | 气压机 | 台 | 4 | 25 m³/h |
| 5 | 锅炉,双燃料火炉,给水 | 台 | 2 | 1.8 t/h,143℃ |
| 6 | 发酵罐 | 台 | 6 | 4500 m³ |
| 7 | 发酵罐搅拌系统 | 台 | 8 | 155 m³/h |
| 8 | 搅拌容器 | 台 | 2 | |
| 9 | 水汽分离器 | 台 | 2 | 2400 m³/h |
| 10 | 冷凝泵 | 台 | 2 | |
| 11 | 通风机(至锅炉) | 台 | 2 | 400 m³/h |
| 12 | 通风机(至火炬) | 台 | 1 | 5000 m³/h |
| 13 | 火炬(紧急状况) | 台 | 1 | 5000 m³/h |
| 14 | 发酵液泵 | 台 | 4 | 10 m³/h |
| 15 | 带式脱水机 | 台 | 4 | 10 m³/h |
| 16 | 絮凝剂投加器 | 台 | 2 | 4 m³/h |
| 17 | 搅拌器/混合器 | 台 | 2 | 80 m³/h |
| 18 | 稀释泵 | 台 | 2 | 4 m³/h |
| 19 | 过剩水泵(至蓄水池) | 台 | 2 | 20 m³/h |
| 20 | 过剩水泵,送至污水处理站 | 台 | 2 | 27 m³/h |

# 第八章 生活垃圾热解处理技术

## 第一节 概　　述

### 一、热解的概念

热解是利用有机物的热不稳定性,在无氧或缺氧条件下对之进行加热蒸馏,使有机物产生热裂解,生成小分子物质(燃料气、燃料油)和固体残渣的不可逆的过程。生活垃圾实际上是一种"放错位置"的资源,虽然从环境保护角度认为生活垃圾具有较强的污染特性,但是从资源角度分析可以确认生活垃圾具备较大的综合利用潜力。通过对其进行热解处理,可以把垃圾的消极处理转变为积极回收利用,从而把当今各国发展所遇到的两个共同难题——垃圾"过剩"和能源不足有机地协调起来。因而,热解处理可视为一种有发展前景的生活垃圾处理方法。

### 二、热解与焚烧的比较

热解和焚烧是两个完全不同的热化学转化过程,焚烧是一个放热过程,而热解则需要吸收大量热量,其中生活垃圾的热解处理在资源回收和减少二次污染等方面较焚烧处理具有更大的潜力和效益。具体比较如下:

(1)从实现资源化目标来看,热解处理的优势在于可得到便于贮藏和远距离输送的能源(如燃料气、燃料油等),同时也可回收其他资源性产物(如一些液体产物可作化工原料);而焚烧的产物主要是二氧化碳和水,焚烧产生的热能量大的可用于发电,量小的只可供加热水或产生蒸汽,适于就近利用。

(2)从处理物料组成分析,与焚烧处理相比,热解处理操作弹性大,对垃圾成分波动的适应性强,而且对于以废塑料为主要成分的高热值垃圾的处理更具优势。

(3)从减少二次污染方面来看,与焚烧处理相比,生活垃圾热解处理产生烟气的粉尘量少,垃圾中的硫、重金属等有害成分大部分被固定在炭黑中,$SO_x$、$HCl$、$NO_x$ 等酸性气体和二噁英产生的量少,$Cr^{3+}$ 不会转化为毒性强的 $Cr^{6+}$。

(4)从设备投资费用来看,热解处理设备投资费用也较焚烧炉低。

### 三、生活垃圾热解技术的发展概况

自 20 世纪 60 年代以来,各国经济生活的不断改善使得生活垃圾中的有机物含量越来越多,其中纸张、木质纤维、塑料等可燃成分的比例有了较大的提高,而且垃圾的热值也在日益增加。据报道,西欧国家垃圾平均热值达 7500 kJ/kg,该值高于泥煤,已相当于褐煤的发热量。用城市生活垃圾代替能源,开发绿色能源已成为世界各国关心的问题。此外,虽然热解法在煤的干馏和化工炼油等行业的应用已有相当长的历史,但是生活垃圾的热解处理还是在近几十年来才发展起来的。伴随着生活垃圾中废塑料比例的迅速增加,而且废塑料成分不仅会在焚烧过程中造成炉膛局部过热,导致炉膛及耐火衬里的烧损,同时也是剧毒污染物——二噁英的主要发生源,废塑料的焚烧处理便成为人们关注的焦点问题。为此,聚乙烯、聚丙烯、聚苯乙烯等非极性塑料和一般废物中的混杂废塑料的热解处理得到了迅速的发展,尤其是废塑料热解制油技术已经开始进入工业实用化阶段。目前,生活垃圾热解工艺已有多种形式,目前有移动床热解工艺、双塔循环式流动床热解工艺、管型瞬间热解工艺、回转窑热解工艺和高温熔融热解工艺等,热解技术近年来有了很快的发展,特别是一些发达国家垃圾的热值愈来愈高,热解技术已由小试、中试向实用化方向发展。

### (一) 美国

美国是最早开展生活垃圾热解处理的国家。早在 1929 年美国就对垃圾进行了高温分解的试验研究。20 世纪 70 年代,随着美国将《固体废物法》改为《资源再生法》,作为从城市垃圾中回收燃料气和燃料油等贮存性能源的热解技术的研究开发得到了大力推进,Landgard Process、Occidental Process、Purox Process、Torrax Process 等技术均是在这一时期诞生的。当时重点研究开发并投资建成的有两种工艺:(1)以有机物气化为目标的回转窑式 Landgard 工艺;(2)以有机物液化为目标的 Occidental 工艺。

经过对上述两种工艺的开发过程,明确了热解技术开发和应用中存在的问题及其改进方向,达到了示范工程的目的,但最终并没有实现工业化生产。后期,美国环保局(EPA)将生活垃圾资源化处理的方向转到了垃圾衍生燃料(Refuse Derived Fuel, RDF)技术的开发。20 世纪 80 年代后期,美国能源部(Department of Energy, DOE)推出了一系列对固体废物实施资源和能源再利用的技术开发计划,其中包括以生活垃圾为原料制造中低热值燃料气或 $NH_3$、$CH_3OH$ 等化学物质的气化热解技术。

### (二) 欧洲

欧洲在世界上最早开发了城市垃圾焚烧技术,并将垃圾焚烧余热广泛用于发电和区域性集中供热。但是,焚烧过程对大气环境所造成的二次污染特别是二噁英一直是人们关注的热点。为了减少垃圾焚烧所造成的二次污染,配合广为实行的垃圾分类收集,丹麦、德国、法国等国对生活垃圾热解技术相继进行了实质性的研究和应用。如 1967 年丹麦在歌本哈根市建立了 10 t/d 的实验型垃圾热解处理厂;1983 年原联邦德国在巴伐利亚州的昆斯堡建立了处理城市垃圾的热解工厂;欧洲许多国家也建立了一些以垃圾中的纤维素物质(如木材、庭院废物、农业废物等)和合成高分子物质(如废橡胶、废塑料等)为对象的热解试验性装置,其目的是主要将热解作为焚烧处理的辅助手段。

欧洲以城市垃圾为对象的大部分热解设施主要生成气体产物,伴生的油类凝聚物通过后续的反应器进一步裂解,也有一些系统将热解产物直接燃烧产生蒸汽。例如,在 Kiener 系统中采用的以热解气体为燃料的燃气发电机。而 Sarberg-Fernwarme 开发的热解系统为了提高热解气体的品质,采用了纯氧氧化,在该系统中还包括了在 -150℃ 下分馏热解气体的过程。1971 年以来欧洲各国还相继建立了一些垃圾与污泥的联合热解装置,如德国建成了处理能力分别为 3170 t/d 和 1680 t/d 的联合热解处理设施。

在欧洲,主要根据处理对象的种类、反应器的类型和运行条件对热解处理系统进行分类,研究不同条件下反应产物的性质和组成,尤其重视各种系统在运行上的特点和问题。使用最多的反应器类型是竖式炉,间接加热的回转窑和流化床也得到一定程度的开发。

### (三) 日本

日本有关城市垃圾热解技术的研究是从 1973 年实施的 Star Dust'80 计划开始的,该计划的中心内容是利用双塔式循环流化床对城市垃圾中的有机物进行气化。随后又开展了利用单塔式流化床对城市垃圾中的有机物液化回收燃料油的技术研究。

在各企业开发的诸多热解系统中，新日铁的城市垃圾热解熔融技术最早实现工业化。首先，于1979年8月在釜山市建成了两座处理能力为50 t/d的设备，接着又于1980年2月在茨木市建成了三座150 t/d的移动床竖式炉，迄今已连续运行20多年，1996年又在该市兴建二期工程。该系统是将热解和熔融一体化的设备，通过控制炉温，使垃圾在同一炉体内完成干燥、热解、燃烧和熔融。干燥段温度约为300℃，热解段温度为300～1000℃，熔融段温度为1700～1800℃。城市垃圾在干燥段受热蒸发掉水分后，逐渐下移至热解段，通过控制炉内的缺氧条件，使垃圾中的有机物热解转化为可燃性气体，该气体导入二次燃烧室进一步燃烧，并利用其产生的热量进行发电。灰渣熔融后形成玻璃体，使垃圾的体积大大减小，重金属等有害物质也被完全固定在固相中，可以直接填埋处置或作为建材加以利用。但是由于灰渣熔融所需的热量仅靠固定在固相中的炭黑还不够，故还需要通过添加焦炭来保证燃烧熔融段的温度。

### （四）中国

我国对生活垃圾热解处理的研究起步较晚，主要是进行了生活垃圾中热值相对较高的典型成分热解特性的研究、热解动力学研究以及小型单组分热解系统的研制。这些研究大多处于实验室阶段，而且大部分是纯机理性研究。近年来，生活垃圾的热解处理技术在我国得到了迅速发展，各种适合我国生活垃圾的热解处理装置得以大力开发。例如，北京机电院高技术股份公司研制成新型"RJL5型垃圾处理热解炉"；江苏省镇江市均达科技开发有限责任公司研发的"WD型城市生活垃圾热解气炉"；广东环境卫生研究所研制的垃圾裂解气化炉等。此外，天津、海口、广州等城市热解中试的成功，也为今后热解技术的发展打下了良好的基础，我国城市生活垃圾质量的提高也为开辟垃圾热解处理新方法创造了条件。虽然生活垃圾热解处理技术正在起步时期，但成熟后会因其高度的减量化、无害化、资源化而成为生活垃圾处理技术的新领域。

综上所述，世界各国对生活垃圾热解技术的开发研究主要有两类目标：一个是以美国为代表的，以回收贮存性能源（燃料气、燃料油和炭黑）为目的；另一个是以欧洲、日本为代表的，以减少焚烧所造成的二次污染和需要填埋处置的废物量，以无公害型处理系统的开发为目的。

### 四、生活垃圾热解技术的前景展望

虽然从理论角度来看，热解技术用于生活垃圾处理优于焚烧技术，特别是在二次污染问题上有不可比拟的优势，但到目前为止，热解技术仍然不是生活垃圾处理的主要技术之一。制约该技术推广的主要原因是处理设备投资和运行费用较高，操作控制条件严格，而且热解产品的质量难以得到保证。

由于生活垃圾的物理及化学成分极其复杂，而且其组分随区域、季节、居民生活水平以及能源结构的改变而有较大的变化，导致热解工艺（包括热解温度、湿度、热解时间等）处在一个很复杂的不确定因素中，使热解生产工艺不稳定而难以控制。此外，如果将热解产物作为资源加以回收，要保持产品具有稳定的质和量同样有较大的困难。因此，在开发生活垃圾热解技术的同时，还需充分考虑配套的生活垃圾破碎、分选等预处理技术。对于成分复杂、破碎性能各异的生活垃圾，要进行较为彻底的破碎和分选，需要消耗大量的动力和极其复杂的机械系统，其总体效率就不能仅仅对热解的单元操作进行单独评价。此外，生活垃圾中的低熔点物质给系统操作可能造成的障碍，有害物质的混入等对回收产物质量以及应用方面的影响等也必须予以充分考虑。因此，从生活垃圾中直接热解回收燃料的技术，往往实验室阶段很有效，而一到工业阶段就变得很复杂，处理费用也大幅度增加。从这个意义上来说，生活垃圾热解技术在用于回收燃料技术方面还有待于进一步的发展。与此相对，将热解作为焚烧处理的辅助手段，利用热解产物进一步燃烧废物，在改善废物燃烧特性、减少尾气对大气环境造成的二次污染等方面，许多工业发达国家已经取得了许多成功的经验。虽然现在有多种热解工艺和技术,但总的来说还仍需进一步的改善和稳定。

对于我国热解处理技术的发展,绝对不能依靠纯粹引进国外垃圾热解处理技术,必须对其深入研究,开发出适合中国国情使用,具有较大经济效益的工业化实用装置。如果引进国外一些热解技术设备用于我国的垃圾处理,一方面设备投资和运行费用很高,地方财政难以承受。更重要的是由于各国生活习惯、自然条件、环保政策及经济结构的差别造成了我国与发达国家在垃圾特性上的不同,例如我国目前的城市生活垃圾成分仍以厨余为主,纸张等高热值可分解物的含量与国外相比含量较低,垃圾含水率相对较高,而且可燃成分也不尽相同,直接采用国外热解技术和设备并不能有效解决我国垃圾处理和利用问题。另一方面,对于含水率过大且性质不同的垃圾混合物,在热解过程中需要吸收大量热量,要增加补充燃料,特别是热解前期干燥阶段需消耗较多的外部加热能源,热解回收燃烧油、气在经济上并不合算。即使是同类有机物,若数量不足以发挥处理设备能力的规模优势,也是不经济的。因此,选择热解技术时,必须充分研究废物性质、组成和数量,充分考虑经济性。

# 第二节　热解原理

生活垃圾的热解过程是一个极其复杂的化学反应过程,包含大分子的键断裂、异构化和小分子的聚合等化学反应。在热解过程中,其中间产物存在着两种变化趋势,一方面有从大分子变成小分子的裂解过程,另一方面又有小分子聚合成较大分子的缩聚过程。生活垃圾热解的前期以裂解过程为主,而后期则以缩聚过程为主。缩聚过程对垃圾的热解生成固态产品(半焦)影响较大。生活垃圾热解反应可以用通式表示如下:

$$城市生活垃圾 \xrightarrow{\Delta} 气体(H_2、C_xH_y、CO、CO_2、NH_3、H_2S、HCN、H_2O、SO_2 \ 等) + 有机液体$$
(有机酸、醇、醛、芳烃、焦油等) + 固体(炭黑、炉渣)

例如,纤维素热解的化学反应式可以表示为:

$$3C_6H_{10}O_5 \xrightarrow{加热} 8H_2O + C_6H_8O + 3CO_2 + CH_4 + H_2 + 8C$$

式中,$C_6H_8O$ 为焦油。

## 一、生活垃圾典型成分的热解特性研究

生活垃圾成分的工业分析与热解特性的研究,是保证垃圾热解综合处理系统整体功能正常发挥的重要基础。一般来说,准确掌握生活垃圾物性、热解过程特性,对制定城市生活垃圾热解方案的规划、决定适宜的处理工艺、配备设施和系统具有决定性的作用。因此,生活垃圾成分的工业分析与热解特性研究具有重大的意义。

### (一) 生活垃圾典型成分分析和热值测定

城市生活垃圾中量大且具有普遍性和代表性的组分分别为木屑、纸屑、塑料、厨余、织物和橡胶,6 种典型成分的工业分析和元素分析见表 8-1。

表 8-1　生活垃圾典型成分的工业分析与元素分析

| 组 分 | 工业分析/% | | | | 元素分析/% | | | | | $Q_{ab,net}$ /kJ·kg$^{-1}$ |
|---|---|---|---|---|---|---|---|---|---|---|
| | $M_{ad}$ | $A_{ad}$ | $V_{ad}$ | $FC_{ad}$ | $C_{ad}$ | $H_{ad}$ | $N_{ad}$ | $S_{t,ad}$ | $O_{ad}$ | |
| 木屑 | 9.22 | 1.35 | 79.04 | 10.39 | 46.26 | 4.06 | 0.14 | 0.07 | 38.9 | 18325 |
| 织物 | 3.92 | 0.84 | 80.06 | 15.18 | 55.26 | 4.54 | 1.84 | 0.16 | 33.44 | 21126 |

| 组分 | 工业分析/% | | | | 元素分析/% | | | | | $Q_{ab,net}$ /kJ·kg$^{-1}$ |
|---|---|---|---|---|---|---|---|---|---|---|
| | $M_{ad}$ | $A_{ad}$ | $V_{ad}$ | $FC_{ad}$ | $C_{ad}$ | $H_{ad}$ | $N_{ad}$ | $S_{t,ad}$ | $O_{ad}$ | |
| 厨余 | 4.92 | 16.09 | 64.68 | 14.31 | 39.57 | 4.01 | 5.2 | 0.87 | 29.34 | 15638 |
| 橡胶 | 0.22 | 41.34 | 42.66 | 15.78 | 34.25 | 2.86 | 0.25 | 0.45 | 20.63 | 11401 |
| 塑料 | 0.02 | 0.15 | 99.83 | | 85.83 | 14.38 | 0.16 | 0.07 | | 46362 |
| 纸屑 | 6.49 | 8.86 | 73.12 | 11.53 | 39.5 | 5.29 | 0.11 | 0.08 | 39.67 | 14345 |

注：厨余是先经过 100℃ 恒温烘干后的分析结果。

　　将取得的生活垃圾样品按照木屑、织物、厨余、橡胶、塑料及纸屑 6 类进行分捡,测得各组分湿重,并计算出生活垃圾中各成分的湿基百分含量。按类似烘干煤的慢速法将分捡好的生活垃圾进行烘干(105～110℃),由于城市生活垃圾的质地不均匀、体积有差异,因此烘干时间比烘干煤时长(24 h 以上)。通过称量各个成分的干燥物质质量得到各个物理成分的含水量,然后再计算出城市生活垃圾的总含水量以及应用基各成分的百分含量:将干燥的生活垃圾按各成分的比例制备干燥样品,利用氧弹测量垃圾样品的发热量,也就是垃圾样品干燥基的发热量 $Q_g^\beta$ (kJ/kg),然后通过式 8-1 和式 8-2 计算出应用基垃圾样品的高位热值 $Q_h^y$(kJ/kg)和低位热值 $Q_y^y$(kJ/kg)。

$$Q_h^y = Q_g^\beta \cdot (100 - W^y)/100 \tag{8-1}$$

式中,$W^y$ 为应用基水分的百分含量,%。

$$Q_y^y = Q_h^y - 25(W^y + 9H^y) \tag{8-2}$$

式中,$H^y$ 为应用基氢元素的百分含量(不含水中的氢),%。由于垃圾中有机成分高于煤等普通燃料,因此此垃圾燃料中的氢含量较高,大约在 2%～5% 之间,通过化学成分分析可以得到准确的氢含量。

**（二）生活垃圾的热解特性分析**

　　生活垃圾的热解特性分析通常借助于热重(thermal gravity, TG)曲线、微分热重(differential thermal gravity, DTG)曲线和差热扫描 (differential scanning calorimetry, DSC)曲线。选取主要垃圾组分在载气为 99.999% 的 $N_2$、气体流量为 35 mL/min、升温速率($\phi$)为 10 K/min 和热解终温为 1000℃ 条件下进行了 TG、DTG 和 DSC 分析。定义各组分的失重率 $\alpha$ 为:

$$\alpha = (W_初 - W)/(W_初 - W_终) \times 100\% \tag{8-3}$$

式中　　$W_初$——试样初始质量,kg;

　　　　$W$——试样在温度为 $T$ 时的质量,kg;

　　　　$W_终$——试样最终质量,kg。

　　$\alpha$-$T$ 和 d$\alpha$/d$t$-$T$ 可由 TG 和 DTG 曲线计算得到。

　　从 6 种典型组分的 TG、DTG 曲线可以看出,厨余、织物、木屑这 3 种组分的热解特征相似,TG 曲线均仅有一个明显的失重阶段,对应 DTG 曲线相应的峰;纸屑、塑料和橡胶有两个明显的失重阶段,对应 DTG 曲线的两个峰。厨余、织物和木屑的热解过程可描述为:温度低于 250℃ 时有微量的失重,主要是析出内在水分和 CO、$CO_2$ 气体。温度超过 250℃ 后,开始大量析出挥发分,主要是各类饱和烃和不饱和烃以及 CO 和 $CO_2$ 等气体,此时的 TG 曲线有一个明显的失重阶段。挥发分在 400℃ 左右基本析出完全,残余的半焦在此温度下也开始分解,产生部分焦油和气体。纸、塑料和橡胶的热解过程则明显不同:在 250～450℃ 温度区间挥发分大量析出;温度继续升高,组分中较稳定的聚合物开始裂解,经历了另一个明显的失重阶段。DSC 曲线则显示了各组分在整个热解过程中的吸、放热过程,可以看出,织物、木屑等只有一个吸热峰,纸、塑料等有两个失重阶段的组分相应地有两个吸热峰。而 DSC 曲线吸热峰的位置和 DTG 曲线中峰的位置相吻合,表明垃圾组分在大量析出挥发分和聚合物裂解的过程要吸收部分热量,热解过程中挥发分的大量析出阶段是整个热解过程中的一个重要阶段,此阶段是热解过程中活化能 $E_a$ 最高的阶段,并且此阶段的失重量都较大。厨余、织物、木屑、纸、塑料、橡胶在此阶段的失重量分别占总失重量的 51%、74%、68%、66%、64%、68%。

为了综合描述垃圾中各组分的热解特性,有的研究者提出一个表征热解特性的指标——热解指数 $I$,其定义为:

$$I = (d\alpha/dt)_{max}/(T_{max} \times \Delta T) \tag{8-4}$$

式中　$(d\alpha/dt)_{max}$——最大失重率,%;

　　　　$T_{max}$——对应于最大失重率的温度,℃;

　　　　$\Delta T$——$\Delta T = T_2 - T_1$;$T_1$ 为开始失重时的温度,℃;$T_2$ 为终止失重时的温度,℃。

显然,$T_1$ 和 $T_{max}$ 越小,挥发分释放越早;$(d\alpha/dt)_{max}$ 越大,$\Delta T$、$T_{max}$ 越小,总体热解反应进行过程越集中,反之,则不易热解。表 8-2 列出了不同垃圾组分的 $T_1$、$(d\alpha/dt)_{max}$、$T_{max}$、$T_2$ 和垃圾热解指数 $I$。可见,加热速率提高,热解指数增大,垃圾越容易热解,垃圾热解指数还与垃圾粒度、传热传质等因素有关。

表 8-2　不同垃圾组分热解过程中的特征点及热解指数

| 垃圾组分 | 加热速率/℃·min$^{-1}$ | $T_1$/℃ | $T_2$/℃ | $T_{max}$/℃ | $(d\alpha/dt)_{max}$/%·min$^{-1}$ | $I$ |
|---|---|---|---|---|---|---|
| 植物类厨余 | 10 | 170 | 900 | 270 | 0.0698 | $0.354 \times 10^{-6}$ |
| 植物类厨余 | 50 | 180 | 980 | 330 | 0.3210 | $1.216 \times 10^{-6}$ |
| 落　叶 | 10 | 170 | 920 | 330 | 0.1872 | $0.756 \times 10^{-6}$ |
| 落　叶 | 50 | 220 | 960 | 360 | 0.2112 | $0.793 \times 10^{-6}$ |
| 废橡胶 | 10 | 160 | 780 | 760 | 0.0687 | $0.146 \times 10^{-6}$ |
| 废橡胶 | 20 | 200 | 780 | 790 | 0.1063 | $0.232 \times 10^{-6}$ |
| 废橡胶 | 50 | 170 | 860 | 390 | 0.2229 | $0.828 \times 10^{-6}$ |
| 废塑料 | 10 | 220 | 550 | 300 | 0.1153 | $1.165 \times 10^{-6}$ |
| 废塑料 | 20 | 240 | 550 | 320 | 0.2397 | $2.417 \times 10^{-6}$ |
| 废塑料 | 50 | 250 | 550 | 330 | 0.6354 | $6.418 \times 10^{-6}$ |
| 杂　草 | 10 | 210 | 900 | 330 | 0.0649 | $0.285 \times 10^{-6}$ |
| 废皮革 | 10 | 180 | 490 | 340 | 0.0588 | $0.558 \times 10^{-6}$ |
| 废纸张 | 10 | 240 | 920 | 340 | 0.1607 | $0.695 \times 10^{-6}$ |
| 化　纤 | 10 | 190 | 880 | 360 | 0.1265 | $0.509 \times 10^{-6}$ |
| 瓜皮类 | 10 | 170 | 970 | 310 | 0.0408 | $0.164 \times 10^{-6}$ |

### (三) 生活垃圾热解特性研究方法

生活垃圾是组成极其复杂的混合物,且随着时间、空间的变化而变化。此外,各组分的热解特性也有很大差别,即使得到垃圾的工业及元素分析也很难指导设计和运行。因此,建立一个衡量生活垃圾热解特性的综合模型非常必要。我国各地环保部门都有当地垃圾组成的统计,可利用环保部门提供的垃圾组分统计数据先对生活垃圾的典型组分(纸屑、木屑、织物、塑料、橡胶、厨余等)以及按照接近原生垃圾组分比例配制的"混合模化垃圾"(从二组分到多组分)依次进行系统的热解实验,研究混合热解时各组分之间的相互影响及其混合热解特性,采用神经网络理论等来建立各组分热解特性和"混合模化垃圾"总体热解特性之间的非线性关系,以建立垃圾综合热解神经网络模型。利用该模型,同时根据环保部门提供的垃圾组成的统计数据,预测垃圾的总体热解特性,为垃圾热解装置的设计与运行提供参考。

## 二、生活垃圾的热解产物

### (一)热解产物与分布

生活垃圾热解的产物会随着反应条件不同而有所不同,但主要产物为:

(1)气体,主要是以 $H_2$、$CH_4$、$CO$ 等低分子碳氢化合物为主的可燃性气体;

(2)液体,由含乙酸、丙酮、酒精和复合碳水化合物的液态焦油或油的化合物组成。如果再进行一些附加处理,可将其转换成低级的燃料油;

(3)固体残渣炭以及垃圾本身含有的惰性物质。

垃圾热解是一个复杂的、同时的、连续的化学反应过程。研究表明:热解温度在 500℃ 左右时,主要发生的是垃圾的油化过程,由垃圾得到油、焦油等;在 800～900℃ 下进行的热分解是热解的燃气化过程。热解产物的产率取决于原生垃圾的化学结构、物理形态和热解的温度和速度,其中热解产品的产量和成分可由控制反应器的温度来有效地改变。

生活垃圾热解能否得到高能量产物,主要取决于原料中氢转化为可燃气体与水的比例。美国城市垃圾的典型化学组成为 $C_{30}H_{48}O_{19}N_{0.5}S_{0.05}$,其 $w(H)/w(C)$ 值低于纤维素和木材质,位于泥煤和褐煤之间,而日本城市垃圾的典型化学组成为 $C_{30}H_{53}O_{14.6}N_{0.34}S_{0.02}Cl_{0.09}$,其 $w(H)/w(C)$ 值高于纤维素。

但在实际的城市垃圾热解过程中,还同时发生一氧化碳、二氧化碳等其他产物的生成反应,因此,不能简单地以此来评价城市垃圾的热解效果。Kaiser 等人曾对城市垃圾中各种有机物进行过实验室的间歇试验,得到的气体产物组成如表 8-3 所示,这些组成随热解操作条件的变化而变化。

**表 8-3　热解气体产物分析结果**(干气基准)

| 垃圾成分 | $w(CO_2)/\%$ | $w(CO)/\%$ | $w(O_2)/\%$ | $w(H_2)/\%$ | $w(CH_4+C_nH_m)/\%$ | $w(N_2)/\%$ | 高位热值/$kJ \cdot m^{-3}$ |
|---|---|---|---|---|---|---|---|
| 橡　胶 | 25.9 | 45.1 | 0.2 | 2.8 | 20.9 | 5.1 | 3260 |
| 白松香 | 20.3 | 29.4 | 0.9 | 21.7 | 25.5 | 2.2 | 3760 |
| 香枞木 | 35.0 | 23.9 | 0.0 | 9.4 | 28.2 | 3.5 | 3510 |
| 新闻纸 | 22.9 | 30.1 | 1.3 | 15.9 | 21.5 | 8.3 | 3260 |
| 板　纸 | 28.9 | 29.3 | 1.6 | 15.2 | 17.7 | 7.3 | 2870 |
| 杂志纸 | 30.0 | 27.0 | 0.9 | 17.8 | 16.9 | 7.4 | 2810 |
| 草 | 32.7 | 20.7 | 0.0 | 18.4 | 20.8 | 7.4 | 3000 |
| 蔬　菜 | 36.7 | 20.9 | 1.0 | 14.0 | 21.0 | 6.4 | 2900 |

### (二)生活垃圾热解处理过程中的产气特性研究

生活垃圾热解的各种产物中,以气态物对垃圾能源化利用的意义最为重大。因此,对垃圾热解过程中的气体产生量、产生速率、影响因素等规律的了解就具有明显的重要性。由于生活垃圾的成分十分复杂,且具有时空的可变性,因此,直接研究生活垃圾混合物的热解产气特性,既困难也不科学,生活垃圾试样的代表性与重复性难以保证。为此,先研究垃圾主要成分的热解产气特性,进而对生活垃圾的总体热解产气特性进行把握。

1. 生活垃圾不同成分的产气特性

通常用气体体积产率、瞬时产气量、累计产气量、热解效率、产气率和燃气转化份额作为衡量各物料热解产气特性的指标。气体体积产率是每千克物料热解后的产气量,是物料热解产气的最基本的指标,它可以粗略的衡量出某一物料产气量的大小。瞬时产气量是单位时间内的热解产气量,是一个产气的状态值,它反映物料在热解过程中,产气的快慢及稳定程度。累计产气量是指热解进行到某时刻时总共产气量。

热解效率为:

$$\eta_v = \frac{V^*}{V_{ad} + M_{ad}} \tag{8-5}$$

燃气转化份额($f_g$)为:

$$f_g = \frac{\rho_g \times GVP}{V^*} \tag{8-6}$$

产气率($\eta_g$)为:

$$\eta_g = \rho_g \times GVP \tag{8-7}$$

式中　$\rho_g$——气体的平均密度,kg/m$^3$;

　　$GVP$——热解气体的体积产率,m$^3$/kg;

　　$V^*$——热解的实际挥发分成分;

　　$V_{ad}$——物料的工业分析挥发成分;

　　$M_{ad}$——物料的工业分析水分。

图 8-1 给出了生活垃圾主要成分在700℃ 快速加热方式下的气体体积产率。从图 8-1 可以看出,聚乙烯(PE)的气体体积产率最大,纸板、报纸、木块、布的气体体积产率适中,青菜、轮胎、聚氯乙烯(PVC)的气体体积产率较小。这说明垃圾各成分的产气率与其化学构成有关,挥发分大的成分产气率大,反之则小。

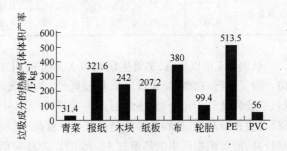

图 8-1　垃圾主要成分的热解气体体积产率

对生活垃圾主要成分在热解过程中的瞬时产气量和累计产气量的曲线进行分析。瞬时产气量曲线发生的突变说明内部发生了剧烈的化学反应,热解气体成分必定也发生了变化。在曲线发生突变的时刻采样分析,可以较为准确地了解热解气体成分的变化情况。青菜和轮胎在整个热解过程中产气较为平稳;木块、报纸、纸板和布的产气有变化,且基本趋势都为热解初期的瞬时产气量较大,达到一个最大值后就趋于平稳并逐渐减小。PE 的曲线变化最大,热解初期产气很慢,从第 10 min 起产气迅速加快,达到峰值后迅速减小。不同成分的累计产气量曲线变化很大,其中轮胎和青菜的产气量曲线变化平稳而且产气量大,报纸、纸板和木块的曲线较为相似。

通过对垃圾主要成分在700℃热解终温快加热方式下的热解效率($\eta_v$)、产气率($\eta_g$)和燃气转化份额($f_g$)的对比,产气率和燃气转化份额均可衡量垃圾某一成分的产气能力。例如,轮胎和青菜的产气率和燃气转化份额值都较低,它们更适于热解制油。

2．生活垃圾不同成分的热解气体组分和产量

表 8-4 给出了垃圾不同成分在 450℃ 以下和 850℃ 两个温度段下的热解气体组分和产量。

**表 8-4　生活垃圾不同成分的热解产气组分和产量**

| 样　品 | 组分的体积分数/% | | | | | | 热值/kJ·m⁻³ | 产量/mL·g⁻¹ |
|---|---|---|---|---|---|---|---|---|
| | $H_2$ | $CH_4$ | CO | $CO_2$ | $C_2H_4$ | $C_2H_6$ | 热值/$kJ·m^{-3}$ | 产量/$mL·g^{-1}$ |
| 纸 | 3.93 | 7.64 | 18.44 | 22.75 | 0.50 | 0.56 | 6164.01 | 29.37 |
| | 2.90 | 6.48 | 46.50 | 41.80 | 1.14 | 1.18 | 9978.78 | 109.46 |
| 丝织物 | 1.84 | 2.20 | 8.27 | 17.78 | 2.26 | 0.27 | 3638.51 | 28.91 |
| | 0.92 | 2.01 | 24.27 | 41.13 | 7.79 | 0.52 | 9163.01 | 118.59 |
| 食品 | 11.50 | 5.41 | 8.77 | 16.06 | 0.85 | 0.58 | 5195.12 | 13.23 |
| | 13.16 | 10.16 | 16.90 | 0.45 | 3.16 | 2.42 | 10740.34 | 108.21 |
| 塑料 | 4.82 | 6.06 | 1.07 | | 2.77 | 2.59 | 6233.80 | 18.20 |
| | 7.41 | 11.53 | 4.71 | 12.49 | 7.79 | 7.93 | 15516.70 | 71.05 |
| 白塑料 | 11.12 | 5.98 | 9.25 | 22.00 | 3.50 | 0.89 | 7300.83 | 28.76 |
| | 17.90 | 11.16 | 20.49 | 33.81 | 8.38 | 2.20 | 13236.60 | 31.95 |
| 木　屑 | 12.74 | 9.75 | 20.66 | 41.51 | 0.39 | 0.59 | 8101.38 | 25.21 |
| | 16.44 | 10.81 | 21.69 | 40.59 | 1.24 | 1.50 | 10128.85 | 137.68 |
| 橡　胶 | 4.53 | 12.15 | 1.69 | 16.48 | 2.16 | 3.42 | 8604.70 | 13.69 |
| | 4.11 | 9.10 | 2.02 | 49.03 | 3.45 | 4.24 | 8847.81 | 71.76 |
| 混合物 | 4.78 | 3.75 | 3.08 | 17.41 | 0.50 | 0.36 | 2795.63 | 15.30 |
| | 6.00 | 7.35 | 16.52 | 48.70 | 4.39 | 2.39 | 9676.24 | 91.33 |

　　从表 8-4 可以看出，尽管生活垃圾各成分的组成有很大的差异，但其热解气的组成却很相似。除了塑料、白塑料、橡胶产气量较低外，其他成分产气量都很大。这主要是因为塑料、白塑料、橡胶为高分子化合物，热解后产生的挥发分部分转化为焦油的结果。废纸的热解气体组分 CO 含量是最高的，塑料和橡胶是最低的。食品、塑料、白塑料和木料产生的热解气 $H_2$ 和 $CH_4$ 含量较高，而丝织物产生的热解气 $H_2$ 和 $CH_4$ 含量很低。木料和纸产生的热解气中 $C_2H_4$ 和 $C_2H_6$ 含量比其他种类要低，而塑料产生的热解气 $C_2H_4$ 和 $C_2H_6$ 含量是最高的。由此可分析出木料和纸的热值与其他种类相比有很大差别的原因。

　　此外，由表 8-4 也可知，几乎所有的垃圾成分都是在高温阶段产出大部分热解气体，而白塑料却在低温和高温两个阶段产生的热解气体量基本相等，这是因为热解过程使大部分白塑料液化，只有一部分保持气体状态。木料在低温和高温阶段产生的热解气体成分含量基本相等，这表明两个温度的热解过程是相似的，只是在高温阶段产生出更多的热解气体。橡胶的热解气体在低温和高温两个阶段，除了 $CO_2$ 的含量差别很大外，其他组分的差别很小，但由于在高温阶段产生出更多的热解气体，因而热解气体的总热值在高温阶段还是增加的。木料和橡胶的热解过程与温度无关，只与热解时间有关。

　　3．生活垃圾不同成分的热解气热值分析

　　对于单组分物料的热解，不同时刻的热解气样都有自己的平均热值，所谓平均热值就是单个组分气的热值乘以该气体在混合气中的体积分数然后相叠加而得。图 8-2～图 8-7 为生活垃圾 6

种主要成分快速热解过程中热解混合气的热值变化曲线。

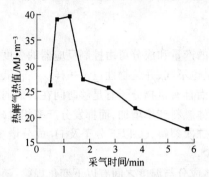

图 8-2　纸屑热解气热值与采气时间变化曲线

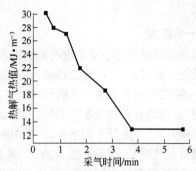

图 8-3　织物热解气热值与采气时间变化曲线

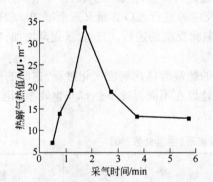

图 8-4　厨余热解气热值与采气时间变化曲线

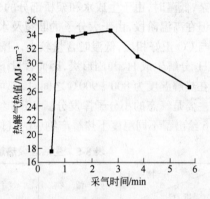

图 8-5　木屑热解气热值与采气时间变化曲线

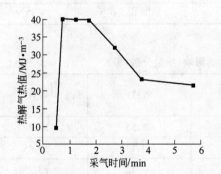

图 8-6　塑料热解气热值与采气时间变化曲线

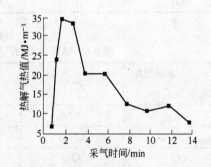

图 8-7　橡胶热解气热值与采气时间变化曲线

从图 8-2～图 8-7 可以看出,热解混合气的热值变化都很明显,并不是随着时间的延长而一直升高,而是有一个最大值。这是因为热解初期,$CO_2$ 含量较高,热值较低;随着热解时间的增长,物料温度升高,$H_2$、$CO$、$C_2H_4$、$C_2H_6$ 和 $CH_4$ 的含量增加,热值随之升高;当温度进一步升高时,高热值气体成分 $CH_4$、$C_2H_4$ 和 $C_2H_6$ 因热裂解含量降低,从而使混合气的热值下降。

### 三、热解过程的影响因素

影响热解过程的因素很多,物理因素有热解过程中的传热、传质以及原垃圾的特性等,化学因素包括一系列复杂的反应,具体表现为热解温度、升温速率、湿度、反应时间及垃圾原料尺寸、形状等。

**(一) 温度**

温度是热解过程中最关键的影响因素。热解产品的产量和成分可由控制反应器的温度来有效地改变。热解的温度不同,热解后所得的产物和产量也不同,并且物性也不一样。在较低温度加热条件下,有机废物大分子裂解成较多的中小分子,而且有机物分子有足够时间在其最弱的键处断裂,重新结合为热稳定性固体,因而油类含量和固体燃料产率增加,而挥发分产率相对减少。随着温度升高,除大分子裂解外,许多中间产物也发生二次裂解,$C_5$ 以下分子及 $H_2$ 成分增多,气体产量成正比增长,而各种酸、焦油、炭渣产量相对减少。

此外,热解温度不同,挥发分成分也发生变化,气体成分与温度之间有以下变化规律:随着温度升高,由于脱氢反应加剧,使得 $H_2$ 含量增加,$C_2H_4$、$C_2H_6$ 减少。而 CO 和 $CO_2$ 的变化规律则比较复杂,低温时,由于生成水和架桥部分的分解次甲基键进行反应,使得 $CO_2$、$CH_4$ 等增加,CO 减少。但在高温阶段,由于大分子的断裂及水煤气还原反应的进行,CO 含量又逐渐增加。$CH_4$ 的变化与 CO 正好相反,低温时含量较小,但随着脱氢和氢化反应的进行,$CH_4$ 含量逐渐增加;高温时,$CH_4$ 分解生成 $H_2$ 和固形炭,因而含量下降,但下降缓慢。

在热解温度为 800～900℃ 之间时,都可以认为它的热解为热化解燃气化过程,这时的热解产物主要是气态的小分子挥发分。表 8-5 给出了生活垃圾在不同温度下热解产物收率额度表。表 8-6 给出了不同温度下热解产物中的气体成分。

**表 8-5　生活垃圾热解产物收率额度表**(质量分数/%)

| 产物成分<br>热解温度/℃ | 残留物 | 气体 | 焦油与油 | 氨 | 水溶液 |
|---|---|---|---|---|---|
| 750 | 11.5 | 23.7 | 2.1 | 0.3 | 55 |
| 900 | 7.7 | 39.5 | 0.2 | 0.3 | 47.8 |

**表 8-6　热解温度对产物气体成分的影响**(质量分数/%)

| 热解温度<br>气体成分 | 480℃ | 650℃ | 815℃ | 925℃ |
|---|---|---|---|---|
| $H_2$ | 5.58 | 16.58 | 28.55 | 32.48 |
| $CH_4$ | 12.43 | 15.91 | 13.73 | 10.45 |
| CO | 33.5 | 30.49 | 34.12 | 35.25 |
| $CO_2$ | 44.77 | 31.78 | 20.59 | 18.31 |
| $C_2H_4$ | 0.45 | 2.18 | 2.24 | 2.43 |
| $C_2H_6$ | 3.03 | 3.06 | 0.77 | 1.07 |
| 总　计 | 99.74 | 100.00 | 100.00 | 99.99 |

此外,生活垃圾成分不同,整个热解过程开始的温度也不同,而且不同的温度区间所进行的反应过程不同,产出物的组成也不同。所以,应根据回收目标来确定控制适宜的热解温度。

**(二) 升温速率**

热解过程中升温速率的快慢直接影响到生活垃圾热解的机理。不同的升温速率下,生活垃圾中有机质大分子键裂位置不同,其热解产物也同时发生变化。表 8-7 所示为生活垃圾高温热解升温速率对产物气体成分的影响。这些数据说明气体成分随着升温速率的变化而变化;产气量随着升温速率的增加而增加,水分、有机液体含量及固体残渣则相应减少。

**表 8-7 垃圾高温热解升温速率对产物气体成分的影响**

| 气体组成与产量 | 升温速率/K·min⁻¹ | | | | | | | |
|---|---|---|---|---|---|---|---|---|
| | 800 | 130 | 80 | 40 | 25 | 20 | 13 | 10 |
| $O_2$/% | 15.0 | 19.2 | 23.1 | 21.2 | 25.1 | 24.7 | 25.7 | 22.9 |
| CO/% | 42.6 | 39.6 | 35.2 | 36.3 | 31.3 | 30.4 | 30.1 | 29.5 |
| $CO_2$/% | 0.9 | 1.6 | 1.8 | 2.5 | 2.3 | 2.1 | 1.3 | 1.1 |
| $H_2$/% | 17.9 | 9.9 | 12.15 | 10.0 | 15.0 | 13.7 | 16.9 | 22.0 |
| $CH_4$/% | 17.5 | 21.7 | 20.0 | 20.0 | 20.1 | 19.9 | 21.5 | 20.8 |
| $N_2$/% | 6.1 | 8.1 | 7.7 | 6.0 | 6.6 | 8.2 | 8.3 | 5.4 |
| 热值/MJ·m⁻³ | 13.8 | 14.1 | 13.2 | 13.2 | 13.2 | 12.3 | 13.7 | 14.1 |
| 产气量/m³·t⁻¹ | 343 | 324 | 212 | 192 | 210 | 204 | 227 | 286 |

综合分析上述两个影响因素:在低温－低速加热条件下,有机物分子有足够时间在其最薄弱的接点处分解,重新结合为热稳定性固体,而难以进一步分解,固体产率增加;高温－高速加热条件下,有机物分子结构发生全面裂解,生成大范围的低分子有机物,产物中气体组分增加。

**(三)湿度**

湿度对热解过程中的影响是多方面的,主要表现为影响产气的产量和成分、热解的内部化学过程以及影响整个系统的能量平衡。我国的城市生活垃圾含水量一般在 40% 左右,有时超过60%。这部分水在热解过程前期的干燥阶段(105℃ 以前)总是先失去,最后凝结在冷却系统中或随热解气一同排出。如果它以水蒸气的形式与可燃的热解气共存,则会严重降低热解气的热值和可用性。因此,在热解系统中要求将水分凝结下来,以提高热解气的可用性。

另外,湿度对热解过程的影响与热解的方式甚至具体的反应器结构相关,如直接热解方式在800℃ 以上供以水蒸气,则有水与碳的接触反应和"水煤气反应"。从实际反应效果来看,一般喷入水蒸气应在反应器内温度达 900℃ 以上才好。即使是直接热解尚与物料和产气导出的流向有关,是逆向或同向流动情况都是有区别的。如果导出气与物料流动方向相同,即含水分的导出气将经过高温区,此时产气的成分组成与逆向流动产气的组成也是不同的。

被热解垃圾原料的水分高低与整个系统的能量平衡有直接关系。用能量的导出率 $R$ 指标进行讨论:

$$R = \frac{h_{out} - h_{in}}{Q} \tag{8-8}$$

式中　$R$——能量导出率;

　　　$h_{out}$——热解产气的能量,kJ;

　　　$h_{in}$——加入热解系统的能量,kJ。

能量导出率表明了一个事实,即寻求在输出与输入的能量关系上,找到最大的 $R$,而不是只看系统产出了多少能量。

**(四)反应时间**

反应时间是指反应物料完成反应在炉内停留的时间。它与物料尺寸、物料分子结构特性、反应器内的温度水平、热解方式等因素有关,并且它又会影响热解产物的成分和总量。

　　一般而言,物料尺寸愈小,反应时间愈短;物料分子结构愈复杂,反应时间愈长;反应温度愈高,反应物颗粒内外温度梯度愈大,这就会加快物料被加热的速度,反应时间缩短。反应物的浓度与反应时间也有关系,如采用稀相和密相,就有一个最恰当的浓度问题。热解方式对反应时间的影响就更加明显,直接热解与间接热解相比热解时间要短得多。因为直接热解可理解为在反应器同一断面的物料基本上处于等温状态,而壁式间接加热,在反应器的同一断面上就不是等温状态,而存在一个温度梯度。反应器内径(或当量内径)愈大,温度差愈大,所以间接热解的反应器内径尺寸都做得较小。日本日立公司的多管式热解方案就是采用较小的管径。如果采用中间介质的间接热解方式,热解反应时间直接与处理的量有关,处理的量大小取决于反应器的热平衡,与设备的尺寸相关。如采用间接加热的沸腾床,它的反应时间短,但单位时间的处理量不大,要加大处理量,相应的设备尺寸也很大。

　　反应时间主要影响产气的完全和装置的处理能力。物料由初温上升到热解温度,以及热解都需要一定的时间。若停留时间不足,则热解不完全;若停留时间过长,则装置处理能力下降。根据实验结果,得到停留时间、热解温度、气化率三者间的最佳关系遵循如下规律:

$$\frac{1}{T} = \frac{R}{E}\left\{(n-1)\ln V + [\ln At - \ln(1-n)]\right\} \tag{8-9}$$

式中　$T$——热解温度,℃;纤维素类,200℃ < $T$ < 600℃,高分子聚合物类,400℃ < $T$ < 600℃;
　　　$E$——活化能(纤维类为 30000 J/mol 左右,高分子聚合物类为 18000 J/mol 左右);
　　　$n$——反应级数($n \leqslant 2$);
　　　$A$——常数(纤维类为 0.416 左右,高分子聚合物类为 0.643 左右);
　　　$R$——气体常数 8.31;
　　　$V$——温度 $T$ 时的残留挥发分的质量百分比,%;
　　　$t$——物料在热解器中的停留时间,h。

### (五) 物料尺寸

　　物料的形状、尺寸和均匀性,关系到物料的升温速度和温度的传递以及气流流动和热解是否完全。尺寸越大,物料间间隙越大,气流流动阻力小,有利于对流传热,辐射换热空间大,也有利于辐射换热,减小了物料与环境的热传递阻力;但此时物料本身的内热阻增大,内部要达到均匀的温度分布需要较长的传热时间,其中心附近的加热速度低于表面的加热速度,热解产生的气体和液体也要通过较长的传质过程,这期间将会发生许多二次反应。尺寸越大,物料热解所需的时间越长,若减短热解时间,则热解不完全。物料尺寸的大小,在工程上又关系到预处理装置的动力消耗。因此,综合考虑物料尺寸与热解和动力消耗的关系,是选择较佳物料尺寸的合理思路。另外,物料尺寸大,挥发分相对减少,这是因为在物料中心析出挥发分之后,在逸出表面的过程中有裂解、凝聚或聚合现象出现,在表面上出现碳的某些沉积物而使反应减缓。

## 第三节　热解动力学

### 一、热解过程动力学分析

　　热解过程既包括反应过程又涉及传递(扩散及传质、传热)过程。对于颗粒大而又结构坚实的物料,当加热速率较低和床温较低时,传递过程占主要地位;对于颗粒尺寸较小和结构松软的物料,反应过程占主要地位。在粒子内部,气体扩散速率和传热速率决定于物料的结构和空隙率。

当挥发分析出时,反应和传递过程都很复杂,有些学者用简单的一级模型描述这个过程,即

$$\frac{\mathrm{d}V}{\mathrm{d}t} = k(V_{\max} - V), \quad k = k_0 \mathrm{e}^{-\frac{E}{RT}} \tag{8-10}$$

式中　$k$——反应速率常数;

　　　$k_0$——频率因子;

　　　$E$——活化能,J;

　　　$T$——热力学温度,K;

　　$V_{\max}$——一定温度下的最大挥发分释放量,$m^3$;

　　　$V$——$t$ 时间内的挥发分释放量,$m^3$;

　　　$R$——气体常数。

这个模型用来描述中等温度的热解过程比较合适,但是当温度从低温升到高温以后,该模型就不能完全适用,因为 $E$、$V_{\max}$ 和 $k_0$ 都是温度的函数。

也有用 $n$ 级反应速率表达式来描述挥发分的析出过程,即

$$\frac{\mathrm{d}V}{\mathrm{d}t} = k_n(V_{\max} - V)^n \tag{8-11}$$

式中　$k_n$——$n$ 级反应速率常数;

　　　$n$——反应级数。

当 $n = 2$ 时,式 8-11 与试样结构符合很好。

考虑到挥发分析出过程的非等温特性,亦可用下述公式来描述挥发分的析出过程,即

$$\frac{V_{\max} - V}{V} = \int_0^{+\infty} \exp\left(-\int_0^{+\infty} k\,\mathrm{d}t\right) f(E)\mathrm{d}E \tag{8-12}$$

式中,$f(E)$ 是平均活化能 $E$ 和标准偏差 $\sigma$ 的高斯分布函数,即

$$f(E) = \sigma(2\pi)^{0.5} \exp\frac{-(E - E_0)^2}{(2\sigma)^2} \tag{8-13}$$

挥发分析出过程实际上包括许多复杂的连续和平行热分解反应过程。当物料加入床内后,粒子表面立即被床料加热到床温,于是发生化学反应,分子的化学键断裂,从粒子表面到粒子中心形成温度梯度。当粒子内部沿径向各点从表面到中心的温度逐渐升高时,更多的挥发分通过粒子中的空隙扩散到粒子周围的气流中。

挥发分析出时的传热、传质过程,决定于颗粒的尺寸、加热速率和周围介质的压力。试验结果表明:粒径小于 500 $\mu m$ 的颗粒,当加热速率达到 1000℃/s 时,粒子内部不会形成温度梯度;粒径大于 1 mm 的粗颗粒,粒子内部会出现温度梯度和传热过程,尤其是颗粒的孔隙越少和导热性越差的物料,温度梯度越大。

挥发分析出受化学反应速率控制时,挥发分析出的速度与粒径无关,只决定于化学反应常数、最大挥发分含量、活化能和温度。

在分析挥发分析出的机理的基础上,下面再讨论挥发分析出的时间。

挥发分析出受化学反应速率控制时,粒子内部不存在温度梯度,即处于等温状态,挥发分析出的时间可由式 8-10 积分求得,并把 $V_{\max}$ 当作常数。

$$t_\mathrm{v} = \frac{1}{k_0 \exp[-E/(RT)]} \ln \frac{V_{\max}}{V_{\max} - V} \tag{8-14}$$

当粗大颗粒(大于 1 mm)的挥发分析出受传递过程控制时,粒子内部存在温度梯度,初始温

度为 $T_0$，受热后粒子逐步被加热，经过时间 $t$ 后，粒子表面温度升高到床温 $T_b$，并且在粒子表面上一直保持这一温度。由于向球形粒子内部导热，其内部各点的温度逐步升高，升温规律用球形坐标表示，并忽略分解热，其导热方程式为：

$$(1 - \varepsilon_s) \rho_s C_p \frac{\partial T}{\partial t} = \lambda_s \frac{1}{r^2} \times \frac{\partial}{\partial r} \left( r^2 \frac{\partial T}{\partial r} \right) \tag{8-15}$$

式中　$\varepsilon_s$——颗粒的空隙率；

　　　$\rho_s$——粒子的密度，$g/cm^3$；

　　　$C_p$——粒子的恒压热导率，$W/(K \cdot m)$；

　　　$r$——颗粒半径，cm。

假定这些数值等于常数，且有初始条件：$t = 0$，$T = T_0$；边界条件：$r = R_p$，$T = T_b$

$$r = 0, \quad \frac{\partial T}{\partial r} = 0$$

由于粒子内部的不稳定热导，热从粒子表面逐渐向粒子中心传递，粒子内部温度 $T$ 逐渐升高，当达到挥发分的热解温度 $T_{py}$ 后，颗粒就发生热解，挥发分开始析出。随着时间推移，热不断地向粒子中心传递，热解的前锋面也不断地向中心推进。当中心温度 $T_0$ 也达到 $T_{py}$ 后，颗粒的挥发分全部析出，此时所需的时间为 $t_v$。

解式 8-15，当 $T_0 = T_{py}$ 时，挥发分全部析出所需的时间为

$$t_v \approx \frac{1}{\pi \alpha} \left( \frac{R_s T_b}{T_{py} - T_b + T_0} \right)^2 \tag{8-16}$$

式中　$\alpha$——颗粒的热扩散率，$W/(K \cdot m)$，$\alpha = \dfrac{\lambda_s}{(1 - \varepsilon_s) \rho_s C_p}$；

　　　$T_0$——颗粒的中心温度，℃；

　　　$R_s$——颗粒半径，mm。

从式 8-16 可以看出：当颗粒热解受内部传热控制时，挥发分析出受颗粒半径 $R_s$、粒子热扩散率 $\alpha$、床层温度（此时 $T_0 = T_b$）的影响。

对于大于 1 mm 的粗大颗粒，粒子尺寸对挥发分析出有很大影响，挥发分全部析出所需时间近似地随颗粒 $R_s^2$ 的增加而增加，随粒子热扩散率 $\alpha$ 的增大而减小。

挥发分全部析出时间随着床温的增加而减小，而挥发分析出速度随着床温的增加而加快，因为床温升高粒子表面温度增高，粒子内部传热速率增加。

## 二、热解动力学方法

生活垃圾热解的动力学参数可根据 TG、DTG 曲线来获得，进而为建立热解综合模型提供基础数据。通常认为垃圾在热重天平中热解反应速率常数遵从 Arrhenius 方程，则热解反应速率的基本方程式为

$$\frac{d\alpha}{dt} = A e^{-\frac{\varepsilon_s}{RT}} (1 - \alpha)^n \tag{8-17}$$

根据热解反应速率方程，主要的数据处理方法有微分法和积分法两类，两者各有其优缺点。常用的微分法有 Freeman-Carroll 法、Kissinger 法、最大速率法等。微分法的优点在于简单、直观、方便，但是在数据处理过程中需要采用 DTG 曲线的数值，此曲线非常容易受外界各种因素的影响，如实验过程中载气的瞬间不平稳、热重天平实验台的轻微震动等，这些因素都将导致 TG 曲线有一个微量的变化，DTG 曲线随之有较大的波动。因此微分法得到的实验数据易失真。常用

的积分法有 Doyle 法、Dzawa-Flymn-Wall 法、Maccallum-Tammer 法等。积分法克服了微分法的缺点,TG 曲线的瞬间变化值相对其总的积分值很小,不会对结果有很大的影响,实验数据较准确。但采用积分法处理数据相对较复杂。

### (一) 微分法

沈吉敏,解强等对以升温速率为 5℃/min 热解模化生活垃圾时的数据采用微分法计算相应的热解动力学参数。图 8-8 给出了 5℃/min 生活垃圾热解 DSC 曲线峰分离图。对 DSC 曲线进行峰分离技术处理,可认为热解过程中热量的吸收和释放是由若干个峰耦合而成,每个单独的峰可认为是代表模化生活垃圾中的某一种物质的分解过程。

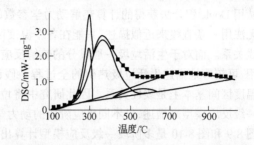

图 8-8　5℃/min 生活垃圾热解 DSC 曲线峰分离图

因此,模化生活垃圾的热处理过程也可以认为是一个整体拟合物的处理过程。以 5℃/min 时的数据来计算相应的动力学参数,结果见表 8-8。从表 8-8 可以看出,热解在低温段的反应级数约为 1.2,活化能为 30 kJ/mol,在高温段两者的反应级数约为 1.6,模化生活垃圾的平均活化能热解状态为 49 kJ/mol。

表 8-8　生活垃圾动力学参数的计算

| 气　氛 | $T_{max热}$/℃ | $n$ | $E$/kJ·mol$^{-1}$ |
|---|---|---|---|
| 热　解 | 200~320 | 1.2253 | 29.527 |
| | 320~550 | 1.3855 | 36.801 |
| | >550 | 1.6824 | 48.801 |

### (二) 积分法

李季、张铮等针对 7 种典型的垃圾组分进行了 TG-DSC 分析,采用 Doyle 积分法进行数据的处理,获得垃圾热解的反应动力学参数。根据 TG 和 DSC 曲线得到垃圾组分热解过程特性参数:温度区间、时间范围以及热解过程中的吸热量。实验中所选垃圾组分的热解反应机理为多阶段一级反应,每一阶段有不同的反应动力学参数,建立了多阶段一级反应模型。此外,各组分的挥发分大量析出阶段及塑料、橡胶中聚合物热分解阶段均受化学反应动力因素控制。

Doyle 法的表达式为

$$-\ln(1-a) = \frac{AE}{\psi R} \times e^{-5.33-1.0516E_a/RT} \tag{8-18}$$

令

$$Y = \ln[-\ln(1-a)], \quad a = \ln\frac{AE_a}{\psi R} - 5.33$$

$$b = -1.0516\frac{E_a}{R}, \quad X = \frac{1}{T}$$

式中　$A$——热解反应频率因子,s$^{-1}$;

　　　$E_a$——热解反应活化能,kJ/mol;

　　　$T$——热解反应温度,℃;

　　　$a$——试样质量转化率、失重率,%;

$\psi$——热解反应升温速率,K/min。

则方程转变为 
$$Y = a + bX$$

利用得到的 TG、DTG 曲线很容易得到 $X$ 和 $Y$ 相应的数值,回归得到此直线的斜率即为 $a$,截距是 $b$,从而可得 $E_a$ 和 $A$。

从用 Doyle 积分法获得的计算热解动力学参数的 $Y$、$X$ 曲线图可以看出,各组分的整个热解过程无法用一条直线来近似描述,只能在各个温度区间用一条直线来描述,此时 $Y$、$X$ 呈现较好的直线关系。而对于生活垃圾一般成分的热解反应,通常可用一级反应进行反应机理的描述,简单实用,可较好地描述生活垃圾热解的全过程。假设热解反应按照一级反应机理进行时,$Y$、$X$ 在各温度区间基本上是线性关系。因此研究中将垃圾热解的整个过程分为多个阶段,各阶段分别用一级反应模型来描述,且不同反应阶段的动力学参数不同。

图 8-9 和图 8-10 是多阶段一级反应模型计算出的布料和塑料的 $\alpha$ 与热重实验所得 $a$ 曲线的比较,可以看出,在模型所适用的温度区间内,计算结果和实验结果符合较好。

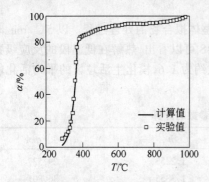
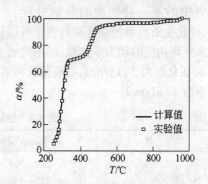

图 8-9　计算和实验所得 $\alpha$ 值比较(布料)　　图 8-10　计算和实验所得 $\alpha$ 值比较(PVC 塑料)

垃圾热解是一个复杂的反应过程,简单认为垃圾热解反应是一级或二级反应是不准确的。在不同温度条件下,垃圾热解的反应机理是不同的。李斌、谷月玲等人对 9 种典型垃圾组分进行了热天平试验,也采用积分法处理实验数据,通过选择气固反应机理方程,求解反应动力学参数。

本研究采用的热天平为 TGD-5000 微分差热天平,试样粒度为 0.5～1.0 mm,加入热天平的试样质量为 0～10 mg,加热速率为 10℃/min、20℃/min 和 50℃/min,气氛为高纯氮气。为了消除水分蒸发对热分析的影响,样品都是经过空气干燥的。

热解动力学模型的建立是假设在无限短的时间间隔内,非等温过程可看作等温过程,垃圾的总体热解速率可以表示如下:

$$d\alpha/dt = kf(\alpha) = A\exp(-E/RT)f(\alpha) \tag{8-19}$$

式中　$A$——因子;

　$k$——反应速率常数,min$^{-1}$;

　$R$——气体常数,8.31 J/(mol·K);

　$E$——活化能,kJ/mol;

　$T$——温度,K;

　$f(\alpha)$——固体反应物中未反应产物与反应速率有关的函数,它的大小取决于反应机理。

本研究选用积分法处理实验数据。

首先令

$$F(\alpha) = \int_0^a \mathrm{d}\alpha / f(\alpha) \tag{8-20}$$

加热速率 $B = \dfrac{\mathrm{d}T}{\mathrm{d}t} = \mathrm{const}(\text{℃}/\min)$，由式 8-19 和式 8-20 可得：

$$\int_0^a \mathrm{d}\alpha / f(\alpha) = F(\alpha) = P(x)(AE/BR) \tag{8-21}$$

$$P(x) = \mathrm{e}^{-x}/x - \int_x^\infty \mathrm{e}^{-x}/x\,\mathrm{d}x = \mathrm{e}^{-x}/x + E_i(-x) \quad (x = E/RT) \tag{8-22}$$

式中，$E_i(-x)$ 为指数积分；$T$ 为对应于 $\alpha = \alpha(t)$ 的温度。

对式 8-21 两边取对数：

$$\lg F(\alpha) - \lg P(x) = \lg(AE/BR) \tag{8-23}$$

式 8-23 右端与温度无关，而左端与温度有关，近似认为 $-\lg P(x)$ 是 $1/T$ 的线性函数，则 $\lg F(\alpha)$ 也必然是 $1/T$ 的线性函数，从式 8-22 可看出，$P(x)$ 既与温度 $T$ 有关，又与 $E$ 有关。

Maccallum 和 Tanner 给出了 $P(x)$ 的表达式：

$$\lg P(x) = 0.256E^{0.4357} + (0.449 + 0.526E) \times 10^3/T \tag{8-24}$$

将式 8-24 代入式 8-23 后得：

$$\lg F(\alpha) = \lg \frac{AE}{BR} - 0.256E^{0.44} - \frac{(0.45 + 0.053E) \times 10^3}{T} \tag{8-25}$$

把 $\alpha - T$ 数据代入表 8-9 中的 $F(\alpha)$ 的函数式，从 $\lg F(\alpha)$ 对应于 $1/T$ 的数据中，在某一确定的温度范围内可以找到一个函数 $F(\alpha)$，使得 $\lg F(\alpha)$ 和 $1/T$ 成线性关系，根据式 8-27 即可算出动力学参数 $E$ 和 $A$。温度区间的划分依据如下：(1)当 $T \leqslant 120\text{℃}$ 或当 $\mathrm{d}\alpha/\mathrm{d}t = 0$ 时，认为没有发生化学反应；(2)当 $\mathrm{d}\alpha/\mathrm{d}t \neq 0$ 时，认为试样发生化学反应，引起失重；(3)在试样发生化学反应过程中，若存在一点 $T_0$，使得 $T_0$ 点左侧和右侧的 $\lg F(\alpha) - 1/T$ 直线的斜率不相等，认为 $T_0$ 点左侧和右侧服从不同的反应机理或服从相同的反应机理但动力学参数不相同。

**表 8-9  常见的气-固反应方程式**$(kt = F(\alpha))$

| 函数序号 | 反应机理方程式 | 反应速率函数式 $f(\alpha)$ |
|---|---|---|
| 1 | $\alpha^2 = kt$ | $f(\alpha) = \alpha^{-1}/2$ |
| 2 | $(1-\alpha)\ln(1-\alpha) + \alpha = kt$ | $f(\alpha) = [-\ln(1-\alpha)]^{-1}$ |
| 3 | $[1-(1-\alpha)^{1/3}]^2 = kt$ | $f(\alpha) = 3/2(1-\alpha)^{2/3}[1-(1-\alpha)^{1/3}]^{-1}$ |
| 4 | $(1-2/3\alpha) - (1-\alpha)^{2/3} = kt$ | $f(\alpha) = 3/2[(1-\alpha)^{-1/3}]^{-1}$ |
| 5 | $[(1+\alpha)^{1/3} - 1]^2 = kt$ | $f(\alpha) = 3/2(1+\alpha)^{2/3}[(1+\alpha)^{1/3} - 1]^{-1}$ |
| 6 | $[(1-\alpha)^{-1/3} - 1]^2 = kt$ | $f(\alpha) = 3/2(1-\alpha)^{4/3}[(1-\alpha)^{1/3} - 1]^{-1}$ |
| 7 | $-\ln(1-\alpha) = kt$ | $f(\alpha) = 1-\alpha$ |
| 8 | $1-(1-\alpha)^{1/2} = kt$ | $f(\alpha) = 2(1-\alpha)^{1/2}$ |
| 9 | $1-(1-\alpha)^{1/3} = kt$ | $f(\alpha) = 3(1-\alpha)^{2/3}$ |
| 10 | $\alpha = kt$ | $f(\alpha) = 1$ |
| 11 | $(1-\alpha)^{-1/2} - 1 = kt$ | $f(\alpha) = 2(1-\alpha)^{2/3}$ |
| 12 | $(1-\alpha)^{-1} - 1 = kt$ | $f(\alpha) = (1-\alpha)^2$ |
| 13 | $3/2[1-(1-\alpha)^{2/3}] = kt$ | $f(\alpha) = (1-\alpha)^{1/3}$ |
| 14 | $2[(1-\alpha)^{-1/2} - 1] = kt$ | $f(\alpha) = (1-\alpha)^{3/2}$ |
| 15 | $-\ln[\alpha/(1-\alpha)] = kt$ | $f(\alpha) = \alpha(1-\alpha)$ |

通过对热天平实验数据的分析和处理,可以看出,垃圾组分的热解动力学模型可以用一个方程式来概括,即

$$f(\alpha) = \left\{ 3/2(1+\alpha)^{2/3} \left[ (1+\alpha)^{1/3} - 1 \right]^{-1} \right\}^m \alpha^n (1-\alpha)^p \left[ -\ln(1-\alpha) \right]^q \tag{8-26}$$

对式 8-26 中的 $m$、$n$、$p$ 和 $q$ 取不同的值,即可得到垃圾中的典型组分在不同温度范围内的热解模型。

分析得出的不同试样的部分反应动力学参数及其对应的反应速率控制方程(见表 8-10)。将式 8-21 的级数展开为:

**表 8-10　垃圾组分的热解动力学参数**(高温区段)

| 垃圾组分名称 | 加热速率 /℃·min⁻¹ | 温度区间 /℃ | $E$ /kJ·mol⁻¹ | $A$ /min⁻¹ | 反应速率控制方程式 $f(\alpha)$ | 相关系数 |
|---|---|---|---|---|---|---|
| 废橡胶 | 10 | 690～780 | 168.1 | $3\times10^8$ | $f(\alpha)=\alpha(1-\alpha)$ | 0.9842 |
| | 20 | 700～780 | 178 | $8\times10^8$ | $f(\alpha)=\alpha(1-\alpha)$ | 0.9979 |
| | 50 | 690～860 | 114 | $5\times10^5$ | $f(\alpha)=\alpha(1-\alpha)$ | 0.9718 |
| 废塑料 | 10 | 420～550 | 49.06 | 3660 | $f(\alpha)=(1-\alpha)^2$ | 0.9793 |
| | 20 | 450～550 | 86.24 | $2\times10^{-6}$ | $f(\alpha)=(1-\alpha)^2$ | 0.9958 |
| | 50 | 430～550 | 67 | $2\times10^5$ | $f(\alpha)=(1-\alpha)^2$ | 0.9431 |
| 废纸 | 10 | 380～920 | 34.97 | 0.069 | $f(\alpha)=\alpha^{-1/2}$ | 0.9992 |
| 瓜皮 | 10 | 400～970 | 3.312 | 0.166 | $f(\alpha)=\alpha^{-1/2}$ | 0.9575 |
| 化纤 | 10 | 390～880 | 1.923 | 0.253 | $f(\alpha)=\left[-\ln(1-\alpha)\right]^{-1}$ | 0.9926 |
| 废皮革 | 10 | 490～940 | 2.423 | 0.222 | $f(\alpha)=\alpha^{-1/2}$ | 0.9813 |
| 杂草 | 10 | 380～900 | 3.673 | 0.232 | $f(\alpha)=\alpha^{-1/2}$ | 0.9995 |
| 植物类厨余 | 10 | 700～900 | 27.15 | 1.377 | $f(\alpha)=\left[-\ln(1-\alpha)\right]^{-1}$ | 0.9917 |
| | 50 | 500～980 | 1.706 | 1.051 | $f(\alpha)=\left[-\ln(1-\alpha)\right]^{-1}$ | 0.9464 |
| 落叶 | 10 | 480～920 | 6.363 | 0.217 | $f(\alpha)=\alpha^{-1/2}$ | 0.9867 |
| | 50 | 530～960 | 1.131 | 1.662 | $f(\alpha)=\alpha^{-1/2}$ | 0.9826 |

$$P(x) = e^{-x}/x^2(1 + 2!\ /x + 3!\ /x^2 + \cdots) \quad x = E/RT \tag{8-27}$$

取第一项近似为:

$$P(x) = e^{-x}/x^2 \tag{8-28}$$

将式 8-28 代入式 8-20 可得

$$F(\alpha) = \frac{ART^2}{BE} e^{-E/RT} \tag{8-29}$$

由式 8-29 可得到 $\alpha - \alpha(T)$ 的关系式。

例如废橡胶热解(加热速率:10℃/min)符合三段热解模型,即:

$$\alpha = \begin{cases} 1 - \left[A_1RT^2(BE_1)^{-1}\exp(-E_1/RT)+1\right]^{-1}, & 160 \leqslant T \leqslant 480 \\ 1 - \left\{\exp\left[A_2RT^2(BE_2)^{-1}\exp(-E_2/RT)\right]+1\right\}^{-1}, & 480 \leqslant T \leqslant 690 \\ 1 - \left\{\exp\left[A_3RT^2(BE_3)^{-1}\exp(-E_3/RT)\right]+1\right\}^{-1}, & 690 \leqslant T \leqslant 780 \end{cases} \tag{8-30}$$

从图 8-11 中可以看出,式 8-30 能较好地反映橡胶试样的热解失重过程。

综上可知,在不同的温度范围内,垃圾不同成分热解的反应机理是不同的,且反应动力学参数各不相同;对于同一种成分,影响其反应速率的主要因素是反应动力学常数,当升温速率改变时,反应速率方程中的函数式 $f(\alpha)$ 并不改变,改变的只是反应动力学常数 $E$ 和 $A$;垃圾热解过程可由式

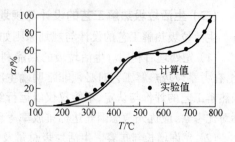

图 8-11　废橡胶的热解失重过程(10℃/min)

$$f(\alpha) = \left\{ 3/2(1+\alpha)^{2/3} \left[ (1+\alpha)^{1/3} - 1 \right]^{-1} \right\}^{m}$$
$$\alpha^{n}(1-\alpha)^{p} \left[ -\ln(1-\alpha) \right]^{q} \qquad (8-31)$$

来描述其热解速率,根据实验得出的反应动力学参数以及 $m$、$n$、$p$ 和 $q$ 的不同取值,可得出垃圾热解的动力学模型。

# 第四节　热解工艺及设备

## 一、生活垃圾热解工艺的设计与规划

### (一) 生活垃圾热能及其利用的基本特点

总体而言,生活垃圾蕴含的热能是低品位能源。与常规燃料和常见低品位燃料相比,具有一些比较显著的特点:

(1) 分布面广。生活垃圾与人类的生活伴生的特性,意味着只要有人类存在的场所,就会有垃圾热能存在,分布面非常广,这与能源矿产的区域性相对集中的存在形式有较大差异。

(2) 含能质不均匀。生活垃圾只是总体和综合的概念,其含能组分有许多种类,蕴含能量的组分主要有厨余、塑料、纤维、橡胶、竹木等。这些组分的能量密度差别较大,特性也有较大差异,致使能量释放过程中各有各的特征。固体废物含能质的不均匀,要求生活垃圾热解设备的设计与运行必须兼顾各种含能组分的释放规律,综合考虑各含能组分共存和相同环境中同期释放的相互影响因素。

(3) 不断增长。随着社会经济水平的不断发展和生活水平的不断提高,生活垃圾的产生量不断增长,生活垃圾的清扫和收集率不断上升,生活垃圾中含能组分比例增大,含能组分热值提高,导致生活垃圾含能总量和含能质量均不断增长。

(4) 变化频繁且波动幅度较大。生活垃圾的产生源受制于多种因素,大到自然世界的规律性变迁、社会经济的周期性起伏、各种灾害的轮回,小到一年四季节气循环、一周七天作休轮换,甚至公众活动安排、重大事件发生、流行趋势变化等,均将可能对垃圾的产量、组分、热值、特性等构成比较大的影响,致使生活垃圾的各种特性容易发生波动,垃圾热能也不例外。例如,周一的生活垃圾热值相对较低,原因是周日一般都安排家庭团聚,垃圾中的厨余就比较多;每年春节大假后的半个月内生活垃圾中的泥土含量将显著增加,原因是过年家庭摆花一般将在这段时间内拆除并扔掉,花泥也就成了生活垃圾。

(5) 利用效率低。一方面,生活垃圾低热值、高水分、多变化的特点,注定了生活垃圾热能利用效率将远低于常规普通燃料。另一方面,生活垃圾能量密度低,只能就近处理与利用,否则将因运输费用高昂而影响经济性,以致生活垃圾热解处理设施的规模受制于设施服务范围内的生活垃圾产量与总热能,一般而言,规模不会太大。利用效率低和利用规模小对生活垃圾热解设施的建设和运行经济性而言是非常不利的。

**(二) 生活垃圾热解工艺的设计与规划原则**

生活垃圾热解工艺的设计与规划原则如下:

(1) 先处理后利用。生活垃圾的热能利用是依附于生活垃圾的热解处理过程而存在的,因此,在考察垃圾热解工艺时必须非常明确主次,以生活垃圾处理为先,热能利用为次。对生活垃圾热解工艺的评价与认定,不能仅仅以运行经济效益、投资相对降低率、工艺装备本土化率等指标对比考察,应优先考虑烟气达标排放率等环境效益指标。

(2) 允许增长与扩容。生活垃圾总量及其热值随着社会经济水平的不断发展和市民生活水平的不断提高而增长的特点,意味着生活垃圾热解处理工艺服务范围内可利用的生活垃圾热能将在一定时间内不断增长。因而,生活垃圾热解工艺的建设需纳入相关的城市发展规划,不仅设施的处理能力需纳入整个城市的生活垃圾处理系统统一考虑,以寻求缓冲和整体检修停产时的垃圾处理能力周转,而且生活垃圾能量利用也必须考虑应付增量的相应办法。

(3) 对生活垃圾的适应能力强。对生活垃圾而言,组分的变动是必然的,稳定是相对的,尤其对国内目前尚未分类收集而混合处理的生活垃圾来说,低热值、高水分、多变化、大波动更是其最为普遍的基本特征。因此,生活垃圾热解工艺的设计必须允许生活垃圾各组分变动及其对应热值的变动,对生活垃圾热解处理设备的适应性提出了较高要求。

(4) 技术可行。生活垃圾热解工艺的选择需要考虑技术的成熟程度及稳定性、运转操作的难易和工艺的简单与复杂程度,确保技术上的可行性。

(5) 经济可行。生活垃圾热解工艺的选择不仅需要技术可行,同样需要考虑建设费的大小、再资源化的运转费的大小和系统能量的平衡,确保经济上的可行性。

此外,完善的垃圾资料收集与分析是进行热解工艺设计和建设的前提条件。研究垃圾的热解规律可为垃圾热解设备的结构、尺寸的设计及实际运行提供理论依据:从垃圾各组分挥发分析出的温度范围和时间可确定实际垃圾热解所需要的温度和时间,从热解过程反应熔的数值可估算热解室中热解所需热量,以保证垃圾中各组分的充分热解和热能的充分利用。

生活垃圾的热解处理往往一次性投资高,因此在热解工艺设计与规划时,一方面需要注意规划的长期性,确保设计和建造的质量,以保证设备的寿命和利用率;另一方面要在以上前提下通过设计的优化来降低建设费用和操作运行费用。

## 二、热解工艺分类

垃圾热解过程由于供热方式、产品状态和热解反应器结构等方面的不同,热解工艺也各不相同。根据热解温度,可分为高温热解、中温热解和低温热解;根据供热方式,可分为直接加热和间接加热;根据热解反应器的结构,可分为固定床、移动床、流化床和回转炉等;根据热解产物的聚集状态,可分成气化方式、液化方式和炭化方式;根据热分解与燃烧反应是否在同一设备中进行,热解过程可分成单塔式和双塔式;根据热解过程是否生成炉渣分为造渣型和非造渣型。

**(一) 按供热方式分类**

**1. 直接加热法**

直接加热法也可称为部分燃烧热解方式,供给被热解物的热量是被热解物(所处理的废物)部分直接燃烧或者向热解反应器提供补充燃料时所产生的热。因该方式伴有在低氧条件下的燃烧过程,燃烧过程就会产生 $CO_2$、$H_2O$ 等惰性气体混在热解可燃气中,稀释了可燃气,结果降低了热解产气的热值。如果采用空气作氧化剂,热解气体中不仅有 $CO_2$、$H_2O$,而且含有大量的 $N_2$,更稀释了可燃气,使热解气的热值大大降低。因此,采用的氧化剂不同,其热解可燃气的热值是不同的。由该方式通常得到的燃气发热量在 $4000\sim8000$ kJ/m³(标态)以下的低品位燃气,如将其净化作为精制燃气回收,因其热值低,显热损失大,一般采用直接燃烧回收热能。

2. 间接加热法

间接加热法是将被热解的物质与供热介质分离开在热解反应器(或热解炉)进行热解的一种方法,可以利用墙式导热或中间介质来传热(热沙或熔化的某种金属床层)。墙式导热方式由于热阻大,熔渣可能会出现包覆传热墙面或者腐蚀等问题,以及不能采用更高的热解温度等而受限;采用中间介质传热,虽然可能出现固体传热或物料在中间介质的分离问题,但二者综合比较起来,后者较墙式导热方式要好一些。

直接加热法的设备简单,可采用高温,其处理量和产气率也较高,但所产气的热值不高,作为单一燃料直接利用还不行,而且采用高温热解,在 $NO_x$ 产生的控制上,还需认真考虑。

间接加热法的主要优点在于其燃气产品的品位较高,同样的物质间接热解产生的热解气要比直接加热热解的高 3 倍,完全可当成燃料来利用。但间接加热法产气率和产气量比直接加热法要低得多。间接加热法不采用高温热解方式,这可减轻对 $NO_x$ 产生的顾虑。

表 8-11 给出了加热方式对于不同热解反应器形式在运行繁简和加热速度大小方面性能的影响比较。

表 8-11　加热方式对于不同热解反应器的性能影响比较

| 项　目 | 直接加热法 | | 间接加热法 | | | |
| --- | --- | --- | --- | --- | --- | --- |
| | | | 墙　式 | | 中间介质 | |
| | 运行简易 | 加热速度 | 运行简易 | 加热速度 | 运行简易 | 加热速度 |
| 竖井炉 | + | 0 | + | — | — | + |
| 卧式炉 | / | / | — | — | + | + |
| 旋转窑 | + | 0 | + | — | — | + |
| 流化床 | — | + | / | / | — | + |

注:"+"表示性能好;"-"表示不好;"0"表示不好不坏;"/"表示尚无发展。

### (二) 按热解温度分类

1. 高温热解

热解温度一般都在 1000℃ 以上,高温热解法采用的加热方式几乎都是直接加热法。如果采用高温纯氧热解工艺,反应器中的氧化-熔渣区段的温度可高达 1500℃,从而将热解残留的惰性固体(金属盐类及其氧化物和氧化硅等)熔化,以液态渣形式排出反应器,清水淬冷后粒化。这样可大大减少固态残余物的处理困难,而且这种粒化的玻璃态渣可作建筑材料的骨料。

2. 中温热解

热解温度一般在 $600\sim700℃$ 之间,主要用在比较单一的物料作能源和资源回收的工艺上,如废轮胎、废塑料转换成类重油物质的工艺。所得到的类重油物质既可作为能源,亦可作为化工初级原料。

3. 低温热解

热解温度一般在 600℃ 以下。农业、林业和农业产品加工后的废物用来生产低硫低灰的炭就采用这种方法,生产出的炭视其原料和加工的深度不同,可作为不同等级的活性炭和水煤气原料。

### (三) 按热解反应器的结构分类

#### 1. 固定床热解反应器

图 8-12 为一典型的固定燃烧床热解炉。经选择和破碎的生活垃圾从反应器顶部加入。反应器中物料与气体界面温度为 100~350℃。物料通过床层向下移动,床层由炉算支持。在反应器的底部引入预热的空气或 $O_2$,此处温度通常为 980~1650℃。这种热解炉的产物包括从底部排出的熔渣(或灰渣)和从顶部排出的气体。排出的气体随后冷却到什么程度,取决于这种气体将进行怎样的使用。

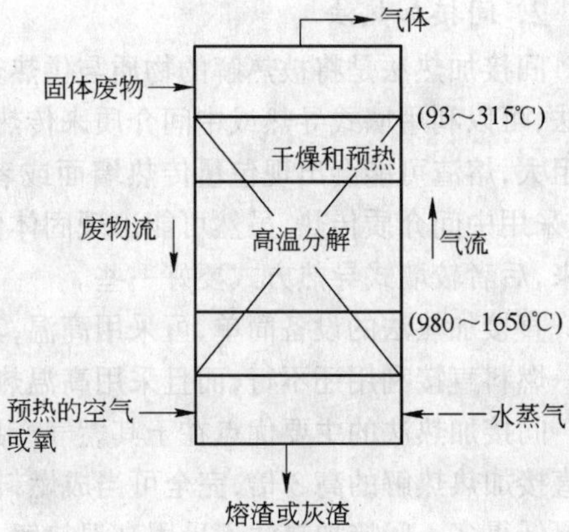

为达到最好的加热效果,气态反应剂流向与燃料流方向相反,但也有一些反应器采用同流方向或横过流(交叉流)向也获得很好的热效率。

在固定床热解反应器中,维持反应进行的热

图 8-12　典型的固定燃烧床热解炉

量是由部分原料燃烧所提供的。由于反应器中气体流速相应较低,在产生的气体中夹带的颗粒物质也比较少,加上高的燃料转换率,则将未气化的燃料损失减到最小,并且减少了对空气污染的潜在影响。

固定燃烧床热解炉的设计有足够机动性以适应各种废物燃料。燃料的粉碎情况,粘成饼状的趋势、灰渣熔化的温度及材料的反应能力都是重要的设计因素。在理想情况下,使用不结饼的、尺寸均匀的燃料可以使整个反应器的气体达到理想而均匀的分布,并可以使高温分解过程的效率更高。

但固定床热解反应器也存在一些技术难题,例如,有黏性的垃圾成分需要进行预处理,才能直接加入反应器。这种情况一般包括将炉料进行预烘干和进一步粉碎,从而保证不结成饼状。未粉碎的燃料在反应器中也会使气流成为槽流,使气化效果变差,并使气体带走较大的固体物质;另外,反应器内气流为上行式时,温度低,含焦油等成分多,易堵塞气化部分管道。

#### 2. 移动床热解反应器

图 8-13 是间接加热移动床热解反应器。经适当分选后的垃圾经反应器顶部的锁气阀送入器内,在垂直的热分解炉上部,垃圾靠自重加入,外部连续不断地、间接地高温加热,物料缓慢向下移动,与上升的热气体相遇,经过预热、干燥、热解,而逐渐生成半焦,半焦与上升的气和水蒸气反应后进入燃烧层,在燃烧层中将剩余的碳基本燃尽,所剩余的灰经灰层用灰盘通过水封被送出器外。炉内垃圾在上部时水分被蒸发干燥,在中部可燃成分开始分解,生成燃料气,还有一部分作为碳化物残留;在下部进一步气化,碳化物和水蒸气进行水煤气化反应,生成 $H_2$、$CO$、$CH_4$ 等富有高热值的气体,残渣落入下面的水封槽而排出。由反应器底部进入的空气和水蒸气经过灰层预热后,逐渐上升,除提供燃烧层所需要的氧气外,与燃烧层的烟气一起也作为气化层的汽化剂。汽化后的热气体继续上升为物料的热解提供热源,最终混合的燃气将物料预热,并干燥后从出口逸出反应器进入净化系统。

移动床热解反应器的结构简单,造价低,但对物料的要求较高,对含水量高的物料,如淤泥和湿的城市生活垃圾等类型的物料,在入炉前需要进行预烘干和进一步粉碎保证不粘成饼状,否则不能直接加入反应器中。未经粉碎的燃料在反应器中会使气流产生槽流,使热解效果变差,并使气流带走较多的固体物质。此外,该工艺中的热解、气化和燃烧过程在一个反应器内进行,故其气化效率和热效率低。由于热解产生的可燃气体中混有大量氮气,其热值不高。垃圾中加入辅助燃料的多少取决于垃圾的处理量和成分。可燃气体的成分和热值也依赖垃圾的成分有较大的变动。

移动床热解过程的控制比较简单,可通过灰盘转速控制物料在热解器内的停留时间,从而使热解气满足外界负荷的变化,但调节范围有一定的限制。由器内料位探测的信号控制锁气阀的开启频率,通过蒸汽的给入量控制反应器内的温度,鼓风温度由混入的空气量调节。

3. 流化床热解反应器

流化床热解反应器有单塔式和双塔式两种,其中双塔循环流化床热解反应器应用较为普遍。下面分别介绍这两种热解反应器。

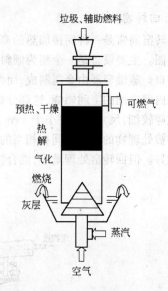

图 8-13 典型的移动床热解反应器

双塔循环流化床热解反应器如图 8-14 所示,该装置由热解器和燃烧器组成。热解器以蒸汽作为流化介质,燃烧器以空气作为流化介质并兼作为助燃剂。该装置以石英砂为热载体,粒径约为 0.1~0.5 mm,通过输送装置和两器间适当的压差使其在两器之间进行循环。

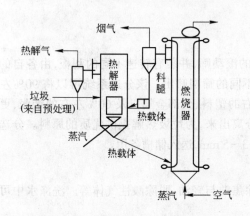

图 8-14 双塔循环流化床热解反应器

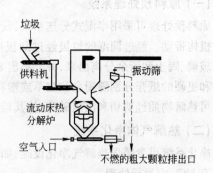

图 8-15 单塔流化床热解反应器

内热式单塔流化床热解反应器是竖型流化床反应炉。垃圾由螺旋给料机连续加入,在炉内和高温沙混合,快速被加热、干燥和分解。有机物被分解成燃气、焦油和炭渣。热解所需的热量由废物的部分燃烧来供给。反应炉下部设有空气吹入孔供流化用和燃烧用。热解生成的燃气、油分、水分及燃烧气由炉上部排出,进入旋风除尘器,分离除去沙和炭渣,再去燃气处理工序,粒径大的不燃物沉于炉下部排出炉外,如图 8-15 所示。

由于流化床反应器中气体流速高到可以使颗粒悬浮,反应性能好,速度快,适应于含水量高或含水量波动大的废物,且设备尺寸比固定床小,但流化需要气体压缩机,动力消耗大,气体中不仅带走大量的热量而且也带走较多的未反应的固体燃料粉末。在流化床的工艺控制中,要求废物颗粒本身可燃性好,温度应控制在避免灰渣溶化的范围内,以防灰渣熔融结块。

### 4．回转窑热解反应器

回转窑通常是一种间接加热的高温分解反应器。图 8-16 所示为一个典型间接加热回转窑的剖面图。主要设备是一个稍为倾斜的圆筒,它慢慢地旋转,因此可以使废物移动通过蒸馏容器到卸料口。蒸馏容器由金属制成,而燃烧室则是由耐火材料砌成,气体一部分在蒸馏容器外壁与燃烧室内壁之间的空间燃烧,这部分热量在这类装置中热传导非常重要,所以分解反应要求废物必须破碎较细,尺寸一般要小于 5 cm,以保证反应进行完全。与其他类型热解反应器相比,此类反应器被处理物的滞留时间在相当的范围内可以调节,物料适应性好,生产的可燃气热值较高,可燃性好。但回转窑处理量小,混合特性不好,传热强度不高,设备投资高,运行费用高。

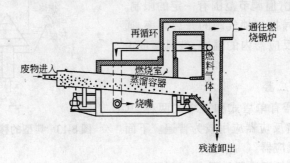

图 8-16　典型的回转窑热解反应器

## 三、生活垃圾热解工艺的辅助系统

### (一) 原料预处理系统

原料预处理可采用半湿式分选系统,设有分级的滚动筛,并装有转速不同的刮板,由各自的传动机构带动。经过调湿的垃圾经过刮板冲击由不同的筛网筛出。该分选系统可以将 90% 左右的玻璃、陶土和厨余分离出来,并分离出 80% 左右的塑料、全部金属以及 60% 左右的纸张,更软的和更硬的纸张分别随厨余和皮革或塑料薄膜分离出来,为垃圾热解提供优质的原料。分选后将可热解物质经剪切和滚压破碎,使其粒度达到 3~5 mm,送入储槽备用。

### (二) 热解气体净化系统

净化系统可参照煤热解气净化设施,如水洗、除焦油与轻油、脱除酸性气体等。洗涤水中可能含有 HCl,应另行处理。

## 四、生活垃圾热解工艺的工程实例

有关生活垃圾热解工艺的研究,发达国家结合本国城市垃圾的特点,开发了许多工艺流程,有些已达到实用阶段。目前有移动床熔融炉类、回转窑类、流化床类和管型炉瞬间热解类等。

### (一) 移动床熔融炉类

移动床熔融炉方式是垃圾热解技术中最成熟的方法,代表性的系统有新日铁系统、Purox 系统、Torrax 系统和 Battelle 系统。

### 1．新日铁系统

新日铁垃圾热解熔融处理工艺是由日本新日铁公司自主开发的技术,从 1974 年开始约 3 年间在 20 t/d 的中试装置中进行处理生活垃圾的试验。实炉现在大阪府茨木市和岩手县釜石市运转。

该系统是将热解和熔融一体化的设备,通过控制炉温和供氧条件,使垃圾在同一炉体内完成干燥、热解、燃烧和熔融。干燥段温度约为300℃,热解段温度为300~1000℃,熔融段温度为1700~1800℃,其工艺流程见图8-17。

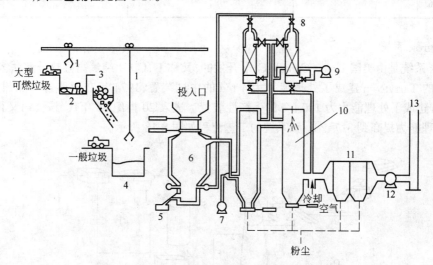

图8-17　新日铁方式垃圾热解熔融处理工艺流程
1—吊车;2—大型垃圾储罐;3—破碎机;4—垃圾渣槽;5—熔融渣槽;6—熔融炉;
7—燃烧用鼓风机;8—热风炉;9—鼓风机;10—喷水冷却器(或锅炉)燃烧室;
11—电除尘器;12—引风机;13—烟囱

垃圾由炉顶投料口进入炉内,为了防止空气的混入和热解气体的泄漏,投料口采用双重密封阀结构。进入炉内的垃圾在竖式炉内由上向下移动,通过与上升的高温气体换热,垃圾中的水分受热蒸发,逐渐降至热解段,在控制的缺氧状态下有机物发生热解,生成可燃气和灰渣。有机物热解产生可燃性气体导入二燃室进一步燃烧,并利用尾气的余热发电。灰渣进一步下移进入燃烧区,灰渣中残存的热解固相产物——炭黑与从炉下部通入的空气发生燃烧反应,其产生的热量不足以满足灰渣熔融所需温度,通过添加焦炭来提供碳源。

灰渣熔融后形成玻璃体和铁,体积大大减少,重金属等有害物质也被完全固定在固相中。玻璃体可以直接填埋处置或作为建材加以利用,磁分选出的铁也有足够的利用价值。热解得到的可燃性气体的热值约为6276~10460 kJ/m³(1500~2500 kcal/m³),其组分如表8-12所示。熔融固相产物的玻璃体和金属铁的成分分析分别列于表8-13、表8-14中。

表8-12　热解气体组分分析

| 产气量(标态)/m³·t⁻¹ | 组分(质量分数)/% | | | | | | | 热值/kJ·m⁻³ |
|---|---|---|---|---|---|---|---|---|
| | $CO_2$ | CO | $H_2$ | $N_2$ | $CH_4$ | $C_2H_4$ | $C_2H_6$ | |
| 550 | 23.8 | 29.6 | 25.0 | 17.8 | 2.65 | 1.03 | 0.10 | 7858 |

表8-13　熔融产物(玻璃体)成分分析

| 成　分 | FeO | $SiO_2$ | CaO | $Al_2O_3$ | $TiO_2$ | MgO | $K_2O$ | $Na_2O$ | MnO | Cl | S |
|---|---|---|---|---|---|---|---|---|---|---|---|
| 含量(质量分数)/% | 10.1 | 42.4 | 16.1 | 16.8 | 0.75 | 1.64 | 0.78 | 5.32 | 0.24 | 0.13 | 0.11 |

表 8-14　回收金属铁成分分析

| 成　分 | C | Si | Mn | P | S | Ni | Cr | Cu | Mo | Sn | Sb |
|---|---|---|---|---|---|---|---|---|---|---|---|
| 含量(质量<br>分数)/% | 1.38 | 3.22 | 0.09 | 1.70 | 0.34 | 0.46 | 0.51 | 1.41 | 0.01 | 0.06 | 0.03 |

## 2. Purox 系统

Purox 系统是由美国 Union Carbide Corp 开发的,又称 U.C.C. 纯氧高温热分解法。1970 年在纽约州的 Tarrytown 建成了处理能力为 4 t/d 的中试装置,1974 年在西弗吉尼亚州的 South Charleston 建成了处理能力为 180 t/d 的生产性装置。进入 20 世纪 80 年代,该公司又将该系统的单炉处理能力提高到 317 t/d。该系统的工艺流程如图 8-18 所示。

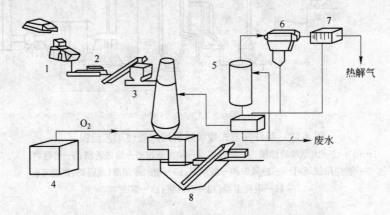

图 8-18　垃圾热解处理的 Purox 工艺流程图
1—破碎机;2—磁选机;3—热解炉;4—产气装置;5—水洗塔;
6—电除尘器;7—气体冷凝器;8—出渣装置

系统采用竖式热解炉,破碎后的垃圾从塔顶投料口进入并在炉内缓慢下移。纯氧由炉底送入首先到达燃烧区,参与垃圾燃烧。垃圾燃烧产生的高温烟气与向下移动的垃圾在炉体中部相互作用,有机物在还原状态下发生热解,热解气向上运动穿过上部垃圾层并使其干燥。热解残渣在炉的下部与氧气在 1650℃ 的温度下反应,生成金属块和其他无机物熔融的玻璃体。熔融渣由炉底部连续排出,经水冷后形成坚硬的颗粒状物质。底部燃烧产生的高温气体在炉内自下向上运动,在热解段和干燥段提供热量后,以 90℃ 的温度从炉顶排出。该气体含有 30%～40% 的水分,经过洗涤操作去除其中的灰分和焦油后加以回收。净化气体中含有 75% 左右的 CO 和 $H_2$,其比例约为 2:1,其他气体组分(包括 $CO_2$、$CH_4$、$N_2$ 和其他低分子碳氢化合物)约占 25%,热值约为 11168 kJ/m³(2669 kcal/m³)。

本法有机物几乎全部分解,热分解温度高达 1650℃,由于不是供应空气而是纯氧,$NO_x$ 发生量很少。垃圾减量较多,约为 95%～98%;突出的优点是对垃圾不需要或只需要简单的破碎和分选加工,即可简化预处理工序。主要问题是能否供给廉价的氧气。

该系统主要的能量消耗是垃圾破碎过程和 1 t 垃圾热解需要的 0.2 t 氧气的制造过程。该系统每处理 1 kg 垃圾可以产生上述净化气体 0.712 m³,该气体以 90% 的效率在锅炉中燃烧回收热量,系统总体的热效率为 58%(参见图 8-19)。

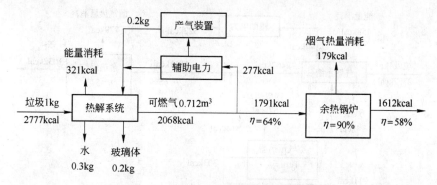

图 8-19 Purox 系统的能量及物料衡算图

（注：1 kcal = 4.1868 kJ）

### 3. Torrax 系统

最早的 Torrax 系统是 1971 年由 EPA 资助在纽约州的 Eire County 建造的处理能力为 68 t/d 的中试装置，除了城市垃圾的处理以外，还进行过城市垃圾与污泥混合物的处理，包括废油、废轮胎和聚氯乙烯的热解处理试验。进入 80 年代，在美国的 Luxemburg 建设了处理能力为 180 t/d 的生产性装置，并向欧洲推出了该项技术。

该系统的工艺流程如图 8-20 所示，由气化炉、二燃室、一次空气预热器、热回收系统和尾气净化系统构成。垃圾不经预处理直接投入竖式气化炉中，在其自重的作用下由上向下移动，与逆向上升的高温气体接触，完成干燥、热解过程，在塔底部灰渣中的炭黑与从底部通入的空气发生燃烧反应，其产生的热量是使无机物熔融转化为玻璃体。垃圾干燥和热解所需的热量由炉底部通入的预热至 1000℃ 的空气和炭黑燃烧提供。熔融残渣由炉底连续排出，经水冷后变为黑色颗粒。

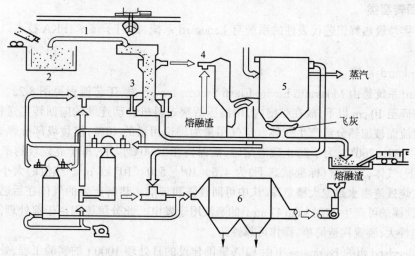

图 8-20 垃圾热解处理的 Torrax 的工艺流程图

1—吊车；2—垃圾槽；3—热解炉；4—燃烧室；5—余热锅炉；6—电除尘器

热解气体导入二燃室，在 1400℃ 条件下使可燃组分和颗粒物完全燃烧，二燃室出口气体的温度为 1150~1250℃，部分用于助燃空气的预热，其余通过废热锅炉回收蒸汽。通过废热锅炉和空气预热器的尾气，再由静电除尘器处理后排放。

该系统的能量平衡如图 8-21 所示。垃圾热值的 35% 左右用于助燃空气的加热和设施所需电力的供应，提供给余热锅炉的热量达 57%，即相当于垃圾热值的大约 37% 作为蒸汽得到回收。

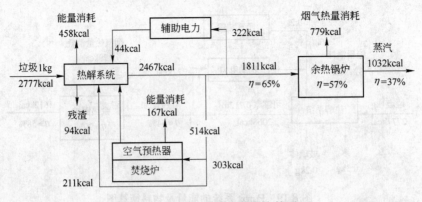

图 8-21　Torrax 系统的能量衡算图

(注:1 kcal = 4.1868 kJ)

#### 4. Battelle 系统

Battelle 系统是由 Battelle Pacific Memorial Institute 的 Pacific Northwest 实验室开发的,该炉为立式的移动床型热分解炉。经适当破碎除去重组分的城市垃圾从炉顶的气锁加料斗进入热解炉,从炉底送入约 600℃的空气－水蒸气混合气,炉子的温度由上到下逐渐增加。炉顶为预热区,依次为热分解区和气化区。垃圾经过各区分解后产生的残渣经回转炉栅从炉底排出。空气－水蒸气与残渣换热使排出的残渣温度接近室温,热解产生的气体从炉顶出口排出。炉内的压力为 6.86 kPa(700 mmH$_2$O)。生成的气体含 N$_2$43%、H$_2$ 和 CO 均为 21%、CO$_2$12%、CH$_4$1.8%、C$_2$H$_6$、C$_2$H$_4$ 在 1%以下。由于含大量的 N$_2$,热值非常低,约为 3770～7540 kJ/m$^3$(标态)。

存在问题是垃圾进料不均匀,有时会出现偏流、结瘤等现象。另外,熔融渣出料也较困难。

#### (二) 回转窑类

回转窑类垃圾热解工艺代表性的系统有 Landgard 系统、西门子技术、PKA 技术以及诺埃尔转换法等。

#### 1. Landgard 系统

Landgard 系统是由 Monsanto Enviro-Chem System Inc. 开发,工艺流程见图 8-22。垃圾经锤式破碎机破碎至 10 cm 以下,放在贮槽内,用油压活塞送料机自动连续的向回转窑送料,垃圾与燃烧气体对流而被加热分解产生气体。空气用量为理论用量的 40%,使垃圾部分燃烧,调节气体的温度在 730～760℃,为了防止残渣熔融,需保持在 1090℃以下,每千克垃圾约产生 1.5 m$^3$(标准状态下)气体,发热量(标准状态下)为 4.6×10$^3$～5.0×10$^3$ kJ/m$^3$。热值的大小与垃圾组成有关。焚烧残渣由水封熄火槽急冷,从中可回收铁和玻璃。热解产生的气体在后燃室完全燃烧,进入废铁锅炉可产生 4700 kPa(47 atm)的蒸汽用于发电。此分解流程由于前处理简单,对垃圾组成适应性大,装置构造简单,操作可靠性高。

美国 Maryland 州的 Baltimore 市由 EPA 资助建设的日处理 1000 t 的实验工程,处理能力为该市居民排出垃圾总量的一半。窑长 30 m,直径 60 cm,2 r/min,二次燃烧产生的气体用两个并列的废热锅炉回收 91000 kg 的蒸汽。

#### 2. 西门子技术

西门子技术首先由德国的西门子公司开发,日本的三井造船公司和田熊公司先后引进技术,并在日本建厂。该技术是一种干馏和焚烧相结合的热处置方法,其工艺流程主要由垃圾预处理、干馏、残留物预处理、高温焚烧、废气净化和能源生产等流程构成。

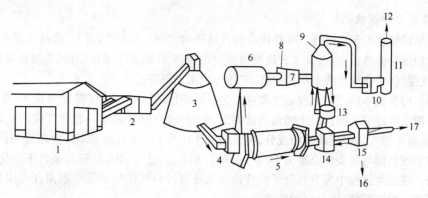

图 8-22　Landgard 系统工艺流程图

1—垃圾贮藏库;2—破碎机;3—贮槽;4—进料装置;5—回转窑;6—后燃室;7—废热锅炉;
8—蒸汽;9—气体洗涤器;10—风机;11—烟囱;12—清洁气体;13—沉淀浓缩装置;
14—水冷;15—磁选机;16—铁系金属;17—残渣

西门子技术的工艺流程有以下主要特点:(1) 用旋翼剪将垃圾破碎成大小为 200 mm 的小块;(2) 经过破碎的垃圾在温度为 450℃ 的条件下,在转筒式干馏反应器中干馏时间为 1 h。在这一过程中,有机物质分裂成干馏气体和含碳残留物;(3)筛选固态干馏焦炭,把颗粒大于 5 mm 的组分视为惰性成分。惰性成分可继续利用或填埋;(4)颗粒小于 5 mm 的组分进一步碾细,并与干馏气体一起在 1300℃ 的温度条件下的高温焚烧器中焚烧,同时产生液态炉渣;(5)通过除尘、酸洗、脱氮等常规方法进行烟气净化。

3. PKA 技术

PKA 技术是德国东符腾堡地区 Aalen-Unterkochen 热解动力设备公司研发的,日本的东芝公司已引进此技术,并在日本开展市场运作。其工艺流程包括预处理、热解/气体产生、气体净化和能源利用等 4 个流程,每个流程都能相互独立地运转。具体见图 8-23。

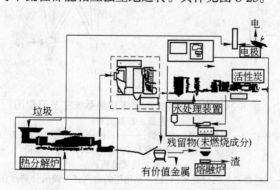

图 8-23　回转窑式(PKA 技术)垃圾热解工艺

PKA 技术的工艺流程的主要特点是:(1)热解前需要对垃圾进行多级机械预处理,其目的是将有价值的物质与不能进行热处理的干扰物和有害物分离;(2)经过预处理的垃圾在转筒式反应器中在无氧及 560℃ 的条件下干馏。垃圾在转筒式反应器中的停留时间约 45~60 min;(3)在温度为 1200℃ 和停留时间约 2 s 的条件下,干馏气体中的成分在灼热的焦炭床上裂解。裂解气体通过一个热交换器后进行湿洗,酸洗无机有害物质被吸收;(4)经过净化的裂解气体热值为 5000 ~7000 kJ/m³(标态),用作发电。

### 4．诺埃尔转换技术

诺埃尔转换技术于 20 世纪 70 年代中期开始研制,1984 年正式运行。该技术是一种干馏与飞流气化相结合的热解方法,其工艺流程包括垃圾破碎、转筒式干馏反应器、干馏焦炭预处理、气体冷却、飞流气化、热气与液态炉渣分离、气体与中水处理等。

诺埃尔转换技术的工艺流程的主要特点是:(1)经过破碎的垃圾在温度为 650℃的条件下在转筒式干馏反应器中干馏;(2)干馏焦炭被碾细,并与干馏气体、焦油一起在飞流汽化器中气化;(3)为了获得干馏气体中可凝结的成分,将干馏气体在两个喷水式冷却塔中急剧冷却;(4)在飞流汽化器中干馏焦油与焦炭在温度为 1400～1700℃和 0.2～2.5 MPa 的压力条件下转化成合成气体与炉渣。在这个过程中所有高分子化合物完全分解;(5)气体与炉渣一起离开反应器,然后到达水冷却带。炉渣凝结,可再利用或填埋。

### (三) 流化床类

流化床技术由日本的荏原制作所公司和神户制钢公司首先开发。比这两公司稍晚一点,日本的三菱重工、川崎重工等约 10 家公司也相继开发了此技术。瑞士的跨国公司 ABB 于 1999 年初从日本的荏原制作所公司引进了该技术,开始在欧洲进入市场运作。

由于双塔循环流化床热解反应器应用较为普遍。下面重点介绍此型流化床热解系统的布设情况,如图 8-24 所示,该系统布设有两种稍有区别的工艺流程。下面仅对第一种工艺流程(图 8-24a)作以说明。

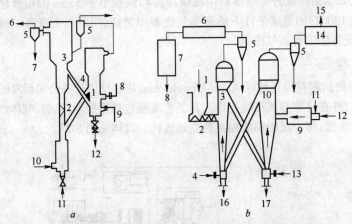

图 8-24　双塔循环式流化床热解系统工艺流程图

a—荏原工技院流程:
1—热分解炉;2,4—联络管;3—燃烧炉;5—分离器;6—燃烧气出口;7—产品气体;
8—垃圾入口;9—流化气体;10—空气;11,12—残渣

b—月岛机械流程:
1—垃圾;2—加料器;3—热分解槽;4,13—流化用的蒸汽;5—旋风分离器;6—去除焦油;
7—气体冷却洗涤器;8—燃料气体;9—辅助燃料炉;10—炭燃烧炉;11—空气进口;
12—辅助燃料进口;14—燃烧废气洗涤装置;15—排气口;16,17—残渣

其工艺流程为:垃圾经过预处理(破碎至 50 mm 以下的粒径),经定量输送带传至螺杆供料器,由此投入热解器内。在流化床内,作为载体的石英砂在热解生成气和助燃空气的作用下产生流动,从进料口进入的垃圾在流化床内接受热量,在大约 500℃时发生热分解,热解过程产生的炭黑在此过程中发生部分燃烧。热解产生的可燃性气体经旋风除尘器去除粉尘后,再经分离塔分出气、油和水。分离出的热解气一部分用于燃烧,用来加热辅助流化空气,残留的热解气作为流化气回流到热解塔中。当热解气不足时,由热解油提供所需的那部分热量。

由于燃烧器采用了较高的操作温度,部分热载体被带至燃烧器顶部经旋风分离器和输送装置进入热解器。这样,热载体在两器之间构成循环。热解器连续进料,两器维持一定的料层高度,当燃烧器料层增高时由器底部进料。热解气可进入后续处理系统进行处理,处理后储存备用,或在热态下直接供给工业窑炉作为燃料。此工艺具有原料垃圾均一,而且能在短时间内被分解,能稳定地进行气化,运转稳定,控制容易,停止再运转操作简单等优点。但此法垃圾破碎和液化所需动力大,与单塔式比较,反应器的构造复杂,而且垃圾要连续供给而又必须使燃气不泄漏。

在热解过程中,物料随着停留时间的延长,垃圾的转化率增加,产气量上升,而液态产物减少。由于液态产物的二次分解,会有少量的碳析出,碳又会与水蒸气发生反应。所以,只要物料在热解器内有足够的停留时间,产生的半焦量就不会变化。由于垃圾不具有粘结性,与粘结性煤进行混合热解时,垃圾具有破粘结性作用。垃圾与煤的质量比在 1.5:1 以上时,粘结性煤几乎不出现粘结;当降到 1:1 时会出现少量粘结。垃圾可热解的质量分数为:有机质(厨余、纸张、纤维)70%、塑料 5%、水分 10%、无机物 15%。循环流化床热解工艺参数和热解产气成分以及热解器、燃烧器的热平衡分别见表 8-15 和表 8-16。

**表 8-15 循环流化床热解工艺参数和产气成分**

| 项　　目 | | 热　解　器 | 燃　烧　器 |
|---|---|---|---|
| 操作速度/m·s$^{-1}$ | | 0.3 | >5 |
| 物料停留时间/s | | 4~8 | |
| 气体停留时间/s | | 5 | |
| 操作温度/℃ | | 850 | 1050 |
| 垃圾热值/kJ·kg$^{-1}$ | | 4186 | |
| 单位质量垃圾辅助燃料量(煤)/kg·kg$^{-1}$ | | | 0.088 |
| 单位质量垃圾物料循环量/kg·kg$^{-1}$ | | 10~20 | 10~20 |
| 消耗指标 | 单位质量垃圾蒸汽耗量/kg·kg$^{-1}$ | 0.2 | |
| | 单位质量垃圾空气耗量/kg·kg$^{-1}$ | | 0.484 |
| 可燃气体各组分的体积分数/% | H$_2$ | 58.1 | |
| | CO | 10.2 | |
| | CH$_4$ | 9.0 | |
| | C$_2$H$_4$ | 1.86 | |
| 可燃气体热值/kJ·m$^{-3}$ | | 13880 | |
| 单位质量垃圾产气率/m$^3$·kg$^{-1}$ | | 0.23 | |

**表 8-16 循环流化床热解热平衡**

| | 收　入/kJ | | 支　出/kJ | |
|---|---|---|---|---|
| | 项　　目 | 数　量 | 项　　目 | 数　量 |
| 热解器 | 垃圾化学热 | 5660.8 | 蒸汽焓 | 1713.4 |
| | 蒸汽焓 | 1081.7 | 载热体显热 | 9820.4 |
| | 载热体显热 | 12131.0 | 半焦显热 | 704.6 |
| | 合　计 | 18873.5 | 半焦化学热 | 1201.3 |
| | | | 可燃气体化学热 | 2988.3 |
| | | | 焦油化学热 | 1506.5 |
| | | | 热损失 | 605.3 |
| | | | 合　计 | 18539.8 |

| | 收　入/kJ | | 支　出/kJ | |
|---|---|---|---|---|
| | 项　目 | 数　量 | 项　目 | 数　量 |
| 燃烧器 | 辅助燃料化学热<br>载热体显热<br>半焦化学热<br>半焦显热<br>空气焓<br>合　计 | 2026.4<br>9822.2<br>1201.6<br>704.6<br>12.5<br>13767.3 | 载热体显热<br>烟气焓<br>热损失<br>灰渣显热<br><br>合　计 | 12133.3<br>879.2<br>592.4<br>160.4<br><br>13765.3 |

注:以热解 1 kg 垃圾为基准。

　　循环流化床热解工艺过程控制实际是由热解器控制和燃烧器控制两部分组成。热解器的热解速度通过剩余半焦和热载体的输送速度来调节,从而使热解气满足外界负荷的变化;热解器通入的蒸汽量用以保证热解器的流化质量。燃烧器的控制与一般流化床锅炉的控制相似,通过添加辅助燃料控制燃烧器内的温度;通过送风控制载热体的提升量和烟气的含氧量;由引风机控制燃烧器内的负压;由料层的高度来控制排渣次数。在控制系统的设计时,应充分考虑到热解器和燃烧器在运行中的相互关联性,两者是相互耦合的,比如热解器的热解速度控制必然影响到燃烧器温度的控制和料层高度的控制。

**(四) 管型炉瞬间热解类**

　　管型炉瞬间热解类采用气流输送瞬间加热分解方式,代表性技术为 Garrett 技术和 Occidental 技术。

**1. Garrett 技术**

　　Garrett 技术是由 Garrett Research and Development 公司开发,工艺流程见图 8-25。垃圾从贮藏坑中被抓斗吊起送上皮带输送机,由破碎机破碎至约 5 cm 大小,经风力分选后干燥脱水,再筛分以除去不燃组分。不燃组分送到磁选及浮选工段,在浮选工段可以得到纯度为 99.7% 的玻璃,回收 70% 的玻璃和金属。由风力分选获得的轻组分经二次破碎成约 0.36 mm 大小,由气流输送到管式分解炉。该炉为外加热式热分解炉,炉温约为 500℃、常压、无催化剂。有机物在送入的瞬间即行分解,产品经旋风分离器除去炭末,再经冷却后热解油冷凝,分离后得到油品。气体作为加热管式炉的燃料。由于间接加热得到的油、气发热量都较高。

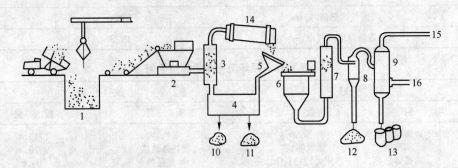

图 8-25　Garrett 热解系统工艺流程图

1—垃圾坑;2——次破碎机;3—风力分选器;4—金属及玻璃处理系统;5—筛网;6—二次破碎机;
7—管式热分解炉;8—旋风分离器;9—冷却塔;10—玻璃;11—金属;12—炭黑;
13—热分解油;14—干燥器;15—循环气体;16—排水

此技术的预处理工序复杂,破碎的能耗高,难以长期稳定运行。

### 2. Occidental 技术

Occidental 技术是由 Occidental Research Corporation(ORC)开发的,其工艺流程见图 8-26。在该系统中,首先将垃圾破碎至 76.2 mm 以下,通过磁选分离出铁金属,再通过分选将垃圾分为重组分(无机物)和轻组分(有机物)。利用热解气体的热量将轻组分干燥至含水率 4% 以下,通过二次破碎装置使有机物粒径小于 3.175 mm(0.125 in),再由空气跳汰机分离出其中的玻璃等无机物,作为热解原料。热解设备为一不锈钢筒式反应器,有机原料由空气输送至炉内。热解反应产生的炭黑加热至 760℃ 后返回至热解反应器内,提供热解反应所需的热源,热解反应在炭黑和垃圾的混合物通过反应器的过程中完成。热解气体首先通过旋风分离器分离出新产生的炭黑,再经过 80℃ 的急冷分离出燃料油。残余气体的一部分用于垃圾输送载体,其余部分用于加热炭黑和送料载气的热源。产生的热解中含有较多的固体颗粒,经旋风分离后,贮存于油罐。

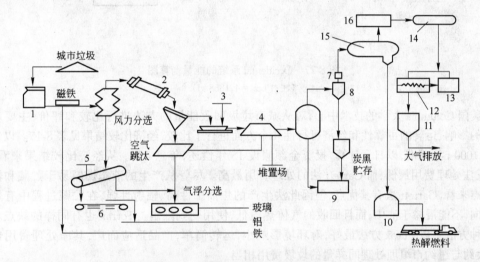

图 8-26　Occidental 系统工艺流程图

1—破碎机;2—干燥器;3—二次破碎机;4—热解装置;5—滚筒筛;6—AL 涡流分选器;7—冷却管;
8—旋风分离器;9—炭黑燃烧器;10—油罐;11—布袋除尘器;12—换热器;
13—后燃烧器;14—压缩机;15—油气分离器;16—气体净化装置

分选出来的重组分经滚筒筛分离成三部分,小于 12.7 mm(0.5 in)的进入玻璃回收系统,粒径在 12.7~102.8 mm(0.5~4.0 in)的进入铝金属回收系统,大于 102.8 mm(4.0 in)的重新返回至一次破碎装置。玻璃的回收采用气浮分选,垃圾中玻璃的回收率约为 77%。铝的回收采用涡电流分选方式,铝的回收率达到 60%。

得到的热解油的平均热值约为 24401 kJ/kg(5832 kcal/kg),低于普通燃料油的热值(42400 kJ/kg(10134 kcal/kg)),这是由于热解油中碳、氢含量较低,而氧含量较高的原因所至。其黏度也较普通燃料油为高,在 116℃ 下可以喷雾燃烧。

该系统的能量平衡图示于图 8-27。由图可知,从热值为 11619 kJ/kg(2777 kcal/kg)的垃圾 1 kg 可以得到热值为 1139 kcal 的热解油 0.150L,其他热量则通过残渣和炭黑损失掉了。在热解过程中还消耗掉 1724 kJ(412 kcal)的外加能量,扣除这部分能量后,相当于只回收了 3045 kJ(727 kcal)的能量。

Occidental 系统从利用垃圾生产贮存性燃料这一点来看,是一种非常有意义的技术,但由于炭黑产生量太大(约占垃圾总质量的20%,含有总热值30%以上的能量),大部分热量都以炭黑的形式损失,系统的有效性没有得到充分的发挥。今后,应进一步开展炭黑作为燃料或其他原料利用的研究。

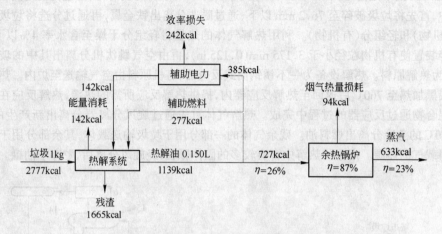

图 8-27　Occidental 系统的能量衡算图

(注:1 kcal=4.1868 kJ)

　　美国 Columbia 大学的技术中心,对从城市垃圾回收能量的方法进行比较和评价,主要从对环境的影响、运转的可靠性和经济可行性几个方面进行了比较,经济比较结果见表 8-17。以每日处理 1000 t 为基准,以日元计算,投资金额假设 15 年偿还,年息 7%。从经济比较结果来看,以 Purox 法处理费用最低,而 Garrett 法的处理费用最高。尽管从产生的液态燃料易于贮藏和输送这一点来看,Garrett 法有其优点,但因此法生产的焦油黏性高、辐射性强,在贮藏过程中有聚合的倾向,不能混掺于油中,而且回收的气体热值低,使用受到限制。Torrax 也有同样的缺点。在这几种方法中以 Purox 方法最好,对环境影响小,运转简单,产品适应面广,其净处理费用也不高,大约与纽约市填埋处理同样量的垃圾费用相当。

表 8-17　城市垃圾回收能量方法的评价比较(1000 t/d)

| 项　　目 | Landgard 法 | Garrett 法 | Torrax 法 | Purox 法 |
| --- | --- | --- | --- | --- |
| 投资额/日元·t⁻¹ | 645 | 657 | 485 | 687 |
| 偿还费/日元·t⁻¹ | 2151 | 2184 | 1644 | 2280 |
| 运转费/日元·t⁻¹ | 3606 | 3683 | 3273 | 3576 |
| 运转费总额/日元·t⁻¹ | 5757 | 5877 | 4917 | 5856 |
| 回收资源折价/日元·t⁻¹ | 3930 | 2835 | 2070 | 4668 |
| 净处理费用/日元·t⁻¹ | 1827 | 3042 | 2847 | 1188 |

# 第九章 医疗废物处理技术

## 第一节 医疗废物的定义、种类及发生量

### 一、医疗废物的定义

目前各国对医疗机构产生的废物概念尚未统一。世界卫生组织定义卫生保健废物是指卫生保健机构、研究机构和实验室产生的所有废物及各个分散点(如家庭卫生保健所)产生的废物。可将卫生保健废物分为一般性废物和危险性废物,其中将危险性废物分类为:感染性废物、病理性废物(组织、体液)、锋利物、药物性废物、遗传毒性废物、化学性废物、含重金属的废物、高压容器、放射性废物。

在美国及欧洲,医疗废物是指在诊断、治疗、预防接种等过程中产生的废物,研究机构产生的废物管理也等同于医疗废物管理。医疗机构产生的废物,包括生物学毒性的物质、有感染性的物质、化学物质、医药品、药物、锐利物质、放射性物质等,如人及动物的组织、血液、体液、粪便、尿、药物、绷带、锐利物等。在日本,感染性废物在法律上是指医院、诊所、动物医院、研究机构等医疗机构产生的含有或可能含有病原体的废物。感染性废物指血液、手术产生的病理废物、残留血液的锐利物等,及病原微生物实验用培养物、器具、残留血液的手套等。

我国 CJ/T3083—1999 医疗废物焚烧设备技术要求中规定,医疗废物是指城市、乡镇中各类医院、卫生防疫、病员修养、医学研究及生物制品等单位产生的废弃物。具体指医疗机构、预防保健机构、医学科研机构、医学教育机构等卫生机构在医疗、预防、保健、检验、采供血、生物制品生产、科研活动中产生对环境和人体造成危害的废弃物。

国家环境保护总局颁布的《国家危险废物名录》中,将与医疗机构有关的医院临床废物、废药物、废药品、感光材料废物、废酸、废碱等列入危险废物名录。其中,医院临床废物指从医院、医疗中心和诊所的医疗服务中产生的临床废物。医院临床废物主要来源于手术、包扎、生物培养、动物试验、化验检查等;废药物、药品指过期、报废的无标签的及多种混杂的药物、药品,主要是积压或报废的药物、药品(包括化验室等);医疗机构中的废酸(pH$\leqslant$2 液态酸)和废碱(pH$\geqslant$12.5 液态碱)主要在化学分析、废水处理等过程产生。我国各地方政府对医疗机构产生的废物也相继制定了相应的管理办法。1993 年吉林市人民政府颁布的《吉林市医疗生物垃圾暂行管理办法》中规定,医疗生物垃圾为医疗卫生单位在医疗防治活动中产生的固体废物(不含尸体和肢体),生物制品厂、屠宰厂(户)在生产活动中产生的固体废物;兽医站(所)、宠物医院(所)在畜、禽的医疗防疫活动中产生的固体废物。要求医疗生物垃圾必须实行统一管理,集中焚烧,不得自行处理。对已收集到专用垃圾容器内的医疗生物垃圾,清运单位必须在 24 h 内完成清运,特殊情况下不得超过 48 h。医疗生物垃圾处理实行有偿服务。1989 年贵阳市政府办公厅颁布的《贵阳市医疗垃圾管理办法》中规定,医疗垃圾指医疗单位在检查、诊断、治疗各类疾病过程中和病员在住院期间所产生的各类固体废物。规定医疗垃圾从产生到清除,不得超过 24 h。

随着我国医疗事业的发展,医疗废弃物产生量日益增大。2002 年全国产生医疗废物约 65 万 t,平均日产量为 1780 t。预计到 2010 年全国医疗废物产生量将达到 68 万多吨,平均日产量达到 1870 t。与一般生活垃圾相比,医疗废物对环境的危害更大。据调查,一般由综合医院排出的固体废物可能受到各种梭菌、沙门氏菌、志贺菌、金黄色葡萄球菌等病菌的污染,有的还带有大量乙肝病毒。此外,医疗废物中的有机物不仅滋生蚊蝇,传播疾病,并且在腐败分解时生成多种有害物质,造成空气污染及交叉感染,危害人体健康。

由于各种因素的制约,我国对医疗废物的处置长期重视不够,集中处置设施建设滞后,大部分医疗废物处于简单贮存、低水平处置或直接排放状态,流失严重,相当一部分医疗废物混入生活垃圾,极大地危害了环境安全和人民群众的身体健康。因此,建立健全医疗废物管理制度,完善医疗废弃物的收集、贮存、转运、处置和监管体系,实现医疗废物的安全处置,是一项保护社会环境免受危害,维护人民身体健康,防治环境污染的重要措施。

**二、医疗废物的来源**

根据产生的废物数量的多少,可以将医疗废物来源分成大型和小型两类机构。大型机构如医院:大学医院、综合性医院及诊所;其他医疗保健机构:急救中心、卫生保健中心及医务室、产科、门诊中心、诊断中心、急救站和部队医疗服务机构;相关的实验室及研究中心;生物医学实验室、生物技术实验室及研究机构和医疗研究中心;太平间及解剖中心;动物研究及测试室;血库及血液收集站;老年疗养院等。

尽管小型或分散型机构所产生的一些医疗废物基本与医院相似,但其组成还是有些不同,如很少产生放射性或抑制细胞(生长)的废物;通常不包括人类肢体;其锐器基本是皮下注射针。产生医疗废物的小型机构如内科诊所、牙科诊所及针灸机构等;仅产生少量废物的专业性医疗及研究机构:康复护理机构、精神病医院及残疾人保健机构;涉及到皮下或静脉干预的非医疗活动机构:文身或穿耳机构、收留违法服用药物者机构、殡葬服务机构、急救服务机构、家庭治疗等。

医疗废物的来源通常决定了废物组成的特点,如医院内部不同部门所产生的废物各自具有如下的特点:

(1) 内科病室:主要产生传染性废物,如绷带、橡皮膏、手套、废弃的医疗用品、使用过的皮下注射器以及静脉注射设施、体液和排泄物、污染过的包装器皿以及肢体碎片;

(2) 手术室和外科病室:主要产生解剖废物,如组织、器官、胎儿、肢体以及其他传染性废物及锐器;

(3) 其余的医疗科室:主要产生普通废物,仅有少量传染性废物;

(4) 实验室:主要产生病理性(包括部分解剖类)及高传染性废物(组织碎屑、微生物培养、传染性部门的物品、患有传染病的动物机体、血液及其他体液)、刀具、放射性废物和化学制品废物;

(5) 药店:产生少量的如包装器皿等药物废物,主要是普通废物;

(6) 辅助类机构:仅产生普通废物。

分散性机构生产的医疗废物其组成主要有如下特点:

(1) 护理中心:主要产生感染性废物和锐器废物;

(2) 诊所:主要产生感染性废物和一些锐器废物;

(3) 牙科诊所:主要产生感染性废物、一些锐器废物以及高重金属含量的废物;

(4) 家庭保健中心(如透析和胰岛素注射室):主要产生感染性废物和锐器废物。

### 三、医疗废物的分类

医疗废物产生于医疗保健服务机构、医学研究机构以及有关的实验室。此外,一些小型或分散的机构与家庭也产生医疗废物,如透析、胰岛素注射等家庭医疗保健过程所产生的废物,约有75%～90%的医疗废物类似于家庭废物,是无风险性或者"普通"医疗废物。这些废物主要产生于医疗机构的行政管理或后勤部门,维修医疗设备时所排放的废物也在此范围,普通废物一般是由市政废物处理机构处置;其余10%～25%的医疗废物则是有危险性的,并且危害人体健康(表 9-1)。

表 9-1　医疗废物的分类

| 医疗废物目录 | 描述举例 |
|---|---|
| 感染性废物 | 可能含有病原体的废物:如实验室培养基,隔离病房废物,传染性病人接触过的棉纱纸张、材料或器械,排泄物 |
| 病理性废物 | 人体组织或体液:如肢体、血液和其他体液、胎儿 |
| 锐器性废物 | 锐器废物:如针头、注射设备、解剖刀、小刀、刀片和破碎的杯子 |
| 药物性废物 | 含药物的废物:过期或无用的药物、被污染的药物,瓶子或盒子等药品包装物 |
| 基因毒性废物 | 含有基因毒性的废物:经常在癌症治疗中使用的抑制细胞生长的药物及毒性基因药品 |
| 化学制品性废物 | 含有化学制品的废物:如试验试剂、胶片洗印液、过期或不再使用的消毒剂及溶剂 |
| 高重金属含量废物 | 电池、破碎的体温计和血压测量仪等 |
| 压力容器 | 气缸、气筒及气溶胶罐 |
| 放射性废物 | 含有放射性物质的废物:源于放射性疗法或实验室研究的不再使用的液体;被污染的玻璃器具、包装器皿或吸水纸;经未密闭的辐射核治疗或检查后,病人的排泄物;密闭性辐射核 |

#### (一)感染性废物

感染性废物含有大量的细菌、病毒、寄生虫、霉菌等导致易感人群致病的病原体,主要包括:实验室工作中的传染性单元的物品及培养物;对患有传染性疾病的病人进行外科手术或解剖所产生的废物(如沾有血渍或其他体液的医疗用品、材料或器械);传染性病人在隔离间产生的废物(如排泄物、来源于感染创口或术后伤口的敷料和被人体血渍或体液严重浸染的衣物);传染性病人血液透析过程中接触过的废物(如管子、过滤器等透析设备,废弃的毛巾、睡袍、围裙、袜子以及外套);实验室内患有传染性疾病的动物;其他所有与患有传染性疾病的人或动物有过接触的设施或材料等(被污染的锐器属于感染性废物的范畴)。

#### (二)病理性废物

病理性废物包括组织、器官、肢体、胎儿、畜体、血液和体液。可辨认的人体或动物肢体也被称作解剖性废物,这类废物通常属于传染性废物范畴,尽管其中也包括健康个体的肢体。

#### (三)锐器

锐器是造成切口或伤口的器具,包括针头、皮下注射针头、解剖刀及其他刀具,小刀、注射设备、锯、碎玻璃以及钉子等。无论是否被污染,这些锐器通常被认为是高危险性医疗废物。

#### (四)药物性废物

药物性废物包括过期的、无用的、多余的及被污染的药品,麻醉药和疫苗以及不再使用需要处理的血清,也包括处理药物过程中的废弃品,如有残余药物的瓶子或盒子、手套、石膏及药瓶。

#### (五)基因毒性废物

基因毒性废物的危害性高,可能具有诱导突变、产生畸形或致癌等特性,它会引起严重的安全与健康问题,无论是在医院内部还是已被处理,都应该给予特别关注。基因毒性废物通常包括某些抑制细胞生长的药品,用于抑制细胞生长的药物、化学制剂及放射性物质所治疗病人的呕吐物、尿或粪便。构成此类废物的基本物质——细胞毒(或抗肿瘤药品)可能会杀死或终止某些活细胞生长的能力,在癌症患者的化疗中被采用。这类物质在各种外科整形治疗过程中也具有重要的地位,而且在器官移植的抑制生物体免疫中以及基于抑制免疫基础治疗各种疾病的过程中有着相当广泛的用途。细胞毒性药品主要在肿瘤科、放射科等特殊科室用于治疗癌症;然而,在医院其他部门使用该类药品的数量也在增长,在院外也有机会使用该类药物。

根据国际癌症研究协会的分类,在治疗过程中最常用的基因毒性废物有:(1)按致癌物分类:化学制剂(如苯等);细胞毒性药物及其他药品(咪唑硫嘌呤、苯丁酸氮芥等);放射性物质(在此分类中放射性物质被作为独立的条目);(2)按可疑的致癌物分类:细胞毒素药物及其他药物:博来霉素和黄体酮等。

有害的抑制细胞生长药品常分类如下。烷基化物:引起脱氧核糖核酸核苷烷化,导致基因的密码错编或交叉;抗代谢:抑制细胞中的核酸生物合成;分裂抑制剂:阻止细胞复制。

基因毒性废物的来源很多,包括以下几种:药品准备及管理过程中的污染物,如注射器、针头、瓶子及包装物;过期药物,多余的溶液和病房中返回的药物;病人的尿、粪便或呕吐物。上述排泄物可能含有潜在危险性数量的代谢物或需严格控制的抑制细胞生长的药品,这些排泄物至少在 48 h 内被认为具有毒害基因的作用,有时甚至长达一个星期。在肿瘤医院,细胞毒害废物(含有抑制细胞生长或放射性物质)约占医疗废物总量的 1%。

### (六) 化学制品废物

化学制品性废物包括废弃的呈固态、液态及气态的化学制品,如产生于诊断或实验、清扫、消毒过程中的废物。从保护健康的角度出发,化学制品性废物如果至少具有以下一种特性,则被认为有危险性:有毒的、腐蚀性的、易燃的、易反应的(易爆炸的、易震的)、毒害基因的(如抑制细胞生长药品)。无危险性化学制品性废物是不具备以上特性的化学制品所组成,如糖、氨基酸以及某些有机或无机盐。在医疗保健中心或医院常用于治疗的危害性化学制品主要是以下几种。

### 1. 甲醛

在医院里甲醛是化学制品性废物的重要来源,在病理、解剖、诊断、防腐及护理科室常被用来清扫或消毒设备(如血液透析或外科器具)、保存标本、消毒液态传染性废物。

### 2. 照相化学制品

像片定影和洗印溶液在 X 射线等部门使用。定影液通常含有 5% ~ 10% 的对苯二酚、1% ~ 5% 的氢氧化钾以及不到 1% 的银。洗印液含有 45% 左右的戊烯二醛。醋酸在停显液和定影液中均使用。

### 3. 溶剂

含有溶剂的废物来源于病理室、解剖室、组织实验室和能源等医院的不同部门。医院里使用的溶剂包括二氯甲烷、氯化物、三氯乙烯和制冷剂等卤化物。二甲苯、甲醇、丙酮、异丙醇、甲苯和氰化甲烷等则为非卤化物。

### 4. 有机化学制品

来源于医疗服务机构的有机化学制品废物包括:用于刷地板的苯酚化学制品、在工作间和洗衣房使用的全氯乙烯等消毒和清洗液;真空汞润滑油和车辆内不再使用的机器润滑油等油类;杀虫剂和灭鼠剂。

5．无机化学制品

无机化学废物主要由酸和碱组成(如硫磺、盐酸、氮、铬酸、氢氧化钠和氨水溶液)，它们也包括高锰酸钾、重铬酸钾等氧化物和硫酸氢钠、亚硫酸钠等还原剂。

### (七) 高重金属含量废物

高重金属含量的废物属于危害性化学制品废物范畴，通常是剧毒的。水银废物基本源于破损医疗设备的溢出物，但随着体温计、血压测量仪等固态电子传感设备的替代，水银废物量在逐渐降低。只要有可能，溢出的水银都应该回收。牙科的残余物水银含量较高。镉废物主要来源于废弃电池。某些诊断部门为防止 X 射线辐射时仍使用的含铅的加强木板等。

### (八) 压力容器

在医疗服务过程中经常使用各种气体，它们通常被储存在高压缸、筒及气溶胶罐中。上述部分压力容器一旦被清空或不再使用(尽管仍有少数残余物)均可再利用。但部分压力容器尤其是气溶胶罐必须妥善处置。对压力容器，无论是惰性还是具有潜在危害性的气体应该得到谨慎处理。如果被点燃或偶然穿破，容器可能发生爆炸。这些气体有：(1)麻醉气体：一氧化二氮、挥发性卤代烃(如三氟溴氯乙烷等)，这些气体已大量被氯仿等取代，应用领域主要是医院手术室、医院产科接生新生儿、综合性医院病室的止痛治疗、牙科诊所等；(2)纯氧：应用领域主要是外科器械及医疗设备的杀菌、器材集中供应地及手术室等；(3)氧气：以液态或固态的形式存储在罐子或桶中，或由中央管道供给；(4)压缩空气：应用领域主要是实验室、吸入性治疗设备、维护性设备及环境控制系统。

### (九) 放射性废物

在医疗服务中所使用的放射物质及释放的医疗废物包括被辐射核污染过的固态、液态和气态材料。经常在人体组织或体液的试管分析、各种各样的调查及治疗活动等程序中产生该类废物。治疗上所使用的辐射核通常以封闭源或开放源的形式存储。开放源一般是能够直接应用不需在使用中进行胶囊化的液体。封闭源则是储存在不会被打碎或不易破损的仪器或设备中的放射性物质。

放射性医疗废物一般包括半衰期较短的辐射核，通常该种辐射核很快会失去活性。然而在某些治疗方式中，需要半衰期较长的辐射核，如在杀菌、绝育后还可对其他病人使用。

在医疗机构中使用的放射性物质的类型一般会导致低层次的放射性污染，以封闭源形式生的废物通常活性较高，仅只有大型的医疗研究中心才会排放少量的该类废物。以封闭源形式进行的核辐射通常会被返回给供应商，不会进入废物流。

开展核辐射及相关的医疗及研究活动如设备维护、存储所产生的废物分类如下：密封源辐射核，辐射核释放器，用于诊断及治疗的放射性物质及放射性物质溶液在运输过程中的残余物，净化放射性残余物的溢出物，未密闭辐射核所治疗、检测的病人的排泄物。

## 四、医疗废物的排放量

医疗废物产生量的测算首先取决于对医疗废物概念的正确认识和医疗废物正确分类(医疗废物、生活垃圾、其他危险废物如数量较大的化学品等)。国家已颁布《医疗废物分类目录》，对医疗废物的概念和范围给出了清晰的界定。产生量实测之前，有必要组织相关人员对医疗废物概念和判断方法进行培训，以防止将不相关的生活垃圾混入医疗废物，夸大医疗废物实际产量，或者更为严重的是将医疗废物混入生活垃圾，不仅缩小了产量，而且还给环境安全和人体健康造成一定的隐患。

医疗废物产生量由门诊部产生量和住院部产生量相加得出，因此应将门诊和住院部产生的医疗废物加以区分。这种区分并不意味着医疗废物有什么不同，而是由于产生量差别较大，计算和统计方法不同。门诊产生量(kg/d)与当日门诊量(人·次/d)之比得出单位人次医疗废物产率

(kg/(人·次)),住院部产生量(kg/d)与当日占用床位数之比得出单位床位医疗废物产率(kg/(床·d))。实测时,一般要求连续监测 7 d 以上的时间,对 7 d 的单位人次产率和单位床位产率分别进行平均,即可得出该医疗机构平均的单位人次产率和单位床位产率,根据一年的门诊量统计数据和一年床位平均使用率,即可得出医疗废物的年产生量大小。

有些医院存在患者人数的季节性变化或者时段性变化,到流行性疾病发生时医疗废物产量会高出平日产量的数倍。因此,产生量大小的测算还应考虑到实测时的就诊情况和就诊旺季、淡季时的差别,以估算出最大和最小的产生量。

我国医疗废物产生率的实测和报道不多。据国际经验,发达国家如美国、加拿大等国废物产生量在 4.5～9.1 kg/(床·d),发展中国家如坦桑尼亚的废物产生量为 0.66 kg/(人·d),波动范围在 0.03～1.8 kg/(人·d)。根据国际经验和国内报道,一般认为我国住院部产率在 0.5～1.0 kg/(床·d),门诊产率为 0.03～0.05 kg/(人·次),即 20～30 人次产生 1 kg 医疗废物。

由 WHO 等国际组织所进行的几项医疗废物情况调查显示,不同国家间的医疗废物排放量有所不同,而且在一个国家,各类医疗服务机构的排放量也有所不同。医疗废物的排放量取决于许多因素,如已建立的医疗废物管理模式、医疗服务机构的类型、医院的专科特色、医疗服务过程中可再利用的用品比例,以及每日护理的病人数量等。这些调查数可以为地方政府与卫生管理部门在处理当地医疗废物时作为参考数据(表 9-2～表 9-5)。

表 9-2　不同国家医疗废物的排放量

| 国民收入水平 | | 年废物排放量/kg·人$^{-1}$ |
| --- | --- | --- |
| 高收入国家 | 所有的医疗废物<br>危害性医疗废物 | 1.1～12.0<br>0.4～5.5 |
| 中等收入国家 | 所有的医疗废物<br>危害性医疗废物 | 0.8～6.0<br>0.3～0.4 |
| 低收入国家 | 所有的医疗废物 | 0.5～3.0 |

表 9-3　不同医疗机构的医疗废物排放量

| 来源 | 每天废物排放量/kg·床位$^{-1}$ |
| --- | --- |
| 大学医院 | 4.10～8.70 |
| 综合性医院 | 2.10～4.20 |
| 地区医院 | 0.50～1.80 |
| 初级医疗中心 | 0.05～0.20 |

表 9-4　世界部分地区医疗废物总排放量

| 地区 | 每天废物排放量/kg·床位$^{-1}$ |
| --- | --- |
| 北美 | 7.0～10.0 |
| 西欧 | 3.0～6.0 |
| 拉美 | 3.0 |
| 东亚:<br>　高收入国家<br>　中等收入国家 | <br>2.5～4.0<br>1.8～2.2 |
| 东欧 | 1.4～2.0 |
| 地中海东部 | 1.3～3.0 |

表 9-5　西欧国家不同类型医院的医疗废物排放量

| 废物类别 | 年废物排放量/kg·床位$^{-1}$ |
| --- | --- |
| 化学制品及药物废物 | 0.50 |
| 锐器 | 0.04 |
| 易燃性包装物 | 0.50 |

　　在发展中国家,医疗废物的排放量通常较发达国家低。在没有进行医疗废物调查的发展中国家,一般可以参考以下医疗废物的结构特点来进行管理与规划:80%为普通医疗废物,可以通过正常的国内废物管理系统来处理;只有15%为病理和感染性废物,1%为锐器废物,3%为化学制品或药物废物,以及不到1%的特殊废物,如放射性或抑制细胞生长的废物、压力容器或者破碎的体温计及使用过的电池等。

　　在制定医疗废物处理规划前,医疗机构应该估算一下其废物的产生量,尤其是高危害性的医疗废物量。在欧洲除医院外的小型医疗服务机构所产生的医疗废物数量见表9-6。

表 9-6　欧洲小型医疗服务机构的医疗废物排放量

| 废物类别 | | 废物排放量/kg·a$^{-1}$ |
| --- | --- | --- |
| 综合性医疗机构 | 锐器<br>感染性废物<br>总废物量 | 4<br>20<br>100 |
| 抽血室 | 感染性废物 | 175 |
| 妇科病室 | 感染性废物 | 350 |
| 护理室 | 锐器<br>感染性废物 | 20<br>100 |
| 牙科诊所 | 锐器<br>感染性废物<br>重金属,包括水银<br>废物总量 | 11<br>50<br>2.5<br>260 |
| 生物学实验室 | 感染性废物 | 至少300 |
| 肾透析室,每周三次 | 感染性废物 | 400 |

　　WHO在拉美和加勒比海地区的几个国家进行的医疗废物调查数也显示了医疗机构产生医疗废物的数量(表9-7)。

表 9-7　在拉美及加勒比海几个国家医疗机构所产生废物数量

| 国　家 | 床　位　数 | 废物排放量/t·a$^{-1}$ |
| --- | --- | --- |
| 阿根廷 | 15000 | 32850 |
| 巴西 | 501660 | 109960 |
| 古巴 | 50293 | 11010 |
| 牙买加 | 5745 | 1260 |
| 墨西哥 | 60100 | 13160 |
| 委内瑞拉 | 47200 | 10340 |

## 五、医疗废物的危害性

医疗废物所造成的危害性常归纳为以下几个方面:含感染性微生物造成的危害;致畸或致突变物质造成的危害;有毒或危险性化学制品或药物造成的危害;放射性物品和锐器等造成的危害,比较突出的是由感染性医疗废物所造成的健康危害。感染性废物中的病原体可通过以下途径进入人体:(1)通过肌肤上的切口、破损伤口或刺破伤口;(2)通过黏膜;(3)通过呼吸系统;(4)通过消化系统。另外,体液也是病原体的传播途径(表9-8)。

**表9-8 感染性医疗废物所造成的健康危害情况**

| 感 染 类 型 | 细菌或病毒 | 传 染 媒 介 |
|---|---|---|
| 消化系统感染 | 肠细菌 | 粪便或呕吐物 |
| 呼吸系统感染 | 麻疹病毒 | 呼吸道分泌物唾液 |
| 眼睛感染 | 疱疹病毒 | 眼内分泌物 |
| 生殖系统感染 | 淋球菌 | 生殖器分泌物 |
| 皮肤感染 | 链球菌 | 脓 液 |
| 炭疽热 | 炭疽杆菌 | 皮肤分泌物 |
| 脑膜炎 | 脑膜炎双球菌 | 脑脊髓内液体 |
| 获得性免疫综合症 | 人体免疫缺陷病毒 | 血 液 |
| 出血热 | 埃博拉病毒 | 所有的血制品及分泌物 |
| 败血症 | 葡萄球菌 | 血 液 |
| 菌血症 | | |
| 病毒性肝炎甲型 | 甲型肝炎病毒 | 粪 便 |
| 病毒性肝炎乙型及丙型 | 乙型及丙型肝炎病毒 | 血液及体液 |

在医疗服务机构中,所有面对医疗废物或垃圾的个体都是高危人群,处于潜在的风险之中,这也包括产生危害性医疗废物部门的有关人群。在医院,许多工作人员虽不在此类机构内,但由于医疗废物的无序管理,使这些人群有可能也属于此风险范围而成为高危人群。在医疗服务机构中,高危人群主要是:(1)内科医生、护士、医疗辅助人员及医院维护人员;(2)医疗机构内或在家庭接受保健的病人;(3)医疗保健机构的参观者;(4)医疗保健机构内从事洗涤、废物处理及运输等辅助性工作的工人;(5)从事如垃圾、焚化等废弃物处理的工人。

## 六、医疗废物对健康的影响

### (一)感染性废物及锐器的影响

对如人体免疫缺陷病毒(HIV)乙型及丙型肝炎病毒等严重的病毒感染,医疗服务从业人员尤其是医生和护士都置身于被此类病毒感染的风险中,医院其他工作人员,以及院外的废物处理操作人员也都面临较大风险,而在废物处理场所的清洁工人也同样置身于风险范围内。病人和公众面临的此种感染风险一般较低,但是,通过其他途径传播而引起的某些感染对普通公众或病人来说也具有一定的风险,如在部分拉美国家,来源于野战医院内治疗霍乱病人所产生的未经处理的废弃物就已经造成过大规模的霍乱流行。

要对医疗废物所引起感染的整体现状予以评价一般比较困难,但是,在发展中国家,许多病原体感染案例为医疗废物的处理不规范而引起。美国环境保护组织向国会提交的关于医疗废物危害的报告中,估算了医疗服务从业人员及医疗废物处理人员由于受感染锐器的伤害而引发乙型肝炎病毒感染的人群数量(表 9-9、表 9-10)。

**表 9-9　由锐器引起的职业性伤害所导致的乙型病毒性肝炎感染情况**

| 职 业 目 录 | 每年被锐器伤害的人数/人 | 每年由于锐器伤害导致的乙型病毒性肝炎感染数量/人 |
| --- | --- | --- |
| 护 士 | 17700～22200 | 56～96 |
| 院 内 | 28000～48000 | 26～45 |
| 院 外 | 800～75000 | 2～15 |
| 医院的实验室工作人员 | 11700～45300 | 23～91 |
| 医院勤杂人员 | 12200 | 24 |
| 医院技术人员 | 100～400 | <1 |
| 外科及牙科医生 | 500～1700 | 1～3 |
| 院外的外科医生 | 100～300 | <1 |
| 院外的牙科医生 | 2600～3900 | 5～8 |
| 紧急医疗救护人员(院外) | 1200 | 24 |
| 处理废物的工人(院外) | 500～7300 | 1～15 |

**表 9-10　经皮下注射所引起的感染风险**

| 感　　　染 | 感染风险/% |
| --- | --- |
| 人体免疫缺陷病毒(HIV) | 0.3 |
| 乙型肝炎病毒 | 3.0 |
| 丙型肝炎病毒 | 3.0～5.0 |

根据法国、日本及美国所报告的数据,显示了经皮下注射后,感染人体免疫缺陷病毒(HIV)及病毒性肝炎的风险概率。在医疗服务机构外,普通公众通过上述途径感染人体免疫缺陷病毒(HIV)的风险几乎不存在;1995 年全美总计约 68000 人感染免疫缺陷病毒,据估算,大约每年有不超过 25% 的人体免疫缺损病毒(HIV)感染的患者是由医疗废物所引起。在美国,每年大约有 30000 人感染乙型肝炎病毒,由于医疗废物的暴露引起的乙型肝炎病毒感染人数在 162～231 之间。

在法国,1992 年共有 8 例人体免疫缺陷病毒感染案例被认定为职业感染,其中的 2 例涉及了通过废物处理者的伤口进行传播。

在美国,1994 年 6 月,39 例人体免疫缺陷病毒感染被疾病控制和预防中心认定为职业感染,通过以下途径传播:

32 例由皮下注射导致;

1 例由刀刃伤口导致;

1 例由含有被感染血液的碎玻璃划破的伤口导致;

1 例由与非锐器类物品接触所致;

4 例由皮肤及黏膜与被感染血液接触所致。

1996 年 6 月,认定为职业人体免疫缺陷病毒感染累计案例上升到 51 例,所有被感染者都是护士、医生或实验助理。

如果将这些数据延伸到发展中国家,完全可以断定,由于对直接暴露于医疗废物的从业人员的管理与培训不是很严格,因此,无论在医院内部还是外部,可能会造成更多的危害。在任何一个医疗服务机构,护士及勤杂人员都是受到伤害风险最大的群体。每年的伤害率约为1%～2%,清洁人员及废物处理人员的伤害率约为18%。

在自然环境中,病原体微生物仅有有限的生存能力。每种病原体微生物都有各自特殊的生存能力,具有相应的对温度、湿度、紫外线照射、掠夺者等自然环境的抵抗力。乙型肝炎病毒在干燥的空气里存活能力强,可在附着层生存几个星期,对沸水的抵抗性也很强。在摄氏60℃,该病毒可以在防腐剂及浓度为70%的过氧乙酸中存活长达10 h。日本医疗废物研究协会发现,在皮下注射针内放置的血滴里,乙型及丙型肝炎病毒可存活一个星期。相反的,HIV的抵抗性较差。当被置于浓度为70%的过氧乙酸中,存活期不超过15 min;在常温下,仅存活3～7天;在50℃时丧失了活性。细菌较病毒的抵抗性低。但对神经退化疾病的细菌存活期所知甚少,其抵抗性很强。

### (二) 化学制品及药品性废物的影响

尽管普通居民的患病率与化学制品或药品性废物之间没有明显与可证实的联系。但是,还是存在许多由于工业性化学制品废物所引起的中毒与死亡的例子。在医疗服务过程中,也有许多居民由于不恰当地处理化学制品或药品废物造成中毒性伤害。由于上述废物的暴露,医院的药剂师、麻醉师、护士、医务维修人员,以及从事辅助性工作的人员都处在患呼吸系统或消化系统疾病的风险中。为了尽可能降低此类风险发生的概率,应该尽可能地使用危害性较低的化学制品替代。对所有可能面对垃圾的人员应该提供保护性设备与采取必要的保护措施,如使用危险性化学制品的设备应置于通风处,应该对面临风险人群提供预防措施及意外事件发生后危机处理培训等。

### (三) 毒性基因性废物的影响

目前几乎没有数据说明毒性基因性医疗废物对健康有长期影响,其原因是很难评价此类废物的暴露与危害特征。但是,在芬兰开展的一项研究发现,在怀孕前3个月,由于服用抗肿瘤药物而导致了胎儿流产,但在法国和美国开展的类似试验却没有得出这一结论。

从一系列使用抗肿瘤药物所导致健康危害的调查研究已经发现,直接面对毒性基因废物的工人尿液中诱导有机体突变的化合物含量呈现增加趋势,同时不断上升的流产风险也证实了这一判断。WHO的一项调查发现,与护士及药剂师相比,医院内清洁工人面对毒性基因废物危害的概率更大,而且,更可怕的是他们对其危害性并没有什么感觉,也几乎未采取任何预防性措施。然而,至今没有任何科学的出版物报道由于毒性基因物质的无序管理而对人体健康所造成的危害。

### (四) 放射性废物的影响

从世界各国的情况来看,由于不恰当处理核治疗材料而引发的事故已经屡见不鲜,由该类废物的暴露所导致疾病痛苦的人群数量也很多。在巴西,由于放射性医疗废物的暴露对居民产生的致癌影响已经得到证实,尽管已经得到处理,但放射性治疗机构在旧址中留下的密封式放射性治疗源仍然存在,曾有人将放射性治疗源带回家中,结果还是造成了249人死亡的严重危害问题。目前仅记录在案的由于医疗设备中的致电离辐射涉及到的意外事故,均是由于操作X射线仪器的不规范,以及不恰当地处理放射性治疗溶液或者未对放射性治疗予以足够控制等引起的。

## 第二节　医疗废物的收集和运输

### 一、医疗危险废弃物收集、运输、贮存要求

由于医疗危险废弃物固有的特性,包括化学反应性、毒性、易燃性、腐蚀性及致病菌或其他特

性可导致对人类健康或环境产生危害,因此,在其收集、运输、贮存过程中必须实行不同于一般废物的特殊管理。医疗危险废弃物来源广泛,医疗危险废弃物的产生部门、单位或私有门诊,都必须有一种安全存放这种废弃物的容器,当有产生的废弃物,立即将其妥善地放进容器中,并密闭好。并加以保管,直至运出作进一步贮存、处理或处置。所有盛装医疗危险废弃物的容器装置可以是钢罐或塑料制品(最好采用塑料桶、箱,因为其抗酸、碱腐蚀)必须是带盖的容器。所有装满危险废弃物待运走的容器都应清楚地标明内盛装物的类别、数量、日期、单位,在各科室的医疗危险废弃物的容器上标明科室的名称、数量、日期,包装物应安全,并经过周密的检查,严防在搬运或运输过程中出现渗漏、溢出、抛洒或挥发等情况。否则将引发所在地区大面积的环境污染,以及致病菌的传播,危害人民群众的身体健康,造成疫情的发生。医疗危险废弃物的收集方式是由医院的各科室将产生医疗危险废弃物装入密闭的容器中(所有的一次性医疗用品全部作毁形处理),送到医院指定的收集中心,通过地方主管部门配备专用运输车辆按规定的路线、时间运往指定的处理场,处理场对收集医疗危险废弃物应详细登记核实其数量、产生单位等,方可处理。主要的工作过程如图 9-1所示。

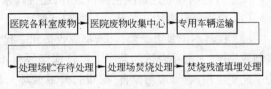

图 9-1 医疗废物收集运输流程图

公路运输作为医疗危险废弃物的主要运输方式,载重汽车的装卸作业是造成医疗危险废弃物污染环境的主要环节。负责运输的司机和随车装卸工人必须担负着不可推卸的责任,符合要求的控制方法是:

(1)医疗危险废弃物的运输车辆须经过主管单位检查,并持有有关单位签发的许可证,运输车司机和随车装卸工人的培训合格证件。

(2)运输医疗危险废弃物的车辆须有明显的标志或适当的危险符号,以引起人们的关注。

(3)运输医疗危险废弃物的车辆在公路上行驶时,需持有运输许可证,其上注明医疗危险废弃物的来源、数量、性质和运往地点。

(4)组织运输医疗危险废弃物的单位,事先要有周密的运输计划和行车路线、时间。其中包括有废物泄漏情况下的应急措施,并配备专职人员,配有应急的通信工具。

(5)司机和随车装卸工人应作好劳动保护工作,戴好保护工作服、帽子、手套、口罩、眼镜和靴子防止感染疫情。世界发达国家非常重视危险废弃物收集、运输、贮存、处理工作,对危险废弃物实行货单制,第一联由危险废弃物产生单位递交环保局;第二联由危险废物产生者保存;第三联由危险废物处置场工作人员交环保局;第四联由危险废物处置场工作人员保存;第五联由运输危险废弃物单位保存。这种有效的防止危险废弃物在运输时向环境扩散的措施,在世界许多国家引起高度的重视,我国环保主管部门已经推广此项制度,在许多城市开始使用,以强化危险废弃物的管理。

## 二、医疗废物的分类和包装

医疗废物减量和有效管理的关键是废物的分类(分离)与鉴定。按废物类型采用合适的处理与处置方法能降低费用,同时能较大程度上保护公众健康。废物的分类通常应由产生部门负责,应尽可能在废物的产生地进行分类,且应在储存运输过程中继续对废物进行分类。废物的分类系统应在全国范围内强制实施。

废物分类鉴别的最合适的方法是把废物分别装入以颜色作标记的塑料袋或容器中。表 9-11给出了推荐采用的颜色标志方案。

表 9-11　医疗废物颜色标志推荐方案

| 废 物 类 型 | 容器的颜色和标志 | 容 器 类 型 |
|---|---|---|
| 强传染性废物 | 黄色,"高传染性"标志 | 坚固的,防漏塑料袋或能进行高压灭菌的容器 |
| 其他传染性废物,病理性与解剖废物 | 黄　色 | 防漏塑料袋或容器 |
| 锐　器 | 黄色,"锐器"标志 | 防穿透性容器 |
| 化学与药物废物 | 褐　色 | 塑料袋或容器 |
| 放射性废物 | | 铅制盒子,贴有放射性标志的标签 |
| 普通医疗废物 | 黑　色 | 塑料袋 |

除了对废物容器进行颜色标识之外,还推荐采用以下方法:

(1) 普通医疗废物与生活垃圾一起处置。

(2) 锐器不论是否受到污染,都应收集到一起。采用防穿透的容器(通常由金属或高密度塑料制成)并盖上大小合适的盖子。容器应坚硬且不可渗透以安全装存锐器及注射器中的残液。为了避免滥用,容器应防损害(很难打开或破坏),应对针头与注射器进行处理使其不能重复使用。如果没有塑料或金属容器或花费太高,建议使用厚纸板(WHO,1997);把纸板折叠起来,在内部衬上塑料可用来运输废物,见图 9-2。

(3) 装有传染性废物的袋子或容器应标志国际传染物质符号(见图 9-3)。

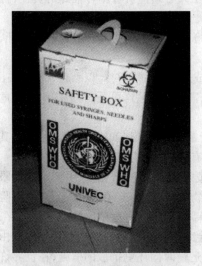

图 9-2　可折叠的纸板锐器容器　　　　　图 9-3　国际传染物质符号

(4) 强传染性废物,无论何时,应立即高压灭菌。因此应包装于适于进行高压灭菌处理的袋子中,推荐采用适于高压灭菌的红色袋子。

(5) 细胞毒性废物,主要由大医院和研究设备产生,应收集到坚固、防漏的容器中,贴上明显的标签"细胞毒性废物"。

(6) 少量的化学或药物废物可以与传染性废物一起收集。

(7) 病房或医院储存的大量过期或到期的医药废物应重返制药部门处置,所产生的其他医药废物,比如散落或被污染的药品或含有药品残渣的包装,不应返回处置,因为存在污染制药部门的风险。这类医药废物应在产生地点储存在恰当的容器中。

(8) 大量的化学废物应储存在能抵抗该种化学物质的容器中,并送往专门的处理设施进行处理。化学物质的类别应清楚标明在容器中:不同类型的危险化学废物不能混合。

(9) 重金属(比如 Cd 或 Hg)含量很高的废物应单独收集。

(10) 如果废物不采用焚烧处理,喷雾剂用完后容器可以与普通医疗废物一起收集。

(11) 如果废物采用焚烧处理,低水平的放射性传染废物(比如药签,诊断或治疗中使用的注射器)可收集在包装传染性废物的黄色袋子或容器中。

因为危险医疗废物安全处理与处置的费用通常比普通废物高 10 倍多,因此所有的普通废物,比如无危险的废物,采用与生活垃圾相同的处理方式,用黑色的袋子收集。除了锐器之外的其他医疗废物不采用锐器容器存放,因为这种容器比用于其他传染性废物的袋子贵得多。这种分类存放的方式减少了医疗废物收集与处理的费用。比如,使用过的注射器应存放于黄色的锐器容器中,而注射器的包装应与普通废物一起存放。大部分情况下,针头不应从注射器上取下,因为该操作存在伤害风险。如需取下针头,则应格外小心。适当的容器或废物袋子应放置在所有特殊种类的废物可能产生的地方。在每个废物收集点张贴废物分类与鉴别的指令来提醒职员按指定的方法操作。当废物装满容器的 3/4 时,应移走容器。

废物被错误放置到袋子或容器中后,职员不应尝试通过取出废物来改正分类的错误,或者把一个袋子放入不同颜色的另一袋子中。如果普通废物与危险废物意外混合,则混合废物应按危险医疗废物进行处理。

某些国家由于文化和宗教的约束不接受用普通的黄色袋子收集解剖废物;这类废物应根据当地的习惯处置,通常采用掩埋的方法。

### 三、医疗废物的收集和储存

#### (一) 收集

护士和其他病房职员应保证废物袋装满 3/4 时,紧紧封闭或密封起来。轻袋子可捆扎袋口密封,而重袋子则可能需要自动上锁类型的塑料密封盖。袋子不能用订书机订住来密封。密封的锐器容器从病房或医院部门移走前应放置在贴有标签的换色传染性医疗废物袋子中。

废物不允许堆放在产生点。日常收集方法应作为医疗废物管理计划的一部分建立起来。

负责废物收集的附属工作人员应遵循以下一些建议:

(1) 废物应每天收集(或以所需的频率)并运送到指定的中心储存点;

(2) 废物袋只有在贴上产生点(医院及病房)与废物种类的标签后才能移走;

(3) 袋子或容器应立即用同种类型的新的袋子或容器来替换。

新收集袋或容器在所有的医疗废物产生点应很容易得到。

#### (二) 储存

医疗废物储存点应指定在医药或研究部门里边。袋子或容器中的废物应储存在一个隔离的区域、房间或建筑物中,其大小应就废物产生的数量与收集的频率是适当的。有关储存区域及装置的建议如下:

(1) 储存区域地面应为不可渗透的坚固地面,排水设施好,容易清扫和消毒;

(2) 应有供清扫用水;

(3) 储存区域应方便负责处理废物的职员出入;

(4) 储存区域应可能上锁以防止不被允许的职员出入;

(5) 废物收集车容易出入是很重要的;

(6) 阳光照射不到;

（7）动物、昆虫和鸟类不能接近储存区域；

（8）照明设备良好，至少可被动通风；

（9）储存区域不应位于新鲜食物储存或食物加工区域的附近；

（10）清洁设备、防护服和废物袋或容器应位于方便于储存区域的较近的地方。

除了冷冻房间，医疗废物储存时间（即产生与处理之间的时间间隔）不应超过以下时间：

　　温和气候:冬天 72 h

　　　　　　夏天 48 h

　　暖和气候:凉爽季节 48 h

　　　　　　热的季节 24 h

细胞毒性废物应与其他医疗废物分开，单独储存在指定的安全地点。放射性废物应储存于防止散射的用铅屏蔽的容器中。储存的处于衰减期的废物应贴上放射性物质类型、日期和所需的详细储存条件的标签。

## 四、医疗废物的运输

### （一）场内运输

在医院或其他处理场所，医疗废物应用有轮的手推车、容器来运输，手推车不能再作其他用途，且应满足以下规则：

（1）容易装卸；

（2）边缘不能锋利以免装卸时破坏废物袋子或容器；

（3）容易清洗。

车辆应每天清洗并用适当的消毒剂消毒。所有的废物袋应盖上盖子且在运输的终点完好无损。场内运输医疗废物的不同类型的车辆如图 9-4 所示。

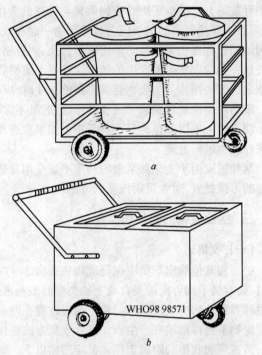

图 9-4　医院中运输医疗废物的有轮车辆
a—可运载容器或袋装废物的车辆；
b—侧面与间隔间不传热且可运载容器和袋子废物的车辆

### （二）医疗废物的场外运输

#### 1．管理与控制系统

医疗废物的产生部门负责对需在场外运输的废物进行安全包装并贴上适当的标签，并负责运送目的地的授权。包装与标签标识应遵守国家危险废物运输管理规则。如果废物要运送到国外处理，则应遵守国际协议。万一没有相应的国家规则，责任部门可参考由联合国出版的危险废物运输推荐办法。

医疗废物的控制策略应包括以下组分：

（1）发货通知单应与废物一起从废物产生地点到最终处置场所。废物运送结束后，运输人员应完成发货通知单中特别留给他的那部分内容并把发货通知单交还废物产生部门。英国所使用的一种典型危险废物运输和处置发货通知单及顺序安排分别列于表 9-12 和图 9-5 中。

**表 9-12　危险废物运输和处置发货通知单示例**

| [废物管理部门的名称]<br>[废物管理部门的地址和电话号码] | 序号<br><br>证明人 |
|---|---|

危险废物运输和处置发货通知单

| 产生者证明<br>A | (1) B中描述的废物收集于：\_ \_ \_ \_ \_ \_ \_ \_ \_ \_ \_ \_ \_ \_ \_ \_ \_ \_<br>(2) 运往\_ \_ \_ \_ \_ \_ \_ \_ \_ \_ \_ \_ \_ \_ \_ \_ \_ \_ \_ \_ \_ \_<br>　签字\_ \_ \_ \_ \_ \_ \_ \_ \_ \_ \_ \_ \_ \_　　姓名\_ \_ \_ \_ \_ \_ \_ \_ \_ \_ \_ \_<br>　代表\_ \_ \_ \_ \_ \_ \_ \_ \_ \_ \_ \_ \_ \_　　职位\_ \_ \_ \_ \_ \_ \_ \_ \_ \_ \_ \_<br>　地址\_ \_ \_ \_ \_ \_ \_ \_ \_ \_ \_ \_ \_ \_　　电话号码\_ \_ \_ \_ \_ \_ \_ \_ \_ \_ \_<br>　　　　　　　　　　　　　　　　　日期\_ \_ \_ \_ \_ \_ \_ \_ \_ \_ \_ \_<br>　　　　　　　　　　　　　　　收集估计日期\_ \_ \_ \_ \_ \_ \_ \_ \_ \_ \_ \_ |
|---|---|
| 对废物的描述<br>B | (1) 大体描述和废物的物理性质<br>(2) 相关的化学和生物成分及最大浓度<br>(3) 废物量及容器的大小类型和数量<br>(4) 废物产生的过程 |
| 运输者收集证明<br>C | 我保证废物交托以及A中(1)、(2)和B中(1)、(3)的信息是正确的,任何的修正列于该栏中：<br>　我\_ \_ \_ \_ \_ \_ \_ \_ \_ \_ \_ \_ \_　时在\_ \_ \_ \_ \_ \_ \_ \_ \_ \_ \_　收集到此类交托的废物<br>　签字\_ \_ \_ \_ \_ \_ \_ \_ \_ \_ 姓名\_ \_ \_ \_ \_ \_ \_ \_ \_ 日期\_ \_ \_ \_ \_ \_ \_ \_ \_<br>　代表\_ \_ \_ \_ \_ \_ \_ \_ \_ \_ 车牌号\_ \_ \_ \_ \_ \_ \_ \_ \_ \_ \_ \_ \_ \_<br>　地址\_ \_ \_ \_ \_ \_ \_ \_ \_ \_ 电话号\_ \_ \_ \_ \_ \_ \_ \_ \_ \_ \_ \_ \_ |
| 产生者收集证明<br>D | 我保证B和C中给出的信息是正确的且建议运输者采取适当的预防措施。<br>　签字\_ \_ \_ \_ \_ \_ 姓名\_ \_ \_ \_ \_ \_ 日期\_ \_ \_ \_ \_ \_ 电话号码\_ \_ \_ \_ \_ \_ |
| 处理者证明<br>E | 我证明废物处置许可证号为\_ \_ \_ \_ \_ \_ \_ \_ \_ \_ \_ ,由\_ \_ \_ \_ \_ \_ \_ \_ \_ \_ 签发<br>[签发部门的名称],批准该机构处理/处置B(以及需要时C中作了修正)中描述的废物。<br>　机构名称与地址\_ \_ \_ \_ \_ \_ \_ \_ \_ \_ \_ \_ \_ \_ \_ \_ \_ \_ \_ \_ \_ \_ \_<br>　废物用车辆\_ \_ \_ \_ \_ \_ [车牌号]运送,时间为\_ \_ \_ \_ \_ [日]\_ \_ \_ \_ \_ [时],<br>　运输者的姓名\_ \_ \_ \_ \_ \_ 代表\_ \_ \_ \_ \_ \_ 给出了正确的指示废物应运往\_ \_ \_ \_ \_<br>　签字\_ \_ \_ \_ \_ \_ \_ \_ 姓名\_ \_ \_ \_ \_ \_ \_ \_ 职位\_ \_ \_ \_ \_ \_ \_ \_<br>　日期\_ \_ \_ \_ \_ \_ \_ \_ \_ \_ \_ 代表\_ \_ \_ \_ \_ \_ \_ \_ \_ \_ \_ |
| 废物产生者／<br>运输者／处置者<br>使用 | |

注：依照英国所使用的发货通知单。

(2) 运输机构应为已注册的或废物管理部门熟知的机构。

(3) 废物处理与处置机构应持有废物管理部门签发的、允许处理和处置医疗废物的许可证。

发货通知单的设计应考虑国家内部操作中的废物控制系统。由联合国推荐的"危险货物表格"可作为例子(其简化表格见表9-13)。

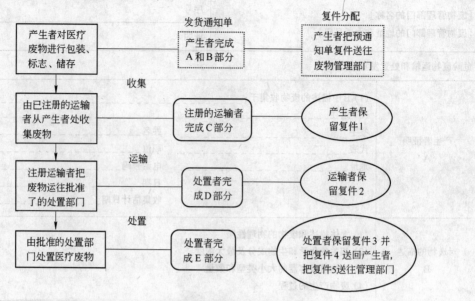

图 9-5 英国使用的发货通知单顺序安排

(依照英国所使用的发货通知单)

表 9-13 联合国推荐的危险货物表格

| 发货人(姓名和地址) | 运输文件号 | |
| --- | --- | --- |
| | 第一页 | 发货人的证明人 |
| | | 货运公司证明人 |
| 收货人 | 运货人(由运货人填写) | |
| 附加的处理信息 | 发货人宣言<br>我特此宣布运送的货物由下面适当的运送名称进行完整而精确的描述,且分类、包装、标志和标签等各方面根据适用的国际和国家规则均处于正确的运输条件下。 | |

| 运送标志 | 包装的数量和种类 | 货物描述 | 毛重(kg) | 净重(kg) | 体积(m³) |
| --- | --- | --- | --- | --- | --- |
| 容器鉴别号/车牌号 | | 密封号 | 容器/车辆尺寸和类型 | 皮重(kg) | 总毛重(kg)(包括皮重) |

| 容器/车辆包装证明<br>我特此宣布以上描述的货物已装入以上鉴定的符合规定的容器/车辆中<br>由负责包装的人员完成所有的容器/车辆装载并作上标记 | | 接收机构收条<br>收到外观状态和条件完好的以上数量的包裹/容器/拖车。若非如此,在此说明:<br>接收机构备注: |
| --- | --- | --- |
| 公司名称 | 运输者姓名 | 公司名称(准备这份表格的发货人所在的公司) |
| 宣言者的姓名/地位 | 车牌号 | 宣言者姓名/地位 |
| 地点和日期 | 签名和日期 | 地点和日期 |
| 宣言者签名 | 驾驶员签名 | 宣言者签名 |

　　如果已很好的建立废物管理部门,则可预先通知废物管理局医疗废物运输和处置计划系统并获得管理局的批准。

　　涉及到医疗废物产生、处理与处置的任何人都有义务确保废物处理及相关的文件遵守国家的规则。

### 2．场外运输对包装的特殊要求

　　通常,废物的包装应采用密封的塑料袋或容器以防止处理与运输过程中泄露。袋子或容器要坚固,适合于包装的内容(比如对锐器要防穿透,或抗腐蚀性的化学物质)且能满足处理与运输的正常条件,比如振动或温度、湿度或大气压力的变化。

　　另外,放射性物质应包装在表面容易净化的容器中。联合国进一步建议对传染性物质的包装要求。对于传染性的医疗废物,建议其包装应经过测试并通过鉴定批准使用。含有或怀疑含有可能导致人类疾病的病原菌的医疗废物应被视为"传染性物质"(联合国,第 2814 号:传染性物质,感染人类),其包装应遵守表 9-14 中介绍的包装要求。对于大部分医疗废物,其含有传染性物质的可能性相对较低,不大可能导致人类疾病(联合国,第 3291 号:化学废物,未详细说明,未另行规定,或(生物)医疗废物,未另行规定,或控制的医疗废物,未另行规定),其推荐的包装方法则更为简单,表 9-15 对其进行了简要说明。但是,因为这些包装要求相对较为复杂,建议直接参考联合国推荐方法获取更详细的资料(联合国,1997)。

**表 9-14　联合国对传染性废物的包装要求,类别 6.2,**
**联合国第 2814 号:传染性物质,感染人类(适于危险医疗废物)**

包装应包括以上重要部分:
(1) 内部包装包括:
　　1) 主要包装为防水的金属或塑料容器,带有防泄漏的盖子(比如热封,带裙边的塞子或金属折皱盖子)
　　2) 防水的二级包装
　　3) 在主要容器与二级包装之间放置可吸收全部容量的足量的吸收剂
(2) 外部包装对于其容量、质量和特意的用途要有足够的强度,且其最小外部尺寸为 100 mm
所包装的废物清单要附在二级包装与外包装之间。外包装应贴上适当的标签

注: 来源:联合国(1997),允许使用。

**表 9-15　联合国对传染性废物的包装要求,类别 6.2,联合国第 3291 号:**
**化学废物,未详细说明,未另行规定,或(生物)医疗废物,未另行规定,**
**或控制的医疗废物,未另行规定(适用于危险医疗废物)**

有两种可能的包装:
(1) 刚硬防漏包装(遵照联合国(1997)指定的一系列要求与检验)
(2) 中等大小的容器。由很多种不同的材料比如木材、塑料或纤维制成的非常坚硬或容量灵活的容器(遵照联合国(1997)指定的一系列要求与检验)
特别用来容纳锐器比如破碎的玻璃或针头的包装中或中等大小的容器应能防穿透且承受额外的性能测试

注:来源:联合国(1997),允许使用。

### 3．标志

　　所有的废物袋或容器都应贴上有关废物和废物产生者的基本信息。这些信息可以直接写在袋子或容器上,或安全的贴上预先打印好的标签。

　　根据联合国对 6.2 类物质的建议,标签上应出现以下标志:

　　(1) 联合国物质分类号,比如传染性物质为 6.2 类(可能与医疗废物相关的其他分类见表 9-16);

**表 9-16　可描述医疗废物特征的联合国物质分类**

类别 5.1:氧化性物质

类别 6.1:有毒物质

类别 6.2:传染性物质(锐器容器应另外标志上"危险,污染的锐器")

类别 7:放射性材料

类别 8:腐蚀性物质

类别 5.1、6.1 和 8 通常用来描述化学或药物废物的特征

运输的废物的级别应描述为最危险的性质

(2) 联合国包装符号,比如传染性物质的国际符号;

(3) 正确的运输名称和 UN 号(见表 9-17 的示例);

**表 9-17　正确的运输名称示例(由联合国推荐)**

| 分 类 号 | 联合国编号 | 运 输 名 称 |
|---|---|---|
| 5.1 | 3212 | 次氯酸盐,无机物,未另行规定 |
| 5.1 | 3139 | 氧化性液体,未另行规定 |
| 5.1 | 1479 | 氧化性固体,未另行规定 |
| 6.1 | 1851 | 药物,液体,有毒,未另行规定 |
| 6.1 | 2810 | 有毒液体,有机物,未另行规定 |
| 6.1 | 2811 | 有毒固体,有机物,未另行规定 |
| 6.1 | 3249 | 药物,固体,有毒,未另行规定 |
| 6.2 | 3291 | 化学废物,未详细说明,未另行规定,或(生物)医疗废物,未另行规定,或控制的医疗废物,未另行规定 |
| 6.2 | 2814 | 传染性物质,感染人类 |
| 6.2 | 2900 | 传染性物质,仅感染动物 |
| 7 | 2912 | 放射性材料,低放射性,未另行规定 |
| 8 | 1759 | 腐蚀性固体,未另行规定 |
| 8 | 1760 | 腐蚀性液体,未另行规定 |

注:对于废物,"废物"的字样应位于运输名称之前。

(4) 记述的废物总量(质量或体积);

(5) 批准标志的国家(国际编码系统对机动车的鉴别)。

建议由权威部门指定的包装的制造年份的后两位标志在包裹上,同时标志上指明包裹类型的特殊编码。对于医疗废物,标签上还应标志有以下附加信息:

(1) 废物种类;

(2) 收集日期;

(3) 医院中产生废物的地方(比如病房);

(4) 废物去向。

万一存在责任问题疑问,完整且正确的标志可追溯到废物的源头。标志还可向操作的员工和普通公众提出废物危险性质的警告。发生事故时,容器中废物所引起的危害可迅速被确认,紧急事物服务部门可采取适当的措施。正确标签见图 9-6。细胞毒性废物应用标签"细胞毒性废物"作标志。

| [生物危害符号] |
|---|
| 分类号 6.2/98<br>(联合国类别/废物包装年份) |
| 3291 化学废物,未详细说明,未另行规定<br>(联合国编号。正确的运输名称) |
| 英国/伦敦奎恩大学医院<br>(国家/产生者的名称) |
| 锐器/1998.4.5 收集<br>(废物种类/产生日期) |
| 危险—污染锐器<br>(特别备注) |
| 350kg—伦敦,远景研究所专门焚烧装置<br>(废物量—废物去向) |

图 9-6　正确标签示例

### 4．放射性废物标志

如果提供了给定包裹的放射性水平，联合国/国际原子能组织设计了三种放射性材料的标签。除了很大的包裹(在这儿假设所有含有放射性废物的包裹的截面积不超过 1 m²)，标签应根据表 9-18 进行选择。如果表 9-18 中两种类型的条件不同，应根据条件较高的类型进行包装。"放射性材料的安全运输规章"(国际原子能组织，1996)推荐了这种分类方法。对于较大的或放射水平较高的包裹规章(国际原子能组织，1996)，可直接咨询。

**表 9-18　放射性废物包装分类**

| 条　　件 | | 类　别 |
| --- | --- | --- |
| 最大放射水平距离外包装表面 1 m | 最大放射水平在外包装表面任一点 | |
| 不大于 0.0005 mSv/h | 不大于 0.0005 mSv/h | Ⅰ—白色 |
| 大于 0.0005 mSv/h 但不大于 0.01 mSv/h | 大于 0.0005 mSv/h 但不大于 0.5 mSv/h | Ⅱ—黄色 |
| 大于 0.01 mSv/h 但不大于 0.1 mSv/h | 大于 0.5 mSv/h 但不大于 2 mSv/h | Ⅲ—黄色 |

### 5．运输准备

废物运输前，应完成所有的分派文件，安排好发货人、运输者和收货人。在出口的情况下，收货人应通知相关的职能部门确认废物可合法进口，在废物运输到目的地的过程中不应有任何延误。

### 6．运输车辆或容器

废物袋可直接放置在运输车辆上，但放入另一容器中会更加安全(比如纸板盒或有轮，刚硬且带有盖子的塑料或镀锌箱柜中)，这样可减少废物袋的处理，但处置费用却较高。二级包装容器应放置在废物来源的附近。图 9-7 是一种典型的运输车的外观。

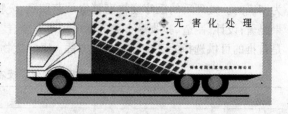

图 9-7　一种典型的运输车的外观

所有运输医疗废物的车辆应满足以下设计标准：

(1) 和车辆的设计相称，车身应有合适的尺寸，内部高度为 2.2 m；

(2) 驾驶室与车身之间应有隔板，车辆发生碰撞时以保留废物；

(3) 在运输中应有适当的废物安全系统；

(4) 空塑料袋、合适的防护服、清洁装置、工具、消毒剂以及处理流出液的专用工具，应在一隔间中随车携带；

(5) 车辆内部应用蒸汽清洗，并且内角应为圆形；

(6) 车辆应标志废物运输者的姓名和地址；

(7) 车辆或容器上应显示国际危险符号以及紧急电话号码。

运输医疗废物的车辆或容器不应再运输其它的物质。除了装卸废物，其他的时间都应上锁。铰接或可卸下的拖车(如需要可控制温度)是尤其适合的，因为它们能很容易地留在废物产生的地方。也可以采用其他的系统，比如专门设计的大的容器或罐车；但是顶端敞开的罐车或容器不能用来运输医疗废物。

没有专门的运输车辆时，可考虑采用可被提升到车辆底盘上的大容器。在医疗部门采用容器储存废物，收集时用一空的容器替换。如果储存时间超过所推荐的时间或运输时间很长，可采用冷冻容器。大容器应光滑密封,容易清洗或消毒。从小的分散源收集危险医疗废物时采用同样的安全措施。

实施最低医疗废物管理规划的医疗部门应避免危险废物的场外运输或至少采用封闭的车辆运输以防止废物散落。运输医疗废物的任何车辆的内表面都应易于清洗。

**7. 路线**

医疗废物的运输应选择尽可能最快的路线,且在运输之前就应计划。废物从产生点离开后,应努力避免再处理。如不能避免,应预先安排,充分设计且在被批准的情况下进行处理。处理的要求可在废物产生者与运输者所签订的合同中详细说明。

## 第三节　医疗废物焚烧处理技术

对医疗废物处理的方法或技术很多,但是采用焚烧技术对其处理较为普遍。焚烧法不仅可以完全地消灭有毒有害病毒病菌和分解有机毒物,而且还可以最大限度地焚毁和减少医疗废物的体积和数量,是目前最为有效的医疗废物处理技术。

医疗废物焚烧系统与一般生活垃圾焚烧系统基本上是相同的,只是针对医疗废物传染性和毒性等特点,在原来基础上突出在进料系统、焚烧炉的焚烧控制要求、烟气净化装置以及残渣处理系统上的改进。一套较为完整的医疗废物焚烧处置系统应包括进料系统、焚烧炉、燃烧空气系统、启动点火与辅助燃烧系统、烟气净化系统、残渣处理系统、自动监控系统及应急系统。

与其他方法比较,在当今的医疗废物处理技术当中,只有高温焚烧处理技术是最为有效、最为彻底的。处理后的医疗废物有消毒杀菌彻底、废物中的有机物都被转化为无机物、减容减量效果显著;设计、制造、验收等有关的标准规范齐全、技术成熟等多方面优点。因此在各类处理法中是首推的可供选择的医疗废物处理方法。医疗废物处理技术在世界各地的应用见表 9-19。

**表 9-19　医疗废物处理技术在世界各地的应用**

| 国家或地区 | 应 用 情 况 |
|---|---|
| 德　国 | 到 1987 年为止,在医院内部设的焚烧站已由 1984 年的 554 家减至 218 家,目前仅剩一家,而且年底也将关闭。除了几家危险废物焚烧厂,在基尔有一台建在医院外部的商业运行焚烧炉,在奥格斯堡和比勒费尔德有两套医疗废物处理系统同市政的垃圾焚烧厂配套非感染性医疗废物通常在市政下属的 60 多家焚烧厂焚烧。由于焚烧有害废物的能力过剩,微波灭菌法和高压蒸汽灭菌法的应用数量在减少 |
| 法　国 | 大多数医疗废物采用焚烧法处理。具体情况如下:医院内部的焚烧炉现在仅存 1 台;医院外部有 3 台焚烧炉在运行(处理能力约 40000 t/a);市政管辖的 19 台焚烧炉焚烧(处理能力约 90000 t/a);热处理方法(处理能力约 22800 t/a) |
| 希　腊 | 据 1999 年统计,在雅典,一家医疗废物焚烧厂即将建成,每台每天处理 15 t,共建两台炉,其中一台备用;另一地区的医疗废物焚烧厂正在设计当中,规划建立两台炉,每台每天处理 7.5 t,其中一台为备用。许多早年建成的医院内的焚烧炉已不再运行,仅有几家地处偏僻的大医院继续留用内部设立的焚烧炉。在雅典,还有一家集中处理焚烧站(日处理能力为 700 kg)为一些小医院服务。目前,仍有很多医疗废物同生活垃圾一起填埋 |
| 爱尔兰 | 已经建成一家化学消毒法处理医疗废物的处理厂,另有一家将要建成。还建有一家焚烧厂,用于处理那些前两家不能处理的医疗废物 |
| 荷　兰 | 只采用焚烧法处理医疗废物。所有医疗废物均由 Zavin 公司的热处理厂(气化炉)焚烧,该厂与市政垃圾焚烧厂和污泥焚烧厂毗邻,三个处理厂所产生的热量均送往一家发电厂发电。Zavin 医疗废物焚烧处理厂每年能处理 9000 t 废物,目前每年处理荷兰国内的 6000 t 和进口的 1000 t 废物 |

| 国家或地区 | 应 用 情 况 |
|---|---|
| 英 国 | 传统的处理方法是在医院内部设立焚烧炉处理医疗废物,20 世纪 80 年代末期,随着很多过时的医院内部焚烧炉的迅速关闭,管理政策发生变化,行业市场引入焚烧炉,原来的焚烧炉数量由 700 台减至 37 台。目前,大多数医疗废物由这 37 台焚烧炉处理,其中一部分设立在医院内部,一部分由私人公司商业运营。还有两家采用新兴处理技术,一家采用微波灭菌法,一家采用高压蒸汽灭菌法 |
| 美 国 | 在美国,有 1516 家机构应用新兴处理工艺:高压蒸汽灭菌法、化学消毒法、蒸汽热处理、电热辐射、微波法、等离子体法或照射法。在许多州,医院内部大多建有焚烧炉用来处理医疗废物。调查显示,现在仍有一些医院内部的焚烧炉在运行。有关法案即将通过,据估计,届时现存的 2400 台医院内部的焚烧炉中的 50 % ~80 % 将被大型现代化焚烧炉和采用新兴处理技术的处理厂所代替。私人公司运营多采用新兴处理工艺 |
| 澳大利亚 | 焚烧法:共有 7 台高温焚烧炉在使用;高压灭菌法:已获批准使用在医疗废物处理方面,昆士兰有两家,新南威尔士有一家;化学药剂法:在维多利亚省,新南威尔士、昆士兰、新西兰,已批准采用破碎 +次氯酸钠漂白法,共有三家,另外,在昆士兰,过氧化氢和石灰消毒法获得了有限的使用,这种方法仍处于试验阶段;微波法:在新南威尔士,获准使用目前只有一家;填埋法:通常不准许直接填埋未处理的医疗废物,只有在经过处理后才能填埋,但是在新南威尔士的乡村,澳大利亚一些偏远地区,仍有少量的未处理的医疗废物被直接填埋。医疗废物中的细胞毒废物,药物及所有化学药剂从医疗废物中分离出来,送到获得许可的焚烧厂处理,这类焚烧装置的二燃室温度达到 1100℃,并安装了适当的污染控制设备。通常不允许采用新兴处理工艺处理药剂类废物,必须将之从废物中分离出去 |
| 菲律宾 | 1999 年,在马尼拉安装了几套微波灭菌系统来处理医疗废物,目前由私人公司运营 |
| 日 本 | 绝大多数医疗废物由遍布国内的 360 家焚烧厂处理,少部分采用新兴处理工艺处理。全国共有 382家处理机构,详情如下:焚烧法 360 家,气化法 7 家,高压蒸汽灭菌法 3 家,干热法 6 家,其他方法 6 家 |
| 中国台湾地区 | 在台湾共有 33 台医疗废物焚烧炉,或是建在医院内部,或是建在医院外部。1998 年批准使用焚烧法处理医疗废物 |
| 马来西亚 | 有三家机构做医院服务及医疗废物运输工作。处理医疗废物工作由 8 个地区性焚烧炉和 7 个医院内部建的焚烧炉来完成。这些焚烧炉均采用先进的焚烧技术和污染控制设备。地区性焚烧炉处理规模从 200~500 kg/h 不等,医院内部建的焚烧炉处理规模从 20~50 kg/h 不等 |
| 新加坡 | 目前由签约的两家私人承包商负责收集和运输医疗废物,并在高温医疗废物焚烧炉作处理 |

## 一、医疗废物焚烧的技术要求

医疗废物属于危险废物。危险废物通过焚烧处理后,可以实现较为有效的有毒有害物质的氧化分解和降解,同时可以最大限度地减少体积和重量。

根据我国《危险废物焚烧污染标准》的规定,为确保焚烧危险废物,在焚烧过程中必须至少具备以下技术条件:

(1) 焚烧炉内温度达到 850~1150℃;

(2) 烟气在炉内停留时间大于 2 s;

(3) 燃烧效率大于 99.99 %;

(4) 焚毁去除率大于 99.99 %;

(5) 灰渣的热灼减率小于 5 %;

(6) 配备净化系统;

(7) 配备应急和警报系统;

(8) 配备安全保护系统或装置;

(9) 焚烧过程产生的废灰、废渣、废水以及净化处理废物必须按危险废物的规定条例进行处理。

当然,医疗废物的焚烧也必须满足《危险废物焚烧污染标准》要求。

## 二、烟气有害物质排放浓度指标

医疗废物在经过焚烧处理后,大量烟气排出焚烧室,其中主要成分为 $CO_2$、$H_2O$ 和 $N_2$。虽然有害成分仅是其中的少部分成分,但是其危害性可能非常巨大,因此对其需要进行监测、分析和控制,并在净化系统中进行净化处理。常见医疗废物在经过焚烧处理后产生的污染或有害物质可能有如下几类:

(1) 烟气的颗粒尺度和含量;

(2) 酸性气体 $SO_x$、$HCl$、$HF$、$H_2S$、$CO$、$NO_x$ 等;

(3) 重金属及其化合物(如 $Cd$、$Pb$、$Ni$、$Cr$、$As$ 等);

(4) 有机毒物,如二噁英、多氯联苯、呋喃、苯酚等物质。

根据我国对危险废弃物的处理政策,普通危险废物在焚烧处理后,再进行净化处理,净化处理后排放到大气中去的烟气中的各项指标必须满足表 9-20 规定的数值。

**表 9-20　危险废物焚烧烟气排放控制**

| 序　号 | 污　染　物 | 不同焚烧容量时的最高允许排放浓度限值/$mg \cdot m^{-3}$ | | |
| --- | --- | --- | --- | --- |
| | | ≤300 kg/h | 300~2500 kg/h | ≥2500 kg/h |
| 1 | 烟气黑度 | 林格曼 I 级 | | |
| 2 | 烟尘 | 100 | 80 | 65 |
| 3 | 一氧化碳($CO$) | 100 | 80 | 80 |
| 4 | 二氧化硫($SO_2$) | 400 | 300 | 200 |
| 5 | 氟化氢($HF$) | 9.0 | 7.0 | 5.0 |
| 6 | 氯化氢($HCl$) | 100 | 70 | 60 |
| 7 | 氮氧化物(以 $NO_2$ 计) | 500 | | |
| 8 | 汞及其化合物(以 $Hg$ 计) | 0.1 | | |
| 9 | 镉及其化合物(以 $Cd$ 计) | 0.1 | | |
| 10 | 砷、镍及其化合物(以 $As + Ni$ 计) | 1.0 | | |
| 11 | 铅及其化合物(以 $Pb$ 计) | 1.0 | | |
| 12 | 铬、锡、锑、铜、锰及其化合物<br>(以 $Cr + Sn + Sb + Cu + Mn$ 计) | 4.0 | | |
| 13 | 二噁英类(TEQ) | 0.5ng/m³ | | |

## 三、医疗废物的焚烧系统

医疗废物的焚烧处理过程中,焚烧处理的物料数量可以按炉型进行分类。按照焚烧炉的结构和处理量大小,可以分类如下:

(1) 小型处理系统:一般处理量在 1 t/d 以下;

(2) 中心处理系统:1~100 t/d 之间;

(3) 大型处理系统:大于 100 t/d;

(4) 专用系统:按照给定的处理要求,进行设计。

对于不同的医疗废物,焚烧处理时需要配置不同的炉窑设备及其辅助系统,由此焚烧过程和其运行特点均不同。

焚烧的炉型可以有:固定床式、机械移动炉排式、转窑式、流化床式、热解焚烧式和熔渣式焚烧炉等炉型。当根据不同的净化要求配置净化系统后,整体的焚烧处理系统之间就会有很大的差别。传统的焚烧处理炉的系统一般可以划分为如下 7 个系统:前处理系统、炉内加热和焚烧系统、烟气净化系统、热能利用系统、灰渣处理系统、废水处理系统、控制管理系统。

### (一) 前处理系统

对于医疗废物进行前处理的工艺过程,其与普通垃圾前处理有所不同。首先,不能采用敞开式、自然堆放式、人手接触式以及设备混用式的前处理工艺。在运送、计量、处理以及堆放等所有过程,不允许有任何的泄漏或二次污染的现象存在,在上述操作过程中一般以包装袋或包装箱为基本单元,中间不打开和不混合,所以,其前处理过程反而显得简单方便。

但是,为了防止来料的包装外层的破碎或泄漏,造成污染或危害,在进行前处理工作时,要对包装体进行严格的检查和防护,以确保前处理及其后续过程无任何污染扩散的现象的发生。前处理的原理如图 9-8 所示。

除此之外,前处理系统还应该配置一个

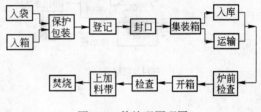

图 9-8　前处理原理图

自动化程度较高的储放仓库,物料的堆放以单元包装箱(也称为集装箱)为单位,进行有序堆放。在存放和取出的过程中,不能有任何泄漏,运送过程也应该采用全自动的机构进行装卸,尽可能避免人手接触,引起污染扩散。

### (二) 炉内加热和焚烧系统

医疗废物的焚烧过程一般均必须在封闭的焚烧炉内进行。一个焚烧炉至少应该含有两个或以上的焚烧室,通过多次的焚烧,实现医疗废物的有毒有害物质及病原微生物的去除和分解,同时控制烟气中污染物的排放浓度。根据我国现有危险废物焚烧处理技术的有关规定,要求炉内焚烧过程中焚烧的温度不低于 850℃,实际焚烧的有效时间大于 2 s,焚烧焚毁率大于 99.99%,热灼减率低于 5%,另外其他的重金属及污染气体的排放也有很明确的规定。

对于医疗废物的处理过程而言,其焚烧过程可以采用强制焚烧技术,即外加燃烧进行焚烧。而且在任何条件下,如果有必要,总是可以采用多次外加燃料焚烧的方法进行对前阶段未燃烬物质进行进一步的焚烧分解,以达到彻底焚毁有毒有害物质及病原微生物的目的。这种做法不仅可以大大减轻后续净化工艺过程的工作负荷,使排放烟气的污染指标大大下降,而且也可以使后续过程的运行成本大大下降。

### (三) 废热热能回收利用系统

在医疗废物的焚烧过程中,由于焚烧的燃料加热以及废物本身的焚烧发热效应,有大量的热量被释放出来,因此焚烧产生的烟气温度很高。在条件许可的情况下,可以进行热能的回收利用,如产生蒸汽、热水、预加热燃烧用空气等,甚至外接热电系统或制冷系统等设备。当不进行热能回收利用时,由于排放的烟气温度很高,不进行降温直接将高温烟气引入后续净化系统时,会烧坏后续的净化设备,或者破坏后续工艺过程的稳定工作状态。另外,直接排放也会对周围环境带来热污染。而如果采用冷却水进行冷却,则会消耗大量冷却用水。

在此系统中,废热的回收主要利用布置在燃烧室四周的锅炉路管(即蒸发器)、过热器、节热器、炉管吹灰设备、蒸汽导管、安全阀等装置。锅炉炉水循环系统为一封闭系统,炉水不断在锅炉管中循环,经不同的热力学相变化将能量释放给发电机。炉水每日需冲放以泄出管内污垢,损失的水则由饲水处理厂补充。

焚烧排放的烟气的温度约在850℃左右,后续净化系统的允许温度在250℃左右,因此有将近600℃温差的热能可供使用。但是对于微型或小型焚烧炉,因其排放烟气的总热焓量较小,故进行热能利用的价值不大。对此,完全可以直接采用冷却水喷淋法直接冷却后进入后续净化系统。

进行热能回收可以通过热水热能回收、蒸汽热能回收、预热空气热能回收等几种基本方式,常用的工艺流程如图9-9所示。

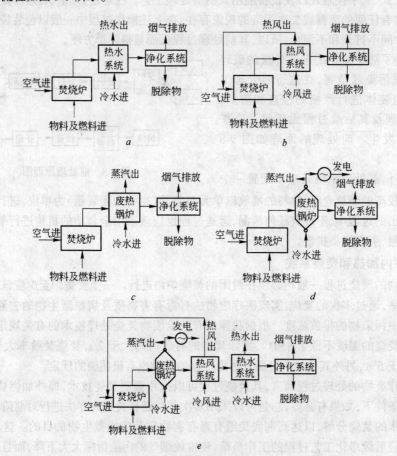

图 9-9　烟气热能回收原理图

a—热水利用系统;b—预热空气热能利用系统;c—蒸汽热能回收系统;
d—废热蒸汽发电系统;e—联合热能回收利用系统

常压热水利用系统中,一般可以将常温水加热到90℃左右,而烟气可以冷却到350℃左右。由于热水在低温下的能量品位较低,故从热能回收效率角度看,常压热水利用的作用主要是将烟气温度降温,而未能起到回收热能并加以有效利用的目的。

热风热能利用系统是将燃烧用的空气通过预热换热器进行加热,一般可以加热到的温度在150～350℃之间,可以将烟气温度降到450℃左右。但是,如果高温烟气全部用空气进行冷却,那么,就需要非常庞大的换热器。由于供燃烧使用的空气仅仅只占一小部分,因此大量热空气将被浪费掉。

　　较好的热能回收系统是采用蒸汽废热锅炉产生蒸汽进行热能回收然后进行发电的系统。由锅炉产生的高温高压蒸汽被导入发电机后,在急速冷凝的过程中推动了发电机的涡轮叶片,产生电力,并将未凝结的蒸汽导入冷却水塔,冷却后贮存在凝结水贮槽,经由饲水泵再打入锅炉炉管中,进行下一循环的发电工作。在发电机中的蒸汽亦可中途抽出一小部分作次级用途,例如助燃空气预热等工作。饲水处理厂送来的补充则可注入饲水泵前的除氧器中,除氧器则以特殊的机械构造将溶于水中的氧去除,防止路管腐蚀。

　　采用蒸汽发电进行热能回收利用时,因蒸汽蒸发的温度稳定,因此,烟气被冷却后出口的温度可以调节而且容易维持稳定。同时因为采用废热锅炉热能回收,回收的热能可以达到较高的品位。除此之外,废热锅炉本身还可以同时输出中压蒸汽($1.2 \sim 2.5$ MPa)、热水($95 ℃$)和热风($150 \sim 350 ℃$),其总体热力性能最为完善。

　　但应该指出的是,对于医疗废物焚烧过程烟气的热能回收过程,仅是整个系统进行过程中的一部分,而且,该部分的热能能量回收的热经济性不是整个系统设计、运行和管理过程的主要内容。这种能量利用的措施通常对大型焚烧炉有效,而对于中小型焚烧炉,如果增加热能回收设备,则必将增加投资和焚烧设备的复杂性,对整个系统的运行和管理都会增加负担。

### （四）废气处理系统

　　在废气处理系统,主要对焚烧烟气进行净化处理。主要任务是尽可能多地除去飞灰颗粒、分解、吸附或洗除有毒有机气体,脱除 $H_2S$、$HCl$、$SO_2$、$SO_3$ 和 $NO_x$ 等无机气体,使排放的烟气中污染物的各项浓度排放指标达到规定的数值。早期常使用静电集尘器去除悬浮颗粒,再用湿式洗烟塔去除酸性气体(如 $HCl$、$SO_x$、$HF$ 等)。近年来则多采用干式或半干式洗烟塔去除酸性气体,配合滤袋集尘器去除悬浮微粒及其他重金属等物质。

　　对于二噁英类剧毒有机物,最好的方法是在焚烧以前,剔除或选除可以导致生成二噁英的物质,但是实际上很难做到。较好的办法是对烟气增加辅助燃烧或高温强辐射,充分分解残余的这类物质。在净化系统中采用吸附脱除的方法再进一步降低种类污染物的排放。

　　在医疗废物焚烧处理过程中,常常有一些低沸点重金属会在焚烧过程中蒸发,混杂在高温烟气中,例如水银、铅和砷等物质。其在除尘、脱除有毒有害气体中一般难以去除,需要采用有效的吸附或洗涤方式进行专门的脱除。

　　据此,烟气的净化系统应该具有四个方面的净化功能:

　　(1) 除尘;

　　(2) 脱除 $H_2S$、$HCl$、$SO_2$、$SO_3$ 和 $NO_x$ 等无机气体;

　　(3) 脱除有剧毒的二噁英类有机物;

　　(4) 脱除重金属气体。

### （五）废水处理系统

　　在医疗废物的焚烧处理过程,只有很少的净化过程无废水产生,大多数净化过程需要用大量的水溶液进行洗涤、脱除或降温工艺过程,由此即会产生大量的废水。这些废水的组成和特性常常随焚烧的医疗废物的不同而变化。

　　从工艺过程看,废水可以从喷淋水的净化处理过程中来,也可以从前处理泄漏或送料口的清洗过程来,或者从废弃处理机械及储存容器等上清洗过程来。根据废水的特性不同,可以分为如下几种:

　　(1) 含重金属废水:危害很大;

　　(2) 含有毒有害有机物废水:危害严重;

(3) 含有病原微生物及毒病原废水:危害严重;

(4) 含有灰尘颗粒废水:危害不大;

(5) 常规污染废水:危害一般。

在实际焚烧系统中,产生的废水常常是上述数种废水的混合废水,难以分离开来进行单独处理。所以,水处理过程的设计及其设备的选用会变得非常困难,运行和操作管理时,各种参数和条件也会非常苛刻。

图 9-10　水处理的一般流程图

水处理的一般流程见图 9-10。

去除病原微生物及病毒:通常可以采用高温(100～250℃)和高压(1～3 MPa)进行杀灭。处理时将废水送入高温高压处理塔内,利用高温蒸汽加热,使温度和压力达到预定要求。温度和压力越高,则杀灭或去除病原微生物及病毒的效果越好。但是,必须注意处理塔的承压能力以及经济情况。

过滤:经过病原微生物及病毒杀灭以后即可以进行加压过滤或常压过滤,实现灰尘污物以及其他颗粒物质的去除。

有机毒物去除:可以采用化学反应法形成沉淀物除去有机毒物,也可以采用吸附和分解等方法脱除有机毒物。

重金属脱除:脱除重金属的过程比较难,常用的方法有化学反应后沉淀法、置换反应法、电泳法以及吸附法等技术方法。

常规水处理的方法按照常规的水处理方法和步骤进行处理,此略。

**（六）灰渣处理系统**

医疗废物焚烧处理的最终产物之一是固体物质,即灰尘和炉渣,其中炉渣由焚烧炉的底部排出,灰尘由净化过程中的除尘设备收集,或者在烟气洗涤过程中清洗下来,并由沉淀、过滤或脱水后得到。

不同成分的医疗废物,其在焚烧处理过程中产生的炉渣和灰尘的特性就会不同。灰渣中常常存在非常危险的重金属成分以及吸附着有毒有机物。其中危害最大的是重金属及没有灭活的病原微生物,其可以在有水的场合下游离出来。根据我国危险废物焚烧处理的一般原则规定,医疗废物焚烧处理产生的灰渣不能直接排放或直接填埋,而必须采用专门的方法和措施,有专业管理人员负责填埋或保存。

随着对医疗废物灰渣的特性的认识,国内外一些学者提出了冷/热固化的处理方法。其可能成为未来的大规模处理方向。医疗废物灰渣冷/热固化的处理方法的原理如图9-11 所示。

在上述处理方法中,最终的排放措施是填埋或无害化的利用。而利用的设想虽然至今尚有很大的争议,但是得到许多研究者和

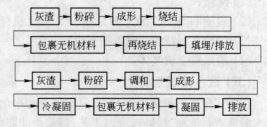

图 9-11　灰渣冷/热固化的处理方法原理

工程师们的支持。在利用过程中的包裹外壳的破碎会引起二次污染,这的确是一个需要予以认真考虑的问题。

**（七）控制系统**

医疗废物焚烧系统及其配套设备的安全可靠运行必须依靠控制系统。在医疗废物的焚烧过

程中,有毒有害物质的焚毁控制、净化过程的控制、燃烧过程温度的控制、突发事故的紧急控制和安全保护等均离不开自动控制系统。

一般情况下,控制系统可以按照分系统进行检测和总系统集成控制。对于医疗废物焚烧的大系统,可以分成下列分系统:

(1) 焚烧过程进料与进风和排烟的检测和调节控制系统;

(2) 炉内焚烧温度和排烟的温度的检测和调节控制系统;

(3) 进水和蒸汽的温度、压力和流量的检测和调节控制系统;

(4) 烟气污染排放检测和调节控制系统;

(5) 安全保护控制系统。

医疗废物的焚烧处理过程最主要的目标是焚毁医疗废物中的有毒有害物质及病原微生物和病毒,焚烧过程要确保焚毁的效率、分解的效率以及尽量减少焚烧过程新污染物质的生成,确保在经过净化系统后,烟气能够达到规定的排放指标。在焚烧进行的时候,必须对加入的医疗废物的量进行严格的控制和调节,相应地调节进风量及其分布、调节加料量。调整进风量时,要确保燃烧过程中燃料和空气的充分接触,要保证焚烧炉内的流动基本要求,例如,风量调节时必须注意一次、二次和三次风量之间的配比的合理性。

在炉内焚烧过程中,温度的高低变化有十分重要的影响。温度的高低对焚烧反应的速度起决定性作用,温度越高焚烧反应的进行越完善彻底。但是,温度过高会影响后续净化设备的正常工作,甚至烧坏焚烧炉的有关部件和净化设备。因此,对炉内温度的监测并随时进行焚烧的调节和控制是非常必要的。焚烧炉中温度一般可以采用热电偶温度仪、红外测温仪、激光干涉仪等仪表测得。

进水和蒸汽的控制可以通过进水平衡以及热量信号变化来进行调节和控制。在净化过程中,一定量的处理水在工作过程中会消耗散失,为了维持净化系统的正常净化功能,就必须随时测量水量信号并随时进行调节和控制。当焚烧过程产生温度变化时,马上会引起出口烟气的温度变化,此时,需要立即进行水量调节,以调整由于燃烧引起的温度变化。

污染排放指标的达标是焚烧系统运行的重要内容。焚烧结束以后,烟气进入净化系统进行净化处理。在稳定的设计工况下,净化系统会自动地完成净化的各项任务,最后将干净的烟气排放出去。当由于焚烧的物质发生变化、燃烧的温度发生波动或者由于意外原因引起焚烧化学反应变化,此时可能出现净化的最终的烟气中某些参数超标。因此需要有监测的仪器或仪表,测出变化的参数并先进行净化系统的调节,然后进行总系统的调节和控制,使净化系统净化的烟气达标。

安全防护控制是医疗废物焚烧控制系统中必不可少的组成部分。在医疗废物的焚烧处理全过程中,必须确保危险废物无泄漏和无二次污染。在焚烧的操作管理过程中,也不能出现对现场人员的任何不安全现象。安全和防护的控制应该具备如下内容:

(1) 发生任何意外或紧急情况,系统可以自动安全地关闭,并保证不泄漏;

(2) 超温、超压等超过设计安全参数的情况出现时,自动警报,并延时停止工作;

(3) 污染排放指标超标时,自动警报并记录结果。

出现临时停电或断电,以及其他运行意外时,自动报警,并延时停止工作。

### 四、医疗废物焚烧炉设计原则及要点

根据我国医疗废物处理的一般原则和危害治理的基本方针,在进行医疗废物焚烧炉的设计过程中应该首先确保一些重要参数,如焚烧的时间、焚烧的温度、适当的流动布置、合理的焚烧空

间、焚烧的进风布置及其气氛,然后再考虑控制系统、管理系统和经济投资与运营等问题。

### (一) 基本要求

基本要求如下:

(1) 焚烧炉的设计应该保持其使用寿命不低于 10 年;

(2) 焚烧炉所采用耐火材料的技术性能应该满足焚烧炉燃烧气氛的要求,质量应满足所选择耐火材料对应的技术标准,能够承受焚烧炉工作状态的交换热应力;

(3) 焚烧炉炉体外观要求严整规矩,无明显凹凸疤痕或破损;漆面光洁、牢固、无明显挂漆;表面处理件应光滑,无锈蚀;

(4) 焚烧炉炉门应启闭灵活,严密轻巧。炉门尺寸应该与医疗废物包装尺寸相配套,避免在进料时使医疗废物包装散开、破碎;

(5) 焚烧炉应该采用密闭的自动进料装置,并能与自动卸料装置相衔接,尽量避免操作人员与医疗废物接触;

(6) 焚烧炉应该设置二次燃烧室;二次燃烧室应配备助燃空气和辅助燃烧装置;

(7) 焚烧炉设计应该防止液体或未充分燃烧的废物溢漏,保证未充分燃烧的医疗废物不通过炉顶遗漏进炉渣,并能使空气沿炉床均匀分配;

(8) 焚烧炉应具有完整的烟气净化装置。烟气净化装置应包括酸性气体去除装置、除尘装置及二噁英控制装置,并具有防腐蚀措施。

除尘装置应优先选择布袋除尘器;如果选择湿式除尘装置,必须配备完整的废水处理设施。不得使用静电除尘和机械除尘装置;

(9) 焚烧炉应该设置监测系统、控制系统、报警系统和应急处理安全防爆装置。监测系统能在线显示焚烧炉温度和炉膛压力等表征焚烧炉运行工况的参数;

(10) 焚烧炉烟气净化装置应该设有烟气在线自动监测系统,监测烟气排放状况。

### (二) 技术性能要求

技术性能要求如下:

(1) 医疗废物焚烧炉的技术性能要求指标见表 9-21。

**表 9-21　医疗废物焚烧炉的技术性能指标**

| 焚烧炉温度/℃ | 烟气停留时间/s | 焚烧残渣的热灼减率/% |
|---|---|---|
| ≥850 | ≥2.0 | <5 |

(2) 焚烧炉主燃室炉膛容积热负荷和断面热负荷的选择应满足废物在 1000 kcal/h 低位热值时,炉膛中心温度不低于 750℃ 的要求。炉膛尺寸的选择应保证医疗废物在炉膛内有足够的停留时间,确保废物充分燃尽;

(3) 医疗废物焚烧炉出口烟气中的氧气含量应为 6%～10%(干烟气)。

(4) 医疗废物焚烧炉运行过程中要保证系统处于负压状态,避免有害气体逸出。

(5) 炉体表面温度不得高于 50℃。

(6) 焚烧炉排气筒高度应该按照 GB18484—2001 的规定执行。

### (三) 环境保护技术指标

环境保护技术指标如下:

(1) 医疗废物焚烧炉排放气体在参考状态下的排放限值不应高于 GB18484—2001 规定的限值,参见表 9-20。

在测试计算过程中,以 $11\%O_2$(干气)作为换算基准。换算公式为:

$$c = 10/(21 - O_s) \times c_s$$

式中　$c$——标准状态下被测污染物经换算后的浓度,$mg/m^3$;

　　　$O_s$——排气中氧气的浓度,%;

　　　$c_s$——标准状态下被测污染物的浓度,$mg/m^3$。

(2)其他环境保护技术指标见表9-22。

表 9-22　医疗废物焚烧炉环境保护设备技术指标限值

| 序　号 | 项　目 | 单　位 | 限　值 |
|---|---|---|---|
| 1 | 噪　声 | dB(A) | ≤85 |
| 2 | 残留物含菌量 | | 无 |

(3)医疗废物焚烧炉如有污水排放,在排放前应该进行消毒处理。污水的监测项目应该有 pH 值、$F^-$、Hg、As、Pb、Cd 以及粪大肠菌群和总余氯,见表9-23。

表 9-23　医疗废物焚烧炉污水排放限值

| 序　号 | 污染物 | 最高允许排放浓度[①]/$mg \cdot L^{-1}$ | | |
|---|---|---|---|---|
| | | 一级 | 二级 | 三级 |
| 1 | pH | 6~9 | 6~9 | 6~9 |
| 2 | $F^-$ | 10 | 10 | 20 |
| 3 | Hg | | 0.05 | |
| 4 | As | | 0.1 | |
| 5 | Pb | | 0.5 | |
| 6 | Cd | | 1.0 | |
| 7 | 粪大肠菌群数 | 100 个/L | 500 个/L | 1000 个/L |
| 8 | 总余氯 | <0.5[②] | >6.5(接触时间≥1.5 h) | >5(接触时间≥1.5 h) |

① 排入 GB3838 中Ⅲ类水域和排入 GB3097 中二类海域的污水,执行一级标准;

　　排入 GB3838 中Ⅳ、Ⅴ类水域和排入 GB3097 中三类海域的污水,执行二级标准;

　　排入设置二级污水处理厂的城镇排水系统的污水,执行三级标准。

② 加氯消毒后须进行脱氯处理,达到本标准。

(4)医疗废物焚烧飞灰按照危险废物进行安全处置。

**(四)焚烧炉的安全要求**

焚烧炉的安全要求如下。

(1)焚烧炉的燃烧器应设有安全保护装置。燃烧器启动后点火不正常时安全保护装置应能自动切断燃料供应并报警。

(2)焚烧炉停止运行前(包括正常停炉和安全程序停炉)必须有对燃烧室进行冷却的程序。当燃烧室温度下降到设定值时,冷却程序停止,焚烧炉停止工作。

(3)焚烧炉必须有防爆措施及装置。

(4)焚烧炉的电源必须有漏电保护装置。

(5) 在常温下和相对湿度不超过 85% 的条件下,电器回路绝缘电阻不得小于 2 MΩ,并能承受 1 min 工频(50 Hz)、电压 1500 V 的实验,不得有击穿和短路现象。

(6) 各连接件必须定位准确,连接可靠。

(7) 控制箱与被控设备之间的连接线必须有金属硬、软管保护。

(8) 炉体所附油气路及其附属件应安装牢固,连接处不得有泄漏。

**(五) 检验方法**

检验方法如下:

(1) 焚烧炉温度取测量焚烧炉燃烧室出口中心的温度值,用热电偶测定;

(2) 烟气停留时间和炉膛热负荷根据设计文件检查确定;

(3) 热灼减率的测定:按照 HJ/T20 采取和制备样品,依据本技术要求 3 条要求测定、计算,取三次平均值作为判定值;

(4) 医疗废物焚烧炉系统排放气体污染物的分析测试方法按 GB18484—2001 的规定执行(见表 9-24)。

表 9-24　医疗废物焚烧炉排放气体的分析方法

| 序　号 | 污　染　物 | 分　析　方　法 | 方　法　来　源 |
|---|---|---|---|
| 1 | 烟气黑度 | 林格曼烟度法 | GB/T5468—1991 |
| 2 | 烟　尘 | 重量法 | GB/T16157—1996 |
| 3 | 一氧化碳(CO) | 非分散红外吸收法 | HJ/T44—1999 |
| 4 | 二氧化硫($SO_2$) | 甲醛吸收副玫瑰苯胺分光光度法 | (1) |
| 5 | 氟化氢(HF) | 滤膜·氟离子选择电极法 | (1) |
| 6 | 氯化氢(HCl) | 硫氰酸汞分光光度法<br>硝酸银容量法 | HJ/T27—1999<br>(1) |
| 7 | 氮氧化物 | 盐酸萘乙二胺分光光度法 | HJ/T 43—1999 |
| 8 | 汞 | 冷原子吸收分光光度法 | (1) |
| 9 | 镉 | 原子吸收分光光度法 | (1) |
| 10 | 铅 | 火焰原子吸收分光光度法 | (1) |
| 11 | 砷 | 二乙基二硫代氨基甲酸银分光光度法 | (1) |
| 12 | 铬 | 二苯碳酰二肼分光光度法 | (1) |
| 13 | 锡 | 原子吸收分光光度法 | (1) |
| 14 | 锑 | 5-Br-PADAP 分光光度法 | (1) |
| 15 | 铜 | 原子吸收分光光度法 | (1) |
| 16 | 锰 | 原子吸收分光光度法 | (1) |
| 17 | 镍 | 原子吸收分光光度法 | (1) |

(5) 医疗废物焚烧炉产生的污水,其排放污染物按 GB8978—1996 规定的方法检测(见表 9-25);

**表 9-25　医疗废物焚烧炉污水的分析方法**

| 序　号 | 污染物 | 分　析　方　法 | 方　法　来　源 |
|---|---|---|---|
| 1 | pH | 玻璃电极法 | GB6920—1986 |
| 2 | F⁻ | 离子选择电极法 | GB7484—1987 |
| 3 | Hg | 冷原子吸收光度法 | GB7468—1987 |
| 4 | As | 二乙基二硫代氨基甲酸银分光光度法 | GB7485—1987 |
| 5 | Pb | 原子吸收分光光度法 | GB7475—1987 |
| 6 | Cd | 原子吸收分光光度法 | GB7475—1987 |
| 7 | 粪大肠菌群数 | 多管发酵法 | 《水和废水监测分析方法（第 4 版）》，中国环境科学出版社，2002 年 |
| 8 | 总余氯 | N,N-二乙基-1,4-苯二胺分光光度法<br>N,N-二乙基-1,4-苯二胺滴定法 | GB11898—1989<br>GB11897—1989 |

（6）氧气浓度测定按 GB/T16157—1996 中的有关规定执行；

（7）电器绝缘电阻用 500 V 兆欧表测量；绝缘强度经受 50 Hz、1500 V 交流电压耐压试验，历时 1 min；

（8）燃油或燃气燃烧器的安全点火时间为 5～7 s。如果发生点火失败或故障熄火，安全保护装置应能自动切断燃料供应。重新点火前的停止扫气时间不得低于 30 s；每隔 3 min 试验一次，连续试验 10 次，成功次数不得低于 9 次。

## 五、医疗废物焚烧炉

与普通城市垃圾焚烧炉、生物垃圾焚烧炉以及小型工业废物焚烧炉相比，医疗废物的焚烧炉虽有许多相似的地方，但是由于处理的目的根本性不同，因此总体系统结构以及运行和管理方面明显不同。医疗废物的焚烧处理的目的首先是焚毁有毒有害物质，然后是将废物的减量化处理目的和能量回收。在处理的过程中，必须严格确保不产生有毒有害二次污染物质，不发生泄漏污染和危害现象。

在医疗危险废物处理前，应该根据医疗废物的危害特性或危害程度，有针对性地设计或选用不同结构、功能或者工艺要求的焚烧炉，以保证实现最佳的焚毁处理目的。对于不同的医疗废物，进行焚烧处理的焚烧炉种类较多。例如，按废物的物态可以分为气态、液态、固态以及混合态物焚烧炉。按照焚烧室分类、炉排分类、灰渣特性分类以及物料运动分类如下：

（1）按燃烧室分类：单室型、双室型、多室型。

（2）按炉排特性分类：固定炉排型、移动炉排型、炉床型、流化床型、流动床性。

（3）按物料运动特性分类：封闭型、转动型、循环型。

（4）按灰渣特性分类：固体灰渣型、熔融灰渣型、集灰型、无灰型。

当根据不同的净化要求不同的种类的医疗费物配置焚烧系统时，整体的焚烧处理系统之间就会有很大的差别。下面介绍几种较为典型的焚烧炉型。

### （一）热解焚烧炉

医疗废物处理最可靠也最普遍采用的方法是热解焚烧，也称为控气焚烧或双室焚烧。热解焚烧炉的焚烧温度一般在 800～900℃，焚烧炉容量从 200 kg/d 到 10 t/d，一般均需要尾气净化装置。热解焚烧炉包括一个热解室和一个后续二燃室，在热解室中，废物在贫氧状态下进行热分解，经过中温燃烧过程（800～900℃），产生固体灰和气体。热解过程产生的气体在后续二燃室的燃料燃烧器中高温燃烧(900～1200℃),过量的空气可减少烟尘和臭气的产生。

### 1. 热解焚烧炉最主要的特征

热解焚烧炉最主要的特征如下:

(1) 适合处理以下类型的废物:

1) 传染性废物(包括锐器)以及病理性废物

——处理效率高;可消灭所有病原菌。

2) 药物与化学残渣

——大部分残渣可被降解;但只有一小部分(比如5%)废物可被焚烧。

(2) 不适合处理以下废物:

1) 类似于城市废物的无危害的医疗废物,热解焚烧较浪费资源;

2) 基因毒性物质,不能有效处理;

3) 放射性废物,热解不影响其放射性且可能引起辐射扩散。

(3) 不能焚烧的废物:

1) 压力容器,焚烧过程中可能会爆炸,破坏设备;

2) 卤化塑料,比如PVC,尾气中可能含有氢氯酸和二噁英;

3) 重金属含量较高的废物,焚烧会导致有毒的金属(比如铅、镉、汞)排放到空气中。

大型的热解焚烧炉(容量为1～8 t/d)通常为连续操作,其加料、清灰和燃烧废物的内部运动可实现完全自动控制。

通常在医院中使用的容量有限的热解焚烧炉,只要正确操作与维护,则不需要尾气净化装置。灰中不燃物质的含量少于1%,可采用填埋的方法进行处置。但是,为避免二噁英的产生,不要焚烧含氯塑料袋(最好还有其他的含氯的化合物),因此废物焚烧前不要用含氯的塑料袋包装。

### 2. 热解焚烧炉的设计与尺寸

如要实现废物的完全破坏且不产生大量有害的固体、液体和气体物质,最佳的燃烧条件非常重要。因此,焚烧温度、废物在炉膛内的停留时间、气体紊乱程度以及引入的空气量是关键的因素。焚烧炉要满足以下标准:

(1) 后续二燃室中温度要至少达到900℃,气体停留时间至少2 s;保证较高的气体紊乱程度和空气流速以使氧气100%过量。

(2) 热解室应有足够的尺寸来保证废物在其中的停留时间达到1 h,且应有挡板来提高废物与空气的混合程度。

(3) 热解室与后续二燃室应采用钢结构,内部用耐火砖作衬里,来抵抗腐蚀性的废物或气体,抵抗热冲击。

(4) 加料口应能装载打包的废物。清灰口的尺寸应适中,可清除不燃性的废物。应设置灰在最终处置前的冷却场所。

(5) 从中心控制台操作,监控、管理整个焚烧装置,中心控制台应连续显示各种操作参数和条件(温度、气流、燃料流等)。

自动控制设备非常有用,但并不是最根本的,尤其是对于医疗废物,其热值在很宽的范围内变化,需要很好的维持其操作条件。

### 3. 热解焚烧炉的运行与维护

热解焚烧炉应有一个训练有素的技术员来操作与监控,他能维持所需的条件,如有必要,则人工控制整个系统。为了使处理效率最大化,对环境造成的损失最小,并且降低维护费用,增加设备的使用寿命,正确操作是很重要的。两个焚烧室之间需维持平衡,如果平衡被打破,则会出现以下后果:

(1) 如果废物燃烧过快,则气流的速度增加,停留时间降低,小于要求的最低停留时间 2 s。这样会导致气体的部分不完全燃烧,增加烟灰与灰渣的产量,阻塞整个焚烧系统,导致更大的维护方面的问题。

(2) 如果废物的热解焚烧速度过慢,则后续二燃室中气流速度降低。如此虽然减少了空气污染,但焚烧处理能力降低,燃料消耗增加。

热解焚烧炉中,每吨废物消耗 $0.03 \sim 0.08$ kg 燃料油,或 $0.04 \sim 0.1$ $m^3$ 气体燃料。

周期性维护包括燃烧室清洗以及清除空气和燃料管道阻塞。负责加料和清灰的操作员应穿戴防护服——口罩,手套,安全眼镜,工作服,套鞋。

**4. 投资与运行费用**

处理医疗废物的热解焚烧炉的投资与运行费用变化范围较大。在此仅举例说明,表 9-26 列出了 1996 年欧洲市场上装置的近似费用。

**表 9-26 热解焚烧炉的近似费用**(欧洲,1996 年)

| 焚烧装置 | 各处理容量下的投资费用/美元 | | | | |
|---|---|---|---|---|---|
| | 0.4 t/d | 1 t/d | 2 t/d | 4 t/d | 8 t/d |
| 无能量回收与气体净化装置 | 50000 | 100000 | 120000 | 150000 | 230000 |
| 有能量回收但无气体净化装置 | 100000 | 180000 | 230000 | 340000 | 570000 |
| 有能量回收与气体净化装置 | 300000 | 400000 | 480000 | 600000 | 780000 |

在欧洲,小型医院热解焚烧炉的运行与维护费用为每吨废物 380 美元。

**(二)旋转窑式焚烧炉**

旋转窑式焚烧炉包括一个旋转炉和一个后续二燃室,专门用来焚烧化学性废物,也可用于区域性医疗废物焚烧炉。旋转窑轴线略微倾斜(3%～5%坡度),以每分钟 2～5 次的转速旋转。废物从前端进入旋转窑,灰渣从后端排出。转窑中产生的气体加热到很高的温度,在后续二燃室中与气态的有机物质一起完全燃烧,通常停留时间为 2 s。焚烧温度高达 1200～1600℃,在该温度下,非常稳定的化学物质,比如 PCB(多氯联苯),也能分解;焚烧容量从 0.5～3 t/h;因为焚烧化学性废物会产生有毒化学物质,因而需要尾气净化装置及灰处理设备。旋转窑焚烧炉可连续操作,能运用多种加料装置。用来处理有毒废物的焚烧炉应优先有专门的废物处理部门操作,且应位于工业区。

旋转窑的主要特征概括如下:

(1) 适合处理以下类型的废物:传染性废物(包括锐器)以及病理性废物;化学性及药理性废物,包括细胞毒性废物;

(2) 不适合处理以下类型的废物:无危害的医疗废物,浪费资源;放射性废物,热解不影响其放射性且可能引起辐射扩散;

(3) 不能焚烧的废物:压力容器,焚烧过程中可能会爆炸,破坏设备;重金属含量较高的废物,焚烧会导致有毒的金属(比如铅、镉、汞)排放到空气中。

**(三)控制式焚烧炉**

许多资料表明,控制式焚烧炉点燃室的操作温度范围一般为 400～980℃。点燃室必须维持在足以燃烧、杀死微生物的最低温度,只有这样焚烧后的剩余炉渣才可能是无毒的,同时这样的温度也处在低于一个能够破坏耐火材料和导致废物成溶解状态的温度水平。

到目前为止,关于对确定完全杀死焚烧炉内病原体的条件的研究很少。Barbeito 等人对工业废弃物的焚烧炉进行了研究,以获得最低操作温度,其目的是防止经焚烧后依然存活的微生物进入大气。他的研究表明,焚烧炉内微生物的灭活取决于温度和焚烧时间。这些参数受许多因素的影响,包括进入焚烧炉的负荷,负荷过高会降低废弃物在炉内的停留时间。Barbeito 等人推荐第一段炉排的最低温度为 760℃。

从运行效率方面来看,当然最好是第一炉排或点燃室中温度高至足以产生足够的挥发性燃烧气体和热量,来维持在没有利用助燃剂的情况下第二炉排的燃烧温度。因而第一炉排的较为理想温度或多或少地取决于废物的成分,而且还能温度高至足以焚烧炉中的固定碳。某一厂家的经验表明对于连续运行的焚烧炉来说,这个温度应在 760～870℃ 范围内。但对于序批式进料和间歇运行的焚烧炉而言,这个温度可低至 540℃。对于低温运行的序批式焚烧炉的第一燃烧室而言,它可以保证经焚烧后废弃物中的挥发性组分产量较低,以便于在第二燃烧室进行进一步处理。

当进料中含有大量塑料时,低分子量的碳氢化合物会发生爆炸,并会影响第二燃烧室的燃烧气体的体积,低温运行第一燃烧室可以帮助烟道气体的产生量减至最少。一些焚烧炉厂家在第一燃烧室中使用水来维持气体温度低于 930～980℃,并减少发生爆炸的可能性。

同时,第一燃烧室的温度应维持在低于破坏耐火材料的温度,先进的焚烧炉通常使用耐火温度为 1540～1650℃ 的耐火材料。尽管耐火材料的温度等级标为 1540～1650℃,但是实际上与耐火材料相接触的温度是不会高于 1200℃。另外更重要的是,限制第一燃烧室的上部运行温度的因素是废渣,炉中的绝大部分灰渣在 1200～1370℃ 的温度范围之间变化。第一燃烧室内的热电偶能表明进入第二燃烧室的气体温度,但是炉膛内灰床的温度相当高。因此,尽管燃烧气体能表明不会形成熔渣,但灰床处的温度相当高足以形成熔渣。许多经验表明在大多数情况下将温度控制在 980℃ 左右,此时熔渣和固定碳的燃烧情况能取得令人满意的效果。但当第一燃烧室温度低至 760℃ 时,会发生溶渣问题并会使处理效果不佳。

第二燃烧室用于进行完全燃烧,但当温度太低时,就会不完全燃烧;同时温度太高,就会破坏耐火材料,减少剩余物的数量,并且会浪费不必要的助燃剂。

同时为了防止有毒物质的不完全燃烧而需要控制一个最低温度。Deyton 研究所的试验表明,温度是影响这些有毒物质排放的一个主要因素,热分解的试验数据表明一种物质的破坏主要取决于温度,并且临界温度高于混合物快速燃烧所需的温度。

第二燃烧室的室内温度应高至足够可以杀死来自第一燃烧室气体中携带的微生物,但关于所需温度这方面资料相当少,并且由对特定焚烧炉进行测得的资料表明,这样的情况只对那些特定焚烧炉和试验操作条件有效。Barbeito 建议第二燃烧室的最低温度为 980℃,但是耐火材料影响第二燃烧室上部温度运行范围的限制。第二燃烧室上部温度运行范围取决于所用的耐火材料,但对于连续运行的焚烧炉而言,这个温度约为 1200℃。

总之,两个燃烧室的室内温度应维持在较高范围内以确保完全燃烧医疗废物,但又不能太高以防止破坏耐火材料或形成熔渣。第一燃烧室的室内最低温度应维持在 540～760℃,其目的是能确保杀死寄生虫、影响灰质量等。同时,室内最低温度取决于废弃物的特性及焚烧停留时间,还取决于焚烧炉的设计。为防止渣块的形成,推荐第一燃烧室的温度为 980℃。同时为确保完全燃烧,节省助燃剂和防止破坏耐火材料,推荐第二燃烧室的运行温度范围为 980～1200℃。

### 1. 序批式进料焚烧炉

由于设计之故,序批式进料的控制式焚烧炉在焚烧周期开始阶段只接受废弃物的单一负荷,通过控制最初负荷的大小和可获得的燃烧气体情况,对热量的释放进行控制。第一燃烧室作为燃料贮存区,厂家建议这种焚烧炉的第一燃烧室以满负荷方式运行,但不能太高以至于会堵塞进入第二燃烧室的火焰通道或燃烧器通道。如果进入炉内的废弃物中含有大量的高挥发性组分,则进入第二燃烧室的废弃物负荷会超过额定负荷。因此,此时就有必要降低进入焚烧炉的负荷率。但是通过测量废弃物的体积来确定进入焚烧炉的热值是一种不太令人满意的方法,在设计焚烧炉燃烧室的尺寸时,燃烧室体积的大小是与含特定 Btu 浓度的废弃物体积相对应的。如果废弃物的热值过高,即使负荷没有超标,进入焚烧炉的热值也会超标。

不管是何种类型,焚烧炉都不应高于厂家说明书中规定的负荷进行运行。对于序批式焚烧炉而言,废弃物的进料是发生在周期的开始阶段,经常只闷烧最后部分的废弃物以至于在下一次燃烧时没有遗留下任何废弃物。这样就会导致产生过多的排放物,废弃物不能完全燃烧,焚烧炉遭到破坏,同时进料负荷过高还会堵塞空气通道和破坏燃烧器。过多燃料和不充足的空气会造成进入第二燃烧室的挥发性物质过高,使其不能进行正常运行,还会导致颗粒性物质的排放量过多。另外,废弃物中会含有大量的塑料物质,过高的温度会造成耐火材料的破坏和渣块的形成。

2. 间歇进料-连续运行的焚烧炉

间歇进料-连续运行的焚烧炉通常接纳半连续性进料的废弃物,这种类型的主要设计变化是负荷控制系统是与手动或自动的机械装置建立在一起的。这种类型的进料机械装置可使操作员在系统运行的情况下能够安全地进行加料,同时负荷控制装置可设计成在进料期间,通过限制气体泄漏至焚烧炉来维持燃烧室的空气浓度。间歇和连续运行的主要区别并不在于负荷率或运行,而是在于连续运行的系统可连续地去除系统所产生的灰。因此,这种类型能够维持连续稳定的运行,而间歇类型仅在有限时段内能维持连续稳定的运行。一旦炉内的灰积累至无法接受的程度时,必须停止焚烧炉运行,同时排除炉内的灰。

为了使热值输入接近稳定状态,厂家建议在相等的时间间隔内采用多种负荷值,其值为额定负荷的 10%~25%,时间间隔为 5~10 min。进料频率需根据湿度浓度、挥发性组分的浓度和总热值的变化进行调整。

序批式进料控气焚烧炉的运行,这种类型的规模较小,较大能达到 226.8 kg/h(500 lb/h),但大多数小于 90.7 kg/h(200 lb/h)。焚烧炉以 12~14 h/周期的序批模式运行,这需要在循环一开始就进料,接着燃烧、冷却和排灰。

3. 多炉膛焚烧炉

传统的多炉膛焚烧炉是专用于焚烧致病废弃物,它包括一个固定炉膛。其他的多炉膛焚烧炉使用壁炉类型的炉膛,含有大量液体和感染性物质的医院废弃物不应在含壁炉的焚烧炉中燃烧。这两种类型都需要大量的空气,并且在一般温度内运行,其运行参数见表 9-27。

表 9-27 多炉膛焚烧炉的运行参数和推荐的参数运行范围

| 参　　数 | 疾病性废弃物 | 一般废弃物 |
| --- | --- | --- |
| 点燃室温度/℃ | 870~980 | 540~760 |
| 第二燃烧室温度/℃ | 980~1200 | 980~1200 |
| 负荷率 | 单　层 | 5~15 min 间隔内在额定负荷的 10%~25% |
| 点燃室燃烧空气/% | 80 | 150 |
| 总燃烧空气/% | 120~150 | 250~300 |
| 燃烧空气的氧百分比/% | 10~14 | 15~16 |

（1）主要特征：

1）第二燃烧室的温度：第一燃烧室的温度应维持在以确保杀死致病菌,大多数多炉膛焚烧炉都是以序批方式或间歇方式运行。延长火力减弱期可确保灰分完全燃烧和废弃物的无害化,第一燃烧室的最低温度在540～760℃,该燃烧室的上部运行温度范围应定在不能破坏耐火材料。感染性物质的湿度较高,挥发性组分较低并且固定碳浓度也很低,因而在焚烧这种废弃物时需要连续运行的辅助点燃器来维持第一燃烧室的温度。为了便于控制感染性废弃物的火力减弱期,建议此室的最低温度为870℃。对于多炉膛的焚烧炉而言,推荐第二燃烧室的最低温度为980℃。

2）负荷率：感染性废弃物会影响负荷率和进料步骤,这是因为这些废弃物中的挥发性组分浓度、湿度和Btu浓度是不同的。但焚烧炉的设计是对应于一个特定的热量输入值,这些热量来自于废弃物,必要的话还有助燃剂。与控制焚烧炉不同的是,这种焚烧炉的燃烧率不能通过控制进入第一燃烧室的燃烧气体而得到控制。因此,控制燃烧率的因素主要是燃料情况。当废弃物的均匀性增加,废弃物的尺寸减少并且进料频率增加时,进入焚烧炉的热值输入会接近稳定状态。因此,使用少量的、多次的进料方法比大量的、一次性进料要好,通常推荐在固定的时间间隔内进料负荷为额定负荷的10％～15％。需要说明的是如果在不使用机械进料器的情况下,进料频率越高,则对操作员越危险。因此,进料的目标是能确保每次进入焚烧炉的废弃物负荷不要太多,进料频率不要快。进料频率和废弃物的尺寸主要取决于废弃物的特征和焚烧炉的设计。感染性废弃物的Btu浓度和的挥发性组分浓度均较低,因此在投加这种废弃物时无需担心所释放出的热量会快速地进入第一燃烧室,第一燃烧室中的燃烧器可提供一个稳定的热量进入焚烧炉。由于感染性废弃物的温度较高和挥发性碳浓度较低,其燃烧火焰必须接近废弃物以进行完全燃烧。因此,新鲜的感染性废弃物不应立刻进行焚烧,直到炉中的废弃物完全燃烧后方可。

3）第一、二燃烧室的空气浓度：多炉膛焚烧炉的第一燃烧室的过剩空气浓度一般约为150％或者更多气,总的过剩空气浓度约为250％～300％,这约等于燃烧气体氧气浓度的15％～16％。当焚烧感染性废弃物时,由于主要热量来自于辅助燃烧器,空气浓度可控制在比典型多炉膛焚烧炉的浓度低一些。

4）燃烧室的压力：室内压力维持在一个负压,点燃室的典型压力值为－12.45～－24.9 Pa。

（2）多炉膛焚烧炉的运行。这种焚烧炉用于焚烧传染性废弃物,然而,其他医疗废弃物有时也会在这种焚烧炉中焚烧。但在焚烧损伤性废弃物时,应特别谨慎以防止焚烧炉的负荷过高。这种焚烧炉通常是以序批式或间歇式运行,同时排灰系统自动连续运行。

（3）启动。这种焚烧炉的启动与序批式控制焚烧炉起动相类似,首先预热第二燃烧室至设定的温度,然后进料。

（4）进料。这种焚烧炉可以以序批式运行,也可以以间歇式运行,而且进料可以用手动也可用机械装置装载。由于疾病性废弃物与损伤性废弃物之间热值差别巨大,并且由于焚烧炉设计成焚烧特定热值的废弃物,所以投料步骤与其他有所不同。

传染性废弃物的热值较低,湿度较大以及挥发性组分百分比较低,因而废弃物必须时刻与火焰接触方可完全燃烧,以下是建议的进料步骤：

1）废弃物在炉膛内不要堆积太厚,最好使其与火焰尽可能地充分接触。

2）后废弃物体积减少75％以上方可进行下一次进料。

（5）运行。当燃烧传染性废弃物,在燃烧期间,应运行第一燃烧器,并且热值的输出应保持相对恒定。应事先设定第一燃烧室的气体浓度以维持固定的过剩气体浓度,并且通过调节第一燃烧器来控制第一燃烧室的温度。因为疾病性废弃物含有大量的可燃挥发分,所以第二燃烧室的燃烧条件也将相对保持恒定,通常无需调整节气闸装置和燃烧器装置,仅调节第一燃烧器装置就可控制温度。

调节第一燃烧器对温度的控制程度与调节供气量对温度的控制并不一样,如果焚烧炉内的红袋废弃物负荷过高,调节第一燃烧器甚至关闭它并不能使温度降低,这是因为损伤性废弃物一旦被点燃,燃烧就难以控制,大量的剩余空气和未燃烧尽的物质进入第二燃烧室,此时第二燃烧室不能对高浓度的挥发分做出反应。因此,焚烧损伤性废弃物时应十分谨慎。一些多燃烧室焚烧炉有自动调节供气量的系统,当温度升高时增加空气量(起冷却作用),当温度降低时减少空气量。然而,第一燃烧室内的剩余空气仍会将大颗粒物质携带至第二燃烧室,因而这种焚烧炉最适合焚烧疾病性废弃物。

### (四)液体医疗废物焚烧炉

对液体医疗废物进行焚烧时采用的焚烧炉的结构应该与危险废物的种类、物理化学性质以及处理要求结合起来考虑。按医疗废物可燃的性质,其可以分为自燃焚烧、辅助焚烧和混合焚烧等3种。按焚烧过程中流动特性和反应容积特性可以分为立式喷射雾化焚烧、卧式喷射雾化焚烧、乳化焚烧以及蒸发焚烧等焚烧炉类型。不论何种焚烧炉或焚烧方式,液体焚烧过程均需要将液体细化成为微细颗粒进行快速汽化燃烧。而将液体细化为微细颗粒的方法通常使用的最多的是雾化技术和乳化技术。对于液体危险废物焚烧以后的烟气,一般需要进行二次焚烧,即通过采用外加辅助燃料,在设定的温度和气氛条件下,进行强制性焚烧,目的是彻底焚毁残余的污染物。常见的液体焚烧炉的结构示意图见图9-12。

图9-12a是采用雾化燃烧对危险废物进行焚烧处理的卧式二次焚烧炉。在雾化过程中可以预混部分可燃燃料(如重油)进行焚烧处理。图9-12b是立式液体二次焚烧式焚烧炉,液体危险废物在下部经过雾化和预混燃料后与空气混合进行焚烧,然后再进入二次焚烧室进行第二次焚烧,在第二次焚烧过程中,一般需要加入辅助材料通过强制的方式进行焚烧。图9-12c是液体不可燃危险废物的立式焚烧炉,在下部将不可燃液体进行雾化以后进入燃烧室与燃料燃烧火焰混合,不可燃液体的雾化气流可以布置成为流动助燃型分布,推动燃烧流动过程的旋流的进行。在二次焚烧室再进行辅助燃料强制焚烧,以保证彻底焚毁参与危险物质的存在。图9-12d为可燃液体废物自身雾化或乳化燃烧,然后进行强化焚烧处理的立式焚烧炉。二次燃烧室中的流动与燃烧结构原理相同。

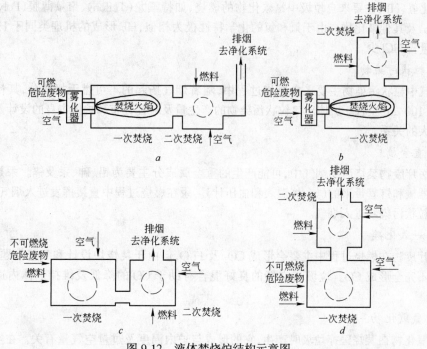

图9-12  液体焚烧炉结构示意图

## 第四节　医疗废物焚烧处理污染控制

### 一、主要污染源

医疗废物在处理过程中污染源主要有以下几部分：

(1) 医疗废物收集系统对环境产生的污染；

(2) 医疗废物运输过程对环境产生的污染；

(3) 医疗废物在处理厂焚烧处理过程中对环境产生的污染，主要包括：医疗废物焚烧过程中排出的废气；生产运行过程中产生的污水和生活污水；医疗废物焚烧后排出的灰渣；生产运行过程中产生的噪声；医疗废物暂存间、焚烧炉间来自医疗废物袋内可能的外渗臭气。其中，最为主要的是医疗废物在焚烧厂处理的过程中产生的废气、废水、废渣和噪声，下面对这些主要污染物做一下相关分析。

**(一) 废气**

**1. 酸性气体($SO_2$、HCl、HF)**

医疗废物燃烧产生废气，主要成分为 $NO_x$、$SO_2$、$SO_3$、Cl、HF 及 CO。除此之外，尚有少量之无机物或有机污染物产生。部分气体呈酸性，其中包括氯化氢、氟化氢及硫氧化物。

医疗废物中硫化铁及含硫化物在燃烧过程中可被氧化，生成一部分 $SO_2$；另一部分 $SO_2$ 可能来自垃圾无机硫化物的解离还原。$SO_2$ 可进一步在炉体或烟囱排出后氧化成 $SO_3$，当废气的温度下降，部分 $SO_3$ 还将和水蒸气反应而形成硫酸($H_2SO_4$)雾滴。

酸性气体的来源来自于医疗废物中特定成分燃烧的结果。氯化氢(HCl)是由垃圾中有机氯化物燃烧产生的，在燃烧过程中，过多的氢原子极易和氯反应形成 HCl。医疗废物中的 PVC 塑料及漂白纸张为垃圾中含氯最高之物质，为废气中 HCl 的主要来源。

氟化氢(HF)主要来自垃圾中氟碳化物的燃烧，如特氟龙(Teflon)、聚氟薄膜(Polyvinyl Fluoride Film)及其他氟化物。由于氟和氯的化学特性极为相似，HF 形成的机理类同于 HCl。但 HF 的产生量较 HCl 少。

**2. 粒状污染物**

烟气中粒状污染物主要来自燃烧过程中，随着烟气扬起的不可燃无机成分，其粒径分布在 1 $\mu$m 到 100 $\mu$m 左右。炉体出口粒状污染物的产生量及粒径分布和炉体本身的设计及焚烧技术有相当大的关系。

**3. 重金属**

在医疗废物焚烧后的烟气中，可能产生的重金属成分主要为铅、砷、汞及镉。汞是医院废弃的医疗器械和灯管带来的(如：体温表和血压计)。汞在燃烧过程中直接挥发进入烟气，其他重金属随着粒状污染物进入烟气。

**4. 一氧化碳**

医疗废物在燃烧过程中主要会形成 $CO_2$ 及 $H_2O$，但由于焚烧炉设计和工艺问题，也有少部分燃烧不完全形成 CO。垃圾与空气的良好混合有助于 CO 的降低及维持炉体内适当的燃烧温度。

**5. 氮氧化物**

氮氧化物在焚烧医疗垃圾时产生，它的形成与炉内温度及过量空气量有关。在空气氧化过程(含废物焚烧)中,均可能产生 $NO_x$,其主要成分为 NO,少部分的 NO 亦会进一步再氧化为 $NO_2$。$NO_2$ 气体呈淡褐色,在阳光照射及碳氢化合物存在的状况下,进行光化反应,形成臭氧(Ozone)及其他二次污染(如酸雨等)。

对 $NO_x$ 的生成有两个重要的因素:燃烧区域的氧含量和火焰的温度。研究显示,在温度固定之下,$NO_x$ 的生成率和氧的含量成正比的关系。另外,在氧存在情况下,$NO_x$ 的产生量随着温度提升而大量增加(通常在 1150℃ 以上)时,$NO_x$ 的产生亦与滞留时间成线性比例关系。

**6. 二噁英及呋喃**

在医疗废物焚烧炉排放废气中,有很多种因燃烧不完全或燃烧温度不够而产生的有机物质。这些产物包括多氯二苯对位二噁英(PCDDs)、多氯二苯呋喃(PCDFs)及多环芳香烃化合物(PAHs)。它们可能以气态、冷凝状态或附着在粒状污染物上的方式存在。二噁英及呋喃虽然只在这些物质中占一小部分,但由于其对人体健康危害甚巨,因此着重于探讨二噁英及呋喃。图 9-13 为二噁英及呋喃的结构简式。

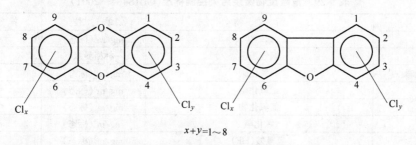

$$x+y=1\sim 8$$

图 9-13　二噁英及呋喃的结构简式

在二噁英分子中结合有 2～8 个氯原子,共有 73 种不同化合物。以结构体来说,其二者均具有两个苯环主体,苯环之间以两个氧原子连接为二噁英以一个氧原子连接为呋喃,其某些特定的同分异构体对人体具有高毒性。尤其异构物为含 4 个氯基构造占位第 2,3,7 和 8 的四氯二苯二噁英 2,3,7,8—TCDD,其毒性最强,见图 9-14。

**(二) 废水**

医疗垃圾焚烧厂产生的废水以其来源及污染物特性,可分为有机污水和无机污水两类,其中有机污水来源如表 9-28 所示。

**表 9-28　医疗垃圾焚烧厂有机污水来源**

| 序　号 | 污 水 来 源 |
|---|---|
| 1 | 车辆冲洗水 |
| 2 | 出渣机排污水 |
| 3 | 垃圾处理区地坪冲洗水 |
| 4 | 生活污水 |

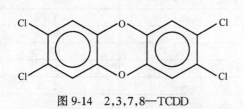

图 9-14　2,3,7,8—TCDD

无机废水主要来源为:余热锅炉排污水、锅炉脱盐水站酸碱中和废水。

**(三) 固体废物**

固体废物主要包括焚烧炉排出的炉渣,主要来源于垃圾焚烧后的剩余残渣,以及反应塔和布袋除尘器捕集到的灰尘,主要来源于焚烧产生的飞灰和烟气净化处理时加入的活性炭和消石灰。

### (四) 噪声

厂内主要噪声源为鼓风机、引风机、大功率水泵、汽轮发电机组、运输车辆等设备空气动力噪声、振动及电磁噪声,其机械设备噪声级一般达 85 dB(A)左右。

### (五) 恶臭

焚烧厂恶臭主要来自于废物接收区、仓储区及焚烧区,其主要成分是 $H_2S$、$NH_3$ 等。污水处理站亦有部分臭气外溢。

## 二、环境保护标准

### (一) 烟气排放标准

中华人民共和国国家标准 GB18484—2001《危险废物焚烧污染控制标准》的要求值,其中主要参数见表 9-29。

表 9-29　危险废物焚烧污染控制标准(GB18484—2001)

| 序　号 | 污　染　物 | 单　位 | 排放标准 |
|---|---|---|---|
| 1 | 烟　尘 | mg/m³(标态) | ＜50 |
| 2 | 烟气黑度 | 林格曼级 | ＜1 |
| 3 | 一氧化碳 | mg/m³(标态) | ＜80 |
| 4 | 二氧化硫 | mg/m³(标态) | ＜100 |
| 5 | 氮氧化物 | mg/m³(标态) | ＜250 |
| 6 | 氯化氢 | mg/m³(标态) | ＜70 |
| 7 | 氢氟酸(HF) | mg/m³(标态) | ＜2 |
| 8 | 二噁英(TEQ) | ng/m³(标态) | ＜0.5 |
| 9 | 汞及其化合物(以 Hg 计) | mg/m³(标态) | ＜0.2 |
| 10 | 镉及其化合物(以 Cd 计) | mg/m³(标态) | ＜0.1 |
| 11 | 砷、镍及其化合物(以 As＋Ni 计) | mg/m³(标态) | ＜1.0 |
| 12 | 铅及其化合物(以 Pb 计) | mg/m³(标态) | ＜1.0 |
| 13 | 铬、锡、锑、铜、锰及其化合物(以 Cr＋Sn＋Sb＋Cu＋Mn 计) | mg/m³(标态) | ＜4.0 |

欧盟标准(1995 年)的主要参数见表 9-30。

表 9-30　欧盟标准的焚烧炉大气污染物排放限值

| 序　号 | 项　目 | 单位(标态) | 限　值 |
|---|---|---|---|
| 1 | 烟尘 | mg/m³ | 5 |
| 2 | 氟化氢 | mg/m³ | 1 |
| 3 | 一氧化碳 | mg/m³ | 50 |
| 4 | 氮氧化物 | mg/m³ | 80 |
| 5 | 二氧化硫 | mg/m³ | 25 |
| 6 | 氯化氢 | mg/m³ | 5 |
| 7 | 汞 | mg/m³ | 0.05 |
| 8 | 镉 | mg/m³ | 0.05 |
| 9 | 重金属 | mg/m³ | 0.5 |
| 10 | 有机化合物 | mg/m³ | 5 |
| 11 | 二噁英类(TEQ) | ng/m³ | 0.1 |

注:本表规定的各项标准限值,均以标准状态下含 11%$O_2$ 的干烟气为参考值换算。

## (二) 废水排放标准

中华人民共和国污水综合排放标准(GB8978—1996),见表9-31。

**表 9-31　污水综合排放标准(GB8978—1996)**　　　　　　(mg/L)

| 序　号 | 污　染　物 | 一级标准 | 二级标准 | 三级标准 |
|---|---|---|---|---|
| 1 | pH | 6～9 | 6～9 | 6～9 |
| 2 | 悬浮物(SS) | 70 | 200 | 400 |
| 3 | 五日生化需氧量(BOD₅) | 30 | 60 | 300 |
| 4 | 化学需氧量(COD_Cr) | | | |
| 5 | 氨氮(NH₃-N) | 15 | 50 | |
| 6 | 大肠菌群数<br>医院①、兽医院及医疗机构含病原体污水<br>传染病、结核病医院污水 | 500 个/L<br>100 个/L | 1000 个/L<br>500 个/L | 5000 个/L<br>1000 个/L |
| 7 | 总余氯(采用氯化消毒的医院污水)<br>医院①、兽医院及医疗机构含病原体污水<br>传染病、结核病医院污水 | <0.5②<br>　<br>　<0.5② | >3(接触<br>时间≥1 h)<br>>6.5(接触<br>时间≥1.5 h) | >2(接触<br>时间≥1 h)<br>>5(接触<br>时间≥1.5 h) |

①指 20 个床位以上的医院;②加氯消毒后须进行脱氯处理,达到本标准。

DB31/199—1997《上海市污水综合排放标准》,详见表9-32。

**表 9-32　第二类污染物最高允许排放浓度**　　　　　　(mg/L)

| 序　号 | 污　染　物 | 一级标准 | 二级标准 | 三级标准 |
|---|---|---|---|---|
| 1 | pH | 6～9 | 6～9 | 6～9 |
| 2 | 悬浮物(SS) | 70 | 150 | 350 |
| 3 | 五日生化需氧量(BOD₅) | 20 | 30 | 150 |
| 4 | 化学需氧量(COD_Cr) | 100 | 100 | 300 |
| 5 | 氨氮(NH₃-N) | 10 | 15 | 25 |
| 6 | 大肠菌群数<br>医院①、兽医院及医疗机构含病原体污水<br>传染病、结核病医院污水 | 500 个/L<br>100 个/L | 1000 个/L<br>500 个/L | 5000 个/L<br>1000 个/L |
| 7 | 总余氯(采用氯化消毒的医院污水)<br>医院①、兽医院及医疗机构含病原体污水<br>传染病、结核病医院污水 | <0.5②<br><0.5② | >3(接触时间≥1 h)<br>>6.5(接触<br>时间≥1.5 h) | >2(接触时间≥1 h)<br>>5(接触<br>时间≥1.5 h) |

①指 20 个床位以上的医院;②加氯消毒后须进行脱氯处理,达到本标准。

## (三) 噪声标准

厂界噪声标准应执行 GB12348—90《工业企业厂界噪声标准》中的三类标准,即等效声级昼间为 65 dB(A),夜间为 55 dB(A)。

## 三、污染物治理措施及控制方案

## (一) 污染治理原则

污染治理原则如下:

（1）焚烧厂产生的二次污染,必须处理达标后排放;

（2）环境污染治理采用工艺要先进、可靠,并留有一定的余地,以适应将来环境标准的提高。

### （二）污染物治理措施

1. 医疗废物收集系统的污染治理措施

严格按医疗废物的种类进行收集、包装、暂存是医院在废物收集过程中达到环境保护的关键。通常,为使医疗废物的污染达到最小的程度,在产生源处减少医疗废物的产量是最有效的办法,而严格的分类要求是减少医疗废物的基本途径,来自医疗机构、研究机构和实验室的废物流（固态和液态）75%~90%的医疗废物是一般的废物,类似家庭生活垃圾,只有10%~25%是有害医疗废物,它们可能引起各种健康和环境危险。国外有许多资料表明,医疗废物中一般废物平均占85%,感染性废物占10%,化学/放射性废物占5%,在国外很多国家,一般医疗废物可以作为生活垃圾处理,而危险的医疗废物才是真正意义上的医疗废物。在医院分类收集过程中,如何区分一般医疗废物和危险医疗废物是关键。一般医疗废物按国外（如德国）的定义是指:

（1）与家庭式市政垃圾组成类似的医疗废物;

（2）不包括被血液和/或体液污染的废物;

（3）危害程度与医院建筑垃圾、医院宿舍区或家庭产生的垃圾相当的废物。

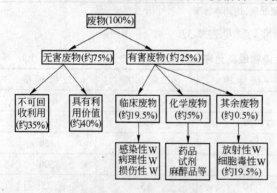

图 9-15　医疗废物基本分类

医疗机构对医疗废物的分类,严格来讲应按以下4个层次进行,见图9-15

一般讲,能做到第三层次的分类,即可实现现代管理水平和目标,第四层次的分类要求是最高层次目标,最终将实现。

对医疗废物实现严格包装是减少医院污染源传播的有效途径。医疗废物一旦产生,就应立即进入包装袋,并装入密封的转运箱中,医院内部的废物转运全部是通过密封的转运箱流动,基本达到了废物与外界的隔离,达到环境保护的目的。对不同种类的医疗废物实行不同包装,将进一步减少污染的可能。通常,高度感染性废物,如病原菌培养基、保菌液、实验动物尸体、药物性废物、细胞毒性废物等应采用双层塑料袋包装。一次性使用的包装袋、利器盒应采用不含氯的塑料制作,以防止焚烧过程中产生二噁英。

医院的废物暂存间应远离人流较多的区域,并严格与生活垃圾存放点分开。对暂存间要分区堆放、定期消毒、通风,同时要有防止动物、昆虫的措施,以确保安全。

2. 医疗废物运输过程的污染控制措施

医疗废物运输采用密封的专用车辆,车辆的技术要求应符合《医疗废物转运车技术要求》（GB19217—2003）的规定。车辆厢体与驾驶室分离并密闭,厢体材料防火、耐腐蚀,厢体底部防液体渗漏,并设清洗污水的排水收集装置。医疗废物采用专用的转运箱封装,其强度和密封性达到在一般运输撞击事故时不开盖、不破损、车门不打开的要求。车辆的运输将限制和按指定的路线行驶,尽量避开人流密集的行驶路线。车载 GPS 全球定位和通讯系统可及时将车辆在运输过程中可能出现的事故或污染进行跟踪,实现快速反应应急措施的实施。

### 3. 医疗垃圾焚烧尾气处理污染控制措施

根据医疗垃圾特性,其在焚烧过程中产生的尾气成分、浓度及排放标准,现行的医疗废气处理设备多采用半干式反应塔＋活性炭喷射＋布袋除尘器＋触媒反应塔的组合工艺,能有效对烟气中各类污染物进行控制,以保证达标排放。

(1) 酸性气体($HCl$、$SO_2$、$HF$)控制。

冷却后的烟气进入中和反应装置、布袋除尘器,消石灰、活性炭在中和反应装置中与烟气进行化学反应,达到脱酸目的,其基本化学反应式如下:

$$SO_3 + Ca(OH)_2 =\!=\!= CaSO_4 + H_2O$$
$$SO_2 + Ca(OH)_2 =\!=\!= CaSO_3 + H_2O$$
$$2HCl + Ca(OH)_2 =\!=\!= CaCl_2 + 2H_2O$$
$$2HF + Ca(OH)_2 =\!=\!= CaF_2 + 2H_2O$$

经脱酸后的烟气再进入布袋除尘器去除灰尘,然后经引风机、35 m 及以上高烟囱排入大气,达标排放。

(2) $NO_x$ 控制和去除。

$NO_x$ 的生成机理,一是垃圾中所含各含氮成分在燃烧时生成 $NO_x$,二是空气中所含氮气在高温下氧化生成 $NO_2$,因此去除 $NO_x$ 的方法虽然很多,但最合理的是从根本上抑制 $NO_x$ 的生成,即通过限制一次助燃空气量以控制燃烧中的 $NO_x$ 量。实践已证明这是行之有效的方法,根据这一原则,应采取窑中部分段送风,实现了窑内控风微欠氧燃烧,以限制 $NO_x$ 的生成。

但是在烟气温度达到 1200℃ 以上,同时有一定滞留时间下,$NO_x$ 还会生成,因此医疗废物焚烧炉尾气中 $NO_x$ 的含量仍然要比一般生活垃圾焚烧炉高。

为了达到尾气排放中 $NO_x$ 的限制,建议医疗废物焚烧设备可以考虑用一套常用设备加一套备用设施的组合方案。常用设备为一台触媒反应塔。另一套备用设施是在余热锅炉辐射烟道合适的烟温范围内预留了几个喷口,必要时采用高温度下喷氨或尿素,可以将烟气中原生 $NO_x$ 脱除 40%～80%,然后再通过触媒反应塔,使尾气中 $NO_x$ 控制在 80 mg/m³(标态)。

(3) $CO$ 去除。

由于在燃烧室中限氧燃烧,可能导致烟道气中 $CO$ 含量增高,因此,在二燃室喷入适量高速二次空气与烟气混合,使 $CO$ 及其他还原性气体($NH_3$、$H_2$、$HCN$ 等)在高温下进一步氧化,最终生成 $CO_2$、$H_2O$、$NO_x$、$SO_x$、$HCl$ 等气体。

(4) 重金属去除。

在医疗垃圾中的重金属及其化合物可依其沸点及挥发性再加以区分。部分重金属的沸点小于炉体温度(1200℃),焚烧中较其他重金属易蒸发至废气中。铅的沸点约 1700℃,大部分将残存于灰渣之中。

近年来对重金属逸入大气中造成人体健康的危害日趋重视。在医疗废物焚烧炉的废气排放,尤以重金属排放最受关切。重金属去除的最佳方式为通过降温的方式将易挥发的重金属冷凝,再用集尘设备与粒状污染物同时去除之。$Hg$、$Cd$ 等重金属在烟气中部分以气体形式存在,除了上述通过降温的方式将其冷凝后收集外,由于排放要求的提高,可根据需要采取活性炭注入法,即将活性炭喷入半干法反应塔,与废气接触,利用化学吸附将汞吸附到活性炭上,再用布袋除尘器去除。据国外资料,半干式反应塔/布袋除尘器工艺组合在国外实际测试中,最好的去除效率可达 99%。

(5) 二噁英类有害物质的防治。

1) 燃烧段控制。有毒有害气体中,二噁英、呋喃等化合物对大气污染影响最大,是各国环保系统对医疗废物焚烧炉监测的主要指标。在医疗废物焚烧炉中产生的二噁英,在很大程度上通过氧使之分解,即通过有效的燃烧加以控制。然而,在之后的冷却过程中,当温度在 300～500℃ 范围时,由于烟气中的碳粒子和作为催化剂的重金属又会促使其再合成,因此,控制二噁英及其再合成的最佳方法是做到尽可能使废物在炉内得到完全燃烧,达到一定温度,停留一定时间,并在烟气冷却过程中防止二噁英再合成。对烟气冷却必须考虑的是:要尽量减少在有助于二噁英合成的温度范围内烟气和含尘的停留时间。医疗废物焚烧生成的烟气温度应不小于 1200℃,并且全部高温烟气在 1200℃ 以上温度下的行程不小于 2 s。在余热锅炉 500℃ 以下段采用较高烟气流速使其快速通过 300～500℃ 温度区域。

根据国外垃圾焚烧厂的实践资料表明,通过良好的燃烧控制,国外目前一般通过"三 T"控制(即烟气温度、停留时间、燃烧空气的充分混合),可使垃圾中的原生二噁英 99.99% 得以分解,包括:在炉内烟气的停留时间不小于 2 s。在这 2 s 过程中,必须具有足够高的燃烧温度;足够的排气温度以降解未燃烧物料。最低温度是 800℃,理想的温度应该大于 900℃,最佳要求温度为大于 1200℃;根据国外焚烧厂的实践经验,CO 浓度与二噁英浓度有一定的相关性。在炉中烟气要和二级空气充分混合(搅拌),需要通过设计来调整空气速度、空气量和注入位置,减少 CO,以减少二噁英的浓度。

2) 燃烧后烟气控制。除了焚烧技术控制二噁英外,在后置的污染防治设备中,应用半干法及布袋除尘器来控制微量的二噁英。国外研究报告显示 PCDD、PCDF 及其有机污染物、重金属均倾向与烟气中微小粒状物结合,半干法可冷却废气以使有害有机污染物凝结于飞灰上,布袋除尘器在收集粒状污染物的同时,也能移除该有机污染物。

**4. 废水的治理及控制措施**

(1) 废水的分类。

生产废水根据其产生的过程以及水质因素,可以分为有机生产废水和无机生产废水两类,由于两类废水水质水量差异较大,合并处理并不是最实际可行的办法,应该将废水处理系统分为针对无机废水和有机废水两类分别进行处置。

1) 无机生产废水。

消毒池的间歇排放废水:其污染物主要是含有较高的二氧化氯浓度,以及部分悬浮物等,由于二氧化氯为强氧化剂,杀菌的同时也抑制生物的生长,不能排入有机废水处理系统一并处理,要求排入无机废污水处理系统处理。

气体消毒室引起的排放污水:根据工艺的需要,气体消毒室要求按照程序抽真空等处理,其气体排入室外的地下水池中,而过程中排出的气体中含有四氯乙烷气体,会溶入水中,间歇排出,由于四氯乙烷也为强氧化剂,杀菌的同时也抑制生物的生长,不能排入有机污水处理系统一并处理,要求排入无机污水处理系统处理。

主厂房运转箱的冲洗和清洗污水:由于进入冲洗的转运箱或较干净、或已经过消毒浸泡等处理,基本无有机污染物,且含有少量二氧化氯等,可考虑进入无机污水处理系统处理且回用。

软化水处理间的排水:其排水只有处理装置的再生水,其中的污染物只有处理装置再生时交换出来的氯化钙、氯化镁等盐类,且浓度不高,可以达到国家废水排放一级标准(GB8978—1996),而如果回用于本处理中心,由于本处理中心无别的外排污水,将导致系统中盐类越来越高,若回用于喷淋塔,经蒸发后日积月累形成的盐类及垢类将严重影响系统正常运行。由于以上原因,该污水直接外排,不进入污水处理站进行处理。

2) 有机生产污水。

主厂房的地面冲洗污水：主要污染物为固体悬浮物及有机物等，可以排入有机污水处理系统处理。

汽车洗车间的污水：其主要污染物为固体悬浮物及有机物等，可排入有机污水处理系统处理。

3）生活污水。

处理中心产生的污水还包括员工的生活污水，该部分污水主要污染物为有机物以及固体悬浮颗粒等等，汇同生产有机污水一并进入厂区污水处理站的有机污水处理系统进行处理，达标后回用。

（2）污水设计处理水量。

医疗废物处理产生的废水主要来源于车厢及地坪清洗水、道路地面冲洗水，废水量根据焚烧厂规模不同会有变化，但总体来说量并不大。

（3）废水进水水质。

生产污水的水质因排放的位置不同而水质差别较大，生活污水也因排水点位置而各有差异。根据工艺性质及相关资料确定综合的生产污水排水水质，而生活污水的水质确定基本同城市污水。由于冲洗水水量较大的缘故，废水 SS 含量较高，其他水质指标并不突出。

（4）处理工艺。

典型的医院污水处理及中水回用处理流程一般采用生物处理和物化处理相结合的工艺流程。无机污水除软化水处理车间的排水直接排放外，其他部分进入污水处理站无机污水调节池，最终进入有机污水处理流程的物化处理部分进行合并处理，达标后回用。

5．炉渣、飞灰处理

医疗废物焚烧后产生的残余物通常分为两种类型：炉渣与飞灰。按《危险废物焚烧污染控制标准》（GB18484—2001）规定焚烧残余物是指焚烧后排出的残渣、飞灰和经尾气净化装置产生的固态物质。并规定焚烧残余物按危险废物进行安全处置。本方案中焚烧炉排出的炉渣采用自动操作，自动出渣设备为完全封闭式，炉渣被自动推出后经由全封闭式的链式输送机送入灰渣转运箱，然后由车辆送到指定的危险品填埋场。飞灰收集后由全封闭式的链式输送机及斗提机送到灰仓暂时储存，然后由车辆送到指定的危险品填埋场处置。

6．恶臭防止

医疗废物暂存间、焚烧炉间等来自垃圾袋内可能的外渗臭气，对环境将产生污染。设计利用焚烧炉燃烧所需空气从此处抽吸，使医疗废物暂存间、焚烧炉间局部形成微真空，使有毒空气不外泄。同时，外部新鲜空气不断补充，使医疗废物暂存间、焚烧炉间保持卫生的、良好的工作环境。有毒空气经焚烧炉高温燃烧，对空气进行消毒。

7．噪声的治理

噪声主要来源于焚烧处理的各类辅助设备如风机、水泵等产生的动力机械噪声、各类管道介质的流动或排气等产生的综合性噪声，这些噪声形成对周围环境的影响。

根据 GB12348—90《工业企业厂界噪声标准》规定，噪声控制应执行三类标准，昼间为 65 dB（A），夜间为 55 dB（A）。

为了使焚烧厂设备运行时，其噪声达到 GB12348—90 三类标准，除了在设计中采用低噪声的设备、材料外，还要对主要的噪声源进行控制（详见表 9-33）。

**表 9-33　主要噪声控制方法**

| 设 备 声 源 | 控 制 方 法 |
|---|---|
| 引风机 | 做隔音箱,安装排气消声器 |
| 汽轮发电机 | 机房墙采用吸声材料,窗密封处理;调整设备使之保持良好动态平衡以减少振动;空气进、排气口处安装消声器 |
| 高压蒸汽旁路 | 选择优良蒸汽转换阀 |
| 风　机 | 安装进、排气口消声器 |
| 管路及阀门 | 选择低噪声型阀,增加管路强度,安装管路隔绝(减振装置),安全阀等安装排气消声器 |
| 泵、电动机 | 安装减振装置;做防声围封 |
| 通风系统 | 安装进、排气口消声器 |

# 第五节　医疗废物非焚烧处理技术

## 一、采用非焚烧技术的缘由

焚烧法是一种高温热处理技术,即以一定的过剩空气量与被处理的有机废物在焚烧炉内进行氧化燃烧反应,医疗废物中的有害有毒物质在 $800 \sim 1200℃$ 的高温下氧化、热解而被破坏,是一种可同时实现医疗废物无害化、减量化、资源化的处理技术。

焚烧方法并非完美,会引起一系列争议。首先,焚烧法投资大,占用资金周期长;其次,焚烧对垃圾的热值有一定要求,一般不能低于 $3360 \ kJ/kg(800 \ kcal/kg)$ ,限制了它的应用范围;最后,焚烧过程中也可能产生较为严重的"二恶英"问题,必须要对烟气投入很大的资金进行处理。例如,1995 年美国的一家医院在花费了 1400 万美元用于一套现代化的设备之后,这家医院遭遇到公众对使用焚烧炉的强烈反对。反对使用这套新设备是由于公众逐渐提高的环境意识及其他与医疗废物焚烧设备所产生的相关问题,体现在以下几个方面。

### (一) 焚烧炉释放有毒的大气污染物

焚烧炉向大气中释放许多种污染物,包括二氧化芑、二恶英、呋喃、重金属(例如铅、汞和镉)、酸性气体(氯化氢和二氧化硫)、一氧化碳、氮氧化物等。这些释放物对工人们的安全、公众的身体健康和环境都有严重的不利后果。比如说二氧化芑已被认为与癌症、免疫系统紊乱、残疾、出生缺陷及造成其他疾病有关,环境中二氧化芑和汞很大一部分来源于医疗废物焚烧。

### (二) 灰烬具有潜在的危险性

医疗废物焚烧之后,灰烬存于焚烧炉底部,其中含有可以滤出的重金属,二氧化芑和呋喃也有可能在底灰中发现。低放射性废物被焚烧之后,灰烬残渣也有可能含有放射性同位素。在美国,如果灰烬的测定结果超过了美国环保总局制定的有毒物质毒性滤出程序(TCLP)的限定值,这样的灰烬必须以危险废物处理。TCLP 是一种测定程序(从 100 克灰烬样品中析出量),用以测定 40 种有毒物质。如果分析表明其中一种物质所测含量高于校准中所规定的值,这种灰就被认为是危险废物。

危险废物的处理必须遵循资源保护和防御法令中的规章制度。然而,仅仅测定少数有毒物质的 TCLP 测定的是极少量的样品,这不能够代表整炉的底灰。TCLP 采用的析出过程不会产生诸如发生在填埋场中长时间的自然淋滤过程,而且并不是每炉灰都必测。由于医疗废物含有各种各样的物质,因而最后灰烬的组成相应地会多样化,而一些设备一年仅仅一次或仅几次检测底灰。

### (三)焚烧炉必须符合新的规章制度的需要

对于医疗废物焚烧炉技术要求,各国都有不同的标准,在美国各州之间的标准也不尽相同。

### (四)许多社会团体反对使用焚烧炉

没有技术能够提供处理医疗废物问题的万全之道。然而,总的来说,非焚烧技术放出的污染物更少,大多数非焚烧技术产生的固体残渣是无害的。替代技术(实际上就是非燃烧技术)不受制于医疗废物焚烧规定,很多医院也认为:升级或购买一个焚烧炉不如实行废物减量计划并使用非焚烧技术来得划算。

## 二、通常的分类和工艺

非焚烧处理技术可以用很多种方法分类,例如通过规模、购买价格、处理的废物类型、市场占有率等。非焚烧技术将按照消除废物中用到的基本工艺来分类,基本的分类是:热工艺、化学工艺、放射工艺、生物工艺、机械工艺。而机械工艺仅仅是一种作为补充的工艺,并不能被认为是一种处理工艺,只能作为其他处理技术的补充。

### (一)热工艺

热工艺是那些依靠加热来破坏废物中的病原体的工艺。这种分类进一步细分为低温、中温、高温热工艺,这些进一步的分类是必须的,因为发生在热工艺中的物理和化学结构在中温和高温下有着明显的改变。

1. 低温热工艺

低温热工艺是指那些在不充分的温度下用热能处理废物的工艺,它引起化学上的破坏或者支持燃烧和裂解。总而言之,低温热工艺技术在 93~177℃ 之间起作用。低温热工艺的两个基本分类是湿热(水蒸气)和干热(热空气)净化,湿热处理利用水蒸气来净化废物,它通常在高压消毒锅中进行。微波处理本质上是蒸汽消毒工艺,因为水被加到废物中而且消毒是由微波热能产生的。在干热工艺中,没有水或者蒸汽被加入,废物通过传导、自然或强制对流、红外线加热器产生的热辐射等方式被加热消毒。

2. 中温热工艺

中温热工艺发生在 177~370℃ 范围内,引起有机材料的分解,包括在高强度微波能量下发生的与分解作用相反的聚合作用;在加热和高压下发生的热裂解作用等。

3. 高温热工艺

高温热工艺通常是在 540~830℃ 下或更高温度下的热工艺。通过电阻、电磁感应和等离子体能提供强大的热量,引起有机和非有机物质的物理和化学改变,从而引起废物的整体破坏,同时废物的体积和数量上也有明显的改变。例如,低温热工艺依赖于粉碎和切割来减少废物体积的 60%~70%,而高温热工艺直接可以减少废物大约 90%~95% 的体积。

### (二)化学工艺

化学工艺利用杀菌剂,例如二氧化氯、漂白剂、强酸或者非有机化学物质来处理废物。为了提高药剂的效用,化学工艺经常先采用粉碎、切割和调配等方法,提高废物的接触面积。除了化学消毒,还有一些密封剂混合物,它们能够在处置前固化尖锐物、血液或者别的体液,从而达到阻止微生物或致病菌传播的目的。一项正在发展的技术利用臭氧来处理医学废物,另一些则利用催化氧化作用来处理医疗废物,一个最新的方法是在加热过的不锈钢容器中用碱液来水解组织。

### (三) 放射工艺

以放射为基础的工艺是通过电子束、Co 60 或 UV(紫外线)放射以杀死病原体达到处理目的的技术,这些技术需要屏蔽作用以防止工作中发生接触。电子束放射用一阵高能量的冲击来引起化学分解和细胞壁破裂,从而破坏废物中的微生物机体。这种病原体破坏的效率取决于废物吸收的剂量,而吸收剂量的多少又与废物密度和电子束能量有关。有杀菌能力的紫外线放射(UV—C)已经作为处理技术的一种补充。但是,放射不改变废物的物理结构,它需要一个粉碎机或者研磨机来使废物不被辨认。

### (四) 生物工艺

生物工艺是利用活性酶来破坏有机物,达到杀死病原体目的的技术,但是目前依然处于研究阶段,还没有大规模推广应用。

### (五) 机械工艺

机械工艺仅仅是一种作为补充的工艺,并不能被认为是一种处理工艺,例如粉碎、切割、锤击、混合、振荡、固液分离、传输、压实等,是作为其他处理技术的补充。机械破坏可以使废物物理性质发生改变,如可用来破碎针和注射器等,以尽可能地减少伤害或使它们不能被重新利用。在热处理或化学处理工艺中,粉碎机、混合器等机械装置也能提高热传递速度或让更多的表面得到化学消毒,但同时机械工艺可以明显的增加所需要的保养水平。

只有粉碎机、锤击机和别的机械破坏工艺作为一个封闭的整体处理工艺时,它们才能在废物被净化之前加以利用。否则,工人将暴露到由于机械破坏而产生的病原体环境中去。如果机械工艺是系统的一部分,这项技术应该以这样一种方式设计:在机械中的和从机械里释放出来的空气在排放以前应该净化。当废物进入机械装置时,空气要被吸进机械中去,这一步是通过一个鼓风机来完成,它使机械装置中保持负压,从机械中带出来的空气在释放到环境中去之前通过净化室或者通过高效的粒状空气过滤器。粉碎机、研磨机、锤击机通常用于减少废物大小。另外一些装置,如制粒机、粒子化器和切割机也可以被用到。总体上说,体积减少可以通过在两个表面的物质(如粉碎机)或者通过压实固体表面(如锤击机)两种方法进行剪切,而筛子通常用来控制从设备里出来的微粒大小。

粉碎机装有坚硬的切割钢刀、吊钩、圆板或者装在旋转轴上的刀片,这些刀对着保护套上的固定不动的刀切割(单轴粉碎机),或者对着装在一个或者更多旋转轴的刀切割(多轴粉碎机)。因为废物在刀片之间堆积,很多处理医学废物的粉碎机经常装有可以倒转的设备,当负载过多时,正常的旋转停止,相反的旋转被用来清除妨碍物。这种行为可以自动地重复好几次。如果阻碍物还不能被移走,粉碎机将被关掉,操作者将得到视听警报或者电子警报。移动阻碍物,通常需要手工操作,而这比较危险。

研磨机指用一系列低速运转的滚动轮来减少废物大小的设备,也可以称为压碎机或粉碎机。当滚动轮装有齿轮或者刀时,它们运作起来很像多轴粉碎机,这是因为有时粉碎机和研磨机两个词可以交换使用的原因。锤击机有一个旋转轴,轴上装有摇摆的 T 形锤或者打击器,随着锤击机高速摇摆,锤击机将废物在金属板上压碎。

当考虑到一项工艺有粉碎机或研磨机时, 机构部门应该评价这些小量化的装置, 评价应该依靠其他机构处理医学废物的实际经验来进行, 例如:安全;超负荷保护;暂时阻塞处理;修理期间可替代的净化工艺;刀片、锤等的平均寿命周期、磨快和取代刀片的成本;预防性的保养工艺等。

### 三、高温热处理技术

高温热处理工艺在高于 370℃ 的温度中运行,一般是在 540~8300℃ 之间或者更高温度下进行,废物高温热处理过程包含了化学变化和物理变化,而且废物的数量和体积可以明显减少。

许多系统的设计不仅可以用于医疗废物和危险废物的处理,还用于过期药物、低水平的放射性废物、混合废物、爆炸性废物、化学和生物战争用品(战争代用品)、电路板、限定物质(违法药物)和其他难处理的废物的处理。

#### (一) 高温分解氧化技术

高温氧化技术,包括两个步骤。首先,废物进入高温分解器,在那里废物被加热到 93~590℃,使得固体和液体有机物物质挥发,剩下惰性灰烬包括无机物,比如玻璃和金属碎片;第二步,蒸汽被一个感应的风扇从高温分解的容器吸入到两阶段的氧化器中,氧化器在运行 980~1090℃ 下,一定的氧气量加入到氧化容器中以完成氧化过程,最后经过污染控制装置以后,结果就是相对清洁的尾气(主要是水和二氧化碳)。

高温氧化系统包括自动的废物装载机、高温分解容器、两阶段氧化器、热交换器、清洗器和微机控制装置。自动废物装载机包括一个传送带、一个号码阅读器、称重设备和气力提升机。

高温氧化器的操作如下:

(1) 废物装载:废物收集在盒子中,外面标有条形码,然后把盒子放在传送带上面,由计算机决定放入高温分解器的时间,装载机使盒子通过条形码的扫描器,称重,在提升到废物进入区之前检验大小是否合规格,进入区是高温分解器上面的一个气锁装置。

(2) 高温分解:计算机控制系统打开气锁下面的板,使废物落到高温处理器的架子上面,电阻加热器将盒子加热到 590℃。

(3) 两阶段氧化:从高温分解器中出来的气体和一定量的氧气(氧气的量是经过控制的)混合,在 980~1090℃ 完成氧化过程。

(4) 冷却和热恢复:从两阶段氧化器中出来的反应过的气体在热交换器中冷却,产生供保健设施使用的热水和热气。

(5) 洗气和净化:从热交换器中出来的气体要经过湿洗气器和静电除尘器以除去尾气中的颗粒物和氯化氢,尾气通过塑料管或者铝管排出。

(6) 废物收集和处理:高温分解器中的惰性废物残余收集在下面的盘子里,废物可以作为常规的垃圾定期移走或填埋。

由于高温处理,高温氧化器可以处理一般在焚烧炉中处理的所有医疗废物。这些废物包括培养液、尖锐物、血液和体液污染过的物质、隔离病房和手术室的废物、实验室的废物、病人看护而来的软废物(纱布、绷带、窗帘以及床上用品),除此以外,该技术还可以处理塑料、血液和体液、病理废物、动物废物和透析分离废物。在技术上生物氧化器还可以处理化疗废物、药物废物、危险废物和受控废物,但是在医疗保健场所处理此类废物是明令禁止或者需要特别批准的。

放射性废物和汞污染的废物不可在生物氧化器中处理。

#### (二) 建立在等离子基础上的高温热解系统

等离子是物质的物理状态,这种物质由电离化的离子组成,例如电子和负电荷离子。在等离子状态,离子化的气体能传导电流,但是由于它的高阻力,电子能量被转变成热量,从而产生高达 1650~11600℃ 的高温。大多数的系统使用等离子弧束产生等离子能。等离子束中,弧是建立在两个电极之间的,载气,可以是惰性的或者具有加热属性的气体,在电极之间传递能量,把能量传给废物。另一种是使用直流等离子弧,这种弧形成在石墨电极和由处理器中的废物形成的能量传递系统。

等离子高温热解是一项比较新的技术,使用的记录很少,生产商还没有公布扩散的标准,其他的标准还没有制定,因此使用等离子系统的设施应该仔细估量实际操作条件下的等离子技术的表现和扩散水平。

等离子系统工作方式如下:

(1)废物装载:废物通过一个加料控制部分加入,该部分不一定具有内部的切割器、重锤或者螺旋钻。

(2)等离子高温分解:废物暴露在高温分解器中的等离子束产生的高温下,废物被摧毁,形成一种气体产物,热值较高。

(3)能量恢复:通过把产品气体作为一种补充燃料来产生热水和热的水蒸气来恢复,一些情况下,气体可以燃烧为火焰,产品气体含有丰富的氢气和甲烷,可以用于生产产生清洁电力的燃料电池。

(4)废物残余的收集:等离子处理产生的固体残余物包括炭黑、玻璃状矿渣和金属残余物。一些设计中,金属可以被恢复,一些金属可以封装在玻璃状的固体中。

由于极高的温度,等离子技术原则上可以处理范围很广的废物,包括培养液、尖锐物、血液和体液污染的废物、隔离病房和手术室的废物、实验室废物和由于病人看护的软废物(纱布、绷带、窗帘以及床上用品),而且可以处理塑料、体液和血液、病理废物动物废物化疗废物和透析分离废物。

许多等离子技术可以摧毁大量的化疗废物,许多的危险废物、溶剂和化学物质(例如甲醛、戊二醛、二甲苯等)、过期药品、低水平的放射性废物等。然而,许多的等离子系统不能处理汞。因此从技术的角度来说,等离子系统可以处理和焚化炉同等类型的废物,但是,在指定地点处理这些废物需要特殊的允许。不同的等离子处理技术的设计有不同的扩散特性。

**(三)建立在感应基础上的高温热解**

感应加热的想法始于18世纪30年代的实验,实验表明如果电导体被带有交流电的线圈缠绕,就可以在电导体内产生感应电流。例如,在环绕金属管的铜电线上通上交流电,就可以产生一个变化的磁场,磁场在管子内产生旋转电流。随着电压的下降,电能转化为热能。在高电流的作用下,足够的热量产生并可以用于处理医疗废物。

感应技术已经被发展成医疗废物的热感应处理技术。医疗废物通过一个装载装置加入,从系统出来的空气被净化,环绕管炉的电感应线圈加热管壁,温度可以达到760℃到980℃,废物通过一条内部带有螺旋杆或螺旋钻的管子传送,通过氮气或其他惰性气体净化管子,热感应管开始在感应条件下发挥作用,废物减少成惰性的炭残渣。废物分解过程中产生的气体被气体处理装置收集,用来取代或补充医院锅炉的燃料;炭废渣可以填埋;感应系统由自动供料器、感应管、固体残渣的卸下装置、气体处理装置、非燃料储存装置构成。处理系统大约有127 kg/h的处理能力,它可以减少超过90%的体积和80%的数量,但是由于其高昂的费用,感应技术很少被用来处理医疗废物。

**(四)高级氧化技术**

与在热解条件下的高温热氧化技术不同,高级热氧化技术是一个燃烧过程。然而,与传统的双室焚烧中废物在缺氧状态下在主炉燃烧不同,这项技术采用富氧快速燃烧。

高级氧化技术与传统的焚烧技术至少在3个方面有所不同:

(1)废物在燃烧之前被破碎成小片。

(2)破碎的小片被快速带到主焚烧炉,在那里它们被一个快速旋转的装置带走,很多固定在炉子上的气体燃烧喷射装置产生热的富氧气体也在那里产生,于是废物发生富氧快速燃烧。

(3) 烧气体被液体薄雾喷射器快速熄灭。另外,在主炉和次炉的停留时间更长,每个炉达到3.5 s,而很多传统的焚烧炉的次炉只有 1 s 停留时间。而且,高级氧化技术的次炉运转温度也比传统的焚烧炉高。整个工艺由计算机控制。这种设计不同点使它们同传统炉相比,可以允许废物的更有效和更彻底燃烧,并且可以缩小二噁英和呋喃的形成温度的范围。

美国 NCE 公司的涡轮清洁机即是用于处理医疗废物的高级热氧化系统。此系统采用专利技术“闪燃”、富氧、高温燃烧工艺。医疗废物用四轴粉碎机粉碎,粉碎机由螺旋钻和胶料筛组成,以提供较好的填料控制。大约 0.225 kg(半磅)左右的粉碎粒一次随空气被送入主炉中温度在1010～1093℃的高速的漩涡中,热氧化在这种条件下是快速和有效的。粉尘在底部被运走,而燃烧气体流到温度在 1093～1177℃的次炉中完成燃烧过程。为了忍受高温,炉子采用了用于太空往返的轻金属材料。热的燃烧气体很快被冷却了的炉子和液体烟雾喷射装置快速熄灭。气体通过塞满了吸收剂的文丘里管部分被处理。

涡轮清洁机能处理通常在焚烧炉处理的所有医疗废物,包括培养液、尖锐物、含有血液和体液的物质、隔离和手术废物、病理废物、动物废物、化学医疗废物、透析废物。然而,烟雾罐、机器油、电池、大的金属物体、放射性材料、X 射线胶片、铅容器、水银和别的含有有毒金属的物质不能在涡轮清洁机中处理。

## 四、中温热处理技术

中温加热处理过程发生在 177～370℃之间,两个系统在上面的两个范围中运行如反聚合或热的解聚合作用。聚合是这样一个过程,把一群小分子反复地联合起来形成一个巨大的分子;橡胶和塑料就是聚合物的示例。但是,用到中温热处理工艺时,解聚合表示复杂的分子分裂为小分子。

为了便于描述这种技术,可以以环境废物国际组织 MD—1000 技术为例。此项技术相对比较新,这里提供的描述是基于环境废物国际组织提供的材料。

MD—1000 直接利用高能微波在氮环境下处理医疗废物中的有机物。其他的系统是把医疗废物加热到沸点附近,而 MD—1000 则是把废物加热到发生化学反应。低热处理单元利用 2—6个磁电管(每个为 1.2 kW 输出的磁电管),MD—1000 利用每个 3 kW 输出功率的磁电管 14 个。废物吸收了大量的集中微波能量,内部的能量一直可以增加到化学物质在分子水平发生分解。因为微波是从内部加热的,所以废物内部的温度可以达到很高,而容器本身的温度只有 150～350℃。

MD—1000 的操作是一个 3 个阶段构成的过程:

(1) 废物装载,称重和净化:医疗垃圾进入三个容器中的第一个,容器自动封闭,然后称重,充入氮气。

(2) 解聚:下一个容器的门打开,废物通过传送器进入主处理容器。通向第一个容器的门关闭。在第二个容器中,使用集中的微波能量使得分子键断裂。

(3) 冷却和碾碎:得到的碳质残余物通过传送器送到最后的容器中冷却和碾碎。碾碎机减少残余物的大小,残余物然后进入旋风接受器,被处理到塑料袋中,以便填埋。

环境废物国际组织报道,MD—1000 可以处理范围很广的传染性废物,包括生物的和解剖的废物、针头、尖锐物、塑料和玻璃等。但是化疗废物、汞、放射性废物不可以处理。

### 五、低温热处理技术

#### （一）湿热净化技术——高压锅和蒸馏釜

蒸汽消毒是医院消毒可重复使用的医疗器械时的标准方法，而这种方法也适用于医疗废物的处理。有两种传统设备用于蒸汽处理：高压锅和蒸馏釜。其他基于蒸汽技术的体系，有时是指改进的高压锅技术，是这几年才发展起来的。微波炉是基于蒸汽技术的独特设计，它能够利用湿热蒸汽达到消毒的目的。

这些技术的一个共同点是使用蒸汽。当水被加热时，它的温度会持续上升直至到达它的沸点或饱和温度，此时水就会变成蒸汽。在标准大气压下(100 kPa 或 14.7 psia)，水的饱和温度是100℃，气压越大，饱和温度也越高。当水蒸气在它的饱和温度时，这种状态称为饱和状态，此时的水蒸气称为饱和水蒸气。高压锅和其他基于蒸汽技术的体系一般都在饱和状态下进行操作。

高压锅是由一个用进料口封口的金属腔和包围金属腔的蒸汽外套组成的，蒸汽同时进入外套和内腔，外套和内腔的设计能够抵挡得住压力的持续升高，加热外套减少了水汽在内腔壁的凝结并且能够在较低的温度下使用蒸汽，由于空气实际上是不导热的，所以必须将内腔中的空气去除以保障热量能够渗透到废物中去，这通常有两种方法：利用重力移动或预先抽成真空。重力移动法(或向下移动法)高压锅利用了蒸汽比空气轻的优点，使蒸汽在压力下进入内腔，迫使空气向下移出排放口或连在内腔下部的排气管；预先抽成真空用真空泵在通入蒸汽之前先将空气抽出，预先抽真空法(或高真空法)高压锅由于有效的排出空气，所以只需较少的消毒时间。

蒸馏釜和高压锅十分相似，仅仅在于蒸馏釜没有蒸汽外套。相比之下蒸馏釜更加便宜但需要更高的蒸汽温度，蒸馏釜常运用于大批量的生产中。

一个典型的高压锅或蒸馏釜的工作周期包括以下几个方面：

（1）收集：收集用的运货车或垃圾箱内都需要垫一层特殊的塑胶膜或使用能够承受压力的大袋子以防废物粘在内壁上，然后用红袋子垫在容器内壁。

（2）预热(用于高压锅)：蒸汽进入高压锅的外套。

（3）废物装料：废物容器装载进高压锅或蒸馏釜的内腔，化学的或生物的指示剂周期性的加入废物中以监控消毒过程。

（4）排出空气：空气通过重力移动或预先抽真空排出内腔。

（5）蒸汽处理：蒸汽在达到所需的温度时进入内腔，另有蒸汽自动加入内腔使温度在一定时间内保持稳定。

（6）排出蒸汽：蒸汽排出内腔时，通常先通过一个冷凝器降低它的压力和温度。在某些系统中，可以通过再次抽真空移走废弃的蒸汽。

（7）卸料：一般情况下还要外加时间使废物冷却下来，然后将废物卸下。如果指示剂还能分离出来，也移出来并重新估价。

（8）机械处理：通常处理过的废物再经过粉碎机或压实机的破碎后送入卫生填埋场。

用高压锅或蒸馏釜处理的废物的一般类型是：细菌培养物、利器、带有血渍和体液的材料、手术切除物和外科手术废物、化验室废物(包括化学废物)以及病人产生的软废物(纱布、绷带、窗帘、手术衣、床单等)。通过足够的时间和温度以及机械系统达到不可辨认的目的，对于人体的组织残骸不可辨认性在技术上是可行的，但是伦理、法律、文化以及其他信仰有可能排斥这种处理方法。挥发性和半挥发性的有机物，体积较大的化学疗法的废物、汞、其他危险的化学废物和放射性废物都不能放进高压锅和蒸馏釜中处理。大型的床上用品废料、巨大的动物饲养笼、密封的耐热容器以及其他装载进去的可能引起传热不良的废物都是不允许放进去的。

### (二) 干热系统

干热消毒技术已经用于医疗废物的消毒,干热技术中,热量来自外加的水或者蒸汽。废物是通过热传导、自然对流或者强制对流、热辐射加热的。强制对流加热中,空气被电阻丝加热器或者天然气加热,在容器中围绕废物循环。一些技术中,容器的热壁通过传导和自然对流来加热废物。其他的技术利用红外线加热器或者石英加热器实现辐射加热。按照一般规律,干热技术比基于蒸汽的技术使用更高的温度和更长的暴露时间,但是时间和温度是取决于处理物的性质和大小。

目前,Toroidal 混合床加热器,使用高速加热空气技术(KC Mediwaste 公司提供的为医院设计的技术)和 Demolizer(用于医院科室、诊所、药店和其他小容积的发电机 generator)已成功地被商业运用。

#### 1. 高速加热空气技术

KC Mediwaste System 在 Cox Sterile Products 公司的努力上,开发了一种快速加热的杀菌器,这种技术适合于矿物、食品、废物的加热技术。KC Mediwaste 系统的核心是一个密闭的不锈钢的容器,粉碎过的医疗废物通过一系列的类似涡轮机叶片或者狭槽加入到不锈钢的容器里面,暴露在从容器底部鼓入的高速加热的空气中,热空气吹入的方式可使得废物的颗粒绕着一条垂直的轴剧烈旋转。在这样的条件下,高速传热就发生了。4~6 min 之后,干燥的不可识别的废物就被喷射出来,这样的废物就可以通过常规的填埋处理。

KC Mediwaste System 的操作过程如下:

(1) 废物装载:将盛有医疗废物的红袋子装入升降倾倒一体机,这种机器可以自动打开气锁漏斗门,将废物倒入切割机漏斗,同时维持负压;

(2) 内部切割:废物被切割为相对统一的大小,大约 19 mm,通过一个可以改变尺径的筛,进行收集;

(3) 仪表测量:加入不锈钢容器的废物的量是通过一个门限值控制的,容器空的时候会自动打开,接入新的一批废物,容器是在负压下工作的;

(4) 干热处理:废物倒入容器以后,暴露在高速加热的空气中(大约 171℃);

(5) 排放:在预设的时间末尾,容器的倾倒门会打开,在几秒之内将废物排出来,处理过的废物落入容器下面的压缩器中。

(6) 压缩和处理:废物经过压缩,放入封好的容器中准备进行合乎卫生标准的填埋。

KC Mediwaste System 可处理的废物类型与高压消毒和微波消毒的相似:尖锐物、血液和体液污染的物质、隔离病房和外科病房的废物、实验室的废物(化学污染物除外)和来自病人照顾的软废物(纱布、绷带、帐子、衣服、被褥等)。而且,血液和体液的液体也可以处理。挥发性和半挥发性的有机物、化疗废物、汞、其他的化学危险物、放射性废物不可以用干热系统来处理。

#### 2. 干热技术

Demolizer(Thermal Waste Technologies, Inc.)可以在废物产生地附近处理少量尖锐物和一般医疗废物的小型系统,使用于诊所、内科、外科、牙科、兽医诊所和其他的医疗系统,具有很好的灵活性。

Demolizer 工作流程如下:

(1) 废物装载:废物收集在用来装尖锐物和软废物的 1 加仑❶ 的容器中,装到安全线的时

---

❶　1(英)加仑 = 4.546×10⁻³ m³;1(美)加仑 = 3.785×10⁻³ m³。

候,容器就会被关闭,送到特定的处理单元。

(2) 贴标签:把核查的标签插入处理单元的插槽。

(3) 干热处理:循环启动按钮按下,处理开始。会有 18 min 的预热过程,然后在 177℃下杀菌 90 min。

(4) 冷却:处理单元里的废物大概 52 min 后会冷到 35℃。

(5) 转移和处理:处理过的容器和一般的垃圾一样转移和处理。

用 Demolizer 可以处理的废物包括尖锐物和来自病人看护的软废物(纱布、绷带、手套等等)。少量液体废物有血渍和体液污渍的衣物也可以处理,但是大量液体不可以处理。

挥发性和半挥发性的有机物、化疗废物、汞、放射性废物、人和动物身体的部分不可处理,隔离病房废物和大量的液体也不可以处理。

### 六、化学处理技术

#### (一) 化学处理技术的定义及分类

医院和其他医疗卫生设施应用化学类的处理方案已有数十年之久,应用范围涉及对可重复利用设施的消毒和普通的表面清洁等诸多方面。当化学物质被用来进行医疗废物的处理时,主要的问题在于怎样确立化学、易感染废物高聚集性之间的联系和怎样确立为达到要求的消毒目标而需要的足够的暴露时间。化学处理方法主要是用来整合内部的碎片并混合达到解决上述两个问题的目的。pH、温度、其他化学物质的干扰等其他会影响消毒过程的因素也必须被考虑进去。

考虑到化学物质的本质,工人在工作中通过空气和皮肤暴露于聚集物的情况应该被关注。因为许多化学处理技术会将相当数量的流体和废水排入下水道,这样的排放必须通过相应的排放限制的约束。另外,确定那些排放所带来的长期的环境影响也是相当重要的。

过去,由于氯和次氯酸盐对许多种类的微生物有导致失活的效果,最常用的化学处理医院废物的方法是氯处理方法。次氯酸钠溶液(漂白)是常用的处理药剂。最近,不含氯的化学消毒方法也开始应用,比如过氧乙酸、臭氧、氧化钙等,他们中有些在医院设施消毒中已经被广泛的应用。本节介绍的技术将被分为含氯化学处理技术和不含氯化学处理技术。

#### (二) 化学处理技术的适用范围

通常用化学处理方法进行处理的废物有以下几类:培养液和储藏物、针头、人和其他动物液体包括血液和其他体液、隔离病房和外科病房的废物、实验室废物(包括化学垃圾)、护理中产生的软性废物(窗帘、绷带、床单等)。伦理、法律、文化和其他因素会阻碍化学方法处理人体解剖废物。

挥发性和半挥发性的有机化合物、化学医疗废物、汞以及其他危险化学废物和放射性废物不应使用化学处理方法。

因为化学处理过程通常需要粉碎,因此必须考虑到通过气溶胶形态发散得病源菌。化学处理技术通常以一个封闭系统的模式运行或者在负气压下通过过滤器进行排气。这些防护措施不能被忽视。其他的一些化学消毒工作中的暴露有下面几种情况:漏气、储存容器的事故性泄漏、治疗场所的泄漏、废物和流体物质的挥发等。化学消毒剂有时以压缩状态储藏,此时就更增加了危险性。美国国家职业安全和卫生研究所(NIOSH)的研究表明在从事机械或化学处理的工人的工作区域没有发现挥发性有机物(VOCs)超过职业安全和卫生部门颁布的指标,其中最高的VOC 水平是乙醇,为 4732 mg/m³。

各种微生物对于化学处理方法的抵抗性有很大的不同。抵抗力最弱的有植物性细菌、植物性真菌、菌孢子、治病病原体;抵抗力较强的有潜伏性病原体、霉菌和细菌孢子如 $B.\ steatothermophilus$。生物失活效率的测试显示 $B.\ steatothermophilus$ 的孢子在化学凝聚和通常的处理条件中有较高杀死率。

### (三) 含氯处理系统

次氯酸钠($NaClO$),是一种常用的医疗设备消毒剂,是由氢氧化钠、氯气和水反应生成的。家用漂白剂是含 $3\% \sim 6\%$ 次氯酸钠的聚合物。它能使细菌、真菌和病毒失活,并能控制气味,被广泛的应用于应用水、游泳池和下水道处理的消毒剂。在标准状态下,次氯酸钠解离成稳定的盐的形式,然而在过去的几年中,在诸如纸浆和造纸行业中发现的由于大量使用氯和次氯酸盐而产生的毒性副产物引起人们的关注。虽然对于医疗废物处理点的下游是否出现上述问题并没有研究过,但可以相信,氯或次氯酸盐和有机物之间的作用能够产生三卤代甲烷、卤代乙酸、氯代芳香族化合物等有毒物质。

二氧化氯($ClO_2$)是应用于造纸、城市水处理、食品工业中次氯酸盐的一种。其中的 $ClO_2$ 是一种不稳定的气体进而分解成有毒的含氯气体和热量;当成为分散的溶液态时,是稳定的。就像氯气和次氯酸盐,$ClO_2$ 是一种强杀生剂。特别要注意的事,从环境学的角度看,$ClO_2$ 能分解提供氯离子合成盐,这是它的一个优点。因为许多有机化合物如氨、乙醇、芳香烃不和 $ClO_2$ 直接反应,有数据表明三卤代甲烷、卤代乙酸、二噁英、氯代芳香族化合物等物质明显下降。使用 $ClO_2$,安全问题必须考虑。

上述两种化学品必须有严格的管理。次氯酸钠会刺激呼吸道、皮肤和眼睛,有呼吸或心脏疾病的人对次氯酸盐特别敏感。美国国家职业安全与健康协会(OSHA)对于次氯酸盐的限制标准是 $0.5 \times 10^{-6}\ kg/m^3$,当然,当地的通风情况有很大的影响。一旦室外空气状况超标,一个带酸性气体容器的面罩式呼吸器或正气压空气供给的呼吸器是必备的。$ClO_2$ 是一种易溶于水的有毒气体,它的最大上限是 $0.1 \times 10^{-6}\ kg/m^3$。

下面将要讨论的技术包含了将次氯酸盐或 $ClO_2$ 作为消毒剂的技术。

TEC公司从1985年开始生产粉碎式医疗消毒系统,以前的设备如 MST300 被另一种更先进的设备 LFB12—5 所替代。此项技术利用次氯酸钠(漂白剂)以破坏病原体。医疗废物被放置在负压传送带上,然后溶解到次氯酸溶液中。接着在一个高速的三室冲撞器中进行粉碎,随即进入一个密闭罐,其中搅拌设备在固定压强下使粉碎后的废物充分润湿,较高的压强能使次氯酸钠更深的进入废物而明显获得更好的消毒效率。然后废物通过一个积压装置以去除过多的液体和减少处理的废物质量(重量),一般认为这是一种处于反应地点的废物容器如垃圾收集器和压缩器。整个过程大约在 5 min 内完成。在设计的操作周期最后,废液要进行中和、过滤,排放。其主要的设备有:物料传输设备、高速冲撞器、次氯酸钠散布系统、密闭处理塘、粉碎装置、HEPA 过滤器和控制系统。处理负荷可达每小时 1350 kg(3000 磅)。

美国医疗废物技术联合体发明了一种使用次氯酸钠作为化学消毒剂的可移动的医疗废物处理方法。废物由化学试剂进行粉碎和处理。可移动单元可以直接开到医院对传染性的废物进行现场处理,然后成为普通垃圾而可以倒进医院的垃圾箱。公司正在各个州寻求许可并提供医疗卫生设备的服务。

### (四) 不含氯处理技术

不含氯的处理过程可以采用多种不同的药剂,可以是使用气体臭氧或液体碱液抑或固态干燥化学品如氧化钙等等的系统。一些化学物质如臭氧并不改变废物的物理性质,但另一些则引起某种化学反应而导致废物的理化性质有所变化。不含氯的处理技术的优势在于处理过程中并不产生二噁英或其他的有毒含氯副产品。

氧化钙俗称石灰,是一种白色或灰色的没有气味的粉末,可以通过灼烧石灰石得到。石灰用途广泛,包括制药、硬水软化、制水泥、制玻璃、糖的提纯和土壤改良等。石灰与水反应可以生成氢氧化钙———一种对眼睛和上呼吸道都有刺激性的物质。

臭氧是氧化过程的产物,有三个氧原子组成而不同于两个氧原子组成的氧气分子,是地球臭氧层的主要成分,由于化学性质活泼,很容易分解成为常态的氧气分子。臭氧可以用来进行饮用水处理、工业和城市水处理、气味控制、空气净化、农业和食品工业。臭氧可以导致对眼睛、鼻子、呼吸道的刺激。

碱,例如氢氧化钠和氢氧化钾,是强腐蚀性的,被用于化学合成、pH值控制、制皂工业、清洗业、纺织工业和许多其他领域。颗粒状的碱和水能剧烈反应产生大量的热,和许多化学物质包括金属在内反应起火。浓碱液具有强腐蚀性能够导致永久性的灼伤、失明甚至死亡。碱的气溶胶能导致肺部疾病。

过氧乙酸被用来对医院的医疗器械进行消毒,可能存在于医院的实验室、配给中心、病房等,对皮肤、眼睛、口腔黏膜和鼻黏膜有强烈刺激,如果长时间接触能导致肝脏、肾脏以及心脏的疾病,必须禁止皮肤的直接接触和暴露于其蒸气中,过氧乙酸最终将转化成乙酸溶液(醋酸)。

应用的不含氯处理技术的类型取决于特定的技术和消毒程序。例如,碱的水解适合处理组织废物、动物尸体、解剖残余、血液和体液的处理,也可以破坏醛类、定色剂和生物霉素等。过氧乙酸处理技术和机械粉碎装置一起使用可以处理针头、玻璃制品、实验室废物、血液和体液、生物培养液和其他的污染性物质。

### 七、微波处理技术

微波消毒本质上也是一种蒸汽处理技术。因为消毒是在微波产生的湿热和蒸汽中进行的。微波是波长较短的电磁辐射,它们在电磁波谱中的排列是,在电视用的超高频谱之上,在红外线之下。磁控管将高压电转变成为微波能,然后微波束通过一个叫做波导的金属管引入特殊的区域内(就像微波炉的烹调区或者消毒仪器的处理单元)。

这些都使得微波技术成为一种高效的快速烹调装置,同时也成为一种有用的消毒系统。微波能量循环频率大概是每秒24.5亿次,这导致了水和废物中的分子(或食物中)迅速的振动,因为它们(像极其微小的磁针)要调整自己迅速地转移到电磁的方向。这些剧烈的振动产生摩擦,并生成热量,将水变成了蒸汽。热量使微生物细胞中的蛋白质变性,导致病原体失活。研究表明,在没有水存在的情况下,微波作用在干的微生物上的致死效果大大降低。研究同时也指出,微生物的死亡并不是因为微波而是热能。这样微波处理系统一般都会加入水或者蒸汽作为处理方法的一部分。

微波装置通常用来处理尖锐的废物如针头或者是含有金属的废物,认为微波消毒系统不能处理金属制品的看法是错误的。那些太大的以致不能通过粉碎机的金属,像钢板等不能在装置中处理仅仅是因为它们会损坏粉碎机。

一般情况下,微波消毒系统有一个消毒区域或是空腔,在那儿微波发生器(磁控管)产生微波能。具有代表性的是有2～6根输出量为1.2 kW的磁控管。有些系统是按批次生产来设计的而其他是连续生产的。一般来说,微波系统包括自动控制系统、漏斗、粉碎机、转动传送带、蒸汽发生器、微波发生器、卸载装置、二次粉碎机和控制器,这套仪器还包括水利系统、高效微粒空气过滤器和微处理控制器,它由抗腐蚀的钢围栏保护着。

基于微波系统的微波仪的操作如下所示:

　　(1) 废物装载:红袋子被装载到连接进料口的运货车上,接着高温蒸汽被注入进料漏斗,当空气通过高效微粒空气过滤器排出时,进料漏斗口被打开,装着医疗废弃物的容器便被吊起放入进料漏斗。

　　(2) 内部粉碎:当进料口关闭之后,废物先被进料口中的旋转式喷灌器的叶轮切成碎块,然后再被粉碎机绞成更小的碎片。

　　(3) 微波处理:粉碎后的微粒通过转动传送带搬运,在高温蒸汽中由 4~6 个微波发生器加热到 95~100℃。

　　(4) 停留时间:停留单元保证废物的处理时间在 30 min 这个最低时间以上。

　　(5) 可选择的二次粉碎机:处理过的废物可能再经过第二次粉碎成为更小的碎片。这常常用在微波处理尖锐废物的仪器中。二次粉碎机可以预先操作 20 min。它放置在二次传送带的末端。

　　(6) 排出:处理后的废物被二次传送带输送出来,带到停留单元内并直接排到贮藏箱中或是滚动容器中,贮藏箱可以经过压实机压实或直接送区卫生填埋场。

　　通常情况下可在微波系统中处理的废物和高压锅或蒸馏釜处理的是一样的包括:细菌培养物、利器、带有血渍和体液的材料、手术切除物和外科手术废物、化验室废物(包括化学废物)以及病人产生的软废物(纱布、绷带、窗帘、手术衣、床单等)。通过足够的时间和温度以及机械系统可以使被处置废物达到不可辨认的目的,对于人体的组织残骸在技术上也是可行的,但是伦理的、法律的、文化的以及其他信仰有可能排斥这种处理方法。

　　挥发性和半挥发性的有机物,体积较大的化学疗法的废物、汞、其他危险的化学废物和放射性废物都不能放进微波炉中处理。

## 八、生物处理技术

　　在医疗废物的处理中也有少量生物处理方法,但大多数生物处理方法仍然处于研究和试验的阶段。生物处理方法主要是利用生物酶杀死致病菌等微生物,从而达到处理效果。

　　生物转化技术有限公司(BCTI)开发了一项使用生物处理技术的医疗废物处理技术,此项技术用生物酶的混合物来处理医疗废物,处理后的泥状产物被送入一个压榨机进行脱水,并处理排入下水道。这项技术能用来处理大量的废物,可以每天处理 10 t 的废物,而且可以应用到农业上处理动物排泄物等废物。这项快速的生物处理技术是弗吉尼亚理工学院、弗吉尼亚大学和弗吉尼亚医学院花了 6 年的时间开发完成的。这个系统包括一个传送的漏斗、一个带过滤器的碾磨器、一个进行废物和生物酶溶液接触的反应塘、一个将处理后的泥浆分成固态流和液态流排出的分离器。液态流被排放入下水道,而固体部分被填埋(生物废物可以作为废料被回收利用)。该系统需要对温度、pH 值、生物酶的水平以及其他条件进行调节。处理单元可以被设计成当地的医疗废物处理中心。BCTI 目前正在从事工程学和经济学方面的研究以完善该技术。

## 九、其他处理技术

### (一) 电子束处理技术

　　当电磁波有足够的强度使电子在电子轨道上发生跃迁,这样的电磁波就被称为电磁辐射,X射线和 γ 射线是典型的电磁辐射(微波和可见光不属于电磁辐射,因为他们没有足以使电子跃迁的能量)。如果电子辐射作用于一个细胞,它的主要目标将是细胞核中的 DNA 分子。当辐射达到相当的强度时,能够造成对 DNA 的巨大破坏而致使细胞死亡。电磁辐射同时也造成能与细胞中的大分子(如蛋白质分子、酶分子)进行作用而导致更大破坏的所谓自由粒子。放射性的金属能释放出电磁辐射,比如 Co 60 能放射出高速的 γ 射线。UV—C 也就是处于 C 波段的紫外线(253.7 nm),有时也称为杀菌紫外线或短波长紫外线,是另一种能在特定情况下对细胞造成伤害的电磁辐射。UV—C 可以由特殊的光源得到,并被用来作为使粉碎机或其他机械设备产生的气溶胶形态的病原体失活的处理技术的后续处理方法。

还有一种获得电磁辐射的方法是利用一支"电子枪"高速发射一束高能电子击中目标。当能量被阴极的广谱电子吸收后,就产生了电流。我们可以用电磁场将电子束聚集轰击特定目标,这个目标被称为阳极。以电子伏特(eV)计的电子能量取决于阴极和阳极的电势差以及电流。如果让电子束经过污染性废物,电子束将通过化学物质分解、破坏细胞膜、破坏 DNA 和其他大分子来破坏微生物。当电子束击中废物中的金属,将释放出 X 射线。这些 X 射线能和分子发生作用而使化学缔合物分解。电子束能将空气中的部分氧气分子转化成臭氧分子,而臭氧本身又是一种消毒剂。高能电子和 X 射线、自由粒子、臭氧共同作用能杀灭废物中的病毒、细菌、真菌、寄生虫、孢子和其他的微生物,而且还起到除臭的作用。废物吸收的放射性照射的量被称为吸收剂量,用单位戈瑞(Gy)表示,过去我们通常使用的单位是拉德(rads),1 Gy = 100 rads。为确定适当的辐射剂量,设备生产者要在处理系统的不同阶段测试辐射剂量并矫正他们以达到使微生物失活所要求的剂量。

作为核工业和国防工业的产物,电子束技术已经被应用了多年,当然也有其他的应用,比如聚合处理过程、饰品制造业、医疗产品的消毒等。和 Co 60 不同的是,电子束技术并不使用放射源,而且在使用结束关闭电子束系统后不会产生残留的放射污染。目前关于电子束的激发是争论的焦点。据电子束生产者所说,只有相当高的能量,比如 10 兆电子伏特(MeV)的能量,才能激发出电子束。而另一些人则认为较低能量也可以激发出较低水平的电子束。争论由于人们对于电子束技术造成的食品放射性的反对而日益加剧。

电子束技术是高度自动化的而且可以由电脑控制运行。通常,电子束系统由以下部件组成:一个能源装置,一个可以产生电子、对其进行加速、将其对准目标的电子加速器,一个监控所需辐射剂量的系统,一个能够冷却加速器和其他设备的冷却系统,一个为加速器提供真空环境的抽真空系统,一个保护工人的防护罩,一个废物的运送装置,传感系统和控制系统。防护罩系统可以是一个混凝土的拱顶,一个地下的空穴,一个在处理工作区域的完整的防护罩。除非提升温度,电子束并不改变废物的物理性质,所以电子束处理技术要求有能够将废物处理为不可辨认的和减小废物体积的诸如粉碎机或其他机械设备的后续处理工序。

由电子束处理系统和后续的机械破碎系统组成的处理技术通常用来处理以下几种类型的废物:培养液和储藏物、针头、有血液和组织液的感染性物质、隔离病房和外科病房的废物、实验室废物(包括化学废物)、护理中产生的软性废物(窗帘、绷带、床单等)。伦理、法律、文化和其他因素会阻碍化学方法处理人体解剖废物。

挥发性和半挥发性的有机化合物、化学医疗废物、汞以及其他危险化学废物和放射性废物不应使用电子束处理方法。

### (二) 小型的利器处理单元

针头和注射器的职业危害是任何医疗单位都不能避免的问题。具估计美国大约有 600000～800000 的护士、医生或者其他的从事医护工作的人有过利器造成的皮肤损伤,虽然不是所有的上述损伤都会造成感染,但通过被污染的针头进行的血液疾病的传播的可能性还是相当大的,其中有三大病毒——丙肝病毒、乙肝病毒和艾滋病病毒——是我们必须重视的。大多数上述的伤害可以通过使用某些安全措施加以防护,比如应用无利器系统,使用可弯曲或钝的利器,或者其他有安全设施的所谓安全体系。美国制定的针头损伤安全与预防法案的条款明确了雇主有使用配备防护性构造的利器来保护工人安全的责任,并鼓励医疗利器的生产商们增加市场上有安全设施的医疗利器的份额。另一个减少利器损伤的措施是在使用点的附近建立利器废物处理系统。

处理设备必须适应不同的利器处理步骤对设备要求的优缺点:一个在废物产生源附近的小型的利器处理系统(如同以下描述的技术),一个现场进行的非焚烧处理后的利器废物收集系统,或者通过一个废物收集系统收集后在转往远离废物产生源的处理设备。以下描述的几种小型处理技术只破坏针头部分,它们含有一个能处理上千种利器的处理器。有些技术将整个注射器通过塑料胶囊胶囊化,然后将它作为塑料废物进行填埋。一些生产商还提供一些可重复利用的装置最小化全部的废物。

是否采用安装小型的现场利器处理设备,取决于多方面的因素。因为一些利器处理系统采用高温处理的方法,我们在应用时必须考虑周围环境中是否有易燃的气体或液体存在。选用设备时必须参考微生物失活效率的数据、向环境散失的情况、采用何种方法处理利器、职业安全、物质安全性数据手册等。如果在处理过程中存在将废物胶囊化封存于塑料胶囊中的工序,那么必须检验处理技术中针头是否会刺破胶囊。

医疗处理设备(Medical Disposal Devices)提供一个小型的处理设备通过高温氧化的方法将利器蒸发。这个设备可以安装在墙上或者安装在工作台面上。一台传感器被用来自动激活该设备。一个处理筒可以承受 2500~3500 个针头,该设备重量约为 3.38 kg(7.5 磅)。

Medical Innovations 提供一个简易处理器,是一个工作台面式的处理器,容量为 1.5 L 利器废物。处理过程包括将废物放在圆形塑料盘上,然后将废物加热到 150℃,加热 3~4 h。废物与其周围的熔融的塑料液体流接触从而达到消毒的目的。在冷却后,形成了一个固态的废物团,可以作为普通废物进行处理。这个系统是为医疗诊室、牙科诊所、门诊室、护理之家、医院大楼等而设计的。

MedPro 提供了一个小型的、便捷式的、经美国环保局批准的称为 Needlyzer 的设备在现场处理利器等废物。16~30 规格的不锈钢材料的利器能通过使用电弧被"集热电氧化处理过程"破坏,并产生颗粒状的氧化物参与。对于 20 规格的针头处理时间不超过 1 s,而且所有的蒸气都会经过一个三层的过滤装置。一个简易装置的尺寸为 4.11 m×1.52 m×1.45 m(13.5 英尺×5 英尺×4.75英尺),该装置有可代替的反应筒,其容量为 3000~5000 针头。它使用一个可替代的电池。

Needle—Eater 是一种小型的处理器,带有一个简易的、气封的反应器对针头、注射器以及解剖手术刀片进行破坏,可以用于门诊室、医院病房、医疗和牙科诊所。装置使用一个高速的切割装置来切碎利器,用消毒溶液消毒残余物。每一个装置可以处理 75~150 个注射器。

Sharpx Needle Destruction Unit 是一个小型的装置,它可以在几分钟内破坏 19~27 规格的皮下注射器。它使用 7.2VDC 高性能可替换镍镉蓄电池进行 60 min 的快速处理。设备的尺寸是2.51 m×1.22 m×1.22 m(8.25 英尺×4 英尺×4 英尺),重量为 0.9 kg(2 磅),是可移动的,也可以被制造成为固定的。该装置不应置于爆炸性的环境中,或与易燃的气体或者液体接触,如手术室和急诊室。

# 第六节 医疗废物的管理

## 一、国内外医疗废物管理现状

### (一) 国外相关法律条款

WHO1983 年由欧洲 19 个国家 34 人的工作组提议并发出通知,强调系统地研究医疗废物处理的重要性。1986 年美国 EPA(环境保护机构)提出有关感染性废物处理的方针。1988 年 11 月"医疗废物追踪条例"(MWTA)开始成为法律。日本 1989 年也提出了关于医疗废弃物处理方针的通知,1991 年制定了医疗废弃物处理及清扫法规(废扫法)。芬兰赫尔辛基市政府 1993 年决定制定 1997~2001 年垃圾政策大纲。此后芬兰政府和环境部又根据欧盟的统一要求,不仅对全国垃圾存放地点和垃圾处理提出了更高的要求,而且对减少垃圾增长和提高垃圾的回收利用率提出了新的指标,同时对废纸的回收、生物垃圾的分类、建筑垃圾的再利用、剩余垃圾转变为热能等提出了具体的标准。1999 年 3 月 14 日,赫尔辛基市政府还宣布首都正以生物垃圾分类和处理达标的成果迎接春天的到来。

### (二) 国内管理现状

1995 年建设部曾发布了中华人民共和国城镇建设行业标准《医疗垃圾焚烧环境卫生标准》。

1996 年国家技术监督局与卫生部发布的国家标准《医院消毒卫生标准》中规定,污染物品无论是回收再使用的物品,或是废弃的物品,必须进行无害化处理,不得检出致病性微生物。

1998 年国家环境保护局、国家经济贸易委员会、对外贸易经济合作部、国家公安部颁布实施的《国家危险废物名录》中第一号废物即为医疗废物。

2000 年卫生部修订后的《医院感染管理规范(试行)》第七章中对医院废物的处理做了规定,其中要求医疗废物分类收集处理;锐利器具用后放入防渗漏、耐刺破的容器内,并做无害化处理;感染性废物置黄塑料袋内密闭运送,做无害化处理等。

2001 年末国家环保总局出台了《危险废物焚烧污染控制标准》《危险废物贮存污染控制标准》《危险废物填埋污染控制标准》,对危险废物焚烧厂的选址、焚烧炉的技术指标、危险废物贮存等环节均有了具体规定。

2002 年 7 月 1 日起实行的《消毒管理办法》中第六条规定,医疗卫生机构使用的一次性医疗用品,用后应当及时进行无害化处理。

2003 年 6 月 16 日温总理签发的《医疗废物管理条例》是我国第一部关于医疗废物管理的法规文件,它的出台标志着我国的医疗废物的管理从产出、暂存、运送、集中处置的全过程进入了规范化、法制化管理的轨道。

### (三) 国内医疗废物管理中的主要问题

#### 1. 缺少科学的管理办法

人们习惯认为,医院中的所有垃圾均是具有传染性的,这势必夸大了焚烧废物的范围。仅就北京而言,有 6000 多所医院,63144 张床位,按每人每天产生 1 kg 垃圾估算,每天需要焚烧的垃圾就可达 6 万多公斤。目前北京的医疗废物的处理能力尚难达到,这势必造成医疗废物的堆积与不合理流向,污染环境不可避免。

#### 2. 重焚烧轻利用

以往医疗废弃物的处理主要以焚烧为主,焚烧所产生的废气不但污染环境,也是能源和资源的极大浪费。

#### 3. 过度强调医院内的处理

依据现行的医疗行政管理办法,一方面要求医疗废物在终末处理前必须在医院内进行无害化处理,这势必造成临床工作量增加,污染环节增加;另一方面强调医院自建焚烧炉来解决医疗废物的终末处理,焚烧炉的投资与运行维护的费用较高,许多中小医院无力承担。

#### 4. 缺乏科学的、有效的处置技术

由于医疗废物与其他废物有本质的不同,它既能污染环境又是疾病的感染来源。但是,我国

目前垃圾处理技术与经济发展不适应,如处理许多透析管线,多是采取碾压或剪切的方法,费时费力,且许多一次性医疗用品是聚丙烯、聚乙烯等化学合成制品,充分燃烧有困难。如果不及时开发有效的处理技术势必造成新的污染。

## 二、医疗废物处理的立法与规则

### (一) 国际协议与原则

在处理公共卫生或危害性医疗废物等安全管理方面已经达成了国际协议。在制定国内医疗废物管理的立法或规章时,应当考虑以下原则:

(1) 由 100 多个国家签署的巴塞尔协定关注危害性废物的跨国界运输,该协定也适用于医疗废物。已签署此协定的国家都应该接受以下原则,即只有符合"由缺乏能安全处理某种废物设备的国家向拥有该处理设备的国家出口"的条件,危害性废物的跨国运输才合法。出口废物必须要标识。

(2) 污染者承担原则。这意味着所有废物制造者必须对其产生废物的安全及环保处理承担法律及经济责任。这条原则也适应对造成损失的当事人追究其责任。

(3) 预防原则。在卫生及安全保护方面非常关键。当某项风险的程度不确定时,此项风险应被假定为是重大的,必须制定相应的维护健康及安全的措施。

(4) 谨慎责任原则。在任何处理或管理危害性物质或其相关设备的人员必须对其从事的工作谨慎负责。

(5) 就近原则。建议在距危害性废物来源地最近的地点对其处理。以保证所涉及的运输风险最小化。根据与其相似的原则,所有社区都应对其辖区内产生的废物进行处理或循环再利用。

### (二) 立法规则

国内立法是改善一个国家医疗废物处理的基础条例。它明确了法定控制程度,以及对医疗废物处理承担责任的政府部门(一般是卫生部),以保证对法律执行的严肃性。与此相关的机构还有环境保护部门,在颁布法律前,应对此类机构承担的义务加以明确设计。为了法律能合理执行,应对配套相关的政策文件,并通过技术指导加以促进。针对不同的废物目录及废物的隔离、收集、存储、处理和运输等问题,上述立法除应详细说明处置规则外,还应考虑一个国家可利用的资源及设施和处理废物方面的文化因素。

关于医疗废物管理的国内立法可单独制定也可作为综合性立法的一部分,但是主要内容应该一致,如:(1)危害性医疗废物的明确定义及多样化的分类目录;(2)明确指出医疗废物制造方对废物施以安全处理的法律义务;(3)建立医疗废物记录保存及报告制度;(4)规范监督系统以确保法律的执行,对违反者予以强制性惩罚;(5)建立相应法庭,负责处理法律执行过程中或违法事件所引起的纠纷。

此外,医院在运转时以及医疗废物的处理时,必须依照其余相关的国内立法,适用以下法规与条例:(1)普通废物;(2)对公众健康及环境的影响;(3)空气质量;(4)对传染性疾病的预防及控制;(5)对放射性物质的管理等。

### (三) 政策及技术指导

政策文件应概述立法的基本原理、国家目标以及实现这些目标的关键步骤,可包括以下方面:(1)描述由于对医疗废物的无序管理所导致的健康及安全风险;(2)医疗机构对医疗废物实施合理的及安全的管理操作的原因;(3)列出已批准的对每种废物目录的处理方法;(4)对不安全操作予以警告,如在市政垃圾站处置危害性废物;(5)医疗卫生机构内部和外部的管理职责;(6)医疗废物处理成本的评估。医疗废物管理的关键步骤:废物量最低化、分离、鉴别、处理以及最终对废物安排。

完成各项步骤的技术规范都必须在单独的技术指导中予以描述:(1)记录保存及文件化;(2)培训要求;(3)工作人员健康及安全的条例。

与法律相关的技术性指导应具有可操作性,而且可直接运用。它应包括以下细节以确保操作的安全:(1)合法的医疗废物管理框架,包括医院卫生、职业保健以及安全性等;(2)负责公共卫生的政府部门责任、国内环境保护机构的责任、医疗机构负责人的职责、利用者个人责任;医疗废物制造者的责任、所涉任何一家私人或公共废物处理机构的责任;(3)使得废物数量最低化的安全操作;(4)每种医疗废物及废水的建议处理方法。为了操作的灵活性,包含在法律中的医疗废物目录定义必须在技术性指导里加以重复。

### 三、医疗废物管理条例

以往,我国缺乏适合国情的医疗废物管理的专门法规,有关医疗废物管理的规定见于不同的法律法规中,这些规定未能涵盖医疗废物管理的全部内容,对医疗废物的界定和分类不明确,未能规范医疗废物从产生到无害化处理的全过程管理,导致医疗废物混入生活垃圾、流向社会的现象十分普遍。此外,医疗废物的处置方法也存在缺陷。《医疗废物管理条例》正式颁布实施,标志着我国医疗废物的处理进入了法治管理的轨道。

目前,我国医疗废物处置的现状令人担忧。据统计,2002年我国的医疗废物产生量约65万t。医疗废物具有感染性、毒性以及其他危险性,属于危险废物,其污染防治关系到环境安全和人民身体健康的大问题,若处理不当,将会对人体健康和生态环境造成极大损害。但长期以来,我国一些医疗机构将医疗废物混入生活垃圾,将废弃的一次性注射器等医疗器具提供给商贩再利用。尽管有关部门多次采取整治行动,但由于缺少一部效力较高的专门性法规,相关部门在打击上述行为时法律依据不足,处罚力度不够。《医疗废物管理条例》的公布实施,将使相关部门能依法加强对医疗废物的监督管理。《医疗废物管理条例》同时也赋予了环保部门很多新的监督职能,为加强医疗废物环境管理提供了难得的机遇。

《医疗废物管理条例》的颁布对传染病的预防有着极为重要的作用,体现了环境保护的精神,为环境保护工作者加强对医疗废物的管理提供了法律依据。

#### (一) 集中处置原则

处置,指将固体废物焚烧和用其他改变固体废物的物理、化学、生物特性的方法,达到减少已产生的固体废物数量、缩小固体废物体积、减少或者消除其危险成分的活动,或者将固体废物最终置于符合环境保护规定要求的场所或者设施并不再回取的活动。医疗废物具有来源广、种类多、成分复杂、处理专业性强等特点,对它的管理、处置都有很高的技术要求。废弃后如果处置不当,将对环境造成更大的危害,并将成为新的环境污染源。

医疗废物集中处置就是指国务院有关部门和地方各级人民政府必须有计划地建设医疗废物集中处置设施,对医疗废物进行集中处置,并按国家有关规定向医疗卫生机构收取医疗废物处置费用的法律规定。将医疗废物进行集中处置,既可以有效地减少医疗废物对环境造成污染,降低环境风险,同时也节约了医疗机构的经济负担,使医疗废物污染从"面源"转化为"点源",加以有效的防治,有利于实施监督管理。《医疗卫生机构医疗废物管理办法》第23条对这一原则也有明确规定:"医疗卫生机构应当将医疗废物交由取得县级以上人民政府环境保护行政主管部门许可的医疗废物集中处置单位处置,依照危险废物转移联单制度填写和保存联单"。此外,《水污染防治法》第19条、《固体废物污染环境防治法》第3条、第5条、第39条、第47条对集中处置原则都有相关的规定。《医疗废物管理条例》在此基础上,特设第四章"医疗废物的集中处置",对医疗废物的集中处置提出了全面、明确的要求,突出了重点,确立了对医疗废物实行特别管理的原则。

### (二) 预防为主的原则

预防为主的原则是指采取各种预防措施,防止医疗废物对环境造成污染,保护人体健康。《医疗废物管理条例》第7条规定:"医疗卫生机构和医疗废物集中处置单位,应当建立、健全医疗废物管理责任制,其法定代表人为第一责任人,切实履行职责,防止因医疗废物导致传染病传播和环境污染事故"。实行预防为主的原则,可以从源头切断病毒的传播途径,以较小的投入获得较大的收益,起到事半功倍的效果,可以使传染病的防治从消极的应对转为积极的预防。

### (三) 依靠群众保护环境的原则

依靠群众保护环境的原则,是指各级人民政府应当发动和组织广大群众参与环境管理,并对污染、破坏环境的行为依法进行检举和控告。这项原则是党的群众路线在环境保护领域中的反映,是搞好环境保护工作的重要保证,对医疗废物的管理尤其应该如此,因为它不仅对环境造成污染,更是对千家万户的身体健康造成巨大的威胁。所以,只有依靠群众、发动群众和组织群众,充分发挥各行各业和每个公民的自觉性和积极性,才能搞好医疗废物管理工作。《医疗废物管理条例》第6条关于"任何单位和个人有权对医疗卫生机构、医疗废物集中处置单位和监督管理部门及其工作人员的违法行为进行举报、投诉、检举和控告"的规定,就是这一原则的具体体现。医疗废物管理是一项公益性事业,依靠群众进行医疗废物管理,有利于调动各行各业和广大群众的积极性和自觉性,吸收群众参加环境管理,这是搞好环境保护的一条重要途径。

### (四) 污染者付费原则

污染者付费,亦称污染者负担,是指污染环境造成的损失及治理污染的费用应当由排污者承担,而不应该转嫁给国家和社会。《医疗废物管理条例》第31条规定:"医疗废物集中处置单位处置医疗废物,按照国家有关规定向医疗卫生机构收取医疗废物处置费用"。这一规定就集中体现了污染者付费原则。实行污染者付费的原则,可以促使医疗卫生机构加强环境管理,防止医疗废物对环境造成的污染和生态破坏,同时还可为集中处置医疗废物积累资金。

### (五) 环境污染事故的报告及处理制度

环境污染事故的报告及处理制度,是指因发生事故或者其他突发性事件,造成或者可能造成环境污染事故单位,必须立即采取措施处理,及时通报可能受到污染与破坏的单位和居民,并向当地环境保护行政主管部门和有关部门报告,接受调查处理的规定的总称。《医疗废物管理条例》第13条规定:"发生医疗废物流失、泄漏、扩散时,医疗卫生机构和医疗废物集中处置单位应当采取减少危害的紧急处理措施,对致病人员提供医疗救护和现场救援;同时向所在地的县级人民政府卫生行政主管部门,环境保护行政主管部门报告,并向可能受到危害的单位和居民通报"。实行这一制度,可以使环境保护监督管理部门和人民政府及时掌握污染与破坏事故情况,便于采取有效措施,避免或减少对人体健康、生命安全的危害和经济损失。

### (六)《医疗废物管理条例》的不足

#### 1. 缺乏对病人入院前产生的废物进行处置的明确规定

《医疗废物管理条例》所称的医疗废物是指医疗卫生机构在医疗、预防保健以及其他危害性的废物。事实上,在SARS的传播过程中,病人在生病后住进医院前这一时期,在家中所接触过的物品也在病毒的传播中扮演着极为重要的角色,也会对环境造成污染。然而,在《医疗废物管理条例》中缺乏对这种污染物进行处置的明确规定。

### 2．缺乏鼓励性条款

法律的作用不仅在于制裁违法犯罪行为，预防违法犯罪行为的发生，更重要的是法律在制裁的同时也具有某种鼓励作用，即通过法律的实施而对一般人今后的行为所发生的积极影响。美国法学家博登海默阐述了法律的巨大作用：人往往有创造性和惰性两种倾向，法律是刺激人们奋发向上的一个有力手段。法律的最终目的不是制裁，而是刺激人们奋发向上。因此，在制定法律时，除了应设置一些条款惩罚违法者外，还应有相应的条款充分调动群众的积极性，鼓励他们积极地参与法律活动。我国现行的《环境保护法》第5条、《大气污染防治法》第9条、《固体废物污染环境防治法》第5条、第7条、第8条、《环境噪声污染防治法》第9条等都明确规定了相应的鼓励条款，由各级人民政府对成绩显著的单位和个人给予奖励。《清洁生产促进法》除了在第4条、第6条设置了鼓励性条款以外，还专设了第4章共5条鼓励措施。但是，《医疗废物管理条例》仅在第4条第1款中的后半句规定："鼓励有关单位医疗废物安全处置技术的研究与开发"。没有将医疗废物管理的最大参与者——群众包括在内，这不能不说是立法中的一大缺陷。

### 3．医疗废物管理责任未落到实处

《医疗废物管理条例》第7条规定："医疗卫生机构和医疗废物集中处置单位，应当建立、健全医疗废物管理责任制，其法定代表人为第一责任人"。但纵观整部条例，仅在第45条规定："医疗卫生机构、医疗废物集中处置单位违反本条例规定，有下列情形之一的，由县级以上地方人民政府卫生行政主管部门或者环境保护行政主管部门按照各自的职责责令限期改正，给予警告；逾期不改正的，处2000元以上5000元以下的罚款：未建立、健全医疗废物管理制度的"。《医疗废物管理条例》中规定法定代表人为第一责任人，但却对第一责任人不落实《医疗废物管理条例》精神时缺乏法律责任的规定，而法定代表人往往是一项政策能否得到贯彻的关键所在。若法定代表人不重视，就容易导致管理不落实，从而难以实现立法的初衷。

### 4．法律责任过轻

《医疗废物管理条例》第47条规定："医疗卫生机构、医疗废物集中处置单位有下列情形之一的，由县级以上地方人民政府卫生行政主管部门或者环境保护行政主管部门按照各自的职责责令限期改正，给予警告，并处5000元以上1万元以下的罚款；逾期不改正的，处1万元以上3万元以下的罚款；造成传染病传播或者环境污染事故的，由原发证部门暂扣或者吊销执业许可证件；构成犯罪的，依法追究刑事责任"。在该条中，对造成传染病传播或者环境事故的，仅暂扣或者吊销许可证件是不够的，因为造成了传染病传播或者环境污染事故，就必然会给他人造成人身或者财产侵害，必然会涉及到民事责任，而《医疗废物管理条例》对此并未涉及，而且，对这种行为的行政处罚形式单一，仅仅吊销许可证件，这样是不足以对相关单位起到震慑作用的。

## 四、医疗废物的全过程管理及技术要求

### （一）源头分类和包装

国家已颁布了《医疗卫生机构医疗废物管理办法》《医疗废物专用包装物、容器标准和警示标识规定》，其中对医疗废物收集时的类别划分、不同类型废物应该采用的包装容器和相应标识都做出了具体规定。医疗卫生机构应在遵守国家规定的基础上结合自身实情，制定详细、切实可行的分类、包装技术规定。

医疗废物分类收集时必须首先确保在废物产生点，医疗废物和非医疗废物进入有不同颜色和标识的包装容器中，以便于后续实施不同的管理方法。在每一个废物产生地点，根据废物类型相应的配备三个收集箱，一个是专用的利器盒；一个是黄色塑料袋，盛装除损伤性废物以外的医

疗废物;一个是黑色塑料袋,盛装普通生活垃圾。直接与废物接触的黄色塑料袋和黑色塑料袋可套装在一个体积相当的塑料桶内以固定塑料袋外形,该塑料桶应定期进行消毒处理。

医疗废物分类时应注意以下技术要点:(1)对病原体的培养基、菌种保存液等高危感染性废物应首先在产生场所就地高压灭菌或化学消毒处理,然后再按感染性废物进行包装处理。(2)对一次性使用医疗用品应按感染性废物处置;一次性医疗用品的包装物不属于医疗废物,可按一般生活垃圾处置。(3)手术或尸检后能辨认的人体组织、器官及死胎,有条件时应尽可能不混入医疗废物,装入黄色防漏的塑料袋或其他容器内运往火葬场焚烧处理。(4)对于锐利器械,无论是否被污染、是否属于感染性废物,均要收集在专门的利器盒中。(5)包装容器最多只能乘放2/3体积的医疗废物,其中塑料袋采用鹅颈束捆方法。在包装容器的2/3体积处应做一个清晰的横线标识。(6)各科室、病房产生的少量药物性废物可以混入感染性废物。(7)隔离的传染病病人或者疑似传染病病人产生的医疗废物应当使用双层塑料袋。(8)病房或药房储存的批量过期的药品(包括少量的废弃麻醉、精神、放射性、毒性等药品及其相关的废物,此类废物应与其他药品分开收集)应单独收集,由持有环保局发放的《危险废物经营许可证》的处置单位集中焚烧或封存至失效处理。(9)大量的化学性废物应当使用抗化学腐蚀的容器盛装,容器上注明化学物质名称,如果可能应送往专门的机构处理。不同类型的危险化学物质不能混装。(10)如果医疗废物分装出现错误,不能采取将错放的医疗废物从一个容器转移到另一个容器或将一个容器放到另一个容器中去,如果不慎将普通生活垃圾与医疗废物混装,那么混在一起的废物应当按医疗废物处理。

为便于对上述分类方法的理解,医疗机构可采取张贴画报的形式,在各科室医疗废物收集点的明显位置,张贴出分类收集的示意图或文字标示,说明正确和错误的做法。

根据各部门医疗废物产生量的大小,确定各种不同规格的黄色塑料袋和利器盒的尺寸大小以及所需数量,制定一个包装容器需求清单,便于采购。

### (二) 产生地点的暂时贮存

盛装医疗废物的黄色塑料袋或者利器盒一旦达到2/3体积标识线后,在定期收集之前,需要设置一个暂时贮存的地点和容器,将某一部门或者几个部门产生的医疗废物临时贮存起来等待运往集中贮存库。该地点应该尽量避开人群活动区域,且与普通生活垃圾收集箱相隔一定的安全距离。该临时贮存容器可采用黄色外观,并有医疗废物专用的标识符号和文字标识,以及产生部门的名称等。该容器需要定期消毒清洗,可与转运车的消毒同时进行。

医疗废物管理计划中应对医疗废物的暂时贮存进行设计,分地域、分楼层、分区域设置暂时贮存点,对贮存容器的数量、大小规格、标识等内容做出规定,并示以医疗废物临时贮存箱分布图表示。

### (三) 内部转运

医疗废物内部转运是指将放置在各个分散的临时贮存容器内的医疗废物转送到指定的集中贮存设施的过程。医疗废物管理计划中应该确定出转运车的有关要求,对转运车数量、废物转运路线、转运时间频次以及转运过程中发生废物遗漏等意外事故时的紧急应对措施等做出具体规定。

一般而言,门诊中废物产生量较少的部门可一天一次转运,收运时间可定在门诊下班时间,产生数量较多的门诊科室可增加暂时贮存容器的个数或者增加收运频次,实现日产日清。住院部一般实行三班工作制,废物收运时间可在工作交接班时进行。对夜间急诊科室,通过增加暂时贮存容器的个数,待白天正常工作时及时转运产生的医疗废物。

转运时的有关技术要求包括:(1)清洁人员在转运前首先应检查废物包装袋或者利器盒的完

好性,标识是否完整,否则在其外部再加套一个塑料袋。(2)转运车应该采用专用的运输工具(如带轮的手推车),不可盛放其他物品,该工具车应该没有锐利的边角,以免在装卸过程中损坏废物包装容器;易于装卸和清洁。(3)转运人员应采取防护措施(戴口罩、手套和穿工作服等),防止医疗废物直接接触身体。(4)一次不应搬运太多的医疗废物。严禁拖、扔、摔废物包装袋或容器。(5)转运车在每天转运结束后进行清洁,并用含有效氯 500 mg/L 的含氯消毒剂进行消毒处理后备用。

### (四)集中贮存

各医疗机构应建立专门的医疗废物集中贮存的库房(或场所)。该库房必须与生活垃圾存放地点分开,必须与医疗区、食品加工区和人员活动密集区隔开,同时方便医疗废物的装卸、装卸人员及运送车辆的出入。库房应建有防雨淋装置(顶棚非敞开式),应有良好的照明设备和通风条件。库房外明显处应张贴医疗废物专用的警示标志和禁止吸烟、饮食的警示标识,应有严密的封闭措施,除工作人员外,其他人不能任意进出。该库房(或场所)应在废物交接之后消毒冲洗,冲洗液排入医院废水处理系统进行处理。

库房中存放医疗废物的外包装容器为周转箱,该周转箱一般由废物处置单位提供,在废物交接时,废物处置单位将经过消毒处理的周转箱提供给医疗机构,同时将装有废物的周转箱运走。

库房存放面积根据医疗废物产生量、废物容重、周转箱体积确定。一般情况下,周转箱外形尺寸推荐采用 600 mm × 500 mm × 400 mm,容积为 0.12 m³,废物比重可参考采用 200 kg/m³。周转箱不允许采用重叠码放的方式。

医疗废物管理计划应根据上述选址原则,在两个以上的备选位置中选出最适宜的位置,并对废物库的外形尺寸进行计算和确定。医疗废物集中贮存时间最长不得超过 2 天。在南方城市的夏季,容易导致废物腐败发臭,贮存场所应优先选择在通风和阴凉的地方,同时应与废物处置单位加强沟通和联系,尽可能做到日产日清。废物管理者应加强集中贮存的内部管理和监督检查频次,确保所有医疗废物不会流入社会。

### (五)医疗废物交接

医疗废物交接是指各医疗单位将集中贮存的医疗废物移交给持有许可证的废物运送者,并与运送者在规定格式的《危险废物转移联单》(医疗废物专用)上签字确认的过程,签字人对其填写内容负责。贮存设施管理人员应该配合废物运送人员的检查,保存联单副本,时间至少为3年。

### (六)安全防护

医疗废物分类、收集、转送和贮存的每个过程都存在一定的危害性,故对所有接触有害物质的工作人员进行防护是非常必要的。根据接触医疗废物种类及风险性大小的不同,配备必要的防护用品。

清洁工人是接触医疗废物的高危人群,其工作过程中,必须戴手套、口罩、穿防护服等防护用具,同时还应定期进行包括乙型肝炎、破伤风在内的免疫预防。医疗废物集中贮存库房(场所)的工作人员应配备工业用围裙和工业用鞋。

一般医务人员应戴手套、口罩,穿工作服。

### (七)应急处理措施

应急情况包括医疗废物处置过程中,对人员发生刺伤、擦伤等伤害以及在内部转运、集中贮存过程中因包装物损坏造成泄漏等情况。医疗废物管理计划中应对上述应急情况发生时相应的处理程序和措施进行规定。发生刺伤、擦伤时,受伤者待伤情处理后自行或者委托其他人上报专职人员,进行详细记录,并根据伤口危害程度确定是否实施跟踪监测以及时间。

发生医疗废物泄漏、扩散时,应立即报告本单位的医疗废物管理者,并按下述要求采取应急处理措施:(1)感染管理科(后勤部门)接到通知后应立即赶到现场,确定泄漏废物的性质,如泄漏的医疗废物中含有特殊危险物质,应撤离所有与清理工作无关的人员,并组织有关人员尽快进行紧急处置;(2)清理时,操作人员应尽量减少身体暴露,尽可能减少对病人、医务人员、其他人员及环境的影响;(3)对污染地区采取适当的处置措施,如中和或消毒泄漏物及受污染的物品,必要时封锁污染地区,以防扩大污染;(4)对接触医疗废物的人员进行必要的处置,如进行眼、皮肤的清洗与消毒,并提供充足的防护设备;(5)消毒污染地区,消毒工作从污染最轻地区往污染最严重地区进行,对所有使用过的工具也应进行消毒;(6)事故处理结束时,废物处置工作人员应脱去防护衣、手套、帽子、口罩等,洗手,必要时进行消毒;(7)处理结束后,有关部门应对事件的起因进行调查,找出原因,采取有效的防范措施预防类似事件的发生;同时写出调查报告,报医院感染管理委员会,并向有关部门及人员反馈。

# 第十章 建筑垃圾的处理与应用

## 第一节 概　述

建筑垃圾大多为固体废弃物,主要来自于建筑活动中的三个环节:建筑物的施工(生产)、建筑物的使用和维修(使用)以及建筑物的拆除(报废)。建筑施工过程中产生的建筑垃圾主要有开挖的土石方、碎砖、混凝土、砂浆、桩头、包装材料等,使用过程中产生的建筑垃圾主要有装修类材料、塑料、沥青、橡胶等,建筑拆卸废料如废混凝土、废砖、废瓦、废钢筋、木材、碎玻璃、塑料制品等。

据最新统计结果显示,我国每年的建筑施工面积已超过 6.5 亿 $m^2$,但随之而来的建筑垃圾也与日俱增。目前,我国每年建筑垃圾的数量已占城市年垃圾总量较大的比例,成为废物管理中的难题。就目前而言,绝大部分的建筑垃圾均未经过任何处理被运到郊外或乡村,采用露天堆放或填埋的方式进行处理。这种处理方式不但占用了大量的耕地和建筑资金,而且在清运和堆放过程中产生的遗撒和粉尘、灰尘飞扬等问题,又加重了环境污染,给社会环境造成愈来愈难以承受的压力。而且简单遗弃建筑垃圾也不符合资源的可持续发展战略,是对自然资源的极大浪费。可见,传统的处理方法(如露天堆放、填埋、焚烧等)已不再适应建筑垃圾的迅猛增长,且不符合可持续发展的战略。建筑垃圾是一个比较笼统的概念,但大多为固体废弃物,虽然不同结构类型的建筑所产生的建筑垃圾组成成分的含量有所不同,但基本组成成分是一致的,主要有:落地灰、碎砖头、混凝土块(包括混凝土熟料散落物)、废钢筋、铁丝、木材及其他少量杂物等构成,而落地灰、碎砖头、混凝土块在垃圾中占 90% 以上。有关资料显示,经对砖混结构、全现浇混凝土结构等建筑类型的施工材料统计分析,每 1 万 $m^2$ 的建筑施工中,会产生 500~600 t 的建筑垃圾。按此推算,我国每年仅建筑施工就产生超过 4000 万 t 的建筑垃圾。由此可见,建筑垃圾的综合利用成为社会急需研究和解决的重要课题,国家有关部门和有实力的施工企业应投入必要的资金和人力,专项开展建筑垃圾的综合利用和相关成套破碎设备,其研究与开发利用已势在必行。

建筑垃圾中的许多废弃物经分拣、剔除或粉碎后,大多是可以作为再生资源重新利用的,如废钢筋、废铁丝、废电线和各种废钢配件等金属,经分拣、集中、重新回炉后,可以再加工制造成各种规格的钢材;废竹木材则可以用于制造人造木材;砖、石、混凝土等废料经破碎后,可以代砂,用于砌筑砂浆、抹灰砂浆、打混凝土垫层等,还可以用于制作砌块、铺道砖、花格砖等建材制品。可见,综合利用建筑垃圾是节约资源、保护生态的有效途径。在这些方面,日本、美国、德国等工业发达国家的许多先进经验和处理方法值得借鉴。

### 一、建筑垃圾对城市环境的影响

建筑垃圾对城市环境的影响具有广泛性、模糊性和滞后性的特点。广泛性是客观的,但其模糊性和滞后性就会降低人们对它的重视,造成生态地质环境的污染,严重损害城市环境卫生,恶化居住生活条件,阻碍城市健康发展。因此建筑垃圾对城市环境的影响不容忽视。建筑垃圾对生态地质环境的影响主要表现在如下几方面。

### （一）占用土地,降低土壤质量

建筑垃圾以固体非可燃性物质为主,在处理上不同于一般的生活垃圾。目前还没有专门的厂家或行业来对其进行处理,许多城市建筑垃圾未经处理就被转移到郊区堆放。随着城市建筑垃圾量的增加,垃圾堆放点也在增加,而垃圾堆放场的面积也在逐渐扩大。垃圾与人争地的现象已到了相当严重的地步,大多数郊区垃圾堆放场多以露天堆放为主,经历长期的日晒雨淋后,垃圾中的有害物质(其中包含有城市建筑垃圾中的油漆、涂料和沥青等释放出的多环芳烃构化物质)通过垃圾渗滤液渗入土壤中,从而发生一系列物理、化学和生物反应,如过滤、吸附、沉淀,或为植物根系吸收或被微生物合成吸收,造成郊区土壤的污染,从而降低了土壤质量。此外,露天堆放的城市建筑垃圾在种种外力作用下,较小的碎石块也会进入附近的土壤,改变土壤的物质组成,破坏土壤的结构,降低土壤的生产力。另外城市建筑垃圾中重金属的含量较高,在多种因素的作用下,其将发生化学反应,使得土壤中重金属含量增加,这将使作物中重金属含量提高。受污染的土壤,一般不具有天然的自净能力,也很难通过稀释扩散办法减轻其污染程度,必须采取耗资巨大的改造土壤的办法来解决。

### （二）影响空气质量

建筑垃圾在堆放过程中,在温度、水分等作用下,某些有机物质发生分解,产生有害气体;一些腐败的垃圾散发出阵阵腥臭味,垃圾中的细菌、粉尘随风飘散,造成对空气的污染;少量可燃建筑垃圾在焚烧过程中又会产生有毒的致癌物质,造成对空气的二次污染。

### （三）对水域的污染

建筑垃圾在堆放和填埋过程中,由于发酵和雨水的淋溶、冲刷以及地表水和地下水的浸泡而渗滤出的污水——渗滤液或淋滤液,会造成周围地表水和地下水的严重污染。垃圾堆放场对地表水体的污染途径主要有:垃圾在搬运过程中散落在堆放场附近的水塘、水沟中;垃圾堆放场淋滤液在地表漫流,流入地表水体中;垃圾堆放场中淋滤液在土层中会渗到附近地表水体中。垃圾堆放场对地下水的影响则主要是垃圾污染随淋滤液渗入含水层,其次由受垃圾污染的河湖坑塘渗入补给含水层造成深度污染。垃圾渗滤液内不仅含有大量有机污染物,而且还含有大量金属和非金属污染物,水质成分很复杂。一旦饮用这种受污染的水,将会对人体造成很大的危害。

### （四）破坏市容,恶化市区环境卫生

城市建筑垃圾占用空间大,堆放杂乱无章,与城市整体现象极不协调。城市内部空间有限,城市绿地往往成为城市建筑垃圾的临时集散地。众多城市绿地都不同程度地混杂有建筑碎块。可以说城市建筑垃圾已成为损害城市绿地的重要因素,是市容的直接和间接破坏者。工程建设过程中未能及时转移的建筑垃圾往往成为城市的卫生死角。近几年一些城市在推行生活垃圾袋装化制度,但由于建筑垃圾堆放或其遗迹的存在,在一定程度上阻碍了这一制度的推广普及。它的存在成为生活垃圾散乱堆放的直接诱因,混有生活垃圾的城市建筑垃圾如不能进行适当的处理,一旦遇雨天,脏水污物四溢,恶臭难闻,并且往往成为细菌的滋生地。

### （五）安全隐患

大多数城市建筑垃圾堆放地的选址在很大程度上具有随意性,留下了不少安全隐患。施工场地附近多成为建筑垃圾的临时堆放场所,由于只图施工方便和缺乏应有的防护措施,在外界因素的影响下,建筑垃圾堆出现崩塌,阻碍道路甚至冲向其他建筑物的现象时有发生。在郊区,坑塘沟渠多是建筑垃圾的首选堆放地,这不仅降低了对水体的调蓄能力,也将导致地表排水和泄洪能力的降低。

## 二、目前存在的建筑垃圾问题

第一,建筑垃圾分类收集的程度不高,绝大部分依然是混合收集,增大了垃圾资源化、无害化处理的难度。

第二,建筑垃圾回收利用率低。全国每年产生的 4000 多万吨建筑垃圾,需几万人去分拣,由于劳动强度大,工作条件差,工人待遇低,专业分拣的人员又很少,所以大多数可以回收的资源被白白浪费掉了。

第三,我国建筑垃圾处理及资源化利用技术水平落后,缺乏新技术、新工艺开发能力,设备落后。垃圾处理多采用简单填埋和焚烧,既污染环境又危害人们健康。有些城市甚至不做任何处理,导致环境问题更为严峻。

第四,建筑垃圾处理投资少,法规不健全,建筑工人环境意识不高。

第五,施工工艺、施工技术落后,大量的手工操作,是产生建筑垃圾的主要原因。

## 三、建筑垃圾减量化的可能性和途径

要大大减少建筑垃圾,最好就是在设计和施工的组织方面采取措施,就是在建筑的各个阶段都进行仔细的计划和组织。例如选用建筑材料及其供应商时,应考虑包括包装形式(如散装水泥、商品混凝土)、采用多次使用的运输工具、剩余材料的回收等多方面的情况。

### (一) 优化建筑设计

众所周知,我国存在许多边设计、边施工、边修改的"三边"工程,这种工程即使质量不成问题,但必然会造成更多的垃圾。在减少建筑垃圾方面,建筑设计方案中要考虑的问题有:

(1) 建筑物应有较长的使用寿命,即通过采用更好的设计方案使建筑物更不易受到损害,通过耐久性更好的建材以及通过使建筑物有更好的通用性,从而使建筑物更经久耐用。

(2) 少产生建筑垃圾的结构设计,即没有建筑垃圾、没有零头料、没有不能重新使用的辅料,这就要求设计人员对建筑过程,对建筑材料和建筑构件的通常尺寸有准确的认识,当然,国家的标准或行业规范应该及早对这些尺寸做出规定。

(3) 选用少产生建筑垃圾的建材和再生建材。对建设单位来说,如何将处理建筑垃圾的工作单列计算,应会发现,减少建筑垃圾带来的成本在建筑预算中越来越重要。

(4) 应考虑到建筑物将来维修和改造时便于进行,且建筑垃圾较少。

(5) 应考虑建筑物在将来拆除时建筑材料和构件的再生问题。

### (二) 保证建筑物的质量和耐久性

坚决杜绝偷工减料、以次充好,降低工程质量的现象,这种事情国内外都有发生。能在建筑物坍塌之前发现其质量问题,则或修补加固、或拆除重建,从而导致了更多的建筑垃圾。

科学安排施工进度亦是保证工程质量的重要因素。报刊上曾大量报道了北京新建火车站才刚投入使用就有许多装饰或结构损坏的情况,这些报道除揭露了一些偷工减料、以次充好,降低工程质量的现象外,也报道了另一种观点,即因为北京新火车站在建筑过程中不断地抢工期和抢施工进度而给工程留下了质量隐患。这些人为提前工期的"献礼工程"使得施工单位不得不"多快好省"建工程以获得领导的肯定和表扬。

为了保证建筑物的质量和耐久性,我国目前的工程管理体制的改革是当务之急。因此,要建立行之有效的工程管理体制,而不只是制定一些规定,规范业主与承包商之间的行为。只有明确设计、施工、监理、验收单位的资质要求和经济以及法律责任,杜绝行政干预,才能更好地保证建筑工程的质量。

保证建筑物的质量和耐久性,减少本来不该有的维修和重建工作,就是减少了建筑垃圾产生的可能性。同时,建筑物质量越好,在日久以后必须拆除时,这种旧建筑材料可以再生得到质量更好的材料。

### (三）加强建筑施工的组织和管理工作

通过加强建筑施工的组织和管理工作,提高施工质量,也可以减少建筑垃圾。在这方面,以下这些工作是比较重要的:

(1) 避免建筑材料在运输、储存、安装时的损伤和破坏所导致的建筑垃圾。

(2) 提高结构的施工精度,避免凿除或修补而产生的垃圾。现在有很多建筑的结构是现场浇筑的,但精度常常不够,达不到横平竖直的要求,结果在粉刷之前还要对局部构件做凿除和修补处理。

(3) 避免不必要的包装。

(4) 避免将不同的建筑垃圾混合在一起,从而提高这些建筑垃圾的再生利用率。根据建筑垃圾分类处理的要求,在建筑工地上设置标记明显的、大小合适的建筑垃圾收集容器。

总之,减少建筑垃圾和使之成为材料循环中的一环,关键是国家要从保护环境和保护自然资源的前提出发,通过价格手段(即通过提高填埋建筑垃圾的费用)来促进再生利用的发展。在目前的市场经济条件下,只有在价格利益的驱动下,企业才会想办法如何减少垃圾,才可能推动建筑垃圾再利用的科研工作和产业化。

## 四、建筑垃圾资源化的可能性和途径

发达国家已经和正在积极探索着如何将垃圾变为一种新的资源,以至发展成一个新兴的大产业。据美国"新兴预测委员会"和日本"科技厅"等有关专家做出的预测:将来全球在能源、环境、农业、食品、信息技术、制造业和医学领域,将出现"十大新兴技术",其中有关"垃圾处理"的新兴技术被排在第二位。我国近年来对城市生活垃圾进行综合利用的呼声很高,除了垃圾填埋处理引起的问题和矛盾外,由于人们在生活资料中大量使用"一次性"用品、包装用品和"有机物"制品,因而垃圾中可以"再生利用"的比例越来越高。其中"有机可燃物"的"发热值"甚高,致使每吨垃圾的热值相当于半吨煤炭。因而,垃圾处理的"资源化"特别是"垃圾发电",在国际上已开始成为新的投资热点。目前,北京的朝阳区和昌平、广东省的深圳市和黑龙江省的大庆市等地,自行研制或从美国、加拿大、德国等发达国家引进的垃圾处理厂或垃圾发电厂,且已陆续投入建设。

相对于生活垃圾,我国的建筑垃圾的再利用没有引起多大重视,往往不屑一顾地把它归于只能用于路基等低级要求的低档材料。将其他工业废弃物用于制作材料(如墙体材料)的工作倒是做的很多,似乎建筑材料行业本来就是"吃垃圾的"大户。但在房屋建筑过程中,每立方米建材就会产生约 5% ~ 15% 的垃圾。国外对建筑垃圾的再利用非常重视,日本建设省于 1991 年制定了建筑垃圾再利用规划,此规划将建筑垃圾定义为"副产品"。国外的研究表明,旧混凝土和旧墙体材料经粉碎后可以作为混凝土或砂浆的集料(可称为再生集料)使用,使用再生集料混凝土不仅可以作为路基材料、排灌工程、基础工程等,也可作路面材料甚至房屋建筑。德国联邦环境基金会总部的建筑就是用了旧混凝土集料。关于德国 1987 ~ 1995 年各类建筑垃圾的再利用情况,碎旧建筑材料仍然主要用作道路路基、造垃圾填埋物、人造风景和种植等。但上述应用将来是有限的,因为除了其用量有限以外,还有其他工业副产品如工业废渣等也想用于这些领域,如我国 1994 年工业固体废弃物达到 6.17 亿 t/a,但只有 2.67 亿 t 得到综合利用,历年累计堆存量达到 64.6 亿 t,累计占地面积达 55697 公顷。

因此,建筑垃圾完全是一种可以再利用的资源。而且,碎旧建筑材料的处理技术在国外也早已成熟。根据垃圾量的多少,有移动式、半移动式、固定式的设备可用,其中固定式设备的产品质量最高。

为了促进我国建筑垃圾的资源化,有必要加强以下几方面的工作:

(1) 加强建筑垃圾资源化的科研工作。科学技术研究工作是建筑垃圾资源化的基础,没有合适的技术方案,建筑垃圾的资源化就无从谈起。尽管国外建筑垃圾的再生技术被认为是成熟的,但这恰恰是我国建筑垃圾资源化工作中的薄弱环节。所以,在国内尚没有大力开展建筑垃圾资源化工作的时候,就应该首先花大力气进行建筑垃圾资源化的科研工作。实施符合我国实际的建筑垃圾资源化战略和技术方案,仍需要有针对我国实际的科研工作做基础。

科研工作主要应集中于建筑垃圾减量化的方法、建筑垃圾收集和利用的方法,再生建筑材料的市场化措施,开发简单的分析方法用于鉴别再生材料与环境的相容性等方面。评价一种方法的关键是其经济性和减少建筑垃圾的多少,但其指标值会因各地的情况不同而不同。

(2) 加强建筑垃圾资源化的立法工作。在建筑垃圾的资源化方面,应禁止填埋还可利用的建筑垃圾,相应地就必须规定建筑垃圾必须进行分类收集和存放,有义务的单位必须设置相应的设备或者委托第三方来利用其建筑垃圾。要强调产生垃圾的单位首先自己要有解决资源化利用的条件,或支付较高的处置费用委托其他单位帮助处置。凡利用垃圾生产出的材料和产品,国家应在税收政策上给予优惠。

(3) 加强建筑垃圾资源化的宣传教育工作。要让会与建筑垃圾打交道的每一个人都知道建筑垃圾是一种可利用的资源,并把建筑垃圾综合利用的最新技术和工艺方法介绍给大家。

(4) 加强建筑垃圾资源化的监督执法工作。一旦颁布了建筑垃圾资源化的法律,就应该通过严格的监督执法来使法律得到确实的遵守,做到令行禁止,有法必依,违法必究。

(5) 理顺建筑材料和处理(填埋)建筑垃圾的价格体系,使建筑垃圾资源化在经济上确实可行。要让建筑垃圾再生利用成为可能,就要使从事建筑垃圾再生利用的企业有钱可挣。目前我国丢弃建筑垃圾的费用比较低,每立方米的土方20元左右,每车建筑工地垃圾40元左右,就现在的建筑垃圾处理技术来说,矿物质类的建筑垃圾都被加工成混凝土用的集料,多数还是档次较低的集料。再生费用在国外比填埋费用要高一些(如美国为100~150美元/t),因此,我国利用建筑垃圾再生的建筑材料很难有销路,特别是要将混合建筑垃圾进行再生或者要采用更好的工艺提高再生集料的质量使之成为与新集料等同的材料的话,可行的办法就是像国外一样,提高建筑垃圾的处理费用。还可以将从建筑垃圾处理的所收费用用于贴补再生利用企业。为了提高建筑垃圾再利用的可能性和比例,要用经济手段鼓励产生建筑垃圾的单位将建筑垃圾分类收集和存放,即混合建筑垃圾的收集价格要远远高于分类垃圾。

## 五、建筑垃圾的利用方法

### (一) 直接利用

#### 1. 作为回填材料直接利用

利用建筑垃圾替代耕地用土做回填材料。建筑垃圾的主要成分是混凝土、石灰、沙石、渣土等,一般不存在"二次污染"的问题,可以用做工程回填,如修筑建设用地、城市造景、填海、筑堤坝、构件的回填材料或铺设道路等。建筑垃圾中能用于覆盖生活垃圾的成分约占60%。因此利用建筑垃圾作生活垃圾覆土可保护大量的耕地。

#### 2. 作为建材产品直接利用

用建筑垃圾加固软土地基,其原理是利用建筑垃圾中的废旧固体无机材料形成散状材料桩,通过重锤冲击使桩与桩间土相互作用,形成复合地基,进而达到提高地基承载力的作用。建筑垃圾夯扩桩施工简便、承载力高、造价低,适用于多种地质条件,如新填筑地基、杂填土地基、自重与非自重湿陷性黄土地基以及坑塘填筑地基和含水量较大的软弱地基等。同时利用建筑垃圾夯扩桩可以消纳大量建筑垃圾,具有明显的经济效益和环境效益。对大多数中小承载力的桩基来说,它是取代普通沉管灌注桩和钻孔灌注桩的理想桩型。与普通沉管灌注桩相比,建筑垃圾夯扩桩避免了较长沉管灌注桩常产生的断桩、缩径、混凝土离析等质量通病,其桩长一般较短,桩身混凝土质量可以得到有效保证。

### (二) 再生利用

#### 1. 废混凝土

简单易行且研究较多的废旧普通混凝土再生利用途径是作再生混凝土骨料。利用废弃混凝土块作为原料生产的再生骨料代替天然沙石骨料配制再生混凝土,研究表明,仅采用再生粗骨料制成的再生混凝土,其性能同普通混凝土相比几乎不下降。为扩大再生混凝土的应用范围,可以采用再生粗骨料和天然沙组合,或者再生粗骨料和部分再生细骨料、部分天然沙组合,制成强度相对较高的再生混凝土;再生细骨料和破碎过程中产生的微粉、含有未水化的水泥颗粒,具有活性性质,并且密度低、导热系数小,可用来生产砌块、空心砖、墙板,用以取代传统的黏土砖,经济环境效益较高。

目前再生骨料制作的混凝土一般用于基础、路面和非承重结构的低强度混凝土。在美国密执安州 23 号公路、75 号公路利用再生混凝土修筑;德国 LowerSaxong 的一条双层混凝土公路采用了再生混凝土;中国上海市建筑构件制品公司 1997 年开始利用建筑工地爆破拆除的基坑支护等废弃混凝土制作混凝土砌块;在 205 国道沙县青州—涌溪段水泥混凝土路面的修复中,使用了再生混凝土进行水泥混凝土路面损坏的修复工作。实践证明:利用再生混凝土不仅具有明显的经济效益,而且具有较好的环境效益。

要提高混凝土强度,就要从原材料配合比上考虑:一是采用高效减水剂,降低水灰比;二是采用高标号水泥,并适当增大水泥用量,提高水泥浆的胶结作用;三是掺用高活性超细矿物质掺和料,缩小水泥浆中的空隙,改善混凝土的工作性和耐久性;四是利用塑化剂来提高再生骨料混凝土的强度。通过选择和严格控制配合比及再生骨料的掺和量,也可满足承重结构混凝土的要求。对于再生混凝土,通过掺加活性超细矿物粉(如粉煤灰、高炉矿渣、硅粉、氟石粉等)和高效减水剂等外加剂,制成强度高、耐久性好的高性能绿色混凝土,这是今后应进一步研究的课题。

技术含量较高,但经济效益也高的再生技术途径是:将废旧普通混凝土作添加料,可取代一定量的水泥。将废旧混凝土全部或筛除再生粗骨料后的筛下物磨细,用其取代 10% ~30% 水泥同时取代 30% 的沙子,既发挥了废旧混凝土的剩余活性,又使混凝土水化热有所降低,容重约降低 150 kg/m³,因此,具有较好的前景。

#### 2. 废沥青混凝土

由于沥青具有热可塑性,容易再生,且再生材和新材料的品质大体相同,故再生利用率高。废沥青混凝土块大多在再生装置上破碎分级后,作为沥青混凝土块的骨料及再生路盘材使用。

回收沥青混凝土主要采用两种方法:(1)热法回收,是将经粉碎后的废沥青混凝土作为部分骨料掺入新沥青混凝土中,掺入量可达 15% ~50%(重量比)。再生沥青混凝土的质量受废沥青混凝土的质量和掺入量的影响较大,废沥青混凝土的质量越好,可掺入的比例越大。因为废沥青混凝土热法回收时会产生废气,为了减少废气排放量,应尽量减少加热时间。(2)冷法回收,把废沥青混凝土磨细成均匀的混合料,再与一定的乳化沥青、水泥拌和作基层。废沥青混凝土还可用于路肩、路堤和基层等。

据研究表明:当混合料中含40%的废沥青混凝土时,可节省资金5%～23%。美国的CY-CLEAN公司采用微波技术,可以100%的回收利用再生废旧沥青路面料,其质量与新拌沥青路面料相同,而成本可降低1/3,同时节约了垃圾清运和处理等费用,大大减轻了城市的环境污染。

### 3. 废砖块

简单易行但经济效益较低的再生技术途径是:将废旧砖瓦用于再生免烧砖瓦及水泥混合材或作为粗骨料拌制混凝土。使用60%～70%的废砖粉,利用石灰、石膏激发、免烧、免蒸、可成功制得28天强度符合GB5101—1985烧结普通砖标准要求的100号及150号砖,可用于承重结构。在普通水泥中加入5%废砖粉作混合材,28天抗折与抗压强度均高于不加时,虽3天、7天抗压强度略低,但不影响凝结时间与水泥安定性。用碎砖块做低强度等级混凝土的骨料,其强度是足够的。若要配制强度等级更高的混凝土,则需采取必要的技术措施。有研究表明,碎砖粗骨料混凝土的性能与花岗岩粗骨料混凝土相当。在一些天然骨料很少的国家,甚至用好砖来生产混凝土骨料。

技术含量较高但经济效益也高的再生技术途径是:将废旧砖瓦作再生免烧砌筑水泥及类结构轻集料混凝土构件。使用50%～60%的废砖粉,利用硅酸盐熟料激发,只需经粉磨工艺,免烧,可成功制得符合GB/T3183—2003标准的175号、275号砌筑水泥。由于小于3cm的青砖颗粒容重为752 kg/m³,红砖颗粒容重为900 kg/m³,基本具备作轻集料的条件,故再辅以密度较小的细集料或粉体,可制作成具有承重、保温功能的结构轻集料混凝土构件(板、砌块)、透气性便道砖及花格砖等水泥制品。

将建设拆迁废弃的碎砖用于承重混凝土砌块生产,具有价格低、保温性能好、重量轻、强度满足承重混凝土砌块MU10强度等级标准等特点,为城市建设及地震灾区廉价制作建筑材料提供了新的途径。再如南宁新兴苑小区在新型节能材料"砖渣高强彩色双层隔热板"和"砖渣混凝土异型砌块系列产品"的研究与应用中,以废砖和水泥为主要原料制成砖渣高强彩色双层隔热板和砖渣混凝土异型砌块系列产品,也取得了较为突出的成绩。

### 4. 废砂浆

建筑物拆除过程中会产生粉末状水泥砂浆。硬化的水泥砂浆包裹在砂颗粒周围,增大了集料的粒径,同时水泥水化颗粒改善了集料的级配,可作为细集料来用。而在拆除过程中产生的水泥砂浆块较大的可作粗骨料,较小的经粉碎后可作细集料,都是可以物尽其用的。

例如用废砂浆与碎砖块生产再生混凝土,由于碎砖块和砂浆的抗拉强度差别不是太大,同时碎砖块表面粗糙,孔隙较多,砂浆和骨料的界面结合得以加强,从而使再生混凝土产生界面微裂缝的机会减少,对提高再生混凝土的强度非常有利。

再如以一定比例的废旧砖、砂浆细颗粒取代天然沙可配制沙壁状涂料,其耐水性和耐碱性大大超过标准的指标,技术上是可行的,既可降低成本,节省天然沙石资源,缓解天然资源供求矛盾,又能减轻建筑垃圾对环境的污染,具有很好的社会效益、环境效益和经济效益。

### 5. 施工中散落的砂浆和混凝土

施工中散落的湿砂浆、混凝土一种方法可通过冲洗将其还原为水泥浆、石子和沙进行回收,英国已经开发了专门用来回收湿润砂浆和混凝土的冲洗机器;另一种方法是化学回收法,它利用聚合物将砂浆、混凝土直接黏结形成砌块。另外,凝固的砂浆、混凝土还可作为再生集料回收利用。

### 6. 其他建筑废料

建设工程中的废木材,除了作为模板和建筑用材再利用外,通过木材破碎机,粉碎成碎屑可作为造纸原料或作为燃料使用;废竹木、木屑等则可用于制造各种人造板材;废金属、钢料经分拣、集中、重新回炉后,经再加工可制成各种规格的钢材。

## 六、建筑垃圾资源化技术重点

### (一) 新型墙材技术

新型墙材具有以下技术:

(1) 建筑垃圾分选及预均化技术。研制或选择高效的分选设备和合理的工艺流程,使分选和预均化过程能更经济、有效地进行。

(2) 建筑垃圾再生的物理特性的研究,如:破碎后的粒度分布、容重、孔隙率及吸水率等。

(3) 采用再生集料混凝土的配比及设计方法、技术特点。

(4) 再生建材制品的物理力学性能和耐久性研究。

(5) 多孔型再生混凝土集料的改性研究,采取预吸附、预覆盖等措施降低集料的孔隙率和吸水率,改善建材制品的干缩性能。

(6) 生产工艺的优化,生产过程的自动化。

(7) 对建筑垃圾制成新型建材制品制定合适的性能指标、施工规范等,做到既满足建筑施工要求,又能有效地推广新型建材制品。

武汉理工大学与武汉城市环境工程有限公司通过技术合作与攻关,在上述技术领域获得一定突破。该公司将投资建设的 10000 万块标砖、5 万 $m^3$ 再生集料的生产装置,每年可消纳武汉市近 30 万 t 的建筑垃圾,约占整个城区垃圾总量的 20% 左右,每年可实现销售收入约 1600 万元。

### (二) 再生混凝土技术

与天然岩石骨料相比,由建筑垃圾中砖石砌体、混凝土块循环再生的骨料,具有孔隙率高、吸水性大、强度低等特征,将导致现行骨料混凝土与天然骨料混凝土特性相差较大。

(1) 用再生骨料新拌混凝土的工作性(流动性、可塑性、稳定性、易密性)将因孔隙率大、吸水性强而下降,因此其工作性与配合比设计、骨料精度、粒径等内在关系都会与天然骨料混凝土有不同。

(2) 再生骨料混凝土硬化后的特性(强度、应力－应变关系、弹性模量、泊松比、收缩、徐变)都会与天然骨料有所不同。如再生骨料的多孔性会导致混凝土弹性模量减小,强度降低,刚度减小,吸水率高则必然会导致失水后混凝土干缩增大,徐变增大。

(3) 再生骨料母材强度较低,如旧混凝土再生骨料在新拌混凝土中外面又由水泥石所包裹、天然骨料混凝土受压破坏时一般是在骨料和水泥石界面产生微细裂纹,裂纹互相连通扩大后,将导致混凝土破坏。在再生骨料混凝土中,最初的微细裂纹是出现在再生骨料和新水泥石界面处,还是出现在再生骨料中原骨料和原老混凝土界面处就很难确定。

(4) 对于砖砌体再生骨料混凝土,再生骨料本身强度低于外裹的水泥石,受压破坏时,裂纹一般可能率先出现在骨料本身,但砖砌体再生骨料的裂纹扩大受到外裹水泥石的约束,会延缓其破坏,因此砖砌体再生骨料混凝土强度应高于骨料本身的强度。

## 七、国外经验

对于建筑垃圾的管理、处理而言,发达国家大多实行的是"建筑垃圾源头削减策略",即在建筑垃圾形成之前,就通过科学管理和有效控制将其减量化。对于产生的建筑垃圾则采用科学手段,使之具有再生资源的功能。日本、美国、德国等工业发达国家的许多先进经验和处理方法很值得借鉴。

### （一）日本

日本由于国土面积小,资源相对匮乏,因此,将建筑垃圾视为"建筑副产品",十分重视将其作为可再生资源而重新开发利用,并相继在各地建立了以处理混凝土废弃物为主的再生加工厂。1991年日本政府又制定了《资源重新利用促进法》,规定建筑施工过程中产生的渣土、混凝土块、沥青混凝土块、木材、金属等建筑垃圾,必须送往"再资源化设施"进行处理。日本建设省于1997年10月7日做出规定,在施工中建设工地所产生的混凝土块和污泥土等所谓的建筑垃圾,要实现资源再利用,制定出"建设资源再利用推进计划"和"建设工程材料再生资源化法案"。根据这项"法案"的规定,在规定的建筑面积以上的建筑物,拆除解体时,要把混凝土、木材、玻璃等建筑材料,在现场分类收集,然后,资源再生利用,把其作为建筑物业主及拆除解体商的附加义务。根据日本建设省的统计,2000年建筑垃圾资源再利用率达80%。总之,日本对建筑垃圾的主导方针是:(1)尽可能不从施工现场排出建筑垃圾;(2)建筑垃圾要尽可能的重新利用;(3)对于重新利用有困难的则应予以适当处理。

### （二）美国

美国是较早提出环境标志的国家。美国政府制定的《超级基金法》规定:"任何生产有工业废弃物的企业,必须自行妥善处理,不得擅自随意倾卸"。美国一家建筑公司利用回收的废混凝土、金属、纸板、木材等建筑垃圾建造房屋,被称之为"资源保护屋",俗称"垃圾屋",并荣获了美国住宅营造商协会颁发的"住宅风格奖",较好地解决了废物综合利用和环境保护问题。美国 CY-CLEAN 公司以节能、保护环境及健康为原则,以建筑垃圾废弃物回收的再生材料为主建造了一栋绿色办公大楼,其建筑面积为 6.2 万 $m^2$。

### （三）欧洲各国

德国是世界上最早推行环境标志的国家。德国的每个地区都有大型的建筑垃圾再加工综合工厂,仅在柏林就建有 20 多个。德国钢筋委员会 1998 年 8 月提出了"在混凝土中采用再生骨料的应用指南";法国利用碎混凝土和碎砖块生产出了砖石混凝土砌块,符合与砖石混凝土材料有关的 NBNB21-001(1988)标准;英国已开发了专门用来回收湿润砂浆和混凝土的冲洗机器。北欧各国如丹麦、芬兰、冰岛、挪威、瑞典等于 1989 年实施了统一的北欧环境标志。

## 第二节　建筑垃圾的性质

### 一、建筑垃圾的分类及组成

根据《城市建筑垃圾和工程渣土管理规定》(修订稿),建筑垃圾是指建设、施工单位或个人对各类建筑物、构筑物等进行建设、拆迁、修缮及居民装饰房屋过程中所产生的余泥、余渣、泥浆及其他废弃物。建筑垃圾大多为固体废弃物,虽然不同结构类型建筑所产生的建筑垃圾组成成分的含量有所不同,但基本组成成分是一致的,主要有:渣土、散落的砂浆和混凝土、碎金属、竹木材、废弃的装饰材料,以及各种包装材料和其他废弃物等。

按建筑垃圾的来源分类如下:(1)土地开挖:分为表层土和深层土。前者可用于种植,后者主要用于回填、造景等。(2)道路开挖:分为混凝土道路开挖和沥青道路开挖。(3)旧建筑物拆除:分为砖和石头、混凝土、木材、塑料、石膏和灰浆、钢铁和非铁金属等几类。(4)建筑工地施工:分为剩余混凝土、建筑碎料、即凿除、抹灰等产生的旧混凝土、砂浆等矿物材料;木材、纸、金属和其他废料等类型。

建筑垃圾中土地开挖垃圾、道路开挖垃圾和建材生产垃圾,一般成分比较单一,其再生利用或处置比较容易,这里只讨论建筑施工垃圾和旧建筑物拆除垃圾。

建筑施工垃圾和旧建筑物拆除垃圾大多为固体废弃物,一般是在建设过程中或旧建筑物维修、拆除过程中产生的。建筑施工垃圾与旧建筑物拆除垃圾组成成分相差较大。表 10-1 为中国香港特别行政区的旧建筑物拆除垃圾和建筑施工垃圾组成比较。

表 10-1 中国香港特别行政区的旧建筑物拆除垃圾和建筑施工垃圾组成对比

| 成 分 | 质量分数/% | |
| --- | --- | --- |
| | 旧建筑物拆除垃圾 | 新建筑物建设施工垃圾 |
| 沥 青 | 1.61 | 0.13 |
| 混凝土 | 54.21 | 18.42 |
| 石块、碎石 | 11.78 | 23.87 |
| 泥土、灰尘 | 11.91 | 30.55 |
| 砖 块 | 6.33 | 5.00 |
| 沙 | 1.44 | 1.70 |
| 玻 璃 | 0.20 | 0.56 |
| 金属(含铁) | 3.41 | 4.36 |
| 塑料管 | 0.61 | 1.13 |
| 竹、木料 | 7.46 | 10.95 |
| 其他有机物 | 1.30 | 3.05 |
| 其他杂物 | 0.11 | 0.27 |
| 合 计 | 100 | 100 |

从表 10-1 可看出,建筑施工垃圾与旧建筑物拆除垃圾主要组成成分为混凝土、石块和碎石、泥土和灰尘三大类,三大类组分在建筑施工垃圾与旧建筑物拆除垃圾中所占比例之和分别达到 77.9% 和 72.84%,其他组分的百分含量则不大。一般而言,旧建筑物拆除垃圾中废混凝土块成分较多,而新建筑物建设施工垃圾中石块和碎石、泥土和灰尘成分较多。旧建筑物拆除垃圾中混凝土所占百分比为 54.21%,而新建筑物建设施工垃圾中混凝土所占百分比为 18.42%,仅为前者的 34%;旧建筑物拆除垃圾中石块和碎石、泥土和灰尘所占百分比分别为 11.78% 和 11.91%,而新建筑物建设施工垃圾中石块和碎石、泥土和灰尘所占百分比分别达到 23.87% 和 30.55%,分别为前者的 2 倍和 2.5 倍。

不同结构类型建筑物所产生的建筑施工垃圾各种成分的含量有所不同,其基本组成一致,主要由土、渣土、散落的砂浆和混凝土、剔凿产生的砖石和混凝土碎块、打桩截下的钢筋混凝土桩头、废金属料、竹木材、装饰装修产生的废料、各种包装材料和其他废弃物等组成。

表 10-2 列出了不同结构形式的建筑工地中建筑施工垃圾组成比例和单位建筑面积产生垃圾量。调查表明,建筑施工垃圾主要由碎砖、混凝土、砂浆、桩头、包装材料等组成,约占建筑施工垃圾总量的 80%。对不同结构形式的建筑工地,垃圾组成比例略有不同,而垃圾数量因施工管理情况不同各工地差异很大。砖混结构的建筑施工时形成的建筑垃圾主要由落地灰、碎砖头、混凝土块(包括混凝土熟料散落物)、废钢筋、铁丝、木材及其他少量杂物等构成。而落地灰、碎砖头、混凝土块在废渣中占 90% 以上。

**表 10-2　建筑施工垃圾的数量和组成**

| 垃 圾 组 成 | 施工垃圾组成比例/% | | |
|---|---|---|---|
| | 砖 混 结 构 | 框 架 结 构 | 框架－剪力墙结构 |
| 碎砖(碎砌块) | 30~50 | 15~30 | 10~20 |
| 砂　浆 | 8~15 | 10~20 | 10~20 |
| 混凝土 | 8~15 | 15~30 | 15~35 |
| 桩　头 | | 8~15 | 8~20 |
| 包装材料 | 5~15 | 5~20 | 10~15 |
| 屋面材料 | 2~5 | 2~5 | 2~5 |
| 钢　材 | 1~5 | 2~8 | 2~8 |
| 木　材 | 1~5 | 1~5 | 1~5 |
| 其　他 | 10~20 | 10~20 | 10~20 |
| 合　计 | 100 | 100 | 100 |
| 单位建筑面积产生施工垃圾的数量/kg·m$^{-2}$ | 50~200 | 45~150 | 40~150 |

旧建筑物拆除垃圾的组成与建筑物的种类有关：废弃的旧民居建筑中,砖块、瓦砾约占 80%,其余为木料、碎玻璃、石灰、黏土渣等;废弃的旧工业、楼宇建筑中,混凝土块约占 50%~ 60%,其余为金属、砖块、砌块、塑料制品等。

我国 20 世纪 60 年代前的建筑物用材主要是混凝土、金属及木材,从组成成分看,混凝土的比例最大,占 48.35%,陶瓷类、玻璃、石膏板、瓦、石、板等占 22.32%;木材中以胶合板为主,占 19.75%。60 年代后的建筑物,大多采用各类复合材料、塑料等代替木材,因此旧建筑物拆除垃圾中木材含量相对较少。

## 二、建筑垃圾的产量分析

### (一) 建筑垃圾的总量估计

由于土地开挖垃圾、道路开挖垃圾和建材生产垃圾一般可全部(再生)利用,建筑垃圾一般指旧建筑物拆除垃圾和建筑施工垃圾。据统计,在世界多数国家,旧建筑物拆除垃圾和建筑施工垃圾之和一般占固体废物总量的 20%~30%,其中建筑施工垃圾的量不及旧建筑物拆除垃圾的一半。目前,我国建筑垃圾的数量已占到城市垃圾总量的 30%~40%,其中建筑施工垃圾占城市垃圾总重量的 5%~10%,每年产生的建筑垃圾达 4000 万 t,绝大部分建筑垃圾未经处理而直接运往郊外堆放或简易填埋。

### (二) 建筑施工垃圾的产量分析

#### 1. 按建筑面积计算

通常,对于砖混结构的住宅,按建筑面积计算,每进行 1000 m² 建筑物的施工,平均生成的废渣量在 30 m³ 左右,10000 m² 建筑物的施工,平均生成的废渣量达 300 m³。据有关资料介绍,经对砖混结构、全现浇结构和框架结构等建筑的施工材料损耗的粗略统计,在 10000 m² 建筑的施工过程中,建筑废渣的产量为 500~600 t。

每立方米建筑约产生 1%~4% 的建筑垃圾,我国 1998 年 1~11 月商品房施工面积 40963.74 万 m²,其中新开工面积 13384.89 万 m²,1999 年 1~8 月,新开工面积与 1998 年同期相比增加 33.4%,住宅方面的投资占房地产投资的 61%,因此,全国建筑施工面积应在 7 亿 m² 左右,新开工面积约为 2.2 亿 $m^2$。按一年建造 2.2 亿 $m^2$,约相当于 6.6 亿 $m^3$ 建筑计算,则一年产生 0.066~0.26 亿 $m^3$ 建筑工地垃圾,而建筑工地垃圾占总垃圾重量的 5%~10%。这两种方法估算的结果还是比较接近的。

### 2. 按施工材料购买量计算

在建筑工程的各项费用中,材料费所占的比例最大,约占工程总造价的 70% 左右。在实际施工中,据测算,材料实际耗用量比理论计划用量多出 2%~5%,这表明,建筑材料的实际有效利用率仅达 95%~98%,余下的部分大多成了建筑废渣。

垃圾数量与建筑物建造中所购买材料总量密切相关,因此,用占所购买材料总量的比例反映垃圾量大小更准确。表 10-3 也列出了建筑施工垃圾各主要组成部分占其材料购买量的比例。调查表明,各类材料未转化到工程上而变为垃圾废料的数量为材料购买量的 5%~10%。其中,由于对混凝土的管理和控制一般较重视,且采用商品混凝土,由其产生的施工垃圾量占其购买量的比例为 1%~4%;而对桩头,由于对地质条件预先往往不易准确掌握,由此产生的施工垃圾量占其购买量的比例较大,为 5%~15%。另外,各类施工垃圾废料占其材料购买量比例的数值同样较离散,反映了各工地由于施工情况和管理状况的不同,产生施工垃圾数量的差异很大。

表 10-3　建筑施工垃圾的数量和组成

| 垃圾组成 | 施工垃圾主要组成部分占其材料购买量的比例/% |
|---|---|
| 碎砖(碎砌块) | 3~12 |
| 砂　浆 | 5~10 |
| 混凝土 | 1~4 |
| 桩　头 | 5~15 |
| 屋面材料 | 3~8 |
| 钢　材 | 2~8 |
| 木　材 | 5~10 |

### 3. 按人口计算

按城市人口中平均每人每年产生 100 kg 建筑工地垃圾的较低估计值计算,则我国约 3 亿城市人口,年建筑工地垃圾约 3000 万 t,与上述按建筑面积估算所得数据很接近。

### (三) 建筑装潢垃圾产量分析

上海市 1997 年建筑垃圾的统计量为 1270 万 t,是根据建筑物建设单位向上海市渣土管理处申报的图纸进行统计的,主要包括开挖、拆房等垃圾,而建筑装潢垃圾基本上尚未统计进去。根据上海地区每户居民住房装修收取 200~300 元建筑垃圾费,可以估计每户装修至少约产生两车建筑垃圾。以每车 2 t 计算,又假定每年有十分之一的住户(共约 40 万户)装修房屋,则居民住房装修垃圾就有约 160 万 t,再加上其他单位的建筑装潢垃圾,上海市 1997 年的建筑垃圾总量约为 1500 万 t,建筑装潢垃圾量约为建筑施工垃圾总量的 10%,因此,建筑装潢垃圾的管理与处置同样不容忽视。

### (四) 旧建筑物拆除垃圾产量分析

单位建筑物拆除时所产生的建筑垃圾的产量也与建筑物的结构密切相关,通常拆除每平方米所产生的建筑垃圾达 0.5~1 $m^3$ 甚至更多。

日本在住宅区完工的报告书(1999 年)中,从 1 栋 7 层 49 户的框架结构建筑物住宅楼的预算书中,选出其重量区分的材料统计,该统计精确到连一块开关板的重量都计算在内的程度。以计算所用材料及建造时产生的副产物为前提,开挖土、模板之类则排除在外。设定拆除时,残留桩、水泥、石灰等按 5% 耗散,通过计算表明每平方米拆出 1.86 t 的建筑垃圾。20 世纪 60 年代我国一家住宅建筑公司在拆除工程的统计中表明,每平方米住宅产生 1.35 t 建筑垃圾。

## 第三节　建筑垃圾的管理

### 一、建筑垃圾源头控制对策

在方案和设计阶段,必须全面对比,选择合理的方案和进行合理的设计,尽量减少工程变更,以减少建筑垃圾。

#### (一) 注重长远规划设计

在日常生活中,我们经常可以见到有许多建筑物或构筑物刚建好一两年甚至不到一年就又拆掉另建,这都是缺少长远规划或总体规划而导致的。如果在设计时就能够通盘考虑,则不仅可以节约大量人力、物力、财力,还可以减少许多建筑垃圾。

#### (二) 提高耐久性设计

旧建筑物的拆除,大部分是由于使用年限已到,不适于继续使用,历史上我们祖先建造的许多建筑物或构筑物,有的已经有几百年历史,但至今仍然能够使用,所用的材料不外乎木材、石材、黏土砖等。虽然维修也需要资金和产生垃圾,但总比拆除重建合算。因此,我们的设计人员应想尽一切办法延长结构的使用年限,提高结构的耐久性。与此同时,也应相应提高各种装饰材料、填充材料等的耐久性。从而不仅可以提高资源的利用率,还可以减少建筑垃圾的产生率。

#### (三) 合理选购材料和构件

设计人员在设计时应尽量运用标准设计,采用标准模数和预制构件,以减少建筑垃圾的产生,诸如可减少砍砖和避免由于现场搅拌混凝土所带来的尘土污染以及噪声和污水的产生。而使用标准化预制构件,不仅有利于提高建设效率,易于质量控制,有利于环保,而且由于在工厂大批量生产,可以节约资源,减少废料,以及取得规模经济效益。构件和构件之间的连接应考虑其可拆性和易拆性,易拆结构省时省力又省钱。大多数建材及构件废弃后,拆卸和再生利用都很困难,如果采用钢结构的螺栓连接,则极易拆除。

设计人员在选择建筑材料时,应优先选择建造时产生建筑垃圾少的再生建材,还应考虑选择维修、改造和拆除时少垃圾、能再生的建材,并且应尽量采用无包装材料和购买前应先计算好材料用量以免超量。

#### (四) 加强施工管理

施工招投标阶段,建设单位除了考虑投标单位的造价和质量等因素外,还应把对建筑垃圾的控制考虑进去,必须在招标文件中写明投标方案中应包含对建筑垃圾的处理措施,从而迫使施工单位在施工时采取相应措施以减少建筑垃圾,所需费用最好也能纳入概算中。

在施工阶段,现场建筑工人直接生产建筑垃圾,但目前,他们大多是民工,素质较低,施工技术水平也较低,一般采用手工操作,加上管理不到位,工人缺乏节约和环保意识及责任心,从而不可避免地造成材料的浪费和建筑垃圾的大量产生。因此,采用机械化施工、提高施工技术和施工工艺、加强施工组织管理工作,以避免建筑材料在运输、储存、安装时的损伤和破坏,提高结构的施工精度,避免局部凿除或修补,从而减少建筑垃圾的产生。

在施工现场还应对建筑垃圾分类存放,以利处理。在施工阶段,更应严格控制工程变更,尤其是那些已经建好的工程,如果不是万不得已,最好不要再进行变更,以免增加造价和建筑垃圾。

### (五) 加强建筑垃圾的科研和立法工作

科研工作是建筑垃圾变废为宝的基础,没有科学的技术方案,建筑垃圾的再生利用就无从谈起,比如要提高再生混凝土的强度,就必须花费时间和精力去进行科学研究。应大力发展建筑垃圾作为建筑材料的工艺和技术;提高再生材料的强度、耐久性等研究;以及有利于减少建筑垃圾的施工技术、施工工艺和施工方法的研究。

立法方面,应通过建立相应的建筑垃圾处理法规来禁止填埋还可再生利用的建筑垃圾,制定鼓励建筑业回收和利用建筑垃圾的政策、法规和行业标准,促使企业自行妥善处理。规定建筑垃圾必须进行分类存放和回收,成立专门处理建筑垃圾的单位,同时也可采用经济手段鼓励其将建筑垃圾进行分类,使收集混合建筑垃圾的费用远远高于分类垃圾。

## 二、我国建筑垃圾的管理现状

### (一) 我国建筑垃圾的管理现状

我国的建筑垃圾管理起步于20世纪80年代末、90年代初,目前不仅范围有限,仅限于一些大城市,而且现有的管理制度、政策、法律和法规仍不够健全;一些地区的政府或建筑商,仍然对建筑垃圾管理认识不足,管理不善,从而导致乱堆乱弃现象严重。

目前,我国建筑垃圾的数量已占到城市垃圾总量的30%~40%。许多地区建筑垃圾未经任何处理,便被施工单位运往郊外或乡村,采用露天堆放或填埋的方式进行处理,不但侵占了宝贵的土地资源,耗用大量的征用土地费、垃圾清运费等建设经费,而且,清运和堆放过程中的遗撒和粉尘、灰沙飞扬等问题又造成了严重的环境污染。随着我国人口、社会和经济建设的快速发展,建筑垃圾的产量将逐年增多,由建筑垃圾引发的环境问题也日渐突出。对建筑垃圾科学管理的重要性也越来越被人们所认识,建筑垃圾的管理工作也从无到有地在逐步推广和深化,建筑垃圾无序化的状态将逐步得到改善。

全国人大于1995年11月通过了《城市固体垃圾处理法》,要求产生垃圾的部门必须交纳垃圾处理费。虽然这种办法并不能从根本上堵住产生大量建筑垃圾的源头,但从我国国情和现有技术条件考虑,这是现阶段采取的一种限制建筑垃圾大量产生和排放的有效措施。

发达国家已开始把资源化作为城市垃圾处理发展的重点,相关的新技术新工艺不断涌现,资源化在城市垃圾处理所占比例也不断增加。与先进国家相比,我国在这方面的工作有一定的差距,今后的任务是十分艰巨的。但应看到,在可持续发展方针的指引下,我国的建筑垃圾管理也在迅速发展,如何合理、有效地处理、处置和利用建筑垃圾也已经成为环境工作者和建筑科技人员开展科学研究的一个重要领域。

目前,我国实施建筑垃圾管理的城市已越来越多,各种措施纷纷出台,建筑垃圾管理取得了一定效果,如陕西省西安市近来采取措施,重罚乱倒建筑垃圾者。《西安市建筑垃圾管理办法》(新修订)已经西安市政府研究通过,2003年5月20日起实施。渣土、弃料、淤泥等建筑垃圾的管理、清运、倾倒将按新办法规范性操作,否则将受到严厉处罚。近年来,西安市市政建设、房地产开发、厂矿企业建设等工程项目明显增多,所产生的建筑垃圾在堆放、清理、倾倒等环节中很不规范,存在脏、乱、差等问题,影响了环境卫生。新办法规定,工程建设中产生的建筑垃圾,必须及时清理,由经营建筑垃圾运输资质的单位清运,到指定的地点装载和消纳,必须覆盖严密,不撒漏、飞扬,车辆按规定的时间、路线行驶;无资质单位不得私自清运建筑垃圾。新办法还对建筑垃圾场的设置和管理做出了明确规定,同时鼓励市民积极举报违法运输建筑垃圾的行为,对举报属实者,有关部门将给予奖励。

西安市雁塔区对于偷倒、乱倒建筑垃圾者实行"倒一车,清一路;倒一点,清一片"处罚,有效制止了偷倒、乱倒建筑垃圾的现象。有一段时间,西安市雁塔区一些道路或单位的周边,时常被一些个体运输户偷倒、乱倒建筑垃圾,严重影响了交通秩序,污染了城市环境。该区为治理违法行为,在实行高额悬赏,发动群众举报的同时,对违章者公开处理。采取了开现场会等方法,如在太白路、青松路等地召开现场会,让偷倒、乱倒建筑垃圾者当众检查、清理路面,并实行"倒一车,清一路;倒一点,清一片"的处罚,同时组织有清运土方资格的公司负责清运,违章户负责费用。此外,他们还依据《城市市容和环境卫生管理条例》对违章乱倒建筑垃圾者按最高限额的罚款处罚,让乱倒建筑垃圾者受到了切肤之痛。仅一个月,该区就查处偷倒、乱倒建筑垃圾车辆40多辆,由于处理措施得当,有效地改变了这种破坏城市环境的现象。

吉林省辽源市环卫处对建筑垃圾实行统筹管理。为防止建筑垃圾危害城市卫生,辽源市政府决定由该市环卫处实行全面责任管理,安排专用车队清运,解决了施工单位乱倾乱倒,环卫处被动在后面清扫的问题。

辽源市政府于2000年正式行文,指定建筑垃圾由环卫处统一管理,有偿专业清运。近几年,辽源市商品房和公用事业用房建筑都有较大增加,众多施工承包者为节省费用支出,雇请农村个人农用车、小四轮等拉运垃圾,农民拉运户为多拉快跑赚钱,往往夜间作业,城市河流堤岸、马路旁、城乡结合部空地,甚至绿地等,都成了垃圾场,给城市环卫工作带来了很大麻烦。对此,辽源市政府采取措施统一管理,指定建筑垃圾由环卫处5台专用车清运,维护了城市环境。

### (二) 我国建筑垃圾处置的管理

#### 1. 管理机构及职责

目前在我国的一些主要城市对建筑垃圾(及渣土)的管理工作基本实行市、区二级管理体系。

一级管理机构:市级人民政府城市环境卫生行政管理部门(一般名称:××市环境卫生管理局。如:北京市环境卫生管理局、上海市环境卫生管理局等),下属部门"市渣土管理处"负责全市的建筑垃圾和工程渣土的管理工作(如:上海市渣土管理处、深圳市余泥渣土管理处等)。

二级管理机构:区、县级人民政府环境卫生行政管理部门(名称:××区环境卫生管理处),下属的"区渣土管理所"负责辖区内建筑垃圾、工程渣土处置的具体管理工作(如:黄浦区渣土管理所、徐汇区渣土管理所等)。

一级管理机构——市渣土管理处的主要职责:

(1) 制定建筑垃圾和工程渣土处置规划和计划;

(2) 制定建筑垃圾和工程渣土管理的具体实施办法,并组织实施;

(3) 指导、协调、监督检查各区建筑垃圾和工程渣土的管理工作;

(4) 核准市属工程的建筑垃圾和工程渣土的排放、运输申请;

(5) 监督建筑垃圾、工程渣土的排放处置;

(6) 审查经营建筑垃圾和工程渣土专业运输单位和个体经营者的资质;

(7) 统一管理建筑垃圾和工程渣土受纳场;

(8) 清理未移交的市政道路和政府预留地范围内的无主建筑垃圾和工程渣土。

二级管理机构——区渣土管理所的管理职能:

(1) 组织实施分工范围内的建筑垃圾、工程渣土的处置管理;

(2) 制定分工范围内的建筑垃圾、工程渣土年度和季度处置计划;

(3) 核准区属工程和辖区内修缮、装修工程的建筑垃圾和工程渣土的排放、运输申请;

(4) 管理本地区建筑垃圾、工程渣土的临时储运场地;

(5) 清理辖区内市政道路及小区范围内的无主建筑垃圾和工程渣土。

另外,在管理工作中,公安、交运、规划、环保、土地、建筑、房产、公用、市政、园林等管理部门,也起到配合建筑垃圾、工程渣土的处置管理作用。

市或者区、县环境卫生管理部门设立的环境卫生监察队伍负责在职责范围内,对违反本规定的行为实施行政处罚。

## 2．处置管理

对建筑垃圾、工程渣土的处置管理分为两部分:建筑垃圾的处置申报管理和回填申报管理。处置申报是指建设或施工单位需要排放建筑垃圾的情况,而回填申报管理是指建设、施工单位或低洼地、废沟浜、滩涂等需要回填建筑垃圾的情况,产生或需回填建筑垃圾、工程渣土的建设或者施工单位,应当在工程开工前,向市渣土管理处或者区、县渣土管理所(以下统称为渣土管理部门)申报建筑垃圾、工程渣土的排放或回填处置计划,填报建筑垃圾、工程渣土的种类、数量、运输路线及处置场地等事项,并与渣土管理部门签订环境卫生责任书。

(1) 办理工程渣土申报单位,应提供如下资料:

1) 开工许可证、住房建设项目"规划许可证";

2) 工程预算书;

3) 工程基础开挖施工图纸。

(2) 办理工程渣土回填申报的单位,应提交的资料:

1) 受纳(回填)场地上级行政管理部门同意受纳的证明;

2) 回填渣土的来源证明(回填渣土未落实则由渣土管理部门统一调剂安排);

3) 沟、渠、洼地的回填需出示水务管理部门审批同意的证明。

建筑垃圾、工程渣土需分批排放的,除申报总排放处置计划外,还需在每批排放前申报排放处置计划。临时变更排放处置计划的,需补报调整后的排放处置计划。

施工单位均配备现场管理人员,对建筑垃圾、工程渣土的处置实施现场管理,并填报《建筑垃圾、工程渣土处置日报表》。

建设或者施工单位可以选择渣土管理部门提供的建筑垃圾、工程渣土消纳场,也可以自行安排建筑垃圾、工程渣土消纳场。自行安排建筑垃圾、工程渣土消纳场地的施工单位,一般在申报排放处置计划时,需提交受纳场地管理单位的上级行政管理部门同意受纳的相关证明材料。

建筑垃圾、工程渣土受纳场所的管理单位配备有现场管理人员,对建筑垃圾、工程渣土的受纳情况实施现场管理,并将每日的受纳处置情况记录在《建筑垃圾、工程渣土处置日报表》中。建设或者施工单位在向渣土管理部门办理好处置证后,再持核发的处置证向运输单位办理建筑垃圾、工程渣土托运手续;

运输单位和个人(含自有车辆、船舶的单位)不得承运未经渣土管理部门核准处置的建筑垃圾、工程渣土。

运输建筑垃圾、工程渣土时,运输车辆、船舶应当随车船携带处置证,接受渣土管理部门的检查。运输车辆的运输路线,需由渣土管理部门会同公安交通管理部门规定。运输单位和个人必须按规定的运输路线运输。

承运单位和个人需将建筑垃圾、工程渣土卸在指定的受纳场地,并取得受纳场地管理单位签发的回执,交托运单位送渣土管理部门查验。

各类建设工程竣工后,施工单位需在指定时间段内将工地的剩余建筑垃圾、工程渣土处理干净。

建筑垃圾、工程渣土处置的具体收费项目及其标准,由各市物价局会同市财政局和市环卫局核定。收入专项用于建筑垃圾、工程渣土处置和管理。

### 3. 储运场地管理

建筑垃圾、工程渣土固定受纳场，一般由市国土规划行政管理部门根据城市规划和有关规定统一规划，由市环境卫生管理部门统一建设和管理。建设工程或者低洼地、废沟浜、滩涂等需要对外接受建筑垃圾、工程渣土的，可持土地使用证明及单位证明，向市管理机构提出申请，办理临时受纳场地手续，由市渣土管理处统一安排。

在施工中不允许任何单位或个人占用道路堆放建筑垃圾、工程渣土。确需临时占用道路堆放的，必须取得公安部门核发的《临时占用道路许可证》。

固定储运场管理单位需做到：

(1) 不得受纳工业垃圾和生活垃圾；

(2) 保持场内设施完好，环境整洁；

(3) 建筑垃圾、工程渣土分类堆放。

建筑垃圾、工程渣土临时储运场地四周必须设置1m以上且不低于堆土高度的遮挡围栏，并有防尘、灭蝇和防污水外流等防污染措施。

建筑垃圾、工程渣土临时储运场地管理单位应做到：

(1) 按规定时间受纳和清除建筑垃圾、工程渣土，并做好场地周围的保洁工作；

(2) 不得受纳工业垃圾和生活垃圾；

(3) 建筑垃圾、工程渣土分类堆放。

### 4. 处罚管理

对违反管理规定的单位和个人，由监察管理队伍按照下列规定给予处罚(罚款的数量各地根据城市的经济发展状况自行规定和调整)：

(1) 未经渣土管理部门核准擅自处置建筑垃圾、工程渣土、污染环境的，责令限期清除，并处以罚款；违反建筑管理有关规定的，移送建筑管理部门依法处理。

(2) 未实施现场管理、填报《建筑垃圾、工程渣土处置日报表》的，责令改正，并处罚款。

(3) 未经渣土管理部门核准，擅自运输建筑垃圾、工程渣土的，责令其立即停运，并按已运输的量进行罚款；

(4) 未随运输车船携带处置证的或按每辆车或出借、转让、涂改伪造处置证的，均给予一定数量的罚款。对屡犯或者情节严重者，加处1~3倍的罚款。

(5) 未取得回执的，除责令责任者补办回执外，处以罚款；伪造回执的，罚款增加1~3倍。

(6) 任意倾倒建筑垃圾、工程渣土或不按要求倾卸的，责令改正，并处罚款；污损环境的，不仅罚款，还责令承运者到指定地点清运其任意倾倒量10倍的建筑垃圾、工程渣土。违反交通管理规定的，移送公安交通管理部门依法处理。

(7) 擅自回填建筑垃圾、工程渣土的，责令补办申请手续，并处罚款。工程竣工后未按规定清除建筑垃圾、工程渣土的，责令限期清除，并对施工单位或者建设单位处以罚款。

(8) 未按规定管理储运场地的或未按规定在储运场地设置围栏及防污染措施的责令改正，并处罚款。

(9) 监察管理队伍对污染环境卫生、责令限期改正的行为，当事人逾期未改正的，环境卫生管理部门可代为采取改正措施，有关费用由当事人承担。

(10) 当事人对环境卫生管理部门的行政处罚决定不服的，可向其上级管理机构投诉或向人民法院起诉。逾期不申请复议、也不向人民法院起诉、又不履行处罚或者处理决定的，由做出决定的环境卫生管理部门申请人民法院强制执行或依法强制执行。

(11) 环境卫生管理部门工作人员执行公务时应当出示证件，公正执法。滥用职权、玩忽职守、徇私舞弊的,由其所在单位或者上级主管机关给予行政处分;构成犯罪的,依法追究刑事责任。

### 三、我国建筑垃圾的法律法规

#### (一) 国家法律规范

**1. 国家法律**

国家法律是由全国人民代表大会和人大常委会制定的法律文件。1995 年 10 月 30 日全国人大第十六次会议通过了《中华人民共和国固体废物污染环境防治法》。它是固体废物管理法律法规体系中的大法,该法律在第四十一条对建筑垃圾作了专门规定:"施工单位应当及时清运、处置建筑施工过程中产生的垃圾,并采取措施,防止污染环境"。

**2. 行政法规**

行政法规是由国务院根据宪法和法律制定的行政法规、措施和命令等。1995 年 5 月 20 日,国务院第 104 次常务会议通过,并颁布了《城市市容和环境卫生管理条例》,这是有关城市市容和环境管理的行政法规,它是城市实施固体废物管理的最为广泛的规范依据。该法规第十六条规定:"城市的工程施工现场的材料、机具应当堆放整齐,渣土应当及时清运;临街工地应当设置护栏或者围布遮挡;停工场地应当及时整理并作必要的覆盖;竣工后,应当及时清理和平整场地"。

**3. 部门规章**

部门规章是由国务院各部委根据法律和国务院的行政法规、决定和命令,在本部门权限内发布的命令、指示和规章。《城市建筑垃圾管理规定》是建设部于 1996 年 2 月 26 日颁发的第一部有关建筑垃圾管理方面的专门性规章,它包含了建筑垃圾管理中最基本的内容。如:建筑垃圾及建筑垃圾管理的定义(《规定》中第二条);城市建筑垃圾管理的归属部门(第三条);管理的方式:排污申报、排污收费、监督检查和违规处罚等(第四~第九条)。

随着国家环保要求的提高,《城市建筑垃圾管理规定》1996 版已不能满足形势发展的要求了。2003 年 6 月,建设部出台了《城市建筑垃圾和工程渣土管理规定》(修订稿),目前正在修改过程中。新《规定》较老《规定》,不仅内容上更加丰富和详实,而且对违规行为的处罚力度也明显加强。如:

(1) 新《规定》不仅规定了城市建筑垃圾管理的归属部门,而且较详细的给出了具体管理部门的职责。"第四条 城市市容环境卫生行政主管部门或其所属建筑垃圾、工程渣土管理部门的职责:(一)贯彻执行国家的有关法律、法规,制订建筑垃圾、工程渣土处置规划和计划。(二)审核建设工程建筑垃圾⋯⋯。"

(2) 新《规定》增加了建筑垃圾资源化等方面的内容,如"第十四条 城市人民政府应采取措施,鼓励建筑垃圾、工程渣土的资源利用,采取渣土回填、围海造田、堆山造景、废渣制砖等途径,实行建筑垃圾、工程渣土资源化、减量化。"

(3) 新《规定》加强了对违反规定的行为的处罚力度。如"第二十条 运输单位和储运消纳场设置单位违反本规定⋯⋯,同时违反治安管理处罚规定的,由公安机关依照《中华人民共和国治安管理处罚条例》的规定处罚,构成犯罪的由司法机关依法追究刑事责任。"

(4) 新《规定》同时给出了行政管理人员的处罚规定:"第二十二条 城市渣土管理部门的行政管理人员⋯⋯玩忽职守、滥用职权、徇私舞弊、索贿受贿、枉法执行者,由其所在单位或上级主管部门给予行政处分;构成犯罪的,依法追究刑事责任。"

#### (二) 地方法律规范

地方性法律规范是由地方各级人民代表大会和地方人民政府制定的,经国务院批准或备案的地方行政法规、规章、决定和命令,它往往是国家法律法规的细化和国家法律法规空白点的补充等。

### 1. 地方法规

地方法规是由地方各级人民代表大会及常务委员会根据宪法和法律制定的地方性法规。如由 2001 年 11 月 14 日通过,2002 年 4 月 1 日起实施的《上海市市容环境卫生管理条例》,是上海市市容环境卫生管理最直接的规范依据。条例中的四十三条、四十四条均对建筑垃圾的管理做出了明确规定。"产生建筑垃圾、工程渣土和泥浆的单位,应当向市容环境卫生管理部门申报产生量和处置方案,并取得处置证……"。

### 2. 政府规章

政府规章是各地方人民政府根据法律和国务院的行政法规制定的规章,又称地方规章。如:1992 年 1 月 11 日由上海市人民政府 10 号令发布的,后经修改与 1997 年 12 月 14 日上海市人民政府 53 号令重新发布的《上海市建筑垃圾和工程渣土处置管理规定》,是进行上海市建筑垃圾管理工作的具体依据。

### (三) 建筑垃圾管理的主要法律制度

#### 1. 环境卫生责任制度

环境卫生责任制度是指根据环境卫生法律规定,建筑垃圾相关管理部门、责任单位或个人所应承担的环境卫生工作的一项法律制度,如:《中华人民共和国固体废物污染环境防治法》中第四十一条;《城市市容和环境卫生管理条例》中第十六条;《上海市市容环境卫生管理条例》中第四十四条等,均给出了建筑垃圾的责任主体和环境卫生责任。环境卫生责任分为两方面:一为政府责任,另一为建筑单位或个人(房屋装潢家庭)责任。前者主要指建筑垃圾管理部门依法应当承担的建筑垃圾环境卫生监督和管理工作;后者是指建筑施工单位或个人依法应当承担的环境卫生工作,如:清理、收集、贮运及处置建筑垃圾的工作。

#### 2. 建筑垃圾环境许可证制度

建筑垃圾环境许可证制度是指建筑垃圾管理部门依据行政相对人的申请,依法赋予其拥有可以从事与建筑垃圾有关的经营性行为的制度,如:进行收集、运输、处理服务等的单位或个人,必须经建筑垃圾的主管部门审批后,方可从事相关的经营活动,如:负责建筑垃圾运输的部门或个人必须经过资质审查,经核准后方可从事相关内容的服务。

#### 3. 建筑垃圾处置申报制度

建筑垃圾处置申报制度是指建筑垃圾的建筑或施工单位,必须依法提前向建筑垃圾管理部门提出处置申请,申报处置计划,签订环境卫生责任书。

#### 4. 排污收费制度

排污收费制度是指建筑垃圾管理部门,根据相关法规规定,对建筑垃圾排放单位,实行收费服务的一项制度,如《上海市建筑垃圾和工程渣土管理规定》中规定排污费每吨零点五元,处置费每吨零点五元。

#### 5. 现场检查制度

现场检查制度是指负责建筑垃圾的监察部门依法对其管辖范围内的相关单位和个人执行法规的情况进行现场检查的一项法律制度,它是建筑垃圾管理工作中的一项基础制度,具有法定性、规范性和强制性等特点。监察部门在依法实施检查职责时,被检查对象不得拒绝。建筑垃圾管理的各相关法律规范中对此都作了明确规定。

6.环境卫生标准制度

环境卫生标准制度是为了加强城市环境卫生管理工作,对城市道路和公共场所保洁,废弃物处置等方面的作业所做出的环境卫生标准要求。

## 四、我国建筑垃圾管理中存在的问题

### (一)管理体系不健全

由于我国对建筑垃圾的管理尚属起步阶段,所以管理体系方面的空白和空缺很多,现有体制中也还存在一些不合理方面。从建筑垃圾对环境的危害而言,从其产生、运输,处置的全过程,都应该被列入管理的范畴。同时从资源环境管理的角度出发,还应包括建筑垃圾的循环利用、资源回收等方面的开发和管理。而目前我国的垃圾管理,仅处于从城市市容环境卫生的角度出发,解决乱堆乱弃的现象,这是远远不够的。

### (二)科研投入严重不足

地球上大多数矿物资源都是不可再生资源,作为建筑材料用量最大的水泥及混凝土的原材料资源,也在逐渐减少。因此对建筑垃圾进行资源化循环利用的研究,是环境保护、经济可持续发展的需要。目前我国在这方面的科研投入较之西欧、美国等工业发达国家相距甚远,而我国在资源短缺问题上,又远远超过了这些国家,这不能不让人为之担忧。

### (三)法律法规不健全

我国至今尚无一部国家的关于建筑垃圾管理的法律、法规文件,本领域的法律空白正由部门或地方法规、规章填补,这在很大程度上削弱了法律效力。在一些地区,建筑垃圾乱堆、乱弃等违法违规现象非常严重。这对于人口日益增多、压力日益增大的我国土地资源来说,无疑是雪上加霜。

在现有的法规规章中,有关建筑垃圾管理的定量指标无从查询,也即缺少建筑垃圾环境污染控制方面的标准。这给具体的管理工作带来了一定的困难,如:建筑扬尘对城市空气环境产生的影响,究竟应该如何规范、控制? 建筑垃圾的产生量是否应有控制指标等。

### (四)建筑垃圾的再生利用缺乏保证质量的技术规范和标准

建筑垃圾的循环再生利用无疑是垃圾减量化、资源化,经济建设、环境保护与可持续发展的重要方向,然而建筑垃圾由于其自身的特性,与原始建材已有所区别,在结构、强度、力学等指标上会有不同程度的降低,因此适用的范围也应有所区别和限定。目前,有关这方面的研究在国内还刚刚开始,更无相应的技术标准和操作使用规范出台,这在很大程度上限制了建筑垃圾的再利用。

### (五)政企不分、政事不分及管理与执法混淆

目前我国建筑垃圾的管理,基本沿袭了计划经济时期的模式,即政府的管理职能成为资质审批、事物承办等的具体工作,而应有的法律、法规、计划、政策等制定的宏观管理职能则明显弱化;政府的管理部门常常又同时肩负监督、检查和执法的任务等。这种非正常状态必然会限制管理工作的发展,不容易及时发现问题,及时纠正,也就无法调动各方面的积极性。

## 五、我国建筑垃圾管理建议

### (一)建筑垃圾源头分类管理

城市建筑垃圾的回收利用价值,在某种程度上取决于建筑垃圾的源头分类工作的成功与否。许多成分经简单分拣和处理后,仍然可以回收利用。如建筑垃圾中的钢筋、玻璃、塑料等可以回收循环利用,如法国研制成功的膨体玻璃砖的主要原料是碎玻璃,加工时把碎玻璃碾成粉末,加

入一种发泡剂,放在炉中加热熔化。碎玻璃在熔化后会像面团一样膨胀起来,把它切成砖块,不仅重量轻,而且隔热性能好;碎木材可制纤维板或焚烧发电;而许多砖块及混凝土块经简单破碎处理仍然可以成为砌墙、铺路、修整地坪的建筑材料。可见建筑垃圾源头分类,可以大大提高它的利用潜力和增加它的利用空间。我国一些城市有专业的拆房公司,可将有用的材料分类收集利用,这是一项很有潜力的行业。

欧美一些发达国家在 20 世纪 70~80 年代就开始施行"建筑垃圾源头削减策略",即在建筑垃圾形成之前,就通过科学管理和有效的控制措施将其减量化;对于产生的建筑垃圾则采用科学手段,使其具有再生资源的功能,如美国的 CYCLEAN 公司采用微波技术,可以 100% 的回收利用再生旧沥青路面料,其质量与新拌沥青路面料相同,而成本可降低 1/3,同时节约了垃圾清运和处理等费用,大大减轻了城市的环境污染;对于已经过预处理的建筑垃圾,则运往"再资源化处理中心",采用焚烧法进行集中处理,如德国西门子公司开发的干馏燃烧垃圾处理工艺,可使垃圾中的各种可再生材料十分干净地分离出来,再回收利用,对于处理过程中产生的燃气则用于发电,每吨垃圾经干馏燃烧处理后仅剩下 2~3 kg 的有害重金属物质,有效地解决了垃圾占用大片耕地的问题。这些宝贵的经验值得我们借鉴。

建议政府采取某些措施,如制定相应的法规,促使建筑商进行垃圾分类;给予优惠奖励政策,鼓励建筑商开展这方面的工作或鼓励专业从事拆房分类的企业出现等,也可以将建筑垃圾的处理方案作为建筑工程招投标中的一项参考内容,从而加快建筑垃圾分类堆放、充分回收利用、节约资源消耗、保护环境的建设步伐。

**(二) 加强建筑废物回收利用和处置过程中的科学研究,建立健全的技术标准和使用规范**

与地球上的其他矿物一样,作为建筑材料中主要材料的水泥、混凝土等的原材料均属不可再生资源,存在日益短缺的问题,因而建筑废弃物的循环再利用,就显得更加的重要和有意义,然而如何合理有效利用,则是首先需要深入研究的问题,因为建筑废弃物与原材料之间,毕竟存在一定的结构、强度、力学等方面的差异。因此建议政府投入一定的科研资金,扶持科研机构或开发商,加强该领域的科学研究和项目开发工作,制定出相应的技术标准和操作使用规范,以保证建筑废物循环利用的安全性、可靠性、广泛性和合理性。

建筑垃圾中也包含一定的有毒、有害成分,这一点往往被人们忽略,如建筑垃圾中的涂料、油漆、化合溶剂、化学黏合剂等,均为毒性很强的有机化学合成物质,其对环境的危害不可低估。处理过程中如何避免二次污染,有害成分对环境的危害程度及与周围物质的作用过程等,均应进行相应的机理研究,以便进行安全处置,将环境危害降到最低的程度。

**(三) 有计划地开展"建筑垃圾资源化"工作**

将科研成果转化为生产力,需要一定的人力、物力和财力。目前一些发达国家已将垃圾资源化作为城市垃圾处理发展的重点,相关的新技术新工艺不断涌现,资源化在城市垃圾处理所占比例也不断增加。垃圾能源化,变废为宝,正成为发展潮流。因此,政府应有计划地开展"建筑垃圾资源化"工作,在政策和资金上对回收利用事业给予适当扶持,将因减量化而带来的处理费用的节支回用于再生利用项目,同时还可适当向建筑单位、建筑商、用户等收取建筑垃圾再生利用费,这样既可募集发展再生利用资金,还可促使减少建筑垃圾的产生。

因为垃圾处理是无利或微利的经济活动。政府要建立政策支持鼓励体系:一方面对从事垃圾处理的投资和产业活动免除一切税项,以增强垃圾处理企业的自我生存能力;另一方面政府对投资经营垃圾处理达到一定规模、运行良好的企业给予一定的经济奖励,把政府的直接投资行为变成鼓励行为;再一方面政府对从事垃圾处理投资经营活动的企业给予贷款贴息的优惠,鼓励金融机构向垃圾处理活动注入资金;最后,城市垃圾处理基础设施建设与经营可采取独资、合资、股份制合作、政府合股等形式,鼓励国内外投资经营者参与我国城市垃圾处理和经营;另外,允许符合条件的城市垃圾处理企业优先上市发行股票或企业债券,向社会募集资金,开辟社会融资渠道,解决自我资金不足的问题。

### (四) 建立健全法律法规体系

法律法规是一种外部强制力,也是减轻建筑垃圾环境影响的有效手段。

目前我国建筑垃圾管理的法律建设尚属起步阶段,一方面还没有一部针对建筑垃圾管理的法律、法规文件,削弱了建筑垃圾管理工作中的法律效力和处罚力度。另一方面在已有的规章、规范文件中,还缺少针对建筑垃圾管理的环境控制标准。国家有关部门应在全国建筑施工企业中,对每万平方米建筑在施工过程中产生的建筑垃圾的数量状况,进行一次大范围的定量定性综合调查统计,依此制定相应的建筑垃圾允许产生数量和排放数量标准,并将其作为衡量建筑施工企业管理水平和技术水平高低的一个重要考核指标。这样才能真正引起人们对于建筑垃圾进行综合利用的足够重视,建筑垃圾大量产生的源头才有可能得到有效的控制。

在法律中应体现禁止填埋可利用的建筑垃圾,建筑垃圾回收利用率等相关的内容。欧美、日本等经济发达国家很早就开展了这方面的研究,并以法律的方式加以规定,如美国政府在《超级基金法》中规定:"任何生产有工业废弃物的企业,必须自行妥善处理,不得擅自随意倾污。"日本将建筑垃圾称为"建筑副产物",早在 1997 年制定的"建设再循环推进计划"中,就提出了建设废弃物再生利用率的具体目标,并将未来的建设工程目标定位在实现零排放。

### (五) 提高建筑垃圾排放收费标准

要使建筑垃圾的回收利用成为可能,一方面应通过宣传教育工作,使建筑商具有环境保护的责任感和意识,将建筑垃圾的回收利用变成他们的自觉行动;另一方面还应采取一些其他的手段和措施,来促使建筑垃圾的这种资源转化。如提高排污收费价格等,利用经济杠杆的作用力,达到预期的目的。

目前我国的建筑垃圾处置收费普遍偏低,如上海市建筑垃圾处置收费标准为:每吨1～2元;北京市收费标准为:每吨1.5元。如此低廉的排污收费标准,很难激励建筑商对建筑垃圾的回收利用热情。再加上利用建筑垃圾生产的再生建筑材料目前的销售价格又较原生材料高,这使得建筑垃圾的回收利用很难有销路。因此,提高建筑垃圾的收取费用,一可激发建筑商减少排污量的积极性,二还可将增加收取的费用补贴到建筑垃圾再生利用企业上来。使建筑垃圾减量化、资源化走上良性循环的轨道。

另外对于建筑垃圾的收费,应采取分类的标准,如:对分类建筑垃圾,收取的费用可降低,而对于未进行分类的混合建筑垃圾则采用高收费。以鼓励建筑垃圾的源头分类、收集和利用。

### (六) 加强建筑垃圾资源化的宣传和教育工作

城市建筑垃圾减量化、资源化、无害化处理是一项长期的任务,它关系到我国社会和经济的可持续发展,需要全民的积极参与、监督实施,所以加强建筑垃圾的资源化和无害化处理的宣传、教育工作,强化人们的环保意识,就显得格外重要。通过加强宣传教育,使人们明确建筑垃圾是一种可以再生利用的资源,对它的利用是关系到环境保护、子孙后代及可持续发展等的大事。使人们的被动行为变为主动行动。逐步实现建筑废弃物资源化的最终目标。

### 六、国外管理经验

建筑垃圾是全世界都面临的问题。国外一些先进国家在再生利用建筑废弃物方面做了大量工作,取得了较好的效果。这方面,日本、法国、德国、丹麦等国走在了前面,如丹麦20世纪末就有约80％的建筑废弃物被再生利用。日本2000年是90％,建筑废物影响环境的问题已经得到较好的解决。下面详细介绍日本和法国的建筑垃圾管理。

### (一) 日本建筑垃圾管理

#### 1. 日本建筑废弃物管理概况

在日本,各产业所使用的总资源量中,建筑产业约占一半,同时,在建设过程中要排出大量建筑废弃物,其总量占各产业排出废弃物总量的20％。此外,在各产业废弃物非法抛弃量中,建筑废弃物约占90％。由于经济发展的迅速与资源和土地面积有限的矛盾日益突出,日本从20世纪60年代末就着手建筑废弃物的管理,制定相应的法律、法规及政策措施等,以促进建筑废弃物的转化和利用。

为建立"资源循环型社会",日本建设省提出"在公共工程中,当工程现场距再资源化设施一定距离范围内时,不考虑是否经济,原则上一定要把建筑废弃物运至再资源化设施处,进行建筑废弃物的重新利用"。取得了明显的效果。90年代以来,随着日本住宅和社会资本的更新,建筑废弃物和土方量虽不断增加,但实际调查显示,从1990～1995年,建筑废弃物的再利用率有大幅度提高,混凝土块、沥青的再利用率都超过了65％。为了进一步提高再利用率,建设省在1997年10月又制定了建筑废弃物再利用的推进计划及2000年数值目标。

推进计划的基本思路和具体措施要点是:

(1) 任何一项建筑工程都要编写"再生资源利用计划书",以推动公共和民间建筑工程进行废物的再利用。

(2) 为了促进再生利用的顺利进行,要求建筑废弃物分类堆放,并向行政管理部门进行申报。

(3) 再资源化设施生产出的再利用产品要在工程中加以利用。

(4) 对于工程渣土来说,由于产出土方的产生者和利用者之间在土的质量、数量和时间上往往难以一致。因此,为了实现联合利用,1999年4月,建设省联合农林水产省和运输省建立了信息实时交换系统。

(5) 为了其他领域能合理、安全地使用建筑废弃物,建设省还制定了对其他产业利用再生产品的适用条件和安全技术标准。

#### 2. 日本建筑废弃物管理的法律法规

日本对建筑废弃物的处理和再生利用非常重视,早在20世纪初就开始制定建筑垃圾管理的相关法律法规,对建筑垃圾进行统一管理。

1970年制定了"有关废弃物处理和清扫的法律"(称"废弃物处理法")。

1977年日本政府制定了《再生骨料和再生混凝土使用规范》,并相继在各地建立了以处理混凝土废弃物为主的再生加工厂,生产再生水泥和再生骨料,其生产规模大的每小时可加工生产100 t再生水泥。

1991年日本政府又制定了《资源重新利用促进法》,规定建筑施工过程中产生的渣土、混凝土块、沥青混凝土块、木材、金属等建筑垃圾,必须送往"再资源化设施"进行处理。日本对于建筑垃圾的主导方针是:(1)尽可能不从施工现场排出建筑垃圾;(2)建筑垃圾要尽可能的重新利用;(3)对于重新利用有困难的则应适当予以处理。

1991年3月,日本建设省(部)实行"再循环法",提出必须有效地利用资源,保护环境,建立"资源循环型社会",将每年10月定为"再循环推动月",进行推广和普及活动。

1993年5月制定了"推进建筑副产物正确处理纲要",为进行建筑工程的业主和施工者妥善处理建筑废弃物制定了标准。

1994年6月制定了"建筑废弃物对策行动计划",积极推进建筑废弃物再循环政策,建立有关建筑废弃物处理的制度和措施,由建筑工程业主,施工者和废弃物处理单位三者组成一体,共同推进该项政策的执行。

1997年10月,对"再循环法"进行了修改,制定了"建筑副产物再循环推进计划97",该计划从建立资源型社会的观点出发,要求建筑工程从规划,设计到施工的各个阶段需贯彻以下三项基本政策:

(1)抑制建筑副产物的产生;

(2)促进建筑副产物的再生利用;

(3)对建筑副产物进行妥善处理。

1998年8月,建设省制定了"建设再循环指导方针",要求工程业主在建筑工程规划,设计阶段制订"再循环计划书";施工单位制定"再生资源利用计划书"和"促进再生资源利用计划书"。

1998年12月,进一步修改了"推进建筑副产物正确处理纲要"。

2000年5月制定了"建筑工程用资材再资源化"等有关法律(简称"建设再循环法")和"由国家来推进采购环保产品等有关法律"(简称"绿色采购法")。

2000年6月制定公布了如下一系列法律:

"推进形成循环型社会基本法",简称"基本框架法"。

"(改进)废弃物处理法",该法最初在1970年制定,后经1991年和1997年两次修改,最后于2000年再次修订。

"促进废弃物处理指定设施配备的有关法律",关于建筑废弃物处理设备如何在全国各地布局设定。

"促进资源有效利用有关的法律",简称"促进再生资源利用法"。

可见,日本对建筑副产物处理具有了一系列完整全面的措施、政策和法律,这些都是集中大量人力,经过长期深入研究和讨论,通过大量调研工作,并吸收欧美经验才能制定出来的,很值得我国学习和借鉴。

3．日本建筑废弃物的再生利用

日本在1997年制定的"建设再循环推进计划"中,提出了建筑废弃物再生利用率的具体目标,如表10-4所示。在这个计划中建筑废弃物的最终处理量的未来目标是零,即要求将来建设工程实现零排放。

表10-4 日本建筑废弃物的再利用率

| 副产物类别 | 1990年再生利用率/% | 1995年再生利用率/% | 2000年再生利用率/% |
|---|---|---|---|
| 建筑废弃物 | 42 | 58 | 80 |
| 沥青混凝土块 | 50 | 81 | 90 |
| 混凝土块 | 18 | 65 | 90 |
| 建筑污泥 | 21 | 14 | 60 |
| 建筑混合废弃物 | 21 | 11 | 50 |
| 建筑废木材 | 56 | 40 | 90 |
| 建筑工程排土 | 36 | 32 | 80 |

（1）沥青混凝土块。日本对于沥青混凝土块,有两种再生利用方法:作为再生沥青骨料使用和作为再生碎石路基材料使用。在处理工厂中,首先去除混入沥青混凝土块中的沙土颗粒等,再采用破碎机进行破碎或热破碎,用筛子区分粒径大小,就能作为再生骨料或再生碎石使用。再生沥青骨料加上新鲜沥青骨料和再生添加剂,按比例混合就可制成再生沥青。

（2）混凝土块。日本将混凝土块一般作为再生碎石路基材料使用和作为混凝土骨料使用。在处理工厂中,首先将混凝土块中的泥土除去,然后经破碎机破碎,按所需粒径用筛子区分就能作为再生碎石使用了。近些年日本又开发出了自行式破碎机械,在施工现场可直接进行破碎。但由于仅其中的灰浆成分,可作为混凝土骨料使用,所以仍存在处理成本高等问题。

（3）建设废木材。在日本建筑工程产生的废木料,除了作为模板和建筑用材再利用外,也通过木材破碎机,将其破碎成碎屑作为造纸原料和作为燃料使用。另外采伐、剪断下来的木料经碎屑化后,还常常是用来做芳草地面的覆盖材料和堆肥。将木材进行粉碎的机械设备由破碎机和筛分机组成,有可能在工程现场直接使用的搬运式破碎机械。

（4）建筑污泥。建筑污泥中含有大量水分,通过泥浆池沉淀等浓缩化后,再进行脱水处理。脱水可以采用自然干燥和机械脱水(离心式、加压式和真空室式等)的方式进行。日本近年来开发出了高压型压力机。另外,有时也在其中添加一定量的水泥和石灰等固化材料,进行稳定化处理,使得符合一定的品质标准,作为回填的土质材料再使用。

（5）建筑混合废弃物。日本将从建筑工程中排出的,由砖瓦、纸屑、木屑、废塑料、石膏板、玻璃、金属等多种物质混杂在一起组成的废弃物,称为"建筑混合废弃物"。建筑混合废弃物一旦分离开来就可成为有用的资源,但混杂在一起则是"垃圾"。因此,其处理过程首先是分选,分选由人和机械组合而进行,开始的粗选往往是体力作业,实现机械化困难,进一步分选可采用振动筛,利用风力、磁力和重量差等来分选,还得适当配合进行破碎和人工分选。分选后进行分类收集,通过破碎机进行减少体积处理,最后送往有关场所进行再生处理。

建筑废弃物作为再生资源使用时,前提条件是:再生资源的品质和不含有害物质;而在资源化处理过程中,则注意环境保护,防止噪声、振动、粉尘和水质污染等问题的产生。

### （二）法国建筑工地废物的削减与管理

法国的建设及建筑计划(PCA)和环境及能源控制局(ADEMA)在实验工地对建筑废弃物的削减与管理进行了尝试,提出了具体的解决方案。以下是法国的建设及建筑计划(PCA)和环境及能源控制局(ADEMA)在法国社区新住房建设中所实施的具体解决办法。

#### 1. 预先规划

（1）记载备忘录。开始制定规划时,在设计者和企业之间记录备忘录,以限制边角料的产生及优化不同的建筑方法。对于不同的行业,如安装隔板和铺设地面行业,这种做法能保证减少材料和节约时间。

（2）预留位置。在不同的层面上预留用来通过管道的位置,如在浇筑混凝土前放置一个合适尺寸的木箱来可避免传统的聚苯乙烯废料,在工地使用过程中,这种箱子可以重复使用。应该设计出相应的盖子用来堵住孔洞,以保证建筑工地人员的安全。而且,在建筑工地结束时,如无需用风镐处理,还可达到减少损坏的目的。对于大规模的工地,一种做法是使用带有合适盖子的圆柱形镀锌铁皮壳来预留位置,这种材料价钱较贵,仅适用于规模足够大的工地。而对于诸如重复性的建筑,如社区住房,则可以考虑设计标准尺寸的箱子。另一种做法是分两段时间预留:首先做最大限度的预留,然后以比较精确的预留来浇灌混凝土。

（3）分拣废弃物。首先应该了解企业在源头上能分拣到什么程度,以及在什么程度上应由专门企业进行二级处理。主要是确定工地人员分拣的范围,对不同类别的材料进行分拣,其难易程度及分拣成本不同。重要类别的材料很容易识别,因为在吊斗上都标有简单的图案。反过来,在同一类中不同品种的材料却难以区分,比如不同种类塑料的塑料薄膜,处理过的木头和没有处理过的木头等。进行源头分拣可以避免在一般的工业废料(如塑料、纸张和未处理的木材)中存在惰性材料(混凝土、砖石等),这些惰性材料会降低这种废弃物的质量。进行这样的源头分拣是很经济的,源头分拣可对废弃物在进入分拣中心前进行初级分类,提高混合物在分拣中心分拣分类的纯度,降低分拣分类的难度。源头分拣设置料斗数目主要取决于两个因素,一个是当地废弃物回收增值的程度,即根据当地能回收增值废弃物的种类来设置回收料斗的数目;另一个约束条件就是工地条件,即工地能提供放置料斗的占地面积,而且对于外来汽车以及工地工人,应易于接近这些料斗。另外,在辅助行业(如细木工、油漆工)参与的过程中,由于建筑工地清扫会产生数量不多、很难分拣的混合废弃物,所以应该设置一个专用料斗来接受这类废弃物(如纸板、纸张、未处理的木材、塑料等普通废弃物),以避免它们混入已分拣好的料斗中成为污染物。

2. 具体实施

具体实施办法主要包括进行工地组织和签订合同条款,根据实施废物管理的对象不同可分为三类:在建筑施工工地设置分拣场地,将废物管理工作委托给按份额计费的管理者或建筑工地施工期间并非一直存在的企业集团(往往是主体工程)的受托人,建立专门化分拣中心。

(1) 在建筑施工工地设置分拣场地。这是一种最容易的情况,要再三向业主(订单提供者)详细说明,一般企业是在建筑工地施工期内管理废弃物的责任人,而且还应承担将废弃物发往不同的废弃物增值线上的责任。合同可以明确规定,企业应该配置多个料斗并培训其工人和辅助工作的工人。这种配置意味着业主给自己以实现的技术可能性:占有可用的土地,特别是准备建筑工地的时间。

一般企业在其总成本中包括这种费用,业主不能只考虑成本的市场,应根据环境的判据,特别是对废弃物需要处理的反应来选择企业。

在一般企业这一层次,对于分包工程来说,这些措施是完全必要的。首先是合同措施(在分包合同上写入的条款)、组成辅助行业的工地人员培训和调查措施,以及限制工地范围的措施,乃至主体工程完工之后的未尽事宜。

(2) 将废弃物管理工作委托给按份额计费的管理者或建筑工地施工期间并非一直存在的企业集团(往往是主体工程)的受托人。这种管理方式根据总合同中每个工业行业的市场份额进行的废弃物管理,既不考虑每个行业所产生的废弃物的质量和数量,也不管谁是废弃物产生大户。这种管理方式实施起来较困难,其特点如下:

1) 废弃物管理可以交给专门的从业人员。这种办法的优点是脉络清晰,不会加重工地的协调任务。但是,它不再对不同的工业行业负责。一般认为,这种方式更适合于小工地。

2) 废弃物管理可以由每个工业行业负责,以此作为补充。这种方式需要更多的协调工作,以明确在工地领班或业主及料斗管理的份额计费管理人之间关系。

(3) 建立专门化分拣中心。在某些建筑工地上,由于工地规模、可供使用的空间等原因,设置分拣废物的场地可能有困难。在工地上进行分拣和选用专门的从业人员之间的一个中间的办法是使用专门化的废物站。这样的分拣中心一般由从事建筑企业的私人创建,他们的最初目的往往是想在地方上设置适合其需要的分拣中心。在法国,这样的设施并不多,但还是有一些经验(比如在尚贝里和勒阿弗尔)。这些分拣中心接收呈混合状态,或仅经过初步分拣的废弃物,根据废弃物的种类及其分拣程度实行一种仔细研究过的价目表。这种方法使企业所付的费用与付给非专业化工地废弃物处理服务人员的费用相当低。

### 3. 废弃物管理的经济分析

当今出现的几个技术方案是需要以一定的成本,甚至较高的附加成本实施的。如果我们不对废弃物进行管理,那么当有关废弃物的法规实施时,就要付出更多的费用去清除它们。反之,如果对它们进行管理,就会由于最大限度减少了废弃物的种类而使费用减少。

(1) 每吨废弃物的费用。表 10-5 为法国建筑工地垃圾分拣和不分拣的费用统计表,表中废弃物的百分比是由 FNB(国家建筑联合会)和 ADEME(环境和能源管理局)根据全国平均值给出。每吨的费用是 1995 年处理各类废弃物使之增值的法国平均价。最后的价格(最右面一列)是使 1 t 混合废物增值的费用,但此时不考虑在建筑工地上分拣的费用。对于分拣,这里假设:金属和未处理的木材经分拣后会增值,石膏、塑料、纸板等可以按照当地废物增值处理线的意图加以精制。从统计表数据可看出,对建筑工地垃圾进行分拣后,建筑工地垃圾的管理费用由 600 法郎/t 下降到 96.40 法郎/t,其下降幅度达 84%。

表 10-5　每吨废弃物的费用

| 项　　目 | 废弃物的百分比/% | 费用一/法郎·$t^{-1}$ | 费用二/法郎·$t^{-1}$ |
|---|---|---|---|
| 惰性物 | 87.8 | 50 | 43.90 |
| 第二类普通工业废弃物 | 5.1 | 500 | 25.50 |
| 特殊工业废弃物(油漆、处理过的木材等) | 2.7 | 1000 | 27.00 |
| 金　属 | 1.9 | 0 | 0.00 |
| 未处理过的木材 | 2.6 | 0 | 0.00 |
| 混合废弃物 | 100 | 600 | |
| 不计分拣合计/法郎·$t^{-1}$ | | 600.00 | |
| 计分拣合计/法郎·$t^{-1}$ | | 96.40 | |
| 违章丢弃不经分拣的第三类废弃物(所谓"惰性"废物) | | 50.00 | |

(2) 新住房的建筑成本。建筑工地每平方米建筑面积所产生的废弃物数量,在很大程度上取决于建筑的体制如何。在不经分拣且未从源头上减少废弃物产生的参考建筑工地上,每套住房的废弃物数量约为 5~11 $m^3$,而实验性建筑工地可以将此数字压缩为每套住房 3~4 $m^3$。因此,每套住房的成本与所产生的废物数量、该地区废弃物增值的价格等有很大关系。对于 20 套住房的工地,表 10-6 给出几个指导性的数字。

表 10-6　新住房的建筑成本

| 项　　目 | 不减少废物量 | 减少废物量 |
|---|---|---|
| 吨/套 | 7 | 3.5 |
| 二类废物不加分拣时的费用/法郎·$t^{-1}$ | 4200 | 2100 |
| 不分拣也不增值 20 套的成本/法郎 | 84000 | 42000 |
| 分拣并增值每套的成本/法郎 | 675 | 337 |
| 分拣并增值 20 套的成本/法郎 | 13500 | 6740 |
| 不分拣并违章丢弃三类(惰性)废物时 20 套的成本/法郎 | | 7000 |

表 10-6 说明了在实施已完成的实验中得到的结论:分拣和增值明显地降低了废物的管理成本,由 8.4 万法郎下降到不到 1 万法郎。实际上,这个费用与不符合规定经常丢弃在三类贮存中

心未分拣废物的管理费用非常接近。

　　4.废物消除方案的评估

　　评估的基本思想是将环境特点与处理费用相比较,为不同类型废物选择的每种解决办法必须满足环境准则的要求,并兼顾费用成本。这两个准则使得能构成有关建筑工地的不同备选方案,特别是从生态和从经济的观点进行比较。

　　在建筑工地废物方面最简单的环境准则就是增值至上,最好就是不加处理而将废弃物作为产品而重新使用,然后是材料循环使用,也就是说加以不同程度的处理再使用,再次是在能量方面增值使用,最后才是在符合规定的贮存中心进行贮存。这些不同的解决方案有时可用增值的或残留的吨数或是千瓦来定量表示。

　　废物的处理成本,应该是从工地开工开始的全流程的费用总和(包括料斗、运输、分拣服务式废物的包装等)并减去利润(废物销售式增值)。

　　此外,在此评估中,一般应增加一种容易量化而又十分必需的评价指标,即由人对建筑工地进行这样或那样分拣的可行性。

# 第四节　废旧混凝土的资源化技术

## 一、概述

### (一)再生混凝土技术的概念

　　再生骨料混凝土(Recycled Aggregate Concrete,RAC)简称再生混凝土(Recycled Concrete),它是指将废弃混凝土块经过破碎、清洗与分级后,按一定的比例与级配混合形成再生混凝土骨料(Recycled Concrete Aggregate, RCA)简称再生骨料(Recycled Aggregate);部分或全部代替沙石等天然骨料(主要是粗骨料)配制而成新的混凝土。相对于再生混凝土而言,用来生产再生骨料的原始混凝土称为基体混凝土(Original Aggregate),用于同再生混凝土进行对比且配合比相同的普通混凝土称为基体混凝土。再生骨料混凝土技术可实现对废弃混凝土的再加工,使其恢复原有的性能,形成新的建材产品,从而既能使有限的资源得以再利用,又解决了部分环保问题。这是发展绿色混凝土,实现建筑资源环境可持续发展的主要措施之一。美国、日本和欧洲等发达国家对废弃混凝土的再利用研究的较早,主要集中在对再生骨料和再生混凝土基本性能的研究,已有成功应用于刚性路面和建筑结构物的例子。近年来,国内的一些专家学者在这方面进行了一些基础性研究。目前,再生混凝土新技术是世界各国共同关心的课题,已成为国内外工程界和学术界关注的热点和前沿问题之一。

### (二)再生混凝土的发展

　　利用废弃混凝土研究和开发再生混凝土,始于第二次世界大战后的前苏联、德国、日本等国。近年来随着城市建设的发展,住房建设步伐的加快,新建工程施工和旧建筑物维修、拆除过程中产生大量的废弃混凝土,同时预计今后混凝土碎块的产生量将增多,如何处理这些废弃混凝土就成为一个迫切的问题。另外,天然的骨料资源日趋枯竭,要确保高品质的骨料供给将越来越困难。因此,利用废弃混凝土生产再生混凝土,日益得到重视。Nixon 于 1978 年在《材料与结构的试验研究》上发表了题为《可预见的再生骨料混凝土》的署名文章。自 20 世纪 90 年代以来,发达国家在再生混凝土方面的开发利用发展很快,2001 年,可持续发展研究机构(SRL)为再生混凝土骨料提供了环保标准(Eco—Label)。再生混凝土利用已成为发达国家的共同研究课题,有些国家还采用立法形式来保证此项研究和应用的发展。

日本由于国土面积小,资源相对匮乏,因此,十分重视将废弃混凝土作为可再生资源而重新开发利用。早在 1977 年日本政府就制定了《再生骨料和再生混凝土使用规范》,并相继在各地建立了以处理混凝土废弃物为主的再生加工厂,生产再生骨料和再生混凝土。根据日本建设省的统计,1995 年混凝土的利用率为 65%,要求到 2000 年混凝土块的资源再利用率达到 90%。日本对再生混凝土的吸水性、强度、配合比、收缩、耐冻性等进行了系统性的研究。

在德国,每年拆除的废混凝土约为 0.3 t/a·人,这一数字在今后几年还会继续增长。目前在德国再生混凝土主要用于公路路面,德国 Lower Saxong 的一条双层混凝土公路采用了再生混凝土,该混凝土路面总厚度 26 cm,底层混凝土 19 cm 采用再生混凝土,面层 7 cm,采用天然骨料配置的混凝土。德国有望将 80% 的再生骨料用于 10%～15% 的混凝土工程中。德国钢筋委员会 1998 年 8 月提出了"在混凝土中采用再生骨料的应用指南",要求采用再生骨料配置的混凝土必须完全符合天然骨料混凝土的国家标准。在奥地利,废混凝土的产率约为 1.2 t/a·人,为此,也展开了大量的研究工作,有关试验表明,采用 50% 的再生骨料配制的混凝土,其强度值可达到 B225～300(奥地利)标准,而抗盐冻侵蚀性也有所提高,同时发现再生骨料混凝土弹性模量的降低。比利时和荷兰,利用废弃的混凝土做骨料生产再生混凝土,并对其强度、吸水性、收缩等特性进行了研究;法国还利用碎混凝土和碎砖生产出了砖石混凝土砌块,所得的混凝土砌块符合与砖石混凝土材料有关的 NBNB21—001(1998)标准。

我国对再生混凝土的研究晚于工业发达国家。不过中国已经对再生混凝土的开发利用进行立项研究,并取得了一定的研究成果。但是到目前为止,我国对再生混凝土还没有一套完整的规范。

**（三）再生骨料的制造过程**

用废弃混凝土块制造再生骨料的过程和天然碎石骨料的制造过程相似,都是把不同的破碎设备、筛分设备、传送设备合理的组合在一起的生产工艺过程,其生产工艺原理如图 10-1 所示。实际的废弃混凝土块中,不可避免地存在着钢筋、木块、塑料碎片、玻璃、建筑石膏等各种杂质,为确保再生混凝土的品质,必须采取一定的措施将这些杂质除去,如用手工法除去大块钢筋、木块等杂质;用电磁分离法除去铁质杂质;用重力分离法除去小块木块、塑料等轻质杂质。

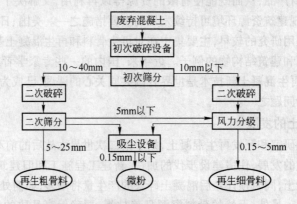

图 10-1　再生骨料的生产工艺流程图

**（四）再生骨料的性质**

同天然沙石骨料相比,再生骨料由于含有 30% 左右的硬化水泥砂浆,从而导致其吸水性能、表观密度等物理性质与天然骨料不同。表 10-7 为比较有代表性的再生骨料的物理性质。

**表 10-7 再生骨料与天然骨料物理性质的对比**

| 类 别 | 骨料种类 | 原混凝土的水灰比 | 吸水率/% | 表观密度/t·m$^{-3}$ |
|---|---|---|---|---|
| 细骨料 | 河沙 | | 4.1 | 1.67 |
| | 再生细骨料 | 0.45 | 11.9 | 1.29 |
| | | 0.55 | 10.9 | 1.33 |
| | | 0.68 | 11.6 | 1.30 |
| 粗骨料 | 鹅卵石 | | 2.1 | 1.65 |
| | 再生粗骨料 | 0.45 | 6.4 | 1.30 |
| | | 0.55 | 6.7 | 1.29 |
| | | 0.68 | 6.2 | 1.33 |

再生骨料表面粗糙、棱角较多,并且骨料表面还包裹着相当数量的水泥砂浆(水泥砂浆孔隙率大、吸水率高),再加上混凝土块在解体、破碎过程中由于损伤积累使再生骨料内部存在大量微裂纹,这些因素都使再生骨料的吸水率和吸水速率增大,这对配制再生混凝土是不利的。王武祥和刘立等人证实:随再生骨料颗粒粒径的减小,再生骨料的含水率快速增大,密度则降低,吸水率成倍增加,再生细骨料的含水率和吸水率均明显大于再生粗骨料;同时,再生骨料的吸水率与再生骨料的原生混凝土强度有关,粒径相当时,再生骨料的吸水率随原生混凝土强度的提高而显著降低(见表10-8)。同样,由于骨料表面的水泥砂浆的存在,使再生骨料的密度和表观密度比普通骨料低。

**表 10-8 再生骨料物理性质与原生混凝土强度等级的关系**

| 原生混凝土的强度等级 | 粒径/mm | 含水率/% | 吸水率/% | 密度/g·cm$^{-3}$ |
|---|---|---|---|---|
| C30 | 10.0~20.0 | 1.01 | 3.94 | 2.58 |
| | 5.0~10.0 | 4.17 | 7.08 | 2.53 |
| | 2.5~5.0 | 5.93 | 12.29 | 2.25 |
| | 2.5~20.0 | 1.63 | 4.07 | 2.57 |
| C40 | 10.0~20.0 | 2.46 | 3.69 | 2.61 |
| | 5.0~10.0 | 3.52 | 5.59 | 2.42 |
| | 2.5~5.0 | 3.95 | 7.69 | 2.35 |
| | 2.5~20.0 | 2.56 | 4.21 | 2.58 |
| C50 | 10.0~20.0 | 1.21 | 3.24 | 2.61 |
| | 5.0~10.0 | 3.95 | 5.82 | 2.45 |
| | 2.5~5.0 | 4.17 | 8.13 | 2.30 |
| | 2.5~20.0 | 2.04 | 3.47 | 2.59 |

## 二、再生混凝土的性能

### (一) 再生混凝土配合比

由于再生骨料各方面的性能不同于天然骨料,为合理有效地推广再生混凝土,必须根据再生骨料的特点,对再生混凝土的配合比设计进行专门研究。张亚梅等研究了 C20、C30 和 C40 三个系列的再生混凝土,对再生混凝土配合比设计进行了初探。研究结果表明,当设计强度为 C20 时,以普通混凝土配合比设计方法配制的再生混凝土强度高于基准混凝土,但工作性能显著降低。在此基础上,她提出了再生骨料预吸水法,这种方法与史巍等针对再生骨料吸水率较大而建议的基于自由水灰比之上的配合比设计方法是一致的。即将再生混凝土拌和用水量分为两部分,一部分为骨料所吸附的水分,称为吸附水,它是骨料吸水至饱和状态时的用水量;另一部分为拌和水用量,除了一部分蒸发外,这部分水用来提高拌和物的流动性并参与水泥的水化反应。吸附水的用量根据试验确定,拌和水用量按普通混凝土配合比设计方法确定。

在实际操作中,两部分水是一起加入的。在配合比设计中,可以采用再生骨料和天然骨料相混合以及掺加外掺料与外加剂等来改善再生混凝土的性能。Saroj 等人的试验中掺加了 10% 的粉煤灰,使再生混凝土的性能有了很大的改善,具体表现为不但使得再生混凝土的干缩应变、渗透性和吸水性接近普通混凝土,而且再生混凝土的抗酸性大大提高。张亚梅等全部采用再生骨料作为粗骨料,并掺加了高效减水剂和粉煤灰,配制出强度为 54.6 MPa 再生混凝土。邢振贤等人采用基体强度为 C20-C25 的废弃混凝土骨料,通过掺加高效减水剂使水灰比降低到 0.35,配制出了强度为 40.4 MPa 的再生混凝土。由此可见,再生混凝土配合比设计要比普通混凝土复杂,但只要措施得当,仍可以获得比较满意的力学性能。

### (二)再生混凝土物理性能

由于再生骨料比天然骨料表观密度小,因此再生混凝土的密度低于普通混凝土。随着再生骨料掺量的增加,再生混凝土的密度有规律地降低,全部采用再生骨料的再生混凝土密度较普通混凝土降低 7.5%。再生混凝土的自重低,这对于降低结构自重,提高构件的抗震性能等有利。同时,由于其孔隙率大,使得再生混凝土具有较好的保温性能。

### (三)再生混凝土的工作性能

一般认为,在用水量相同的情况下,与基体混凝土相比,再生混凝土的坍落度减小,流动性变差,但黏聚性和保水性增强,主要原因是再生骨料表面粗糙,孔隙多,吸水率大,从而使得再生混凝土流动性差,坍落度变小。同时,由于骨料表面粗糙,增大了再生混凝土拌和物的摩擦阻力,使再生混凝土的保水性和黏聚性增强。Topcu 等人的研究发现在保持用水量不变的情况下,随着再生骨料所占比例增加,混凝土的坍落度逐渐下降。Mukai 的试验表明,用再生骨料作为粗骨料、天然沙作为细骨料配制的再生混凝土,当采用基准混凝土配合比时,用水量需增加 5% 左右;若再生混凝土的粗细骨料均采用再生骨料时,用水增加量为 15%。柯国军等的研究发现,当再生骨料的替代率为 0~60% 时,其坍落度与基准混凝土基本相同,坍落度损失不大,不会给混凝土施工带来困难,主要是再生骨料用量较少,吸水量也较少;当取代率超过 70% 时,再生混凝土的坍落度明显降低。再生混凝土的坍落度随水灰比的增大而增大,这和普通混凝土是一致的。但在再生混凝土的搅拌工艺、泵送工艺、初凝及终凝时间控制等方面还未见研究报道。

### (四)再生混凝土的力学性能

#### 1. 再生混凝土的强度

再生混凝土的强度与基体混凝土的强度、再生骨料破碎工艺、再生骨料的替代率以及再生混凝土的配合比等密切相关。由于基体混凝土的强度等级、使用环境与碳化程度各不相同,解体、破碎的工艺及质量控制措施的差异,导致再生混凝土强度变化的规律性较差,不同的研究者所得的结论也有所不同。Hansen 的试验结果表明,随着基体混凝土的强度降低,再生混凝土的强度呈下降趋势。但对于不同强度等级的再生混凝土,再生骨料对其强度的影响不同:配制高强再生混凝土时,再生骨料的性能对再生混凝土的强度影响最大;配制中等强度再生混凝土时,影响程度次之;配制低强度的再生混凝土时,再生骨料对其强度的影响最小。一般情况下,再生骨料混凝土的抗压强度低于基体混凝土或相同配比的普通混凝土的抗压强度,降低范围为 0%~30%,平均降低 15%。再生混凝土抗压强度降低的主要原因是再生骨料与新旧水泥浆之间在一些区域结合(bond)较弱。当再生混凝土设计强度较低或基体混凝土较低时,再生混凝土的强度反而高于基准混凝土的强度。主要原因是:再生骨料与新拌水泥浆之间有较好的相容性,彼此存在发生化学反应的可能;再生骨料表面粗糙,界面啮合能力强;再生骨料吸水率高,加水搅拌后,再生骨料大量吸收新拌水泥浆中多余的水分,既降低了粗骨料表面水灰比,又降低了混凝土拌和物的有效水灰比。日本 BCSJ 中再生混凝土的抗压强度比普通混凝土降低约 14%～32%,其强度变化规律为:再生骨料的比例增加,再生混凝土的强度降低;用再生骨料替代细骨料配制的再生混凝土的强度较再生骨料替代粗骨料配制的混凝土的强度降低;水灰比较低时,再生混凝土强度降低的程度减轻。邢振贤等人全部采用废弃混凝土再生骨料制作出再生混凝土,与配合比相同的基准混凝土相比,抗压强度降低 9%,抗拉强度降低 7%。再生混凝土的抗弯强度约为基准混凝土强度的 75%～90%。

值得指出,再生骨料表面包裹着水泥砂浆,使再生骨料与新的水泥砂浆之间弹性模量相差较小,界面结合可能得到加强。同时,再生骨料表面的许多微裂缝会吸入新的水泥颗粒,使接触区的水化更加完全,形成致密的界面结构。由于界面结合得到加强,因再生骨料强度较低而导致的再生混凝土性能的劣化得到了一定程度的补偿。目前,有关再生混凝土的微观结构以及如何提高再生混凝土的强度有待于进一步研究。

### 2. 再生混凝土的弹性模量

由于再生骨料中有大量的老旧砂浆附着于原骨料颗粒上,导致再生混凝土的弹性模量通常较低,一般约为基体混凝土的 70%～80%。由于弹性模量低,变形大,可以预计再生混凝土具有较好的抗震性能和抵抗动荷载的能力。掺入塑化剂后,再生混凝土的弹性模量有所提高。当掺入最佳数量(10%)的膨胀剂后,弹性模量可提高 8%～10%。水灰比对再生混凝土的弹性模量影响较大,当水灰比由 0.8 降低到 0.4 时,再生混凝土的抗压弹性模量增加 33.7%。再生混凝土泊松比在 0.18～0.23 范围内。

### 3. 再生混凝土的干缩与徐变

与普通混凝土相比,再生混凝土的干缩量和徐变量增加 40%～80%。干缩率的增大数值取决于基体混凝土的性能、再生骨料的品质以及再生混凝土的配合比。粘附在再生骨料颗粒上的水泥浆含量越高再生混凝土的干缩率越大。Yamato 等人的研究表明,再生骨料与天然骨料共同使用时,再生混凝土的干缩率增加;水灰比增加,再生混凝土的干缩率增大。通常认为其原因是再生骨料中有大量老旧水泥砂浆附着其上或再生骨料的弹性模量较低。后期,由于粘附在再生骨料上的水泥水化不完全,也会导致更大的干缩量。还有观点认为再生骨料中已经有源于基体混凝土的沙率,当按普通混凝土配合比设计时,仍然会设计一个沙率,结果导致再生混凝土中的砂浆量大大提高,最终导致再生混凝土的干缩率提高。收缩和徐变量大会影响再生混凝土的推广和应用,因为这会使混凝土结构产生较多非受力裂缝,如果内外贯通,环境中的水及其他有害物质很容易通过这些裂缝渗入到混凝土内。同时由于干缩和徐变量大,在预应力结构中产生的预应力损失也大。当采用较低水灰比或较高强度的再生骨料时,可使徐变值降低。如何降低再生混凝土的收缩和徐变,有待于进一步研究。

### (五) 再生混凝土的耐久性

#### 1. 再生混凝土的抗渗性

决定混凝土渗透性的因素可分为两类。一类因素包括混凝土拌和料的组分、拌和物配合比以及工艺参数,即拌和料的制备、成形和养护等;第二类因素是混凝土随时间而发生的变化,即在外部环境、结构应力、流体性能和渗透条件等因素作用下,混凝土内部发生的物理和化学变化。由于再生骨料的孔隙率较大,基于自由水灰比设计方法之上的再生混凝土的抗渗性比普通混凝土低,掺加了粉煤灰之后,粉煤灰能细化再生骨料的毛细孔道使抗渗透性有很大改善。

**2．再生混凝土的抗硫酸盐侵蚀性**

由于孔隙率及渗透性较高,再生混凝土的抗硫酸盐和酸侵蚀性比普通混凝土稍差。掺加粉煤灰后,能减少硫酸盐的渗透,使其抗硫酸盐侵蚀性有较大改善。

**3．再生混凝土的抗磨性**

再生骨料的抗磨损性较差,从不同强度的基体混凝土中得到的再生骨料,其抗磨性不相同。日本 Roshikana 从强度分别为 15 MPa、16 MPa、21 MPa、30 MPa、38 MPa 和 40 MPa 的基体混凝土中得到了再生骨料并进行了 LA 磨损性测试,结果损失率分别为 28.7%、27.3%、28.0%、25.6%、22.9% 和 20.1%。可见,随着基体混凝土强度的增加,再生骨料的抗磨性提高。Hansen 的试验表明,随着再生骨料尺寸的减小,其抗磨性明显降低。原因是再生骨料尺寸越小,其含有硬化砂浆颗粒的概率越大,而砂浆的抗磨性较差。

再生骨料的抗磨损性较差导致了再生混凝土的抗磨性较差。如何提高再生混凝土的抗磨性能是能否将其应用到道面工程中的关键技术之一,需要进一步展开研究。

**4．再生混凝土的抗裂性**

再生混凝土的极限伸长率为$(2.5\sim3.0)\times10^{-4}$。同普通混凝土相比,再生混凝土极限伸长率增加 27.7%。由于再生混凝土弹性模量低,拉压比高,因此再生混凝土抗裂性优于基体混凝土。

**5．再生混凝土的抗冻融性**

再生混凝土的抗冻融性比普通混凝土差。Yamato 等人的试验表明,再生骨料与天然骨料共同使用时或通过减小水灰比可提高再生混凝土的抗冻融性。

**（六）再生混凝土的结构性能**

通过合理的配合比设计,再生混凝土的强度与普通混凝土相差不大,而在干缩、抗冻融性和抗渗透性等方面较普通混凝土差。因此,在合理设计的混凝土承重构件与结构中,使用再生混凝土是可行的。目前,对再生混凝土结构性能方面的研究相对较少,而且大部分研究只停留在简单构件的层次上,对再生混凝土结构的研究还是空白。B.C. Han 对再生钢筋混凝土梁的抗剪承载力进行了研究,在其试验中,采用了 12 根钢筋再生混凝土梁来确定斜裂缝和梁的最终抗剪承载力。试验梁的剪跨比分别为 $\lambda=1.5$、2.0、3.0 和 4.0,配筋率分别为 $\rho_s=0$、0.089%、0.244%、0.507% 和 0.823%；其中 6 根试验梁没有配置箍筋,另外 6 根沿梁的全长配置了箍筋。研究表明,用普通混凝土的设计方法设计的再生混凝土梁不安全。Caims 等人通过试验研究了再生混凝土预应力梁的受力性能。在他们的试验中,制作并测试了三根跨度为 15 m 的预应力梁,混凝土的设计强度为 40 MPa。第一根梁(40AR100)的骨料全部用再生骨料；第二根梁(40RN50)中再生骨料和天然骨料各占 50%；第三根梁(40AN100)的骨料全部用天然骨料。试验结果表明,再生混凝土预应力梁的变形较普通混凝土梁的变形显著增加,而且再生骨料含量越高,梁的变形越大。此外,M. Sonobe 等人研究了钢筋再生粗骨料混凝土梁的受剪特征；K. Ishill 等人研究了钢筋再生粗骨料混凝土梁的受弯特征。Shingo 等人对再生粗骨料钢筋混凝土梁的疲劳性能进行了研究。

另外,经济性是阻碍再生混凝土大规模推广应用的主要原因之一。由于再生骨料的生产要耗费较多的人力物力,致使目前的再生混凝土的生产成本要高于天然骨料混凝土。但是,随着社会的发展与科学技术的进步以及人们环保意识的增强,经济性的概念也会随之变化。对再生混凝土的经济分析应当从社会、经济、环境效益上进行综合考虑；同时,为了使废弃混凝土实现再生和高效利用,当前必须采取措施降低再生混凝土的造价。

### 三、废旧混凝土作粗骨料拌制再生混凝土

#### (一) 再生粗骨料(RCA)的特征性能

再生粗骨料的粒形与原生碎石相差不大，按公式 $SF = C/\sqrt{AB}$ 计算得到的再生粗骨料和原生碎石的性状系数，均在 $0.7 \sim 0.9$ 之间（其中 $A$、$B$、$C$ 分别代表长轴、中轴、短轴）。与原生碎石相比，再生粗骨料的表面异常粗糙，因为再生粗骨料表面附有硬化水泥浆体而凹凸不平，非常不规则。再生粗骨料、卵石和碎石三者的相对表面粗糙度相比，碎石表面粗糙度比卵石表面粗糙度高，而再生粗骨料表面粗糙度比碎石表面粗糙度高。用再生粗骨料拌制混凝土，沙率应比碎石拌制混凝土时提高 $1\% \sim 2\%$。表 10-9 为卵石、碎石和再生粗骨料的相对表面粗糙度测试结果。

**表 10-9　卵石、碎石和再生粗骨料的相对表面粗糙度试验**

| 品　　种 | 裹浆前质量/g | 裹浆后质量/g | 相对表面粗糙度/% |
|---|---|---|---|
| 卵石 | 601 | 615 | 2.3 |
| 碎石 | 602.5 | 621.5 | 3.15 |
| RCA I | 600 | 626.5 | 4.4 |

注：相对表面粗糙度测试方法如下：取某粒级(10～15 mm 或 15～20 mm)粗骨料试样，在饱和面干状态下浸泡于 0.6 水灰比的基准水泥浆中，裹浆后在标准状态下养护 3 d(或 28 d)。相对表面粗糙度 $\lambda = 1000(M_1 - M_2)/M_2$，其中 $M_1$ 为裹浆后质量，$M_2$ 为裹浆前质量。

粗骨料吸水率的影响因素有内部缺陷、表面粗糙程度和粒径。再生粗骨料的吸水率随粒径的增大先减小后增大（见表 10-10）。其原因是：同一种粗骨料各粒级的表面粗糙程度相差不大，粗骨料的吸水率主要受两个因素影响，即骨料的内部缺陷和比表面积。粒径愈大，再生粗骨料的内部缺陷（如微裂缝之类）愈多，吸水率愈大；粒径愈小，比表面积愈大，吸水率也愈大。

**表 10-10　再生粗骨料各粒级 10 min、30 min、24 h 的吸水率**

| 编　　号 | 粒级/mm | | | | | |
|---|---|---|---|---|---|---|
| | 5～10 | 10～15 | 15～20 | 20～25 | 25～30 | ≥30 |
| RCA I 10 min | 5.48 | 4.26 | 4.80 | 5.06 | 5.23 | 5.10 |
| RCA I 30 min | 6.60 | 5.00 | 4.83 | 6.00 | 5.90 | 5.17 |
| RCA I 24 h | 6.62 | 5.03 | 5.31 | 6.05 | 6.10 | 6.03 |
| RCA II 30 min | 9.11 | 8.06 | 7.60 | 8.47 | 8.31 | 8.03 |

注：RCA I 为取自西安建筑科技大学建材研究所存放达 40 年之久的混凝土试件,平均强度 45 MPa;RCA II 为取自陕西省体育馆改建项目工程中的废弃混凝土,强度等级相当于 C20。

再生粗骨料的表观密度和饱和吸水率与原生混凝土强度有关,原生混凝土强度愈高,水泥浆体孔隙愈少,再生粗骨料的表观密度越大、饱和吸水率愈低。再生粗骨料能在短时间内吸水饱和。10 min 达到饱和程度的 85% 左右,30 min 达到饱和程度的 95% 以上。

再生粗骨料的自然级配可以满足空隙率较小的要求;当不满足时要考虑调整级配。表 10-11 为三种不同级配方案再生粗骨料的各粒级的质量分数、堆积密度和空隙率。

**表 10-11　再生粗骨料的级配和堆积密度、空隙率**

| 编　号 | | RCAⅠ-1 | RCAⅠ-2 | RCAⅠ-3 | RCAⅡ |
|---|---|---|---|---|---|
| 粒　级 | 5～10 mm | 10 | 23.1 | 28 | 22.1 |
| | 10～15 mm | 28 | 25.9 | 23 | 26.8 |
| | 15～20 mm | 27 | 23.7 | 18.5 | 24.3 |
| | 20～25 mm | 20 | 16.1 | 16.5 | 15.7 |
| | 25～30 mm | 15 | 11.2 | 14 | 11.1 |
| 堆积密度/g·cm⁻³ | | 1.385 | 1.440 | 1.435 | 1.400 |
| 空隙率/% | | 41.2 | 38.5 | 38.7 | 39.1 |

注：RCAⅠ-1 是根据对数正态级配曲线自配而成，$D_{50} = 14.3$ mm，即粒径为 14.3 mm；RCAⅠ-2 来自于废弃混凝土破碎后的自然级配；RCAⅠ-3 根据刘崇熙提出的级配公式 $v(\%) = 22.5 \sum_1^m 0.775^{m-1}$，$m = 6.5$；RCAⅡ 为第二种骨料自然级配的测试数据。

　　再生粗骨料的压碎指标不单与骨料强度有关，还与骨料级配有关。表 10-12 为不同级配再生粗骨料的气干压碎指标和饱水压碎指标的测试结果。从表 10-12 可以得出如下结论：原生混凝土强度不同时，再生粗骨料压碎指标明显不同。原生混凝土强度愈高，再生粗骨料压碎指标愈低；同一种试样 RCAⅠ气干压碎指标变化较大，最低 13.2%，最高 15.8%；级配对饱水压碎指标影响不大，最低 17.78%，最高 17.99%。

**表 10-12　再生粗骨料不同级配的气干和饱水压碎指标**

| 编　号 | 含量/kg | | 质量比（前者比后者） | 气干压碎指标/% | 饱水压碎指标/% |
|---|---|---|---|---|---|
| | 粒径 10～15 mm | 粒径 15～20 mm | | | |
| RCAⅠ-1 | 1.2308 | 1.7692 | 0.70 | 13.6 | |
| RCAⅠ-2 | 1.2766 | 1.7234 | 0.74 | 13.8 | |
| RCAⅠ-3 | 1.4143 | 1.5857 | 0.89 | 13.9 | |
| RCAⅠ-4 | 1.5273 | 1.4727 | 1.04 | 13.2 | 17.78 |
| RCAⅠ-5 | 1.5665 | 1.4335 | 1.09 | 14.6 | 17.99 |
| RCAⅠ-6 | 1.6627 | 1.3373 | 1.24 | 15.8 | 17.95 |
| RCAⅡ | 1.8140 | 1.1860 | 1.53 | 20.2 | |

注：RCAⅠ的平均强度为 45 MPa；RCAⅡ强度等级相当于 C20。

### (二) 废旧混凝土作粗骨料应用于喷射混凝土

　　将废旧混凝土加工成骨料，一般是将其用来拌制浇筑混凝土。Nemkumar Bathia 和 Cesar Chan 将再生粗骨料应用于喷射混凝土中，分别采用干法和湿法生产喷射混凝土，并用同湿拌法喷射混凝土相同的拌和物拌制的浇筑混凝土，得出以下结论：

　　(1) 采用再生粗骨料的喷射混凝土，纤维与材料的回弹率均较小。这对于再生粗骨料在喷射混凝土的应用，是一个很有意义的发现。因为回弹是喷射混凝土中的一个主要问题，为了减少回弹率往往要采用一种昂贵的外加剂，例如硅灰。采用再生粗骨料生产喷射混凝土，则有可能无需采用该外加剂。

　　(2) 再生粗骨料的采用，导致三种混凝土的抗压强度和劈裂抗拉强度明显下降。湿拌法喷射混凝土的抗压强度和劈裂抗拉强度几乎与浇筑混凝土相同,湿拌法喷射混凝土和浇筑混凝土的抗压强度和劈裂抗拉强度均略高于干拌法喷射混凝土。

(3) 三种混凝土的 28 d 龄期混凝土的压应力－应变曲线变化趋势完全一致。天然骨料混凝土的强度(应力峰值)明显高于再生骨料混凝土。但在曲线的后峰值部分,天然骨料拌和物的荷载有着灾难性的突然下降,而再生骨料拌和物的情况则与此相反,其荷载是缓慢地和比较平稳地下降的。

(4) 当混凝土龄期超过 28 d 时,与天然骨料混凝土相比,三种混凝土的再生骨料拌和物压应力—应变曲线的峰值均要高得多,而在压应力－应变曲线的后峰值部分,其延性也明显较大,而且后峰值能量的吸收能力也较大。喷射混凝土的变形能力和延性,在某些情况下甚至比抗压强度更重要。在许多应用中,特别是在软弱基层的情况下,喷射材料的变形能力比承受较高应力更为重要,所以上述的观测结果,对于再生粗骨料在喷射混凝土中的应用是意义重大的。

由于再生粗骨料喷射混凝土具有回弹率较小、荷载在压应力－应变曲线的后峰值部分缓慢地和比较平稳地下降以及在压应力－应变曲线的后峰值部分的变形能力和延性较大,可以预料,在喷射混凝土中使用再生骨料是大有前途的。

### 四、废旧混凝土作细骨料拌制再生混凝土

#### (一) 再生细骨料的特征性能

与再生粗骨料相同,由于再生细骨料中水泥砂浆含量较高,其密度低于天然骨料,其含水率明显高于天然骨料,其吸水率要远远大于天然骨料。与再生粗骨料相比,其密度稍低,其含水率稍高,其吸水率则明显增大。如当原生混凝土等级强度为 C50 时,再生细骨料的吸水率达到12.3%。

#### (二) 再生混凝土的性能

同再生粗骨料相比,再生细骨料对再生混凝土抗压强度和弹性模量的影响较大。王武祥和刘立等人研究表明:当原生混凝土强度等级为 C40 且再生细骨料取代量由 30% 提高到 50% 时,再生混凝土的 28 d 抗压强度则由 42.9 MPa 降为 34.3 MPa,降幅达 20%;而对同一等级强度的原生混凝土,当再生粗骨料取代量由 30% 提高到 50% 时,再生混凝土的 28 d 抗压强度则仅由46.7 MPa 降为 46.6 MPa,几乎无变化。

### 五、再生骨料及再生混凝土的改性研究

再生骨料与天然骨料相比,具有孔隙率高、吸水性大、强度低等特征,目前其应用范围还很窄,主要用来配制中低强度的混凝土。若要将再生骨料用到钢筋混凝土结构工程中去,则对其强度、粒径、洁净度等要求较高,因此,再生骨料混凝土能否高强化和高性能也就成为当今的重要研究课题之一。

#### (一) 机械活化粗骨料

机械活化的目的在于破坏弱的再生碎石颗粒或除去粘附于再生碎石上的水泥石残渣。俄罗斯的研究证明,经球磨机活化的再生粗骨料质量大大提高,例如碎石压碎指标值降低 1/2 以上(表 10-13),可用于生产钢筋混凝土构件。机械活化过的再生骨料,在使用前储存的时间越短,这种活化骨料在混凝土中的效果越好。美国的研究表明,在拌制再生混凝土拌和物时,先把再生骨料放进转筒式搅拌机中干拌,然后再加入其他组分,也能从再生骨料上消除残留砂浆,使再生骨料得到活化。

表 10-13　机械活化再生粗骨料的效果

| 项　目 | 粒级/mm | 堆积密度/kg·m$^{-3}$ | 重量吸水率/% | 不同状态下的压碎指标值/% | |
|---|---|---|---|---|---|
| | | | | 干　燥 | 饱　水 |
| 碎　石 | 5~10<br>10~20 | 1170 | 7.0 | 22.5 | 29.2 |
| 自磨碎① | 5~10<br>10~20 | 1310 | 4.3 | 13.3<br>20.1 | 16.8<br>20.9 |
| 经球磨机磨碎 | 5~10<br>10~20 | 1350 | 3.8 | 11.2<br>12.7 | 13.4<br>11.8 |

①再生骨料通过回转的滚筒,靠自重摩擦作用活化。

### (二)高活性超细矿物质对再生粗骨料的改性作用

高活性超细矿物质掺和料的浆液对再生粗骨料进行浸泡,超细矿粉能直接填充再生粗骨料的孔隙,或与粗骨料中的某些成分(如原混凝土中水泥水化生成物 $Ca(OH)_2$、$3CaO\cdot2SiO_2\cdot3H_2O$ 等)反应的生成物能填充孔隙,或浆液能将再生粗骨料本身的微细裂纹粘合,从而改善再生粗骨料孔隙结构,解决再生破碎过程中粗骨料受力后存在的一些微裂纹而导致粗骨料强度低的问题,从而提高由再生粗骨料拌制的再生混凝土的强度。

杜婷和李惠强等人选用 4 种不同性质的高活性超细矿物质掺和料的浆液对再生粗骨料进行了强化试验:(1)纯水泥浆;(2)水泥外掺 Kim 粉混合浆液(Kim 粉为加拿大凯顿·百森公司生产的一种高效抗渗防水剂),具有渗入混凝土内一定深度的能力,能起到防水抗渗的作用;(3)水泥外掺硅粉浆液:硅粉的主要成分为 $SiO_2$,硅粉粒径在 $0.07~0.2\ \mu m$,比水泥颗粒粒径范围($7~200\ \mu m$)小两个数量级,能充填于水泥颗粒间,使水泥石具有致密的结构,从而提高混凝土强度;(4)水泥外掺Ⅰ级粉煤灰浆液。再生粗骨料强化的试验条件见表 10-14。

表 10-14　再生粗骨料强化的试验条件

| 项　目 | 细粉外掺量/% | 水　灰　比 | 初凝时间/h:min |
|---|---|---|---|
| 纯水泥浆 | | 1:1 | 15:38 |
| 水泥外掺 Kim 粉浆液 | 4.2 | 1:1 | 17:48 |
| 水泥外掺硅粉浆液 | 10 | 1:1 | 13:21 |
| 水泥外掺粉煤灰浆液 | 30 | 1:1 | 12:10 |

注:再生粗骨料原生混凝土强度等级为 C35,粒径在 5~31.5 mm 之间,采用连续粒级;再生粗骨料强化的水泥 32.5 级普通硅酸盐水泥;Kim 粉由加拿大某公司产;粉煤灰为武汉青山电厂生产的Ⅰ级优质粉煤灰。

经强化处理后的再生粗骨料的物理性能及压碎指标见表 10-15。经过化学浆液强化后的再生粗骨料的含水率、吸水率一般都高于未强化的再生粗骨料,且吸收速率很大。造成这一现象的原因是因为再生粗骨料颗粒棱角多,表面粗糙,组分中包含相当数量的硬化水泥砂浆,再加上水泥石本身孔隙比较大,且在破碎过程中,其内部往往会产生大量的微裂缝,而经过浆液强化后,再生粗骨料表面又被裹了一层厚厚的硬化浆液,这又会在一定程度上增大其吸水率,也导致了再生粗骨料混凝土比天然粗骨料混凝土需要更多的拌和水。经化学浆液强化后的再生粗骨料的表观密度较未强化的粗骨料明显的增大,但还低于天然粗骨料。这说明浆液能在一定程度上充填再生粗骨料的孔隙,减小再生粗骨料的孔隙率和孔隙中的含气量,从而使强化后的粗骨料表观密度提高。经化学浆液强化后的再生粗骨料的压碎指标较未强化再生粗骨料有较明显的降低。这表明浆液能在一定程度上充填再生粗骨料的孔隙和粘合破碎过程中其内部产生的一些微裂缝,因而强化后再生粗骨料本身的强度得到一定程度的提高。

**表 10-15　再生粗骨料的物理性能及压碎指标**

| 粗骨料品种 | 含水率/% | 吸水率/% | 表观密度/kg·m$^{-3}$ | 压碎指标/% |
|---|---|---|---|---|
| 纯水泥浆强化 | 4.69 | 9.65 | 2530 | 17.6 |
| 水泥外掺 Kim 粉浆液强化 | 1.87 | 8.18 | 2511 | 12.4 |
| 水泥外掺硅粉浆液强化 | 4.34 | 10.06 | 2453 | 11.6 |
| 水泥外掺粉煤灰浆液强化 | 2.90 | 7.94 | 2509 | 12.8 |
| 未强化 | 2.82 | 6.68 | 2424 | 20.6 |

　　试验进一步证明,由强化后的再生粗骨料拌制而成的混凝土,其强度能得到不同程度的提高。将表 10-15 中的再生粗骨料按一定的配合比与水、水泥及沙,采用人工拌和标准养护方法拌制混凝土。再生粗骨料混凝土实际配合比和拌和物性能见表 10-16。

**表 10-16　再生粗骨料混凝土的配合比和拌和物性能**

| 再生粗骨料种类 | W∶C∶S∶WCA/kg·m$^{-3}$ | 坍落度/cm |
|---|---|---|
| 纯水泥浆强化 | 197∶430∶686∶1600 | 4.3 |
| 水泥外掺 Kim 粉浆液强化 | 197∶430∶681∶1588 | 4.8 |
| 水泥外掺硅粉浆液强化 | 197∶430∶671∶1566 | 4.5 |
| 水泥外掺粉煤灰浆液强化 | 197∶430∶682∶1591 | 4.2 |
| 未强化 | 197∶430∶681∶1590 | 4.5 |

　　注:拌制混凝土的水泥为强度等级为 32.5 的普通硅酸盐水泥;细骨料为河沙,含水率 4.85%,沙率取 30%。混凝土
　　　拌和及养护用水为武汉市饮用自来水;水灰比均为 0.46。

　　再生混凝土的立方体(150 mm×150 mm×150 mm)抗压强度见表 10-17。除用经水泥外掺 Kim 粉浆液强化后的再生粗骨料配制的再生粗骨料混凝土的抗压强度较未强化再生粗骨料混凝土有明显提高外,其他强化方法均未见明显效果。这主要是因为 Kim 粉是一种高效抗渗防水剂,其与水泥的混合浆液能渗入再生粗骨料的内部,充分充填再生粗骨料的孔隙,起到防水抗渗的作用,在提高再生粗骨料强度的同时而对再生粗骨料的性状并没有大的改变;而经其他化学浆液强化后的再生粗骨料的性状和性能发生了较大的变化,如强化后再生粗骨料表面被裹了一层厚厚的浆液、再生粗骨料的含水率及吸水性增大等。实际上除粗骨料强度外,影响混凝土强度的因素还很多,因此虽然其他化学浆液的强化处理方法对再生粗骨料本身的强度有一定程度的提高,但其对再生粗骨料混凝土的强度提高效果并不明显。

**表 10-17　再生粗骨料混凝土的立方体(150 mm×150 mm×150 mm)抗压强度**

| 再生粗骨料种类 | 28 d 抗压强度/MPa | 60 d 抗压强度/MPa |
|---|---|---|
| 纯水泥浆 | 31.02 | 37.5 |
| 水泥外掺 Kim 粉 | 39.4 | 41.1 |
| 水泥外掺硅粉浆液强化 | 33.2 | 40.2 |
| 水泥外掺粉煤灰 | 28.9 | 38.5 |
| 未强化 | 32.5 | 36.6 |

　　由此可见,水泥外掺 Kim 粉浆液强化再生粗骨料,能明显提高再生粗骨料混凝土的抗压强度。如要使再生混凝土高强化,可考虑用水泥外掺 Kim 粉浆液强化再生粗骨料的途径来实现。

　　张亚梅和秦鸿根等人用南京模范马路旧建筑物拆下来的废混凝土块未经人工破碎而成的粗骨料(粒径 5～31.5 mm)采用再生骨料预吸水的方法配制了 C30 和 C40 混凝土,对比了掺入粉煤灰(南京热电厂 I 级粉煤灰)对再生混凝土性能的影响。再生骨料预吸水的具体操作方法是:按照普通混凝土配合比设计方法设计配合比,同时,在此用水量基础上,增加再生骨料经一定时间的吸水量。即实际拌和再生混凝土时的用水量由两部分组成,一部分是按照配合比设计计算的单位用水量,另一部分为考虑废混凝土骨料的吸水率高而额外增加的用水量,拌和时,两部分用水同时加入。结果发现,以此粉煤灰等量取代 30% 的水泥,再生混凝土的工作性得到改善,抗压强度和抗压弹性模量均有提高。

　　胡玉珊和邢振贤进一步研究了掺入方式对粉煤灰对再生混凝土改性效果的影响。试验将粉煤灰按等量取代法、超量取代法和粉煤灰代沙法三种掺入方法部分取代水泥,配制再生混凝土,分别测定了再生混凝土的强度,分析了掺入方式对再生混凝土强度的影响。粉煤灰等量取代法,就是以粉煤灰等量取代水泥,保持混凝土内胶凝材料(水泥 + 粉煤灰)总量不变,而水泥用量减少,试验中粉煤灰分别等量替代 20% 和 40% 的水泥;粉煤灰超量取代法,即混凝土内粉煤灰的掺入量大于所取代的水泥量,尽管水泥用量减少了,但混凝土内胶凝材料(水泥 + 粉煤灰)总量增加了,试验中粉煤灰取代水泥百分率取 15%,粉煤灰超量系数分别取 1.2、1.5 和 2.0;粉煤灰代沙法,就是以粉煤灰等量取低混凝土中的沙子,试验中粉煤灰分别代替 30%、50% 和 70% 的沙配制再生混凝土。试验采用的水泥为 42.5 普通硅酸盐水泥;细骨料为河沙,细度模数为 2.20;粗骨料是由旧建筑物拆下来的混凝土,经人工破碎筛分而成;粉煤灰为 II 级粉煤灰,其技术性能见表 10-18。

表 10-18　粉煤灰的技术性能

| 密度/$g \cdot cm^{-3}$ | 45 $\mu m$ 筛筛余/% | 需水量比/% | 烧失量/% | $w(SiO_2)$/% | $w(CaO)$/% | $w(Al_2O_3)$/% | $w(Fe_2O_3)$/% |
|---|---|---|---|---|---|---|---|
| 2.11 | 17 | 102 | 1.78 | 59.61 | 4.24 | 21.33 | 7.41 |

　　粉煤灰等量取代水泥后,再生混凝土的强度明显降低,掺灰量为 20% 和 40% 时,再生混凝土的强度分别较基准再生混凝土降低了 17% 和 46%。用超量取代法配制的粉煤灰再生混凝土,28 d 抗压强度都在 20 MPa 左右,比基准再生混凝土强度低 15% 左右。粉煤灰代沙法中,用粉煤灰代替 30% 沙,使再生混凝土的强度由 24 MPa 增加到 29 MPa,增长 20%;替代 50% 的沙时,再生混凝土强度下降 25%;替代 70% 的沙时,再生混凝土强度下降更多,下降 75%。初步分析掺灰后再生混凝土强度降低的原因,是由于大量掺入粉煤灰后,骨料的级配不合理,使混凝土不密实而造成的。因此,采用粉煤灰代沙法时,粉煤灰对再生混凝土进行改性时,应采用粉煤灰代沙法掺入粉煤灰,粉煤灰代沙率以 30% 为佳,代沙率太低或太高其改性效果均会下降。

**(三) 高效减水剂对再生粗骨料的改性作用**

　　张亚梅和秦鸿根等人用南京模范马路旧建筑物拆下来的废混凝土块未经人工破碎而成的粗骨料采用再生骨料预吸水的方法配制了 C30 和 C40 混凝土,对比了掺入高效减水剂(江苏省建筑科学院提供的 JM8 高效减水剂)对再生混凝土性能的影响,高效减水剂的加入量为 4.54 kg/$m^3$(拌和物)。结果发现,掺入高效减水剂后,再生混凝土的工作性得到改善,抗压强度和抗压弹性模量均有提高。

**(四) 膨胀剂对混合再生骨料的改性作用**

　　在俄罗斯,由拆除大型板材居住建筑产生的废弃混凝土加工成的再生骨料中含有较软弱的成分 (陶粒混凝土碎石),其数量约占再生骨料体积的 17%～34%,称为混合再生骨料。与天然骨料混凝土相比，混合再生骨料混凝土 28 d 强度降低约 20%，棱柱强度系数变化于 0.85～0.92 之间。再生骨料混凝土的极限伸长率为 (2.5～3.0)×10⁻⁴，随着陶粒混凝土碎石含量的增大，极限伸长率稍有降低；泊松比变化于 0.18～0.23 范围内，随着荷载水平的提高，横向变形有规律地增大；再生骨料混凝土的抗裂性提高，如裂缝出现应力水平提高约 28% 和裂缝开展至 0.2 mm 应力水平提高约 11%；根据陶粒混凝土碎石在再生骨料中的不同含量比例，混合再生骨料混凝土的收缩率会增大到 1.5～3 倍，使用硫铝酸盐膨胀剂能改善强度性能并补偿收缩。在水泥中，内掺（等量取代水泥，下同）10% 和 20% 膨胀剂的再生骨料混凝土强度增长特性见表 10-19。

表 10-19　掺膨胀剂的再生骨料混凝土强度增长特性

| 龄期/d | CEB/FIP 建议值① | 硅酸盐水泥 | | | 内掺膨胀剂 10% | | | 内掺膨胀剂 20% | | |
|---|---|---|---|---|---|---|---|---|---|---|
| | | 0 | 17 | 34 | 0 | 17 | 34 | 0 | 17 | 34 |
| 3 | 0.51～0.66② | 0.517 | 0.467 | 0.519 | 0.574 | 0.608 | 0.640 | 0.640 | 0.640 | 0.636 |
| 7 | 0.72～0.82 | 0.740 | 0.766 | 0.790 | 0.826 | 0.836 | 0.820 | 0.818 | 0.818 | 0.915 |
| 250 | 1.25～1.14 | 1.240 | 1.160 | 1.180 | 1.220 | 1.240 | 1.180 | 1.280 | 1.280 | 1.485 |

注：表头内 17、34 相应表示再生骨料含有 CL10 陶粒混凝土碎石 17%～34%。
① 相应对于缓凝和早强水泥。
② 28 d 抗压强度比值。

再生骨料(包括含陶粒混凝土碎石的)混凝土中掺入膨胀剂，与仅使用硅酸盐水泥的再生骨料混凝土相比，抗压强度提高 6%～22%，在内掺 10% 膨胀剂的条件下，晚期(250 d)抗压强度有较大的增长。若排除陶粒混凝土碎石，则在早期(28 d)抗压强度可提高 5%～8%。再生骨料混凝土的棱柱强度随陶粒混凝土碎石含量的提高而降低 10%～20%。当内掺 10%～20% 膨胀剂时，再生骨料混凝土的棱柱强度提高 8%～13%，这样就能部分地补偿由于存在陶粒混凝土碎石引起的强度指标降低。在再生骨料混凝土中掺入最佳数量(10%)的膨胀剂，可提高弹性模量 8%～10%，在内掺 20% 膨胀剂的条件下，混凝土弹性模量值提高不多(约 2%)。与等强度的天然骨料混凝土的极限伸长率(1.5～2.5)×10⁻⁴相比，在掺膨胀剂的补偿收缩混凝土中形成裂缝的区域，极限伸长率提高 28%～46%，达(2.2～3.2)×10⁻⁴。掺膨胀剂的再生骨料混凝土泊松比与普通混凝土无异，处于 0.2～0.25 之间。再生骨料混凝土与钢筋粘结强度有所提高，掺入膨胀剂后，对于 C20～C50 混凝土，裂缝出现和扩展至 0.2 mm 时的应力水平相应提高到(0.6～0.62)$R_a$ 和 0.95～0.98$R_a$，$R_a$ 为混凝土棱柱强度。利用再生骨料(包括其中含陶粒混凝土碎石 34%)内掺 10%～20% 硫铝酸盐膨胀剂，且当水灰比为 0.42～0.45 的条件下，能够制成达 C50 的补偿收缩混凝土。

**（五）超塑化剂对再生骨料的改性作用**

俄罗斯利用 C-3 超塑化剂(萘系产品)对再生骨料改性问题进行了研究，试验结果见表 10-20。研究证明，再生混凝土的强度和弹性模量始终低于天然骨料混凝土，泊松比则略大于天然骨料混凝土。经超塑化剂改性后，再生混凝土的强度虽然略低于天然骨料混凝土，但仍较未改性的再生混凝土为高；再生混凝土的弹性模量值有所提高并略大于天然骨料混凝土的弹性模量值；与天然砾石及未经改性的再生骨料混凝土相比，改性再生混凝土的泊松比有所下降，表明其形变降低，即在拌和物中掺入超塑化剂对变形有一定的补偿作用。

**表 10-20　超塑化剂对再生粗骨料混凝土性能的影响**

| 粗骨料种类 | 28 d 强度/MPa | | 强度等级 | 初始弹性模量/MPa | | 泊松比 |
| --- | --- | --- | --- | --- | --- | --- |
| | 立方体 | 棱柱体 | | 试验值 | 标准要求值 | |
| 天然砾石① | 26.3 | 17.8 | C20 | $26.8 \times 10^3$ | $27.0 \times 10^3$ | 0.22 |
| 再生骨料② | 24.3 | 16.5 | C20 | $25.3 \times 10^3$ | $27.0 \times 10^3$ | 0.24 |
| 经 C-3 超塑化剂改性的再生骨料 | 25.2 | 17.4 | C20 | $27.4 \times 10^3$ | $27.0 \times 10^3$ | 0.21 |

① 粒径 5~20 mm。
② 由不合格的 C20 混凝土破碎而成,粒径 5~20 mm。

### （六）酸液对再生粗骨料的活化作用

俄罗斯利用 5% 浓度的冰醋酸和 3% 浓度的盐酸溶液对再生粗骨料改性问题进行了研究。冰醋酸与含硅酸盐的粗骨料表面相互反应,能够形成碳氢簇结构的分子,在一定程度上改善再生粗骨料表面活性。而盐酸则具有破坏和改善粗骨料颗粒表面的作用,能有效地改善再生粗骨料表面活性。处理 1 kg 再生粗骨料,一般需冰醋酸 8 mL(5%)或盐酸 70 mL(3%),试验结果见表 10-21。

**表 10-21　冰醋酸和盐酸溶液活化再生粗骨料对再生混凝土性能的影响**

| 粗骨料种类 | 改性剂 | 28 d 强度/MPa | | 强度等级 | 初始弹性模量/MPa | | 泊松比 |
| --- | --- | --- | --- | --- | --- | --- | --- |
| | | 立方体 | 棱柱体 | | 试验值 | 标准要求值 | |
| 天然砾石① | | 26.3 | 17.8 | C20 | $26.8 \times 10^3$ | $27.0 \times 10^3$ | 0.22 |
| 再生骨料② | | 24.3 | 16.5 | C20 | $25.3 \times 10^3$ | $27.0 \times 10^3$ | 0.24 |
| 再生骨料 | 冰醋酸 | 32.1 | 23.3 | C25 | $33.0 \times 10^3$ | $29.5 \times 10^3$ | 0.18 |
| 再生骨料 | 盐　酸 | 27.3 | 20.2 | C20 | $28.3 \times 10^3$ | $27.0 \times 10^3$ | 0.19 |

① 粒径 5~20 mm。
② 由不合格的 C20 混凝土破碎而成,粒径 5~20 mm。

研究证明,用盐酸处理再生粗骨料,不仅提高了再生混凝土强度,还能改善拌和物的和易性,用此法处理再生粗骨料制成的再生混凝土与用天然砾石的混凝土无异。与天然砾石混凝土相比,再生混凝土的初始弹性模量降低,而在经两种酸液活化再生粗骨料的情况下,混凝土初始弹性模量提高,并超过天然砾石混凝土的 15%。与天然砾石及未经改性的再生骨料混凝土相比,改性再生混凝土的泊松比降低,表明其形变降低。

### （七）聚合物乳液对再生细骨料的改性作用

用再生细骨料生产的砂浆混凝土制品的强度和耐久性与用天然优质骨料制作的砂浆混凝土制品相比具有不同程度的降低。以聚合物乳液浸渍再生细骨料,对细骨料进行改性处理后,以改性后的再生细骨料制作砂浆试块,试块的抗弯强度能得到明显提高;试块的抗弯、抗压强度比亦显著提高,达到或超过普通砂浆的抗弯、抗压强度比;而试块的抗压强度无明显改善。

王子明和裴学东等人考察了 SBR、EVA 和 PAE 三种聚合物乳液对小野田水泥公司(Onada Cement Corp.)提供的废旧混凝土再生细骨料的改性作用。具体处理方法如下:先将小于 1.2 mm 颗粒筛出,然后将粒径为 1.2~5 mm 的颗粒浸入到不同含固量的聚合物乳酸中,保持 1 min,提起后放置 30 min,沥干,然后放到 50℃ 烘箱中烘 24 h,每千克再生细骨料耗用聚合物约 0.02 kg。根据 JISA II 71(实验室制备聚合物改性砂浆试块方法)制备砂浆试块。胶砂比为 1:3,试块尺寸为 4 cm×4 cm×16 cm。新拌砂浆的流动度控制在 170±5 mm。试块成形 2 天后拆模,在20℃水中养护2天,然后放在20℃,相对湿度5%的环境中养护至28天。其中,水泥采用JIS中指定的普通波特兰水泥;天然细骨料采用河沙,天然河沙与再生细骨料使用前为饱和状态,天然河沙与再生细骨料物理性能如表10-22所示;聚合物乳液采用SBR乳液、EVA乳液和PAE乳液,使用前将聚合物乳液含固量调整到5%、10%、20%、30%和40%;水采用自来水。

**表 10-22　细骨料的物理性能**

| 骨料类型 | 最大粒径/mm | 细度模数 | 密度比 | 吸水率/% | 容重/g·cm⁻³ | 有机质 |
|---|---|---|---|---|---|---|
| 废旧混凝土细骨料 | 5 | 2.85 | 2.27 | 10.4 | 1.61 | 无 |
| 河沙 | 5 | 2.60 | 2.51 | 2.62 | 1.57 | 无 |

用再生细骨料制作的砂浆强度与天然河沙制作的砂浆强度相比有明显降低(10%左右)。用SBR、PAE和EVA乳液处理的再生细骨料砂浆的抗压强度并无改善,但相对而言,用PAE和SBR乳液处理的砂浆抗压强度比EVA乳液处理的要好。另外,聚合物乳液浓度太高,对砂浆的抗压强度并无改善;相反表现出明显的降低。降低幅度大大超过抗压强度的降低幅度,用聚合物乳液处理再生细骨料后,抗弯强度大幅度提高,用低浓度PAE和EVA乳液处理的再生细骨料砂浆抗弯强度与未处理的相比提高幅度最大,其抗弯强度几乎与天然沙制作的砂浆的抗弯强度接近。聚合物乳液浓度太高对砂浆的抗弯和抗压强度都有不利影响,就聚合物品种而言,经PAE处理后强度增加较大。

废旧混凝土细骨料砂浆的抗弯、抗压强度比(11.1)低于普通砂浆的抗弯、抗压强度比(14.3)。用聚合物乳液处理后,废旧混凝土细骨料砂浆的抗弯、抗压强度比有较大提高,与普通砂浆处于同一水平。随着聚合物乳液浓度的提高,抗弯、抗压强度比增大,见表10-23。

**表 10-23　聚合物乳液处理再生细骨料砂浆的抗弯、抗压强度比**

| 骨料类型 | 聚合物乳液含固量/% | | | | | | 天然沙 |
|---|---|---|---|---|---|---|---|
| | 0 | 5 | 10 | 20 | 30 | 40 | |
| SBR 处理 | 11.1 | 12.9 | 12.1 | 13.7 | 14.5 | 14.5 | 14.3 |
| EVA 处理 | 11.1 | 16.3 | 14.5 | 16.3 | 13.0 | 16.1 | 14.3 |
| PAE 处理 | 11.1 | 13.6 | 14.9 | 19.2 | 16.6 | 19.6 | 14.3 |

### (八) 其他方法对再生骨料的改性作用

孔德玉、吴先君等人用正交试验将硅灰裹石和水泥裹石与传统工艺对比,考察了搅拌工艺对再生粗骨料混凝土的改性作用。具体搅拌方法如下:(1)传统工艺。先加沙石、水泥、硅灰、粉煤灰等,预搅拌1 min,再加入全部水(高效减水剂预先溶解于水中),继续搅拌3 min后出料。(2)裹石工艺。先加沙石,搅拌10 s后加入部分水(按骨料吸水率计算,不掺高效减水剂),搅拌1 min,使沙石处于饱和状态后加入裹石材料,搅拌1 min,加入剩余胶凝材料和全部水(高效减水剂预先溶解于水中),继续搅拌3 min后出料。其中,硅灰裹石工艺胶凝材料内掺5%硅灰、25%粉煤灰,而裹石材料为外掺5%硅灰和5%水泥;水泥裹石工艺胶凝材料内掺10%硅灰、25%粉煤灰,而裹石材料为10%的水泥;传统工艺胶凝材料总量与其他工艺相同。结果发现,水泥裹石工艺可改善拌和物的和易性,硅灰裹石工艺可提高混凝土后期力学性能。

## 六、废旧混凝土的资源化途径

### (一) 废旧建筑混凝土在公路工程中的应用

日本"新并组"在公路工程中,利用建筑废弃物再生粗骨料建造重力式挡土墙。其构筑方法是:在挡墙基础作好以后,以预制混凝土块砌筑挡土墙的前、背两面,前、背两面砌体用∠50×50角钢相连;在前、背两面之间回填再生粗骨料;在骨料中压注水泥浆;以上作业分层进行,达到要求高度后浇注混凝土墙帽。经取样测试,这种预填骨料并压浆形成的混凝土,其体积质量为 2.39 t/m³,抗压强度为 20 MPa。与一般骨料相比,再生骨料因表面附有灰浆而吸水率较大,因而这种混凝土的强度和耐冻性能相对较差,但在挡土墙、地下管道基础等应力较小,又不致产生干缩、冻融的结构中,完全可以采用。

### (二) 高强度废旧混凝土粗骨料拌制高强度再生混凝土

目前将粉煤灰和再生骨料相结合进行研究的文献并不多见。作为研究对象的再生骨料大多来源于旧式建筑物拆除产生的混凝土,强度等级普遍偏低,大都在C40以下。而混凝土的使用正在朝着高强、高性能的方向发展,越来越多的高强混凝土在建筑物中得到了应用。这些高强度混凝土的未来,不可避免地会成为再生骨料的重要来源。由于普通混凝土和高强混凝土在微观结构上存在的差异,分别以它们作为来源的再生骨料,用于配制混凝土时在宏观性质上也会有所不同。因此,对高强度再生骨料的研究将随着高强、超高强混凝土的应用而越来越重要。

宋瑞旭和万朝均等人用粉煤灰和再生骨料成功地配制出坍落度 245 mm、28 d 抗压强度达54.9 MPa 的粉煤灰再生骨料混凝土。

宋瑞旭和万朝均等人采用的原材料如下:水泥采用重庆水泥厂生产的强度等级为 42.5R(525R)的普通硅酸盐水泥;粉煤灰为重庆珞磺电厂电收尘粉煤灰,使用前用振动球磨机磨细至比表面积为14000cm²/g,化学成分见表10-24;硅灰为贵州某公司袋收尘二氧化硅粉,比表面积

**表 10-24　粉煤灰和硅灰的化学成分**(质量分数/%)

| 项　目 | CaO | SiO₂ | Al₂O₃ | Fe₂O₃ | TiO₂ | MgO | SO₃ | 烧 失 量 |
|---|---|---|---|---|---|---|---|---|
| 粉煤灰 | 2.20 | 47.30 | 28.50 | 10.40 | 2.90 | 1.02 | 0.92 | 5.67 |
| 硅 灰 | 0.73 | 94.20 | 0.76 | 1.36 | | 0.53 | | 1.70 |

为 18.5 m²/g,减水剂为湛江产萘系高效减水剂 FDN;天然粗骨料(简称 N)为重庆歌乐山石灰岩碎石,母岩强度为 154.7 MPa,压碎指标 10.3%,表观密度 2.90 g/cm³,粒径 5~20 mm;天然细骨料(简称 N)由粒径 2.5~5 mm 的细石和细度模数为 2.4 的沙子按 1:1 的比例组成,其中沙子采用四川简阳中沙;再生骨料(简称 R)由强度等级 C100 的混凝土试块试压后用颚式破碎机破碎、经人工筛分成(≤2.5 mm、2.5~5 mm、5~10 mm 和 10~20 mm)四个粒级备用,其中粒径小于2.5 mm 的部分,因机械磨剥作用而产生的微细粉含量较多;水采用自来水。试验配合比及试验结果如表 10-25 所示。

**表 10-25　试验配合比及试验结果**

| 编号 | 水胶比 W/B | 胶结材 /kg·m⁻³ | 胶结材组成/% 水泥 | 粉煤灰 | 硅灰 | 外加剂 /% | 细骨料/kg·m⁻³ 种类 | <2.5 mm | 2.5~5 mm | 粗骨料/kg·m⁻³ 种类 | 5~10 mm | 10~20 mm | 坍落度 /mm | 抗压强度/MPa 28d | 3a | 轴心强度 /MPa | 静力弹模 /MPa |
|---|---|---|---|---|---|---|---|---|---|---|---|---|---|---|---|---|---|
| A1 | 0.44 | 400 | 50 | 50 | | 0.8 | N | 324沙 | 324石 | N | 324 | 648 | 75 | 33.1 | 61.2 | 33.5 | 3.548×10⁴ |
| A2 | 0.44 | 400 | 50 | 50 | | 0.8 | N | 324沙 | 324石 | R | 324 | 648 | 70 | 34.5 | 67.7 | 35.3 | 3.205×10⁴ |
| C1 | 0.34 | 500 | 20 | 70 | 10 | 1 | N | 323沙 | 323石 | N | 323 | 647 | 210 | 33.8 | | | |

续表 10-25

| 编号 | 水胶比 W/B | 胶结材 /kg·m⁻³ | 胶结材组成/% | | | 外加剂 /% | 细骨料/kg·m⁻³ | | | 粗骨料/kg·m⁻³ | | | 坍落度 /mm | 抗压强度 /MPa | | 轴心强度 /MPa | 静力弹模 /MPa |
|---|---|---|---|---|---|---|---|---|---|---|---|---|---|---|---|---|---|
| | | | 水泥 | 粉煤灰 | 硅灰 | | 种类 | <2.5 mm | 2.5~5 mm | 种类 | 5~10 mm | 10~20 mm | | 28d | 3a | | |
| C2 | 0.34 | 500 | 20 | 70 | 10 | 1 | R | 323 | 323 | N | 323 | 647 | 110 | 41.7 | | | |
| C3 | 0.34 | 500 | 20 | 70 | 10 | 1 | R | 323 | 323 | | | 647 | 90 | 46.5 | 96.1 | | |
| D1 | 0.24 | 600 | 20 | 70 | 10 | 2 | N | 320 沙 | 320 石 | N | 320 | 641 | 260 | 47.9 | 99.8 | 48.0 | 3.638×10⁴ |
| D2 | 0.24 | 600 | 20 | 70 | 10 | 2 | N | 320 沙 | 320 石 | Rv | 289 | 577 | 250 | 51.8 | | 51.4 | 3.367×10⁴ |
| D3 | 0.24 | 600 | 20 | 70 | 10 | 2 | N | 320 沙 | 320 石 | | | 641 | 245 | 54.9 | | | |

注：A、C 组用原状粉煤灰，D 组用 UFFA；Rv 表示等体积对比。

研究表明，由于再生骨料吸水率较高，用再生骨料代替天然骨料，混凝土的流动性都有降低，如表 10-25 中编号 A2 与 A1、C3 与 C2、D3 与 D1 相比。而含大量微细粉再生细骨料的影响尤为明显，如 C2 对 C1。同时，从表 10-25 也可以看出，通过粉煤灰、硅灰和减水剂复掺（如 C、D 组），可以在较低的水胶比下获得较高的流动性。其原因是：表面光滑的粉煤灰需要很少的表面湿润水；相对颗粒细小的粉煤灰、硅灰可以填充到水泥颗粒之间的空隙中取代部分间隙水；细小的颗粒还可以在较大的水泥颗粒之间起到一定的滚珠轴承作用，有效地减小水泥颗粒之间的摩擦力。而高效减水剂优异的吸附、分散作用既可减少水泥颗粒表面湿润用水，又能打破絮凝结构释放更多的自由水。所以，矿物细掺料与高效减水剂复合应用能够有效地控制混凝土的流动性，并减少再生骨料的吸水率带来的不良影响。

表 10-25 的结果表明，高掺量粉煤灰混凝土的 3 d 强度都比较低，但粉煤灰混凝土后期强度的增长潜力大。如单方水泥用量仅为 100 kg 的 C3 号配比 3 yr 强度高达 96.1 MPa，单方水泥用量仅为 120 kg 的 D1 号配比 3 yr 强度高达 99.8 MPa，这充分说明粉煤灰与硅灰复合产生的火山灰效应有非常显著的作用。

由表 10-25 可见，用再生粗骨料代替天然骨料的 2、3 号配比，其 28 d 强度值均比同组 1 号基准混凝土强度偏高；用再生细骨料的则表现出更大的强度增长幅度，如 C2 与 C1，高强度再生骨料混凝土强度偏高的原因主要在于高强度再生骨料对混凝土的界面增强效应。再生混凝土有较好的粘结界面和较高的界面粘结强度，同质地均匀的石灰石相比，再生骨料由于物理表面的凹凸不平容易与水泥石之间形成较大的物理粘结强度，还由于较高的表面活性易于同水泥浆反应形成较高的化学粘结强度。再者，再生骨料与新混凝土水泥石有相近的弹性模量，因而在受力时将在界面处产生较小的应力差，在粘结界面受力产生微裂缝的趋势减小。C2 与 C1 的结果体现了再生骨料的高吸水率实际上会降低混凝土水泥浆的有效水灰比，所以也能够导致水泥石的强度增加。此外，全部应用再生骨料的 C3 号配比 3 yr 强度为 96.1 MPa。说明，用高强度再生骨料配制混凝土在强度指标上很有潜力可挖，这为再生高性能混凝土的开发提供了基础。

混凝土的弹性模量主要决定于骨料种类和混凝土强度等级。同一对比组内，相对于天然骨料混凝土，再生粗骨料混凝土有高抗压强度、低弹性模量的特点；在不同对比组内，同类混凝土的弹性模量，仍然遵循着抗压强度高则弹性模量高的规律，这是在再生骨料的使用中需要注意的。

**（三）用废旧混凝土骨料和粉煤灰生产无普通水泥的混凝土**

丹麦 Torbon C Hanson 证实，可直接用废旧混凝土骨料和粉煤灰生产无普通水泥的混凝土，这种混凝土可用作填料和路基。

Torbon C Hanson 所采用的试验材料及其加工方法如下：原生混凝土强度为 56.4 MPa，在实验室的颚式碎石机中将混凝土压碎,然后筛成一般大小的集料,4 mm 以下的部分细集料在球磨机里,经 20 h 湿磨,磨成水泥细度的粉尘。然后用细粉 275 kg、ASTM-F 级的粉煤灰 275 kg,4 mm 以下的再生细骨料 375 kg,4 mm 以上再生粗骨料 1263 kg,以及 238 kg(净水)/m³(拌和物)制成再生混凝土。

试验的结果表明,再生混凝土的坍落度是 100 mm,具有很好的凝聚力;再生混凝土圆柱试块(100 mm×200 mm)的 28 d 龄期强度为 1.6 MPa,3 yr 龄期强度为 12.4 MPa。这说明,仅用废旧混凝土骨料和粉煤灰,而不使用普通水泥生产再生混凝土是完全可行的,但再生混凝土的强度较低,强度增强缓慢。

# 第五节　废旧砖瓦的资源化

化学分析及 X 射线衍射分析表明,经长期使用后的废旧红砖与青砖矿物成分十分相似,但含量不同,烧结时未进行反应的 $SiO_2$ 大量存在,青砖中含有较多的 $CaCO_3$。因此,它们在本质上存在被继续利用的基础与价值。

## 一、碎砖块生产混凝土砌块

1998 年朱锡华研究开发利用碎砖块和碎砂浆块生产多排孔轻质砌块,取得了成功。

朱锡华试验采用的原材料如下: 水泥　425 普通硅酸盐水泥,符合 GB175—92 标准要求;沙中沙,符合 GB/T14684—93 标准要求;建筑垃圾　建筑垃圾(碎砖、砂浆)性能见表10-26。

表 10-26　建筑垃圾(碎砖、砂浆)性能

| 序　号 | 检验项目 | | 标　准　值 | 实　　测 |
|---|---|---|---|---|
| 1 | 细度模数 | | 2.3~3.0 | 2.3~3.0 |
| 2 | 颗粒级配/mm | 5.00 | 0~12 | 10~30 |
| | | 0.63 | 50~80 | 60~80 |
| | | 0.16 | >90 | 70~85 |
| 3 | 抗压强度/MPa | | 0.2~1.8 | 1.5~2.5 |
| 4 | 密度等级/kg·m⁻³ | | 300~1000 | 900~1100 |
| 5 | 软化系数 | | ≥0.7 | 0.75~0.90 |
| 6 | 抗冻性 | | D15 | 合　格 |

注:辅助材料为无有害成分,建筑垃圾性能的测定参照 GB2481—81《天然轻骨料》标准。

试验中各原材料的配比大致如下:水泥:10%~20%;建筑垃圾(饱和面干状态)60%~80%;辅助材料 10%~20%。

砌块结构设计采用多排孔封底结构,生产工艺流程为:建筑垃圾(分选)→破碎机破碎→计量配料(加水泥、沙子、辅助材料)→搅拌机搅拌(加水)→振压成形→自然养护→检验出厂。砌块分标准块和辅助块两大类,标准块主要规格为 390 mm×190 mm×190 mm、390 mm×240 mm×190 mm、390 mm×120 mm×190 mm。辅助块以整块生产,使用时可分割为 3/4、1/2、1/4 三种。产品性能见表10-27。

**表 10-27 砌块主要性能指标**

| 序 号 | 项 目 | 技 术 指 标 |
|---|---|---|
| 1 | 密度等级/kg·m$^{-3}$ | 700、800、900 |
| 2 | 抗压强度/MPa | 3.5~10.0 |
| 3 | 吸水率/% | ≤20 |
| 4 | 抗冻性 | D15 |
| 5 | 干缩率/mm·m$^{-1}$ | ≤0.5 |
| 6 | 尺寸允许偏差 | 一等品±3 mm、合格品±4 mm |

试验结果表明,废砖容易破碎,极易产生细粉,颗粒级配中小于0.16 mm粉末含量较多,其对混凝土强度的影响不容忽视。在低标号混凝土中粉末含量总量20%左右,粉末对混凝土起一种惰性矿物粉的填充作用,可改善混凝土的和易性,增加其密实度,对强度较为有利。但粉末含量大于25%,则混凝土强度明显下降。砌块的强度与体积密度、吸水率、干缩率存在下列关系:强度等级越高,砌块的吸水率和干缩率越低,体积密度则越高。砌块的保温隔热性能较好,经江苏省建筑研究院测得厚度为190 mm的砌块墙体热阻值为0.393 K/W,优于厚度240 mm砖墙的隔热性能。

该产品独特的设计和构造,产品投放市场后,深受用户的欢迎。现已在南通市多项重点工程中广泛应用,产品供不应求。

袁运法和张利萍等人采用旧建筑拆迁下来的碎砖块和碎砂浆块,作为集料生产混凝土小型空心砌块,所得空心砌块产品质量符合国家标准 GB15229—94 的要求。

试验所用原材料如下:集料。集料采用旧建筑拆迁下来的碎砖块和碎砂浆块,经颚式破碎机破碎,筛分得到粗、细集料(粗、细集料颗粒级配分别见表10-28、表10-29),粗集料的筒压强度为2.5~2.7 MPa,粗、细集料(分别以 G 和 S 表示)的比例为40:60;水泥。水泥为42.5级普通硅酸盐水泥(以 C 表示)。

**表 10-28 粗集料颗粒级配**

| 筛孔尺寸/mm | 16 | 10 | 5 |
|---|---|---|---|
| 筛余量/g | 1807 | 5100 | 4950 |
| 分计筛余/% | 15.2 | 43.0 | 41.7 |
| 累计筛余/% | 15.2 | 58.2 | 99.9 |

**表 10-29 细集料颗粒级配**

| | 试样重/g | 筛孔尺寸/mm | 分计筛余/% | | 平均值/g | 分计筛余/% | 累计筛余/% | 细度模数 $M_x$ |
|---|---|---|---|---|---|---|---|---|
| | | | I | II | | | | |
| 颗粒级配 | 500 | 5.00 | 0 | 0 | 0 | 0 | 0 | 1.98 |
| | | 2.50 | 73 | 80 | 76 | 15.2 | 15.2 | |
| | | 1.25 | 45 | 45 | 45 | 9.0 | 24.2 | |
| | | 0.63 | 58 | 58 | 58 | 11.6 | 35.8 | |
| | | 0.315 | 96 | 95 | 96 | 19.2 | 55.0 | |
| | | 0.16 | 64 | 62 | 63 | 12.6 | 67.6 | |
| | | <0.16 | 164 | 158 | 161 | 32.2 | 99.8 | |

现场试验原料配比为 C:(S+G):F(F 表示粉煤灰)＝1:4.9:0.2,试验中拌和物的和易性较好,生产的混凝土小型空心砌块(规格 390 mm×190 mm×190 mm)经检验,各项性能(见表10-30)符合国标 GB15229—94 的要求。

表 10-30　产品主要性能

| 名　　称 | 干密度/kg·m⁻³ | 含水率/% | 吸水率/% | 抗压强度/MPa | 软化系数 | 抗冻性/% | |
|---|---|---|---|---|---|---|---|
| | | | | | | 质量损失 | 强度损失 |
| 标准要求 | ≤1400 | | ≤22 | ≥3.5 | ≥0.75 | ≤5 | ≤25 |
| 测试结果 | 914 | 2.5 | 20 | 5.2 | 0.90 | 无 | 3.5 |

K. Ramamurthy 和 K. S. Gumaste 将废旧丝切砖和模具制砖分别加工成粗骨料,与普通Portland 水泥(43 级)、天然河沙以及适量的水混合配制成再生混凝土砌块,并将其由新采花岗岩以及废旧混凝土作粗骨料制成的再生混凝土砌块(其他条件相同)相比较。结果发现,废旧丝切砖和模具制砖再生混凝土砌块的抗压强度远远低于新采花岗岩以及废旧混凝土再生混凝土砌块,但其抗压强度基本都超过 10MPa(仅水灰比较高的模具制砖再生混凝土砌块除外),故废旧丝切砖和模具制砖再生混凝土砌块可以用作载重墙体的砌块。

## 二、废砖瓦替代骨料配制再生轻集料混凝土

试验表明,将废砖瓦破碎、筛分、粉磨所得的废砖粉在石灰、石膏或硅酸盐水泥熟料激发条件下,具有一定的强度活性。小于 3 cm 的青砖颗粒容重为 752 kg/m³,红砖颗粒容重为 900 kg/m³,基本具备作轻集料的条件,再辅以密度较小的细集料或粉体,用其制作成了具有承重、保温功能的结构轻集料混凝土构件(板、砌块)、透气性便道砖及花格、小品等水泥制品。根据 JGJ51—1990轻集料混凝土技术规程,结构保温轻集料混凝土的强度等级为 CL5.0～CL15,密度等级为 800～1400 kg/m³,结构轻集料混凝土的强度等级为 CL15～CL50,密度等级为 1400～1900 kg/m³,本构件或制品强度等级达 CL30,平均容重 2070 kg/m³,因此,称为"类结构轻集料混凝土",经过努力,有希望将容重降至 1900 kg/m³ 以下。可以预见,采用这种构件作建筑砌块代砖、作隔墙板、作低档保温隔热材料是大有前途的,不失为经济效益较高的一种建筑材料。

王长生亦对废黏土砖进行破碎处理替代骨料,配制了再生轻集料混凝土,并对其可行性及再生混凝土的性能进行了分析探讨。

废黏土砖密度小,强度较高,吸水率适中,其指标完全符合 GB/T1731.1—1998 规定的普通轻集料各项技术指标,其主要性能见表 10-31。

表 10-31　碎砖骨料主要性能指标

| 品　种 | 粒径/mm | 堆积密度/kg·m⁻³ | 筒压强度/MPa | 吸水率/% | 软化系数 | 冻融损失/% |
|---|---|---|---|---|---|---|
| 碎　砖 | 5～20 | 908 | 3.1 | 13 | 1.02 | 1.22 |

试验中,将粒径 5～20 mm 的集料作粗骨料,5 mm 以下的作细骨料代沙,拌制再生混凝土,再生混凝土物理力学性能见表 10-32。

**表 10-32 再生轻集料混凝土物理力学性能**(试件尺寸 10 cm×10 cm×10 cm)

| 编号 | C/kg | SP/% | W/C | 抗压强度/MPa | | | 50 次冻融循环 | | 软化系数 | 导热系数 /W·(m·K)$^{-1}$ | 干表观密度 /kg·m$^{-3}$ |
|---|---|---|---|---|---|---|---|---|---|---|---|
| | | | | 3 d | 7 d | 28 d | 强度损失/% | 重量损失/% | | | |
| 216 | 540 | 50 | 0.28 | 38.16 | 40.37 | 51.14 | 9.28 | 1.298 | 1.05 | 0.38 | 1930 |

从拌和物的操作中发现,再生混凝土骨料完全用废碎砖时的流动性、黏聚性相对较差,成形不便,由于破碎后的骨料表面粗糙,粗、细骨料之间的滑润远不及普通混凝土,所以在拌和与浇注时产生很大的摩擦阻力,使其和易性、流动性变差。

再生混凝土的断裂破坏与普通混凝土有所区别,破坏通常是集中或通过集料,而不是绕过集料。在一定的砂浆配比下,集料和水泥浆体的强度几乎近于相等。

试验结果表明,研究开发碎砖再生混凝土在技术上是可行的。通过掺加适宜的塑化剂、粉煤灰和采取对集料的预湿等技术措施,可改善和提高混凝土拌和物的黏聚性、保水性和流动性等工作性能,使其满足施工或制品成形工艺要求。再生混凝土采用高效减水剂、活性矿物原料,全部采用破碎废砖作骨料,制备再生混凝土强度可达 40~50 MPa,在水泥用量不变的条件下,制得高强轻集料混凝土是可能的。

### 三、破碎废砖块作骨料生产耐热混凝土

刘亚萍曾尝试用破碎的废红砖作骨料,配制耐热混凝土。所采用的原材料如下:525R 普通硅酸盐水泥,产地:大同云冈;粗沙,$M_x = 3.2$;粗骨料,砸碎红砖,筛取 $D = 5~25$ mm 粒径使用;吸水率:20.95%;减水剂,GRH 高效减水剂,北京中建科研院产。

试验情况及结果如表 10-33。

**表 10-33 用碎红砖作粗骨料配制耐热混凝土试验**

| 编号 | 配合比 | 每立方米混凝土原材料用量/kg | | | | | 坍落度 /mm | $f_{蒸养}$ /MPa | $f_{蒸养.烧}$ /MPa | $f_{cu.28}$/MPa | $f_{cu.28.烧}$/MPa |
|---|---|---|---|---|---|---|---|---|---|---|---|
| | C:W:S:G:GRH | C | W | S | G | GRH | | | | | |
| B$_1$ | 1:0.29:1.27:1.55:2% | 550 | 160 | 697 | 852 | 11.0 | 180 | 33.4 | 38.7 | 35.3 | 39.8 |
| B$_2$ | 1:0.25:1.39:1.39:2% | 550 | 138 | 765 | 765 | 11.0 | 70 | 39.6 | 47.5 | 38.4 | 50.1 |

注:C—水泥;W—水;S—沙;G—碎红砖;GRH—减水剂;$f_{蒸养}$—试块蒸养后,经 300℃ 高温灼烧;$f_{cu,28,烧}$—试块标养后,经 300℃ 高温灼烧。

从表 10-34 数据可以看出,用废红砖作粗骨料配制的耐热混凝土有如下特点:

(1) $f_{蒸养}/f_{蒸养,烧} < 1$;

(2) $f_{cu,28}/f_{cu,28,烧} < 1$。

上述结果表明用废红砖作粗骨料配制耐热混凝土是理想的,其原因如下:用废红砖作粗骨料配制的混凝土,其强度主要取决于骨料与水泥石之间的界面连接。在一定的条件下(如蒸养、标养等),有一定活性的碎红砖的表面与水泥的某种或数种水化产物有可能发生化学反应或物理化学反应,生成稳定的化合物,形成一定的强度。这种具有一定强度的结构体,在 300℃ 高温的条件下,骨料与水泥石界面之间的化学结合或物理化学结合,得到进一步的强化,表现出更高的物理力学性能,所以 $f_{蒸养}/f_{蒸养,烧} < 1$,$f_{cu,28}/f_{cu,28,烧} < 1$。

另外,在试验过程中发现,用普通沙石、耐火骨料等作粗骨料的耐火混凝土试件,经高温灼烧后,表面均有较多的龟裂纹,而用砸碎废红砖作粗骨料制成的试件,经高温灼烧后,表面并无裂纹出现。产生这种现象的主要原因可能与粗骨料的弹性模量及热胀性有关,碎红砖的弹性模量较

小,胀缩性也接近于水泥石,所以用碎红砖作粗骨料制成的混凝土,经高温灼烧后表面不产生龟裂。

### 四、废砖瓦其他资源化途径

#### (一)作免烧砌筑水泥原料

使用 50%~60% 的废砖粉,利用硅酸盐熟料激发,只需经粉磨工艺,免烧,可成功制得符合 GB/T3183—2003 标准的 175 号、275 号砌筑水泥,90 d 龄期抗折与抗压强度比 28 d 提高 5% 左右。

#### (二)作水泥混合材

在普通水泥中加入 5% 废砖粉作混合材,28 d 抗折与抗压强度均高于不加废砖粉,但 3 d、7 d 抗压强度略低,不影响凝结时间与水泥安定性。

#### (三)再生烧砖瓦

使用 60%~70% 的废砖粉,利用石灰、石膏激发,免烧,免蒸,可成功制得 28 d 强度符合 GB5101—2003 烧结普通砖标准要求的 100 号及 150 号,可用于承重结构。应当指出,普通烧结砖在出窑后的使用期强度不会再有提高,而这种免烧再生 90 d 时比 28 d 可提高强度 60% 左右,利用这一特点,也可成形任一形状的产品或构件。

### 五、废旧屋面材料的资源化

有资料表明,屋面废料中有 36% 的沥青、22% 的坚硬碎石和 8% 的矿粉和纤维。沥青屋面废料适合作沥青路面的施工材料,因为像盖板之类的沥青屋面材料产品含有许多用于冷拌和热拌沥青的相同材料。沥青屋面板含有高百分比的沥青,其沥青含量一般为 20%~30%,如将沥青屋面废料回收应用于路面沥青的冷拌或热拌施工,所需的纯净沥青能大大减少。沥青屋面材料还含有高等级的矿质填料,它们能替换冷拌和热拌沥青中的一部分集料。另外,沥青屋面材料中所含的纤维素结构类似石料的沥青砂胶路面设计中使用的纤维材料,有助于提高热拌沥青的性能。

沥青屋面废料回收利用的再生拌和物的性能主要取决于其清洁度,在回收沥青屋面废料之前,应将其中的钉子、塑料以及其他杂物清除掉。

#### (一)回收沥青废料作热拌沥青路面的材料

在热拌沥青中使用再生的沥青屋面废料掺和物的优点有:

(1)沥青屋面废料含有纤维素材料,有助于减轻混合物的重轴载形成的车辙和推挤(高温路面变形)和反射裂缝;

(2)屋面材料中的沥青含量高,有助于减轻混合物的温缩裂缝(低温路面变形);

(3)屋面材料的高沥青含量易引起沥青胶泥的氧化,有助于延缓混合物的老化。

热拌沥青路面的性能与沥青屋面废料的掺入率密切相关,掺入率越高,则路面性能下降较大。一般高等级公路(如高速公路)热拌沥青路面中沥青屋面废料的掺入率为 5%,而低等级道路的热拌沥青路面中沥青屋面废料的掺入率可达 10%~15%。

1992 年 9 月,加拿大安大略省的 Brampton 市铺设了含有被称为粒状沥青板材料的热拌沥青路面,粒状沥青板材料取自由 IKO 实业公司制造的屋面产品的边角料。热拌沥青掺和物铺在四车道的市区道路的基层和表层,道路的交叉口经受大量的转弯车辆交通,这使它易于受热变软。表面的混合料含有不大于 10 mm 的集料和 3%~5% 的再生沥青屋面废料作为掺和物。混合料里也含有 7% 的橡胶和塑料,基层含有相同量的掺和物和 25% 的橡胶和塑料。道路投入使用几个月后未发现冬季气候所造成的路面损坏。

美国明尼苏达州首先使用9%的有机板废料(拆下的碎片)作为热拌沥青掺和物铺了一段道路,由于该段道路运行状况良好,1991年秋季又摊铺了另外两段道路。含有5%和7%有机板的试验路段已在靠近Mayer镇和Sibley县的道路上投入使用。

1984~1985年,美国使用通用的热拌沥青掺和物铺设了Orlando附近"奇妙世界"的停车场和佛罗里达州中部Kissimmee县的其他停车场。总的来看,这些路面似乎性能良好。

### (二)回收沥青废料作冷拌材料

回收的沥青屋面废料可用作生产填补路面坑洞的冷拌材料。

与沥青屋面废料用于热拌沥青路面材料相比,沥青屋面废料用于冷拌操作方法更容易。冷拌在美国新泽西和马萨诸塞等东部州的市区普遍使用。除了补坑槽之外,冷拌还用来修补车行道,填充公用事业的通道,修补桥梁和匝道,并帮助养护停车场。冷拌产品也能用作铺在沥青路面下面的集料底基层的替换物。

将沥青屋面废料用作冷拌材料的优点有:

(1)成本低,再生沥青屋面冷拌混合料一般没有无掺杂的冷拌混合料那样贵;

(2)料堆延性大且允许较长的施工时间;

(3)拌和操作方便,铺筑之后能马上使交通恢复。

## 第六节　旧沥青路面料的资源化

### 一、旧沥青路面材料的性能及其再生原理

#### (一)旧沥青路面材料的性能

沥青路面老化主要是沥青的老化和骨料的细化。沥青路面在车轮荷载作用下,承受着压应力、剪应力和拉应力等,同时沥青路面长期暴露于大自然,会受到各种自然因素如氧、阳光、温度、水、风等的作用,致使混合料中的沥青、骨料的性能发生物理、化学变化,并最终表现为沥青混合料使用品质下降。

沥青是由多种化学结构极其复杂的化合物组成的一种混合物,其老化主要表现为针入度降低、黏度增大、延度减少、软化点提高等。表10-34列出了回收旧沥青的几项常规指标。

**表10-34　旧沥青性能指标表**

| 沥青品种 | 针入度(25℃)/0.1 mm | 黏度(60℃)/Pa·s | 延度(15℃)/cm | 软化点/℃ |
|---|---|---|---|---|
| 回收旧沥青 | 35~42 | 420~450 | 20~40 | 57.5~61.5 |
| 规范对AH70号沥青的要求 | 60~80 | — | >100 | 44~55 |

沥青路面在车辆动、静荷载作用下承受着拉应力、压应力和剪应力,因此嵌挤在混合料中的集料颗粒是三维受力,在某一瞬时其受到的力会大于颗粒的极限强度,而发生破裂。其破裂可分为3种形式:(1)对针片状颗粒,由于受其几何尺寸的限制,其抗弯拉能力差,很易折断破坏;(2)有时颗粒承受的瞬时剪应力超过其极限剪应力,出现剪切破坏;(3)在荷载作用下相邻颗粒间会发生相对位移,产生摩擦力,从而相邻颗粒表面相互磨损而使细颗粒增加。

由于粗骨料主要承受着外部应力的作用,细骨料则起填充作用,因此骨料破坏也以粗骨料为主,也就是说集料细化主要表现为粗骨料向细骨料的转化,而细骨料进一步细化成粉料则表现不

明显。集料的细化改变了沥青混凝土的级配,使骨架的嵌挤作用减弱,从而使整个结构的抗剪强度减小。同时,骨料的每次破坏都会形成两个破坏面,此两个破坏面上没有沥青的裹覆,这样骨料很易散失、剥落,造成路用性能下降。

### (二) 旧沥青路面材料再生原理

沥青混凝土特别是沥青路面在使用过程中,经受着行车和各种自然因素的作用,逐渐脆硬老化,出现龟裂病害。其实质是路面材料中的沥青混合料发生了变化。病害的主要原因是其油分减少,沥青质增加。路面技术指标表现为针入度减小,软化点上升,延度降低。由于沥青材料是由油分、胶质、沥青质等组成的混合物(不是单体),所以可以用简单的方法掺加某种组分,或者将它和新沥青材料重新混合,调配成新的沥青混合物,使之重新表现出原有的性质。

## 二、沥青混凝土再生利用技术的发展

国外对沥青路面再生利用研究,最早从 1915 年在美国开始的,但由于以后大规模的公路建设而忽视了对该技术的研究。1973 年石油危机爆发后美国对这项技术才引起重视,并在全国范围内进行广泛研究,到 20 世纪 80 年代末美国再生沥青混合料的用量几乎为全部路用沥青混合料的一半,并且在再生剂开发、再生混合料的设计、施工设备等方面的研究也日趋深入。沥青路面的再生利用在美国已是常规实践,目前其重复利用率高达 80%。

西欧国家也十分重视这项技术,联邦德国是最早将再生料应用于高速公路路面养护的国家,1978 年就将全部废弃沥青路面材料加以回收利用。芬兰几乎所有的城镇都组织旧路面材料的收集和储存工作。法国现在也已开始在高速公路和一些重交通道路的路面修复工程中推广应用这项技术。

欧美等发达国家都特别重视再生沥青实用性的研究,他们在再生剂的开发以及实际工程应用中的各种挖掘、铣刨、破碎、拌和等机械设备的研制方面都取得了很大的成就,正逐步形成一套比较完整的再生实用技术,欧美国家先后出版了《沥青混合料废料再生利用技术》《旧沥青再生混合料技术准则》《路面沥青废料再生指南》等一系列规范,提出了适于各种条件下沥青混合料再生利用的方法,使沥青混凝土再生利用技术达到了规范化和标准化的程度。

我国在早期曾不同程度地利用废旧沥青料来修路,但都将其作为废料利用考虑,一般只用于轻交通道路、人行道或道路的垫层。近几年来,国内一些公路养护单位尝试将旧沥青混合料简单再生后用于低等级公路或道路基层,取得了一定效果。但由于缺乏必要的理论指导及合适的再生剂和机械设备的支持,目前在中国再生旧料并没有在实际工程中得到大量应用。经过再生的沥青混合料一般仅限于道路的基层,小面积坑槽修补或低等级路面的面层。1982 年山西省结合油路的大中修工程铺筑沥青再生试验段 80 余千米;湖北省对各种等级的路面、不同交通量、地形气候条件、路面结构类型的旧油面层的再生利用进行了系统的试验研究,铺筑试验路 88 km;湖南省将乳化沥青加入旧渣油表处面层料,并分别用拌和法和层铺修筑了再生试验路。

随着我国沥青路面高等级公路的发展,特别是许多高等级路面已经或即将进入维修改建期,大量的翻挖、铣刨沥青混合料被废弃,一方面造成环境污染;另一方面对于我国这种优质沥青极为匮乏国家来说是一种资源的浪费,而且大量的使用新石料,开采石矿会导致森林植被减小,水土流失等严重的生态环境破坏,因此,对沥青路面旧料再生技术有必要进行深入、系统的研究。

## 三、沥青混凝土再生利用技术

根据目前国外的再生工艺看,沥青混合料的再生工艺有热再生和冷再生两种方法。这两种工艺既可以在现场进行就地再生,也可以进行厂拌再生。

### （一）热再生方法

简单地说，"热再生技术"就是由特殊结构的加热墙提供强大的热量，在短时间内将沥青路面加热至施工温度，通过旧料再生等一些工艺措施，使病害路面达到或接近原路面技术指标的一种技术。

**1．现场热再生法**

沥青混凝土现场热再生技术（Hot In-Place Recycling of Asphalt Concrete，简称 HIPR）是专用来修复沥青道路表面病害的。其基本工作原理是：先用专用的加热板（提供 100% 高强度辐射热）加热待修补的区域，经 3～5 min 之后，路面被软化；然后将加热软化的路面耙松，喷洒乳化沥青，使旧沥青混合料现场热再生；最后加入新的沥青料，搅拌摊平，然后压实完工。

现场热再生的类型有整形法、重铺法和复拌法 3 种。

（1）整形法。此方法最早被美国犹他州的一个承包商在 1930 年开发，但直到 1960 年才被普遍采用。到 1970 年，这种技术发展成为一种更复杂的系统，其操作过程可简单概括如下：加热旧的沥青路面，翻松加热过的路面，加入适量的添加剂，搅拌，用螺旋布料器铺平松散的混合料，用普通的压路机压实。一般的翻松深度为 20～25 mm，尽管在某些情况下也可达到 50 mm 的深度，但很少见。因为旧路面的强度不同，路面通常不很平顺和均匀。

这种方法适合修复破损不严重的路面，特别适用于老化不太严重而平整度较差的路面。修复后可消除车辙、龟裂等变形，恢复路面的平整度，改善路面性能。

（2）重铺法。重铺法是用复拌机在整形法的基础上，把旧路材料翻松、搅拌均匀后作为路基，同时在上面再铺设一层新的沥青混合料作为磨耗层，形成全新材料的路面，最后用压路机压实。其操作过程可简单概括如下：预热，用齿或旋转的转子翻松并铲起，加入再生剂，搅拌再生调和松散的混合料，铺平再生料，再铺一层新的热混合料。

这种方法适用于破损较严重的路面维修翻新和旧路面升级改造施工，修复后形成与新建路面道路性能相同的全新路面。

（3）复拌法。复拌法和重铺法相似，只是在搅拌翻松的旧路材料时，需再加矿物质集料以提高现有路面的厚度或者通过改变骨料的级配或调整黏合剂的性质，从而提高旧的沥青混合料的等级。它通常是比重铺法加热和拌和得更彻底。

这种方法适用于维修中等程度破损的路面，修复后可以恢复沥青路面的原有性能。

现场热再生一般采用再生联合作业机组，它包括红外加热器、路面铣刨机、搅拌机、混合料摊铺机等。其工艺过程如下：首先用远红外加热器将破损路面的沥青表层加热软化，再用铣刨机铣削旧沥青层并收集到一台双卧轴连续式搅拌机上。补充新骨料、再生添加剂，经充分搅拌后进行摊铺、振捣、熨平，完成就地重铺，这样铣削下来的旧沥青混合料全部被利用，得到一条再生路面。这种工艺要求一次性投资很大，且机上没有新骨料的加热装置以及精确的计量系统，难以满足旧路翻修过程中的各种工况要求，加上旧沥青的再生很难在短时间内达到满意的程度，故该再生方法难以在国内高速公路养护部门推广。

早期的加热方法使用明火直接加热路面，后来已发展为使用红外线加热以减少对沥青混凝土的损害和呛人的浓烟散发。大多数加热装置使用间接加热法，丙烷气为燃料。加热过程由一台或多台机器完成，通常是一台机器上装两个加热器，或一前一后两台机器上各装一个加热器，将要耙松的材料加热到 100～150℃。

一种性能更好、速度更快的新型加热方法——用微波能加热再生沥青混合物已出现，并逐步发展起来。使用微波加热装置对沥青路面进行现场热再生施工的过程是：现场路面采用冷法粉碎，最大深度达 75 mm；将粉碎好的材料收集起来并输送到一普通的加热烘干机内进行预加热；

然后通过微波加热使温度达到 132℃ ；最后用常用的摊铺和压实设备将混合料摊平、压实。在微波加热装置内可预先加入一些再生剂或其他添加物以及新集料,这样可使加热及拌和效果更好,采用冷粉碎法是因为它比热粉碎法成本低。不过冷粉碎会使集料性能降低,特别是会产生过量的直径小于 75 $\mu m$(200 号过滤筛)的细粒。微波加热的特点是加热迅速、穿透深、路面温度的升高保持一致,然而微波加热往往因穿透过深会浪费掉一些能量。现在正对此进行改进以使微波能量集中到路面附近,这样既保证了加热速度,又能节省能源。

现场热再生可以达到最大深度为 50 mm 的位置,在某种情况下,可以达到更深的再生深度。现场热再生可以矫正横断面的不平。

现场热再生法同传统常温修补法相比具有以下优点:(1)工艺的改进使施工工艺大大减少。用传统方法修补路面病害时需要 9 道工序,而热再生工艺只需定位热软化、补充新料、混合整平和碾压成形等 5 道工序。(2)施工配套设备少。可减少传统常温修补工艺所需的空气压缩机、挖切机具、装运新混合料和废旧料的车辆等配套设备,因此不但减少了设备投资,而且减少了施工人员和路面施工时的封路区域,保证车辆畅通。(3)废料可就地再生使用。传统方法修补路面所用的沥青混合料大多是临时拌制的。因此,油石配比难以准确,其结果必然严重影响路面质量。而以热再生为主要内容的综合养护车所配备的料仓可将冷沥青混合料加热软化后使用。这些冷料不用专门拌制,只要在路面大中修施工期间,将施工现场每天的剩余料收集保管,或专门多制备一些混合料储备备用,就足以供应全年养护工程使用。同时,热再生工艺可使原损坏部分的旧料加热后与新料掺配后再生利用,亦大大减少了对新混合料的依赖程度。(4)修补速度快。传统方法修补一个坑槽需 60~90 min,而热再生工艺只需 15~20 min,大大减少了因修路工程对交通流的影响。(5)修补质量高。传统方法是冷接缝结合,应力集中,接缝处结合性差,特别是寒冷季节修补质量更差。而热再生工艺是热缝结合,新旧料互相融合,没有明显的接缝,因此结合强度高,平整度好且大大延长了使用寿命。(6)工程成本低。考虑所有因素后,一个 25 mm 深的 HIPR 路面层比冷粉碎后再铺筑的一个新的 25 mm 的面层要节约 35% 的成本。HIPR 减少成本的因素主要与储存、操作、拖运以及换算一下经再生过旧沥青材料(RAP)等有关。另外与传统方法相比,HIPR 对交通中断的影响也小得多。

沥青路面现场热再生技术的难点在于:沥青在加热到一百多摄氏度时软化,但超过一定温度后其性能急剧下降,并出现焦化现象。在现场加热时,很容易出现表层沥青焦化而里层沥青还未软化的现象。克服的方法是根据其热作用机理分析,设计出特殊加热装置以产生特殊波段的高温辐射能,在很短的时间内穿透较深的沥青路面。

值得注意的是:现场热再生不能修复位于沥青层以下较深位置的伸缩裂纹,不能纠正任何属于结构上的破坏;在实行现场热再生方法前,路面上的大量冷混合料补丁,喷涂补丁,必须除掉;含有矿渣或碎屑橡胶的热沥青混合料可能不适合现场热再生,因为它们具有很差的热传递性;天冷以及雨天时效率将有所降低;用现场热再生将很难处理急弯,一些交叉角或过渡地带仍然需要先将材料刨掉,然后再将旧料风干后,再利用摊铺机或人工的方法重铺。

2. 厂拌热再生法

厂拌热再生法,就是将旧沥青路面经过翻挖后运回拌和厂,再集中破碎,和再生剂、新沥青材料、新集料等在拌和机中按一定比例重新拌和成新的混合料,铺筑成再生沥青路面,其中新加沥青、再生剂与旧混合料的均匀充分融合是关键问题、在设计施工工艺中应充分考虑拌和机械设备。

利用连续式单滚筒再生方法和双滚筒再生方法,是国内外获取再生沥青混凝土的两种主要方法。前者新骨料的加热、升温在滚筒内进行,矿粉及再生料在滚筒中部由专门的喂料环加入,这样新旧材料的加热、搅拌均在一个滚筒内完成,拌和的均匀性难以保证,而且由于高温明火,旧沥青混合料中的沥青成分易被烧焦、裂解。上述两方面的原因将严重影响再生料的质量。这类设备以意大利 MARINI 公司及日本日工公司的产品为代表。后者为特殊的双滚筒再生设备,以美国的 ASTEC 的产品为代表,该再生设备的内筒为干燥筒,外筒与内筒之间的夹层为搅拌区,具体工作过程如下:通过连续式差分计量系统进行称量,以及集料与输料机构的工作,新骨料被送至内筒,并在内筒被加热到一定的温度,经卸料口进入内外筒之间的夹套,旧沥青混合料和矿粉同时从外筒的喂料环加入。冷的旧沥青混合料一方面接受新骨料的热量,另一方面接受来自内筒外壁的辐射热量,旧沥青混合料被加热到所需要的温度。另外,双滚筒再生设备,内筒外壁上安装着按一定规律布置的叶片,能够将新旧沥青混合料充分的加热、混合并强制搅拌,从而得到质量良好的再生沥青混合料。

近年来,应用热处理法在工厂再生旧沥青混凝土的越来越多。在工厂堆存的旧沥青混凝土,若是冷开采的,堆放就不结块。若是热开采的,则为防止结块,可加入沙子或矿粉。用不同方式获得的材料应分开存放,加工旧沥青混凝土在专门的搅拌机内进行。

为使旧沥青性能不致变坏,不发生大量烟尘。加热有直接加热、间接加热和用过热石料加热3 种方法。直接加热通常在圆筒形搅拌机内完成,为避免旧沥青混凝土的过热,搅拌机内的隔热板可以防止未加热的旧材料预热,直接加热用于回收含旧沥青混凝土 70% 的混合料;间接加热借助专门设备的热交换管道进行,混合料同火焰不直接接触,用这种装置可以回收含旧沥青混凝土 100% 的混合料;用过热石料加热采用通常的搅拌机,随着拌和,圆筒内的过热矿料(温度220~260℃)与送入的冷旧料进行热交接。直接加热和用过热石料加热虽能利用标准设备,但不符合环境保护要求。间接加热虽能加热含旧沥青混凝土 100% 的混合料,且不降低质量,环境污染小,但生产能力低。

### (二) 冷再生方法

冷再生方法是利用铣刨机将旧沥青面层及基层材料翻挖,将旧沥青混合料破碎后当作骨料,加入再生剂混合均匀,碾压成形后,主要作为公路基层及底基层使用。沥青混凝土冷再生操作在常温下进行,所以冷再生法又称常温再生法。再生剂包括乳化沥青、泡沫黏稠沥青、粉煤灰、石灰、氯化钙以及诸如粉煤灰加水泥或粉煤灰加石灰等复合材料。在某些情况下,当路面的沥青含量太高或是需要改善骨料的级配时,则还需掺加新骨料。只有当再生剂为乳化沥青时,再生混合料碾压成形后才可直接用作再生路面,此时路面的品质不是很好,主要是用于等级低的道路。

#### 1. 现场冷再生法

现场冷再生法,是将路面混合料在原路面上就地翻挖、破碎,再加入新沥青和新骨料。用路拌机原地拌和,最后碾压成形。

现场冷再生中,一般再生沥青路面材料(以下简称 RAP)100% 都得到加工。通常再生的旧沥青路面厚度为 5~10 cm,但若采用其他的添加剂诸如粉煤灰或水泥,而不是一般所使用的乳化沥青,处理厚度还能大些。全部的施工都是在再生的路面上完成的。对于大多数现场冷拌再生施工法来说,新的面层是热拌沥青混合料,但是对于交通量特别低的路来说,面层可能只用单层的或双层的沥青封层。

多数现场冷再生是利用再生设备系列完成的。设备系列包括一台大型冷铣刨机,该机拖带一台筛分和粉碎装置,随后是拌和设备,或是装在单个拖车上的筛分装置和拌和设备。经过加工的材料通常是分堆存放以便装运。但是也可以将这种材料从拌和设备直接运送到摊铺机的料斗内。铺筑通常是用惯用的热拌沥青混合料铺设机完成的,然后用压路机压实。

新的添加剂系统改善了再生混合料的早强性和抗湿气损坏(即剥落)的性能,添加剂是乳化沥青和熟石灰或是乳化沥青和水泥的复合物。石灰和水泥是以稀浆形成掺入的,以便精确地控制其用量并消除尘土。聚合物改性的乳化沥青也可用于改善混合料的性能。

### 2. 厂拌冷再生法

厂拌冷再生法采用固定式冷拌和再生设备回收沥青路面材料(RAP)生产再生混合料,该设备包括用于储存 RAP 和新骨料的单个或多个的冷供料斗,附有贮存和卡车装料用的卸料斗,或采用运送机或带式堆料机堆放混合料。为了使再生剂用量适当,设备应该附设计量运送带和计算机监控的液态添加剂系统。如果要将混合料按长堆堆料以便于装料时,可以用普通的倾卸式卡车或底部倾卸式卡车运送冷再生混合料,以便铺筑。通常使用惯用的沥青摊铺机摊铺混合料,但也可使用自动平地机铺筑,再用常规压路机进行压实。再生的混合料可以立即应用或者将其堆放一处,以备后来使用,诸如用于养护维修方面的补修和填补路面坑洞。

集中拌和的再生利用混合料的常温拌和技术,是将旧沥青路面块集中地进行破碎处理及分级,连续生产供常温搅拌设备所使用的材料。泡沫沥青和沥青乳剂两种结合料使再生骨料在卧式叶片搅拌机内包敷沥青。用这两种方法能以低的能耗生产出 90% 以上具有适当设计寿命的再生沥青路面。虽然再生混合料最终的工程特性不如加热混合料,但与采用再生骨料的混合料相比则不相上下。常温拌和设备的部件数量少,也不太复杂,所以能应用于运往其他地点的短期再生工程。

## 四、再生沥青混凝土的永久变形和低温特性及其评估模型

永久变形是指道路每一结构层在重复荷载作用下所产生的塑性应变的逐渐积累,也指由于重复的车轮荷载而产生的纵向(长度方向)车辙。过大的永久变形将使道路失去使用性和安全性。

有学者研究在不作任何性能假设即变形规则的情况下,对再生沥青混凝土在模拟实际条件下进行的试验(试验结果见表 10-35),根据实际测量建立了道路永久变形的评估模型,模型与荷载重复作用次数、再生率和温度密切相关,可用来预测与文献中所涉及到的混合料有相同特性的任何混合料在不同荷载作用次数和温度下的永久变形。用三轴重复加载试验方法考查了具有不同再生率(回收材料在再生混凝土中所占的百分率)的几种混合料在典型荷载和环境条件下随温度变化的特征,建立预测抗拉特性的模型,可根据模型对常规和再生混合料的抗低温裂纹能力进行预测和设计。

**表 10-35　混合料稳定度随再生率的变化**

| 回收与添加沥青比 | 稳定度 | 流值/mm | 24 h 稳定度 | 残留稳定度/% |
|---|---|---|---|---|
| 0/100 | 7150 | 2.0 | 6230 | 87 |
| 30/70 | 14750 | 2.8 | 12690 | 86 |
| 50/50 | 13900 | 3.0 | 12230 | 88 |
| 70/30 | 13400 | 3.7 | 12460 | 93 |
| 100/0 | 21050 | 3.6 | 20000 | 95 |
| 50/50① | 12750 | 2.9 | 10965 | 86 |

①回收沥青与 SC—3000 液体沥青 50/50 的混合物。

### (一) 再生沥青混凝土的永久变形及其评估模型

永久应变随荷载重复作用次数的增加而增加,在大约 10000 次时,其变化率相当高,然后逐渐减小,直至两者间呈现为近似线性关系,这种现象在再生混合料中比在常规混合料中更为明显。沥青混凝土路面的永久应变对温度非常敏感,温度升高,永久应变增大。再生混合料比常规

混合料的永久变形量小。再生率增大导致变形量减小,混合料中少量的回收材料可以大大改善路面的抗变形能力。

沥青混合料的永久变形是许多变量的函数,最重要的有荷载重复次数($N$)、温度($T$)和再生率($R$)。对数二次多项式模型最适合于估计各种常规和再生混合料在不同温度和荷载重复次数下的永久变形。该模型的一般形式如下:

$$Y = b_0 + b_1X_1 + b_2X_2 + b_3X_3 + b_4X_1X_2 + b_5X_1X_3 + b_6X_2X_3 + b_7X_1^2 + b_8X_2^2 + b_9X_3^2$$

(10-1)

式中　$Y$——lg(永久应变率($\varepsilon_p$));

$X_2$——lg(再生率($R$));

$b_0$——截距;

$X_1$——lg(荷载重复次数($N$));

$X_3$——lg(温度($T$));

$b_1 \sim b_9$——回归系数。

由于 $R$ 和 $T$ 值不能等于零,必要时建议取 1。

根据数据的多元回归分析,以上模型为:

$$Y = 4.0968 + 0.3169X_1 + 0.3311X_2 - 9.3684X_3 - 0.0695X_1X_2 +$$
$$0.3647X_1X_3 - 0.06161X_1^2 - 0.2628X_2^2 + 3.5558X_3^2$$

(10-2)

该等式的相关系数($r^2$)高达 97.7%,表明与变化性很大的沥青混凝土混合料具有极大的相关性,可以认为是非常理想的。

为了简化和便于应用,还建立了线性对数模型作为近似的实际模型。这个模型同样用来估计在荷载循环次数、再生率以及温度影响下的永久变形的百分率。回归后的结果为:

$$Y = -5.2823 + 0.4352X_1 - 0.3827X_2 + 2.6416X_3$$

(10-3)

这个模型的相关系数值为 92.4%,仍具有很高的相关性,而且作为一个线性公式,使用起来非常简便,所以,这个模型是很实用的。

**(二) 再生沥青混凝土低温特性及其评估模型**

相对于常规混合料,再生混合料表现出较高的抗拉破坏应力、较低的抗拉破坏应变以及较高的刚度模量,易发生低温裂纹。当再生混合料再生率小于 50% 时,开裂有被消除的可能性。抗拉破坏应力随试验温度升高而下降。抗拉破坏应变,随试验温度升高而增大,随再生率的提高而下降。刚度模量,随再生率的增大而增大,随温度的下降而增大。

沥青混凝土的抗拉特性取决于许多变量,其中最有影响的独立变量是再生率($R$)和温度($T$)。预测抗拉破坏应力($\sigma_{lf}$)、抗拉破坏应变($\varepsilon_{lf}$)以及刚度模量($S_{mix}$)的模型是再生率($R$)和温度($T$)的函数关系。其数学模型分别如下:

**1. 破坏应力预测模型**

$$\frac{1}{\sigma_{lf}} = 0.3092 - 0.0004R + 0.0022T$$

(10-4)

式中　$\sigma_{lf}$——平均抗拉破坏应力$\times 10^3$,kPa。

该公式的相关系数($r^2$)为 62.2%。

**2. 破坏应变预测模型**

$$\frac{1}{\varepsilon_{if}} = -0.0387 + 0.0011R - 0.0042T$$

(10-5)

式中　$\varepsilon_{lf}$——平均抗拉破坏应变 $\times 10^{-4}$，mm/mm。

该模型的相关性系数（$r^2$）高达 96.3%。

3．刚度模量预测模型

$$S_{mix} = -3.9163 - 0.0969R - 0.3757T \qquad (10-6)$$

式中　$S_{mix}$——平均刚度 $\times 10^5$，kPa。

该模型的相关性系数（$r^2$）为 93.5%。

# 第七节　建筑垃圾作桩基填料加固软土地基

## 一、建筑垃圾作建筑渣土桩填料加固软土地基

建筑垃圾具有足够的强度和耐久性，置入地基中，不受外界影响，不会产生风化而变为酥松体，能够长久地起到骨料作用。建筑渣土桩，是利用起吊机械将短柱形的夯锤提升到一定高度，使之自由落下夯击原地基，在夯击坑中填充一定粒径的建筑垃圾（一般为碎砖和生石灰的混合料或碎砖、土和生石灰的混合料）进行夯实，以使建筑垃圾能托住重夯，再进行填料夯实，直至填满夯击坑，最后在上面做 30 cm 的三七灰层（利用桩孔内掏出的土，与石灰拌成）而成。要求碎砖粒径不大于 60～120 mm，生石灰尽量采用新鲜块灰，土料可采用原槽土。但不应含有机杂质、淤泥及冻土块等，其含水量应接近最佳含水量。

软土地基经此种方法加固后，地基承载力的大小受场地工程地质条件、夯重、夯径、落距、夯击次数、地基桩布置形式及间距，建筑垃圾的粒径、土壤含水量等多种因素的制约，能满足低层楼房（七层以下）的需要。它综合了换填、强夯、挤密桩和袋装沙井等处理软土地基方法的优点，具有造价低、工期短、施工设备及施工工艺简单、振动小和效果好的特点，具有较高的经济效益、社会效益及环保效益。

### （一）建筑渣土桩加固软土地基机理

重锤冲孔夯扩垃圾桩复合地基处理机理主要是：成孔及成桩过程中对原土的动力挤密作用及固结作用；夯扩桩充填的置换作用（包括桩身及挤入桩间土的骨料）；生石灰的水化和胶凝作用（化学置换）。

1．动力固结

利用重锤冲孔然后分层填料夯扩成桩技术处理细粒饱和松软土层时，则是借助于动力固结理论，即冲孔和成桩时巨大的冲击能量在土中产生很大的应力波，破坏了土体原有结构，使土体局部发生液化并产生许多裂隙，增加了排水通道，使孔隙水顺利逸出，待孔隙水压力消散后，土体固结。由于软土的触变性，使桩底及桩间土体强度得到提高。

2．动力置换

动力置换作用依软土形状及其分布厚度可分为桩式置换和整式置换。当软土厚度不大且塌孔不十分严重时，主要是桩式置换，桩式置换类似于振冲法等形成的沙石桩，它主要靠桩体自身强度和桩间土体的侧向约束维持桩的平衡，并与桩间土共同工作形成复合地基。整式置换类似于换土垫层，一般发生在深厚且极其松软的饱和土层中。

3．生石灰的水化和胶凝作用

夯入桩孔侧壁土中及桩体内的生石灰、遇水后消解成熟石灰，放出热量，体积膨胀 1.5～3.5 倍，其反应方程式为：$CaO + H_2O \rightarrow Ca(OH)_2 + 65$ kJ/mol，由于生石灰水化吸水和水化放热，可使

桩间土的含水量降低、孔隙比减小、强度增加。当限制生石灰水化膨胀可产生较大的膨胀压力，试验表明，只要桩身保证必要的夯填密实度及封顶和覆盖压力，则生石灰水化将产生较大的侧向膨胀压力，使桩间土挤密。

桩体中的生石灰及挤入桩孔侧壁土中的生石灰、水化后生成的 $Ca(OH)_2$ 中的一部分，与土中的二氧化硅及氧化铝等产生化学反应，生成具有强度和水硬性的水化硅酸钙 $CaO \cdot SiO_2 \cdot (n+1)H_2O$；水化铝酸钙 $CaO \cdot Al_2O_3 \cdot (n+1)H_2O$ 等水化产物，水化物使土粒胶结，改变土的结构，提高桩身及桩间土强度。由于这种胶凝反应随龄期增长，所以可提高桩身及桩间土的后期强度。

成孔过程中用重锤冲孔，土不出孔而被挤向孔壁周围，桩间土被挤密，在分层填料分层夯实成桩过程中，通过夯实填料，形成又一次扩孔，使桩间土再次被挤密，这种桩与桩间土共同组成复合地基。

在加固过程中，由于重锤的冲击能造成一系列压缩波，使土体内出现排水网络，土的渗透性骤然增大，孔隙水迅速排出，孔隙压力很快消散，从而产生瞬时沉降，使土体压密，强度提高；同时重锤的冲击作用使填料向夯击方向和侧向挤密，从而对其周围的土体产生挤密加固作用，形成一个自内向外的挤密圈。在挤密过程中，周围土体的孔隙水压力随之增高，形成超静孔隙水压力。根据巴伦固结原理

$$t = \frac{T_n}{C_n} d_e^2 \qquad (10\text{-}7)$$

式中　$t$——固结所需时间，d；

　　　$T_n$——水平固结时间系数；

　　　$C_n$——水平方向的固结系数，$m^2/d$；

　　　$d_e$——建筑渣土桩的有效影响直径，m。

因为固结时间与排水距离的平方成正比，所以，增加排水途径，缩短排水距离，才能加速软土固结，提高地基承载力。加固柱体本身与软基有不同强度，它既是软土固结的排水体，又是基础的渣土桩。渣土桩和挤密后的地基土共同组成复合地基，从而提高地基强度并减小地基变形。

**（二）建筑渣土桩加固软土地基设计计算**

1. 处理范围及布桩方案

处理范围应大于基底面积。对一般地基，在基础外缘应扩大 1～2 排桩，最外排护桩中心至基础边缘距离不小于夯扩桩长度的 1/2。

对整式置换和可液化地基，处理范围可按上述要求适当加宽。桩位布置可采用等边三角形、正方形、矩形或等腰三角形布置。常用桩距为 1.5～2.5 m，或取 2～3 倍桩径。桩的直径一般为 0.6～0.8 m。

2. 复合地基承载力基本值（$f_a$）计算

复合地基承载力基本值计算公式如下：

$$f_0 = m f_p + (1-m) f_a \qquad (10\text{-}8)$$

$$m = A_p / A_e \qquad (10\text{-}9)$$

$$A_p = \pi d^2 / 4 \qquad (10\text{-}10)$$

式中　$f_0$——复合地基承载力基本值，kPa；

　　　$m$——面积置换率（一般取 $m = 0.1 \sim 0.3$，对于整式置换取 $m=1$）；

　　　$A_p$——桩横截面面积，$m^2$；

　　　$d$——桩的设计直径，m；

$A_e$——根桩承担的处理面积，$m^2$；

$f_p$——桩体单位面积承载力基本值，可依桩身重型动力触探平均击数查表或根据对比试验确定，kPa；

$f_a$——加固后桩间土承载力基本值，可依桩间土动力触探平均击数查表或根据对比试验确定，kPa。

3. 复合地基压缩模量计算

复合地基压缩模量计算公式如下：

$$E_{sp} = [1 + m(n - 1)]E_s \tag{10-11}$$

式中　$E_{sp}$——复合地基的压缩模量，MPa；

$E_s$——加固后桩间土的压缩模量，可依加固后桩间土承载力查表确定，MPa。

$n$——桩土应力比，无实测资料时可取 2～4，桩间土强度低取大值，桩间土强度高取小值。地基处理后的变形计算按国家标准《建筑地基基础设计规范》(GBJ7—1989)的有关规定。

## （三）建筑渣土桩加固软土地基施工工艺

利用特制柱状重锤冲击成孔，然后分层填料夯实形成桩体，并夯扩成桩。在成桩过程中，桩孔无任何护壁措施。对于饱和软黏土(淤泥及淤泥质土、冲填土等)，冲孔时塌孔严重，成桩困难，需要针对不同土质，采用不同的成孔及成桩工艺。

### 1. 先冲击成孔后分层填料成桩

先冲击成孔后分层填料成桩，即首先提起柱锤，反复冲击土层，直到锤底达到桩底设计标高为止，然后分层填料夯扩成桩。该成桩工艺适用于成孔时不塌孔或塌孔及缩颈不严重的土层，对于深厚饱和软黏土层不宜采用。

### 2. 边冲击边填料边成孔(填料成孔)后再填料成桩

首先提锤进行浅成孔，然后填入碎砖及生石灰拌和料(配合比约为1:1)，重复上述操作直至达到桩底设计标高为止，成孔后再分层填料成桩。

该工艺在成孔过程中，填料挤入孔壁及下部土体，因此增加了桩孔侧壁的稳定性，防止了塌孔及缩颈，桩身填料配合比及密实度也易得到保证，但在大面积施工时，特别是对于深厚松软土层，成孔速度较慢，对塌孔不太严重的土层，采用此种成孔方法比较有效。

### 3. 复打成桩

首先在设计桩位冲击成孔，然后分次填入碎砖及生石灰拌和料，并初步夯实。经停止 7～15 天后再对原桩位或桩间土进行复打，即再次冲击成孔，然后分层夯填碎砖三合土(碎砖:土:生石灰 = 2:4:1)成桩。

由于复打前桩孔内生石灰吸水膨胀，桩间土性质有所改善，复打成孔时原桩孔填料挤入孔壁及孔底土层中，形成了较硬孔壁，所以经停止后再次复打成孔时，一般成孔质量均可得到保证，成桩质量也较好。这种方法简便易行，特别是在大面积施工时，因为可以采用流水作业方式进行施工，所以能保证一定的施工速度。

### 4. 布桩方式及成桩顺序

在饱和松软细粒土层中成桩、布桩方式及成桩顺序也是影响地基加固效果的一个技术关键。

当采用方格网布桩或梅花形布桩且由外向内逐点成桩时，由于成桩过程中地面隆起严重，造成桩身上部及桩间土上涌松动，从而影响地基加固效果。改用方格网布桩，中间补桩一根，成桩顺序视土层情况采用由中间向外逐步进行,同行之间可隔打或方格网中间桩最后补打等方案,由于使软土尽量向侧向挤出,防止了因地面过分隆起而造成的桩身上部及表层桩间土的松动,从而保证了复合地基的加固效果。

**(四) 根据模糊优选模型选择建筑渣土桩加固软土地基方案**

崔振才和陆铮从模糊数学的基本理论出发,根据方案比较的相对性,提出用模糊优选理论与模型对基础处理方案进行选择,物理概念明确,计算简便实用。

1. 模糊优选模型的建立

设有 $n$ 个方案组成的方案集

$$\vec{x} = (\vec{x}_1, \vec{x}_2, \vec{x}_3, \cdots, \vec{x}_n) \tag{10-12}$$

每个方案可用 $m$ 个评价因素或指标来描述方案的相对优次程度,则第 $j$ 个方案可用向量表示为:

$$\vec{x}_j = (\vec{x}_{1j}, \vec{x}_{2j}, \vec{x}_{3j}, \cdots, \vec{x}_{mj})' \tag{10-13}$$

式中　　$x_{1j}, x_{mj}$——分别为第 $j$ 个方案的第 1 至 $m$ 个指标的特征值;

"'"——矩阵转置符号。

对于 $n$ 个方案的 $m$ 个特征值,可用矩阵表示

$$X_{m \times n} = \begin{bmatrix} x_{11} & x_{12} & \cdots & x_{1n} \\ x_{21} & x_{22} & \cdots & x_{2n} \\ \vdots & \vdots & & \vdots \\ x_{m1} & x_{m2} & \cdots & x_{mn} \end{bmatrix} = (x_{ij}) \tag{10-14}$$

式中, $i = 1, 2, \cdots, m$; $j = 1, 2, \cdots, n$。

由于方案优选具有比较好的相对性,方案的优次,是相对于参加优选的 $n$ 个方案而言,故本文取优等方案为(对越小越优,指标则取小):

$$\vec{y}_1 = (y_{11}, y_{12}, \cdots, y_{1m}) = (x_{11} \vee x_{12} \vee \cdots \vee x_{1n}, x_{21} \vee x_{22} \vee \cdots \vee x_{2n}, \cdots, x_{m1} \vee x_{m2} \vee \cdots \vee x_{mn}) \tag{10-15}$$

式中　　　　"$\vee$"——取大运算符;

$y_{11}, y_{12}, \cdots, y_{1m}$——分别为优等方案的第 $1, m$ 个指标特征值。

类似的取次等方案为(对越小越优,则取大):

$$\vec{y}_2 = (y_{21}, y_{22}, \cdots, y_{2m})$$
$$= (x_{11} \wedge x_{12} \wedge \cdots \wedge x_{1n}, x_{21} \wedge x_{22} \wedge \cdots \wedge x_{2n}, \cdots, x_{m1} \wedge x_{m2} \wedge \cdots \wedge x_{mn}) \tag{10-16}$$

式中　　　　"$\wedge$"——取小运算符;

$y_{21}, y_{22}, \cdots, y_{2m}$——分别为次等方案的第 $1, m$ 个指标特征值。

由上可知,不论式(10-15)或式(10-16),既是从 $n$ 个现实的方案中产生,又具有理想优等的目标,是两个现实与理想结合的假想方案,分别称为优等、次等标准方案。

集合 $x$ 中的 $n$ 个方案,每个方案以一定的隶属度分别隶属于优等与次等标准方案,可用模糊分划矩阵表示为:

$$u_{2 \times n} = \begin{bmatrix} u_{11} & u_{12} & \cdots & u_{1n} \\ & & & \\ & & & \\ u_{21} & u_{22} & \cdots & u_{2n} \end{bmatrix}_{2 \times n} = (u_{kj}) \tag{10-17}$$

矩阵 10-17 的约束条件为:

$$
\left.
\begin{aligned}
& 0 \leqslant u_{kj} \leqslant 1 \\
& u_{1j} + u_{2j} = 1 \\
& \sum_{j=1}^{n} u_{kj} > 0
\end{aligned}
\right\}
\quad
\begin{aligned}
& k = 1,2 \\
& j = 1,2,\cdots,n
\end{aligned}
\tag{10-18}
$$

式中,$u_{1j}$、$u_{2j}$ 分别为第 $j$ 个方案隶属于优等与次等标准方案的隶属度。隶属度 $u_{1j}$ 值越大,该方案相对越优,$u_{1j}(j=1,2,\cdots,n)$ 值最大方案为相对最优方案。因此方案优选在于求解矩阵 10-17 的最优矩阵,并从中选出 $u_{1j}$ 值最大的方案。

该方案优选对各项指标考虑不同的权重,其指标的权向量为:

$$
\vec{w} = (\vec{w}_1, \vec{w}_2, \cdots, \vec{w}_m)
\tag{10-19}
$$

为求解矩阵 10-17 的最优矩阵,本文利用扎德的以下两公式,即:

$$
r_{ij} = \frac{x_{ij} - \inf(x_{ij})}{\sup(x_{ij}) - \inf(x_{ij})} \quad (\text{对越大越优型})
\tag{10-20}
$$

$$
r_{ij} = \frac{\sup(x_{ij}) - x_{ij}}{\sup(x_{ij}) - \inf(x_{ij})} \quad (\text{对越小越优型})
\tag{10-21}
$$

把矩阵 10-14 转化为模糊矩阵为:

$$
R_{m \times n} =
\begin{bmatrix}
r_{11} & r_{12} & \cdots & r_{1n} \\
r_{21} & r_{22} & \cdots & r_{2n} \\
\vdots & \vdots & & \vdots \\
r_{m1} & r_{m2} & \cdots & r_{mn}
\end{bmatrix}
= (r_{ij})
\tag{10-22}
$$

式中,$i=1,2,\cdots,m$;$j=1,2,\cdots,n$;$\sup(x_{ij})$,$\inf(x_{ij})$ 分别为指标 $x_{ij}$ 的上、下界。

为求解矩阵 10-17 的最优矩阵,本文定义 $u_{1j} \parallel \vec{w}(\vec{r}_j - \vec{v}_1) \parallel$、$u_{2j} \parallel \vec{w}(\vec{r}_j - \vec{v}_2) \parallel$ 分别为权优异度和权次异度,而 $\parallel \vec{w}(\vec{r}_j - \vec{v}_1) \parallel$、$\parallel \vec{w}(\vec{r}_j - \vec{v}_2) \parallel$ 分别为以 $\vec{w}$ 为权重的欧氏距离,本文称为优异度和次异度,且有:

$$
\parallel \vec{w}(\vec{r}_j - \vec{v}_1) \parallel = \sum_{i=1}^{m} [w(r_{ij} - v_{1i})]^2
\tag{10-23}
$$

$$
\parallel \vec{w}(\vec{r}_j - \vec{v}_2) \parallel = \sum_{i=1}^{m} [w(r_{ij} - v_{2i})]^2
\tag{10-24}
$$

式中

$$
\vec{v}_1 = (v_{11}, v_{12}, \cdots, v_{1m}) = (1,1,\cdots,1)
\tag{10-25}
$$

$$
\vec{v}_2 = (v_{21}, v_{22}, \cdots, v_{2m}) = (0,0,\cdots,0)
\tag{10-26}
$$

即 $\vec{v}_1$、$\vec{v}_2$ 分别为以隶属度表示的标准优等方案和次等方案。

为求解矩阵 10-17 的最优矩阵,本文利用优化准则为:全体方案对优等、次等方案的权优异度、权次异度平方之和为最小,则目标函数有

$$
\min F(u) = \sum_{j=1}^{n} \left\{ [u_{1j} \parallel \vec{w}(\vec{r}_j - \vec{v}_1) \parallel]^2 + [u_{2j} \parallel \vec{w}(\vec{r}_j - \vec{v}_2) \parallel]^2 \right\}
\tag{10-27}
$$

为求出 $F(u)$ 的极小值,$u_{2j} = 1 - u_{1j}$ 代入矩阵 10-27 中,并使 $\dfrac{\mathrm{d}F(u)}{\mathrm{d}u_{1j}} = 0$,则得:

$$
u_{1j} = \frac{1}{1 + \left[ \dfrac{\parallel \vec{w}(\vec{r}_1 - \vec{v}_1) \parallel}{\parallel \vec{w}(\vec{r}_2 - \vec{v}_2) \parallel} \right]^2}, \quad j = 1,2,\cdots,n
\tag{10-28}
$$

式 10-28 具有明确的物理意义。当方案的优异度小于次异度时,$u_{1j} > 0.5$,该方案隶属优等

隶属度大于次等隶属度；当优异度大于次异度时，$u_{1j} < 0.5$，该方案隶属优等隶属度小于次等隶属度。特别地，当优异度等于零时，$u_{1j} = 1$，该方案正是标准优等方案；当次异度等于零时，$u_{1j} = 0$，则该方案乃是标准次等方案；当优异度等于次异度时，$u_{1j} = u_{2j} = 0.5$，表明该方案居于优等方案与次等方案的中间状态。上述分析既符合方案选择优等、次等的物理概念，又满足模糊集理论关于隶属函数的有关定义的条件。

2. 评价因素或指标的选择

对于某一岩性的地层，经处理后的地基承载力大小，在满足设计要求及工程费用合理的前提下，应选择一个相对最优方案，使处理后的地基承载力达到最大。但由于影响地基承载力的因素众多，而评价指标的选择对于方案的抉择又至关重要，因此本文通过认真对比分析确定下列评价指标。

（1）主、次、插夯击体。在几个试点工程施工中，夯击体布置均采用梅花形，其间的间距各不相同，采用的夯底直径从 0.4～1.0 m 不等，由重夯造成的夯孔深也大小不一。考虑到夯击体的不同位置在工程中所承受的上部压力不同，因此把夯击体分为主、次、插三种夯击体。

在施工中，主、次、插夯击体的大小可同可异，但它们体积的大小综合反映了夯的落距、夯的直径、夯击次数、夯击体布置形式和间距，填料的多少等，这样，一方面避免了因素过多过杂、不宜定量，另一方面又综合反映出它们的影响，因此是一个综合性指标，把其作为评价指标科学而合理。

（2）单位面积费用。夯击体之间的距离、大小等和地基处理费用紧密相连。在地基加固过程中，一方面要考虑满足设计要求，一方面考虑到施工单位能够接受的工程造价，抛开工程造价谈地基处理是没有意义的。本文选择这样一个指标其目的在于此。

（3）平板静载荷、标准贯入和重Ⅱ动力触探。为检验加固处理效果，在几个试点工程中按照在加固中以不使地面隆起为度，分别拟定了若干个方案，每个方案加固处理后相隔几日进行了平板静载荷试验、标准贯入试验和重Ⅱ动力触探测试。选择这样三个评价指标，很大程度上避免了单一检验效果所产生的偏差，使评价结果更切实可靠。

（4）土壤含水量。在利用重夯进行加固过程中，由于重夯的冲击作用使填料向夯击方向及侧向挤密，从而对其周围的土体产生挤密加固作用，形成一个自由向外的挤密圈，同时，周围土体的孔隙水压力势必增高，但粗粒填料又为孔脱水提供了排水出路，使孔隙水压能以在较短的时间内消散或削减，加快土体固结，使地基的承载力能以在较短时间内提高。因此土壤含水量指标是一个很重要的因素。为检验加固效果，在试点地基处理完后取土进行室内试验测定其土壤含水量，一方面与其加固前对比，一方面作为每一方案下的一个评价因素。

**（五）建筑渣土桩加固软土地基工程实例**

1. 建筑渣土桩加固天津大港水厂虹吸滤池和加速澄清池地基

（1）工程概况。1994 年铁道部第十六工程局二处用建筑土桩加固大港水厂虹吸滤池和加速澄清池地基，该场地在地貌上属滨海堆积平原，地基土层系由第四系陆相滨海相松软堆积物所组成。场地地基各土层物理力学性能指标见表 10-36。

表 10-36　各土层物理力学性能指标

| 层序 | 土层名称 | 厚度/m | 含水量/% | 孔隙比 $e$ | 液限 $W_L$ | 液指 $I_L$ | 压缩模量 $E_s$/MPa | 承载力/kPa |
|------|----------|--------|----------|-----------|-----------|-----------|-------------------|-----------|
| 1 | 粉质黏土 | 1.3 | | | | | 3.5 | 75 |
| 2 | 淤泥质粉质黏土 | 3.0 | 34.4 | 0.945 | 36.63 | 1.14 | 3.0 | 65 |
| 3 | 粉土夹有淤泥质黏土 | 4.9 | 35 | 0.978 | 33.69 | 1.08 | 4.0 | 100 |

| 层　序 | 土层名称 | 厚度/m | 含水量/% | 孔隙比 $e$ | 液限 $W_L$ | 液指 $I_L$ | 压缩模量 $E_s$/MPa | 承载力/kPa |
|---|---|---|---|---|---|---|---|---|
| 4 | 粉质黏土 | 6 | 36.7 | 0.909 | 34.99 | 0.93 | 3.3 | 80 |
| 5 | 粉质黏土 | 4 | 26.7 | 0.725 | 28.87 | 0.82 | 4.7 | 115 |
| 6 | 粉　土 | 未钻穿 | 21.4 | 0.587 | 23.34 | 0.84 | 5.0 | 120 |

从表 10-36 可以看出,浅层土 15 m 以内全为软弱土层,尤其第 2 层淤泥质粉质黏土;含水量为 34.4%,孔隙比为 0.945,液指 1.14,压缩模量 3 MPa,属于高压缩性、低承载力土层。而第 3 层粉土承载力为 100 kPa,是相对的浅层持力层,所以地基处理时要充分利用此土层。

根据地区经验和参照碎石桩计算公式验算,得出设计参数如下:桩直径 500 mm、锤重 4.0 t,桩长 3 m,桩中心间距 800 mm,土的置换率为 31.6%,桩上部为 400 mm 厚的碎砖回填碾压层,每次回填 140 mm,分三次回填分层压实。

工程于 1994 年 11 月 20 日开始,11 月 30 日完工。

(2) 加固效果。1994 年 12 月 15 日对虹吸滤池复合地基做了动(Ⅱ)试验和表面静载实验,以检查建筑渣土桩对软土地基的加固效果。

1) 动(Ⅱ)试验。根据实测情况,渣土桩单桩竖向承载力主要受其下卧层的影响,即第 3 层粉土与粉质黏土层。渣土桩本身具有足够的强度,第 3 层粉土与粉质黏土互层的实测重型(Ⅱ)动力触探击数为 4.0~4.3 击,平均实测数为 4.1 击,承载力标准值可达 140 kPa,渣土桩竖向承载力标准值取 140 kPa。桩间土的实测重型(Ⅱ)动力触探击数为 1.6~3.7 击,平均击数为 3.3 击,承载力标准值可达 90 kPa,桩间土承载力标准值取 90 kPa。

该复合地基承载力标准值按下式计算,

$$f_{sp} = mf_a + \beta(1 - m)f_k \tag{10-29}$$

式中　$f_{sp}$——复合地基承载力标准值,kPa;

　　　$m$——复合地基面积置换率,取 31.6%;

　　　$f_a$——渣土桩竖向承载力标准值,取 140 kPa;

　　　$f_k$——渣土桩间土大承载力标准值,取 90 kPa;

　　　$\beta$——桩间土承载力折减系数,取 0.9。

计算得 $f_{sp}$ = 105 kPa。

2) 表面静载实验。

复合地基平板静载试验采用慢速维持荷载法,即分级加荷,并在每级维持荷载作用下,按规程规定的时间间隔测取复合地基沉降量。待沉降量达到规程规定的稳定标准后,方可增加下一级荷载,依次雷同,直到试验符合终止条件为止,然后,按卸载卸至零,并按规程要求,测取卸载时间的回弹变形量。经对检验数据综合分析,确定试点的单桩复合地基承载力为 108 kPa。

(3) 经济效益。与筏片基础和水泥深层搅拌桩相比,用建筑渣土桩处理软土基础每平方米可节约投资 100~140 元,施工周期可缩短一半。以虹吸滤池加固工程为例,将水泥深层搅拌桩和建筑渣土桩所用费用列表做一经济效益比较(见表 10-37),建筑渣土桩每平方米造价比水泥深层搅拌桩低 135.1 元。

**表 10-37 不同加固方法经济效益比较**

| 加 固 方 法 | 水泥深层搅拌桩 | 建筑渣土桩 |
|---|---|---|
| 处理面积/m² | 274.6 | 274.6 |
| 总造价/元 | 106700 | 69600 |
| 每平方米造价/元 | 388.6 | 253.5 |

**2. 建筑渣土桩加固山东聊城市国奥大酒店地基**

(1) 工程概况。聊城市国奥大酒店为 5 层框架结构,平面布置为"扇形",横向主楼宽 20 m,纵向中轴线长 110 m,采用浅基础时要求承载力标准值达到 140 kPa 以上。

孔深 20 m 内的地层共分 6 层。其中,平均埋深 5 m 以下土层力学性质均较好,承载力标准值均大于 120 kPa;平均埋深 5 m 以上,均为冲填土,为灰黄色 – 浅灰色,很湿,极松,呈软塑 – 流塑状,孔隙平均值为 1.054,为高压缩性土,承载力标准值为 50 kPa,且 7 度地震时存在严重液化现象;埋深 1 m 以下的冲填土,稍加扰动,即呈现出触变现象。

施工所用锤重 2.8 t,直径 380 mm,长 4.2 m,用 25 t 吊车,提升重锤至 8 m 高度后,让其自由下落冲击成孔,再填料分层夯实,填料为建筑垃圾,成分主要为砖块、土及生石灰配合后的碎砖三合土。夯实后填料形成的桩径约为 0.8 m,直接处理深度为 6.0 m,影响深度至 7.0 m。桩的平面布置呈梅花状,纵横排距均为 1 m,并按先外后内的施工顺序跳打夯实,最后再用低落距普夯场地。

(2) 加固效果。为检测加固效果,工程完工后 5~7 d,进行了平板荷载试验、标准贯入试验、重型(Ⅱ)动力触探试验以及上部结构施工期的沉降观测。

1) 平板静荷载试验。平板采用方形承压板,承压板面积为 2.42 m²,3200 kN 油压千斤顶,60 MPa 精密压力表,以压重平台作反力装置,所压重物为沙子,压重为设计荷载的 2 倍以上,用油压千斤顶以慢速维持荷载法加卸载及沉降观测。本次共布置 7 处单桩复合地基试验;单桩复合地基承载力标准值为 160~224 kPa,单桩复合地基承载力标准值的平均值为 182.3 kPa。

2) 标准贯入试验。在桩间土随机布置 10 个钻孔,孔深均为 6 m,在冲填土内共进行标准贯入试验 48 次,标准贯击数为 6~10 击,平均 8.3 击,彻底清除了 7 度地震严重液化的现象,承载力标准值为 145 kPa,较地基处理前提高了 95 kPa。

3) 重型(Ⅱ)动力触探。在与标准贯入孔相邻的桩体上布置重型(Ⅱ)动力触探孔 10 个,孔探均为 5 m,桩体承载力标准为 196~388 kPa,平均为 269 kPa。经计算,桩体与桩间土共同组成的复合地基承载力标准值的平均值为 174.2 kPa。

4) 沉降观测。从基础完工到主体工程完工为止进行了沉降观测,结果表明,国奥大酒店最大沉降量为 47.8 mm,最大差异沉降量为 20.3 mm,符合我国建筑地基基础设计规范的有关规定。

**3. 建筑渣土桩加固山东聊城市东昌府区湖上乐园宾馆地基**

(1) 工程概况。东昌府区湖上乐园宾馆位于环城湖畔,主楼为 5 层框架结构,其东西南附楼亦为框架结构,是一座建筑平面为半扇形的多功能三星级宾馆。该宾馆地处鲁西黄泛区冲积平原,原为人工湖塘,后经泥浆淤积而成平地,地质结构复杂,地耐力达不到 160 kPa 的设计要求。

该区属第四纪松散沉积,厚度较大,土的岩性为填土、粉土、粉质黏土、粉沙及细沙,为较好的含水及渗水地层。地下水为潜水类型,水位高程 30.2 m(1996 年 12 月测),且地下水补给条件良好。地质条件见表 10-38。

表 10-38　地基土的物理力学性能

| 土层名称 | 含水率 $w$/% | 孔隙比 $c$ | 液限 $W_L$/% | 塑限 $W_P$/% | 液性指数 $I_L$ | 压缩模量 $E$/MPa | 内摩擦角 $\phi$/(°) | 层厚 /m | 承载力值 /kPa |
|---|---|---|---|---|---|---|---|---|---|
| 层① 填土 | 37.19 | 1.054 | | | | 3.8 | 13.6 | 2.1~5.1 | 50 |
| 层②-1 粉土 | 29.69 | 0.837 | | | | 9.3 | 31.6 | 1.7~4.2 | 105 |
| 层②-2 粉质黏土 | 32.2 | 0.940 | 36.63 | 23.29 | 0.68 | 5.5 | 11.7 | 0.4~1.1 | 110 |
| 层②-3 粉土 | 25.03 | 0.723 | | | | 13.6 | 34.9 | 1.2~2.4 | 160 |
| 层②-4 粉沙 | 22.05 | 0.761 | 32.88 | 18.81 | 0.62 | 13.9 | 35.7 | 4.2~7.0 | 110 |
| 层③ 粉质黏土 | 27.16 | 0.752 | | | | 8.2 | 7.6 | 1.2~2.1 | 135 |
| 层④ 粉土 | 26.19 | 0.740 | | | | 10.8 | 32.3 | 1.1~3.1 | 130 |

　　该区地震基本烈度为 7 度。在 7 度地震时,层①填土和层②-1 粉土存在液化问题,层①液化指数大于 15,为严重液化土层;层②-1 液化指数最大为 4.7 为轻微液化层。按《建筑抗震设计规范》(GBJII—89)的要求,对层①充填土必须采取全部消除地基液化沉降的措施。

　　每个垃圾桩的形成是将直径 380 mm、重 2.8 t 的锤提升到一定高度,自动脱钩落下,锤底产生瞬间压应力使土体下沉,并向侧面扩散挤密,在地基中形成比重锤直径大的桩孔,然后在孔内填入拌和好的建筑垃圾土料,继续夯击至设计深度,直至孔底发出清脆声音时,在地基中形成一段桩身,并反复操作,最终形成一个完整的挤密桩。单桩垃圾用量约 10 m³。为使地基均匀受力,桩体采用等边三角形挤密单元。整个地基采用满堂布置桩位,桩距为 2.69 m,共布桩 2353 根,处理面积 5700 m²。

　　(2) 加固效果。地基加固从 1997 年 5 月 22 日开始,到 5 月 25 日竣工。7 月份抽取 8 个桩及桩间土检测,根据《建筑地基基础设计规范》(GBJ7—1989)求出承载力标准值。

　　结果得出,处理桩体长约 7.5 m,桩体强度很高,桩间土的承载力明显提高,其复合承载力满足 160 MPa 的设计要求,并消除了地基液化。1 号桩加荷至 320 kPa,累计沉降 35.60 mm,没有破坏,满足设计要求;2、3 号桩加荷至 320 kPa,累计沉降分别为 19.48、26.41 mm,均满足设计要求。该宾馆封顶时实测沉降量为 20 mm,建成两年后总沉降为 40~50 mm,并趋于稳定,说明该地基加固处理是成功的。

　　4. 建筑渣土桩加固河南省洛阳市东城壕小区 8~10 号住宅楼地基

　　(1) 工程概况。洛阳市东城壕住宅小区位于洛阳老城区东,建筑面积约 89000 m²。小区位于洛河一级漫滩上,地下水源丰富,地下水位在地面以下 6.5 m。

　　设计要求经处理后复合地基的承载力应满足七层砖混住宅设计对地基的要求,标准承载力值应达 160~180 kPa。根据设计,桩距取为 1.0~1.1 m,排距 0.85~0.90 m。采用机动洛阳铲掏孔,孔径为 0.35 m,夯锤质量不小于 1000 kg,形状为圆柱形,下部为抛物线型锤头。将桩身分作上、中、下三部分:下部 0.5 m,填场地废弃的混凝土块;中部 1.5 m,填不再外运的建筑垃圾;上段 4.5 m,填三七灰土(利用桩孔内掏出的土,与石灰拌成)。

　　引孔施作后,先对桩底夯实两次,落锤高度 3.0 m。桩底部铺混凝土块厚 50 cm,先轻击两次,以挤实混凝土块,再重夯三次(落锤高度 3.0 m),夯扩挤密地基,重复上述工序多次。中部铺建筑垃圾土每层约 50 cm,同上述操作,达总厚 1.50 m 为止。桩上部填三七灰土,每次铺约 50~80 cm 厚,先轻击两次,再重击 4 次,重复进行。距地面约 1 m 处,落锤高度改为 1.0~1.2 m,夯实 5 次,距地面 20~30 cm 时,停止作业。

　　(2) 加固效果。成桩结束后,及时标注桩位图。抽样检查,挖开部分夯扩桩,测量桩的直径。

测得结果,桩径大于 0.45 m 的占 100%,其中有 3% 达到 0.50 m 以上,达到了设计要求。经静载试验,处理后的地基承载力标准值达 180~190 kPa。满足七层砖混住宅工程条形基础需要。

(3) 经济效益。小区建设一、二期工程采用 $\phi$700 mm 扩底灌注桩。据有关统计资料,约 60 m² 建筑面积布置一根扩底桩。每桩浇注混凝土约为 3.719 m³,考虑浇注的充盈系数为 1.18,则每桩实际混凝土用量为 4.388 m³。桩身配筋率 0.5%,每根桩用钢量 0.145 t。按现时钢筋制作安装费和混凝土单价计算,则每平方建筑面积桩基费用为 30.4 元。

目前洛阳地区有部分住宅楼房采用仍 50 mm 小摩擦桩。大约每 20~22 m² 扩建筑面积布置 1 根 $\phi$350 mm 小摩擦桩。按建 7 层楼房考虑该桩一般长度为 11.2~11.9 m,取桩长 11.2 m 计算,每根桩灌注混凝土约 1.271 m³。按 1% 配筋计算,每桩用钢量为 0.0563 t。按现时钢筋制作安装费和混凝土单价计算,每平方米建筑面积桩基费用为 26.10 元。

本工程采用建筑渣土夯扩桩,桩径 0.35 m,经夯扩后达到 0.45 m 以上。约 6 m² 建筑面积布置 1 根桩。夯扩桩因采用三七灰土、建筑垃圾,可以减少不少建筑垃圾及孔内掏土外运费,只含夯扩机械台班等费用,经计算每平方米建筑面积桩基费用为 23.65 元。

由此可知,大直径($\phi$700 mm)灌注桩、小直径($\phi$350 mm)摩擦桩和建筑渣土桩每平方米建筑面积桩基费用分别为 30.4 元/m²、26.10 元/m² 和 23.65 元/m²,建筑渣土桩是最经济的。

## 二、建筑垃圾作复合载体夯扩桩填料加固软土地基

复合载体(建筑垃圾)夯扩桩,是采用细长锤(直径为 250~500 mm,长为 3000~5000 mm,锤的质量为 3.5~6 t),在护筒内边打边沉,沉到设计标高后,分批向孔内投入建筑垃圾(碎石、碎砖、混凝土块等),用细长锤反复夯实、挤密,在桩端处形成复合载体,放入钢筋笼,浇注桩身(传力杆)混凝土而成。

"复合载体(建筑垃圾)夯扩桩施工技术"是在"用建筑垃圾加固软土地基"的基础上,针对软弱地基和松散填土地基的特点,结合多种桩基施工方法的优点,研究开发的一种地基加固处理新技术。该技术于 1996 年 10 月获得国家实用新型专利。1997 年 10 月通过建设部科技司组织的专家鉴定,居国内领先水平。被建设部列为 1998 年重点推广项目。同年分获河北省建委科技进步一等奖、建设部科技进步三等奖。1998 中国专利技术博览会金奖。

复合载体(建筑垃圾)夯扩桩是由上部桩身和下部复合载体组成的。桩身是钢筋混凝土结构。复合载体是避软就硬,以碎石、碎砖、混凝土块等建筑垃圾为填充料,在持力层内夯实加固挤密形成的挤密实体。复合载体由干硬性混凝土、填充料、挤密土体和影响土体四部分组成。该桩与其他桩型的最大区别在于:它不是通过桩身形状、桩径、桩端面积的改变来提高承载能力,而是利用重锤对填充料进行夯实挤密,挤密时土体常受到很大的夯击能量,然后释放,对侧向周围影响土体施加侧向挤压力进行有效加固挤密,土体得到密实,变形模量提高很大,所以能较大幅度地提高地基承载力。通常桩径 $\phi$400 mm 桩长 4~10 m 的夯扩桩,适用于 16 层以下的多层及低高层建筑物。复合载体桩具有以下优点:(1)该桩型具有桩基的承载特性,可采用承台梁直接将上部结构荷载传递到桩基上,建筑桩基结构形式简单、经济;(2) 单桩竖向承载力高,是普通灌注桩承载力的 3~5 倍,并且可通过调整施工控制参数来调节单桩的承载能力;(3)施工工艺简单,施工质量易控制。施工中,无需场地降水、基坑开挖等程序,减少了工程量,缩短了工期;(4)该桩可消纳大量的建筑垃圾,变废为宝,保护环境,利国利民。在施工过程中,具有无污染、低噪声等优点;(5)适用范围广泛,尤其在浅部具有相对较好的土层、表层及填土较厚时,其优势更为明显。

### (一) 复合载体夯扩桩加固软土地基机理

#### 1. 复合载体夯扩桩

复合载体是由块状的建筑垃圾(红砖、碎石和混凝土块等)填充料,挤密的土体,影响的土体和

干硬性混凝土而组成的。复合载体所在的土层为被加固体。夯扩体周围被夯实挤密的土体为挤密土体。复合载体持力层为直接承受传递荷载的复合载体土层。硬性混凝土和各种块体填充料组成的实体为夯扩体。复合载体夯扩桩的传力系统由三部分组成:(1)传力杆,钢筋混凝土桩体,作用是传力;(2)连接层,用1:2纯水泥浆连接传力杆与干硬性混凝土,以确保桩端处的混凝土有足够的水分硬化;(3)复合载体的土层:传递外荷载给地基的持力土层。

　　2．复合载体夯扩桩加固软土地基机理

　　复合载体夯扩桩被人们称为桩,但就其受力模式分析是桩与人工地基的两者组合。两者之间,钢筋混凝土的传力杆起"承上"把结构的上部荷载通过本身传递给"启下"地基,但传力杆自身只能承受少量的摩擦阻力不足 20～30 t,所以,在设计中一般是不予以考虑的。而受力最主要的部分——复合载体持力土层,一般为 120～260 t。

　　复合载体夯扩桩正确运用了土体的约束机理和能量积累原理。这一施工工艺,在大能量(一般为 21 t/m)的剪切力作用下,连续不断地在一处进行填料夯击,能量就在此处不断积累,将该部分土体结构充分地破坏,被不断地填料所挤密。当被挤密的土体对夯填料有一定约束力时,地基就产生出挤密土体和影响土体来承担上部荷载。

### (二) 复合载体夯扩桩加固软土地基设计计算

　　复合载体夯扩桩单桩竖向承载力特征值的估算:

$$R_a = u_p \sum q_{sia} l_i + q_{pa} A_e \tag{10-30}$$

式中　$q_{sia}$——按桩侧摩擦阻力特征值;

　　　　$q_{pa}$——按天然地基经深度修正后的地基承载力特征值;

　　　　$A_e$——引入的新概念,是等效桩端计算面积($m^2$),可在 JGJ/n35—2001 中查到。

　　由公式可以看出,第一部分是按桩进行计算,鉴于传力杆的长度为 4～5 m,故一般不计算,作为安全储备。而第二部分是该桩的设计核心,在计算时,应注意地基承载力特征值的确定,然后再考虑深度的修正。这一部分要遵照建筑地基基础设计规范 GB50007—2002 的有关规定选用。

　　$A_e$ 值是一个难以确定的物理参数,目前只能在已工程实践的试桩数据基础上,进行分析处理确定,所以它是一个经验参数。在分析过程中发现 $A_e$ 值与土性和三击贯入度有着密切的设计施工关系,故在规范编制给定的表中只有两个参数:土性、三击贯入度。

### (三) 复合载体夯扩桩加固软土地基施工工艺

　　1．三击贯入度的控制

　　三击贯入度是可以直接反馈载体夯扩的质量。因此,在施工中要严格对待。控制三击贯入度的要点是:(1)锤的质量是否满足 3.5 t;(2)锤的落距不能小于 6.0 m;(3)测试的基准设置的准确可靠;(4)专人测试。

　　2．控制传力杆混凝土的工作度

　　传力杆是受力主要部位,保证混凝土的质量是非常重要。为此,混凝土的工作度应控制在 100～150 mm,带有振动锤的可迭低值。

　　3．填充料

　　为更好地挤密土层,在填充料的选择上优先选用块状,不得使用粉状物。建议多利用拆房的碎红砖、碎石和混凝土等块状物料,但其几何尺寸应控制在 50～150 mm,单向尺寸最大不应超过 250 mm。应注意碎石对三击贯入度的反弹假象。

　　4．连接层

　　在确保桩端处混凝土的密实和完整,可靠的承受局部压应力,防止混凝土硬化过程中的失水现象。因此，在夯实干硬性混凝土之后，立即倒入 1～2 桶的 1:2 纯水混浆，以确保两者的可靠连接。

**（四）复合载体夯扩桩加固软土地基工程实例**

1. 邯郸市某框架结构综合楼地基加固

（1）工程概况。邯郸市某框架结构综合楼，主体结构 6 层，局部 8 层。采用柱下独立承台桩（建筑垃圾夯扩桩）基础。场地土属软弱场地土，地下水稳定水位在地表下 1.4 m，场地地基各土层物理力学性能指标见表 10-39。

**表 10-39　各土层物理力学性能指标**

| 层　　序 | 土层名称 | 厚度/m | 含水量/% | 压缩模量 $E_0$/MPa | 承载力 $f_k$/kPa |
|---|---|---|---|---|---|
| 1 | 粉土 | 11.4 | 27.1 | 6.0 | 100 |
| 2 | 黏性土 | 2.0 | 27.0 | 9.6 | 160 |
| 3 | 粉质黏土 | 2.0 | 26.1 | 7.6 | 140 |
| 4 | 粉土 | 5.6(揭露厚度) | 17.9 | 7.3 | 200 |

桩距 1.5 m，呈三角形布桩，工程采用 Franki 桩的成桩工艺：(1)将桩管竖立在桩的中心位置上，向管内投入一定高度的建筑垃圾(碎砖或混凝土块)作为柱塞；(2)桩锤放入桩管内，用卷扬机提起桩锤，利用其自重锤击柱塞，靠柱塞与桩管的摩擦力使桩管沉入土层中；(3)继续夯击柱塞，使其挤出桩管下端，然后边放料边夯击，使之形成扩大头，直到桩锤的贯入度小于某一设计值；(4)向桩管内填入一定数量的干硬性混凝土然后进行夯击，使其脱离桩管；(5)插入钢筋笼，浇注混凝土，拔桩管，用插入式振捣棒振捣。

（2）加固效果。本工程施工总桩数为 420 根，工程桩施工结束 20 d 后，对桩身质量采用低应变动测法进行了检验，检验桩数为桩总数的 20%，结果Ⅰ类桩占 80%，Ⅱ类及Ⅲ类桩占 20%，施工质量全部合格。

根据试桩结果，设计值 R = 350 kN 所对应的桩顶沉降量分别为 7.60 mm、8.05 mm、7.50 mm，说明本设计仍有较大的安全度。

（3）经济效益。为与一般沉管灌注桩对比，在本场地附近采用振动沉管法施打 4 根沉管灌注桩(不扩底)。对比沉管灌注桩(桩长 12.5 m、桩径 377 mm)和建筑垃圾夯扩桩(桩长 5.5 m、桩径 420 mm)发现，前者比后者长 2.3 倍，而单桩极限承载力标准值仅为后者的 73%；前者单位体积承载力为 328 kN，后者单位体积承载力为 828 kN，提高了 500 kN，即 152%。由于单桩承载力的大幅度提高，从每千牛抗力的造价来看，建筑垃圾夯扩桩可节约造价 23%(表 10-40，造价为当地实际施工价格)，施工单位的利润也可提高 20%左右。

**表 10-40　两种桩型造价对比表**

| 桩　型 | 桩长/m | 桩径/mm | 混凝土体积/m³ | 极限承载力标准值/kN | 单位体积承载力/kN·m⁻³ | 单位体积造价/元·m⁻³ | 单位抗力的造价/元·kN⁻¹ |
|---|---|---|---|---|---|---|---|
| 建筑垃圾夯扩桩 | 5.5 | 420 | 0.761 | 630 | 828 | 1183 | 1.43 |
| 沉管灌注桩 | 12.5 | 377 | 1.395 | 458 | 328 | 610 | 1.86 |

2. 河北保定红星路花园小区一号楼(7 层)地基加固

该楼场地地层自上而下为：a 杂填土层，层厚 1.0～2.0 m；b 粉土层，层厚 2.0～4.7 m；c 粉细沙层，层厚 0.5～1.2 m；d 粉土层，层厚 1.0～1.5 m。

工程采用建筑垃圾夯扩桩，扩大头坐落在 b 层粉土层底部，桩身长 2.7 m，桩径 40 cm，建筑垃圾夯扩桩扩大头高 30 cm,直径 120 cm。随机从工程桩上抽取 1 根进行了载荷试验,测得桩承载力标准值大于 500 kN,远大于承载力设计值 300 kN。

**3. 河北沧州大化集团某生活区单身宿舍楼(7 层)地基加固**

该楼场地地质土层自上而下为:a 为粉土层,层厚 0.80～2.0 m;b 为粉质黏土层,层厚 1.2～3.0 m,$e=0.959$;c 为粉土层,层厚 0.5～2.5 m,$e=0.737$;d 为粉土层,层厚 1.0～2.0 m,$e=0.580$;e 为粉沙层,层厚 2.7～3.1 m,$e=0.599$。

该工程共计进行了 6 根单桩载荷试验,试验结果表明,单桩承载力标准值为 360～460 kN,满足设计要求。

**4. 农业银行河北廊坊尖塔信用社营业楼地基加固**

该楼长 61.0 m,宽 13.0 m,主体为 4～5 层的砖混结构。场地原为一水坑。面积较大,深 4.0 m,后采用素土回填。坑底以下为老土层。层位较稳定,该层为粉土,中密,承载力标准值 $f_k=110$ kPa,其下为 90～110 kPa 的粉质土、粉土、黏土等。

加固处理方案采用重锤夯扩短桩,"人造持力层"在粉土中。桩长 4.0～4.3 m,桩径 410 mm,投碎砖量 470～550 块,投干硬性混凝土 0.3～0.35 m³。控制重锤出护筒 30～50 cm,空打一击的贯入量 8～10 cm。设计单桩竖向极限承载力为 800 kN,桩身混凝土强度等级为 C20,共布桩 167 根。现场进行了 3 根单桩竖向静载荷试验,单桩竖向极限承载力均达到设计要求,且试桩的承载特性一致性好,其沉降为 23.68～25.29 mm。

**5. 天津万隆集团桃香园住宅小区地基加固**

该住宅小区一期工程共计 48 幢楼,主体均为 6 层砖混结构。场地内原为木材加工、交易场所,确定为住宅开发区后,将原有建筑物拆除。因此场地表层复杂,留有老基础、大型水池、坑塘等地下障碍物。地表下 2.5 m 范围内多为杂填土地基;2.5～6 m 为粉质黏土。软～流塑状态。$f_k=100$ kPa;6～8.3 m 为淤泥质粉质黏土,流塑状态,$f_k=90$ kPa;8.3～13 m 为粉土,稍密,$f_k=130$ kPa。

一期工程地基加固处理均采用该技术施工,共计用桩 9200 余根,其"人造持力层"放在 8.3 m 以下的粉土层中,有效桩长 8.0 m,桩径 410 mm。单桩承载力设计值 500 kN。桩身混凝土强度等级为 C25。

第 7 区工程桩施工完成后,甲方委托天津大学土木工程检测中心对该部分按 1% 的比例进行厂随机抽样检测。共完成单桩静载荷试验 21 根,经实测表明,均达到或超过设计要求。在设计荷载作用下的沉降量平均值仅为 7.22 mm。在 1.6 倍设计荷载作用下的平均沉降量为 14.41 mm,平均回弹率为 43.88%。

**6. 河南洛阳上海市场润峰、大地商住楼地基加固**

该楼为商场与住宅综合楼,地处洛阳市上海市场闹市区,在上海市场方圆近 2 km² 范围内为洛阳市区唯一的地面沉降区,而该建筑场地正位于其中心地带。综合楼平面呈方形,框架结构,基础埋深 4.5 m,占地面积 25200 m²,场地地层自上而下为:a 粉质黏土层,总厚度 3.7～4.8 m;b 粉质黏土层,厚 3.1～4.2 m;a、b 层为新近堆积;总厚度 7.5～8.7 m;c 粉质黏土层,厚 0.8～1.5 m;d 为粉质黏土层,厚 1.4～2.3 m;e 为粉质黏土及黏土层,厚 3.8～5.1 m;f 为粉质黏土及黏土层,厚 3.0～4.0 m;g 为粉质黏土层,厚 3.2 m;h 为粉土层,厚 2.7 m。地下水位埋深 18.0 m。设计单桩承载力标准值为:A 类(桩长 5.5 m)900 kN,B 类(桩长 6.0 m)1100 kN,桩径 400 mm,总桩数 840 根。

正式施工前进行了试桩,1 号、2 号、3 号试桩桩长 6.0 m。桩底采用建筑垃圾,主要成分为碎砖及卵砾石,桩身灌注 C20 混凝土,钢筋笼保护层 50 mm,夯锤重 3.5 t,提落高度 6 m。扩大头夯锤贯入度小于9 cm,且夯锤有回弹现象。试桩最大加荷2800 kN,对应的沉降量为12.87 mm;1号桩设计标准承载力为1110 kN,其1400 kN荷载下对应的沉降量为3.48 mm;2号桩设计承载力标准值为900 kN,其1050 kN荷载下的沉降量为2.92 mm;3号桩设计承载力标准值为1110 kN,其1120 kN荷载下的沉降量为2.80 mm。试桩所测承载力及沉降量满足设计要求。经工程分析计算,采用夯扩桩比采用端承桩节约资金约30%。

**7. 河南洛阳铁岭新村住宅楼小区地基加固**

该小区位于邙山丘陵区,共有住宅楼11栋,六层,场区地层平面上呈长方形。场地土分东西两部分,东半部为炉渣及建筑垃圾充填,垃圾厚度达13.5 m。地层东部垃圾土自上而下为:a为杂填土层,厚度13.5 m;b为粉质黏土层,厚度3.3 m,属新近堆积。西部为自然土沉积,自上而下为:c为粉质黏土及粉土层,厚1.9～6.3 m;d为粉质黏土层,厚度2.2～5.9 m;e为粉质黏土及粉土层,厚2.0～4.7 m;f为粉质黏土及粉土层,揭露厚度1.0 m。该工程采用异型夯扩挤密桩方式,桩长5～9 m,桩径400 mm,设计单桩承载力标准值为A类500 kN,B类660 kN,C类900 kN,总桩数2250根。

正式施工前进行了试桩,按设计基底埋深做试桩6根,桩径400 mm,其中100号、63号、69号、174号桩长5.0 m,139号、157号桩长9.0 m。桩底采用建筑垃圾,主要成分为碎砖及卵砾石,桩身灌注C20混凝土,钢筋笼保护层50 mm,夯锤重3.5 t,提落高度6 m。扩大头夯锤贯入度小于9 cm,且夯锤有回弹现象。试桩最大加荷156 kN,对应的沉降量为6.91 mm;其单桩承载力标准值650 kN对应的沉降量为1.67 mm;单桩承载力标准值900 kN对应的沉降量最大2.17 mm。试桩所测承载力及沉降量满足设计要求。经工程分析计算,用夯扩挤密桩比清除垃圾回填节约资金20%左右。

# 第八节　其他建筑垃圾的资源化利用

## 一、建筑垃圾微粉的资源化

### 1. 建筑垃圾微粉的概念

建筑垃圾微粉,一般是指在建筑工地或建筑垃圾处理中心产生的粒径小于5 mm的微小粉末,也有资料将建筑垃圾微粉定义为粒径小于0.15 mm的微小粉末。由于除粒径0.15～5 mm的废旧混凝土微小粉末能单独作细骨料拌制再生混凝土外,其他粒径0.15～5 mm的建筑垃圾微粉一般与粒径小于5 mm的微小粉末混合在一起,作为资源回收利用,所以本书此处将建筑垃圾微粉的定义为前者。

建筑垃圾微粉的组成,主要取决于建筑工地或建筑垃圾处理中心被处理对象的性质,如果被处理对象成分单一,则建筑垃圾微粉组成简单,比方说,当处理对象为废旧混凝土时,建筑垃圾微粉的主要成分为水泥砂浆和微小的沙石等无机材料;而当处理对象为混合建筑垃圾(包括废旧的混凝土、砖瓦、沥青、木材、塑料等)时,其成分则很复杂。

### 2. 建筑垃圾微粉的资源化

目前,有关建筑垃圾微粉资源化的研究较少,主要有将建筑垃圾微粉用于生产硅酸钙砌块和用作生活垃圾填埋场的日覆盖材料两方面。

(1)建筑垃圾微粉用于生产硅酸钙砌块。

将水泥(或石灰)、石英砂和水按一定比例混合后置于一定规格的模具中,然后在180～200℃高压蒸汽中养护数小时,可得到因硅酸钙的水化作用而形成的具有相当强度的砌块,一些国家(如荷兰)将这种砌块作为建筑物的承重材料。一些研究者将建筑垃圾微粉取代部分或全部石英砂，结果发现其性能相当于甚至优于未掺入建筑垃圾微粉的产品。Danielle S. Klimesch 和 Abhi Ray 等人,利用澳大利亚悉尼一建筑垃圾再利用厂的微粉(粒径 0~6.3 mm)部分取代石英砂(Portland 水泥与石英砂的质量比为 45:55,微粉的取代率分别为 13.75%、27.5%、41.25% 和 55%,水的加入量为总固体质量的 36%)在 180℃ 高压蒸汽中养护 6 h 得到硅酸钙砌块。试验结果表明,当微粉的取代率达到 41.25% 以上时,硅酸钙砌块的性能有明显提高。H. M. L. Schuur 利用砖瓦和混凝土的混合微粉部分(粒径 0~4 mm)或全部取代石英砂(取代率为 50% 和 100%)与石灰混合(石灰占 7%)后,加入一定量的水,然后在 200℃ 高压蒸汽中养护 4.5 h 得到硅酸钙砌块。结果发现,砖瓦和混凝土的混合微粉部分或全部取代石英砂时,硅酸钙砌块的性能均有明显提高。

(2) 建筑垃圾微粉用作生活垃圾填埋场的日覆盖材料。

在美国佛罗里达州,建筑垃圾处理中心的微粉通常被运往生活垃圾填埋场当作填埋场日覆盖材料。Timothy G. Townsend 和 Brian Messick 等人采集了美国佛罗里达州 13 家建筑垃圾处理中心的微粉并对其特性进行了测定,测试结果见表 10-41。表 10-41 结果表明,建筑垃圾微粉符合生活垃圾填埋场日覆盖材料的要求。

**表 10-41　建筑垃圾微粉(粒径小于 6.3 mm)特性**

| 参　　数 | 样品个数 | 测定值范围 | 平　均　值 |
|---|---|---|---|
| pH | 28 | 7.45~10.31 | 7.99 |
| 水分含量/% | 28 | 14.90~25.70 | 17.80 |
| 挥发性固体/% | 28 | 2.29~14.36 | 5.71 |
| 曲率系数($C_z$) | 28 | 0.52~1.33 | 0.79 |
| 一致性系数($C_u$) | 28 | 2.48~10.0 | 5.21 |
| 水力渗透系数/cm·s$^{-1}$ | 12 | $0.33×10^{-3}$~$4.21×10^{-3}$ | $1.47×10^{-3}$ |
| 最大干密度/kg·m$^{-3}$ | 25 | $1.17×10^3$~$1.67×10^3$ | $1.45×10^3$ |
| 最佳水分含量/% | 25 | 13.00~23.90 | 18.42 |
| 内摩擦角/(°) | 5 | 34.7~42.9 | 38.5 |
| 总磷/mg·kg$^{-1}$ | 28 | 1.22~194.78 | 132.53 |
| 凯氏氮/mg·kg$^{-1}$ | 25 | 280.58~1190.99 | 692.03 |
| 总钾/mg·kg$^{-1}$ | 25 | 142.51~670.98 | 350.68 |

## 二、废木材、木屑的资源化

### 1. 废木材作为木材重新利用

从建筑物拆卸下来的废旧木材,一部分可以直接当木材重新利用,如较粗的立柱、椽、托梁以及木质较硬的橡木、榉木、红杉木、雪松。在废旧木材重新利用前,应充分考虑以下两个因素:(1)木材腐坏、表面涂漆和粗糙程度;(2)木材上尚需拔除的钉子以及其他需清除的物质。废旧木材的利用等级一般需作适当降低。

对于建筑施工产生的多余木料(木条),清除其表面污染物后可根据其尺寸直接利用,而不用降低其使用等级,如加工成楼梯、栏杆(或栅栏)、室内地板、护壁板(或地板)和饰条等。

### 2. 碎木、锯末和木屑的资源化

建筑垃圾中的碎木、锯末和木屑,可作为燃料堆肥原料和侵蚀防护工程中的覆盖物而得到利用。

不含有毒物质的碎木、锯末和木屑,如没经防腐处理的废木料、无油漆的废木料,可直接作为燃料利用其燃烧释放的能量。

建筑垃圾中的碎木、锯末和木屑可作为堆肥原料。木料的碳氮比为(200~600):1,将碎木、锯末和木屑粉碎至一定粒径的颗粒,掺入堆肥原料中可以调节原料的碳氮比。一些含特殊成分的废木料掺入堆肥原料中,对堆肥化过程有促进作用,如,经硼酸盐处理过的木料和石膏护墙板的掺入,能提高原料在堆肥化过程中的持水能力;石膏护墙板的掺入,其中的石膏还能降低堆肥化过程的 pH 值,使其在 8.0 以下。废木料的掺入率与其清洁度密切相关,清洁未受污染的碎木、锯末和木屑掺入率较高,受污染的木料则掺入率较低。一般而言,经硼酸盐处理的木料、石膏护墙板和上过不含铅油漆的木料的掺入率应分别不超过 5%、10% 和 15%。

废木料还可作为侵蚀防护工程中的覆盖物。将清洁的木料磨碎、染色后,在风景区需作侵蚀防护的土壤上(湖边、溪流的护堤)摊铺一定的厚度,既可使土壤不受侵蚀破坏又可造景美化。

**3. 废木料用于生产黏土－木料－水泥复合材料**

与普通混凝土相比,黏土－木料－水泥混凝土具有质量轻、导热系数小等优点,因而可作特殊的绝热材料使用。将废木料与黏土、水泥混合生产黏土－木料－水泥复合材料(黏土混凝土),可使复合材料的密度进一步减小、导热系数进一步降低。

K. Al Rim 和 A. Ledhem 等人全面研究了废木料掺入率对黏土—木料—水泥复合材料性能的影响。试验中,黏土颗粒粒径为 $0\sim70~\mu m$(其中,$0\sim2~\mu m$ 占 55%,$2\sim70~\mu m$ 占 45%),废木料的最大粒径约为 20 mm、密度比约为 0.5,复合材料的配比如下:水泥占 20%,废木料与黏土之和占 80%(废木料分别为 10%、20%、30% 和 40%),加水量由经验公式 $W(\%)=0.35\%(水泥)+0.70\%(黏土)+1.5\%(废木料)$ 计算得到。黏土－木料－水泥复合材料各性能测试结果见表 10-42。

**表 10-42　黏土－木料－水泥复合材料性能**

| 参数(平均值) | 废木料掺入率/% | | | |
| --- | --- | --- | --- | --- |
| | 10 | 20 | 30 | 40 |
| 干密度/kg·m$^{-3}$ | 1170 | 1010 | 870 | 490 |
| 体积密度/kg·m$^{-3}$ | 2430 | 2370 | 2200 | 2180 |
| 空隙率/% | 58 | 63 | 68 | 78 |
| 导热系数/W·(m·K)$^{-1}$ | 0.22 | 0.16 | 0.14 | 0.10 |
| 抗压强度(160×320 mm 圆柱体)/MPa | 2.42 | 1.90 | 1.11 | 0.34 |
| 抗压强度(140 mm 立方体)/MPa | 2.67 | 2.35 | 1.35 | 0.31 |
| 挠曲强度(140 mm×140 mm×560 mm 棱柱体)/MPa | 0.59 | 0.63 | 0.41 | 0.14 |
| 抗压弹性模数/MPa | 958 | 819 | 371 | 94 |
| 挠曲弹性模数/MPa | 915 | 976 | 432 | 115 |
| 压缩应变/% | $2.53\times10^3$ | $2.32\times10^3$ | $2.99\times10^3$ | $3.64\times10^3$ |
| 挠曲应变/% | $0.64\times10^3$ | $0.64\times10^3$ | $0.95\times10^3$ | $1.23\times10^3$ |
| 泊松率/% | 0.17 | 0.18 | 0.14 | 0.13 |
| 速率/m·s$^{-1}$ | 1117 | 1084 | 998 | 734 |
| 动力模数/MPa | 1294 | 940 | 687 | 257 |

由表 10-42 可知,由于废木料中含有一定的纤维,废木料的掺入率增大,复合材料的可塑性越好;废木料的掺入率增大,不可避免地增大了复合材料的空隙率,从而导致复合材料的导热系数和机械强度下降;当废木料的掺入率约为 35% 时,复合材料的抗压强度大于 0.5 MPa、导热系数小于 0.3 W/(m·K),可以作为保温轻质混凝土使用。此外,亦有学者研究证明,复合材料的耐久和导热性能受湿度的影响较小,其原因是废木料的掺入降低了复合材料的毛细管作用,从而减少了复合材料的水分吸收量。

**4. 经防腐剂处理木材的资源化**

为了延长建筑用木材的服务年限,一般对木材用化学防腐剂进行防腐处理,经防腐剂处理的木材的服务年限可延长 5 倍以上。含铬酸盐的砷酸铜溶液(简称 CCA,其中含铜约 20%,含铬 35%～60%,含砷 15%～45%)是最常用的防腐剂,据报道美国自 1990 年以来,每年至少有 $1.27 \times 10^7 \, m^3$ 木材经 CCA 防腐处理。此外,硼酸盐也是一种常用的防腐剂。经防腐处理的木材含有少量的有毒防腐剂,经 CCA 防腐处理的木材防腐剂含量范围为 $4.0 \sim 6.4 \, kg/m^3$,如不进行适当处理,会对环境造成较大的危害。

(1) 经硼酸盐防腐处理的废木材的资源化。经硼酸盐防腐处理的废木材可以作为堆肥原料。经测试证明,当堆肥原料中含 12%～13% 的经硼酸盐防腐处理的废木材时,堆肥化前原料及堆肥化产品中硼的含量分别为 $36.7 \times 10^{-4}\%$ 和 $0.62 \times 10^{-4}\%$,而堆肥化场地土壤中硼的含量由 $0.43 \times 10^{-4}\%$ 上升至 $0.72 \times 10^{-4}\%$。一般规定堆肥原料中经硼酸盐防腐处理的废木材的含量不得超过 5%。

(2) 经 CCA 防腐处理的废木材的资源化。由于 CCA 处理的废木材中含有一定量的有毒防腐剂,其资源化途径受到限制。比如,CCA 处理的废木材不能作为燃料使用,因为燃烧后的灰烬中因含较多有毒重金属而必须经处理后再填埋,同时在燃烧过程中木材中的砷会挥发而污染大气。也有一些研究者尝试采用化学试剂将废木材中的防腐剂溶出后再将其利用,结果证明,无论是用硝酸,还是用硫磺酸、柠檬酸、甲酸或醋酸,废木材中的有毒成分(包括铜、铬和砷)不能得到完全去除。

一些研究表明,CCA 处理的废木材可用于生产木料－水泥复合材料,而且其性能优于由其他不经 CCA 处理的废木材生产出的复合材料。亦有研究证明,经 CCA 处理的废木材的锯末可作为土壤改良剂,在经改良的土壤上种植花卉和蔬菜时,蔬菜中的铜、铬和砷含量很低不影响食用。

# 第十一章 厨余的处理与利用

## 第一节 厨余垃圾的概念、来源和基本特性

### 一、厨余垃圾的概念及特性

厨余垃圾是家庭、宾馆、饭店及机关企事业餐厅等抛弃的剩余饭菜的通称,是人们生活消费过程中产生的一种固体废弃物。主要包括:米和面粉类食品残余、蔬菜、植物油、动物油、肉骨、鱼刺等。从化学组成上,有淀粉、纤维素、蛋白质、脂类和无机盐。其中以有机组分为主,含有大量的淀粉和纤维素等,无机盐中 NaCl 的含量较高,同时含有一定数量的钙、镁、钾、铁等微量元素。目前世界各国绝大部分城市垃圾中约 40% 为厨余垃圾。根据估计,2000 年我国厨余垃圾产生量为 4500 万,同时,我国的垃圾产生量以每年约 10% 的速度递增,年新增厨余垃圾产生量达 500 万t。垃圾中所含有的厨余垃圾由于其高含水率和低热值而没有得到妥善的处理和利用,从而大量占据填埋场库容,是填埋场气体和渗滤液产生的主要来源,造成填埋场二次污染防治费用大量增加。

厨余垃圾来自于人们生活过程的各个环节。居家、旅行和聚会等过程都会产生一定量的厨余垃圾。从厨余垃圾产生的主要发生源看,居民区、饭店、各种企事业单位的食堂是厨余垃圾的集中排放场所。

厨余垃圾的组成、性质和产生量受多种因素的影响,如社会经济条件、地区差异、居民生活习惯、饮食结构、季节的变化和不同的发生源等。社会经济条件好的时代、地区,厨余垃圾的组成和产生量相比于社会经济条件较差的时代和地区,有机物含量更高,量也更大;旅游资源丰富的城市在旅游季节,厨余垃圾的发生量比其他地区相对要大。中国北方城市的厨余垃圾中,面粉类食品残余物高于南方城市;南方城市的厨余垃圾中,米品类食品残余物量要高于北方。总体上,厨余垃圾具有以下特性:

(1) 从感官性状上,油腻腻、湿淋淋的厨余垃圾对人和周围环境造成不良影响,影响人的视觉、味觉等的舒适感和生活卫生条件。

(2) 含水率较高,约为 80%~90%。较高的含水率给厨余垃圾的收集、运输和处理都带来难度。厨余垃圾渗沥水可通过地表径流和渗透作用,污染地表水和地下水。

(3) 易腐性。厨余垃圾中有机物含量高,在温度较高的条件下,能很快腐烂发臭,引发新的污染。

(4) 厨余垃圾中存在病毒、致病菌和病原微生物。厨余垃圾的来源复杂,如不加以适当的处理而直接利用,会造成病原菌的传播、感染等。

(5) 富含有机物、氮、磷、钾、钙以及各种微量元素。厨余垃圾有机物含量高,营养物种类全,经适当处理后,是良好的动物饲料。

(6) 厨余垃圾与城市垃圾相比,其组成较简单,有毒有害物质(如重金属等)含量少,有利于

厨余垃圾的处理和再利用。

厨余垃圾的以上特性说明,一方面其具有较大的利用价值,同时必须对其进行适当的处理,才能得到社会效益、经济效益和环境效益的统一。

长期以来,受经济和生产力发展的影响,厨余垃圾的发生量相对较少,其对环境尚未构成严重的损害。随着社会经济的发展,人民生活水平的提高,公众健康卫生的需要和环保意识的增强,以及法律法规的健全等,传统的处置方式已不能达到满足环境保护和人体健康卫生的要求。对厨余垃圾进行科学的管理、处理和处置成为环境保护工作者面临的一个紧迫的课题。概括起来,厨余垃圾的环境影响可表述为以下几个方面:

(1) 数量剧增。厨余垃圾的发生量越来越大,据统计,目前上海市每天厨余垃圾的产生量已达 1300 余吨;对厨余垃圾的及时收集、处理直接关系到市容环境、卫生等方面。

(2) 厨余垃圾具有含水率高、高温易腐的特性,使得过度累积会产生大量渗滤水,通过地面径流等途径可污染土壤及地面水环境;厨余垃圾发酵产生的恶臭气体能形成不同程度的空气污染。

(3) 病原微生物的污染。厨余垃圾来源复杂,含有各种细菌、病原菌,同时,厨余垃圾是一种富含有机物的废物,在一定条件下,特别是高温季节能导致细菌等微生物的大量繁殖,对人和动物的健康具有潜在的威胁。

(4) 传统的厨余垃圾处置方式是直接应用为动物饲料。直接作为动物饲料可引起动物疾病,形成污染链。厨余垃圾不能满足安全饲料的要求,与某些动物疾病如口蹄疫等,有直接或间接的联系,并形成污染链。不能满足绿色饲料和绿色食品的要求。目前,国内不少城市已出台有关规定,明确禁止采用厨余垃圾喂养生猪。从保护环境,保障人民健康出发,必须对厨余垃圾进行适当的处理,并考虑其资源利用。

## 二、国内外厨余垃圾产生及处理现状

### (一) 美国

美国 2000 年厨余垃圾的产生量为 2598 万 t,占城市固体垃圾总量的 11.2%,仅次于纸张垃圾的 37.4% 和庭院垃圾的 12%,而回收率仅为 2.6%。远低于城市垃圾回收利用率的平均值 30.1%,而且近几年没有升高的趋势。

美国处理厨余垃圾的平均费用为每吨 9~38 美元。处置方式以填埋为主。对厨余垃圾产生量较大的单位设置厨余垃圾粉碎机和油脂分离装置,分离出来的垃圾排入下水道,油脂则送往相关加工厂(如制皂厂)加以利用。对于厨余垃圾产生量较小的单位如居民厨房,则被混入有机垃圾中统一处理或通过安装厨余垃圾处理机,将垃圾粉碎后排入下水道。厨余垃圾未来的处理趋势是采用堆肥工艺制成肥料或加工成动物饲料进行资源化回收利用。美国各个州关于厨余垃圾的处理政策和方式略有不同,很多州针对当地的具体情况,建立了自己的厨余垃圾处理回收体系。

### (二) 韩国

韩国近年来厨余垃圾占城市垃圾的百分比在 30% 左右。由于近年来垃圾回收利用率的增加,特别是实施分类收集之后,厨余垃圾的产生量和所占城市垃圾的比重都有所下降。韩国从 1995 年起实施垃圾专用袋制度,一般家庭都将一般垃圾和厨余垃圾分开包装放在门外,由垃圾车和厨余垃圾车分别收取。韩国在 1995 年成立了厨余废弃物管理委员会,厨余垃圾回收率由 1995 年的 2% 提高到 2001 年的 21%。

在韩国,堆肥处理成本大致为每吨 60 美元,焚烧的费用大约为每吨 90 美元,填埋为每吨 25

美元。目前韩国把厨余垃圾列为可燃垃圾,焚烧的垃圾中厨余垃圾占 30% ~ 50%。但由于厨余垃圾的燃烧导致二噁英增加、能源浪费等一系列问题,韩国政府将限制厨余垃圾焚烧处理。同时由于厨余垃圾填埋而引起的渗滤液和气味等问题,首尔已经于 2000 年 7 月起,禁止未经处理的厨余垃圾进入填埋场。韩国全国于 2005 年起所有填埋场不再接收厨余垃圾。

目前韩国厨余垃圾的主要处理方式以堆肥为主,韩国现在有 52 家堆肥公司。但堆肥也存在着很多问题。首先是厨余垃圾中的杂质太多,无法经堆肥进行分解,又影响堆肥的品质。其次,韩国的厨余垃圾含盐达到 1% ~ 3%,过高的盐分也影响堆肥效果。气味问题也难解决。另外,由于包装厨余垃圾采用一般的塑胶袋,无法分解,影响堆肥的效果(最好采用生物可分解塑胶袋)。韩国目前堆肥所采取的主要技术有生化沼气厌氧消化和两步厌氧消化。

### (三) 日本

据统计,日本每年排出有机垃圾 2000 万 t,相当于两年的稻米产量,其中厨余加工业排出 340 万 t,饮食业排出 600 万 t,家庭排出 1000 万 t。

喂猪是处理厨余垃圾的传统方法。1998 年用厨余垃圾喂养牲畜的农场业主和喂养的动物数量分别占总数的 6.97% 和 1.98%。由于口蹄疫等疾病的传播,要求采用高温消毒处理,再进一步制成饲料。具体做法是:将厨余垃圾送入圆筒状容器内,外面用明火加热煮沸,从而达到高温消毒的目的,处理后的厨余垃圾即可作为饲料。堆肥也是正在推广的技术之一。但填埋和焚烧仍是目前应用最普遍的处理方式,1996 年经焚烧填埋处置的厨余垃圾占总量的 99.7%。

日本厨余垃圾的倾倒运输费用很高(约为 250~600 美元/t),因此正在推广厨余垃圾处理机的应用。一些著名的电器公司如松下、三洋、日立、东芝等公司都把厨余垃圾处理机作为一项很有潜力的产品投入一定的人力和资金进行研制和推广。据统计,目前日本制造家庭厨余废物处理机的企业已达 250 家,制造企业使用厨余废物处理机的已达 270 家。

为了减少厨余垃圾环境的污染,充分利用其中资源,日本 2000 年颁布了厨余废物再生法。该法律规定厨余加工业、饮食业和流通企业有义务减少厨余废物的排出量和把其中的一部分转换成饲料或肥料,并且就再生利用对象的饲料和肥料制定质量标准。

### (四) 中国

迅猛发展的餐饮业必将导致厨余垃圾产量的迅速增长,特别是在节假日期间,会有大幅增长。而且目前我国饮食浪费现象十分普遍,特别在一些重大场合,例如婚宴,铺张浪费的风气十分严重。以北京上海为例,北京城市垃圾中有机废物占 65%,其中厨余垃圾占 39%。上海市日均厨余垃圾产生量约为 1000~1200 t。

目前我国还没有建立健全的厨余垃圾处理管理体系,缺乏相应的管理政策和适宜的处理技术,最普遍的处理方式是混在普通垃圾中,直接混合填埋处置或者直接运到农场喂猪。由于没有专门的统一法律法规可供遵循,一些城市制定了自己的处置政策。如上海物价局曾出台厨余垃圾的收费政策,规定厨余垃圾产生者可自行处置,也可委托处置,在目前厨余垃圾处置市场化动作起步阶段,对委托收运、处置费暂实行最高限价,收运和处置企业可自行下浮。

## 第二节 厨余垃圾的管理和处置原则

从 20 世纪 50 年代以来,厨余垃圾一直作为喂生猪的饲料,并一直是通过市场渠道自行寻找出路的。随着社会经济的发展,人民生活水平的提高,厨余垃圾的发生量越来越大,传统的处置手段已不能满足环境保护和人体健康卫生的需要。为了完全消除或使厨余垃圾对人体健康、市容环境的影响降至最低限度,必须科学、合理地对厨余垃圾进行处置管理,建立健全、规范、有序的厨余垃圾处置管理系统。

另外,节约是厨余垃圾源头管理的根本措施之一。除了经济发展的原因以外,人为因素也是厨余垃圾大量产生的重要原因。厨余垃圾的大量产生在给环境造成很大压力的同时,又使得大量的粮食资源被白白浪费掉。对于厨余垃圾的处理,除了环卫部门积极开展厨余垃圾回收利用的技术和政策研究之外,更重要的是需要每一位市民的参与配合,人人讲节约,人人珍惜粮食,爱惜粮食,来减少厨余垃圾量的产生。因此,厨余垃圾从源头上来减量,就是反对浪费,节约粮食。

### 一、厨余垃圾的管理原则

防止厨余垃圾对环境的污染,保障人体健康,厨余垃圾的管理应遵循以下原则:

(1) 统一管理的原则。管理部门应依法制定规划、标准,进行协调、监督、管理。

(2) 市场运作的原则。按照"谁产生,谁处理"的环保原则,产生厨余垃圾的单位负有处置责任,具体可采用以下几种办法:一是大型餐饮业自设生化处理机处理;二是餐饮业联合自行处置;三是相关企业参与收集、运输和处理。

(3) 单独处理的原则。厨余垃圾作为一种特殊的生活垃圾,应单独收集、运输、利用、处理,如通过加工,可制成饲料或有机肥料,尽可能变废为宝。

(4) 依法监督的原则。政府部门对厨余垃圾,应从倾倒、收集、运输、利用、处理等各个环节依法实行全过程的监督。

### 二、上海市餐厨垃圾处理管理办法(2005 年 1 月 13 日上海市人民政府令第 45 号发布)

第一条(目的和依据)

为了加强本市餐厨垃圾处理的管理,维护城市市容环境整洁,保障市民身体健康,根据有关法律、法规和《上海市市容环境卫生管理条例》,制定本办法。

第二条(有关用语的含义)

本办法所称餐厨垃圾,是指除居民日常生活以外的食品加工、饮食服务、单位供餐等活动中产生的厨余垃圾和废弃食用油脂。

前款所称的厨余垃圾,是指食物残余和食品加工废料;前款所称的废弃食用油脂,是指不可再食用的动植物油脂和各类油水混合物。

第三条(适用范围)

本办法适用于本市行政区域内餐厨垃圾的收集、运输、处置及其相关的管理活动。

第四条(管理部门)

上海市市容环境卫生管理局(以下简称市市容环卫局)负责本市餐厨垃圾处理的管理;区、县市容环境卫生管理部门(以下简称区、县市容环卫部门)负责本辖区范围内餐厨垃圾处理的日常管理。

本市环保、工商、公安、农业、经济、食品卫生、质量技监等有关管理部门按照各自职责,协同实施本办法。

第五条(减量化和资源化)

本市倡导通过净菜上市、改进加工工艺等方式,减少餐厨垃圾的产生量。本市鼓励对餐厨垃圾进行资源化利用。

第六条(义务主体)

食品加工单位、饮食经营单位、单位食堂等餐厨垃圾产生单位(含个体工商户,下同),应当承担餐厨垃圾收集、运输和处置的义务。

第七条(产生申报)

餐厨垃圾产生单位应当每年度向所在地区、县市容环卫部门申报本单位餐厨垃圾的种类和产生量。

第八条(收集要求)

餐厨垃圾产生单位应当按照《上海市城镇环境卫生设施设置规定》,设置符合标准的餐厨垃圾收集容器;产生废弃食用油脂的,还应当按照环境保护管理的有关规定,安装油水分离器或者隔油池等污染防治设施。

餐厨垃圾产生单位应当将餐厨垃圾与非餐厨垃圾分开收集;餐厨垃圾中的厨余垃圾和废弃食用油脂应当分别单独收集。

餐厨垃圾产生单位应当保持餐厨垃圾收集容器的完好和正常使用。

第九条(自行收运和处置)

餐厨垃圾产生单位自行收运餐厨垃圾的,应当符合市市容环卫局规定的条件,并在首次收运前向区、县市容环卫部门备案。

餐厨垃圾产生单位自行利用微生物处理设备处置厨余垃圾的,其微生物处理设备应当按照《上海市市容环境卫生管理条例》的规定向市市容环卫局或者区、县市容环卫部门办理有关手续。

除按照本条第一款、第二款规定自行收运、处置的情形外,餐厨垃圾应当由本办法第十条、第十三条规定的收运、处置单位进行收运、处置。

第十条(收运单位)

经市市容环卫局或者区、县市容环卫部门招标确定的生活垃圾收运单位为同一区域餐厨垃圾的收运单位,负责区域内餐厨垃圾的收运。

第十一条(收运要求)

从事餐厨垃圾收运的单位收运餐厨垃圾时,其收运的餐厨垃圾种类和数量应当由餐厨垃圾产生单位予以确认。

从事餐厨垃圾收运的单位将餐厨垃圾送交处置单位时,应当由处置单位对送交的餐厨垃圾种类和数量予以确认。

餐厨垃圾应当实行密闭化运输,在运输过程中不得滴漏、撒落。

餐厨垃圾运输设备和工具应当保持整洁和完好状态。

第十二条(收运台账)

从事餐厨垃圾收运的单位应当建立收运记录台账,每季度向区、县市容环卫部门申报上季度收运的餐厨垃圾来源、种类、数量和处置单位等情况。

第十三条(处置单位)

厨余垃圾处置单位由区、县市容环卫部门通过招标的方式确定;废弃食用油脂处置单位由市市容环卫局通过招标的方式确定。废弃食用油脂处置单位应当在加工工艺上具备全过程封闭化处置的条件。

市市容环卫局和区、县市容环卫部门应当向社会公布招标确定的厨余垃圾处置单位和废弃食用油脂处置单位(以下统称餐厨垃圾处置单位)的名称、处置种类、经营场所等事项。

第十四条(处置要求)

从事餐厨垃圾处置的单位应当按照城市生活垃圾处置标准,实施无害化处置,并维护处置场所周围的市容环境卫生。

从事餐厨垃圾处置的单位应当按照国家和本市环境保护的有关规定,在处置过程中采取有效的污染防治措施;使用微生物菌剂处置餐厨垃圾的,应当按照《上海市微生物菌剂使用环境安全管理办法》的规定,使用取得环境安全许可证的微生物菌剂,并采取相应的安全控制措施。

第十五条(处置台账)

从事餐厨垃圾处置的单位应当建立处置记录台账,每季度向区、县市容环卫部门申报上季度处置的餐厨垃圾来源、种类、数量等情况。

第十六条(申报信息汇总)

区、县市容环卫部门应当及时将有关单位申报的餐厨垃圾产生、收运、处置等情况汇总后,报送市市容环卫局。

第十七条(处理费用)

除自行利用微生物处理设备处置厨余垃圾的情形外,餐厨垃圾产生单位应当按照收运单位收运的餐厨垃圾的种类、数量等,向所在地区、县市容环卫部门指定的机构缴纳餐厨垃圾处理费。具体的缴费标准和办法,由市价格主管部门会同市市容环卫局另行制定。

市市容环卫局或者区、县市容环卫部门应当按照收运种类、数量,向餐厨垃圾收运单位支付收运费用;按照招标处置的有关协议,向餐厨垃圾处置单位支付处置费用。

第十八条(禁止行为)

在餐厨垃圾收集、运输、处置过程中,禁止下列行为:

(一)将废弃食用油脂加工后作为食用油使用或者销售;

(二)擅自从事餐厨垃圾收运、处置;

(三)将厨余垃圾作为畜禽饲料;

(四)将餐厨垃圾提供给本办法第十条、第十三条规定以外的单位、个人收运或者处置;

(五)将餐厨垃圾混入其他生活垃圾收运;

(六)将餐厨垃圾裸露存放。

第十九条(监督检查)

市市容环卫局和区、县市容环卫部门应当加强对餐厨垃圾收集、运输、处置活动的监督检查;对违法收运、处置餐厨垃圾等行为,可以会同工商、环保、农业等相关管理部门联合查处。

被检查的单位或者个人应当如实反映情况,提供与检查内容有关的资料,不得弄虚作假或者隐瞒事实,不得拒绝或者阻挠管理人员的检查。

第二十条(投诉和举报)

市市容环卫局和区、县市容环卫部门应当建立投诉举报制度,接受公众对餐厨垃圾收集、运输、处置活动的投诉和举报。受理投诉或者举报后,市市容环卫局或者区、县市容环卫部门应当及时到现场调查、处理,并在15日内将处理结果告知投诉人或者举报人。

第二十一条(监管档案和奖惩措施)

市市容环卫局和区、县市容环卫部门应当加强对餐厨垃圾产生单位、收运单位和处置单位的监督检查,并建立相应的监管档案。

餐厨垃圾产生量连续3年低于同行业平均产生量的单位,由市市容环卫局公布其名单,并可以给予一定的奖励。具体的奖励办法,由市市容环卫局另行制定。

本市对违反餐厨垃圾收运、处置规定的行为,除依法给予行政处罚外,实行累计记分制度。对累计记分达到规定分值的餐厨垃圾收运、处置单位,市市容环卫局或者区、县市容环卫部门可以解除与其签订的招标收运、处置协议;被解除协议的单位3年内不得参加本市垃圾收运、处置的招标。具体的记分办法,由市市容环卫局另行制定。

第二十二条(行政处罚)

对经营性活动中违反本办法的行为,除法律、法规另有规定外,由市容环卫部门或者市容环卫监察组织按照下列规定予以处罚：

（一）违反本办法第七条规定，未办理申报手续的，责令限期改正；逾期不改正的，处以 100 元以上 1000 元以下的罚款。

（二）违反本办法第八条第一款、第三款规定，未设置餐厨垃圾收集容器或者未保持收集容器完好、正常使用的，责令限期改正；逾期不改正的，处以 300 元以上 2000 元以下的罚款。

（三）违反本办法第十二条、第十五条规定，未建立收运、处置台账或者未申报收运、处置情况的，责令限期改正；逾期不改正的，处以 100 元以上 1000 元以下的罚款。

（四）违反本办法第十七条第一款规定，未缴纳餐厨垃圾处理费的，责令限期补缴；逾期不补缴的，可按每吨（不满 1 吨的，以 1 吨计）500 元处以罚款，但最高不超过 3 万元。

（五）违反本办法第十八条第（一）项规定，将废弃食用油脂加工后作为食用油使用或者销售的，责令限期改正，可处以 1 万元以上 3 万元以下的罚款。

（六）违反本办法第十八条第（二）项、第（三）项、第（四）项规定，擅自从事餐厨垃圾收运、处置，将餐厨垃圾作为畜禽饲料或者提供给本办法第十条、第十三条规定以外的单位、个人收运或者处置的，责令限期改正，可处以 3000 元以上 3 万元以下的罚款。

在非经营性活动中有前款所列情形之一的，除法律、法规另有规定外，由市容环卫部门或者市容环卫监察组织责令限期改正；逾期不改正的，处以 100 元以上 1000 元以下的罚款。

第二十三条（违反环境保护规定的处理）

餐厨垃圾处置过程中不符合环境保护要求的，由环境保护部门按照国家和本市的有关规定处理。

第二十四条（复议和诉讼）

当事人对有关管理部门的具体行政行为不服的，可以依照《中华人民共和国行政复议法》或者《中华人民共和国行政诉讼法》的规定，申请行政复议或者提起行政诉讼。

当事人对具体行政行为逾期不申请复议，不提起诉讼，又不履行的，作出具体行政行为的部门可以依法申请法院强制执行。

第二十五条（施行日期和废止事项）

本办法自 2005 年 4 月 1 日起施行。1999 年 12 月 29 日上海市人民政府令第 80 号发布的《上海市废弃食用油脂污染防治管理办法》同时废止。

# 第三节　厨余垃圾传统处理技术概述

## 一、破碎处理与饲料化处置

### （一）破碎处理技术

破碎直排处理是欧美国家处理少量分散厨余垃圾废物的主要方法，如家庭产生的少量餐厨厨余垃圾废物，在厨房安装一台破碎机，将饮食垃圾切碎，用水冲到市政下水管网中，与城市污水合并进入城市污水处理厂进行集中处理。

破碎法对于少量分散产生的厨余垃圾废物，如家庭厨余垃圾处理，具有价格便宜，技术简单的优势，能降低城市垃圾的含水率，减少收集量，利于提高城市垃圾的热值品位。但其不足的方面有：(1)需要采用较多的水进行冲洗，增大城市污水的产生量和处理量；(2)在污水管网中，易沉积、发臭，增加病菌、蚊蝇的滋生和疾病的传播；(3)废物中有机组分不能得到资源利用，同时增加了城市污水处理厂的处理负荷；(4)不利于大规模的厨余垃圾废物的处理处置。由于我国的城市污水收集和集中处理还处于发展阶段,我国目前的城市污水收集、处理率水平较低,厨余垃圾废物的破碎处理在我国的推行应用具有现实的难度。

### (二) 饲料化处置技术

厨余垃圾废物是食品废物的一种,营养成分丰富,厨余垃圾废物的饲料化处置,能充分利用厨余垃圾中有机营养成分,厨余垃圾的饲料化处置主要有以下三种形式。

第一种方式,厨余垃圾废物直接作为动物饲料,由于其不能达到环境安全的要求,国外多数国家均严格禁止厨余垃圾的这种处置利用方式。

第二种方式,厨余垃圾废物饲料化必须经过适当的预处理,消除病毒污染,然后才能制成动物饲料,进行资源化利用。其预处理手段主要针对厨余垃圾废物中的细菌、病毒等污染物的控制,常用的预处理手段有:高温干化灭菌、高温压榨等。日本对厨余垃圾废物采用明火加热煮沸的方式,进行厨余垃圾消毒;M. N. Nijmeh 等采用太阳能干化器处理食品废物制造饲料;国内郝东青等亦采用分选、蒸煮、压榨、脱油工序进行了厨余垃圾处理生产蛋白饲料的技术研究工作。

高温、压榨等处理手段对减少厨余垃圾废物的细菌、病毒污染具有明显的效果,但仍然存在一定的安全隐患。Timothy R. Kelley 等进行厨余垃圾压榨处理后的病原性试验结果表明,该法能显著减少食品废物中的大肠菌群等致病菌数量,但不能完全消除废物中的病原菌以及其他残存的微生物。另有从厨余垃圾废物中检出易引发疯牛病的毒枝霉素的研究报道,而毒枝霉素很难通过高温等常规消毒手段消除;此外,大量报道表明,厨余垃圾废物中存在许多微量的有毒有害物质,如作物的农药残留、食品添加剂等,其中许多物质具有很强的环境稳定性和生物累积效应,因此,利用厨余垃圾废物直接作为动物饲料,并以很短的周期和途径再次进入食物链的循环,对动物和人类的健康安全均带来不利影响,存在不可确定的安全隐患。

第三种方式,是采用厨余垃圾饲养特定非食物性生物,然后进行转化物质的提取应用。耿士锁等 20 世纪 80 年代即进行了厨余垃圾等食品垃圾饲养蚯蚓提取动物蛋白的生产性试验。该方法通过厨余垃圾得到动物蛋白,应该说,相比厨余垃圾直接应用为动物饲料,进入食品循环,具有较高的环境安全性,但在蚯蚓饲养过程中存在环境影响的控制,蚯蚓蛋白的进一步利用途径及安全性等,尚需进一步的研究确认。

## 二、好氧生物处理

美国、爱尔兰等将包括厨余垃圾废物在内的有机废物统一收集,在有机废物处置厂进行分类堆肥或其他的资源利用。韩国通常采用堆肥以及饲料化的处置方式,由于饲料化存在潜在的有害影响,堆肥日益成为处置厨余垃圾废物的主要途径,Jae-Jung Lee 等以化学肥料为参照,研究了厨余垃圾废物堆肥对土壤微生物、土壤活性以及莴苣生长的影响,在 4 到 6 周的试验中,施用厨余垃圾堆肥的新鲜莴苣收获重量达到控制样的 3~4 倍,土壤微生物数量以及活性明显提高,并有利于植物氮素的吸收利用。

但在技术上,单一厨余垃圾堆肥存在着较大的技术难点,含水率高、有机质含量高,导致堆肥升温慢、容积效率较低,而且易腐、颗粒机械稳定性差的特性,需要特殊的填充物提高空隙率、大量的填充剂调理含水率,此外厨余垃圾中含有的大量油脂和盐分会进一步影响微生物对有机物的分解速率。Sung-Hwan Kwon 等研究指出,由于受厨余垃圾物料特性的影响,厨余垃圾堆肥的有机物转化率低于城市生活垃圾(MSW)的转化率。Yao-Wu He 等研究了厨余垃圾等食品废物好氧堆肥过程中 $CH_4$ 以及 $N_2O$ 等温室气体的排放,结果表明,初期产生 $N_2O$ 的排放高峰,两天后逐步回复到大气环境的本底值,而在牛粪调理的情况下,在堆肥的全过程均产生 $N_2O$ 的排放,并形成两次排放高峰,同时,排放尾气中检出 $CH_4$,这说明,即使在强制通风的情况下,厨余垃圾颗粒内部存在缺氧和厌氧环境,厌氧菌的加入,使得甲烷气的产生。

由于厨余垃圾废物堆肥处理的技术复杂性,有研究者尝试进行了厨余垃圾废物强制导热通风的高温氧化处理研究。吕凡、何品晶等进行了餐厨垃圾高温好氧生物消化工艺研究,实验结果表明,控制反应在高温条件下(55～65℃)可以达到最大减量率,减容率达到40%以上。高温好氧工艺处理厨余垃圾,有机物转化率高,反应残余可作为有机肥料。但反应过程要保持较高的温度,消耗大量的能量,同时由于物料中有机物含量极高,需氧量大,充足、高效的供氧设备及其充氧效率是反应成功的关键,大量的排放尾气中含有较多的挥发性有机物。总体上,高温好氧工艺运行成本较高,对环境产生较大的影响,不利于大规模的厨余垃圾废物的处理。

### 三、厌氧发酵处理

由于厨余垃圾饲料化、好氧处理的技术缺陷,很多学者将厨余垃圾处理的方向转向厌氧生物技术。厌氧微生物能强化厨余垃圾中油类的分解,耐盐毒性较强;此外,不需供氧,节省能耗,因此,从技术分析上,厨余垃圾废物的厌氧发酵处理具有节能、高效、资源回收的优势,但亦存在发酵周期长、初期投资大的不足。

目前,有机废物的厌氧发酵处理技术,可分为两大类:其一,是进行低固体的浆料或液态发酵,技术相对成熟;其二,进行厨余垃圾废物原生态或适当调理的高固体或半固体厌氧发酵技术。高固体技术在系统投资、设备效率、发酵物料的综合利用等方面具有明显的优势,在发酵理论上亦较成熟,但随着固体浓度的提高,物料中毒性物质以及流态、传质等因素的影响加强,在具体技术应用上尚存在较多的不确定性和难度;发酵工艺以及参数的确定、反应器的构建以及过程的控制等方面是其研究的重点。

厨余垃圾废物含水率在80%左右,物料组成复杂,酸化速率极快,高有机物含量以及盐分影响,易对厌氧微生物,尤其是甲烷相微生物的活性产生抑制,因而,采用大量加水稀释的方式进行,可以减少物料对微生物的抑制影响,提高反应进程,能实现厌氧物料的流态化;在工艺的组合(温度、负荷等)、生物相的分离(单相、两相)、高效反应器(如 UASB、ASBR 等)的构建应用等方面具有明显的优势。但大量稀释水的增加,造成反应器体积庞大,投资和运行费用大幅提高,同时,大量发酵后的液体含有较高的 COD 等环境污染物,需进一步处理才能达标排放。

保持厨余垃圾原有基质状态或适当调理,进行厌氧发酵处置,相比以上方法,具有明显的优势,符合厨余垃圾处理产业化的要求,但目前国内进行厨余垃圾废物高固体或较高固体发酵处理的试验研究很少,国外的少量研究成果可以用以借鉴。Jae Kyoung 等进行了厨余垃圾废物的甲烷化潜力(BMP)研究,结果表明,厨余垃圾废物具有较大的厌氧甲烷化潜力,肉食、纤维素、米饭、卷心菜和混合废物的甲烷化潜力分别为(每克 VS)482 mL/g、356 mL/g、294 mL/g、277 mL/g、472 mL/g,厌氧可生物降解性分别为 0.82、0.92、0.72、0.73、0.86,但长期稳定试验效果不佳,产气率远达不到 BMP 研究结果;M. Murto、Wang Yusheng 等进行了厨余垃圾废物与市政污泥等的联合发酵试验表明,在一定的比例下,厨余垃圾发酵可以顺利进行。

在厨余垃圾高固体发酵过程中,物料的酸化过程是影响发酵启动和稳定性的主要原因。Kang 等研究得出结论,厨余垃圾废物在发酵的初期迅速产生大量的挥发酸(VFAs),引起系统pH值的急剧下降,抑制甲烷化的进行,进一步的研究表明,即使保持系统 pH 值在中心范围,在接种率30%的条件下,厨余垃圾厌氧发酵亦未能达到甲烷化过程;对应的厨余垃圾酸化液厌氧毒性试验(ATA)表明,厨余垃圾酸化液是抑制厨余垃圾废物甲烷化进程的主要原因,当对系统的发酵液进行稀释时,在很短的时间内(1 天)微弱恢复产气,继而系统彻底崩溃。而不同的研究结论亦存在,Ghanem 等通过研究认为,挥发酸的累积会导致系统产气的停滞,但当减少挥发酸的浓度时,系统产气能力能得到恢复,甲烷化可以继续进行。

此外,Q. Wang等研究表明,餐厨废物中存在的乳酸发酵能抑制其他细菌生长,进而影响到废物发酵的启动与进程,发酵菌种的驯化、系统快速启动是厨余垃圾废物发酵的技术难点。总的说来,厨余垃圾废物高固体或半固体厌氧发酵处理,有利于厨余垃圾废物的全面资源化,但在工艺技术上相对还不完全成熟,有待于进一步的系统研究。

### 四、填埋

填埋由于操作简便,是目前应用比较普遍的处理方法。厨余垃圾很适合于填埋场气体利用技术,因为厨余垃圾的产气速度很快,稳定时间比较短,有利于垃圾填埋场的恢复使用;厨余的有机物中可生物降解组分比例较高,单位质量的干垃圾的理论产气量也高于纸张。但由于厨余垃圾过高的含水率导致渗滤液的增多,符合填埋条件的土地面积的减少,造成处理成本升高。而且厌氧分解的厨余垃圾是填埋场中沼气和渗滤液的主要来源,会造成二次污染。这种处理方式将损失厨余垃圾中几乎所有的营养价值,最终厨余垃圾中的绝大部分碳将转化为沼气。在一个精心设计的填埋场里,约有66%的沼气可以作为燃料重新利用,但剩余的34%将进入大气层。而沼气对全球变暖的影响约为二氧化碳的25倍。

### 五、厨余垃圾处理机

厨余垃圾处理机主要分三种类型:第一种就是将厨余垃圾破碎后,直接排入下水道,并没有深层次的处理;第二种以减量化为主,也称消化型,采用加热器使水分蒸发,减小垃圾体积;第三种以资源化为主,也可称作生化式,是先利用细菌将有机物分解之后,再将剩下的残渣作为肥料使用。厨余垃圾处理机的优势在于没有二次污染,占地小,运行成本低,操作方便,既可用于居民厨房,也可用于厨余垃圾产生量比较大的单位部门。

日本在厨余垃圾处理机的生产、销售和推广方面已经形成了比较完善的市场体系。政府出台了一些优惠政策并运用财政帮助其在居民或厨余垃圾产生单位的推广。

## 第四节　厨余垃圾的堆肥化处理

### 一、堆肥化定义

依靠自然界广泛分布的细菌、放线菌、真菌等微生物,人为地促进可生物降解的有机物向稳定的腐殖质生化转化的微生物过程叫做堆肥化。堆肥化的产物称作堆肥。

### 二、堆肥作用和用途

堆肥还田,能够增加土壤中稳定的腐殖质,形成土壤的团粒结构,改善土壤物理的、化学的、生物的性质,使土壤环境保持适于农作物生长的良好状态。腐殖质又有增进化肥肥效的作用。总之,使用堆肥主要具有以下两种作用。

(1)堆肥的改土作用。堆肥对土壤的作用不同于化肥,它是优良的土壤改良剂。堆肥施入土壤可以明显地降低土壤容重,增加土壤的空隙率,使固相下降,液相和气相增加;提高了土壤的保水能力、通气性和渗水性。腐殖质的增加提高了土壤的阳离子交换能力,有利于保持肥效;腐殖化的有机物具有调节植物生长的作用,也有助于根系发育和伸长,即有助于植物扩大根部范围;最后,堆肥使用增加了土壤中的微生物数量。微生物分泌的各种有效成分直接或间接地被植物根吸收而起到有益作用,故堆肥是昼夜有效的肥料。

(2) 堆肥的增产作用。国内外的许多试验表明,堆肥具有明显的增产作用。有试验表明,连续使用堆肥 2~3 年后土壤空隙度增加 2.1%~4%,田间持水量增加 1.4%~3.5%,有机质增加 0.05%~0.17%,增产幅度最高达 15%。但一个应该予以重视的问题是,不同的堆肥原料、堆肥品质对农作物的影响是不一样的,堆肥使用于不同的场地,其使用方法和使用量都有区别。

### 三、堆肥的原料要求

堆肥原料特性(CJ/T3059—1996):
(1) 密度。适用于堆肥的垃圾密度一般为 $350 \sim 650 \ kg/m^3$;
(2) 组成中(湿重)有机物含量不少于 20%;
(3) 含水率。适合堆肥的垃圾含水率为 40%~60%;
(4) 碳氮比(C/N)。适合堆肥的垃圾碳氮比为(20:1)~(30:1)。

### 四、堆肥的产品质量和卫生要求

堆肥产品质量(以干基计):
(1) 粒度。农用堆肥产品粒度不大于 12 mm,山林果园用堆肥产品粒度不大于 50 mm;
(2) 含水率不大于 35%;
(3) pH 值为 6.5~8.5;
(4) 全氮(以 N 计)不小于 0.5%;
(5) 全磷(以 $P_2O_5$ 计)不小于 0.3%;
(6) 全钾(以 $K_2O$ 计)不小于 1.0%;
(7) 有机质(以 C 计)不小于 10%;
(8) 重金属含量。总镉(以 Cd 计)不大于 3 mg/kg;总汞(以 Hg 计)不大于 5 mg/kg;总铅(以 Pb 计)不大于 100 mg/kg;总铬(以 Cr 计)不大于 300 mg/kg;总砷(以 As 计)不大于 30 mg/kg。
堆肥无害化卫生要求:
(1) 堆肥温度(静态堆肥工艺)大于 55℃持续 5 d 以上;
(2) 蛔虫死亡率为 95%~100%;
(3) 粪中大肠菌值为 $10^{-1} \sim 10^{-2}$。

### 五、堆肥原理和堆肥化过程

好氧堆肥是在有氧的条件下,借好氧微生物(主要是好氧菌)的作用完成的。在堆肥过程中,厨余垃圾中的溶解性有机物质透过微生物的细胞壁和细胞膜而为微生物所吸收,固体的和胶体的有机物先附着在微生物体外,由生物所分泌的胞外酶分解为溶解性物质,再渗入细胞。微生物通过自身的生命活动——氧化、还原、合成等过程,把一部分被吸收的有机物氧化成简单的无机物,并放出生物生长活动所需要的能量,把另一部分有机物转化为生物体所必需的营养物质,合成新的细胞物质,于是微生物逐渐生长繁殖,产生更多的生物体,图11-1 可以简单地说明这个过程。

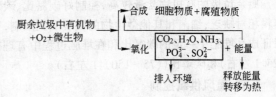

图 11-1　有机物的好氧堆肥分解

一般情况下,可以利用堆肥温度变化来作为堆肥过程的评价指标。一个完整的堆肥过程由四个堆肥阶段(升温阶段、高温阶段、降温阶段、腐熟阶段)组成。在堆肥初期,堆层基本呈中温,嗜温性微生物较为活跃,并利用堆肥中可溶性有机物旺盛繁殖,它们在转换和利用化学能的过程中,一部分变成热能,堆温不断上升。适合于中温的微生物种类极多,主要有细菌、真菌和放线菌。细菌特别适应水溶性有机物,真菌和放线菌对于纤维素和半纤维素分解具有特殊功能;当温度升高到 45℃ 后,进入高温阶段,此时主要由嗜热性微生物起作用,复杂的有机物开始强烈分解;温度进一步升高到 70℃ 以上时,微生物大量死亡或进入休眠期,与此同时,堆肥中有机质大量消耗,堆肥物质逐步进入稳定化状态,高温阶段,有机物质的分解较快,且高温对杀灭病原菌、寄生虫、虫卵、孢子等有利。在堆肥后期,温度逐渐下降,堆肥进入腐熟阶段,腐殖质不断增多且稳定化。总之,在堆肥的每个阶段拥有不同的细菌、放线菌、真菌和原生动物。微生物利用废物和阶段产物作为食料和能量的来源,这种过程一直进行到稳定的腐殖物质形成为止。

### 六、厨余垃圾堆肥的要素

厨余垃圾有机物含量高,营养元素全面,C/N 较低,是微生物的良好营养物质,非常适于作堆肥原料。厨余垃圾中含有大量的微生物菌种,易于堆肥过程的正常进行。另外,厨余垃圾中惰性废物(如废塑料等)含量较少,利于堆肥产品的农用。但堆肥过程应针对厨余垃圾含水率高,脱水难,含盐高、pH 值低的特性进行调整,以利于堆肥过程的快速、正常进行。

#### (一) 微生物的接种

厨余垃圾中,有机物含量与城市垃圾相比很高,为了保证厨余垃圾堆肥的正常、快速进行,应加入适量的微生物,提高堆肥速率;通常可在堆肥原料中接种下水污泥,也可配以一定量专性工程菌或熟堆肥。

#### (二) 水分的调节

厨余垃圾的含水率较高,在 90% 左右。一般认为,按质量计,50%～60% 的含水率最有利于微生物分解,水分超过 70%,温度难以上升,分解速度明显降低。因为水分过多,堆肥物质粒子之间充满水,有碍于通风,从而造成厌氧状态,并产生恶臭气体。厨余垃圾在堆肥前必须进行水分调节,降低含水率到 60% 左右,一般采用离心机进行脱水。

#### (三) 温度

对堆肥而言,温度是堆肥得以顺利进行的重要因素,温度的作用主要是影响微生物的生长。高温菌对有机物的降解效率高于中温菌。在高温条件下堆肥,有利于缩短堆肥周期,同时高温还起到杀菌的作用,但过高的堆温(大于 70℃)将对微生物产生有害的影响。当利用堆肥过程自然升温时,应考虑到厨余垃圾易结团的特性,原料要加入一定量的填充料(木屑、秸秆等),利于氧的传输和传质作用。

#### (四) 碳氮比、碳磷比

厨余垃圾的有机物含量较高,控制好碳氮比、碳磷比对堆肥很重要。一般认为,碳素高,氮素养料相对缺乏,细菌和其他微生物的发展受到限制,有机物的分解速度就慢,发酵过程就长,为了保证成品堆肥中一定的碳氮比和在堆肥过程中有理想的分解速度,必须调整好原料中的碳氮比(25:1 左右)和碳磷比((75～150):1 左右)。

#### (五) 通风供氧控制

厨余垃圾的有机物含量较高,对堆肥过程中的通风供氧有较高要求,供氧不足会产生厌氧和发臭。通风量过高,又会影响发酵的堆温,降低发酵速度。实际生产中,可通过测定排气中氧的含量,确定发酵器内氧的浓度和氧的吸收率,排气中氧的适宜体积浓度值是 $14\%\sim17\%$。如果降到 $10\%$,好氧发酵将会停止。如果以排气中 $CO_2$ 的浓度为氧吸收率参数,$CO_2$ 的体积浓度要求为 $3\%\sim6\%$。

### （六）pH 值

pH 值对微生物的生长也是重要因素之一,一般微生物最适宜的 pH 值是中性或弱碱性,pH 值太高或太低都会使堆肥处理遇到困难。厨余垃圾的 pH 值偏低,一般可加入一定量的石灰进行调节,适量的石灰投加能刺激微生物的生长。

## 七、厨余垃圾堆肥工艺

利用有机物进行堆肥已有几千年的历史,近几十年来,堆肥原理和堆肥工艺有了很大的发展,高速机械化堆肥得到了广泛的应用。国内科研人员也对堆肥进行了大量的研究。在我国国家科委社会发展司、建设部科技发展司的组织推动下,经过专家评估,通过确定了一系列城市垃圾处理技术推广项目。其中,属于机械化堆肥处理技术的有五项,简易或半机械化高温堆肥处理技术项目有六项。

现代化堆肥生产,通常由前(预)处理、主发酵(亦可称一次发酵、一结发酵或初结发酵)、后发酵(亦称二次发酵、二结发酵或次结发酵)、后处理、脱臭及贮存等工序组成。废物堆肥化按设备流程包括下述系统:进料供料设备、预处理设备、一次发酵设备、二次发酵设备、后处理设备及产品细加工设备等。

目前,随着对厨余垃圾环境危害的认识,法律法规的进一步严格,科研人员在原有堆肥研究的基础上,利用好氧堆肥进行厨余垃圾处理的研究日益增多,积累了一定的经验,其中提高堆肥品质和堆肥速率是研究的主要方向,并开发出一系列的厨余垃圾好氧堆肥处理设备。通过外加热源,提高温度,利用嗜热菌作用快速分解厨余垃圾中有机物极高温好氧堆肥工艺,已经开发成功并投入应用。下面简单介绍两种厨余垃圾堆肥处理和极高温堆肥处理的工艺及流程。

### （一）厨余垃圾高温机械堆肥工艺

厨余垃圾高温机械堆肥工艺包括厨余垃圾的前处理、一次发酵、二次发酵和后处理等工序。

#### 1. 厨余垃圾的前处理

厨余垃圾的含水率高,堆肥前需要调节水分到堆肥要求的最佳水分 $50\%\sim60\%$,然后进行破碎、配料。配料时加入一定量的填充料,保证堆肥时颗粒分离以及一定的空隙率、营养比,并进行微生物接种。

前处理系统可简单表示为:厨余垃圾——自然渗沥——离心脱水——破碎——配料

另外,有研究表明,厨余垃圾经过厌氧预处理($1\sim2$d)后,再进行好氧堆肥,可明显缩短堆肥周期,提高堆肥效率。

#### 2. 一次发酵和二次发酵

厨余垃圾堆肥的一次发酵和二次发酵,与其他原料堆肥工艺类似。在厨余垃圾堆肥过程中,由于厨余垃圾的有机物含量很高,对氧的需求大,在运行参数上有一定区别。

#### 3. 后处理

厨余垃圾中杂物少,后处理主要有造粒、贮存等系统,旨在提高堆肥品质及利用价值。

厨余垃圾进入场区后首先称重计量,取样测定水分后进行脱水、配料处理,调节含水率到 $50\%\sim60\%$。水分调节后通过破碎机对厨余垃圾中粗大物料进行破碎处理,再由装载机送入地面带有通风装置的一次发酵池内,强制通风 $12\sim15$d 后进行二次发酵。二次发酵产物可作为成

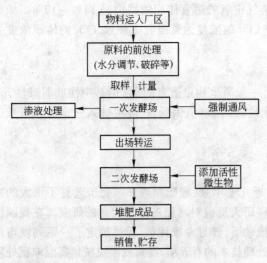

图 11-2　厨余垃圾堆肥的工艺流程

品肥直接销售,为了提高堆肥产品的品质,可对堆肥产品进行精加工,制成精品堆肥销售,可获得较好的经济效益。堆肥工艺流程见图 11-2。

**(二) EATAD 工艺**

由加拿大科学家(IBR)开发的高温好氧无污染生物处理法(EATAD),对包括厨余垃圾在内的有机垃圾具有较好的处理效果。该工艺的生化部分,采用高度嗜热微生物进行发酵,由于发酵温度高,有利于加快发酵过程。

不同的微生物耐热性不同,通常嗜热菌所具有的耐热性是因为这些微生物的酶耐热性强,核酸也具有保证热稳定性的结构,tRNA 在特定的碱基对区域内含有较多的 G ＝ C 对,可以提供较多的氢键,增加热稳定性;另外,嗜热微生物的细胞膜结构也与普通微生物不同,这类菌通常含有更多的饱和脂肪酸和直链脂肪酸,从而使得在高温下细胞膜还具有较好的流动性和完整性。从细胞膜的流动镶嵌模型来说,膜的流动性对于保持细胞内环境与外环境的物质交换是很重要的。

该技术发酵所采用的菌种是混合菌团,能在 85℃ 的高温下很好地生长。发酵周期为 72 h。实行二次发酵。一次发酵,保持浆料含水为 92%,固形物为 8%,将浆料输送到一次发酵罐,升温到 55℃ 接种发酵,由于在 55℃ 条件下,该嗜热菌的酶被迅速激活,从而快速利用有机质进行新陈代谢。一次发酵后的浆料再迅速送入二次发酵罐,由于新陈代谢的进一步加强,代谢产生的热使温度继续上升,直到 85℃ 时,有机质基本被降解。随后,温度有所下降。发酵完成后,其中 5% 的发酵液被用做下次发酵的种子,其他部分制成固态和液态有机肥料。

EATAD 技术工艺包括:分拣、粉碎、溶浆、分离、一次发酵、二次发酵、干燥/沉淀和压制/蒸发等环节。在发酵过程中,采用闭环控制系统进行在线检测,严格控制各工艺参数,使发酵液中的有机垃圾成分最大限度地转化为目标产物——有机肥料。应用 EATAD 工艺处理厨余垃圾的工艺流程如图 11-3 所示。根据资料介绍,该技术的核心是供氧方式和速率。由

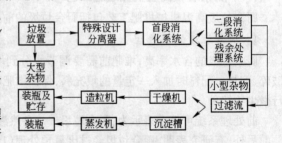

图 11-3　EATAD 技术工艺流程

于含水率非常高,可以比较方便地把氧气均匀地向浆状液体扩散,使有机废物与氧气充分接触;但另一方面,浆状体中的含固率也在 2%~8%,黏度较大,氧气的喷射装置和喷射量也非常重要。若能够使氧气或空气以溶气的方式进入浆状体中,可明显提高氧气的利用率。

## 第五节　厨余垃圾的厌氧发酵处理

### 一、厌氧发酵技术简述

有机物的厌氧发酵过程就是有机物质在特定的厌氧环境下,微生物将有机质进行分解,其

中一部分碳素物质转化为甲烷和二氧化碳。在这个转化作用中，被分解的有机碳化物中的能量大部分贮存在甲烷中，仅一小部分有机碳化物氧化为二氧化碳，释放的能量满足微生物生命活动的需要。因此在这一分解过程中，仅积贮少量的微生物细胞。一般认为，厌氧发酵包括四个阶段，即四阶段理论（水解、酸化、产氢产乙酸、产甲烷阶段），每个阶段有独特的微生物菌群。在不同的生态条件下，不一定都包括四个阶段，如在食草动物的瘤胃和人的盲肠和肠道中，一般仅包括第一阶段和第三阶段；而在温泉中，仅包括第三阶段和第四阶段。这与不同生态环境的条件有关。

厌氧生物技术，虽然在经济和节能方面具有明显的优势，厌氧处理中 1000 kgCOD 转化成的甲烷相当于 $12 \times 10^6$ kJ 热能，并省却了好氧充氧的费用。但长期以来，厌氧消化被认为是一种较慢的生物处理过程，而且仅仅适用于很有限的一些有机物。近年来的研究表明，厌氧微生物的生物转化能力是可以与好氧微生物的生物转化能力相比拟的，问题不在于厌氧微生物的活性而在于厌氧微生物的世代时间。随着经济的发展、能源短缺的现实为大家普遍接受的同时，厌氧生物技术越来越引起人们的兴趣。Totzke 报道仅 1989～1994 年全世界非塘类厌氧装置的数量从近 300 个增到 800 以上。厌氧处理的主要优缺点可见表 11-1。

表 11-1　厌氧处理的优缺点比较

| 优　点 | 缺　点 |
| --- | --- |
| 工艺稳定 | 反应器内生物量启动时间长 |
| 减少补充氮、磷的费用 | 对碱度要求高，有时需补充一定量碱度 |
| 贮存能量并具有生态和经济上的优点 | 低温下动力学速率低，处理低浓度有机质不能实现能量平衡无尾气污染 |
| 可以降解好氧过程中不可生物降解物质 | 甲烷菌对环境条件较敏感 |
| 水处理中减少剩余污泥处理费用 | |

厨余垃圾具有自身特性，含水率高，脱水性能差，有机物含量高等。采用厌氧处理与好氧生物处理相比，有独到的优势。

（1）厨余垃圾有机物含量高，经过厌氧生物处理能回收大量氢气及甲烷气，实现能源回收，具有较大的经济价值。

（2）好氧堆肥处理厨余垃圾，产生臭气和大量二氧化碳气体，不经有效处理能在一定程度上造成大气污染，二氧化碳气体是一种温室气体。厌氧处理尾气污染较少，具有生态优点。

（3）厨余垃圾含水率高，脱水性能差。采用好氧处理一般必须调节水分到堆肥所要求的 50%～60%，消耗大量的能量，不进行水分调节，为了提高堆肥温度，则又要消耗更大的外源能量输入。厌氧处理时，对水分的要求无好氧条件严格，反应温度的保持可通过回收能量的全部或部分维持，能实现能量的平衡。

（4）厌氧微生物对氮、磷等营养元素的要求比好氧微生物低，减少附加费用。

（5）发酵沼渣、沼液可作为良好的有机肥，经过适当处理后可成为动物饲料。沼气发酵残余物是一种高效有机肥和动物饲料。沼渣一般含有机质 36.0%～49.0%，腐殖酸 10.1%～44.6%，粗蛋白 5%～4%，全氮 0.8%～1.5%，全磷 0.44%～0.6%，全钾 0.6%～1.2%。用等量沼液与敞口池粪水进行肥效对比，粮食增产 6.5%～15.2%，棉花增产 17.5%，油菜增产 0.6%，且对病虫害有防治作用。有关试验表明，施加沼液喂猪可使育肥期缩短一个月，节省饲料 80 kg；用沼渣养鱼较投放猪粪增产 25.6%。

## 二、厨余垃圾厌氧生物处理中存在的难点

利用厌氧技术处理厨余垃圾，由于厌氧微生物的生物学特性，也存在一些难点和缺陷。厌氧

微生物的启动时间慢,批量发酵时,发酵周期相比好氧处理较长。厨余垃圾固体含量高,流动性能差,连续进料困难,影响厌氧微生物的接种等。厨余垃圾 pH 值较低,含盐量高,容易发生酸中毒,抑制微生物的正常生长,严重时可使厌氧过程失败。另外,相比于好氧生物处理,厌氧处理存在设备复杂、一次性投资较高的问题。

为了提高厨余垃圾厌氧发酵的效率,缩短厌氧发酵周期,通常可采用以下方法和途径:

(1) 提高含固率,可提高反应器的设备效率。研究表明,固体浓度为 7.52%、10.2%、15.5% 时处理效果均良好。当固体浓度为 21.8% 以上时的处理效果逐渐下降,由于有机质生物降解率、产沼气量和产甲烷率均随固体浓度的增高而降低。固体浓度为 50% 时降低幅度最大。考虑到反应器的设备效率,建议发酵固体浓度在 10%~20%。

(2) 在直接厌氧发酵过程中,由于挥发性有机酸积累较快,影响产甲烷菌的生长,使发酵效率降低,发酵周期延长,甚至酸中毒。酸中毒是高浓度发酵失败的最常见原因,克服的方法是必须选择厌氧食物链系统完整且活力高的优良接种物,同时要保证有足够的接种量。采用两步法发酵可显著提高氢气和甲烷产量,还能提高城市固体废物的生物降解率。在 20%~50% 以下时高固体浓度发酵能正常产甲烷、最终 pH 值和挥发酸均正常。

(3) 采用适当预处理,用先好氧后厌氧发酵,结果表明启动快,产气量高,处理周期短。而直接用厌氧发酵,由于挥发酸大量积累,启动困难,产气量少。与直接厌氧消化相比,日平均产气量可提高 6.7 倍,甲烷含量也明显增高。从好氧发酵转为厌氧发酵,速度很快,其实质原因是厌氧微生物的数量很多。厌氧发酵开始时,厌氧菌的数量即达到了高峰,这主要是接种物数量充足和接种物中含生物量高之故。

(4) 提高反应温度。高温下,微生物活性高,反应速率快。

(5) 采用专性工程菌,一方面可提高厌氧菌群的数量;另一方面,可利用工程菌的高效降解功能达到快速降解有机质的目的。

### 三、厨余垃圾的厌氧发酵处理

对厨余垃圾进行厌氧发酵处理时,由于厨余垃圾的含水率、有机物含量较高,在反应过程中对一些因素必须严格控制,如:含水率、pH 值、碱度等。过高的含水率会影响反应的升温过程,从而直接影响反应周期,同时高的含水率也降低了反应器的容积负荷,降低了反应器的效率。因此,对厨余垃圾的水分调节,提高含固率是必要的。在厨余垃圾厌氧发酵中,有机物的酸化过程产生大量有机酸的积累,pH 值下降,保持足够的碱度才能保证产甲烷过程的正常进行。另外,厨余垃圾氮、硫量亦较高,一定浓度的游离 $NH_3$、$H_2S$ 对甲烷菌均有抑制作用,可视具体情况,通过控制适当的 pH 值和投加调理剂对其进行控制。厌氧发酵根据工艺、原料的特点,相的分离等,有多种分类形式,如直接发酵、两相发酵、高固体发酵、低浓度发酵、浆料发酵等。

高固体厌氧消化也称为干发酵。在传统的厌氧消化工艺中固体含量通常低于 8%,而高固体消化中固体含量可达到 20%~35%。直到目前,大规模运用的厌氧消化都是低固体含量的,用于处理一些液体或固体含量低的泥状废物,在处理固体含量高的废物(如垃圾)时,需加大量的水稀释,大大增加了处理量和处理成本。以上因素使人们开始重视高固体消化技术。高固体厌氧消化有如下优点:单位容积的产沼气量高;需水量低或不需水;单位容积处理量大;消化后的产品不需脱水即可作为肥料或土壤调节剂等利用,降低了处理成本。

高固体厌氧消化的概念是在 1958 年提出的。从 1980 年起,Jewell 等在这一领域作了不少工作。目前这方面的工作主要在欧美的一些国家进行。我国对它的研究尚少,仅江西工学院、武汉大学、清华大学、同济大学等几个单位进行了实验室规模的小试研究。研究进展一直很慢,其主要原因是随着固体含量的增加,许多影响微生物活性的条件变得更为严格,例如:(1)氨、重金属、硫酸盐、挥发性有机酸等抑制物的含量可能会提高,对细菌活性产生不利影响,需要有效的措施来降低原料中对细菌有毒性的物质含量;(2)很高的固体含量给搅拌装置的选择和动力配给带来了困难;(3)反应的启动条件苛刻,菌种驯化任务艰巨;(4)运行中存在着很高的不稳定性。

两相厌氧发酵是根据厌氧发酵的阶段理论,创造良好的微生物生活生长条件。实际上,各种分类都是相对的,在实际应用中,常常是分不开,结合使用的。下面对其中一些技术、工艺及其特点进行简单的介绍。

### 四、厨余垃圾厌氧发酵处理及工艺流程

厨余垃圾的厌氧发酵包括脱水、破碎等前处理过程、厌氧发酵、渗液处理、气体净化及贮存等环节。首先是通过离心机等机械进行物料的水分调节。破碎则利用破碎机对物料中的粗大物体(如骨头等)进行破碎,有利于后续发酵单元的顺利进行。厌氧发酵阶段通过投加兼性和厌氧微生物菌种,强化物料中有机组分的分解,使生成较稳定的发酵产品和以甲烷为主的发酵气体。利用水处理装置对物料脱水形成的有机废水进行处理,防止渗液形成二次污染。另外,甲烷是一种有较高经济利用价值的气体,通过净化装置去除发酵气中 $H_2S$ 等杂质气体,能提高发酵气的利用价值,工艺流程见图 11-4。

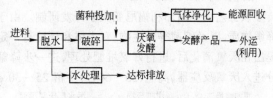

图 11-4　厨余垃圾厌氧发酵工艺流程

### 五、厨余垃圾厌氧发酵的其他几种可行工艺

#### (一) 美国试验工厂工艺

1979 年,美国建立了世界上第一个年处理量为 5000 t 的试验工厂,由于经济原因,运行 4 年后停转,它在 4 年中所取得的经验、数据为以后的研究提供了很好的参考;其生产工艺也是以后各种不同工艺的基础。该工艺流程简图如图 11-4。所收集垃圾经破碎分选后,去除无机成分和塑料等,调节固体含量为 25% 左右,在 55℃ 下高温消化,机械搅拌,在反应器中停留一个月。所产生沼气处理利用,渗滤液处理后排放,残余固体物质加工成肥料或土壤调节剂。

该工艺是以后各种高固体厌氧消化工艺的基础。各国研究人员针对垃圾预处理、搅拌方式、反应温度、进料含量、产物的加工利用、污染控制等提出了许多不同的改进方案,形成了各具特色的工艺流程。试验工厂停止运转的主要原因是资金困难。以后的工作者们采取各种方法来获取资金、降低运行成本,包括收取垃圾处理费用,沼气发电,废热利用,固体残余物加工成肥料,渗滤液制液肥等。

#### (二) 法国的 Valogra 工艺

Valogra 工艺是 20 世纪 80 年代后期开发研制的。由于其具有较好的经济效益和环境效益,取得了较大的成功,在欧洲地区得到了一定的工业运用。垃圾经破碎分选后,有机组分与反应器回流液混合,调成浆状(含量不详)。在中温(35~40℃)或高温(55~60℃)下连续消化 17~25 d 出料压缩后,进一步加工成肥料出售;渗滤液部分回流,调节进料浓度,并起一定的接种作用,多余的渗滤液处理后排放;所产生沼气一部分压缩后回流,起搅拌作用,另一部分输出利用。垃圾产气量为 149.6 $m^3/t$,其中甲烷含量 54%,COD 去除率为 58%。该工艺最主要的特征是:用压缩沼气来进行搅拌,从而避免了机械搅拌带来的泄漏、机械磨损、消耗动力高等缺点。目前荷兰的提比可垃圾处理厂(年处理量 10 万 t),法国的爱门司垃圾处理厂(年处理量 5.5 万 t)均采用了这一工艺。

### (三) 丹麦 CarIBro 工艺

CarIBro 工艺由丹麦 CarIBro 公司开发研制,已有了工业运用。垃圾破碎分选,有机组分进入一级反应器;中温 35～37℃停留 2～3 h,进行酸化,pH 值为 6.5 左右;酸化后,固液分离,固体部分进一步加工成肥料,液体部分进入二级反应器;中温下停留 1～2 d 产沼气,气液分离,所产沼气出售给电厂。垃圾产气量 150～175 m³/t,固体去除率 60% 以上。

该工艺的主要特点是:(1)两阶段消化,把酸化阶段和产沼阶段分离开来,可以节约用地,并便于管理;(2)处理时间短,仅 3～5 d,因此可充分利用有限的设备,降低了投资和成本;(3)渗滤液加工成液肥出售,不但减少了废水处理量,还有一定收入。1991 年丹麦的世界上第一个工业规模的城市垃圾厌氧处理厂就采用了该工艺。该厂设计处理能力为 20 万 t/a,初期投资为 5500 万丹麦克朗,运行费为 800 万丹麦克朗/a,其中 66% 来自出售沼气。所生产固体和液体肥料有很高肥效,销路很好。据该公司核算,垃圾处理厂费用(包括初期投资与运行费用)低于同等规模垃圾整烧厂,但缺乏与土地填埋费用比较的数据。

### (四) 厌氧—好氧工艺

该工艺由美国加利福尼亚大学开发研制。由于厌氧消化后的产物中还含有一定量的可生物降解物质,以及细菌等微生物,对人体和环境有一定危害,不能直接出售或排放。因此,研究者们提出在厌氧消化后,进行好氧堆肥处理,进一步降解有机物质,杀灭细菌。垃圾破碎分选、有机成分进入厌氧反应器,高温(55～60℃)停留 25～30 d,厌氧消化产生沼气;再进入好氧反应器,在 55℃下腐熟,彻底杀死各种病菌等微生物,最终产物性质稳定,化学组成合理,有很高的肥效和热值,可用做肥料或电厂燃料。垃圾产气量为 800 m³/t。经两级处理后,固体去除率为 55%～65%。

该工艺的特点是:(1)产气量高,是前几种方法的 5 倍左右;(2)最终产品生物化学性质稳定,是很好的有机肥料或燃料;(3)产物对人体和环境无害,完全符合环境标准。该工艺目前尚处于中试阶段。

### (五) 矿化垃圾协同产氢工艺

该工艺由同济大学赵由才课题组研制,主要方法是将填埋一定年限的矿化垃圾,筛分粒径至 15 mm 以下。泔脚废物经食品破碎机破碎至粒径 10 mm 以下,与经水洗的污水厂浓缩池污泥以一定比例混合,并采取干热灭菌的方法进行预处理,然后投加一定比例的矿化垃圾,并调节含水率至 85%,在恒温条件下(36℃)于密闭的容器内进行发酵,在 5 d 的反应周期内累计的氢气产率为 180 mL/gVS 以上,产氢潜力在 190 mL/gVS 以上,最大产氢速率 90 mL/(h·g)VS 以上,最高浓度 50% 以上。工艺流程如图 11-5 所

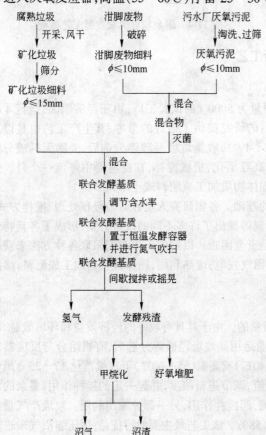

图 11-5　矿化垃圾协同产氢工艺流程示意图

示。平均每吨湿泔脚(含水率 80% 左右)可以产生氢气约 25 $m^3$,具有极大的经济效益和生态效益。

产生的氢气经简单预处理后作为燃料或发电原料使用,发酵残留物可继续作为产甲烷基质或好氧堆肥后农用。

该工艺有几个显著特点:(1)简单易控制,无需外加营养元素,成本低廉;(2)氢气产量较高,无二次污染,对填埋矿化垃圾、泔脚废物和污水厂污泥进行了有效的资源化利用;(3)固体产物性质稳定,不含病菌等微生物,是很好的农业肥料。

### 六、厌氧消化过程的控制与优化条件

从有机废物固体阶段发酵工艺可见,在发酵理论和发酵控制上,固体发酵和液体发酵是相同的。厌氧发酵的特性和效能取决于三个方面的因素:作用者(厌氧微生物)、作用对象(有机物)以及作用条件(环境条件、接触传质等)。有机废物厌氧处置工艺,即是从工程化的角度,去创造最佳的适合厌氧微生物生存的环境条件和作用条件,以取得最大的有机物降解效果。其基本的运行控制和优化条件有:相分离、温度、含水率、基质条件以及预处理促进等。

#### (一) 相分离

从厌氧发酵的微生物学机理可知,复杂物料的厌氧降解主要是由两类特性完全不同的微生物:产酸细菌和产甲烷细菌的逐级代谢完成的。产酸细菌种类多,世代时间短,增长快,对环境条件不太敏感;而产甲烷细菌则恰好相反,种类少,世代时间长,专一性强,对环境条件要求严格,如若将两者分开在两个反应器中,使得两者能在自身最佳的环境条件下进行,则会有利于细菌的生长和反应的稳定,提高容积负荷率,这就是两相厌氧工艺的理论出发点。

20 世纪 70 年代初,F. G. Pholand 和 S. Ghosh 首次提出了两相厌氧消化系统(TPAD)。较多的研究表明,对不同基质材料的有机废物厌氧发酵处置,两相系统表现出一定的优势。Ghosh 等用单相和两相反应器处理城市垃圾的对比试验表明,两相系统甲烷产量大约可以提高 20%。Scherer 用两相系统处理有机垃圾,挥发性固体的降解率达到 80%,产气量达到了理论产气量的 98%。B. G. Yeoh 对两相厌氧消化工艺和单相厌氧消化工艺进行了对比试验表明,两相厌氧消化系统的产甲烷活性明显高于单相厌氧消化系统。Pavan 认为两相消化是处理高挥发性固体的正确选择。此外 S. Gabriele 对比了在中温和高温条件下一相和两相消化的运行特性,结果表明,市政固体垃圾适宜两相厌氧发酵,有机物质的最高转化率可达 90%。

虽然有关厌氧相分离的比较研究中,大部分的研究表明两相厌氧较单相系统,在有机物降解、有机负荷的提高、气体产率和运行稳定上具有明显的优势,但两相厌氧工艺的优越性尚存异议,也有不少研究者的研究结论表明,两种工艺的运行特性没有太大的差别。高庭耀等采用两种工艺对污泥消化的研究结论是,对于污泥消化,两相工艺并不显示出特别的优势。这是可以理解的,消化工艺的分相,仅仅是对微生物生存的环境条件进行改进强化,而厌氧消化的整体效能的影响因素较多,各种因素相互协同,相互作用。叶芬霞等分析了有机废物两相厌氧消化的基质特异性认为,相分离会抑制需互养关系才能分解基质的完全生物降解,从热力学的角度,碳水化合物的厌氧消化采用两相是适宜的,而蛋白质和脂肪酸的厌氧降解则可能是相反的要求。

目前,在有机废物的厌氧发酵处置工艺应用上,单相工艺远多于两相工艺,一方面可能是由于,两相工艺相对于单相工艺在效率优越性上,还缺乏确凿的依据;另一方面,则是由于两相工艺在投资和运行控制上处于劣势。

#### (二) 温度控制

在厌氧发酵工艺中,一定范围内,温度能影响微生物的生理活性,影响生物降解的比速率,同时在不同的温度条件下,会引起不同种群优势微生物的生态演变。有机废物的厌氧消化,一般在

中温或高温下进行,以利用提高反应的进程,缩短发酵周期,中温的最佳温度为 35℃ 左右,高温为 55℃ 左右。

大量的研究表明,高温发酵的产甲烷能力要高于中温发酵,于晓章研究了不同纯物质(乙酸、丙酸)厌氧发酵中温度对甲烷产量的影响,结果表明,不同基质在 50℃ 时均达到最大的产气效率;张光明通过试验表明,有机废物厌氧发酵,高温处理能力达到中温的 2.5～3 倍。

此外,基质特性对厌氧发酵中的温度作用有一定影响,Ghosh 等使用传统的高效反应器,观察到 55℃ 的高温比 35℃ 的处理只使甲烷产量提高了 7%。另有研究结果表明,在 25℃ 和 30℃ 时,乙酸和丙酸的产甲烷能力基本相当,当提高温度到 50℃ 时,丙酸的产甲烷能力明显高于乙酸。Pavan 等在示范规模的反应器中采用半干单相高温厌氧消化工艺处理不同垃圾的消化试验表明:机械分选有机垃圾和源分选有机垃圾,两者具有明显不同的可消化性。

一般认为,对于纤维素含量较高的基质,采用高温发酵,其生物降解性和产气特性均有较大的提高,这是因为嗜热菌群能强烈分解纤维素等物质,同时,在不同的温度条件下,复杂基质的水解度是截然不同的。Scherer 等采用两相系统来处理城市垃圾中的"灰色"组分,第一级 65℃,停留时间(HRT)为 4.3 d,然后在 55℃,HRT 14.2 d 的条件下甲烷化,实际产气量达到理论产气量的 98% 左右,80% 的挥发性固体得到降解。

因此,对于有机废物的厌氧发酵工艺的选择,高温发酵的产气量一般比中温较大,但是高温需要更多的能量来维持系统的温度,在许多案例中加热所需的能量与多产出的能量往往难以达到平衡。此外,虽然沼气产量和生物反应动力学都表明高温消化更有优势,但是理想的条件亦与底物类型(可生物降解性)和分级系统(单相或两相)等其他因素相关。在实际应用上,高、中温发酵以及分级系统,常进行单元组合应用。

### (三) 含水率条件

含水率条件对有机废物的厌氧发酵过程,具有重要的影响,S. Funnishima 研究了在中温条件下水分含量对脱水污泥厌氧消化的影响,当污泥水分含量从 97% 下降到 89% 时,挥发性固体物质的去除率从 45.6% 下降到 33.8%,碳水化合物的去除率从 71.1% 下降到 27.8%;当污泥含水率低于 91% 时,甲烷产量下降;当水分含量从 91% 下降到 89% 时,葡萄糖利用产酸菌量从 $3.1 \times 10^9/mL$ 下降到 $3.1 \times 10^8/mL$;水分含量低于 91% 时,氢甲烷菌和乙酸甲烷菌的数量都降低一个数量级。

在有机废物的高固体厌氧发酵中,基质的含水率提高有一个极限阈值,不同基质的厌氧发酵具有不同的优化含水率条件。Lay 研究了不同基质的水分含量的极限值,在极限值时产甲烷活力降为零;对污泥来讲,极限值是 56.6%,但是对于肉、萝卜和甘蓝来说,极限值大于 80%,此外,在一个高固体含量的污泥消化试验中,当水分含量从 96% 下降到 90% 时,产甲烷活力从 100% 下降到 53%。我国张光明等对城市垃圾有机组分的厌氧发酵试验表明,最佳进料固体浓度为 16%,当进料固体浓度超过 20%,处理结果是不能接受。Walter J. Wujcik 等以麦秆为原料,采取中温发酵、沼气循环搅拌的工艺,含固率可以达到 25% 的水平,且产气稳定。

### (四) 混合基质联合消化

进行发酵基质的调理可以在消化物料间建立起一种良性互补,可以对发酵物料的 C/N、C/P、水分含量以及其他厌氧微生物的必需的生长因子进行调整,创造良好的发酵物料条件,因此,不同物料的联合消化对于提高固体废物厌氧消化的沼气产量、有机物的转化效率是一个有意义的选择,引起众多研究者的重视和大量的试验研究。

目前,研究最多的是城市有机垃圾和污水污泥的联合厌氧消化处理。Y.S.G. Chan 将污泥、海上漂浮垃圾和城市有机垃圾以 13 种比例混合发酵 36 d,与污泥和垃圾单独发酵相比,将污泥和漂浮垃圾加入市政垃圾中促进了产甲烷过程；在市政垃圾∶污泥∶漂浮垃圾为 75∶20∶5 时，得到最高的甲烷产量。Hamzawi 用生物活性测定的方法确定了一个垃圾、污泥消化的最佳配比∶25% 的城市生活垃圾和 75% 的污泥（65% 的初级污泥和 35% 的浓缩活性污泥）。Demirekler 进行了污泥与垃圾比为 100∶0，80∶20，60∶40 的发酵试验后，建议的比例为 80∶20。

近年来，联合发酵成为有机废物发酵研发技术最为密切的领域之一，大量的研究集中于有机废物的联合消化。这是因为，在经济效益方面，联合消化，不但可以提高沼气的产量，同时在厌氧反应设备的共享上亦具有明显优势，如可将城市垃圾中的可消化组分与城市污水厂的下水污泥按一定比例混合，充分利用城市污水厂的污泥消化装置进行消化处理等，这样可达到闲置设备或闲置消化能力的充分利用，易于产生规模效益。

联合消化在工业应用方面的报道很少。不完全统计，目前只有不到总厌氧消化容量 7% 的市政垃圾应用联合消化。其主要原因可能为：(1) 在联合消化中，不同物料的混合存在不同的最佳比例，比例不当不利于甚至会抑制正常发酵的进行；(2) 联合消化在技术以外，涉及到废物的收集、分选以及运输系统，影响联合消化的普及使用；(3) 初期投资加大，运行、管理较复杂。

**（五）基质预处理**

常用的基质预处理方法有化学、生物以及机械的手段。采用酸碱对物料进行浸泡处理，一般可以提高气体产量和固体降解率。Jih-gawlin 用 NaOH 对活性污泥进行处理后，产气量明显提高（38%～163%），而且消化后的污泥脱水性能提高。Gunaseelan. V 用盐酸和氢氧化钠处理，甲烷产量比未经处理的分别提高 45% 和 60%。Amenda Ward 将纯氧或空气充入物料，进行短期（一般为 24 h）的好氧高温发酵处理，然后将物料进行厌氧消化反应，发现预处理过程可以使消化过程更加稳定，厌氧产物的致病菌含量低于规定标准。

用机械预处理主要是使进料的颗粒粒径变小，从而使表面积得以提高，促进生物反应的传质过程。Hartmann 等发现通过使全部的物料先用浸泡器浸泡以后，粪肥中纤维素释放出的沼气量提高了 25%。Nah 等将活性污泥用 30 Pa 的冲力打在一个碰撞碟上，使污泥溶解，这样可以明显地缩短厌氧消化时间（13 d 缩短为 6 d），而对消化效率和出流质量无影响，并提高了挥发物质的降解和气体的生成。Engelhart 等研究了高压均质器处理对污泥厌氧生物降解的影响，结果表明，挥发性物质的降解率提高 25% 以上。

# 第六节　厨余垃圾的其他资源化技术

## 一、生物发酵制氢技术

由于矿物资源的日益枯竭，寻找清洁的替代能源已成为一项迫切的课题。氢被普遍认为是一种最有吸引力的替代能源。因为氢气不仅热值高，而且是一种十分清洁的能源（燃烧后只产生水）。传统的化学产氢方法采用电解水或热解石油、天然气，这些方法需要消耗大量的电力或矿物资源，生产成本也普遍较高。生物制氢反应条件温和，能耗低，因而受到大家的关注。它主要有两种方法，即利用光合细菌产氢和发酵产氢，与之相对应的有两类微生物菌群，即光合细菌和发酵细菌。

### （一）氢气的基本特性及能源优势

氢（H）是最简单的化学元素，在地球上的丰度约为地球质量的 0.9%，宇宙含量达到 70% 左右，但多以化合态的形式存在。氢气（$H_2$）是一种无色、无臭、无味、无毒的可燃性气体物质，氢气的高能、环保特性使其成为未来最理想的替代能源之一。

氢气的能源优势有三方面,其一是最大发热量为 142.35 kJ/g,约为同质量汽油的 3 倍,酒精的 3.9 倍,焦炭的 4.5 倍,甲烷的 2.7 倍;其二燃烧后,不产生任何污染;另外具有极广的应用价值,如航天、化工等,在汽车交通领域,氢电池的开发亦促进了环保型汽车的开发热潮。

**(二)发酵生物制氢机理及生态控制**

发酵生物制氢是通过产氢发酵细菌的生理代谢进行的,在发酵过程中通过脱氢作用,来平衡氧化还原过程中剩余电子,以保证代谢过程的顺利进行。其产氢途径主要包括:丙酮酸脱羧作用产氢,其在丙酮酸脱氢酶和氢化酶的作用下进行重组而产生;甲酸裂解的途径产氢;第三种是通过辅酶 Ⅰ(NADH 或 NAD⁺)的氧化还原平衡调节作用产氢。

由于细菌种类及不同生化反应体系的生态位的变化,导致形成各种特征性的末端产物,从微观角度上分析,末端产物组成是受产能过程、NADH 或 NAD⁺ 的氧化还原偶联过程以及发酵末端的酸性末端数支配,由此形成了经典生物化学中不同的发酵类型。现有的研究表明,产氢过程从宏观上与发酵的类型具有较为密切的联系。按照发酵产物量的相对比例,发酵类型可简单分为丁酸型发酵、丙酸型发酵和乙醇型发酵三种类型。

丁酸型发酵主要末端产物为丁酸、乙酸、$H_2$、$CO_2$ 和少量的丙酸,许多可溶性碳水化合物(如葡萄糖、蔗糖、乳糖、淀粉等)底物的发酵以丁酸型发酵为主。理论上,丁酸型发酵的丁酸与乙酸物质的量之比约为 2:1,发酵 100 mol 葡萄糖,能产生 200 mol 的氢气,丁酸型发酵末端产物的理论组成见表 11-2。

**表 11-2　100 mol 葡萄糖丁酸型发酵的理论产物组成**

| 丁酸/乙酸 | 丁酸/mol | 乙酸/mol | $CO_2$/mol | $H_2$/mol | NADH/mol |
|---|---|---|---|---|---|
| 2 | 80 | 40 | 200 | 200 | 40 |
| 2.5 | 83 | 33 | 200 | 200 | 33 |

丙酸型发酵的特点是气体产量很少,甚至无气体产生,主要发酵末端产物为丙酸和乙酸。资料表明,含氮有机化合物(如酵母膏、明胶、肉膏等)的酸性发酵往往易发生丙酸型发酵,此外难降解碳水化合物,如纤维素等的厌氧发酵过程亦常呈现丙酸型发酵,与产丁酸途径相比,产丙酸途径有利于 $NADH + H^+$ 的氧化,且还原力较强。

此外,任南琪等发现的以拟杆菌属和梭状芽孢杆菌属为优势种群的乙醇型发酵途径,液相产物主要以乙醇和乙酸为主,同时气相中存在大量的 $H_2$。任南琪、刘艳玲等采用糖蜜废水为底物,研究了不同发酵途径下稳定的发酵产物和产氢能力。结果表明,乙醇型发酵的产物组成分配随优势种群的不同而不同,当拟杆菌属为优势种群时,产物以乙醇为主,乙酸以及其他酸的含量均很低,气相中氢气体积含量在 30%～35% 之间;当种群以梭状芽孢杆菌属为主时,乙醇和乙酸的含量很高,组成比例约为 1.5:1,两者之和占总产酸量的 50% 以上,此时气相中氢气体积浓度达到 31%～45% 左右。

目前,发酵产氢生态因子控制的研究主要集中于温度、pH 值、氧化还原电位和金属离子等方面,Jung 等对 Citrobacter sp.Y 的研究表明,其最适宜的细胞生长和产氢温度为 30～40℃,Kumar 等人证明 Enterobacter cloacae 在 36℃ 时具有最大的产氢速率。

pH 值对发酵细菌的产氢代谢和发酵产物组成分配均有重要的影响,因此对发酵产氢的 pH 值影响研究最多,任南琪等对此进行了系统的研究,并在研究的基础上,建立了产氢 - 产酸发酵细菌三种发酵类型的 pH 值/ORP 二维实现生态位图。

为了揭示发酵法生物制氢反应器厌氧活性污泥的微生物种群多样性,刑德峰等采用 PCR-

DGGE 技术进行了生物制氢反应器生物多样性的解析。研究表明,不同时期的厌氧活性污泥中存在共同种属和各自的特异种属,群落结构和优势种群数量具有时序动态性,优势种群经历了动态演变过程,最终形成特定种群构成的顶级群落。李永峰等对特定的产氢产酸厌氧细菌进行了16srDNA 序列分析,进行了菌属的分离鉴定。

在金属离子对产氢过程的促进研究方面,关于 $Fe^{2+}$、$Ni^+$、$Mg^{2+}$ 的研究较多。单质铁对产氢的促进作用要优于铁离子,Gray 等人研究指出,在缺乏铁的培养基上生长的肠杆菌和梭菌不能产氢;林明等研究表明,适宜浓度的($<0.001$ mg/L)$Fe^{2+}$、$Ni^+$、$Mg^{2+}$ 对产氢菌株 B49 的生长和产氢发酵有促进作用,促进顺序为 $Fe^{2+}>Ni^+>Mg^{2+}$。

### (三) 生物产氢研究现状与进展

国内外现有的发酵生物产氢研究的主要成果及发展方向主要包括:(1)分离和筛选高效菌种;(2)细胞的固定化与非固定化技术;(3)产氢基质的可行性研究;(4)混合菌种产氢技术;(5)产氢过程的生态因子影响等。

目前,生物产氢技术的研究仍处于试验阶段,产氢转化率较低是限制其发展的重要因素,进行高效产氢生物的特性及其种群生态研究有助于提高产氢能力,Kumar 从树叶中分离到的 Enterobacter cloacae 菌株,在 36℃、pH 为 6.0 的条件下,最大产氢速率可达 29.63 mmol $H_2$/(g 干细胞·h),是目前资料报道产氢能力最高的产氢发酵细菌;我国王勇、林明等分离 B49 菌株,产氢能力亦达到 25~28 mmol $H_2$/(h·g 干细胞·h)。此外研究者采用一些微生物载体或包填剂进行产期细菌的固定化,以期提高产氢效率,Karube 等采用聚丙烯酰胺材料固定丁酸梭状芽孢杆菌,葡萄糖基质条件下持续产氢 20 d;Tanisho 等的细菌固定化试验取得了持续产氢率为 2.2 mol $H_2$/mol (糖),产氢气速率最大达到 13 mmol $H_2$/L·h 的成果;细菌的固定化对提高发酵的产氢率有重要的影响,有研究表明,细菌固定化前后的产氢率相差达到 7 倍左右。

目前进行产氢的基质较多为成分单一的纯组分,如葡萄糖、果糖、蔗糖、乳糖、淀粉、纤维素等,以实现较高的氢气产率和探讨产氢的过程机理。采用混合菌种、复杂基质的生物产氢更利于生物氢气的产业利用,有机废水和废物生物产氢能同时实现废物的降解和清洁能源生产,引起世界各国的普遍重视,国内外许多学者进行了简单废水、模拟废水的生物产氢研究尝试,在废水生物产氢领域,目前仅有我国李建政等在完成小试的基础上,进行了糖蜜废水生物制氢的连续流中试试验。

相比废水生物产氢研究,利用有机废物进行生物制氢起步较晚,基于有机废物中大量有机资源的存在和资源化的需求,有机废物生物产氢已得到各界更广泛的关注,但复杂的物料特性,使其产氢难度更大,研究进展一直较为缓慢,目前,大部分的有机废物生物制氢的研究均停留在实验室的小型容器(试管、血清瓶等)的小试研究,培养方式亦仅限于批量的间歇反应,研究的对象主要包括市政污泥、有机市政废物(OFMSW)、食品废物等,同济大学赵由才课题组针对餐厨垃圾的特性,利用矿化垃圾作为协同物质,进行了大量的研究工作,结果表明:在矿化垃圾协同产氢的条件下,餐厨垃圾的累计的氢气产率为(每克 VS)180 mL/g 以上,产氢潜力 190 mL/g 以上,最大产氢速率 90 mL/(h·g)以上,最高浓度 50% 以上。平均每吨湿泔脚(含水率 80% 左右)可以产生约 25~30 $m^3$ 氢气。其自行开发研制的中试规模的厨余厌氧发酵反应器已实现成功运行,为餐厨垃圾的出路问题提供了一整套解决方法。我国研究者蔡木林等进行了市政剩余活性污泥的产氢研究,污泥含水率 99%,进料污泥碱预处理(pH 值为 11.0),连续运行条件下,最大产氢率为(每克 DS)11.0 mL/g,反应器中最大氢气含量达到 94%,但短期的运行结果表明,产氢的稳定性较差。刘宝敏研究了盐酸处理条件下的啤酒糟、玉米秸秆的产氢率,分别为(每克 TS)54.4 mL/g、126.8 mL/g。Okamoto 等以 100℃,15 min 处理后的厌氧消化污泥作为接种物分别考察了米饭、卷心菜、胡萝卜的产氢能力,其产氢率分别为(每克 VS)19.3～96.0 mL/g、44.9～70.7 mL/g、26.3～61.7 mL/g,结果显示,与蛋白质、脂肪类固体废物相比,含碳水化合物的固体废物具有更高的产氢能力。此外,Yokoi、Evvyernie 等分别进行了纯菌种作用下土豆淀粉残渣、虾壳废物产氢能力的研究,相应的同比产氢率分别达到(每摩尔葡萄糖)2.2 mol/mol、1.5 mol/mol(N-乙酰,D-氨基葡萄糖(GlcNAc))。

目前,有机废物生物产氢技术尚在起步发展阶段,生物产氢的研究均停留在实验室小型规模,氢气的比产率、发酵的连续性、稳定性较低。利用泔脚废物生物制氢等虽然不可能迅速达到技术产业化,但具有非常广阔的研究和发展前景。

## 二、蚯蚓处理技术

蚯蚓能分泌多种酶来分解有机物,转化为自身或其他生物可以利用的营养物质而繁殖。蚯蚓的这种能够分解转化大量有机废物,快速富集养分和生长繁殖的特性在一个多世纪前就有过报道,并在一些发达国家有了应用。厨房垃圾作为一种有机物含量高的废物,尤其适合使用这种技术。

20 世纪 80 年代中期,清华大学环境工程研究所开展养殖蚯蚓处理城市生活垃圾的可行性研究,1989 年通过成果鉴定,肯定了养殖蚯蚓处理生活垃圾的可行性与优越性。2000 年在北京市海淀区环卫局的支持下,海淀环卫科研所和中国科学院老科协共同合作,在海淀区三星庄垃圾场建立了 1 座中试试验示范场地。并以蚯蚓粪为基质,筹建了 1 座生物有机肥厂,现已投入了生产运营。

日本的比嘉昭夫发明了 EM 原露,经稀释后喷洒在厨余垃圾的表层,用塑料布盖严使之发酵腐熟,杀死细菌,清除恶臭,将厨余垃圾变为无毒无臭的蚯蚓饲料,具有投资少、简单易行的特点。蚯蚓加工后可以制成蚯蚓粉用于养殖业,其粪便用作蔬菜瓜果等作物的优质肥料。

## 三、真空油炸技术

厨余垃圾和食用废油是较难处理的两种垃圾,采用一种真空油炸的技术来处理不失为两全其美的方法。真空油炸,主要是在真空的特定条件下,也就是在氧气成分大大减小的环境里进行油炸厨余垃圾,使被炸物的氧化大大减少,保证了厨余垃圾的营养成分。另一方面,也是进行了一次真空消毒处理,从而提供了第二次使用的可能性。

真空油炸的主要生产过程如下:

真空油炸──→粉碎──→造粒──→冷却──→包装过程

真空油炸的油可以利用食品加工厂、饭店等使用过的废食品油,因为在真空条件下对油实行了纯化处理。根据油温和病菌要求一次处理时间约为 40 min,每次处理量为 5 t。现在市郊各区都在扩展养殖业,对饲料的需求量逐渐增大,因此油炸后的产品完全可作为一种理想的绿色饲料,同时这种饲料的价格低廉,具有良好的市场前景。

## 四、提取生物降解性塑料技术

最近的研究表明,可通过发酵厨余垃圾生产乳酸,进而合成聚乳酸这种可降解性塑料,为厨房垃圾的资源化和降低乳酸的生产成本开辟了一条新的途径。

日本九州工业大学(Kyushu Institute of Technology)的 Shirai 等提出了一种将厨余垃圾减量化与资源化的新思路。家庭所产生的垃圾首先经安装在厨房水池下面的粉碎机粉碎,再传送到住宅下面的排水系统,在那里进行垃圾的固液分离。分离出的液相物质与污水一道被排放到污水处理厂进行处理。固态物质在贮存过程中,其中存在的乳酸菌会自然发酵(初次发酵),腐败菌被抑制,有利于防止垃圾的腐败。当固体物质积累到一定数量后,运送到乳酸生产厂进行乳酸发酵(二次发酵),发酵后通过乳酸分离、纯化、聚合,可以得到生物降解性塑料(聚乳酸),发酵残渣可作为饲料和肥料,从而达到厨余垃圾"零排放"的目的。目前,汪群慧课题组在厨房垃圾乳酸发酵优良复合菌种的筛选、发酵液中乳酸的提取与精制、乳酸聚合成聚乳酸的工艺优化以及发酵后残渣的饲料化与肥料化等方面进行着深入研究。

# 第十二章　废纸再生利用技术

## 第一节　概　述

造纸工业属国民经济的基础原材料产业,是国民经济的重要产业之一。一个国家的纸和纸板的消费水平已成为衡量其现代化水平和文明程度的重要标志之一。据有关资料统计,2001年我国纸及纸板的消费量居世界第二位,仅次于美国。而且,据有关部门预测,随着国民经济持续稳定的发展,在未来一段时间内,我国纸和纸板产量及消耗量仍将快速增长,到2010年纸和纸板的消费总量将达到6000万t。

我国的造纸原料是以非木纤维为主,木浆比例很小。在年总耗纸浆中,木浆比重约为13%,非木浆比重约为47%(其中草浆37%),废纸浆比重约占40%。这种木浆比重过于偏低的原料结构与国际上现代化造纸工业采用90%以上木浆造纸相比,显然不尽合理。而且,进入20世纪90年代中后期,国家对林木资源的采伐、使用有了明确的限制和规定,使得原生纸生产所需的原材料供应更加短缺,从而使废纸作为造纸工业的原料显得日益重要。

按照国际有关数据,每生产1 t再生高档文化纸,可节约净水100 t、电600 kW·h、木材3 m³或9棵百年大树、煤1.2 t、化工原料300 kg,少产生固体废物3 m³、工业废气87.24 kg,且可节省大量用于处理废渣的资金。此外,再生纸生产使用的化学药剂比使用机械浆少,对河流的污染也要比原生纸生产小得多。可见,废纸再生对降低污染,改善环境,节约能源及木材原料,保护森林资源等方面是非常有益的。在世界性能源危机和生态保护日趋重要的今天,废纸的再生更加受到人类的关注。许多国家都建立了完善的废纸回收系统,对二次纤维的性质进行了广泛的研究,并在如何更加充分合理地利用这一再生资源方面取得了很大成就。

然而,我国每年的废纸回收利用情况却并不乐观。1998年,我国的废纸回收量1210万t,回收率为38%。到1999年,仅回收1120万t,与发达国家相比还有较大的差距。早在1994年,一些资源短缺的国家,如韩国和日本,废纸的回收率已分别达到75%和53%,1997年法国的废纸耗用率为48.9%、德国为59%、荷兰为71%、瑞士为65.2%、英国为71.5%。经比较可以看出,我国废纸再利用的潜力是巨大的。据有关部门预测,到2010年,我国废纸浆需用量有望达到2567万t,废纸浆比重为46%。所以,今后废纸的利用不仅在数量上将大幅度增长,而且在质量、品种和处理技术上也要有一个新的提高,才能满足造纸工业发展的需求。

近年来,国内造纸机械机构对废纸处理设备的开发研究做了大量工作,包括碎解、净化、疏解、筛选、脱墨、洗涤、热熔物去除和漂白等工艺,制造的设备先进、可靠,适应于处理各种纸类,能较好地保持废纸纤维原有强度,还能做到节水、节电、纤维流失少、维修方便。与此同时,为跟上纸业现代化大生产的国际潮流,20多年来,我国造纸已从国外引进40多套废纸处理设备。同时,用于提高废纸纸浆强度、再生纸白皙度的新型脱墨剂、增强剂、漂白剂、洗涤剂等各种化学药剂的研制开发工作也提到工作日程上。废渣、废水的再污染问题也在逐步解决。可以说,我国的造纸业已经具备了再生纸的生产能力。然而,再生纸的推广需要全社会的共同努力。

## 一、废纸的分类

目前我国造纸工业所用废纸分为两大类:一类是国内废纸(COCC)。主要有旧瓦楞纸箱、书刊杂志纸、旧报纸、纸箱厂的边角料、印刷厂的白纸切边、水泥袋、混合废纸及杂废纸等,还没有全国统一的质量标准,目前正在制订之中。

另一类是进口废纸。主要有美国废纸(AOCC)、欧洲废纸(EOCC)及日本废纸(JOCC),华南沿海(以广东为主)部分纸厂也使用一些我国香港特别行政区的废纸。

美国废纸分类详尽,目前已达 50 多种,并颁布了《废纸原料标准》,见表 12-1。

**表 12-1　美国废纸标准 America Waste Paper Grades**

| | |
|---|---|
| PS-1 Mixed paper<br>废杂纸 | 由不同质量的废纸混合组成,不受包装方式或纤维组成的限制。杂物不得超过 2%,不合格废纸总量不得超过 10% |
| PS-2 Grade not currently in use<br>此类废纸目前未见使用 | |
| PS-3 Super mixed paper<br>高级废杂纸 | 由经过拣选的不同质量的废杂纸混合组成,打包供货。此类废纸(涂布或未经涂布)的磨木浆含量不得超过 10%,杂物不得超过 0.5%,不合格废纸总量不得超过 3% |
| PS-4 Box board cuttings<br>制盒纸板边角料 | 在制造折叠纸盒,装配纸箱和其他同一类型的纸板制品过程中的新边角料,打包供货。杂物不得超过 0.5%,不合格废纸总量不得超过 2% |
| PS-5 Mill wrappers<br>工厂包装纸 | 用于卷筒纸,纸捆,平板纸的外包装的废纸,打包供货。杂物不得超过 0.5%,不合格废纸总量不得超过 3% |
| PS-6 news<br>旧报纸 | 废旧报纸,打包供货。其他纸张含量不多于 5%,杂物不得超过 0.5%,不合格废纸总量不得超过 2% |
| PS-7 Special news<br>特种旧报纸 | 经过拣选且不受潮的废旧报纸,打包供货。此类旧报纸既没有受太阳光的曝晒,而且也没有其他杂废纸混杂在其中。其凹印和彩印部分不超过正常的数量,不允许混有杂物,不合格废纸总量不得超过 2% |
| PS-8 Special news de-ink quality<br>特级旧报纸(供脱墨用) | 经过拣选且不受潮的废报纸,打包供货。此类旧报纸既没有受太阳光的曝晒,不含杂志、空白纸张、印刷厂过期报刊和其他杂废纸,其凹印和彩色部分不超过正常数量。不得用其他纸张包装,不允许混有杂物,不合格废纸总量不得超过 0.25% |
| PS-9 Over-issue news<br>发行量过剩的报纸 | 报纸发行量过剩部分,打包供应或扎成捆状供应。凹印和彩印部分不超过正常数量,不允许有杂物和不合格废纸混入 |
| PS-10 Magazines<br>旧杂志 | 干、涂布的旧杂志、目录及同类的印刷品。打包供货。允许含有少量未经涂布的报纸,杂物不得超过 1%,不合格废纸总量不得超过 3% |
| PS-11 Corrugated containers<br>旧瓦楞纸箱 | 旧瓦楞纸箱,其面层为仿箱板纸浆、麻浆或牛皮木浆,打包供货。杂物不得超过 1%,不合格废纸总量不得超过 5% |
| PS-12 Double sorted corrugated<br>经双重拣选的旧瓦楞纸箱 | 干、经双重拣选的旧瓦楞纸箱,货源自超级市场、工/商业机构。其面层为仿箱板纸浆、麻浆或牛皮木浆。经特别拣选,不含碎片、外国制瓦楞纸、胶或蜡。打包供货。杂物不得超过 0.5%,不合格废纸总量不得超过 2% |
| PS-13 New double-lined kraft<br>Corrugated cuttings<br>双面挂牛皮瓦楞纸新边角料 | 瓦楞纸边角料,其挂面层为麻浆或牛皮浆,或仿箱板纸浆,打包供货。不允许有不溶性胶黏剂,变形卷筒纸、凹入或凸出的芯层等混入。其芯层或面层均应未经表面处理的,不允许有杂物混入,不合格废纸总量不得超过 2% |
| PS-14 Grade not currently in use<br>此类废纸目前未见使用 | |
| PS-15 Used brown kraft<br>旧褐色牛皮纸 | 旧褐色牛皮纸袋,打包供货。没有不适当的衬里,袋里不得装有物品。不允许混有杂物,不合格废纸总量不得超过 0.5% |
| PS-16 Mixed kraft cuttings<br>牛皮纸混合边角料 | 由褐色牛皮纸新边角料,牛皮纸、纸袋等混合组成,打包供货。纸袋上不得带有缝线,不允许混有杂物,不合格废纸总量不得超过 1% |
| PS-17 Carrier stock<br>手提纸袋废料 | 由本色牛皮纸和其新边角料组成,经增湿强处理或白土涂布。带有印刷油墨,或无印刷油墨。不允许有杂物混入,不合格废纸总量不得超过 2% |

| | |
|---|---|
| PS-18 New coloured kraft<br>新彩色牛皮纸 | 由彩色牛皮纸及其新边角料和纸袋组成,打包供货。纸张不得带有缝线,不允许混有杂物,不合格废纸总量不得超过 1% |
| PS-19 Grocery bag scrap<br>杂货包装袋废料 | 由褐色牛皮纸袋新边角料,牛皮袋纸,印刷出差错的纸袋组成,打包供货。不允许混有杂物,不合格废纸总量不得超过 1% |
| PS-20 Kraft multi-wall bag scrap<br>多层牛皮纸袋废料 | 由新的多层褐色牛皮纸袋废料和袋纸组成,包括印刷出差错的纸袋。纸张不得带有缝线,不允许混有杂物,不合格废纸总量不得超过 1% |
| PS-21 New brown kraft<br>envelope cuttings<br>褐色牛皮信封新边角料 | 由褐色牛皮信封新边角料和信封纸组成,不带印刷油墨,打包供货。不允许混有杂物,不合格废纸总量不得超过 1% |
| PS-22 Mixed groundwood shavings<br>含磨木浆的混合废纸边 | 杂志、目录本和同类印刷品的切边,打包供货。可以含有磨木浆,也可以是涂布加工的。允许掺有带印刷油墨的封面和插页,也可以掺有色纸以及经过深色印刷的纸张。不允许混有杂物,不合格废纸总量不得超过 2% |
| PS-23 Telephone directories<br>废电话簿 | 由电话簿印刷商所提供或为他们提供之废电话簿。须清洁而不受潮。不允许混有杂物,不合格废纸总量不得超过 0.5% |
| PS-24 White blank news<br>空白报纸 | 不带印刷油墨的白报纸和含有白色磨木浆的其他纸张及其边角料,打包供货。不得掺有涂布纸,不允许混有杂物,不合格废纸总量不得超过 1% |
| PS-25 Groundwood computer printout<br>含磨木浆的计算机用纸 | 用于数据处理机的表格纸,允许掺有一定数量的经过表面处理的纸张。不允许混有杂物,不合格废纸总量不得超过 2% |
| PS-26 Publication blanks<br>空白刊物用纸 | 含有白色磨木浆,加填或涂布的纸张或其边角料。不带印刷油墨,打包供货。不允许混有杂物,不合格废纸总量不得超过 1% |
| PS-27 Flyleaf shavings<br>单页书刊纸纸边 | 杂志、目录本及其他同类印刷品的切边,打包供货。带有彩色印刷的封面及插页深色部分总量不得超过 10%。纸张的纤维组成主要为漂白化学浆。色纸不得超过 2%,不得带有特种或一般报纸,不允许混有杂物,不合格废纸总量不得超过 1% |
| PS-28 Coated soft white shavings<br>软质涂布白纸边 | 由亚硫酸浆和硫酸盐浆制得的各种白色印刷纸和纸边,涂布和未经涂布。打包供货。不带印刷油墨,可以含有少量磨木浆,不允许混有杂物,不合格废纸总量不得超过 1% |
| PS-29 Grade not currently in use<br>此类废纸目前未见使用 | |
| PS-30 Hard white shavings<br>硬质白纸边 | 未经表面处理的白色证券纸,账簿纸或书写纸和其纸边,打包供货。不得含有磨木浆,也不得带有印刷油墨。不允许混有杂物,不合格废纸总量不得超过 0.5% |
| PS-31 Hard white envelope cuttings<br>硬质白信封角料 | 信封边角料或其他未经表面处理的白色原纸,打包供货。不得含有磨木浆,也不得带有印刷油墨。不允许混有杂物,不合格废纸总量不得超过 0.5% |
| PS-32 Grade not currently in use<br>此类废纸目前未见使用 | |
| PS-33 New coloured envelope cuttings<br>彩色信封新边角料 | 彩色信封的边角料,纸边和信封纸,打包供货。这类纸张大多是用漂白亚硫酸盐浆制得,染色但没有经过表面处理。不允许混有杂物,不合格废纸总量不得超过 2% |
| PS-34 Grade not currently in use<br>此类废纸目前未见使用 | |
| PS-35 Semi bleached cuttings<br>半漂白边料 | 由亚硫酸盐浆或硫酸盐浆制得的纸张和其边角料,打包供货。这里包括文件封套用纸,白色表格卡纸切边,牛奶瓶用纸板,白标签纸等,均系未经表面处理的,而且不刷油墨、蜡、防油层叠剂、胶黏剂或涂料等不溶性物质,不允许混有杂物,不合格废纸总量不得超过 2% |
| PS-36 Manila tabulating cards<br>白表格卡纸 | 主要用亚硫酸盐浆或硫酸盐浆制成的白表格卡纸,供表格编制机使用。带有印刷油墨,可以带划有颜色细线的白卡纸,不允许混有杂物,不合格废纸总量不得超过 1% |

| | |
|---|---|
| PS-37 Sorted office paper<br>经拣选的办公室废杂纸 | 不受潮办公室废杂纸，主要是白色及彩色不含磨木浆的杂纸，不含未经漂白的纤维。允许有少量含磨木浆的废电脑纸及传真纸。打包供货。杂物不得超过 2%，不合格废纸总量不得超过 5% |
| PS-38 Sorted coloured ledger<br>经拣选的彩色账簿纸 | 由亚硫酸盐浆或硫酸盐浆制得的账簿纸，证券纸，账簿纸，书写纸等及其纸边和边角料，可以是白色的或染色的，可以带有印刷油墨或没有印刷油墨，也包括含有同类纤维和填料含量制得的其他纸种。不得含有经过表面处理，涂布加工或层叠处理的纸张，也不得拥有过多印刷油墨。杂物不得超过 0.5%，不合格废纸总量不得超过 2% |
| PS-39 Manifold coloured ledger<br>白色账簿打印纸 | 用亚硫酸盐浆或硫酸盐浆制造，未经使用的纸张和切边，白色或彩色，有印刷和没有印刷油墨，这类纸张是用于制造打印表格，连续性表格，填写资料表格，及其他印刷品如售货刊物和目录。所有纸张必须是没有经过涂布加工，不含镭射纸及办公室废杂纸。允许少量无碳的复写纸，杂物不得超过 0.5%，不合格废纸总量不得超过 2% |
| PS-40 Sorted white ledger<br>拣选白账簿纸 | 用漂白亚硫酸盐浆或漂白硫酸盐浆制得的账簿纸，证券纸和书写纸等的边角料，以及切开的书籍，整刀废纸，带有印刷油墨和没有印刷油墨的整张纸和纸边等，也包括以同类纸种和填料含量制得的所有其他纸张。不得带有经过表面处理，涂布加工或层叠处理的纸张，也不包括印刷油墨过多的纸张。杂物不得超过 0.5%，不合格废纸总量不得超过 2% |
| PS-41 Manifold white ledger<br>白色账簿打印纸 | 用亚硫酸盐浆或硫酸盐浆制造，未经使用的纸张和切边，白色，有印刷和没有印刷油墨，这类纸张是用于制造打印表格，连续性表格，填写资料表格，及其他印刷品如售货刊物和目录。所有纸张必须是没有经过涂布加工，不含镭射纸及办公室废杂纸。允许少量无碳的复写纸。杂物不得超过 0.5%，不合格废纸总量不得超过 2% |
| PS-42 Computer printout<br>电脑用纸 | 以漂白亚硫酸盐浆或漂白硫酸盐浆制成的表格纸，供数据处理机使用。允许包括带色纸条，可以是在电脑上通过接触打印，或是非接触打印（例如激光打印）。这类纸张磨木浆含量不得超过 5%。所有纸张必须是没有经过表面处理，涂布加工的。不允许有杂物，不合格废纸总量不得超过 2% |
| PS-43<br>涂布书籍纸 | 用漂白亚硫酸盐浆或漂白硫酸盐浆制得的纸张和其纸边，并包括切开的书籍或整刀废纸。这类纸张都是经过涂布加工的，可以带有印刷油墨，也可以没有印刷油墨。允许含有一定数量的磨木浆，不允许有杂物，不合格废纸总量不得超过 2% |
| PS-44 Coated groundwood sections<br>含磨木浆的涂布纸 | 未经使用的含磨木浆的涂布纸和其纸边，也包括切开的书籍。这类纸张都是经过涂布加工的，而且带有印刷油墨。含磨木浆的新闻纸不包括在这一类纸张中，不允许有杂物，不合格废纸总量不得超过 2% |
| PS-45 Printed bleached board cuttings<br>带有印刷油墨的漂白<br>硫酸盐纸的边角料 | 用漂白硫酸盐浆制得的纸张的边角料，带有印刷油墨。不包括印刷出错的整张纸张和带有印刷油墨的纸盒。也不允许含有蜡，防油层叠剂、烫金材料及其油墨、胶黏剂或涂料等不溶性物质。杂物不得超过 0.5%，不合格废纸总量不得超过 2% |
| PS-46 Misprint bleached board<br>印刷出差错的漂白硫酸盐纸 | 用漂白硫酸盐浆制得的纸张，因印刷出错而成为废料，也包括带有印刷油墨的纸盒。不允许含有防油层叠剂、烫金材料及其油墨、胶黏剂或涂料等不溶性物质。杂物不得超过 1%，不合格废纸总量不得超过 2% |
| PS-47 Unprinted bleached board<br>不带印刷油墨的漂白硫酸盐纸 | 由漂白硫酸盐浆制得的平板纸，卷筒纸及其边角料，不带印刷油墨。不允许含有蜡、防油层叠剂、烫金材料及其油墨、胶黏剂或涂料等不溶性物质。不允许有杂物，不合格废纸总量不得超过 1% |
| PS-48 No.1 bleach cup stock<br>1 号漂白纸杯纸 | 未经过处理的纸杯边角料，或用于造纸杯的纸，涂布或未经涂布。允许掺有带少量彩色印刷的边角料。纸张不得有蜡、多层涂料或其他不溶性涂料。打包供货。不允许有杂物，不合格废纸总量不得超过 0.5% |

| | |
|---|---|
| PS-49 No. 2 printed bleached cup stock<br>2 号漂白、带有印刷的纸杯纸 | 带有印刷的纸杯纸、纸杯边角料,未经处理、涂布或未经涂布、用于造纸杯但是印刷错误的纸。胶必须是水溶性的。不得有蜡、多层涂料或其他不溶性涂料。打包供货。不允许有杂物,不合格废纸总量不得超过 1% |
| PS-50 Unprinted bleached plate stock<br>不带印刷、经漂白、硫酸盐浆制得的纸碟纸 | 漂白、未经处理、不带印刷的纸碟纸或边角料。可含有白土涂布及未经涂布的漂白纸板。打包供货。不允许有杂物,不合格废纸总量不得超过 0.5% |
| PS-51 Printed bleached plate stock<br>带印刷、漂白、硫酸盐浆制得的纸碟纸 | 漂白、未经处理、带印刷的纸碟及纸碟纸。可含有白土涂布及未经涂布的漂白纸板。不得带有不溶性墨水或涂料,不允许有杂物,不合格废纸总量不得超过 1% |

　　我国进口美国废纸较多的品种有:旧瓦楞箱纸板(OCC)、旧报纸(ONP)、旧杂志纸(OMG),另有少量纸的切边(DLK)、混合边废纸(MOW)、分选白账簿纸(S WIJ)、分选色账簿纸(SCIJ)、计算机打印文件纸(CPO)及双面牛皮箱纸板边角料(NDLK)等。

## 二、废纸中的杂质

　　废纸中的杂质主要有:

　　热熔物:石蜡、沥青、聚合物、油墨等;

　　纤维类:不符合使用要求的其他杂废纸、捆包用草绳、麻绳、棉织品等;

　　塑料薄膜、塑料袋、塑料带、纸塑复合层;

　　胶黏物:胶带、标签、纸箱黏合剂;

　　化学助剂高分子涂布层;

　　聚乙烯泡沫;

　　金属物:铁丝、订书钉、纸箱接口装订钉;

　　砖、石、泥土、玻璃、木质物等。

　　上述总含量应不超过 5%。近年来,废纸用量大,质量有所下降,特别是国内废纸,质量很难保证。表 12-2 列出了废纸中可能含有的废杂质。

### 表 12-2　废纸中各种杂质及其特征

| 废杂质类别 | 主　要　特　征 | | | |
|---|---|---|---|---|
| | 形　状 | 熔　点 | 厚　度 | 相对密度 |
| (1) 金属订书钉<br>　　铁类物<br>　　铝(复合铝) | C<br>P-G<br>F-G-P | | 长:3～15 mm<br>7～15 $\mu$m | >7<br>7～8<br>2.7 |
| (2) 矿物类<br><br>　　砂、砾<br><br><br>　　玻璃、颜料 | <br><br><br><br><br>G-P | 直径:<br>砾>400 $\mu$m<br>砂>200 $\mu$m<br>细砂>200 $\mu$m | <br><br><br><br>2.5 | |
| (3) 木<br>　　碎片 | P | | 可变 | 一般小于 1 |

| 废杂质类别 | 主要特征 | | | |
|---|---|---|---|---|
| | 形状 | 熔点 | 厚度 | 相对密度 |
| (4) 重质合成聚合物<br>　乙烯基树脂(PVC等)<br>　聚酰胺树脂(尼龙等)<br>　聚苯乙烯(非泡沫)<br>　橡胶 | <br><br>P-F<br>F<br>P | <br><br>$t_R=90$<br>$t_F=160$<br>$t_R=80$ | <br><br><br>$50\sim100\ \mu m$ | <br><br>1.38<br>1.13<br>1.05 |
| (5) 热熔聚合物<br>　沥青<br><br>　石蜡、蜡 | <br>P-G<br><br>G-P | <br>$t_R=85$<br>$t_F=160$<br>$t_R=60\sim110$ | | <br>一般大于1<br><br>$0.9\sim0.98$ |
| (6) 轻质合成聚合物<br>　多层涂布袋<br><br>　聚丙烯<br>　泡沫聚苯乙烯 | <br>F<br><br>G-P<br>G | <br>$t_F=110$<br><br>$t_R=130$<br>$t_R=80$ | <br>$20\sim200\ \mu m$<br>$10\sim20\ \mu m$<br>$15\sim30\ \mu m$ | <br>0.92<br><br>0.90<br>0.1 |

注：表中英文字母表示：P—碎片；G—颗粒状；F—膜状；C—圆柱状；$t_R$—软化点(℃)；$t_F$—熔点(℃)。
　本表未包括胶黏物和其他热熔物。

低档废纸、杂废纸及其他纤维物质混入好的废纸内,杂纸增多,影响强度。特别是影响挂面纸板外观质量。

热熔物、胶黏物、塑料类、聚乙烯泡沫及化学品类物质,不但对产品内在质量、外观质量有决定性影响,而且给生产过程造成后患。

金属物、砖、石等其他杂质,增加处理难度,造成设备磨损和损坏。

废纸质量决定产品质量,废纸杂物去除程度决定产品质量好坏程度。废纸质量决定设备正常运转,决定台时产量。废纸质量决定产品成本。废纸中杂质对生产造成的影响见表12-3,其中胶黏物是废纸处理过程中最复杂,最困难的问题。

**表 12-3　废纸中杂质对生产造成的影响**

| 杂 质 类 别 | 对生产造成的影响 |
|---|---|
| (1) 矿物质:砂、玻璃、颜料等 | (1) 磨损、磨蚀 |
| (2) 木材:碎片 | (2) 断头和对纸洁净度产生影响 |
| (3) 除胶黏物外的合成聚合物 | (3) 弄脏干燥部,影响清洁 |
| (4) 胶黏物 | (4) 弄脏网、毛毯、干燥部,降低纸机的运转性能,造成纸机纸页断头,压光机断头 |
| (5) 沥青(来自 OCC) | (5) 纸上产生黑点 |
| (6) 热熔性蜡、石蜡、聚合物、热熔物 | (6) 纸上产生透明点,降低纸张物理强度,弄脏毛毯 |

近年来,为了去除废纸中的各种废、杂质,不论是废纸的制浆,还是筛选、除渣、浮选、洗涤、分散与搓揉、漂白等工艺都得到了不断的改善和创新。

## 第二节　废纸回收利用

废纸的回收利用具有良好的经济效益及社会效益,对环境保护和资源利用都具有十分重要的意义。目前,世界各国大多十分重视废纸的回收和利用,并采取了许多相应的措施,有些国家(如日本)甚至确立了一系列法律法规,完善废纸的收集系统,以提高废纸的回收利用率。同时许多国家在废纸回收利用的规模、数量、品种及废纸回用技术等方面都取得了引人瞩目的成绩,并具有了相当高的水平。全世界每年约回收一亿吨废纸作为造纸原料,以美国、日本、欧盟(如德国)等国家废纸回收利用率较高(约50%)。目前我国纸张消费量每年约3500万t,以废弃三分之一计算,每年可回收利用的废纸达1000万t以上,但实际回收利用率还不到40%,可见国内废纸回收利用的潜力还是很大的。注意到国内一些企业利用废纸生产木浆已经取得了明显的经济和社会效益,因此废纸的回收利用,已引起了业内人士的高度重视。另外,还应该积极关注并研究废纸回收应用于其他行业的可能性,为各种层次、各种结构的废纸找到回收利用的新途径,提高废纸的回收利用率。

回收废纸的主要步骤有:收集、分类、净化、加工等。废纸出自印刷、企业、机关、商店及家庭等处,品种较多,性能和质量差别很大,应对收集的废纸进行详细的分类、分级和净化,以便有针对性地合理利用。我国还没有一套整体性的废纸收集系统,也没有相应的法律法规或标准。目前,废纸收集的主要渠道有:(1)个体摊位收集。应给予鼓励,积少成多。(2)废旧回收公司收集。废纸种类多,数量大,为废纸主要收集渠道之一。(3)从国外(主要是美国)进口废纸,充分利用国外废纸资源。作为造纸原料缺乏的中国,废纸可以作为"第二森林"补充原料的不足,美国、欧洲森林覆盖率高,是传统的木浆、纸浆、纸张的出口国,其废纸大多为木浆抄造而成,质量较好,在一定意义上说,进口废纸就等于进口木浆。我国从1987年就开始从国外进口废纸,如用于生产板纸的废报纸(美度3号、6号),生产再生新闻纸的8号、9号废纸,生产箱板纸的OCC、13号废纸以及回浆用的乱码纸和废切边白纸等。随着近年来国内环保意识的加强,产品结构和档次的调整,废纸进口量逐年递增。2000年我国进口废纸 $3.7136 \times 10^6$ t,事实证明,进口废纸是值得的,也是必要的,凡是靠废纸来造纸的企业,经济效益都是显著的。

### 一、我国废纸回收利用现状

由于中国每年需要从国外大批进口人们当垃圾扔掉的生活废纸。国内造纸厂进口的废纸量呈逐年增加趋势。我国废纸回收利用随着造纸工业快速发展而增长,废纸回收利用正在全国各地加快发展,尤其是沿海地区发展迅猛,其中包括广东、广西、福建、浙江、江苏、山东等省,以及京、津、沪三大城市。浙江省造纸行业从20世纪80年代起就调整原料结构,大力提倡与推广废纸造纸,取得成功。现在废纸在该省造纸纤维原料中的比重超过76%,达到国外回收利用废纸的先进水平。广东省也已超过60%。造纸工业发展较快的省、市正在制定扩大废纸回收利用,加快发展造纸工业的规划,力争在较短的时间内,在废纸回收利用上有一个新的突破。当前的问题是发展不平衡,有些省市废纸回收利用步伐还比较缓慢。

#### (一)回收水平较低

我国目前的废纸资源,远远无法满足国内造纸的需要,而且国内废纸市场不甚规范:一是机关、企业、学校、个人浪费纸的现象较为普遍,节约用纸、利用废纸意识淡薄;二是废纸回收环节薄弱,经营管理落后,没有建立相应的政策和法规,因而回收利用的水平不高。随着计划经济的改革,原有的废纸收购系统已经不能适应现在蓬勃发展的市场经济。民营收购形式已是今后发展的主流,但是由于管理部门没有相应的管理制度和法律法规,所以国内废纸收购成了无序的市场,其中最为明显的表现是:低价压价、掺水掺杂质,严重影响废纸回收质量,威胁到纸厂生产。我们希望这一状况能引起有关部门和领导的重视,将如何建立废纸管理的地方法规提上重要的议事日程;三是国内废纸质量不高,但这将随着国产纸张档次的提高而有所改善。

### (二)缺乏相应标准

废纸是由收集而来的,品种混杂,国外一些先进国家均制定了废纸回收分类相关标准。随着我国社会环境保护意识的增强,国内越来越多的纸厂用废纸替代部分木浆及草浆来生产各种纸张、纸板,以期降低成本,减少污染物的排放。因此,制定我国的"废纸回收分类标准"刻不容缓。

### (三)进口废纸出现诸多问题

国内废纸的短缺导致用大量外汇进口废纸,从品种上看一般有用于生产再生新闻纸的废旧新闻报刊、生产箱板纸的废旧瓦楞纸板箱,以及回浆用的乱码纸和白纸切边等。从进口数量上看,美国位居龙头老大,很重要的一个原因是其货源长期稳定。其次从比利时、荷兰、德国及我国香港特别行政区进口量也较大,近年来日本也不甘落后,大量向我国出口废纸,由于废纸是一种特殊的商品,因此经常发生一些质量问题和索赔事件。从近几年进口废纸的质量情况来看,普遍反映从美国和欧洲发运的废纸质量在不断下降,索赔不断。提出索赔的废纸往往是国外的商检是合格的,报关前的商检也是合格的,而收货的时候却是不合格的。环保证是国家环保部门根据申报单位的需要审批的允许进口废纸的文件,而且规定了进口的数量和口岸,但是到了市场上就不是单单作为允许进口的批文,而是成了可以转让的有价证券,并且有的企业专门以转卖环保证来赢利,如同倒卖其他进口商品的批文、指标一样。经过近几年的实践,我国也积累了一些这方面的经验,但还有很多制度、法规需逐步完善。有一点是肯定的,废纸在我国有很大的市场。

### (四)废纸处理设备比较先进

当今世界制浆造纸技术正向减少污染,节约能源、水资源和充分利用纤维再生资源等方面发展。近年来我国已从国外引进 50 多套废纸处理生产线,其中包括未漂牛皮纸及瓦楞纸箱废纸、废旧报纸、漂白印刷纸废纸以及其他废纸的处理设备,最大废纸处理生产线日产能力达到 500 t。其中包括碎浆、筛选、净化、除渣、洗涤、浓缩、热分散、搓揉、浮选、脱墨、漂白等先进技术装备。这些进口设备对加快我国废纸利用是很必要的,它大大缩短了我国废纸处理技术、装备与世界先进水平的差距。

另外,国内轻工机械厂和科研部门对废纸处理设备的研究开发做了大量工作。有些设备已接近国外先进水平,可靠实用,适合于中小企业处理各种废纸,能较多保持废纸纤维的原有强度,做到节水、节能、纤维流失小、维修方便、价格合理,有利于使企业接受。

虽然废纸制浆造纸可以减轻污染,但并不是说没有污染,尤其是废纸在脱墨过程中污染还是比较严重的。近年来,我国已从国外引进多套废纸脱墨污水处理装置,一般均为气浮法。华南理工大学开发的絮凝沉淀法,已在广东、山东造纸企业中应用。白水回收装置机型很多,使用广泛,效果很好。

## 二、废纸回收后的利用途径

### (一)利用废纸制造纸及纸板

废纸作为造纸原料,也可称为二次纤维(secondary fiber),指用过的纸类经处理再用作造纸原料的旧纸。在某种意义上讲,由造纸行业来大量回收利用废纸,是真正的保护环境,并可以减少焚化或掩埋废纸所消耗的社会成本。

(1) 废纸制浆生产纸板。将进口废纸、废旧瓦楞纸板、旧杂志、旧新闻纸等废纸作为生产各种纸板的主要原料,不仅可以降低生产成本,还可以改善纸板的强度,提高纸板的松厚度、不透明度和吸油性等。

(2) 废纸制浆抄造纸袋纸。废水泥袋纸、废纸袋纸、废旧瓦楞纸箱、纸盒、画报、报纸、杂志期刊等均可回收集中起来,用以制浆抄造纸袋纸。

(3) 废纸制浆生产文化用纸。随着现代脱墨技术及造纸化学品的发展,不仅可避免回用废纸二次纤维强度的下降,而且其油墨去除率达到了98%以上,用肉眼很难看到成纸上的油墨斑点,掉毛掉粉现象也得到了很好的控制。废纸花、废书刊、白纸边及纸板等均可制成浆分别用于配抄不同档次的凸版纸、铜版原纸、有光纸等文化用纸。

(4) 废纸生产生活用纸。废纸经过处理或加添可以生产出高、中、低等不同档次的卫生纸,可视为纸张的最终产品。

(5) 废纸生产新闻纸。各种废旧新闻纸和内部参阅资料,数量很大,回收集中可以用来再抄新闻纸。当然,如果处理得当,废纸回收制浆后还可以制造其他许多纸种,这应是造纸工作者的一项重要任务。

**(二) 废纸应用于其他行业**

随着科技的发展,各种新型纸品不断出现,一些纸品不再是传统的单纯的纸,而是添加了许多非纤维材料的纸制品,如一些复合型纸夹层有铝箔、塑胶等。回收这些废纸时,其中的杂质很难分解成纸浆,给利用特别是作为纸张的再生资源的处理带来了难题。为了更有效地利用这些废纸,各国都在探索研究新的利用途径,并取得了很大的进展。

(1) 用于生产土木建筑材料。主要制造隔热保温材料或复合材料、灰泥材料等。隔热保温材料是将废纸打碎盛于纸袋内,兴建木结构房屋时置于屋顶下天花板内及房屋板类隔墙内,起到隔热作用,可以节省其他取暖方式所消耗的燃料或电费。这类材料在美国应用较多,每年需求量达 $6 \times 10^5$ t 之多。

在新加坡等地,人们利用旧报纸、旧书刊等废纸料,卷成圆形细长棍,外裹一层塑胶纸制作家庭用具。可根据各种家具的不同造型,卷编出不同的图案,再以不同色彩来装点,使做出的家具既实用,又美观。

复合材料的制作方法和用途较多:1)可以将废纸打散,与树脂相混合、成型、熟化后用于屋顶做覆盖物,起到防日晒雨淋作用。2)直接将多层废纸浸渍树脂后加压熟化制成胶合硬纸板,其抗压强度远高于普通纸板,制成的包装箱能使用钉子,还能安装轴承滚轮,牢固性很高;或者将纸板与石膏混合制成石膏板以代替砖或用湿法制成中密度纤维板,用作建筑物隔墙、天花板等。3)印度中央建筑研究院的科技人员,利用废纸、棉纱头、椰子纤维和沥青等原料,模压出一种新型建筑材料——沥青瓦楞板。用这种瓦楞板盖房屋,隔热性良好、不透水、轻便、成本低,还具有不易燃烧和耐腐蚀的特点。4)将废纸打散与水泥相混制成砌砖或糊墙用的灰泥材料。

(2) 用于园艺及农牧业生产。废纸经打浆后可模制成小花盆,用于培育幼苗,移植时将幼苗连同此花盆一起埋掉,可提高幼苗成活率。废纸用于农牧生产方面主要是改善土壤土质,并可加工成牛羊饲料。利用废纸的吸水性,将其切成条状,用于家畜业场地铺地之用,用后再做堆肥,既有利于清洁,又能改善牧场土壤,对土地不产生任何副作用。或将旧报纸打散,用作蔬菜稻田播种后的覆盖物。也有将碎纸染成绿色,与草籽混合后撒播地面,使草地更新时在草未长出前,草地已成绿色,但这种碎纸因草地更新次数少用量很有限。

为了满足畜牧业生产发展的需要,补充饲料的不足,美国、英国和澳大利亚等国家都开发出将废纸加工成牛羊饲料的工艺方法。美国伊利大学的动物营养专家们将旧报纸切碎,用盐酸煮沸 2 h,使其纤维在高温下发生酸解作用而降解,再按一定的质量比添加于牛羊饲料中喂牛羊,收到了很好的效果。英国的养牛场和养羊场把废纸稍加处理后,切成细条或揉和成小团,再添加少量的营养物制成牛羊饲料,既解决了饲料来源问题,效果又比普通饲料好得多。澳大利亚的科学家们用类似的方法制成颗粒饲料,在实践中得到好的效果。

(3) 模制产品。用废纸制造模制产品历史较长,也是废纸利用的一条重要途径,如利用100%废纸制作蛋托及新鲜水果的托盘。近来人们用白废纸制成小盘供食品包装时垫托,用旧杂废纸制成电器零件保护品。美国模压纤维技术公司把旧报纸粉碎,加水打浆后模压成型,代替泡沫塑料用作包装缓冲填料,用来包装玩具、计算机、陶瓷器及其他设备,甚至可用来包装机械部件、空调机等重物,用后可回收再制造。日本佳能公司推出的废纸浆模塑品,能取代发泡苯乙烯,作高强度包装材料,包装复印机等设备。

(4) 日用品或工艺专用品。对难以处理的废纸(包括废钞),通过破碎、磨制、加入黏结剂及各种填料后,再经成型,便可生产出很有品味的日用品与工业用品,如肥皂盒、鞋盒、隔音纸板、装饰纸等。

(5) 用作燃料。一些低品质及不适合回收用于造纸的废纸,可考虑将其作为燃料用,既可废物利用,又可回收其燃烧后的废气。因为废纸的绝干固体质量达 90% 以上,废纸的代表性化学分析见表 12-4。废纸的化学成分中,一般含碳量为40%～65%(以绝干废纸的质量分数计,下同),含氢量 5%～10%,含氧量 25%～55%,灰分含量为4%～10%。废纸灰分软化点大于1000℃,燃烧值约为 16000～34000 kJ/kg,远高于一般垃圾,甚至比一般泥煤(8400～16800 kJ/kg)还要高,回收作燃料很合算。况且燃烧后其废气品质良好,所含硫化物的量远比一般化石燃料燃烧时产生的少,易于利用。造纸发达国家如芬兰、德国、日本等在这方面做得较好。

表 12-4　废纸成分分析

| 项　目 | 分析值 |
| --- | --- |
| C/% | 40～65 |
| H/% | 5～10 |
| S/% | 0.10～0.20 |
| N/% | 0.05～0.15 |
| O/% | 25～55 |
| 灰分/% | 4～10 |
| (Na＋K)/%(每 kg 绝干纸) | 0.10～0.20 |
| Cl/%(每 kg 绝干纸) | 0.01～0.08 |
| 纸的绝干量/% | 90～93 |

(6) 提炼废纸再生酶。在一定条件下,从碎解的废纸中提炼出废纸再生酶,再用于废纸脱墨,使油墨沉淀到纸浆池底,从纸浆中分离出来。用此法造出的白色再生纸适宜于任何印刷出版物的使用。

(7) 生产葡萄糖。将旧报纸用酸(如磷酸)进行处理,溶解掉其中的纤维后,再用酶分解生成葡萄糖。其生产单价比采用农作物作原料所生产的葡萄糖成本低 20%～30%。

(8) 化学工业上的利用。废纸中纤维素含量较高,将其羧基化制成羧甲基纤维素(CMC),根据其取代度的不同,分别用于石油、化肥、涂料等工业。还可将废纸打散与合成纤维混合制成"无纺布"作工业用抹布,利用其吸油性用来擦拭机器、车床等。废纸打散后与凝集剂混合并加入废水可以作助滤剂,共同处理废水。

# 第三节　废纸再生处理工序与设备

废纸供求关系的变化(过去的买方市场转变为现在的卖方市场)和废纸价格的变化以及废纸质量的下降,对废纸处理设备提出了更多、更为苛刻的要求,促使了废纸处理设备不断改进与发展。

近一二十年来,废纸处理设备重要的技术发展项目包括:细缝＋楔形棒筛筐,鼓式碎浆机,轻杂质逆向除渣器,高浓碎浆机,新式浮选槽,高效洗浆机,搓揉机等。现按流程的先后将现代化的废纸处理设备及其特性分述如下。

### 一、碎浆

由于废纸中的废杂质日益增多(主要是胶黏物、油墨和蜡),碎浆是否得当对后续工序有很大的影响。碎浆的主要目的及要求有三个:(1)充分疏散废纸纤维,最大限度地使油墨和纤维分离;(2)尽量不要使轻、重杂质被碎解成细小颗粒(特别是胶黏物),从而增加后续工序去除这些杂质的困难和负担;(3)将较大的轻、重杂质尽量在制浆系统中除去。

目前用于废纸处理的主要是高浓水力碎浆机和鼓式碎浆机。配置有螺旋转子的高浓水力碎浆机的最佳化能够得到比鼓式碎浆机质量更佳的纸浆,但由于废纸质量的经常变化和波动,要控制好高浓水力碎浆机不是那么容易,而鼓式碎浆机则比较粗放,比较适应废纸质量的变化并获得均匀的纸浆。

近年来鼓式碎浆机的应用有了较大的发展。如:Ahlstron 现在归属于 Alldritz 公司的 FP 型鼓式碎浆机,最大的一台安装在加拿大的 Abitibi 工厂,日产量达 1600 t,在去除胶黏物和油墨效率方面要优于高浓水力碎浆机见图 12-1、图 12-2;还有 Voith 公司的 TD 型双鼓式,Metso 公司的 OSD 型 OptiSlush 式,KBC 公司技术转让华一公司生产的 ZDG 型等。

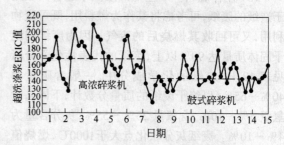

图 12-1　高浓和鼓式碎浆机去除脏点
（包括油墨）效率的比较

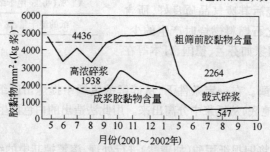

图 12-2　高浓和鼓式碎浆机去除胶黏物效率的比较

### (一) 双鼓式碎浆机

Voith 称之为 Twin Drum,它由两个转鼓组成,如图 12-3 所示。前面一个是碎浆转鼓,对纤维进行疏解;后面一个是筛鼓,上面钻有 $\phi$8 mm 筛孔,以对疏解的纸浆进行筛选。根据 Voith 公司介绍,除印刷纸外,它还能用于未分类褐色废纸的连续高浓制浆和液体包装纸板的连续高浓制浆,当前最大的一台 Twin Drum 安装在德国 Rhein Papier 工厂,生产能力达到 1700 t/d。鼓式水力碎浆机的主要特点:(1)脱墨效果好;(2)胶黏物保持可筛选性;(3)不会降低杂质尺寸;(4)良浆浓度高。

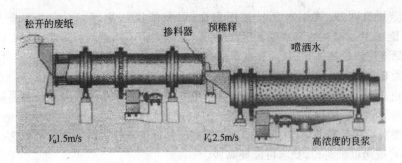

图 12-3 Twin Drum 鼓式碎浆机

### (二)双 OptiSlush 鼓式碎浆机

这是 Metso 公司的产品,如图 12-4 所示。岳阳造纸厂引进 8 号机(生产能力为 580 t/d 新闻纸或 715 t/d LWC)时同时引进的脱墨生产线中就有这种 OptiSlush 鼓式碎浆机。

图 12-4 OptiSlush 鼓式碎浆机

据 Metso 公司介绍,这种碎浆机有如下特点:(1)OSD500、OSD1000、OSD1500 三种规格的 OptiSlush 均为同一直径;(2)圆鼓倾斜角和圆鼓的转速可以调节;(3)可调节鼓内废纸浆的停留时间;(4)改进的底槽设计;(5)双喷水管安排;(6)不需润滑的橡胶传动轮;(7)圆鼓内壁交错排列提升物。

## 二、筛选

筛选是为了将大于纤维的杂质除去,是二次纤维生产过程的重要步骤。其主要目的在于:

(1)合格浆料中要尽量降低干扰物质的含量,如胶黏物质、尘埃颗粒以及纤维束等;

(2)废料中的干扰物质含量要尽量提高而纤维量降低到最低限度。

任何一种筛都应当具备以下功能:

(1)有一个开孔或开缝的筛板,在通过纤维的同时限制杂质的通过。

(2)由于纤维在脱水时会在筛板开口处形成纤维网,因此需要定期地回洗以除去纤维网。回洗的力量必须大于通过筛板开口的压降才能奏效。而压降是驱动纤维和水通过筛板开口的动力。

(3)必须有良浆和粗渣的分流通道,浆流和粗渣流可以是连续的或间断的,有压力的或无压力的,视筛的具体设计而定。

过去筛选方面最大的技术进步是有着楔形棒筛筐的细缝筛的开发。缝筛的技术进步还表现在增加了筛缝开口面积,镀铬以延长使用寿命,以及筛筐的翻新等。即使缝宽只有 0.1～0.15 mm,也能在 3%～4% 的浆浓度下正常运行。在压力筛不锈钢筛板进浆面加工的波形开口,使纸浆紧靠筛缝进口处流体化,从而提高了通过量和进浆浓度,并大大减少了分现象,此时,本色浆用的缝宽为 0.2～0.25 mm,脱墨浆为 0.10～0.15 mm。

迄今为止,最小的筛缝已达到 0.1 mm,为了更好地去除纸浆中的废杂质特别是胶黏物,是否有必要把缝筛的筛缝做得比 0.1 mm 还要窄。Voith 公司 H. Rienecker 先生认为制造业的先进技术已超过此要求。在新闻纸生产中,0.15 mm 缝宽已是低浓缝筛选的一个标准的选择,而生产较好的 SC、LWC 或拷贝纸时,其要求可能要高些。

实际上,从图 12-5 看来,C-bar 缝筛筐的 0.1 mm 缝宽,与含有机械木浆的脱墨浆中的纤维相比较,已经达到了纤维的大小,而正常的 TMP 纤维或纤维束要通过这样细小的缝隙看来还有一定的困难。H. Rienecker 认为:含机械木浆的脱墨浆筛选时,筛缝的限度为 0.12～0.15 mm,而不含机浆的脱墨浆的缝宽限度为 0.1 mm。低浓(0.8%～1%)、低剪切力和压力、低扰动的密缝筛选能有效地去除胶黏物。

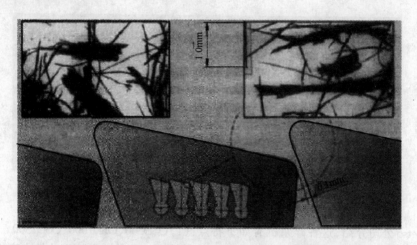

图 12-5　纤维与纤维束与 C-bar 筛缝筐剖面的比较

除筛板的波形开口和筛孔或筛缝大小影响了筛选效率外,转子和机壳的设计也都影响筛选的特性和效率。

转子的几何形状对筛选效率、可能运行的纸浆浓度、出浆能力以及能耗等方面有着重要的影响。采用先进的超声检测技术,可以直接测量到浆流通过筛筐的情况,从而得以确定频率、振幅以及转子脉冲的最合适的相互作用点,既能保证筛筐的最佳清洁度,又能得到最高的筛选效率。

过去压力筛的机壳绝大多数是圆筒形的,不理想的机壳外形会产生通过筛筐的不均匀的浆流状态。根据流体动力学的研究优化并设计出新型的机壳,其目的是为了调节良浆一侧区域内局部纸浆的流动状况并使筛筐上下浆流压力状态均匀化,这样就能在整个筛筐的长度上得到均匀的浆流以及在高纸浆通过量的情况下发挥最高的筛选效率。

下面介绍几种新型的压力筛。

### (一) OptiScreen 压力筛

Metso 公司的 OptiScreen 压力筛如图 12-6 所示,能有效地去除胶黏物、轻杂质和其他杂质,单台生产能力达 1000 t/d,进浆浓度达 4.5%。其转子的结构如图 12-7 和图 12-8 所示为高浓转子。低浓转子(浓度 0.5%～2.5%),叶片为 4 片,作用温和,低压脉冲;高浓转子(浓度 2.5%～

4.5%），宽叶片，共 6 片，有效的长抽吸脉冲。其筛筐的结构如图 12-9 所示，为 Nimex 楔形棒筛筐，适用于高、低浓筛选，筛缝 0.10 mm 以上，高强度的筛筐尤其能减少浆料对波型面的磨损。如图12-10 所示，设置在筛顶端的 LiterFlo，能有效地去除轻杂质。

图 12-6　OptiScreen 压力筛　　　　图 12-7　低浓转子　　　　图 12-8　高浓转子

工厂实例：旧报纸脱墨浆在预筛选中，0.12 mm 筛缝，3% 进浆浓度，能保证整个预筛选系统胶黏物去除率达到 82%。

AOCC 浆细筛选供生产挂面纸板和瓦楞芯纸用，筛缝 0.20 mm，胶黏物去除率可达 83%。

### （二）ModuScreen HBR

Andritz 公司开发的 ModuScreen HBR 产品，如图 12-11 所示，内流式，认为可以减少筛筐和转子的磨损，延长筛筐内机械部件寿命。使用较细的楔形棒和细筛缝，有较高的开口面积（0.5～10 m²），转子为叶片式，动力消耗低，可调节转子叶片与筛筐的间隙，更换单个叶片。叶片转子作用温和。据称 ModuScreen HBR 适宜于低浓筛选中去除胶黏物，纤维流失很低。

### （三）ModuScreen A

Andritz 公司用以替换 ModuScreen F 的新型 ModuScreen A 筛浆机既用于精选，也用于纤维分级。这种筛浆机具有长纤维得率高，纤维流失率低，转子类型多样化，标准部件通用化的特点。筛壳的双锥形设计是其一大特色（图 12-12），主要有如下一些优点：（1）进浆区域优化，圆锥形进料口有助于均衡浆流；（2）双圆锥形良浆室保证了从筛筐顶部到底部浆料的均匀分布；（3）尾浆区域优化，能达到最大尾浆流速，从而避免积聚。

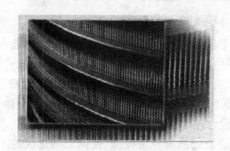  

图 12-9　Nimex 楔形棒筛筐　　　图 12-10　去除轻杂质的　　图 12-11　ModuScreen HBR 机
　　　　　　　　　　　　　　　　　　　　LiterFlo 机

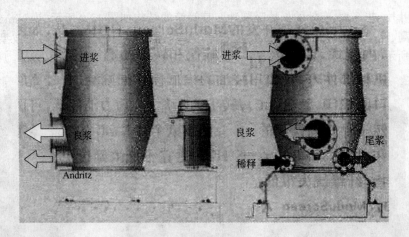

图 12-12　ModuScreen A 的双锥形外壳

### （四）ID2 和 ID3 筛筐及其配套的压力筛

由 ID2 和 ID3 筛筐配套起来的 Screen 系列压力筛,是 Kadant-Lamort 公司的最新产品,新型 ID2 筛筐见图 12-13。配置 ID2 筛筐的 Screen Tek 见图 12-14。Screen Tek 是一台单段的筛浆机。

图 12-13　ID2 筛筐

图 12-14　配置 ID2 筛筐的 Screen Tek

从 ID2 的示意图 12-15 可以看到:ID2 筛鼓中的圆筒形转子中部有一个突出的圆环,将筛选区分为一、二筛选区,当纸浆从压力筛底部进入并经过第一筛选区后,在突出圆环处弯曲进入一个防絮凝装置,使纸浆悬浮液中的纤维分散更均匀,从而提高在第二筛选区的筛选效率。KBC 公司的 Chris Vitori 认为:这种新型转子可以活化缝筛的整个筛缝长度,可在更小的筛缝情况下,改善生产能力,提高浆浓和长纤维的通过量,筛壳的锥形设计也改善了筛选时的浆流模型。

如图 12-16 所示,ID3 在 ID2 的基础上增加了防絮凝装置处的稀释水设施,使第二筛选区的筛选状况得到进一步改善。

由 ID2 和 ID3 作为主要部件配套的其他 Screen 系列装备还有 Screen ONE、Screen TWO、Fiber NET 等。

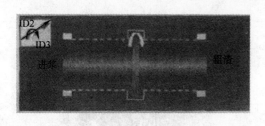

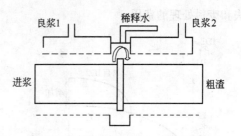

图 12-15　ID2 筛鼓示意图　　　　　　　图 12-16　ID3 筛筐示意图

　　为了简化筛选流程,节省占地面积、动力、设备数量以及制造费用,使控制系统更简单方便,Metso 公司首先推出了多段筛选(4 个筛合并为 1 个筛)集一身的 OptiScreen 细缝压力筛,Screen ONE 则是内部装设有 3 个筛选段的紧凑型细缝筛(见图 12-17)。Screen ONE 是中浓筛,在 4.5%～5% 的浓度下运行,前面两段筛缝为 0.15 mm,第三段为 0.10mm,筛后粗渣量很少,只有总进浆量的 0.5%,目前 Kadant-Lamort 公司这种筛的生产能力为 275～375 t/d,动力消耗很节省,只有 6.5 kW·h/t。

　　图 12-18 表明了用 ID2 筛板对整个筛筐长度上纸浆通过速度的影响。没有 ID2 筛筐时,纸浆通过速度随着筛筐长度的增加而迅速下降至零;有 ID2 筛筐时,在第一筛选区至第二筛选区的防絮凝装置处提高了纸浆的通过速度,直至筛筐整个长度的末尾才逐渐下降,这就是所谓的活化。用 ID2 后,整个筛筐长度上通过速度值比较均匀,提高了纸浆的通过质量。图 12-19 表明用 ID2 筛选后,提高了筛浆机的产量。

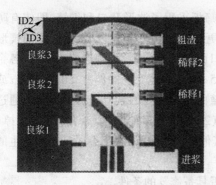

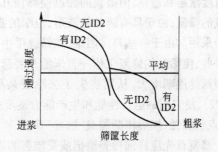

图 12-17　Screen ONE 浆机　　　　　图 12-18　ID2 筛筐对纸浆通过速度的影响

　　Fiber NET 在筛选系统中作为尾筛。通常细筛选系统的粗渣损失率约为 1%～1.5%,其中有一半是好的长纤维。而 Fiber NET 则可将长纤维筛出,做到粗渣中不含好的长纤维。Fiber NET 的结构剖面图如图 12-20,其简图见图 12-21。

　　Fiber NET 是用 ID3 技术和两个筛选区组合起来的细缝尾筛,借助 ID3 筛筐和转子作用增加筛筐表面的活化面积,形成通过筛筐的更为均匀的浆流,使得使用较细筛缝成为可能,同时降低了纸浆通过速度,提高筛选效率。

　　纸浆在进入第一筛选区前有一重杂质捕集器捕集重杂质,以防止它们对筛筐和转子的损害。粗渣逐渐浓缩并移向第一筛选区后部,在中部圆环处被稀释水冲稀,重新混合的浆料继续在第二筛选区移动,粗渣则继续浓缩,直至最后再一次加入稀释水以将浓缩的粗渣排出筛外。

　　Fiber NET 有一个封闭的圆鼓式转子,不会挂浆。筛筐分为两个筛选段可以选用不同的开口面积、筛缝和波形开口角度。由于 Fiber NET 改进了整个筛选系统的得率,为企业减少了纤维损失和废料处理的费用。

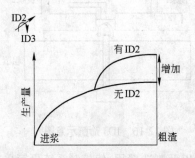

图 12-19　ID2 筛筐对筛浆机产量的影响

图 12-20　Fiber NET 的结构剖面图

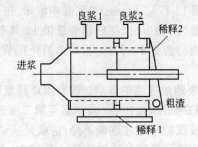

图 12-21　Fiber NET 运行示意图

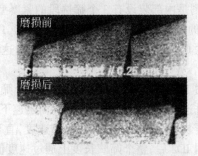

图 12-22　筛缝波形开口磨损前后比较

对于筛筐的翻新问题,20 世纪 80 年代以后,由于筛板采用了波形开口和细缝,即使有防磨的重度涂层和镀铬,但磨损的加剧使筛筐几个月就要更换一次。90 年代以后,由坚固的楔形棒制成的筛筐,由于具有极佳的波形,很窄的缝,大的开口面积以及耐磨性,制造费用较低,各企业纷纷采用。由于一些具体困难,如筛缝很小(0.1~0.35 mm),缝宽允许的偏差 ±0.025 mm 或更小一些,使筛筐的修复工作一直未能开展起来。缝筛筐的磨损主要因素有:(1)磨蚀物质通过筛缝使筛缝逐渐增大,从而丧失了去除废杂质的效率;(2)筛缝开口的波形(A 角)被磨损掉(图12-22),使它们的运行性能和生产能力逐步丧失;(3)其他一些问题,如由于金属碰撞而产生的斑点、点状腐蚀、楔形棒断裂或"抽丝"等。

修复首先应详细检查磨损或受损害的程度,看是否具备修复的条件。

标准的修复工程包括:(1)恢复由于细小碰撞而产生的任何细小裂缝或缺口至原来应有的尺寸;(2)所有旧的涂层必须剥离干净到原有的金属面;(3)用铣原有楔形棒的方法恢复原有的波形,或按新的尺寸大小予以修改;(4)施加金属粉以保证所需要的筛缝大小,最后进行抛光;(5)涂上一层硬质合金的涂料,以加强楔形棒的耐磨损程度。用这种方法,筛筐可以多次修复,从而大大节约了筛筐的备品费用。

Euro Screen 公司用新型耐磨的碳化物涂料替代过去采用的镀铬技术,从而大大延长楔形棒的使用寿命。

## 三、除渣

除渣器发明于 1891 年,1906 年首次用于造纸厂,1950 年以后得到广泛应用。当今的除渣器似乎和过去的没有多大区别,实际上在流程设计、结构、材料等方面已有了许多新的改进,各种轻、重杂质能去得更干净,去的杂质直径更小,去的杂质密度与水更接近,粗渣排放率更低。

　　除渣器一般可分为正向除渣器(Forward Cleaner)、逆向除渣器(Reverse Cleaner)和通流式除渣器(Through-flow Cleaner)。逆向除渣器能有效地除去热熔性杂质、蜡、黏状物、泡沫聚苯乙烯和其他轻杂质。

　　逆向除渣器,通流式除渣器,轻、重杂质除渣器以及回转式除渣器(Gyroclean)的发展是值得注意的。20世纪90年代以来,除渣器结构本身并没有很大的变化,不少公司致力于进浆、良浆、排渣口的改进。筒体直径小些,筒身长一些,选用筒体长度与直径的适当比例,延长纸浆在筒体的停留时间,提高纤维与杂质的分离效率是当今除渣器改进的重点。制造整体的,没有连接件和法兰,筒体内壁十分光滑的除渣器是提高除渣效率的一种有效手段,诸如Fiedler公司生产的新型Top-clean全陶瓷的正向除渣器(图12-23),H. Gassman称陶瓷除渣器在胶黏物去除效率方面居不锈钢、塑胶除渣器之首(图12-24)。逆向由于废纸中的杂质含量不断增加,要去除一些细小的废杂质,即使使用了筛缝达0.1 mm的细缝筛,也仍然需要用除渣器来除去一些筛缝筛所不能去除的东西,例如纸浆中的细小沙砾以及一些磨蚀性杂质。如不除去,就会造成筛筐、筛缝、波形开口、转子等部件的磨损,而正向除渣器是去除此类杂质的最佳设备,是别的设备所不能替代的。因此在进入筛选系统之前,通常装置有除渣器,如在粗筛前装高浓除渣器,低浓细筛前装低浓除渣器。

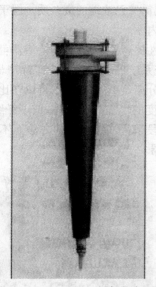

图12-23　Top-clean全陶瓷除渣器

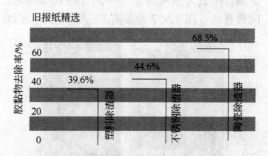

图12-24　不同材质除渣器其胶黏物去除效率

　　由于细缝筛技术的发展,胶黏物作为废纸中最令人头痛的废杂质,已能够十分有效地被细缝筛除去,特别是那些密度十分接近于1的胶黏物(如有些热熔物或压敏黏合剂,密度为$0.9 \sim 1.1$ g/cm$^3$),要用逆向除渣器除去就比较困难,同时逆向除渣器占地面积大,加上耗电,故一些生产脱墨浆的工厂倾向于省略逆向除渣器不用,依靠细筛选来解决问题。但由于OCC中含有大量的胶黏物类废杂质,故在OCC废纸处理生产线中至今仍保留了逆向除渣器的应用。

　　Gyroclean的使用效果看来要比逆向除渣器好得多(如图12-25),在去除轻胶黏物方面有着良好的声誉,它还能去除蜡。Gyroclean的主要优点是:(1)有着很高的离心力(高切向速率大于50 m/s,而产生了高离心加速度);(2)停留时间很长(4倍于逆向除渣器);(3)浆浓可高达2%;(4)无纤维损失,粗渣率低至0.1%;(5)只需单

图12-25　Gyroclean回转式除渣器

段运作;(6)动力省;(7)无废水或过滤水需处理。

近期的几种新型除渣器的装置如下所述。

### (一) Voith 公司的 EcoMizer

EcoMizer 是 Voith 公司用来解决除渣器尾锥部堵塞问题的一个新装置,也可说是近年来除渣器技术发展相对停滞的一个新突破。逆向 W. Mannes 介绍了设计反冲罐 EcoMizer 的一些设想。他提到:除渣器内浆流的动能来自进浆带来的能量,能量的分配根据良浆流和粗渣流的大小而定,粗渣流流量越小,则能量到达锥底部区域就越小,另一方面,由于纸浆的浓缩作用,锥底部纸浆的浓度和黏度也最高,在低粗渣率的条件下,回转作用可能失败而导致堵塞。逆向锥底部涡旋芯部回流并向上的浆流也加剧了动能的消耗。被浓缩的粗渣被回流浆流重新带起也进一步增加了动能的消耗,原已分离的废杂质也再次被带起,最坏情况下可能会带到良浆流,这也耗用了部分动能。逆向 EcoMizer 设计的基础是不能影响除渣器原有的浆流模型,因为这个浆流模型是基于除渣器的几何形状以及进浆流通常的分布来实现的。设想的目的是在锥底部向上注入滤液或白水以将锥底部回流浆处已浓缩的粗渣浆"替换"掉。这样就防止了粗渣再次被吸向上,与此同时,注入的滤液与锥体内周边的悬浮液混合,从而也降低了周边纸浆的浓度(图 12-26)。

滤液加在除渣器芯部,由此逐步向外,它并不会影响到筒壁已浓缩的废杂质。由于除渣器涡旋芯部的真空作用,反冲水甚至无需任何压力即被吸入筒内。

由于降低了下锥体区域纸浆的浓度,除渣器运行可靠性提高了;回冲水使除渣器可以在较低的容积除渣率和较高的粗渣浓度下正常运行;减少了除渣系统的段数或减少了除渣器的个数。EcoMizer 提高了除渣器的废杂质分离效率,在保持原有的分离效率的前提下,可以在比原来高的进浆浓度下运行,并不会堵塞。逆向由于粗渣中废杂质浓度的增加,这不但降低了纤维流失(减少的纤维流失量可高达 70%),还可在除渣系统的最后一段采用连续排渣的方法而不是过去的间歇排渣。图 12-27 是装有 EcoMizer 的 KS900 低浓除渣器。

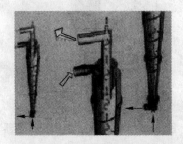

图 12-26　EcoMizer 除渣器　　　　图 12-27　EcoMizer 的 KS900 低浓除渣器

### (二) GL&V 公司的 CRC 稀释装置

CRC 稀释装置与 Voith 公司的 EcoMizer 有异曲同工之妙,它的稀释水也是从除渣器锥底的芯部进入筒内,从中央向外稀释向下的粗渣流,消除堵塞现象并回收纤维。据 GL&V 公司称,使用 CRC 稀释装置可增加已有除渣器的浓度/生产力,净化效率可提高 10% 左右(如图12-28)。

常规除渣器,其稀释水从切线方向进入锥体底部,会把器壁的废杂质冲向中部的良浆流,从而破坏了纤维与废杂质的分离。CRC 稀释装置的设计使稀释水加在粗渣区并不会扰动空气芯,稀释水主要用来置换位于重杂质内部的纤维,稀释后浓度的降低会使纤维网破裂,从而促进纤维和杂质的分离,提高净化效率,进一步降低以质量计的排渣率(如图 12-29)。

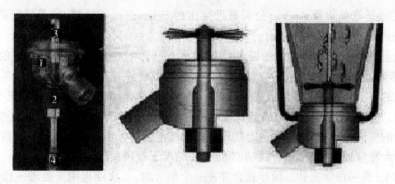

图 12-28　CRC 稀释装置
1—视镜；2—底塞；3—稀释管；4—软管连接

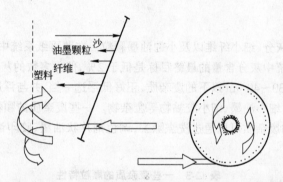

图 12-29　切线方向加入的稀释水会扰动器壁上的废杂质

## 四、浮选

由于过去用的洗涤法脱墨排出的废水量大，随着人们的环保意识日益加强，废纸回收企业转而改用浮选法脱墨替代洗涤法。但由于洗涤在去除废纸中废杂质仍有着不可替代的作用，浮选法脱墨又逐渐演变为现在的浮选洗涤法。适合用在浮选过程中的废杂质颗粒大小在 15～150 $\mu m$，而低于 15 $\mu m$ 则洗涤更为有效，故对绝大多数品种的废纸来说，这两种操作单元的配合使用是最理想的。

由于新型印刷技术的发展以及新型非打击式印刷油墨的应用，近十几年来废纸中以聚合物为基础的油墨诸如调色剂的数量在逐渐增加，浮选脱墨技术的进展使得采用高浓碎浆、搓揉、浮选的组合方法来碎解调色剂油墨，将它与纤维分离，而后将它从纸浆中除去得到成功。

影响浮选的诸多参数中，空气泡的多少和大小是一个主要因素，小的空气泡能捕捉小的废杂质，而较大的废杂质则需要较大的空气泡，而为了加大空气泡与油墨颗粒碰撞的几率，就要增加空气泡的数量。

前人研究结果表明：只有空气泡直径大于 0.5 mm 时，气泡才有足够的浮力推开纸浆悬浮液中由纤维组成的"弹性网"并浮至浮选槽的表面，故浮选时发生的气泡应不小于 0.5 mm。小于 0.1 mm 的空气泡会吸附在纤维上，造成纤维的流失。

现在许多工厂在原有浮选槽中安装了新型空气发生器以提高浮选效率，而另外一些工厂则置换一些新浮选槽以适应低质量废纸的需要。

当前著名公司的浮选槽，如 KBC 公司的 MAC 浮选槽、Metso 公司的 Optibright 浮选槽、Voith

公司的 EcoCell 浮选槽以及 Andritz 公司最近推出的 SelectaFlot 浮选槽,均是目前正在销售的产品。现将 Andritz 公司的 SelectaFlot 介绍如下。

纸浆从上而下送入浮选槽内的吸气喷射器后,进行两次吸气,Andritz 公司的 Kroschowetz 称,每立方米浆通过喷射器吸入的空气量要比市场上其他系统高 2～3 倍,高吸气率 SelectaFlot 浮选系统中的每个浮选槽内纸浆通过吸气喷射器进行自体循环。结果是浮选系统不受生产能力变化的影响,并使吸气喷射器能在最佳范围内稳定运行。逆向专利的多喷嘴吸气喷射器能为系统提供最佳的气泡大小分布,同时也能在最主要的气泡尺寸大小范围内提供更多的中型空气泡。这样可以最大限度地除去废杂质并在低纤维损失情况下获得最佳的白度增加值。

SelectaFlot 将一段浮选和二段浮选合并在一个单元内,二段浮选用来处理一段出来的浮沫,在进二段前有一个泡沫破碎器用机械方法破碎浮沫。一、二段的组合不但能够去除油墨颗粒和阴离子垃圾,还有纤维损失少、动力消耗低的优点。

### 五、洗涤和浓缩

洗涤是为了去除灰分、细小纤维以及小的油墨颗粒。在薄页纸系统中去除灰分是很重要的。在高级薄页纸脱墨系统中灰分含量的最终目标是低于 2%,但大多数的灰分含量约为 4%～7%。洗涤去除颗粒大小在 30～40 μm 以下的废杂质,正好低浮选一档,并与浮选适当交叉。洗涤能够用来去除白土或填料、细小油墨、细小胶黏物等废杂物。一些废杂质的颗粒特性见表 12-5。由表 12-5 可知,相当数量的废杂质可以通过洗涤除去,调色剂片状油墨、胶印油墨也有一些可以通过洗涤除去。

**表 12-5　一些废杂质的颗粒特性**

| 颗 粒 种 类 | 尺寸大小/μm | 形　　状 | 密度/g·cm⁻³ |
|---|---|---|---|
| 涂布用白土 | <2 | 片 状 | 2.58 |
| 填料用白土 | 0.5～10 | 片 状 | 2.58 |
| TiO₂ | 0.15～10 | 圆 形 | 3.9～4.2 |
| CaCO₃ | 0.5～3 | 不规则,接近圆形 | 2.7～2.85 |
| 滑石粉 | 0.5～5 | 片 状 | 2.7 |
| 调色剂片状物 | 10～500 | 薄片状 | 1.1～1.8 |
| 胶印油墨 | 2～100 | 圆 形 | 1.5～2.0 |
| 苯胺印刷油墨 | <0.3 | 圆 形 | 1.5～2.0 |
| 涂布薄片 | 20～500 | 圆形和薄片状 | 通常大于 20 |

洗涤和浓缩是两种不同的概念。洗涤的目的是从有用的纤维中将悬浮固形物和废杂质除去的一种处理方法,故其滤液中的固形物含量一般都比较高。属于这一类的洗涤设备像高速带式洗浆机(DNT)、SprAydiSC 喷淋式圆盘过滤机、VArioSplit 洗浆机、流化鼓式洗浆机等,在洗涤的同时,也实现了浓缩的功能。浓缩的目的则是与进浆浓度相比,提高出口纸浆浓度的一种措施,采用浓缩设备的目的是:(1)回收流程水和化学品以增加运行效率;(2)将纸浆浓缩以供后续工序(如漂白、分散与搓揉)处理。这一类的设备有多盘浓缩机、夹网挤浆机、双辊脱水压榨机等,这类

设备滤液中固形物含量少。介于两者之间的则有螺旋挤浆机、斜螺旋浓缩机等。

表12-6表明了生产不同品种文化用纸时对废纸浆的洗涤或浓缩的要求，可按此需求选用洗浆机或浓缩机。

**表12-6　不同品种文化用纸对废纸浆洗涤或浓缩的要求**

| 产　品 | 是否需要去除 | | |
|---|---|---|---|
| | 灰　分 | 细小纤维 | 油　墨 |
| 新闻纸 | 不 | 不 | 是 |
| SC纸 | 部　分 | 部　分 | 是 |
| LWC纸 | 是 | 部　分 | 是 |
| 薄　纸 | 是 | 部　分 | 是 |

近些年来发展起来的高效洗涤设备在去除细小纤维（200目以上）、细小油墨颗粒、填料、细小胶黏物等方面效果显著，它们主要的特点是洗涤和浓缩时采用纸浆喷射或喷淋的方法。KBC公司的DNT是一种高速（910 m/min）运转的带式洗浆机，纸浆通过流浆箱喷射到无端循环网内面与第一辊筒（带深沟纹的胸辊）相交会处，进浆浓度0.5%～3%，出浆浓度10%～15%，视不同废纸原料而定。Voith公司的VarioSplit纸浆分配器将纸浆喷入到高速（350～1000 m/min）运行的中心辊和无端网所形成的间隙之中，进浆浓度0.7%～1.5%，出浆浓度6%～10%。Celleco公司的流化鼓式洗浆机则是用进浆喷嘴将纸浆喷在圆鼓网面，进浆浓度0.5%～2%，出浆浓度4%～10%。Celleco公司的Spraydisc喷淋式圆盘过滤机则是将纸浆喷在圆形转盘的滤网上。

这些不同类型的喷射或喷淋式洗浆机其主要特点就在于纸浆洗涤浓缩时没有像多盘浓缩机或夹网洗浆机那样有纤维网的形成，纤维网的迅速形成会阻碍不同大小颗粒的废杂质随同滤液的排出。较大的颗粒在纤维网的表面即被截留；中等大小的颗粒虽能穿过纤维网表面的孔隙，但仍为纤维网内部的筛滤所截留；小的颗粒由于分子间的范德华力则会吸附在纤维壁上。随着纤维网的加厚、脱水和紧密化，初期脱水时少量固形物随同滤液一同排出的现象即中止，因此像多盘浓缩机和夹网挤浆机这样的设备在废纸处理流程中主要作为浓缩设备来使用。

在用灰分含量高的废纸生产强度较高、质量较好的薄纸（如拷贝纸、薄页纸、擦脸纸等），就需要将废纸浆中的大量细小纤维（200目以下）和无机填料物质除去，这些细小物质在纸页形成过程中堵塞滤水通道，使滤水力下降，同时这些细小物质使纤维间受到物理性的隔开，妨碍了纤维间的键结合。在用OCC浆代替硫酸盐浆生产本色纸张时，虽无填料，但也需要将一定数量的细小纤维除去，以提高纸板的物理性能和强度。喷射或喷淋式洗浆机的应用能有效地将这些细小物质除去，提高纸浆的游离度和纤维强度。

喷射式洗浆机可以利用诸如网速、网目数量、上浆浓度、喷射压力等参数来调节灰分去除率和纸浆得率，以适应生产产品的需求。

由于喷射式洗浆机总体上对细小纤维和灰分的去除率是比较高的，考虑到得率问题，除生产一些特殊品种外，一般情况下工厂更多倾向于使用纸浆得率较高的洗浆机。一些有代表性的洗浆机的运行数据和根据纸浆得率多少而划分的三种类型的洗浆机或浓缩机分别如表12-7和表12-8所示。

**表 12-7　一些有代表性的洗浆机运行数据**

| 设备名称 | 标准浓度/% | | | 固形物损失/% | 灰分去除率/% |
|---|---|---|---|---|---|
| | 进浆 | 良浆 | 白水 | | |
| 斜筛 | 0.8~1.2 | 3~4 | 0.15~0.25 | 15~20 | 50~60 |
| 斜螺旋浓缩机 | 3~4 | 10~14 | 0.4~0.5 | 10~15 | 60~65 |
| 重力圆网浓缩机 | 0.8~1.4 | 4~6 | 0.1~0.2 | 10~15 | 50~60 |
| 真空鼓式浓缩机 | 0.8~1.2 | 8~12 | 0.5 | 3~5 | 20~25 |
| 真空盘式浓缩机 | 0.8~1.2 | 8~12 | 0.5 | 3~5 | 20~25 |
| 高速带式洗浆机 | 0.8~1.5 | 10~12 | 0.2~0.3 | 20~25 | 80~85 |
| 带式压榨机 | 3~4 | 25~35 | | 3~5 | 15~20 |
| 螺旋挤浆机 | 5~10 | 30~40 | 0.25~0.35 | 4~6 | 15~20 |

**表 12-8　洗浆机类型和固形物损失率的关系**

| 洗浆机类型 | 固形物损失率(对进浆量)/% |
|---|---|
| 形成纤维网<br>(盘式洗浆机、鼓式洗浆机、带式过滤机) | 1~5 |
| 温和扰动<br>(圆网浓缩机、斜筛、螺旋压榨机、螺旋浓缩机) | 10~25 |
| 高扰动<br>(高速带式洗浆机、改进的压力筛) | 25~45 |

此外,新开发的洗涤和浓缩设备,如 Andritz 公司的压力斜筛 Micra Screen,HydroDrain 重力浓缩机;Cellwood 的 KSR 型 Krima 螺旋挤浆机(可将 3% 的进浆浓度提升到 40% 的出浆浓度),CDH 型 Vargo 多盘浓缩机(据称该机有较长的浆料脱水区,较高的脱水能力和干度)等,此处不作详细介绍。

## 六、搓揉与分散

搓揉与分散指的是在废纸处理过程中用机械方法使油墨和废纸分离或分离后将油墨和其他杂质进一步碎解成肉眼看不见的大小并使其均匀地分布于废纸浆中从而改善纸成品外观质量的一道工序。当今废纸处理工厂大多安装有这种分散机和搓揉机。

搓揉机和热分散机的应用有一个认识和发展的过程。20 世纪 70 年代以前,美国一些箱纸板厂用高温(150℃)、高浓(35%~40%)的热分散来分散 OCC 浆中的沥青。80 年代热分散技术被广泛用来分散废纸中的胶黏物和油墨斑点,以使纸成品外观均匀化。随着制浆、筛选技术特别是细缝筛技术的发展,废纸中的废杂质能够较好地被除去。考虑到搓揉机和分散机电耗大,设备投资大,人们曾一度讨论在废纸处理流程中是否有设置搓揉机和分散机的必要,事实上美国许多生产本色废纸浆的工厂已取消了在流程末尾热分散机的设置。90 年代以来,由于废纸质量日趋低下,杂质日趋增多,加上新型油墨、新型胶黏物(其中不少密度接近于 1)的不断出现,力求使用低档废纸(如 MOW)生产高档文化用纸的动力促使搓揉机和分散机重新焕发了青春。

漂白与搓揉机和分散机的结合使后者的应用更上了一层楼。搓揉机和分散机内进行氧化和还原漂白,大大节省了漂白装置的费用,同时热分散机的高温(90℃以上)高浓,彻底解决了过氧化氢漂白时的过氧化氢酶的问题。人们发现:不论是氧化还是还原漂白,漂白效果都很好。

下面介绍几种热分散设备和热分散系统。

### （一）Voith 公司的 KD 型 Kneading Disperger（搓揉机）

目前生产的这种搓揉机能力已达到 700 t/d，在室温下运行无需加热螺旋。转子安装有断面为菱形的条棒，静子的条棒断面则为圆形（图 12-30b、c）。

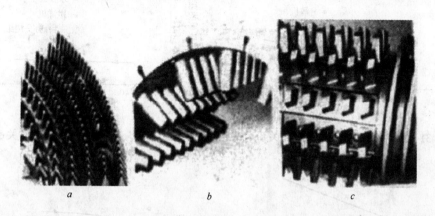

图 12-30　Voith 公司的分散机（a）和搓揉机（b、c）的齿形

搓揉机的转速靠出料螺旋速度或液压逆止阀来控制，这样在满足特定技术条件情况下使能耗达到最佳化。

Voith 公司的 HTD 型分散机和 KD 型搓揉机的有关参数比较如表 12-9 所示。

**表 12-9　HTD 型分散机和 KD 型搓揉机的有关参数**

| 参　数 | 分　散　机 | 搓　揉　机 |
|---|---|---|
| 温度/℃ | 90～130 | ＜100 |
| 浆的浓度/% | 5/17/35 | 25～35 |
| 动力能耗/kW·h·t$^{-1}$ | 30～80(120) | 30～80(120) |
| $\Delta v$(转子/静子)/m·s$^{-1}$ | 50～60 | 7～13 |

Voith 公司的 V. Niggl 报告称：由于这两种设备不同的结构和操作原理致使它们在脏点减少率、打浆度、透气度、耐破强度等物理指标方面有相同也有不同之处。

图 12-31 是分散机和搓揉机在一定能耗下，纸浆中脏点面积（＞50 μm）减少数（以 % 表示）。从图中曲线可以看出，一定的比能耗条件下，这两种设备在减少脏点面积（＞50 μm）的效果方面是很接近的。

图 12-32 是分散机和搓揉机在一定能耗下打浆度的变动值，可以看到分散处理提高了废纸浆的打浆度。

图 12-33 是分散机和搓揉机在一定能耗下 Bendtsen 值的变化。从图中曲线可以看到使用搓揉机由于纤维的卷曲而使透气度增加，而热分散机不会使纤维产生卷曲现象。

图 12-34 表明经过热分散处理后耐破强度增加；搓揉机则基本保持不变，比能耗增加时会略有下降。

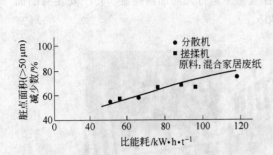

图 12-31　比能耗与脏点面积之间的关系

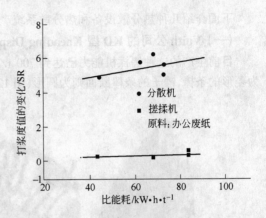

图 12-32　比能耗与打浆度值的关系

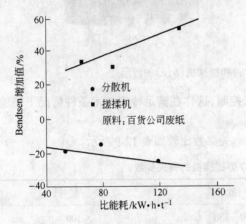

图 12-33　比能耗与 Bendtsen 值的关系

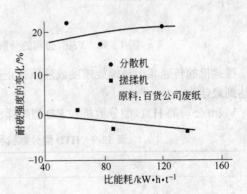

图 12-34　比能耗与耐破强度的关系

## (二) Cellwood 公司的 Krima 热分散漂白系统

Cellwood 公司的 Krima 热分散漂白系统示意图如图 12-35 所示。

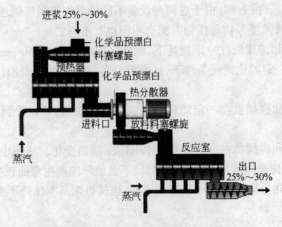

图 12-35　Krima 热分散漂白系统

## （三）Cellwood 公司的 Krima 紧凑热分散系统和高度集成热分散系统

### 1. Krima 紧凑热分散系统（图 12-36、图 12-37）

图 12-36　Krima 紧凑热分散系统

进口浓度3%
压榨螺旋
浓度
30%～35%
蒸汽加热器
喂料机　分散机
出口浓度3%～15%

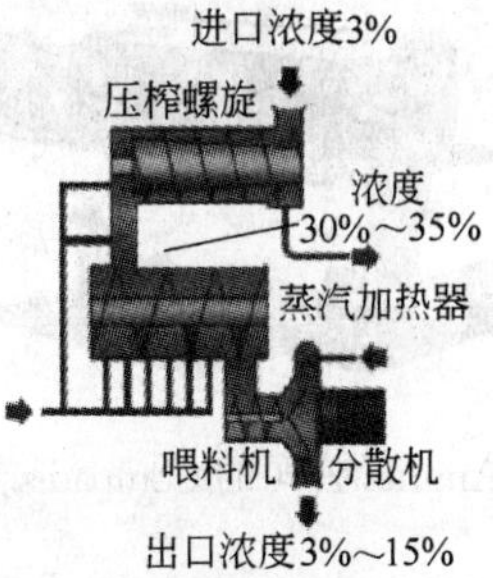

图 12-37　Krima 紧凑热分散系统加热管分布

与常规的 Krima 热分散系统相比，本系统省略了脱水螺旋、料塞螺旋和疏松机，系统中设置有带压力卸料室的 KSR 压榨螺旋，压榨螺旋传动部分带有自动扭矩控制，这样可保证出口浓度一致，浆料在加热器中停留时间为 15～20 s。

### 2. Krima 高度集成热分散系统（图 12-38）

本系统仅由三部分组成，Krima KSR 型压榨螺旋带自动扭矩控制，可根据需要配有耐压出口卸料室。现有的脱水设备仍然可以使用，喂料加热器对浆料的剪切力能产生预分散效果，浆料在加热区内停留时间为 5～10 s。这套系统可以做到诸如预防机浆返黄的效果。

据 Cellwood 公司称，Krima 热分散系统中的重要组成 Krima 热分散机（图 12-39）能在高温下温和地处理浆料，动力消耗共需 30 kW·h/t，与该公司称为"魔鬼牙齿"的扩散磨片有关，磨片间隙由电动液压装置来进行控制，精密度可达到 0.01 mm。

图 12-38　Krima 高度集成热分散系统

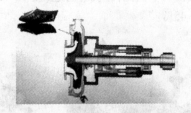

图 12-39　Krima 热分散机

## （四）Andritz 公司的搓揉机和热分散系统

### 1. 双转子搓揉机

TwinKneader 为双转子搓揉机，在 25%～30% 浆浓下运行。

### 2. Compadis 热分散系统

Andritz 公司的 Compadis 热分散系统（图 12-40、图 12-41）由加热螺旋和喂料螺旋组成，脱水则用该公司知名的双网挤浆机或浆料浓缩挤浆机，故 Andritz 公司称这一套热分散系统紧凑，动耗低，占地面积少，维护、维修、投资费用较低。本系统使用的热分散机的磨片由该公司的下属 Duramental 公司提供，靠机电装置来控制 Compadis 的动力需要。

Compadis 可加压或常压运行，其运行主要参数：温度 70～130℃；浆浓 25%～33%；比能耗

30～120 kW·h/t,视所用磨片和磨齿形状而变化,低能磨片比能耗 20～40 kW·h/t,中能磨片比能耗 40～90 kW·h/t,高能磨片比能耗 70～120 kW·h/t。

图 12-40　Andritz 公司的 Compadis 热分散系统

图 12-41　Compadis 的喂料螺旋和分散机

### 七、精浆

对废纸浆进行精浆处理,能活化纤维表面,包括由于碎浆、泵送、筛选等工序新生成的可进行键结合的新鲜表面的细小纤维,并恢复或至少恢复一部分的纤维强度,以提高成纸的质量。现介绍两种新型的精浆机。

#### (一) Andritz 公司的 Papillion 精浆机

Andritz 公司的这种圆柱形精浆机有两种进浆形式:中央进浆和单边进浆。图 12-42 是中央进浆的 Papillion 精浆机,浆料通过一边的中空轴进入,在中央进料口处均匀地分配至两个打浆半区。单边进浆的见图 12-43,浆料从精浆机的一边进入,通过圆柱打浆区,在另一端排出。

圆柱形精浆机有如下一些特点:(1)Papillion 静子磨片与转子在整个轴向长度的相对速度相等,从进口到出口,纸浆处理温和、均匀,精浆后纤维特性稳定。(2)静子和转子之间的间隙可同步进行调节,并在整个轴向长度上保持不变。(3)对纤维处理温和,能在高游离度下获得更高的纤维强度特性(如裂断长),也即更快的脱水性、纸机干燥能力和更好的纸机运行性能。(4)磨片拆卸更换简单快捷,停机时间短(图 12-44)。(5)能耗低,空运转时动耗比盘磨或锥形精浆机低 40%～45%。

图 12-42　中央进浆的
Papillion 精浆机

图 12-43　一边进浆的
Papillion 精浆机

图 12-44　磨片拆卸
更换方便

#### (二) Pilao 公司的三锥体精浆机

20 世纪 90 年代中期,巴西的 Pilao 公司推出了有三个精浆锥体的精浆机(图 12-45)。这种精浆机有着大锥度,一个双面装有磨片的锥形转子和两个锥形定子的结构(图 12-46)。

与双盘磨的作用原理近似,锥形转子是浮动的,靠两边的浆流和流体压力来平衡。可以认为,这样一种精浆机可设想为将双盘磨弯折过来的产品。

这样的设计使得一个与双盘磨有相同直径的锥形精浆机有着一个比前者大的精浆面积。例如：一个直径为 555 mm 的转子，精浆面积为 1.44 m²，而同样直径的双盘磨精浆面积只有 0.67 m²，不到前者的一半，因而同样大小精浆面积条件下，转子直径要比双盘磨小很多（图 12-47）。由于转子直径变小，因此在一定转速条件下，转子大头一端的圆周速度可大大减少，从而使三锥体精浆机的转速大幅增加，以获得较低的精浆强度。这对阔叶木浆和废纸浆来说是适合的，因为低精浆强度可以使纤维有较好的帚化作用和较少的切断。与此同时，在相同的精浆面积条件下，总动耗（包括空负荷用电）也降低了。

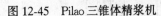

图 12-45　Pilao 三锥体精浆机

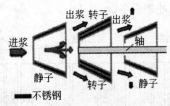

图 12-46　三个精浆锥体的精浆机

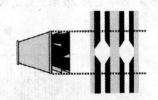

图 12-47　同面积精浆机直径与双盘磨的比较

精浆装置是装配式的刀片，是冷铸的半成品钢（re-rolled steel），焊在锥形的钢芯上，刀片的前缘成 90°，并一直保持此角度不变。刀片与刀槽长的几何尺寸也一直保持不变（铸造的刀片前缘角度往往大于 90°，并随着磨损而增大），如图 12-48 所示。

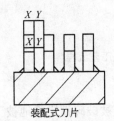

装配式刀片

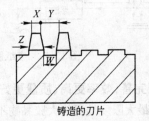

铸造的刀片

图 12-48　刀片前缘角度的比较

巴西一家工厂两台 DD 盘磨与三锥体精浆机的使用效果见表 12-10。

表 12-10　两台 DD 盘磨与三锥体精浆机的比较

| 测 试 项 目 | 两台 DD 盘磨 | 三锥体精浆机 |
| --- | --- | --- |
| 抗张指数/N·m·g⁻¹ | 46.15 | 47.12 |
| 撕裂指数/mN·m²·g⁻¹ | 12.99 | 13.38 |
| 透气度/s·mL⁻¹ | $9.33 \times 10^{-2}$ | $7.42 \times 10^{-2}$ |
| 耐破指数/kPa·m²·g⁻¹ | 2.38 | 2.40 |
| 打浆度/SR | 39.00 | 34.30 |
| 净动耗/kW·h·(CSF·t)⁻¹ | 0.43 | 0.24 |

使用结果：(1)提高成纸强度和质量；(2)置换原有 DD 双盘磨，大大节约了动耗；(3)适合于阔叶木短纤维和废纸浆的精浆。

### 八、废纸处理设备发展展望

废纸处理流程到现在已发展成为设置有 3 道浮选、3 道洗涤浓缩、3 道气浮、2 道热分散、2 道漂白的三回路废纸处理流程(图 12-49)。流程的日趋复杂化意味着投资的增加,能耗(水、电、气等)的增加,生产成本的增加。此外,环保意识的不断加强,废纸回收率和利用率的不断提高,用废纸经济地生产出能与原生浆质量相媲美的优质纸产品,已成为从事废纸处理技术和设备研究、开发所必须着手解决的新课题。为此,对废纸处理设备的发展,人们期待着能生产出更紧凑、更完善、效率更高、效果更好的废纸处理设备。

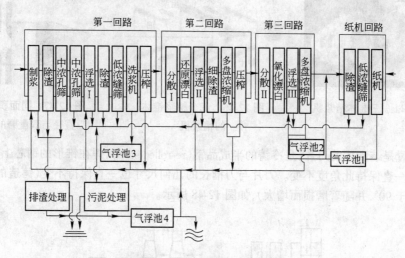

图 12-49　废纸脱墨工艺流程

### (一) 设备性能更完善、效率更高、质量更好

例如:碎浆如何能最大限度地保持大胶黏物不会被破碎而完整地被下续工序除去;同样,碎浆时也要防止油墨颗粒过度地碎解。这两点已成为碎浆好坏的主要标志。FRT 公司设计了一台长 3 m 多的水平低剪切力双转子碎浆机,两转子以 40 r/min 的转速反向旋转,碎浆浓度 8%～10%,碎浆时间根据纸料类别在 10～20 min 之间变动,可以连续也可间歇运转。在碎解多层复合纸盒纸、金属衬背纸切边、纸盘纸时均取得不错的效果,在疏解纤维的同时,污染物碎解很少。

又如 Kadant-Lamort 公司近期提出的更新用于疏解本色废纸和纸板的连续式低浓水力碎浆机的 Vorto 计划,升级的目标是:(1)在较小抽提底板的开孔直径下运行;(2)高疏解效能;(3)稳定的 5.5% 运行浓度;(4)降低能耗;(5)减少维修费用;(6)生产能力提高 20%。

又如筛浆机如何在去除废纸杂质方面最佳化,具有最佳的废杂质去除效率,碎浆和筛选的结合如何在去除废杂质方面发挥更大的作用等。

### (二) 设备的紧凑、集约化

如筛选方面,Metso 公司的 Opti Screen,4 个筛合并为 1 个筛。Kadant-Lamort 公司的 Screen ONE,合并 3 个筛为 1 个,粗筛系统只要 1 台设备,1 台泵即可满足要求。又如作为尾筛用的 Fiber NET,能避免长纤维随同粗渣被流失,从而能有效地减少第一段筛浆机和筛浆前除渣装置的通过量,提高企业成品浆的生产能力。2003 年日本相川公司也在美国登记了一个筛浆机的专利,该机采用共同进浆、良浆和粗渣的集管,机壳内有 6 个独立的筛筐带转子和电机,根据需要独立运行。5 个筛的粗渣集中到第 6 个筛进行处理。这样做降低了筛选系统的总投资成本,操作简单,控制方便,大大节省了厂房面积。又如浮选槽,Metso 公司的 Optibright,一个浮选槽有 7 个隔离室,6 个转子溶气系统,纸浆利用溶气与隔离室液体密度的不同,流过一个个的溶气室和隔离室进行多段的浮选。

又如高浓碎浆系统改为连续运行,减少了设备容量,节约了设备投资,节约占地面积,降低能耗,纤维损失少,纸浆质量均匀,这也算是紧凑、集约化的一个方面。

### (三) 简化流程也简化设备

当今复杂的废纸处理流程由于包括有太多的设备和复杂的控制系统,从而提高了生产成本和投资费用。对单元操作的更透彻了解可推动设备的更新换代,以使设备的工艺特性更趋合理和成熟。如 Voith 公司提出的 Ecoprocess 处理方法,可节省 12% 的投资费用和 10% 的能耗。具体做法是:将通常设置在前浮选后面的低浓除渣器放在前浮选的前面,由于 Ecomizer 新型排渣器的应用,除渣器进浆浓度可提高到 1.5%～2.5% 而不会发生粗渣堵塞现象,从而减少了除渣器用量和段数,节省了设备、能耗和占地面积。除渣器浆浓度的提高还可降低前浮选后细筛、洗涤浓缩装备的能力,从而达到节能、节省设备投资、节省生产费用和占地面积等。

又如 OCC 中胶黏物的种类和数量是比较多的,但已有新的 OCC 流程以鼓式碎浆机和筛浆机(粗、细筛)的结合,省略了除渣器和分散机,使流程大大简化,节约了投资和生产费用。

### (四) 嫁接别的行业中可利用的、有效的技术为废纸回用服务

在这方面已经有:选矿技术用于浮选;洗衣行业技术如洗衣机在废纸疏解、洗涤、脱墨、漂白等全流程的应用(洗衣机式废纸处理设备);洗衣业干洗技术和从咖啡豆中提炼咖啡因技术中,用超临界二氧化碳以及利用超临界二氧化碳开发出来的新型表面活性剂,在高压下提取、处理废纸油墨、蜡、胶黏物的整套设备。但后种技术嫁接工作还在起步阶段,有的还不成熟,尚需继续深化完善;嫁接的面尚不够广,项目尚不够多,需要继续努力,进行筛选。

# 第四节　废纸再生处理工艺流程

脱墨生产工艺以其节能,节省新木材,成本低,排污负荷轻等显著优点在世界范围内得到了迅速的发展,经过 30 多年的理论研究和生产经验的积累,现在的脱墨生产工艺已经非常成熟。用碎浆,高浓除渣,粗筛选,精筛选,轻、重杂质除渣器,以及浮选槽除去废纸浆的各种类型杂质;多盘浓缩机,双网压滤机进行浓缩(兼洗涤);用分散机,然后过氧化氢或过氧化氢加还原漂白,后浮选以改善成浆质量,以及单、双回路的水处理。上述序列几乎成了所有国际制浆设备供应商整线供货的标准菜单。新建脱墨生产线无论规模大小,工艺流程和工艺规程几乎如出一辙。不过,脱墨工艺和专用设备也是在不断发展的,其背后也还存在着继续提高效率,降低消耗的巨大潜力。下面介绍一些废纸再生处理的工艺流程。

## 一、短程废纸脱墨法(short sequence deinking,SSD)

短程废纸脱墨法是在 20 世纪 90 年代初由美国 Ferguson 和 Woodward 等人提出来的,其具体做法是:将 100%ONP 加在水力碎浆机中,加入白水作为稀释水,随后加入表面活性剂并将废纸进行疏解。表面活性剂主要起润湿作用(如烷氧基脂肪醇)和反再沉降作用(如 EO/PO 的共聚物),加入量各 0.25% 时脱墨浆的白度最好。疏解的废纸浆 pH 值为 4.5～5.5,温度 40～50℃。疏解好的废纸浆放贮浆池,而后按正常流程进行筛选、净化、洗涤以除去废纸浆中的油墨颗粒和杂质。这种方法因只在水力碎浆机中进行脱墨,故又称碎浆机脱墨法。由于脱墨方法简化,废纸浆中的胶黏物和油墨去除效果差,容易在回用水系统中产生油墨积聚或在抄纸过程中堵塞聚酯

网或毛毯孔眼,故通常在抄造新闻纸时,根据所用废纸原料的洁净度以及废纸浆最终的脱墨效果,加入 5％～25％这种废纸脱墨浆于新闻纸成浆中混合使用,这样就不会对抄造质量产生太大的影响。

应用合适的表面活性剂是这一方法成败的关键。美国目前所用的是一种商业名称为 InklearSR-33 的非离子表面活性剂,这种表面活性剂的作用与浮选、洗涤所用的表面活性剂不同,它能将分散于纤维表面直径小于 10 $\mu$m(大部分为 0.15～0.2 $\mu$m)的油墨颗粒凝聚起来成为 20～50 $\mu$m 的油墨颗粒。一个 50 $\mu$m 的油墨颗粒的形成需要 100 万个 0.5 $\mu$m 的油墨颗粒,因此大颗油墨的形成除去了分布在纤维表面使纤维表面色泽变灰的细小油墨颗粒,从而使纤维的白度提高了。同时,大颗油墨形成过程还将细小纤维、填料等吸附在它的表面从而失去了黏稠性。大颗油墨留附在纤维网上的特性使它不再悬浮于白水中,并不再对聚酯网、毛毯等造成危害。

SSD 法不需要任何设备投资,脱墨时也没有添加 NaOH、Na$_2$SiO$_3$ 和 H$_2$O$_2$ 等化学助剂和漂白剂,因此成本低廉,对我国利用现有设备生产废纸脱墨浆的工厂有一定参考价值,工厂可根据具体情况配制合适的表面活性剂。

### 二、溶剂法处理废纸

只用溶剂而不用水就好像干洗一样,很早就有人试图用溶剂来除去油墨、调色剂、蜡、塑料薄膜、树脂等来自废纸的杂物,但在经济可行性方面一直未能过关。20 世纪 80 年代末美国的 Riverside 纸业公司和日本的 Tagonoura Sanyo 公司成功地使用了溶剂法来处理涂蜡的纸张、纸杯、复合的纸张、牛奶盒等。蜡和聚乙烯树脂被萃取的同时,纤维得以回收。由于所萃取和回收的物质都是有价值的,故经济上是合算的。图 12-50 是溶剂法的流程简介。

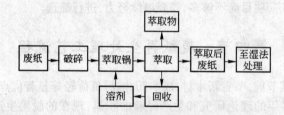

图 12-50　溶剂法处理涂蜡废纸

从图 12-50 中可以看到,废纸被撕碎机撕碎后装进一台萃取蒸煮器进行萃取,美国厂用的溶剂是三氯乙烯,日本厂用的是己烷,萃取的条件是 900 kPa,105℃,10 min。Riverside 厂的溶剂回收率是 99％,Tagonoura 厂是 90％。

1995 年加拿大安大略省 Mauvin 公司发明了一种新的溶剂脱墨法,以该公司的名字命名为 Mauvin 溶剂脱墨法(其流程见图 12-51)。这一方法用的是丁氧基乙醇(butoxyethanol)的水溶液。其作用原理基于丁氧基乙醇的水溶液在 pH＝11 时是良好的脱脂剂,它能将废纸中的静电印刷油墨、激光印刷油墨、涂塑油墨和胶黏剂等从废纸中分离出去。当丁氧基乙醇水溶液加热到 49℃以上时,溶液分为相对密度为 0.94 的上层和 0.99 的下层两层。相对密度小于 0.94 的塑料和胶黏剂等物质浮在水溶液的表面,相对密度在 0.94 和 0.99 之间的油墨、塑料和炭黑则留于两层界面之处,相对密度大于 0.99 的纤维则沉降到溶液的底端。

实验结果表明,这一方法可用于旧报纸、旧杂志纸、混合办公废纸、饮料盒、牛奶盒、照相纸等的脱墨。

据 Mauvin 公司称,这一溶剂脱墨法的优点是:

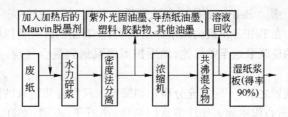

图 12-51 Mauvin 溶剂脱墨法简介

(1) 使 100% 回收纤维成为可能;

(2) 只需很少投资即可建成一座脱墨车间,因此,脱墨浆车间可放到废纸收集点处;

(3) 脱墨生产费用比常规方法要节省一半;

(4) 生产流程比通常的脱墨方法简单得多。

### 三、热熔物处理流程

废纸中的热熔物一般由三类物质组成:(1)热熔型,主要有石蜡、聚乙烯、乙烯-醋酸乙烯酯共聚物(EVA)等;(2)溶剂型,主要有经增塑处理的乙基纤维素和硝酸纤维素等纤维素衍生物;(3)乳液型,主要有聚醋酸乙烯酯乳液等。另外,天然橡胶、环化橡胶等橡胶衍生物、聚异丁烯等合成橡胶、聚偏氯乙烯和其共聚物、丙烯酸酯和聚酰胺树脂等均有良好的热熔性。并不是所有的废纸都包含热熔物,一般热熔物比较集中于书刊、杂志的封面、废箱纸板的黏胶带等。工厂可根据自己的设备处理条件和最终产品质量要求,选择适当的废纸原料。原则上要求废纸原料包含的热熔物越少越好。通常,废纸供应商根据废纸原料的质量进行分类,造纸厂则根据自己的需要采购。从原料上先行把关,减少以后的处理负荷。典型的热熔物处理流程见图 12-52。

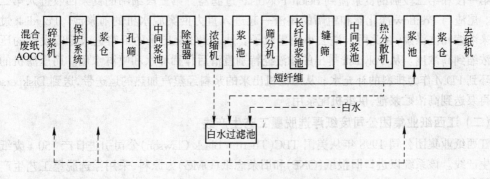

图 12-52 典型的热熔物处理流程

热熔物处理的关键设备是热分散机,但是,如果废纸原料中夹带的热熔物过多,在碎浆、粗筛、精筛工序不能有效地清除热熔物,那么,势必会给热分散机造成过高的负荷,处理效果会受到影响。为此,纸厂要解除热熔物的困扰,首先应在原料上把关,然后在以后各工序中层层设卡,分段清除热熔物,最后,再通过热分散机的处理,才能取得良好的效果。

### 四、废纸处理实例

**(一) 一座标准的旧报纸脱墨车间**(Aaron Karneth, Beloit Corporation, Pulping Group)

成捆的废纸从分配站通过输送机送到 Helidyne™ 间歇式碎浆机。碎浆机把废纸打碎成纤维,并借化学药品的作用使油墨颗粒从纤维上分离出来。废纸浆从碎浆机经一台 Beloit BelPurge™净化器,除去许多杂质。BelPurge 是一台除杂质的装置,其作用如同一台粗筛,使纤维能够通过而把杂质留下来。在 BelPurge 机内用水冲出杂质,使有用的纤维得以回收,而杂质除去。

从 BelPurge 出来的良浆泵送至贮浆池,然后按需要泵送到混合浆池。从 BelPurge 出来的尾渣经圆筛脱水后排弃。

在纸浆进入脱墨装置之前,一定要充分净化和筛选。从混合浆池来的浆,经过一组高浓除沙器处理,该除沙器是借离心作用除去比纤维重的杂质:小石子、玻璃、书钉、钉子和纸夹子。从高浓除沙器出来的尾渣集中在收集器内自动排弃。良浆则送入一台第一道粗筛 M-R™从筛子出来的良浆则导入脱墨装置前的收集箱。尾浆经过第二道和第三道 M-R 粗筛,回收可能从第一道筛带入的尾浆中的好浆。

从混合浆箱出来的浆,用清滤液稀释,并把泵送到几组压力脱墨装置(PDM™)浮选槽。在每台 PDM 装置的进口处注入压缩空气到浆内,使槽内形成高压空间,从而使槽内产生大大小小的气泡。油墨粒子就吸附在气泡上并漂浮到槽的顶部。带气泡的油墨从槽顶排除,进入旋风分离器,把带进的空气从尾浆中分离出去。从每只旋风器出来的尾渣集中在尾渣溢流箱内,与另一股尾渣流混合,然后泵送到重力网案脱水机上进行初步脱水。浓缩了的尾渣和浆状物送入泥浆压滤机内进行最后脱水到约 50% 的干度。最后送到锅炉。在碎浆机内加入化学品以加强浮选并促进油墨粒子凝聚。气泡吸附在油墨絮聚物上比吸附在单个油墨粒子上容易。

从 PDM 出来的浆被泵送到 Uniflow™净化器除去比纤维轻的杂质,如胶黏物、蜡、塑料。浆从顶部切线进入。排渣从底部排出进入澄清器前贮池,良浆从底部切线排出,并泵送到 Posiflow™净化器。Posiflow™分离出比纤维重的杂质。浆从顶部进入,良浆从底部排出,渣子从底部排出。系统中有两个通道以保证可见尘埃和油墨粒子高效地排除。

浆经净化后,流经第一段细筛,然后经第二段和第三段细筛。后两台筛的尾渣回收好的纤维。第一段和第二段筛的良浆流到 Beloit Polydisk®过滤器。第三段细筛的良浆回收进入第二段细筛。尾渣与 Posiflow 净化器和粗筛的尾渣一起进入重力网案脱水机的前浆池。Polydisk 过滤器用来浓缩和洗涤浆,在此用水洗去小油墨粒子。从 Polydisk 出来的纸浆进入专门设计的压滤机内浓缩到高浓度。从 Polydisk 排出的滤液经特别澄清后作稀释水和喷淋水用。而压滤机的滤液循环到 PDM 作为排料的补充水。从压滤机出来的浆料经蒸汽加热的运送带,送到 Diskperser。纸浆再泵送到高浓贮浆池,供纸机配浆用。

### (二) 江西纸业集团公司废纸浮选脱墨工艺生产线

江西纸业集团公司 1998 年从美国 TBC(Thermo Black Clawson)公司引进日产 150 t 废纸脱墨浆生产线。该系统以进口旧报纸(ONP)和旧杂志纸(OMG)为原料,采用浮选脱墨工艺生产废纸脱墨浆。1998 年底正式建成并投产成功,生产出合格脱墨浆并以一定比例抄造胶印新闻纸。

该公司废纸脱墨浆系统生产工艺流程包括高浓碎浆、预净化筛选、浮选脱墨、净化浓缩以及废水处理等(图 12-53 和图 12-54)。

整条生产线生产控制采用瑞典 ABB 公司 Advant OCS 开放式集散自控系统。该生产线流程短,操作简单,设备运行稳定。根据一年来生产实践,系统最大生产能力已达到 120 t/d,得率 80% 左右,吨浆成本略高于 SGW(磨石磨木浆)。

质量指标:白度范围 55% ~60% ISO;裂断长 3800 mm 以上;油墨尘埃小于 500 mm²/kg。

能耗指标:水 55 m³/t(风干);电耗 550 kW·h/t(风干);蒸汽 0.5 kg/t(风干)。

DIP 生产线投入使用后,造纸车间脱墨浆配用量占到 40% ~60%,并已成为抄造新闻纸最重要的浆种。由于废纸浆纤维平均长度、裂断长和撕裂指数以及白度都明显优于 SGW,纸机抄造性能和成纸质量都有不同程度改善,纸卷断头次数明显减少,印刷适应性能大大提高,受到抄纸工人和报社用户的欢迎。

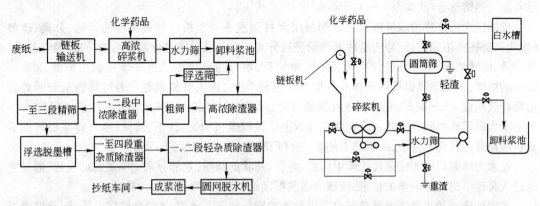

图 12-53　废纸脱墨浆系统生产工艺流程图　　　　图 12-54　碎浆系统流程图

## （三）福建省青山纸业股份有限公司 90 t/d 废纸处理系统

1984 年青山纸业股份有限公司纸机改造后，纸袋纸的年产量由原来的 5 万 t 提高到 10 万 t，而制浆系统的产量已不能满足纸机改造后的要求，为了解决浆料供应的不平衡，从奥地利 VOITH 公司引进了一套废纸处理设备，用美国 OCC 废纸及中国香港特别行政区废纸，生产废纸浆。

其废纸处理工艺流程见图 12-55。

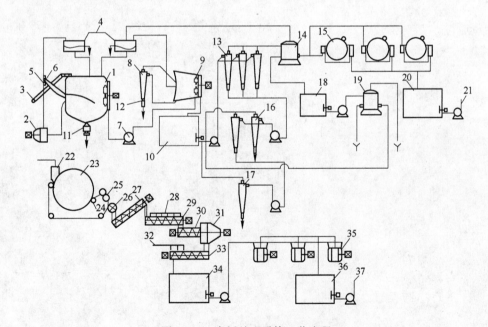

图 12-55　废纸处理系统工艺流程

1—水力碎浆机；2—再碎机；3—皮带运输机；4—振动筛；5—绞索；6—绞索机；7—浆泵；8—透平分离机；9—高浓除沙器；
10—1 号浆池；11，12—稀释水；13——段除沙器；14—立筛；15—圆网浓缩机；16—二段除沙器；17—三段除沙器；
18—渣浆池；19—二段筛；20—2 号浆池；21—带式浓缩机；22—进浆箱；23—网笼；24—第一压辊；
25—第二压辊；26—撕碎螺旋；27—斜螺旋；28—蒸汽管；29—热螺旋；30—喂料螺旋；
31—热磨机；32—稀释螺旋；33—稀释水管；34—3 号浆池；35—双盘磨；
36—4 号浆池；37—浆送造纸

该流程可分以下几部分:碎解部分(从碎浆机——1号浆池);筛选净化部分(从除沙器——2号浆池);热熔部分(从浆泵——3号浆池)。

废纸经水力碎浆机疏解良浆通过筛板用泵打到透平分离机进行进一步的筛选、分离、疏解(重渣被送往高浓除沙器、轻渣送往振动筛进行分离);良浆通过透平分离机内的筛板,经除沙器、压力筛、圆网浓缩机,分别进行净化、筛选、浓缩后,通过带式浓缩机进一步把浆浓缩到20%～25%的浓度,送到预热螺旋用饱和蒸汽把浆加温到90℃,进入喂料螺旋并通过热磨机分散处理后稀释浆料成4%～4.5%的浓度送往浆池,再经双盘磨打浆进入成浆池即被送往造纸配浆。

水力碎浆机内的长条状杂质缠绕在绞索上通过绞索机引出、卸下、清除;水力碎浆机底部的重物捕集器实行定时排放,一般每2 h排一次(用时间继电器控制)重污物。

在水力碎浆机中无法通过绞索引出的、短的、片状的杂质,及部分未完全疏解的浆片,通过管道进入再碎机进行进一步的疏解,疏解后送到振动筛分离,良浆回到水力碎浆机。

考虑到废纸的主要来源是美国和中国香港特别行政区。美国OCC废纸较干净;而香港废纸的成分较复杂,有书写纸、胶版纸、箱纸板、牛皮卡纸等,其杂质的成分也较复杂,有书钉、回形钉、订书夹、金属片、铁丝、麻绳、沙石等重杂物;还有塑料、棉纱、金属薄膜的复合层、表面涂布的树脂等轻杂质,还有橡胶黏合物、湿强剂、沥青及蜡等热熔物。

该流程的最大特点是:连续碎浆,除净度高,即使含杂质较高且杂质成分较复杂的废纸,其杂质都能得到较干净的清除,纸浆的质量都能满足生产纸袋纸的要求;设备的自动化程度较高,操作方便。设备的利用率较高,系统配有热熔系统可供除蜡及沥青。

# 第十三章 废橡胶再生利用技术

## 第一节 概 述

人类社会进入 21 世纪,面临的主要问题之一就是废橡胶的处理及其再生利用。目前,废橡胶制品是除废旧塑料外居第二位的废旧聚合物材料,它主要来源于废轮胎、胶管、胶带、胶鞋、密封件、垫板等工业制品,其中以废旧轮胎的数量最多,此外还有橡胶生产过程中产生的边角料。

尽管废橡胶在固体废弃物总量中只占一小部分,但却是固体废弃物处理的主要问题之一。由于废橡胶属于热固性的聚合物材料,在自然条件下很难发生降解,弃于地表或埋于地下的废橡胶十几年都不变质,不腐烂。废橡胶的堆积占用土地,污染环境,整条废轮胎堆集在一起还会滋生蚊虫,对居民健康造成损害,且易引起火灾。废橡胶作为工业垃圾,已为世界所公认。废橡胶的回收利用成本较高,技术难度大。因此,过去英、美等国家一直把它们看成是废物,只考虑如何处理干净。但是进入 20 世纪 70 年代以后,随着科技的发展,人们发现回收利用废橡胶可以节约生产合成橡胶所消耗的大量原油,开始把废橡胶称为"新型黑色黄金"(new black gold),千方百计设法回收利用,或者作为橡胶、塑料的填充材料,或者单用胶粉生产橡胶制品,从而开辟了废橡胶利用的新时代。从各个方面来讲,在能源相对紧缺的今天,回收利用废橡胶都具有十分重大的意义。

废橡胶的回收利用主要有直接利用和物理化学加工利用两大类,包括橡胶废制品的改制、再生胶利用、制胶粉后利用、热分解回收化工原料以及燃烧回收热能等方面。

我国是一个橡胶消费大国,2000 年共消耗生胶 210 万 t,仅次于美国,居世界第 2 位。每年产生的废橡胶复合材料将近 500 万 t。如此大量的废橡胶材料,若不及早处理,除了污染环境以外还是资源的极大浪费。同时我国又是一个生胶资源短缺的国家,几乎每年生胶消耗量的 45% 左右需要进口,而且这种情况短时期内不会有根本的转变,所以如何解决橡胶原料来源及代用材料是十分迫切的任务。处理好废旧橡胶,对于充分利用再生资源,摆脱自然资源匮乏,减少环境污染,改善人类的生存环境是非常重要的。目前,废旧橡胶回收利用项目已列入《中国 21 世纪议程》方案中。

### 一、国外废橡胶的利用研究现状

目前,国外废橡胶回收再利用的方法如表 13-1 所示。

表 13-1 国外废橡胶回收再利用方法

| 处理方法 | 法 国 | 德 国 | 意大利 | 英 国 | 比利时 | 荷 兰 | 瑞 典 | 美 国 |
|---|---|---|---|---|---|---|---|---|
| 胎面翻新/% | 20 | 17.5 | 22 | 31 | 20 | 60 | 5 | 0 |
| 再生利用/% | 16 | 11.5 | 12 | 16 | 10 | 12 | 12.5 | 28 |
| 能源利用/% | 15 | 46.5 | 23 | 27 | 30 | 28 | 64 | 72 |
| 填埋处理/% | 45 | 4 | 40 | 23 | 5 | 0 | 5 | 0 |
| 出口/% | 4 | 16 | 2 | 2.5 | 25 | 0 | 7 | 0 |

　　用于制备能量所耗废胶量大,且成本低,效益高。生产中废气经除尘、吸收处理后对环境的污染亦小。发达国家以废胶用于制备(热、电)方面所占比重最大。如英国耗废胶量为 3.2 万 t/a (192 万条/a),德国为 20 万条/a,意大利为 75~100 万条/a,日本为 50~200 万条/a,这些废轮胎均用以制备能量,而美国目前废胶用于制备能量占废胶利用量的 70%。据报道,美国采用德国的焚烧技术,花费 3800 万美元,建立了一个处理能力为 2.5 万 t/a 废胎的焚烧厂,生产 14.4 MW 的电能,其电能卖给 PG&E 公司作为稳定的出路。

　　其次是废胶粉在道路建设中的应用。废胶粉具有一定弹性和耐磨、抗滑等性能,而且其中含有防老剂,因此用于和其他材料一起铺设人行道、高速公路、球场等极为适合,且能够明显提高路面的质量和寿命,发达国家将这一应用领域选作废胶利用的第二大目标。美国利用废胶粉作为热混沥青的添加剂用于筑路已有 20 多年历史了,在 1982~1986 年,已试铺 210 多个路段,这种路面具有稳定性好、耐磨、防冻、防滑和维修费用低等特点。美国联邦法律颁布了在新公路沥青路面中要求使用 20% 废胶粉的法令,自 1991 年 12 月起生效。到 1997 年,废胶粉改性沥青铺路材料已消耗 8000 万条废胎。德国日耗 20 t 废胎用于道路、运动场地及机场道路的建设。英国年耗 5500 t 废胶粉用于道路建设。法国、比利时、奥地利在道路建设中亦广泛采用废胶粉、胶粉配料。

　　再次是胶粉脱硫生产再生胶,但其市场逐步减少。再生胶是指将硫化过程中形成的 C—S, S—S 交联键切断,但仍保留其原有成分的橡胶。这种回收利用方法在二战后得到迅速发展。但到了 20 世纪 70 年代,随着子午线轮胎的出现,再生胶掺用比例大幅度下降。合成橡胶,尤其是充油丁苯橡胶以低价优势夺取了大部分再生胶的市场。另外,再生胶生产能耗大,“三废”治理难,无法适应环保提出的要求。这些原因使得再生胶的生产逐渐衰退,发达国家的废橡胶利用重点已转向制造胶粉和开辟其他应用领域,如英国已全面停止再生胶的生产,美国目前只剩下两家工厂生产再生胶,至 1997 年再生胶生产仅占全部废胎利用量的 0.9%。

　　另外废胶粉和橡胶或树脂共混改性已成为新的研究热点。在橡胶工业中,从 1940 年起,人们就利用粒径为 0.5~1.0 mm 的胶粉来制造胶鞋底,随后胶粉在减振垫和一些性能不高的橡胶制品中也得到了应用。到 1970 年,出现了 100~250 μm(60~150 目)的精细胶粉,从而使胶粉可用于汽车轮胎。与再生胶相比,胶粉在并用橡胶中所表现出的性能更具优势。目前国外除 5%~10% 废胶粉生产再生胶外,其余 90% 以上废胶粉通过各种方法进行粉碎,利用胶粉的良好性能进行二次资源的再利用。据试验,在原胶中掺入 5%~30% 的胶粉,不影响橡胶的性能,有些橡胶制品甚至使用 100% 的胶粉。近年来,美国、日本和欧洲等许多国家在胶粉与橡胶的共混研究和应用等方面进行了大量的工作,并取得了良好的效果。尤其是日本,由于本国资源贫乏及石油危机,更重视胶粉的开发应用,他们将胶粉视为一种原料,广泛应用于铺设路面装修材料、防振材料、密封材料、黏合剂及各种橡胶制品等方面,节省了大量资源,获得了很大的经济效益。

　　胶粉除了与橡胶掺用外,也与树脂并用,以增韧改性树脂。早在 20 世纪 80 年代初国外就已开始将胶粉加入到各种热塑性聚合物中,进行胶粉增韧聚合物的研究。其中以聚乙烯体系最多,其他还包括聚丙烯、聚苯乙烯、聚氯乙烯、环氧及其他一些热塑性弹性体体系。掺用胶粉后的热塑性树脂可通过模压、层压、压延、挤塑等成型方法制成成品。美国的 Rosehill 公司将胶粉与热塑性树脂在高温下直接混合,进行挤出、冷却和切断等工艺操作,制成厚为 1~4 mm、宽为 0.5~1 m 的片材,可用作垫毯、道路铺设、屋顶防水层、汽车消声道铺垫、油田管道保护以及减振垫和隔声材料等。

## 二、我国废橡胶资源化利用的现状

我国是一个橡胶消费大国。2001年共消耗生胶279万t,仅次于美国(281.2万t),居世界第2位。据国际橡胶研究组织统计,2002年我国生胶消费量(306万t)首次超过美国(285.4万t),成为世界橡胶消费第一大国,美国位居第二,日本(182.7万t)第三。这就是说,我国在成为世界上最大的橡胶制品生产国及消费国的同时,也将成为世界上最大的废橡胶产生国。据估算,目前我国每年产生的废橡胶复合材料将近500万t。如此大量的废橡胶材料若不及早处理,既污染环境又浪费资源。我国加入世贸组织后,国内橡胶工业的发展将进一步加快,与此同时,废橡胶利用产业也将迎来新的发展机遇。

### (一) 轮胎翻新

轮胎翻新具有较好的经济效益,旧轮胎翻新后其使用寿命一般为新轮胎使用寿命的60%~90%,平均行驶里程为5万~8万km。当前世界名牌载重轮胎一般都可以翻新二三次,并且翻新轮胎的使用寿命接近于新轮胎,而翻新轮胎所用的原材料一般为新轮胎的15%~30%,可节约大量橡胶、帘布和炭黑等材料,其价格仅为新轮胎的25%~50%,因此,翻新轮胎是废轮胎利用的最有效方式。目前轮胎翻新已经实现工业化,主要集中在载重轮胎和轿车轮胎。轮胎翻新量大约是轮胎报废量的22%。

### (二) 再生胶

20世纪80年代末以来,工业发达国家大多已从再生胶的生产转入胶粉活化改性或精细胶粉的直接利用。我国目前再生胶占95%,活化胶粉和精细胶粉只占5%,远滞后于发达国家。我国现有再生胶生产企业近500家,产量约为30万t/a以上,居世界首位。尽管我国再生胶生产较好地解决了废水污染问题,但仍存在利润低、劳动强度大、生产流程长、能源消耗大、环境污染严重等缺点。目前,国内正在积极研究新的废橡胶脱硫技术,随着新技术的开发,有可能向橡胶工业提供物美价廉的再生胶,这将是再生胶工业发展的转折点。已经开发成功的微波脱硫技术就是一项突破性的再生技术,该方法是干态脱硫,没有污染,产品质量好。在橡胶制品中掺用再生胶有利于合成橡胶的加工。

### (三) 胶粉

我国胶粉生产始于20世纪80年代后期,90年代初进入活跃期。我国现有胶粉生产厂40多家,产量约为5万t/a。由于我国废橡胶是有偿使用的,且废橡胶冷冻粉碎工艺的制冷剂液氮价格十分昂贵,国内使用液氮低温冷冻粉碎技术十分困难,因此,"八五"规划列出"低温冷冻法生产微细胶粉及其应用研究"攻关项目。该项目由原青岛化工学院、山东高密再生胶厂和航空航天部第609研究所联合承担,已取得圆满成功,开发出的空气涡轮制冷法实现了废橡胶的低温粉碎。空气涡轮制冷法的技术核心是将飞机制造业中的涡轮膨胀技术应用到低温粉碎技术中,与国外的液氮法相比,具有细粉率高、成本低等优点。此后,中国科学院低温工程中心和北京航空航天大学也开展了这方面的研究。

这期间,一些生胶生产厂家利用粉碎后的粗胶粉(420 μm)经活化处理生产数量不多的活化胶粉,同时国内一些省市地区先后从美、意、法、德等国家引进10多条胶粉生产线及单机设备,我国的胶粉生产开始起步,但这些生产线多采用常温法生产,几乎都只能生产粗胶粉和细胶粉(250 μm)。为此,国内一些机械设备制造厂也开始研制常温法制备微细胶粉的设备,目前已有成功报道。例如,青岛绿叶橡胶有限公司开发的LY型液氮制冷系统具有独特的冷交换装置及多种冷能循环利用技术,使液氮的冷能得到充分有效的利用。利用该法生产1 kg微细胶粉仅消耗液氮 0.32 kg,国际上同类液氮冷冻法生产 1 kg 微细胶粉的液氮消耗量一般在 0.5 kg 以上。液氮消耗量的降低使微细胶粉的成本大幅下降。深圳东部橡塑实业有限公司成功开发了常温法工业化生产精细胶粉新技术,该技术以物理手段为主,辅以化学手段,在常温条件下,以简化的工艺流程生产万吨规模的 125～250 μm(60～120 目)精细胶粉,产品粒度均匀,且能耗低,成本低,生产过程对环境无污染,达到了废轮胎胶料和骨架材料的全部综合利用。

最近,有资料报道国内正在研究用物理化学方法制备精细胶粉,该项技术的关键在于溶胀剂的配制回收和高能搅拌磨粉工艺。这种方法制备的胶粉比普通工艺制备的胶粉要细得多,且机械强度明显提高。这些有助于提高胶粉质量、降低胶粉成本的新技术应用,将促进胶粉的进一步推广应用。

胶粉生产科技含量高,市场潜力大,具有广阔的发展前景。胶粉既可以直接或经过表面活化掺入胶料替代部分生胶制造轮胎和胶鞋等橡胶制品,又能制成橡胶地板或与沥青混合后用于铺路、装修、防振、密封和防水卷材,还可以用来改性塑料、改良土壤;精细胶粉还可用于涂料、油漆和黏合剂改性。同时,我们还可以大力开发胶粉在其他方面的应用,如与树脂并用来增韧改性树脂等。目前我国在这方面的研究还不是很多,有待加强。

### (四) 热分解

热分解是在高温条件下打开废橡胶中的大分子链,使其分解所得的有机物得以分解、汽化,生成混合油、裂解气以及炭黑等一系列的裂解产物。热分解技术在很多国家都已经开发成功。我国山东、广东等省已有小型土法裂解废轮胎的生产,但是真正具有完善的技术设备、可靠的工艺流程、可观的经济效益的生产方法并未见报道。这主要是由于热解废轮胎一般要经过粉碎、热分解、油品回收、尾气处理、二次污染的防治等工序,成本较高。另外,目前回收的炭黑质量与原炭黑不同,只能用于一般橡胶制品,且价格很低。

清华大学粉体工程研究室针对上述问题进行了试验研究,提出对小型土法裂解工艺实施技术改造的具体方案。通过采用加载保护气、添加催化剂等方法,有效地降低了裂解温度,提高了油品收率。为提高整套生产工艺的技术水平和相关产品的附加值,又对裂解炭黑进行了超细粉碎、分级和表面改性等深加工。橡胶厂的试用结果表明,超细改性的炭黑填料性能完全能够达到半补强炭黑的指标,满足作为橡胶填料的各项要求,且具有比其他无机填料更优异的性能,这为裂解炭黑的高附加值利用带来了光明的前景。对裂解工艺的改进能够提高炭渣的活性,又为向制备活性炭方面发展找到一条新的出路。

我国台湾荣积工业股份有限公司现有一套年处理废轮胎 3000 t 的裂解装置,整条轮胎先破碎为块状,然后进入裂解炉,最后获得重油、煤气、钢丝、炭黑和活性炭。目前该公司生产的炭黑已经在大陆销售。利用热解技术处理废轮胎可以把轮胎的成分全部回收,是废轮胎理想的利用方式,但是现有的裂解技术都要求对废轮胎进行粉碎等预处理,对生成的炭黑进行粉碎和分离等处理,生产成本较高,故有人提出采用流化床热解炉热解废轮胎的工艺。据悉,德国汉堡研究院已经研制出实验性流化床反应器,其流化床内部尺寸为 900 mm×900 mm,整条轮胎不经破碎即能进行加工,可节省大量破碎费用。整条轮胎通过气锁进入反应器达到流化床后慢慢沉入流化介质内,几分钟内轮胎在流化介质的作用下分解完全,钢丝残留在流化床内,热解产物被流化气体带出流化床,经分离得到油品、裂解气和炭黑。整个过程能量可以自给,且省去了预处理和后处理工艺,是废轮胎回收利用的极佳方式。这应是国内废橡胶热裂解研究发展的一个方向。

其他的橡胶回收利用方式,如燃烧热利用等在我国鲜见报道。

从资源再生和环境保护出发,世界各国越来越重视废橡胶的资源化综合利用。但随着高分子材料科学的发展,橡胶制品的材料构成日趋复杂。如何处理和利用这些复杂的制品将是今后人们面临的一项重大课题。废橡胶的资源化利用有多种方式,究竟采取哪一种方式较好,不能一概而论,要根据具体的实际情况制定与之相适应的回收利用方案。

### 三、再生胶胶粉行业市场现状及发展趋势

我国是橡胶消耗大国,据国际橡胶研究会(IRSG)统计报道,中国橡胶消耗量2001年达到275万t,成为仅次于美国的橡胶消耗大国,在世界橡胶消耗量中所占的比重跃至15.6%。但我国又是一个橡胶资源十分匮乏的国家。2001年我国天然橡胶产量50万t,进口98万t,达到历史最高纪录。目前我国有合成橡胶生产企业近40家,其中2001年产量在1万t以上的企业有16家,在5万t以上的企业有7家,超过10万t的企业已有4家,2001年国产合成橡胶达到102.8万t,进口42万t,每年有50%的橡胶依赖进口。根据我国农垦系统发展规划,到2005年稳定900万亩橡胶园,年产干胶60万t,仍有60%的缺口。我国合成橡胶工业近年虽然有了较快的发展,2001年突破100万t,达到102.8万t,但我国合成胶的净进口量(进口量减出口量)从1990年的3万t升至1999年的60.6万t,约增加了20倍。既然再生胶胶粉可以代替生橡胶应用于橡胶制品,每3t轮胎再生胶可取代1t生橡胶,我国橡胶工业使用再生胶的比例为橡胶的20%左右,不少低档橡胶制品使用量高达50%左右。而且再生胶又是橡胶工业极好的填料,具有优异的加工性能。长期以来,再生胶成为橡胶工业具有魅力的多功能性的原材料,甚至在轮胎乃至性能更好的子午胎等高等级制品中,也加入了再生胶。

在未来的5到10年里,与橡胶工业密切相关的汽车、交通、能源、矿山、电子等部门将快速发展,这将为橡胶工业的发展提供良好的机遇,同时为向橡胶工业供应原材料的再生胶工业带来发展契机。

#### (一)轮胎行业的市场

轮胎工业是我国橡胶工业的支柱产业,每年耗胶量占全国耗胶量的60%以上。2001年全国轮胎产量1.32亿套,耗胶130万t,耗再生胶及胶粉约15万t。2005年配套胎及替换胎共需6228万条,农业轮胎总需求量为4565万条,工程机械轮胎需求量为230万套,轮胎出口1700~1800万条,2005年轮胎总需求量为12723~12823万套。其实2001年全国轮胎产量已超过此目标。

#### (二)自行车胎、摩托车胎国内市场

我国素有"自行车王国"之称,自行车的社会保有量达5亿辆,年生产能力5000万辆以上,摩托车社会保有量有5000万辆,年生产能力1500万辆。2001年自行车胎产量为2.75万条,年耗再生胶、胶粉约5万t。

2000~2010年车胎产量及再生胶、胶粉需用量见表13-2。

**表13-2 2000~2010年车胎产量及再生胶、胶粉需用量**

| 名 称 | 2000年 | 2001年 | 2005年 | 2010年(预计) |
|---|---|---|---|---|
| 自行车外胎/万条 | 26000 | 27000 | 28000 | 30000 |
| 摩托车外胎/万条 | 4000 | 4300 | 5000 | 6000 |
| 综合内胎/万条 | 32000 | 35000 | 35000 | 40000 |
| 再生胶、胶粉/万t | 5 | 5.5 | 5.5 | 6 |

### （三）胶鞋行业市场

我国胶鞋行业具有一定规模的企业有 1400 家左右,年生产能力约 25 亿双,号称"制鞋王国"。2000 年我国胶鞋产量约 13 亿双。

### （四）胶带行业市场

目前,全国县级以上胶带生产企业超过 300 家,个体企业上千家,输送带生产能力超过 1.5 亿层平方米。2001 年输送带产量 7246 万 $m^2$。以普通 V 带为代表的传动带生产能力约为 8 亿 Am[❶],2001 年产量为 6.37 亿 Am,汽车 V 带生产能力超过 5000 万条,2001 年产量 1200 万条。2000 年输送带出口 195 万 $m^2$,V 带出口 3037 万 Am,2005 年各种输送带的需求量约为 9000 万 $m^2$,普通 V 带约 6 亿 Am,汽车 V 带约 6000 万条,汽车同步带、多楔带 2000 万条,农机带 400 万条,摩托车带 3000 万条,工业用同步带 2000 万条,多楔带 1200 万条,出口输送带 500 万 $m^2$,需要再生胶、胶粉约 4 万 t。

### （五）胶管行业市场

目前,我国共有各种类型胶管厂 700 余家,年生产能力超过 37000 万 m。我国胶管生产能力和产量见表 13-3。

**表 13-3　胶管产量**

| 年　　度 | 产量/万 m |
|---|---|
| 1998 年 | 11000 |
| 1999 年 | 23612 |
| 2000 年 | 25240 |

年出口 500 万～800 万 m, 2005 年胶管总需求量为 25000 万 m,再生胶、胶粉需求量约 5 万 t。

### （六）防水材料市场

橡胶作为一种高分子弹性体材料,在建筑行业应用十分广泛,尤其是橡胶防水片材、防水涂料、密封膏、止水带等已广泛应用在建筑的屋面、地面、地下室及水池、仓库等防水工程上。在国外,建筑用防水材料已成为橡胶工业快速发展的产品之一,其橡胶消耗量仅次于轮胎,成为大量消耗橡胶的一个新领域。美国再生胶 70％用于建筑行业。近几年我国建筑行业发展十分迅速,已成为国民经济的支柱产业之一。每年城镇住宅竣工面积 2 亿多 $m^2$,工业及公共性建筑 1 亿多 $m^2$。因此,对防水材料需求量日益增多,市场潜力大,有待我们去开发。据有关方面预测,2005 年建筑防水材料需求量约为 4.02 亿 $m^2$,其中改性沥青油毡 1 亿 $m^2$,高分子卷材 5000 万 $m^2$,再生胶防水卷材 500 万 m。到 2010 年,建筑防水材料需求约 4.5 亿 $m^2$,其中改性沥青油毡 1.5 亿 $m^2$,高分子卷材 8000 万 $m^2$,再生胶卷材 1000 万 $m^2$,再生胶胶粉需求量预计在 8 万 t。

### （七）胶粉在公路上的应用

将胶粉与沥青混合铺路在国外已有 20 余年的应用历史。近几年,随着环保问题日益受到社会关注,国际上更多的国家采用废橡胶粉改性沥青铺设公路。

用胶粉改性沥青铺设路面,比一般沥青道路弹性好,行驶噪声低、耐压、耐磨、可增加行车舒适度,大大提高公路的安全性和可靠性,提高公路使用寿命。

我国已进入公路高速发展时期,国家提出用 20 年左右时间,在进一步提高路网密度和通达深度的同时,集中力量重点建设 12 条长度约 3.5 万 km 的"五纵七横"国道主干线,每年投入近 2 000 亿元,每年需要沥青 300 多万 t,如果掺用 10％的胶粉,一年就需 30 多万 t 胶粉,这是一个潜在的大市场。我国橡胶及再生胶、胶粉消耗量见表 13-4。

---

❶　A 是 V 带的一个型号标识,各型号产量都以 A 型号为标准折算故称 Am。

表 13-4　"十五"期间我国橡胶、再生胶、胶粉消耗量的预测

| 年　度 | 天然橡胶/万 t | 合成橡胶/万 t | 再生橡胶/万 t | 胶粉/万 t |
|---|---|---|---|---|
| 2004 年 | 135 | 140 | 43 | 10 |
| 2005 年 | 140 | 145 | 44 | 12 |
| 2010 年(预测) | 160 | 185 | 50 | 20 |

目前,我国橡胶工业每年以 6% 的速度增长,我国橡胶缺口较大,再生胶、胶粉是橡胶资源再生循环利用物资,在我国仍有很大市场。虽然现在国外发达国家再生胶使用量呈下降趋势,由过去高峰期的占橡胶消耗量 20%～30%,降低到 5%～10% 以下,像印度这样的发展中国家,也由 20 世纪 70 年代的 12%,80 年代的 10% 降到 2000 年的 7.5%。但胶粉工业将是 21 世纪的绿色环保产业,是废旧橡胶资源综合利用的方向。目前,我国胶粉生产技术处于国际领先水平,主要是应用问题,相信将会有很大的发展前途。

# 第二节　废橡胶的再生技术

废旧橡胶的处理,一直是环境保护和橡胶再利用领域的一个难题,这是由于废旧橡胶具有稳定的三维化学网状结构,既不熔化也不溶解。目前,全世界每年约产生 1000 多万吨的废旧橡胶,它们积攒在大自然中对环境构成了严重的污染。废橡胶的再利用方法一般是制成胶粉或再生胶。再生胶是指废旧硫化橡胶经过粉碎、加热、机械处理等物理化学过程,使其从弹性状态变成具有塑性和黏性的、能够再硫化的橡胶。再生过程的实质是:在热、氧、机械作用和再生剂的化学与物理作用等的综合作用下,使硫化胶网络破坏降解,断裂位置既有交联键,也有交联键之间的大分子键。近年来,由于专家学者的深入研究,现已有了多种再生方法,而在这期间,我国的再生胶行业也得到了长足的发展。

## 一、传统的废旧橡胶脱硫再生法

再生胶法是橡胶回收利用的最古老、最常见的方法。目前,再生胶技术已较为成熟。传统的脱硫方法有油法、水油法以及国内广泛用于再生胶生产的高温高压动态脱硫法。

油法在日本已进行了推广应用。该方法是在粉碎的废胶粉中加入再生剂,装入硫化罐,并在 150 MPa×(4～5)h 的条件下脱硫,随后进行粉碎、捏炼、精炼、滤胶、出片等,最后制成制品。水油法利用了胶粉在高温高压条件下可迅速溶胀,而且溶胀的程度较低压条件下大得多的性质。水油法与油法的区别主要在于脱硫阶段的不同。高温高压动态脱硫法是国内 20 世纪 80 年代末 90 年代初出现的一种再生新工艺,它取水油法和油法之长而弃之短。高温高压动态脱硫法是在高温高压和再生剂的作用下通过能量与热量的传递,完成脱硫过程。此法不仅脱硫温度高,而且在脱硫过程中,物料始终处于运动状态。

上述传统方法总的特点是:(1)除切断硫键交联网点以外,还会引起橡胶主链键的氧化和部分热裂解。(2)二次污染较严重,生产效率低,能耗较大。因此,在人们环保意识日益增强和能源越来越短缺的今天,这些方法将不会再受到人们的欢迎。

## 二、典型的废旧橡胶再生新方法

### (一) TCR 再生法

由于传统脱硫法设备较复杂,能源消耗大,于是人们提出了低温化学法,其中以瑞典的 TCR

(trelleborg cold reclaim powder)再生法为代表。此法是在低温粉碎胶粉中混入少量的增塑剂和再生剂,然后送入粉末混合机中于室温或稍高的温度下进行短时间处理即可。这种方法的优点是环境污染少、省力且节能,故是一种有比较有发展前途的再生方法。

### (二) De-Link 橡胶再生法

De-Link 橡胶再生工艺方法是将一种新的化合物 De-Link 与硫化胶粉以 6:100 混合,在低于50℃的开炼机上共混 7~10 min,即能有效地切断硫化胶的交联网络。再生后的胶料在135℃下无需再加硫化体系即可还原成硫化胶,而且速度快,整个过程不产生新的污染。国内外很多人做过这方面的研究,国内早期有连永祥等人做过废胎面胶的 De-Link 再生工艺的研究。

### (三) 剪切流动场反应控制技术

"剪切流动场反应控制技术"产生于日本。它不使用化学药剂,通过给予废橡胶以热能、压力和剪切力,使硫化胶的硫键发生断裂而成为性能稳定且有塑性的新的再生胶。

据称,在此种连续脱硫工艺中,可以通过优化反应器中的剪切应力、反应温度和容器内部压力等参数,有效地控制脱硫中的各种化学反应。

### (四) 电子束辐射脱硫法

电子束法再生主要是利用 IIR 独有的射线敏感性,借助电子加速器的高能电子束,对其产生化学解聚效应。大多数橡胶弹性体在射线作用下发生交联反应,只有极少数结构含 4 价碳原子基团的胶种如丁基橡胶、丁基硫化胶等在高能辐射场下呈现降解反应。辐射技术正是利用丁基橡胶这一特有的辐射化学性质,借助电子射线与之发生化学断键——解聚反应,使丁基胶获得再生。其再生效果也较好。加工过程中无废料产生,不会对环境带来污染。但此法只适用于 IIR 和 IIR 硫化胶等少数胶种。

### (五) 微生物脱硫法

关于微生物脱硫法,日本和德国已有专利报道。这种方法是将废橡胶粉碎到一定粒度后,将其放入含有噬硫细菌的溶液中,使其在空气中进行生化反应,在噬硫细菌的作用下,橡胶粒子表面的硫键断裂,呈现再生胶的性能。此种方法再生费用很低,而且反应迅速。但采用此法,仅表层厚度约有几个微米脱硫,胶粒内部仍为交联橡胶状态。

微生物脱硫法被认为是前景非常广阔的废橡胶再生方法。但此项技术距工业化生产还有一定距离。

### (六) 超声波脱硫法

阿克隆大学于 1993 年发明超声波脱硫法。此法是利用高密度能量场来破坏交联键而保留分子主链,从而达到再生的目的。超声波场可在多种介质中产生高频伸缩应力,高振幅振荡波能引起固体碎裂和液体空穴化。理论上的解释是:可能是声波空穴化作用机理引起超声波的能量集中于分子链的局部位置,使较低能量密度的超声波场在破坏空穴处转变为高能量密度。据 A. I. Isayev 等用 GRT(废轮胎胶粉)超声波再生后,测得其硫化胶的物理机械性能为:拉伸强度约为 9 MPa,拉断伸长率为 270%。而此性能已高于普通再生胶。A. I. Isayev 等还对超声波脱硫的过程进行了数学的描述,并建立了一个拓扑学模型。

超声波脱硫法是对废橡胶的真正再生,但该法尚未扫除商业化生产的成本和技术障碍,超声波脱硫法的商业化生产还需要一段时间。

### (七) 微波脱硫法

微波脱硫法是一种非化学、非机械的一步脱硫再生法。它利用微波能的作用使胶粉中的S—S 和 S—C 键断裂。橡胶置于 $f = 2450$ MHz 或 915 MHz 的微波场中,一切极性基团都会因高强交频电磁场改变自己的方向而随电磁波的变化而摆动,因分子本身的热动力和相邻分子的相互作用及分子的惯性,极性基团随电场的变化而受到阻力和干扰,从而在极性基团和分子之间产生巨大的能量。微波法的优点是热效率高。为使脱硫达到所需的高热,用于脱硫的胶粉最好具有极性。因此,微波法脱硫,对极性橡胶的热效应非常明显,但只要是硫化胶,一般都有一定的极性。赵树高,张萍等曾做过非极性硫化橡胶微波脱硫的研究。

微波脱硫法最早由美国 Novety 等人研究,现已在美国投入工业应用,日本专利也有微波脱硫工艺的介绍。在国内,罗鹏、连永祥、董诚春等人也先后从事过有关废橡胶的微波再生试验的研究工作。

### 三、废旧橡胶脱硫再生方法的比较

表 13-5 中是一些比较有代表性的橡胶再生新方法,每种方法都有其独特之处。De-Link 法已经用于工业生产。而微生物法虽然目前仍处于实验室阶段,但此法可将橡胶中的氧化锌、金属与硫磺等一块儿从橡胶中分离出来,其发展动向及意义深远。与传统脱硫法相比,微波脱硫法有以下特点:(1)节能性好,基本上不存在能量的浪费;(2)脱硫效果好,再生胶质量高且性能接近原生胶;(3)生产效率高,耗时少。从热效应上来说,微波的加热方式与传统加热方式有着本质的区别;(4)对胶粒的粒径要求不高,发展前景好,有人做过试验,认为粒径在 6~8 mm 比较好,不必是精细胶粉;(5)对极性强的橡胶有特效。特别是针对一些脱硫效果不好或者用传统方法很难以进行的胶种,采用微波法脱硫则效果很好;(6)污染相对较小。但由于脱硫的温度一般在 150~180℃,再加上胶粉中的助剂或杂质的不均匀性,所以在脱硫过程中局部容易产生大量(臭味)烟气甚至燃烧,这对环境有一定的污染;(7)经济性好。微波脱硫法的缺点是有一定的污染。超声波再生法的特点是再生效果好,其再生硫化胶的性能接近原生胶。其唯一的缺点是再生过程中,除了破坏三维网状结构外,也导致了部分大分子链的断裂。而超声波法同微波法相比,它在生产效率上,不如微波法高,但其再生效果较微波法好。

**表 13-5　几种再生技术的比较**

| 条件和项目 | 微波再生 | 超声波再生 | De-Link 再生 | 微生物再生 |
|---|---|---|---|---|
| 温度/℃ | 约 160~180 | 120,149,176 | 室温 | 常温 |
| 压力 | 不需要 | 挤出机压力 | 不需要 | 不需要 |
| 辅助设备 | 微波发生器 | 超声波(20 kHz) | De-Link 再生剂 | 噬硫微生物 |
| 环境污染 | 基本无污染 | 无污染 | | 无污染 |
| 设备 | 开炼机 | 超声波发生器 | 开炼机或密炼机 | 反应器 |
| 交联密度/kmol·m$^{-3}$ | | 0.36 | | |
| 门尼黏度(ML$_{1+4}^{100℃}$) | 108(GRT) | | 104 | |
| 拉伸强度/MPa | 9.32(GRT) | 10(SBR) | 7(SBR) | |
| 拉断伸长率/% | 363.9(GRT) | 130~250 | 300 | |
| 300%定伸应力/MPa | 7.90(GRT) | | | |
| 废橡胶粉粒径/mm | 6~8 | 约 0.5 | 0.42(40 目) | |

### 四、废旧橡胶脱硫再生工艺的发展方向

废橡胶再生方法比较多,但真正能用于工业生产的却为数不多。适合工业生产应用的橡胶

再生方法应具备以下特点:(1)成本低。成本低利润才大,企业才能发展起来。(2)性能好。只有性能好的再生胶,其销路才好,企业才能壮大。(3)污染小。如污染大,法律不允许,工厂根本就不能运转。(4)与实际情况结合好。比如某些硅橡胶生产厂生产过程中的边角废料,直接用机械法即可使其再生,而且性能效果好,完全没必要采用其他比较先进的再生方法。

此外,在废橡胶的利用上,虽有专家指出,我国再生胶工业的发展方向是废旧橡胶利用胶粉化。但再生胶的道路并没有走到尽头,并且它还有充分的发展空间。应该说胶粉并不是废橡胶利用的唯一途径,再生胶也是废橡胶利用的必要的和不可缺少的方法。再生胶,它有着胶粉所不可比拟的优点:(1)再生胶具有塑性,而胶粉不具有。胶粉仅能通过表面改性的方法,使其表面具有一定的活性。(2)再生胶的使用范围广。因为胶粉仅可作为原材料来投放市场,而再生胶既可作为原材料,又可通过直接做成制品来投放市场。(3)再生胶价格低,人们在工艺过程中,偏好用其代替部分原生胶来降低成本。

# 第三节　胶粉的生产及应用

再生胶胶粉工业是以废旧橡胶为原料进行加工利用的产业,是将废旧橡胶减量化、无害化、资源化、再循环、再利用的产业。建国以来,特别是改革开放 20 多年来,我国再生胶工业不断发展,已经成为世界再生胶生产大国。而今的新型硫化橡胶粉又为橡胶、建材、塑料及涂料等工业提供了大量改性材料,是国家鼓励发展充满希望的朝阳产业。

## 一、胶粉行业的发展历史

胶粉工业缘起于橡胶工业的诞生,孕育于轮胎翻修工业(简称翻胎工业)的崛起,哺养于再生橡胶工业的摇篮。

自 1839 年世界橡胶工业诞生的第一天起,废旧橡胶的处理问题就客观地呈现在人们面前。

轮胎工业问世后,为了延长轮胎的使用寿命,相应减少废胎的产生,翻胎工业问世。但问题只解决了一小部分,对于在旧胎翻新修补过程中产生的废橡胶渣和大量不能翻修的废胎,以及日益增多的废旧橡胶制品,还是处理不了。

第二次世界大战后,发达国家开始了废橡胶的工业化应用。大体可分为两个阶段,即 1945 年至 1980 年通用橡胶生产再生胶阶段和 1981 年至今的胶粉直接利用阶段。

我国橡胶工业始于 1915 年,比发达国家晚了近 80 年。我国翻胎工业和再生胶工业也都起步较晚,发展缓慢。虽然在 20 世纪 70 年代末到 90 年代初都经历过一段大普及、大发展的辉煌岁月,但在 1994 年新税制出台后,翻胎工业因多种因素陷入困境,而再生胶工业却抓住了发达国家停止生产再生胶的机遇而迅速发展,产量跃居世界第一。为了生存与发展,一些翻胎厂看中了胶粉生产,与胶粉厂家和部分再生胶厂共同开发胶粉市场。在此前后,中国科学院、北京航空航天大学、南京 609 所、西安交通大学等单位对低温、准低温和常温粉碎胶粉技术的研究取得了突破性的进展。一批乡镇企业也应运而生,为轮胎工业生产了大量活化胶粉。全国的胶粉应用量从 1991 年的 300 t 增加到 1998 年的近 2 万 t。

2000 年以来,深圳东部开发(集团)公司根据国家经贸委 1997 年《关于将废轮胎生产精细胶粉的项目作为国家资源综合利用示范项目的复函》精神,建成了全国第一条年产 1 万 t 80 目以上精细胶粉的生产线。北京泛洋伟业科技有限公司开发的北京市第一条年产 5000 t 80 目以上精细胶粉生产线正式建成投产。青岛绿叶橡胶有限公司开发研制的"LY 型液氮冷冻法"生产精细胶粉获得成功,每千克 80 目以上精细胶粉仅耗 0.232 kg 液氮,比发达国家低得多,处于国际领先水平。上海虹磊精细胶粉成套设备有限公司成功地开发出一条在常温下年处理 5000 t 废轮胎的全自动精细胶粉生产线并正式投入生产。

据不完全统计,近两年来,全国年产能力 2000 t 以上的橡胶胶粉企业已有 20 余家,主要分布在深圳、江苏、山东、河南、四川等 11 个省市。据报道,引进了德国超低温冷冻粉碎工艺,年处理废轮胎 4 万 t 的天津美力胶粉实业公司日前也在天津正式挂牌。据介绍,由成都天利民橡胶有限公司研制的 FMJ-Ⅳ 单辊精细粉碎机设备也已组合成年产 4000 t、6000 t 和 12000 t 等四条生产线,并在云南、四川、福建、江西实施。此外,新疆、陕西等省也正在积极筹建年产数千吨以上规模的胶粉生产线。目前,全国胶粉年产能力已从 1991 年 3000 t 增加到 15 万 t 以上。中国橡胶工业协会、中国轮胎翻修利用协会、全国橡胶工业信息站等单位还先后召开会议研讨精细胶粉的生产与应用等问题。

所有这些都表明,一个以废轮胎为主要原料,以生产精细胶粉为龙头的高科技绿色环保产业——胶粉工业已初具规模。

## 二、再生胶胶粉行业基本状况

经过 50 多年的发展,我国再生胶胶粉工业无论是生产规模、年产销量,还是生产技术、工艺装备水平都达到世界一流水平。最近十几年来,再生胶胶粉工业成功地实现了产品换代,产业升级。通过多元化、深加工,使企业规模不断扩大,技术含量日益提高,再生胶工业不再是夕阳工业,而是冉冉升起的绿色环保产业,是国民经济发展中不可缺少的变废为宝的综合利用行业。

### (一)行业规模,企业分布情况

据 1995 年全国工业普查资料表明,全国有再生胶、胶粉生产企业 614 家,从业人员近 5 万人,全国除西藏、海南外,都有再生胶生产企业,其中以沿海工业发达地区分布较为集中,广东、河北、山东、浙江、江苏、福建、辽宁、河南、山西等 9 省再生胶、胶粉生产企业占总数的 70% 以上,西部地区不足 10%,企业分布见表 13-6。

表 13-6　再生胶企业分布数量及产量

| 地　区 | 企业数/家 | 年产量/万 t | 地　区 | 企业数/家 | 年产量/万 t |
|---|---|---|---|---|---|
| 广东省 | 79 | 3.4 | 安徽省 | 11 | 1.94 |
| 河北省 | 98 | 6.84 | 黑龙江省 | 11 | 0.85 |
| 山东省 | 50 | 4.8 | 陕西省 | 9 | 0.65 |
| 浙江省 | 47 | 3.5 | 云南省 | 10 | 0.57 |
| 河南省 | 37 | 3.36 | 新疆维吾尔自治区 | 5 | 0.65 |
| 江苏省 | 29 | 3.04 | 北京市 | 4 | 1.7 |
| 辽宁省 | 28 | 3.2 | 内蒙古 | 4 | 0.3 |
| 四川省 | 21 | 1.96 | 贵州省 | 3 | 0.2 |
| 江西省 | 20 | 2.2 | 甘肃省 | 2 | 0.2 |
| 福建省 | 27 | 3.4 | 青海省 | 1 | 0.25 |
| 湖南省 | 17 | 1.85 | 广西壮族自治区 | 6 | 0.32 |
| 上海市 | 16 | 1.15 | 山西省 | 20 | 10 |
| 天津市 | 13 | 1.2 | 湖北省 | 12 | 2.23 |
| 吉林省 | 13 | 1.15 | 总计 | 614 | 63.01 |

再生胶胶粉行业90%以上为小型企业,国有企业所占比例不到2%,集体企业高达77%。近几年企业改制加快,民营企业发展迅速,已占行业一半以上。目前全行业再生胶生产能力超过100万t,胶粉约15万t。其中中国橡胶工业协会所属会员企业135家,其中再生胶生产能力超过万吨规模的企业有20家,超过5000 t规模的企业有40家,胶粉超过万吨规模的企业有5家。

目前全国再生胶年产量达50万t(其中胶粉近5万t),约占全世界再生胶年产量的一半,堪称再生胶生产大国。

## (二) 产品结构

再生胶胶粉工业经过"八五""九五"技术改造,使产品结构更趋合理,新产品成为新的经济增长点。再生胶的品种由原来的13个,现已发展为胎类、鞋类、杂胶类、特种类、专用类、浅色类、出口类7大系列近30个品种,大到厘米的胶块、胶粒,小到毫米的粗胶粉、细胶粉和精细胶粉,一直到微米级的微细胶粉,超细胶粉。再生胶品种的增加、产品质量的提高,完全能满足我国橡胶工业发展的需要,并远销国外市场。特别是胶粉工业的发展,产品应用范围更为广泛,在粉体材料工业已独树一帜。胶粉的种类及用途见表13-7。

### 表13-7 胶粉种类及用途

| 分 类 | 粒径/mm | 目数/孔目 | 主 要 用 途 | |
|---|---|---|---|---|
| | | | 橡胶工业 | 非橡胶工业 |
| 碎胶块 | 30~10 | | | 铺路、机场 |
| 胶 粒 | 5~2 | 4~10 | | 地板砖、运动场跑道 |
| 粗胶粉 | 1.0~0.5 | 18~36 | 再生胶 | 地毯、地砖 |
| 细胶粉 | 0.4~0.3 | 40~50 | 活化胶粉、精细再生胶 | |
| 精细胶粉 | 0.2~0.15 | 70~100 | 橡胶制品 | 防水建材、改性沥青 |
| 微细胶粉 | 0.10~0.075 | 150~200 | 军工制品 | 涂料、塑料改性 |
| 超细胶粉 | 0.05以下 | 300以上 | 军工制品 | 高档建材 |

## (三) 产品质量

国外再生胶主要用作橡胶制品的填充材料,对物化性能指标要求不高。我国再生胶不仅充当填充材料,而且当作橡胶的代替材料。特别是我国精细再生胶进一步提高了再生胶的外观质量,各项性能指标均超过国外同类再生胶。

有关国内外再生胶和胶粉的性能对比见表13-8和表13-9。

### 表13-8 国内外轮胎再生胶性能对比

| 性 能 | 国 别 | | | |
|---|---|---|---|---|
| | 中 国 | 日 本 | 韩 国 | 前苏联 |
| 门尼黏度(ML) | ≤70 | ≤70 | ≤70 | ≤36.51 |
| 丙酮抽出物/% | ≤20 | ≤25 | ≤25 | ≤35 |
| 灰分/% | ≤10 | ≤15 | ≤15 | ≤8 |
| 拉伸强度/MPa | ≥10.0 | ≥7.85 | ≥7.85 | ≥5.3 |
| 拉断伸长率/% | ≥390 | ≥300 | ≥300 | ≥425 |
| 水 分 | ≤1.0 | | | |

表 13-9　国内外轮胎胶粉技术指标对比表

| 性　　能 | 中　国 | 美　国 | 加拿大 | 英　国 | 意大利 | 日　本 |
|---|---|---|---|---|---|---|
| 水分/% | ≤1 | | ≤1.1 | | | |
| 灰分/% | ≤8 | 6.5~7.1 | ≤9.35 | ≤8 | ≤10 | ≤10 |
| 丙酮抽出物/% | ≤12 | ≤14 | ≤11.03 | 10~20 | 10~20 | 15~20 |
| 拉伸强度/MPa | ≥15 | 12~15.5 | ≥13.7 | | | |
| 拉断伸长率/% | ≥500 | ≥470 | ≥525 | | | |
| 橡胶烃含量/% | ≥45 | | | 48 | 45 | |
| 炭黑含量/% | ≥25 | | | 28~35 | ≥28 | |

## (四) 技术水平

只有夕阳技术,没有夕阳产业。我国再生胶胶粉工业通过不断的技术创新和技术改造,无论是生产技术,还是工艺装备水平均达到了世界先进水平。主要表现在:

(1) 动态脱硫新工艺的推广应用,使我国基本上淘汰了油法、水油法等落后的再生胶生产工艺,不仅从根本上解决了废水污染问题,而且简化了生产工艺,降低了能耗,提高了产品质量,使我国再生胶生产技术水平整体上达到世界先进水平。

(2) 昆明理工大学研制成功的"生物化学净化有机废气技术"和江西国燕橡胶有限公司研制成功的"脱硫尾气净化装置"技术已在全行业推广,从而解决了再生胶生产过程中的废气治理问题,使再生胶生产成为清洁的绿色环保产业。

(3) 我国研制成功的化学再生法生产丁基再生胶不需要脱硫,无任何污染,属世界领先技术。

(4) 我国胶粉生产技术,无论是常温法还是低温法都处于世界领先水平。

十多年前,普遍认为只有采用低温粉碎,才能实现胶粉工业化生产。我国通过实践,不断摸索,已取得了历史性突破,成功地开发出高效常温粉碎技术,此方法工艺简单,出粉率高,成本低,与国外技术相比,具有投资少、能耗低、成本低、自动化生产程度高等优点。

在低温粉碎技术上我国有两大突破,一是空气涡轮制冷法,把飞机制造工业中的涡轮膨胀制冷技术应用于废橡胶低温粉碎并投入工业化生产。该技术与国外液氮法相比,节能耗,降成本。二是液氮制冷法。该项技术将液氮回收、贮存、循环利用,生产 1 kg 80 目胶粉仅耗液氮 0.32 kg,达到国际先进水平。

## (五) 经济效益分析

由于再生胶胶粉行业属于半公益性事业,归属废旧橡胶利用行业,其加工产品附加值低,加上我国废旧橡胶资源零星分散,回收、加工、运输费用高,产品售价低,企业经济效益差,不少企业亏损严重,生产经营难以为继,全行业呈现低水平徘徊。近两年行业经济形势有所好转,出现了多年来少有的增长势头。近年来主要会员单位经济指标情况如表 13-10 所示。

表 13-10　主要会员单位经济指标完成情况

| 指标名称 | 2001 年 | | 2002 年 1~6 月 | |
|---|---|---|---|---|
| | 完成 | 同比/% | 完成 | 同比/% |
| 工业总产值/万元 | 32121.6 | 13.23 | 18862.48 | 17.77 |
| 产量/t | 133139.4 | 10.27 | 86994.73 | 16.22 |
| 销售收入/万元 | 31520.1 | 9.73 | 17912.35 | 18.81 |
| 利润总额/万元 | 1079.04 | 53.71 | 312.32 | 85.93 |
| 利税总额/万元 | 2841.3 | 16.20 | 1258.28 | 12.7 |
| 销售率/% | 97.93 | 0.04 | 89.8 | -2.29 |
| 亏损企业/家 | 6 | 0 | 14 | 40 |
| 亏损额/万元 | 140.5 | -31.16 | 278.48 | 46.65 |
| 亏损面/% | 16.13 | 0 | 41.2 | 40.14 |
| 应收账款/万元 | 7700.95 | -0.93 | 9867.47 | 15.68 |

从再生胶胶粉行业近年发展情况看,生产和效益向少数优势企业集中,行业内出现严重两极分化,一些企业适应市场经济的发展,内部机制日趋完善,市场占有率不断上升,经济效益明显提高,显示出生机勃勃的发展势头。但也有不少企业改革滞后,市场占有率下降,产品积压,亏损增加,生产经营难以为继,最后被迫停产、转产、破产。出现这种状况的主要原因有:(1)体制和机制不适应市场经济,一批国有企业由于改革滞后,加上历史原因形成的人员、债务包袱沉重,观念僵化,管理落后,难以适应市场竞争,不得不停产、破产;(2)由于再生胶生产技术含量低,投资少,易上马,各地盲目建设,发展迅速,导致产品严重过剩,相互压价竞销,恶性竞争,冲击市场,使本来就微利的行业变得无利可图;(3)一些企业产品几十年一贯制,缺乏市场竞争力,造成效益下滑,加剧了企业的困难。

### 三、胶粉的生产工艺过程

胶粉的生产一般工艺过程是,先将废旧橡胶制品切割成块状,然后粉碎成胶粉。干法粉碎有常温粉碎和低温冷冻粉碎两种。湿法粉碎又称超细微粉碎,此法是将粗胶粉预处理加水研磨制得,预处理有两种方法:(1)使用脂肪酸增塑后加苛性碱塑料使胶粉脆化;(2)使用极性溶剂溶胀。也可不使用化学药品处理直接加过量水研磨。废旧橡胶中的钢丝及纤维材料分别用磁选及风选分离回收。由于低温法制冷费用大,超细微粉碎法工艺过程长,又涉及胶水分离、溶剂回收等后处理手续,至今大多仍采用常温干法粉碎,尽管其动力消耗及机械磨损较大。成品经风选或筛选后按粒度分级。

### 四、胶粉生产方法的分类

胶粉生产方法、主要设备及产品粒径见表 13-11。

表 13-11　胶粉生产方法

| 方　法 | | 主要设备 | 产品粒径/mm |
|---|---|---|---|
| 常温法 | 辊轧法 | 粗碎及细碎辊筒 | 0.5～1.5 |
| | 高速辊轧法 | 高速辊筒 | 0.07～0.08 |
| | 连续粉碎法(CTC) | 旋转啮合转子 | (<1～5.0) |
| | 高压水冲击法 | 高压水枪 | |
| | 高压粉碎法 | 加压装置及专用刃具 | <5 |
| | 螺杆挤出法 | 双螺杆挤出机 | 0.01～0.20 |
| | 旋盘粉碎法 | 水冷式旋盘粉碎机 | 0.002～0.02 |
| | 超细微粉碎法(RAPRA) | 圆盘式胶体研磨机 | 0.30～0.64 |
| 低温法 | 一次冷冻粉碎裂法 | 锤式或辊筒粉碎机 | 0.075～0.30 |
| | 二次冷冻粉碎法 | 锤式或辊筒粉碎机 | 0.075～0.30 |
| | 多次冷冻粉碎法 | 冲锤机、旋转磨碎机、微磨机 | 0.050～0.50(分六级) |
| 常、低温并用法 | 常温粗碎低温细碎法 | 高速旋转型锤式粉碎机 | 0.075～0.30 |

　　胶粉的生产有多种分类法,按加工温度可分为常温法、低温法及常、低温并用法;按加工状态可分为干法和湿法;按粉碎设备可分为辊筒法、磨盘法、锤式粉碎法、螺杆挤出法、高压水冲击法、高压推进刃具切割法、打磨法等。不同方法生产的胶粉粒径及表面状态有区别。

## 五、胶粉制造技术

### (一) 常温辊轧(辊筒)法

　　此法分粗碎和细碎两道工序。粗碎采用 1～2 台粗碎辊筒粉碎机(辊筒表面有沟槽,速比一般为 1:(2～3),转速 30～40 r/min),配有振筛及磁选装置,分离金属后获得约 20 mm 粒径的粗胶粉,更粗的胶粉返回粗碎辊筒。细碎采用大速比高剪切的细碎辊筒粉碎机(速比 1:(3～10),后辊转速 40～50 r/min,辊筒表面分光滑及带沟槽两种),经多次磁选除金属、风选除纤维,筛选分级制得粒径为 0.5～1.5 mm 的胶粉。生产工艺流程见图 13-1。一台细碎机(辊径 0.5588 ±0.0508 m 或 0.8382 ±0.0762 m)生产粒径小于 0.71 mm 胶粉的能力为 300～600 kg/h。

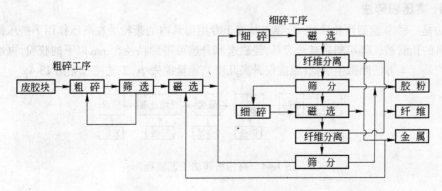

图 13-1　常温辊轧法工艺流程

　　近年来出现常温高速粉碎法,辊筒线速度高达 50 m/s,可同时粉碎橡胶与帘线材料,由于剪切力大粉碎后的胶粉粒径为 0.07~0.08 mm,帘线平均长度为 1.5~2.0 mm。

### (二) 常温连续粉碎法(CTC)

CTC 法由日本神户制钢所开发,用两台破碎机,一台破碎轮胎等废胶,另一台将物料处理成 50 mm 左右的碎胶块,被破碎的物料在破碎机内循环直至碎块尺寸符合要求。用螺杆输送碎胶块进入粉碎机的转子室进行初级粉碎。粒径大于 5 mm 的胶粉经风选除去粗纤维返回粉碎机再粉碎,粒径小于 5 mm 的胶粉经振动风选除去细纤维再经磁选和纤维分离机处理制得产品。生产工艺流程见图 13-2。

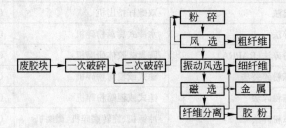

图 13-2　CTC 法生产工艺流程

### (三) 高压水冲击法

此法利用内径为 1~2 mm 的喷嘴射出具有 245 MPa 以上压力的高压水冲击固定在载物台上低速旋转的废轮胎,被击碎的胶粉与纤维等进入分离槽分离制得成品。本方法省去了机械粉碎设备,能耗低,工艺流程简单(见图 13-3)。

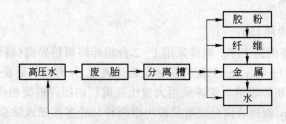

图 13-3　高压水冲击法工艺流程

### (四) 高压粉碎法

此法是一种节能型预粉碎技术,要点是置于专用刃具内的废轮胎在高压作用下挤压推进材料流过刃具的孔洞被轧碎切割后离开刃具,经磁选和分选可得到粒径 5 mm 以下的胶粉,再送精研机粉碎成产品。本方法摩擦生热低(温度仅升高几度)、能量损失小,工艺流程见图 13-4。

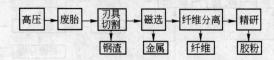

图 13-4　高压粉碎法工艺流程

### (五) 螺杆挤出法

此法是德国与前苏联计划合作研究的一项新技术,采用一种正旋转、严密啮合的双螺杆挤出机直接用于胶粉生产。将轮胎胎圈除去后破碎成 30 mm×30 mm 的胶块,送入挤出机制得粒径为 0.01~0.20 mm 的胶粉,该机设计产量为 1500 kg/h。

#### (六) 超微细粉碎法(RAPRA)

此法由英国橡胶塑料研究所(RAPRA)发明的精细胶粉生产技术,主要设备是圆盘式胶体研磨机(简称胶体磨),可生产 0.002～0.020 mm 粒径的精细胶粉。GOU101 公司获得以下三种制备技术的专利。

##### 1. 使用脂肪酸及苛性碱的生产方法

粗碎胶粉吸收 3% 的脂肪酸(如油酸),膨胀增塑,然后薄通压炼并撒入苛性碱使胶粉脆化,再加水进入胶体磨加工膏状物(水分散体),用盐酸凝聚后离心脱水,再经水洗、脱水、干燥后制得 RAPRA 胶粉。生产工艺流程见图 13-5。

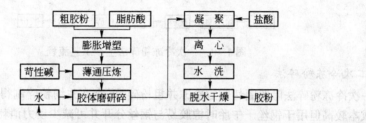

图 13-5　使用脂肪酸及苛性碱的生产工艺流程

##### 2. 使用极性溶剂的生产方法

在粗碎胶粉中加入极性溶剂(如四氢呋喃、丁酮、三氯甲烷、乙酸盐等)膨胀软化后加水研磨,经蒸发或用化学方法分离溶剂制得 RAPRA 胶粉。工艺流程见图 13-6。

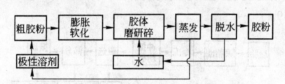

图 13-6　使用极性溶剂的生产工艺流程

##### 3. 使用过量水的生产方法

本法不使用任何化学药品预处理,直接将大量水与废胶块混合先粗研后细研,水与胶质量比 2:1～30:1,一般应大于 3:1。粗研得到 0.42 mm 粒径的胶粉,细研分三次进行,用水量依次递减,研磨产物经过滤及离心脱水最后在 40℃ 条件下振动干燥制得小于 0.020 mm 粒径的 RAPRA 胶粉。生产工艺流程见图 13-7。

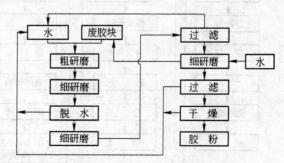

图 13-7　使用过量水的生产工艺流程

RAPRA 法有两大特点,一是粉碎过程放热低,控温在 100℃以下,避免氧化降解;二是胶粉粒子表面粗糙,表面积大,填充效果好。

**(七) 低温粉碎法**

**1. 一次冷冻粉碎法**

废轮胎先切除胎圈,分割成块或轧碎成片,用液氮冷冻后用锤式(冲击式)粉碎机或辊式粉碎机粉碎。此技术在日本(东邦瓦斯与东邦制冷株式会社)及美国(通用轮胎联合公司)均有开发。简要工艺流程见图 13-8。

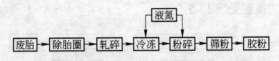

图 13-8　一次冷冻粉碎法生产工艺流程

**2. 二次冷冻粉碎法**

按一次冷冻粉碎法除胎圈切割后冷冻并粗粉碎,再冷冻并细粉碎制得胶粉。此法需两次冷冻粉碎成本较高但用于钢丝子午胎时橡胶易与钢丝分开并可减少动力消耗。

**3. 多次冷冻粉碎法**

该技术由乌克兰国家科学院低温物理工程研究所开发,工艺过程分粉碎与磨碎两个工序,主要特点是废轮胎除去表面杂物后直接送入生产流水线最终加工成不同粒径的胶粉。

粉碎工序:废胎脱圈后整胎冷冻,经特殊胎模冲撞机一次性粉碎及分离胶粉、钢丝和纤维,筛分及振动干燥后吸集 5 mm 及 125 mm 粒径的胶粉,5~20 mm 的胶粉进入磨碎工序深加工,粉碎工序工艺路线见图 13-9。

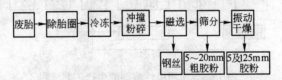

图 13-9　粉碎工序工艺流程

磨碎工序:将 5~20 mm 粗胶粉预粉碎后多次冷冻粉碎,经磁选、旋风分离后干燥得到四种粒径范围的细胶粉。磨碎工序工艺流程见图 13-10。

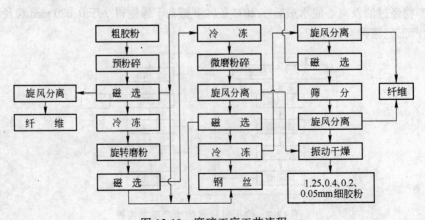

图 13-10　磨碎工序工艺流程

粉碎及磨碎工序所得胶粉粒径分布见表 13-12。

表 13-12 粉碎及磨碎工序胶粉粒径分布

| 粒径/mm | 粉碎工序含量/% | 磨碎工序含量/% |
| --- | --- | --- |
| ≤0.05 | | 10 |
| 0.05~0.20 | | 22 |
| 0.20~0.40 | | 29 |
| ≤1.25 | 33 | |
| 1.25~5.00 | 39 | 39 |
| 5.0~20 | 24 | |

该流水线年处理旧胎(规格 6.00~12.00)能力为 10000 t,液氮年消耗量 9000 t,年产量:胶粉 5000~6000 t、钢丝(含 3%橡胶)1580 t、纤维(含 10%橡胶)2300 t。各种材料回收率达 97%。胶粉产品质量好,粒径 0.2 mm 的精细胶粉无需化学改性即使掺用量高达 20 份,胶料的物理性能仍保持良好。此法无环境污染问题,唯一不足是液氮消耗量较大。

**(八) 常温低温并用粉碎法**

先在常温下将废旧橡胶粗粉碎,然后磁选(除金属)、低温冲击粉碎、旋风分离纤维、振动过筛分级后制得胶粉,工艺流程见图 13-11。

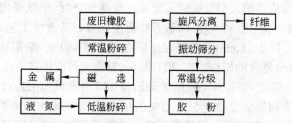

图 13-11 常温、低温并用粉碎法工艺流程

## 六、生产方法对胶粉性状及应用特征的影响

胶粉的生产方法对其性状有明显影响,一般来说常温粉碎胶粉粒径较大(0.3~1.4 mm),低温粉碎胶粉粒径较小(0.075~0.30 mm),超细粉碎法(RAPRA)也是常温法,由于工艺独特,所得胶粉的粒径最小(0.002~0.020 mm)。

加工工艺和设备决定了废胶粉碎时的受力种类,常温辊轧法、磨盘法、切割法与挤出法是利用剪切力粉碎,因此胶粉表面呈撕裂状、粗糙且有毛刺,在同等粒径条件下比表面积大、填充活性好。由于常温粉碎时胶粉受挤压摩擦而生热,使其表面存在一定程度的热氧化并导致硫化胶粉部分降解,可适度增强胶粉与基质胶的粘附作用而改善性能。常温与低温冲击粉碎(如锤式、高压水冲击)是利用冲击力粉碎,因此胶粉表面光滑,在同等粒径条件下比表面积小、填充活性差。

一般来说胶粉粒径小些,比表面积大些,单位吸附能力高,胶料的静态物理性能保持率高,允许量稍大,耐磨、抗疲劳及抗裂口增长等动态性能好。但常温法胶粉的抗裂口增长对比试验表明,粒径较大的反而比粒径较小的好。

对比用密集切割法、打磨法、冷冻粉碎法、高速冲击法、磨盘法及辊轧法制得的胶粉(粒径均为 0.5 mm),掺用 10 份于胎面胶中,其抗撕裂、耐磨及抗疲劳性能以辊轧法胶粉最佳,实际上反映了粒子表面单位吸附能力最高。

为提高普通胶粉的应用效果,国内外已研究出多种方法进行化学改性,改性后的活化胶粉有助于提高与母体胶的结合程度,在更好地保持静态性能的基础上提高动态性能,不断提高胶粉的应用水平。

### 七、胶粉的表面改性

胶粉表面改性是指用物理、化学、机械和生物等方法对胶粉表面进行处理,根据应用的需要有目的改变胶粉表面的物理化学性质,以满足现代新材料、新工艺和新技术发展的需要。胶粉表面改性为提高胶粉使用价值,改变其性能,开拓新的应用领域提供了新的技术手段,对相关应用领域的发展具有重要的实际意义。

#### (一) 机械力化学改性

机械力化学法是将化学反应原料添加于胶粉中,在一定条件下借机械作用使胶粉产生化学反应而使胶粉改性的一种方法。其方法简单、实用、效果好,应用广泛。

机械力化学法改性用的机械及化学原料有多种。开炼机法改性采用的改性剂为硫磺质量分数为 2%,促进剂 M 质量分数 1.2%;或硫磺质量分数 2%,促进剂 CZ 质量分数 0.7%,邻苯二甲酸酐质量分数 5%(溶于乙醇),二辛基酞酸酯或高芳烃油质量分数 8%～10%。改性工艺条件是将粒径为 0.3～0.4 mm 的胶粉在开炼机上捏炼 15 遍,辊距 0.15 mm,速比为 1:1.17,辊温 55℃或 85℃。机械力化学改性的操作条件,最好不依赖处理时间或增大改性剂的起始浓度来提高改性剂的反应结合量,而应依靠增大引发断链反应的反应速度常数,也就是增大机械强度来完成。反应器法采用的改性剂为胺衍生物、C-亚硝基芳胺衍生物等。其改性工艺条件是使用带涡流层的 ABC－150 型反应器,将 0.25 mm 的胶粉在反应器中处理 180 s。采用这种设备,在工业化生产条件下是一种技术十分复杂的操作工艺,稍有疏漏,就会大幅度提高改性胶粉的生产费用。另介绍还可采用 N-(乙-甲基-乙-硝基)-4-亚硝基苯胺,每 100 份胶粉加上述改性剂质量分数为 5%～10%,在表面处理前先用质量分数 0.5%～5%的叔胺、芳烃氧化物和醇类物质(物质的量比为 1:(1～10))的反应产物预处理胶粉。搅拌器反应改性则采用的改性剂为苯肼或促进剂 D,质量分数为 0.29%～0.4%,催化剂为氯化亚铁,质量分数为 0.2%～0.3%,增塑剂可为二戊烯或妥尔油,质量分数为 8%～17%,隔离剂为陶土或滑石粉,其工艺条件是在搅拌罐中搅拌反应 7～15 min,反应温度不超过 80℃。搅拌反应时间一般为 10 min,最长不超过 15 min。搅拌过程是最重要的。各种材料应按顺序加料,先加胶粉,再加改性剂苯肼或促进剂 D,然后一起投入妥尔油和氯化亚铁。胶粉应先预热至 20℃再投料。该改性配方及性能见表 13-13。

表 13-13　胶粉改性配方及物理性能

| | 材料及物性 | 配方 A | 配方 B | 配方 C |
|---|---|---|---|---|
| 材　料 | 胶粉(粒径 0.4 mm) | 100 | 100 | 100 |
| | 促进剂 D | 0.3 | 0.5 | 0.5 |
| | 妥尔油 | 10 | 13.9 | 17.0 |
| | 氯化亚铁 | 0.25 | 0.30 | 0.30 |
| | 甲醇 | 5 | 5 | 5 |
| 物理性能 | 门尼黏度($ML_{1+4}^{100℃}$) | 36 | 50 | 37 |
| | 邵尔 A 硬度 | 71 | 64 | 60 |
| | 拉伸强度/MPa | 8.3 | 10.7 | 9.1 |
| | 拉断伸长率/% | 230 | 310 | 320 |
| | 密度/mg·m$^{-3}$ | 1.21 | 1.17 | 1.16 |

又如采用乙撑胺类化合物对胶粉的机械力化学改性,可使含胶粉混炼胶性能大大改善,且成本低,方法简单。具体改性过程是先将二乙撑三胺与煤焦油混合均匀,再和胶粉一起直接投入高速搅拌机中搅拌,搅拌一定时间出料即为改性胶粉。

## (二)聚合物涂层改性

聚合物涂层法是借助粘附力用聚合物对胶粉进行表面包覆的方法。通过聚合物涂层改性可制成热固性和热塑性两种改性胶粉。热固性胶粉一般采用液体橡胶(如丁苯橡胶)进行表面包覆;热塑性胶粉则采用液体塑料或热塑性弹性体(如聚乙烯、聚丙烯、聚氨酯等)进行表面包覆获得。用于涂层的聚合物一般还含有交联剂、增塑剂等材料,其对胶粉包覆后呈干态或粉末状混合物。包覆层在胶粉与胶料或塑料之间起着化学键的作用,在与胶料一起硫化或与塑料塑化成型时产生化学结合。其同基质高分子材料相容性好,故可加快其在高分子基质材料中的分散,获得性能良好的共混材料。聚合物涂层法采用的包覆工艺简便易行,效果较好,应用较普遍。

热固性胶粉制取,应根据结构相似相容原理,选用的液体聚合物——橡胶最好与胶粉成分相似,如 EPDM 胶粉采用液态 EPDM 处理;液态的丁二烯-丙烯腈共聚物则用于处理 NBR 胶粉;液态 SBR 则用于处理 SBR 胶粉。另外所选用的交联剂、增塑剂也尽量与基质胶一致。胶粉涂覆是在 TEC 处理装置中对粒径为 0.4 mm 的胶粉进行包覆涂层(改性剂带正电,胶粉带负电,每100 份胶粉涂覆 5 份液体聚合物混合物)。这种胶粉在胶料中具有很好的相容性,粒径大小对硫化胶物理性能影响并不明显,对保持基本物理性能不起关键作用。根据加工需要,对胶粉粒径则应有所选择。用于平板模压制品、传递模压和注压制品的胶粉粒径为 0.4 mm,而用于压延的制品的胶粉粒径则为 0.2 mm。

热塑性胶粉制取,采用的涂覆聚合物一般为聚乙烯、聚丙烯及其共聚物、聚苯乙烯及聚烯烃类热塑性弹性体等,并配以适量交联剂、增塑剂。改性的工艺条件是粒径为 0.2 mm 的胶粉在TEC 表面处理装置中分两次喷涂。先用质量分数为 2%~5% 的同胶粉化学结构相似的液体聚合物喷涂,再用质量分数为 2%~5% 的,可同第一次涂层聚合物产生反应的聚合物或热塑性弹性体进行包覆涂层。加入的交联剂在掺入树脂期间同连续相基质分子产生反应,以改善其伸长率、弹性、低温屈挠性和抗冲击性。热塑性胶粉可高比例(10%~90%)掺用于塑料中。多数情况下掺用胶粉的塑料可在塑料的标准成型设备如注压、挤出成型设备加工。

## (三)再生脱硫改性

胶粉的再生脱硫是通过在胶粉中加入再生活化剂或者通过热或其他作用来打断硫化胶中的硫交联键、从而破坏其三维网状结构的改性方法。如用高温处理胶粉,胶粉中的硫交联键在再生活化剂、热、氧的作用下被破坏,表面产生较多的活性基团,有利于同胶料的化学键合,使胶粉在胶料中的分散性和硫化性得到改善,如表 13-14 为胶粉高温再生脱硫处理时间对胶料性能的影响。与未改性的含胶粉的胶料相比,胶料的拉伸强度、拉断伸长率等物理性能均有较大的提高。

**表 13-14　胶粉处理时间对胶料性能的影响**

| 处理时间/min | 0 | 15 | 30 | 45 | 60 | 75 | 90 |
|---|---|---|---|---|---|---|---|
| 拉伸强度/MPa | 5.3 | 10.0 | 10.1 | 10.5 | 11.7 | 12.5 | 13.2 |
| 拉断伸长率/% | 430 | 580 | 590 | 600 | 600 | 580 | 590 |
| 永久变形/% | 4 | 8 | 12 | 10 | 10 | 12 | 12 |
| 300% 定伸应力/MPa | 2.5 | 2.2 | 2.2 | 2.3 | 2.3 | 2.4 | 2.2 |
| 邵尔 A 硬度 | 44 | 46 | 46 | 46 | 46 | 43 | 46 |

最新开发生物表面脱硫技术为胶粉改性提供了一种新的途径。该方法不需高温、高压、催化剂,在常温常压下操作,操作费用低,设备要求简单,即利用微生物脱硫。其营养要求低,无二次污染。采用的微生物为嗜硫微生物,如红球菌、硫化叶菌、假单胞菌,氧化硫硫杆菌和氧化亚铁硫杆菌等。其改性的工艺是将胶粉与水溶液中的嗜硫微生物及营养物在常温常压下一起混合,经过一定的时间,便可从水溶液中分离得到脱硫胶粉。不同的微生物脱硫,产生的胶粉表面化学性质不同,应根据胶粉的应用领域,并经试验而选相应的脱硫微生物。这种胶粉可掺用于新胶料(轮胎胶料等)中,大大降低成本,并且质量达到或超过新胶料的水平。胶粉微生物脱硫是实用性强、技术新颖的生物工程技术在高分子材料中应用的代表之一,具有诱人的前景。

### (四) 接枝或互穿聚合物网络改性

胶粉接枝改性通过加入接枝改性剂在一定条件下使胶粉表面产生接枝的改性方法。这种方法生产的胶粉仅限于高附加值产品使用。典型的胶粉接枝反应是苯乙烯接枝改性。按采用的接枝引发剂不同,可分为本体接枝和自由基接枝。这种方法改性的胶粉适用于作液体橡胶的填充剂和耐冲击树脂(如聚苯乙烯)的补强剂。

胶粉本体接枝改性,首先胶粉必须是经过异丙醇与苯的混合溶剂抽提过的低温粉碎胶粉。其接枝方法是将 20 份胶粉加入质量分数为 1% 过氧化二苯甲酰、苯乙烯单体中(苯乙烯 100 份),在冷库中放置 12 h 后,滤出剩余的苯乙烯,再在氮气中于 80℃ 下加热 12 h。所得反应物用苯回流 48 h,除去非接枝的,改性胶粉能显著提高聚苯乙烯材料的拉伸强度和拉断伸长率。自由基苯乙烯接枝胶粉是将用苯乙烯膨润过的低温粉碎胶粉置于水中,加入硫酸氢钠、硫酸铁和过硫酸,然后在快速搅拌机上进行氧化还原聚合接枝,放置 12 h 后过滤并在空气中干燥,再于 50℃ 下真空干燥 24 h 后过滤并在空气中干燥,最后在 50℃ 下真空中干燥 24 h。此接枝胶粉可赋予聚苯乙烯材料优良的耐冲击性。表 13-15 为苯乙烯接枝胶粉与聚苯乙烯树脂的并用料力学性能。

**表 13-15　添加苯乙烯接枝胶粉的聚苯乙烯力学性能**

| 处 理 方 法 | 添加 60 目胶粉质量分数/% | 力 学 性 能 | | | | |
|---|---|---|---|---|---|---|
| | | 弯曲弹性/MPa | 拉伸模量/MPa | 拉伸强度/MPa | 拉断伸长率/% | 冲击强度/J·m$^{-1}$ |
| 未添加胶粉未处理 | 0 | 3140 | 1500 | 31.0 | 2.22 | 3.0 |
| 未处理 | 20 | 2430 | 876 | 22.2 | 4.14 | 2.7 |
| 本体接枝 | 20 | 1930 | 1400 | 37.0 | 5.19 | 4.3 |
| 自由基接枝 | 20 | 2240 | 1080 | 26.9 | 3.33 | 4.8 |
| 铬酸处理 | 20 | 2630 | 1380 | 29.0 | 2.48 | 2.5 |
| 铬酸处理(加热) | 20 | 2630 | 1210 | 28.5 | 2.95 | 2.9 |
| 硫酸处理 | 20 | 2500 | 959 | 23.7 | 2.88 | 2.5 |

苯乙烯改性的不饱和聚酯树脂在与胶粉共混改性中发生接枝和断键而实现改性胶粉。不饱和聚酯中的苯乙烯作为交联单体,它与聚酯有良好的相容性,在混合改性过程中可使胶粉充分溶胀,在热和氧作用下与胶粉进行接枝,而丙烯酸酯、醋酸乙烯类单体等也有同样作用。聚酯树脂用不饱和酸酐等合成,并用苯乙烯改性,合成时按比例配制苯酐、顺丁烯二酸酐、乙二醇和 1,2-丙二醇,于 150~190℃ 下反应制得。为达到接枝改性胶粉良好的性能,苯乙烯、不饱和聚酯在胶粉中的量有一个适宜值。

互穿聚合物网络改性胶粉是一种新型的特殊胶粉三组分复合材料。它由三组分网络彼此贯穿,共轭组分互穿网络材料的三组分是端羟基的聚丁二烯、苯乙烯和二乙烯苯。其改性工艺是端羟基聚丁二烯首先与甲苯二异氰酸酯反应生成预聚物,然后将预聚物、苯乙烯、二乙烯基苯与适当的扩链剂、引发剂、催化剂混合均匀,最后与胶粉混合并充分搅拌,停放一段时间待初步凝胶化后放入模型,在100℃下加压硫化4 h,使表面固化,即为改性胶粉。这种改性胶粉掺入天然橡胶中的硫化胶性能见表13-16。

#### 表 13-16 掺用互穿聚合物网络改性胶粉的硫化胶性能

| 物 理 性 能 | 无胶粉 | 改性胶粉/份 | | | | 未改性胶粉/份 |
|---|---|---|---|---|---|---|
| | | 20 | 40 | 60 | 80 | 40 |
| 拉伸强度/MPa | 19.0 | 18.0 | 19.0 | 17.0 | 16.0 | 11.0 |
| 拉断伸长率/% | 670 | 650 | 640 | 610 | 590 | 380 |
| 永久变形/% | 26 | 24 | 23 | 21 | 22 | 32 |
| 邵尔 A 硬度 | 40 | 42 | 44 | 47 | 49 | 48 |

注:配方:天然橡胶100;硬脂酸0.5;氧化锌5;促进剂M1.0;硫磺3.5;胶粉(40目)变量;硫化条件143℃×20 min。

互穿聚合物网络改性剂也可采用聚己二酸乙二醇酯、甲苯二异氰酸酯、苯乙烯、3,3-二氯-4,4-二氨基二苯甲烷和过氧化二苯甲酰。这种共轭三组分体系,公共网络的聚苯乙烯分别和聚氨酯、胶粉形成界面共轭互穿,从而将聚氨酯与胶粉有效地结合起来,提高了改性后胶粉的性能,而与其他的聚合物相容性提高,有助于胶粉的利用。又如酚醛树脂对胶粉互穿聚合物网络改性,其方法是采用酚醛树脂预聚物单体、水和胶粉混合搅拌反应约10 h,控制反应温度使之缩聚成预聚物而不产生交联,使酚醛树脂与胶粉形成互穿聚合物网络结构,同时酚醛树脂与基质胶相互扩散,产生共交联,使界面保持较好的粘合,构成稳定的多相体系。该体系与未经处理的胶粉-基质胶复合体系相比,拉伸强度提高2.5倍,拉断伸长率提高2倍左右。

### (五) 气体改性

气体改性就是采用混合活性气体处理胶粉表面,方法是使胶粉颗粒最外层置于可对其表面化学改性的高度氧化的混合气体中,从而使胶粉改性。如用氟与另一种活性气体氧、溴、氯、CO或$SO_2$进行胶粉表面改性处理。处理后的胶粉颗粒最外层分子的主链上生成了极性官能团,如羟基、羧基和羰基,具有高比表面能,而且易被水浸润,由于其具有高比表面能,故易于分散在聚氨酯、橡胶、环氧树脂、聚酯、酚醛树脂和丙烯酸酯等高分子材料中。如在聚氨酯泡沫材料中,可改善聚氨酯材料的性能,并降低生产成本,改进性能见表13-17。

#### 表 13-17 聚氨酯泡沫/胶粉的性能

| 性　　能 | 纯聚氨酯 | 聚氨酯/胶粉[1] | |
|---|---|---|---|
| | | 30 目 | 60 目 |
| 拉伸强度/MPa | 12.3 | 15.9 | 17.5 |
| 拉断伸长率/% | 90.9 | 148.9 | 146.9 |
| 撕裂强度/kN·m$^{-1}$ | 144.4 | 460.3 | 337.2 |
| 65%瞬间弹性变形力/N | 484 | 543 | 702 |
| 湿摩擦因素(静态) | 0.75 | 0.99 | |
| 湿摩擦因素(动态) | 0.81 | 1.01 | |

[1] $m$(聚氨酯):$m$(胶粉) = 100:20。

在聚氨酯、丁腈橡胶、聚乙烯－醋酸乙烯、聚乙烯等材料中,也可获得良好的使用性能,且成本大大降低。值得一提的是聚氨酯应用在鞋底材料中时,它在湿表面上非常容易打滑,而在聚氨酯材料中加入10~25份气体改性胶粉,可将其湿摩擦因素提高20%,达到相当于纯橡胶材料的水平,并且聚氨酯材料的其他主要物理性能基本保持不变。

### (六) 核－壳改性

胶粉核－壳改性是胶粉改性的一个由芯到表面进行改性的新方法。其分为两种:一种是核改性;另一种是壳改性。核改性剂由松化剂和膨润剂组成,松化剂为含硫类化合物,松化剂能调整改性胶粉与基质胶之间的网络均匀性,使共混胶在外力场中应力分布较均衡,同时由于两相界面区域分子间相互渗透性的增强,提高了界面抗破坏的能力。在松化剂改性胶粉中辅以界面改性剂,则胶粉添入基质胶中性能更佳。表13-18为胶粉、天然橡胶共混胶应用不同胶粉的性能情况。胶粉壳改性一般采用的是界面改性剂,其目的是在胶粉表面建立合理的胶粉－基质胶过渡层结构,胶粉经过壳改性后,即通过防硫迁移,调节共硫化速度,增强胶粉与基质胶界面过渡层中的"低模量层",交联密度提高,交联网络的均匀性得到改善,从而赋予共混胶优异的综合性能。表13-19为丁苯炭黑胶中加入壳改性胶粉与其他胶粉的性能。

**表 13-18　胶粉、天然橡胶共混物性能**

| 性　　能 | 纯　胶　粉 | 核改性胶粉 | 核－壳改性胶粉 |
|---|---|---|---|
| 邵尔 A 硬度 | 52 | 56 | 54 |
| 拉伸强度/MPa | 12.6 | 16.5 | 17.5 |
| 拉断伸长率/% | 528 | 536 | 536 |
| 300%定伸应力/MPa | 3.8 | 4.9 | 4.7 |
| 撕裂强度/kN·m$^{-1}$ | 24.5 | 26.4 | 29.4 |
| 永久变形/% | 8 | 11 | 12 |
| 压缩疲劳温升/℃ | 10.0 | 8.0 | 9.0 |

**表 13-19　丁苯炭黑胶/胶粉共混物性能**

| 性　　能 | 丁苯炭黑胶 | 胶粉/丁苯炭黑胶 | 壳改性胶粉/丁苯炭黑胶 | 核－壳改性胶粉/丁苯炭黑胶 |
|---|---|---|---|---|
| 邵尔 A 硬度 | 66 | 67 | 66 | 65 |
| 拉伸强度/MPa | 26.9 | 20.3 | 20.6 | 22.8 |
| 拉断伸长率/% | 496 | 430 | 442 | 464 |
| 300%定伸应力/MPa | 12.6 | 12.0 | 12.6 | 11.9 |
| 撕裂强度/kN·m$^{-1}$ | 45 | 46 | 45 | 46 |
| 压缩疲劳温升/℃ | 30 | 33 | 31 | 31 |
| 老化系数(100℃×24 h) | 0.72 | 0.69 | 0.78 | 0.74 |

### (七) 物理辐射改性

物理辐射改性胶粉主要是对胶粉进行辐射处理。主要有微波法和γ射线法两种。微波法是一种非化学的、非机械的一步脱硫改性法,其利用微波切断胶粉的硫交联键,而不切断碳碳键,使胶粉表面脱硫而改性。其主要设备由脱硫管道、能被微波穿透的材料等制成。胶粉通过管道中的钢质螺杆送入管道,开动微波发生器、并靠调节输送速度来改变微波剂量、使胶粉改性。γ射线改性胶粉是因为聚合物侧基原子(如氢)和聚合物链段烃γ射线辐照后会分裂生成接枝自由基。方法是将胶粉与单体、溶剂一起放入玻璃瓶中,用液氮冷却,真空密封,用 Co 源辐射,吸收剂量约为 10kGY,辐照后在 70℃下干燥至恒重,除去单体和溶剂,随后在丙酮中萃取可以除去均聚物,即为 γ 射线辐射改性胶粉。表 13-20 为不同处理方法的胶粉与 LLDPE 共混物的性能情况。与 LLDPE 混容性效果依次为湿法胶粉最好,其次为低温法和常温法。

**表 13-20　不同处理方法的胶粉与 LLDPE 共混物的冲击能**

| 处 理 方 法 | 冲击能/J | | |
|---|---|---|---|
| | RP-1 | RP-2 | RP-3 |
| 未处理 | 9.7 | 10.7 | 12.0 |
| 等离子体处理 | 10.2 | 10.5 | |
| 电晕处理 | 9.9 | 10.9 | |
| 电子束射线处理 | | | |
| 注量 1 kGY | 12.9 | 13.1 | 13.6 |
| 注量 25 kGY | 13.1 | 13.4 | 13.9 |

### (八) 磺化与氯化反应改性

磺化反应是采用 $SO_3$ 在一定条件下使其发生磺化反应的改性方法。一般采用粒径为 $0.5\sim 3$ mm 的胶粉进行磺化反应制成阳离子交换剂。这种方法改性的胶粉与离子交换树脂相比,离子交换能力略低,但很适合净化含 $Cu^{2+}$、$Cd^{2+}$、$Zn^{2+}$ 和 $Ni^{2+}$ 等重金属离子。

胶粉的氯化反应有溶液法,悬浮法和固相法 3 种。其中固相法是胶粉直接与氯气接触而氯化改性。氯化改性胶粉由于胶粉表面极性增强,故其与极性高聚物(如聚氨酯、丁腈橡胶等)相容性提高。

## 八、胶粉的应用

胶粉有很广泛的应用领域。它不但可以直接或经过表面活化掺入胶料替代部分生胶制造轮胎、胶鞋等橡胶制品,而且还能与沥青很好的混合后用于铺路。另外,胶粉还可以用来改性塑料、改良土壤;精细胶粉还能用于防腐涂料、彩色地砖和防水卷材等非橡胶领域。

### (一) 胶粉与橡胶并用

胶粉尽管是一种交联网状的硫化胶颗粒,但仍存在一定量的不饱和键,因而可以采用硫磺 - 促进剂交联体系直接进行硫化模压成型,也可采用过氧化物硫化或硫磺 - 促进剂与过氧化物并用的体系,所得模压品可用作对力学性能要求不苛刻的各类垫片和吸音材料等。

在橡胶工业中,早在 20 世纪 40 年代,人们就利用粒径为 $0.5\sim 1.0$ mm 的胶粉制造胶鞋底,随后胶粉在减震垫和一些要求不高的橡胶制品中也得到了应用。70 年代出现了 $100\sim 250$ μm (60~150 目) 的精细胶粉用于制造汽车轮胎。胶粉在作为橡胶填料时所表现的性能比再生橡胶更具有优势。据试验,在原胶中掺入 5%~30% 的胶粉不会影响橡胶的性能。近年来许多发达国家在再生胶粉与橡胶的共混研究和应用研究方面作了大量的工作,并取得了良好的效果。

### (二) 胶粉与树脂并用

胶粉除了与橡胶并用外,也可以采用简单共混法和动态硫化法与树脂并用,以增韧改性树脂。早在 20 世纪 80 年代初国外就已经开始将胶粉加入到聚乙烯、聚丙烯、环氧等各种热塑性聚合物中,进行胶粉增韧聚合物的研究。美国的 Rosehill 公司将胶粉与热塑性树脂在高温下直接混合后制成厚为 $1\sim 4$ mm、宽为 $0.5\sim 1$ m 的片材,用于垫毯、道路铺设、油田管道保护等。美国的 Greenman 工程技术公司则用胶粉制成屋顶材料供应经常遭受冰雹袭击的美国南部和中西部地区,这些材料因为含有胶粉所以不但具有一定的弹性能有效的防止冰雹对屋顶的冲击,还能起到绝缘和隔音的作用。

### (三)胶粉的改性利用

胶粉改性技术可以说是与新型橡胶再生技术并列的新技术,改性胶粉是将胶粉进行表面的、化学的改性而得到。将胶粉进行活化改性,不但可以大幅度提高其在橡胶制品中的掺用量,而且可以改善工艺性能,降低成本。胶粉改性技术发展呈两种趋势:一是表面活性剂的全面应用;二是新型材料技术的渗透。目前应用较多的有接枝或互穿聚合物网络改性、机械力化学改性、聚合物涂层改性等。改性废胶粉可分为交联胶粉、活化胶粉、塑化胶粉、阻尼胶粉、接枝胶粉等。最近有资料报道,美国正在研究用氯化物对胶粉进行表面活化处理,经过处理后的胶粉的物理性能得到了极大的改善。

### (四)胶粉改性沥青

沥青中添加胶粉能提高稳定性,并可增加与基料的粘接性。由于胶粉具有一定弹性和耐磨、抗滑等性能,而且其中含有防老剂,因此用胶粉改性的沥青铺设人行道、高速路、机场跑道、球场极为合适,且能够提高路面的质量,延长路面的寿命。实践证明,废胶粉改性沥青仅铺 33 mm,寿命可达 10 年,相当于普通沥青路面的 2 倍。美国利用胶粉作为沥青的添加剂用于筑路已有 20 多年历史了,在 1982~1986 年,已试铺了 200 多个路段,这种路面具有稳定性好、耐磨、防冻、防滑和维修费用低等特点。美国还颁布了联邦法令要求从 1994 年起所有国家资助的公路项目,废胶粉在沥青中的应用比例必须在 15% 以上。国内废胶粉用于筑路也早有尝试,江西、湖北、广州、北京等地相继铺设了试验路段。使用情况证明,用胶粉改性的沥青铺设的公路,可以减少路面龟裂和软化,路面不易结冰和打滑,提高了行驶安全性,还可以提高路面寿命,比一般的沥青路面的使用寿命至少提高了 1 倍。同铺设高速公路原理一样,在飞机跑道材料中掺用硫化胶粉,可增加跑道弹性和地面摩擦性,提高夏天抗日晒、冬天抗冰冻的能力。从而使飞机的起落平稳,跑道缩短,安全可靠性提高,机场使用寿命延长。

## 第四节　废橡胶的能源利用技术

### 一、废橡胶的燃烧价值

废橡胶的燃烧热值与其组分有关,表 13-21 列出了轮胎材料的组成。

**表 13-21　轮胎的材料组成**

| 材 料 组 成 | 质量分数/% | 元 素 组 成 | 质量分数/% |
|---|---|---|---|
| 天然橡胶 | 23 | C | 73.0 |
| 合成橡胶 | 24 | H | 6.0 |
| 炭 黑 | 25 | O | 4.0 |
| 钢丝帘布 | 14 | N | 1.37 |
| 织物帘布 | 4 | S | 1.26 |
| 其 他 | 10 | Cl | 0.07 |
| | | Zn | 1.4 |
| | | Fe | 12.9 |

废橡胶轮胎的燃烧热值为 29~37 MJ/kg,低于燃料油(44.0 MJ/kg),但比煤(29.0 MJ/kg)高,而且水分和灰分含量比较低,所以废轮胎适合作为燃料来焚烧回收能源。特别是废旧轮胎的

收购价格非常低廉,某些国家甚至是倒贴处理费。在煤、石油等常规能源日益短缺的情况下,向橡胶废弃物要能源、要效益,是一个具有战略意义的举措。

## 二、废橡胶变为能源的途径

### (一) 发电厂燃料

把废旧橡胶制品粉碎后与煤、石油、焦炭等混合可以作为发电用的燃料,世界第三大轮胎公司——桥石公司(Bridge stone)研制的用废旧轮胎作燃料的发电设备,成功地解决了用废旧轮胎燃烧发电时,由于轮胎燃烧产生的温度高达 1500℃,轮胎内的钢丝熔化粘贴在炉壁上,常常造成燃烧炉故障的难题。目前英国至少有 5 座以上以废旧轮胎为燃料的电厂,每年可处理英国 23% 的废轮胎,并且在发电成本上可与常规燃料相竞争。

### (二) 锅炉的燃料

回收废橡胶产生的热,制温水或蒸汽,可用于供暖或发电。例如日本住友橡胶工业公司 1994 年在日本福岛县安装的用废轮胎作燃料的锅炉,处理废旧轮胎 750 kg/h,发电能力为 630 kW,还可供蒸汽 5.5 t/h。

### (三) 代替燃料

废旧橡胶轮胎经粉碎后与煤、石油混烧,可用于焙烧水泥、冶炼金属等。废旧轮胎用于烧制水泥,生产过程中焙烧温度可在极短的时间内达 2000℃,轮胎中的硫磺、钢丝在烧制过程中转变为石膏及氧化铁,与其他燃烧残渣一起成为水泥的组成材料,并不影响水泥的质量,不产生黑烟、臭气和二次公害。用废轮胎制造水泥流程图如图 13-12 所示。

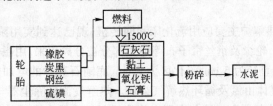

图 13-12　用废轮胎制造水泥的工艺流程

### (四) 固态化燃料

废旧轮胎经粉碎后混入有机垃圾中制成固态化燃料,这种燃料具有燃烧稳定、污染低的特点。当焚烧低热值的城市生活垃圾时,添加废轮胎作为辅助燃料比煤更加有效。

### (五) 热分解

将废旧轮胎粉碎后投入热解炉,在 500～1000℃隔绝空气(或少量空气)的条件下进行分解,热解产物有气体、衍生油、炭黑及固体残渣,各成分含量随热解方式、热解温度、轮胎种类的不同而不同。热分解气体主要包括一氧化碳、氢气、氮气及少量甲烷、乙烷和硫化氢气体,热值与天然气相当,可以当燃料使用。热解衍生油可做燃料,发热量在 40 kJ/kg 左右,也可用于生产高质量的代用汽油。热解法处理废旧轮胎的工艺流程见图 13-13。

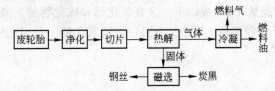

图 13-13　热解法处理废旧轮胎的工艺流程

### 三、废橡胶的热解

#### (一) 热解产物及其应用

废轮胎经过热裂解,可提取具有高热值的燃料气,富含芳烃的油以及炭黑等有价值的化学产品。废轮胎还可与煤共液化,生产清馏分油。

在气体组成中,除水外,CO、氢气和丁二烯也占一定比例。在气体和液体中还有微量的硫化氢及噻吩,但硫含量都低于标准。上述热解产品的组成随热解温度的不同略有变化,当温度提高时气体含量增加而油品减少碳含量也增加。热解所得产品中的液化石油气可经过进一步纯化装罐;混合油经酸洗、碱中和、水洗和白黏土吸附后再经蒸馏,可制得各种石油制品(如溶剂油、芳香油、柴油等);粗炭黑经粗粉碎、磁分离、二次研磨和空气分离等步骤后,可得到各种颗粒度的炭黑,用以制成各种炭黑制品,但这种过程得到的炭黑产品中灰分和焦炭含量都很高,必须经过适当处理后才可作为吸附剂、催化剂或轮胎制造中作为增强填料的炭黑。

煤与废轮胎共液化条件:温度:400℃;氢气压:0~10 MPa。在此条件下,随着废轮胎的加入,煤的转化率提高,转化率的提高程度与废轮胎/煤(质量比)的比值以及氢气的压力有关;在有以 $Fe_2S_3$ 为基础的催化剂存在的条件下,煤的转化率会随催化剂负载量的增加而提高。煤与废轮胎共液化,可使煤具有较高的转化率,废轮胎中的有机物几乎可以完全转化为油,由于废轮胎为液化提供了氢而减少了进料氢气的消耗,降低了费用。最近,美国新泽西州的烃类研究公司已经将 5 t 规模的煤与废轮胎进行共液化处理,生产出了澄清的清馏分油(沸点低于 343℃),其含氮量小于 $4×10^{-7}$,含硫量小于 $2×10^{-7}$,效果很好。

#### (二) 热解工艺

流程一:废轮胎的热解炉主要应用流化床和回转窑,现已达到实用阶段,废轮胎先经剪切破碎机破碎至 5 mm 以下,轮缘及钢丝帘子布等绝大部分被分离出来,用磁选去除金属丝。轮胎粒子经螺旋加料器等进入直径为 5 cm、流化区为 8 cm、底铺石英砂的电加热器中。流化床的气流速率为 500 L/h,流化气体由氮及循环热解气组成。热解气流经除尘器与固体分离,再经静电沉积器除去炭黑,在深度冷却器和气液分离器中将热解所得油品冷凝下来,未冷凝的气体作为燃料气为热解提供热能或作流化气体使用。上述工艺需先进行破碎,因此预处理费用较大。为解决此问题已研究出一种不必将整轮胎破碎加工即可热解处理的技术装备。这种设备采用一种由沙或炭黑组成的流化床,流化床内由分置为两层的 7 根辐射火管间接加热。生成的气体一部分用于流化床,另一部分燃烧,为分解反应提供热量。

流程二:整轮胎通过气锁进入反应器,轮胎到达流化床后,慢慢地沉入沙内,热的砂粒覆盖在它的表面,使轮胎热透而软化。流化床内的沙粒与软化的轮胎不断交换热量、发生摩擦,使轮胎渐渐分解,两三分钟后轮胎完全分解完,在沙床内残留的是一堆弯曲的钢丝。钢丝由伸入流化床内的移动式格栅移走。热解产物同流化气体经过旋风分离器及静电除尘器,将橡胶、填料、炭黑和氧化锌分离除去。气体通过油洗涤器冷却,分离出含芳香族高的油品。最后得到含有甲烷和乙烯量较高的热解气体。整个过程所需热量不仅可以自给,而且还有剩余。产品中芳香烃含硫量在 0.4% 以下,气体含硫量在 0.1% 以下。含有氧化锌和硫化物的炭黑,通过气流分选器可以达到质量标准,再应用于橡胶工业。残余部分可以回收氧化锌。采用这种整条轮胎的流化床热解工艺,经济上是合算的。

# 第十四章  废塑料的回收利用和处理

## 第一节  概　述

塑料一般指以天然或合成的高分子化合物为基本成分,可在一定条件下塑化成型,而产品最终形状能保持不变的固体材料。当今世界塑料工业飞速发展,其用途已经渗透到国民经济的各个领域。从工农业到衣食住行,塑料制品无处不在,塑料制品的应用已深入到社会的每个角落。就在塑料工业蓬勃发展的同时,大量的废旧塑料也随之而生,这不仅对环境造成严重污染,而且也影响了塑料工业自身的发展。

塑料的基本成分(专业术语为单体)主要来自石油。与其他自然资源一样,石油不会"取之不尽、用之不竭"。所以,与其说是回收废旧的塑料制品,不如称之为"再利用的资源"。塑料的回收利用至少有两个基本意义:其一是解决环境污染,保护人类赖以生存的地球;其二是充分利用自然资源。

随着近代石油化工的发展和高分子聚合技术的进步,树脂产量逐年增长,目前世界塑料树脂产量已突破1亿t。近年来塑料的消费一直呈现上升趋势,塑料制品已深入到各个生活及生产领域。然而,大规模的生产和使用必然伴随着大量废弃塑料的产生。据统计每年全人类要丢弃4000万t废塑料,仅向海洋和河流倾倒的塑料垃圾就有约50万t。这不仅破坏了海洋生物的生存造成鱼类等的死亡,而且因废塑料缠绕在海轮螺旋推进器上造成的海难事件也屡见不鲜。进入20世纪70年代后,塑料废弃物的处理开始成为社会问题,逐渐引起人们的关注。经过多年的努力,在废塑料的处理上已取得了很大的进步。目前处理废塑料的方法大致可分为:(1)焚烧;(2)填埋;(3)降解;(4)回收再利用。以往人们多采用前两种方法。但焚烧过程会产生大量有毒有害气体,而在掩埋后土壤中残留的塑料碎片又会影响土壤的透气性,使农作物减产。从环保和节约资源角度看回收再利用是最理想的方法。

我国废旧塑料年产量为2500万t,按20%可回收计算,一年应回收废弃塑料约500万t,实际回收只有200万t。有人说:"塑料废弃物是放错了位置的财富。"因此,治理"白色污染",回收利用废旧塑料已悄然成为一个潜力巨大、利润丰厚的黄金产业。

### 一、废塑料的来源及分类

由于大多数塑料品种是不相容的,由混合塑料制得产品的力学性能较差,因此,废塑料再生利用前应按塑料品种(化学结构)进行分类。分类可根据不同塑料的用途、性质进行。例如采用目测、手感、轻重、燃烧等简易方法,可以将常用的聚氯乙烯、聚苯乙烯、聚丙烯等塑料进行分类。再如,根据不同塑料之间存在的密度差异,可将不同种类的塑料置于特定的溶液中(如水、饱和食盐溶液、酒精溶液、氯化钙溶液等),根据塑料在该溶液中的沉浮性进行分类和鉴别。又如,利用不同塑料在溶剂中的溶解性差异,可以采用溶解沉淀法进行分离,其方法是将废塑料碎片加入到特定溶液中,控制不同温度,使各种塑料选择性地溶解并分选。另外,当废料量大,杂物多时,还可以采用风力筛选技术,此法是在重力筛选室将粉碎的废塑料由上方投入,从横向喷入空气,利用塑料的自重和对空气阻力的不同进行筛选。

### (一) 塑料的基本分类

塑料可依据不同的分类标准,进行不同的分类。

(1) 按合成树脂的受热行为,塑料可分为热塑性塑料和热固性塑料两类。

热塑性塑料受热时可以塑化和软化,冷却时则凝固成形,温度改变时可以反复变形。如聚乙烯(PE)、聚氯乙烯(PVC)、聚苯乙烯(PS)、有机玻璃(PMMA)、聚碳酸酯(PC)等。

热固性塑料受热时塑化和软化,发生化学变化,并固化成形,冷却后如再加热时,不再发生塑化变形,如果温度继续升高就会发生分解。如酚醛塑料、脲醛塑料等。

(2) 按塑料用途可分为通用塑料、工程塑料和功能塑料三类。

通用塑料的来源丰富,产量大,应用面广,价格便宜,成型加工容易。如:聚乙烯(PE)、聚氯乙烯(PVC)、聚苯乙烯(PS)、聚丙烯(PP)。

工程塑料的综合性能(如电性能、力学性能、耐高低温性能等)优良,可代替金属作为工程结构材料。如:聚对苯二甲酸乙二醇酯(PET)、聚对苯二甲酸丁二醇酯(PBT)、聚酰胺(PA)、聚碳酸酯(PC)、聚甲醛(POM)等。

功能塑料具有某种突出的物理功能,如耐高温、耐腐蚀、耐辐射、导电、导磁等。如:聚酰亚胺、聚苯硫醚、聚砜(PSU)等。

(3) 从组成上塑料可分为低密度聚乙烯(LDPE)、高密度聚乙烯(HDPE)、聚丙烯(PP)、聚氯乙烯(PVC)、聚苯乙烯(PS)、聚对苯二甲酸乙二醇酯(PET)和少量的塑料合金等。

### (二) 通用热塑性树脂的基本构成和生产

#### 1. 聚乙烯(PE)

聚乙烯(polyethylene,PE)是由乙烯单体聚合而成。聚乙烯具有优良的电绝缘性能、耐化学腐蚀性能、耐低温性能和良好的加工流动性。

过去按生产压力的高低将聚乙烯分为高压、中压、低压聚乙烯,但目前利用低压法也可以生产出与高压聚乙烯相类似的线形低密度聚乙烯。目前,按密度的不同分类,可分为高密度、低密度、线性低密度和甚低密度聚乙烯等类别。

低密度聚乙烯(LDPE)　通常用高压法(147.17~196.2 MPa)生产。由于用高压法生产的聚乙烯分子链中含有较多的长短支链,所以结晶度较低(45%~65%),密度较小(0.910~0.925 g/cm³),质轻,柔性,耐寒性、耐冲击性较好。LDPE广泛应用于生产薄膜、管材、电绝缘层和护套。

高密度聚乙烯(HDPE)　主要是采用低压法生产的。HDPE分子中支链少,结晶度高(85%~95%),密度高(0.941~0.965 g/cm³),具有较高的使用温度,硬度、机械强度和耐化学药品的性能。适宜用中空吹塑、注塑和挤出法制成各种制品。例如各种瓶、罐、盆、桶等容器及渔网,捆扎带,并可用作电线电缆覆盖层、管材、板材和异型材料等。

线性低密度聚乙烯(LLDPE)　是近年来新开发的新型聚乙烯。它是乙烯与α-烯烃的共聚物。与HDPE一样,其分子结构呈直链状,但分子结构链上存在许多短小而规整的支链。它的密度和结晶度介于HDPE和LDPE之间,而更接近LDPE。熔体黏度比LDPE大,加工性能较差。

超低密度聚乙烯(VLDPE)　1984年美国联合碳化物公司用崭新的低压聚合工艺,由乙烯和极性单体,如乙酸乙烯酯、丙烯酯或丙烯酸甲酯共聚制成了一种新型的线性结构树脂——甚低密度聚乙烯(VLDPE)。该共聚物的密度很低,故具有其他类型PE所不能比拟的柔软度、柔顺度,但仍具有较高的密度线性聚乙烯的力学及热学特性。VLDPE可用于制造软管、瓶、大桶、箱及纸箱内衬、帽盖、收缩及拉伸包装膜、共挤出膜、电线及电缆料、玩具等。可用一般的 PE 挤出、注塑及吹塑设备加工成型。

超高分子量聚乙烯(UHMWPE)　UHMWPE 指分子量大于 70 万的高密度聚乙烯,其密度介于 $0.936 \sim 0.964 \ \mathrm{g/cm^3}$ 之间,它的机械强度远远高于 LDPE,并具有优异的抗环境应力开裂性和抗高温蠕变性,还有极佳的消音、高耐磨等特性,可以广泛应用于工程机械及零部件的制造。超高分子量聚乙烯的熔体黏度特高,只能用制坯后烧结的方法制造成型。

2．聚丙烯(PP)

聚丙烯(polypropylene,PP)的均聚物是由丙烯单体经定向聚合而成,制备方法有浆液聚合、液体聚合和气相本体聚合三种。PP 属于线性的高结晶性聚合物,熔点为 165℃。PP 是最轻的聚合物,其相对密度仅 $0.89 \sim 0.91$。它具有优良的力学性能,比聚乙烯坚韧、耐磨、耐热,并有卓越的介电性能和化学惰性。聚丙烯树脂的最大缺点是耐老化性能比聚乙烯差,所以聚丙烯塑料常需添加抗氧剂和紫外线吸收剂。此外,PP 的成型收缩率大,耐低温、冲击性差,通常通过复合及共混改性的方法加以改善。

聚丙烯可用挤出、注塑、吹塑、模压、真空成型等方法加工。其中以注塑法为主。

3．聚苯乙烯(PS)

聚苯乙烯是由苯乙烯的单体聚合而成的。合成方法有本体聚合、溶液聚合、悬浮聚合和乳液聚合。各种聚合方法制成的聚苯乙烯,其性能略有不同。例如,以透明度而言,本体聚合的最好,悬浮聚合的次之,乳液聚合而成的不透明,呈乳白色。

PS 是典型的非晶态线性高分子化合物,具有较大的刚性,最大的缺点是脆。PS 的熔点较低(约 90℃),且具有较宽的熔融温度范围,其熔体充模流动性好,加工成型性好。

我国聚苯乙烯主要采用悬浮聚合和本体聚合,注塑法制造成型,产品具有高透明度。大多作透明日用器皿、电气仪表零件、文教用品、工艺美术品,高抗冲击聚苯乙烯是用于冰箱内衬里的理想材料。发泡成型生产的发泡聚苯乙烯(EPS),广泛用作包装材料、保温及装潢制品。

ABS 树脂是 PS 系列的共聚物。为丙烯腈、丁二烯、苯乙烯的共聚物,表现出三种单体均聚物的协同性能。丙烯腈是聚合物耐油、耐热、耐化学腐蚀;丁二烯使聚合物具有卓越的柔性、韧性;苯乙烯赋予聚合物以良好的刚性和加工熔融流动性。ABS 树脂兼有高的坚韧性、刚性和化学稳定性。改变三种单体的比例和相互的组合方式,以及采用不同的聚合方法和工艺,可以在宽阔的范围内使产品性能产生极大的变化。ABS 树脂凭借突出的力学性能和良好的综合性能成为一类极其重要的工程塑料。主要用于制造汽车零件、电器外壳、电话机、旅行箱、安全帽等。

4．聚氯乙烯(PVC)

PVC 由氯乙烯单体聚合而成。PVC 的生产以悬浮聚合法为主,呈粉状,主要用挤塑、注塑、压延、层压等加工成型工艺。用乳液法生产的树脂可制出 $0.2 \sim 5 \ \mu\mathrm{m}$ 的 PVC 微粒,因而适于制造 PVC、人造革、喷涂乳胶、搪瓷制品等。缺点是树脂杂质较多,电性能较差。本体法制造的PVC 纯度高、热稳定性好、透明性及电性能优良,但合成工艺较难掌握,主要用于电气绝缘材料和透明制品。

PVC 树脂的主要特点是耐腐蚀、自熄阻燃、强度较高。其主要缺点是加工性、热稳定性、耐冲击性差。通常在 PVC 中加入各种助剂,例如添加增塑剂可以降低 PVC 的熔融温度和熔体黏度,并可借增塑剂的添加比例来获得不同软、硬程度的 PVC 产物。加入稳定剂可使 PVC 在成型加工过程及使用过程不易老化。润滑剂则在加工中起润滑减少摩擦热及使制品表面光滑的作用。

PVC 塑料根据软、硬程度的不同,可以进行压延、模压、挤出、注塑、吹塑等成型加工。聚氯乙烯薄膜通常是用吹塑、压延法制得;板材、管材、线材等以挤出法生产为主;大型板材、层合材料采用模压法成型;工业零件多用注塑法。硬 PVC 塑料的主要缺点是加工性、热稳定性和耐冲击力差。软 PVC 塑料的主要缺点是在使用过程中存在增塑剂挥发、迁移、抽出等现象。

5. 聚对苯二甲酸酯类树脂

聚对苯二甲酸酯类树脂包括聚对苯二甲酸乙二(醇)酯(PET)和聚对苯二甲酸丁二(醇)酯(PBT),它们都是饱和聚酯型热塑性工程塑料。

聚对苯二甲酸乙二(醇)酯(PET)由对苯二甲酸或对苯二甲酸二甲酯与乙二醇在催化剂存在下,通过直接酯化法或酯交换法制成对苯二甲酸双羟乙酯(BHET),然后再于 BHET 进一步缩聚反应成 PET。PET 以前多作为纤维使用(即涤纶纤维),后又用于生产薄膜,近年来广泛用于生产中空容器,被人们称为"聚酯瓶"。PET 薄膜是热塑性树脂薄膜中韧性最大的,在较宽的温度范围内能保持其优良的物理机械性能,长期使用温度可达 120℃,能在 150℃ 短期使用,在 −120℃ 的液氯中仍是软的,其薄膜的拉伸强度与铝膜相当;为 PE 膜的 9 倍;为聚碳酸酯(PC)和尼龙膜的 3 倍。此外,还具有优良的透光性、耐化学性和电性能。主要缺点是加工性能差,这是由于结晶速度太小的缘故。

PBT 的制法与 PET 基本相同,只是把乙二醇改为 1,4−丁二醇。PBT 的特点是热变形温度高,在 150℃ 空气中可长期使用。吸湿性低,在苛刻环境条件下尺寸稳定性仍佳。静态、动态摩擦系数低,可以大大减少对金属和其他零件的磨耗,耐化学腐蚀性也优良。主要用于机械零件。

PBT 的加工性能优于 PET,目前主要是采用注射成型法制造机械零件、办公设备等工程制品。

### (三) 产业系统的废塑料

在塑料制品的生产和加工中不可避免会出现废品、边角料、试验料等。如注塑成型时产生的飞边、流道和浇口;热压成型和压延成型产生的切边料;中空制品成型的飞边;机械加工成型时的切屑等。这些废料由于品种单一,品质均匀,较少被污染,便于回收利用。一般分门别类破碎,然后按适当比例(依据对制品性能的影响情况决定掺用配比)加到同品种的新料中再加工成型。

### (四) 使用和消费系统中的废塑料

在使用、消费和流通过程中产生的废塑料是废旧塑料的主要来源,也是研究回收利用方法的基本点。从我国目前回收利用这类废塑料的情况看,与其说再利用困难,不如说回收的工作更难。

从国内塑料制品的消费领域来看,以农膜为主体的农用塑料、包装用塑料、日用品三大领域是废塑料的主要来源途径。以全国塑料制品总产量为基数,20 世纪 90 年代初各大类塑料制品所占的比例约为:包装用塑料制品占 27%,塑料日用品占 25%,农用塑料约占 20%,此 3 类塑料制品合计占 72%。仅农用薄膜与棚膜专项制品就占塑料制品总量的 11% 左右。在包装材料中四大热塑性塑料制品所占比例分别为 PE 65%、PS 10%、PP 9%、PVC 6%,其他 10%。按制品形状或用途划分,包装材料中的塑料袋、膜类约占 36%,瓶类占 25%,杯、桶、盒等容器、器皿约占 22%,其他占 17%。

相对而言,回收废旧塑料制品有两大难点。一是农用薄膜的回收。它用量大、分布广、回收难,残留在土壤中的塑料薄膜对农田危害严重。二是日用杂品或家庭消费塑料制品的回收。这些制品的塑料品种多,且废旧塑品与其他生活垃圾混杂为城市垃圾,其分离及回收工作难度大。可操作措施是应当立足于实施家庭废旧塑料专用分类垃圾袋并与经济效益挂钩,实施从立法到奖励相结合的措施。另外,塑料和塑料制品生产厂家应该在产品上依照世界通用标记标明塑料的种类,以方便对废塑料的回收利用。

### (五) 农业领域中的废塑料制品

我国农用塑料占塑料制品的比例较大,现阶段每年的塑料制品中仅农用薄膜就占 15% 左右,这个应用比例还在逐年上升。

在农业领域中塑料制品的应用主要在四个方面:(1)农用地膜和棚膜;(2)编织袋,如化肥、种子、粮食的包装编织袋等;(3)农用水利管件,包括硬质和软质排水、输水管道;(4)塑料绳索和网具。上述塑料制品的树脂品种多为聚乙烯树脂(如地膜和水管、绳索与网具),其次为聚丙烯树脂(如编织袋),还有聚氯乙烯树脂(如排水软管、棚膜)。在诸多农业用塑料制品中,回收难度较大的是农用地膜。一是农膜质量差、超薄膜用后难回收。二是回收农膜的收购价格过低。

### (六) 商业部门的废塑料制品

商业部门的塑料制品的废弃物至少表现在两大方面。一个是经销部门,这类部门可回收的塑料制品大都为一次性包装材料,如包装袋、打捆绳、防震泡沫塑料、包装箱、隔层板等。此类塑料制品种类较多,但基本无污染,回收后通过分类即可再生处理。另一个部门是消费中废弃的塑料制品,如旅店、旅游区、饭店、咖啡厅、舞厅、火车、汽车、飞机、轮船等客运中出现的食品盒、饮料瓶、包装袋、盘、碟、容器等塑料杂品。这类制品一般均使用过,有污染物。它们除分类回收外,还需进行清洗等处理。这类商业销售部门和经销部门的废弃塑料制品回收工作,主要应放在强化管理、制定强制性措施上,把回收废弃物与防治环境污染等同看待。同时要采取积极措施,如统一使用收集废弃物的垃圾袋,制定、组织一系列回收、运送、处理、再生的系统。将商业部门的塑料废弃物在作为城市垃圾之前分拣出来,不仅能减轻处理城市垃圾的费用和负担,同时也为有效地处理废塑料提供了良好的条件。

### (七) 家庭日用中的废塑料制品

日常生活中所用塑料制品占整个塑料制品的比率较大,而且越来越大。通常,这些日用品可分为 3 种:(1)包装材料。如包装袋、包装盒、家用电器的 PS 泡沫塑料减振材料、包装绳等。(2)一次性塑料制品。如饮料瓶、牛奶袋、罐、盆等。(3)非一次性用品。如各类器皿、塑料鞋、灯具、文具、炊具、化妆用具等。日常塑料制品所用树脂品种多,除四大通用树脂外,还有聚酯(PET)、ABS、尼龙等。回收的难度更大。可以采用的措施有:(1)做好宣传教育,利用广播、电视、报刊、广告等宣传媒体,讲清回收废旧塑料的社会效益和经济效益,讲明废塑料对环境的污染和危害作用,使回收日用废旧塑料成为全民的自觉行动。对于那些不自觉的人又可迫使其成为守法的公民。(2)充分利用市场经济规律,适当提高废塑料的收购价格。

## 二、废塑料管理

### (一) 垃圾源头管理

从家庭开始分类,居民住宅、社区、公共场所都有分类垃圾箱。居民可自觉按要求投放,密闭的专用车上门收集垃圾。废纸、废塑料等包装废物送往工厂再生利用,厨房、庭院垃圾用于堆肥。不能再生利用的垃圾在对环境不造成污染的前提下填埋或焚烧,生活垃圾无害化处置率很高,各环节流失到环境中的垃圾极少。

### (二) 包装废物管理

20 世纪 80 年代中期以前,发达国家对大多数塑料垃圾采用填埋或焚烧。90 年代初,随着包装废弃物数量的不断增加,新填埋场数量不断减少以及废弃物处理的费用不断上升,许多国家根据环境要求实施了控制包装的行动计划。同时,各国对包装废弃物的管理也采用不同的方法。如欧洲国家采用"废弃物管理层次"原则,即按照图 14-1 次序进行包装废弃物的管理。

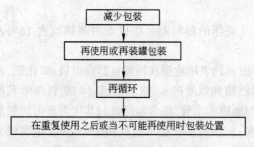

图 14-1　固体废弃物管理层次图

为了鼓励合乎环境标准的包装,各国采用了两类政策手段:一类是严格规定性的,如禁令和强制式的包装回收;另一类是运用经济压力式的,如税收和押金。具体的政策手段有:禁令和限制;强制式回收或再循环;押金退款制度;产品收费、征税;原始材料税;废物处置费;销售许可证;再循环信贷。

各国相继立法,对包装的再使用、再循环和处置制定了强制性综合方案。如德国的《避免包装废弃物法令》;法国,1992 年 4 月的《法令 92—377》;荷兰,1991 年 6 月的《包装契约》;比利时,1991 年 3 月的《自愿协定》等。特别是 1991 年德国的《避免包装废弃物法令》,该法令规定了包装废弃物生产商和销售商的应尽义务,即包装的生产者和销售者必须对他们引入流通领域的废旧包装承担回收和再生利用的任务。包装法让他们进行选择:或者各企业单独承担自己引入的包装物的回收利用责任,或者建立一个覆盖面广泛的私营系统,由这个系统承担所有回收任务。企业选择了后者,于 1990 年 9 月 28 日在科隆创立了德国回收系统有限公司(简称 DSD 公司),负责废塑料和各种包装容器的单独收集,并由 360 个分选点将废塑料分为聚苯乙烯泡沫塑料、瓶子、杯子、薄膜和混合废塑料 5 大类,回收的总量 1998 年达 60 万 t,前 4 类占 38% 供作原料使用,混合废塑料供化工再生利用。这是一个非赢利性的股份公司,它向它的各个股东企业颁发"绿点"商标许可证,从而收取费用来支付回收再生费用。所有包装上印有"绿点"商标的,都由 DSD 公司负责回收利用。不同种类的包装,"绿点"商标的价格也不同,对于塑料包装,每 1 kg 收 2.95 马克。

日本 1996 年颁布了《容器包装回收法》,这部法律的设计宗旨是要减少在最终处置场填埋的一般废物量(因为填埋场空间日益减少)和使废物再循环,目的在于创造一种能应付未来资源耗损的社会体系。

这部法律的重点是容器和包装。一切种类的一般废物中,容器和包装(包括食品、饮料及其他日用必需品的袋子和包装纸)占 25%(质量)和约 60%(体积)。

该法律规定,容器的制造商,或销售带容器和包装的产品的工商企业,应当负责按照其制作或使用的体积再循环一定数量的容器和包装中所用材料。如果它们无法达标,则它们有责任为此缴纳费用。这种费用以更高零售价的形式转嫁给消费者。

以下是这个设想的背景。容器和包装再循环的最大障碍在于在很多情况下它没有付费。一种特定物品再循环的费用通常高于再循环物品的销售价格。任何一家工商企业都不敢从事这样一种不赢利的再循环。这就是为什么一种其中每一个方面都负担一部分再循环成本的体系是至关重要的。近年来,日益增多的城市对居民收取一部分根据其所抛弃废物数量计算的费用。过去,各城市都利用纳税人的钱来覆盖一般废物的处置费用。

然而,对工商企业来说,让它们自己承担再循环的责任是困难的。这样的工商企业要向日本容器和包装再循环协会缴纳委托费,该协会类似于德国回收系统有限公司(DSD)和法国的"生态包装"。这个协会代表各工商企业收取再循环费。它与 DSD 的不同之处在于,日本城市系由法律赋予利用各自的预算来收集废物的责任。

1997 年 4 月,日本启动了玻璃瓶与 PET 瓶的分别收集与再循环,并为除 PET 瓶以外的其他废塑料的再循环做准备,这种再循环始于 2000 年 4 月,各工商企业要承担部分费用。

这部《容器包装回收法》没有规定铝听、钢听和纸板(箱)等再循环的责任。这些物品一旦收集起来就可以再循环,即使在现行制度下也无需来自工商企业的额外财政贡献。

### 三、我国塑料回收存在的问题

#### (一)回收利用水平不足

2003 年,我国的塑料制品产量(规模以上工业企业)达到 1651 万 t,如果算上小型企业,保守估计超过 2500 万 t,2004 年又保持了强劲增长的势头。若按塑料制品中有 20% 为可回收塑料计算,则我国可回收塑料废弃物每年约有 400~500 万 t,而这还不包括企业生产中产生的边脚料和没使用过的残次塑料制品回收。然而,2005 年我国回收废旧塑料也只有 500~600 万 t。

#### (二)回收分类等级制度不健全

塑料回收再利用是一个世界性的课题,工业发达国家的一些成功做法就是分门别类合理使用。废弃塑料可以按品种规格分成不同的等级,经过相应的加工处理,分类使用。像企业在生产过程中产生的边脚料、残次品等都属于易分类回收的塑料,但生活用塑料制品在我国存在分类回收困难的问题。一方面是民众的环保意识不强,塑料分类回收的概念还未被大众认同,不同塑料的分类回收还没有形成;另一方面,塑料制品按原料分类的标志不明显。国家规定塑料制品应在显著部位标出分类回收标志,但多数制品没有标出,为回收时的分类造成不便。一些新兴塑料产品的回收还没引起大家的注意,如光盘、家电塑料、汽车用塑料的回收工作还有待细化。

#### (三)回收利用存在环境破坏问题

在某个小村子里,居然有 17 家废旧塑料回收厂,虽然村民们的收入增加了,但废旧回收带来较大的环境污染。塑料回收本是环境保护的重要举措,结果反而破坏了环境。回收来的废旧塑料制品要进行水洗加工,清洗后的污水被排放到村南的几个大水坑里。而这些回收来的废旧塑料制品大多数都装运过医药或化工原料,清洗后排放的污水污染了土壤和地下水。当地村民反映,井水如今泛绿不能喝了,有的土地已经长不出庄稼。

在包装废物中的纸类、金属类废物包装物和塑料瓶等已经得到了较为广泛和自发的回收利用,但回收利用价值不大的塑料包装袋没有得到较好回收,进而造成环境污染。目前,全国至少有 2000 多万人从事个体废品收购,规范和管理好这支队伍是回收工作的重点之一。

#### (四)存在卫生安全隐患

在我国一些乡村塑料回收利用小作坊林立,这些再生塑料大都是由垃圾回收料,甚至是医用输液管等废弃物品合成的,再加上制作流程中环境卫生不合格,制成的食品袋等是极不卫生的,食品袋带有大量有害病毒,如常见的大肠杆菌等,长期使用对人体器官造成慢性损害。在市场上大量流通使用的超薄塑料袋,常被用来装日用品,甚至是直接食用的食品等,比如装热早点,袋子本身就不卫生,再加上它遇热熔融产生的有害物质,对人们的身体健康极为不利。国家质检总局和河北省质量技术监督局组成联合调查组,对两个塑料制品专业基地进行检查,抽样检测发现,当地生产的再生塑料食品袋确实含有大量有害物质。再生塑料制成的有害食品袋大量生产暴露出行业监管漏洞。长期以来,这些塑料制品小企业既生产工业用制品也生产食品用制品,鱼龙混杂,没有区分标示。

## 第二节 废塑料的回收利用技术

废塑料的资源化应用主要包括物质再生和能量再生两大类。方法详见图 14-2。物质再生包括物理再生和化学再生。物理再生不改变塑料的组分,主要通过熔融和挤压注塑生成塑料再生制品,产品的质量往往低于原有产品;化学再生则是在热、化学药剂和催化剂的作用下分解生成化学原料或燃料,或通过溶解、改性等方法分别生成再生粒子和化工原料。化学再生主要分七类:解聚、气化、热解、催化裂解、氢化法、溶解再生和改性法。能量再生是在物质再生不可行时,将塑料直接用做燃料或制作成 RDF 衍生燃料在工业锅炉、水泥炉窑或焚烧炉中燃烧。但由于含氯塑料不完全燃烧可能生成二噁英,造成大气污染。这类方法一般较少提倡使用。

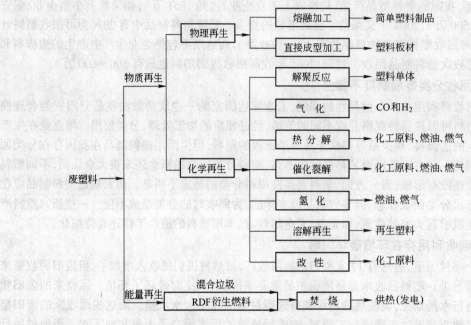

图 14-2　废塑料资源化技术

## 一、废塑料的分离技术及开发应用

自 20 世纪 70 年代以来,各发达国家都投入相当力量进行废塑料分离技术的开发研究,主要技术可概要示于图 14-3。

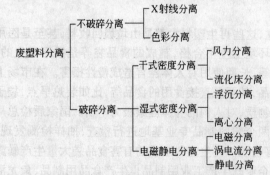

图 14-3　废塑料的分离方法

### (一) X 射线、荧光 X 线分离

X 射线装置最初是为了补充人工分离,用于 PET 和 PVC 瓶的分离。该法是利用不同种类的塑料对 X 射线的吸收率不同,不接触、不破坏制品的检测系统。被检测物边移动边分离。把投射的 X 射线转变成电信号,判断应除去的瓶,用压缩空气将其吹落进行分离,荧光 X 线分离是由照射 X 射线的被检测物发生的荧光 X 线,经分光后进行主要成分的定量判断。对于塑料瓶,根据化学键的状态,利用荧光 X 线光谱的变化进行分离。

美国塑料回收研究中心(CPRR)和 Ascoma 公司共同确立了从混合废塑料瓶中检出、分离 PVC 瓶的方法,此法是利用氯原子被 γ 射线照射时放出低能级荧光 X 射线,可分离 3～10 个瓶/s。意大利 Govoni 公司利用 PVC 中的氯原子吸收 X 射线来检出 PVC 瓶,用空气喷射分离。美国国家回收技术公司开发制造的 X 光探测器已在比利时、英国等一些 PVC 回收工厂中使用。

Estman 公司开发了向 PET 分子中添加 $10^{-6}$ 级有机分子作为标示物，使其吸收近红外峰，检测、分离 PET 的方法。Bayer 公司开发了在塑料生产时，向不同的塑料添加不同的荧光染料，自动鉴别废塑料的系统。使用微量的荧光染料就能用标准型荧光分光计检出，且不损坏制品的外观和物性，对所有的塑料都适用。

### （二）色彩分离

根据色彩进行分离的技术，是使被检测物的颜色通过数个滤色器后，把各个不同的亮度换算成电流值并以此分组。把颜色识别装置和材料分离装置组合，经光学辨别塑料瓶等的颜色后，鼓风吹落着色瓶。

### （三）干式密度分离

干式密度分离有风力分离和流化床分离。风力分离是利用流动空气在空气中进行密度分离的方法。此法对沙土、玻璃、金属等密度较大的物质和纸、塑料等密度较小的物质的分离非常有效且经济；而对各种密度近似的塑料和因碎片形状不规则的物质分离效果较差。

流化床分离是把粉碎的塑料混合物定量供给旋转的圆盘，使其受离心力的作用均匀分散后，落在锥形分离器的圆锥倾斜板上，在下落途中用抽吸上升的气流，吸引混合物中的轻质物，密度较大的物质从锥形分离器的底部分离出来。此法对密度相似而形状有很大不同的塑料也能分离。

干式密度分离还存在提高形状相同的塑料之间的分离精度的问题。

### （四）湿式密度分离

湿式密度分离有浮沉分离和离心分离。一般用水作分离介质。分离密度比水大的物质常用溶解了盐分的较重溶液作分离介质。这种方法对聚烯烃与其他塑料的分离是有效的，但存在必须处理伴随而产生的废水的缺点。

浮沉分离是依塑料的亲水性不同，使用非流动型或流动型分离槽，由于密度差而浮沉在液面或底部进行分离。

离心分离是利用水力旋风器原理和塑料的密度差进行分离。它较风力分离或沉浮分离等其他密度分离法有分离效率高和处理量大的优点。在日本首先被用于 PVC 瓶的回收，其流程如图 14-4 所示。

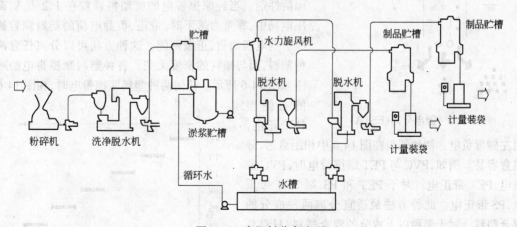

图 14-4　废塑料分离流程

将经过破碎、洗净等前处理的废塑料混合物，以恒速供给搅拌贮罐均匀分散，然后把废塑料和水的混合物用离心泵定量供给水力旋风器。密度低的塑料由旋风器的上部、密度高的由旋风器的下部与水同时排出后,分别脱水得到成品。根据分离的材料、水力旋风器的构造、直径、长度、浸渍管长、上下部口径、底部形状等,最佳规格和最合理的操作条件有很大不同。

(1) 如果水力旋风器的形状、尺寸及运行条件选用恰当,对密度差在 $0.5\ g/cm^3$ 的物质的分离,如 PP 和 PVC 的分离,一级分离纯度即可达 99.9% 以上。密度差 $0.1\ g/cm^3$ 的 PE 和 PS 的分离其纯度也可能达到 $95\%\sim99\%$。

(2) 使用多级水力旋风器,能使目标成分充分提高。

(3) 如果在水力旋风器中使用高密度液,很容易分离密度大于 $1\ g/cm^3$ 的物质。

(4) 改变水力旋风器的底部形状,选择恰当的操作条件,密度大于水的塑料间的分离也是完全可能的。

(5) 与塑料的疏水性无关。

**(五) 电磁、静电分离**

电磁、静电分离有电磁分离、涡电流分离和静电分离。电磁分离是用磁力将废塑料中的铁分离出去。涡电流分离是用于分离非铁金属类物质在移动磁场内加入铝等非铁金属时,在其内部产生涡电流,该涡电流和移动磁场相互作用,产生作用于非铁金属的力,使非铁金属向移动磁场的移动方向分出。涡电流分离就是应用这个现象的技术。此法的前处理——破碎和铁去除是非常重要的。

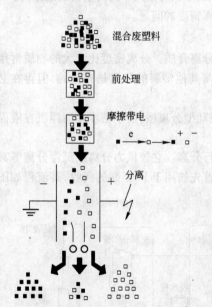

图 14-5　静电分离(ESTA)

静电分离是利用正负静电的吸引力进行分离的技术。在静电分离时,必须预先调整好塑料的粒径、形状并且要干燥。塑料因绝缘性好而易于带静电,利用这个性质能将塑料从纸、纤维和玻璃中有效地分离出来。

静电分离是一种干式分离法,它的主要优点是没有废水排出,且密度几乎相同的混合塑料也能分离。

德国由 Kali&Salz 公司开发的 ESTA 工艺,原是用于矿物原料的静电分离法,用于混合废塑料的分离效果也极好。其分离原理简略示于图 14-5。对于静电分离,前处理是十分重要的,即要破碎、干燥及加入 $10^{-6}$ 级的表面活性剂。当经摩擦带电的废塑料颗粒在 1.2 万 V 高压电场中,靠重力落下时,带正、负静电荷的塑料颗粒被吸引到电场的负、正极两侧。这种方法可以分离任意两种塑料,而与塑料的密度无关。各种塑料摩擦带电的顺序如图 14-6 所示。任何两种塑料摩擦带电时,在图 14-6 的右侧塑料带正电,而左侧带负电。两种塑料在图 14-6 中相距愈远,分离愈容易。例如,PVC 与 PET 摩擦带电时,PVC 带负电,PET 带正电。对于 PET 和 PS,则 PET 带负电,PS 带正电。此种方法最适宜分离两种成分的混合塑料。对于两种以上成分的混合塑料,只有总是带负电的 PVC 能从混合物中分离出来。

当两种塑料带电顺序较近,再加上被废弃的塑

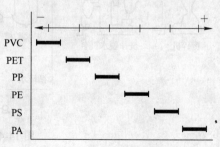

图 14-6　塑料摩擦带电顺序

料含有颜料、增塑剂、阻燃剂等各种添加剂,以及受到不同种类物质及不同程度的污染,可能引起带电顺序的变化而给分离带来困难。

## 二、废旧塑料的再生利用

采用填埋和焚烧处理废旧塑料的方法,虽然起到了一定的作用。但近几年,垃圾资源化的问题得到全世界关注,怎样将有害垃圾(废旧塑料)变为有效资源,已成为国际上的热门研究课题。而采用填埋、焚烧这两种处理方法都会造成一定的资源浪费,于是人们又开发了废旧塑料再生利用新技术,以真正做到物尽其用,充分发挥塑料的所有利用能力和利用价值。

### (一) 废旧塑料的直接利用

废旧塑料的直接利用系指不需进行各类改性,将废旧塑料经过清洗、破碎、塑化,直接加工成型,或与其他物质经简单加工制成有用制品。

国内外均对该技术进行了大量研究,且制品已广泛应用于农业、渔业、建筑业、工业和日用品等领域。例如,将废硬聚氨酯泡沫精细磨碎后加到手工调制的清洁糊中,可制成磨蚀剂;将废热固性塑料粉碎、研磨为细料,再以 15% 、30% 的比例作为填充料掺加到新树脂中,则所得制品的物化性能无显著变化;废软聚氨酯泡沫破碎为所要求尺寸碎块,可用作包装的缓冲填料和地毯衬里料;粗糙、磨细的皮塑料用聚氨酯粘合剂粘合,可连续加工成为板材;把废塑料粉碎、造粒后可作为炼铁原料,以代替传统的焦炭,可大幅度减少二氧化碳的排放量。

### (二) 废旧塑料的改性利用

废旧塑料直接再生利用的主要优点是工艺简单,再生品的成本低廉;其缺点是再生料制品力学性能下降较大,不宜制作高档次的制品。为了改善废旧塑料再生料的基本力学性能,满足专用制品的质量需求,研究人员采取了各种改性方法对废旧塑料进行改性,以达到或超过原塑料制品的性能。常用的改性方法有两种:一种是物理改性,另一种是化学改性。

#### 1. 物理改性

采用物理方法对废旧塑料进行改性主要包括以下几个方面。

(1) 活化无机粒子的填充改性。在废旧热塑性塑料中加入活化无机粒子,既可降低塑料制品的成本,又可提高温度性能,但加入量必须适当,并用性能较好的表面活性剂处理。

(2) 废旧塑料的增韧改性。通常使用具有柔性链的弹性体或共混性热塑性弹性体进行增韧改性,如将聚合物与橡胶、热塑性塑料、热固性树脂等进行共混或共聚。近年又出现了采用刚性粒子增韧改性,主要包括刚性有机粒子和刚性无机粒子。常用的刚性有机粒子有聚甲基丙烯酸甲酯(PMMA)、聚苯乙烯(PS)等,常用的刚性无机粒子为 $CaCO_3$、$BaSO_4$ 等。

(3) 增强改性。使用纤维进行增强改性是高分子复合材料领域中的开发热点,它可将通用型树脂改性成工程塑料和结构材料。回收的热塑性塑料(如 PP、PVC、PE 等)用纤维增强改性后其强度和模量可以超过原来的树脂。纤维增强改性具有较大发展前景,拓宽了再生利用废旧塑料的途径。

(4) 回收塑料的合金化:两种或两种以上的聚合物在熔融状态下进行共混,形成的新材料即为聚合物合金,主要有单纯共混、接枝改性、增容、反应性增容、互穿网络聚合等方法。合金化是塑料工业中的热点,是改善聚合物性能的重要途径。

#### 2. 化学改性

化学改性指通过接枝、共聚等方法在分子链中引入其他链节和功能基团,或是通过交联剂等进行交联,或是通过成核剂、发泡剂进行改性,使废旧塑料被赋予较高的抗冲击性能,优良的耐热性,抗老化性等,以便进行再生利用。目前国内在这方面已开展了较多的研究工作。

廖兵用废旧聚苯乙烯塑料制备了水泥减水增强剂。他将干燥的废旧聚苯乙烯塑料加入反应釜中,加入溶剂和改性剂在 100℃ 反应 5 h,加水溶解,用氢氧化钙中和、过滤,即制成含量为 10% 的性能高效的改性废旧聚苯乙烯塑料减水增强剂。

张向和等用废旧热塑性塑料,按废塑料、混合溶剂、汽油、颜料、填料、助剂、改性树脂、树脂型增韧增塑剂的质量比(15~30):(50~60):适量:(0~45):(3~10):(0.5~5)的比例生产出了防锈、防腐漆,各色荧光漆等中、高档漆。其性能优良,附着力好,抗冲击力强,成本约为正规同类涂料的一半,且设备简单。

郭金全等根据聚氨酯(PU)合成配方的可变特点,利用玉米淀粉分子的多醇羟基参与 PU 合成过程游离异氰酸根(NCO)的反应进行改性,合成了高性能的 PU 泡沫材料,实验结果表明,该材料具有高吸水功能和不削弱原泡沫的力学性能优点,同时因其成本低廉而具广泛的应用前景。

陈毅峰等以废旧聚苯乙烯泡沫塑料为原料,通过磺化改性,成功地合成了球团黏结剂,应用结果表明,该类黏结剂对造球和压团的湿态、干态和热态强度均表现出良好的效果,可替代常规的腐殖酸钠、水玻璃及膨润土等黏结剂,具有较广阔的市场前景。

用化学改性的方法把废旧塑料转化成高附加值的其他有用的材料,已成为当前废旧塑料回收技术研究的热门领域,相信近年内将会逐渐涌现出越来越多的研究成果。

### (三) 废旧塑料分解产物的利用

#### 1. 废旧塑料的热分解

热分解技术的基本原理是,将废旧塑料制品中原树脂高聚物进行较彻底的大分子链分解,使其回到低分子量状态,而获得使用价值高的产品。

不同品种塑料的热分解机理和热分解产物各不相同。PE、PP 的热分解以无规断链形式为主,热分解产物中几乎无相应的单体;PS 的热分解同时伴有解聚和无规断链反应,热分解产物中有部分苯乙烯单体;PVC 的热分解先是脱除氯化氢,再在更高温度下发生断链,形成烃类化合物。

废塑料热分解工艺可分为高温分解和催化低温分解,前者一般在 600~900℃ 的高温下进行,后者在低于 450℃ 甚至在 300℃ 的较低温度下进行,两者的分解产物不同。废塑料热分解使用的反应器有:塔式、炉式、槽式、管式炉、流化床和挤出机等。该技术是对废旧塑料的较彻底的回收利用技术。高温裂解回收原料油的方法,由于需要在高温下进行反应,设备投资较大,回收成本高,并且在反应过程中有结焦现象,因此限制了它的应用。而催化低温分解由于在相对较低的温度下进行反应,因此研究较活跃,并取得了一定的进展。

#### 2. 废旧塑料的化学分解

化学分解是指废弃塑料的水解或醇解(乙醇解、甲醇解及乙二醇解等)过程,通过分解反应,可使塑料变成其单体或低相对分子质量物质,可重新成为高分子合成的原料。化学分解产物均匀易控制,不需进行分离和纯化,生产设备投资少。但由于化学分解技术对废旧塑料预处理的清洁度、品种均匀性和分解时所用试剂有较高要求,因而不适合处理混杂型废旧塑料。目前化学分解主要用于聚氨酯、热塑性聚酯、聚酰胺等极性类废旧塑料。

## 三、废旧塑料的再生加工技术

废旧塑料的再生利用有直接再生利用和改性再生利用。直接再生利用是将回收的废旧塑料制品经过分类、清洗、破碎、造粒后直接加工成型,其工艺比较简单,但再生制品性能欠佳、档次较低。改性再生利用是指将再生料通过物理或化学方法改性(如复合、增强、接枝)后,再加工成型,工艺较复杂,需特定的机械设备,但再生制品性能好。目前直接再生利用比改性再利用普遍,但改性利用是废塑料再生利用的发展方向。

### (一) 预处理

预处理包括分选、破碎、清洗和干燥。

分选的目的是清除废塑料中金属、沙石、织物等杂物,并把混杂在一起的不同品种的塑料制品分开、归类。主要分选方法有手工分选、磁选(除铁)、风力分选、静电分选、温差分选及浮选等,我国目前手工分选较多。

先清洗后破碎工艺适合于污染不严重且结构不复杂的大型废旧塑料制品。如汽车保险杠、仪表板、周转箱、板材等。首先用带清洗剂的水浸洗,以去除一些胶黏剂和油污等,然后用清水漂洗,清洗完后取出风干。较大制件应粗破碎后再细破碎,然后进行干燥。常采用设有加热夹层的旋转式干燥器,夹层中通过热水蒸气,边受热边旋转,干燥效率较高。

粗洗－破碎－精洗－干燥工艺对于有污染的异型材,特别是废旧农膜,应首先进行粗洗,除去沙土、石块和金属等异物,以防止其损坏破碎机。废旧塑料经粗洗后离心脱水,再送入破碎机破碎。破碎后再进一步进行精洗,以除去包藏在其中的杂物。清洗后需干燥,以便下一步熔融造粒。

### (二) 再生料的成型前处理

经预处理得到的粉料,或直接塑化成型,或经造粒后再成型。在此之前,往往需要进行配料、捏合等。

#### 1. 配料

加入各类配合剂,如稳定剂、着色剂、润滑剂、增塑剂、填充剂和各类改性剂等。废旧塑料制品一般都有不同程度的老化,为了保证再生塑料制品的稳定性能,应当加入稳定剂,再生 PVC 料中可选取配合盐基性铅类、脂肪皂类、复合稳定剂,PE、PP 再生料可用 1010 稳定剂。废旧塑料常有一定程度的污染,故常选用深色的着色剂,如炭黑、铁红、酞青紫、塑料棕等。润滑剂也是回收料中必不可少的助剂,再生 PVC 料中加入极性润滑剂比非极性润滑剂效果好,如用氯化石蜡比用普通石蜡好,而对于 PP、PS、PE 再生料用普通石蜡即可。由于原塑料制品中的小分子增塑剂易在制品中发生迁移现象,所以再生的 PVC 制品中需要补充一些增塑剂,用量视制品要求的硬度而定。填充剂有碳酸钙、陶土、滑石粉、硫酸钡、赤泥、木粉等,填充剂应经偶联剂(如钦酸醋偶联剂)活化,针对不同种填充剂,选择适宜型号的钦酸醋。

#### 2. 捏合

再生回收料与各类添加剂的捏合是十分必要的,它能使需要配合的各组分在塑化混熔前达到宏观上的均匀分散而成为一个均态多组分的混合物。捏合一般在混合造粒之前,如果不需造粒而直接加工成型,那么捏合应在成型之前进行。捏合的温度、时间、搅拌速度、加料顺序等操作及调控可参照新生塑料捏合工艺。

造粒废旧塑料经过预处理,再经干燥,使水分含量不超过 5%,这样的碎料经与其他组分配合与捏合后即可造粒。有的回收料(如 PVC 软制品)也可不经切碎而直接用开炼机塑化、放片、切粒。各类品级的回收料的造粒工艺如图 14-7 所示。

回收 PVC 料因其熔体黏度高,宜在开炼机上人工控制,不论是否是钙塑再生料,皆可采用开炼工艺,流程见图 14-8。

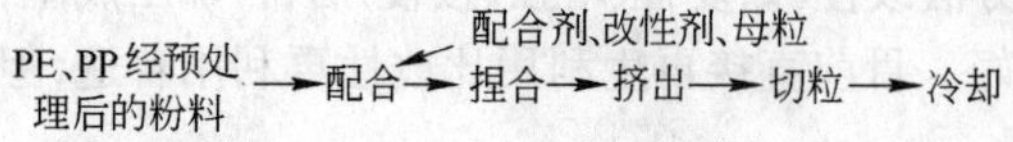

PE、PP经预处理后的粉料 → 配合 → 捏合 → 挤出 → 切粒 → 冷却
（配合剂、改性剂、母粒）

PVC经预处理后的粉料 → 配合 → 捏合 →（挤出 → 切片 → 冷却）/（开炼 → 放片 → 切粒）
（配合剂、改性剂、增塑剂、母粒）

图 14-7　回收料造粒工艺流程 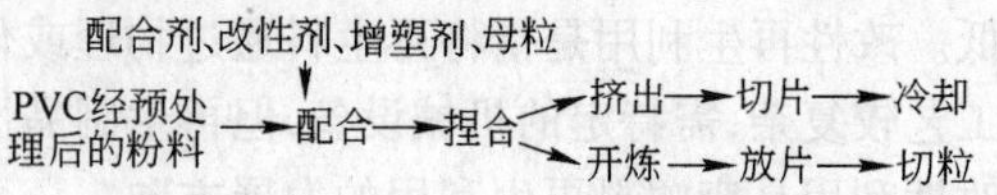　　　　　图 14-8　PVC回收料造粒工艺

### （三）成型

再生塑料制品的成型方式有模压、挤塑、注塑、压延、吹塑等,可根据塑料制品种类和经济状况合理确定。比如,模压法可通过更换模具生产多种制品;挤塑法用不同的口模可以挤出各种连续的型材(管、棒、丝、板及异型材等);压延法适合生产片材;吹塑法适宜生产中空制品和各种再生膜。用回收的废旧塑料可以生产软管、凉鞋、防水卷材、塑料地板砖、塑料装饰板、养殖托盘、周转箱、桶状容器、薄膜等多种再生塑料制品。

### 四、废旧塑料物理循环技术

物理回收循环利用技术主要是指简单再生利用和改性再生利用(或复合再生)。

简单再生利用指回收的废旧塑料制品经过分类、清洗、破碎、造粒后直接进行成型加工。如聚氯乙烯废旧硬质板材、管材等硬制品经过上述处理后可直接挤出板材,用于建筑物中的电线护管。这类再生利用的工艺路线比较简单,且表现为直接处理和成型。因为未采取其他改性技术,再生制品的性能欠佳,一般只作档次较低的塑料制品。

改性再生利用指将再生料通过机械共混或化学接枝进行改性。如增韧、增强并用,复合活性粒子填充的共混改性,或交联、接枝、氯化等化学改性,使再生制品的力学性能得到改善或提高,可以做档次较高的再制品。这类改性再生利用的工艺路线较复杂,有的需要特定的机械设备,并且要求塑料的成分单一。对一些特殊的工艺,条件要求苛刻,比如温度、改性剂的用量及配置等难以控制。

### （一）塑木技术

使用木粉式植物纤维高份额填充聚乙烯和聚丙烯树脂,同时添加部分增黏及改性剂经挤出、压制或挤压成型为板材,可替代相应的天然木制品,除具有木材制品的特性外,还具有强度高、防腐、防虫、防湿、使用寿命长、可重复使用和阻燃等优点。

近年来,国内外塑木板材制品的技术开发和应用发展迅速。木粉填充改性塑料国外早已开始研究,但高份额的木粉填充则是近几年才有较大发展。在日本,有名的"爱因木"就是该类产品;加拿大的协德公司也已开发出类似的塑料制品;奥地利辛辛那提公司及 PPT 模具公司开发出各种塑木板材制品;我国唐山塑料研究所、国防科技大学和广东工业大学等在早些时候在低份额木粉改性填充树脂体系中进行塑木产品专用设备的开发。此外,无锡、杭州及安徽等地也有企业和个人进行这方面的研究。

目前,塑木板材主要使用在如下场合:公园、建筑材料、隔音材料、包装材料、围墙以及各种垫板、广告板、地板等。比利时先进回收技术公司将混杂塑料合金化,生产出塑料木材制成栅栏、跳板、公园座椅、道路标志等;日本一家公司利用废旧聚苯乙烯泡沫塑料制造低成本的消音材料,收到良好的消音效果,目前它已被用作发电站隔音设施的墙壁、天花板以及高速公路的隔音墙等。

### （二）土工材料化

土工材料只要求某些物理性能和化学性能的技术指标,因此利用废塑料生产土工制品的经济效益和社会效益较好。例如利用废聚丙烯(PP)或高密聚乙烯(HDPE)加工成降低地表水位的盲沟或防止滑坡塌方的土工格栅;用废 PP 制土筋等。美国得克萨斯州立大学采用黄沙、石子、液态 PET 和固化剂为原料制成混凝土;日本一家公司利用废塑料制成园艺用新型培养土。黄玉惠等将废旧塑料改性制成附加值高的高效水泥减水增强剂,对水泥减水率高于19%,并可将水泥的最终强度提高40%,可广泛用于水坝、桥梁和高楼等大型土建工程。

### 五、废塑料的化学再生技术

利用化学再生技术可将废塑料还原成油品、单体或化学原料。已商业化或正在开发中的化学再生技术有聚氨酯(PU)的水解、糖酵解工艺;PET的醇解、甲醇分解、酯交换工艺;热塑性塑料的热分解、氢化、精炼再生、溶解分离工艺;热固性塑料的热分解、溶解分离工艺;聚烯烃的热分解、精炼再生工艺等。

#### (一) 油化还原

**1. 技术开发**

作为废塑料的一种理想回收方法和根本解决问题的手段,首推的应该是让它油化为石油。早在20世纪60年代,以"石油危机"为契机,已对废塑料的热分解开始进行大量的研究。采用的热分解反应器如图14-9所示。

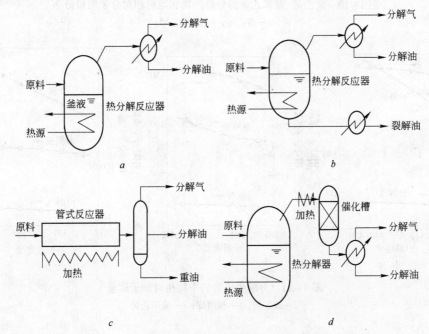

图 14-9　热分解反应器示意图
a—分解馏出型;b—裂解型;c—管式;d—催化分解型

采用分解馏出型反应器热分解PE、PS所得分解生成物相对分子质量分布情况如图14-10所示。PP的情况与它们相似。图14-10中釜液为滞留于反应器中的低相对分子质量物。各生成物的相对分子质量分布当温度上升时移向高相对分子质量侧,而温度下降时则移向低相对分子质量侧;当分解压力升高时移向低相对分子质量侧,而分解压力降低时则移向高相对分子质量侧。分解生成物(釜液、分解油、分解气)的平均相对分子质量随分解温度的上升而变大(参见图14-11)。PE釜液是平均相对分子质量约1100的低聚物,在室温下为固体,200℃以上时为液体;分解油为相当于煤油的油,沸点范围大,十六烷值高,可望作为柴油机的燃料油;分解气占分解馏出物的4%～7%,主要为甲烷、乙烷、丙烷、丙烯等。PP釜液是低聚物;分解油为略带黄色的透明液体,黏度低,不仅可作为燃料油,且可加氢用于其他用途;分解气占分解馏出物的3%～6%,

主要为丙烯、异丁烯、甲烷、乙烷等。PS 釜液是黏度较大的低聚物;分解油中主要为苯乙烯单体、苯、甲苯、乙苯、异丙苯、丙苯、二聚体、三聚体等,在适当的条件下可以完全燃烧;分解气占分解馏出物的 0.1%~0.15%。

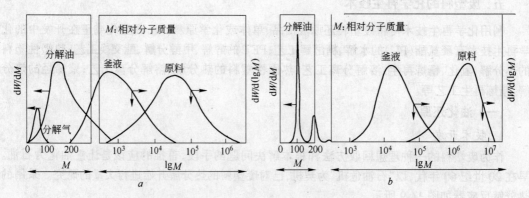

图 14-10　聚乙烯、聚苯乙烯的分解产物和原料相对分子质量分布
a—聚乙烯;b—聚苯乙烯

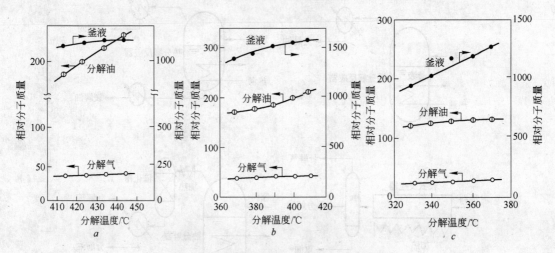

图 14-11　分解生成物的平均相对分子质量
a—聚乙烯;b—聚丙烯;c—聚苯乙烯

　　20 世纪 70 年代开发了不少热分解废塑料油化还原工艺。80 年代又在热分解基础上进行了催化分解,通过催化剂的作用将热分解的气化烃进一步分解和合成。例如将废 PE 在 350~500℃下热分解后,在催化剂 ZnCl₂ 等作用下与氢气反应,可获得高辛烷值的汽油。

　　催化剂中以沸石催化剂居多。Mobil 公司开发的合成沸石催化剂 ZSM-5,使热分解的气化烃分子进一步反复分解而形成相对分子质量更低的、不饱和烃和芳香烃混合物,回收油是低相对分子质量烃类(C₄~C₁₂),由汽油馏分和柴、煤油馏分组成。

　　意大利米兰大学采用各种催化剂如氧化铝(色层分离用)、二氧化硅凝胶、H-Y 沸石(碱性氧化物,0.2%)、贵金属氧化物-Y 沸石(R₂O₃,10.7%)、二氧化硅 – 氧化铝(Al₂O₃,13.2% 或24.2%)等,在 200~600℃反应条件下对 PE、PP、PS 混合废塑料的催化分解进行了研究。

　　2. 典型工艺

　　日本富士循环公司开发了图 14-12 所示工艺,并已建成 0.5 万 t/a 规模的装置。利用该工艺可使热塑性塑料,尤其是聚烯烃塑料(PE、PP、PS 等)油化还原,获得的燃料油不仅质优且回收率高,1 kg 废塑料回收的油最多可达 1 L。

该工艺先将废塑料中不适合油化的杂质纸、铝箔等除去,粉碎后进入挤出机加热,熔融塑料在热分解器进一步加热至 350～400℃,发生热分解、气化。含有大量烷烃的气态热分解物返回熔融炉,在反复循环过程中慢慢热分解,最后以气态烃形态进入催化分解槽。槽内填充催化剂合成沸石 ZSM-5,气态烃在其作用下催化分解,生成物经冷却、分馏后可获得汽油馏分、柴油馏份及气体。

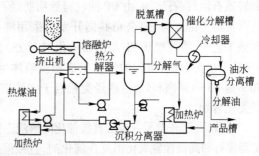

图 14-12　日本富士循环公司废塑料油化还原工艺流程

生成油可作为产品,也可进一步精馏;气体可用作油化装置的热源。由于 PVC 在 230℃ 以上时会产生有害的 HCl,腐蚀装置,污染大气,因此应预先除去废塑料中的 PVC。如果混有少量的 PVC,在挤出机、熔融炉可将游离出来的氯回收,未能除去的微量氯还可在脱氯槽除去,这样确保了装置的安全。工艺中还在循环管线上设置了沉积分离器,用以分离流速降低时从热分解物中沉淀出来的碳和杂质,从而解决结焦问题,保证装置连续运转。

采用该工艺处理 PE、PP 废塑料时,约可得到 85% 回收油、10% 气体、5% 残渣。回收油中,60% 为汽油馏分,辛烷值高,宜作为高辛烷值汽油的基质;其余为柴－煤油馏分,可用作柴油机燃料和锅炉燃料。气体是以丙烷为主要成分的纯净产品,可用作油化装置加热炉的气体燃料。主要成分为碳的残渣,是熔点约 80℃ 的蜡,仍可作为原料使用。

该工艺在处理 PS 废塑料时,回收油产率高达 90% 以上,其中芳香烃约 91%、烷烃约 5%、烯烃约 4%,可作为石油化工原料和溶剂,价值极高。

### 3. 油化工艺开发

日本北海道工业试验场采用异向旋转双螺杆热分解装置连续处理 PE 与 PVC 混合废塑料,在常温至 320℃ 范围内分段加热升温进行分离,使气体生成物与熔化固体生成物分离,从而可将 PVC 分解产生的 HCl 除去,达到 99.9%(质量分数)。

德国汉堡大学采用停留时间长的回转炉与停留时间短的流化床,研究了油化还原率、产生的气体成分及配管状况。所用的流化床型中试装置的处理能力为 10～40 kg/h。反应塔是采用石英砂的流化床,反应条件为常压、650～810℃。在此基础上,德国 Edenhausen 公司建成 500 t/a 试验装置,用于废聚烯烃的处理,获得了良好效果。

日本 USS 公司开发的油化还原装置集热分解炉与催化反应器为一体,大大简化了工艺。

德国 Union kraft stoff AG 公司开发了废聚烯烃加氢油化还原装置(图 14-13)。加氢条件为 500℃、40 MPa,可得到汽油、燃料油。采用家庭垃圾废塑料时,收率为 65%,采用聚烯烃工业废料时,收率大于 90%。从收率、除去氯化物等有害气体方面来看,该工艺远远优于采用隔绝空气、在高于 700℃ 条件下的热分解工艺。

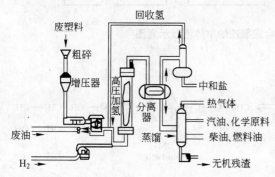

图 14-13　废聚烯烃加氢油化还原工艺流程

美国 Amoco 公司将废塑料粉碎、洗净后,通过水力旋风分离器回收 PE、PP、PS,经脱水送入石油精炼厂热精炼系统溶解,在高温催化裂化催化剂作用下,分解为碳氢化合物。由 PE 回收得到轻质石油气、石脑油;由 PP 回收得到脂肪烃石脑油;由 PS 获得芳烃石脑油。

英国 Umist 与 BP 公司共同开发了采用沸石催化剂将 PP 转化为汽油型化合物的新工艺。在该工艺中,将颗粒状 PP 与沸石催化剂 H-ZSM-5 以 5∶1 的比例混合后置于密闭的反应器内,在 350℃下加热 2 h。得到的气体生成物及液体生成物中,59% 为 C1~C7 碳氢化合物,而其中的 70% 是 C3~C4 饱和烃,这些烃类相当于汽油馏分。其余的生成物则是苯、甲苯、二甲苯等芳香烃类化合物。

在我国,已开发了一步法直接催化降解液态聚烯烃为气态烃油的工艺。该法采用多次改性的 Y 型沸石和高活性氢氧化铝复合催化剂,直接催化降解液态的废聚烯烃塑料,所得气态烃油通过分馏而获得汽油和柴油。郑州市塑胶有限公司率先在国内研究成功的油化技术,包括了 3~30 t/a 5 个系列的工业化生产技术,产品为 70 号汽油 - 10 号轻柴油。在研究开发中的还有将废塑料与原油或废机油定比例加入裂化炉裂解,再经催化、冷却、精馏而获得汽油和柴油的方法。

### (二) 单体还原

如前所述,废聚烯烃经热分解所得的分解气中含有大量的单体。在 600~800℃下,PE 热分解产物主要是乙烯、甲烷和苯,PS 主要的热分解产物是苯乙烯,PVC 则是 HCl。

日本北海道工业开发试验所与日挥公司共同开发了采用流化床热分解炉的废 PS 热分解工艺。该工艺以废 PS 与空气为原料,分解温度 450℃,生成油为 79.8%(质量分数),其中 62.5% 为苯乙烯单体,20.5% 为三聚体。日本制钢所开发的是挤出机热分解工艺,以挤出机为热分解装置。废 PS 的热分解生成物中,苯乙烯单体为 78.6%(m)。

废 PVC 的回收方面,利用 PVC 加热所产生的 HCl 用于合成氯乙烯单体,流程如图 14-14 所示。

废 PET 瓶的回收是将瓶粉碎成薄片后,加至甲醇或乙二醇中,在高于 200℃ 条件下加压分解。用甲醇时可回收对苯二甲酸二甲酯(DMT),由乙二醇分解得到的低聚物经 250℃、2 h、高真空以及 200℃ 以上固相聚合可制得 PET 树脂。

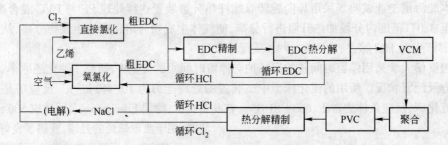

图 14-14　利用循环 HCl 合成氯乙烯单体流程示意图

甲醇分解:

PET
mp.260℃

DMT
mp.140℃

乙二醇分解:

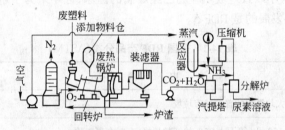

德国 BASF 公司开发的一项技术是将废尼龙 66 加碱水解成己二胺和己二酸钠,由后者电解可得到己二酸。该公司还开发了废尼龙 6 在磷酸催化剂作用下回收得到己内酰胺的技术。

### (三) 化学原料还原

德国 IKV 公司将废塑料置于高温下通入纯氧燃烧产生 $CO_2$,把它作为化学原料利用来合成甲醇、尿素。图 14-15 为合成尿素流程示意图。

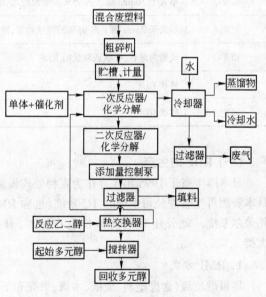

图 14-15　废塑料燃烧产物合成尿素工艺流程

德国 Hoechst 公司采用 Uhdegmbh 的高温 Winkler 工艺将废塑料气化,再转换成水煤气,用作合成醇类的原料。该工艺采用流化床反应器,反应条件为 800℃、0.1 MPa。年处理 4 万 t 废塑料(聚烯烃 57%,PS15%,其他塑料 28%)可回收 3.1 万 t 甲醇。德国 Rule 公司在隔绝空气状态下进行废塑料的热分解,生成油经焦炭生产线上的加氢装置精制成汽油和轻质的油分,产生的气体成分则转化为水煤气用作化学原料。

Aachen 大学开发的挤出分解技术是将废塑料置于挤出机中,在高温,以及氧(空气)、氢(水)存在下,给予剪切力而使其成为均相蜡或分解为气体。得到的 CO 及 $H_2$,目前可利用作为甲醇等的原料,将来还可望作为烯烃、醛类及五甲基组成的烃等原料。该校还利用 PU、PET、PA(聚酰胺)容易醇解,按图 14-16

图 14-16　PU、PET、PA 混合废塑料回收多元醇流程示意图

所示流程回收多元醇,并试制成发泡 PU。现正考虑将此技术工业化,以处理汽车工业的废塑料。

## 第三节　废塑料的焚烧处理技术

对于没有分类收集和分选的混合废塑料,进行焚烧以热能回收是最为实用的方法之一。焚

烧废塑料可有两种方法,一种是直接燃用,另一种是制造垃圾固体燃料(RDF),然后燃用。一般不鼓励用废塑料直接代替燃料。直接燃用时产生的二次污染危害很大,排气处理设施要求很高。例如燃烧会产生氯化氢,氰化氢,二噁英等。此外,还需要专门的焚烧装置。并且对于中小城市,收集足够的废塑料和设置高效焚烧设备均有困难(因高温腐蚀和排气处理不易解决)。所以除了个别回转窑、高炉等,直接燃用不应提倡。

更为合理的做法是利用废塑料制造垃圾固体燃料。垃圾固体燃料指用垃圾和废物制取的固体燃料,在美国通称 RDF(refuse derived fuel),在英国和欧洲则称 WDF(waste derived fuel)。

RDF 最早发源于美国,迄今在芝加哥和俄亥俄州阿库龙市已达日产 1000 t 和 2200 t 的巨大规模,产品已纳入美国材料检查协会(ASTM)的分类标准(具体见表 14-1)。日本是个能源大都依靠进口和土地面积狭小以致垃圾填埋场已经爆满的国家,近年来为了解决上述矛盾而对发展RDF 十分积极,它主要发展的是 RDF-5。

### 表 14-1　美国 RDF 产品分类(ASTM)

| 分　类 | 内　容　摘　要 | 备　注 |
|---|---|---|
| RDF-1 | 除去粗大垃圾后的普通城市垃圾 | |
| RDF-2 | 不大于 150 mm 筛下占 95% 的细粒垃圾,有时金属未除 | 松散 RDF |
| RDF-3 | 不大于 50 mm 筛下占 95% 的细粒垃圾,除去金属和玻璃 | 松散 RDF |
| RDF-4 | 不大于 2 mm 筛下占 95% 的粒状垃圾,除去金属、玻璃并干燥 | 粉状 RDF |
| RDF-5 | 成型为球状、柱状或块状的 RDF | 成型 RDF |
| RDF-6 | 液状 RDF | |
| RDF-7 | 气状 RDF | |

### (一) RDF 的生产

日本厚生省于 1995 年 4 月作为废物处理设施批准的成型 RDF 生产技术有两种。一种是由日本资源再生管理公司生产的 TC 系统(也称 RMJ 方式)和由丁－卡托莱尔集团生产的丁－卡托莱尔系统。此外还有别的单位也在生产,具体装置各有特色,但基本工艺均属于上述两大类。

#### 1. RMJ 方式

将可燃垃圾(含废塑料、废纸、木屑、果壳和下水污泥等)破碎、混合、干燥后,加入 1% 的硝石灰固化加压成型为燃料。

#### 2. 丁－卡托莱尔方式

将可燃垃圾破碎并加入 5% 的石灰使之吸水发生化学反应,经干燥加压成型为燃料。

共同应注意的是以城市垃圾为原料时,必须除去金属、玻璃和陶瓷不燃物和一切危险品。同时针对水分高低采取相应的措施,即在干燥技术方面对含水率高的垃圾采用干燥污泥时常用的通风回转干燥窑。成型采用一般工业用压模成型机,可压成棒状、球状等块状。

### (二) RDF 生产实例——南砺资源再生中心 RDF 装置运行情况

1991 年日本南砺资源再生中心为焚烧炉改造进行环境评价时,参观了奈良棒原町 RDF 的设施,认为如改为生产焚烧 RDF 有环境污染小、投资省 30%,灰减少 1/2 等优点。经向厚生省申请补助金 9%,启动贷款 66.4%,事业费 18.6%,县里无息振兴资金 2.2%和一般财源 3.8%的优惠条件下,筹集了 27 亿日元兴建了生产 RDF 的装置。生产能力为 4 t/h,另有不燃垃圾破碎、分选资源化设施(1.6 t/h)等。生产流程如下:

前处理工序 由垃圾受料仓、脱臭装置、破袋分选机、磁选机、一次性破碎机和碎料漏斗所组成。将卡车运来的垃圾选出金属后破碎为易干燥的碎粒。

干燥工序 由干燥机、热风炉、脱臭炉、换热器和旋风除尘器等组成。干燥机利用热风(约 600℃,热风炉烧煤油),将水很快降到 10%以下,并具有防废塑料熔融和着火的功能。干燥后的 180℃排烟经除尘器后和脱臭炉的余热经换热器预热到 450℃并经脱臭炉用后排出。

分选工序 由风选机、二次粉碎机、加石灰和定量加料机组成。干燥后的垃圾送入风选机,将不燃物(灰土、碎玻璃、金属屑等)除去后送入二次破碎机,将垃圾破碎至 2 cm 以下的易成型的小粒。然后加入 1%的硝石灰(可抑制氯化氢的生成)后送入成型机。

成型工序 由成型机、冷却机、振动筛和称量运输机所组成。成型机(含备用)共 5 台,经常开 3～4 台,由定量机供料,经石臼式高密度成型机连续制成棒状 RDF,当时约 80℃,经冷却机冷至室温的同时硬度增高。然后通过振动筛筛分后装入成品漏斗,并经自动称量机装入 500 kg 麻袋运至成品库,筛下物则返回重新成型。成品 RDF 的尺寸为 $\phi 1.5$ cm×(3～5)cm,发热量约 18841 kJ/kg,特性同一般 RDF(见下文)。

**(三) RDF 的特性**

防腐性 RDF 的水分为 10%,且加入了部分硝石灰,故具有较好的防腐性。在室内保管 1 年没有问题。通过加入石灰并按丁-卡托莱尔方式强固成型的 RDF 也不会因吸湿而粉碎。

运营性 一般按 500 kg 装袋,可卡车运输,管理较方便。适于小城市分散制造后集中于一定规模的发电站使用,有利于提高发电效率和采取防止二噁英的措施。

燃烧性 发热量在 16747～25120 kJ/kg,且规格较统一,有利于稳定燃烧和提高效率。可单独燃烧,也可和煤、木屑等混合燃烧。由于含氯废塑料只占其中一部分,加上石灰的脱氯作用,相对易于治理。另外,同样火床式锅炉燃烧时,烟气和污染物发生量比直接烧垃圾减少 2/3,所以,比较容易治理。

作为燃料使用时虽不如油、气方便,和低质煤类似,但作为水泥回转炉燃料时,较多的灰分也变成了有用原料。

**(四) RDF 化和垃圾直接焚烧技术的特性比较**

RDF 可不受场地和规模的限制而生产,生产后可集中进行有效利用,加上发热量高且均匀,形状一致,故燃烧和发电效率均高于一般垃圾发电(垃圾焚烧在 200 t/d 以下时一般仅限于供应热水)。

RDF 经干燥、脱臭处理和加入石灰处理后,烟气和二噁英等污染物的排放量较少且易于治理。但干燥和加工需耗能 2964 kJ/t 垃圾。

RDF 制造过程产生的不燃物约占 1%～8%,需适当处理;燃后残渣约占 8%～25%,比焚烧炉灰少,且干净,含钙高,易利用,对减少填埋场用地有利。生产装置寿命长,维修管理容易,开停方便,利于处理废塑料。而焚烧炉的寿命一般为 15～20 年,定检时需停工 2～4 周,管理严格,所以用于处理废塑料不便。

**(五) RDF 化和焚烧处理的经济比较**(表 14-2)

RDF 化和焚烧处理的经济比较如表 14-2 所示。

表 14-2　RDF 化和焚烧处理的经济比较

| 项　　目 | | 单　位 | 焚烧处理 | RDF 化(计划) | RDF 化(1996 年实际) |
|---|---|---|---|---|---|
| 处理能力(垃圾) | | t/d | 28 | 28 | 28 |
| 年处理量(垃圾) | | t/a | 8484 | 8484 | 4581 |
| 建设投资 | | 万日元 | 232000 | 182660 | 182660 |
| 编制职工 | | 人 | 6 | 8 | 7 |
| 垃圾处理费(每吨垃圾) | 职工工资 | 日 元 | 4950 | 6601 | 4699 |
| | 能源材料费 | 日 元 | 2550 | 5018 | 5287 |
| | 残渣处理费 | 日 元 | 1300 | 820 | 700 |
| | 修理费 | 日 元 | 4944 | 4350 | 4120 |
| | 总　计 | 日 元 | 13744 | 16789 | 14806 |
| RDF 燃烧发热量 | | kJ/kg | | 16747 | 20390 |
| RDF 售价 | | 日元/kg | | 16.0 | 20.0 |

由以上看出,RDF 的装置费仅为焚烧炉的 78.7%,运行费目前虽高 8%,但通过全负荷生产会逐步下降,且产品的使用价值较高,环保等综合效果较好。

# 第四节　废塑料的裂解制油工艺

对大量的生活废弃塑料可采用化学回收处理——即通过加热或加入一定的催化剂使塑料分解,以获得聚合单体、柴油、汽油和燃料气、地蜡等。该法可以处理不易以再生法利用的广泛收集的废塑料,同时还可以获得一定数量的新资源。但是,裂解油化技术工艺复杂,对裂解原料、裂解催化剂和裂解条件要求较高,而且投资较大,因此还在摸索推广阶段。

塑料由于组成不同,其裂解行为也各不相同。聚乙烯(PE)、聚丙烯(PP)和聚苯乙烯(PS)在 300~400℃之间几乎全部分解;聚氯乙烯(PVC)在 200~300℃ 和 300~400℃ 分两段分解,并放出氯化氢气体。由于氯化氢气体对反应设备有严重的腐蚀性,而且影响裂解催化剂的使用寿命和柴油、汽油的质量,因此裂解原料中一般要求不含聚氯乙烯废塑料。

裂解产物也因塑料种类不同而异,这取决于在热能作用下,塑料分子从何处切断。一般情况下聚乙烯、聚丙烯主链被不规则切断,分解生成各种低分子量物质,分解温度越高生成物分子量越低;聚苯乙烯、聚甲基丙烯酸甲酯则主要分解为原聚合单体即苯乙烯和甲基丙烯酸甲酯。

## 一、聚乙烯、聚丙烯的裂解

聚乙烯和聚丙烯的热裂解反应均是游离基反应机理。聚乙烯裂解时分子内游离基转移是主要的反应机理,生成各种游离基,然后发生键的均裂从而得到各种小分子化合物。

聚丙烯裂解反应机理是无规断链产生伯、仲游离基,之后发生分子内游离基转移反应生成更稳定的叔游离基,既而进行 β-断裂生成各种低分子化合物。

### (一) 热解法油化工艺

该工艺将废聚乙烯或废聚乙烯与其他废塑料混合进行热解,制取蜡、油品、炭黑等产品。实验结果表明,热解混合废塑料所得产物组成分散,利用价值不大,热解制得的柴油含蜡量高,凝点高,十六烷值低;制得的汽油辛烷值低。中国石油大学研究指出在促进剂作用下单独热解废聚乙烯可得油品与合格地蜡,蜡产率 50%~90%,制取地蜡较制取油品的经济效益要高。英、美等国也有类似专利。中国石油大学废聚乙烯热解工艺流程见图 14-17。

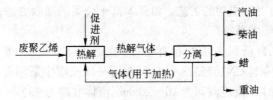

图 14-17　废聚乙烯热解工艺流程

### (二) 催化热解法(一步法)油化工艺

该工艺将废聚乙烯或废聚乙烯与其他废塑料的混合物及催化剂加入反应釜,热解与催化热解同时进行。工艺流程见图 14-18。有专利报道(中国专利 CN1077479A,1993),以多次改性的 Y 型分子筛和高活性的氢氧化铝为催化剂,可以生产汽油、柴油,总收率 85%~87%;另外,日本特许 JP05279672(Kurata H. 1993)指出可以使用 Ni,Cu,Al 等 5 种金属混合物作催化剂制取油品。

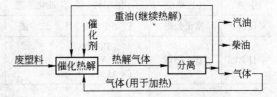

图 14-18　催化热解法油化工艺流程

此法的优点是:裂解温度低,全部裂解所用时间短,液体收率高,设备投资少。缺点是:催化剂用量大,且催化剂与废塑料裂解产生的炭黑及塑料中所含的杂质混在一起,难以分离回收,使此工艺的推广受到限制。

有报道指出,改性 ZSM-5 和稀土 Y 分子筛作为聚烯烃塑料热分解催化剂有较好效果。南京大学的试验结果与之相符。相比之下,使用改性稀土 Y 时总转化率高,油品馏分占 80.6%;而改性 ZSM-5 的择形性较好,使用时汽油馏分高,辛烷值提高。

NB 分子筛最初应用于改进甲醇合成汽油(MTG)的二段催化过程,而烯烃被认为是 MTG 反应的中间体之一。试验选用它为聚烯烃塑料热分解催化剂,结果表明,在相同催化条件下,NB 分子筛的催化效果优于改性 ZSM-5 和稀土 Y 分子筛。

前几种催化剂都有较好的催化效果,但价格昂贵(均超过 5 万元/t)。南京大学自行研制了 NLG 系列催化剂,它由含大孔径硅酸铝的黏土矿物经一系列处理而得,每吨平均成本在 12000 元左右,而催化效果与前述几种催化剂相当。对于此种催化剂的再生方法和寿命的试验中,发现该催化剂反复活化再生 205 次仍保持良好的催化性能,满足商品化的要求。对于不同来源的废塑料进行了一系列试验,表明油品和指标变化不大,将各种废塑料混合后进行热分解,油品馏分保持在 75%~80% 之间,辛烷值在 81~88 之间。具体不同催化剂所得油品指标见表 14-3。

表 14-3　使用不同催化剂时所得油品指标(裂解温度 430℃,催化温度 360℃)

| 催 化 剂 | 热 裂 解 | 改性 ZSM-5 | 改性稀土 Y | NB | NLG |
|---|---|---|---|---|---|
| 油品馏分 | 45.1 | 83.5 | 90.6 | 91.7 | 88.9 |
| 最高碳数 | 28 | 18 | 19 | 18 | 18 |
| $C_5 \sim C_{14}(wt)$/% | 15.3 | 45.1 | 34.5 | 42.7 | 41.3 |
| 支链、环链烃/% | 41.1 | 73.2 | 65.4 | 74.5 | 72.3 |
| 汽油辛烷值 | 11.7 | 89.7 | 83.4 | 90.5 | 88.3 |

### (三) 热解——催化改质法(二步法)油化工艺

该工艺将废聚乙烯与其他废塑料混合,先进行热解,然后对热解产物进行催化改质,得到油品。这是目前应用得最广泛、成功的工艺。如日本富士公司的回收方法,Kurata 法,德国 Basf 公司的回收法,中国的金河,宏基等厂。

为了缩短裂解时间,降低裂解温度,也有在二步法的热解段加入少量催化剂的催化热解——催化改质工艺。如中国专利 CN1075328A 报道,在第一段反应中采用催化剂 SSHZ-1,第二段采用催化剂 SSHZ-2 或 ZSM-5,反应时间为 $10\sim20$ min,液体收率为 $75\%\sim78\%$。

二步法工艺较一步法催化剂用量少,且可以再生,然而二步法可能运输量大,会增加成本,建议先将废聚乙烯热解,然后对所得的油品集中进行催化改质(表 14-4)。

**表 14-4　国外二步法油化工艺举例**

| 国　别 | 生产单位 | 原　料 | 油化工艺 | 催化剂 | 产　物 | 产品收率/% | 规　模 |
|---|---|---|---|---|---|---|---|
| 日　本 | 富士公司 | PE、PP、PS | 二步法 | ZSM-5 | 汽　油 | $80\sim90$ | 5000 t/a |
| 日　本 | 富士公司 | PE、PP、PS、PET、PVC(<15%) | 二步法 | ZSM-5 | 轻油、煤油 | $80\sim90$ | 4000 t/a |
| 日　本 | 理化研究所(Kurata 法) | 热塑性树脂 | 二步法 | Ni Cu Al 等 5 种金属 | 汽油、煤油 | | 300 t/d |
| 德　国 | BASF 公司 | 废塑料(其中 PVC<5%) | 二步法 | | 加热油、气 α-烯烃 | 90 | |
| 德　国 | Veba 公司 | 聚烯烃 | 热解-催化加氢 | 褐　煤 | 催化裂化原料 | | 40000 t/a |

### (四) 存在的问题及对策

**分选**　原料有人工分选和自动分选两种方法。人工分选根据废塑料的外观、色泽、透明度、手感等特征进行。这种方法分选效率低,劳动强度大,使成本升高。中国的废塑料裂解厂多用此法,限制了工厂的规模。自动分选可采用 X 射线或红外线对废塑料制品进行分选,对于粉碎的废塑料可采用干式比重法(风力或液态化分离)、湿式比重法(浮选或离心分离)、电磁分选、溶剂分选等。自动分选有利于大规模生产。对于废聚乙烯热解油化工艺,可采用 X 射线或红外线进行自动分选。

**原料的输送与出渣**　常用的废聚乙烯进料装置有:活塞式进料器、螺旋挤出机、星型加料机及两段式重锤进料器。使用星型加料器、两段式重锤进料器时,原料不用粉碎,进料方便,进料过程节省动力,进料器器壁不易结焦,但密封较为困难;使用活塞式进料器、螺旋挤出机时,密封性能好,但原料需粉碎,进料过程中易出现"气阻"现象,进料过程动力耗费较大;使用螺旋挤出机进料时,塑料处于熔融状态,易因传热不匀产生结焦。

出渣多采用刮刀和螺旋输送器,连续出渣。

**传热和结焦**　废聚乙烯熔融物黏度大,传热性差,热解反应器内易因物料温度不匀导致结焦,物料易于粘壁形成积炭,可采取以下改良措施:将炭黑、褐煤、金属(如铜粉、铁粉)、合金球或金属盐($350$ mol$MgCl_2$ $+65$ mol$KCl$)、沙子等与废塑料混合,以改善传热条件;使用特殊的环状填料悬浮在混合废塑料中,或使用特定的分成块状的反应釜;采用搅拌装置改善传热并清除反应器内壁积碳;采用减压瓦斯油将废聚乙烯溶解,或用部分产物油作溶剂,降低黏度,使传热均匀;将进料螺旋挤出机的机轴改为内通热油的中空轴,或在进料机外围加热,使塑料熔化,便于流动,或采用聚四氟乙烯衬里,使内壁及出口光滑;通入 $CO_2$、$N_2$ 或过热水蒸气;采用熔盐为裂解热源,或在裂解炉底部铺一层沙子;加循环系统,将反应器内物料用泵抽出,加热后再返回,形成循环,使反应器内温度均匀。如富士公司回收方法所采用的;采用沙子流化床,改善传热。

将废聚乙烯及其他废塑料混合以热解——催化改质法制取油品的工艺应用较多,但对该工艺的经济效益看法不一,有待进一步考察。对该法的机理和动力学研究较少,生产缺乏理论指导,生产不稳定。废聚乙烯催化热解法油化工艺制取地蜡,理论研究较为成熟,技术上,经济上均可行,极具发展前景。

## 二、聚苯乙烯的裂解

对于 PS 的单独裂解,早在 20 世纪 60 年代,就有人对 PS 的热解机理作了研究,普遍认为 PS 热解为游离基机理,包括链引发、链缩短、链转移和链终止的过程。链缩短生成苯乙烯单体的反应与链自由转移反应之间存在竞争,在 PS 热解时,前者占主导地位。因此,PS 热解产物中苯乙烯单体含量较高。PS 催化裂解的理论研究进行得不多,有关催化剂性能方面的系统化报道更为鲜见。由于 PS 裂解产物中含有大量芳烃,极易使酸性催化剂积碳失活。国内外专利采用的催化剂,多为既有加氢脱氢活性的金属和金属氧化物进行改性的分子筛。反应器采用固定床,工艺多用一段法,即将熔融的废 PS 与催化剂混合后进行裂解。

### (一) 典型工艺

图 14-19 是 PS 热解的典型工艺。反应器的形式有流化床、管式固定床及釜式固定床 3 种。为了改善固定床的传热效果,可利用搅拌装置,也可先将反应釜加热到预定温度再分批投料。与固定床相比,流化床传热迅速、均匀,物料层的温度梯度小,苯乙烯单体产率较高。随热解温度的升高,单体产率有上升趋势。但是流化床工艺的流程复杂,热解产物需经数段旋风分离和分段冷凝才能获得所需要的产品。石油大学利用毛细管裂解气相色谱,以 500℃ /s 的速率高速升温至反应温度,分别在 400℃ 、425℃ 、475℃ 、500℃ 恒温裂解 PS。研究结果表明,苯乙烯收率随反应温度上升而提高,500℃ 即可达 90 % 以上。因此,若要使苯乙烯单体的收率达到很高水平,应采用传热速率高的反应器,并采用较高的裂解温度。

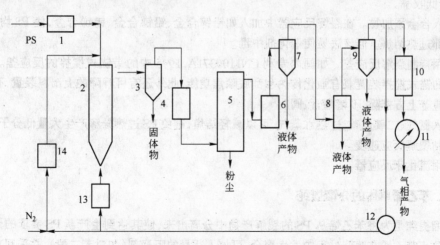

图 14-19 德国汉堡大学 PS 沙子流化床热解工艺

1—螺旋输送器;2—流化床反应器;3,7,9—旋风分离器;4—冷却器;5—静电除尘器;6,8—冷凝器;
10—气体取样器;11—气体流量器;12—压缩机;13,14—转子流量计

## （二）催化工艺

日本公开特许 JP49099326 采用铜粉作为催化剂,将 PS 的苯溶液加入裂解反应器内,在 300～500℃ 下通入过热水蒸气,苯乙烯的收率随裂解温度的升高而逐步提高,回收率在 58.3% 以上该方法的不足之处在于,需要大量的芳香族化合物作为 PS 的溶剂,成本高。

国内专利 CN1084156A,1994 中采用经过特殊改性的 Y 型分子筛和高纯度、高比表面的氧化铝在特殊条件下加工而成的催化剂(多层固定床),直接催化裂解熔融的 PS,反应釜温度保持在 320～390℃,液态产物全部为沸点在 350℃ 以下的轻质产物,沸点在 200℃ 以下的馏分收率不少于 85%,在此馏分中苯乙烯为 62%～65%,乙苯为 12%～15%,甲苯为 8%～10%,$\alpha$-甲基苯乙烯为 10%～13%。

华南环境研究所采用金属氧化物催化剂($ZnO$、$Al_2O_3$ 或 $CuO$)于 450～500℃ 下连续裂解 PS,同时减压蒸馏,可获得 90% 的液体馏出物,其中苯乙烯为 70%～75%,乙苯、苯乙烯二聚体和三聚体等为 15%～20%。

由于 PS 分子大小与催化剂孔径的巨大差异(采用分子筛为催化剂),PS 裂解为小分子和小分子在孔内催化裂解是相对独立的两个过程。一段法工艺的缺点正是在于废 PS 热解温度与催化剂裂解温度难以分别择优。石油大学曾采用两段法催化裂解 PS,先将 PS 在一定温度下热解,然后热解产物以气相方式通过分子筛催化剂床层。分析结果表明,与 PS 热解相比,催化裂解液相产物中轻质组分明显增多。由于在分子筛上发生氢转移反应,因此反应产物中乙苯含量大为提高,而苯乙烯含量降低。但该方法需改进结焦问题,提高液体产物收率。

## （三）问题及解决方法

结焦问题。PS 裂解时,由于物料黏度大,热传导性差,易于粘壁,因而产生结焦问题,改进措施有以下几种:

加入溶剂。采用苯族烃(苯、二甲苯等)作为溶剂,溶解 PS,减小进料黏度,但此法溶剂消耗量大,并且增加了工艺过程的复杂性。还有一种做法是用 PS 裂解产物中的低聚物作为溶剂,可提高原料利用率及苯乙烯收率,较为可取。用裂解生成的苯乙烯作为溶剂会造成苯乙烯的过度裂解,降低收率。

加入合金添加物。在裂解反应器中加入如铅锌合金、铅锑合金、锡锑合金,使 PS 均匀受热,避免局部过热结焦。但该法易使催化剂中毒。

采用特制裂解反应釜。如国内专利 CN1106371A,1995 中的带锚式搅拌的反应釜。这种反应釜中的锚式搅拌装置兼有强化传热和刮底除焦功能,此外还有可升降的上出料装置,有利于残液从反应釜上方排除,不堵塞管、阀。

通入氮气、二氧化碳、过热水蒸气,可以减轻结焦,避免 PS 过热分解产生大量低分子副产物,并可控制裂解反应速度。

采用流化床反应器。

## 三、苯乙烯单体的分馏提纯

分馏提纯是为将苯乙烯从 PS 的裂解产物中分离出来,使其达到生产新 PS 要求的聚合级标准。为防止苯乙烯在蒸馏过程中发生聚合,可加入适量的阻聚剂(如对苯二酚),并采用减压蒸馏的方法降低蒸馏温度。如国内专利 CN1084156A,1994 提出采用两塔精馏方法,连续生成高纯度的苯乙烯。PS 裂解产物中苯乙烯与乙苯的沸点仅相差 9℃,分离存在一定难度,可借鉴乙苯脱氢制苯乙烯的成熟分离方法。

### 四、PS 与其他塑料混合裂解

为了减少分选费用,废 PS 可和废 PE、PET、PP、PVC 一起混合裂解,生产汽油、柴油。具体方法见聚乙烯和聚丙烯的裂解。

# 第五节　可降解塑料

降解塑料是塑料家族中带降解功能的一类新材料,它在用前或使用过程中,与同类普通塑料具有相当或相近的应用性能和卫生性能,而在完成其使用功能后,能在自然环境条件下较快地降解成为易于被环境消纳的碎片或碎末,并随时间的推移进一步降解成为 $CO_2$ 和水,最终回归自然。目前可降解塑料主要有光降解塑料、生物降解塑料和同时具有可控光降解与生物降解双重降解功能的塑料。

## 一、可降解塑料的定义

降解塑料至今世界上也还没有统一的国际标准化定义,但美国材料试验协会(ASTM)通过的有关塑料术语的标准 ASTM D883—92 对降解塑料所下的定义是:在特定环境条件下,其化学结构发生明显变化,并用标准的测试方法能测定其物质性能变化的塑料。这个定义基本上和国际标准 ISO 472(塑料术语及定义)对降解和劣化所下的定义相一致。

根据多次国际会议研讨资料,关于降解塑料定义的制定有以下几种方法:

(1) 化学上(分子水平)的定义:其废弃物的化学结构发生显著变化,最终完全降解成二氧化碳和水。

(2) 物性上(材料水平)的定义:其废弃物在较短时间内,力学性能下降,应用功能大部或完全丧失。

(3) 形态上的定义:其废弃物在较短时间内破裂、崩碎、粉化成为对环境无害或易被环境消纳。

## 二、可降解塑料的种类

### (一) 光降解塑料

国外对可降解塑料研究得较早,其中最先进行的是光降解塑料的研究,其技术也最成熟。光降解塑料是在高分子聚合物中引入光增敏基团或加入光敏性物质,使其在吸收太阳紫外光后引起光化学反应而使大分子链断裂变为低分子质量化合物的一类塑料。

根据其制备方法可分为合成型和添加型两种。前者主要是通过共聚反应在高分子主链上引入羰基型光增敏基团而赋予其降解性。其中对 PE 类光降解聚合物研究较多,这是由于 PE 降解成为相对分子质量低于 500 的低聚物后可被土壤中微生物吸收降解,具有较高的环境安全性。后者则是通过将光敏剂添加到通用聚合物中制得。在光的作用下,光敏剂可离解成具有活性的自由基,进而引发聚合物分子链的连锁反应达到降解作用。典型的光敏剂有芳香酮、芳香胺、乙酰丙酮铁、2-羟基-4-甲基苯乙酮肟铁、硬脂酸铁、二烷基二硫代氨基甲酸铁和二茂铁衍生物。在 PE、PP、PVC 和 PS 等聚合物中适量添加这些光敏剂都是行之有效的。光降解塑料的降解受紫外线强度、地理环境、季节气候、农作物品种等因素的制约较大,降解速率很难准确控制,使其应用受到一定限制。近年来,国内外对单纯的光降解塑料的研究已经逐渐减少,而将重点转向生物降解塑料和光–生物降解塑料。

### (二) 生物降解塑料

生物降解塑料是指在一定条件下能被生物侵蚀或代谢而降解的塑料,降解机理是生物物理反应和生物化学反应。

生物降解塑料降解后能够更好地符合保护大自然的要求,避免了二次污染,满足了降解塑料的最终目的,因此这类材料备受青睐。生物降解塑料按照其降解特性可分为完全生物降解塑料和生物破坏性塑料;按照其来源则可以分为微生物合成材料、天然高分子材料、化学合成材料、掺混型材料等。

微生物合成高分子聚合物是由生物发酵方法制得的一类材料,主要包括微生物聚酯和微生物多糖,其中以前者研究较多。研究发现,目前可用于合成微生物聚酯的细菌约有 80 多种,发酵底物主要为 C1~C5 的化合物。微生物合成型降解材料中最典型的是羟基丁酸和羟基戊酸共聚物(PHBV)。这类产品有较高的生物分解性,且热塑性好,易成型加工,但在耐热和机械强度等性能上还存在问题,而且其成本太高,还未获得良好的应用,现正在尝试改用各种碳源以降低成本。

化学合成型材料大多是在分子结构中引入酯基结构的脂肪族聚酯,在自然界中其酯基易被微生物或酶分解。目前已开发的主要产品有聚乳酸(PLA)、聚己内酯(PCL)、聚丁二醇丁二酸酯(PBS)等。目前对这一类降解塑料而言仍需研究如何通过控制其化学结构,使其完全分解。另外,成本也是不容忽视的问题。

天然高分子材料是利用淀粉、纤维素、甲壳质、蛋白质等天然高分子材料而制备的一类生物降解材料。这类物质来源丰富,可完全生物降解,而且产物安全无毒性,因而日益受到重视。但是它的热学、力学性能差,不能满足工程材料的性能要求,因此目前的研究方向是,通过天然高分子改性,得到有使用价值的天然高分子降解塑料。

掺混型材料是将两种或两种以上的高分子物共混聚合,其中至少有 1 种组分为生物可降解的。该组分多采用淀粉、纤维素等天然高分子,其中又以淀粉居多,主要有淀粉填充型、淀粉接枝共聚型和淀粉基质型。

### (三) 光–生物降解塑料

光–生物降解塑料是利用光降解和生物降解相结合的方法制得的一类塑料,是较理想的降解塑料。这种方法不仅克服了无光或光照不足的不易降解和降解不彻底的缺陷,还克服了生物降解塑料加工复杂、成本太高、不易推广的弊端,因而是近年来应用领域中发展较快的一门技术。其制备方法是采用在通用高分子材料(如 PE)中添加光敏剂、自动氧化剂、抗氧剂和作为微生物培养基的生物降解助剂等的添加型技术途径。光–生物降解塑料可分为淀粉型和非淀粉型 2 种类型。目前采用淀粉作为生物降解助剂的技术比较普遍。

降解塑料的研究开发是治理“白色污染”必要的辅助手段,但在我国,要进行大规模的推广应用还有赖于降解塑料的可焚烧技术和堆肥化技术的完善。因此,在研究降解塑料的同时,必须强调:增加材料的可焚烧性,即降低塑料废弃物焚烧对大气的二次污染;增加高分子材料的可堆肥化;降解材料的可回收性。近年来,可降解与可焚烧技术的结合已发展成为实现废旧塑料适应垃圾综合处理的技术方法之一。如福州师范大学环境材料研究所开发的可降解、可焚烧塑料材料,通过添加 30%以上经表面生物活化处理的超细碳酸钙,不仅可促进生物降解,而且可减少光敏剂的用量,降低成本,有利于实现垃圾焚烧及掩埋综合处理的方式,并可达到减量化、节省资源的目的。

### 三、可降解塑料的用途

降解塑料是塑料家族中带降解功能的一类新材料,它在用前或使用过程中,与同类普通塑料具有相当或相近的应用性能和卫生性能,而在完成其使用功能后,能在自然环境条件下较快地降解成为易于被环境消纳的碎片或碎末,并随时间的推移进一步降解成为 $CO_2$ 和 $H_2O$,最终回归自然。其用途包括以下几个领域:

#### (一) 在自然环境中应用难于回收利用的领域

(1) 农业用资材:地膜、育苗钵、农药和肥料缓释材料、渔网具等。

(2) 土木建筑材料:山间、海中土木工程修理用型材、隔水片材、植生网等。

(3) 运输用的缓冲包装材料,发泡制品、片材、板材、网、绳等。

(4) 野外文体用品:高尔夫球座、钓钩、海上运动和登山等一次性用品。

#### (二) 有利于堆肥化的领域

(1) 食品包装材料:食品和饮料包装薄膜(袋)、容器、生鲜食品用托盘、一次性快餐餐饮具等。

(2) 卫生用品:纸尿布、生理卫生用品等。

(3) 日用杂品:轻型购物袋、包装膜、收缩膜、磁卡、垃圾袋、化妆品容器等。

#### (三) 医用材料

(1) 一次性医疗用具。

(2) 医用材料:手术缝线、药品缓释胶囊、骨折夹板、绷带等。

### 四、国内外降解塑料发展现状及问题

降解塑料的研究开发始于 20 世纪 70 年代,国内外在经历了 80 年代末、90 年代初较大起伏、急躁发展、并带来一定浮夸的商业行为宣传后,目前对降解塑料的发展已比较理智冷静了,正面对现实,从资源、技术、环保、经济、市场等多方位综合考虑,研制新技术、开发新产品、开拓新市场。但从总体水平而言,当前降解塑料仍处在技术有待进一步深化研究,工艺进一步完善,并致力于提高性能、降低成本、扩宽用途和逐步推向市场化进程。

目前国外主要生产降解塑料的国家有美国、日本、德国、意大利、加拿大、以色列等国家,生产的品种有光降解、光-生物降解、崩坏性生物降解及完全生物降解塑料等。近年来国外各类降解塑料有了不同程度的进展,光降解技术较为成熟,而生物降解塑料的研究开发最为活跃,具有代表性的并已工业化生产的生物降解塑料如表 14-5 所示。据最近 ECN 报道,当前全世界完全生物降解塑料年产量约 3 万 t,到 2001 年美国、西欧、日本的生物降解塑料产量将由 1996 年的 1.4 万 t 增加到 7 万 t,1996~2001 年年均增长率 35%。其中美国的产量和消费量占 50% 以上,西欧占 1/3。美国 1997 年有 6 家公司进入生物降解塑料市场:BASF、Biol、Dow、Dupont、Monsanto 和 Eastman 公司等。

**表 14-5　国外已工业化生产的生物降解塑料概况**

| 国　家 | 公　司 | 主要成分 | 商品名称 | 生产能力/t·a$^{-1}$ | 价格/美元·kg$^{-1}$ |
|---|---|---|---|---|---|
| 美　国 | Novon International | 淀粉 | Novon | 45000 | 2~4 |
| 美　国 | UCC | 聚己内酯(PCL) | Tone | 5000 | 4~8 |
| 美　国 | Air Products & Chemicals | 聚乙烯醇(PVA) | Vinex | 84000 | 2~4 |

| 国　家 | 公　司 | 主 要 成 分 | 商品名称 | 生产能力/t·a$^{-1}$ | 价格/美元·kg$^{-1}$ |
|---|---|---|---|---|---|
| 英 国 | Zeneca | 聚 3-羟基丁酸/<br>戊酸酯共聚物(PHBV) | Biopol | 3000 | 8 |
| 意大利 | Novomont | 聚乙烯醇/<br>淀粉合金 | Metar Bi | 22700 | 2～3 |
| 日 本 | 昭和高分子 | 二羧酸二元醇 | Bionolle | 3000 | |
| 日 本 | 三井东亚化学 | 聚乳酸(PLA) | Lacel | 500 | 4～6 |
| 德 国 | Biotec | 淀粉 | Biopur | | |

　　表 14-5 中所示的生物降解塑料在一定环境条件下可在较短时间内降解成二氧化碳和水,但价格昂贵,约为普通塑料的 6～10 倍,从而其用途受到很大制约。目前除医用及高附加值包装材料外,对环境影响较大的一次性包装膜(袋)、垃圾袋、餐饮具及地膜等大宗产品市场难于涉足。为了克服价格昂贵的问题,同时为了促进其产品早日进入市场,近年来欧美日等国一方面在原有工艺上改进、提高原料合成纯度和产品正品率,同时积极开拓新用途,如土木用隔水片材、水产养殖网具、工业和生活用磁卡以及与纸制品涂复合层等,并致力于加速实用化进程。另一方面加大力度开发天然材料与生物降解塑料、普通塑料填充、共混新产品,如德国 BASF 公司开发的共聚聚酯与淀粉共混材料;Biotic 公司开发的淀粉、PCL 共混的降解薄膜,餐具及普通塑料与天然材料填充、共混的崩坏性降解塑料;日本 JSP 公司开发的 PCL、聚烯烃共混薄膜"バォホミロン";美国 Novon International 公司的淀粉填充型聚乙烯"Ecostar"等。这些降解塑料其应用性能或降解性能虽受到一定程度影响,但其性能价格比较适宜,易于推向市场,也有利于减轻环境污染。

　　据不完全统计,我国已建成的双螺杆降解塑料母料(专用料)生产线上百条,能力约 10 万 t,已有部分企业正式投产或批量生产,年产量约几千吨,制品产量 2～3 万 t。国内几家主要生产降解塑料的公司概况如表 14-6 所示。

### 表 14-6　国内几家主要生产降解塑料公司概况

| 公司名称 | 降解类别 | 母料生产能力/t·a$^{-1}$ | 主要产品 | 备　注 |
|---|---|---|---|---|
| 天津丹海股份<br>有限公司 | 淀粉填充型生物降解<br>塑料<br>光－生物降解塑料<br>完全生物降塑料 | 10000 | 母料、包装膜(袋)、<br>垃圾袋、台布、餐具、地<br>膜、育苗钵 | 已获国家环保<br>标志 |
| 吉林金鹰实业<br>有限公司 | 光降解塑料<br>光－生物降解塑料<br>光－钙降解塑料<br>淀粉填充型生物降解<br>塑料 | 10000 | 母料、包装膜(袋)、<br>餐具、发泡网、垃圾袋、<br>地膜 | 已获国家环保<br>标志 |
| 南京苏石降解<br>树脂有限公司 | 淀粉填充型生物降解<br>塑料<br>光－生物降解塑料<br>完全生物降解塑料 | 7000 | 母料、包装膜(袋)、<br>垃圾袋、地膜、高尔夫<br>球座 | 产品主要出口 |
| 深圳德实利集<br>团(中国)有限<br>公司 | 光降解塑料<br>光－生物降解塑料 | 1000 | 母料、包装膜、垃圾<br>袋 | 已获国家环保<br>标志 |

| 公司名称 | 降解类别 | 母料生产能力/t·a⁻¹ | 主要产品 | 备 注 |
|---|---|---|---|---|
| 深圳绿维塑胶有限公司 | 淀粉填充型生物降解塑料<br>光－生物降解塑料<br>完全生物降解塑料 | 1000 | 母料、包装膜(袋)、垃圾袋、餐盒、地膜 | 部分产品出口 |
| 惠州环美降解树脂制品有限公司 | 淀粉填充型生物降解塑料<br>光－生物降解塑料 | 1000 | 母料、包装膜(袋)、发泡网、垃圾袋、餐具 | 已获国家环保标志 |
| 海南天人降解树脂有限公司 | 光－生物降解塑料<br>淀粉填充型降解塑料 | 1000 | 母料、包装膜(袋)、垃圾袋 | |

目前开拓的应用领域主要有农用、包装和日用一次性消费品,开发的产品有地膜、育苗钵、肥料袋、堆肥袋、水果网套、包装膜、食品袋、购物袋、杂品袋、垃圾袋、快餐餐具、饮料杯、台布、手套、高尔夫球座等。目前降解地膜处于示范应用阶段,一次性包装材料和日用杂品正在有序地推向市场。国家环保局中国环境标志认证委员会修订颁布了"可降解塑料包装制品技术要求"HJBZ 012—1997,1999 年底国家发布了《一次性可降解餐饮具通用技术条件》(GB/T 18006.1—1999)、《一次性可降解餐饮具降解性能试验方法》(GB/T 18006.2—1999)和《包装用降解聚乙烯薄膜》行业标准(QB/T 2461—1999)。

### 五、降解塑料试验评价方法的进展

目前世界各国均投入较大的人力、物力、财力致力于降解塑料的定义,试验评价方法和标准的研究制定,并向标准化迈进。

美国材料试验学会(ASTM)率先进行降解塑料标准化的制订研究工作,1989 年在该学会 D20 塑料委员会内设立了研究制定环境降解塑料材料标准的环境降解塑料分委会,ASTM D20—96,开始研究制定在各种环境条件下塑料降解性的试验评价方法,并于 1989～1996 年先后制定并发布了 20 多项相关标准(表 14-7)。

**表 14-7 美国 ASTM 塑料降解性试验评价方法**

| | |
|---|---|
| ASTM G22—87 | 测试合成高分子材料抵抗细菌的标准操作法 |
| ASTM G21—90 | 测试合成高分子材料抵抗真菌的标准方法 |
| ASTM D3826—91 | 采用拉伸试验测定可降解聚乙烯及聚丙烯降解终点的标准规则 |
| ASTM D5071—91 | 可光降解塑料曝晒用水氙灯弧型曝晒仪标准操作规则 |
| ASTM D5152—91 | 降解塑料残余固体物水萃取物的毒性试验标准 |
| ASTM D5208—91 | 可光降解塑料曝晒用(荧光)紫外线及冷凝仪标准操作规则 |
| ASTM D5209—91 | 城市污水淤泥中,测定可降解塑料需氧生物降解性的标准试验方法 |
| ASTM D5210—91 | 城市污水淤泥中,测定可降解塑料厌氧生物降解性的标准试验方法 |
| ASTM D5247—92 | 采用特定微生物测定可降解塑料需氧生物降解性的标准试验方法 |
| ASTM D5272—92 | 光降解塑料户外曝露试验标准规则 |
| ASTM D5338—92 | 受控堆肥化条件下测定可降解塑料需氧生物降解的试验方法 |
| ASTM D5437—93 | 塑料在海洋漂浮曝露状态下耐候试验标准规则 |
| ASTM D5509—96 | 塑料曝露于模拟堆肥环境中的标准规则 |

| ASTM D5512—96 | 塑料曝露于采用外加热器的模拟堆肥环境中的标准规则 |
|---|---|
| ASTM D5951—96 | 固体废弃物中的塑料可生物降解性试验方法 |
| ASTM D6002—96 | 环境降解塑料堆肥性评价的标准准则 |
| ASTM D6003—96 | 固体废弃物中的塑料经可生物降解试验方法进行毒性和堆肥质量试验后配制的剩余固体物的标准规则 |

日本 1989 年成立了生物降解塑料研究会,通产省把"生物降解塑料试验评价方法"列入了国家中长期研究计划。降解塑料研究会从 1991 年起对 6 种生物降解塑料选择了 22 个点分别进行土埋和淡水浸渍试验,1994 年组织制订了生物降解塑料测试方法标准 JIS K6950,1994~1995 年该研究会又受日本通产省委托,对采用降解塑料袋装生活垃圾进行堆肥化及生产的堆肥进行农用实际试验,据日本肥料检定协会成分分析效果良好,有害成分也在限量以下。此外研究会还参与了生物降解塑料国际标准 ISO 的研制任务。

欧洲标准化委员会 CEN 自 90 年代中期起也积极参与降解塑料标准制订研究工作,据 K'98 国际展览会资料报道,德国已制定通过堆肥试验检测生物降解塑料生物降解性的标准 DIN V54900,并参与了 ISO 标准的研制。

ISO 降解塑料的标准化工作主要在塑料技术委员会 TC61 和环境管理技术委员会 TC 207 中进行。ISO/TC61 下属 SCS 物理化学性质组中设立了生物降解塑料试验方法工作小组 WG22,主要任务是确立试验方法,TC61 于 1992~1997 年先后在中国北京、意大利思图雷萨、日本东京、英国伦敦、加拿大蒙特利尔和瑞士达沃斯召开了第 41 届至第 46 届国际会议,提出并审议了 ISO DIS 14851(水系培养液中需氧条件下生物降解率试验方法,以氧气消耗量评价);ISO DIS 14852(水系培养液中需氧条件下生物降解率试验方法,以二氧化碳发生量评价);ISO CD 14855(堆肥条件下的需氧生物降解试验方法,以二氧化碳发生量评价);ISO CD 14853(水系培养液中厌氧条件下生物降解率试验方法)等国际标准草案。上述 4 个 ISO 生物降解试验方法、标准,包括需氧和厌氧两种条件,需氧法又分测定氧气消费量和二氧化碳发生量两类,营养源有活性污泥、土壤悬浮液、堆肥悬浮液等。厌氧法主要测定二氧化碳发生量和甲烷发生量,营养源为城市废水污泥。ISO/TC207 是进行环境管理领域的国际标准化工作委员会,其属下 SC3 分委会是负责环境标志及包括生物降解塑料和堆肥化标准的制定工作。另外国际标准 ISO846—1996 塑料在真菌和细菌作用下的行为测定——用直观检验法或用测量质量或物性变化的评价方法也常用于定性判定降解塑料的生物降解能力。

# 第十五章　废电池的回收和综合利用

## 第一节　概　　述

我国是世界上的电池生产和消费大国。随着我国科技的进步和工农业自动化水平的不断提高,电池越来越广泛地应用于生产和生活的各个领域。国民对电池的需求不断增加,从而刺激了我国电池业的迅猛发展。巨大的电池生产消费量带来了各种各样数目惊人的废电池。按照巴塞尔公约中关于危险废物的控制规定,许多种类的废电池如铅酸电池、含汞电池、镍镉电池等属于危险废物,其中含有的重金属如汞、镉、锌、锰、铜、银、锂、镍、铅等以及酸、碱等有毒有害物质,如果泄漏到环境中,造成的污染和危害与带来的损失都是不可估量的。因此,废电池回收处理问题日益为有关部门所重视,并且越来越成为人们广泛关注的热点问题。

目前发达国家已经建立了完整的回收处理体系。德国已做到废电池全部收集、分类处理和处置。美国不仅建立了完善的废电池回收体系,而且建立了多家废电池处理厂,同时坚持不懈地向公众进行宣传教育,让公众自觉地支持和配合废电池的回收工作。而我国目前在废电池的环境管理方面相当薄弱,对于任何种类的废电池都没有按照危险废物来管理,只是当作普通垃圾随生活垃圾一起以填埋、堆肥、焚烧等方式来进行处理,潜在的危害性极大。因此,开发废电池的再生利用、处理处置技术,建立完善的废电池回收体系,制定有关的政策和法规,加强废电池的环境管理已经成为我国目前急需解决的几项重大问题。

我国对废电池引起的环境问题认识比较晚,废电池管理制度和处理技术相对滞后,至今尚未有相关的管理制度和处理技术。但随着人们环保意识的进一步加强,废电池的无害化处理和资源化利用逐渐得到重视。

我国的废电池处理政策和技术研究已经在高等院校和有关企业开展,并取得了一定的成就。但我国在相关政策和技术上的研究才刚刚起步,与发达国家相比差距较大。由于目前我国没有适宜的废电池处理技术和相关的配套政策,致使收集的废电池只能在仓库里储藏或填埋处置。为此,尽快推进我国在废电池处理方面的政策和技术迫在眉睫。

北京、上海、杭州和深圳等地政府部门均加强了废电池的收集工作,并出台一系列环保法规,减少了废电池对环境的污染。这些城市的废电池回收途径基本形成,急需相关的处理政策和处理技术解决电池污染问题。

### 一、电池的分类、组成及消费比例

电池是指把物理或化学反应产生的能量转换成电能的装置。主要分为原电池(一次电池)、蓄电池(二次电池)、燃料电池、太阳能电池、原子能电池等几类。目前,市场上为人们普遍使用的主要有原电池(一次电池)与蓄电池(二次电池)。各种废电池由于其反应机理不同,所含的有害物质也不同,处理方式也应有所变化。我国几种常用的电池构造如下所述。

(1) 碳锌电池。碳锌电池主要由正极的碳棒、负极的锌与作为电芯的二氧化锰、乙炔黑、石墨等组成。同时为了防止锌的腐蚀,增加锌的延展性,在锌皮中添加了汞、锡、铅等重金属。市场销售的碳锌电池主要有一号、三号、五号、七号等几种型号。其中较常用的有一号、五号、七号电池,由于其价格低廉,所以应用广泛。

(2) 锌锰电池。碱性锌锰电池有圆筒型和纽扣型两种。主要由电池中央作为负极的锌(汞齐化)、含有氢氧化钾的圆筒状纤维质电解液隔离层与钢制外壳(镀镍或金)组成。最常见的型号主要有一号、五号、七号。由于其对锌的利用率高于碳锌电池,因此使用寿命要比碳锌电池长。

(3) 纽扣电池。纽扣电池主要有氧化银与氧化汞两种。正极用氧化银或氧化汞与石墨压制而成,密接于镀镍钢筒内,负极为锌粉(汞齐化),与锌接触的一面一般为氢氧化钾或氢氧化钠溶液。纽扣电池主要应用于钟表等精密仪器中,具有电压稳定、放电时间长、容量高等特点。由于其中的重金属含量较高,如果不加处理,对环境的危害性要远远大于其他电池。另外,从资源利用角度来说,纽扣电池同时也具有很高的回收价值。

(4) 充电电池。一般常用的充电电池均为镍镉电池。镍镉电池通常有圆筒形、方形、纽扣形3种。由于可以重复充电,使用次数可达几十次甚至上百次,所以越来越受欢迎。现在为了适合经济、社会、环境发展的需要,逐步生产出了如金属氢化物镍蓄电池、锂离子蓄电池等新型的蓄电池。这些蓄电池不仅保持了原来镍镉电池的放电特性,而且所贮存的能量远远大于镍镉电池。更值得一提的是,由于这些电池中重金属的含量较少,因此同时也被称为绿色环保电池。

不同种类电池及其组成含量列于表 15-1。

**表 15-1　不同种类电池的成分与国内外消费比例**

| 分 类 | 名　称 | 阴　极 | 电解质 | 阳　极 | 电池容器 | 国外消费含量/% | 国内消费含量/% |
|---|---|---|---|---|---|---|---|
| 一次电池 | 锌-二氧化锰酸性电池 | $MnO_2$ | $NH_4Cl_2/ZnCl_2$ | Zn | 钢板 | 80 | 96 |
| | 锌-二氧化锰碱性电池 | $MnO_2$ | KOH/NaOH | Zn | 钢板 | | |
| | 汞电池 | HgO | KOH/NaOH | Zn | 钢板 | | |
| | 银电池 | $Ag_2O$ | KOH/NaOH | Zn | 钢板 | 4 | |
| | 锌-空气纽扣电池 | $O_2$ | KOH(30%) | Zn | 钢板 | | |
| | 锂电池 | $CF_2/MnO_2$ | $LiBF_4$ | Li | 钢板 | 1 | |
| 二次电池 | 铅酸蓄电池 | $PbO_2$ | $H_2SO_4$ | Pb | 塑料 | 7 | |
| | 镍氢电池 | NiO | KOH/NaOH | Ti/Ni | 钢板 | 8 | |
| | 镍镉电池 | NiO | KOH/NaOH | Cd | 钢板 | | |

注:我国其他电池消费量依次为:镍镉电池>银锌纽扣电池>镍氢电池>锂电池>锂离子电池。

从表 15-1 所列结果可以看出,国内外民用电池绝大部分属于锌-锰电池,该类电池在国外占电池总量的80%,而在我国约占电池总量的96%。含量排在第二位的是镍-镉电池。因此目前对我国民用废电池的处理技术的研究应重点考虑如何处理锌-锰电池和镍-镉电池。锌-锰电池和镍-镉电池的主要成分为锌、锰、镍、镉和铁,其中的金属锌和镉均属于低温易挥发金属,易于在低温焙烧条件下蒸发出来进行回收利用,而剩余的金属锰、镍、铁等均可作为转炉炼钢原料,并提高钢的质量。因此,利用冶炼工艺处理废电池,特别是消费量最多的锌-锰电池和镍-镉电池,具有一定的理论可行性。

**二、废电池的环境污染问题**

废电池中的化学物质大多呈固态,只有在电池包壳因机械和化学腐蚀破损后才会通过挥发、化学腐蚀、浸出等方式进入环境。除焚烧过程中金属的挥发较快外,其他情况下电池中的化学物质由电池内部迁移到环境中是一个缓慢的过程。从电池中化学物质释放进入环境,再从释放地经迁移到达被污染介质、动植物体或人体。

**(一)污染物释放进入环境的方式和特点**

不同方式的收集和处理处置过程中,废电池中化学物质进入环境的可能释放方式如图 15-1 所示。

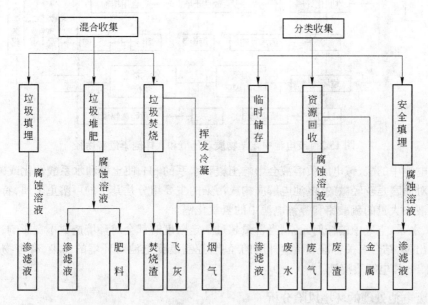

图 15-1 废电池的收集、处理处置全过程中的环境污染物迁移途径示意图

废电池中化学物质释放进入环境的过程有如下特点:

(1)废电池中化学物质释放进入环境过程是在电池包壳破损后发生的,或者是电池包壳本身发生浸蚀作用。

(2)普通家用干电池中的污染物质大多呈固态,由电池内部迁移到环境中是一种缓慢的过程。

**(二)污染物的危害途径**

废电池中的化学物质可能在废电池的简单堆存以及各种处理、处置过程中通过机械或化学腐蚀作用进入地下水和土壤、大气环境,最终通过食物链进入人体,危害健康。其主要的污染途径示意如图 15-2 所示。

一般来讲,电池中的有害物质主要有 Hg、Cd、Pb、Ni、Zn 等重金属和铅蓄电池中的 $H_2SO_4$、各种碱性电池中的 KOH 和锂电池中的 $LiPF_6$ 等电解质溶液。

汞是常温下唯一的液态金属,蒸汽压较高,汞及其化合物,特别是有机汞化物,具有极强的生物毒性、较快的生物富集速率和较长的脑器官生物半衰期;

镉易在动植物体内富集,影响动植物的生长,具有很强的毒性;

铅可对人的胸、肾脏、生殖、心血管等器官和系统产生不良影响,表现为智力下降、肾损伤、不育及高血压等;

镍、锌的毒性相对较小,也是人体必须的微量元素之一,但超过一定浓度范围时,会对人体产生不良影响和危害。

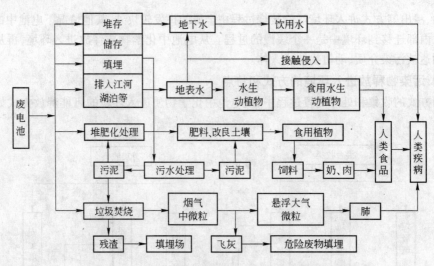

图 15-2　废电池中化学物质对环境和人体健康危害途径

废弃电池中的酸、碱电解质溶液会影响土壤和水系的 pH,使土壤和水系酸性化或碱性化;这种污染相对而言是较轻微的,电池电解质构成污染的主要组分是其中的可溶重金属,特别是铅蓄电池电解液中大量的硫酸铅和镍镉电池中的氢氧化镉。

土壤、水系、空气中的任何元素,当含量超过一定限度时都会对环境造成不良影响,从中国目前的实际出发,结合有关标准和借鉴外国的经验,控制废弃电池对环境的污染,有害物应主要考虑 Hg、Cd、Pb 和电解质溶液。

### 三、废电池处理的环境风险分析

关于废电池对人体健康和生态环境的危害,目前国内比较流行的说法是:一节纽扣电池可以污染 600 $m^3$ 的水;即使是一个完全符合标准的低汞电池(指汞含量小于电池质量 0.025% 的电池),被扔到 1 $m^3$ 水中,会使水的汞含量超过标准 25 万倍。实际上,上面所说废电池重金属汞的环境风险,只有在将废电池破碎,用酸将金属溶解,然后投入特定体积的水或土壤中,并且使确定数量的人饮用后才可能产生。

在各种干电池中,镉、锰、汞、镍、锌等金属可能引起的重金属污染问题中,最受关注的两种重金属是镉和汞。镉是一种毒性很大的重金属,人体接触过多会导致严重疾病。汞同样是毒性很大的物质,其潜在危害在于汞能够被转化为有毒形态(如甲基汞或其他有机汞化合物)。目前,我国废电池除少数城市试点进行单独收集外,大多数的废电池进入城市生活垃圾,随其进入到填埋、焚烧、堆肥的过程中。因此,废电池可能产生的环境污染风险,主要包括以下几个方面。

#### (一)随城市垃圾收集、处理、处置的环境风险

1. 填埋

废电池中的重金属溶解进入渗滤液,渗入下面土层和含水层,直接污染水体或土壤,或造成周围居民饮用被污染的地下水产生健康问题。国内外的研究表明:电池中金属不会很快从填埋场中渗滤出来,在考虑是否应填埋处置废电池时应重点考虑金属总量及特定土壤对金属的吸收、吸附能力等。试验研究表明,生活垃圾的渗滤液和重金属渗滤液都不能严重影响填埋场衬层。另外,重金属在黏土中迁移很慢,很难从具有天然黏土衬层的填埋场中渗入到环境中。

2. 焚烧

金属汞、镉、砷、锌等在焚烧高温下易挥发而被烟气带走,烟气温度降低时会凝结成为粒径在

1 μm 以下粒状物,产生金属富集程度很高的飞灰并可能造成严重的大气污染。重金属在焚烧体系中的分布和存在形态主要由金属的挥发性决定,而随烟气排放的重金属速率主要取决于金属挥发性、焚烧废物中重金属的进料量、以及烟气处理系统。重金属进料速率取决于焚烧处理垃圾量和垃圾中所含重金属量。国外对焚烧设施释放物的调查分析发现,重金属在垃圾焚烧炉中分布特性为:汞挥发性最大;镉、锌、镍和铅等金属次之;而锰、锑、砷、铍和铬等的低挥发性金属多保留于焚烧残渣中,较少进入烟气。挥发进入焚烧烟气中的汞、镉和铅更易于富集于飞灰中。据美国对危险废物焚烧情况调查表明金属汞具有高挥发性,约有 36% 释放进入大气;镉、锌和镍等属半挥发性金属,焚烧后主要成为颗粒物进入气相,可通过除尘设施有效去除,最终释放进入大气比例为:镉 0.5%;锌、镍 0.1%;而低挥发性金属锰在焚烧过程中不会剧烈蒸发,焚烧后主要分布于底灰中,进入气相的微量金属主要是由于颗粒物夹带造成的,约占所有进入焚烧炉 0.05%。

### 3. 堆肥

废电池可能同堆肥产品中的其他成分发生作用,加速重金属的溶出,从而增大堆肥产品重金属含量,甚至超过标准或最终通过食物链富集进入人体,危害人体健康。

### 4. 废电池单独收集、处置和利用中的环境风险

对废电池进行收集无疑可以减轻废电池随城市垃圾收集所带来的环境风险,但在废电池的收集、贮存、运输、处置和回收利用的各个环节,如果管理不善还能产生局部的、更严重的污染问题。应该指出,如果没有高标准的废电池处置设施和资源回收利用技术,在很多情况下是造成废电池污染环境的重要环节。目前国内废电池的回收利用技术较为落后,在处理过程中会引起二次污染问题。

### (二) 采用不同废电池管理模式的环境风险分析

虽然我国城市生活垃圾目前主要采用填埋进行处置,国内外对废电池浸出特性的研究和垃圾填埋场渗滤液中重金属的长期监测数据均表明,废一次干电池随城市垃圾混合收集并进行填埋处置对环境和人体健康产生的危害风险很小。但鉴于采用焚烧进行处理的比例和废电池的产生量不断增大,其必然增加焚烧烟气和飞灰中的重金属含量。

对某一城市进行风险分析:就定量描述废电池中重金属物质对人类健康风险而言,其危害可特征化为致癌和非致癌效应。某些化学物质,如重金属镉,既会产生致癌效应,又会产生非致癌效应,而镍、汞、锌和锰等重金属只产生非致癌效应。在分析时保守性假设:所有随垃圾填埋的废电池中重金属每年有 0.05% 进入渗滤液,含重金属的渗滤液有 1% 直接进入地下水;随垃圾焚烧的废电池中的重金属进入大气的比例为:汞 36%,镉 0.5%,锌、镍 0.1%,锰 0.05%;暴露人群为受地下水影响的居民量为 10 万人;所有该市居民受焚烧排放重金属的影响,2001 年为 400 万人,2005 年约为 415 万人。

对不同废电池管理模式产生的健康风险的分析表明:

(1) 管理模式 1:废一次干电池和废镍镉电池均不回收,全部进入城市生活垃圾处理处置系统。由于垃圾中废电池总量的增加和焚烧比例的增加,2005 年时的致癌效应和非致癌效应均超过可接受水平。

(2) 管理模式 2:只回收镍镉电池,而废一次干电池随生活垃圾收集处理处置。由于废镍镉电池的回收,不再产生致癌风险,非致癌性风险也大大降低。随着一次干电池无汞化程度的提高,废一次干电池与城市生活垃圾一同处理处置的非致癌性风险大大降低。到 2005 年,如果市场上销售的一次干电池中有 80% 为无汞电池,废一次干电池与城市生活垃圾一同处理处置的非致癌风险即处于可接受水平。

（3）管理模式3：通过推进一次电池无汞化控制废电池的环境风险。随着一次干电池无汞化比例的提高，即便不收集废一次干电池或只有回收少量废一次干电池，废一次电池随垃圾处理处置产生的健康风险也处于可接受水平。2005年，无汞电池只需占一次干电池的80%，所有产生的废一次干电池与城市垃圾混合收集和处理处置的健康风险也处于可接受水平。

（4）管理模式4：通过推进废一次电池的回收控制废电池的环境风险。相反，如果不限制一次干电池中的汞含量，提高废一次干电池的收集率虽然会降低非致癌风险指数，但降低幅度不大，健康风险值仍然超出人体可承受水平。如在一次干电池中无汞电池比例为20%的情况下，即便废一次干电池的收集率达到40%，混入城市生活垃圾的废一次干电池在垃圾处理处置过程中产生的健康风险依然处于不可接受水平。

### 四、我国废电池污染防治中存在的问题

#### （一）缺乏具体的废电池管理法规及实施细则

我国目前还没有具体的废电池管理办法与可操作的管理法规实施细则。对于废电池的产生者、运输者、收集者、综合利用者等都尚无明确、具体要求。

#### （二）废电池管理体系不健全

废电池管理体系不健全表现在以下几个方面：（1）收集体系不完善，使得废电池的全过程管理无法实施。（2）运输、储存管理体系不完善。在废电池运输、储存过程中存在着较大的环境风险，需建立相应的运输管理制度及储存管理制度。（3）再生利用及环境无害化处理、处置管理体系不健全。此环节管理不善，会造成严重资源浪费，还可能造成潜在环境污染问题，增大环境污染的风险。

#### （三）缺乏合理的废电池管理运行机制

管理法规需要有政策、法规实施部门、监管部门共同协调以确保有效实施，同时应具备必要的管理设施和高素质的管理人员。而目前，废电池管理运行机制还未正式组建并运转起来。

#### （四）缺乏废电池污染防治的宣传教育

人们对废电池有许多不正确的认识，因而导致一些不正确的行为。如目前大多数国人还没认识到回收废旧电池的重要性，而将废电池随意丢弃；还有人认为所有废电池回收利用都将取得很大的经济效益，从而导致盲目建造了一些回收利用处理设施，造成二次污染等。

另外在各地回收旧电池的活动中也存在着误区。仅回收而没有处理和再利用的措施仅仅是将污染换个场所集中起来。在没有切实可行的废电池再利用方法，将废电池集中收集是不可取的。比如集中堆放废电池，会加速电池污染物的释放、扩散和造成对局部地区的严重污染。集中堆放的电池中，当有电池发生腐烂后，由于受电化学腐蚀的作用，会加剧其他废电池的腐蚀（电池行业称为传染），堆积的电池可导致相互短路，引起剧烈反应，造成电解液泄漏，如果在露天堆放，雨淋还会污染水系和土壤，腐蚀存放容器和场地，构成局部严重污染。

#### （五）缺乏先进的废电池再生利用、处理技术

废弃电池处理技术在一定程度上也制约了回收体系及其他废电池管理环节的发展。特别是一次电池，原材料品种太多，增加了处理难度。另外废弃电池回收处理作为一个产业发展除了在技术上可行外，在经济上有收益，才有可能持续。

## 第二节　废电池的管理

废电池的管理问题已引起广泛重视，国家环保总局已着手制定国家废电池环境无害化管理

方案。

按照《巴塞尔公约》中对危险废物污染控制的规定,某些类别的废电池属于危险废物。《中华人民共和国固体废物污染环境防治法》中规定:对于危险废物应遵循分类管理,强制处置;对危险废物的收集、贮存、转移和处置等重点环节重点控制;对于危险废物实行集中处置的原则进行管理。而目前,我国对于大多数废电池尚未按照危险废物来实施管理。在废电池管理方面,还没有具体的管理实施细则。

在电池管理方面,1997年12月31日,中国轻工总会、原国家经贸委、国内贸易部、外贸部、国家工商局、国家环保局、海关总署、国家技术监督局、国家商检局联合发文,从2001年1月1日起,禁止国内生产各类汞含量大于电池质量0.025%的电池。在此规定中,具体对各类电池中的含汞量的控制办法、办法的监督执行等事项均做了规定。这一管理文件的发布,起到了从废电池的产生源头控制废电池的环境污染作用。对将来实施完善的管理具有重要意义。

随着环保意识的逐渐深入人心,各种自发组织的废电池收集、处理行为不断涌现。这些行为都将有利于对废电池实施完善管理。但目前的回收工作仅限于在部分城市开展,如:上海、北京等地。同时,由于缺乏合理的后续处理、处置管理,收集到的废电池只能由有关部门简单堆存起来,或者重新混入生活垃圾中进行填埋处理,不仅不能解决其潜在的环境污染问题,还增加了城市生活垃圾的处理、处置难度。

### 一、废电池的管理原则

废电池的环境管理工作是一项复杂的系统工程。对废电池进行收集管理过程中应综合考虑环境、经济、技术以及行业发展等多种因素,力争做到各因素的协调合理,不可能一蹴而就。需要电池生产企业、环保部门、环卫部门以及公众等多方面共同遵循一套管理原则,才能实现对废电池进行真正的环境无害化管理。

就控制废电池随垃圾收集处理产生的健康风险而言,镍镉电池应从焚烧处理的生活垃圾中分离出来,提高一次电池无汞化比例远比对废一次电池进行收集重要得多。随着一次电池无汞化程度的提高,废一次电池与城市生活垃圾一同处理、处置的健康风险就大大降低。相反,如果不限制一次电池中的汞含量,提高废一次电池的收集率虽然会降低健康风险,但降幅不大。

#### (一) 源头减量原则

对废电池的有效管理首先按《清洁生产法》要求应从源头开始,在电池设计过程中即应要求生产者考虑环保的需求,力求延长电池使用寿命,力求不使用或减少使用有毒重金属。鼓励电池生产者不断改进产品,减少电池中重金属等有害成分的含量。开发低耗、高能、低污染的电池产品。要减少镍镉电池的生产和使用,逐步在民用市场淘汰镍镉电池。

对于一次电池,中国轻工总会、原国家经贸委等9个部门早在1997年底联合颁发了《关于限制电池产品汞含量的规定》,要求国内电池制造企业逐步降低电池汞含量,2002年国内销售的电池要达到低汞水平,2006年达到无汞水平。从实际进展来看,国内电池制造业基本按照"规定"要求逐步削减电池汞含量。据中国电池工业协会提供的数据,我国电池年产量为180亿只,出口约100亿只,国内年消费量约80亿只,都已达到低汞标准(汞含量小于电池质量的0.025%)。其中约有20亿只达到无汞标准(汞含量低于电池质量的0.0001%)。

严格执行国家规定,按照规定的时间表分步淘汰含汞干电池,是解决废一次电池污染环境和消除危害人体健康的根本途径。虽然市场上存在一些汞含量可能达不到低汞标准的假冒伪劣一次电池。但不能以此为由对从源头控制废一次电池的可行性表示怀疑,这可以通过政府加强管理和提倡消费者不买这种价钱便宜但使用寿命短的假冒伪劣电池,从而迫使这些生产假冒伪劣电池的厂商无法生存。在宣传废电池收集必要性的同时,应把宣传重点放在执行国家规定、按期淘汰含汞电池以及提倡消费者不买假冒伪劣电池上。对于违反国家规定,生产和销售超过汞含量标准的厂家和商店,要严格执法,给予严厉惩罚和曝光。

### (二) 重点管理原则

由于废电池的资源化价值和对于环境的影响因电池种类不同而差别很大,对其管理应依据分类有区别的管理原则,强制回收对人体健康和生态环境危害较大的铅酸废电池、镍镉废电池和氧化汞电池;重点回收有较大资源回收价值的废镍氢电池、废锂电池和废氧化银纽扣电池;而危害相对较少的废一次电池(锌碳电池和碱性电池)则应提倡自愿回收。

### (三) 分类收集原则

鉴于各种类型废电池对环境的潜在危害和处理、处置、回收利用方式不同,对需要重点管理的废镍镉电池、镍氢电池、锂离子电池和小型铅酸电池应分类收集。

### (四) 全过程管理原则

对确定重点管理的各种类型的废电池,收集仅只是对废电池进行环境无害化管理的第一步,更重要的是要建立相应的运输、贮存、处理和处置设施,并对废电池从收集、运输、贮存、处理、利用到最终处置的全过程的每一个环节进行严格管理,避免废电池的污染物质泄漏而污染环境。

### (五) 集中处理、处置原则

废电池的处理、处置和综合利用需要较高的技术,且只有达到较大规模时在经济运行上才能够接受。宜在全国建立几个集中的、较大规模的、技术先进的处理、处置和回收利用场所,对于废电池进行集中处理、处置和回收利用,以避免各地小规模、分散处置可能造成的不良后果。应该指出,根据发达国家经验,即使只提倡回收废镍镉电池、镍氢电池、锂离子电池和小型铅酸电池,由于公众一般难以正确将其与一次电池区别开,所收集到的废电池中一次电池仍然占有较大比例,国家仍然需要考虑重点建设一次电池的处理、处置和回收工厂。

### (六) 生产者义务原则

电池生产厂、进口商、销售商以及生产携带电池商品的配套生产厂,在废电池的环境无害化管理中有不可推卸的义务。除积极推行清洁生产、减少电池中有害重金属含量外,还应做好电池标识,主动参与废电池的收集,并对废电池的收集、运输、贮存、处理和处置提供必要的资金支持。

## 二、管理组织形式及措施

### (一) 管理组织形式

#### 1. 强制管理体系

在国家强制性管理体系中,废电池回收利用主要涉及国家、生产商、销售商、使用者和处置者几个环节。

国家是该项活动的主导者和实施者。它的职责是:制定管理有关的强制性法规,包括直接管制、技术要求、环境标准等方面的政策;为废电池的回收提供所需的运行设施,包括收集、运输、处理设施和信息网络设施等;制定回收利用、技术改革的目标。

生产商和销售商是管理体系中的被动执行者。它们的义务是根据国家所制定的生产标准生产符合规定的电池,义务回收废电池,对使用者进行回收废电池的宣传教育,并为废电池的处理付费。此外,如果采用抵押金制度销售电池的国家,销售商有义务执行该制度。

使用者是废电池的直接产生者,他们最大的义务是把使用后的废电池送回回收点。

处置者是回收利用最关键的一个环节。废电池是否能得到合适的处理,最大化的再利用都取决于此。因此,处置者的义务就是严格执行国家的相关规定,并对处置的产品负责。

2．国家指导性管理体系

在国家指导性管理体系,通常除了强制性管理体系中所提到的一些环节外,还存在一个比较特殊且关键的环节,即民间回收组织。

国家在该管理体系中,仅仅是该活动的倡导者。它也制定相关的规定、回收的目标计划,但与强制性管理体系中最大的区别是这些规定都是指导性的,不带强制性。此外,为了使废电池的回收利用得到较好的实行,国家还制定一些鼓励性的引导措施。

生产商、销售商、使用者和处置者的职责与强制性管理体系中的大致相同。因为在指导性管理体系中,国家仅仅是该活动的倡导者,因此真正的实施者往往是由生产商、销售商自愿参加组成的民间组织。

这些民间组织负责废电池回收活动中收集、运输、贮存、处置的几乎所有主要部分。在经济上代表组织成员的利益,在活动中还及时向政府部门汇报实施情况。

日本于 1986 年 3 月成立了"日本废电池收集处理委员会",全面负责处理事务。在整个活动中共有 295 个社区、3276 个企业参加该委员会。大部分的成员负责废电池的回收。Nittsu 作为专业运输公司负责废电池的运输,保证运输过程的安全,并引用美国的联单制度。位于 Hokkaido 北部的 Nomura Kosan 有限公司负责废电池的处理。该公司是唯一一家含汞废物处理的私营企业。

## (二) 管理措施

在一定管理原则基础上,针对废电池管理中存在的主要问题,相应管理措施如下:从电池生产者入手,开展废电池管理工作。电池生产者、使用者也是废电池的制造者,对于废电池的处理、处置负有重要责任。电池的生产者首先应对含危险废物的电池进行标识,推荐采用日本的颜色标识法,此种方法较为直观。同时还应不断改进产品,减少电池中重金属等有害成分的含量。另外,根据"污染者付费原则",电池生产者和使用者应支付部分废电池的收集、运输、贮存、处理、处置费用。

设立专门的管理机构进行专门管理,根据我国废电池的产生、管理现状以及废电池的发展趋势,并结合日本、欧美的做法,制定合理的符合我国实际情况的管理办法及具体的可操作的管理实施细则。

建立完善废电池管理体系,包括废电池从产生到最终处置的各个环节,力求使管理全面、有效。

### 1．废电池的源头管理

废电池的管理应推行全生命周期管理原则。

首先从生产源头控制。实施源头控制,从电池设计着手,延长电池使用寿命,不使用或少使用有毒重金属。欧美国家在这方面的做法很值得我们借鉴。这些国家对于电池生产商在生产过程中所排放出的物质如汞、镉的浓度等有着严格的环境标准进行限制,同时,对于生产的电池产品中所含的各类有毒重金属的含量,也有严格的标准限制,对于超过标准的将禁止其产品的生产。1991 年欧盟在协调成员国有关电池的回收和处理的会议上指出:自 1991 年 1 月 1 日起,禁止汞含量超过 0.025%(质量比)的柱状碱性电池生产;其他汞、镉、铅含量超过该标准的柱形电池和扣式电池必须标明回收标志。

其次,对废电池实施源头控制,尽快建立健全系统的废电池自愿及强制回收体系。自愿回收体系的建立,可以采用设立公共收集设施的办法,通过抵押金等手段来保证回收工作的顺利进行;建立强制回收体系,可以采用通过立法要求生产者、销售者收集其产品废弃物,另外,可以通过立法限制某些类别废电池的回收,如:铅酸蓄电池,因危险废物名录中已明确指出是危险废物,所以对于随意丢弃废铅蓄电池的行为应给予一定的惩罚。

再次,从电池的发展上进行控制,鼓励企业和科研机构研制无毒或低毒"绿色电池",并对"绿色电池"加以推广利用,从而使电池生产达到减量化和无害化。废电池的源头管理,对后续工作,具有重要意义。

### 2. 废电池的收集管理

在收集这个环节上,一方面,通过政府颁布相应的电池法规,要求消费者将使用完的干电池、纽扣电池等各种类型的电池送交商店或废品回收站回收,商店和回收商必须在显眼处设立废电池回收箱,无条件地接受消费者送来的废电池,或者采用美国的那种制度:要求购买者必须要用旧电池换买新电池,否则要收押金,并对零售商和批发商的回收职责进行法律规定。另一方面,可采用奖励以旧换新的电池购买方式,激励使用者参与废电池回收活动中来。对以旧换新的电池购买者给予一定价格上的优惠。废电池由市政部门、环保部门或有关公司定期派人收集,运送到生产厂—废电池处理厂进行回收处理。

### 3. 废电池的运输、储存管理

在收运这个环节上,出于安全方面的考虑(因为废电池在运输、储存过程,可能会因储装容器受废电池泄漏液腐蚀造成泄漏或爆炸等事故,从而造成环境污染),一般由专门的运输公司来负责废电池的运输。以日本为例,环保部委托 Nittsu 运输公司来负责运输,整个运输过程采用联单制度。有市政部将收集的废电池打包,然后与联单一起送到 Nittsu 公司在全日本范围内设置的回收处,通过船舶或卡车,Nittsu 将废电池送至处理工厂。每份联单由六联组成,即 A、B、C、D、E和 F 联。通过联单制度,废电池处理技术研究中心就能对废电池运输中的各个环节加以控制。

### 4. 废电池的资源化及环境无害化处置管理

对于大量废电池的处置措施,目前仍无具体法规规定及统一的认识。但从环境保护的角度来看,对废电池应采取分类有区别处理、处置方式。其中的含汞、含铜、含铅废电池是应该加以重点回收的电池类别。以上种类的电池应受到生产与使用的控制,并进行再生利用或环境无害化处置。

除了上述需立即进行回收的电池以外,在日常使用中,大量的碱锰干电池、镍氢电池和锂离子电池等,原则上在没有统一回收体系条件下,是可以随生活垃圾而按普通废物加以处置的。如果建立了统一的回收体系后,对于再生技术尚不完善或耗能、耗资较大的,建议采用集中危险废物填埋处理的办法。但最佳办法仍是采用合理技术,进行再生利用。

在最终处理这个环节上,为了避免废电池处理带来二次污染,对废电池处理厂的空气质量要求和排放物浓度标准应作严格的限制,要求对于在规定内的物质浓度进行连续监测分析。

### 5. 财政经营管理

财政经营管理在废电池的回收处理系统中是非常重要的环节。废电池在收集、预处理、运输和终处理上都是需要资金的。如果资金全由废电池处理厂商负担,肯定是要破产的。因此,要合理的分配资金负担,也是废电池回收再利用系统的一个重要部分。鉴于谁污染谁治理的原则,生产者和消费者都要承担一定的资金负担份额。生产商应至少承当废电池预处理(收集后,进行容器包装以及防泄漏防渗透保护)的费用,最终处理费用、收集费用和运输费主要由回收处理公司承担,其中的部分可由购买者承担。如果还有政府参与,可由政府负责运输费。

### (三) 建立健全废电池环境无害化管理运行机制

应逐步建立起相应于管理体系各环节的管理法规执行及监管体系,以实现有效管理。保证有法可依,使废电池的管理处于有序的状态。

### (四) 开发环境无害化处理、处置技术

废电池收集以后的出路在于环境无害化的处理、处置。而技术的先进程度直接影响着整个废电池管理工作的最终效果。因此,开发先进的废电池处理、处置技术极其重要。

## 三、国内外有关的废电池管理法规

欧美发达国家从 20 世纪 80 年代初开始废电池处理方面的技术研究,80 年代中期,美国、欧洲和日本等国家地区的电池生产商决定减少碱性锌锰电池中汞的含量,同时在布鲁塞尔达成电池条例。巴塞尔公约中也在关于危险废物的控制规定上对废电池进行了规定。

我国对废电池重视的较晚,因此在法规方面还没有对废电池管理进行明确的立法规定。1995 年的《中华人民共和国固体废物污染环境防治法》并没有把废电池列入危险废弃物的名单中,直到 1998 年,国家环保总局等部委才把废电池列入《国家危险废物名录》。1997 年 12 月 31 日,我国有关部委才联合发布了《关于限制电池产品汞含量的规定》。

在国外法规中,美国和欧盟的法规最齐全,对电池生产、标签、流通以及处理作了详细的规定。

### (一) 欧盟法规

1991 年欧盟实施了 Directive 91/157 电池管理条例《欧盟有关含有有毒物质的电池和蓄电池条例》,提出了对电池的环保要求,并对电池的标志、收集/处理、回收/再利用和信息进行了规定,详见表 15-2。1993 年又对上述条例予以补充,考虑了其他一些欧盟法规(详见表 15-3)颁布了 Directive 93/86/EEC 电池管理条例。

**表 15-2　欧盟 Directive 91/157 条例**(欧盟有关含有有毒物质的电池和蓄电池条例)

| | |
|---|---|
| 要　求 | 减少电池中重金属的量;<br>鼓励无毒或低毒电池的生产;<br>鼓励对环境无害和安全的电池系统的研究;<br>除纽扣式电池外,碱性锌锰电池的汞含量必须小于总重的 0.025% |
| 标　记 | 符合下列要求的电池必须进行标记:<br>　除碱性锌锰电池外,每节电池中的汞含量超过 25 mg 的;<br>　金属镉的浓度超过 0.025%(质量比)的;<br>　铅浓度超过 0.4%(质量比)的,碱锰电池类中汞浓度超过 0.025%(质量比)的标记中要注明:<br>分类收集,回收,重金属的浓度;<br>含有上述电池的设备也必须加以标记 |
| 收集/处理 | 成员国必须采取措施,对废电池进行选择性收集,并要对有标记的电池单独处理;<br>成员国有义务建立一个有效的、选择性强的回收系统。采用一种强制性的抵押金计划将会有助于该回收系统的实现 |
| 回收/再利用 | 鼓励有关回收流程方面的研究 |
| 信　息 | 成员国必须采取措施,加大对消费者有关废电池危害和收集方面的宣传活动 |

**表 15-3　欧盟的环境法规**

| | |
|---|---|
| 91/157/EEC | 电　池 |
| 93/86/EEC | 电池的标志 |
| 75/442/EEC | 废弃物处置 |
| 91/156/EEC | 废弃物处置 |

| 91/689/EEC | 危险废弃物 |
|---|---|
| 94/904/EEC | 危险废弃物清单 |
| 76/464/EEC | 水生动物环境 |
| 80/68/EEC | 地下水 |
| 89/369/EEC | 焚　烧 |

1988 年,德国的电池制造商、进口商以及贸易组织通过了一项废电池处理的自律协议。该自律协议是由于以下三点而产生的。(1)欧洲、美国、日本的电池生产者正逐步研究电池中消除汞的技术;(2)布鲁塞尔电池公约的通过;(3)德国电池法即将实施。

**(二) 美国法规**

美国第 104 届国会的公众法 104-142 提出了《电池法令》,对电池的生产、标志、销售、废弃后回收及法令实施(比如罚款等惩罚措施)等作了非常明确的规定。该法规主要针对含汞电池和充电电池及法规规定的电池,具体内容见表 15-4。

**表 15-4　美国国会的《电池法令》**

| 42 USC 1401 | 管理对象和实施意义 |
|---|---|
| 42 USC 1402 | 解释说明一些术语,如管理者、纽扣电池、易处理、氧化汞电池、充电电池、可充电的消费者产品、管理的电池范围、再生产的电池产品等术语 |
| 42 USC 1403 | 信息分布:管理者应当在充电电池生产商、充电电池消费品生产者、零售商的代表进行协商,建立项目,为公众提供合理处理和处置法规规定的废电池及不可拆卸的充电消费者产品等方面的信息 |
| 42 USC 1404 | 执行:对民事处罚及相关内容进行规定和说明。其中民事处罚规定:(1)对违法者处以不超过 10000 美元的罚款等规定;(2)可在当地对不服罚款的违法者进行民事起诉 |
| 42 USC 1405 | 信息收集和获取:<br>法令规定的电池生产者、充电消费者、产品生产者、含汞电池生产者及其代理商应建立和保留记录和报告,如生产者遵守和执行电池法令的记录和报告。<br>管理者及其授权代表有权获取这些记录和报告的复印件。<br>管理者必须为记录保密 |
| 42 USC 14322 | 标志:对电池标志的内容进行详细规定;<br>　　　标志的存在和更新;<br>　　　续申免税 |
| 42 USC 14323 | 装备:对废电池的收集、贮存和运输的装备进行规定 |
| 42 USC 14332 | 限制销售碱性含汞锰电池 |
| 42 USC 14333 | 限制销售含汞锌电池 |
| 42 USC 14334 | 限制销售氧化汞纽扣电池 |
| 42 USC 14335 | 限制销售其他氧化汞电池 |
| 42 USC 14336 | 对其他相关含汞电池和产品的规定 |

注:摘自美国国会的《电池法令》(1996 年 5 月 13 日通过)。

另外,美国的各州又制定了各自的法规来进一步管理电池,如表 15-5 所示为缅因州对铅酸电池的规定。

**表 15-5　缅因州对铅酸电池的规定**

| 处　置 | 禁止会使废电池中的组分进入环境,或排入大气或排入水体的填埋、焚烧、堆积或随便倾倒废电池等方式 |
| --- | --- |
| 铅酸电池的零售商 | 交换回收的铅酸电池的数量应至少与卖出的新电池数相等;<br>如果在买铅酸电池时没有用旧电池交换,应对每个新电池收取 10 美元的押金;<br>在电池上要有回收再生字样和一些注意事项 |
| 铅酸电池的批发商 | 批发商在批发时,其交换等到的废电池数目应不少于批发出去的电池数;<br>从零售商回收点处接收废铅酸电池时,允许批发商有一定的期限(不超过 90 天) |
| 检查和执行 | 环保部门应当制作、印发通知,还要强制执行对铅酸电池方面的规定,并检查所管理的地方、建筑和企业生产基地 |
| 违规者 | 违规者将触犯民事法条例 |

注:摘自美国缅因州的 Maine Law。

　　从上述表中可以看出,欧洲和美国对废电池的管理是非常重视的,他们的法规相当完善,特别是美国。这些国家和地区对含汞电池和镍镉电池的要求很高。有些国家已限制生产含汞电池。比如日本,一次电池生产已完全实现了无汞化,也就是说一次电池对环保的影响已降至很小。

**(三)中国管理法规**

　　1997 年 12 月 31 日,国家环保总局等 9 部委联合发布了《关于限制电池产品汞含量的规定》的通知,对含汞电池的进口、生产进行了一些限制。

　　该通知规定:自 2001 年 1 月 1 日起,禁止在国内生产各类汞含量大于电池质量 0.025% 的电池;从 2001 年 1 月 1 日起,凡进入国内市场销售的国内、外电池产品(含与用电器具配套的电池),在单体电池上均需标注汞含量(例如:用"低汞"或"无汞"说明),未标注汞含量的电池不准进入市场销售;自 2002 年 1 月 1 日起,禁止在国内市场经销汞含量大于电池质量 0.025% 的电池。

　　自 2005 年 1 月 1 日起,禁止在国内生产汞含量大于电池质量 0.0001% 的碱性锰电池;自 2006 年 1 月 1 日起禁止销售该种电池。

**四、不完全市场中废电池管理**

　　废电池的治理,不能走末端治理的老路,因为问题的产生不仅仅在电池废弃后才产生。我国独特的市场经济体制,使得废电池的生产、销售、流通和处理的各个环节,都存在巨大的外部性,向社会、厂商和消费者发送了错误的价格信号,导致整个社会资源的滥用,社会成本急剧上升,引发诸如回收难、处理难以及浪费严重等问题。

**(一)废电池生命周期各个环节的外部性分析**

**1. 生产环节**

　　假想存在 A 企业和 B 企业。A、B 都是大型正规的电池生产厂。不同的是 A 企业生产的电池排放的污水比 B 企业少,或者 A 的电池产品比 B 企业在环境中危害性小,同时生产这种产品的成本要比 B 企业高。但是市场并没有就 A 的这种环境友好行为给予 A 相应的补偿,也就是 A 的正外部性没有被内部化。从自身利润最大化出发,A 企业显然不会去生产这种环境友好型的电池,它只会采取和 B 企业相仿的技术生产同样是环境不利型的产品。由于外部性的存在,企业丧失了改革工艺的动力。

　　在不完全市场中,大型正规企业还面临着小企业的竞争。这些小企业在浙江尤为常见,家庭作坊式的生产,技术落后,排放污染严重,同时电池质量差,环境危害大。但是由于这些小企业具有分散、灵活的特点,政府监管有心无力甚至无心无力的现象非常普遍。因此他们的成本非常低。在义乌的小商品市场,5元钱可以买到60节5号电池。这部分小企业游离于不完全市场之中,将其生产的巨大环境成本转移到社会身上,存在着巨大的负外部性。这加剧了废电池的环境问题,也使得实际上根本没有办法估计我国一年生产的电池究竟有多少(中国电池协会统计到的数据只能是记录在案的大型生产厂商的产量)。

由此可见,外部性的存在,使得电池的生产环节出现了资源的严重错置。由于外部性没有被内部化,一方面小型厂商以低廉的私人成本生产电池,使得电池的价格不能真实反应其成本,造成最终的浪费;另一方面,受制于外部性,生产厂家丧失了改良生产工艺的动力,阻碍了电池生产技术的发展进步。

### 2．流通环节

自由市场中,销售商的最终目的是使销售的利润最大化,在没有被赋予环境责任的前提下,他们不会将电池的环境影响纳入销售的考虑范围。同样以上面A、B厂商为例。A厂商比较好的电池产品有可能销售利润较低,销售商在可能的前提下总是会希望多销售B厂商的产品。

这是一个自由市场自身存在的外部性,如果市场是健全的,流通环节的各项行为是可预见并且可管理的,而且一旦采取有关措施,每一个销售商都会面临着同样的服从成本。因此,政府只要通过一定的价格或者税收杠杆就可以实现外部性的内部化。但是在不完全市场条件下,流通领域是不透明的,从大型超市到小卖铺,从大的批发商到街头小贩,政府很难实现有效的管理。不完全市场的重要特征就是摊贩经济。大量的流动摊贩将小企业、黑企业的劣质电池带入市场,一方面以极低的价格优势吸引消费者购买;另一方面又促使小企业、黑企业不断地大量生产。社会为此承担的处理成本和环境成本也就越来越大。因此,从某种角度看,流通领域存在的最大外部性是其传递并价值化了生产领域中的外部性。生产者通过流通才能实现其私人成本小于社会成本带来的巨大收益。

流通领域是电池的生命周期中最难控制的环节。不完全市场的这种特性,使得出台相关管理政策的时候必须时刻注意,不要打垮了电池生产的正规军,养肥了那些小企业、黑企业。从某种意义上说,只有能控制流通环节的政策,才能真正解决废电池的各种问题。

### 3．消费环节

消费环节的外部性是生产和流通环节外部性的积累和最终体现。由于存在小企业以极低的成本生产质量较差的产品,有街头摊贩来销售,消费者从自己利益最大化出发购买这些电池的可能性非常大。甚至在大学校园,对电池需求较大的大学生当中,出于经济目的购买摊贩兜售的电池的人大有人在,普通市民更是如此。并不能用简单的环保意识不高来解释这种现象,必须看到这种现象背后,是由于社会缺乏一种能够让消费者对自己的消费行为负责的制度,从而导致了消费者将消费的成本转移到社会成本之中,导致劣质电池消费的泛滥。

### 4．回收处理环节

由于生产、流通、消费的环节没有处理好,各个环节都将自己的私人成本转移到社会成本当中。因此回收处理环节成了死结:政府无法承受高额的回收处理成本,生产者、销售商、消费者都没有回收的动力。造成的结果是废电池回收率极低,即使回收起来的那部分也达不到规模处理的程度。绝大部分废电池被当作普通垃圾简单填埋,留下严重的环境隐患。

### (二) 不完全市场的经济分析

#### 1．成本收益曲线

从成本—收益分析很明显可以看出,一般的大企业,在其不对电池的最终处理负责、不考虑环境成本的时候,它的有效产出比社会有效产出要大,引起的是社会总收益减少,反映在现实生活中可能是环境状况恶化,生活安全降低,或者社会总福利减少。不完全市场的存在,使得企业的私人成本曲线(PC$_1$)严重右移至 PC$_2$,Q$_1$将大大超过 Q$_0$(如图 15-3)。

从图 15-3 中可以看到,当电池的产量大于 Q$_0$ 时,社会收益曲线(SB)分化为 SB$_1$ 和 SB$_2$,这是因为废电池产量的增加和小企业高含汞的废电池比例的提高,其对环境造成的危害远比在 Q$_0$ 时期要严重。而且当废电池产出超过环境容量或社会容量时,其引起的危害往往是呈指数型增长,引起社会福利水平的急剧下降,表现在图中就是社会收益曲线的下降(SB)。但是对小企业而言,其收益并不因为废电池危害的增大而降低,他们多生产的废电池得到的收益,仍然可以通过不完全市场以 SB 的延伸趋势 SB$_1$ 得到实现。

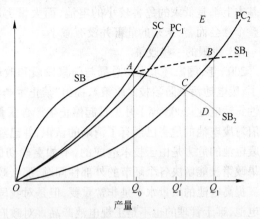

图 15-3　不完全市场下的成本效益曲线图
SB、SB$_1$、SB$_2$—不同条件下的社会收益曲线;
SC—社会成本曲线;PC$_1$—大企业的私人成本曲线;
PC$_2$—小企业和黑企业的私人成本曲线;
Q$_0$、Q$_1$、Q$_1'$—不同条件下的均衡产量

假设 Q$_1$ 的延长线和 SC 相交于 E 点,那么社会净收益和小企业的净收益可以表示如下:产量在 Q$_0$ 时,社会净收益为原点、SB 和 SC 以及 A 围成的区域,而小企业的净收益是由原点、SB、PC$_2$、直线 Q$_0$ 围成的区域。可以看出这个时候对社会而言收益最大,因此是最佳产出,但是对小企业而言,Q$_0$ 时所获得的收益比社会净收益大,但是如果通过扩大再生产它们仍然可以获取更多的收益,因此 Q$_0$ 不可能达到均衡(不完全市场政府无法管住小企业),产量必然上升到 Q$_1$。这时社会净收益变成原点、SB 和 SC 以及 A 围成的区域和区域 AED 之差,而小企业的净收益增加到区域 OAB。

2．各种政策的经济分析

下面对生产者责任制、消费者押金制以及我国的一些政策进行经济分析。

(1)生产者责任制。

生产者责任制是发达国家尤其是欧盟都非常强调的一种管理废电池的政策,其意图在于将生产者的外部性内部化,也就是说,通过赋予生产者一定责任——如将自己产品标签、负责回收和处理等,使得其私人成本曲线(PC)近似等于社会成本曲线(SC)。这种政策在完全市场条件是行之有效的,因为政府实际上从管理一个个电池的消费处理过程转为管理一个个大型的生产厂家,管理成本大大降低了,同时,由于厂家直接担负电池的回收处理成本,因此它必须考虑电池的处理技术和研发更加环境友好的电池。以这种良性循环,实现产业的不断进步是切实可行的。

但是在不完全市场条件下,生产者的责任只能通过政府强加到大企业的头上,对小企业和黑企业作用很小,因此,随着大企业 PC$_1$ 的上移,小企业的价格优势就越明显,市场竞争力越强,得到的净收益也就越多(PC$_2$ 实际上右移了)。实际上,单纯的生产者责任最多只能实现影响净损失在大企业和小企业的分配比例,甚至有可能打垮负责任的企业而养肥小企业和黑企业。

(2)消费者押金制。

押金制的建立主要是为了促使消费者能够很好的参与废电池的回收。在一些国家,押金制的建立一方面大大提高了废旧电池的回收率,另一方面降低了电池消费的需求。不过,押金制只是额外的要求消费者尽电池回收的义务而已,实际上并没有将电池整个生命周期的外部性内部化。在不完全市场中,其所起的作用更加微小甚至是负面的。因为,押金制对消费者而言意味着购买大企业的电池很麻烦,无意中使很多的消费者转向地摊电池。可能的结果是,回收上来的电池基本上都是低汞的危害较小的电池,而大量劣质电池——富含汞和重金属却被随意抛弃了。对整个社会而言,未来的危害并没有减小。

(3) 我国的一些政策。

2003年,国家环境保护总局与国家发展和改革委员会、建设部、科学技术部、商务部联合发布了《废电池污染防治技术政策》,提出"禁止生产和销售汞含量大于电池质量0.025%的锌锰及碱性锌锰电池;2005年1月1日起停止生产含汞量大于0.0001%的碱性锌锰电池"。政策说明,政府对废电池的危害已经有了清晰的认识,并已经着手处理。但是,从以上分析可以看出,与其说废电池的危害是由于技术造成的,不如更确切的说是由于不完全市场的巨大外部性促使的。如果政策没能解决各个环节的外部性问题,那么政策的执行效果至少是令人怀疑的。

提高电池的质量水平是非常重要,但是对我国而言,造成巨大危害的不是那些正规厂家生产的电池,难于管理的也不是正规电池产品。对政府来说,彻底取缔小企业小作坊至少在现在是不现实的,因为政府面临着非常高的管理成本。所以,在提高电池质量标准的同时也大大提高了正规厂商的生产成本,进一步扩大了与劣质电池的价格差距,最终导致的可能是劣质电池的市场份额越来越大,到后来我们需要处置的都是那些劣质电池。

总而言之,有效解决废电池的管理问题,必须对不完全市场有非常清醒的认识,从电池的生命周期出发,将各个环节产生的外部性逐一内部化,这才可能最终找到一条可操作的解决途径。

**(三) 不完全市场废电池管理方式探讨**

一个行之有效的废电池管理体系,必须具有以下特征:(1)能够降低政府的管理成本(降低SC);(2)能够将摊贩经济的影响降低到最小限度(使$PC_2$左移);(3)能够激励电池生产技术的不断进步;(4)必须足够简单明了,使生产者、销售商和消费者明确自己的责任和权利。基于以上4点,可以初步设计管理框架如下:

**1. 生产**

电池作为具有非常大的潜在影响的消耗品,最有效的是源头控制。同时生产环节的控制对整个电池产业的技术进步来说非常重要,也影响着流通和回收环节的政府管理成本,因此,必须充分调动政府的宏观调控能力和市场配置资源的作用。

因此,可以建立这样的一种市场准入制度(以上海为例):由政府根据几个世界知名品牌的大电池生产厂商的技术参数制定废电池的生产标准,再向社会以招标的方式确定3~5家电池生产厂商进入上海市场;过若干年后,再根据提高了的技术参数制定标准重新招标,将落后的厂商淘汰,同时吸收先进的厂商进入。除此之外,任何其他品牌的电池在上海市场都不允许销售。

这样做的好处是:

(1) 由于是依照技术参数来制定标准,就避免了政府部门将标准部门化的危险,杜绝了官商勾结的可能。

(2) 标准高低取决于环境质量的需求水平,政府可以通过调整标准来促使产业的不断进步。因此必须确保每次招标的标准都比前一次有提高。

(3) 由于市场准入,上海市场内合法的电池就只有少数几个品牌,无疑大大降低了监督和执法的难度,这就意味着小企业的商品面临着非常大的机会成本,间接提高了这些劣质产品的成本和价格。

(4) 市场准入建立后,摊贩经济直接损害的是生产厂商的经济利益。为了保护自己的市场,厂商具有强烈的需求用各种形式打击摊贩经济。在此前提下,电池生产行业协会可以建立并有效运转起来。可以肯定一点:厂商出于切身利益对摊贩的管理要比政府单纯的执法要有效而且成本要低得多。

2．流通和消费

流通领域能否控制住是关键,也就是必须使得销售者的切身利益和其销售的电池联系起来,同时使最终消费者有足够的动力不去购买摊贩电池。结合国外的经验,可以考虑电池销售押金制度:也就是在每节电池价格的基础上加收一定数量的钱作为押金,只有消费者将使用后的电池拿到回收点之后才能换取押金。同时,销售商可以按照回收废电池的比例从生产者当中获得相应的成本返退。这样做的好处是:消费者和销售者都有动力将废电池回收,可以提高废电池的回收率,有利于后续的集中处理。

3．回收处理

如果废电池回收率能够保证,那么集中规模处理也显得可能。目前日本已经能够从废电池中回收部分金属。由于流通和消费的控制,因此不管是政府还是厂商来回收都是可行的,但是比较而言,让厂商来负责废电池的回收和处理会更有效:(1)厂商可以鉴别废电池的真伪。因此使得市场上的假冒产品不能混迹其中;(2)让厂商回收处理也就是迫使厂商寻找更加环境有益的技术或者寻找拥有处理技术的团体使得自己的成本最小化。这样可以推动资本进入废电池处理技术的研发,从而推动技术进步和产业革新。

4．不完全市场——摊贩经济的影响

不可否认的是,这一套管理体系并不能从根本上解决摊贩经济,只能是尽量减小它的影响,同时,仍然需要一些匹配措施:

(1)对任何人以任何形式销售或者携带进入上海的各种非指定品牌的电池,必须严格打击。厂商为了防止自己的市场份额受到侵害,自然会在监督和巡视上加大投入,实际上政府需要做的就是从严处理。因此,与政府包办相比,管理成本大大降低,而效果会好得多。

(2)对摊贩电池的严查加重了销售劣质电池的成本,因此他们的价格会上升;而政府可以在开始阶段给予购买正规品牌的电池的消费者一定额度的补偿,以拉近两者的价格差。

(3)摊贩经济在面临高昂的机会成本时,为了追求降低个人风险,会减少劣质电池的销售。实际上也是一种遏制作用。

整个体系追求的是一种基于激励基础上的良性循环:废电池从生产到回收处理都有较强的激励机制促进有效管理,同时,政府和厂商的合作能够实现双赢:厂商的利润可以得到保证,而政府可以规避高额的管理成本实现废电池的有效控制和回收,同时可以促进电池技术的不断进步,回收率的增加为规模处理提供了可能,同时也吸引资本进入处理领域,推动废电池资源回收技术或者最终处理技术的发展。这种发展又降低了电池的处置成本,使得正规电池的成本降低了,进一步缩小了和劣质电池的差价,进一步打压了劣质电池的销售空间。

## 第三节　废电池的回收处理技术

随着人们环保意识的增强,废电池的回收问题已愈来愈引起社会各方面的广泛关注,继北京、上海、西安等大城市开展了废电池回收工作以来,在浙江、河南、辽宁省的个别中小城镇也开展了回收废电池的活动。他们或是个人出资设置电池回收箱,收集自己生活区域附近的废电池,或是由大公司资助,在商场等人口流动多的地区设置废电池回收箱,或是由当地环卫局统一订做废电池回收箱,放置在党政机关、文明社区和学校,形成回收网络。目前,我国对废电池的回收问题一直没有相应的政策法规,废电池回收工作完全靠消费者个人的环保意识,没有任何的经济补偿,是一种环保义举。据有关资料介绍,我国每年消耗电池 70 亿只,北京市每年消耗电池 2 亿只,约 6000 t,回收达到 100 t,回收率仅为 1.6％。在燕山大学,也有学生自发地将废电池放置在宿舍、食堂门口的环保箱里,来收集废电池但此项工作开展了一年多就停止了。而即使在这一年多的时间里,操场边、课桌抽屉里还是经常有废电池。如此低的回收率说明这种回收方式存在着不足,值得我们去思考和探讨更加科学、合理的回收方式,使这项工作得到稳定、持续的发展。

由于电池的种类繁多,因此对它们的处理方法有很大的差别。普遍采用的有单类别废电池的综合处理技术及混合废电池综合处理技术两大类。

对于单类别的废电池综合利用技术因电池种类不同而大不相同。

## 一、当今国内外废电池回收情况概述

### (一) 国外情况

目前国外的废电池回收处理体系基本上已经步入正轨。例如,德国目前已做到废电池全部收集,分类处理处置。对于毒性较大的铅酸蓄电池、含汞电池、镍镉电池等必须标有再生利用标识,电池生产厂家与销售厂家必须回收所有废电池,经销商必须将有标识和无标识的电池加以分类,电池生产企业必须建立电池再生利用和处理设施。对于所有的废电池首先考虑再生利用,对于不可再生利用的废电池必须按照废物管理法的规定进行妥善处置。在电池的生产方面,要进一步降低电池中的重金属含量,尤其要降低碱性锌锰电池的含汞量,积极开发对环境危害小的新产品;美国是在废电池环境管理方面立法最多最细的一个国家,不仅建立了完善的废电池回收体系,而且建立了多家废电池处理厂,同时坚持不懈地向公众进行宣传教育,让公众自觉地配合和支持废电池的回收工作。而亚洲的日本在回收处理废电池方面一直走在世界前列,有关一次性电池对环境影响的研究和回收利用的工作在日本都已经展开,其他电池如铅酸电池,日本可做到百分之百的回收。另外,据日本电池工业会介绍,2000 年是日本实行 3R 计划的第一年,即改过去的"大量生产、大量消费、大量废弃"为现在的"循环、降低、再利用"。

联合国环境署正在全世界推广"生活周期经济"的新概念。在一个商品"从摇篮到坟墓"的各阶段,包括原料获得、制造、运输、销售、使用、维修、回收利用、最后处置等环节,都必须加强环境管理。生产厂家在制定生产计划、开发新产品和回收废弃产品时必须考虑环境保护的要求;消费者在购买使用和丢弃商品时也不能对环境造成危害。

#### 1. 日本

野村兴产株式会社是进行废弃电池处理的著名公司,它每年从全国收购废电池 1.3 万 t,占全国废弃电池的 20％。其中的 93％由民间环保组织收集,7％由各厂家收集。这项业务开展于1985 年,目前净化量一直在增加。以往,主要是回收其中的汞,通过高温焚烧炉使汞蒸汽排出并收集,但目前日本国内电池已不含汞,就主要回收电池的铁壳和其中的黑原料。1996 年后,日本学习德国通过"循环经济法"强化资源再生利用的经验,除颁布了"包装容器再生法"和起草"家用电器再生法"外,普遍强化了资源再生技术的研究开发工作,在干电池的再生利用技术方面亦有所突破:TDK 公司和野村兴产公司对再生工艺作了大胆改革,不再回收单项金属,改为整体回收后作磁性材料。将废电池粉碎后,经高温加热除去杂质,并将金属元素氧化后成为制造"铁涂氧"(用于制造彩色电视机的显像管)的原料。仅此一项改进就使干电池的再生利用率由 20％提高到 50％。其他电池如铅电池,日本可做到 100％回收。二次电池和手机电池也正在通过生产厂家的配合进行收集,特别是回收锂离子电池中的钴,利润可观。

### 2. 德国

据德国环境部统计,德国每年回收带有毒性的镍镉电池只占 1/3,而 2/3 的电池被作为生活垃圾处理。每年流入环境中的汞约 8 t、镍 400 t、镉 400 t。为加强对废电池的管理,德国实施了废旧电池回收管理新规定。要求消费者将使用完的各种类型的电池送交商店或废品回收站,商店和废品回收站必须无条件接受废旧电池,并转送生产厂家回收处理。一般来说,要使普通消费者在生活中区分有毒电池或无毒电池比较困难,因此新规定要求商店和废品回收站担当起责任。环境部的一个新措施是对有毒性的镍镉电池和含汞电池实行押金制度,即消费者购买每节电池的费用中含有 15 马克的押金,当消费者送回旧电池时,退还押金。马格德堡近郊区正在兴建一个"湿处理"装置。在那里除铅蓄电池外,各类电池均溶解于硫酸,然后借助离子树脂从溶液中提取各种金属物。用这种方式获得的原料比热处理方法纯净,因此在市场上售价更高,电池中包含的各种物质有 95% 都能提取出来。马格德堡这套装置年加工能力可达 7500 t。其成本虽然比填埋方法略高,但贵重原料不致丢弃,也不会污染环境。

德国阿尔特公司研制的真空热处理法比较便宜,先在废电池中分拣出镍镉电池,废电池在真空中加热,将汞迅速蒸发、回收,再将剩余原料磨碎,用磁体提取金属铁,从余下粉末中提取镍和锰。用这种方法加工 1 t 废电池的成本不到 1500 马克。

### 3. 瑞士

瑞士有两家专门加工、利用旧电池的工厂。巴特列克公司的方法是将旧电池磨碎,然后送往裂解炉中(300~750℃)裂解,将产生的水蒸气、汞及碳化有机物(纸张、塑料等)等尾气用湿法冶金(酸洗)处理,汞蒸气被冷凝成液态而进入溶液中。裂解后的金属渣在 1500℃ 时熔融,铁与锰形成铁锰合金,锌被蒸发后进入 Splash 冷凝器加以回收,焦炭作为熔融的热源。该工厂 1 年加工 2000 t 废电池,可获得 780 t 锰铁合金,400 t 锌合金及 3 t 汞。另一家工厂则是直接从电池中提取铁元素,并将氧化锰、氧化锌、氧化铜和氧化镍等金属混合物作为金属废料直接出售。瑞士还规定向每位电池购买者收取少量废电池加工专用费。

### 4. 美国

美国是废电池管理方面立法最多、最详细的一个国家,不仅建立了完善的废电池回收体系,而且建立了多家废电池处理厂,坚持不懈地向公众进行宣传教育,让公众自觉地支持和配合废电池的回收工作。

### (二) 中国情况

我国是电池生产和消费大国,每年电池的生产与消费量可达 140 亿只,占世界总量的 1/3。但目前我国在对废电池的管理和回收方面还处于空白,基本上还没有形成一条畅通的废旧电池回收处理渠道。我国废电池回收率低的现状直接限制了处理规模的扩大和处理技术的提高,进而严重阻碍了废旧干电池回收利用的产业化过程。因此抓好废电池的回收工作应是废电池处理工作的首要环节,但我国迄今为止还未建立起一套有效的回收利用废电池的法律法规体系来保障废电池的完全回收。其次,大力开发废电池处理技术,将其变为有用的资源或无害化也是废电池管理的一个重要环节。而在这方面国内目前还处于科研和试验阶段,有少数工厂开展了废电池的再利用,但技术尚不成熟,并且还存在有原材料严重不足、利润太低等问题。因此,我国在废电池回收处理这一领域与西方发达国家相比还存在着很大差距,面临的很多问题还有待进一步解决。

废电池的管理问题在我国已引起广泛重视,国家环保总局已着手制定国家废电池环境无害化管理方案。按照《巴塞尔公约》中对危险废物污染控制的规定,某些类别的废电池属于危险废物。《中华人民共和国固体废物污染环境防治法》中规定：对于危险废物应遵循分类管理、强制处置；对收集、贮存、转移和处置等重点环节重点控制；对于危险废物按集中处置的原则进行管理。但目前，我国对于大多数废电池尚未按照危险废物来实施管理。在废电池管理方面，也没有具体的管理实施细则。

1997 年 12 月 31 日，中国轻工总会、国家经贸委、外贸部、国家工商局、国家环保局、海关总署、国家技术监督局、国家商检局等联合发文，从 2001 年 1 月 1 日起，禁止国内生产各类汞含量大于电池质量 0.025% 的电池。该管理文件的发布，起到了从生产源头控制废电池污染环境的作用，对实施完善的管理具有重要意义。

## 二、目前回收方式存在的不足

与其他可回收生活废弃物相比，废电池缺乏有偿的回收途径和成熟的处理技术，制约了废电池的回收，目前回收方式存在以下几方面的不足：

（1）不科学。生活用的干电池主要分为锌锰干电池、碱性锌锰干电池、镍镉电池、氧化银电池、镍氢电池、锂离子电池等，不同类型的电池的可利用元素和有害重金属的种类和含量各不相同。例如：锌锰干电池中可回收元素有锌、锰、氮，对环境有较大毒性的元素是汞；镍镉可充电电池中可回收的元素是镉、镍，其中镉对环境有较大危害。由于各种电池的成分及电化学反应机理不同，必然决定了对废电池进行资源化、无害化处理的方法不相同，现在这样混在一起回收，会给处理工作带来难度，也影响废电池处理技术的发展。

（2）经济效益差。废电池的回收量少和数量不稳定，将直接影响废电池处理厂的生产规模，使投资办厂的企业得不到较高的回报，投资办厂热情不高，至今我国仍没有一家专门的废电池处理厂。如果由企事业单位和个人投入资金、场地、人力，并长期坚持去做也很困难。

（3）不方便。由于消费者个体环保意识的差异，对废电池回收工作的认识程度不同，能不计任何报酬、不嫌麻烦、长期坚持回收废电池的人毕竟是少数，对大多数消费者而言，不可能为两节废电池专门去找电池回收箱。由于回收设施不方便，多数人将其混入生活垃圾中扔掉。

（4）缺乏管理。在现有的废电池回收箱中经常会有饮料瓶、食品袋等垃圾；露天放置的回收箱淋雨后，底部的废电池浸在水中，加速了腐蚀，造成漏液；有的回收箱经常是满的，没有得到及时处理，也影响到废电池的回收。

## 三、废旧干电池的综合处理技术

废旧干电池的回收利用主要是要解决两个问题，首先是金属汞和其他有用物质的回收，其次是废气、废液、废渣的处理。目前，废旧干电池的回收利用技术主要有湿法和火法两种冶金处理方法。

### （一）湿法冶金过程

废干电池的湿法冶金回收过程中基于锌、二氧化锰等可溶于酸的原理，使锌－锰干电池中的锌、二氧化锰与酸作用生成可溶性盐而进入溶液，溶液经过净化后电解生产金属锌和电解二氧化锰，或生产化工产品（如立德粉、氧化锌等）、化肥等。所用方法有焙烧－浸出法和直接浸出法。

#### 1. 焙烧浸出法

焙烧－浸出法是将废旧干电池机械切割，分选出炭棒、铜帽、塑料。并使电池内部粉料和锌筒充分暴露（这是由于汞金属主要存在于浆糊纸与锌筒上，充分暴露有利于汞蒸气的蒸发）。然后在 600℃ 的温度条件下，在真空焙烧炉中焙烧 6～10 h，使金属汞、$NH_4Cl$ 等挥发为气相，通过冷凝设备加以回收，尾气必须经过严格处理，使汞含量减至最低。焙烧产物经过粉磨后加以磁选、筛分可以得到铁皮和纯度较高的锌粒,筛出物用酸浸出(电池中的高价氧化锰在焙烧过程中被还原成低价氧化锰,易溶于酸),然后从浸出液中通过电解回收金属锌和电解二氧化锰。该法的原则流程图如图 15-4 所示。

日本富士电机工业公司将废干电池经过破碎去除金属壳和锌筒,在 $400\sim1000℃$ 的炉内通入空气煅烧 $3\sim20$ h,燃烧可燃物(纸、炭棒、石墨、炭黑、塑料、浆糊等)。煅烧后的产品经过粉磨后加以磁选,选出含铁 75% 的产品供给用户,余料用 $10\sim20$ mm 的筛机筛选,得到纯度 93% 的锌粒。剩下的粉末中含 32.6% Mn、28.1% Zn 和 Fe、Cu、Ni、Cd 等杂质。将此粉末用 20% 的盐酸溶解,然后用氨水调 pH = 5,除铁、沉淀、过滤。澄清液用 28% 的氨水调到 pH = 9 并添加 130 g/L 及粒度为 $4\sim10$ $\mu$m 的二氧化锰在 24 h 内混合,按 $MnCl_2 + MnO_2 + 2H_2O = Mn_2O_3 + H_2O + 2HCl$ 的反应式沉淀锰,干燥后沉淀物含 62% Mn、1.7% Zn 以及 Fe、Ni、Cu、Cd (微量)。沉淀后的溶液含(g/L):43.1Zn、92.5$NH_4^+$、134$Cl^-$。

大内弘道将废电池焙烧除汞后的残渣(含锌 30%～60%、含锰 23%～30%)在 pH = 1 时用硫酸浸出其中的锌和锰,然后用 NaOH 中和,使 95.4% 的 Zn 以 ZnS 的形态进入沉淀,极少量的锰与锌共同沉淀。此沉淀用作冶金原料。

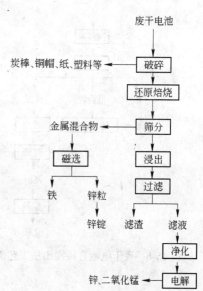

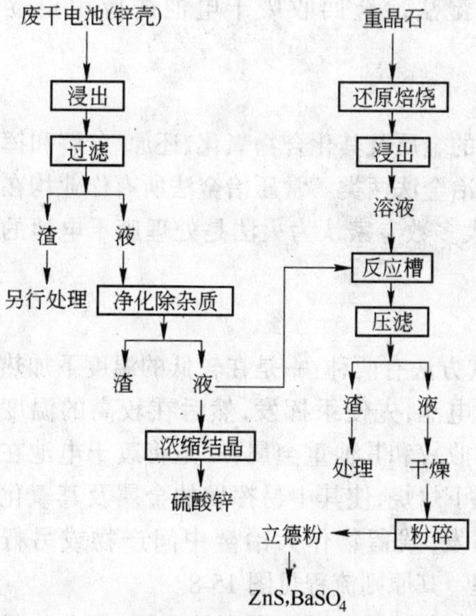

图 15-4 废干电池的还原焙烧 – 浸出法工艺流程

1984 年由野村兴产公司伊藤木加矿业所在北海道开发成功含汞废物再生利用成套试验装置,并于 1985 年建成 6000 t/a 再生装置。其工艺流程为:将干电池在回转炉中加热至 $600\sim800℃$,使汞气化后送入冷凝器中冷凝为粉状,回收后经过蒸馏成为纯度为 99.9% 的汞成品。对从回转炉出渣中含的锌、锰、钾、铁等金属,先经过磁选机将锌、钾与铁、锰分离后分别作次要原料使用。此后还发表了以回收锌和二氧化锰为主的“焙烧—浸出—净化—锌、二氧化锰电解”的专利。

### 2. 直接浸出法

直接浸出法是将废干电池破碎、筛分、洗涤后,直接用酸浸出干电池中的锌、锰等金属物质,经过滤、滤液净化后,从中提取金属或生产化工产品。

湿法工艺种类较多,不同的工艺流程其产品也不同。图 15-5～图 15-7 为制备立德粉、化肥以及锌

图 15-5 废干电池制备立德粉工艺流程

和电解二氧化锰的工艺流程。

1991 年,北京冶炼厂采用选矿处理锌锰干电池回收金属锌、铜、铁、二氧化锰和氯化铵,锌回收率达 81.3%,铜回收率 85.5%,该工艺还成功地解决了氯化铵对设备的腐蚀问题,设备能够长

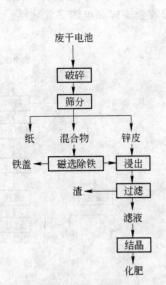

图 15-6　废干电池直接浸出法工艺流程

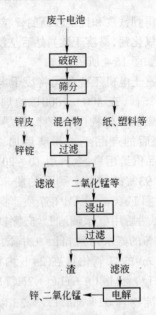

图 15-7　废干电池制备锌、二氧化锰工艺流程

期运转。

德国马格德堡的"湿处理"装置,用硫酸溶解除铅酸蓄电池以外的各类电池,然后用离子交换树脂从溶液中提取各种金属,能够提取出电池中95％的金属物质。

总体来讲湿法冶金流程过长,废气、废液、废渣难以处理,而且近年来逐步实现电池无汞化,加上铁、锌、锰价格疲软,致使回收成本过高,所以湿法冶金回收废干电池的应用正逐步减少。

### (二) 火法冶金过程

火法冶金处理废干电池是在高温下使废干电池中的金属及其化合物氧化、还原、分解和挥发及冷凝的过程。火法又分为传统的常压冶金法和真空冶金法两类。常压冶金法所有作业均在大气中进行,而真空法则是在密闭的负压环境下进行。大多数专家认为火法是处理废干电池的最佳方法,对汞的处理回收最有效。

#### 1. 常压冶金法

目前,作为处理废干电池的传统的常压冶金法,其方法有两种:一是在较低的温度下加热废干电池,先使汞挥发,然后在较高的温度下回收锌和其他重金属;二是将废干电池在高温下焙烧,使其中易挥发的金属及其氧化物挥发,残留物作为冶金中间产物或另行处理。其原则流程见图15-8。

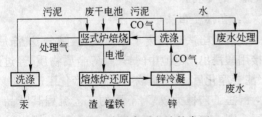

图 15-8　处理废干电池的常压冶金法的原则流程

用竖炉处理废干电池时,炉内分为氧化层、还原层和熔融层三部分,用焦炭加热。汞在氧化层挥发,锌在高温的还原层被还原挥发,然后分别在不同的冷凝装置内回收。大部分的铁、锰在熔融层被还原成锰铁合金。

日本二次原料研究所从废干电池中回收锌、铁、汞、二氧化锰等有价成分的工艺是:电池经过破碎、筛选分成粗、细两级产品后,粗粒进行磁选选出废铁和非磁性产品,废铁经过水洗除汞后用作冶金原料。细粒用 $NH_3$、盐酸和 $CaCl_2$ 处理,加热至110℃除湿。干燥后的物料再筛选,筛上物加热至370℃,使汞、氯化汞、氯化铵变成气态,气体冷凝后所得产品可以重新用来生产干电池。含汞物质馏出后,将第一阶段筛出的细粒与非磁性物质混合,加热至450℃蒸馏出锌,然后再加热至800℃,使氯化锌升华。残渣在还原气氛中加热到1000℃,然后筛分、磁选,得到可用于熔炼锰铁的氧化锰、碎铁和非磁性产品。但是该工艺非常复杂,并未在工业上得到应用(图15-9)。

日本 TDK 公司和野村兴产公司对废干电池再生工艺作了大胆改革,即不再回收单项金属而改为整体回收后作磁性材料。由于彩色电视机和变压器等使用的铁淦氧原料和干电池的主要成分很接近,故采取将废电池粉碎后,经过高温加热以去除杂质,并将金属元素氧化后即成为制造铁淦氧的原料。由于简化了分离工序致使回收成本大为降低,从而远低于铁淦氧原料的价格,大幅度提高了干电池再生利用的效益。

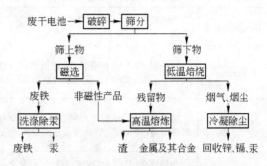

图15-9　干电池处理工艺流程

瑞士 Wimmis 废电池处理厂处理废干电池,产品为锰铁、锌、汞。处理工艺流程。首先进行有机物焙烧,分解温度为300~700℃,然后在熔炼炉中1500℃条件下进行金属氧化物的还原,其中 Fe、Mn 等金属熔化,Zn 等蒸馏分离出来,Zn 蒸气挥发进入冷凝器,得以冷凝、分离。

**2. 真空冶金法**

由于处理废干电池常压冶金法的所有作业均在大气中进行,空气参与了作业,与湿法冶金方法同样有流程长、污染重、能源和原材料的消耗及生产成本高等缺点。因此,人们又研究出了真空法。真空法是基于组成废旧干电池各组分在同一温度下具有不同的蒸气压,在真空中通过蒸发与冷凝,使其分别在不同的温度下相互分离,从而实现综合回收利用。蒸发时,蒸气压高的组分进入蒸气,蒸气压低的组分则留在残液或残渣内,冷凝时,蒸气在温度较低处凝结为液体或固体。

德国阿尔特公司将分拣出镍镉蓄电池后的废电池在真空中加热,其中的汞迅速蒸发并将其回收,然后将剩余原料磨碎,用磁体提取金属铁,再从余下的粉末中提取锌和锰。此法的加工成本每吨不到1500马克,而掩埋一吨废电池的费用大于1700马克。

三井茂夫等将使用过的废旧干电池在压强为26664 Pa(200 mmHg)的真空中和约300℃的温度下加热2 h,汞挥发进入烟气,烟气经冷凝回收汞和除尘,残留物含汞为原含量的1/5000~1/2000,从而消除了汞对环境的危害。

虽然目前尚缺乏真空法处理废旧干电池的经济指标,但从粗锌精炼过程中的能耗(t・精 Zn)(火法(6~10)×$10^6$ kJ,电解法3000~3500 kW・h 即(10.8~12.6)×$10^6$ kJ,真空法不大于1000 kW・h 即3.6×$10^6$ kJ)可以间接看出,真空法的能耗必定低于其他方法,因此其成本也必然低。而且真空法的流程短,对环境的污染小,各有用成分的综合利用率高,具有较大的优越性,值得广泛的推广。

**(三) 废旧镍镉电池的综合处理技术**

概括镍镉电池的回收利用技术,可以分为湿法和火法两大类。表15-6和表15-7列出了关于火法、湿法回收的典型工艺。

**表 15-6　镍镉电池综合处理技术的火法回收工艺**

| 研 究 者 | 回 收 工 艺 | 备 注 |
|---|---|---|
| H.Gunjishima 等 | 加热到 500℃,氢氧化物分解,有机物挥发,再加热到 900℃,非氧化气氛回收镉 | 日本专利 No.04128324,1992-04-28 |
| J.Sun 等 | 高温高压下煤还原,然后蒸馏回收镉 | 中国专利 No.1063314,1992-08-05 |
| Y.Sakata 等 | 由小型镍镉电池蒸馏回收镉 | 日本专利 No.04371534,1992-12-24 |
| H.Gunjishima 等 | 加热到 500℃,去掉有机相,在加热到 900℃,蒸馏回收镉 | 日本专利 No.05247553,1993-09-02 |
| H.Morrow | 加热到 400℃ 去掉有机相,在加热到 900℃ 在还原性气氛下蒸馏回收镉,镍铁合金送到冶炼厂冶炼成不锈钢 | 瑞典 Saft Nife 应用,镉的纯度可达 99.5% |
| J.David | 加热到 400℃ 去掉有机相,在加热到 900℃ 在还原性气氛下蒸馏回收镉,镍铁合金送到冶炼厂冶炼成不锈钢 | 法国 Snam 和 Savam 所用工艺 |
| Sakata 等 | 加热到 900℃ 以上,蒸馏回收镉,剩余物质与铁水反应生成合金 | |
| R.J.Delisle 等 | 加热到 1000℃ 回收镉,残余物质中的镍按常规方法处理 | 欧洲专利 No.608098,1994-07-27 |

由表 15-6 可知,对于火法回收,基本上是利用了金属镉易挥发的性质。从各工艺温度条件可知,火法回收镉的温度范围为 900~1000℃。具体到镍的火法回收,有的不作处理,简单的方式是让其熔入铁水,否则要采用较高温度的电炉冶炼,但是火法回收的产品是 Fe-Ni 合金,没有实现镍的分离回收由于电池中的镉、镍多以氢氧化物状态存在,加热是变成氧化物,故采取火法回收时,要加入炭粉作为还原剂。

**表 15-7　镍镉电池综合处理技术的湿法回收工艺**

| 研 究 者 | 回 收 工 艺 | 备 注 |
|---|---|---|
| D.A.Wilson<br>B.J.Wiegand | 洗掉 KOH 电解液→加热到 500℃,1 h,镉盐、镍盐分解,镉氧化成 CdO→加入 $NH_4NO_3$ 浸出 Cd(Ni,Fe 不反应)→通入 $CO_2$,生成 $CdCO_3$ 沉淀→加热到 40~60℃,pH=4.5,抽真空→加 $HNO_3$ 中和去碱,浸出剂循环使用 | 只有 94% Cd 浸出,Fe,Ni 未分离,加热设备投资大 |
| H.Hamanasta 等 | 在加热条件下,硫酸浸出 Ni,Cd,Fe,pH=4.5~5→加 $NH_4HCO_3$ 沉淀出 $CdCO_3$→加 $Na_2CO_3$,NaOH 沉淀出 $Ni(OH)_2$ | Ni,Cd 分离的好办法,但要保证 $NH_4HCO_3$ 的质量 |
| H.Reinhardt 等 | 滤除 KOH 电解液→用 $NH_4HCO_3$ + $NH_3 \cdot H_2O$ 浸出 $Cd^{2+}$,$Ni^{2+}$,$Co^{2+}$→空气氧化 $Co^{2+}$→$Co^{3+}$→加络合剂 $Li_x$64N 萃取 Ni→驱走 $NH_3$,$Cd(OH)_2$ 沉淀析出→加热到 100℃,1 h,$Cd(OH)_3$ 沉淀析出 | 可回收 95% 以上的 Ni,99% 以上的 Cd,但络合剂成本高,连续处理设备投资大 |
| T.Furuse | 粉碎→筛分→$H_2SO_4$ 浸出→电解沉积镉→加水稀释用空气或氧化剂氧化,石灰中和使 pH=7→滤除铁→加 $CaCO_4$,冷却至室温,$NiSO_4$ 生成 | 镉纯度可达 99.75%,但电解电流密度不易控制,能耗高 |

| 研究者 | 回收工艺 | 备注 |
|---|---|---|
| L. Kanfmann 等 | $H_2SO_4$ 浸出 Ni,Cd 等→加入 40~100 g/LNaCl→pH=2.5~4.5,温度 25~30℃,加铝粉置换 Cd→pH=2.1~2.4,温度为 55~60℃,加 NaCl 120 g/L,加铝置换 Ni | 回收产品纯度低 |
| N.E Barring | 镍镉电池废料→60℃,pH=1.8,硫酸浸出→稀释,调整 pH 值,电解沉积 Cd→60℃,除铁→加 $Na_2S$,生成 CdS 沉淀→进一步回收镍 | 曾工业化应用 |
| Dobos Gabor 等 | HCl 浸出,然后分两步萃取回收 | 匈牙利专利 |
| Pentek 等 | $H_2SO_4$ 浸出 → 加锌置换镉 → 加 $NH_4HCO_3$ 析出 $ZnCO_3$,$Fe(OH)_3$ 等 | 纯度低 |
| J. Agh 等 | 用有机物分两步选择浸出 Ni,Cd,最后分别得到氢氧化物 | Hung 专利 No.57837 |
| X. Yu 等 | 煅烧得 CdO,NiO,然后选择浸出,分别得氢氧化物 | 中国专利 No.1053092 |
| X. Guo 等 | $H_2SO_4$ 浸出→电解沉积 Cd | 中南工业大学 |
| J. Van Erkel 等 | 酸浸出→过滤→萃取 Cd→电解沉积 Cd→$Ni(OH)_2$ 析出 | 美国专利 No.5407463 |
| Alavi,Salami | 压碎→磁选→磁性物质为铁镍混合物→其余物质溶于稀酸→选择性萃取 | 美国专利 No.5377920 |
| Xianghua. Kong | 氨水浸出→驱氨,过滤后煅烧处理→然后二次氨浸→过滤分离,固体物质为氧化镍→液体驱氨后得氢氧化镉 | 回收产品纯度较高 |

从表 15-7 可以看出,对于湿法工艺的浸出阶段,大多数采取硫酸浸出,少数采取氨水浸出,而在实验条件下也有采用有机溶剂选择浸出的,采用氨水浸出,铁不参加反应,浸出剂易于回收,可以循环利用,无二次污染,硫酸虽然成本低,但是大量的铁参加反应,浸出剂消耗量大,其较难回收,二次污染严重。具体到 $Ni^{2+}$、$Cd^{2+}$ 的分离,有电解沉淀,沉淀析出,萃取以及置换等几种方式。

(1) 电解沉积,又叫电化学沉积。电化学沉积实验表明:$Cd^{2+}$ 很易电沉积,而此时 $Ni^{2+}$,$H^+$ 则未发生变化。但是随着 $Cd^{2+}$ 浓度的降低,$H_2$ 的生成是影响镉沉积效率的主要因素。因此电沉积的方法主要缺点是电解电流密度低,且需严格控制,当 $Cd^{2+}$ 浓度低时,$H_2$ 会大量生成,显然很难把 $Cd^{2+}$ 浓度净化到很低水平,必须与其他方法配合使用,才能保证 $Cd^{2+}$ 较完全地沉积。此外,电解时电耗较高。

(2) 沉淀析出。关于镉的沉淀析出的方式有 $CdCO_3$、$Cd(OH)_2$、CdS 等。采用 $Cd(OH)_2$ 析出镉的前提是 $Cd^{2+}$ 与 $Ni^{2+}$ 分离,否则 $Ni(OH)_2$ 也随之析出。加碳酸盐析出 $CdCO_3$,证明为一种较好的 $Cd^{2+}$、$Ni^{2+}$ 分离方式,该方法可以直接从含 $Cd^{2+}$、$Ni^{2+}$ 的溶液中沉淀出 $Cd^{2+}$,而 $Ni^{2+}$ 却不发生反应。然而,用 $NH_4HCO_3$ 沉淀出 $CdCO_3$ 时,必须考虑溶液 pH 值,即用硫酸浸出时 pH 值较低,一般为 1~2,而用 $NH_4HCO_3$ 沉淀析出时,要将其 pH 值调整至 7 左右,目前一般采用稀释的方法,但此方法一来使溶液中 $Ni^{2+}$、$Cd^{2+}$ 的浓度降低,二来使浸出液的体积成倍增长,这样浸出液也存在着环境污染的问题。即二次污染严重。另外可将 $H_2S$ 气体通入含 $Ni^{2+}$、$Cd^{2+}$ 的溶液中,$Cd^{2+}$ 发生反应生成 CdS 沉淀析出,而 $H_2S$ 与 $Ni^{2+}$ 不发生反应。该方法的主要缺点是 $H_2S$ 气体有毒。另外,$Ni^{2+}$是否可生成 NiS,还需进一步加以分析验证。

(3) 萃取。许多萃取剂可以在一定条件下用于萃取分离 $Ni^{2+}$,$Cd^{2+}$,这已经在实验室中成功的用于 $Ni^{2+}$,$Cd^{2+}$ 的分离,但此方法因成本高而无法实现工业化应用。

(4) 置换。该方法主要根据金属元素化学活泼性的大小,利用活泼性大的物质置换活泼性小的物质。其缺点是置换所得物质的纯度较小。

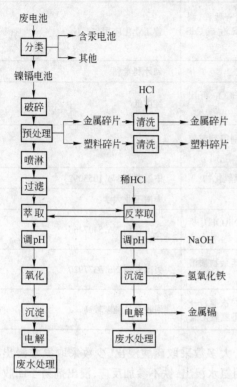

图 15-10　TNO 废镍镉电池处理流程

日本关西触媒化学公司处理镍镉电池的工艺流程为:(1)剥离电池表面被覆层;(2)在 900～1200℃下进行氧化焙烧,使之分离为镍烧渣和氧化镉浓缩液;(3)镍烧渣作为钢铁冶炼原料使用;(4)对氧化镉浓缩液经过浸出净化制成各种镉盐或金属外销。另外日本再生中心用 650～1200℃间歇真空加热,使镉蒸发而和镍分离。

荷兰国家应用科学研究院(Netherlands Organisation for Applied Science Research,简称 TNO)进行过镍镉废电池湿法冶金回收处理的深入研究,并于 1990 年进行了这一工艺的中试研究。图 15-10 为这一工艺的流程图。首先对废镍镉电池进行破碎和筛分,筛分物分为粗颗粒和细颗粒。粗颗粒主要为铁外壳,以及塑料和纸。通过磁分离将粗颗粒分为铁和非铁两组分,然后分别用 6 mol/L 的盐酸在 30～60℃温度下清洗,去除粘附的镉。清洗过的铁碎片可以直接出售给钢铁厂生产铁镍合金,而非铁碎片由于含有镉而需要作为危险废物进行处置。细颗粒则用粗颗粒的清洗液浸滤,约有 97% 的细颗粒和 99.5% 的镉被溶解在浸滤溶液中。过滤浸滤液,滤出主要为铁和镍的残渣。残渣约占废电池的 1% 左右,作为危险废物进行处置。过滤后的浸滤液用溶剂萃取出所含的镉,含镉的萃取液用稀盐酸再萃取,产生氯化镉溶液。将溶液的 pH 值调到 4,然后通过沉淀、过滤去除其中所含的铁,最终通过电解的方法回收镉,可以得到纯度为 99.8% 的金属镉。提取镉的浸滤液含有大量的铁和镍,铁可以通过氧化沉淀去除,然后用电解方法从浸出液中回收高纯度的镍。

美国 Inmetco 公司在 1260℃温度下用旋转炉处理各种已经破碎的镍镉电池,然后用水喷淋所收集的气体。水中的残渣,除了含有大量的镉之外还含有铅和锌,被送到镉的精炼工厂进一步提纯。炉中的铁镍残渣被送入埋弧电炉熔化以制取铁镍合金,这一产品可以卖给不锈钢工厂,而副产品中的无毒残渣可作为建筑用骨料出售。

法国 Snam 公司 Savam 工厂进行镍镉电池处理。拆解工序主要是为工业镍镉蓄电池所设。工业镍镉蓄电池进入工厂后,首选拆掉其塑料外壳,倾倒出电解液并进行处理,以去除其中所含的镉,然后再出售给电池制造商。接下来将电池中的镉阳极板和镍阴极板分离开来。这样材料与普通民用镍镉电池一起被分选成三类:含镉的废物,含镍但不含镉的废物和既不含镉也不含镍的废物。含镉的废物进入热解炉以去除有机物,剩下的金属废物进入蒸馏器。加热后镉蒸气立即在蒸馏器中被冷却,以镉矿渣的形式回收镉。可以通过铸造的工艺提纯镉,经过提纯回收的镉纯度可达到 99.95%。剩下的铁镍废渣同含镍废料一起熔融,炼制铁镍合金,出售给不锈钢制造商。

瑞典 SAB-NIFE 公司镍镉电池的回收工艺流程同 Savam 工厂的流程基本类似,工业镍镉电池被拆解、清洗、分类;民用密封镍镉电池则首先进行热解以去除有机物。然后将工业镍镉电池中的镉阳极板、民用密封镍镉电池的热解残渣同焦炭一起送入 900℃ 的电炉中。在这一温度下镉被蒸馏成气体,然后在喷淋水浴中形成小镉球。镉球纯度很高,可以直接出售。热解产生的废气经过焚烧和水洗排放,据介绍,SAB-NIFE 具有每年回收 200 t 镉的生产能力(约处理 1400 t 镍镉电池),废气中镉的排放量低于每年 5 kg,废水经处理后排放的镉总量低于每年 1 kg。

### (四) 混合电池的综合处理技术

对于混合型废电池目前采用的主要技术为模块化处理方式。即首先对于所有电池进行破碎、筛分等预处理,然后全部电池按类别分选。国外对于混合废电池的处理技术不尽相同,混合电池的处理也采用火法或湿法、火法混合处理的方法。

废电池中五种主要金属具有明显不同的沸点(见表 15-8),因此,可以通过将废电池准确地加热到一定的温度,使所需分离的金属蒸发气化,然后再收集气体冷却。沸点高的金属通过较高的温度在熔融状态下回收。

**表 15-8　回收金属的熔点和沸点**

| 金　属 | 熔点/℃ | 沸点/℃ | 金　属 | 熔点/℃ | 沸点/℃ |
| --- | --- | --- | --- | --- | --- |
| 汞 | −38 | 357 | 镍 | 1453 | 2732 |
| 镉 | 321 | 765 | 铁 | 1535 | 2750 |
| 锌 | 420 | 907 | | | |

镉和汞沸点比较低,镉的沸点 765℃,而汞仅为 357℃,因此均可通过火法冶金技术分离回收。通常先通过火法分离回收汞,然后通过湿法冶金回收余下的金属混合物。其中铁和镍一般作为铁镍合金回收。

瑞士 Recytec 公司利用火法和湿法结合的方法,处理不分拣的混合废电池,并分别回收其中的各种重金属。图 15-11 为处理流程图。首先,将混合废电池在 600~650℃ 的负压条件下进行热处理。热处理产生的废气经过冷凝将其中的大部分组分转化成冷凝液。冷凝液经过离心分离分为三部分,即含有氯化铵的水,液态有机废物,以及汞和镉。废水用铝粉进行置换沉淀去除其中含有的微量汞后,通过蒸发进行回收。从冷凝装置出来的废气通过水洗后进行二次燃烧以去除其中的有机成分,然后通过活性炭吸附,最后排入大气。洗涤废水同样进行置换沉淀去除所含微量汞后排放。

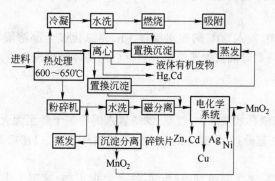

图 15-11　Recytec 废电池处理流程图

　　热处理剩下的固体物质首先要经过破碎,然后在室温至 50℃ 的温度下水洗。这使得氧化锰在水中形成悬浮物,同时溶解锂盐、钠盐和钾盐。清洗水经过沉淀去除氧化锰(其中含有微量的锌、石墨和铁),然后经过蒸发、部分回收碱金属盐。废水进入其他过程处理,剩余固体通过磁选回收铁。最终的剩余固体进入被称为"Recytec™电化学系统和溶液"(Recytec™ electrochemical systems and solutions)的工艺系统中。这些固体是混合废电池的富含金属部分,主要有锌、铜、镉、镍以及银等金属,还有微量的铁。在这一系统中,利用氟硼酸进行电解沉积。不同的金属用不同的电解沉积方法回收,每种方法都有它自己的运行参数。酸在整个系统中循环使用,沉渣用电化学处理以去除其中的氧化锰。

　　据介绍,整个过程没有二次废物产生,水和酸闭路循环,废电池组分的 95% 被回收。但是回收费用较高。

　　澳大利亚 Voest-Alpine 工程公司处理混合废电池。混合废电池主要包括纽扣电池和柱形电池(碱性和非碱性电池、锌碳电池等)。首先进行分选,将废电池分为纽扣电池和柱形电池。纽扣电池进入 650℃ 高温处理,汞被蒸发、冷凝并回收。剩余的残渣被溶解于硝酸,而其中不锈钢壳不溶解,可使其分离,然后加入盐酸沉淀出氯化银。氯化银用金属锌还原成金属银。过程中产生的废水用固定电解床去除所有微量汞,然后中和排放。

　　柱形电池首先被粉碎、筛分。通过磁选分离筛上物中的含铁碎片,剩下的是塑料和纸片。筛下物中主要含氧化锰、锌粉和炭,通过热处理去除其中的汞和锌。热处理残渣通过淋溶除去钠和钾,剩下的产物可用于生产电磁氧化物。所产生的废水同处理纽扣电池产生的废水合并处理。

### (五) 机械剥离

#### 1. 分类

　　将回收的废旧电池砸烂,剥出锌壳和电池底铁,取出铜帽和石墨棒,余下的黑色物是作为电池芯的二氧化锰和氯化铵的混合物,将上述物质分别集中收集后,再分别对它们进行加工处理,即可得到一些有用物质。其石墨棒仅经水洗、烘干处理就可再作电极使用。

#### 2. 制锌粒

　　将剥出的锌壳用热水洗净后,放入铸铁锅中,在上面盖一层石棉布,加热至熔化并保温静置 2 h,除去上层的浮渣,倒出冷却(可重复上述操作进一步除渣),以滴状慢慢倒在铁板上,待凝固后即得锌粒。

#### 3. 回收钢片

　　将铜帽展平用热水洗净后,再加入一定量的 10% 的硫酸煮沸 30 min,以除去其表面的氧化层,捞出洗净、烘干即得紫红色铜片。

#### 4. 回收氯化铵

　　将黑色物质放入缸中,加入 60℃ 的温水搅拌 1 h,使氯化铵全部溶解在水中,静置,过滤、水洗滤渣 2 次,收集母液;再将母液真空蒸馏至表面有白色晶体膜出现为止,冷却、过滤得氯化铵晶体,母液可收集后再蒸馏。

#### 5. 回收二氧化锰

　　将 4. 中过滤后的滤渣再水洗 3 次,过滤、滤饼置入锅中蒸干炒至无火星,以除去少许的炭和其他有机物,再放入水中充分搅拌 30 min,过滤,将滤饼于 100~110℃ 下烘干,即得黑色二氧化锰。

　　该工艺的最大优点是:工艺简单,可行性好,技术要求不高,适用于小型的处理。缺点是:机械化较难实现,还需要较多的人力参与;这种水洗的方法极易造成水体污染;由于制锌粒不是在密封的条件下进行,会有大量的锌蒸汽进入大气,对操作人员的健康造成影响;在制取二氧化锰的过程中容易发生爆炸,比较危险。因此,该工艺还应从安全方面加以改进。

### (六) 镍镉废电池湿法回收工艺

在对废电池中镍和镉的浸出热力学、动力学及浸出液中镉的回收进行研究的基础上,提出了选择性浸出镉的工艺,使镉和镍浸出时就实现分离。并在试验研究基础上,提出了一条如图 15-12 所示的处理工艺。在该工艺中,废电池脱壳后不经粉碎而直接水洗、焙烧和浸出的处理方法,这与传统的处理方法有较大的差异,但能大大降低极板不锈钢带中的铁在浸出时的溶解程度,使镉选择性浸出液中的铁离子浓度很低,易于除去。而在镉选择性浸出后,通过粗滤将钢带和泡沫镍与镍、钴渣分离开,从而避免了铁进入镍、钴浸出液中。因此回收镍钴之前就不必再进行净化除铁操作,简化了工艺。

回收镍和钴的方法可以有多种。镍和钴可以不经分离,直接生产用于电池正核材料的含钴 $Ni(OH)_2$;或将浸出液浓缩结晶,制成含钴硫酸镍;也可以电解浸出液,以镍钴合金

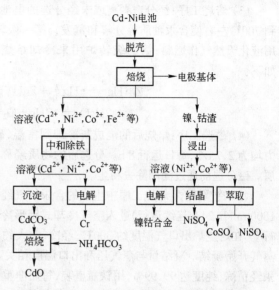

图 15-12 镍镉废电池湿法回收工艺流程

的形式回收镍和钴。如果需要单独的镍和钴的产品,可以用萃取剂 P507 萃取分离镍和钴,得到 $CoSO_4$ 和 $NiSO_4$ 溶液,然后可按需要生产各种镍和钴的产品。

### (七) 日本含汞废物回收试验工厂工艺

日本的清洁日本中心(CJC)于 1985 年在北海道常吕郡建成了一个从废电池中回收汞、锌、铁等金属的试验工厂,处理量为 20 t/d 或 6000 t/a。工艺流程如图 15-13 所示。

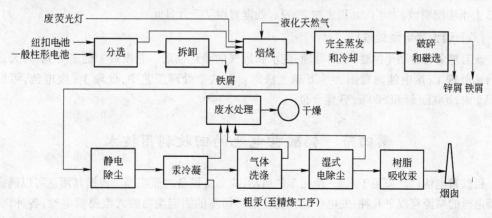

图 15-13 日本一家含汞废物回收试验工厂工艺流程

(1) 分选工序:振动式电磁分选机(3.5 t/h)根据不同形状大小将废电池分为 5 种:R20、R14、R6 柱形电池,纽扣电池和方形电池,其中 R20 柱形电池将根据不同质量进一步分为锌碳电池和碱性锰电池。质量分选机共两路,每格分选能力 160 只/min。这一工序中还要除去电池以外的

杂物,在一定程度上尚需人工拣选。

(2) 剥离工序:分选出的有铁壳的 R20 型电池在这一工序中被装有液压夹钳的剥壳机剥开,该机能沿电池纵向一次剥离 10 只电池的铁壳,每小时剥离 3600 只。铁壳作为铁屑回收,回收率达 98%。

(3) 焙烧工序:经分选剥离或未经分选的电池均经过机械压碎、混合,然后进入焙烧炉加热到 700℃ 左右使含汞釉质等分解和蒸发。第一级转炉用于焙烧,转速为 1.5 r/min,容量 20 t/d,用液化天然气作燃料;第二级转炉用来冷却焙烧物,转速为 3 r/min,容量 20 t/d,炉内反应式如下:

$$Zn \cdot Hg \longrightarrow Hg \uparrow + Zn (锌碳电池和碱性锰电池)$$

$$2HgO \longrightarrow 2Hg + O_2 \uparrow (氧化汞电池)$$

(4) 磁选工序:焙烧后的烧成灰冷却到室温,破碎后进行磁分选,破碎机和磁选机的工作能力均为 2.7 t/h,每日运行 8 h。分选后的物质经称重,然后包装。铁屑回收率达 94%,其余为锌屑。磁分选前通过滤网除去粉尘。

(5) 冷凝工序:焙烧工序中生成的含汞炉气经过旋风除尘器和干式除尘器(最大流量(标态)1800 m³/h,24 h 连续运行)进入空气冷却式蹄形冷凝器(最大流量(标态)1800 m³/h,24 h 连续运行)。在焙烧炉出口气温度约 300℃,经冷却,大约在 100~150℃ 之间(视汞的蒸气浓度而变)汞蒸气开始凝结。凝结量与蒸气压和出口温度相关。汞的露滴凝结在内壁上,定时用水冲脱。粗汞经精炼,纯度达 99.99%,用铁瓶盛装,每瓶净重 34.5 kg 供出售。

(6) 气体处理工序:经冷凝后排出的气体含有微量的汞和氯等有害气体。在气体处理工序中,通过气体洗涤塔、湿式电除尘器(特雷尔电除雾器)和树脂吸收塔将这些有害气体去除和中和。这些装置 24 h 连续远行,最大流量(标态)1890 m³/h。

(7) 废水处理工序:冷凝过程和气体处理过程的废水在废水处理装置中加入汞稳定剂进行搅动并调整 pH 值,然后过滤。过滤水在干燥器内蒸发,余渣送回焙烧炉。废水处理后重复循环使用,废水处理能力 2 m³/d。

该工厂 1985 下半年度财政投入运行,半年内处理废物 1520 t,处理费用 9.2 万日元/t,到 1987 上半年度财政,半年内处理废物 2909 t,处理费用 7.7 万日元/t。

**(八) 瑞士废电池处理厂**

该工艺全程自动化控制,密封处理,废水和废气的净化彻底。总投资 1 亿多美元,每天处理 500 kg,处理 1 t 废电池的费用为 5 万瑞士法郎。在这个处理工艺中,处理 1 t 废电池,可回收 1.5 kg 汞,200 kg 锌和 500 kg 铁锰合金。

# 第四节　铅酸蓄电池的回收利用技术

铅酸蓄电池广泛应用于汽车、摩托车的启动,应急灯设备的照明等。根据其用途可以确定废铅蓄电池的来源有以下几种:发电厂、变电所、电话局等的固定型防酸式废铅蓄电池;各种汽车、拖拉机、柴油机启动、点火和照明用废铅蓄电池;由叉车、矿用车、起重车等作为备用电源用的废铅蓄电池;铁路客车上作为动力牵引及照明电源用废铅蓄电池;内燃机车的启动和照明、摩托车启动、照明、点火及一些其他用途的废铅蓄电池。其中用于电站、发电厂等的铅蓄电池废品分布相对集中,因此收集容易;铁路客车、内燃机车、矿车用铅蓄电池废品也相对容易集中;而普通汽车、拖拉机、柴油机以及照明用铅蓄电池废品相对分散。以上各种铅蓄电池中,数量最大的为汽车用铅蓄电池。我国的铅蓄电池年产量近 3000 万 kW·h。在我国普遍应用的汽车用铅蓄电池的寿命大约为 1~2 年。按全国废铅酸蓄电池的年产生量 2500 万只左右计,其中废铅量大约为 30 万 t,其组成见表 15-9。

铅酸蓄电池的回收利用主要以废铅的再生利用为主,还包括废酸以及塑料壳体的利用。由于铅酸蓄电池体积大,易回收,目前,国内废铅酸蓄电池的金属回收率大约达到 80%~85%。远高于其他种类的废电池。

### 一、废铅蓄电池的组成

构成铅蓄电池的主要部件是正负极板、电解液、隔板和电池槽,此外还有一些零件如端子、连接条和排气栓等。废蓄电池的各部分组成成分如表 15-10 和表 15-11 所示。从废铅蓄电池的组成可以看出,其中含有大量的金属铅、锑等。铅的存在形态主要有溶解态、金属态、氧化态。可以通过冶炼过程将其提取再生利用。

**表 15-9　汽车用废蓄电池与牵引用废蓄电池组分对比**

| 可回收材料 | 质量/kg | |
| --- | --- | --- |
| | 汽车用 | 牵引用 |
| 铅 | 8.4 | 262.7 |
| 塑料 | 1.1 | 35.4 |
| 电解液 | 3.8 | 83.5 |
| 铁 | | 58.4 |
| 铜 | | 1.7 |
| 总重 | 13.3 | 441.7 |

**表 15-10　废铅蓄电池铅膏的成分**

| 成　分 | Pb总 | Pb | S | PbSO₄ |
| --- | --- | --- | --- | --- |
| 含量(质量分数)/% | 72 | 5 | 5 | 42.1 |
| 成　分 | PbO | Sb | FeO | CaO |
| 含量(质量分数)/% | 38 | 2.2 | 0.75 | 0.88 |

**表 15-11　电解液中的金属成分**

| 金　属 | 铅　粒 | 溶解铅 | 砷 | 锑 |
| --- | --- | --- | --- | --- |
| 浓度/mg·L⁻¹ | 60~240 | 1~6 | 1~6 | 20~175 |
| 金　属 | 锌 | 锡 | 钙 | 铁 |
| 浓度/mg·L⁻¹ | 1~13.5 | 1~6 | 5~20 | 20~150 |

### 二、废铅蓄电池的资源化管理状况

铅酸蓄电池与其他小型电池不同,具有体积大、易收集、资源化价值高、再生利用处理技术较为成熟等特点。世界发达国家都十分重视含铅废料的回收,再生铅产量已超过原生铅的产量。据统计,1996 年世界再生铅产量为 262.2 万 t,占精炼铅产量的 48%,1998 年世界再生铅产量为 294.6 万 t,占精炼铅总产量的 59.8%。再生铅工业主要分布在北美洲、欧洲和亚洲,尤其是美国、英国、法国、德国、日本、加拿大、意大利、西班牙等国。美国 1996 年再生铅产量占总铅产量的 74.5%,德国、法国、瑞典、意大利等国家一直保持在 95% 以上。

### 三、收集流通方式

在西方国家及地区,废蓄电池主要有三个收集途径:一是蓄电池制造商负责通过其零售网络组织收集;二是废料商(主要为汽车拆解厂)从各种可能的途径收集废蓄电池,再卖给再生铅厂;三是通过建立的废铅蓄电池回收公司收购再交给定点的再生铅厂。以美国为例,美国的流通模式有两种。第一种是以旧换新。当顾客去蓄电池专营店里买新电池时,须无偿交旧电池。蓄电池厂在给零售商配送新电池时,同时收回旧电池,送去再生铅厂,卸下旧电池,拉走金属铅。蓄电池厂付加工费给再生铅厂,再生铅厂不买旧电池,也不出售铅产品,形成一种闭路循环链;第二种是再生铅厂通过废料商(主要为汽车拆解厂)从市场上买旧蓄电池。废料商的废电池来自于报废车解体厂等途径,属开放式回收链。实践证明,只要有合适的法律法规保证,这几种回收模式同样有效,在一些发达国家已取得了令人满意的效果。

我国目前从事再生铅废料收集的部门有:供销系统的物资回收公司、物资系统的物资再生利用公司、再生铅生产厂家、蓄电池行业、大量的集体、个体废旧收购者。其中主体是个体户,他们不仅零星收集废铅蓄电池,还会从有关回收单位收购,然后经解体或不解体卖给再生铅厂或蓄电池厂。

### 四、运输方式

废铅蓄电池属于危险废物,各国对其管理都进行了法律约束,发达国家一般实行转移联单制度。运输由专门的许可运输单位实施。我国目前也在某些试点城市逐步实施转移联单管理。各国为促进废铅蓄电池的再生利用采取了一系列的管理政策及手段:

(1) 规定特殊标志。欧盟关于铅酸蓄电池的 91/157/EEC 导则中,规定含铅超过 0.4% 的蓄电池必须标有国际通用环形回收标志,并单独收集。

(2) 环保标准日益严格。以美国为例,再生铅厂从 20 世纪 60 年代的 60 家减少到现在的 4家,最主要的原因是排放"三废"的控制标准日益严格,许多厂家都因为铅尘、二氧化硫、水污染严重,职工劳保措施不能达到标准要求,政府征收高额超标费用而倒闭。

(3) 征收环保税。瑞典、意大利政府对于所有蓄电池销售征收环保税以补贴再生铅回收过程中不赚钱的环节,并教育公众废铅酸蓄电池必须回收,使废铅酸蓄电池的收集率一直保持在100% 左右。

(4) 抵押金制。欧共体 91/157/EEC 导则和德国的法规中均规定消费者有义务把废铅酸蓄电池交给零售商和公共收集站,实行买新电池先付押金,废铅酸蓄电池换取新电池时退回押金,否则扣掉押金的办法管理。

(5) 以旧换新。美国再生铅收集的主要方式,是由销售蓄电池的营业部在销售新蓄电池时收购废铅酸蓄电池并将其提供给再生铅生产厂。若政府部门发现有随意抛弃和处理废铅酸蓄电池的现象,则处以 200 美元罚金,还要将附近土壤取样化验,直至土壤被净化。

### 五、废铅酸蓄电池的回收利用技术

铅酸电池的回收利用主要以废铅再生利用为主。还包括对于废酸以及塑料壳体的利用。在发达国家,废铅酸蓄电池预处理技术主要采用机械破碎分选,并进行脱硫等预处理,具有代表性的有两种,即意大利 Engitec 公司开发的 CX 破碎分选系统和美国 M.A 公司开发的 M.A 破碎分选系统。主要采用回转短窑冶炼,也有采用鼓风炉、回转短窑联合冶炼流程。其中短窑因密闭性好,热利用率高而在国外先进工艺中普遍采用。脱硫技术主要采用 $Na_2CO_3$、$NH_4HCO_3$、$NaOH$ 脱硫,效果均好。

发达国家再生铅企业最低规模都在 2 万 t/a 以上(日本),西欧、美国多数国家的再生铅企业生产规模都在 10 万 t/a 以上。企业的规模扩大,有利于进行规范的管理,同时,一定程度上保证了其处理技术的先进程度。

在发展中国家,大部分只是进行手工解体,去壳倒酸等简单的预处理分解,一般采用小型反射炉及土炉较多。铅酸电池的回收利用主要以废铅的再生利用为主,好的铅合金板栅经清洗后可直接回用。可供蓄电池的维修使用。其余的板栅主要由再生铅处理厂对其进行处理利用。再生铅业主要采用火法和湿法及固相电解三种处理技术。

(1) 火法冶金工艺。火法冶金工艺又分为无预处理混炼、无预处理单独冶炼和预处理单独冶炼三种工艺。

无预处理混炼就是将废铅蓄电池经去壳倒酸等简单处理后,进行火法混合冶炼,得到铅锑合金。该工艺金属回收率平均为 85%～90%，废酸、塑料及锑等元素未合理利用，污染严重。无预处理单独冶炼就是废蓄电池经破碎分选后分出金属部分和铅膏部分，二者分别进行火法冶炼，得到铅锑合金和精铅，该工艺回收率平均水平为 90%～95%，污染控制较第一类工艺有较大改善。

经过预处理单独冶炼工艺就是废蓄电池经破碎分选后分出金属部分和铅膏部分，铅膏部分脱硫转化，然后二者再分别进行火法冶炼，得到铅锑合金和软铅，该工艺金属回收率平均在 95%以上，如德国的布劳巴赫厂其回收率可达 98.5%。火法处理又可以采取不同的熔炼设备，其中普通反射炉、水套炉、鼓风炉和冲天炉等熔炼的技术落后，金属回收率低，能耗高，污染严重。国内有大量采用此工艺的处理厂生产规模小而分散，污染严重。

我国在"八五"期间，曾对无污染再生铅技术进行科技攻关，掌握了先进的再生铅生产技术，并建成了三个无污染再生铅示范厂。这些先进的再生铅利用厂采用 M.A 破碎分选技术，但在脱硫方案及脱硫剂选择、短窑冶炼技术条件、燃烧技术、加料系统等方面做了较大修改，使之更加适合我国国情。经过改进的新工艺投产后环境监测部门对废气、废水、噪声和固体废物进行了全面监测，各项监测结果均达到了国家标准；其各种技术指标经工业实践证明，均达到国外先进水平。金属回收率达到 98%；破碎分选各组分互含率为 0.5%，意大利 CX 破碎分选系统的互含率为 0.8%；采用碳酸氢铵脱硫，成本较 $Na_2CO_3$ 及 NaOH 低，脱硫后物料含 S 小于 0.5%，国外先进水平为 0.8%；能耗为 300 kg 标煤/t 铅，与国外先进水平相同；渣含铅小于 0.3%，国外先进水平约为 2.5%。

(2) 固相电解还原工艺。固相电解还原是一种新型炼铅工艺方法，采用此方法金属铅的回收率比传统炉火熔炼法高出 10%左右，生产规模可由回收量多少决定，可大可小，因此便于推广，对于供电资源丰富的地区，就更容易推广。该工艺机理是把各种铅的化合物放置在阴极上进行电解，正离子型铅离子得到电子被还原成金属铅。其设备采用立式电极电解装置。其工艺流程为：废铅污泥→固相电解→熔化铸锭→金属铅。每生产 1 t 铅耗电约 700 kW·h，回收率可达95%以上，回收铅的纯度可达 99.95%，产品成本大大低于直接利用矿石冶炼铅的成本。

(3) 湿法冶炼工艺。采用湿法冶炼工艺，可使用铅泥、铅尘等生产含铅化工产品，如：三盐基硫酸铅、二盐基亚硫酸铅、红丹、黄丹和硬脂酸铅等，可在化工和加工行业得到应用。其工艺简单，容易操作，没有环境污染，可以取得较好的经济效益。工艺流程为：铅泥→转化→溶解沉淀→化学合成→含铅产品。据介绍该工艺的回收率在 95%以上，其废水经处理后含铅小于 0.001 mg/L，符合排放标准。全湿法处理，产品可以是精铅、铅锑合金、铅化合物等，该类工艺处于半工业化试验或研究阶段，无工业生产报道，从研究情况看，该工艺回收率高，完全消除了火法造成的污染，综合利用水平高。

## 六、废酸的集中处理

废酸经集中处理可用作多种用途。具有回收工艺简单，用途广泛等特点。其主要用途有：回收的废酸经提纯、浓度调整等处理，可以作为生产蓄电池的原料；废酸经蒸馏以提高浓度，可用于铁丝厂除锈；供纺织厂中和含碱污水使用；利用废酸生产硫酸铜等化工产品等。

## 七、塑料壳体的回用

铅酸蓄电池多采用聚烯烃塑料制作隔板和壳体，属热塑性塑料，可以重复使用。完整的壳体经清洗后可继续回用；损坏的壳体清洗后，经破碎后可重新加工成壳体，或加工成别的制品。

## 八、废铅蓄电池的资源化实例

意大利的 Ginatta 回收厂的生产能力为 4.5 t/a，工艺中对于工业废铅酸电池进行处理。处理能力为 1.175 kg/h,生产工艺流程如图 15-14 所示。处理工艺分为四个部分。第一部分对废电池进行拆解,电池底壳同主体部分分离。第二部分对电池主体进行活化,硫酸铅转化为氧化铅和金属铅。第三部分电池溶解,转化生成纯铅。第四部分利用电解池将电解液转化复原。

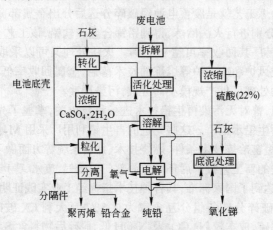

图 15-14　Ginatta 回收厂废电池处理工艺流程

回收利用工艺过程中的底泥处理工序中,硫酸铅转化为碳酸铅。转化结束后,底泥通过酸性电解液从电解池中浸出。电解液中含铅离子和底泥中的锑得到富集。在底泥富集过程中,氧化铅和金属铅发生作用。

国内外废铅蓄电池的处理厂很多,国内的大小废铅蓄电池处理厂大约有 300 家。采用的多为火法处理工艺,技术较为落后。应鼓励推广先进的无污染处理技术。

# 第十六章　电子废弃物的处理与利用

## 第一节　概　述

电子废弃物俗称电子垃圾,包括废旧电脑、通信设备、家用电器以及被淘汰的各种电子仪器仪表等。随着科学技术的发展,电脑和手机等办公和通信设备日益普及,录像机、电视机、冰箱、微波炉、组合音响等家用电器也在不断更新。人们在充分享受高科技带来的方便舒适之余,也随之产生了大量的现代垃圾——"电子垃圾"。据估计,电子废弃物产出量以每年13%~15%的速度增长,其增速是普通生活垃圾的3倍。

根据国家统计局统计数据,目前我国电视机的社会保有量达到3.5亿台,冰箱、洗衣机也分别达到1.3亿和1.7亿台。电脑保有量近2000万台,手机约1.9亿部。这些电器多数是20世纪80年代中后期进入家庭,按照10~15年的使用寿命,从2003年起,我国每年将至少有500万台电视机、400万台冰箱、500万台洗衣机要报废。此外,近年来我国电脑、手机的消费量激增。而电脑和手机的更新速度远快于家电产品。市场的不断发展,加速了产品的更新换代,1997年电脑主机平均使用寿命为4~6年,电脑显示器为6~7年,到2005年这两大部件的使用寿命还会缩短。环保液晶显示器的出现加快了传统显示器的淘汰速度。手机的使用寿命则更短,一般是3~4年。由于目前我国电子产品正处于新旧交替的时期,将有大量的电子产品进入淘汰阶段,而且以后每年都将会有更多的废弃电子产品产生。

电子垃圾中富含铜、汞、铅、镉、金等贵金属,可资源化程度较高,电子废弃物再循环利用有着较高的经济价值和环境价值,因此在美国、欧盟和日本等电子产业发达的国家和地区,加快发展循环经济,促进电子废弃物的资源化成为实现可持续发展战略的重要选择之一。同时,由于电子产品中含有大量的有害化学物质,如开关和液晶显示器中含有汞;老式电容器中含有多氯联苯(PCBs);印刷线路板、机箱塑料面板、电缆及聚氯乙烯绝缘护套中含有溴化阻燃剂等,因此,电子废弃物若处置不当将给环境安全和人类健康带来极大的危害。特别是电视、电脑、手机、音响等产品,存在大量的有毒有害物质。比如电视机的显像管含有易爆性物质,阴极射线管、印刷电路板上的焊锡和塑料外壳等都含有毒物质。而制造一台电脑需要700多种化学原料,其中50%以上对人体有害,其中最主要的是重金属,尤其是铅。据专家介绍,一台电脑显示器中仅铅含量平均就达到1 kg以上。常温下铅不易被氧化,但进入到环境中由于不能被生物代谢所分解,因此它在环境中是一种持久性污染物。铅对人体有害,特别是损伤血液系统、神经系统和肾脏。如果对电子垃圾简单采用传统的填埋或焚烧方式处理,对环境、土壤的破坏难以估量。所以,各级政府、环保、环卫部门和电子企业等有关方面应围绕电子垃圾的环境影响和再循环利用,采取多种措施寻求切实有效的电子垃圾资源化方案,以减少和防止电子废弃物对环境的污染。

### 一、中国电子废弃物的现状和发展态势

#### (一) 中国面临双重的电子废弃物问题

据国家统计局城调总队的资料显示,2003 年我国电冰箱社会保有量约为 1.3 亿台,洗衣机约 1.7 亿台,电视机约 3.5 亿台,电脑约 1600 万台。有权威机构预测,从 2003 年起,我国需淘汰的冰箱、洗衣机、电视机、电脑等均达到 500 万台/a,并且该数量将逐步增加;2002 年末,中国针孔打印机保有量 646 万台,喷墨打印机保有量 892 万台,激光打印机保有量 356 万台,并消耗色带芯及框架 5557 万个,喷墨盒(墨水)3570 万个,激光鼓粉盒组件 300 万个,粉盒 1000 万个,所产生的固体废弃物将达 30 万 $m^3$,重约 16.4 万 t。电子废弃物在固体废弃物中占有份额较小,增长速度较快,而我国在电子废弃物方面存在认识不足和管理不善的情况,缺乏有效的法律法规约束,政府部门也不能发挥应有的引导作用,我国的电子废弃物问题将日益严峻。

此外,"洋垃圾"问题同样应该引起重视。"洋垃圾"主要指某些不法企业或个人采取走私或在合法进口产品中夹带等方式进入我国的废弃物,以电子废弃物为主。据调查,"洋垃圾"大多流入浙江台州和广东潮汕地区,又以广东省贵屿镇为最大的电子废物流入地,而"洋垃圾"的主要输出国则为美国和日本。目前,"洋垃圾"问题已经扩散到中国的山东、河北等地以及印度、巴基斯坦等国家。

#### (二) 未来 10~20 年将是中国电子废弃物增长的新高峰

电子产品广泛应用于生产生活,如电池、家用电器(电视机、电冰箱、空调机、洗衣机、DVD 机等)、移动电话、电脑、汽车电子设备、办公耗材(硒鼓和打印机)等。中国的电子废弃物问题产生于电子信息产业的发展过程,也必然随着电子信息产业的进一步发展而更趋严重。由于电子产品的生命周期既定,本文从互联网和有关年鉴获取电子产品的产量数据,据此预测中国电子废弃物的发展态势。电视机和电冰箱等大型家用电器早在 20 世纪 80 年代开始进入城市居民家庭,现在也已大量进入农村地区。根据国家统计局《第三次全国工业普查主要数据公报》,1995 年我国生产洗衣机 948.41 万台,电冰箱 918.54 万台,空调机 682.56 万台,电视机 3496.23 万台。考虑家用电器生产迅速上升等因素,大型家电的寿命按 10~15 年计算,今后 10 年内仅大型家用电器淘汰所产生的电子废弃物可达 2000 万台/a,重约 110 万 t。我国家用电视机的生产和消费大致经过了"黑白电视—彩色电视—大屏幕彩色模拟电视—大屏幕数字化高清晰度电视"的发展轨迹。目前,大屏幕数字化高清晰度电视的生产和消费正在兴起。另据信息产业部数据,2003 年我国彩色电视机生产量为 6521 万台(表 16-1),而中国政府已经明确表示将在 2015 年完全淘汰模拟电视。可见,2015 年前后将是我国电子废弃物增长的一个新高峰,未来 10~20 年中国电子废弃物将面临更加严峻的形势。

**表 16-1　2003 年中国主要电子产品产销量**

| 产品名称 | 生 产 量 | | 销 售 量 | |
|---|---|---|---|---|
| | 累　计 | 增减/% | 累　计 | 增减/% |
| 移动通信手机(×$10^4$ 部) | 18644.0 | 54.5 | 18321.0 | 56.1 |
| 程控交换机(×$10^4$ 部) | 5807.0 | 39.0 | 5387.0 | 34.6 |
| 彩色电视机(×$10^4$ 部) | 6521.0 | 30.3 | 6500.0 | 23.8 |
| 微型计算机(×$10^4$ 部) | 3216.0 | 98.0 | 3083.0 | 98.9 |
| 显示器(×$10^4$ 台) | 7326.0 | 56.2 | 7373.0 | 55.2 |
| 彩色显像管(×$10^4$ 只) | 9051.0 | 16.1 | 8906.0 | 15.7 |
| 集成电路(×$10^8$ 块) | 124.1 | 37.5 | 122.5 | 40.5 |

电脑广泛应用于各产业部门和中国家庭,自从 1998 年中国 IT 业开始进入高速发展期以来,电脑已经成为中国增长最快的电子产品,1997~2002 年中国家用台式电脑的年均递增速度即约为 58.5%(图 16-1),而 2003 年中国台式电脑市场销售量达到 1036.1 万台,增长速度约为 6.2%,其中商用台式电脑总销售量为 715.1 万台。以年均递增速度 5% 计算,中国台式电脑 2010 年销售量可达 1651.4 万台,由于电脑更新速度快,

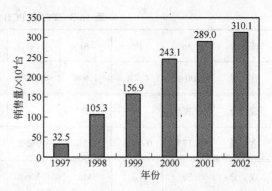

图 16-1　1997~2002 年中国家用台式电脑销售情况

许多电脑在未达到使用寿命之前即面临淘汰。因而在今后 5~10 年内废旧电脑将迅速增长,到 2010 年我国废旧电脑产生量可达 1200 万台。电脑需求量的上升还将带动打印机、硒鼓等办公耗材的增长,由此造成的电子废弃物产生量也将逐步提高。

## 二、电子废弃物的分类和组成

电子废弃物涵盖了生活各个领域损坏或者被淘汰的坏旧电子电气设备,同时也包括工业制造领域产生的电子电气废品或者报废品;另外,按回收材料的类别还可以分为电路板、金属部件、塑料、玻璃等几大类,具体见表 16-2。

表 16-2　电子废弃物的分类

| 分类方法 | 类　属 | 主要贡献因子 | 备　注 |
|---|---|---|---|
| 按产生领域 | 家　庭 | 电视机、洗衣机、冰箱、空调、有线电视设备、家用音频视频设备、电话、微波炉等 | 前三种的普及程度最高,所占比例相应也高 |
| | 办公室 | 电脑、打印机、传真机、复印机、电话等 | 废弃电脑所占比例最高 |
| | 工业制造 | 集成电路生产过程中的废品、报废的电子仪表等自动控制设备、废弃电缆等 | 相当部分不直接进入城市生活垃圾(MSW)处理系统 |
| | 其　他 | 手机、网络硬件、笔记本电脑、汽车音响、电子玩具等 | 废弃手机数量增长最快 |
| 按回收物质 | 电路板 | 电子设备中的集成电路板 | 主要是电视机和电脑硬件电路板 |
| | 金属部件 | 金属壳座、紧固件、支架等 | 以铁类为主 |
| | 塑　料 | 显示器壳座、音响设备外壳等 | 包括小型塑料部件(如按钮等) |
| | 玻　璃 | CRT 管、荧光屏、荧光灯管 | 含有铅、汞等严格控制的有毒有害物质 |
| | 其　他 | 冰箱中的制冷剂、液晶显示器中的有机物 | 需要进行特殊处理 |

电子废弃物组成十分复杂。如各种印刷电路板(PCB),由于单体的解离粒度小,不容易实现分离。非金属成分主要为含特殊添加剂的热固性塑料,处置相当困难。表 16-3 和表 16-4 为个人电脑使用的印刷电路板典型组成及 PCB 和电子元件的组成。可以看出,这些电子废弃物含有数量较大的贵金属,很有回收利用价值。

表 16-3　PC 中 PCB 的组成元素分析

| 成　分 | Ag | Pb | Al | As | Au | S | Ba | Be | SiO$_2$ |
|---|---|---|---|---|---|---|---|---|---|
| 含　量 | 3300 g/t | 4.7% | 1.9% | <0.01% | 80 g/t | 0.10% | 200 g/t | 1.1 g/t | 15% |
| 成　分 | Bi | Br | C | Cd | Cl | Cr | Cu | F | Zr |
| 含　量 | 0.17% | 0.54% | 9.6% | 0.015% | 1.74% | 0.05% | 26.8% | 0.094% | 30 g/t |
| 成　分 | Fe | Ga | Mn | Mo | Ni | Zn | Sb | Se | Hg |
| 含　量 | 5.3% | 35 g/t | 0.47% | 0.003% | 0.47% | 1.3% | 0.06% | 41 g/t | 1 g/t |
| 成　分 | Sr | Sn | Te | Ti | Sc | I | | | |
| 含　量 | 10 g/t | 1.0% | 1g/t | 3.4% | 55 g/t | 200 g/t | | | |

表 16-4　PC 中 PCB 及其电子元件

| 产生型号 | 产生时间 | PCB 数量 | PCB 中的电子元件数量/块 | | | | | | | | |
|---|---|---|---|---|---|---|---|---|---|---|---|
| | | | 变压器 | 电池 | LED | 电位计 | 集成电路 | 二极管 | 电容器 | 电阻器 | 晶体管 |
| 1 | 1988 | 7 | 2 | 1 | 3 | 7 | 78 | 52 | 184 | 138 | 15 |
| 2 | 1985 | 14 | 2 | | 9 | 15 | 209 | 33 | 297 | 344 | 41 |
| 3 | 1980 | 3 | 2 | | | 2 | 81 | 248 | 114 | 86 | 18 |

　　针对电子废弃物处理与利用方面的研究最初主要是分析电子废弃物对环境的影响因子,以及综合处理处置的有效途径、各种处置方法带来的环境影响等,资源化回收利用方面研究很少。电子废弃物对环境的影响因子因设备种类的不同、环境控制指标的变化而有一定的差异,譬如在家用电器中壳座一般占设备总质量较大的比例,分拆开来主要是大件的废金属和废塑料;个人电脑主机中则是电路板上各种物质的污染占主要地位;电视机和电脑的阴极射线管(CRT)因为含有铅,属于严格控制的危险废弃物范畴,影响因子以铅为主。表 16-5 列出了一台个人电脑中所用的主要材料以及现在的回收处理率,像其他设备的电路板、壳座、CRT 的环境影响因子可与此类似分析。

　　从表 16-5 中可以看出现在对废弃电脑的回收主要集中在金属(尤其是贵金属)上,回收效率一般都在 70% 以上;对塑料的回收率还停留在一个很低的水平,但塑料所占的质量分数位居前列。综合考虑,电子废弃物对环境的影响因子主要是:铅、汞等重金属(CRT 中的铅属优先污染控制物)、塑料(填埋很难降解,焚烧则因为 PVC、阻燃剂等的存在易生成二噁英、呋喃等有毒有害物质)、一般金属、特殊污染物(如旧冰箱中的氟利昂,笔记本电脑中的液晶)等几类,要解决电子废弃物所造成的环境问题,就必须根据其对环境的影响特点提出具体的解决方案。电子废弃物的组成及对环境的影响因子分析是提高处理与利用技术和管理水平的基础。下面就几种典型影响因子进行详细讨论。

**表 16-5 一台桌面电脑[①]所使用的材料、回收处理效率及对环境的影响**

| 物质名称 | 质量分数/% | 质量/kg | 回收率/% | 主要的应用部件 | 废弃后环境的影响控制类别 |
|---|---|---|---|---|---|
| 硅 石 | 24.88 | 6.80 | 0 | 屏幕、CRT 和电路板(PWB) | 一般废弃物 |
| 塑 料 | 22.99 | 6.26 | 20 | 外壳、底座、按钮、线缆皮 | 含阻燃剂,燃烧会产生有毒物质(如二噁英) |
| 铁 | 20.47 | 5.58 | 80 | 结构、支架、磁体、CRT 和 PWB | 一般金属 |
| 铝 | 14.17 | 3.86 | 80 | 结构、导线和支架部件,连接器、PWB | |
| 铜 | 6.93 | 1.91 | 90 | 导线、连接器、CRT 和 PWB | 一般重金属 |
| 铅 | 6.30 | 1.72 | 5 | 金属焊缝、防辐射屏、CRT 和 PWB | 可能污染地下水,是严格控制的污染物 |
| 锌 | 2.20 | 0.60 | 60 | 电池、荧光粉 | |
| 锡 | 1.01 | 0.27 | 70 | 金属焊点 | |
| 镍 | 0.85 | 0.23 | 80 | 结构、支架、磁体、CRT 和 PWB | 一般重金属 |
| 钡 | 0.03 | 0.05 | 0 | CRT 中的真空管 | |
| 锰 | 0.03 | 0.05 | 0 | 结构、支架、磁体、CRT 和 PWB | |
| 银 | 0.02 | 0.05 | 98 | PWB 上的导体、连接器 | |

①以 27.22 kg 的电脑为参考,塑料中包含的环氧丙烷阻燃剂以及其他几百种添加剂和稳定剂不一一列出。

(1) 铅:对铅的危害程度人们已经有了很深入的认识,铅主要导致人体神经中枢系统、血液循环系统和肾脏功能的破坏。因为其人体吸收机理与钙类似,因此对正在发育的儿童危害更大,能对儿童智力发育造成严重的负面影响。环境中的铅富集会对动植物和微生物造成急性或者慢性中毒。电子废弃物中含铅的主要是 CRT 中的铅条玻璃,另外电路板的焊接也用到含铅材料。通过填埋或者焚烧处置,铅可以迁移到环境中来,1986 年美国填埋场中的铅有 24% 是填满的电子废弃物造成的。

(2) 镉:含镉化合物被归类到对人体健康有潜在不可逆转危害的有害物质。它在人体内的聚积点是肾脏,由于长达 30 年之久的生物降解半衰期,镉很容易在人体内达到致毒剂量。在电子废弃物当中,镉存在于诸如芯片电阻、红外线探测器等部件当中。老式的 CRT 中也含有镉,而如今镉又被用在塑料稳定剂当中。

(3) 汞:汞分为有机汞和无机汞两类,无机汞对人体的危害相对较小。当无机汞扩散到水体当中会被甲基化成为损害大脑的慢性有毒物质,水俣病就是甲基汞中毒引起的。据统计,每年全世界汞的消耗有 22% 是用在电子工业,被广泛用于制造温度计、水银开关、灯管和电池等。

(4) 塑料:电子废弃物中的塑料回收率低,大量塑料丢弃处置。但塑料中的 PVC 焚烧过程中容易产生对环境造成严重危害的二噁英和呋喃,这是目前二噁英和呋喃的主要来源。另外塑料中还含有多氯联苯(PCBs)和成分复杂的溴化阻燃剂、添加剂,大多数属于致癌物质。虽然现在电子产品的设计中已经逐渐停止了 PVC 的使用,但累积下来的电子废弃物中还存在有相当的部分需要妥善处理。

(5) 氟利昂:氟利昂已经在全球范围内停止使用,但在废旧冰箱和制冷机中还大量存在,氟利昂能够挥发到大气中破坏臭氧层,因此必须严格控制其排放。这种物质在电子废弃物的处理与利用中需要特殊考虑。

另外还有六价铬等重金属物质在电子设备本身或者生产过程中也大量使用,其危害及对环境影响可以参考相关化学资料。

### 三、电子废弃物的特点

#### (一) 数量多

电子工业的高速发展及市场膨胀是电子废弃物高速增长的主要原因。电子产品在科学技术各个方面的作用日益重要,电子废弃物的数量也逐年递增,但大量的电子废弃物都没有得到合理的回收利用。

美国环境保护署估计美国每年的电子废弃物 2.1 亿 t,占城市垃圾的 1%。欧盟每年废弃电子设备更是高达 600 万～800 万 t,占城市垃圾的 4%,且每 5 年以 16%～28% 的速度增长,是城市垃圾增长速度的 3～5 倍,其中仅德国每年即可达 150 万 t,瑞典也达 11 万 t。未来 5～10 年的年增量更被业内人士估计为 25% 左右。当前,中国废旧电脑的淘汰量(除台湾地区)为 500 万台/a 以上,中国台湾地区产生的废旧电脑量大约为 30 万台/a。

#### (二) 危害大

《巴塞尔公约》将用后废弃的计算机、电子设备及其废弃物规定为"危险废物"。电子废弃物中含有大量的《巴塞尔公约》禁止越境转移的有毒有害物质,如表 16-6 所示。

电子废弃物不同于一般的城市垃圾,其制造材料复杂,有些家电材料还含有化学物质,如不妥善处理而直接填埋,会对环境造成污染。如电冰箱的制冷剂和发泡剂是破坏臭氧层的元凶;而电脑、电视机的显像管属于具有爆炸性的废物,同时它还含有 2～4 kg 铅,荧光屏为含汞废物;各种电路板中的锡、铅、聚氯乙烯、汞等有毒物质很容易随渗滤液浸出而污染土壤及地下水。当雨水接触到这些埋在地下的垃圾时引起化学反应,形成"垃圾渗滤液",其毒性更大。即使把填埋区的底部和顶部密封,也可能由于地面沉降、地质变迁等原因使密封的纤维胶布和焊接的接口损毁或遭侵蚀而导致泄漏或造成持续性的污染。

**表 16-6　电子废弃物中的污染成分**

| 污染物 | 来　源 |
| --- | --- |
| 氯氟碳化合物 | 冰箱 |
| 卤素阻燃剂 | 线路板、电缆、电子设备外壳 |
| 汞 | 显示器 |
| 硒 | 光电设备 |
| 镍、镉 | 电池及某些计算机显示器 |
| 钡 | 阴极射线管、线路板 |
| 铅 | 阴极射线管、焊锡、电容器及显示屏 |
| 铬 | 金属镀层 |

如果采用焚烧法,被烧的电子废弃物会释放出多种毒性极强的气体,如 $CO$、$HCl$、$NO_x$,在阳光作用下会形成刺激性极强的光化学烟雾。焚烧还会释放出大量的微粒,影响气候,使能见度降低,释放出汞蒸汽,对中枢神经系统的毒性极大,同时还释放出其他有害气体。

大量家用电器,在给人们生活和工作带来便利的同时,又为人类带来大量的有毒物质,危害人类健康。有报告说明,平均每 100 g 手机机身中含有 14 g 铜、0.19 g 银、0.03 g 金和 0.01 g 钯,此外其电池及其他部件中含有砷、锑、铬、镉、铅、镍、锌等。每个电子计算机显像管内都含有 3.632 kg 铅及其他如铬、铜、镍、金等重金属,这些重金属可对人体器官及组织造成不同程度的损害,是致癌或致畸、致突变物质,大多数可使大脑与脊髓、肾脏、神经等受到损伤,其余可使身体变弱或损害外形。表 16-7 列出了电子废弃物中所含有的部分有害物质对人体健康的危害情况。

**表 16-7 部分有害物质对人体健康的危害**

| 有害物质 | 神经系统 | 消化及排泄系统 | 呼吸系统 | 皮肤 | 循环系统 | 诱发病症 | 致癌 | 死亡 |
|---|---|---|---|---|---|---|---|---|
| 铅 | 出现运动和感觉障碍,影响儿童智力发育 | 影响肾脏功能 | | | 干扰血红素合成 | 贫血、末梢神经炎 | | 死亡 |
| 铬及其化合物 | | 刺激胃肠道,影响肾脏、肝脏功能 | 刺激鼻黏膜 | 皮肤腐烂 | | 哮喘、破坏DNA | | |
| 汞 | 损害中枢神经系统,影响胎儿发育 | 影响肾脏功能 | | | | 水俣病 | | 死亡 |
| 砷 | 损害中枢神经系统功能 | 损伤肾脏、肝脏功能 | | 损伤皮肤 | 心脏及心血管异常 | 肺癌 | 致癌 | |
| 聚氯乙烯 | 急性病症为头痛、头昏、失去知觉 | 损伤肝脏 | 损伤肺功能 | | 影响血液循环 | | | 死亡 |
| 铜、锌、硒、镍等 | | 破坏胃肠功能 | 危害呼吸系统 | | | | 致癌 | 死亡 |
| 镉 | | 影响肝脏和肾脏 | 损伤肺功能 | | 血压升高 | 肺水肿、肺气肿、骨痛病、高血压 | 致癌 | |
| 铍 | | 破坏胃肠功能 | 危害呼吸系统 | | | 急性肺水肿 | 致癌 | |

## (三) 潜在价值高

电子废弃物从资源回收角度看,潜在价值很高。表 16-8 给出了几种典型电子设备的组成成分。

**表 16-8 几种典型电子设备的组成成分** （%）

| 设备类型 | 黑色金属 | 有色金属 | 塑料 | 玻璃 | 线路板 | 其他 |
|---|---|---|---|---|---|---|
| 电脑 | 32 | 3 | 22 | 15 | 23 | 5 |
| 电话 | <1 | 4 | 69 | | 11 | 16 |
| 电视 | 10 | 4 | 10 | 41 | 7 | 8 |
| 洗碗机 | 51 | 4 | 15 | | <1 | 30 |

电脑中金属的含量为 35% 左右,而洗碗机中的金属含量高达 55%。电子废弃物中的塑料含量也很高,塑料熔化后可作为新产品的原材料或者用作燃料。1998 年从美国电子废品回收者手中回收的塑料在 6500 t 以上,比 1997 年增长了近 25%。当把塑料作为熔化过程水泥炉中的燃料时,1 t 塑料能代替 1.3 t 煤。

而废弃印刷电路板中金属含量更是可观,表 16-9 给出了 1 t 线路板中所含的物质组分。

表 16-9　线路板中所含的物质成分及含量

| 成　分 | 含量/g·t⁻¹ | 成　分 | 含量/% | 成　分 | 含量/% |
|---|---|---|---|---|---|
| 银 | 3300 | 铝 | 4.7 | 铜 | 26.8 |
| 金 | 80 | 铝(液态) | 1.9 | 氟 | 0.094 |
| 钡 | 200 | 砷 | <0.01 | 钛 | 3.4 |
| 铍 | 1.1 | 硫 | 0.10 | 铁 | 5.3 |
| 镓 | 35 | 铋 | 0.17 | 锰 | 0.47 |
| 硒 | 41 | 溴 | 0.54 | 钼 | 0.003 |
| 锶 | 10 | 二氧化硅 | 15 | 镍 | 0.47 |
| 碲 | 1 | 碳 | 9.6 | 锌 | 1.5 |
| 铈 | 55 | 镉 | 0.015 | 锑 | 1.5 |
| 碘 | 200 | 氯 | 1.74 | 锡 | 1.0 |
| 汞 | 1 | 铬 | 0.05 | | |

从表 16-9 可以看出,废弃线路板中仅铜的含量即高达 20%,另外还含有铝、铁等金属及微量的金、银、铂等稀贵金属。因而电子废弃物具有比普通城市垃圾高得多的价值。根据金属含量的不同,有研究估计,每 1 t 电子废弃物价值达几千美元,甚至高达 9193.4 美元。若再考虑到电子废弃物中具有较高价值且仍可继续使用的部分元器件,如内存条、微芯片等,电子废弃物具有很高的潜在价值,蕴藏着巨大的商机,回收利用的前景广阔。

**(四) 处理困难**

虽然电子废弃物潜在价值非常高,但由于含有大量有毒、有害物质,要想实现电子废弃物的资源化、无害化,需要先进的技术、设备和工艺,也需要较高的投资。电子废弃物组分复杂、类型繁多,使用寿命也各不相同,或长达数十年,或仅能用一次。这给电子废弃物的回收及资源化利用带来了相当大的困难,其回收利用率较其他城市垃圾低得多。

美国 1999 年废弃电脑达 2400 万台,其中仅有 11% 的被回收利用,甚至远远低于其他城市垃圾在 1997 年的回收率,如表 16-10 所示。

表 16-10　1997 年美国城市垃圾回收率

| 类　型 | 电池 | 钢包装材料 | 铝包装材料 | 纸及纸板 | 生活垃圾 | 软饮料瓶 | 玻璃容器 | 轮胎 | 电脑(1999 年) |
|---|---|---|---|---|---|---|---|---|---|
| 回收率/% | 93.3 | 61 | 48.5 | 41.7 | 41.1 | 35.5 | 27.5 | 22.3 | 11.0 |

在固体废弃物处理率较高的日本,电子废弃物的回收利用率也低于城市垃圾的回收利用率,在《家电回收法》实施之前,日本有近一半的废弃家电未经任何处理直接进入填埋场,另一半也仅经简单的破碎后填埋。在电子废弃物资源化回收利用较先进的欧盟,目前仅有 10% 的电子废弃物被收集并单独处理,其余 90% 与普通城市垃圾一起处理,这里面包含电池、金属及合成材料等污染物。

**四、电子废弃物污染的防治**

**(一) 回收**

电子废弃物不是"废物",而是有待开发的"第二资源",做好电子废弃物的回收和再生利用,不仅能创造可观的经济效益,而且会产生良好的环境效益。

我国电子废弃物回收和再生利用行业水平远远落后于发达国家,至今没有将电子废弃物列入城市垃圾回收项目,"固废法"中,并未涉及电子废弃物的环境管理。欧盟法律规定:每人年回收6 kg电子垃圾;商业界最少必须回收90%的废弃电冰箱及洗衣机,并将其60%再生利用;个人电脑的回收比率按产品质量由原来的60%提高到70%,再生比率由50%提高至60%;对现已使用中的电器电子产品,制造商将按其目前市场占有比例分摊费用,危险废物如铅、镉类重金属自2006年起禁止使用。

我国由于经济发展和消费能力的提高,加快了电子产品的更新换代,因而电子产品寿命越来越短,正面临如何处置大量电子废弃物的问题。建议借鉴发达国家的成功经验,从以下几方面做好电子废弃物污染的防治工作。

(1) 通过立法,建立电子废弃物回收体系。

日本2001年4月颁布的《家电再生法》规定:生产商和销售商不仅有生产、销售家用电器和从中获利的权利,同时还必须履行对废旧家用电器进行回收和安全处理的义务;消费者不仅有购买和享受家用电器带来舒适生活的权利,同时也必须对回收和处理废旧家用电器承担义务,处理废旧家用电器时必须缴纳回收费用。

我国目前还没有建立电子废弃物回收体系,应通过立法建立这种体系,在立法中必须解决:一是要明令禁止废旧电子产品的走私;二是要实行"生产者负责制"制度,即谁生产销售,谁负责回收利用;三是对旧货市场进行规范,制定废旧电子产品销售的质量规范及相应标准;四是禁止肆意倾倒、掩埋、扔弃废旧电子产品的行为。急需出台《再生资源回收利用法》、《废旧家用电器回收利用法》、《废旧电池回收管理办法》、《废旧电脑等电子垃圾回收管理办法》等法律法规。

(2) 运用经济杠杆,促进电子废弃物的回收。

电子废弃物的污染防治关键在于谁负担防治资金,是厂商、销售商还是消费者,这就涉及到这三者的污染责任问题。欧洲在1993年就提出了"制造商责任制",由制造商负责废旧电脑回收解体处理。而日本在《家电再生法》中规定消费者在产品报废时必须承担费用。对于电子废弃物处理资金,应规定由生产厂商承担,或由生产厂商和消费者共同承担。生产厂商承担是因为他们是污染的源头制造者,由他们承担可以鼓励他们实施清洁生产,减少污染物的产生;由消费者承担部分费用,可以限制他们过度地加快电子产品的淘汰。

**(二) 处理**

循环经济的根本目标是要求在经济流程中,系统地避免和减少废弃物,力求废弃物资源化。对于产生的电子废弃物要加以回收利用,使他们回到经济循环中去。目前,很多厂商支持回收、减少和再利用即Recycle、Reduce、Reuse的3R概念。

**1. 产品再造**

传统的再造概念是把用过的东西拿去循环,经过化学处理,重新制成原料。现在的再造是指把旧产品整修翻新,然后拿去重复使用。某些产品或者零部件可以通过整修翻新和质量检测,在保证产品质量的基础上再次使用。如果产品在设计时就考虑今后的回收问题,那么将来的再造就会容易得多,产品质量也有保证。例如美国施乐公司的产品大多采用模块化设计,以便拆解及检查零部件的磨损;西门子公司在产品设计时必须考虑的一项指标是回收,要求设计人员在设计产品时尽量减少材料和零件的数目,以方便拆装。

**2. 破碎处理,回收材料**

建立电子垃圾集中处理工厂,实现电子垃圾处理的产业化是电子垃圾资源化的发展方向。2001年2月在芬兰建成世界首家电子垃圾处理工厂"生态电子公司",采用类似矿山冶炼的生产工艺,把废旧手机、个人电脑以及家用电器进行粉碎和分类处理,然后对材料重新回收利用。

### (三) 清洁生产

#### 1．研究取代产品,减少有害物质的使用

生产厂商在产品设计和生产时,应尽量采用环保替代材料,减少有害物质的使用。例如东芝在1998年便开始使用不含Halogen的底板生产笔记本型电脑;Sony在2002年开始停产含有有毒化学物质HFR的产品;美国的电脑生产商也使用锡代替铅来制造电脑。2000年6月欧盟委员会提出关于废旧电器和电子垃圾回收的法案,要求生产厂家应通过科研,在5年内用新材料替代其现有产品中有毒有害的材料,如铅、汞、镉和某些阻燃剂等。

#### 2．研究便于回收利用的材料

电子产品最终总要被淘汰,在设计和生产产品时就应该考虑使用便于回收利用的材料。目前西方发达国家正在研究一种"智能材料主动拆卸"(ADSM)的技术,以期将其运用到生产中。该技术依靠的是形状记忆合金(SMA)和形状记忆聚合物(SMP)的特殊性能,这些材料在加热到特定的诱发温度时,形状就会发生剧烈变化。传统装置和ADSM装置的唯一区别在于那些把它们结合在一起的部分,比如螺丝或夹子,新式扣件将在加热到预定温度时自行脱落,方便废弃产品的回收。

## 五、国外电子废弃物环境管理与处理处置技术现状

### (一) 美国

比较注重清洁生产工艺的开发,立足于在生产过程中减废,通过减少废物的产生量来减少有害废物的处理量;对有害废物处理,倾向于焚烧和填埋,不太重视资源回收。资料显示:美国每年更新淘汰的个人计算机的数量是1400万~2000万台,其中只有10%被回用或再利用,其中还有相当一部分出口到了其他国家,而其余15%是通过填埋进行处理的,75%收集后堆存。

美国国家环保局从1998年开始进行这方面的政策法规研究,力图从政策法规方面鼓励人们自愿开展电子废弃物的综合利用工作。一些州政府和市政当局也拿出部分税收来开展这方面的研究工作或是扶植开展这方面工作的企业。

对电子废弃物进行拆卸分类,分离出有害物质进行安全有效的处理处置,这是美国采矿局在20世纪70年代末和80年代初最先进行尝试开发的,但随后的资源回收利用技术进展缓慢,没有被有效地开发出来。进入90年代以后,美国也开始重视资源回收技术的开发了,但是总体水平还落后于欧洲和日本。

目前美国只有新泽西州有一个年处理电子废弃物约20000 t的资源化工厂,该工厂建于1995年;休斯敦开发了处理阴极射线管含铅玻璃的工艺,安全有效地处理了有害物质——铅,又将玻璃破碎作为填料进行了再利用,目前此工艺已很成熟。

### (二) 欧洲国家

西欧曾对电子产品进行的一项市场销量调查表明,1992年,各种电子产品的总消费量约为700万 t,电子废弃物总量约为400万 t,占整个欧洲废物流的2%~3%。另外,预计这个消耗量在未来的十年将以每年3%的速度增长,略微少于80年代每年4.5%的增长速度。

在欧洲,这方面的工作开展应当从70年代算起,德国的US-BM公司用物理分离方法对军队的电子废弃物进行了简单处理。从80年代初开始,德国、瑞典、瑞士等国对电子废弃物的综合利用进行了深入研究,他们致力于手工拆卸和金属富集工艺技术的开发。1991年德国提出了一个先部分创造的手工拆卸方案,瑞士也通过手工拆卸进行了有价值的元件和材料回用,获得了可观

的经济效益。90年代,鉴于机械化处理不会有毒性产物产生这个独一无二的优点,金属富集体的机械化工艺被进一步发展并在西欧实施,瑞典的SR-AB公司是世界上占领先地位的回收公司之一。随后,德国和瑞士也开发并实施了机械化工艺流程,但有机物的处置是一个难题。

1992年10月德国颁布实施了《电子废物条例》,它规定了电子产品制造商和零售商回收电子废弃物的责任。1993年德国收集了120万~150万t的电子废弃物。目前,德国建有一个年处理近21000t电子废弃物的综合工厂,它能处理的电子废弃物的范围很宽,特别是电信方面的废物。其具体工艺路线为:首先进行手工拆卸,然后将废弃物进行破碎和筛分,经过一系列的设备分选,最终获得不同的金属富集体。工厂不对它们进行金属再提炼加工,而是将其送到不同的金属冶炼公司去进行深加工。

其他欧洲国家所采用的技术和工艺与此类似。

### (三) 亚洲国家

日本是世界上电子技术最为先进、电子产品应用范围最广的国家之一,它开展这方面的研究工作也比较早,而且,日本特别重视能源和资源的节约与再利用。1991年10月,日本就颁布实施了《关于促进再生资源利用的法律》(简称"再生利用法"),强力推行资源的再生循环利用。据1994年的一份材料显示,1990年日本全国的电视、电冰箱、洗衣机、家用空调的废弃物合计1395万台、重约51万t,估计约占家电产品总废弃总量的80%、体积的90%。这个数目约占一般废弃物(约5000万t/a)的1%(包括小型电器在内的所有家电产品的废弃总质量约为62万t/a)。其中,约82%通过销售店回收处理,剩余的由地方途径解决。

日本废家电产品的处理工艺,因地方及专门处理业设施的不同而有所不同。若有大型粉碎设施,则直接进行一次性粉碎处理;若是小型粉碎设施,则要先除去电机、压缩机等,经切割后再进行粉碎处理。粉碎后,经电磁筛选、风力筛选等,将铁屑、铜屑和铝屑等选出,作为再生资源回收利用;塑料、玻璃、木块等的碎末,进行焚烧或填埋处理。

新加坡建有一家处理10000t电子废弃物的工厂,采用的工艺也是机械化综合利用。

## 六、我国电子产品回收企业的现状与展望

### (一) 回收企业概况

目前我国的电子产品回收行业还处于起步阶段,从业者五花八门,多数是在已有自己主要经营方向时兼顾这个行业,当然也有一些是专门以此为主的。从业者有两大类,一类主要从事收集和交易流通工作,另一类主要进行加工处理。从经营的规模和单位性质上可以分为下述几类。

#### 1.传统综合性经营的回收企业

传统综合性回收经营企业一般来源于早期的物资系统,通常有较长的物资经营历史,基础深厚,并且一般有自己专长的业务范围。由于受原来的经济模式的影响,它们对政策和政府行为依赖性较强。通常这些公司都有一定的历史包袱,且机构臃肿,这使得在现今灵活多变的激烈市场经济竞争局面下,它们往往处于被动地位。不过该类企业正在向综合处理、多种经营的形式转制,一旦具有比较合适的企业制度后,结合其独特的物资经营渠道和深厚的行业基础,它们仍将是一支重要的废弃物回收处理力量。

以华东某物资公司为例,该公司原属冶金部的金属管理局,主要功能是回收废钢铁,包括从国外进口回收钢铁材料,从而为国家解决钢铁工业的原料问题。但是在现今的市场经济条件下,其经营效益不乐观。现在该公司和其下属子公司利用自身优势开展多种经营,其中一项就是以进口的废旧电器为主要对象的拆解、再处理业务,尤其是对其中的电子产品进行回收处理,通过

拆解,从中分离出大量可以再利用的零部件和旧材料;对于剩下的 PCB 板和无法再利用的元器件,则通过其他专业的厂家进行进一步的材料回收。由于该系统具有较为广泛的劳动力基础,且回收处理渠道广泛,所以能够较顺利地进行这种业务。

### 2. 新兴综合性经营回收企业

这些公司是在近期兴起的以专门从事废弃物处理为主的独立经营单位。通常它们的经营理念新颖,运作规范;有时会获得政府或一些特定行业的支持;有较稳定的材料来源,处理方式正规。有时它们更关注废弃物再生利用的技术方法和环境保护等方面的问题。以上海市浦东某工业废弃物管理有限公司为例,该公司是由上海市政府支持的专门从事废弃物处理的公司。该公司主要对金桥开发区内的工厂所产生的工业废弃物进行回收收集和相应处理,同时还兼营环境咨询和指导。在电子产品类产品中,它们主要收集工业机的淘汰、废弃控制板,电器产品生产厂家所剩余的残次品和边角料,也有小规模批量回收的电脑等。它们地处工业区内,主要面向工业区里的企业,业务对象相对固定且业务量比较稳定;业务网点不多,所以没有实力进行生活流通市场中的废旧电子产品回收业务。

### 3. 个体民营回收交易企业

这些企业主要是在近期物资市场放开以后,才如雨后春笋般出现的。其经营方式一般不是很规范,但方式灵活多变,可以说见缝插针,见利就上。好处是可以触及到一些其他企业因为交易量小或者利润低而不愿、或者无法触及到的业务领域。在家用电器回收,维修替换的电子产品收集等方面有着不可替代的作用。但它们一般没有实力从事比较专业和规模化的回收业务。在交易过程中,它们一般挂靠一家或者多家上级较大规模的回收企业,然后与执行回收操作的企业进行间接的交易。这些企业在进行回收业务的过程中,有时会由于利益原因而牺牲环境,或者进行一些带有欺诈性质的经营行为,而且以次充好、滥竽充数的行为也是不可避免的。

### 4. 专门从事电子产品回收的企业

目前中国已经有了一批专门从事电子产品回收业务的企业,它们通常规模不大,经营内容比较专一,同时有自己独特的经营渠道,它们将是中国今后一段时期该行业的主导力量。从经营的内容上看,有的专门从事电子元器件的拆解和再利用业务,其一般通过维修渠道和沿海私营企业实现电子元器件的再利用;也有专门从事金属(主要是铜)的回收业务的,还有专门从事电子线路板的回收业务的,它们一般是把各种线路板进行分离处理,主要的目标是线路板中含有的金、银和稀贵金属。上海某固体废弃物污染防治有限公司就是一个典型例子。

该公司是一家私人投资企业。主要业务是回收电子线路板以及部分电子元器件。其处理过程以回收提炼铜和其他贵重金属为主,同时获取少许其他的回收材料。通过粉碎设备,把线路板连同一些主要用于回收金属的元器件粉碎成金属与非金属的混合粉末,再通过空气分离技术把金属和非金属粉末分离,回收的金属粉末,进行电解操作,获得电解铜,同时获得阳极泥。阳极泥富含金银和其他稀贵金属,是该项回收的主要目标。其原材料主要来源有电子产品生产厂家生产过程中产生的边角料和废弃产品,进口的各种废弃电子产品,包括废旧电脑、工业控制板、电子废弃物、淘汰的家电元器件等。其原材料还包括一些专业生产、维修单位产生的废弃物。

### (二)目前我国电子产品回收企业面临的问题

在数字化的今天,电子产品的回收将是一个不可或缺的行业。但是目前中国的电子产品回收企业还面临着下述几个主要问题。

### 1. 大多数回收企业的规模较小

传统物资回收公司虽然机构庞大,但不适应当前的市场经济模式,所以面临着解体、重新调整结构的窘境。不过这些企业有较好的技术和管理基础,同时拥有较完善的物质收集、存储、运输和交易系统。因此通过改革重组有可能成为未来回收行业的主体力量。

2．大部分回收企业缺少长期稳定的废旧电子产品来源,回收业务缺乏专业性

相对稳定的原材料来源是生产型企业正常运作的首要条件。但是由于缺乏成型的回流网络渠道,同时没有合适的经营方式来使得多渠道回收成为利润的源泉,使得回收企业缺少长期稳定的废旧电子产品来源。一方面,由于我国有关回收的法律非常欠缺,生产企业往往只注重"三废"的排放而不考虑旧产品的回收利用;另一方面,我国的回收企业和生产企业缺少合作。如果回收企业能够和生产企业相结合,回收企业就会有一个相对稳定的买卖市场,进而产生专门的产品需求,这样,回收企业可以比较有针对性地进行某一类材料的回收业务。

3．市场不够规范,需要加快有关法律的制定

目前中国专门针对回收行业的法规政策明显落后于当前回收行业的发展情况。许多回收企业在进行回收的过程中,出于经济利益方面的考虑。对于回收、再生过程中产生的二次污染没有进行很好的控制。

4．缺乏政府扶植

明华固体废弃物污染防治有限公司是一家专业电子产品及相关元器件回收的企业,该公司经营规范,技术也比较成熟,但是由于现在该回收市场处于初级阶段,所以它的发展压力很大,在今后相当长的一段时间里,如果没有政府的扶植,该公司将很难得到充分的发展。

5．回收企业的回收工艺和回收技术还相当落后

目前的回收企业在进行回收操作时,基本上还是属于手工作业性质,很少应用先进的技术工艺和设备,因此只能对回收的废弃物进行简单的处理。在塑料研究所进行调研时得知,有企业回收电子线路板的原材料环氧玻纤,做出了二次利用的产品,但是由于新产品的性价比不是很高,同时缺少政府的支持,这项新技术并没有得到广泛的应用。目前中国回收企业规模不大,技术力量不强,对于回收新技术的认知和利用都不够,这些需要政府有关部门做大量的工作来促进新的回收技术的应用。

6．目前的回收方式对于环境存在威胁

回收是为了提高资源利用率和防止对环境污染,但由于生产方式简陋落后,回收过程中产生二次污染的状况也极为严重。以温州地区的个体废铜再生冶炼企业为例,在其小炉冶炼过程中,产生大量的煤烟和金属粉尘,这些不仅对于周围的大气、水源、土壤等环境因素有极大的污染作用,而且对从事该工作的工人的身体健康也是巨大的威胁。其他如重金属污染、有毒废弃物直接排放,以及在回收过程中产生新的环境污染物等问题,将是今后回收行业要重点解决的对象。

### (三) 发展方向

电子产品的回收实际上是一个系统的社会工程。以上列举的各种回收企业,都有自己的优势和主要经营范围,为了更好地从事回收行业,它们应该有机地组合成一个层次化、分工明确的回收系统。在这个系统中,除了直接从事回收工作的以上单位外,还要包含电子产品的生产厂家。因为这些厂家才是有效回收处理工作最终服务的对象,只有它们才能真正大量合理有效地使用回收再生的材料或者元器件,为回收企业提供持续有保障的市场,进而保证该回收行业顺利运行。同时,这一系统中还要有能够对高级回收操作进行帮助咨询的专门研发机构。通过这些研发机构的协助,回收企业能够提高回收处理效率,降低处理成本,提高回收产品的档次和质量,同时减少对于环境的负面影响。

一个行业的兴起,除了市场需求和社会需求外,通常还需要相应的政策法规扶植。尤其是我

国的回收行业,基础低、底子薄,在它转型的初期,更是需要政策的倾斜。从法规条例上,可以规定生产厂家对自己产品的全生命周期负责,包括回收和处理。这样既保障了大方向的回收渠道,又为专门从事回收的企业提供了广大的机会。在企业管理方面,可以从企业注册、运营资金、税收、管理费用等方面鼓励回收再生行业。在新技术的推广使用上,也应该积极为回收企业和科研单位牵线搭桥,以便新技术及时为回收行业服务。

作为一个产业,要想做大,通常要走规模经营的道路。从前面的分析可以看出,目前我国电子产品回收行业的从业者经营规模都不大,相互之间的合作也不广泛,所以很难形成一个稳定发展的产业。在今后的经营中,企业应该注意横向联合,迅速扩大规模,以解决原材料来源、专业化、运营成本、新技术开发与推广、产品市场等问题。在规模化的同时,要坚持专业化的原则,有利于稳定的发展并保持竞争优势。

在今后的电子时代,大量电子产品的回收处理问题是不容回避的。这涉及到环境、资源、社会生产力分配、消费观念、各行业之间关系等方方面面。要想发展好电子产品回收行业,必须坚持社会系统化、产业化、规模化、专业化,同时给予政策上的扶植和支持。

# 第二节　电子废弃物管理

## 一、对电子废弃物的回收利用管理的意义

电子废弃物再利用是指对超过保质期或款式过时的电子设备,通过法定途径进行有效回收并循环利用的过程。这里强调一种“循环”的理念,这种理念指引大量生产和消费社会向“循环社会”过渡,它意味着减少污染、控制资源消费、实现产品的重复利用以减轻环境负担。

美国环保局已提出警告:报废的电子产品会产生严重后果,如果处理不当就会导致潜在的环境污染。事实上也是如此,某些产品,特别是那些带有阴极射线管(CRT-显示器、显像管)、电路板、电池、水银开关的产品,往往含有包括铅、汞、镉和铬等有危险或有毒的材料,如果自由回收而不由专门的机构去进行收集,并采用先进的符合环保要求的技术和设备对其进行处理和处置,将对我们生存的环境和人体健康构成严重的危害。同时,在电子废弃物中还有许多材料是可以进行资源化利用的。丹麦技术大学的研究结果显示:1 t 随意搜集的电子板卡中含有大约 272 kg 塑料、130 kg 铜、0.45 kg 黄金、41 kg 铁、29 kg 铅、20 kg 镍、10 kg 锑。如果能回收利用,仅这 0.45 kg 黄金就价值 6000 美元。因此,电子废弃物的回收利用具有明显的社会效益和经济效益。但若采用不当的工艺技术和设备对其进行处理处置,对环境的危害也是不容忽视的。

因此,需要有相应的政策法规、专门的机构、统一的管理、安全有效的技术和设备对电子废弃物进行环境管理。

## 二、国内外电子废弃物回收概况

### (一) 国内回收情况

废旧家电出路有三条:一是小贩将收来的旧家电清洗、修理或重新组装后再转卖进入市场或销往农村。但这些旧家电因“超期服役”导致事故频发,成为危及人们生命和财产的事故隐患,同时也对市场形成冲击;二是拆解作坊,对废家电进行手工分解拆卸,再利用燃烧或化学药剂提取有用金属后,作为垃圾丢弃,结果导致铅、汞、锡等重金属及“三废”污染,成为对环境有永久性影响的“生态杀手”;三是科学回收处理利用。废旧家电从一方面来看是垃圾,从另一方面来看又是

宝贵的再生资源。如果能采取先进工艺,对废旧家电加以科学的回收利用,不但不会污染环境,还能成为资源。中国作为一个发展中大国,在经济飞速发展的同时,资源短缺情况也在加剧,解决电子废弃物的最好办法就是走回收处理利用之路。目前,国内尚无一条大规模的废旧家电回收处理生产线。造成这种局面的原因是正规回收企业必须满足严格的环保要求,采用先进的技术、设备、工艺,这样首次投入比较大,初期很难赢利;加上相关政策制度仍未健全,正规的回收体系没有建立起来,废旧家电处理数量很难保证,因此一些投资者只能持币观望。

## (二) 国外回收情况

发达国家非常重视废旧家电的回收利用,已经建立了一套完整有效的废旧物资回收利用体系。国外的成功经验主要包括:通过立法支持废旧家电的回收利用。如欧盟早在 1998 年就完成了《废旧电子产品回收法》草案,要求电子产品的回收率和再利用率要达到 90% 以上。日本在2001 年 4 月正式实施的《家用资源回收法》中,明确规定了电冰箱、洗衣机的再商品化率必须达到 50% 以上,电视机的再商品化率必须达到 55% 以上,空调的再商品化率达到 60% 以上。荷兰的法律规定:电冰箱、洗衣机的材料再利用率要达到 90%。规定制造商回收利用负责制。瑞典政府经济循环委员会认为,生产家电产品和电子器具中,制造有害物质的是制造商,首要的污染者不是消费者,而是制造商,进口商和销售商也是污染责任者,制造商要对回收负责。日本法规中规定,制造商和销售商必须履行对废旧家用电器进行回收和有效、安全处理的义务。欧盟则实行"生产者延伸责任",鼓励生产者在产品中减少甚至完全禁止有毒有害物质的使用,生产者不仅对生产过程中产生的环境污染负责,还要对产品在整个生命周期内对环境的影响负责。德国的《循环经济法》中也规定,电子废弃物的处理原则上由生产者和使用者负责。而法国更强调全社会共同负责,规定每人每年要回收 4 kg 电子废弃物。

国内在此方面的立法正在研究中,作为家电生产大国,又是家电消费大国的中国,通过国家立法来有效推进废旧家电的回收与再利用,国家经贸委已会同有关部门成立了废旧家电回收利用体系工作协调小组,着手制定《废旧家用电器回收利用管理办法》,有关家电的报废标准《家用电器安全使用年限和再利用通则》也在研究制定之中,有望很快出台。从国情出发,未来法规更倾向于生产、流通、消费各环节共同负责的思路,比如明确制造商有责任回收再处理废旧产品;零售商有义务回收旧电子产品并交给制造商;消费者有义务将旧电子产品交给零售商等。这样就能保证废旧家电回收渠道通畅。

国外,2000 年惠普从废旧电脑中回收了价值 500 万美元的黄金、铜、银、钢和铝等金属;2001年,美国家电回收中心收益高达 2 亿美元。另据了解,广东一家公司已经开始尝试小规模电子废弃物处理,每加工 1t 电子废弃物可以赚到数百元。相信对于具体回收企业而言,随着相关回收收费政策出台,企业部分回收处理费用可以从生产商和消费者那里得到保障,回收体制的健全保证了足够产能,加上国家对环保企业的减税、免税优惠政策,企业很快可以步入良性循环的轨道。

## 三、基于循环经济理念下的电子废弃物再利用

按照循环经济理念,垃圾只不过是放错了地方的资源,所有的废弃物都可以找到它的有效用途。废弃的电子垃圾含有丰富的可回收物质,包括贵重金属、塑料、玻璃以及一些能再利用的零部件。

目前我国淘汰的电子产品的主要出路有:捐赠给欠发达地区;处理给旧货市场,回收利用;放在仓库或储藏室中。几乎没有人把整件电子产品当作垃圾扔掉,只有维修下来的废旧零件才被当作垃圾抛弃,但上述办法没有从根本上解决对环境造成的潜在危害。向欠发达地区输送淘汰产品实际上只是缓解对环境的压力,而且更为危险的是将被捐赠地区作为电子废弃物的受纳地。

作为旧货重新使用的电子产品不但浪费能源,而且对环境有潜在的危害,其污染也不可小视。

报废的电子产品在回收利用过程中也可对环境造成二次污染。要避免二次污染的产生,就必需利用循环经济的理念对废旧电子产品进行科学的回收利用。比如:采用具有粉碎、分选、模拟的回收装置,从粉碎后的电子线路板中分选塑料、铜、铅等;采用磁选和重力以及涡电流分选的方法,以此可完全分离塑料、黑色金属和大部分有色金属,再用化学方法分离铅和锌;采用分离有色金属的专门技术,分离金、银、铜、锌、铅、铝等有色金属。

同时应通过政府出台的相关法律、法规来规范电子废弃物处理市场。比如:禁止直接填埋和焚烧废旧家电;对废旧家电的回收和再利用情况分门别类做出规定,明确家用电器制造商、零售商和消费者在废旧家电处理方面的义务;制定制造商回收责任机制,这意味着家电、PC 产品等制造商有义务回收废旧家电。

### (一) 国外对于电子垃圾的处理措施

首先,延伸生产者的责任。生产商承担电子产品废弃后的处理责任,这样可刺激生产者在产品设计时更多地考虑产品的环境性能,生产对环境更友好的产品;或者立法要求限期淘汰有毒有害物质在产品中的使用。一些发达国家通过要求生产商在销售产品时向消费者提供有关该产品环境性能的知识和信息,以指导消费者购买环保产品以及正确处理其废旧产品。

其次,明确消费者责任。消费者应优先购买环保型电子产品,以起到市场导向作用,推动生产者生产环保电子产品。因此,市场经济成熟的发达国家都非常重视发挥消费者的这种作用。在发达国家,根据"污染者付费"原则,消费者作为废弃物的产生者,必须承担其废弃产品的处理责任,缴纳处理费用。

再次,突出政府管理。一是政府通过制定环境贸易政策,形成相关的贸易壁垒,以防止别国电子垃圾的进入。欧盟已于 2003 年 2 月 13 日公布了"欧洲议会和欧盟理事会关于电子电气设备废弃物的指令案",要求成员国建立高水平的分类收集、处理回收系统,并限制在电子电气设备中使用某些有害物质。二是政府通过制定相关法律,以指导人们(包括生产者及消费者)的生活实践。多数发达国家在环境保护的有关法律中早就规定要对废弃物重复、循环利用。日本在 2000 年颁布的《家用电器再生利用法》规定制造商和进口商负责自己生产和进口的产品的回收、处理。日本在 2001 年 4 月 1 日专门颁布了《家用电器再循环法》,明确指出将循环利用作为电子废弃物回收与处置的根本途径;德国的《循环经济法》中规定,废旧家电的处理原则上是由生产者和消费者负责;瑞典的法律规定处理费用由制造商和政府承担;而法国更强调全社会共同尽责,规定每人每年要回收 4 kg 电子垃圾;美国 1976 年的《固体废物处置法》提出了 11 项措施,其中之一就是鼓励工艺革新、物资回收、正确地再循环利用和处理。

### (二) 我国目前电子垃圾处理中存在的问题

国内电子产品生产企业对生产前期原材料的回收利用显然没有充分的准备。近年来,由于价格战已使得国内电子产品生产企业利润锐减,如果强制对其电子废弃物进行回收,无疑将使其雪上加霜。废旧电子产品的回收,像核心技术一样会成为国内电子产品生产企业发展的瓶颈。并且目前还有许多不规范的二手家电回收商,把一些二手家电甚至已经淘汰的电子产品再组装起来,当成新的去卖,赚取不义之财。

目前国内消费者的环保意识和观念还达不到循环经济所要求的那样,在日本,消费者在丢弃自己的电冰箱时,需要交付近 4000 日元的电子垃圾处理费。

另外,废旧电子产品的回收再利用涉及复杂的社会团体分工及回收专业技术问题,仅靠电子产品制造企业是难以完成的。只有从法律上保证废旧家电的回收和再利用,有效解决家电制造商、零售商、消费者如何分摊废旧家电回收处理费用的问题,使处理企业有足够的经济利益,才能使这个产业健康发展。

### (三) 我国对防止电子垃圾污染的有益尝试

我国有些家电生产企业如海尔等在进入日本市场时已经通过委托的方式回收其电子垃圾。海信集团出资成立的国内首家家电服务商赛维集团的业务范围包括回收废旧家电、二手家电交易等一系列服务。伊莱克斯从产品设计到研发都考虑了环保,如尽量采用可再利用材料,冰箱等采用无氟材料等。在国外有些国家和地区,伊莱克斯已经开始根据当地的要求对废旧电子产品进行回收。

我国也通过引进国外先进处理技术来推动国内电子产品再利用的跨越式发展。比如:无锡建有中国首家电子废弃物处理厂——伟城环保工业(无锡)有限公司,年处理电子废弃物量最多可达 6 万 t,长江三角洲工业企业 95% 以上的电子废弃物可得到集中处理,不仅保护了城市的生态环境,而且也能从中提炼各种金属。"伟城"拥有当今国际最前沿的电子废弃物再循环技术,它是全球技术领先的一站式电子废弃物处理服务商,拥有遍布全球的客户网络。它以其他企业的工业废料、不合格电子产品等电子废弃物为原料,从中提炼出金、铜等金属,从而实现电子垃圾零埋制和电子废弃物全过程无污染处理。

我国现已充分认识到利用传统方法处理电子垃圾所带来的弊端,因此,我国政府通过相关立法来指导人们的行为。比如:从 2001 年底开始,国家发展和改革委员会、信息产业部和国家环保总局等部门提出了《建立我国废弃家电及电子产品回收处理体系初步方案》,迈出了立法工作最重要的一步。初步方案中提出,我国将实行"生产者责任制",家电生产企业负责回收处理废旧家电,回收处理企业实行市场化运作,国家在政策上给予鼓励和支持,建立试点项目,逐步推广;国家还会组织建立一批试点示范城市,并根据他们的经验最终制定和颁布《废弃家电及电子产品回收处理管理办法》。

### 四、欧盟电子废弃物管理法介绍

目前,越来越多的电子废弃物不仅造成了环境污染和资源浪费,并且对社会的可持续发展构成了威胁。为了依法管理和回收利用电子废弃物,一些欧洲国家先后颁布实施了电子废弃物管理法,如德国、荷兰、瑞典、瑞士、意大利、葡萄牙等。1997 年 2 月 24 日,欧盟委员会废弃物管理战略决议要求,尽快制定关于电子废弃物的专项法律。历时 5 年,六易其稿,欧洲议会和理事会关于电子废弃物的法令(以下简称欧盟电子废弃物管理法)于 2002 年 10 月 11 日获得批准,与此一起制定并同时获得批准的还有欧洲议会和理事会关于电子产品中某些有毒物质的限制使用法令,这两部法律刊登在 2003 年 2 月 13 日的《欧盟官方期刊》上,并且从刊登之日起生效。

### (一) 立法背景和目的

早在 1990 年,欧盟对电子废弃物就给予了高度关注,于 1997 年开始制定欧盟成员国范围内通行的电子废弃物管理法。立法的主要原因是出于三个方面的考虑:一是数量。越来越多的电子废弃物成为人们关注的焦点,1998 年欧盟的电子废弃物数量达到 600 多万吨,占城市固体废物(MSW)的 4%,电子废弃物的增长率是其他城市固体废物平均增长率的 3 倍;二是危害。由于电子废弃物中含有大量有毒物质,在回收和处理过程中如未采取合理的防范措施,电子废弃物中的有毒物质则会造成严重的环境污染;三是浪费。虽然电子废弃物仅占城市固体废物的 4%,但是生产电子产品所造成的环境负担已经远远超过其余形成城市废弃物的产品生产所带来的环境负担,特别是电子产业所消耗的能源。因此,制定电子废弃物管理法不仅是现实的需要,而且也是形势的需要,这部法律的诞生历程如表 16-11 所示。欧盟制定这项专项法律的目的在于,防止电子废弃物的产生以及实现电子废弃物的再利用、资源化和减量化,另外,加强电子产品在各个阶段的(设计—生产—销售—使用—废弃—回收)环保工作。

表 16-11　欧盟电子废弃物管理法的诞生历程

| 时　间 | 进　程 |
|---|---|
| 1990.05.07 | 欧共体在关于废弃物管理政策会议上决定,制定针对特殊种类废物的行动计划,并指出对电子废弃物应予以高度重视 |
| 1993.05.17 | 欧共体在环境可持续发展行动计划(第五次环境行动计划)中,关于电子废弃物的内容占了整整一个章节 |
| 1996.11.14 | 欧盟议会决定制定关于主要废弃物的系列法令,其中包括电子废弃物 |
| 1997.02.24 | 欧盟委员会在废弃物管理战略决定决议中,要求尽快制定一部关于电子废弃物的专项法律 |
| 2002.10.11 | 通过欧盟议会和理事会批准 |
| 2003.02.13 | 颁布实施 |

### (二)立法依据与程序

欧盟电子废弃物管理法的原条款是欧共体协议的第 174 和第 175 条款,第 174 条款倡导高标准的环境保护,175 条款确定了"谁污染谁负责"的原则。

根据欧共体协议第 175 条"谁污染谁负责"的原则,欧盟电子废弃物管理法采用了生产商后期责任制(EPR,extended producer responsibility),中心思想是使电子产品生产商在产品的整个寿命周期(whole life cycle)内承担责任,以前,电子产品生产商在产品设计阶段未把环境因素考虑进去,责任范围仅仅到产品售后服务为止。这部法律要求生产商在产品设计阶段就采取环保型设计(DFE,design for environment)和生态标签(eco-labeling)措施,当电子产品的使用寿命结束后,生产商还需对其废弃产品承担召回(take-back)和资源化(recycling)责任,因此,该法律的颁布实施使电子产业和贸易面临一种新的挑战。

立法程序是首先由欧盟委员会任命的立法小组起草报告,同时还要征集来自生产企业、行业协会和贸易机构等方面的意见,然后将草稿交由欧盟议会环境委员会讨论、修改和表决,再经欧盟议会全体会议表决,需要修改的内容要几经这样的回合,最后由欧盟议会和理事会通过。

### (三)法律特征

欧盟电子废弃物管理法共包含 19 个条款和 4 个附则。由于有瑞典、德国、荷兰、意大利、葡萄牙等成员国家已经颁布的相关法律为参考,并且经过了长时间的准备、酝酿和修改,总结了来自各方面的意见和建议,以相关科研项目和调查研究为依据,因此,最终出台的欧盟电子废弃物管理法是一部全面、细致、严谨、科学的成文法,之所以这样说,是因为其体现了下述几个特征。

#### 1. 详实的背景资料

欧盟电子废弃物管理法每一期讨论稿均以一个说明备忘录作为开头,备忘录详细介绍了电子废弃物对环境和健康的危害性;总结了在欧盟范围内对电子废弃物目前的管理现状;分析了对今后内部与外部市场和贸易的影响;预测了执行这部法律的成本与效益;归纳了来自产业界和贸易界等各方面的意见和建议。这些内容充分说明了该项法律的必要性和重要性,并有助于人们理解法律内容。

#### 2. 严格的名词定义

该法律的定义条款(第三条)对电子废弃物、回收、资源化、处理、生产商、分销商、资金协定等 13 个相关名词进行了定义和解释,以电子废弃物定义为例,首先对电子产品进行了定义,电子产品是指依靠电流或电磁场才能够正常工作的产品,其使用的交流或直流电压分别不超过 1000 V

或 1500 V。电子废弃物就是废弃的定义内的电子产品，并包括所有的附件、零部件和消耗品。附则 1 详细列出了电子废弃物的类别（10 大类）和品种（101 种产品）。这 10 大类产品包括大型家用电器、小型家用电器、IT 和通讯产品、生活消费品、照明设备、电动工具、玩具和体育休闲设备、医疗设备、监控设备、自动售货机。

3．明确的责任划分

这部法律明确了各个相关环节的责任与义务，例如，成员国政府负有制定措施、监督检查和汇报等责任，消费者负有分类收集一定数量的电子废弃物和为回收处理提供方便的义务，回收商必须取得政府许可以及按照标准工艺（附则 3）进行回收处理，生产商除了负有召回、处理和支付费用等责任外，还需在产品说明书中告知消费者关于产品废弃后的处理方法。

4．可行的措施与目标

欧盟电子废弃物管理法不仅制定了详细的管理与回收处理措施，并按照电子废弃物类别制定了回收处理目标（回收率），例如，在 2006 年 12 月 31 日前，对来自家庭的电子废弃物的收集数量不应低于 4 kg/(a·人)，对第一类（大型家用电器）和第十类（自动售货机）电子废弃物来说，整机回收率要达到 80% 以上，部件、材料和物质的再利用和再生率要达到 75% 以上，这些措施与目标是依据一些成员国履行类似法律的实际经验而制定的，因此具有可行性。

**（四）管理措施与目标**

1．分类收集（Separate collection）

自 2005 年 8 月 31 日起，根据人口密度建立方便和实用的收集设施，确保电子废弃物的最后持有者和销售商能够免费退回。销售商对售出的新产品必须免费提供"一对一"（同种类、同数量、同功能）召回服务，生产商可以独立或联合建立和运行召回系统。收集到的电子废弃物必须送到指定的处理厂处理，在集中和运输分类收集后的电子废弃物的过程中，应保证零部件或整机的再使用性和回收性不受到破坏。

2．处理（Treatment）

生产商可以独立或联合建立和运行处理系统，也可以委托回收商来处理，但是必须采用最佳的处理、回收和资源化技术。从事电子废弃物处理的企业必须要通过政府机构审查并获得许可，审查每年至少一次，审查内容包括处理电子废弃物的种类与数量、技术标准和安全措施。该法律对电子废弃物的储藏和处理提出了具体的技术要求（附则 2 和附则 3），并指出了其他工艺环节所应执行的标准与要求，另外，对电子废弃物在欧盟境内外的运输与处理也制定了措施和标准。

3．回收（Recovery）

生产商可以独立或联合建立和运行处理系统，也可以委托给回收处理商。在 2006 年 12 月 31 日前，对大型家用电器和自动售货机这两类电子废弃物，整机回收率要达到 80% 以上，部件、材料和物质的再利用和再生率要达到 75% 以上；对 IT 和通讯产品以及生活消费品这两类电子废弃物，整机回收率要达到 75% 以上，部件、材料和物质的再利用和再生率要达到 65% 以上；对小型家用电器、照明设备、电动工具、玩具和体育休闲设备、监控设备这 5 类电子废弃物，整机回收率要达到 70% 以上，部件、材料和物质的再利用和再生率要达到 50% 以上；对气体放电灯具的部件、材料和物质的再利用和再生率要达到 80% 以上；对于第八类电子废弃物医疗设备来说，回收目标正在制定当中，将于 2008 年 12 月 31 日前公布。各成员国要鼓励开发新的回收、处理和资源化工艺技术。

4．出资（Financing）

出资条款的中心内容是，自 2005 年 8 月 31 日起，生产商将至少对电子废弃物的收集（collection)、处理(treatment)、回收(recovery)和无污染处置(environmentally sound disposal)进行付费,对 2005 年 8 月 31 日之后销售的产品,生产商仅对自己产品所形成的电子废弃物的处理与处置费用负责,对 2005 年 8 月 31 日之前的产品,所有生产商按其产品的市场份额分担费用。出资条款还对出资形式以及对家庭电子废弃物和非家庭电子废弃物的出资责任进行了区分。

欧盟电子废弃物管理法是一部全面、细致、严谨、科学的专项法律法规,由于还有一系列的环境、卫生和安全等法律条例作为支撑,因此该法律具有较强的实用性和可操作性。依法管理和治理废旧家电也是当前我国一项迫在眉睫的任务,我们应该借鉴一些发达国家相关法律,并结合我国具体实践,加快制定我国的《废旧家用电器回收利用管理办法》。

### 五、我国电子废弃物立法构想

发达国家较早面对电子废弃物带来的环境问题,电子废弃物回收利用的法规、政策也较早面世。其立法旨在明确相关各方的责任,使资源得到循环利用,保护环境,实现社会的可持续发展,形成循环型社会。借鉴他们立法和管理的成熟经验是完善我国防治电子废弃物污染法治,实现循环经济与可持续发展,打破非关税贸易壁垒的有效途径。但是必须首先分析我国是否存在有效实施其他国家经验的基础。综合比较发达国家电子废弃物立法现状,我国电子废弃物污染防治法律可以聚焦以下几个方面。

#### (一) 面向循环型社会的电子废弃物污染防治法律体系

21 世纪循环型社会将成为世界发展的新潮流,成功的循环生产战略将成为企业在市场上稳定发展的保障之一。日本《循环型社会形成推进基本法》把焦点放在了不仅难以改善而且日益深刻的废弃物问题上,在努力确保社会的物质循环的同时,以自然资源消费的抑制和环境负荷的减低为目的。为确保该法的执行力,日本随后颁布了《废弃物处理法》和《资源有效利用促进法》,并相继出台了针对不同领域的再利用管理法案,强制企业对各自的产业废弃物进行再利用,其中家电领域的改变最为明显。德国的《循环经济与废弃物管理法》比较完善,为电子废弃物处理法的出台打下了基础。而美国作为世界上最大的电子废弃物生产国,却没有专项法规支持电子废弃物的回收利用,以至于其电子废弃物的形势越来越严峻。这些经验和教训都是值得我国借鉴和吸取的。

#### (二) 电子废弃物处理的责任分担

1. 政府:管理和监督

电子废弃物回收利用管理部门为政府职能部门,应当独立于回收处理体系之外,其职能是监督管理回收体系的运作,处理违法违规事件。环境保护是现代政府的重要职能,是政府干预的主要领域。公共行政已经走过了统治行政,正经过管理行政并走向服务行政的模式,统治行政和管理行政的中心是追求"秩序"。他们强调政府以管理和统治者的身份对公民和社会进行管理和制约。而世纪之交兴起的服务行政则以提供公共服务和公共利益为中心,以公众的满意度作为追求的目标和评价标准。要求政府对环境质量负责正体现了这一追求。对环境质量负责就是对公众负责,对公共产品的质量负责,一改过去强调的对上级负责、对统治秩序负责的提法,以满足公众需求为最终追求,体现了一种全新的行政理念,是确定政府在环境保护领域的管理目标和职能的总体依据。

2. 生产者:责任延伸

早在 20 世纪 90 年代初,许多国家就开始把生产者责任延伸制引入到一些对废弃物管理的法规中。近几年来,电子产品成为了生产者责任延伸制讨论(实施)的最广泛的几种产品之一。

欧洲在1993年提出了生产者责任延伸制(EPR)，EPR以"污染者付费原则"和"减少有害物质的替代原则"为基础，通过把生产者的责任延伸到产品生命周期的各阶段，特别是产品的回收、利用和最后处理，以促使产品全周期所产生的环境影响的改善。一个明智的生产商会试图通过改变产品设计或材料使用以尽量减少废弃产品管理成本，这种从末端(废弃产品管理)到前端(产品设计)的转变就是生产者责任延伸体系区别于单纯的回收体系的关键。

在我国现阶段国情的基础上，可以借鉴发达国家和地区的成功经验，通过立法建立生产商责任制，即生产商应对其设计生产的电子电气产品从"生"管到"死"，承担产品废弃时的管理费用，并允许生产商将这笔费用摊入成本。如果产品的回收利用性不好，那么废弃时的处理费用就高，摊入成本后，新产品的售价高，从而影响产品的市场份额。通过这种方式可以激励制造商采用绿色设计。生产者能够参与到回收、拆解中来的优势是，他们更了解整个产品的设计结构、技术思路、使用材料等情况，并有相应的人才支持。为了提高责任方的积极性与主动性，利益激励机制是个好办法，即国家对于生产者回收、再利用废旧电器而改进或生产的产品，给予优惠政策，实行减少税收或免予征税。

### 3. 消费者：受益者付费

从法理上来说，没有社会的需求，就谈不上生产商的生产行为。如果消费者有对某种商品的需求意愿，而生产商又可通过生产该种商品达到其营利的目的，那么该种商品便会得到生产。也就是说，消费者的消费"授意"和以追求利润为动机的生产意愿两方面达成的"合意"(有时是双方直接达成，有时是由销售商促成)是生产商生产商品的直接动因。由于生产商品时产生了环境污染，那么这个"合意"就是该环境污染产生的原因。按照侵权损害的理论，生产商和购买该商品的消费者应对双方的"合意"造成的外部影响负责，即应共同对商品在生产过程中产生的环境污染负全部民事责任。那么，消费者购买产品且在使用过程中得到利益并最终使之废弃，消费者有义务为电子废弃物的回收处理付费。随着我国公众对废弃物处理意识的提升，以及国家有关法律、法规的完善，最终也将由消费者支付废弃物处理的费用。但要经过对废旧产品分类、拆解、销毁等一系列环节的测算，才能确定成本，拿出分摊费用的方案，并逐步完善。

### 4. 经销商：补充责任

经销商在电子电气商品市场是受益者，同时在商品经济社会也是让电子电气商品进入市场流通的一个关键环节。那么，根据产品受益者与义务承担者一致原则，经销商应该与生产者一起分担电子废弃物回收利用的费用。国家可以用环境税的形式将经销商带来的外部不经济内部化。

### (三) 制定相关标准体系，促进电子废弃物处理产业化

环境法在很大程度上是技术法，一项法律的有效实施，必须有明确的量化条款。我国目前环境标准体系是落后的，落后的环境标准纵容了国内生产者的惰性。所以，欧盟出台两项指令给一向不重视研发的中国电子电气生产者上了一堂课。国内大多数的电子电气企业对欧盟两指令有所了解，但一些企业只是消极应对，仅把其看成是欧盟对我国的一种贸易壁垒，没有认识到欧盟两指令的规定对我国的环保及对新技术运用和推广的积极意义。

为了能够促使企业加强技术革新，我国与国际接轨制定严格的环境标准体系已经刻不容缓。这一标准体系应当包括：(1)制定电子电气产品报废标准；(2)明确电子电气产品及他们各个组成部分的回收比例，以及达到回收比例的时限；(3)限定了产品中有害物质的使用，提出禁用时间表；(4)制定电子废弃物处理行业及二手市场的行业标准，对电子废弃物处理企业实行行政许可主义的市场准入准则。处理企业应严格按照国家相关标准和技术规范，对回收的废旧家电进行

分类检测,应在符合环保、安全的条件下拆解,有毒有害物质应当按照国家有关规定,进行无害化处理。

### (四) 加强对进口电子废弃物的规制

目前中国进口废弃物的管理体制仍存在不少缺陷。由于废物利用、拆解等方面存在法律空白,每年有大量废弃物采用规避的办法进入中国。尽快修订法律,从体制上弥补管理中的缺陷,已成当务之急。应将固体废弃物按照资源化程度和环境风险高低分为禁止进口类、限制进口类和自动许可类,分别制定目录,实行分类管理;修订草案规定,对限制进口类固体废物的进口,必须依法办理进口许可;对自动许可类固体废弃物的进口,必须依法办理自动许可手续;针对当前普遍存在的以进口旧货为名大量进口废物,而进口者与管理部门又经常对进口的货物是否属于固体废物发生争议的情况,应增加争议解决程序,同时,必须对非法进口固体废物增加追究刑事责任的规定;针对进口者逃避、无人承担固体废物退运责任的情况,追加承运人作为固体废物退运的共同责任人。

# 第三节　电子废弃物的回收处理技术

## 一、电子废弃物的机械处理工艺

机械处理方法是根据材料物理性质的不同进行分选的手段,主要利用拆卸、破碎、分选等方法。但处理后的物质必须经过冶炼、填埋或焚烧等后续处理。

机械处理方法最早始于 20 世纪 70 年代末美国矿产局(USBM)采用物理方法处理军用电子废弃物的尝试,采用了锤磨机、磁选、气流分选、电分选和涡电流分选等冶金和矿物加工技术,可能由于费用较高,没有获得进一步的商业发展。同一时期,西欧一些国家也开始研究电子废弃物的机械处理。90 年代后,机械处理方法不仅在西欧和美国得以实施,在日本、新加坡以及中国台湾地区都已经开始研究并进行了工业规模的回收利用。

### (一) 拆卸

目前,拆卸一般由手工完成,但随着废电路板数量的日益增多,必须考虑拆卸的效率问题,因此采用自动拆卸的方法更符合机械化发展的需要。

日本 NEC 公司开发了一套自动拆卸废电路板中电子元器件的装置。这种装置主要利用红外加热和两级去除的方式(分别利用垂直和水平方向的冲击力作用),使穿孔元件和表面元件脱落,不会造成任何损伤。然后再结合加热、冲击力和表面剥蚀技术,使电路板上 96% 的焊料脱焊,用作精炼铅和锡的原料。德国的 FAPS 一直在研究废电路板的自动拆卸方法,采用与电路板自动装配方式相反的原则进行拆卸,先将废电路板放入加热的液体中融化焊料,再用一种 SCARA 机械装置根据构件形状分拣出可用的构件。

现在,自动拆卸技术还处于可行性研究阶段,其发展受技术和经济两方面因素的制约。一项拆卸方法是否适用,还要综合考虑拆卸、测试、回收、销售等费用问题。

### (二) 破碎及筛分

对于机械分离技术而言,能充分地单体解离是高效率分选的前提。破碎程度的选择不仅影响到破碎设备的能源消耗,还将影响到后续的分选效率,所以说破碎是关键的一步。常用的破碎设备主要有锤碎机、锤磨机、切碎机和旋转破碎机等。由于拆除元器件后的废电路板主要由强化树脂板和附着其上的铜线等金属组成,硬度较高、韧性较强,采用具有剪、切作用的破碎设备可以达到比较好的解离效果,如旋转式破碎机和切碎机。瑞典的 Scandinavian recycling AB(SR) 开发了一种旋转式破碎机,在中间转筒周围安装着一套能够自由旋转的压碎环,依靠压碎环与设备内壁之间的剪切作用破碎物料。使用这种破碎机可以减小解离后金属的缠绕作用。而锤磨机破碎的缺点之一是解离的金属容易缠绕成球状。使用切碎机也可以获得好的解离效果,主要依靠旋转切刀和固定切刀之间的剪切力破碎物料,解离的金属也不易缠绕。

日本 NEC 公司的回收工艺采用两级破碎,分别使用剪切破碎机和特制的具有剪断和冲击作用磨碎机,将废板粉碎成 0.1~0.3 mm 左右的碎块。特制的磨碎机中使用复合研磨转子,并选用特种陶瓷作为研磨材料。瑞士 Result 技术公司开发了一种在超声速下将涂层线路板等多层复合制件破碎机。它利用各种层压材料的冲击和离心特性不同,将多层复合材料彼此分开。不同材料的变形情况不同,脆性材料碎成粉末,金属则形成多层球状物。现在废电路板的破碎也开始使用低温破碎技术。德国 Daimler-Benz Ulm Research Centre 在破碎阶段用旋转切刀将废板切成 2 cm×2 cm 的碎块,磁选后再用液氮冷却,然后送入锤磨机碾压成细小颗粒,从而达到好的解离效果。研究发现,一般破碎到 0.6 nm 时金属基本上可以达到 100% 的解离,但破碎方式和级数的选择还要视后续工艺而定。不同的分选方法对进料有不同的要求,破碎后颗粒的形状和大小,会影响分选的效率和效果。另外,废电路板的破碎过程中会产生大量含玻纤和树脂的粉尘,阻燃剂中含有的溴主要集中在 0.6 nm 以下的颗粒中,而且连续破碎时还会发热,散发有毒气体。因此,破碎时必须注意除尘和排风。

Jakob 等提出预先机械粉碎后再经液氮低温脆化,然后再研磨得到小的颗粒的专利技术。该技术为了通过一个简单的过程回收到高纯度的金属,而且残留物中金属物含量尽可能低,低温脆化的颗粒被选择性的分批在研磨室中磨碎,而研磨过的物质通过研磨腔底部的一个隔筛分出细颗粒部分,粗的金属颗粒部分被分批排出研磨腔,出料处铁被磁选去除。细颗粒再被分成许多窄范围的尺寸级别,分级标准按颗粒粒径与粒径范围之比为 1:1.16 划分。每个粒径范围内的颗粒单独通过电晕滚筒分离器分成金属颗粒和残余物颗粒,最后归类为不同的金属。预处理的步骤是:拆分电路板上含有污染物的组件(如电池、水银开关以及含有多氯联苯的电容器等);机械预处理粉碎获得粒径窄(30 mm 以下)的颗粒;然后用液化气(如液氮)低温脆化处理,得到低温脆化颗粒;最后在研磨室中磨碎低温脆化颗粒得到碎片。采用这样的预处理流程后,回收的金属纯度得到了提高,但液氮冷却操作费用过高,其经济性取决于回收效率的高低;而 0.1 mm 以下粒径的颗粒需要通过静电沉积器分离。

## (三) 分选

分选阶段主要利用废电路板中材料的磁性、电性和密度的差异进行分选。

### 1. 电选和磁选

废电路板破碎后,可以用传统的磁选机将铁磁性物质分离出来。

涡流分选机是利用涡电流力分离金属和非金属的方法,现在已被广泛地应用于从电子废弃物中回收非铁金属。它特别适用于轻金属材料与密度相近的塑料材料(如铝和塑料)之间的分离,但要求进料颗粒的形状规则、平整,而且粒度不能太小。静电分选机也是常用的分离非铁金属和塑料的方法,进料颗粒均匀时分选效果较好。德国 Daimler-benz Ulm research centre 研制了一种分离金属和塑料的电分选,在控制的条件下可以分离尺寸小于 0.1 nm 的颗粒,甚至能够从粉尘中回收贵重金属,而这些粉尘在其他工艺中仅仅被当作危险废弃物。

### 2. 密度分离技术

风力分选机和旋风分离器可以分选塑料和金属。风选机还可以分选铜和铝,但设备性能不太稳定,受进料影响较大。风力摇床技术主要用于选种和选矿行业,也称重力分选机,现在也已经成功地用于电子废弃物的商业化回收。颗粒在气流作用下分层,下面的重颗粒受板的摩擦和振动作用向上移动,轻颗粒则由于板的倾斜度而向下漂移,从而将金属和塑料分离。风力摇床要求进料的尺寸和形状不能相差太大,否则不能进行有效分层。因此破碎后必须仔细分级,采用窄级别物料分别进行重选。具体采用哪种设备更适用、更经济,要根据采用的回收工艺、设备的最佳操作条件和分选要达到的纯度和回收率来确定。

机械粉碎后颗粒形状对各种分离技术的影响如表 16-12 所示。

表 16-12　颗粒形状对各种分离技术的影响

| 分 离 工 艺 | 颗 粒 形 状 影 响 |
| --- | --- |
| 按颗粒尺寸的分离方法 | 碟形颗粒和缠绕的电线容易堵塞筛孔 |
| 密度分离法 | 影响终端沉降速度、成层效果和分离效率 |
| 磁力分离法 | 影响受力和去磁效果 |
| 静电分离法 | 影响加载在颗粒上的静电力和充电效果 |
| 涡流分离法 | 影响作用在颗粒上的 Lorentz 力效果 |

对于如电路板这样的塑料和金属混合的电子废弃物,回收利用技术中关键的一步就是研究如何将金属和塑料分离。金属和塑料的分选技术方面,Zhang 等人研究了通过涡流分离(eddy current separation, ECS)技术从电子废弃物中回收铝和非铁金属(铁可以通过磁选)。研究表明改进的 High-Force 涡流分离器(如图 16-2 所示)对粉碎过的个人电脑和电路板可以实现分离目的,从个人电脑废弃物中浓缩铝可以获得纯度为 85% 的铝,而回收率可以超过 90%,进料速率大约为 0.3 kg/min。传统用于生活垃圾处理的涡流分离器由于只能处理粒径约 50 mm 的颗粒,而电子废弃物粉碎后含铝的颗粒相对较小,需要对涡流分离器加以改进。他们改进了 High-Force公司提供的 HFECS,EC 61-20 D 型。HFECS 独一无二的磁力辊系统设计能够有效提高作用在小颗粒上的偏转力。作用在粒径大约为 10 mm 的颗粒上的偏转力仍然很弱,因此这些颗粒能够随着外壳旋转而不是飞出壳外。HFECS 很好地利用了两个同时作用反向旋转的磁力辊。通过调整磁力辊的位置,第二个磁力辊能够提供放射状的外向作用力,和由第一个磁力辊产生的偏转力共同作用,提高了小颗粒的偏转分离效果。如果要固定最大化回收某种金属,需要对该金属的偏转效果进行相应的调整。分离的效果与颗粒的粒径、颗粒的形状、物质的导电性、进料速率、分裂器位置有关,具体可参看参考资料。

为了提高分离的效果,一般采用两级 ECS 分离,一道粗分,一道细分,示意图如图 16-3 所示。

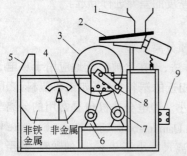

图 16-2　High-Force 涡流分离器示意图

1—进料斗;2—振动进料器;3—外壳;4—分裂器刀口;

5—收集斗;6—外壳驱动马达;7—转子驱动马达;

8—轭杆调节器;9—控制面板

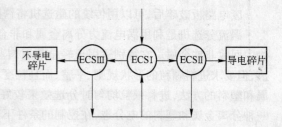

图 16-3　ECS 分离一般流程示意图

另外还有报道 Celi 发明了带特殊蜗杆的涡旋圆柱体主体的涡流分离装置,可以有效地改进涡流分离效果。

此外,有人还对电力分离器(EDS)进行优化,从电子废弃物中回收金属得到了较好的效果。传统的空气平板分离器可以用于从电子废弃物中回收金属,但是它最大的缺陷是要求进料颗粒大小接近。优化条件下的单独分离铜,EDS 能够获得纯度级别在 93%~99% 之间的产品,并且回收效率在 95%~99% 之间。他们在研究时使用的是 Carpco 实验室的高压分离器(见图 16-4),这个设备的典型特征是电晕电极,或者叫做电极柱,由一个大口径的电极和一根前置的细导线组成,以此产生电晕,电极柱能够转向不同的方位以便能够用作离子化电极或者静电极。材料越细,回收效率越高,当电压高于 25 kV 时,绝缘体的阻塞效果加强,回收效果提高,但电压不能高过 38 kV 的击穿电压。粉碎后进料预热程度和湿度对金属回收没有影响,但对于绝缘体回收却有很大影响,为了便于快速选择性分离,需要对进料进行预热,并尽量降低相对湿度。其他因素(如电压、温度、湿度、颗粒尺寸、转子速度和高压电感等)的影响,以及转子设计的优化,可以参看参考资料。

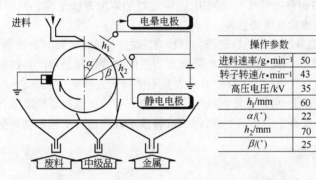

| 操作参数 | |
|---|---|
| 进料速率/g·min⁻¹ | 50 |
| 转子转速/r·min⁻¹ | 43 |
| 高压电压/kV | 35 |
| $h_1$/mm | 60 |
| $\alpha$/(°) | 22 |
| $h_2$/mm | 70 |
| $\beta$/(°) | 25 |

图 16-4　EDS 装置示意图及优化的操作参数

用 EDS 从电子废弃物中回收金属,最突出的问题是大的绝缘颗粒的阻塞作用影响。要提高阻塞作用,可以通过高压或者电极系统提高"象力",或者通过降低转子速度减小离心力,亦或者两者并用实现。

在回收具体某一种类的金属方面,最成熟的是废电缆里的铜的回收技术。废铜料在重新熔铸之前都要进行预处理。一般包括分选、切割、打包、压块、破碎、磨粉、磁选、干燥、除油等。其中最复杂的工序就是将铜芯解体出来,回收的方法如表 16-13 所示。

**表 16-13　常见的回收废电缆中铜的方法**

| 方　法 | 简　单　描　述 | 备　　注 |
|---|---|---|
| 机械法 | 皮电缆先在机械解体机上进行破碎,然后再采用重选、磁选、静电分选等方法将破碎后的物料分选成金属和绝缘物 | 此法设备简单,无环境污染;对于包有铅皮、橡胶皮或沥青的废电缆需要区别对待 |
| 热解法 | 将废电缆放入加热的高压釜内,使高压釜内保持一定温度,釜内压力为 140~280 kPa,塑料皮发生裂解 | 处理纸绝缘层最佳温度 260~300℃,处理沥青绝缘层最佳温度 300~450℃,处理聚氯乙烯等聚合物最佳温度 370~480℃,这种热解法的副产品是油、焦油、氯化氢 |
| 化学方法 | 将废电缆放进钢筒,加入碱金属的氢氧化物,熔融(300℃),待绝缘物溶解后,在钢筒内剩下的就是钢金属,其回收率达 100% | 在处理聚氯乙烯绝缘物层的皮电缆时,可用环甲酮等溶解,但化学溶剂多数有腐蚀性或有毒,另外污水处理麻烦,影响大量使用 |

| 方　法 | 简　单　描　述 | 备　　注 |
|---|---|---|
| 静电分选 | 将废电缆切碎为直径 0.4 mm 以下。碎粒放在圆筒形静电分选机上,利用电晕场作用原理,使金属颗粒与绝缘物颗粒分开 | 金属颗粒在静电场中能获得电荷,但是在带电颗粒与分选机接筒(接地导体)接触时,由于总电阻较低,所以最易迅速释放电荷。绝缘物保持自身电荷时间长,被留在分选机上 |
| 冷冻处理法 | 用冷冻剂处理废电缆料,经冷冻后,一般绝缘物、铁、锌等在低温时变得很脆,易于破碎;铜、铝在低温时仍具有较好的塑性 | 冷冻剂一般采用液氮、固体干冰与某些液体的混合物 |

对大约占电子废弃物总量 30 % 的塑料,一般采用处置的方法。在欧洲,德国每年大约有 127000 t 由电子废弃物产生的塑料,法国 98000 t/a;英国 93000 t/a;瑞典 13000 t/a,但是由于现有工艺限制,再生后的塑料不能重新当作原料使用,而且这些塑料含有卤化物阻燃剂等能够形成有毒物质。如今这些塑料的处理大约有三种方法:回收、燃烧(冶金过程中的可燃物质)、填埋。目前大约只有 25 % 的塑料能够被回收利用,当前最好的解决方法是将它们用作熔化电子电器废弃物来回收铜或者其他贵金属的燃料。

然而,燃烧虽然是目前看来比较经济的解决方法之一,但燃烧同时也带来了一些新的环境问题,如二噁英的排放等。因此燃烧过程中阻燃剂产生的这些物质必须严格控制,还有一些电子废弃物中含有一定量的有机物(如 LCD 中就有大量不明物质),燃烧过程中也会产生新的不明的污染。而且随着技术的发展,可再生塑料在电子产品中占有的比重将逐渐增加,重金属等使用量将减少导致塑料在产品成本中的比例上升,回收塑料技术方面将会受到推动而有较快的发展。

## 二、电路板的处理

### (一) 电路板的组成分析

通过 X 射线荧光法、原子吸收光谱法、质谱测定法和热重分析法、红外光谱、核磁共振、高效液相色谱等分析方法,可以定性、定量地测定出组分及其含量。瑞典 Ronnskar 冶炼厂分析了个人 PC 机使用的 PCB,其典型组分如表 16-3 所示。不同电子设备的电路板元素的组成和含量会有差别。例如,研究表明,电视机中电路板上贵金属的含量比计算机少,铁、铅和镍的含量多,但所含元素的种类基本相同。另外,电路板上几乎配备了各种类型的电子元件。以 PC 为例,德国 Angerer 等人 1993 年的研究报告列出了三种品牌 PC 中 PCB 的电子元件种类及数量,见表 16-4。

### (二) 电路板的机械处理

电路板回收技术主要有机械处理、湿法冶金、火法冶金或几种技术相结合。机械处理因其不需要考虑产品干燥和污泥处置等问题,符合当前市场要求,而且还可以在设计阶段将可回收利用的性能融入产品当中,因此具有一定的优越性。机械处理方法是根据材料物理性质的不同进行分选的手段,主要包括拆卸、破碎、分选等过程。

破碎的关键是破碎程度的选择,它不仅影响到破碎设备的能耗,还影响后续的分选效率。常用的破碎设备主要有锤碎机、锤磨机、切碎机和旋转破碎机等。分选阶段主要利用电路板材料的磁性、电性和密度的差异进行分选。常用的设备有涡流分选机、静电分选机、风力分选机、旋风分离器和风力摇床等。涡流分选机和静电分选机可以分离非铁金属和塑料,风力分选机和旋风分离器可以分选塑料和金属。

### (三) 电路板机械处理技术的发展

机械处理方法最早始于 20 世纪 70 年代末美国矿产局(USBM)采用物理方法处理军用电子

废弃物的尝试,90年代以后,在西欧和美国得以广泛实施,同时在日本、新加坡和中国台湾地区开始研究并进行了工业规模的回收利用。

## 1. 基本流程

电路板的回收利用基本分为电子元器件的再利用和金属、塑料等组分的分选回收。瑞典SRAB是世界上最大的回收公司,一直致力于实施和开发电子废弃物的机械处理技术和设备,该公司电子废弃物处理的基本流程如图16-5所示,涵盖了目前电路板机械处理的基本方法。

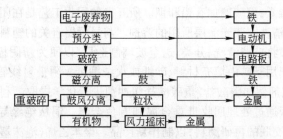

图 16-5　电子废弃物处理的基本流程(SRAB,瑞典)

## 2. 废电路板上电子元器件的拆卸

废电路板上的电子元件拆卸后进行可靠性检测后可重新使用,从而降低制造成本。目前,拆卸一般由手工完成,但随着机械化发展的要求,需要采用自动拆卸技术。

## 3. 元件拆除后的电路板机械处理工艺

日本NEC公司开发的采用两段式破碎法(图16-6),利用特制破碎设备将废板破碎成1mm的粉末,这时铜就很好地解离,再经过两级分选可以得到纯度为82%的铜粉,其中超过94%的铜得到了回收。树脂和玻璃纤维混合粉末尺寸在$100 \sim 300\ \mu m$之间,可用作油漆、涂料和建筑材料的添加剂。

图 16-6　NEC公司开发的废电路板处理工艺

德国 Daimler-Benz Ulm 研究中心开发了四段式处理工艺(图16-7):预破碎、液氮冷冻后粉碎、分类、静电分选。该法有三个特点:(1)液氮冷却有利于破碎;(2)破碎时会产生大量的热,在整个粉碎过程中持续通入$-196℃$的液氮可以防止塑料燃烧(氧化),从而避免形成有害气体;(3)以前的工艺在分离小于1mm的细粒时就达到极限,而该电分选设备可以分离尺寸小于0.1mm的颗粒,甚至可以从粉尘中回收贵重金属。

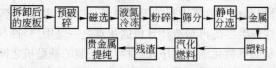

图 16-7　Daimler-Benz Ulm 研究中心开发的废电路板处理工艺

## 三、计算机元器件的再利用与回收

旧计算机虽然在技术上已经过时,但其中一些电子元件可以回收利用,不能再使用的元器件则进行材料回收。

## （一）主要部件回收

全世界计算机显示器年产量 1998 年为 600 万台，至 2000 年全世界的废旧显示器每年将达 3000 万套。就计算机来说，回收系统应为闭环系统，使得最初在显示器的生产中使用的材料又回馈到新显示器的生产。对含铅元件来说，它应该直接回收于再制造厂商，避免直接处置。对多溴化合物来说，应该重复使用，或者利用不产生有毒物质的焚烧形式来消除。阴极射线管的荧光涂层含有重金属和其毒素，而玻璃加有铅和钡。所开发的回收工艺是在闭环系统中，采用植物纤维和微生物过滤，来澄清洗刷荧光涂层所用的溶剂。与显示器有关的塑料、金属和印刷电路板通过不同工艺进行回收。将玻璃清洗、分类，送至玻璃制造厂，以便为新阴极射线管玻璃制造提供原料。不能鉴别的玻璃用于矿山填充材料、砂纸或火柴擦纸。阴极射线管玻璃中含有的铅可以利用 pH 值高达 9 的试剂例如碳酸盐/重碳酸盐缓冲剂进行化学提取。利用喷沙除去铅涂层，并使铅涂层解毒。电路板通过处理回收贵重金属和有色金属。铜从绝缘导线中回收。塑料被分类，进入用来与原塑料交联的再研磨料，以制作新产品。聚苯乙烯（泡沫塑料）回收成为新产品由填料波纹箱送到诸如绝缘品和箱子这类产品的制造商。钣金件和其他黑色金属送至炼钢厂熔化、再生利用。

## （二）计算机再制造技术

旧计算机的剩余价值只能通过再制造来开发利用。计算机拥有者处理他们的计算机，常常并不是因为机器损坏或太旧，而是更新换代。大多数计算机到达它们第一次运行寿命末端，可能是由于病毒感染，电源故障和显示器退化等原因。大多数问题随着故障模块的更换能够得到解决。计算机的主流市场对 2～3 年前开发的产品已不感兴趣，因此，计算机再制造商必须为产品选择市场。再制造的计算机的使用寿命比新计算机产品使用后第一次更换的时间长许多年。将其与汽车进行比较：新汽车通常在首次更换前，用户保有 2～5 年。目前在汽车工业中技术变化的影响相当低。一辆旧汽车在首次拥有者决定更换后，仍可安全而经济地运行很多年。这就导致了二手车市场的存在。计算机却不会发生同样的情况。计算机工业中的技术更新换代对市场具有显著的影响。影响最大的是用户在开放环境中，受到兼容性限制。为了能在网络中运行，用户必须跟踪所属区域采用的软件升级。软件升级要求硬件更新，消耗了更多的计算机资源。然而，在封闭环境中工作的用户可以不必考虑频繁的软件升级而可以更长时间使用他们的机器。许多人对再制造的计算机延长的寿命进行利用。再制造的计算机从那些不能提供或不需要在最新技术中投资的行业获得大量需求。这些用户包括学校和小型工商企业。

与其他耐用商品的回收相比，再制造的个人计算机工艺不太复杂。第一级的拆解完全由原设计确定，如果采用了面向装配的设计，通常计算机就易于拆解。再制造工艺相当简单，它包括拆解、清洗、电子模块的检查，最后进行病毒清除和软件安装。在某些场合，可以采用较大的硬盘驱动器，增加内存，最后，基于更高级的配置，更换输入输出设备。这种类型的再制造是以机器的同一性为特征的，除了升级和由于故障进行的更换以外，它的全部零件都曾是同一设备的零件，故有人称之为翻新机。这种类型的再制造计算机的优点之一是用户可以购买与已安装至网络中机型相类似的计算机。从而可简化维护程序，减少与已安装的基型机之间的差异。

通过梯级利用后，对那些没有再利用价值的废物，应该进行类似废线路板的处理方法的处理。

## 四、电子废弃物机械处理的工业应用

电子废弃物的资源化回收研究始于 1969 年。美国矿业局尝试从废弃军事设备的破碎产品中回收贵金属,并建成了处理量达 0.23 t/h 的中试厂。其处理流程为:废弃军事设备经锤式磨破碎后,再经气力分级,磁选除铁,涡流分选等作业回收铜－铝合金,再用电选机回收金属富集体。此后随着人类对二次资源利用及环境保护的重视,电子废弃物的资源化回收研究迅速发展,特别是欧洲,已建成了多家电子废弃物机械回收厂。1991 年在波兰建成的现代化复杂电子废弃物回收厂处理的电子废弃物包括废弃军事设备及电讯设备等。废弃的电子设备经破碎、磁选除铁、分级、涡流及重选作业,可得到不同金属的富集体,其中所得到的铝颗粒经熔炼即能满足 $AlSi_5Cu$ 合金标准。

德国一电子废弃物回收厂年处理废弃电子设备达 3 万 t,其流程如图 16-8 所示。废弃电子设备经拆解、破碎、分级及涡流、气力分选,可获得铁、有色金属及非金属富集体。其中铁富集体含铁高达 95%~99%,有色金属富集体含有色金属在 91%~99%,非金属富集体的金属含量在 0.5%~5%。

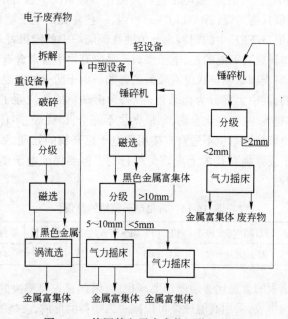

图 16-8　德国某电子废弃物回收厂流程

亚洲国家中,日本在电子废弃物资源化研究处于领先地位,图 16-9 为日本一废弃线路板处理流程。在重力分离阶段,100~300 $\mu m$ 区间铜的回收率高达 94%,经静电分选,铜的富集体含铜可达 82%。

我国近年来也已开展了电子废弃物的资源化回收与利用研究,如废旧电池的处理及回收,废弃线路板的选择性破碎与金属回收等,但大多处于实验室研究阶段。电子废弃物的回收及利用不仅可以减轻环境污染,而且能减缓我国资源短缺的压力。随着我国政府及企业对环境保护及二次资源利用的重视,电子废弃物的资源化研究有望取得更大的进展。

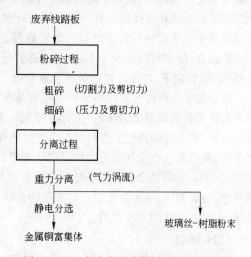

图 16-9　日本废弃线路板破碎及分离流程

### 五、电子废弃物的热处理回收技术

由于电子废弃物的种类繁多,组成复杂,各种聚合物、金属、无机惰性填料或增强材料粘合混杂在一起,使得回收过程中的分离变得异常困难,采用热处理技术将聚合物降解或将金属熔融的方式,可以比较容易地从中回收能源和有用成分,从而避免了复杂而昂贵的分离分类过程,此外热处理技术在减容减量、处理规模和效率方面也是其他回收技术无法比拟的,因此开发适合于WEEE的焚烧、热解、熔炼等热处理回收技术已经成为当前电子废弃物利用研究领域的一个重要方向。

#### (一) 焚烧

电子电器废弃物中含有大约15%~30%的塑料和1%左右的木材,一般塑料废弃物的热值平均可达40 MJ/kg,接近燃料油,但是电子塑料产品在多数情况下含有不可燃的无机填料和增强材料,因此其平均热值只能与煤(29000 kJ/kg)相当,一些常见的电子塑料的热值列在表16-14中,由于具有较高的热值,WEEE中的塑料成分单独在焚烧炉中就能很好地燃烧,燃烧温度高和燃烧速度快。与普通塑料废物不同的是,电子塑料产品废弃物中常常含有无机填料、阻燃剂以及增强材料等,这些成分对废物的燃烧状况有较大的影响。由于防火的需要,电子电器塑料中普遍添加有高浓度的阻燃剂,其中大部分为卤系阻燃剂,含卤塑料的燃烧除了产生强腐蚀的卤化氢外,还会形成剧毒的二噁英、呋喃类化合物,如果燃烧不完全,卤代烃、多环芳烃的排放也会成倍增加。因此普通城市垃圾焚烧系统不适合直接用于电子废弃物的处理,采用经过适当改进的专用塑料焚烧炉焚烧电子废弃物在技术上应该是可行的。但要保证电子塑料废物的安全有效处理,还必须考虑下面问题。

**表 16-14 常见电子塑料的热值**

| 材　料 | PMMA | PU | PVC | PET | PP | PE | PS | PA | ABS | 电路板 | 燃料油 | 煤 | 一般复合材料 |
| --- | --- | --- | --- | --- | --- | --- | --- | --- | --- | --- | --- | --- | --- |
| 热值/$10^6 J \cdot kg^{-1}$ | 25 | 25 | 18.4 | 22 | 44 | 46 | 41 | 32 | 35 | 11 | 44 | 29 | 7.5 |

电子塑料废物中卤素的含量比普通塑料要高很多,因此首先要解决的是如何控制二噁英类物质和卤代烃的形成与排放,采用高温燃烧可以减少二噁英的形成,燃烧的完全程度与卤代烃的生成也有关,一般要求燃烧室出口温度控制在850~950℃,二噁英的浓度可以满足排放标准,减少二噁英类物质和卤代烃的另一办法就是对烟气进行高温(1000℃以上)分解处理,二次燃烧技术也适用于电子废物的安全燃烧,为了确保卤代烃的分解,二次燃烧室的温度最好能控制在1000℃以上,停留时间不少于1 s。无论哪种处理方式,最终排出的废气必须采用急冷方式快速冷却到250℃以下,避免有害物质的重新形成。

焚烧电子废物要注意的另外一个问题是有害金属的排放和扩散。金属的挥发性取决于金属本身的性质和燃烧温度,WEEE中含有铅、汞、铜、锡、锌、铬等重金属的质量分数比通常的市政垃圾高得多,更不利的是电子塑料存在高浓度的卤素,有研究表明燃烧过程中形成的重金属溴化物比金属、金属氧化物及其氯化物的挥发性都要高,在计算机部件焚烧产生的烟气中发现异常高浓度的 Cu、Pb、Sb 等重金属。电子塑料中的卤素以溴为主,溴主要以单质溴和溴化氢的形式存在烟气中,与氯相比,溴不但有更高的浓度而且回收价值也大得多,因此在烟气处理除了解决金属脱除,还要兼顾溴的回收利用。

#### (二) 热解

热解也称第三级回收,是在无氧的条件下加热将高分子聚合物材料转化为低分子化合物,以燃料或化工原料的方式获得回收利用,同时使聚合物与金属、填料得到分离。以热分解废物生产燃料回收热能的方式,能量利用效率比直接燃烧高得多,回收成本也更低,热裂解所消耗的能量非常少,一般只占废弃物总能量的10%左右。目前废旧聚乙烯、聚丙烯、轮胎的热分解回收取得了广泛的工业应用,已成为一种重要的塑料废弃物回收手段。电子废弃物的热解主要是分解其中的塑料部分,回收原理与其他塑料废物并无原则的区别,因此可以利用现有的塑料热解回收工艺处理电子塑料废物。

在选用热解方式时,要结合电子塑料废物自身的特点,无填料或含很少填充物的热塑性塑料可选用槽式、釜式或管式反应器,分解温度相对较低的热塑性塑料,如聚烯烃,也可以采用挤出机反应器。螺旋式、皮带式和转炉反应器更适合于较高浓度填充物和粘合有金属杂质的废电子塑料的热解,热固性废物用流化床热解模式比较好。热解炉的加热有直接加热和间接加热两种模式,间接加热一般采用电加热或燃烧炉加热,使用燃烧炉加热可直接使用热解所得的液体和气体产品作为燃料,这样一方面省去了外购燃料,另一方面解决了热解气体贮运、销售的困难,可降低不少处理成本。间接加热工艺简单,但塑料导热性能差,热效率不高,而且反应器容易结焦。使用直接加热方式可以避免这些问题,常用的加热介质有熔融盐、重油、高温水蒸气等,在流化床热解器中还使用沙粒、金属颗粒或过热气体作为热源,由于载热介质与废物直接接触,大大提高了传热效率,结焦现象也得到了一定程度的抑制。但直接加热必须增加传热介质的分离措施,因而工艺更复杂一些,尤其当电子废物中含有较多的填料、金属时,载热介质分离会更加困难。除了上面的加热方式外,也有报道使用微波、辐射等新型加热技术,这些技术的优点是显而易见的,但目前还处于研究阶段,远没到工业应用的阶段。

与其他类型的塑料废物不同,电子废物中的工程塑料、增强塑料、改性塑料等专用塑料占有很大比例,这也决定了电子塑料废物的热解处理目的有所区别,一般塑料废物主要以获取燃料油和燃气为主,而电子塑料的热解研究多以生产化工原料、单体为目标。有研究表明:PS、HIPS在适当的碱催化热解条件下,液态产品中苯乙烯及其二聚体的比例可达90%以上,而干裂解主要是商业价值不大的气体。加拿大国家科学研究委员会一项关于电子塑料废物热解试验报告指出,在700~900℃的热解温度下,ABS的热解产品以苯乙烯为主,PC以苯酚及其衍生物为主,POM的热解液体产品中甲醛的含量更多,在90%以上。电子线路板热解产物中酚的含量也很高,大部分为苯酚和异丙基苯酚。因此电子塑料废弃物的热解产品比单纯的燃料有更高的商业利用价值,这些产品提纯、分离、利用是有待解决的新课题。

热解回收是在一个没有氧气的密闭体系中进行,因而抑制了二噁英、呋喃类物质的形成,同时还原性焦炭的存在有利于抑制金属的氧化物和卤化物的形成,整个回收过程向大气排放的有毒有害物质比燃烧要低得多。热解是一项比焚烧更环保、更有前途的回收技术。

## (三) 气化

气化方法是以可控的方式对塑料废弃物中的碳氢化合物进行氧化,生产出具有高价值的合成气。废塑料气化过程克服了热裂解反应速度慢,残渣多,易结焦炭化,传热性能差的缺点,气化技术同时结合了热解和焚烧技术的特点,在过程中引入氧气加速分解,并起到了避免炭化结焦的效果,与燃烧不同的是,气化过程是使用纯氧,气化的产物为$H_2$和CO,不是$CO_2$。气化的温度高于1000℃,一般在1300~1500℃之间,因而反应过程中不会产生二噁英、芳香族化合物与卤代烃类有毒物质,对环境影响比焚烧和热解要小得多。

根据气化工艺过程的不同,有直接气化法和间接气化法。前者是直接将废物送入气化炉中,在高温下(1000~1500℃)进行有氧分解,直接气化技术适合液体废物的处理,固体废物由于不能连续、稳定的加料,使得气化过程不易控制。间接气化过程首先将塑料废物在400~600℃下分解成油气,然后将油气引入高温气化室进一步进行有氧气化,这样保证了气化操作过程的稳定性。现有的塑料气化工艺都是以间接气化技术为基础改进和发展起来的。Texao 气化技术是将废物在 350℃下熔融、分解,使其成为黏度较低的液体(塑料油),然后与热解产生的气体一起加压注入高温气化釜,其特点是通过用氨水中和气化反应中产生的氯化氢,并回收氯化铵产品,很好地解决了脱氯问题,因此 Texao 气化技术非常适合于含卤的热塑性电子塑料废物的回收。为了处理高金属含量的废物,意大利的 Kiss Gunter H 等人开发了一种叫选择性气化的工艺,这种工艺也可用于各种电子电器废物的处理。处理过程是:首先对废物进行压缩脱气,在保持压力的条件下,经过一条水平加热管加热到 800℃以上并同时发生分解,加热管另一端开口通往竖立放置高温气化室的中部,废物进入气化室后迅速气化,1200℃的气体从气化室上部排出,金属和不能气化的无机废物落入气化室下部,在超过 2000℃的高温下进行冶炼,得到金属和无机矿物产品。对于电子废物中的热固性纤维(碳纤维和玻璃纤维)复合材料可以利用反相(counter-current)气化技术处理,废物与氧气从气化器顶部进入,在气化器中部是反相高温热化学反应区,纤维材料和燃气从气化器底部出来。这种气化技术除了能回收合成气,还可以获得高质量非常清洁的纤维产品,由美国圣路易斯大学开发的这项技术已经成功地用于从环氧树脂中回收碳纤维或玻璃纤维。采用等离子加热气化电子废物是最近开发的新的先进气化技术,等离子气化温度高(最高可达 20000℃)、分解速度快,不但能气化有机物,也能气化金属组分。在高温无氧的条件下,电子废物在等离子炉内被快速分解成气体、玻璃体和金属三部分,然后分别回收。

从气化过程中回收的所有产品(气体、金属、填充物等)都能直接利用,无需进一步处理,这一点明显优于热解过程。不利的是气化需要非常高的温度和非常好的耐高温材料。

### (四) 真空热处理

真空热解技术已经在废弃轮胎的处理中已获得工业应用。电子废弃物的真空热处理目前主要有真空热解和真空熔炼。真空热解是在反应压力(一般 10~20 kPa)低于大气压下进行的热裂解反应,由于塑料的热解是一个从液相或固相转变成气相的过程,因此真空有利于反应的进行。同前面提到的热解技术相比,真空热解技术处理电子塑料更具优越性,真空条件缩短了热解产物在高温反应区的停留时间,减少了二次热解反应的发生,尤其降低了卤化氢发生二次反应生成卤代烃的几率,依靠真空机械的动力避免了引入惰性气体提高了气体产品的纯度。真空热解还有利于提高化工原料的产率,减少气体的产量,如废 PS 在真空(10 kPa)下热解,苯乙烯、苯、甲苯的收率大大高于常压氮气下的收率。混合废电缆在 20 kPa,450℃下热解,低分子蜡和炭黑产量高达 90%,而常压氮气气氛下的热解产品主要是价值不高的燃油和燃气。

电子废物中除了金、银、钯、铜等有价金属外,还有多种有毒有害金属组分,主要有铅、汞、铬、镉、锑、铍等,它们一般存在于阴极射线管、电路板、各种电子元件以及电池中,这些金属物质虽然含量不高,但危害性大、污染强,而且分散在塑料、半导体和金属材料中,因而难以分离。采用真空熔炼,高温下首先将其中的有机部分气化,然后根据金属的挥发性不同依次蒸发、冷凝,可获得比较纯的金属,留下的残渣形成玻璃体。德国 Accurec 公司采用真空熔炼技术处理废电池获得很好的效果,在真空状态,高温下汞、铅、镉等能依次挥发,通过对烟气的冷凝处理不但能获得这些有毒金属成分的纯物质,还可以做到烟气达标排放,虽然真空(约 10 kPa)可以将熔炼温度从常压的 800℃降到 648℃,但蒸发这些金属仍要耗费较长的时间(20 h 以上)。瑞士里希泰克公司开发的真空熔炼—电解回收金属的专利技术,由于只需热解其中的有机部分,熔炼温度只需 550℃左右,熔炼压力为 2666~6666 Pa,热解气体先冷凝分离其中的大部分金属成分,再用电解液氟硼酸洗涤,然后洗液与残渣一起进行电解,由于采用电解分离提纯金属组分,因而能缩短熔炼时间,该技术适合于电路板、电子器件及电池混合物的处理。真空熔炼过程清洁、安全、环保,是从电子废物中分离提取金属物质的理想技术。

### （五）其他技术

除了上面提到的热处理技术外，在 WEEE 的拆卸分离方面也有不少热技术成功应用的例子。日本松下电器公司发明了一种废电路板的干馏设备，废印刷线路板在 250℃ 或更高温度且无氧的情况下加热，使树脂组分完全脆化，因而能够在粉碎树脂的同时不破坏金属和电子元件，使金属材料（主要是铜箔）和电子元件从基板中得以较好地分离出来。美国专利也报道了类似的废旧线路板的热脆化、破碎、分离金属的方法，与松下不同的是，该专利采用熔融的锡作为加热和分离介质，电路板在熔炉中破碎、搅拌、炭化，根据密度不同，树脂、焊锡及金属得到分离，其处理效率、分离效果优于松下的技术。日本 NEC 公司在拆卸电路板中的电子元件时，采用红外加热技术，在 70 s 内能使焊锡升温至 180℃ 以上并熔化，因而能大大提高回收电子元件的完好率，较好解决了前面的干馏和锡熔融处理工艺加热对电子元件损坏严重的问题。

# 第四节　电子废弃物处理经济分析

我国已经加入了 WTO，在全球采购、全球生产、全球销售的大市场环境下，将有更多的中国家电企业进入国际市场，参与国际竞争。中国家电业必须有效防范家电产品进出口中的"非贸易壁垒"——比如"绿色壁垒"。由于发达国家立法支持废家电资源回收，因此，中国出口的家电会受到进口国法律的约束，如果我们不对产品的再商品化率进行相应规定，很有可能造成出口产品受阻，带来巨大的经济损失。

目前我国也已经出现专业的回收公司，如广东清远市进田公司在当地环保部门的支持下，经过认真调研并引进成套设备和技术，建立了从电子垃圾中提取贵重金属的生产线。但电子废弃物的专业回收尚未形成产业，政策支持的力度还不够。当前首要的任务是通过国家立法来有效推进废旧家电的回收与再利用，实现保护环境，建立资源循环型、可持续发展社会；其次要积极探索创新出符合我国国情的管理体制，只有建立起一套高效率的管理机制才能应对目前严峻的形式；最后是在试点经验总结的基础上，宣传推广电子废弃物的回收利用工作，使我国的电子产业进入良性发展轨道。

## 一、电子废弃物处理与利用的经济分析

电视机和电脑显示器大约占消费者电子废弃物总质量的 55% ～ 60%，并且比例还有继续增加的趋势，荷兰专门针对电视机回收进行了试点。试点结果表明每回收一台电视机大约需要 10～15 美元（0.35 USD/kg），后勤保障成本可以看作常数。当"成功条件"得到满足时电视机的 EOL 处理成本可以大大降低，如图 16-11 预测，到 2010 年，回收电视机的成本将降低到如今填埋或者焚烧的水平。因为从 20

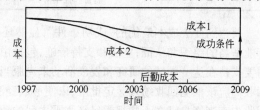

图 16-10　EOL 成本预测分析

世纪 90 年代后期发起的生态设计活动生产出来的产品寿命按 15 年计，大约在 2003 年进入 EOL 处理，因此图 16-10 显示，2003 年的回收成本明显改善。

其他电子废弃物中的有用残留物回收的成本还不是很清楚，Apparetour 认为目前大约是 0.75～1 USD/kg。要在整个社会成本尽可能低的前提下回收利用电子废弃物，只有当 EOL 阶段（后勤、拆卸、机械处理、回用做二次原料）的责任被划归到在整个生命周期链中影响成本的参与

者身上才可能真正实现。也就是说回收系统的总体社会成本只有基于共有责任才能取得理想的成本效率。欧盟的 EPS 原则在某种程度上将大多数责任推到产品生产商甚至是销售商身上。但实际回收系统的后勤保障责任应该和当地主管部门联系起来,因为它们已经为其他废弃物的收集建立起了基础设施。

Stevels 等人对要达到最佳的社会成本需要的"成功条件"做了细致的研究,最佳的社会成本很大程度上与对整个电子废弃物处理与回收利用过程的责任划分相关,整个回收利用的环保效益所具有的社会价值附加到整个社会,回收物质的二次使用价值则被相关的企业受益,那么谁承担过程的成本就决定了回收的效率。他们提出的建议性的责任划分见表 16-15。

**表 16-15　"成功条件"的责任划分**

| 设计方面 | 责 任 内 容 | 责任承担者 |
| --- | --- | --- |
| 生态设计 | 产品总量的减少(至少 10%) | 生产商 |
| | 电子产品的微型化 | 生产商 |
| | 阻燃剂的淘汰 | 生产商 |
| | 玻璃成分的标准化 | 生产商 |
| | 影响环境的相关物质使用的减少 | 生产商 |
| | 便于回收和拆分的设计 | 生产商 |
| | 回收材料的使用 | 生产商 |
| | 塑料回收技术的发展 | 生产商、回收商 |
| | 分选技术的提高 | 回收商、研究人员 |
| | 显像管玻璃回收技术发展 | 回收商 |
| | 拆分的优化 | 回收商、研究人员 |
| 规模经济发展 | 回收商的认证 | 生产商 |
| | 跨越国界的手段(如采纳巴塞尔公约) | 管理部门 |
| | 对生产商的环保认证 | 管理部门 |
| 政策支持 | 操作预先生态设计的方法 | 管理部门 |
| | 区别对待的收费系统 | 管理部门 |
| | 法律法规的支持 | 管理部门 |
| | 监督和控制 | 管理部门 |

要达到社会成本最优的"成功条件",显然还有很多工作要做,其中包括:技术性计划;EOL 产业适当的组织和认证;立法和支持措施,包括由主管部门持续地干涉这一问题;当地主管部门需要支持在这一领域的研究和发展活动来克服当前实践和 2010 年需要达到的程度之间的鸿沟;回收商应该根据回收绩效鉴定批准,以便形成经济的规模;当地主管部门必须在消费者电子产品回收中充当好自己在不同规模经济水平之间的角色等。

另外,从经济性考虑,电子废弃物中的材料拆卸再生使用的重要标准是:(1)能够改善回收产出的单一物质部件,如 ABS;(2)含有可能造成更多浪费的"罚款成分"的部分,如铅、锌等;(3)能够在材料回用中创造一定效益的部分。

其他家用电子设备(如录像机、视听设备和汽车音响等)现在一般不进行回收,首先是因为它们的总量和尺寸不符合从人力成本平衡角度考虑的拆卸标准(见表 16-16),其次由于功能的要求,在这些设备中使用单一的大而重的部件非常困难,即使在大的部件上也采用了许多不同的材料,使回收成本过高,不具有经济效益。

## 二、案例简介

在家电回收方面,美国 Matsushita 电子有限公司和美国塑料委员会(American plastics council)、Sony 公司、美国废弃物管理－回收评估小组(WM-ARG)一起资助在明尼苏达州进行了一项试验。这项小规模的试验对比了不同收集技术的成本,并对其对整个回收利用体系的影响进行了评估,65 个试验回收中心覆盖了明尼苏达州约 1/3 的居民。意识到单一的收集策略(例如街道旁边的回收点、制定丢弃点和零售店式的收集中心)不能够解决问题,收集方案测试了几个不同的策略来确定哪个是在获得原料和降低成本方面最成功的。经过 3 个月的试验,回收中心共收集了约 700 t 用过的电子产品。WM-ARG 接下来花了 3 个月的时间处理收集到的材料。将这些电子废物大致分为 5 大类(电视机、显示器、个人电脑元件、消费电子产品、混合电子产品)后,WM-ARG 鉴别出 8 种废弃材料能从产品中提取。

**表 16-16 在处理过程中劳力成本平衡的每分钟应当回收到的材料量**

| 回收材料类型 | | 与劳力成本平衡的每分钟回收量/g |
|---|---|---|
| 贵金属 | 金 | 0.05 |
| | 银 | 5.0 |
| | 钯 | 0.14 |
| 普通金属 | 铜 | 300 |
| | 铝 | 700 |
| | 铁 | 50000 |
| 塑料 | PPE | 250 |
| | PC、POM | 350 |
| | ABS | 800 |
| | PS | 1000 |
| | PVC | 4000 |
| 玻璃 | | 6000 |

方案的参与者接着对玻璃和塑料这两种在电子废弃物中最有价值的材料进行了二手市场前景的选择性评估。评估结果说明以下几点:(1)回收技术需要改进;(2)用于制造新产品的二手原材料的采购需要增加;(3)对电子废弃物回收商的限制法规需要调整。

在公司负责回收方面,日本富士施乐公司已经形成了资源循环利用完整的生产体系。该公司在全国设立了 50 个废弃物复印机回收点,将旧复印机分解后,按质量情况将零部件实行数据化管理。他们不仅把回收复印机的零部件拆卸下来,进行加工处理后再次利用,而且还开发出了预测废弃复印机的回收数量、管理零部件质量的计算机软件,做到即使使用旧部件,也丝毫不影响复印机的质量。富士施乐公司某工厂建起一套资源循环利用生产体系后,一年回收的旧复印机达 3 万台,每台旧复印机中的零件有 40% 得到再次利用。

从以上两个例子可以看出,全球范围内正在积极探索解决电子废弃物资源化回收利用的有效途径,这一领域正在积极健康地发展。我国应该从相关的案例中汲取经验,摸索出适合国情的电子废弃物资源化回收利用的思路。

# 第十七章 废汽车的回收与处理

## 第一节 概 述

### 一、国内外废旧汽车回收利用的现状

#### (一) 国外废旧汽车回收利用现状

国外废旧汽车回收利用现状如下所述。

(1) 回收管理规范,制度严密。美国车辆报废主要依据该车是否影响环保而定,只要超过额定的里程数或排污标准,安全性能不合格,一律作报废处理;报废车送交拆车厂,首先由专业技师检查车况,将可利用零配件记录在案;政府按照合理布局和环保的要求对拆车企业实行资格审批制度,拆车企业数量严格限制,从总体上避免了经济资源的浪费;行业协会制定价格标准,实行报废汽车收购指导价,协调同行之间的竞争行为;整个过程监督管理相当严密,一旦发现违法或违规行为将被课以重罚。

(2) 综合利用水平高。从环保角度考虑,发达国家对汽车的综合利用十分重视也相当充分,利用率达到75%以上。不但许多小零件可对外出售,"五大总成"零配件只要经检测符合标准也可销售,对不能再利用的剩余部分经切割、破碎后送钢厂入炉冶炼,但其有一套严密的检测标准和手段。

另外值得关注的是,汽车制造公司也注重对报废汽车的利用,不仅参与主要零配件(如发动机、变速箱)再制造的翻新使用,而且在设计期就以提高汽车的可回收性为目标,据最新欧盟"绿色汽车"的报废要求,从汽车设计开始就要考虑汽车零配件的回收再利用,其利用率可达到95%以上,仅有很小一部分进行填埋处理。

(3) 现代化网络管理。美国、日本等国家将拆解下来的可用零配件都输入电脑并上网,客户需要何种配件马上就可以从电脑中查出,既便捷了客户,又加快了零配件的周转,促进了零配件的充分利用。

(4) 破碎实行机械化操作。对专业拆解后不可利用的车壳等零配件使用滚压破碎机、落锤击打机等设备进行处理,如车壳经滚压成扁体状后,进入击打机锤打成粉碎块,破碎过程中产生的高温溶解汽车表面油漆,并通过磁吸分离有色金属、玻璃、橡胶、塑料等,整个过程机械化程度较高。

#### (二) 我国废旧汽车回收利用现状

在我国,目前对废旧汽车的回收形式或比较死板,或缺乏规范,综合利用比例较低和技术比较落后。我国旧车的报废和回收形式分为两种:官方回收和民间回收。官方回收按照国家规定,车辆"五大总成"包括发动机、变速箱、前后桥、方向机、车架必须严格按照材料形式回收,不准再出售利用,其他的金属材料零部件如钢板弹簧等可利用均可进入旧车交易市场或旧车零部件市场出售,或以材料形式回收。民间回收实际上包括了旧车报废及其零部件的交易两个方面。回

收单位并不是严格意义上的企业,而是一些个体私人作坊,报废及回收的手续很大程度上与国家的有关政策不相符合。回收企业,特别是个体企业受利益驱动,使旧车回收市场变得比较混乱,更谈不上技术进步。

这主要表现在以下几个方面:

(1) 政策制度不到位,造成部分报废汽车非法流入外地市场。利用政策空隙,一些车主单位(个人)非法倒卖报废汽车。不法分子扰乱社会经济秩序,非法倒卖报废汽车。管理制度不完善,未形成对回收、拆解全过程的监督管理机制。政策不明确,未形成报废汽车"五大总成"不得利用件的详细目录。

(2) 拆车行业无序竞争,经济效益不断下降,违规行为时有发生。

(3) 拆车企业体系分散,管理和技术水平落后,制约了行业生产力的提高。

从以上可以看出,我国废旧汽车回收和世界发达国家相比存在一定的差距,废旧汽车的再生利用处在比较落后的状态,主要体现在政策法规不健全,管理制度不完善,回收利用的技术、工艺落后,机械化程度较低。从中也可以得出这样的结论:我国废旧汽车回收再利用行业的发展潜力巨大,前景广阔。

### 二、我国进口废钢铁及废汽车压件情况

我国每年都要从国外进口一定数量的废钢铁、废铜、废铝等废料(其中包括少量的汽车压件)进行再生利用,以弥补我国这些资源的需求缺口。这无论是从发展经济的角度,还是从保护环境的角度,都具有积极意义。例如,用废钢铁与用铁矿石炼钢相比,不但可节约能耗74%,而且还能减少开山采矿对生态环境造成的破坏及铁矿石炼铁产生的大量高炉冶炼渣对环境的污染。

随着我国加入WTO,我国和其他WTO成员国之间的贸易壁垒正逐渐消失,这无疑有利于我国的正常进出口贸易。近来,可用作原料的废料进口贸易十分活跃,进口量激增。据海关的统计数据表明,2002年第一季度废料进口量达540万t,比去年同期增长了62%,其中废钢铁为188万t,比去年同期增加了141%。还有很多企业拟从国外进口废汽车压件,主要用于回收利用钢铁和其他金属。

### 三、废汽车压件的主要成分及回收利用价值

根据各种汽车的不同用途,设计、制造时所选用的材料也有所不同,而且性能优良、安全、轻量、强度高的新材料不断被用于新型汽车中。但总的来说,现阶段世界上的汽车制造材料中钢铁占的比例仍然最大,达70%左右。其他还有一定比例的有色金属、塑料、橡胶、玻璃、纤维等。从笔者调研中所见到的进口废汽车压件来看,多为废轿车的压扁打包件,少有大客车和大卡车。因此,下面就以轿车为例来分析国外废汽车压件的主要成分。

制造轿车的材料组成如表17-1所示。

**表 17-1 轿车所用材料在整车中的质量分数**

| 材 料 | 钢 铁 | 铝 | 塑 料 | 玻 璃 | 橡胶等 |
|---|---|---|---|---|---|
| 质量分数/% | 65~70 | 5~10 | 10~15 | 2~4 | 5~15 |

#### (一) 金属材料

由表17-1可知,钢铁等金属在轿车制造材料中所占比例高达80%左右,主要有以下几类金属:钢板、结构钢、铸铁、铝及其合金、铜及其合金、锌、铅等。

钢板在轿车中所占比例最大,约占整车质量的 70%,主要用于制造车身,包括发动机罩、行李箱罩、纵梁、横梁、支柱等,还有悬架摆臂、车轮、燃油箱等。为了防腐蚀,钢板表面还要进行镀锌、镀锡、镀铝处理。也就是说,废轿车的上述部件里,除钢铁外,还含有少量的锌、锡和铝。结构钢铁的用量比例仅次于钢板,各种齿轮、半轴、曲轴、连杆、拉杆、轴套等要用到不同成分的结构钢。弹簧钢用于制造减震器弹簧和钢板弹簧等。铸铁的用量在轿车中占整车质量的 10% ~ 15%,如气缸体、气缸盖、气缸套,变速器壳、差速器壳、转向器壳、离合器壳、驱动桥壳、机油泵壳、水泵壳,制动鼓、飞轮、皮带轮、轮毂、摇臂座等,一般都用铸铁制成。

铝及其合金主要用于制造汽车发动机的活塞、散热器、车轮等。目前美国和日本的轿车中已多用铝代替了笨重的铸铁来制造发动机的缸体、缸盖、活塞、保险杠、悬架零件、制动盘、车身和车架等,使轿车的轻量化向前迈进了一大步。预计 10 年后,从国外进口废汽车压件的铝含量将比现阶段高得多。其他金属,如铜、锌、锡等,也在轿车的制造中各有所用。

### (二) 非金属材料

制造轿车使用的非金属材料包括塑料、玻璃、橡胶、涂料、皮革、纤维等。

塑料的种类繁多,各种塑料在轿车中被广泛应用,而且还有增加的趋势。表 17-2 仅列举部分主要塑料部件供参考。

表 17-2　制造轿车中使用的塑料种类及部件名称

| 名　称 | 应　用　部　件 |
|---|---|
| ABS | 散热器罩、挡泥板、转向盘、仪表盘等 |
| 聚氯乙烯(PVC) | 座椅面料、顶棚面料、管件及软管等 |
| 聚丙烯(PP) | 转向盘、保险杠、挡泥板、后视镜、仪表盘、灯壳、蓄电池壳、扶手、风扇叶片、风扇罩、电线束等 |
| 聚酯(UP) | 仪表盘、车身装饰件、挡泥板、轮毂防尘罩等 |
| 尼龙(PA) | 正时齿轮、燃油泵齿轮、钢板弹簧衬套、进气歧管密封圈、接线板、风扇等 |
| 泡沫塑料 | 座垫填充料 |
| 聚氨酯树脂(PU) | 内饰板、座垫、仪表板、门窗密封条、保险杠等 |
| 酚醛树脂(PF) | 制动摩擦片、离合器摩擦片等 |
| 有机玻璃 | 遮阳板、灯玻璃、仪表玻璃等 |

从表 17-2 可看出,废汽车压件中使用的塑料部件主要集中在车身部分,如车身内外的装饰材料、座椅等。

橡胶主要用来制造轮胎,玻璃用于车窗。由于进口废汽车压件轮胎和车窗已被拆卸,此处不予讨论。另外还有涂料,主要用于车身的防腐蚀及美化外观。虽然占整车质量的比例很小,但在回收利用废汽车的金属时如处理不当会造成对环境的污染。

### 四、废汽车压件再生利用价值

所谓废汽车压件,一般是指报废汽车被拆卸了发动机、轮胎、蓄电池、变速箱等后经压扁成不可恢复原状处理的车体。在欧美、日本等国家,汽车换代比我国快,美国汽车的使用年限平均是 7.1 年,法国是 9 年,德国是 5~6 年,意大利规定是 8 年。日本车一般可行驶 40 万 km,但多数只行驶了 4~5 万 km、4~5 年就处理了,或卖给二手车经销商,或废弃。只有很少车辆用到了 100 万 km、10 年左右。这些国家与我国的规定不同,汽车报废后并不要求所有总成和零部件都得报废回炉炼钢,而是从节约能源、降低材料消耗出发,尽可能地拆卸回收可再利用的总成及零部件,对其进行翻新处理并对翻新产品进行严格的性能检测,合格品允许进入本国汽车配件市场,供汽车维修用。有回收利用价值的主要是燃油及各种机油、发动机、变速箱、制动电机、启动电机、轮胎、玻璃、蓄电池等。因此,进口废汽车压件一般都是已拆卸了上述总成和部件的车身部分。从上述制造轿车的主要材料和进口废汽车压件来看,这种废料中钢铁等金属含量以质量计可达75%左右,是回收利用废钢铁和铜、铝等金属重要的货源。

### 五、进口废汽车压件的环境风险及预防措施

#### (一) 进口废汽车压件的环境风险

虽然废汽车压件含金属成分高且质量好,可以作为回收利用金属尤其是钢铁的一个货源,但它又与一般的钢铁废碎料不同,因为它含有车厢的内装饰材料、座椅、地板垫、使用者的遗弃物品等,而这些材料多为塑料、人造革、化纤、橡胶、油漆,甚至还有石棉,这部分废料的质量分数约为25%,回收利用比较困难。

目前我国对进口废汽车压件的加工利用方法如图 17-1 所示。

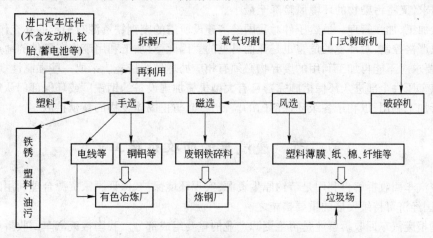

图 17-1　进口废汽车压件的加工利用方法示意图

从图 17-1 可以看出,进口废汽车压件经拆解厂加工后,被分为可作为原料的废钢铁、废铜、废铝等,同时产生相当比例的垃圾。这部分垃圾约占总量的 25%。垃圾的比例大小与进口的废汽车压件的质量直接相关。这些废汽车在产生国被压扁打包前,一般已露天堆放了相当长一段时间,经历了日晒雨淋,有的已锈迹斑斑。在压扁打包时,往往只拆除了发动机、轮胎、车窗玻璃、蓄电池等,车身内的装饰材料、仪表盘、座椅等非金属部件却被连同车身一起压扁打包,进口到我国后,在拆解厂里被切割、破碎、分选过程中这些部分变成碎片,连同铁锈、油漆渣、重金属、油污等成为垃圾,被运往垃圾填埋场处理。由于这部分废弃物的密度相对于金属而言小得多,因此尽管质量只占进口废汽车压件的 25% 左右,但体积却不小。如果一个拆解厂年加工进口废汽车压件 10 万 t,产生的垃圾可达(2~3)万 t,堆积起来像一座小山。填埋处理这些垃圾,不但占用国家宝贵的土地资源,而且如果填埋场未进行严格的防渗处理,将对地下水、地表水、土壤、植物等造成污染。

#### (二) 防止进口废汽车压件污染环境的措施

从源头防止污染物进入我国。进口废汽车压件的源头在废汽车压件产生、出口国。如何把好商检关,让可为我所用的废汽车压件进口到我国的同时把污染物拒之于国门之外,是节约资

源、保护环境的关键。可充分发挥我国驻外检验机构中检公司 CCIC 的监督、检验职能,对出口到中国的废汽车压件实行 100% 装船前检验,严格把关,对严重锈蚀的或未拆除座椅、蓄电池、轮胎的废汽车压件作不合格处理。

制订环境保护标准,规范进口检验程序。迄今为止,我国还没有出台进口废汽车压件的环保控制标准,对进口废汽车压件的检验是参考"陇口废钢铁环保控制标准"执行的。该控制标准规定,进口废钢铁中无法在其加工利用过程中作为原料直接利用的其他夹带废物(如废的木料、纸、织物、玻璃、塑料、铁锈、渣土等)的总质量不得超过进口废钢铁质量的 2%。而实际上,进口废汽车压件的夹带废物的比例远远高于上述标准,达 25% 左右。对于这种特殊的废钢铁,如果完全放弃,不允许进口,固然可以避免夹带废物引起的环境风险,但从经济发展的需求以及我国现阶段的国情、国力来看,并不是最佳选择。反过来,如果根据实际情况,制订专用的进口废汽车压件环保控制标准,规定进口废汽车压件中不得含有座椅(包括坐垫和靠背)、轮胎(包括备用胎)、窗玻璃、蓄电池、燃油、机油、空调机、发动机等,就可以将废塑料、废纤维、废橡胶、油污渣土等含量控制在 8% 左右,以保证进入我国的废汽车压件既有再生利用价值,满足我国钢铁工业对进口废钢铁的需求,又将污染物的环境风险降至最小。

定点加工,加强管理。虽然压件对我国经济建设所需的废钢铁资源有一定的补充作用,但如果不加以严格控制,对环境的危害也是显而易见的。因此,对加工利用废汽车压件的地点也应加以规范,要求对不能再加工利用的废弃物必须有相应处理处置措施。采取一些强制性规定,让进口的废汽车压件全部进入环保措施完善且有大型机械加工设备的钢铁厂或环保部门认定的加工园区进行加工利用,以利于各级环保部门的监督管理,防止固体废物的蔓延扩散。

# 第二节　废汽车的回收拆解工艺

报废汽车回收拆解再利用是节约原生资源,实现环境保护、保证国家资源合理利用的重要途径,是我国经济可持续发展的重要措施之一。

我国报废汽车回收拆解业是再生资源产业的重要组成部分。我国报废汽车回收拆解业的发展,拉动了民族汽车工业的发展和劳动力就业以及相关产业的发展,再生资源产业发展为我国经济建设和环境保护做出了积极贡献。目前,我国钢铁、有色金属、纸浆等产品三分之一以上的原材料来自再生资源,随着我国再生利用科技水平的不断提高,再生行业将成为我国原材料供应的重要渠道。

## 一、粗解程序(总体拆解)

由于报废汽车车型不同,均有其个性化的特点,同时也有许多共同的内容。因此,在拆解过程中应掌握基本的拆解方法,以举一反三。其一般拆解工艺流程是:登记验收、外部情况、放尽油料、先拆易燃易爆零部件、总体拆解(拆下各总成、组合件、零部件)、再清洗、检验分类、可用件(作利用、移用)、修复件(作修复再生)、报废件(再利用或重熔再生)。以达到物尽其用、全面提高效益之目的。

报废汽车的总体拆解就是将汽车拆散成总成和组合件的过程。

### (一) 准备工作

(1) 拆解鉴定:由现场管理、销售、保卫及参加解体作业人员共同对报废车辆的质量及完好程度、安全情况细致地分析和商讨,按市场需求和用户要求确定解体程序的繁简。

(2) 准备工作:检查报废车辆是否有易燃物和危险品,放尽油箱内残余油料,放尽相关设备中的润滑油,并收集在专用容器内。放冷却液时,应注意避免烫伤。将汽车停放在拆解位置上(地沟或举升器),安全地将车支起。

支顶车时,切勿钻到车下操作。如非要到车下操作,必须使用安全支架用千斤顶顶起车身,应先将着地轮前后两侧用三角木块垫稳。

用双柱举升器支起汽车的支点位置。要注意在顶举车体时,应尽可能使支臂伸出长度相近,并使车体前后保持平衡。安装支臂时,小心不要碰到制动管和燃油管。此种举升器只能用于自重小于 2.5 t 的小客车的举升作业。

将工具及盛装零散小件的格子盒布置在汽车周围。必要时,准备数块保护高级小客车面漆的垫布。

使用轮式千斤顶和安全支架的方法(注意:车身支撑部位接触面不平时,应在支架与支点处垫上木块或橡胶块)。

**(二) 解体程序**

报废汽车的解体应本着由表及里,由附件到主机,并遵循先由整车拆成总成、由总成拆成部件、再由部件拆成零件的原则进行。

下面是一种国产货车全车分解的一般作业程序:

(1) 拆吊车厢。拆解车厢与车架连接的 U 形固定螺栓,把车厢吊下。

(2) 拆卸全车电气线路、仪表和照明设备以及蓄电池、启动机、发电机、调节器、点火和信号装置等。

(3) 拆卸机器盖和散热器。拿下机器盖,拆卸散热器与车架连接处的螺母、橡胶软垫、弹簧以及橡胶水管、百叶窗拉杆、拉手和百叶窗等,最后拆下散热器。

(4) 拆卸叶子板及脚踏板。

(5) 拆卸汽油箱。拆卸与汽油箱连接的油管、带衬垫的夹箍,再把汽油箱拆下。

(6) 拆卸方向盘和驾驶室。拆卸方向盘,拆卸驾驶室与车架连接处的橡胶软塑及螺栓、螺母,吊下驾驶室。

(7) 拆卸转向器。先将转向盘臂与直拉杆分开,拆下转向管柱和转向器。

(8) 拆卸消声器。先卸消声器与排气歧管夹箍的固定螺栓,拆下消声器。

(9) 拆卸传动轴。先拆方向节突缘与变速器,主传动器突缘接头的连接螺栓,拿下中间支承,拆下传动轴。

(10) 拆卸变速器。先拆变速器与发动机固定连接处的螺栓,拆下变速器。

(11) 拆卸发动机附离合面。拆卸发动机与车架的支承连接,吊下发动机附离合面。

(12) 拆卸后桥。将车架后部吊起,拆卸后桥与车架连接的钢板弹簧和吊耳,或先将后桥与钢板弹簧的 U 形螺栓拆下,将后桥推出车架。

(13) 拆卸前桥。将车架前部吊起,拆卸前桥与车架连接的钢板弹簧及吊耳,或先将前桥与钢板弹簧的 U 形螺栓拆下,将前桥推出车架。

**二、细拆工艺**(各总成与组合件的拆解)

本着"先易后难、先少后多"的原则,并要正确选择断开部位。对于首次遇到的新车型,要先拆容易伸手作业的地方,后拆作业空间小、结构复杂的部位,切忌遇到什么拆什么的做法。要先观察,再作判断。

**(一) 发动机的拆解**

不同车型的发动机,从车架上拆下来的方法也不同,一般来说,都必须按照下列工艺程序:

（1）拆下发动机罩。

（2）拆下蓄电池负极接线柱。

（3）拆下散热器上、下水管,拆下散热器。

（4）拆下暖风装置进、回水管。

（5）拆下各类拉索,如油门栏线、阻风门拉线、离合器拉线、里程表软轴线等。

（6）拆下各类电器配线,如水温感应塞、机油压力感应塞、发电机、起动机、分电机、各种电磁阀的配线。

（7）拆下各类软管,如燃油管、真空软管、废气喷出管等。

（8）拆下与发动机相连接的总成和部件,如空调压缩机、变速器、排气歧管、发动机支脚等。

（9）吊出发动机。小客车从前侧吊出,而有些面包车则需拆下前桥,从下部落下。在吊下发动机时,要向各个方向摆动,看其是否完全与车体及连接件脱离,然后缓缓吊起,勿使车身及附近部件受到损伤。

以夏利 TJ7100 型轿车发动机吊下为例。该车型为前轮驱动,发动机横置,其拆解程序不同于后轮驱动型汽车:

（1）放尽发动机机油和冷却液。

（2）拆下发动机罩。

（3）拆离蓄电池正、负极接线,拆下蓄电池固定卡,取下蓄电池。

（4）拆下蓄电池托架。

（5）拆下散热器。

（6）拆下空气滤清器总成。

（7）拆下里程表软轴,拆下离合器拉线。

（8）拆下油门拉线。

（9）拆下制动助力泵软管。

（10）拆下暖风水管。

（11）拆下各类线束接头(当发动机仍在汽车上时,应拆开每个开关和传感器的接头)。

（12）顶起汽车,用安全支架支撑汽车,拆下前轮。

（13）放尽变速器润滑油。

（14）拆下换挡杆分总成。

（15）拆下排气管,将其从排气歧管上取下。

（16）拆下稳定杆。

（17）拆下悬挂下托架分总成。

（18）拆下前驱动轴。拆时须用手托住该部分。

（19）拆下发动机安装后支架下板。先拆卸变速器侧的螺栓。

（20）拆下发动机安装右支架。拆下发动机下安装梁分总成与发动机安装右支架之间的固定螺栓。

（21）吊起发动机,拆下发动机的固定左隔振垫,拆下发动机前隔振垫。

（22）将发动机从车上吊下,在吊下前必须进行最后检查,以确保拆解完毕。

**（二）变速器的拆解**

不同车型的变速器,其自身结构和安装形式有所区别,但也有许多共同或相近之处,一般遵循下面的拆解要领:

（1）拆下蓄电池负极接线。

（2）放尽变速器齿轮油。

（3）拆下传动轴（或前驱动的左、右半轴）。

（4）拆下速度传动软轴。

（5）拆下离合器分泵（或拉线）。

（6）拆下启动机导线、变速器搭铁线和倒挡灯开关导线。

（7）拆下启动机总成。

（8）拆下变速杆（或变速操纵连杆）。

（9）用千斤顶顶起变速器，拆下与发动机连接螺栓。拆下变速器托架，把变速器向下往后拉出。

以夏利 TJ1700 型轿车变速器拆解为例，该车型为前轮驱动型，其变速器与差速器制成一体。因此，其拆解工艺有其不同于后轮驱动车型之处：

（1）拆下发动机盖。

（2）拆下蓄电池固定卡和蓄电池。

（3）拆下蓄电池托架。

（4）断开启动机导线、变速器搭铁线、倒车灯开关导线。

（5）拆下起动机总成。

（6）拆下里程表软轴。

（7）拆开三处线束卡子。

（8）拆下离合器拉线。

（9）拆开变速器总成与发动机直接连接的两个螺栓。

（10）顶起汽车，拆下前轮。

（11）放尽变速器润滑油。

（12）在排气歧管处将排气管前部脱开。

（13）将操纵拉杆总成和延伸拉杆总成从变速器上拆开。

（14）拆卸稳定杆。拆下稳定杆端部的固定螺母和挡圈以及稳定杆安装螺母。

（15）在支架一侧拆开下横臂。

（16）用专用工具拆卸左、右前驱动轴，注意拆卸时必须托住驱动轴内侧万向节处。

（17）拆卸变速器总成安装螺栓。注意一定要在变速器前面中部留下一个螺栓不得拆卸。

（18）用千斤顶轻托在变速器下部，然后拆下发动机后安装支架下板的连接螺栓。将发动机后隔振垫转动 90°，使其朝上。

（19）拆下变速器总成前面中部留下的一个螺栓，缓缓地下降变速器，然后从车下取出。

以丰田"皇冠"轿车 A130 型自动变速器拆解为例：

（1）拆开蓄电池负极接线。

（2）打开散热器，放尽冷却液。

（3）拆开上散热器水管。

（4）拆开空气进口连接器。

（5）拆开变速器节气电缆，旋松调整螺母，拆开变速器壳与托架的电缆连接。拆下插销上的夹子和节气连杆上的电缆连接。

（6）拆下起动机和倒挡灯开关的电线连接。

（7）将车顶高，放出变速器油。

（8）拆下传动轴和中央轴承。拆开地块仪表板的加强板，拆开突缘和差速器的连接，拆开变速器体中央轴承支承,拆下传动轴。

(9) 拆开排气歧管与排气管的连接。

(10) 拆开机油散热管的连接。拆下变速器的机油散热管管夹,拆下变速器的机油散热管。

(11) 拆开手动变速连杆。拆开手动变速的后连接器。

(12) 拆开速度表电缆。

(13) 拆下变速器外壳和汽缸体上的变扭盖和张力板。

(14) 轻轻举高变速器。

(15) 拆下后空调管护套和接地电缆。拆下支承块上的 6 个螺栓,并自变速器上撬开支承块,拆下后支承块。

(16) 拆下发动机护罩。

(17) 转动曲轴,即可看到并拆下 6 个变扭器固定螺栓。

(18) 在变扭器上装好导销。

(19) 轻轻将变速器放低,拆下启动机,拆下变速器外壳支承螺栓。

(20) 以导销为支点,用撬棍分离变速器和变扭器与发动机脱离。

(21) 将变速器朝车后方向拉出(下面放置盛油盘)。

### (三) 离合器总成的拆解

离合器总成位于发动机动力输出端与变速器输入轴之间。其拆解程序如下:

(1) 拆下变速器。

(2) 拆下离合器压盘和离合器片。将固定螺栓每次旋松一圈,直到弹簧张力消失为止;拆下锁止螺栓,并取下离合器总成。

(3) 自变速器拆下分离轴承、分离叉和轴承毂。拆下卡环,取下轴承和轴承毂。拆下分离叉和防尘套。

### (四) 传动轴的拆解

传动轴的拆解比较简单,只要拆开与差速器和变速器的连接及中间支承即可拆下:

(1) 拆开与差速器突缘相连接的传动轴后突缘。

(2) 拆下中间支承。

(3) 拆开与变速器输出端的连接。旋出螺栓,拆下传动轴。对于花链连接,只需向后抽出传动轴即可。为防止机油泄漏,再用油塞插入变速器输出端口。

### (五) 驱动桥的拆解

汽车的传动系末端总成即为驱动桥,它由主减速器、变速器、半轴和驱动桥壳等组成。

驱动桥的结构有三种类型:

(1) 非断开式驱动桥。这类驱动桥在 EQ1090E、CA1091E、NJ1042 等货车及许多进口轿车上采用。

(2) 断开式驱动桥。这类驱动桥应用在独立悬架的后桥上,常见于高级轿车和越野车上。

(3) 断开式转向驱动桥。国产桑塔纳、夏利轿车前桥即为此类。

以夏利 TJ7 100 型轿车(断开式转向驱动桥)为例,其半轴的内侧为三叉式等速万向节,外侧为球笼式等速万向节。该车的前轮既是转向轮,又是驱动轮。拆解顺序如下:

(1) 吊起汽车,放掉变速器机油。

(2) 拆下前轮。

(3) 拆下开口销,拧下前轮螺母放松盖。

(4) 用专用工具拆下轮毂螺母。

(5) 用专用工具拆下转向拉杆。

(6) 拆下稳定杆。

(7) 拆去下横臂(仅支架侧)。

(8) 拧下变速器纵机构前支架螺栓。拆下延伸杆分总成和操纵拉杆分总成。

(9) 用专用工具拉出半轴。注意要用手托住内侧万向节。

(10) 拆卸差速器。必须拆下变速器,才能拆下差速器。

以日本丰田"皇冠"轿车(非断开式驱动桥)为例,拆解顺序如下:

(1) 拆下半轮。

(2) 拆下鼓式制动器—制动鼓;盘式制动器—制动卡钳、制动盘、手制动元件。

(3) 拆开制动管。

(4) 拆制动器底板支座 4 颗固定螺母。

(5) 拆下半轴。

(6) 拆下端垫圈,放出差速器油。

(7) 拆开传动轴和差速器的连接,拆下差速器壳总成。

### (六) 汽车悬架的拆解

汽车悬架是车架(或车身)与车轴(或车轮)之间的弹性联结的传力部件。由弹性元件、导向装置、减振器、缓冲块和横向稳定杆等组成。

(1) 非独立悬架的拆解。主要应用于载重汽车、大客车和面包车上,在小客车上只用于驱动桥。国产桑塔纳轿车的后悬架,其弹性元件为螺旋弹簧。进口小客车的后悬架,其弹性元件为钢板弹簧,车桥为非断开式驱动桥。而有的则是一种螺旋弹簧非断开式驱动桥。

以悬架为例的拆解程序:

1) 拆下左、右轮。

2) 将车顶起,拆开刹车管和手制动钢索。

3) 拆开差速器与传动轴的连接。

4) 将一专用支架(1.5 m 高)放在后桥壳下,将吊机支臂向下运行,直到后桥壳的大部分质量落在支架上,这样可以使各弹性元件、连杆等处于相对松弛状态,以便于拆解。

5) 拆开减振器与后桥壳和车身连接的螺栓,拆下两个后减振器。

6) 拆开稳定杆两端的连接。

7) 将侧控制杆与车身的连接拆开;将侧控制杆与后桥壳的连接拆开;拆下侧控制杆。

8) 将车身向上慢慢举高,使后桥壳与支架脱离,拆下螺旋簧和上下胶垫。

9) 将车身放下,后桥壳落在支架上。

10) 拆下上控制臂。先拆开上控制臂与车身的连接,不要抽出螺栓,再拆开上控制臂与后桥壳的连接,不要抽出螺栓。

11) 拆下下控制臂。先拆下锁定块,再拆开下控制臂与车身的连接,不要抽出螺栓,然后拆开下控制臂与后桥壳的连接。

12) 抬下后桥壳时,需要两个人各扶左、右两侧,先抽出上、下控制臂的 6 个螺栓,拆下 3 个控制臂,再慢慢将车升起,由两个人将后桥抬下。

(2) 独立悬架的拆解。普遍用于小客车的转向桥,也常见于后桥,夏利轿车的前后桥都是独立悬架。

夏利轿车前悬架的拆解:

1）用千斤顶顶起车的前端,并将车支稳,拆下前车轮。

2）拆下减振器上的 L 型卡片,从软管支架上拆开制动软管。

3）拆下安装在转向节上的螺栓、螺母,把减振器总成和转向节分开。注意在拆解减振器前,先拆下上面一个制动钳固定螺栓。

拆下前悬架支座分总成与车身连接的两个螺母,把减振器总成从车身上拆下。

夏利轿车后悬架的拆解：

1）用千斤顶顶起车的后端,将车支稳。

2）拆下后车轮。

3）拆下制动管和制动软管。

4）拆下减振器与后轴头连接用螺母（螺栓留在上面）。

5）拆下内装饰件。

6）旋松连接减振器和后悬架支座的螺母,注意不要拆下螺母。

7）拆下连接后悬架支座和车身的螺母。

8）拆下连接后减振器和后轴头的螺栓,从车上拆下减震器。

9）拆开真空警告灯开关接头。

### （七）汽车制动系统的拆解

汽车制动系统由制动传动装置（踏板、助力泵、总泵、分泵等）、制动器（脚制动、手制动）和分配阀等组成。

制动总泵和制动助力器的拆解顺序如下：

（1）拆开液面警告灯开关连接器。

（2）抽尽制动液。

（3）拆开四条制动管的连接。

（4）拆下进气阀和排气阀,拆下其托架。

（5）拆下制动总泵。

（6）拆开真空软管的连接。

（7）拆下踏板回位弹簧。

（8）拆下夹钳和 U 形销。

（9）在车身内拆下固定助力器的 4 个螺母,从发动机室内将助力器连同垫圈一起拉出。

制动器的拆解。制动器分为盘式制动器和鼓式制动器。拆解顺序如下：

（1）盘式制动器的拆解。支起汽车、拆下车轮。拆下制动软管和两个固定螺栓,拆下制动器总成。

（2）鼓式制动器的拆解。拆下车轮,拆下制动鼓。拆下后制动蹄和前制动蹄。拆下制动管和制动分泵。

手制动器的拆解。以夏利轿车为例：

（1）拆下手制动指示灯开关的导线插头和调整螺母。

（2）拆下两个螺栓,从车上拆下手制动手柄。

（3）拆下防护罩。

（4）从拉杆上拆下手制动拉线。

（5）顶起汽车,卸下车身下面固定手制动拉线的卡子。

（6）拆下后制动器有关零件。拆开制动蹄,从制动板上卸下手制动拉线。

**(八) 汽车转向系统的拆解**

汽车转向系统一般由转向盘、转向柱、转向器和转向拉杆等组成。

国产桑塔纳和夏利轿车的转向系统,它们有一个共同特点:都是常用于前轮驱动车型,其转向器为齿轮齿条式。以夏利车转向系统的拆解为例:

(1) 拆下蓄电池负极接头。

(2) 用手握住转向盘盖的下端,然后向怀里拉,拆下转向盘盖。

(3) 拆开转向盘锁母。

(4) 用专用工具拆下转向盘。

(5) 拆下仪表板的下面板和转向管柱下罩。

(6) 拆下仪表板下盖板。

(7) 拆开组合开关的接线和点火开关的接线。

(8) 拆下万向节的连接螺栓。

(9) 拆下转向管柱总成。

(10) 从转向管柱上拆下转向管柱上罩和组合开关。

(11) 用千斤顶顶起汽车前部,拆下前轮。

(12) 拆下转向轴万向节。

(13) 拆下转向拉杆接头。

(14) 拆卸转向器总成。拆下齿条壳夹子的 4 个固定螺栓,从车上拆下转向器总成。

**(九) 汽车转向系统的拆解**

以小客车(非承载式和承载式)车身、货车车身、大客车车身的拆解工艺分别叙述。

(1) 小客车非承载式车身。

这种形式的车身可以逐件拆卸。先拆下车前钣金件,如保险杠、前装饰罩等;再拆下车后钣金件,如后保险杠等。按次序再拆下前机器盖、后行李箱左右翼子板、前后车门、门柱等;全部拆下后,只剩下非承载式车身底座即车架。

(2) 小客车承载式车身。

这种形式的车身是焊起来的车身壳体,一般采用气割的办法。但保险杠、车门、前机器盖、后行李箱及翼子板仍可以拆卸。

(3) 货车车身。

货车的车身通常采用非承载式车身,它由车厢、驾驶室等组成,车厢、驾驶室都是独立可整体拆卸的。

以解放牌系列货车车身的拆解为例:

1) 拆掉全车电气导线及信号装置(如前、后车灯及喇叭等)。

2) 卸掉各边板的高栏拦板。

3) 卸下货厢的挡泥板。

4) 卸掉货厢纵梁与车架的 U 形紧固螺栓及其他连接螺栓。

5) 货厢整体移位(行吊配合)。

6) 卸下散热器罩撑杆与罩的连接穿销,使罩与撑杆脱开,取下发动机罩。

7) 卸下散热器罩与支架的连接螺栓,取下发动机罩。

8) 卸下散热器罩与翼子板的连接螺栓,取下中间胶垫,卸下脚踏板与支架的连接螺栓,卸下脚踏板及其支架。

9) 卸下翼子板与车架及各道支架(前、中、后)的连接螺栓,取下翼子板及发动机挡泥板。

10）从车架上卸掉各道翼子板支架。

11）卸掉驾驶室内的座垫及靠背。

12）拆下驾驶室内的转向盘、转向器支架与仪表板的连接螺栓，并从转向器管柱上拆下支架及胶圈；拆下离合器踏板及转向器盖板、变速箱盖板、蓄电池盖板；卸掉油门踏板和制动板；卸掉百叶窗拉杆、气压表空气管、速度表软轴等。

13）卸掉安装在驾驶前壁外侧的各类装置，如喇叭、发电机调节器、散热器撑杆等。

14）卸掉车门上的后视镜，卸掉左、右车门的折页穿销及限止器穿销，卸下车门。

15）卸下驾驶室左、右、后悬置与驾驶室的连接螺栓。

16）驾驶室整体移位（行吊配合）。

（4）大客车车身。

大客车车身多为厢式整体型，外表用金属首板（早期也有用玻璃钢的）铆接在车身骨架上。车厢内用装饰板封闭。在拆解时，首先拆下前后保险杠，大客车车门多为单向折叠或双向折叠，其结构比较简单，摘下门销即可拆下车门。然后再拆下车内座椅、车身内外装饰板及金属板、车窗玻璃等。

其结构也有非承载式车身骨架、底架承载式车身之分。

（5）驾驶室的拆解。

可依次取下收音机，拆掉仪表盘、遮阳板、刮水器挡板、挡风玻璃刮水器、棚顶灯、室内衬纸、前后挡风玻璃、小通风窗等。如驾驶室损伤严重，则可进行局部或整体解体。

（6）车厢的拆解。

1）分别拆掉货厢的左、右及后高栏拦板。

2）拽出开口销，取出边板折页穿销，分别取下左、右后边板。

3）旋下前边板（带安全架）与货厢前横梁（木质）及纵梁（木质）的固定螺栓，取下前边板及安全架。

4）从货厢底板上起下底板与横梁的连接螺钉。

5）将货厢底板翻面，使其原底面朝上，以便拆下纵梁和横梁。

6）拆掉纵梁与横梁的连接角撑铁板固定螺栓，取下各角撑铁板。

7）旋下纵、横梁U形连接螺栓的螺母，取下U形螺栓，从而使纵梁与横梁脱开，取下纵梁。

8）拆掉横梁与货厢底板的连接长螺栓，从而使横梁与底板脱开，取下横梁及横梁垫板。

9）拆掉货厢底板上的各折页固定螺栓，取下各长、短页板。

10）从底板边框边逐次取下各块长条形木板。

11）分别从横梁上卸下绳钩、折页板及各垫板，从纵梁上卸下与车架的连接板等。

12）拆下边板上的栓钩固定螺栓，取下栓钩。

13）在必要的情况下，可用氧割机割开某些焊缝，取下损坏的铁板、管、角、槽钢及栓钩等。

（7）车门的拆解。

1）卸掉车门限止器与驾驶室门框以连接销钉以及折页穿销，取下车门总成。

2）卸掉工作孔盖板螺栓，取下盖板。

3）从工作孔中取出车门限止器。

4）摇动升降器摇把，使门玻璃及升降器下落至玻璃槽并在工作孔中部露出为止。

5）把升降器T形杆的滚子轴拨至滑槽两端的凹口处，并从滑槽中取出，使升降器与滑槽脱开。

6）一只手伸入工作孔内向上推动滑槽及玻璃，并从车门上方窗口将玻璃从门框的滑动铁槽中取出。

7) 旋下升降器摇把固定螺钉,取下摇把。

8) 卸下升降器与车门内壁的连接固定螺钉。

9) 从工作孔处取出升降器总成。

10) 旋下内门把固定螺钉,取下内门把。

11) 旋下门锁联动杆与车门内壁的连接固定螺钉。

12) 把手伸入工作孔内,使联动杆前端销孔与传动销钉脱开。拉动联动杆,从而使其与门锁脱开。从工作孔中取出联动杆总成。

13) 旋下外门把与车门的连接固定螺钉,取下外门把。

14) 旋下门锁与车门内壁的连接固定螺钉,从工作孔取出门锁总成。

15) 旋下玻璃绒槽与门框的固定螺钉,取下绒槽和密封条。

(8) 电器设备的拆解。

1) 从车上取下蓄电池。先拆下蓄电池极柱上的搭铁线及与启动机等的连接导线。拆卸时,要选用合适规格的扳手,旋松夹线螺母后,再轻轻取下,切勿硬撬。然后再拆下蓄电池固定夹,即可取下蓄电池。搬动蓄电池时,要轻拿轻放,不可歪斜,以免电解液泼溅到衣服或皮肤上,引起腐烂烧伤。

2) 从车上拆下发电机总成。先拆下各连接导线及风扇皮带,再拆下发电机固定螺栓,即可取下发电机总成。

3) 依次拆掉点火装置、启动机(器)、照明和信号装置,各种仪表及辅助电器等。

4) 依据用户需要,拆卸空调装置等。

(9) 几种常见联结的拆解。

汽车上数千个零件,部件相互间的联结形式有多种,主要有螺纹联结、静配合联结、链联结、铆钉联结、焊接、粘接、卡机联结等。这些联结拆解量大,技术要求高,其拆解方法介绍如下。

1) 螺纹联结的拆解。

螺纹联结在全车拆解工作量中约占 50%~60%。在拆解过程中,通常遇到最麻烦和困难的是拧松锈蚀的螺钉和螺母。在这种情况下,一般可采用下列方法:

① 在螺钉及螺母上注些汽油、机油或松动剂,一段时间后,用小锤沿四周轻轻敲击,使之松动,然后拧出。

② 用乙炔氧火焰(利用气割枪)将螺母加热,此方法十分有效且极迅速。螺母经加热后,一般容易拧出。

③ 先将螺钉或螺母用力旋进四分之一转左右,再旋出。

④ 用手锯将螺钉连螺母锯断。

⑤ 用犁子铲松或铲掉螺母及螺栓。

⑥ 用钻头在螺栓头部中心钻孔,钻头的直径等于螺杆的直径,这样可使螺钉头脱落,而螺栓连螺母则用冲子冲去。

⑦ 用乙炔氧火焰割去螺钉的头部,并把螺栓连螺母从孔内冲出。

2) 螺钉组连接件的拆解。

在同一平面或同一总成的某一部位上有若干个螺钉(螺栓)相连接时,在拆解中应注意:

① 先将各螺钉按规定顺序拧松一遍(一般为 1~2 转)。如无顺序要求,应按先四周、后中间或按对角线的顺序拧松一些,然后按顺序分次匀称地进行拆解,以免造成零件变形、损坏或力量集中在最后一个螺钉上面而发生拆解困难;

② 首先拆下处于难拆部位的螺钉；

③ 对外表不易观察的螺钉，要仔细检查，不能疏漏。在拆去悬臂部件的螺钉时，最上部的螺钉应最后取出，以防造成事故。

3）断火螺杆的拆解。

如断火螺杆高出连接零件表面时，可将高出部分锉成方形焊上一螺母将其拧出；如断火螺杆在连接零件体内，可在螺杆头部钻一小孔，在孔内攻反扣螺纹，用丝锥或反扣螺栓拧出，或将淬火多棱锥钢棒打入钻孔内拧出。

4）销、铆钉和点焊的拆解。

销钉在拆解时，只要用冲子冲击即可。对于用冲子无法冲击的销钉，只要直接在销孔附近将被连接的铰链加热就可以取出。当上述方法失效时，只能在销钉上钻孔，所有钻头的尺寸比销钉的直径小 0.5～1 mm 即可。

对于拆解铆钉连接的零件，可用扁面尖的犁子将铆钉头铲去，尤其对拆解用空心柱铆钉连接的零件十分有效。当犁去铆钉头比较困难时，也可用钻头先钻孔，再铲去。

用点焊连接的零件，在拆解时，可用手电钻将原焊点钻穿，或用扁犁将焊点犁开。

5）静配合联结的拆解。

汽车上有很多静配合联结，如气门导管与缸盖承孔间的联结，汽缸套与缸体承孔间的联结，轴承件的联结等。

拆解时，一般采用压（拉）出法，如果包容件材料的热胀性好于被包容件，也可用温差法。根据用途不同，拆解设备可分为压力机和拉器两类，在拆解过盈量不大等易拆零件时，也可用手锤和螺丝刀等简单工具进行操作。

6）卡扣连接的拆解。

卡扣连接是应用于汽车上的新型连接方式，一般用塑料制成。在拆解时，要注意保护所联结的装饰件不受损坏，对一些进口车上的卡扣更要小心，因为无法购到备件，要使之完好，以便二次利用。拆解的工具比较简便，主要是平口螺丝刀及改制的专用撬板等。

# 第三节　废汽车中有色金属的回收利用

汽车中使用的有色金属主要是铝、铜、镁合金和少量的锌、铅及轴承合金。随着汽车轻量化运动的不断发展，铝、镁合金的用量不断加大。因此，这里主要对铝、镁、铜及其合金在汽车中应用情况及其回收工艺作一介绍。

## 一、有色金属在汽车上的应用

### （一）铝及其合金在汽车上的应用

汽车质量对燃料经济性起着决定性的作用，车重每降低 100 kg，油耗可减少 0.7 L/100 km。铝合金是最佳的汽车轻量化用材。因此，从 20 世纪 70 年代石油危机以来，单车用铝量在逐年增加。表 17-3 是美、德、日三国汽车用铝量及铝使用率表，表 17-4 所列是日本每辆轿车用铝量。发达国家小汽车用铝材，80 年代每辆汽车平均为 55 kg，1995 年估计每辆为 130 kg，预计 2000 年平均每辆车将达到 270 kg，中型车及大型车用铝量更多，交通运输业用铝为铝产量的 26%。而在我国，铝材在汽车上的应用还较少，铝化率很低，1995 年不超过 7%，目前生产的轿车每辆最高用铝量约为 55 kg，平均在 48 kg 左右，交通运输业用铝量仅为铝产量的 5.7%。因此，我国将加快汽车铝化的步伐，特别是小轿车的铝化率可能超过 20%。据预测，汽车零部件的极限铝化率可达

50%左右。

**表 17-3 美、德、日三国汽车用铝量及铝使用率**

| 国家 | 1977年 | | 1980年 | | 1983年 | | 1986年 | | 1989年 | |
|---|---|---|---|---|---|---|---|---|---|---|
| | 用铝量/kg·辆$^{-1}$ | 使用率/% | 用铝量/kg·辆$^{-1}$ | 使用率/% | 用铝量/kg·辆$^{-1}$ | 使用率/% | 用铝量/kg·辆$^{-1}$ | 使用率/% | 用铝量/kg·辆$^{-1}$ | 使用率/% |
| 美国 | 45 | 2.50 | 54 | 3.90 | 61 | 4.30 | 64 | 4.60 | 71 | 5.00 |
| 德国 | 35 | 3.00 | 39 | 3.50 | 43 | 4.00 | 46 | 4.50 | 50 | 5.00 |
| 日本 | 29 | 2.60 | 36 | 3.30 | 37 | 3.50 | 43 | 3.90 | 58 | 4.90 |

**表 17-4 日本每辆轿车用铝量**

| 发动机排量 | 发动机/kg·辆$^{-1}$ | 热交换器/kg·辆$^{-1}$ | 转向器/kg·辆$^{-1}$ | 车身/kg·辆$^{-1}$ | 传动系统/kg·辆$^{-1}$ | 车轮/kg·辆$^{-1}$ | 其他/kg·辆$^{-1}$ |
|---|---|---|---|---|---|---|---|
| 1000 | 10~20 | 3~5 | 0.5~1 | | | 8~16 | 1.5~2 |
| 1000~1800 | 12~38 | 3~10 | 1~2 | 4~5 | 8~12 | 17~26 | 2~3 |
| >1800 | 20~41 | 2~13 | 2~3 | 12~30 | 7~26 | 29~40 | 3~5 |

汽车用铝主要是铝合金,一些车上采用了少量的铝基复合材料。表 17-5 所列是车用典型铝合金材料的性能及其应用领域。从铝合金零件看,以铸件为主(约占 70%),以变形加工件为辅(约占 30%)。

**表 17-5 车用典型铝合金材料的性能**

| 材料 | | 高硅铝合金 | 铝镁系合金 | | 铝铜镁系合金 | | 铝镁硅系合金 | |
|---|---|---|---|---|---|---|---|---|
| | | Al-120 | 5052 | 5182 | 2036 | 2008 | 6009 | 6013 |
| 性能 | 密度/g·cm$^{-3}$ | 2.7 | 2.7 | 2.7 | 2.7 | 2.7 | 2.7 | 2.7 |
| | 抗拉强度/MPa | 3.5 | 1.9 | 2.9 | 3.4 | 2.5 | 2.6 | 3.2 |
| | 屈服强度/MPa | 1.4 | 0.8 | 1.4 | 2.0 | 1.3 | 1.4 | 1.7 |
| | 延伸率/% | 30 | 25 | 28 | 24 | 28 | 27 | 26~30 |
| | 硬度 HB | 106 | 95 | 87 | 88 | 91 | 102 | 103 |
| | 比强度 | 9.1 | 9.0 | 9.1 | 9.0 | 9.0 | 9.1 | 9.1 |
| 用途 | | 气缸体、曲轴箱、油泵壳 | 曲轴箱、气缸体、车轮、覆盖件 | | 覆盖件、车轮结构件 | | 保险杠、结构件 | |

## (二) 镁合金在汽车上的应用

镁的密度为 1.74 g/cm$^3$,只有铝的 2/3,是一种最轻的结构材料。镁合金强度不高但比强度很高,加工性能好。以往除了在航天航空领域外,镁合金并没有像铝合金那样得到广泛的应用。近年来,随着汽车轻量化的发展,人们将目光投向了镁合金。目前,镁合金零件主要用于小汽车与赛车。国外用镁合金制造的零件有:离合器盒、变速箱、制动器盒、踏板架、仪表板、轮毂等。国内上海大众汽车公司生产的桑塔纳轿车的手动变速箱壳体也是用镁合金压铸的。汽车上广泛使用的镁合金是 AZ91D,另外还有 AM50、AM60、AZ81 等。

镁合金在汽车上的应用,无论从零部件数量还是重量上看,目前都远低于铝合金。但是,由于其比铝合金更轻,因此是将来进一步降低汽车重量的理想材料,也是铝合金的有力竞争对手,实际上近几年来镁合金在轿车上的用量也趋于上升。

### (三) 铜及其合金在汽车上的应用

汽车上使用的铜主要是纯铜、黄铜和青铜。纯铜用来制造制动管、散热管、油管和电器接头。铜合金则广泛用于其他零部件,见表17-6、表17-7。由于铜及铜合金比较重,不符合汽车轻量化的发展方向,因此,一些铜件逐渐被铝合金取代,如散热器。欧洲铝化率已达90%～100%,美国达到60%～70%,日本达到25%～35%,我国在这方面也已开始起步。

**表 17-6　黄铜在汽车上的应用**

| 材　料 | 零件名称 |
|---|---|
| H90 | 排气管热密封圈外壳、水箱本体、冷却管、暖风散热器的散热管等 |
| H68 | 水箱上下储水室及夹片、水箱本体主片、暖风散热器主片 |
| H62 | 水箱进出水管、加水口座及支承、水箱盖、暖风散热器进出水管等 |
| HPb59-1 | 化油器配制针及进气阀本体、制动阀阀座、功率量孔、怠速油量孔等 |
| HSn90-1 | 转向节衬套、行星齿轮及半轴齿轮支承垫圈 |

**表 17-7　青铜在汽车上的应用**

| 材　料 | 零件名称 |
|---|---|
| QSn4-4-2.5 | 连杆衬套、发动机摇臂衬套 |
| ZCuSn5 Pb5 Zn5 | 离心式机油滤清器上、下轴承 |
| QSi3-1 | 水箱盖出水阀弹簧、空压机松压阀阀套、车门铰链衬套 |
| ZCuPb30 | 曲轴轴瓦、曲轴止推垫圈 |

## 二、报废汽车中有色金属再生的意义

从前面的介绍可知,铝、镁在汽车上的使用越来越广泛(特别是铝),而且逐年增加。因此报废汽车上有色金属的回收再生就具有非常重要的意义。这里以铝为例,就此问题进行简要说明。

报废汽车上的有些铝制零件,比如发电机的外壳,经清理翻新后可以直接再用,但多数只可能按材料形式回收。据美国铝业协会统计,目前全世界铝的回收率约85%,有60%的汽车用铝来自回收的旧废料,预计到2010年将上升到90%。生产1 t新的铝锭要消耗能量21310万kJ(即1.7万度电),而再生铝锭每吨耗能548万kJ,只有新铝的2.6%。同时回收再生铝锭生产时产生$CO_2$量比生产新铝大幅度减少,所以从节能、省资源、环境保护诸方面看,铝的回收再生是时代的要求。随着汽车轻量化的发展可预见,轻合金的再生技术将成为21世纪世界性课题。

铝再生行业目前以日本、美国最为发达,1995年日本生产二次铝锭92万t,美国次之。日本国家标准JIS(H119)根据铝合金废料的合金种类、新旧程度、形状、来源等分成28种,对二次合金的制造工艺和质量的评定均有规定的要求。相比之下,我国金属再生行业还比较落后,近年来随着汽车铝合金铸造的发展,以及市场竞争的加剧已相继建立起现代化的二次铝锭的生产基地,引进了一批先进的设备。废旧铝料再生利用以及再生铝锭料的重要性将逐渐为人们所认识。

## 三、报废汽车上有色金属再生工艺

### (一) 报废汽车上废旧铝料的再生工艺

汽车上废旧铝料经过拆卸之后,收集起来的铝料中常常带有其他有色金属、钢铁件以及其他非金属夹杂物,为满足废旧铝料便于入炉熔炼及保证再生合金化学成分符合技术要求,提高金属回收率,必须先进行废旧铝料的制备。

(1) 废旧铝料的制备。

废旧铝料应分类分级堆放,以便为后续工作提供方便,如纯铝、变形铝合金、铸造铝合金、混合料等。

1) 废件拆解。去除与铝料连接的钢铁件及其他有色金属件,再经清洗、破碎、磁选、烘干等制成废铝备料。

2) 废铝件压打成包。对于轻薄松散的片状废旧铝件如锁紧臂、速度齿轮轴套以及铝屑等,用金属打包液压机打压成包。钢芯铝绞线分离钢芯,铝线绕成卷。

(2) 废旧铝料的再生与利用。

1) 配料。根据废铝料的备制及质量状况,按照再生产品的技术要求,选用搭配并计算出各类料的用量,配料应考虑金属的氧化烧损程度。硅、镁的氧化烧损较其他合金元素要大。废铝料的物理规格及表面洁净度直接影响到再生成品质量及金属实收率,熔点较高及易氧化烧损的金属最好配制成中间合金加入。

2) 再生成变形铝合金。变形铝合金经压力加工成形材,用废旧铝合金可生产的变形铝合金有 3003、3105、3004、3005、5050 等,其中主要是生产 3105 合金,另外也可生产 6063 合金等,选用一级或二级废旧铝料中的金属铝或变形铝合金废料,为保证合金材料的化学成分符合技术要求及压力加工的顺利进行,配加部分铝锭最好。

3) 再生铸造铝合金。废旧铝料只有一小部分再生成变形铝合金,约 1/4 再生成炼钢用的脱氧剂,而大部分则生成铸造用的铝合金,主要是压铸用的铝合金。美、日等国广泛应用的压铸铝合金 A380、ADC10 等,基本上是用废旧铝料再生的。目前国内广泛应用的压铸铝合金 Y112,依据原机械工业部压铸铝合金标准,可利用废旧铝再生。事实上已有一部分铸造铝合金是采用废旧铝料再生而制成的。

熔炼设备:熔炼废旧铝料设备多为火焰反射炉,一般为室状(卧室),分一室或二室,容量一般为 $2\sim10$ t,也有更大的,还有共式火焰炉,燃料用烟煤、柴油、燃气或天然气。另外也可采用工频感应电炉,电力充足的地方最好用电炉。

中间合金的配制:在铝合金中,一般为多元合金,常含有硅、铜、锰,有的含钛、铬、稀土等。一般将熔点较高或易氧化烧损的金属配制成熔点较低的中间金属使用,可使金属成分比较均匀,避免熔体过热而增加烧损及吸气量。配制的中间合金为 Al—10%Mn,Al—10%Mg,Al—50%Cu,A—5%Ti,Al—5%Cr,Al—10%Re。紫铜薄料可直接入炉,电解铜块最好与其他金属配制成中间合金。

铸造铝合金的熔炼:由于汽车对压铸铝合金需求量的不断增加,采用废旧铝料再生成压铸铝合金 Y112、Y108 等是完全可行的。对含铁、锌、铅等杂质过高的废铝料,只能再生成铝锭作炼钢脱氧用。

经计算配备的炉料过秤,分批加入充分预热的炉内。一般是先加铸锭或厚实的大块料,使之形成一定量的熔体,此时加热温度不能过高,待熔体中的铁件被捞出后,加热升温;再加薄片零碎料及车屑,入炉方法是将其压入熔体,以减少氧化烧损。熔体表面若有一定量的熔渣,需加熔剂精炼以去气、除渣。熔体加热到 $800\sim850℃$ 加硅加铜,硅块也应浸没于熔体。铝锰中间合金及铝镁中间合金的最后加入,一方面减少氧化烧损,另一方面可降低熔体温度。熔体经充分搅拌后取样进行炉前分析,化学成分符合要求后浇注成锭。熔体的浇注温度控制在 750℃ 左右,在浇注过程中,炉体应加搅拌,以使成分比较均匀,模温为 150℃。再生铸造铝合金的工艺流程示意图如图 17-2 所示。

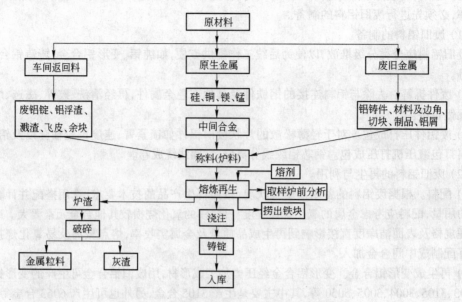

图 17-2　再生铸造铝合金的工艺流程示意图

精炼熔剂的加入量视炉渣量而定,形成的炉渣以粉状为佳,不宜太干或太湿。熔剂成分一般为 $50\% Na_3AlF_6 + 25\% KCl + 25\% NaCl$,也可用氯化锌。

4) 炼钢脱氧用的杂铝锭的再生。从混合炉渣中回收出来的铝料含铁硅较高,有的废旧铝料的铁含量超过 $1\%$,锌超过 $2\%$,有的被氧化锈蚀严重,将这些料用来熔化成炼钢脱氧用杂铝锭。

5) 炉渣灰再生成硫酸铝或碱式氯化铝。炉渣灰中还含有一定量的金属铝及三氧化二铝,经湿法浸出、过滤、浓缩、蒸发后再生成化工产品。可用于浑水澄清、配制灭火药剂、造纸工业工胶剂及印染工业的媒染剂等。

**(二) 报废汽车上废旧镁合金的再生工艺**

废旧镁合金的再生工艺流程与铝合金一样,也是重熔、熔体净化和铸造。但镁合金废料的重熔再生,工序要复杂得多,因为镁合金极易燃烧。下面是两种有代表性的镁合金废料重熔方法。

(1) 加拿大 NorskHyd 公司采用的盐炉熔化法。盐炉既是熔炼炉又是静置炉,不采用熔剂保护,而是在惰性气体下熔炼和精炼。

(2) 双炉法。欧洲几家镁压铸公司用双炉系统重熔再生镁废料,一个炉子为熔炼炉,另一个是精炼/铸造炉,用导管将熔体低压转注,最终直接将熔体注入压铸机,铸出铸件。

**(三) 报废汽车上废旧铜的再生工艺**

废旧铜的再生工艺流程与铝合金相似,这里不再赘述。

**四、先进的报废汽车上有色金属的回收方法**

一般认为,最理想的有色金属回收方法是原零件的重用,这是一种人工为主的回收方法,即人工分解汽车,然后将各种材料和零部件分类放置。这样,铝、镁、铜等合金零部件可按变形或铸造合金,或者按不同合金系进行回收再生。但是,目前工业发达国家用人工拆卸旧车已不再是唯一的方法,并且在逐年减少。原因有三个:一是人工拆卸的费用高;二是拆卸下来的零部件直接利用性不大,特别是轿车更新换代很快,拆卸下的互换性不大;三是市场上对零部件的需求量很小。这样,经人工拆卸下的汽车零部件还需重熔回收,而拆卸费加重熔回收费促使总费用很高。

目前回收旧车上的材料,已从回收零部件的旧模式向回收原材料的新模式,即从人工拆卸零部件转向机械化、半自动化回收原材料。现在已较多采用切碎机切碎旧车主体后再分别回收不同的原材料,方法如下:

(1) 将旧车内所有液态物质排放后用水冲洗干净。

(2) 先局部地将易拆卸下来的大件(车身板、车轮、底盘等)拆卸下来。

(3) 将旧车拆卸下的大件和未拆卸的旧车剩余体,分别进入切碎机系统流水线,先压扁,然后在多刃旋转切碎装置上切成碎块。

(4) 流水线对碎块进一步处理,其顺序是:全部碎块通过空气吸道,利用空气吸力吸走轻质塑料碎片;通过磁选机,吸走钢、铁碎块;通过悬浮装置,利用不同浓度的浮选介质分别选走密度不同的镁合金和铝合金;由于铅、锌和铜密度大,浮选方法不太适用,利用熔点不同分别熔化分离出铅和锌,最终余下来的是高熔点铜。

这种回收方法流程合理,成本相对来说不很高,但对回收铝、镁合金来说也并非完美无缺,最大的缺点是轿车上用的铝、镁合金属于不同的合金系,既有变形合金又有铸造合金,经破碎和浮选后,不能再进一步分离,成为不同合金的混合物,这就给随后重熔再生合金的化学成分和杂质元素控制带来相当大的困难,大多数情况下仅能作为重熔铸造合金使用,降低了使用价值和广泛性。为了解决铝、镁合金重熔回收后成分混杂、使用价值低的问题,汽车设计师和材料工作者分别在车上主要部件设计以及材料选用上进行了努力。另外,新的分离方法也在不断被开发出来,如铝废料激光分离法、液化分离法等。下面是铝合金液化分离法的简要介绍。

### 五、铝合金液化分离装置

铝合金材料含量很高的汽车会大量使用铝板类材料,主要是为了减轻质量而使用铝合金车身,铝制车身表面会有大量的油漆、涂料和黏结剂。当报废车被拆解之后,车身被粉碎以分离铝和其他材料,当废旧油漆车身被重熔时,车身上的油漆和黏结剂经高温热解可保证彻底分开,对去除油漆和涂料的废车身及铝制零件再分成不同种类的铝合金,有利于提高废旧铝料的回收价值。废旧铝料经机械切割、磁选再经液化分离装置,分离掉涂料和黏结剂中的大部分成分和大部分涂料和残渣,这时的废旧铝料用激光光学探测谱进行分类。

液化分离装置具有很高的热分解效率,高温去除附着在铝制车身上的有机涂料,温度必须在450℃以上,这种情况下得到的产品是气体、焦油类和炭类成分。气体蒸发后剩下的焦炭和焦油层通过分离器内部的氧化装置去除。

液化装置有一个可允许气体微粒通过的过滤装置,使用时,在液化层的铝沉到底部,而其中的有机成分分解。选择合适的温度可保证有机材料的彻底分解而不溶化任何气体成分。传输过来的热量用于废旧铝料的分解之后,通过燃烧有机材料而散发出去,达到平衡。这种装置比现有的对流式热传输装置效率高 5~10 倍。

在液化分离装置中,废料通过旋转鼓搅拌,液化仓中残渣停留时间为 2~15 min,在液化仓内部,废料与仓中的溶解液混合,沙石等杂质被分离到沙石分离区,被废料带出的溶解液通过溶解液回收螺旋桨送回液化仓。氧化区与排气导管相连接,氧化那些游离的碳氧化物并防止液化仓底部物质损失。

使用该装置对涂料板材样品进行试验,条件 550℃,时间 10 min,结果令人满意,净金属回收率达到 98% 以上。

## 第四节　废车轮胎的综合利用

废旧轮胎被称为"黑色污染"，其回收和处理技术一直是世界性难题，也是环境保护的难题。据统计，目前全世界每年有 15 亿条轮胎报废，其中北美占大约 4 亿条，西欧占近 2 亿条，日本 1 亿条。在 20 世纪 90 年代，世界各国最普遍的做法是把废旧轮胎掩埋或堆放。以美国为例，1992 年废旧轮胎掩埋/堆放率达 63%。但随着地价上涨，征用土地作轮胎的掩埋/堆放场地越来越困难。另一方面，废旧轮胎大量堆积，极易引起火灾，造成第二次公害。

随着中国汽车工业的高速发展，废旧轮胎带来的环保压力也越来越大。中国现有再生胶企业 500 多家，年产再生胶近 40 万 t；利用废旧轮胎生产胶粉的企业近 60 家，年产胶粉不足 5 万 t。这两项合计可利用废旧轮胎约 2600 万～3000 万条，但仍有 2000 多万条废旧轮胎无人问津。

世界新胎和翻新胎比例平均水平为 10:1，而中国仅为 26:1。国外严重污染环境的再生胶生产企业早已被淘汰，而中国再生胶仍是废轮胎利用的主要深加工产品，不少企业还处于技术水平低、二次污染重的作坊式生产。废旧轮胎散落于民间，没有形成一个通畅的回收系统，交易未形成市场，回收困难，加工企业得不到充足胎源。为此，国家经贸委目前正在起草《废旧轮胎回收利用管理办法》，同时也在抓紧制定《轮胎翻新与修补安全技术标准》。

随着我国汽车拥有量的增加，废旧橡胶和废旧轮胎的产生量也逐年增加，如何利用废旧橡胶制品和废旧轮胎，是搞好资源综合利用的重要课题，也是合理利用资源、保护环境，促进国民经济增长方式转变和可持续发展的重要措施。

### 一、废旧轮胎翻新

处理和利用废旧轮胎主要有两大途径，一是旧轮胎翻新；二是废轮胎的综合利用，包括生产胶粉、再生胶等。翻新是利用废旧轮胎的主要和最佳方式，就是将已经磨损的、废旧轮胎的外层削去，粘贴上胶料，再进行硫化，重新使用。

#### （一）轮胎翻新的意义

目前翻新是发达国家处理废旧轮胎的主要方式，目前世界翻新轮胎（翻胎）年产量约 8000 多万条，为新胎产量的 7%。美国年产轮胎 2.8 亿条，居世界之冠，年翻修轮胎约 3000 万条，是新胎产量的 10% 左右，其中，翻新轿车轮胎 200 万条、轻型卡车轮胎 680 万条、载重车轮胎 2000 万条，飞机、工程车等其他翻新轮胎约 70 万条。美国现拥有轮胎翻修企业 1100 多家，90% 属中小企业，设备先进，全部生产过程实行计算机联网、自动化操作，年产值 400 亿美元。翻新轮胎业在美国的发展得益于政府的鼓励与提倡。为了鼓励企业利用废旧轮胎资源，美国规定：回收商收购一条轿车废旧轮胎补助 1.9 美元，收购一条载重车废旧轮胎补助 2.3 美元。欧共体规定 2000 年产生的废旧轮胎中必须有 25% 得到翻新。

在良好的使用、保养条件下，一条轮胎可以翻新多次，具体地说尼龙帘线轮胎可翻新 2～3 次，钢丝子午线轮胎可翻新 3～6 次。每翻新一次，可重新获得相当于新轮胎 60%～90% 的使用寿命，平均行驶里程大约为 5～7 万 km。通过多次翻新，至少可使轮胎的总寿命延长 1～2 倍，而翻新一条废旧轮胎所消耗的原材料只相当于制造一条同规格新轮胎的 15%～30%，价格仅为新轮胎的 20%～50%。

可见翻新废旧轮胎不仅有利环保，而且好处多：(1)节约资源。一条新胎的成本大约有 70% 是花费在胎体上，只要适当的维护保养，翻新轮胎可使投资得到充分的利用，而货车轮胎通常可翻新好几次。轮胎的翻新在很大程度上解决了固体废料的处理问题,每翻新一条胎等于从垃圾堆赚回一条胎。(2)降低成本。轿车使用翻新轮胎比新胎降低成本 30%～50%,载重货车使用翻新轮胎比使用新胎降低成本 60%。根据美国政府的测算,每年使用翻新轮胎可为国民运输车队节约费用达 20 多亿美元。(3)节省能源。据有关方面测算,生产一条新胎需耗用约 26.5 L 石油,而翻新一条这样的轮胎只耗用 7.6 L 石油。

世界汽车专家认为,翻新胎可以按照新胎同样的合法速度行驶,在安全、性能和舒适程度上不亚于新胎。因此,在美国等许多国家,政府和军事用车包括邮政服务用车都使用翻新轮胎。学校大巴和公交用车使用翻新轮胎,出租车、赛车和工厂用车也可使用翻新轮胎;几乎百分之百的工程车、载重车使用翻新轮胎,就连警车、消防车和其他急救车辆、运输机和高性能的战机都使用翻新轮胎。尤其是轿车胎的翻新,欧盟在轿车胎维修厂销售中翻新胎销售量 18.8%,而中国翻新轿车胎数量几乎为零。

### (二)轮胎翻新方法

传统的轮胎翻新方式是将混合胶粘在经磨锉的轮胎胎体上,然后放入固定尺寸的钢质模型内,经过温度高达 150℃以上硫化的加工方法,俗称"热翻新",或热硫化法。该法目前仍是中国翻胎业的主导工艺,但在美国、法国、日本等发达国家已逐渐被淘汰。

随高科技工艺的发展以及新一代轮胎的面世,人们对翻新轮胎的要求提高,一种新型的、被称为"预硫化翻新",俗称"冷翻新"的轮胎翻新技术已经在发达国家成功应用,且被带入中国。它由意大利马朗贡尼(Marangonp)集团研发并于 1973 年投放市场。"预硫化翻新"技术则是将预先经过高温硫化而成的花纹胎面胶粘在经过磨锉的轮胎胎体上,然后安装在充气轮上,套上具有伸缩性的耐热胶套,置入温度在 100℃以上的硫化室内进一步硫化翻新,这项技术可确保轮胎更耐用,提高每条轮胎的翻新次数,使轮胎的行驶里程更长,平衡性更好,使用也更加安全。

与马朗贡尼齐名的还有美国奔达可(Bandag)公司,该公司自 20 世纪 80 年代投身轮胎翻新业以来,每年营业额均达 30 亿美元以上。近年来崛起的后起之秀是米其林轮胎翻新技术公司(MRT),它是排在世界轮胎业前三名的法国米其林集团设在北美地区的子公司。MRT 工业拥有两项专利技术:预硫化翻新 Recamic 技术和热硫化翻新 Remix 技术。通过自办轮胎翻新厂和向其他轮胎翻新厂出让技术,MRT 工业已建立起庞大的轮胎翻新网络。

## 二、废车轮胎制胶粉

通过机械方式将废旧轮胎粉碎后得到的粉末状物质就是胶粉,其生产工艺有常温粉碎法、低温冷冻粉碎法、水冲击法等。与再生胶相比,胶粉无须脱硫,所以生产过程耗费能源较少,工艺较再生胶简单得多,减低污染环境,而且胶粉性能优异,用途极其广泛。通过生产胶粉来回收废旧轮胎是集环保与资源再利用于一体的很有前途的方式,这也是发达国家摒弃再生胶生产,将废旧轮胎利用重点由再生胶转向胶粉和开辟其他利用领域的根源。

胶粉有许多重要用途,譬如掺入胶料中可代替部分生胶,降低产品成本;活化胶粉或改性胶粉可用来制造各种橡胶制品(汽车轮胎、汽车配件、运输带、挡泥板、防尘罩、鞋底和鞋芯、弹性砖、圈和垫等);与沥青或水泥混合,用于公路建设和房屋建筑;与塑料并用可制作防水卷材、农用节水渗灌管、消音板和地板、水管和油管、包装材料、框架、周转箱、浴缸、水箱;制作涂料、油漆和黏合剂;生产活性炭。

### (一)轮胎市场

早在 1953 年,美国就把一定粒径的胶粉用于轮胎生产。1989 年,青岛橡胶二厂在国内首家将胶粉直接用于轮胎生产。1995 年,胶粉应用在原化工部重点厂家和一些中小企业中普及,仅 69 家重点厂在其生产的 1870 万条轮胎中掺用的胶粉就达 1.7 万 t 由于天然橡胶价格下降、胶粉质量不稳定等因素,1996 年后胶粉在轮胎生产中的应用出现滑坡,1999 年起又开始回升。目前,中科进公司等企业生产的 0.177 mm(80 目)以上胎面胶胶粉已开始取代 0.42 mm(40 目)、0.25 mm(60 目)活化胶粉,直接应用于轮胎生产,效果很好。专家们认为,"轮胎市场"需要进一步巩固和拓展。

### (二) 改性沥青

用胶粉改性沥青铺设的路面比普通沥青路面更耐用,产生裂纹少,耐候性更好,遇严寒天气也不易结冰。据介绍,用胶粉改性沥青铺设一条双向高等级公路,每公里路面可消耗 1 万条废旧轮胎制成的胶粉。到上世纪末,美国铺设的胶粉改性沥青路面已超过 1.1 万 km。此外日本、俄罗斯、加拿大、瑞典、韩国、芬兰等已成功地将胶粉改性沥青用于修建高速或高等级公路。

自 1982 年以来,国内江西、四川、辽宁等地也都尝试着铺设胶粉沥青路面,经多年实践考察,效果良好。目前,新疆、宁夏、云南、河南等地在筑路中也先后使用胶粉。近年来,中国每年修建公路需消耗多达 200 万～300 万 t 的沥青,公路维护保养所消耗的沥青还不包括在内。若在沥青中掺入 15% 的胶粉,则每年可消耗胶粉 30 万～40 万 t。其结果必然是既不用进口昂贵的 SBS 改性沥青,又疏通了胶粉的消费渠道,使中国国内自有资源得到充分的利用,扶持了胶粉生产企业的发展,促进了废旧轮胎的回收利用。专家们建议,政府应该统筹规划,在全国推广胶粉沥青铺路的成功经验,并适时普及到机场跑道、铁路及桥梁建设中。

### 三、废旧轮胎可用于建筑材料

#### (一) 作填料

近年来,废旧轮胎于土木(岩土)工程中的应用在逐步增加,通常是将整条轮胎切成 50～300 mm 的碎片。在岩土工程中使用碎轮胎的益处是,碎轮胎的单位体积质量只是常用回填土的三分之一,因而用其作填料所产生的上覆压力要比泥土回填材料所产生的小得多。这对软弱地基而言,将会明显地减少沉降,增强整体稳定性。并且碎轮胎填料施加在挡土结构上的水平应力不到泥土回填材料的一半,为大幅降低挡土结构的造价提供了前提。

然而,碎轮胎在当前土木工程的应用中面临一系列的技术问题。首先,其压实过程的质量控制受许多因素制约,且有很大的不确定性。压实的碎轮胎的力学性与工艺质量密切相关。其次,碎轮胎作为回填材料时,其本身受荷载作用会产生较大压缩。尽管土与碎轮胎的适当掺和能部分减少这种压缩,但土与碎轮胎的混合物在振动荷载下极易相互分离,时间一长,填料仍将产生较大压缩。再者,碎轮胎作为填料时也可能会受到热解作用,土中的水分会使碎轮胎中的钢材侵蚀,在基本上是一种放热过程中,受蚀的钢材将使温度逐步升高,从而引起一系列的热解作用,散发的气体容易引起火灾,热解的烃油会污染土壤。

目前已知的所有作建筑材料的发明虽然能够承受较大的结构荷载、冲击力,也能满足大多数室外场合常规的耐磨要求,但都具有许多缺陷,比如采用的黏结剂一般比较昂贵,产品的造价也就很难降下来;浇铸过程一般伴随着一段时间的加热加压,这就限制了产品的产量,大量地增加了能源消耗。

#### (二) 橡胶土技术

橡胶土是一种新的轻质多孔隙建筑材料。该材料主要由碎橡胶、水泥、煤灰或粉煤灰(PFA)、橡胶粉或聚合物纤维和水制成。碎橡胶主要来自去掉钢丝的废旧橡胶轮胎,也可从其他回收的橡胶制品中获得。将上述原料以预定比例充分混合制浆即可浇筑成轻质多孔隙的建筑材料。同样，也可将制成的浆倒入铸模浇铸成轻质建筑块。应用的领域包括路堤、挡土结构、山坡填土、地下厂房回填、道路填土、土地开垦及其他的土木工程应用。

### 四、其他用途

#### (一) 原形改制

原形改制是通过捆绑、裁剪、冲切等方式，将废旧轮胎改造成有利用价值的物品。最常见的是用作码头和船舶的护舷、沉入海底充当人工渔礁、用作航标灯的漂浮灯塔等。

美国每年产生废旧轮胎2.5亿条，通过原形改制可使其中的500~600万条变废为宝。栅网垫排公司收集废旧轮胎，用切割机分离胎圈与胎身，再根据需要将胎身裁成不同尺寸的胶条，用这些胶条编织成弹性防护网、防撞挡壁、防滑垫排等。弹性防护网供建筑、爆破工地挡飞石落物；防撞挡壁供保护船坞用；防滑垫用来临时加固路面，使重型车辆顺利通过泥泞地带。从废旧轮胎上截取下来的胎圈还可以被加工成排污管道。

法国技术人员用废旧轮胎建筑"绿色消音墙"，使用证明吸音效果极佳，音频在250~2000Hz的噪声有85%可被吸收掉。其具体做法是：将废旧轮胎剖成对称的两半，然后倾斜20°层层叠放，以方便排水，再在墙外罩以金属格栅作为防火护板。

原形改制是一种非常有价值的回收利用方法，但该方法消耗的废旧轮胎量并不大，所以只能当作是一种辅助途径。

#### (二) 热能利用

废旧轮胎是一种高热值材料，每1 kg的发热量比木材高69%，比烟煤高10%，比焦炭高4%。以废旧轮胎当作燃料使用，一是直接燃烧回收热能，此法虽然简单，但会造成大气污染，不宜提倡；二是将废旧轮胎破碎，然后按一定比例与各种可燃废旧物混合，配制成固体垃圾燃料(RDF)，供高炉喷吹代替煤、油和焦炭作烧水泥的燃料或代替煤以及火力发电用。同时，该法还有副产品—炭黑生成，经活化后可作为补强剂再次用于橡胶制品生产。

如今在美国、日本以及欧洲许多国家，有不少水泥厂、发电厂、造纸厂、钢铁厂和冶炼厂都用废旧轮胎作燃料，效果非常好，不仅降低了生产成本，而且根治了废旧轮胎引起的环境问题。就水泥厂而言，废旧轮胎中的钢丝帘线和胎圈钢丝正好代替制造水泥所需的铁矿石成分，也就是说用废旧轮胎焙烧水泥，可以少加或不加铁矿石。

在所有综合利用中，热能利用是目前能够最大量消耗废旧轮胎的唯一途径，不仅方便，简洁，而且设备投资最少。

#### (三) 再生胶

通过化学方法，使废旧轮胎橡胶脱硫，得到再生橡胶是综合利用废旧轮胎最古老的方法。目前采用的再生胶生产技术有动态脱硫法(恩格尔科法)、常温再生法、低温再生法(TCR法)、低温相转移催化脱硫法、微波再生法、辐射再生法和压出再生法。

乌克兰基辅大学科研人员亚历山大·别久赫运用电磁冲击法处理汽车废旧轮胎获得了成功。新工艺从经济和环保方面都优越于目前处理废旧轮胎的方法，具有很大的实用价值。乌克兰科学家研制的电磁冲击法利用电磁场的作用，在废旧轮胎内部形成脉冲磁场，将轮胎中的橡胶与金属分离。分离后的橡胶与轮胎钢丝保持了原有的特性与功能，能再次用来生产轮胎。另外，运用该方法还缩短了处理废旧轮胎的周期。为获得所需的电磁场环境，科研人员研制出4 kW的高压电磁装置。

再生胶的主要用途是在橡胶制品生产中,按一定比例掺入胶料,一方面取代一小部分生胶,以降低产品成本,另一方面改善胶料加工性能。掺有再生胶的胶料可制造各种橡胶制品。再生胶在轮胎中的用量一般为 5%,在工业制品中的用量一般为 10%~20%,在鞋跟、鞋底等低档制品中的用量一般可达到 40% 左右。

由于再生胶的生产严重污染环境,国外已经淘汰,而中国再生胶仍是利用废轮胎的主要方法。不少企业还处于技术水平低、二次污染重的作坊式生产阶段,胶粉产品也未形成规模。

**(四) 热分解**

热分解就是用高温加热废旧轮胎,促使其分解成油、可燃气体、炭粉。热分解所得的油与商业燃油特性相近,可用于直接燃烧或与石油提取的燃油混合后使用,也可以用作橡胶加工软化剂;所得的可燃气体主要由氢和甲烷等组成,可作燃料使用,也可以就地燃烧供热分解过程的需要;所得的炭粉可代替炭黑使用,或经处理后制成特种吸附剂。这种吸附剂对水中污物,尤其是水银等有毒金属有极强的滤清作用。此外,热分解产物还有废钢丝。

巴西圣保罗大学的研究人员经过多年的努力,终于研究出一种使废旧轮胎得到充分燃烧且又不污染环境的新方法,使废旧汽车轮胎变成了理想的燃料。他们认为,目前处理废旧轮胎最好的方法就是将其直接燃烧,使之成为燃料,但燃烧过程中产生的烟垢和污染物问题必须解决。为此,他们在烧毁轮胎的炉中,放置了一种能耐 1000℃ 高温的含硅酸盐的瓷制过滤器。这种过滤器上有许多微小的空隙,在燃烧过程中,99% 的烟垢和污染物都吸附在空隙中,消除了对环境的污染。经过多次的实验他们发现,把燃烧废旧轮胎分成两个阶段进行,这样既使轮胎得到了充分的燃烧,又减少了烟雾中的悬浮物和一氧化碳的释放。研究人员说,1 kg 废旧轮胎含 27.6 kJ 热量,是很好的能源,这一发现将促进废旧轮胎的回收利用,减少石油、石油制品和煤炭等能源的消费量,并可减少城市垃圾。

回收利用废弃物是一项系统工程。不仅要求在将废弃物转化成新资源时成本要低,不产生新的污染源,而且还要求由废弃物转化过来的新资源是可用的,最好是能够被大量地使用和消费,否则将造成新的资源积压和浪费,无法形成变废为宝的良性循环。

# 第五节　废汽车其他部分的应用

## 一、玻璃的回收再利用

玻璃本身作为一种工业原料,很早(甚至在有关国家关于再生资源利用的立法)以前就已经开始回收再利用,并且达到了很高的回收率。由于玻璃自身组成的特点,迄今为止,回收的玻璃大多仅限于将碎玻璃回炉,重新熔融再制成其他玻璃器皿。也有将碎玻璃和炭粉混合,再加入少量化工原料,经烧结制成可替代矿棉的均质泡沫玻璃建筑材料。还有将玻璃和塑料作为混凝料添加到混凝土和沥青中去,用于建筑方面。总体来说,新型应用不多。

报废汽车的玻璃主要来自灯、反射镜和驾驶室上。在意大利,每年从废车上大约要回收 6 万 t 这样的玻璃。由于用这些玻璃制造的二次产品的技术性能低于一次产品,所以它们主要用于制造各种玻璃瓶或其他玻璃制品。

在生产玻璃的原料中加入废玻璃有两个较好的效果:一是可以减少玻璃生产过程中气体排放的数量。从表 17-8 可见,当添加 50% 的废玻璃到原料中时,除二氧化硫外,其他气体的排放均有所减少。二是可以减少玻璃生产的原材料消耗并节约能源。

**表 17-8　玻璃生产中产生的气体**

| 气　体 | 未添加废旧玻璃时 | 添加 50% 废玻璃时 |
|---|---|---|
| $CO_2/mg \cdot (kg\ 玻璃)^{-1}$ | 570500 | 310000 |
| $NO_2/mg \cdot (kg\ 玻璃)^{-1}$ | 6800 | 2112 |
| $SO_2/mg \cdot (kg\ 玻璃)^{-1}$ | 950 | 1475 |
| $HCl/mg \cdot (kg\ 玻璃)^{-1}$ | 55 | 44 |
| 氟化物$/mg \cdot (kg\ 玻璃)^{-1}$ | 15 | 7 |

汽车玻璃除上述传统的玻璃以外,现在广泛采用的是一种为提高强度而制造的夹层玻璃。所谓夹层玻璃即在两层普通玻璃中间夹有一层高分子聚合物层,以增加玻璃的安全性。这种玻璃的回收可将夹层玻璃加热到中间聚合物的软化温度,从而将玻璃和高聚物分开,再分别回收。另有文献报道将这样的夹层用于制砖工业。因为玻璃可以替代砖中的石英砂,聚合物可以替代锯末、纸浆或其他可燃材料,在砖上形成空洞以达到隔热的效果。实验证明,如果加入适当量的玻璃和聚合物,可以降低生产过程中的能耗,同时改善砖的微结构,使砖的密度减低而强度提高,从而改善砖的性质。

玻璃在汽车上的使用,最初的目的是用以透光。上述介绍的回收及再利用的方法均是对此而言。随着材料科学的发展和人们为追求汽车美观和防止晕目等需求,而采用了吸光玻璃,包括色彩的应用。现在更发展到追求主动安全性和高性能的智能化玻璃阶段。从种类上来说,由过去的夹层、钢化玻璃发展到现在的性能更优越的塑料夹层、有机涂层和全塑料玻璃、树脂玻璃发展到现在的性能更优越的夹层、有机涂层和塑料玻璃、树脂玻璃等。由于这些玻璃的组成已与传统意义上的玻璃不完全一致,因此有关它们的回收和再利用可参照其他相关材料的处理方法。

总体来看,汽车废玻璃的回收和再利用同汽车上其他非金属材料一样,虽然在技术上是可行的,但实际操作起来却比较困难。这是因为这些材料的回收一般都是采用手工拆卸,故成本过高;还有因为回收过程中容易混入其他杂质,造成回收材料的纯度不够,不仅增加了回收的难度,而且影响了再利用的效果;再就是现有进行材料回收的基础设施还不够,造成回收工作难以进行。近年来,随着人们日益追求和强调汽车的主动安全性和美观,车用玻璃的材料也在不断地变化。相应的,回收的难度也在不断地加大。设计人员如何从开始设计时就考虑到回收再利用的问题,变现在的被迫回收为将来的主动利用,将是汽车制造工业所面临的一个重要的问题。

## 二、塑料的回收再利用

如果将一辆 20 世纪 30 年代生产的"甲壳虫"汽车摆在面前,我们会发现它的全身几乎都是用钢铁制造的;而对于一辆 20 世纪 90 年代生产的"奔驰"车来说,它自重的 10% 却是塑料制品。从国内外汽车工业发展的情况来看,汽车塑料的用量已成为衡量汽车生产技术水平的主要标志之一。

从现代汽车使用的材料看,无论是外装饰件、内装饰件,还是功能与结构件,到处都可以看到塑料制件的影子。外装饰件的应用特点是以塑料代钢,减轻汽车自重,主要部件有保险杠、挡泥板、车轮罩、导流板等;内装饰件的主要部件有仪表板、车门内板、副仪表板、杂物箱盖、座椅、后护板等;功能与结构件主要有油箱、散热器水室、空气过滤器罩、风扇叶片等。

目前,工业发达国家汽车塑料的用量占塑料总消费量的 5%～8%。美国在 20 世纪 80 年代初,每辆汽车使用的塑料占车重的 6.1%,到 20 世纪 90 年代初几乎增加了 1 倍;日本每辆车平均使用塑料100 kg,占车重的12%;意大利汽车用塑料占车重的10%左右。1999年,北美轿车的塑料平均单车用量就达到了116.5 kg,2000年又增加到了142 kg,汽车用塑料量最大的品种是聚丙烯(PP),更是以每年2.2%~2.8%的速度快速增长。

我国汽车塑料的应用随引进产品、引进技术国产化的不断发展,其用量逐年增加。1995年,我国汽车产量110万辆,汽车的塑料用量为6.4万t,到2000年汽车产量200多万辆,车用塑料已达到138万t,单车用量比1995年增加了20%左右。目前,我国经济型轿车的每车塑料用量为50~60 kg;中、高级轿车为60~80 kg,有的甚至达到100 kg;轻、中型载货车的塑料用量为40~50 kg;重型载货车可达80 kg左右。平均每辆汽车塑料用量占汽车自重的5%~10%,相当于国外20世纪80年代初、中期水平。

塑料是一种难以自燃、分解的物质,有些改性后的塑料材料使用寿命更长。若是通过焚烧的方式来处理会造成严重的大气污染。而汽车是有报废年限的,随着全世界汽车保有量的增加,每年从汽车上拆解下来的废塑料数量之多可想而知。因此,如何处置这些塑料零件就成为一道令人头痛的难题。采用塑料制造汽车部件的最大好处是减轻了汽车质量,提高了汽车某些部件的性能。但也正是塑料部件的独有的特性,带来了极其难处理的回收利用问题,其中最大的就是环境污染问题。

报废汽车的塑料最理想的出路当然是回收、再利用,但其回收处理工艺十分复杂,即使在一些回收处理技术较先进的国家,对于塑料件的回收和再生利用也尚在研究开发之中。目前,国外仍主要是采用燃烧利用热能的方式来处理汽车废旧塑料件,并通过一定的清洁装置,将不能利用的废气和废渣进行清洁处理。但日本及欧洲各国在几年前已分别提出了对汽车废旧塑料的利用要求,并规定了具体的年限。由于汽车工业发达国家政府的高度重视,促进了包括塑料和橡胶在内的废旧材料的回收利用,汽车废塑料制品的实际利用率在2000年已达到85%左右,预计到2015年可达到95%。目前,汽车废旧塑料的回收、再生与利用技术,在国外已成为一个热点并逐步形成为一种新兴的产业。

实际上,提高材料应用的综合技术,科学地进行汽车部件的选材尤其是新产品的选材,是汽车废塑料回收和再生利用的基础。选择的汽车塑料品种趋于集中统一,便于将来报废后的分类回收和整体回收利用,目前在国外已开始倡导材料综合应用的观念,充分提高材料的利用率,并将其应用于汽车塑料材料的设计与生产实践中,而我国在这方面的应用及实践还几乎为空白。

建立汽车塑料应用技术的环保理念,政府重视是关键之中的关键。在我国,由于环保理念的偏差,加上有些部门环保意识与重视程度不够,目前对报废汽车中塑料的回收、再生和利用方面的问题尚未提到一定的高度上来认识,相当部分还是采用燃烧这个落后方法来处理汽车废旧塑料,因而造成相当严重的大气污染问题。从长远的利益出发,从保护环境的角度出发,在着重解决对空气污染的同时,对汽车的废旧塑料及橡胶之类的材料造成的污染也应该引起足够的重视。目前,汽车上拆下的废旧塑料引发的环境污染问题在我国已日趋严重,国家有关部门应迅速采取措施并制订相关的政策来解决这个问题,尽早完善节能、节材法规和回收处理废旧金属、塑料及橡胶等废旧制品的法规,并通过一定的鼓励政策来支持对汽车的废旧塑料及橡胶之类材料的回收和再生利用工作,从而将汽车的废旧塑料等易污染型制品的种类、使用年限限定在更加科学、更合理的规范之内。

我国汽车工业及相关工业的研究、设计、生产流通等部门,应努力开展汽车的废旧塑料回收、再生利用等技术的研究开发工作,力争在较短的时间内,使汽车废旧塑料不再成为污染环境、困扰人们的环保与可持续发展的难题。

### 三、黑色金属材料的回收利用

报废汽车中金属材料可分为黑色金属材料和有色金属材料,黑色金属材料包括钢和铸铁,有色金属材料包括铝、铜、镁合金和少量的锌、铅及轴承合金。黑色金属材料,按是否含有合金元素来分,钢又可分为碳素钢和优质碳素。合金钢有合金结构钢和特殊钢之分。根据钢材在汽车的应用部位和加工成型方法,可把汽车用钢分为特殊钢和钢板两大类。特殊钢是指具有特殊用途的钢,汽车发动机和传动系统的许多零件均使用特殊钢制造,如弹簧钢、齿轮钢、调质钢、非调质钢、不锈钢、易切削钢、渗碳钢、氮化钢等。钢板在汽车制造中占有很重要的地位,载重汽车钢板用量占钢材消耗量的50%左右,轿车则占70%左右。按加工工艺分,钢板可分为热轧钢板、冷冲压钢板、涂镀层钢板、复合减振钢板等。

#### (一) 报废汽车黑色金属材料回收流程

从废旧汽车回收金属材料的莱茵哈特法工艺流程如图17-3所示。

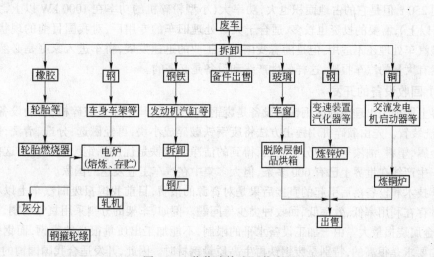

图 17-3　莱茵哈特法工艺流程

废旧汽车经拆卸、分类后作为材料回收的必须经机械处理,然后将钢材送钢厂冶炼,铸铁送铸造厂,有色金属送相应的冶炼炉。当前机械处理的方法有剪切、打包、压扁和粉碎等。

剪切:用废钢剪断机将废钢剪断,以便运输和冶炼。

打包:用金属打包机将驾驶室在常温下挤压成长方形包块。

压扁:用压扁机将废旧汽车压扁,使之便于运输剪切或粉碎。

粉碎:用粉碎机将被挤压在一起的汽车残骸用锤击方式撕成适合冶炼厂冶炼的小块。

对于黑色金属材料的机械处理有三种可供选择的方案:

方案一:

| 名　称 | 处理方法 | 推荐设备 |
|---|---|---|
| 汽车壳体 | 采用金属打包机打包 | Y81-250B,Y81-315,Y81-400 |
| 汽车大梁 | 采用废钢剪断机剪断 | Q43-63B 型鳄鱼式废钢剪断机 |
| 变速箱、发动机缸体 | 铸铁破碎机破碎 | PSZ-160 型铸铁破碎机 |

方案二:

| 名　称 | 处理方法 | 推荐设备 |
|---|---|---|
| 汽车壳体和大梁 | 门式废钢剪断机预压剪断 | Q91Y-630，Q91Y-800，Q91Y-1000，Q91Y-1200 |
| 变速箱、发动机壳体等 | 铸铁破碎机破碎 | PSZ-460 型铸铁破碎机 |

方案三：

采用废汽车处理专用生产线整车处理，即送料—压扁—剪断—小型粉碎机粉碎—风选—磁选—出料或送料—大型粉碎机粉碎—风选或水选—出料。

方案一的特点是投资小，处理灵活，占地面积小，适合于私人或较小企业使用。方案三与方案一的主要区别在于对钢件的处理设备不同，投资较多，处理后废钢质量好，所选用的机器寿命长，生产效率高，适合于中型企业使用。方案三的特点是可以将整车一次性处理，可将黑色金属和非金属材料分类回收，所回收的金属纯度高，是优质的炼钢原料，适合于大型企业报废大量废旧汽车处理使用。此方案的生产效率很高，如英国群鸟集团公司安装的粉碎生产线，小的处理能力可达到 250 t，但是它的占地面积也大，功率大（小型粉碎机的功率在 1000 kW 以上，大型的在 4000 kW 以上），需要的投资也较多，适合于大量处理旧车的专用厂，对我国目前的现状来看，这样的大型汽车处理还不适用，但是随着我国汽车工业的迅速发展，轿车进入家庭是必然的趋势，每年必然有大量的汽车报废，这样的生产线和设备是必需的。

**（二）回收设备的开发**

世界上能加工出理想的废钢铁的设备是废钢铁生产线，其主体是破碎机，辅助设备是输送、分选、清洗装置。先由破碎机用锤击方法将废钢铁破碎成小块，再经磁选、分选、清洗，把有色金属和非金属、塑料、油漆等杂物分离出去，得到的洁净废钢铁是优质炼钢原料。目前这样的处理废旧汽车生产线在世界上已有 600 多条，但大多集中在汽车工业发达的国家。

拆车技术和设备落后引起的直接后果是对资源的浪费，目前我国报废旧汽车上以材料回收的零部件存在利用率低、效率低、回收种类少等问题。例如，车架的分割采用氧气切割，这种方法能量高，金属烧损量大。由于加工设备水平的限制，不能加工出质量很高的废钢，而钢铁公司对废钢铁的要求是很高的，特别是废钢铁再生高质量钢材时。因此，开发适合我国国情的报废汽车回收设备及废钢铁生产线势在必行。

打包机、液压机和剪切设备在我国相对来说，起步较早些，有数家生产这些设备的企业，其中处于主导地位的是宜昌机床股份有限公司，该公司从 20 世纪 70 年代初开始金属回收机械的研究，拥有全国唯一的金属回收机械研究所，主要产品有 4 个系列 50 多个规格型号。1982 年后，该公司又成功开发了将整个汽车驾驶室一次压成合格炉料的 Y81-250 金属打包液压机和可将半个解放、东风等车型的驾驶室压成包块的 Y81-160 型金属打包液压机。目前该公司正在研制开发废钢铁生产线中的主体设备破碎机，已经做了收集国内外资料、社会市场调研等工作，为开发汽车粉碎机做了可行性研究，并与法国 TEAM 公司签定了废钢铁生产技术合作协议。

# 第十八章　农业废弃物的处理与利用

## 第一节　概　述

　　农业废弃物是指在整个农业生产过程中被丢弃的有机类物质,主要包括:农业生产过程中产生的植物残余类废弃物;牧、渔业生产过程中产生的动物类残余废弃物;农业加工过程中产生的加工类残余废弃物和农村城镇生活垃圾等。中国种植业正在向省工、高效的方向转变,以及养殖业的集约化、城郊化,同时大量化肥的使用每年产生畜禽粪便 26.0 亿 t,农作物秸秆 7.0 亿 t,蔬菜废弃物 1.0 亿 t,乡镇生活垃圾和人粪便 2.5 亿 t,肉类加工厂和农作物加工场废弃物 1.5 亿 t,林业废弃物(不包括薪炭林)0.5 亿 t,其他类的有机废弃物约有 0.5 亿 t,约合 7 亿 t 的标准煤。中国已经成为世界上农业废弃物产出量最大的国家,而绝大多数农业废弃物没有被作为一种资源利用,随意丢弃或者排放到环境中,使一部分"资源"变为"污染源",对生态环境造成了极大的影响。因此实现农业废弃物变"废"为"宝",消除环境污染,改善农村生态环境,对中国全面建设小康社会和实现农业可持续发展具有重大意义。

### 一、农业废弃物的特点

　　从资源经济学的角度来看,农业废弃物本身就是某种物质和能量的载体,是一种特殊形态的农业资源,是农业生产和农村居民生活中不可避免的一种非产品产出。

　　由于农业产品的品种和产地的不同,农业废弃物的理化性质虽存在着很大差异,但也有其共同特点:(1)在元素组成上,除碳、氧、氢三种元素的含量高达 65%～90%外,还含有丰富的氮、磷、钾、钙、镁、硫等元素。(2)从化学组成上通常又可分为两大类,一类是天然高分子聚合物及其混合物,如纤维素、半纤维素、淀粉、蛋白质、天然橡胶、果胶和木质素等;另一类是天然小分子化合物,如生物碱、氨基酸、单糖、抗生素、脂肪、脂肪酸、激素、黄酮素、酮类、甾体化合物、萜烯类和各种碳氢化合物。尽管天然小分子化合物在植物体内含量甚微,但大多具有生理活性,因而具有重要的经济价值。(3)在物理技术性质上,普遍具有表面密度小、韧性大、抗拉、抗弯、抗冲击能力强的特点。植物类废弃物干燥后对热、电的绝缘性和对声音的吸收能力较好且具有较好的可燃性,并能产生一定的热量,热值一般为 12～16MJ/kg,虽较煤低,但因含硫量极少,燃烧清洁,灰分用途广泛。

　　另外农业废弃物按其来源不同又可分为 4 种类型:(1)第 1 性生产废弃物,主要是指农田和果园残留物,如作物的秸秆或果树的枝条、杂草、落叶、果实外壳等;(2)第 2 性生产废弃物,主要是指畜禽粪便和栏圈垫物等;(3)第 3 性生产废弃物,主要指农副产品加工后的剩余物;(4)第 4 性生产废弃物,主要指农村居民生活废弃物,包括人粪尿及生活垃圾。

### 二、农业废弃物资源化的意义

　　由上述农业废弃物的来源可知,其种类在不同的地域可能多种多样,但实现资源化的本质是相同的。经综合,可进行资源化利用的大概有 3 大类。(1)农作物秸秆类。农业秸秆是农业废弃物中最主要的部分,它是自然赐予人类宝贵的生物资源,其中含有丰富的有机质、纤维素、半纤维素、粗蛋白、粗脂肪和氮、磷、钾、钙、镁、硫等各种营养成分,可广泛应用于饲料、燃料、肥料、造纸、轻工食品、养殖、建材、编织等各个领域。据报道,我国各类主要农作物秸秆年产量达 7 亿 t 左右,其植物能大约占农作物总量的 50%～75%,具有很高的利用价值,但目前我国的利用率较低,仅为 33% 左右。(2)蔬菜及瓜果等农副产品加工类。为丰富我国城镇居民的菜篮子,我国在大中小城市周围相继建立了一批菜篮子工程,但也带来了大量的剩余物。蔬菜食品类的营养成分很丰富(质量分数):总水分 71.8%～85.0%,干物质 15.0%～28.2%,其中蛋白质 1.7%～4.4%,油脂 0.4%～1.6%,无氮提取物 11.4%～15.5%,灰分 1.8%～2.4%;另外,每 1 kg 废弃物中还有 2.5g 钙、1.5g 磷、15～22g 可消化蛋白。除此以外,还有大量的有价值的农副产品加工下脚料。如水产品中淡水鱼的加工,淡水鱼一般头大、内脏多,采肉量仅为鱼体质量的 30%,鱼头、内脏、鱼鳞、鱼刺、鱼皮、鱼鳍等下脚料被白白丢弃;农产品中大豆的加工,可产生大量的豆渣。这些下脚料除少部分用作肥料和饲料外,大部分都被丢弃,既浪费了资源又污染了环境。(3)人畜粪便类。据初步统计,目前我国每年畜禽养殖场排放的粪便及粪水总量就超过了 17 亿 t,再加上集约化生产的冲洗水,实际排放量远远超过此数字。如此多的畜禽粪便,不仅污染了养殖场周围的环境,而且导致了水体的污染。随着生产的发展和人口的进一步增加,农业废弃物正以年均 5%～10% 的速度递增。

具有前述共性的这些大量的农业废弃物是一种特殊形态的可再生资源,具有巨大的开发潜力。根据其理化特性,通过一定的手段,有目的地对其进行资源化利用,可以满足人们的某一特殊需求。如利用废弃物中的生物质能将其作为能源开发利用;利用其营养成分制作肥料和饲料以及食品添加剂等制品;利用其物理技术特性,生产质轻、绝热、吸声的功能材料;利用其化学特性,提取有机和无机化合物,生产化工原料和化学制品等。不仅如此,运用农业生态工程并通过一整套废弃物资源化利用技术,可以将种植业、养殖业和农业相关的其他行业联成一个有机整体,从农业系统学的角度来研究农业废弃物的处理与利用问题,这样不仅可提高资源利用效率,变废为宝,节约自然资源,解决饲料、肥源、能源问题,增加农副产品的价值,而且可减轻环境处理负荷,全面消除废弃物的直接污染,保护农业生态环境。同时还强化了生态系统中还原者的作用,以较低的物能消耗,取得最佳的生态、经济、社会效益,为农业持续发展和实现生态与经济良性循环发挥巨大作用。

### 三、中国农业废弃物的资源化现状

#### (一) 污染现状

中国每年产生的农业废弃物数以几十亿吨计,由于污染事故与事件逐年增加,才渐渐被人们重视。农业废弃物在生产过程中由于可利用品位不高,成分复杂,二次开发成本高、难度大,同时缺乏政策的引导和资金的投入,导致农业废弃物污染呈现出数量大、品质差、危害多的特点。农业废弃物污染主要表现在:秸秆焚烧增加了空气污染指数并影响到交通和航空运输事业;养殖场周边污水横流、臭气熏天,严重影响生态环境及景观、居民的日常生活和身体的健康,直接导致水源污染和水体富营养化;农药、兽药和重金属等残留进入土壤,一方面影响到农产品的品质,另一方面增加土壤微生物的耐药性;农业"白色污染"影响景观、土壤的正常功能、作物的生长以及农产品的产量和品质等。

#### (二) 资源潜力

农业废弃物蕴藏着巨大的资源。中国产生的农业废弃物按目前的沼气技术水平能转化成沼

气 3111.5 亿 m³,户均达 1275.2 m³,可解决农村的能源短缺;以农作物秸秆为例,将目前的 5 亿 t
秸秆转化为电能,以 1 kg 秸秆产生电 1 kW·h 计算,就有电能 5 亿 kW·h 的潜力;作为肥料可提供
氮(N):2264.4 万 t;磷(P₂O₅):459.1 万 t;钾(K₂O):2715.7 万 t;作为饲料,仅玉米秸秆能提供
1.9~2.2 亿 t。通过表 18-1 中国农业废弃物资源化潜力分析可见其巨大的商业开发前景。

**表 18-1 中国农业废弃物资源化潜力分析**

| 种 类 | 数量 /10⁹t | 肥 料 | | | | 能 源 | | |
|---|---|---|---|---|---|---|---|---|
| | | 有机质 /10⁴t | 氮含量(N) /10⁴t | 磷含量(P₂O₅) /10⁴t | 钾含量(K₂O) /10⁴t | 热值 /10¹⁵kJ | 沼气 /10⁹m³ | 标准煤 /10⁹t |
| 畜禽粪便 | 26 | 27399 | 1470 | 294 | 1109 | 32 | 497.84 | 1.12 |
| 农业秸秆 | 7.0 | 36386 | 430 | 57 | 651 | 100 | 1546.86 | 3.48 |
| 蔬菜类废弃物 | 1.0 | 1748 | 69 | 7.3 | 37 | 12 | 177.8 | 0.40 |
| 生活垃圾 | 2.5 | 6250 | 120 | 72 | 249 | 23 | 346.71 | 0.78 |
| 林业废弃物 | 0.5 | 3205 | 34 | 55.5 | 500 | 7.3 | 111.13 | 0.25 |
| 加工废弃物 | 1.5 | 3040 | 84.8 | 17.3 | 101.8 | 22 | 328.93 | 0.74 |
| 其 他 | 0.5 | 2001 | 56.6 | 11.5 | 67.9 | 6.7 | 102.24 | 0.23 |
| 合 计 | 39.0 | 80029 | 2264.4 | 459.1 | 2715.7 | 203 | 3111.5 | 7.0 |

### (三) 资源化现状

中国农业废弃物再利用有着悠久的历史,源于中国的堆肥和沼气技术在传统的生态理念指
引下被广泛应用,从全国生态农业示范县收集到的 370 多个生态农业实用模式中,就有 1/3 是以
农业废弃物的循环利用技术为纽带联结形成的高效生产模式。近些年来,农业废弃物在能源化、
肥料化、饲料化和材料化上取得了显著的成绩。

(1) 能源化。农业废弃物是农村能源的重要组成部分,在解决农村能源短缺和农村环境污
染方面有重要的价值。近年来,中国先后对禽畜粪便厌氧消化、农作物秸秆热解气化等技术进行
了攻关研究和开发,已经取得了一定成绩,生物质能高新转换技术不仅满足农民富裕后对优质能
源的迫切需求,也在乡镇企业等生产领域中得到应用,目前农业废弃物能源化的方向有:高效沼
气和发电工程系统研究;组装式沼气发酵装置及配套设备和工艺技术研究;中热值秸秆气化装置
和燃气净化技术研究;移动式秸秆干燥粮食工艺及成套设备研究;秸秆干发酵及其配套技术研
究;秸秆直接燃烧供热系统技术研究;纤维素原料生产燃料乙醇技术研究;生物质热解液化制备
燃料油、间接液化生产合成柴油和副产物综合利用技术研究;有机垃圾混合燃烧发电技术;城市
垃圾填埋场沼气发电技术;"四位一体"模式和"能源－环境工程"技术农业生态综合利用模式研
究等。

(2) 肥料化。农业废弃物(畜禽粪便、秸秆等)和乡镇生活垃圾的肥料化在提高土壤肥力,增
加土壤有机质,改善土壤结构等方面有其独特的作用。近年来,农业废弃物肥料化的主要方向
有:畜禽粪便开发研制的生态型肥料和土壤修复剂等技术;不同原料好氧堆肥关键技术研究;高
效发酵微生物筛选技术研究;以城乡有机肥为原料,配以生物接种剂和其他添加剂,高效有机肥
生产技术研究;农业废弃物的腐生生物高值化转化技术研究;畜禽粪便高温堆肥产品的复混肥生
产技术研究;秸秆等植物纤维类废弃物沤肥还田技术研究;农作物秸秆整株还田、根茬粉碎还田
技术研究。

（3）饲料化。目前,农业废弃物的饲料化主要分为植物纤维性废弃物的饲料化和动物性废弃物的饲料化,因为农业废弃物中含有大量的蛋白质和纤维类物质,经过适当的技术处理,便可作为饲料应用。主要的技术有:通过微生物处理转化技术,将秸秆、木屑等植物废弃物加工变为微生物蛋白产品的技术研究;通过发酵技术对青绿秸秆处理的青储饲料化研究;通过对秸秆等废物氨化处理,改善原料适口性和营养价值氨化技术研究。动物性废弃物的饲料化主要是畜禽粪便和加工下脚料的饲料化研究,由于动物性废弃物的饲料化存在太多的安全隐患,不值得提倡,因此不在这里赘述。

（4）材料化。利用农业废弃物中的高蛋白质资源和纤维性材料生产多种生物质材料和生产资料是农业废弃物资源化的又一个拓展领域,有着广阔的前景。目前的研究主要包括,利用农业废弃物中的高纤维性植物废弃物生产纸板、人造纤维板、轻质建材板等材料研究;通过固化、炭化技术制成活性炭技术研究;生产可降解餐具材料和纤维素薄膜研究;制取木糖（醇）的研究。主要应用方法有:稻壳作为生产白炭黑、碳化硅陶瓷、氮化硅陶瓷的原料;秸秆、稻壳经炭化后生产钢铁冶金行业金属液面的新型保温材料;麦草经常压水解、溶剂萃取反应后制取糠醛;甘蔗渣、玉米渣等制取膳食纤维;利用秸秆、棉籽皮、树枝叶等栽培食用菌;棉籽加工废弃物清洁油污地面;棉秆皮、棉铃壳等含有酚式羟基化学成分制成聚合阳离子交换树脂吸收重金属。

# 第二节　农作物秸秆的资源化利用

## 一、秸秆的来源及资源量

秸秆是农作物生产过程中产生的固体废弃物,它主要指农作物的根、茎、叶中不易或不可利用的部分。秸秆作为极其特殊的一种"废弃"资源,具有产量巨大、分布广泛而不均匀、利用规模小而分散、利用技术传统而低效等特点。

我国农作物秸秆的品种很多、分布很广、数量巨大（表 18-2）,仅重要作物秸秆就有近 20 种,年产生总量接近 6 亿 t。但是全国秸秆的产量分布并不均匀（图 18-1）,有的省份产量很大,如山东、四川、河南、江苏等;有的省份产量则较少,如西藏、海南、青海等。

表 18-2　全国主要农作物秸秆分布情况

| 作 物 名 称 | 秸秆数量/Mt | 作 物 名 称 | 秸秆数量/Mt |
|---|---|---|---|
| 稻　谷 | 168.616 | 夏　粮 | 98.496 |
| 小　麦 | 106.300 | 棉　花 | 19.295 |
| 玉　米 | 120.994 | 花　生 | 5.042 |
| 谷　子 | 5.381 | 油菜籽 | 11.154 |
| 高　粱 | 7.891 | 芝　麻 | 0.783 |
| 薯　类 | 13.600 | 胡麻籽 | 0.926 |
| 大　豆 | 15.819 | 向日葵 | 2.560 |
| 其他杂粮 | 18.779 | 烟　叶 | 1.637 |
| 总计/Mt | | 599.273 | |

注:秸秆数量为理论值,由 1992 年《农业年鉴》提供的作物产量乘以相应的秸秆折算系数而求得。秸秆折算系数如下:稻谷 0.9,小麦 1.1;玉米 1.2,大豆 1.6,薯类 0.5,其他谷类 1.6,棉花 3.4,花生 0.8,油菜籽 1.5,其他 1.8。

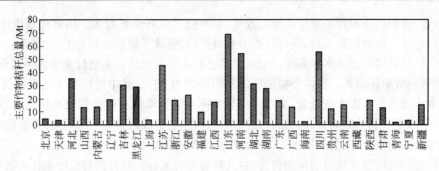

图 18-1　全国各省区主要作物秸秆的总量

　　我国是一个农业大国,随着农业的发展,副产品的数量也不断增加,如农作物秸秆、藤蔓、皮壳、饼粕、酒糟、甜菜渣、蔗渣、废糖蜜、食品工业下脚料、禽畜制品下脚料、蔗叶及各种树叶、锯末、木屑等,数量极大。据统计,我国每年的农作物秸秆约为 5 亿 t,稻壳 3030 万 t,藤蔓 854 万 t,花生蔓 300 万 t,甜菜渣 330 万 t,蔗糖蜜 402 万 t,酒糟 1583 万 t,禽粪 7300 万 t,其中除豆饼用作高蛋白质饲料、部分农产品加工废物和作物秸秆用作饲料、少量的棉秆用于纤维板的生产、部分作物秸秆作为造纸的原料外,大部分副产品没有得到利用或没有得到充分利用。我国是个人口多、资源相对较少的国家,因此,把数量巨大的农业废弃物(特别是农作物秸秆)加以充分开发利用,变废为宝,不仅可以产生巨大的经济效益,还会收到重要的环境效益和社会效益。

## 二、秸秆的成分、特性和利用现状

　　作物秸秆主要由植物细胞壁组成,它含有大量的粗纤维和无氮浸出物,此外,也含有粗蛋白、粗脂肪、灰分和少量其他的成分(表 18-3)。植物细胞壁包含的纤维素和半纤维素较易被生物降解,木质素除本身难以分解外,在植物细胞壁中,还常与纤维素、半纤维素、碳水化合物等成分混杂在一起,阻碍纤维素分解菌的作用,使得秸秆难以被生物所分解利用。如何使作物秸秆中的木质纤维素得到有效的分解是作物秸秆处理和利用的关键。

表 18-3　秸秆的成分组成

| 秸 秆 | 水分<br>(干物质)/% | 粗蛋白<br>(干物质)/% | 粗脂肪<br>(干物质)/% | 粗纤维<br>(干物质)/% | 无氮浸出物<br>(干物质)/% | 粗灰分<br>(干物质)/% | 钙(干物质)/% | 磷(干物质)/% |
|---|---|---|---|---|---|---|---|---|
| 稻 草 | 6 | 3.8 | 0.7 | 32.9 | 41.8 | 14.7 | 0.15 | 0.18 |
| 小麦秸 | 13.5 | 2.7 | 1.1 | 37 | 35.9 | 9.8 | | |
| 玉米秸 | 5.5 | 5.7 | 1.6 | 29.3 | 51.3 | 6.6 | 微量 | 微量 |
| 谷 草 | 13.5 | 3.1 | 1.4 | 35.6 | 37.7 | 8.5 | | |
| 大麦秸 | 12.9 | 6.4 | 1.6 | 33.4 | 37.8 | 7.9 | 0.18 | 0.02 |
| 燕麦秸 | 9 | 5.3 | 3.4 | 31 | 39.6 | 11.7 | | |
| 大豆秸 | 6.8 | 8.9 | 1.6 | 39.8 | 34.7 | 8.2 | 0.87 | 0.05 |

　　作物秸秆的利用有多种途径。直接燃烧作物秸秆是人们长久以来获取生活能源的一种重要手段。高效燃烧技术和热解气化技术的应用可大大提高秸秆的直接燃烧效率,而厌氧发酵制取沼气技术则兼顾了秸秆的综合利用。秸秆还田发挥了秸秆的有机质功能和肥料功能,是利用秸秆的主要方法之一,在我国得到了重视和推广。到 1993 年,我国秸秆粉碎还田的面积就达到了490 万亩。秸秆饲料化利用一般有微生物处理和饲料化加工两类,具体的加工方法有多种。目前,全国的秸秆饲料化加工处理量每年约 1000 多万 t。秸秆作为重要的生产原料也广泛地应用

于造纸行业、编织行业和食用菌生产等。近年,又兴起了秸秆制炭技术。用秸秆制成纸质地膜,透气性好,经过一段时间腐化后,还可以作为有机肥料,免除了塑料地膜对土壤的污染。

总之,秸秆利用的方法多种多样,但是,目前已利用的数量还只是秸秆总量的一部分,而且利用技术和利用效率还很低。我国目前秸秆的利用率约为 33%,其中经过技术处理的仅占 2.6% 左右,其余大部分秸秆因无法处置,常在田间焚烧掉或随处堆放。秸秆到处堆积乱放,对农村的环境卫生造成了不利的影响;同时,秸秆在田间焚烧,还会造成严重的大气污染,并直接影响高速公路、航空运输的安全;还会引发火灾,导致生命、财产的损失。

但另一方面,秸秆又是可利用的资源,并且具有可再生性。秸秆拥有植物生长所需要的一切营养成分,是良好的饲料资源;同时,它的有机物含量较高,又可作为作物的有机肥料和土壤有机质的来源;此外,它还可以用作其他行业的原料。秸秆资源的开发利用对实现有机农业的发展,实现传统农业向有机农业的转化,实现农业的可持续发展,以及减轻环境污染有重要的意义。

### 三、秸秆还田利用技术

秸秆中含有丰富的有机质和氮、磷、钾、钙、镁、硫等肥料养分(表 18-4),是可利用的有机肥料资源。秸秆直接还田作肥料是一种简便易行的方法,对不同地区都可以适用。

**表 18-4　几种作物秸秆中元素成分**

| 种类 | N (质量分数)/% | P (质量分数)/% | K (质量分数)/% | Ca (质量分数)/% | Mg (质量分数)/% | Mn (质量分数)/% | Si (质量分数)/% |
|---|---|---|---|---|---|---|---|
| 水稻 | 0.60 | 0.09 | 1.00 | 0.14 | 0.12 | 0.02 | 7.99 |
| 小麦 | 0.50 | 0.03 | 0.73 | 0.14 | 0.02 | 0.003 | 3.95 |
| 大豆 | 1.93 | 0.03 | 1.55 | 0.84 | 0.07 | — | — |
| 油菜 | 0.52 | 0.03 | 0.65 | 0.42 | 0.05 | 0.004 | 0.18 |

秸秆还田利用可改善土壤结构,使土壤容重下降,孔隙度增加;同时,秸秆覆盖和翻压对土壤有良好的保墒作用,并可抑制杂草的生长,减轻土壤盐碱度;秸秆还田后,不仅可增加作物的产量,还可提高作物品质。增产主要是养分效应、改良土壤效应和农田环境优化效应三方面综合作用的结果。

#### (一) 秸秆还田的增产效果

把作物秸秆进行翻压还田或覆盖还田是一项有效的增产措施。“八五”期间中国农业科学院、西南农业大学、湖北农业科学院等单位进行的秸秆还田试验结果(表 18-5)表明,实行秸秆还田后一般都能增产 10% 以上,统计全国 60 多份材料,增产范围在 4.8%~83.4%,平均增产 15.7%。坚持常年秸秆还田,不但在培肥阶段有明显的增产作用,而且后效十分明显(表 18-6),有持续的增产作用。

**表 18-5　秸秆还田的增产效果①**

| 试验单位 | 试验方式 | 增产量/kg·hm⁻² | | 增产率/% | |
|---|---|---|---|---|---|
| | | 范围 | 平均值 | 范围 | 平均值 |
| 中国农业科学院土壤肥料研究所 | 微区定位试验 | 298.5~1287 | 839.55 | 5.3~22.7 | 14.79 |
| | 大田定位试验 | 184.5~952.5 | 502.5 | 4.2~16.4 | 9.74 |
| | 大田调查 | 754.5~934.5 | 844.5 | 10.0~12.4 | 11.3 |
| 西南农业大学 | 翻压还田定位试验 | 885~2535 | | -6.9~+28.6 | 11.0 |
| | 覆盖还田定位试验 | 505.5~651 | 579.0 | 8.73~11.76 | 10.3 |

| 试验单位 | 试验方式 | 增产量/kg·hm⁻² | | 增产率/% | |
|---|---|---|---|---|---|
| | | 范　围 | 平均值 | 范　围 | 平均值 |
| 湖北省农业科学院 | 小麦压草试验 | 118.5~771 | 388.5 | -3.5~+65.6 | 11.7 |
| | 中稻压草试验 | 571.5~1002 | 756.0 | 8.7~12.6 | 9.8 |
| | 棉花大田试验 | 91.5~193.5 | 136.5 | 7.2~17.3 | 11.3 |
| | 棉花大田调查 | | 175.5 | | 13.1 |
| 山西省农业科学院 | 大田定位试验 | | | 11.7~14.0 | 13.2 |
| 江苏省农业科学院 | 大田定位试验 | 127.5~787.5 | 448.5 | 4.8~36.0 | 18.03 |
| 浙江省农业科学院 | 一年三熟定位 | 537~505.5 | 549.0 | 11.17~40.7 | 15.2 |
| 统计全国 60 多份秸秆还田试验资料 | | | | -4.8~83.4 | 15.7 |

① "八五"农 03-01-02 专题。

**表 18-6　秸秆不同用量对作物产量及后效作用**[1]

| 秸秆用量/t·hm⁻² | 培　肥　阶　段 | | 后　效　阶　段 | |
|---|---|---|---|---|
| | 产量/kg·hm⁻² | 增产率/% | 产量/kg·hm⁻² | 增产率/% |
| 对照 | 4186.5±474.0 | | 3783.0±973.5 | |
| 2.25 | 4240.5±478.5 | 3.6 | 3928.5±1044.0 | 9.7 |
| 4.5 | 4396.5±484.5 | 14.6 | 4138.5±1174.5 | 23.7 |
| 9 | 4362.0±555.0 | 11.7 | 4308.0±1225.5 | 35.7 |

① "八五"农 03-01-02 专题。

### (二) 秸秆还田对农田生态环境影响

农田生态环境即作物生长环境，它包括农田小气候、土壤水热状况、植物养分循环、杂草生长、植物病虫害等因素。生态环境之优劣直接影响作物生长，而秸秆覆盖及翻压在不同程度上改善了农田生态环境。

### (三) 秸秆中钾的显著增产作用

将脱钾稻草和不脱钾稻草作比较，同时配施充分的氮、磷及微量元素，试验结果不脱钾稻草增产显著，而脱钾稻草不增产或增产率大幅度下降，说明秸秆还田后提供了大量的有效钾，从而导致作物增产(表 18-7)。

**表 18-7　秸秆还田对土壤养分含量的影响**

| 试验单位 | 试验方式 | | 比对照全 N 提高/% | 比对照速效磷(P₂O₅)增加/mg·kg⁻¹ | 比对照速效钾(K₂O)增加/mg·kg⁻¹ |
|---|---|---|---|---|---|
| 中国农业科学院土壤肥料研究所(两年) | 微区定位试验 | 范　围 | 0~0.01 | 0.6~5.6 | 3.3~105.1 |
| | | 平均值 | 平均0.005 | 3.15 | 38.8 |
| | 秸秆翻压定位试验 | 范　围 | -0.004~0.028 | -0.6~5.0 | 0.7~31.7 |
| | | 平均值 | 0.009 | 2.12 | 13.4 |
| | 秸秆覆盖定位试验 | 范　围 | 0~0.009 | 0.4~5.4 | 2.6~17.8 |
| | | 平均值 | 0.005 | 2.42 | 8.6 |

| 试 验 单 位 | 试 验 方 式 | | 比对照全 N 提高/% | 比对照速效磷($P_2O_5$)增加/mg·kg$^{-1}$ | 比对照速效钾($K_2O$)增加/mg·kg$^{-1}$ |
|---|---|---|---|---|---|
| 西南农业大学(3 年) | 稻草还田定位试验 | | 0.011 | 3.0 | 26 |
| 浙江农业科学院(6 年) | 定位试验 | | 0.09 | 12 | 56 |
| 湖北农业科学院(3 年) | 压草定位试验 | | 0.0078 | 0.75 | 15.64 |
| 统计全国 60 多份试验材料结果 | 范　围 | | 0.001～0.1 | 0.2～30 | 3.3～80 |
| | 平均值 | | 0.0014 | 3.76 | 31.2 |

注:对照未施秸秆处理(1992 年 9 月取土测定)。

### (四)秸秆还田对土壤有效硅的影响及其增产作用

硅虽然不是植物生长所需的大量元素,但如果植物缺硅,则茎秆及叶片的刚性就会降低,抗倒伏和抗病虫害的能力就会减弱,光合作用的能力下降。水稻秸秆中含硅高达 8%～12%。在缺硅的土壤中,秸秆还田是提供有效硅的一个来源。稻草还田有利于增加土壤中有效硅的含量和水稻植株对硅的吸收。

### (五)秸秆还田对土壤活性有机质的影响

稻草含有机碳 42.2%,腐殖化系数为 30%,每公顷施 3t 稻草提供的腐殖质为 379.5 kg。新鲜有机质的加入对改善土壤结果有重要作用。

实行秸秆还田后能够增加土壤有机质含量,降低土壤容重,增加土壤孔隙度。其增减的数值依不同地区、不同就作方式、不同秸秆还田量及秸秆还田年限有很大差异。秸秆还田后土壤疏松,易耕作,说明秸秆还田后有良好的改土作用。

### (六)秸秆还田对土壤有机质平衡和腐殖质组成的影响

曾木祥在对玉米秸秆还田对有机质平衡的研究中得出,华北地区土壤有机质的年矿化量每公顷为 810～1425 kg,年积累量为 420～1440 kg,年矿化量大于年积累量,要想维持土壤有机质现状,必须每年补充 810～1425 kg 的有机碳源,若要再提高土壤有机质含量,则需补充更多的有机质,才能提高土壤有机质含量。秸秆还田对土壤有机质平衡有重要作用,每公顷还田 7.5 t 玉米秸秆,或配合施用化肥,土壤有机碳有盈余。没有秸秆还田,0～20 cm 耕层土壤有机质则要亏损 186.75～264 kg/m$^2$,约占原有机质的 0.98%～1.39%(表 18-8)。秸秆还田不仅能显著提高土坡有机质含量,而且能提高有机质的质量。土壤腐殖质化程度常以胡敏酸与富里酸对比关系确定。D.S.Jenkinson 与 E.J.Kolenbrator 的研究认为,富里酸含量标志腐殖化作用的强弱。稻草还田量对土壤腐殖质组成的影响表明,腐殖酸总量($H$)和富里酸含量($F$)与秸秆还田量呈正相关,$H/F$的比值大小次序则相反。单施稻草腐殖质总量提高 20.8%,而稻草与猪粪和化肥配施可提高 23%。富里酸中氮素的矿化率最高可达 38.1%～52.0%,而且固定土壤氮素的活性较大。

**表 18-8　秸秆还田对土壤有机质、容重和总孔隙度的影响**

| 试 验 单 位 | 试 验 方 式 | 有机质增减值/% | 容重增减值/g·m$^{-3}$ | 总孔隙度增减值/% |
|---|---|---|---|---|
| 中国农业科学院土壤肥料研究所 | 微区定位(试验两年) | 0.01～0.27 | −0.033～0.062 | 1.05～2.04 |
| | | 平均 0.157 | 平均 −0.046 | 平均 1.52 |
| | 翻压定位(试验两年) | 0.02～0.12 | −0.07～0 | 0～2.31 |
| | | 平均 0.067 | 平均 −0.029 | 平均 0.94 |
| | 覆盖定位(试验两年) | 0.014～0.11 | −0.01～0.08 | 0.35～2.3 |
| | | 平均 0.058 | 平均 −0.039 | 平均 1.26 |

| 试验单位 | 试验方式 | 有机质增减值/% | 容重增减值/$g\cdot m^{-3}$ | 总孔隙度增减值/% |
|---|---|---|---|---|
| 江苏省农业科学院 | 麦田盖草 | | -0.06 | 1.90 |
| 西南农业大学 | 定位试验(3年) | 0.38 | -0.07 | 2.64 |
| 浙江省农业科学院 | 定位试验(6年) | 1.47 | -0.19 | 2.64 |
| 湖北省农业科学院 | 定位试验(3年) | 0.096 | -0.062 | 4.09 |
| 统计全国60份试验材料 | | 平均0.0114 | -0.077 | 3.52 |

秸秆还因为土壤微生物提高了充足的碳源，促进微生物的生长、繁殖，提高土壤的生物活性。秸秆还田后，肥土细菌数增加0.5～2.5倍，瘦土增加2.6～3.0倍。在约20%的合适土壤水分含量时，细菌数量最多，在肥土和瘦土上分别增加3.5倍和3倍。

### (七) 秸秆还田对保墒和控制田间温湿度的影响

秸秆覆盖地面，干旱期减少土壤水的地面蒸发量，保持了耕田蓄水量；雨季缓冲了雨水对土壤的侵蚀，减少了地面径流，增加了耕层蓄水量。覆盖秸秆隔离了阳光对土壤的直射，对土体与地表稳热的交换起了调剂作用。在高温季节，棉田小气候测定的结果是：当大气温度为36.5℃时，盖草比对照地表温度低5.5℃，距地面7 cm处低3.5℃，距地面15 cm处低1.2℃。

### (八) 农田覆盖秸秆对抑制杂草生长的作用

中国农业科学院土壤肥料研究所的曾木祥在秸秆还田的三种方式(堆沤、翻压、覆盖)对杂草抑制效果的调查研究中指出，堆沤和翻压对抑制杂草没有规律，只有秸秆覆盖对抑制杂草效果十分明显。据1991年和1992年的调查，秸秆覆盖田比对照减少杂草分别为40.6%～246%和70.9%～185%。

综上所述．秸秆还田增加了土壤养分，特别是钾素营养；增加了土壤有机质，改良了土壤结构，容重下降，孔隙度增加；秸秆覆盖还有保墒、调温、抑制杂草生长、减轻盐碱等作用。这样就大大改善了土壤的水分、养分、通气和温度状况，优化了农田生态环境，为夺取作物高产、稳产、优质打下基础。

### (九) 秸秆还田存在的问题及秸秆还田技术规程的制订

我国年产约5亿t秸秆，是一项宝贵的有机肥资源。目前焚烧秸秆的现象仍然十分严重，不但浪费了资源，而且污染空气，有时还会引起火灾。随处堆放秸秆不但占用场地，而且会堵塞道路，妨碍交通。实行秸秆还田有上面许多好处，特别对改造中低产农田，缓解我国氮、磷、钾的比例失调，弥补磷、钾化肥不足有十分重要意义。但应该指出的是，秸秆还田不当也会带来不良后果。

我国的国情是人均占有耕地面积小，机械化程度较低，耕地夏种指数高、倒茬时间短，加之秸秆碳氮比值高，给秸秆还田带来困难。常因翻压量过大、土壤水分不够、施氮肥不够、翻压质量不好等原因，出现妨碍耕作、影响出苗、烧苗、病虫害增加等现象，严重的还会造成减产。据调查，秸秆还田量过大，出苗率减少15%。施氮肥不足，常使幼苗发黄。在干旱年份麦秸不易腐烂，影响下茬种麦质量。旱地玉米秸覆盖，地下病虫和玉米黑穗病有加重趋势，如果大面积连续多年实施这一技术，有引起病虫害流行的可能。南方未改造的下湿田、冷浸田和烂泥田透气性差，秸秆翻压后容易产生大量甲烷、硫化氢等有害气体，毒害作物。

为了利用好秸秆资源、减少环境污染，克服秸秆还田的盲目性，使农民在秸秆还田时有章可循，提高秸秆还田效益，推动秸秆还田发展，研究各地秸秆还田的适宜条件，制定秸秆还田技术规程十分重要和必要。

## 四、秸秆燃料化技术

### （一）秸秆作农村能源

农作物秸秆的柴灶直接燃烧，仍然是当前农村能源的主要来源。但这种方式不仅热能利用率低，而且污染环境。积极发展农作物秸秆的气化技术，应当是今后的发展方向。广义地讲，一切农业废弃物都可以气化。农业废弃物气化作能源，具有如下优点：

（1）挥发组分高。在比较低的温度（一般在350℃左右）下即能迅速地释放出大约80%的挥发组分。相比而言，煤却要在600℃以上的高温条件下才能释放出30%～40%的挥发物。

（2）炭的活性高。在800℃、2 MPa及在水蒸气存在下，农业废弃物的气化反应迅速，经7 min后，即有80%的炭被气化。相同的条件下，泥煤炭与煤炭仅有20%及5%被气化。

（3）硫含量低。这样可大大地降低气体净化过程的投资。如果在气化过程中使用催化剂，也不存在催化剂中毒的问题。

（4）灰分低。大多数农业废弃物（除稻壳以外）的灰分含量都在2%以下，这就使除灰过程简化。

秸秆的气化技术主要有沼气化和草煤气两种。

#### 1. 利用秸秆制沼气

沼气是通过对生物有机质的厌氧发酵，生成的一种以甲烷为主要成分的气体。将农作物秸秆切碎，与人畜粪便混合，在沼气池中发酵，即可产生沼气。常用的沼气池有水压式和钟罩式两种。工作原理分别如图18-2和图18-3所示。

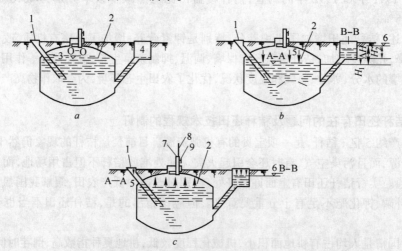

图 18-2　水压式沼气池工作原理示意图

a—开启前状态；b—开启后状态；c—使用状态

1—加料管；2—发酵间（贮气部分）；3—池内液面 O-O；4—出料间液面；5—池内料液液面 A-A；
6—出料间液面 B-B；7—导气管；8—沼气输气管；9—控制阀

水压式沼气的优点是构造简单、造价低、施工方便；缺点是气压不稳定、产气量小、原料利用率低，换料不方便。

顶罩式沼气池的特点是造价比较低，但气压不够稳定；侧罩式沼气池的气压比较稳定，但对材料要求比较高。

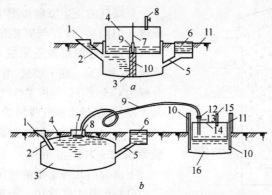

图 18-3　钟罩式沼气池的工作原理示意图

a—顶罩式：

1—进料口；2—进料管；3—发酵间；4—浮罩；5—出料连通管；6—出料间；

7—导向轨；8—导气管；9—导向槽；10—隔墙；11—地面

b—侧罩式：

1—进料口；2—进料管；3—发酵间；4—地面；5—出料连通管；6—出料间；

7—活动盖；8—导气管；9—输气管；10—导向柱；11—卡具；12—进气管；

13—开关；14—浮罩；15—排气管；16—水池

发达国家目前正逐步用发酵罐代潜沼气池，并实现大型化连续运行。典型的大型工业化沼气发酵工艺如图 18-4 所示。

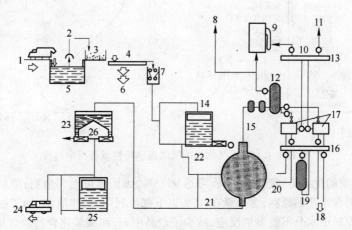

图 18-4　大型工业化沼气发酵工艺流程

1—农业废物；2—进料；3—进料口；4—分选；5—料槽；6—杂物；7—破碎机；8—天然气供应站；

9—加气站；10—内消耗；11—电网；12—沼气罐；13—主变电站；14—临时贮存仓；

15—气体处理站；16—热交换；17—发电；18—区域供热系统；19—热贮存罐；

20—发酵热；21—发酵仓；22—热交换；23—废液肥料脱水；

24—堆肥产品；25—堆肥精制车间；26—堆肥

沼气除作为生活用燃气外，还可以通过净化、压缩、分离等制成动力燃料、化工原料、防腐剂等。

### 2. 生产草煤气

在氧气供应不足的情况下，在较低温度下燃烧农业废弃物，将生成以一氧化碳、氢气为主要成分的可燃气体，称为草煤气。

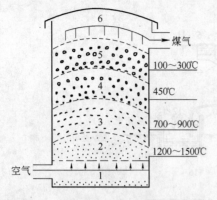

图 18-5　草煤气发生炉工作原理示意图
1—灰室；2—氧化层；3—还原层；4—干馏层；
5—干燥层；6—贮气室

草煤气的发生原理如图 18-5 所示。当空气从炉栅进入炉内后，首先与有机废物燃烧生成 $CO_2$，$CO_2$ 随气流进入还原层被还原成 $CO$，所含的水分也被还原成 $H_2$ 和 $CO$。在干馏层，有机废弃物被热气体干馏分解为 $CH_4$、$C_2H_4$ 等挥发性气体，与 $H_2$ 和 $CO$ 一道进入干燥层，携带水蒸气排出炉外，最终形成由 $CO$、$H_2$、$CH_4$、$C_2H_4$ 与水蒸气、氮气组成的混合气体，发热量一般为 $6281 \sim 7118 \ kJ/m^3$。

下面介绍几种常用的气化炉的结构和性能特点。

（1）上吸式气化炉。上吸式气化炉的气团呈逆向流动，运行过程中，湿物料从顶部加入后，被上升的热气流干燥而将水蒸气排出，干燥了的原料下降时被热气流加热并热分解，释放出挥发组分，剩余的炭继续下降，并与上升的 $CO_2$ 及水蒸气反应，还原成 $CO$、$H_2$ 及有机可燃体，余下的炭被从底部进入的空气氧化，燃烧放出的热量为整个气化过程供热，反应原理如图 18-6 所示。

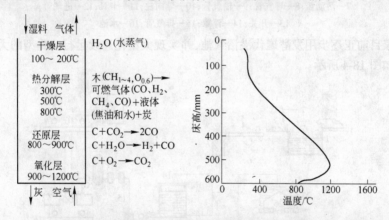

图 18-6　上吸式气化炉的气团流动特性及各反应过程

上吸式气化炉的优点是：碳转换率高，可达 99.5%，无固体可燃剩余物；原料适应性强，能适应不同尺寸、不同含水量的原料，含水量在 45% 以下都可利用；结构简单，加工制造容易，炉内阻力小。缺点是：原料中水分不能参加反应，减少了产品中 $H_2$ 和碳氢化合物的含量；气体与固体逆向流动时，湿物料中的水分随产品气体带出炉外，降低了气体的实际热值，增加了燃烧后排烟热损失；热气流从底部上升时，温度沿着反应层高度下降，物料被干燥后与较低温度的气流相遇，原料在低温（$250 \sim 400℃$）含量高，焦油含量高。

（2）改进的上吸式气化炉。为了克服上吸式气化炉的缺点，提出了改进的上吸式气化炉，如图 18-7 所示。这种气化炉将干燥区和热分解区分开，原料中的水分蒸发后随空气进入

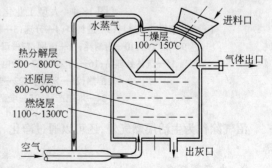

图 18-7　改进的上吸式气化炉

炉内参加还原反应,不再混入产品气中,从而提高了产品气中 $H_2$ 和碳氢化合物的含量,同时气体不被水蒸气稀释,使气体的热值提高 25% 左右;控制床层高度在 $500\sim800$ mm 左右,使热分解反应在较高温度下进行,为避免低温热分解区,使干燥的物料立即进入热分解区,以保证反应物料最上层温度不低于 500℃,而热分解在 $500\sim800$℃ 之间进行。

改进的上吸式气化炉在实际运行中取得了较好的效果:气体热值在 5000 kJ/m³ 左右,气化效率 75% 左右,气体中焦油含量小于 25 g/m³,碳转换率达 99%,原料适应性广,原料水分在15%~45%之间均可稳定运行。

(3) 下吸式气化炉。下吸式气化炉的结构特点如图18-8 所示。其特点是气体与固体顺向流动,物料由上部储料仓向下移动,边移动边进行干燥与热分解的过程;空气由喷嘴进入,与下移的物料发生燃烧反应;生成的气体与炭一起同向经一缩口,使焦油裂解并同时进行还原反应。该炉型的优点是焦油经高温区裂解,使气体中焦油含量减少,同时原料中的水分参加还原反应,使气体中

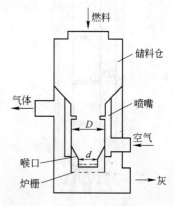

图 18-8　下吸式气化炉结构简图

$H_2$ 含量增加。这种炉型要求原料中的水分含量不大于 20%,否则会使炉温降低,因而使气体质量变坏,同时转换效率低,灰中炭含量高。

下吸式气化炉成功地用于农村供气系统,利用当地的农作物废弃物(如玉米秆、麦秆、稻壳等)为原料,气化后的燃气作为当地居民生活用气。

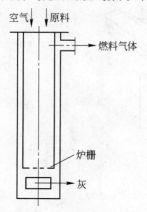

图 18-9　层式下吸式气化炉结构简图

(4) 层式下吸式气化炉。层式下吸式气化炉结构如图 18-9 所示。其结构特点是敞口,即炉顶不需要加盖密封,因而使加料操作简单,容易实现连续加料;炉身为直筒状,不像常规下吸式气化炉那样有空气入口喷嘴及缩口等复杂的部件,结构大大简化了。这样的炉型在负压下运行十分理想。其性能特点是:空气从敞口的顶部均匀地流经反应区的整个截面,因此,沿反应床截面的温度分布均匀;氧化与热分解在同一区域内同时进行,这个区是整个反应过程的最高温度区,所以气体中焦油含量较低,有利于减轻净化的负担。该炉在固定床气化炉中生产强度最高。

层式下吸式气化炉已成功地应用于小规模生物质气化发电系统,装机有 2.5 kW、60 kW 和 160 kW 等,特别是用于稻壳气化发电装置。

(5) 循环流化床气化炉气化过程由燃烧、还原及热分解三个过程组成,循环流化床系统简图如图 18-10 所示。热分解是气化过程中最主要的一个反应过程,大约有 70%~75% 的原料在热分解过程转换为气体燃料,剩余 2%~30% 左右的炭;其中 15% 左右的炭在燃烧过程被烧掉,放出的燃烧热为气化过程供热,10% 左右的炭在还原过程被气化。同样,在三个反应过程中,热分解过程最快,燃烧反应其次,而还原反应需要相当长的时间才能完成。

1) 细颗粒物料。它提供了巨大的气固接触表面,减少了颗粒内部的阻力。

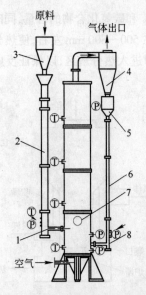

图 18-10　循环流化床系统简图

1,8—L 阀;2—下料直管;3—原料缓冲罐;
4—旋风分离器;5—炭受槽;6—循环管;
7—气化炉;Ⓟ—测压点;Ⓣ—测温点

2）高流化速度。操作速度为颗粒自由沉降速度的 3～5 倍,在高气速的作用下,强化了气体与固体间的传递速度,强化了传热与传质;高气速也减小了设备的截面积、提高了单位面积的生产能力。

3）炭的不断循环。气团分离以后的炭不断循环回反应炉内,因而保持大的床密度,床截面上颗粒密度分布均匀,并使炭有足够的时间在床内停留,以适应还原反应速度慢的需要。

循环流化床实现了快速加热、快速热分解及炭的长停留时间,是理想的气化反应器。该炉型生产强度达到固定床气化炉的 8 倍左右,气体热值可达 7000 kJ/m³ 左右,比固定床气化炉提高了 40%。

1991 年,中国科学院广州能源研究所研制的第一台生物质循环流化床气化装置在广东湛江模压木制品厂试验成功。继此之后,目前已发展了 12 台,采用不同的原料,分别用于供热、供气和发电。

山东省科学院能源研究所发明的秸秆气化集中供气系统,是一种以村级为单位的集中供气装置,由秸秆气化机组、燃气输配系统和用户燃气系统 3 部分组成。如图 18-11 和图 18-12 所示。

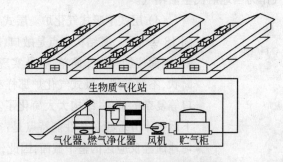

图 18-11　秸秆气化集中供气系统

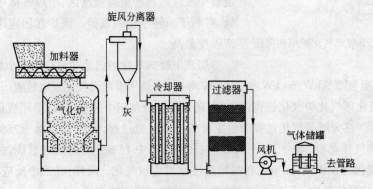

图 18-12　秸秆气化机组示意图

　　1) 秸秆气化机组。秸秆气化机组是把生物质原料转换成气体燃料的设备,XFF 型秸秆气化机组由加料器、气化反应器、净化装置、罗茨风机和电控系统 5 部分组成。其气化工艺流程为:秸秆自然风干至水分 20% 以下,经铡草机处理至 5～20 mm 的长度,进入秸秆气化机组的气化器,在气化器中经热解、气化和还原反应,转换成为可燃气体;燃气被送入燃气净化器,除去其中的灰尘和焦油,并冷却到常温;然后经风机加压后送入输配系统。

　　2) 燃气输配系统。燃气输配系统由贮气柜、附属设备和地下管网组成。气柜的作用是贮存一定量的燃气平衡系统燃气负荷的波动,并提供一个始终恒定的压力以保证用户燃气灶具的稳定燃烧。贮气柜通过钟罩的浮起和落下来贮存或放出燃气,适应用户用气量的变化,也在夜间和白天炊事间歇时间供应零散用气。因此,气化机组是间歇运行的,但整个系统不停地向用户供气,贮气柜的压力一般为 3000～4000 Pa(300～400 mmH$_2$O),可满足小于 1 km 距离的输送要求。燃气管网由干管、支管、用户引入管和室内管道组成。干、支管采用浅层直埋的方式铺设在地下,应使用符合国家标准的燃气用埋地聚乙烯塑料管道和管件。离开气柜的燃气通过铺设在地下的塑料管网分配到系统中的每一用户。

　　3) 用户燃气系统。户内燃气系统包括煤气表、滤清器、阀门、专用燃气灶具等设备。滤清器中装入活性炭,过滤燃气中残余杂质。燃气灶具必须采用专门为低热值燃气设计的灶具,用户打开燃用具的阀门就可以方便地使用燃气。

　　据此原理,在城市郊区,还可以建设更大规模的草煤气厂供发电或以管道向居民供气。

**(二) 秸秆制炭技术**

　　利用作物秸秆生产炭品是另一秸秆利用技术,其工艺流程如图 18-13 所示。先将秸秆烘干或晒干,然后粉碎并造粒,再把颗粒放置在制炭设备中,同时隔绝空气或只供给少量空气,并对其进行加热,这时秸秆就会发生热解,并被转化成固体木炭。秸秆制炭实际上是一个热解过程。

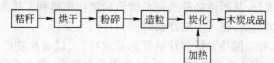

图 18-13　秸秆制炭工艺流程图

　　目前,我国已开发出了配套的秸秆挤压成型、炭化、木焦油提取等设备。用秸秆制成的炭含碳量为 50%～85%,发热量可达 20940～32600 kJ/kg,其硬度和密度优于普通木炭,单位发热量优于煤,可广泛用于有色金属、合金冶炼及日常生活、食品加工等方面。秸秆炭燃烧无烟、无味、无毒,每生产 1 t 秸秆炭可收集木焦油 0.05 t,木焦油可以作为工业原料使用。

**(三) 秸秆制酒精技术**

　　利用作物秸秆还可制取酒精(乙醇),其基本工艺流程如图 18-14 所示。该工艺过程主要由洗涤、水解、蒸煮软化、糖化发酵、蒸馏取酒等工序组成。乙醇的转化需要两个步骤:秸秆中纤维素水解成还原糖和还原糖发酵成乙醇。第一步即秸秆中木质纤维素的水解是其关键。如果木质纤维素不能被预先降解成简单的可发酵糖类,则无法实现乙醇的后续发酵。添加高效的木质纤维素酶是提高木质纤维素水解效率的常用手段。

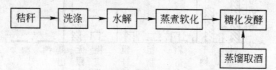

图 18-14　秸秆制取酒精工艺流程图

**（四）秸秆与煤的混烧技术及设备**

秸秆与煤的混烧技术,即生物质先在气化炉中气化,燃气进入锅炉和煤一起燃烧的技术。通过该技术,可在传统燃煤锅炉的基础上,实现煤和秸秆共用或互相替代使用。在收割季节用秸秆代替全部或部分燃煤,以节省能源,而在没有秸秆季节又可以使用煤作燃料,保证不影响工厂的生产,这是农业废弃物工业化能源利用的主要方面,可以在工厂企业进行技术改造后进行示范点,向农村收购农业废弃物,在成功示范的基础上再在秸秆丰富的地区进行推广。农业废弃物与煤混烧技术:可实现每吨秸秆代替 0.5~1.0 t 优质煤,每公顷地可新增产值 2250~3000 元。

1991 年,该技术在广东湛江模压木制品厂试验成功。循环流化床气化装置利用工厂加工过程产生的细颗粒废弃物——木粉作为工业燃料,送入锅炉,与煤共烧。由于气体燃料燃烧速率快,使炉膛温度提高,因而改善了炉膛的燃烧条件,使煤的燃烧效率大大提高。锅炉每年节省煤炭 3000 多 t。同时,消除了废木粉对环境的污染,减少了锅炉烟尘排放量,减少了煤渣量,取得了较好的环境效益。

## 五、秸秆青贮技术

### （一）青贮作用与机理

秸秆的青贮是将新鲜的秸秆切短或铡碎,装入青贮池或青贮塔内,通过封埋等措施造成厌氧条件,利用厌氧微生物的发酵作用,以提高秸秆的营养价值和消化率的一种方法。

秸秆青贮是一个复杂的微生物活动和生物化学变化过程。在缺氧条件下,乳酸菌通过利用秸秆内的养分而大量繁殖,并进行发酵产生乳酸:乳酸的产生导致 pH 值的下降(pH 在 4 左右),从而抑制了腐败细菌和霉菌的生长,并使其慢慢死亡;最后,乳酸菌本身的生长也被产生的乳酸所抑制,青贮过程也就因此而结束。通过此发酵过程,秸秆的营养成分发生了变化,不易消化的成分变成了易于消化的成分,从而使秸秆的饲料价值和消化率得到了提高。此外,由于青贮发酵灭杀了细菌和霉菌等有害菌类,还可使秸秆长时间保存而不变坏。

青贮秸秆的特点是:可以保持青绿多汁秸秆的营养特性,提高作物的利用率;青贮秸秆消化性强,适口性好;青贮秸秆养分损失少,蛋白质、纤维素保存较多,营养价值比干秸秆的高;青贮饲料可以长期保存,良好的青贮饲料管理得当,可以贮存多年,最长可达 20~30 年;青贮秸秆单位容积贮存量大,不会污染环境;青贮秸秆饲料受气候影响小,在贮藏过程中,不受风吹、雨淋、日晒等影响,而且操作安全;一般农作物秸秆都可以青贮,其中以玉米秸青贮为最多。

图 18-15 为青贮玉米秸与干玉米秸营养成分对比情况。需要注意的是,青贮玉米秸的含水率很高,当折算成相同含水率进行对比时,可以发现其蛋白质含量要高于干玉米秸,而粗纤维含量要低于干玉米秸,从而使得青贮玉米秸的营养价值得到提高。

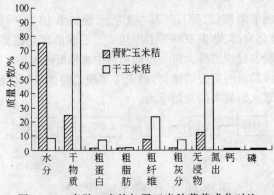

图 18-15　青贮玉米秸与干玉米秸营养成分对比

### (二) 青贮工艺

秸秆的青贮工艺流程如图 18-16 所示。它包括原料切碎、入窖、压实、密封、贮存等工艺过程。

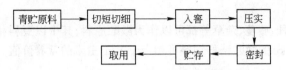

图 18-16 秸秆青贮工艺流程图

青贮时,首先要选好青贮原料。在选用青贮原料时,应选用有一定含糖量的秸秆,因为含糖量是影响秸秆青贮的主要条件;同时,秸秆的含水量要适中,以保证乳酸菌的正常活动。然后,需要对秸秆进行切碎处理,切短的主要目的在于装填压实、取用方便、牲畜易采食;同时,秸秆切短或粉碎后,青贮时易使植物细胞渗出汁液,湿润饲料表面,有利于乳酸菌的生长繁殖。切短程度应根据原料性质和牲畜需要来决定。切碎后的秸秆入窖,经压实、密封后贮存。

调制青贮饲料需要的设备比较简单,主要需要青贮窖、青贮塔、青贮壤、青贮塑料袋等。青贮设备应根据各地条件,因地制宜,就地取材,选用各种器具和场地。

青贮塔(窖、池)内的适宜温度为 30℃,并且要保证其密封压实。否则,青贮原料进入青贮塔(窖、池)后会保持较强的呼吸,碳水化合物氧化成二氧化碳和水,温度继续升高,易导致青贮秸秆腐败。为防止原料营养损失,提高青贮的饲喂价值,特别是青贮数量比较大时,往往在青贮制作过程中加一些青贮添加剂。青贮添加剂主要有三类:一是发酵促进剂,促进乳酸菌发酵,达到保鲜贮存的目的;二是保护剂,抑制青贮原料中有害微生物的活动,防止青贮原料腐败、霉变,减少养分损失;三是添加含氮的营养性物质,提高青贮原料的营养价值,改善青贮原料的适口性。常用的添加剂有营养添加剂、尿素、石灰粉、氨、酱渣、酸、酵母菌等。

### (三) 青贮饲料的品质评定

青贮饲料的质量取决于三个因素:一是饲料的化学成分;二是青贮塔(窖、池)内的空气是否排放干净;三是微生物的活动情况。

青贮饲料品质优劣的评定分为感官鉴定和实验室鉴定两种方式。饲料的颜色越接近原来的颜色,其质量就越好,如果变成褐色或黑绿色,则表示质量低劣。正常的青贮饲料,具有酸香味和芳香味。质量好的青贮饲料手感松散,而且质地柔软湿润。详细的感官评定标准参见表 18-9。

表 18-9 青贮饲料感官鉴定标准

| 级 别 | 颜 色 | 气 味 | 质 地 结 构 |
|---|---|---|---|
| 优 等 | 绿色或黄绿色,有光泽 | 芳香味重,给人舒适感 | 湿润、松散柔软、不粘手,茎、叶、花能分辨清楚 |
| 中 等 | 黄褐或暗绿色 | 有刺鼻酒酸味,芳香味淡 | 柔软、水分多,茎、叶、花能分清 |
| 低 等 | 黑色或褐色 | 有刺鼻的腐败味或霉味 | 腐烂、发黏、结块或过干,结构分不清,不能做饲料用 |

### (四) 微生物发酵贮存技术

#### 1. 微贮作用与机理

秸秆微生物发酵贮存技术是指利用微生物菌剂对秸秆进行厌氧发酵处理的一种方法。作物秸秆经收割、晒干、粉碎处理后,加入碱液进行碱化处理,再加入一定量的生物转化剂,在密封的贮存设备内形成厌氧环境,进行发酵。由于生物转化剂分解大量纤维素、半纤维素和部分木质素,并将其转化为易于消化的糖类,因而可提高秸秆的消化效率;同时,由于糖分又经有机酸发酵菌转化为乳酸和挥发性脂肪酸,使原料的 pH 值下降至 4.5～5,从而抑制了有害的丁酸菌、腐败菌等的繁殖,有利于秸秆的长时间贮存;此外,秸秆经微贮发酵后,带有酸香味,牲畜喜欢吃,采食量会有所提高。

一般农作物的秸秆、藤蔓、杂草等都可以作为微贮原料,其中以豆科植物秸秆的营养价值最好。研究结果显示,3 kg 的微贮秸秆饲料可相当于 1 kg 玉米的营养价值。

2.微贮工艺

微贮工艺的流程图如图 18-17 所示。微贮原料应选择发育中等以上、无腐烂变质的各种作物秸秆,品种越多越好,至少要选择 3 种以上的原料,从而可以保证原料之间的营养进行互补。同时,秸秆切断利于提高微贮窖的利用率,保证微贮饲料的制作质量。

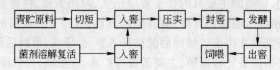

图 18-17　秸秆微贮工艺流程图

秸秆微贮之前要准备好发酵活干菌、食盐和尿素。按 1% 的比例,在水中加入食盐、尿素,先配制成食盐溶液,然后,按比例将复活的菌液倒入充分溶解的 1% 食盐溶液中混合好,并与切碎的秸秆均匀混合到一起,再经压实封口后入窖贮存发酵。一般经过两周的时间,生物发酵即可结束。

微贮处理后,秸秆的消化利用率可明显提高,如经微贮后的麦秸,消化率可提高 24.14%,有机物消化率提高 29.4%,牛羊的采食速度提高 40%～43%,采食量增加了 20%～40%,并且,微贮料可长期保存、无毒无害。

3.微贮饲料的品质评定

微贮饲料的感官鉴定标准如表 18-10 所示。微贮原料中水分过多和高温发酵会造成饲料有强酸味;当压实程度不够和密封不严,有害微生物发酵会造成饲料有腐臭味、发霉味。

表 18-10　微贮饲料感官鉴定标准

| 级　别 | 颜　色 | 气　味 | 质地结构 |
|---|---|---|---|
| 优　质 | 橄榄绿或金黄色,有光泽 | 具有醇香和果香气味,并有弱酸味 | 湿润、松散柔软、不粘手 |
| 低　等 | 墨绿色和褐色 | 有腐臭味、霉味或强酸味 | 腐烂、发黏、结块或干燥粗硬 |

## 六、作物秸秆氨化技术

作物秸秆的氨化技术是用含氨源的化学物质(例如液氨、氨水、尿素、碳酸氢铵等)在一定条件下处理作物秸秆,使秸秆更适合草食牲畜饲用的一种方法。

### (一)氨化原理

作物的秸秆主要是由植物的细胞壁组成。植物细胞壁的基本成分是纤维素、半纤维素及木质素。纤维素和半纤维素可以通过瘤胃微生物的作用为反刍动物消化利用,加上细胞的内容物,从理论上说,占秸秆干物质 80% 以上的成分是可以被消化利用的。但是,由于纤维素、半纤维素在细胞壁中是与木质素、硅酸盐等以复合体的形式存在的,使得实际消化率一般只有 40%。

　　将秸秆进行氨化处理,可以提高秸秆的消化率,从而提高秸秆的营养价值。其基本原理如下。

　　首先,氨的水溶液——氢氧化铵呈碱性,它对秸秆的碱化作用(即氨解反应)能破坏木质素与多糖之间的醋键结合,使纤维素、半纤维素与木质素分离,将不溶的木质素变成较易溶的短基木质素,引起细胞壁膨胀,结构(细胞之间的镶嵌物质)变得疏松,使结晶纤维素变成无定形纤维素,进而使得秸秆易于消化。其次,氨与有机物形成有机酸的铵盐,它是一种非蛋白质氮化合物,是反刍家畜瘤胃微生物的营养源。氨还可中和秸秆中潜在的酸度,为瘤胃微生物活动创造良好的环境。瘤胃微生物能将碳、氮、氧、硫等元素合成更多的菌体蛋白质供动物吸收和利用。

### (二) 氨化工艺

#### 1. 小型容器法

　　秸秆氨化用的小型容器包括窖、池、缸、塑料袋等。若用尿素或碳酸氢铵为氨源,可先将其溶于水与秸秆混匀并最后使秸秆含水量达到40%,然后装入容器内加以密封。若用氨水或液氨为氨源,则先将秸秆的含水量调至15%或30%,然后装入容器,并将容器密封,从所留注氨口注入氨水或液氨后再完全密封。

　　此类方法适宜于个体农户的小规模经营,而且一般都在环境温度下进行。如果用3%～4%的氨浓度处理作物秸秆,建议采用下列处理时间:

| 环境温度 | 处理时间 | 环境温度 | 处理时间 |
| --- | --- | --- | --- |
| <5℃ | 8 周以上 | 15～30℃ | 1～4 周 |
| 5～15℃ | 4～8 周 | >30℃ | 1 周以下 |

在上述建议的处理时间以上再延长时间,不会产生什么坏作用。反应容器应尽可能长期保持密闭状态。

#### 2. 露天堆垛法

　　在地上铺上塑料膜(应用厚0.15mm以上的聚乙烯薄膜),在膜上将秸秆堆成垛,再在垛上盖上塑料膜,并将上、下膜的边缘包卷起来埋土密封。该法的氨源选用、加入程序和密封氨化时间与小型容器法相同。此种方法是我国目前应用最广泛的一种方法。

　　堆垛法在挪威、加拿大、日本等国最先使用,下面介绍的是挪威草垛处理法。

　　密封草垛的器具一般都使用厚0.2mm聚乙烯薄膜,铺在垛下边的一块为6m×6m,盖在垛上边的一块为10m×10m。草垛堆成后的长×宽×高的尺寸为4.6m×4.6m×2m,每边留出塑料薄膜的尺寸为0.7m,以便密封草垛。当草垛堆完后在顶上再放6～8捆草,使顶部呈塔尖状便于流水。为了使草垛牢固,每层草捆都要横竖交叉排列,在第三层和第四层之间插入一根木杠,以便为将来插输氨管留下孔道。如果处理的原料为玉米秸,则要用稍厚一点的塑料薄膜(如4mm厚)。当码完草并盖上薄膜后,用4m长的木杠将三边留出的塑料薄膜上下合在一起卷紧,然后用沙袋压住。在灌注氨之前,第四边暂时不卷起来。

　　无水氨用装在拖车上的高压罐运输,通过一根带孔的金属管注入草垛。注氨气时,把金属管插到草垛3/4深的地方,这项工作应当由经过专门训练的人员来担任。注入氨气的工作一结束,立即将留下的一边塑料薄膜卷紧压实。氨是一种味道很不好的气体,必须牢记的是当空气中所含的氨体积分数达到15%～28%时,点火就会发生爆炸。因此,应当把草垛放在远离畜舍和其他建筑物的地方。氨蒸发速度很快,喷入草垛后不久就会散布到整个草垛中,可以作用到整个草垛中秸秆的各个部分。在注入氨之后不久,草垛上部的温度可升高到30～40℃,其后在1～2天内下降到环境温度。但是在草垛底部,由于液氨的气化作用吸收热量,开始时温度可降至 −20℃以下,需要数天时间才能使温度上升到 0℃以上。当外界温度较低时,在塑料薄膜内表面上将有水珠凝聚,并有水向下流,使底层的含水量增加。但这并不影响底部秸秆氨化的质量。

**3. 氨化炉制法**

将秸秆在特制的氨化炉中加温至 70～90℃,并维持这个温度 10～15 h,然后停止加温并保持密封状态 7～12 h,即可完成氨化反应。

氨化炉制法不受季节气候的限制,可以做到一天一炉按计划生产,适宜于大型养殖场应用。

我国北京农业工程大学已经试制并运转了两种形式的氨化炉,现简介如下:

(1) 土建式氨化炉(图 18-18)。它是用砖砌墙,泡沫水泥板做顶盖,炉内水泥抹面,仅在一侧装有双扇木门的普通建筑物。墙厚 24 cm,顶厚 20 cm。木门上镶有岩棉毡,并包上铁皮。炉的内部尺寸为 3.0 m×2.3 m×2.3 m,一次氨化秸秆量为 600 kg。在左右侧壁的下部各安装了四根1.2 kW 的电热管,合计电功率为 9.6 kW。后墙中央上、下各开有一风口,分别与墙外的管道和风机相连接。加温的同时开启鼓风机,使炉内的氨浓度和温度分布得更均匀。

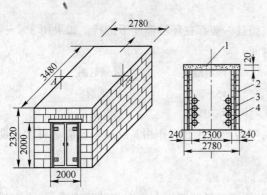

**图 18-18　土建式氨化炉**
1—顶盖;2—砖砌体;3—蛭石加粉煤灰;4—电加热管

北京农业工程大学非常规饲料研究所最近推出容积更大的土建式氨化炉,型号 9AL-50,容积为 50m³,每炉氨化秸秆 1.5～2.0 t,22 h 一炉,每吨耗电 100～120 kW·h。

土建式氨化炉亦可不用电热器加热,而将氨化炉建造成土烘房的样式,例如两炉一囱回转式烘房,用煤或木材燃烧加热。这种烘房在加热室的底部和四周墙壁均有烟道,加热效果很好。

(2) 金属结构式氨化炉。这种氨化炉由运输部门淘汰下来的集装箱改装而成。改装时将内壁涂上耐腐蚀涂料,然后用80 mm 厚岩棉毡镶嵌起来,表层覆上塑料薄膜,外罩玻璃纤维布加以保护,以达到隔热保温的效果。在右侧壁的后部装上 8 根 1.5 kW 的电热管,共计 12 kW。在对着电热管的后壁上开上、下风口,与壁外的风机和管道相连,在加热过程中,风机吹风使箱内的氨浓度和温度均匀。集装箱的内部尺寸为 6.0 m×2.3 m×2.3 m,一次氨化量为 1200 kg。

该校非常规饲料研究所最近推出较大金属箱式氨化炉,型号为 9AL-30,容积 30 m³,每炉氨化秸秆 1.5～2.0 t,22 h 一炉,每吨耗电 80～90 kW·h。

金属结构的氨化炉除利用被淘汰的集装箱外,还可利用淘汰的发酵罐、铁罐等。改装时将内壁涂上耐腐蚀涂料,外壁包装石棉、玻璃纤维等以隔热保温。

两种氨化炉的地板上均装有轨道,2～3 个草车可沿轨道推进推出。两种氨化炉均装有温度自动控制装置。而且均适宜用液氨作为氨源。我国液氨贮运设备已具有较为完备的系列产品,25 m³、50 m³、100 m³ 贮罐,2.0 t、3.0 t、5.0 t、7.5 t 的氨槽汽车,50 kg、200 kg、400 kg 装的钢制氨瓶均有生产。

液氨用针状管输入封盖好的秸秆中。针状管由直径 30～50 mm、长 3.5 m 的金属管制成。为了便于插入,针状管的一端焊有长 150 mm 的锥形帽。从锥形帽的连接处开始,针状管每隔

70~80 mm需钻4个直径2~2.5 mm的滴孔。孔径不可过大,因为液氮通过较大的滴孔滴出时,可能来不及气化就从秸秆堆的底部流掉了。管子的另一端应焊上套管,套管上带有螺纹,可以用来连接通向液氮罐车上的软管。

将针状管从秸秆堆的一侧,在离地面1~1.5m高度的位置通过覆盖物上面留出的孔洞插入到秸秆堆的中间,向堆中输送液氮。如一堆秸秆在10 t以上,应该选择2~3处将液氮输送到堆中。

液氮加入秸秆,亦可在地窖中进行。将装满并压实切碎秸秆的地窖用聚乙烯薄膜或其他不透气材料覆盖,然后利用针状管在地窖中每隔5 m插入一根,插入深度应距离地窖底部1 m左右,这样,就可以把液氮输入到地窖的切碎秸秆中。

我国在河北、河南、新疆等地已经建立起一些县级氨化站,它们对这些地区进一步推广应用秸秆氨化技术起到保证作用。

### (三) 氨化效果评定

氨化秸秆可采用感官评定法、化学分析法和生物法进行评定。感官评定法简便易行,但缺乏准确性;化学分析法能准确测出秸秆的有关成分,如粗纤维、粗蛋白等的准确含量,但不能全面地评价秸秆的营养价值,也不能反映牲畜采食量的大小;生物法是采用反刍动物瘤胃瘘管尼龙袋测定秸秆消化率的方法。由于在反刍动物瘤胃中进行消化试验,既可反映秸秆的消耗率,又可反映秸秆的消化速度。

氨化良好的秸秆质地变软,颜色呈棕黄色或浅褐色,释放余氨后气味糊香。如果秸秆变为白色、灰色,发黏或结块,说明秸秆已经霉变。这通常是由于秸秆含水量过高、密封不严或开封后未及时晾晒所致。

## 七、秸秆作为生产原料利用

秸秆较多地应用于造纸和编织行业、食用菌生产等,近年又兴起了秸秆制炭技术、纸质地膜、纤维密度板等。利用农作物秸秆等纤维素废料为原料,采取生物技术的手段发酵生产乙醇、糠醛、苯酚、燃料油气、单细胞蛋白、工业酶制剂、纤维素酶制剂等,在日本、美国等发达国家已有深入研究和一定的生产规模,我国在这方面的研究和应用相对落后。

利用植物残体生产食用菌,是以许多农业废弃物或农产品加工过程中生产的废物作为食用菌生产的原料。食用菌一般是真菌中能形成大型子实体或菌核类组织并能提供食用的种类,绝大部分属于担子菌,极小部分属于囊菌。较大面积栽培的有20多种。我国栽培的主要有各种平菇、香菇、金针菇、白蘑菇、草菇、白木耳、黑木耳,以及兼有医用价值的猴头、灵芝等。

食用菌一般具有较高的营养价值,味道鲜美。据分析,食用菌中不但含有丰富的蛋白质,脂肪、糖类、维生素等,而且蛋白质的各种氨基酸成分较齐备。如香菇、平菇中都含有18种氨基酸,国际市场需求量很大。

食用菌大都以有机碳化合物为碳素营养,如纤维素、半纤维素、木质素、淀粉、果胶、戊聚糖、醇、有机酸等。目前我国常用的有棉籽壳、稻草、麦秆、玉米秆、高粱秆、米糠、麦麸、豆秸、花生壳、甘蔗渣、莲子壳、废棉絮、锯末、木屑等。食用菌的正常生长不仅要求有一定的碳源,同时还要求有一定的氮源。氮素来源除含氮化肥外,禽粪是良好的氮源。除碳、氮外,还要求有一定的矿物质元素如钾、钙、镁等。

## 第三节　畜禽粪便的综合利用

### 一、我国畜禽粪便的产生现状

自改革开放以来,我国的畜禽养殖业发生了巨大的变化,综合生产能力有了显著提高,为丰富"菜篮子"和改善人们的生活发挥了十分重要的作用。我国畜牧业产值在农业、牧渔业总产值中的比重已由 1949 年的 12.4% 提高到 1999 年的 28.5%。在 1980～1998 年,全国肉、蛋、奶产量年平均递增率接近 10%;1985 年和 1990 年我国的禽蛋和肉类产量先后跃居世界第一位;1999 年我国人均占有肉类 47.3 kg,超过世界平均占有水平。目前,我国畜禽养殖正朝着专业化、规模化方向迅速发展。1999 年 50 头以上规模猪场提供生猪占生猪总量的 20%,1000 只以上规模蛋鸡场占 30%,10000 只以上规模肉鸡场占 50%。表 18-11 是全国 1998～1999 年畜禽业的生产情况。

表 18-11　全国 1998～1999 年畜禽业的生产情况

| 项　目 | 牛 | | 猪 | | 羊 | | 家　禽 | |
|---|---|---|---|---|---|---|---|---|
| | 存栏 | 出栏 | 存栏 | 出栏 | 存栏 | 出栏 | 存栏 | 出栏 |
| 1998 年/万头、万只 | 12435.4 | 3587.2 | 42256.3 | 50215.2 | 26903.5 | 17279.6 | 410858 | 684378.7 |
| 1999 年/万头、万只 | 12698.3 | 3766.2 | 43019.8 | 51997.2 | 27925.8 | 18820.4 | 475265 | 743165.1 |
| 增量/万头、万只 | 262.9 | 179 | 763.5 | 1782 | 1022.3 | 1540.8 | 64407 | 58786.4 |
| 增幅/% | 2.1 | 5 | 1.8 | 3.5 | 3.8 | 8.9 | 15.7 | 8.6 |

随着畜禽生产由传统小规模向规模化、工厂化方向的迅速发展,畜禽粪便的产生量也急剧增加,而且产出相对集中。目前,我国大中型牛、猪、鸡场约 6000 多家,每天要排出大量的粪便。据估算,目前全国每年畜禽粪便排泄量约 15 亿 t,其中含氮、磷总量分别达 1407 万 t 和 1391 万 t(表 18-12)。这些畜禽粪便大多没有得到有效的处理,对环境造成了严重的污染。但另一方面,畜禽粪便又是有用的资源,因此,需要通过合适的技术加以及时的处理和利用。

表 18-12　畜禽粪尿的排泄情况

| | 项　目 | 猪 | 家　禽 | 牛 | 总　计 |
|---|---|---|---|---|---|
| 污染参数 | 粪/g·(头·d)$^{-1}$ | 396 | 8.25～27.38 | 10950 | |
| | 尿/g·(头·d)$^{-1}$ | 522 | | 6570 | |
| | BOD$_5$/g·L$^{-1}$ | 36.54 | 2.46 | 0.74 | |
| | 氨氮/g·L$^{-1}$ | 6.75 | 0.33 | 0.099 | |
| | 粪便量/万 t·a$^{-1}$ | 27141 | 18875 | 107533 | 153549 |
| | 总氮/万 t·a$^{-1}$ | 307.5 | 199.64 | 900 | 1407.14 |
| | 总磷/万 t·a$^{-1}$ | 115.9 | 83.49 | 147.1 | 1390.59 |

### 二、动物粪便的性质

动物粪便是畜禽生命活动过程中产生的排泄物。动物消化饲料时,并不能完全利用其中的所有成分,未被利用的饲料和动物消化过程中产生的副产品被排出体外。畜禽粪便的成分非常复杂,主要包括以下几类物质:(1)食物残渣;(2)机体代谢后的产物。包括消化腺体分泌的黏液、胃肠道黏膜脱落的上皮、代谢后的废物、由血液通过肠道排出的某些金属(如钙、铁、锌、铝等),以及某些酶、激素和维生素等;(3)大量微生物。如各种病原菌、细菌等,它们有时可占粪便组成的20%～30%。

畜禽粪便成分分析结果见表18-13。可以看出,其有机质含量较高,此外,还含有丰富的氮、磷、钾等成分,是很好的有机肥料资源。同时,一些畜禽粪便(如鸡粪)还含有大量的饲料营养成分,是良好的饲料资源。

**表 18-13 各种家畜粪便的主要养分含量**

| 种 类 | 水分/% | 有机质/% | 氮(N)/% | 磷($P_2O_5$)/% | 钾($K_2O$)/% |
| --- | --- | --- | --- | --- | --- |
| 猪 粪 | 72.4 | 25 | 0.45 | 0.19 | 0.6 |
| 牛 粪 | 77.5 | 20.3 | 0.34 | 0.16 | 0.4 |
| 马 粪 | 71.3 | 25.4 | 0.58 | 0.28 | 0.53 |
| 羊 粪 | 64.6 | 31.8 | 0.83 | 0.23 | 0.67 |
| 鸡 粪 | 50.5 | 25.5 | 1.63 | 1.54 | 0.85 |

### 三、动物粪便对环境的影响

畜禽粪便对环境的污染影响很大,概括起来主要包括以下 3 个方面:

(1) 污染水体。畜禽粪便中有机物会消耗水体中的溶解氧,使水体处于厌氧分解状态,产生氨气、硫化氢、硫醇等恶臭物;畜禽粪便中还含大量的病原菌,以及各种病毒、寄生虫,污染水体,对人、畜的健康形成威胁。

(2) 污染空气。畜禽粪便对空气的污染主要来源于畜牧场圈、舍内外和粪堆、粪池周围的空间,这些区域的粪便发生分解,会产生有害的挥发性气体,它们大多具有刺激性和一定的毒性,可通过神经系统引起的应激反应间接危害人畜的安全。

(3) 污染土壤。由于降雨和地表径流等作用,畜禽粪便中的病原菌、有害物质等会进入土壤,并附着或转移到作物籽实中,从而通过食物链对人畜健康造成危害。另外,动物废弃物如未经降解处理而直接做肥料施入农田,会导致重金属污染和病虫害的传播。

由于上述危害性,畜禽粪便一般不能直接利用,而需经合适的处理,在消除这些危害性后方可安全的利用。

### 四、畜禽养殖业污染的防治对策与措施

#### (一) 管理控制

(1) 控制发展规模和速度。目前,我国不少城市的畜禽养殖业的发展均已达到相当规模,今后宜以挖掘内涵为主,发展不宜过大、过密、过快,不能完全满足于"自给自足"。应以本地少产、消费与外地定向合作生产相结合,本地自给率以超过 50% 为宜。

(2) 合理布局。严禁在城市集中饮用水源地、人口稠密区及环境敏感区建设众多或大中型畜禽养殖场。

(3) 设置隔离带,控制饲养密度。为保证畜禽养殖场周围居民安全、卫生的生活环境,在建设畜禽养殖场时,一般都要设置隔离带或绿化带。大型畜禽养殖场隔离带的设置一般要在 1000 m 左右,特大型的畜禽养殖场一般要在 1500～2000 m,小型场也要在 300～500 m。

单位面积饲养密度,国外有些国家比较重视,与单位面积环境消纳粪尿排泄物的容量密切相关。表18-14 是引自德国规定的公顷土地畜禽最大允许饲养密度。

**表 18-14 德国规定的公顷土地畜禽最大允许饲养密度**

| 牛/头·hm⁻² | 成年牛 | 3 | 猪/头·hm⁻² | 母猪(含妊娠猪) | 9 |
|---|---|---|---|---|---|
| | 青年牛 | 6 | | 肉 猪 | 15 |
| | 犊牛(3月龄) | 9 | 鸡/只·hm⁻² | 蛋 鸡 | 300 |
| 马/匹·hm⁻² | 成年马 | 3 | | 肉 鸡 | 900 |
| | 青年马(1岁以下) | 9 | 火鸡/只·hm⁻² | | 300 |
| 羊/只·hm⁻² | | 18 | 鸭/只·hm⁻² | | 450 |

英国规定畜牧生产点畜禽饲养最高数限制指标为奶牛 200 头、肉牛 1000 头、种猪 500 头、肉猪 3000 头、绵羊 1000 只、蛋鸡 70000 只。这些国家的饲养控制指标可以供我国畜禽养殖场规划时参考。

(4) 严格执行"三同时"制度。规模化畜禽养殖场与环境保护设施(包括污染物的综合利用、处理与处置)同步设计、同时建设施工和同时投入使用。造成我国目前许多规模化畜禽养殖场环境严重污染的最根本原因主要就是在畜禽养殖场建设之初,没有办理环保审批手续,更没有环境保护措施,积重难返,加大了污染治理的难度。

**(二) 技术控制**

(1) 建立种植业与养殖业紧密结合的生态工程。现代化封闭型规模化的养殖技术,促进了城市畜禽养殖业向高产优质高效发展,但是,由于养殖业脱离了种植业,造成了生态环境的破坏。因此,要实现规模化畜禽养殖业的可持续发展,必须把目前城市周边的大中型养殖场从"自我封闭"中解脱出来,运用生物技术与生物工程技术综合利用畜禽排泄物,使之厌氧发酵,走种植业与养殖业结合的道路(沼液、沼渣及沼气利用),实现生态系统中种植业与养殖业相互支持、相互协调的良性循环。

(2) 加强环境调查、监测,制订相应标准。由于我国许多规模化养殖场没有履行环境保护审批程序,没有办理环境保护审批手续,在建场初期既没有进行项目周边区域的环境调查,也没有在项目建设后对周边环境的影响进行评估,更缺乏充分的环境监测及定量数据,因此对大中型畜禽养殖场的潜在危害认识不清。不能及时制订相应有效的控制对策与措施。今后在建设畜禽养殖场时,必须严格执行"三同时"制度,加强畜禽场点周边环境的现状调查和建设后及运行期的环境监测,搞好畜禽场点的环境污染治理。

**五、畜禽粪便的资源化利用**

所谓畜禽粪便资源化,就是通过一系列的技术处理物变成资源,变成农业的肥料、饲料和燃料。

**(一) 肥料化**

用粪便作肥料是最传统的粪便利用办法之一,在我国如此,在欧美等西方发达国家也一样。例如,在土地资源比较丰富的美国,利用撒粪车把畜禽粪便撒到草场和农田作肥料是非常普遍的做法。畜禽粪便的有机质含量高,氮、磷、钾含量丰富,与化肥相比,它在减少污染、保持和提高土壤肥力、增加产量和改善产品品质等方面有明显的优势。经合适技术处理的粪肥在"绿色食品"、"有机食品"的生产方面正在发挥着越来越重要的作用。粪便在施用前必须经过处理,以免造成环境污染、传播疾病,常见的处理方法有堆肥、干燥等。

**1. 堆肥**

粪便堆肥是将畜禽粪便与填充料按一定的比例混合,在合适的水分、通气条件下,使微生物繁殖并降解有机质,同时产生高温,灭杀病原菌,从而达到粪便稳定化、无害化的目的。根据处理过程中起作用的微生物对氧气的不同要求,可把畜禽粪便的堆肥分为好氧堆肥和厌氧堆肥。厌氧堆肥俗称泡肥或堆沤,它是指在无氧条件下,借助厌氧微生物的作用进行发酵的过程。

现代化的堆肥生产一般采用好氧堆肥工艺。它通常由前处理、主发酵(一次发酵)、后发酵(二次发酵)、后处理及贮藏等工序组成。在畜禽粪便堆肥过程中和结束后,会有臭味气体产生,因此,畜禽粪便的堆肥必须要有脱臭处理设施。前处理的主要任务是调整水分和碳氮比,或者添加菌种和酶。一般将温度升高到开始降低为止的阶段称为主发酵阶段。粪肥主发酵期约为3~10 d,这期间需供给充足的氧气;后发酵通常不进行通风,但应翻堆;脱臭的方法主要有化学除臭剂除臭、碱水和水溶液过滤、熟堆肥或沸石吸附过滤等。

从原理上讲,大部分堆肥方法都可用于畜禽粪便的堆肥处理。这里介绍一种比较有特点的、利用塑料大棚发酵的鸡粪堆肥工艺(图18-19)。鲜鸡粪经与干鸡粪(或干锯末等)调理剂混合、调节好水分和碳氮比后,送入塑料大棚进行发酵。在塑料大棚内有一可往复行走的翻送机,可对鸡粪进行翻搅、破碎和向前输送,在此过程中,鸡粪与空气接触,达到供氧的目的。经一定时间棚内发酵后,鸡粪由大棚的后端排出。在堆肥过程中,水分会因高温蒸发而降低。采用塑料大棚发酵,一方面可防止臭味的散发,另一方面还可利用日光温室的作用进行自然加温,有助于加速发酵过程和减少能量消耗。通过该工艺处理,可把170 t的鲜鸡粪(75%含水)发酵成91 t的鸡粪堆肥成品(20%含水)。

与城市生活垃圾的堆肥处理一样,畜禽粪的堆肥也需要考虑水分、供氧、温度、碳氮比和碱度等。在这些条件不能满足要求时,则需要进行调节。

**2. 干燥**

当脱水干燥的目的是为了获得饲料时,对干燥的要求是比较高的,因为它要求在干燥的同时还要保持养分。这里提及的干燥的目的是为了获得肥料产品,干燥是为了降低畜禽粪便的水分,以便长期保存、运输和使用,因此,它对干燥工艺的要求相对较低。

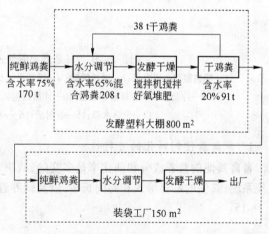

图 18-19 鸡粪塑料大棚堆肥工艺流程

图18-20所示为一典型的畜禽粪便高温快速烘干工艺。湿鸡粪经喂料器送入滚筒破碎烘干机,燃料炉同时向烘干机提供高温热风(600~650℃),使烘干机内的粪便得到干燥。干燥的粪便排出烘干机后,经除杂筛、冷却输送装置和除尘器处理后,即可获得最终产品。产生的废气经一级、二级水浴塔冷却、洗涤净化后排出。此法可把含水率高达75%的粪便快速干燥成含水低于13%的干燥产品,干燥后的粪便可直接用作有机肥料,或与化肥一起生产有机无机复合肥料。该工艺曾在我国几百个畜禽养殖场推广应用,对解决养殖场的环境污染问题、实现粪便的肥料化利用起了重要的作用。

**(二) 饲料化**

畜禽粪便用作饲料,亦即粪便资源的饲料化,是畜禽粪便综合利用的重要途径。

早在 1922 年,Mclullums 就提出了以动物粪便为饲料营养成分的观点。继而,Mcelroy、Goss、Hamvonnd、Botstedt 就粪便饲料化问题又进行了深入和细致的研究。一致认为畜禽粪便中所含的氮素、矿物质、纤维素等是能作为取代饲料中某些营养成分的物质。由于畜禽粪便携带病原菌,1967 年美国曾限制使用畜禽粪便作饲料。此外,畜禽粪便饲料化的环境效益和经济效益不十分明显,因此畜禽粪便饲料化的发展曾受到一定限制。20 世纪 70 年代以来,随着畜牧业和化肥工业的发展、全球性能源和粮食短缺问题的出现,畜禽粪便的饲料化问题再次受到高度重视。有关技术也不断进步,利用日益发展。

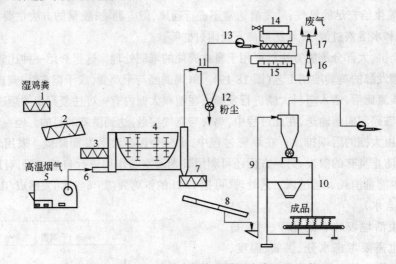

图 18-20　JH 系列鸡粪快速烘干成套工艺设备

1—喂料器;2—提升机;3—进料螺旋;4—滚筒破碎烘干机;5—燃料炉;6—进风管;7—排料螺旋;
8—除杂筛;9—冷却输送装置;10—计量封包机;11—除尘器;12—关风器;13—引风机;
14—余热水箱;15—吸附槽;16——级水浴塔;17—二级水浴塔

**1. 畜禽粪便饲料化的可行性**

畜禽粪便的营养成分和消化率是多变的,取决于动物的种类、年龄、动物的不同生长期,粪便收集系统、粪便的贮存形式和时间长短,以及饲养管理方式和日粮配方。畜禽粪便的营养成分见表 18-15。

表 18-15　各类畜禽粪便的营养成分

| 项　目 | 童子鸡(Broiler) | 产蛋鸡(笼养) | 肉　牛 | 奶　牛 | 猪 |
|---|---|---|---|---|---|
| 粗蛋白质的质量分数/% | 31.3 | 28 | 20.3 | 2.7 | 23.5 |
| 真蛋白质的质量分数/% | 16.7 | 11.3 |  | 12.5 | 15.6 |
| 可消化蛋白质的质量分数/% | 23.3 | 14.4 | 4.7 | 3.2 |  |
| 粗纤维的质量分数/% | 16.8 | 12.7 |  |  | 14.8 |
| 其他浸出物的质量分数/% | 3.3 | 2 |  | 2.5 | 8 |
| 可消化能(反刍动物)/kJ·g$^{-1}$ | 10212.6 | 7885.4 |  | 123.5 | 160.3 |

| 项 目 | 童子鸡(Broiler) | 产蛋鸡(笼养) | 肉 牛 | 奶 牛 | 猪 |
|---|---|---|---|---|---|
| 代谢能(反刍动物)/kJ·g$^{-1}$ | 9128.6 | | | | |
| 灰分的质量分数/% | 15.0 | 52.3 | 11.5 | 45 | |
| 总消化氮(反刍动物)的质量分数/% | 59.8 | 28 | 48 | 16.1 | 15.3 |
| Ca 的质量分数/% | 2.4 | 8.8 | 0.87 | | 2.72 |
| P 的质量分数/% | 1.8 | 2.5 | 1.60 | | 2.13 |
| Cu 的质量分数/×10$^{-6}$ | 98 | 150 | 31 | | 63 |

畜禽粪便的营养成分除表 18-15 所列之外,还存在大量维生素 B$_{12}$,干猪粪中维生素 B$_{12}$ 含量高达 17.6 μg/g。粪中的常量和微量元素含量与口粮呈正相关。鸡粪中的非蛋白氮十分丰富,占干重总氮的 47%~64%,这种氮不能被单胃动物吸收利用。总之,畜禽粪便的营养素适合于反刍动物。

**2. 畜禽粪便饲料化的安全性**

畜禽粪既含有丰富的营养成分,但又是一种有害物的潜在来源,有害物包括病原微生物(细菌、病毒、寄生虫)、化学物质(如真菌毒素)、杀虫药、有毒金属、药物和激素。1967 年 9 月 2 日,美国食品卫生管理部门认为粪便饲料化不卫生;并发布了一个政策性法令之后,各国学者对饲料化的安全性进行了广泛的研究,对畜禽粪便饲料化的安全性进行了重新评价。认为,带有潜在病原菌的畜禽粪便经过适当处理后,再用作饲料是安全的。经过大量的动物试验和研究,学者们得出这样的结论,即在畜禽粪便饲料化时,要禁用治疗期的粪便;要在动物宰杀前减少粪便饲料的使用量或停用粪便饲料。

**3. 畜禽粪便饲料对畜牧生产的畜产品的影响**

用粪量占口粮 24% 的鸡粪喂牛,试验组和对照组的日增重分别是 1.10 kg/头和 1.07 kg/头,日摄入的干重是 6.34 kg/头和 6.61 kg/头,饲料和增重比分别是 6.49 和 7.25。鸡粪(占干重的 17%)可作为羊的粗蛋白质的添加成分。奶牛饲料中加入 12% 的干鸡粪,可提高乳产量。牛粪喂牛,对照组和试验组(粪占口粮干重的 12%)的日增重分别为 1.16 kg/头和 1.14 kg/头,消耗的饲料是 8.27 kg/头和 8.22 kg/头,饲料与增重比是 7.38 和 7.77,表明牛类的能量比传统的口粮低。

鸡粪喂牛不影响鲜肉的等级和风味;鸡粪喂奶牛也不影响乳的成分和风味;猪粪喂猪和牛粪喂牛皆不影响肉质,仅是硬脂酸有变化。

**4. 经济效益**

Fontenot 和 Ross 经过分析比较,取得了利用畜禽粪便的经济效益参考,见表 18-16。畜禽粪便饲料化相对于其他利用,其经济效益最高,但是某些粪便的差异不明显,尤其是猪粪。畜禽粪便用于生产沼气,其残留物作为肥料和饲料,可提高经济效益,但不及粪便饲料化的经济效益高。

**表 18-16 畜禽粪便不同使用方式的经济效益**

| 粪便种类 | 收益/元·t$^{-1}$ | | | 收集粪便的费用[1]/元·(1000 t)$^{-1}$ | | |
|---|---|---|---|---|---|---|
| | 肥料[2] | 饲料[3] | 沼气[3] | 肥料[2] | 饲料[3] | 沼气[3] |
| 肉 牛 | 25.06[4] | 118.14 | 13.73 | 416800 | 1890240 | 219680 |
| 奶 牛 | 17.00 | 118.14 | 12.74 | 348086 | 2425094 | 259360 |
| 猪 | 18.61 | 136.57 | 17.17 | 103063 | 756325 | 95087 |
| 蛋鸡(笼养) | 36.45 | 155.14 | 17.93 | 118791 | 505601 | 58401 |
| 童子鸡 | 26.54 | 159.57 | 16.29 | 64598 | 388393 | 39650 |

[1] Van Dync;[2] Wilkinson;[3] Stnith;[4] Badgev 报道为 42.21。

动物废弃物作饲料是畜禽粪便综合利用的重要途径。在我国,利用畜禽粪便养鱼,用鸡粪作猪或牛的饲料等已有相当长的历史。目前,对畜禽粪便饲料化的研究偏重于鸡粪。其主要原因是鸡无牙咀嚼,且消化道很短,约有40%～70%的饲料没有被吸收即排出体外,因此,鸡粪中所含饲料养分多,利用价值高。猪、牛粪便的饲用价值较低,一般不作饲料使用。鸡粪中粗蛋白和氨基酸含量较高,其含量不低于玉米等谷物饲料,并含有丰富的微量元素和一些营养因子,这些构成了鸡粪作为畜禽饲料来源的基础(表18-17)。

**表 18-17　干鸡粪与谷物饲料中营养因子和微量元素比较**

| 类　别 | 干鸡粪 | 大　麦 | 小　麦 | 玉　米 |
|---|---|---|---|---|
| 粗蛋白/% | 28 | 10.9 | 14.5 | 9.6 |
| 赖氨酸/% | 0.5 | 0.37 | 0.32 | 0.25 |
| 蛋氨酸/% | 0.26 | 0.19 | 0.19 | 0.18 |
| 胱氨酸/% | 0.2 | 0.18 | 0.21 | 0.14 |
| 苯丙氨酸/% | 0.67 | 0.2 | 0.55 | 0.37 |
| Ca/% | 7.8 | | | 0.03 |
| Mg/% | 0.63 | | | 0.11 |
| Cu/$10^6$ | 6.1 | | | 3.6 |
| Fe/$10^6$ | 0.2 | | | 0.01 |
| Zn/$10^6$ | 3.25 | | | 24 |
| Mn/$10^6$ | 2.91 | | | 7 |

但因粪便中往往含有大量病原菌和由消化道微生物代谢产生的有毒有害物质,故一般不宜直接作饲料。需经过一定的预处理过程,如青贮、发酵、热喷、脱水干燥和膨化等,达到无害化的要求后才可作为饲料使用。

5. 青贮技术

青贮是指在厌氧条件下,利用乳酸菌等微生物的作用,将鸡粪与饲草混合物进行发酵,生成含有乳酸、醋酸等的一种饲料加工方法。其处理工艺类似于秸秆的青贮,是一种简便易行、经济效益较高的方法。联合国粮农组织认为,青贮是成熟的畜禽粪便加工方法,也是鸡粪加工中较为安全可靠的一种方法。

鸡粪在保持厌氧环境、含水率在30%～40%和适宜的可溶性糖分的条件下,可获得品质优良的青贮鸡粪饲料。青贮不仅可防止粗蛋白的过多损失,还可将部分非蛋白氮(NPN)转化为蛋白质,以及杀灭几乎所有的有害微生物。青贮后的饲料带有醇香、微酸、质地湿润、松散柔软而不粘手。鸡粪青贮料中常规成分见表18-18。若通过青贮前的营养调控,使之成为营养较为全面的牛羊配合饲料,则可节约反刍动物饲料成本,产生较好的经济效益,同时减少鸡粪的环境污染,具有良好的社会和生态效益。

**表 18-18　鸡粪青贮饲料成分**

| 总水分 | 青贮饲料/% | | | | | |
|---|---|---|---|---|---|---|
| | 粗蛋白 | 粗脂肪 | 粗纤维 | 灰分 | 钙 | 磷 |
| 62.68 | 13.19 | 6.5 | 2.95 | 4.72 | 1.45 | 1.04 |

**6. 发酵处理**

畜禽粪便发酵饲料化是指通过微生物的作用,将畜禽粪中的氮素转变为微生物菌体蛋白,将难利用的复杂化合物转变成易利用的简单化合物的过程。目前,国内外常用的畜禽粪发酵饲料化技术主要有自然发酵法、加曲发酵法、真空发酵法和机械发酵法 4 种。

(1) 自然发酵法按鸡粪 70%、秸秆粉 20%、糠麸 10% 的比例混匀,调节水分在 60% 左右装填后,压紧密封,经 44 周的自然发酵即可。另外,采用 90% 鸡粪与 10% 的玉米面混合,经 7 d 时间的发酵,也可得到较好的发酵饲料。

(2) 加曲发酵法将鸡粪、麸皮、米糠、酒曲按 7010∶153 的比例混合,并加适量水拌匀,密封发酵 48~72 h 即可。采用米曲霉制曲发酵鸡粪可使粗蛋白含量达 29% 以上,还原糖增加 35% 以上,游离氨基酸总和增加 35 倍。

(3) 机械发酵法把新鲜鸡粪晾晒至含水率为 40% 左右,再加入 10% 玉米,搅拌混匀,装入发酵罐内加热到 40~50℃,进行充氧搅拌发酵,约 8 h 后即成再生饲料。

发酵法可比干燥法节省燃料和成本,还可杀灭病原微生物和寄生虫卵,加工过程中不会散发臭气,是比较简单而有效的饲料化方法。

**7. 热喷**

所谓热喷是指将处理物在短时间内经高温高压作用后,突然减压释放的一种加工方法。这是一种可在短时间内除臭、灭菌、杀虫,并提高有机物消化率的鸡粪再生饲料生产方法。热喷设备(图 18-21)主要是由主机——热喷压力罐、蒸汽锅炉以及辅机——进料斗、泄料罐等组成。热喷过程为:将预干至含水量 18% 以下的鸡粪装入压力罐内,密封后,通过锅炉向压力罐内通入高压水蒸气,10 min 后,突然减至常压,鸡粪由压力罐内喷出,即得热喷鸡粪饲料。热喷鸡粪含水率在 25% 以上,如要长期保存,水分应降到 14% 以下。

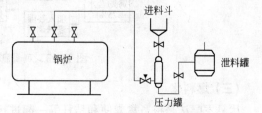

图 18-21　热喷设备示意图

**8. 脱水干燥**

为了防止粪便中有机物的分解,以保持其营养价值,采用一定的高温干燥设备,使畜禽粪便快速脱水,含水量降至 10% 左右,从而达到除臭、灭菌、保持有机物和营养价值的目的。

脱水干燥可分为太阳晒干、风力干燥、火电烘干等方式。图 18-22 为鸡粪再生饲料干燥加工的一个实例。其特点是利用塑料大棚干燥,充分利用了太阳能,可有效降低加工成本。在塑料大棚内有一可往复行走的翻送机,可对鸡粪进行翻搅、破碎和向前输送。

鸡粪由大棚的前端进入,由后端排出。经大棚干燥的鸡粪进入振动干燥机,再利用热风进行进一步的干燥。微波干燥设备主要用来杀菌、灭虫,以保证鸡粪的卫生要求,并脱去最后一部分水分。经此过程处理后,鸡粪就变成了安全的饲料,可直接饲喂动物。

**9. 膨化**

膨化是利用螺杆挤出机对畜禽粪便进行处理的一种方法。它通过螺杆的机械挤压作用,对物料进行加压、剪拉和增温,从而达到灭菌、熟化和提高消化率的目的。图 18-23 为鸡粪膨化处理工艺流程。它首先将鲜鸡粪预摊晒,再掺入谷糠、麦麸等,控制含水量在 25% 以下,然后将其送入膨化机,膨化后的鸡粪经冷却干燥后,即可用作再生饲料。

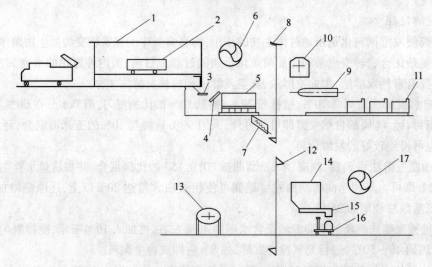

图 18-22　95FS2000 型鸡粪烘干和再生饲料加工工艺流程

1—塑料大棚；2—翻送式干燥机；3—平皮带输送机；4—斜皮带输送机；5—振动干燥机；

6—第一风扇；7—冷却器；8—提升机；9—初选筛；10—初破机；11—微波设备；

12—提升机；13—粉碎机；14—成品仓；15—打包机；16—秤；17—第二风扇

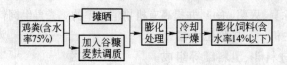

图 18-23　鸡粪膨化处理工艺流程

### （三）燃料化

厌氧发酵法是将畜禽粪便和秸秆等一起进行发酵产生沼气，是畜禽粪便利用最有效的方法。这种方法不仅能提供清洁能源，解决我国广大农村燃料短缺和大量焚烧秸秆的矛盾，同时，也解决了大型畜牧养殖场的畜禽粪便污染问题。畜禽粪便发酵生产沼气可直接为农户提供能源，沼液可以直接肥田，沼渣还可以用来养鱼，形成养殖与种植和渔业紧密结合的物质循环的生态模式。虽然建设沼气池需要一定资金和费用，但在长期的生产实践中，我国劳动人民总结了许多建设沼气池的经验，创造出牲畜圈、厕所—沼气池—菜地、农田—鱼塘连为一体的种植—养殖循环体系。这种循环体系的沼气池不用太多的投资（沼气池可以是砖和混凝土结构，也可以视当地土质结构直接为黏土结构），效益非常显著，能量得到充分利用，农村庭院生态系统物质实现了良性循环。

许多实践与研究证明，猪鸡粪厌氧发酵能使寄生虫卵灭活，减轻土壤污染与水污染。将沼渣与无机肥制成复合肥，能增加土壤有机质、总氮及碱解氮、速效磷及土壤酶活性，使作物病害降低，减少农药施用量 77.5%，提高农作物产量与质量。沼液含有 17 种氨基酸、多种活性酶及微量元素，可作畜禽饲料添加剂。此外，沼液养鱼能提高鱼群成活率。因此，发展以沼气工程为中心的猪鸡粪尿处理工程系统，可充分利用肥、能源及营养物，投入产出比可高达 1:5，投资回收期一般仅为 3 年，具有极其显著的经济、社会、环境效益。

### （四）生态化

所谓生态化，是指根据生物共生、能量多级传递和物质循环等生态学原理，结合系统工程方法和现代技术手段，建立起一个农业资源高效利用的生产系统。这种系统将畜牧业和作物生产结合在一起,可进行高效、无污染的清洁生产。

　　图 18-24 所示为杭州浮山养殖场建成的鸡粪和猪粪处理及综合利用的生态工程。鸡粪和猪粪所产沼气除可供 262 户村民用做生活燃料外,还用来炒制茶叶、加工蔬菜、鸡舍增温等。鸡粪沼气发酵残留物沼渣、沼液用作猪或鱼的饲料;而猪粪经沼气发酵后,沼渣、沼液用作稻田、茶叶的肥料或水生动物(鱼类)的饲料等。从整个系统来看,实现了污染物的处理和循环综合利用,系统无污染物排出,是一个系统的生态工程。

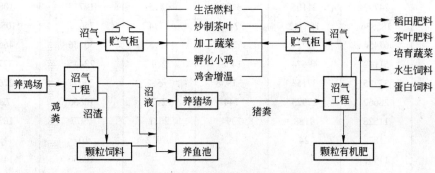

图 18-24　浮山养殖场生态工程

# 第四节　农用塑料的综合利用

## 一、我国农业塑料的使用现状

　　农业塑料在我国的使用主要是指农业地膜和农业用棚膜(蔬菜大棚)。早在 1979 年,我国就引进日本地膜育苗技术。这项技术曾使农作物生产区域扩大,纬度向北推进 $2°\sim4°$,海拔上推了 $200\sim400$ m,号称"白色革命"。

　　近年来,国内各种农业膜生产及应用发展迅速,已成为合理利用有限国土资源、提高耕地利用率和产量的有效手段。

　　全国各地区农用塑料薄膜使用量见表 18-19。

表 18-19　中国农用塑料薄膜使用情况

| 地　区 | 农用塑料薄膜使用量/t | | 1997 年比 1996 年的增加量 | | 地膜使用量/t | 地膜覆盖面积/hm² |
| | 1997 年 | 1996 年 | 绝对量/t | 比例/% | | |
| --- | --- | --- | --- | --- | --- | --- |
| 北　京 | 9744 | 11596 | −1852 | −16.0 | 3991 | 24160 |
| 天　津 | 7222 | 6189 | 1033 | 16.7 | 3101 | 30550 |
| 河　北 | 51828 | 49187 | 2641 | 5.4 | 21995 | 371746 |
| 山　西 | 26075 | 21113 | 4962 | 23.5 | 20836 | 392366 |
| 内蒙古 | 28054 | 12855 | 15199 | 118.2 | 23192 | 502250 |
| 辽　宁 | 79739 | 67854 | 11885 | 17.85 | 18332 | 232379 |
| 吉　林 | 32476 | 28444 | 4032 | 14.2 | 11635 | 89575 |
| 黑龙江 | 69907 | 62798 | 7109 | 11.3 | 37827 | 37868 |
| 上　海 | 7741 | 11431 | −3690 | −32.3 | 2978 | 38000 |
| 江　苏 | 56647 | 52435 | 4212 | 8.0 | 22244 | 317385 |

| 地　区 | 农用塑料薄膜使用量/t | | 1997 年比 1996 年的增加量 | | 地膜使用量/t | 地膜覆盖面积/hm² |
| --- | --- | --- | --- | --- | --- | --- |
| | 1997 年 | 1996 年 | 绝对量/t | 比例/% | | |
| 浙　江 | 27467 | 24503 | 2964 | 12.1 | 14343 | 134341 |
| 安　徽 | 20947 | 50575 | 372 | 0.7 | 22957 | 452734 |
| 福　建 | 21455 | 25467 | −4012 | −15.8 | 8685 | 42479 |
| 江　西 | 24792 | 21105 | 3687 | 17.5 | 12713 | 108621 |
| 山　东 | 185836 | 158342 | 27494 | 17.4 | 75017 | 1058063 |
| 河　南 | 67454 | 61724 | 7730 | 12.5 | 30356 | 466190 |
| 湖　北 | 51112 | 49674 | 1438 | 2.9 | 23445 | 377000 |
| 湖　南 | 35215 | 37153 | −1938 | −5.2 | 24074 | 276210 |
| 广　东 | 28667 | 27923 | 744 | 2.7 | 10866 | 72811 |
| 广　西 | 11528 | 9188 | 2394 | 26.1 | 7977 | 183825 |
| 海　南 | 187 | 24 | 163 | 679.2 | 102 | 1849 |
| 重　庆 | 11905 | | | | 10836 | 149740 |
| 四　川 | 51637 | 58151 | | | 37257 | 533036 |
| 贵　州 | 19113 | 31926 | −12813 | −40.1 | 11807 | 156296 |
| 云　南 | 48546 | 42200 | 6346 | 15.0 | 38632 | 297114 |
| 西　藏 | 101 | 89 | 12 | 13.5 | 58 | 943 |
| 陕　西 | 14731 | 14209 | 522 | 3.7 | 9889 | 231423 |
| 甘　肃 | 51465 | 48455 | 3010 | 6.2 | 44074 | 595100 |
| 青　海 | 672 | 436 | 236 | 54.1 | 393 | 8932 |
| 宁　夏 | 460 | 3424 | 1246 | 36.4 | 2934 | 639653 |
| 新　疆 | 78541 | 67681 | 10860 | 16.0 | 73210 | 1202672 |
| 全国总计 | 1191532 | 1056151 | 105381 | 10.0 | 625746 | 9147623 |

## 二、农业塑料残留农田后的不良影响

塑料是一种高分子材料,它具有不易腐烂、难于消解的性能,因此塑料散落在土地里会造成永久性污染。试验表明,塑料在土壤中被降解需要 200 年之久。而目前我国年产农用地膜 30 多万 t,使用的土地面积达 900 多万 hm²,而随着用量的增加,残留在土地中的地膜也日益增多,仅北京地区的调查资料显示,土地中的地膜残留量即达 4000 多 t。研究指出,残留的地膜碎片会破坏土壤结构,使农作物产量降低。试验表明,每公顷地残留地膜 45 kg,则蔬菜产量减少 10%,而小麦产量每公顷减产 450 kg。因此,由于在使用农用膜时忽视了废旧膜的处理和回收,给农田及生态环境带来了严重的不良影响,这个问题已引起农业环保部门和有关部门的高度重视。为减轻此灾害,对废旧膜的回收是防治污染与资源再生利用的上策。但因废旧农膜回收费工费时且回收率太低,难以推广,因此近年来国内许多单位积极研究开发能在大气环境中发生氧化、光化和生化作用的各种降解塑料,期待以此来解决“白色污染”问题,保护农田及生态环境。

### (一) 残留农膜对农作物生育性状和产量的影响

1. 残留农膜对小麦生育性状和产量的影响

残留农膜对小麦生育性状和产量的影响如下所述:

(1) 残留农膜对小麦生育性状的影响。河南省农村能源环保总站赵素荣等用 5 年的时间对农膜残留污染进行了田间试验,摸清了农膜残留物对土壤和农作物污染的规律(表18-20)。从他们的模拟试验结果看出,土壤中的残留农膜对小麦的株高、单株干重、0～15 cm 土层根重、出苗性状、分蘖等均有明显影响。

**表 18-20　农膜残留量对小麦生育性状影响试验结果**

| 农膜残留量<br>/kg·hm⁻² | 出苗期 | 基本苗数<br>/株·m⁻² | 缺苗数<br>/株·区⁻¹ | 冬前分蘖数<br>/株·m⁻² | 0～15 土层<br>根重/g·株⁻¹ | 单株重<br>/g·株⁻¹ | 株高/cm |
|---|---|---|---|---|---|---|---|
| 0(对照) | 12 月 1 日～12 月 3 日 | 375 | | 406 | 0.22 | 3.20 | 63.5 |
| 37.5 | 12 月 3 日～12 月 5 日 | 282 | 620 | 337 | 0.21 | 3.18 | 63.0 |
| 75 | 12 月 3 日～12 月 5 日 | 265 | 730 | 319 | 0.20 | 3.14 | 63.2 |
| 150 | 12 月 3 日～12 月 5 日 | 259 | 770 | 307 | 0.19 | 3.10 | 62.5 |
| 225 | 12 月 3 日～12 月 5 日 | 259 | 770 | 285 | 0.18 | 3.00 | 62.0 |
| 300 | 12 月 5 日～12 月 8 日 | 244 | 870 | 274 | 0.17 | 2.90 | 61.2 |
| 375 | 12 月 5 日～12 月 8 日 | 232 | 950 | 262 | 0.15 | 2.80 | 60.0 |
| 450 | 12 月 5 日～12 月 8 日 | 225 | 1000 | 255 | 1.16 | 2.6 | 59.6 |

赵素荣等在试验中观察到,残留农膜区小麦出苗慢,出苗率低,苗不整齐,缺苗断垄多;幼苗长势弱,苗小而黄;基本苗少,冬前分蘖少;根系扎得浅,生长发育不良,且大部分不能穿透残膜碎片,呈弯曲状横向发展。随着废旧农膜积聚在土壤中量的增加,其对小麦的生育性状影响逐渐加重。

(2) 残留农膜对小麦产量的影响。残留农膜在土壤中不仅影响小麦的出苗、根系发育、幼苗生长,而且影响小麦的茎叶生长,从而导致干物质的积累受阻,穗小粒少,千粒重降低,造成大幅度减产(表18-21)。

**表 18-21　残留农膜对小麦产量的影响**

| 农膜残留量<br>/kg·hm⁻² | 穗长<br>/cm | 穗粒重<br>/g·穗⁻¹ | 成穗<br>/个·m⁻² | 穗粒数<br>/粒·穗⁻¹ | 千粒重<br>/g·千粒⁻¹ | 小区产量<br>/kg·区⁻¹ | 单产<br>/kg·hm⁻² | 与对照对比<br>/kg·hm⁻² |
|---|---|---|---|---|---|---|---|---|
| 0(对照) | 7.8 | 1.73 | 390 | 31.7 | 45 | 3.70 | 5550 | |
| 37.5 | 7.7 | 1.73 | 316 | 35.5 | 45 | 3.35 | 5025 | −525 |
| 75 | 7.5 | 1.57 | 273 | 34.0 | 45 | 2.82 | 4230 | −11320 |
| 150 | 7.3 | 1.59 | 265 | 34.0 | 44.9 | 2.70 | 4050 | −1500 |
| 225 | 7.1 | 1.52 | 253 | 33.5 | 44.8 | 2.53 | 3795 | −1755 |
| 300 | 7.0 | 1.46 | 255 | 31.7 | 44.2 | 2.38 | 3570 | −1980 |
| 375 | 6.8 | 1.45 | 246 | 31.8 | 44.2 | 2.30 | 3450 | −2100 |
| 450 | 6.5 | 1.43 | 240 | 31.0 | 43.7 | 2.17 | 3255 | −2295 |

试验结果表明,使用普通农膜 1～2 年的地块,每 666.7 m² 残留农膜碎片 2.5～6.9 kg,小麦减产 7%～9%;连续使用 5 年的地块,每 666.7 m² 残留农膜碎片 2.351 kg,小麦减产 26%。使用超薄膜 1～2 年的地块,小麦减产 1%～5%;使用 5 年的地块,小麦减产 15.6%。

**2. 残留农膜对玉米生育性状和产量的影响**

残留农膜对玉米生育性状和产量的影响如下所述:

(1) 残留农膜对玉米生育性状的影响。赵素荣等在进行了残留农膜对玉米生育性状的影响的试验后认为,残留农膜对玉米的单株鲜重、株高、茎粗、根数、穗长等生育性均有明显影响。玉米残留农膜试验处理小区比对照的出苗期推迟 2～3 天,缺苗 1～7 株,每 666.7 m² 缺苗 100～700 株,根长缩短 0.8～4.4 cm;侧根数、茎粗、叶宽、株高也比对照低。试验还表明,随着农膜用量的增加,积聚在土壤中的废膜逐渐增多,对玉米生育性状的不良影响逐渐加重,不同处理小区生育性状有明显差异。

(2) 残留农膜对玉米产量的影响。试验中他们发现,残留农膜处理小区的玉米出苗晚,缺苗多;胚根不易穿透地膜碎片,呈弯曲状横向发展,根扎得浅,苗小瘦弱,易死苗,生长发育不良,易倒伏;叶片小而黄,影响光合作用,导致干物质积累受阻,造成产量下降。农膜残留量每 666.7 m² 在 3.514 g 时,玉米减产 11%～23%(表 18-22)。

表 18-22  残留农膜对玉米产量影响试验结果

| 残留农膜 /kg·hm⁻² | 穗长/cm | 穗粗/cm | 穗粒数 /粒·穗⁻¹ | 百粒重 /g·百粒⁻¹ | 小区产量 /kg·区⁻¹ | 单产 /kg·hm⁻² | 与对照对比 | |
|---|---|---|---|---|---|---|---|---|
| | | | | | | | 减量 /kg·hm⁻² | 减产比例 /% |
| 0(对照) | 20.5 | 5.10 | 295 | 29.2 | 4.30 | 6450 | | |
| 37.5 | 20.2 | 4.97 | 276 | 28.6 | 3.85 | 5775 | −675 | −10.5 |
| 75 | 20.0 | 4.94 | 268 | 28.3 | 3.70 | 5550 | −900 | −13.9 |
| 150 | 19.1 | 4.87 | 259 | 27.9 | 3.45 | 5175 | −1275 | −19.8 |
| 225 | 18.3 | 4.68 | 256 | 27.8 | 3.35 | 5025 | −1425 | −22.1 |
| 300 | 17.5 | 4.65 | 255 | 27.3 | 3.20 | 4800 | −1650 | −25.6 |
| 375 | 16.7 | 4.61 | 237 | 26.4 | 2.80 | 4200 | −2250 | −34.9 |
| 450 | 14.6 | 4.58 | 225 | 25.1 | 2.40 | 3600 | −2850 | −44.2 |

### 3. 残留农膜对蔬菜生育性状和产量的影响

在不同农膜残留量的土壤上种植白菜、移栽茄子,进行模拟试验。结果表明,残留农膜对茄子、白菜的植株根重、主根生长等有极显著的影响(表 18-23),对茄子的株高影响不大,但对其产量却影响很大。农膜残留在 2.5 g/m² 时,茄子减产 29.5%、白菜减产 1.95%,农膜残留在 10.0 g/m² 时,茄子减产 59.6%、白菜减产 14.7%。

表 18-23  残留农膜对茄子、白菜生育性状影响

| 项 目 | 茄 子 | | | | 白 菜 | |
|---|---|---|---|---|---|---|
| 残留农膜量 /g·m⁻² | 地上鲜重(果实) /g·株⁻¹ | 根鲜重 /g·株⁻¹ | 主根长/cm | 株高/cm | 根鲜重/g·棵⁻¹ | 主根长/cm |
| 2.5 | 577.4 | 116.7 | 14.5 | 95.7 | 23.6 | 12.3 |
| 5.0 | 551.0 | 107.4 | 13.9 | 96.1 | 23.1 | 11.6 |
| 7.5 | 516.9 | 101.1 | 13.1 | 95.5 | 21.2 | 10.6 |
| 10.0 | 388.7 | 71.5 | 10.8 | 87.8 | 20.4 | 9.5 |
| 0(对照) | 671.0 | 127.5 | 19.5 | 103.1 | 34.6 | 17.6 |

### (二) 残留农膜对土壤的影响

模拟试验表明,不同作物、不同地块中农膜碎片残存量虽有差异,但对土壤的物理性能影响基本相同。农膜残片对土壤容重、土壤含水量、土壤孔隙度、土壤透气性、透水性等都有显著影

响。残留农膜碎片越大,影响越大,但对土壤硬度影响不大(表 18-24)。

**表 18-24　残留农膜对土壤物理性状的影响**

| 残留农膜量/kg·hm$^{-2}$ | 含水量/% | 容量/g·m$^{-3}$ | 密度/g·cm$^{-3}$ | 孔隙度/% |
| --- | --- | --- | --- | --- |
| 0(对照) | 16.2 | 1.21 | 2.58 | 53.0 |
| 37.5 | 15.5 | 1.24 | 2.60 | 52.4 |
| 75 | 15.9 | 1.29 | 2.61 | 50.5 |
| 150 | 14.7 | 1.36 | 2.65 | 48.6 |
| 225 | 14.3 | 1.43 | 2.63 | 45.7 |
| 300 | 14.5 | 1.54 | 2.67 | 42.3 |
| 375 | 14.4 | 1.62 | 2.66 | 39.2 |
| 450 | 14.2 | 1.84 | 2.70 | 35.7 |

农田中的残膜多聚集在土壤耕作层和地表层,更易阻碍土壤毛细管水的移动和降水的浸透。由于农膜残片的阻碍,土壤水分、养分和空气运行受阻,造成减产。

### (三) 残留农膜的化学污染

农用塑料膜是聚乙烯化合物,在生产过程中需加 40%~60% 的增塑剂,即邻苯甲酸二异丁酯,其化学性能对植物的生长发育毒性很大,特别是对蔬菜毒性更大。

邻苯甲酸二异丁酯从农膜挥发到空气中,再经叶子气孔进入叶肉细胞,而植物的生长点和嫩叶生理活动旺盛,易受伤害。它的毒性作用主要是破坏叶绿素和阻碍叶绿素的形成。据对白菜叶切片的显微镜观察,发现受害叶细胞内叶绿体明显减少。由于叶绿体减少,影响了作物的光合作用,导致作物生长缓慢,严重者黄化死亡。

## 三、防治残留农膜污染的技术措施

我国是农业大国,农膜需求量很大。为保护日益受到威胁的农业生态环境,需研究开发在各种环境中都可完全降解的塑料膜,并且要求塑料膜降解和灰化后不会对土壤和空气产生毒害。目前国内降解塑料的研制和生产单位较多,但是由于没有统一的评价试验方法和标准,田间试验和实际应用时间短,分解产物的安全性尚没有完全确定,因此要生产出完全符合农业生产、环保要求的降解塑料尚需进一步的研究和探索,及时跟踪国际动态,开发新配方,探索新工艺,完善性能,降低成本。近几年,我国研制的淀粉基生物降解塑料,在性能方面尚存在缺陷,如吸湿性低,不易生产太薄的产品,因此在农业地膜制作方面受到限制,缺乏竞争力。同时,应尽快制定统一的测试方法和标准,扩大试验和应用规模。

另外,国外的生物降解塑料主要用于各种容器、垃圾袋和一次性包装材料,用作农膜的很少,因而对农膜的应用基础缺少研究。而我国需要和引进的技术大都为农膜的开发,故在应用过程中遇到很多暂时不易解决的问题,如诱导期太短、降解周期不易控制、成本过高等。根据我国有关单位的研究,作为农膜的降解塑料,诱导期必须在 60 天以上,同时要提高埋土部分的降解能力,所以我国降解塑料的开发,必须在吸收国外先进技术的基础上创造出符合我国国情的特色产品。

### (一) 大力推广应用新型自分解农膜

自分解农膜是一种双降解农膜,这种农膜不仅保持了高压膜的特点和使用性能,而且经过一段时间,在光照和土壤微生物作用下能自行分解。另一种是可溶性草纤维农膜,这种农膜是由农作物秸秆为原料加工制成的。它同一般的超薄农膜相比,厚度一样,仅 0.08mm,其透光率、保温性能及纵横拉伸强度可和一般超薄农膜相比,其残膜随耕地埋入土壤,2～3 个月后就可经溶化分解转化为有机质成为肥料,从根本上消除了塑料薄膜对土壤造成污染。

### (二) 采用不同的清除方式,因地制宜,分类回收

一是在作物收获之前回收农膜,多用于拔根收获的作物;二是先收作物,后清膜;三是收获作物与回收农膜同时进行。同时,应进一步搞好废膜回收及深加工。

### (三) 推广膜侧栽培技术

膜侧栽培即将农膜覆盖在作物行间,作物栽培在农膜两侧。

## 四、废地膜的回收及加工利用

近年来,人们采取废膜回收、加工利用的方法,变废为宝,化害为利,达到消除污染、净化田间的目的,具体做法如下。

### (一) 废膜回收

根据对废膜回收的时间不同,一般分为以下三种回收方法:一是在作物收获之前回收废膜。这种回收方法多用于拔根收获的作物,并且根部较大,侧枝根多,植株较大或枝杈较多,上下不易脱去地膜以及覆盖于作物顶部的膜。二是先收作物后收膜,这种回收多用于割茎收获的作物。从地上根茎部割去植株后,垄面上的废膜易揭收。三是收获作物与回收废膜同时进行,一般用于植株不易与地膜分离的作物,如花生等。

遗憾的是,目前,还没有回收废膜的机械,只能用手、钩、耙等。锦州市农机研究所于 1983～1984 年先后研制了花生 3DF-1 和 4HW-680 两种型号的挖掘收获机,配合这种机具,废膜回收率可达 80% 以上。

为了便于废膜的捆包、运输和存放,回收废膜时应尽量保持膜的完整性,将拾拣的废膜残片稍加叠整,卷成筒状,系上绳子。

### (二) 洗膜

回收的废膜上带有很多泥土,在加工之前必须用清水洗净晾干或风干。为了节约用水,又能保证洗膜质量,最好建三个水池,将废膜分作三次洗。水池可建成圆筒形,内直径 1.5 m,高1.0 m,在池内 1 m 深处放置一个直径 1.5 m 的铁箅子,筛孔长宽各 3.3 cm,以不漏掉废膜为宜。水池的底部安装一个放水阀,以便冲洗池底泥沙和更换净水用。目前,也有不少地方利用机械洗膜,工效提高多倍。一般带土膜洗后质量减轻 1/3 左右。

洗净的废膜,要堆放在斜坡或草堆、石头上,将膜晾干或风干。

### (三) 加工利用

加工的第一道工序是将废膜粉碎,加温熔融,经机械挤压成塑料泥。然后进入第二道工序,将塑料泥放入挤塑机,制成直径为 3～4 mm 的塑料条,经水冷却后盘起来。第三道工序是造粒。需要一台小型造粒机,将塑料条切割成 7～8 mm 长的塑料颗粒。到此,即完成了加工的初制产品。一般净膜出粒率 97% 左右。塑料颗粒是塑料工业的原料,每吨售价 1100～1500 元,每吨颗粒的原料成本 600 元左右(包括运输、购膜、损耗、代购奖励等),除去加工、管理等费用,每吨纯利250～300 元。

一套机械 8000 多元,根据型号不同,一般日加工能力 300～600 kg,月产 7～15 t,年产 100 t左右。有 1300～2000 hm² 的地膜面积即可保证一个小型加工厂点的一年用料。

颗粒经过再加工,可生产塑料产品。目前,农民加工生产的有塑料桶、盆、盒、盘、勺、管、地板、桌面、洗衣搓板等。颗粒料的销售市场主要是国有企业,而再加工的产品,其市场则主要是广大农村。

废膜回收加工利用是地膜新技术带来的新产业,原料充足,产品销路广,经济效益高,大有发展前途,为农民发家致富增辟了一条渠道。据不完全统计,已有9个省、市的80多个厂点摘废膜加工利用。其中辽宁省30多个。如果按1984年的覆膜面积计算,根据目前一般每套机器的加工能力,其废膜原料按投入地膜量的75%回收,约可满足1000多个厂点摘加工,按每吨粒料价值1100元计,年产值可达9000多万元,农民增加收入3000多万元,加工厂纯收入2500万元左右。因此,废膜回收,加工利用,一举多得,大有发展潜力,前景广阔。

# 第五节　乡镇工矿企业废弃物的综合利用

随着改革开放的深入,我国农村经济取得了前所未有的发展,以乡镇企业为主体的农村工业逐步摆脱传统的小作坊式的经营,成为国民经济重要的补充。但是,由于我国整体经济技术水平的落后和资金的短缺,乡镇企业从一开始就在低技术水平、低人员素质、相对落后的设备基础上发展、前进。因此,乡镇企业在创造了大量物质财富的同时,有的地方也造成了资源的极大浪费,使农村环境受到严重污染,排放的污染物逐年增多。1998年,全国工业固体废弃物的产生量为8亿t,其中县及县以上工业固体废弃物产生量为6.4亿t,占总产生量的80%;乡镇工业的固体废弃物产生量为1.6亿t。工业固体废弃物排放量为7034万t,其中乡镇工业固体废弃物排放量5212万t,占排放总量的74.1%。乡镇工业排放的固体废弃物大多数没有经过处理,直接排放到环境中,或堆放、或填埋,大量侵占农田,造成农业环境的严重污染。

## 一、食品固体废物处理与利用

### (一) 食品固体废物来源与分类

食品工业是以农、牧、渔、林业产品为主要原料进行食品加工的工业。近十几年来,我国食品工业迅速发展,极大地促进了社会经济增长和人民生活的提高,但也产生了大量的食品废弃物。

食品废弃物有不同的分类方法,按产生的形态可分为固体废弃物、废水和废气。按生产工艺可分为发酵食品工业废弃物和非发酵食品工业废弃物。本节主要讨论其中的固体废弃物,常见的食品固体废物有白酒糟、啤酒糟、酱醋渣、麦麸、米糠、蔗渣、甜菜粕、大米渣、豆腐渣、果皮以及各种下脚料等。

在食品加工过程中,可利用的只是原料的一部分,其中大约有30%～50%的原料未被利用或在加工过程中被转化成了废弃物,有时这个比例会更高。以发酵工业为例,生产中只利用了原料中的淀粉,其余的大量蛋白质、纤维素、脂肪以及多种有用物质都留在了废渣和废水中。例如,制糖工业每生产1t食糖需要用甜菜9～10t,每生产1t酒精需要用粮食3～33t,产生的固体废弃物分别是产品的84倍和23倍。据不完全统计,我国食品工业中主要发酵行业每年产生废渣将近4亿m³。表18-25是部分代表性食品废渣排放量及污染负荷情况。由于食品工业所用原料广泛,产品工艺路线繁多,因此各类食品加工企业排出的废渣在质和量上都有很大的差别,但有其共同的特点,就是都含有大量的有机物、无毒性、易腐败、可生化性好、利用价值较高,这些为食品工业固体废弃物的处理和资源化利用提供了有利条件。

表 18-25　我国食品行业废渣排放量及污染负荷情况

| 行　业 | 产量/万 t | 废渣名称 | 排放量/m³·t 产品⁻¹ | COD/g·L⁻¹ | 废渣水/万 m³·a⁻¹ | 有机物/万 m³·a⁻¹ |
|---|---|---|---|---|---|---|
| 粮薯酒精 | 218 | 酒精糟 | 15 | 40～70 | 3270 | 180 |
| 糖蜜酒精 | 90 | 酒精糟 | 15 | 80～110 | 1350 | 128 |
| 味　精 | 59 | 米　渣 | 3 | | 177 | |
| 柠檬酸 | 20 | 薯干渣 | 3 | | 60 | |
| 淀　粉 | 400 | 皮　渣 | 10 | 1.5～3.0 | 4000 | 32 |
| 淀粉糖 | 50 | 玉米浆渣 | 0.3 | | 90 | 15 |
| 啤　酒 | 1987 | 麦　糟 | 0.2 | 40～60 | 397 | 19.8 |
| 白　酒 | 300 | 白酒糟 | 3 | 30～50 | 900 | 36 |
| 黄　酒 | 150 | 黄酒糟 | 3 | 30～50 | 450 | 18 |
| 甜菜制糖 | 276 | 甜菜粕 | 6.7 | | 1849 | |
| | | 甜菜泥 | 1 | | 276 | |
| 甘蔗制糖 | 550 | 甘蔗渣 | 10 | | 5500 | |
| | | 甘蔗泥 | 1 | | 550 | |

由于食品工业所有原料广泛,产品工艺路线繁多,因此各类食品加工企业排除的废渣在质和量上都有很大的差别,但有其共同的特点,就是都含有大量的有机物、无毒性、易腐败、可和化性好、利用价值较高,这些为食品工业固体废弃物的处理和资源化利用提供了有利条件。

**(二) 食品固体废物处理与利用技术**

食品废弃物中,大多是废水和废渣的混合物。废渣水中固型物的含量往往只有 5% ～6%,其中含有大量蛋白质、氨基酸、维生素及多种微量元素,是很好的微生物营养物和饲料生产的原料(或添加剂)。在处理前,一般都需要首先进行固－液分离,然后再作处理和利用。这些技术包括机械分离、干燥技术、生物发酵技术、好氧堆肥和厌氧消化等。

(1) 分离技术。在食品废渣、废水混合物中,悬浮颗粒大小的分布范围很广,从微小的胶体物质到粗大的悬浮颗粒,因此,需要有比较有效的方法对其进行分离。常用的固液分离技术有沉降法、离心法和过滤法等。

1) 沉降法。沉降是利用固体颗粒本身重力的作用,使颗粒沉降下来,并从液体中分离出来的过程。沉降速度的大小是决定沉降效果好坏的关键因素之一,它与颗粒的大小、密度以及与液体分散密度和黏度等有关。颗粒大、密度大、分散介质密度小时,颗粒沉降速度就快,反之则慢。

沉降设备分为间歇式、半连续式和连续式沉降器三种。间歇式沉降器的固液混合物被间歇地泵入其内,经一定时间沉淀,澄清液和颗粒物分离后,再被分别排出。其结构简单,但生产效率低、不适合工业化使用。半连续式沉降器是将固液混合物以一定的速度流过沉降槽,通过对流速的调节,使得其中的固体颗粒在离开沉降槽前,有足够的时间沉于底部。它的进料和澄清液的排出是连续的,但颗粒沉淀物的排出是间歇的。连续式沉降器是将固液混合物连续泵入、澄清液和悬浮物也都连续排出的沉降设备。它的优点是可实现工业化的连续生产。

2) 离心法。离心是利用离心力的作用,使混合物中固体颗粒和液体分离的过程。离心过程一般在离心机中完成。离心机特别适用于粒状物料、纤维类物料与液体的分离。其主要部分为一快速旋转的鼓,鼓安装在直立或水平轴上,鼓壁分为有孔式和无孔式。当鼓壁有孔且高速旋转时,鼓内液体靠离心力甩出,固体颗粒留于滤布上,这一过程称为离心过滤;当鼓壁无孔时,物料受离心力作用按密度的大小分层沉淀,称为离心沉降;当物料为乳浊液时,液体在离心力作用下按密度分层则称为离心分离。

离心法是食品废物处理中最常使用的固液分离方法,可用来分离各种食品废弃渣、废水。其工业化程度高、工作效率高,但使用、维修费用较高。

3) 过滤法。过滤就是让固液混合物通过滤料介质(如滤布),水可以通过,而细小固体颗粒则被截留下来,从而实现固液分离的过程。过滤的关键设备是过滤机。按操作方法分,过滤机有间歇式和连续式;按过滤介质分,有粒状介质过滤机、滤布过滤机、过孔陶瓷过滤机和半渗透过滤机等;按过滤动力来源分,又有重力过滤机、加压过滤机和真空过滤机等。

(2) 干燥技术。通过固液分离后,食品废渣、废水中的固体物质被分离了出来。干燥是最简单有效的固体废物处理方法。通过干燥,可保持物料的营养物质,防止其腐烂变质,便于长期保存、运输和进一步加工。干燥的方法有多种,如滚筒干燥机、振动干燥机、流化床干燥机、气流干燥等。食品固体废物常用干燥器见表18-26。

表 18-26　食品固体废物常用干燥器

| 行　业 | 废渣水名称 | 主要性状 | 常用干燥器 |
| --- | --- | --- | --- |
| 啤　酒 | 麦糟废酵母 | 含水分 80%~85% | 列管式滚筒干燥机 |
| 白　酒 | 白酒糟 | 含水分 60.0%~65.3% | 滚筒式热风干燥机、振动流化床干燥机 |
| 玉米酒精 | 酒精糟 | 含水分 80%~85% | 盘式干燥机、列管式滚筒干燥机 |
| 糖蜜酒精 | 酒精糟 | | 桨叶式干燥机 |
| 味　精 | 发酵废酵母液 | | 滚筒式干燥机、气流干燥机 |

(3) 生物发酵技术。通过生物发酵可把有机食品废物转化成菌体蛋白,菌体蛋白是良好的饲料,从而既解决了废弃物的处理问题,又开发了新的饲料资源,是一种非常有发展前途的方法。

生物发酵的关键是优良菌株的选育和发酵参数的优化组合。由于食品工业废渣种类多、成分杂,因此,常采用优良菌株进行优化组合发酵。生物发酵的一般工艺过程如下:

废渣→配料→拌料→蒸煮→冷却→接种→固体发酵池→干燥→粉碎→包装→成品

在经过固体发酵后,食品废渣的性质会发生很大的改变,其利用价值(如饲料养分)常会得到较大的提高。以柠檬酸废渣为例,经固体发酵后,粗蛋白含量由 9.75% 提高到 32.48%,而粗纤维含量却由 22.40% 降低到 8.53%,其饲料价值得到了明显的提高(表18-27)。

表 18-27　柠檬酸废渣发酵前后成分的比较

| 项　目 | 发酵前 | 发酵后 | 项　目 | 发酵前 | 发酵后 |
| --- | --- | --- | --- | --- | --- |
| pH 值 | 2.70 | 6.50 | 粗脂肪/% | 14.77 | 4.81 |
| 水分/% | 73.50 | 8.52 | 纤维素酶/$U \cdot g^{-1}$ | 0.00 | 7.20 |
| 粗蛋白/% | 9.75 | 32.48 | Ca/% | 0.83 | 1.40 |
| 粗纤维/% | 22.40 | 8.53 | P/% | 0.26 | 1.46 |
| 灰分/% | 12.11 | 8.56 | | | |

(4) 好氧堆肥技术。通过好氧堆肥可把有机废弃物转化成有用的产品(如有机肥料),几乎所有的食品废弃物都可通过堆肥发酵来进行处理。这里介绍两个分别用于食堂废弃物和果蔬加工废弃物的堆肥设备。

由于社会经济的快速发展和人们生活方式的变化,在食堂、饭店就餐的人数在逐渐增多,每天要产生大量的剩饭、剩菜、果皮等。我们把这些产生于食堂的废弃物统称为食堂废弃物。这些废物含有大量的营养物质,利用价值较高。但其有机物含量和含水率较高、呈酸性,很容易腐烂变质和滋生虫蝇,因此,需要进行及时的处理和利用。好氧堆肥就是一个有效的处理方法,通过高温好氧堆肥,可把食堂废弃物转化成很好的有机肥料。

图 18-25 所示为日本某公司生产的 EC500X 型食堂废弃物堆肥装置。该装置的最大处理能力为 30 kg/L。在堆肥前,需向待处理的食堂废弃物中添加锯末、石灰等,以调节其含水率、空隙度和酸碱度。添加石灰的作用是调整发酵过程的酸碱度。锯末用来调节水分,同时增加空隙度,以保证处理过程中良好的通气效果,使反应顺利进行。一般情况下,每 10 kg 食堂废弃物需添加约 5 L 锯末,锯末容重为 0.1 kg/L。

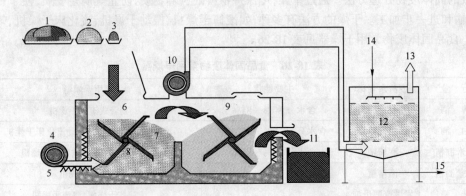

图 18-25　EC500X 型食堂废弃物堆肥装置

1—废弃物;2—锯末;3—石灰;4—通风机;5—加热器;6—反应器;7—混合堆肥;8—搅拌杆;
9—反应器;10—引风机;11—堆肥产品;12—过滤装置;13—排气;14—水;15—排水

该装置共有两个反应器,每个反应器的有效体积皆为 250 L。第一个反应器用于分解食堂废弃物中易降解的有机物,第二个反应器分解那些不容易降解的残留物。废弃物在各反应器中停留的时间大约为 1 个月,每个反应器中都设有搅拌器,采用间歇搅拌,每 4 h 搅拌 5 min,以保证氧气与物料的充分接触。加热器向第一个反应器连续通入热空气,以维持反应过程中物料的温度。反应过程中产生的废气通过过滤装置净化后排出。

试验结果显示,经过堆肥处理后,食堂废弃物的质量由堆肥前的 7627 kg 降低到堆肥后的 1230 kg,分解率为 84%,其中挥发性物质降解率为 66%。含水率也有大幅降低,由堆肥前的 70% 降低到堆肥后的 30% 左右。从而使食堂废弃物趋于稳定化,可安全地用作有机肥料。通过比较图 18-26 和图 18-27 可以看出,经过堆肥处理后,食堂废弃物的性状发生了明显的变化。

图 18-26　食堂废弃物

图 18-27　第一个反应器的堆肥混合物(右)和
第二个反应器的堆肥混合物(左)

图 18-28 是专门用于蔬菜、果品加工废弃物堆肥处理的设备。与食堂废弃物堆肥设备的主要区别是它的反应槽,它只用一个反应槽(器),反应槽中物料的输送、搅拌方式也不同。除此之外,原料的调节和温度的控制等都很相似。图 18-29 为待加工处理的果蔬废弃物。

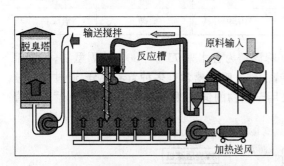

图 18-28　果蔬废弃物的堆肥处理

图 18-29　果蔬废弃物

### (三) 食品废物处理与利用的典型工艺流程

不同食品工业的原料和生产工艺不同,其产后废弃物的性质和成分存在很大的差异。但食品废弃物有一个共同的特点,就是营养成分含量较高,这为其综合利用提供了物质条件。例如,啤酒生产主要利用原料中的淀粉部分,蛋白质、氨基酸、维生素、糖类等则大多被遗留在排放的废渣、废水中。这些残留物质可进一步利用,用来生产清洁能源、饲料和饲料酵母等。所以,对食品废弃物进行处理和综合利用,不但可消除其对环境的污染,还可开发资源,并产生一定的经济效益。根据废弃物特性的不同,把单项技术有机地结合在一起,就可组合出不同的处理工艺。下面以造酒工业废弃物和制糖工业废弃物为例,介绍食品废弃物处理的典型工艺流程。

#### 1. 造酒工业废弃物处理与利用

造酒主要利用原料的淀粉部分,大部分蛋白质留在了酒糟及其凝固物中,同时产生的其他副产物还有废酵母、废酒花、废啤酒、麦糟、二氧化碳等,它们都是可以利用的宝贵资源。例如,啤酒废酵母可用来制取超鲜调味剂和生产饲料酵母,麦糟可直接用来生产饲料等。

表 18-28 和表 18-29 是薯干酒精糟和啤酒酵母粉营养成分分析结果。从中可以看出,薯干酒精糟的总糖含量达 6800 mg/L,啤酒酵母粉的粗蛋白占干物质的 47.3%,两者都是非常好的饲料原料。

**表 18-28　薯干酒精糟成分表**

| 性质、成分 | 含量/mg·L$^{-1}$ | 性质、成分 | 含量/mg·L$^{-1}$ | 性质、成分 | 含量/mg·L$^{-1}$ |
|---|---|---|---|---|---|
| 相对密度 | 1.0227 | 可溶性固型物 | 32152 | N | 1426.9 |
| pH 值 | 4.2 | 总固型物 | 51972 | P | 244.1 |
| 挥发酸 | 843.2 | 粗纤维物 | 5284 | $K_2O$ | 1700 |
| 糖　度 | 4.0 | 半纤维物 | 6345 | COD | 52060 |
| 总　糖 | 6800 | 有机物 | 45368 | $BOD_5$ | 23300 |

表 18-29　啤酒酵母粉成分表

| 性质、成分 | 含量/% | 性质、成分 | 含量/% | 性质、成分 | 含量/% |
|---|---|---|---|---|---|
| 粗蛋白 | 47.3 | 钙 | 0.52 | 水　分 | 9.0 |
| 脂　肪 | 0.52 | 磷 | 1.62 | 铅 | 合　格 |
| 粗纤维 | 0.29 | 盐　分 | 0.49 | 砷 | 合　格 |

啤酒糟生产饲料的工艺流程图见图 18-30。啤酒糟为含水率 75%～80% 的固型物，一个年产 10 万 t 的啤酒厂每年要产生约 1.5 万 t 的湿啤酒糟。啤酒糟含有多种营养成分，通过加压过滤、螺旋压滤和干燥等工序，可直接加工成饲料，用于动物的饲喂，既可节约饲料用粮，营养价值又高于单一的粮食。

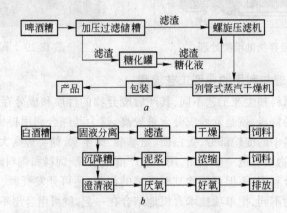

图 18-30　啤酒糟和白酒糟生产饲料工艺流程
a—啤酒糟；b—白酒糟

2. 制糖工业废弃物处理与利用

制糖的原料主要有甜菜和甘蔗两种。甜菜中蔗糖大约占 17.5%，其他为非糖分。甜菜制糖仅利用可以结晶的 RE 糖，其他非糖分和不可结晶的蔗糖在加工过程中就变成了副产品。每加工 100 kg 甜菜，可产生 14 kg 蔗糖、90 kg 甜菜渣（含水 94%）、10 kg 湿滤泥（含水 50%）、4 kg 废糖蜜（含糖 50%）和 50 kg 废水。甜菜渣是甜菜经渗出提取蔗糖后剩下的废菜丝；滤泥是菜糖厂用石灰作清净剂、通入二氧化碳后反应产生的碳酸钙沉淀物。

甜菜渣含有丰富的营养成分，是牛羊等家畜的理想饲料，其营养价值介于牧草和燕麦之间。通过压榨脱去部分糖分和水分后，甜菜渣就变成了干渣，干燥后配以其他成分可以生产混合饲料。滤泥含水率通常在 50% 左右，含有大量的能提高土壤肥效的物质，可用作土壤肥料。

甘蔗是制糖业另一重要的生产原料。甘蔗制糖生产的副产品有蔗渣、糖蜜、蔗梢和蔗叶等。湿蔗渣的量是甘蔗总量的 20% 左右，它含有丰富的纤维素，蔗渣全纤维素含量较高，一般为 50%～55%，与木材的含量差不多；木质素含量为 20% 左右，比木材低，但比稻草高，容易蒸煮；半纤维含量为 26%～30%；蔗渣灰分含量比木材高，但低于稻草。

蔗渣的综合利用途径很多，比较成熟并已经成工业化生产的有蔗渣制浆造纸、蔗渣制人造板、蔗渣制饲料等。利用蔗渣生产中密度纤维板（MDF-medium density fibreboard）是一种比较有效的蔗渣利用技术，其工艺流程见图 18-31。

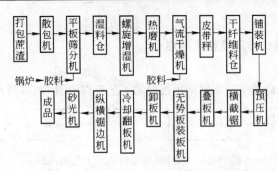

图 18-31　蔗渣生产中密度纤维板工艺流程

## 二、屠宰、制革工业固体废弃物的综合利用

屠宰、制革工业所产生的下脚料——麸皮、蹄毛等,目前除鸭毛、猪鬃等利用外,其他几乎作垃圾处理,或随下水道排放,不仅腐烂发臭、污染环境,而且经常阻塞下水道。这部分下脚料数量较大,例如,每加工一张猪皮,将产生 0.25～0.4 kg 废杂毛。据云南省玉溪市统计,全市每年出栏肥猪 44 万头,肉羊 3.8 万只,肉禽 71.1 万只。全市国营、集体屠宰、制革工业加工处理畜禽肉、革产品过程中,每年将产生下脚料 290 余吨。全市制革工业每年外地调引进加工猪皮、羊皮170 余万张,产生下脚料 200 多吨,两项合计 500 多吨。随着养殖规模和加工能力增长,相应的下脚料也在增加。其次,皮革加工工业生产规模增大,皮革碎屑也成为一大资源,除片状较大的被修鞋匠购买外,其余仍作垃圾处理。这些废料制成水解饲用蛋白后,既可解决环境污染问题,又可为饲用蛋白提供一条新的生产途径。

### (一) 水解饲用蛋白质生成原理

纤维状蛋白质(如毛、发、丝的肤链)具有 α-螺旋结构的三级结构。α-螺旋结构的形成,是由于碳基和氨基在肤链内形成氢链,如图 18-32 所示。而且各个 α-螺旋之间还可以通过分子间氢链相互结合,由七股 α-螺旋组成大的螺旋,从而构成像毛、发、丝状纤维。如图 18-33 所示。

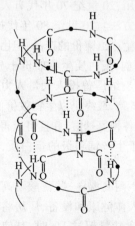

图 18-32　α-螺旋示意图

图 18-33　束纤维蛋白质示意图

蛋白质的不稳定性及容易变性等特性,与它们的三级结构有密切的关系。由于氢链是一个不稳定的化学键,因此,蛋白质的变性水解是由于破坏了整环结构甚至三级结构的结果。无论采用生物(蛋白酶)的还是化学(酸、碱)的手段,均能达到这一目的。而饲料级的水解蛋白,用碱法

水解是最经济的方法。

### (二) 工艺流程、操作步骤及技术特点

#### 1. 工艺流程

畜禽废杂毛及皮革碎屑生产水解饲用蛋白的工艺流程如图 18-34 所示。

图 18-34　水解饲用蛋白生产工艺流程图

#### 2. 操作步骤

水解饲用蛋白质的操作步骤如下所述：

(1) 根据水解容器的容量,在容器中放原料干重 3～5 倍的水(视原料种类而定,畜毛、皮革碎屑需水量比禽毛大);

(2) 称取原料干重 10%～15%(禽毛 5%～8%)的碱于容器中(若用热水,可先放原料,后放碱,以免暴沸);

(3) 称取一定量的原料投入水解容器中,用铁质的或木质的棒、叉翻动原料,使其浸湿;

(4) 烈火升温至沸腾,保持沸腾(以液体不溅出为宜),并用铁铲不断翻动,以防底部蛋白炭化;

(5) 待原料全部液化后(约需 30 min),根据需要投入一定比例的菜籽饼(控制水分不要超过25%),保持 80℃ 左右(约 15 min);

(6) 用 pH 试纸检验,若 pH 值大于 9 时,用少量稀盐酸调至 7 左右;

(7) 用日光晒干(或 65℃ 烘干)、粉碎即得到水解蛋白粉(成品为棕色或褐色粉末,气味芳香,适口性较好)。

#### 3. 技术特点

畜禽废杂毛、人发、皮革碎屑等粗蛋白质平均含量均在 80% 以上,但由于这些蛋白质具有特殊的化学结构,动物无法吸收利用。对这一高蛋白资源的利用,20 世纪 70 年代有人做了许多设想和试验,但始终没有得出一个具有工业化生产应用价值的方法。20 世纪 80 年代初,有人利用膨化原理生产膨化羽毛粉,并把产品投放市场。廉价的原料生产出廉价的产品,但由于膨化羽毛粉只改变了羽毛的物理结构,没有改变羽毛蛋白质的化学结构,蛋白质生物效价十分低下,动物仍难于吸收利用。这一方法在 20 世纪 80 年代中期,玉溪市羽绒厂曾投入大量人力物力进行反复生产试验。玉溪市饲料公司对其产品进行了试销和喂养试验,最终仍以生物效价低下而夭折。

生物水解虽可将废杂毛、皮革碎屑中的粗蛋白质转化为各种氨基酸,并且可以得到蛋白质的中间产物,但蛋白质的转化是一个漫长的生物转化过程,对于生产饲料级的蛋白质,几乎没有丝毫应用价值。

酸解法水解容器需要用特殊的材料。一般耐酸材料均不耐高温;一些耐酸耐高温的容器易损坏,生产安全系数较低,且需在密封条件时否则酸挥发对人体健康和设备、厂房将产生较大损坏。其次,水解液中和后会产生大量盐分,一般饲用蛋白料含盐量超过 1% 时,其使用价值将会大大降低。因为动物食用含盐量高的饲料后,会产生食盐中毒;加之对含大量水分的水解蛋白液进行干燥处理,必须增加生产设备投资,生产成本也会因此大幅度增加,这样技术也就失去了应用价值。

这里介绍的利用屠宰、制革等工业下脚料制取饲用水解蛋白的方法,改变了膨化羽毛粉生物

效价较低和生物水解、酸解投资大、成本高、工艺复杂的弊端。其既可在常温常压下进行,同时对设备的腐蚀性也不大。在水解液中加入菜籽饼,既脱除了菜籽饼中的有毒成分,又消耗了水解液中的绝大部分残碱,吸收了水分,使水解蛋白中的水分降低至 20%～25%,这样水解蛋白的干燥就方便多了。一般在日光下曝晒 3 h,或在烤房、烘箱中于 65℃烘干 1.5～2 h,即可使水分降至 10%以下。

由于水解、加热、干燥整个过程均在常温常压下进行,水解蛋白转化率和有效性均较高,大部分粗蛋白质已转化为游离态氨基酸,其含量详见表 18-30。

**表 18-30　杂毛蛋白粉主要成分**

| 营养成分 | 粗蛋白 | 赖氨酸 | 胱氨酸 | 蛋氨酸 | 苏氨酸 | 亮氨酸 | 异亮氨酸 | 色氨酸 | 精氨酸 | 谷氨酸 | 甘氨酸 |
|---|---|---|---|---|---|---|---|---|---|---|---|
| 含量/% | 83.5 | 1.78 | 1.82 | 4.35 | 1.3 | 3.7 | 1.43 | 1.0 | 2.68 | 8.52 | 3.19 |
| 营养成分 | 丝氨酸 | 脯氨酸 | 丙氨酸 | 缬氨酸 | 铬氨酸 | 组氨酸 | 苯丙氨酸 | 天门冬氨酸 | 氨 | 钙 | 锌 |
| 含量/% | 2.66 | 4.45 | 3.89 | 3.72 | 1.44 | 0.76 | 2.03 | 5.36 | 0.89 | 0.6 | 0.013 |

### (三) 水解蛋白质的饲用效果

为检验水解蛋白的饲用效果,用 500 只伊莎鸡进行全牲畜期喂养试验,试验中以云南昆明黄龙山配合饲料为对照。结果表明水解蛋白质的饲用效果良好。

(1) 成活率。

成活率试验期分为育雏期和育成期,其中以育雏期为主。从统计结果(表 18-31)可以看出,成活率试验组 66 日龄为 96.8%,122 日龄为 95.2%。对照组 66 日龄成活率为 88.8%,122 日龄为 86.4%。试验组成活率显著优于对照组。

**表 18-31　成活率统计表**

| 项　　目 | 试验组(Ⅰ)(开发原料配方) | | 试验组(Ⅱ)(昆明黄龙山配合饲料) | |
|---|---|---|---|---|
| 日龄/d | 0～66 | 0～122 | 0～66 | 0～122 |
| 群体/只 | 125 | 125 | 125 | 125 |
| 成活/只 | 121 | 119 | 111 | 108 |
| 成活率/% | 96.8 | 95.2 | 88.8 | 86.4 |

(2) 产蛋量。

伊莎蛋鸡是法国伊莎公司经过几十年培育而成的被世界各国公认为优秀的棕壳蛋鸡品种,根据伊莎公司 1985 年颁布的伊莎商品代蛋鸡的生长性能为 2,最高产蛋率 92%;初产周龄 213 日龄,每日耗料 115～120 g(代谢能 11.715 MJ/kg),产蛋期料蛋比(2.4～2.5):1,平均蛋重 263 g/枚。

用以废杂毛、皮革碎屑水解饲用蛋白为主要蛋白源配制的配合饲料与昆明黄龙山配合饲料进行对比试验,结果为如下:

1) 初产期:试验组(Ⅰ)初产期为 18 周龄,对照组为 19 周龄。两组开产期均比伊莎公司公布的标准有所提前,这也许是受气候条件和水土的影响。从产蛋递增情况来看,试验组(Ⅰ)初产期前 20 天产蛋平均日递增率为 1.35%,对照组(Ⅱ)平均日递增率为 2.65%。后 20 天试验组(Ⅰ)平均日递增率 3.2%,而对照组(Ⅱ)平均日递增率为 1.6%。很显然,试验组(Ⅰ)产蛋后劲较大。

2) 高产期:试验组(Ⅰ)165 日龄(约 23 周龄)产蛋率达 80%,进入产蛋高峰期。对照(Ⅱ)

175 日龄(25 周龄)产蛋率达 81.3%,进入产蛋高峰期。试验期(Ⅰ)产蛋率自 165 日龄升至 80%后,持续时间长达 89 天,其中产蛋率达 90% 以上的时间为 41 天,产蛋高峰期试验组(Ⅰ)和对照(Ⅱ)显著拉开了档次。

3) 蛋重:根据伊莎公司公布的平均蛋重标准(63 g/枚),试验的结果两组均未达到 60 g/枚,与 63 g/枚的标准有很大差距。但两组平均蛋重却十分接近(56 g/枚),这与开产期提前有着极其相似的原因。

4) 料蛋比:试验组(Ⅰ)平均料蛋比为 2.521,每羽每日耗料 100~116 g(代谢能 11.7 MJ/kg)。对照组平均料蛋比为 3.2:1。每羽每日耗料 111~126 g,伊莎公司公布的耗料标准为 115~120 g/(羽·d)(代谢能 11.75 MJ/kg)。试验组(Ⅰ)最高耗料达到标准。对照组(Ⅱ)最高耗料超过了标准的上限。料蛋比试验组(Ⅰ)达到了标准(2.5:1)。对照组(Ⅱ)料蛋比(3.2:1)远远超过了标准。

从经济系数统计结果看,试验组与对照组无论产蛋率、蛋重、蛋料比(为了便于统计计算,本处以蛋料比参与计算)差异均有显著性意义。

需要说明的是,皮革碎屑中可能有铬残留,即使有也是低毒的 3 价铬可能性较大,对小鸡喂养试验表明,水解蛋白饲用是安全的。

### 三、水产贝类废弃壳体制取白灰

随着水产贝类的捕捞、养殖的发展,水产贝类加工后产生的废弃壳体的数量也逐年增加。因无法处理,占用大量土地,已成为一种新的公害,急需采取有效的技术方法解决。采用熔烧技术将废弃壳体和燃煤废弃炉渣制成白灰既为建筑行业提供一种省时、省力的新产品;又解决了开采石灰石矿,破坏生态的问题,是固体废弃物综合利用,化害为利、变废为宝的一种新的途径。

**(一) 基本原理**

水产贝类在水中生长过程中,吸收水中的钙离子、镁离子,通过机体的作用,将其变成稳定的碳酸钙,形成壳体。而碳酸钙在高温下可还原成氧化钙再加水生成消石灰。其化学反应方程式如下:

$$CaCO_3 + 煤渣、煤、柴草 \xrightarrow{Q} CaO + CO_2 \uparrow$$
$$CaO + H_2O \longrightarrow Ca(OH)_2 + Q \uparrow$$
$$(Q \text{ 表示热量})$$

根据上述化学反应方程式,采用熔烧技术方法,使水产贝壳生成白灰。

**(二) 主要设备及工艺技术**

主要设备:

(1) 焙烧炉。根据加工规模确定大小;

(2) 电动筛;

(3) 粉碎机。也可用其他方法粉碎;

(4) 鼓风机。根据焙烧炉大小选择;

(5) 手推车、耙子、铁锹等。

主要工艺技术:

(1) 准备工作。先用海水或淡水清洗贝壳,除去泥沙,再用粉碎机将贝壳粉碎成块径 3~20 mm 的碎块;

(2) 配料粉碎后的贝壳与经 10 mm 网眼筛后的煤灰渣(含碳量在 20%)或粉煤灰、水按比例进行配料;

（3）装炉。首先在炉内铺上约 250 mm 厚一层茅草，然后将配好的料均匀的撒在草上，厚度约 500 mm，在炉中间位置留一直径约 300～400 mm 盆式点火口。

（4）焙烧。在中间点火口点火后开始鼓风，焙烧一段时间后再投入配好的料，待全部烧透后停火；

（5）出炉。停火后可采用鼓风机吹风冷却和自然冷却，冷却至接近常温后出炉；

（6）水化。把适量的水喷洒在焙烧后的粗料上，搅拌均匀堆放几分钟后，粗料即自然破碎为细粉；

（7）筛选分装水化后的细粉经电动筛筛后装袋、缝口、入库，筛出的大颗粒作为原料再入炉焙烧。

主要工艺流程见图 18-35；焙烧炉剖面图见图 18-36。

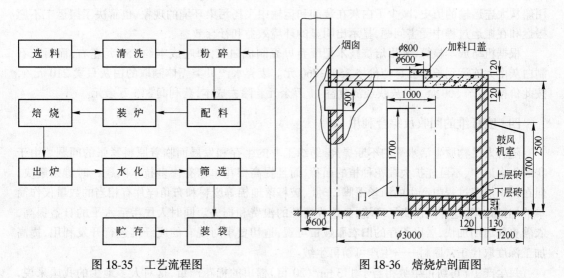

图 18-35 工艺流程图　　　　图 18-36 焙烧炉剖面图

主要工艺条件：

（1）焙烧炉内温度控制在 1000℃左右；

（2）焙烧时间 2～3 h；

（3）焖炉 1 h。

**（三）产品性能**

用水产贝类废弃壳体焙烧制取的白灰，其各项指标应达到国家 GB1595—79 建筑用一等白灰质量标准（表 18-32）。

表 18-32　水产贝类废弃壳体制取建筑白灰质量标准

| 检 验 项 目 | 计 量 单 位 | 标准（一等品） |
| --- | --- | --- |
| 有效钙＋氧化镁 | % | ≥60 |
| 氧化镁 | % | ＜4 |
| 含水率 | % | ≤4 |

水产贝类废弃壳体焙烧制取的白灰与用石灰石煅烧制取的白灰实际使用相对比，前者比后者有效钙、氧化镁含量高 18.41％，并且在使用前不用预先浸泡，可直接用于和砂灰，和易性好，砌筑后比后者强度高，不崩、不起泡，使用方便。经建筑单位实际使用，一致认为贝壳白灰性能优

良,价格便宜。

### (四) 效益与开发前景

水产贝类废弃壳体制成建筑用白灰,为水产贝类废弃贝壳和燃煤炉渣(或粉煤灰)综合利用开辟了一条新的途径。

由于该技术方法不必建大型开采和加工厂,原材料无需投资,可根据废弃壳体量的多少、资金、场地等条件建规模不等,土、洋均可的加工厂,因此有广泛的开发前景。生产实践证明,采用焙烧技术将水产贝类废弃壳体制成白灰,具有明显的环境效益、社会效益和一定的经济效益。

以辽宁省大连市长海县建成的小白灰厂为例,投产 4 个月,就消纳掉一座近 2000 $m^3$、800 余 t 的废弃贝壳山和 150 t 燃煤炉渣,减少占地 500 余 $m^2$,生产出建筑用白灰 500 余 t,有效地改善了局部地区海岸被废弃贝壳污染的状况。同时,结束了长海县多年来建筑用白灰依靠人扛车装、用船从大连运输的历史,减少了白灰在装卸和运输中飞扬污染环境的现象,也解决了搬运工不愿搬运和在搬运过程中受害问题,显示出明显的环境效益和社会效益。

根据粗略成本核算,采用焙烧技术把废弃贝壳制成白灰,每吨成本约 150 元左右,而石灰石制白灰由大连运到长海县每吨价格 250~260 元。废弃水产贝类壳体制取的白灰只卖 210 元/t,按此价格,生产 500 余 t 白灰获经济效益 11 万余元。除去成本,获利润 3.3 万余元。

## 四、废纤维的回收及综合利用

随着人民物质生活水平的不断提高,纺织工业的生存和发展面临着原料紧张的问题。由于我国人多地少,不可能扩大棉花种植的面积,而且提高棉花单产有许多技术问题一时难以解决。但在纺织加工过程中产生的回丝下脚、车肚、破籽落地棉等废料和布角碎片有相当的数量仅作简单的加工处理,这样既污染了环境,又造成资源的浪费和损失。同时人民生活水平的日益提高,衣着更新周期加快,居民积存的旧衣服数量可观,迫切要求对现有的废纤维进行开发利用,提高加工深度取代正常原料——生产可纺再生绒。

每生产 1 t 可纺再生绒相当于 1.3 $hm^2$(20 亩)棉田的棉花产量,这对人多地少的我国来说,无疑具有现实意义。纺织厂利用可纺再生绒纺纱,以不同的比例混用于中低原棉中,纺制 7~21 支纱和无纺布,加工成人造革底布、人造棉衬布、牛仔布、6060 市布等,可降低纺织品生产成本,取得经济效益、环境效益、社会效益的统一。

### (一) 废纤维的主要来源

通常所说的废纤维主要指损耗回丝、织布回丝、针织回丝、破籽落地(棉)花以及各种布角碎片。按原纺织工业部的规定,损耗回丝占原料用量的 1%,织布回丝 0.5%,针织回丝 1%,破籽落地棉花 3% 估算,每 15 万 t 的原棉花纤可回收回丝 3750 t,破籽落地棉花 4500 t 左右。可以想象,从全国来看,将是多大的数量了,再加成衣行业的布角碎片,可见,废纤维的来源是十分丰富的。

### (二) 生产工艺及所需设备

1. 工艺流程

工艺流程随原料的不同而有所不同:

(1) 硬质废料(包括回丝、布角等)。原料→拣选→退浆→烘干→切断→开松除杂→成件(退浆和烘干两道工序主要用于浆纱回丝和上浆布角)。

(2) 软质废料(包括破籽落地棉花等)。原料→拣选→清杂→剥绒→开松→成件。

2. 所需设备

以一年产 2000 t 回丝再生绒、1000 t 破籽落地棉花、布角再生绒规模所需主要设备如表

18-33 所示。

**表 18-33　回丝再生绒生产所需设备**

| 名　称 | 型　号 | 数　量 | 金额/万元 |
|---|---|---|---|
| (1) 新型纤维开松机 | | 6 台 | 30 |
| (2) 开棉除杂设备 | | 1 套 | 10 |
| 棉箱开棉机 | A013 型 | 1 台 | |
| 六滚筒开棉机 | A034 型 | 1 台 | |
| 豪猪式开棉机 | A036 型 | 1 台 | |
| 凝棉器 | A041 型 | 1 台 | |
| (3) 棉纤维检测仪器 | | 1 套 | 7 |
| (4) 化纤检测仪器 | | 1 套 | 3 |
| (5) 烘干机 | B061 型 | 2 台 | 24 |
| (6) 打包机 | A771A 型 | 1 台 | 7 |
| (7) 布角开花机 | | 1 台 | 12 |
| (8) 切断机 | | 1 台 | 3 |
| (9) 吸尘装置 | | 1 套 | 4 |
| (10) 废水处理装置 | | 1 套 | 25 |
| (11) 锅炉 | | 1 套 | 20 |
| 小　计 | | 21 | 145 |

### (三) 操作步骤

对硬质废料和软质废料采用不同的操作步骤。

(1) 硬质废料(包括回丝、布角等)。

将回丝、布角等废料进行拣选,回丝、布角需分别作如下处理。

1) 回丝。将回丝送至开棉除杂机中进行除尘、除杂。若有上浆的回丝,要进行退浆处理,烘干后再进行开棉处理;若没有上浆的回丝,可将除杂、除尘的回丝送到棉箱开棉机、六滚筒开棉机、豪猪式开棉机进行开棉处理,经检验合格后送至打包工段进行打包入库。

2) 布角。将布角送至开棉除杂机中进行除尘、除杂。若有上浆的布角,要进行退浆处理,烘干后再送至切断机中进行切断,再送至布角开花机中进行开花,经检验合格后,打包入库。

(2) 软质废料(包括破籽落地棉花)。

将破籽落地棉花进行分拣后,送至清杂机进行清杂处理,然后再进行剥绒处理,处理后送到开松机进行开松,经验收合格后,打包入库。

### (四) 经济效益

以回丝生产 1 t 可纺再生绒成本计:需要 1.3~1.4 t 废回丝,2500 元左右;燃料动力费用 240 元左右;其他费用(包括工资、折旧、管理等)1300 元左右,合计总成本约 4040 元。而市场销售价格为 5300 元左右,每生产 1 t 可获利 1200 元。

以破籽落地棉花、碎布角生产 1 t 可纺再生绒成本计:需破籽落地棉花、碎布角 1.2 t 约 1270 元;燃料动力费用 240 元;其他费用(包括工资、折旧、管理等费用)1250 元,合计总成本约为 2760 元。而市场销售价格为 3500 元,每生产 1 t 可纺再生绒可获利 740 元。

若建一个年产 2000 t 回丝再生绒,1000 t 破籽落地棉花、布角再生绒,可获产值 1410 万元,获利 314 万元,当年就可收回投资。

利用回丝、布角、破籽落地棉花等生产可纺再生绒的技术是可行的,具有原料来源广、生产工艺简单、操作容易等特点,是一个值得推广的项目。

# 第六节　农业废弃物的工业利用

## 一、农业废弃物热解生产化工原料

### (一) 热解生产化工原料

在隔绝空气的条件下,将农业废弃物加热至 270～400℃,可分解形成固体的草炭,液体的糠醛、乙酸、焦泊,气体的草煤气等多种燃料与化工原料。

热解的主要设备由热解炉、冷凝器和分离器三部分组成,其结构原理如图 18-37 和图 18-38 所示。

在图 18-37 所示装置的热解釜内装入草屑后,由吊车吊入热解炉内,加热到一定温度后,釜内物质开始分解(干馏),干馏出的气体经过冷凝器,一部分冷凝为液体,通过分离器,流入分液罐内,在此静置 24 h 后分为三层,上层为轻油,中层为醋液,下层为焦油;分离器导出的气体,导入净化器后,继续分离出残液后,导出作燃料或其他用途。将分液罐的醋液导出后,加入 5%～6% 的饱和石灰水进行中和,在搅拌条件下加热至 60℃ 得到醋酸钙沉淀,过滤后再用硫酸处理残渣得到乙酸,滤液置于蒸馏罐蒸馏,56～64℃ 得丙醇,66℃ 左右得甲醇,158～160℃ 得糠醛。轻油和焦油被导入油槽,作燃料或木材防腐剂,也可以进行分馏,158～160℃ 得糠醛,181～223℃ 得高级酚油,余者为重油和沥青。热解釜内的残留物为草炭,可作为无烟燃料使用,也可经蒸汽处理和盐酸活化制成活性炭。

利用如图 18-38 所示的简易热解装置也可以得到如上产物。试验证明,采用该工艺热解 100 kg 的稻壳,可得草炭 35～40 kg、糠醛 1 kg、甲醇 0.2 kg、丙醇 0.1 kg、乙酸 1.4 kg、杂酚油 0.61 kg、草煤气 26 m³,处理 100 kg 草炭可得活性炭 50 kg。

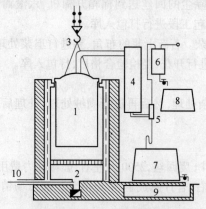

图 18-37　竖置式热解炉

1—热解釜;2—热解炉;3—吊车;4—冷凝器;
5—分离器;6—净化器;7—分液罐;
8—污泥罐;9—油槽;10—燃料管

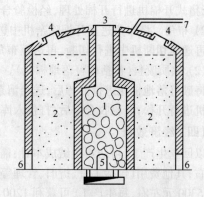

图 18-38　简易式热解炉

1—燃烧室;2—热解室;3、4—投料孔;
5、6—出渣门;7—导气管

### （二）水解生产化工原料

农业废弃物中含有丰富的纤维素、淀粉和蛋白质，但因受木质素的约束，不能显示其自身的特性。当农业废弃物受到碱腐蚀时木质素发生溶解，然后再通过一定的工艺流程分别分离出淀粉、纤维素、蛋白质及其衍生物，这一过程称为农业废弃物的水解。具体工艺如下所述。

先将农业废弃物碎屑，如破碎秸秆、糠皮、锯末等，用饱和的石灰水浸泡 24 h 以上，然后置于搪瓷反应釜内，加入稀碱液（5% 的 NaOH 或 KOH）浸没，加热焖煮 1～2 h，后用清水反复洗涤，各道洗液重返碱液，直至最后一道洗液的 pH 值接近于 7。所得洗液用盐酸调节至 pH＝4.2～4.6，此时会有叶蛋白沉淀，过滤后烘干得粉状叶蛋白；所余的经碱煮而漂洗至中性的农业废弃物，用打浆机或磨浆机制浆，过滤；将滤液静置 24 h，倾去上部清液、压滤下部沉淀即得湿淀粉，干燥后得到干淀粉。滤渣为纤维素，可用于加工各种纤维素制品，如黏结剂、人造丝、火药、油漆等，如果纤维较长，经漂白后还可以制成草棉花。

如果将农业废弃物在酸性溶液中水解，可得到葡萄糖、半乳糖、木糖、糠醛、乙酸等化工原料。方法是将干净的农业废弃物碎屑晒干，用 3%～5% 的稀盐酸浸泡 24 h，移至蒸煮罐中，在温度 110～120℃、压力 0.15～0.25 MPa 的条件下蒸煮 3～4 h。将罐内释放的气体导入冷凝器冷凝，所得液体为粗醛液，经精馏可得糠醛。将蒸煮物用温水洗涤、过滤，滤液经浓缩、结晶，可分别得到葡萄糖、木糖、乳糖；滤渣经蒸馏可得乙酸。如果将蒸煮物加酒曲发酵，可得到白酒或食用酒精。

### （三）处理农业废弃物灰烬生产化工原料

农业废弃物经燃烧后产生的炉灰，含有大量的硅、碳、钾等无机组分。将炉灰按炉灰:30% 的 NaOH 为 1:0.92 的比例投入蒸压釜内，在 0.2 MPa 的蒸汽压力下沸煮 4 h，至料液的浓度达到 20 波美度（波美度＝145－145/密度）时停止加热，冷却至零压力时倒出、过滤，滤渣用清水煮洗 3 次后用盐酸中和至洗液呈中性，然后将滤渣晒干、磨细，即成为活性炭；将滤液和洗液置于浓缩锅内加热蒸发，至浓度达到 40 波美度时，即成为水玻璃。当采用稻壳时，一般活性炭的收率为 35% 左右，水玻璃的收率可达 200%。

此外，炉灰经浸泡、洗涤、浓缩、结晶，可以制得硫酸钾、氯化钾、碳酸钾等。也可以直接作为钾肥使用。

## 二、用农业废弃物作建筑材料

### （一）生产轻质保温内燃材料

在生产黏土烧结砖的泥坯中，掺入一定量的农业废弃物碎屑，如草糠、锯末、稻壳、麦壳等，在烧砖时，由于这些碎屑发生内燃，原占体积遗留为孔隙，不仅可以节省黏土原料和化石燃料，而且可以降低砖块的体积密度，提高隔热保温性能。

据试验研究数据，当农业废弃物碎屑掺量在体积（实体积）10% 以下时，砖的强度可达 7.5 MPa 以上，可用作承重墙体材料，虽然砖的表观密度变化不大，但泥料的可塑性大大提高，废品率降低；当掺量为 15%～25% 时，砖的表观密度下降为 1000～600 kg/m³，强度大于 3.5 MPa，导热系数 0.25～0.18 W/(m·K)，可作为非承重墙体材料或热工构筑物的绝热填充材料。

### （二）生产轻质建筑板材

生产轻质建筑板材基于农业废弃物质轻、多孔、抗拉与抗弯强度较高的特性，可作为轻骨料或增强纤维，用于生产各种轻质建筑墙板、装饰板、保温板、吸声板等新型建筑材料。

农业废弃物建筑板材，依其所用胶结物的不同可以分为无机胶结板材、有机胶结板材和自胶结板材。按照其成型方式可以分为半干压法成型、振动成型、振动－加压成型、热压成型和抄取法成型等。

无机胶结板材以水泥、石膏、菱苦土、水玻璃为胶结料,添加适量防腐剂,采用半干压或振动－加压成型,制成不同厚度的板材。生产工艺大致如下:收集→干燥→铡切→刨片或击碎→筛分→拌胶→铺装→成型→养护。

首先,将收集到的农业废弃物在自然条件下风干或在烘房中干燥至含水率小于 1.5%;然后采用三刀式铡切机或畜牧铡草机,切段长以 1~4 cm 为宜;经过旋风分离器或振动筛等设备除去杂质,最后用锤式破碎机击碎或用揉搓机搓成纤维丝。胶凝材料预先与水拌和,制浆,水胶比以控制总物料的含水率在 39%~43% 之间为宜;然后加入农业废弃物纤维丝,拌和均匀;用铺装机布于模具垫板上,待各层布料在压车上规整成垛后,用压力机压到所需厚度并用锁紧装置坚固,推入护窑进行养护。待胶凝材料基本固化后,即可卸模、存放,得到建筑板材。

当采用水泥胶结时,可采用添加水玻璃、硫酸铝、氯化钙、石灰乳等材料促进硬化,也可以在养护窑中通入饱和蒸汽或向板坯喷射 $CO_2$,加速硬化。对于以菱苦土、石膏、水玻璃等;气硬性胶凝材料的板材,养护过程实质上就是干燥过程,向养护室吹入的主要为热风。胶凝材料与农业废弃物碎屑的用量,主要根据板材的设计密度确定,用下式计算:

$$W_1 = \frac{V \cdot \rho}{(1 + 1.25\rho) \times 1.10} \tag{18-1}$$

$$W_2 = PW_1 \tag{18-2}$$

式中,$W_1$、$W_2$ 分别为农业废弃物碎屑与胶凝材料固体的用量,kg;$V$ 为板材的体积,$m^3$;$\rho$ 为板材的设计表观密度,$kg/m^3$;$P$ 为胶凝材料/农业废弃物碎粒(质量比),依设计强度而定。

板材的密度,一方面受原材料配合比影响,另一方面还受到压缩比的制约。当配合比确定后,压缩比可通过布料量进行调节。板材的强度,主要取决于密度,同时还与胶结材料的种类、用量、养护方式、废渣纤维丝的强度、长度和取向等多种因素有关。一般情况下,当制作强度要求高,而对密度无严格限定时,可采用较高的胶凝材料用量;当对强度和密度均有严格要求时,最好采用较少的胶凝材料用量,同时加大压缩比的方法解决;当需要制作表观密度较小,强度要求较低的绝热或吸声类板材时,可以适当增加一些胶凝材料,同时减小压缩比的方法。

以同样原理,用农业废弃物为原料,可以生产非承重建筑墙体砌块。

有机胶结板材可选用酚醛树脂、脲醛树脂、三聚氰胺甲醛树脂、环氧树脂等高分子化合物作胶黏剂。这些树脂都属于热固性树脂,在固化剂存在的条件下,一般在常温条件下即可发生固化。各种常用树脂的固化剂种类如表 18-34 所示。

表 18-34　常用树脂的固化剂

| 树　脂 | 固　化　剂 |
|---|---|
| 酚醛树脂 | 苯磺酸、甲基苯磺酸、苯磺酰氯、石油磺酸、硫酸－硫酸乙酯、六次甲基四胺等 |
| 脲醛树脂 | 氯化铵、硫酸锌、磷酸三甲酯、氨基磺酸铵、草酸二乙酯等 |
| 环氧树脂 | 胺类,如乙二胺、二乙烯三胺、三乙烯四胺、芳胺、叔胺、三聚氰胺等;酸酐类,如苯酐、顺丁烯二酸酐等;有机酸,如草酸;合成树脂类,如酚醛树脂、氨基树脂等;二氧化锡等 |
| 不饱和聚酯树脂 | 过氧化环己酮＋环烷酸钴,过氧化苯甲酰＋N,N－二甲基苯胺的 10% 苯乙烯溶液 |

有机胶结农业废弃物建筑板材的生产工艺流程大致如下:破碎→筛选→干燥→拌胶→铺装→预压→装板→热压→卸板→整理→成品。

拌胶之前,要求农业废弃物碎料的含水率不高于10%,胶黏剂用量一般为植物碎料的6%～12%,固化剂为液体胶量的0.5%～1%。此外,应加入一定量的防水剂,一般采用石蜡乳液。

为了避免胶料内残余甲醛挥发,污染环境,对于甲醛类缩合胶,在合成或拌胶时,可适当加入一定量的尿素、糠醇、苯酚等改性剂,使残余的甲醛在加工过程或使用期限内转化为脲醛、糠醛、酚醛类树脂,也可以加入适量乙醇、乙二醇、邻苯二甲酸单甘油酯等,使活性的短甲基脲发生醚化、环化、酯化而稳定。

热压成型的主要目的是为了加快胶黏剂的固化速度,提高垫板周转率。热压成型机的工作原理与普通的压机基本相同,所不同的是模具为中空结构,可通入蒸汽或导热油进行加热。热压成型的工作参数依照树脂不同而有所差异,一般采用 $T=170～190℃$、$P=1.5～2.0$ MPa 的成型条件热压6～8 min,即可出板。

当农业废弃物的纤维较丰富,切剥离比较方便时,可以预先切成较长的段;然后用石灰水、碱水、亚硫酸钠等进行软化处理,再加多量的水进行高速搅拌,打成粗浆,用类似生产草浆纸和瓦楞纸板的抄取工艺或流浆工艺进行成型,生产建筑用板材,其生产工艺分别如图18-39和图18-40所示。

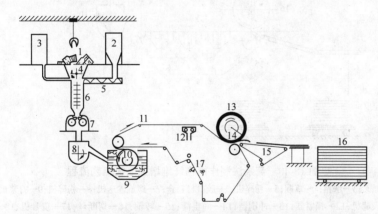

图18-39　抄取法制作植物纤维增强墙板工艺流程

1—草捆;2—胶凝材料仓;3—水箱;4—撕碎机;5—输送机;6—打浆机;7—细碎机;8—搅拌机;9—抄取机;10—圆网;
11—毛毡带;12—真空脱水机;13—轮压机;14—切割机;15—加速胶带;16—运坯车;17—清洗器

自黏结农业废弃物板材是充分利用植物中所含的淀粉、蛋白质和半纤维素等成分以过碱液蒸煮、制浆,使淀粉转化为糊精;半纤维素转化为纤维素;糖分转化为呋喃树脂等胶黏物质,如果再拌入少量苯酚或尿素,在热压时农业废弃物由于热解产生的糠醛可以与之结合生成酚醛或脲醛树脂,从而实现自黏结。当然,为了提高板材的技术性能,加入少量的合成胶黏剂,有时也是必要的,现以稻草板为例,说明其生产工艺特点。

稻草板的生产工艺流程大致为:稻草→切碎→蒸煮、制浆→调浆→预压成型→硬压→烘干→成品。

(1)切碎。用铡草机将稻草切成2～3 cm长的碎段。

(2)蒸煮。向稻草段中加入石灰乳(石灰用量为干草质量的20%),搅拌均匀后倒入蒸煮容器内,常压蒸煮48 h,焖12 h。

(3)制浆。将蒸煮过的稻草冲洗2～4次后,投入打浆机打浆。

(4)调浆。若浆料中胶分过少,可以加入适量的合成胶进行调制。

(5)预压成型。将浆料倒入木框模具内,木框底部有铁网,以便浆水流出,上面适当加压,以便脱除 70% 以上的浆水。

（6）硬压烘干。将预压板坯转到铁制夹板内,进一步加压脱水,随后送入烘干炉烘干。烘干温度应保持在 280~300℃ 之间,温度过低会影响纤维结合,从而成品抗水性差、板面不光;温度过高则容易使产品烤焦。出炉前,板坯应在 60~80℃ 条件下维持一段时间,不可迅速降温。

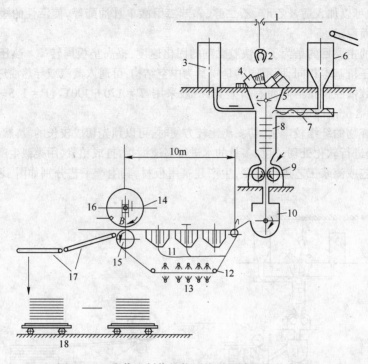

图 18-40　流浆法制作植物纤维增强墙板工艺流程

1—电葫芦;2—抓叉;3—水箱;4—草捆;5—粉碎机;6—胶凝材料仓;7—螺旋输送机;8—粉碎机;9—打浆机;10—搅拌槽;
11—真空吸滤机;12—张紧器;13—冲刷器;14—网辊筒;15—转轴;16—切断丝;17—皮带机;18—码坯车

### 三、农业废弃物生物质压块燃料

#### （一）生物质压块燃料的性能及成型机理

稻壳、米糠、花生壳、玉米芯、甘蔗渣等生物质原料都可以用机械挤压成型,挤压成型后的生物质压块燃料具有类似于型煤的良好燃烧性能,但没有煤所固有的含硫量大、灰分多、对环境污染的缺点。与木柴相比,生物质压块燃料的水分含量较低,密度和热值均大些,有利于提高燃用生物质压块燃料炉灶的热效率。

各种植物质机体中存在的木素,是一种高分子聚合物,在 180℃ 的温度左右会出现塑化现象,有一定的粘合能力;另外植物质机体中还含有大量的纤维和半纤维素,具有一定的强度。植物质机体本身在一定的温度和较高的压力之下,以植物质中的木素为"粘剂",以纤维和半纤维为"固架",可将碎散的农业废弃物经机械固化压制成新型固体燃料。

#### （二）生物质压块燃料成型机的工作原理

生物质压块成型机的工作原理与塑料挤出成型机的工作原理相类似。主要由压制箱,加料箱,加热用线圈、机架及控制部分等组成,其工作原理大致如下:贮存在加料箱的原料靠自重下落,经预热后进入压制箱的小料斗内;由于压制箱内螺杆和压缩套筒结构的特殊型式,电动机经变速机构带动螺杆,使连续不断送进的原料在套筒内受到一定压力,同时,在加热线圈的作用下,被塑化的物料在套筒内缓慢地前进,固化成型并脱离;在固化成型过程中只需要控制加热器的温度和螺杆对物料的压力,就能得到理想的压块成型燃料。

### (三) 国内外生物质压块燃料成型机的研制情况

目前,世界上一些工业发达国家研制的生物质压块燃料成型机种类繁多,根据压缩成型的方法可分为螺杆式挤压成型机,滚筒式挤压成型机和活塞式挤压成型机等。常用的则是螺杆式挤压成型机。

为了充分利用我国广大乡村地区的被废弃的生物质资源,国内一些研究单位和企业竞相开发生物质压块燃料成型技术,已在全国形成热潮。南京林化所在"七五"期间设立了对生物质压扁成型机及生物质压缩成型机理的研究课题;从 1988 年初开始,江苏省科技情报所和东南大学等共同开发了再生固型燃料技术并研制成功了"MD-15 型固型燃料成型机",灵川县科委和灵川县第科炭化厂在 1991 年开发成功了"机制木炭"的生物质压块燃料技术;最近,广西壮族自治区农委会同有关部门引进上海技术,在荔浦县、横县进行生物质压块燃料的试点,效果良好,并在横县召集 50 多个县的有关人员,现场推广此项技术。总之,生物质压块燃料技术在我国有了良好的开端,需要有关部门大力支持和推广。

### (四) 生物质压块燃料可应用的范围

由于生物质压块燃料具有介乎型煤和木柴的性能,因此可以在许多场合代替煤或木柴作燃料。同时,生物质压块燃料经过脱烟炭化加工处理后,在冶金工业上可作掺炭使用。所以其应用的范围有:

(1) 农村炊用。目前,我国农村农户的炉灶燃用薪柴和农作物秸秆时的热效率约为 15%;如使用生物质压块燃料,炉灶的热效率可提高到 20% 左右。如果改进现有农户的炉灶以适应使用生物质压块燃料,则热效率可达 30% 以上。

(2) 代替木炭。一般在用木柴生产木炭的过程中,大约要损失 50% 左右的能量,浪费较严重。生物质压块燃料由于其外形尺寸可以由压缩成型机模具调节,压块的质地很密实,在燃烧过程中像型煤一样,不易散裂,能造成与木炭相似的燃烧效果,在一定场合可取代木炭。

(3) 工业原料生物质压块燃料压制成型后,放入炭化炉中,经过一定的工艺流程脱烟炭化,可获得优质的人工炭,作为工业用料。

总之,利用生物质压块燃料成型技术,可将原松散的农业废弃物变成一种可成为商品的新能源。在一定程度上,为我国广大乡村地区开发利用薪炭林增加了一条途径,起到了保护环境、变废为宝的作用。

## 四、农业废弃物在工业废水处理中的应用

随着工业的发展,重金属离子造成的废水污染问题日益严重。工业废水中的重金属毒物主要指铬、铅、镉、锌、钴、铜等。这些重金属离子排入江河湖海,将会使水体受到污染,严重危害人体健康及渔业和农业的生产,所以转化、回收废水中的重金属离子十分重要。多年来,人们不断开发改进处理工业废水中重金属离子的方法和技术,产生了如化学沉淀、氧化、还原、离子交换和浮选法等多种方法,每种方法各有其优缺点。其中离子交换树脂由于处理量大,出水水质好而被广泛用于处理过程废水和废水,但是生产成本较高,树脂的秽臭与平衡也存在难以解决的问题。因此需要开发成本低廉、吸附能力强的生物吸附剂。

近年来,为了满足环境保护和节约成本的需要,对农业废弃物的研究利用越来越多。用于处理工业废水中重金属离子的新型原料——农业废弃物具有下列性质:成本低、不需要再生,采用

氧化的方法可回收重金属和热能;细胞的毛细管结构使其具有高的表面积(多孔性);有较高化学活性,易产生高浓度的吸附金属离子的活性基团,更容易化学改性;比纤维材料更加容易交联,不易溶于水;对于重金属离子含量低的废水(如 $0\sim100\times10^{-4}\%$)更加有效。

目前研究使用的农业废弃物原料包括制糖甜菜废丝、甘蔗渣、稻草、大豆壳、花生皮、玉米芯等。这些原料的天然交换能力和吸收特性,来自于组成它们的聚合物:纤维素、半纤维素、果胶、木素和蛋白质。其结合重金属离子的活性部位是巯基、氨基、邻醌和邻酚羟基。通过共聚和交联作用等化学改性方法可以提高其对重金属的结合能力。

(1)将羧酸盐(马来酸盐、琥珀酸盐和邻苯二甲酸盐)、磷酸盐和硫酸盐基团连接到燕麦壳、玉米芯和制糖甜菜废丝的多糖基上,把羟基氧化成羧基,使阳离子结合能力增加,来制备阳离子交换树脂。

(2)将稻壳(RH)、甘蔗渣(BG)与纯纤维素(PC)和纯碱性木素(PL)在吡啶作催化剂,N,N-二甲基甲酰胺(DMF)作溶剂的条件下用 3-氯-1,2-环氧丙烷和二甲胺进行反应(EMD 法)。比较研究发现,环氧基团和氨基基团被引入到反应物上,改性后的稻壳和甘蔗渣脱除金属离子能力增强。

(3)用柠檬酸与淀粉、玉米纤维、磨碎的玉米芯和纤维素进行热化学反应,发现它们可被高度交联,具有很高的离子交换能力。柠檬酸加热会发生水解产生活性酸酐,当反应混合物中存在 R—OH 时,酸酐就会与之反应生成 R-柠檬酸盐衍生物。进一步加热可产生交联作用。这些原料制备成本低廉,可以作为一次可生物降解的离子交换原料,见表 18-35。

表 18-35　柠檬酸盐生物高聚物对重金属离子的结合能力

| 生物高聚物 | COOH /mmol·g$^{-1}$ | Ag /mmol·g$^{-1}$ | Cd /mmol·g$^{-1}$ | Co /mmol·g$^{-1}$ | Cu /mmol·g$^{-1}$ | Fe /mmol·g$^{-1}$ | Mn /mmol·g$^{-1}$ | Ni /mmol·g$^{-1}$ | Pb /mmol·g$^{-1}$ | Zn /mmol·g$^{-1}$ |
|---|---|---|---|---|---|---|---|---|---|---|
| PCS | 0.26 | 0.02 | 0.01 | 0.01 | 0.02 | 0.06 | 0.02 | 0.02 | 0.02 | 0.01 |
| CFL | 0.17 | 0.02 | 0.01 | 0.01 | 0.01 | 0.05 | 0.02 | 0.08 | 0.03 | 0.01 |
| CF | 0.70 | 0.16 | 0.10 | 0.09 | 0.13 | 0.20 | 0.08 | 0.09 | 0.11 | 0.10 |
| GCC | 0.77 | 0.11 | 0.04 | 0.05 | 0.07 | 0.12 | 0.05 | 0.05 | 0.07 | 0.05 |
| Cel | 0.16 | 0.02 | 0.01 | 0.00 | 0.02 | 0.05 | 0.01 | 0.02 | 0.01 | 0.01 |
| PCS·CA | 4.21 | 1.25 | 1.17 | 1.49 | 1.72 | 1.38 | 1.28 | 1.35 | 0.86 | 1.30 |
| CFL·CA | 3.66 | 1.31 | 1.21 | 1.43 | 1.85 | 1.31 | 1.31 | 1.62 | 0.78 | 1.26 |
| CF·CA | 3.70 | 1.07 | 0.91 | 0.99 | 1.27 | 0.77 | 0.85 | 0.89 | 0.79 | 0.87 |
| GCC·CA | 3.78 | 0.94 | 0.87 | 0.85 | 1.05 | 0.68 | 0.76 | 0.79 | 0.73 | 0.71 |
| Cel·CA | 2.56 | 0.92 | 0.53 | 0.60 | 0.54 | 0.48 | 0.53 | 0.43 | 0.49 | 0.56 |

注:PCS—玉米淀粉;CFL—玉米粉;CF—玉米纤维;GCC—磨碎的玉米芯;Cel—纤维素;CA—柠檬酸。

(4)大麦草吸收锌、铜、铅、镍和镉离子的能力为:4.3~15.2 mg/g,大麦草中混合 $CaCO_3$ 可以提高 10%~90%的吸收效率。

# 参 考 文 献

1 赵由才.实用环境工程手册:固体废物污染控制与资源化.北京:化学工业出版社,2002

2 赵由才,牛冬杰,柴晓利.固体废物处理与资源化.北京:化学工业出版社,2005

3 聂永丰.三废处理工程技术手册(固体废物卷).北京:化学工业出版社,2000

4 李国鼎.环境工程手册:固体废物污染防治卷.北京:高等教育出版社,2003

5 徐志毅.环境保护技术与设备.上海:上海交通大学出版社,1999

6 卞有生.生态农业中废弃物的处理与再生利用.北京:化学工业出版社,2005

7 徐惠忠.固体废弃物资源化技术.北京:化学工业出版社,2004

8 李秀金.固体废物工程.北京:中国环境科学出版社,2003

9 包淑静.蚌埠市生活垃圾现状调查分析.黑龙江环境通报,2001,25(3):29~31

10 林玉美.城市垃圾污染现状及防治措施.福建环境,1999,16(2):20~22

11 吴玉萍,董锁成.当代城市生活垃圾处理技术现状与展望——兼论中国城市生活垃圾对策视点的调整.城市环境与城市生态,2001,14(1):15~17

12 魏枫.国内生活垃圾焚烧发电现状及展望.辽宁城乡环境科技,2001,21(4):7~8

13 冷成保,肖波,杨家宽,孙萍,柳小荣.国内外城市生活垃圾(MSW)现状.北方环境,2001,1:27~29

14 孟峭.国外城市生活垃圾焚烧技术的现状及发展趋势.上海建设科技,2001,2:34~35

15 陈华.上海市生活垃圾的处理现状及对策探讨.上海环境科学,1998,17(4):46~47

16 蔡惟瑾.我国城市生活垃圾污染与处理现状及其对策探讨.铁道劳动安全卫生与环保,2001,28(1):8~14

17 张益.我国生活垃圾处理技术的现状和展望.环境卫生工程,2000,8(2):81~84

18 高红武.城市生活垃圾处置的现状及对策研究.昆明冶金高等专科学校学报,2005,21(1):62~65

19 宗凯,孙建业.城市生活垃圾的现状分析与对策探讨.辽宁城乡科技,2000,20(1):6~9

20 吴香尧.城市生活垃圾堆肥处理的现状.成都理工学院学报,1999,26(3):211~216

21 黄藩茜.毕节市城市生活垃圾的现状与管理问题研究.毕节师范高等专科学校学报,2001,19(3):74~76

22 李定龙,陆华兴,史东晓.常州市区生活垃圾的现状、趋势及对策.环境卫生工程,2002,10(4):180~183

23 林祖翔,吴香尧.成都市市区固体生活垃圾现状分析和对策初探.四川环境,1999,18(1):53~57

24 陈庆勋,孙凌志,张秋菊.垃圾猪的危害及检疫.肉品卫生,2001,10:12~13

25 倪桂才,姜素霞,韩中枢.城市生活垃圾的危害及污染综合防治.环境卫生工程,2004,6(增刊):62~64

26 张俊丽,陈家军.垃圾填埋二次污染的危害与控制.污染防治技术,2002,15(1):14~17

27 尚谦,袁兴中.关于城市生活垃圾的危害及特性分析.有色金属加工,2001,1:17~25

28 管建春.城市生活垃圾焚烧处理技术现状.能源工程,1999,3:15~17

29 毛玉如,武全平,夏同棠.城市生活垃圾焚烧发电的现状,分析与展望.新能源,1999,21(6):33~37

30 褚孔基,辜祖谈.城市生活垃圾处理现状与问题分析.四川环境,2000,19(3):23~26

31 《余热锅炉》编辑部.北京市城市垃圾的现状与控制对策.1999,1:31~32

32 Dr. Martin Lemann. Fundamentals of Waste Technology. Switzerland, C. Herrmann Consulting, 8802 Kilchberg-ZH, 1997

33 金东振译.废弃物手册.北京:科学出版社,2004

34 解强,边炳鑫,赵由才.城市固体废弃物能源化利用技术.北京:化学工业出版社,2004

35 吴文伟.城市生活垃圾资源化.北京:科学出版社,2003

36 汪群慧.固体废弃物处理及资源化.北京:化学工业出版社,2004

37 大连市环境科学设计研究院.环境保护设备选用手册(固体废物处理,噪声控制及节能设备).北京:化

学工业出版社工业装备与信息工程出版中心,2002

38　Williams P T , Besler S. Pyrolysis of Municipal Solid Waste. Journal of the Institute of Energy. 1992(65): 192~200

39　Serdar Yaman. Pyrolysis of biomass to produce fuels and chemical feedstocks. Energy Conversion and Management, 2004(45):651~671

40　田贵全.德国固体废物热解技术方法.环境科学动态,2005,2:10~11

41　左禹,朱琳,吴占松.生活垃圾典型组分的热解特性研究.环境保护,2004,10:34~38

42　张健.固体废弃物处置中热处理系统的设计与规划.环境保护,1999,6:13~17

43　田文栋,魏小林,黎军.北京市城市生活垃圾特性分析.环境科学学报,2000,20(4):435~438

44　李颖,郭爱军.城市生活垃圾卫生填埋场设计指南.北京:中国环境科学出版社,2005

45　栾智慧,王树国.垃圾卫生填埋实用技术.北京:化学工业出版社,2004

46　赵由才,朱青山.城市生活垃圾卫生填埋场技术与管理手册.北京:化学工业出版社,1999

47　Zhao Youcai, Chen Zhugen, Shi Qingwen, Huang Renhua. Monitoring and Long-term Prediction for the Refuse Compositions and Settlement in Large-scale Landfill, Waste Management & Research (Denmark), 2001, 19 (2),160~168

48　Zhao Youcai, Liu Jiangying, Huang Renhua, Gu Guowei. Long-term Monitoring and Prediction for Leachate Concentrations in Shanghai Refuse Landfill, Water, Air, and Soil Pollution (The Netherslands), 2000, 122 (3-4),281~297

49　杨玉楠,熊运实,杨军.固体废物的处理处置工程与管理.北京:科学出版社,2004

50　张益,陶华.垃圾处理处置技术及工程实例.北京:化学工业出版社,2002

51　杨慧芬.固体废物处理技术及工程应用.北京:机械工业出版社,2003

52　钱学德,郭志平,施建勇.现代卫生填埋场的设计与施工.北京:中国建筑工业出版社,2001

53　刘瑞强,熊振湖,郭淼.垃圾卫生填埋场防渗层的设计.环境卫生工程.2002(10):62~67

54　王斌,王琪,董路.垃圾填埋场防渗层渗漏检测方法的比较.环境科学研究.2002(15):47~49

55　广州胜义防渗工程有限公司.《防渗系统工程施工及验收规范》(上).中国城市环境卫生.2003(3):25~28

56　广州胜义防渗工程有限公司.《防渗系统工程施工及验收规范》(下).中国城市环境卫生.2003(4):20~30

57　万年红.卫生填埋场常用的土工合成材料.第一届固体废物处理技术与工程设计全国学术会议.2004

58　李国建,赵爱华,张益.城市垃圾处理工程.北京:科学出版社,2003

59　许东卫.HDPE膜在垃圾填埋场基底防渗层中的应用.河南化工,2002(12):32~33

60　邓舟,夏洲.复合黏土防渗材料在城市垃圾填埋场中的应用.矿山环保,2003(47):33~37

61　吴家强,陈继东.垃圾填埋场防渗层的设计与施工.中国建筑放水,2004(10):27~30

62　胡虎.膨润土垫在垃圾填埋场工程中的应用.有色冶金设计与研究,2004(25):70~74

63　姚庆.卫生填埋场防渗系统设计与材料选用.中国建筑防水,2003(1):13~16

64　郑建民.帷幕灌浆法防渗技术在垃圾填埋场建设中的应用.环境卫生工程,2002(8):11~14

65　陈善平.上海地区生活垃圾卫生填埋场防渗结构方案.环境卫生工程,2005(13):39~41

66　曾越详,张耀钧.聚乙烯土工膜工程应用探讨.中国建筑防水,2004(7):20~23

67　罗意琼.现代垃圾填埋场场底防渗衬垫的设计.佛山科学技术学院学报(自然科学版),2003(9):61~65

68　张力,冉景煜,屈超蜀.城市固态生活垃圾的工业分析与热解特性.环境保护科学,2000,26(100):17~20

69　金保升,仲兆平,周山明.城市固体废弃物(MSW)热解特性及其动力学研究.工程热物理学报,1999,20(4):510~514

70　韩雷,池涌,温俊明等.城市固体废弃物典型组分的快速热解产气特性研究.能源与环境,2004,49~53

71　楚华,李爱民.城市生活垃圾在热解处理中的产气特性研究.安全与环境学报,2002,2(2):22~27

72　李斌,谷月玲,严建华.城市生活垃圾典型组分的热解动力学模型研究.环境科学学报,1999,19(5):562~566

73　沈吉敏,解强,张宪生.城市生活垃圾燃烧和热解特性的研究.苏州科技学院学报(工程技术版),2003,16(3):1~5

74　陈世和,张所明.城市垃圾堆肥原理与工艺.上海:复旦大学出版社,1990

75　王绍文,梁富智,王纪曾.固体废弃物资源化技术与应用.北京:冶金工业出版社,2003

76　张小平.固体废物污染控制工程.北京:化学工业出版社,2004

77　李玉华,廖利.城市生活垃圾好氧堆肥通风系统设计.环境卫生工程,2004,12(1):20~22

78　余群,董红敏,张肇鲲.国内外堆肥技术研究进展(综述).安徽农业大学学报,2003,30(1):109~112

79　李艳霞等.有机固体废弃物堆肥的腐熟度参数及指标.环境科学,1999,20(2):98~103

80　魏源送,李承强,樊耀彼,王敏健.环境温度对污泥堆肥过程的影响.环境污染治理技术与设备,2000,12,1(6):45~52

81　丁文川,李宏.污泥好氧堆肥主要微生物类群及其生态规律.重庆大学学报(自然科学版),2002,25(6):113~116

82　倪骏,孙可伟.城市垃圾堆肥技术评述.中国资源综合利用,2004,8:28~31

83　许民,杨建国,李宇庆等.污泥堆肥影响因素及辅料的探讨.环境保护科学,2004,30(10):37~40

84　Suzelle Barrington,Denis Choiniere,Maher Trigui,William Khight.Compost Convective Airflow under Passive Aeration.Bioresource Technology.2003,86:259~266

85　李国学,孟凡乔,姜华等.添加钝化剂对污泥堆肥处理中重金属(Cu,Zn,Mn)形态影响.中国农业大学学报,2000,5(1):105~111

86　高定,黄启飞,陈同斌.新型堆肥调理剂的吸水特性及应用.环境工程,2002,20(3):48~50

87　郭强,席北斗,黄国和.固体废物堆肥处理过程中生物过滤及其臭气处理技术.江苏环境科技,2004,17(1):32~34,38

88　李季,张铮,杨学民等.城市生活垃圾热解特性的 TG-DSC 分析.化工学报,2002,53(7):759~764

89　王秋红,熊祖鸿,黄海涛等.城市生活垃圾中可燃物的热解特性试验分析.郑州大学学报(工学版),2003,24(2):105~107

90　廖洪强,姚强,王斌.城市生活垃圾热解失重特性.环境卫生工程,2002,10(2):51~53

91　冉景煜,张力,屈超蜀等.重庆城市生活垃圾组分与热解特性.重庆大学学报(自然科学版),2000,23(6):110~113

92　马润田,丁艳军.城市垃圾热解工艺的探讨.煤气与热力,2002,22(5):408~411

93　李琦,徐德龙,李辉等.生活垃圾的热解试验.西安建筑科技大学学报(自然科学版),2004,36(4):179~181

94　杨雄,孙剑峰.生活垃圾处理及其焚烧产物玻璃化.陶瓷研究,2000,15(1)

95　屈超蜀.垃圾焚烧过程特性及焚烧炉设计概要.重庆大学学报,1997,20(5)

96　Tuppumineu K,Halonen I,Ruokojarvi P.Formation of PCDDs and PCDFs Municipal Waste Incineration and Its Inhi-bition Mechanisms:A Review.Chemosphere,1998,36(7):1493~1511

97　Liu K,Pan W P,Riley J T.A Study of Chlorine Behavior in a Simulated Fluidiaed Bed Combustion System.Fud,2000,79:1115~1124

98　门雅莉,毕彤等.二噁英类的特定发生源及控制技术.辽宁城乡环境科技,1999,19(4):75~80

99　Skimodaira wakako,Yememoto Mansbu.Apprates and Method for Decomposition of Dioxins Included in Incinerator esl.JPA ppl.1999,16:425~426

100　李汝雄,龚良发.二噁英污染物的处置对策和分解技术.环境科学与技术,2001,95(3):17~20

101　王修恒.降解二噁英及其相关毒物的微生物.微生物学通报,2001,28(2):101~103

102　杜秀英,竺乃恺.多氯代二苯并一对一二噁英的微生物降解.环境科学.2001, 22（3）:97~99

103　张益,赵由才.生活垃圾焚烧技术.北京:化学工业出版社.2000

104　褚衍洋,徐迪民,叶柏祥.城市垃圾焚烧尾气污染的控制.重庆环境科学,2003,25(11):184~186

105　王华.二噁英零排放化城市生活垃圾焚烧技术.北京:冶金工业出版社,2001

106　张衍国,李清海,康建斌.垃圾清洁焚烧发电技术,北京:中国水利水电出版社,2004

107　农业部沼气科学研究所.农村沼气实用新技术.2002

108　[美]C.P.Leslie Grady,Jr.,Glen T.Daigger,Henry C.Lim 著.张锡辉,刘勇弟译.废水生物处理.北京:化学工业出版社,2003

109　卢永川.沼气工程设计.北京:农业出版社,1987

110　贺延龄.废水的厌氧生物处理.北京:中国轻工业出版社,1998

111　郑远景,沈永明,沈光范.污水厌养生物处理.北京:中国建筑工业出版社,1987

112　陈坚.环境生物技术.北京:中国轻工业出版社,1999

113　周群英,高廷耀.环境工程微生物学.北京:高等教育出版社,2000

114　马耀光,马柏林.废水的农业资源化利用.北京:化学工业出版社,2002

115　高忠爱,吴天宝.固体废物的处理与处置.北京:高等教育出版社,1992

116　罗志腾.水污染控制工程微生物学.北京:北京科学技术出版社,1988

117　张自杰.排水工程(下).北京:中国建筑工业出版社,2000

118　高廷耀,顾国维.水污染控制工程(下册).北京:高等教育出版社,1999

119　边炳鑫,赵由才.农业固体废物的处理与综合利用.北京:化学工业出版社,2005

120　林荣忱,周伟丽,林文波,李玉庆.城市污水处理厂沼气发电的两种方式.城市环境与城市生态,1999(6),57~59

121　李维,杨向平,李建军,李德清,宋晓雅.高碑店污水处理厂沼气热电联供情况介绍.给水排水,2003(12),17~20

122　熊树生,楚书华,杨振中.活塞式内燃机燃用沼气的研究,2004(5),688~693

123　马晓茜.两种利用垃圾发电模式的比较.电站系统工程,1997(3),40~43

124　王世逮.沼气发电在国内的发展.中国沼气,1997,(4),40~43

125　简弃非.沼气燃料电池及其在我国的应用前景.中国沼气,2003(3),32~34

126　颜丽.沼气发电产业化可行性分析.太阳能, 2004 (5), 11~15

127　梁志鹏,谢正武.中国分布式发电的机遇和挑战.节能与环保, 2004 (11), 11~13

128　赵由才.生活垃圾资源化原理与技术.北京:化学工业出版社,2002

129　[日]废弃物学会,金东振等译.废弃物手册.北京:科学出版社,2004

130　吴文伟.城市生活垃圾资源化.北京:科学出版社,2003

131　左禹,朱琳,吴占松.生活垃圾典型组分的热解特性研究.环境保护,2004,10:34~38

132　张文艺.关于完善《医疗废物管理条例》的思考.环境保护,2004,3:16~19

133　李慧平,王小万.国际医疗废物分类及基本特点.中国医院管理,2004,24(3):18~21

134　刘丽杭,李慧平.医疗废物对健康的危害及规制原则.中国医院管理,2004,24(3):21~24

135　武迎宏.论医疗废物的管理.中国环保产业,2004,2:22~25

136　陈红盛,邹亮,白庆中.我国医疗废物处理处置技术及其应用前景.中国环保产业,2004,2:32~35

137　胡建杭,王华,马媛媛.医疗废物处理技术的现状与发展趋势.工业加热,2004,33(2):16~19

138　孙宁,李宝绢.医疗废物管理计划的制定和实施.环境保护,2004,4:17~21

139　钟宁,周少奇.医疗废物的处理现状及防治对策.环境卫生工程,2004,12(3):183~187

140　刁卫平.关于医疗废物管理的伦理学研究.中国医学伦理学,2004,17(4):20~21

141　王荣森,刘桐武.浅谈医疗危险固体废弃物的安全处置.环境保护科学,2003(118):27~29

142　李艺星.医疗废物的危害及管理.中国计划免疫,2002,8(6):361~364

143 李筱华,吴贤国.从源头上控制建筑垃圾的对策分析.建筑技术开发,2004,31(3):91~92

144 杜婷,张勇,昌永红.国外建筑垃圾的处理对我国的借鉴.湖南城建高等专科学校学报,2002,11(2):35~36

145 赵俊,钟世云,王小冬.建筑垃圾的减量化与资源化.粉煤灰,2001,2:3~6

146 王武祥.建筑垃圾的循环利用.绿色建材,2005,1:67~71

147 王秋玲,马保国.建筑垃圾的资源化利用.国外建材科技,2004,25(6):4~5

148 俞淑芳.建筑垃圾的综合利用.国外建材科技,2005,26(2):37~49

149 钱玲,侯浩波.建筑垃圾的综合利用.再生资源研究,2004,6:23~26

150 杨子江.建筑垃圾对城市环境的影响及解决途径.城市问题,2003,114(4):60~63

151 王罗春,陈胜,赵由才.建筑垃圾中废木料的资源化途径.环境卫生工程,2005,13(1):42~44

152 陈胜利.利用建筑垃圾生产新型墙材.综合利用,2004,6:9~10

153 黄玉林.我国建筑垃圾的现状与综合利用.山西建筑,2003,29(5):161~162

154 范小平,徐银芳.再生骨料混凝土的开发利用.建筑技术开发,2003,10:46~47

155 陈永刚,曹贝贝.再生混凝土国内外发展动态.国外建材科技,2004,25(3):4~6

156 肖建庄,李佳彬,兰阳.再生混凝土技术研究最新进展与评述.混凝土,2003,10:17~57

157 汪群慧,马鸿志,王旭明.厨余垃圾的资源化技术.现代化工,2004,24(7):56~59

158 严太龙,石英.国内外厨余垃圾现状及处理技术.城市管理与科技,2004,6(4):165~172

159 金艳春.对废纸再生的几点思考.森林工程,2003,19(4):29~30

160 陈庆蔚.废纸处理设备的新进展(上).中华纸业,2005,26(2):41~45

161 陈庆蔚.废纸处理设备的新进展(中).中华纸业,2005,26(3):36~40

162 陈庆蔚.废纸处理设备的新进展(下).中华纸业,2005,26(4):38~43

163 张素风,胡恒宇.废纸的综合利用.西北轻工业学院学报,2002,20(3):100~102

164 王鸿文.废纸张利用及废纸处理.湖北造纸,2003,1:37~40

165 白木,周洁.废纸是一种重要的再生资源.广东印刷,2002,6:58~59

166 李岩,张勇,张隐西.废橡胶的国内外利用研究现状.合成橡胶工业,2003,26(1):59~61

167 孙玉海,张培新,刘剑洪.胶粉的生产利用现状及前景分析.再生资源研究,2004,1:24~27

168 李如林.我国再生胶及胶粉市场需求与预测.橡塑技术与装备,2004,30(3):5~11

169 卢俊杰,唐伟强,朱亚峰.废旧橡胶再生方法的研究进展.特种橡胶制品,2004,25(4):55~58

170 李志澄.胶粉的制造技术.制品与工艺,2003,3:23~28

171 颜晓莉,史惠祥,周红艺.废旧塑料的再生利用技术与展望.环境污染治理技术与设备,2003,4(11):26~30

172 李刚,孙生.废旧塑料的再生与综合利用.北方环境,2003,28(3):53~56

173 张树栋.废塑料回收及分离技术的开发与应用.石油化工动态,1995,9:33~38

174 邹盛欧.废塑料回收再生技术.石油化工,1996,25(8):590~597

175 袁利伟,陈玉明,李旺.废塑料资源化新技术及其进展.环境污染治理技术与设备,2003,4(10):14~26

176 Songip A R et al., Kinetic Studies for Catalytic Cracking of Heavy Oil from Waste Plastics over REY Zeolite. Energy and Fuels, 1994,8(1):131~135

177 Fukuda T et al., Processing for Producing Hydrocarbon Oils from Plastic Waste. US Pat,1989:851~601

178 Songip A R et al., Production of High-quality Gasoline by Catalytic Cracking Over REY Zeolite of Heavy Oil from Waste Plastics. Energy and Fuels, 1994,8(1):136~140

179 刘平养.不完全市场中废电池管理方法初探.环境保护,2004,9:36~39

180 聂永丰.废电池的环境问题及控制对策.中国资源综合利用,2003,9:23~25

181 聂永丰.废电池危害及其环境污染风险分析.节能与环保,2004,2:5~6

182 余广炜,廖洪强,钱凯.废电池的回收利用及冶炼处理.环境卫生工程,2003,12(2):83~85

183　韩骥,陈绍伟.国内外废电池的管理与回收处理.环境卫生工程,2002,10(4):177~179

184　王金良,王琪.再谈废电池的污染及防治.电池工业,2003,8(1):37~40

185　吴峰.电子废弃物的环境管理与处理处置技术初探——国外现状综述.中国环保产业,2001,2:38~39

186　宋国勇,许涛,裴晓鸣.电子废弃物的回收与利用.辽宁城乡环境科技,2003,23(5):50~52

187　段晨龙,王海锋,何亚群.电子废弃物的特点.江苏环境科技,2003,16(3):31~40

188　柴晓兰,赵跃民,王春彦.电子废弃物机械回收的研究现状与发展.污染防治技术,2003,16(3):47~67

189　王景伟,徐金球.欧盟电子废弃物管理法介绍.中国环境管理,2003,22(4):48~51

190　董锁成,范振军.中国电子废弃物循环利用产业化问题及其对策.资源科学,2005,27(1):39~45

191　方能虎.报废汽车中玻璃的回收再利用.中国资源综合利用,2000,5:18~19

192　张少宗.报废汽车中有色金属的回收.中国资源综合利用,2000,2:12~16

193　凌昌都,赵正湘.对我国废车轮胎综合利用的展望.再生资源研究,2000,3:27~28

194　韩飞,李治琨.进口废汽车压件的利弊之我见.中国资源综合利用,2002,6:28~31

195　王玉林.浅谈废旧汽车回收利用.冶金经济与管理,2003,1:41~42

196　报废汽车回收拆解系列讲座.中国资源综合利用,2004(8)~2005(3)

197　胡明秀.农业废弃物资源化综合利用途径探讨.安徽农业科学,2004,32(4):757~767

198　孙永明,李国学,张夫道等.中国农业废弃物资源化现状与发展战略.农业工程学报,2005,21(8):169~173

199　孙玉海,盖国胜,张培新.我国废橡胶资源化利用的现状和发展趋势.橡胶工业,2003,50:760~763

200　胡东南.农林废弃物生物质压块燃料.广西科学院学报,1994,10(2):69~74

201　许凤,孙润仓,詹怀宇.农林废弃物在工业废水处理中的应用.造纸科学与技术,2003,22(3):1~16

# 冶金工业出版社部分图书推荐

| 书　　名 | 定价(元) |
|---|---|
| 二氧化硫减排技术与烟气脱硫工程 | 56.00 |
| 氮氧化物减排技术与烟气脱硝工程 | 29.00 |
| 化验师技术问答 | 79.00 |
| 二恶英零排放化城市生活垃圾焚烧技术 | 15.00 |
| 城市生活垃圾管理信息化 | 18.00 |
| 城市生活垃圾直接气化熔融焚烧技术 | 20.00 |
| 城市固体废弃物焚烧处理项目的技术经济 | 20.00 |
| 电炉炼钢除尘 | 45.00 |
| 除尘技术手册 | 78.00 |
| 环境地质学 | 28.00 |
| 固体废弃物资源化技术与应用 | 65.00 |
| 高浓度有机废水处理技术与工程应用 | 69.00 |
| 金属矿山尾矿综合利用与资源化 | 16.00 |
| 水污染控制工程(第2版) | 49.00 |
| 环保工作者实用手册(第2版) | 118.00 |
| 环境生化检验 | 14.80 |
| 工业废水处理(第2版) | 11.50 |
| 环境污染物监测(第2版) | 10.00 |
| 环境噪声控制 | 19.80 |
| 环保设备材料手册(第2版) | 178.00 |
| 重有色金属冶炼设计手册 | 90.00 |
| (冶炼烟气收尘通用工程和常用数据) | |
| 现代除尘理论与技术 | 26.00 |
| 环保知识400问(第3版) | 26.00 |
| 膜法水处理技术(第2版) | 32.00 |
| 新型实用过滤技术 | 64.00 |
| 湿法冶金技术丛书——湿法冶金污染控制技术 | 38.00 |
| 湿法冶金技术丛书——固液分离 | 33.00 |
| 工业水再利用的系统方法 | 14.00 |
| 环境材料导论 | 18.00 |
| 煤焦油化工学 | 25.00 |
| 环境污染控制工程 | 49.00 |
| 可持续发展的环境压力指标及其应用 | 18.00 |
| 工业除尘设备——设计、制作、安装与管理 | 116.00 |
| 工业噪声与振动控制(第2版) | 11.50 |
| 环境保护及其法规(第2版) | 45.00 |